KOLLOIDCHEMISCHE TECHNOLOGIE

Ein Handbuch kolloidchemischer Betrachtungsweise in der chemischen Industrie und Technik

UNTER MITARBEIT VON

Dr. R. AUERBACH-Berlin, Dr. E. BERLINER-Frankfurt a. M., Dr. A. CHWALA-Wien, Dr. W. CLAYTON-London, Dr. E. EICHWALD-Amsterdam, FRITZ EMSLANDER-Regensburg, Pat.-Anw. Dr. O. FAUST-Berlin, Dr. G. FRENKEL-Berlin, Prof. Dr. O. GERNGROSS-Berlin, E. GUNDERMANN-Gronau (Hann.), Prof. Dr. E. A. HAUSER-Frankfurt a. M., A. IMHAUSEN u. Dr. W. PROSCH-Witten, Dr. H. KOHL-Vordamm, Dr. R. KOETSCHAU-Hamburg, Dr. W. LEONHARDI-Dresden, Dr. Dr. R. E. LIESEGANG-Frankfurt a. M., Dr. CARL LÜDECKE-Berlin, Ing. OTTO MANFRED-Berlin, Dr. PAUL MAUTNER-Konstanz (Baden), Dr. E. MAYER-Berlin, Prof. Dr. W. MECKLENBURG-Moskau, Dr. PAUL NEUSCHUL-Prag, Dr. JOS. OBRIST-Brünn, Dr. O. RAMMSTEDT-Chemnitz, Pat.-Anw. Dr. Dr. JOS. REITSTÖTTER-Berlin, Dipl. Chem. A. RETTER-Hamburg, Dr. BRUNO REWALD-Hamburg, Prof. Dr. E. SAUER-Stuttgart, Prof. Dr. F. SAUERWALD-Breslau, Prof. Dr. C. G. SCHWALBE-Eberswalde, Dr. F. SIERP-Essen, Dr. A. VON SKOPNIK-Berlin, Dr. H. STÄGER-Baden (Schweiz), Dr. E. STERN-Charlottenburg

HERAUSGEGEBEN VON

Dr. RAPH. ED. LIESEGANG
FRANKFURT A. M.

2., VOLLSTÄNDIG UMGEARBEITETE AUFLAGE

MIT 376 ABBILDUNGEN, 2 TAFELN UND ZAHLREICHEN TABELLEN

SPRINGER-VERLAG BERLIN HEIDELBERG GMBH

1932

COPYRIGHT 1932 BY SPRINGER-VERLAG BERLIN HEIDELBERG
URSPRÜNGLICH ERSCHIENEN BEI THEODOR STEINKOPFF
DRESDEN UND LEIPZIG

Softcover reprint of the hardcover 2nd edition 1932

ISBN 978-3-642-49626-4   ISBN 978-3-642-49919-7 (eBook)
DOI 10.1007/978-3-642-49919-7

Buchdruckerei Richard Hahn (H. Otto) in Leipzig

Vorwort zur ersten Auflage.

Einige Werke über chemische Technologie haben durch Neuauflage längst die Berechtigung einer solchen einseitigen Betrachtungsweise in der Technologie bewiesen. Nicht minder groß ist die Berechtigung einer kolloidchemischen Betrachtung geworden. Gewisse Gebiete, z. B. dasjenige der Gerberei und Leimindustrie, sind derart mit Kolloidchemischem durchtränkt, daß die „einseitige" Darstellung fast die gleiche ist wie diejenige einer allgemeinen Gerbereitechnologie. Abschnitte über Keramik, Glas, Metallurgie usw. können natürlich nur einen Torso darstellen. Sie können aber wertvolle Ergänzungen zu den anderen Technologien bringen.

Der Verleger glaubte, daß die Zeit zu einer umfangreicheren Behandlung des Stoffes gekommen sei. Es sollte ein Sammelwerk geben unter Beteiligung von Fachleuten der Einzelgebiete. Man hat oft das Bedenken geäußert, daß in einem solchen die Behandlung des Stoffs nicht so einheitlich sein könne, wie in dem Werk eines Einzelnen. Mit gleichem Recht darf aber auf die Gefahr aufmerksam gemacht werden, daß „Einheitlichkeit" oft durch Einseitigkeit entsteht. Letztere kann dem Leser das Gefühl einer Sicherheit geben, die nicht überall berechtigt ist. Denn hier ist ebenso wie auf den Nachbargebieten noch alles im Werden und wird es noch sehr lange bleiben. Deshalb ist es gerade gut, wenn der Leser bei der verschiedenen Behandlung des gleichen Stoffes durch die verschiedenen Autoren stutzig werde. Der Nutzen solcher Zweifelerregung kann nicht hoch genug angeschlagen werden. Der Leser merkt, daß hier und dort etwas noch nicht ganz geklärt ist, und wird zu eigenem Nachdenken und zu experimentellem Nachprüfen angeregt.

Die angerufenen Mitarbeiter haben in einer — für den Verleger erstaunlichen — Weise dazu beigetragen, daß das Werk so rasch erscheinen konnte. Dankenswert war die gleich einsetzende Mithilfe einer anderen Gruppe der Beteiligten: der Subskribenten.

Eiligen Kritikern dient oft das Vorwort als Grundlage für eine Besprechung. Auf die Gefahr hin, die Kritik dadurch ungünstig zu gestalten, sei bekannt, daß eine restlose Behandlung des technologisch wichtigen kolloidchemischen Materials nicht möglich war. Manche Abschnitte hätten noch eingefügt werden können. Kommt es zu einer Neuauflage, so soll manches nachgeholt werden.

Frankfurt a. M., Mai 1927.

R. E. Liesegang.

Vorwort zur zweiten Auflage.

Auf Wunsch des Verlegers sollte die zweite Auflage nicht größer werden. Da das Material natürlich angewachsen war, ließ sich dieser Wunsch nur erfüllen, indem der theoretische Teil wegfiel. Es sind so viele gute Einführungen in die Kolloidchemie vorhanden, daß dieser Ausfall kein Nachteil für das Werk ist. Der Abschnitt von Reitstötter über die Herstellung der kolloiden Lösungen wächst zu einem selbständigen Band in Wo. Ostwalds Handbuch aus. Hier ist nur ein kurzer Überblick über die Prinzipien aufgenommen worden.

Bei der zweiten Auflage war es natürlich dem Herausgeber wie den Mitarbeitern erleichtert, Überschneidungen, Doppelhandlungen der gleichen Angelegenheit zu vermeiden. Auch dadurch wurde Raum gewonnen.

Nach Fertigstellung größerer Sammelwerke hört man oft ein Stöhnen der Herausgeber über die fast endlosen Schwierigkeiten mit den Mitarbeitern. Aber meine Mitarbeiter waren ganz anders. Sie begnügten sich mit dem zugewiesenen Raum. Alle Verhandlungen liefen harmonisch ab. Und dafür sei ihnen Dank.

Frankfurt a. M., Sommer 1931.

R. E. Liesegang.

Inhaltsverzeichnis.

Seite

Einleitung.

Nutzen der Kolloidchemie für die Technik. Zur Zeit, da wissenschaftliche Vorausberechnung die in der Technik früher fast allein herrschende Empirie mehr und mehr verdrängt, ist es kaum noch angebracht, den Nutzen der Kolloidlehre für manche Gebiete der Technik zu preisen. Ein einziges Beispiel sei hier zu Anfang genannt: Da war in einer leimverarbeitenden Industrie schlimme Ratlosigkeit entstanden. Das Material war zu launisch geworden. Gestern noch war ein ausgezeichnetes Resultat erzielt worden; heute erwies sich die anscheinend gleiche Masse als unbrauchbar. Ein hinzugezogener Kolloidchemiker fragte zuerst nach den Aziditätsverhältnissen. Die Möglichkeit, daß hier die Fehlerquelle stecken könne, wurde abgelehnt, weil größere Säuremengen, die man versuchsweise zugesetzt hatte, bei einem bestimmten Ansatz kaum Änderungen veranlaßt hatten. Und doch war hier die Ursache, weil die normale Zusammensetzung der Masse in der Nähe des isoelektrischen Punkts des Leimes lag. Es war den Technikern nicht bekannt, daß in diesem Gebiet die Wasserbindung, Viskosität und Oberflächenspannung sich bei kleinen Aziditätsveränderungen sprunghaft ändern könne. Dieser Hinweis genügte, um dem Betrieb wieder die notwendige Sicherheit zu schaffen.

Viele derartige Hinweise könnten den Technikern auf Anhieb gegeben werden. Versagt die Kolloidchemie noch in anderen Fällen, so ist zu bedenken, daß sie noch jung ist, und daß der antwortbedürftigen Fragen der Technik unzählige sind.

Nutzen der Technik für die Kolloidchemie. Angeblich gibt es wissenschaftliche Forscher, welche im allgemeinen ihre Leistungen viel höher einschätzen als die Leistungen der Technik. Sie übersehen, daß gerade auf manchen kolloidchemischen Gebieten der Technik schon sehr vieles bekannt war, was erst Jahrhunderte oder Jahrzehnte später ein wissenschaftliches Gekleide bekam. Und jene Forscher ahnen wohl nicht, daß der Techniker meist mit viel größeren Schwierigkeiten zu kämpfen hat. Der Wissenschaftler sucht ein Problem zu lösen, findet nebenbei etwas Interessanteres, läßt das Hauptproblem liegen, verfolgt diesen Nebenzweig und kann über wichtiges Neues berichten. Solches Weiterverfolgen von Nebenbeobachtungen ist natürlich auch dem Techniker nicht verwehrt. Aber in der Hauptsache ist er gezwungen, beim Hauptthema zu bleiben. Sind Fehler bei einer laufenden Fabrikation aufgetreten, so müssen diese Fehler beseitigt werden, weil sonst die Fabrikation still stehen müßte.

Der Wissenschaftler könnte einmal in Versuchung geraten, den Ausfall solcher Experimente unbeachtet zu lassen, der nicht für die vorgefaßte Meinung spricht. Für den Techniker ist so etwas ganz ausgeschlossen. Denn gerade in jenem, was sich der landläufigen oder eigenen Erklärung nicht fügen will, kann das verborgen sein, was zum Stillstand oder zum falschen oder auch nur zum unrentablen Gang der Fabrikation verurteilt. Da ist dann in den geringfügigsten Kleinigkeiten nachzuforschen, was den jetzigen Arbeitsgang von einem vorher vielleicht geglückten unterscheidet. Und nicht das Nächstliegende, wie die Chemikalien, ihre Herkunft, ihr Alter und manches andere sind zu prüfen, sondern manchmal auch scheinbar ganz Fernliegendes, wie ein Witterungsumschlag. Oft genug kommt es vor, daß ein Fehler ebenso geheimnisvoll wieder verschwindet, wie er auftrat. Ein noch unerfahrener Techniker wird zunächst froh sein, daß er den unbequemen Störenfried los ist. Aber der in die Zukunft Blickende hat allen Grund, im Kleinversuch eine „Synthese des Fehlerhaften" herbeizuführen, um die Ursache kennenzulernen. Denn sonst kann der gleiche Fehler morgen wieder auftreten.

Gerade für die kolloidchemische Technik gilt das noch mehr als sonst. Löst man heute, morgen und in einem Jahre 10 g Chlornatrium in 100 ccm Wasser auf, so sind die drei Ansätze gleich. Von ihren Ansätzen kolloider Lösungen haben aber Wissenschaftler oft genug bekannt, daß sie wirklich vollkommen nicht zu reproduzieren seien. So ist es verständlich, daß es Industrien gibt, die auch nach jahrzehntelanger sorgsamer Beobachtung immer wieder von Fehlern überrascht werden. Und es ist verständlich, daß bei ihnen wegen der launisch wechselnden kolloiden Rohmaterialien und ihrer leichten Beeinflussung durch äußere Verhältnisse meist kein starres Rezept benutzt wird, sondern daß häufige Änderungen, Anpassungsnotwendigkeiten die Regel sind. Wahrhaft Erstaunliches ist in dieser Hinsicht von der Technik geleistet worden. Man denke nur daran, wie gleichmäßig die photographischen Bromsilbergelatine-Ansätze in Empfindlichkeit, Korngröße, Gradation ausfallen, obgleich hier eine ganze Anzahl kolloidchemischer Prozesse sich überlagert!

Soweit solche Anpassungen bekannt gegeben werden können, sind sie dem wissenschaftlichen Forscher ein außerordentlich wichtiges und gesichtetes Material. So entsteht hier ein Zwitterwerk: Je nach Lage des Falls tritt der Techniker als Schüler oder als Lehrer des Wissenschaftlers auf. Der Wissenschaftler wird aus diesem Buch kaum weniger als der Techniker lernen. Er wird lernen, um den Techniker weiter zu belehren.

Herstellung kolloider Lösungen.

Von Dipl.-Ing. Dr. phil. Dr. techn. **Josef Reitstötter**-Berlin-Steglitz.

Mit 3 Abbildungen.

I. Einleitung.

Geschichtlicher Rückblick. In Anbetracht des weitgehenden theoretischen und praktischen Interesses, das den kolloiden Lösungen, also den dispersen Systemen mit flüssigem Dispersionsmittel zukommt, ist die Kenntnis ihrer allgemeinen Bildungsbedingungen und der hieraus hervorgehenden Verfahrensweisen, die zu ihrer willkürlichen Herstellung führen, von besonders großer Wichtigkeit. Der kolloide Zustand ist ebenso wie der kristalloide eine allgemeine Zustandsform der Materie[1]. Die Herstellung von Hydrosolen aus reversiblen Kolloiden (Wolframsäure, Thoriumoxyd, Gummi, Eiweiß u. dgl.) bedarf keiner besonderen Maßnahmen; sie erfolgt einfach in der Weise, daß man diese reversiblen Gele mit Wasser oder einem anderen Dispersionsmittel zusammenbringt. Sie zerteilen sich in diesem alsdann ohne weiteres zu einem Sol.

Um andere Hydrosole herzustellen, muß man hingegen besondere Verfahren anwenden, in deren Verlauf sich infolge Einhaltung bestimmter Bedingungen die Bildung von Stoffen in kolloid-disperser Zerteilung vollzieht. Die Auffindung solcher Verfahren ist nun keineswegs erst eine Errungenschaft der modernen Experimentalchemie. Vielmehr wurde die Bildung von Stoffen im Zustand kolloider Lösung bereits beobachtet und in der Literatur beschrieben, ehe man überhaupt Kenntnis von dem Bestehen des kolloiden Zustandes hatte. Zahlreiche ältere Literaturangaben lassen nämlich deutlich erkennen, daß verschiedene Forscher im Verlaufe von Experimentaluntersuchungen, insbesondere bei solchen auf dem Gebiete der anorganischen oder der analytischen Chemie, unbeabsichtigt Gebilde erhalten hatten, die wir nach der heutigen Erkenntnis als kolloide Lösungen anzusprechen haben[2].

---

[1] P. P. v. Weimarn, Russ. Chem. Ges. **38**, 263 (1906); Die Allgemeinheit des Kolloidzustandes, Bd. I (Dresden 1925). — [2] S. a. die geschichtlichen Teile in The Svedberg, Die Methoden zur Herstellung kolloider Lösungen anorganischer Stoffe (Dresden 1909), 14ff., 238ff., 257ff., 289ff., 384ff., 416ff.; ferner u. a. L. Vanino, Zu der Geschichte des kolloidalen Goldes. Journ. f. prakt. Chem. **181**, 575 (1908); Wilh. Ostwald, Zur Geschichte des kolloiden Goldes. Kolloid-Ztschr. **4**, 5 (1909); J. Guareschi, Die Pseudosolutionen oder Scheinlösungen nach Francesco Selmi, Kolloid-Ztschr. **8**, 113 (1911); Sven Odén, Der kolloide Schwefel (Upsala 1913), (Geschichtliches), 13ff; R. Zsigmondy, Zur Erkenntnis der Kolloide (Jena 1905); J. Voigt, Das kolloide Silber (Leipzig 1929), 7ff. u. a. m.

1*

Als späterhin der Begriff des kolloiden Zustandes[1]) in der Wissenschaft allgemein Wurzel gefaßt hatte, beschäftigten sich alsbald zahlreiche Arbeiten mit der Auffindung von Methoden zur willkürlichen Herstellung kolloider Lösungen der verschiedenen Elemente und Verbindungen, ohne daß indes zunächst allgemeinere Gesichtspunkte diese vorwiegend rein empirischen Untersuchungen geleitet hätten. Man kann sogar schlechthin behaupten, daß die Entwicklung der Kolloidchemie geradezu von den rein präparativen Arbeiten dieser Art, die durch mehrere Dezennien das Interesse der Forschung auf diesem Gebiete vorwiegend beherrschten, ihren Ausgang genommen hat.

Als es sich dann erwies, daß manchen kolloiden Präparaten erhebliche technische und industrielle Bedeutung zukommt (vor allem als pharmazeutische Produkte), bildete dies einen weiteren Ansporn zur Auffindung neuer Wege behufs Gewinnung der verschiedensten Stoffe im Zustande kolloider Zerteilungen.

Diese Entwickelung, verbunden mit der Tatsache, daß sich gemäß den Ergebnissen der neueren Forschung (P. P. v. Weimarn) unter Beobachtung geeigneter Bedingungen jeder Stoff im kolloiden Zustande gewinnen läßt, bringt es mit sich, daß das Tatsachenmaterial über die Herstellungsweisen kolloider Lösungen geradezu unübersichtlich umfangreich geworden ist[2]).

Einteilung der Herstellungsverfahren. Die Verfahren zur Herstellung kolloider Lösungen anorganischer Stoffe lassen sich, einem Vorschlage The Svedbergs folgend, einteilen in Kondensations- und Dispersionsverfahren. Auch P. P. v. Weimarn kennt zwei Grundverfahren zur Herstellung kolloider Lösungen, die in ihrer Weise identisch sind mit den Kondensations- und Dispersionsverfahren von The Svedberg. Diese Einteilung ist jedoch keineswegs eine eindeutige und bedingungslose, da sich nicht alle Herstellungsverfahren gemäß dieser Einteilung unterordnen lassen. Immerhin erscheint auch heute noch diese Systematik als die zweckmäßigste und natürlichste[3]). The Svedberg[4]) weist aber selbst darauf hin, daß das, was auf den ersten Blick als Dispersionsprozeß erscheint, sich oft bei genauerer Erforschung als ein Kondensationsprozeß herausstellt, daher sind diese viel häufiger als Dispersionen. Dies erklärt sich uns zwangsläufig nach dem zweiten Hauptsatz der Thermodynamik, nach dem die Oberflächenspannung bestrebt ist, die Oberfläche zu verkleinern. Und dennoch bereitet es im allgemeinen Schwierigkeiten, größere Mengen kolloider Zerteilungen auf einmal durch Kondensation zu gewinnen; so schreibt doch R. Zsigmondy ausdrücklich vor, daß zur Herstellung von kolloiden Goldlösungen etwa nach der Keimmethode (S. 13) nur 100—150 ccm Flüssigkeit verwendet werden dürfen und größere Quantitäten durch wiederholte Bereitung der angegebenen

---

[1]) Obgleich sich der Begriff „Kolloid" allgemein eingebürgert hat, wäre es trotzdem zweckmäßiger mit Wo. Ostwald von „Dispersoiden" zu reden, worunter man heterogene Systeme von zwei Phasen mit einer außergewöhnlich großen Grenzflächenentwicklung zu verstehen hätte. Die eine derselben ist dabei gewöhnlich in eine große Anzahl kleiner Teilphasen getrennt, diese sind die einzelnen Teilchen der dispersen Phase, die zweite Phase ist gewöhnlich in sich zusammenhängend, das Dispersionsmittel. — [2]) Der vorliegende Abschnitt verfolgt rein praktische Zwecke. Er soll ein kurzer Wegweiser bei der Herstellung kolloider Lösungen anorganischer Stoffe sein. Ausführungen über Eigenschaften, Stabilität, Verhalten, Systematik u. dgl. konnten unterbleiben, da wir genügend Lehrbücher der Kolloidlehre besitzen, welche darüber Auskunft geben. Desgleichen erübrigten sich im Hinblick auf die folgenden Abschnitte Ausführungen über die Reinigung kolloider Lösungen, Dialyse, Elektrodialyse, Elektroosmose, Ultrafiltration u. a. m.; dagegen werden die Angaben betr. die Herstellung durchaus mit Hinweisen auf die Originalliteratur belegt. — [3]) The Svedberg, Die Methoden zur Herstellung kolloider Lösungen anorganischer Stoffe (Dresden 1909). — [4]) Kolloidchemie (Leipzig 1925).

Mengen hergestellt werden müssen. Kolloide Systeme in größerem Maßstabe willkürlich herzustellen ist leichter durch Dispersion möglich. In den letzten Jahren sind, obgleich ursprünglich in Deutschland zuerst aufgekommen, besonders über Amerika die sog. Kolloidmühlen in allgemeineren Gebrauch gekommen, Vorrichtungen, welche die Gewinnung recht hochdisperser Zerteilungen, die aber durchaus nicht immer wirklich kolloid sind, ermöglichen.

An sich kolloide oder kristalloide Stoffe gibt es in der Natur nicht, denn es kann jeder beliebige Stoff in beiden Formen auftreten, sofern die physikalisch-chemischen Vorbedingungen dazu wirklich erfüllt sind. Die Kondensation unter Bildung kolloider Lösungen kann man sich einfach dadurch zustande gekommen denken, daß Ionen ihre elektrische Ladung verlieren und die dadurch gebildeten elektrisch neutralen Atome oder Atomkomplexe sich zu größeren Gebilden vereinigen, welche dann als disperse Phase der kolloiden Lösung angesehen werden. Bei den Dispersionsverfahren geht man dagegen von dichteren Formen der Materie aus und trachtet eine verfeinerte Zerteilung oder Lockerung des Molekülverbandes herbeizuführen.

Unter die Kondensationsverfahren fallen:

1. die Reduktionsverfahren, bei denen z. B. eine Metallsalzlösung durch irgendein Reduktionsmittel zu elementarem Metall reduziert wird, wobei die entstehenden Metallteilchen kolloide Dimensionen besitzen müssen;

2. die Oxydationsverfahren, bei denen durch eine geeignete Oxydation eine kolloide Lösung des betreffenden Elementes oder deren Verbindung entsteht und schließlich

3. die Hydrolysierverfahren, die auf der Hydrolyse von Salzen meist mehrwertiger Metalle beruhen. Die Salze bilden unter Wasseraufnahme das Metallhydroxyd und die freie Säure, welch letztere durch Dialyse, Elektrodialyse, Ultrafiltration oder Elektroultrafiltration entfernt werden muß.

Zu den Dispersionsverfahren sind zu zählen:

1. die mechanisch-chemischen Dispersionsverfahren. Entweder a) man zerteilt die Substanz unter Aufwendung großer Energie in geeigneten Zerteilungsvorrichtungen (Kolloidmühlen u. dgl.), oder aber b) man peptisiert ein Gel durch irgendein Lösungsmittel;

2. die elektrischen Dispersionsverfahren, bei denen man irgendein Metall in einer Flüssigkeit entweder durch Gleichstrom (Bredig) oder durch Wechselstrom (The Svedberg) zerstäubt. Allerdings sind manche Forscher der Ansicht, daß es sich hier um eine nachträgliche Kondensation des primär verdampften Metalles handelt. Es scheint somit eine Kondensation des Dampfes zu kolloiden Dimensionen vorzuliegen[1].

Einige Gesichtspunkte bei der Herstellung kolloider Lösungen anorgan. Stoffe. Was die Bildung irreversibler Kolloide anlangt, so ist zu sagen, soweit man dazu überhaupt Aussagen machen kann, daß die Entstehungsbedingungen im allgemeinen ganz ähnliche sind wie bei der Kristallisation und Entglasung. Hier wie dort kommt es nach R. Zsigmondy[2] auf die Zahl der in der Zeiteinheit gebildeten Wachstumszentren und auf die Geschwindigkeit an, mit der dieselben heranwachsen[3]. Verlaufen spontane Keimbildung und Wachstum nebeneinander, so kommt es auf das Verhältnis der Ge-

---

[1] The Svedberg, Kolloid-Ztschr. **24**, 1 (1919); Wo. Ostwald, Kolloid-Ztschr. **7**, 172 (1910); Mukhopadhyaya, Kolloid-Ztschr. **18**, 292 (1915); Journ. Am. Chem. Soc. **37**, 292 (1915). — [2] R. Zsigmondy, Zur Erkenntnis der Kolloide (Jena 1905). — [3] R. Zsigmondy, Ztschr. f. phys. Chem. **56**, 65 (1906).

schwindigkeit, mit der die Keime gebildet werden, zu der Geschwindigkeit mit der sie heranwachsen, an. *Wachstums*geschwindigkeit sowohl als auch *Keimbildungs*-geschwindigkeit sind wieder in höchstem Maße abhängig sowohl von der Natur der reagierenden Komponenten, als auch von der Art vorhandener Fremdstoffe[1]). Unter spontaner Keimbildung versteht R. Zsigmondy[2]) jenen ganzen Komplex von Vorgängen, die im amikroskopischen Gebiet der Beobachtung vollständig unzugänglich verlaufen und über die man sich die verschiedensten Vorstellungen bilden kann, auf die aus den eingangs angeführten Gründen hier aber nicht näher eingegangen werden soll. Verfasser konnte z. B. zeigen, daß Goldteilchen von etwa 2 mμ Kantenlänge bei Annahme der Würfelgestalt noch wachstumsfähige Keime darstellen, welche Zahl sehr gut übereinstimmt mit der von P. Scherrer nach der röntgenographischen Methode bestimmten Teilchengröße von 1,86 mμ (entsprechend rund 300 Atomen), sowie mit Messungen des osmotischen Druckes, aus denen sich eine Teilchengröße von 1,6 mμ berechnen läßt. Man darf wohl annehmen, daß in allen Fällen sehr feinteilige Hydrosole dann entstehen (Gold, Berliner Blau, Eiweiß, Zinnsäure usw.), wenn die spontane Keimbildung groß, das Wachstum gegenüber der spontanen Keimbildung gering ist. Temperaturerhöhung begünstigt meist sehr stark die Wachstumsgeschwindigkeit und setzt im allgemeinen die Keimbildung herab. Konzentrationserhöhungen der reagierenden Komponenten wirken in der Regel in der gleichen Richtung, unter Umständen kann aber auch der umgekehrte Fall eintreten[3]). Nimmt man beide Geschwindigkeiten, spontane Keimbildungsgeschwindigkeit und die Wachstumsgeschwindigkeit als konstant an, so ergibt sich der Dispersitätsgrad eines Sols als das Verhältnis

$$\frac{V}{n} = \frac{\text{Wachstumsgeschwindigkeit}}{\text{Zahl der in der Zeiteinheit gebildeten Keime}}.$$

Auf die Stabilität der Sole hat die Art ihrer Herstellung an sich keinen Einfluß, denn nach v. Smoluchowski ziehen sich die Teilchen bei genügender Annäherung infolge der Kapillarkräfte an; daß hierbei unter normalen Umständen eine Teilchenvereinigung nicht eintritt, die Sole stabil bleiben, ist auf eine Schutzwirkung der elektrischen Doppelschicht zurückzuführen, welche man sich nach Art eines Gummipolsters vorstellen kann. Bei Elektrolytzusatz tritt infolge der von Freundlich nachgewiesenen Ionenadsorption eine teilweise oder völlige Entladung der Doppelschicht ein, welche die Schutzwirkung herabsetzt, so daß dieselbe von einem gewissen Konzentrationsverhältnis an nicht mehr genügt, das Zusammen- und Aneinanderhaften zu verhindern. Ferner ist noch ein dritter Faktor außer jenen Kräftewirkungen in Betracht zu ziehen, welcher einerseits ein Zusammen-stoßen der Teilchen bewirkt, anderseits aber deren dauernder Vereinigung entgegen wirkt, nämlich jene molekularen Kräfte, die sich u. a. als Brownsche Bewegung kundgeben (v. Smoluchowski). Trotz dieser sehr wesentlichen Erkenntnisse erscheint es immerhin vom theoretischen Standpunkt aus betrachtet zur Zeit noch sehr gewagt, eine vollständige Theorie der Stabilität von kolloiden Lösungen zu geben, da wir noch keine Theorie der Löslichkeit besitzen und daher nicht voraus-sagen können, welche Stoffe mehr oder weniger löslich sind, das Problem der kolloiden Stabilität aber mit diesem Problem identisch ist[4]). Unstreitig müssen in stabilen Solen gewisse Mengen Elektrolyt vorhanden sein. Eine wichtige Be-

---

[1]) K. Hiege, Ztschr. f. anorg. Chem. **91**, 145 (1915); J. Reitstötter, Kolloidchem. Beih. **9**, 222 (1917). — [2]) R. Zsigmondy und P. A. Thiessen, Das kolloide Gold (Leipzig 1926). — [3]) Vgl. R. Zsigmondy, Lehrb. der Kolloidchemie, 4. Aufl., II. Teil (Leipzig 1927), 3ff. — [4]) Wo. Pauli und E. Válko, Elektrochemie der Kolloide (Wien 1929).

dingung für die Herstellung elektrokratischer Sole ist somit, daß sie eine gewisse elektrische Ladung erhalten, wozu nach Wo. Pauli vor allem die Anwesenheit ionogener Komplexe gehört[1]).

Unabhängig vor der durch anwesende Elektrolyte bedingten Koagulation von Hydrosolen und der dadurch bedingten Zerstörung des dispersen Systems, haben die Teilchen jeder kolloiden Lösung auch unter dem Einfluß der Schwerkraft das Bestreben, sich zu senken und dadurch das System zu zerstören. Dieser Sedimentation (Stokes) wirkt aber die Diffusion entgegen. Es stellt sich schließlich ein Zustand ein, bei dem sich die Teilchen genau nach dem gleichen Gesetz ordnen wie die Moleküle der Atmosphäre in einer vertikalen Schicht (Laplace, Perrin).

Die Rolle der Schutzkolloide. Bei der Herstellung und in bezug auf die Stabilität anorganischer Kolloide spielen ferner sog. Schutzkolloide oft eine große Rolle. Unter Schutzkolloiden versteht man, einem Vorschlage R. Zsigmondys folgend, im allgemeinen solche Kolloide, welche gegenüber der Koagulation durch Elektrolyte weitgehend immun sind und diese Eigenschaften auch auf elektrolytempfindliche Kolloide übertragen können. Leim, Gelatine, Eiweißstoffe usw. gehören zu der ersten Gruppe dieser Kolloide, kolloides Gold, Platin usw. zu der letztgenannten[2]).

Eine vollständig befriedigende Erklärung des Verhaltens der Schutzkolloide ist noch nicht gegeben worden. Wo. Pauli unterscheidet zwei Gruppen: solche, die man schlechthin in reinem Zustand als negativ ansieht (Albumine, Glutin, Globulin), die aber trotz der überschüssigen negativen Ladung auch positive Ladungen enthalten. Ihre Wirkung hängt also ab von dem sie umgebenden Milieu, sie können bald Schutzwirkung ausüben, bald auch nicht. Gegenüber diesen Schutzkolloiden amphoterer Natur, die also auch ein Flockungsvermögen gegenüber negativen Solen unter bestimmten Verhältnissen haben können, spielt noch eine wichtige Rolle jene Gruppe von Schutzkolloiden, die auch in saurer Lösung nicht positiv aufgeladen werden, die also keine Ampholyte sind (Stärke, Agar, Gummiarabikum, Seife, Traganth). Diese Schutzkolloide üben nie eine Flockung aus und ihre Schutzwirkung liegt der Größenordnung nach erheblich unterhalb jener der ersten Gruppe.

Abb. 1.

R. Zsigmondy sieht die Ursache der Schutzwirkung in einer Vereinigung der Kolloidteilchen mit den Teilchen des Schutzkolloids. Falls die den Schutz ausübenden Kolloidteilchen kleiner und zahlreicher sind als die Goldteilchen, welches irreversible Kolloid R. Zsigmondy zu seinen Studien vornehmlich heranzog, so werden sie sich nach Zsigmondys Vorstellungen an deren Oberfläche anlagern und auf diese Weise eine unmittelbare Berührung oder dichte Annäherung der entladenen Goldultramikronen verhindern. Eine derart von Schutzkolloidteilchen umgebene Goldpartikel ist in Abb. 1 (das schwarze Viereck bedeutet ein Goldteilchen, die hellen Kreise Partikeln des Schutzkolloides) schematisch dargestellt.

Auch wenn die schützenden Teilchen annähernd ebenso groß sind wie die Goldpartikeln, ist eine derartige Anordnung noch möglich; nur werden in diesem Falle die angelagerten Schutzkolloidteilchen die Goldoberfläche weniger zahlreich besetzen[3]).

Wenn die anderen kolloiden Partikeln größer sind als die Goldteilchen, tritt eine andere Art der Vereinigung ein. In diesem Falle lagern sich die Teilchen des

---

[1]) Vgl. D.R.P. 470 837 der Oderberger Chem. Werke A.G.). — [2]) Vgl. R. Zsigmondy, Kolloidchemie, 5. Aufl., Kap. 80. — [3]) Vgl. R. Zsigmondy, Kolloidchemie, 5. Aufl., Kap. 80, 134, Abb. 38a; E. Joël, Das kolloide Gold in Biologie und Medizin, (Leipzig 1929), 77, Abb. 16.

Goldes an die des Schutzkolloides an (vgl. Abb. 2). Ist dieses in genügender Menge vorhanden, so bleiben die Goldteilchen, die an ihrem Platz fixiert sind, so weit voneinander entfernt, daß sie selbst nach der Entladung durch Elektrolyte sich einander nicht bis zur Farbänderung nähern können.

Da die Schutzkolloide in recht verschiedenen Zerteilungsgraden auftreten können, sind beide Möglichkeiten der Vereinigung an Teilchen des irreversiblen Kolloides und des schützenden Kolloides zur Erklärung der Schutzwirkung heranzuziehen. In den zumeist relativ fein zerteilten kolloiden Lösungen von Gelatine, Hausenblase, Gummiarabikum z. B. muß man mit einer Anlagerung der Schutz-

kolloidteilchen an die Goldpartikeln rechnen. Stellt man andererseits Gelatinelösungen mit groben Teilchen her, so lagern sich die Goldultramikronen an diese an[1]). Ein entsprechender Vorgang liegt dem Goldschutz durch eine Reihe anorganischer Kolloide zugrunde. Diese Anschauungen vermögen, worauf Wo. Pauli besonders hinweist, wohl die Verhältnisse der ampholytischen

Abb. 2.   Schutzkolloide zwanglos zu erklären, schlecht dagegen nur die der zweiten Gruppe.

R. Zsigmondy definierte zur Charakterisierung der Schutzkolloide die sog. Goldzahl[2]), worunter er diejenige Anzahl Milligramm Schutzkolloid versteht, welche nicht mehr ausreicht, den Farbenumschlag von 10 ccm hochroter Goldlösung (dargestellt nach dem Formolverfahren, S. 17) gegen Violett oder dessen Nuancen zu verhindern, welcher ohne Kolloidzusatz durch 1 ccm 10%iger Kochsalzlösung hervorgerufen wird.

Wo. Ostwald[3]) verwendet an Stelle der kolloiden Goldlösung eine solche von Kongorubin und definiert eine entsprechende Kongorubinzahl.

In diesen Definitionen wird die Wasserstoffionenkonzentration sowohl der Goldhydrosole als auch die der Schutzkolloide nicht berücksichtigt. Es dürfte sich daher die Einführung einer „wahren" Gold- bzw. Kongorubinzahl empfehlen, worunter man etwa diejenige Anzahl Milligramm Schutzkolloid verstehen könnte, welche 1 ccm einer definierten Gold- bzw. Kongorubinlösung gegen die Koagulation durch 1 ccm einer definierten Pufferlösung während einer bestimmten Zeit schützen[4]).

Zur Charakterisierung der Schutzwirkung eignet sich ferner das *Sensibilisierungs-vermögen* hydrophiler Schutzkolloide auf entgegengesetzt geladene hydrophobe Kolloide. W. Windisch und V. Bermann machten zuerst darauf aufmerksam, daß man die Sensibilisierung eines Eisenhydroxydsols durch ein hydrophiles Kolloid zu dessen Charakterisierung benutzen kann. V. Bermann definierte eine „*Eisenzahl*", worunter er den Mittelwert zwischen denjenigen Elektrolytkonzentrationen in Millimol/Liter versteht, von denen die eine nach 2 Stunden das Eisenhydroxyd-Schutzkolloid-Mischsol noch klar läßt, während die nächst höhere Konzentration eine gerade noch wahrnehmbare Trübung verursacht[5]). Da auch diese Werte nur ein Maß für die Wirkung des Schutzkolloides und der in ihm enthaltenen Elektrolyte auf das Eisenhydroxydsol sind, ist diese Eisenzahl ebenfalls kein direktes Maß für

[1]) R. Zsigmondy und E. Joël, Ztschr. f. physik. Chem. **113**, 302 (1924); E. Joël, Das kolloide Gold in Biologie und Medizin (Leipzig 1925) 72. — [2]) Ztschr. f. analyt. Chem. **40**, 697 (1901). — [3]) Kolloidchem. Beih. **10**, 234 (1919). — [4]) Vgl. Luers, Kolloid-Ztschr. **26**, 15 (1920); **27**, 123 (1920); F. Loeb, Biochem. Ztschr. **142**, 11 (1923). — [5]) W. Windisch und V. Bermann, Ztschr. f. Brauerei **37**, 130 (1920); vgl. a. J. Reitstötter, Ztschr. f. Immun.-Forsch. **30**, 507 (1921); Kolloid-Ztschr. **28**, 20 (1921); **32**, 26 (1923); Öst. Chem.-Ztg. 25, 123 (1922); W. Beck, Biochem. Ztschr. **156**, 471 (1925).

die sensibilisierende Wirkung des reinen Schutzkolloides an sich. Es wäre vielleicht daran zu denken, zu diesen „scheinbaren" Eisenzahlen, die in einem Liter Mischsol vorhanden und aus dem Schutzkolloid stammenden Mengen der verschiedenen Elektrolyte, alle umgerechnet und ausgedrückt durch Fällungsäquivalente Millimole Natriumchlorid, zu addieren. Man erhielte so eine „wahre" Eisenzahl, die nun ein wirkliches Maß für die sensibilisierende Wirkung des Schutzkolloides auf das Eisenhydroxydsol darstellen würde.

II. Allgemeine Verfahren zur Herstellung kolloider Lösungen.

1. Dispersionsverfahren.

Elektrische Verfahren. Gleichstromverfahren von G. Bredig[1]). Nach diesem Verfahren lassen sich darstellen Hydrosole von Gold, Platin, Silber, Palladium, Iridium u. a. m. In einer gut gekühlten Schale aus Porzellan oder Jenaer Glas bildet man unter reinem Wasser (Leitfähigkeit etwa 3×10^{-6}) einen Gleichstromlichtbogen zwischen Stäben oder Drähten des zu zerstäubenden Metalles. Die Stromstärke kann 5—10 Ampere, die Spannung 30—110 Volt betragen. Es ist unzweckmäßig, bei allzu hohen Stromstärken oder Spannungen zu arbeiten.

Mit dem Gleichstromlichtbogen lassen sich im allgemeinen nur Hydrosole gewinnen. Viel allgemeiner in seiner Anwendbarkeit ist das Wechselstromlichtbogenverfahren von The Svedberg. Was die Abhängigkeit von der Frequenz anlangt, ist zu bemerken, daß bei 50 Perioden ein Kolloid von fast den gleichen Eigenschaften wie bei Gleichstrom entsteht. Bei 1000 Perioden werden die Teilchen etwas kleiner, als bei Gleichstrom und die Zahl der Teilchen wächst ein wenig[2]). Erst bei Übergang zu hochfrequenten Wechselströmen von 10^5 bis 10^7 Perioden, treten deutliche Veränderungen in den Eigenschaften der Kolloide ein[3]).

Im einzelnen auf diese Methoden einzugehen, würde zu weit führen.

Mechanische Verfahren. Bedeutung hatte früher das Ätz-Peptisationsverfahren von Kužel (S. 27); neuerdings ist wichtig geworden die Methode der Th. Goldschmidt A.G., insbesondere zur Herstellung feinverteilter Farben (Mennige), nach der die Metalle restlos verflüchtigt werden und der Rauch dann (etwa nach Cottrell) niedergeschlagen wird[4]) Zu den Dispersionsmethoden zählt ferner das Verfahren von H. Plauson[5]). Das Wesentliche des sog. Plausonverfahrens ist die Anwendung einer Kolloidmühle[6]), einer Zerkleinerungsvorrichtung, die äußerlich einer Schlagmühle gleicht, in ihrer Wirkung aber von allen anderen Mühlen sehr verschieden ist. Infolge der Schleuderkraft wird bei einer gewöhnlichen Schlagmühle alle Flüssigkeit von den Schlagarmen der Mühle abgeschleudert, um die Achse entsteht ein leerer Raum: weder Luft noch Flüssigkeit kann von der Wellenmitte zutreten, es bildet sich ein Unterdruck aus. Die am Umfang der Arme

---

[1]) Ztschr. f. Elektrochem. **4**, 514 (1898); Ztschr. f. angew. Chem. **11**, 951 (1898); Ztschr. f. phys. Chem. **32**, 127 (1900); vgl. a. G. Bredig, Anorganische Fermente (Leipzig 1901). — [2]) Börjson, Electric Synthesis of Colloids. Diss. (Upsala 1921). — [3]) The Svedberg, B. **39**, 1705 (1906); vgl. a. D.R.P. 260470, 326655, 332200, 387207; Am. Pat. 1440502, Franz. Pat. 546166, 548381 u. a. m. — [4]) D.R.P. 409845, 431469, 438221 (siehe ferner S. 24). — [5]) B. Block, Ztschr. f. angew. Chem. **34**, 25 (1921). — [6]) Engl. Pat. 155836; vgl. a. D.R.P. 337429, 387995 von Plauson, die eine Trockenkolloidmühle beschreiben; ein deutsches Patent auf die ursprüngliche Kolloidmühle wurde Plauson nicht erteilt.

sich bildenden Flüssigkeitskränze werden durch den dort herrschenden Unterdruck immer wieder in das Innere des Schlagrades gesaugt. Die Wirkung der Kolloidmühle beruht nun darauf, daß die Schlagarme um eine e x z e n t r i s c h[1] angeordnete Achse rotieren; eine außerordentliche Schlagwirkung ist die Folge, da die zu zerteilenden Teilchen von Flüssigkeit oder Flüssigkeitsoberflächen wuchtig getroffen werden, weil sie nicht elastisch ausweichen können.

Das vielfache anfängliche technische Versagen der Kolloidmühle lag nicht oder nur z. T. im Prinzip begründet, sondern vielmehr in den Schwierigkeiten ihrer Konstruktion, in der Beschaffung genügend widerstandsfähigen Materials, sowie in der immerhin geringen Leistungsfähigkeit. Auch darf nicht unerwähnt bleiben, daß das zu zerteilende Gut sehr stark erwärmt wird, ein Übelstand, der viele temperaturempfindliche Stoffe von vornherein von der Behandlung in der Kolloidmühle ausschließt. Auch flüssige, leicht entzündliche Dispersionsmittel können aus den gleichen Gründen nicht verwendet werden; nicht zu vergessen ist die starke Verunreinigung des Gutes infolge der starken Abnutzung der Mühle bei Anwendung der geforderten großen Geschwindigkeit.

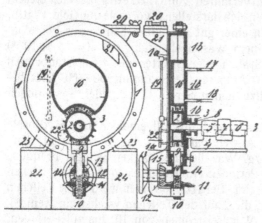

Abb. 3.

Eine der Hauptschwierigkeiten der Kolloidmühle liegt u. a. ferner in der Dichtung der Welle bei den geforderten hohen Umdrehungsgeschwindigkeiten mit einfachen und zuverlässigen Hilfsmitteln. Sollte es der Technik tatsächlich gelingen, diese Schwierigkeiten zu überwinden, was z. T. heute wohl schon erreicht sein dürfte, so besteht begründete Hoffnung, die Kolloidmühle als wirklich brauchbaren Apparat in die Technik einzuführen. Vielfach begnügt man sich übrigens bei Anwendung von Kolloidmühlen mit der Herstellung nur *feinster* Dispersionen, ohne kolloide Zerteilungen zu erreichen.

H. Plauson hat erkannt, daß die Zerkleinerung eine Frage der Kraftaufwendung in der Zeit ist. Eine große Energieanwendung war aber bei den bisherigen Mühlen nicht möglich, weil die Teilchen ausweichen und man sie nicht der Kraftwirkung aussetzen konnte, die zur Überwindung der inneren Festigkeitskräfte nötig ist. In der Plausonschen Mühle ist, wie schon erwähnt, in einem ringförmigen Gehäuse exzentrisch eine Schlagtrommel mit mehreren Armen vorgesehen, die schlagend auf die Flüssigkeit wirkt, dabei die Flüssigkeit gegen Aufhalter wirft und so eine starke Zerkleinerungsarbeit leistet. Abb. 3 zeigt schematisch eine Kolloidmühle der ursprünglichen Bauart Plauson-Block.

Die Wichtigkeit hoher Umdrehungsgeschwindigkeiten wird auch von The Svedberg[2] betont, der besonders die von China konstruierte sog. Scheibenkolloidmühle[3] betrachtet. Das Prinzip dieser Scheibenkolloidmühle ist das folgende: Durch eine Hohlwelle tritt das zu zerteilende Gut mit einem Dispersionsmittel ein und trifft auf eine mit großer Geschwindigkeit rotierende Scheibe, der

---

[1] Vgl. D.R.P. 427076, 429015, 429016 der Maschinenbau-Anstalt Humboldt A. G., Köln. — [2] The Svedberg, Kolloidchemie (Leipzig 1925), 16. — [3] W. A. Lean, Chem. Met. Eng. **30**, 675 (1924); Journ. Ind. Engin. Chem. **16**, 494 (1924).

dicht gegenüber eine zweite ebenso große in entgegengesetzter Richtung rotiert. Die Suspension muß zwischen den beiden rotierenden Scheiben hindurchtreten, wobei in ihrer mittleren Schicht eine starke scherende Kraft auftritt, die die suspendierten Teilchen auseinander reißt. Nach Plauson ist die Schlagkolloidmühle dann vorteilhaft, wenn die zu zerteilenden Stoffe Flüssigkeiten sind oder natürliche Kolloide, wie etwa Leim. Der Scheiben- oder Reibkolloidmühle dagegen gehört das Gebiet der festen Stoffe, welche nicht als typische Kolloide zu bezeichnen sind, z. B. Mineralien, Farben, Kohle usw. Um mit der Schlagkolloidmühle technisch verwertbare Ergebnisse zu erzielen, sind Mühlen mit 6000—9000 Umdrehungen pro Minute zu verwenden. Bei Reibkolloidmühlen kann man die Umdrehungszahl erheblich herunterdrücken. Wesentlich bleibt aber auch hier, daß wenigstens eine der beiden Scheiben eine sehr hohe Umdrehungsgeschwindigkeit besitzt.

Der Plausonsche Gedanke einer Kolloidmühle wurde in der Folgezeit von anderen Erfindern aufgegriffen und weitergeführt. Neben der schon angeführten Scheibenkolloidmühle ist noch zu nennen die von Ostermann und der Sudenberger Maschinenfabrik und Eisengießerei A.G. gebaute „Summamühle"[1]), deren wesentliches Merkmal in einen mit geraden oder schraubenförmigen Nuten versehenes Gehäuse, horizontal angeordnetem Zu- und Ablauf der Flüssigkeit durch schraubenförmige Zubringer und Abführer, welche auf der Achse des Reibkörpers sitzen, besteht.

Auch in der amerikanischen Literatur werden Kolloidmühlen vielfach beschrieben, die nach einem solchen Prinzip arbeiten. Diese Mühlen sollen, obgleich noch immer große Schwierigkeiten in der Konstruktion und im Betriebe vorliegen, vor der Plausonmühle den Vorteil haben, das zu zerteilende Gut weniger zu verunreinigen. Erwähnt sei auch die Zentrifugalkolloidmühle der Maschinenbauanstalt Humboldt in Köln[2]).

Ein weiteres interessantes Verfahren zur Herstellung von hochdispersen Zerteilungen, besonders von kolloidem Silber, Kupferoleat, Trikalziumphosphat und Nickelsulfid wird von der Maschinenbauanstalt Humboldt[3]) im D.R.P. 416062 angegeben. Molekulare Lösungen der betreffenden Stoffe werden derart kondensiert, daß die Bildung der Kolloide in Gegenwart oder Abwesenheit von Schutzkolloiden in einer Kolloidmühle oder einer anderen ähnlichen schnell rotierenden Apparatur ausgeführt und das so hergestellte Kolloid in Ultrafilterpressen[4]) ausgewaschen und konzentriert wird. E. Trutzer versucht trockene kolloide Kohle durch Mahlen von Kohle mit einem Dispersionsmittel in einer Kolloidmühle zu erhalten, worauf er nach dem Mahlen das dispergierte Gut durch Verdampfen des Dispersionsmittels nach einem der bekannten Zerstäubungstrockenverfahren in Form eines feinen trockenen Pulvers gewinnen will[5]). Von H. Plauson selbst stammt noch ein ähnliches Verfahren zur Herstellung von Düngemitteln[6]). V. Kohlschütter und die Th. Goldschmidt A.G. weisen darauf hin, daß der disperse Zustand bei ein und demselben Stoff, der aber nach verschiedenen Methoden hergestellt ist, nicht immer von der gleichen Art ist, sondern jedes Verfahren prägt dem Stoff durch das Ineinandergreifen der in ihm zusammentreffenden physikalischen und chemischen Faktoren eine besondere Form auf. In einem sehr interessanten Verfahren lassen sie, wie schon erwähnt, zunächst den zu zer-

---

[1]) D.R.P. 421318, 436368. — [2]) D.R.P. 413143, 419758. — [3]) Diese Firma gibt auch noch ein Verfahren zur Extraktion von tierischen und pflanzlichen Geweben an, nachdem diese Stoffe erst in Kolloidmuhlen dispergiert und dann in üblicher Weise extrahiert werden. D.R.P. 430087. — [4]) D.R.P. 337731, auch 342340, 382049, 386934 und 387960. — [5]) D.R.P. 422803. — [6]) Norweg. Pat. 39804.

teilenden Stoff als Rauch entstehen und schlagen letzteren dann z. B. durch Spitzen- oder Koronaentladung nieder[1]).

Ein ununterbrochenes Arbeiten gestattet die von O. Auspitzer und den Oderberger Chemischen Werken verbesserte und von Paßburg-Block gebaute Kolloidmühle. Die Erbauer versuchen durch Behebung der großen inneren Reibung an Kraft zu sparen und leiten zu diesem Zweck das Gut in einen Flüssigkeitsstrom mit mäßiger Geschwindigkeit nur durch den unteren, mit Schlagstiften versehenen Teil des die Schlagstiftscheibe enthaltenden Gehäuses der Mühle, so daß das Gut in dem Gehäuse nicht mit herumgeschleudert werden kann. Nach seinem Austritt aus der Mühle wird es durch eine Pumpe mit mäßiger Geschwindigkeit außerhalb der Mühle wieder zur Schlagstelle zurückgeleitet, bis die Zerkleinerung genügend weit fortgeschritten ist[2]). Alle diese Vorrichtungen müssen, wie wiederholt betont sein soll, eine gewisse Umdrehungsgeschwindigkeit erreichen, damit wirtschaftliche Ergebnisse erzielt werden; nach F. Hebler muß die „Kritische Drehzahl" erreicht werden[3]). Oberhalb dieser kritischen Drehzahlen sind nach O. Auspitzer Effekte zu erreichen, die bei niederer Umlaufgeschwindigkeit bei noch so langer Mahldauer nicht zu erzielen sind. Bei Kugelmühlen fanden dagegen Kl. Bergl und J. Reitstötter[4]) eine „untere kritische Drehzahl" zur Kolloidisierung, die dann erreicht ist, wenn die Kugeln nicht mehr zum freien Fall kommen, sonderen nur mehr entlang der Wandungen gleiten[5]).

Die Zerteilung fester Substanzen in sehr raschlaufenden Mühlen ist übrigens von P. P. v. Weimarn schon 1914 durchgeführt worden[6]), so daß also H. Plausons Konstruktion der Kolloidmühle[7]) nur die technische Umsetzung eines bereits bekannten Prinzips beinhaltet.

Wenn alle früheren Versuche, kolloide oder sehr feinkörnige Systeme mit mechanischen Hilfsmitteln zu erzeugen, fehlschlugen und man lange der Meinung war, daß man durch rein mechanisches Mahlen kein sehr feinkörniges System erhalten kann, so war daran z. T. auch die leichte Koagulierbarkeit der ungeschützten Teilchen schuld. Plauson machte sich die an anderen Kolloiden gewonnenen Erfahrungen zunutze und verwandte als Hilfsmittel zur Zerkleinerung noch sog. „Dispersionsbeschleuniger" (Dispersatoren), im allgemeinen Schutzkolloide, welche die Stabilität der einmal erzielten Kolloidteilchen erhöhen und deren Koagulation verhindern bzw. Peptisatoren, die die Teilchen aufladen und dadurch stabilisieren. Plauson versteht allerdings in seinen Veröffentlichungen unter Dispersionsbeschleuniger alle jenen Substanzen, welche katalytisch die Zerteilung beschleunigen sollen und vergleicht deren Wirkung mit der Katalyse bei chemischen Reaktionen[8]).

Ferner sind hier noch zu erwähnen die sehr originellen Verfahren von P. P. v. Weimarn, die von N. Pihlblad praktisch ausgeführt wurden. P. P. v. Weimarn mischt auf mechanischem Wege den zu zerteilenden Stoff einen indifferenten Körper zu, welcher sich beim Auflösen im Dispersionsmittel kristalloid löst. Dieses

---

[1]) D.R.P. 438 221. — [2]) O. Auspitzer, Ztschr. f. angew. Chem. **40**, 725 (1927); Chemfa **1**, 1337 (1917). D.R.P. 432 025, 446 626. — [3]) Chemfa **2**, 45 (1928); Kolloid-Ztschr. **46**, 225 (1928). — [4]) Kolloid-Ztschr. **46**, 53 (1928); Öst. Pat. 109 852. — [5]) Vgl. a. D.R.P. 281 305 und Schweiz. Pat. 90 693; vgl. dagegen das Gleitmahlverfahren von H. Hildebrandt in Zentrifugalmuhlen (D.R.P. 435 120, 440 089, 442 106 469 535, 489 223, 489 327. — [6]) Kolloid-Ztschr. **44**, 258 (1927). — [7]) Vgl. z. B. A. Chwala, Öst. Chem.-Ztg. **24**, 107 (1921). Hingewiesen sei auch noch auf die Wirbelkolloidmühlen der Hartstoff A.G. in Berlin-Cöpenik (D.R.P. 395 075, 400 307, 405 381, 411 238, 412 197, 412 378, 424 344, 439 023, 442 151, 442 152, 448 608, 484 211, 484 212, 488 715, 491 924), in denen das Gut durch gegenseitige Scheuerung im Gasstrom zerkleinert wird, deren Besprechung aber, da sie nicht die Gewinnung kolloider Lösungen zum Ziele haben, sondern nur höchstdisperse Bronzen u. dgl. gewinnen wollen, zu weit führen würde. [8]) A. Chwala, Koll. Beitr. **31**, 222 (1930).

Verfahren ist sehr allgemein anwendbar, und es lassen sich auf diese Art Sole von Aluminiumhydroxyd, Bariumsulfat, Antimonsulfid, Silber, Quecksilber, Gold, Schwefel, Selen, Tellur und andere erhalten.

Kondensationsverfahren.

Nach Kondensationsverfahren lassen sich die Mehrzahl der Elemente und ihrer Verbindungen in den kolloiden Zustand überführen. Reine Kolloide ohne Schutzkolloid haben für die Erforschung der Kolloide wohl die größte Bedeutung, spielen in der Technik aber nur eine geringe Rolle, da sie gegenüber Elektrolyteinflüssen viel zu empfindlich sind, als daß sie als Handelsware benutzt werden könnten.

Besonders zu erwähnen wäre R. Zsigmondys Keimverfahren, welches gestattet, durch Reduktion Metallhydrosole bestimmten Zerteilungsgrades herzustellen. Wir können die Größe der Teilchen ändern einmal, indem wir die Menge der zugesetzten Keime verändern, andererseits indem wir die gleiche Keimmenge zu verschiedenen konzentrierten Metallsalzlösungen setzen[1]).

Außer dem Keimverfahren gibt es noch einen zweiten Weg, den Dispersitätsgrad zu variieren, nämlich den, die Reduktionsmischung während der Reduktion mit ultraviolettem Licht zu bestrahlen[2]).

Ungleich größere Bedeutung für die Technik haben die geschützten Kolloide. Fügt man z. B. zu einem reinen Metallkolloid irgendein Schutzkolloid, so erhält man ein Kolloidsystem mit den Eigenschaften des reversiblen Schutzkolloids; oft fügt man das Schutzkolloid nicht erst der fertigen kolloiden Lösung hinzu, sondern schon vor der Bildung oder aber man arbeitet unter solchen Bedingungen, daß das Schutzkolloid während der Kondensation entsteht.

Wichtig sind hier vor allem die Verfahren mit Protalbin- und Lysalbinsäure in Form ihrer Natriumsalze, die von C. Paal und Mitarbeitern ausgearbeitet und der Firma Kalle & Co. patentiert wurden[3]). Dieses Verfahren ist allgemein, nur übt Protalbinsäure keinen Schutz aus auf Nickel-(2)-oxydsole[4]). Zur Gewinnung der Protalbinsäure[5]) erhitzt man Albumin mit einer Alkalilösung und scheidet aus der erhaltenen Lösung die Protalbinsäure in Flocken ab, indem man mit Essigsäure ansäuert. Um die Lysalbinsäure zu erhalten, säuert man statt mit Essigsäure mit Schwefelsäure an, filtriert von der ausgeschiedenen Protalbinsäure ab, dampft das neutral gemachte Filtrat ein, säuert von neuem mit Schwefelsäure an und entfernt die Fremdelektrolyte durch Dialyse.

Zu einer Lösung von protalbin- oder lysalbinsaurem Natrium wird eine Salzlösung des zu kolloidisierenden Metallsalzes zugesetzt, bis kein Niederschlag mehr ausfällt, derselbe wird dann in Natronlaugen gelöst, wobei sich das Metallhydroxyd bildet. Dieses wird alsdann reduziert, und zwar genügen bei einigen Metallen, wie Silber u. a. Erwärmen auf dem Wasserbade, bei anderen hingegen müssen eigene Reduktionsmittel, als welche sich besonderes Hydroxylamin und Hydrazin bzw. deren Salze eignen, zugesetzt werden. Die schließlich dialysierten Lösungen können auf dem Wasserbade, allenfalls im Vakuum, eingedampft werden. Die auf diese Art gewonnenen kolloiden Metalle in Form von schwarzen, spröden, glänzenden Schuppen sind in Wasser leicht löslich. Eine weitere Anreicherung an Metallen kann durch Fällen mit Essigsäure und Lösen in Ätznatron mit darauffolgender nochmaliger Dialyse erfolgen.

[1]) Näheres u. a. in R. Zsigmondy, Das kolloide Gold (Leipzig 1925); auch D.R.P. 412167. — [2]) The Svedberg, Kolloidchemie (Leipzig 1925), 49. — [3]) C. Paal, u. a. B. 35, 2206, 2219, 2224, 2236 (1902); 37, 124, 3862 (1904); 38, 526, 534, 1983 (1905); 39, 1545, 1550 (1906); 40, 1392 (1907); 41, 805 (1908); Journ. f. prakt. Chem. (2) 71, 358 (1904). — [4]) C. Paal und G. Brunjes, B. 97, 2195 (1914). — [5]) C. Paal, B. 35, 2195 (1902).

III. Spezielle Verfahren zur Herstellung kolloider Lösungen anorganischer Stoffe[1]).

1. Gruppe der Elemente.

Alkalimetalle. Organosole hat The Svedberg[2]) dargestellt. Die relative Stabilität dieser Organosole nimmt ab vom Natrium zum Cäsium.

Kolloide Alkalisalze sind ebenfalls hergestellt worden; Chlornatrium gewinnt man z. B. aus Chloressigester und Natriummalonester[3]).

Kupfer. Mittels Gleichstrom hat J. Billiter[4]) ein Hydrosol des Kupfers dargestellt. Ebenfalls mittels Gleichstrom in Gegenwart von Gummiarabikum und einem Reduktionsmittel läßt sich kolloides Kupfer nach einem Verfahren der Chemischen Fabrik v. Heyden gewinnen[5]).

Schutzkolloidfreie Hydrosole auf chemischem Wege hat J. Meyer[6]) durch Reduktion von Kupfersalzlösungen mittels Natriumhydrosulfit dargestellt. Schutzkolloidhaltige Hydrosole erhält man nach C. Paal und Leuze[7]) durch Reduktion von kolloidem Kupferoxyd mittels Hydrazin in Gegegenwart von Protalbin- oder Lysalbinsäure. Das erforderliche kolloide Kupferoxyd wird aus Kupfersulfat durch Erwärmung mit einer alkalischen Lösung von Protalbinsäure dargestellt.

Nach A. Gutbier[8]) gewinnt man durch Erwärmen einer ammoniakalischen Kupfersulfatlösung 1 : 100 mit verdünntem Hydrazin auf dem Wasserbade bis zum Auftreten einer tiefblauen Färbung und darauffolgender Dialyse ein stabiles Sol. Nach D.R.P. 383098 der B. A. S. F. wird Kupferchlorid, das man durch Lösung in konzentrierter Salzsäure und Eingießen in Wasser in möglichst reiner weißer Form erhalten hat, zu einer Lösung von Kaseinnatrium (10 % Kasein und 2 % Natriumhydroxyd) gegeben. Organosole lassen sich auf elektrischem Wege nach dem Verfahren von The Svedberg[9]), sowie auch nach den Angaben des D.R.P. 260470 mit Kautschuk als Schutzkolloid gewinnen. Hydrosole der Kupferoxyde sind auf elektrischem Wege nach dem Verfahren von G. Bredig gewinnbar. Das Verfahren wurde von der D. A. Wander A.G. weiter ausgebaut[10]).

Schutzkolloidfreies Kupfer-(1)-oxyd ist darstellbar durch Hydrolyse von Kupfersukzinimid nach H. Ley[11]). Kolloide Kupferoxyde gewinnt man ferner nach Th. Graham[12]) durch Fällung von Kupfersalzlösungen in Gegenwart von Zucker.

Kolloides Glykokollkupfer beschreibt A. Lottermoser[13]). Kupfer-Lezithinverbindungen, wie das Lecutil der Farbenfabriken vorm. Friedrich Bayer & Co., Leverkusen, gewinnt man nach den D.R.P. 287305 und 294436. Kolloide Kupferverbindungen mit Eiweißspaltungsprodukten werden in den D.R.P. 170434, 171936, 171937, 171938 der Chemischen Fabrik Kalle & Co. beschrieben[14]). Die Gewinnung erfolgt nach der allgemeinen Paalschen Vorschrift zur Herstellung von Hydrosolen mittels Protalbin- oder Lysalbinsäure. Es lassen sich auf diese

[1]) Bezüglich der Patentliteratur vgl. Bräuer-D'Ans, Fortschritte in der anorganisch chemischen Industrie **1**, 3559 (1923); **2**, 1910 (1926); **3**, (1930); ferner A. Lottermoser, in Abderhaldens Handb. d. biologischen Arbeitsmethoden (Berlin 1922), III. Bd., H. 2; F. V. v. Hahn, Über die Herstellung und Stabilität kolloider Lösungen anorganischer Stoffe (Stuttgart 1922). — [2]) B. **38**, 3616 (1905); **39**, 1705 (1906). — [3]) R. Zsigmondy, Lehrb., 3. Aufl. (Leipzig 1920), 304. — [4]) B. **35**, 1933 (1902); vgl. G. T. R. Evans, Trans. Faraday Soc. **24**, 409 (1928). — [5]) D.R.P. 326655. — [6]) Ztschr. f. analyt. Chem. **43**, 50 (1903). — [7]) B. **39**, 1545, 1550 (1906). — [8]) Ztschr. f. anorg. Chem. **32**, 355 (1902); **44**, 227 (1905). — [9]) B. **38**, 3616 (1905). — [10]) D.R.P. 332200; vgl. ferner die neueren Verfahren nach D.R.P. 454804 und 466515. — [11]) B. **38**, 2199 (1905). — [12]) Phil. Trans. Roy. Soc. **15**, 1183 (1861); Auch A. **121**, 51 (1862). — [13]) Journ. f. prakt. Chem. (2) **75**, 293 (1907). — [14]) C. Paal, B. **35**, 2224 (1902).

Art bis zu 15%ige Metalloxydhydrosole gewinnen. R. Lorenz und H. Heinz bauten das Verfahren weiter aus zur Herstellung kolloider unlöslicher Metallsalze, indem sie von solchen Komponenten der zu erzeugenden Salze ausgehen, die sich bereits im kolloiden Zustande befinden und das Reagens von anderen kolloiden Komponenten in dem Tempo adsorbieren lassen, wie die Reaktion verläuft (D.R.P. 456 188).

Silber. Sehr eingehend und mit wissenschaftlicher Exaktheit wurden die Silbersole studiert; die Bildungsweise und die Konstitution dieser Sole hat besonders die Schule Wo. Paulis erforscht. P. Neureiter[1]) reduziert eine ammoniakalische Silbersalzlösung mit Hydrazinhydrat und erhält dann ein gelbes und später ein in der Durchsicht rubinrotes Hydrosol. Eine weitgehende Dialyse dieses Sols ist ohne Gefahr der Koagulation möglich. Den elementaren Bausteinen dieses Hydrosols wird von Wo. Pauli die Formel $(x\,Ag \cdot y\,AgCl \cdot AgCl_2') \cdot Ag(NO_3)_2$ zugeschrieben. A. Erlach[2]) untersuchte weiter die Bildungsmöglichkeiten von Silbersolen und erhielt z. B. u. a. aus reinem Silberoxyd und reinstem Wasserstoff keine Solbildung, wohl aber mit Wasserstoff, der einem Kippschen Apparat entnommen wurde. Den gleichen Effekt erzielte er auch durch Hinzufügung von OH' zu Silberoxyd. Sämtliche Sole Erlachs sind negativ geladen und lassen sich durch Dialyse bis zu einer Leitfähigkeit von 35×10^{-6} Ohm reinigen. Diese Hydrosole enthielten noch Silberoxyd in wechselnden Mengen. A. Erlach und Wo. Pauli halten das Vorhandensein von AgO' oder ähnlichen Ag-Komplexen als notwendig für die Aufladung der Solteilchen. Gemeinsam mit E. Fried[3]) gelangt Wo. Pauli auf Grund langdauernder Dialysierversuche zur Aufstellung weiterer Konstitutionsformeln für den ionogenen Komplex. Dieser muß Silber als Zentralatom und einen Überschuß von Chlorionen enthalten, der die negative Ladung bedingt. Versuche von F. Perlack[4]) an einem Bredigschen Silbersol[5]) endlich ergaben, daß es entgegen den weitverbreiteten Anschauungen nicht möglich ist, in reinstem Wasser stabile Sole zu erhalten und daß die bekannte solfördernde Wirkung von Alkalizusätzen an eine Mindestkonzentration von OH' geknüpft ist. F. Perlack kommt auch hier zu dem Ergebnis, daß bei der elektrischen Zerteilung eine chemische Reaktion mit den an den Drahtspitzen entstandenen Produkten vor sich geht, durch welche die Oxydbildung und durch das Kaliumhydroxyd die Überführung des Oxyds in Argentat erklärlich wird. Es findet demnach keine Adsorption von negativen Ionen an die dispersen Metallteilchen statt, sondern der Vorgang ist eine thermisch-chemische Dispersion, welche die Teilchen schafft, an deren Oberfläche durch die Elektrolyse die ionogenen Komplexe entstehen.

Schutzkolloidfreie Hydrosole hat auch V. Kohlschütter[6]) gewonnen. Hydrosole gewinnt man ferner nach A. Gutbier und G. Hofmeyer[7]) aus einer mit Natriumkarbonat gerade neutralisierten Silbernitratlösung durch Reduktion mit Hydrazin.

Auf elektrischem Wege lassen sich Hydrosole sowohl mittels Gleichstrom nach G. Bredig[8]), als auch mittels Wechselstrom nach The Svedberg[9]) gewinnen. Neuerdings haben A. Lottermoser und S. Bausch Silberhydrosole durch Gleich-

[1]) Kolloid-Ztschr. **33**, 67 (1923). — [2]) Kolloid-Ztschr. **34**, 213 (1924). — [3]) Kolloid-Ztschr. **36**, 138 (1925). — [4]) Kolloid-Ztschr. **39**, 195 (1926). — [5]) Vgl. z. B. J. Reitstötter, Die Herstellung kolloider Lösungen anorganischer Stoffe (Dresden 1927), 10. — [6]) Ztschr. f. Elektrochem. **14**, 49 (1908). — [7]) Ztschr. f. anorg. Chem. **45**, 77 (1905). — [8]) Ztschr. Elektrochem. **4**, 514 (1898). — Ztschr. angew. Chem. **11**, 951 (1898); vgl. a. die neueren Arbeiten der Schüler Wo. Paulis: P. Neureiter, Kolloid-Ztschr. **33**, 67 (1923); A. Erlach, Kolloid-Ztschr. **34**, 213 (1924); E. Fried, Kolloid-Ztschr. **36**, 138 (1925); F. Perlack, Kolloid-Ztschr. **39**, 195 (1926). — [9]) B. **39**, 1705 (1906); schon dargestellt von J. Billiter, B. **35**, 1919 (1902).

oder Wechselstromzerstäubung von Ag-Draht in NaOH oder Natriumsilikatlösungen erhalten[1]).

Silberhydrosole bestimmten Zerteilungsgrades hat Lüppo-Cramer analog
Zsigmondys Goldhydrosolen dargestellt[2]). Wo. Ostwald reduziert eine ganz
wenig mit Na_2CO_3 versetzte 0,0001 n $AgNO_3$-Lösung mit wenigen Tropfen einer
frisch bereiteten Tanninlösung.

Konzentrierte Hydrosole mit Schutzkolloiden erhält man nach Carey Lea[3]).
Dextrin ist ebenfalls ein geeignetes Schutzkolloid für kolloides Silber[4]).

Auch gallensaure Alkalisalze sind geeignete Schutzkolloide (Roth, D.R.P.
240393).

An weiteren Verfahren ist zu erwähnen Paal's Protalbin- oder Lysalbinsäure-
methode. Es ist nicht nötig, das Eiweiß erst abzubauen, auch natives Eiweiß[5]),
z. B. Hühneralbumin, ist ein ganz vorzügliches Schutzkolloid[6]). A. Lottermoser[7])
und H. Grauert[8]) arbeiten ganz analog der Paalschen Vorschrift. Die I. G. Farbenindustrie behandelt Paalsches Proteinsilber (D.R.P. 105866) mit Chlor zwecks
Gewinnung entsprechender Chloride (D.R.P. 489646).

Leicht anwendbar sind ferner die Verfahren von A. Gutbier. Mittels Hydrazinhydrat fällt man aus stark verdünnten Silbernitratlösungen (1:1000) das kolloide
Silber in Gegenwart von Gummiarabikum[9]). An Stelle von Gummiarabikum kann
man auch Leinsamenschleim[10]), Quittenschleim[11]), Karraghenmoosextrakt[12]) oder
Salepschleim[13]) verwenden. Die Sichel G.m.b.H. verwendet Stärkexanthogenat
als Schutzkolloid[14]).

Obgleich kolloide Kieselsäure gegenüber fertigen Metallkolloiden keine Schutzwirkung ausübt, wirkt sie stabilisierend, wenn sie bei der Bildung eines Metall-
hydrosoles zugegen ist[15]). Eine lösliche Kieselsäure von etwa 2,5 % SiO_2 wird mit
einer verdünnten Metallsalzlösung versetzt und mittels eines Reduktionsmittels,
etwa Hydrazinhydrat, reduziert.

Organosole lassen sich gewinnen entweder nach The Svedberg oder nach
einer sehr allgemeinen anwendbaren Methode von H. Karplus[16]). Organosole kann
man auch durch Erwärmen von Silberoxyd mit einer schwachsauren, alkoholischen
Lösung eines organischen Schutzkörpers in Gegenwart von Wasserstoff darstellen[17]),
als Dispersionsmittel kann man Öle, Fette, Wachsarten u. dgl. verwenden[18]).

Nach A. Lottermoser[19]) lassen sich sämtliche in Wasser schwer löslichen
Silbersalze durch Ionenreaktion zwischen Ag˙ und dem entsprechenden Anion
gewinnen, wenn man dafür Sorge trägt, daß gewisse Konzentrationsgrenzen der
reagierenden Lösungen nicht überschritten werden und stets eines der reagierenden

[1]) Ztschr. f. Elektrochem. 32, 87 (1926). — [2]) Kolloid-Ztschr. 7, 99 (1910). — [3]) Amer.
Journ. Science 33, 7476; 38, 47 (1889); auch: Kolloides Silber und die Photohaloide (Dresden
1908); E. Schneider, B. 25, 1281 (1892); Ztschr. f. anorg. Chem. 3, 78 (1893); 7, 339 (1894);
F. Wöhler, A. 30, 1 (1839); F. Wöhler und Muthmann, B. 20, 983 (1887). — [4]) C. Lea,
Amer. Journ. Science (3) 41, 482 (1891); A. Lottermoser, Journ. f. prakt. Chem. (2) 71, 301
(1905). — [5]) C. Paal, B. 35, 2224 (1902); D.R.P. 170433, 170434, auch 180730, 249679, 249764
u. a. — [6]) Vgl. z. B. J. Reitstötter, Ztschr. f. Immun.-Forsch. 30, 468 (1920); Kolloid-Ztschr.
28, 20 (1921); Kalle & Co., D.R.P. 175794. — [7]) Journ. f. prakt. Chem. (2) 71, 209 (1905).
— [8]) D.R.P. 275704. — [9]) A. Gutbier, Ztschr. f. anorg. Chem. 32, 350 (1902); 45, 77 (1905);
Kolloid-Ztschr. 4, 300 (1909). — [10]) Kolloid-Ztschr. 18, 22 (1916). — [11]) Kolloid-Ztschr. 19,
280 (1916). — [12]) Kolloid-Ztschr. 30, 10, 31 (1922). — [13]) Kolloid-Ztschr. 20, 123 (1917). —
[14]) D.R.P. 345757. — [15]) F. Küspert, B. 35, 2815, 4066 (1902); Elektroosmose A.G.,
D.R.P. 285025, Franz. Pat. 471680, Am. Pat. 1119647, Engl. Pat. 9261 v. 1918. — [16]) D.R.P.
293848, 296637. — [17]) Soc. Chim. des Usines du Rhône, D.R.P. 351586, Engl. Pat. 173733.
— [18]) Chemische Fabrik von Heyden und v. Hoessle, D.R.P. 326655. — [19]) Journ. f. prakt.
Chem. (2) 72, 39 (1905).

Ionen bis zu einem Minimalbetrage im Überschuß bleibt. Dabei entsteht ein negativ geladenes Hydrosol, wenn das Anion im Überschuß bleibt, umgekehrt dagegen ein positives geladenes Hydrosol, wenn das Ag im Überschuß bleibt (AgCl, AgBr, AgJ, AgCNS, Ag_3AsO_4, Ag_3PO_4, Ag_2CO_3 u. a. m.). Mit Ausnahme des Chlorsilbers erhält man im allgemeinen beständigere Hydrosole, wenn man das Silbernitrat in die Lösung des Alkalisalzes einfließen läßt, als wenn umgekehrt verfahren wird. Man erhält auch kolloides AgCl, AgBr oder AgJ, indem man eine Lösung von kolloidem Silber so lange mit Halogen versetzt, bis Entfärbung eintritt. Gelatine oder zitronensaures Ammonium werden zweckmäßig als Schutzkolloid zugesetzt[1]).

Silbersulfidsole haben H. Freundlich und A. Nathanson durch Zusammengießen von kolloidem Silber und kolloidem Schwefel erhalten[2]). Nach F. V. v. Hahn ist wesentlich für das Gelingen die Verwendung von Solen möglichst gleich starker elektrischer Ladung. Anwendbar ist das Verfahren von Paal mittels Protalbin- bzw. Lysalbinsäure für die Darstellung von kolloidem Silberoxyd, Silberkarbonat, Silbersulfid, Silberhalogeniden u. a.[3]). H. Crookes und L. Stroud verwenden eine neutrale, kochsalzfreie Peptonlösung (D,R.P. 320 796).

Eine große Reihe von Patenten schützt die Verwendung von Gelatose als Schutzkolloid für kolloide Silberverbindungen[4]).

Gold. Goldhydrosole können auf elektrischem Wege sowohl nach G. Bredig[5]), als auch nach The Svedberg[6]) gewonnen werden. Die Anwesenheit fremder Ionen ist unbedingt nötig, in reinem Wasser bildet sich kein Hydrosol[7]).

Hellrote schutzkolloidfreie Hydrosole erhält man nach R. Zsigmondy mittels Formaldehyd[8]). Zur Herstellung höchst feinteiliger hochroter Hydrosole eignet sich am besten die im Anschluß an die von M. Faraday ausgearbeitete Phosphormethode von R. Zsigmondy[9]).

Das Keimverfahren nach R. Zsigmondy[10]) gestattet mit Sicherheit Goldzerteilungen beliebiger Teilchengröße zu erhalten. Es besteht in einer Kombination der beiden vorhergehenden und beruht auf der Anwendung der nach dem Phosphorverfahren hergestellten Goldlösungen (die als Keimflüssigkeit bezeichnet werden) bei der Reduktion mit Formaldehyd nach dem ersten Verfahren.

Will man in der Kälte arbeiten, so verwendet man zweckmäßig Hydroxylamin oder Hydrazin als Reduktionsmittel[11]). Saure ebenfalls hochrote Hydrosole erhält man nach J. Donau mittels Kohlenoxyd[12]). An Stelle von CO kann man auch Leuchtgas verwenden. Blake[13]) gießt eine ätherische Lösung von Goldchlorid in mit Azetylen gesättigtes Wasser. Von weiteren Verfahren wären noch zu nennen: Die Reduktion mit Hydrazin usw. ohne Keime, die zu blauen Hydrosolen[14]) führt, die Arbeiten von H. Garbowski und Henriot[15]), die Phenole und aromatische Aldehyde benutzen, die Akroleinmethode von N. Castaro[16]), sowie schließlich die Arbeiten von L. Vanino über Reduktion mit Wasserstoff, Alkoholen, Zuckerarten usw.[17]).

---

[1]) A. Lottermoser und E. v. Meyer, Journ. f. prakt. Chem. (2) **56**, 247 (1897); **57**, 543 (1898). — [2]) Kolloid.-Ztschr. **28**, 26 (1921). — [3]) D.R.P. 175794, 179980, 180729, 180730. — B. **35**, 1929 (1902); **37**, 3862 (1904). — Auch D.R.P. 82951, 88121, 130495. — [4]) D.R.P. 118050, 141967, 146792, 146793, 163815, 281305, 423080 u. a. — [5]) Ztschr. f. Elektrochem. **4**, 519 (1898); Ztschr. f. angew. Chem. **11**, 951 (1898). — [6]) B. **38**, 3616 (1905); **39**, 1705 (1906). — [7]) H. T. Beans und H. Eastlack, Journ. Am. Chem. Soc. **37**, 2667 (1915). — [8]) A. **301**, 30 (1898); Ztschr. f. analyt. Chem. **40**, 711 (1901); Ztschr. f. phys. Chem. **56**, 65 (1906); H. Morawitz, Kolloidchem. Beih. **1**, 324 (1910). — [9]) Zur Erkenntnis der Kolloide (Jena 1905) 100. — [10]) Ztschr. f. phys. Chem. **56**, 65 (1906). — [11]) J. Reitstötter, Kolloidchem. Beih. **9**, 748 (1917). — [12]) Mh. f. Chem. **26**, 525 (1905); **27**, 71 (1906). — [13]) Journ. Science (4), **16**, 381 (1903). — [14]) A. Gutbier, Ztschr. f. anorg. Chem. **31**, 448 (1902); **32**, 348 (1902); Kolloid-Ztschr. **9**, 175 (1911). — [15]) B. **36**, 1215 (1903). — [16]) Gazz. chim. ital. **37**, 1, 39 (1907). — [17]) B. **39**, 1696 (1906); Journ. f. prakt. Chem. (2), **73**, 575 (1906).

Den Übergang zu den geschützten Goldhydrosolen bilden die Goldsole mit Tannin nach Wo. Ostwald[1]). Die Elektro-Osmose A.G. verwendet Kieselsäure als anorganisches Schutzkolloid zur Stabilisierung[2]).

Schutzkolloidhaltiges Gold wird zweckmäßig gewonnen nach dem Verfahren von C. Paal[3]). A. Classen[4]) verwendet Gelatose, das ist das durch längeres Kochen von Gelatine mit Wasser gewonnene Abbauprodukt, als Reduktionsmittel und Schutzkolloid. E. Richter[5]) gibt zu einer heißen Lösung (1 : 4000) von Dimenthylparaphenylendiamin einige Tropfen 1 %iger Goldchloridlösung, oder aber man verwendet Adrenalin als Schutzkolloid[6]). Auch kann man aromatische Aminosäuren, z. B. 1-Amino-2-Naphthol-6-Sulfosäure verwenden[7]). Die chemische Fabrik Les Etablissements Poulenc Frères verwendet nur Alkalisalze solcher Aminosäuren der aromatischen Reihe, bei denen der Säurerest und die Aminogruppe im selben Benzolkern enthalten sind. Auch polymerisierter Vinylalkohol wird als Schutzkolloid angegeben[8]).

Isländisches Moos[9]), Leinsamenschleim[10]), Quittenschleim[11]) u. ähnl. sind ebenfalls geeignete Schutzkolloide. Reduziert wird mit Hydrazin, Formalin oder Natriumhydrosulfit.

Daß in den von Zsigmondy dargestellten Goldhydrosolen keine Goldoxyde oder ähnliche Verbindungen vorkommen, haben R. Zsigmondy und seine Schüler gezeigt[12]). Der zwischen R. Zsigmondy und Wo. Pauli geführte Streit geht darum, ob in den nach R. Zsigmondy dargestellten Formol-Goldsolen reine Goldteilchen vorliegen oder solche einer hochmolekularen Verbindung. Es würde zu weit führen, hier diese sehr umfangreiche und von beiden Seiten mit reichlichem experimentellen Material belegte Polemik kritisch untersuchen zu wollen. Wo. Pauli steht auf dem Standpunkt, daß für ihn die Tatsache entscheidend ist, daß ein Rückschluß vom ausgefällten Gold, dem Gel des Goldes, auf das Sol unstatthaft ist, und daß es sich besonders nach den neusten experimentellen Befunden A. Perlacks nicht um eine Adsorption, sondern vielmehr um echte heteropolare Komplexverbindungen handelt. R. Zsigmondy dagegen glaubt auf die sicherlich von vornherein äußerst unwahrscheinliche Annahme hochmolekularer Goldverbindungen verzichten zu können und erklärt die negative Ladung der Teilchen wäßriger Goldsole einfach durch Oberflächenadsorption von OH'-Ion.

P. P. v. Weimarn[13]) verwahrt sich gegen den von P. A. Thiessen[14]) erhobenen Vorwurf des unsauberen Arbeitens. Die von P. P. v. Weimarn[15]) ausgesprochene Ansicht, daß z. B. zur Herstellung von Formolgold gewöhnliches Leitungswasser brauchbar ist, kann nach R. Zsigmondy nur darauf beruhen, daß P. P. v. Weimarn mit Systemen arbeitet, die schon von vornherein Schutzkolloide ent-

[1]) Die Welt der vernachlässigten Dimensionen. 7.—8. Aufl. (Dresden 1922). — [2]) D.R.P. 285025, 295222, Franz. Pat. 471680, Engl. Pat. 9261 v. 1918, Am. Pat. 1119647. — [3]) D.R.P. 170433, 275704; B. 35, 2236 (1902), ferner u. a. Farbenfabriken von F. Bayer & Co., D.R.P. 335159. — [4]) D.R.P. 281305. — [5]) D.R.P. 342212. — [6]) D.R.P. 345756. — [7]) B. 36, 609 (1903). — [8]) D.R.P. 451113. — [9]) A. Gutbier, J. Huber und E. Kuhn, Kolloid-Ztschr. 18, 57 (1916). — [10]) A. Gutbier, J. Hubert und E. Kuhn, Kolloid-Ztschr. 24, 145 (1919). — [11]) A. Gutbier und A. Wagner, Kolloid-Ztschr. 19, 280 (1916). — [12]) J. Reitstötter, Kolloidchem. Beih. 9, 148 (1917); P. A. Thiessen, Mikrochem. 2, 1 (1924); R. Zsigmondy, Mikrochem. 2, 50 (1924). — Dagegen Wo. Pauli, Mikrochem. 2, 47 (1924); E. Kautzky, Kolloidchem. Beih. 7, 294 (1913); auch Kolloid-Ztschr. 28, 49 (1921); 38, 22 (1926). — Ferner M. Adolf und Wo. Pauli, Kolloidchem. 34, 29 (1923); Ztschr. f. anorg. Chem. 134, 393 (1924); Wo. Pauli und L. Fuchs, Kolloidchem. Beih. 21, 412 (1926); P. A. Thiessen, Öst. Chem.-Ztg. 29, 133 (1926). — [13]) Kolloid-Ztschr. 39, 278 (1926); vgl. auch Kolloid-Ztschr. 33, 74, 81, 228 (1923); 48, 346 (1929). — [14]) R. Zsigmondy und P. A. Thiessen, Das kolloide Gold (Leipzig 1925), 44ff. — [15]) Kolloid-Ztschr. 36, 1 (1925).

halten[1]). Die Sole P. P. v. Weimarns haben jedenfalls keine Ähnlichkeit mit denen R. Zsigmondys.

Goldsulfide sind dargestellt worden von Winssinger[2]) durch Behandlung stark verdünnter neutraler Goldchloridlösungen mit Schwefelwasserstoff, sowie von E. A. Schneider[3]) aus Kaliumgold-(2)-zyanid mit H_2S.

2. Gruppe der Elemente.

Beryllium. Hydrosole dieses Elementes oder seiner Verbindungen sind noch nicht dargestellt worden. Hantzsch[4]) gibt an, daß Lösungen des Hydroxyds in starken Laugen dieses fast ausschließlich als Kolloid enthalten.

Magnesium. Organosole kann man sowohl nach G. Bredig[5]) als auch nach The Svedberg[6]) darstellen.

Kalzium, Strontium, Barium. Organosole dieser Elemente lassen sich nach The Svedberg gewinnen.

Die Löslichkeit von Bariumsulfat in Wasser ist schon zu groß, um ohne Schutzkolloide ein haltbares Hydrosol zu geben[7]). Man hilft sich durch Zusatz von Flüssigkeiten, in welchen das Sulfat praktisch unlöslich ist. Darauf beruht die Herstellung von kolloidem Bariumsulfat und Bariumkarbonat nach Neuberg und E. Neimann[8]). Ähnlich kann man auch Gele von Bariumsulfat in Methylalkohol herstellen, ferner die kolloiden Karbonate von Magnesium und Kalzium. A. Lottermoser gibt ein Verfahren von Feilmann[9]) an zur Gewinnung von kolloidem Bariumsulfat mit Kasein als Schutzkolloid. P. P. v. Weimarn hat gezeigt, daß man auch in Wasser einen gallertartigen Niederschlag von Bariumsulfat darstellen kann, wenn man z. B. eine siebenfach normale Bariumrhodanidlösung in eine ebenso konzentrierte Mangansulfatlösung eingießt[10]).

Zink. Hydrosole lassen sich darstellen nach den Verfahren von The Svedberg und G. Bredig[11]). Besonders J. Billiter hat letzteres Verfahren dadurch verbessert, daß er das zu zerstäubende Metall elektrolytisch auf ein anderes Metall ausfällt und die so vorbereiteten Metallstäbe als Kathoden im Lichtbogen unter Wasser nach Bredigs Vorschrift benutzt[12]).

Kadmium. Kadmiumsole lassen sich ebenfalls sowohl nach Bredigs als auch nach The Svedbergs Verfahren darstellen.

Ein schutzkolloidhaltiges Kadmiumsulfid läßt sich nach dem ziemlich allgemein anwendbaren Verfahren von A. Müller und Artmann[13]) mittels Schwefelwasserstoff in Gegenwart von Gummiarabikum oder Kasein darstellen. Das Verfahren ist anwendbar für die Herstellung der kolloiden Sulfide von Arsen, Kadmium, Silber, Nickel, Eisen, Kobalt u. a. Kadmiumsulfid läßt sich auch gewinnen nach E. Prost[14]) durch Behandlung einer ammoniakalischen Lösung von Kadmiumsulfat mit Schwefelwasserstoff.

---

[1]) Vgl. hierzu auch P. P. v. Weimarn, Kolloid-Ztschr. **33**, 75 (1923). — [2]) Bull. Soc. Chim. Paris (2) **49**, 452 (1888). — [3]) B. **24**, 2241 (1891); **25**, 1164 (1891). — [4]) Ztschr. f. anorg. Chem. **30**, 289 (1902). — [5]) K. Degen, Diss. Greifswald (1903). — [6]) B. **36**, 3616 (1905). — [7]) R. Zsigmondy, Zur Erkenntnis der Kolloide (Jena 1905), 150. — [8]) Biochem. Ztschr. **1**, 166 (1906); Kolloid-Ztschr. **2**, 321 (1908); D.R.P. 178763 der Chemischen Werke Dr. Heinr. Byk. — [9]) Kolloidforschung, S. 259, in Abderhaldens Handb. d. biol. Arbeitsmethoden, III. Bd., H. 2. — Trans. Faraday Soc. 4 (1904). — [10]) P. P. v. Weimarn, Zur Lehre von den Zuständen der Materie (Dresden 1914). — [11]) Ztschr. f. phys. Chem. **32**, 127 (1900). — [12]) J. Billiter, B. **35**, 1929 (1902). — [13]) Öst. Chem.-Ztg. **7**, 149 (1904). — [14]) Bull. Acad. Belg. (3) **14**, 312 (1887).

Quecksilber. Quecksilberhydrosole gewinnt man auf elektrischem Wege sowohl nach G. Bredig[1]) als auch nach The Svedberg. L. Egger versucht zu einem Quecksilberhydrosol zu gelangen, indem er die Elektroden als feinen Quecksilberstrahl ausbildet und den elektrischen Funken zwischen diesen übertreten läßt (D.R.P. 218873).

Die auf chemischem Wege gewonnenen Hydrosole sind meist durch Schutzkolloide geschützt, da Quecksilber in hochdispersem Zustande ohne Schutzkolloid äußerst unbeständig ist. F. Mayer reduzierte Quecksilber-(2)-nitrat mit Natriumhydrosulfit[2]), A. Gutbier Quecksilber-(2)-chlorid mit Hydrazinhydrat bzw. unterphosphoriger Säure[3]). Wohl nur akademisches Interesse hat ein Verfahren von Nordlund[4]), der überhitzten Quecksilberdampf in gekühltes Wasser einleitet.

Praktisch viel verwandt wurde früher das Verfahren von A. Lottermoser[5]), der Quecksilbersalze durch Zinn-(2)-oxydsalze reduzierte. Überholt ist das Verfahren von Weinmayr[6]), das Zsigmondys Keimmethode zur Herstellung von Quecksilbersolen benutzt. Diese Hydrosole zeigen nämlich Ostwald-Reifung[7]), größere Teilchen wachsen auf Kosten der kleineren und fallen bald als Gel zu Boden. Neuerdings empfiehlt C. Martinescu das gewünschte Sol (in gleicher Weise wie Zsigmondy) selbst als Keimlösung zu verwenden und die Reduktion sodann mittels Al durchzuführen (D.R.P. 446864). Eine ähnliche Methode benutzen auch R. Feick[8]), der die Herstellung von Quecksilberhydrosolen mittels Natriumhydrosulfit beschreibt und J. Meyer[9]), der Brenzkatechin und Hydrosulfit-Hydrochinon als Reduktionsmittel verwendet. Die Teilchengrößen dieser Hydrosole errechnen sich zu 80—300 mμ. Die chemische Fabrik von Heyden beschreibt dann weiter ein Verfahren (D.R.P. 186831) zur Darstellung von kolloidem Quecksilber bzw. kolloider Amalgame, wonach man alkalische Lösungen von Quecksilbersalzen in Gegenwart von Eiweißstoffen oder deren Spaltungsprodukten, eiweißähnliche Stoffe, Gummiarabikum u. dgl. durch Natriumbisulfit, Brenzkatechin, Pyrogallol, Hydrochinon, Hydrazinsulfat oder dgl. reduziert.

Roth[10]) verwendet Seifen als Schutzkolloide; auch anorganische Hydrosole lassen sich zu dem gleichen Zwecke verwenden. Die Elektroosmose A.G. verwendet kolloide Kieselsäure[11]), A. Lottermoser[12]) das Sol der Zinnsäure. Auch die Gutbierschen Verfahren versagen nicht, allerdings ist das mit Leinsamenschleim dargestellte kolloide Quecksilber nicht sehr beständig[13]). Kasein als Schutzkolloide verwendet A. Busch[14]). Die chemische Fabrik Dr. Kurt Albert gewinnt kolloides Quecksilber (aber auch andere Metalle und deren Verbindungen, z. B. Cr_2O_3, Kupfer u. dgl.) durch Erhitzen der entsprechenden Metallsalzlösungen mit Alkali und Sulfitablauge[15]). Chlorierte Sulfitablauge verwenden die Königsberger Zellstoffabrik und die Koholyt A.G.[16]).

Von Verfahren zur Darstellung kolloider Quecksilberverbindungen sind zu erwähnen: Hochmolekulare, wasserlösliche organische Quecksilberverbindungen beschreibt Roth im D.R.P. 233638, ohne wesentlich Neues zu bringen. Läßt man Quecksilber in fetten Ölen, die Triglyzeride enthalten, also in Mohn- oder Leinöl entstehen, so reduzieren beim nachträglichen Erhitzen diese die Quecksilbersalze

[1]) J. Billiter, B. **35**, 1929 (1902). — D.R.P. 153995. — [2]) Ztschr. f. anorg. Chem. **34**, 43 (1903). — [3]) Ztschr. f. anorg. Chem. **32**, 353 (1902); **44**, 228 (1905). — [4]) Kolloid-Ztschr. **26**, 121 (1920). — [5]) Journ. f. prakt. Chem. (2) **57**, 484 (1898). — Chemische Fabrik von Heyden, D.R.P. 102958, Am. Pat. 685477. — [6]) D.R.P. 217724. — [7]) R. Zsigmondy, Göttinger Nachr. 1916. — [8]) Kolloid-Ztschr. **37**, 257 (1925). — [9]) Ztschr. f. anorg. Chem. **34**, 43 (1903). — [10]) D.R.P. 228139. — [11]) D.R.P. 285025. — [12]) Journ. f. prakt. Chem. (2) **57**, 484 (1898). — [13]) A. Gutbier, E. Kuhn und J. Huber, Kolloid-Ztschr. **19**, 33 (1916). — [14]) D.R.P. 189480. — [15]) D.R.P. 438371. — [16]) D.R.P. 419364.

und Quecksilber geht kolloid in Lösung[1]). Nach C. Paal kann man ebenfalls kolloide Quecksilber-(1)-salze gewinnen[2]).

A. Lottermoser[3]) erhält schutzkolloidfreies Quecksilber-(2)-sulfid durch Sättigen einer Quecksilber-(2)-zyanidlösung mit Schwefelwasserstoff. Geschütztes Quecksilbersulfid in Kolloidform wird z. B. gewonnen nach dem Verfahren der Chemischen Fabrik von Heyden[4]). Quecksilbersulfid läßt sich auch nach dem Paalschen Verfahren durch Behandeln von kolloider Quecksilber-(1)-oxydlösung, die mit Schwefelwasserstoff oder Schwefelammonium versetzt ist, mit lysalbin- oder protalbinsauren Salzen gewinnen[5]). Kalle & Co. beschreiben die Herstellung von kolloidem Quecksilberjodid mit Kasein als Schutzkolloid. Auch Lysalbin- bzw. Protalbinsäure sollen sich verwenden lassen[6]), während diese sonst so vorzüglichen Schutzkolloide zur Darstellung von Solen metallischen Quecksilbers nicht brauchbar sind[7]). In Gegenwart von Platin- oder Goldsolen bilden sich die betreffenden Amalgamsole[8]). Albumine, Albumosen oder Peptone verwendet die Chemische Fabrik von Heyden als Schutzkolloide[9]) zur Darstellung von kolloidem Quecksilber-(1)-jodid.

Organosole von Quecksilberoxyden hat The Svedberg dargestellt; geschützte Hydrosole gewinnt man nach Paal[10]) oder mit Gelatine (Glutin) als Schutzkolloid nach D.R.P. 286414[11]); auch Seifen[12]) sind geeignet. Ein Sol, das Quecksilberoxyd in Wollfett enthält, beschreibt C. Amberger[13]).

3. Gruppe der Elemente.

Bor. Hydrosole lassen sich nach dem Verfahren von H. Kužel herstellen[14]).

Aluminium. Aluminium läßt sich durch kathodische Zerstäubung nach G. Bredig[15]) sowie nach The Svedberg[16]) in Solform (Hydrosole und Organosole) gewinnen. Wichtig ist das Aluminiumhydroxyd, für das eine Reihe von Herstellungsverfahren angegeben wurden.

Th. Graham[17]) gewinnt das Hydrosol der Tonerde durch Peptisieren des gefällten Hydrogels der Tonerde in Aluminiumchloridlösungen und darauf folgender Dialyse. A. Müller[18]) erhält kolloides Aluminiumoxyd durch Peptisation des frisch gefällten Hydrogels der Tonerde mit Salzsäure. M. Lindner beschreibt im D.R.P. 333388 Tonerdehydrate, die sich beim Zusammenmischen einer kalten, stark verdünnten Aluminiumsalzlösung mit stark verdünnter kalter Ammoniaklösung bilden. Grundlegend für die Erkenntnis der Tonerdegele sind die Arbeiten von R. Willstätter[19]). R. Lorenz und H. Heinz fällen das Schutzkolloid zusammen mit dem Metallsalz und peptisieren mit OH' (D.R.P. 478994).

Gallium, Indium, Thallium, Lanthan. Von Gallium sind ebensowenig wie von seinen Verbindungen bisher kolloide Lösungen beschrieben worden. C. Winssinger hat ein Indiumsulfidsol durch Fällung einer Indiumsalzlösung mit Ammoniak, Auswaschen des Niederschlages und Peptisation mit

[1]) D.R.P. 239681. — [2]) D.R.P. 165282, auch 179980. — [3]) Journ. f. prakt. Chem. (2) **75**, 293 (1907). — [4]) D.R.P. 229706. — [5]) B. **35**, 2219 (1901). — [6]) D.R.P. 165282. — [7]) C. Amberger, Kolloid-Ztschr. **18**, 97 (1916); auch C. Paal und W. Hartmann, B. **51**, 728 (1918). — [8]) C. Paal und H. Steier, Kolloid-Ztschr. **23**, 145 (1918). — [9]) D.R.P. 165282. — [10]) B. **35**, 2219 (1902). — D.R.P. 179980. — [11]) Vgl. a. Amberger, Kolloid-Ztschr. **8**, 97 (1907). — [12]) Roth, D.R.P. 228139. — [13]) B. **22**, 93 (1906). — [14]) D.R.P. 186980, 194348, 197379. — A. Gutbier, Kolloid-Ztschr. **13**, 127 (1913). — [15]) G. Billiter, B. **35**, 1929 (1902). — F. Ehrenhaft, Anz. d. Wiener Akademie **39**, 241 (1902). — [16]) B. **38**, 3616 (1905). — [17]) A. **121**, 41 (1862). — C. r. **59**, 174 (1864). — [18]) Ztschr. f. anorg. Chem. **57**, 312 (1908). — [19]) B. **56**, 149, 1117 (1923); **57**, 58; **63**, 1082, 1491 (1924); **58**, 2448, 2458 (1925).

Schwefelwasserstoff beschrieben. Ein Organosol des Indiums hat The Svedberg nach seinem bekannten Zerstäubungsverfahren gewonnen. Ein Thalliumsulfidsol ist darstellbar nach dem bei Indium beschriebenen Verfahren von Winssinger. Ein Organosol hat The Svedberg beschrieben.

4. Gruppe der Elemente.

Silizium. Ein Hydrosol läßt sich nach dem von H. Kužel[1]) angegebenen Ätzverfahren herstellen. Elektrolytarme Hydrosole von SiO_2 erhält man nach Grimaux[2]) durch Zersetzen von Kieselsäuremethylester mit Wasser, sowie nach einem Verfahren der Elektroosmose A.G. durch Elektroendosmose[3]). Wichtig sind die Verfahren zur Herstellung von *Kieselsäuregelen* nach Patrick[4]), die ebenso wie die *aktiven Kohlen* an anderer Stelle ihre Besprechung finden sollen.

Titan. Kolloides Titan läßt sich nach dem Verfahren von The Svedberg herstellen. Ein TiO_2-Hydrosol kann entsprechend der Grahamschen[5]) Vorschriften, analog der Kieselsäure[6]), gewonnen werden. Titanoxydgele kann man nach Klosky und Marzana durch Fällen von titansaurem Natrium mit Lösungen von K_2CO_3, Na_2CO_3 oder $(NH_4)_2CO_3$ verschiedener Konzentration herstellen.

Zirkon. E. Wedekind[7]) reduziert in einem geschlossenen evakuierten Kupfertiegel Kaliumzirkoniumfluorid mit metallischem Kalium und zieht das Reaktionsprodukt mit verdünnter Salzsäure aus. Organosole lassen sich nach der Methode von The Svedberg gewinnen. Kolloide Zirkonsäure kann gewonnen werden nach dem Verfahren von H. Kužel.

Zer. Ein Organosol durch Zerstäubung in Isopropylalkohol wurde von The Svedberg dargestellt. Ein Zeroxydhydrosol gewinnt man nach W. Blitz[8]) durch Dialyse von Zerammoniumnitrat.

Thor. Hydrosole von Thor können erhalten werden durch das Verfahren von H. Kužel. Ein ThO_2-Hydrosol läßt sich nach W. Biltz[9]) auf die gleiche Weise wie vorher durch Dialyse einer verdünnten Lösung von Thoriumnitrat gewinnen. Kreidl & Heller stellen kolloides Thorhydrat dar durch Fällen der wäßrigen Lösung eines Thorsalzes mit Ammoniak und Peptisation desselben[10]).

Zinn. Hydrosole können leicht gewonnen werden nach dem Verfahren von The Svedberg. Nach Th. Graham[11]) erhält man das Hydrosol der Zinnsäure durch Dialysieren alkalischer Zinnchloridlösungen oder solcher von Natriumstannat unter Hinzufügen von Salzsäure. Die bei Alkaliüberschuß entstehende Gallerte wird bei fortschreitender Dialyse peptisiert. Die letzten Spuren lassen sich durch Zusatz von Jod entfernen. Noch einfacher erhält man kolloide Zinnsäure durch Verdünnen von Zinnchloridlösungen mit sehr viel Wasser; durch Hydrolyse entsteht das Gel der Zinnsäure, das ebenso wie im vorhergehenden Verfahren gewaschen und peptisiert wird[12]).

Ein Zinnsulfidsol läßt sich nach der Vorschrift von E. A. Schneider[13]) durch Einleiten von Schwefelwasserstoff in ein Zinnsäurehydrosol gewinnen.

---

[1]) D.R.P. 186980 und 197379. — [2]) C.R. 98, 1334 (1884); E. Frémy, Ann. chim. phys. (3) 38, 312 (1853). — [3]) D.R.P. 283886, 285025; vgl. Ullmanns Enzyklopädie (Berlin 1920) 8, 605. — [4]) O. Kausch, Kieselsäuregel und die Bleicherden (Berlin 1927). — [5]) Ann. 123, 534 (1864). — [6]) Ann. 121, 36 (1862); 125, 65 (1865). — [7]) Ztschr. f. Elektrochem. 9, 630 (1903); Kolloid-Ztschr. 2, 89 (1908). — [8]) B. 35, 4431 (1902). — [9]) Vgl. a. R. Zsigmondy, Lehrbuch, 3. Aufl., 265. — [10]) D.R.P. 228203. — [11]) Pogg. Ann. 123, 538 (1864). — [12]) Vgl. ferner die Arbeiten von R. Zsigmondy, Ann. 301, 361 (1898); W. Mecklenburg, Ztschr. f. anorg. Chem. 64, 368 (1909) und R. Willstätter, B. 57, 63 (1924). — [13]) Ztschr. f. anorg. Chem. 5, 83 (1893); auch Schmidt, Kolloid-Ztschr. 1, 129 (1906).

Blei. Kolloides Blei bildet sich nach der Bredigschen Methode nach einem Verfahren von J. Billiter[1]); ferner Organosole unter Verwendung von Kautschuk als Schutzkolloid[2]). Ein Bleisulfid-Hydrosol, das stark elektrolythaltig und obendrein noch sehr verdünnt war, hat Winssinger durch Einleiten von Schwefelwasserstoff in eine sehr verdünnte Bleiazetatlösung erhalten. Diese Methode gilt ganz allgemein zur Herstellung einer ganzen Reihe von kolloiden Metallsulfiden.

5. Gruppe der Elemente.

Phosphor. Organosole des roten Phosphors lassen sich nach einem sehr allgemein anwendbaren Verfahren der A. B. Kolloid in Stockholm gewinnen, nach dem der zu lösende Stoff der Einwirkung eines Lösungsmittels, welches den betreffenden Stoff in kristalloider Hinsicht nicht nennenswert lösen kann, bei einer so weit erhöhten Temperatur und entsprechendem Überdruck und während so langer Dauer ausgesetzt wird, daß eine kolloide Lösung zustande kommt, die man dann einer schnellen Abkühlung unterwirft[3]).

Arsen. Kolloides Arsen läßt sich nach der Methode von The Svedberg darstellen (Organosole). Sehr niedrigprozentige Hydrosole von Arsen kann man nach einer Angabe von A. Gutbier mit Salepschleim als Schutzkolloid gewinnen[4]). Kruyt und v. d. Spek[5]) beschreiben Sole bis zu 7,5 % As_2S_2. Sie lassen in H_2S-haltiges Wasser unter weiterem Durchleiten von H_2S tropfenweise As_2O_3 einfließen. Picton und Lindner, auch D. Vorländer und R. Häberle[6]) konnten durch Umsetzung von Arsentrisulfid in Weinsteinlösung ein stark getrübtes Sol von Arsensulfid darstellen. Amikroskopische As_2S_3-Sole erhielten H. Freundlich und A. Nathanson[7]) wie folgt: Man gibt zu einer nicht zu konzentrierten As_2O_3-Lösung eine solche Menge verdünntes H_2S-Wasser hinzu, daß alles vorhandene As_2O_3 noch nicht umgewandelt ist. Diese so gebildeten As_2S_3-Keime läßt man durch Hinzufügen verdünnten H_2S-Wassers heranwachsen. Erst zum Schluß leitet man H_2S durch das Sol und entfernt diesen schließlich durch Wasserstoff[8]).

Kolloides arsensaures Eisen wird gewonnen nach dem Paalschen Verfahren[9]).

Antimon. Schutzkolloidfreie Sole lassen sich nach The Svedberg herstellen: für ein geschütztes Hydrosol hat A. Gutbier[10]) die Vorschrift gegeben.

Kolloides Antimonsulfid wurde von Schultze[11]) erhalten durch Behandlung von Brechweinsteinlösung mit Schwefelwasserstoff. Kolloide Antimonsäuren beschreiben G. Jander und A. Simon[12]).

Wismut. Zur Darstellung von kolloidem Wismut nach dem Verfahren von Bredig hat F. Ehrenhaft eine Vorschrift gegeben[13]). Reduktion einer Wismut-(3)-nitrat-Glyzerinlösung[14]) bei gewöhnlicher Temperatur in Gegenwart von Hämoglobin mittels Natriumhydrosulfit führt zu einem dunkelbraunen Wismutsol. Dieses Sol erleidet leicht eine Reoxydation. — Reduktion mit Formaldehyd und Alkalilauge bei etwa 60—70° C in Gegenwart von Hämoglobin führt zu stabilen, reversiblen Solen[15]), die Anwesenheit von Schutzkolloiden ist unbedingt nötig[16]).

[1]) B. 35, 1933 (1902). — [2]) D.R.P. 260470. — [3]) D.R.P. 295164. — [4]) Kolloid-Ztschr. 20, 186 (1917). — [5]) Kolloid-Ztschr. 23, 1 (1919). — [6]) B. 46, 1612 (1913). — [7]) Kolloid-Ztschr. 28, 258 (1921). — [8]) Weitere Verfahren werden in den D.R.P. 411323 und 424141 beschrieben. [9]) D.R.P. 185197. — [10]) Kolloid-Ztschr. 20, 194 (1917). — [11]) Journ. f. prakt. Chem. (2), 27, 320 (1882). — [12]) Kolloid-Ztschr. 23, 122 (1919); Ztschr. f. anorg. Chem. 127, 68 (1923). — [13]) Anz. d. Wiener Akad. 29, 241 (1902). — [14]) Ztschr. f. anorg. Chem. 146, 170 (1925). — [15]) A. Gutbier, Ztschr. f. anorg. Chem. 151, 113 (1926). — [16]) A. Kuhn und H. Pirsch, Kolloidchem. Beih. 21, 78 (1925). — Vgl. D.R.P. 202955 (Paranukleinsäure nach D.R.P. 114273).

Kolloides Wismutoxyd ist darstellbar mittels Lysalbinsäure nach Paal[1]); ein schutzkolloidfreies Wismutoxyd hat W. Biltz durch Hydrolyse von Wismutnitrat hergestellt[2]). Kolloide jodhaltige Wismuthydroxydlösungen gewinnt man durch Einwirkung von Jod und Alkali auf Wismutverbindungen in Gegenwart von Disacchariden[3]),

Kolloides Wismutsulfid erhält man nach Winssinger durch Einleiten von Schwefelwasserstoff in eine essigsaure Wismutnitratlösung.

Vanadin. Hydrosole sind gewinnbar nach dem Verfahren von H. Kužel[4]), Organosole nach The Svedberg.

Vanadinpentoxyd. Darstellungsverfahren gaben W. Biltz[5]), der durch Zersetzen von NH_4VO_3 mit Salzsäure ein Sol erhielt, auch kann man geschmolzenes Vanadinpentoxyd in Wasser eingießen[6]). Auch durch Verseifung von Estern der Vanadinsäure mit viel Wasser gelangt man zu Hydrosolen[7]).

Niob, Tantal. Hydrosole erhält man nach dem Verfahren von H. Kužel[8]). Kolloides Tantaloxyd ist darstellbar nach Hauser und Lewite[9]): man schmilzt Ta_2O_5 im Silbertiegel und dialysiert die erhaltene Schmelze.

6. Gruppe der Elemente.

Schwefel. E. Müller und R. Nowakowski[10]) haben nach dem Bredigschen Verfahren ein Hydrosol, The Svedberg mit Hilfe der oszillatorischen Entladung ein Organosol dargestellt.

Zu den Dispersionsverfahren zählt auch das Verfahren von Weimarn-Pihlblad[11]), die Schwefel mit Harnstoff oder Zucker zusammen verreiben, sowie die Dispergierung nach Plauson[12]). Die Th. Goldschmidt A.G. dispergiert Schwefel in gasförmigem Ammoniak und scheidet ihn daraus nach Cottrell ab[13]).

Ein schutzkolloidfreies Hydrosol ist darstellbar nach Raffo[14]); verbessert wurde dieses Verfahren von The Svedberg[15]). P. P. v. Weimarn gießt eine kaltgesättigte Lösung von Schwefel in Äthylalkohol unter starkem Rühren in kaltes Wasser ein[16]). Schutzkolloidfreie Schwefelsole entstehen auch bei der Oxydation von Schwefelwasserstoff mit Schwefeldioxyd. Geschützte Schwefelsole gewinnt man nach im Prinzip dem Paalschen Verfahren analogen Methoden[17]) mittels Protalbin- bzw. Lysalbinsäure oder anderen Eiweißsubstanzen als Schutzkolloiden. Entweder zersetzt man Natriumpolysulfidlösung durch Essigsäure bzw. eine Natriumsulfidlösung mit schwefliger Säure oder aber man trägt in Gegenwart der Schutzkolloide kristalloide, gesättigte Schwefellösungen in solche Lösungsmittel, die Schwefel nicht lösen, unter Säurezusatz ein, z. B. vermischt man Schwefellösungen in Schwefelkohlenstoff mit Türkischrotöl und bringt dieses Gemisch in Wasser ein[18]).

L. Sarason behandelt Lösungen von Thiosulfaten in Glyzerin evtl. unter Beigabe von Verdickungsmitteln mit Säuren[19]). K. Wachtel bringt alkoholische Lösungen von Polysulfiden mit alkoholgeschwefelten Ölen zur Reaktion[20]), die

---

[1]) D.R.P. 164663. — [2]) B. **35**, 4431 (1902). — [3]) R. Otto, D.R.P. 434935. — [4]) D.R.P. 186980, 197379. — [5]) B. **37**, 1095 (1904). — [6]) Kolloid-Ztschr. **8**, 302 (1911). — [7]) Prandtl und Hess, Ztschr. f. anorg. Chem. **82**, 113 (1917). — [8]) D.R.P. 186980, 197379. — [9]) Ztschr. f. angew. Chem. **25**, 100 (1912). — [10]) B. **38**, 3781 (1905). — [11]) Ztschr. f. phys. Chem. **81**, 420 (1912). — [12]) D.R.P. 388022, 394575. — [13]) D.R.P. 408415; vgl. a. D.R.P. 438221, siehe S. 9. — [14]) Kolloid-Ztschr. **2**, 358 (1908). — [15]) Kolloid-Ztschr. **4**, 49 (1909). — [16]) Dispersoidchemie (Dresden 1911), 69, 77. — R. Auerbach, Kolloid-Ztschr. **27**, 223 (1920). — [17]) D.R.P. 164664, 201371. — [18]) B. A. S. F. und F. Winkler, D.R.P. 401049. — [19]) D.R.P. 216824, 216825. — [20]) D.R.P. 384588.

J. D. Riedel A.G. verwendet wieder Gallensäuren als Schutzkolloid[1]); auch Kirschgummi (D.R.P. 336500) ist geeignet. A. Müller und P. Artmann[2]) haben Glyzerin bereits als Schutzkolloid zur Darstellung von kolloiden Sulfiden benutzt. E. Sarason läßt ferner Schwefeldioxyd auf Schwefelwasserstoff in Gegenwart von mit Wasser mischbaren Lösungsmitteln einwirken[3]). H. Vogel leitet SO_2 in überschüssigen H_2S in Gegenwart von Schutzkolloiden bei Temperaturen zwischen -3 bis $+4^0$ ein[4]).

Schwefelhydrosole können auch erhalten werden durch Eindampfen von Ammoniumpolysulfidlösungen in Gegenwart eines Schutzkolloides[5]).

Selen. Organosole sind nach The Svedberg darstellbar.

A. Gutbier[6]) reduziert Selenverbindungen mit Hydrazin zu Hydrosolen. In einer späteren Arbeit konnte er und F. Engeroff zeigen[7]), daß man auch durch Hydrolyse von Wasserstoffselenbromid kolloide Lösungen von Selen darstellen kann. Da aber bei dieser Reaktion gleichzeitig starkwirkende Elektrolyte entstehen, sind diese Hydrosole nur kurze Zeit haltbar; sie werden aber durch Zusatz organischer Schutzkolloide beständiger, ebenso wie einige Organosole, die durch Zersetzung des Wasserstoffselenbromids mit Alkohol bzw. Glyzerin entstehen. Hydrosole erhält man ferner in Gegenwart von Schutzkolloiden aus Se-Lösungen in Schwefelkohlenstoff[8]).

L. Sarason läßt Selendioxyd auf Selenwasserstoff in Gegenwart von nicht mit Wasser mischbaren flüchtigen Lösungsmitteln einwirken[9]). Durch Behandeln von Selendioxyd mit schwefliger Säure erhält man nach H. Schultze[10]), besonders bei Verwendung genügend konzentrierter Lösungen einen Niederschlag, der in Wasser unter Solbildung wieder löslich ist.

Neuerdings verwendet A. Gutbier Traubenzucker als Schutzkolloid[11]); auch der Schleim von Semen Psylii wurde vorgeschlagen[12]), ebenso Guajaksaponin[13]); geeignete Schutzkolloide sind auch die Karbonsäureester substituierter Alkylendiamine[14]); ferner Alkylzellulosen[15]), chlorierte Zellstoffablauge[16]) oder deren Oxydationsprodukte[17]).

Besonders schön rotgefärbte und elektrolytbeständige Hydrosole erhält man nach dem Paalschen Verfahren[18]). Organosole lassen sich nach der Vorschrift von H. Karplus[19]) gewinnen.

Kolloides Selensulfid erhält man durch Einleitung von Schwefelwasserstoff in eine reine wäßrige Lösung von Selendioxyd[20]). Auch kann man in eine Lösung von seligsaurem Natrium und protalbin- bzw. lysalbinsaurem Natrium in Wasser Schwefelwasserstoff einleiten. Durch Zugabe von Salzsäure fällt ein Niederschlag, der sich mit verdünnten Alkalien peptisieren läßt[21]). L. Lilienfeld verwendet die Alkyläther der Kohlehydrate als Schutzkolloide[22]) zur Gewinnung kolloider Selenide und Telluride.

---

[1]) D.R.P. 381519. — [2]) Öst. Chem.-Ztg. **7**, 149 (1904). — [3]) D.R.P. 262467. — Vgl. a. Bräuer-D'Ans, Fortschritte **1**, 3586 (1920). — [4]) D.R.P. 427585, Engl. Pat. 202613, 210363. — [5]) B. A. S. F., A. Mittasch und F. Winkler, D.R.P. 358700. — [6]) Ztschr. f. anorg. Chem. **32**, 106, 349 (1902). — Kolloid-Ztschr. **4**, 260 (1909). — [7]) Kolloid-Ztschr. **15**, 193, 210 (1914). — [8]) B. A. S. F., D.R.P. 401049. — [9]) D.R.P. 262467. — [10]) Journ. f. prakt. Chem. (2) **32**, 390 (1885). — [11]) Kolloid-Ztschr. **15**, 193, 210 (1914); **33**, 334 (1923). — [12]) A. Gutbier und A. Huber, Kolloid-Ztschr. **19**, 90 (1916); **32**, 255 (1925). — [13]) A. Gutbier und A. Rhein, Kolloid-Ztschr. **33**, 35 (1923). — [14]) Ges. f. chem. Industrie, Basel, D.R.P. 430090, Schweiz. Pat. 99625, 100406, 100407, 107202, Am. Pat. 1527869. — [15]) I. G. Farbenindustrie D.R.P. 444483. — [16]) I. G. Farbenindustrie D.R.P. 445483; vgl. auch Koholyt, A. G., D.R.P. 419364. — [17]) I. G. Farbenindustrie D.R.P. 446050. — [18]) C. Paal und C. Koch, B. **38**, 526 (1905). — [19]) D.R.P. 293848. — [20]) A. Gutbier, Ztschr. f. anorg. Chem. **32**, 294 (1902). — A. Gutbier und Lohmann, Ztschr. f. anorg. Chem. **43**, 407 (1905); Kolloid-Ztschr. **5**, 109 (1909). — [21]) D.R.P. 164664. — [22]) D.R.P. 403714, Engl. Pat. 173507, Franz. Pat. 544999, Öst. Pat. 94610.

Tellur. E. Müller und R. Lukas[1]) erhielten auf elektrischem Wege ein Tellur-hydrosol, indem sie in reinem Wasser einem Stäbchen von reinstem Tellur, das als Kathode diente, einen Platindraht gegenüberstellten, der als Anode diente. Organosole lassen sich nach der Methode von The Svedberg gewinnen. Löst man Tellurdioxyd in möglichst wenig Salzsäure, verdünnt mit Wasser und erwärmt auf 30—60°, so erhält man durch Versetzen mit einer frisch bereiteten wäßrigen Lösung von Schwefeldioxyd ein braunes Hydrosol.

Geschützte Hydrosole beschreibt A. Gutbier[2]), der eine wäßrige Lösung von Tellursäure mit Gummiarabikum längere Zeit erhitzt und dann mit ver-dünntem Hydrazinhydrat reduziert. Das entstandene braune Hydrosol wird dialysiert. Auch Traubenzucker ist ein geeignetes Schutzkolloid[3]).

Ein stahlblaues Tellurhydrosol gewinnt man (A. Gutbier) durch Versetzen einer salzsauren Lösung von Tellurdioxyd (2 : 500) mit Gummiarabikumlösung, Neutralisation mit Ammoniak und Reduktion bei 70° durch tropfenweisen Zusatz von unterphosphoriger Säure.

Auch nach dem Paalschen Verfahren lassen sich sehr farbenprächtige geschützte, beständige Hydrosole gewinnen[4]). Kolloides Tellursulfid beschreibt A. Gutbier[5]).

Chrom. Erwähnt seien das Verfahren von H. Kuzel[6]), sowie das Verfahren von The Svedberg, letzteres besonders zur Gewinnung von Organosolen. J. Schilling gibt ein Verfahren zur Herstellung der säurebildenden Schwer-metalle wie Chrom, Titan, Zirkon u. dgl. in fein verteilter Form an, das dadurch gekennzeichnet ist, daß man die Ammoniumsalze der säurebildenden Oxyde genannter Metalle mit Reduktionsmitteln bzw. in reduzierter Atmosphäre auf Temperaturen erhitzt, die den Zersetzungs- bzw. Reduktionspunkt nicht wesent-lich überschreiten[7]).

Chromverbindungen: W. Biltz[8]) gewinnt Chromoxydhydrosol durch acht-tägige Dialyse ziemlich konzentrierter Lösungen von käuflichem Chromnitrat.

Th. Graham[9]) peptisiert frischgefälltes Chromoxydgel mit einer Chrom-chloridlösung. Die tiefgrüne Lösung wird durch Dialyse von der Salzsäure befreit. Endlich sind Chromdioxydhydrosole auch nach dem bereits beim Blei beschriebenen Verfahren der Chemischen Fabriken von Heyden darstellbar[10]).

Molybdän. Hydrosole gewinnt man auf elektrischem Wege nach G. Bredig und The Svedberg, auf mechanischem Wege nach dem Verfahren von H. Kuzel[11]). Kolloide Molybdänsäure wird nach Th. Graham[12]) durch Hinzufügen von Chlorwasserstoffsäure zu Natriummolybdat hergestellt.

Kolloides Molybdänblau wird nach H. Biltz[13]) durch Ansäuern von Ammonium-molybdat mit Schwefelsäure gewonnen. Diese Lösung erhitzt man zum Sieden und leitet Schwefelwasserstoff ein. Die tiefblaue Flüssigkeit wird schließlich so-lange dialysiert, bis das Außenwasser schwefelsäurefrei und nahezu farblos ist.

Molybdänsulfid gewinnt man aus Kaliumthiomolybdatlösung, welche man durch Sättigen einer Kaliummolybdatlösung mit Schwefelwasserstoff darstellt, durch Versetzen mit verdünnter Essigsäure und nachheriger starker Dialyse. Das Hydrosol stellt eine braune Flüssigkeit dar und ist recht beständig[14]).

[1]) Ztschr. f. Elektrochem. 11, 521, 931 (1905). — [2]) Ztschr. f. anorg. Chem. 32, 51, 349 (1902); 40, 365 (1904); 42, 177 (1904); Kolloid-Ztschr. 4, 184, 256 (1909). — [3]) A. Gutbier und B. Ottenstein, Ztschr. f. anorg. Chem. 149, 223 (1925). — [4]) B. 38, 534 (1905). — [5]) Ztschr. f. anorg. Chem. 32, 292 (1902). — [6]) D.R.P. 197379, 186980. — [7]) D.R.P. 258736, Am. Pat. 950859. — [8]) B. 35, 4431 (1902). — [9]) Ann. d. Chem. 121, 1 (1862). — [10]) D.R.P. 227491. — [11]) D.R.P. 186980, 197379. — [12]) R. Zsigmondy, Lehrbuch, 3. Aufl. (Leipzig 1920), 282. — [13]) B. 37, 1097 (1904). — [14]) A. Lottermoser, in Abderhalden's Handbuch d. Arbeitsmethoden, III. Bd., 204.

Uran. Uranverbindungen. Ein Uranyloxydhydrosol hat S. Szilard[1]) beschrieben.

Wolfram. Zur Herstellung des Wolframhydrosols gibt H. Kužel eine Vorschrift[2]).

Auf mechanischem Wege lassen sich ferner Wolframhydrosole auch mit Gelatose als Schutzkolloid durch Mahlen erzielen[3]). Auf elektrischem Wege lassen sich Hydrosole nach einem von den Chemischen Fabriken von Heiden angegebenen Verfahren gewinnen[4]). Diese Methode ist geeignet zur Herstellung von Hydrosolen aller unedlen Metalle, wie Kupfer, Eisen, Nickel, Blei, Aluminium, Zinn, Wismut, Kobalt, Uran, Titan, Molybdän usw.

Wolframverbindungen. Nach Th. Graham[5]) gewinnt man kolloide Wolframsäure analog wie die Molybdänsäure durch Dialyse einer angesäuerten Lösung von wolframsaurem Natrium. WO_3-Gele erhält man analog dem Verfahren zur Gewinnung von SiO_2-Gelen nach Patrick (D.R.P. 491 680).

Páppadá hat durch Auflösen von Wolframsäure in Oxalsäure ein unbeständiges Hydrosol erhalten. A. Müller verdünnt alkoholische, ätherische Lösungen von Wolframoxychlorid mit Wasser, und endlich A. Lottermoser übersättigt Natriumwolframat mit Salzsäure[6]).

7. Gruppe der Elemente.

Halogene. Beständige kolloide Lösungen der Halogene sind nicht bekannt. Gießt man minimale Mengen Jodwasserstoffsäure zu verdünnter Jodsäurelösung oder eine stark verdünnte alkoholische Jodlösung in viel Wasser, so erhält man für wenige Minuten eine blaue Färbung von kolloidem Jod[7]).

Mangan. Manganhydrosole lassen sich gewinnen nach der Vorschrift von H. Kužel (D.R.P. 197379), sowie nach dem Verfahren der D.R.P. 180729 und 180730 (Paalsche Verfahren). Erwähnt sei auch die Vorschrift des D.R.P. 227491.

Eisen. Hydrosole sind wegen der leichten Oxydierbarkeit dieses Metalls kaum herstellbar. Organosole lassen sich nach der The Svedbergschen Methode gewinnen.

Eisenhydroxyd-Hydrosole: Th. Graham[8]) löst Eisen-(3)-hydroxyd in Eisenchloridlösungen auf und dialysiert; Kracke[9]) dialysiert verdünnte Lösungen von Eisenchlorid und W. Biltz[10]) solche von Eisennitrat. Ufer[11]) dialysiert in der Hitze.

Die durch Hydrosole aus Eisenchloridlösungen gewonnene Hydrosole bestehen aber nicht aus Eisenoxyd[12]); nach neueren röntgenographischen Messungen von J. Böhm[13]) bestehen die Teilchen in ihrer Mehrzahl vielmehr aus einem basischen Eisenchlorid.

H. Freundlich und H. P. Zeh[14]) oxydieren Eisenkarbonyl mit Wasserstoffsuperoxyd. Diese Eisenhydroxydhydrosole enthalten kein basisches Eisenchlorid, sondern Goethit, FeO(OH). A. Mittasch und Mitarbeiter verbrennen Eisencarbonyl zu feinverteiltem Eisenoxyd[15]), bzw. mit anderen flüchtigen Verbindungen zu den entsprechenden Oxydgemischen[16]).

---

[1]) Journ. chim. phys. **7**, 488 (1907). — [2]) D.R.P. 186980, 194348, Engl. Pat. 25864 (1906), Franz. Pat. 371799, Am. Pat. 871599; auch A. Lottermoser, Chem.-Ztg. **32**, 311 (1908). — [3]) D.R.P. 281305. — [4]) D.R.P. 326655. — [5]) Pogg. Ann. **123**, 539 (1864). — [6]) van Bemmelen Gedenkboek, 152 (1910). — [7]) Harrison, Kolloid-Ztschr. **9**, 5 (1911); vgl. a. Franz. Pat. 546165. — [8]) A. **121**, 45 (1862). — [9]) Journ. f. prakt. Chem. (2) **3**, 286 (1871). — [10]) B. **25**, 4431 (1903). — [11]) Diss. Dresden 1915. — [12]) Wo. Pauli, Kolloid-Ztschr. **21**, 49 (1917); **26**, 20 (1920). — [13]) Ztschr. f. anorg. Chem. **149**, 203 (1925). — [14]) Ztschr. f. phys. Chem. **114**, 65 (1925). — Auch Kolloid-Ztschr. **33**, 222 (1923). — [15]) I.G. Farbenindustrie D.R.P. 422269. — [16]) I.G. Farbenindustrie D.R.P. 474416.

Ein geschütztes Eisenhydroxyd läßt sich ferner nach dem Paalschen Verfahren gewinnen[1]). Auch Kirschgummi ist ein geeignetes Schutzkolloid[2]). A. Flügge verwendet Glyzerin[3]) als Schutzkolloid.

Berliner Blau gewinnt man durch Einfließenlassen von Eisen-(3)-chlorid in Eisen-(2)-zyankalium. Bei Einhaltung bestimmter Konzentrationen bildet sich kolloides Berliner Blau[4]).

Nickel. Hydrosole erhält man durch Zerstäubung sowohl nach Bredig[5]), als auch nach The Svedberg[6]). Es ist aber zweifelhaft, ob die entstandenen Hydrosole das Metall oder ein Oxydationsprodukt enthalten.

Geschützte Nickeloxyde erhält man nach dem Paalschen Verfahren[7]). Das gleiche Verfahren gilt auch für die Herstellung von Kobalt- und Manganoxyd.

Kobalt. Geschützte und ungeschützte kolloide Lösungen gewinnt man nach den bei Nickel angegebenen Vorschriften.

Platin. Platin gehört zu jenen Elementen, die sich ebenso wie Gold und Silber leicht in den kolloiden Zustand überführen lassen. Zu erwähnen sind die folgenden Methoden: Beständige Hydrosole lassen sich auf elektrischem Wege sowohl nach G. Bredig als auch nach The Svedberg gewinnen.

A. Gutbier[8]) reduziert eine nicht neutralisierte Lösung von Platinchlorwasserstoffsäure mit Hydrazin.

L. Wöhler[9]) versetzt eine 1 %ige Lösung reinster Gelatine mit soviel Platinchlorür, daß die Lösung davon 10^{-4} Grammole enthält und reduziert dann mit einer Lösung von weißem Phosphor in Äther unter schwachem Erwärmen und Umrühren.

A. Gutbier und A. Wagner verwenden auch Quittenschleim[10]), Gelatine[11]) oder Gummiarabikum[12]) als Schutzkolloide.

Von wichtigen leicht kolloidlöslichen Platinverbindungen wäre zu nennen kolloides Platinhydroxyd nach dem Paalschen Verfahren[13]). Das für Platin und seine Verbindungen Gesagte gilt im allgemeinen auch für die Platinmetalle[14]).

[1]) D.R.P. 180729. — [2]) J. Müller, D.R.P. 336500; vgl. a. u. a. D.R.P. 330815, 312221, 309843, 302911, 300513, 258297, 248886, 245572, 243583, 241560, 237713 u. a. m. — [3]) D.R.P. 172471. — [4]) R. Zsigmondy, Lehrbuch, 3. Aufl. — W. Bachmann, Ztschr. f. anorg. Chem. **100**, 77 (1917). — [5]) F. Ehrenhaft, Anz. d. Wiener Akad. **39**, 241 (1902). — [6]) Vgl. a. E. Hatschek und T. C. L. Thorne, Kolloid-Ztschr. **33**, 1 (1923). — [7]) D.R.P. 180730. — [8]) Ztschr. f. anorg. Chem. **32**, 352 (1902). — G. Hofmeyer, Journ. f. prakt. Chem. (2) **71**, 359 (1905). — [9]) Kolloid-Ztschr. **7**, 247 (1910). — [10]) Kolloid-Ztschr. **19**, 298 (1916). — [11]) A. Gutbier und E. Emslander, Kolloid-Ztschr. **31**, 33 (1922). — A. Zweigle, Kolloid-Ztschr. **31**, 346 (1922). — [12]) A. Gutbier, Ztschr. f. anorg. Chem. **32**, 352 (1902); A. Gutbier und Hofmeier, Ztschr. f. prakt. Chem. (2) **71**, 359 (1905); Kolloid-Ztschr. **5**, 49 (1909). — [13]) D.R.P. 248525, 280365. — [14]) Vgl. z. B. D.R.P. 157172, 248525, 280365; C. Paal u. A. B., B. **37**, 124 (1904); **38**, 1398, 1406 (1905); **40**, 1392, 2209 (1907); **41**, 805, 2273 (1908) usw.; auch A. Gutbier u. a., Ztschr. f. anorg. Chem. **32**, 352 (1902); Journ. f. prakt. Chem. (2) **71**, 359 (1905); Kolloid-Ztschr. **5**, 106 (1909); **18**, 65 (1916) u. v. a.

Adsorptions-(Entfärbungs-)mittel
(mit Ausnahme der Aktivkohle).

Von Dr.-Ing. **Paul Mautner**-K o n s t a n z (Baden).

Einleitung. Wo in der Technik, Wissenschaft, Medizin, oder in sonst einem Gebiet Adsorptionsmittel verwendet werden, wird immer ein Zweck verfolgt: Die Konzentration eines gelösten Stoffes oder der Partialdruck eines Gases soll erniedrigt werden. Hieraus ergibt sich schon, daß das Arbeitsgebiet der Entfärbungs- oder Bleichmittel nur einen Teil des Verwendungsgebietes der Adsorptionsmittel umfaßt, und zwar das Gebiet, das sich auf Adsorption aus wahren oder kolloiden Lösungen beschränkt.

An dieser Stelle sei schon erwähnt, daß es besonders der Techniker weit häufiger mit der Entfärbung kolloider Lösungen zu tun hat, als mit der Entfernung echt gelöster Stoffe. Es genügt, auf zwei wichtige Verbraucher der Entfärbungsmittel, nämlich Zucker- und Ölindustrie, hinzuweisen: die unerwünschten, gefärbten Bestandteile der Rohlösungen sind zweifellos kolloider Natur.

Wenn die Adsorptionsmittel in Berührung mit gelösten Stoffen oder Gasen in oben beschriebener Weise auf die Konzentration dieser Stoffe wirken, ergibt sich zwangsläufig die Frage nach den Eigenschaften, welchen sie diese Fähigkeit verdanken und weiterhin die Frage nach den Stoffen (richtiger: Körpern), welche ein solches Adsorptionsvermögen in technisch nutzbarem Ausmaße haben.

Trotz vielfacher wissenschaftlicher Bearbeitung dieser Fragen haben wir noch keine befriedigende, einheitliche theoretische Deutung für die praktischen Erfahrungen auf diesem Gebiet. Auf Grund dieser Erfahrungen lassen sich obenerwähnte Fragen ungefähr folgendermaßen beantworten:

Das Adsorptionsvermögen ist nicht einem bestimmten Stoff oder einer Stoffklasse eigentümlich, sondern ist die Eigenschaft jeder Oberfläche; ein großes, technisch nutzbares Adsorptionsvermögen ist also an eine große spezifische Oberfläche (das ist Oberfläche pro Gramm Substanz) gebunden. —

Außer dieser quantitativen Voraussetzung muß noch die Qualität der Oberfläche bestimmte Bedingungen erfüllen, um einem Körper adsorbierende Eigenschaft zu verleihen: eine möglichst große Zahl der Oberflächenatome müssen durch ihre besondere Lagerung zur Bindung von Fremdmolekülen geeignet sein. — Eine für jede Art von Adsorption gültige Deutung des letzterwähnten Punktes kann zur Zeit noch nicht gegeben werden. —

Sicher ist, daß neben der reinen Adsorption die Wirkung der Adsorptionsmittel, insbesondere der in diesem Kapitel behandelten, auch eine chemische Bindung zwischen dem Adsorptionsmittel und z. B. einem gelösten Farbstoff eine Rolle spielen kann (Chemosorption). Diese Bindung kann meist mit einer Salzbildung treffend verglichen werden, wenngleich der Grenzfall, nämlich die Bildung stöchiometrisch definierter Verbindungen schwer nachzuweisen ist. Wir haben jedoch ein Kriterium, welches verrät, daß doch eine chemische Reaktion neben der Adsorption häufig auftritt: ein adsorbierter Stoff muß vom Adsorptionsmittel abwaschbar sein (bzw. ein Gas kann durch Evakuieren wiedergewonnen werden). Wenn es sich um wahre Adsorption handelt, muß sich die Menge des adsorbierten Stoffes mit fallender Konzentration im Waschwasser stetig verringern. Dagegen muß bei Vorliegen einer chemischen Verbindung zwischen Adsorptionsmittel und adsorbiertem Stoff innerhalb bestimmter Konzentrations-, Druck- und Temperaturintervalle die Zusammensetzung konstant bleiben. Tatsächlich kann man häufig beobachten, daß ein bestimmter Anteil des adsorbierten Stoffes nicht abwaschbar ist, somit eine festere Bindung vorliegt. Wahrscheinlich wurde auch dieser Anteil des Stoffes ursprünglich adsorptiv gebunden und ist erst später mit dem Adsorptionsmittel durch eine langsam verlaufende chemische Reaktion in eine chemische Verbindung übergegangen.

Für die Herstellung der Adsorptionsmittel ergeben sich aus dem Gesagten die Richtlinien: Bei den natürlichen Adsorptionsmitteln (welche wiederum mineralischen oder pflanzlichen Ursprunges sein können) bietet uns die Natur Körper dar, welche bereits eine große Oberflächenentwicklung besitzen, und deren Oberflächenbeschaffenheit häufig die Verwendung als Adsorptionsmittel, das zwar schwächer wirksam, dafür aber billig ist, ohne weitere Bearbeitung erlaubt. — Zumeist werden diese natürlichen Adsorptionsmittel vor Gebrauch „aktiviert"; diese Aktivierung (meist Erhitzen) ist als Reinigung der Oberfläche aufzufassen. Die Oberfläche wird durch die Entfernung von Wasser, organischen Substanzen usw. gereinigt, oder durch lösende Wirkung von Säuren sogar aufgerauht. —

Bei der Herstellung künstlicher Adsorptionsmittel kommt es darauf an, eine möglichst große Oberfläche zu erreichen und dieser Oberfläche gleichzeitig oder durch einen nachfolgenden Aktivierungsprozeß die günstige Beschaffenheit zu geben. —

Allgemeines über Adsorptionsmittel.

a) Natürliche Adsorptions- und Entfärbungsmittel.

1. Bleicherden. Diese, vor allem aus englischen und amerikanischen Vorkommen unter dem Namen Fullererde bekannten Tone sind wasserhaltige Aluminiumsilikate. — Die Vorkommen ähnlicher Erden sind jedoch weit verbreitet und für Deutschland die in Bayern ganz besonders wichtig. — Die folgende Tabelle gibt die Zusammensetzung einer deutschen[1]), amerikanischen[1]) und japanischen[2]) Bleicherde an[3]):

---

[1]) Deckert, Petroleum Times 46 (1926).
[2]) Kobayaschi, Journ. Chem. Ind. Jap. 543 (1920). — Journ. Ind. Eng. Chem. **7**, 596 (1915). — Seifensied. Ztg. **37**, 783, 802, 826 (1915). — Chem. Abstr. 915, 2542 (1921); 1298 (1922). Zit. nach L. Singer, Entfärbungsmittel (Dresden 1929, Th. Steinkopff).
[3]) Ausführliche Angaben über Zusammensetzung amerikanischer Bleicherden s. a. J. T. Porter, Contribution to Economic Geologie I., 268—90 (1906). — Seifenfabrikant **28**, 918 (1913). S. a. Kausch, Kieselsäuregel und Bleicherden (Berlin 1927) und Eckart und Wirzmüller, Die Bleicherde (Braunschweig).

	Deutsche Erde	Amerikanische Erde	Japanische Erde
SiO_2	59,00%	56,53%	60,80%
Al_2O_3	22,90%	11,57%	15,45%
Fe_2O_3	3,40%	3,32%	1,95%
CaO	0,90%	3,06%	1,60%
MgO	1,20%	6,29%	3,12%
Alkalien	0,00%	1,28%	0,76%
Feuchtigkeit	12,60%	17,95%	21,33% Glühverlust

Je nach dem Vorkommen sind solche Bleicherden unter verschiedenen Namen bekannt geworden: „Floridin" eine bestimmte aus Amerika in Deutschland eingeführte Erde; Bentonit, Otaylit, Montmorillonit u. a. m. sind amerikanischen, Kambaraerde japanischen Ursprunges. — Da die Fullererde ursprünglich zum Entfetten (Walken) von Stoffen benützt wurde, wird sie auch als Walkererde bezeichnet. — Von den bayrischen Bleicherden, welche wohl alle mit Salzsäure aktiviert sind, befinden sich eine große Zahl verschiedener Marken im Handel:

Alsil (Bergbaugesellschaft Ravensberg)
Asmanit (Verein. Asmanit- u. Farbenwerke)
Clarit (Bayrische A.G. für chemische und landwirtschaftlich-chemische Fabrikate)
Frankonit (Pfirschinger Mineralwerke)
Isarit (Dr. Ivo Deiglmeyer)
Silica R (Bayrische Silikatwerke A.G.)
Terrana (Siriuswerke A.G.)
Tonsil (Tonwerke Moosburg).

2. Kieselsäure. Pflanzlichen Ursprunges ist der sog. Tabaschir, eine sehr reine, wasserhaltige Kieselsäure aus einer bestimmten Bambusart. Der Tabaschir ist seit langer Zeit bekannt und wurde erst in den letzten Jahren, nachdem er vergessen war, insbesondere von Wolter[1]), Rakusin[2]), Ruff und Mautner[3]) (von letzteren mit Bezug auf das künstliche Kieselsäure-(Silica-)Gel wieder behandelt.

Ebenso wie der Tabaschir ist auch die Kieselgur (Diatomeenerde, Infusorienerde) eine pflanzliche Gerüstsubstanz, und zwar die Kieselpanzer (verkieselte Zellmembran) der Kieselalgen (Diatomeen, Bazillariazeen). — Die Kieselgur kommt als mehlartige, graue bis grünliche, mehlige oder feste Masse, oft in mächtigen Lagern im Tertiär, Diluvium und Alluvium (häufig mit Braunkohle) vor[4]). Sie besteht aus 81—91% SiO_2 und 1,5—3% Al_2O_3[5]).

b) Künstliche Adsorptionsmittel.

1. Kieselsäuregel (Silicagel). Das handelsübliche Kieselsäuregel (nach dem Produkt der „Silica-Gel Corporation" in Baltimore meist allgemein Silicagel genannt) ist ein amorphes, hydratisches Siliziumdioxyd, dessen Wassergehalt durch Trocknen auf rund 10—2% verringert worden ist. — Ruff und Mautner (s. o.) teilen die Analysen zweier Handelsprodukte mit:

---

[1]) Wolter, Ztschr. f. angew. Chem. **79**, 1233 (1926). — Chem.-Ztg. **50**, 723 (1926).
[2]) Chem.-Ztg. **50**, 568 (1926). — C. II, 1385 (1926).
[3]) Ztschr. f. angew. Chem. **40**, 428—434 (1927). — S. a. Lippmann, Chem.-Ztg. **50**, 625 (1926).
[4]) Ausführliches über Kieselgur s. N. Goodwin, Chem. Met. Engin 1158 (1920).
[5]) S. Lotti, C. II, 471 (1904). — Durocher, C. II, 725 (1923).

I. 87,56 % SiO_2; 10,67 % H_2O; 1,77 % mit HF nicht flüchtige Oxyde.
II. 94,32 % SiO_2; 4,46 % H_2O; 1,22 % mit HF nicht flüchtige Oxyde.

Das Gel kommt meist in farblosen, gelben bis braunen, durchsichtigen oder trüben Stücken, welche künstlich geformt sein können, in den Handel. Es ist spröde, sseine Härte ist zu 4,5—5 bestimmt worden. — Von den Eigenschaften des Kieselsäuregels ist das heftige Bestreben, Wasser aufzunehmen am auffallendsten. — In Berührung mit Wasser zerspringen die meisten dieser Gelsorten unter lautem Knistern (Bhatnagar-Mathur-Effekt) und auf die Zunge gebracht verspürt man ein Festsaugen und eine deutliche Erwärmung. — Das Aufnahmevermögen für Wasserdampf unter verschiedenen Bedingungen ist von Aarnio[1]), Guichard[2]) und Berl[3]) ausführlich studiert worden. — Die Dichte ist von Patrick[4]) mit 2,048, von Berl[3]) mit 2,465 (bei 25⁰ über P_2O_5 getrocknet) und 2,390 (bei 300⁰ getrocknet), bestimmt worden. — Die Adsorptionswärme wurde u. a. von Patrick[5]) untersucht. Er fand bei 0⁰ C für SO_2 21,2 cal, für Wasserdampf 20,6 cal. Die Benetzungswärme für Flüssigkeiten bei 25⁰ bestimmte Patrick[5]) wie folgt: Alkohol 22,63 cal pro Gramm Gel, Wasser 19,22 cal, Anilin 17,45 cal, Benzol 11,13 cal und Tetrachlorkohlenstoff 8,42 cal. Die spezifische Oberfläche ist gelegentlich mit etwa 450 qm für 1 g Gel berechnet worden und läßt auf ein hochdisperses, poröses Gefüge schließen. — Über den Zustand der Materie, aus der die Wände des „Schwammes" aufgebaut sind, gaben röntgenographische Untersuchungen nach der Methode von Debye und Scherrer von Kyropoulos[6]) und Jones[7]) Aufschluß: die Kieselsäure ist amorph und wird nach Erhitzen kristallin, und zwar durch Umordnung in das Gitter des Cristoballits; gleichzeitig verliert das Kieselsäuregel sein Adsorptionsvermögen praktisch vollständig. — Es liegen hier dieselben Erscheinungen vor, wie sie von Ruff, Mautner[8]) u. a. bei Aktivkohle festgestellt wurden: in dem Maße wie die Einordnung der Kohlenstoffatome in das Gitter des Graphits fortschreitet, fällt das Adsorptionsvermögen.

2. Künstliche Bleicherden. Trotzdem zahlreiche Verfahren zur Herstellung anderer Adsorptionsmittel patentiert wurden, haben diese Produkte eine große Bedeutung bislang nicht gewonnen. Zumeist handelt es sich überdies nur um besondere Aufbereitung natürlicher Erden, oder Fällung von Gelen, welche vom Kieselsäuregel prinzipiell nicht verschieden sind.

3. Gemischte Adsorptionsmittel. Zur Erreichung bestimmter technischer Effekte bedient man sich auch der Kombination zweier verschiedener Adsorptionsmittel, welche zumeist Aktivkohle enthalten. Zwei grundsätzlich verschiedene Arten kommen in Betracht: 1. Zur Entfärbung von Flüssigkeiten (Ölen und Zuckerlösungen) verwendet man Gemische von Bleicherden oder Kieselgur mit Aktivkohle. 2. Zur Adsorption von Gasen werden Formlinge hergestellt, die aus Kieselsäuregel und Aktivkohle bestehen, und zwar wird die Fällung des Gels schon in Anwesenheit der Kohle vorgenommen, so daß ein ganz inniges

---

[1]) Aarnio, C. II, 525 (1925).
[2]) Guichard, Bull. Soc. Chim. France (4) **33**, 647. — C. III, 861 (1922).
[3]) Berl und Urban, Ztschr. f. angew. Chem. **36**, 57. — C. I, 1208 (1923).
[4]) Patrick, Diss. (Göttingen 1914.)
[5]) Patrick und Greider, Journ. Phys. Chem. **29**, 1031 (1925). — C. II, 1735 (1925). Patrick und Grimm, Journ. Am. Chem. Soc. **43**, 2144 (1921). — C. III, 19 (1922).
[6]) Kyropoulos, Ztschr. f. anorg. Chem. **99**, 197. — C. II, 450, (1917).
[7]) Jones, Journ. Phys. Chem. **29**, 326. — C. I, 2155 (1925).
[8]) Ruff und Mautner, Kolloid-Ztschr. **26**, 312 (1928). — C. II, 969 (1928). S. a. Ruff, Mautner und Ebert, Ztschr. f. anorg. Chem. **167**, 185 (1927).

Gemisch beider Stoffe entsteht. Häufig wird die Aktivierung der Kohle erst in der Verbindung mit dem Gel ausgeführt. Es erscheint nicht berechtigt das Gel als Träger der Aktivkohle zu bezeichnen, da das Gel an der Gasadsorption sicher einen großen, wenn nicht den größeren Anteil, hat.

Unter die gemischten Adsorptionsmittel könnte man auch die Knochenkohle rechnen, da sie zumeist 80 % anorganische Bestandteile enthält, und dem darin enthaltenen Kalziumphosphat sowie dem hochporösen anorganischen Grundkörper ein Adsorptionsvermögen für kolloide Körper sicher zukommt.

Herstellung der Adsorptionsmittel.

1. Aufbereitung natürlicher Adsorptionsmittel. Die Erden werden einer Vorbehandlung unterworfen, bei welcher das Material getrocknet und von organischen Substanzen befreit wird. Dies geschieht durch vorsichtiges Erhitzen auf 200—300° bei Anwesenheit von Luft oder Wasserdampf.

Die eigentliche Aufbereitung der „aktivierten" Bleicherden besteht in der Behandlung mit Säuren, zumeist Salzsäure, in der Wärme. Nach Absaugen der Säure muß die Erde mit viel Wasser sorgfältig gewaschen werden um ein möglichst säurefreies Produkt zu erhalten. — Die Säure haftet jedoch so intensiv, daß das vollkommene Auswaschen nur schwer gelingt.

2. Herstellung des Kieselsäuregels[1]). Das wichtigste und technisch wohl meist angewandte Verfahren ist die Zersetzung gelöster Alkalisilikate. Andere Verfahren bedienen sich der Hydrolyse von Siliziumtetrachlorid oder Siliziumwasserstoff. — Schließlich wird auch die Behandlung unlöslicher Silikate, z. B. von Schlackensand mit Säuren, diskutiert; das entstehende Kieselsäuresol soll vom Ungelösten getrennt, gelatiniert und das Gel wie später beschrieben, behandelt werden. Seiner überragenden Bedeutung entsprechend, wird im folgenden nur die Herstellung des Gels aus Wasserglas ausführlicher behandelt werden.

Die Werte für die Dichte der anzuwendenden Wasserglaslösungen schwanken zwischen d = 1,20 bis d = 1,35; es scheint demnach, als ob sie für die Qualität des Gels ohne Bedeutung wäre.

Die Wasserglaslösung wird unter Rühren langsam in die Säure gegossen; die Bedingungen sind so zu wählen, daß zunächst ein Kieselsäuresol entsteht, das langsam gelatiniert. — Für die Gelatinierungszeit ist die Säure- und SiO_2-Konzentration in dem Sol am Ende des Vermischens, für den Dispersitätsgrad des Gels ist die Konzentration der angewandten Säure von größter Bedeutung. — Die Verfahren sind in den Patentschriften meist nur in groben Zügen mitgeteilt, z. B. wie folgt: „Man wähle die Mischung so, daß sich ein Gel ohne die Entfernung eines Säureüberschusses oder Salzes bildet". Die Abhängigkeit der Gelatinierungsgeschwindigkeit und der Art des Gels (opalisierend oder klar) von der Säure- und SiO_2-Endkonzentration ist mehrfach untersucht worden, und zwar mit dem Ergebnis, daß solche Gemische am günstigsten gelatinieren, die eben noch alkalisch reagieren; wird das Wasserglas gerade neutralisiert, so entsteht eine voluminöse, opalisierende Fällung und darüber nach Wochen das klare Gel. Ein kleiner Säureüberschuß wirkt verzögernd, bei einem größeren Überschuß tritt wieder ein früheres Gela-

---

[1]) Dieser Absatz ist entnommen einer Arbeit von Ruff und Mautner, Ztschr. f. angew. Chem. **40**, 428—434 (1927). S. a. P. Mautner, Kolloid-Ztschr. **42**, 273 (1927).

tinieren des Sols ein[1]). Nach Patrick[2]) sind 43 ccm 10 %ige Natronwasserglas-
lösung zu 20 ccm einer 10 %igen Salzsäure zu geben, nach Watermann[3]) 1250 ccm
einer 25 %igen Wasserglaslösung zu 1650 ccm einer 5 %igen Salzsäure damit eine
befriedigende Koagulation stattfindet. — Andere Autoren empfehlen ähnliche
Verhältnisse: Gruhl[4]) vermischt molekulare Mengen von Säure und Wasserglas;
die Elektroosmose A.G.[5]) hat die Säuremenge so bemessen, daß die Hälfte des im
Wasserglas vorhandenen Natriumkarbonats neutralisiert wird, und das Gesamt-
volum das 1,5—2fache des ursprünglichen Wasserglasvolums beträgt; Hollemann[6])
hat mit einem Säure-Wasserglasgemisch gearbeitet, das noch 2-n sauer war, mit
einer Koagulationszeit von einigen Stunden. — Bezüglich der Temperatur empfehlen
Patrick[7]) die Fällung bei maximal 10° und Fells[8]) bei 0—45° durchzuführen.

Zusammenfassend ergibt sich hinsichtlich der Abscheidung des Gels aus
Wasserglaslösung also etwa folgendes:

Eine Wasserglaslösung von der Dichte 1,2—1,4 wird unter Rühren bei etwa
10° zu einer 5—10 %igen Salzsäure gegeben, bis ein SiO_2-Sol von schwach alkalischer
Reaktion entsteht. — Aus diesem Sol koaguliert nach 10—30 Minuten ein Gel,
das nach Fertigstellung gute Adsorptionseigenschaften hat.

Neben Säuren werden auch verschiedene Salze zur Zersetzung der Wasserglaslösung benützt, wie z. B.: Natriumbisulfat, Natriumbisulfit, Natrium - oder
Ammoniumpyroborat, Natriumbikarbonat, die eine langsame Ausfällung und ein
gutes Gel ergeben sollen. — Erwähnt sei auch die Verwendung von Formaldehyd
oder Phenol zu demselben Zweck.

Ein technisch schwieriges Problem ist das Waschen des Gels, da die letzten
Spuren des zurückbleibenden Alkalis schwer zu entfernen sind. Seine Lösung wird
unter anderem dadurch versucht, daß man dem Gel berechnete Mengen löslicher
Metallchloride (Aluminiumchlorid oder Magnesiumchlorid) zuführt. Durch
doppelte Umsetzung entstehen Aluminiumhydroxyd bzw. Magnesiumhydroxyd und
Natriumchlorid, welch letzteres leicht auswaschbar ist. Das Metallhydroxyd ist
für manche Zwecke unschädlich, manchmal sogar erwünscht; es kann, wenigstens
z. T., nachträglich auch wieder durch Säure entfernt werden.

Im Laboratorium wird das Gel durch langdauerndes Waschen mit Wasser
gereinigt oder es wird das Sol in einem Sterndialysator vom Elektrolyten befreit
und das Gel, das sich an den Wänden des Dialysators bildet, solange dialysiert,
bis es frei von Chloriden ist.

Nach dem Waschen wird das noch feuchte Gel zerkleinert und der größte
Teil des Wassers, etwa 90 % abgepreßt. Wenn das Gel also ursprünglich aus 95 %
Wasser und 5 % Kieselsäure bestand, so hat es nach dem Abpressen noch immer
65 % Wasser. — Schließlich wird es durch Trocknen in ein Adsorptionsmittel verwandelt. In der Literatur wird der Trocknungsprozeß als Aktivierung bezeichnet. —
Viele Versuche haben gezeigt, daß dieser Arbeitsgang für die Qualität des entstehenden Gels der wichtigste ist; denn von seinem Verlauf hängt die für die Adsorption vor allem maßgebende Zahl und Weite der Atomlücken ab.

[1]) Fells und Firth, Journ. Phys. Chem. **29**, 241. — C. I, 2061 (1925).
[2]) Patrick, Diss. (Göttingen 1914).
[3]) Watermann und Perquin, Brennstoffchemie **6**, 255. — C. II, 2302 (1924).
[4]) Gruhl, C. II, 1385 (1926). — Metall und Erz **23**, 383.
[5]) Elektroosmose A.G., C. II, 1500 (1924).
[6]) Hollemann, Chem. Weekbl. **21**, 187. — C. II, 263 (1924).
[7]) Patrick, C. I, 1355 (1925).
[8]) Fells und Firth, Journ. Phys. Chem. **29**, 241. — C. I, 2061 (1925).

Es erweist sich als günstig das Gel stufenweise, zuerst bei 120—160⁰ und dann bei 300—350⁰ zu trocknen. Nach Watermann[1]) ist es belanglos, ob das Gel bei 200⁰ im Vakuum oder durch Überleiten trockener Luft von 200⁰ getrocknet wird. Ebenso wenig ändert sich das Adsorptionsvermögen, wenn das Gel 48 Stunden auf 300⁰ erhitzt wird[2]). Nach Holmes, Sulivan und Metcalf[3]) soll ein besonders gutes Gel entstehen, wenn das SiO_2-Gel zugleich mit Ferrihydroxyd durch 2-n-Ferrichloridlösung während 60 Stunden aus Wasserglas gefällt und bei Zimmertemperatur im Luftstrom 2 Wochen getrocknet wird. Das Mischgel (SiO_2 + Fe(OH)$_3$ + 60% Wasser) wird eine Woche einem „Schwitzprozeß" unterworfen, und das Metalloxyd durch Säurebehandlung weitgehend ausgewaschen. Das Gel wird sodann 8 Stunden bei 150⁰ getrocknet und kann bei 140—200⁰ in einem trockenen Luftstrom „reaktiviert" werden. Das so hergestellte Gel soll durchschnittlich 3—4mal soviel adsorbieren, als die Gele der Silica-Gel Corporation. Wie es scheint, hat die äußerst langsame Wasserentziehung auf die Erhaltung des porösen Gefüges und damit auf die Adsorptionsfähigkeit einen besonders günstigen Einfluß.

Der Wassergehalt ist ein wichtiges Charakteristikum des Gels; er kann etwa durch die Werte 2—10% eingegrenzt werden. Im einzelnen sind von anderer Seite folgende Zahlen gefunden worden:

Patrick[4]): 7% H_2O für die maximale Adsorption von SO_2
„ [5]): 2% „ „ „ „ „ „ Butan
Ray[6]): 4—7% „ „ „ „ „ „ NO_2
Jones[7]): 3,5—8% „ „ „ „ „ „ Essigsäure aus Gasolinlösung.

Bei der Fertigstellung des Silicagels kommt es also, um zusammenzufassen, darauf an, das Wasser so zu entfernen, daß die mit dem Verlust des Wassers sich bildenden Atomlücken möglichst erhalten bleiben. Je vollständiger das Wasser entfernt wird, ohne dabei das Porengerüst zu zerstören, um so besser wird das Gel. Da die Gefahr der Verminderung der Poren an Zahl und Ausdehnung mit steigender Trockentemperatur wächst, wäre dasjenige Verfahren das günstigste, das bei möglichst niedriger Temperatur die maximale Entwässerung erzielt. — Die Verhältnisse werden aber durch die Alterung des Gels kompliziert, da ein Gel beim Lagern um so mehr von seinem Adsportionsvermögen verliert, je stärker seine Oberflächenentwicklung zu Anfang war. — Dementsprechend ist ein mittlerer Weg zu wählen, und zwar ist unter Verzicht auf eine anfängliche Höherwertigkeit des Gels die Entwässerung bei 2—10% Wasser und die Trockentemperatur bei 300⁰ festzuhalten.

Verwendung der Adsorptionsmittel.

1. Adsorption von Gasen und Dämpfen. Von den genannten Adsorptionsmitteln kommt für diesen Zweck nur das Kieselsäuregel in Frage. Seine Verwendung ist hier sehr mannigfaltig: Entfernung von Wasserdampf aus der Gebläseluft für Hochöfen, Adsorption der letzten Reste von Benzol im

---

[1]) Watermann und Perquin, Brennstoffchemie 6, 255.
[2]) Patrick, Diss. (Göttingen 1914).
[3]) Holmes, Sulivan und Metcalf, Chem.-Ztg. 507 (1926). S. a. C. I, 2461 (1925).
[4]) Patrick, Journ. Am. Chem. Soc. 42, 946. — C. III, 786 (1920).
[5]) Patrick und Long, Journ. Phys. Chem. 29, 336. — C. I, 2156 (1925).
[6]) Ray, Journ. Phys. Chem. 29, 74. — C. I, 1284 (1925).
[7]) Jones, Journ. Phys. Chem. 29, 326. — C. I, 2155 (1925).

Kokereigas, Gewinnung niedrigsiedender Kohlenwasserstoffe aus Erdgasen, Wiedergewinnung der Dämpfe niedrigsiedender Flüssigkeiten (Benzin u. a. Lösungsmittel) aus verschiedenen Betrieben, Gewinnung und Konzentration von Schwefeldioxyd, nitroser Gase u. a.

Die theoretische und praktische Bearbeitung dieses Gebietes knüpfen sich vor allem an die Namen James Patrick und „Silica-Gel Corporation"; durch diese hat das Kieselsäuregel, das kaum 10 Jahre auf dem Markt ist, eine große Verwendung erreicht.

Die Vorteile des Kieselsäuregels liegen in seinem tatsächlich starken Adsorptionsvermögen, seiner verhältnismäßig großen mechanischen Festigkeit und seiner Unverbrennbarkeit. Besonders der letzte Punkt bietet einen gewissen Vorteil gegenüber der Kohle; die Entfernung teeriger, im Gel zurückgebliebener Substanzen, läßt sich deshalb durch Erhitzen auf 400—500° in Gegenwart von Luft erreichen.

Schließlich sei noch die Verwendung des Gels zur Kälteerzeugung in Kälte- und Eismaschinen erwähnt.

2. Entfärbung von Ölen, Fetten und Wachsen. Die kolloiden Schwebestoffe aus den Ölen zu entfernen, ist mehr ein Filtrationsprozeß als wahre Adsorption. Auf diesem Gebiet konkurrieren die Bleicherden mit der Aktivkohle, wobei die Bleicherden meist wegen ihres niedrigen Preises vorgezogen werden. Die Bleicherde soll möglichst neutral reagieren und das flüssige (geschmolzene) Material soll gut durch das Filter gehen. Je nach Qualität der Bleicherde und des Öles oder Fettes genügen 2—10 % der Bleicherde. Ein Teil des in der Bleicherde zurückgebliebenen Öles wird durch Pressen wiedergewonnen; der Rest kann durch Extraktion zwar gewonnen werden, gibt aber ein minderwertiges Produkt.

Pflanzliche und tierische Öle für Genußzwecke werden zuerst z. B. mit Soda neutralisiert, getrocknet und dann mit 0,5—6 % Bleicherde bei 80—90° C etwa eine halbe Stunde behandelt. Verschiedene Öle, insbesondere Sojaöl, sind im Gegensatz zu Kokos- und Palmkernöl besonders schwer zu entfärben. Die genauen Vorschriften sind Geheimnis der einzelnen Raffinerien.

Mineralische Öle werden meist erst mit konz. Schwefelsäure raffiniert bevor sie mit Bleicherden gebleicht werden. Dabei gelingt es, neben der unerwünschten Färbung auch den Geruch und Geschmack zu verbessern. Die Bleichdauer beträgt in der Regel etwa eine halbe Stunde, kann aber wiederum je nach Qualität der Erde und Art des Materials auch auf 2 Stunden steigen.

In der Zuckerfabrikation wird fast ausschließlich Aktiv- bzw. Knochenkohle verwendet. Eine Klärung und geringe Entfärbung kann man jedoch auch erreichen, wenn man die Rohsäfte zuerst über Kieselgur oder Ton filtriert. Die nachträgliche Verwendung von Aktivkohle gestaltet sich wohl rationeller, wenn die grobdispersen Schleimstoffe vorher durch Kieselgur entfernt worden sind.

Ein wichtiges Verwendungsgebiet insbesondere des Kieselsäuregels ist die Katalyse. Es eignet sich insbesondere als Katalysatorträger; dabei kann der Katalysator während oder nach der Fertigstellung des Gels hinzugefügt werden und ist so auf einer sehr großen, wirksamen Oberfläche ausgebreitet. Die Förderung organischer Reaktionen, die auf Wasserentzug beruhen, durch Kieselsäuregel wird auch häufig, wohl aber mit Unrecht, als katalytische Wirkung des Kieselsäuregels erwähnt.

Die Wiederbelebung ist eine wesentliche Voraussetzung bei der Verwendung aller Adsorptionsmittel. Ein viel verwendetes Verfahren ist die Extraktion; vorteilhaft ist hierbei, daß bei Verwendung flüchtiger Extraktionsmittel, die Reste der

Öle u. ä. wiedergewonnen werden. Nach einem anderen Verfahren wird das Öl durch heißes Wasser oder Dampf geschmolzen und schwimmt dann an der Oberfläche. Oder man verwendet Säuren zur Reinigung der Erden und schließlich arbeitet man auch so, daß man die Erden bei Anwesenheit von Luft ausglüht und verbindet hiermit vor allem eine gründliche Reaktivierung des Materials.

Die Bewertung der Adsorptionsmittel.

Es ist natürlich, daß es bei einer so vielseitigen Verwendung der Adsorptionsmittel keine Standardmethode zur Bewertung geben kann. Da eine für einen bestimmten Zweck sehr gute Bleicherde z. B. für einen anderen Zweck nicht ebenso gut sein braucht, m. a. W. bei Untersuchung mehrerer Sorten nicht auch an erster Stelle stehen muß, ist nicht einmal eine Methode, die nur relativ richtige Werte gibt, möglich. Man muß sich deshalb von der Eignung eines Adsorptionsmittels in jedem einzelnen Falle an Hand des zu entfärbenden Materials selbst überzeugen. Es ist jedoch bei solchen Versuchen darauf zu achten, daß im Laboratorium möglichst dieselben Bedingungen (was Konzentration, Zeit, Temperatur anbelangt) eingehalten werden, wie sie im technischen Gebrauch auch herrschen. Bei der Auswertung der Versuchsergebnisse ist darauf zu achten, daß besonders die hochaktiven Bleicherden in ihrer Leistung bald nachlassen, „altern", also nicht als Standard verwendet werden können.

Aktive Kohle.

Von Prof. Dr. **Werner Mecklenburg**-Moskau.

Mit 2 Abbildungen.

Einleitung. Mit dem Worte „aktive Kohlen" werden alle jene Stoffe bezeichnet, die, im wesentlichen aus Kohlenstoff bestehend, durch den Besitz eines besonders starken Ad- oder Absorptionsvermögens ausgezeichnet sind. Beispiele von aktiver Kohle sind schon sehr lange bekannt. So bedient sich der Apotheker wohl schon seit Jahrhunderten der Holzkohle zur Klärung von Flüssigkeiten sowie zur Beseitigung lästiger Farb-, Geruchs- oder Geschmacksstoffe, i. J. 1785 hat Lowitz gefunden, daß man zur Entfärbung von Flüssigkeiten gepulverte Holzkohle in vielen Fällen mit Erfolg verwenden kann, etwa seit dem Jahre 1820 ist die Knochenkohle, die als eine in ein anorganisches Medium eingebettete hochaktive Kohle angesehen werden kann, in der Zuckerindustrie zur Entfärbung der Kläre in ständigem Gebrauch. Im Jahre 1814 ist die damals schon wohlbekannte Fähigkeit der stückigen Holzkohle, Gase und Dämpfe der verschiedensten Art in sich zu kondensieren, von dem Erstersteiger des Montblanc, dem Grafen de Saussure, einer mustergültigen Untersuchung unterzogen worden. Ihre eigentliche Bedeutung aber hat die aktive Kohle erst in neuester Zeit, in den letzten zwanzig Jahren gewonnen, als es gelungen war, durch besondere Verfahren kohlenstoffhaltige Ad- und Absorptionsmittel herzustellen, die an Wirksamkeit die altbekannte Holzkohle sowie die Knochenkohle in einem früher ungeahnten Maße übertreffen. Eine Übersicht über die Herstellung, Anwendung und Prüfung dieser modernen aktiven Kohlen zu geben, ist der Zweck der nachfolgenden Zeilen.

Die Herstellung der aktiven Kohlen.

Allgemeines. Die Herstellung der aktiven Kohlen kommt im Prinzip immer darauf hinaus, daß ein kohlenstoffhaltiger Stoff, z. B. Holz, zunächst verkohlt und der Koks dann durch Behandlung mit einem geeigneten Reagens, dem sog. Aktivierungsmittel, z. B. Wasserdampf, bei entsprechender Temperatur aktiv, d. h. besonders ad- und absorptionskräftig gemacht wird. Auch kann man beide Teilprozesse, die Verkokung und die Aktivierung, zusammenlegen, die Verkokung also bei Anwesenheit des Aktivierungsmittels vornehmen; die Herstellung des Carboraffins durch Verkokung von Holz, das mit einer konzentrierten Chlorzinklauge imprägniert ist, sei als Beispiel angeführt. Demgemäß kann man die große Anzahl der — meist nur in der Patentliteratur beschriebenen, im großen aber niemals durchgeführten und auch aus wirtschaftlichen Gründen nicht durchführbaren — Verfahren zur Herstellung aktiver Kohlen entweder

nach der Art des kohlenstoffhaltigen Rohmaterials oder nach der Art des Aktivierungsmittel ordnen. Die kohlenstoffhaltigen Rohmaterialen selbst teilt man,
wie bereits angedeutet worden ist, zweckmäßig in zwei Gruppen ein:

die Gruppe der nicht verkokten
und die Gruppe der verkokten

Stoffe, während man die Aktivierungsmittel nach ihrem Aggregatzustand bei
der Aktivierung in die Gruppen

der festen
der flüssigen   } Aktivierungsmittel
und der gasförmigen

zusammenfaßt. Darnach ergeben sich also sechs Arten von Herstellungsverfahren:

Nr.	Rohstoff	Aktivierungsmittel
1	nicht verkokt	} fest
2	verkokt	
3	nicht verkokt	} flüssig
4	verkokt	
5	nicht verkokt	} gasförmig.
6	verkokt	

Für alle diese sechs Arten von Herstellungsverfahren finden sich in der Literatur Belege, praktisch sind aber nur die Verfahren der Gruppen 3, 5 und 6 von
größerer technischer Bedeutung.

Gruppe 3: Rohstoffe: z. B. Holz, Torf, Braunkohle.
        Aktivierungsmittel: z. B. Kaliumkarbonat, Chlorzink, Phosphor-
        säure.
Gruppe 5: Rohstoffe: z. B. Torf, Braunkohle.
        Aktivierungsmittel: z. B. Wasserdampf.
Gruppe 6: Rohstoffe: z. B. Braunkohlenkoks, Holzkohle, Kokosnußkohle.
        Aktivierungsmittel: z. B. Wasserdampf.

Die drei anderen Arten von Verfahren sind gegenwärtig entweder überhaupt
ohne jede praktische Bedeutung oder doch nur von minderer Wichtigkeit.

Die Aktivierungstemperatur muß so gewählt werden, daß sich zwischen dem
Rohstoff und dem Aktivierungsmittel eine chemische Reaktion abspielen kann.
So beginnt bei der Einwirkung von Chlorzink auf Holz die Aktivierung schon bei
300⁰, während die Aktivierung von Holzkohle mittels Wasserdampf erst über
700⁰ einsetzt.

So einfach nun aber nach dem Gesagten die Herstellung von aktiver Kohle
im Prinzip auch erscheint, eine so schwierige Aufgabe ist sie in Wirklichkeit und
erfordert, wenn sie auf wirtschaftlichem Wege zu Kohlen gleichmäßiger, höchster
Qualität führen soll, eine außerordentlich genaue, auf eingehende wissenschaftliche Untersuchungen gestützte Kenntnis des benutzten Verfahrens und eine
nur durch jahrelange Praxis zu erwerbende, sehr sichere Beherrschung der Apparatur. Aus diesem Grunde mußten viele Firmen, die sich mit der Erzeugung
aktiver Kohle befaßt haben, ihre Betriebe wieder einstellen, und es gibt heute in
Europa eigentlich nur zwei große Aktiv-Kohle-Konzerne von Bedeutung, die
„Kohle-Gemeinschaft", die z. Z. hauptsächlich die vom Verein für chemische und

metallurgische Produktion in Außig a. E. (Tschechoslowakei) zuerst erzeugte Chlorzink-Kohle herstellt und verwertet und zu der außer der genannten Firma die I. G. Farbenindustrie A.G., die Metallbank und metallurgische Gesellschaft in Frankfurt a. M. und die Urbain-Gesellschaft in Frankreich gehören, und die Norit-Gesellschaft in Amsterdam, die sich mit der Herstellung und dem Vertrieb einer Wasserdampfkohle, des Norits, beschäftigt. Beide Konzerne sind neuerdings in enge Beziehungen getreten. Außerdem wird aktive Kohle in größeren Mengen noch in den Vereinigten Staaten von Nord-Amerika hergestellt. Die Verfahren, die die verschiedenen Gruppen anwenden, sind in ihren Grundzügen bekannt, in ihren Einzelheiten aber geheim, und es kann daher im folgenden auch nur eine skizzenhafte Beschreibung der Herstellungsverfahren gegeben werden.

Die Chlorzink-Kohlen. Zur Herstellung der Chlorzink-Kohlen dienen Holz und andere nicht verkokte Stoffe als Rohmaterial. Diese Stoffe werden zunächst mit konzentrierter wäßriger Chlorzink-Lauge imprägniert oder „gemaischt", wobei die „Maischzahl", d. h. das Verhältnis von $ZnCl_2$ zu Rohmaterial-Trockensubstanz, je nach dem Zwecke, dem die zu erzeugende Aktiv-Kohle dienen soll, innerhalb sehr weiter Grenzen schwankt. Die Maische wird entweder unmittelbar oder nach Formung in einer Strangpresse bei allmählich gesteigerter Temperatur getrocknet und dann bei einer mit der Art der zu erzeugenden Kohle wechselnden, im allgemeinen zwischen 400 und 800° liegenden Temperatur kalziniert. Das Kalzinat wird mit Wasser gelaugt, die so entstehende Chlorzink-Lauge kehrt in den Betrieb zurück, die gelaugte Masse wird gewaschen, erforderlichenfalls gemahlen und schließlich getrocknet.

Die bekanntesten Produkte, die nach diesem, dem sog. Chlorzink-Verfahren, hergestellt sind, sind das Carboraffin, eine zur Entfärbung von Flüssigkeiten verschiedenster Art viel angewendete, feinpulverige Entfärbungskohle, die während des großen Krieges von den Mittelmächten benutzte grobkörnige Gasmasken-Kohle und die zur industriellen Absorption von Gasen und Dämpfen viel benutzte Bayersche T-Kohle.

Die Wasserdampf-Kohlen. Zum Unterschied von dem Chlorzink-Verfahren, über das genauere Mitteilungen in der Literatur bisher nicht veröffentlicht worden sind, beschäftigen sich eine Reihe von Veröffentlichungen mit der Herstellung der Wasserdampf-Kohlen. Eine Theorie der Aktivierung von Holzkohle mit Wasserdampf haben im Zusammenhang mit der Gewinnung der amerikanischen Gasmasken-Kohle Lamb, Wilson und Chaney gegeben[1]: Das Rohmaterial, z. B. Holz, wird zunächst bei niedriger Temperatur verkohlt, so daß sich ein, von den genannten Autoren als Primär-Kohle (primary carbon) bezeichneter Komplex bildet. Diese Kohle, die die Autoren als eine Ad- oder Absorptionsverbindung von amorpher Kohle mit Kohlenwasserstoffen auffassen, ist an sich nicht aktiv, wird aber aktiv, wenn man die von der amorphen Kohle festgehaltenen Kohlenwasserstoffe durch Oxydation entfernt und gleichzeitig die zurückbleibende amorphe Kohle oxydativ anätzt. Die Aktivierungsbedingungen müssen also so gewählt werden, daß von den beiden Bestandteilen des Primär-Kohle-Komplexes die Kohlenwasserstoffe rasch, die amorphe Kohle selbst aber nur langsam oxydiert werden. Als Oxydationsmittel kann man Luft bei 350—450° oder Wasserdampf bei 800—1000° anwenden.

In der Praxis erfolgt die Herstellung der Wasserdampf-Kohle im allgemeinen in einer recht rohen Form: Das zu aktivierende Rohmaterial — in der Regel bereits verkoktes Material, wie Holzkohle, Braunkohlenkoks u. dgl. — wird in

---

[1] Journ. Ind. Eng. Chem. **11**, 428 (1919).

wallnußgroßen Stücken in geeigneten Öfen auf eine Temperatur von 800—1000⁰
erhitzt. Die verwendeten Öfen sind sehr verschieden. So werden z. B. 4—5 m hohe
Vertikalretorten benutzt, die, damit die Wärmeverteilung in der zu aktivierenden
Kohle gleichmäßiger sei, einen ovalen Querschnitt haben und zu Gruppen von
vier oder mehr Stück vereint in einem gemeinschaftlichen Feuerraum stehen.
Der zu aktivierende Koks rutscht kontinuierlich von oben nach unten durch den
Ofen, gelangt, nachdem er die heißeste Stelle des Ofens, welche ziemlich weit
unten liegt, passiert hat, in eine Kühlkammer und wird dann mit Hilfe eines Zellen-
rades kontinuierlich abgezogen. Dem Koks entgegen wird als Aktivierungsmittel
Wasserdampf von unten nach oben durch den Ofen geleitet, das oben entweichende
Wassergas wird aufgefangen und zur
Heizung des Ofens oder zu sonstigen
Zwecken verwendet.

Die bei der skizzierten Arbeitsweise
infolge der geringen Wärmeleitfähigkeit
der Kohle schwer zu umgehenden Ungleichmäßigkeiten in der Erhitzung sucht
man neuerdings dadurch zu vermeiden,
daß man das zu aktivierende Material
während des Aktivierungsvorganges
selbst in geeigneter Weise durchmischt.
In dieser Hinsicht ist als besonders
interessant der Aktivierungsofen der
Norit-Gesellschaft zu erwähnen. In der
beigefügten Skizze (Abb. 4) ist das
Prinzip des Ofens schematisch dargestellt: Aus einem Zufuhrschacht 1,
der mit dem im richtigen Maße zerkleinerten Rohmaterial beschickt ist,
rutscht das Rohmaterial, z. B. Holzkohle, in einer durch den Schieber 2 geregelten Menge in den eigentlichen Ofenraum 3. Gleichzeitig wird durch die
Röhren 4, 5 und 6 Luft, Heizgas und
Wasserdampf in den Ofen eingeblasen,
deren Mengen so gewählt sind, daß das

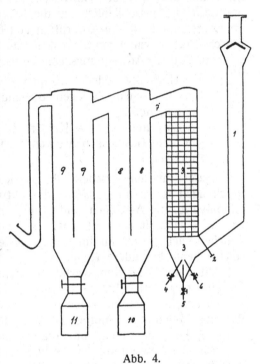

Abb. 4.
Aktivierungsofen der Norit-Gesellschaft.

zu aktivierende Material in die Höhe gerissen, durcheinandergewirbelt und in
der Schwebe aktiviert wird. Durch ein im Ofenraum angebrachtes Gitterwerk
wird die Durchwirbelung des Materials und eine gleichmäßige Wärmeverteilung
begünstigt. Durch die Aktivierung, die ja in letzter Linie nur eine Art von ge-
mäßigter Ausbrennung ist, wird das Material poröser und leichter, so daß es,
wenn fertig aktiviert, bei richtiger Durchführung des Prozesses von den aus dem
Ofen durch den Auslaß 7 entweichenden Gasen mitgenommen wird. Die mit der
aktivierten Kohle beladenen Gase passieren Absetzkammern 8 und 9, in denen
sich die Kohle absetzt und mit Hilfe der Behälter 10 und 11 abgezogen wird. Die
feinsten Anteile der Kohle, die sich in den Absetzkammern nicht niederschlagen,
werden in einer von den Abgasen durchlaufenen Waschvorrichtung festgehalten.

Die aus dem Aktivierungsofen kommende Kohle wird meist nur trocken
gemahlen und sogleich in den Handel gebracht. Bessere Kohlen werden, da die

ungewaschene Kohle je nach dem Rohmaterial verschiedene, in Wasser oder in Säure lösliche Verunreinigungen, im Falle von Holzkohle als Rohmaterial z. B. Kaliumkarbonat, im Falle von Braunkohlenkoks Schwefeleisen enthält, vor der Mahlung mit Säure und Wasser gewaschen.

Die Anwendung der aktiven Kohlen.

Allgemeines. Die Anwendungsmöglichkeiten der aktiven Kohle lassen sich je nach dem Aggregatzustande des Mediums, in dem die Anwendung vorgenommen wird, in zwei Hauptgruppen einteilen, in die Anwendung auf Flüssigkeiten und die Anwendung auf Gase oder Dämpfe. Im ersten Falle handelt es sich praktisch fast ausschließlich um die Klärung und Entfärbung von Flüssigkeiten, im zweiten Falle um die Absorption von Gasen oder Dämpfen sowie um die katalytische Beeinflussung von Gasreaktionen. Demgemäß kann man die aktiven Kohlen selbst nach ihren Anwendungsgebieten in zwei Hauptgruppen einteilen, nämlich in

die Entfärbungs- oder E-Kohlen für Flüssigkeiten, zu denen auch die zu medizinischen Zwecken dienenden medizinischen oder M-Kohlen gehören, und

die Absorptions- oder A-Kohlen für Gase und Dämpfe, zu denen auch die in den Gasmasken verwendeten, die Gasmasken- oder G-Kohlen, zu rechnen sind.

Diese Einteilung erscheint darum besonders zweckmäßig, weil sie ihren Ausdruck auch schon im Aussehen der aktiven Kohlen findet: Die E-Kohlen sind feinpulverig, die A-Kohlen sind grobkörnig; der Durchmesser von E-Kohle-Teilchen wird nach Hundertsteln oder Tausendsteln eines Millimeters, der von A-Kohle-Teilchen nach ganzen Millimetern gemessen. Aktive Kohlen von mittlerer Größe spielen keine besondere Rolle.

Mit dem Herstellungsverfahren steht die Anwendung der aktiven Kohlen in keinem Zusammenhange: Nach dem Chlorzink- werden ebenso wie nach dem Wasserdampf-Verfahren sowohl E- als auch A-Kohlen hergestellt, und zwar ohne daß man behaupten könnte, daß sich das eine Herstellungsverfahren mehr für die eine, das andere mehr für die andere Gruppe von Kohlen eigne.

Was die Anwendung der Aktiv-Kohlen zur Lösung bestimmter Sonderfragen betrifft, mögen diese auf dem Gebiete der E- oder dem der A-Kohle liegen, so ist mit größter Bestimmtheit zu betonen, daß die verschiedenen aktiven Kohlen als Individuen gewertet werden müssen. Eine ausgezeichnete A-Kohle liefert, wenn man sie feinst pulvert, keineswegs immer eine gute E-Kohle, eine E-Kohle, die sich besser als alle anderen Kohlen zur Entfärbung von Zuckerlösungen eignet, braucht keineswegs etwa für die Entfärbung von Ölen von besonderem Werte zu sein, und eine A-Kohle, die hervorragende Dienste bei der Absorption von Benzol leistet, muß keineswegs auch für die Absorption von Ammoniakgas besonders brauchbar sein. Die Wirkung der aktiven Kohlen ist also individuell, die verschiedenen, im Handel befindlichen aktiven Kohlen unterscheiden sich in ihrer Wirkung nicht nur quantitativ, sondern auch qualitativ; die eine Kohle eignet sich mehr für die eine, die andere mehr für die andere Leistung.

Die Anwendung der E-Kohlen. **Anwendungsformen.** Die Anwendung der E-Kohlen wird in der Praxis in doppelter Weise durchgeführt, im Einrührverfahren und im Filtrationsverfahren. Beim Einrührverfahren wird eine abgewogene Menge der E-Kohle in die zu entfärbende Flüssigkeit eingetragen, mit ihr eine angemessene Zeit bei gewöhnlicher oder bei erhöhter Temperatur durchgerührt und abfiltriert. Das Filtrat ist die geklärte und entfärbte Flüssigkeit. Beim Filtrationsverfahren wird die E-Kohle zunächst mit Wasser oder besser einem Teil der zu entfärbenden Flüssigkeit zu einer Suspension angerührt und in der Weise durch die Filtriervorrichtung gesaugt, daß sich die Kohle auf der Filterfläche in Form einer möglichst gleichmäßigen Schicht absetzt. Nun läßt man, zweckmäßig noch bevor die über der Kohleschicht stehende Flüssigkeit vollständig abgesaugt ist, die zu entfärbende Flüssigkeit vorsichtig, so daß die Kohleschicht nicht aufgewirbelt wird, durch das Filter laufen. Bei guten, schnellwirkenden Kohlen wird die Flüssigkeit, während sie das Kohlefilter passiert, teils durch Ultrafiltrationswirkung, teils durch Adsorption geklärt und entfärbt. Diese Entfärbungsfiltration setzt man dann solange fort, bis die allmählich nachlassende Leistung der Kohle zur Entfärbung der Flüssigkeit für den ins Auge gefaßten Zweck nicht mehr ausreicht. Als Filtervorrichtung werden in der Praxis Filterpressen oder Rahmenfilter verwendet. Filtertürme kommen nur in den Fällen in Betracht, in denen, wie z. B. bei der Entfärbung der Zuckerlösungen durch Knochenkohle oder bei der Reinigung des Rohspiritus durch Holzkohle oder bei der Entchlorung von gechlortem Wasser, statt hochaktiver feinpulveriger E-Kohlen ausnahmsweise schwächer aktive grobstückige Kohlen benutzt werden.

Die Entfärbung von fetten Ölen. Das wohl bei weitem wichtigste Anwendungsgebiet der E-Kohle bildet die Entfärbung von Fetten und fetten Ölen, insbesondere der für die Margarinefabrikation dienenden Fettstoffe Kokosfett und Palmkernöl. Man arbeitet hier meist nach dem Einrührverfahren und wendet die E-Kohle in der Regel im Gemisch mit Entfärbungserden, wie Fullererde u. dgl. an.

Die Entfärbung von Zuckerlösungen. Zur Entfärbung von Zuckerlösungen, vor allem der durch Auflösung von Rohzucker entstandenen Klären, wird, wie schon in der Einleitung gesagt worden ist, bereits seit mehr als 100 Jahren die Knochenkohle verwendet. In neuerer Zeit wird nun die Knochenkohle mehr und mehr durch die ungemein viel wirksameren E-Kohlen verdrängt, von denen in Europa gegenwärtig hauptsächlich Carboraffin und Norit in Gebrauch sind. Der Vorteil, den der Ersatz der Knochenkohle durch die modernen E-Kohlen bietet, liegt in dem Umstande, daß die E-Kohlen dank ihrer sehr viel größeren Wirksamkeit in sehr viel kleineren Mengen als die Knochenkohle angewendet werden können, daß infolgedessen auch die Mengen der im Betriebe erschöpften Kohle, die regeneriert werden müssen, viel kleiner sind, und schließlich die Apparaturen, die zur Durchführung der Entfärbung erforderlich sind, den Spodiumtürmen an Größe, Preis und Betriebsaufwand wesentlich nachstehen. Der Hauptvorteil der Anwendung der modernen E-Kohlen an Stelle der Knochenkohle aber besteht wohl in der Möglichkeit, die für eine Zuckerraffinerie stets unangenehme und lästige Regeneration der erschöpften Kohle überhaupt überflüssig zu machen, indem die Kohle, nachdem sie einmal erschöpft ist, gar nicht mehr regeneriert, sondern sogleich auf den Abfallhaufen gefahren wird, eine Möglichkeit, die allerdings nur die höchstwertigen und — nach ihrem Nutzeffekt beurteilt — billigsten Kohlen bieten

Weitere Anwendungsgebiete der E-Kohle. Weitere Anwendungsgebiete der E-Kohlen, die heute eine große Rolle spielen, sind die Entfärbung von Wein und von Glyzerin sowie die zur Erzeugung reiner Kristalle vor der Kristallisation vorzunehmende Klärung und Entfärbung der Lösungen von organischen Säuren, insbesondere von Wein- und Zitronensäure, von Alkaloiden und von anderen hochwertigen Stoffen der organischen Chemie. Besonders wichtig erscheint die neuerdings mehr und mehr in den Vordergrund des Interesses tretende Entchlorung des zum Zwecke der Desinfektion und Reinigung mit einem kleinen Überschuß von Chlor behandelten Wassers: Läßt man das schwach chlorhaltige Wasser durch ein Filter mit grobkörniger Kohle laufen, so geht das freie Chlor nach der schematischen Gleichung

$$Cl_2 + 2OH' = 2Cl' + O_2$$

in Chlorion über, dessen Menge in der Praxis so gering ist, daß die Qualität des Wassers von ihr nicht beeinflußt wird, während der gebildete Sauerstoff entweder frei wird oder die aktive Kohle oxydiert.

Die Anwendung der M-Kohle. In der Medizin leistet die aktive Kohle vor allem bei leichten oder auch schwereren Störungen akuter und infektiöser Art im Magen und Darmkanal ausgezeichnete Dienste. Auch in Fällen von Vergiftung wird sie mit Erfolg benutzt. Die Anwendung geschieht durch Einnehmen, und zwar ist es am einfachsten, die mit wenig Wasser zu einer Suspension angerührte Kohle zu trinken.

Die Anwendung der A-Kohlen. Eine vielleicht noch größere Bedeutung als die E-Kohlen haben heute die A-Kohlen. Ihr Verwendungsgebiet ist ein dreifaches: Die Absorption von Gasen und Dämpfen, die Verwendung für die katalytische Beschleunigung von Gasreaktionen und die Verwendung als Gasmaskenkohle.

Die Absorption von Gasen und Dämpfen. Die Verwendung der A-Kohle zur Absorption von Gasen und Dämpfen beruht auf ihrer Fähigkeit, kondensierbare Gase und Dämpfe — besonders auch bei sehr großer Verdünnung — in sich zu kondensieren. So vermag die A-Kohle dem Leuchtgas oder den Kokereigasen das Benzol so weitgehend zu entziehen, daß Berl auf dieser Tatsache sogar ein Verfahren zur analytischen Bestimmung des Benzolgehaltes solcher Gase aufbauen konnte. Abgase, welche geringe Mengen organischer Dämpfe wie Äther, Alkohol, Benzol, Benzin u. dgl. mit sich führen, läßt man, bevor man sie ins Freie entweichen läßt, durch Türme mit A-Kohle streichen, wo sich der größte Teil dieser Dämpfe niederschlägt. Von sehr großem praktischen Interesse ist auch die Kondensation von Benzin aus Erdgasen, die heute bereits in großem Umfange durchgeführt wird. Die Gewinnung der in der A-Kohle kondensierten Dämpfe geschieht meist nach dem Bayer-Verfahren durch Ausblasen mit überhitztem Wasserdampf, Kondensation des Dampfgemisches zu einem — infolge der geringen Löslichkeit der organischen Flüssigkeiten in Wasser zweiphasigen — Flüssigkeitsgemisch und dessen mechanische Trennung.

Anwendung der A-Kohle als katalytisches Agens. Daß die A-Kohle, wie viele poröse Stoffe, sei es an und für sich, sei es als Träger besonderer Katalysatormaterialien, Gasreaktionen zu katalysieren vermag, ist bekannt. Für die Praxis ist besonders die Beseitigung geringerer Mengen von Schwefelwasserstoff aus sauerstoffhaltigen Gasen von Interesse: Leitet man z. B. Schwefelwasserstoff enthaltende Luft bei etwa 150° über A-Kohle, so verbrennt der Schwefelwasserstoff zu Wasserdampf und Schwefel, der sich in der Kohle anreichert und ihr durch Behandlung mit Ammoniak in Form von Schwefelammonium entzogen werden kann. Auch die Gewinnung von Sulfurylchlorid aus Chlor und Schwefeldioxyd

$$SO_2 + Cl_2 = SO_2Cl_2$$

durch Vermittlung von A-Kohle als Katalysator ist praktisch von Bedeutung.

G-Kohle. Die Gasmasken, die keineswegs etwa nur, wie man vielfach meint, im Kriege, sondern auch in dauernd steigendem Maße in industriellen Betrieben verwendet werden, sind bekanntlich Atemfilter, welche die einzuatmende Luft von schädlichen Bestandteilen befreien sollen. Die eigentliche Filterschicht, die sich in einem auswechselbaren Teile der Gasmaske, dem sog. Einsatze, befindet, ist je nach der Art des die einzuatmende Luft verunreinigenden Bestandteils verschieden zusammengesetzt, enthält aber in der überwiegenden Mehrzahl der Fälle auch aktive Kohle, und zwar eine besondere, durch Freiheit von Staub und große Wirkungsgeschwindigkeit ausgezeichnete Art der A-Kohle, die G-Kohle. Nach ihrem Verhalten gegenüber der G-Kohle lassen sich nun die in der einzuatmenden Luft vorkommenden schädlichen Bestandteile in drei Gruppen einteilen, nämlich in solche Stoffe, die

    a) von der G-Kohle durch Kondensation in den Kapillaren festgehalten,

    b) unter dem katalytischen Einflusse der G-Kohle zersetzt und

    c) von der G-Kohle überhaupt nicht beeinflußt

werden. Als Beispiel für die erste Gruppe seien Chlorpikrin, als Beispiel für die zweite Gruppe Phosgen, als Beispiel für die dritte Gruppe Kohlenoxyd und die von aktiver Kohle bemerkenswerterweise nicht erfaßbaren Rauch- und Nebenteilchen von $0,1-1$ μ[1]) Radius angeführt. Die Bedeutung der G-Kohlen für die Gasmasken liegt in dem Umstande, daß sie zum Unterschiede von den chemischen Absorptionsmitteln, die meistens nur gegen einige wenige, chemisch genau definierte Stoffe schützen, ein Wirkungsgebiet von sehr großem Umfange haben. Die G-Kohle ist daher besonders auch in den Fällen unentbehrlich, in denen, wie z. B. im Kriege, die Art des die Luft vergiftenden Bestandteiles nicht von vornherein feststeht. Die meisten Gasmasken, seien sie für militärische oder für industrielle Zwecke bestimmt, enthalten eine oder mehrere Filterschichten, von denen die eine fast in allen Fällen aus G-Kohle besteht.

Die Prüfung der aktiven Kohlen.

Allgemeines. Der bereits weiter oben betonte spezifische Charakter der aktiven Kohlen, und zwar besonders der E-Kohlen, aber auch der A-Kohlen, verlangt eine weitgehende Individualisierung der Prüfungsverfahren, eine Tatsache, die nicht nur der Erzeuger, sondern auch der Verbraucher aktiver Kohle sorgfältig zu beachten hat. Wer aktive Kohle verwenden will, muß die ihm angebotene Ware auf ihre Eignung für den von ihm ins Auge gefaßten, ganz speziellen Verwendungszweck prüfen. Die Art, wie die Prüfung durchzuführen ist, richtet sich nach der in Aussicht genommenen Anwendungsform der Kohle und wird weiter unten an einigen Beispielen erläutert.

Die Prüfung von E-Kohlen. Bei E-Kohlen prüft man in der Regel:

Auf Feuchtigkeit (oder richtiger gesagt: auf flüchtige Bestandteile) durch Trocknen einer abgewogenen Menge der Kohle bei $110-120°$ bis zur Gewichtskonstanz, die nach etwa 4 Stunden erreicht wird;

Auf Alkalität oder Azidität, indem man eine Probe der Kohle mit einer abgemessenen Menge neutralisiertem Wasser oder besser einer konzentrierten Zuckerlösung unter genau definierten Bedingungen auskocht und einen aliquoten Teil der Flüssigkeit mit Säure oder Alkali titriert oder in ihm den p_H-Wert bestimmt.

Auf Abgabe löslicher Verunreinigungen, indem man eine Probe der Kohle mit der Flüssigkeit, zu deren Entfärbung die Kohle dienen soll, unter den Bedingungen extrahiert, unter denen die Kohle später angewendet werden soll. Hält man diese speziellen Bedingungen nicht inne, so kann man zu vollkommen irrigen Ergebnissen gelangen.

Auf Aktivität sollte man, wie bereits weiter oben betont worden ist, nach Möglichkeit immer mit der Flüssigkeit prüfen, um deren Entfärbung es sich handelt. Die aus Gründen der Bequemlichkeit oft angewendete Prüfung der E-Kohlen mit organischen Farbstoffen, wie z. B. Methylenblau, ist, von Sonder-

---

[1]) $1\mu = 0,001$ mm.

fällen abgesehen, praktisch ziemlich wertlos. Im übrigen verfährt man zur Prüfung einer Kohle auf ihre Eignung für einen gegebenen Zweck wie folgt:

Man behandelt gleiche Mengen der zu entfärbenden Flüssigkeit bei geeigneter, erforderlichenfalls durch Vorversuche festzustellender Temperatur und Konzentration — vielfach spielt auch die Wahl der Wasserstoffionenkonzentration eine wichtige Rolle — mit steigenden Mengen der E-Kohle und stellt so die Menge der Kohle fest, die zur Erreichung des verlangten Entfärbungsgrades erforderlich ist. Die so ermittelte Menge, multipliziert mit dem Preis der Kohle, ergibt die maßgebende Zahl für die Bewertung der untersuchten E-Kohle auf ihre Eignung zu dem betreffenden Zweck. Je kleiner diese Zahl ist, um so billiger stellt sich die Kohle im Gebrauch. Trägt man die erhaltenen Entfärbungsergebnisse, etwa in Prozenten der in der Ausgangslösung vorhandenen Farbstärke gemessen, als Funktion der angewandten Kohlenmenge in ein Koordinatensystem ein, so erhält man die sog. Entfärbungskurven, von denen die Abb. 5 einige Beispiele darstellt[1]). Verlangt z. B. die Praxis eine 90%ige Entfärbung, so sind von der E-Kohle a zur Erreichung dieses Zweckes vier Gewichtsteile, von der

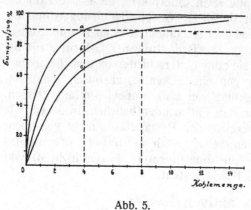

Abb. 5.

Kohle b 8 Gewichtsteile erforderlich, während die Kohle c zu der verlangten Leistung überhaupt nicht befähigt ist. Der Verbraucher wird daher, da die Kohle c ja vollständig ausscheidet, unter den beiden übrigen die wählen, bei der das Produkt aus der für die 90%ige Entfärbung der Lösung erforderlichen Menge und dem Einheitspreis den niedrigsten Wert hat.

Auch andere Faktoren, so z. B. die Filtrationsfähigkeit, können unter Umständen von praktischer Wichtigkeit sein und müssen daher zum Gegenstand einer Prüfung gemacht werden. Und auch hier gilt wieder der Grundsatz, daß sich die Prüfung möglichst weitgehend an die Praxis der Verwendung der Kohle anschließen muß, wenn sie zu praktisch brauchbaren Ergebnissen führen soll.

Die Prüfung von M-Kohlen. Für die Untersuchung von M-Kohlen hat sich besonders dank den Arbeiten der Firma E. Merck in Darmstadt ein ziemlich allgemein verbreitetes Schema eingeführt, das hauptsächlich die Prüfung auf Verunreinigungen umfaßt und die Aktivität nach einem Vorschlage von v. Wiechowski auf Grund des Verhaltens der Kohle gegen Methylenblau beurteilt.

Die Prüfung von A-Kohlen. Bei der Prüfung von A-Kohlen pflegt man den Wassergehalt durch Trocknen einer Probe der Kohle bei 110—120° bis zur Gewichtskonstanz zu bestimmen. Die Aktivität mißt man, sofern man keinen besonderen Verwendungszweck der A-Kohle im Auge hat, meist durch das Absorptionsvermögen der Kohle für Benzoldampf, indem man die Absorptionskurve des Benzoldampfes bei Zimmertemperatur (20°) aufnimmt. Handelt es sich dagegen um die Beurteilung einer A-Kohle auf ihre Eignung

---

[1]) Die Entfärbungskurven sind nicht mit den ihnen in der äußeren Form ähnlichen Adsorptionskurven zu verwechseln; die Entfärbungskurven sind keine Gleichgewichtskurven, auch hat die Abszisse bei ihnen einen ganz anderen Sinn als bei den Adsorptionskurven.

für eine gegebene Aufgabe, z. B. auf ihre Eignung zur Absorption von Ätherdampf aus Luft, so leitet man durch eine abgemessene Menge der — vor dem
Versuche getrockneten — Kohle solange die mit dem Ätherdampf beladene Luft,
bis Gewichtskonstanz der Kohle die Sättigung mit Ätherdampf anzeigt. Wichtig
ist bei diesem Versuche, daß man Ätherdampf von derselben Konzentration verwendet, wie er in der Praxis vorliegt; Laboratoriumsversuche, die — etwa aus
Bequemlichkeit — mit anderen Ätherdampf-Konzentrationen angestellt sind,
sind nicht maßgebend, denn es gilt keineswegs etwa eine allgemeine Regel, daß
eine Kohle a, die bei dem Partialdruck p des Ätherdampfes besser als eine zweite
Kohle b absorbiert, auch bei einem anderen Partialdampfdruck p' des Äthers besser
als die Kohle b wirkt. Im übrigen bezieht man die Versuchsresultate selbst zweckmäßig nicht auf gleiche Gewichtsmengen der verschiedenen Kohlen, sondern,
indem man auch das Litergewicht der geschütteten Kohlen bestimmt und die
Ergebnisse entsprechend umrechnet, auf gleiche Raummengen geschütteter Kohle;
denn bei der Absorption von Gasen und Dämpfen bestimmt das auf das Volumen
bezogene Absorptionsvermögen der Kohle die Größe der Apparatur, und dieser
Faktor ist meist wichtiger als der nach dem Gewicht berechnete Preis der Kohle,
weil eine gute A-Kohle sehr oft regeneriert werden kann, der einmal für sie zu
zahlende Preis also nicht übermäßig ins Gewicht fällt.

Die Prüfung von G-Kohlen. Bei der Prüfung von G-Kohlen bestimmt man — wieder durch
Trocknen einer abgewogenen Menge der Kohle bei 110—120°
bis zur Gewichtskonstanz — die Feuchtigkeit, ferner durch
Siebung durch Draht- oder Lochsiebe die Kornverteilung und — durch Mahlen
mit Normalkugelmühlen — die Festigkeit der Körner. Besonders wichtig ist,
daß das Material an sich praktisch staubfrei ist und auch beim Mahlen in der
Kugelmühle möglichst wenig Staub bildet, weil ein größerer Staubgehalt der
Kohle den Atemwiderstand der Gasmaske stark erhöht. Die Aktivität der G-Kohle
kann, entsprechend den besonderen Anforderungen, die die Kohle in der Gasmaske
zu erfüllen hat, mit Nutzen nur nach dem während des Krieges in Deutschland
ausgebildeten Prinzip der Resistenzzeit-Bestimmung bewertet werden: Man läßt
einen Luftstrom, der eine genau bekannte Menge eines Reizstoffes enthält, mit
bekannter, der des Luftstromes in den Gasmasken beim Atmen ähnlicher Geschwindigkeit durch eine Kohleschicht von bekannten Dimensionen strömen.
Bei richtiger Durchführung der Versuche, die allerdings eine große Erfahrung
erfordert, nimmt eine an sich brauchbare G-Kohle anfangs den Reizstoff aus
der Luft so vollständig auf, daß er in der das Kohle-Filter verlassenden Luft durch
einen physiologischen Reiz auf die Schleimhäute der Nase oder des Auges nicht
mehr nachgewiesen werden kann. Nach einer gewissen Zeit aber, die als Resistenz-
zeit bezeichnet wird, läßt die Wirkung der Kohle nach, und es erscheinen in der
aus dem Filter austretenden Luft zunächst kleine, dann aber rasch wachsende
Mengen des Reizstoffes[1]. Je besser die G-Kohle ist, um so größer ist die Resistenz-
zeit, jedoch gilt auch hier wieder der Satz von der Individualität der aktiven
Kohlen. Je nach der Art der für die Prüfung verwendeten Reizstoffe — in der
Praxis wird meist Chlorpikrin als Beispiel für absorbierbare und Phosgen als Beispiel für katalytisch zu zersetzende Reizstoffe gewählt — können die G-Kohlen
verschiedenwertig erscheinen. Die Herstellung einer G-Kohle von guter, univer-
seller Wirkung war daher eine wichtige, heute allerdings praktisch befriedigend
gelöste Aufgabe.

---

[1] Über die Theorie des Vorganges vgl. Ztschr. f. Elektrochem. 488—495 (1925).

Seifen.

Von **Arthur Imhausen** und Dr. **Werner Prosch**-Witten.

Mit 6 Abbildungen und 4 Tabellen.

Einleitung. Über Seife und ihre Herstellung ist schon viel geschrieben. Es existieren auch eine Reihe guter Hand- resp. Lehrbücher, so daß ein Anlaß, diese Bücher um ein weiteres zu vermehren, nicht vorhanden ist. Was jedoch fehlt, ist eine Übersicht über die rein kolloidchemische Betrachtungsweise der Seifen und deren Herstellung. Aus dieser Einstellung heraus folgt, daß man in unseren Ausführungen keine Anleitung für die allgemeine Herstellung von Seifen oder detaillierte Beschreibungen der dazu benötigten Apparaturen suchen darf. Das alles ist Voraussetzung. Vielfachen Wünschen entsprechend soll die zweite Auflage dieser Übersicht die Seifenchemie lediglich vom kolloiden Standpunkt aus betrachtet und zeigen, wo derartige Betrachtungen zur Erklärung von Phänomenen mit Vorteil herangezogen werden können und wo sie schlechthin allein berufen sind, restlos zu klären. Selbstverständlich können wir, um die Einheitlichkeit der Abhandlung nicht zu gefährden, nicht auf die kurze Besprechung von Vorgängen allgemeinchemischen Charakters und die Andeutung des Fortganges des fabrikatorischen Seifenherstellungsprozesses verzichten. Dieses stellt jedoch nur die Wurzel dar, aus der sich die Blüte kolloider Betrachtung entfalten kann.

Die Salze der höheren Fettsäuren, und zwar im engeren Sinne die Natrium- und Kaliumsalze, pflegt man chemisch Seifen zu nennen. Diese Gruppe von Verbindungen ist wegen ihrer merkwürdigen wissenschaftlich und praktisch interessanten Eigenschaften Gegenstand vieler Untersuchungen gewesen. Wir können uns heute ein einigermaßen klares Bild über die Struktur der Seifenlösungen machen, wenn auch Einzelheiten noch nicht ganz geklärt sind. Die Seifen gehören zu den kolloiden Elektrolyten, d. h. sie zeigen in ihren Lösungen sowohl typische Kolloid- wie Elektrolyteigenschaften. Einerseits enthalten sie Ultramikronen, zeigen Tyndallkegel, lassen sich wie andere Kolloide durch Elektrolyte ausflocken, haben das Vermögen, hydrophobe Kolloide zu schützen usw.; andererseits folgt aus Leitfähigkeitsmessungen, daß die gelösten Seifen teilweise elektrolytisch dissoziiert sind. Systematische Untersuchungen an reinen Seifen sind vorwiegend von M. H. Fischer, Mc. Bain und Mitarbeitern und R. Zsigmondy und Schülern angestellt worden.

Allgemeiner Teil.

Wasserbindung. Es hat sich erwiesen und wir werden es im Verlauf der Abhandlung sehen, daß die charakteristischen Eigenschaften der Seifen bestimmt werden von der Anzahl der Kohlenstoffatome im Fettsäureradikal der Alkalisalze. Die tiefsten Glieder bilden keine typischen Seifeneigenschaften aus, während über langsame Übergänge die höchsten Glieder hervorragende Seifen darstellen. Es ist ein Zeichen der Kolloidität der Seifen, daß dort, wo die ersten Seifeneigenschaften beginnen, auch das typische kolloide Verhalten einsetzt. Es erscheint angebracht, die wichtigsten Fettsäuren aufzuzählen:

Essigsäurereihe: $C_nH_{2n}O_2$:

Essigsäure C_2	Kaprinsäure C_{10}	
Buttersäure C_4	Laurinsäure C_{12}	
Kapronsäure C_6	Myristinsäure C_{14}	
Kaprylsäure C_8	Palmitinsäure C_{16}	
	Stearinsäure C_{18}	

Ölsäurereihe: $C_nH_{2n}O_2$:

Tiglinsäure C_5	Sonstige Säuren:
Ölsäure C_{18}	Linolsäure $C_{18}H_{32}O_2$
Elaidinsäure C_{20}	Linolensäure $C_{18}H_{30}O_2$
Erukasäure C_{22}	Klupanodonsäure $C_{18}H_{28}O_2$
	Rizinusölsäure $C_{18}H_{34}O_2$

Schon bei der einfachsten Operation, die mit einem Stoff angestellt werden kann, fällt das besondere Verhalten auf, das so sehr von dem der Elektrolyte oder organischer Neutralkörper abweicht, beim Lösen. Während das Azetat sich noch vollkommen normal löst, ebenso das Butyrat, beginnt sich allmählich bereits beim Kapronat die Quellung anzuzeigen. Das Wasser wird vom Seifenkörper aufgenommen; es bildet sich also eine Dispersion von Wasser in Seife. Beim Kaprinat ist dies Verhalten schon sehr deutlich ausgeprägt. Erst bei weiterem Wasserzusatz oder bei Temperaturerhöhung beginnt die Seife sich in Wasser zu lösen. Schon jetzt haben wir die beiden grundlegenden Systeme kennen gelernt: Wasser gelöst in Seife und Seife in Wasser. Früher sprach man nur vom letzteren Typus, es ist jedoch das Verdienst M. H. Fischers[1]) hierauf hingewiesen zu haben und diese Unterscheidung in außerordentlich fruchtbarer Weise in eiserner Konsequenz in allen seinen kolloidchemischen Abhandlungen durchgeführt zu haben[2]). Schon W. B. Hardy[3]) hat darauf aufmerksam gemacht, daß der wesentliche Unterschied zwischen lyophoben und lyophilen Kolloiden nicht im Aggregatzustand der Phasen zu erblicken ist, sondern vielmehr darin zu suchen ist, ob die Phasen ineinander löslich sind oder nicht. Es wird auf das Beispiel von der Lösung von Phenol in Wasser und von Wasser in Phenol verwiesen. Im Moment der Koexistenz beider Lösungen zu einem Lösungssystem wird dieses bekanntlich kolloid und es treten sprunghafte Änderungen der Viskosität usw. auf. Leimdörfer[4]) geht in diesen Gedankengängen noch weiter und möchte diejenigen Körper, die der reversiblen Quellung fähig sind, nicht als zweiphasige, sondern als dreiphasige Kolloide betrachtet wissen, wobei die dritte Phase Dampf ist. Um Gallerten zu bilden, ist es hiernach erforderlich, daß im Gebiet der kolloiden Koexistenz die eine Komponente als Dampf zugegen sein kann. Die Quellung wäre dann eine Reaktion, die eine Ausschaltung der korrelaten dampfförmigen Phase zum Ziel hätte. Um zu unserer Seifenauflösung zurückzukehren, sei bemerkt, daß die Quellung und Verflüssigung keine identischen Vorgänge sind und letzterer Vorgang nicht nur eine Fortsetzung des ersteren. Wird z. B. eine Gelatine in Wasser geworfen, so quillt sie ein wenig, ganz bedeutend stärker aber bei Zusatz von etwas Säure. Wenn nun die Verflüssigung lediglich eine Fortsetzung der Quellung wäre, so müßte der Zusatz von Säure in der Nähe

---

[1]) M. H. Fischer, Seifen und Eiweißstoffe. (Dresden 1923.)
[2]) M. H. Fischer, Kolloidchemie der Wasserbindung. 2 Bde. (Dresden 1927—1928.)
[3]) W. B. Hardy, Journ. of Phys. **24** (1899). — Ztschr. f. physik. Chem. **33** (1900).
[4]) Leimdörfer, Seifens.-Ztg. 1—4 (1927).

des Erstarrungspunktes Gelatinierung hervorrufen, was jedoch nicht der Fall ist. Verfolgen wir nun die Auflösung der verschiedenen fettsauren Salze, so finden wir, daß die Löslichkeit mit Vermehrung der Kohlenstoffanzahl langsam abnimmt, jedoch wird man bei den durch Abkühlen entstehenden Gallerten finden, daß das Wasserbindungsvermögen in den höheren Gliedern sehr viel stärker ist. Die Untersuchung des Wasserbindungsvermögens in Abhängigkeit vom metallischen Radikal ergibt folgende Reihenfolge: $NH_4 > K > Na > Li > Mg > Ca > Hg > Pb$. Das Wasserbindungsvermögen beginnt beim Kapronat. In der ungesättigten Fettreihe ergibt sich dieselbe Reihenfolge und bei ihrem Vergleich mit der gesättigten zeigt sich, daß die Seifen letzterer Reihe ein größeres Bindungsvermögen aufweisen. Um einen Begriff von der Größenordnung der aufgenommenen Wassermenge zu geben, seien zwei Tabellen aufgeführt, die die Anzahl Kubikzentimeter auf 1 g Seife bei 18° angeben:

Tabelle 1.

	ccm		ccm
Na-Azetat	0	Na-Palmitat	72
Na-Butyrat	0	Na-Stearat	88
Na-Kaprylat	1	Na-Oleat	ca. 4
Na-Laurat	18	Na-Erukat	60
Na-Myristat	48	Na-Linolat	ca. 4

Daß Seifen auch Gele mit anderen Flüssigkeiten z. B. Alkohole bilden können, sei erwähnt; und um einen Anhaltspunkt über den Grad des Alkoholbindungsvermögens zu geben, mit einer Tabelle nach M. H. Fischer[1]) belegt.

Tabelle 2.

Seife	Mol-Gewicht in g	Absorbierter Äthylalkohol in Liter
Natriumstearat	306	21,0
Natriumpalmitat	278	18,0
Natriummyristat	250	15,5
Natriumlaurinat	222	13,5
Natriumkaprinat	194	12,0
Natriumkapronat	138	2,0
Natriumvalerat	124	—

Es wurde auch das Bindungsvermögen für andere ein- und mehrwertige Alkohole untersucht. So liefert z. B. der einwertige Benzylalkohol mit wasserfreien Seifen sehr schöne Gallerten. Bei den einwertigen Alkoholen der Essigsäurereihe sei noch erwähnt, daß der Alkohol mit größerem Mol-Gewicht auch stärker aufgenommen wird. Das dreiwertige Alkohol-Glyzerin wird beim Stearat etwas besser, bei den niederen Seifen etwas schlechter aufgenommen. Das Gelbindungsvermögen der Salze der ungesättigten Fettsäure hat in alkoholischen Systemen nicht immer den gleichen regelmäßigen Verlauf.

Jedoch verlieren sich viele kolloide Eigenschaften in alkoholischer Lösung, und zwar besonders die, welche für den Waschwert der Seife von besonderer Bedeutung sind. Dies liegt sicherlich an den in nichtwäßrigen Systemen nicht vorhandenen hydrolytischen und elektrolytischen Spaltungen, da später gezeigt wird,

[1]) M. H. Fischer, l. c.

daß in den Seifenlösungen neutrale Kolloidteilchen, Mizellionen, Molekulardisperse, undissoziierte Fettsäure- und Alkaliionen nebeneinander bestehen. Gerade auf dieser Vielheit der Erscheinungsformen scheinen die besonderen Wirkungen der Seifen zu beruhen. Es gibt eine Anzahl anderer Körper, die auch einige dieser in Seifen vorhandenen Strukturteile aufweisen und dementsprechend auch seifenähnliche Eigenschaften aufweisen, aber doch wegen Nichtvorhandensein aller Strukturbestandteile nie mit der Seife in Wettbewerb treten können.

Grenzen der Kolloidität. Wichtig ist jedoch immer, bei welcher Konzentration und Temperatur die Seifendispersion betrachtet wird. Es wird z. B. ein Laurinat oder Myristat bei steigender Temperatur eher die kolloiden Eigenschaften verlieren, wie ein Palmitat oder Stearat, die selbst in der Siedehitze fast alle in der Kälte vorhandenen Eigenschaften bewahren oder sogar eine Reihe erst gewinnen, da sie in der Kälte zu unlöslich sind. Seifen mit noch höherem Mol-Gewicht können wegen ihrer Unlöslichkeit die meisten wertvollen Eigenschaften nicht ausbilden, und sind deshalb für die Praxis z. T. wertlos. Schon eine Seife mit höherem Stearatgehalt ist unbrauchbar; man verseift daher z. B. bei Rasierseifen z. T. mit Kalilauge, da die Kaliseifen eine größere Löslichkeit aufweisen. Wenn wir daher eingangs erwähnten, daß Kaliseifen ein größeres Wasserbindungsvermögen aufweisen als Natronseifen, so gilt dieses nur für ein bestimmtes Temperaturgebiet.

Gelbildung. Über das Erstarrungsvermögen von Seifen hat schon früher Krafft[1]) gearbeitet und sein sog. „Kristallisationsgesetz" aufgestellt. Dies besagt, daß die Erstarrungstemperaturen der konzentrierteren reinen Natronseifenlösungen annähernd mit denjenigen der freien Fettsäuren übereinstimmen. R. Zsigmondy[2]) erklärt dies durch die Theorie, daß die durch Hydrolyse gebildete freie Fettsäure als Kristallisationskeim wirkt. Uns scheint jedoch, daß die Gleichheit der Erstarrungspunkte lediglich ein Zufall ist, da dies nur bei kleinem Konzentrationsintervall eintritt. Die Seifen haben bei abnehmender Konzentration einen abnehmenden Erstarrungspunkt, der bei höheren Konzentrationen über dem Erstarrungspunkt der Fettsäure liegt, bei niederen tiefer. Es ist durchaus zwingend, daß bei einer Konzentration das Faktum des Kristallisationsgesetzes gegeben sein wird.

Daß hierdurch die Annahme R. Zsigmondys, daß die Gelbildung eine Kristallisationserscheinung sei, unberührt bleibt, sei betont. Das ist sogar nach den röntgenanalytischen Befunden von Becker und Jahnke[3]) und S. H. Piper[4]) sehr wahrscheinlich. Daß die Gelbildung sehr schön ultramikroskopisch verfolgt werden kann, sei erwähnt. Besonders R. Zsigmondy und W. Bachmann haben hierüber Untersuchungen angestellt[5]). Deren Befunde wurden bestätigt durch W. F. Darke, J. W. Mc. Bain und Salomon[6]).

Mol-Gewicht. Auch die anderen Untersuchungen Kraffts[7]), z. B. die Molekulargewichtsbestimmungen, halten heutiger Forschung nicht mehr stand, wie überhaupt die Bedeutung Kraffts darin liegt, bewußt die Untersuchungen an reinen Seifen aufgenommen zu haben und dadurch den jüngeren Forschern die Richtung gewiesen zu haben. Im übrigen war F. Hofmeister[8]) der erste, der die kolloide Natur der Seifen erkannte.

[1]) Krafft, Ber. d. Dtsch. chem. Ges. **27**, 1747; **28**, 2566; **29**, 1328, 1334.
[2]) R. Zsigmondy, Kolloidchemie. (Leipzig 1925.)
[3]) Becker und W. Janke, Ztschr. f. physik. Chem. **99** (1921).
[4]) S. H. Piper, Proc. Phys. Soc. London, **35** (1923).
[5]) R. Zsigmondy und W. Bachmann, Kolloid-Ztschr. **11**, 144 (1912).
[6]) W. F. Darke, Proc. Roy. Soc. Edinb. **98**, 395 (1921).
[7]) Krafft, l. c.
[8]) F. Hofmeister, Arch. f. exper. Path. u. Pharm **25**, 6 (1888).

Da Seifenlösungen größere Luftmengen eingeschlossen enthalten, die einen Partialdruck ausüben, der mit der Dampfdruckerniedrigung eines Elektrolyts vergleichbar ist, hat Krafft in seinen Mol-Gewichtsbestimmungen nicht das Richtige gefunden. Ebenso dürften die Osmosewerte von Moore und Parker[1]) wegen der Kohlensäurewirkung nicht exakt sein. Mc. Bain[2]) und Mitarbeiter

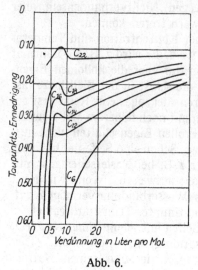

Abb. 6.

untersuchten mit Hilfe ihrer Taupunktsmethode Seifenlösungen. Sie messen den Taupunkt, indem in den Dampfraum ein hohler und blanker Zylinder gehängt wird, der solange abgekühlt wird, bis sich der erste Anflug eines Taues auf der Oberfläche zeigt. Dann wird die Temperatur gemessen. Infolge der Beziehung zwischen Taupunkt, Dampfspannung und osmotischem Druck wurde der kristalloide Anteil bestimmt, da diese allein für die Taupunktserniedrigung verantwortlich gemacht wurden. Durch Berechnung des van't Hoffschen Faktors „i" wurde der Grad der Agglutination bestimmt. Die Dampfdruckerniedrigung kann auch, wenn auch nicht sehr genau, mittels der Mitführungsmethode gemessen werden[3]). Eine Tabelle nach Mc. Bain möge mehr als Worte erläutern, daß von der Säure C_{12} an ein anderer Kurventyp erscheint, ein Zeichen, daß hier die Kolloidität sich schon sehr bemerkbar macht (s. Abb. 6). Wir werden gleich sehen, daß bei den Leitfähigkeitsmessungen ein ähnlicher Sprung beim Laurinat erscheint. Dort wird dieses Faktum näher diskutiert werden.

Elektrisches Verhalten I. Wenn wir die Leitfähigkeit einer Seifenlösung messen, so fällt als Erstes auf, daß selbst konzentrierte Lösungen, die viel Kolloid enthalten, den Strom wider Erwarten gut leiten. Es sind in folgender Tabelle die Äquivalentleitfähigkeiten von Kalisalzen gegeben (Tabelle 3).

Tabelle 3.
Äquivalentleitfähigkeit von Kaliseifen.

Mol/1000 g	1,0	0,5	0,2	0,1	0,05	0,02	0,01
Stearat	113,4	113,9	100,0	96,0	101,7	124,9	147,7
Palmitat	124,2	127,0	111,0	107,0	110,8	133,2	171,6
Myristat	136,2	135,4	130,8	121,8	136,6	181,6	242,3
Laurinat	143,3	146,0	144,2	159,7	195,6	—	233,0
Kaprinat	145,9	156,3	180,9	200,6	211,9	—	232,4
Azetat	176,9	196,6	221,2	236,5	249,5	262,6	270,4

Hydrolyse. Wie man sieht, hat die Leitfähigkeitskurve vom Laurinat an ein ausgeprägtes Minimum. Früher versuchte man, dieses Minimum in Verbindung mit der Hydrolyse der Seifenlösungen zu bringen. Bis zur Nonylsäure aufwärts kann man die Dissoziationskonstante messen, da die Wasserlöslichkeit der Fettsäuren noch sehr groß ist. Aus ihr ergibt sich der Hydrolysengrad durch

[1]) Moore und Parker, Amer. Journ. of Phys. **7**, 261 (1902).
[2]) Mc. Bain, Proc. Roy. Soc. A. **97** (1920).
[3]) Ostwald-Luther, Physikochemische Messungen. 3. Aufl. 289 (Leipzig 1910).

einfache Rechnung. Bei den höheren Salzen muß man eine Bestimmung der elektromotorischen Kraft vornehmen. Folgende Tabelle zeigt einige Hydrolysengrade, woraus hervorgeht, daß diese sehr gering sind[1] (Tabelle 4).

Tabelle 4.

Alkalität von n/2-Kaliumseife bei 90°.

Seife	OH′	Hydrolyse in %
Palmitat	0,00375 n	0,63
Myristat	0,00315 n	0,54
Laurinat	0,00204 n	0,35
Kaprinat	0,00040 n	0,08
Azetat	0,00014 n	0,03

A. Jarisch[2] erhielt durch vorsichtige Hydrolyse die Fettsäure in hochdisperser Form. Wird die Hydrolyse in Puffermischungen, z. B. von Phosphorsäure und Alkaliphosphaten vorgenommen, so resultieren bei ca. $p_H = 4{,}5$ bisweilen klare, ziemlich beständige Suspensionen. Derselbe Autor fand, daß sich Seifenlösungen von $p_H = 8-10$ mit Neutralrot nicht röten. Er führt dies Faktum auf die Bildung eines hochdispersen Fettsäure-Neutralrotkomplexes zurück.

Elektrisches Verhalten II. Mc. Bain[3] machte die Annahme, daß in den Seifenlösungen, besonders der höheren Fettsäuren, neben den einfachen Fettsäureionen größere Mizellionen in mit der Konzentration der Lösungen zunehmenden Zahlen auftreten, die sich durch eine höhere Wanderungsgeschwindigkeit auszeichnen. Bei großen Verdünnungen also, bei denen die großen Mizellionen noch nicht in merklicher Menge vorkommen, würde dann mit zunehmender Konzentration in dem Maße, wie die elektrolytische Dissoziation zurückgeht, auch die Äquivalentleitfähigkeit abnehmen. Wenn dann bei weiter steigender Konzentration die Zahl der großen Mizellionen immer größer wird, wirkt der infolge der größeren Wanderungsgeschwindigkeit dieser Ionen größere Elektrizitätstransport der Abnahme der Äquivalentleitfähigkeit, hervorgerufen durch Zurückgehen der Dissoziation, entgegen. Die Zahl der Mizellionen wird so groß, daß es sogar zu einem kleinen Maximum in der Leitfähigkeitskurve kommt, bis dann in noch höherer Konzentration wieder die Abnahme der Dissoziation mit ihrem Einfluß überwiegt.

Nach v. Hevesy[4] hat die Mehrzahl aller Ionen und Kolloidteilchen in Wasser das gleiche Potential und daher auch die gleiche Wanderungsgeschwindigkeit. Nur Ionen hochmolekularer Stoffe haben erheblich geringere Geschwindigkeiten, weil bei ihnen das Verhältnis von Ladung zu Durchmesser so klein ist, daß sie ein geringeres Potential haben, als die normalen Ionen und Kolloidteilchen. Treten aber eine Reihe solcher langsamer Ionen zusammen, beispielsweise dadurch, daß sie sich an ein neutrales Mizell lagern, so wird die Flächendichte der Ladung wieder größer und die Wanderungsgeschwindigkeit steigt. Wir müssen uns danach also vorstellen, daß die wäßrige Lösung einer Seife aus folgenden Komponenten besteht:

[1] Mc. Bain, Trans. Chem. Soc. **195**, 967 (1914).
[2] A. Jarisch, Biochem. Ztschr. **134**, 163, 177 (1922).
[3] Mc. Bain, Ztschr. f. physik. Chem. **76**, 179 (1911). — Journ. of Chem. Soc. **115**, 1279 (London 1919).
[4] v. Hevesy, Kolloid-Ztschr. **21**, 129 (1917).

1. neutrale Kolloidteilchen,
2. Mizellionen,
3. Molekulardisperse undissoziierte Seife,
4. Fettsäure- und
5. Alkaliionen.

Mit steigendem Mol-Gewicht und mit zunehmender Konzentration verschiebt sich das Mengenverhältnis der Komponenten immer mehr in der Richtung 4 nach 1.

Koagulation. Eine typische kolloide Eigenschaft zeigen die Seifen, indem sie sich aussalzen lassen. Auch hier sei eingangs erwähnt, daß mit zunehmendem Mol-Gewicht die Aussalzung leichter vonstatten geht. Die Aussalzung, die mit Dehydratation verbunden ist, kann auf verschiedene Art erklärt werden. Früher nahm man an, daß sie Fällung der negativen Seife durch die positiven Natriumionen darstellte oder ein Zurückdrängen der Löslichkeit durch Überschreiten des Löslichkeitsproduktes durch Zusatz gleichnamiger Ionen. Wenn diese elektrischen Erscheinungen auch sicherlich eine Rolle mitspielen, so kann hierdurch allein das Phänomen nicht erklärt werden, wie besonders M. H. Fischer[1]) und Leimdörfer[2]) gezeigt haben. Wenn die Konzentration des Salzes, das man sich solvatisiert vorstellen kann, innerhalb einer Seife erhöht wird, so wird zunächst als äußerlich sichtbares Zeichen bei Betrachtung verdünnter Lösung die Viskosität nach anfänglicher geringer Erniedrigung erhöht werden. Bis zu welcher Konzentration dies gilt, kann noch nicht exakt gesagt werden, da z. B. niedere Fettsäuren eine größere Konzentration haben dürften als höhere. Die praktische Bedeutung dieser Sache wird später erörtert werden. Es entsteht nämlich eine Dispersion eines Stoffes in einem anderen. (Beispiel: Öl in Wasser, Gas in Seife, Modellierbarkeit von Sand.) Meistens führt dies, wenigstens bei niederen Temperaturen, zu Gallertbildung. Später wird dann ein Punkt eintreten, wo sich die Salzpartikelchen berühren. Dies ist der kritische Punkt, wo eine Änderung des ganzen Systems eintritt, da die Salzteilchen zu kontinuierlichen äußeren und die Seifenteilchen zu diskontinuierlichen inneren werden. Die Seifenpartikel können nun, da spezifisch leichter, nach oben hin sich absetzen. Bei höheren Temperaturen, wo das System Seife in Wasser existiert, dürfte die elektrische Entladung vorherrschend sein.

Ganz anders verhält sich konzentrierte Seifenlösung und hier bei einer um so weniger großen Konzentration je mehr höhere Fettsäuren (Palmitat, Stearat) anwesend sind. Elektrolytzusätze bewirken hier sofort ein Dünnerwerden der Lösung. Dieser Gegensatz ist bis heute nicht geklärt. Uns scheint jedoch, daß nach dem bisher Mitgeteilten eine befriedigende Auskunft gegeben werden kann. Bei konzentrierteren Gebilden existiert in der Hauptsache das System Wasser in Seife. Wenn nun ein Salz hinzukommt, so ist dieses bestrebt, sich zu solvatisieren; es muß das Wasser, da nur wenig vorhanden, der Seife entziehen, wobei sicherlich osmotische Kräfte mitwirken. Es beginnt also sofort eine Dehydration der Seife, die sich in einem Dünnerwerden des ganzen Systems äußert. Später kehrt sich das System um, wodurch die Seife sich wiederum nach oben abscheiden kann. Wir werden nochmals im praktischen Teil hierauf zurückkommen.

Ein weiterer Hinweis, daß die Koagulation nicht allein auf Ionenwirkung zurückgeführt werden kann, ist die Tatsache, daß auch Zucker, Phenole usw. Trennung bewirken können. Die abgeschiedene Kernseife wird nur soviel Koagulatoren enthalten, als in der Seife gelöst werden. Demgemäß sind alle die Körper,

---

[1]) M. H. Fischer, l. c.
[2]) Leimdörfer, Seifens.-Ztg. 21, 22 (1927).

die im Quellungsmittel löslicher sind als im festen Teil, Koagulatoren. Mc. Bain[1]) wendet die Phasenregel auf die Dreistoffsysteme: Seife, Wasser, Salz an. In den Zustandsdiagrammen ist die Abgrenzung der Zustandsfelder jedoch noch unsicher.

Über die verschieden starke Aussalzbarkeit von Seifen hat wohl zuerst Stiepel[2]) gearbeitet, später sind die Versuche in großem Maßstabe weitergeführt worden. Sehr zu vermissen ist aber noch die Kenntnis über die Beeinflussung der verschiedenen fettsauren Salze aufeinander, da die Eigenschaften von Seifengemischen sich nicht additiv aus denen ihrer Komponente zusammensetzen. Sie passen sich mehr denen der niedrigeren Säuren an. Von den aussalzenden Substanzen ist im allgemeinen zu sagen, daß sie sich in der Wirkung addieren. Die Natronsalze unterhalb des Kapronats sind nicht mehr aussalzbar.

Kapillaraktivität. Eine weitere für die Wirkung der Seife wichtige Eigenschaft ist die Kapillaraktivität. Die Anionen der fettsauren Salze sind inaktiv. Donnan[3]) war der Erste, der die Oberflächenspannung der Seifen gemessen hat; er hat später die Methode ausgebaut, die auf das Ausfließen eines Öles aus der Tropfpipette in Seifenlösungen basiert. Nebenstehende Abbildung zeigt einige relative Oberflächenspannungen an (Abb. 7).

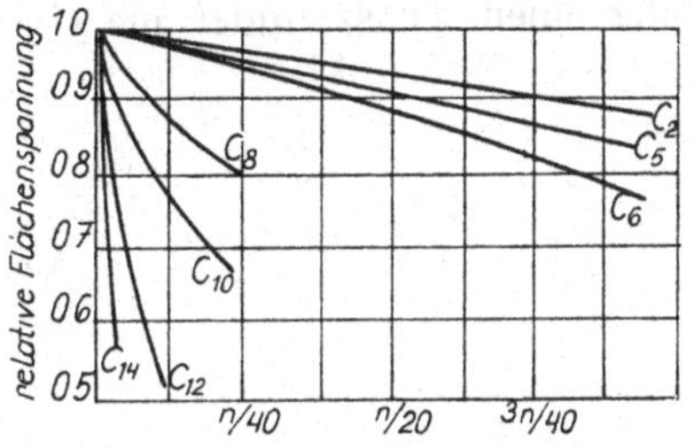

Abb. 7.

Die Oberflächenspannungserniedrigung ist nun wichtig für die Emulgierfähigkeit, da hiervon ein gutes Maß der Waschwirkung abhängt. Lascaray[4]) stellte fest, daß die Kapillaraktivität der Natriumseifen beim Anstieg in der Essigsäurereihe beim Myristat ihren Maximalwert erreicht. (Bedeutung des Kokosöles.) Da dieses Thema uns von außerordentlicher Wichtigkeit erscheint, seien einige „Isomolaren" der Oberflächenspannung gegeben (Abb. 8).

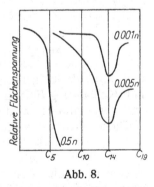

Mit der Oberflächenspannung und der Emulsionswirkung hängt die Schaumkraft eng zusammen. Diese genannten Eigenschaften sind, wie alle früher erwähnten, in der Hauptsache eine Funktion des hydrophilen Charakters der Seifen. Nur jene Seifen schäumen und emulgieren gut, die unter den Bedingungen ihrer Verwendung flüssige und hydratisierte Kolloide bilden. Dieses ist von besonderer Wichtigkeit, da eine niedrige Grenzflächenspannung allein nicht genügt, da man zweiphasige flüssige Gemische kennt, die eine Grenz-

Abb. 8.

flächenspannung von nur 1/100 dyn. cm⁻¹ besitzen und trotzdem keine beständigen Emulsionen geben[5]). Die Grenzflächenspannung ist hier ca. 1000 mal kleiner als z. B. im System Wasser-Öl-Natriumoleat. Es ist dies ein Analogon zu den Untersuchungen von Wo. Ostwald und Steiner[6]), die zu dem Ergebnis kommen, daß in vielen Fällen Oberflächenspannung und Schaumbildung unabhängig voneinander sind. Man muß unterscheiden zwischen einer guten Emulgierung und der Beständigkeit der gebildeten Emulsion. Wenn

[1]) Mc. Bain, Soaps and the Soap Boiling Processes (Colloid-Chemistry von Jerome Alexander). (New York 1926.)   [2]) Stiepel, Weyls Einzelschrift d. chem. Techn. (1911).

[3]) F. G. Donnan, Ztschr. f. physik. Chem. **31**, 43 (1899). — Kolloid-Ztschr. **7**, 208 (1910).

[4]) Lascaray, Kolloid-Ztschr. **34**, 73 (1924).

[5]) E. Heymann, Kolloid-Ztschr. **48**, 200 (1929).

[6]) Wo. Ostwald und Steiner, Kolloid-Ztschr. **36**, 342 (1925).

für die Emulgierung überhaupt eine geringe Oberflächenspannung von Nutzen ist, so ist neben der elektrischen Ladung die Ausbildung einer „Adsorptionshaut" ausschlaggebend. H. Bechhold und Silbereisen[1]) zeigten kürzlich, daß die Entmischungszeit auf das 60—180fache steigt, wenn dem System Wasser-Isobutylalkohol 1 % lysalbinsaures oder protalbinsaures Natrium zugesetzt wird, trotzdem die Grenzflächenspannung nur von 1,75 auf 1,715 resp. 1,535 dyn/cm herabgesetzt wird. Der Schaum selbst ist ein heterogenes Gebilde von Luft und Seifenlösung. Es bilden sich Seifenschaumhäutchen, denen durch die Anreicherung von Seife eine gewisse Stabilität verliehen wird. Diese Anreicherung an Grenzflächen ist eine den meisten lyophilen Kolloiden zukommende Eigenschaft.

Schaummessung. Was die Messung der Schaumzahl anbetrifft, so erscheinen uns alle bisher benutzten Methoden als nicht genau genug. Es dürfte einleuchtend sein, daß durch mechanisches Schütteln einer Lösung in einer Flasche oder einem Glaszylinder nie ein gleichmäßiges reproduzierbares Ergebnis erzielt

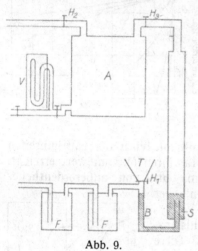

Abb. 9.

werden kann. Zurückgehend auf Richardson und R. Jaffé[2]) bestimmte Stiepel[3]) mittels besonders konstruiertem Kolben eine ganze Reihe Schaumzahlen, später Steffen[4]), ferner Weston[5]), Kind und Zschacke[6]) u. a. Das Gemeinsame aller Methoden ist das Schütteln durch Hand, woran auch Schwarz[7]) schon berechtigte Kritik übt. Er ersetzt die nie ganz regulierbare Muskelkraft durch Maschinen. Uns scheint jedoch die Methode als noch zu schwerfällig, trotzdem der Fortschritt anerkannt sei.

Prosch konstruierte deshalb einen Apparat, der sehr zufriedenstellend arbeitet und nebenstehend abgebildet ist (Abb. 9).

A ist ein Gefäß von bekanntem Inhalt, so daß bei gegebenem Vakuum, gemessen durch Vakuummeter V, die durch die Röhre B gesaugte und durch die Seifenlösung S perlende Luft bekannt ist. Die Flaschen F sind mit Kalilauge gefüllt, um die Kohlensäure fern zu halten. Durch den Trichter T und den Hahn H_1 wird eine bestimmte Seifenmenge in den Apparat eingeführt. Nachdem das bestimmte Vakuum hergestellt ist, wird der Hahn H_2 geschlossen, dann der Hahn H_3 geöffnet, worauf die Schaumerzeugung mittels der durch die Lösung perlende Luft beginnt. Man kann auf der an der Röhre angebrachten Skala sowohl die Schaumhöhe als auch das in Schaum verwandelte Volumen ablesen, und zwar je nachdem sofort oder nach einer bestimmten Zeit*).

Hydrotropie. Hand in Hand mit der Oberflächenspannungserniedrigung geht das Netz- und Emulgiervermögen. In diesem Zusammenhang sei auch der speziellen Emulgatoren gedacht, da viele dieser Verbindungen sich von den sulfosauren Salzen der Fettsäuren ableiten. Nach Neuberg[8]) bezeichnet man

[1]) H. Bechhold und Silbereisen, Kolloid-Ztschr. **49**, 301 (1929).
[2]) Richardson und R. Jaffé, Seifens.-Ztg. 3 (1903).   [3]) Stiepel, Seifens.-Ztg. 13 (1914).
[4]) Steffen, Seifens.-Ztg. 1 (1915).   [5]) Weston, Seifens.-Ztg. 21 (1920).
[6]) Kind, Ztschr. d. dtsch. Öl- u. Fettind. 31—34 (1923).
[7]) Schwarz, Seifens.-Ztg. 19 (1925).   [8]) Neuberg, Biochem. Ztschr. **76** (1916).
*) Anm. bei der Korrektur: Nach Referat in Allg. Öl- u. Fett-Ztg. Nr. 9 (1930) scheint von Tjutjunnikow und Kassjanowa ein ähnlicher Apparat konstruiert zu sein. Der oben beschriebene Apparat hat sich seit ca. 2 Jahren in der Praxis bestens bewährt.

Substanzen die in Wasser unlösliche oder schwer.losliche Körper löslich machen als hydrotrop. Sie setzen die Oberflächenspannung des Wassers bei Berührung mit den in Wasser schwer löslichen Körpern stark herab und dispergieren sie. Alle hydrotropen Verbindungen haben Salzcharakter, wobei folgende Bindungstypen vorherrschend sind: $COOMe$, SO_3Me, SO_2Me, OSO_3Me, OMe. Was diese Verbindungen für die Seifenindustrie noch besonders wertvoll macht, ist ihr großes Lösungsvermögen für Kalk-, und Magnesiaseifen. Wir werden hierauf im praktischen Teil kurz zurückkommen.

Waschwirkung. Mc. Bain[1]) und schon früher Spring[2]) zeigten, daß es eine optimale Konzentration in mäßig verdünnter Seifenlösung gibt, bei der die Waschwirkung einen Höchstwert besitzt. Ersterer führte zur exakten Bestimmung der Waschwirkung die Kohlenstoffzahl ein, die er definiert als die Anzahl Gramm Kohlenstoff, die durch 1 kg Seifenlösung durch das Filter befördert wird. Leider ist jedoch das Wasch- resp. Emulgiervermögen der Seife bei verschiedenem „Schmutz" auch sehr verschieden. Daß die Schaumerzeugung allein nicht ausschlaggebend für die Waschwirkung ist, zeigt die Tatsache, daß z. B. Ruß auf einem Filter durch Seifenlösung glatt durchgewaschen wird, was auf Adsorption beruht. Es ist übrigens ziemlich klar, daß außerdem noch ein der Peptisation analoger Vorgang, Aufladung der Faser und des Schmutzes durch Ionenadsorption, bei der Reinigung durch Seife eine Rolle spielt. Die elektrische Aufladung von Kaolinteilchen durch Seife konnte experimentell festgestellt werden, da die Beweglichkeit im elektrischen Feld in verdünnter Seifenlösung ein Vielfaches von deren Wanderungsgeschwindigkeit in reinem Wasser darstellt[3]).

Sehr klare Vorstellungen über das Waschvermögen entwickelt P. Heermann[4]), nach dem verschiedene Eigenschaften erst vereint den Wascheffekt zustande bringen: Netzvermögen, Schaum- und Emulgiervermögen, Adsorptionsvermögen. Stoffe, die eine dieser Eigenschaften aufweisen, sind Reinigungsmittel im begrenzten Maße, z. B. Alkohol mit gutem Netzvermögen für Fette, Saponine sind gute Schaummittel, Tone haben gutes Adsorptionsvermögen und sind z. B. für Oberflächenreinigung zu verwenden.

Sonstige kolloide Eigenschaften. Was die innere Reibung von Seifen anbetrifft, so sind die konzentrierteren Systeme einer exakten Untersuchung sehr schwer zugänglich. In verdünnten Lösungen zeigt sich, daß der für Kolloide typische schnelle Aufstieg bei Konzentrationserhöhung beim Kapronat beginnt. Die Arbeiten von Goldschmidt und Weissmann[5]) und die auf diesen fußende von Kurzmann behandeln die Abhängigkeit der Viskosität verschiedener Seifenlösungen von der Konzentration und dem Mol-Gewicht der Seifen, der Temperatur, Elektrolytkonzentration usw. Von weiteren für lyophile Kolloide brauchbaren Untersuchungsarten sei die Schutzwirkung erwähnt, von denen zahlreiche Ergebnisse von Prosch[6]) vorliegen. Der Schutz beginnt erst beim Kaprylat, wenn man eben noch bei Zimmertemperatur flüssige Lösungen untersucht. Ferner sei erwähnt, daß Seifen sich aus ihren Lösungen durch Ultrafiltration abscheiden lassen. Es ist dies eine Methode, um evtl. angenähert den kolloiden Anteil vom kristalloiden zu unterscheiden, da letzterer durchs Filter geht.

[1]) Mc. Bain, Ztschr. d. dtsch. Öl- u. Fettind. **31**, 32 (1924). — Seifens.-Ztg. **6** (1924).
[2]) Spring, Kolloid-Ztschr. **4**, 161 (1909).
[3]) T. W. Engelmann, Inaug.-Diss. (Göttingen 1923.)
[4]) P. Heermann, Die Wasch- und Bleichmittel (Berlin 1925), 32.
[5]) V. M. Goldschmidt, Kolloid-Ztschr. **12**, 18 (1913).
[6]) Prosch, Ztschr. d. dtsch. Öl- u. Fettind. **26—30** (1922).

Spezieller Teil.

Einführung. Daß sehr viele Phänomene in der Praxis der Seifenherstellung lange ungeklärt blieben, liegt daran, daß immer mit verdünnten Lösungen oder Gallerten experimentiert wurde und kolloidchemische Methoden wenig angewendet wurden. Die Phänomene in der Seifenindustrie sind jedoch derartig daß sie schlechthin ohne die Kolloidchemie nicht aufgeklärt werden können. Das beweist schon, daß in Jahrhunderten die Seifenherstellung nur geringe Fortschritte machte, während heute überall Neues erarbeitet wird, auch wenn dies nach außen hin nicht so in die Erscheinung tritt, da es vielfach geheim gehalten wird.

Wissenschaftlich scheint es geboten, die technischen Seifen in Kern- und Leimseifen zu unterscheiden, wozu noch die Pulver und sonstige Spezialartikel hinzu kämen. Aus praktischen Gründen wollen wir jedoch die alte Einteilung in I. Hartseifen, II. Schmierseifen, III. Seifenpulver und IV. Spezialartikel beibehalten.

1. Hartseifen.

Das Sieden. Das Sieden der Seifen ist, abgesehen von der rein chemischen Umsetzung der Fette mit Ätzalkalilösung oder der Fettsäuren mit Sodalösungen, ein rein kolloidchemischer Vorgang. Der Seifenfabrikationsgang zerfällt in drei Teile: 1. das Bilden der Seife (Verseifen, Sieden), 2. das Fertigmachen der gebildeten Seifen (Abrichten, Reinigen, Verschleifen), 3. die Herstellung zur verkaufsfertigen Ware (Kühlen, Zerschneiden, Trocknen, Parfümieren, Pressen usw.). Das Verseifen besteht in einfachster Weise darin, daß man die aus den Fetten vorher durch Spaltung gewonnenen Fettsäuren mit Ätzalkalien oder Soda neutralisiert. Verseift man direkt die Neutralfette, so ist das Sieden etwas schwieriger, da man ja wäßrige Lösungen der Alkalilaugen benutzen muß, die mit den in Wasser unlöslichen Fetten nur an den berührenden Flächen in Reaktion treten können; so ist es nötig, diese Grenzfläche zwischen Lauge und Fett möglichst groß zu machen, wenn eine einigermaßen schnelle und vollkommene Verseifung eintreten soll. Das erreicht man dadurch, daß man eine Emulsion des Fettes in der Lauge oder umgekehrt bildet und dafür sorgt, daß diese Emulsion während der ganzen Dauer des Siedeprozesses erhalten bleibt. Durch die allmählich eintretende Verseifung entsteht ein Verband, den der Seifensieder „Leim" nennt. Die Seife siedet jetzt im Leim. Bei den Leimseifen, zu denen auch die Schmierseifen gehören, ist mit Bildung des Leimes die Seife schon in dem Zustand, in dem sie bleibt. Bei den Kernseifen jedoch wird der Leim durch Elektrolyte ausgeflockt und dadurch die Seife von dem Glyzerin (wenn man Neutralfette versiedet) und der Hauptmenge des Wassers, welche Bestandteile zusammen die „Unterlauge" bilden, getrennt. Das Koagel, das dabei einen Bruchteil des aussalzenden Elektrolyten adsorbiert behält, und zwar je mehr, je konzentrierter er war, wird Seifenkern genannt und für sich weiter behandelt. Die Fette verseifen sich naturgemäß nicht gleich gut. Bei dem Vergleich der Verseifungsgeschwindigkeit unter gleichen Bedingungen ergibt sich eine Beziehung zwischen ihr und dem Gehalt an ungesättigten Bindungen. Dies läßt sich durch die Harkins-Langmuirsche Theorie der Struktur der Grenzflächen erklären unter der Annahme, daß die Moleküle der ungesättigten Fette an den Grenzflächen einen größeren Platz einnehmen als die gesättigten, weil die doppelten und mehrfachen Bindungen auch aktiv sind und nicht nur die endständige Karboxylgruppe. Dies hat zur Folge, daß an derselben Fläche weniger

Moleküle ungesättigter Fette angelagert sein können als gesättigte und infolgedessen ist die Verseifungsgeschwindigkeit bei den ungesättigten Fettsäuren kleiner. Experimentell konnte dies bestätigt werden[1]).

Nach J. P. Treub[2]) findet die Verseifung eines Fettes an der Grenzfläche der Phasen statt. Deshalb wird die Verseifung durch den Grad der Adsorption der verschiedenen Glyzeride an der Grenzfläche beeinflußt. So übertrifft z. B. die Oberflächenspannung des Trilaurins diejenigen des Di- und Monolaurins. Daß man nicht nur lediglich ausgesalzene Natronkernseife erzeugen kann, wie man früher glaubte, sondern auch Kalikernseife, zeigte in hübscher Weise Legradi[3]). Beim Zusatz von Chlorkalium zu einem Kaliseifenleim erhielt er ein schmierseifenähnliches Produkt. Als er jedoch Kaliumazetat verwandte, schied sich ein fester Kern aus, der ähnlich weiter verarbeitet werden konnte wie Natronseife. Eine plausible Erklärung des interessanten Phänomens steht noch aus.

Fettspaltung. Es sei hier kurz erwähnt, daß die praktisch bedeutsamste Methode zur Trennung der Fettsäuren vom Glyzerin das Spalten mittels sulfoaromatischer Fettsäuren oder Kohlenwasserstoffe des Erdöls und des Braunkohlenteeröls darstellt. Da die Spaltung in inhomogener Lösung vor sich geht, ist eine Oberflächenvergrößerung der Fettröpfchen erforderlich. Die Sulfosäuren haben ein sehr großes Emulgiervermögen, andererseits spalten sie durch elektrolytische Dissoziation H-Ionen ab. Ein in Wasser gelöster oder suspendierter Ester wird nun durch diese H-Ionen schnell gespalten und dieser Prozeß durch Zugabe gewisser Mengen Mineralsäuren gefördert. Diese schon von Twitschell gegebene Erklärung wurde experimentell von zahlreichen Autoren geprüft, z. B. von Löffl[4]) und Schrauth[5]). Letzterer betont, daß eine wichtige Vorbedingung für das gute Arbeiten eines Spaltens die Unzersetzlichkeit bei Siedetemperatur sei. Da H-Ionenkonzentrationen beliebig durch Zusatz von Mineralsäuren erzeugt werden können, scheint die Verbindung den besten Spalter vorzustellen, der unter den gegebenen Bedingungen der Wasserkonzentration und Temperatur der beste Emulgator ist. Daß diese Wirkung noch durch Rühren und Druck gefördert wird, erscheint plausibel und wurde von A. Imhausen[6]) und Pfirmann geprüft.

Auch die Fettspaltung im Autoklaven — die sog. Autoklavenspaltung — wird viel angewendet, da Kupferautoklaven heute in riesigen Dimensionen gebaut werden. Diesem Verfahren werden hohe Glyzerinausbeute und helle Fettsäure nachgerühmt. Man kann in gut geleiteten Betrieben in einem Autoklaven in 24 Stunden bis zu drei Spaltungen durchführen. Als Spalter dient Zinkweiß und Zinkstaub. Die gebildete Zinkseife muß nach der Spaltung mit Schwefelsäure zersetzt werden.

Es sei der Vollständigkeit halber noch auf die sog. fermentative Spaltung und auf die Krebitz-Spaltung hingewiesen. Bei der fermentativen Spaltung wird als Spalter ein aus Rizinussamen gewonnenes Ferment benutzt; Krebitz stellt zuerst eine Kalkseife her, die er auswäscht und dann mit Natriumkarbonat in Natronseife und Kalziumkarbonat umsetzt.

---

[1]) Bergell, Seifens.-Ztg. 42 (1924); 10 (1925). — Ztschr. d. dtsch. Öl- u. Fettind. 37 u. 38 (1926).

[2]) J. P. Treub, Journ. Chim. phys. **16**, 107 (1918).

[3]) Legradi, Ztschr. d. dtsch. Öl- u. Fettind. 809 (1921); 43 (1923). — Seifens.-Ztg. 46 (1922).

[4]) Löffl, Seifens.-Ztg. 945 (1921).

[5]) Schrauth, Vortr. im Verein D. Chem. (1924).

[6]) A. Imhausen, Vortr. im Verein D. Chem. (Dresden 1927).

Betrachtungen beim Sieden. Wir sahen früher, daß mit zunehmender Temperatur der Grenzflächenspannungserniedrigung Einhalt geboten wird. Das ist der kolloidchemische Grund, weshalb man bei schwieriger Verleimung den .Dampf vorübergehend abstellt, damit durch das Sinken der Temperatur das Emulsionsvermögen erhöht wird. Tefs[1]) und Weston[2]) empfehlen sogar zur Emulsionsförderung kolloiden Ton, der jedoch später störend wirken würde. Neben anderen Untersuchungen seien die von Roshdestwensky[3]) über Geschwindigkeitserhöhung der Verseifung durch Katalysatoren erwähnt. Die Viskosität des entstandenen Seifenleims ist bei gegebenem Fettansatz stark abhängig von der Temperatur und dem Elektrolytgehalt. Daß Erstere beim Anstieg viskositätserniedrigend wirkt ist bekannt und klar. Daß auch gewisse Mengen Elektrolyt dieselbe Wirkung ausüben, ist vom Seifensieder lang geübte Praxis, war jedoch als Erscheinung rätselhaft. Im ersten Teil dieser Abhandlung gaben wir eine kolloidchemische Erklärung. Der beim Verseifen beobachteten Erscheinung des Zusammenfahrens der Seifen wird vom Praktiker erfahrungsgemäß dadurch begegnet, daß Alkali resp. Salz hinzugegeben wird. Kolloidchemisch führt man dieses Zusammenfahren auf Bildung von Fett-Seifenadsorptionsverbindungen zurück. Durch Zugabe von Alkali wird ihnen das Fett entzogen und durch den Wegfall resp. Verminderung dieser einen Komponente ihre Existenzbedingung genommen. Andererseits kann durch Zusatz von Salz eine Dehydratisierung herbeigeführt werden, wodurch Wasser zur Siedebewegung ,,frei''gemacht wird. Daß die Existenz solcher Fett-Seifenadsorptionsverbindungen keine hypothetische ist, zeigt die Tatsache, daß einer gut quellbaren Seife durch Zusatz von etwas Fett (auch Neutralfett!) das Quellungsvermögen genommen werden kann. Als praktisches Beispiel sei das Waschen einer fettigen Hand angeführt. Die oftmals günstige Wirkung dieser Adsorptionsverbindung wird später bei den kaltgerührten Seifen erwähnt.

Fertigmachen der Seife. Man unterscheidet Kernseife auf Unterlauge und solche auf Leimniederschlag, je nachdem die Seife total oder nur partiell ausgesalzen wird. Die Salzkonzentration, die eine Abscheidung der Seife zur Folge hat, heißt Grenzlaugenkonzentration. Sie liegt für Kochsalz z. B. beim Kokosöl bei 25 %, beim Palmkernöl bei 24 %, beim Rindertalg bei 5,5 %. Eine dem Kessel entnommene Spatelprobe zeigt neben der Seife klare Unterlauge, die Seife ,,läßt Lauge fahren''. Es ist möglich, durch wiederholtes Auflösen und Wiederaussalzen sehr reine Seifen zu erhalten. Bei den Kernseifen auf Leimniederschlag — und das sind die gebräuchlichsten — wird der ausgesalzene Kern ,,verschliffen'', d. h., die Elektrolytkonzentration wird durch Zugabe von Wasser so verringert, daß ein klarer Seifenleim entsteht. Die Elektrolytkonzentration wird daraufhin wieder so weit erhöht, daß die Seife nur partiell ausgesalzen wird. Im Kessel setzt sich über dem sog. Leimniederschlag die fertige Seife ab. Wegen des größeren Wassergehaltes ist die Seife glatter und von gleichförmiger Struktur. Die richtige Aussalzung, das ist das Vermeiden von zu schwacher und zu starker, erkennt der Praktiker an gewissen Erscheinungen. So treten an der Oberfläche kleine dunkler gefärbte Täler auf, die auf dem Absetzen des spezifisch schweren Leimes beruhen. Ferner zeigt sich bei der Spatelprobe neben dem abgeschiedenen Kern eine klarere Lösung, die beim Erkalten trübe wird. Dies beruht auf der Gelatinierung der Leimseife. Auch die beim Werfen mittels Spatel erzeugten Seifenblasen (,,Flattern'') deuten auf den richtigen Salzgehalt hin. Dieses Flattern scheint

[1]) Tefs, Ztschr. d. dtsch. Öl- u. Fettind. 801 (1926).
[2]) Weston, Chem. Age 101—103 (1921).
[3]) Roshdestwensky, Seifens.-Ztg. 13, 14 (1928).

uns folgende kolloidchemische Begründung zu haben: Völlig ausgesalzene Seifen geben, weil zu stark dehydratisiert, keine Seifenblasen. Mit Leimseife kann man sie erzeugen, die Seife ist jedoch so stark gequollen, daß die Schaumhäutchen durch die verringerte Oberflächenspannung dem Zerplatzen großen Widerstand entgegensetzen. Infolgedessen bleiben die Blasen eine zeitlang auf der Seife liegen. Enthält der Leim jedoch etwas mehr Salz, so daß eine partielle Aussalzung eintritt, wird der Oberflächenspannungserniedrigung Halt geboten und die durch Werfen entstandenen Blasen zerplatzen verhältnismäßig schnell. Bei noch größerem Salzgehalt können sich, wie gesagt, wegen der Oberflächenspannung (zu starke Dehydratisation) Blasen in nennenswerter Menge nicht mehr bilden.

Toiletteseifen. Die nach der Größe des Kessels mehr oder weniger lange in Ruhe gelassene Seife, hat nach dieser Zeit den Kern vom Leim abgeschieden. Die für Toiletteseifen zu verwendende Seife wird nunmehr über gekühlte Stahlwalzen erstarren gelassen. Durch gezahnte Messer wird die Seife in Nudelform von den Walzen abgehoben und auf einem endlosen Band durch einen mit Dampf geheizten Trockenschrank geführt. Die Seife, die vorher 60—63 % Fettsäurehydrat enthielt, hat nun 77—80 %. Es wurde früher, und vielfach auch noch heute, der Fehler gemacht, daß Seifenspäne von verschiedenem Feuchtigkeitsgehalt gemischt wurden. Besonders glaubte man, durch irgendeinen Umstand übertrocknete Späne durch Mischen mit feuchteren und darauf folgendem Pilieren brauchbar zu machen. Wir wissen heute durch die Kolloidchemie, daß dies nur dann von Erfolg gekrönt sein kann, wenn genügende Zeit angewendet wird. Das Quellenlassen der wasserärmeren Teile ist, wie fast alle Kolloidreaktionen, eine Zeitreaktion. Im übrigen ist eine Quellung von positiver Wärmetönung begleitet, wodurch sogar Verbrennungen der Seifenspäne eintreten können. Man hat nämlich Verbrennungen beobachtet, selbst bei Seifen, die aus Fetten mit nicht ungesättigtem Charakter hergestellt wurden. Uns scheint, daß allein die eben mitgeteilte kolloidchemische Begründung eine Erklärung dieses Phänomens geben konnte[1]).

Haushaltkernseife. Andererseits wird die Seife, die für Haushaltungszwecke hergestellt worden ist, abgepumpt und in Formen oder in Kühlmaschinen zum Erstarren gebracht. Die in Formen langsam erstarrten Seifen haben den sehr geschätzten sog. Fluß; dagegen sind die schnell gekühlten Seifen härter, ganz abgesehen von der größeren Wirtschaftlichkeit. Leimdörfer[2]) spricht den künstlich gekühlten Kernseifen mehr Leimseifencharakter zu, während Bergell[3]) meint, daß der schnellere Verbrauch einer schnell gekühlten Seife darin seinen Grund hat, daß die Industrie das Faktum der größeren Härte der schnell gekühlten Seife durch Verwendung von billigeren Weichfetten ausnützte. Schon früher war gezeigt, daß die Härte nicht abhängig vom Salzgehalt, sondern von der Korngröße der einzelnen Seifenteilchen sei. Sicherlich ist auch die fädige Struktur von Einfluß, die im allgemeinen eine außerordentliche Festigkeit bedingt. Dies ist nach den Untersuchungen von R. Zsigmondy und Bachmann[4]) und Bauermann und R. Thiessen[5]) sehr wahrscheinlich. Fußend auf Beobachtungen von Mc. Bain und E. Laing[6]) und unter Zugrundelegung der Arbeiten G. Tammanns[7]) über unter-

---

[1]) Vgl. a. E. L. Lederer, Seifens.-Ztg. 479 (1924).
[2]) Leimdörfer, Seifens.-Ztg. 17 (1924).
[3]) Gergell, Seifens.-Ztg. 51, 34 (1924).
[4]) R. Zsigmondy, Kolloid-Ztschr. 11 (1912).
[5]) Bauermann, Nachr. d. Wiss. zu Göttingen (1922).
[6]) Mc. Bain, Journ. of Chem. Soc. 117 (1920).
[7]) G. Tammann, Kristallisieren und Schmelzen (Leipzig 1903).

kühlte Schmelzen untersuchte R. A. Thiessen[1]) das Verhalten von Seifen bei starker Unterkühlung. Die Zahl der in der Zeiteinheit entstehenden Kristallisationskerne, die sog. Kernzahl, steigt bei schnellem Abkühlen stark an. Bei langsamerem Abkühlen würde das Temperaturgebiet der größeren Wachstumsgeschwindigkeit eben zu langsam durchgangen, so daß der größte Teil der Seifenpartikel zur Kristallisation verbraucht ist, bevor die spontane Kernbildung lebhaft einsetzt. Je stärker und schneller also unterkühlt wird, desto mehr Kerne, je mehr Kerne, desto dichter sind sie gelagert und desto fester ist die Seife. Diese Tatsache wurde im übrigen schon früher erkannt[2]).

Hydratation der Kernseife. Ausgehend von Untersuchungen von J. R. Katz[3]), der bei Natriumstearat als auch bei anderen quellbaren Substanzen einen Zusammenhang fand zwischen der relativen Dampfspannung und dem Quellungsgrad, letzterer gemessen in Molen Wasser pro 1 Mol Stearat, bestimmt E. L. Lederer[4]) den Permanationskoeffizienten (vgl. a. Wo. Ostwald[5])); er fand eine starke Abhängigkeit der Permanation von der physikalischen, insbesondere thermischen Vorbehandlung der Seife. Bei schnell gekühlten Seifen ist die Permanation am kleinsten. In diesem Zusammenhang sei auf die Versuche von Legradi[6]) hingewiesen. Dieser fand, daß unter gewissen Bedingungen erhaltene opake Kalikernseifen eine langsamere Lösungsgeschwindigkeit besitzen als transparente. Er führt dies auf die Verschiedenheit in der Struktur zurück. Das Schwitzen der Kernseifen ist ein altbekannter, wenn auch unbeliebter Vorgang. Eine Erklärung dieses Phänomens ist noch nicht bekannt geworden. Uns scheint dies jedoch durch kolloidchemische Betrachtungsweise möglich. Zunächst: ungepreßte Kernseife hat nicht im entferntesten die Tendenz zu schwitzen, wie gepreßte. Durch die Deformation werden die zwischen den einzelnen Seifenmizellen sich befindlichen kapillaren Räume, die das Wasser enthalten, verkleinert. Es entsteht ein Überdruck, der das Wasser, welches naturgemäß Salz, Alkali usw. gelöst enthält, an die Oberfläche preßt. Infolge der Synäresis kann nach Druckausgleich das Wasser nicht wieder voll aufgenommen werden. Daß naturgemäß stark und besser quellbare Seifen der Erscheinung des Schwitzens weniger unterliegen, erscheint klar. Es sei auch auf die dem aufmerksamen Beobachter bekannte Tatsache des verschieden starken Schwitzens der auf Kühl- resp. Schnittfläche gepreßten Seife hingewiesen. Wir verweisen auf unsere vorherigen Ausführungen über das dichtere Gefüge der schneller erstarrten Seife. Das Gefüge der Oberflächenschichten der Kühlfläche ist demgemäß ein dichteres. Da die abgesalzene Kernseife sich mit ihrer Unterlauge bei höherer Temperatur im Gleichgewicht befindet, wird naturgemäß bei niederer Temperatur die Tendenz der Abscheidung von Unterlauge vorhanden sein.

Die Beschränktheit des Raumes gestattet es leider nicht, auf diese so überaus interessanten Dinge einzugehen. Wir können sie nur streifen.

Es sei jedoch noch auf das Faktum der Härtung der Seifen durch Salze hingewiesen. Während bei höheren Temperaturen eine Viskositätserniedrigung eintritt, scheint bei tieferen Temperaturen eine Unterbrechung der Kristallisation ein-

---

[1]) R. A. Thiessen, Kolloid-Ztschr. **46**, 350 (1928).
[2]) A. Imhausen, D.R.P. 375155 (1919).
[3]) J. R. Katz, Kolloidchem. Beih. **9**, 1 (1917).
[4]) E. L. Lederer, Ztschr. d. dtsch. Öl- u. Fettind. 32 (1926). — Ztschr. f. angew. Chem. **37** (1924).
[5]) Wo. Ostwald, Kolloid.-Ztschr. **24** (1919).
[6]) Legradi, Seifens.-Ztg. 731 (1922).

zusetzen. Die Wachstumsgeschwindigkeit der Seifenkerne wird verringert und dadurch das spontane Keimbildungsvermögen relativ erhöht. Eine größere Kernzahl bedingt jedoch, wie wir sahen, eine größere Härte.

Auf das Übel der Fleckenbildung, sowohl der Kern- als auch Toiletteseifen, kann hier nicht eingegangen werden, es seien lediglich die interessanten Untersuchungen von Wittka[1]) erwähnt. Dieser zeigte, daß Spuren von Schwermetallsalzen auf katalytischem Wege die Ranzidität und Fleckenbildung hervorrufen können. Er gibt eine Methode, bei der durch Betupfen der Seife mit Kupferazetat und darauf folgende Belichtung (Quarzlampe) die Lagerbeständigkeit der Seife geprüft werden kann.

Kaltgerührte Seifen. Zu den Hartseifen gehören auch die sog. kaltgerührten Seifen; diese Verbindungen zeigen am deutlichsten, daß nicht in erster Linie die chemische Zusammensetzung für den Charakter verantwortlich ist, sondern die physikalisch-chemische Struktur, da diese Seifen wider Erwarten sehr fest sind. Leimdörfer[2]) hat hierüber interessante Studien gemacht. Abgesetzte Kernseifen haben eine konkave, kaltgerührte eine konvexe Oberfläche, weshalb letztere auch ein kleineres spezifisches Gewicht haben, das durch Einschluß von Luft nicht erklärt werden kann, da zur Kontrolle Versuche unter Vakuum vorgenommen wurden. Beim Erstarren werden zunächst die oben und unten liegenden Schichten fest, die der Zusammenziehung der Seife mit ihrer Dicke steigende Hindernisse in den Weg legen. Es kann deshalb der Anfangszustand nicht wieder erreicht werden. Deshalb dehnen die „Waben" ihre Ränder und es entsteht ein Vakuum, das sich mit dem Zug gegen die Mitte richtet. Es erfolgt innerhalb der diskreten Seifenteilchen (Leimdörfers „Waben") Verdampfung. Je länger eine Seife Gelegenheit hat, den Prozeß der Verringerung des Dampfgehaltes durchzuführen, um so geringer der Zug zur Mitte, um so geringer die Härte.

Oft enthalten diese Seifen absichtlich einen Überschuß von Fett, das, wie wir schon früher mitteilten, an die Seife adsorptiv als Fett-Seifenadsorptionsverbindung gebunden ist. Wir wissen auch aus den vorherigen Darlegungen, daß diese Verbindungen eine hohe Viskosität besitzen, durch den tiefen Erstarrungspunkt jedoch ihre Geschmeidigkeit gewahrt haben. Bergell[3]) hat durch Studien unser Wissen in diesem Punkt bereichert. Man kann manchmal bemerken, daß — weißes Fett vorausgesetzt — diese Seifen nicht entsprechend weiß, sondern grau erscheinen. Dieses scheint in der Anwendung zu hoher Temperaturen zu liegen. Der Dispersitätsgrad wird dadurch ein kleinerer, da wir wissen, daß die Emulsionskraft der Kokosseifen bei mittleren Temperaturen am größten ist. Daß weniger hoch disperse Emulsoide oder Suspensoide jedoch gelblich oder grau erscheinen, lehrt die Kolloidchemie bei der Herstellung kolloider Lösungen im allgemeinen (z. B. verschieden gefärbtes Mastixsol).

Glyzerinseifen. Zu den Hartseifen gehören auch die sog. Glyzerinseifen. Ihre Fabrikation beruht darauf, daß man den warmflüssigen Seifenleim Substanzen zugibt, die die Kristallisation beim Erkalten verhindern, z. B. Alkohole, Glyzerin, Zucker usw. A. Möhring stellte nach unveröffentlichten Versuchen an diesen Seifen folgendes fest. Wie andere deformierbare Gele werden die Seifenstücke bei der Deformation optisch anisotrop, d. h. doppelbrechend. Bei fast allen untersuchten Gelen hat die „akzidentelle" Doppelbrechung eines durch Druck deformierten Stückes denselben Charakter, wie ein optisch einachsiger

[1]) Wittka, Seifens.-Ztg. 39 u. 42 (1927).
[2]) Leimdörfer, Seifens.-Ztg. 1—4 (1927).
[3]) Bergell, Seifens.-Ztg. 50 (1924).

Kristall mit negativer Doppelbrechung, wobei die Richtung des ausgeübten Druckes der Richtung der optischen Achse entspricht. Nur bei wenigen Ausnahmen, z. B. Kirschgummi, Zelluloid, Kresolgelatine usw. ist das optische Verhalten umgekehrt. Bei diesen Ausnahmefällen kann man aus Gründen, auf die hier nicht näher eingegangen werden soll, mit ziemlicher Sicherheit annehmen, daß die optische Anomalie auf die Einlagerung stäbchenförmiger, submikroskopischer anisotroper Teilchen mit in bezug auf die Längsachse negativen Doppelbrechung zurückzuführen ist. Das optische Verhalten der frischen Seife ist normal, wie das der anderen normalen Gele. Untersucht man die Seife jedoch längere Zeit nach der Herstellung (mehrere Tage, manchmal früher, manchmal später), so hat sich ihr optisches Verhalten vollkommen umgekehrt. Wie beim Kirschgummi verhält sich jetzt ein durch Druck deformiertes Stück wie ein optisch einachsiger Kristall mit positiver Doppelbrechung in bezug auf die Druckrichtung als optische Achse. Man kann dabei an größeren Stücken deutlich beobachten, wie die Umkehrung des optischen Verhaltens von der Austrocknung ausgesetzten Randzone allmählich in das Innere der Stücke übergeht.

Gefüllte Seifen. Erwähnt sei noch, daß Seifen neuerdings mit Kolloiden gefüllt werden, einerseits um die beim Waschprozeß sich bildenden Kalkseifen kolloid zu machen (Versuche Haas), andererseits um den Seifen gewisse besondere Eigenschaften in bezug auf Löslichkeit, Schaumvermögen usw. zu erteilen (Versuche Zakarias). Ein abschließendes Urteil ist noch nicht möglich.

Leimdörfer[1]) betrachtet eine transparente harte Seife als ein in der Ausbildung gehemmtes Emulsoid, das bis an die Grenze des Suspensoids gebracht ist.

2. Schmierseifen.

Schmierseife. Der Hauptrepräsentant der nicht ausgesalzenen oder Leimseifen stellt die Schmierseife dar, die als Transparentseife, Silberseife, gekörnte Schmierseife u. a. Variationen im Handel ist. Diese Seifen sind in erster Linie Kaliseifen, denen je nach Temperatur der Konsistenz wegen Natronseifen beigemengt sind. In der Regel verwendet man zur Herstellung flüssige Öle. Verwendet man feste Fette mit, so scheidet sich deren Seife allmählich in Form von Körnern aus. Wird viel festes Fett angewandt, so verläuft die Kristallisation sehr schnell und infolgedessen werden sie sehr fein und dicht, es entsteht der sog. Silberfluß. Die Konsistenz der Schmierseifen erreicht man bekanntlich durch Zusätze von Lauge, Chlorid, Karbonaten usw., da sonst die Masse zu zähe ist, und erst durch den Elektrolytzusatz in der Viskosität verringert werden muß, was bei konzentrierten Systemen eintritt, wie wir früher gesehen haben. Daß trotzdem eine handliche Konsistenz resultiert, liegt wahrscheinlich an der partiellen Aussalzung der Seife. Beim Erkalten schließt das Koagel das nicht koagulierte in sich ein und die so gebildeten wasserärmeren Seifenteilchen mit ihren konsistenteren Wänden verleihen der Seife Festigkeit. Daß die Schmierseifen überhaupt transparent hergestellt werden können, wird mit der Unterbrechung der Kristallisation durch die Elektrolyte erklärt. Richardson[2]) erklärt die Transparenz aus einer Unterkühlung, wo die Kristallisation durch hemmende Mittel zurückgehalten wird. Vom Wasser-, Laugen- und Salzgehalt hängt überhaupt die Existenz der Schmierseife ab. Die sog. Glasprobe erlaubt hier, ziemlich exakte Schlüsse zu ziehen. Ist die Elektrolytkonzentration zu gering, d. h. der Wassergehalt zu hoch, so zeigt sich

---

[1]) Leimdörfer, Seifens.-Ztg. 50, 400, 411, 441, 450 (1923).
[2]) Richardson, Journ. Am. Chem. Soc. (1908).

das durch Spinnen der Seife, die Probe hat gummiartige Konsistenz. Ist die Seife in Ordnung, so sollen die Fäden kurz abreißen und die Seifen Salbenkonsistenz besitzen. Die Seife ist auch klar, überzieht sich jedoch bald mit einer Trübung, der sog. Blume. Die Probe ist innen jedoch klar. Kolloidchemisch ist dies dadurch zu erklären, daß das Wasser an der Oberfläche der Probe verdampft und die dadurch gesteigerte Laugenkonzentration Aussalzung bewirkt. Ein zu hoher Laugengehalt macht die Seife wegen der Aussalzung glitschig, während ein zu hoher Salzgehalt

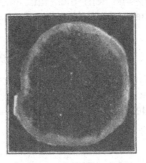

Abb. 10 a.
Nicht abgerichtet (matt):
innen trübe, außen klarer
Ring.

Abb. 10 b.
Gut abgerichtet:
innen klar, außen trüber
Ring.

Abb. 10 c.
Gut abgerichtet: Seife
zeigt Blume.

Abb. 10 d.
Überschärft, vollkommen
trübe.

Abb 10 a—d. Glasprobe bei Herstellung von Schmierseife. Abb. 10 a, b und d dunkler Hintergrund, durchfallendes Licht. Abb. 10 c heller Hintergrund, auffallendes Licht.

die Seife wegen der Viskositätserniedrigung zu weich macht. Die Schmierseife stellt überhaupt ein kolloidchemisch überaus interessantes Gebilde dar, das jedoch wissenschaftlich recht stiefmütterlich behandelt wurde, trotzdem es, wie wir in aller Kürze zeigen konnten, einer kolloidchemischen Theorie außerordentlich zugänglich ist. Nach Schopenhauer[1] „geschehen jedoch die Erfindungen meistens durch bloßes Tappen und Probieren, die Theorie einer jeden wird hinterher

[1] Schopenhauer, Parerga und Paralipomena, Zur Philosophie und Wissenschaft der Natur.

erdacht, eben wie zu einer erkannten Wahrheit der Beweis". Zu den nicht ausgesalzenen Seifen gehören auch die meisten Rasierseifen. Da die Schaumdichte
bei höhermolekularen Seifen größer ist, wird ein hoher Prozentsatz Stearin mit-
verwandt, damit diese Seifen jedoch auch bei Zimmertemperaturen schäumen,
werden sie teilweise als Kaliseifen versotten. Hand in Hand damit geht die
Steigerung des Benetzungsvermögens, eine Hauptbedingung jeder Rasierseife,
da ja das Einseifen nicht den Zweck hat, die Hornsubstanz der Haare auf-
zuquellen, als vielmehr die Haut glatt zu machen, damit ein glatter Schnitt mit
dem Rasiermesser erzielt werden kann.

3. Seifenpulver.

Die sich in neuerer Zeit so großer Beliebtheit erfreuenden Seifenpulver stellen
im allgemeinen ein Gemisch von dem eigentlichen Seifenpulver mit Soda dar.
Daneben finden sich häufig Zusätze von Sauerstoff abspaltenden Salzen, Wasserglas usw. Die Soda unterstützt in mehrfacher Hinsicht die Wirkung des reinen Seifenpulvers.

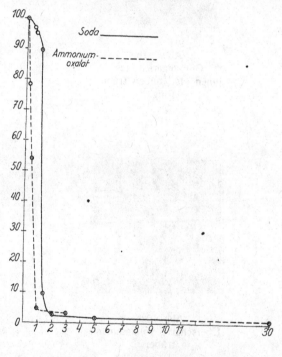

Abb. 11.

Neben der kolloidchemisch interessanten Vergrößerung der Oberflächenspannungserniedrigung
von Seifenlösung gegen Öl, die
gleichbedeutend ist mit einer
großen Erhöhung des Emulgier-
vermögens, ist nicht die Ersparnis an Seife zu unterschätzen, die
dadurch ermöglicht wird, daß die
die Härte des Wassers bildenden Salze durch die Soda zum
größten Teil unschädlich gemacht
werden. Es ist des öfteren diskutiert, ob die Soda auch wirklich enthärtend wirkt. Es scheint
u. E. hierüber bei Siedetemperatur
kein Zweifel möglich. Nebenstehende Kurve, die mit Wasser
von 18°, d. h. durch $CaCl_2$, erhalten wurde, gibt ein gutes
Resultat. Die Abszisse gibt die
Menge Soda (resp. Oxalat) an,
und zwar gemessen im Vielfachen der Menge, die dem im Wasser gelösten $CaCl_2$
äquivalent ist. Die Ordinate zeigt die Menge der sich bildenden Kalkseife an,
gemessen in Prozenten der Menge Kalkseife, die sich ohne Zusatz von Soda (resp.
Oxalat) bildet. Daß selbstverständlich Stoffe resp. Stoffgemische existieren, die
die Soda an Wirkung übertreffen, sei angedeutet. Ebenso sei hier an die früher
erwähnten hydrotropen Verbindungen erinnert, da diese Stoffe befähigt sind, an
sich unlösliche Körper an der Ausfällung zu hindern.

Die Korngröße des Pulvers ist ebenfalls von Wichtigkeit. Dieselbe soll möglichst klein sein, hat jedoch einen unteren Grenzwert, da sonst leicht ein Zusammenbacken der Teilchen beim Lösen eintritt. Über die Meßmethoden unterrichten die

Bücher über Dispersoidanalyse[1]). Zu weiteren kolloidchemischen Bemerkungen
bieten die Pulver keinen Anlaß. Es sei lediglich noch erwähnt, daß durch die Zusätze
von Soda, Wasserglas usw. das Verhalten der reinen Seife im Pulver in bezug auf
Löslichkeit, Schaumvermögen, Wasserbindungsvermögen, weitgehend beeinflußt
wird. Diese Zusätze wirken naturgemäß auf die verschiedenen Seifen anders. Deshalb hat der Praktiker bei der Auswahl seines Fettansatzes hierauf weitgehend
Rücksicht zu nehmen.

4. Spezialseifen.

Als letzte Gruppe der Seifen seien die sog. Spezialseifen angeführt, die sinngemäß eigentlich in die Klassen der Kern- und Leimseifen gehören, wegen ihrer
besonderen Zusammensetzung jedoch einer kurzen besonderen Besprechung bedürfen, zumal diese Produkte in letzter Zeit stark in den Vordergrund gerückt sind.
Da ist in erster Linie die große Klasse der Textilseifen zu nennen. Zum Waschen
der Rohwolle als auch zum Walken der Tuche werden meistens stärker alkalische
Seifen verwendet, während für die Seidenindustrie fast neutrale Produkte verlangt
werden. Außerdem wird gefordert, daß die Seifen nur langsam gelatinieren und
sich leicht auswaschen lassen. Hierauf beruht der Gebrauch von Seifen aus Olivenöl. Auch die aus Türkischrotöl hergestellten Produkte seien erwähnt, da diese eine
große Kalkbeständigkeit aufweisen. Eine sehr große Anzahl Handelsprodukte
enthalten außerdem Kohlenwasserstoffe, die teilweise mit den von Schrauth
eingeführten Hexalinen verarbeitet werden. Des öfteren wird verlangt, daß die
Seifenlösung bestimmte Eigenschaften in bezug auf die Gelatinierung hat; sie
sollen gallertartig, dick oder dünn sein. Man verwendet z. B. gewisse Mengen
Elektrolyte, um die Seife fadenziehend zu machen. Daß Seifenlösungen der besonders von H. Freundlich[2]) studierten Thixotropie unterliegen, erscheint uns
in diesem Zusammenhang von besonderer Wichtigkeit. Die Kenntnis der kolloiden
Eigenschaften von Seifenlösungen und deren Variabilität derselben erlaubt es,
für jeden Zweck geeignete Produkte herzustellen. Die sog. flüssigen Seifen, die
hauptsächlich in Seifenspendern verwendet werden und die neuerdings heraus-
gebrachten Waschextrakte bieten kolloidchemisch nichts besonderes. Beide Produkte sind in erster Linie Kaliseifen wechselnden Gehaltes; die ersteren meist
niederen (15 %), die letzteren meist höheren Gehaltes (30 %). Zum Verdicken
werden Elektrolyte verwendet. Hierüber wurde im ersten Teil dieser Ausführungen
berichtet.

Schluß. Wir hoffen, in vorstehenden Ausführungen klar gezeigt zu haben, wie
weit heute die Kolloidforschung in der Seifenchemie und Seifenindustrie angewendet wird. Die Abhandlung kann natürlich wegen der Beschränktheit des zur Verfügung stehenden Raumes nicht Anspruch auf Vollständigkeit
machen. Wir glauben jedoch die wichtigsten Ergebnisse berührt zu haben. Unser
Wunsch ist, daß die Arbeit zu weiteren Forschungen in Labaratorium und Fabrik
Anreiz geben möchte.

---

[1]) F. V. v. Hahn, Dispersoidanalyse. (Dresden 1928.)
[2]) J. R. Katz, Kolloidchem. Beih. **9**, 1 (1917).

Putzmittel.

Von Dr. phil. **Carl Lüdecke**-Berlin-Steglitz.

Einleitung. Die Putzmittelindustrie, worunter in erster Linie diejenigen Betriebe zu verstehen sind, welche sich mit der Herstellung von Schuhcremes, Bohnermassen, Wachs-, Öl- und Harzpolituren, Lederfetten, Metallputzmitteln und anderen der Reinigung, Auffrischung und Glanzerzeugung dienenden Präparaten befassen, hat schon von jeher in engster Beziehung zur Kolloidchemie gestanden, denn die meisten Putzmittel sind als kolloidchemische Produkte anzusehen, welche sich durch reine Empirie entwickelt haben, da die Wissenschaft dieses untergeordnete, der chemisch-technischen Kleinindustrie vorbehalteneGebiet lange unberücksichtigt ließ.

Erst in neuerer Zeit wurde als Folge der zunehmenden Nachfrage nach flüssigen Schuhputzmitteln den Bedingungen, unter denen auch die hiernach in der Putzmittelindustrie in steigendem Maße Bedeutung gewinnenden kolloiden Emulsionen zustande kommen, größere Beachtung geschenkt. Die mangelnde Kenntnis der in der Emulsionstechnik zu beachtenden inneren Vorgänge und der zur Bildung stabiler Emulsionen unerläßlichen Voraussetzungen führte damit ganz allmählich und nach häufigen Mißerfolgen zur Anpassung der bisher auf Tastversuche angewiesenen Praxis an die aufgestellten Hypothesen und wissenschaftlichen Feststellungen über Bildung und Zerfall von Emulsionen und damit zur Auffindung und Ausnutzung der geeignetsten Emulgatoren für die verschiedenen Systeme.

Bei der völligen Neuheit der sich gerade bei den in der Putzmittelindustrie am häufigsten vorkommenden Wachsemulsionen abspielenden Vorgänge bietet die Auffindung der Ursachen für die oft unerklärlichen Abweichungen von den theoretischen Erwägungen und die Vermeidung der trotz peinlichster Beachtung aller Bedingungen bei der Arbeit im großen immer wieder sich einschleichenden Fehler die größten Schwierigkeiten. Selbst der erfahrenste Fachmann ist daher noch nicht vor Überraschungen bewahrt, für die er eine praktisch verwertbare Erklärung oder deutlich erkennbare Gesetzmäßigkeiten meist nicht zu finden vermag. Das trifft insbesondere für diejenigen Produkte zu, welche als spezielle Pflegemittel für die immer mehr in Aufnahme kommenden zartfarbigen gedeckten Schuhoberleder Verwendung finden. Die Notwendigkeit größtmöglichster Neutralität, geringster Reibschärfe und weitgehendster Haltbarkeit dieser Emulsionen schließt Gegensätze ein, welche sich nur schwer einander angleichen lassen.

Die ursprüngliche Anschauung, daß die Bildung haltbarer Emulsionen in erster Linie als ein rein mechanischer Mischprozeß verschiedener Wachssuspensionen aufzufassen sei, wurde ganz allmählich nach tieferem Eindringen in die kolloidchemische Wissenschaft durch die Überzeugung verdrängt, daß auch bei den suspendierte Wachskörper enthaltenden Wachsemulsionen physikalische Ver-

teilungssysteme vorliegen, deren Stabilität durch chemische Einflüsse an der Grenzfläche zwischen disperser Phase und Dispersionsmittel stark beeinflußt wird. Die
in der Putzmittelindustrie überwiegenden Dispersionen sind hiernach als Gemische
von Suspensoiden mit aus Hydrosolen, Organosolen und Organogelen bestehenden
Emulsoiden anzusehen und zwar als feindisperse Systeme, in welchen das Wachs-
medium sich sowohl in dem wäßrigen wie in dem organischen Dispersionsmittel in
teilweise kolloider Lösung befindet. Die auch in dem meist vorhandenen organischen
Verdünnungsmittel nicht gelösten Wachsteilchen werden hierbei in die Emulsion
suspensoid eingebettet.

Die besten Erfolge zur Erzielung derartiger disperser Systeme werden auch
hier mit alkalischer oder saurer Seife, seifenähnlichen Fettsäuren und wachssauren
Alkalien erzielt, welche als kolloide Elektrolyte hydrophobe Kolloide zu schützen
vermögen. Hierbei ist der Charakter der Fettsäuren oft von ausschlaggebender
Bedeutung. Das beste Resultat liefern meist die Natronseifen aus Neutralfetten,
da das stearin- oder palmitinsaure Natrium auch in sehr verdünnten Laugen noch
starke Neigung zum Gelatinieren besitzt.

In gleicher Weise wirken die sich beim Zusammentreffen einer fett- oder wachssauren Phase mit einem alkalischen Dispersionsmittel bildenden Seifen, bei denen
ein Austausch der Alkali- und Säureionen an den Grenzflächen der einzelnen
Phasen unter Verringerung der Oberflächenspannung stattfindet. Die Erkenntnis
dieser Wechselbeziehungen innerhalb der wäßrigen und öligen Phase unter dem
Einfluß einer die Stabilisierung bewirkenden dritten Phase als Emulgierungsmittel
und Schutzkolloid führte weiterhin zur gleichzeitigen Verwendung von alkalischer
Seife mit wasserunlöslichen, aber in der öligen Phase und einem organischen
Dispersionsmittel löslichen Erdalkali- oder Metallseifen, wodurch die Öl-in-Wasseremulsion teilweise in eine Wasser-in-Ölemulsion umgewandelt wird (D.R.P.
409032). Befinden sich disperse Phase und Dispersionsmittel annähernd in gleichem
Mengenverhältnis, so kann durch eine Änderung der Eigenschaften des Emulgators, so z. B. durch Bildung von fettsaurer Tonerde aus fettsaurem Natrium,
der Charakter der Emulsion ganz oder z. T. dahingehend verändert werden, daß die
zwischen Öl und Wasser bestehende Oberflächenspannung noch weiter verringert
und damit der Entmischung während des mechanischen Stabilisierungsprozesses
und späteren Lagerung in vollkommenster Weise vorgebeugt wird. Es handelt
sich demnach um kolloide Lösungen disperser Systeme in flüssigen Dispersionsmitteln, also reversible organische Kolloide.

In der Putzmittelindustrie überwiegen im allgemeinen aber Öl-in-Wasser-
emulsionen, in denen das Wachs und das meist noch vorhandene organische Verdünnungsmittel die disperse Phase in einem wäßrigen Dispersionsmittel bilden,
so daß auch die in Wasser löslichen Emulgatoren, also die Hydrosole und Hydrogele vorherrschen. Bei Gegenwart verseifbarer Wachskörper — und solche sind
stets im Überschuß vorhanden, da gerade diese den Poliereffekt bedingen — ist die
emulgierende Wirkung der Seife oder Alkalien groß genug, die ölige Phase kolloid
zu binden. Das umgekehrte Phasensystem mit hydrophoben Emulgatoren sowie
Doppelemulsionen mit in beiden Medien löslichen Emulgatoren scheint jedoch
neuerdings mehr in Aufnahme zu kommen.

Die emulgierende Wirkung der Seife wird durch die schutzkolloide Eigenschaft
abgespaltener oder durch Dissoziation freiwerdender Fett-, Wachs- oder Harz-
säuren verstärkt. Insbesondere vermag die gelartige Emulsion der wäßrigen Alkalisalze der Wachssäuren die unverseiften und unverseifbaren Wachsanteile in feindisperser Suspension bzw. kolloider Emulsion zu halten, so daß es zur Bildung

stabiler Wachsemulsionen, bei denen die kristalloiden und kolloiden Anteile einander durchdringen, nicht immer des Zusatzes besonderer Emulgatoren oder Schutzkolloide bedarf. Derartige Wachsemulsionen stellen also Gemische von kolloiden Lösungen, Emulsionen und Suspensionen dar, in denen der eigentliche Seifenkörper, welcher durch Vermischen von verseifbaren Wachsen, Fetten und Harzen mit wäßrigen Alkalien oder sonstigen verseifend wirkenden Agentien entsteht, durch Herabsetzung der Oberflächenspannung die haltbare Vereinigung der wirksamen Stoffe, vor allen Dingen also der glanzgebenden Wachskörper, mit den weiterhin verwendeten Füll-, Streck- und Verdünnungsmitteln bewirkt. Die in den in der Putzmittelindustrie üblichen organischen Verdünnungsmittel in geschmolzenem Zustande völlig löslichen Wachsarten sind bei nicht zu hohem Gehalt an unverseifbaren Bestandteilen schon mit schwachen Alkali- und Seifenlaugen leicht emulgierbar, wobei kolloide resoluble Wachslösungen entstehen, deren Solcharakter durch Verwendung von Schutzkolloiden noch besser gewahrt zu werden vermag.

Wachskörper mit hohem Säuregehalt werden durch ein alkalisches Dispersionsmittel verseift und dadurch auch ohne Emulgator kolloid emulgiert. Daß hierbei tatsächlich eine Verseifung der Wachssäure stattfindet, geht auch daraus hervor, daß sich die gebildeten Wachsseifen mit Metall- oder Erdalkaliseifen in die entsprechenden wasserunlöslichen Seifen umsetzen. Die weiterhin meist vorhandenen neutralen Kohlenwasserstoffe werden in dieser Emulsion nur fein verteilt und durch die gebildete Seife in Emulsion gehalten. Es handelt sich hier also um chemisch-physikalische Kolloidlösungen, deren Stabilität am größten ist, wenn die gebildete Wachsseife bzw. der Emulgator sowohl in der inneren dispersen Phase wie im Dispersionsmittel löslich ist. Ein zu hoher Seifengehalt vermag emulsionszerstörend (koagulierend) zu wirken.

Die zur Verbesserung des Emulgierungsvermögens der Seife bereits bei anderen Präparaten gebräuchlichen Zusätze von sauren Seifen, wasserlöslichen Ölen (D.R.P. 167847), Lipoiden, Phosphatiden, Laktonen, Zelluloseestern, kolloider Kieselsäure, Oxyfettsäuren, Tallöl, Sulfitablauge, Anilin, Naphtolen und anderen organischen Basen haben in der Putzmittelindustrie nur ganz vereinzelt Aufnahme gefunden, doch ist man eifrig bestrebt, neue Emulgatoren zur Verbesserung der Stabilität namentlich der flüssigen Präparate ausfindig zu machen.

Auch die bei Putzmitteln besonders naheliegende Verwendung der als Schutzkolloide zur Stabilisierung disperser Systeme hervorragend geeigneten Wachsalkohole und oxydierten Paraffine befindet sich noch im Versuchsstadium. Die Anwendung der sehr gut emulgierenden hydroxylierten Phenole und Naphthene, Naphthensäuren und Sulfosäuren verbietet sich durch den starken Eigengeruch oder andere ihre Verwendung für Putzmittel ausschließende Nachteile. Lediglich den durch Sulfonierung von Ölen und Fetten entstehenden Sulfo-Oxysäuren dürfte mit Rücksicht auf ihre gerade zur Sicherung des neutralen Charakters verschiedener flüssiger Putzmittel bedeutungsvolle Eigenschaft, in wäßriger Lösung nicht zu dissoziieren und unverseifbare Öle kolloid zu emulgieren, in Zukunft wohl eine erhöhte Bedeutung als Emulsionsvermittler und Stabilisator zukommen.

Stark quellende und schleimbildende Kollagene, wie Gummiarabikum, Tragant, Karragheenmoos, Agar-Agar finden als Schutzkolloide und Emulsionsverbesserer bzw. Stabilisatoren auch bei flüssigen Putzmitteln häufig Verwendung. Natürliche Kolloide, wie z. B. Kautschuk, werden dagegen lediglich zur Erzielung bestimmter Effekte, insbesondere Erhöhung der Zügigkeit und Viskosität gebraucht.

Die Brauchbarkeit der zu absorbierenden Emulgatoren und Schutzkolloide hängt natürlich von ihrer physikalischen und chemischen Affinität zu den zu emulgierenden Phasen ab, wobei je nach ihrem Charakter der Emulgator mehr hydrophil oder mehr oleophil sein muß.

Das Ziel bei der Herstellung haltbarer Emulsionen besteht demnach bei allen Putzmitteln, deren einzelne Bestandteile nicht eine homogene Verbindung zu sein brauchen, in der möglichst innigen, kolloiden Vereinigung von zwei oder mehr miteinander nicht mischbaren Phasen durch einen sich auf diese verteilenden Vermittler, welcher in der einen oder anderen Phase gelöst ist, um durch Vergrößerung der Berührungsfläche die Wechselwirkung der Kolloidteilchen und ihrer Reaktionen zu erleichtern. Es entstehen scheinbar grobdisperse kolloide Lösungen oder Sole bzw. Gele sowie Suspensionen, welche auf mechanischem Wege wieder in ihre einzelnen Phasen zerlegt werden können. Durch Verwendung von Schutzkolloiden lassen sich die in der Putzmittelindustrie vorwiegend in Frage kommenden Hydro- und Organosole teilweise in reversible Kolloide verwandeln, welche die Stabilisation der Emulsionen erhöhen.

Bei den flüssigen Putzmitteln ist der Emulgator vorwiegend Stabilisator, wenn es oft auch nicht möglich ist, hier die Grenzunterschiede festzulegen. Wird der Emulgator erst bei der Vereinigung der einzelnen Phasen gebildet, so wird meist das Wasser basisch sein und der Öl-Wachskörper saure Eigenschaften zur Erzielung der zur Bildung des Emulgators erforderlichen Ionenreaktion erhalten.

Die zu den meisten Putzmitteln zur Erzielung des Putz- oder richtiger Poliereffektes mitverwendeten Wachskörper vermögen die Emulsion nicht nur zu befördern, da sie emulgatorisch wirksame Stoffe (Wachsalkohole, verestert mit Wachssäuren, und reine Wachssäuren) enthalten, sondern diese auch mechanisch zu stabilisieren. Die Wachskörper müssen in der Emulsion in feiner Form suspendiert sein und vermögen dann die Teilchen der einen oder anderen miteinander emulgierten, an sich nicht mischbaren Flüssigkeiten an der Oberfläche zu absorbieren und in ihre Poren einzulagern, ohne dabei direkt Schutzkolloide zu sein. In gleicher Weise wie die Wachskörper wirken auch die bei flüssigen Metallputzmitteln üblichen Füllkörper, Kieselkreide und Kieselgur, bei Ofenputzmitteln Graphit und Ruß.

Für die kolloidchemische Betrachtung der wachshaltigen Putzmittel ist von wesentlicher Bedeutung, daß die im wäßrigen Dispersionsmittel emulgierte Öl- und Wachsphase unter dem Einfluß hochdisperser Wachsteilchen steht, wobei sich zahlreiche kolloidchemische Vorgänge und Änderungen physikalischer Natur vollziehen. Durch Abkühlung geht das kolloiddisperse System in das molekulardisperse unter Ansteigen der Viskosität über. Die Haltbarkeit der Emulsionen hängt von der Dichtedifferenz der organischen und wäßrigen Phasen und der Viskosität des den Emulgator in Lösung haltenden Dispersionsmittels ab.

Besondere mechanische Vorrichtungen zur Erzielung von Emulsionen bzw. ihrer dauernden Stabilität, wie Kolloidmühlen, Homogenisiermaschinen oder dgl., welche die in manchen Fällen auf die spezifischen Eigenschaften der Putzmittel nicht gerade günstig einwirkenden Dispersionsbeschleuniger und Schutzkolloide größtenteils oder ganz ausschalten können, sind zur Herstellung von Putzmitteln noch wenig im Gebrauch.

Der Aggregatzustand der Putzmittelemulsionen bewegt sich von pastenförmig fest über dicksahnig nach dünnflüssig. Der Spannungsgrad der Grenzflächen der heterogenen Systeme, bei welchen die gegenseitige Abstoßung oder Anziehung der ihrer Schwere entzogenen Moleküle gleich ist, hängt sowohl von der Konsistenz und der Zähigkeit bzw. ihrer Widerstandskraft gegen Entmischungserscheinungen, der Außentemperatur, welche gerade die stark wachshaltigen Emulsionen besonders beeinflußt, sowie der Art des Stabilisierungsprozesses oder sonstigen Faktoren ab, welche den physikalischen Verband der Emulsionen, in welchem sich die disperse Phase in einem einer Lösung nahekommenden Verteilungszustande befinden soll, zu stören vermögen. Eine Entmischung tritt um so früher und leichter ein, je größer der Unterschied der Schwere der einzelnen Bestandteile ist.

Während die wasserfreien Schuhputzmittel kristalloide Auflösungen oder feindisperse Suspensionen von Wachskörpern in flüchtigen Ölen darstellen, sind die wasserhaltigen Putzmittel als Emulsionen anzusehen, in denen sich der verflüssigte, nicht verseifte Wachskörper im Zustand feinster Verteilung mit Wasser befindet. Die ungelösten Teile bilden die innere Phase, die in einer äußeren dispergiert ist.

Bei den wasserhaltigen Schuhcremes und Bohnermassen in fester Form (Dosenpackung) überwiegt der Wassergehalt, denn in diesen wird nur so wenig Öl (Terpentinöl oder -ersatz) verwendet, daß hierdurch die Verarbeitung öllöslicher Farbstoffe ermöglicht und der Paste ein fettiger Charakter verliehen wird, während bei den wachshaltigen, dicksahnigen bis flüssigen Cremes und Bohnermassen, Reinigungspolituren, Metallputzölen usw. der Gehalt an flüchtigen Ölen meist vorherrscht. Diese Produkte werden deshalb durch Mitverwendung von Emulgatoren homogenisiert, damit sich die Wachskörper, flüssigen und festen Fette und Fettsäuren, suspendierten Füllkörper und die sonstigen bestimmte Effekte bezweckenden Zusätze bei größeren Temperaturschwankungen oder anderen äußeren Einflüssen nicht wieder in Schichten abscheiden.

Von Gemischen zweier an sich nicht mischbarer Körper, welche durch Zufügung eines mit den beiden Komponenten klar mischbaren dritten Körpers in eine reine Lösung überführt werden (z. B. Mineralöl und Rizinusöl mit Alkohol), wird in der Putzmittelindustrie kein Gebrauch gemacht.

Schuhwichse. Schon die heute fast nur noch ein historisches Interesse beanspruchende Schuhwichse, welche kaum mehr hergestellt wird, war ein kolloidchemisches Produkt. Bei dieser dient als glanzgebendes und die zugesetzte Farbe auf dem Schuhoberleder festhaltendes Mittel durch Salzsäure invertierter Melassesyrup oder Sulfitablauge (D.R.P. 114401), während die färbende Wirkung durch mit konzentrierter Schwefelsäure in primäres Kalziumphosphat und Kalziumsulfat umgesetzte Knochenkohle ausgeübt wurde. Die nach innigem Vermahlen des noch mit weiteren Stoffen und Glanzmitteln versetzten Gemisches auf Kollergängen und Walzenreibmaschinen entstehende Wichse erhielt dann durch einen mehrwöchentlichen Gärprozeß ihre die Verwendung ermöglichende kolloide Beschaffenheit. Nach D.R.P. 317760 wird in Äthylchlorid gelöste Sulfitablauge für Schuhwichse verwendet, während nach D.R.P. 328882 den Wichsen aus Zellstoffablaugen noch Chlormagnesium zugesetzt wird.

Schuhcremes und Bohnermassen. Die nach Einführung besserer Ledersorten aufkommenden flüchtigen Wachslösungen bzw. Suspensionen in der Konsistenz der alten Schuhwichse sind als kolloide Emulsionen anzusehen, in welchen der Wachskörper als disperse Phase und das Verdünnungsmittel als Dispersionsmittel anzusehen ist, das die in der Wärme gelösten Wachsstoffe nach dem Erkalten in Form feinverteilter Molekularaggregate in Suspension erhält. Ohne direkt kristalloide Lösungen zu sein, besitzen die festen Wachspasten doch ein gewisses Kristallisationsvermögen, so daß eine scharfe Grenze zwischen kolloiden und kristalloiden Lösungen und ihrem Übergang zu Suspensionen nicht zu ziehen ist. Die in der Schmelzhitze einheitliche Lösung der Wachskörper in dem organischen Verdünnungsmittel wird durch Ausfallen der Wachsteilchen beim Abkühlungs- und Erstarrungsprozeß zu einer Emulsion, die um so dichter und kolloid einheitlicher erscheint, je geringer der Verdünnungsmittelzusatz ist. Das Vorliegen einer Emulsion ist auch daran zu erkennen, daß durch äußere Wärmeeinwirkung oder durch Druck das vom Wachs absorbierte Dispersionsmittel wieder austritt wie das Wasser aus einem vollgesogenen Schwamm. Die Absorption des Verdünnungsmittels wird durch die infolge Druck erfolgte Verdichtung der Wachsteilchen und damit Verkleinerung der Gesamtoberfläche verringert. Derartige Pasten sind also mechanische Gemenge, obschon der Charakter des dispersen Systems durch die kristalloide bis kolloide Lösung einzelner Wachsbestandteile gewahrt ist.

Kolloidchemisch betrachtet findet durch den beim Auftragen der Wachspaste einsetzenden Trocknungsprozeß nach Abdunsten des Dispersionsmittels eine reversible Sol- in Gelumwandlung statt.

Bei allen Schuhputzmitteln ist der Wachsgehalt das Charakteristische. Dieser dient bei der Verwendung nicht nur z. B. zum Glänzendmachen der Lederoberfläche, sondern soll diese auch wasserdicht machen und vor den zerstörenden Einflüssen der Atmosphärilien sowie vorzeitiger mechanischer äußerer Abnutzung schützen. Da die Wachse kolloiddispers gelöste Harzstoffe enthalten, so besitzen sie dadurch in sich schon eine gewisse Schutzkolloidwirkung.

Diese durch Zusammenschmelzen glanzgebender Wachse, wie insbesondere Carnaubawachs, Candelillawachs, Fibrewachs, Schellackwachs, Bienenwachs, Montanwachs, I. G.-Wachs mit den als Streckmittel anzusehenden Paraffinkohlenwasserstoffen (Ozokerit, Ceresin, Paraffin) und Verdünnung der Schmelze mit der rund 2½ fachen Menge Terpentinöl oder seinen Ersatzmitteln nach Zusatz des die Färbung bewirkenden fettlöslichen Teerfarbstoffes hergestellte Paste ist kolloidchemisch als Organosol anzusehen, das sich bei weiterer Verdünnung zwecks Erzielung der ebenfalls handelsüblichen dickflüssigen Form in eine aus Wachskolloiden und grobdispersen Suspensoiden bestehende Emulsion verwandelt, wobei die Oberflächenspannung der beiden Phasen von ausschlaggebender Bedeutung ist.

Den Schuhcremes sind die Bohnermassen und Wachsbeizen gleichzustellen, welche sich nur durch den geringen Gehalt an glanzgebenden Wachsen und demnach höheren Gehalt an Paraffinkohlenwasserstoffen von den Schuhcremes unterscheiden.

Um ähnliche Produkte handelt es sich auch bei den festen Möbel- und Autopolituren sowie Schmierwachsen, bei welchen zur Erzielung eines höheren Glanzeffektes der Gehalt an glanzgebenden Wachsen überwiegt.

Kolloidchemisch interessanter sind die halbfesten und flüssigen Produkte (Tubencremes, Reinigungspolituren, Lackschuhöle u. a. m.), bei welchen durch Zusatz von Emulgatoren eine Umwandlung der Wachssuspension in eine kolloide Wachsemulsion bewirkt wird. Das geschieht dadurch, daß der mit den gebräuchlichen Lösungsmitteln verdünnten Wachsgrundmasse einige Prozent einer schwachen wäßrigen Alkali- oder Seifenlauge vor dem Erkalten und damit teilweisem Ausfallen der nur suspendierten Wachsteilchen zugeführt werden, was zur Folge hat, daß ein Absetzen des spezifisch schwereren, in den zugesetzten Lösungsmitteln nicht löslichen Wachskörpergemenges vorgebeugt wird und die suspendierten Wachsteilchen durch Bindung der in ihnen enthaltenen Wachssäuren in eine haltbare Emulsion überführt werden. Hier liegt also eine Wasser-in-Ölemulsion vor, bei welcher das Emulgierungsmittel in der dispersen Phase gelöst ist und von dem Dispersionsmittel derart absorbiert wird, daß die feinverteilten Wachsteilchen infolge Erhöhung der Oberflächenspannung ein Zusammenschieben der suspendierten Wachsteilchen verhindern. Als Beispiel für eine derartige Emulsion möge nachstehendes Rezept für ein flüssiges Polier- und Reinigungsmittel dienen, welches

sich besonders zur pfleglichen Behandlung der zartfarbigen kaseingedeckten Modeschuhe sowie für Lackschuhe eignet, durch geringe Abänderung der Wachskombination aber auch als Möbel- oder Autopolitur, Bohnermasse oder dgl. verwendet
werden kann: 1 Teil Carnaubawachs, 2 Teile Bienenwachs, 3 Teile Montanwachs
raffiniert, 0,5 Teil Harz, 6 Teile Parraffin, 77 Teile Terpentinölersatz oder Benzin,
0,5 Teil Kernseife, 10 Teile Wasser.

Das D.R.P. 229423 ist auf ein derartiges Produkt in fester Form erteilt,
während das D.R.P. 328212 die Verwendung von hydriertem Naphthalin für
Bohnermasse schützt, das auch im D.R.P. 394601 und 404310 zur Anwendung
gelangt. D.R.P. 340073 schützt ein Verfahren zur Herstellung von festen und
flüssigen Schuhcremes und Bohnermassen, bei welchen durch Behandlung von
Montanwachs mit Alkalien unter erhöhter Temperatur erhaltene Montanwachs-
kolloide bei Anwendung von Druck mit den flüchtigen Verdünnungsmitteln verdünnt werden.

Zwecks Erhöhung der färbenden Wirkung mit Körperfarben versetzte Wachsbeizen (Fußbodenbeizen) erhalten zur besseren Emulgierung der Farbe einen
geringen Zusatz dünner Pottasche- oder Seifenlauge. Nach D.R.P. 430834 wird
ein Reinigungs- und Poliermittel für Lackierungen bei Autos usw. durch Vermischen einer alkalischen Seifenlösung mit Destillationsprodukten aus Harzen
(wie Harzöl, Kopalöl oder Bernsteinöl) hergestellt.

Das umgekehrte Phasensystem liegt bei den sog. verseiften Schuhcremes
und Bohnermassen vor, bei welchen das Wachsgemisch als innere disperse
Phase in dem wäßrigen alkalischen Dispersionsmittel durch Anseifung emulgiert
ist, ebenso wie dies bei den sog. halbverseiften Mischcremes der Fall ist.
Erstere werden durch Verkochen eines möglichst viel verseifbaren Wachskörpers
(Carnaubawachsrückstände, Bienenwachs, Japanwachs, Montanwachs u. a. m.)
und meist auch etwas Harz enthaltenden Mischung mit der rund vierfachen Menge
einer dünnen (ca. 2,5%igen) Alkalilösung (meist Pottasche) und Abfüllung bei
beginnendem Dickwerden der Emulsion hergestellt, während bei den letzteren
etwas weniger Wasser und dafür Terpentinöl bzw. Terpentinölersatz genommen
wird, um der Creme einen fettigeren Charakter zu verleihen.

Bei den flüssigen Cremes muß der Emulgator, mit dem sich die feinsuspendierten
Wachsteilchen verankern, gleichzeitig Stabilisator sein, um dem Emulsionszerfall
vorzubeugen. Eine ungeeignete Wachskombination kann aber antagonistisch
wirken und damit die hydrophobe Hülle zerstören, wobei die kolloiddispers gelöste
Phase ausflockt.

Eine Emulsion bestehend aus 3 Teilen Carnaubawachsrückständen, 1,5 Teilen
Japanwachs, 2 Teilen Bienenwachs, 4 Teilen Montanwachs gebleicht, 35 Teilen
Terpentinöl, 0,3 Teilen Seife, 0,5 Teilen Pottasche, 0,2 Teilen Borax, 53,5 Teilen
Wasser ist z. B. für Modeschuhe aus kollodiumgedecktem Oberleder zu empfehlen.

Art und Menge des anzuwendenden Alkalis hängen von der Wachskombination
und dem Verwendungszweck der Creme ab. Da ein freier Alkaligehalt der Emulsion
bei den Putzmitteln für Leder, Holz und Lackierungen vermieden werden muß,
weil der zur Färbung der Emulsion verwendete Teerfarbstoff nicht alkalibeständig
bzw. — in Blechdosen oder Metalltuben abgefüllt — nicht reduktionsfest (Azo-
farbstoff) ist, muß man zur Verhinderung unerwünschter Schärfe die Emulsionen
möglichst neutral halten. Wenn sich Wasser und flüchtiges organisches Lösungsmittel in der Emulsion im gleichen Gewicht befinden, so kann durch Verdunstung
eine Umwandlung der Phasen eintreten. Nach D.R.P. 329365 dient ein Gemisch
aus Fußbodenöl, Paradichlorbenzol, Terpentinöl, Trichloräthylen, Amylazetat

und Soda, Natronlauge sowie Ammoniak enthaltendem Wasser als Parkett-reinigungsmittel.

Ganz ohne Zusatz von Seifen oder seifenbildenden Stoffen wird nach dem D.R.P. 244098 gearbeitet, nach welchem ein warmflüssiges Gemisch von Carnauba-wachs und Tran bis zur Erzielung einer glatten Emulsion mit Wasser verrührt wird, während nach dem D.R.P. 331050 Zyklohexanol oder Zyklohexanon (die nach D.R.P. 365160 bei Schuhcremes und Bohnermassen auch als Ersatz für Terpentinöl verwendet werden können), nach dem D.R.P. 272146 Saponin, nach D.R.P. 359509 Ruß und stark eisenhaltiges Wasser, nach dem D.R.P. 420086 tierische Galle oder Blut die Wachsemulsion verbessern sollen. Nach dem D.R.P. 258259 bewirkt dasselbe ein Zusatz von Euphorbiazeensäften zu der Emulsion, wofür nach D.R.P. 234728 Eigelb und Eieröl und nach D.R.P. 411601 Feigensaft genom-men wird. D.R.P. 345388 bedient sich mittels Säure unter Druck aufgeschlossener Pilze bzw. Pilzextraktrückstände, D.R.P. 347030 eines aus Pilzen hergestellten Schleimes als Emulgator unverseifbarer Kohlenwasserstoffe für Lederputzmittel-Öl-in-Wasseremulsionen. Nach D.R.P. 348165 werden für Putzmittel zur Ver-wendung gelangende Wachse zur leichteren Emulgierung mit konzentrierter Schwefelsäure einer Sulfurierung unterworfen.

Nach D.R.P. 393272 wird ein Zusatz von Ligninsäuren, Huminsäuren oder ihrer Oxydationsprodukte in hydrosoler oder hydrogeler Form geschützt. Auch in den D.R.P. 352860, 365178, 392901 und 392902 werden Ligninsäure bzw. ihre Salze sowie ähnliche hochmolekulare Produkte sauren Charakters, die Humin-säuren oder Oxydationsprodukten fossiler Materialien pflanzlicher Herkunft gene-tisch nahestehen, als Emulgatoren für Gemische von Auflösungen von Wachsen und Wachskörpern in flüchtigen Lösungsmitteln mit Wasser benutzt, die je nach der Art der verwendeten Rohmaterialien als Schuhcreme, Möbelwichse, Ofenwichse und Kaltpoliertinte Verwendung finden. Der Zusatz absorptionsfähiger Materialien wie Magnesiumoxyd, -karbonat, -silikat, Ton, Gur und Kreide für salbenartige Pasten ist durch D.R.P. 387085 geschützt. Nach D.R.P. 397160 werden Wachs-emulsionen mit pulverförmigen Stoffen wie Ton, Sand oder dgl. gemischt und diese Masse dann getrocknet und pulverisiert.

Für ein flüssiges Bohnermittel wird nach D.R.P. 396809 zur Emulgierung des wachshaltigen Öles (Mineralöles) mit Wasser abgelöschter Wiener Kalk als Emulgator verwendet und nach D.R.P. 363374 wird eine Fußbodenreinigungs-emulsion aus leichten Mineralölen und Wasser durch Zusatz von Chinolinbasen hergestellt.

Poliertinten. Zu den wachshaltigen Emulsionen gehören weiterhin noch die zum Anstrich der Schuhsohlen und -absätze üblichen Kalt- und Warm-poliertinten, Russets, Bodenfarben und Schnittpoliertinten, welche zur Ver-besserung der Fixierung des Deckfarbenzusatzes noch wäßrige Auflösungen von Harz (Schellack- oder Kopalappretur) und Leim (meist Fischleim) enthalten, z. B. 3 Teile Carnaubawachs, 3 Teile Montanwachs roh, 3 Teile Schellack, 1,5 Teile Kernseife, 0,2 Teile Natronseife 40° Bé., 0,3 Teile Salmiakgeist, 1 Teil Borax, 3 Teile Fischleim, 65 Teile Wasser, 20 Teile Pigmentfarbe, während die ebenfalls Wachs und Wachskörper enthaltenden Lederfette Organosole darstellen. Anderer-seits sind aber auch wäßrige Emulsionen als Lederschmiermittel im Gebrauch, bei denen ebenfalls wasser- oder öllösliche Seifen (nach D.R.P. 340125 Kalkseife) wasserlösliche Öle (D.R.P. 435685) oder Leimstoffe (nach D.R.P. 382507 Dextrin) als Emulgatoren genommen werden. Die Verwendung von Äthern oder Estern des Benzylalkohols ist durch D.R.P. 402728 geschützt. Die der gleichen Kategorie angehörenden wachsfreien spezifischen Einfettungsmittel für Häute und Leder wie Degras, Moellon, Fettlicker und sonstige künstliche Gerberfette sind nicht als eigentliche Putzmittel anzusehen, da sie lediglich zur Schmierung von Rohhäuten und noch unverarbeiteten Ledern dienen.

Ofenpolituren in Pastenkonsistenz sind festen wasserfreien oder verseiften Schuhcremes zu vergleichen, welche mit Graphit und Ruß zur Erzielung der erforderlichen Deckkraft versetzt sind. (Z. B. 7 Teile Montanwachs roh, 2 Teile Harz, 5 Teile Paraffin, 2 Teile Pottasche, 62 Teile Wasser, 20 Teile Graphit, 2 Teile Ruß.) Der Wachskörpergehalt dieser Pasten bewirkt die Fixierung des Körperfarbengemisches beim Auftrag und erhöht gleichzeitig den Politurglanz.

Bei flüssigen Ofenputzmitteln dient der Wachsgehalt weniger der Erzielung eines Politurglanzes, da dieser in ausreichendem Maße durch den in diesen Präparaten vorhandenen Graphitgehalt ausgeübt wird, als der Erhöhung der Viskosität und Stabilisierung der Emulsion, wodurch das Absetzen des spezifisch schwereren, allerdings schon ein kompliziertes kolloides System darstellenden Farbkörperzusatzes (Graphit und Ruß) verhindert werden soll. An Stelle des durch Alkali emulgierten Wachskörpergemisches der wasserhaltigen Politur oder reiner vorgebildeter Fettseife finden auch Leimstoffe als Emulgatoren bzw. Schutzkolloide Anwendung.

Bei Schuhweiß wird die Benetzungsfähigkeit des als disperse Phase anzusehenden Deckfarbengemisches (Zinkweiß, Titanweiß, Kaolin oder dgl.) durch den Leimstoff wie Agar-Agar, Karragheen, Gummiarabikum, Karragheenmoosschleim (D.R.P. 388879), der in dem wäßrigen Dispersionsmittel als Schutzkolloid enthalten ist, erhöht und der Füllkörper auf dem Stoff fixiert, Infolge Nachlassens der emulgierenden Wirkung des Schutzkolloids und seines Quellungszustandes wird im Laufe der Zeit allerdings die Homogenität der Emulsion gestört und das Farbkörpergemisch zum Absetzen gebracht. Nach D.R.P. 391092 wird die Deckfarbe erst durch Fällung auf dem Stoff erzeugt und hier durch den zugesetzten Leimstoff festgehalten.

Bei den flüssigen Deckfarben für Wildleder, welche ein leicht flüchtiges organisches Dispersionsmittel enthalten, wird von der Verwendung besonderer Emulgatoren und Schutzkolloide oder sonstiger, die Grenzflächenspannung erniedrigender Zusätze Abstand genommen, da als Farbkörper in der Hauptsache ein an sich schon kolloider Ruß zur Anwendung gelangt.

Die zum Auffrischen der kollodium- oder kaseingedeckten feinfarbigen Schuhoberleder in den Handel kommenden Lederfarben sind mit Weichmachungsmitteln und Harzen versetzte kolloiddisperse Auflösungen von Kollodiumwolle oder Filmabfällen in leicht flüchtigen Lösungsmittelgemengen, in denen die Pigmentfarben infolge der starken, durch die Quellung der Zellulose hervorgerufenen Schutzkolloidwirkung in stabiler Suspension gehalten werden.

Während es sich bei den als Ausputzmittel verwendeten Lederlacken um reine alkoholische Auflösungen von Harzen (Schellack, Kopal und Kunstharz) handelt, sind die den gleichen Zwecken dienenden Lederappreturen als echte Emulsionen anzusehen, denn diese sind durch Verseifung mit Borax, Ammoniak oder Kalilauge hergestellte reversible, kolloide Lösungen von natürlichem oder künstlichem Schellack und Kopal, welche mit wasserlöslichen Teerfarbstoffen gefärbt sind und als Dressings noch die Elastizität oder den Glanz verbessernde Zusätze von Wachs, Zucker, Syrup, Gummiarabikum, Dextrin u. a. m. enthalten (z. B. 13 Teile Schellack, 3,2 Teile Borax, 0,3 Teile Salmiakgeist, 0,5 Teile Türkischrotöl, 3 Teile Kapillarsyrup, 3 Teile Nigrosin wasserlöslich, 77 Teile Wasser). Die nach D.R.P. 440396 aus wäßriger Stärkelösung bestehende Lederappretur fällt ebenfalls in dieses Gebiet, während die nach D.R.P. 389251 durch Emulgierung einer Asphalt-Bienenwachsschmelze mit Gummizement und Benzin hergestellte Lederappretur richtiger als Lederlack zu bezeichnen ist.

Echte Emulsionen sind weiterhin Metallputzwässer, welche aus einer ammoniakalischen Verseifung flüssiger Fettsäure (Olein, Tranfettsäure, Naphthensäure) bestehen und die als mechanisches Putzmittel wirkende Kieselkreide, Kieselgur oder Tripel in feiner Suspension enthalten. (Z. B. Olein 8 Teile, 1 Teil Kernseife, 3 Teile Spiritus, 4 Teile Salmiakgeist, 57 Teile Wasser, 22 Teile Kieselkreide, 5 Teile Kieselgur.)

Bei den Metallputzölen dagegen liegt eine kolloide Lösung von Ammoniakseife in einem Benzol-Benzin-Mineralölgemisch vor, deren Viskosität die Suspension des zugesetzten Putzkörpers sichert. Nach D.R.P. 402175 werden als Träger des Putzkörpers Spirituslack und Zelluloseesterlösungen verwendet. Die festen Metallputzmittel (Putzpomaden) sind durch Zeresin, Paraffin, Stearin, Talg, Montanwachs oder ähnliche Produkte in feste Salbenform gebrachte Emulsionsgemische von Kreide oder dgl. mit Olein und Mineralöl.

Von weiteren auf Putzmittelemulsionen erteilten deutschen Reichspatenten sei noch auf die nachstehenden Nummern verwiesen: D.R.P. 122451, 132216, 148167, 161585, 163387, 167847, 188712, 223418, 224489, 234728, 286289, 298707, 310479, 321113, 335775, 365160, 370394, 372346, 378482, 402432, 405871, 407496, 414812, 420086, 421238, 429792, 436010, 430834, 440396, 459779, 468094.

Schmiermittel.

Von Dr. **Egon Eichwald**-Amsterdam.

Mit 7 Abbildungen.

Der Schmierfilm.

Einleitung. Obwohl die Probleme der Schmierung praktisch von der größten Bedeutung sind, so ist ihre Behandlung noch gänzlich in den Anfängen begriffen. Weder die physikalischen Bedingungen, die bei der Schmierung in Frage kommen, noch die chemischen der Schmiermittel sind genügend geklärt. Was die physikalischen Fragen angeht, so hängt die bei ihnen vorhandene Schwierigkeit ihrer Bewältigung hauptsächlich damit zusammen, daß wir es bei der Schmierung nicht mit größeren Stoffmassen zu tun haben, für die die bekannten Gesetze der Stoffe im flüssigen oder festen Zustande gelten, sondern mit mehr oder weniger dünnen Filmen, bei denen die Oberflächenkräfte eine große, wenn nicht die Hauptrolle spielen. Wie die Eigenschaften solcher Filme beeinflußt werden durch ihre Dicke, durch die Eigenschaften der sie bildenden Flüssigkeiten, durch ihre Affinität zu den Metallen, aus denen die Lager hergestellt sind, das alles ergibt ein so vielfaches und schwer zu durchschauendes Spiel von Kräften, daß es nicht wunder nimmt, wenn bisher nur Geringes hierüber zu sagen ist.

Bei aller Schmierung handelt es sich darum, einen möglichst festen und widerstandsfähigen zusammenhängenden Ölfilm zu erzeugen, dergestalt, daß die gleitenden Metallflächen überhaupt nicht miteinander in direkte Berührung kommen, sondern durch den Film voneinander getrennt werden. Dieser Fall, der bei ausreichender Schmierung allein in Frage kommt, ist der Fall der sog. flüssigen Reibung. Der zweite Fall der halbflüssigen Reibung liegt vor, wenn die gleitenden Flächen sich mit den kleinen, selbst bei bester Polierung nie fehlenden Vorsprüngen ihrer Oberfläche berühren und dadurch erhöhte Reibung erzeugt wird. Der dritte Fall, der der trockenen Reibung, bei dem Fläche an Fläche gleitet, ist dagegen praktisch ohne Bedeutung und höchstens für einige theoretische Betrachtungen von Belang.

Meßmethode. Aus dem Gesagten ergibt sich bereits, daß die entscheidende Eigenschaft eines Schmierfilmes, über die man vor allem sich Aufklärung verschaffen muß, die seiner Dicke ist. Solange nämlich die Dicke des Filmes nicht so groß ist, daß er die Höhe der Zacken der gleitenden Flächen übertrifft, wird die nach Möglichkeit zu vermeidende halbtrockene Reibung vorliegen; erst bei Dickerwerden des Filmes tritt flüssige Reibung ein. Es ist daher von Bedeutung, die Dicke des Filmes zu messen. Nach zwei Methoden hat Vieweg[1]) diese grundlegende Messung der Dicke des Filmes zwischen Lager und Welle ausgeführt: 1. mittels der

---

[1]) Petroleum **18**, 1405 (1922).

Rastermethode und 2. mittels der Interferenzmethode. Bei der Methode mit umlaufendem Raster wird auf das Ende der Welle ein Raster, wie in Abb. 12 ersichtlich, befestigt. Solange die Welle in Ruhe ist, ergibt sich das Bild der Abb. 12. Falls aber die Welle sich mit hinreichender Geschwindigkeit dreht, so zeigen sich konzentrische Kreise, und zwar ergibt sich, falls ein Schnittpunkt der Rasterlinie sich im Mittelpunkt der Drehbewegung befindet, das Bild der Abb. 13; andernfalls erweitert sich der zentrale Punkt zu einem kleinen Kreis und es ergibt sich Abb. 14. Mit Hilfe eines Mikroskopes läßt sich die Verlagerung genau messen und dadurch sowohl

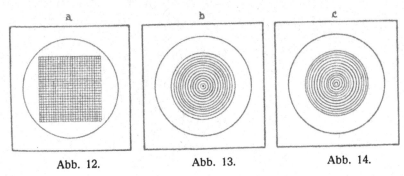

a   b   c

Abb. 12.   Abb. 13.   Abb. 14.

die Höhenverschiebung als auch die seitliche Verschiebung der Welle bei fortschreitender Bewegung feststellen.

Diese Methode mittels Rasters hat jedoch mancherlei Mißstände. Abgesehen davon, daß sie eine sehr scharfe Beobachtung voraussetzt, ist die Messung nur an den Enden der Welle, sowie im statischen Zustande möglich. Vieweg hat deshalb eine andere Methode, die sog. Interferenzmethode ausgearbeitet. Bei dieser wird, in der Abb. 15 ersichtlichen Weise, die Welle in parallelem Lichte, das durch eine Spaltblende fällt, beobachtet. Dabei ergibt sich im Gegensatz zu diffuser Beleuchtung eine scharfe Kontur der Welle. Die durch Beugung hervorgerufenen Interferenzstreifen verschieben sich bei Verlagerung der Welle und ermöglichen eine scharfe Messung der Höhen- und Seitenverschiebung der Welle im Zustande der Bewegung.

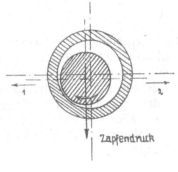

Abb. 15.

Beide Methoden haben wichtige Aufschlüsse über die Dicke der Filme und die Art ihrer Bedeutung gegeben. Beim Anlauf der Welle, also im Gebiet der halbflüssigen Reibung, ist der Film zunächst äußerst dünn. Mit wachsender Geschwindigkeit kommt dann ein Punkt, an dem das Gebiet der halbflüssigen Reibung verlassen wird und das der flüssigen Reibung beginnt. An diesem Punkte ist der Abstand der gleitenden Flächen so groß, daß die Zacken der Flächen sich nicht mehr berühren können. Die Welle klinkt aus. Dieser Punkt ist deutlich nach der Viewegschen Methode meßbar. Die Dicke des Filmes ist dann ca. 10 μ. Im Gebiet der flüssigen Reibung hört dann plötzlich die unruhige Bewegung der Welle, wie sie für halbflüssige Reibung charakteristisch ist, auf und die Welle gerät in ruhiges Gleiten. Alle diese Verhältnisse sind deutlich aus den Viewegschen Diagrammen ersichtlich (s. l. c.).

Flüssige Reibung. Zunächst beschäftigen wir uns noch etwas näher mit der Theorie der flüssigen Reibung. Als erster hat Petroff[1]) erkannt, daß es sich hier im wesentlichen um ein Problem handelt, für das die hydrodynamischen Gesetze gelten. Indes ist die Anwendung auf das vorliegende Problem nicht ganz einfach, da die Welle bei der Bewegung exzentrisch gegen die Schale gelagert ist (s. Abb. 16). Im Zustande der flüssigen Reibung ist die wichtigste Konstante eines Öles die Viskosität. Der Film trägt gleichsam das sich drehende Lager, und

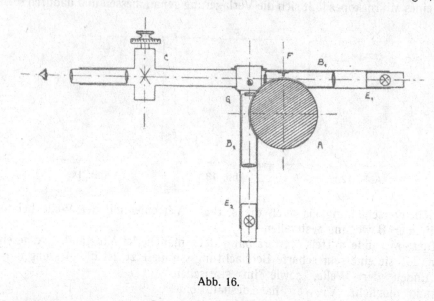

Abb. 16.

die Eigenschaften der Metalle kommen so gut wie gar nicht in Frage. Um die mathematische Durchbildung der hier vorliegenden Probleme haben sich hauptsächlich Reynolds[2]), Sommerfeld, Mitchell und Duffing verdient gemacht. Insbesondere hat Mitchell auf Grund seiner Rechnungen die sog. Segmentlager konstruiert, bei denen die Lagerschalen in bewegliche Segmente untergeteilt sind. Diese stellen sich automatisch beim Anlauf der Maschine so ein, daß die Reibung ein Minimum wird. Besonders für langsam laufende, hochbelastete Maschinen bedeuten diese Mitchell-Lager einen überall bewährten großen Erfolg der Theorie.

Halbflüssige Reibung. Bei dem Übergang der flüssigen Reibung in halbflüssige Reibung ändern sich die zu betrachtenden Vorgänge vollkommen hinsichtlich ihrer physikalischen Gesetzmäßigkeit. Wilson und Barnard[3]) haben dargelegt, daß der Reibungskoeffizient μ zwar von einer ganzen Anzahl von Konstanten abhängig ist, daß er aber im Gebiete der flüssigen Reibung eine lineare Funktion von $\dfrac{z\,u}{p}$ ist. Hier bedeuten z die Viskosität, u die Umdrehungszahl und p den Druck. Je größer $\dfrac{z\,u}{p}$ ist, um so größer ist der Reibungskoeffizient. Sobald nun das Gebiet der flüssigen Reibung verlassen wird, tritt eine Änderung der vor-

---

[1]) Neue Theorie der Reibung (Hamburg 1887).
[2]) Philos. Trans. Roy. Soc. of London (1886).
[3]) Journ. Ind. and Chem. Eng. **14**, 682 (1922).

liegenden Gesetzmäßigkeit insofern ein, als diese lineare Abhängigkeit des Reibungs-koeffizienten von $\dfrac{z\,u}{p}$ verloren geht und statt dessen der Reibungskoeffizient stark anwächst mit fallendem $\dfrac{z\,u}{p}$. Parsons und Taylor[1]) zeigen durch empirische Untersuchungen, daß diese Änderung der Funktionsbeziehung ziemlich plötzlich im sog. kritischen Punkt eintritt, offenbar also dann, wenn ein Ausklinken der Welle stattfindet.

Wenn wir nun näher auf das Gebiet des Schmierfilmes im Zustande der halb-flüssigen Reibung eingehen (die eigentliche Aufgabe dieser Zeilen), so haben wir hier hauptsächlich eine Arbeit Hardys und Bircumshaws[2]) zu besprechen. Die genannten Verfasser untersuchten die Eigenschaften eines Filmes bei wach-sender Belastung. Von Amontons wurde hierfür ein Gesetz aufgestellt, nach dem der Reibungskoeffizient μ bei wachsender Belastung eine Konstante ist, d. h. also, die Reibung nimmt proportional der Belastung zu oder ab. Genaue Untersuchungen lehren nun aber, daß dieses Gesetz nur für hohe Belastungen gültig ist.

Bei geringer Belastung, wenn der Film eine gewisse Dicke hat, gilt das Gesetz nicht. Vielmehr ergibt sich dann, daß mit steigender Last der Reibungskoeffizient abnimmt. Erst bei hinreichend großer Belastung gilt das Amontonssche Gesetz. Wie gut es alsdann erfüllt ist, zeigt

Tabelle 1.

Stahl: Sphärisches Gleitstück.

Gewicht	Kaprylsäure	Oktylalkohol	Nonodekan
34,5 gms	$\mu = 0,2047$	$\mu = 0,3062$	$\mu = 0,1813$
84,5 ,,	0,2047	0,3060	0,1798
145,5 ,,	0,2039	0,3049	0,1817
184,5 ,,	0,2046	0,3058	0,1801
534,5 ,,	0,2041	0,3067	0,1808
	Mittel 0,2044	0,3059	0,1807

Hardy vertritt nun die Ansicht, daß die Filme, bei denen das Amontonssche Gesetz gilt, ihre Masse nicht in einem der gewöhnlichen drei Aggregatzustände enthalten, sondern in einer anderen, einer vierten Aggregierung. Die Masse ist gleichsam reine Oberfläche geworden und die Kräfte, die im Innern einer Flüssig-keit gelten, kommen in Fortfall. Gerade dem Kolloidchemiker ist ja dieses Hervor-treten neuer Eigenschaften eines Stoffes infolge der Entwicklung großer Oberflächen eine wohl vertraute Erscheinung.

Es sind noch eine Reihe anderer Gründe, die Hardy zu der Auffassung eines vierten Aggregatzustandes im Filme führen: In erster Linie das Temperaturver-halten von μ, sowie die Existenz sog. latenter Perioden. Betreffs der Temperatur hat sich nämlich ergeben, daß Filme von höherer Dicke, d. h. bei geringer Belastung, starke Temperaturabhängigkeit von μ ergeben.

---

[1]) Journ. Ind. and. Chem. Eng. **18**, 493 (1926).
[2]) Proc. Roy. Soc. 19, III, 25.

Am besten erkennt man diese Dinge an Hand der nachstehenden Kurve (Abb. 17):

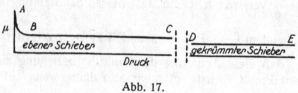

Abb. 17.

Auf der Abszisse ist das Gewicht der Belastung in Gramm, auf der Ordinate der Wert von μ angegeben. Wie man sieht, ist auf der Strecke A—B μ nicht konstant, sondern sinkt mit steigender Belastung, während auf der Strecke BC μ konstant bleibt. Auf der Strecke AB wird bei steigender Belastung der Film dadurch dünner, daß Flüssigkeit aus der Zwischenschicht herausgepreßt wird. Für dieses Herauspressen (bzw. Anziehen bei sinkender Belastung) gelten die Gesetze der Kapillarität. Da das Herauspressen oder Hereinziehen von Öl eine gewisse Zeit dauert, so ist dadurch eine latente Periode bedingt, bis der stationäre Wert von μ erreicht ist. Auch besteht auf der Strecke AB der Kurve eine starke Abhängigkeit des μ von der Temperatur, da der Zustand des dicken Ölfilmes als solcher von der Temperatur in hohem Maße abhängig ist. Anders ist das Verhalten von μ auf der Strecke BC. Eine latente Periode ist hier zu Anfang allerdings auch vorhanden, und zwar nach Hardys Ansicht deshalb, weil sich innerhalb des sehr dünnen, sog. primären Films die Moleküle erst richten müssen. Ist dieses aber einmal geschehen, so ist bei Vermehrung der Last das Amontonssche Gesetz sofort erfüllt und eine latente Periode weiterhin nicht mehr vorhanden. Auch ist auf der Strecke BC die Abhängigkeit des μ von der Temperatur nur eine ganz minimale, da in der primären Schicht die Orientierung der Moleküle durch die Temperatur kaum beeinflußt wird.

Wichtig ist noch, daß bei sehr hohem Drucke, z. B. wenn ein sphärisches Gleitstück auf einer ebenen Platte aufliegt, die Filmdicke noch über den primären Film hinweg weiter abnimmt. Daraus folgt, daß der primäre Film keineswegs monomolekular ist, sondern, daß die Materie im vierten Aggregatzustand noch aus einer Schicht zahlreicher übereinander gelagerter Moleküle besteht. Erst bei sehr hohem Druck wird die Schicht monomolekular. Hardy spricht alsdann von einem sog. Grenzfilm.

Physikalische und chemische Einflüsse. Die Hardyschen Auffassungen sind deshalb von so großem Interesse, weil sie aus dem Verhalten von μ ohne weiteres Rückschlüsse auf die physikalische Beschaffenheit des Ölfilmes machen lassen, ob dieser nämlich im Zustandé einer gewöhnlichen, den hydrodynamischen Gesetzen folgenden Flüssigkeit sich befindet, oder im Zustande des sog. primären Filmes, oder endlich, im Zustand des monomolekularen Grenzfilmes. Gleichzeitig ist es aber auch möglich, die Bedeutung der chemischen Konstitution des den Film bildenden Öles, sowie den Einfluß des Molekulargewichtes auf die Reibung zu untersuchen. Tabelle 2 gibt über diese Dinge näheren Aufschluß. In ihr sind die stationären Werte von μ angegeben, d. h. diejenigen Werte, die μ nach Verlauf der latenten Periode erlangt. Schließlich mag es auch von Wert sein, eine Gleichung Hardys anzuführen, die die Abhängigkeit des Reibungskoeffizienten μ von dem Molekulargewicht angibt. Die Gleichung lautet:

$$\mu = b_0 - d - c\,(N - 2).$$

Hier bedeuten b_0 die Reibung der nicht geschmierten reinen Oberfläche; d die Abnahme der Reibung, die der endständigen Gruppe des Moleküles, z. B. der Alkoholgruppe zuzuschreiben ist; c die Abnahme der Reibung, verursacht durch eine CH_2-Gruppe und N die Anzahl der Kohlenstoffatome. Wenn diese Gleichung auch keine exakte Darstellung gibt, so ist sie doch immerhin als orientierende Gleichung von Bedeutung.

Besonders interessant ist der Einfluß, den endständige Gruppierungen, z. B. bei aliphatischen Alkoholen und Säuren, auf das Verhalten der latenten Perioden haben. Während normale Paraffine, bei denen also solche endständigen Gruppen nicht vorhanden sind, keine latenten Perioden des primären Filmes aufweisen, besteht eine solche bei den Alkoholen und Säuren. Offenbar deshalb, weil bei diesen erst eine Orientierung der Moleküle im primären Film stattfindet. Erst wenn die Orientierung vollendet ist, hat μ seinen kleinsten Wert erreicht. Mit dieser Feststellung Hardys befinden wir uns in einem Gebiete, daß hauptsächlich von Langmuir[1]) grundlegend bearbeitet wurde und für die Theorie der Schmierung von immer größerer Bedeutung zu werden verspricht.

Tabelle 2.

Material harter Stahl. Die Platte mit Schmiermittel bedeckt. Die festen Schmiermittel wurden bei Temperaturen oberhalb ihres Schmelzpunktes geprüft.

Schmiermittel	Stationärer Wert von μ
Pentan	0,6821
Hexan	0,6509
Heptan	0,6265
Oktan	0,5983
Undekan	0,5175
Nonadekan (in flüssigem Zustand)	0,3050
Tetrakosan „ „ „	0,1652
Äthylalkohol	0,6491
Propylalkohol	0,6160
Butylalkohol	0,5832
Oktylalkohol	0,4575
Undecylalkohol	0,3637
Cetylalkohol (in flüssigem Zustand)	0,2391
Hexylsäure	0,4456
Heptylsäure	0,3672
Kaprylsäure	0,2884
Decylsäure (in flüssigem Zustand)	0,1293
Dodezylsäure (in flüssigem Zustand)	0,0183
Palmitinsäure „ „ „	0,0075
Stearinsäure „ „ „	0,0052

Langmuir untersuchte die Eigenschaften dünner Ölschichten auf Wasser. Natürlich lassen sich die Ergebnisse ohne weiteres auch auf Ölschichten, die auf Metall lagern, übertragen. Bekannt ist, daß durch den Zusatz von fetten Ölen zum Mineralöl die Oberflächenspannung erniedrigt wird. Nach dem Gibbsschen Gesetze ist das gleichbedeutend damit, daß in der Oberfläche eine Anreicherung des fetten Öles stattfindet. Langmuir weist nun nach, daß an der Grenzschicht gegen das

---

[1]) Journ. Am. Chem. Soc. **39**, 1848 (1917). — Ferner Harkins, Journ. Am. Chem. Soc. **39**, 354 (1917). — Harkins und Feldman, Journ. Am. Chem. Soc. **44**, 2665 (1922).

Wasser sich eine monomolekulare Schicht von fetten Ölen derartig befindet, daß die Carboxylgruppen senkrecht gegen die Oberfläche gerichtet sind und palisadenartig gegen die Grenzfläche stehen. Infolgedessen werden einerseits starke Affinitäten gegen das Wasser, resp. im Falle der Schmierung gegen das Metall betätigt, andererseits infolge der palisadenartigen Stellung der Moleküle der Film in sich gefestigt. Besonders wichtig ist dabei, daß diese Wirkungen bei großen Molekülen stärker ausgeprägt sind als bei kleinen. Ähnlich wie die Karboxylgruppen dürften auch ungesättigte Gruppen wirken.

Aus diesem allen geht hervor, daß ein Schmieröl auf keinen Fall nur aus gesättigten Molekülen bestehen darf, sondern daß ein gewisser Grad des Ungesättigtseins erforderlich ist, damit das Schmiermittel die nötigen freien Valenzen gegen das Lagermetall zur Verfügung hat. Besonders wichtig aber ist, daß durch Zusatz großer Moleküle zu dem Schmieröl sein Wert als Schmiermittel sich erheblich steigern läßt. Ein großer Teil der hervorragenden Wirkung der Voltolöle ist wohl auf diese Ursache zurückzuführen. Diese Öle stellen bekanntlich unter dem Einflusse von Glimmentladungen hoch polymerisierte fette Öle dar, und zwar kommen in ihnen nach den Untersuchungen von Eichwald und Vogel[1]) Stoffe von Molekulargewichten bis zu 6000 vor. Da diese hochmolekularen Stoffe auch noch ziemlich beträchtliche Jodzahlen haben, so ist ohne weiteres ersichtlich, daß hier die Vorbedingungen, die nach Langmuir für gute Schmieröle erforderlich sind, in besonders hohem Maße gegeben sind. Ähnlich wie die Voltolöle sind andere sehr hoch polymerisierte Stoffe zu beurteilen, wie z. B. die sog. Estolide, jedoch ist Wert darauf zu legen, daß es sich in diesem Falle um Stoffe von wirklich abnorm hohen Molekulargewichten handeln muß. Bei den einfachen Polymerisationsprodukten sind die Bedingungen nicht in dem Maße herausgearbeitet.

W. F. Seyer und S. R. Mc. Dougall[2]) haben den Einfluß der ungesättigten Gruppen auf die Schmierkraft der Öle näher untersucht. Sie finden, daß diese um so größer ist, je höher die Jodzahl des Öles. Indessen sind hohe Jodzahlen allein nicht entscheidend, sondern auch das Molekulargewicht spielt eine Rolle. Sie finden, daß bei Ölen die aus Kohlenwasserstoffen C_nH_{2n} zusammengesetzt sind, durch Zusatz geringer Mengen von Ölsäure, Stearinsäure, Palmitinsäure, deren Ester, Zetylalkohol, sowie auch ungesättigte Kohlenwasserstoffe wie Zeten, die Schmierfähigkeit erheblich gesteigert wird. Sobald allerdings der Zusatz 10% übersteigt, findet keine weitere Steigerung mehr statt. Andererseits stellten sie fest, daß durch Stoffe wie Valeron, Naphthalin sowie Terpentinöl die Schmierkraft herabgesetzt wird.

Die Langmuirschen Auffassungen sind sogar so weit getrieben worden, daß man freie Fettsäuren allein für die Steigerung der Schmierkraft der Öle anwenden wollte. Wells und Southcomb[3]) haben daraufhin ein Patent genommen, durch das der Zusatz von geringen Mengen freier Fettsäuren zu Mineralöl zwecks Erhöhung der Schmierwirkung geschützt ist. Der Prozeß wird als GermProzeß bezeichnet.

Die große Bedeutung der ungesättigten Gruppen für die Schmierung geht auch aus einer Arbeit von Bachmann[4]) hervor. Bachmann untersuchte die sog. Restvalenzen, die ein Schmieröl gegen das Metall auszuüben vermag, und zwar mit Hilfe der Adsorptionswärme, die sich bei der Berührung entwickelt. Für ihn ist die Schmierergiebigkeit gleich der Benetzungswärme, eine Auffassung, die in dieser

---

[1]) Ztschr. f. angew. Chem. **35**, 505 (1922).
[2]) Trans. Roy. Soc. Canada **18**, 35 (1924).
[3]) Journ. Soc. Chem. Ind. **39**, 51 (1920). — Chem. News. **121**, 133 (1920).
[4]) Zsigmondy-Festschrift der Kolloid-Ztschr. **36**, 142 (1925).

Einfachheit sicherlich nicht zutrifft, wenngleich sie einen Teil der wirklichen Verhältnisse erfaßt. Bei diesen Versuchen dient ihm als Adsorbens feinstes Kupferpulver, hergestellt aus reinstem Kupferhydroxyd, daß er bei 300° mit Wasserstoff reduziert hat. Zu einem gewogenen Quantum Öl gibt er ein gewogenes Quantum dieses Pulvers mit einemmal hinzu und bestimmt mittels eines äußerst feinen Widerstandsthermometers die dabei entwickelte Benetzungswärme. Aus der nachstehenden Tabelle ist die pro 100 g Metall entwickelte Benetzungswärme in kleinen Kalorien ersichtlich. Man sieht ohne weiteres, daß die fetten Öle sowie das unraffinierte Maschinenöldestillat die höchste Benetzungswärme aufweisen. Besonders auffällig ist der Abfall der Benetzungswärme durch die Raffination. Ferner auch in Übereinstimmung mit den Auffassungen von Wells und Southcomb, sowie von Langmuir der starke Anstieg durch den Zusatz von 1 % Ölsäure. Wenngleich diese Zahlen nur eine erste Orientierung auf diesem Gebiete darstellen, so wäre es doch zweifellos von großem Wert, diese Versuche bei anderen Produkten, z. B. bei polymerisierten fetten Ölen usw. auszubauen.

Benetzungswärme:

	cal./100 g Cu.
Rizinusöl	11,75
Leinöl	14,45
Maschinenöldestillat	14,15
„ raffinat	6,65
Par. liqu.	3,85
Petrol.	5,3
Petrol. und 1% Öl	22,0

Kapillare Eigenschaften der Schmierstoffe.

Wir haben schon mehrfach den Begriff der Schmierkraft verwendet. Von Dallwitz-Wegner hat versucht, diesen Begriff auf Grund der kapillaren Eigenschaften der Öle näher zu erläutern. Seiner Ansicht nach sind die kapillaren Eigenschaften maßgebend für die Ausbreitung der Öle auf die Metallflächen. Wenn ein Öltropfen auf einer metallenen Fläche aufliegt (Abb. 18), so sind zwei Kräfte an ihm im Gleichgewicht: 1. die Lenardkraft β, die verursacht, daß die Flüssigkeit sich auf der Fläche ausbreitet und 2. die Oberflächenspannung. Diese kommt in Abb. 18 mit ihrer horizontalen Komponente zur Geltung, während die senkrechte Komponente durch die Festigkeit der Wand aufgehoben wird. Für den Rand-

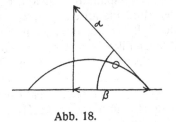

Abb. 18.

winkel ergibt sich so $\cos \Theta = \dfrac{\beta}{\alpha}$. Je kleiner der Randwinkel ist, um so besser breitet sich also das Öl aus, und um so leichter wird sich demnach der Film auf dem Metall bilden. Andererseits ist der Randwinkel auf Grund der genannten Formel dann am kleinsten, wenn die Oberflächenspannung α des Öles möglichst niedrig und die Lenardkraft β möglichst groß sind. Es ergibt sich also ohne weiteres die Notwendigkeit, diese drei Werte: Lenardkraft, Oberflächenspannung und Randwinkel zu messen und für die Beurteilung der Öle nutzbar zu machen.

Diese Darlegungen sind nun aber für die Praxis insofern nicht ausreichend, als bei den benetzenden Flüssigkeiten in vielen Fällen die Randwinkel sehr klein oder sogar Null sind und trotzdem unter ihnen erhebliche Unterschiede in der Art der Ausbreitung vorliegen können. Die Arbeiten von Bartell und Osterhoff[1] bedeuten einen ersten Anfang in der Ausfüllung dieser Lücke. Aus theoretischen Betrachtungen, die hier zu weit führen würden, leiten sie Formeln für die sog. Adhäsionsspannung ab, die zwischen einer Flüssigkeit und einem festen Stoff besteht, und bestimmen diese experimentell in folgender Weise: Aus dem festen Stoff, der möglichst fein gepulvert wird, stellen sie durch Pressen einen Zylinder her, den sie in eine Zelle einführen. Die Masse wird dann mit einer Flüssigkeit durchtränkt und angrenzend an den Zylinder eine andere Flüssigkeit in den Apparat eingefüllt, die die erstere Flüssigkeit aus dem festen Körper zu verdrängen strebt. Es wird dann der Druck gemessen, der nötig ist, um diese Verdrängung gerade zu verhindern. Mit Hilfe der von ihnen mitgeteilten Formeln ist es dann möglich, den Adhäsionsdruck zwischen dem festen Material und der Flüssigkeit zu bestimmen, selbst für den Fall, daß ihr Randwinkel Null ist.

Die Versuche sind bisher nur mit Ruß (Carbon black) und Silikagel als festem Stoff gemacht worden. Ein Bild der erhaltenen Werte für die Adhäsionsspannungen gegen diese beiden Stoffe gibt die nachstehende Tabelle:

Flüssigkeit	Adhäsionsspannung in Dyn. pro cm	Adhäsionsspannung in Dyn. pro cm
Wasser	54,74	82,82
Benzol	81,08	52,43
Toluol.	82,13	54,70
Hexan	69,93	42,13
Tetrachlorkohlenstoff . .	86,37	40,69
Schwefelkohlenstoff . . .	89,45	45,94
Butylazetat	65,78	73,45
α-Bromnaphthalin . . .	89,18	41,92

Aus ihren Untersuchungen schließen Bartell und Osterhoff, daß diejenigen Flüssigkeiten, die hohe Adsorption an bestimmte Stoffe zeigen, auch eine hohe Adhäsionsspannung aufweisen und ferner, daß polare Gruppen eine Orientierung der Moleküle an die Grenzschicht bedingen. Sie kommen also durch die Messung der Adhäsionsspannung zu ähnlichen Ergebnissen hinsichtlich der Beschaffenheit dünner Filme, wie wir sie vorstehend bei der Besprechung der Arbeiten von Hardy, Langmuir, Harkins u. a. kennen gelernt haben.

Es liegt nahe, diese Orientierung der Moleküle in den Grenzschichten mit den modernen Methoden der Röntgenspektroskopie zu untersuchen. Dies ist ausgeführt worden von Müller und Shearer in dem Laboratorium von Bragg, sowie von Trillat.

Müller und Shearer[2] haben zu ihren Untersuchungen feste gesättigte Fettsäuren wie Palmitinsäure und Stearinsäure, ferner ungesättigte Fettsäuren wie Erucasäure und Brassidinsäure, und schließlich auch Ester solcher Säuren benutzt. In allen Fällen fanden sie deutliche Röntgenspektren. Die Länge der Molekülkette wächst mit der Zahl der Kohlenstoffatome, aber, und dies ist das interessante, bei den freien Fettsäuren ist der Abstand zweier gleicher Ebenen, der Spaltebenen des Kristalles, etwa doppelt so groß als bei ihren Estern. So z. B. ist bei Palmitinsäuremethylester der Abstand gleich 22 Å, bei freier Palmitinsäure

---

[1] Coll. Symp. 113 (1928).
[2] Journ. Chem. Soc. 123, 3156 (1923).

aber gleich 39,2 Å. Auch ist die Vermehrung des Abstandes pro CH_2-Gruppe bei den Säuren gleich 2,0 Å, dagegen bei den Estern gleich 1,2 Å. Müller und Shearer erklären dies in einleuchtender Weise so, daß bei den Molekülen mit polaren Gruppen, also bei den freien Säuren, je zwei Moleküle mit ihren Karboxylgruppen aneinander gelagert sind. Durch die endständigen CH_2-Gruppen geht die Spaltebene des Kristalles, die also um die doppelte Moleküllänge voneinander entfernt sind. Bei den Estern sowie bei Kohlenwasserstoffen, die keine polare Gruppe besitzen, sind die Spaltebenen nur um eine Moleküllänge voneinander entfernt.

Aus der Länge der Molekülkette läßt sich auch ein gewisses Bild gewinnen über die Art der Anordnung der Ketten. Die CH_2-Gruppen sind wahrscheinlich zickzackförmig aneinandergefügt, und zwar liegen die Ketten nicht immer senkrecht zu den Spaltebenen, sondern in bestimmten Winkeln dazu. K. H. Meyer[1] weist mit Recht darauf hin, daß es für die Schmierungseigenschaften eines Stoffes von großer Bedeutung sein muß, in welchem Winkel die Molekülketten gegen die Oberfläche gerichtet sind.

Die Versuche von Müller und Shearer beziehen sich auf die Eigenschaften von Kristallen, von Fettsäuren, ihren Estern, sowie von Kohlenwasserstoffen. Auf das eigentliche Schmierproblem hat dann Trillat[2] die Röntgenspektroskopie angewendet. Er untersucht die Orientierung flüssiger und fester Fette an metallischen Oberflächen, namentlich unter erhöhtem Druck und findet, daß eine ausgesprochene Orientierung zu dieser Oberfläche eintritt. Die polaren Gruppen werden, wie er röntgenspektroskopisch nachweist, der Oberfläche der Metalle zugewendet. Abgewendet vom Metall liegen die neutralen Gruppen. Es bilden sich also in den Fetten lamellenartige Schichten aus, deren Eigenschaften, Dicke, Lagerung und Richtung gegen die Oberfläche naturgemäß von größtem Einfluß auf die Beschaffenheit des Schmierfilmes sind.

Bei flüssigen Schmierstoffen sind diese Versuche erst begonnen. Jedoch hat sich auch hier bereits gezeigt, daß eine ausgesprochene Orientierung vorhanden ist. Jedenfalls ist anzunehmen, daß die Anwendung der röntgenspektroskopischen Methoden tiefere Einblicke in die Natur der Oiliness verschafft als bisher der Fall war.

Kolloide Schmierstoffe.

Kolloider Graphit. Wir sahen bereits auf S. 84, daß eine Reihe von Gründen dafür sprechen, daß außer den Restaffinitäten, wie sie bei ungesättigten Kohlenwasserstoffen, bei fetten Ölen usw. vorkommen, auch die Größe der Moleküle von erheblicher Bedeutung für die Schmierkraft eines Öles ist. Es liegt an sich nahe, auf diesem Wege einen Schritt weiter zu gehen und die Größe der Moleküle bis zur Kolloidgröße zu steigern, also statt echter Lösungen, kolloide Lösungen zu Schmierzwecken zu benutzen. Wir werden später sehen, daß lange vor der Entwicklung der wissenschaftlichen Kolloidchemie bereits kolloide Gebilde zur Schmierung benutzt wurden, und zwar gelartige Gebilde, wie sie in den sog. konsistenten Fetten vorliegen. Man hat aber auch versucht, Sole zu Schmierzwecken zu benutzen, und zwar waren es in erster Linie Graphitsole, die hierzu verwendet wurden.

Hier ist nun zunächst eine prinzipielle Erörterung zu machen. So lange die Viskosität als alleiniger Faktor einer guten Schmierkraft in Frage kam, war es natürlich nicht ausgeschlossen, kolloide Lösungen von hoher Viskosität zu erzeugen

---

[1] Ztschr. f. angew. Chem. **41**, 938 (1928).
[2] C. R. **182**, 843; **187**, 168.

Auf Grund der neueren Auffassungen jedoch, bei denen neben der Viskosität auch die Oberflächenspannungen usw. zu berücksichtigen sind, macht es einen entscheidenden Unterschied, ob man emulsoide oder suspensoide kolloide Lösungen vor sich hat. Bekanntlich werden die Oberflächenspannungen einer Flüssigkeit durch den Zusatz suspensoid gelöster Kolloide nicht oder sehr unwesentlich verändert, so daß also ein nennenswerter Einfluß auf die Schmiereigenschaften im modernen Sinne nicht zu erwarten ist. Anders liegt dies, wenn es sich um emulsoid gelöste Kolloide handelt. In solchen Fällen tritt bekanntlich eine wesentliche Änderung der Oberflächenspannung und der sonstigen kapillaren Eigenschaften der Öle ein, so daß also bei derartigen Schmierstoffen von dem Zusatz kolloider Stoffe wohl etwas zu erwarten ist.

Wenn nichtsdestoweniger die graphithaltigen Schmiermittel, in denen der Graphit suspensoid vorhanden ist, hier und da sich praktische Erfolge verschafft haben, so liegt dies kaum an den Verbesserungen der eigentlichen Schmiereigenschaften die die Öle durch den Zusatz des Graphits erhalten haben, sondern an anderen, bald zu besprechenden Ursachen. Zunächst sei einiges über die Herstellung solcher Graphitsuspensionen sowie ihrer Eigenschaften mitgeteilt.

Der Erste, der kolloiden Graphit herstellte, war Acheson[1]). Durch Erhitzen von Quarz mit Kohle im elektrischen Ofen wurde Karborundum SiC dargestellt. Dieses Karborundum gibt, wie Acheson fand, bei höherer Temperatur das Silizium als Dampf ab, und nach der Gleichung

$$SiC = Si + C$$

hinterbleibt reiner Kohlenstoff, und zwar als Pseudomorphose von Graphit nach Karborundum. Acheson wies in eingehenden Arbeiten nach, daß stets bei der Bildung von Graphit aus Kohlenstoff und Quarz der Weg über das Karborundum führt und zwar wird die Zersetzung des Karborundums in Silizium und Graphit durch eine Reihe von Katalysatoren bedingt. Auf diese Weise ist auch aus aschehaltigem Material, z. B. aus Anthrazit ein fast aschefreier Graphit mit etwa 0,03% Verunreinigungen herzustellen.

Dieser Graphit wurde dann von Acheson mit Tanninlösungen behandelt und dadurch in eine wäßrig-kolloide Lösung, den sog. Aqua-Dag übergeführt. Aus diesem schließlich ließ sich der Graphit durch Behandeln mit Öl in eine Suspension des Graphits in dem Öle überführen, eine Suspension, die den Namen „Oildag" erhielt.

Während die kolloiden Lösungen des Graphits nach Acheson aus künstlichem Graphit hergestellt wurden, zeigte später Karplus[2]), daß es auch möglich ist, natürlichen Graphit in kolloide Lösung zu bringen. Er behandelte den natürlichen Graphit zunächst mit Kaliumpermanganat und Schwefelsäure, wodurch der Graphit peptisiert wurde. Alsdann wurde er mit einer Lösung von Tannin behandelt und so in eine kolloide Lösung gebracht, die als „Kollag" bezeichnet und als Zusatz zu Öl für Schmierzwecke verwendet wurde.

Kollag und Oildag. Freundlich[3]) hat eine vergleichende Untersuchung über Kollag und Oildag angestellt und dabei beide Materialien mikroskopisch und ultramikroskopisch untersucht. Im Mikroskop findet er zunächst eine große Anzahl von Graphitmikronen. Diese haben im allgemeinen einen Durchmesser von $1-2\,\mu$, jedoch sind Mikronen bis zu $6\,\mu$ Durchmesser vorhanden.

---

[1]) D.R.P. 191840, 218218, 262155.

[2]) D.R.P. 292729, 293848.

[3]) Chem.-Ztg. **40**, 358 (1916).

Sobald man das Präparat im Ultramikroskop betrachtet, sind außer den licht-starken Mikronen auch noch weniger lichtstarke Teilchen „Submikronen" des Graphits vorhanden, die einen Durchmesser von unter 1 μ besitzen, also kolloid in Lösung sind. Frisch bereitete Lösungen zeigten auf 100 Submikronen 28 Mikronen, nach einigem Stehen der Lösung war der Mikronengehalt bei 100 Submikronen auf 17 und später auf 4 Mikronen herabgegangen. Mit anderen Worten, der kolloide Charakter der Lösung wurde immer ausgeprägter. Auch bei den Öllösungen des Graphits, bei den Graphitoleosolen, zeigte sich ein ähnliches Bild. Bei dem Oildag des künstlichen Graphits war das Bild insofern um ein geringes verschieden, als sich mehr Mikronen vorfanden. Hiermit stehen im Einklang die Sedimentationsversuche. Freundlich ließ Sole von Kollag und Oildag etwa 4 Wochen lang stehen und entnahm vorher und in der gleichen Weise nachher oben und unten Proben, die er auf Graphitgehalt untersuchte. Er fand folgendes Bild:

Vorher: Kollag oben 13,7 Graphit Oildag oben 6,52 Graphit
           „   unten 13,5   „   „   unten 6,58   „

Nachher: „   oben 13,5   „   „   oben 5,75   .,
           „   unten 13,6   „   „   unten 7,16   „

Wurden Kollag und Oildag mit Rizinusöl verdünnt und dann durch ein dichtes Filter filtriert, so ergab sich ebenfalls bei Oildag ein leichteres Aufhellen des Filtrates als bei Kollag. Wenn also auch ein geringer Unterschied zwischen beiden Produkten vorhanden ist (was nebenbei von andern Beobachtern bestritten wird[1])), so ist doch so viel jedenfalls sicher, daß bei beiden Präparaten erhebliche Mengen des Graphits als Submikronen vorliegen, also als in kolloider Lösung befindlich betrachtet werden müssen.

Beim Gebrauch ist es natürlich von großer Bedeutung, daß der kolloid gelöste Graphit nicht ausflockt. Holde und Steinitz wiesen nach, daß dieses Ausflocken des Graphits nicht in der Hauptsache durch den Säuregehalt der Öle bedingt wird, sondern daß andere, bisher nicht bekannte Eigenschaften der Mineralöle dieses Ausflocken bedingen.

Was das Anwendungsgebiet der Graphitschmierung angeht, so liegt dieses hauptsächlich auf dem Gebiete der halbflüssigen Reibung. Die eigentlichen Schmiereigenschaften der graphitierten Öle sind ja, wie wir sahen, was Viskosität, kapillare und sonstige Eigenschaften angeht, nicht wesentlich verändert worden, so daß also im Zustande der flüssigen Reibung keine Verbesserungen der Reibungsarbeit oder Ersparnisse an Öl zu erwarten sind. Dagegen ist nach der Ansicht der Mehrzahl der Beobachter die Verwendung graphithaltiger Schmiermittel da von Nutzen, wo infolge der Eigenart der Maschine eine starke Beanspruchung im Zustande der halbflüssigen Reibung vorliegt: also bei langsam laufenden oder hoch belasteten oder schließlich solchen Maschinen, bei denen die Anlaufarbeit verhältnismäßig sehr groß ist und infolgedessen der Ölfilm relativ lange Zeit so dünn bleibt, daß der Zustand der halbflüssigen Reibung entsteht.

Die Wirkung, die der Graphit in all diesen Fällen hervorruft, soll dabei im wesentlichen in einer Glättung der Lager bestehen, und zwar derart, daß die feinen Graphitteilchen einmal abschleifend auf das Lager wirken und dadurch die kleinen Unebenheiten beseitigen, andererseits aber auch darin, daß die Graphitteilchen sich an das Lager anschmiegen und so eine glattere Oberfläche erzeugen. Dieser Auffassung entsprechend wird dann auch der Graphit vielfach nur für das erste Anlaufen der Lager verwendet, später aber, wenn das Lager eingelaufen ist, zu ge-

---

[1]) Holde und Steinitz, Ztschr. f. Elektrochem. **23**, 116 (1917).

wöhnlicher Ölschmierung übergegangen. Es sei hinzugefügt, daß über alle diese Punkte keine restlose Klärung erfolgt ist. Die wiedergegebene Auffassung ist die zur Zeit herrschende.

Konsistente Fette.

Wir kommen nunmehr zu der anderen, wichtigeren Gruppe der kolloiden Schmiermittel: den konsistenten Fetten. Diese als Stauferfette, Tovotefette, als Kalypsolfette usw. bezeichnet, werden hergestellt, indem tierische oder pflanzliche Fette mit Kalk verseift und dann die entstehenden Kalkseifen in Öl aufgenommen und unter Zusatz geringer Wassermengen solange gerührt werden, bis sie die gewünschte Beschaffenheit haben. Diese konsistenten Fette werden hauptsächlich für hoch belastete sowie hoch erhitzte Lager verwendet, da sie fester an den Schmierstellen haften als flüssige Öle. Die Haupteigenschaft, die für sie in Betracht kommt, ist ihr Tropfpunkt. Wie sehr bei diesen konsistenten Fetten die richtige Zerteilung der kolloiden Stoffe von Bedeutung ist, zeigt eine Angabe Holdes[1]). Er löste 22% Rübölkalkseife mit Mineralöl bei 195° und stellte durch Rühren mit Wasser ein konsistentes Fett her. Wurde die Rübölkalkseife bei 150° in dem Mineralöl gelöst, so war durch Zusatz von Wasser trotz intensiven Rührens kein konsistentes Fett zu erzielen, vielmehr blieb die Masse flüssig, ein Beweis, daß die richtige Zerteilung in diesem Falle bei 150° nicht erzielt wurde. Ebenso war es nicht möglich, konsistente Fette zu erhalten, wenn die Kalkseife statt durch Verseifen im Öl durch Fällung erhalten wurde und man sie dann im Öl löste. Auch in diesem Falle blieb das Ganze in flüssigem Zustand.

Die konsistenten Fette neigen sehr stark zur Veränderung ihrer Verteilung bei längerem Lagern. Es treten Störungen der Homogenität ein, die allerdings in vielen Fällen nicht ohne weiteres sich durch Trennen der Schichten zu erkennen geben. Indessen kann nach Holde diese Störung der Homogenität leicht beobachtet werden an der Differenz zwischen beginnendem Tropfpunkt und Tropfpunkt. Er fand z. B., wenn er 22 % Rübölkalkseife in russischem Mineralöl löste und mit 1 % Wasser zu einem konsistenten Fett verrührte, daß unmittelbar nach der Herstellung der beginnende Tropfpunkt bei 40—50°, der Tropfpunkt selbst bei 68° lag. Drei Wochen später war infolge der genannten Homogenitätsstörung der beginnende Tropfpunkt auf 63,5° gestiegen, während der Tropfpunkt selbst nahezu konstant bei 67,5 lag.

Welcher Art die Zustandsänderungen, die hierbei stattfinden, sind, darüber ist bisher leider nichts bekannt, wie überhaupt das ganze Gebiet trotz seiner praktischen Bedeutung kolloidchemisch noch wenig bearbeitet ist, hauptsächlich wohl deshalb, weil es nicht leicht ist, die richtige Art, diese Probleme anzufassen, zu finden. Insbesondere ist vom kolloidchemischen Standpunkt aus die Rolle des Wassers noch nicht geklärt. Vor allem nicht, ob es sich um feinste Wassertröpfchen handelt, die in dem konsistenten Fett verteilt sind, oder ob das Wasser gleichsam zur Aufquellung der Kalkseifen im Öl dient und die Bindung zwischen Kalkseife und Öl erleichtert.

Es sei noch hinzugefügt, daß auch andere Vorschläge zur Herstellung von konsistenten Schmierstoffen und zwar ohne Ölverwendung gemacht wurden, so z. B. in dem D.R.P. 414749 der Chemischen Fabrik Griesheim Elektron, nach welchem eine hoch konzentrierte Lösung von sekundärem Kaliumphosphat mit fein verteilten anorganischen Stoffen wie Talkum oder Graphit verrieben wird.

---

[1]) Kolloid-Ztschr. **3**, 270 (1908).

Emulgierfähigkeit. Während bei den konsistenten Fetten mit Hilfe von Kalkseifen und Wasser die Öle zu halbfesten Massen emulgiert werden, werden bei den Schiffsmaschinenölen mineralische Öle mit fetten Ölen kompoundiert und dadurch Öle erzeugt, die leicht zu flüssigen Massen mit Wasser emulgieren. Bei den Schiffsmaschinenölen sind solche emulgierende Öle deshalb nötig, weil die schwer belasteten Lager vielfach mit Wasser in Berührung kommen, mitunter auch mit Wasser gekühlt werden und es deshalb zweckmäßig ist, Öle zu verwenden, die mit diesem Wasser emulgieren und eine zähflüssige, am Lager haftende Emulsion bilden. Neuerdings versucht man auch, Zylinderöle als Emulsionen zu verwenden nach Patenten von Heitmann und von Langer[1]). Indessen werden die Erfolge verschieden beurteilt.

Die Emulgierfähigkeit der Öle ist ferner von der größten Bedeutung bei den Turbinenölen. Im Gegensatz zu den Schiffsmaschinenölen dürfen diese Öle überhaupt nicht mit Wasser emulgieren. Gurwitsch[2]) hat sich eingehend mit den Bedingungen beschäftigt, von denen die Emulgierfähigkeit solcher Öle abhängig ist. Er geht aus von dem Gibbsschen Gesetz, nach welchem diejenigen Stoffe, die die Oberflächenspannung eines Öles erniedrigen, sich in der Grenzschicht anreichern. Dadurch, daß nun also in der Grenzschicht mehr oder weniger starre Häutchen derart angereicherter Substanzen entstehen, z. B. von Asphalt oder von Seifen, werden die einzelnen Tropfen verhindert, zusammenzufließen, d. h., die Emulsion bleibt bestehen. Es ist also in erster Linie die Oberflächenspannung, die für die Emulgierfähigkeit der Öle heranzuziehen ist. Nachstehende Tabelle zeigt, wie Benzin, Kerosin, und Spindelöl durch Zusatz von Asphaltharz ihre Oberflächenspannung gegen Wasser erniedrigen.

Oberflächenspannung gegen H_2O:

	rein	$+0,1\%$ Harz	Diff.	$+0,5\%$ Harz	Diff.
Benzin	48,1	35,5	12,6	26,4	9,1
Kerosin	42,4	38,6	3,8	37,2	1,4
Spindelöl	18,9	16,9	2,0	16,0	0,9.

Auffällig ist hier besonders, daß Benzin eine wesentlich stärkere Erniedrigung der Oberflächenspannung zeigt als Kerosin und dieses wieder stärker als Spindelöl. In Übereinstimmung damit findet Gurwitsch, daß namentlich Benzin dazu neigt, zähe und steife Emulsionen zu geben, und zwar bestehen diese Emulsionen aus Harzhäutchen, die wabenartig gefügt sind. Auch analytisch läßt sich nachweisen, daß die Häutchen aus Harzen bestehen, da die übrige Schicht eine Abnahme ihres Harzgehaltes zeigt.

Besonders stark wird die Oberflächenspannung durch Seifen der Naphthensäuren und der Sulfonsäuren herabgesetzt, vor allem, wenn diese in Öl gelöst sind. Interessant ist nun, daß Sulfonsäuren und Naphthensäuren gewisse Unterschiede in ihrem Verhalten zeigen. Sulfonsäuren erniedrigen die Oberflächenspannungen von Benzin, Kerosin und Spindelölen fast in der gleichen Weise, haben also auch das gleiche Verhalten gegenüber Emulsionsbildung. Naphthensäuren hingegen erniedrigen die Oberflächenspannung des Benzins erheblich stärker als der höher viskosen Öle. Dementsprechend sind auch bei Zusatz von Naphthensäuren die Benzinemulsionen bedeutend beständiger als die des Kerosins und des Spindelöles. Es ist ohne weiteres auf Grund des Vorstehenden ersichtlich, von welcher Bedeutung es für die Beurteilung der Turbinenöle ist, ihre Oberflächenspannungen gegen Wasser zu kennen. Allerdings müssen die Normen immer für die gleiche Viskosität fest-

---

[1]) Engl. Pat. 232259.
[2]) Petroleum **18**, 1269 (1920).

gestellt werden, da natürlich die Viskosität ebenfalls für die Emulgierfähigkeit von Bedeutung ist.

Es ist indessen nicht die Oberflächenspannung schlechthin, auf deren Messung es ankommt. Eine kurze Betrachtung wird zeigen, wie die Verhältnisse in Wirklichkeit liegen. Um die Oberflächenspannung zu messen, bestimmt man bekanntlich das Tropfenvolumen, und zwar in der Weise, daß man die Anzahl der Tropfen bestimmt, die sich beim Ausfließen eines bestimmten Volumens der Flüssigkeit aus einer Pipette bilden. Will man die Oberflächenspannung gegen Wasser bestimmen, so läßt man die Tropfen gegen das Wasser austreten, indem man die Spitze der Pipette nach oben umbiegt. Beim Ausfließen der Flüssigkeit gegen Luft wirkt am ganzen Umfang des Pipettenausflusses die Oberflächenspannung, die für jeden einzelnen Tropfen gleich seinem Gewichte sein muß. Ist also r der Radius des Pipettenausflusses, σ die Oberflächenspannung, v das Tropfenvolumen und d das spezifische Gewicht, und bestimmt man ferner gleichzeitig das Tropfenvolumen für eine bestimmte Flüssigkeit, z. B. Benzol, so erhält man, wie nachstehende Formeln zeigen, die gesuchte Oberflächenspannung in folgender Weise:

$$2 \pi r \sigma = vd$$
$$\underline{2 \pi r \sigma' = v'd'} \text{ (Benzol)}$$
$$\text{Also } \sigma' = \frac{v'd'\sigma}{v \cdot d}$$

Wenn die Tropfen sich im Wasser bilden, so ist für die Dichte natürlich die Differenz des spezifischen Gewichtes von Wasser und der betreffenden Flüssigkeit zu setzen. Je größer nun die Oberflächenspannung ist, um so kleiner ist die Emulsionsfähigkeit. Andererseits aber ist die Emulsionsfähigkeit auch um so größer, je größer die Differenz der spezifischen Gewichte ist, da ja die Tropfen um so leichter voneinander losgerissen werden, je größer diese Differenz ist. Dementsprechend fällt aus der mathematischen Formel für die Emulsionsfähigkeit die Differenz der spezifischen Gewichte heraus und die Emulsionsfähigkeit kann einfach umgekehrt proportional dem Tropfenvolumen gesetzt werden, d. h. je kleiner die Tropfen sind, um so größer ist die Neigung zu Emulsionsbildung. Die nachfolgende Tabelle gibt für drei verschiedene Öle die Tropfenvolumina und die Oberflächenspannungen an. Bei dem präktischen Versuch erwies sich, daß die Öle A und B, die verschiedene Oberflächenspannung hatten, aber gleiche Tropfenvolumina, sich beim Emulgieren mit Wasser gleich verhielten, während das Öl C sich leichter emulgieren ließ, und zwar trotz seiner gleichen Oberflächenspannung. Offenbar deshalb, weil entsprechend der obigen Ableitung das Tropfenvolumen geringer war.

Tabelle.

	A	B	C
Tropfenvolumen	0,074	0,072	0,0615 ccm
Oberflächenspannung	34,0	39,3	33,3 „

Es wäre dringend zu wünschen, daß derartige Untersuchungen, die die Beurteilung der Öle auf exakte Basis stellen, in höherem Maße als bisher fortgesetzt würden.

Besonders von Bedeutung würden solche Untersuchungen auch sein für die Frage der Bohröle. Diese, aus Alkaliseifen und Mineralöl unter geringem Zusatz von Alkohol dargestellt, emulgieren leicht mit Wasser und werden bei Werkzeugmaschinen für die Werkzeuge verwendet, wobei sie verschiedene Eigenschaften zu erfüllen haben. In der Hauptsache: das Werkzeug zu kühlen und vor Rost zu schützen. Irgendwelches exakte Material über dieses Gebiet ist aber bisher nicht vorhanden.

Textilindustrie.

Von Dr. **Rudolf Auerbach**-Berlin.

Mit 7 Abbildungen.

I. Die Fasern.

A. Allgemeines.

1. Einleitung. Die Herstellung und färberische Veredlung von Geweben aus Bastfasern, Baumwolle, Schafwolle, Seide usw. stellt eines der ältesten, vielleicht das älteste Gewerbe dar, das Menschen überhaupt betrieben haben; beginnt doch die Verarbeitung von Seide in China vor fast fünf Jahrtausenden und die des Flachses noch eher[1]). Während aber früher die Textilerzeugung ausschließlich als Handwerk ausgeübt wurde, hat sich dieselbe im Verlaufe der letzten hundert Jahre zur Großtechnik entwickelt. Ihr jüngstes Erzeugnis ist die fabrikatorische Herstellung von Fasern (Kunstseide) als solche, die an Menge bereits im Jahre 1922 die Weltproduktion von Naturseide übertraf und die noch dauernd zunimmt.

Kolloidchemisch stellen die Textilfasern Gallerten dar, deren allgemeine Eigenschaften, wie Quellbarkeit usw. sie besitzen. Ihre spezielle Struktur ist auf mannigfache Weise, z. B. polarisationsmikroskopisch, ultramikroskopisch, röntgenographisch usw. untersucht worden. R. O. Herzog, der besonders die letztgenannte Methodik ausführlich anwandte, faßt deren Ergebnisse in folgende, fast allen Textilfasern gemeinsam zukommende Kennzeichen zusammen[2]): „Faserstruktur ist bedingt durch das Vorhandensein kleinster räumlicher Bauelemente, die fast ausnahmslos kristallinischer Natur sind. Diese Kriställchen sind in bestimmter Lage zueinander, die von der Kristallwachstumsgeschwindigkeit beherrscht wird, angeordnet und eine gewisse Anzahl ist zu einer neuen Einheit, der Fibrille, zusammengefaßt. Häufig bildet eine Anzahl von Fibrillen das nächst höhere Strukturelement, wie z. B. bei der Zellulose die Elementarfaser, die eine pflanzliche Faser darstellt." Dieses röntgenanalytische Ergebnis steht nicht etwa im Gegensatz zu der kolloidchemischen Gallertauffassung, sondern im Gegenteil präzisiert diesen Begriff. P. P. v. Weimarn[3]) vertritt u. a. besonders die allgemeine Kristallinität von Gallerten.

---

[1]) Eine kurze zusammenfassende Geschichte der Textilindustrie befindet sich in O. N. Witt und L. Lehmann, Chemische Technologie der Gespinstfasern (Braunschweig 1910), 3ff.
[2]) R. O. Herzog, Mellands Textilberichte 7, 332 (1926).
[3]) P. P. v. Weimarn, Kolloid-Ztschr. 36, 175 (1925).

Eine dem Feinbau der Faser in mancher Hinsicht entsprechende makroskopische Struktur wird beim Spinnen erreicht. Hier werden die Einzelfasern zunächst gleichgerichtet und durch tordierende Verwindung fester miteinander verbunden, welch letzteren Vorgang die natürliche Kräuselung bei der Schafwolle noch vervollkommnet.

2. Quellung. Auf die Quellungserscheinungen, die unmittelbar zu einem technischen Effekte, wie Merzerisation, Walken usw. benutzt werden, wird erst in den folgenden Kapiteln näher eingegangen werden. Hier sollen nur die allgemeinen Gesetzmäßigkeiten besprochen werden.

Was zunächst die Quellung der Textilfasern in feuchter Luft anlangt, so ist dieselbe qualitativ schon lange bekannt. Sie hat zu der Notwendigkeit geführt, beim Textilhandel nach Gewicht den Wassergehalt zu bestimmen und auf eine konventionelle Norm zu reduzieren. Dieses „Konditionieren" geschieht derart[1]), daß eine Durchschnittsprobe des Materials durch Trocknen über 100° fast völlig entwässert wird. Zu dem so erlangten Trockengewicht werden bestimmte Prozentsätze (10—20 %) zugeschlagen, was dann das „Handelsgewicht" ergibt.

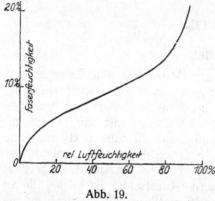

Abb. 19.

Die erste grundlegende quantitative Untersuchung über die Abhängigkeit der Faserfeuchtigkeit von der Luftfeuchtigkeit veröffentlichte E. Müller 1882[2]). Er fand den in Abb. 19 dargestellten allgemeinen Verlauf dieser Funktion. Neuere Arbeiten[3]), teilweise mit verbesserter Methodik, bestätigen und vervollständigen die Resultate E. Müllers. Zur Erklärung dieses merkwürdigen Verlaufes der in Abb. 19 wiedergegebenen Abhängigkeit ließe sich anführen, daß die Feuchtigkeitsaufnahme der Fasern zunächst (d. h. bei kleinen Luftfeuchtigkeiten) adsorptiv verläuft, daß aber einerseits durch die dabei eintretende Quellung ihre Aufnahmefähigkeit (Adsorptionskapazität) zunehmend mit steigender Feuchtigkeit gesteigert wird, andererseits bei hohem Feuchtigkeitsgrade Kondensation des Wassers eintritt, wodurch dann die „Adsorptionsisotherme" nach oben umbiegen muß. — Die Wasseraufnahme aus dem Gasraum ist mit einer bedeutenden Wärmetönung verbunden, die bei den verschiedenen Textilfasern verschieden groß ist (J. Obermiller, l. c.). —

Die durch die Quellung veränderte Länge von Haaren wird beim Haarhygrometer zur Messung der relativen Luftfeuchtigkeit angewandt, doch ist die dabei erreichte Genauigkeit nicht allzu groß[4]).

Die Quellung von Textilfasern in Wasser und wäßrigen Lösungen ist mehrfach quantitativ untersucht worden[5]), zuerst wohl von C. Nägeli. Be-

[1]) P. Heermann, Mechanisch- und Physikalisch-technische Textiluntersuchungen (Berlin 1912), 93ff.

[2]) E. Müller, Neudruck in Textile Forschung 2, 2 (1920).

[3]) K. Biltz, Textile Forschung 3, 89 (1921). Betr. Kunstseide. — J. Obermiller, Melliands Textilberichte 7, 71 (1926).

[4]) Leonardo da Vinci benutzte das Gewicht von frei an einem Wagebalken aufgehängter Baumwolle zur Erkennung von Veränderungen der Luftfeuchtigkeit (s. die zit. Arbeit von E. Müller).

[5]) C. Nägeli und S. Schwendener, Das Mikroskop. 2. Aufl. (Leipzig 1877). — E. Justin-Müller, Lehnes Färber-Ztg. 428 (1914). — R. Haller, Ztschr. f. d. ges. Textil-Ind. 25, 411 (1922). — W. Weltzin, Melliands Textilberichte 7, 338 (1926).

merkenswert dabei ist, daß die Dickenzunahme meist prozentual viel größer als die entsprechende Längenzunahme der Faser, ja bei energischer Quellung in manchen Lösungen tritt neben der Querschnittvergrößerung keine Längenzunahme, sondern Verkürzung ein.

B. Wolle.

1. Chemische Kennzeichnung. Die tierischen Fasern, speziell die Schafwolle, sind ihrer chemischen Zusammensetzung nach wesentlich komplizierter als die pflanzlichen Fasern. Von einer näheren Kenntnis ihrer Konstitution sind wir heute noch weit entfernt. Die elementaranalytischen Ergebnisse von Wollen verschiedener Herkunft schwanken von Fall zu Fall, sie betragen durchschnittlich:

50 % Kohlenstoff,
7 % Wasserstoff,
21—24 % Sauerstoff,
16—18 % Stickstoff,
2— 5 % Schwefel.

Zusammensetzung und Reaktionen sind identisch mit denen des Keratins (Hornsubstanz) und weisen auf einen schwefelhaltigen Proteinkörper hin. Bemerkenswerterweise ist, wie bereits Chevreul zeigte, der Schwefel größtenteils (bis auf etwa 0,5 %) extrahierbar, z. B. durch Kalkwasser, ohne daß dabei merkliche Veränderungen vor sich gehen; in diesem schwefelarmen Zustand tritt dann keine Reaktion mehr mit Natriumplumbat ein, die sonst zu Braunfärbung infolge Bildung von Bleisulfid führt. Zur spezielleren Kennzeichnung ihres eiweißartigen Aufbaues sind vielerlei chemische Reaktionen mit der Wolle ausgeführt worden, wie Azetylierung, Benzylierung, Diazotierung usw.[1]). Als wahrscheinlichstes Ergebnis dieser Versuche ist die Feststellung einer (auch beim Färben reagierenden) Amidokarbonsäuregruppe. Einige Autoren (M. Prud'homme, W. Suida u. a., l. c. Anm. 1) halten die Imidogruppe für wahrscheinlicher; jedoch dürften bei dem uneinheitlichen Bau der Wolle Amidogruppen neben Imido- und anderen Gruppen vorliegen, also z. B. bei Einwirkung salpetriger Säure ein Gemisch von Diazo- und Nitrosoverbindung entstehen, wie z. B. auch bereits H. Silbermann[2]) annahm.

Auf Grund von Reaktionen von Wolle mit anorganischen, organischen, speziell auch mit Farbsäuren, die einfache stöchiometrische Bindungsverhältnisse aufweisen, kommt neuerdings K. Meyer[3]) zu dem Resultat, daß nur etwa jedem 13. Stickstoffatom in der Wolle basischer Charakter zukommt. Wiederum nur ein Drittel des vorhandenen basischen Stickstoffes (also etwa 0,4%) liegt als primärer Aminstickstoff vor.

2. Karbonisation. Gegen verdünnte Säuren ist Wolle außerordentlich widerstandsfähig. Das geht soweit, daß diese Faser in kochendem neutralen Bade stärker angegriffen wird als in kochenden schwach mineralsauren Lösungen. Dieses Verhalten steht ganz im Gegensatz zu den Zellulosefasern, die

---

[1]) W. Suida, Ref. Lehnes Färber-Ztg. 105, 124, 140 (1905). Daselbst befindet sich die reichliche frühere Literatur darüber. Neuere Arbeiten: W. Scharwin, ebenda 288, (1918). — A. Kann, ebenda 73 (1914). — K. Gebhard, ebenda 279 (1914). — M. Forst und L. Lloyd, ebenda 315 (1914).

[2]) H. Silbermann, Fortschr. a. d. Geb. d. chem. Techn. d. Gespinstfasern II, 282. — Siehe G. Schwalbe, Neuere Färbetheorien (Stuttgart 1907), 44.

[3]) K. Meyer, Mellands Textilberichte 7, 605 (1926).

außerordentlich empfindlich gegen Säuren sind. Diese Tatsache wird technisch zur Trennung der rohen Wollfaser von pflanzlichen Verunreinigungen (wie Kletten u. a.) bei der Karbonisation benutzt. Desgleichen karbonisiert man alte, getragene Stoffe, um sie von pflanzlichen Fasern zu befreien und dann nach erfolgtem Krempeln die Wolle von neuem zu verspinnen (Shoddyfaser).

Das Material wird zu diesem Zwecke meist als Stück (bei Streichgarn auch lose) mit Schwefelsäure von 2—6⁰ Bé. getränkt, kurz vorgetrocknet und dann etwa 20 Minuten auf 60—100⁰ C (je nach der Säurekonzentration) erwärmt. Dabei werden die pflanzlichen Produkte morsch und können dann leicht mechanisch (durch Klopfen) entfernt werden. Die Schwefelsäure wird nach erfolgtem Karbonisieren mit lauwarmer Soda von ca. 5⁰ Bé. wieder neutralisiert. An Stelle von Schwefelsäure können auch in der Hitze säureabspaltende Salze, wie die Chloride des Aluminiums oder Magnesiums angewandt werden. Dieselben erfordern jedoch hohe Konzentrationen, langes und bei hohen Temperaturen auszuführendes Karbonisieren. Sie sind aus diesem Grunde trotz ihrer chemisch zunächst milderen Wirkung doch nachteiliger für die Faser, als es die Schwefelsäure bei richtiger Handhabung ist[1].

Das Karbonisieren im Stück erfordert sorgfältiges Arbeiten, um Ungleichmäßigkeiten und Flecken zu vermeiden, die meist, wie P. Heermann[2]) zeigt, auf lokale Säureanreicherung infolge ungleichmäßigen Schleuderns, mangelnden Mischens der Lösungen usw. beruhen.

3. Alkaliempfindlichkeit von Wolle. Gegen Alkalien, insbesondere gegen Ätzalkalien, sind Wolle und die anderen tierischen Fasern sehr empfindlich. Der Zerstörungsgrad nimmt mit steigender Temperatur und mit steigender Alkalikonzentration zu. Überraschenderweise zeigt sich aber, daß sehr konzentrierte Natronlauge in der Kälte, sofern sie nur kurze Zeit auf die Faser einwirkt, unschädlich ist, während die verdünnten Lösungen unter gleichen Bedingungen Wolle völlig zerstören. A. Buntrock[3]) hat eine ausführliche Untersuchung über diesen Einfluß angestellt, indem er Reißfestigkeit u. a. an Wollproben untersuchte, die verschieden starken Natronlaugen bei Zimmertemperatur während 10 Minuten ausgesetzt waren. Er fand, daß eine Lösung von 20⁰ Bé. in dieser Zeit die Wolle völlig zerstörte, während eine solche von 42⁰ Bé. unter denselben Bedingungen keinen schädlichen Einfluß ausübte, ja sogar die Reißfestigkeit gegenüber dem unbehandelten Material erhöhte! Zusatz von Glyzerin vermindert die Alkaliempfindlichkeit. Derartig mit konzentrierter Natronlauge (42⁰ Bé.) behandeltes und gewaschenes Gewebe zeigt erhöhte Aufnahmefähigkeit für saure Farbstoffe, so daß sich durch Druck Zweifarbeneffekte erzeugen lassen[4].

Neuerdings ist zum Schutze der Wolle und anderer tierischer Fasern gegen Alkalien, z. B. beim Waschen, sowie beim alkalischen Färben (Küpen, bei Halbwolle auch Schwefelfarbstoffe) von der Agfa Protektol eingeführt worden[5].

4. Chloren. Bereits J. Mercer hatte gefunden, daß man beim Drucken von Halbwolle die mangelnde Farbstoffaufnahme seitens der Wolle durch eine Vorbehandlung derselben in einer Hypochlorit-Salzsäurelösung beheben

---

[1]) A. Ganswindt, Melliands Textilberichte 3, 259 (1922).
[2]) P. Heermann, Mitt. d. Mat.-Prüfamt 75 (1921).
[3]) A. Buntrock, Lehnes Färber-Ztg. 69 (1898). — Farbenfabriken vorm. F. Bayer & Co., D.R.P. 113205.
[4]) A. Kertész, Lehnes Färber-Ztg. 35 (1898). Daselbst auch Muster.
[5]) Vgl. Broschüre 913, D., 2. Aufl. (1921). „Protektol Agfa I und II", der Muster beigegeben sind.

kann. Diese Operation hat sich später allgemein beim Wolldruck eingeführt und ist auch dann in anderen Zweigen der Wollveredelung angewandt worden.

Die Wolle erleidet dabei eine tiefeingreifende Veränderung in ihrer Struktur und ihren chemischen Eigenschaften. Nachteilig ist der Gewichtsverlust, der dabei eintritt und der 8—12 % (in günstigen Fällen und bei milder Ausführung 2—5 %) vom Trockengewicht beträgt, ferner wird die Ware leicht spröde. Andererseits erreicht man dabei ausgesprochenen Glanz, knirschenden Seidengriff, die Wolle verliert ihre Walk- und Filzfähigkeit, und geht infolgedessen bei späterer Wäsche im Gebrauch nicht mehr ein. Ihre Aufnahmefähigkeit für Farbstoffe wird sehr gesteigert, wodurch das Drucken tiefer Farbtöne (z. B. eines vollen Schwarzes) überhaupt erst ermöglicht wird.

Der Chloreffekt tritt ein bei Behandlung der Wolle im Hypochlorit-Säurebade, in reinem Chlorwasser und auch mit gasförmigem Chlor. Im letzteren Falle muß die Wolle feucht sein, da im trocknen Zustande praktisch keine Reaktion eintritt, ferner muß die Menge an gasförmigem Chlor richtig dosiert sein (5 bis 20 Liter Chlorgas pro kg Wolle[1]), da andernfalls bei Anwendung von zuviel Chlorgas das Material unter Umwandlung in eine gallertartige Masse völlig zerstört wird[2]).

Die technische Ausführung[3]) geschieht meist mit Chlorkalk-Salzsäure in einem Bade, bisweilen auch getrennt in zwei Bädern. Man nimmt z. B. für 10 kg Garn bei 500 Liter Flotte 1,5—3 kg Chlorkalk und setzt 1,5 Liter konz. Salzsäure nach. Die Temperatur beträgt je nach dem erwünschten Wirkungsgrade 40—70° C, die Dauer der Einwirkung $\frac{1}{2}$—$\frac{3}{4}$ Stunde. Soll die Wolle bei ihrer weiteren Verarbeitung nur in hellen Farbtönen gehalten werden, so ist es zweckmäßig, bei der angegebenen Ausführung nicht mehr als 1,5 kg Chlorkalk anzuwenden, dafür bei höheren Temperaturen (60—70°) zu arbeiten, da anderenfalls die Wolle zu gelb wird, ein Übelstand, der meist beim kräftigen Chloren eintritt, zu dessen Beseitigung Nachbehandlungen mit Reduktionsmitteln wie Zinnchlorür, Natriumbisulfit u. a. wiederholt in Vorschlag gebracht wurden. Nach dem Chloren wird gewaschen und geseift.

Bemerkenswert ist das mikroskopische Bild der Einwirkung von Chlorwasser auf Wolle, das K. v. Allwörden[4]) zuerst beobachtete und das er zu einer qualitativen Untersuchung auf Alkalischäden benutzte. Es zeigt sich nämlich, daß Chlorwasser an einem gesunden Wollhaar blasige Quellungen hervorruft, die die Epithelschuppen durchbrechen. Dieser Effekt bleibt aus, wenn die Wolle vorher durch Alkalien angegriffen wurde. K. v. Allwörden führt das Auftreten dieser Reaktion auf das Vorhandensein einer bestimmten, von ihm „Elastikum" genannten Substanz zurück, die Geschmeidigkeit und Walkfähigkeit der Wolle bedinge, und die durch Alkali zerstört wird. Er selbst glaubte im „Elastikum" ein Kohlehydrat vor sich zu haben, jedoch haben spätere Untersuchungen[5]) dessen Eiweißcharakter sichergestellt. Bei der Beurteilung der K. v. Allwörderschen Reaktion ist Vorsicht geboten, da der Effekt oftmals auch an guten, walkfähigen, sogar an unbehandelten Wollhaaren ausbleibt; jedenfalls ist es notwendig, stets eine größere Anzahl von Einzelhaaren der Beurteilung zugrunde zu legen[6]).

---

[1]) Comp. Par. de Couleurs d'Aniline, Ref. Lehnes Färber-Ztg. 58 (1898).

[2]) E. Knecht und E. E. Milnes, Journ. of Soc. Chem. Ind. 131 (1892). — Ref. Lehnes Färber-Ztg. 317 (1891/92).

[3]) E. Stobbe, Lehnes Färber-Ztg. 329, 345, 362 (1895/96). — E. Thiele, ebenda 86, 102, 120 (1897). — F. H. Platt, ebenda 3, 17 (1988). — J. Schmidt, Melliands Textilberichte 2, 217 (1921).

[4]) K. v. Allwörden, Ztschr. f. angew. Chem. 29, 77 (1916).

[5]) P. Krais, Textile Forschung 1, 34, 94 (1919). — H. L., Ref. Melliands Textilberichte 7, 257 (1926).

[6]) P. Krais, Lehnes Färber-Ztg. 120 (1917). — Ztschr. f. angew. Chem. 30, 85 (1917), s. a. vorige Anm. — K. Naumann, Ztschr. f. angew. Chem. 30, 135 (1917).

5. Walken und Filzen. Die natürlichen Textilfasern (z. T. auch die künstlichen) zeigen außer bei einigen physikalischen Eigenschaften (Optik im sichtbaren und Röntgenspektrum, Mechanik) auch bei ihrer Quellung ausgesprochene Anisotropie. Dieselbe äußert sich darin, daß die Dickenzunahme beim Quellen unvergleichlich viel größer ist als die Längenzunahme. Letztere kann sogar Null sein und sich bei kräftiger Quellung in eine Verkürzung in der Längsrichtung der Faser umkehren. Diese Tatsache wurde zuerst von C. Nägeli (l. c. Anm. 7) beschrieben und später von F. v. Höhnel[1] ausführlicher und quantitativ untersucht.

Dieser Effekt äußert sich noch ausgesprochener bei gedrehten Garnen und Seilen, bei denen eine Verkürzung des Gesamtsystems bei der Quellung der einzelnen Fasern aus einfachen geometrischen Gründen eintreten muß, auch dann, wenn die Längenzunahme der Einzelfaser Null oder positiv ist. Der Effekt wird durch große Dehnbarkeit der Einzelfaser vermindert, weswegen sich ein Hanfseil wesentlich stärker in der Nässe verkürzt als eine Seidenschnur. —
Dieser Vorgang des „Eingehens" im Gewebe ist irreversibel, sofern die Quellung genügend intensiv evtl. unter mechanischer und chemischer Beihilfe ausgeführt wurde. Technisch benutzt wird derselbe beim Walken der Wolle. Hierbei wird dieselbe, mit Seifenlösung (mitunter auch mit Säuren) getränkt, bei erhöhter Temperatur einer kräftigen mechanischen Behandlung unterzogen, die in einem stoßenden oder rollenden Drucke besteht[2] (Hammer- oder Walzenwalke, letztere heute allgemein üblich). Dabei geht das Gewebe je nach dem Grade der Behandlung mehr oder weniger ein. Außerdem werden die Fasern bei diesem Vorgang unter dem Einfluß des Alkalis und der erhöhten Temperatur geschmeidig und plastisch, verschlingen sich miteinander und verkleben an ihren gemeinsamen Berührungsstellen infolge des ausgeübten mechanischen Druckes. Die „Webstruktur" des Stückes verschwindet, man erhält ein glattes Tuch.

Für diesen Filzvorgang ist bald die Rolle der Quellung erkannt worden[3]; demgegenüber sei aber hier betont, daß die Quellung wohl eine notwendige, aber nicht hinreichende Voraussetzung für das Filzen darstellt, da sowohl pflanzliche Fasern, gechlorte Wolle, Gelatinefäden u. a. gut quellen, jedoch nicht den gleichen Walk- und Filzeffekt der nicht gechlorten Wollfaser zeigen. Auch die gelegentlich von O. N. Witt geäußerte Meinung, die viel in die technische Literatur übergegangen ist, daß nämlich das Ineinandergreifen der Epithelschuppen bei entgegengesetzter Faserlagerung die Ursache des Filzens darstellt, ist nicht haltbar, da einfach ihre Voraussetzungen nicht zutreffen[4].

6. Zeitliche Änderung mechanischer Eigenschaften. Auch in dieser Beziehung zeigen die Textilfasern ihren Kolloid-, speziell Gallertcharakter: sie altern. P. Krais[5] hat systematisch Festigkeit und Bruchdehnung an einzelnen Wollfasern verschiedenen Alters gemessen und gefunden, daß beide mit zunehmendem Alter der Faser (es handelt sich dabei um Jahrhunderte) stetig abnehmen.

---

[1] F. v. Höhnel, Die Mikroskopie der technisch verwendeten Faserstoffe (Wien und Leipzig 1905), 20ff.
[2] A. Ganswindt, Melliands Textilberichte **4**, 170, 227, 275, 323 (1923). Daselbst ausführliche technologische Angaben über Walken.
[3] E. Justin-Müller, Kolloid-Ztschr. **4**, 64 (1909).
[4] A. Ganswindt, Melliands Textilberichte **3**, 84 (1922). — W. Mang, ebenda **4**, 326 (1923). Daselbst Mikrophotographien von Filzen.
[5] P. Krais, Textile Forschung **4**, 20 (1922).

C. Seide.

1. Herkunft und chemische Reaktionen. Die Seiden sind das Sekret von Raupen verschiedener Schmetterlinge, speziell die sog. echte Seide stammt vom Maulbeerspinner (Bombyx mori). Die ausgewachsenen Raupen spinnen sich vor ihrer Verpuppung in eine Hülle (Kokon) ein, die hauptsächlich (neben einigen verleimenden Ausscheidungen) aus einem bis 3000 m langen feinen Faden besteht, dem Rohmaterial der Seidengewinnung. Das mikroskopische Bild eines solchen Fadens zeigt einen klaren, hellen Kern, der von einer meist gelblichen, trüben Rinde umgeben ist.

Chemisch stellen sowohl der eigentliche Seidenfaden (Fibroin), wie dessen umhüllende Schicht (Sericin) Eiweißkörper dar. Alkalien greifen Seide an, zunächst die Leimschicht, dann aber auch das Fibroin. Sehr verdünnte Säuren schaden nichts, konzentrierte Mineralsäuren lösen Seide auf. Schwermetallsalze werden leicht adsorbiert. Bemerkenswert ist die Löslichkeit von Seide in konzentrierter Zinkchloridlösung, aus welchen Lösungen das meiste Zinkchlorid wieder durch Dialyse entfernt werden kann. Es hinterbleibt eine stark solvatisierte wäßrige Seidenlösung.

2. Gewinnung der Rohseide. Die Herstellung der Seide geschieht derart, daß nach dem Sammeln der Kokons die in denselben befindlichen Puppen zunächst durch trockene Hitze (mitunter auch durch Dampf) abgetötet werden. Dann werden die Kokons in lauwarmem Wasser geweicht und die Fäden aufgehaspelt, wobei mehrere unter Verwindung miteinander vereinigt werden. Verklebte Fadenrückstände, in geeigneter Weise mit Soda aufgeschlossen (Lister), sowie Kokons, deren Fäden so verwirrt liegen, daß ein Aufhaspeln derselben nicht ausführbar ist, werden ähnlich wie Wolle nach erfolgtem Krempeln und Kämmen versponnen (Florette- oder Schappseide). Zur Herstellung von 1 kg fertiger Seide gehören 5000—10000 Kokons.

Neben der echten Seide haben noch verschiedene „wilde Seiden", wie Tussah, Actias u. a. wesentliche technische Bedeutung gewonnen. Ihr Faden ist meist stärker als derjenige der echten, ihr Kokongespinst weist auch nicht deren Regelmäßigkeit auf, weswegen diese meist nicht durch Aufhaspeln, sondern nach dem Listerschen Verfahren durch Kämmen und Spinnen zu Fäden verarbeitet werden.

3. Entbasten, Souplieren usw.[1]). Der so hergestellte Rohseidenfaden enthält noch seine äußere Leimschicht, den Bast. Derselbe beträgt 10—30% (im Durchschnitt 25%) vom Gesamtgewicht der Faser. Je nachdem, ob man die Schicht entfernt, oder im weichen oder gehärteten Zustand läßt, unterscheidet man

> Cuiteseide, d. i. entbastete Seide,
> Soupleseide, mit weichem Bast,
> Cruseide, mit hartem Bast.

Durch das Entbasten wird die den eigentlichen Seidenfaden umgebende Leimschicht völlig entfernt. Die Operation ist daher mit einem durchschnittlichen Gewichtsverlust von 25% begleitet. Von Vorteil ist der dabei erreichte hohe Glanz, da der innere glasklare Faden freigelegt wird. Durch mechanisches Strecken wird der Glanz noch erhöht. Das Entbasten geschieht durch Abkochen der Rohseide in einem neutralen Seifenbade (Marseiller Seife), welches selbst wieder beim spä-

---

[1]) Näheres darüber s. H. Ley, Die neuzeitliche Seidenfärberei (Berlin 1921), 2ff., 64ff.

7*

teren Färben, meist mit Essigsäure „gebrochen", als Flotte verwandt wird, und ein besonders schonendes Färben ermöglicht.

Das Souplieren, d. h. das Weichmachen des Bastes, erfolgt meist in einem Säure-Salz-Bade. Vorher wird die Rohseide mit lauwarmer Seifenlösung genetzt, dann gewöhnlich gebleicht und schließlich 1 Stunde bei 60—70° C in einem Bade behandelt, das auf 100 kg Seide 6 kg Glaubersalz und 3 Liter konzentrierte Schwefelsäure enthält.

Die Cruseide wird hergestellt, indem man die rohe Faser mit 3—5 % Formaldehyd härtet, den man längere Zeit (10—20 Stunden) bei mäßiger Wärme einwirken läßt, dann wäscht und absäuert.

4. Beschweren der Seide. In neuerer Zeit hat sich in der Seidenindustrie ein Verfahren eingeführt, das allerdings nur in begrenztem Sinne als „Veredlung" zu betrachten ist, nämlich die Seidenbeschwerung. Dieselbe ergibt durch Einlagerung von Fremdkörpern je nach dem Grad der Ausführung eine mehr oder weniger starke Erhöhung von Gewicht und Volumen der Faser, so daß auch bei geringem Seidenverbrauch volle und griffige Gewebe erzeugt werden können.

Der Nachteil besteht jedoch darin, daß beschwertes Material beim Lagern und Tragen eher morsch und brüchig wird als unbeschwertes.

Für weiße und bunte Seiden wird die Beschwerung durch Tränken der Faser mit Zinnchlorid erreicht, welches dann mittels Natriumphosphat auf der Faser fixiert wird. Eine weitere Behandlung mit Wasserglas erhöht den Effekt. Oft werden auch Aluminiumsalze mitbenutzt.

Für schwarz zu färbende Seide werden neben der genannten Beschwerungsart auf der Faser erzeugtes Berlinerblau, Eisenoxyd, Gerbstofflacke u. a. angewandt. (Näheres s. das zit. Buch von H. Ley.)

D. Baumwolle.

1. Chemische Zusammensetzung und Reaktionen. Alle pflanzlichen Fasern bestehen ihrem Hauptanteil nach aus Zellulose. Während rohe Baumwolle über 90% Zellulose enthält, besitzen die Bastfasern noch erhebliche Anteile an Lignin, teilweise auch an Gerbstoffen.

Zellulose[1]) ist ein Kohlehydrat mit der analytischen Zusammensetzung $(C_6H_{10}O_5)x$. Sie ist befähigt, Azetyl-, Nitrat- u. a. Ester zu bilden. Eine röntgenoskopische und strukturchemische Analyse über den Bau der Zellulose wurde von K. H. Meyer und H. Mark[2]) gegeben. Diese hat gezeigt, daß im kristallisierten Anteil der Zellulose etwa 40 Glukosereste zu einer geraden Hauptvalenzkette vereinigt sind und je 40—60 solcher Ketten parallel zueinander gelagert sind und durch Mizellarkräfte zu einem Zellulosekristalliten zusammengehalten werden.

Hier soll besonders auf die Reaktion mit Ätzalkalien hingewiesen werden, die technisch zu dem wichtigsten Veredlungsprozeß der Baumwolle führt, zur

2. Merzerisation. Ausgeführt wird diese durch vorübergehendes Tränken der Baumwolle (als Garn oder Stück) mit konzentrierter Natronlauge (ca. 30° Bé.) in der Kälte (10—15° C) und darauffolgendem Neutralisieren der Ware. Rein äußerlich erfolgt dabei erhebliche Quellung, die zu einer weit-

---

[1]) C. G. Schwalbe, Chemie der Zellulose (Berlin 1911). — Lehnes Färber-Ztg. 433 (1913). Daselbst Reinigungsmethoden für Zellulose und diesbezügliche Kritik der vorhandenen technischen Zellulosen. — E. Heuser, Lehrbuch der Zellulosechemie (Berlin 1921).

[2]) K. H. Meyer u. H. Mark, Ber. Dtsch. chem. Ges. **61**, 539. — K. H. Meyer, Mellionds Textilberichte **9**, 573. — Ztschr. f. angew. Chem. **41**, 935 (1928).

gehenden und bleibenden Lockerung der Struktur der Baumwolle führt und die weiter ein volleres Aussehen und besonders leichtes und intensives Anfärben der Faser zur Folge hat. Auf Grund dieser letzteren Eigenschaft ist es u. a. auch möglich, den Merzerisationsgrad nachträglich quantitativ zu bestimmen[1]. Gleichzeitig mit der Quellung tritt bedeutende Verkürzung des Fadens bzw. des Gewebes ein (s. o.). Die dabei auftretenden Spannungskräfte sind beträchtlich, z. B. wurden dynamometrisch 100 kg pro Meter Gewebe gemessen[2].

Wird während der Merzerisation, oder unmittelbar anschließend das Gewebe bzw. Garn einem mechanischen Zuge unterworfen, so erhält es dadurch einen schönen Seidenglanz und man vermeidet gleichzeitig das nicht erwünschte Schrumpfen des Materials beim Quellen (H. A. Lowe; Thomas und Prévost[3]). Erst dieses Verfahren, die Merzerisation im gespannten Zustand, hat diesen Prozeß zu der technisch wichtigsten Veredelungsmanipulation der Baumwolle gemacht. Notwendig zu dessen Gelingen ist ein Gewebe bzw. Garn (z. B. aus Makko-Baumwolle), das nicht aus zu kurzstapeliger Faser besteht, und nicht zu lose gesponnen bzw. gedreht ist, da andernfalls die mechanische Spannung während des Quellens unwirksam bleibt, weil die Einzelfasern aneinander vorbeigleiten und sich damit der Streckwirkung entziehen.

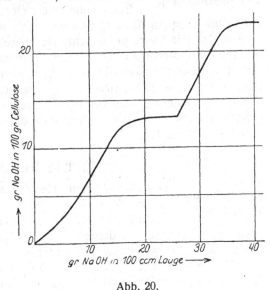

Abb. 20.

Es ist versucht worden, den Merzerisationsvorgang als einfache chemische Reaktion zu deuten. In Analogie mit einer Reaktion von Natriumalkohol, welcher mit Schwefelkohlenstoff ein wasserlösliches Produkt ergibt, nämlich das Natriumxanthogenat, soll auch Zellulose mit Ätzalkalien eine Alkoholatbildung bestimmter stöchiometrischer Bindungsverhältnisse eingehen. Diese Alkalizellulose würde bei der Merzerisation vorliegen. Im Einklang damit steht die Bildung eines ebenfalls wasserlöslichen Produktes zwischen Alkalizellulose und Schwefelkohlenstoff, nämlich die Bildung von Viskose, der dann, entsprechend dem Natriumxanthogenat, z. B. die Formel

$$C{=}S\begin{cases}SNa\\[4pt]O \cdot C_6H_9O_4\end{cases}$$

zukäme = Natriumzellulosexanthogenat.

Für die stöchiometrische Bindung von Natronlauge durch Zellulose spricht

---

[1] R. Haller, Melliands Textilberichte **7**, 65 (1926). Dort weitere Methoden sowie Literaturangaben.

[2] H. Großheintz, Bull. d. Ind. Ges. Muhlh. 30 (1902). Ref. Lehnes Färber-Ztg. 207 (1902).

[3] H. A. Lowe, Engl. Pat. 4452 (1890). — Thomas und Prévost, Franz. Pat. 259625, D.R.P. 85564 (1895). — A. Römer, Lehnes Färber-Ztg. 205, 222, 237 (1899). — P. Gardner, ebenda 326 (1898).

der quantitative Verlauf der Abhängigkeit der aufgenommenen NaOH-Menge von deren Konzentration, wie ihn zuerst Vieweg[1]) untersuchte. Abb. 20 zeigt die gefundene Beziehung, die durch ihre Unstätigkeit auf eine chemische Reaktion hinweist.

Für den technischen Effekt der Merzerisation sind freilich diese hypothetischen stöchiometrischen Verbindungen belanglos, maßgebend für diesen Vorgang ist ausschließlich die durch die Quellung hervorgerufene strukturelle Veränderung der Faser, wobei gleichgültig ist, ob zwischendurch eine chemische Verbindung entsteht oder nicht.

3. Säurebehandlung von Baumwolle[2]). Neben der Merzerisation sind bald auch Säurebehandlungen vorgeschlagen worden, um neue Veredlungseffekte auf Baumwolle zu erzielen. Aber erst in neuerer Zeit sind solche zur technischen Ausführung gelangt. 1909 wurden zuerst von der Firma Heberlein & Co. mit Säure pergamentierte Gewebe erzeugt, was dann später in Kombination mit Merzerisation zu verschiedenartigen neuen Effekten führte. Erwähnt sei besonders noch die Behandlung von Baumwollgeweben mit konzentrierter Salpetersäure — „Philanieren" —, wobei unter starkem Quellen eine völlige Strukturveränderung des Baumwollgewebes eintritt, die demselben einen wollartigen Charakter verleiht, ohne daß dabei aber nennenswerte Hydrolyse der Zellulose stattfindet.

E. Die Kunstseiden.

1. Vorbild der Kunstseide. Das Vorbild zur Herstellung von Kunstseide gab die kokonspinnende Seidenraupe ab. Als Fadenmaterial haben sich in der Technik bis jetzt nur Zellulose und Azetylzellulose als brauchbar erwiesen, wenn auch wiederholt Versuche unternommen wurden, Gelatine u. a. Eiweißkörper als fadenbildendes Material zu verwenden.

Die Spinnlösung, in der Zellulose in irgendwelcher Verbindung (als Viskose, Kollodium usw.) gelöst vorliegt, wird mittels Druck durch feine Öffnungen gepreßt, und gelangt dann entweder unmittelbar in ein Bad mit einer koagulierenden Flüssigkeit, oder, falls es sich um leicht verdampfende Lösungsmittel handelt (wie bei der Kollodiumseide), wird der Faden durch Verdunsten derselben zum Erstarren gebracht.

Durch mechanischen Zug des frisch entstehenden Fadens lassen sich auch bei verhältnismäßig großer Düsenöffnung sehr dünne Fäden erzeugen (Streckspinnverfahren).

Die allgemeinen physikalischen, speziell auch die hydrodynamischen Grundlagen, die zu geeigneten Spinn- und Fällbädern führen, sind bei weitem noch nicht erkannt. Es ist selbstverständlich, daß nicht jede Gelatinierungsreaktion zu einer Fadenerzeugung brauchbar ist; nur aus einer ganz geringen Anzahl von Lösungen sind bisher brauchbare Fäden erhalten worden.

Da das Kapitel Kunstseide in diesem Buche gesondert behandelt ist, erübrigt sich hier näheres Eingehen darauf.

---

[1]) Vieweg, Ber. Dtsch. chem. Ges. 3876 (1907); 3269 (1908).
[2]) A. Bodmer, Melliands Textilberichte **7,** 232 (1926). Daselbst Literaturangaben und Muster.

II. Die Farbstoffe.

1. Lösen. Farbstoffe werden fast ausschließlich in gelöstem Zustande mit dem Textilmaterial zusammengebracht. Den Verlauf jeder Lösung kennzeichnen zwei sich überlagernde Vorgänge: die Dispersion und die Solvatation. Erstere bezeichnet die freiwillige Zerteilung des zu lösenden Stoffes im Lösungsmittel, letztere die Verbindung beider miteinander. Beide Vorgänge verlaufen mit endlicher Geschwindigkeit fast unabhängig voneinander und beide bestimmen den Endzustand additiv. In Grenzfällen kann je einer der Vorgänge völlig unterbleiben: Tritt Dispersion ohne jede Solvatation auf, so erhalten wir eine sog. ideale Lösung, deren Zustand dadurch charakterisiert ist, daß sich der gelöste Stoff wie in Gasform befindlich benimmt (van't Hoff). Der andere Grenzfall, Solvatation ohne Dispersion, stellt die ideale Quellung dar. Die wirklichen Lösungen und Quellungen stehen im allgemeinen zwischen beiden Grenzfällen, d. h. sie vereinigen beide Vorgänge in sich, doch gibt es zahlreiche Fälle, die den Grenzen außerordentlich nahe kommen. So beobachten wir Quellung oft bei solchen Systemen, die, wenn sie in Lösung gebracht werden, nur kolloide Dimensionen erreichen, deren Dispersionspotential also definitionsgemäß sehr klein ist[1]).

Der Dispersions-vorgang seinerseits ist durch zwei Faktoren quantitativ bestimmt, einmal durch die Menge des in Lösung gehenden Stoffes bezogen auf die seines Lösungsmittels, das andere Mal durch den erreichten Zerteilungsgrad.

Die Menge des maximal in Lösung gehenden Stoffes bezeichnet man schlechthin als seine „Löslichkeit". Bei einfachen Systemen ist sie durch die Temperatur eindeutig bestimmt, da sie bei festen und flüssigen Stoffen praktisch vom Druck unabhängig ist. — Anders liegt es bei den Farbstoffen. Ihre „Löslichkeit" stellt meist kein Gleichgewicht mit dem Lösungsmittel dar, das durch die Temperatur allein bestimmt ist. Man erhält z. B. verschiedene Werte, je nachdem man den Farbstoff isotherm auflöst oder das „Gleichgewicht" durch Auskristallisieren einer vorher erwärmten, konzentrierteren Lösung eingestellt wurde, oder auch je nach dem Zustand des Farbstoffes vor der Lösung, ob derselbe als Teig oder als Pulver vorlag. So fanden L. Pelet-Jolivet und Th. Henny[2]) die Löslichkeit des Fuchsins in Wasser bei 18°, wenn die Bestimmung nach vorangehendem Erwärmen vorgenommen wurde, fast 50 % höher als wenn der Farbstoff nur bei 18° gelöst wurde.

Der zweite „Intensitätsfaktor" des Dispersionsvorganges kennzeichnet den im Lösungsmittel erreichten Zerteilungsgrad des gelösten Stoffes. Letzterer

---

[1]) Hier ist zu erwähnen, daß die großen, speziell auch kolloiden Teilchendimensionen bei Farbstoff- und anderen Lösungen weniger dadurch erreicht werden, daß etwa die chemisch-konstitutive Molekülgröße einen solchen Dispersitätsgrad verlangt, als vielmehr infolge der Tatsache, daß das chemisch größere Molekül auch stärker aggregiert ist. M. a. W. in der, wenigstens annähernd, homologen Reihe von Fuchsin, Methylviolett, Äthylviolett, Viktoriablau bis Nachtblau, steigt das theoretische (chemische) Molekulargewicht nur von etwa 300 auf etwa 600, während die wirkliche Teilchengröße von fast molekularen Dimensionen bis zu den typisch kolloiden zunimmt, also in diesem speziellen Falle etwa um eine Dezimale in der linearen Dimension, das sind drei Dezimalen in der Volum- bzw. Gewichtszunahme! Das ist so zu erklären, daß in dieser Reihe (wie übrigens fast allgemein) die höheren Glieder zunehmend mehr aggregiert in Lösung vorliegen als die niederen. — Vgl. hierzu R. Auerbach, Kolloid-Ztschr. **37**, 386 (1925).

[2]) L. Pelet-Jolivet und Th. Henny, in L. Pelet-Jolivet, Die Theorie des Färbeprozesses (Dresden 1910), 13.

kann durch den Lösungsvorgang bis zu seinen Molekülen bzw. Ionen aufgespalten sein (z. B. ist das bei den meisten der sog. Egalisierungsfarbstoffe der Fall), oder aber er zerfällt nur in größere Molekülaggregate (wie z. B. die meisten substantiven Farbstoffe). Zur Feststellung des Dispersitätsgrades der wäßrigen Lösungen von Farbstoffen, der eine maßgebliche Rolle bei allen Färbeprozessen bildet, dienen die in diesem Kapitel weiter unten näher beschriebenen dispersoidanalytischen Methoden. — Bei der

Solvatation (speziell auch Hydratation) müssen wir ebenfalls zwei Faktoren unterscheiden, die den quantitativen Verlauf und ihren Endzustand kennzeichnen, einmal die Menge des vom gelösten Stoffe gebundenen Wassers, und das andere Mal die Intensität, mit der dasselbe festgehalten wird. Methodisch läßt sich erstere durch Quellung, Viskosität, Gelatinierung u. a., insbesondere auch durch die osmotischen Methoden feststellen, während die Intensität der Wasserbindung durch thermochemische Daten, wie Benetzungswärme, Dampfdruck, ferner durch Quellungsgeschwindigkeit u. a. gemessen werden kann[1]). Betrachten wir den

Einfluß der Temperatur auf die Lösungsvorgänge, so zeigen die beiden Teilvorgänge — Dispersion und Solvatation — sehr verschiedenartiges Verhalten. Die recht komplizierten Beeinflussungen der Solvatation durch Temperaturänderung sollen hier nicht näher erörtert werden, zumal sie noch nicht näher untersucht wurden, wenn schon dieselben neuerdings mehrfach an Farbstofflösungen und an Ausfärbungen in Erwägung gezogen wurden. Was die Dispersion betrifft, so wirkt Temperaturerhöhung im allgemeinen fördernd sowohl auf die in Lösung gehende maximale Menge, wie auf den erreichten Zerteilungsgrad, m. a. W. bei höherer Temperatur geht mehr in Lösung und der gelöste Stoff ist in kleinere Teilchen aufgespalten als bei niederer Temperatur. Beides ist zwar für die Mehrzahl der bekannten Fälle, vor allem aber wohl ausschließlich für Farbstoffe zutreffend, jedoch durchaus nicht notwendig. Es gibt Stoffe (nämlich alle diejenigen, die sich in ihrer annähernd gesättigten Lösung unter Wärmeverbrauch auflösen), die in bezug auf die in Lösung gehende Menge mit steigender Temperatur weniger löslich werden.

Für beide Lösungsvorgänge sind ferner Zusätze verschiedenster Art von Einfluß. Das gilt insbesondere auch für zugesetzte Elektrolyte, die, sofern es sich speziell um Alkalien und Säuren handelt, oft selbst in geringer Konzentration äußerst wirksam sind. Aber auch Salze, insbesondere diejenigen mit mehrwertigen Ionen, sind infolge ihrer starken Koagulationswirkung oft geradezu hemmend beim Lösen von Farbstoffen. Allgemein läßt sich über die uns hier interessierenden Fälle folgendes sagen: Dispersitätsgrad und maximal in Lösung gehende Menge werden bei sauren und substantiven Farbstoffen durch Alkalien erhöht, durch Säuren (bis auf wenige Ausnahmen) herabgesetzt. Das umgekehrte Verhalten gilt für basische Farbstoffe. Gemeinsam für beide Gruppen ist die ungünstige Beeinflussung der Lösungsvorgänge durch Salze, insbesondere mit mehrwertigen Ionen. Da zum Färben zu Beginn ein möglichst hoher Dispersitätsgrad erforderlich ist — eine Verringerung desselben führt man erst während des Färbens durch geeignete Flottenführung herbei, — ferner selbstverständlich auch aller benötigter Farbstoff gelöst sein muß, ergeben sich aus dem Voranstehenden folgende Konsequenzen für die Praxis des Auflösens von Farbstoffen:

---

[1]) R. Fricke, Ztschr. f. Elektrochem. **28**, 161 (1922). — R. Fricke, Kolloid-Ztschr. **35**, 264 (1924). — A. Kuhn, Kolloid-Ztschr. **35**, 275 (1924). Es muß noch offen bleiben, wie weit einzelne dieser Funktionen gleichzeitig von beiden Faktoren der Solvatation abhängen.

1. ist es notwendig, bei möglichst hoher Temperatur zu lösen, also in kochendem Wasser;

2. möglichst elektrolytfreies Wasser, also destilliertes bzw. Kondenswasser dazu zu benutzen;

3. sofern letzteres nicht möglich ist, hartes (d. h. insbesondere mehrwertige Salze enthaltendes) Wasser zu „korrigieren". Dasselbe wird zum Lösen von basischen Farbstoffen mit Essigsäure ausgeführt, wobei man für je einen deutschen Härtegrad 6 ccm Essigsäure (6° Bé.) auf 100 Liter nimmt, zum Lösen von sauren und substantiven Farbstoffen dagegen mit Alkalien, in erster Linie Soda, vorgenommen. Diese Korrektur beruht in erster Linie auf dem eben erwähnten dispersitätssteigernden Einfluß dieser Zusätze. Außerdem besteht die Möglichkeit, die Härtebildner als solche aus dem Wasser zu entfernen, indem man sie in unlösliche Verbindungen überführt, oder aber ihre mehrwertigen Kationen durch einwertige ersetzt (Permutitverfahren).

Zu diesen allgemeinen Vorschriften über das Lösen von Farbstoffen kommen noch einige spezielle, in denen der Lösungsvorgang eine chemische Reaktion vorbedingt. Hierher gehört zunächst die Reduktion der Küpenfarbstoffe. Dieselbe wird heute allgemein durch alkalische Hydrosulfitlösung vorgenommen, wodurch die Farbstoffe in ihre wasserlösliche, mehr oder weniger stark gefärbte Leukobase übergeführt werden. Die Reaktion vollzieht sich z. B. beim Indigo nach der Gleichung:

$$C_6H_4 \left\langle \begin{matrix} CO \\ NH \end{matrix} \right\rangle C = C \left\langle \begin{matrix} CO \\ NH \end{matrix} \right\rangle C_6H_4 \longrightarrow C_6H_4 \left\langle \begin{matrix} C \cdot OH \\ NH \end{matrix} \right\rangle C - C \left\langle \begin{matrix} C \cdot OH \\ NH \end{matrix} \right\rangle C_6H_4.$$

Die so erhaltene Lösung ist außerordentlich oxydationsempfindlich, weswegen notwendig ist, sie vor unnötiger Berührung mit Luft zu schützen, insbesondere auch das Färben des Textilgutes selbst ausschließlich innerhalb der Flüssigkeit vorzunehmen.

Außer der genannten Verküpung mit alkalischer Hydrosulfitlösung können noch Ferrosulfat, Zink-Kalk oder Gärungsreaktionen zum Reduzieren angewandt werden. Die Wahl des Reduktionsmittels beeinflußt die Echtheit der erhaltenen Färbung[1].

Feine Zerteilung und Netzfähigkeit, die evtl. durch Gebrauch eines Netzmittels erst erreicht werden muß, sind notwendig zu einer gut ausführbaren Verküpung.

Außer den Küpenfarbstoffen erfordern noch die Schwefelfarbstoffe eine spezielle Art des Lösens. Dieselben sind fast alle zunächst wasserunlöslich, gehen jedoch durch Schwefelnatrium leicht in Lösung. Ein Gewichtsanteil Schwefelfarbstoff erfordert je nach Konzentration und spezifischer chemischer Beschaffenheit 1—6 Teile kristallisiertes Schwefelnatrium zum Lösen. Ein geringer Überschuß von Schwefelnatrium schadet beim Färben nicht; dagegen führt Mangel an diesem leicht zu Farbstoffausscheidungen in der Flotte, die dann unegale und schmierige Färbungen ergibt. Man erkennt den Mangel an letzterem an der dann vorhandenen Trübung der Flotte.

Ein interessantes Zwischenglied zwischen Schwefelfarbstoffen und Küpenfarbstoffen stellen die Thioindigofarbstoffe (Kalle) dar. Dieselben können einerseits infolge ihres chemischen Charakters als Küpenfarbstoffe durch alkalisches

---

[1] R. Haller, Melliands Textilberichte **3**, 433 (1922).

Hydrosulfit gelöst werden, andererseits infolge ihres Schwefelgehaltes, der bei ihnen im Gegensatz zu vielen Schwefelfarbstoffen stöchiometrisch und konstitutionschemisch bestimmt ist, mit Schwefelnatrium gelöst und wie Schwefelfarbstoffe gefärbt werden.

Die chemischen Vorgänge beim Lösen der Schwefelfarbstoffe mit Schwefelnatrium sind unbekannt. Man kann die Lösungen vielleicht am besten als „homochemische" Verbindungen im Sinne P. P. v. Weimarns[1]) kennzeichnen.

2. Zustand der gelösten Farbstoffe. Die für die Färberei wichtigste Eigenschaft der Farbstofflösung ist, wie wir weiter unten sehen werden, der erreichte Dispersitätsgrad des gelösten Farbstoffes, sowie die Möglichkeiten zu dessen Beeinflussung. Das letztere wird in dem nächsten Abschnitt näher besprochen werden.

Zur Feststellung des Dispersitätsgrades bei Farbstofflösungen sind annähernd alle Methoden zur Dispersoidanalyse gelöster Stoffe angewandt worden: Ultramikroskopie, Diffusion, Dialyse, direkte und indirekte osmotische Druckmessung und Ultrafiltration. Dialyse und Diffusion stellen vorläufig die besten quantitativen Methoden dar. Letztere ist wegen ihrer Bequemlichkeit als quantitative Laboratoriumsmethode besonders geeignet.

Die einwandfreieste Methodik wäre die ungehinderte Diffusion des gelösten Stoffes in das reine Lösungsmittel, wie sie Th. Graham[2]) in seinen klassischen Untersuchungen über Diffusion anwandte. Dabei wird das reine Lösungsmittel in einem Zylinder über die spezifisch schwerere Lösung geschichtet; nach einiger Zeit, z. B. einem Tage, werden von oben her einzelne Schichten abpipettiert und analysiert.

Auf diesem Prinzipe beruhen eine Anzahl neuerer Laboratoriums- und Präzisionsmethoden[3]). Sie alle gestatten, mittels chemischer oder physikalischer Analyse entweder die einzelnen Diffusionsschichten, den „Diffusionsgradienten", oder nur dessen Integralfunktion, die während gegebener Zeit diffundierte Gesamtmenge, zu messen.

Bei allen diesen Messungen besteht die Schwierigkeit, Konvektion während der Diffusion, besonders aber auch beim Ansetzen und Unterbrechen der Versuche, zu vermeiden. Diese wird ohne großen Fehler umgangen, wenn man das Lösungsmittel durch verdünnte Gallerten ersetzt. Bereits Th. Graham[4]) wußte, daß Kochsalz in verdünnter Agargallerte praktisch genau so schnell diffundiert wie in reinem Wasser. In späteren Arbeiten[5]) wurde die Gallertdiffusion näher untersucht, ohne daß aber dabei das Problem des quantitativen Vergleiches der Gallertdiffusion mit der freien Diffusion restlos erledigt wurde. Erst R. O. Herzog und A. Polotzky[6]) bestimmten Diffusionskoeffizienten einer Anzahl Farbstoffe in Wasser und in 5%igen Gelatinegallerten. Infolge der bei der niederen Versuchstemperatur (+1° C) zu hohen Gelatinekonzentration fanden sie starke, und den Werten in Wasser nur wenig proportionale Verringerung der Diffusions-

[1]) P. P. v. Weimarn, Kolloid-Ztschr. **28**, 97 (1921).

[2]) Th. Graham, Ann. Chem. u. Pharm. **77**, 56, 129 (1851); **80**, 197 (1851); **121**, 1 (1862). Letztere Abhandlung neugedruckt in Ostwalds Klassikern der exakten Wissenschaften Bd. 179 (Leipzig).

[3]) E. Cohen und H. R. Bruins, Ztschr. f. phys. Chem. **103**, 349 (1923). Daselbst Zusammenstellung der früheren Literatur.

[4]) Th. Graham, l. c., Anm. 42. — Ostwalds Klassiker der exakt. Wissensch. Bd. 26.

[5]) Vgl. die Zusammenstellung: R. E. Liesegang, Spezielle Methoden der Diffusion in Gallerten. — Abderhaldens Handb. d. biolog. Arbeitsmeth. Lieferung 3 (Berlin u. Wien 1920), 1.

[6]) R. O. Herzog und A. Polotzky, Ztschr. f. physik. Chem. **87**, 449 (1914).

geschwindigkeiten in der Gallerte. Später verglich R. Auerbach[1]) ebenfalls die
Gallertdiffusion mit der freien Diffusion. Er fand Proportionalität zwischen den
Diffusionsgeschwindigkeiten in Wasser und denen in genügend verdünnten Gelatinegallerten. Speziell zeigte sich, daß in verdünnten Gallerten sehr hochdispers
gelöste Stoffe, in Übereinstimmung mit den Resultaten früherer Arbeiten, praktisch
keine Hemmung ihrer Diffusionsbewegung erfahren. Mit abnehmendem Dispersitätsgrad — dem abnehmende Diffusionsgeschwindigkeit entspricht — tritt eine relativ stärkere Verringerung der Diffusionsgeschwindigkeit in der Gallerte gegenüber
der in reinem Lösungsmittel ein. Die gefundene Funktion: Diffusionsgeschwindigkeit
in der Gallerte — Diffusionsgeschwindigkeit in Wasser, verläuft nicht in den Koor-
dinatennullpunkt, sondern die Gallertdiffusion wird bei einem Wert bereits Null
bei dem noch eine gut meßbare freie Diffusion stattfindet. Dieser Effekt ist die
Folge der Ultrafilterwirkung der Gelatinegallerte, die sich bei den größeren, langsam diffundierenden Farbstoffteilchen ($r > 1,8\ \mu\mu$) geltend macht.

Methodisch gestalten sich derartige Diffusionsbestimmungen in Gallerten
folgendermaßen: Die ältere Art, wie sie Wo. Ostwald[2]), J. Traube und Köhler[3]), R. Auerbach[4]), J. Traube und M. Shikata[5]) u. a. als Laboratoriums-
methodik anwandten, besteht darin, daß die Farbstofflösung auf die in einem
Reagensglase erstarrte Gelatinegallerte gegossen und nach einiger Zeit — etwa
einem Tage — gemessen wird, wie „tief" der Farbstoff in die Gelatine eingedrungen
ist, wobei als „Diffusionsweg" die Entfernung zwischen dem Gelatinemeniskus
und der noch eben erkennbaren Farbstoffkonzentration angesehen wird.

Diese Art der Messung ist zweifellos die einfachste. Sie hat jedoch einige
erhebliche Fehlerquellen, die sich aber durch eine einfache Vervollkommnung auf
ein Minimum reduzieren lassen[6]): Statt nämlich die wenig definierte und mit den
oben erörterten Fehlern behaftete „eben noch erkennbare" Konzentration als
Endpunkt des „Diffusionsweges" zu wählen, genügt es völlig, die Entfernung
einer auf die Anfangskonzentration, mit der der Farbstoff in die Gallerte
diffundierte, bezogenen Konzentration vom Gelatinemeniskus aus zu messen.
Die so gemessene Entfernung ist dann ein Maß für die gesamte während der betreffenden Zeit diffundierte Menge des gelösten Stoffes. Es ist gleichgültig,
welchen Bruchteil der Anfangskonzentration man als Bezugskonzentration wählt,
da jede ihren Zweck erfüllt. Aus subjektiv-optischen Gründen wurde die zehnfach verdünnte Anfangskonzentration hierfür vorgeschlagen und gezeigt, daß
nach erfolgter Diffusion die auf diese Weise gemessene Strecke eine eindeutige
Funktion nur der diffundierten Menge ist und nicht gleichzeitig von
Zeit, Temperatur, Lösungsmittel, Natur der gelösten Substanz abhängig ist.
Diese Methode eignet sich auch zur Messung in freier Diffusion.

Die Resultate von Diffusionsmessungen lassen auch, insbesondere auf Grund
der A. Einsteinschen Gleichung[7]), nähere Schlüsse über die absolute Teilchengröße der Farbstoffe zu.

Systematische Ergebnisse, an genügend vielen Farbstoffen ausgeführt, liegen

[1]) R. Auerbach, Kolloid-Ztschr. **35**, 202 (1924).
[2]) Wo. Ostwald, Grundriß d. Kolloidchem. 2. Aufl. (Dresden 1909).
[3]) J. Traube und Köhler, Intern. Ztschr. f. phys.-chem. Biolog. 2, 205 (1915). — J. Traub,
Ber. d. Dtsch. chem. Ges. **48**, 938 (1915).
[4]) R. Auerbach, Kolloid-Ztschr. 29, 190 (1921).
[5]) J. Traube und M. Shikata, Kolloid-Ztschr. 32, 313 (1923).
[6]) R. Auerbach, Kolloid-Ztschr. 35, 202 (1924).
[7]) A. Einstein, Ann d. Phys. (4) 17, 549 (1905); **19**, 371 (1906). — Ostwalds Klassiker
der exakten Wissenschaften Bd. **199**. — S. a. R. Auerbach, l. c., vorige Anm.

bei substantiven, sauren und basischen Farbstoffen vor. Aus den übrigen Farbstoffgruppen sind nur vereinzelte Beobachtungen vorhanden, auf die erst weiter
unten bei der Besprechung ihrer färberischen Anwendung näher eingegangen
wird. Kurz zusammengefaßt ist das Ergebnis dieser systematischen Dispersoid-
analysen etwa folgendes:

Tragen wir die Anzahl Farbstoffe, die einen bestimmten Dispersitätsgrad
haben, graphisch als Funktion desselben auf, so erhalten wir das (statistische)
Schema der Abb. 21, wobei zunächst eine Unterteilung der Farbstoffe in ihre

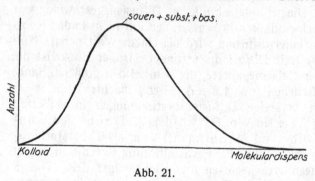

Abb. 21.

spezielllen färberischen Gruppen unterlassen ist. Es zeigt
sich, daß die meisten Farbstoffe eine Teilchengröße besitzen, die z w i s c h e n den typisch kolloiden und den typisch molekularen Dispersionen liegt. Nur wenige Farbstoffe erreichen kolloide Dimensionen, wie z. B. Benzo-
purpurin, Kongorot, Nachtblau u.˙a. Ebenfalls wenige
Farbstoffe besitzen einen so

hohen Dispersitätsgrad, wie den typisch molekulardispersen Systemen zukommt.
Hierher gehören z. B. Naphtholgelb, Pikrinsäure usw.

Führen wir nun an Hand der schematischen Abb. 21 noch die Unterteilungen
in die einzelnen Farbstoffgruppen durch, so ergibt sich folgendes: Die Zweiteilung,

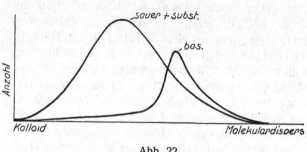

Abb. 22.

zunächst in basische Farbstoffe einerseits, saure und
substantive Farbstoffe andererseits, zeigt Abb. 22. Es
ergibt sich, daß die posi ti-
ven, basischen Farbstoffe
durchschnittlich h ö h e r dispers in Lösung gehen a l s die
n e g a t i v e n, sauren und substantiven Farbstoffe. Nur
wenige basische Farbstoffe
sind so aggregiert, daß ihnen

die Teilchengröße etwa der substantiven Farbstoffe zukommt. Im Zusammenhang
damit mag die bevorzugte Stellung negativer Kolloide stehen (Cöhnsche Regel).

In Abb. 23 ist das dispersoidanalytische Gesamtergebnis an sauren und
substantiven Farbstoffen, wie es sich aus Abb. 22 ergab, in seine aufbauenden
Einzelkurven zerlegt. Das Bild zeigt, daß die substantiven Farbstoffe viel
größere Teilchen besitzen als die sauren Farbstoffe. Da nur das f ä r b e r i s c h e
Verhalten dieser Zweiteilung zugrunde liegt, liegt es nahe, dasselbe auch unmittelbar mit dem Dispersitätsgrade zu verknüpfen, worauf weiter unten näher eingegangen wird.

Neben diesen großen Unterteilungen der Farbstoffe, die bis jetzt gezeigt
wurden, ergibt sich, daß auch eine feinere färberische Differenzierung ebenfalls
eng mit dem Dispersitätsgrade der betreffenden Farbstoffe verbunden werden
kann, bzw. unmittelbar auf dessen Einfluß beruht.

So zeigen z. B. manche substantive Farbstoffe die Eigentümlichkeit, auch bei niederer Temperatur die Baumwollfaser gut, ja, einige sogar besser als bei Kochhitze anzufärben. Untersucht man diesen Unterschied auf die Teilchengröße der betreffenden Farbstoffe hin, so zeigt sich (Abb. 24), daß die (bei Zimmertemperatur) höherdispersen substantiven Farbstoffe befähigt sind, auch bei niederer Temperatur anzufärben, während umgekehrt die substantiven Farbstoffe von

geringerer Dispersität diejenige Gruppe darstellt, die erst in der Hitze gut anfärbt. Dieselben erreichen also erst durch Temperaturerhöhung infolge der dabei eintretenden Desaggregation den zur Baumwollfärbung optimalen Dispersitätsgrad.

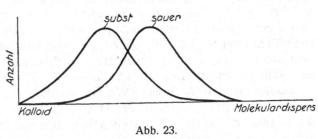

Abb. 23.

Auch die sauren Farbstoffe zeigen unter sich noch feinere Unterschiede im Dispersitätsgrade, die eng mit ihrem färberischen Verhalten gegenüber Wolle zusammenhängen. So entspricht ihre Einteilung, wie sie z. B. die Agfa durchführt, in Egalisierungs-, saure und schwach saure Farbstoffe der Reihenfolge ihrer Dispersität, derart, daß die erstgenannten die höchstdisperse, die zuletzt genannten die geringst disperse saure Farbstoffgruppe repräsentieren (Abb. 25).

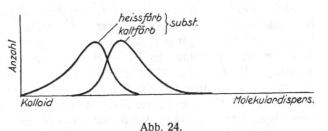

Abb. 24.

An diese schließen sich dann die auch zur Wollfärbung benutzten substantiven Farbstoffe mit ihrem durchschnittlich noch geringeren Dispersitätsgrad an. Eng mit dieser Einteilung hängen die Flottenführung, speziell auch die Säure-Salz-Zusätze zusammen. So werden die Egalisierungsfarbstoffe am stärksten sauer gefärbt. Es folgen die sauren und schwach sauren Farbstoffe bis zu den substantiven Farbstoffen, die auf Wolle neutral oder mit nur ganz wenig Säure gefärbt werden.

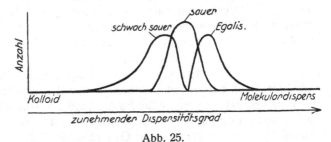

Abb. 25.

Neben der eben gekennzeichneten Bedeutung des Dispersitätsgrades des gelösten Farbstoffes, ist ein weiterer eng damit zusammenhängender Vorgang für die Färberei von Wichtigkeit, das ist die Verringerung des Dispersitätsgrades der Farbstoffe auf der Faser während des Färbens (P. D. Zacharias). Erreicht wird dieselbe entweder mittels Elektrolyten (Säure, Salze) oder auf rein chemischem Wege (Oxydation usw.). Die nähere Kennzeichnung dieses Vorganges wird weiter unten bei der Besprechung der speziellen Färbevorgänge gegeben werden.

III. Färben.

Grundsätzliches zur Kinetik des Färbevorganges.

Ehe wir auf spezielle Beispiele der Textilfärbung eingehen, seien einige grund-sätzliche Bemerkungen[1]) vorweggenommen. Auf dem vorliegenden Gebiete stehen z. T. noch heute verschiedene Anschauungen wie Adsorption, chemische Bindung, Membranbildung, Lösung u. a. in starkem Gegensatz zueinander. Nicht zuletzt sind diese Meinungsverschiedenheiten bedingt durch unterlassene oder ungenaue Definitionen der Begriffe, mit denen die verschiedenen Autoren arbeiten. Versteht man unter Adsorption die Konzentrationserhöhung an der Oberfläche nur infolge der Grenzflächenentspannung im Sinne von W. Gibbs, oder versteht man darunter die verallgemeinerte Auffassung Wo. Ostwalds[2]), die Herabsetzung des Potentials irgendeiner Energieform in der Oberfläche durch Konzentrationserhöhung als Adsorption anzusehen? Heißt chemische Bindung die gemäß stöchiometrischen Mengen vor sich gehende Reaktion, oder ganz allgemein Elektronenaustausch? Was versteht man unter einer Lösung in einem dispersen Systeme, wie es die Textil-fasern darstellen? Je nachdem, wie weit diese verschiedenen Begriffe definiert sind, sind ihre Anwendungen, oder durch sie gegebenen Erklärungen richtig, bzw. teilweise oder ganz falsch.

Ich möchte zunächst die im folgenden zugrunde gelegte verallgemeinerte Wo. Ostwaldsche Anschauung der Adsorption in ihrer Anwendung auf die Theorie der Färbevorgänge rechtfertigen. Es könnte so aussehen, als ob man durch diese Verallgemeinerung des Begriffes Adsorption einem festen Standpunkte in speziellen Fällen aus dem Wege gehen wollte. Überlegt man jedoch, daß man die hier in Frage kommenden Energiearten letzten Endes doch durch eine einzige, nämlich elektrische Energie vorläufig zwar nur qualitativ, später aber sicher auch einmal quantitativ erklären kann, daß man ferner im speziellen Falle, soweit es dann möglich ist, immer noch die in Frage kommende Energieart oder -arten näher angeben kann, so kann man keinen Einwand gegen den Gebrauch der all-gemeinen Wo. Ostwaldschen Fassung erheben.

Die zahlreichen Arbeiten[3]), die die Abhängigkeit der von der Faser oder auch anderer Substrate aufgenommenen Farbstoffmengen von der Konzentration der Lösung zum Gegenstand haben, bestätigen wohl alle die Abhängigkeit nach der Exponentengleichung, der sog. „Adsorptionsisotherme".

Auffallend ist dabei die Tatsache, daß im Gegensatz zu vielen anderen Ad-sorptionen, die der Farbstofflösungen in den weitaus meisten Fällen einen positiven Temperaturkoeffizienten hat, d. h. die Fasern nehmen im allgemeinen in der Hitze mehr Farbstoff auf als in der Kälte. E. Justin-Mueller[4]) macht dafür die Quellung verantwortlich, die die Faser in einen Zustand bringt, in dem sie die Farb-stoffe besser aufnimmt — „intim adsorbiert". Man wird dieser Ansicht ohne weiteres zustimmen können, zumal Wo. Ostwald und R. de Izaguirre[5]) in einer all-

---

[1]) Vgl. R. Auerbach, Wissenschaft und Industrie. Jahrg. 1922. Septemberheft.
[2]) Wo. Ostwald, Grundriß d. Kolloidchem. 1. Aufl. (Dresden 1909), 434.
[3]) L. Pelet-Jolivet, Die Theorie des Färbeprozesses (Dresden 1910). 55—88. Daselbst frühere Literatur J. M. Muller und W. Schassarsky, Chem.-Ztg. 805 (1910). — W. G. Scha-poschnikoff, Ztschr. f. phys. Chem. 78, 29 (1912). — W. O. Bancroft, Journ. of Phys. 19, 50 (1915).
[4]) E. Justin-Müller, Soc. Ind. Rouen. Januar-Februarheft (1904). — Ref. Kolloid-Ztschr. 1, 343 (1906).
[5]) Wo. Ostwald und R. de Izaguirre, Kolloid-Ztschr. 30, 279 (1922).

gemeinen Formulierung der Adsorptionsfunktion dem Umstand ganz besonders Rechnung tragen, daß in Lösungen nicht der gelöste Stoff allein adsorbiert wird, sondern die Lösung, d. h. gelöster Stoff + Lösungsmittel, mit welcher Annahme sie die zahlreichen Fälle normaler und anormaler Adsorption darstellen können, ja die letztere sich ganz zwanglos als ein allgemeiner Fall der Adsorption von Lösungen ergibt.

Auch bei den Farbstofflösungen ist die anormale Adsorption bekannt. W. Biltz und H. Steiner[1]) haben sie beim Färben von Baumwolle mit Viktoriablau, Nachtblau u. a. gefunden.

Wir müssen hier noch diskutieren, wie weit die Bestätigung der Adsorptionsisotherme in diesen Fällen bindend ist, mit anderen Worten, wie weit nicht andere hier in Frage kommende Funktionen ebenfalls sich äußerlich durch eine Exponentengleichung der Konzentration darstellen lassen. So hat neuerdings J. M. Kolthoff[2]) versucht, die Adsorptionsfunktion durch das Massenwirkungsgesetz allein abzuleiten. Wie Wo. Ostwald[3]) daraufhin gezeigt hat, ist eine derartige Ableitung unstatthaft; das Adsorbens kann nicht mit seiner Masse in eine stöchiometrische Gleichung eingesetzt werden, da seine Oberfläche der bei der Adsorption maßgebende Faktor ist und darin fehlt. Wie aber bereits oben bei der allgemeinen Wo. Ostwaldschen Definition der Adsorption erwähnt wurde, schließt das nicht aus, daß u. a. eine Adsorption dann eintreten kann, wenn durch die Anreicherung des gelösten Stoffes an der Grenzfläche ein dort bestehendes chemisches Energiepotential herabgesetzt wird. Ähnliche Überlegungen sind von L. Pelet-Jolivet[4]), E. Dittler[5]), P. Pfeiffer und F. Wittka[6]) im Zusammenhang mit der Farbstoffadsorption angestellt worden.

Hier ist weiter die Möglichkeit zu erörtern, den Färbevorgang nach O. N. Witt[7]) als einen Lösungsvorgang der Faser anzusehen. In Frage kommen dabei allerdings nur „Intussuszeptionfärbungen". W. Reinders[8]) hat nun den Verteilungssatz bei einigen Farbstoffen zwischen Wasser und Butylalkohol geprüft. Er findet hierbei, wie so oft, kein konstantes Teilungsverhältnis, sondern die Verteilung läßt sich mit der Exponentengleichung wie die Adsorption darstellen. Er hält daher auch die Existenz der Adsorptionsisotherme bei den Färbevorgängen für keinen Beweis dafür, daß wirklich Adsorption vorliegt. — Die Analogie geht sogar so weit, daß ein Zusatz von Elektrolyten zu den Lösungen, genau wie bei den Fasern, hier den Übertritt des Farbstoffes in die Alkoholschicht befördert. Hierzu ist zu sagen, daß bei einem dispersen Systeme, wie es die Fasern darstellen, selbstverständlich auch die innere Oberfläche der dispersen Phase adsorbiert, daß allerdings mit zunehmender spezifischer innerer Oberfläche, d. h. mit zunehmender Dispersität der dispersen Phase, eine derartige Adsorption in eine „homogene" Lösung übergehen muß. Es ist nun wieder Definitionssache, von welchem Dispersitätsgrade an man ein System homogen nennt. Wie wir heute wissen, ist auch jede Flüssigkeit, wie Wasser, nicht homogen. Da wir die Textilfasern im allgemeinen nicht mehr als homogen definieren, dürfen wir hier auch den Ausdruck Adsorption lassen.

[1]) W. Biltz und H. Steiner, Kolloid-Ztschr. 7, 113 (1910).
[2]) J. M. Kolthoff, Kolloid-Ztschr. 30, 35 (1922).
[3]) Wo. Ostwald, Kolloid-Ztschr. 30, 254 (1922).
[4]) L. Pelet-Jolivet, Kolloid-Ztschr. 5, 85 (1909).
[5]) E. Dittler, Kolloid-Ztschr. 5, 93 (1909).
[6]) P. Pfeiffer und F. Wittka, Chem.-Ztg. 40, 357 (1916).
[7]) O. N. Witt, Lehnes Färber-Ztg. 1 (1890/91).
[8]) W. Reinders, Kolloid-Ztschr. 13, 96 (1913).

Diese Erwägungen sind insofern von Bedeutung, als neuerdings durch eine Anzahl Arbeiten über das Färben einiger Kunstseiden von K. H. Meyer und seinen Mitarbeitern[1]) quantitativ eine lineare Verteilung des Farbstoffes zwischen Faser und Flotte gefunden wurde und daraufhin die entsprechenden Vorgänge als Lösungsgleichgewichte bezeichnet wurden. Wie oben erwähnt und wie bereits seinerzeit ausgeführt[2]), ist es zunächst Definitionsangelegenheit, die schwer abzugrenzen ist, wann man von Adsorption und wann von Lösung in heterogenen Medien spricht.

Besonders erwähnt sei auch der bekannte Versuch von E. Jacquemin[3]), daß sich Wolle und Seide aus einem Bade der farblosen Karbinolbase des Fuchsins rot anfärben, in diesem Falle also wie eine Säure zu fungieren scheinen. W. Reinders fand in der oben erwähnten Arbeit, daß beim Ausschütteln der wäßrigen Lösung der Karbinolbase mit Butylalkohol sich dieser ebenfalls rot anfärbt, ein Versuch, den allerdings schon Sisley[4]) vor ihm gemacht und zur selben Erklärung benutzt hatte. Der Versuch gelingt auch mit Anilin, nicht jedoch mit Benzol, was nach Sisley auch dem verschiedenen Verhalten der Fasern entspricht; Baumwolle färbt sich nicht aus der Karbinollösung an, wohl aber Wolle und Seide.

Neben der Adsorption müssen wir nun noch einen weiteren Vorgang bei vielen Färbungen berücksichtigen. Die Adsorption, mindestens die spezielle im Sinne von W. Gibbs, die als primärer Vorgang sicher auch oft allein vorliegt, wie bei der substantiven Baumwollfärbung, kann allein noch zu keiner brauchbaren Färbung führen, da sie vollkommen reversibel ist und damit eine ganz schlechte Waschechtheit bedingen würde. Es liegen viele Anzeichen vor, daß mit der Adsorption der Farbstoff auf der Faser seinen Dispersitätsgrad verringert. Die mehr oder weniger starke Irreversibilität dieses Vorganges bedingt erst die technisch brauchbare Färbung. Es war zuerst B. Zacharias[5]), der den Färbevorgang als die zwei Vorgänge, Adsorption und Koagulation des Farbstoffes darstellte. Später haben L. Pelet und L. Grand[6]), M. Lewis[7]), W. P. Dreaper[8]), R. Haller und A. Nowak[9]) und R. Auerbach[10]) wieder diesen Vorgang betont und experimentell gestützt.

A. Anorganische Pigmentfarben auf pflanzlichen Fasern.

Das einfachste Verfahren, Fasern zu färben, besteht in der Erzeugung eines schwerlöslichen, farbigen Niederschlages auf der Faser. In gleicher Art, wie im Reagensglas eine Bleisalzlösung mit Chromation einen Niederschlag von gelbem Bleichromat ergibt, kann man z. B. Baumwolle mit Bleiazetat tränken und dann damit in eine Lösung von Kaliumbichromat eingehen, wodurch auf der Faser schwerlösliches Bleichromat ausfällt. In der Tat haben lange Zeit derartige, auf der Faser erzeugte, unlösliche anorganische Niederschläge zum Färben gedient, besonders als die Teerfarbenindustrie noch nicht weit entwickelt war. Die wich-

[1]) K. H. Meyer, Melliands Textilberichte 8, 781. Daselbst frühere Literatur.
[2]) R. Auerbach, Wissenschaft und Industrie l. c.
[3]) E. Jacquemin, C. R. 82, 261 (1876).
[4]) Sisley, Rev. nat. 4, 113, 181, 220, 251 (1900).
[5]) P. Zacharias, Lehnes Färber-Ztg. 12, 149, 165 (1901). — Ref. Kolloid-Ztschr. 2, 222 (1908).
[6]) L. Pelet und L. Grand, Kolloid-Ztschr. 2, 83 (1908).
[7]) M. Lewis, Brit. Mag. (1909). Aprilheft. — Ref. Kolloid-Ztschr. 3, 93 (1908).
[8]) W. P. Dreaper, Kolloid-Ztschr. 9, 127 (1911).
[9]) R. Haller und A. Novak, Kolloidchem. Beih. 13, 130 (1920).
[10]) R. Auerbach, Kolloid-Ztschr. 29, 190 (1921).

tigste derartige Färbung war das mit Eisenhydroxyd erzeugte Khaki[1]). Sie wurde erzeugt, indem man zunächst das Textilmaterial mit Eisensalzen tränkte und dann auf Alkali ging. Eventuelles Dämpfen, Behandlung des Materials mit Türkischrotöl oder mit Natronwasserglas (letzteres um die Säurebeständigkeit zu erhöhen) verbesserten wesentlich die Echtheit der erhaltenen Färbung. Zum Nuancieren dienten in erster Linie Chromsalze. — Außer diesem Eisenhydroxydniederschlag wurden auch Bleichromat, Berlinerblau, Kadmiumsulfid, Manganoxyd u. a. schwerlösliche anorganische Pigmente auf der Faser erzeugt[2]). Auch metallisches Gold wurde durch Reduktion von Goldsalzen zum Färben benutzt[3]), wobei entsprechend der Polychromie des dispersen Goldes z. B. in wäßriger Lösung auch auf der Faser je nach der Konzentration der angewandten Lösung und je nach dem benutzten Reduktionsmittel alle Farbtöne wie rot, violett, blau, grün usw. entstehen können.

B. Paranitranilinrot auf pflanzlichen Fasern.

Das eben geschilderte Verfahren, die Erzeugung eines unlöslichen Niederschlages auf der Faser in zwei aufeinanderfolgenden Bädern, wobei die Faser im ersten mit dem einen Reaktionsbestandteil getränkt wird, im zweiten Bade dann die Fällung mit dem anderen Reaktionsteilnehmer vorgenommen wird, läßt sich auch auf manche organische Niederschlagreaktionen anwenden. Zu solchen gehört die Erzeugung unlöslicher Azofarbstoffe auf der Faser aus einer Diazoverbindung und einer geeigneten Base. Da nach dem Tränken mit dem einen Bestandteile meist getrocknet werden muß, geht man zuerst in das Bad mit der Base, zu zweit in die Diazolösung. Letztere kommt wegen ihrer Temperaturempfindlichkeit (beim Trocknen!) als erstes Bad nicht in Frage; erfordern doch manche Diazolösungen eine Abkühlung mit Eis, weswegen auch diese Art Färbmittel „Eisfarben" genannt werden. Als Beispiel sei die Erzeugung von Paranitranilinrot auf Baumwolle angeführt. Dasselbe entsteht aus diazotiertem Paranitranilin und Beta-Naphtol nach der Gleichung:

In dem Vorangehenden haben wir die im Prinzip einfachsten Färbeoperationen der Baumwolle näher beschrieben. Die kolloidchemischen Vorgänge dabei stellen eine außerordentliche Herabsetzung des Dispersitätsgrades während der betr. Fällungsreaktionen dar, die, beginnend bei molekulardispersen Zerteilungsgraden, in den meisten Fällen bis an die grobdisperse Grenze verläuft und nur im Innern der Fasern schon eher aufhört. Speziell auch beim Paranitranilinrot beeinflussen Zusätze verschiedenster Art, wie Türkischrotöle, Gelatine, Aluminiumsalze u. a., die Dispersitätsverringerung in ihrem Verlaufe wie in ihrem Endergebnis, was sich u. a. auch in verschiedenen Farbtönen der erzeugten Färbung

---

[1]) F. C. Theis, Khaki auf Baumwolle und anderen Textilstoffen (Berlin 1903).
[2]) V. H. Soxhlet, Lehnes Färber-Ztg. 151 (1891/92). Daselbst zusammenfassende Darstellung mit beigefügten Ausfärbungen. — H. Waldau, Ztschr. f. d. ges. Textil-Ind. 25, 29 (1922). Jubiläumsheft.
[3]) E. Odernheimer, Lehnes Färber-Ztg. 205, 375 (1891/92); 207 (1893/94).

äußert[1]). Parallel mit der starken Dispersitätsherabsetzung treten leicht reibunechte Färbungen in Erscheinung. Jede Färbung, die bis zu grobdisperser Farbstoffablagerung führen kann, sowie jede Färbung, bei der der Farbstoff zu Beginn nicht genügend hochdispers gelöst war, birgt die Gefahr des Abreibens in sich[2]).

Hier ist an eine Erscheinung zu erinnern, die H. Bechhold und W. Kraus[3]) beim Eintrocknen von Salzlösungen in porösen Körpern näher untersuchten. Sie fanden, daß sich das gelöste Salz beim Verdunsten des Lösungsmittels an der Oberfläche des porösen Körpers (z. B. einer unglasierten Porzellantafel) anreichert und dort auskristallisiert. Dieser Effekt trat nicht ein, wenn die Salzlösung gleichzeitig Gelatine oder andere stark solvatisierte Kolloide enthielt, oder selbst sehr viskös war. In diesen Fällen trocknete die Lösung gleichmäßig in dem ganzen porösen Körper ein. Es ist bemerkenswert, daß bei der Analogie dieses Vorganges mit dem Färben bei gleichzeitiger starker Dispersitätsverringerung (s. die obigen Beispiele, ferner bes. auch Küpen-, Alizarin-, Schwefel-, Chromierungs- u. a. Farbstoffe) auch in diesen Fällen oft und gern eine Farbstoffausscheidung vorwiegend außerhalb der Fasern vor sich geht, die dann zu reibunechten Färbungen führt. Es ist ferner bemerkenswert, daß, soweit untersucht (z. B. beim Naphtol AS[4]) und bei Küpen[5])) Gelatine, Leim u. a. der Flotte beigegeben, in dem Sinne einer wesentlichen Erhöhung der Reibechtheit wirken. Das ist verständlich, wenn auch hier ihre Anwesenheit ein gleichmäßiges Ablagern des Farbstoffes im Innern einer Faser zur Folge hat.

C. Anilinschwarz auf pflanzlichen Fasern.

Die in den vorangehenden Abschnitten beschriebenen Färbevorgänge bestanden darin, chemische Umsetzungen zwischen zwei Stoffen einzuleiten, die zu unlöslichen Reaktionsprodukten führen. Kolloidchemisch wie färberisch verläuft ein derartiger Vorgang in zwei aufeinanderfolgenden Phasen: Zunächst wird das Textilmaterial mit dem einen, meist sehr hochdispers gelösten Reaktionsteilnehmer getränkt, dann erfolgt in einem zweiten Bade die chemische Reaktion mit dem anderen Reaktionsbestandteile, die zu einer kräftigen Dispersitätsherabsetzung in und auf der Faser führt. Im folgenden ist ein kolloidchemisch ganz analoger Färbevorgang angeführt, der ebenfalls von molekulardisperser Zerteilung ausgeht und dann mittels chemischer Reaktion zu Farbstoffbildung und Dispersitätsherabsetzung führt, die Anilinschwarzfärberei.

Das Spezielle liegt hier in der Art der angewandten chemischen Reaktion. Durch Oxydation eines molekulardispersen Salzes des Anilins in saurer Lösung wird eine Farbstoffsynthese durchgeführt, die auf dem Wege der Kondensation zu großen Molekülkomplexen[6]) unter entsprechender Verringerung des Dispersitätsgrades führt. Die dabei auftretenden Oxydationsprodukte sind durchaus nicht einheitlich. Der oxydative Aufbau des Anilinschwarzes besteht zunächst in einer Aneinanderlagerung vieler Anilinmoleküle, etwa nach dem Schema:

---

[1]) Eine ausführliche Arbeit über die kolloidchemischen Vorgänge bei der Paranitranilinrotfärbung, s. R. Haller, Lehnes Färber-Ztg. 227, 257, 283, 305 (1913).

[2]) R. Haller, l. c., vorige Anm. 305.

[3]) H. Bechhold, Kolloid-Ztschr. 27, 229 (1920.) — W. Kraus, ebenda 28, 161 (1921).

[4]) F. Kunert, Lehnes Färber-Ztg. 89 (1916).

[5]) S. d. Vorschriften der Farbenfabriken.

[6]) R. Willstätter, Ber. d. Dtsch. Chem. Ges. 40, 2665; 42, 2147, 4118, 4135; 43, 2976; 44, 2162. — A. Green, ebenda 44, 2576; 45, 1955; 46, 33, 3769.

usw.

Durch weitere Anlagerung von Anilin können dann noch Azinringschlüsse u. a. erfolgen.

An speziellen chemischen Ausführungsvorschriften existiert eine derartige Menge, daß ein näheres Eingehen hier unterbleiben muß[1]). Allgemein kann gesagt werden, daß die Anilinschwarzbildung durch Oxydation von Anilinsalz in saurer Lösung entweder mit Kaliumbichromat oder mit Natriumchlorat ausgeführt wird. Im letzteren Falle ist zur Einleitung und Durchführung der Oxydation ein Katalysator erforderlich. Als solche dienen Vanadinsalze, Cerosalze, Kaliumferrozyanid, -ferrizyanid, Kupfersulfid u. a. An Stelle von Anilinsalz hat nur noch die Verwendung von Diphenylschwarzbase (p-Amidodiphenylamin) technische Bedeutung gewonnen, die für sich allein, oder auch in Kombination mit Anilin (Diphenylschwarzöl) auf gleiche Weise zu einem guten Schwarz führt, welches besonders den Vorteil hat „unvergrünlich" zu sein, d. h. eine vielen reinen Anilinschwarzfärbungen anhaftende nachträgliche Nuancenänderung nicht zu zeigen, die die Folge einer chemischen Reaktion ist[2]). Gleichfalls im Sinne einer Vermeidung des Vergrünens wirkt der Zusatz von geringen Mengen p-Phenylendiamin (Ursol D) zu der Anilinsalzlösung.

Die färberische Ausführung der Anilinschwarzbildung geschieht in mannigfaltiger Weise. Die einfachste Ausführung besteht in der Oxydation der angesäuerten Anilinsalzlösung mittels Kaliumbichromat in einem Bade. Durch allmählichen Zusatz der Reagentien und durch allmähliche Steigerung der Temperatur hat man es in der Hand, den Vorgang genügend langsam von statten gehen zu lassen. Da jedoch Baumwolle molekulardispers gelöstes Anilin nicht adsorbiert, ist es nicht zu vermeiden, daß die Anilinschwarzbildung ebenfalls in der Flotte vor sich geht, so daß auf diesem zwar einfachen Wege nur wenig reibechte Färbungen erhalten werden. Wesentlich besser ist daher das folgende Verfahren, das darin besteht, die Faser zunächst mit einer sauren, sehr konzentrierten Lösung von Anilinsalz, Chlorat und einen der oben angeführten Katalysatoren zu tränken, dann möglichst kalt diese Lösung auf der Faser einzutrocknen, und schließlich durch feuchte Wärme bzw. Dampf die Oxydation einzuleiten, die dann meist noch durch eine nachträgliche Passage durch eine Chromatlösung vollendet werden muß. In vielen Betrieben ist das Anilinschwarzverfahren zu außerordentlicher Vollkommenheit ausgebildet, so daß dort Färbungen (z. B. schwarze Strümpfe) mit hervorragenden Echtheiten resultieren.

D. Naphtol AS auf pflanzlichen Fasern.

Adsorption der Farbstoffe. Bei den folgenden Verfahren kommt neben der Dispersitätsverringerung ein weiterer kolloidchemischer Vorgang dazu: Die Adsorption des Farbstoffes durch die Faser. Bei den vorher (unter A und B) beschriebenen Verfahren nimmt das Textilmaterial nur soviel Farbstoff, z. B. Beta-Naphtol aus dem Bade auf, als in der aufgesaugten und

---

[1]) E. Noelting und A. Lehne, Anilinschwarz und seine Anwendung in Färberei und Zeugdruck. 2. Aufl. (Berlin 1904).
[2]) F. Erban, Lehnes Färber-Ztg. 253, 268, 288 (1906).

nach dem Schleudern verbliebenen Menge Flotte vorhanden war; mithin verliert die Flotte beim Färben nur an Volumen und nicht an Konzentration. Der Adsorptionsvorgang dagegen äußert sich derart, daß das Fasermaterial mehr Farbstoff aus der Flotte entnimmt, als dem aufgenommenen Flüssigkeitsvolumen entspricht. Die Farbstoffkonzentration der Flotte nimmt mithin gleichfalls beim Färben ab, was in manchen Fällen (z. B. beim Färben der Wolle mit vielen sauren Farbstoffen) bis zur völligen Erschöpfung des Farbstoffbades führt.

Hier sei noch auf eine mögliche Adsorptionsursache hingewiesen, die durch die Herabsetzung des einen oben diskutierten Lösungspotentials hervorgerufen wird, nämlich durch die Herabsetzung des Dispersitätsgrades des gelösten Farbstoffes auf der Faser[1]). Erforderlich wäre hierzu, daß die Konzentrationserhöhung des Farbstoffes in der Faser zu einer Verringerung seines Dispersitätsgrades führen würde. Das ist in der Tat in vielen, noch zu besprechenden Fällen der Fall; ganz besonders aber läßt sich diese Dispersitätsverringerung noch durch Zusatz von Salzen usw. wirksamer gestalten, entsprechend der Elektrolytkoagulation bei typischen kolloiden Systemen. Diese erfolgt aber bei Farbstoffen meistens um so energischer, je konzentrierter ihre Lösung ist. Auf die hierher gehörenden speziellen Resultate wird in den betreffenden Kapiteln weiter unten näher eingegangen werden.

Im allgemeinen kann man sagen, daß man bei der Baumwollfärbung neben der eben diskutierten Adsorption infolge Dispersitätsverringerung noch die gewöhnliche Gibbssche Adsorption antrifft. Beim Färben der tierischen Fasern kommt chemische Adsorption hinzu.

Ersetzt man bei der Herstellung von Paranitranilinrot (s. o.) das Beta-Naphtol durch das Anilid der Beta-Oxynaphtolsäure, welches unter der Bezeichnung

Naphtol AS (Gr. E.) in den Handel kommt, so zeigt sich beim Grundieren mit diesem Naphtol, daß das Textilmaterial im Gegensatz zum Beta-Naphtol mehr gelöstes Naphtol aufnimmt, als der aufgenommenen Menge Flotte entspricht, m. a. W., daß Naphtol AS von Baumwolle ·adsorbiert wird. Durch Salzzusatz kann das Aufziehen desselben verstärkt werden. Das geht soweit, daß das Naphtolbad, z. B. beim Naphtol AS — SW bei einmaliger Grundierung durch Kochsalzzusatz fast vollständig erschöpft wird. Dieses „substantive" (d. h. adsorptive) Aufnehmen des Naphtols durch die Faser hat mehrere Vorteile. Der wichtigste ist die Verminderung des Abblutens derartiger Grundierung im Entwicklungsbad, die sonst sehr zu reibunechten Färbungen Anlaß gibt. Das verringerte Abbluten im zweiten Bad wird dort durch Kochsalzzusatz (20—50 g pro Liter) nochmals verbessert. Auf diese Weise ist es auch möglich, die Naphtol AS-Grundierung ohne Zwischentrocknung direkt in das Entwicklungsbad zu bringen. Nur in Fällen, wo besonders großer Wert auf Reibechtheit gelegt wird, kann die grundierte Faser bei 50—60⁰ kurz angetrocknet werden. Zum Entwickeln dienen, entsprechend wie beim Paranitranilinrot, verschiedene diazotierbare Basen.

Die Herstellung der Diazoverbindung in der Färberei läßt sich in vielen Fällen umgehen, wenn man an ihrer Stelle das viel stabilere und haltbare (im Handel erhältliche) Nitrosamin benutzt, das unter geeigneten Bedingungen die gleiche Reaktion mit den Naphtolen wie der Diazokörper zeigt. In manchen Fällen läßt sich das Nitrosamin sogar in der Kälte mit dem Naphtol mischen, ohne daß die Kupplungsreaktion eintritt. Dieselbe wird erst nach erfolgtem Tränken oder Bedrucken des Textilgutes in der Hitze mit Säuren, Bichromat usw. ausgeführt.

---

[1]) Auch infolge Herabsetzung des zweiten Lösungspotentials, desjenigen der Solvatation (s. o.), wäre Adsorption denkbar; doch spielt diese Ursache hier keine Rolle.

Derartige fertige Gemische von einem Naphtol mit dem Nitrosamin kommen unter dem Namen „Rapidechtfarben" (Gr. E.) in den Handel.

Das Aufnahmevermögen der Faser für alle Naphtole ist in der Kälte stärker als bei höheren Temperaturen. Man wählt die Grundierungstemperatur daher im allgemeinen bei 25—30° C. Wir werden später bei hochdispersen substantiven Farbstoffen ebenfalls diesen negativen Temperaturkoeffizienten der Farbstoffaufnahme kennen lernen und dort dessen kolloidchemische Bedeutung diskutieren.

E. Substantive Baumwollfärbung [1]).

Bei den bisher besprochenen Färbeverfahren bestand die Hauptoperation in einer Niederschlagsbildung, d. h. kolloidchemisch ausgedrückt: Nach dem Tränken des Textilmaterials mit einer molekulardispersen Lösung des einen Reaktionsteilnehmers wird durch chemische Bindung mit einem zweiten entsprechend gewählten Reaktionsteilnehmer eine mehr oder weniger grobdisperse Fällung erzeugt. Erst bei dem zuletzt angeführten Naphtol AS fanden wir gleichzeitig eine adsorptive Aufnahme desselben seitens der Faser. In den folgenden Färbeverfahren werden wir sehen, daß der Adsorptionsvorgang meist den Hauptanteil beim Färben darstellt, der allerdings stets von einer Dispersitätsverringerung begleitet ist oder eine solche mittelbar oder unmittelbar zur Folge hat. Dagegen werden wir auch Färbemethoden, besonders bei animalischen Fasern sehen, bei denen Dispersitätsverringerung nur eine geringfügige Rolle spielt.

Diejenigen sauren Farbstoffe bzw. diejenigen Natriumsalze von Farbstoffsäuren, die in wäßriger Lösung einen Dispersitätsgrad zeigen, der nahe dem kolloiden Zerteilungsgrade liegt (s. o.), haben die Eigenschaft, bei Anwesenheit von Salzen Baumwolle und andere vegetabilische Fasern direkt anzufärben. Man nennt diese Gruppe substantive Farbstoffe. Ihrer chemischen Konstitution nach unterscheiden sich dieselben im Prinzip nicht von den sauren Wollfarbstoffen, außer daß letztere im Durchschnitt aus kleineren, einfacheren Molekülen aufgebaut sind [2]), infolgedessen nicht aggregiert und somit höherdispers in Lösung gehen wie die substantiven Farbstoffe.

Bringt man Baumwolle in eine Lösung eines substantiven Farbstoffes, so wird dieselbe nur wenig angefärbt. Durch Zugabe von Salzen (Kochsalz, Glaubersalz) zur Flotte ziehen diese Farbstoffe jedoch leicht auf und zunächst um so stärker, je größer der Salzgehalt der Flotte ist, bis schließlich ein Optimum erreicht wird, bei dessen Überschreitung, d. h. bei weiterer Erhöhung der Salzkonzentration, wieder weniger Farbstoff auf die Faser zieht. Der Salzzusatz wirkt, wie oben erwähnt, im Sinne einer Dispersitätsverringerung des Farbstoffes auf der Faser. Da aber schließlich eine Salzkonzentration erreicht wird, bei der dieser Vorgang auch innerhalb der Flotte vor sich geht, bei der m. a. W. in der Flotte bereits Koagulation eintritt, so ist letzterer Vorgang die Ursache für die Verringerung des Aufziehens der Farbstoffe bei hohen Salzkonzentrationen, da die Faser aus trüben, bzw. grobdispers geflockten Flotten keinen Farbstoff mehr aufnehmen kann. In engem Zusammenhang damit steht die Tatsache, daß die optimale Salzkonzentration von dem allgemeinen Flockungsvermögen der angewandten Salze abhängt. Es zeigt sich, daß die Lage des Farboptimums bei um so kleineren Salzkonzentrationen liegt, je stärker fällend das Salz wirkt. Da letztere Eigenschaft allgemein zunimmt

---

[1]) Vgl. hierzu R. Haller und A. Nowak, Kolloidchem. Beih. **13**, 69 (1920). — R. Auerbach, Kolloid-Ztschr. **29**, 190 (1921); **30**, 166 (1922).
[2]) R. Haller, Kolloid-Ztschr. **29**, 95 (1921).

mit der Wertigkeit des Salzes, d. h. da zweiwertige Salze stärker flocken als einwertige usw., so benötigt man bei den ersteren wesentlich kleinere Konzentrationen zur Erreichung des Maximums. Gleichzeitig zeigt sich aber, daß die Farbstoffmenge, die in dem jeweiligen Salzoptimum aufgenommen wird — leider — um so geringer ist, bei je kleineren Salzkonzentrationen das Maximum liegt. M. a. W. bei Verwendung etwa von Magnesiumsulfat an Stelle von Glaubersalz würden viel geringere Salzkonzentrationen zur Erreichung der optimalen Färbung ausreichen, die resultierende Färbung dagegen würde heller ausfallen als bei Anwendung von Glaubersalz.

Diese Tatsache hat zwei wesentliche Konsequenzen: Für die Härte des Wassers ist hauptsächlich sein Gehalt an mehrwertigen Salzen (Ca, Mg, Fe usw.) verantwortlich. Da aber letzteren ein großes Fällungsvermögen zukommt, dieselben also bereits in kleinen Konzentrationen ihr färberisch unbrauchbares Salzoptimum überschreiten und damit trübe Flotten geben, so ist für diese und ähnliche Färbeverfahren hartes Wasser zu vermeiden bzw. wenn solches vorliegt, ist es zu korrigieren.

Aus dem eben Gesagten ergibt sich noch eine zweite unmittelbare Folgerung. Um eine möglichst ergiebige Färbung zu erhalten, muß man solche Elektrolytzusätze anwenden, die nur geringes Flockungsvermögen besitzen, infolgedessen in um so größerer Konzentration angewandt werden müssen. Als solche kommen für technische Zwecke nur Glaubersalz und Kochsalz in Frage. Deren an sich schon geringes Fällungsvermögen läßt sich durch Zusatz geringer Alkalimengen (Soda oder Seife[1]) weiter herabsetzten, so daß ein derartiges Elektrolytgemisch, das in hohen Konzentrationen angewandt werden muß, die heute ergiebigste substantive Baumwollfärbung ergibt.

Die Temperatur der substantiven Baumwollfärbungen beträgt im allgemeinen 100°. Die Agfa hatte jedoch bereits 1899 gefunden, daß einige substantive Farbstoffe bereits bei niederer Temperatur (20—50°) gut auf die Faser ziehen. Es zeigt sich, daß diese Einteilung der substantiven Farbstoffe in kalt- und heißziehende ausschließlich kolloidchemische Ursachen hat[2]). Wie oben (Abschn. II, 2) gezeigt wurde, gehen die substantiven Farbstoffe mit einem Dispersitätsgrade in wäßrige Lösung, der zwischen typisch kolloiden und molekularen Dimensionen, jedoch näher den ersteren, liegt. Es ist das der Ausdruck für die Tatsache, daß Baumwolle und die anderen Zellulosefasern bei direkter Färbung auf einen ganz bestimmten Dispersitätsgrad des Farbstoffes „ansprechen". Da es nicht möglich ist, ausschließlich solche Farbstoffe zu benutzen, die genau diesem optimalen Dispersitätsgrade entsprechen, und da es sich andererseits auch nicht als notwendig erwiesen hat, so wendet man auch solche an, deren Dispersitätsgrad mehr oder weniger von diesem optimalen abweicht. Da auf der anderen Seite die Temperatur den Aggregationszustand und damit auch die Teilchengröße der gelösten Farbstoffe beeinflußt, und zwar im Sinne einer Dispersitätserhöhung bei Temperatursteigerung, so folgt, daß sich die Teilchengrößen der gelösten Farbstoffe mit zunehmender Temperatur sowohl der optimalen Größe nähern, als sich auch von ihr entfernen können, je nachdem nämlich ihr Dispersitätsgrad bei Zimmertemperatur geringer bzw. höher ist, als dem Optimum entspricht[3]). Die bereits in der Kälte gut auf-

---

[1]) Vgl. hierzu die Tabellen über Fällungswerte bei Wo. Ostwald, Kolloidchem. Beih. **10**, 179 (1919); **12**, 91 (1920).

[2]) R. Auerbach, Kollloid-Ztschr. **34**, 109 (1924).

[3]) Würde ein beliebig großes Temperaturintervall zur Verfügung stehen, so würde man für jeden Farbstoff bei mittleren Temperaturen ein färberisches Optimum finden können. In der Praxis (20—100°) stößt man nur auf den ansteigenden bzw. absteigenden Ast.

ziehenden Baumwollfarbstoffe haben dort bereits den richtigen Zerteilungsgrad, während die heißfärbenden in der Kälte zu grobdispers gelöst sind und erst durch Temperatursteigerung die notwendige Dispersitätssteigerung erfahren müssen. Im Durchschnitt ist also der Zerteilungsgrad derjenigen Farbstoffe, die die Agfa als kaltziehende angibt, ein höherer als der von ihr als heißziehend bezeichneten.

Dieser dispersitätssteigernde Einfluß der Temperatur geht soweit, daß die bei 20^0 höchstdispersen substantiven Farbstoffe (z. B. Heliotrop 2B oder Erika BN) einen ausgesprochen negativen Temperaturkoeffizienten ihres Färbevermögens gegenüber Baumwolle besitzen, weil durch jede Temperaturerhöhung bei diesen ein noch weiteres Entfernen ihres Dispersitätsgrades vom optimalen erfolgt. Diese beiden (und andere ähnlich hochdisperse) Farbstoffe ergeben also bei 20^0 eine intensivere Färbung, als bei allen höheren Temperaturen (Flottenverhältnis und Salzzusätze konstant gehalten, Färbedauer bis zur völligen Einstellung des Gleichgewichtes).

Bemerkenswert ist das Verhalten der zuletzt genannten substantiven Farbstoffe gegenüber Wolle. Letztere sowie die anderen animalischen Fasern bevorzugen wesentlich höherdisperse Farbstoffe als Baumwolle. Das geht z. B. aus dem schon durchweg sehr hohen Dispersitätsgrade der sauren Farbstoffe hervor, welche die charakteristische Gruppe für direkte animalische Färbungen darstellen. Wenn nun z. B. Erika BN, wie oben gezeigt, durch Temperaturerhöhung höherdispers wird, so entfernt es sich damit zwar von optimalen Teilchengrößen für Baumwolle, es nähert sich dagegen derjenigen der viel höherdispersen Wollfarbstoffe. Wir haben auf Baumwolle einen negativen Temperaturkoeffizienten seiner Ausfärbung gefunden, wir finden auf Wolle dagegen entsprechend dem oben diskutierten Tatbestand einen positiven Temperaturkoeffizienten.

Dieser entgegengesetzte Verlauf des Anfärbens von pflanzlicher und tierischer Faser bei verschiedenen Temperaturen durch hochdisperse substantive Farbstoffe ist von Wichtigkeit beim Färben von gemischten Geweben, die aus pflanzlichen und tierischen Fasern bestehen. In diesen Fällen kann durch geeignete Temperaturregulierung Unifärbung erzielt werden. In der Kälte färbt z. B. Erika BN Baumwolle stärker an, während es in der Wärme kräftiger auf die Wollfaser zieht. Bei mittleren Temperaturen existiert ein Gebiet, bei dem beide Fasern gleichmäßig anfärben.

Neben diesen eben beschriebenen Dispersitätsveränderungen des gelösten Farbstoffes beeinflussen zweifellos auch andere Funktionen, wie Quellung der Fasern, Adsorptionsgleichgewichte usw. den Temperaturkoeffizienten der Färbungen, doch liegen darüber noch keine Ergebnisse vor.

F. Küpenfarbstoffe auf pflanzliche Fasern.

Die Hauptvertreter dieser Farbstoffgruppe setzen sich zusammen aus Derivaten des Indigos und denen des Anthrachinons (Indanthren). Sie sind als solche nicht wasserlöslich, lassen sich aber leicht durch Reduktion in wasserlösliche Verbindungen (Leukokörper) überführen. Wie in dem Abschnitt über Lösen der Farbstoffe mitgeteilt wurde, geschieht das meistens durch alkalische Hydrosulfitlösung. Systematische Untersuchungen an vielen derartigen Lösungen über den auf diese Weise erreichten Dispersitätsgrad der Leukoverbindungen liegen nicht vor, abgesehen von einigen ultramikroskopischen Beobachtungen von R. Haller und

A. Nowak[1]). Aus diesen Lösungen adsorbiert die pflanzliche Faser mehr oder weniger stark die Leukobase, und zwar werden die Indanthrenfarbstoffe außerordentlich leichter und intensiver aufgenommen als der Indigo. Das Fasergut wird während dieses Färbevorganges stets nur innerhalb der Flotte belassen, da ja Luft die Leukoverbindungen wieder zerstört und die eigentlichen (unlöslichen) Farbstoffe zurückbildet. Erst nach Beendigung wird abgequetscht, worauf Reoxydation erfolgt, die von einer Dispersitätsherabsetzung begleitet ist. Die kräftige und die Faser gut durchdringende Adsorption der Indanthrenfarbstoffe hat zur Folge, daß die Farbstoffbildung allgemein nicht so sehr zu grobdisperser Farbstoffausscheidung führt, weil im besonderen keine wesentliche Farbstoffabscheidung außerhalb der Faser erfolgt. Auf diese Weise erreichen die Indanthrenfarbstoffe eine vorzügliche Reibechtheit. Im Gegensatz dazu erfolgt die Abscheidung des auf der Faser nur lose haftenden Indigos wesentlich heterogener (R. Haller und A. Nowak, l. c.). Das färberische und kolloidchemische Verhalten von Indigo einerseits, Indanthrenfarbstoffen anderseits, steht demnach in Parallele zur Betanaphtol- bzw. Naphtol AS-Grundierung.

G. Thioindigo- und Schwefelfarbstoffe auf pflanzliche Fasern.

Verschiedene, durch Schwefel substituierte Derivate des Indigos, z. B das Indigorot

$$C_6H_4 \underset{CO}{\overset{S}{<}} C = C \underset{CO}{\overset{S}{>}} C_6H_4$$

haben die Eigentümlichkeit, sich einerseits mit Hydrosulfit verküpen zu lassen, wobei die $=CO$-Gruppe in die der Leukobase $\equiv COH$ übergeht, andererseits aber infolge ihres Schwefelgehaltes auch mit Schwefelnatrium in Lösung zu gehen. Sie lassen sich also sowohl wie Küpenfarbstoffe, als auch wie Schwefelfarbstoffe färben. Die kolloidchemischen Vorgänge beim Färben mit Thioindigofarbstoffen und mit Schwefelfarbstoffen sind dabei nahe dieselben, wie beim Färben mit Küpenfarbstoffen. Bestimmungen des Dispersitätsgrades dieser Farbstoffgruppe in Lösung liegen nicht vor; der verhältnismäßig komplizierte Molekülaufbau der meisten Schwefelfarbstoffe läßt auf einen geringen Dispersitätsgrad schließen, wie ihn etwa die substantiven Farbstoffe besitzen. In einigen Fällen liegen vielleicht Adsorptionsverbindungen dispersen Schwefels molekularer (beim Blau und Grün) oder hochkolloider (beim Braun) Dimensionen vor, bei denen das organische Substrat das Absorbens darstellt (Wo. Ostwald).

---

[1]) R. Haller und A. Nowak, Kolloidchem. Beih. **13**, 92 (1920). Deren ultramikroskopische Ergebnisse stehen in dem einen Falle der Hydrosulfitküpe des Indigos nicht im Einklange mit eigenen quantitativen Diffusionsmessungen, die einen sehr hohen Dispersitätsgrad des so gelösten Indigoweißes ergaben, der etwa dem der sauren Wollfarbstoffe entspricht, während eine Messung am Indanthrenviolett RR extra den Dispersitätsgrad der substantiven Baumwollfarbstoffe zeigte (s. R. Auerbach, Kolloid-Ztschr. **33**, 264 (1923)). Während R. Haller und A. Nowak aus dem Auftreten von sichtbaren Ultramikronen auf den kolloiden Charakter der Indigolösung schließen, finden sie trotzdem kräftige Dialyse. Nun ist aber das Ultramikroskop in den Fällen einer qualitativen Dispersoidanalyse, zumal technischer Lösungen, nicht zuverlässig genug, da das Vorhandensein von Ultramikronen auf Verunreinigungen oder aber auf einen nicht abzuschätzenden Anteil der gelösten Farbstoffmenge zurückgeführt werden kann, umgekehrt aber durch Solvatation der notwendige optische Unterschied zwischen dispersem Anteil und Dispersionsmittel verwischt werden kann, und daraus entsteht ein negativer ultramikroskopischer Befund, obwohl der gesamte disperse Anteil in kolloiden Dimensionen vorliegen mag. Man sieht also, daß weder ein positives noch ein negatives ultramikroskopisches Resultat für sich allein als bindend angesprochen werden kann.

H. Saure und substantive Farbstoffe auf tierische Fasern.

Diese beiden Farbstoffgruppen sind die wichtigsten zum Färben von tierischen Fasern. Chemisch sind die meisten durch die Anwesenheit einer oder mehrerer Sulfogruppen gekennzeichnet, im übrigen aber leiten sie sich von den verschiedensten Grundstoffen ab. Sie ziehen unter Zusatz von mehr oder weniger Säure und Salz in kochendem Bade auf die tierische Faser. Ihrem speziellen färberischen Verhalten nach werden diese Farbstoffe oft nochmals in folgende Untergruppen eingeteilt[1]):

    I. Egalisierungsfarbstoffe,
    II. Saure Farbstoffe,
    III. Schwach saure Farbstoffe,
    IV. Substantive Farbstoffe.

Die Unterschiede beim Färben dieser vier Gruppen bestehen in den Elektrolytzusätzen und in der Flottenführung. In der angegebenen Reihenfolge nimmt die notwendige Menge von Salzzusatz zu, während umgekehrt die Egalisierungsfarbstoffe am stärksten sauer, die folgenden Gruppen mit immer weniger Säure gefärbt werden. Im einzelnen seien folgende Ausführungsvorschriften betr. Zusätze gegeben[2]):

    I. Egalisierungsfarbstoffe:
        10—15% Glaubersalz krist. und
        3— 5% Schwefelsäure, konz.
    II. Saure Farbstoffe:
        10—20% Glaubersalz, krist..
        2— 3% Schwefelsäure, konz.
    III. Schwach saure Farbstoffe:
        10—20% Glaubersalz, krist.,
        2— 5% Essigsäure (30%).
    IV. Substantive Farbstoffe:
        10—20 g Glaubersalz, krist. pro Liter Flotte, unter evtl. Nachsetzen von 1—2% Essigsäure gegen Ende des Färbeprozesses.

Man geht mit der Ware bei 50—80° C ein, treibt zum Kochen und kocht 1—2 Stunden. In der angeführten Reihenfolge muß man zunehmend vorsichtiger und langsamer die Flotte zum Kochen bringen, da die Farbstoffe der Gruppen I—IV im allgemeinen zunehmend schneller an die Faser gehen und ein zu schnelles Anfärben leicht zu unegalen Färbungen führt. Nur die Egalisierungsfarbstoffe ziehen so langsam (und dabei unvollständig) auf die Faser, daß einige von ihnen sogar zwecks Nuancierens zur kochenden Flotte gegeben werden können. Wie bereits oben angeführt, unterscheiden sich diese vier Gruppen kolloidchemisch ihrem Dispersitätsgrade nach, der durchschnittlich in der Reihenfolge I→ IV abnimmt.

Eng im Zusammenhang damit steht zweifellos die verschiedenartige Ausfärbungsweise, speziell was Säure- und Salzzusatz betrifft. Da deren Wirkungs-

---

[1]) S. z. B. Die Farbstoffe der A.G. f. Anilin-Fabr. 1 (Berlin 1913).
[2]) Die %-Angaben beziehen sich, wie in der Färberei üblich, auf das Gewicht der Faser, wobei hier speziell ein Flottenverhältnis (das ist Ware: Flüssigkeit) von 1:40 bis 1:50 angenommen ist.

weise im einzelnen noch nicht geklärt ist, sollen hier zunächst die wichtigsten Tatsachen mitgeteilt werden:

Ohne Säure und Salzzusatz färben diese Farbstoffe die Faser nur gering an. Jeder Säurezusatz fördert ihr Aufziehen an Geschwindigkeit und im Endresultat, und zwar um so mehr, je stärker die Säure und je höher ihre Konzentration ist (solange allerdings eine bestimmte Konzentration noch nicht überschritten ist).

Jeder Salzzusatz zur sauren Flotte verringert die Säurewirkung, was sich in verringerter Aufziehgeschwindigkeit und (bei kleinen Salzkonzentrationen) in geringerer Tiefe der erhaltenen Färbung kundgibt. Fertige saure Wollfärbungen lassen sich nachträglich in einem salzhaltigen Bade teilweise wieder abziehen. Nur in sehr hohen Konzentrationen (über ca. 15 g pro Liter) wirken Salze fördernd auch auf diese Färbevorgänge. Dieser letztere Einfluß äußert sich um so eher, je geringer dispers der angewandte saure Farbstoff ist, also am ehesten bei den substantiven Farbstoffen. Da in den meisten Fällen der Farbstoff in einem Bade, welches nur Säure enthält, zu schnell und damit zu unegal auf die Faser ziehen würde, wird von dem verlangsamenden Einfluß des Salzes fast immer Gebrauch gemacht, wie die oben angeführten Ausführungsvorschriften zeigen.

Was den eigentlichen Mechanismus der Farbstoffbindung durch tierische Fasern anlangt, so sind bald alle Färbetheorien zu dessen Erklärung herangezogen worden. Heute kann als wahrscheinlich gelten, daß Wolle dabei mit den Farbsäuren (bzw. mit den Farbbasen) eine Salzbildung eingeht. Die ersten quantitativen Versuche zur stöchiometrischen Kennzeichnung dieser Reaktion stammen von E. Knecht[1]). Neuerdings hat K. H. Meyer[2]) eingehende Versuche darüber mit dem Resultate angestellt, daß Wolle mit Säuren aller Art, also sowohl Mineralsäuren, organischen Säuren und (allerdings nur hochdispersen) Farbsäuren, unter Salzbildung reagiert, und zwar binden je 1000 g Wolle bei ihrer Sättigung ein Grammäquivalent Säure.

Auf der anderen Seite ist es unzweifelhaft, daß bei sauren Farbstoffen geringerer Dispersität auch Elektrolytkoagulation, bzw. allgemeiner auch kolloidchemische Vorgänge mit beteiligt sind. Andernfalls wäre wohl unwahrscheinlich, daß die praktisch-färberische Einteilung (s. o.) und Anwendungsart der Wollfarbstoffe in dem oben geschilderten einfachen Zusammenhang mit dem Dispersitätsgrade der betr. Farbstoffgruppen steht, keinesfalls aber von irgendwelchen stöchiometrischen Beziehungen abhängt.

I. Chromierungsfarbstoffe auf Wolle.

Von großer Wichtigkeit in der Wollfärberei ist die Herstellung von Farbstoff-Chromsalzen auf der Faser, die bei vielen sauren Farbstoffen zu hervorragend echten Färbungen führt. Man muß dabei die einfache Bildung eines schwerlöslichen Chromsalzes von der in manchen Fällen gleichzeitig nebenbei eintretenden Oxydation durch Kaliumbichromat unterscheiden, wobei im letzteren Falle im Farbstoffmolekül neue chinoide Gruppen auftreten, die zu völliger Farbtonänderung, meist in bathochromer Richtung, führen.

Als Chromsalze verwendet man Kaliumbichromat, Chromalaun, Fluorchrom u. a. Während für den Fall einer oxydierenden Chromierung selbstverständlich nur Bichromat in Frage kommt, ist für den Fall der einfachen Farbstoff-Chromsalzbildung auch Fluorchrom usw. anwendbar. Aber auch in dem letzteren Falle

---

[1]) E. Knecht, Ber. d. Dtsch. Chem. Ges. 37, 3481 (1904).
[2]) K. H. Meyer, Mellands Textilberichte 7, 605 (1926).

kann man vorteilhaft Bichromat anwenden, nur muß man dann dafür Sorge tragen, daß es auf der Faser reduziert wird (z. B. durch Milch- oder Ameisensäure usw.).

Das Fixieren des Chroms auf der Faser geschieht entweder v o r dem eigentlichen Färben, w ä h r e n d desselben oder e r s t nachträglich. Während das erstere und das zuletzt genannte Verfahren ohne weiteres verständlich ist, ist zu der technischen Ausführbarkeit der gleichzeitigen Chromierung einiges zu erläutern. Dieselbe erfolgt entweder unter Auswahl geeigneter Farbstoffe durch gleichzeitige Zugabe von Kaliumbichromat in das anfangs neutrale oder nur ganz schwach saure Bad, oder aber z. B. beim Metachromverfahren durch allmähliches Entstehen von Bichromat aus neutralem (und damit unwirksamen) Chromat. Letzteres erreicht man durch Verwendung von neutralem Ammoniumchromat bzw. einem Gemisch von Kaliumchromat mit Ammonsulfat (Metachrombeize). Während des Färbens spaltet sich Ammoniak in der Hitze ab, die Flotte wird allmählich sauer und die Chromierung erfolgt. Eine dritte Möglichkeit der gleichzeitigen Chromierung bietet die Anwendung komplexer Chromsalze an Stelle von Chromfluorid, z. B. Chromnatriumoxalat (Chromosol-Entwickler), die nur außerordentlich langsam mit dem Farbstoff reagieren und somit ein zu frühzeitig eintretendes Chromieren verhindern.

Kunstseide.

Von Dr. **O. Faust**-Mannheim-Waldhof.

Mit 51 Abbildungen.

A. Allgemeines.

I. Wissenschaftlicher Teil.

Das einzige Ausgangsmaterial, das für die Kunstseidenindustrie brauchbar ist, ist heute die Zellulose, nachdem die Frage, wie dieser chemisch anscheinend so überaus widerstandsfähige Stoff in Lösung gebracht werden kann, auf den verschiedenen Wegen, Nitrozellulose, Kupferoxydammoniaklösung, Viskose, Azetylzellulose, Zelluloseäther, gelöst worden war. Die natürliche Zellulose (Baumwolle, Leinen, Flachs, Jute, Ramie und Holzzellulose) besitzt nach den Ergebnissen der Röntgenforschung, die insbesondere von Debye und Scherrer[1], von R. O. Herzog[2]), von J. R. Katz[3]), von K. H. Meyer und H. Mark[4]) und deren Mitarbeitern v. Susich, Hengstenberg u. a., sowie Andress[5]) gefördert worden ist, einen regelmäßigen, kristallinischen Aufbau. Es gelingt kaum, die Zellulose ohne chemische Veränderung, vor allem aber nicht ohne Strukturänderung (Auflockerung[6])), in Lösung zu bringen. Es handelt sich fast immer um Äther- oder Esterbildung, und auch die Kupferoxydammoniaklösung muß als eine chemische Verbindung[7]) angesehen werden.

Nur die von P. P. v. Weimarn[8]) zuerst angegebene Arbeitsweise (D.R.P. 275882 (1912)), Behandlung der Zellulose mit stark hydratisierten, konzentrierten Salzlösungen, wie Rhodankalzium, Lithiumchlorid u. ähnl., gestattet vielleicht[9]),

---

[1]) Scherrer, Zsigmondy, Kolloidchemie, 3. Aufl. Anhang (S. 420); s. hierzu Ambronn, Kolloid-Ztschr. **18**, 90, 237 (1916); **20**, 173 (1917).

[2]) R. O. Herzog und W. Janke, Ber. **53**, 1162 (1920). — Ztschr. f. Physik **3**, 196 (1920).

[3]) J. R. Katz, Ztschr. f. Elektrochem. **32**, 296 (1926). — Bes. K. Hess, Chemie der Zellulose (Leipzig 1927) 605—769, Anhang von J. R. Katz.

[4]) Zusammengefaßt in Kap. 5—8 von K. H. Meyer und H. Mark, Aufbau der hochpolymeren organischen Naturstoffe. (Leipzig 1930.)

[5]) K. P. Andress, Ztschr. f. physik. Chem. **136**, 249 (1928); (B) **2**, 380 (1929); ibid. **4**, 380 (1929).

[6]) O. Faust, Kolloid-Ztschr. **46**, 329 (1928).

[7]) K. Hess und Messmer, Ber. **54**, 834 (1921). — K. Hess, Koll. Ztschr. **53**, 65 (1930).

[8]) P. P. v. Weimarn, Kolloid-Ztschr. **41** (1912); s. hierzu auch E. Heuser, Fortschr. d. Zellstoffchemie, Papier-Ztg. (1915). — R. O. Herzog und Beck, Ztschr. f. physiol. Chem. **116** (1920).

[9]) P. P. v. Weimarn, Kolloid-Ztschr. **29**, 197 (1921).

die Zellulose ohne chemische Veränderung (d. h. ohne Bildung einer chemischen Verbindung), nicht aber ohne Strukturänderung, in Lösung zu bringen. Diese umfassenden Untersuchungen von v. Weimarn sind schon vereinzelt von Vorgängern vorbereitet worden. So haben Wynne und Powell (Engl. Pat. 16805 (1884)) die Löslichkeit von Zellulose in Zinkchlorid ermittelt, und Dubosc stellte Lösungen von Zellstoff in Rhodanammonium und Rhodankalzium her.

Diese von Cross und Bevan bestrittene Löslichkeit wird genau so wie die Lösung in Zinkchlorid und auch die Lösung in den von v. Weimarn angegebenen Salzlösungen wesentlich dadurch erleichtert, daß man die zu lösende Zellulose, bzw. den Zellstoff einer Vorbehandlung, z. B. einer Merzerisation unterwirft. Die Lösungen in dem stets sauren Zinkchlorid verändern sich sehr bald unter dem hydrolysierenden Einfluß der Säure. Noch viel stärker ist das der Fall bei den bekannten Lösungen von Zellulose in konzentrierten Mineralsäuren, wie 72%iger Schwefelsäure oder etwa 40%iger Salzsäure[1]) (Willstätter, D.R.P. 273800). Das zuletzt angegebene Verfahren hat bisher keine Bedeutung für die Kunstseidenindustrie und wird vielmehr erfolgreich auf dem Gebiete, das sich mit der Verzuckerung der Zellulose beschäftigt, angewendet.

Die Badische Anilin- und Sodafabrik hat (D.R.P. 408821) ein Verfahren zur Herstellung von Zelluloselösungen gefunden, bei dem die Zellulose mit Chloral in Gegenwart tertiärer organischer Basen, wie z. B. Chinolin, behandelt wird. Es läßt sich in der Tat auf diesem Wege eine zwar nicht unbegrenzt, aber doch durch Monate haltbare Lösung herstellen; es gelingt aber nur schwer, aus dieser Lösung die Zellulose zu regenerieren.

Alle Lösungen von Zellulose und Zelluloseverbindungen sind kolloid; die Zellulose erweist sich in diesen Lösungen zumeist als hydrophil, und die Lösungen erhöhen schon in geringer Konzentration die Viskosität des Lösungsmittels um ein ganz beträchtliches, was auf starke Adsorption des Lösungs- und Quellungsmittels schließen läßt. Bei Verarbeitung von Zelluloseverbindungen, wie Salpetersäureester der Zellulose (fälschlich Nitrozellulose genannt), sowie den Essigsäureestern der Zellulose, werden organische, leicht flüchtige Lösungsmittel, wie Äther-Alkoholgemische, Azeton, Alkohol-Benzolgemische, für letzteres Chloroform u. ähnl. chlorhaltige Stoffe verwendet. (Näheres s. in den diesbezüglichen Abschnitten.) Die so hergestellten Lösungen lassen beim Ausgießen auf Glasplatten oder dgl. nach dem Verdunsten des Lösungsmittels den Zelluloseester als völlig reversibles Kolloid in Form von mehr oder weniger durchsichtigen Häutchen zurück.

Auch bei den wäßrigen, bzw. alkalischen Lösungen des Zellulosexanthogenats, Viskose genannt, das nach den Untersuchungen der Entdecker Cross und Bevan als Natriumsalz des sauren Zelluloseesters der Dithiokohlensäure aufzufassen ist, gelingt es, das Xanthogenat mit gewissen Fällmitteln (z. B. konzentrierter Kochsalzlösung, Methyl- und Äthylalkohol u. dgl.) reversibel auszufällen, jedoch ist die noch stark wasserhaltige, ausgefällte Gallerte sehr wenig beständig und zersetzt sich sehr bald. Die Kupferoxydammoniaklösung der Zellulose wird beim Ausfällen durch Binden des Ammoniaks mittels einer Säure oder durch Vertreiben des Ammoniaks mittels Natronlauge irreversibel gefällt.

Die Veresterung der Zellulose, bzw. ihre Auflösung in konzentrierter Salzlösung oder in Kupferoxydammoniaklösung ist regelmäßig mit einer mehr oder weniger weitgehenden Änderung der Struktur des Zellulosekomplexes[2]) verbunden

---

[1]) Willstätter und Zechmeister, Ber. **46**, 2403 (1913).
[2]) O. Faust, Kolloid-Ztschr. **46**, 329 (1928).

Die aus den Zelluloselösungen „regenerierte" Zellulose wird allgemein als Hydratzellulose bezeichnet, und ihre kolloidchemischen Eigenschaften sind weitgehend verschieden von den Eigenschaften der Ausgangssubstanz. Ein chemischer Nachweis für die Hydratisierung dieser regenerierten Zellulose gelingt nicht; aber die kolloidchemischen Eigenschaften, insbesondere das nunmehr mehr oder weniger starke Quellungsvermögen werden als Beweis hierfür angesehen, weshalb C. G. Schwalbe[1]) den Namen „quellbare Zellulose" vorschlägt.

Die neuen Forschungen etwa der letzten zehn Jahre haben viel interessantes Material zur Klärung der Frage der Konstitution der Zellulose und des Aufbaus des Zelluloseteilchens zutage gefördert und es muß diesbezüglich aus Mangel an Platz hier auf die umfangreiche Literatur, die in modernen Werken[2]) eine ausgezeichnete Zusammenfassung erfahren hat, verwiesen werden[2]). Die neuen allerdings auch bekämpften (P. Karrer, K. Hess[3]) u. a.) Auffassungen über die Struktur der Zellulose, die einen kettenartigen Aufbau aus Glukoseresten[4]) fordern, sowie die Forschungsergebnisse von K. H. Meyer und H. Mark[5]), nach denen diese Ketten zu Bündeln aneinander gelagert und durch die von den OH-Gruppen ausgestrahlten Nebenvalenzen zusammengehalten werden, haben die alte rein chemisch zu nehmende Anschauung vertieft und entsprechend den Ergebnissen der neueren Zelluloseforschung umgemodelt, wenn auch das letzte Wort in diesen Fragen wohl noch nicht in jeder Hinsicht gesprochen ist.

Fragen kolloidchemischer Natur, insbesondere Fragen nach dem Dispersitätsgrad, der Teilchengröße der regenerierten Zellulose gegenüber der natürlichen Ursprungszellulose, sind neben der mehr oder weniger gestörten Struktur für die dem Praktiker sehr lästige Erscheinung der starken Quellbarkeit der Kunstseiden mit verantwortlich (s. hierzu auch den Abschnitt über „Reife" der Viskose). Bei der Nitrozellulose allerdings haben wir trotz veränderter kristallinischer Struktur einen in Wasser völlig unquellbaren Stoff; aber schon die analoge Azetylzellulose zeigt in Wasser eine durchaus erkennbare Quellbarkeit[6]). Auch wenn nicht alle drei Hydroxylgruppen der Zellulose nitriert sind, wenn also der Stickstoffgehalt weit unter 13% liegt, ist diese Quellbarkeit nicht mehr vorhanden. Die für die Kunstseideherstellung verwendete Nitrozellulose hat einen zwischen 10 und 11% liegenden Stickstoffgehalt und ist völlig unquellbar in Wasser. Bei der Azetylzellulose findet man eine Analogie hierzu nicht, wenngleich die Quellbarkeit der Azetylzellulose auch etwas geringer ist als die der sog. Hydratzellulose[6]). Die Nitrozellulose, die bekanntlich bei der Kunstseidenfabrikation wegen ihrer gefährlichen explosiven Eigenschaften zum Schluß des Verfahrens denitriert werden muß, ergibt nach dieser Behandlung eine Hydratzellulose, die sich hinsichtlich Quellbarkeit in nichts von den aus anderen Zelluloselösungen regenerierten Hydratzellulosen unterscheidet.

[1]) C. G. Schwalbe in Ullmanns Enzyklopädie, 2. Aufl. 3, 154 (1929). S. a. K. H. Meyer u. H. Mark, Hochpolym. org. Nat.-Stoffe, Leipzig 1930, S. 730 ff.

[2]) s. zur Frage der Konstitution der Zelluloseelementarmolekel P. Karrer, Polymere Kohlehydrate (Leipzig 1925), 217—240; K. Hess, Chemie der Zellulose mit einem Anhang von J. R. Katz (Leipzig 1928); K. H. Meyer und H. Mark, Hochpolymere organische Naturstoffe (Leipzig 1930).

[3]) H. Staudinger, H. Johner, M. Lüthy, G. Mie, J. Hengstenberg und R. Signer, Ztschr. f. physik. Chem. 126, 425 (1927). — Naturw. 15, 379 (1927). — Ferner O. L. Sponsler und W. H. Dore, Colloid Symposion Monograph 4, 174 (1926).

[4]) K. H. Meyer und K. Mark, Ber. d. Dtsch. chem. Ges. 61, 593 (1928). — Ztschr. f. physik. Chem. Abt. B 2, 115 (1929).

[5]) H. H. Meyer und H. Mark, Ber. 61, 603 (1928).

[6]) K. Werner und H. Engelmann, Ztschr. f. angew. Chem. 42, 440 (1929).

Alle mit der Zellulose zum Zwecke des Inlösungbringens vorgenommenen Behandlungen kennzeichnen sich, mit Ausnahme der
Lösung in konzentrierten Salzlösungen (vielleicht auch der Lösung
in Säuren und gewissen konzentrierten Salzlösungen), als ein
chemischer Prozeß an einem kolloiden Grundstoff unter gleichzeitiger mehr oder weniger weitgehender Zertrümmerung und starker
Quellung der ursprünglichen Mizelle[1]). Gerade hierdurch werden die Tatsachen sehr mannigfaltig und zunächst scheinbar unübersichtlich; die Untersuchungen von Vieweg[2]) über die Bildung von Alkalizellulose bei der Merzerisation
ließen eine chemische[3]) Umsetzung in stöchiometrischen Verhältnissen erkennen, und
solche Erscheinungen finden sich auch bei anderen Reaktionen; insbesondere sei
auch hingewiesen auf die Arbeiten von K. Hess[4]) über Azetylzellulose und andere
Zelluloseverbindungen.

K. Hess ist es gelungen, den Zellulosekomplex so weitgehend zu spalten, daß
er ein einfaches, azetyliertes $C_6H_{10}O_5$-Molekül erhielt, bzw. eine kristallinische
Azetylzellulose, deren Molekulargewicht er bestimmen konnte. — In der Natur
aber tritt die Zellulose nicht in ihrem einfachsten Baustein auf, sondern es finden
sich aus vielen Grundbausteinen in der oben angedeuteten Weise zusammengeschlossene, größere kettenförmige, zu Bündeln[5]) in Mizellen zusammengefaßte Gebilde, die bei der chemischen Behandlung in mehr oder weniger kleine Gebilde
zerteilt werden, welche letztere aber auch noch als Vereinigung zahlreicher $C_6H_{10}O_5$-
Reste zu denken sind (s. a. den Abschnitt über Reife der Alkalizellulose und der
Viskose). (Vgl. hierzu auch Heuser[6]) und Hiemer.)

Um über diese Frage der Depolymerisation Aufschluß zu erhalten, hat
E. Graumann im Auftrage des Verfassers[7]) die Verbrennungswärme verschiedener
aus Zellulose bestehender Stoffe untersucht. Schon Karrer[8]) hat sich eingehend
mit den Verbrennungswärmen von Kohlehydraten beschäftigt (s. ferner die
Diskussion der Energiegrößen der Haupt- und Nebenvalenzen bei K. H. Meyer
und H. Mark).

Die von uns untersuchten Stoffe mit den dazugehörigen Werten sind in der
nachstehenden Tabelle aufgeführt:

Tabelle 1.

Molekulare Verbrennungswärme von Kunstseiden, Zellstoff
und merzerisiertem Zellstoff.

Kunstseide	4157	kal.
Kunstseidesulfitzellstoff	4163	,,
Merzeris. Zellstoff, frisch	4171	,,
,, ,, nach 2 Tagen „Reifung"	4168	,,
,, ,, nach 4 ,, ,,	4176	,,

---

[1]) O. Faust, Kolloid-Ztschr. **46**, 329 (1928).

[2]) Vieweg, Ber. **40**, 3879 (1907); **57**, 1917 (1924), sowie Ztschr. f. angew. Chem. **37**, 1008 (1924).

[3]) s. a. I. R. Katz, Zellulosechemie **6**, 35 (1925).

[4]) K. Hess, W. Weltzien und E. Messmer, Liebigs Ann. **435**, 1 (1924). — K. Hess,
Ztschr. f. angew. Chem. **37**, 993 (1924). — Vortr. auf d. Naturforscherversamml. zu Innsbruck
und insbesondere Chemie der Zellulose. (Leipzig 1928.) Vortrag auf d. Koll. Ges. 1930.
Kolloid-Ztschr. **53**, 61 (1930).

[5]) K. H. Meyer und H. Mark, Ber. **61**, 603 (1928) und Hochpolymere organische Naturstoffe (Leipzig 1930); ferner die zahlreichen darin zitierten Arbeiten von Staudinger, sowie
H. Staudinger, Ber **63**, 2308, 2317, 2331 (1930). R. O. Herzog im Handbuch d. Biochemie
d. Tiere u. d. Menschen, herausg. v. C. Oppenheimer, Hochmolek. Verbindungen (Jena 1930).

[6]) E. Heuser, und N. Hiemer, Zellulosechemie **6**, 101, 125, 153 (1925).

[7]) Bisher nicht veröffentlicht.

[8]) P. Karrer, Polymere Kohlehydrate und Helv. chim. acta **6**, 396 (1923).

Die Zahlen sind mit einem Fehler von $\pm$ 12 kal. behaftet, so daß sie also innerhalb der Fehlergrenzen miteinander übereinstimmen und ebenfalls mit einem weiteren für Baumwollzellulose bestimmten Wert. Die Zerkleinerung und Lockerung der Mizelle beim Merzerisieren und beim Auflösen des Zelluloseesters, bzw. Regenerieren der Zellulose aus der Esterlösung, ist also mit einer Veränderung des Energieinhaltes innerhalb der angegebenen Fehlergrenzen nicht verknüpft. Auch der kristallisierte Zustand im Sulfitzellstoff gegenüber dem zumeist vergleichsweise weitgehend ungeordneten Zustand in der regenerierten Zellulose scheint mit einer wesentlichen Veränderung des Energieinhaltes nicht verbunden zu sein.

Die mehr oder weniger weitgehende Zerspaltung der ursprünglichen Mizelle ist die Ursache für die verschiedenen Viskositäten, die man aus ein und demselben Ursprungsmaterial bei verschiedenartiger Vorbehandlung und darauffolgendem Inlösungbringen nach einem der bekannten Verfahren erhält. Man kann die Zellulose mit Säure vorbehandeln, man kann sie in 18%iger Natronlauge „merzerisieren" und mehr oder weniger lange die abgepreßte Masse „reifen" lassen, und es sind auch noch andere Behandlungsweisen bekannt, z. B. die Behandlung mit schwachen oder starken Mineralsäuren, mit Hilfe deren es gelingt, die Viskosität der herzustellenden Lösung herunterzusetzen. Derartige Vorbehandlungsmethoden werden in der gesamten, die Zellulose zu Lösungen verarbeitenden Industrie benutzt, sei es zur Herstellung von Nitrozelluloselacklösungen[1]) oder zur Herstellung von Viskoselösungen[2]) u. dgl. mehr[3]). Durch diese Behandlungsweisen wird es möglich, in der Praxis immer ganz gleiche Viskositäten der zu verarbeitenden Zelluloselösungen herzustellen. Diese Forderung ist von überragender Wichtigkeit, und sie ist wohl auch nicht zum wenigsten Anlaß dafür gewesen, daß man in früheren Zeiten nur Baumwolle ein und derselben Provenienz, die sich durch große Gleichmäßigkeit ihrer chemischen Eigenschaften auszeichnet, für die Herstellung von Spinnlösungen verwendet hat. Beim Viskoseverfahren ist man jedoch schon bald auch zur Verwendung von Sulfitzellstoffen übergegangen, da man in dem Reifenlassen der Alkalizellulose ein ausgezeichnetes Mittel an der Hand hatte, die in früheren Zeiten sehr verschiedenartigen Viskositäten bei verschiedenen Zellstoffkochungen (auch ein und derselben Zellstoffabrik) auszugleichen.

Heute haben die meisten Zellstoffabriken so gute Fortschritte in der Zellstoffherstellung und -nachbehandlung gemacht, daß für die meisten Zwecke, nicht nur für Viskoseseide-, sondern teilweise auch für Nitrozellulose- und Kupferoxydammoniakzelluloselösungen Sulfitzellstoff in der entsprechenden Aufmachung (feinstes Kreppapier für Nitrozellulose) Verwendung findet. So stellt z. B. in Deutschland die größte deutsche Firma, die Zellstoffabrik Waldhof in Mannheim einen Spezialkunstseidenstoff her, der sich in langen Jahren gut bewährt hat und allen Anforderungen ganz besonders auch hinsichtlich Gleichmäßigkeit der Viskosität genügen dürfte, die billigerweise gestellt werden können. Ein nicht gut aufgeschlossener Zellstoff[4]), wie auch ein im Verfahren unrichtig (z. B. ungenügend

---

[1]) E. v. Mühlendahl und J. Reitstötter, Umschau 31, 244 (1927). — J. Reitstötter, Kolloid-Ztschr. 41, 362 (1927).

[2]) R. Linkmeyer, D.R.P. 337672, 344749, 394436 (1919); Zellstoffabrik Waldhof und V. Hottenroth, D.R.P. 363175.

[3]) H. Pringsheim, Engl. Pat. 267569 (Prior.1916).— Ber. d. Dtsch. chem.Ges.60,1709(1927).

[4]) Zur Untersuchung von Zellstoff vgl. H. Jentgen, Laboratoriumsbuch für die Kunstseide und Ersatzfaserindustrie (Halle 1923). Auch die von E. Schmidt und E. Graumann, Ber. 21 II, 1860 (1921) für Holz angegebene Methode zur Untersuchung auf Ligningehalt auf Grund des Verbrauchs von Chlordioxyd ist zur Untersuchung des Reinheitsgrades neben der Bestimmung der in Alkali löslichen Pentosane und Hexosane verwendbar(s.a.Abschn. „Rohstoff",158).

sulfidierter) behandelter Zellstoff kann, insbesondere beim Kupferoxydammoniak-
und beim Viskoseverfahren zu großen Schwierigkeiten führen, da sich in diesem
Falle in der Spinnlösung vielfach gequollene Fasern finden, die eine Filtration
der Lösung vollständig unmöglich machen. Gute Filtrierbarkeit ist aber Lebens-
bedingung für den ungestörten Verlauf des Spinnvorganges.

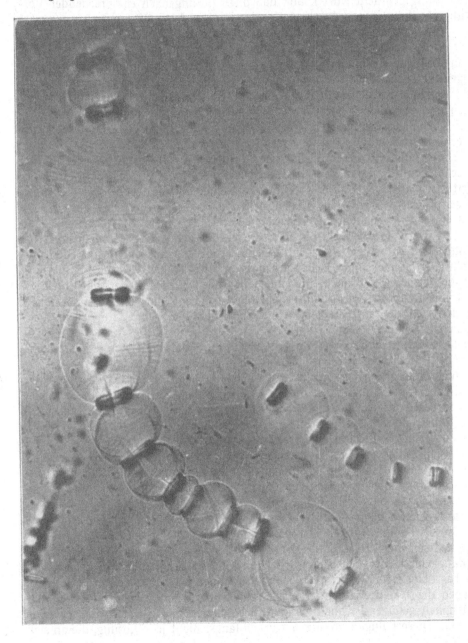

Abb. 26.
Gequollene Zellstoffasern.

    Die Abb. 26 zeigt solche gequollenen Fasern, die perlschnürenartig geformt
sind und in der unfiltrierten Spinnlösung manchmal unter dem Mikroskop kaum
sichtbar herumschwimmen; etwas leichter sieht man diese gequollenen Fasern im
Mikroskop zwischen gekreuzten Nicolschen Prismen.

1. Die Spinnlösung, der Spinnvorgang, Querschnittsbildung.

Allen Verfahren zur Herstellung von Kunstfaser und Kunstseide ist das eine gemeinsam, daß der Ursprungsstoff, die Zellulose, auf irgendeinem Wege, unter mehr oder weniger weitgehender chemischer und kolloidchemischer Veränderung in eine Lösung gebracht wird[1]), und daß diese Lösung nach entsprechender Vorbereitung für ihren Zweck durch mehr oder weniger feine Öffnungen ausgespritzt wird — eine Maßnahme, durch die die erstrebte Bildung einer endlosen Faser erreicht wird.

Um Lösungen verspinnen zu können, müssen sie, abgesehen von weitgehendster Homogenität, noch gewisse Voraussetzungen erfüllen: Wenn man eine solche Lösung in feinen Strahl auszieht, so darf dieser Strahl nicht in einzelne Tropfen zerfallen und abreißen, sondern er muß sich gleichmäßig verjüngend stetig fortsetzen. Solche Voraussetzungen sind nur dann erfüllt, wenn die Spinnlösung eine gewisse Viskosität hat.

Die Bestimmung dieser Viskosität geschieht im allgemeinen nicht in den wissenschaftlich bekannten Ostwaldschen Kapillarapparaten wegen der zu hohen Viskosität, die in Frage kommt, wenigstens wenn man die technischen Lösungen nicht verdünnt. Sehr bewährt haben sich die Viskosimeter nach Cochius, die man in einfachster Ausführung verwenden kann: An einem Glasrohr von genau 20 mm l. W. werden zwei Marken in einer Entfernung von 25 bzw. 50 cm angebracht. Die Röhre wird an beiden Enden mit einem Patentverschluß (wie er bei Bier- und Mineralwasserflaschen üblich ist) abgeschlossen. Diese Röhre wird mit Spinnlösung gefüllt, und zwar so, daß noch eine genügend große Luftblase in der Röhre bleibt[2]). Alsdann mißt man die Zeit, die diese Luftblase benötigt, um von der einen Marke zur anderen Marke aufzusteigen, wobei natürlich die Temperatur zu berücksichtigen ist. Die Weite der Röhre ist von erheblicher Bedeutung, weshalb sie sehr genau gewählt werden muß; gegebenenfalls muß man in der Weite nicht genau stimmende Röhren unter Zuhilfenahme eines genau stimmenden Viskosimeters eichen und die Marken entsprechend der Eichung anbringen.

Aber auch andere Methoden sind in Übung, so das Messen der Fallzeit[3]) einer Kugel von bestimmtem Durchmesser und bestimmtem Gewicht (z. B. Stahlkugel) in einer Röhre, die mit der Spinnflüssigkeit angefüllt ist, von bestimmter Weite (!), zwischen zwei an der Röhre angebrachten Marken, sowie auch die Messung der Ausflußgeschwindigkeit eines bestimmten Volumens Spinnflüssigkeit aus einer Öffnung von ganz bestimmter Weite, in die eine pipettenförmige Glasröhre von ganz bestimmter Länge und Weite ausläuft. — Alle diese Methoden sind brauchbar. Bezüglich der sich z. B. bei weit gereifter Viskose ausbildenden „Strukturviskosität" sei auf den Abschnitt „Viskosimetrie kolloider Lösungen" von H. Vogel besonders verwiesen. (Ferner s. a. E. Hatscheck, Die Viskosität der Flüssigkeiten, deutsch bei Steinkopff, Dresden 1929.) — Für die betriebsmäßige Herstellung von Kunstseide ist natürlich die Gleichmäßigkeit der Viskosität von Tag zu Tag von großer Wichtigkeit. Hierauf kommen wir an anderer Stelle zurück.

Neben der feinen Ausziehbarkeit der Spinnflüssigkeit muß die Möglichkeit, die Flüssigkeit genügend schnell während des Ausziehens zu koagulieren, gewährleistet sein. Diese Fähigkeit besitzt natürlich längst nicht jede Lösung, die an sich

---

[1]) O. Faust, Kolloid-Ztschr. **46**, 329 (1928).
[2]) O. Faust, Ztschr. f. physik. Chem. **103**, 74 (1919). — G. Lunge, Ztschr. f. angew. Chem. **29**, 2055 (1906).
[3]) G. Tammann, Ztschr. f. phys. Chem. **28**, 17 (1899).

genügende Viskosität und Ausziehbarkeit hat, vielmehr kommen bisher nur Lösungen von Zelluloseverbindungen in Frage. Neben der schnellen Koagulierbarkeit ist natürlich die Frage der Festigkeit des koagulierten Gebildes von großer Bedeutung für den Spinnvorgang. Es ist notwendig, daß die Festigkeit zunächst wenigstens so hoch ist, daß es möglich wird, den koagulierten Strahl weiter zu führen und auf einem Aufnahmeorgan aufzuwickeln.

Wie schon erwähnt, muß die ausgespritzte Lösung auf irgendeine Weise koaguliert werden, um die ihr beim Ausspritzen gegebene Fadenform zu fixieren. Das geschieht entweder durch Verdunsten des Lösungsmittels (Trockenspinnverfahren, z. B. bei Nitrozellulose, Azetylzellulose) oder durch Entziehen einer lösenden Komponente, insbesondere bei Anwendung von Lösungsmittelgemischen, durch Hindurchführen durch eine Flüssigkeit (Fällbad), in der sich das Lösungsmittel bzw. ein Teil des Lösungsmittels gut löst. (Naßspinnverfahren, z B. bei Viskose- und Kupferoxydammoniakzelluloselösungen, aber auch bei Nitrozellulose und Azetylzellulose.)

So kann z. B. eine in einem Gemisch von Ätheralkohol gelöste Nitrozellulose durch Ausspritzen in ein Wasserbad unter gleichzeitigem Entziehen eines größeren Teils des Alkohols gefällt werden. Dieselbe Art des Ausfällens, aber auf etwas mildere Weise, kann auch beim sog. schon oben erwähnten Luftspinnen oder Trockenspinnen vor sich gehen; denn z. B. der viel leichter flüchtige Äther verdunstet leicht an der Luft so schnell, daß die Lösekraft der noch zurückbleibenden Lösungsmittelreste nicht mehr genügt und der gelöste Stoff ausfällt. Diese Ausfällungen sind naturgemäß reversibel. Die gebildete Faser kann stets wieder durch Hinzufügung der entzogenen Lösungsmittel in Lösung gebracht werden. Auch bei Viskoselösungen ist eine solche reversible Ausfällung oder fast reversible Ausfällung durch Aussalzen z. B. mit Ammonsalzlösungen möglich. Die gebildete Faser von gallertartiger Konsistenz kann, wenigstens gleich nach der Ausfällung, ohne weiteres wieder in Lösung gebracht werden.

Eine grundsätzlich andere Art der Ausfällung ist die, bei der Lösungen von Zelluloseverbindungen durch Einwirkung chemischer Mittel, beispielsweise in einem Fällbade, chemisch verändert werden, wie z. B. beim Spinnen von Kupferoxydammoniakzelluloselösungen in Natronlauge oder dgl., oder beim Spinnen von Viskoselösungen in mineralsaure Fällbäder. In diesem Falle bildet sich um den in ein solches zersetzendes Fällbad hineingespritzten Strahl ein mehr oder weniger feines, röhrenartiges Gebilde der chemisch veränderten Spinnlösung, z. B. aus sog. Hydratzellulose (gequollener Zellulose) beim Einspritzen von Viskose in mineralsaure Flüssigkeiten. Das Innere des röhrenartigen Gebildes wird erfüllt von unveränderter Spinnflüssigkeit, die nunmehr also von dem eigentlichen Zersetzungsbade durch eine semipermeable Wand getrennt ist. Es treten in diesem Falle zwei verschiedene Vorgänge auf, die durch die Diffusionsgeschwindigkeit des Fällbadmittels durch die semipermeable Wand einerseits und andererseits durch die gegenseitigen osmotischen Wirkungen zwischen Spinnlösung und Fällbad gekennzeichnet werden. Je nachdem, ob der eine oder andere Vorgang überwiegt, ist die Art der Faserbildung eine ganz verschiedenartige. Beeinflussen läßt sich die Diffusiongeschwindigkeit des die Spinnlösung zersetzenden bzw. koagulierenden Fällbades durch Zusatz gewisser Stoffe zum Fällbade, wie das in der vom Verfasser ausgearbeiteten Erfindung, die in dem Franz. Pat. 612879 der Köln-Rottweil A.G. niedergelegt ist, ausgedrückt ist (= österr. Pat. 108 122, welches etwas ausführlicher gefaßt ist).

Selbstverständlich können osmotische Wirkungen auch auftreten beim Spinnen von reversibel ausgefällten Zelluloseesterlösungen, wie z. B. von Nitrozellulose oder

Azetylzellulose in irgendeine Flüssigkeit, die neben der oben erwähnten lösungsmittelentziehenden Wirkung noch starke osmotische Wirkungen ausübt; denn auch in diesem Falle umgeben sich die ausgespritzten Lösungen mit einem röhrenartigen Gebilde von mehr oder weniger ausgesprochener Semipermeabilität.

Wie die Fadenbildung vor sich gegangen ist, bzw. welcher der genannten Faktoren die überwiegende Bedeutung bei der Fadenbildung hat, kann der Fachmann häufig aus den mikroskopischen Querschnitten der Faser herauslesen. Eine Reihe von mikroskopischen Querschnittsbildern ist in Abb. 27 wiedergegeben, die ein sehr verschiedenes Aussehen zeigen. Zum Vergleich ist auch der Querschnitt von realer Seide in Abb. 27a beigefügt. Sämtliche Querschnitte sind in 400facher Vergrößerung wiedergegeben.

Die reale Seide hat einen sehr kleinen Querschnitt, der nur von wenigen Kunstseiden erreicht wird. Der Querschnitt ist ziemlich „völlig" (s. Völligkeitsgrad Seite 134, Absatz 2), was auch bei feinfädigen Kunstseiden häufig der Fall ist. Der „Völligkeitsgrad" ist zumeist geringer bei Kunstseiden von höherer Stärke des Einzelfadens, d. h. also ein um den Faserquerschnitt beschriebener Kreis hat einen wesentlich größeren Inhalt als der Faserquerschnitt selber.

In der Abb. 27b findet sich der Querschnitt einer Nitroseide der belgischen Fabrik Tubize. Entsprechend dem höheren Einzeltiter ist hier schon der Völligkeitsgrad geringer. Die rundlichen Konturen sind typisch für die nach dem Luftspinnverfahren gesponnene Nitroseide. Sie ähnelt weitgehend dem Querschnitte der in Abb. 27c wiedergegebenen Azetatseide[1]) „Rhodiaseta", die, wie hieraus ersichtlich, ebenfalls nach dem Luftspinnverfahren (also ohne Anwendung eines Fällbades) hergestellt ist.

In der Abb. 27d ist die von der Firma I. P. Bemberg nach dem Kupferoxydammoniakverfahren gesponnene, feinfädige Seide im Querschnitt wiedergegeben. Auch hier ist der Völligkeitsgrad erheblich; der Einzeltiter aber ist nicht höher als der der realen Seide. — In Abb. 27e findet sich der Querschnitt einer Kupferoxydammoniakfaser der Glanzfäden A.G., Petersdorf i. Rsgb., die eine wesentlich höhere Stärke der Einzelfaser („des Einzeltiters") aufweist und auch einen verhältnismäßig geringeren Völligkeitsgrad hat.

Abb. 27f—i sind Querschnitte von Viskoseseiden. Abb. 27f gibt eine Viskoseseide der Aktiengesellschaft für Anilinfabrikation (I. G. Farbenindustrie A.G.) wieder, die durch ihren schön gezackten und bandartigen Querschnitt auffällt, der bei geringem Völligkeitsgrade eine besonders geartete Reflektion des auffallenden Lichtes gewährleistet.

In Abb. 27g findet sich der Querschnitt der „Travis"-Seide der I. G. Farbenindustrie A.G., die hinsichtlich ihrer Feinfädigkeit in der Viskose-Kunstseidenindustrie einzigartig dasteht; der Querschnitt ist nierenförmig.

Abb. 27h zeigt den Querschnitt einer Viskosekunstseide der Vereinigten Elberfelder Glanzstoffabriken, die wiederum einen andersartigen Charakter aufweist. — In Abb. 27i schließlich ist ein Querschnitt einer sog. „Luftseide" wiedergegeben, wie sie von den Vereinigten Glanzstoffabriken, Elberfeld, in den Handel gebracht wird, ein hinsichtlich Griff und Aussehen von den normalen Kunstseiden stark unterschiedenes Produkt.

Es ist hier das Bestreben, den Völligkeitsgrad zu vermindern und die Querschnitte der Baumwolle nachzuahmen, in weitgehendem Maße erfüllt. Das Material

---

[1]) Querschnitte verschiedener Azetatseiden s. a. R. O. Herzog, Die Kunstseide 9, 7ff. (1927), ferner H. Stadlinger, Kunstseide 12 (1930).

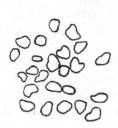

a) Reale Seide

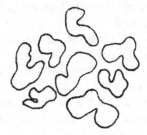

b) Nitroseide Tubize

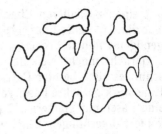

c) Azetatseide Rhodiaseta

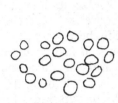

d) Kupferoxydammoniak-
seide (I. P. Bemberg)

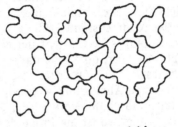

e) Kupferoxydammoniakfaser
(Glanzfäden A.G., Petersdorf)

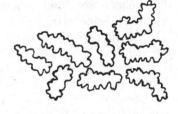

f) Viskoseseide „Agfa"
(I. G. Farbenindustrie)

g) Viskoseseide „Travis"
(I. G. Farbenindustrie)

h) Viskoseseide „Elberfeld"
(Glanzstoff-Fabriken)

i) „Luftseide" nach dem Viskoseverfahren (Elberfelder Glanzstoff-Fabriken)

k) „Lilienfeldseide"
(Elberfelder Glanzstoff-
Fabriken) (s. a. S. 137,
146 und 154, Abb. 47)

Abb. 27[1]).

---

[1]) Betreffend Querschnittsbildung vgl. auch z. B.: A. Herzog, Leipziger Monatshefte f.
Textilindustrie 9 (1926), sowie Textile Forschung 8, 87 (1926).

hat einen besonderen Charakter und kommt hinsichtlich Festigkeit den anderen
Fabrikaten neuerdings gleich, allerdings ist es schwer, diese Seide mit einem
genügend hohen Prozentsatz an 1a Qualität zu fabrizieren. Wie ohne weiteres
erklärlich, macht sich der mehr oder weniger stark zackige Charakter des Querschnittes auch bei der Betrachtung der Faseroberfläche im Mikroskop bemerkbar.
Eine stark gezackte Faser zeigt im mikroskopischen Bild zahlreiche Riefen, während
eine Faser mit glatterem Querschnitt oder aber eine Faser, deren Querschnitt gar
keine Einkerbungen zeigt, ein vollständig glasartiges Aussehen, ähnlich dem der
realen Seide, besitzt.

Was den „Völligkeitsgrad" anbelangt (s. a. S. 132), so ist dieser insofern
von gewisser Bedeutung, als die aus Zellulose bestehende Kunstseide ein um etwa
10% höheres spezifisches Gewicht hat als die reale Seide. Das spezifische Gewicht
der realen Seide beträgt im entbasteten Zustand 1,33—1,37, für Azetatseide wird
1,3—1,5 angegeben, während das spezifische Gewicht der wasserfreien Kunstseide
aus Zellulose 1,56—1,57 beträgt. A. Herzog[1]) gibt das spezifische Gewicht von
Küttnerseide zu 1,51, von Tubizeseide zu 1,56 an; es ist hiernach klar, daß ein
Kunstseidenfaden von genau denselben Abmessungen wie ein Naturseidenfaden ein
entsprechend höheres Gewicht hat, und da der Verkauf der Seiden ab Fabrik nach
Gewicht[2]) und nicht nach Länge erfolgt, so ist die Frage des Völligkeitsgrades für
die Praxis auch aus diesem Grunde von gewisser, wenn auch untergeordneter Bedeutung.

Es ist selbstverständlich, daß bei dem Spinnvorgang die Geschwindigkeit, mit
der der ausgespritzte Strahl in das Fällbad eingeführt und aus dem Fällbad herausgezogen wird (Abzugsgeschwindigkeit) von großer Wichtigkeit ist. Allgemein bei
allen Spinnverfahren ist die Abzugsgeschwindigkeit (zum mindesten etwas) größer
als die Austrittsgeschwindigkeit der Spinnlösung aus der Spinnöffnung. Es findet
also eine Streckung statt, die ohne weiteres durch Messung ermittelt werden kann:

$$b — a = s,$$

wo b die Abzugsgeschwindigkeit, a die Austrittsgeschwindigkeit und s die Streckung
bedeuten. Wenn man diese Zahlen auf b = 100 m angibt, so gibt s_{100} die prozen-
tische Streckung an. Diese Streckung ist bei einigen Spinnverfahren eine recht
hohe, und diese Verfahren werden insbesondere als „Streckspinnverfahren" bezeichnet, wobei aber daran festzuhalten ist, daß alle Spinnverfahren bis zu einem gewissen Grade Streckspinnverfahren sind. Dieses Strecken beim Spinnen, beim
Erstarren des Fadens, ist von grundlegender Bedeutung für alle physikalischen
Eigenschaften des fertigen Fadens, insbesondere für die wichtigen Punkte der
Festigkeit, Dehnbarkeit und des Farbaufnahmevermögens (s. a. S. 139, 144 u. 161).

Naturgemäß eignen sich die Lösungen von Azetylzellulose und Nitrozellulose,
die reversibel aus ihren mit organischen Lösungsmitteln hergestellten Lösungen
durch langsames Verdunsten von Lösungsmittelanteilen beim Spinnen des Fadens aus-
koaguliert werden, im besonderen Maße für diese Streckspinnverfahren, und sie haben
auch aus diesem Grunde eine gewisse Bedeutung erlangt. Man hat aus Nitrozellulose
sehr feinfädige Kunstseide herstellen können und stellt heute feinstfädige Seide aus
Azetylzellulose her. (S. z. B. auch F. P. 674 268, d. Pr. 26/5 u. 11/6 (1928) O. Seidel.)

Von den übrigen Spinnlösungen hat insbesondere die Kupferoxydammoniakzelluloselösung die Eigenschaft, sich zu sehr feinen Fäden, auch im Fällbade, aus-

---

[1]) A. Herzog, Mikroskopische Untersuchungen der Seide und Kunstseide (Berlin 1924).
S. a. W. Biltz u. Mitarbeiter, Zschr. f. phys. Chem., Abt. A, Nov. 1930.
[2]) s. Abschnitt über „Festigkeitsuntersuchung", 144—148.

ziehen zu lassen, weil sie verhältnismäßig langsam und in einer andersartigen Weise als Viskoselösung koaguliert. Deshalb hat man zuerst an diesen Lösungen das Streckspinnen gelernt (Streckspinnverfahren nach Thiele, D.R.P. 154707 (1901), D.R.P. 179772 (1906)), das heute von einer ganzen Reihe von Fabriken (I. P. Bemberg, Fr. Küttner, I. G. Farbenindustrie A.G.) ausgeübt wird.

Das Viskoseverfahren hat sich lange Jahre hindurch als weniger brauchbar für Streckspinnzwecke gezeigt, weil die praktisch allein mögliche Ausfällung mit mineralsauren Bädern so heftig wirkte, daß das Ausstrecken zu feineren Fäden unmöglich war. Erst neuerdings hat man gelernt, auch aus Viskoselösungen feinfädige Fasern herzustellen (Franz. Pat. 582618, Aktiengesellschaft für Anilinfabrikation, Berlin), und zwar aus Viskoselösungen, die bei verhältnismäßig hoher Viskosität verhältnismäßig wenig Zellstoff enthalten. Zwar ging die Glanzfäden A.G. in ihrem D.R.P. 389394 bereits ähnliche Wege, doch hat dieses Verfahren nicht zum vollen Erfolge bei Kunstseide geführt. Erst die Kombination dieses Verfahrens mit besonderen Fällbädern nach Kämpf[1]), sowie das Verfahren nach Faust und Kämpf[2]) und nach Faust[3]) haben hier Fortschritte gebracht[4]).

Je feiner der Faden gesponnen wird, und je feiner die Öffnungen sind, aus denen die Spinnlösung austritt, um so sorgfältiger muß die Filtration der Spinnlösung vorgenommen werden, damit Verstopfungen der Düsenöffnungen nach Möglichkeit vermieden werden. Außerdem ist aber zu beachten, daß die immer mehr oder weniger hochviskosen Spinnlösungen leicht Gas- und Luftblasen einschließen, die, wenn sie nicht entfernt werden, beim Auftreffen auf die Düsenöffnungen ein Abreißen oder zum mindesten eine schlechte Stelle in dem aus der Düse heraustretenden Faden verursachen können. Aus diesem Grunde ist auch eine sorgfältige Entlüftung der Spinnlösungen notwendig zur Erzielung eines guten Kunstseidenmaterials, eine für den Praktiker sehr wichtige Aufgabe.

Bei dem Studium des Spinnverfahrens drängt sich dem Beobachter unwillkürlich die Analogie mit dem Drahtziehen beim Durchziehen von Metallen durch feine Ziehösen auf. Bei dem Drahtziehen werden bekanntlich die Kristallite des Metalles 1. zerkleinert, 2. aber auch stellen sie sich in ihren längsten Ausmessungen parallel zur Achse des Drahtes[5]). Der Unterschied liegt hier nur darin begründet, daß die Spinnlösung nicht nur aus dem nachher den Faden bildenden Material besteht, sondern daß außerdem noch Lösungsmittel vorhanden sind, die eine so weitgehende Quellung der in festem Zustande als Kettenbündel gedachten Zellulosemizelle in gelöstem Zustande bewirken, daß erst bei der unter gewisser Entquellung und unter richtenden Zugkräften stattfindenden Koagulation die für die Festigkeits- und Dehnbarkeitseigenschaften des gesponnenen Fadens maßgebende Orientierung in diesem so wichtigen Augenblick mehr oder weniger weitgehend wieder

---

[1]) A. Kämpf, Engl. Pat. 184449 (1922).

[2]) O. Faust und A. Kämpf, D.R.P. 431846, s. a. Franz. Pat. 666941 der I.G. Farbenind.

[3]) Franz. Pat. 612879 der Köln-Rottweil A.G., s. ferner O. Faust, Schweiz. Pat. 106908.

[4]) Vgl. in diesem Zusammenhang auch die zahlreichen, den Vereinigten Glanzstoff-Fabriken gehörigen Patente Bronnerts, die durch Einstellung der Fällbadkonzentration die Zersetzung beeinflussen und die Möglichkeit bringen sollen, feine Fäden aus den bisher üblichen Viskosespinnlösungen herzustellen. Immerhin sind die in diesen Patenten gemachten Angaben nicht von so allgemeiner Bedeutung, wie es beim Lesen den Anschein erweckt. Es bleibt die einen erfahrenen Fachmann erfordernde Aufgabe, Viskosität, Reife und Zellulosekonzentration einerseits, sowie Abzugsgeschwindigkeit, Füllbadkonzentration und Temperatur, einander anzupassen, wobei auch die Art der Fadenführung und die Fällbadstrecke und natürlich besonders der zu spinnende Titer zu beachten sind. S. a. die später behandelten Patente Lilienfeld; Franz. Pat. 622563, 669809 und besonders 667833 der I.G. Farbenind.

[5]) G. Tammann, Lehrb. d. Metallographie, 3. Aufl. (Leipzig 1923). S. 100.

hergestellt wird. Vielfach findet noch eine chemische Zersetzung oder Umsetzung unter Einwirkung des Fällbades im Augenblick der Koagulation statt.

Man müßte nämlich sonst annehmen, daß auch beim Spinnen die kolloiden Mizellen sich unter dem Einfluß der Strömung und des Zuges in eine bestimmte Richtung stellen würden, sofern sie stäbchenartige oder plattenartige Abmessungen hätten; das scheint jedoch nach den bisherigen, vom Verfasser[1]) ausgeführten Untersuchungen, wenigstens bei den in kolloider Lösung befindlichen, offenbar stark gequollenen Teilchen der Viskoselösungen, nicht der Fall zu sein. Eine Strömungsdoppelbrechung[2]), ebenso das „Majoranaphänomen"[3]) (Doppelbrechung im magnetischen Felde), konnte Verfasser nicht feststellen.

Im Ultramikroskop konnte der Verfasser (z. B. bei Viskoselösungen) die Form der Teilchen wegen des zu geringen Unterschiedes des Brechungsexponenten von dispergiertem Stoff und Dispersionsmitteln nicht erkennen.

Man kann durch einen Kunstgriff die Existenz der Teilchen feststellen: Wenn man Viskose mit kolloider Goldlösung vermischt, so werden die Goldteilchen von der Viskose adsorbiert und verlieren weitgehend ihre Brownsche Molekularbewegung, obgleich der Farbton und das Aussehen sonst dieselben bleiben. Da aber nicht ohne weiteres festzustellen ist, wieviele Goldteilchen von einem Viskoseteilchen adsorbiert werden, bedürfte diese Methode noch besonderer Vorsichtsmaßnahmen, um eine Möglichkeit zur Feststellung der Teilchenzahlen zu geben.

Die vom Verfasser im Institut von Scherrer in Zürich im Jahre 1921 durchgeführten, nichtveröffentlichten röntgenographischen Untersuchungen an Nitrozelluloseseide, Azetatseide, Kupferseide und Viskoseseide ließen auf eine kristallinische geregelte Struktur des Fadens noch nicht schließen, jedoch zeigen die Seidenfäden die Erscheinung der „Formdoppelbrechung"[4]). Die Fasern leuchten zwischen gekreuzten Nikols im Polarisationsmikroskop auf, während die Querschnitte dunkel erscheinen. Hiergegen haben zahlreiche Röntgenuntersuchungen an Kunstfasern jüngerer Herkunft einwandfrei erwiesen, daß die heute hergestellten Kunstfasern einen mehr oder weniger weitgehenden geordneten Aufbau besitzen. In diesem Zusammenhang ist besonders auf die Arbeiten von R. O. Herzog[5]) und seinen Mitarbeitern, sowie auf die Arbeiten von M. v. Susich[6]) und von anderen mehr zu verweisen. Dieser geregelte Aufbau ist um so ausgesprochener je stärker der Zug war, der bei der Herstellung der Faser auf die noch gequollene weiche aber schon im Gelzustand befindliche Faser ausgeübt wurde, und zwar ist das in gleicher Weise der Fall bei Fasern aus Viskose und Kupferoxydammoniaklösung, wie auch bei solchen nach dem Trockenspinnverfahren hergestellten Fasern, z. B. aus Azetylzellulose. Es ist dies ein völliges Analogon zu dem von J. R. Katz[7]) aufgefundenen interessanten Verhalten von Kautschuk, der erst im stark gedehnten Zustand ein auf geregelten Aufbau hinweisendes Röntgenogramm besitzt. Auch bei der Gelatine finden wir ähnliche Verhältnisse. J. J. Trillet[8]) hat das Gleiche dann an Filmen aus Zellulose und Zelluloseverbindungen bei Aufnahmen des Röntgendiagramms

[1]) O. Faust, Ber. d. Dtsch. chem. Ges. **59**, 2919 (1926). Cellulosechemie **8**, 41 (1927).

[2]) H. Zocher, Ztschr. f. physik. Chem. **98**, 293 (1921), und Freundlich, Diesselhorst und Leonhardt, Elster-Geitel-Festschrift 435 (Braunschweig 1925).

[3]) Majorana, Rend. Acad. d. Lincei **11**, I, 536, 539 (1902).

[4]) H. Ambronn, Kolloid-Ztschr. **18**, 90, 273 (1917). — Ambronn-Frey, Das Polarisationsmikroskop, seine Anwendung in die Kolloidforschung (Leipzig 1926), 111—118.

[5]) R. O. Herzog und Mitarbeiter, Ber. **53**, 2162 (1920). — Kolloid-Ztschr. **35**, 201 (1929). — Ztschr. f. physik. Chem. Cohenband, 616 (1927). — Ber. **57**, 329 (1924); **60**, 600 (1927).

[6]) Náray Szabó und G. v. Susich, Ztschr. f. physik. Chem. **124**, 264 (1928).

[7]) I. R. Katz, Kolloid-Ztschr. **36**, 300 (1925); **37**, 19 (1925).

[8]) J. J. Trillet, C. R. **188**, 1246 (1929).

ermittelt. Die nachstehenden von J. R. Katz in dem Buch von K. Hess (Chemie der Zellulose, S. 618 und 619) veröffentlichten Röntgenaufnahmen mögen das vorstehend Gesagte illustrieren.

Zum Vergleich mit der nativen Zellulose (Abb. 29) geben wir nachstehend noch eine ebenfalls von J. R. Katz gemachte Aufnahme an Ramiefaser wieder (Abb. 28)[1]).

Die native Zellulosefaser hat deutlich ein geschlosseneres festeres Gefüge, das auch durch spannende Zugkräfte beim Wachsen verursacht sein mag, es gelingt aber heute doch schon, die Ramiestruktur weitgehend künstlich zu erreichen. In der Kunstseidenpraxis wird die geschlossene Faserstruktur, die wir auch bei der Holzzellulosefaser in ganz gleicher Weise antreffen, durch den Lösungsvorgang weitgehend gelockert[2]) und es muß die Aufgabe der Technik sein, erstens diese Lockerung nicht weiter zu

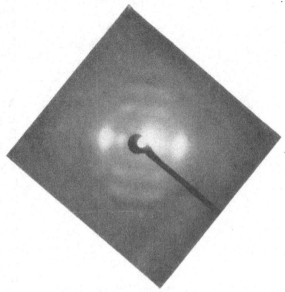

Abb. 28.
Röntgenspektrum der „Lilienfeldseide". (S. a. S. 146 Anm. 1. u. S. 154 Abb. 47).

treiben, als es für das erstrebte Ziel unbedingt erforderlich ist, und zweitens beim Herstellen des Fadens die ursprüngliche geschlossene Struktur möglichst weitgehend wieder zu verifizieren.

Schon beim Merzerisieren tritt eine starke Lockerung der Struktur der nativen Zellulose auf[2]) und zwar ist die Lockerung geringer, wenn die Faser der Einwirkung der Lauge im gespannten Zustand ausgesetzt wird (s. Abb. 30), als wenn sie im nichtgespannten Zustand merzerisiert wurde (Abb. 31).

Je schärfer und klarer das Röntgendiagramm einer Faser hervortritt, desto fester gefügt ist ihr innerer Aufbau und desto höher ist daher die Bruchfestigkeit, die, abgesehen von der Festigkeit jeder einzelnen Kette (s. S. 127 Anm. 5), davon abhängig ist, daß die einzelnen Ketten so dicht aneinander gelagert sind, daß möglichst viel Nebenvalenzkräfte von einer Kette zur anderen wirken und so den Zu-

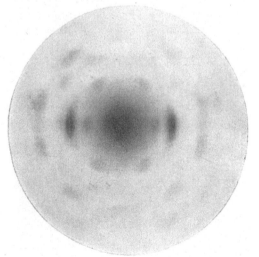

Abb. 29.
Röntgenspektrum von parallelen Ramiefasern. Faserrichtung vertikal. (Aufnahme v. J. R. Katz.)

sammenhalt fördern können. Je weitgehender in der Faser die Parallelordnung der Ketten getrieben ist, desto höher findet man ihre Zerreißfestigkeit, desto geringer aber

---

[1]) Für diese auf meine Bitte (1927) angefertigte Aufnahme bin ich Herrn J. R. Katz zu besonderem Dank verpflichtet.   [2]) O. Faust, Ztschr. f. Kolloidchemie 46, 329 (1928).

auch ihre Dehnbarkeit, was ohne weiteres verständlich erscheint, wenn man die S. 140 Anm. 1 entworfenen Bilder von Zelluloseteilchen zur Erklärung heranzieht. Auch die Baumwolle hat noch nicht die höchste bei der Zellulose erreichbare Festigkeit, besitzt also noch nicht den höchsten Grad der Parallelrichtung der einzelnen aus Glukose- oder Zellobioseresten aufgebaut gedachten Ketten (siehe Abb. 32). In einem Röntgendiagramm kommt zum Ausdruck, daß bei der Baumwolle die Faserkristallite nicht parallel zur Faserachse liegen, sondern sich spiralig um dieselbe winden. Man erhält ein ganz ähnliches Diagramm, wenn man Ramiefaser tordiert[1]). Wahrscheinlich hat die Natur die Gleichrichtung nicht weiter getrieben, um einerseits der nativen Zellulose eine gewisse Dehnbarkeit zu belassen, und um andererseits ihre Baustoffe nicht zu spröde werden zu lassen. Wenn man nämlich — was durch langsames immer stärkeres Strecken von Zellulose-Kunstfäden im lufttrockenen Zustand über Wochen und Monate hinaus möglich ist (E. P. 309 558) — die Gleichrichtung der Strukturelemente des Fadens noch erhöht, steigt zwar die Festigkeit erheblich, aber neben der Dehnbarkeit nimmt bei so behandelten Fäden auch die Knitterfestigkeit nicht unerheblich ab, eine Eigenschaftsveränderung, die für die Verarbeitung der Fäden, besonders beim Verwirken, und für den Gebrauch unter Umständen keine geringe Rolle spielt, und die trotz der erhöhten Festigkeit als Wertverminderung anzusehen ist.

Solche durch starke Streckung weit über die Baumwollfestigkeit verfestigten Fäden zeigen dann ein sehr scharfes Röntgen-Faserdiagramm[2]), da naturgemäß die Interferenzen um so schärfer wurden, je geringer die Zahl der Gitterfehler, je weiter die genaue Parallelordnung in der Faser

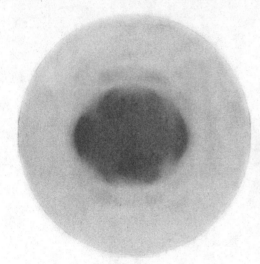

Abb. 30.
Ramie unter Spannung in 15 %iger NaOH gequollen, ausgewaschen und mit Ni-Filter aufgenommen. Die Verschmierung zu Kreisen ist angedeutet aber nicht sehr stark. Faserrichtung vertikal (I. R. Katz und H. Mark).

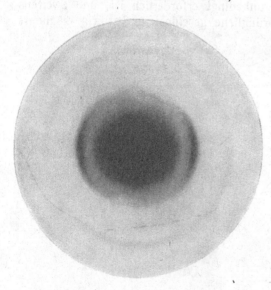

Abb. 31.
Dieselbe Ramie (wie Abb. 30) ohne Spannung in derselben NaOH gequollen wie bei Abb. 30. Es ist alles zu Kreisen verschmiert. Faserrichtung vertikal. (Nach I. R. Katz und H. Mark.)

[1]) I. R. Katz und K. Hess, Chemie der Zellulose, S. 647, siehe hierzu auch die Arbeiten von M. Lüdtke, Mell. Text. Ber. **10**, 475, 525 (1929); Pap. Fbr. **28**, 129 (1930).
[2]) s. M. Polany, Ztschr. f Physik **7**, 149 (1921).

fortgeschritten ist. Auch die Naßfestigkeit der Streckfaser ist stark erhöht, weil das Eindringen und die Anlagerung von Wassermolekülen bei der strukturell fest geschlossenen Faser nicht oder nur in geringem Maße möglich ist. Aus dem gleichen Grunde muß das Farbaufnahmevermögen abnehmen.

Auch die aus Viskose hergestellten Hydratzellulosefilms zeigen in gleicher Weise Doppelbrechung wie die Kunstseidenfäden, während im Gegensatz zu den Nitrozellulosefäden die Nitrozellulosefilms des Handels keine Doppelbrechung besitzen. Man kann aber bei Vermeidung jeglicher Spannung während der Herstellung auch nichtdoppelbrechende Hydratzellulosefilms und Fäden aus Viskose erzeugen. Eine etwa vorhandene Doppelbrechung verschwindet (im Gegensatz zum Verhalten der natürlich gewachsenen Fasern wie Baumwolle oder dgl.) ganz oder doch teilweise beim Nitrieren der doppelbrechenden Fäden oder Filme. Nur wenn die Fäden unter Streckung hergestellt sind, bleibt auch nach dem Nitrieren die Doppelbrechung mehr oder weniger stark erhalten. Solche Fasern zeigen auch, wie oben erwähnt, bei der Röntgenuntersuchung dann ein sog. Faserdiagramm[1]) (s. a. S. 136, Anm. 1).

Die Spinndüsen haben eine mehr oder weniger große Anzahl von Öffnungen, und die aus diesen Öffnungen austretenden Einzelfasern einer Spinndüse werden zusammengefaßt und auf ein Aufnahmeorgan gebracht. Die Gesamtzahl dieser Fasern wird nach Beendigung des Spinnvorgangs zusammengedrallt, und bildet nunmehr den eigentlichen, aus einer mehr oder weniger großen Anzahl von mehr oder weniger feinen Einzelfasern bestehenden Kunstseidefaden.

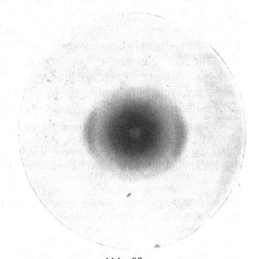

Abb. 32.
Röntgenspektrum eines Bündels paralleler Baumwollfasern. Faserrichtung vertikal. Man beachte die sichelförmigen Intensitätsmaxima im peripheren Kreis, oben und unten in der Faserachse (Aufnahme von I. R. Katz).

Die Spinndüsen werden aus Glas, Porzellan und Metall angefertigt, insbesondere bei dem Viskosespinnverfahren sind in der Hauptsache Edelmetalldüsen im Gebrauch, die von den Viskoselösungen und den Fällbädern nicht angegriffen werden.

2. Faserstruktur, Glanz, Festigkeit.

Aus dem Vorhergesagten ist klar, daß die fertige Kunstseidenfaser aus einem Kolloidgel besteht, daß je nach der Art seiner Entstehung eine verschiedenartige Feinstruktur besitzen muß. Diese ist einerseits abhängig von der Kolloidstruktur der Spinnlösung und andererseits abhängig von der Art und Weise, wie die Spinnlösung zum Faden geformt und zur Erstarrung gebracht wurde. Man muß sich an die mehr oder weniger feine poröse Struktur erinnern, wie sie durch die bekannten Untersuchungen von Zsigmondy und Bachmann, z. B. an der Gelatine[2]) und am Kieselsäuregel[3]) festgestellt worden sind, jedoch im Falle der Kunstseide modi-

---

[1]) s. a. R. O. Herzog und H. W. Gonell, Kolloid-Ztschr. **35**, 201 (1924).
[2]) R. Zsigmondy und Bachmann, Kolloid-Ztschr. **11**, 145 (1912).
[3]) W. Bachmann, Inaug.-Diss. (Göttingen 1911). — Ztschr. f. anorg. Chem. **13**, 125 (1911).

fiziert durch die besondere Form der Bausteine, der gelösten Zelluloseteilchen, die selber auch schon eine Faserstruktur besitzen; diese Fragen hängen eng zusammen mit der in den Jahren 1926—1929 stark umstrittenen Frage nach der Konstitution der Zellulose. Es führt im Rahmen dieser Darlegungen zu weit, den Stand dieser Frage hier eingehend darzulegen, und es muß diesbezüglich auf die Fachliteratur hingewiesen werden[1]).

Auch Untersuchungen von O. Hahn und M. Biltz an den Gelen der Oxydhydrate von Eisen, Aluminium, Thorium und Zirkon sind in diesem Zusammenhang von Interesse[2]).

Neben kolloidchemischen Vorgängen bei der Erstarrung sind natürlich rein chemische Vorgänge zu beachten, die je nach der Art der Spinnlösung verschieden sein können. Ganz besonders zu beachten sind solche Vorgänge, bei denen gasartige oder in Wasser unlösliche, flüssige Produkte bei der chemischen Zersetzung entstehen, wie das z. B. bei der Viskose der Fall ist, die bei der Zersetzung Schwefelkohlenstoff abgibt, während sich gleichzeitig aus dem diese Lösung immer verunreinigenden Trithiokarbonat neben Schwefelkohlenstoff auch Schwefelwasserstoff abscheidet. Werden solche Lösungen mit einer gewissen Heftigkeit und Schnelligkeit zersetzt, so haben diese gasförmigen Produkte nicht die Möglichkeit, in feinster Verteilung aus dem

[1]) Es sei hier nur darauf hingewiesen, daß sich zwei Auffassungen gegenüberstehen, von denen die eine dem Zellulosemolekül ein nicht sehr hohes Molekulargewicht, heruntergehend bis zu $C_6H_{10}O_5$ zuschreibt, während die andere von Zelluloseteilchen oder Makromolekülen spricht und durch Hauptvalenzkräfte zusammengehaltene Ketten von 60—100 $C_6H_{10}O_5$-Bausteinen annimmt, die schließlich auch noch zu Bündeln in größerer Anzahl zusammengefaßt sein sollen, wobei die einzelnen parallel liegenden Ketten durch Nebenvalenzen zusammengehalten werden. Immerhin scheint Einigkeit daruber zu bestehen, daß in der nativen Zellulose eine solche Kettenform vorliegt, wobei lediglich dahingestellt bleibt, welcher Art und Größenordnung die Kräfte sind, die die Glieder der Kette zusammenhalten. Vieles spricht dafür, daß diese Ketten nicht unerheblich lang sind.

S. bes. das Buch von K. H. Meyer und H. Mark, Aufbau der hochpolymeren Naturstoffe (Leipzig 1930) und K. Hess, Die Chemie der Zellulose, 561—604, woselbst die Auffassungen der früheren und neueren Forschungen behandelt sind, insbesondere die Arbeiten von E. Fischer, B. Tollens, C. F. Cross und Bevan, Green; und die neueren Arbeiten von M. Bergmann, W. N. Haworth, K. Hess, E. Heuser, H. Hibbert, P. Karrer, H. Pringsheim. — Über die röntgenographischen Untersuchungen s. P. Scherrer in R. Zsigmondys Kolloidchemie, 3. Aufl. (Leipzig 1920). — R. O. Herzog und W. Janke, Ber. 53, 2162 (1920). — Ztschr. f. Physik 3, 196 (1921). — M. Polany, Ztschr. f. Physik 20, 413 (1924); 49, 27 (1928). — Physik. Ztschr. 52, 755 (1929). — O. L. Sponsler, Nature 116, 243 (1925) und Science 62, 547 (1925). — Nature 120, 767 (1927). — Naturw. 16, 263 (1928). — M. Polany, Naturw. 16, 263 (1928). — Ferner I. R. Katz im Anhang zu K. Hess, Chemie d. Zellulose (1928). Über die Kettenstruktur der Zellulose s. in K. Hess, l. c. und die Originalarbeiten: H. Staudinger, H. Johner, M. Lúthie, G. Mie, J. Hengstenberg und R. Signer, Ztschr. f. physik. Chem. 126, 425 (1927). — Naturw. 15, 379 (1927). — H. Staudinger, Ztschr. f. angew. Chem. 42, 37 (1929). — Ferner K. Freudenberg, Lieb. Ann. 460, 295 (1928). — Ber. 62, 383 (1929). — K. H. Meyer und H. Mark, Ber. 61, 593 (1928). — Ztschr. f. physik. Chem. Abt. B 2, 115 (1929). — H. Mark, Naturw. 16, 892 (1928). — Ztschr. f. angew. Chem. 42, 52 (1929). — K. H. Meyer, Ztschr. f. angew. Chem. 41, 935 (1928). — O. L. Sponsler und W. H. Doré, Journ. Am. Chem. Soc. 50, 1940 (1928). — Colloid Symposium Monograph 4, 174 (1926). — K. P. Andress, Ztschr. f. physik. Chem. 136, 279 (1928) und ibid. Abt. B 2, 380 (1929). — S. ferner Harry L. B. Gray und Cyril J. Staud, Chem. Rev. IV, Nr. 4, 355—377 (1928). — Technol. und Chemie der Papier- und Zellstoffabr. 25, 85 (1928). — Beibl. z. Wochenbl. f. Papierfabr. 59, (1928). — Geza Zemplen, Vortrag auf dem Kongr. des Internat. Ver. d. Chemiker-Koloristen in Budapest, 25.—29. Mai 1929. — H. Staudinger, Helv. chim. Acta 12, 1183 (1929). Von besonderem Interesse sind auch die Vorträge von K. H. Meyer, H. Staudinger, K. Hess, H. Mark auf der Tagung der Kolloidgesellschaft in Frankfurt a. M. im Juni 1930 (Sonderheft der Kolloid-Ztschr. 53, H. 1, 1930).

[2]) M. Biltz, Vortrag auf der 89. Naturforscherversammlung in Düsseldorf 1926 (nach Versuchen von O. Hahn und M. Biltz).

Gebilde während der Koagulation auszutreten; sie sammeln sich unter Bildung blasenartiger Kavernen an, die zum Zerspringen der Faseroberfläche führen können.

Dieser Vorgang ist deutlich ersichtlich aus der Abb. 33 (S. 142), die in 1400facher Vergrößerung eine durch heftige Zersetzung mit Mineralsäure hergestellte Viskosefaser zeigt. Deutlich erkennbar sind die trichterförmigen Öffnungen, die die abgeschiedenen Gas- und Flüssigkeitsteilchen durch die Oberfläche der Faser hindurchgetrieben haben. Bei weniger heftiger Zersetzung des Fadens müssen natürlich diese chemischen Prozesse auch vor sich gehen; aber die Abscheidungen der Fremdstoffe treten in so feiner Verteilung auf, daß sie auch unter dem Mikroskop nicht mehr sichtbar sind und durch die durch die wabenartige Struktur der Faser gebildeten Kanäle nach außen entweichen können.

Eine wichtige Eigenschaft der Kunstseide ist der ihr eigentümliche mehr oder weniger starke Glanz. Das Vermögen, das Licht mehr oder weniger stark zu reflektieren ist neben der Frage des Brechungsexponenten (der für alle Zellulosekunstseiden gleich sein muß) in der Hauptsache abhängig von der Oberflächenbeschaffenheit der Kunstseide bzw. der Kunstseideeinzelfaser. Der Glanz muß ein anderer sein je nach der Stärke der Einzelfaser und je nachdem, ob die Oberfläche der Faser glatt ist oder kanneliert (vgl. hierzu die Querschnittsabbildungen S. 133), oder ob die Oberfläche, wie das im vorhergehenden Abschnitt beschrieben ist, durch bei der Fabrikation entweichende Gasbläschen mehr oder weniger stark durchbrochen wurde. Ein sehr glatter Kunstseidefaden wird leicht das auffallende Licht durchlassen und glasartig durchsichtig erscheinen, wenn er nicht einen sehr feinen Einzeltiter hat. Das Analogon wäre z. B. der weiße Schnee und ein größerer Eiskristall. Fasern mit gezackten Querschnitten müssen aber entsprechend dem Vorhergesagten ein weißes undurchsichtiges Aussehen und gute „Deckkraft" haben. In dem Bestreben, den Glanz herabzusetzen und ihn dem matten Glanz der Naturseide anzugleichen, sind zahlreiche Patente ausgearbeitet, die im allgemeinen auf Einverleibung von Fremdstoffen herauskommen, die bei anderem Lichtbrechungsvermögen eine Minderung des Glanzes verursachen. Man nennt solche Sonderfabrikate „Mattseiden"[1].

Zur Glanzmessung bedient man sich des von Zart[2] beschriebenen Glanzmessers, der von der Firma Janke & Kunkel, Köln a. Rh., hergestellt wird. Dieser äußerst einfache Apparat gestattet, den „Weißgehalt", das diffus reflektierte Licht, einer Faser zu bestimmen und außerdem die Summe des von der Faser diffus und direkt reflektierten Lichtes; die Differenz des von der Faser diffus und des direkt reflektierten Lichtes ergibt den Glanz der untersuchten Faser.

Beim Messen des Glanzes eines Stoffmusters oder eines in mehreren nebeneinanderliegenden Lagen z. B. auf einer Pappunterlage aufgewickelten Seidenfadens bemerkt man nun sofort, daß der gemessene Wert abhängig von der Lage und Richtung des untersuchten Musters ist. Die Richtungen, die die größten Meßdifferenzen aufweisen, stehen senkrecht aufeinander. Zum Ausgleich dieser leicht verständlichen Erscheinung kann man das zu untersuchende Muster genügend schnell rotieren lassen. A. Klughardt[3] hat auf Grund theoretischer Überlegung die wichtige Frage der Glanzmessung eingehend studiert und auf eine breitere wissenschaftliche Basis gestellt. Zu seinen Messungen benutzte er das eine

---

[1] Vgl. hierüber den diesbezüglichen Abschnitt in O. Faust, Kunstseide, 4. u. 5. Aufl. 1 (Dresden 1931).

[2] Zart, Mellands Textilberichte **4**, 161, 218, (1923).

[3] A. Klughardt, Ztschr. f. techn. Physik **9**, 109 (1927). — S. a. A. Klughardt, Leipziger Monatshefte f. Textilind. **43**, 1121 (1927). — Die Seide **32**, 233 (1927); **33**, 17, 120 (1928), letzteres: Glanzmessung an farbigen Flächen.

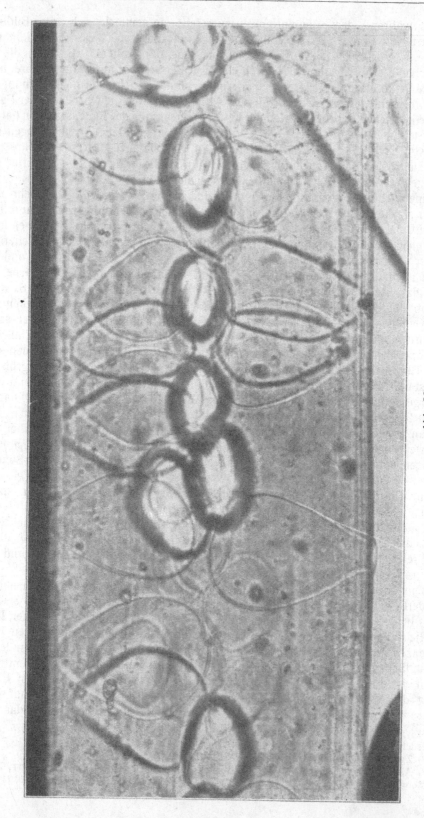

Abb. 33.

Viskosefaser durch Mineralsäure zersetzt (1400 mal vergr.).

größere Genauigkeit bietende bekannte Stufenphotometer von C. Pulfrich[1]), das
in der Praxis schon weitgehende Verwendung bei Bestimmung des Farbtones
und des Schwarz- und Weißgehaltes farbiger Flächen gefunden hat. Da die verschiedene Intensität des Tageslichtes an verschiedenen Tagen und Tageszeiten
erhebliche Meßdifferenzen (bis zu 20 %) verursacht, ist eine künstliche konstante
Lichtquelle, zweckmäßig mit Tageslichtfilter, zu verwenden. Die von der Lichtquelle auf das zu untersuchende Muster auffallende Lichtmenge ist nun um so
größer, je mehr der Winkel α (s. beistehende Abb. 34), um den dieses Muster gegen
die Horizontale geneigt ist, sich dem Wert von 45° nähert. Das Verhältnis dieser
„Kipphelligkeit" zur Grundhelligkeit ist bei bestimmtem α für alle ideal matten
Körper gleich und bei Messung des Glanzes abzuziehen von dem für den glänzenden
Körper ebenfalls gemessenen Verhältnis „Kipphelligkeit" zu Grundhelligkeit. Die
so erhaltene Zahl ist die Klughardtsche „Glanzzahl", die für einen zwischen
20—25° liegenden Kippwinkel ein Maximum
hat, bei ungefähr $\alpha = 45°$ Null wird und
bei größerem α negative Werte annimmt.
Diesen, für alle nicht zu hohen Glanz auf-
weisenden Flächen, charakteristischen Verlauf der Glanzzahl gibt Klughardt durch
Lage und Größe des Maximums und Feststellung des Winkels, in dem die Zahl durch
Null geht, an. Die Angabe nur einer Glanzmessung für nur einen Kippwinkel ist zur Beurteilung des Glanzes noch nicht ausreichend.

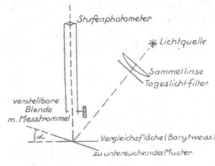

Abb. 34.

Für Barytweiß beträgt z. B. nach
Klughardt die bei dem üblichen Kipp-
winkel von 22,5° gemessene Helligkeit 1,352, wenn man die in horizontaler Lage
gemessene Helligkeit mit 1 bezeichnet. Auch Barytweiß ist noch nicht „idealmatt",
sondern besitzt etwas Glanz.

Für die Glanzmessung an Geweben, deren Glanz, wie oben erwähnt, sehr von
der Richtung abhängig ist, in der, besonders bei sehr faserigen Stoffen und lang-
haarigen Geweben wie Samt, das zu untersuchende Muster unter das Photometer
gelegt wird, bestimmt H. Naumann[2]) an Stelle des oben vorgeschlagenen, durch
Rotation des Muster zu erhaltenden Mittelwertes, mehrere Werte (es genügen
z. B. vier, von 30 zu 30° drehend), indem er für jede Messung das Muster um 15°
(bis 180° Gesamtdrehung) dreht, und erhält so eine, übersichtlich im Polar-
koordinatensystem eingetragene Glanzkurve, die er zur Sicherheit an mehreren
Mustern desselben Stoffes mißt. Auch hier muß, wie oben angegeben, nach Klughardt die Messung für verschiedene Kippwinkel α durchgeführt werden; H. Naumann mißt zwischen 0 und 50° von 10 zu 10° ansteigend. (Klughardt schlägt
0°, 20° und 50° vor.)

Bei Messung farbiger Muster muß unter Verwendung entsprechender Farb-
filter der Farbton nach Wi. Ostwald[3]) festgestellt werden. Über die Farben-
messung an glänzenden Flächen vgl. besonders A. Klughardt[4]), der an Stelle
des Ostwaldschen „Schwarzgehaltes", die „Bezugshelligkeit" einführt.

[1]) C. Pulfrich, Ztschr. f. Instrumentenkunde **45**, 35 (1925).
[2]) H. Naumann, Ztschr. f. wiss. Photographie **23**, 303 (1925).
[3]) Wi. Ostwald, Farbenlehre (Leipzig 1919).
[4]) A. Klughardt, Leipziger Monatsschr. f. Textilind. **42**, 312, 357 (1927). — Mellionds
Textilberichte **9**, 133 (1928).

3. Titer, Spinnpumpen, Festigkeits- und Dehnbarkeits-Untersuchung, Färbigkeit.

Die Charakterisierung der Seide für die textilen Verbraucher geschieht durch Angabe des sog. Titers. Die Einheit des Titers ist der Denier, und zwar gibt es hier zwei verschiedene Deniers, den italienischen Denier und den französischen oder sog. legalen Titer. Nach der italienischen Bestimmung hat ein Faden, bzw. eine Faser die Stärke von 1 den., wenn ein 9000 m langer Faden 1 g wiegt[1]). Bei dem legalen Titer wiegen 10000 m des Fadens bzw. der Faser 1 g.

Zur Orientierung sei hierbei bemerkt, daß die reale Seide ungefähr den Titer von 1 den. hat, es wiegen also 9000 m einer realen Seidenfaser 1 g. Ist also ein Seidenfaden aus 25 Einzelfasern zusammengesetzt, so hat er den „Gesamttiter" von 25 den. Die Titer der Kunstseide schwanken zwischen 1 den. und etwa 10 den. Faserstärke; normalerweise ist eine Stärke von 5—8 den. noch üblich, jedoch macht sich die Tendenz zur Herstellung feinerer Einzeltiter von 1—3 Deniers immer mehr bemerkbar.

Um die Gleichmäßigkeit der Fadenstärke beim Spinnen von Kunstseide zu gewährleisten, werden sog. „Titerpumpen" verwendet, die für eine gleichmäßige Zufuhr von Spinnlösung zu jeder Spinndüse sorgen. Im allgemeinen sind für diese Zwecke kleine feine Zahnradpumpen im Gebrauch, wie sie z. B. u. a. von der Firma Arendt & Weicher, Berlin SO 16 (s. Abb. 35), oder von den Deutschen Orthopädischen Werken, Berlin SW 68, geliefert werden. Auch regulierbare Zahnradpumpen sind gebaut; die Regulierung erfolgt mit Hilfe eines stellbaren Zahntriebes, der durch Veränderung der Eingriffstiefe der Förderräder eine Leistungsveränderung hervorruft. Auch Kolbenspinnpumpen sind im Betrieb; sie werden beispielsweise von der Werdohler Pumpenfabrik Paul Hillebrand, Werdohl i. W. (Abb. 36) hergestellt.

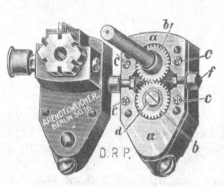

Abb. 35.
Zahnradspinnpumpe (geöffnet)
der Firma Arendt & Weicher, Berlin.

Die Festigkeitsuntersuchung der Kunstseide geschieht fast allgemein mit den Apparaten der Firma Louis Schopper, Leipzig (Abb. 37). Diese Apparate gestatten, neben der Zerreißfestigkeit eines Kunstseidefadens gleichzeitig die sog. Bruchdehnung zu ermitteln, die für die Praxis von Bedeutung ist. Kunstseiden mit zu geringer Bruchdehnung (10% und weniger) geben bei der Verarbeitung auf den Textilmaschinen leicht zu Schwierigkeiten Anlaß, besonders beim Verwirken.

Die eigentliche Elastizität, d. h. die reversible Längenänderung bei der Belastung ist im allgemeinen bei Kunstseide im Gegensatz zur realen Seide außerordentlich gering und wird in der Praxis zumeist nicht bestimmt; sie ist lediglich Gegenstand wissenschaftlicher Untersuchungen gewesen.

Neben den Festigkeits- und Dehnbarkeitseigenschaften werden in der Praxis noch Bestimmungen des Dralls gemacht, der dem Kunstseidefaden bei der Herstellung erteilt wird. Auch für diese Zwecke bringt die genannte Firma Schopper sehr gut geeignete Apparate in den Handel. — Für die Bestimmung der Reißfestigkeit, Dehnung und Drehfestigkeit von Einzelfasern hat P. Krais[2]) einen

---

[1]) Heute allgemein ublich.   [2]) P. Krais, Textile Forschung 3, 86 (1921).

Apparat angegeben, der durch das D.R.G.M. 727686/42 k geschützt ist und von der Firma Hugo Keyl, Dresden-A., Marienstraße, hergestellt wird. Bei diesem Apparat wird die Belastung durch eine zulaufende Flüssigkeit (Wasser) ausgeführt.

Tabelle 2.

Festigkeitswerte verschiedener Provenienzen Kunstseide (65% Luftfeuchtigkeit s.S.146).

Provenienz	Titer und Fibr.	Trocken		Naß	
		Festigk.	Dehnbark.	Festigk.	Dehnbark.
Courtaulds	150/24	1,52	24,0	0,60	26,0
Courtaulds, Dulesco . . .	150/24	1,22	16,5	0,48	16,5
Glanzstoff Oberbr. . . .	150/30	1,35	20,0	0,58	26,0
Glanzstoff Sydowsaue . .	150/24	1,37	22,0	0,58	21,5
Zehlendorf	120/21	1,50	18,0	0,63	18,3
Agfa	120/24	1,40	16,0	0,56	18,0
Enka	150/24	1,30	21,0	0,56	26,0
Breda	150/25	1,32	19,2	0,58	19,0
Emmenbrücke	150/24	1,40	19,0	0,57	23,0
Feldmühle	150/24	1,30	16,0	0,48	18,0
Alost	150/18	1,28	19,0	0,49	21,0
Theresienthal	150/20	1,25	20,0	0,45	25,0
Veaulx en Velin	150/24	1,50	19,0	0,57	22,0
Cisa Rom	150/40	1,32	20,5	0,48	21,5
Snia	150/22	1,28	16,0	0,48	16,5
Châtillon	150/21	1,25	15,3	0,46	17,2
American Viscose	150/24	1,50	19,8	0,58	23,5
Dupont	150/24	1,50	19,5	0,58	22,8
Rhodiaseta[1]	150/24	1,10	22,0	0,62	32,3
Seraceta[1]	150/30	1,05	19,2	0,61	29,4
Bemberg	150/112	1,55	15,0	0,62	16,5
Celta (Luftseide)	150/40	1,40	17,0	0,70	18,0

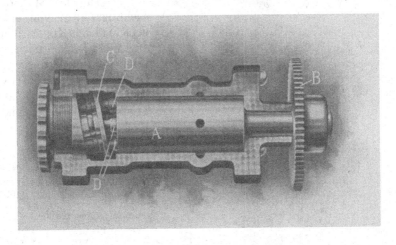

Abb. 36.
Kolbenspinnpumpe der Werdohler Pumpenfabrik Paul Hillebrandt, Werdohl i. Westf.

Es sei bemerkt, daß die Belastungsgeschwindigkeit für die festgestellten Festigkeitswerte von Bedeutung ist; hierfür gibt es allgemein anerkannte Normen. Bei Kunstseidefäden wird nach den Schopperschen Apparaten die Belastung durch

[1] Acetatseide s. a. H. Stadlinger, Melliands Textilberichte 2, 450 (1930).

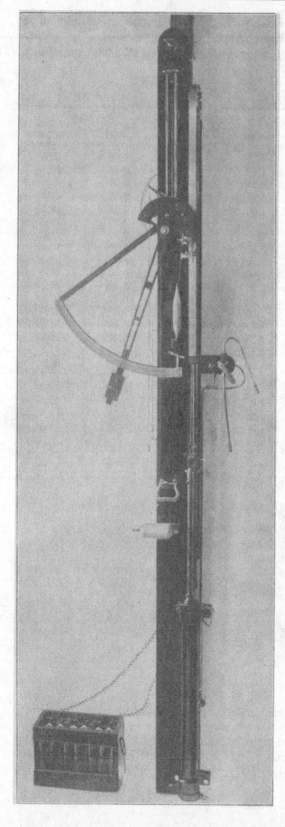

einen unter der Wirkung des Schwergewichtes langsam und regulierbar sinkenden Kolben ausgeführt, an dessen oberem Ende eine Klammer zum Festklemmen des Seidenfadens angebracht ist. Es wurde bisher international eine Fallgeschwindigkeit des Kolbens von 20 cm in einer Zeit von 15 Sekunden verwendet. Der Reichsausschuß für Lieferbedingungen (RAL) hat neuerdings eine Zerreißgeschwindigkeit von 50 cm pro Minute vereinbart. Diese Geschwindigkeiten lassen sich bei den genannten Apparaten gut einstellen. Die Feuchtigkeit im Untersuchungsraum soll 60 % relative Feuchtigkeit (früher 65 %) betragen. Die Seide muß bezüglich der Feuchtigkeit vor der Untersuchung ausgeglichen sein, was im allgemeinen durch 24stündiges freies Aushängen in dem Untersuchungsraum mit eingestellter Luftfeuchtigkeit geschieht.

In Tabelle 2 sind die Untersuchungszahlen von einer Reihe verschiedener Kunstseideprodukte angegeben[1]), die noch bei 65 % Luftfeuchtigkeit ausgeführt sind. Bei 60 % ist die Trockenfestigkeit um 10—15 % höher, die Trockendehnbarkeit um 10 bis 15 % niedriger.

[1]) s. hierzu auch R. O. Herzog, The Commercial, Kunstseidensonderheft v. 21. Januar 1921, S. 13. Lilienfeldseide nach Journ. Text. Inst. (1928) A 381:

trocken

Festigkeit	Dehnung
1,50	5,0 %

naß

Festigkeit	Dehnung
2,32	4,1 %

Abb. 37.
Festigkeitsprüfer der Firma Schopper, Leipzig.

Wie ersichtlich, sind z. T. die physikalischen Daten der verschiedenen Fabrikate recht verschieden. — Es sei zur allgemeinen Orientierung hinzugefügt, daß die reale Seide eine Zerreißfestigkeit von 3—3,5 g auf 1 den. berechnet, besitzt; sie ist also hinsichtlich Festigkeit allen Kunstprodukten überlegen, aber auch der natürlichen Baumwolle und allen anderen Naturfasern. Die Feuchtzerreißfestigkeit der natürlichen Seide beträgt etwa 75% ihrer Trockenzerreißfestigkeit und steht somit auch an der Spitze aller Faserarten.

Die Zerreißfestigkeit der Einzelfasern wird im allgemeinen um einige Zehntel Gramm (auf 1 den. Faserstärke berechnet) höher gefunden als die Zerreißfestigkeit des aus einer größeren Anzahl Fasern zusammengedrallten Kunstseidefadens. Die Zerreißfestigkeit der natürlichen Wolle ist der Zerreißfestigkeit der Zellulose-kunstfaser (auf 1 den. berechnet) vielfach unterlegen. Verfasser bestimmte die Festigkeit an Wolle zu 1,5 g (auf 1 den. berechnet), die Naßfestigkeit zu 78,8 % der Trockenfestigkeit. Für Baumwolle ergab sich: 3,5 g trocken, und naß 117% (!) dieses Wertes.

Es leuchtet ohne weiteres ein, daß die Faserstruktur von besonderer Bedeutung für das Farbaufnahmevermögen einer Faser ist. Ist aus irgendeinem Grunde die Struktur einer Faser nicht in allen Teilen gleichmäßig, so haben wir pro Längeneinheit eine verschieden große adsorbierende Oberfläche und dementsprechend eine verschiedene Absorptionsfähigkeit für die von der Faser absorbierten Farbstoffe[1]. Dieser Umstand äußert sich dann in einem ungleichmäßigen Anfärbevermögen, das von den Kunstseide verarbeitenden Industrien sehr gefürchtet wird. Auf diese Schwierigkeit wirft das Engl. Pat. 254531 (1926) der großen Kunstseidenfirmen Courtaulds Lim. ein grelles Schlaglicht: Hier wird der Vorschlag gemacht, die gesamte Seidenproduktion mit einem empfindlich färbenden Farbstoff zu färben, das gefärbte Material zu sortieren und dann den Farbstoff wieder auszubleichen! Andererseits liefert gerade diese Firma, wie auch die anderen großen Kunstseidenfabriken im allgemeinen so gut färbende Seide, daß das genannte Patent nicht zu symptomatisch beurteilt werden darf. Über die Nachbehandlung von direkt gefärbter Ware mit 10%iger Beta-naphtol-Kochsalzlösung bei 90° s. Kunstseide 10, 503 (1928).

Das Farbaufnahmevermögen der Zellulosekunstfasern ist verschieden, je nach der Herkunft und Herstellung, und stets höher als das der Baumwolle. Auch Wollfarbstoffe, die von Baumwolle gar nicht aufgenommen werden, werden z. T., wenn auch schwächer, von Kunstseide noch aufgenommen, so daß beim Färben von Mischgeweben von Wolle und Kunstseide, in welchen die letztere nicht angefärbt werden soll, jeweils erst eine Prüfung der zu verwendenden Farbstoffe vorangehen muß; die Azetatseide verhält sich in dieser Beziehung günstiger. Weltzien und Götze[2] haben über den Färbevorgang bei Kunstfasern eingehende Studien gemacht und festgestellt, daß der Faseroberfläche eine besondere Wichtigkeit hierbei eigen ist, indem häufig der Farbstoff sich in der Oberflächenschicht anreichert und wenig oder garnicht bis in das Innere des Querschnittes eindringt, und in diesem Falle hellere und (besonders bei gelapptem Querschnitt) häufig nicht gleichmäßige Färbungen ergibt. Durch eine (irreversible) Quellvorbehandlung wird die Gleichmäßigkeit des Vordringens des Farbstoffes in die Faser verbessert

---

[1] Vgl. hierzu auch die wichtigen Ausführungen von H. G. Dahlenvord, Mellilands Textilberichte 6, 739 (1925). S. ferner S. 139 oben.
[2] W. Weltzien und K. Götze, Die Seide 31, 260 (1926); 32, 411 (1927); 33, 327 (1928); 34, 136 (1929). — s. a. Haller und Nowak, Kolloidchem. Beih. 13, 61 (1920). — Haller, Kolloid-Ztschr. 27, 30, 188 (1920); 29, 95 (1921); 30, 249 (1922); 33, 306 (1933).

und gleichzeitig das Farbaufnahmevermögen erhöht. Die Erhöhung des Farbaufnahmevermögens verbessert die Gleichmäßigkeit des Anfärbevermögens. Das
kann z. B. durch erhöhten Salzzusatz zur Farbflotte geschehen. Außerdem färben
gelbe Farbstoffe meist bei 50—60° Badtemperatur am schnellsten und gleichmäßig-
sten an, blaue hingegen bei 80—100°. Der Dispersitätsgrad spielt besonders bei
substantiven Farben eine gewisse, durch Kapillarerscheinungen modifizierte Rolle.
Je feiner der Dispersitätsgrad, desto schneller und gleichmäßiger dringt der Farbstoff ein. Mit zunehmendem Glaubersalzzusatz nimmt der Dispersitätsgrad zu,
die Teilchengröße erreicht ein Minimum, um bei weiterem Salzzusatz wieder an-
zusteigen.

Es ist selbstverständlich, daß auch das Herstellungsverfahren, so wie es die
Faserstruktur beeinflußt, auch von Einfluß auf das Farbaufnahmevermögen ist.
Unter starkem Zug hergestellte Fasern, die eine geschlossenere Feinstruktur haben,
nehmen die Farbe schwächer auf, als andere unter sonst gleichen Umständen, aber
unter geringerer Spannung hergestellte Kunstfasern (s. a. den folgenden Abschnitt).

Die aus Zellulose bestehenden Kunstseidefäden werden im übrigen in gleicher
Weise und mit den gleichen Farben gefärbt wie Baumwolle, während insbesondere
die Azetatseide sich zunächst den Färbeversuchen gegenüber sehr widerspenstig
gezeigt hat. Heute ist es der deutschen Farbenindustrie gelungen, eine große Anzahl
von Azetatseidenfarbstoffen herauszubringen, und auch der Mechanismus der Azetat-
seidenfärbung ist durch die Arbeiten von K. H. Meyer[1]) vollständig geklärt (s. a.
den Abschnitt über „Färben", S. 110 u. ff. dieses Handbuches).

Auch die Festigkeit der Kunstseidefaser ist naturgemäß von ihrer kolloidchemischen Feinstruktur abhängig; aber nicht allein davon, sondern die Güte des
Ausgangsstoffes ist neben der Art, wie der chemische Prozeß durchgeführt wird, für
die Festigkeit und auch die Dehnbarkeit der Kunstfaser von nicht zu unterschätzen-
der Bedeutung. Auch die Art und Weise, wie der chemisch-physikalische Prozeß
durchgeführt wird, ist nicht ohne Wirkung auf die Ausgangszellulose, ganz abgesehen davon, daß natürlich die Bildung sog. „Oxyzellulose" (Untersuchung
auf Oxyzellulose mit Silbernitratlösung s. K. Götze, Die Seide **31**, 429, 470
(1926) und **33**, 199 (1928)) z. B. durch zu starkes Bleichen der Seide, oder die
Bildung von sog. „Hydrozellulose" durch falsche Behandlung der Seide mit
Säuren für die physikalischen Eigenschaften von besonderer Bedeutung sind. Die
schädlich wirkenden Konzentrationen von verschiedenen Säuren haben Krais[2])
und Biltz bestimmt.

4. Quellungsvermögen und Quellungsanalyse[3]).

Die Gesetze der Quellung sind von J. R. Katz[3])[4])[5]) eingehend studiert worden.
Auch speziell die Frage der Quellbarkeit von Zellulose und Zellstoff (s. Kap. Zell-

---

[1]) K. H. Meyer, Melliands Textilberichte **6**, 737 (1925).

[2]) Krais und Biltz, Textile Forschung **7**, 61 (1925).

[3]) Quellung geht vor sich unter Aufnahme von Quellungsflüssigkeit in das Innere des quellbaren Körpers unter Volumenzunahme (des quellenden Körpers), Festigkeitsabnahme und Zunahme der Elastizitätsgrenzen[4]). Das Gesamtvolumen (quellender Körper + aufgenommene
Flüssigkeit) nimmt unter Freiwerden von Wärme (Quellungswärme) ab. Im Gegensatz hierzu
steht die „poröse Imbibition", die wir mit I. R. Katz folgendermaßen definieren können:
Der Körper nimmt ohne Änderung seiner Dimensionen und seiner Kohäsion die Flüssigkeit in
präformierte (sichtbare) Höhlen auf. Die beiden verschiedenen Begriffe der Quellung und der
porösen Imbibition verwischen sich erst, wenn die Dimensionen der Hohlräume die Größenordnung von Molekülen annehmen. Wir betrachten im folgenden nur die Erscheinung der begrenzten Quellung, bei der also die Quellung bei einer gewissen Flüssigkeitsaufnahme halt-

stoff) ist vielfach behandelt. Zur Bestimmung der Quellung kann man sich der Gewichtsänderung bedienen (was besonders bei kurzfaserigen Zellulosen und Zellstoffen üblich ist) oder aber man bestimmt durch mikroskopische[9]) Untersuchung die Dicken- bzw. Längenänderung[10])[11]) von Einzelfasern. P. A. Thiessen und C. Carius[12]) haben eine Methode angegeben, die die Messung der Dickenänderung von Filmen gut gestattet.

Erst W. Weltzien[13]) hat aber eine ebenso einfache wie brauchbare Methode für die „Quellungsanalyse" von Kunstseidefäden angegeben und hierdurch der so wichtigen Untersuchung der Quellbarkeit Eingang in das Kunstseidegebiet verschafft. Weltzien mißt die Längenänderung eines in die Quellungsflüssigkeit eingehängten Fadens von etwa 50 cm Länge. Aus der nachstehenden Abb. 41 ist die

---

macht. Im Gegensatz zu dieser steht die unbegrenzte Quellung, bei welcher unter dauernder Flüssigkeitsaufnahme allmählich eine vollständig flüssig bewegbare Lösung entsteht, ein Vorgang, den wir bei der Herstellung von Lösungen, z. B. von Nitrozellulose, Azetylzellulose, Viskose aus Xanthogenat u. dgl. mehr kennen. (S. a. I. R. Katz, Ergebn. d. exakt. Naturw. **3**, 181 ff. (1924); **4**, 154—213 (1925).) I. R. Katz[5]) hat die Gesetze der Quellung von Kolloiden in Wasser eingehend studiert. Nach ihm sind die Gesetze der Quellung die gleichen für amorphe und kristallisierte, ebenso für begrenzt und unbegrenzt quellbare Stoffe und sogar die gleichen, die die Verdünnung konzentrierter Lösungen (z. B. Schwefelsäure mit Wasser) beherrschen, obgleich, wie R. Zsigmondy[4]) hervorhebt, der letztgenannte Vorgang wegen der unabhängigen Beweglichkeit aller vorhandenen Molekülarten nicht wesensgleich sein kann mit dem Quellungsvorgang, bei dem Moleküle und Ultramikronen, infolge des gewissen, immer vorhandenen Zusammenhanges nicht frei beweglich sind. Der Quellungsdruck, P, d. h. der Druck, der angewendet werden muß, um aus der gequollenen Substanz die Quellungsflüssigkeit herauszupressen, läßt sich nach H. Freundlich[6]) aus dem Dampfdruck h der Quellungsflüssigkeit in der gequollenen Substanz leicht berechnen: $P = - \dfrac{dV}{di} \cdot RT \log \mathrm{nat}\ h$, wo V das spezifische Volumen der trockenen (ungequollenen) Substanz ist, i die Gramm Quellungsmittel bezeichnet, die 1 g Trockensubstanz aufgenommen hat. Die Formel läßt sich in guter Annäherung vereinfachen[6]) in: $P = - 1200 \log \mathrm{nat}\ h$.

Die nachstehenden drei Abbildungen (Abb. 38—40) geben die von I. R. Katz[5]) an Zellulose (Filtrierpapier Schleicher & Schüll Nr. 589) gemachten Messungen für h, und die Quellungswärme W in Abhängigkeit von i, sowie die Berechnung des Quellungsdruckes P in Abhängigkeit von i wieder.

Ob die Quellungsflussigkeit intermizellar oder intramolekular in fester Lösung aufgenommen wird, läßt sich nach I. R. Katz[7]) und I. R. Katz und H. Mark[8]) aus der Nichtveränderung, bzw. aus der Veränderung des Röntgendiagrammes vor und nach der Quellung ermitteln. Danach scheint Merzerisierlauge intramolekular, Wasser dagegen nur intermizellar aufgenommen zu werden; s. a. K. H. Meyer und H. Mark, Ber. **61**, 600 (1928), sowie das Buch dieser Autoren, Hochpolymere organ. Naturstoffe (Leipzig 1930), S. 130 ff. sowie 143 und 148.

[4]) R. Zsigmondy, Kolloidchemie, 5. Aufl., I. Teil (Leipzig 1925), 105.

[5]) I. R. Katz, Kolloidchem. Beih. **9** (1917). Eine wertvolle Ergänzung dieses Werkes bildet das in 2. Aufl. erschienene Werk von Martin H. Fischer, Kolloidchemie der Wasserbindung (Dresden 1927) und besonders I. R. Katz, Mizellartheorie und Quellung der Zellulose, Anhang zu K. Hess, Die Chemie der Zellulose (Leipzig 1928), 605 bis 769, sowie I. R. Katz, Ergebn. d. exakt. Naturw. **3** (1924); **4** (1925).

[6]) H. Freundlich, Kolloidchem. Beih. **3**, 442 (1912).

[7]) I. R. Katz, Koninkl. Akad. van Wetensch. Amsterdam, Wisk. en Natk. afd. **33**, 281 bis 293 (1924).

[8]) I. R. Katz und H. Mark, Koninkl. Akad. van Wetensch. Amsterdam, Wisk. en Natk. Afd. **33**, 294—301 (1924).

[9]) E. Heuser und R. Bartunek, Zellulosechemie **6**, 19 (1925). — E. Heuser, Lehrb. d. Zellulosechemie, 2. Aufl. (Berlin 1923), 18; 3. Aufl. 1927, S. 25/26.

[10]) A. Oppé und K. Götze, Melliands Textilberichte **6**, 850 (1925).

[11]) A. Herzog, Textile Forschung **3**, 10 (1925).

[12]) P. A. Thiessen und C. Carius, Zsigmondy-Festschrift (Kolloid-Ztschr. **36**, 245 (1925)).

[13]) W. Weltzien, Mitt. d. Textilforschungsanst. Krefeld **1**, 1 (1925). — Melliands Textilberichte **7**, 338 (1926).

Versuchsanordnung erkennbar: In einem Glasrohr A von etwa 7—9 cm l. W. ist mittels mehrfach durchbohrten, auf A aufgesetzten Gummistopfens B die in dem unten zugeschmolzenen Rohr C hineingeschobene Millimeterskala D, von 50—60 cm Länge, befestigt. In dem Stopfen B ist ein oder je nach der Rohrweite mehrere

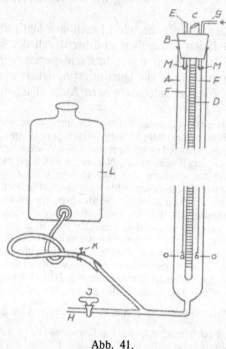

kranzförmig angeordnete Glasstäbe E, die leicht auf und ab verschiebbar sein müssen, zur Befestigung der Seidenfäden eingelassen; G ist ein zu einem Chlorkalziumturm führendes Glasrohr, durch welches unter Benutzung des unten angeschmolzenen Rohres H trockene Luft durch A gesaugt werden kann, bzw. kann nach Schließen des Hahnes I und Öffnen des Quetschhahnes K durch Anheben der Flasche L aus dieser die Quellflüssigkeit in den Zylinder eingelassen werden, wo sie die zu untersuchenden Fäden F, deren Länge in trockener Luft erst abgelesen wurde, umspült. Man kann auch natürlich zur Konstanthaltung der Temperatur die ganze Apparatur noch mit einem Glasmantel nach Art eines Liebigschen Kühlers umgeben, was sich besonders für Untersuchungen bei höherer Temperatur empfiehlt[1]). Die Befestigung der Seidenfäden geschieht mit kleinen Gummibändern in solcher Höhe, daß der Befestigungspunkt M mit dem Nullpunkt der Skala D in einer Höhe liegt. Die Seidenfäden werden durch unten angehängte Glaskügelchen O (evtl. mit Quecksilber gefüllt) von leichtem Gewicht (0,40 g) während der Untersuchung gestreckt

Abb. 41.

_____

[1]) O. Faust, Zellulosechemie **9**, 74 (1928).

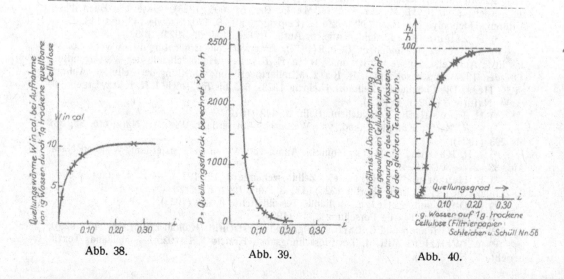

Abb. 38.   Abb. 39.   Abb. 40.

gehalten. Weltzien verfolgte nun die Längenänderung der von ihm untersuchten Kunstseidefäden bei folgender Behandlung:

Trocken → Wasser → Natronlauge → Wasser → Trocken
$\underbrace{\qquad\qquad\qquad}_{\text{Quellung}}$ $\underbrace{\qquad\qquad\qquad\qquad}_{\text{Entquellung}}$

In der nachstehenden Abb. 42 sind Mittelwerte von Messungen, die Weltzien
an Viskoseseide unter Benutzung von drei verschieden konzentrierten Natronlaugen
(1%; 4,2%; 7,5%) gemacht hat,
in der von ihm gewählten sehr über-
sichtlichen Diagrammform wiedergegeben. Der gesamte Kurvenverlauf ist hiernach in hohem Maße
abhängig von der Konzentration der
zum Quellen verwendeten Natronlauge[1]. Die Genauigkeit der Messung
beträgt 0,1—0,2%, ist also sehr befriedigend. Bei Verwendung einer
bestimmten Natronlaugenkonzentration ist der Kurvenverlauf bei gleichmäßig hergestellter Kunstseide sehr
gleichmäßig, und starke Abweichungen bei Messungen an mehreren
Proben derselben Herkunft deuten
mit Sicherheit auf einen verschiedenartigen Zustand des Ausgangsmaterials hin, der sich auch, worauf schon
Weltzien hinweist, in verschiedenem Farbaufnahmevermögen
bemerkbar macht (s. a. S. 152/54). Der
zweite Teil der Kurven, die Entquellung, ist reversibel (s. a. die

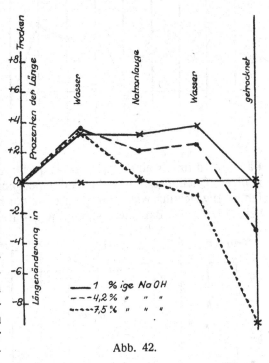

Abb. 42.

folgenden Abbildungen), was nach Weltzien als Kennzeichen für den Ausgleich
innerer, dem Faden vorher erteilter Spannungen anzusehen ist.

Ich habe unter Benutzung der Weltzienschen Methode gemeinsam mit
K. Littmann[2]) diese Verhältnisse einer Untersuchung unterzogen. Das Ergebnis
war, daß gleichmäßig hergestellte und daher gleichmäßig färbende Kunstseide sich
auch bei dieser Untersuchung weitgehend gleichmäßig verhält. Die nachstehende
Abb. 43 gibt die Untersuchung an drei verschiedenen, gleich hergestellten Fäden
wieder, wobei die erste Hälfte A der Abbildung das Verhalten bei der ersten Quellung und Entquellung wiedergibt, die zweite Hälfte B die Wiederholung dieser Behandlung, die die schon von Weltzien mitgeteilte Reversibilität der Entquellung
illustriert.

---

[1]) Vgl. auch die von Vieweg, Ber. **57**, 1920 (1924), gemachten Untersuchungen über die
Änderung der Alkaliaufnahme von Zellulose und Hydratzellulose in Laugen von verschiedener
Konzentration. Vgl. auch A. J. Hall, Soc. of Dyers and Colourists **45**, 171 (1925) über die Quellbarkeit von Viskoseseide in Natron- und in Kalilauge verschiedener Konzentration und Temperatur und die Wirkung dieser Behandlung auf Glanz und Farbaufnahme.
[2]) O. Faust und K. Littmann, Zellulosechemie **7**, 166 (1926).

Bei den Untersuchungen ging man von Fäden aus, die im getrockneten Luftstrom (Schwefelsäure oder Chlorkalziumtrocknung) keine Längenänderung mehr aufwiesen. Von einer stärkeren Trocknung, insbesondere bei höherer Temperatur, wie sie Ost und Westhoff[1]) und K. Hess[2]) vorschlagen, wurde abgesehen. Als Quellauge wurde eine Natronlauge von 4 Gew.-Proz. verwendet, die für diese

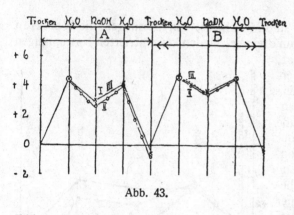

Abb. 43.

Untersuchungen recht geeignet erscheint, weil bei höherer Konzentration die Fäden sehr leicht reißen. Die folgende Abb. 44 gibt das Verhalten derselben Fäden (I und III) wieder, nachdem sie zuvor in lufttrockenem Zustand mit 50 bzw. 100 g belastet und also gedehnt waren (die Reißfestigkeit betrug etwa 100—200 g). Zum Vergleich ist ein normales Diagramm II mit eingezeichnet. Das gänzlich andere Verhalten der gedehnten Fäden wird durch einmalige Laugenquellung aufgehoben und weicht beim nochmaligen Quellungsgang B bis auf eine ganz geringe, als Hysteresis[3]) zu bewertende Abweichung wiederum dem ganz normalen Verhalten (s. a. S. 148). Nebenbei sei bemerkt, daß diese stark überdehnten Fäden auch ein etwas geringeres

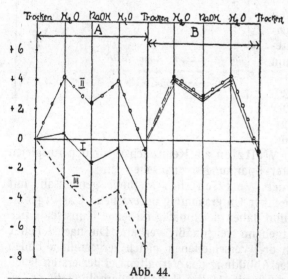

Abb. 44.

Farbaufnahmevermögen[4]) für substantive und Indanthrenfarben besitzen und es wird klar, daß man, wie dem Praktiker seit langem bekannt, ein auf den beschriebenen Umständen beruhendes ungleichmäßiges Färben durch vorsichtige Vorbehandlung mit Laugen bisweilen noch verbessern kann[5]) (s. a. S. 147). Diese schon früher berührte Reversibilität der Verdehnung bei Belastung ist aber nur so lange vorhanden, wie ein eigentliches „Fließen"[6]) des Fadens unter dem Zwange der Belastung nicht eintritt, sondern nur ein gewisses Recken und Strecken, ein teilweises

[1]) Ost und Westhoff, Chem.-Ztg. **33**, 197 (1909).

[2]) K. Hess und I. R. Katz, Kolloidchem. Beih. **9**, 47 (1916).

[3]) D. O. Masson und J. W. Richards, Proc. **78**, 412 (1906). — Ferner A. R. Urquhart und A. W. Williams, Textilinst. **41**, 130 (1924).

[4]) An interessanten Arbeiten auf diesem Gebiet sind noch zu erwähnen: Wiederkehr, Mellinds Textilberichte **7**, 41 (1926). — P. Krais, G. Krauter und H. Vollprecht, Leipziger Monatsschrift f. Textilind. **41**, 404 (1926). — H. Vollprecht, Leipziger Monatsschrift f. Textilind. **41**, H. 12 (1926). — Textile Forschung **8**, 93, 98 (1926); s. a. Silk Journ. **5**, Nr. 52, 59 (1928).

[5]) Vgl. auch Heberlein & Co., A.G., Wattwil (Schweiz), Öst. Pat. 130/27/K 28f.; deutsch. Priv. vom 15. Januar und 13. April 1926.

[6]) Vgl. W. Seidel, E. P. 309 558.

Gradrichten der Kettengebilde (s. S. 140)[1]) und Teilchen. Sobald aber diese Teilchen richtig zu fließen anfangen, was jedenfalls beim Belasten mit dem Bruchgewicht (und kurz vorher) der Fall ist, findet ein Zurückgehen der Verlängerung beim Quellen nur noch teilweise statt. Solches Fließen des Fadens unter gleichzeitiger Verfestigung erreicht man z. B. bei schwacher evtl. monatelanger Belastung des trockenen und auch des nassen Fadens[2]).

Im nächsten Kurvenbild (Abb. 45) entspricht die nicht bezeichnete Kurve dem normalen Faden; Faden 1 war mit ½%iger Schwefelsäure durchfeuchtet und bei 60° getrocknet, Faden 2 desgleichen mit ½%iger Salzsäure und Faden 3 mit ½%iger Essigsäure. Letzterer hat, wie auch die Kurve zeigt, am wenigsten gelitten (s. a. S. 148, Anm. 2).

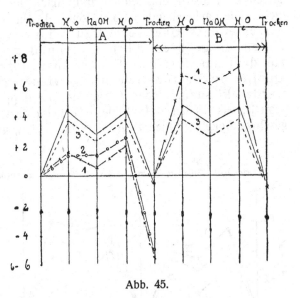

Abb. 45.

Die folgende Abb. 46 gibt das Verhalten eines „überbleichten" Kunstseidefadens (1) im Vergleich mit einem normalen Faden (2) wieder.

Das abweichende Verhalten der chemisch „mißhandelten" Fäden von dem der normalen Fäden (auch nach bereits erfolgter einmaliger Quellung) macht es also möglich, solche Fehler auch im fertigen Gewebe noch nachträglich wieder zu erkennen, besonders wenn ein nicht mißhandelter Vergleichsfaden zur Stelle ist. Diese Frage ist auch deshalb häufig von Wichtigkeit, weil solche mißhandelten Fäden ebenfalls abgesehen von einer erheblichen Festigkeitsabnahme auch ein stark verändertes Farbaufnahmevermögen besitzen

Aber noch weitere wichtige Aufschlüsse vermag uns die Weltziensche Methode zu geben. Unterschiede in der mechanischen Beanspruchung der halbfertigen Fäden vor dem Auflaufen auf das Aufnahmeorgan sind die Hauptursache für verschieden stark anfärbende Seidenfäden derselben Herkunft. Lehner und

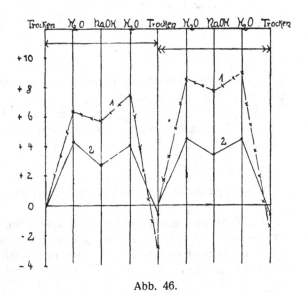

Abb. 46.

---

[1]) s. a. K. H. Meyer u. H. Mark, loc. cit. Kap. V oder die kurze Zusammenfassung in O. Faust, Kunstseide, 4. Aufl. (Dresden 1931), S. 10—16.

[2]) s. z. B. H. Mark, Melliands Textilberichte 10 (Oktoberheft) (1929).

Jäger[1]) haben darauf hingewiesen, daß auch verschiedene Abzugsgeschwindig-
keiten eine verschiedene mechanische Beanspruchung verursachen. Solche schon
vor Jahren von mir unter sonst ganz gleichen Bedingungen hergestellten Fäden
hatten Littmann und ich ebenfalls nach der Weltzienschen Methode untersucht. Die nachstehende Abb. 47 zeigt, daß auch solche Fäden ein deutlich
verschiedenes Quellvermögen zeigen und daß die am halbfertigen
Faden ausgeübten mechanischen Beanspruchungen im Gegensatz
zu den am fertigen Faden ausgeübten Beanspruchungen durch
Quellen in Natronlauge nicht wieder zum Verschwinden gebracht
werden können. Faden I war mit der doppelten Abzugsgeschwindigkeit hergestellt, als Faden III; Faden II liegt dazwischen hinsichtlich der Abzugsgeschwindigkeit. Faden IV ist derselbe Faden, an dem das S. 137 Abb. 28 wiedergegebene Röntgendiagramm der
Lilienfeldseide einen so erheblichen Richtungseffekt erkennen
läßt. Dieser Umstand gibt sich
auch in seinem Verhalten bei
der Quellungsuntersuchung zu
erkennen. Der Faden quillt in
Wasser sehr wenig, verändert
seine Länge um weniger als
$+ 1\%$ und verkürzt sich beim
Quellen in der Lauge unter
seine Trockenlänge. Auch auf
der B-Seite der Abbildung ist
letzteres noch der Fall, während
die Wasserquellung dieselbe wie
vorher geblieben ist. Je stärker
die Verkürzung der Länge des
nassen Fadens beim Übergehen

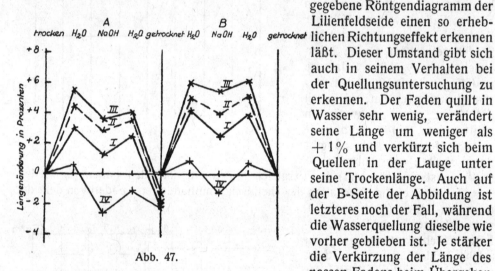

Abb. 47.

in Natronlauge verkürzt wird, um so stärker wurde der Faden bei seiner Herstellung ceteris paribus verstreckt.

Das Quellvermögen, ebenso wie das Aufnahmevermögen für substantive Farben, nimmt ceteris paribus mit steigender mechanischer
Beanspruchung des halbfertigen Fadens während seiner Herstellung
ab (s. a. S. 138). Es kann nach den vorstehend mitgeteilten Forschungsergebnissen nicht überraschen, daß ein unter Streckung gefärbter Kunstseidefaden die
Farbe weniger stark aufnimmt als ein unter gleichen Umständen ohne Streckung
gefärbter Faden[2]).

Die Weltziensche Methode hat ihren großen Wert erwiesen. Weltzien[3]) hat
auch die Änderung des Quellungsgrades von Viskose- und Kupferseide in Abhängigkeit von der Konzentration der Lauge untersucht. Die Quellung hat einen ähnlichen Verlauf wie sie von mir[4]) für Sulfitzellstoff und Baumwolle gefunden

---

[1]) Lehner und Jäger, l. c. — W. Weltzien, l. c.
[2]) A. J. Hall, Journ. Soc. Dyers and Colourists **45**, 98 (1929). Vgl. auch Diskussion
zu meinem Vortrage bei der Textiltagung des Vereins deutscher Ingenieure in Köln im
Mai 1929.
[3]) W. Weltzien, l. c.
[4]) O. Faust, Zellulosechemie **7**, 153, 155 (1926). — S. a. P. N. Pawlow, Kolloid-Ztschr.
44, 44 (1928). — R. Hazard, Russa **3**, 1445 (1928).

wurde[1]). Ich fand für diese ein Quellungsmaximum in $2\frac{3}{4}$ normaler Natronlauge. Ein sehr stark ausgebildetes Quellungsmaximum findet Weltzien bei dreifach normaler NaOH für Kupferseide (über 800 % Gewichtszunahme) und ein ebenfalls stark ausgebildetes Maximum für Viskoseseide in etwa $2\frac{3}{4}$ normaler NaOH-Lauge (Gewichtszunahme über 500 %). Ich habe bei Zellstoff eine starke Abhängigkeit des Quellvermögens von der Temperatur feststellen können (das jedenfalls z. T. auf die Verringerung der kapillar zwischen den Fasern festgehaltenen Flüssigkeitsmengen bei höherer Temperatur zurückzuführen ist). Bei Kunstseide trat bei höheren Temperaturen (80—100° C) keine Verringerung der Naßfestigkeit gegenüber Zimmertemperatur ein, vielmehr war die Änderung kaum zu bemerken oder höchstens positiv. Dementsprechend wurde auch das Quellungsvermögen der Kunstseide (aus sog. Hydratzellulose) von mir[2]) bei höherer Temperatur geringer gefunden als bei Zimmertemperatur. Bei den beschriebenen Quellungsuntersuchungen muß daher auf Konstanthaltung der Temperatur Wert gelegt werden.

G. E Collins und A. M. Williams[3]) haben die Veränderung von Baumwollfasern in Länge und Breite untersucht; Nodder und Kinklad[4]) haben dieselbe Untersuchung an Ramie und Hanf bei verschiedenen NaOH-Konzentrationen durchgeführt. Diese beiden letztgenannten Stoffe sind geeigneter als Baumwolle, weil der spiralige Aufbau fortfällt, die Mizellarreihen liegen ungefähr parallel zur Faserachse (M. Lüdtke)[5]).

5. Chemische Untersuchungen von Kunstseide.

In der Praxis werden im allgemeinen nur im Ausnahmefalle chemische Untersuchungen an der Kunstseide durchgeführt. Sie können sich neben der Untersuchung auf Verunreinigungen, z. B. durch Metalle, nur erstrecken auf die üblichen, auch bei der Zellulose bekannten Untersuchungen[6]). Hier sind jedoch gewisse Vorsichtsmaßregeln zu beachten; die Kupferzahlen, die an Kunstseide bestimmt werden, sind mit einer gewissen Unsicherheit behaftet[7]). Nachfolgend geben wir eine vom Verfasser mit E. Graumann aufgestellte Tabelle von Kupferzahluntersuchungen an Kunstseidefasern verschiedener Herkunft, aus denen sich gewisse Unterschiede ergeben, die aber praktisch von keiner Bedeutung sind. Sie reichen im allgemeinen auch nicht aus zur Unterscheidung dieser verschiedenartigen Kunstseiden, zu der im übrigen viel bessere physikalische Methoden voranstehend erwähnt sind.

In der Tabelle sind außerdem die Hydrolysierdifferenzen enthalten, d. h. also die Kupferzahlen, die sich ergeben, nachdem 2—3 g lufttrockene Substanz nach Übergießen mit 5%iger Schwefelsäure und 15 Minuten langem Sieden unter Rühren hydrolysiert sind.

---

[1]) Bezüglich einer von Wo. Ostwald festgestellten Abhängigkeit des Quellungsgrades von den Verhältnis quellende Substanz m : Quellsubstanz p, s. Wo. Ostwald und R. Köhler, Kolloid-Ztschr. **43**, 233 (1927); für unendlich große p bzw. für $\frac{m}{p} = o$ ergibt sich nach Ostwald ceteris paribus die größte Quellung; s. a. P. N. Pawlow, Kolloid-Ztschr. **44**, 44 (1928).

[2]) O. Faust, Zellulosechemie **9**, 74 (1928).

[3]) G. E. Collins u. A. M. Williams, Journ. of the Textil-Institute **14**, 287 (1923).

[4]) C. R. Nodder u. R. W. Kinkead, Journ. of the Textil-Institute **14**, 142 (1923).

[5]) M. Lüdtke, Mellands Textilberichte **10**, 445, 505 (1929) und Papierfabrikt. **28**, 128 (1930).

[6]) Schwalbe-Sieber, Die chemische Betriebskontrolle in der Zellstoff- und Papierindustrie. 2. Aufl. (Berlin 1922.)

[7]) M. Freiberger, Ztschr. f. angew. Chem. **30**, 121 (1917). — C. G. Schwalbe, Ztschr. f. angew. Chem. **27**, 567 (1914).

Tabelle 3.

Kupferzahlen und Hydrolysierdifferenzen von verschiedenem Fasermaterial.

Art d. unters. Probe	Travis Seide	Elster- berg	Emmen- brücke	Elber- feld	Kütt- ner	Bem- berg	Vistra	Vistra
Redukt. Kupfer		2,89	2,68	2,92	3,64	2,12	3,23	3,27
Hydrat. Kupfer		1,21	0,52	0,19	0,91	1,88	2,35	2,41
Korrig. Cu-Zahl	1,40%	1,68	2,16	2,73	2,73	0,24	0,88	0,86
Hydrolysierdiff.	16,07%	11,13	11,34	12,40	12,49	13,27	14,91	13,40
Einzeltiter	1	6,2	5,8	7,4	7,3	1,4	3—4	1—2

Besonders hingewiesen aber sei auf die neuerdings von Karrer[1]) durchgeführten Untersuchungen über den enzymatischen Abbau von Hydratzellulose
unter Verwendung der Zellulase der Weinbergschnecke. Diese Untersuchungen
bilden einen interessanten Beitrag zu der Frage nach dem Feinbau der Kunstseide
und ermöglichen vielleicht auch die Unterscheidung von Kunstseiden eines gewissen
Typs (Viskosekunstseide nach den Müller-Patenten, D.R.P. 187947, 287955/29b),
der von einer großen Anzahl von Kunstseidenfabriken Deutschlands und anderer
Länder heute hergestellt wird. Die Unterscheidung gerade dieser Seiden nach ihrer
verschiedenen Fabrikation ist durch Feststellung des Querschnittes und der physikalischen Konstanten kaum möglich. Die sonst überaus wertvolle Untersuchung
unter dem Mikroskop versagt in diesem Falle ebenso, wie in dem Falle der Abb. 47,
S. 154, wo es sich um sonst ganz gleich, aber unter verschiedener Spannung hergestellte
Fäden handelt. Die Quellungsanalyse gibt hier in gleicher Weise Aufschluß wie
Karrers Abbaumethode mittels Schneckenzellulase. Trotzdem sei auch an dieser
Stelle nochmals besonders auf die Wichtigkeit des Mikroskops und auch des Polari-
sationsmikroskops, dem als drittes das für diese Zwecke bisher merkwürdiger Weise
so unbekannt gebliebene Luminiszenzmikroskop an die Seite zu stellen ist, zur
Untersuchung der Seide hingewiesen.

Die chemischen Untersuchungsmethoden erstrecken sich bei der Kunstseide
zumeist auf die Ermittlung der Gattung einer Kunstseide, d. h., ob es sich um
Viskoseseide, Nitroseide, Kupferseide, Azetatseide usw. handelt. In den meisten
Fällen wird das ja von vornherein bekannt sein. Ist das nicht der Fall, so ist die
heute schon seltene Nitroseide neben ihrer sehr großen, fast vollständigen Löslichkeit in 10%iger Natronlauge[2]) sehr leicht an der tiefen Blaufärbung zu
erkennen, die sie mit einer etwa 0,5%igen Lösung von Diphenylamin in konzentrierter Schwefelsäure ergibt und die auf einen, wenn auch sehr geringen Gehalt
an Salpetersäureestern zurückzuführen ist. Viskoseseide, deren Löslichkeit in
10%iger Natronlauge nur 40—50% beträgt, unterscheidet sich nach Mitteilungen
von A. Zart, dessen Angaben von dem Deutschen Reichsausschuß für Lieferbedingungen (RAL) übernommen wurden, von der Kupferstreckseide durch folgende Reaktion:

15 ccm „Pelikantinte Nr. 4001" der Firma Günther & Wagner (Hannover),
enthaltend „Tintenblau H" der Firma Geigy (Basel) und 20 ccm einer 5%igen
Eosinlösung werden mit 65 ccm Wasser gemischt und die zu untersuchenden
Proben in diesem Bad 5 Minuten bei Zimmertemperatur unter Bewegen gefärbt,

---

[1]) P. Karrer, Melliands Textilberichte 7, 23 (1926). — Ferner P. Karrer, und P. Schubert, Helv. chim. acta 9, 893 (1926); 10, 430 (1927). — O. Faust, P. Karrer, H. Schubert,
ibid. 11, 231 (1928); 12, 414 (1929), Juniheft.
[2]) W. Weltzien, Papierfabrikant 25, 66 (1927).

darauf in frischem Wasser gut ausgewaschen und bei 60⁰ an der Luft getrocknet. Kupferstreckseide färbt sich hierbei tiefblau an, Viskoseseide rot.

Auf die Mitteilungen von H. Sommer[1] bezüglich Farbreaktionen und von W. Wagner[2] sei hier nur kurz hingewiesen.

6. Kunstseide im ultravioletten Licht.

Auf die Nützlichkeit der Verwendung des Ultraviolett- und Lumineszenzmikroskopes der Firma Zeiss, dessen Verwendung für Untersuchung von Fasern in der Literatur bisher merkwürdiger Weise nicht bekannt geworden ist, wurde schon im vorigen Abschnitt hingewiesen. Sie kann für die Untersuchung von Naturfasern, auch Zellstoffasern, wie auch von Kunstseide nur immer wieder empfohlen werden. Sie ist in erster Linie von Nutzen bei Feststellung von Verunreinigungen, andererseits aber auch zur Unterscheidung und Identifizierung von Fasern oft von Wert.

M. Nopitsch[3] gibt für die Zwecke der Unterscheidung der verschiedenen Rohkunstseiden (ungefärbt) die folgenden im ultravioletten Licht der Analysenquarzlampe auftretenden Farbnuancen an, zu denen wir in einer zweiten Kolumne die Angaben von P. Picavet[4] beifügen:

Seidenart	Fluoreszensfarbe	
	Nopitsch[3]	Picavet[4]
Nitroseide	fleischfarben	hellgelb
Azetatseide	blauviolett	glänzend weiß
Kupferseide	rötlichweiß	weiß
Viskoseseide	schwefelgelb mit violetten Schatten	gelblich weiß etwas violett
Naturseide	—	gelbbraun

Diese von den beiden Beobachtern nicht in allen Fällen ganz gleich charakterisierten Farbtöne werden zweckmäßig bei Untersuchungen durch Vergleich mit Kunstseide bekannter Herkunft verglichen. Bei gefärbten Seiden hingegen treten häufig ganz andere Farbtöne, als wie in der Tabelle angegeben, auf. Weltzien[5] unterzog speziell gefärbte Stoffe der Untersuchung im ultravioletten Licht und gewann interessante Ergebnisse, sowohl bezüglich der Lumineszenz der Seiden, als auch besonders bezüglich der Einheitlichkeit der zum Färben verwendeten Farbstoffe (z. B. nachträgliches Überfärben und Schönen mit anderen Farbstoffen). Auch verunreinigende Öle und dgl. bei normalem Licht nicht erkennbare Fremdsubstanzen werden vielfach unter der Analysenquarzlampe sichtbar.

II. Technischer Teil.

Die Apparatur zur Herstellung künstlicher Seide ist vielfach für die verschiedenen Verfahren die gleiche oder doch sehr ähnlich, da es sich immer um die Verwirklichung desselben Zwecks handelt, nämlich Spinnlösungen zu feinen Fasern auszuziehen, die Faserform zu erhalten und diese Fasern nach erfolgter Nachbehandlung und Zwirnung zu fertigen Fäden zum Gebrauch für textile Zwecke

[1] H. Sommer, Ztschr. f. d. ges. Textilind. **30**, 126 (1927).
[2] W. Wagner, Melliands Textilberichte **8**, 246, 367 (1927).
[3] M. Nopitsch, Melliands Textilberichte **9**, 136 (1928). — Die Kunstseide **10**, 312 (1928).
[4] P. Picavet, Rev. univ. Soies et Soies artif. („Russa") **4**, 539 (1929).
[5] W. Weltzien, Die Seide **33**, 306 (1928), ibid. **35**, 195 (1930).

gebrauchsfertig zu machen. Aus diesem Grunde ist auch überall da, wo nicht spezielle, häufig rein chemische Gesichtspunkte maßgebend sind, ein und dieselbe Apparatur verwendbar; bisweilen kann sie unter geringen Abänderungen verwendbar gemacht werden. Besonders sind naturgemäß die rein textilen Zwecken dienenden Apparaturen bei den verschiedenen Kunstseidenarten ganz gleich.

1. Rohstoffe.

a) Zellstoff.

Die Zellulose, deren Umarbeitung zu unendlich langen Fäden ja das Ziel der Kunstseidenindustrie ist, spielt naturgemäß unter den Rohstoffen eine besondere Rolle.

Wie schon erwähnt, kann in vielen Fällen für die Herstellung von künstlicher Seide Sulfitzellstoff Verwendung finden. In der Kupferoxydammoniak-Seidenfabrikation, in der Nitroseidenfabrikation und in der Azetatseidenfabrikation werden zwar vielfach noch ausschließlich Baumwolle und Linters (die chemisch der Baumwolle gleichwertigen Abfälle von kurzen Faserresten, die nach Entfernung der Baumwolle noch am Baumwollsamen hängen) verwendet; u. E. ist aber auch diese Technik vielfach schon reif für die Verwendung von Zellstoff, bei dem es in der Hauptsache nur auf die Gleichmäßigkeit ankommt, insbesondere hinsichtlich der Viskosität der aus diesem Zellstoff hergestellten Lösungen. Diese Gleichmäßigkeit wird aber heute von vielen Fabriken erreicht; so stellt in Deutschland der Waldhofkonzern, Mannheim, seit Jahren ausgezeichnete Spezialzellstoffe für die verschiedenen Kunstseideverfahren in größtem Umfange her und hat ganz kürzlich einen besonderen Spezialstoff herausgebracht. — Auch andere Rohstoffe, außer Holzzellstoff, so Esparto, Bambuszellstoff u. a. werden immer wieder erneut in Vorschlag gebracht.

In diesem Zusammenhang sei auch auf das Verfahren von Opfermann[1]) verwiesen, der den Zellstoff vor seiner endgültigen Fertigstellung noch einer alkalischen Bleiche unterzieht.

Die Untersuchung des Zellstoffs bezieht sich in der Hauptsache auf den Gehalt an resistenter, d. h. in 18%iger Natronlauge unlöslicher Zellulose, sog. α-Zellulose[2]), deren Bedeutung einerseits wichtig ist für die Menge Seide, die maximal aus einem Zellstoff hergestellt werden kann, andererseits aber, z. B. bei dem Viskoseverfahren, nach welchem heute ca. 80% aller Kunstseiden hergestellt werden, bezüglich des Verbrauchs an Natronlauge, in der sich diese den Zellstoff in mehr oder weniger großen Mengen begleitenden Stoffe ansammeln. Die α-Zahl der handelsüblichen Kunstseiden-Zellstoffe beträgt heute 87% und darüber bis etwa 92% bei nachträglich nochmals einer reinigenden Nachbehandlung unterworfenen Spezialstoffen.

Die zweite Untersuchung ist die der Kupferzahl, zumeist nach Schwalbe-Hägglund, die nicht über 3% betragen soll und heute zumeist bei 2% oder auch darunter liegt. Eine grundsätzliche Wichtigkeit kann aber dieser Zahl, sofern sie nicht viel über 3% liegt, für die Viskosekunstseide nicht zuerkannt werden.

Auch die Holzgummizahl, die in 5%iger Natronlauge löslichen Anteile des Zellstoffes, die zumeist zwischen 4—5% liegen und nicht höher sein sollen, werden hier und da untersucht.

---

[1]) E. Opfermann, D.R.P. 436804 VII 55c.
[2]) Erwin Schmidt, Papierfabrikant **27**, 249 (1929).

Für den Praktiker wichtig ist die Zellstoffeuchtigkeit und besonders auch die Gleichmäßigkeit dieses Feuchtigkeitsgehaltes innerhalb einer Sendung, die nötigenfalls in Trockenschränken (s. Abb. 48) herabgesetzt und auf etwa 5—6 % geregelt wird. Ferner wird ein gewisser Bleichgrad verlangt, der aber wegen sonst eintretender Schädigung der Zellulose auch nicht zu hoch sein darf. Auch der immer vorhandene Eisengehalt des Zellstoffs soll wegen der Farbe der daraus hergestellten Seide nicht zu hoch und vor allem stets gleichmäßig sein. Ferner muß eine gewisse Quellfähigkeit vorhanden sein, deren Bedeutung aber auch nicht überschätzt werden sollte. Von ganz besonderer Bedeutung ist für den Praktiker jedoch die Viskosität der aus der bezogenen Zellulose hergestellten Spinnlösung. Diese Viskosität soll nicht über gewisse Grenzen hinaus schwanken und sollte im übrigen in ihrer Höhe nur durch die Möglichkeit der Verarbeitbarkeit in den technischen Apparaturen begrenzt sein, ein Umstand, der in der Kunstseidenindustrie noch nicht allgemein erkannt zu sein scheint. Man ermittelt diese Viskosität durch Verarbeitung des Zellstoffes zu einer Lösung, wie sie im Betriebe verarbeitet wird und bestimmt sie zahlenmäßig am allereinfachsten in dem Viskosimeter nach Cochius (s. S. 130)[1].

Im übrigen muß bezüglich der Durchführung dieser Untersuchungen auf die einschlägigen Kapitel dieses Werkes hingewiesen werden — (s. aber auch H. Jentgen, Laboratoriumsbuch f. die Kunstseidenindustrie, und Schwalbe-Sieber, Die chemische Betriebskontrolle in der Zellstoff- und Papierindustrie).

b) Die übrigen Rohmaterialien, insbesondere das Wasser.

Die übrigen für die Herstellung der Kunstseide notwendigen Rohstoffe werden im allgemeinen vom Großhandel heute in genügender Reinheit, und was besonders wichtig ist, in genügender Gleichmäßigkeit geliefert, bzw. werden auch sie, wie z. B. die Kupferoxydammoniaklösung zur Herstellung der Kupferseidenspinnlösung, aus einfacheren leicht und gut erhältlichen Rohstoffen erst in der Kunstseidenfabrik hergestellt. Bezüglich ihrer Untersuchung sei auf das schon erwähnte Laboratoriumsbuch von Jentgen hingewiesen[2]. Bei der Natronlauge ist besonders auf geringen Gehalt an Karbonat und anderen Salzen, besonders Kochsalz, Gewicht zu legen. Diese beiden Verunreinigungen sind aber wegen ihrer geringen Löslichkeit in den konzentrierten (38 %igen) Kesselwagenlaugen des Handels in nur geringer und zulässiger Menge vorhanden. Ein Eisengehalt der Lauge (der vom Zellstoff stark adsorbiert wird) ist hauptsächlich auf Rost in den Gefäßen zurückzuführen und läßt sich durch Absitzen der vorher auf 18% verdünnten Lauge leicht genügend herabdrücken.

Von besonderer Wichtigkeit ist der Reinheitsgrad des Wassers, bezüglich dessen Jentgen[3] ebenfalls genaue Angaben macht. Beschaffenheit und Menge des zur Verfügung stehenden Wassers ist für eine Kunstseidenfabrik und für die Höhe der möglichen Produktion eine Lebensfrage (ebenso wie die Möglichkeit, die entsprechenden Mengen (mit Säure usw.) verunreinigten Abwassers abzuführen). Wesentlich ist die Entfernung mechanischer Beimengungen durch Filtration (besonders bei Verwendung von Flußwasser). Weiter darf das Wasser naturgemäß keine färbenden Substanzen enthalten, wie das z. B. bei dem durch Humussubstanzen gefärbten Moorwasser der Fall ist. Der Härtegrad (Gehalt an

---

[1] s. G. Lunge, Ztschr. f. angew. Chem. **19**, 2055 (1906).
[2] s. a. E. Fierz-David, Neujahrsbl. d. Zürcher naturforschenden Gesellschaft (Zürich-Peterhofstadt 1930), wo sich genaue Angaben über die in Schweizer Kunstseidefabriken benutzten Rohstoffe in tabellarischer Übersicht finden.
[3] H. Jentgen, l. c.

Karbonaten und Sulfaten des Kalziums und Magnesiums) soll möglichst gering sein und muß unter Umständen in einer besonderen Permutitanlage durch Behandeln mit (künstlichem) Natrium-Aluminiumsilikat (Neo-Permutit) herabgesetzt werden, wobei ein Austausch des Kalziums bzw. Magnesiums gegen Natrium stattfindet. Die Permutitmasse kann durch Behandlung mit Kochsalzlösung und nachfolgendem Auswaschen mit Wasser wieder „regeneriert" werden. Schließlich spielt der Eisengehalt des verwendeten Wassers eine große Rolle, da das Eisen sich auf der fertigen Faser bei Berührung mit eisenhaltigem Wasser niederschlägt, wodurch ein Gelbstich auf der Faser entsteht, der nicht wieder zu entfernen ist. Die Bestimmung des Eisens geschieht leicht und schnell auf kolorimetrischem Wege. Im übrigen sei bezüglich der Wasseruntersuchung auf das schon erwähnte Buch von Jentgen[1]) sowie auf das Buch von Tillmanns[2]) und von Olzewsky[3]) verwiesen.

Moorwasser und stark farbige Verunreinigungen machen ein Wasser für die Kunstseidenfabrikation ungeeignet, ebenso stark eisenhaltige Wässer, die aber enteisenet werden können. Auch Kolloidverunreinigungen können allenfalls durch eine Fällung in einer Kary(Bremen)-Anlage oder einer Halvor Breda-A.G.(Berlin)-Apparatur entfernt werden, während allzu große Härte durch eine Permutitanlage behoben werden kann. Besser ist aber, man sucht sich eine genügend ergiebige Quelle geeigneten Wassers und baut erst dann dorthin seine Anlage, eine Binsenwahrheit, die auffallenderweise keineswegs immer befolgt worden ist.

Abb. 48.
Automatisch arbeitender Kanaltrockenschrank für in bestimmter Blattgröße geschnittene Zellstoffpappe. Ausgeführt von der Maschinenfabrik Friedr. Haas, Lennep (Rheinl.).

Der Zellstoff, bzw. die Baumwolle, wird vor ihrer Verarbeitung einer Trocknung unterzogen, bei der die Feuchtigkeit auf etwa 4—5% entfernt wird. Bei gleichmäßiger Feuchtigkeit des angelieferten Zellstoffs unterbleibt heute die Trocknung häufig. Sofern der Zellstoff nicht in Pappenform von abgemessener Größe zur Verwendung gelangt, wird diese Trocknung mit Vorteil in großen Trockenapparaturen, wie sie z. B. die Firma E. Bernhardt, Leisnig i. Sa., liefert, vorgenommen. In diesen etwa 6 m hohen und 2 m breiten Apparaturen wird der gerissene Zellstoff (gerissene Pappe oder gerissenes Papier) oder die Baumwolle oben eingeführt auf ein endlos schlangenförmig in 7 Windungen nach unten verlaufendes Sieb, wobei dem Zellstoff von unten her durch dampfgeheizte Heizkörper warme, angewärmte Trockenluft entgegengeblasen wird. Eine solche Apparatur leistet beispielsweise in 24 Stunden die Trocknung von 1500—2000 kg Zellstoff. Der Durchgang des Zellstoffs durch den Schrank vollzieht sich in etwa ½ Stunde. Der getrocknete Zellstoff fällt unten heraus und wird durch ein Röhrensystem mittels Ventilatoren an die Verarbeitungsstelle geschafft.

[1]) H. Jentgen, l. c.
[2]) J. Tillmans, Die chemische Untersuchung von Wasser und Abwasser (Halle a. S.).
[3]) W. Olzewski, Über Wasser und Abwasser (Dresden 1931) und Chemische Technologie des Wassers [Sammlung Göschen] (Berlin 1925).

Wird der Zellstoff jedoch in Pappenform verarbeitet, wie das heute in den Merzerisierpressen immer der Fall ist, so muß er in größeren Räumen getrocknet werden, oder man verwendet besser einen Kanaltrockenschrank, wie solcher z. B. von der Maschinenfabrik Friedr. Haas, Lennep (Rheinl.), geliefert wird. Ein solcher Trockenschrank ist in der nebenstehenden Abb. 48 wiedergegeben. Diese Trockenschränke werden für größere Leistungen auch zweietagig mit einem entsprechenden Vorbau gebaut. Die an eine Förderkette angehängten Zellstoffpappen werden hochgeführt und gehen durch die obere Etage des Trockenschrankes in der einen Richtung durch den Schrank hindurch, kommen in der unteren Etage zurück und werden alsdann getrocknet abgenommen. Durch den Kanaltrockenschrank wird im Gegenstrom eine gleichmäßig erwärmte Luft im gleichmäßigen Strom durch Ventilatoren hindurchgetrieben und so die Trocknung bewerkstelligt.

Die Trockenschränke haben einen verhältnismäßig geringen Kraftverbrauch und sind für die angegebenen Zwecke besonders geeignet, da in ihnen die Temperatur niemals über eine leicht einzustellende Höhe hinaus steigt. Auch auf die Apparaturen der Firma Bruno Schilde A.G., Hersfeld, sie hier verwiesen.

Die Herstellung der Spinnlösungen ist naturgemäß je nach dem chemischen Verfahren verschieden und muß gesondert behandelt werden.

2. Filtration.

Entsprechend den Umständen, daß die Spinnlösung beim Spinnen durch sehr feine Öffnungen ausgespritzt wird, muß sie vor dem Eintreten in die Düsen einer möglichst sorgfältigen Filtration unterzogen werden. Abgesehen von der sorgfältigen Herstellung der Spinnlösung in chemischer Hinsicht ist die Filtration als besonders wichtige Maßnahme zum guten Gelingen des Spinnprozesses zu bezeichnen. Ein teilweises Verstopfen der Spinnöffnungen führt zur Herstellung von schlechter (flusiger) Seide, bzw. wenn einzelne Düsenlöcher ganz verstopft sind, zu einer Änderung des Einzeltiters des Seidenfadens, da ja immer unter der Wirkung der Spinnpumpen in gleichen Zeiten gleiche Mengen Spinnlösung durch die Düsen hindurchgetrieben werden.

Ein mit einer teilweise verstopften Düse hergestellter Faden besitzt zwar infolge der Pumpenwirkung den vorgeschriebenen Gesamttiter, die Elementarfäden aber haben infolge der Verringerung ihrer Zahl einen höheren Einzeltiter, als das bei Fäden aus einer nicht verstopften Düse der Fall ist, er hat daher auch nicht das gleiche Aussehen. Insbesondere besitzt er infolge seines höheren Einzeltiters, da er beim Abziehen eine geringere Streckung erlitten hat, ein stärkeres Farbaufnahmevermögen, was sich im fertigen Gewebe sehr deutlich bemerkbar macht. — Die Filtration kann daher nicht sorgfältig genug sein.

Im allgemeinen werden Rahmenfilterpressen, wie sie auch sonst in der chemischen Industrie üblich sind, für die Filtration verwendet.

Die Spinnlösungen werden einer mehrfachen Filtration unterzogen, das erste Mal nach dem Fertigstellen der Lösungen auf dem Wege zum Spinnkessel, das zweite Mal auf dem Wege vom Spinnkessel zur Spinnmaschine und meistens nochmals zwischen dem vorgeschalteten sog. Empfangskessel und dem Spinnkessel, so daß, bis an die Spinnmaschine gelangt, die Spinnlösung bereits dreimal filtriert ist. An diesen Stellen werden Rahmenfilterpressen eingeschaltet, die mit Baumwolleschichten belegt sind. Um zu vermeiden, daß feine Fasern der Baumwolle mitgerissen werden, wird diese mit einem Filtertuch, zumeist aus Nesselstoff und, zum mindesten auf der einen der Spinnmaschine zugekehrten Seite, mit feinstem Batist belegt.

Mit 10 qm Filterfläche kann man in 24 Arbeitsstunden ungefähr 15—20000 Liter Spinnlösung (je nach der Viskosität der Lösung, die bei verschiedenen Verfahren verschieden ist), filtrieren. Die Wattebelegung wird so dick genommen, daß 1 qm ungefähr 250 g wiegt. Der Filtrationsdruck liegt bei dem Naßspinnverfahren ungefähr zwischen 3—4 Atm. Druck; ein zu hoher Filtrationsdruck empfiehlt sich nicht. — Bei dem Trockenspinnverfahren, bei dem sehr hochviskose Lösungen notwendig sind, müssen natürlich viel höhere Drucke verwendet werden, denen die ganze Apparatur angepaßt sein muß.

Um zu vermeiden, daß Verunreinigungen aus den Rohrleitungen trotz der Filtration noch in die Spinndüsen gelangen, wird vor der Spinndüse ein sog. kurzes Kerzenfilter eingeschaltet. Die nebenstehende Abb. 49 stellt einen Schnitt dar eines solchen, von W. P. Dreaper, London[1]), vorgeschlagenen Filters:

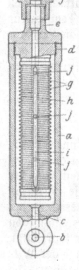

Abb. 49.
Kerzenfilter.

a ist das Außengehäuse aus passendem Stoff, z. B. Ebonit, von genügender Festigkeit, um dem Druck, bei welchem die Lösung dem Filter zugeführt wird, zu widerstehen. Wenn erforderlich, kann ein Hilfsventil an dem Filter angebracht werden, so daß der Druck eine vorbestimmte Größe nicht überschreitet, oder das Außengehäuse a kann in zweckentsprechender Weise verstärkt werden. Dieses Außengehäuse a besitzt eine Gelenkverbindung b, durch welche die Lösung bei c eintritt. Das Gehäuse a ist bei d an der Spinndüse und deren Ansatz e durch Schraubengewinde oder in sonstiger Weise befestigt, während die letztere ihrerseits mit einer Schraubenkappe f versehen ist. Das Außengehäuse a kann bequem von der Spinndüse und deren Ansatz e entfernt werden, um es zu reinigen und den Filterstoff oder das Gewebe zu ersetzen, welches an der genuteten Fläche g der Kerze h befestigt oder herumgewunden wird; die Kerze h bildet ein Stück mit der Spinndüse und deren Ansatz e. Die Kerze h besitzt einen Zentralkanal i mit einer Anzahl von Queröffnungen oder Verbindungskanälen j, durch welche die filtrierte Lösung in den mittleren Kanal i eintritt. Die Schraubenkappe f dient zum Halten des verbreiterten Endes eines Glasrohres, welches zum Führen der filtrierten Lösung zu der Düse dient. Vor der Düse befindet sich ebenfalls ein sog. Düsenfilter, bestehend aus feinem Drahtgewebe und einer dünnen Batistschicht.

Auch während des Betriebes auswechselbare revolverartige Kerzenfilter sind vorgeschlagen[2]).

3. Spinnapparatur.

Die Spinnapparatur ist insofern für alle Verfahren gleich geartet, als es darauf ankommt, in gleichmäßiger Weise aus feinen Öffnungen (Spinndüsen) Spinnmasse herauszupressen und die in Fadenform gebrachte koagulierte Spinnmasse durch ein Aufnahmorgan mit einer gewissen dem Verfahren angepaßten Abzugsgeschwindigkeit aufzunehmen. Unterschiede sind hier vorhanden, soweit es sich um sog. Naßspinnverfahren oder um sog. Trockenspinnverfahren handelt.

---

[1]) W. P. Dreaper, D.R.P. 414675 29a.
[2]) J. P. Bemberg, D.R.P. 436680.

a) Trockenspinnverfahren.

Für das Trockenspinnverfahren kommen in Betracht Lösungen von Nitrozellulose, z. B. in Ätheralkohol oder auch in anderen Lösungsmitteln, ferner Lösungen von Azetylzellulose in Chloroform, Azeton oder dgl. Lösungsmitteln und gegebenenfalls Lösungen von Zelluloseäther[1]) in flüchtigen Lösungsmitteln.

Eine solche Apparatur ist beispielsweise in der beistehenden Abb. 50 wiedergegeben. Sie ist der Société pour la fabrication de la soie „Rhodiaseta", Paris, in dem D.R.P. 403736/29a vom Jahre 1924 geschützt:

1 ist die zylindrische und metallische Wand der Zelle, die aus den in geeigneter Weise verbundenen Teilen 1a und 1b zusammengesetzt ist; das Ganze wird von einem nicht dargestellten Gerüst getragen. 2, 2a sind die Doppelwände einer regelbaren Heißwasserströmung. Der Eintritt erfolgt durch die Röhren 3, 3, der Austritt durch die Röhren 4, 4. Die Wände sind nach außen durch Beläge 5, 5 isoliert. Sie können in Reihen angeordnet oder unabhängig voneinander sein. Die in verschiedener Höhe angebrachten Thermometer 6, 6 zeigen die Temperatur im Innern der Zelle. 7 ist eine Spinnvorrichtung mit mehreren Düsen 7a, die um die in der Dichtung 9 befestigte Achse drehbar ist. Die zu spinnende Lösung tritt durch 10 ein, nachdem sie durch Filter, Pumpen usw. gegangen ist. 11 stellt den konischen, aus Metall bestehenden Teil der Zelle, den Trichter, dar, auf dessen innerer polierter Oberfläche die Fäden in die Tiefe gleiten, wenn sie gerissen sind. 12 ist die Austrittsöffnung des Fadens; sie ist in ein zweiteiliges Bronzestück 13 gebohrt, das am Ende des Trichters angebracht ist. Zusammen mit einem der Bronzestücke 13 bewegt sich eine in dem konischen Teil angebrachte Tür. Die punktierten Linien 15, 15' stellen Einzelfäden dar, die nach ihrer Vereinigung den Faden 16 bilden, der durch die Vorrichtung 17 auf alle gewünschten weiteren Vorrichtungen geleitet wird. 18 ist eine unter der Öffnung 12 befindliche Rolle, die zum Aufrollen des Fadens 16 dient, falls dieser außerhalb der Zelle willkürlich oder durch Zufall abgebrochen wird. Die Luft, die durch den Ausgang 12 in die Zelle tritt, sättigt sich mit Dämpfen des flüchtigen Lösungsmittels und tritt abgekühlt im oberen Teil der Zelle bei 21 aus. Die Länge der Spinnzelle, die Abzugsgeschwindigkeit (beim Trockenspinnen ca. 200 m/Min.), die Temperatur der Trocknungsluft und die Geschwindigkeit mit der die letztere durch die Apparatur hindurchgetrieben wird, richten sich in erster Linie nach der mehr oder weniger leichten Verdunstbarkeit des verwendeten Lösungsmittels, nach der Dicke der Einzelfasern und nach der Gesamtzahl der gleichzeitig aus einer Düse erhaltenen Einzelfasern. Jede Düse ist in eine separate von den anderen Kammern getrennte und mit Fenstern, evtl. mit Heiz- bzw. Kühlmänteln versehene Einzelzelle eingekapselt. Die Art der Luftführung und die Art der Beheizung der Spinnkammern ist Gegenstand zahlreicher Patente geworden. Das gleiche gilt für die Temperaturverhältnisse der Spinn-

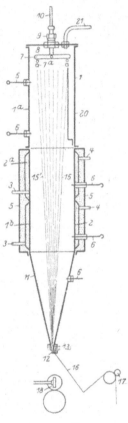

Abb. 50.
Zelle zum Trockenspinnen.

---

[1]) Noch im Versuchsstadium.

lösung beim Austritt aus der Düse, an der auch (S. Wild) eine Kühlung vorgeschlagen wird[1]).

In der Abb. 51 ist eine von der Firma C. G. Haubold, Chemnitz, gebaute Azetatseidentrockenspinnmaschine im Querschnitt wiedergegeben. Der Schnitt ist

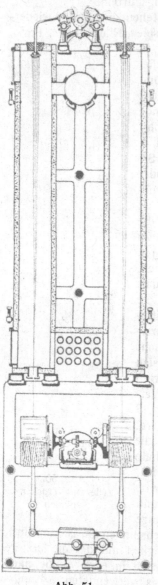

Abb. 51.

durch zwei gegenüberliegende Spinnkammern der zweiseitig gebauten Maschine gelegt. Man erkennt an der Zeichnung den Weg der aus den Düsen austretenden Faserbündel, die, von oben nach unten laufend, durch eine kleine Öffnung aus der Spinnkammer austreten und von den darunter liegenden Aufnahmeorganen aufgenommen werden. In der Mitte der zweiseitigen Maschine, zwischen den unteren Enden der Spinnkammer findet durch Dampfrohre (in der Querschnittsabbildung durch Kreise wiedergegeben) die Anheizung der durch die Spinnkammern getriebenen Trockenluft statt.

α. Lösungsmittelwiedergewinnung.

Alle Trockenspinnverfahren arbeiten mit flüchtigen Lösungsmitteln. Es ist für die Rentabilität dieser Verfahren von allergrößter Wichtigkeit, die Lösungsmittel so weitgehend wie nur irgend möglich wiederzugewinnen. Aus diesem Grunde muß die Trockenspinnapparatur, wie oben beschrieben, abgeschlossen sein, und es findet eine Absaugung der aus den Fasern entweichenden Dämpfe und eine Absorption dieser Dämpfe in einer geeigneten Apparatur statt. Um das Verdampfen der Lösungsmittel zu unterstützen, kann, wie ebenfalls vorstehend beschrieben, in der Spinnapparatur eine Vorrichtung zum Erwärmen vorgesehen werden.

Die Absorption von Ätheralkohol, wie er für die Nitroseide in der Hauptsache verwendet wird, kann mit großer Vollständigkeit in konzentrierter Schwefelsäure durchgeführt werden. Dieses Verfahren hat nur gewisse Unannehmlichkeiten wegen der hierbei notwendig werdenden Konzentrierung der Schwefelsäure.

Auch das von Brégeat (Franz. Pat. 502882, 502957, Schweiz. Pat. 98478 (1921)) ausgearbeitete Verfahren sei erwähnt, das unter Verwendung von Kresolen als Absorptionsmittel arbeitet. Man arbeitet aber ebensogut mit naphthalinfreiem Anthrazenöl;

---

[1]) s. z. B. Enka, Engl. Pat. 282326 = D.R.P. 476586; Engl. Pat. 203092, 218913, 269377; Aceta D.R.P. A A. 50208 (3. März 1927); Rhodiaseta, Engl. Pat. 238842, 288618; s. a. Tschech. Pat. 18879 und Zus. 28205; Rhodiaseta, D.R.P. 410723 und Zus. D.R.P. 483000 oder die entsprechenden Am. Pat. von Grellet; ferner die Am. Pat. 1583475 und 1695111 von Lahousse sowie das Engl. Pat. von G. B. Ellis, 300672, die ebenfalls der Rhodiaseta gehören; s. a. Chlotwostly, Journ. of Soc. Chem. Ind. **47**, 24 (1928); ferner Courtaulds Ldt. Engl. Pat. 278814; ferner die Patentübersicht von H. Brandenburger, Kunstseide **11**, 193 (1929) und F. Ohl, ibid. **12**, 279 (1930). S. Wild, D.R.P. 504320. Harbens Ltd., Goodwin D.R.P. 509966.

an dem Verfahren von Brégeat ist die weitgehend durchgearbeitete Apparatur wohl das Interessanteste.

Sehr bewährt hat sich aber insbesondere das Verfahren der Farbenfabriken vorm. Friedr. Bayer & Co., Leverkusen b. Köln, welches aktive Kohle zur Absorption verwendet. Das Verfahren ist einfach, sehr sauber, sicher und benötigt verhältnismäßig wenig Aufsicht (D.R.P. 310 092). Auch die Absorption mittels Silikagels, die von der Firma Borsig-Tegel apparativ sehr schön durchgebildet ist, muß hier erwähnt werden[1]).

Silicagel ist eine nach besonderem Verfahren hergestellte Kieselsäure und als solche chemisch äußerst widerstandsfähig gegen Reagenzien und Temperatureinflüsse. In seinem Aussehen ähnelt es reinem Quarzsand. Bemerkenswert ist jedoch seine ultramikroskopisch-poröse Struktur, auf Grund deren es sich als ein Adsorptionsmittel von hervorragender Aktivität erweist. In körnigem oder feingemahlenem Zustand verwendet, nimmt es selektiv Dämpfe aller Art auf, die meist durch einfaches Erhitzen aus dem Gel wieder frei gemacht werden können; das Gel selbst ist dann wieder voll verwendungsfähig.

Die Davison Chem. Co. bzw. Silica-Gel-Corporation in Baltimore, in Deutschland die Silikagel G.m.b.H., Berlin, beschäftigt sich seit Jahren eingehend mit der Frage der industriellen Verwendbarkeit des Mittels; in zahlreichen Laboratiumsversuchen wurde sein Verhalten gegenüber den verschiedenen Stoffen erforscht und auf Grund dieser Erfahrungen Apparate für Großanlagen durchgebildet, die in ihrer Entwicklung jetzt als durchaus abgeschlossen betrachtet werden können.

Für die technischen Verwendungen von Silica-Gel als Adsorptionsmittel aus Gasgemischen kommen je nach den besonderen Verhältnissen im allgemeinen zwei Arten der Apparatur in Betracht: Die eine besteht aus mehreren abwechselnd arbeitenden Adsorptionsgefäßen, das Gel hat körnige Gestalt und ruht auf Sieben; in der anderen Apparatur kreist staubförmiges Gel und kommt dabei stufenweise im Gegenstrom mit dem fraglichen Gasgemisch in Berührung. Verlust an Gel kommt bei der erstgenannten Ausführung überhaupt nicht in Betracht, beim zweiten Typ bleibt er auf einen ganz geringen Betrag beschränkt, der aus dem austretenden Gas in einen Staubfilter nicht mehr abgeschieden wird.

Besonders wertvoll ist die Fähigkeit des Silikagels, aus Gasgemischen geringster Konzentration zu adsorbieren, sowie seine geringe spezifische Wärme.

Die Firma A. Borsig G.m.b.H., Berlin-Tegel, hat zusammen mit den Koks-Werken und Chemischen Fabriken A.G., Berlin, und der Chemischen Fabrik auf Aktien vorm. E. Schering, das alleinige Recht erworben, Anlagen nach Patenten der Silica-Gel-Corporation zu bauen, und zwar für Deutschland und die osteuropäischen Länder, und diese Rechte auf die Silicagel G.m.b.H., Berlin, übertragen[2]).

β. Spinndüsen.

Die Spinndüsen werden für das Trockenspinnverfahren zumeist aus Glas gefertigt und müssen, ebenso wie die gesamte Apparatur starke Drucke aushalten können, da die Lösungen sehr viskos sind. Es wird im allgemeinen mit Drucken

---

[1]) Zur Frage der Lösemittelwiedergewinnung vgl. auch das ausgezeichnete Werk von I. L. Eckelt und O. Gassner, Nitrozellulose, Kampher, Pulver (Leipzig 1926), 142—156, woselbst neben vielfachen Zahlenangaben auch umfangreiches Material an schematischen und photographischen Abbildungen über die Wiedergewinnungsanlagen von Lösungsmitteln in der Nitrozellulosetechnik gebracht ist, das sinngemäß auf Azetylzellulosetechnik usw. zu übertragen ist. S. a. H. Brunswig, Das rauchlose Pulver (Berlin 1926).

[2]) S. a. O. Faust, Kunstseide, 4.—5. Aufl. (Dresden 1931).

von 60—70 Atm. gearbeitet. Die Düsenöffnungen werden bei dem Trockenspinnverfahren vielfach einzeln angeordnet, damit es möglich ist, jede einzelne Faser von
der Öffnung beim Anspinnen abzunehmen, sowie gerissene Fasern wieder anzu-
spinnen. Das bedeutet gegenüber dem Naßspinnverfahren eine gewisse Kom-
plikation, gewährleistet aber auf der anderen Seite die Sicherheit, daß alle Fasern in
dem gesponnenen Faden vorhanden sind, und daß die Bildung von Flusen (abgerissene Einzelfädchen) weitgehend vermieden wird. Bei Ruhepausen müssen
die einzelnen Öffnungen mit kleinen Hütchen versehen werden, damit ein Erstarren
der Spinnlösung und Verstopfen der Öffnung vermieden wird.

b) Naßspinnverfahren.

Die unter dem Namen „Naßspinnverfahren" zusammengefaßten Arbeitsmethoden zerfallen in solche, in denen der Spinnlösung lediglich durch Flüssigkeiten Lösungsmittel entzogen werden, und in solche, in denen eine chemische
Zersetzung der Spinnlösung, vielfach unter sofortiger Regenerierung von Hydratzellulose, stattfindet. Für die Entziehung von Lösungsmitteln kommen in der
Hauptsache das Nitrozellulose- und das Azetylzelluloseverfahren in Betracht.
Hierbei spielt natürlich, wie im vorigen Abschnitt erwähnt, die Wiedergewinnung der Lösungsmittel eine wichtige Rolle. Im übrigen kann die Apparatur mehr oder weniger die gleiche sein, wie sie bei den anderen Naßspinnverfahren üblich ist.

Bei der Herstellung von Kunstseide werden im allgemeinen drei Vorrichtungen
verwendet, die das Aufwickeln der Seidenfäden bewerkstelligen. Als solche kommen
in Frage 1. Haspelmaschinen, 2. Spulenmaschinen und 3. Spinntopfmaschinen
(Zentrifugenmaschinen). Auch auf das Kontinuverfahren von Boos sei hier
hingewiesen[1]).

α) Haspelspinnmaschinen (für Stapelfaser).

Die Haspelmaschinen werden in der Hauptsache für die Herstellung sog.
Stapelfaser verwendet. Hier kommt es darauf an, große Fasermassen mit einer
Apparatur zu erzeugen, die möglichst wenig Platz einnimmt. Die Stapelfaser
wird auf Haspeln in Strähnenform aufgewunden, und von Zeit zu Zeit werden
diese Strähne entweder in geschlossener Form (unter Zusammenklappen der
Haspel) oder unter Aufschneiden der Strähne abgenommen und weiter verarbeitet.
Diese Strähnen werden nach der Fertigstellung in kurze Fasern von möglichst
gleicher Länge zerschnitten und in der Textilindustrie auf den für die Verspinnung
von Baumwolle, Wolle oder Schappe üblichen Maschinen weiterverarbeitet. Die
nebenstehende Abb. 52 zeigt eine solche Maschine, die von der Firma Carl
Hamel A.G., Schönau b. Chemnitz, in den Handel gebracht wird. Die Maschine
ist mit zwei Haspeln ausgerüstet, um jeweils während des Abnehmens der gesponnenen Fasermasse von einem Haspel auf den anderen weiterspinnen zu können.
Durch eine hin- und herbewegte Fadenführung zwischen Spinndüse und Aufnahmeorgan wird eine mehr oder weniger starke sog. Kreuzwicklung der Fasermasse auf
dem Haspel hergestellt.

Die abgebildete Maschine hat bei je 100 mm Düsenentfernung je 30 Düsen auf
jeder Maschinenhälfte; die Abnahme der Fasermasse geschieht von der Rückseite
der Maschine aus.

---

[1]) J. J. Stöckly, Forschungstätigkeit im Glanzstoffkonzern. Textil-Echo Nr. 7, 173
(1925/26); ferner D.R.P. 253134 und 259516 der Vereinigten Glanzstoff-Fabriken.

Eine andere Anordnung mit sog. Einzelhaspeln baut die Sächs. Maschinenfabrik Hartmann in Chemnitz. Hier wird jeder Strähn auf einen Einzelhaspel gesponnen, der besonders leicht das Abnehmen in geschlossener Form gestattet. Auch bei dieser Maschine sind (für jede Spinnstelle) zum Auswechseln zwei Haspel angeordnet. Die Absaugung der Spinngase spielt bei den Stapelfaser- oder Schappemaschinen eine große Rolle, da die große Anzahl von Einzelfäden bei dem Verlassen des Fällbades Zersetzungsdämpfe abgeben, die unter Umständen dem Arbeiter die Tätigkeit an der Maschine sehr schwierig, wenn nicht unmöglich machen können. Die intensive Entlüftung der Maschine ist eine nicht zu unterschätzende und unerläßliche hygienische Forderung, besonders bei der Stapelfaserspinnerei, aber auch bei der Kunstseidefabrikation.

Die Zuführung der Spinnlösung erfolgt mittels Zuführungsrohren, die an beiden Seiten der Maschine angeordnet sind. Das Fällbad, welches zweckmäßig vollständig mit Blei ausgekleidet ist, ist mit Ablaß- bzw. Überlaufvorrichtungen ausgerüstet. Alle Teile, die mit Säure in Verbindung kommen, müssen aus entsprechendem Material hergestellt sein. Die Leistung der Maschine hängt naturgemäß von dem gewünschten Gesamttiter ab. Normalerweise leistet eine Schappemaschine mit 40 Spinnstellen in 24 Stunden 180—200 kg von 1000 den. Bei

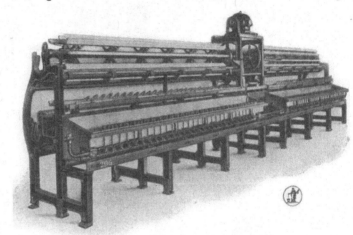

Abb. 52.
Stapelfaserspinnmaschine der Firma Carl Hamel A.G., Schönau bei Chemnitz.

geringerem Gesamttiter geht die Kiloleistung der Maschine entsprechend herunter und bei gröberem Titer herauf.

Bei der Eigenart der Stapelfaser ist es nun gar nicht notwendig, eine unendliche lange Faser, wie bei der Kunstseide, zu spinnen, es ist auch nicht notwendig, auf Haspelorgane zu spinnen und — wie bei manchen Maschinen vorgesehen — mit Hilfe eines einklappbaren Haspels einen geschlossenen Strang zur weiteren Nachbehandlung abzunehmen. Gewünscht wird hier ein Fasermaterial von bestimmter, möglichst gleichmäßiger Länge, die man als Stapellänge oder kurz als Stapel bezeichnet, und dieses Material soll auf den vorhandenen Baumwoll- oder Wolle- oder Schappespinnmaschinen, genau wie die genannten Rohstoffe und gegebenenfalls mit diesen vermischt, erst weiter zu einem Garn verarbeitet werden. Demgemäß ist der schon ältere, seinerzeit nicht in die Praxis übergegangene Vorschlag des D.R.P. 343723 von Interesse, nach welchem die aus einer großen Anzahl (z. B. 100) Einzeldüsen in das Fällbad austretenden Faserbündel von 60—80000 den. Gesamttiter über Abpreßwalzen laufend auf einem endlosen Band gesammelt werden. Dieser Gedanke kann mit der bei der Herstellung von Viskosefilmen (Zellophan, Glashaut u. dgl.) üblichen Arbeitsweise kombiniert werden, bei der das ausgefällte Band in einem Arbeitsgange weiter über Führungswalzen durch Nachbehandlungs-

und Waschbäder[1]) läuft und schließlich getrocknet wird. Nach der Trocknung oder besser vorher, kann das Band unter eine Schneidemaschine geführt werden, so daß nun nach erfolgter Trocknung die fertige Faser in der jeweils gewünschten Länge anfällt. Die nützliche Streckung (A.P. 808 148 und 808 149, D.R.P. 390 139) wird auch hier verwertet.

β. Spulenspinnmaschinen (für Kunstseide).

Besonders verbreitet sind die sog. Spulenmaschinen. Spulenmaschine heißt die Apparatur deshalb, weil der gesponnene Faden auf rotierenden Spulen beim Spinnen gesammelt wird. Die Spulen sind abnehmbar und durch leere ersetzbar. Es gehört stets ein Spulenpaar zu einer Spinnstelle, damit der Faden ohne Unterbrechung des Spinnens von der vollen auf die leere Spule umgelegt werden kann, was auch bei neueren Maschinentypen automatisch geschieht[2]). Eine solche ist in der nebenstehenden Abb. 53, ebenfalls von der Firma Carl Hamel A.G., Schönau bei Chemnitz, wiedergegeben.

Die Zuleitung der Viskose erfolgt durch das längs der Maschine laufende Rohr a. Aus diesem tritt die Spinnmasse durch den Verteiler b in die Zahnradspinnpumpe c, welche von der Welle d durch Zahnräder e/f angetrieben wird. Weiter gelangt die Spinnmasse durch das Steigrohr g nach dem sog. „Schwenkrohr" oder der „Filterbrücke" h, an welcher eine Filterkerze i oder ein Schwenkrohr drehbar an-

Abb. 53.

geordnet ist. Die mit dem Schwenkrohr in üblicher Weise durch Glasrohr, Gummimuff und Düsenkopf verbundene Spinndüse taucht in den Fällbadtrog ein und kann aus diesem leicht herausgehoben werden (s. a. Abb. 56, S. 170, Anordnung der Spinngarnitur).

Das aus der Düse austretende Faserbündel wird in Fadenform von der Spule 1 aufgewunden.

Da der Antrieb der Spule 1 zwangsläufig erfolgt, so sind zur Erzielung einer gleichbleibenden Fadenabzugsgeschwindigkeit Konoidenpaare m m₁ angeordnet, die mit der Zunahme der Bewickelungsdicke der Spule eine Verminderung der Umdrehungsgeschwindigkeit der letzteren bewirken.

---

[1]) Vgl. z. B. Engl. Pat. 311 399 der I. G. Farbenindustrie = D.R.P. 507 351.
[2]) S. C. Hamel A.-G., D.R.P. 485 024, 496 381; D R G M. 1 123 442; s. a. Aceta-G.m.b.H. D.R.P.A. A 57 592/29 a (1929).

Die automatische Umschaltung der Spulen um 180⁰ erfolgt in der jeweiligen Endstellung des stetig fortgeschalteten Antriebsriemens durch Anschlagknaggen in Verbindung mit einer Schaltwelle. Es wird also in ganz bestimmten vorher einstellbaren Zeitabschnitten die fertig bewickelte Spule ausgeschaltet und dafür eine leere Spule neu eingeschaltet, wobei sich der Faden selbsttätig an die neue Spule anlegt. Die untere Spule befindet sich stets in Umdrehung, die obere in Ruhestellung.

Die vorstehend beschriebene Spinnmaschine ist als ein moderner Typ anzusehen, eine eingehende Beschreibung der vielen verschiedenen Einrichtungen ist an dieser Stelle nicht möglich, es wird vielmehr auf die am Schluß angefügte Literaturübersicht verwiesen.

γ. Zentrifugenspinnmaschinen.

Als dritte Spinnmaschinenart kommen die sogen. Zentrifugenspinnmaschinen in Frage. Die Vorteile des Zentrifugenverfahrens sind folgende: Fortfall der Zwirnerei, da der Faden während des Spinnens in den schnell rotierenden Topf gleichzeitig gezwirnt wird, großes Fassungsvermögen des Topfes gegenüber Spule und Haspel, demzufolge weniger Stillstände zum Auswechseln der Töpfe und längere ungeknotete Stränge bzw. Spulen Fertigseide.

Die in Abb. 54 im Querschnitt dargestellte Zentri-

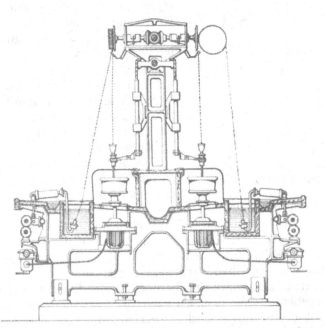

Abb. 54.　　　　　　　　　　　　　　Abb. 55.

Abb. 54. Querschnitt durch eine doppelseitige Zentrifugenspinnmaschine mit Siemens-Schuckert-Antrieb der Düsseldorf-Ratinger Maschinen- und Apparatebau-A.G., Ratingen, jetzt Sächs. Maschinenfabrik, Hartmann, Chemnitz.
Abb. 55. Ramesohl und Schmidt Antrieb für Spinnzentrifugen.

fugenspinnmaschine der Maschinen- und Apparatebau A.G., Ratingen, ist mit 60 Stück Antrieben, von denen 30 auf jeder Seite angeordnet sind, ausgerüstet. Die Maschine ist mit Einzelantrieb für jede Zentrifuge gebaut; hierfür werden Siemens-Schuckert-, bzw. Ramesohl & Schmidt-Antriebe verwendet (s. Abb. 55).

Der Spinnstuhl selbst besteht wie alle Textilmaschinen aus leichtem Rippen-
guß. Durch Vorderwand, Hinterwand und 4 Zwischenwände, die vermittels
Traversen miteinander verbunden sind, wird die Maschine auf jeder Seite in
5 Felder, die jeweils 6 Spinnstellen aufnehmen, eingeteilt. Der Hauptantrieb der
Maschine erfolgt von der Transmission aus oder von einem mit der Hauptwelle
der Maschine zu kuppelnden Elektromotor von $4\frac{1}{2}-5$ PS.

Die Rädergetriebe sind vollständig gekapselt und laufen in Öl. Die Einstellung
der verschiedenen Ablaufgeschwindigkeiten der Glasrollen erfolgt durch Verschieben
eines Hebels am Räderkasten, nach Art wie bei Werkzeugmaschinen gebräuchlich.
Die Glasrollen (Galetten) werden durch feingezahnte konische Räder von einer
einzigen durchgehenden Welle angetrieben. Neuerdings werden diese Galetten
vielfach in einer Stellung senkrecht zu der in der Abbildung angegebenen eingebaut.

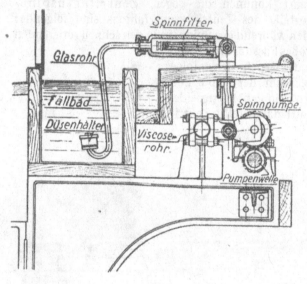

Der Faden steigt dann genau
senkrecht aus der Düse durch
das Bad zur Galette auf und
fällt auf der hinteren Seite
senkrecht herunter in die Zentrifuge, wie auf der rechten
Seite der Figur angedeutet.
Das ganze Triebwerk läuft in
einem Ölbade, welches keine
Bedienung erfordert. — Regel-
mäßiger, vibrationsfreier Gang
ist von Wichtigkeit.

Die Spinntöpfe liegen in
mit Blei ausgekleideten Kammern, die an einen Säureluft-
abzugskanal, der innerhalb der
Maschine angeordnet ist, angeschlossen sind.

Abb. 56.
Anordnung der Spinngarnitur.

Die Anordnung der Spinn-
garnitur ist den Abb. 54
und insbesondere 56 zu ent-
nehmen. Das Spinnfilter, ebenso die Verschraubung für die Spinndüse sind
im allgemeinen aus Hartgummi ausgeführt. Die Fällbadrinnen sind mit Überlauf-
und Ablaßorganen ausgerüstet. Zum Einstellen der für die verschiedenen Deniers
erforderlichen Pumpengeschwindigkeiten sind die Maschinen mit einer schwenkbar
eingerichteten, geschützt gelagerten Wechselrädervorlage ausgerüstet.

Vor der erstmaligen Inbetriebnahme des Spinnmotors ist durch die schräg-
stehende Schraube am Motorgehäuse soviel Öl einzugießen, bis dieses an derselben
sichtbar abfließt. Alsdann ist die Schraube wieder zu schließen. Nach der In-
betriebsetzung wird das Öl sofort den Kreislauf beginnen und hinter der Schauluke
sichtbar vorbeifließen.

Die Spinntöpfe werden mit zylindrischer oder mit konischer Führung für den
Sitz auf die Spindeln hergestellt. Ein Spinntopf mit konischem Sitz und in demselben eingesponnenen Kuchen ist auf der Abb. 57 dargestellt. Der Antrieb der
kleinen Spinntopfmotore erfolgt durch Drehstrom, und die Tourenzahl des Spinn-
topfmotors richtet sich nach der Periodenzahl des Drehstromnetzes. Da das gewöhnlich zur Verfügung stehende Netz nur 50 Perioden aufweist, so ist ein zweites
Netz mit höherer Frequenz entsprechend der gewünschten höheren Tourenzahl zu

schaffen. Dies geschieht durch einen Frequenzwandler oder Periodenformer. Eine solche Maschine besteht aus einem Schleifringdrehstrommotor, der durch eine andere Kraft gegen ein Drehfeld angetrieben wird. In den Stator leitet man den normalen 50-periodischen Drehstrom hinein und von den Schleifringen des Motors nimmt man den sekundären Strom zum Betrieb der Spinnzentrifugen ab. Bei 100 Perioden beträgt die Tourenzahl im Leerlauf 6000 pro Minute ohne Spinntopf, mit Spinntopf 5600 pro Minute. Die Spannung dabei beträgt 135 Volt bei Sternschaltung und 78 Volt bei Dreieckschaltung. Abb. 58 gibt die Abbildung einer sechsspindeligen Laboratoriums-Zentrifugenspinnmaschine der Düsseldorf-Ratinger Maschinen- und Apparatebau A.G. mit Einzelantrieb durch Elektromotore wieder.

Man baut heute Motore für Spinnzentrifugen mit Umdrehungszahlen bis zu 15000 Touren (für „Lilienfeldseide", die mit hohem Abzug gesponnen wird). Die Firma Haubold, Chemnitz, bringt Zentrifugenmaschinen mit 10000 Touren in den Handel.

Neben dem soeben beschriebenen Zentrifugenspinnverfahren, durch welches das Spinnen und Zwirnen der Seide in einem Arbeitsgang ermöglicht wird, sind auch Vorschläge gemacht, die Spinndüsen rotieren zu lassen, um sofort einen gezwirnten Faden zu erzeugen[1]). Diese Vorschläge haben auch verschiedentlich zu Patentierungen geführt; es ist aber bisher nicht bekannt geworden, daß auf diese Weise eine brauchbare Kunstseide erzielt worden sei.

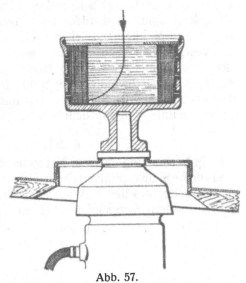

Abb. 57.
Spinntopf mit konischem Sitz und eingesponenenem Fadenkuchen.

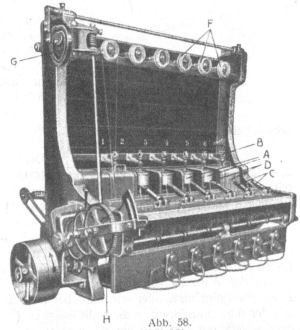

Abb. 58.
Sechsspindlige Laboratoriums-Zentrifugenspinnmaschine der Sächs. Maschinenfabrik vorm. Hartmann, Chemnitz, fruher Ratinger Maschinenfabrik.

Wenn man bedenkt, daß der aus der Spinndüse austretende Faden noch sehr weich und nur zum geringsten Teil koaguliert ist, so ist es begreiflich, daß durch ein Zusammenzwirnen solcher Elementarfädchen

---

[1]) Vgl. in diesem Zusammenhang auch den Vorschlag der Nuera Art. Silk. Co. und D.R.P. 473935, die den Rotationspunkt in die Spinnpumpe verlegt.

ein wenig brauchbarer Seidenfaden entsteht, da jedenfalls Verklebungen nicht zu vermeiden sind. Außerdem muß auch die Abdichtung der rotierenden Düse gegen die Spinnlösungszuleitung eine sehr gute sein, was mit nicht unerheblichen Schwierigkeiten verbunden ist, wenn man bedenkt, daß doch immerhin Umdrehungen von 100—150 pro Meter Faden erreicht werden, und der Faden mit einer Abzugsgeschwindigkeit von 40—60 m gesponnen wird. Das würde also eine Umdrehungszahl der Spinndüse von mindestens 4000 in der Minute erfordern, was praktisch unter den angedeuteten Verhältnissen wohl kaum zu erreichen ist.

δ. Streckspinnapparatur.

In Verbindung mit dem Naßspinnverfahren, sowohl als auch dem Zentrifugen- und dem Spulenspinnverfahren, ist ein besonderes, sog. Streckspinnverfahren ausgearbeitet worden. Wie schon früher bemerkt, sind sämtliche Spinnverfahren insofern Streckspinnverfahren, als die Austrittsgeschwindigkeit der Spinnlösung aus der Düse immer geringer ist als die Abzugsgeschwindigkeit des Aufnahmeorgans. Solche Verfahren werden aber im gewöhnlichen Sprachgebrauch nicht als Streckspinnverfahren bezeichnet, sondern man versteht unter Streckspinnverfahren solche, bei denen die sonst übliche Düsenöffnung von etwa 0,1 mm Weite verlassen und Düsenöffnungen von 0,5 mm und mehr Weite verwendet werden. (Kupferseide wird im allgemeinen mit 0,8 mm Düsenöffnung gesponnen.)

Um einen feinen Faden zu erzielen, muß bei so weiten Düsenöffnungen eine ganz erhebliche Streckung stattfinden.

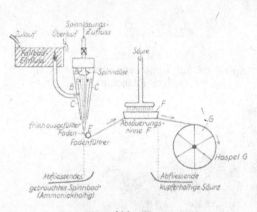

Abb. 59.
Schematische Darstellung einer Streckspinnapparatur.

Der Vorteil bei diesen Verfahren ist u. a. der, daß das sonst trotz sorgfältigster Filtration der Spinnlösung so sehr lästige teilweise Verstopfen der Düsenöffnungen vermieden wird. Natürlich eignen sich zu solchen Verfahren nur Spinnlösungen, die sehr langsam koagulieren und während dieses Vorgangs sehr fein ausziehbar, also noch plastisch sind.

Heute wird das Streckspinnverfahren wohl hauptsächlich bei der Herstellung der feinfädigen Kupferoxydammoniakseide mit großem Erfolg verwendet. — Die ersten Patente über dieses Verfahren stammen von Thiele.

In der Abb. 59 ist schematisch die Streckspinnapparatur wiedergegeben. A ist die Spinndüse, oder wie man bei diesem Verfahren sagt „Spinnbrause", aus der die Spinnlösung in die Fällflüssigkeit B eintritt. Das Fällbad fließt mit den ausgefällten Fäden in ein trichterförmiges, nach unten verjüngtes, bei dem Kupferstreckseidespinnen etwa 40 cm langes Rohr C, durch das in Richtung der Pfeile unter Wirkung des Flüssigkeitsdruckes Fällbadflüssigkeit mit bestimmter Geschwindigkeit hindurchgetrieben wird. Beim Kupferstreckseideverfahren, bei dem die Abzugsgeschwindigkeit etwa 25—35 m in der Minute beträgt, läßt man 2—3 cbm entlüftetes Wasser von etwa 28—36⁰ pro Kilo Seide durchlaufen. Die Strömungsgeschwindigkeit des Fällbades wird entsprechend dem abnehmenden Querschnitt des Trichters nach unten hin schneller, so daß der halbkoagulierte Faden schon im Verlaufe dieses Trichters immer feiner ausgezogen wird. Aus dem

Trichter tritt der Faden über einen Fadenführer E aus. Nach dem Austritt aus
dem Trichter erfährt der noch weiche Faden nochmals eine Streckung um etwa
50%. In einer „Absäuerungsrinne" F wird er von gewissen Chemikalien gereinigt
(Kupfer beim Kupferstreckspinnen) und tritt dann auf das Aufnahmeorgan G aus.
Die Fällbadflüssigkeit kann im Kreislauf zurückgepumpt und gegebenenfalls bei
Verbrauch an einer Stelle des Kreislaufes regeneriert werden. Diese Arbeitsweise
ergibt aber leicht Schwierigkeiten, da sich Kupferhydroxyd in größeren Mengen
im Trichter und in der Apparatur absetzt und sogar Anlaß zu Verstopfungen und
schweren Betriebsstörungen gibt. Der große Wasserverbrauch ist daher eine
unangenehme Seite des Kupferstreckspinnverfahrens. Man kann auch die Hebe-
kraft der durch den Trichter C strömenden Badflüssigkeit zum Nachsaugen von
Badflüssigkeit verwenden, wobei besonders leicht eine wirbelfreie Strömung zu

Abb. 60.
Kupferseidenstreckspinnmaschine der Firma Oskar Kohorn & Co., Chemnitz.

erzielen ist[1]). Die Fällbadflüssigkeit wird im Kreislauf zurückgepumpt und
gegebenenfalls bei Verbrauch an einer Stelle des Kreislaufes regeneriert. Die in
Abb. 60 wiedergegebene zweiseitige Kupferstreckseidenmaschine der Firma O s k a r
K o h o r n, Chemnitz, läßt eine gebräuchliche Konstruktion erkennen: In der Mitte
direkt gekuppelter Antrieb mit ausschaltbaren Kupplungen für die oberhalb der
Spinntrichter auf Wellen angeordneten Spinnpumpen. Die Aufnahmehaspel und
die Fadenchangierung sind durch ein Getriebe von dem Hauptantrieb aus bewegt.
Die Changierung ist in Form von Waschrinnen ausgebildet, in denen der Faden
vor Auflauf auf den Haspel mit Waschflüssigkeit besprizt wird. Die Spinnflüssigkeit wird durch ein über den Spinntrichter angeordnetes Rohr zugeführt
und durchläuft ein Pumpenfilter. Die Fällflüssigkeit fließt in der Mitte der
Maschine den Fälltrichtern zu.

---

[1]) Vgl. D.R.P.A. L. 69815 Kl. 29 a/b vom 30. 9. 1927, Leimbrock Werke A.G. und
E. Kretzschmer.

Es sind auch Vorschläge gemacht worden, bei diesem Verfahren mit verschiedenen oder verschieden konzentrierten Fällflüssigkeiten zu arbeiten, was durch eine Abänderung der Apparatur ermöglicht wird.

Auch die unter dem Namen „Lilienfeldseide“ in den letzten Jahren durch ihre bedeutenden Festigkeitseigenschaften bekannt gewordene Viskoseseide verdankt ihre hervorstechenden Eigenschaften besonders der starken Streckung, die durch Verwendung verhältnismäßig sehr konzentrierter Schwefelsäurebäder auch hier ermöglicht wird. Bezüglich des Streckvorganges beim Spinnen von Kupferseide sei auf die interessanten Untersuchungen von Ost[1]) hingewiesen, die von mir[2]) auf das Verspinnen von Viskose unter verschiedenartigen Verhältnissen übertragen wurden.

c) Spinnsaal.

Die zweckentsprechende Anlage des Spinnsaales ist für eine Kunstseidefabrik von sehr großer Bedeutung, da Licht und Luft, übersichtliche Anordnung und bequeme Zugänglichkeit eine große Rolle spielen. Der Spinnsaal muß dem Fabrikbetriebe organisch eingegliedert sein: in möglichster Nähe bei den zur Herstellung der Spinnlösung verwendeten Räumen einerseits, da unnötig lange Rohrleitungen stets vom Übel sind; und andererseits müssen die zur Nachbehandlung (Wäsche beim Naßspinnverfahren) und zum Zwirnen usw. nötigen Räume an den Spinnsaal in logischer Folge der Fabrikation sich anschließen. Der Raum muß vor allen Dingen genügend hoch sein, um ausreichend Platz für die meistens über den Maschinen zu verlegenden Absaugehauben und Exhaustorleitungen zur Verfügung zu haben. Im Boden des Raumes sind Luftkanäle und Kanäle für die Rohrleitungen von und nach den Spinnmaschinen zu berücksichtigen. Auch soll die Anordnung der Behälter für die Fällbäder und die Bereitungsmöglichkeit derselben in engem Zusammenhang mit der gesamten Spinnanlage stehen. Die Fällbadbereitung wird zweckentsprechend in einem unter dem Spinnsaalniveau liegenden Raume vorgenommen. In diesem Raume sind auch die Schwefelsäuresammelbehälter und die Meßgefäße aufzustellen, ebenso die Behälter, die zur Aufnahme des von den Spinnmaschinen kommenden, wieder aufzufrischenden Fällbades dienen. In Abb. 61 ist schematisch die Anordnung eines Spinnsaales mit Anordnung der Säurestation skizziert. Das im Keller bereitete, bzw. regenerierte Fällbad wird vermittels Säurepumpen über Filter auf die hochstehenden Fällbadbehälter gepumpt. Von diesen läuft dasselbe dann selbsttätig den Spinnmaschinen zu und von diesen wieder zurück in die im unteren Raume stehenden Sammelbehälter. Als Fällbadbehälter kommen für das Viskoseverfahren solche aus Holz mit Bleiauskleidung in Betracht. Bezüglich der allgemeinen Anordnung einer Kunstseidenfabrik verweise ich auf die schon erwähnten Spezialwerke.

d) Apparatur für Nachbehandlung.

α. Wäsche.

Die gesponnene Seide bedarf einer weiteren Behandlung, die sich nach dem Herstellungsverfahren richtet. Bei dem Naßspinnverfahren ist insbesondere eine Entfernung der anhaftenden Spinnbadreste notwendig, bei dem Nitrozelluloseverfahren muß der feuergefährliche Nitrozellulosefaden „denitriert“ werden, bei dem Kuperoxydammoniakverfahren ist eine Entfernung des Kupfers, auch zu Wieder-

---

[1]) H. Ost, Ztschr. f. angew. Chem. **31**, 141 (1928).
[2]) O. Faust, Die Kunstseide, 4.—5. Aufl., S. 157 (Dresden 1931).

gewinnungszwecken, notwendig. Die Viskoseseide muß, abgesehen von dem Auswaschen, entschwefelt werden. Diese Waschbehandlungen und chemischen Behandlungen werden z. T. nach dem Zwirnen und Haspeln, also nach der eigentlichen
textilen Verarbeitung der Seide durchgeführt; sie können aber auch, insbesondere
beim Spulenverfahren, auf der Spinnspule selber vorgenommen werden.

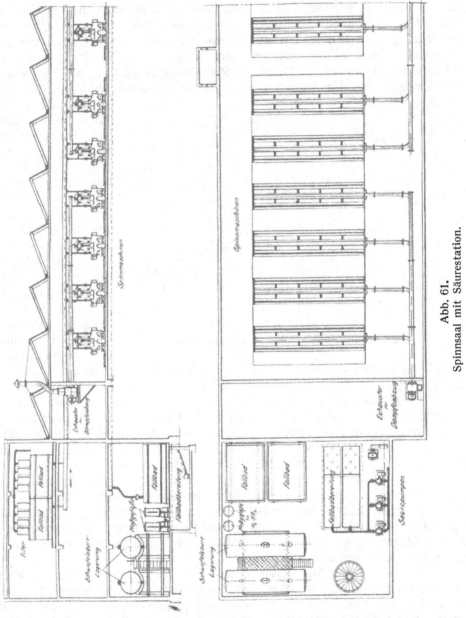

Abb. 61.
Spinnsaal mit Säurestation.

Zu diesem Zwecke müssen die zumeist aus lackiertem Aluminium bestehenden
Spinnspulen gelocht sein. Der Belgier Pinel[1] hat zuerst eine solche Apparatur
vorgeschlagen und muß als Pionier auf dem von ihm eingeschlagenen Wege gewertet werden. Seine Arbeitsweise ist heute allgemein angenommen für Viskose-

---
[1] Pinel, Franz. Pat. 547834.

kunstseide und es ist von vielen Seiten versucht worden, durch Herausfinden kleiner Verbesserungen noch einen Sonderschutz auf das so hochbedeutsame Verfahren von Pinel zu erlangen. Die nachstehende Abb. 62 zeigt die Arbeitsweise von Pinel schematisch. Die mit Seide vollgesponnenen Spinnspulen 5 sind unter entsprechender Abdichtung 6 zu je vier übereinander gesetzt, und es ist eine größere Anzahl solcher übereinandergesetzter Spulen auf fahrbaren Gestellen zusammen in ein Gefäß 1 gebracht, in welchem sich die Wasch- bzw. Nachbehandlungsflüssigkeit befindet. Die Nachbehandlungsflüssigkeit wird vermittels der Pumpe 11 umgepumpt. Die Rohrleitung 12 ist durch ein entsprechendes Verteilerrohr 3 mit dem Innern der zusammengebauten Spinnspulen verbunden, während die Rohrleitung 13 mit dem Gefäßinneren verbunden ist. Durch die Rohrleitung 12 wird nun die Nachbehandlungsflüssigkeit aus dem Kasten 1 durch die Seidenschicht der Spulen hindurchgesaugt und auf diese Weise die gesamte Seide der beabsichtigten Behandlung unterzogen — ein Verfahren, das außerordentlich schnell durchführbar ist[1]). Die in Pinels Abbildung auf den Spulen festgeschraubten Deckel 7 brauchen nur, mit entsprechendem Dichtungsring versehen, lose aufgelegt zu werden, da sie beim Einschalten des Vakuums auto-

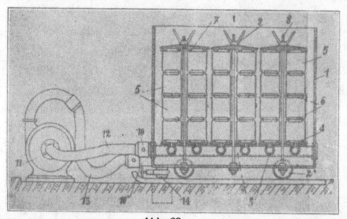

Abb. 62.
Waschvorrichtung für die Spinnspulen nach Pinel.

matisch festgesaugt werden. Auch eine Ausbildung des Abschlusses in Form konischer Stopfen ist daher nicht notwendig[2]).

Außer diesem Verfahren sind eine ganze Menge älterer Verfahren vorgeschlagen. Es sei hier verwiesen auf die Waschmaschine von Foltzer[3]), der mit einer Traufenwäsche arbeitet, wobei auch noch das Gegenstromprinzip Anwendung finden kann. Auch durch diese Traufenwäsche erzielt man schon eine wesentliche Verkürzung der Waschzeit gegenüber der ursprünglich üblichen Arbeitsmethode, bei der die Spinnspulen in großen hölzernen, mit der Waschflüssigkeit angefüllten Kufen aufgestellt wurden, wobei die Waschflüssigkeit jeweils nach entsprechenden Zeiten erneuert werden mußte. Ein Durchströmenlassen der Waschflüssigkeit durch diese Kufen empfiehlt sich nicht, da sonst die auf den Spinnspulen aufsitzende Seide durch die Strömung leicht abgeschwemmt und, wenigstens in ihren oberen Schichten, unbrauchbar gemacht wird.

Zum Waschen von Stapelfasersträhnen hat Linnemann[4]) einen Vorschlag gemacht, bei dem die Strähne jeweils kurz in das Wasch- bzw. Nachbehandlungsbad eingetaucht und dann automatisch wieder hochgehoben werden, nach kurzem Abtropfen wieder eingetaucht werden, und so weiter fort, bis die Behandlung zu Ende geführt ist, alsdann können die in Rahmen hängenden Strähne automatisch weiter-

---

[1]) s. a. Deutsche Zellstoff- und Textilwerke m. b. H. Schwz. P. 129531.
[2]) Auf die besonders geeigneten Spulen der Daxex A.-G., Frankfurt a. M., sei in diesem Zusammenhang ausdrücklich verwiesen.
[3]) Foltzer, D.R.P. 165577.   [4]) Linnemann, D.R.P. 377346.

geschoben werden über ein weiteres mit entsprechender Flüssigkeit gefülltes Nachbehandlungsbad usw. bis die fertige Ware zum Schluß herausgenommen und der
Trocknung zugeführt wird. Diese Maschine war längere Zeit in Gebrauch. Auch
auf die Strangwaschmaschinen von Wurtz[1]), von R. Linkmeyer[2]), von der
Firma Oskar Kohorn, Chemnitz (Abb. 63) und von der Firma Tillmann,
Gerber & Gebrüder, Kl. Wansleben-Krefeld (s. a. S. 181), u. a. m.[3]) sei hier hingewiesen. Die nachstehende Abb. 63 gibt die von der Firma Kohorn, Chemnitz,
gebaute Waschmaschine wieder. Die Stränge werden vorn auf Stäben eingehängt
und langsam unter Berieselung mit den verschiedenen Nachbehandlungsflüssig-
keiten automatisch durchgeführt und am anderen Ende zur Weiterleitung in den
Trockenofen abgenommen (s. a. S. 181).

Abb. 63.
Strangberieselungs-Wasch- und Nachbehandlungsmaschine der Firma Oskar Kohorn & Co.

Einzig die Azetatseide, soweit sie nach dem Trockenspinnverfahren hergestellt
wird, benötigt nach vollständiger Entfernung der Lösemittel keine weitere Nachbehandlung, was zweifellos ein großer Vorteil ist, da bei diesen Nachbehandlungen
immer eine Verschlechterung der Seidenqualität die Folge ist.

β. Trocknung.

Bei allen Spinnverfahren auf Spulenspinnmaschinen, bei denen nach dem
Naßspinnverfahren gearbeitet wird, ist, wie im vorigen Abschnitt dargelegt,
eine Waschung des ganzen Fasergutes auf den Spulen notwendig. Ehe die
eigentliche textile Verarbeitung erfolgt, muß daher eine Trocknung des Seiden-
gutes vorgenommen werden, da die Seide im feuchten Zustande eine textile Ver-

[1]) E. Wurtz, Die Seide 32, 232 (1927).
[2]) Leipziger Monatsschrift f. Textilind. 42, 104 (1927).
[3]) z. B. A. Beria, D.R.P. 481944 (1928) für Stapelfaser.

arbeitung nicht aushalten würde und außerdem infolge ungleichmäßiger Trocknung bei der textilen Verarbeitung zu ungleichmäßiger Schrumpfung Gelegenheit geben würde. (Dieser Punkt ist auch für Zentrifugenkuchen von Wichtigkeit, s. S. 181 Anm.)

Zu diesem Zweck werden die Seidenspulen zu 5 oder 6 hintereinander auf Stäbe gesteckt, die zumeist horizontal auf mit Rädern versehenen eisernen Gestellen in Reihen von etwa 10 übereinander angeordnet werden. Die so beschickten Wagen werden durch einen Kanaltrockner gefahren, und beim Durchgang durch den Kanal einem entgegenströmenden, erwärmten Luftstrom zur Trocknung ausgesetzt.

In der nebenstehenden Abb. 64 ist eine solche Trockenapparatur mit geöffneten Türen für zwei Wagenreihen, wie sie von der Firma Benno Schilde, Maschinenbau A.G., Hersfeld, in den Handel gebracht wird, dargestellt.

Die Wirkungsweise des Kanaltrockners ist aus der Abbildung ohne weiteres zu erkennen. Das Seidenmaterial muß erst vollständig durchgetrocknet werden und wird sodann in einer anschließenden Apparatur wieder vorsichtig auf einen bestimmten Feuchtigkeitsgehalt gebracht, da die vollständig getrocknete Seide spröde ist und auch bisweilen etwas aneinander klebt, was beim Abzwirnen zu Fadenbrüchen von Elementarfädchen und sog. „flusiger" Seide Veranlassung geben würde. Die Trockentemperatur soll 60° nicht überschreiten.

Abb. 64.
Spulentrockenschrank der Firma Benno Schilde, Hersfeld.

γ. Zwirnmaschinen.

Die ausgewaschene und gegebenenfalls auch schon auf der Spule nachbehandelte Seide muß nunmehr der Zwirnung unterworfen werden (sofern sie nicht mit Zentrifugen gesponnen ist). Hierzu sind Zwirnmaschinen im Gebrauch, von denen eine z. B. in nebenstehender Abb. 65 gezeigt ist.

Die Maschine ist in drei Etagen, doppelseitig gebaut. Der Antrieb der Maschine erfolgt durch Fest- und Losscheibe A und B von der Mitte der Maschine aus, der Antrieb kann auch an ein Ende der Maschine verlegt werden. Vom Antrieb wird durch Kegelräder C eine stehende Welle D, auf welcher die Antriebsdoppelscheiben sitzen, betätigt. Der Betrieb der Riemen E erfolgt von diesen Doppelscheiben aus.

Die Spindeln werden dadurch angetrieben, daß endlose Riemen E an der Innenseite der Spindelwirtel vorbeigleiten und über je drei an den Endwänden angebrachte Rollen F laufen. Die Riemen werden durch eine dieser Rollen selbsttätig gespannt.

Zur sicheren Mitnahme aller Spindeln sind diese zweckentsprechend versetzt, und im übrigen sind noch zwischen den Feldern verstellbare Leitrollen angebracht. Die Zwirnspindeln sitzen federnd auf kräftigen U-Bänken. Die Spindeln selbst sind kräftige Rabbethspindeln mit bester Stahlachse, sauber ausgeführt, mit Unterglocke versehen.

Von der stehenden Welle D wird mittels konischer Räder die mittlere Zylinderreihe, welche aus nahtlosem Messingrohr besteht, angetrieben. Von der mittleren Reihe werden durch Ketten und Kettenräder die obere und untere Zylinderreihe betrieben, wobei zum Nachspannen der Ketten Kettenspannrollen angebracht sind.

Abb. 65.
Zwei-Etagen-Kunstseidenzwirnmaschine der Firma Oskar Kohorn & Co., Chemnitz.

Die Abzugsgeschwindigkeit bei der Zwirnmaschine beträgt je nach dem Drall etwa 20—40 m pro Minute, die Umdrehungszahl bei einem Drall von 150 Umdrehungen pro Meter Seide, entsprechend 3000—6000 Drehungen pro Minute.

Die Maschine wird von der Firma Oskar Kohorn & Co., Chemnitz, in den Handel gebracht. — Auch Zwirnmaschinen mit nur zwei Etagen sind vielfach im Gebrauch. Ferner sei auch der vorzüglich arbeitenden Ringzwirnmaschinen gedacht, die ebenfalls viel im Gebrauch sind.

Nach dem Zwirnen wird das Zwirngut zur Fixierung des Dralls zumeist auf den Zwirnspulen angefeuchtet oder gedämpft.

δ. Haspelmaschinen.

Nach dem Zwirnen wird das Material gehaspelt. Hierbei finden Maschinen wie die nebenstehende Abb. 66 sie zeigt, Verwendung (Carl Hamel A.G., Schönau b. Chemnitz).

Abb. 66.
Haspelmaschine der Carl Hamel A.G., Schönau bei Chemnitz.

Jede Haspel ist für 10 Strähne bestimmt, so daß also 10 Zwirnspulen gleichzeitig abgehaspelt werden können. Die Maschine ist so eingerichtet, daß beim Reißen eines Fadens die Haspel automatisch stillgesetzt wird. — Die Abzugsgeschwindigkeit

bei dieser Manipulation kann ziemlich hoch (250 m und mehr pro Minute) gewählt werden. Der Kraftbedarf für acht solcher Haspeln beträgt ungefähr 1 PS;
die Leistung einer solchen Maschine ist abhängig von der Geschwindigkeit der
sie bedienenden Arbeiterin, und es können im allgemeinen auf eine Haspelstelle

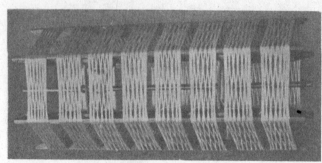

mit 10 Spindeln 40 Spin-
deln der Etagenzwirn-
maschine gerechnet wer-
den. Ein oder zwei Holme
der Haspelkrone sind ein-
knickbar, so daß die
Strähne von der Weife
leicht abgenommen wer-
den können. Durch eine
hin- und hergehende
Fadenführung wird eine
gute Überkreuzung des
Fadens erreicht, wie das
in der nebenstehenden
Abb. 67 zu sehen ist.

Abb. 67.
Haspel mit fertig aufgehaspelter gut überkreuzter Kunstseide
vor dem Fitzen.

Diese Überkreuzung ist von allergrößter Wichtigkeit für die Qualität der Seide,
insbesondere für die spätere Abwindbarkeit.

Die Haspel werden nach Beendigung des Abwindens (die Stränge werden
bis zu 7200 m lang genommen, und die Haspel sind mit Zählwerk zum selbst-

Abb. 68.
Windemaschine zum Winden der säure- (Spinnbad-) nassen Zentrifugenseide der Firma Oskar
Kohorn & Co., Chemnitz, mit einzeln antreibbaren, einzelnen herausnehmbaren und einknick-
baren Einzelhaspeln.

tätigen Abstellen eingerichtet) herausgenommen und der Fitzerin zum Durchziehen der Fitzbänder übergeben. Jeder Strang wird drei- bis viermal gefitzt (wofür

auch Maschinen konstruiert sind[1]) und der Anfangs- und Endfaden an einem Fitz-
bande fest eingeknotet. Auf diese Weise wird es ermöglicht, daß der Strang auch
bei weiterer Nachbehandlung, z. B. auch Färbung, doch noch in den Textilfabriken
gut abwindbar erhalten bleibt. — Auf die Windefähigkeit hat der Praktiker sein
Augenmerk ganz besonders zu richten.

Da bei der Zentrifugenspinnmethode die Zwirnung schon während des Spinnvorgangs durchgeführt ist, kann diese Seide sofort auf Haspel abgewunden werden,
Das muß aber entsprechend der Natur des „Spinnkuchens", den man aus der
Spinnzentrifuge durch Umstülpen herausnimmt, geschehen, ehe eine weitere Nachbehandlung der Fäden durchgeführt wird. Sie müssen also gegebenenfalls im säuren-
nassen Zustand abgewunden werden. Hierzu sind besonders Windemaschinen im Gebrauch, wie sie z. B. von der Firma Oskar Kohorn & Co., Chemnitz, auf den Markt
gebracht werden. Die nebenstehende Abb. 68 zeigt eine solche Maschine. Neuerdings
sind verschiedene Vorschläge gemacht worden, die Spinnkuchen vor dem Abhaspeln,
ja sogar auch schon während des Spinnens in der Zentrifuge, säurefrei zu waschen[2]).
(Bei Daxex Spinntöpfen (s. S. 176) ist auch Nachbehandlung so möglich.)

ε. Chemische Nachbehandlung.

Sofern die Nachbehandlung der Seide nicht schon in der oben beschriebenen
Apparatur vor der textilen Verarbeitung durchgeführt war, wird sie nunmehr an
den fertigen Seidensträngen ausgeführt. Die in früheren Zeiten übliche Nachbehandlung von Hand, ähnlich wie das in der Strangfärberei z. T. heute noch
hier und da Brauch ist, hat wohl allgemein einer maschinellen Nachbehandlungs-
weise den Platz räumen müssen, da durch diese letztere Zeit, Platz und Arbeits-
kräfte gespart werden. Verwendet wird hier vielfach die schon früher (S. 177) erwähnte (auch zum Färben von Strängen vielbenutzte) Maschine von Tillmann,
Gerber & Gebrüder, Kl. Wansleben-Krefeld, bei der die auf hin- und zurück-
rotierenden exzentrisch gelagerten Porzellanwalzen aufgehängten Stränge in das
betreffende Bad etwa zu $^1/_5$ ihrer Länge eintauchen und von oben durch Brause-
vorrichtungen mit Wasser bespritzt werden können. Mit Hilfe einer Kranvorrichtung
werden die in einen Bottich eintauchenden Stränge mitsamt der Aufhänge- und Be-
wegungsapparatur von Bad zu Bad durch die ganze Nachbehandlung transportiert.

Auch reine Traufapparaturen, durch die die aufgehängten Stränge langsam
unter den verschiedenen Behandlungsflüssigkeiten hindurchgeführt werden, sind
im Gebrauch. In der Abb. 63 (S. 177) ist eine solche Strangnachbehandlungs-
maschine der Firma Kohorn abgebildet, deren Arbeitsweise nach dem Vorhergesagten ohne weiteres verständlich wird. Besonderer Wert muß bei der Nachbehandlung auf recht sorgfältige Behandlung dieser Seidensträhne gelegt werden,
damit die Qualität der Seide, insbesondere auch die Windefähigkeit nicht verloren
geht, und das ist bei Benutzung der vorerwähnten Apparaturen besser gewährleistet, als bei der früheren Nachbehandlung von Hand.

Nach der Nachbehandlung wird die Seide zumeist auch in der Maschine gewaschen, geseift, in Zentrifugen abgeschleudert und in Trockenschränken, wie sie
bei der Zellstofftrocknung und Seidenzwischentrocknung im vorhergehenden beschrieben sind, auf fahrbaren Gestellen bei etwa 60° getrocknet. Handelt es sich
um Zentrifugenseide, so geschieht die Trocknung in ebensolchen Trockenschränken,

---

[1]) z. B. von F. Gegauf's Söhne, Steckborn (Schweiz).

[2]) Donald A. Mc. Kenzic (American Viscose Co.), Am. Pat. 1 630 197; J. P. Merriman,
Engl. Pat. 301 026; Küttner A.G., D.R.P. 474 789 und 494 336; Conitaulds Ltd., D.R.P. 495 120,
Engl. Pat. 310 127, Schweiz. Pat. 136 883 und A. Morton, Engl. Pat. 310 172; Amer. Viscose Co.
Inc., D.R.P. 461 456; Ver. Glanzstoff-Fabr. D.R.P. 454 428 und 501 496, s. a. D.R.P. 509 728.

aber die Seidenstränge werden vielfach auf sog. Spannwagen untergebracht, die so eingerichtet sind, daß die Stränge eine nicht unerhebliche Spannung während des Trocknens erleiden. Diese Spannung haben die auf Spulen gesponnenen Seiden schon bei der Seidenzwischentrocknung durchgemacht, und sie dient insbesondere dazu, der Seide einen höheren Glanz zu verleihen, als das ohne Spannung möglich ist. Durch die Spannung wird der Glanz und auch die Festigkeit verbessert.

Nach dem Trocknen wird die Seide sortiert in verschiedene Qualitäten und Ausschuß. Für die Rentabilität einer Kunstseidefabrik[1]) ist es von besonderer Wichtigkeit, den Betrieb so zu leiten, daß möglichst viel 1. Qualität erzeugt wird; das ist neben genauer Beachtung der chemischen Vorschriften nur durch allergrößte Sorgfalt auf allen Gebieten zu erreichen. Die Seide wird dann in Paketen von etwa 5 kg Gewicht (einschließlich 11% Feuchtigkeit) verpackt und ist nunmehr versandfertig.

B. Spezieller Teil.

I. Das Nitrozelluloseverfahren.

1. Herstellung der Spinnlösung.

Die Herstellung der Spinnlösung für das Nitrozellulosekunstseidenverfahren richtet sich danach, ob das Trockenspinnverfahren oder das Naßspinnverfahren angewendet werden soll. Für beide Verfahren wird im allgemeinen Baumwolle, aber auch Sulfitzellstoff als Ausgangsstoff verwendet, bzw. Linters. Die letzteren werden gewonnen aus den Faserresten, die sich nach dem Entfernen der langen Baumwollfasern noch auf dem Samen befinden. Sie bestehen also chemisch aus demselben Stoff wie die wertvollere Baumwolle.

Vor der Nitrierung wird das Material einem Reinigungsprozeß unterworfen, der sämtliches Fett und alle Unreinigkeiten entfernt. Darauf wird die Ware gebleicht, gewaschen und getrocknet. Nach den vielen im Kriege gesammelten Erfahrungen ist es heute auch möglich, Sulfitzellstoff in Form von dünnem Kreppapier für die Nitrierung zu verwenden; es muß jedoch auf größte Gleichmäßigkeit in der Belieferung geachtet werden, da die verschiedenen Höhen der sonst erzielten Viskositäten den Gebrauch dieses Materials für die Kunstseidenpraxis unmöglich machen (s. a. auf S. 158 „Rohstoffe").

Für das von Chardonnet angewendete Trockenspinnverfahren wird eine Nitriersäure aus 19—19,5% Wasser, etwa 17% Salpetersäure und 63,6—64% Schwefelsäure verwendet, während für das Naßspinnverfahren nach Lehner nach den Angaben von Guttmann[2]) eine Nitriersäure mit 15% Wasser, 37,5% Salpetersäure und etwa 48% Schwefelsäure verwendet wird. Die Nitrierdauer beträgt etwa 1—1½ Stunden, die Nitriertemperatur 40°. Je höher die Nitriertemperatur gewählt wird, desto niedriger ist im allgemeinen die Viskosität der gelösten Nitrozellulose.

Nach Becker[3]) soll eine geeignete Mischsäure für Kunstseide die folgende sein: 14,7% Wasser, 31,5% Salpetersäure, 53,8% Schwefelsäure. Die Nitrierdauer beträgt nach seinen Angaben nur 10 Minuten bei 50°.

Eine eingehende Untersuchung über den bei verschiedenen Säurekonzen-

---

[1]) Vgl. a. H. G. Bodländer, Melliands Textilberichte **10**, 494 (1929). — G. Fröhlich, Die Kunstseide **12**, 482 (1928). —Übrigens benutzen die Verarbeiter in flauen Zeiten gern billige III. Qualität.

[2]) Guttmann, Schieß- und Sprengmittel (1900), 101.

[3]) Becker, Die Kunstseide (Halle 1912).

trationen erzielten Stickstoffgehalt verdanken wir Lunge[1]). Maßgebend für den Stickstoffgehalt der Nitrozellulose ist stets die Zusammensetzung der (Abfall-) Nitriersäure nach beendeter Nitrierung[2]), die mit der gebildeten Nitrozellulose im Gleichgewichtszustand ist.

Die höchste Löslichkeit der Nitrozellulose wird im allgemeinen bei einem Wassergehalt der Nitriersäure von 19—19,5 % erzielt. Aus Sparsamkeitsgründen ist ein möglichst niedriger Stickstoffgehalt in dem nitrierten Produkt wie auch in der Nitriersäure erwünscht. Die Bestimmung des Stickstoffgehaltes geschieht nach der Methode von Schulze-Tiemann[3]) durch Reduktion mit Ferrosalzen, oder in dem Nitrometer.

Man kann nach Hans Ambronn[4]) den Stickstoffgehalt auch durch Beobachtung im Polarisationsmikroskop ermitteln. Diese Methode ist in den Nitrierbetrieben vielfach in Übung und liefert bei richtiger Handhabung durch geübte Fachleute recht brauchbare Werte.

Das Verhältnis von Nitriergut zu Nitriersäure ist im allgemeinen 1 : 30. Nach beendigter Nitrierung läßt man die überflüssige Nitriersäure ablaufen und schleudert dann das Nitriergut in Aluminium-Zentrifugen weitgehend ab. Nunmehr wird die säurefeuchte Nitrozellulose mit kaltem und nachher mit

Abb. 69.

Schneidholländer zum Zerkleinern von Nitrozellulosefaser. Das Schneidgut wird, in Wasser aufgeschlemmt, durch einen nicht sichtbaren Propeller umgetrieben, und durch starke, auf der vorn sichtbaren seitlich angebrachten in der Höhe verstellbaren Riffelwalze montierte Bronzemesser, die auf ein ebenfalls bemessertes Grundwerk arbeiten, zerkleinert.

heißem Wasser gewaschen. Alsdann erfolgt die Zerkleinerung des Materials im Schneidholländer (Abb. 69). Dieses Feinschneiden der nitrierten Faser ist unbedingt notwendig, um eine Stabilisierung zu erzielen, wie das Haltbarmachen der Nitrozellulose in Praktikerkreisen genannt wird. Die zerschnittene Nitrozellulose wird nunmehr bei 100° mit Wasser behandelt (die Temperatur wird durch Einleiten von wenig erhitztem Dampf erhalten) und sodann abgeschleudert. Die nunmehr fertige Nitrozellulose enthält noch etwa 30% Wasser. Dieses Wasser kann in sog. Verdrängern entfernt werden. Das sind zylindrische Gefäße, in denen die Nitrozellulose mittels Luftdruckes von etwa 12 Atm. durch Kolben eingestampft und eingepreßt wird, worauf von oben nach unten durch die Masse Alkohol hindurchgetrieben wird, der das Wasser vollständig verdrängt.

[1]) Lunge und Babie, Ztschr. f. angew. Chem. **14**, 483 (1901). — Lunge und Weintraut, Ztschr. f. angew. Chem. **12**, 393, 441, 467 (1899).

[2]) E. Berl und E. Berkenfeld, Ztschr. f. angew. Chem. **41**, 130 (1928).

[3]) Lunge-Berl, Chemisch-techn. Untersuchungsmethoden (Berlin).

[4]) H. Ambronn, Diss. (Jena 1914). Doch soll nach A. J. Philips, Journ. phys. Chem. **33**,118 (1929), der Dispersionsgrad der Nitrozellulose hier eine Rolle spielen: blau = hochdispers, rot = niedrigdispers.

Einige Verfahren aber verwenden als Spinnlösung in Ätheralkohol gelöste Nitrozellulose, die bis zu 25% Wasser enthält. Für Trockenspinnverfahren sind jedenfalls wasserhaltige Lösungen nicht brauchbar. Für das Trockenspinnverfahren werden hochviskose Nitrozelluloselösungen in Ätheralkohol verwendet, die 20—25% Nitrozellulose enthalten. Für das Naßspinnverfahren geht man im Nitrozellulosegehalt nicht über 15%. Das Lösen der Nitrozellulose geschieht unter Vermeidung der Verdunstungsgefahr in Gemischen von Ätheralkohol in großen verzinnten oder bronzenen Gefäßen. Die Kollodiumlösung (wie man die Spinnlösung nennt) darf nicht mit Eisen in Berührung kommen, sämtliche Leitungen und Apparaturen müssen aus Bronze oder Glas hergestellt sein. Vielfach sind sie auch verzinnt. (Bezüglich Viskosität s. E. Berl[1]).)

Nach dem Lösen muß die Spinnlösung sorgfältig filtriert werden, was in Filterpressen unter Verwendung von Luftdruck geschieht. Die konzentrierte Trockenspinnlösung benötigt hierbei einen Luftdruck bis zu 70 Atm., weshalb die Apparaturen für dieses Verfahren außerordentlich stabil hergestellt werden müssen. Nach dem Filtrieren überläßt man die Spinnlösung eine Zeitlang sich selbst, insbesondere um die darin enthaltenen Luftblasen an die Oberfläche steigen zu lassen, da dieselben, wenn sie etwa in eine Spinndüse kommen sollten, ein Abreißen des Fadens oder zum mindesten eine schlechtere Stelle im Faden verursachen.

2. Denitrierung.

Nachdem die Spinnlösung in üblicher Weise versponnen ist, die Fäden gezwirnt und gehaspelt sind, bestehen die von den Haspeln abgenommenen Strähnen nur noch aus der äußerst leicht entzündlichen und besonders im trockenen Zustand überaus gefährlichen Nitrozellulose und müssen vor der Weitergabe in den Verbrauch denitriert werden. Das geschieht in Lösungen von Alkalisulfhydraten; man verwendet beispielsweise 5%ige Lösungen von Natriumsulfhydrat. Die Temperatur beim Denitrieren wird auf etwa 40° gehalten. Ammoniumsulfhydrat ist für die Denitrierung nicht so geeignet, da es die Faser schwächt.

Der Gewichtsverlust beim Denitrieren ist infolge der Entfernung der Nitrogruppen ganz erheblich, je nach dem Stickstoffgehalt der angewendeten Nitrozellulose beträgt er bis zu 30%. Mit dem Denitrieren verbunden ist eine sehr erhebliche Verminderung der Festigkeit, insbesondere im feuchten Zustande. Die Denitrierung muß sehr gleichmäßig erfolgen, eine ungleichmäßige Denitrierung macht sich in einem sehr verschiedenartigen Farbaufnahmevermögen beim späteren Färben geltend. Eine zu starke Denitrierung oder eine zu heftige Denitrierung hat einen Abbau der Hydratzellulose und eine Lockerung des Fasergefüges zur Folge, die sich in einer erheblichen Verringerung der Festigkeit unangenehm bemerkbar macht.

Die Nitrozelluloseseide besteht nunmehr im wesentlichen aus sog. „Hydratzellulose"; abgesehen von den früher erwähnten Querschnitten ist aber die Nitrozellulose immer noch gegenüber anderen Kunstseiden unterscheidbar durch die Blaufärbung, die man mit Diphenylaminschwefelsäure erzielt.

Nach dem Denitrieren werden die Stränge ausgewaschen, geseift, in üblicher Weise getrocknet und sortiert.

Das Verfahren ist sehr teuer und muß daher heute immer mehr den billigeren Verfahren, die ebenso gute oder bessere Seide herzustellen gestatten, weichen.

---

[1] E. Berl und E. Berkenfeld, Ztschr. f. angew. Chem. **41**, 130 (1928).

II. Das Azetylzelluloseverfahren[1]).

Die Feuergefährlichkeit der an sich so äußerst festen und wasserunempfind-
lichen Nitrozellulosefaser ist der Anlaß gewesen, nach anderen Estern der Zellulose
zu suchen, die die unangenehme Eigenschaft des Salpetersäureesters, explosiv zu
sein, nicht besitzen. Schon Schützenberger hat im Jahre 1865 Azetylzellulose
hergestellt. Seither ist über diesen Körper sehr viel gearbeitet worden.

Ein besonderes Licht über die bei der Azetylierung entstehenden Azetylzellu-
loseverbindungen werfen die eingehenden Arbeiten von Ost[2]). Weiter sei auch
auf die Arbeit von W. Weltzien[3]) sowie auf die früher erwähnten Arbeiten von
K. Hess[4]) hingewiesen. Ost lehrt, ein einheitliches Zellulosetriazetat unter Vermeidung von Temperaturerhöhungen und unter Verwendung von Zinkchlorid als
Katalysator in einem Gemisch von Essigsäureanhydrid und Eisessig herzustellen.
Das Zellulosetriazetat löst sich in Chloroform, Tetrachloräthan, Eisessig, Pyridin u.a.
insbesondere chlorhaltigen Lösungsmitteln. In der Praxis verwendet man aber
azetonlösliche, sog. „sekundäre" Azetylzellulose, die erst durch eine besondere,
zuerst von Eichengrün, Becker und Guntrum[5]), sowie von Miles[6]) angegebene hydrolisierende Behandlung des Triazetats erhalten werden kann. Sowohl
diese besondere Behandlung, als auch die Azetylierung selber muß mit Vorsicht
durchgeführt werden, da sonst ein zu starker Abbau der Zellulosemizelle stattfindet,
der sich in einer Erniedrigung der Viskosität offenbart[7]). Die Azetylzelluloseseiden
des Handels haben, wie man sich leicht durch Lösen der käuflichen Seide in Azeton
überzeugen kann, trotz nahezu gleichen Gehalts an Azetylgruppen (53—54%
als Essigsäure berechnet) sehr verschiedene Viskositäten. Die Seiden mit der
höchsten Festigkeit haben auch die höchste Viskosität. Der Höhe der letzteren ist
eine Grenze nur gesetzt durch die Schwierigkeiten bei der Filtration und bei der
Entfernung der Luftbläschen.

Als Ausgangsmaterial dient Baumwolle oder bester Zellstoff, der auch vorher
eine Merzerisation oder eine andere Behandlung durchgemacht haben kann, um
seine Reaktionsfähigkeit zu erhöhen[8]). Die sog. „primäre Azetylzelluloselösung"
ist die noch alle Zusätze und Reaktionsprodukte enthaltende Lösung in dem
Azetylierungsgemisch, wobei der Eisessig als Lösungsmittel dient. Ersetzt man
ihn beim Azetylieren durch Benzol, so wird die entstehende Azetylzellulose nicht
gelöst. Aus der primären Azetylzelluloselösung kann man durch Eingießen in
Wasser die Azetylzellulose ausfällen und nach ihrem Auswaschen und einer besonderen Nachbehandlung zur Weiterverarbeitung in Azeton lösen. Eine praktische
Arbeitsvorschrift ist z. B. folgende:

1 kg Essigsäureanhydrid und 1 kg Eisessig werden mit 15 g konzentrierter
Schwefelsäure vom spezifischen Gewicht 1,84 gemischt. In dieses Gemisch bringt
man 250 g Zellulose unter ständigem Rühren und gleichzeitiger Kühlung. Die
Temperatur darf nicht über 30⁰ steigen. Nach etwa 4—5 Stunden hat sich die

---

[1]) Zusammenstellung der neueren Patente und Verfahren s. W. A. Dyes, Chem.-Ztg.
52, 554, 574, 590, 630, 651 (1928). — Ferner H. Brandenburger, Die Kunstseide **11**, 193, 205
(1929); betr. Färben von Azetatseide.

[2]) Ost, Ztschr. f. angew. Chem. **66** (1919); s. a. ibid. **19**, 999 (1906).

[3]) W. Weltzien, Lieb. Ann. **435** (1923).   [4]) K. Hess, l. c.

[5]) D.R.P. A. F. 20963 IV, 120 (1905). — s. a. W. Stadlinger, Chem.-Ztg. **53**, 77 (1929)
— A. Eichengrün in Ullmanns Enzyklopädie der techn. Chem. 2. Aufl., **1**, 126ff. (daselbst
auch eingehende Literaturangabe).

[6]) Am. Pat. 838340 (1904); D.R.P. 252706 (1905), übertragen auf Farbenfabriken Elberf.

[7]) Vgl. hierzu auch D. Krüger, Melliands Textilberichte **10** (Dezemberheft) (1929).

[8]) s. z. B. Zellstoffabrik Waldhof, O. Faust u. V. Hottenroth, E. P. 301 088; 317 046.

Zellulose vollständig gelöst und die Reaktion ist beendigt. Man erhält das gebildete Triazetat durch Eingießen des Azetylierungsgemisches in einen großen Überschuß von Wasser. Das hierbei ausgefällte Azetat wird gut ausgewaschen, abzentrifugiert und getrocknet. Statt Schwefelsäure kann auch Chlorzink als Katalysator verwendet werden, das etwas milder wirkt, wodurch der Reaktionsverlauf verlangsamt wird.

Um das nach der angegebenen Vorschrift hergestellte Triazetat azetonlöslich zu machen, bietet die Patentliteratur eine größere Anzahl von Verfahren, die im wesentlichen auf eine schwache, teilweise Verseifung des primären Azetats herauskommen (unter Umständen spielt auch eine weitere Depolymerisation mit), entweder unter Verwendung von schwachen Säuren oder sauren Salzen oder auch unter Verwendung von Basen. Auch Gemische von Flüssigkeiten, die, wie bei der Nitrozellulose das Ätheralkoholgemisch, das Zelluloseazetat allein nicht lösen, können als Lösungsmittel Verwendung finden, so z. B. Alkohol mit Benzol, Dichloräthylen, Ameisensäureester u. a. Jedoch ist nicht jede azetonlösliche Azetylzellulose auch in diesen Lösungsmitteln löslich.

Von besonderer Wichtigkeit sind die von der Ruth-Aldo Co.[1]) und von der Société Chimique des Usines du Rhône[2]) (Jean Altwegg) angegebenen Verfahren, nach denen die Zellulose vor der Azetylierung in einer Atmosphäre von Essigsäuredampf bzw. unter Zusatz von etwa 20% ihres Gewichtes an Essigsäure einige Stunden vorgequollen und erst dann azetyliert wird. Nach diesem Verfahren geht die Reaktion viel leichter und gleichmäßiger vor sich, als ohne Beachtung dieser wichtigen Maßnahme. Auch Evakuieren vor Zufügen der Reaktionsflüssigkeit zur Erzielung einer durchgehenden Benetzung der Zellulose[3]) ist von Vorteil.

Die Wiedergewinnung der Essigsäure ist für die Wirtschaftlichkeit des Azetatverfahrens von großer Wichtigkeit. Ich verweise auf einige diesbezügliche Patente[4]).

Die Quellbarkeit der Azetylzellulose steigt mit abnehmendem Azetylgehalt. Sie beträgt nach Werner und Engelmann[5]):

Prozent Essigsäure im Azetat	Prozent aufgenommenen	
	Wassers	Alkohols
60,9	1,2	1,8
58,8	5,2	12,3
56,5	8,6	14,1
56,0	11,4	19,6 ⎫
52,8	15,1	21,4 ⎬ handelsübliches
47,7	18,4	19,7 ⎭ sekundäres Azetat

Wegen ihrer Eigenschaft, in mehr oder weniger leicht flüchtigen organischen Lösungsmitteln löslich zu sein, kann die Zelluloseazetatseide, genau so wie die Nitrozelluloseseide, sowohl im Trockenspinnverfahren als auch im Naßspinnverfahren hergestellt werden. Auch Verfahren, bei denen zwei verschiedene, sich nicht mischende und chemisch verschieden schwere Flüssigkeiten übereinandergeschichtet als Fällbad verwendet werden, sind bekannt. Bei diesem Verfahren soll das spe-

[1]) Ruth-Aldo Co., Engl. Pat. 282788.
[2]) Am. Pat. 1543310 Jean Altwegg, Soc. chimique des Usines du Rhône.
[3]) Harry le B. Gray, Am. Pat. 1711940 und 1711941.
[4]) Engl. Pat. 283702 Brit. Celanese; 215716, 273744, 301415 der Soc. Anonyme des Distillenis des Deux Sèvres.
[5]) K. Werner und H. Engelmann, Ztschr. f. angew. Chem. 42, 440 (1929).

zifisch schwerere zuerst wirkende Fällbad ein langsames Fällungsmittel sein, in welchem ein Ausziehen und Strecken der Fäden in möglichst dünne Fasern ermöglicht wird, während das zweite, spezifisch leichtere Fällbad die weitere Koagulation bewerkstelligen soll. Bei dem zumeist verwendeten Trockenspinnverfahren benutzt man Lösungen mit etwa 20% Azetylzellulose.

Vor dem Nitrozelluloseverfahren und allen anderen Kunstseideverfahren hat das Azetylzelluloseverfahren den Vorteil, daß insbesondere beim Trockenspinnen die aufgespulte Seide nur noch gezwirnt und gehaspelt zu werden braucht und sodann fertiggestellt ist; da bei jeder weiteren Behandlung die Qualität der Seidenfäden leidet, liegt in dieser erheblichen Vereinfachung eine große Stärke des Verfahrens.

Diese Vorteile werden allerdings abgeschwächt durch die großen Schwierigkeiten, die sich bei der Herstellung eines einen gleichmäßig guten Faden ergebenden Zelluloseazetats in den Weg stellen. Auch die Zufügung von Weichmachungsmitteln zur Erhöhung der Elastizität, wie Triazetin, Trikresylphosphat, Triphenylphosphat, Toluolsulfamid u. ä. Stoffe sind vorgeschlagen.

Ein weiterer Nachteil ist der hohe Preis für Essigsäureanhydrid, das nicht nur im stöchiometrischen Verhältnis angewendet wird, sondern hierüber hinaus das bei der Reaktion sich bildende Wasser unter Bildung von Essigsäure binden muß. Hier hat deshalb auch die Erfindertätigkeit zur Erzielung von Ersparnissen vielfach eingegriffen, sowohl bei der Fabrikation selber, als auch in puncto Wiedergewinnung.

Die vielfach so angepriesene Naßfestigkeit der Azetatseide, die zumeist in Prozentzahlen der Trockenfestigkeit angegeben wird, erscheint weniger bedeutungsvoll, wenn man bedenkt, daß diese Trockenfestigkeit zumeist deutlich niedriger ist, als die der Kupfer- und der Viskoseseide (s. S. 145). Hervorgehoben werden muß jedoch das ausgezeichnete seidenartige Aussehen und der seidige Griff des Materials.

Ein weiterer Nachteil liegt in der geringen chemischen Beständigkeit der Azetylzellulose, die schon beim Erhitzen mit Seifenwasser leicht unter Rückbildung von Hydratzellulose verseift wird und auch der beim Bügeln von Wäsche herrschenden Temperatur gegenüber sich zersetzt.

Die Beständigkeit soll neuerdings durch Beschweren, z. B. mit Zinnsalzen, verbessert worden sein. Eine ganze Reihe von Patenten der Brit. Celanese Co. und G. H. Ellis, sowie insbesondere von R. Clavel[1] geben hierüber nähere Auskunft[1]. Es sei jedoch darauf hingewiesen, daß bei der an sich recht beständigen Nitrozellulose die Beständigkeit durch Zusätze zumeist beeinträchtigt wird, so daß nach den obigen Angaben der naheliegende Analogieschluß auf das Verhalten der Azetylzellulose aus dem Verhalten der Nitrozellen nicht zulässig wäre.

Azetatseide ist durchlässig für ultraviolettes Licht.

Auch beim Azetatseideverfahren spielt die möglichst restlose Wiedergewinnung der Lösemittel eine ausschlaggebende Rolle. Man gewinnt etwa 90% der Lösungsmittel zurück.

Die Azetatseide kann nicht nach dem gewöhnlichen Färbeverfahren gefärbt werden; sie wird deshalb vielfach zu sog. „Effektfäden" verwendet, für Stoffe, bei denen sie beim Färben ungefärbt bleiben und so ein weißes Muster erzeugen soll. Es war erst die Auffindung ganz besonderer Farbstoffklassen für die Azetatseide notwendig, um die Färbeschwierigkeiten zu überwinden[2].

---

[1] Engl. Pat. 273693, 309899, 309876, 302775, 258874, 279502, 270987, 222982; R. Clavel, D.R.P. 468018, 471370; s. a. Engl. Pat. 306132, das eine Chlorierung des Säureesters vorschlägt. —S. a. Ch. E. Mullin, Die Seide **35**, 442 (1930), das neue Verf. v. Clavel u. Lindenmeyer.

[2] s. H. Brandenburger, Die Kunstseide **11**, 98 (1929).

Die Färbung mit diesen Stoffen besteht nach K. H. Meyer[1]) in einer Lösung des Farbstoffes in dem Azetylzellulosegel.

Die schon früher gegebenen Querschnittsformen für Azetatseide sind, entsprechend dem Herstellungsverfahren, denen der Nitrozelluloseseide gleich (s. S.133).

Betreffend Azetatseide sei insbesondere auf die zahlreichen Patente der Farbwerke vorm. Bayer & Co., Leverkusen, sowie von Dreyfuß und Henckel-Donnersmarck, Lederer und Eichengrün[2]), Rhodiaseta, Ruth-Aldo Co., Brit. Celanese, R. Clavel u. a. hingewiesen.

Die Azetatseide zeigt beim Verbrennen von Einzelfasern an den verbrannten Enden des Fadens die Bildung von kleinen schwarzen Kügelchen, ähnlich wie das die natürliche, unbeschwerte Seide tut. Sie ist aber von letzterer durch den ganz anderen Geruch beim Verbrennen ohne weiteres zu unterscheiden, außerdem durch die Löslichkeit in organischen Lösungsmitteln (sofern sie nicht verseift[3]) ist) und durch die Form des Querschnittes. Die Azetatseide wird außerordentlich leicht verseift und geht dann, genau wie die Nitrozellulose beim Denitrieren, in einen Hydratzellulosefaden von geringerer Festigkeit über.

Über die Eigenschaften der neuen Azetatseide s. a. R. O. Herzog[4]).

III. Das Zelluloseätherverfahren.

Von einem eigentlichen Verfahren zur Herstellung von Kunstseide aus Äthern der Zellulose kann zwar heute noch nicht gesprochen werden, da sich der ganze Fragenkomplex noch weitgehend im Versuchsstadium befindet, immerhin zeigen sich äußerst interessante Ansätze, so daß eine Behandlung dieses Stoffes auch an dieser Stelle notwendig erscheint.

Zuerst Lilienfeld[5]) hat im Jahre 1912 auf die Möglichkeit hingewiesen, aus verätherter Zellulose Kunstseide herzustellen. Die Verätherung der Zellulose ist jedoch heute noch zu kostspielig, und das Verfahren ist noch nicht genügend durchgebildet, wenngleich die Zahl der Patente auf diesem Gebiet in den letzten Jahren erheblich zugenommen hat. Als Ausgangsmaterial kann auch hier Baumwolle, Zellulose oder guter Sulfitzellstoff Verwendung finden. Die Verätherung dieses Materials ohne weitere Vorbehandlung ist jedoch unmöglich. Anscheinend muß mit der Verätherung, die in Gegenwart von Alkali durch Reaktion von Zellulose mit Halogenalkyl oder Alkylsulfat durchgeführt wird, eine weitgehende Depolymerisation des Zellulosekomplexes verbunden sein. Insbesondere Denham und Woodhouse[6]), sowie Heuser und Hiemer[7]) haben in eingehenden Arbeiten diese Fragen erörtert. Der Umstand, daß die Zellulose bzw. das Zellulosederivat vor der vollständigen Verätherung zeitweilig in ein wasserlösliches Produkt übergeht, erscheint Beweis genug für die weitgehende Depolymerisation. Erst die weitgehend alkylierten Äther (im allgemeinen handelt es sich um den Äthyläther der Zellulose) sind nicht mehr wasserlöslich, aber sie sind in außerordentlich zahlreichen organischen Lösungsmitteln löslich, was ebenfalls als Hinweis für die weitgehende Depolymerisation anzusehen ist. Solche Lösungen können in der gleichen Weise wie Nitrozelluloselösungen oder Azetylzelluloselösungen nach dem

[1]) K. H. Meyer, Melliands Textilberichte **6**, 737 (1925).
[2]) Eichengrün, Chem.-Ztg. **51**, 25 (1927).
[3]) In diesem Falle verbrennt sie wie Viskose- oder Kupfer- oder denitrierte Nitroseide.
[4]) R. O. Herzog, Die Kunstseide **9**, 7ff. (1927).
[5]) Lilienfeld, Öst. Pat. 78217; ferner z. B. Öst. Pat. 112623.
[6]) Denham und Woodhouse, Zellulosechemie **1**, 14, 22 (1920).
[7]) E. Heuser und N. Hiemer, Zellulosechemie **6**, 101, 125, 153 (1925).

Naßspinn- und nach dem Trockenspinnverfahren zu Fäden verarbeitet werden. Auch die Thiourethanseide von Lilienfeld sei hier erwähnt.

Vor allen anderen Kunstseideprodukten (abgesehen von der nicht denitrierten Nitrozellulose) haben die Fäden aus Zelluloseäther den Vorzug der vollständigen Wasserbeständigkeit. Vor den Estern haben sie außerdem den Vorzug weitgehender chemischer Beständigkeit, nicht nur gegen Wasser, sondern auch gegen Alkalien und Säuren.

Die oben erwähnten wasserlöslichen Produkte sind in kaltem Wasser stärker löslich als in warmem Wasser, und diese Lösungen werden durch Gerbstoffe wie Eiweißprodukte gefällt. Die ausgezeichnete Eigenschaft der Wasserbeständigkeit kommt aber nicht allen Äthern der Zellulose zu, so z. B. nicht dem durch Einwirkung von Äthylenoxyd auf Zellulose nach dem D.R.P. 363 192 der Elberfelder Farbenfabriken herstellbaren Glykoläther der Zellulose, was anscheinend auf die im Glykolrest vorhandene freie Hydroxylgruppe zurückzuführen ist.

Quellbar ist der Äthylzelluloseseidenfaden in heißer Zinkchloridlösung, konzentrierter Salzsäure und konzentrierter Salpetersäure. Als Lösungsmittel kommen eine große Anzahl organischer Stoffe in Betracht, wie z. B. Chloroform, Anilin, Benzylazetat u. a.; fast alle organischen Lösemittel wirken zum mindesten quellend. Von Patenten sind neben dem von Lilienfeld insbesondere die von Dreyfuß, Bayer & Co. und der Eastman Kodak Co. zu nennen, die bis 1926 in dem schon erwähnten Handbuch von Süvern[1]) aufgeführt sind.

IV. Das Kupferoxydammoniakverfahren.

1. Herstellung der Lösung.

Das Verfahren beruht auf der schon von Schweizer im Jahre 1857 festgestellten Löslichkeit von Zellulose in Kupferoxydammoniak (Kupfertetraminhydroxyd), welches nach dem Entdecker „Schweizers Reagens" heißt. Durch Zufügen von wäßrigem Ammoniak zu einer Kupfersulfatlösung entsteht ein Niederschlag, der sich in überschüssigem Ammoniak vorzugsweise unter Bildung von Aminokuprisulfat

$$[Cu(NH_3)_4] (SO_4)$$

mit tiefblauer Farbe löst. Durch Zusatz von viel Natronlauge verschiebt sich das Gleichgewicht nach dem Kupferoxydammoniak

$$[Cu(NH_3)_4] (OH)_2 \, {}^2).$$

In der Praxis wird die Rohzellulose (Linters) einer Behandlung unterworfen, die zumeist in einer mechanischen Reinigung, einer alkalischen „Bäuche" und dann in einer Bleiche besteht. Als Rohmaterial wird, wie schon erwähnt, im allgemeinen Baumwolle verwendet; es kann aber unbedenklich auch Zellstoff, insbesondere in Form von Kreppapier verwendet werden, sofern die zur Erzielung einer gleichmäßigen und genügend hohen Viskosität erforderliche gleichmäßige Herstellung des Zellstoffes neben einer α-Zahl von etwa 92% gewährleistet ist (s. hierüber die früheren Ausführungen „Rohstoffe", S. 158).

---

[1]) Süvern, Die künstliche Seide, 5. Aufl., 589—636 (Berlin 1926).

[2]) Vgl. besonders: F. Bullnheimer, Ber. d. Dtsch. chem. Ges. **31**, 1453 (1898). — W. Traube, Ber. d. Dtsch. chem. Ges. **54**, 3220 (1921); **55**, 1899 (1922); **56**, 268, 1653 (1923) und die neueren Arbeiten von K. Hess und seiner Schule: s. K. Hess, Chemie der Zellulose, (Leipzig 1928). — K. Hess und C. Trogus, Ztschr. f. physik. Chem. Abt. B. **6**, 2 (1929), wo interessante Aufschlüsse über das System: Zellulose-Kupfertetraminhydroxyd-Natriumhydroxyd gegeben sind.

In der Praxis[1]) verfährt man heute so (vgl. a. Franz. Pat. 249841), daß man aus wäßrigen Kupfersulfatlösungen mit Natronlauge unter Eiskühlung Kupferhydroxyd ausfällt, welch letzteres ohne weitere Reinigung mit dem Zellulosematerial in einem sog. Holländer gemischt wird. Auf einen Gewichtsteil trockene Zellulose werden etwa 2,6 Gewichtsteile Kupfersulfat und 0,8 Gewichtsteile Ätznatron gerechnet. Bei Temperaturen nicht über 30° wird der wäßrige Brei im Schneidholländer behandelt und sodann unter hohen Drucken, besonders auch zur Entfernung des koagulierend wirkenden Natriumsulfats, abgepreßt. Die gepreßte Masse wird zerkleinert und in einem Rührgefäß mit etwa 6 Teilen konzentrierten, wäßrigen Ammoniaks (spezifisches Gewicht 0,91) verrührt. Nach einigen Stunden fügt man zur Erhöhung der Haltbarkeit ½ Liter einer ½%igen wäßrigen Weinsteinlösung und 0,6 kg 15%ige Natronlauge zu, worauf nochmals 5 Stunden gemischt wird. Sodann wird durch Zusatz berechneter Mengen von ungefähr 7%iger Natronlauge, der man noch etwas Ammoniak zusetzt, der Zellstoffgehalt auf etwa 8—9% gebracht, worauf zur Homogenisierung der ganzen Masse nochmals längere Zeit gerührt wird.

Man kann auch anstatt Natriumtartrat Zucker, sowie Reduktionsmittel (Hydrosulfit oder Bisulfit) hinzufügen, angeblich, um die Zellulose vor Oxydation zu schützen. Hierauf werden durch Evakuieren des Kessels freies Ammoniak und Luftbläschen aus der Spinnmasse entfernt.

Die eben beschriebene Darstellungsweise wird insbesondere für das Streckspinnverfahren verwendet, das heute so gut wie allein für das Kupferoxydammoniakverfahren in Frage kommt. — Gerade mit diesen Lösungen gelingt es, Einzelfäden von hoher Feinheit zu erzielen, wie man sie lange Zeit hindurch mit anderen Verfahren nicht hat herstellen können. Es kommen nur Zellulosen, die sehr hoch viskose Lösungen ergeben, für dieses Streckspinnen in Frage.

Die Kupferoxydammoniakzelluloselösungen eignen sich aber überdies auch ausgezeichnet zur Herstellung von sog. künstlichem Roßhaar[2]). Das sind dicke, endlose Einzelfäden von der Stärke etwa des natürlichen Roßhaares (ca. 300—400 den.), die für Litzen u. dgl. Gegenstände, auch für Damenhüte zeitweise große Verwendung finden. Für diese Zwecke hat man oft die Kupferoxydammoniaklösung für sich hergestellt, wobei man von feinzerkleinertem, reinstem, metallischem Kupfer ausging, das in stehenden, mit Kühlmantel versehenen Gefäßen mit etwa 20%igem Ammoniak behandelt wird. In diese Gefäße wird von unten her kalte Luft unter geringem Überdruck eingepreßt, wobei das Kupfer sich unter Bildung von Kupferoxydammoniaklösung oxydiert.

Die Kühlung muß bei dieser Operation eine sehr gute sein, und gegen Verluste von Ammoniak müssen besondere Absorptionsmaßnahmen getroffen werden. Die Herstellung der Zelluloselösung geschieht alsdann unter Verwendung der Kupferoxydammoniaklösung in großen geschlossenen Mischtrommeln, die mit Rührvorrichtung versehen sind. Bei dieser Arbeitsweise wird gegenüber der zuerst angegebenen technisch wichtigeren Lösemethode weniger Natronlauge verbraucht.

Zur Filtration wird die Spinnlösung durch feine Drahtgewebe aus Nickel hindurchgegeben.

Auch bei dem Kupferoxydammoniakverfahren hat man das Trockenspinnen versucht, wobei man den Faden durch eine aus Fällmitteln bestehende Gas- oder

---

[1]) s. a. H. Jentgen, Faserstoff und Spinnflanzen **6**, 49 (1924).
[2]) Vgl. a. die Am. Pat. 1590595 und 1590596 von Thomas Hill bzw. Edwin Taylor, Edward F. Chandler und Thomas Hill, die das Kupferverfahren zur Filmherstellung benutzen.

Dampfatmosphäre hindurchlaufen ließ. Dieses Verfahren hat sich aber technisch
nicht bewährt, und ganz allgemein wird vielmehr beim Kupferoxydammoniakverfahren der Naßspinnprozeß gewählt. Die Abzugsgeschwindigkeit beträgt 25—35 m
in einer Minute (Apparatur s. S. 172 und 173). — Als Fällbäder können Säure-,
Salzlösungen und auch Alkalien dienen, da diese alle den zur Bildung der Lösung
wesentlichen Teil, das Ammoniak, aus der Spinnlösung mehr oder weniger entfernen, wodurch ein gallertartiger Faden entsteht. Die sauren Spinnbäder sind
sehr mit Vorsicht zu verwenden, da sie leicht die Bildung eines wenig festen und
wenig elastischen Fadens verursachen. Die milderen wäßrigen und alkalischen
Spinnbäder, auch reines Wasser, verdienen daher den Vorzug. Letzteres dürfte
heute nur noch allein praktisch in Frage kommen. Die Salzspinnbäder üben eine
starke osmotische Wirkung auf das Elementarfädchen bei der Fällung aus, die aus
dem Querschnitt desselben erkennbar ist. Der Fällwasserverbrauch ist sehr groß.

2. Wiedergewinnung.

Das Kupferoxydammoniakverfahren bedeutete gegenüber dem älteren Nitrozelluloseverfahren eine merkliche Verbilligung, insbesondere auch zur Zeit seines
Entstehens, da damals die Wiedergewinnungsverfahren für die organischen Lösungsmittel noch ziemlich im argen lagen. Heute ist man beim Kupferoxydammoniakverfahren aus Gründen der Rentabilität gezwungen, ebenfalls die hierbei verwendeten wertvollen Chemikalien, Ammoniak und Kupfer, weitgehend wiederzugewinnen. Das ist bisher fast nur für das Kupfer durchgeführt.

Bei sauren Spinnbädern wird das Ammoniak ohne weiteres durch die Säure
des Spinnbades neutralisiert und gebunden und kann auch in wäßrigen Spinnbädern
weitgehend gelöst und so wiedergewonnen werden. Bei alkalischen Spinnbädern
hingegen muß eine sorgfältige Absaugung zwecks Wiedergewinnung des Ammoniaks
vorgesehen werden, und die Spinnmaschinen müssen aus diesem Grunde, genau so
wie beim Arbeiten mit organischen Lösungsmitteln, entsprechend abgeschlossen
werden. Bei dem jetzt fast allein üblichen, mit Wasser als Fällmittel arbeitenden,
Streckspinnverfahren ist der Abschluß aus rein apparativen Gründen schon weitgehend gewährleistet. — Die abgesaugte ammoniakhaltige Luft kann z. B. durch
mit Säure beschickte Waschgefäße geleitet, und das Ammoniak in der Säure
weitgehend angereichert werden. Die Durchführung dieser Frage ist für die
Rationalisierung des Verfahrens sehr wichtig.

Sehr wesentlich ist auch die Wiedergewinnung des Kupfers, das ja sowieso
aus den gesponnenen Fäden entfernt werden muß. Bei sauren Spinnbädern geht
ein großer Teil des Kupfers bereits in das Spinnbad über, bei wäßrigen und alkalischen Spinnbädern (aber auch bei sauren Spinnbädern noch) wird der das Spinnbad
verlassende Faden vor Auflaufen auf das Aufnahmeorgan über Rinnen geführt, in
denen Salzsäure oder Schwefelsäure oder auch wegen der damit verbundenen
Bleichwirkung Oxalsäurelösung den Fäden entgegenläuft und das vorhandene
Kupferhydroxyd herauslöst. Die weitere Nachbehandlung — säurefrei Waschen,
ausnahmsweise Bleichen — erfolgt in den früher beschriebenen Strangnach-
behandlungsmaschinen (s. S. 176 und 181).

Fertige Kupferoxydammoniakseide soll kein Kupfer mehr enthalten, immerhin
kann sie aber an den noch immer vorhandenen Spuren von Kupfer gegenüber
anderer Seide unterschieden werden. Verascht man etwa 50 g solcher Seide, so läßt
sich in der Asche immer Kupfer nachweisen. Auf die obenbeschriebene Weise
können etwa 80 % des verwendeten Kupfers wiedergewonnen und wieder in den

Prozeß zurückgeführt werden. Die Verbesserung des Kupferwiedergewinnungsverfahrens würde eine weitere Verbilligung der Kupferseide bedeuten, die heute nur als besondere Qualitätskunstseide bei den hierfür gezahlten hohen Preisen noch mit Gewinn hergestellt wird.

Die heute auf dem Markt befindliche Kupferoxydammoniakseide zeichnet sich durch eine große Feinfädigkeit und das der realen Seide sehr nahekommende Aussehen vor anderen Kunstseiden aus. Sie hat in dieser Beziehung lange eine Monopolstellung eingenommen; aber heute gelingt es, sowohl nach dem ebenfalls nicht billigen Azetatseideverfahren als auch nach gewissen besonderen Viskoseverfahren ein der Kupferoxydammoniakseide bezüglich der Feinfädigkeit gleichwertiges Fabrikat zu erzeugen.

V. Das Viskoseverfahren.

1. Wissenschaftliches.

Der weitaus überwiegende Teil der heute auf dem Weltmarkt befindlichen Kunstseide ist nach dem Viskoseverfahren hergestellt. Der Name stammt von den Entdeckern der Viskose, Cross und Bevan, die im Jahre 1892 das Zellulosexanthogenat zuerst hergestellt haben. Sie erkannten in der neu hergestellten Verbindung das Natriumsalz des sauren Dithiokohlensäureesters der Zellulose und gaben ihm dementsprechend die folgende Formel:

$$C\begin{cases} O(C_6H_9O_4)_n\,NaOH \\ = S \\ SNa \end{cases}$$

Diese Formel findet auch bis zum heutigen Tage allgemeine Verwendung. Die Größe des in der Klammer befindlichen Zellulosekomplexes ist je nach Alter und Herstellungsweise der Viskose verschieden. Von ihm hängt es ab, ob die Viskose schwerer oder leichter aus ihren wäßrigen, alkalischen Lösungen aussalzbar ist. Die Aussalzbarkeit der Viskose wird allgemein als „Reifegrad" (s. a. S. 200 ff.) bezeichnet und in der Technik nach dem bekannten Verfahren von Hottenroth[1]) durch Bestimmung der Kubikzentimeter 10%iger Chlorammonlösung festgestellt, die notwendig sind, um 20 g Viskose, die mit 30 g Wasser verdünnt wird, zu koagulieren. Die bei der Bestimmung herrschende Temperatur und die Geschwindigkeit, mit der die Bestimmung ausgeführt wird, sind maßgebende Faktoren neben dem Alkaligehalt und der Viskosität der untersuchten Viskose. Bei immer gleichem Verfahren der Viskoseherstellung, wie das ja in laufenden Betrieben üblich ist, leistet diese Untersuchungsmethode sehr gute Dienste. Diese Methode von Hottenroth löste seiner Zeit in genialer Weise die großen dem Praktiker bei der Viskosebereitung und Verarbeitung sich entgegenstellenden Schwierigkeiten. Auch die Untersuchung der Koagulationsfähigkeit mit Kochsalzlösungen wird in der Praxis als Bestimmungsmethode verwendet, ist aber auch schon von Hottenroth studiert worden, der eine große Zahl von Neutralsalzen sowie organischen Säuren usw. auf ihre Brauchbarkeit untersuchte und in dem hier eine Sonderstellung einnehmenden Chlorammonium das günstigste Koagulationsmittel fand, wobei im allgemeinen 10%ige, für manche Viskose von geringerer Reife 15%ige Lösungen ausreichen. Die Praxis arbeitet im allgemeinen mit Chlorammonreifen zwischen

---

[1]) Hottenroth, Chem.-Ztg. **39**, 119 (1915).

7—11, je nach dem angewendeten Spinnbad und dem gesponnenen Titer (Einzel-titer). Die Reifeschwankungen sollten bei ein und derselben Fabrikation nicht 0,4 überschreiten, da sonst leicht verschieden koagulierte und demgemäß ver-schieden sich anfärbende Ware entsteht.

Die Konzentrationsgeschwindigkeit ist abgesehen von der Temperatur und dem Gehalt der Viskose an verunreinigenden Salzen (Trithiokarbonat) bzw. an Salzzusätzen abhängig vom Zellulose- und vom NaOH-Gehalt, welch letzterer ceteris paribus ein Optimum für die geringste Koagulierbarkeit besitzt.

Mukoyama[1]) bestimmt die Viskosität der Viskose sofort nach Zusatz be-stimmter Kubikzentimeter einer bestimmten Chlorammonlösung und findet ein scharfes Maximum nach Zufügen der dem Reifegrad der Viskose entsprechenden Menge Chlorammonlösung.

Neben dieser Untersuchung der sog. Reife ist noch eine Untersuchungsmethode üblich, die es gestattet, die Größe des in der Klammer befindlichen Zellulosekom-plexes zu ermitteln. Schon Cross und Bevan haben festgestellt, daß zwei Xan-thogenatmoleküle mit Jod unter Austritt von Jodnatrium zu Dixanthogenat sich zusammenschließen; die Menge des zu diesem Zweck verbrauchten Jods kann leicht durch Titration bestimmt werden. Zu diesem Zweck muß die meist alkalische Vis-koselösung zunächst neutralisiert werden; da aber insbesondere Mineralsäuren das Xanthogenat momentan unter Rückbildung von Hydratzellulose zersetzen, muß diese Neutralisation mit größter Vorsicht durchgeführt werden.

Nach Jentgen[2]) wird die Bestimmung so ausgeführt, daß man unter Re-generierung der Hydratzellulose das die Viskose stets verunreinigende Natrium-trithiokarbonat mittels Mineralsäure zersetzt und den hierbei freiwerdenden Schwefelwasserstoff mittels Jod titriert. Zu diesem Zweck werden in einer mit Gummistopfen verschlossenen 3-Literflasche je 25 ccm der auf das 10fache ver-dünnten Viskoselösung mit 2 Liter Wasser verdünnt, mittels eines Scheide-trichters 25 ccm Normalschwefelsäure zugesetzt, geschüttelt und nach 10 bis 15 Minuten, ebenfalls durch Scheidetrichter, $^1/_{10}$ n Jodlösung im Überschuß in die geschlossene Flasche hereingedrückt; nach kräftigem Rühren wird der Jod-überschuß zurücktitriert.

Wenn es gelingt, das Trithiokarbonat zu zersetzen und dabei das Xanthogenat intakt zu lassen, so kann man durch eine weitere Jodtitration die Summe von Xanthogenat (durch Dixanthogenatbildung bei Jodeinwirkung und entsprechendem Jodverbrauch) und Natriumtrithiokarbonat bestimmen und erhält durch Ziehen der Differenz der beiden angegebenen Bestimmungen den Jodverbrauch für Dixanthogenatbildung. Bei Kenntnis des Zellulosegehaltes der Viskose, der durch Zersetzen einer bestimmten Menge Viskose, Auswaschen und Trocknen ermittelt werden kann, läßt sich die Größe des Zellulosekomplexes in der früher angegebenen Xanthogenatformel von Croß und Bevan errechnen. Die Zersetzung des Trithio-karbonates geschah nun ganz allgemein bisher durch Zusatz von 25 ccm n-Essig-säure zu der oben angegebenen Viskosemenge; die Bestimmung wird im übrigen in ganz gleicher Weise, wie oben angegeben, durchgeführt. Schon Dietler[3]) hat aber festgestellt, daß Ameisensäure, ebenfalls unter Rückbildung von Hydrat-zellulose, das Xanthogenat zersetzt. Das ist nach meinen Feststellungen in der Tat auch bei Essigsäure und bei noch schwächeren Säuren der Fall; aus diesem Grunde

---

[1]) T. Mukoyama, Kolloid-Ztschr. **43**, 349 (1927).
[2]) H. Jentgen, Laboratoriumsbuch für die Kunstseide- und Ersatzfaserstoffindustrie (Halle 1923), 55.
[3]) Dietler, Am. Pat. 1073891 (1911).

verfahren Faust, Graumann und Fischer[1]) so, daß nur ein Tropfen n-Säure mehr als die vorher ermittelte, gerade für die Neutralisation genügende Menge Essigsäure für die Zersetzung des Trithiokarbonates verwendet wird.

Außerdem haben weitere Untersuchungen ergeben, daß es auch dann noch zweckmäßig ist, den Zusatz des Jods zwecks Dixanthogenatbildung möglichst schnell nach erfolgter Neutralisation zu bewirken, da die verdünnte, in neutralen, salzhaltigen Lösungen befindliche Viskose nicht sehr beständig ist. Man erhält Unterschiede in der Bestimmung, wenn man nach 3, nach 6, nach 10 und nach mehr Sekunden den Jodzusatz hineinbringt[2]); wenn man aber in dieser Richtung die Bestimmung stets gleichmäßig durchführt, daß man z. B. jeweils 30 Sekunden nach erfolgter Neutralisation den Jodzusatz bewirkt (eine Zeit, die mit Leichtigkeit von einem geübten Laboranten eingehalten werden kann), so erhält man leicht reproduzierbare und vergleichbare Werte, die allerdings nicht als absolut richtig angesprochen werden können. Die Zersetzungsgeschwindigkeit[2]) der Viskose bei Einwirkung von Essigsäure ist auf die ermittelten Werte hier von wesentlicher Bedeutung[3]). Die Zersetzung der Viskose und die Dixanthogenatbildung bei Zusatz von Mineralsäure bzw. von Jod entspricht nun aber nicht der schematischen Formulierung:

$$C{=}S\genfrac{}{}{0pt}{}{\text{(Zellulose Na)}}{\text{SNa}} + 2\,HCl = CS_2 + 2\,NaCl + \text{Zellulose} \qquad (1)$$

wobei Trithiokarbonat, das als Verunreinigung stets vorliegt, folgendermaßen

$$C{=}S\genfrac{}{}{0pt}{}{\text{SNa}}{\text{SNa}} + 2\,HCl = CS_2 + 2\,NaCl + H_2S$$

zerfällt; die Dixanthogenatbildung mit Jod verläuft nach:

Unberücksichtigt blieben bisher die Hemizellulosexanthogenate, bei deren Einrechnung der Klammerkomplex größer würde.

$$C{=}S\genfrac{}{}{0pt}{}{\text{(Zellulose Na)}}{\text{S—Na}}\quad \overset{\cdots}{\underset{J}{\cdots}}\quad \genfrac{}{}{0pt}{}{\text{(Na Zellulose)}}{\text{Na—S}}S{=}C \qquad (2)$$

Nach dieser Formulierung wird einerseits die oben beschriebene Bestimmung der Größe des in der Klammer befindlichen Zellulosekomplexes durchgeführt, andererseits ergibt aber eine Schwefelbestimmung nach Carius nur eine geringere Menge von Schwefel, als sich nach der obigen Formulierung berechnet, so daß diese Bestimmung vorerst noch ihrer vollständigen Deutung harrt, aber trotzdem als Untersuchungsmethode für die Gleichmäßigkeit der Viskose in der Praxis immerhin Verwendung finden kann.

Für die Herstellung der Viskose wird ganz allgemein Sulfitzellstoff verwendet (der nach dem Natronaufschlußverfahren, zumeist aus sehr harzreichen (Kiefer-) Hölzern hergestellte Natronzellstoff, ist für die Herstellung von Kunstseide bisher überhaupt nicht zu verwenden). Die Verwendung von Baumwolle oder Linters

---

[1]) O. Faust, E. Graumann und Eugen Fischer, Zellulosechemie 7, 165 (1926).
[2]) O. Faust, Ber. d. Dtsch. chem. Ges. 62, 2567 (1929).
[3]) E. Geiger, Helv. chim. act. 13, 296 (1930), fügt zweckmäßig das Jod bereits der Essigsäure vor dem Zufügen derselben zu.

erscheint nur da gerechtfertigt, wo dieselben billiger zu erhalten sind oder wo ein Sulfitzellstoff stets gleichen Bleichgrades und gleicher Viskosität nicht erreichbar ist.

Die Sulfitzellstoffe sind hinsichtlich ihrer Verwertbarkeit für Kunstseide auch keineswegs gleichwertig (s. a. S. 158), nur guter Kunstseidenzellstoff aus einer Sulfitzellstoffabrik, die über reiche Erfahrungen verfügt, bietet die Gewähr für gleichmäßige sichere Fabrikation von brauchbarer Viskose.

2. Die Herstellung der Viskose.

a) Alkalizellulose.

Zur Herstellung der Viskose muß der nach früheren Angaben getrocknete Zellstoff in Pappenform in 18%iger Natronlauge merzerisiert werden. Die Natronlauge wird in Kesselwagen in Konzentrationen von etwa 37 Gewichtsprozent bezogen; im Winter empfiehlt es sich wegen der Gefahr des Einfrierens mit der Konzentration auf 30—32% zurückzugehen. Die konzentrierte 37%ige Lauge hat den Vorteil, daß die immer vorhandenen Verunreinigungen durch Natriumkarbonat sehr gering sind, da die Löslichkeit des Natriumkarbonates in der konzentrierten Lauge ½% auf 100 NaOH berechnet nicht übersteigt.

Die Lauge muß möglichst frei von Eisen sein, und man läßt sie aus diesem Grunde in der Kunstseidenfabrik längere Zeit absitzen. Zweckmäßig wird sie vor dem Absitzen verdünnt, damit das Eisenhydroxyd leichter zu Boden sinkt. Einige Fabriken verwenden auch festes Ätznatron, das in besonderen Löseapparaturen gelöst wird. Eine sehr praktische Apparatur dieser Art ist z. B. von Czapek[1]) beschrieben (Abb. 70). Bei diesem Verfahren, das mit keiner mechanischen Rührvorrichtung zum Zerkleinern des Ätznatrons arbeitet, wird die Differenz der spezifischen Gewichte von Wasser und konzentrierter Lauge, bzw. von verdünnter und konzentrierter Lauge zur Bewerkstelligung der Zirkulation während des Lösevorgangs benutzt. Der unzerkleinerte Ätznatronblock steht in einem Gefäß auf einem Siebboden. Das Gefäß steht in einem größeren Gefäß,

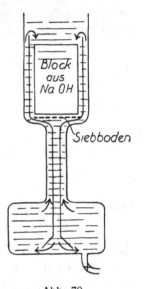

Abb. 70.
Löseapparat nach Czapek.

welches das erstere mantelartig umschließt und wird innen und außen mit Wasser zum Lösen gefüllt. Die schwere Lösung sinkt durch den Siebboden in das Mantelgefäß herunter und drückt das in ihm befindliche Wasser von unten hoch, so daß es über den oberen Rand des Innengefäßes und über den Ätznatronblock hereinströmt. Die trichterförmig gezeichnete untere Öffnung des inneren Gefäßes kann, was wesentlich ist, in ihrer Weite reguliert werden. — Es gelingt auf diese Weise, einen unzerkleinerten Block von 300 kg Ätznatron in 1 bis 2 Stunden zu lösen.

Die Apparatur wird durch die technische Gesellschaft W. Salge & Co., Berlin W 8, vertrieben.

Die Merzerisation geschieht entweder bei Anwendung von gerissenem Zellstoff in einfachen eisernen Tauchgefäßen, oder bei Anwendung von Zellstoff in Pappenform, wie heute wohl allgemein üblich, in einer sog. Tauchpresse, wie sie

---

[1]) Czapek, Ztschr. f. angew. Chem. **38**, 841 (1925).

z. B. in dem D.R.P. 270618 beschrieben ist. Die beistehende Abb. 71 zeigt die Presse, die von der Firma A. Häusser in Neustadt a. d. H. gebaut wird, in schematischer Darstellung.

In die Tauchwanne A werden die Zelluloseblätter in aufrechter Stellung unter gleichzeitigem Zwischenschalten von gelochten, senkrechten, metallischen Zwischeneinlagen Z eingesetzt, und die Wanne wird mit Tauchlauge beschickt. Nach beendeter Tauchzeit wird bei noch gefüllter Wanne der Preßzylinder B eingeschaltet und der Stapel leicht zusammen und gegen den Preßholm E geschoben. Nun wird die überstehende Tauchlauge abgelassen und dann die restliche stärker verschmutzte sog. Preßlauge vollends abgepreßt und gesondert aufgefangen. Nach beendeter Pressung wird die kleine Dichtungsklappe K auf der Unterseite der Presse durch Umlegen eines Hebels geöffnet und der Rückzugkolben in Tätigkeit gesetzt. Dadurch werden die Zwischenbleche Z in aus der Abbildung zu erkennender Weise zurückgezogen und der Inhalt jeder einzelnen Zelle fällt jeweils, sobald er über die Öffnung in den Wannenboden kommt, einer nach dem anderen, also nicht die gesamte Menge auf einmal, in den darunter aufgestellten Zerfaserer.

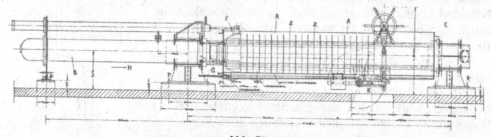

Abb. 71.
Tauchpresse neuester Konstruktion mit Rückzugsentleerung zur Bereitung von Alkalizellulose.
Firma A. Häuser, Neustadt a. d. H.

Die Pressen können auch mit einem als Wagevorrichtung ausgebildeten Hebekarren verbunden werden, da insbesondere bei Verarbeitung verschiedenartiger Zellstoffe der Preßdruck kein genügendes Kriterium für ein gleichmäßiges Abpressen bildet.

Die Preßlauge enthält weniger Alkali als die angewandte Tauchlauge, da der Zellstoff Alkali aus der Lauge zur Bildung von Alkalizellulose entnimmt und gleichzeitig Wasser frei wird. Außerdem ist die Preßlauge durch organische Stoffe (Pentosane und Hexosane) verunreinigt, die im allgemeinen jeder Sulfitzellstoff in gewissen Mengen enthält. Es ist daher wichtig, Zellstoff mit möglichst wenig Gehalt an solchen Verunreinigungen zu verwenden. Noch wichtiger jedoch für die Fabrikation ist die Gleichmäßigkeit auch hinsichtlich dieser Verunreinigungen. Kunstseidezellstoffe enthalten im allgemeinen etwa 8—14% an solchen Verunreinigungen, so daß nur 86—92% Alphazellulose vorhanden sind. Heute werden auch besonders gereinigte Zellstoffe mit höherem Alphazellulosegehalt in den Handel gebracht. Der Merzerisierungsvorgang ist mit schwacher Wärmeentbindung verknüpft, die wenigstens z. T. in Quellungswärme besteht[1].

Die abgepreßte Tauchlauge wird z. T. unter Regenerierung mit Frischlauge dem Betrieb wieder zugeführt. Es muß darauf geachtet werden, daß der Gehalt an den oben genannten organischen Verunreinigungen nicht zu hoch steigt. Aus diesem Grunde werden immer gewisse Mengen von Abfallauge von den Kunstseide-

---

[1] s. a. I. R. Katz, in K. Hess, Chemie der Zellulose (Akad. Verlagsges., Leipzig 1928).

fabriken abgestoßen. — Auch eine Reihe von Verfahren zum Reinigen dieser Laugen sind bekannt geworden[1]).

Besonders hinzuweisen ist hier auf die vorzügliche durchgearbeitete Dialysier-apparatur von Dr. L. Cerini[2]), deren sehr wirtschaftliche Arbeitsweise ich an anderer Stelle[3]) eingehend gewürdigt habe.

Die abgepreßte Alkalizellulose muß nun zur Weiterverarbeitung zerfasert werden. Als Zerfaserer dienen große knetwerkartige Maschinen gemäß der bei-stehenden Abb. 72. Die mit verschiedenartiger Geschwindigkeit und periodisch in entgegengesetzter Richtung rotierenden Zetaflügel des Knetwerkes sind mit Zähnen versehen, die auf ein in dem Zerfaserer angebrachtes Grundwerk arbeiten und in 1—2 Stunden Betriebszeit die Alkalizellulose zu einer feinen, flockigen Masse zerkleinern. — Die Zer-faserer sind vielfach mit Kühlung versehen, um eine schädlich wirkende Temperaturerhöhung zu vermeiden.

Die Zerfaserer wer-den durch Kippen in bereitstehende Blech-gefäße entleert, die nun-mehr bei der zumeist üblichen Herstellung von sog. gereifter Viskose in einen Reiferaum kom-men, in welchem sie je nach dem Charakter des verwendeten Zellstoffs und der beabsichtigten Fabrikation einige Tage bei Temperaturen von etwa 20⁰ belassen wer-den. Durch diese Reife wird eine weitere Ver-

Abb. 72.
Zerfaserer für Alkalizellulose der Firma Werner & Pfleiderer, Cannstatt.
(1 Liter lose eingefüllte Alkalizellulose soll 180—200 g wiegen.)

gleichmäßigung der Zellstoffeigenschaften und eine nicht unwesentliche Herab-setzung der Viskosität der hergestellten Viskose (gegenüber einer ohne Reife der Alkalizellulose hergestellten Viskose) erreicht.

b) Xanthogenat.

Nach beendeter Reifung wird die Alkalizellulose zur Herstellung des Xantho-genats in sog. Sulfidiertrommeln mit Schwefelkohlenstoff behandelt. Man ver-wendet etwa 30—40% Schwefelkohlenstoff, berechnet auf angewendeten Trocken-zellstoff; zwar nimmt die Zellulose viel mehr Schwefelkohlenstoff auf[4]), aber diese

---

[1]) A. Sander, Die Kunstseide **9**, 12 (1927). — S. a. Zellstofff. Waldhof u. O. Faust, E. P. 317040 u. 317041, D.R.P. 507523.

[2]) L. Cerini, Giorn. di Chim. Ind. et Appl. **8**, 227 (1926).

[3]) O. Faust, Papierfabrikant **27**, Fest- und Auslandsheft 106 (1929).

[4]) O. Faust, Ber. d. Dtsch. chem. Ges. **62**, 2567 (1929). — L. Lilienfeld, Öst. Pat. 105031 (1926) verwendet noch wesentlich geringere Mengen CS_2 und erhöht die Wirkung der Lauge durch Einhaltung tiefer Temperaturen (bis —25⁰); das an sich sehr interessante Verfahren führt aber nur sehr schwer zu filtrierbaren Viskosen.

Menge genügt vollauf zur Erzielung der unbegrenzten Quellbarkeit, die zur Lösung führt. Zu viel CS_2 ist unbedingt zu vermeiden!

Die Sulfidiertrommeln (s. Abb. 73) von beispielsweise 1000 Liter Inhalt, in denen man bei jeder Beschickung 300 kg Alkalizellulose = 100 kg angesetzten Zellstoffs sulfidiert, sind meistens mit einem als Kühlmantel wirkenden Doppelmantel versehen, da die Reaktion exotherm verläuft und besonders bei stark gereifter Alkalizellulose leicht zu hohe Temperaturen (über 30⁰) vorkommen können. (Vielfach läßt man die Temperatur auch nicht über + 25⁰ oder auch nur + 20⁰ steigen.) Kühlwasserein- und -austritt wird durch die hohlen Zapfen bewerkstelligt. Ein Meßgefäß für den Schwefelkohlenstoff mit Standglas und Meßskala, auf der Abbildung nicht wiedergegeben, gehört als wichtiges Hilfsmittel für die richtige Beschickung zu jeder Sulfidiertrommel. Die Schwefelkohlenstoffzuleitung ist mit einem Schauglaszylinder zwecks Beobachtung ausgerüstet, und die Ausführung der Schwefelkohlenstoffeinleitung wie auch die Absaugung der Gase zum Schluß

Abb. 73.
Sulfidiertrommel der Sächs. Maschinenfabrik vorm. Hartmann, Chemnitz.

des Sulfidiervorgangs ist zweckentsprechend durchgebildet. Der Antrieb erfolgt vermittels Schnecken- oder Stirnräder. Als Material wird für den Mantel Stahlblech und für die übrigen Teile vorwiegend Gußeisen verwendet. Alle Teile sind bequem zugänglich und leicht auseinandernehmbar. Die Trommeln müssen in der Werkstatt einer Druckprobe unterzogen werden, um Undichtigkeiten und damit verbundene Explosionsgefahr zu vermeiden. Der Schwefelkohlenstoff, der vermittels Druckluft aus den Hauptsammelbehältern in das Meßgefäß herübergedrückt wird, gelangt durch natürliches Gefälle in das Innere der Sulfidiertrommel. Ein mit kleinen Ausflußöffnungen versehenes Einführungsrohr sorgt für gleichmäßige Verteilung des Schwefelkohlenstoffes.

Zweckmäßig wird die Sulfidiertrommel nach der Beschickung mit Alkalizellulose zur Ausschließung des Luftsauerstoffs evakuiert. Die Vakuumdichtigkeit der Trommel ist von Zeit zu Zeit nachzuprüfen. Während des Sulfidierens färbt sich die vorher weiße Alkalizellulose allmählich gelbbraun unter gleichzeitigem Ansteigen der Temperatur. Die Temperatur soll nicht über 30⁰ bei ungereifter Alkalizellulose, zumeist aber nicht über 23⁰ ansteigen (s. oben) und die Kühlung muß entsprechend eingestellt werden. Der ganze Sulfidiervorgang dauert 2 bis 4 Stunden, je nach der angewendeten Temperatur und Reife der Alkalizellulose auch weniger, und gilt als beendigt, wenn die durch das angebrachte Schauglas zu betrachtende Sulfidiermasse eine orange Farbe angenommen hat. Der zugeführte Schwefelkohlenstoff ist dann verbraucht, was auch durch Bildung eines Vakuums in der Sulfidiertrommel erkennbar wird.

Für den Praktiker wenig erfreulich ist das häufig auftretende Zusammenballen der sulfidierten, zähklebrigen Masse zu mehr oder weniger großen kugelförmigen Gebilden, die ein gutes Durchsulfidieren der im Innern dieser Kugeln befindlichen Massen verhindern und außerdem vor Einbringen in die Lösekessel zerkleinert werden müssen, da sie dem Lösen unter Bildung von äußerlich schleimig zähen, innerlich von Löselauge gar nicht durchdrungenen Klumpen großen Widerstand entgegensetzen. Die Erscheinung ist auf ungenügendes Abpressen der Alkalizellulose und auf zu hohes Ansteigen der Temperatur beim Sulfidieren zurückzuführen und tritt besonders leicht bei weitgehend gereiften Alkalizellulosen auf. Die sulfidierte Masse, das Xanthogenat, ist zäh und plastisch und kann, besonders nach einer mehrtägigen „Reifezeit" zu dünnen hautartigen Gebilden ausgewalzt werden, die zu Zellulose regeneriert werden können[1]).

c) Viskose (Lösung).

Zum Lösen des Xanthogenats zur eigentlichen Viskose werden die in der Viskosefabrik räumlich über den Lösekesseln angeordneten Sulfidiertrommeln geöffnet, die Öffnung wird nach unten gestellt und die herausfallende Masse durch eine siebartige Vorrichtung in die mit Löselauge (verdünnter Natronlauge) beschickten Vorlösekessel (stehende oder liegende Rührkessel) gebracht. Das Lösen des Xanthogenats dauert mehrere Stunden. Der Zellstoffgehalt der Lösung wird im allgemeinen auf etwa 7—8 % und auch der Natronlaugegehalt auf ähnliche Höhe (6,5—7 %) gebracht. Bei der sog. ungereiften Viskose aus ungereifter Alkalizellulose, bei der also die Reife der Alkalizellulose nicht durchgeführt wird, wird wegen der hierbei auftretenden höheren Viskosität ein niedrigerer Zellstoffgehalt in der Viskoselösung verwendet. An dieser Stelle sei auch auf die „Xanthatkneter" der Firma Werner & Pfleiderer ver-

Abb. 74.
Zweireiber Type „2 W" geöffnet (D.R.G.M.)

wiesen, die den Sulfidier- und Lösevorgang (unter Vakuum) in eine Apparatur zu beschränken gestatten. Nachdem die Lösung in der Hauptsache durchgeführt ist, wird die dicke Viskoseflüssigkeit unter Zwischenschaltung eines sog. Zerreibers in die Nachlösekessel gepumpt. Die beistehende Abb. 74 zeigt einen solchen Zerreiber der Firma Fr. August Neidig, Mannheim, der durch D.R.G.M. geschützt ist.

Die Zerreiber besitzen im Innern mehrere, abwechselnd rotierende und stillstehende Mahlscheiben mit Lochungen in abnehmender Größe, durch welche die mittels einer Pumpe zugeförderte Viskose hindurchtreten muß. Hinter dem Lochscheibensatz befindet sich noch ein federbelasteter, auf eine stillstehende Ringfläche angepreßter Zerreibteller, der infolge seines großen Durchmessers der gesamten hindurchtretenden Viskosemenge ausreichenden Durchlaß freigibt, wenn er sich von seiner Sitzfläche infolge des Viskosedruckes nur um wenige Zehntelmillimeter abhebt. Es entsteht am Rande dieses Tellers also ein ringförmiger Spalt von nur etwa $^2/_{10}$—$^3/_{10}$ mm Schlitzbreite, dagegen von beträchtlich großem Umfang, durch welchen die gesamte Viskosemenge hindurchtreten muß. Auf diese Weise ist erreicht, daß selbst die nach dem Passieren des Löchscheibensatzes etwa

---

[1]) O. Faust und H. Vogel, D.R.P. 392371.

noch vorhandenen kleinsten Viskoseknöllchen noch zerrieben werden müssen, bevor
sie den Spalt passieren können. Die Viskose wird demgemäß bei einmaligem Durchgang durch die Maschine zwangsläufig in vollständig homogenen Zustand übergeführt. Die Zerreibmaschine fördert allerdings nicht selbst, sondern macht die
Zuförderung der Viskose unter einem
Druck von etwa 2—4 Atm., je nach Eigenart der Viskose erforderlich. Der durch
den Viskosezuförderdruck auf die rotierenden Mahlscheiben ausgeübte Seitenschub
wird durch ein außerhalb liegendes, ein-
stellbares Kugellager, welches gekapselt ist
und in Fett läuft, also mit der Viskose nicht
in Berührung kommt, aufgenommen.

Je nach der chemischen Natur der
Viskose ist man bestrebt, auch die durch
den Zerreibungsvorgang entstehende geringe Wärmeentwicklung zu verhindern
und rüstet deshalb den genügend groß zu
wählenden Zerreiber mit Kühlmantel aus.

d) Reifung der Viskose.

In den Nachlösekesseln und ebenfalls in den Rührkesseln wird eine weitere
Homogenisierung der Viskoselösung durchgeführt und, soweit nicht ungereift versponnen wird, alsdann die Viskose in üblicher Weise durch eine Filterpresse filtriert
und von hier aus in eine in einem Vis-
kosekeller angebrachte Viskosereifestation
gepumpt. Hierzu verwendet man im allgemeinen besonders konstruierte Zahnradpumpen, wie sie z. B. von der Firma Fr.
Aug. Neidig, Mannheim, gebaut werden.

In der nebenstehenden Abb. 75 ist
die Anordnung einer kompletten Viskosekesselbatterie dargestellt, und zwar bestehend aus 3 Vorbereitungs- und 3 Arbeits-
kesseln. Zwischen jedem der Vorberei-
tungskessel ist eine zweckentsprechende
Filterpresse eingeschaltet und die Rohr-
leitungsanordnung so getroffen, daß bei
Reinigung resp. Ausschaltung einer Filterpresse wechselweiser Betrieb gesichert
ist. Die Viskosekessel sind durchweg für
Luftdruck von 6 Atm. und Vakuum ein-
gerichtet und die Zuführungs- und Ableitungsrohrleitungen durch zweckentsprechende Absperrorgane von den einzelnen Kesseln abgeschlossen. Die einzelnen
Kessel sind mit einem Manometer resp. Vakuummeter versehen und erhalten ein
Mannloch sowie Flüssigkeitsstand mit Ablaßhahn. Eingerichtet sind die Viskosekessel für wechselweisen Druck- resp. Vakuumbetrieb; die Zeichnung gibt weiteren

Abb. 75.
Viskosekesselbatterie, bestehend aus drei Vorbereitungs- und drei Reifekesseln mit drei zwischengeschalteten Filterpressen.

Aufschluß über die Anordnung. Vielfach werden auch stehende Kessel mit Doppelmantel zum Temperieren verwendet. (Auf d. App. der Duxex A. G. in Frankfurt a. M. sei verwiesen.)

Die Temperatur wird in der Reifestation auf ganz bestimmter Höhe gehalten. Die Reifezeit wird zumeist auf mehrere Tage bis zu einer Woche ausgedehnt. Die Reifung der Viskose, die bei neueren Verfahren auch vielfach weggelassen wird, hat den Zweck, die Spinnlösung in einen möglichst gut koagulierbaren Zustand zu versetzen und sie dem verwendeten Fällbade anzupassen. Während der Reifezeit wird die Viskose immer leichter koagulierbar, und die vorher beschriebene Reifezahl (Chlorammonzahl) nach Hottenroth[1]) wird immer niedriger. Die meisten, gereifte Viskose verarbeitenden Fabriken arbeiten mit zwischen 7 und 11 liegenden Chlorammonzahlen, d. h. 7—11 ccm 10 %iger Chlorammonlösung koagulieren beim Hinzugeben die oben angegebene Viskosemenge in der angegebenen Verdünnung.

Mit der Reifung verbunden ist die Steigerung der Zahlen n des Zellulosekomplexes im Xanthogenat[2]). Bei einer gut gereiften Viskose sind etwa 3 $C_6H_{10}O_5$-Komplexe in der angegebenen Klammer vereinigt, während bei sog. ungereifter Viskose dieser Komplex wesentlich kleiner ist. Die vorangegangene mehr oder weniger starke (oder auch ganz fortgelassene) Reife der Alkalizellulose (mißverstandenerweise auch „Gärung" genannt) hat für die Ausbildung dieser Chlorammonzahl (wie irrtümlich bisweilen angenommen wird) keine Bedeutung.

Während der Reifung wird die Viskose vielfach durch Anwendung von Vakuum entlüftet, um die für das Spinnen lästigen Luftbläschen möglichst vollständig aus der Masse zu entfernen.

Auch beim Reifeprozeß wird, wie aus der früher angegebenen Formel ohne weiteres ersichtlich, infolge Vergrößerung des Zellulosekomplexes Schwefelkohlenstoff frei, der von der überschüssigen Natronlauge unter Bildung von Trithiokarbonat verbraucht wird (s. S. 192 ff.).

Ob bei dem Reifeprozeß wirklich dieser Zellulosekomplex einzelner Xanthogenatmoleküle auf Kosten anderer Xanthogenatmoleküle vergrößert wird, oder ob nicht vielmehr diese frei werdenden Zellulosekomplexe unter der schutzkolloidartigen Wirkung des Xanthogenates einfach in Lösung gehalten werden[3]), ist noch nicht mit Sicherheit bestimmt, auch eine andere unten wiedergegebene Auffassung ist denkbar. Auch beim Fällen eines Kunstseidefadens mit Mineralsäure, wobei schon im ersten Augenblick mit Sicherheit Hydratzellulose regeneriert wird, ist das ausgefällte Produkt zuerst noch wasserlöslich, obgleich es sich zweifellos hier nicht mehr um Xanthogenat handelt. Unseres Erachtens ist das Xanthogenatteilchen etwa, wie aus den umstehenden Abb. 76 a—d ersichtlich, als Mizelle zu denken, wobei die als ß gezeichneten Gebilde als Elementarkörper bzw. Individualgruppen nach Bergmann[4]), und die gezeichneten Striche als Xanthogenatreste anzusehen sind.

Die aus zahlreichen Einzelteilchen und Einzelketten bestehende Zellulosemizelle ist in den freiliegenden Stellen der Bausteine schwach (Abb. c und d) oder stärker (Abb. a und b) xanthogeniert. Der Rest der im Falle c und d damit zusammenhängenden, nicht xanthogenierten Gruppen wird durch die anderen in

---

[1]) s. a. S. 564 V. Hottenroth, Chem.-Ztg. **39**, 119 (1915); s. a. S. 192.

[2]) s. hierzu Abb. 76a—d sowie S. 192.

[3]) Berl. Zellulosechemie **7**, H. 10 (1926).

[4]) M. Bergmann, Ber. d. Dtsch. chem. Ges. **59**, 2973 (1926); s. a. O. Faust, Kolloid-Zeitschr. **46**, 329 (1928).

Lösung gehalten. Ist man von gereifter Alkalizellulose ausgegangen, so enthält die Zellulosemizelle weniger Elementargruppen (Abb. b und d), als das bei Verwendung von ungereifter Alkalizellulose der Fall ist (Abb. a und c), und hierdurch erklärt sich (neben einem gewissen chemischen Abbau der Zellulose bei der Reife) die geringere Viskosität gegenüber der Viskose aus ungereifter Alkalizellulose[1]), die im übrigen von dem Grad der Solvatisierung, d. h. der Menge der adsorbierten oder irgendwie festgehaltenen Lösungsmittelmenge abhängt[2]).

Die Einzelketten der Zellulosemizelle müssen beim Übergang in den gelösten Zustand infolge starker Quellung ihre Gleichrichtung weitgehend verlieren, da sie auch beim Strömenlassen in engen Röhren unter hohen Drucken keinerlei Strömungsdoppelbrechung zeigen[3]). Trotzdem müssen sie aber noch durch gewisse Verbindungen so zusammenhängen[4]), daß sie, im Augenblick der Koagulation stark gestreckt, je nach dem Grad dieser Streckung eine mehr oder weniger weitgehende Gleichrichtung erfahren, die sich alsdann im Auftreten eines mehr oder weniger stark ausgeprägten Röntgenfaserdiagrammes an der fertigen Seide kundtut. Die bekannte Lilienfeldseide (s. S. 137 und 146) erweist das deutlich und solche Seiden haben dann auch physikalisch der Baumwolle viel näher kommende Eigenschaften (geringe Quellbarkeit, hohe Naßfestigkeit, geringe Dehnbarkeit), als Kunstseiden, die unter geringerer Spannung gesponnen sind.

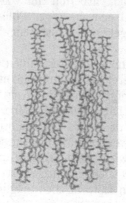

Abb. 76 b.
Frisches Xanthogenat aus gereifter Alkalizellulose, schematisch.

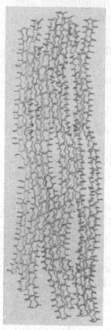

Abb. 76 a.
Xanthogenat von frisch sulfidierter ungereifter Alkalizellulose, schematisch.

Abb. 76 a.

Der in der Viskose allgemein als „Reifung" bezeichnete Vorgang unterscheidet die Viskose wesentlich von der Kupferoxydammoniakzelluloselösung, die bei Luftabschluß lange Zeit hindurch haltbar ist. Eine frische Viskose hält sich bei Zimmertemperatur aufbewahrt besten Falles 8—10 Tage, ohne zu koagulieren; die Temperatur beeinflußt diesen Vorgang merklich, bei Siedetemperatur erfolgt die Koagulation in einigen Minuten.

Sind zu viele der Xanthogenatgruppen durch Reifung abgespalten, so ist der Restkomplex schließlich nicht mehr löslich und fällt als gallertartige Masse aus. Natronlauge wirkt in nicht zu hohen Konzentrationen peptisierend auf das Xanthogenat. Die Koagulation findet also in mehr Natronlauge enthaltenden Dispersionsmitteln nicht so schnell statt wie bei geringerer Natronlaugenkonzentration des Dispersionsmittels oder wie in reinem Wasser als Lösungsmittel.

[1]) Vgl. in diesem Zusammenhang aber auch die Ausführungen von M. Bergmann, Ber. d. Dtsch. chem. Ges. **59**, 2773ff. (1926).

[2]) s. a. H. Mark, und H. Fikentscher, Kolloid-Ztschr. **49**, 135 (1929).

[3]) O. Faust, Ber. d. Dtsch. chem. Ges. **59**, 2919 (1926). — Zellulosechemie **8**, 41 (1927).

[4]) O. Faust, Kolloid-Ztschr. **46**, 329 (1928).

Viele Vorschläge, Zusätze zur Viskose in irgendeinem Stadium der Viskosebereitung oder nach ihrer Fertigstellung zu machen, liegen vor. Sie sollen die
Oxydation der Zellulose in der Viskose oder auch das Verkleben der hergestellten
Fasern verhüten. Bisweilen werden noch andere Ziele verfolgt. Praktische Bedeutung kommt allen diesen Vorgängen kaum zu. Manche Fabriken fügen der
Viskose Natriumsulfit zu, das eine starke Schwefelabscheidung beim Spinnen
verursacht und die Schwefelwasserstoffbildung sehr weitgehend zurückdrängt.

Auch andere Vorschläge, die Viskose vor ihrer eigentlichen Verspinnung durch
Umfällen von den sie begleitenden Verunreinigungen (insbesondere Trithiokarbonat)
zu reinigen, sind gemacht worden; sie wurden aber niemals wirklich in der Praxis
durchgeführt, da das Umfällen
der Viskose und das Auswaschen
der ausgefällten Masse mit außerordentlichen Schwierigkeiten verbunden ist. Eine wirkliche Reinigung ist kaum durchzuführen,
und sie erscheint auch nicht notwendig, da das Trithiokarbonat
bei richtig geleitetem Xanthoge-
nierungsprozeß nicht in übermäßig
großen Mengen vorhanden ist. Bei
der Zersetzung des Trithiokarbo-
nats wird neben Schwefelwasserstoff auch Schwefelkohlenstoff frei,
während das Xanthogenat, das nur
ein Dithiokohlensäureester ist, bei
der Zersetzung lediglich Schwefelkohlenstoff abgibt.

Eine Wiedergewinnung dieses
Schwefelkohlenstoffes ist wegen
des billigen Preises und der geringen in Frage kommenden Menge
bisher nicht ratsam, jedoch ist
durch gute Absaugung beim Spinnprozeß für die Abführung des
Schwefelkohlenstoffes und des

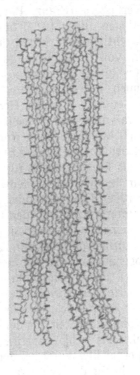

Abb. 76 c.

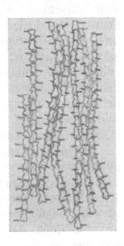

Abb. 76 d.
Gereiftes Xanthogenat
aus gereifter Alkali-
zellulose, schematisch.

Abb. 76 c.
Gealtertes Xantho-
genat aus ungereifter
Alkalizellulose.

Schwefelwasserstoffes Sorge zu tragen, um Belästigungen und Krankheitserscheinungen bei den Arbeitern zu vermeiden, eine Sicherheitsmaßnahme, die streng-
stens durchzuführen ist.

Neben der Herstellung von Kunstseide und Kunstfaser wird Viskose auch zur
Herstellung von sog. Roßhaar (Einzelfäden von etwa der Dicke des natürlichen
Roßhaares, 300—400 Den.) und außerdem zur Herstellung von Bändchen (endlosen Einzelgebilden von einigen Millimeter Breite) verwendet. Ferner werden aus
Viskose auch Films auf Gießmaschinen hergestellt, ähnlich wie das bei Nitrozellulosefilms durchgeführt wird. Die Viskose tritt aus einem entsprechend
dimensionierten Schlitz auf eine in einem Fällbade rotierende Trommel oder auf
ein endloses Band aus, wird ausgefällt und in kontinuierlichem Arbeitsgange
ausgewaschen, entschwefelt und getrocknet. Diese Films sind aber natürlich
genau so wie die Kunstseide bis zu einem gewissen Grade wasserempfindlich und
können daher für photographische Zwecke nicht verwendet werden.

e) Spinnbäder.

Nach beendeter Reifung wird die Viskose unter nochmaliger Filtration in die Spinnkessel gepumpt oder auch mittels Luftdruckes gedrückt. Von den Spinnkesseln gelangt die Viskose unter weiterer Einschaltung von Filtration in die Spinnmaschinen, in welchen sie unter ausschließlicher Anwendung des Naßspinnverfahrens zu Kunstseidefäden versponnen wird. Als Spinnbäder dienen zumeist mineralsaure (meist schwefelsaure) Flüssigkeiten, denen nach dem Vorgang des bekannten Müller-Patentes (D.R.P. 187947), sowie nach dem Patent der Vereinigten Glanzstoffabriken (D.R.P. 287955) Natriumsulfat in mehr oder weniger großen Mengen zugefügt ist. Noch höhere Salzkonzentrationen[1]) werden nach dem Vorschlage des Verfassers (Franz. Pat. 636725) bei Benutzung höherer Schwefelsäurekonzentrationen (über 18 %) und bei höheren Temperaturen möglich. Von besonderer Wichtigkeit ist neben den beiden erstgenannten „Müller‟-patenten das Verfahren von J. C. Hartogs[2]), der neben Natriumsulfat noch andere Salze, zumeist das billige Magnesiumsulfat, verwendet, wodurch er sehr hohe Sulfatkonzentrationen unter Umgehung des überaus lästigen und schädlichen Auskristallisierens erzielt. Für die Herstellung von Spinnbädern gibt es eine große Anzahl von Patenten und Vorschlägen, die in dem schon erwähnten Handbuch von Süvern[3]) wiedergegeben sind.

Schon die Entdecker der Viskose, Cross und Bevan, gaben eine konzentrierte Lösung von Ammonsalz als Fällungsmittel für Viskose an. Solche Fällbäder sind auch durchaus brauchbar und werden stellenweise zu Sonderzwecken trotz ihres hohen Preises bis zum heutigen Tage verwendet, zumeist bei höheren Temperaturen, um die Koagulation zu unterstützen und den rückgebildeten Schwefelkohlenstoff zu verdampfen. Die Ammonsalze zersetzen sich unter Ammoniakabscheidung und entziehen hierbei dem Xanthogenat das zur Lösung notwendige Alkali. Es tritt Koagulation des Xanthogenats ein, das sich bei höherer Temperatur nach kurzer Zeit in diesen Salzlösungen unter Rückbildung von Hydratzellulose zersetzt.

Die konzentrierten Salzbäder, sowohl die vorher genannten Müllerbäder, als auch die Ammonsalzbäder üben eine starke osmotische Wirkung auf den Faden aus. Beim Austritt der Spinnflüssigkeit aus der Düse wird zunächst die Oberfläche des austretenden Strahles als schlauchartiges Gebilde koaguliert, und dieser Schlauch wirkt als semipermeable Wand bei dem osmotischen Vorgang. Je höher der Salzgehalt ist, und je höher die Temperatur des Fällbades ist, um so stärker ist die osmotische Wirkung, die in dem Querschnitt der Fertigfaser stark zum Ausdruck kommt. Dem Innern des noch nicht koagulierten Fadens wird unter der Wirkung der Osmose Wasser entzogen, der Faden schrumpft und erhält einen mehr oder weniger stark gezackten Querschnitt, der für die angewendeten Fällverhältnisse charakteristisch ist (s. S. 133).

Die Bestrebungen, reine Schwefelsäure als Fällbad zu benutzen, haben nie aufgehört, und es sind auch z. T. ganz brauchbare Ergebnisse mit der reinen Schwefelsäure erzielt worden (D.R.P. 389394). Während in früheren Zeiten das Bisulfat als Abfallprodukt bei der Salpetersäurefabrikation als billigstes Material zur Herstellung von Spinnbädern in genügender Menge zur Verfügung stand, ist das heute infolge der Umstellung der ganzen Salpetersäurefabrikation nicht mehr der Fall und daher die Verwendung von billiger Schwefelsäure als Fällmittel besonders erstrebenswert. Insbesondere bei der Herstellung von billiger Stapelfaser hat

---

[1]) O. Faust und P. Esselmann, Ztschr. f. anorg. Chem. **157**, 290 (1926).
[2]) J. C. Hartogs, D.R.P. 324433.
[3]) Süvern, Die künstliche Seide, 5. Aufl., 440—534 (Berlin 1926).

sich dieses billigste Fällbad immer wieder durchgesetzt. Beim Spinnprozeß wird infolge der Neutralisation der Natronlauge stets Sulfat gebildet, das, evtl. durch Konzentrierung der Abfallsäure, angereichert werden kann. Man läßt überhaupt das gebrauchte Spinnbad nicht fortlaufen, sondern regeneriert die Abfallsäure wieder durch entsprechende Zusätze. Gewisse Spinnbadmengen gehen natürlich stets mit den Waschwässern verloren. Abgesehen von der osmotischen Wirkung der Säure-Salzbäder zielt man heute meistens jedoch darauf hin, die außerordentlich heftige Wirkung der reinen Mineralsäure auch bei Zimmertemperatur durch mildernde Zusätze zu verbessern. Das ist sowohl durch Zusatz von organischen, auch aromatischen (Sulfo-)Säuren, als auch von anderen organischen Verbindungen, Zucker u. dgl. immer wieder versucht worden. Bis heute aber ist trotzdem das Müllerbad und das Bad von Hartogs (s. S. 204) das bei weitem am meisten in der Kunstseidetechnik verwendete Spinnbad geblieben. Außer Natriumsulfat kann man dem Spinnbad auch andere Salze, wie Zinksalze zusetzen (Courtauld).

Bei der Besprechung der Spinnbäder ist ebenfalls die schon früher (S. 137 u. 146) gestreifte Lilienfeldseide zu erwähnen. Um das starke für die besonderen Eigenschaften dieser Seide wichtige Strecken zu ermöglichen, durch das die Gleichrichtung der Zelluloseketten im Faden verursacht wird, verwendet Lilienfeld[1]) Schwefelsäurebäder besonders hoher Konzentration (55—85 %), in denen der frisch-ausgefällte Zellulosefaden gewisse plastische für das Strecken günstige Eigenschaften behält bzw. bekommt. Diese Umstände, die nicht so deutlich zum Ausdruck gebracht werden, sind maßgebend für den bedeutsamen Erfolg dieses schönen Verfahrens. Zur Erhöhung der so hergestellten Kunstseidenfäden wird eine Nachbehandlung mit schrumpfend wirkenden Reagentien, zumeist eine Merzerisierung, die zugleich mit der Entschwefelung angewendet werden kann, vorgeschlagen[2]).

Das D.R.P. 430358 der Vereinigten Glanzstoffabriken schlägt den Zusatz von aromatischen Sulfosäuren, bzw. von Kondensationsprodukten dieser Sulfosäuren mit Formaldehyd zum Spinnbade vor; auch viele andere ähnliche Vorschläge sind gemacht worden.

f. Nachbehandlung der Viskoseseide. (Apparatur s. S. 174ff., 181ff.)

Die Nachbehandlung der Viskoseseide wird in den früher beschriebenen Traufapparaturen oder besser in der ebenfalls beschriebenen Saugapparatur (S. 176) durchgeführt. Es handelt sich hier in erster Linie um die Befreiung der Seide von Spinnbadsäure durch Waschen mit Wasser und sodann um die Entschwefelung, d. h. die Entfernung des aus den in der Viskose vorhandenen Verunreinigungen beim Zersetzen entstehenden feinst verteilten Schwefels, der der Seide ein mattes (s. S. 141) und etwas opaleszierendes Aussehen gibt. In den ersten Zeiten der Viskoseseidenfabrikation wurde diese Entschwefelung noch nicht durchgeführt, man erzielte daher damals immer dieses matte Produkt, das neuerdings besonders von Borzykowski wieder in den Handel gebracht wurde. Die Faser ist im unentschwefelten Zustande deutlich rauh und muß daher künstlich durch Benetzen mit Öl oder dgl. für die Verarbeitung vorbereitet werden. Man kann dann die Entschwefelung an der fertig verarbeiteten Ware vor dem Färben vornehmen, wie das zur schonsameren Behandlung der Seide auch vielfach schon seit einigen Jahren üblich ist. Die Entschwefelung wird vielfach noch entweder in der Saug-

---

[1]) L. Lilienfeld, Engl. Pat. 264161, Zus. 284351, 281351, 274521, 274690, 289548, 278716; Schweiz. Pat. 122788, 128693; s. a. F. Reinthaler, Die Seide **33**, 298 (1928); L. Lilienfeld, Die Kunstseide **12**, 128 (1930); ferner E. Geiger, Helv. chim. act. **13**, 1114 (1930).

[2]) L. Lilienfeld, Engl. Pat. 281351 und Zus. 319293.

apparatur im Anschluß an das Auswaschen[1]) der Säure durchgeführt, oder auch an der fertig gezwirnten und in Strähnen abgehaspelten Seide. Die letztere, etwas weniger moderne Methode hat leicht eine Verschlechterung der Ausbeute an erster Qualität zur Folge, besonders dann, wenn sie in der früher üblichen Weise, genau so wie der Strangfärbeprozeß, von Hand durchgeführt wird. Bei den Traufenmaschinen ist die Qualitätsverminderung weniger zu befürchten (s. S. 177).

Als Entschwefelungsbäder verwendet man heiße (ca. 70—90⁰ C) etwa 0,5%ige Schwefelnatriumlösung, die nach Gebrauch regeneriert und mindestens jede Woche einmal erneuert wird. Anstatt Schwefelnatrium verwendet man auch vielfach das wesentlich schwächer wirkende Natriumsulfit, ebenfalls heiß, oder man kann gemäß meinem Vorschlag[2]) alkalische Lösungen oder Lösungen solcher Stoffe verwenden, die infolge hydrolytischer Spaltung alkalische Lösungen ergeben, wie z. B. Seifenlösungen u. dgl.

Organische Lösungsmittel für Schwefel — nach meinen im Jahre 1924 gemachten Feststellungen lösen fast alle organischen Flüssigkeiten und Schmelzen besonders bei erhöhter Temperatur ganz erhebliche Mengen Schwefel — kommen im vorliegenden Falle deshalb nicht in Betracht, weil die Faser in solchen Stoffen nicht quillt, das Lösungsmittel also nicht eindringt und demgemäß nicht lösend wirken kann. Solche Vorschläge[3]) bedeuten daher einen Fehlschlag.

Der Grad der Entschwefelung kann in qualitativer Form bequem und gut mit Hilfe der altbekannten Hepar-Reaktion festgestellt werden, indem man ein nasses Bündelchen von 30—60 entschwefelten Fäden auf eine Silberplatte legt, eine Glasplatte fest darauf preßt und auf einer Dampfplatte oder dgl. trocknet. Je nach dem erreichten Entschwefelungsgrad erhält man dann auf der Silberplatte gar keine, eine schwache oder auch eine starke Schwärzung durch die bekannte Schwefelsilberbildung. Bei Vergleichsversuchen legt man die zu vergleichenden Stränge nebeneinander auf dieselbe Silberplatte. Diese Untersuchung kann natürlich auch mit gefärbten Seiden und an fertigen Stoffmustern durchgeführt werden. Die auch bekanntgewordene Prüfung mit alkalischen Plumbatlösungen ist nicht eindeutig, da sie in gleicher Weise auch mit Schwermetallen Schwarzfärbungen ergibt.

Die Bleiche der Viskoseseide — soweit die Seide nicht, besonders für dunklere Töne, ungebleicht verkauft wird — wird meistens in Natriumhypochloritlösungen mit 1 kg aktivem Chlor im Liter durchgeführt, das man in den bekannten Siemens-Elektrolyseuren laufend selbst im Betrieb herstellt. Auf stets gleichen p_H-Gehalt ist zu achten. Die Temperatur des Bleichbades sollte +25⁰ C auf keinen Fall überschreiten, da die Seide sehr empfindlich ist und besonders bei zu langer Bleichdauer leicht an Festigkeit verliert. Schwermetallverbindungen in der Seide, wie Eisen, Mangan und Kupfer führen in der Bleiche zu starkem Sauerstoffraß und Festigkeitsverlust. Zur Erreichung eines reinen, nicht gelbstichigen Tones ist eisenfreies Wasser bei der Fabrikation erstes Erfordernis. Eine gute Aufhellung der Seide, die für viele Zwecke ausreicht, ergibt sich schon beim Zufügen geringer Mengen von Wasserstoffsuperoxyd zum Seifenbade. Auch Aktivin und Natriumsuperoxyd oder Perborat können verwendet werden. Da beim Anfärben der Seide mit sehr zarten Tönen der Färber die Seide stets nochmals, nicht zu ihrem Nutzen, nachbleicht, und da dunkle ·Färbungen auch auf ungebleichter, entschwefelter Seide gut gefärbt werden können, sollte der Verbraucher sich im Interesse der Ver-

---

[1]) Schwz. 129 531.
[2]) Franz. Pat. 636848, Engl. Pat. 278716, Schweiz. Pat. 128693.
[3]) Herminghaus & Co., G. m. b. H., Franz. Pat. 655729.

meidung von Schädigungen der Seide entschließen, möglichst ungebleichte Ware von der Kunstseidenfabrik zu beziehen, um die zweifache Bleiche, die nur die Faser schädigt, zu vermeiden.

Bleichschäden und die hierbei auftretende Bildung von Oxyzellulose werden durch die mehr oder weniger starke Braunfärbung mit ammoniakalischer Silberlösung festgestellt bzw. für quantitative Zwecke mittels Silberazetatlösung (— das abgeschiedene Silber wird mit Rhodanlösung titriert — die Methode ist ein Analogon zur Cu-Zahlbestimmung —) durchgeführt.

Zuletzt gibt man der Seide meist ein Seifenbad, eine Avivage, und trocknet sodann bei nicht zu hoher Temperatur.

Literatur über Kunstseide.

B. Margosches, Die Viskose (Leipzig 1906). — E. Bronnert, Emploi de la cellulose pour la fabrication de fils brillants, imitant sa soie (Mülhausen 1909). — Joseph Folzer, La soie artificielle et sa fabrication. (Cornimont, Vosges, Imprimerie Ch. Girompaire, 2. Aufl. 1909, 144 S.) — Franz Becker, Die Kunstseide (Halle 1912, Wilhelm Knapp), 368 S. — Valentin Hottenroth, Die Kunstseide, 2. Aufl. (Leipzig 1929, S. Hirzel), 492 S. Englische Übersetzung (London 1928, Pitman & Sons). — Franz Reinthaler, Die Kunstseide (Berlin 1926, Julius Springer), 165 S. Englische erweiterte Ausgabe (London 1928, Pitman & Sons), 276 S. — A. Chaplet, Les Soies Artificielles, 2. Aufl. (Paris 1926, Gauthier-Villars & Cie.) 256 S. — L. Geneau, La soie artificielle (Paris 1929, Les presses universaires de France, 232 S.) — Joseph Foltzer, Artificial Silk and its manufacture, translated by T. Woodhouse, 4. Aufl. (London 1929, Pitman & Sons Ltd.), 255 S. — Zusammenstellung der Patentliteratur über künstliche Seide von K. Süvern, 5. Aufl. (Berlin 1926, Jul. Springer), 1108 S.; ergänzend sei hier auf die Patentzusammenstellung über Viskoseseide usw. aus den letzten 10 Jahren von Dr. Bayer, Melliands Textilberichte 8, 264, 876 (1927), hingewiesen. Ferner die neue Bearbeitung der das Kunstseide- und Textilgebiet betreffenden Patente in laufenden Lieferungen von A. Lehne (Wittenberg, Ziemsen). — Johann Eggert, Die Herstellung und Verarbeitung der Viskose unter besonderer Berücksichtigung der Kunstseidenfabrikation (Berlin 1926, Jul. Springer), 92 S. — R. O. Herzog, Technologie der Textilfasern 7, Kunstseide (Berlin 1927, Jul. Springer). — W. Weltzien, Chemische und physikalische Technologie der Kunstseiden (Leipzig 1929, Akad. Verlagsges.). — O. Faust, Kunstseide, 4./5. Aufl. (Dresden 1931, Th. Steinkopff). Englische Übersetzung (London 1929, Pitman & Sons). — P. Heermann, Enzyklopädie der textilchemischen Technologie (Berlin 1930, Jul. Springer), 969 S. — Th. Woodhouse, Artificial Silk, 2. Aufl. (London 1929, Pitman & Sons Ltd.). — Charles E. Mullin, Acetate silk and its dyes (New York 1927, van Nostrand). Bezüglich Schlichterei s. K. Kretschmer, Die Schlichterei in ihrem ganzen Umfange, 2. Aufl. (Wittenberg 1928, A. Ziemsen). — E. Wheeler, The Manufacture of Artificial Silk (London 1928, Chapman & Hall). — Ristenpart-Herzfeld, Chemische Technologie der Gespinstfasern (Berlin 1923 bis 1928, M. Krayn). — J. M. Matthews, Die Textilfasern, übersetzt von W. Andernau (Berlin 1928, Jul. Springer), 847 S. — H. Stadlinger, Das Kunstseidentaschenbuch, 2. Aufl. (Berlin, Finanzverlag G. m. b. H.). — E. v. Lippmann, Die Kunstseide, Nr. 6, Dr. Blums Textilmappe (1930). — E. Fierz-David, Kunstseide (Zürich 1930, Beer & Co.), 57 S. — E. Greiffenhagen, Kunstseide vom Rohstoff bis zum Fertigfabrikat, für den Bedarf des

Textilkaufmanns (Berlin 1928, „Der Konfektionàr", L. Schottländer & Co., G. m. b. H.). — A. Linder, Kunstseide, 2. Aufl. (Basel, Wepf & Co.), 53 S. — M. H. Avram, The rayon industry. 2. Aufl. (London 1930, Constable) 802 S. — E. Wurtz, Die Viskosekunstseidefabrik, ihre Maschinen und Apparate (Leipzig 1927). Vom Standpunkt des Verarbeiters aus geschrieben ist das Buch von Paul Luc, Le Tissage de la Soie Artificielle (Paris 1929, L'Edition Textile), 594 S.

Untersuchungsmethoden:

Alois Herzog, Die mikroskopische Untersuchung der Seide mit besonderer Berücksichtigung der Erzeugnisse der Kunstseidenindustrie (Berlin 1924, Jul. Springer), 197 S. — H. Jentgen, Laboratoriumsbuch für die Kunstseide- und Ersatzfaserstoffindustrie (Halle 1923, Wilh. Knapp), 104 S. Für Zellstoff- und Zelluloseuntersuchungen ist besonders hinzuweisen auf Schwalbe-Sieber, Die chemische Betriebskontrolle in der Zellstoff- und Papierindustrie, 2. Aufl. (Berlin 1922, Jul. Springer), 374 S. — Paul Heermann, Mechanisch- und physikalisch-technische Textiluntersuchungen, 2. Aufl. (Berlin 1923, Jul. Springer), 270 S. — Paul Heermann, Technologie der Textilveredlung, 2. Aufl. (Berlin 1926, Jul. Springer), 656 S. — Paul Heermann, Färberei- und textilchemische Untersuchungen, 5. Aufl. (Berlin 1929, Jul. Springer); und: Die Wasch- und Bleichmittel (Berlin 1925). — E. Hatschek, Viskosität der Flüssigkeiten (Dresden 1929, Th. Steinkopff).

Werke allgemeineren Inhalts, die Wissenswertes über Zellulose und Kunstseide enthalten:

C. G. Schwalbe, Chemie der Zellulose (Berlin, Gebr. Borntraeger). — E. Heuser, Lehrbuch der Zellulosechemie, 3. Aufl. (Berlin 1928, Gebr. Borntraeger), 278 S. — P. Karrer, Polymere Kohlehydrate (Leipzig 1926, Akad. Verlagsges.). — H. Pringsheim, Polysaccharide, 2. Aufl. (Berlin 1923, Jul. Springer). — K. Hess, Chemie der Zellulose, mit einem Anhang über Quellung und Röntgenographie von J. R. Katz (Leipzig 1928, Akademische Verlagsgesellschaft), 836 S. — K. H. Meyer und H. Mark, Aufbau der hochpolymeren Substanzen (Akadem. Verlagsges., Leipzig 1930), 240 S. — Cross and Bevan, Researches on cellulose I—IV 1895—1900; 1900—1905; 1905—1910; Cross and Dorée 1910—1921 (London, Longmans, Green & Co.). — Ferner A. W. Schorger, The Chemistry of Cellulose and Wood (New York und London 1926, Mc. Graw-Hill Book Comp., Inc.) 596 S. — E. C. Worden, Technology of Cellulose Esters (in 10 Bänden, bisher erschienen Bd. 1 in fünf Teilen), 3709 S. — (Easton, Pa. 1921, Eschenbach Printing Comp.)

Betr. Wirtschaftliches und Marktfragen der Kunstseidenindustrie:

Martin Hölken, Die Kunstseide auf dem Weltmarkt (Berlin 1926, Jul. Springer), 82 S. — S. a. besonders die interessante Schrift von C. Königsberger, Die deutsche Kunstseiden- und Kunstfaserindustrie in den Kriegs- und Nachkriegsjahren. (Berlin 1925, Walter de Gruyter & Co.), 172 S. — Die Schrift bringt eine lebendige Schilderung der Entwicklung dieser Industrie. — G. Lante, Die Bedeutung der chemisch-technischen Verfahren für die Entwicklung und kapitalistische Verflechtung der Kunstseidenindustrie. — Vgl. a.: Die Kunstseide 8, 346 (1926) (Berlin-Lichterfelde W. H. Jentgen). — S. a. C. Claessen, 25 Jahre Kunstseide, Jubiläumsheft „Papierfabrikant", 102 (1927). — Die Kunstseidenindustrie (Berlin-Lichterfelde 1927, H. Jentgen). — The Artificial Silk Handbook, 3. Aufl. (Manchester und London 1928, John Heywood Ltd.), 142 S. Enthält statistisches Material, Maschinenlieferanten und allerlei Wissenswertes, insbesondere auch fur die Verbraucher von Kunstseide. — L. Gueneau, La Soie Artificielle (Paris 1928). — H. N. Cassor, The Story of Artificial Silk (Efficience, Mag. London 1928), 130 S. — S. a. Handbuch der internationalen Kunstseidenindustrie von Curt und Jul. Mossner (Berlin 1928, Finanzverlag), 710 S., 2. Aufl. 1929, im gleichen Verlag: Zollhandbuch für Seide, Kunstseide und daraus hergestellte Waren (Deckblätter erscheinen nach Bedarf).

Hauptzeitschriften mit Arbeiten über Kunstseide:

Die Kunstseide. Die Seide. Kunststoffe. Melliands Textilberichte. Zellulosechemie. Zeitschrift für angewandte Chemie. Chemiker-Zeitung. Kolloid-Zeitschrift. Leipziger Monatsschrift für Textilindustrie. The Rayon Record (Artificial Silk World), London-New York-Montreal. Silk Journal, Manchester. The Journal of the Textile Institute, Manchester. — Rayon, New York. Jentgens Artificial Silk Review, London. Revue universelle des soies et des soies artificielles („Russa"), Paris.

Für wirtschaftliche Fragen:

Die chemische Industrie (Berlin, Verlag Chemie). Die Kunstseide (Berlin-Lichterfeld W, H. Jentgen). Die Seide (Krefeld). Die Kunstseidenwoche, wirtschaftliche Ergänzungsausgabe der „Kunstseide" (Berlin-Lichterfelde W, H. Jentgen). Deutscher Kunstseidekurier, zweimal wöchentlich (Berlin C 2, Finanzverlag).

Papier.

Von Prof. Dr. **Carl G. Schwalbe**-Eberswalde.

Mit 12 Abbildungen.

Papier ist ein vorwiegend nur nach zwei Dimensionen, nach Länge und Breite, nicht aber nach der dritten Dimension, der Dicke, entwickeltes blattartiges Gebilde aus vorwiegend pflanzlichen Fasern, ein Faserfilz. Papiere, die je 1 qm 150—200 g wiegen und 0,2—0,3 mm stark sind, werden als Kartonpapiere bezeichnet. Pappen sind sehr dicke Papiere, über 0,3 mm stark, mit einem Quadratmetergewicht von 200 g aufwärts.

Die Herrichtung der Faserstoffe.

Holzstoff. Der Menge nach ist der wichtigste Rohstoff für die Papierherstellung der sog. Holzstoff oder Holzschliff, der durch eine mechanische Zerfaserung von Holz gewonnen wird. Vorzugsweise Fichtenholz-, aber auch Kiefernholz- und Aspenholz-Stempel von etwa 1 m Länge und 15—20 cm Durchmesser werden gegen große rotierende Schleifsteine angepreßt, die aus natürlichem oder künstlichem Sandstein bestehen. Je nach der Korngröße des Sandsteins, nach seiner Schärfung mit besonderen Werkzeugen, je nach dem Druck, mit welchem das Holz an den Stein gepreßt wird, vollzieht sich eine Losreißung von Fasern. Bei dieser spielt die mehr oder weniger reichliche Zufuhr von Wasser während des Schleifprozesses eine besonders wichtige Rolle. Das Wasser verhütet eine zu weitgehende Erwärmung, die bis zur Entzündung sich steigern könnte. Andererseits begünstigt die Temperaturerhöhung die Erweichung der Holzfasern, so daß gegenwärtig absichtlich die Temperatur bis auf 50—60° gesteigert wird. Man nimmt an, daß in den Zellräumen die Temperatur so hoch sein könnte, daß das Wasser verdampft und durch die plötzliche Dampfentwicklung die Zellen gesprengt werden. Der größte Teil der zugeführten Kraft wird nämlich in Wärme umgewandelt, da die Holzstempel wie Bremsklötze an einem Rade wirken. Das Losreißen von Fasern geht selbstverständlich nicht ohne Zertrümmerung vieler Holzfasern vor sich, da diese ziemlich starr und unbiegsam und gewissermaßen durch eine Kittsubstanz miteinander verklebt sind. Das lufttrockene Holz wird sich während des Schleifvorganges mit heißem Wasser durchtränken und eine Quellung erfahren, die durch kleine Mengen organischer Säuren (Essigsäure, Ameisensäure), welche sich erfahrungsgemäß bei der Erhitzung von Holz mit Wasser bilden, noch vergrößert wird. Durch Reibung der Fasern aneinander und an den Steinen wird ein Teil der Fasern so weitgehend zermahlen, daß Holzmehl bzw. Holzschleim entsteht und die Faserstruktur vollständig verschwinden kann („Totmahlen" der Faser).

Bei der Schleimbildung werden sehr erhebliche Mengen von Wasser aufgenommen. Der Schleim bzw. der totgemahlene Holzschliff trocknet bei scharfer Pressung zu einer hornartigen Masse zusammen, die nur bis zu einem gewissen Grade wieder gequollen werden kann. Wird z. B. absichtlich in einem sog. Kollergang[1]) Holzschliff weiter gemahlen, so wird das anfangs schmierige Material zunächst wieder trocken, infolge der Aufnahme von Wasser. Das 2—3fache Gewicht der Holzmasse an Wasser muß zugeführt werden, um wieder schmierige Konsistenz zu bekommen. Diese Schleimbildung oder Peptisierung kann durch Zusatz gewisser Elektrolyte beschleunigt werden, z. B. durch Alkali oder durch Säuren, während Salze im allgemeinen verzögernd wirken.

So ist denn die Beschaffenheit des Wassers beim Schleifprozeß durchaus nicht gieichgültig. Die Elektrolyte wirken in sehr geringer Konzentration, in 0,1 %igen Lösungen und darunter, sehr deutlich auf die Quellungs- und Schleimbildungsvorgänge ein.

Von besonderer Bedeutung für das Ergebnis des Schleifprozesses ist der Zustand des Holzmaterials. Frisches Holz, welches nur kurze Zeit lufttrocken gelagert hat, eignet sich am besten, lang gelagertes Holz verschleift sich viel schwerer und gibt minderwertigen Schliff. Man kann sich dies durch eine Schrumpfung der Membranen erklären. Die sich bildenden „verhornten" Oberhautschichten verzögern die für den Schleifprozeß wich-

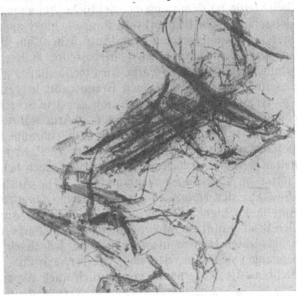

Abb. 77[2]).
Holzschliff.

tige Quellung. Hinzu kommt noch voraussichtlich die Wirkung der eintrocknenden Holzsäfte, welche die Membranen mit einer dünnen Schicht überziehen. Es wird davon abhängen, ob die Kolloide dieser Schicht nach völliger Trocknung noch einer raschen Quellung fähig sind oder nicht. Sind sie irreversibel eingetrocknet, so muß die Quellung stark verzögert oder ganz unmöglich gemacht werden. Die Güte des Holzschliffs ist abhängig von der Zahl der unverletzten Fasern, von der Menge der Faserbündel, der Fasertrümmer und des Faserschleimes (Abb. 77). Dies bedeutet eine sehr große Mannigfaltigkeit der Schliffsorten. Es kommt vor, daß in einer Fabrik absichtlich eine größere Reihe, etwa bis zu 6 Schliffsorten hergestellt werden, je nach der Sorte des zu erzeugenden Papieres.

Die Schleifarbeit hat mechanisch eine raffinierte Ausbildung erfahren. Die neuzeitlichen Schleifapparate arbeiten mit 1200 PS Kraftaufwand an einem Stein

---

[1]) Bei dieser Maschine laufen senkrecht gestellte Mühlsteine um eine wagerechte Achse in einer Kreisbahn umher.

[2]) Die Abb. 77 und folgende sind der Chemischen Technologie von G. Dalén, 2. Aufl. (Leipzig 1921), entnommen.

und vermögen bis zu 10 t Holzschliff in 24 Stunden herzustellen. Der Holzschliff in Breiform verlangt eine Sortierung zur Entfernung der Splitter. Er wird schließlich in Form von feuchten Pappenwickeln bzw. beschnittenen trockenen Papptafeln oder bei sofortiger Weiterverwendung als „Schabstoff" gewonnen. Muß in Rücksicht auf zu weite Transportstrecken der Holzschliff getrocknet werden, so bedeutet dies eine Güteverminderung, da die Wiederquellung durch Wasser nur unvollkommen vor sich geht, und die Schmiegsamkeit und Verfilzbarkeit von Fasern stark beeinträchtigt. Der Holzschliff ist außerordentlich licht- und luftempfindlich. In feuchtem Zustande unterliegt er leicht der Bakterien- bzw. Pilzgärung, in trocknem Zustande verändert er sich unter der Wirkung des Lichtes unter charakteristischer Gelb- bis Braunfärbung. Gleichzeitig ist damit eine beträchtliche Abnahme der Festigkeit verbunden. Aus Holzschliff allein können wohl Pappen, nicht aber Papiere verfertigt werden, da letztere im allgemeinen den Ansprüchen an Festigkeit nicht genügen. Der wie vorstehend beschrieben hergestellte Holzschliff von weißlicher, schwach gelblicher oder rötlicher Farbe wird vielfach auch „Weißschliff" genannt. Außer diesem Weißschliff wird auch Braunschliff hergestellt.

Braunschliff. Wird das Holz vor dem Schleifen längere Zeit gedämpft unter einem Druck von durchschnittlich 1—6 Atm. während einer Zeit von 8—14 Stunden, so nimmt es eine mehr oder weniger gelblichbraune Farbe an und erweicht in seinem Gefüge, so daß bei dem Schleifen längere Fasern und weniger Fasertrümmer erhalten werden. Jedoch ist der Kraftverbrauch bei der Schleifung des gedämpften Holzes im allgemeinen nicht geringer. Die Ausbeute geht zurück, da ungefähr 15—20 % des Holzes in Lösung gehen, vorzugsweise Zuckerstoffe, aber auch Anteile des Lignins, ferner organische Säuren, Ameisensäure, Essigsäure u. a. m. Der Braunschliff ist infolge seiner dunklen Farbe für die Herstellung weißer oder hellgefärbter Papiere nicht brauchbar, jedoch ein vorzügliches Material zur Erzeugung von Pappe, den sog. „Lederpappen". Als Rohstoffe können sowohl Fichten- wie Kiefernholz, gelegentlich auch Aspe (Pappel) dienen.

Natron- oder Sulfat-Holzzellstoffe. Aus Hölzern verschiedenster Art, insbesondere aber aus Tanne, Fichte und Kiefer können Holzzellstoffe durch alkalischen Aufschluß hergestellt werden. Zur Verarbeitung harzreicher Hölzer wie der Kiefernarten ist sogar nur diese alkalische Kochung brauchbar. Das Holz wird mit einer Hackmaschine in Hackspäne zerteilt, nachdem sich herausgestellt hat, daß durch bestimmte Stellung der an einer Scheibe befestigten Messer das Holz nicht nur zerkleinert, sondern auch die einzelnen Hackspäne in sich aufgebrochen werden, so daß Lamellen von Holzfaserbündeln, in ihrem Zusammenhang stark gelockert, erhalten werden. In diesem Zustand findet die Durchtränkung der Hackspäne durch die Kochflüssigkeiten viel leichter statt als wenn man, wie es in den Anfängen der Holzzellstoff-Fabrikation geschehen ist, das Holz durch Sägen in Scheiben zerteilt, die ihrerseits dann aufgebrochen werden. Das Holz kommt lufttrocken (15—25% Wasser) bzw. als Flößholz mit 30—50 % Wasser zur Verarbeitung. Für reinere Sorten von Zellstoff ist es zweckmäßig, das Holz nicht von der Rinde, sondern auch vom Bast zu befreien. Doch ist eine sorgfältige Schälung des Holzes zwecks völliger Entfernung des Bastes nicht unbedingt erforderlich, da der Bast in kleinen Anteilen im Kochprozeß sich auflöst.

Die Kochung. Als Kochflüssigkeiten dienen 6—8 %ige Lösungen von Ätznatron bzw. Lösungen aus Gemischen von Ätznatron und Schwefelnatrium. Gewöhnlich ersetzt man ¼ der gesamten Ätznatronmenge durch Schwefelnatrium.

Mit letzterer Kochflüssigkeit werden bessere Zellstoffsorten und höhere Ausbeuten erzielt, als durch reine Ätznatronlösungen. — Die Apparatur für die Kochung besteht in zylindrischen Kochern, welche zwischen 35 und 75 cbm fassen und bei der erstgenannten·Dimension häufig drehbar àngeordnet sind. In Rücksicht auf den bei der Kochung üblichen Dampfdruck von 8—10 Atm. geht man über die genannten Abmessungen meist nicht hinaus. Die Kochung selbst geschieht durch Erhitzung mit einer zur Bedeckung des Holzmaterials ausreichenden Menge Lauge, wenn in stehenden Kochern gearbeitet wird. Sind die Kocher drehbar, so kann man auch mit geringeren Laugenmengen auskommen, da dann eine Überspülung der Hackspäne mit Lauge möglich ist. Die Kochung vollzieht sich in sehr kurzer Zeit, nämlich in 3—6 Stunden. Die Erwärmung geschieht vorzugsweise durch Zufuhr direkten Dampfes, der in die Lauge einströmt. Seltener sind auch Heizschlangen in den Kochern eingebaut, so daß auch mit sog. indirektem Dampf, dessen Wärme durch die Wandungen der Heizrohre übertragen wird, gekocht werden kann. Die indirekte Heizung gewährt den .Vorteil, daß eine Verdünnung der Lauge vermieden wird. Der Druck wird allmählich auf 10 Atm. (180⁰) gesteigert, jedoch bei der Höchstgrenze von 10 Atm. meist nur 1—2 Stunden angewendet, da sonst empfindliche Ausbeuteverminderungen die Folge sein würden. Die chemisch-physikalischen Vorgänge während der Kochung bestehen zunächst in einer Durchtränkung der Holzhackspäne, eine Durchtränkung, die eine Diffusion durch viele übereinanderliegende Membranen bedingt. Die Durchtränkung wird auch von einer Quellung begleitet. Es hat sich als zweckmäßig herausgestellt, diese Durchtränkung und Quellung bei verhältnismäßig niedrigen Temperaturen etwa bei 100⁰ durchzuführen. Der Chemismus des Aufschließprozesses ist noch recht dunkel. Es lösen sich die sog. Inkrusten, nämlich die Nichtzellulose, vor allen Dingen das Lignin. Es entstehen sog. Ligninsäuren durch intramolekulare Umlagerung, die aus der noch stark alkalischen Ablauge zum Teil durch Säure fällbar sind und den Huminsäuren wenigstens zum Teil nahezustehen scheinen. Die in Lösung gehenden schleimigen Stoffe, wie z. B. der Holzgummi, dessen Hauptbestandteile die Pentosane sind, scheinen durch Verschmieren der diffundierenden Membranen die Auflösung der Inkrusten zu verzögern. Man muß erhebliche Überschüsse, 30—40% der theoretisch erforderlichen Alkalimenge, zur Verfügung haben, um diese Schleimstoffe zu lösen und Verschmierung der Oberflächen hintan zu halten. Die Schleimstoffe werden übrigens in der Nähe der höchsten Kochtemperatur (180⁰) anscheinend zerstört. Nach beendeter Kochung, die mit einer völligen Erweichung der Hackspäne identisch ist, wird in den „Diffuseuren" die schwarze Lauge von der Faser getrennt. Diese sind zylindrische Apparate mit Siebböden, in denen eine Abtrennung der Ablauge und Wäsche unter möglichster Beschränkung der Wassermenge vorgenommen wird. Die Zellstoffe müssen ziemlich alkalifrei gewaschen werden. Die Waschwässer, soweit sie nicht zu dünn sind, müssen einer Eindampfung unterzogen werden, um das verhältnismäßig kostspielige Alkali wiederzugewinnen. Die Eindampfung wird im Vakuum bzw. Hochdruck-Verdampfapparat vorgenommen, worauf die sehr dickflüssig, fast pechartig gewordene Ablauge einem Drehofen zufließt, welcher durch heiße Gase geheizt, eine Verkohlung des Ablaugenpeches bewirkt. Aus dem Drehofen gelangt dieses Pech in einen Gebläseofen, in welchem unter Zufuhr von Gebläseluft eine Veraschung vorgenommen wird, als deren Produkt Soda bzw. Gemenge von Soda und Schwefelnatrium zurückbleiben. Die Abgase dienen zur Heizung des Drehofens. Die flüssige Soda des Gebläseofens läßt man entweder in Wasser einfließen oder löst sie nach dem Erstarren in Wasser. Durch Zusatz von Ätz-kalk wird die entstandene Sodalösung kaustifiziert, wodurch Ätznatron entsteht, das also immer im Kreislauf geführt wird. Die Verluste bei diesen technischen Operationen belaufen sich auf 10—15%, die, im Falle man nach dem Sulfat-kochverfahren arbeitet, durch Zufuhr von Natriumsulfat im Drehofen bzw. Gebläseofen gedeckt werden. Bei der geschilderten Regeneration ist die Ent-wicklung höchst übler Gerüche, die von Merkaptanen herrühren, unvermeidlich, wenn mit Gemischen von Ätznatron und Schwefelnatrium gekocht wird. Man kann jedoch durch Vorschalten eines Holzkontaktes (Holzabfälle in Spanform oder Sägemehl) die Merkaptane adsorbieren, so daß die Gase geruchlos werden. Die in dem Holz adsorbierten Gase können durch Dampf nicht mehr ausgeblasen und auch nicht durch alkalische Kochung in Freiheit gesetzt werden. An den inneren Oberflächen des Kontaktmaterials findet offenbar eine tiefgreifende Oxy-dation statt (Schwalbe, D.R.P. 319594). — Der Ersatz der in Verlust gehenden Natronsalze durch Zusatz von Sulfat wird möglich, weil dieses, da reichlich or-ganische Substanz vorhanden ist, zu Schwefelnatrium reduziert wird.

Der aus den Diffuseuren nach der Wäsche hervorgehende Faserbrei wird auf besonderen Maschinen entwässert, zu feuchten Pappenwickeln aufgerollt bzw. auf dampfgeheizten Zylindern getrocknet. Die Farbe der Zellstoffe ist gelb bis braun. Man kann durch Bleichprozesse (s. u.), die jedoch bei diesen Natron- oder Sulfat-Zellstoffen verhältnismäßig große Schwierigkeiten bereiten, die Farbe aufhellen und weiße Zellstoffsorten erzeugen.

Kraftzellstoffe. Wird bei der Kochung von Holz der Kochprozeß vorzeitig ab-gebrochen und absichtlich unter Zusatz von Ablauge einer früheren Operation gekocht, so kann man sog. „Kraftzellstoff" herstellen, Zellstoff, welcher größere Mengen von Inkrusten enthält als die normalen Zell-stoffe. Durch die schonende Kochung ist jedoch seine Festigkeit sehr erheblich. Im normalen Bleichprozeß ist er nicht zu bleichen.

Strohstoff. Eine Abart der alkalischen Kochverfahren stellt die Fabrikation des sog. „Strohstoffes", besser gesagt des Gelbstrohstoffes dar. Wird Getreidestroh in Garben- oder Häckselform mit Kalkmilch monate-lang mazeriert oder mit Kalkmilch unter Druck etwa 8 Stunden gekocht, so findet eine Zerfaserung statt. Nach dem Auswaschen kann das entstandene gelbe bis gelbbraune Fasermaterial zur Herstellung billigster Papiere (Einwickelpapier) und billigster Pappen Verwendung finden.

Stroh- und Esparto-Zellstoffe. Wird Getreidestroh oder das in Südspanien und Nord-afrika wachsende Espartogras etwa in Häckselform einer Kochung mit Ätznatron oder Ätznatron und Schwefel-natrium, in ähnlicher Weise wie oben für Holz beschrieben, unterworfen, so ent-stehen die sehr feinfaserigen Stroh- oder Esparto-Zellstoffe, die als Zusatz zu Schreib- und Druckpapieren eine erhebliche Rolle spielen. Die alleinige Verwendung von Strohzellstoff zur Papierherstellung ist meist nicht zweckmäßig, weil die Fasern sehr kurz sind und demgemäß eine geringe Verfilzung stattfindet, was wiederum im allgemeinen eine geringe Festigkeit zur Folge hat. Das Aussehen des Strohzellstoffes im mikroskopischen Bilde zeigt Abb. 78, S. 215.

Sulfit-Holz-zellstoffe. Weit verbreiteter als die vorbeschriebenen alkalischen Verfahren ist das sog. Sulfitverfahren, nach welchem die Hauptmenge aller Holzzellstoffe hergestellt wird. Bei diesem Verfahren können jedoch harzreiche Holzarten nicht angewendet werden. Es wird fast nur Tanne, Fichte und etwas Aspe (Pappel) verarbeitet. Vorbedingung für das Verfahren ist eine sorgfältige Entfernung von Rinde und Bast, da insbesondere letzterer bei der Kochung nicht verschwindet, und demnach gelbbraune Partikel den Zellstoff verunreinigen würden. Das Holz wird, ähnlich wie beim Natronverfahren, durch Hacken zerkleinert. Es kommt wie bei diesem lufttrocken bzw. als Flößholz mit 30—50% Wasser zur Verwendung. Das Holz darf nicht überaltert sein, weil es sonst von der Kochflüssigkeit nicht mehr durchdrungen wird. Andererseits muß durch eine längere Lagerzeit vielfach dafür gesorgt werden, daß das im Holz enthaltene Harz seine Klebrigkeit verliert, weil klebriges Harz bei der späteren Papierfabrikation große Schwierigkeiten verursacht.

Als Kochflüssigkeit dient eine wäßrige Kalziumbisulfitlösung, welche noch überschüssige freie schweflige Säure enthält. Diese erzeugt man in sehr einfacher Weise aus Kalkstein, Wasser und Schwefligsäuregas. Die Herstellung der Kochflüssigkeit wird meist in Türmen durchgeführt, in welchen der aufgeschichtete Kalkstein von oben mit Wasser berieselt wird, während von unten Schwefligsäuregase aus Schwefelkiesöfen oder Schwefelofengase zuströmen. Unter Entbindung von Kohlendioxyd wird die Auflösung von Kalziumbisulfit erzeugt, die für die Kochung einen Gehalt von etwa 1% Ätzkalk und 3—4% Schwefeldioxyd zu haben pflegt. Die Kochung geschieht in ausgemauerten zylinderförmigen

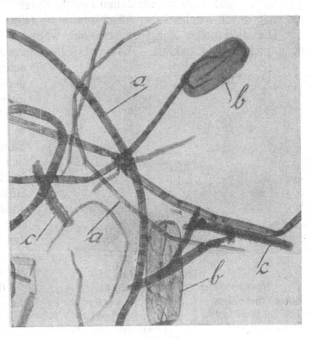

Abb. 78.
Strohfasern (200fache Vergr.).
a Bastfasern,   b Parenchymzellen,   c Oberhautzellen
(Epidermis).

Gefäßen aus Stahlblech, welche bis zum Inhalt von 350 cbm Verwendung finden. Die Ausmauerung mit säurefesten Steinen schützt das Eisenmaterial vor dem Zerfressenwerden durch die schweflige Säure. Die Verschlußdeckel und die sog. Armaturen bestehen aus säurebeständiger Bronze, die Heizung geschieht durch Zufuhr von strömendem Dampf bzw. werden Heizschlangen aus Blei oder vorwiegend Kupfer verwendet, welche die Wärme des durch sie strömenden Dampfes auf die Kochflüssigkeit übertragen. Die langgestreckte Zylinder darstellenden Kocher sind meist stehend, seltener liegend aufgestellt, noch seltener findet eine Drehung statt. Als Durchschnittsgröße gilt ein Inhalt von 150—250 cbm.

Mitscherlich-Holzzellstoffe. Wird mit indirektem Dampf, also unter Benutzung der Heizschlangen gekocht, und eine Temperatur von etwa 135° nicht überschritten, so kann in einem Zeitraum von durchschnittlich 16 bis 20 Stunden sog. Mitscherlich-Holzzellstoff in einer Ausbeute von 45—50% des Holzgewichtes erzeugt werden. Der Höchstdruck beträgt durchschnittlich 3—4 Atm.

Ritter-Kellner-Zellstoffe. Bei der Kochung mit direktem Dampf ist die Verwendung etwas stärkerer Lauge, nämlich solcher, welche 4—5% Schwefeldioxyd in der Anfangskonzentration enthält, erforderlich. Die Temperatur wird auf 145° gesteigert. Man kann dann in 8—16 Stunden bei einem Höchstdruck von 5—6 Atm. den sog. Ritter-Kellner-Zellstoff erzeugen. Im letzteren Fall erhält man eine der Baumwolle ähnliche Faser, während im ersteren Falle (bei der Mitscherlich-Kochung) die Faser mehr den Charakter der Leinenfaser hat. Bei dem Ritter-Kellner-Zellstoff beträgt die Ausbeute gewöhnlich nur 40—45%. Die Verluste entstehen sowohl durch Auflösung von Zellstoffmaterial als auch durch mechanische Abschwemmung feiner Faserteilchen.

Die chemischen Vorgänge, die sich während der Kochung vollziehen, sind noch nicht völlig geklärt. Es wird jedoch gegenwärtig eine Einlagerung von schwefliger Säure und Kalk angenommen. Die so entstehende unlösliche Verbindung des Lignins mit den genannten Stoffen wird durch weitere Anlagerung von schwefliger Säure und Hydrolyse wasserlöslich. Zunächst müssen die Hackspäne durchtränkt werden. Die Diffusion ist durch die Übereinanderlagerung vieler Membranen sehr erschwert. Bis in den Kern des Holzstückes hinein muß das chemisch wirkende Reagens transportiert werden, andererseits müssen die Hydrolysierprodukte durch die Membranen hindurch nach außen wandern. Die Holzstücke sind daher in den äußeren Schichten schon zu Zellstoff geworden,

Abb. 79.
Nadelholzfasern (200fache Vergr.).

a Sommerholzfasern
b Frühjahrsholzfasern
c Behöfte Poren

d Große, fensterähnliche Poren (charakteristisch für Fasern von der Kiefer).

wenn im inneren Kern noch ligninhaltige Membranen vorhanden sind. Die Diffusion muß deshalb möglichst beschleunigt werden, was durch lebhafte Strömungen der Kochflüssigkeit innerhalb des Kochers begünstigt wird. Die Strömung durch Umpumpen der Kochflüssigkeit zu bewirken, gelingt neuestens mit genügender Betriebssicherheit. Die Bewegung der Kochgefäße selbst gestattet nicht die Anwendung sehr großer Kocherräume und macht das Verfahren sehr umständlich.

Die völlig gleichzeitige Lösung der Inkrusten in den äußeren und innersten Schichten der Holzhackspäne kann ermöglicht werden, wenn man den Vorgang der Imprägnierung oder Durchtränkung von der chemischen Aufschließung nach Möglichkeit trennt. Wird der Durchtränkungsvorgang zweckmäßig nach Zeit, Konzentration und Art der Chemikalien vorgenommen, so gelingt es, die Holzstücke derart zu quellen, daß die in ihnen enthaltene Reagensmenge zur Lösung der Inkrusten ausreicht. Wird also völlig durchtränktes und gequollenes Holz auf die Reaktionstemperatur gebracht, so vollzieht sich der chemische Aufschluß im Inneren und Äußeren des Holzstückes gleichzeitig, und es ist möglich, die langdauernde Druckerhitzung ganz erheblich abzukürzen[1].

---

[1] Vgl. Schwalbe, Sulfitzellstoffkochung mit kurzer Hochdruckperiode. Papierfabrikant **21**, 493—495 (1923).

Ist die Kochung beendet, d. h. sind die Holzstücke genügend weich gekocht, so werden sie dem Kocher entnommen, zerfasert und gewaschen, worauf sie auf Entwässerungsmaschinen zu feuchten Pappenwickeln aufgerollt werden. Die Farbe der Sulfitzellstoffe ist gelblichbraun getöntes Weiß. Das mikroskopische Bild von Holzzellstoffasern zeigt Abb. 79.

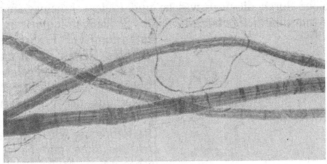

Abb. 80.
Leinenfasern mit Längsstreifung und Querlinien (200fache Vergr.).

Hadernzellstoffe. Für die Herstellung edelster Papiere werden von altersher die sog. Hadernzellstoffe verwendet. Das sind Baumwoll-, Leinen- und Hanffasern, die jedoch nicht im Rohzustand verarbeitet werden, sondern in versponnenem, gewebtem und getragenem Zustand, als Lumpen, das Rohmaterial der eigentlichen Feinpapierfabrikation bilden. Zu den Lumpen kommen hinzu die Abschnitte, welche bei der Herstellung von Wäsche und Kleidungsstücken aus den genannten Fasern abfallen. Auch die bei der Aufarbeitung von Bastfasern (Leinen und Hanf) sich ergebenden Wergsorten sind ein geschätztes Rohmaterial der Feinpapier-Fabrikation. Endlich kommen noch in Betracht die sog. Linters. Das sind die kurzen Fasern, welche auf den Baumwollsamen bei der gewöhnlichen Egrenierung (Abtrennung der Samenkapseln von den Fasern) zunächst übrigbleiben. Nach möglichst vollständiger Entfernung der Samenschalen sind sie ein sehr wertvoller Rohstoff für feinste Papiere,

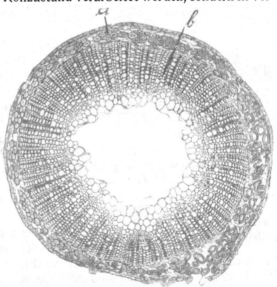

Abb. 81.
Flachsstengel (200fache Vergr.).
a Bastschicht, b Holzteil.

insbesondere solche, die in Nitrozellulose und Zelluloid übergeführt werden sollen. Der mikroskopische Bau der Leinenfaser ist in Abb. 80 dargestellt. Durch Abb. 81 wird veranschaulicht, in welcher Weise die Faserbündel im Flachsstengel angeordnet sind. Die Abb. 82 und 83 sollen das Aussehen der Baumwollfasern zeigen.

Da es sich um Abfälle der Spinnfaser-Industrien handelt, ist eine chemische Aufschließung des Fasermaterials nicht mehr erforderlich. Es handelt sich nur noch um Reinigungsoperationen, welche die durch den Gebrauch in die Gewebsreste gelangten Schmutz-, Fett-, Schweißpartikel und sonstige Verunreinigungen entfernen sollen. Entfernt müssen auch werden die chemischen Zersetzungsprodukte der Faser, welche durch die Hauswäsche und Bleiche hineingelangt bzw. durch Wirkung der Atmosphärilien entstanden sind. Schließlich handelt es sich noch um

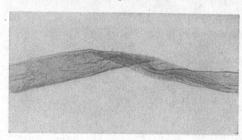

Entfernung von Farbstoffen; bei ungebleichten Gewebsresten um die Entfernung der natürlichen gelben bis braunen Farbstoffe, bei gefärbter Ware um die Entfernung der gegenwärtig fast ausschließlich angewendeten Teerfarbstoffe. Die Reinigung wird erreicht durch eine Druckkochung mit Hilfe von Basen, insbesondere Ätzkalk oder Ätznatron oder Soda. Einer solchen Kochung werden die Hadern unterworfen, nach dem man sie in geeigneten Maschinen zerkleinert und gründlich entstaubt hat.

Abb. 82.
Baumwollfaser, bandförmig, mit Drehung
(200fache Vergr.).

Die Kochung vollzieht sich in Drehkochern, welche durchschnittlich 1000 kg Fasermaterial aufnehmen können. Die Mengen von Reagens sind außerordentlich verschieden (etwa 5—20%), je nach der Qualität der Hadern bzw. der

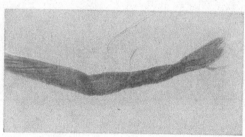

Menge ihrer Verunreinigungen, und ebenso verschieden sind die Ausbeuten, die zwischen 80—40% etwa schwanken. Die Kochung vollzieht sich in sehr wechselnden Zeiträumen von 4—12, ja 20 Stunden bei einem Druck von 1—4 Atm. Nach beendeter Kochung wird eine gründliche Wäsche in den sog. Wasch- und Halbzeug-Holländern vorgenommen, Maschinen, welche zugleich die Zerfaserung der Gewebsreste vorzunehmen haben. (Vgl. den Abschnitt Mahlung.)

Abb. 83.
Baumwollfaser mit gitterartiger Streifung
(200fache Vergr.).

Bleiche der Zellstoffasern. Die Naturfarbe der Zellstoffasern ist gelb bis braun bzw. grau. Für viele Papiere ist es erforderlich, diese Farbtönung zu beseitigen, die Fasern zu bleichen, um ein möglichst reines Weiß zu erzielen. Zerstört werden müssen natürliche Farbstoffe, die im Rohstoff z. B. dem Holz bereits enthalten sind oder die während der Fabrikationsprozesse entstehen, wie z. B. im Natronzellstoff-Kochprozeß. Zerstört werden sollen auch diejenigen Verunreinigungen, welche die Haltbarkeit der Fasern beeinträchtigen. Die weißen Papiere sollen möglichst wenig unter dem Einfluß der Atmosphärilien, insbesondere des Lichts, vergilben. Für die Zwecke des Papiermachers ist es im übrigen gleichgültig, ob die Fasern aus reiner Zellulose bestehen oder nicht, wenn sie nur genügende Verfilzbarkeit und Festigkeit, kurz gewisse vorteilhafte physikalische Eigenschaften besitzen. Ob neben der Zellulose noch andere Stoffe, wie z. B. Pentosane vorhanden sind, ist für die Herstellung von Papier unwichtig. Wichtig dagegen der Gehalt an Ligninresten, da diese die Vergilbbarkeit des Papiers bedingen. Die Herstellung völlig reiner Zellulose ist dagegen das Ziel bei Herstellung von solchen Papieren, die zur chemischen Weiterverarbeitung auf Nitrozellulose oder Zelluloseazetat usw. bestimmt sind. Mit Hilfe der oxydierenden Bleiche kann man das Lignin so gut wie vollständig beseitigen, während die Pentosane der Bleiche zu einem erheblichen Teil zu widerstehen vermögen. Durch Herauslösen von Verunreinigungen werden übrigens auch die physikalischen Eigenschaften der Fasern vielfach verbessert. Sie werden geschmeidiger und besser verfilzbar. Als oxydierende Bleichmittel wendet man an: Chlorkalk und Natriumhypochlorit. Chlorkalklösungen bereitet man sich auch durch Einleiten von Chlorgas in Kalkmilch, ebenso Natriumhypochlorit durch Einleiten von Chlorgas in Natronlauge. An Stelle eines Lagers von Fässern mit Chlorkalk ist in sehr vielen Fabriken der Vorrats-Tank für flüssiges Chlor getreten, mit dessen Hilfe die Bleichlösungen in verhältnismäßig sehr einfacher Weise frisch bereitet werden können. Die zu bleichenden Faserstoffe werden in Breiform angewendet. Die Bleiche vollzieht sich meist in den Bleichholländern, in welchen als Bewegungsorgane neuerdings fast stets Propeller aus Bronze eingebaut sind, während das Bleichgefäß selbst mit Porzellankacheln ausgekleidet wird. Die Bleiche vollzieht sich in diesen Vorrichtungen bei einer Faserkonzentration von 5—8%. Durch Zufuhr von Dampf bringt man vorteilhaft die Temperatur auf 30—40°. Je nach Art der Faserstoffe vollzieht sich die Bleiche in 8—12 Stunden, dauert jedoch vielfach wesentlich länger. Für gute Bleiche ist beständige Bewegung von Vorteil.

Es hat sich herausgestellt, daß durch diese Bewegung Kohlendioxyd entfernt wird, welches bei Anreicherung im Stoffbrei die Bleiche erheblich verzögert. Es hat sich ferner gezeigt, daß stark verdünnte Bleichbäder zu einer Hydrolyse des Fasermaterials führen. Man erhält aus konzentrierten Bleichbädern bessere Ausbeuten und wesentlich geschonteres Fasermaterial. Durch möglichst rasche Entfernung des ausgebrauchten Bleichbades wird die Reinheit des Fasermaterials bezüglich der Asche und Nichtzellulosebestanteile wesentlich gefördert. Diese Erkenntnis hat neuerdings zur Konzentrations- und Schnellbleiche geführt, bei welcher man bestrebt ist, in einer Konzentration von 15—30% Fasergehalt zu bleichen[1]). Da der Wirkung des Bleichmittels nicht nur die Verunreinigungen der Fasern, sondern auch die reine Zellulose ausgesetzt ist, kann bei zu langdauernder Bleiche eine Bildung von Oxyzellulose eintreten, welche bedeutet: Verminderung der Festigkeit der Faser und Neigung der Faser zur Vergilbung unter Einwirkung des Lichtes.

Die Menge des Bleichmittels richtet sich ganz nach der Art des Faserstoffes. Natronzellstoffe bleichen sich im allgemeinen schwer und verbrauchen 25—30% Chlorkalk für 100 kg Fasergut. Sulfitzellstoffe bleichen sich leichter und erfordern nur 10—15 kg Chlorkalk je 100 kg Fasermaterial. 100 kg Hadernzellstoff endlich können mit 5 kg Chlorkalk durchschnittlich gebleicht werden. Enthält das zu bleichende Fasergut verholzte Partikel, wie es z. B. der Fall ist, wenn Werg oder Linters verarbeitet werden, so genügt häufig die Chlorkalkbleiche nicht und man muß zu anderen Hilfsmitteln, in schwierigen Fällen zur Chlorgasbleiche seine Zuflucht nehmen. Die Chlorgasbleiche beruht auf einer Addition bzw. Substitution von Chlor an die verholzte Faser. Die Additions- und Substitutionsprodukte lassen sich durch Alkali entfernen. Die verholzenden Bestandteile der Faser werden also durch aufeinanderfolgende Wirkung von Chlor und Alkali beseitigt.

---

[1]) Vgl. Schwalbe und Wenzl, Bleichstudien an Holzzellstoffen. Papierfabrikant **20**, 1625—1631 (1922). D.R.P. 420684.

Nach dem Auswaschen des ausgebrauchten Bleichbades werden die Zellstoffe auf Entwässerungsmaschinen in die Form feuchter Wickel gebracht oder in den sich anschließenden Trockenvorrichtungen wird ihnen die Form trockener Pappenwickel gegeben, die man nachträglich auch zu rechteckigen Papptafeln zerschneidet.

Die Verarbeitung der Faserstoffe zu Papierfaserbrei.

Mahlung. Die Zellstoffasern unterscheiden sich, abgesehen von ihrer Herkunft, durch ihre Länge, Breite und Dicke, die charakteristisch für die einzelnen Sorten sind. Es haben die Nadelholz-Zellstoffe durchschnittlich eine Länge von 1—4 mm, eine Breite von 0,025—0,07 mm. Die Strohzellstoffe haben noch weit kürzere Fasern. Bei den Hadernzellstoffen können, entsprechend dem Ausgangsmaterial, weit größere Faserlängen auftreten, die jedoch für die Zwecke der Papierherstellung zu lang sind, so daß eine erhebliche Verkürzung auf das Durchschnittsmaß von 2—4 mm erforderlich ist. Die Fasern unterscheiden sich durch ihre Schmiegsamkeit und Verfilzbarkeit, welch letztere zu einem erheblichen Teil von der Oberflächenbeschaffenheit der Fasern abhängt. Je rauher bzw. ziselierter diese Oberflächen sind, um so größer wird beim Ineinanderschränken der Fasern der Widerstand gegen einen in der Längsrichtung der Fasern ausgeübten Zug sein, um so fester wird sich also der Faserfilz des Papiers erweisen. Die Oberflächenbeschaffenheit der Fasern und ihre Schmiegsamkeit können durch mechanische Bearbeitung für die Verfilzung günstiger gestaltet werden. Durch mechanische Bearbeitung, insbesondere durch Stauchung und Reibung quellen die Fasern auf, verlieren ihre Starrheit, verändern ihre Oberflächenbeschaffenheit und gehen bei Fortdauer der mechanischen Bearbeitung in Zellstoffschleim über. Die Fasern umkleiden sich zunächst vorzugsweise an den Enden mit Schleimmassen, wie mikroskopische Bilder erkennen lassen. Handelt es sich um Hadernzellstoff, so geht der Schleimbildung häufig eine Fibrilisierung in der Längsrichtung der Fasern voraus, eine Sondereigenschaft der Hadernzellstoffe, welche zu einem erheblichen Teil die große Festigkeit der aus solchem Rohmaterial gefertigten Papiere bedingt. Wird die Schleimbildung zu weit getrieben, so kann schließlich jede Struktur verschwinden. Die Faser ist dann „totgemahlen". Es sind nur noch Schleimmassen vorhanden, die beim Eintrocknen hornartige Massen ergeben. Dieses Schleimbildungsvermögen ist bei den einzelnen Fasersorten verschieden stark entwickelt, besonders rasch werden gewisse Sorten von „Mitscherlich-Zellstoff" in Schleim verwandelt. Man führt diese Sondereigenschaft auf einen relativ hohen Gehalt an Inkrusten — wahrscheinlich Zellulosedextrin — zurück, die durch eine sehr langsame und vorsichtige Kochung bei niederer Temperatur (130—135°) im Kochprozeß erhalten bleiben, während sie bei hoher Temperatur und höherem Druck aufgelöst werden.

Je mehr Schleim erzeugt wird, um so dichter und geschlossener, um so „klangvoller", aber auch um so durchscheinender wird das Papier. Bis zu einer gewissen Grenze steigt mit dem Schleimgehalt die Festigkeit, um bei übergroßem Zellstoffschleimgehalt rasch abzusinken. Die Veränderung der Oberflächenbeschaffenheit durch mechanische Bearbeitung tritt rasch und mit geringerem Kraftaufwand ein, wenn die Fasern im nassen Zustande, also ungetrocknet, verwendet werden. Sind die Fasern getrocknet oder gar übertrocknet, so quellen sie weit langsamer und unvollkommener. Der Kraftaufwand zur Erreichung eines bestimmten Schleimgehaltes vergrößert sich erheblich. Die erwähnte mechanische Bearbeitung, die Mahlung, wird in den sog. Mahl- oder Ganzzeug-Holländern vollzogen, Tröge von eiförmigem Querschnitt, die durch eine in der Mitte stehende Wand zu einem ringförmigen Raum gestaltet sind, in welchem der Zellstoffbrei mit Hilfe einer Messerwalze in Umdrehung versetzt wird. Diese Messerwalze kann auf ein sog. Grundwerk herniedergelassen werden, welch letzteres aus einigen Metallschienen, die im Boden des Troges eingelassen sind, besteht. Je nach der Entfernung der Messer von dem Grundwerk, je nach der Breite der Messer und ihres Schliffes, wirkt das Mahlorgan des Holländers mehr zerkleinernd oder mehr quetschend auf das Fasermaterial ein. Bei den schon erwähnten Pergamynzellstoffen, welche zur Herstellung fettdichter Papiere bestimmt sind, werden die Messer außerordentlich breit gemacht, um möglichst viel Quetschung und

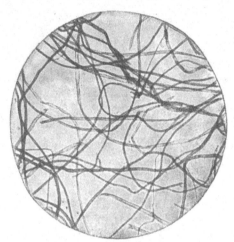

Abb. 84.
Baumwolle, rösch, lang.

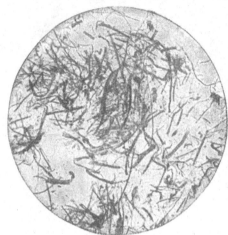

Abb. 85.
Baumwolle, rösch, kurz.

Reibung zu erzielen. Sie werden dann nicht mehr aus Stahl oder Bronze, sondern aus Basaltlava gefertigt.

Auf die Mahlarbeit sind auch von großem Einfluß die Konzentration des Faserbreies (gewöhnlich 5—8%) und die Beschaffenheit des Wassers und seine Temperatur. Elektrolyte, die im Wasser gelöst sind, vermögen die Mahlarbeit zu begünstigen oder zu erschweren. Kleine Mengen von Säuren oder Alkalien wirken begünstigend, voraussichtlich dadurch, daß sie die Quellung der Zellstoffasern beschleunigen. Kleine Mengen von Salzen wie Chlormagnesium wirken verzögernd, weil sie einen koagulierenden Einfluß auf durch Wasser in der Quellung begriffene Gele hervorrufen. Die Mahlarbeit kann in außerordentlich verschiedener Art und Weise durchgeführt werden. Sie ist bis zu einem gewissen Grade noch vollständig Gefühls- und Erfahrungssache. In neuester Zeit hat man versucht, durch Messung des aus verschieden stark gemahlenem Faserbrei auf einem Sieb abfließenden Wassers den Mahlungsgrad zu messen (Apparat von Schopper-Riegler).

Im Holländer vollziehen sich nach- und nebeneinander die Prozesse der Quellung, Fibrilisierung und Schleimbildung; die Fibrilisierung allerdings in merkbarem Ausmaße, vorzugsweise nur bei den Hadernzellstoffen. Der schon erwähnte Einfluß der Trocknung ist so bedeutend, daß man es vielfach vorzieht, feuchte Zellstoffpappenwickel trotz der infolge des hohen Wasserballastes hohen Transportkosten anzuwenden, um möglichst gute und rasche Mahlarbeit zu erzielen. Die Transportkosten werden in diesem Falle durch Verringerung des sehr bedeutenden Kraftaufwandes beim Mahlen, zum Teil durch die Güte des anzufertigenden Papiers ausgeglichen. Richtiges Mahlen der Fasern ist eine Kunst, mit deren Hilfe verhältnismäßig geringwertige Rohfasern zur Herstellung besserer Papiere geeignet gemacht werden können, während bei ungeschicktem Mahlen aus vorzüglichem Rohstoff schlechte Papiersorten hervorgehen. Der Papiermacher nennt das Fasermaterial, bevor es in den Mahlholländer kommt „Halbzeug", nach Beendigung der Mahlarbeit „Ganzzeug". Hat er im Mahlholländer mit scharfen Messern hauptsächlich zerkleinert, so daß nur wenig Faserschleim entstanden ist, so nennt er den Stoff „rösch". Wurde dagegen

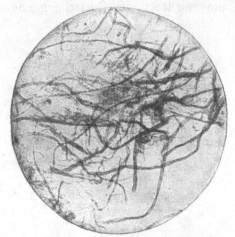

Abb. 86.
Baumwolle, schmierig, lang.

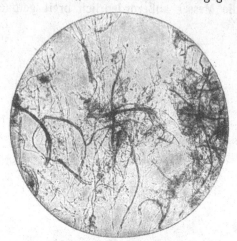

Abb. 87.
Baumwolle, schmierig, kurz.

durch stumpfe Messer mehr Quetscharbeit geleistet und viel Faserschleim gebildet, so wird der erzeugte fertig gemahlene Faserbrei als „schmierig" bezeichnet. Das verschiedene Aussehen „rösch" und „schmierig" gemahlener Baumwollfasern zeigen die Abb. 84—87.

Der Mahlarbeit im Holländer läßt man bei vielen Papiersorten noch ein Kneten in dem sog. „Kollergang" vorhergehen. Aufrechtstehende Mühlsteine, wie schon oben erwähnt, laufen um eine horizontale Achse in einer Kreisbahn in einem tellerartigen Trog und kneten bei Zugabe kleiner Wassermengen und einer Faserkonzentration von 15—25 % die Fasermasse, wodurch Faserbündel gelockert und die Fasern selbst geschmeidiger gemacht werden. Durch die Knetung im Kollergang läßt sich die Arbeit im Mahlholländer beträchtlich abkürzen.

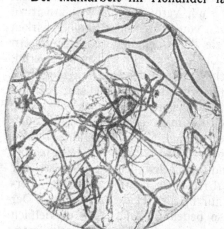

Abb. 88.
Baumwolle, normal, gemahlen.

Leimung. Für viele Papiere kann nach der Bearbeitung im Holländer die Papierblattbildung mit dem Stoffbrei vorgenommen werden, nämlich dann, wenn es sich um Papiere handelt, die saugende Eigenschaften behalten dürfen, wie z. B. die Filtrier- und Löschpapiere. Handelt es sich aber darum, Papiere zu erzeugen, die gegen das Eindringen von Wasser eine gewisse Widerstandsfähigkeit aufweisen, so müssen die Kapillaren zwischen den einzelnen Fasern verstopft und diese selbst mit Wasser abstoßenden Stoffen umkleidet werden. Die Verstopfung der Kapillaren und Umkleidung der Fasern kann erreicht werden durch ein Eintauchen fertiger Papierbogen in eine Gelatinelösung, welche nur die obersten Faserschichten des Papierblattes durchdringt und in ihnen eintrocknet. Die hornartige Gelatine ist zwar in Wasser wieder quellbar, doch dauert dieser Quellprozeß bei geeigneter Trocknung verhältnismäßig lange; bei kurzdauernder Beanspruchung — wie es beim Schreiben geschieht — erweist sich die Gelatineschicht als genügend widerstandsfähig gegen das Wasser der Tinte. Werden derartige Papiere jedoch einer Radierung unterzogen, so wird die dünne Gelatineschicht zerstört und das Wasser kann nunmehr ungehindert in das nicht mit Wasser abstoßenden Stoffen erfüllte Innere des Papierblattes eindringen. Soll die Widerstandsfähigkeit gegen das Wasser auch in den tieferen Schichten des Papierblattes vorhanden sein, so muß an Stelle der Leimung im Bogen mit Tierleim oder Gelatine die Leimung im Stoffbrei treten, ein Verfahren, welches von dem Uhrmacher Illig im Anfang des vorigen Jahrhunderts zu Eberstadt bei Darmstadt ausgearbeitet wurde. In den Faserbrei bringt man eine Harzemulsion oder Harzlösung, wie sie durch Behandlung von gewöhnlichem Kolophonium mit Alkali oder Kochen mit Soda erhalten werden kann. Es befinden sich dann zwischen den Fasern unzählige kleine Harzkügelchen, da die sog. „Harzmilch" zu einem großen Teil Kügelchen von freier Harzsäure und nur zu kleinem Teil gelöstes harzsaures Alkali enthält. Man kann diese Kügelchen auf die Fasern niederfällen und diese mit ihnen umkleiden, wenn zur Koagulation der Harzmilch geeignete Mittel angewendet werden. Die Zerstörung der Harzemulsion kann zwar schon durch Säure erreicht werden, aber die gefällten Harzkügelchen können dem Papier nicht dauernd die sog. Leimfestigkeit verleihen. Es hat sich herausgestellt, daß hierzu notwendig ist die Anwendung von Tonerdesulfat, welches, in Wasser dissoziiert, Aluminiumhydroxyd entstehen läßt, das anscheinend die Harzteilchen umhüllt bzw. zwischen den Harzteilchen niedergeschlagen wird, wenn das Alkali des Harzleimes und der Schwefelsäureanteil des Tonerdesulfats miteinander in Reaktion treten. Bei kunstgerechter Fällung umhüllen bei der späteren Papierblattbildung die Harzkügelchen die einzelnen Fasern vollkommen. Sie erfüllen die Kapillaren zwischen den Fasern und bewirken eine genügende Wasserfestigkeit für Schreibzwecke. Werden die mit Harz geleimten Papiere jedoch lange Zeit in Wasser gelegt, so weichen sie doch durch und verlieren ihre ursprüngliche Festigkeit, die sie z. T. den Harzkügelchen verdanken, welche nicht nur Wasser abstoßend, sondern auch verklebend und dadurch festigkeitserhöhend wirken. Über die Theorie der Harzleimung ist außerordentlich viel gearbeitet worden. In neuester Zeit hat man z. B. auch den Ausgleich elektrischer Ladungen zur Erklärung der Harzleimung herangezogen.

Färbung. Es gibt eine ganze Reihe von Papieren, für welche die Fasern einer Färbung nicht bedürfen, so z. B. bei Packpapier und Einwickelpapier, bei welchen die natürliche gelbbraune Farbe der Fasern als nicht störend angesehen wird. Vielfach ist es jedoch erforderlich, die genannten Naturfarbstoffe der Fasern zu verdecken und selbst wenn diese Naturfarbstoffe durch die Bleiche entfernt sind, wird es nötig, zur Erzielung hochweißer Papiere den schwach gelblichen Farbton der gebleichten Papiere durch Zufuhr von blauem und etwas rotem Farbstoff zu verdecken. In früherer Zeit geschah bei der Herstellung von weißen Papieren diese

Verdeckung des gelben Stiches durch Beigabe von Ultramarin, einem leuchtend himmelblauen Farbstoffpigment, das aus Soda, Ton und Schwefel hergestellt werden kann. In neuerer Zeit wendet man die sehr echten blauen und roten Indanthrenfarben an, weil das Ultramarin die unangenehme Eigenschaft hat, nicht säurebeständig zu sein, ja selbst den aus dem Tonerdesulfat abgeschiedenen kleinen Schwefelsäuremengen häufig nicht zu widerstehen vermag. Schließlich gibt es eine ganze Reihe von Papieren, welche in lebhaften Farben gefärbt werden müssen. Die Färbung solcher Papiere kann geschehen durch Eintauchen der fertigen Papiere in Farblösungen mit nachfolgender Trocknung. Das Verfahren kann jedoch nur bei sehr dünnen Papieren (Seidenpapier) angewendet werden, wenn gleichmäßige Farbtönung und Durchfärbung erfolgen sollen. Bei dickeren Papieren wird es notwendig, im Stoffbrei zu färben. Die Färbung des Stoffbreies folgt dann der Leimung oder geht ihr voraus. Diese kann geschehen entweder mit Pigmentfarben, wie dies vor Einführung der Teerfarbstoffe üblich war oder durch Färbung der Fasern selbst. Während bei der Anwendung der Pigmentfarben gefärbte Substrate zwischen den Fasern eingelagert werden, wird bei Färbung der Fasern selbst die Faser von den Farbstoffen durchdrungen und diese in ihr mehr oder weniger unauswaschbar festgehalten. Die Aufnahme des Farbstoffes durch die Faser ist unter allen Umständen zunächst ein Adsorptionsvorgang. Vielfach folgt aber der Adsorption offenbar eine chemische Vereinigung zwischen dem Fasermaterial und dem adsorbierten Farbstoff. Das Färben ist nicht identisch mit einer bloßen Durchtränkung und Eintrocknung des Farbstoffes auf und in der Faser. Es muß vielmehr durch oft vielstündiges Kochen der Faser in der Farbstofflösung die gewünschte Fixierung des Farbstoffes auf der Faser erzielt werden. Der reversible Adsorptionsvorgang muß irreversible gestaltet werden.

Die einzelnen Farbstoffklassen wirken auf die einzelnen Faserarten sehr verschieden ein. Die sauren Farbstoffe lassen sich auf den zur Herstellung von Papieren verwendeten Fasern nicht befestigen. Will man sie anwenden, so müssen diese sauren Farbstoffe zur Farblackbildung benutzt werden, d. h. zur Bildung von Pigmenten, welche die Fasern umkleiden. Die substantiven Farbstoffe dagegen lagern sich auf und in der Faser bei geeigneter Färbemethode unauswaschbar ab. Sie können für alle Faserarten Verwendung finden. Die basischen Farbstoffe dagegen haben für die nicht verholzten Pflanzenfasern wenig Affinität, während die verholzten Fasern gut angefärbt werden. Will man basische Farbstoffe für unverholzte Zellstoffasern anwenden, so muß wiederum zur Lackbildung geschritten werden, man kann etwa den basischen Farbstoff mit Tannin und Brechweinstein in einen unlöslichen Farblack überführen.

Füllung. Der Faserfilz, der aus einem Faserbrei gebildet werden kann, hat zunächst eine recht unregelmäßige Oberfläche, wie es nicht anders sein kann, da die Fasern, regellos durcheinander gelagert, miteinander verfilzt sind. Zur Ausgleichung der vorhandenen Unebenheiten ist ein Zusatz von sog. Füllstoffen geeignet, welche die Vertiefungen und Unebenheiten des Papierblattes mehr oder weniger erfüllen und verdecken. Gewisse im vorigen Abschnitt erwähnte Pigmente sind demnach auch Füllstoffe. Farblose weiße Füllstoffe werden aber auch dem Papierbrei häufig in sehr großer Menge hinzugegeben, weil man nicht nur die Unebenheiten des Faserfilzes beseitigen, sondern auch das Gewicht des Papiers erhöhen und seinen Charakter verändern kann. Ein mit Füllstoff versetztes Papier hat einen anderen „Griff" als ein von Füllstoff freies Papier. Durch Füllstoffzusatz können viele Papiere überhaupt erst bedruckbar gemacht werden. Als Füllstoffe dienen in erster Linie Kaolin, ein wasserhaltiges Aluminiumsilikat, auch unter dem Namen china clay in der Papiermacherei angewendet, ferner Gips, Talk und blanc fixe (gefälltes Bariumsulfat), kohlensaurer Kalk, Asbest u. a. m. Sie werden in feinst geschlemmtem Zustand angewendet und enthalten bekanntlich kolloide Anteile. Es hat sich jedoch herausgestellt, daß es nicht günstig wirkt, wenn man die Füllstoffe etwa durch mechanische Bearbeitung in den Zustand kolloider Lösung überführt. Solche kolloide Lösungen von Füllstoffen werden von dem Faserbrei sehr schlecht festgehalten. Wie sich aus dem gleich noch zu beschreibenden Prozeß der Papierblattbildung ergibt, besteht bei dieser Operation für den Füllstoff die Möglichkeit, mit dem abfließenden Wasser aus dem Faserfilz fortgeschwemmt zu werden. Dieses Abschwemmen der Füllstoffe kann durch eine geeignete Mahlung eingeschränkt, jedoch nicht beseitigt werden. Eine gewisse Fixierung der Füllstoffe kann auch durch Leimstoffe hervorgerufen werden. Immer wird man aber mit erheblichen Verlusten an Füllstoff, die 50 % und mehr des zugefügten Füllstoffmaterials betragen können, zu rechnen haben. Die Füllstoffe werden in Pulverform oder als Brei in den Ganzzeugholländer eingetragen. Es ist gewöhnlich die letzte Operation, welche mit dem Stoffbrei vor der Papierblattbildung vorgenommen wird. Für die Fixierung der Füllstoffe sind anscheinend ebenso wie für diejenige der Leimstoffe die elektrischen Ladungen der Fasern bzw. der Füllstoffteilchen von einiger Bedeutung.

Die Papierblattbildung.

Büttenpapiere. Um aus dem Faserbrei ein Papierblatt zu bilden, muß der Faserbrei zu einer dünnen Schicht auf einer wasserdurchlässigen Unterlage ausgebreitet werden, damit das Wasser abfließen kann und ein Faserfilz zurückbleibt. Vorbedingung für kunstgerechte Bildung des Faserfilzes ist, daß die Fasern im Augenblick der Papierblattbildung gut aufgewirbelt und in einer sehr starken Verdünnung von 0,1—1 % Faserkonzentration vorhanden sind, d. h. der im Holländer befindliche Stoffbrei von 5—8 % Faserkonzentration muß eine erhebliche Verdünnung erfahren, damit die Papierblattbildung möglich ist. Die Papierblattbildung geschah das Mittelalter hindurch nur auf den sog. Schöpfrahmen; Metalldrahtsiebe, welche einen abnehmbaren Rand besitzen, werden auch heute noch für die Herstellung allerfeinster Dokument- und Zeichenpapiere benutzt. Es sind die sog. handgeschöpften oder Büttenpapiere, welche in der angedeuteten Weise hergestellt werden. Die Schöpfrahmen werden in die Schöpfbütte getaucht, in welcher sich der dünne Papierbrei befindet, nachdem zuvor durch starkes Aufrühren das Sedimentieren der Fasern rückgängig gemacht worden ist. Durch Eintauchen des Schöpfrahmens in den Stoffbrei, unter schüttelnden Bewegungen des Rahmens, gelingt es, eine durch den abnehmbaren Rahmen begrenzte Faserschicht auf dem Sieb festzuhalten. Wenn die Hauptmenge des Wassers abgeflossen ist, kann der abnehmbare Rahmen entfernt werden, worauf sich der auf dem Metallsieb befindliche Papierfilz auf einen stark gefeuchteten Wollfilz ohne zu zerreißen übertragen läßt. Durch Pressen zwischen Wollfilzen kann eine weitere Menge von Wasser beseitigt und das Papierblatt verfestigt werden. Gewöhnlich wird nicht nur je 1 Papierfilz auf der Wollunterlage „abgegautscht", wie der Fachausdruck heißt, sondern es werden ganze Stöße 10, 20, 30 und mehr solcher Papierfilze übereinander gelegt, also vom Metallsieb abwechselnd im „Bausch" (Stapel) jedesmal gelöst. In einer Spindelpresse kann eine erhebliche Menge Wasser beseitigt werden. Die einzelnen Papierblätter lassen sich dann leicht voneinander trennen und einzeln auf Schnüren mit Klammern aufgereiht trocknen. Nach dem Trocknen

an der Luft folgen Vollendungsarbeiten wie das Glätten. Die handgeschöpften
Papiere sind, sofern sie nicht beschnitten worden sind, an den unregelmäßig aus-
gefransten Rändern zu erkennen, die sich dadurch ergeben, daß der abnehmbare
Holzrahmen des Schöpfsiebes eine scharfe gradlinige Begrenzung des Papierbogens
nicht erlaubt. Solche Ränder gelten geradezu als Kennzeichen für echtes Bütten-
papier. Wurde in dem Metallsieb durch Auflegen von Drähten eine erhabene Zeichnung auf dem glatten Metallsiebgrunde erzeugt, so wird diese bei der Bildung des
Papierblattes die Wirkung haben, daß an der Stelle der Auflagedrähte der Papierfilz dünner werden muß als an denjenigen Stellen des Siebes, die frei von Auflage-
drähten sind. Wenn das fertige Papier gegen das Licht gehalten wird, müssen selbstverständlich die dünneren Stellen des Bogens das Licht leichter hindurchlassen als
die dickeren Stellen. Man erblickt dann die durch Drähte auf dem Schöpfsieb
erzeugte Zeichnung in Gestalt durchsichtiger Linien im Papierblatt. Es ist das
sog. Wasserzeichen des Papiers entstanden, das besonders in früherer Zeit, aber
auch jetzt noch eine Qualitätsmarke bzw. Herkunftsbezeichnung darstellt.

Maschinenpapiere. Für die Fabrikation des Papiers im Großbetriebe ist das
geschilderte Verfahren viel zu umständlich, zeitraubend
und kostspielig geworden. Die neuzeitliche Papierherstellung vollzieht sich auf
Maschinen, deren wesentlicher Teil das Rund- oder Langsieb ist.

Rundsieb-Papiermaschine. Läßt man in dem Papierbrei einen Zylinder
aus Metalldraht-Siebgewebe rotieren, derart, daß er nur zur Hälfte seines Umfanges
in den Brei eintaucht, so wird bei Drehung des Siebzylinders eine Schicht Fasern auf
dem Sieb haften bleiben und gewissermaßen aus dem Brei herausgehoben werden.
Wird an der höchsten Stelle des Rundsiebes eine Filzbahn dicht an das Sieb angelegt, so kann der gebildete Papierfilz auf das Filztuch übertragen und mit diesem
abtransportiert werden. Es wird auf diese Weise möglich, kontinuierlich auf
dem Rundsieb einen Faserfilz gewissermaßen loszulösen und zur Verhütung des
Abreißens mittels des Führungsfilztuches zu transportieren. Wird der Papierfilz zwischen solchen Filztüchern kräftig ausgepreßt, so kann das feuchte Papier
durch Trocknung auf dampfgeheizten Zylindern derartig gefestigt werden, daß es
sich kontinuierlich auf einer Achse zu einer mehr oder weniger dicken Rolle von
Papier aufrollen läßt.

Langsieb-Papiermaschine. Eine weit wichtigere Rolle als die Rundsieb-
Papiermaschine spielt die Langsieb-Papiermaschine, bei welcher ein 3—5 m langes
Sieb wagerecht durch Walzenführung bewegt wird. Das Sieb ist ohne Ende,
d. h. es läuft auf der unteren Seite der Walzen zurück, so daß ein sich kontinuierlich bewegendes, endloses Sieb vorhanden ist. Unter der Oberfläche des Siebes
sind Saugkästen angeordnet, in welchem durch eine Vakuumpumpe eine Luft-
verdünnung erzeugt werden kann. Läßt man nun auf ein derartig bewegtes Sieb
einen dünnen Papierbrei laufen, so fließt das Wasser durch die Maschen ab und
durch die ständige Bewegung des Siebes bildet sich ein fortlaufender Streifen
eines Papierfilzes, der, wenn er über die Saugkästen gelangt, durch diese noch
weiter entwässert wird als es durch die natürliche Schwerkraft beim Abfließen des
Wassers möglich ist. Am Ende des Langsiebes wird der Papierfilz in ähnlicher
Weise wie bei der Rundsieb-Papiermaschine, auf Filztüchern geführt, durch mehrere
Pressen gezogen und dann in die sog. Trockenpartie gebracht, in welcher durch
Filztücher transportiert, das Papierblatt bald auf der Unter-, bald auf der Oberseite
mit dampfgeheizten Zylindern in Berührung kommt. Eine Langsieb-Papiermaschine
besteht demnach aus drei Hauptbestandteilen: dem eigentlichen Langsieb, auf
welchem das Papierblatt sich bildet (Naßpartie), der Preßpartie, in welcher die

Feuchtigkeit nach Möglichkeit durch Abpressen beseitigt wird und der Trockenpartie, in welcher der Rest des Wasser durch die strahlende Wärme der dampfgeheizten Zylinder verdampft wird. Das Trocknen des Papieres ist eine besonders
schwierige Operation dann, wenn es sich um Herstellung leimfester Papiere handelt.
Durch ungeschickte Trocknung kann die schon vorhandene Leimfestigkeit wieder
verschwinden. Es muß eine gewisse Feuchterwärmung der Papierbahn stattfinden,
damit nach Klemm die Harzteilchen zu sintern beginnen und sich im gesinterten
Zustande innig mit der Papierfaser verbinden. Während der Trocknung schrumpft
das Papierblatt und ist einem erheblichen Zuge ausgesetzt, da es zwischen einer
größeren Anzahl von Zylindern passieren muß. Die Richtung, in welcher das Papier
die Maschine passiert hat, läßt sich auch noch am fertigen Bogen erkennen, weil bei
der Herstellung des Papierfilzes auf dem Langsieb naturgemäß die Fasern sich
hauptsächlich parallel der Bewegungsrichtung einstellen werden. Infolge des Über-
wiegens parallel gerichteter Fasern in der Maschinenrichtung zeigt das Papier in
dieser Richtung weit größere Festigkeit als in der Querrichtung. Man erkennt die
Maschinenrichtung daran, daß ein gefeuchtetes Blatt sich derart einrollt, daß die
Längsachse der Rolle die Maschinenrichtung anzeigt.

Abwässer. Da das Papier in einer Faserkonzentration von nur 1% und darunter
zu einem Faserfilz vereinigt wird, ergeben sich sehr bedeutende Mengen
an Abwässern, die zu erheblichen Teilen einen Kreislauf beschreiben, indem man das
von der Papiermaschine ablaufende Wasser in der sog. Stoffbütte zur Verdünnung
des aus dem Mahlholländer kommenden Stoffes verwenden kann. Ein Teil des
Wassers wird aber durch Schmutz und Öl von Maschinenteilen zur Wiedergewinnung ungeeignet; die Abwässer aus den Waschholländern, welche Schmutz und
Chemikalien enthalten können, müssen ebenfalls aus dem Fabrikationsgang
herausgenommen werden. Sie führen einen nicht unerheblichen Teil von Fasermaterial mit sich fort. Durch geeignete Vorrichtungen (Trommelfilter oder Trichter-
apparate) läßt sich der größte Teil dieser Fasern noch gewinnen. In den letztgenannten Apparaten bereitet sich der langsam eintretende Wasserstrom auf
einen großen Querschnitt aus, wodurch bei der geringen Bewegungsgeschwindig-
keit des Wassers erreicht wird, daß die Faserteilchen, dem Gesetz der Schwere folgend, absinken, während am oberen Ende des Trichters klares Wasser abfließt.
Werden die Fasern nicht aus dem Wasser entfernt, so können in stehenden oder
langsam fließenden Gewässern durch Fäulnis unangenehme Verschmutzungen
hervorgerufen werden. Die gefärbten Abwässer beleidigen mehr das Auge als daß
sie besonders schädlich wären.

Wasserzeichen- Die oben erwähnten Wasserzeichen können auch auf dem
Papiere. Maschinenpapier angebracht werden. Man flechtet jedoch die
zur Bildung des Wasserzeichens bestimmten Drähte nicht in
das Langsieb ein, sondern läßt auf dem in Bildung befindlichen Papierfilz eine
Siebrolle mitlaufen, in der das Wasserzeichen eingearbeitet ist. Die Walze drückt
sich in den nassen Papierfilz ein und erzeugt so dickere und dünnere Stellen,
die nach dem Trocknen als Wasserzeichen sichtbar werden. Da die Behörden
und der Handel Interesse daran haben, Papiere bestimmter Qualität leicht
erkennen zu können, so müssen Papiere bestimmter Zusammensetzung ein bestimmtes Wasserzeichen tragen. So bedeuten z. B. normal 1—4 Papiere ganz
bestimmter Stoffzusammensetzungen. Die Papiere mit der Bezeichnung normal 1
enthalten nur edelstes Fasermaterial, Hadernzellstoffe, während bei normal 4 z. B.
überhaupt keine Hadern, sondern nur noch Holzzellstoffe vorhanden sind. Die
Wasserzeichen sind zugleich aber auch Ursprungsmarken. Ein solches Wasser-

zeichen wird der Behörde angemeldet und darf nur von dem Anmelder bei der Herstellung von Papier benutzt werden.

Papierglättung. Das die Trockenpartie verlassende Papier wird aufgerollt und muß nachträglich noch Vollendungsarbeiten durchmachen, z. B. eine Glättung (Satinage) erfahren. Für diese Glättung sind besondere Maschinen vorhanden, die sog. Kalander, bei welchen die wiedergefeuchtete Papierbahn zwischen einer Stahlwalze — die geheizt sein kann — und einer Papierwalze hindurch gezogen wird. Die Papierwalze ist durch Aufstecken äußerst zahlreicher Papierblätter auf einen Dorn unter starkem hydraulischen Druck und Abdrehen dieses Gebildes in einer Drehbank erzeugt worden. Wird eine Papierwalze mit der Stahlwalze zusammengepreßt, so erleidet das dazwischen geklemmte Papier eine elastische Pressung. Würde man das Papier durch zwei Stahlwalzen ziehen, so könnte es leicht völlig zerdrückt werden, weil die Stahlwalze nicht bei gröberen Unebenheiten des Papieres nachgeben kann. In dem Kalander wird das Papier geglättet oder satiniert und je nach der Verwendung des Papiers müssen die Papierbogen oder die Papierbahnen einmal oder mehrfach durch den Kalander gezogen werden.

Formatpapiere[1]). Die Papiere werden entweder in Rollen oder in Bogen verkauft. Zur Herstellung von Bogen müssen die Bahnen durch Längs- oder Querschneider in geeignete Größen zerteilt werden, worauf dann die Verpackung in handelsüblichen Mengen (Ries usw.) erfolgt.

Handelsbräuche. Die Papiere werden vielfach nach Buch, Ries und Ballen gehandelt. Von Schreibpapieren umfaßt das Buch 24, bei Druckpapieren 25 Bogen; 20 Buch bilden das Ries und 10 Ries den Ballen. Für die neuen Formate hat sich die Zählung nach 1000 Bogen, die etwa ein Ballen enthalten kann, eingebürgert. — Für den Handel mit Papieren bestehen in den einzelnen Ländern noch besondere Handelsbräuche, die von den Fachvereinigungen der betreffenden Länder festgelegt worden sind und von Zeit zu Zeit Überprüfung und Abänderung erfahren.

Papiersorten.

Einteilung der Papiere. Bei den überaus mannigfaltigen Verwendungszwecken des Papiers haben sich zahlreiche Papiersorten herausgebildet. Unter Zugrundelegung einer von Klemm gegebenen Zusammenstellung kann man folgende Hauptsorten unterscheiden:

A. Bildträger- oder Gedankenvermittlungspapiere (Schreib-, Druck- und Zeichenpapiere).

B. Saugpapiere (Lösch- und Filtrierpapiere).

C. Hüllpapiere (Pack- und Einwickelpapiere).

D. Papiere mit Oberflächenpräparation (Streich-, Chromodruck-, Kunstdruck-, lichtempfindliche Papiere: Lichtpaus-, photographische Papiere, Schleif- oder Schmirgelpapiere).

E. Papiere mit Innenpräparation (Reagens-, Räucher-, Ölpaus-, Diaphanie-, Wachs-, Asphaltpapiere, Dachpappen).

---

[1]) Bezüglich der im Handel zu findenden Formatpapiere besteht eine außerordentliche Mannigfaltigkeit. Man ist gegenwärtig bemüht, einige wenige Einheitsformate, sog. Normalformate im Handel einzuführen.

F. In ihrer Beschaffenheit veränderte Papiere (Pergament-, vulkanisiertes Papier, Vulkanfiber).

G. Papierextreme: a) extrem dünne Papiere: Seidenpapiere (Hüllpapiere), Zigarettenpapiere, Blumenseidenpapiere, b) extrem dicke Papiere: Karton und Pappe.

Von den vorgenannten Sorten sollen einige nachstehend einer ausführlicheren Besprechung unterzogen werden.

Streichpapiere. Chromodruckpapiere, Kunstdruckpapiere u. dgl. sind zur möglichst scharfen und künstlerischen Wiedergabe der mechanischen Bilddruck-Vervielfältigungs-Verfahren bestimmt. Von diesen Papieren wird eine möglichst glatte Oberfläche gefordert, damit z. B. die feinen „Raster"-Punkte einer mechanischen Druckplatte völlig gleichmäßig zum Abdruck gelangen können. Eine glatte Oberfläche wird diesen Papieren durch Aufstreichen einer Paste gegeben, deren Bindemittel Kasein oder Stärkepräparate sind, während der Körper der Streichfarben aus Kaolin, blanc fixe (gefälltes Bariumsulfat) u. a. m. besteht. Da durch den Strich die Unterlage, das eigentliche Papier, vollständig verdeckt wird, werden für Streichzwecke häufig ziemlich minderwertige holzschliffhaltige Papiere angewendet. Die Erzeugung der Streichpapiere bedingt eine außerordentlich gleichmäßige Auftragung der Paste, was maschinell durch Verstreichen mit Bürsten geschieht, ebenso vorsichtiges Trocknen, bei welchem ungleichmäßiges Schrumpfen vermieden werden muß und endlich eine sehr gute Satinage, welche die gewünschte spiegelnde Oberfläche hervorbringen soll. Ein Nachteil dieser Papiere ist, daß die glatte Oberflächenschicht gegen mechanische Einflüsse ziemlich empfindlich sich erweist.

Pergamyn- und Pergamentersatz-Papiere. Unter Pergamynpapieren versteht man gewisse Sorten, welche das vegetabilische Pergament nachahmen oder durch eine nachträgliche Satinierung noch durchscheinender als dieses gemacht werden. Durch eine eigenartige Aufschließung von Holz (eine Abart der oben erwähnten Mitscherlich-Kochung) werden Holzzellstoffe erzeugt und in Mahlholländern mit sehr breiten Messern aus Basaltlava sehr schmierig gemahlen. Der so erzeugte Stoffbrei liefert bei der Papierherstellung sehr glasige Papiere. Die Pergamynpapiere sind hauptsächlich für Einwickeln von Nahrungsmitteln, insbesondere von Fettwaren bestimmt. Sie müssen deshalb einen gewissen Grad von Fettdichtigkeit besitzen. Hält man unter fettdichtes Papier ein brennendes Streichholz, so wird, wenn man Entzündung zu vermeiden weiß, das Papier blasig aufgetrieben, wenn es fettdicht ist. Durch die Mahlung bzw. Satinierung ist die Oberfläche des Papiers derart durch Schleim verdichtet, daß das im Inneren des Papierblattes befindliche Wasser zwar in Dampfform übergehen, aber nicht sogleich entweichen kann. Der Druck des entstehenden Dampfes treibt die Blasen an der Oberfläche des Papiers empor. Die Fettdichtigkeit kann auch an dem Durchschlagen von Terpentinöl durch das zu prüfende, auf eine weiße Unterlage gelegte Papier hindurch erkannt werden.

Vegetabilische Pergamentpapiere. Das sog. echte vegetabilische Pergamentpapier wird durch Eintauchen von stark saugfähigem Papier, vorzugsweise von Baumwollpapier in eine Schwefelsäure von 78% Schwefelsäuregehalt während einiger Sekunden erhalten. Unter der Wirkung der Schwefelsäure quellen die Fasern der Oberflächenschichten und lösen sich teilweise zu einer Gallerte. Durch diese Gallerte werden die an der Papieroberfläche befindlichen Fasern miteinander verklebt. Nach dem Innern des Papierblattes zu nimmt die Schleimbildung ab; aber die Fasern werden noch derartig verdichtet, daß nach gehörigem Auswässern Papiere entstehen, die eine erhebliche Festigkeitsvermehrung gegenüber dem Ausgangsmaterial erfahren haben, durchscheinend sind und selbst in feuchtem Zustande eine größere Widerstandsfähigkeit gegen das Zerreißen besitzen als das Ausgangsmaterial.

Die echten vegetabilischen Pergamentpapiere kann man von den Pergamynpapieren dadurch unterscheiden, daß erstere beim Betupfen mit einer Jodjodkaliumlösung oder Chlorzinkjodlösung einen schwarzen Fleck geben, der beim Auswässern sehr langsam verschwindet, während sich bei Pergamynpapieren die schwarze Färbung unter gleichen Umständen sehr rasch verliert.

Vulkanfiber. Ebenfalls durch einen Quellungsvorgang entstehen die Vulkanfiberpapiere, unter denen man Papiersorten versteht, welche durch eine konzentrierte Chlorzinklösung, die bei mäßiger Wärme angewendet wird, zum Quellen und Durchscheinen gebracht worden sind. Werden mehrere solche Papierbahnen, die mit Chlorzink behandelt waren, heiß aufeinandergepreßt, so schweißen sich die einzelnen Lagen zusammen. Man kann auf diese Weise sehr dicke Pappen, ja Blöcke bis zu 5 cm Dicke erzielen. Das Chlorzink muß bei dicken Blöcken durch einen monatelang dauernden Auslaugeprozeß wieder aus der Vulkanfibermasse entfernt werden. — Vulkanfiber ist eine im trocknen Zustand sehr harte, hornartige Masse, die sich vorzüglich mechanisch bearbeiten läßt und für Anfertigung elektrotechnischer Artikel, Schalter usw. infolge des hohen elektrischen Widerstandes, aber auch als Kofferpappe u. a. m. vorzüglich geeignet ist.

Nicht zu verwechseln mit Vulkanfiberpapier ist das vulkanisierte Papier, das man mit einer Kautschuklösung durchtränkt hat, wodurch nach Verdunsten der Kautschuklösung eine dünne Haut von Kautschuk auf und in dem Papier zurückbleibt.

Pauspapiere und Wachspapiere. Werden Saugpapiere mit oxydiertem Leinöl durchtränkt, so kann man durchscheinende Papiere erhalten, die für Pauszwecke geeignet sind. Eine Präparation mit Wachs macht das Papier bis zu einem gewissen Grade widerstandsfähig, gegen Luft und Feuchtigkeit undurchlässig, was beim Verpacken von riechenden Stoffen (Tee, Schokolade, Tabak) Bedeutung hat. Derartige Papiere können demnach Stanniol und Blei als Packmaterial bis zu einem gewissen Grade ersetzen. In neuester Zeit werden ihnen Zellophane oder Glashäute für diesen Zweck vorgezogen.

Dachpappe. Zur Dachpappe werden Pappen verschiedener Stoffzusammensetzung mit Steinkohlenteerpräparaten imprägniert und nachfolgend besandet, damit ein Zusammenkleben der mit Teer getränkten Pappen verhütet wird. Die Dachpappen dienen als ein gutes, gegen Witterungseinflüsse recht beständiges Dachdeckmaterial.

Zellstoffwatte und Filtrierzellstoff. Papierfasern werden auch zu Gebilden geformt, die nicht mehr als Papierblätter angesprochen werden können. Hierher gehören die Zellstoffwatte und der Filtrierstoff, die in dicken Vliesen bzw. dicken Blöcken geliefert werden. Erstere dienen als Verbandmaterial als Ersatz für die teure Baumwollwatte; letztere zum Filtrieren von trüben Flüssigkeiten (Bier, Öl usw.).

Eigenschaften und Prüfung der Papiere.

Die physikalischen Eigenschaften der Papiere entsprechen naturgemäß denen der Rohstoffe, der Zellstoffe. Durch die mechanische Bearbeitung im Holländer, durch die Verwendung verschiedener Fasersorten nebeneinander, durch die Beigabe von Leim- und Füllstoffen, endlich durch die Glättung erhält das Papierblatt Eigenschaften, die in manchen von denjenigen der Rohfaserstoffe abweichen. Nachstehend sollen einige der wichtigsten physikalischen Eigenschaften der Papiere Besprechung finden.

Ausdehnung durch Feuchtigkeit. Die Ausdehnung durch Feuchtigkeit und die Schrumpfung beim Wiedereintrocknen sind Eigenschaften, die beim Bedrucken von Papier, insbesondere mit mehreren Farben, bei Kunstdrucken, Landkarten u. dgl. eine wichtige Rolle spielen. Je geringer die Volumveränderungen sind, die bei dem notwendigen Feuchten der Papierbogen vor sich gehen, um so wertvoller ist ein solches Papier für Druckzwecke. Dieses Ziel kann durch Auswahl der Rohstoffe und durch geeignete Behandlung dieser bei der Papierherstellung wohl erreicht werden.

Lichtdurchlässigkeit. Lichtdurchlässigkeit der Papiere ist für manche Verwendungszwecke eine sehr störende Eigenschaft. Gute Druckpapiere sollen nicht durchscheinen, damit der Druck der zweiten Seite des Papierblattes beim Lesen der ersten Seite nicht stört, andererseits ist Lichtdurchlässigkeit bei Kopierpapieren oder Pauspapieren erwünscht. Die Lichtdurchlässigkeit hängt ab von der Faserart. So verleihen beispielsweise Sulfitzellstoffe dem Papier einen glasigen Charakter, während Baumwollfasern wenig durchscheinen. Von Einfluß sind aber auch die Vollendungsarbeiten. Durch Satinieren (Glätten) kann die Durchsichtigkeit sehr gesteigert werden, wie dies z. B. bei Fertigung der schon erwähnten Pergamynpapiere absichtlich geschieht.

Bei Druckpapieren, bei Briefumschlag- und Pergamynpapieren ist die Bestimmung der Lichtdurchlässigkeit zuweilen erforderlich. Nach dem Verfahren von Klemm stellt man fest, wie schwer und dicht ein Papier sein muß, damit Licht von bestimmter Stärke nicht mehr durchdringt. Der Apparat besteht aus einem Beobachtungs- und Beleuchtungsrohr, die auf einer optischen Bank verschiebbar angeordnet sind. Das Beleuchtungsrohr enthält eine Hefner-Alteneck sche Amylazetatlampe von Normalkerzenstärke. Zwischen beide Rohre schaltet man nach und nach soviel Papierblättchen ein, bis das Licht der Lampe nicht mehr durchscheint. Die absolute Lichtdurchlässigkeit wird als ein Bruch angegeben, dessen Zähler 1, dessen Nenner die Anzahl der Blättchen ist.

Wärmeleitung. Charakteristisch für Papiere ist deren schlechte Wärmeleitung. Papiere, noch dazu in mehreren Lagen mit ruhenden Luftschichten zwischen den einzelnen Lagen, liefern eine vorzügliche Isolation, teils durch die eigene schlechte Wärmeleitung, teils durch diejenige der ruhenden Luftschichten zwischen den Fasern des Papierblattes. In der Form von Papier werden die Zellstoffe für genannte Zwecke meist nicht allein, sondern in Verbindung mit Harzen, Paraffin und Wachs angewendet.

Verhalten gegen elektrischen Strom. Papier leitet im feuchten Zustand den elektrischen Strom sehr gut; im völlig trocknen Zustande ist es ein vorzügliches Isolationsmaterial der elektrischen Drahtleitungen. Papier findet deshalb umfangreiche Anwendung in der Kabelindustrie. Die Papierumwicklungen der Kabel werden durch Imprägnation mit Harz, Wachs u. dgl. unempfindlich gegen die Feuchtigkeit gemacht.

Saugfähigkeit. Für viele Papiere, z. B. für Lösch- und Filtrierpapiere ist die Eigenschaft der Saugfähigkeit von großer Bedeutung. Je schneller ein Papier Flüssigkeiten aufsaugt und in sich verbreitet, je mehr Flüssigkeit ein Papier aufsaugen kann, desto besser ist dessen Saugfähigkeit. Sie hängt ab von der Aufnahmefähigkeit der Fasern selbst für die betreffende Flüssigkeit (Imbibition) und der Aufsaugung in den Faserzwischenräumen, die feine Kapillaren darstellen (Kapillaranziehung). Je schmiegsamer und poröser das Papierrohmaterial ist, desto besser ist die Kapillaranziehung ausgebildet; am besten bei der Baumwolle, gut auch noch bei Natronholzzellstoffen, schlechter bei Sulfitzellstoffen.

Bei Filtrierpapieren kann zur Bestimmung der Filtriergeschwindigkeit die Zeit in Sekunden gemessen werden, die bei einer Druckhöhe von 50 mm durch eine Fläche von 10 qcm zum Durchlaufen von 100 ccm Wasser erforderlich ist. Als Ergebnis der Prüfung, die zweckmäßig in einem von Herzberg entworfenen Apparat erfolgt, wird die Wassermenge angegeben, die in einer Minute bei einem Wasserdruck von 50 mm und einer Wasserwärme von 20° durch 100 qcm Papier läuft.

Leimfestigkeit. Bei der Leimfestigkeit von Papieren handelt es sich um eine der Saugfähigkeit gegensätzliche Eigenschaft. Leimfest sind Papiere dann, wenn sie dem Eindringen von Flüssigkeiten möglichst hohen Widerstand entgegensetzen. Meist handelt es sich um Widerstandsfähigkeit gegen Tinte, aber auch Widerstand gegen Druckerschwärze, photographische Bäder und Streichmassen kommen in Betracht. Bei der Tintenfestigkeit kommen meist Flüssigkeiten von saurer Reaktion in Frage. Die Streichmassen enthalten auch alkalische Bestandteile, gegen die das Papier Widerstandsfähigkeit besitzen soll. Die gebräuchlichste Prüfung auf Leimfestigkeit wird mit Normaltinten vorgenommen (am besten mit einer Ziehfeder), mit denen man verschieden breite, sich kreuzende Striche auf dem Papier zieht. Nach dem Auslaufen der Tintenstriche und ihrem Durchschlagen kann der Grad der Tintenfestigkeit beurteilt werden. Empfehlenswert ist die Ergänzung dieser Prüfung durch die Tinten-Schwimmethode von Klemm: Das zu untersuchende Papierblatt läßt man 10 Minuten auf Tinte schwimmen und prüft, ob und an wie vielen Stellen die Tinte nach der Rückseite des Papierblattes durchgeschlagen ist.

Da die Papiere sowohl mit Harzleim wie mit Tierleim oder Stärke geleimt sein können, ist es nötig, auf Art der Leimung zu prüfen. Tierleim kann durch Auftropfen von geschmolzenem Stearin auf das Papier erkannt werden. Im Falle, daß Harzleim vorliegt, dringt das Stearin durch das Papier durch. Bei Papier, welches eine Tierleimschicht trägt, findet eine Durchdringung nicht statt. Genauer ist die Prüfung eines Papierauszuges auf Tierleim mit Hilfe von Gerbsäure. Zur raschen Erkennung der Harzleimung genügt in den meisten Fällen das Auftropfen von Äther. Nach dem Verdunsten des Äthers ist am Rande des Fleckes ein Harzrand erkennbar, insbesondere, wenn man das Papier gegen das Licht hält.

Die Reißfestigkeit des Papiers ist der Widerstand gegen Zerreißung parallel zur Papierebene oder gegen die Einwirkung regellos gerichteter Kräfte beim Knittern und Zusammenfalten. Der Faserfilz, der die Papiere zusammensetzt, findet seinen Zusammenhalt durch die Oberflächenanziehung, bzw. durch Reibung, die sich dem Auseinanderziehen der Fasern entgegensetzt. Erhebliche Rauheit der Faseroberfläche verursacht, wie oben erwähnt, große Reibung zwischen den Fasern, ebenso starkes Aufeinanderpressen der Fasern, gegebenenfalls unter Zuhilfenahme von Leim; Reibung wird insbesondere aber durch innige Verschlingung der Fasern, durch gute Verfilzung bedingt und dadurch hohe Festigkeit der Papiere erreicht. Die Verfilzungsfähigkeit der Fasern setzt eine gewisse Länge voraus. Je kürzer die Fasern, um so schwieriger ist es, gute Verfilzung zu erzielen, so z. B. bei dem kurzfaserigen Holzschliff und Strohzellstoff im Gegensatz zu den langfaserigen Spinnfaserstoffen aus Baumwolle und Flachs. Natürlich hängt die Festigkeit der Papiere auch von der Zerreißfestigkeit der Fasern selbst ab; diese wird im allgemeinen um so größer sein, je dicker die Fasern sind. Aber eine zu große Dicke der Fasern ruft Starrheit der Fasergebilde und damit wieder Beeinträchtigung der Verfilzbarkeit hervor. Starre, dicke Fasern sind auch nicht genügend biegsam, brechen leicht ab, sind nicht knickfest. Auch eine gewisse Weichheit der Faser ist daher Vorbedingung für gute Verfilzung. Dünne, lange, weiche Fasern, wie sie die Baumwolle und der Flachs liefern, sind deshalb am besten zur Fabrikation von festen Papieren geeignet.

Sehr wesentlich für die Festigkeit der Papiere ist völlig gleichmäßige Durcheinanderlagerung der Fasern im Stoffbrei und im fertigen Papier. Diese bringt eine gleichmäßige Verfilzung an allen Stellen des Papierblattes mit sich. Bei Hand- oder Büttenpapieren ist sie verhältnismäßig leicht erreichbar; bei diesen ist deshalb die Zerreißfestigkeit in allen Richtungen des Papierblattes ziemlich groß. Bei Maschinenpapieren ist jedoch die Zerreißfestigkeit in der Laufrichtung der Maschine erheblich größer, als in der Querrichtung, weil bei der Vorwärtsbewegung des Papierbreies auf dem Maschinensieb, wie oben auseinandergesetzt, eine Strömung und damit Gleichlagerung der Fasern unvermeidlich ist. — Bevor die Fasern selbst bei Zugkräften, die auf das Papier wirken, reißen oder voneinander abgezogen werden, erleidet das Papier eine gewisse Dehnung, die sehr verschiedene Werte annehmen kann. Eine hohe Dehnung ist im allgemeinen günstig für die Festigkeitseigenschaften der Papiere.

Die Festigkeit der Papierfasern kommt auch zur Geltung bei den Vollendungsarbeiten, die mit dem Papierblatt vorgenommen werden. Beim Glätten oder Satinieren können nicht genügend geschmeidige oder weiche Fasern zerquetscht werden, was der Festigkeit der Papiere natürlich abträglich sein muß, während elastische, weiche Fasern durch hohen Druck der Satinierapparate (der schon erwähnten Kalander) nur einander angenähert werden, womit infolge der Erhöhung der Reibung eine Festigkeitszunahme verbunden sein kann.

Die Festigkeit der Papiere wird endlich auch von den Zusatzstoffen bedingt, die außer den Fasern im Papierblatt vorhanden sind. Während Leimstoffe wie Tierleim, Harzleim und Stärke die Festigkeit erhöhen, wird sie durch den vielfach üblichen und notwendigen Zusatz von Füllstoffen erniedrigt.

Die Bestimmung der Festigkeit geschieht durch Messung des Widerstandes, den die Papiere dem Biegen, Falzen, Knittern, Rollen oder Zerreißen entgegensetzen; auch zur Prüfung der etwaigen Einflüsse von Luft, Licht, Wärme und Feuchtigkeit ist die Messung der Zerreißfestigkeit geeignet.

Die Festigkeit der Maschinenpapiere ist, wie schon erwähnt, in der Laufrichtung weit höher, als in der Querrichtung. Bei Handpapieren sind die Unterschiede geringer, aber auch vorhanden. Um die Laufrichtung eines Papieres zu erkennen, bringt man ein Blatt Papier derart in Wasser, daß die Kante 1 cm unter Wasser taucht. Beim Herausziehen nach einigen Augenblicken bleibt die Kante glatt, wenn das Papier in der Laufrichtung eingesenkt wurde; sie wird wellig, wenn es in der Querrichtung eingesenkt worden ist.

Zur Festigkeitsbestimmung wendet man gewöhnlich Streifen von 180 mm Länge und 15 mm Breite an. Um von zufälligen Unterschieden in der Festigkeit an einzelnen Stellen des Papierblattes unabhängig zu sein, ist es nötig, mindestens fünf Streifen zu prüfen. Diese Streifen müssen sehr sorgfältig mit scharfen Scheren geschnitten werden, damit man scharfe Ränder erhält, weil bei ungleichen Rändern die Ergebnisse stark schwanken können. Für das Schneiden der Musterstreifen sind besondere Schneideapparate konstruiert worden.

Die Zerreißfestigkeit von Papieren wächst mit abnehmender Luftfeuchtigkeit, während zugleich die Dehnung der Papiere abnimmt. Als Normalfeuchtigkeit für

die Prüfung der Zerreißfestigkeit gilt 65% Luftfeuchtigkeit, die sowohl im Arbeitsraum, als auch in dem zu prüfenden Papier vorhanden sein muß. Es muß also das
zu prüfende Papier einige Stunden lang im Arbeitsraum aufbewahrt werden, damit
es die normale Luftfeuchtigkeit annimmt. In einigen Fällen kann man auch bei
anderer als der normalen Luftfeuchtigkeit prüfen, muß aber dann Umrechnungs-
faktoren anwenden, die von Dalén berechnet worden sind.

Der verbreitetste Apparat zur Prüfung der Zerreißfestigkeit ist der Schoppersche Festigkeitsprüfer, der nach dem Prinzip einer Neigungswaage konstruiert ist.
Der zwischen Klemmbacken eingespannte Papierstreifen wird angespannt durch
einen Belastungshebel, der über einer Skala spielt. Beim Zerreißen wird dieser
Hebel automatisch arretiert, so daß man die Belastungszahlen ablesen kann. Die
Dehnung wird aus der Messung der Verschiebung der Einspannklemmen erkannt
und ebenfalls durch einen Hebel, der über einer Teilung spielt, sichtbar gemacht.

Die Bruchlast wächst mit Breite und Dicke des zerrissenen Streifens. Um von
diesen Faktoren unabhängig zu werden, berechnet man die „Reißlänge". Die
Reißlänge eines Papiers ist die Länge eines Papierstreifens von beliebiger, aber
gleichbleibender Breite und Dicke, bei welcher der Papierstreifen, an einem Ende
aufgehängt gedacht, infolge seines Eigengewichts am Aufhängungspunkt abreißen
würde. Diese Länge kann aus der Bruchlast und dem Streifengewicht berechnet

werden. Nach Hartig berechnet man sie aus der Formel $x = \dfrac{L}{g} \cdot K$ in Kilometern.

K bedeutet die Bruchlast in Kilogramm, g das Streifengewicht in Gramm, L die
Streifenlänge in Millimeter. In dieser Formel ist das Gewicht des völlig bei 100°
getrockneten Streifens zugrunde gelegt. Will man die etwas umständliche Trocken-
bestimmung vermeiden, so kann man das Gewicht auch bei der Luftfeuchtigkeit
von 65% bestimmen, muß aber dann die Reißlänge mit einem Faktor, nämlich
mit 1,06 multiplizieren.

An Stelle der Bestimmung der Zerreißfestigkeit zieht man es in einigen Ländern, vor allen Dingen in den Vereinigten Staaten, vor, den Widerstand gegen das
Durchdrücken der Papiere zu bestimmen. Besonders verbreitet ist der Mullen-
apparat, bei welchem ein Flüssigkeitsdruck auf eine Gummimembran ausgeübt
wird, die ihrerseits das eingespannte Papierblatt bis zum Durchdrücken preßt.

Falzwiderstand. Außer der Zerreißfestigkeit kommt in Frage die Bestimmung
des Widerstandes gegen Zerknittern und Falzen. Gegen-
wärtig hat der Schoppersche Falzer große Verbreitung gefunden. Es wird ein
Papierstreifen in einen geschlitzten Blechstreifen eingelegt. Durch Hin- und Her-
bewegung dieses Blechstreifens bei gleichzeitiger Anspannung des Papierstreifens
durch Spiralfedern wird eine fortdauernde Falzung des Papierstreifens hervorgerufen. Man zählt die Anzahl der Doppelfalzungen, welche die Bruchkante
des Papiers aushält. Es kommen Papiere vor, die weit über 1000 derartige
Doppelfalzungen aushalten können, andere wieder brechen nach einigen wenigen
Doppelfalzungen.

Dichte der Die Dichte der Papiere ist abhängig von dem spezifischen Gewicht
Papiere. der Faserart und vom Gefüge der Faserfilze. Die „Räumigkeit" eines
Papiers kann aus der Dicke und dem Quadratmetergewicht errechnet
werden. Ist D die Dicke des Papiers in Millimeter, Q das Quadratmetergewicht in
Gramm, dann ist das scheinbare Raumgewicht: das Gewicht von einer Raumeinheit

von 1 Liter, in Kilogramm ausgedrückt $= \dfrac{Q}{D \cdot 1000}$. Die Werte für diese Größe

schwanken in sehr weiten Grenzen schon bei völlig unbeschwerten Papieren. Bei solchen, die spezifisch schwere Füllstoffe enthalten, sind naturgemäß die Schwankungen noch größer. Bei unbeschwerten Papieren, beispielsweise bei Löschpapieren, beträgt das Raumgewicht 0,33 kg, bei dichten Pergamynpapieren 1,35 kg. Für Banknotenpapiere wurde der Wert von 0,75 kg gefunden.

Diese Zahlen geben nur das scheinbare Einheitsgewicht an, da bei der Art der Messung die mit Luft gefüllten Hohlräume mitgemessen werden. Das wirkliche Einheitsgewicht kann nach der Auftriebsmethode ermittelt werden. Es wird das Gewicht eines Glasgefäßes in Luft, Wasser und Öl (Baumöl oder Terpentinöl), ferner das Gewicht des Papiers in Luft und Öl bestimmt und hieraus das Einheitsgewicht berechnet. Aus dem wirklichen und scheinbaren Einheitsgewicht kann man den Porositätsgrad bestimmen, der angibt, in welchem Maße das Papier als Fläche mit Papierstoff angefüllt ist. Das erwähnte Quadratmetergewicht wird auf besonders konstruierten Waagen, welche einen Bogen in Normalformat aufnehmen können, gewogen. Der Zeiger über der Skala der Waage gibt ohne weiteres das Quadratmetergewicht an.

Für die Dicken-Messung der Papiere existieren Spezialapparate, welche die Messung der Dicke bis auf eine Genauigkeit von $1/1000$ mm treiben.

Aschengehalt. Von großer Bedeutung für die Papierprüfung ist auch die Bestimmung des Aschengehaltes. Da die meist verwendeten Faserrohstoffe für Papier durchschnittlich 1% Asche enthalten, deutet ein höherer Aschengehalt auf eine Beschwerung des Papiers mit Leim und Füllstoffen. Die natürliche Asche besteht meist aus Kalk und Kieselsäure, teilweise in Verbindung mit Oxalsäure und Kohlensäure. Als Fremdstoff kommt durch die Harzleimung Tonerde hinzu, wodurch auch bei der Abwesenheit von Füllstoffen der Aschengehalt des Papiers auf 3% steigen kann. Die zur Verbesserung des Aussehens oder der Bedruckbarkeit zugefügten Füllstoffe (Kaolin, Gips, Schwerspat, Kalk, Asbest) lassen den Aschengehalt noch weiter emporschnellen; Aschengehalte von 10—50%, ja noch mehr Prozent, sind keine Seltenheit. Für die Veraschung genügt ein Porzellanschälchen; besser geeignet ist eine Platinschale. Es sind aber auch eine Reihe von besonderen Aschenwaagen konstruiert, bei denen etwa zusammengerolltes Papier, gewöhnlich 1 g an Gewicht, in eine Röhre aus Platindrahtnetz gesteckt und darin verbrannt wird. Als Wärmequelle ist außer Gas elektrischer Strom sehr geeignet.

Bestimmung der Faserart. Neben den bisher erwähnten Feststellungen ist natürlich auch die Zusammensetzung des Papiers, vor allen Dingen die Art der zur Herstellung verwendeten Fasern für die Papierprüfung von besonderem Interesse. Schon makroskopisch läßt sich leicht feststellen, ob ein Papier — was von besonderer Wichtigkeit ist — verholzte Fasern oder nur holzfreie Fasern enthält. Man kann die Verholzung mit einer Lösung von Anilinsulfat oder mit Salzsäure-Phlorogluzinlösung erkennen. Anilinsulfatlösung färbt bei Anwesenheit von Holzschliff gelb und Phlorogluzinlösung (1 g in 50 ccm Alkohol und Hinzufügen von 25 ccm konzentrierter Salzsäure unmittelbar vor der Prüfung) färbt purpurrot. Nach der Tiefe des Farbtons kann man die Menge der vorholzten Faser abschätzen. Genauer ist die kolorimetrische Bestimmung der verholzten Faser durch Schätzung im mikroskopischen Bilde. Vor Täuschungen, die durch nach Rot umschlagende Farbstoffe im Papier hervorgerufen werden (Metanilgelb) schützt man sich durch Anwendung von Salzsäure allein, die den Farbenumschlag der Farbstoffe hervorzurufen vermag, nicht aber den von verholzter Faser.

Für die mikroskopische Untersuchung der Papiere muß die Papierprobe zerfasert werden, wozu man meist 5%ige Natronlauge anwendet, worauf nach einigem Einwirken ein Auskochen mit viel Wasser zu folgen hat. Nach beendeter Kochung wird auf einem Siebe ausgewaschen und in einer Schüttelflasche nach Zusatz von Glasperlen die endgültige Zerfaserung bewerkstelligt. Bei Pergamentpapieren muß man zur Zerfaserung 1 Raumteil konzentrierte Schwefelsäure und 1 Raumteil Wasser verwenden, um die verklebten Fasern voneinander lösen zu können; besser geeignet soll noch gesättigte Lösung von Kaliumpermanganat sein.

Zur Färbung mikroskopischer Präparate sind zwei Lösungen im Gebrauch. Die übliche Jodjodkaliumlösung wird aus 20 ccm Wasser, 2 g Jodkalium, 1,15 g Jod und 2 ccm Glyzerin hergestellt. Zur Bereitung der Chlorzinkjodlösung werden zunächst 20 g Chlorzink in 10 ccm Wasser, ferner gesondert 2,1 g Jodkalium und 0,1 g Jod in 5 ccm Wasser gelöst; letztere Lösung wird zur ersteren gefügt. Nach dem Absetzen eines Niederschlages wird die klare Lösung abgegossen und nach Zusatz eines Blättchens Jod verwendet. In der Jodlösung zeigen verholzte Fasern gelbbraune, Zellstoffe graue, Lumpenfasern braune Farbtöne. Die Chlorzinkjodlösung färbt verholzte Faser gelb, Zellstoff blau bis blauviolett, Lumpenfaser weinrot.

Für die genaue Bestimmung der einzelnen Faserarten müssen die anatomischen Merkmale berücksichtigt werden. Man wird Holzzellen an den Tüpfeln oder behoften Poren leicht erkennen; auch für die Nadelholzzellstoffe sind diese Tüpfel charakteristisch. Für Strohzellstoffe, die wechselnde Färbungen mit den genannten jodhaltigen Reagentien ergeben, sind die dickwandigen Oberhautzellen mit wellenförmig gebogenen Rändern sehr charakteristisch. Im übrigen sei für die Unterscheidung der gebräuchlichsten Papierfasern unter dem Mikroskop auf die Sonderwerke hingewiesen.

Der Mengenanteil der einzelnen Faserarten kann von geübten Mikroskopikern mit ziemlicher Genauigkeit nach dem mikroskopischen Bilde abgeschätzt werden.

Verhalten gegen atmosphärische Einwirkungen. Das Verhalten der Papiere gegen solche Einflüsse ist durchaus abhängig von der Zusammensetzung. Je reiner das Papier, d. h. je freier es von verholzten Fasern ist, um so größer ist seine Widerstandsfähigkeit. Reinste Hadernpapiere haben bei gehöriger Aufbewahrung — Abschluß von Licht und Feuchtigkeit — anscheinend unbegrenzte Haltbarkeit, wie das Vorhandensein tausendjähriger Papiere beweist. Durch langdauernde Einwirkung von Licht und Feuchtigkeit werden die Papiere durch Hydro- und Oxyzellulosebildung brüchig. Bei Anwesenheit verholzter Fasern tritt das Brüchigwerden unter Gilbung außerordentlich rasch ein. Schädlich für die Haltbarkeit der Papiere ist auch langdauerndes Erwärmen auf Temperaturen über 100°, wie sich dies aus dem Verhalten der Rohmaterialien ohne weiteres ergibt. Auch hier ist wiederum die Widerstandsfähigkeit verholzter Materialien weit geringer, als die holzfreier Papiere. Selbstverständlich müssen hohe Wärmegrade ganz vermieden werden, das sie zur Verkohlung, ja Entzündung der Papiere führen können.

Geschichte des Papiers. Das Papier des klassischen Altertums bestand aus den kreuzweise übereinandergelegten, miteinander verklebten Spaltstücken der Stengel des Papyrus. Papier im heutigen Sinne, ein Faserfilz, der durch innige Verschlingung von Fäserchen zustande kommt, war schon den Chinesen vor 2000 Jahren bekannt. Sie fertigten derartige Papiere aus Bastfasern, später auch aus Baumwollfaserabfällen. Die Kunst des Papiermachens gelangte aus Zentralasien, verbreitet durch die Araber, nach Spanien und Italien. Von Italien wurde die Papiermacherei im 13. Jahrhundert in Deutschland eingeführt. Mit der Erfindung der Buchdruckerkunst wurden die noch gebräuchlichen Beschreibstoffe, wie echtes tierischer Pergament (gespaltene und geschabte Tierhautstücke) sowie Papyrus, völlig verdrängt. Die Papiermacherei blieb ein Kunsthandwerk bis zum Beginn des 19. Jahrhunderts. Der Ersatz der im Mittelalter üblichen Zerfaserungsmaschine, nämlich des Stampfwerkes, durch den Holländer, ferner der Ersatz der Schöpfrahmen durch die Langsieb-Papiermaschine von Robert Fourdrinier und Donkin, ließ diese Kleinindustrie zur Großindustrie auswachsen. Für Schreibpapiere war der Ersatz der Tierleimung durch die Harzleimung von Illig 1807 ein Markstein der Entwicklung. Die Not an Faserrohstoffen zwang in der Mitte des vorigen Jahrhunderts zur Einführung von Hadern-Ersatzstoffen, nämlich von Holzschliff und Holzzellstoffen, deren Herstellung aus dem Holz Gegenstand einer großartigen, in allen waldreichen Ländern entwickelten Industrie wurde.

Statistik. Bei der außerordentlichen Bedeutung des Papiers für das wirtschaftliche Leben werden sehr große Mengen jährlich auf der Welt erzeugt. Man kann für 1928 die Papierfabrikation in Deutschland auf 1 782 000 t schätzen, während die Welterzeugung zu 14,6 Millionen t berechnet wird. Als Rohmaterialien für diese Papiere stehen Holzschliff und Holzzellstoff obenan, während Strohzellstoff, Gelbstrohstoff und Hadern eine quantitativ verhältnismäßig unbedeutende Rolle spielen.

Literatur.

A. Einzelwerke:

Dalén, Chemische Technologie des Papiers, 2. Aufl. (Leipzig 1921). — P. Klemm, Handbuch der Papierkunde, 2. Aufl. (Leipzig 1910). — Friedrich Müller, Darmstadt, Handbuch der Papierfabrikation (Biberach a. d. Riß). Im Erscheinen. — B. Possanner v. Ehrenthal, Die Papierfabrikation (Leipzig 1913). — Carl Hofmann, Praktisches Handbuch der Papierfabrikation, 2 Bde., 1886—1897, neue Auflage im Erscheinen. — Ernst Kirchner, Technologie der Papierfabrikation (Biberach a. d. Riß). — Technik und Praxis der Papierfabrikation, Bd. I—III Hadern-Sulfitzellstoff-Natronzellstoff (Berlin, Otto Elsner), weitere Bände im Erscheinen. — Herzberg, Papierprüfung, 6. Aufl. (Berlin 1927). — Schwalbe-Sieber, Die chemische Betriebskontrolle in der Zellstoff- und Papierindustrie, 3. Aufl. (Berlin 1930).

B. Zeitschriften:

Papierfabrikant (Otto Elsner, Berlin). — Wochenblatt für Papierfabrikation (Biberach a. d. Riß). — Zellstoff und Papier und Papierzeitung (Carl Hofmann, Berlin).

Holz-Imprägnierung.

Von Dr. **A. v. Skopnik**-Berlin.

Mit 5 Abbildungen.

Allgemeines. Das Imprägnieren des Holzes bezweckt in erster Linie die die Fäulnis herbeiführenden, holzzerstörenden Pilze und in zweiter Linie die Holzschädlinge aus dem Tierreich, wie Käferlarven, Bohrtiere u. a. zu bekämpfen. Die Entwicklungszustände der Pilze, wie Sporen bzw. Pilzfäden sind aber entweder bereits in dem Frischholz vorhanden und müssen durch das Konservierungsmittel abgetötet werden oder sie suchen in das rohe oder konservierte Holz nachträglich einzudringen. Bei der Lärche, Kiefer und Eiche dringen die Schädlinge vor allem in das Splintholz ein und verschonen zumeist das Kernholz, da dieser Teil des Holzkörpers bereits beim lebenden Baum mit kolloiden Schutzstoffen, wie Harzen bei den Nadelhölzern, Gerbstoffen bei den Eichen und Holzgummi im roten Kern der Buche ausgefüllt ist. Ferner wird die Biegsamkeit der mit Öl imprägnierten Hölzer, beispielsweise der Kiefernhölzer um etwa 12—18% erhöht. Die Lebensdauer beträgt[1]):

Holzart	Mittlere Liegedauer der Schwellen im Jahre		
	nicht getränkt	getränkt mit Teeröl	getränkt mit anderen Stoffen
Eiche	12—15	25	15—20
Buche	2,5—3	30	10—16
Kiefer	6—8	20	10—15
Lärche	8—10	20	15—20

Emulsionen der Holzkonservierung.

Die Holzimprägnierstoffe werden eingeteilt in: 1. wäßrige Salzlösungen, 2. zerstäubte Öle bzw. Öldämpfe, 3. Mischungen von wäßrigen Salzlösungen mit Ölen (Emulsionen) und schließlich 4. Lösungen von harzartigen Körpern in geeigneten Lösungsmitteln.

Vor der eigentlichen Konservierung ist es notwendig, das gesunde, frischgeschlagene Holz einem Trockenprozeß zu unterziehen, was entweder durch langes Lagern oder durch künstliche Trocknung erreicht wird. Der Grund ist wohl darin zu suchen, daß das Protoplasma im frischen und feuchten Zustande den Durchgang

---

[1]) Mahlke-Troschel, Handb. der Holzkonservierung, 2. Aufl. (Berlin 1928), 338.

von Öl oder von außen kommenden Salzlösungen und Emulsionen durch die Poren (Tüpfel) verhindert, nach dem Austrocknen aber selbst durch größere Wassermengen nicht sobald in den früheren gallertartigen Zustand aufquillt, also auch Poren und Saftgänge zur Aufnahme des Imprägniermittels offen liegen.

Von den wäßrigen Salzlösungen wurden im Laufe der Jahre wegen ihrer mykoziden Kraft besonders die Alkalisalze des Fluors, wie Fluornatrium und Kieselfluornatrium, die Zinksalze, wie Zinkchloridlösung, die Kupfersalze, wie Kupfervitriol (Boucherie-Verfahren), und schließlich die Quecksilbersalze (Kyan-Verfahren) verwendet. Da aber die Salzlösungen, die zwar sehr stark antiseptische Eigenschaften besitzen, einerseits giftig sind, andererseits Metalle stark angreifen und von Wasser ausgelaugt werden, so ist ihre Verarbeitung nicht einfach und die Imprägnierwirkung auf die Hölzer gering.

Abb. 89.

Gute Ergebnisse wurden mit Fluorverbindungen, wie Fluornatrium in Kombination mit organischen Verbindungen, wie Dinitrophenol und gewissen hochsiedenden Phenolen, sowie mit Wolmansalzen gemacht.

Anders verhält es sich mit den Ölen, von denen besonders die schweren Steinkohlenteeröle ein ausgezeichnetes Holzkonservierungsmittel darstellen. Im Gegensatz zu den Metallsalzen gehen diese Imprägnieröle keine Verbindungen mit den

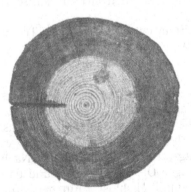

Abb. 90 a.

Abb. 90 b.

Bestandteilen des Bodens ein, so daß die antiseptischen Eigenschaften des Konservierungsmittels erhalten bleiben. Ferner wirken sie wasserabstoßend und verhindern dadurch das Eindringen von Wasserorganismen in die Zellwandungen. Da man gefunden hat, daß es nicht notwendig ist, die Zellen mit Öl vollständig zu füllen (Volltränkung), sondern nur die Zellwände des gesamten Splintholzes (Rüping-Sparverfahren, D.R.P. 138933 (1902), so ist dieses Arbeitsverfahren zur Zeit die vollkommenste, wirtschaftlichste Methode der Holzimprägnierung.

Ein nicht imprägniertes Kiefernholz zeigt Abb. 89, bei dem das Splintholz vollständig zerstört, während das Kernholz unversehrt geblieben ist.

In Abb. 90 wird die gute Verteilung des Konservierungsmittels im gesamten Splintholz gezeigt, wobei der von der Natur durch Holz- und Gummistoffe imprägnierte Kern freibleibt.

Teeröl-Emulsionen und ihre Anwendung.

Das Bestreben der Holzkonservierung ist:

1. Ein Imprägniermittel mit stark antiseptischen Eigenschaften anzuwenden;
2. im Sparverfahren nur die zum Schutze des Splintholzes notwendigen Mengen Holzimprägnierstoffe einzuführen, welche nicht auslaugbar und wasserabstoßend sind;
3. die Erhöhung der Festigkeit der Holzfaser zu bewirken.

Schon zu Anfang der 70er Jahre wurde versucht, den besten Imprägnierstoff, das Steinkohlenteeröl, durch feinste Verteilung in Form von Emulsionen für die Holzimprägnierung nutzbar zu machen, jedoch sind die großen Hoffnungen, die man an diese Verfahren geknüpft hatte, nicht erfüllt worden.

Nach den Vorschlägen der Chemischen Eisenbahn-Versuchsanstalt[1]) brachte man gewisse Öle durch geeignete Behandlung mit Seife in Emulsion von fast unbegrenzter Verdünnbarkeit. Wenn man Steinkohlenteeröl mit einer konzentrierten Lösung von Harzseife innig mischt, so entsteht eine salbenartige Masse, die, unter Rühren in Wasser gegossen, eine vollkommene gleichmäßige Emulsion gibt. Unter dem Mikroskop betrachtet, erweisen sich diese Öltröpfchen als gleichgroß und wesentlich feiner, wie beispielsweise die Fettkörperchen in der Milch; sie haben bei richtiger Herstellung kaum einen größeren Durchmesser als $0,1-0,3 \mu$. Eine derartig feine Emulsion läßt sich durch den Splint des Kiefern- und Eichenholzes unverändert hindurchdrücken, so daß sich diese Hölzer mit Teerölemulsionen gut durchtränken lassen. Auf diese Weise wurde schon früher die antiseptische Kraft des Steinkohlenteers praktisch bestätigt.

Kieferne Schwellen wurden mit einer Emulsion von 2,5—5 % Teeröl getränkt und dann im Fäulniskeller der Einwirkung von Polyporus vaporarius ausgesetzt in der Weise, daß mit kräftig wachsendem Myzel durchzogene Holzstücke auf das Versuchsmaterial aufgenagelt und stets nach dem durch die Teeröldünste verursachten Absterben des Pilzes diese durch neuinfizierte Hölzer ersetzt wurden. Nach Verlauf von 3 Jahren soll das nichtimprägnierte Kernholz des Versuchsmaterials vollständig der Fäulnis anheim gefallen sein, während das imprägnierte Splintholz noch nach 13 Jahren sich als vollständig hart und gesund erwiesen haben soll. Dieses günstige Tränkungsverfahren hat aber den Nachteil, daß zur Emulgierung nur ganz bestimmte Mengen Öle geeignet sind und daß die Emulsion gegen Salze, Säuren u. dgl. sehr empfindlich ist. Ein geringfügiger Gehalt des Teeröls an sauren, karbolsäurehaltigen Ölen soll dasselbe zur Emulgierung ungeeignet machen. In gleicher Weise wirken die wasserlöslichen Stoffe des Teeröls, wie beispielsweise Pyridin. Es muß also, um praktisch verwendbare Emulsionen zu erhalten, das Teeröl zunächst durch Behandlung mit Säuren und

---

[1]) Troschel, Handb. der Holzkonservierung 274—275, 280 (1916).

Alkalien von diesen Stoffen befreit werden. Diese umständliche und daher teure Vorbereitung macht ein solches Verfahren unwirtschaftlich. Die Haltbarkeit der Emulsion soll allerdings vorzüglich sein, wenn sie vor Verunreinigung bewahrt wird, aber schon geringe Mengen Salze, Säuren u. dgl. genügen, um die Emulsion unter Abscheidung des Öles zu zerstören. Für die Tränkung des Buchenholzes ist diese, sowie auch die später beschriebene Zinkchloridemulsion untauglich, da beide im Buchenholz filtrieren und nur die äußersten Holzschichten Öl erhalten. Die Gründe hierfür sind noch nicht aufgeklärt, machten aber das Verfahren für die Tränkung undurchführbar.

Das Berliner Holzkontor (D.R.P. 139441 (1900)) stellte eine längere Zeit haltbare Emulsion von Teerölen und wäßriger Chlorzinklösung für Imprägnierungszwecke her durch Zumischen von 5—10 % Holzteer zum Kreosotöl, Zusatz der wäßrigen Zinkchloridlösung und längeres Durchleiten von Luft durch das Gemisch bei Siedehitze. Nach einem weiteren Patent derselben Firma (D.R.P. 152179 (1903)) läßt sich das gewünschte Ergebnis in viel kürzerer Zeit erzielen, wenn man zuerst kurze Zeit Luft durch das Gemisch von Steinkohlenteeröl und Holzteer leitet und dann stets unter Umrühren durch Luft allmählich die Zinkchloridlösung zusetzt. In diesem Falle braucht man die Temperatur nur auf 60—70° C zu halten; die Emulsion hält sich länger und kann sofort in die Imprägniergefäße gedrückt werden.

Der Zusatz einer geringen Menge Holzteer genügt daher, um eine haltbare Emulsion, die sich gleichmäßig im Holz verteilen kann, zu erhalten. Diese hat ferner die Eigenschaft, durch längeren Gebrauch immer haltbarer zu werden und sich durch Säuren und Salze nicht leicht zerstören zu lassen. Durch Zumischen von wäßriger Zinkchloridlösung kann der Gehalt der Mischung an Teeröl beliebig geändert werden. Durch die durchgeblasene Luft werden wahrscheinlich aus dem Holzteer Oxydationsprodukte entstehen, die in Öl gelöst bleiben und diesem die Eigenschaft verleihen, in wäßriger Zinkchloridlösung haltbare Emulsionen zu geben. Die Emulsion von holzteerhaltigem Teeröl mit Zinkchloridlösung ist eine derartig feine und haltbare, daß es sogar gelingt, nicht allein das Holz in den verschiedensten Schichten des Kessels mit gleichen Mengen Zinkchlorid und Öl zu durchtränken, sondern daß sogar in den so behandelten Hölzern das Teeröl in den durchtränkten Teilen des Holzes praktisch vollständig gleichmäßig verteilt ist. Das für die Emulsionstränkung verwendete Teeröl mußte nach den Vorschriften einen gewissen Gehalt an sauren Ölen aufweisen. Wenn nun eine Emulsionsmischung mit solchen Ölen und Zinkchlorid hergestellt wird, so geht ein Teil der sauren Bestandteile des Öls in die wäßrige Lösung und es entsteht so eine ziemlich starke Lösung von karbolsäurehaltigen Stoffen in der wäßrigen Zinkchloridlösung. Die wäßrige Karbolsäurelösung löst in gewissen Mengen Teeröle, und eine solche Lösung hat wiederum die Fähigkeit, in gewissen, allerdings beschränktem Maße, mit Teeröl eine einigermaßen haltbare Emulsion zu geben. Wenn nun das so stark karbolsäurehaltig gemachte Teeröl und die Zinkchloridlösung bei der Tränkungstemperatur gleiche oder annähernd gleiche spezifische Gewichte besitzen, so zeigt die Mischung eine große Haltbarkeit, da das Teeröl nicht in großen Tropfen zusammenläuft, sondern fein verteilt bleibt. Unter diesen Bedingungen ist die Verteilung des Öls in den durchtränkten Teilen des Holzes eine gleichmäßige. Sind aber die spezifischen Gewichte der beiden Flüssigkeiten nicht richtig gewählt, was leicht eintritt, dann ist selbst bei sonst gleichmäßiger Verteilung des Öls in der Mischung während der Tränkung die Durchtränkung des Holzes eine solche mit Zinkchlorid unter Bildung eines dünnen Mantels von Öl. Man hat es also bei der Herstellung dieser Emulsionen in der Hand, je nach der Wahl des spezifischen Gewichtes, Holz mit einer Mischung von Öl mit einer wäßrigen Zinkchloridlösung so zu durchtränken, daß die Zinkchloridlösung und das Teeröl, jedes für sich, in allen durchtränkten Teilen des Holzes gleichmäßig verteilt ist, oder daß in der Hauptsache die Hölzer mit Zinkchloridlösung getränkt und in den äußeren Schichten mit einem Ölmantel versehen sind; besonders leicht ist dies bei dem Splint der Kernhölzer durchzuführen.

Beschaffenheit der technisch effektvollen Emulsionen. Nach den Arbeiten von Wa. Ostwald[1] über „Beiträge der Kenntnis der Emulsionen" wird gezeigt, daß die meisten für die Holzimprägnierung verwendeten Emulsionen aus Teertröpfchen bestanden, die in Wasser schwammen, so daß das Teeröl die disperse Phase, während das Wasser die geschlossene Phase (Dispersionsmittel) bildete. Ein technischer Vorteil ist aber erst für diesen Zweck bei solchen

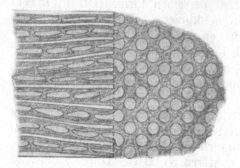 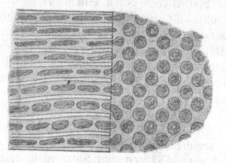

<table>
<tr><td>Abb. 91.</td><td>Abb. 92.</td></tr>
<tr><td>Emulsion von Öl in Wasser; Wasser (als Dispersionsmittel) benetzt die Zellwände des Holzes; nicht gewünschter technischer Effekt.</td><td>Emulsion von Wasser in Öl; Öl (als Dispersionsmittel) benetzt die Zellwände des Holzes; gewünschter technischer Effekt.</td></tr>
</table>

Emulsionen zu suchen, die mit einem pilzwidrigen Imprägniermittel das Holz benetzen. Bildet daher das Teeröl die geschlossene Phase und das Wasser die disperse Phase, so wird die dünnflüssige Emulsion leicht in die Saftgänge und Poren des Splintholzes eindringen und das Holz dann das Öl als Antiseptikum aufsaugen können, wodurch die Emulsion zerstört und das Wasser, als disperse Phase, leicht abgleiten und aus den Poren heraustreten kann. Diese Vorgänge werden in Abb. 91 und 92 gezeigt.

Anwendung von Emulsionen in der Praxis. Die Gründe, warum die Tränkung mit Teeremulsionen keinen Eingang in der Praxis gefunden hat, scheinen nach bisherigen Erfahrungen darin zu liegen, daß sich der Verteilung der aus zwei Phasen (Öltröpfchen in Wasser schwimmend) bestehenden Emulsionen im Holz andere Hindernisse entgegenstellen, als beim Eindringen einphasiger Flüssigkeiten, wie z. B. Teeröl oder Lösungen anorganischer oder organischer Stoffe in Wasser. Daß die Widerstände bei den verschiedenen Kiefernhölzern verschieden groß sind, liegt jedenfalls an der wechselnden Zusammensetzung der Zellstoffe der Hölzer. Geflößtes Kiefernholz, d. h. solches, aus welchem die Zellinhaltsstoffe (Zellsaft) weitgehend entfernt waren, ließ sich einwandfrei imprägnieren. Bei den geflößten Hölzern war ebenfalls ein Unterschied festzustellen, je nachdem, ob es sich um frisches oder bereits abgelagertes Holz handelte. Das letztere ließ sich

[1] Kolloid-Ztschr. 6, 103—109 (1910).

besser durchtränken als das erstere, selbst dann, wenn es durchweg verblaut oder anderweitig angekrankt war. Der Gesundheitszustand spielt demnach für die Durchtränkung mit wäßrigen Teeremulsionen eine geringere Rolle als die Dauer der Lagerung. Eine gute Verteilung der Emulsion im Holz hat sich daher mit Sicherheit nicht befriedigend durchführen lassen.

Nur in Rußland hat die Holzkonservierung mit homogenisierten Teeremulsionen Eingang gefunden, da man sich hier mit Teilerfolgen begnügt hat. Bei dem dort angewandten „Kresonapht"-Verfahren von Kiersnowski (einer Emulsion bestehend aus 5 Gewichtsteilen Anthracenöl, 9 Gewichtsteilen Holzteer und 1 Gewichtsteil Naphthensäure unter Zusatz von Ammoniak) wurde beobachtet, daß die den Schwellen zugeführten Mengen Konservierungsmittel recht gering sind. Dazu kommt noch, daß bei der Anwendung dieser Emulsionen die Güte der Verteilung des Konservierungsmittels, auf die es bekanntlich außerordentlich ankommt, sicherlich ebenso unsicher ist, wie bei der Anwendung der homogenisierten Teerölemulsionen.

Patentliteratur.

Die Patentliteratur bringt eine große Anzahl Patente über Teeremulsionen für Holzimprägnierung, die aber fast alle erloschen sind, woraus ebenfalls hervorgeht, daß die Tränkung mit Teeremulsionen sich in der Praxis nicht bewährt hat.

Folgende D.R.P. sind bereits erloschen:

Artmann, D.R.P. 51515 (1889). Behandlung der Teeröle mit Schwefelsäure, wodurch die Pyridine in Salze, die Phenole und einige der Kohlenwasserstoffe in Sulfoverbindungen übergeführt werden, die in Wasser löslich und das gelöste Öl in Suspension halten.

Boleg, D.R.P. 122451 (1899). Vermischung von Teerölen mit Harzölen unter Behandlung von Dampf und Natronlauge.

Berliner Holzkontor, D.R.P. 117263 (1899). Harzseife mit Teerölen. Ferner D.R.P. 139441 (1900) und D.R.P. 152179 (1903). Emulsionen aus Teerölen mit Zinkchloridlösung unter Verwendung von Holzteer (bereits besprochen).

Rütgers, D.R.P. 117565 (1900). Teeröle mit harzestersschwefelsaurem Alkali. Ferner D.R.P. 151020 (1902). Zusammenschmelzen von zwei Drittel Teerölen mit einem Drittel Kolophonium. Nach dem Abkühlen setzt man unter Umrühren die berechnete Menge Salmiakgeist zu und verdünnt beliebig mit Wasser (Harzseifenemulsion mit Ammoniaklaugen).

W. Spalteholz, D.R.P. 169493 (1904) und D.R.P. 170332 (1905). Wäßrige Emulsionen aus Steinkohlenteerölen und Mineralölrückständen.

W. Plinatus, D.R.P. 312690 (1912). Herstellung von Emulsionen durch Mischung von Leim und ähnlichen Kolloiden mit Ölen, Fetten, Teer, Pech u. a. unter Zusatz von Estern aus mehrwertigen Alkoholen und organischen Säuren.

H. Stein, D.R.P. 323648 (1918) und D.R.P. 331288 (1918). Imprägnierung von Holz durch Emulsionen, dadurch daß die in bekannter Weise hergestellten Emulsionen unter Zusatz organischer oder anorganischer, die Emulgierung fördernder oder konservierender Verbindungen vor dem Imprägnieren homogenisiert werden.

Société, La Transformation des Bois. D.R.P. 338634 (1920). Konservieren von Holz unter Verwendung von Teerarten u. dgl. sowie Pektinsäurelösung und kohlensauren Alkalien, dadurch, daß man einen starken Überschuß an kohlensauren Alkalien, berechnet auf Pektinsäure, anwendet, um Ausscheidungen im Imprägnierungsbade zu vermeiden.

Société des Recherches et des Perfectionnements Industriels, D.R.P. 346905 (1920). Imprägnierung von Holz durch emulgierte Imprägnierungsmittel wie wäßriger Teer-, Bitumen- oder Ölemulsionen und Zerstörung derselben nach Einführung durch Fällung des Antiseptikums.

Chemische Fabrik Griesheim-Elektron, D.R.P. 417129 (1924). Verfahren zur Paraffinierung von Holzfässern, dadurch, daß die Paraffinierung durch Imprägnierung mit einer wäßrigen Paraffinemulsion erfolgt.

Folgendes D.R.P. besteht noch:

Tarkold Ltd. Boars Head Wharf, D.R.P. 418107 (1924). Herstellung von Emulsionen aus zwei Mischungen. 1. Teer, Pech oder Bitumen, verdünnt mit Teerölen. 2. Kasein und alkalischen Harzseifen.

Diese Emulsion soll unter anderem dienen zum Anstreichen und Wasserdichtmachen von Holz, Steinen, Ziegeln, Beton usw. Sie hat also noch andre Verwendungszwecke wie zum Holzimprägnieren (s. auch den Beitrag Asphalte und Teere dieses Werkes).

Ausländische Patente:

Belgien:

Verslyn, 224328 (1910). Teeröl mit Holzteer und Alkalisalzen.

England:

Ilyes, 4636 (1877). Naphthalin, Kreosot und Harzseifen.

Wildenhagen, 23381 (1906). Mischung von Teeröl mit Teersäuren wird mit harzesterschwefelsaurem Alkali oder Ammoniaksalz oder Ammonium versetzt.

P. Tolmer, 194683 (1923) (in Frankreich patentiert 548707 (1922)). Imprägnierung unter Druck mit einer heißen Emulsion aus Holzteer oder Phenolen und Kresolen mit einer wäßrigen Sodalösung, die zuvor mit Sägemehl aufgekocht und nach dessen Entfernung mit Wasserglas und Salpetersäure versetzt worden war.

British Burmah Petroleum Co. Ltd., 239970 (1924). Herstellung von wasserfesten Brettern bei Verwendung von emulgiertem Bitumen unter Zusatz von Eisenoxyd, Ocker und ähnlichen Farbstoffen.

Amerika:

Webb, 108654 (1870). Karbolöl mit Holzteerdestillaten unter Zusatz von Bariumchlorid.

Cabot, 305423 (1884). Harz lösen in Alkalisulfid und mit Naphthalin mischen.

Friedemann, 693697 (1902). Kreosot, Leimlösung und Chromsalz.

Toley, 1512414 (1921). Salze mit fungiziden Eigenschaften ($ZnCl_2$, NaF, $CuSO_4$ oder $HgCl_2$) vermischen mit Lösungsmitteln, die mit Öl beständigere Emulsionen geben als Wasser, beispielsweise Alkohol.

C. T. Henderson und L. Rosenstein, 1565503 (1922). Die Holzkonservierung wird so durchgeführt, daß nach dem Dämpfen bei 80—115° unter Druck mit einer Emulsion, die aus Naphthensulfosäure, als Dispergierungsmittel versetztem Asphaltöl mit einer wäßrigen 70%igen Chlorzinklösung erhalten wurde, imprägniert wird.

Grasselli Chemical Co., 1585860 (1924) (in England patentiert 228119 (1924), in Frankreich patentiert 591308 (1925)). Verwendung einer mit Asphaltpech, Teer, Harzen oder Seifen homogenisierte Emulsion von Petrolasphaltöl mit einer wäßrigen Chlorzinklösung. Ferner Patent 1638440. Als Holzimprägnierungsmittel wird verwandt eine besonders feinporige Emulsion einer wäßrigen Chlorzinklösung mit kalifornischem Gasöl oder mexikanischem Brennöl, die unter sehr hohem Druck bei 60° hergestellt wird bei Gegenwart eines Stabilisierungsmittels, wie Leim, Dextrin, Asphalt, Stearinpech, Harzseifen oder Sulfitzelluloselaugen.

Western Union Telegraph Co., 1624930 (1925). Als Konservierungsmittel dient eine Emulsion von Petroleumkohlenwasserstoffen in der wäßrigen Lösung eines basischen Stoffes (Barythydrat).

Beschaffenheit des Imprägnieröls.

Imprägnierte Hölzer finden die weitverzweigteste Verwendung in der Praxis, besonders als Eisenbahnschwellen, Telegraphenstangen, im Straßenbau zur Holzpflasterung, als Kunstholz für Musikinstrumente usw.

Das Imprägnieröl muß eine ganz bestimmte Zusammensetzung haben, um den Bedingungen zu genügen. Man verwendet daher heute hochsiedendes Steinkohlenteeröldestillat. Diese Teeröldestillate enthalten nicht mehr die flüchtige, in Wasser lösliche und in hohem Maße der Oxydation und der Polymerisation durch den Sauerstoff der Luft neigende Karbolsäure, aber die fäulniswidrigen Stoffe, wie Akridin, Kryptidin usw., außerdem auch Teersäuren, welche weniger flüchtig und wasserlöslich sind als Karbolsäure und Kresylsäuren. Auch hat man gefunden, daß Naphthalin ein wertvolles Antiseptikum ist und außerdem die Eigenschaft besitzt, den schleimigen Anthracenschlamm in Lösung zu halten, eine Erfahrung, die in der Praxis viel verwendet wird, um einerseits wertvolles, flüssiges Imprägniermaterial zu erhalten, andererseits eine leichte Filtration der öligen Bestandteile vom festen Anthracen durchzuführen. Ein Überschuß von Rohnaphthalin schadet insofern nicht, da jede richtig geleitete Imprägnierung bei mindestens $+ 50^0$ C stattfindet, wobei sich das Naphthalin vollkommen verflüssigt und injiziert werden kann. Die Teersäuren koagulieren nach Tidy[1]) zunächst das Eiweiß des Zellstoffes, welches sich mit dem Naphthalin mischt und mit diesem und den schweren Ölen zusammen in den Poren des Holzes einen festen Brei bildet, wie es auch die mikroskopische Untersuchung zeigt. Der Erfolg des Prozesses wird jedenfalls gefördert, aber schon 2—3 % Teersäuren im Imprägnieröl würden zur Koagulierung des Eiweißes mehr als genügen. Was darüber hinausgeht, ist vielleicht nicht unnütz, aber es ist eine bemerkenswerte von Tidy wiederholt konstatierte Tatsache, daß in seit längerer Zeit, z. B. einem Jahre, imprägnierten Hölzern wenig oder gar keine Teersäuren nachzuweisen sind, was mit den Untersuchungen von Greville-

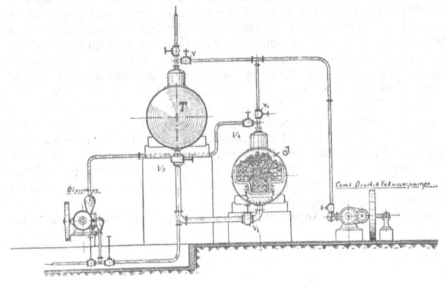

Abb. 93.
Apparatur des Rüping-Sparverfahren.

Williams übereinstimmt. Der Wert der Teersäuren wird daher meist überschätzt und es ist nur notwendig, soviel Teersäuren im Imprägnieröl zu belassen, als zur Koagulierung des Eiweißes hinreicht.

Die für eine Konservierung des Holzes besonders wirkenden Stoffe des Imprägnieröls sind also die neutralen hochsiedenden Öle und Naphthalin. Daher verlangt die deutsche Reichsbahnverwaltung, folgende Vorschriften einzuhalten:

Das Imprägnieröl soll reines Steinkohlenteeröl und so zusammengesetzt sein, daß bei der Destillation bis 150^0 höchstens 3%, bis 200^0 C höchstens 15% (bis 235^0 C höchstens 30%) überdestillieren (Thermometerkugel im Dampf). Sein Gehalt an sauren Bestandteilen (karbolsäurehaltigen Stoffen), die in Natronlauge vom spezifischen Gewicht 1,15 löslich sind, muß mindestens 3% betragen. — Das spezifische Gewicht bei 15^0 C soll zwischen 0,14—1,15 liegen und das Öl muß bei $+ 40^0$ C vollkommen klar sein. Das Öl muß beim Vermischen mit gleichen Raumteilen Benzol (kristallisierbares) klar bleiben, ohne mehr als Spuren ungelöster

---

[1]) Lunge-Köhler, Die Industrie des Steinkohlenteers (Braunschweig 1912), 659.

Körper auszuscheiden. Zwei Tropfen dieser Mischung sowohl als auch das unvermischte Öl müssen, auf mehrfach zusammengefaltetes Filtrierpapier gegossen, von diesem vollständig aufgesogen werden, ohne mehr als Spuren, d. h. ohne einen deutlichen Fleck ungelöster Stoffe zu hinterlassen.

Fabrikationsgang der Rüping-Spar-Imprägnierung.

Die Imprägnierung nach dem am meisten zur Zeit angewendeten Rüping-Sparverfahren (Hohlimprägnierung) spielt sich, kurz beschrieben, wie folgt ab:

Die lufttrocknen Schwellen werden in einem starkwandigen, eisernen Imprägnierzylinder mit hochgespannter Preßluft (höchstens 4 Atm.) zur Füllung der Poren des Splintholzes mit Luft behandelt, worauf unter Beibehaltung des Luftdruckes die Füllung des Zylinders mit auf 70—100° C vorgewärmtem Imprägnieröl erfolgt. Um das Öl in die mit Preßluft gefüllten Poren zu bringen, werden weitere Ölmengen in den Zylinder gedrückt, bis in diesem ein Überdruck von etwa 5½—7 Atm. erreicht ist. Dieser Druck im Tränkungskessel ist mindestens 30 Minuten zu unterhalten. Hierdurch wird das Öl in alle imprägnierbaren Teile des Holzes gepreßt und dieses völlig durchtränkt. Nach Aufhebung des Druckes und Ablassen des Öles aus dem Tränkungskessel wird in demselben eine Luftleere von mindestens 60 ccm Quecksilberstand hergestellt und mindestens 10 Minuten lang unterhalten. Hierauf ist die Tränkung beendet. Schon der größte Teil des in den Holzschwellen befindlichen überschüssigen Öles wird durch die Preßluft herausgeschleudert, und die letzten Reste entweichen aus den Zellenhohlräumen unter Anwendung der Luftleere. Die Einführung einer größeren Menge, als nachher in den Zellwänden, d. h. den Teilen, die der Fäulnis ausgesetzt sind, garantieren eine vollständige Durchtränkung. Bei dem schwer zu imprägnierenden Buchenholz ist eine doppelte Behandlung notwendig.

Abb. 93 zeigt eine Apparatur für das gebräuchliche Rüping-Sparverfahren.

Farbenbindemittel, Farbkörper und Anstrichstoffe.

Von Dr. **Ernst Stern**-Berlin.

Mit 55 Abbildungen.

1. Ziele und Grenzen der kolloidchemischen Betrachtungsweise.

Wenn es auch heute noch ohne Zweifel verfrüht ist, das Bestehen einer Kolloidchemie der Farbenbindemittel und Gebrauchsfarben anzunehmen und eine abgerundete Darstellung des Gebietes von diesem Standpunkt aus geben zu wollen,
so ist es doch unbedingt wünschenswert, den Versuch hierzu zu unternehmen, teils
um die Möglichkeiten kennen zu lernen, die sich bei Ausfüllung des Rahmens mit
experimenteller Arbeit bieten, teils um nicht in den Fehler einer zu einseitigen
Einstellung zu verfallen und die Grenzen dieser Darstellungsart zu weit zu strecken.
Die Notwendigkeit zu wissenschaftlicher Betrachtung zwingt sich jedem auf, der
Gelegenheit hat, sich mit Farbenbindemitteln zu beschäftigen und auf einem Gebiet, dessen Grundstoffe der rein chemischen Forschung infolge ihres Kolloidcharakters ungewöhnliche Schwierigkeiten bereiten, ist von einer kolloidchemischen
Darstellung zum mindesten Anregung zu erhoffen. Es ist notwendig, sich hiermit
einstweilen zu begnügen, weil man einem von der angewandten Wissenschaft früher
fast vollständig vernachlässigten Gebiet gegenübersteht. Wi. Ostwald[1]) äußert
sich hierzu gelegentlich wie folgt:

„Bei der ungeheuren Ausdehnung, welche die Physik und Chemie, sowie die
zwischen beiden liegende physikalische Chemie in den letzten Jahrzehnten genommen hat, bei der Sorgfalt, mit welcher alle möglichen Einzelheiten dieses
weiten Reiches bis in ihre Verzweigungen studiert worden sind, muß es wundernehmen, daß eine Gruppe von Erscheinungen, mit denen sich die Menschheit seit
Jahrtausenden beschäftigt hat, dieser Bearbeitung durch die exakte Wissenschaft
bisher so gut wie vollständig entzogen geblieben ist. Die physikalisch-chemischen
Gesetzmäßigkeiten sind noch fast ganz unbekannt." Dabei gehört der Schutz von
Oberflächen durch Anstrich zweifellos zu den ältesten Techniken und die beispielsweise in Wachsfarbentechnik ausgeführten Arbeiten der Ägypter und Griechen,
die die Jahrtausende überdauert haben, sind dokumentarische Beweise dafür, daß
diese Technik bereits im Altertum hochentwickelt war[2]). So erfreulich diese Tatsachen für den Historiker sein mögen, so dürftig war bis vor wenigen Jahren das
Bild, das sich vom Standpunkt des Chemikers bot, der von einzelnen Ausnahmen
abgesehen — es sei an Pettenkofer, Ostwald, Keim und vor allem an Eibner
erinnert — nichts Bemerkenswertes auf diesem Gebiet geleistet hat. Daher waren

---

[1]) Kolloid-Ztschr. **16**, 1 (1915).
[2]) A. Eibner, Techn. Mitt. f. Malerei **41**, 165—171 (1915). — Andere Beispiele s. ebenda
270, 278. — Über fette Öle **48**, 341 (1922).

die physikalischen und chemischen Grundlagen nicht genügend entwickelt, so daß
hier zur Zeit der exakten Arbeit wie der unerwünschten Spekulation ein weites
Feld offen stand. Zwar fehlte es keineswegs an Ansätzen, um Wandel zu schaffen,
aber diese Versuche entbehrten der wissenschaftlichen Grundlagen und daher auch
der Führung, die viel jüngere und verwickeltere Zweige der Technik groß gemacht
haben. Die Verhältnisse liegen hier ähnlich wie in der Gerberei, denn auch die Anstrichtechnik ist ein Beispiel für einen Prozeß, der in den Händen der Empiriker
entwickelt worden ist; aber die Wissenschaft hat dieses Gebiet lange gemieden,
weil es außerordentliche Schwierigkeiten bereitet, die technischen Fragen des Anstrichs methodisch zu erfassen. Aber die Forderung nach einer klaren Durcharbeitung dieses Gebietes ist doch neuerdings recht dringend geworden, vor allem
war es notwendig, die z. T. phantastischen und an die Zeiten der Alchemie erinnern-
den Vorstellungen zum Verschwinden zu bringen, und sie durch eine möglichst klare,
den Tatsachen Rechnung tragende Darstellungsweise zu verdrängen. Die letzten
Jahre haben schon eine wesentliche Besserung gebracht: Das Verständnis für die
Bedeutung eines systematischen Oberflächenschutzes ist in die weitesten Kreise
gedrungen und Hand in Hand hiermit hat auch die Einsicht zugenommen, die
wissenschaftlichen Grundlagen zu schaffen. In Deutschland haben diese Bestrebungen einen bedeutsamen Mittelpunkt in dem Fachausschuß für Anstrichtechnik beim Verein deutscher Ingenieure und Verein deutscher Chemiker gefunden;
in Amerika und England werden schon seit langem bedeutende Mittel für die
Förderung wissenschaftlicher Arbeit auf diesem Gebiet zur Verfügung gestellt.
Auch die Schweiz (A. V. Blom), Holland (C. P. van Hoek) sind an diesen neueren
Arbeiten wesentlich beteiligt. Wir müssen uns darüber klar sein, daß eine befriedigende Beschreibung der Vorgänge in Farbenbindemitteln und Anstrichen
nach rein chemischen Grundsätzen niemals möglich sein wird. Gewiß vollziehen
sich in den Farbschichten zahlreiche chemische Vorgänge, aber wir haben es doch
in den meisten Fällen mit Zustandsformen und Änderungen physikalischer Natur
zu tun, die vorwiegend dem Gebiet der Kolloidchemie angehören. Andererseits
ist es auch falsch, in eine einseitige Auffassung zu verfallen, wie es auch heute
noch manchmal geschieht; die Grenzen der kolloidchemischen Auffassung der Mal-
und Anstrichmittel steckt man vernünftigerweise nicht zu weit, weil man sonst
in ein unfruchtbares und durch keine Experimente zu stützendes oder zu wider-
legendes Neuland vordringt [1]).

2. Einige grundlegende Prinzipien.

Um unsere Aufgabe mit Erfolg angreifen zu können, ist es notwendig, aus der
Mannigfaltigkeit kolloidchemischer Betrachtungsweisen die Prinzipien heraus-
zuheben, die den Bindemitteln trotz der Verschiedenheit ihrer Grundstoffe gemeinsam sind, und von denen alle Bindemittel erfaßt werden. In Verbindung
hiermit müssen experimentelle Methoden ausgewählt bzw. neu entwickelt werden,
die geeignet sind, die kolloidchemischen Anschauungen zu stützen und eine Kontrolle der Grundannahmen zu bilden.

Das allgemeinste Prinzip, das wir über Farbenbindemittel und Farben im
Sinne der kolloidchemischen Betrachtungsweise aufstellen können, ist die An-
nahme, daß wir es mit dispersen Systemen zu tun haben. Diese Annahme hat zur
Voraussetzung, daß die Grundstruktur der Anstrichmittel aus mehreren Phasen

---

[1]) Wie vorsichtig man in der Anwendung der Kolloidchemie auf Anstrichstoffe sein muß,
beweisen neue Untersuchungen von H. Freundlich am Leinöl und Leinöl-Standöl. (Ztschr.
f. angew. Chem. **44**, 56 (1931).)

besteht, und daß sich in den Bindemitteln ganz allgemein Differenzierungsvorgänge vollziehen, als deren Ausdruck wir granuläre, fibrilläre und wabenartige Strukturen beobachten[1]). Die Differenzierung der Phasen tritt in vielen Fällen makroskopisch in die Erscheinung. Jede gebrauchsfertige Farbe besteht aus mindestens einer dispersen Phase, gewöhnlich dem Pigment, und dem Dispersionsmittel, dem Bindemittel, das wie der Name andeutet, den Farbkörper zu binden und den Zusammenhang mit dem Untergrund herzustellen hat. Die Pigmentphase ist natürlich in den seltensten Fällen einheitlich, sie stellt vielmehr für sich betrachtet schon ein kompliziertes kolloides System dar, in welchem die Korngrößenverteilung eine wichtige Rolle spielt. Auch das Farbenbindemittel ist nicht einheitlich, sondern ist in sich wiederum ein disperses System, das aus dispersen Phasen und Dispersionsmitteln besteht. In vielen Fällen ist der unzweifelhaft disperse Charakter des Bindemittels mit den gewöhnlichen mikroskopischen Hilfsmitteln nachweisbar, aber wir können auch die begründete Annahme machen, daß dieser Zustand sogar für solche Bindemittelsysteme wesentlich ist, bei denen wir die Mehrphasigkeit wie beim Leinöl, Holzöl und Lacken — also gerade bei der wichtigsten Gruppe der Bindemittel — nicht ohne weiteres festzustellen vermögen. Kolloidchemisch erhalten wir daher folgendes Schema für eine Farbe:

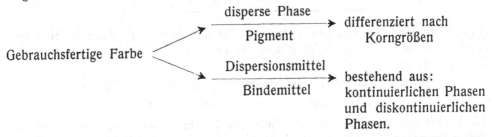

Man kann dieses Prinzip als das kolloidstatische bezeichnen, weil hierdurch der Zustand eines Farbsystems gekennzeichnet wird.

Ein zweites allgemeines kolloidchemisches Prinzip, das wir den Vorgängen in Bindemitteln und Farben zugrunde legen können, besteht in der Annahme, daß jeder Vorgang von einer Sol-Gelumwandlung begleitet ist. In einer Studie zur Theorie der Klebstoffe[2]) wurde vom Verfasser die Vorstellung entwickelt, daß jede Verleimung, d. h. jede Verbindung von zwei gleichartigen oder verschiedenartigen Körpern durch eine verbindende Zwischenschicht im wesentlichen durch eine Sol-Gelumwandlung gekennzeichnet ist. Die zur Ausführung der Verleimung erforderliche Lösung ist ein Sol, gewöhnlich ein Hydrosol, das nach dem Auftragen auf die zu verbindenden Flächen allmählich in den Gelzustand übergeht. Die Geschwindigkeit dieses Vorganges, die Darstellung dieser Umwandlung als Funktion der Konzentration und der Temperatur, seine Beeinflussung durch Zusätze, ferner die damit verknüpften Änderungen in den physikalisch-chemischen Eigenschaften der Zwischenschicht, reichen zur näheren Kennzeichnung des Vorganges aus. Wir bezeichnen die Klebstofflösung der Einfachheit halber als Kollasol und den nach eingetretener Verbindung der Gegenstände erreichten Endzustand als Kollagel; die Verleimung stellt sich dann einfach als eine kolloid-chemische Reaktion Kollasol $\rightleftarrows$ Kollagel dar. Es wurde schon damals darauf hingewiesen, daß diese Vorstellung nicht auf Verleimungen beschränkt ist, sondern auch auf Vorgänge in der Maltechnik angewendet werden kann. In der Tat ist diese Vor-

[1]) Vgl. hierzu Martin H. Fischer, Kolloid-Ztschr. **19**, 220 (1916).
[2]) Chem.-Ztg. **48**, 448 (1924). — Ztschr. f. angew. Chem. **37**, 403 (1924).

stellung für die gesamten maltechnischen Vorgänge grundlegend, denn sie reicht nicht nur zur Beschreibung der Vorgänge innerhalb des Bindemittels oder der Farbe aus, sondern sie umfaßt auch die Beziehungen des Untergrunds zur Farbe. Die kolloidchemische Grundreaktion der Farbenbindemittel und Farben lautet also genau wie die der Verleimung

$$\text{Kollasol} \rightleftarrows \text{Kollagel.}$$

Der Vorgang verläuft entweder umkehrbar oder nicht umkehrbar, und daher zerfallen die maltechnischen Vorgänge in Bindemitteln und Farben in reversible und irreversible Vorgänge. Um die Anwendbarkeit dieses Prinzips, das die dynamischen Vorgänge in den Farbschichten beschreiben soll, — kolloiddynamisches Prinzip — zu zeigen, gehen wir am besten vom Verleimungsvorgang aus. Eine Verleimung ist physikalisch-chemisch betrachtet ein Quellungs- und Entquellungsvorgang, der in seinem Gesamtverlauf eine kolloid-chemische Stufenreaktion ist. Eine häufig vorkommende Form ist die folgende:

$$\text{Kollagel (fest)} \rightleftarrows \text{Kollagel (flüssig)} \rightleftarrows \text{Kollasol} \rightleftarrows$$
$$\text{Quellung}$$

$$\underbrace{\text{Kollagel (flüssig)} \rightleftarrows \text{Kollagel (fest)}}_{\text{Leimung}}$$

Die Verleimungen sind in den meisten Fällen umkehrbare Reaktionen, aber wir kennen auch hier irreversible Vorgänge. Bei den Kaseinleimen haben wir folgende Reaktionsstufen:

$$\text{Kasein (fest)} \rightleftarrows \text{Kasein gequollen} \rightleftarrows \text{Kollasol} \rightleftarrows \text{Kollagel}$$
$$\text{Quellung} \qquad\qquad \text{Alkali} \qquad \text{Leimung}$$

Die Verleimung ist reversibel im Falle des Natriumkaseinates, irreversibel für Kalziumkaseinat.

Auf Grund dieser Vorstellung kommen wir zu folgender Einteilung der Gesamtheit der Bindemittel und Farben:

1. Die wäßrigen reversiblen Bindemittel und Farben. Sie sind gekennzeichnet durch die reversible Sol-Gelumwandlung: Kollasol $\rightleftarrows$ Kollagel.
2. Die wäßrigen irreversiblen Bindemittel und Farben. Sie umfassen vor allem die Temperabindemittel, aber auch Systeme wie Kasein-Kalk.
3. Die nicht wäßrigen reversiblen Bindemittel. Hierzu zählen alle Lacke, deren Dispersionsmittel aus flüchtigen Lösungsmitteln bestehen, vor allem Zelluloselacke, Spirituslacke.
4. Die nicht wäßrigen irreversiblen Bindemittel. Diese Gruppe umfaßt die Öle, Öllacke, Ölfarben und Öllackfarben und ist durch die Grundreaktion Oleosol $\rightleftarrows$ Oleogel gekennzeichnet.

Hiermit sind die Vorgänge innerhalb der Bindemittel und Farben umschrieben, aber auch die nicht minder wichtigen Beziehungen des Untergrunds zur Farbschicht werden von dieser Vorstellung umfaßt. Die Verbindung der Farbschicht mit dem Untergrund ist im wesentlichen eine Verleimung. Das Kollasol dringt in die porösen Oberschichten des Untergrunds ein und unter allmählicher Umwandlung in das Kollagel wird der feste Verband zwischen Untergrund und Farbschicht hergestellt; in manchen Fällen wird hier die kolloide Beschaffenheit des Untergrunds — man denke an Kalkuntergrund, Zement und Betonwände — eine wesentliche Rolle spielen. In anderen Fällen, so bei metallischem Untergrund, werden die Adhäsionskräfte wesentlicher sein, aber der Trocknungs- oder Erhärtungsvorgang der Farbschicht ist im einen wie im anderen Fall die Sol-Gel-umwandlung. H. Wagner hat ein Schema entworfen, in welchem er die verschiedenen Anstrichfarben nach ihrer Teilchengröße sehr übersichtlich unterbringt[1]). Er unterscheidet Suspensionen, kolloide Lösungen und molekulare Dispersionen. Die Suspensionen umfassen die Farben mit den Teilchengrößen von 10—11 μ, die kolloiden Lösungen liegen zwischen 0,1 μ und 1 μ. Hieran schließen sich die molekularen Dispersionen. Suspensionsfarben sind die Ölfarben und die Emulsionsfarben; Kolloidfarben sind die Aquarellfarben, und zu den molekulardispersen Farben zählen die Kolorierfarben. Diese Einteilung mag in manchen Fällen recht nützlich sein, aber sie reicht für eine systematische Darstellung des Gebietes nicht aus. In letzter Zeit hat Wagner die Frage der systematischen Einteilung der Bindemittel in einer Arbeit „Konsistenz und Gallertbildung"[2]) erneut aufgegriffen. Wagner möchte vor allem die Formänderungen in die Einteilung hineinbeziehen, also die Eigenschaften der Plastizität und Elastizität. Er unterscheidet die beweglichen formändernden Zustände als Sole von den unbeweglichen formbehaltenden Zuständen, den Gelen, die in Plastogele und Elastogele unterteilt sind. Ein ganz andersartiges Einteilungsprinzip legt Wo. Ostwald versuchsweise in einem Überblick über das Gebiet der Gallerten und Gele zugrunde[3]), das auch beachtenswerte Gesichtspunkte für die Systematik der uns hier beschäftigenden Stoffe enthält. Ostwald teilt die Gele nach ihrer Entstehungsweise ein. Linoxyn und Holzölgallerte, ebenso Kautschuk sind chemogene Gallerten, weil die Gallertbildung auf chemische Vorgänge (Polymerisation) zurückzuführen ist; andere Vorgänge, die zur Gallertbildung führen, sind Löslichkeitsverminderung (Desolutionsgallerte), Koagulations- und Quellungsvorgänge (Koagulations- und Quellungsgallerte). Es würde zweifellos von Nutzen sein, die Anstrichmittel nach ihrer Entstehung einzuteilen, aber man würde dadurch zu einer Gruppierung kommen, die nicht übersichtlich ist. Auch sind die inneren Vorgänge, die bei Bindemitteln zum Übergang des Sols in Gel führen, nicht ausreichend bekannt, um darauf eine Einteilung zu gründen. Zu beachten ist noch der von H. Freundlich aufgestellte Begriff des Lyogels (solvatisierendes Gel) und dessen Übergang in Xerogel. Die Xerogele entstehen nach Ostwald aus Lyogelen:

    a) durch Eintrocknen (Beispiel: Zelluloselacke),

    b) durch chemische Reaktionen (Beispiel: Kunstharz, Linoxyn),

    c) durch Koagulation von Solen (Beispiel: Kunstfasern).

Stärke, Gelatine, Agar sind als Lyogele zu bezeichnen. Man könnte die Anstrichstoffe sehr wohl in zwei Hauptgruppen einteilen: 1. solche, die aus Solen in Lyogele übergehen, und 2. solche, die Xerogele bilden. Die Einteilung deckt sich aber im wesentlichen mit der von uns gewählten Gruppierung. Immerhin sind alle diese Gesichtspunkte für eine zukünftige Systematik der Anstrichstoffe zu berücksichtigen.

3. Kolloidchemische Untersuchungsmethoden in Anwendung auf Farbenbindemittel und Farben.

Es versteht sich von selbst, daß die kolloid-chemischen Grundanschauungen über die Farbenbindemittel und Farben nur dann von Wert sind, wenn wir in der Lage sind ihr Für und Wider auch experimentell zu prüfen. Hier fehlt vorläufig

---

[1]) Chem.-Ztg. **48**, 793 (1924).
[2]) Kolloid-Ztschr. **47**, 19 (1929). — Vgl. hierzu Farben-Ztg. **34**, 1312 (1929).
[3]) Kolloid-Ztschr. **46**, 248 (1928).

noch so gut wie jede systematische Arbeit. Es ist auch nicht Zweck dieser Ausführungen, eine ausführliche Beschreibung der kolloidchemischen Untersuchungsmethoden zu geben[1]), zumal diese in den Veröffentlichungen der Kolloidzeitschrift
eine dem Stand der Forschung entsprechende Darstellung finden. Hingegen erscheint
es notwendig, diejenigen Methoden hier aufzuführen, die vor allem geeignet erscheinen, eine Stütze für die Kolloidchemie der Farbenbindemittel zu werden.

A. Die innere Reibung oder Viskosität. Es ist diejenige Kraft, die erforderlich ist, um eine
Flüssigkeitsschicht von der Fläche o mit einer gewissen
Geschwindigkeit dv im unendlich kleinen Abstand dn an
einer ruhenden Schicht parallel vorbei zu bewegen. In einer Flüssigkeit, die in einer
Kapillare strömt, sind die an der Wandung der Kapillare befindlichen Flüssigkeits-
teilchen in Ruhe, während nach der Mitte zu die Geschwindigkeit der Teilchen stetig
zunimmt. Die Flüssigkeit besteht also aus Zylindern, die sich mit verschiedener
Geschwindigkeit bewegen. Die zur Bewegung erforderliche Kraft, die den durch die
Viskosität bedingten Widerstand überwindet, ist gleich dem Produkt Viskositäts-

koeffizient $\times$ Oberfläche des Zylinders $\times$ Geschwindigkeitsgefälle: $K = \eta \, o \cdot \dfrac{dv}{dn}$.

(Newtonsche Gleichung.) Der Koeffizient η der inneren Reibung ist das Maß
für die Fluidität. Der absolute Wert von η wird meistens aus dem Flüssigkeitsvolumen V bestimmt, das in der Zeit t unter dem Druck p aus einer Kapillare
der Länge l und vom Radius r ausfließt. Nach Poiseuille[2]) ist

$$V = \frac{\pi}{8} \cdot \frac{r^4 \, t \, p}{\eta \, l}.$$

V ist das Ausflußvolumen in Kubikzentimeter, t die Zeit in Sekunden, p der Druck
in Dyn pro Quadratzentimeter, r der Radius in Zentimeter, l die Rohrlänge in
Zentimeter. Hieraus folgt

$$\eta = \frac{\pi \, p \, r^4}{8 \, v \, l} \, t \; (\mathrm{cm^{-1} g \, sec^{-1}})^3).$$

Für die häufig benutzten Kapillarviskosimeter sind η, v, r, l bei bestimmter Temperatur konstant, d. h. das Produkt pt muß ebenfalls konstant sein. Ist die Strömung
der Flüssigkeit nicht laminar, sondern unregelmäßig, so tritt an die Stelle von η die
kinematische Viskositität η/ϱ (ϱ = Dichte). In der Abb. 94 ist die Zunahme der
kinematischen Viskosität des Leinöls nach Blom angegeben. Wenn die Flüssigkeit
unter ihrem eigenen Druck ausfließt, so ist die Druckhöhe die Höhendifferenz der
freien Oberflächen, und da die Höhe sich kontinuierlich ändert, gilt als Druckhöhe
die mittlere Niveaudifferenz. Es ist $p = gsh_m$ (g = 9,81, s = spezifisches Gewicht,
h = mittlere Höhe) folglich $\eta = Cst$ und hieraus die bekannte Beziehung: $\eta^1 = \eta \dfrac{s't'}{st}$.

---

[1]) In dieser Beziehung verweisen wir besonders auf die Veröffentlichungen der American
Society for Testing Materials (Proc. Americ. Soc. Test. Mat., **17—22**), die zahlreiche wichtige
Untersuchungen zur Messung der Viskosität, Plastizität und anderer physikalischer Eigenschaften der Anstrichmittel enthalten. Eine wichtige Quelle ist auch Gardner, Physical and
chemical examination of paints, varnishes and colors (Washington 1930) V. Auflage, ferner
Circulars of the Scientific Section of the Institute of paint and varnish research, für deren Übersendung der Verfasser Herrn Gardner zu besonderem Dank verpflichtet ist.

[2]) Ann. Chim. Phys. (3) **7**, 50 (1843).

[3]) Der Koeffizient η ist die pro Flächeneinheit erforderliche Kraft, um die Geschwindigkeit 1
zwischen parallelen Flächen im Abstand 1 zu bewirken. Der Wert $\eta = 1,000$ wird auch als Poise
oder der hundertste Teil als Zentipoise bezeichnet.

Es hat nie an Bestrebungen gefehlt, die Messungen im absoluten Maß an Stelle der empirischen Grade Engler, Redwood, Saybolt in die Technik einzuführen, aber ganz abgesehen davon, daß die Bestimmung der relativen Reibung einfacher ist und in vielen Fällen dem praktischen Bedürfnis genügt, ist vor allem die innere Reibung keine eindeutig bestimmte Eigenschaft, wie etwa die Dichte. In dieser Auffassung wird man auch durch das anormale Verhalten vieler kolloider Lösungen bestärkt. Die Proportionalität zwischen der pro Zeiteinheit ausfließenden Flüssigkeit und dem

Druck p, die aus dem Poiseuilleschen Gesetz folgt, $\left(\dfrac{v}{t} = k\,p\right)$ gilt für viele

kolloide Lösungen nicht genau, sondern das Volumen nimmt rascher zu, als der Druck; die Viskosität nimmt also mit steigendem Druck ab. Man erklärt diese Anomalie mit dem Vorhandensein einer gewissen Elastizität (Fließ- oder Verschiebungselastizität). E. C. Bingham[1] nimmt an, daß Ölfarben und viele andere Sole plastisch fließen, es muß erst eine minimale Schubspannung, von ihm als yield value bezeichnet, überwunden werden, unterhalb der keine Verschiebung eintritt[2]. Erst oberhalb dieses Wertes besteht die lineare

Beziehung zwischen $\dfrac{v}{t}$ und p.

Auch W. R. Hess[3] nimmt in kolloiden Lösungen als Gegenkraft zum Reibungswiderstand Verschiebungselastizität an, die sich besonders im Bereich kleiner Werte für ersteren bemerkbar macht. Erst mit steigen-

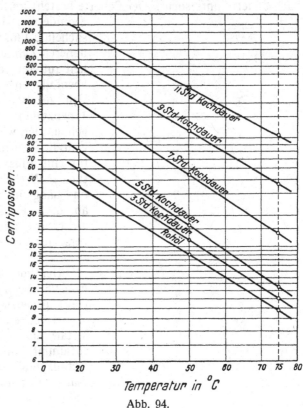

Abb. 94.
Zunahme der kinematischen Viskosität durch Kochen des Leinöles bei 300° C.

dem Druckgefälle und der dadurch bedingten größeren Strömungsgeschwindigkeit tritt die Verschiebungselastizität so weit zurück, daß die wahren Zähigkeitswerte erhalten werden. Die Vernachlässigung des Druckes bei Zähigkeitsmessungen läßt es nach Hess zweifelhaft erscheinen, ob bisher überhaupt in vielen Fällen wahre Werte für η erhalten worden sind. Im allgemeinen wird man die Resultante aus den Reibungskräften und den Kohäsionskräften messen, und obwohl diesen Zahlen die Eigenschaft einer eindeutig definierten Konstante fehlt, besitzen sie doch für die Charakterisierung kolloider Lösungen große Bedeutung.

Die Untersuchung dieser Abweichungen ist für die Auffassung der Öle und

[1] Proc. Americ. Soc. Test. Mat. **19**, 641 (1919); **20**, 450 (1920).
[2] A. V. Blom, Farben-Ztg. **34**, Nr. 12 (1929).
[3] Kolloid-Ztschr. **27**, 154 (1920).

Anstrichstoffe überhaupt von Bedeutung. Freundlich und Kores[1]) haben schwache Abweichungen für Stearatlösungen feststellen können. Slansky und Köhler[2]) haben vegetabilische Öle untersucht und bei niedrigen Drucken kleine Abweichungen vom Poiseuilleschen Gesetz festgestellt. Hiernach können vegetabilische Öle nur als verdünnte kolloide Systeme mit geringer Strukturviskosität aufgefaßt werden. Auch der Zusammenhang zwischen Trockenvorgang und kolloiden Eigenschaften ist infolge der geringen elastischen Eigenschaften nach Ansicht von Slansky und Köhler von untergeordneter Bedeutung[3]). Kürzlich hat W. Beck[4]) Anstrichstoffe mit Hilfe eines Torsionsviskosimeters nach Couette untersucht. Der Couette besteht im Prinzip aus zwei konzentrischen

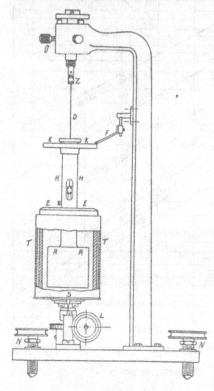

Abb. 95.
Torsionsviskosimeter.

Zylindern, zwischen denen sich die zu untersuchende Flüssigkeit befindet. Man läßt den äußeren Zylinder mit konstanter Geschwindigkeit rotieren, dadurch nimmt die Flüssigkeit ebenfalls eine stationäre Bewegung an, die sich auf den Innenzylinder überträgt. Der Innenzylinder, der an einem Draht aufgehängt ist, wird um einen gewissen Winkel φ gedreht, den man abliest. Die Ablenkung ist für eine Flüssigkeit bei gegebener Temperatur der Winkelgeschwindigkeit ω proportional und hängt im übrigen nur von der Viskosität ab, d. h. es ist $\varphi = K \eta \omega$. Die Beziehung zwischen φ und ω ist also linear. Für zwei verschiedene Flüssigkeiten gilt: $\dfrac{\eta'}{\eta} = \dfrac{\varphi' \omega}{\varphi \omega'}$.

Der von Beck benutzte Apparat ist in Abb. 95 abgebildet. Wir folgen hier der von Beck gegebenen Beschreibung:

E ist ein zylindrisches Hohlgefäß aus Metall, das die zu untersuchende Flüssigkeit aufnimmt. In diesem Gefäß hängt ein voller Metallzylinder A, der an einem dünnen Stahldraht D befestigt ist. Mit diesem Innenzylinder ist eine zylindrische Hülse H starr verbunden, die an ihrem oberen Ende einen in 36 Grade eingeteilten Meßkreis K trägt.

Mit Hilfe der Vorrichtung F kann man an diesem Teilkreis feststellen, um welchen Winkel der Innenzylinder gedreht worden ist. Der Hohlkörper ist von einem Flüssigkeitsmantel T umgeben, um die Temperatur konstant zu halten, und steht mit dem Zahnradgetriebe L in Verbindung, das durch den Motor M in Tätigkeit gesetzt wird. Eine sehr kleine Tourenzahl und eine möglichst große Regelmäßigkeit des Umlaufes erreicht man durch Schaltung eines Hauptschlußmotors in der von Barkhausen angegebenen Art.

[1]) Kolloid-Ztschr. 36, 241 (1925).
[2]) Kolloid-Ztschr. 46, 128 (1928).
[3]) Vgl. hierzu auch Wo. Ostwald, Trakas und Köhler, Kolloid-Ztschr. 46, 136 (1928). — Auerbach, Feldmann und Wo. Ostwald, Kolloid-Ztschr. 43, 155 (1927). — Wo. Ostwald, Kolloid-Ztschr. 43, 190 (1927). — L. Auer, Kolloid-Ztschr. 42, 288 (1927).
[4]) Farben-Ztg. 34, Nr. 43 (1929).

Mit dieser Apparatur wurden Zinkoxyd-Leinölfarben, Leinöl-Standölfarben, ferner Bleimennige in Öl untersucht und statt der linearen Beziehung zwischen φ und ω bei niedrigen Werten der Winkelgeschwindigkeit die Anomalien gefunden, die auf das Vorhandensein von Verschiebungselastizität hindeuten. Als Eichflüssigkeit kann man z. B. Glyzerin benutzen; berücksichtigt man für eine Farbe nur Werte von φ' und ω', die unabhängig von der Fließelastizität sind, so erhält man die relative Viskosität von Ölfarben. Diese Untersuchungen werden für die viskosimetrische Beurteilung von Anstrichfarben von Bedeutung sein.

Die auf Wasser von 0^0 C oder 20^0 C als Einheit bezogene Zähigkeit ist die spezifische Zähigkeit; hieraus wird durch Multiplikation mit der absoluten Zähigkeit von Wasser bei 0^0 C 0,017921 bzw. bei 20^0 C 0,01005 bzw. bei $20,2^0$ C 0,01000 die absolute Zähigkeit erhalten. In Deutschland ist vor allem für Öluntersuchungen fast ausschließlich das Englersche Viskosimeter im Gebrauch. Unter Englergrad versteht man das Verhältnis der Ausflußzeiten von 200 ccm Öl zu Wasser von 20^0 C. In England benutzt man das Redwood-Viskosimeter, in Amerika das Instrument von Saybolt.

Der Ersatz der Englergrade durch absolute Einheiten oder durch die spezifischen Zähigkeiten erscheint wünschenswert. Ob es aber möglich sein wird, die wahren Zähigkeiten in der Praxis mit der nötigen Sicherheit und Eindeutigkeit zu bestimmen, ist zweifelhaft, besonders wenn man die Beschaffenheit der Lösungen und Flüssigkeiten in Betracht zieht, an deren viskosimetrischer Messung die Praxis vor allen Dingen Interesse hat. Ubelohde hat für Öle folgende Beziehung zwischen spezifischer Zähigkeit, bezogen auf Wasser von 0^0 C und Englergraden aufgestellt: $\frac{\eta_0}{s} = 4{,}072 \, E - \frac{3{,}518}{E}$. Eine genauere Umrechnungsformel ist von

Vogel[1] aufgestellt worden: $\frac{\eta}{s} = (a\,\tau)\left(a^{-\frac{1}{\tau^3}}\right)$ (ft)[2]. Einfache Apparate zur Messung der Viskosität beruhen zum größten Teil auf dem bekannten Ostwaldschen Viskosimeter. Es sind in letzter Zeit eine ganze Reihe von Ausführungsformen beschrieben worden, die für den vorliegenden Zweck genügen dürften[3]. Eine sehr praktische Ausführungsform ist das Vogel-Ossag Viskosimeter und das Viskosimeter von A. Kämpf[4]. Für die viskosimetrische Untersuchung von Zelluloselösungen und Zelluloselacken wird wegen ihrer Einfachheit gern die Kugelfallmethode benutzt. Man läßt eine Stahlkugel von 0,15 cm Durchmesser (d = 7,6) durch ein Fallrohr von 2 cm Durchmesser und 29 cm Länge fallen und bestimmt die Durchgangszeit durch zwei Marken. Näheres s. Gibson und Jacobs, Trans. Chem. Soc. 117, 973 (1920) und Abschnitt 6, Zelluloselacke.

Für die Viskosität einer mehrphasigen kolloiden Lösung hat Einstein[5] die folgende Formel aufgestellt: $$\eta = \eta_0 \, (1 + k\varphi).$$

Hierin bedeuten η die Viskosität des Suspensoides oder einer Emulsion, η_0 die Viskosität des Lösungsmittels und φ das Volumenverhältnis von disperser Phase zum dispersen System. Die Einsteinsche Formel gilt nur für verdünnte Suspen-

---

[1]) Ztschr. f. angew. Chem. **35**, 561 (1922).

[2]) Es bedeutet τ das Verhältnis der Ausflußzeit von Öl und Wasser bei $20,2^0$, a eine Apparatkonstante, η die absolute Zähigkeit, s spez. Gewicht und ft die Temperaturkorrektion für das Poiseuillesche Gesetz (aτ); $a^{-\frac{1}{\tau^3}}$ ist ein Korrektionsglied für die Turbulenz.

[3]) Eine genaue Beschreibung technischer Viskosimeter (Redwood, Saybolt, Duffing-Dallwitz-Wegener) findet man bei Holde, Kohlenwasserstofföle und Fette, 6. Aufl., 20 u. f.

[4]) Kolloid-Ztschr. **51**, 165, 167 (1930). [5]) Ann. d. Phys. **19**, 289 (1906); **34**, 591 (1911).

sionen von starren Kugeln; in diesem Falle ist $k = 2,5$[1]). Andere Formeln für polydisperse Systeme sind von Lüers und Schneider[2]):

$\eta_s = \eta_0 (1 + kf + k_1 f^n$; $\eta_0 = 1$ für Wasser, k, k_1 und n sind Konstanten), Heß[3]):

$$\eta_s = \frac{\eta \cdot \alpha}{1 - k}$$ (k ist das in der Volumeneinheit enthaltene Volumen an disperser Phase, α ein Faktor) und E. Hatschek aufgestellt worden. Zur Umrechnung von Englergraden in absolute Zähigkeiten dienen auch folgende Beziehungen:

$$\eta = \varrho \left(0,0732\, E - \frac{0,0631}{E} \right) \text{Ubelohde, und } \eta = \varrho \left(0,0783\, E - \frac{0,08182}{E} \right) \text{Schiller[4].}$$

Die Bestimmung der Viskosität ist für die Kolloidchemie der Farbenbindemittel von großer Bedeutung, weil die innere Reibung für die Untersuchung des Kollasol-zustandes eine der empfindlichsten und zugleich auch experimentell einfachsten Methoden darstellt. Die Viskosität ist ein zahlenmäßiger Ausdruck für den Asso-ziationszustand der Grundstoffe der Farbenbindemittel und wir werden an späterer Stelle noch sehen, daß gerade diese Vorstellung für die Auffassung der Farben-bindemittel von grundlegender Bedeutung ist, wie ja auch diese Annahme die Chemie der hochmolekularen Stoffe entscheidend zu beeinflussen beginnt. Für ein eingehendes Studium der Viskosität sei besonders auf die zusammenfassende Darstellung von Hatschek[5]) und auf die neuen Viskositätsuntersuchungen an Molekül-Kolloiden von Staudinger[6]) hingewiesen.

B. Die Messung der Quellungs- und Entquellungsvorgänge. Die Quellung, d. h. die Aufnahme von Flüssigkeit, besonders von Wasser durch homogene feste Kör-per, ohne daß makroskopisch eine Änderung in der homogenen Beschaffenheit eintritt, ist mit Volumenzunahme verbunden. Der ent-gegengesetzte Vorgang, die Entquellung, ist mit einer Volumenverminderung ver-bunden, die in den meisten Fällen nicht wieder zu genau dem ursprünglichen Zu-stand zurückführt. Mann nennt diese Erscheinung Hysterese. Die Hysterese hat mit der Quellung nichts zu tun, sie ist vielmehr eine charakteristische Eigenschaft des festen Zustandes. Der Quellungsgrad wird gewöhnlich definiert durch die An-zahl Gramm Wasser, die von 1 g trockener Substanz aufgenommen werden. Die quellbaren Körper sind entweder begrenzt oder unbegrenzt quellbar. Bei begrenzt quellbaren Körpern nennt man die maximale Wassermenge Quellungsmaximum. Unbegrenzt quellbare Körper gehen kontinuierlich in Lösung über und scheiden sich umgekehrt aus Lösungen amorph ab. Die meisten Grundstoffe der Farben-bindemittel, wie Kasein, Stärke, leimgebende Substanz, Leinölfilme, Zellulose sind begrenzt quellbar. Beispiele für unbegrenzt quellbare Stoffe sind Gummi-arabikum, Dextrine, Pepton. Katz[7]) hat in wertvollen Untersuchungen nach-gewiesen, daß quellbare Körper der verschiedenartigsten chemischen Natur den gleichen Gesetzen folgen, d. h. die Bindung zwischen quellbarem Körper und Wasser ist in weitgehendem Maße unabhängig von der chemischen Zusammen-setzung des Körpers. Katz faßt die Quellung als die Bildung einer Lösung von Wasser im quellbaren Körper auf; v. Nägeli nahm für die quellbaren Körper Gruppen von Molekülen an, die sog. Mizellen, in deren Zwischenräumen sich das

---

[1]) v. Smoluchowski, Kolloid-Ztschr. **18**, 190 (1916).
[2]) Kolloid-Ztschr. **27**, 273 (1920).   [3]) W. R. Heß, Kolloid-Ztschr. **27**, 1, 154 (1920).
[4]) Ztschr. f. angew. Math. u. Mech. **5**, 111 (1925).
[5]) Die Viskosität der Flüssigkeiten (Dresden 1929).
[6]) Kolloid-Ztschr. **51**, 71 (1930).
[7]) Kolloidchem. Beih. **9**, 1 (1918). — Man vgl. auch E. Hatschek, Deformation elastischer Gelkörper beim Trocknen. Kolloid-Ztschr. **35**, 67 (1924).

Quellungswasser einlagert. Es ist sicher kein Zufall, daß gerade die hochaggregierten Körper besonders stark quellbar sind; wenn man annimmt, daß sich aus verschiedenartigen chemischen Grund- oder Elementarkörpern hoch assoziierte Stoffe bilden, die in bezug auf ihre physikalisch-chemischen Eigenschaften als Folge ihres hochaggregierten Zustandes viele Ähnlichkeiten aufweisen, so wird es verständlich, daß auch die Quellung scheinbar ganz verschiedener Körper ähnlich verläuft.

Die Quellungs- und Entquellungsvorgänge sind für Vorgänge in Farbenbindemitteln von größter Bedeutung, und wir werden in den folgenden Abschnitten Gelegenheit haben, die Beziehungen unserer Grundreaktion: Kollasol $\rightleftarrows$ Kollagel zu den Quellungs- und Entquellungsvorgängen kennen zu lernen. Hier sei vor allem darauf hingewiesen, daß alle Farbenbindemittel und somit auch alle Farben quellbar sind; der Verlauf von Quellung und Entquellung beeinflußt in entscheidender Weise die Lebensdauer sowie das gesamte Verhalten des Anstrichs. Wir haben es hier in der Tat mit einer der wichtigsten Eigenschaften unserer Anstrichmittel zu tun.

Für die Messung des Quellungszustandes sind eine ganze Anzahl von Methoden angegeben worden. Am bekanntesten ist das von van Bemmelen beim Kieselsäuregel benutzte Prinzip, die zu messenden Körper über Schwefelsäure-Wassergemischen bekannter Dampfspannung stehen zu lassen, bis Gleichgewicht eingetreten ist. Statt den Quellungsvorgang in einer feuchten Atmosphäre zu verfolgen, kann man auch nach dem Vorschlag von Hofmeister[1]) die Quellungskurven dadurch ermitteln, daß man den Quellungskörper in Form eines Plättchens in Wasser einsenkt und die Wasseraufnahme durch Wägung feststellt. Posnjak[2]) bestimmt die Quellung dadurch, daß die Volumenvergrößerung des quellenden Körpers auf einen Quecksilberstempel übertragen wird; die Volumenänderung kann an einer Skala abgelesen werden. Andere Arbeitsweisen zur quantitativen Bestimmung von Quellungsgrößen sind von Zsigmondy, Bachmann, Stevenson, Thiessen und Carius[3]) angegeben worden. Die Untersuchung der Quellungs- und Entquellungsvorgänge von Anstrichstoffen wird häufig in der Weise ausgeführt, daß man den auf einer Glas- oder Metallplatte erzeugten Film unter bestimmten Bedingungen der Einwirkung einer feuchtigkeitsgesättigten Atmosphäre aussetzt oder in Wasser bzw. wäßrigen Lösungen lagern läßt. Man muß hierbei zwischen dem Verhalten des reinen Bindemittels und dem System Farbkörper-Bindemittel unterscheiden. Bindemittel, also Leinöl, Holzöl, Standöl, fette Lacke, Zelluloselacke, zeigen bei mehrtägiger Lagerung in Wasser ein sehr charakteristisches Verhalten und die Wasseraufnahme in Prozenten ist eine für die Kennzeichnung der Farbenbindemittel wichtige Zahl. Die Werte, die man so erhält, sind untereinander vergleichbar, wenn man bestimmte Arbeitsbedingungen einhält. Untersucht man nun weiter Farbkörper in Beziehung zu Bindemitteln von bekanntem Quellungsgrad, so erhält man nach Abzug der Quellungszahl für das Bindemittel die Quellungszahlen der Farbkörper, die ebenfalls sehr verschieden sind. Man kann auf diese Weise sowohl die fertigen Anstrichfarben, als auch die Bindemittel und Farbkörper etwa in drei Gruppen einteilen: 1. stark quellend, 2. quellend, 3. schwach quellend. Untersuchungen dieser Art sind von D'Ans[4]) und vom Verfasser,

---

[1]) Arch. Exper. Path. u. Pharm. **27,** 395 (1890); **28,** 210 (1891).
[2]) Kolloidchem. Beih. **3,** 417 (1912).
[3]) Kolloid-Ztschr. **36,** 245 (1925). — Zsigmondy-Festschrift **37,** 406 (1925).
[4]) Ztschr. f. angew. Chem. **41,** 1196 (1928).

Hollander und Behne[1]) durchgeführt worden. Die folgende Tabelle enthält einige Beispiele für die erhaltenen Ergebnisse:

A. Wasseraufnahme von Ölfilmen nach Versuchen von A. Hollander[2]).

Firnis	Sulfofirnis	Wasseraufnahme nach 5 Tagen (Temp. 15°)	Aussehen
8 Bl	8% S	5,6%	klar
7 Bl	7% S	6,4%	klar
6 Bl	6% S	7,4%	wenig getrübt
5 Bl	5% S	7,7%	wenig getrübt
4 Bl	4% S	7,9%	fast klar
3 Bl	3% S	8,7%	etwas getrübt
2 Bl	2% S	13,3%	getrübt
1 Bl	1% S	20,1%	getrübt
8 K	8% S	11,6%	teilw. getrübt
8 R	8% S	10,2%	teilw. getrübt
Leinöl-Standölfirnis, Viskosität 20° E bei 50° C		75,4%	weiß
Holzöl-Leinöl-Standölfirnis, Viskosität 20° E bei 50° C		31,3%	halbweiß
Standölfirnis 9 (J. Z. Wijs des Standöles 110,6)		15,2%	wenig getrübt
Leinölfirnis 11		89,3%	weiß

B. Quellungsvermögen von Farbfilmen nach Versuchen von G. Behne.

Versuchsanordnung: ca. 0,5 g Farbe werden auf Glasplatten 9 × 12 cm zu einem Film ausgestrichen. 96 Stunden Trockenzeit und 60 Stunden Wasserlagerung bei 25°.

Firnis: 36,7 Teile gekochtes Leinöl
            36,7 „ Leinöl-Standöl
            25,6 „ gekochtes Holzöl; 0,9% Cobaltlinoleat (6% Co.).
_____
100,0 Teile

Zusammensetzung der Farbe	Wasseraufnahme in %
Eigenquellung des Firnis	8,0
Oxydrot I / Firnis 65/35	23,5
Oxydrot II / Firnis 65/35	32,6
Bleimennige / Firnis 83/17	4,7
Bleiweiß / Firnis 70/30	58,8
Bleiweiß / Firnis 65/35	28,9
Bleiweiß / Bleistaub / Firnis 50/20/30	19,9
Zinkweiß / Firnis 65/35	56,2
Zinkweiß / Zinkstaub / Firnis 40/25/35	41,8

C. Messung der Korngröße und Kornverteilung der dispersen Pigmentphase. Das Verhalten einer Anstrichfarbe in kolloid-chemischer Hinsicht wird ganz wesentlich durch die Korngrößenverteilung des Farbkörpers bestimmt, und wenn wir auch im einzelnen noch nicht genügend über den Einfluß der Korngröße auf die Eigenschaften einer Farbe unterrichtet sind, so wissen wir doch, daß sie den Farbton beeinflußt und für die Reinheit, Deckkraft

_____
[1]) Korrosion und Metallschutz (Zur Jahresversammlung 1929, 53 (1929)). Farben-Ztg. **35**, 998 (1930); **36**, 118 (1930).
[2]) Farben-Ztg. **35**, 998 (1930); andere Beispiele s. Farben-Ztg. **36**, S. 118 (1930).

und Ausgiebigkeit[1]) einer Farbe bestimmend ist. Wahrscheinlich besitzt jede Farbe eine optimale Korngrößenverteilung; die Deckfähigkeit nimmt mit kleiner werdender Korngröße zu bis zu einem Maximum, um dann wieder abzunehmen. Die untere Grenze für die Korngröße liegt bei ungefähr 0,5-Tausendstel mm, der Wellenlänge des Lichtes; kleinere Teilchen sind in bezug auf Farbton und Ausgiebigkeit unwirksam. Auch die Ausgiebigkeit einer Farbe und die Beständigkeit eines Anstriches stehen in engstem Zusammenhang mit der Korngröße.

Zur vergleichweisen Bestimmung von Korngrößen ermittelt man am einfachsten das Schüttelvolumen. Eine bestimmte Menge eines Farbkörpers wird in einem graduierten Schüttelzylinder von 50 ccm Inhalt eingefüllt und mit Wasser oder wegen der besseren Benetzbarkeit mit wäßrigem Alkohol auf 50 ccm aufgefüllt. Dann wird eine bestimmte Zeit gleichmäßig geschüttelt, und nach z. B. 12 Stunden das Schüttelvolumen abgelesen.

Genauer ist die mikroskopische Bestimmung der Teilchengröße durch Okularmikrometer, das mittels eines Objektmikrometers geeicht ist. Als Maßeinheit dient das Mikron (1 μ = 0,001 mm). Die durchschnittliche Korngröße der meisten Farbpigmente liegt zwischen 1 und 10 μ. Eine indirekte Methode ist die mikroskopische Zählmethode. Man benutzt hierzu Zählkammern von genau bekanntem Inhalt. Die Zählkammer von Thoma-Zeiß besteht aus einem Objektträger, auf welchem ein Glasrahmen mit einem kreisförmigen Ausschnitt aufgekittet ist. In dem Ausschnitt befindet sich ein rundes Glastischchen, das in der Mitte ein mikroskopisches Gitter von $1/_{20}$ mm Seitenlänge eingeritzt trägt. Da der Glasrahmen die Höhe des Glastischchens um genau 0,1 mm überragt, so ist der Raum über jedem Quadrat $1/_{4000}$ cbmm. Man zählt eine Anzahl Quadrate aus; die Teilchenzahl pro Kubikmillimeter ist = gefundener Teilchenzahl $\times$ 4000 $\times$ Verdünnung des Suspension: Anzahl der Quadrate.

Kühn[2]) hat mit dieser Zählmethode zahlreiche Farbkörper untersucht. 0,1—5 g der zu prüfenden Substanz werden in einem 10 ccm-Meßzylinder mit dem entsprechenden Dispersionsmittel $1/_4$ Stunde geschüttelt, sofort werden davon mit der Mikropipette 0,01 ccm entnommen, die meist mit dem gleichen Dispersionsmittel auf 1 ccm verdünnt und wiederum $1/_4$ Stunde geschüttelt werden. Nach dem Schütteln wird sofort ein Tropfen auf den Objektträger gebracht, mit dem Deckglas bedeckt und 1—12 Stunden gewartet, bis alle Teilchen sich auf dem Kammerboden abgesetzt haben, worauf jedesmal zu prüfen ist. Pro Feld von 0,00025 ccm sind zweckmäßig 10—20 Teilchen vorhanden. Es wird bei 550facher Vergrößerung gemessen und die Anzahl der Teilchen in Milliarden pro Gramm angegeben. Drei Sorten Lithopone mit 30% Zinksulfid enthielten 74·10[9], 200·10[9] und 372·10[9] Teilchen; ihre Durchschnittsteilchengröße verhält sich also umgekehrt wie 5:3:1. Auf die Ergebnisse dieser Untersuchungen werden wir später noch zurückkommen.

Eine sehr fruchtbare Methode zur Bestimmung der Korngröße ist die Schlämm- oder Sedimentationsanalyse[3]). Die Methode ist ursprünglich von Wiegner für

---

[1]) Die Sichtbarkeit einer Farbe steht im Zusammenhang mit dem Unterschied der Brechungsquotienten zwischen dem Farbkörper und Bindemittel. Fur senkrecht einfallendes Licht ist die Intensität des reflektierten Lichtes $J = \left(\dfrac{n_2 - n_1}{n_2 + n_1}\right)^2$ (Fresnel); n_2 und n_1 sind Brechungsquotienten von Farbkörper und Bindemittel. Man sieht, daß $J = 0$ wird, wenn $n_2 = n_1$ ist. Man vgl. auch C. P. van Hoek, Teilchengröße von Körperfarben, Farben-Ztg. 31, 1237 (1926).

[2]) Ztschr. f. angew. Chem. 28, 126 (1915); 30, 145 (1917). — Farben-Ztg. 31, 1131 (1926).

[3]) Lit. hierzu vgl. Kolloid-Ztschr. 30, 62 (1922); 31, 96 (1922); 35, 313 (1924); 36, 341 (1925); 38, 115 (1926). — Farben-Ztg. 30, 2732 (1925).

17*

die Zwecke der Bodenanalyse angegeben worden und wurde von Wo. Ostwald, v. Hahn, Hebler weiter entwickelt und zur Korngrößenbestimmung von Farbkörpern verwendet. Der Schlämmapparat oder kinetische Flockungsmesser (Abb. 96) besteht im Prinzip aus einem U-Rohr von ca. 130 cm Schenkellänge. Der weitere graduierte Schenkel von 6 mm bzw. 10 mm lichter Weite enthält die zu prüfende Suspension (Suspensions- oder Solrohr); das engere damit kommunizierende Vergleichsrohr trägt oben einen Hahn; das Solrohr ist unten pipettenförmig erweitert und kann durch einen Hahn vom Niveaurohr abgetrennt werden. Das Solrohr endigt unten in einem Fortsatz, der durch einen eingeschliffenen Glasstopfen abgeschlossen werden kann. In das Suspensionsrohr wird die Aufschlämmung des Farbpulvers eingefüllt, in das Niveaurohr das reine Dispersionsmittel. Stellt man die Verbindung der beiden Rohre durch Öffnen des Hahnes her, so ergibt sich infolge des verschiedenen spezifischen Gewichtes der Suspension und des Dispersionsmittels eine Höhendifferenz, die nach Dulong und Petit gegeben ist durch die folgende Beziehung: Die Suspension habe das spezifische Gewicht S, das Dispersionsmittel das spezifische Gewicht s. Dem spezifischen Gewicht S entspreche die Höhe H; dem spezifischen Gewicht s die Höhe h. Infolge der Gleichheit des hydrostatischen Druckes ist dann $SH = sh$, oder die Höhen verhalten sich umgekehrt wie die spezifischen Gewichte. Wenn nun die dispergierten Teilchen sich mehr und mehr sedimentieren, so ändert sich die Höhendifferenz der beiden Flüssigkeitssäulen kontinuierlich. Diese Differenzen werden abgelesen und als Funktion der Zeit in einer Sedimentationskurve aufgetragen. Die Fallkurve kann auch photographisch mittels einer rotierenden Trommel, die mit Bromsilberpapier überzogen ist, aufgenommen werden.

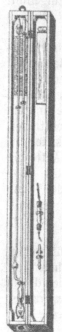

Aus der Gleichung $SH = sh$ ($h > H$, wenn $S > s$ ist) folgt:

$$h : H = S : s [1] \quad \frac{h - H}{H} = \frac{S - s}{s};$$ setzt man für Wasser als Dispersionsmittel $s = 1$, so ist:

$$h - H = H(S - 1) = k(S - 1)$$

Abb. 96.
Schlämm-
Apparat.

Die Höhendifferenzen sind also direkt proportional den Differenzen der spezifischen Gewichte. Die Differenz der spezifischen Gewichte ist der Menge der suspendierten Phase, d. h. der Menge, die sich noch im Schwebezustand im Suspensionsrohr befindet, proportional. Es gilt somit: $h - H = C \cdot P$, wobei P die Menge der nicht sedimentierten Phase ist. Die Sedimentationskurve stellt die Menge der noch schwebenden Anteile als Funktion der Zeit dar, somit kennt man auch den sedimentierten Anteil. Je steiler die Kurve abfällt, desto gröber ist die Suspension.

Die Geschwindigkeit, mit der die Teilchen fallen, ist eine Funktion des Radius der Teilchen:

Nach dem Stockesschen Gesetz ist

$$v = \frac{2}{9} g \frac{(S_1 - S_2)}{\eta} r^2;$$

v = Fallgeschwindigkeit,
S_1 = spezifisches Gewicht der Teilchen,
S_2 = spezifisches Gewicht der Flüssigkeit,

---

[1] Wir folgen hier im wesentlichen der sehr klaren Darstellung von Gessner, Kolloid-Ztschr. **38**, 115 u. f. (1926).

η = Zähigkeit des Dispersionsmittels,

r = Radius des Teilchens.

Für eine gegebene Suspension ist:

$$v = K \cdot r^2$$

oder

$$r = \frac{1}{\sqrt{K}} \sqrt{v}.$$

Zu einer bestimmten Zeit t′ ist die Geschwindigkeit

$$v_1 = \frac{H}{t'}; \text{ folglich } r' = \frac{1}{\sqrt{K}} \sqrt{\frac{H}{t'}}.$$

Zur Zeit t′ sind alle Teilchen, deren Radius $> r_1$ ist ausgefallen.

Es sei ABC (Abb. 97) eine Sedimentationskurve und es sei zur Zeit t′ Punkt B erreicht, so entspricht OA der gesamten Aufschlämmung. DA ist der zur Zeit t′ ausgefallene Anteil, O D = E B der noch schwebende Anteil. Die Tangente in B teilt DA in zwei Teile, und zwar entspricht der Anteil AG dem Anteil $> r'$, DG dem Anteil mit kleinerem Radius.

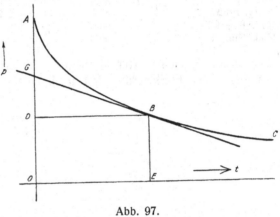

Abb. 97.
Sedimentationskurve.

In der folgenden Tabelle sind eine Reihe von Messungen mit Rußsorten wiedergegeben, die wir v. Hahn[1]) verdanken. Es wurden vergleichsweise das Schüttelvolumen, die Teilchengröße und der Schwarzgehalt bestimmter Zinkweiß-Rußmischungen (0,1 g Ruß, 2,9 g Zinkweiß) — hiervon je 0,1 g mit 3 Teilen Leinöl auf 54,72 qcm Pergamentpapier gleichmäßig aufgestrichen — durch Vergleich mit der Grauleiter nach Wi. Ostwald verglichen. Diese drei Methoden ergeben übereinstimmende Resultate. Im Vergleich hierzu wurden die Sedimentierkurven aufgenommen und hierbei die gleiche Reihenfolge ermittelt, wie nach den älteren Methoden. Als Vergleichszeit wird die Halbzeit vorgeschlagen, diejenige Zeit, die vergeht, bis die Höhendifferenz den halben Weg erreicht hat. Die Übereinstimmung dieser Methoden ergibt sich aus der Tabelle S. 262.

Andere Methoden sowie eine ausführliche Literaturzusammenstellung findet man in der Untersuchung von C. P. van Hoek über die Teilchengröße von Farbkörpern (l. c. S. 259); es sei besonders auch auf v. Hahn, Dispersoidanalyse (1928) hingewiesen[2]).

D. Kurzprüfung, mikroskopische und röntgenographische Methoden. Für die Untersuchung von Anstrichmitteln wirkt der Umstand ungemein erschwerend, daß bisher nur die in jahrelanger Beobachtung gewonnenen Ergebnisse ein sicheres Werturteil ermöglichten. In den letzten Jahren hat daher kaum eine andere Frage so eingehend die Forschung beschäftigt, wie das Problem, den zeitlichen Ablauf der Alterungs- und Zerstörungsvorgänge experimentell zu erfassen und so zu beschleunigen, daß man in wenigen

[1]) Kolloid-Ztschr. **31**, 96 (1922).

[2]) Auch die neueren Untersuchungen von Wo. Ostwald und Haller über die Sedimentvolumina von Pulvern (Kolloid-Beih. **29**, 354 [1929]) und von H. v. Blom über Sedimetrie (Kolloid-Ztschr. **51**, 186 [1930]) sind in diesem Zusammenhang zu erwähnen.

Übersicht über die dispersoidanalytischen Messungen
an 10 Rußsorten (zu S. 261).

| Rußbezeichnung | Schüttel-volumen in ccm/g | Teilchengröße | | | Schwarz-gehalt in % | Sedimentier-zeiten Halbzeit in Min. |
		Max.	Min. in μ	Mittel		
Amerik. Gaßruß	6,9	8,9	2,0	8,7	97,5	½
Wegelin Nr. 2	9,1	2,2	0,7	1,8	86,5	2
Wegelin Nr. 3	14,2	2,7	0,9	1,2	89,0	3
Wegelin Nr. 3	14,3	1,5	0,5	1,2	89,0	13
André M. u. St.	17,0	1,0	0,4	0,8	92,0	19
Wegelin Nr. 1	22,7	0,8	0,2	0,6	93,0	28
André P	29,0	0,6	0,2	0,5	96,5	62
Azetylenruß	33,6	4,0	2,0	3,7	96,5	80
Koll. Ruß 86	50,0	—	—	0,04	96,0	3000
Koll. Ruß 78	50,0	—	—	0,01	97,0	∞

Wochen an Versuchsplatten ähnliche Veränderungen erhält, wie sie unter den Bedingungen der Freilagerung erst nach einem Jahr oder noch längerer Zeit ein-
zutreten pflegen. Der Farbfilm wird durch eine Reihe von Ober-flächenreaktionen an-gegriffen und allmäh-lich zerstört; diesen Alterungsvorgängen ist jeder Farbanstrich un-terworfen, wenn auch die Geschwindigkeit des Ablaufes dieser Reaktionen sehr ver-schieden ist. Die Ein-wirkungen, um die es sich hauptsächlich handelt, lassen sich wie folgt gruppieren: Licht, Feuchtigkeit, Temperaturwechsel, Gase (Rauchgase), und

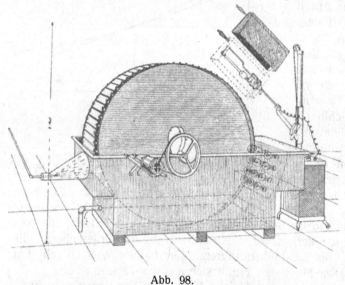

Abb. 98.
Apparat fur Kurzprufung von Farben (nach Gardner).

die Anordnungen, die für die beschleunigte Prüfung der Farbe in Anwendung
sind, laufen fast alle darauf hinaus, diese verschiedenartigen Einflüsse in
regelmäßigem Wechsel einwirken zu lassen. Die durch diese Intensivprüfungen
veränderten Versuchsplatten können dann verglichen werden mit Freilage-
rungsversuchen und man gewinnt auf diese Weise allmählich eine gewisse Sicherheit in der Beurteilung von Kurzprüfungen. Eine der älteren Anordnungen
für Kurzprüfung von Farben ist das Gardnerrad[1]) (Abb. 98). Der Apparat besteht aus einer rotierenden Trommel von 1½ m Durchmesser, auf deren 35 cm
breiten Umfang die Versuchsplatten befestigt werden. Es können 31 Platten
$30,48 \times 15,24$ cm gleichzeitig geprüft werden. Das Rad wird durch einen $1/_8$ PS-Motor
von 1725 Umdrehungen pro Minute angetrieben, dessen Drehzahl im Verhältnis

[1]) Zirkular Nr. 226.

51 750 : 1 reduziert ist, so daß die Trommel eine Umdrehung in einer halben Stunde macht. Die Platten werden hintereinander einem Sprühregen und der Einwirkung von ultraviolettem Licht ausgesetzt; alsdann passieren sie eine Reihe von 100 Watt-lampen, die die Filme erwärmen. Zuletzt tauchen die Platten in ein Kältebad, um dann wieder in die Regenzone zu kommen. Nach dem Vorbild von Gardner sind eine ganze Anzahl von Versuchsanordnungen für Kurzprüfungen ausgebildet, die eine möglichst vollkommene Angleichung an die Wirklichkeit anstreben, so von der Chemisch-technischen Reichsanstalt, von der Versuchsanstalt der Reichs-bahn u. a.[1]). Percy, H. Walker und E. T. Hickson[2]) haben einen etwas anderen Weg zur beschleunigten Untersuchung von Farbfilmen beschritten. Sie gruppieren die zerstörenden Einflüsse ebenfalls in a) Lichteinwirkungen, b) Feuch-tigkeit, c) Temperaturwechsel, d) Gase, u. a. feuchte ozonisierte Luft, Rauchgase, und nehmen den Wechsel zeitlich so vor, daß eine möglichst nahe Anpassung an die wirklichen Verhältnisse stattfindet. Statt des gleichmäßig raschen Wechsels der Einwirkungen wie im Gardnerrad tritt ein periodischer Wechsel ein. Inner-halb einer Woche ergibt sich dann z. B. folgendes Bild:

Gefrierperiode:	4 Stunden	2,4%
Ozonisierte Luft:	17 Stunden	10,3%
Wasser:	32 Stunden	19,4%
Licht:	112 Stunden	67,9%

Auch der Grad der eingetretenen Zerstörung wird auf besondere Weise, durch Be-stimmung der Permeabilität des Farbfilms für Wasser, bestimmt. In Deutschland hat sich schon frühzeitig Wolff[3]) mit dem Problem der Kurzprüfung beschäftigt; um ihre Entwicklung für die praktische Anstrichprüfung hat sich M. Schulz, Kirchmöser[4]) besondere Verdienste erworben, durch dessen Arbeiten diese Ver-fahren zuerst bei der Reichsbahn zur Einführung gelangten. Zur Prioritätsfrage der Kurzprüfung von Anstrichstoffen sei auf die Ausführungen von Schulz[5]) hingewiesen. In der Chemisch-technischen Reichsanstalt ist für die Prüfung von Anstrichen ein Trommeltauchapparat konstruiert worden (vgl. Jahresber. 4, 162—180), der es ge-stattet, die Anstriche durch rhythmisches Tauchen in Bäder verschiedenen Bean-spruchungen gleichzeitig auszusetzen. Die Trommel hat eine Umdrehungszeit von 4 Stunden. Die Platten befinden sich innerhalb 24 Stunden 6 Stunden im Tauchbad und die übrige Zeit im Luftbad, wo sie noch außerdem bestrahlt werden können. Diese Anordnung zeichnet sich durch Einfachheit und Zweckmäßigkeit aus. Gegen die Kurzprüfungsverfahren sind von Anfang an sehr viele Einwendungen gemacht worden und es ist auch nicht zu verkennen, daß diese Methoden, soweit sie auf eine möglichst getreue Nachbildung des tatsächlichen Alterungsprozesses hinauslaufen, mögen sie

---

[1]) Neuere Untersuchungen mit Hilfe des Gardnerrades sind von O. Herz an Zellulose-Anstrichstoffen (Farben-Ztg. **36**, 316, 362 [1930]) durchgeführt.

Bei der Reichsbahn werden die Anstriche im Kurzverfahren wie folgt geprüft:

15stündige Lagerung in Wasser von 20⁰,

7stündige Einwirkung von ultraviolettem Licht,

1 Stunde SO_2-haltige Luft,

39 Stunden Wasserdampf von 30—40⁰ C.

7stündige Einwirkung von ultraviolettem Licht.

Diese Folge wird 13mal durchgeführt. Bei der Einwirkung des ultravioletten Lichtes laufen die Platten in einem geschlossenen Kasten langsam um, an dessen Boden sich Wasser von Zimmer-temperatur befindet.

[2]) Journ. Ind. Eng. Chem. **20**, 591 (1928).

[3]) Farben-Ztg. **28**, 704 (1923); **29**, 1692 (1924). — Korrosion und Metallschutz **2**, 18 (1926).

[4]) Farben-Ztg. **31**, 2879 (1926); **33**, 1283 (1928). —Ztschr. f. angew. Chem. **41**, 760 (1928).

[5]) Farben-Ztg. **35**, 82 (1929).

experimentell noch so sorgsam ausgearbeitet sein, wenig befriedigen und keineswegs einen sicheren Schluß auf das tatsächliche Verhalten der Anstriche zulassen. Schon die häufig als Lichtquelle verwendete Quarz-Quecksilberlampe ist zu beanstanden, weil das Quecksilberlicht viel größere Lichtquanten enthält, als Sonnenlicht und daher Reaktionen auslösen kann, die vom Sonnenlicht nie hervorgerufen werden[1]). Walker und Hickson bevorzugen daher auch den Kohlelichtbogen. Aber auch wenn die bisherigen Anordnungen zur Kurzprüfung noch nicht den Anspruch auf eine genügend durchgearbeitete Methode erheben können, so ist doch ein wichtiger Schritt getan. Kurzprüfungen können nicht die natürlichen Verhältnisse wiedergeben, das ist gar nicht ihr Zweck; es sind Modellversuche, die auf Grund eines großen Erfahrungsmaterials schließlich auch Schlüsse auf das tatsächliche Verhalten des Anstrichmaterials gestatten. Der Vergleich mit dem Zement oder Kautschuk, der ebenfalls in Modellversuchen geprüft wird, liegt nahe und beweist, wie viel bei genügender Ausarbeitung der Methoden zu erreichen ist. A. V. Blom[2]) erblickt einen Mangel der Prüfmethoden darin, daß man nur Anfangs- und Endzustand ermittelt, während der zeitliche Ablauf vollkommen dunkel bleibt. Schematisch stellt Blom den zeitlichen Verlauf des Alterungsvorganges als Funktion der Beanspruchung dar. (Abb. 99.) Kurve I ist der Ablauf der Alterung eines einwandfreien Anstriches, während Kurve II der Ausdruck für einen beschleunigten Zerstörungsvorgang ist. Der in der „Gefahrenzone" befindliche Anstrich sollte erneuert werden, auch wenn er noch äußerlich in Ordnung ist, weil er durch zufällige Einwirkungen zerstört werden kann. Im Verlauf des Alterungsprozesses werden nach Blom die Spannungszustände in der Haftfläche von Bedeutung, und es ist deshalb wesentlich, den Anstrich in bezug auf einen bestimmten Untergrund zu prüfen. Blom

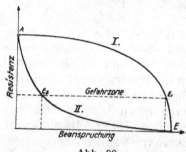

Abb. 99.
Verlauf des Alterungsvorganges von Anstrichen.

verfährt wie folgt: Genormte Eisenstäbe von bestimmten Festigkeitseigenschaften werden gestrichen und einem künstlichen Alterungsverfahren unterworfen. Dann wird der Zugversuch ausgeführt und beobachtet, bei welcher Beanspruchung die ersten Risse in der Farbhaut auftreten. Form und Lage der Rißfiguren geben in Verbindung mit dem Spannungs-Dehnungsdiagramm Aufschluß über den Erhaltungszustand des Farbfilms. Als Ergänzung zu den Kurzprüfungen werden diese methodischen Versuche wichtige Aufschlüsse über den jeweiligen Zustand einer Farbe geben können[3]).

Eines der wichtigsten Hilfsmittel für die Erforschung der Farbfilme und ihrer strukturellen Veränderungen ist die Mikroskopie, die gerade in den letzten Jahren eine zunehmende Bedeutung gewonnen hat.

Der derzeitige Zustand der Kolloidchemie der Farbenbindemittel läßt sich mit der Lage vergleichen, in welcher sich die Metallkunde vor der Einführung der Metallographie befand; erst durch die Erschließung der Mikrostruktur der Metalle und Legierungen wurde es möglich, bestimmte Aussagen über ihren Aufbau zu machen, und heute ist das Metallmikroskop das unentbehrlichste Hilfsmittel für jedes Problem auf diesem Gebiet. Bei der mikroskopischen Unter-

[1]) Becker, Farben-Ztg. **33**, 2232 (1928).   [2]) Ztschr. f. angew. Chem. **41**, 1178 (1928).
[3]) Vgl. a. C. P. van Hoek, Dauer- und Kurzprufung von Anstrichen. Farben-Ztg. **33**, 1533 (1928).

suchung von Farbfilmen befinden wir uns in einer ungleich schwierigen Lage, weil wir es mit Kolloidsystemen zu tun haben, deren Differenzierung nur in besonders günstigen Fällen gelingen wird. Bei der Untersuchung der Mikrostruktur von Farbenbindemitteln und Farben müssen wir unterscheiden: 1. die Mikrostruktur im ursprünglichen, gelösten Zustand, 2. die Veränderung der Mikrostruktur während des Trocknungs- und Erhärtungsvorganges, 3. das Verhalten des Farbfilms im trocknen Zustand und seine Veränderung durch Alterung und zerstörende Einflüsse. Bei den Farbenbindemitteln im gelösten Zustand vor der Verarbeitung haben wir es sehr häufig mit Systemen zu tun, deren mikroskopische Differenzierung keine besonderen Schwierigkeiten bereiten wird. Dies gilt besonders für alle Emulsionsbindemittel. Die Lacke hingegen sind mit den üblichen optischen Vergrößerungen nicht zu differenzieren, hier führen höchstens noch ultramikroskopische Untersuchungen weiter. Neuere Forschungsergebnisse sprechen dafür, daß wir in Solen Strukturen anzunehmen haben[1]). Auch die optische Anisotropie in kolloiden Systemen beweist uns, daß Strukturen in Solen viel häufiger sind, als man früher annahm[2]). Während des Trocknens schon treten in den Bindemitteln und Farbfilmen sehr häufig Zellstrukturen auf, auf die wir im einzelnen weiter unten zurückkommen werden. Das Verhalten trocknender Farbfilme ist z. B. von Bartel und van Loo[3]) mit vielversprechendem Erfolge untersucht worden. Auch auf die Ergebnisse dieser Untersuchungen kommen wir in einem späteren Abschnitte zurück. Aber weit wichtiger noch ist die Erforschung des mikroskopischen Bildes des aufgestrichenen und erhärteten Farbfilms[4]). Wenn wir von einem unzweifelhaft mehrphasigen Bindemittel ausgehen, wie z. B. von einem Emulsionsbindemittel, werden wir natürlich auch im angetrockneten Farbfilm leicht eine Mikrostruktur feststellen können, hingegen ist das mikroskopische Bild der trocknenden Öle und Lacke im allgemeinen strukturlos. Wir befinden uns hier einer ähnlichen Schwierigkeit gegenüber, die auch die Differenzierung der Strukturen in Metall- oder Zementschliffen zunächst erschwert; erst dadurch, daß man den Schliff anätzt, gelingt meistens die Sichtbarmachung des mikroskopischen Aufbaues. Dieses Verfahren kann man nun aber auch auf scheinbar strukturlose Filme von Bindemitteln anwenden, und es gelingt auf diese Weise in manchen Fällen zu sehr bemerkenswerten Einblicken in den mikroskopischen Aufbau dieser Filme zu gelangen. Die Untersuchungen von Bindemittelfilmen nach diesem Gesichtspunkte hat aber noch eine weitere Bedeutung, weil sie gewisse Schlüsse auf ihr Verhalten als Anstrichmaterial zu ziehen gestattet. Die Zerstörungen von Farbfilmen wird in den meisten Fällen dadurch eingeleitet, daß die ursprünglich geschlossene und dichte Oberfläche durch den Angriff der äußeren, zerstörend wirkenden Agentien differenziert wird. Es ist also ein ganz ähnlicher Vorgang, wie wir ihn mikroskopisch beobachten, wenn wir den Film anätzen, daher ist es durchaus nicht ausgeschlossen, daß man auf Grund des Verhaltens der Mikrofilme einen Schluß auf ihre Bewährung als Anstrichmaterial ziehen kann, und hierin scheint mir ein weiterer Anreiz zu liegen, die Mikrostruktur der Bindemittelfilme auf das Genaueste zu erforschen. Die deckenden Farben wird man vor allem im auffallenden Licht untersuchen können oder man ist auf Querschnittaufnahmen angewiesen. Vor allem sei aber hervorgehoben, daß die mikrophotographische Aufnahme auch

[1]) H. Zocher, Ztschr. f. anorg. Chem. **147**, 91 (1925).
[2]) Diesselhorst, Freundlich und Leonhardt, Elster-Geitel-Festschrift 453 (1915).
[3]) Journ. of phys. Chem. **28**, 161 (1924). — Journ. Ind. and Eng. Chem. **17**, 925, 1051 (1925).
[4]) E. Stern, Kolloid-Ztschr. **39**, 330 (1926). — Korrosion und Metallschutz **3**, 153 (1927); Vortrag Jahresversammlung Wien 1929.

ein vorzügliches Hilfsmittel bildet, um den Zustand eines Farbfilms nach längerer Freilagerung oder im Verlaufe der Kurzprüfung zu studieren. Man kann auf diese Weise durch systematische Aufnahmen den Alterungs- und Zerstörungsvorgang dem Auge sichtbar machen; darin liegt auch der unmittelbare praktische Wert dieser Arbeitsweise. Als einer der ersten hat H. A. Gardner die Bedeutung der Farbfilmmikroskopie erkannt und in weitgehendem Maße benutzt. In seinem Buch Physical and Chemical Examination of Paints, Varnishes and Colors[1]) findet man zahlreiche Anwendungsbeispiele für die Mikroskopie der Anstrichmittel. Zerstörungserscheinungen, Rißbildung, Faltenbildung bei Holzöl, wie überhaupt alle möglichen Oberflächenveränderungen lassen sich leicht nachweisen. Ein wertvolles Hilfsmittel für die Beurteilung von Lackschichten ist auch die Ritzprobe, deren Ausfall einen Schluß auf die elastischen Eigenschaften des Films gestattet. Blom hat neuerdings wertvolle Beiträge zur Mikrostruktur von Anstrichmitteln geliefert[2]), auf die wir an späterer Stelle zurückkommen. Ebenso verdanken wir Wagner, Scheiber und Droste[3]) wertvolle Untersuchungen auf diesem Gebiet.

Schon in der ersten Auflage wurde darauf hingewiesen, daß die Röntgenspektroskopie vielleicht berufen sei, uns Aufklärungen über die Struktur der Ölfilme, Lacke und Farben zu bringen, nachdem R. O. Herzog und Janke[4]) schon 1920 hochmolekulare, organische Verbindungen untersucht hatten und J. R. Katz[5]) nachgewiesen hatte, daß Kautschuk im gedehnten Zustand kristalline Struktur besitzt, also aus polymerisierten Molekülen besteht. Positive Ergebnisse, die sich auf Farben und Lacke beziehen, sind jedoch in den letzten Jahren nicht bekannt geworden. Nach einer persönlichen Mitteilung von Mark sind die bisherigen Untersuchungen von Öl- und Lackfilmen negativ verlaufen, nur bei der Anwendung auf Anstrichfarben selbst gestattet die Röntgenmethode in Beziehung auf die Farbkörper gewisse Anwendungen. Trotzdem erscheint es mir nicht ausgeschlossen, daß die Filme im gedehnten Zustand, ähnlich wie Kautschuk, Struktur zeigen. Die Röntgendiagnostik hat ferner für die Feststellung von Untermalungen interessante Anwendung gefunden[6]).

E. Mechanische und andere physikalische Eigenschaften. Ein Farbfilm ist in mechanischer Hinsicht durch seine Zerreißfestigkeit, Elastizität, Härte und Haftfähigkeit gekennzeichnet. Von grundlegender Bedeutung ist der Zerreißversuch als Maßstab für die mechanische Festigkeit. Hierbei wird gleichzeitig die Dehnung, also die bis zur Bruchlast eintretende Verlängerung mitbestimmt. Für die Bestimmung der Bruchlast und Dehnung von Farbfilmen ist der Festigkeitsprüfer von Schopper geeignet[7]), der für diesen Zweck mit einer

[1]) Deutsche Übersetzung von Scheifele (Berlin 1929); vgl. a. Zirkular Nr. 110 (1920); Nr. 204 (1924).

[2]) Korrosion und Metallschutz **3**, 124 (1927). — Farben-Ztg. **34**, 2127 (1929). — Vgl. hierzu auch Wolff, Farben-Ztg. **34**, 669 (1928).

[3]) Fachausschuß für Anstrichtechnik 2 (VDI-Verlag).

[4]) Ber. **53**, 2162 (1929); weitere Literatur s. Ztschr. f. Elektrochem. **31**, 105 (1925). — Kolloid-Ztschr. **37**, 351, 355 (1925).

[5]) Kolloid-Ztschr. **36**, 300 (1925); **37**, 19 (1925). — Ztschr. f. angew. Chem. **38**, 439 (1925). — Vgl. a. Wo. Ostwald, Kolloid-Ztschr. **40**, 58 (1926).

[6]) Literatur über Röntgenstrahlen vgl. z. B. R. Glocker, Materialprüfung mit Röntgenstrahlen (Berlin 1927). — H. Mark, Die Verwendung der Röntgenstrahlen in Chemie und Technik (Leipzig 1926). — K. Becker, Röntgenographische Werkstoffprüfung (Braunschweig 1924). — J. Eggert und E. Schiebold, Die Röntgentechnik in der Materialprüfung.

[7]) Der Apparat wird von der Firma Louis Schopper, Leipzig, geliefert, die auch eine genaue Gebrauchsanweisung für die Handhabung des Apparates herausgegeben hat.

höchsten Zugkraft von 3 kg und einer Einspannlänge bis zu 200 mm hergestellt wird. Der Apparat, Abb. 100, der auch für die Prüfung von Papier, Kautschuk, Geweben Anwendung findet, ist mit einem Schaulinienzeichner ausgerüstet, der als Abszisse die Kraft und als Ordinate die Dehnung anzeigt. Die Farbfilme werden entweder ohne Unterlage zerrissen oder man benutzt ein Einheitspapier von bestimmten mechanischen Eigenschaften als Untergrund und ermittelt die Änderung der Festigkeit und Dehnung nach dem Auftragen der betreffenden Farbe. Für die Verwertbarkeit der Versuche ist es notwendig, daß die Schichten gleichmäßige Dicke besitzen. Hierzu kann man sich maschineller Auftragsvorrichtungen nach Art der Anleimmaschine bedienen. Gardner hat aber festgestellt, daß man auch durch Auftrag der Farben von Hand mittels Pinsel sehr gleichmäßige Werte erhält. Der Anstrich wird in zwei Schichten aufgetragen und um das mehr oder weniger tiefe Eindringen der Farben in den Untergrund auszuschalten, hat es sich als zweckmäßig erwiesen, das Papier einige Tage vorher mit einer gleichmäßigen Schicht von gekochtem Leinöl zu überziehen. Man erhält hierdurch einen gleichartigen Untergrund und kann die mit den zu prüfenden Farben überzogenen Streifen auch nach längerer Exposition im Freien wiederholt prüfen. Die durchschnittliche Stärke der Schichtdicke von Farben beträgt nach Versuchen von Gardner 0,12 bis 0,16 mm. Blom benutzt für den Zugversuch genormte Eisenstäbe von bekannten Festigkeitseigenschaf-

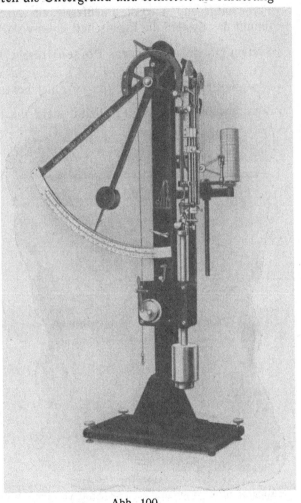

Abb. 100.
Festigkeitsprufer von Schopper.

ten, die mit dem zu prüfenden Anstrich versehen werden, hierauf wurde schon S. 264 hingewiesen. Rudeloff[1] hat den Zerreißversuch auch zur Qualitätsprüfung von Tischlerleimen ausgebildet und Erfahrungswerte in Kilogramm-Quadratzentimeter ermittelt. Hierbei hat sich eine lineare Beziehung zwischen der Festigkeit σ und der Viskosität v ergeben: $\sigma = a\,v + b$. Für die Prüfung wäßriger Bindemittel wäre noch der Festigkeitsversuch von Weidenbusch[2] zu erwähnen, der die Bruchlast von Gipsstäbchen bestimmt, die mit der zu

---

[1] Mittl. a. d. Materialprufungsamt **36**, 2 (1918); **37**, 33 (1919). — Vgl. a. Gerngroß und Brecht, ebenda **40**, 252 (1922).

[2] Dinglers, Polytechn. Journ. **152**, 204 (1859).

prüfenden Lösung getränkt sind. Die mit einem Pigment vermischten Öle und Lacke, also die Öl- und Lackfarben, werden jetzt häufig als plastische Systeme aufgefaßt. Das wesentliche Merkmal des plastischen Körpers besteht darin, daß erst von einem bestimmten Schwellenwert an eine bleibende Formänderung eintritt; dieser Grenzwert wird als Fließgrenze (yield value) oder auch als Fließfestigkeit bezeichnet. Die Fließfestigkeit wirkt also der Fließbarkeit einer Farbe entgegen. Wird die Fließfestigkeit verschwindend klein oder gleich Null, so nimmt das System die Eigenschaft eines viskosen Systems an. Für ein plastisches

System gilt daher nicht das Poiseuillesche Gesetz $\frac{v}{t} = k \cdot p$ (vgl. S. 252), sondern die Beziehung $\frac{v}{t} = k' (p - y)$; hier bedeutet y die Fließfestigkeit. Im engen Zusammenhang mit der Plastizität steht die Eigenschaft, die wir gewöhnlich als

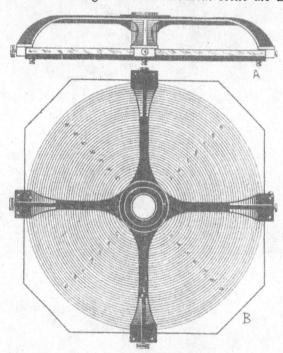

Konsistenz bezeichnen[1]). Für die rasche und einfache Bestimmung der Plastizität von Farben hat Gardner einen Apparat beschrieben, der auf einen Vorschlag von R. D. Bonney zurückgeht. (Abb. 101.) Der Apparat besteht aus einer schweren Glasplatte, auf die eine Reihe konzentrischer Ringe in 0,32 cm Abstand ($=^1/_8''$) eingeätzt sind. In die Mitte der Platte wird ein zylindrischer Ring mit Hilfe eines Rahmens genau zentriert. Der Zylinder wird mit der Farbe gefüllt und dann rasch gehoben, so daß die Farbe ausfließen kann und man beobachtet nun, welchen Ring die Farbe in bestimmten Zeitabschnitten erreicht. Man kann die erreichten Kreise als Funktion der Zeit auftragen und erhält so in einfacher Weise eine Fließkurve[2]).

Abb. 101.
Apparat zur Bestimmung der Plastizität von Farben nach Gardner.

Die Gallertfestigkeit ist bisher fast ausschließlich für Leime gemessen worden. Lipowitz[3]) bestimmt das Gewicht, um eine Kugelkalotte zum Einsinken in die Leimsubstanz zu bringen. Die Höhe der erforderlichen Belastung gilt als Maß für die Gallertfestigkeit des Leimes. Auch Gerngroß und Brecht bedienen sich dieser Methode. Die National Association of Glue Manufacturers Atlantic City beschreibt als Standardmethode[4]) ein Gelometer von Blum. Es wird die Eindrucktiefe eines

---

[1]) Über die Beziehungen zwischen Viskosität und Plastizität s. Blom, Farben-Ztg. **35**, 601 (1929).

[2]) Zur Bestimmung der Plastizität von Farben vgl. a. Journ. Ind. and Eng. Chem. **14**, 1014 (1922). — Proc. Americ. Soc. Test. Mat. **19**, II, 941 (1919). — Gardner, l. c. 48 u. f.

[3]) Vgl. Dawidowsky, Leim- und Gelatinefabrikation (Wien 1925) 23.

[4]) Journ. Ind. and. Eng. Chem. **16**, 310 (1924).

Stempels von bestimmten Dimensionen unter einer genau definierten Belastung gemessen. Dieser Apparat, der sehr sorgfältig durchgebildet zu sein scheint, wird sich auch für die Ermittelung der Gallertfestigkeit von Öl- und Farbmassen eignen. Auch die Penetration wird sich möglicherweise zur Beurteilung der mechanischen Eigenschaften von Kollagelen eignen. Das Plastometer von E. Karrer[1]) dient zwar in erster Linie zur Messung der Plastizität fester Körper, der Apparat kann aber in besonderen Fällen auch für die Plastizitätsbestimmung von Farbmassen (Gallerte) verwendet werden. Für die Bestimmung der Härte von Anstrichen haben Kempf und Schopper einen Apparat beschrieben, der auf dem Prinzip des Ritzhärteprüfers von Martens beruht[2]). Statt einer Schneide benutzt Kempf ein Rillrädchen, das unter stetig wachsender Belastung auf den Farbfilm einwirkt. Aus der Form der entstehenden Ritze und ihrer mikroskopischen Untersuchung kann man auch einen Schluß auf die elastischen

Eigenschaften des Farbfilms ziehen, weil spröde Filme ausgezackte, unregelmäßige Ränder aufweisen; außerdem gestattet der Apparat die Trockendauer und Erhärtungszeit bis zur Endhärte zu bestimmen. (Abb. 102.)

Der Ritz- und Rillapparat Bauart Kempf-Schopper besitzt eine kraftige gußeiserne Grundplatte, auf die zwei Lagerböckchen fur ein Waagensystem und eine prismatische Schiene, die zur Fuhrung eines verschiebbaren Schlittens dient, aufgesetzt sind. Die Waage ist eine ungleicharmige Balkenwaage, deren Achse in Kugellagern spielt. Sie befindet sich im indifferenten Gleichgewicht und trägt am Ende des langen Hebelarmes einen Werkzeughalter. Der Werkzeughalter, der in der Höhe verstellbar ist, damit der Waagebalken eine horizontale Lage einnehmen kann, dient zur Aufnahme von Rill- und Ritzwerkzeugen besonderer Form.

Abb. 102.
Apparat zur Bestimmung der Härte von Anstrichen von Kempf.

Der Schlitten besitzt zwei Handgriffe und kann längs der prismatischen Führungsschiene verschoben werden. Auf dem Schlitten ist ein Tisch befestigt, und zwar so, daß er durch Leitspindel und Handrad quer zur Hauptachse des Apparates verstellt werden-kann. Auf den Tisch wird das zu prufende Material aufgelegt. Mit dem Schlitten sind zwei nach oben gehende Arme verbunden, die gabelförmig enden. Ihr Zweck ist, Walzengewichte verschiedener Größe, die auf den Waagebalken aufgelegt werden können, entsprechend der Schlittenbewegung mitzuführen. In der hinteren Endstellung des Schlittens befindet sich das Walzengewicht genau senkrecht über der Drehachse der Balkenwaage, es erzeugt also kein Moment. Wenn der Schlitten nach vorn bewegt wird, wird die Walze zwangläufig nachgezogen, das Belastungsmoment wächst und damit die Druckkraft mit der das Werkzeug auf den Probekörper wirkt. Sobald der Schlitten seine vordere Endstellung erreicht hat, wird der Waagebalken durch eine Vorrichtung angehoben, so daß der Probekörper beim Rücklauf des Schlittens vom Werkzeug nicht beruhrt wird. Am Ende der Rückwärtsbewegung wird diese Sperrung gelöst, der Waagebalken ist unbelastet, da das Gewicht wieder uber der Achse ruht. Nachdem eine seitliche Tischverstellung erfolgt ist, kann das nächste Arbeitsspiel beginnen. Bei diesem Apparat ist auch die Möglichkeit vorgesehen, Ritz- und Rill-

[1]) Journ. Ind. and. Eng. Chem. 21, 770 (1929); s. a. analytischer Teil 1, H. 3, 158.
[2]) Ztschr. f. angew. Chem. 40, 1296 (1927).

versuche bei konstanter Belastung durchzuführen. In diesem Fall wird kein Walzengewicht aufgelegt, sondern nur der Werkzeughalter durch geeignete Tellergewichte belastet.

In Abb. 103 sind einige Messungen wiedergegeben, die Blom mit dem Lackhärteprüfer von Clemen erhalten hat.

Für die Bewertung der Anstrichmaterialien sind die optischen Eigenschaften der Systeme Farbkörper-Bindemittel besonders zu erwähnen[1]). Das auf eine Anstrichfläche treffende Licht wird teilweise reflektiert, ein Teil wird absorbiert und ein weiterer Teil wird durchgelassen. Der Anteil des Lichtes, der zurückstrahlt, wird z. T. regelmäßig reflektiert, z. T. allseitig zerstreut. Unter Glanz versteht man das von der Fläche regelmäßig reflektierte Licht im Verhältnis zum auffallenden Licht. Der Glanz ist eine Eigenschaft, die wesentlich vom Bindemittel abhängt und deren Bestimmung auch für die Beurteilung

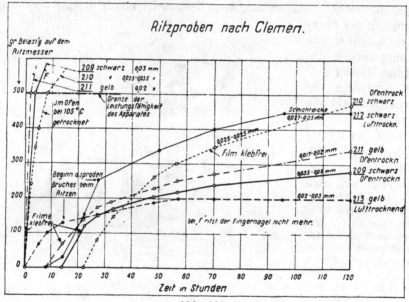

Abb. 103.
Messungen mit dem Lackhärteprüfer.

des Oberflächenangriffes eines Anstriches von Bedeutung ist. Die Helligkeit und die Deckfähigkeit, auch Deckvermögen genannt, hängen in erster Linie von dem Farbkörper ab. Helligkeit ist der Anteil des reflektierten Lichtes, den der Farbkörper zurückstrahlt. Dieser Bruchteil wird durch das Bindemittel beeinflußt. Bezeichnet n_2 den Brechungsindex des Farbkörpers, n_1 denjenigen des Bindemittels, z. B. Leinöl, so ist der Anteil des reflektierten Lichtes nach Fresnel $\left(\dfrac{n_2 - n_1}{n_2 + n_1}\right)^2$, d. h. je größer der Unterschied des Brechungsindizes zwischen Farbkörper und Bindemittel, um so größer die Rückstrahlung des Farbkörpers im fertigen Anstrich. Die Deckfähigkeit in Öl ist diejenige Eigenschaft der Farbe, die sie befähigt, einen Untergrund bis zum vollständigen Verschwinden zu bedecken; sie wird definiert als die Anzahl Quadratmeter, die mit 1 kg Pigment einen dunklen Untergrund für weiße und helle Farbkörper, einen hellen Untergrund für dunkle Farbkörper vollständig decken, so daß der Untergrund nicht

---

[1]) Wolski, Korrosion und Metallschutz 2, 262 (1926). — Ztschr. f. angew. Chem. 38, 834 (1925); 41, 635 (1928).

durchscheint. Für die Messung des Glanzes und der Helligkeit sind verschiedene Photometer in Vorschlag gebracht worden. Bei der Glanzmessung kommt es darauf an, nur den reflektierten Lichtanteil ohne das zerstreute Licht zu erhalten. Man mißt daher einmal im Reflexionswinkel das Glanzlicht und zerstreute Licht zusammen und in anderer Richtung nur das zerstreute Licht; die Differenz ergibt den Glanzwert. Von den für die Messung dieser Größen verwendeten Apparaten seien genannt: Das Halbschattenphotometer nach Ostwald, der Glanzmesser von Goerz, der Polarisationsglanzmesser von Schmidt und Hänsch, das Stufenphotometer nach Pulfrich von Zeiss. Das Stufenphotometer (vgl. die Schrift Stufenphotometer von Zeiss-Mess 430) kann für die Untersuchung von Anstrichstoffen auch sonst vielseitige Anwendung finden, so für kolorimetrische Messungen, zu Farbmessungen, ferner zur Bestimmung der Absorption von Ölen und Lacken. Die Deckfähigkeit wird sehr häufig nach praktischen Gesichtspunkten bestimmt. Eine einfache Methode ist in der vom Reichsausschuß für Lieferbedingungen herausgegebenen Prüfungsvorschrift Nr. 840 A 2 beschrieben. Gewöhnlich wird im Zusammenhang hiermit auch die Ausgiebigkeit, d. h. die mit 1 kg der Farbe deckend zu streichende Fläche ermittelt. Für die genaue Bestimmung der Deckfähigkeit kann das Kryptometer von Pfund[1]) dienen. Das Instrument beruht im Prinzip darauf, die geringste Schichtdecke zu ermitteln, die genau so deckend ist, wie eine vergleichsweise unendlich dicke Schicht, die den Untergrund natürlich vollkommen deckt. Andere Methoden beruhen darauf, die Lichtdurchlässigkeit von Suspensionen zu bestimmen[2]).

4. Die wäßrigen reversiblen Bindemittel.

Leim und Gelatine. Wir betrachten zunächst eine Gruppe von Bindemitteln, deren gemeinsames Charakteristikum darin besteht, daß das Dispersionsmittel Wasser oder eine wäßrige Lösung ist, und die durch die reversible Sol-Gelumwandlung Kollasol $\rightleftarrows$ Kollagel gekennzeichnet ist. Die wichtigsten Vertreter dieser Gruppe sind der tierische Leim und die Gelatine. Vom kolloidchemischen Standpunkt aus ist das Gelatinesol infolge seiner grundlegenden Bedeutung für unsere kolloidchemischen Anschauungen, wie auch durch seine mannigfaltigen Beziehungen zu physiologisch-chemischen und biochemischen Fragen, sehr häufig und eingehend untersucht worden. Es kann nicht Aufgabe dieser Darstellung sein, die allgemeinen kolloidchemischen Forschungen über Gelatine darzustellen. Wir beschränken uns vielmehr darauf, diejenigen Untersuchungsergebnisse anzuführen, die für die Gelatine als Typus eines reversiblen Bindemittels besonders kennzeichnend sind. Der tierische Leim ist lange Zeit hindurch das wichtigste Bindemittel für reversible Innenanstriche gewesen und erst in neuerer Zeit durch die weiter unten zu erörternden Pflanzenleime verdrängt worden; der Schwerpunkt der Bedeutung des Leimes liegt nach wie vor auf dem Gebiete der Holzklebung, wo der tierische Leim unersetzlich ist. Daher beziehen sich auch die meisten kolloidchemisch-technischen Untersuchungen über Leimsubstanz auf die Eigenschaften des Leimes als Bindemittel für Holz[3]). Aber bei

---

[1]) Gardner, Untersuchungsmethoden. Deutsche Ausgabe von Scheifele (1928), 13, oder Originalausgabe, 19.

[2]) Literatur u. a. Methoden s. Schmid, Physik. Prüfungen an Pigmenten. Ztschr. f. angew. Chem. **42**, 1103 (1929).

[3]) Wir haben schon oben die Arbeiten Rudeloffs, Mitt. a. d. Materialprüfungsamt **36**, 1—49 (1918); **37**, 33—62 (1919), angeführt. — Vgl. ferner E. Sauer, Kolloid-Ztschr. **17**, 130

grundsätzlichen Erörterungen über Farbenbindemittel nach dem Typus Kolla-
sol $\rightleftarrows$ Kollagel wird man vielfach auf die Gelatine zurückgreifen, weil sie in kolloidchemischer Hinsicht sehr eingehend untersucht ist, und als Prototyp eines reversiblen Bindemittels dienen kann. Die Eigenschaften der Klebstoffe und Bindemittel stehen in engstem Zusammenhang mit ihrem hochmolekularen Zustand.
Alle Bindemittel und Klebstoffe sind aufzufassen als Aggregation von Elementarkörpern, die chemisch ganz verschieden sind. Der Bindemittelcharakter wird
wesentlich durch den Grad der Aggregation bestimmt, nur ist für den Wert eines
Bindemittels außerordentlich wichtig, den hochaggregierten Körper unter Erhaltung seines Aggregationsgrades in den Solzustand überzuführen; Temperatur-
einwirkungen und hydrolytischer Abbau sind die Faktoren, die den Aggregationszustand der Gelatine irreversibel verkleinern[1]). Der Ausdruck für den abnehmenden
Aggregationszustand ist die sinkende innere Reibung. Zwischen hydrolytischem
Abbau, Viskosität und Bindekraft bestehen interessante Zusammenhänge, die von
Gerngroß und Brecht[2]) untersucht worden sind. Dabei zeigte sich, daß sowohl
bei saurer wie bei alkalischer Hydrolyse die Bindekraft zunächst erst ansteigt
und dann erst abfällt. Mit dem gelinden hydrolytischen Abbau ist zwar auch eine
Abnahme der Aggregation verbunden, aber es wird hierdurch der Solzustand
günstig beeinflußt; das Kollasol vermag in die Poren des Untergrundes einzu-
dringen, es wird ein inniger Verband zwischen Untergrund und Bindemittel erzielt.
Geht die Spaltung weiter, so fällt die Bindekraft infolge weiterer Abnahme der
Aggregation rasch ab. Auch bei steigender Konzentration des Leimes geht die
Bindekraft durch ein Maximum, wie Sauer (l. c.) gefunden hat, weil die innere
Reibung ansteigt und das konzentrierte Sol nicht mehr genügend in den Unter-
grund einzudringen vermag. Diese Überlegungen sind wichtig für die Beziehungen
des Untergrundes zum Bindemittel. Die Festigkeit des Verbandes zwischen Unter-
grund und Bindemittel wird durch den Solzustand des Bindemittels beeinflußt.
Aggregationszustand, innere Reibung und Konzentration des Sols bestimmen die
Festigkeit des Verbandes zwischen Untergrund und Bindemittel.

Das Gelatinesol ist vor anderen Bindemitteln durch eine sehr niedrige Goldzahl
ausgezeichnet. Diese beträgt in mg pro 10 ccm Lösung 0,005—0,001; dem Gelatinesol nahe kommt Natriumkaseinat mit der Goldzahl 0,07; Gummiarabikum
0,15—0,25, Dextrin 6—20. Man sieht hieraus, daß schützende Wirkung und Aggregationszustand einigermaßen parallel gehen.

Als Kollagel begegnet uns die Leimsubstanz meistens in Form von Tafeln
mit 10—15% Wasser. Die Bildung der festen Leimsubstanz aus den Leimbrühen
ist die fabrikatorische Realisierung des Vorganges Kollasol → Kollagel. Zur Verwendung des Leims als Bindemittel wird der Prozeß rückgängig gemacht, indem
man die Tafeln in Wasser einlegt und quellen läßt. Hierbei nimmt der Leim etwa
100% Wasser auf. Die Trockenvorgänge, also der Vorgang Kollasol → Kollagel
verläuft sehr langsam, wie auch umgekehrt die Rückquellung Kollagel → Kollasol
unbequem langwierig ist. Man hat daher versucht, die langwierige Tafeltrocknung
durch eine Trocknung auf rotierenden Walzen oder durch Zerstäubungstrocknung
zu ersetzen. Nach Stadlinger[3]) ist es gelungen, Gelatine und Leim in Form

---

(1915); 33, 40, 265 (1923). — Bechhold, Kolloid-Ztschr. 33, 355 (1923). — Neumann, Kolloid-
Ztschr. 33, 356 (1923). — Wislicenus und Lorenz, Kolloid-Ztschr. 34, 251 (1924).

[1]) L. Ariß, Kolloidchem. Beih. 7, 3 (1915). — R. de Izaguirre, Kolloid-Ztschr. 34,
337 (1923).

[2]) Mitt. a. d. Materialprüfungsamt 40, 254 (1922).

[3]) Kolloid-Ztschr. 34, 349 (1924).

perlenförmig erstarrter Tropfen zu erhalten[1]). Man läßt die Leimlösung in mit dieser nicht mischbare Flüssigkeiten wie Benzin, Benzol eintropfen; die Koagulierung gelingt aber auch durch Eintropfenlassen in stark gekühltes Wasser oder in Salzlösungen. Die Leimperlen quellen infolge ihrer starken Oberflächenvergrößerung wesentlich schneller und sie sind daher auch für die Farbentechnik von Bedeutung. Die reversible Umwandlung der tierischen Leime kann wie bekannt durch Gerbung aufgehoben werden. Aber diese Fällung ist für die Bindemitteltechnik von keinem Interesse. Hingegen gelingt es Gelatine- oder Leimlösungen mit Lösungen von Kondensationsprodukten aus Formaldehyd mit Phenolen in einen irreversiblen Klebstoff umzuwandeln[3]). Es werden Glutinfällungen erhalten, die bei vollständiger Wasserunlöslichkeit doch noch ihren Charakter als Klebstoff bewahrt haben; die Fällungen kann man als hydrophobe Sole kennzeichnen, und wir haben daher folgende Umwandlungsreihe: Kollasol (hydrophyl) $\overset{1}{\rightarrow}$ Kollasol (hydrophob) $\overset{3}{\underset{}{\rightleftharpoons}}$ Kollagel. Die Umwandlung $2 \rightarrow 3$ ist reversibel, die Umwandlung $1 \rightarrow 2$ ist irreversibel. Man kann diese Arbeitsweise auch zur Gewinnung von Leim aus leimgebender Substanz benutzen, indem man die verdünnten Leimbrühen vermittels einer Lösung des Formaldehydkondensationsproduktes ausfällt[2]). Das so erhaltene hydrophobe Kollasol wird nach dem Auswaschen mit Wasser durch sehr geringe Mengen schwacher Alkalien, wie z. B. Soda, Natriumphosphat, Borax wieder in den Solzustand 1 zurückgeführt. Man erhält auf diese Weise eine hochkonzentrierte Leimlösung, die nach Bedarf auch vollständig getrocknet werden kann. Es sei schließlich noch darauf hingewiesen, daß auch das Röntgenspektogramm von Gelatine von I. R. Katz und O. Gerngroß aufgenommen worden ist[3]), um den Zusammenhang zwischen Kollagel und Gelatine aufzuklären. Dieser Übergang ist auch vorwiegend dispersoidchemisch aufzufassen. Gelatine zeigt zwar im Gegensatz zu Kollagel ein amorphes Spektrogramm. Das Spektogramm stark gedehnter Gelatine besitzt hingegen die größte Ähnlichkeit mit dem des Kollagels. Kollagel und Gelatine sind also wahrscheinlich auch nichts anderes, als verschiedene Aggregationsstufen ein und derselben Grundmolekel. Über die weiteren Fortschritte und neueren Anschauungen auf dem Gebiete des Leims und der Gelatine vgl. a. O. Gerngroß[4]) und O. Gerngroß, O. Triangi, P. Koeppe[5]).

Pflanzenbindemittel. Die verbreitetsten Vertreter der Gruppe der reversiblen Bindemittel sind die sog. Pflanzenleime, deren Einführung in die Maltechnik ein wichtiger Schritt für die Entwicklung der Farbenbindemittel gewesen ist. Sie haben für den Innenanstrich eine große Bedeutung erlangt und hier alle anderen Farbenbindemittel, besonders die tierischen Leime so gut wie vollständig verdrängt. Der wesentliche Träger der Bindemitteleigenschaften der Pflanzenleime sind die Alkalistärken, die ein typisches Beispiel für reversible Bindemittel sind, deren Klebwirkung auf einer Sol-Gelumwandlung beruht. Die Sole sind durch eine verhältnismäßig große Leichtflüssigkeit bei ausreichend hoher Konzentration ausgezeichnet und wandeln sich allmählich in Gele von großer Elastizität um.

---

[1]) D.R.P. 296522, 298386, 302853, 419927.   [2]) D.R.P. 338516.
[3]) Naturwissenschaften **13**, 900 (1925). — Kolloid-Ztschr. **39**, 181 (1926). — Ztschr. f. angew. Chem. **40**, 1443 (1927); **42**, 968 (1929).
[4]) Ztschr. f. angew. Chem. **38**, 85 (1925).
[5]) Über die thermische Desaggregierung von Gelatine (Röntgenographisches Bild ihres Abbaus) Ber. d. chem. Ges. **63**, 1603 (1930).

Es ist eine bekannte Beobachtung, daß Stärkehydrosole' einer zeitlichen Veränderung unterliegen, die schließlich zu einer Ausflockung oder Verkleisterung führt. Die Erscheinung wurde von L. Maquenne[1]) und Roux[2]) genauer untersucht und Retrogradation oder Rückbildung genannt. Die natürliche Stärke ist wahrscheinlich ein Gemisch verschiedener Amylosen, die in der Zelle durch Retrogradation zur Ausscheidung kommen. Tiefe Temperatur, Säuren $(2,5—12,5 \cdot 10^{-\frac{3}{n}})$ und sehr verdünnte Basen $(1 \cdot 10^{-3}$ NaOH) begünstigen die Retrogradation. Auch in der Alkalistärke treten diese Rückbildungsprozesse ein (Dehydratation); die anfänglich streichbare und verhältnismäßig flüssige Alkalistärke wird nach einiger Zeit zäh, sie verliert die anfängliche Elastizität und Flüssigkeit und dringt nicht mehr genügend leicht in die Poren des Untergrundes ein.

Um zu einem Einblick in die Vorgänge der Pflanzenbindemittel zu gelangen, müssen wir uns kurz mit der Alkalistärke beschäftigen. Aller Wahrscheinlichkeit nach stellt ja das Stärkekorn keineswegs eine chemisch einheitliche Substanz dar. L. Maquenne und Roux[3]) nehmen an, daß die Stärke zu 80—85% aus Amylosen besteht, die durch Malz leicht verzuckert werden, während 15—20% schwer hydrolysierbare Amylopektine bilden. Später versuchte Mme. Gruzewska, die von L. Maquenne und Roux postulierten Amylosen vom Amylopektin zu trennen[4]). Fernbach[5]) wies auf den Phosphorgehalt als wesentlichen Bestandteil des Stärkekorns hin; er fand im Mittel 177 mg P_2O_5 auf 100 g Reinstärke. Die Frage nach der chemischen Bindung des Phosphors bleibt zunächst offen. Später haben Fernbach und Wolff[6]) die Ansicht geäußert, daß die saure Reaktion der Kartoffelstärke auf das Vorhandensein primärer oder sekundärer Phosphate zurückzuführen sei[7]). Samec[8]) schließt sich dieser Auffassung an und hält es für wahrscheinlich, daß die Stärkesubstanz ganz oder teilweise einen Stärkephosphorsäureester darstellt, der vielleicht mit dem Amylopektin identisch ist[9]). Die Einwirkung verdünnter Laugen $1 \cdot 10^{-4}$ bis $1 \cdot 10^{-\frac{3}{n}}$) auf Stärke kann man sich folgendermaßen vorstellen

$$RCH_2O-P{\Large<}^{\displaystyle OH}_{\displaystyle OH}{=}O \ + \ KOH = RCH_2O-P{\Large<}^{\displaystyle OK}_{\displaystyle OH}{=}O \ + \ H_2O.$$

Bei weiterer Einwirkung von Lauge wäre ein sekundäres Salz

$$RCH_2O-P{\Large<}^{\displaystyle OK}_{\displaystyle OK}{=}O$$

anzunehmen. Bei Einwirkung stärkerer Laugen steht die Stärke unter wesentlich anderen Reaktionsbedingungen: sie geht unter vollständiger Verquellung und Bil-

---

[1]) L. Maquenne, C. R. **137**, 88, 797, 1266 (1903).

[2]) Roux, Ann. chim. phys. (8) **9**, 179 (1906).

[3]) Ann. chim. phys. (8) **9**, 179 (1906). — Vgl. a. L. Maquenne, Bull. Soc. Chim. (3) **35**, 1—15 (1906).

[4]) C. R. **146**, 540 (1909); **152**, 785 (1911).

[5]) C. R. **138**, 428 (1901).

[6]) C. R. **140**, 1403 (1903).

[7]) Vgl. hierzu auch Demoussy, C. R. **142**, 933 (1905).

[8]) Studien über Pflanzenkolloide II, III und IV (Kolloidchem. Beih.). **4**, 132 (1913), **5**, 141 (1914), **6**, 23 (1914).

[9]) Der Stärkeinhalt des Kerninnern ist größer als in den Außenschichten. 1 $P_2O_5 = 142$ binden etwa 80000 Teile Stärke, falls die gesamte Stärkesubstanz als amylophosphorsaures Salz gebunden wäre; das ist unwahrscheinlich.

dung von Amylaten (Alkalistärke) in Lösung. Über die Vorgänge bei der Einwirkung von stärkeren Laugen auf Stärke gehen die Auffassungen ähnlich wie bei
der Zellulose weit auseinander. Bei der Zellulose nahm Gladstone bestimmte
Alkaliverbindungen an, deren Existenz von Vieweg[1]) wahrscheinlich gemacht
worden ist. Es ist möglich, daß beim Merzerisieren Alkalizellulosen $(C_6H_{10}O_5)_2NaOH$
bis $(C_6H_{10}O_5)_2(NaOH)_2$ entstehen. Ähnlich nehmen Pfeiffer und Tollens[2]) die
Existenz von Stärke-Kalium und -Natrium $(C_{24}H_{41}O_{21}K)(Na)$ an, das sie durch
Umfällung der Alkalistärke mit Alkohol darstellten[3]).

Fouard[4]) ist als Vertreter der rein physikalischen Auffassung der Alkalistärken zu bezeichnen; er verneint die Existenz einer chemischen Verbindung von
Stärke mit Alkali überhaupt. Die lösende Wirkung des Alkalis auf Stärke ist eine
Wirkung der Hydroxylionen; bei gleicher Hydroxylionenkonzentration üben die
verschiedenen Alkalien die gleiche lösende Wirkung auf kolloide Stärke aus. Der
Lösungszustand wird also beispielsweise für ein Hydrosol von 50 g/1000 durch
0,025 g Mol/Liter KOH,
aber erst durch 6,54 g
Mol Ammoniak/Liter
erreicht; die chemische
Auffassung versagt hier
nach Fouard. Er
kommt zu folgenden
Schlüsse: 1. Il n'existe
aucun composé chimi-
que d'amidon et de
potasse; 2. La potasse
provoque une désag-
grégation de la molécule
d'amidon en éléments-
moléculaires plus sim-

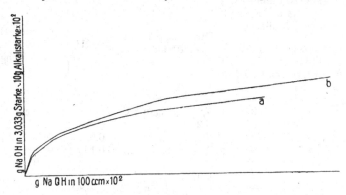

Abb. 104.
Scheinbare Adsorptionskurve Stärke—Alkali.

ples; 3. Il peut exister une réaction d'adsorption de l'alcali par le produit de
désaggrégation du complexe d'amidon. Der letzte Schluß stützt sich vor allem
auf Gleichgewichtsbestimmungen Stärke—Alkali in alkoholischer Lösung, die auf
eine typische Absorptionskurve führen.

Ich habe ebenfalls eine Reihe von Gleichgewichtsbestimmungen in der Weise
durchgeführt, daß 10 g einer Alkalistärke bestimmter Zusammensetzung mit
200 ccm alkoholischer Kalilauge von wechselndem Gehalt an Alkali bis zum Eintritt des Gleichgewichts geschüttelt wurden (4 Stunden). Die Ergebnisse dieser
Versuche sind in Tabelle 2 vereinigt; die Analysenresultate sind alle auf NaOH
umgerechnet[5]). Trägt man als Abszisse g NaOH/100 ccm, als Ordinate die von 10 g
der ursprünglichen Alkalistärke, entsprechend 3,033 g Stärke, gebundene Menge
Alkali auf, so erhält man eine Adsorptionskurve, die sich scheinbar dem Endwert
$C_6H_{10}O_5$: NaOH nähert (Abb. 104). Weitere Versuche haben mich aber belehrt, daß
wir hier keineswegs einen Grenzwert haben; bei Anwendung höherer Alkalikonzen-
trationen (12 g KOH) werden erheblich größere Alkalimengen gebunden. Wenn

---

[1]) Ber. **40**, 441, 3876 (1907); **41**, 3269 (1908); **57**, 1917 (1924).
[2]) Ann. Chem. **210**, 285 (1881).
[3]) Vgl. a. Lintner, Verbindungen der Stärke mit alkalischen Erden. Ztschr. f. angew.
Chem. **8**, 232 (1888).
[4]) L'état colloidal de l'amidon et sa constitution physico-chemique (Paris 1911), 56 u.f.
[5]) NaOH und KOH verhalten sich völlig gleichartig.

man von jeweils frisch bereiteten Kalihydratlösungen ausgeht, so erhält man eine die erste überlagernde Kurve; man kann diese höheren Werte dahin deuten, daß die Stärke zu teilweise kleineren Molekülen abgebaut ist und deshalb ein definierter Endwert überhaupt nicht beobachtet werden kann. Mit der Annahme einer bestimmten einzelnen Alkalistärkeverbindung kommt man natürlich angesichts dieser Befunde nicht weiter.

Tabelle 2.
Gleichgewicht Stärke—Alkali.

a) Je 10 g Alkalistärke (30,33% Stärke und 2,47% Alkali (NaOH)) werden, mit 15 ccm Wasser verdünnt, in alkoholische Kalilauge steigender Konzentration eingetragen und bis zum Eintritt des Gleichgewichtes geschüttelt (4 Stunden).

Anfangszusammensetzung der alkohol. Kalilauge		Titer nach 4 Stdn. Schütteldauer	g NaOH/ 100 ccm	Alkaligehalt der Stärkefällung im Gleichgewicht	g NaOH	g NaOH/ 1 $C_6H_{10}C_5$ = 162 g Stärke
ccm alkoh. Kalilauge 60 g KOH im Liter	ccm Alkohol sp. G. 0,820 = 91%					
—	200	7,9 ccm $^1/_{100}$-n-HCl	0,0316	6 ccm ½-n-HCl	0,120	6,44
—	200	8,2 ,, ,, ,,	0,0330	6,5 ,, ,, ,,	0,130	6,92
—	200	7,1 ,, ,, ,,	0,0248	7,4 ,, ,, ,,	0,148	7,90
3	197	25 ,, ,, ,,	0,100	9,70 ,, ,, ,,	0,194	10,32
5	195	23,3 ,, ,, ,,	0,093	12,60 ,, ,, ,,	0,252	13,42
10	190	36,9 ,, ,, ,,	0,148	14,6 ,, ,, ,,	0,292	15,54
20	180	6,7 ,, $^1/_{10}$-n-HCl	0,268	16 ,, ,, ,,	0,320	17,02
		6,8 ,, ,, ,,	0,272	18,9 ,, ,, ,,	0,378	20,11
30	170	10,3 ,, ,, ,,	0,412	20,5 ,, ,, ,,	0,410	21,82
40	160	14 ,, ,, ,,	0,560	24,1 ,, ,, ,,	0,482	25,65
50	150	17,2 ,, ,, ,,	0,688	25,3 ,, ,, ,,	0,506	26,30
		16,5 ,, ,, ,,	0,666	25,8 ,, ,, ,,	0,516	27,45
60	140	20,8 ,, ,, ,,	0,832	27 ,, ,, ,,	0,540	28,73
70	130	23,5 ,, ,, ,,	0,940	29,2 ,, ,, ,,	0,584	31
80	120	30 ,, ,, ,,	1,200	31,6 ,, ,, ,,	0,632	33,62
100	100	36 ,, ,, ,,	1,440	33,4 ,, ,, ,,	0,668	35,54
120	80	43,5 ,, ,, ,,	1,740	37,4 ,, ,, ,,	0,748	39,70
140	60	9,45 ,, ½-n-HCl	1,890	35,4 ,, ,, ,,	0,708	37,66
160	40	58,4 ,, $^1/_{10}$-n-HCl	2,336	38 ,, ,, ,,	0,760	40,43

b) Die Kalilauge wurde vor jedem Versuch frisch bereitet.

g KOH	ccm Alkohol sp. Gew. 0,820	Titer im Gleichgewicht	g NaOH auf 100 ccm	Alkaligehalt der Stärkefällung	g NaOH	g NaOH/ 1 $C_6H_{10}O_5$
1,2	200	8,45 ccm $^1/_{10}$-n-HCl	0,338	20,6 ccm ½-n-HCl	0,412	22,2
3	200	18,65 ,, ,, ,,	0,746	28,5 ,, ,, ,,	0,570	30,7
6	200	40 ,, ,, ,,	1,600	40,9 ,, ,, ,,	0,818	44,0
8	200	9,5 ,, ½-n-HCl	1,900	41,2 ,, ,, ,,	0,824	44,4
		9,6 ,, ,, ,,	1,920	40,4 ,, ,, ,,	0,808	43,5
10	200	12,9 ,, ,, ,,	2,580	45,9 ,, ,, ,,	0,918	49,5
12	200	14,77 ,, ,, ,,	2,952	46,6 ,, ,, ,,	0,932	50
15	200	18,65 ,, ,, ,,	3,730	52,5 ,, ,, ,,	1,050	56

Mangels sicherer Kenntnis von dem Bau des Stärkemoleküls ist es nicht leicht, eine Vorstellung über die Beziehungen Stärke zu Alkali zu entwickeln; aber so viel erscheint mir sicher, daß Stärkealkaliverbindungen mit demselben Recht anzunehmen sind, wie Alkalizellulosen und Saccharate. Wir müssen annehmen, daß beim Zusammenbringen von Stärke mit Laugen Amylosate gebildet werden, die stark hydratisiert sind; dieser Lösungszustand der Stärke kann schon durch verhältnismäßig geringe Mengen Alkali hervorgerufen werden, weil die stark hydratisierten Amylosate das Lösungsmittel für die chemisch noch nicht oder wenig veränderten Stärkeanteile abgeben.

Überläßt man ein solches Stärkealkali-Stärkesystem der Ruhe, so scheiden sich die Amylosen allmählich wieder aus, ein Vorgang, der äußerlich als Retrogradation in die Erscheinung tritt und im Viskosimeter verfolgt werden kann (vgl. Abb. 105). Die Messungen wurden mit 33%iger Alkalistärke durchgeführt. Die Prozentzahlen bedeuten Alkaligehalte (NaOH), bezogen auf die ursprüngliche Alkalistärkelösung, darunter ist die Verdünnung angegeben. Mit steigender Alkalikonzentration geht schließlich die gesamte Stärke als hydratisiertes Amylat in Lösung. Damit setzt aber auch ein fortschreitender Abbau zu kleineren Molekülkomplexen ein, der wieder die Bildung neuer reaktionsfähiger Gruppen zur Folge hat. Die abbauende Wirkung des Alkalis läuft der Retrogradation parallel und überlagert sie schließlich vollständig. Das Absinken der Viskosität von Alkalistärken mit höherer Alkalikonzentration ist daher sehr wahrscheinlich ein sekundärer Prozeß.

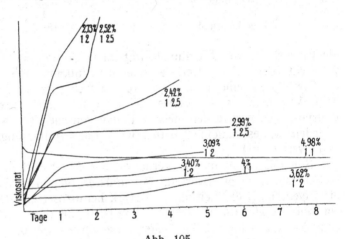

Abb. 105.
Viskosimetrische Beziehungen im System Stärke—Alkali.

Hierfür spricht auch die Beobachtung (Tabelle 3), daß ein Zusatz von ½-n-Natronlauge zu einer Alkalistärke (30,1% Stärke, 2,58% NaOH) zuerst nur einen ganz geringen Einfluß auf die Viskosität hat; erst nach längerer Zeit sinkt die Viskosität als Anzeichen einer einsetzenden Molekülzerkleinerung. Diese Molekülzertrümmerung wird noch deutlicher, wenn man die Einwirkung des Alkalis bei erhöhter Temperatur (75°) verfolgt. Gleichzeitig nimmt auch das Drehungsvermögen der Stärke ab und strebt, wie schon Fouard gezeigt hat, vom Anfangswert 191,5 dem Wert für Maltose 137—138 zu. Wir werden also niemals ein bestimmtes Verhältnis Stärke und Alkali erwarten können, sondern nach Maßgabe des jeweiligen chemischen und physikalischen Zustandes wird sich ein Gleichgewicht herausbilden.

Die Einwirkung von Alkali auf Stärke stellt jedenfalls einen jener Grenzfälle zwischen chemischer Reaktion und Adsorptionsvorgang dar, wie sie auch in der Bildung von Ferriarseniten aus Eisenhydroxyd und arseniger Säure[1]) oder für

---

[1]) Biltz, Ber. **37**, 3183 (1904). — Kolloid-Ztschr. **26**, 179 (1920).

Tabelle 3.

Alkalistärke: 30,1% Stärke, 2,58% NaOH.   Verdünnung 1:1.

Zeit	Zusatz an $\frac{1}{2}$-n-NaOH auf 150 g	Durchflußzeit in Sekunden	Innere Reibung bezogen auf Paraffinöl = 1
—	—	267,4	3,26
20′	+0,2 ccm	246,0	3,00
30′	+0,3 ,,	246,0	3,00
45′	+0,5 ,,	249,0	3,04
60′	+0,5 ,,	244,0	2,98
75′	+0,7 ,,	243,0	2,97
80′	+1,7 ,,	245,0	2,99
100′	+1,0 ,,	252,0	3,08
18 Stunden	—	206,8	2,50
21 ,,	—	201,0	2,45
2 Tage 17 Stunden	—	188,0	2,30

die Einwirkung von Natriumalizarat auf Ferrihydroxyd[1]) vorliegen, und wie sie vielleicht auch bei der Gerbung oder der Vulkanisation anzunehmen sind. Auch das Eiweiß ist ja eine schwache Säure, die nach Zusatz von Alkali stark hydratisiert ist[2]). Wir haben es also keineswegs mit einem vereinzelten Fall zu tun. Adsorptionsvorgänge sind in den meisten Fällen von chemischen Prozessen nicht so verschieden, wie es manchmal betont wird; diese Auffassung wird auch von anderer Seite vertreten[3]).

Einen Einblick in das Verhalten der Alkalistärken konnte man von Leitfähigkeitsmessungen erwarten. Mit anderen lyophilen Kolloiden teilt die Stärke die Eigenschaft, die Leitfähigkeit stark herabzusetzen. Es wurde z. B. für $\frac{1}{2}$-n-Natronlauge $\varkappa = 0,1282$, also $\lambda = 256$ bestimmt (ber. nach Kohlrausch für unendliche Verdünnung: 247). Stufenweiser Zusatz von 0,29 g, 0,33 g, 0,475 g Stärke zu 25 ccm $\frac{1}{2}$-n-Natronlauge erniedrigt λ auf 204, 174, 147. Der Einfluß der Stärke auf die Leitfähigkeit geht aus folgenden Werten hervor:

14,84% Stärke	1,28 % NaOH	= 0,32 n	$\lambda = 63$	λ_{Lauge} 193	
7,42% ,,	0,636% ,,	= 0,159 n	91,3	202	
3,71% ,,	0,314% ,,	= 0,0785 n	130	213	
1,85% ,,	0,158% ,,	= 0,0395 n	148	217	

Die Leitfähigkeitserniedrigung ist durch mechanische Behinderung der Ionenwanderung oder durch chemische Bindung bzw. Adsorption der Ionen an Stärke zu erklären[4]). Es ist auffallend, daß selbst geringe Stärkekonzentrationen die Leitfähigkeit stark erniedrigen, was nicht gut durch eine mechanische Behinderung zu erklären ist. Die Retrogradation, die von einem Anstieg der Viskosität um das 15—20fache begleitet ist, beeinflußt die Leitfähigkeit von Alkalistärke ebenfalls nicht nachweisbar.

So weit die bisherigen experimentellen Erfahrungen gehen, ist eine Beeinflussung der Leitfähigkeit von Alkalistärke während des Alterungsvorganges nur

---

[1]) Biltz, Ber. **38**, 4147 (1905).
[2]) Pauli, Kolloid-Ztschr. **7**, 241 (1910).
[3]) L. Michaelis und Rona, Biochem. Ztschr. **97**, 57 (1919). — N. Schilow und L. Lepin, Adsorption als Molekularerscheinung. Ztschr. f. physik. Chem. **94**, 25—71. — T. Oryng, Zur Kenntnis der Adsorptionsverbindungen. Kolloid-Ztschr. **22**, 149 (1918).
[4]) Über die Theorie vgl. M. Polanyi, Biochem. Ztschr. **104**, 237—2593 (1920).

bei Anwendung höherer Temperaturen (75⁰) zu erzwingen. Unter diesen Bedingungen setzt aber eine so tiefgreifende Veränderung des Stärkemoleküls ein, daß wir von der Betrachtung dieses Punktes hier vollständig absehen können.

Die Leitfähigkeit erniedrigende Wirkung der Stärke ist jedenfalls weniger durch mechanische Behinderung zu erklären, als dadurch, daß die Stärke Natronlauge chemisch adsorptiv bindet.

Fassen wir also zusammen, so haben wir in dem System Stärke—Alkali Retrogradation, Hydrolyse und Abbau zu kleineren Molekülkomplexen als gleichzeitig verlaufende wesentliche Vorgänge anzunehmen und es ist ganz klar, daß hier die Vorstellung einer einzelnen bestimmten chemischen Verbindung nicht weiter führt. Andererseits halte ich die Verneinung der Stärke—Alkaliverbindungen überhaupt, wie es durch Fouard geschieht, für irrig.

Um einen besseren Porenschluß des Maluntergrundes zu erzielen, ging man dazu über, in dem Stärkesol Fette oder Harze kolloid zu verteilen. Die Malerleime des Handels sind meistens solche zweiphasigen Stärke-Harzsole, deren gesamte Eigenschaften aber durch das Stärkesol bestimmt werden. Im Laufe der Zeit hat sich auf diesem Gebiet eine technisch wie wissenschaftlich gleich interessante Entwicklung vollzogen. Die hohe Wasserbelastung der Malerleime, die ca. 80% beträgt, machte es besonders notwendig, die Malerleime in den Trockenzustand überzuführen. Die hiermit sich ergebenden Aufgaben sind in den letzten Jahren besonders intensiv bearbeitet worden. Die Überführung dieser Produkte in den Trockenzustand ist rationell zunächst nur durch Walzentrocknung oder Zerstäubungstrocknung gelungen. Der Mangel der Walzentrocknung liegt darin, daß relativ hohe Wassermengen verdampft werden müssen. Es hat daher nicht an Versuchen gefehlt, den ganzen Walzentrocknungsprozeß zu vermeiden, und es sind auch in letzter Zeit verschiedene neue Wege beschritten worden.

Es würde einen wesentlichen Vorteil bedeuten, wenn man den Trockenprozeß durch einen Fällungsprozeß ganz oder teilweise umgehen könnte. Hier ergibt sich nun die Möglichkeit, die Eigenschaft der Stärke zu benutzen, mit Barytwasser ganz unlösliche Fällungen zu bilden.

Aus einer Lösung von Stärke in verdünnter Natronlauge, sog. Alkalistärke, wird die Bariumstärke im Sinne folgender Gleichung gefällt[1]):

$$(C_6H_{10}O_5)_4 \, NaOH$$
$$+ BaCl_2 \rightarrow (C_6H_{10}O_5)_8 \, BaO + 2\,NaCl + H_2O,$$
$$(C_6H_{10}O_5)_4 \, NaOH$$

d. h. die gesamte Stärkesubstanz fällt als Oktamylose-Barium aus. Es ist wahrscheinlich, daß die Stärkesubstanz durch die Einwirkung des Alkalis bis zur Oktamylose aufgeschlossen wird — $[(C_6H_{10}O_5)_4 \ldots C_6H_{10}O_5)_4] \, 2\,NaOH$ oder $(C_6H_{10}O_5)_8 \, 2\,NaOH$ — und daß die Oktamylose-Bariumverbindung zur Ausfällung gelangt. Die Fällung $(C_6H_{10}O_5)_8 \, BaO$ verlangt 9,4% Barium. In Proben der technisch hergestellter Bariumstärke wurden beispielsweise folgende Bariumwerte gefunden:

8,35%
8,50%
9,25%.

Die Bariumfällung läßt sich technisch sehr einfach weiter verarbeiten; sie setzt sich vorzüglich ab und kann von der Mutterlauge restlos getrennt werden.

---

[1]) E. Stern, Ztschr. f. angew. Chem. **41**, 88 (1928). — M. Samec, Biochem. Ztschr. **205**, 104 (1929).

Die Fällung wird schließlich zentrifugiert. Die Bariumstärke stellt in diesem Zustand eine weiße, krümelige Masse dar, die ohne Schwierigkeit vollständig getrocknet werden kann. Man erhält sie in Form von durchscheinenden, hellgelben Krusten, die gemahlen und gesiebt werden. In diesem Zustand ist die Stärke in Wasser sehr wenig quellbar.

Mit der Bariumstärke lassen sich nun leicht eine Reihe von Umsetzungsreaktionen ausführen, die sämtlich darauf beruhen, daß das Barium eine Anzahl sehr schwer löslicher Fällungen bildet. Das Prinzip der Reaktion wird am einfachsten an folgendem Beispiel erläutert.

Wenn man Bariumstärke mit einer Lösung von Natrium- oder Kaliumsulfat zusammenbringt, so geht folgende Reaktion vor sich:

$$\text{Bariumstärke} + Na_2SO_4 \rightarrow \text{Na-Stärke} + BaSO_4$$

m. a. W.: damit ist der Vorgang rückgängig gemacht, von dem wir ursprünglich ausgegangen sind und, abgesehen von der indifferenten Bariumfällung, haben wir einen vollkommen reversiblen Vorgang. Hierdurch ist die Reaktion auch in wissenschaftlicher Hinsicht nicht ohne Interesse, denn die Umsetzungen verlaufen viel schonender, als dies bei anderen, der Aufklärung der Konstitution der Stärke gewidmeten Reaktionen sonst der Fall ist. Die Reaktion läßt sich natürlich auch mit anderen Sulfaten glatt durchführen, so z. B. mit Zinksulfat, Magnesiumsulfat, Aluminiumsulfat. Die Umsetzung mit Aluminiumsulfat ist erwähnenswert, sie verläuft wie folgt:

$$\text{Bariumstärke} + Al_2(SO_4)_3 \rightarrow Al(OH_3)\text{-Stärke} + \text{Bariumsulfat}.$$

Diese Fällung ist vollkommen neutral und ausgezeichnet durch ein besonders hohes Quellungsvermögen. Mit Natriumchromat erfolgt die Umsetzung unter Bildung von gelbem Bariumchromat, mit Kupfersulfat entsteht Kupferhydroxydstärke. Die Umsetzungen gehen infolge der Schwerlöslichkeit der Bariumverbindungen außerordentlich glatt vonstatten. Praktisch genügt es, das Pulver in geeigneter Körnung in Wasser einzutragen, wobei nach wenigen Minuten die Umsetzung in dem beschriebenen Sinne vor sich geht.

Die Bariumstärke in Verbindung mit einem passend zu wählenden Umsetzungssalz ist ein quellfähiges System, das sich zur Herstellung von Bindemitteln verschiedener Art vorteilhaft eignet. Ähnlich bildet auch die Kalziumstärke mit Umsetzungssalzen wie Na_2CO_3, $Al_2(SO_4)_3$, Oxalsäure usw. quellfähige Systeme[1]).

Kasein. Eine dritte Reihe von Bindemitteln geht vom Kasein als Grundstoff aus. Das Kasein ist maltechnisch nicht so einfach zu handhaben wie die Stärkeleime, aber die Kaseinate sind sehr wertvolle Bindemittel und den Stärkebindemitteln qualitativ überlegen. Hinzu kommt, daß das Kasein mit Kalk ein unlösliches Kaseinat bildet und dadurch auch für den Außenanstrich von Bedeutung ist. Eine besondere Annehmlichkeit ist es, daß die Kaseinleime in trockner kaltwasserlöslicher Form geliefert werden können, und dadurch sehr bequem in der Anwendung sind.

Bei den Kaseinbindemitteln haben wir die folgenden Reaktionsstufen:

Kasein (fest) $\rightleftarrows$ Kaseinquellung $\rightleftarrows$ Kollasol (Kaseinat) $\rightleftarrows$ Kollagel.

---

[1]) Von anderer Seite (Henkel & Cie.) wird die Eigenschaft der Stärke benutzt mit konzentrierten Lösungen von Chlorkalzium unter Bildung leicht pulverisierbarer Halogenkalziumstärke zu reagieren, der das Chlorkalzium mit etwa 50%igem Alkohol wieder entzogen werden kann. Oder man läßt die Einwirkung des Alkalis auf Stärke in Gegenwart von solchen organischen Lösungsmitteln vor sich gehen, die nicht den Aufschluß der Stärke, wohl aber ihre den Trockenprozeß erschwerende Quellung verhindern.

Die Vorgänge sind im allgemeinen reversibel, mit Ausnahme des Kalziumkaseinates, dessen irreversible Bildung für die Anwendung der Kaseinate auf Putzuntergrund wichtig ist und die Lebensdauer derartiger Anstriche bedingt. Martin H. Fischer und O. Hooker haben die Kaseinatbildung auf Grund der von Fischer entwickelten Theorie der lyophilen Kolloide untersucht[1]), derzufolge alle lyophilen Systeme aus zwei ineinander löslichen Systemen — Kolloid im Lösungsmittel und Lösungsmittel im Kolloid — bestehen. Beim Kasein entsteht bei weniger als 250% Wasser eine Lösung von Wasser im Kasein. Die Wasserabsorption wird sowohl durch Säuren wie auch durch Alkali gesteigert. 0,04 n HCl oder HBr verwandelt Kasein ebenso in ein klares Gel wie 0,06 n Alkali. Salze, z. B. NaCl wirken zunächst viskositätssteigernd und führen schließlich unter Phasenwechsel Synärese herbei.

Kalk, Wasserglas. Als vierte Gruppe haben sich seit langem die Bindemittel anorganischer Natur, der Kalk und das Wasserglas einen wichtigen Platz in der Maltechnik erworben. Die Widerstandsfähigkeit von Kalkanstrichen beruht auf der Bildung von $CaCO_3$; bei sachgemäßer Herstellung ist die Haltbarkeit des Kalkanstrichs gut, aber die Farbwirkungen sind begrenzt, und die Karbonisierung hängt in hohem Maße von den Feuchtigkeitsverhältnissen ab. Der Kalkanstrich kann durch einen Zusatz von Kaseinat erheblich verbessert werden. Auch das Wasserglas ist ebenso wie die Kaseinate an sich reversibel, aber unter günstigen Reaktionsbedingungen, besonders wenn die Möglichkeit der Kalziumsalzbildung besteht, gehen diese Bindemittel in den unlöslichen Zustand über und werden irreversibel. Daher sind die Erfahrungen, die man mit Wasserglas auf Putzuntergrund macht, teilweise ausgezeichnet; die Anwendung von Wasserglas wurde von Prof. v. Fuchs vor 100 Jahren vorgeschlagen (Stereochromie) und von A. W. Keim seit 1878 weiter entwickelt. Die Mineralfarben, häufig auch Keimsche Mineralfarben genannt, bestehen aus alkalibeständigen Erdfarben, die mit Wasserglas kurz vor dem Gebrauch angemengt werden. Die Erdfarben erhalten gewöhnlich einen Zusatz von $CaCO_3$, CaF_2 oder $BaCO_3$, die allmählich mit dem Alkalisilikat unter Bildung unlöslicher Silikate reagieren. Als Wasserglas wird meistens Kaliwasserglas verwendet, weil es weniger zu Ausblühungen neigt als Natronwasserglas[2]). Es ist auch der sehr bemerkenswerte Versuch unternommen worden, die Ester der Kieselsäure, besonders Äthylsilikat als Bindemittel für Farben zu verwerten. Über die Erfahrungen mit diesem Verfahren hat G. King kürzlich in einem Vortrag vor der Oil and Colour Chemist's Association berichtet[3]).

Der Nachteil der reversiblen Bindemittel liegt, wie wir sehen, in ihrer ungenügenden Widerstandsfähigkeit, besonders gegen Feuchtigkeit, eine Folge ihrer Reversibilität. Wenn es gelingt, dem Bindemittel, unabhängig von den Zufälligkeiten des Untergrundes, diese Eigenschaft zu nehmen, ohne die einfache und technisch sichere Art der Verarbeitungsweise aufgeben zu müssen, so wäre hiermit ein erheblicher Fortschritt erreicht. Ein wichtiges Ziel der Maltechnik scheint mir daher dies zu sein, Ersatz der reversiblen durch irreversible Bindemittel, sowohl im Außen- wie im Innenanstrich zu schaffen.

---

[1]) Kolloid-Ztschr. **47**, 193 (1929).

[2]) Einzelheiten der Wasserglasmalerei vgl. H. Trillich, Wasserglas-Anstrich- und Malverfahren (Verl. B. Heller, München).

[3]) Silicon Esters and their Application to the paint industry. The Oil and Colour Trades Journal 1927 u. f. (1929).

5. Die Kolloidchemie der wäßrigen irreversiblen Bindemittel.

Der allgemeinen Einführung der irreversiblen Bindemittel in der Anstrich-technik stehen aber zur Zeit noch erhebliche Schwierigkeiten und Widerstände entgegen, und man sollte an die Bearbeitung dieser Aufgabe nur mit der ganzen Sorgfalt systematischer Versuche herantreten, um möglichst sicher zu gehen.

Temperabindemittel. Die Vertreter dieser Gruppe von Bindemitteln sind als Temperabindemittel im Prinzip schon lange bekannt; es sind zweiphasige Systeme, deren eine Phase in Form kleiner diskreter Teilchen in der anderen verteilt ist. Wir bezeichnen die erste Phase als disperse Phase und die zweite als geschlossene Phase oder als Dispersionsmittel. Zwei Stoffe, Öl und Wasser, können Emulsionen von zweierlei Art bilden; eine Öl-Wasseremulsion, in der Öl die disperse Phase und Wasser das Dispersionsmittel ist, und Wasser-Ölemulsionen, in denen umgekehrt das Öl die geschlossene Phase und Wasser die disperse Phase bildet. Die Emulsionen der reiner Flüssigkeiten sind aber im all-gemeinen wenig beständig und trennen sich nach kurzer Zeit wieder unter Bildung zweier Schichten. Das System muß stabilisiert werden, und das geschieht durch Hilfsstoffe, die man gewöhnlich als Emulsionsüberträger oder Emulgatoren be-zeichnet. Die Emulsionssubstanz bildet in der Phasentrennschicht einen stabili-sierenden Film, der das Zusammenfließen der beiden Phasen verhindert[1]). Die Emulgatoren sind entweder vorwiegend wasserlöslich oder öllöslich. Ein wasser-lösliches Kolloid bewirkt im allgemeinen, daß das Wasser die zusammenhängende Phase ist, während ein öllösliches Kolloid den entgegengesetzten Vorgang be-günstigt. Die Art der Emulsion hängt also wesentlich davon ab, ob der emul-gierende Bestandteil vorwiegend von Wasser oder von Öl benetzt wird[2]). Für die Beurteilung der Vorgänge in Bindemitteln ist es nützlich zu beachten, daß auch fein verteilte feste Körper, also Farbkörper, Emulsionsüberträger sind.

Die Rolle des Emulgators wird deutlich, wenn wir uns erinnern, daß die Grenz-flächenschicht der Sitz von Oberflächenkräften ist. Emulgatoren erniedrigen die Grenzflächenspannung durch Anreicherung an der Grenzfläche. Dies folgt auch aus der Gibbsschen Gleichung:

$$U = -\frac{c}{RT} \cdot \frac{\partial \sigma}{\partial c}$$

(U = Konzentrationsüberschuß der gelösten Substanz in der Einheit der Ober-fläche, c = Konzentration, σ = Oberflächenspannung, U ist positiv, wenn $\frac{d\sigma}{dc}$ negativ ist). Zur Theorie dieser Erscheinungen sei auch besonders auf die Arbeiten von I. Langmuir[3]) und Harkins[4]) hingewiesen.

Zum weiteren Verständnis der Vorgänge in Bindemitteln müssen wir noch auf die wichtige Erscheinung der Phasenumkehr aufmerksam machen. Die Erschei-

---

[1]) S. W. Bhatnagar, Journ. Chem. Soc. **117**, 542 (1920); **119**, 61 (1920). — Kolloid-Ztschr. **28** (Faraday-Heft), 193 u. f. (1921). — Zur Theorie der Erscheinung vgl. z. B. Ostwald, Kolloid-Ztschr. **6**, 103 (1910). — Clowes, Journ. of. Phys. Chem. **20**, 407—451 (1916). — L. W. Parsons und O. G. Wilson jr., Journ. Ind. and Eng. Chem. **13**, 1116 (1922). — Bancroft, Journ. Ind. and Eng. Chem. **13**, 348 (1922). — Journ. of. Phys Chem. **19**, 275, 287 (1915).

[2]) S. W. Bhatnagar (Journ. Chem. Soc. **120**, 1760 (1921)) stellt folgenden Satz auf: Alle Emulsionskörper, die einen Überschuß an adsorbierten negativen Ionen haben und die von Wasser benetzt werden, bilden Öl-Wasseremulsionen, während solche, die überschüssige positive Ionen adsorbiert haben, und von Öl benetzt werden, Wasser-Ölemulsionen bilden.

[3]) Journ. Am. Chem. Soc. **39**, 1848 (1917); **40**, 1361 (1918).

[4]) Journ. Am. Chem. Soc. **39**, 354, 541 (1917).

nung ist folgende[1]): Schüttelt man Olivenöl mit schwach alkalischem Wasser, so entsteht eine Emulsion von Öl in Wasser, steigert man die Ölmenge weiter, so ändert sich bei einem bestimmten Konzentrationsverhältnis der Charakter der Emulsion: die vorher rahmartig weiße Öl-in-Wasseremulsion geht in eine leichtflüssige, gelbe Wasser-in-Ölemulsion über. Der kritische Punkt liegt in diesem Fall bei ca. 92 Öl und 8 Wasser. Kurz vor der Erreichung des kritischen Punktes ist die Emulsion zäh pasteartig. Die die Oberflächenspannung verringernde Seife umhüllt die Ölphase; nimmt aber die Wasserphase weiter und weiter ab, so reicht ihre Menge zur Ausbildung der Trennschicht nicht mehr aus. Wir haben die Phasenumkehr, die sich in einer Änderung der Gesamteigenschaften der Emulsion äußert[2]). Für die Art der Emulsion ist aber nicht nur die Konzentration der Ölphase, sondern auch die Art des Emulgators bestimmend. Nach den Untersuchungen von Clowes, Finkle, Draper und Hildebrandt[3]) u. a. wird eine Öl-Wasseremulsion mit Natriumoleat als Emulgator durch Schütteln mit Chlorkalzium in eine inverse Emulsion verwandelt. Ähnlich verhalten sich Zusätze von $MgSO_4$, $MgCl_2$, $FeSO_4$, $Al_2(SO_4)_3$, $FeCl_3$; das öllösliche Magnesiumoleat bildet leicht Wasser-Ölemulsionen[4]). In bezug auf phasenumkehrende Wirkung kann man eine ähnliche Reihe aufstellen, wie sie für die ausfällende Wirkung der Kationen, z. B. für Gold gefunden ist. Al > Ba > Sr > Ca > H > Na; für die Phasenumkehr hat Bathnagar folgende Reihe aufgestellt: Al > Cr > Ni > Pb > Ba > Sr > Ca.

Praktisch wird man Emulgatoren wählen können, die teils in der einen, teils in der anderen Phase löslich sind. Solche Phasenumkehrerscheinungen, die auch bei anderen Kolloidsystemen beobachtet werden, z. B. bei den Kautschukmilchsäften[5]) oder Mineralölen[6]), sind für die Beurteilung der Vorgänge in irreversiblen Bindemitteln wichtig. Es kommt darauf an, eine Kombination von Emulgatoren so zu wählen, daß möglichst stabile Emulsionen erhalten werden. Wodurch wird ein Bindemittel unlöslich? Zunächst durch Phasenumkehr, dann dadurch, daß die Ölphase oder eine äquivalente andere, nicht wäßrige Phase zur geschlossenen Phase wird, erhält die Bindemittelschicht ihre Widerstandsfähigkeit. Hieraus folgt aber, daß diejenigen Systeme als Bindemittel besonders geeignet sein werden, die bei ausreichender Stabilität nahe am kritischen Umschlagpunkt liegen, weil sich in ihnen die Umkehr bei geringer Konzentrationssteigerung der Ölphase, d. h. Abnahme der Wasserphase durch Verdunsten am raschesten vollzieht; Systeme, die weit ab vom kritischen Punkt liegen, bleiben zu lange wasserempfindlich und sind deshalb nicht irreversibel.

Unter Zugrundelegung der soeben entwickelten theoretischen Grundlagen kann man also das Problem technisch folgendermaßen kennzeichnen:

---

[1]) Robertson, Kolloid-Ztschr. 7, 237 (1910).

[2]) Über die Bedeutung des Wassergehaltes für den Zustand von Kolloiden vgl. auch N. R. Dhar, Ztschr. f. Elektrochem. 31, 261 (1925).

[3]) Journ. Am. Chem. Soc. 45, 2780 (1924). — Chem. Zentralbl. 1, 867 (1924).

[4]) Soaps of monovalent cations being readily dispersed in water but not in oil form a film or diaphragma, which is wetted more readily by water than by oil, the surface tension is lower on the water than on the oil side. Soaps of divalent and trivalent cations being fresh dispersed in oil but not in water are wetted more readily by the oil than by the water. — Clowes, Journ. of Phys. Chem. 20, 407 (1916).

[5]) H. Freundlich und C. H. Hauser, Zsigmondy-Festschrift, Kolloid-Ztschr. 36, 15 (1925).

[6]) W. Seifriz, Journ. of Phys. Chem. 29, 587—600. Leichte Mineralöle, Dichte > 0,818 geben mit wäßrigen Kaseinlösungen Wasser-Öl-Emulsionen, Mineralöle von der Dichte < 0,894 bilden Öl-Wasser-Emulsionen.

1. Die irreversiblen Bindemittel müssen die Bedingungen erfüllen, daß sie genau so einfach und sicher zu verarbeiten sind, wie es die Anstrichtechnik durch die reversiblen Bindemittel seit langem gewöhnt ist.

2. Sie müssen in bezug auf Stabilität und Lagerbeständigkeit den üblichen Anforderungen genügen.

3. Die Farbschichten müssen nach kurzer Zeit schwer löslich werden und nach einigen Stunden einen Grad von Unlöslichkeit erreichen, wie wir ihn von Leinölbindemitteln gewöhnt sind.

Für die Beurteilung der Bindemittel ist endlich die Lebensdauer des Anstrichs von ausschlaggebender Bedeutung. Es ist unbedingt notwendig, die Anforderungen an die Lebensdauer der Anstriche so weit zu steigern, daß sie sich von einem Ölanstrich nicht mehr unterscheiden. Nach der von Einstein und Smoluchowski aufgestellten Theorie der Brownschen Bewegung verhalten sich die Teilchen verdünnter Emulsionen wie Moleküle

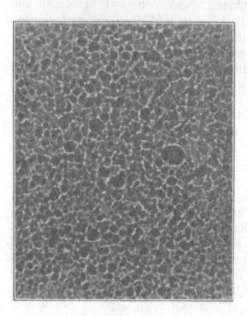

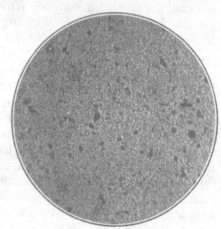

Abb. 106.
Irreversibles Bindemittel
V = 123.

Abb. 107.
Irreversibles Bindemittel (Type 53)
V = 123   96 Stunden Wasserlagerung.

eines gelösten Stoffes; es ist daher gar nicht einzusehen, warum man nicht mit zweckmäßig zusammengesetzten Dispersionen ähnliche Effekte erreicht wie mit Lösungen. Dies ist in der Tat in neuerer Zeit in weitgehendem Maße gelungen und diese irreversiblen Bindemittel stellen eine wesentliche Bereicherung der Malhilfsmittel dar. Ein Vorzug in der Anwendung von irreversiblen Bindemitteln liegt auch in der Ersparnis flüchtiger organischer Lösungsmittel.

Die nichtwäßrige Phase wurde als Ölphase bezeichnet, und in der Tat ist das Leinöl ihr wichtigster und wesentlichster Bestandteil. Aber die Zusammensetzung der Ölphase kann natürlich den mannigfachen Zwecken entsprechend auch sehr verschieden sein. In die Ölphase können in mehr oder weniger großen Prozentsatz Wachse, Harze, Paraffinkohlenwasserstoffe, Kautschuk, also Stoffe von z. T. sehr indifferenten Eigenschaften, eingeführt werden. Aber es ist auch möglich, die Ölphase ganz oder teilweise durch Mineralöle oder Bitumina zu ersetzen, die bekanntlich durch große Indifferenz ausgezeichnet sind. In diesem letzteren Falle gestaltet sich die Aufgabe verhältnismäßig einfach, und es sind daher auch eine

Reihe von Verfahren entwickelt worden, die Bitumen als Grundlage haben[1]). Für die Verwendung von Bitumen als Bindemittelgrundlage sprechen seine hohe Unan-

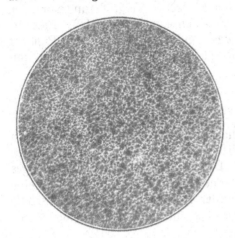

Abb. 108.
Bitumenemulsion
V = 123.

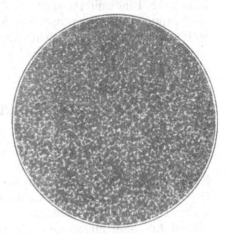

Abb. 109.
Irreversibles Bindemittel + Ultramarin
V = 123.

greifbarkeit, seine bequeme Überführung in den dispersen Zustand, wodurch die Bildung sehr dichter Emulsionen möglich ist, die nach Phasenumkehr und Verdunsten des Lösungsmittels, eine geschlossene, mit Hochglanz auftrocknende Schicht bilden[2]).

Für die Erkenntnis des Aufbaues und der Vorgänge in irreversiblen Bindemitteln sind mikroskopische Untersuchungen besonders nützlich. Das mikroskopische Bild eines typisch irreversiblen, mehrphasigen Ölbindemittels ist in dem Mikrophotogramm (Abb. 106) wiedergegeben. Charakteristisch ist die Differenzierung in zwei Phasen, von denen wir die disperse Phase in dichter Packung vom Dispersionsmittel umgeben sehen. Mikrophotogramm (Abb. 107) zeigt ein anderes irreversibles Bindemittel nach 96 Stunden Wasserlagerung, ein Beweis für die bedeutende Widerstandsfähigkeit richtig aufgebauter Emulsionsbindemittel. Diese Phasendifferenzierung bleibt auch bestehen,

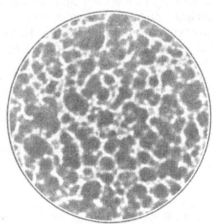

Abb. 110.
Irreversibles Bindemittel + Ultramarin
V = 500.

wenn man die Ölphase durch eine Bitumenphase (Abb. 108) ersetzt, und wir werden weiterhin sehen, daß diese Eigenschaft keineswegs auf die Bindemittel dieser Gruppe beschränkt ist, sie stellt vielmehr eine ungemein charakteristische und für die Beurteilung von Farbenbindemitteln außerordentlich wertvolle Eigen-

---

[1]) D.R.P. 404356, 405930, 378358, 399557, 398793.

[2]) Bitumenemulsionen sind auch als Bindemittel für Straßenbauten von Bedeutung (sog. Kaltasphalt).

schaft dar. Bemerkenswert sind die Veränderungen des mikroskopischen Bildes durch Zumischung von Farbkörpern: hierbei findet eine sehr weitgehende Auflösung des Bindemittels statt, so daß man bei 123facher Vergrößerung nur noch Andeutungen der ursprünglichen Struktur erkennen kann (Abb. 109). Erst bei 500facher Vergrößerung sieht man, daß das Bindemittel durch das Pigment weiter zerteilt ist und den Farbkörper wahrscheinlich als Adsorptionshaut umhüllt (Abb. 110)[1].

6. Die nicht wäßrigen reversiblen Bindemittel.

Zu dieser Gruppe können wir im kolloidchemischen Sinne alle diejenigen Bindemittel zählen, deren Dispersionsmittel aus flüchtigen Lösungsmitteln bestehen: es sind die flüchtigen Lacke. Die Umkehrbarkeit des Vorganges Kollasol $\rightleftarrows$ Kollagel geht daraus hervor, daß eine zweite Schicht, die man auf eine Grundschicht aufträgt, die Grundschicht wieder löst. Durch diese Eigenschaft unterscheiden sich die Bindemittel dieser Gruppe durchaus von denjenigen, die wir im Anschluß hieran behandeln werden.

Zelluloselacke. Aus der Reihe dieser durchweg lackartigen Bindesubstanzen sind vor allem die Zelluloselacke hervorzuheben, die in neuerer Zeit eine immer mehr steigende Bedeutung errungen haben, und mit denen man sich auch kolloidchemisch eingehender beschäftigt hat. Für die Beurteilung der Vorgänge in Nitrozelluloselösungen hat man schon sehr früh Viskositätsmessungen herangezogen, und die Bestimmung dieser Größe ist auch für die Unterscheidung von Wollen und die Beurteilung des Einflusses der Lösungsmittel oder anderer Zusätze das wichtigste kolloidchemische Hilfsmittel für diese Lacke geworden. Als Beispiel sei eine Reihe von älteren Viskositätsmessungen angeführt, die mit dem vom Verfasser angegebenen[2] einfachen Pipettenviskosimeter erhalten worden sind.

1a. in Äthylalkohol-Äther 1:1 2a. in Äthylalkohol-Methylalkohol 1:1
1b. in Äthylalkohol-Äther 3:1 2b. in Äthylalkohol-Methylalkohol 3:1

Es wurden folgende Werte mit einem bestimmten Viskosimeter vom Wasserwert 22—23 Sekunden erhalten:

Tabelle 1: 2%ige Lösungen der Wollen in Äthylalkohol : Äther.

Tabelle 2: 2%ige Lösungen der Wollen in Äthylalkohol : Methylalkohol.

Bezeichnung d. Wolle	I a.	I b.	Bezeichnung d. Wolle	II a.	II b.
B-Wolle	52″	85″	B-Wolle	75″	108″
G-Wolle	996″	—	G-Wolle	—	—
BAL-Wolle	25″	31″	BAL-Wolle	27″	31″
T-Wolle	65,66″	101,102″	T-Wolle	116″	131″
CAF-Wolle	27,26,27″	32,32″	CAF-Wolle	34″	40″
MCA-Wolle	34,34″	48,48″	MCA-Wolle	47″	58″
MCA-Wolle, dickflüssig	60″	94″	MCA-Wolle, dickflüssig	78″	98″

Eine Reihe von Kollodiumtauchlacken hatte folgende Zusammensetzung mit den beigefügten Viskositätszahlen:

---

[1] Über die neuere Entwicklung der Emulsionsbindemittel s. die Studie Emulsionsbindemittel von H. Wagner und J. Kesselring, Schriften der Fachgruppe der Körperfarben und Anstrichstoffe d. Vereins d. Chemiker (Januar 1929), H. 1.
[2] Chem.-Ztg. 293 (1923).

	1	2	3	4	5
Alkohol	—	22,32	23,42	45,74	60,84
Äther	44,65	22,32	68,07	45,74	30,58
Azeton	46,85	46,85	—	—	—
Nitrozellulose	1,95				
Kampher	3,67	desgl.	desgl.	desgl.	desgl.
Rizinusöl	2,92				
D 20°	0,747	0,804	0,761	0,783	0,795
Viskositätszahl 21°/22°	56,2	73,3	104,6	117,3	157,8

H. Schwarz[1]) hat die Viskosität von Nitrozelluloselösungen in Beziehung zum Zelluloid untersucht und dabei festgestellt, daß Nitrozelluloselösungen wie alle kolloiden Lösungen Alterungserscheinungen zeigen, ebenso ließen sich die Einflüsse des Lösungsmittels und des Kampferzusatzes viskosimetrisch verfolgen. Die durch Temperaturänderungen zwischen 20° und 60° beobachteten Änderungen der Viskosität sind reversibel. Weitere Untersuchungen über die Viskosität von Nitrozelluloselösungen liegen vor von C. Piest[2]) und H. Nikida[3]). Auch von Robertson[4]) wird auf die Bedeutung der Viskosität für die Nitrozellulosen hingewiesen; es bestehen Beziehungen zwischen der Viskosität der Lösungen und den Eigenschaften des von den Lösungsmitteln befreiten, getrockneten Kolloids, wie auch aus meinen oben mitgeteilten Messungen hervorgeht. Interessant ist auch die von Masson und Mc. Call festgestellte Beobachtung, daß Lösungen von Nitrozellulose in Azeton und Wasser, nicht in Lösungen mit trocknem Azeton ihr Viskositätsminimum haben, sondern bei solchen mit 8—10% Wasser für eine Nitrozellulose mit $N = 12,3\%$[5]). Die Viskosität von Zelluloseazetatlösungen ist von Barr und Bircumshaw[6]), sowie von A. v. Fischer[7]) gemessen worden. Eine bemerkenswerte kolloidchemische Eigenschaft der Nitrozelluloselösungen ist von A. Szegvari[8]) untersucht worden. Lösungen von Nitrozellulose, die gelegentlich Trübungen zeigen, die bei Temperaturerniedrigungen verschwinden, zeigten bei näherer Untersuchung die Eigenschaft, beim Erwärmen auf eine gewisse Temperatur zu einer steifen Gallerte zu erstarren, die sich beim Abkühlen wieder vollständig verflüssigte. Wir haben hier das Beispiel einer reversiblen temperaturvariablen Gallertbildung. Die Erscheinung ist als Solvatationserscheinung zu erklären. Nehmen wir eine bestimmte Affinität zwischen Nitrozellulose und Amylazetat als Lösungsmittel und zwischen Amylazetat und Benzin als Verdünnungsmittel an, und sei ferner die Temperaturfunktion der beiden Systeme verschieden, so wird bei niedrigerer Temperatur die Affinität Amylazetat-Nitrozellulose überwiegen. Der Gelatinierungspunkt wird durch Viskositätsmessungen bestimmt. Temperaturerhöhung und Annäherung an den Gelatinierungspunkt wirken einander entgegen. Dabei ist der Einfluß der Viskosität bis zur Nähe des Gelatinierungspunktes fast zu vernachlässigen. R. O. Herzog, A. Hildesheimer und F. Medicus[9]) haben die mechanischen Eigenschaften von Nitrozelluloselacken untersucht, um den Einfluß von Weichmachungsmitteln auf den Nitrozellulosefilm kennzulernen. Sie bedienten sich hierzu einer Grundlösung von Nitrozellulose in einem passenden Lösungsmittelgemisch

---

[1]) Kolloid-Ztschr. 12, 32 (1913).
[2]) Ztschr. f. angew. Chem. 24, 968 (1911).
[3]) Kunststoffe 4, 81, 105 (1914—1915).
[4]) Kolloid-Ztschr. 28, 219 (1921).
[5]) Vgl. Sproxton, Kolloid-Ztschr. 28, 225 (1921).
[6]) Kolloid-Ztschr. 28, 223 (1912).
[7]) Kolloid-Ztschr. 29, 260 (1921).
[8]) Kolloid-Ztschr. 34, 34 (1924).
[9]) Ztschr. f. angew. Chem. 34, 57 (1921).

(z. B. Alkohol, Azeton und Amylazetat) und fügten der Grundlösung diejenigen Weichmachungsmittel hinzu, deren Einfluß ermittelt werden sollte. Der auf eine bestimmte Viskosität eingestellte Lack wird in folgender Weise zu einem Film ausgegossen: man trocknet eine Glasplatte vollkommen, entfettet und talkumiert schwach. Man gießt den Lack auf und läßt die Glasplatte in schräger Stellung einige Stunden stehen. Da der Film nach der Abtropfseite stark keilförmig ist, wird das Gießen in entgegengesetzter Richtung wiederholt. Nach 12—24 Stunden kann der Film, der etwa $1/4$ mm stark ist, abgezogen werden. Es wurde die Bruchdehnung und Reißfestigkeit mittels eines kleinen Zerreißapparates bestimmt. Die Einspannlänge betrug 20 mm, die Streifenbreite 20, 30, 40 mm. Dehnt man einen mit Teilung versehenen Film bis zu einer bestimmten Länge, so lassen sich auch die Elastizität und die elastische Nachwirkung bestimmen. Die Elastizität wurde qualitativ mit einem Schlagapparat bestimmt, indem man ein mit einer Stahlkugel von 4 mm Durchmesser versehenes Gewicht aus verschiedener Höhe zwischen zwei Gleitschienen auf den Film fallen läßt. Als Unterlage für den Film dient eine glasharte Stahlplatte. Die Stahlkugel erzeugt je nach der Elastizität des Films charakteristische Vertiefungen oder Risse. Ferner wurden die Kältebeständigkeit, Elastizität nach Abkühlung in einer Kältemischung, Wasserbeständigkeit und Falzbarkeit bestimmt. Das Mikrophotogramm eines Zelluloselackes gibt Abb. 111 wieder; wir erkennen die dichte strukturlose Beschaffenheit als Ausdruck der sehr geringen Quellung, durch welche die Widerstandsfähigkeit dieser Lacke ihre Erklärung findet.

Abb. 111.
Zelluloselack, 587e   V = 123
48 Stunden Wasserlagerung.

Die Nitrozelluloselacke haben in den letzten Jahren eine ungeahnte Entwicklung genommen, die im engsten Zusammenhang mit dem Siegeszug des Automobils steht; besonders in den Vereinigten Staaten verlangte die ungeheure Ausdehnung der Automobilindustrie gebieterisch raschere Lackierungsmethoden. Auch in England, Frankreich und den übrigen europäischen Staaten kamen die Nitrolacke in steigendem Umfang zur Anwendung. Deutschland folgte anfangs nur zögernd, aber es ist schon heute entschieden, daß auch bei uns der Nitrolack den Öllack stark zurückgedrängt hat. Auch in der Möbelindustrie fassen diese Lacke mehr und mehr Fuß und trotz mancher Schwierigkeiten in der Verarbeitung sind ihre Vorzüge so wesentlich, daß sie schon heute nicht mehr aus der neueren Entwicklung der Lackindustrie fortzudenken sind. Durch den wachsenden Bedarf an diesen Lacken hat die Herstellung der Wollen, Lösungs- und Plastizierungsmittel eine entsprechende Ausdehnung erfahren.

Ein typischer Nitrozelluloselack setzt sich aus zwei Gruppen von Bestandteilen zusammen: 1. Nichtflüchtige Bestandteile, 2. flüchtige Bestandteile. Die nichtflüchtigen Bestandteile umfassen die Nitrozellulosen, Harze (Dammar, Harzester, Kunstharze), Weichmachungs- oder Plastizierungsmittel (Trikresylphosphat, Dibutylphtalat, Ester der Adipinsäure u. a.). Im erweiterten Sinn kann man zu den Plastizierungsmitteln auch die trocknenden oder nicht trocknenden Öle, Leinöl, Holzöl, Rizinusöl u. a. rechnen. Die flüchtigen Bestandteile setzen sich aus den eigentlichen Lösungsmitteln für Nitrozellulose und den Verdünnungsmitteln zusammen. Wir wollen die verschiedenen wesentlichen Bestandteile kurz erläutern. In ihrer Wechselwirkung zueinander ergeben sich eine große Anzahl von kolloidchemischen Problemen, wie überhaupt auf keinem anderen Gebiet der Lacke die Kolloidchemie eine so ausschlaggebende Rolle spielt wie gerade hier.

Der für die Nitrolacke wichtigste Bestandteil sind die Wollen, die bei einem mittleren Stickstoffgehalt von 12% durch ihre Viskosität charakterisiert sind. Die älteren Kollodiumwollen waren durchweg hochviskose Wollen, mit denen man nur niedrigprozentige Lösungen herstellen konnte. Eine derartige Lösung bildet nach dem Verdunsten des Lösungsmittels nur einen verhältnismäßig dünnen Film. Lacke, die auf solche hochviskosen Wollen aufgebaut sind, würden daher sehr bedeutende Mengen Lösungsmittel erfordern und nur dünne Lackschichten bilden, die den Anforderungen der Praxis nicht genügen. Derartige Lacke besitzen, wie man sagt, zu wenig Körper. Erst als es gelungen war, niedrig viskose Wollen herzustellen, die dabei noch vollkommen stabil, lichtbeständig und glasklar in Lösung sein müssen, war es möglich industriell verwertbare Zelluloselacke herzustellen. Die Beschaffenheit und Art der Wolle ist für den Zelluloselack von grundlegender Bedeutung, und es hat sehr lange gedauert, bis es gelang, niedrig viskose verhältnismäßig weit abgebaute Wollen unter Erhaltung ihrer guten Filmeigenschaften herzustellen. Qualitativ ist die höher viskose Wolle überlegen, weil sie weniger weit abgebaut ist. Man sieht auch hier wieder, wie wichtig dis Viskositätsmessung für die Beurteilung der Wollösungen ist. Die Viskosität der Wollösungen wird gewöhnlich durch die Zeit gemessen, die eine Stahlkugel von 2 mm Durchmesser ($= 0,032$ g) benötigt, um eine 25 cm hohe Flüssigkeitssäule zu durchfallen, die aus einer Lösung der Wolle in Butylazetat hergestellt ist. Die Wollösung befindet sich in einem Glaszylinder von nicht weniger als 3 cm Durchmesser, der drei Marken trägt, zwei obere und eine untere Marke. Die Lösung wird genau bis zur obersten Marke eingefüllt und die Stahlkugel mit Hilfe einer Pinzette unmittelbar über die Mitte des Flüssigkeitsspiegels gebracht und fallen gelassen. Es wird der Durchgang durch die zweite obere und die untere Marke mittels Stoppuhr gemessen. Die niedrig viskosen Wollen werden in etwa 15%iger Lösung verarbeitet, während die älteren höher viskosen Wollen 2—3%ige, höchstens 4%ige Lösungen zu verarbeiten gestatteten. Die Westfälisch-Anhaltische Sprengstoff A.G. gibt für ihre wichtigsten Wollen folgende Fallzeiten an:

Type Nr.	% Gehalt	Lösungs-mittel	Fallzeit untere Grenze	obere
6	25		90″	120″
6a	22		90″	120″
7	15		75″	120″
8	13	Butylazetat	60″	100″
8a	9	98—100%ig	80″	100″
17	5		80″	120″
18	3—5		80″	120″
19	2—5		80″	120″

Eine der verbreitesten amerikanischen Wollen wird allgemein nach der Fallzeit-probe als ½-Sekundenwolle bezeichnet. Durch die niedrig viskosen Wollen ist man daher in der Lage, verhältnismäßig hoch konzentrierte Lösungen ohne große Steigerung der Viskosität herzustellen, man erhält infolgedessen stärkere Filme von höherem Glanz. An und für sich bilden die Zelluloselösungen keine hoch-glänzenden Filme und das ist gegenüber den Öllacken ein empfindlicher Mangel. Zur Steigerung des Glanzes dient ein Harzzusatz. Sehr verbreitet ist die Zugabe von Harzestern, besonders dem Glyzerinester, daneben wird Dammar vorzugsweise verwendet. Aber auch andere Natur- oder Kunstharze erfüllen mehr oder weniger gut den Zweck, wenn sie die erforderlichen Löslichkeitseigenschaften besitzen. Durch den Harzzusatz wird auch die Härte des Lackes erhöht. Gardner und Heuckeroth[1]) haben festgestellt, daß auch das Haftungsvormögen der Lacke auf Eisen, Zinn, Aluminium und Glas durch Harze gebessert wird; auch auf Holz war der Einfluß des Harzzusatzes günstig. Zur Ermittlung der Adhäsionswerte werden sorgfältig gereinigte Tafeln aus dem betreffenden Material mit dem Lack gestrichen. Ein Stück Seide von derselben Breite und doppelter Länge wie die Tafel wird in die Lackschicht beiderseitig eingebettet und eine zweite Lackschicht aufgestrichen. Die Seide wird mit einer Bürste aufgepreßt, um keine Luftblasen zurückzubehalten. Nach 2—3stündigem Trocknen wird das Seidengewebe mit einer scharfen Klinge in Versuchsstreifen von 1 cm Breite zerschnitten. Die Tafel wird in einen Prüfapparat eingespannt und die Kraft bestimmt, die aufzuwenden ist, um die Seidenstreifen von der Metall-, Glas- oder Holzfläche abzuziehen. Diese Kraft ist ein Maß für die Haftfähigkeit des Lackes auf dem betreffenden Untergrund.

Der dritte wichtige nichtflüchtige Bestandteil des Zelluloselackes ist das Plastizierungsmittel. Es sind zahlreiche Körper vorgeschlagen worden, aber eine besondere Bedeutung besitzen nur die Triarylphosphate, besonders das Trikresyl-phosphat und die Dialkylphtalate, besonders das Dibutyl- und Diamylphtalat; unter den Ölen ist das Rizinusöl schon immer als Weichmachungsmittel angewendet worden. Auch trocknende Öle, besonders geblasenes Leinöl, werden für gewisse Lacktypen gebraucht; ferner hat Holzöl in gewissen Grenzen einen günstigen Einfluß auf die Haltbarkeit und Haftfähigkeit des Lackes. Ein typischer amerika-nischer holzölhaltiger Lack hat z. B. folgende Zusammensetzung:

Wolle (trocken)	19,21%
Esterharz	4,34%
Holzöl	1,44%
Äthylalkohol	8,24%
Äthylacetat	6,77%
Amylazetat	30,00%
Diacetonalkohol	3,00%
Benzol	13,50%
Toluol	13,50%.

Der Zusatz von Ölen leitet über zu den sog. Kombinationslacken; es sind dies Lacktypen, die eine Zwischenstellung zwischen Öllacken und Zelluloselacken ein-nehmen. In der Entwicklung dieser Lacke wird vielfach die Zukunft der Zellulose-lacke gesehen. Denn man darf nicht vergessen, daß den Zelluloselacken in den modernen Holzöllacken, die in wenigen Stunden trocknen, qualitativ hochwertige Lacke gegenüberstehen.

Der Preis und somit auch das Anwendungsgebiet der Zelluloselacke wird in

---

[1]) Journ. Ind. and. Eng. Chem. 20, 600 (1928).

entscheidender Weise durch die Art der flüchtigen Bestandteile beeinflußt. Wie schon oben erwähnt, müssen wir zwischen den eigentlichen Lösungsmitteln und den Verdünnungsmitteln unterscheiden. Als Lösungsmittel hat das Butylazetat eine überragende Bedeutung. Butylazetat (Siedegrenze 121—127⁰) ist ein vorzügliches Lösungsmittel für Nitrozellulose und wird ganz besonders in Verbindung mit Butanol (Normal-Butylalkohol, Siedegrenze 114—118⁰) gern angewendet. Neben dem Butylazetat stehen heute eine große Anzahl von Lösungsmitteln für Nitro-zellulose in vorzüglicher Reinheit zur Verfügung. Sie haben z. T. vor dem Butyl-azetat noch den Vorzug, daß sie geruchschwach sind, eine Eigenschaft, die für die Verarbeitung der Zelluloselacke als Spritzlacke, besonders in geschlossenen Räumen, eine wesentliche Bedeutung hat. In der folgenden Tabelle ist eine Auswahl von Lösungsmitteln zusammengestellt, wobei noch auf einen Punkt besonders aufmerk-sam gemacht werden muß. Die Eigenschaften des Films werden in entscheiden-der Weise durch die Auswahl der Lösungs- und Verdünnungsmittel von abgestufter Verdunstungsgeschwindigkeit beeinflußt. Man wendet daher neben dem Haupt-lösungsmittel für Nitrozellulose häufig noch ein zweites Lösungsmittel mit anderer Verdunstungsgeschwindigkeit und mindestens zwei Verdünnungsmittel mit eben-falls auseinander liegender Verdunstungsgeschwindigkeit an; hinzu kommt, daß Gemische verschiedener Verdünnungsmittel, z. B. Butylalkohol und Toluol, eine viel weitere Verdünnung gestatten, als jedes Verdünnungsmittel allein. Die Ver-dünnungs- bzw. Verschnittfähigkeit des Zelluloselackes ist wiederum auch von großer Bedeutung für die Wirtschaftlichkeit des Lackes, denn die eigentlichen Lösungsmittel für Zellulose sind meistens teuerer als die Verdünnungsmittel. Man kann diese Verdünnungszahl der Zelluloselösung unmittelbar durch eine Art Titra-tion mit dem zu prüfenden Verdünnungsgemisch bestimmen, indem bei einem ganz bestimmten Zusatz Fällung erfolgt. Beispielsweise werden 10 g einer 20%igen Lösung von $\frac{1}{2}$-Sekundenwolle durch ganz verschiedene Mengen wechselnder Gemische von Alkohol und Toluol gefällt; ein ausgesprochenes Maximum findet man bei 58 Alkohol, 42 Toluol.

Tabelle.

(Die Daten dieser Tabelle sind der vorzüglichen Schrift „Lösungsmittel" der I. G. Farbenindustrie entnommen.)

	Sdp.	Verdunstungszeit bezogen auf Äthyläther = 1
Azeton CH_3COCH_3	55—56⁰ C	2,1
Cyklohexanolazetat $C_8H_{14}O_2$	170—177⁰ C	77,0
Äthylazetat $CH_3CO_2C_2H_5$.	74—77⁰ C	2,9
Äthylglykol $C_2H_5OC_2H_4OH$	126—138⁰ C	43,0
Äthylglykolazetat $C_2H_5OC_2H_4OCOCH_3$	149—160⁰ C	52,0
Butylazetat $CH_3CO_2C_4H_9$	121—127⁰ C	11,8
Diäthylkarbonat $CO(OC_2H_5)_2$	120—130⁰ C	14,0
Isopropylazetat $C_3H_7COOCH_3$.	84—93⁰ C	4,2
Methylazetat $CH_3CO_2CH_3$	56—62⁰ C	2,2
Methylcyclohexanon $C_7H_{12}O$	165—171⁰ C	47,0
Methylglykol $CH_3OC_2H_4OH$	115—130⁰ C	34,5
Methylglykolazetat $CH_3OC_2H_4CO_2CH_3$	138—152⁰ C	35,0
Milchsäurebutylester $C_7H_{14}O_3$	170—195⁰ C	443,0
Normal-Propylazetat $C_3H_7COOCH_3$	97—101⁰ C	6,1
Diazetonalkohol $C_6H_{12}O_2$	150—165⁰ C	147,0

Als Verdünnungsmittel finden hauptsächlich Anwendung: Alkohole, besonders Äthylalkohol, Butylalkohol (Butanol), Propyl- und Isopropylalkohol, Toluol, Xylol.

In neuester Zeit ist es gelungen, Wollen herzustellen, die durch eine besonders hohe Alkohollöslichkeit ausgezeichnet sind. Die A-Wollen der Westfälisch-Anhaltischen

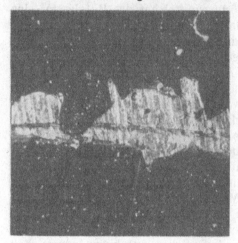

Abb. 112.
Nitrolack. Ritzprobe.

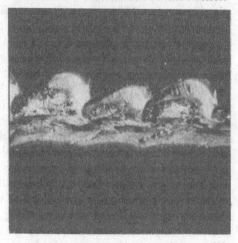

Abb. 113.
Nitrolack. Ritzprobe nach 12 tägiger Alterung.

Sprengstoff A.G. sind in Alkohol, Gemischen von Alkohol und Benzol, Toluol oder Xylol vollständig löslich.

In der Abb. 112 wird eine Ritzprobe an einem Nitrolack nach Blom gezeigt; der Lack war zwei Tage bei 100⁰ gealtert. Die Form der Ritzfigur ist charakteristisch für einen Lack mit guter Haftfähigkeit. Abb. 113 zeigt einen anderen Nitrolack nach 12tägiger Alterung bei 100⁰, und Abb. 114 denselben Lack nach Ausführung der Biegeprobe. Die Abb. 115 gibt ebenfalls nach Blom die maximalen Bruchdehnungen durch Ermittlung der Spannungs-Dehnungsdiagramme wieder. Für die erste Einführung der Zelluloselacke an Stelle der altbewährten Öllacke waren vorwiegend praktische Erwägungen maßgebend. Die elegante, Zeit und Geld ersparende Verarbeitungsweise, ist so wesentlich, daß der Qualitätsvergleich zwischen Öllack und Nitrolack zunächst in den Hintergrund tritt. Nichtsdestoweniger ist diese Frage von hoher Bedeutung. Eine vergleichende Wertung

Abb. 114.
Gealterter Nitrolack. Biegeprobe.

dieser beiden Lackarten ist außerordentlich schwierig und es wäre gänzlich abwegig, summarisch von der Überlegenheit oder Unterlegenheit der einen Art über die andere zu sprechen. Unbedingt überragen die Nitrolacke die Öllacke durch ihre geradezu ideale Dichte und hohe Härte; innerhalb beider Lackgruppen bestehen bei den Nitrolacken infolge ihrer verwickelteren Zusammensetzung viel größere Unterschiede als bei den relativ einfach aufgebauten Öllacken. Wolff und Toeldte[1]) haben in einer sehr gründlichen vergleichenden Untersuchung den Ver-

---

[1]) Fachausschuß fur Anstrichtechnik (VDI-Verlag), H. 3. 1929.

such unternommen, die Qualitätsbeziehungen zwischen Öl- und Zelluloselacken klar zu stellen. Die Arbeit enthält ein sehr wertvolles experimentelles Material, aber man muß vorläufig noch in der Verallgemeinerung von Schlußfolgerungen zurückhaltend sein, weil das Gebiet erst in der Entwicklung ist und erhebliche Fortschritte zu erwarten sein werden. Auch H. A. Gardner und A. W. van Heuckroth[1]) haben schon mehrere Jahre vorher den Einfluß von Harzen und Plastizierungsmitteln auf die Haltbarkeit von Nitrolackfilmen untersucht. Hierbei erwies sich in Übereinstimmung mit den Erfahrungen der Praxis, daß Butylphtalat und Trikresylphosphat als Weichmachungsmittel besonders gute Eignung besitzen; aber so wertvoll auch die Einzelbeobachtungen sein mögen, so lassen auch diese Versuche Schlüsse von allgemeiner Bedeutung kaum zu. Auf diesem Gebiet wird in Zukunft noch viel planmäßige Arbeit zu leisten sein.

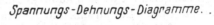

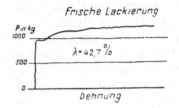

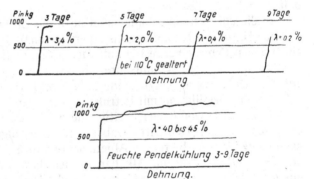

Abb. 115.

Aus der Gruppe der reversiblen Lacke muß vor allem der Schellack Erwähnung finden, nicht nur weil Schellacklösungen besonders hochwertige Harzlösungen darstellen, sondern weil diese Lacke, bzw. der Schellack selbst in kolloidchemischer Hinsicht besonderes Interesse verdienen. Schellack entsteht durch den Stich von Insekten (Tachardia lacca) auf indische Pflanzen und kommt in Form dunkelbrauner, pfropfenartiger Gebilde (Stocklack) in den Handel. Der gereinigte Schellack bildet spröde bräunliche Blätter[2]). Man hat den Schellack in folgende Anteile zerlegt: Farbstoff, Wachs, ätherlöslicher Anteil (Fettsäuren), ätherunlöslicher Anteil, das Reinharz. Diese letztere Fraktion enthält die für den Schellack charakteristischen Bestandteile. Aus dem Reinharz isolierte Tschirch die Aleuritinsäure, eine Trioxypalmitinsäure in Form des schwer löslichen Kaliumsalzes. Harries und Nagel[3]) haben in der Schellolsäure $C_{13}H_{16}(OH)_2(COOH)_2$ eine zweite Säure isoliert. Die Aleuritinsäure hat folgende Zusammensetzung: $CH_2(OH)[CH_2]_5CH(OH) — CH(OH)(CH_2)_7COOH$, da als oxydative Spaltungsprodukte Azelainsäure $(CH_2)_7(COOH)_2$ und Pimelinsäure $(CH_2)_5(COOH)_2$ isoliert wurden. Das Reinharz kann in einer in Alkohol löslichen und unlöslichen Form erhalten werden. Die in Alkohol lösliche Form wird mit 5 n-Kalilauge nach 24stündigem Stehen vollständig in ein Gemenge von Oxysäuren über-

---

[1]) Scientif. Sect. American Paint and Varn. Man. Assoc. Circular 316 (1927).

[2]) Ältere Literatur s. Tschirch, Die Harze und Harzbehälter. — Tschirch und Lüdy, Helv. Chim. Acta **6**, 994 (1923). — Tschirch und Schäfer, Chem. Umschau **32**, 309 (1925).

[3]) C. Harries und W. Nagel, Ber. **55**, 3833 (1922). — C. Harries, Ber. **56**, 1048 (1923). — W. Nagel, Ber. **60**, 603 (1927).

geführt. Die alkoholunlösliche Form ist zwar auch in Kalilauge löslich, aber die Hydrolyse bleibt selbst beim Kochen oder Erhitzen unter Druck bis 160⁰ unvollständig. Löst man aber die alkoholunlösliche Form in Eisessig oder Ameisensäure und fällt mit Wasser aus, so ist die alkohollösliche Modifikation entstanden, die bei der Behandlung mit HCl-haltigem Äther wieder in die alkoholunlösliche Form zurückverwandelt wird. Harries hat diese Umwandlungen als Aggregation (Koagulation) und Desaggregation (Peptisation) gedeutet und den dispersoiden Charakter dieser Vorgänge betont[1]). Gardner und Whitmore betonen allerdings vielleicht mit Recht, daß die Unlöslichkeit nach dem Kontakt mit Chlorwasserstoff als eine Laktidbildung rein chemisch gedeutet werden kann[2]). Hingegen scheinen die Lösungen von Schellack in organischen Lösungsmitteln z. T. kolloide Lösungen zu sein; Schellack ist vor allem in fast allen Alkoholen und Lösungsmitteln mit alkoholischen Hydroxylen löslich. Neben dem Naturschellack hat in neuerer Zeit auch der Kunstschellack Bedeutung erlangt. Als Typus dieser Kunstschellacke führen wir zunächst den Wackerschellack an; dieser Schellack wird durch Kondensation von Azetaldehyd mittels Alkalien gewonnen und ist dem Naturschellack in vielen Eigenschaften ähnlich[3]). Als Schellackersatzprodukte sind die in Alkohol löslichen Phenol- oder Kresol-Formaldehydharze zu bezeichnen, die unter verschiedenen Namen (Novolack, Albertolschellack) im Handel sind. In der Lacktechnik dient Schellack in erster Linie zur Herstellung von Polituren und sog. Mattinen, das sind wachshaltige Schellacklösungen.

In diesem Zusammenhange sind noch die Untersuchungen von Paul über die kolloide Natur des Kolophoniums zu erwähnen[4]). Paul faßt das Kolophonium als einen neuen Typus einer festen kolloiden Lösung auf. Die Hauptsubstanz ist die bei 75—76⁰ schmelzende γ-Pininsäure, die das Höchstmaß kolloid gebundenen Wassers enthält. Durch wasserentziehende Substanzen wie Alkohol, ferner durch Erhitzen, z. B. bei der Destillation mit Petroleum, wird der kolloide Zustand infolge Wasserabgabe zerstört, womit gleichzeitig eine teilweise Zerstörung der Substanz auch in chemischer Hinsicht eintritt. Dabei wird in geringer Menge die von dem kolloid gebundenen Wasser befreite γ-Abietinsäure vom Schmelzpunkt 161—163⁰ erhalten.

Durch Behandeln mit Alkalien werden daraus die γ-Alkaliharzseifen gebildet, aus der wäßrigen Lösung die Ausgangssubstanz, die γ-Pininsäure, zurückgebildet und somit der ursprüngliche kolloide Zustand wieder hergestellt. Die Kolophoniumsubstanz kann ebenso auch die Kohlenwasserstoffe des Petroleums kolloid binden. Außer der eben erwähnten γ-Pininsäure unterscheidet Paul die α-Pininsäure, Schmelzpunkt 85—87⁰ und die β-Pininsäure als zweites Umlagerungs- bzw. Oxydationsprodukt, Schmelzpunkt 102⁰.

Das Kolophonium besitzt die Eigenschaft, sich mit einer großen Anzahl anderer Substanzen zu einer Art Molekülverbindung zu vereinigen. Dies gilt sowohl für Wasser, wie auch für eine Reihe anderer, die Hydroxylgruppe enthaltender Substanzen, z. B. Phenole und Naphthole. Durch diese Fähigkeit werden nach der Auffassung von Paul die Harze in Parallele gestellt zu anderen Kolloiden, wie Stärke und Eiweiß.

Obwohl die kolloidchemischen Untersuchungen über diese Gruppe von Bindemitteln noch sehr lückenhaft ist, so darf man doch wohl als Arbeitshypothese an-

---

[1]) Kolloid-Ztschr. **33**, 247 (1923).   [2]) Journ. Ind. and Eng. Chem. **21**, 226 (1929).
[3]) Als Kunstschellack sind auch diejenigen Massen zu bezeichnen, die durch Kondensation von aliphatischen Oxykarbonsäuren (Oxyleinölsauren, Oxystearinsäure) mit oxydierter Copalsäure, Oxyabietinsaure oder deren Chlorierungsprodukten erhalten werden (Scheiber, Noack, Dux); vgl. auch Obst, Synthetischer Schellack und Schellackersatzstoffe, Kunststoffe **19**, 171 (1929).   [4]) Kolloid-Ztschr. **21**, 115, 148 (1917); **24**, 95, 129, 166 (1919).

nehmen, daß der Lackkörper die disperse Phase und das Lösungsmittel das Dispersionsmittel ist. Daß wir es in dieser Gruppe mit kolloiden Quellungen und nicht mit molekulardispersen Lösungen zu tun haben, geht ja unzweifelhaft aus dem Verhalten der Nitrozellulosen, Azetylzellulosen und des Kautschuks bei der Einwirkung von Lösungsmitteln hervor.

7. Die nicht wäßrigen irreversiblen Bindemittel.

Mit dieser Gruppe von Bindemitteln betreten wir ein Gebiet, das sowohl hinsichtlich der Bindemittel, die es umfaßt, als auch durch die Vielseitigkeit der kolloidchemischen Probleme von ganz besonderer Bedeutung ist. Wir werden uns im Folgenden vorwiegend mit zwei irreversiblen Bindemitteln beschäftigen, dem Leinöl und Holzöl, die wir als die souveränen Bindemittel der Anstrichtechnik bezeichnen können und die durchaus unersetzlich sind. Aber im umgekehrten Verhältnis zur Bedeutung dieser Öle stehen die wirk-

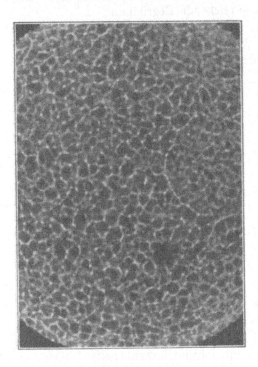

Abb. 116.
Leinöl G V = 500
48 Stunden Wasserlagerung.

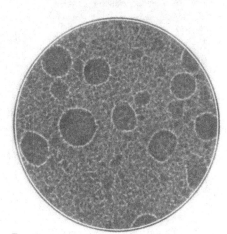

Abb. 117.
Leinölfirnis, techn. V = 123
48 Stunden Wasserlagerung.

lichen kolloidchemischen Kenntnisse und Anschauungen, die wir hierüber bisher besitzen. Obwohl auch schon bei flüchtiger Beurteilung der Vorgänge in Öl- und Lackfilmen gar nicht daran zu zweifeln ist, daß wir es mit Kolloiden und kolloidchemischen Vorgängen zu tun haben, so ist es doch ungemein schwierig, diese dispersoidchemische Auffassung in exakter Weise darzustellen und zu begründen.

Leinöl und Holzöl. Wir sind von der Grundannahme ausgegangen, daß Bindemittelsysteme mehrphasig aufgebaut sind, aber gerade beim Leinöl, Holzöl und den Lacken ist eine Differenzierung der Phasen in disperse Phase und Dispersionsmittel nicht ohne weiteres möglich, und dadurch wird es nicht leicht, über die kolloidchemischen Reaktionen in Ölen etwas Bestimmtes auszusagen. Günstiger liegen die Verhältnisse in Fällen der unzweifelhaft dispersen Systeme, schon weil man die Vorgänge mikroskopisch leichter verfolgen kann. Es ist gerade das Wesentliche eines intakten Farbfilms, daß er keine sichtbare Struktur zeigt, denn die geschlossene Oberfläche bedingt ganz wesentlich die Haltbarkeit und Widerstandsfähigkeit gegen zerstörende Einflüsse. Aber die geschlossene und nicht differenzierte Beschaffenheit der Ölbindemittel besteht nur in dem frisch aufgestrichenen und noch nicht angegriffenen Film. Wenn man einen Leinölfilm nur schwach hydratisiert, also gleichsam anätzt, indem man ihn einige Zeit der Einwirkung von Wasser aussetzt, so gelingt es leicht nachzuweisen, daß der Leinölfilm ein mehrphasiges Gebilde ist, das in vielen Fällen auffällig an das Mikrobild der Emulsionsbindemittel erinnert (Abb. 116, 117, 118). Die Mehrphasigkeit der Ölfilme findet ja auch in ihrer chemischen Zusammensetzung eine ausreichende Begründung.

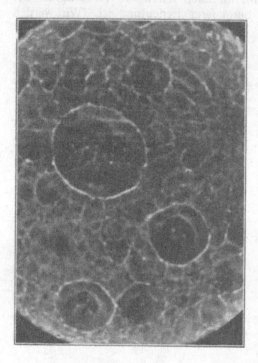

Abb 118.
Leinölfirnis, techn.   V = 500
48 Stunden Wasserlagerung.

Um einen Überblick über die kolloidchemischen Probleme des Gebietes zu gewinnen, beschäftigen wir uns zunächst mit den Ölen und Lacken als kolloidchemische Systeme, im Anschluß daran mit der Kolloidchemie des Trockenvorganges, und schließlich mit den kolloidchemischen Vorgängen in aufgestrichenen Öl- und Lackfilmen.

Das unentschleimte Leinöl ist von Wolff und Dorn[1] als kolloides System aufgefaßt worden, derart, daß die Schleimstoffe die disperse Phase und das Leinöl in seiner Gesamtheit das Dispersionsmittel ist. Ausgehend von der Beobachtung, daß die Entschleimung eines Leinöls nicht stattfindet, wenn beim Erhitzen stark gerührt wird, kommen beide Forscher durch ultramikroskopische Beobachtung des Öles zu folgenden Schlüssen: 1. Das unbehandelte Öl ließ regelmäßig verteilte ultramikroskopische Teilchen kleiner Dimensionen erkennen. 2. Das unter Rühren erhitzte unentschleimte Öl zeigte regelmäßig verteilte größere und weniger zahlreiche Partikel ultramikroskopischer Dimension. Das entschleimte Leinöl ließ im sonst optisch leeren Feld unregelmäßig verteilte Teilchen ganz anderer Größenordnung erkennen. Durch das Erhitzen des Öles auf die Entschleimungstemperatur wird also die Dispersion der kolloid gelösten Anteile geändert, und zwar im höheren Maße beim ruhigen Stehen als beim Erhitzen unter Rühren. Wenn man ohne Rühren erhitzt, scheinen sich die Teilchen zu grob dispersen Partikeln zusammenzuballen und die Entschleimung findet besser statt, als wenn beim Erhitzen stark gerührt wird. Hiernach stellt sich also der Entschleimungsvorgang als eine kolloidchemische Erscheinung dar. Einen weiteren Beitrag zu dieser Frage hat Vollmann durch Ultrafiltration geliefert[2].

---

[1] Farben-Ztg. **26**, 736 (1921).   [2] Ztschr. f. angew. Chem. **38**, 337 (1925).

Das Leinöl ist ebensowenig wie das Holzöl ein einheitlicher Körper, vielmehr sind die fetten Öle Gemenge gemischter Gyzeride. Die quantitative Analyse des Leinöls hat in den Händen verschiedener Forscher zu sehr voneinander abweichenden Resultaten geführt. Hazura[1]) fand 15% Linolensäure, 65% Isolinolensäure, 15% Linolsäure und 5% Ölsäure. Fokin[2]) 22—25% Linolensäure, vorherrschend Linolsäure und 5% gesättigte Säuren. Fahrion[3]) 35—45% Linolensäure, 15—25% Linolsäure, 15—20% Ölsäure, 8—9% gesättigte Säure, 0,5—1,5% Unverseifbares, 4,5% Glyzerinrest. Ferner liegen eingehende Arbeiten von Erdmann, Bedford und Raspe[4]) über die Säuren des Leinöls vor. Wir geben hier vor allem die Analysenbefunde von Eibner und Schmiedinger[5]), die für die Zusammensetzung eines holländischen Leinöls folgende Werte ermitteln: α-Linolensäure 20,1%, Isolinolensäure 2,7%, α-Linolsäure 17,1%, β-Linolsäure 41,8%, Ölsäure 4,5%, Oxysäuren 0,5%, Glyzerinrest 4,1%, gesättigte Säuren 8,3% und Phytostearin 1%. Für die Linolensäure und Linolsäure nimmt man folgende Zusammensetzung an:

$$CH_3 \cdot CH_2 \cdot CH = CH - CH_2 - CH = CH - CH_2 - CH = CH - (CH_2)_7 COOH$$
Linolensaure

$$CH_3 - (CH_2)_4 - CH = CH - CH_2 - CH = CH - (CH_2)_7 \, COOH.$$
Linolsäure

S. Iwanow[6]) hat den Einfluß klimatischer Faktoren auf die Zusammensetzung des Leinöls untersucht und festgestellt, daß die Temperatur und deren Schwankungen von wesentlichem Einfluß sind. Das gleichmäßige südliche Klima begünstigt die Bildung von Glyzeriden der Ölsäure, während die Schwankungen der nördlichen Breiten für die Bildung von Linol- und Linolensäure günstig sind. Kalkuttaleinöle enthalten infolgedessen etwa 17% Ölsäure statt 4,5%. Nach einer Analyse von Brosel, die im Institut von Eibner[7]) ausgeführt wurde, ist Kalkuttaleinöl wie folgt zusammengesetzt: α-Linolensäure 22,93%, β-Linolensäure 22,82%, α-Linolsäure 17,43%, β-Linolsäure 4,32%, Ölsäure 17,61%, Oxysäuren 0,30%, gesättigte Säuren 8,29%, Glyzerinrest 4,17%, Unverseifbares 0,96%.

Bedeutend einheitlicher als das Leinöl ist das Holzöl[8]) zusammengesetzt; es besteht im wesentlichen (75%) aus dem α-Elaeostearinsäureglyzerid neben verhältnismäßig wenig Olein und gesättigten Fettsäuren. Das Elaeostearin geht beim Stehen des Öles bzw. unter der Einwirkung des Lichtes in die β-Modifikation vom Schmelzpunkt 62° über. Auf diese für die Eigenschaften des Holzöles wichtige Erscheinung kommen wir weiter unten zurück.

Es ist von vornherein unwahrscheinlich, daß ein Öl von so verwickelter Zusammensetzung wie das Leinöl, im kolloidchemischen Sinne einheitlich ist. Es ist vielmehr wahrscheinlich, daß im Leinöl disperse Phasen und Dispersionsmittel ebenso zu unterscheiden sind, wie bei einem äußerlich erkennbaren mehrphasigen

---

[1]) Hazura, Monatshefte f. Chemie 8, 162 (1887); 9, 191 (1888).
[2]) Fokin, Ztschr. f. angew. Chem. 1451, 1492 (1909).
[3]) Fahrion, Ztschr. f. angew. Chem. 1107 (1910).
[4]) Erdmann und Bedford, Ztschr. f. physiol. Chem. 69, 76 (1910). — Erdmann, Ztschr. f. physiol. Chem. 74, 179 (1911). — Raspe, Über die Konstitution der Linolensäure, Dissertation (Halle 1909).
[5]) Chem. Umschau 293 (1923).
[6]) Vortrag Farbentagung München 18.—19. Februar 1929.
[7]) Chem. Umschau 35, 157 (1928).
[8]) Man unterscheidet zwischen chinesischem und japanischem Holzöl. Das chinesische Holzöl stammt von Aleurites fordie und Aleurites montana; im Handel unterscheidet man Kanton- und Hankowöl. Das aus Japan kommende Holzöl stammt von Aleurites cordata.

Bindemittelsystem, eine Annahme, die auch in den mikroskopischen Beobachtungen ihre Begründung findet. Nach Wo. Ostwald sind fette Öle als Isokolloide aufzufassen, d. h. als Kolloide, die disperse Phasen von selbst ausbilden. Die Mehrphasigkeit des Leinöls ist leicht nachzuweisen, wenn man einen Leinölfilm der Einwirkung von Wasser aussetzt. Hierbei entstehen deutlich Phasendifferenzierungen, wie wir sie in ganz ähnlicher Weise bei typisch mehrphasigen Bindemitteln kennengelernt haben. Die Ursache für die verhältnismäßig geringe Beständigkeit des Leinöls gegen die Einwirkung von Wasser ist wahrscheinlich in der verschiedenen Widerstandsfähigkeit von disperser Phase und Dispersionsmittel begründet[1]. In dieser Beziehung verhält sich bekanntlich das Holzöl bedeutend widerstandsfähiger, und zwar deshalb, weil auch bei längerer Wasserlagerung eine Differenzierung in verschiedene Bestandteile bedeutend schwieriger eintritt als dies beim Leinöl der Fall zu sein scheint. Man geht vielleicht nicht fehl in der Annahme,

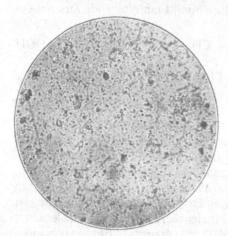

Abb. 119.
Holzöl   V = 123
48 Stunden Wasserlagerung.

daß das Holzöl als Kolloid viel einfacher zusammengesetzt ist, als das Leinöl. Jedenfalls herrscht hier eine Phase unbedingt vor und die hohe Widerstandsfähigkeit des Holzöls findet eine ebenso plausible Erklärung aus kolloidchemischen, wie aus rein chemischen Gründen. Auch das mikroskopische Bild bestätigt diese Annahme (Abb. 119).

Beim Erhitzen von Leinöl und Holzöl auf höhere Temperaturen vollziehen sich in den Ölen Veränderungen, die wie keine anderen geeignet sind, uns das Entstehen kolloider Zustände vor Augen zu führen. Bei zahlreichen anderen komplexen Stoffen, wie Stärke, Zellulose, Eiweiß, sind wir gewohnt, den hoch assoziierten Zustand als den gegebenen zu betrachten, und wir können nur die Abbaureaktionen kennenlernen, die schließlich zu mehr oder weniger hypothetischen Grundkörpern führen. Dabei ist die Frage offen, ob wir es mit Assoziationen gleichartiger Moleküle oder Polymerisationen zu tun haben; auf alle Fälle sind diese Vorgänge im Experiment fast nur im Sinne des Abbaus möglich. Beim Erhitzen von Leinöl und Holzöl haben wir gerade den umgekehrten Vorgang: Es entstehen aus Grund- oder Elementarkörpern z. T. hochaggregierte Gebilde, die ausgesprochen kolloiden Charakter besitzen. Es ist dabei eine zweite Frage, ob diese hochmolekularen Gebilde durch Polymerisation, Assoziation oder durch die Wirkung von Restvalenzen entstehen[2]. Infolge der nicht einheitlichen Zusammensetzung der Öle werden sich auf alle Fälle nur einzelne Bestandteile hoch aggregieren, während andere Bestandteile in mehr oder weniger ursprünglichem Zustande erhalten bleiben. Wir erhalten somit schließlich ein mehrphasiges Gebilde, in welchem vermutlich die hoch aggregierten Anteile die disperse Phase und die übrigen Anteile das Dispersionsmittel bilden. Im Sinne dieser Auffassung ist daher Eibner durchaus zuzustimmen,

[1] Einen Beitrag zu dieser Frage findet man auch in Versuchen von Wolff und Zeidler, Über die Adsorption löslicher Salze durch Farbfilme, Korrosion und Metallschutz 1, 211 (1925).
[2] Man vgl. zu dieser Frage Pringsheim, Naturwissenschaften 13, 1084 (1925). — Bergmann, Ztschr. f. angew. Chem. 38, 1141 (1925).

wenn er sagt, daß Standöle als Öllacke aufzufassen sind, deren Harzbestandteil aus Linolensäureglyzerid besteht. Eibner nimmt sehr treffend zwei Phasen von ungleichem Dispersionsgrad an, von denen etwa Linolensäureglyzerid als disperse Phase aufzufassen ist. Eibner[1]) ist es auch zuerst gelungen, durch Bestimmung der Molekulargewichte von Leinöl und Standöl nachzuweisen, daß beim Standöl-kochen, also beim Erhitzen des Leinöls im Kohlensäurestrom auf 250⁰ eine beträcht-liche Steigerung des Molekulargewichts eintritt. Linolensäure und Linolensäure-glyzerid haben das Molekulargewicht 887, Molekulargewichtsbestimmungen von Lein-öl in Amylalkohol, Äthylenbromür und Benzol ergaben einen Mittelwert von 765; für Leinölfilme wurden die Werte 865,4 und 885,7 gefunden. Standöl in Amylalkohol ergab den Wert 2860 und in Äthylen-bromür 2865. Ein Standöl von so hohem Molekulargewicht ist so stark polymerisiert, daß es nicht mehr normal trocknet. Wir haben also hier den allmählichen Über-gang des Leinölsäuresoles in ein Gel durch Erhitzen. Mikroskopisch ist das Standöl durch seine im Vergleich zum gewöhnlichen Leinöl dichtere Struktur ausgezeichnet (Abb. 120). Wolff[2]) hat die Polymerisation der Öle vom kolloidchemischen Standpunkt betrachtet und die Vermutung ausgespro-

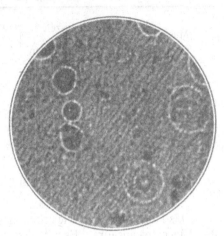

Abb. 120.
Standöl V = 123
24 Stunden Wasserlagerung.

chen, daß die Vorgänge kolloidchemischer Natur seien. Mit der Erhitzung steigen die Viskosität und das spezifische Gewicht an wie aus folgender Tabelle vom Krumbhaar[3]) hervorgeht.

Leinöl.

Temperatur	Dauer des Erhitzens	Säure-zahl	Ver-seifungs-zahl	Visko-sität (Engler)	Jodzahl	Bre-chungs-exponent	Spez. Gew.
	0 Std.	1,1	194,5	1,00	175,02	1,479	0,924
200⁰	20 ,,	1,6	193,9	1,13	168,7	1,480	0,926
200⁰	40 ,,	3,4	194,8	1,35	160,1	1,482	0,929
260⁰	15 ,,	5,8	192,0	2,35	145,6	1,486	0,933
260⁰	30 ,,	7,4	191,1	7,96	108,0	1,489	0,946
300⁰	10 ,,	17,8	193,1	115,0	120,4	1,492	0,916
300⁰	20 ,,	40,0	191,2	—	76,3	1,496	0,970

Holzöl.

Temperatur	Dauer des Erhitzens	Säure-zahl	Ver-seifungs-zahl	Visko-sität (Engler)	Jodzahl	Bre-chungs-exponent	Spez. Gew.
	0 Std.	2,0	193,2	2,5	16,3	1,515	0,942
200⁰	2 ,,	1,9	191,8	4,0	149,7	1,488	0,949
200⁰	4 ,,	1,9	190,1	80,5	134,5	1,446	0,954
200⁰	10 Min.	1,9	190,5	4,5	156,8	1,511	0,946
260⁰	20 ,,	1,9	189,1	112,0	145,2	1,504	0,957
300⁰	5 ,,	Gelatiniert mit Temperatursteigerung und Zersetzung.					

[1]) Eibner, Über fette Öle, 45 u. f.   [2]) Kolloid-Ztschr. **27**, 183 (1920).
[3]) Chem.-Ztg. 937 (1916).

J. S. Long und Graham Wentz[1]) haben die Zunahme des Molekurargewichtes die Leinöl durch Erhitzen erfährt, nach der Gefriermethode in thiophenfreiem Benzol, Nitrobenzol, Äthylenbromid und Bromoform bestimmt. Das Öl wird unter 14—15 mm Druck auf 180—190° C erhitzt, das entweichende Wasser wird durch Chlorkalzium absorbiert und die Gewichtszunahme bestimmt. Zum Schluß wird die Temperatur bis 293° C gesteigert. Hierbei wurde folgendes gefunden:

Muster	Erhitzungszeit		Wasserentwicklung aus 500 g Öl	Mol.-Gew.	Jodzahl
	Stunden	Minuten			
1			0,1037	770	160,7
2	1	20	0,4355	860	
3	2	50	0,3424	988	133,1
4	4	5	0,2135	1161	
5	5	35	0,3595	1255	135,0
6	7	5	0,2846	1500	
7	8	20	0,0830	1609	
8	9	50	0,1809	1678	
9	10	35	0,0480	1752	125,5
			1,9474		

Das Holzöl besteht, wie schon erwähnt, zum allergrößten Teil aus dem Glyzerid der Elaeostearinsäure. Es ist also im Gegensatz zum Leinöl fast einheitlich zusammengesetzt. Die Umlagerung der α-Säure in die β-Säure wird durch Belichtung beschleunigt; auch durch Destillation der α-Ester und Verseifung erhält man die β-Säure. Diese Umlagerung und die durch die Doppelbindung bedingte Polymerisation sind die für das Holzöl wesentlichen chemischen Vorgänge, die ihr Verhalten bestimmen. Nach älteren Untersuchungen von Majima[2]) wurde für die aus japanischem Holzöl gewonnene bei 48—49° schmelzende Elaeostearinsäure die Zusammensetzung $C_{18}H_{32}O_2$ angenommen, weil sie zwei Moleküle Ozon aufnahm; da die Spaltungsprodukte des Ozonides mit Wasser Valeriansäure und Azelainsäure waren, so nahm Majima Doppelbindungen zwischen dem 5. und 6. sowie 9. und 10. Kohlenstoffatom an:

$$CH_3 - (CH_2)_3 - CH = CH \cdot CH_2 - CH_2 - CH = CH - (CH_2)_7COOH.$$

Hiernach wäre diese Säure also eine Stellungsisomere der α-Linolsäure. Nach älteren Untersuchungen von Maquenne[3]) soll allerdings die Zusammensetzung der Säure $C_{18}H_{30}O_2$ sein. Die neueren Untersuchungen von J. Boeseken und J. H. Ravenswaay[4]) haben auf refraktometrischem Wege eine Bestätigung für die Annahme dreier konjugierter Doppelbindungen erbracht. Hiernach scheinen die α- und β-Elaeostearinsäure folgende Zusammensetzung zu haben:

$$CH_3(CH_2)_3 - CH = CH \cdot CH = CH \cdot CH = CH \cdot (CH_2)_7COOH.$$

Eine weitere wesentliche Stütze findet diese Auffassung in den Arbeiten von Joh. Scheiber[5]), K. H. Bauer[6]); hiernach können wir als gesichertes Ergebnis

---

[1]) Journ. Ind. and Eng. Chem. **18**, 1245 (1926).
[2]) Ber. **42**, 674 (1909).
[3]) C. R. **135**, 696 (1902).
[4]) Rec. Trav. Chim. **44**, 241 (1925).
[5]) Farbe und Lack 646 (1927); 146 (1928). — Vgl. a. Eibner und Rossmann, Chem. Umschau **35**, 197 (1928).
[6]) Chem. Umschau **33**, 53 (1926).

ansehen, daß die α-Elaeostearinsäure drei konjugierte Doppelbindungen hat und durch Isomerisation in die bei 71—72⁰ schmelzende geometrisch isomere β-Säure übergeht. Hierbei tritt eine Erscheinung auf, die für das anstrichtechnische Verhalten des Holzöles von großer Bedeutung ist, es ist das die Eisblumenbildung oder wie man vielleicht deutlicher sagt: die Faltenbildung. Obwohl diese Vorgänge schon in engstem Zusammenhang mit der Filmbildung selbst stehen, so wollen wir doch schon hier auf diesen Punkt eingehen. Die Ursache dieser Runzelbildung ist von Marcusson[1]) auf die Ausscheidung des β-Elaeostearins in unverändertem Öl zurückgeführt worden, infolgedessen kam er zu der Annahme, daß der Trockenvorgang des Holzöles sich über das β-Glyzerid vollziehe. In der Folge ist dann die Frage auf Veranlassung von Eibner, von Merz[2]) genauer untersucht worden. Obwohl bestätigt werden konnte, daß beim Trocknen von rohem chinesischen

Abb. 121.
Rohes Holzöl mit Kobaltsikkativ 3 Stunden im Licht einer Quecksilberdampflampe getrocknet.

Holzöl im Licht teilweise Isomerisation zum α-Glyzerid stattfindet, wurden keine Kristallausscheidungen beobachtet. Trotzdem ist hier wahrscheinlich die Ursache der Runzelbildung zu suchen, aber Merz führt die Trübung schon richtig auf mikroskopische Faltenbildung zurück. In einer in Gemeinschaft mit E. Roßmann ausgeführten mikroskopischen Studie zeigt Eibner, daß beim Trocknen des Holzöles primär Rißbildung (Frühsprungbildung) auftritt; dann erst beginnt zu beiden Seiten der Rißfurchen die Fältelung, die infolge Volumenveränderung durch Schub der Felder zu einer Verklebung der Risse führt. Außerdem treten manchmal Sekundärrisse auf. Die Risse entstehen wahrscheinlich durch die mit der starken Polymerisation des β-Elaeostearinsäureglyzerides verbundenen Volumenverminderung. Blom[3]) hat die Versuche Eibners nachgeprüft und kommt zu der Ansicht, daß die Faltenbildung beim Holzöl fächerartige Fältelungen mit Stoßfalten

[1]) Ztschr. f. angew. Chem. **33**, 231 (1920). — Chem.-Ztg. **296**, Nr. 137 (1925).
[2]) Chem. Umschau **31**, 69 (1924); **35**, 241, 281 (1928). — Dissertation (München 1924).
[3]) Chem. Umschau **36**, 230 (1929).

erzeugt, die Eibner irrtümlich als Primärrisse beschreibt. Neben der Faltenbildung beobachtete Blom während des Trockenprozesses auch Kristallbildung, und zwar am stärksten im direkten Sonnenlicht, aber Kristallbildung und Faltenbildung verlaufen ohne direkte Beeinflussung. Die Aufnahmen Abb. 121 u. 122 von Blom zeigen besonders schön die fächerförmige Faltenbildung und die zentrale Einstülpung, die nach Blom keine Risse sind. Einen Beitrag von grundsätzlicher Bedeutung hat Scheiber[1]) zu dieser Frage gebracht, indem er aus Rizinusöl ein Öl mit zwei konjugierten Doppelbindungen durch Abspaltung der Hydroxylgruppe der Rizinussäure darstellte. Das künstliche Öl ist das Triglyzerid der Oktadekadien(9,11)-säure(1). Die Trocknung erfolgt ohne wesentliche Gewichtsvermehrung unter Bildung eines durchgetrockneten Films. Dieses künstliche trocknende Öl zeigt nun überraschend schön die Eisblumenbildung. Hiermit ist die Ansicht

Abb. 122.

endgültig widerlegt, daß die Runzelbildung eine Isomerisation sein könnte. Scheiber nimmt als primären Vorgang direkte Polymerisation unter dem Einfluß eines Autokatalysators an. Dieser Vorgang vollzieht sich natürlich an der Oberfläche. Das polymerisierte Öl bildet kolloidchemisch eine neue Phase (disperse Phase); diese mehrphasigen Systeme beanspruchen unter Ausbildung von Solvathüllen größere Räume und als Folge davon entstehen Faltenbildungen. Diese Ansicht ist in Übereinstimmung mit den mikroskopischen Befunden von Eibner und Blom und bestätigt auch die von mir geäußerte Ansicht, daß kolloidchemisch die ganze Erscheinung als eine Trennung in zwei Phasen zu deuten ist (vgl. 1. Aufl. d. Abschnittes). Es ist Scheiber darin zuzustimmen, daß die Öle zunächst homogene Systeme sind; zur Ausbildung der Dispersität kommt es erst im Verlauf der Trocken- und Verwitterungsprozesse; das gilt sowohl für Holzöl wie für Leinöl, und ebenso auch für Lacke. Die „Risse" Eibners sind wahrscheinlich Phasengrenzlinien. W. W. Bauer[2]) hat in sehr klaren Versuchen gezeigt, daß ein mit Stickoxyden beladener Luftstrom rohes Holzöl innerhalb einer Minute zur Falten-

[1]) Farbe und Lack 518 (1928).
[2]) Journ. Ind. and Eng. Chem. **18**, 1249 (1926).

bildung bringt. Durch die rapide Sauerstoffaufnahme tritt fast augenblicklich Gelbildung auf der Filmoberfläche auf und die neue Phase kann infolge der damit verbundenen Volumenänderung nur unter starker Faltenbildung entstehen. Sauerstoff ist der wesentliche Faktor, in Abwesenheit von Sauerstoff bleibt die Erscheinung aus.

Es bedarf keiner besonderen Hervorhebung, daß diese Erscheinungen von größter Bedeutung für die Holzölanstriche sind; man hat in letzter Zeit in manchen Fällen mit Holzölanstrichen weniger gute Erfahrungen gemacht, die vielleicht in diesen Vorgängen ihre Erklärung finden[1]). Kolloidchemisch könnte man die ganze Erscheinung als eine Trennung in zwei Phasen auffassen; es ist daher mit Erfolg ein Zusatz von oxydiertem Terpentinöl und oxydiertem Leinöl angewendet worden. Diese Zusätze verhindern die Phasentrennung. Ebenso trocknet Holzöl glatt auf, wenn das Öl infolge von Polymerisation eine langsamere Sauerstoffaufnahme zeigt. Daher ist das Verkochen des Holzöles zum Standöl die Vorbedingung für seine praktische Verwendung.

Kolloidchemisch interessant ist das Verhalten des Holzöls beim Erhitzen. Das Holzöl zeigt bekanntlich die eigentümliche Erscheinung, daß es beim Erhitzen auf Temperaturen über 200° gelatiniert[2]). Die Gallertbildung wird übrigens auch bei gewöhnlicher Temperatur durch Katalysatoren, besonders durch Jod, ferner durch Aluminiumchlorid, Eisenchlorid, Zinnchlorid eingeleitet. Diese Erscheinung, bei der chemisch die Polymerisation wesentlich zu sein scheint, ist eine typische Sol-Gelumwandlung und diese Auffassung besteht zu Recht, ganz unabhängig davon, welche Vorstellung wir uns von den chemischen Vorgängen beim Erhitzen des Holzöls machen mögen. Nagel und Grüß[3]) zeigen, daß es möglich ist, gelatiniertes Holzöl auf möglichst schonende Art wieder zu verflüssigen, und zwar gelingt dies mit Hilfe von ätherischer Salzsäure. Durch Einwirkung von siedender 10%iger ätherischer Salzsäure, sowie auch in der Kälte auf gelatiniertes Holzöl, werden flüssige Produkte von der Jodzahl 100—120 erhalten, die sich durch Erhitzen wieder gelatinieren. Der Vorgang Kollasol $\rightleftarrows$ Kollagel ist also beim Holzöl umkehrbar, aber nur im physikalischen Sinne, denn es tritt hierbei keineswegs eine Depolymerisation ein. Nagel und Grüß fassen den Gelatinierungsprozeß als eine Aggregation auf, und zwar soll sich zunächst ein dimeres Trieläostearin bilden, welches in dem monomeren kolloid gelöst ist; das Ganze erstarrt dann unter Aggregation zu einem festen Produkt. Diese Auffassung vertritt auch Wolf[4]); dieser Forscher nimmt an, daß sich das Trieläostearin überhaupt nicht polymerisiert, sondern ein kolloides Aggregat bildet, das schließlich gerinnt und sich ausscheidet. Ich stelle mir den Vorgang kolloidchemisch, wie schon angeführt, als eine Sol-Gelumwandlung im Sinne unserer Grundvorstellung vor, wobei allerdings primär Polymerisation oder Aggregation mit Restaffinitäten chemisch wirksam sind. In theoretischer Hinsicht interessiert natürlich in erster Linie die Erscheinung der Gallertbildung selbst, für die Praxis der Holzölverarbeitung ist ihre Verhütung wichtig. Es sind eine große Anzahl von Verfahren angegeben worden, um ein Holzöl-Standöl zu erhalten, das nicht mehr gerinnt. Eine einfache Arbeitsmethode besteht darin, daß man die Holzölerhitzung unter Zusatz von Lösungsmitteln ausführt; besonders durch einen Zusatz von anoxydiertem Terpentinöl oder von Phenolen läßt sich die Gelatinierung verhindern. Auch die gemeinsame Erhitzung von Holzöl mit Hartharz ist ein viel benutztes Mittel; man kann Gemische von

[1]) Scheiber, Holzöl und Holzölersatz, Farbe und Lack 53 (1929).
[2]) Man vgl. z. B. Ber. d. Dtsch. chem. Ges. 49, 722, 1194 (1916).
[3]) Ztschr. f. angew. Chem. 39, 106 (1926).
[4]) Wolff, Ztschr. f. angew. Chem. 37, 729 (1924).

Harz mit der 2—3fachen Menge Holzöl unbedenklich auf über 200⁰ erhitzen, ohne daß Gelatinierung eintritt. Ferner wird auch durch Zusatz von Leinöl die Gerinnung vermindert. Außerdem sind eine große Zahl von gerinnungsvermeidenden Zusätzen vorgeschlagen worden, die als negative Katalysatoren wirken; geringe Mengen Schwefel, Selen, Sulfide, Selenide, primäre aromatische Basen wirken in diesem Sinne. Schon $1/_{10000}$ Gewichtsteil Schwefel wirkt gerinnungsverzögernd. Aber in der Praxis sucht man auch häufig ·nach Möglichkeit, das Holzöl-Standöl ohne Zusätze herzustellen, indem man die Temperatur bis auf 240⁰ steigert und bei beginnender Eindickung mit der Temperatur wieder auf 200⁰ heruntergeht. Erst als es gelungen war, den Vorgang Holzölsol ⇄ Holzölgel so zu leiten, daß die technische Herstellung des Holzöl-Standöls möglich war, hat sich das Holzöl dank seiner hohen Widerstandsfähigkeit gegen Wasser und wäßrige Lösungen in der Lack- und Anstrichtechnik in steigendem Umfang eingeführt.

Trocknen und Film-bildung der Öle. Wenden wir uns nunmehr den Vorgängen zu, die das Trocknen und Festwerden der Öle bestimmen[1]). Die Bedingungen, unter denen sich ein kohärenter und widerstandsfähiger Ölfilm auszubilden vermag und die Versuche, diese verwickelten Vorgänge dem Verständnis näherzubringen, stehen auch zur Zeit noch im Mittelpunkt, und die Unübersichtlichkeit dieses Gebietes hat in erster Linie dazu geführt, kolloidchemische Vorstellungen mit heranzuziehen. Im Sinne unserer Grundannahme wird die Filmbildung durch den irreversiblen Vorgang: Oleosol-Oleogel bestimmt. Wir möchten hier aber gleich betonen, daß wir keineswegs annehmen, das Trocknen der Öle sei ein rein physikalischer Vorgang, es handelt sich vielmehr um einen kolloidchemischen Vorgang, d. h. um einen Vorgang, bei welchem chemische Vorgänge zu kolloiden Umwandlungen führen. Die chemischen Vorgänge (Sauerstoffaufnahme unter Peroxydbildung, die sekundär wahrscheinlich zu Glyzeriden von Oxysäuren führt; Polymerisationsvorgänge, chemische Wasseraufnahme, die eine stufenweise Verseifung der Glyzeride zur Folge hat[2]) sind in ihrer Gesamtheit das Primäre, und als wesentliche Begleit- oder Folgeerscheinungen beobachten wir kolloide Veränderungen im Ölfilm. Der einfachste und umfassendste Ausdruck für diese kolloiden Umwandlungen ist die einfache Beziehung

$$\text{Oleosol} \rightleftarrows \text{Oleogel.}$$

Aus dieser kolloidchemischen Annahme folgt nun, daß der getrocknete Ölfilm die Eigenschaft besitzen wird, die wir an einem durch Sol-Gelumwandlung entstandenen Gebilde vom kolloidchemischen Standpunkt aus erwarten dürfen. Diese Betrachtungsweise führt uns dann weiter dazu, diejenigen Einflüsse experimentell zu untersuchen, die das Oleogel verändern, also die Quellung, die Alterungserscheinungen und alle die Veränderungen, die unabwendbar zu einer allmählichen Veränderung und Zerstörung des Ölfilms führen. Die Kolloidchemie der Farbfilme ist also der Schlüssel zu einer pathologischen Anatomie der Anstriche. Selbstverständlich sind in den letzten Jahren schon allerlei Ansätze festzustellen, um diese kolloidchemische Auffassung mit den älteren Forschungsergebnissen in Einklang zu bringen. Vor allem möchten wir hier Eibners Forschungen voranstellen, der als einer

---

[1]) Es sei ganz besonders als Ergänzung für diesen Abschnitt auf die zusammenfassende Darstellung Eibners: Das Öltrocknen ein kolloider Vorgang aus chemischen Ursachen (Berlin 1930) hingewiesen.

[2]) Eibner hat z. B. festgestellt, daß frisch geschlagenes Leinöl mit der Säurezahl 3,04 schon nach 4 Tagen die Säurezahl 45,1, nach 60 Tagen 72,9, nach 2 Jahren 191,8 hatte.

der Ersten den ernstlichen Versuch unternommen hat, eine wissenschaftlich begründete Auffassung durchzuführen. Wenn man die Öle nach ihrem Gehalt an ungesättigten Glyzeriden in einer Reihe ordnet[1]), so stehen die Trane durch ihren Gehalt an Clupanodonsäure mit 5 Doppelbindungen an erster Stelle; trotzdem gehören die Trane zu den nichttrocknenden Anstrichen. Aber auch die Einteilung in trocknende, halbtrocknende und nichttrocknende Öle ist, wie ebenfalls Eibner betont hat, unbefriedigend, weil es streng genommen überhaupt keine nicht trocknenden Öle gibt; selbst Oliven- und Mandelöl trocknen in Verbindung mit einigen Farbkörpern in 5—6 Wochen vollständig durch. Eibner hat ganz klar den Gedanken ausgesprochen, daß beim Öltrocknen Sol-Gelumwandlungen eine Rolle spielen[2]). Von Slansky[3]) sind zeitlich schon früher bemerkenswerte Beiträge zu dieser Auffassung geliefert worden. Slansky macht u. a. auf die Koagulation von oxydierten Glyzeriden in noch nicht oxydiertem Glyzerid aufmerksam. Wenn man Öle durch Einblasen von Luft oxydiert, so beobachtet man folgende Veränderungen:

				Jodzahl	% Oxysäuren	Beschaffenheit d. Öles
1.	2 Std.	Blasen		145	9	etwas zähe
2.	4	„	„	123	20	} zähe
3.	9	„	„	106	33	
4.	12	„	„	97	35	} sehr zähe
5.	15	„	„	88	39	
6.	18	„	„	80	40	fest.

Sehr treffend sagt Slansky, so verursache eine nur kleine Veränderung des Oxydationsgrades eine sprungsweise Veränderung des Aggregatzustandes in der Löslichkeit des oxydierten Öles. Die Festigkeit und die Elastizität des Linoxyns ist danach wesentlich eine Frage der Koagulation, also der Umwandlungsreaktionen Oleosol-Oleogel und wir können das Oleogel als ein zweiphasiges Gebilde auffassen, in welchem das Linoxyn disperse Phase und die übrigen Bestandteile Dispersionsmittel sind; Slansky kommt ebenfalls zu dem Schluß, daß das Trocknen des Leinöls eine Verknüpfung chemischer mit kolloiden Vorgängen ist.

Die Anwendung der Kolloidchemie auf die Probleme der Farbenbindemittel lag sozusagen in der Luft, und so haben sich auch andere namhafte Bearbeiter dieses Gebietes mit dieser Frage immer wieder beschäftigt. Wolff entwickelte schon im Jahre 1922 in einem Vortrag über Lackchemie und ihre Beziehungen zur Kolloidchemie die Ansicht, kolloidchemische Betrachtungsweisen den Vorgängen zugrunde zu legen[4]) und zeigte an verschiedenen Beispielen die Nützlichkeit dieser Ansicht. Zur Aufklärung des Reaktionsverlaufs vergleicht Wolff[5]) die Änderung der Kennzeichen des Öls, vor allem die Änderung der Bromzahl mit dem Verlauf der Viskosität und dabei zeigte sich, daß anfangs die Bromzahl ständig abnimmt und sich allmählich einem konstanten Wert nähert. Umgekehrt steigt die Viskosität in der Periode der Bromzahländerung nur wenig an, während bei konstanter Bromzahl die Viskosität immer rascher bis zur Gelbildung steigt. Auch hieraus geht klar hervor, daß wir bei dem Trockenvorgang den chemischen Prozeß von dem kolloiden trennen müssen; beide zusammen bestimmen erst das Gesamtbild des Vorganges.

---

[1]) Eibner, Ztschr. f. angew. Chem. **39**, 38 (1926).

[2]) s. a. Eibner, Kolloidlehre und Malerei, Kolloid-Ztschr. **23**, 343 (1923).

[3]) Ztschr. f. angew. Chem. **34**, 533 (1921); **35**, 389 (1922).

[4]) Ztschr. f. angew. Chem. **35**, 555 (1922).

[5]) Ztschr. f. angew. Chem. **37**, 729 (1924).

Wie wir uns den chemischen Prozeß im einzelnen vorzustellen haben, ist allerdings noch umstritten. Sicher ist, daß eine Autoxydation den Trockenvorgang einleitet, in welchem Maße Polymerisation beim Leinöltrocknen beteiligt ist, erscheint noch nicht genügend geklärt. Wir haben an früherer Stelle auf die Molekulargewichtsbestimmung Eibners hingewiesen. Aus dem Vergleich der Molekulargewichte von Leinölfilmen und Leinöl geht hervor, daß eine erhebliche Polymerisation nicht eingetreten sein kann, nur bei Standölen wurden bedeutend höhere Werte erhalten[1]). Daher geht Wolff so weit, aus diesen und eigenen Bestimmungen zu folgern, daß wir bei dem Verdickungsvorgang überhaupt nicht von einer Polymerisation sprechen können, sondern daß es sich um Aggregationen der Ölmoleküle handelt. Auch den Trockenvorgang des Holzöls faßt Wolff kolloidchemisch auf. Die eisblumenartige Struktur ist nach ihm nicht auf das Auskristallisieren der β-Eläostearinsäure zurückzuführen, sondern es handelt sich seiner Ansicht nach um eine Falten- und Wabenbildung, eine Auffassung, die durch die neuesten Arbeiten (l. c.) voll bestätigt ist. Der Holzölfilm ist ein Gel, das, wie Wolff nachweist, noch bedeutende Mengen von unverändertem Öl enthält. Einen Fortschritt in der Aufklärung bei der Polymerisation fetter Öle verdanken wir den Arbeiten Marcussons[2]). Auch Marcusson war es aufgefallen, daß beim Erhitzen fetter Öle oder beim Einblasen von Luft, somit auch während des Trockenvorganges, Verdickungsvorgänge stattfinden, über welche die Molekulargewichtsbestimmungen der Fette keinen genügenden Aufschluß geben. Marcusson nimmt an, daß die Polymerisation fetter Öle entweder intramolekular, d. h. durch Einlagerung von Sauerstoff innerhalb ein und desselben Glyzerides verläuft, oder extramolekular, d. h. zwischen zwei verschiedenen Molekülen unter Erhöhung des Molekulargewichtes. Die extramolekulare Einlagerung von Sauerstoff vollzieht sich nach folgendem Schema:

$$-CH = CH - \atop 2\,O_2 \quad \rightarrow \quad O:O\!\!\bigg\langle{CH-CH \atop CH-CH}\!\!\bigg\rangle O:O \rightarrow O\!\!\bigg\langle{CH-CH \atop CH-CH}\!\!\bigg\rangle O$$

Es entsteht also unter Abspaltung des hälftigen Sauerstoffs ein 1 : 4 Dioxan. Es ist Marcusson auch gelungen, nachzuweisen, daß im geronnenen Holzöl sich neben Oxydationsprodukten und Anhydriden unverändertes Öl und Polymerisationsprodukte in wechselnden Mengenverhältnissen finden. Die Polymerisationsprodukte sind teils ölig, teils fest und stehen zueinander im Verhältnis von Sol zu Gel. Er äußerte die Ansicht, daß die bei festen Ölen erfolgende Polymerisation intermolekular verläuft, der Film enthält unverändertes Öl, freie Fett- und Oxysäuren, neutrale Polymerisations- und Oxydationsprodukte, die teils in Sol-, teils in Gelform vorliegen. Beim Erhitzen fetter Öle, also z. B. bei der Bildung von Standöl aus Leinöl, nimmt Marcusson hingegen einen polymolekularen Verlauf an. Die von Wolff entwickelte Ansicht hält Marcusson ebensowenig wie Grün und Wittka[3]) für haltbar. Marcusson hat die Molekulargewichte der Fettsäuren aus Holzöl- und Leinölgel nach dem kryoskopischen und dem Rastschen Verfahren[4]) in Übereinstimmung bimolekular gefunden.

---

[1]) Vgl. Eibner, Über fette Öle, 47.
[2]) Ztschr. f. angew. Chem. **33**, 231 (1920); **35**, 543 (1922); **38**, 149, 780 (1925).
[3]) Ztschr. d. Dtsch. Öl- u. Fettind. **44**, 375 (1925).
[4]) Ber. **55**, 1051 (1922).

Molekulargewichte von Holzöl- und Leinölgel.

Fettsäuren aus	Verfahren mit	Ang. Substanz	Angew. Lösungsmittel	Depression °C	Mol.-Gewicht	Konzentration %
Holzölgel	Kampfer	8,6 mg	123 mg	5,0	560	6,5
	Eisessig	3 g	45,3 g	0,59	438	6,2
Leinölgel	Kampfer	9,5 mg	49 mg	13,5	574	16,2
	Eisessig	3 g	45,3 g	0,561	460	6,2

Demgegenüber findet Wolff folgende Werte:

Fettsäuren	Viskosität der Öle	Mol.-Gew. der Säuren
im unbehandelten Holzöl	1	300—315
verdickt		
a)	9,4	300
b)	38	300
c)	177	300
im unbehandelten Sojaöl	1	290
Dickstes Soja- standöl	150	290—293
Leinöl	1	285
Dickstes Leinöl- standöl	250	280

H. Munzert[1]) hat ebenfalls auf Veranlassung von Eibner Molekulargewichtsbestimmungen nach dem Rastschen Kampferverfahren an freien Säuren ausgeführt und ist zu folgenden Werten gekommen:

$$\begin{aligned}
&\text{Leinölsäure} &&\ldots\ldots\ldots\ldots\ldots & M &= 280{,}9 \\
&\text{Aus dessen Film} &&\ldots\ldots\ldots\ldots & M &= 361{,}7 \\
&\text{Hexaoxylinolensäure (berechnet)} &&\ldots & M &= 365 \\
&\text{Leinölstandöl} &&\ldots\ldots\ldots\ldots & M &= 357{,}7 \\
&\text{Aus dessen Film} &&\ldots\ldots\ldots\ldots & M &= 480{,}5 \\
&\text{Holzöl} &&\ldots\ldots\ldots\ldots\ldots & M &= 373{,}2 \\
&\text{Holzölgelatine} &&\ldots\ldots\ldots\ldots & M &= 730{,}4 \\
&\beta\text{-Eläostearinsäureglyzerid} &&\ldots\ldots & M &= 280 \\
&\text{Aus dessen Film} &&\ldots\ldots\ldots\ldots & M &= 357{,}7 \\
&\text{berechnet} &&\ldots\ldots\ldots\ldots & M &= 334.
\end{aligned}$$

Auf Grund obiger Zahlen lehnt Wolff die Annahme einer Polymerisation ab. Er
läßt allerdings die Möglichkeit offen, daß kleinste Mengen eines Polymerisationsproduktes die physikalischen Änderungen der Ölbildung hervorrufen.   Soviel
scheint mir aus den älteren Untersuchungen hervorzugehen, daß das Molekulargewicht jedenfalls nicht das Maß für die Zustandänderungen des Leinöls bei der
Filmbildung sein kann und auf alle Fälle beweisen diese Versuche, daß wir ohne die
Annahme einer Sol-Gelumwandlung die Vorgänge nicht genügend erklären können.
Im übrigen aber ist die Sachlage ähnlich wie bei anderen sog. hochmolekularen
organischen Verbindungen, bei denen das Molekül ebenfalls überraschend klein
gefunden wird, sobald man die Verbindung in Lösung bringt.   Wir werden also
auch bei den Ölen wahrscheinlich zu dem Ergebnis gelangen, daß niedrig molekulare
Grundkörper durch Assoziation und Aggregation infolge der Betätigung von Nebenvalenzen zu einem hochmolekularen Gebilde vereinigt werden, das die Eigenschaften
eines Gels besitzt. Der Übergang Oleosol-Oleogel ist chemisch daher im wesentlichen
ein Autoxydations- und Aggregationsvorgang.   Man kann sich natürlich mit

---

[1]) Dissertation München 1925.

20*

Wolff[1]) die Frage stellen, ob die Kolloidreaktionen primär verlaufen und die Oxydationsvorgänge die Folgereaktionen darstellen oder umgekehrt, oder ob beide Arten von Vorgängen nebeneinander verlaufen. Die Stellung zu dieser Frage ist heute mehr denn je Geschmackssache. Scheiber und Eibner nehmen als Primärprozesse chemische Vorgänge an, andere Forscher mit vorwiegend physikalischer Einstellung, wie Blom und Auer stellen die physikalische Seite stark in den Vordergrund. Blom[2]) hat die Theorie der Keimbildung in wäßrigen Systemen auf Öl als Medium übertragen. Er nimmt an, daß ein in dünner Schicht ausgebreitetes fettes Öl die Fähigkeit besitzt Keime zu bilden; auch der Sauerstoff wirkt keimbildend. Die gebildeten Keime werden an die freie Oberfläche getrieben; hierbei ist die Keimbildungsarbeit: $W = 4 r^2 \pi \sigma$ ($r =$ Radius des Keims, $\sigma =$ Oberflächenspannung) zu leisten. Sie verfestigen sich zu einer zusammenhängenden Schicht infolge des an der Oberfläche herrschenden Druckes. Mit zunehmender Anhäufung der Mizellen an der Oberfläche steigert sich der Druck. Die öligen Solvathüllen werden herausgepreßt und es bildet sich schließlich eine sog. Haptogenmembran aus. Die Oberflächenhaut verfestigt sich und der Prozeß der adsorptiven Ansammlung von Mizellen nähert sich schließlich einem Grenzzustand. Auch der Einfluß der Pigmente auf den Trockenvorgang wird von Blom rein physikalisch gedeutet.

Pr imäreffekt

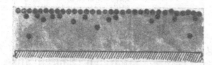

Sekundäreffekt

Abb. 123.
Schematische Darstellung der Öltrocknung nach der Theorie der Keimbildung (Blom).

Eine weitere Theorie hat Auer in der Gaskoagulationstheorie aufzustellen versucht[3]). Bei Aufnahme von Gewichtskurven für Leinöl, das auf Glasplatten aufgestrichen war, hatte Auer die Beobachtung gemacht, daß im Vakuum (10 mm Quecksilber) über Chlorkalzium und in einer Kohlensäureatmosphäre über Chlorkalzium Filmbildung und Gewichtsvermehrung eintritt. Bei einem Vakuumversuch betrug die Gewichtszunahme 0,6—0,8 g bei einem Gesamtgewicht des Anstriches von 2 g. Die Anstriche trockneten vollkommen durch. Die Gewichtszunahme erklärt Auer in der Weise, daß sie bei der Herausnahme der Platten aus dem Exsikkator und beim Transport zur Waage entsteht. Nach seiner Ansicht stellt sich ein Adsorptionsgleichgewicht, fest-gasförmig oder flüssig-gasförmig, ein. Die in dem luftverdünnten Raum vorhandenen geringen Gasmengen wirken auf die dünnen Ölschichten koagulierend, ähnlich wie Elektrolyte auf lyophobe Sole, sobald der Schwellenwert für die Koagulation überschritten wird. Der Trockenvorgang stellt sich hiernach als ein reiner Koagulationsvorgang dar, der veranlaßt wird durch das Adsorptionsgleichgewicht Sauerstoff—Öl. Aus diesem Grunde bezeichnet Auer diese Annahme als Koagulationstheorie[4]).

Zu dieser Theorie ist durch Schmalfuß und Werner[5]) Stellung genommen und in einer sorgfältigen experimentellen Untersuchung wurde folgendes nachgewiesen:

[1]) Chem. Umschau **35**, 303 (1928).
[2]) Korrosion und Metallschutz **3**, 123 u. f. (1927). — Ztschr. f. angew. Chem. **40**, 146 (1927).
[3]) Kolloid-Ztschr. **40**, 334 (1926).
[4]) Farben-Ztg. **31**, H. 22 (1926). — Chem. Umschau **33**, H. 18 (1926).
[5]) Kolloid-Ztschr. **49**, 323 (1929).

1. Anstriche trocknender Öle nehmen im luftverdünnten Raum nicht mehr an Gewicht zu als der vorhandenen Sauerstoffmenge entspricht, sondern weniger.

2. In sauerstofffreiem Stickstoff trocknen Anstriche trocknender Öle auch bei höherem Druck nicht (bis 93 mm hinauf geprüft).

3. Der Druck steigt während des Trocknens im luftverdünnten Raum nicht an, sondern nimmt ab.

Demgegenüber bleibt Auer auf dem Standpunkt stehen, daß die Koagulationstheorie des Trockenvorganges als einwandfrei bewiesen gelten kann und ihre Gültigkeit für Stickstoff jedenfalls ziemlich gesichert erscheint. Scheifele[1]) hat eine einheitliche Theorie des Trockenvorganges und der Wärmepolymerisation aufgestellt, die von der Wirkungsweise der Doppelbindungen ausgeht. Auch Eibner hat die Ölfilme vom kolloidchemischen Standpunkt aus zusammenfassend dargestellt[2]) und erneut auf die große Bedeutung dieser Betrachtungsweise aufmerksam gemacht. Eibner stellt, wie in einer späteren Arbeit auch Wolff, die Frage der Beziehung zwischen kolloiden Vorgängen und den chemischen Prozessen in den Vordergrund. Nach Eibner ist die Sauerstoffaddition der Primärvorgang, der in dem entstandenen dispersen System eine Flockungsreaktion auslöst, die je nach Ölart und Zeit zu verschiedenen Mengen an Gelen und Solen führt. Die Menge der unlöslichen Gele, die also den Filmcharakter bedingen, nähert sich bei den verschiedenen Ölen einem Maximum. Je höher dieser in Alkohol und Äther unlösliche Anteil ist, um so wertvoller ist der Film in anstrichtechnischer Beziehung. Einen interessanten Einblick gewähren die Vergleiche der Trocken-

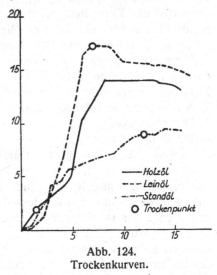

Abb. 124.
Trockenkurven.

kurven von Holzöl, Leinöl und Standöl (Abb. 124). Holzöl trocknet schon bei sehr geringer Sauerstoffaufnahme klebfrei an und trocknet dann unter weiterer Sauerstoffaufnahme durch. Die Kurve steigt bis zu 14% Gewichtsaufnahme an und fällt auch dann nicht merklich ab, d. h. es werden wenig flüchtige Spaltungsprodukte abgegeben. Leinöl und Leinölstandöl hingegen haben ihren Trockenpunkt erst dann, wenn die maximale Sauerstoffaufnahme erreicht ist. Bei dem Holzöl wirkt also schon die erste Sauerstoffaufnahme gelbildend. Die Leinölstandöle kommen dem Holzöl in den Eigenschaften am nächsten. Eibner nennt Standöle sehr treffend Öllacke mit öleigenem Harzanteil; außerdem sind Standöle ausgezeichnet durch schwere Verseifbarkeit und geringere Säurebildung beim Trocknen; dabei besitzen Standölfilme noch hohe Elastizität und gelten heute als die widerstandsfähigsten Ölbindemittel für Außenanstriche.

So erfreulich es ist, festzustellen, daß die Anschauungen über den Trockenvorgang gerade durch die Einführung der kolloidchemischen Ansichten eine wesentliche Bereicherung und Belebung erfahren haben, so muß doch vor einem Zuviel

---

[1]) Ztschr. f. angew. Chem. **42**, 787 (1929).
[2]) Chem. Umschau **34**, H. 14, 15 (1927). — Vgl. ferner ebenda **32**, H. 25, 26, 39, 40 (1926); **34**, H. 7, 8 (1927).

an nicht genügend experimentell begründeten Ansichten gewarnt werden. Als gesichertes Ergebnis können wir heute annehmen, daß der Trockenprozeß ein physikalisch-chemischer oder chemisch-physikalischer Vorgang ist; im einzelnen wird noch manche Frage zu klären sein, damit wir zu der erwünschten einheitlichen Auffassung des physikalischchemischen Geschehens im Ölfilm gelangen.

Öllacke. Bisher haben wir uns darauf beschränkt, die Vorgänge bei der Ausbildung der reinen Ölfilme kennen zu lernen. Das wichtigste Anwendungsgebiet der Öle als Bindesubstanz sind die Anstrichfarben im weitesten Sinne des Wortes. Man stellt Anstrichfarben mit Leinöl oder Gemischen von Leinöl mit Standöl, Gemischen von Leinöl mit Holzöl oder schließlich auch Leinöl-Standöl-Holzölfarben in größtem Umfange her. Aus dieser Zusammenstellung erkennt man schon, daß ein großer Teil der Anstrichfarben Ölkompositionen als Bindesubstanz enthält. Durch den Zusatz von Standöl oder Holzöl-Standöl wird die Haltbarkeit des Leinölfilms erheblich gesteigert, weil durch diese Zusätze das Wasseraufnahmevermögen des Films herabgesetzt wird und der Film einen lackartigen Charakter erhält. Unter Öllacken im eigentlichen Sinne versteht man Lösungen, und zwar wahrscheinlich isodisperse Lösungen von Harzen in Ölen, die meistens durch einen Aufschmelzprozeß gewonnen werden. Wir unterscheiden im wesentlichen folgende Gruppen von fetten Lacken:

1. Kolophonium- oder sog. Harzlacke,
2. Naturharzlacke (Manila-, Kauri-, Kongo- und Sansibarkopale, Bernsteinlacke, Dammarlacke),
3. Kunstharzlacke.

Durch die Auflösung der Harzkomponente im Öl werden die Eigenschaften des Leinölfilms in stärkerem Maße noch als durch die Zumischung von hochkondensierten Standölen im Sinne einer Resistenzsteigerung beeinflußt und man hat es in der Hand, sowohl durch die Wahl des Harzes als auch durch die Art und Menge der Ölkomponente eine sehr große Mannigfaltigkeit von Lacken zu erzielen, die den verschiedenartigen Verwendungsgebieten entsprechend ganz verschieden zusammengesetzt sind. In allen Lacken ist die natürliche Quellbarkeit des Ölfilms herabgesetzt; der Lackfilm ist härter und dichter und infolgedessen auch widerstandsfähiger gegen äußere Einflüsse, und verbunden hiermit ist der Glanz des getrockneten Films, der dem Lack rein äußerlich seinen besonderen Wert verleiht. Aber so ähnlich die frisch getrockneten Filme sind, so verschieden sind sie in bezug auf ihre Haltbarkeit. Da aber sehr viele Lacke schon an und für sich durch eine hohe Widerstandsfähigkeit ausgezeichnet sind, so ist es doppelt schwierig, Gradunterschiede in der Qualität der Lacke ausfindig zu machen.

Aus diesem Grunde leistet auch gerade auf dem Gebiete der Lacke die vergleichende mikrographische Prüfung sehr wertvolle Dienste. Es gibt Lacke, von denen eine besondere Widerstandsfähigkeit gegen Wasser oder wäßrige Lösungen (Sodalösungen oder Säuren) verlangt wird, oder die durch höchste Widerstandsfähigkeit gegen die atmosphärischen Einflüsse ausgezeichnet sein müssen. Man denke z. B. an die Automobillacke. Auf der anderen Seite steht ein großes Gebiet von Lacken, die vorzugsweise für den Innenanstrich bestimmt sind. Hier leistet die den praktischen Erfordernissen angepaßte Prüfung des Lackfilms auf mikrographischem Wege ganz ausgezeichnete Dienste. Die verhältnismäßig geringste Widerstandsfähigkeit besitzen die Kolophonium- oder Harzlacke. Zwar ist der frische Harzlack dicht und hochglänzend (Abb. 125), aber schon eine kurze Wasserlagerung zeigt ein im Vergleich zu Ölfilmen fast unvermindertes Wasseraufnahmevermögen, das in Verbindung mit der Unnachgiebigkeit des Films zur vollständigen

Sprengung der Lackoberfläche führen kann. (Abb. 126.) Andere Harzlacke verraten sich leicht durch ihre Öl- oder Wabenstruktur (Abb. 127). Um die Eigenschaf-

Abb. 125.
Harzkalklack. Anfangsstadium.

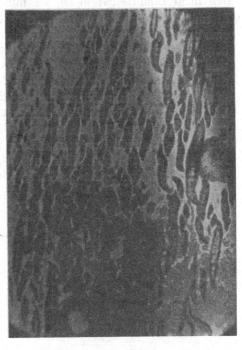

Abb. 126.
Harzkalklack. Nach 12 Stunden Wasserlagerung.

ten des Kolophoniums im Harzlack zu verbessern, wird das Harz häufig mit Kalk gehärtet oder mit Glyzerin verestert, besonders die Harzesterlacke besitzen eine

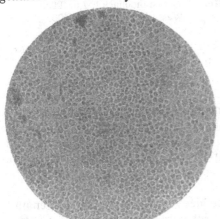

Abb. 127.
Luftlack. Nach 12 Stunden Wasserlagerung.
V = 123.

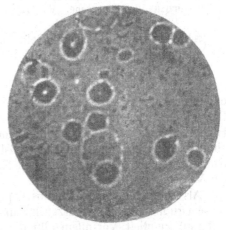

Abb. 128.
Kopallack (Pontianak), Kopal: Standöl
1 : 1,5. 48 Stunden Wasserlagerung. V=123.

bedeutend höhere Widerstandsfähigkeit und vor allem die Harzester-Holzöllacke sind als Außenlacke sowohl als auch als Unterwasserlacke sehr geschätzt.

Ein bedeutend wichtigeres Gebiet stellen die Naturharzlacke dar und unter diesen wieder sind die Kopallacke von besonderer Bedeutung. Die Kopale lösen sich nicht unmittelbar in Öl, sie müssen zunächst ausgeschmolzen werden und hiermit sind Verluste von 10—25% verbunden. Diese Ausschmelzoperation ist eine besondere Kunst, die große Erfahrung voraussetzt. Nur der Bernstein kommt bereits ausgeschmolzen in den Handel, so daß Beinsteinlacke einfacher herzustellen sind[1]). Der Einfluß des Kopals äußert sich durch eine ganz bedeutende Steigerung der Widerstandsfähigkeit und Härte des Films. Je nach dem Mengenverhältnis des Kopals zur Ölkomponente unterscheidet man fette, halbfette und magere Lacke. Die Abb. 128 zeigt einen verhältnismäßig weichen Kopal-Standöllack 1 : 1,5, nach 48stündiger Wasserlagerung. Dieser Film besitzt noch etwa die Quellbarkeit des Standöls, wie man aus dem Auftreten der Standölstruktur ersieht. Die Abb. 129 zeigt einen härteren Kongokopal-Standöl-Holzöllack 1 : 1 : 1 nach 72stündiger Wasserlagerung. Hier ist jede Struktur verschwunden, der Lack ist somit

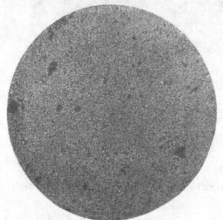

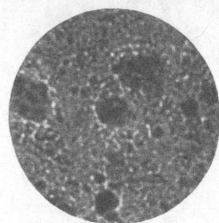

Abb. 129.	Abb. 130.
Kongokopal-Standöl-Holzöllack 1 : 1 : 1.	Kongokopal-Standöllack 1 : 1,5. 100 Stunden
72 Stunden Wasserlagerung. V = 123.	Wasserlagerung. V = 500.

gegen Wasser widerstandsfähig. Selbst nach 100stündiger Wasserlagerung besitzt ein Kongokopal-Standöllack 1 : 1,5 noch eine hohe Widerstandsfähigkeit (Abb. 130).

Als dritte Gruppe schließen sich die Kunstharzlacke an, die eine wachsende Bedeutung gewonnen haben. Die Entwicklung der Kunstharzlacke wurde erst dadurch möglich, daß es gelang, öllösliche Phenol-Formaldehydharze herzustellen. Dies geschieht in der Weise, daß man diese künstlichen Harze mit natürlichen Harzen, vor allem mit Kolophonium, oder auch mit Ölen, zu einer Schmelze kombinierte, die die Eigenschaft der Öllöslichkeit besitzt. Neben dieser Gruppe von Kunstharzen stehen heute eine ganze Reihe von vorzüglichen Kunstharzpräparaten zur Verfügung[2]).

Als eingeführter Typ der Kunstkopale seien hier vor allem die Albertole genannt. Diese Gruppe von Kunstharzen ist ausgezeichnet durch gleichmäßige Beschaffenheit und Reinheit, vor allem fällt der ganze Ausschmelzprozeß fort und die Herstellung von Öllacken wird eine einfache Lösungsoperation. Durch ihre ausgezeichneten Eigenschaften haben sich die öllöslichen Albertolkopale ein sehr

---

[1]) Geschmolzener Bernstein wird jetzt kolorimetrisch genormt geliefert. Die Säurezahl liegt im Mittel bei 16,5, die Verseifungszahl bei 48 (Ploneit, Farben-Ztg. **36**, 555 (1930).
[2]) Vgl. Scheiber und Sändig, Die künstlichen Harze (Stuttgart 1929).

bedeutendes Anwendungsgebiet erobert. Daß die Eigenschaften dieser künstlichen Öllacke den natürlichen Öllacken nicht nachstehen geht z. B. aus den
Photogrammen hervor, die unmittelbar vergleichbar sind mit den entsprechenden,
unter Verwendung von Kongokopal gewonnenen Präparaten (Abb. 131 u. 132). Über
die Eigenschaften der Kunstkopale unterrichtet man sich vorzüglich durch die von
der Herstellerfirma herausgegebenen Schriften[1]).   Von der I. G. Farbenindustrie
werden unter der Bezeichnung AW_1, AW_2, AH und Leukopal eine Reihe von
rein synthetischen Harzen hergestellt.   Kunstharz AW_1 erweicht zwischen
85^0—105^0, AW_2 80^0—100^0 und AH bei 100—120^0.   Diese Harze sind sowohl
für Öllacke wie für Zellulose- und Kom-
binationslacke geeignet. Leukopal ist ein
öllösliches Kunstharz, ausgezeichnet
durch hohe Härte und Widerstandsfähigkeit; es eignet sich besonders zur

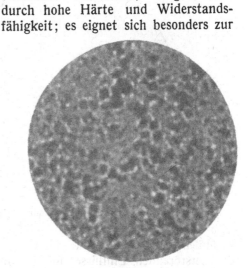

Abb. 131.	Abb. 132.
Kunstharz-Standöl-Holzöllack (Albertol)	Albertol-Standöllack 1 : 1,5. 100 Stunden
1 : 1 : 1. 72 Stunden Wasserlagerung. V=123.	Wasserlagerung. V = 500.

Herstellung von Schleiflacken, Isolierlacken und Fahrrademaillen.   Eine Gruppe
von Kunstharzen, die wichtig zu werden verspricht, sind die Glyptale; sie
entstehen durch Kondensation von Glyzerin mit Phthalsäureanhydrid und zwar
sind besonders diejenigen Typen von Interesse, in denen ein Hydroxyl des Glyzerins
durch den Säurerest trocknender Öle oder anderer einbasischer Säuren verestert
ist.   Die allgemeine Zusammensetzung dieser Harze ist also

$$\begin{array}{l} CH_2-O-CO \\ | \hspace{3cm} \searrow C_6H_5 \\ CH-O-CO \nearrow \\ | \\ CH_2-O-R, \end{array}$$

worin R durch Linolsäure, Linolensäure, Elaeostearinsäure, Benzoesäure oder
Harzsäure besetzt ist[2]).
       Es ist ein theoretisch wie praktisch gleich wichtiges Ziel systematisch zu
erforschen, in welcher Hinsicht die Harzkomponente den Ölfilm in seiner inneren

[1]) Chemische Fabriken Dr. Kurt Albert, Wiesbaden-Biebrich.
[2]) s. auch Farbe und Lack 1930, S. 99.

Struktur beeinflußt. Über die Vorgänge bei der Filmbildung von Öllacken sind wir noch verhältnismäßig wenig unterrichtet. Es ist aber wahrscheinlich, daß der Vorgang im wesentlichen kolloidchemisch im Sinne unserer Grundannahme Oleosol-Oleogel zu deuten sein wird, d. h. wir können annehmen, daß der in Erhärtung begriffene Lackfilm ein Oleogel ist, dessen Quellbarkeit im Vergleich zum Ölfilm verringert erscheint und dessen Dichte und allgemeine Widerstandsfähigkeit durch die Art des Gels eine wesentliche Erhöhung erfahren hat.

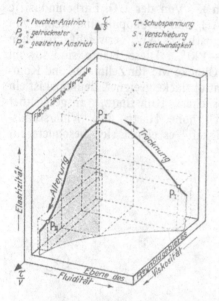

Abb. 133.
Symbolische Darstellung nach Blom.

Veränderungen und Alterungserscheinungen an Öl- und Lackfilmen. Das Oleogel der Öl- und Lackfilme ist trotz der Irreversibilität des Vorganges nicht beständig und unterliegt all den zerstörenden Einflüssen, denen auch Gele von ganz anderer chemischer Beschaffenheit ausgesetzt sind. Die Umwandlungsvorgänge in einem Öl- oder Lackfilm sind also mit der Bildung des Films keineswegs abgeschlossen, vielmehr gehen sie ohne Unterbrechung weiter und führen früher oder später zur Zerstörung des Farbfilms. Wir können diese Vorgänge zusammenfassend als die Alterungserscheinungen der Öl- und Lackfilme bezeichnen, und die genaue Erforschung dieses Gebietes ist deshalb von so außerordentlicher Bedeutung, weil wir hierdurch Kenntnis von den Ursachen der zerstörenden Einflüsse auf Farbfilme und den Mitteln zu ihrer Verlangsamung oder Behebung finden können. Auf kaum einem Gebiet der Kolloidchemie der Bindemittel ist die kolloidchemische Auffassung so wichtig und so

	Leinöl-Standöl	Holzöl frisch	Leinöl frisch	Leinöl-firnis	Mohnöl frisch
0. Tag	31,3	3,82	3,04	5,6	7,7
1. ,,	31,3	6,59	4,2	72,6	—
2. ,,	31,5	—	5,08	—	—
3. ,,	31,6	7,4	—	71,8	24,1
4. ,,	—	—	**45,10**	—	—
5. ,,	—	7,91	—	—	—
6. ,,	38,5	—	—	74,6	57,1
7. ,,	—	—	57,4	—	—
8. ,,	—	5,41	—	—	—
9. ,,	41,7	—	—	74,4	63,5
11. ,,	—	7,59	—	—	—
12. ,,	47,8	—	—	75,2	**100,0**
14. ,,	—	6,05	—	—	—
21. ,,	—	17,07	—	—	—
24. ,,	—	25,11	—	—	—
34. ,,	—	41,07	—	—	—
60. ,,	—	—	**191,8**	—	—
127. ,,	—	59,76	—	—	**221,0**
2 Jahre	—	—	185,9	—	—

Erfolg versprechend, wie gerade hier. Ebenso wie bei der Filmbildung haben wir es auch bei der Filmzerstörung mit einem komplexen Vorgang zu tun. Während

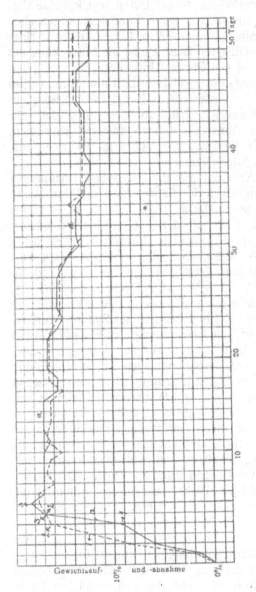

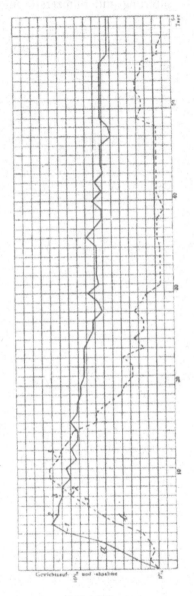

Abb. 134.

a. Leinöl aus La Platasaat heiß geschlagen 1915

b. Leinöl aus La Platasaat kalt geschlagen 1916

Öl a: Höchstgewichtaufnahme 18,4%

Öl b: Höchstgewichtaufnahme 17,6%

Öl a: Gewichtsverlust nach 60 Tagen: 24,4%

Öl b: Gewichtsverlust nach 60 Tagen: 22,8%

1 = Anziehen, 2 = Kleben, 3 = Klebefrei.

Abb. 135.

a. Mohnöl aus dunklen Samen heiß geschlagen 1915

b. Mohnöl: alte Handelsware 1894

Öl a: Höchstgewichtsaufnahme 12,2%, Gewichtsverlust nach 60 Tagen 55,3%

Öl b: Höchstgewichtsaufnahme 12,4%, Gewichtsverlust nach 60 Tagen 106,5%

1 = Anziehen, 2 = Kleben, = 3 Klebefrei.

aber bei der Filmbildung die chemischen Vorgänge das Primäre waren, und die kolloiden Veränderungen daraus entstehen, ist es bei den Vorgängen der Filmalterung und Filmzerstörung gerade umgekehrt; primär treten rein kolloide Veränderungen auf, die erst sekundär zu chemischen Veränderungen führen (Abb. 133). Vielleicht eines der augenfälligsten Beispiele ist die Einwirkung des Wassers auf den Ölfilm. Unter der Einwirkung von mit Wasserdampf gesättigter Luft nimmt der Ölfilm bis zu 64% Wasser auf, d. h. das Oleogel ist quellbar. Eibner hat daher für Leinölfilme den sehr treffenden Ausdruck, daß sie Wasserspeicher seien. Dieser Quellungsvorgang führt in der Folge zur Verseifung der Glyzeride.

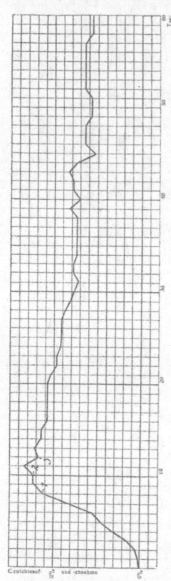

Abb. 136.
Nußöl kalt gepreßt 1913.
Höchstgewichtsaufnahme 13,4%,
Gewichtsverlust nach 60 Tagen
56,7%.

Ein Ausdruck für die Alterungserscheinungen ist das Ansteigen der Säurezahlen im Film. Wenn man die fetten Öle auf Glas aufstreicht, so haben die Säurezahlen mit der Zeit einen verschiedenen Gang (Eibner), der in charakteristischer Weise von der Art des Öles abhängt. Es sind ferner Vorgänge bekannt geworden, bei denen die Grundreaktion Oleosol-Oleogel teilweise reversibel ist. Diese Erscheinung ist das Wiedererweichen von Ölfilmen, das kolloidchemisch auf Synärese zurückzuführen ist. Die Erscheinung tritt besonders leicht bei Mohnölfilmen auf. Mit den Alterungserscheinungen des Oleogels hängt auch die Sprungbildung von Ölfarbenaufstrichen zusammen. Auf die Ursachen dieser Erscheinung wurde man zuerst dadurch aufmerksam, daß unter gleichen äußeren Bedingungen Mohnölfarben beim Auftrocknen stärker springen als Leinölfarben. Man hat schon von Anfang an die Vermutung geäußert, daß beide Ölarten beim Auftrocknen verschieden stark schwinden. Der exakte Beweis für die Richtigkeit dieser Annahme ist durch die ausgedehnten Untersuchungen Eibners geführt worden. Wir müssen zwischen Alterssprungbildung und Frühsprungbildung unterscheiden. Die Alterssprungbildung ist eine natürliche Folge der zunehmenden Sprödigkeit und Unnachgiebigkeit des Farbfilms und der dadurch bedingten Spannungen zwischen Farbschicht und Malgrund. Das Quellungswasser, das die Farbfilme in feuchter Atmosphäre aufnehmen, verdunstet wieder, die Filme schrumpfen unter Entquellung und dieser Vorgang führt schließlich zur Sprungbildung. Die Frühsprungbildung hingegen hängt in erster Linie mit Schwundvorgängen zusammen. Auf diese Erscheinungen hat vor allem Täuber[1] hingewiesen. Pettenkofer hat schon 1863 erkannt, „daß der Verlust des molekularen Zusammenhangs bei der Konservierung der Ölgemälde eine ganz allgemeine

[1] Chem.-Ztg. 85, 94 (1909).

wichtige Rolle spiele," und daß die Zerstörungsvorgänge an Gemälden nicht auf chemische, sondern auf physikalische Veränderungen der Farbschicht zurückzuführen sind. Pettenkofers Regenerationsverfahren beruht auf der Hervorrufung einer Quellung durch Alkoholdämpfe, und die durch das Schwinden entstandenen Hohlräume werden mit Kopaivabalsam ausgefüllt. Die Sprungbildung ist in vielen Fällen auf Spannungen zwischen Untergrund und Bindemittelschicht zurückzuführen. Eibner ist der Ansicht, daß der völlig durchgetrocknete Film infolge von Elastizitätsüberschreitung der Farbschicht springt; auch mechanische Erschütterungen sind ein die Sprungbildung in alten Farbfilmen begünstigendes Moment. Ganz andere Ursachen führen hingegen zu dem Auftreten von Sprüngen im trocknenden Farbfilm. Die Ursachen für diese Erscheinung sind wohl am eingehendsten von Eibner untersucht worden. Eine der wichtigsten Erscheinungen beim Trocknen des Bindemittels ist der hierbei auftretende Schwundbetrag; nach Untersuchungen Eibners beträgt dieser Gewichtsverlust in Prozenten der Gewichtssteigerung durch Sauerstoffaufnahme nach 60 Tagen für Leinöl 20%, für Mohnöl 50, 70—100%, für Nußöl 50%. (Abb. 134, 135, 136.) Der Schwundbetrag des Öles wird häufig noch gesteigert durch langsam verdunstende ätherische Öle, die den normalen Trockenprozeß erschweren. Ein genauerer Einblick in die Vorgänge bei der Oxydation des Leinöls ist durch die Arbeiten von D'Ans und seinen Mitarbeitern Merzbacher und Weise[1]) gewonnen worden. Die Verwitterung und schließlich Zerstörung der Leinölanstriche ist nach D'Ans auf folgende Ursachen zurückzuführen: 1. Natürliche Oxydation, 2. Hydrolyse unter Mitwirkung der Oxydationsprodukte des Leinöls und daraus gebildeter Verbindungen mit den Pigmenten, 3. Zerstörung durch Pilze. Es gelang folgende Oxydationsprodukte nachzuweisen: CO_2, CO, Formaldehyd, Ameisensäure, Propionsäure, Capronsäure, Azelainsäure. Aus der Ölsäure entstehen Dioxystearinsäure, Pelargonsäure und Azelainsäure. Die Bildung dieser beiden letzteren Säuren wird verständlich, wenn man Spaltung der Ölsäure an der Doppelbindung annimmt (Ölsäure: $CH_3 — (CH_2)_7 \cdot CH = CH — (CH_2)_7 — COOH$). Aus der Linolsäure bilden sich Capronsäure und Azelainsäure, aus der Linolensäure Propionsäure und Azelainsäure. Die flüchtigen Produkte bilden sich aus den zwischen den Doppelbindungen liegenden Bruchstücken. Daneben wurden Oxynsäuren (Eibner) und Glyzerin gefunden. Selbstverständlich ist hiermit der Gesamtvorgang noch keineswegs geklärt, aber wir sind doch der Aufstellung einer Bilanz des Oxydationsvorganges wesentlich näher gekommen (s. S. 318).

Wenn man die Bedeutung der oxydativen Vorgänge für die schließliche Zerstörung der Ölfilme in Rücksicht zieht, so ist es erklärlich, daß gerade die Trockenstoffe als Sauerstoffüberträger die Zerstörung des Films beschleunigen. Daher können, wie besonders Scheiber[2]) gezeigt hat, Substanzen, die den oxydativen Abbau verzögern, negative Katalysatoren oder Antioxygene, die Lebensdauer eines Anstriches günstig beeinflussen; negative Oxydationskatalysatoren sind z. B. Phenole, Amine, mehrkernige aromatische Kohlenwasserstoffe, Derivate des Hydroxylamins und Hydrazins. Natürlich wird durch die negativen Katalysatoren der Trockenvorgang des Öles beeinflußt, und zwar bei Leinöl bedeutend stärker als bei Holzöl, so daß Leinöl unter der Einwirkung solcher Zusätze viel zu langsam trocknet. Wenn dieser Gedanke auch vorläufig noch keine für die Praxis unmittelbar verwertbare Form angenommen hat, so liegt hierin doch eine wichtige Anregung.

[1]) Chem. Umschau **34**, 283—291, 296—304 (1927); **35**, 173 (1928); **36**, 339—342 (1929). — Ztschr. f. angew. Chem. **41**, 1193 (1928); **42**, 997 (1929).

[2]) Korrosion und Metallschutz **4**, 82 (1928).

Ölsäure.

$$CH_3 - (CH_2)_7 - CH = CH (CH_2)_7 = COOH$$

$$\downarrow$$

$$CH_3 - (CH_2)_7 - CH(OH) - CH(OH) - (CH_2)_7 COOH$$
Dioxystearinsäure

$$\downarrow$$

$$CH_3 - (CH_2)_7 - COOH \qquad HO\ OC - (CH_2)_7 - COOH$$
Pelargonsäure   Azelainsäure

Linolsäure.

$$(CH_3) - (CH_2)_4\ CH = CH - CH_2 - CH = CH - CH_2)_7\ COOH$$

$$\downarrow$$

$$CH_3 \cdot (CH_2)_4 - COOH \qquad COOH - (CH_2)_7 - COOH$$
Capronsäure   Azelainsäure

$$CO,\ CO_2,\ CH_2O.$$

Linolensäure.

$$CH_3 - CH_2 - CH : CH - CH_2 - CH : CH - CH_2 - CH : CH - (CH_2)_7$$

$$\swarrow \searrow$$

$$CH_3 - CH_2 - COOH \qquad HOOC - (CH_2)_7 - COOH$$
Propionsäure   Azelainsäure

$$CO,\ CO_2,\ CH_2O,\ HCOOH.$$

Die bei der Öltrocknung eintretende Gewichtsveränderung setzt sich hiernach zusammen aus der Gewichtszunahme durch Aufnahme von Sauerstoff, vermindert um den Gewichtsverlust durch Abgabe flüchtiger Spaltungsprodukte. P. E. Manning[1] findet für die Gewichtsveränderungen von Ölen, die auf Glasplatten aufgestrichen waren, folgende Werte:

Zeit in Tagen	Roh-leinöl	Leinöl-firnis	gebl. Leinöl	Roh-holzöl	Roh-perillaöl	raff. Sojaöl	raff. Tran
Anf. Film-gewicht in g:	0,2200	0,1970	0,4000	0,2100	0,2120	0,2480	0,1770
	%	%	%	%	%	%	%
1	0,0	12,5	1,7	1,0	0,5	0,5	1,2
3	3,0	11,0	6,5	9,0	14,0	4,0	13,0
4	8,2	10,0	7,2	13,0	15,0	8,0	14,0
6	12,7	9,5	8,0	14,0	14,0	10,5	14,0
7	15,0	—	8,0	—	—	11,3	—
10	15,0	9,0	7,5	13,0	—	11,0	13,0
29	13,0	8,0	6,2	9,0	9,5	10,0	13,0
60	9,5	7,5	5,0	6,5	8,5	8,0	12,0
120	9,0	6,5	5,0	1,6	8,0	5,0	11,0
300	9,0	2,0	4,0	1,6	8,0	5,0	11,0
6½ Jahre	8,8	2,0	3,6	1,5	8,0	5,0	8,3
Endzustand des Films:	zieml. weich, klebrig	zieml. weich, klebrig	etwas weich	sehr weich, klebrig	weich, klebrig	sehr weich, klebrig	sehr weich, klebrig

Clark und Tschentke[2] haben die bei der künstlichen Alterung auftretenden Dichteänderungen bestimmt und dadurch sehr wertvolle Beziehungen zwischen

[1] Journ. Ind. and. Eng Chem. **21**, 346 (1929).
[2] Journ. Ind. and Eng. Chem. **21**, 621 (1929).

der Art der Alterung und den dabei auftretende Dichte- bzw. Volumenänderungen festgestellt. Die Filme wurden durch Ozon, Ultraviolettbestrahlung und normale Bewitterung gealtert; hierbei tritt eine Zunahme der Dichte ein und hierdurch entstehen erklärlicherweise Spannungen im Film, die schließlich zur Sprungbildung führen. Ein rohes Leinöl zeigte nach 226 tägiger Bewitterung eine Dichtezunahme von 25,06%. Bei gekochten Ölen ist die Dichtezunahme wesentlich geringer, sie liegt etwa zwischen 1 und 4%; es können mit dieser Methode der Einfluß bestimmter Bestrahlungsarten, Einfluß von Trockenstoffen, untersucht und auf diesem Wege Beziehungen zwischen Alterungseinflüssen und Sprungbildung aufgefunden werden. Ein dünner Film zeigt stärkere Dichteänderungen als ein stärkerer Film. Die Dichtebestimmungen werden nach der Schwebemethode in Salzlösungen ausgeführt.

Nicht minder wichtig ist der Einfluß des Dispersitätsgrades des Farbkörpers, worauf wir hier im Zusammenhang schon ebenfalls hinweisen. Eibner hat dies in dem Satz zusammengefaßt, daß die Sprungfähigkeit eines dispersen, festflüssigen Adhäsions-Kohäsions-Gleichgewichtssystems bei vorhandener Schwundfähigkeit des Dispersionsmittels im direkten Verhältnis zum Dispersionsgrad des festen Gemengteils, also im indirekten zu seiner Korngröße steht. Je kleiner das Korn ist, um so leichter wird der Pastenzustand erreicht und desto größer ist die Neigung des Systems, zu springen. Die Störung eines solchen Systems erfolgt durch Verdunsten der flüssigen Anteile und dem dadurch bedingten Auftreten von Spannungen. Die Frühsprungbildung hat also als Ursache eine Frühsprungspannung, die zur Sprungbildung führt, wenn sie größer wird, als die Elastizität des Oleogels. Das Auftreten von Strukturen in Öl- und Lackfilmen ist eine ganz allgemeine Erscheinung, und ist anzusehen als der Ausdruck für Differenzierungsvorgänge, die sich in dem mehrphasigen Oleosol vollziehen. Es scheidet sich gewöhnlich eine zweite Phase von anderem Brechungsexponenten innerhalb einer flüssigen kolloiden Phase ab. Die zur Abscheidung gelangende Phase bildet häufig Wabenstruktur, indem die Kügelchen durch gegenseitigen Druck in die bekannte Sechseckform gepreßt werden [1]. Wir haben es hier mit einer Erscheinung zu tun, die in der organischen Welt sehr verbreitet ist. Die auftretenden Strukturen sind anfänglich von mikroskopischer Feinheit und treten erst ganz allmählich durch Trübewerden des Films und Auftreten von Rissen makroskopisch in die Erscheinung. Die Entstehung von solchen Strukturen in Filmen ist von E. Bartel und M. van Loo an Kollodiummembranen untersucht worden [2]. Durch Entweichen flüchtiger Anteile entsteht eine bestimmte Wirbelbewegung, und zwar entweicht das flüchtige Lösungsmittel im erhöhten Maß beim Durchströmen der Oberfläche. Dadurch wird das Gleichgewicht mit dem Zellinnern gestört und die Folge davon ist der Ausgleich der Konzentrationsdifferenzen durch Diffusion. Die Zellwandungen sind Gebiete niedrigster Konzentration des Lösungsmittels, der Zellkern das Gebiet der höchsten Konzentration. Bartel und van Loo haben diese Verhältnisse auch an Farblacken untersucht [3]. Wir wollen auf diese bemerkenswerte Arbeit noch mit einigen Worten eingehen, weil sie die Bedeutung kolloidchemischer Betrachtung für die Vorgänge im Farbfilm besonders klar beweist. Das Auftreten der Zellstruktur wurde besonders an Farben beobachtet, die als Farbkörper Ultramarin und Ruß enthalten. Bei der mikroskopischen Prüfung ist der trocknende Film zunächst scheinbar gleichförmig und das Pigment

[1] O. Bütschli, Untersuchungen über Strukturen (Leipzig 1898).
[2] Journ. of phys. Chem. **27**, 101, 252 (1923); **28**, 161 (1924).
[3] Journ. Ind. and Eng. Chem. **17**, 925, 1051 (1925).

scheint gleichmäßig verteilt zu sein, plötzlich tritt eine Anhäufung des Pigments im Mittelpunkt rundlicher Oberflächenstücke ein. Mit anderen Worten, es beginnt die Phasendifferenzierung infolge Fortschreitens des Vorganges Oleosol-Oleogel. Innerhalb der in Abscheidung begriffenen Gelbestandteile vollzieht sich eine Wirbelbewegung in ähnlicher Weise, wie wir sie soeben beim Trocknen von Kollodiummembranen geschildert haben.   Infolge der Wirbelbewegung verschwindet das Pigment aus dem Zentrum der Zellen nach außen hin und die abgerundeten Oleogelbestandteile bilden infolge ihres gegenseitigen Druckes polygonale Zellen. Wenn dieser gegenseitige Druck ausbleibt, so beobachtet man statt dessen Scheiben oder Zylinder.   Diese Erscheinungen lassen sich mikroskopisch sehr gut verfolgen und als Ursache sind die Schwindvorgänge infolge Verdunstung der flüchtigen Anteile anzusehen.   Die Verdunstung von Teilen des Verdünnungsmittels hat eine lokale Abnahme in der Temperatur der Filmoberfläche zur Folge, ebenso steigt die Dichtigkeit an der Oberfläche durch erhöhte Abnahme des flüchtigen Anteils an.   Sowohl die Temperaturabnahme wie die Dichtigkeitszunahme bewirken einen Zustrom des wärmeren und dünnflüssigeren Mediums zu den kälteren und dichteren Teilen in der Oberfläche. Es entstehen also vertikale Konvektionsströme.   Ein von derartigen Zellen durchsetzter Film zeigt ein stumpfes Aussehen. In diesem Zusammenhang ist noch eine andere Ursache für das Auftreten von Poren im Film beachtenswert.   In Farbfilmen, aus denen der flüchtige Anteil verdampft ist, wird die Viskosität derart ansteigen, daß der Rückstand nicht die entstandenen mikroskopisch feinen Risse und Spalten ausfüllen kann.   Dadurch entstehen außerordentlich leicht Poren, und die Bestrebungen müssen dahin gehen, die Zellstruktur durch eine zweckmäßige Zusammensetzung des Ölkörpers zum Verschwinden zu bringen.   Der Film muß flüchtige und nicht flüchtige Anteile in solchem Verhältnis enthalten, daß er nach dem Entweichen der flüchtigen Bestandteile genügende Fließbarkeit behält. Dieser Film wird gleichmäßig, wenn die anfänglich entstehenden Zellen und Poren wieder ausgefüllt werden.   Es muß sich also in einem fehlerlosen Film eine Art fester Lösung des Oleogels in den nicht umgewandelten Oleosolbestandteilen bilden.

8. Die Kolloidchemie der Körperfarben (Pigmente) und der angeriebenen Farben.

Das Wort Farbe ist in seiner Vieldeutigkeit immer wieder eine Quelle der Verwirrung; denn wir verbinden mit dem Wort Farbe eine optische Empfindung, bezeichnen aber gleichzeitig auch Körperfarben wie Bleiweiß oder Ultramarin als Farben und schließlich nennen wir auch einen mit einem Bindemittel angeriebenen Farbkörper Farbe. Nach dem Vorschlag von Wi. Ostwald soll das Wort Farbe nur für die optischen Empfindungen benutzt werden. Wir bezeichnen als Farbkörper (Pigment) diejenigen Bestandteile eines gebrauchsfertigen Anstrichstoffes, der die Farbenempfindung verursacht. Die gebrauchsfertigen Anstrichstoffe sind daher als Systeme zu definieren, die aus dem Farbkörper als disperser Phase und dem Bindemittel als Dispersionsmittel bestehen. So schwierig es ist bei den Vorgängen in den Bindemitteln eine klar erkennbare Grenze zwischen physikalischen, besonders kolloiden und chemischen Vorgängen festzulegen, so unzweifelhaft ist es, daß die Beziehungen zwischen Farbkörper und Bindesubstanz in den fertigen Anstrichmitteln vorwiegend durch kolloidchemische Beziehungen geregelt werden. Um uns hier einen Überblick zu verschaffen, wollen wir das Gebiet folgendermaßen gruppieren:

a) kolloidchemische Morphologie der Farbkörper (auch Körperfarben genannt),

b) kolloidchemische Beziehungen zwischen Farbkörper und Bindemittel während des Anreibens der Farben und während der Lagerung,

c) kolloidchemische Beziehungen zwischen Farbkörper und Bindemittel im Farbfilm.

Kolloidchemische Morphologie der Körperfarben. Die für die Anstrichstoffe hauptsächlich zur Verwendung kommenden Pigmente sind teils anorganischer Natur, teils organische Farbstoffe. Dementsprechend gruppieren wir die Körperfarben in zwei große Gruppen:

    a) in anorganische

    b) in organische Körperfarben.

Die anorganischen Farben unterteilt man gewöhnlich in natürliche oder Erdfarben und in künstliche oder Mineralfarben. Die natürlichen Erdfarben werden durch physikalische Verfahren (Schlämmen, Mahlen, Brennen) aufbereitet, die Mineralfarben hingegen sind meistens durch chemisch-physikalische Prozesse gewonnen. Wagner hat in seinem wertvollen Buch[1]) die Gruppierung der anorganischen Körperfarben nach chemischen Gesichtspunkten in Anlehnung an das periodische System vorgenommen, zweifellos die klarste und übersichtlichste Einteilung. Die organischen Farben werden, soweit man sie in unlöslicher Form erhält, als organische Pigmentfarbstoffe bezeichnet. Gewöhnlich liegen aber die organischen Farbstoffe in Form saurer oder basischer Derivate in wasserlöslicher Form vor. Um sie als Körperfarben verwendbar zu machen, werden sie in wasserunlösliche Fällungsprodukte übergeführt. Man nennt diesen Vorgang die Verlackung und das entstandene Produkt den Farblack. Die Farblacke können sowohl Salze wie auch Adsorptionsfällungen sein und es besteht somit eine gewisse Ähnlichkeit zwischen der Fixierung der Farbe in der Färberei und der Verlackung mit Hilfe eines anorganischen Substrates. Wagner definiert einen Farblack wie folgt: „Ein Farblack ist ein aus Farbstoffen mit salzbildenden Gruppen und Salzbildnern entgegengesetzter elektrischer Ladung durch einfache oder Komplexsalzbildung entstehendes Produkt." Saure Farbstoffe werden häufig mit Chlorbarium, Bleiazetat, Chromchlorid verlackt. Eine besondere Bedeutung besitzen die auf Tonerdehydrat und Aluminiumphosphat als Substrat gefällten Beizenfarbstoffe. Die Alizarinlacke enthalten neben Aluminium noch Kalzium. Als Beispiel sei das Helioechtblau BL extra konzentriert, ein saurer Alizarinfarbstoff, angeführt. Die Lackbildung vollzieht sich entweder durch Aufkochen mit Tonerdehydrat oder auf Tonerde-Bariumsulfat als Substrat, wobei das Bariumsulfat aus Chlorbarium durch Umsetzen mit löslichen Sulfaten unter gleichzeitiger Fixierung des Farbstoffes gefällt wird. Basische Farbstoffe werden auf den verschiedensten Substraten niedergeschlagen; es kommt vor allem darauf an, gegen Wasser beständige und lichtechte Fällungen zu erhalten. Es ist in vielen Fällen schwer zu entscheiden, inwieweit diese Fällungen als Adsorptionsfällungen oder chemische Salzbildungen aufzufassen sind; meistens werden beide Vorgänge sich ergänzen. Gewöhnlich fällt man die Lacke auf einem Substrat, das durch seine Oberflächenbeschaffenheit wirkt. Hier sind vor allem das Bariumsulfat und Tonerdehydrat als häufig angewendetes Substrat zu nennen. Man bezeichnet diese Lackfarben geradezu als Substratfarben. Eine besondere Bedeutung haben auch die auf Silikaten oder

---

[1]) Die Körperfarben (Stuttgart 1928). — Zerr u. Rübencamp, Handbuch der Farbenfabrikation, 4. Auflage. (Berlin 1930). — Zur Systematik der Körperfarben vgl. auch Trillich, Das Deutsche Farbenbuch (München 1923). — Andere Beispiele für die Verlackungsprozesse findet man beschrieben: Farbe und Lack 296, 308, 320, 349 (1929).

silikathaltigen Substraten niedergeschlagenen basischen Lackfarben. Als häufig angewendete Substrate sind Kaolin, Kreide, Bleicherden, Grünerden, durch Verwitterung von Augit entstandene Eisensilikate, zu nennen. Von den Substratfarben zu unterscheiden sind die Verschnittfarben, denen nachträglich Substrat mechanisch beigemengt ist.

Die Kolloidchemie der Farbkörper hängt auf das engste mit der allgemeinen Farbenlehre zusammen, die in neuerer Zeit besonders von Wi. Ostwald entwickelt worden ist; sie stellt ein Grenzgebiet zwischen physikalischer und chemischer Farbenlehre dar, und es ist ihre Aufgabe, die Beziehungen der Teilchengröße zu den Eigenschaften des Pigmentes zu ermitteln. Für jedes Pigment sind eine Anzahl Eigenschaften von Bedeutung, die im engsten Zusammenhang mit seiner Korngröße stehen[1]). Es sind das Farbe, Helligkeit, Reine, Deckkraft oder besser Deckfähigkeit und Ausgiebigkeit. Der Farbton ist der Platz der Farbe im Spektrum. Helligkeit ist der Bruchteil des reflektierten Lichtes, welches das Pigment im Vergleich zu einem rein weißen Pigment unter gleichen Umständen zurückwirft.

Jeder gebrochene Farbton wird erhalten aus einem reinen Farbton durch Zumischung von gleich hellem Grau. Der Bruchteil reiner Farbe in dem gebrochenen Farbton ist die Reinheit der Farbe. Ein Körper erscheint grau, wenn die zurückgestrahlte Lichtmenge bei gleicher spektraler Verteilung kleiner ist als die Menge des auffallenden Lichtes; ein Körper erscheint uns farbig, wenn die spektrale Zusammensetzung des reflektierten Lichtes eine andere ist als die des eingestrahlten Lichtes. Die Farbe eines Pigmentes wird also durch die selektive Lichtabsorption bestimmt.

Deckfähigkeit oder Deckvermögen ist die Fähigkeit eines Anstrichstoffes, eine Fläche so zu überdecken, daß die optischen Eigenschaften derselben verschwinden. Das Maß für die Deckfähigkeit ist die Anzahl Quadratzentimeter Fläche, die mit 1 g des Pigments derart abgedeckt werden, daß die Unterlage nicht mehr durchscheint. Deckende Pigmente müssen das Licht diffus zerstreuen. Je geringer der Unterschied zwischen dem Brechungsindex von Farbkörper und Bindemittel ist, um so mehr Licht wird absorbiert und die Farbe wird durchscheinend. Man nennt solche Farben Lasurfarben. Die Deckfähigkeit hängt ab von dem relativen Brechungsquotienten zwischen Farbstoff und seiner Umgebung Besteht ein Pigment, wie es häufig der Fall ist, aus mehreren Stoffen, so ist die innere Lichtbrechung zwischen stärker und schwächer brechenden Anteilen von Bedeutung[2]). Besteht eine Körperfarbe nur aus einheitlich gefärbten Bestandteilen, so bezeichnet man die Färbung als idiochromatisch (Chromoxydhydrat), besteht der Farbkörper hingegen aus mehreren Bestandteilen, die z. T. nicht identisch mit dem färbenden Prinzip sind, so nennt man die Färbung allochromatisch; alle Mischfarben gehören hierher (Wagner).

Die Ausgiebigkeit wird gewöhnlich definiert als die Menge der Farbe, die gerade ausreichend ist, um einen gleichmäßigen, zusammenhängenden Überzug zu erhalten. Ostwald definiert die Ausgiebigkeit als jene Eigenschaft eines Pigments, vermöge deren sie in einem Gemisch mit anderen Pigmenten ihren Farbcharakter zur Geltung bringt. Das Maß für die Ausgiebigkeit des Farbstoffes ist das Gewicht des weißen Farbstoffes in Gramm, die man einem Gramm des gegebenen zumischen kann, bis die Eigenfarbe eben zu verschwinden beginnt (oder die

---

[1]) Wir folgen hier im Wesentlichen den Ausführungen Wi. Ostwalds, Zur Begründung einer Lehre von den Pigmenten. Kolloid-Ztschr. **16**, 1 (1915). — Zur Normung der Farben, Ztschr. f. angew. Chem. **42**, 437 (1929). — Vgl. a. Schmid, Physikalische Prüfung an Pigmenten, Ztschr. f. angew. Chem. **42**, 1101 (1929).

[2]) Vgl. hierzu V. M. Goldschmidt, Die Farbe, Abt. III, Nr. 4 (1921).

Schwelle erreicht wird). Die Ausgiebigkeit von Berlinerblau ist z. B. 10000, diejenige von Permanentgrün 100. Die Erkennung der Grenze ist allerdings von der Übung des Beobachters abhängig, trotzdem ist diese Definition nach Ostwald für technische Zwecke hinreichend genau.

Zwischen diesen grundlegenden Eigenschaften der Pigmente, ihrer Korngröße besteht ein sehr enger Zusammenhang. Wir wiesen auch schon im vorigen Abschnitt darauf hin, daß ein sehr enger Zusammenhang zwischen Porenvolumen der Farbkörper, Sprungfähigkeit und Korngröße besteht. Eibner hat hierfür ein sehr einleuchtendes Beispiel beschrieben: Sublimiertes Zinkoxyd $d_{17} = 5{,}1324$ bildet mit Mohnöl eine Farbe, die schon nach einigen Tagen reißt. Das durch Glühen von Nitrat erhaltene dichte Zinkoxyd ($d_{17} = 5{,}6315$) erwies sich auf demselben Untergrund aufgestrichen noch nach 6 Jahren als frei von Sprüngen. Die Korngrößenverteilung des Farbkörpers ist in der Tat ein maßgebender Faktor für die Haltbarkeit der ganzen Farbe und die Bedeutung dieser Beziehung ist bis jetzt noch viel zu wenig beachtet und daher auch noch nicht ausreichend bekannt[1]). Die Teilchengröße der Farbkörper ist meistens $> 1\,\mu$, sie bilden daher Suspensionen oder gröbere Verteilungen. Eine Teilchengröße unter $0{,}5\,\mu$ kommt aus optischen Gründen für Farbkörper nicht in Frage. Gewöhnlich beschränkt man sich auf eine Beurteilung des Einflusses der Korngröße auf die Ergiebigkeit und den Farbton des Farbkörpers. Auf alle Fälle ist es für die Charakteristik einer angeriebenen Farbe eine Notwendigkeit, den Verteilungszustand des Farbkörpers möglichst sicher zu kennzeichnen. In einer der folgenden Tabellen (S. 325) sind nach Eibner eine Reihe der wichtigsten Farbkörper geordnet nach ihrem spezifischen Gewicht verzeichnet. Die Tabelle enthält ferner die Werte für $1/s.$ = spezifisches Volumen, das Porenvolumen, Korngröße in μ und den Ölverbrauch gleicher Gewichts- und Volumenteile der Farbkörper. Über die Mikrostruktur der Körperfarben und ihre Beziehungen zur Deckfähigkeit ist bisher wenig Sicheres bekannt. Wagner hat, gestützt auf die Befunde von V. A. Goldschmidt, Maaß, L. Wöhler, die Ansicht ausgesprochen, daß kristalline Struktur der Deckfähigkeit durch Reflexion besonders günstig sei, während die amorphe Struktur die Lasurwirkung oder Deckfähigkeit durch Absorption be-

günstige. Die Deckfähigkeit nimmt mit abnehmender Korngröße bis zu einem Höchstwert zu; wird das Korn noch kleiner, so nimmt das Deckvermögen wieder ab, der Farbkörper wird lasierend. Das Maximum ist abhängig von der Wellenlänge und liegt bei $0{,}3{-}0{,}4\,\lambda$. Sehr lückenhaft sind vorläufig auch unsere Kenntnisse über die Teilchengestalt. Gardner hat wohl zuerst die Mikro-

Glatte Teilchen   Rauhe Teilchen

Agglomerate   Feste Schäume

Abb. 137.
Morphologische Typen.

photographie auf Pigmente angewendet und Wagner hat in neuester Zeit die Körperfarben nach ähnlichen Gesichtspunkten zu untersuchen begonnen[2]). Diese Arbeiten sind sehr vielversprechend, und sie werden nicht nur wertvolle Aufschlüsse über Gestalt und Größe der Teilchen geben, sondern gestatten

---

[1]) Vgl. C. A. Klein, Vortrag über die Bedeutung der Teilchengröße für die Farbenindustrie. Ref. s. Farben-Ztg. 2665 (1926). — Wagner, ebenda.

[2]) Wagner und Kesselring, Ztschr. f. angew. Chem. **41**, 833 (1928); **43**, 299, 577, 861 (1930). — Wagner und Haug, Über Terra di Siena; Wagner und Pfanner, Rote Eisenoxydfarben; Wagner, Gelbe Eisenoxydfarben. Fachaussch. f. Anstrichtechnik. H. 6/7/8.

auch Schlüsse auf die Fixierfähigkeit der Körperfarben bei der Bildung von Farblacken zu ziehen. Blom hat für die Körperfarben vier morphologische Typen aufgestellt (Abb. 137). Die meisten Körperfarben bestehen aus Teilchen verschiedener Größe; der Farbkörper bildet in der Farbe die Gerüstsubstanz, die um so widerstandfähiger ist, in je dichterer Packung sie sich befindet. Der Farbkörper mit dem Minimum an Hohlraum wird unter sonst vergleichbaren Bedingungen die höchste Haltbarkeit aufweisen, weil er sich in dichtester Packung befindet und weil das verkittende Bindemittel sowohl nach seiner Menge wie nach der Art seiner Einlagerung den geringsten Schwundbetrag besitzt. Auf diese beiden Umstände ist wahrscheinlich die ausgezeichnete Haltbarkeit der Mennigeanstriche mit zurückzuführen.

Wir haben S. 259 auf die Zählmethode zur indirekten Bestimmung der durchschnittlichen Teilchengröße hingewiesen. Nach den Untersuchungen von Kühn läßt sich diese Methode auch vorteilhaft zur Bestimmung der Ausgiebigkeit einer Farbe verwerten. Auch der Einfluß der Temperatur und von Schutzkolloiden läßt sich mittels dieser Methode verfolgen. Ein Chromgelb, ohne Schutzkolloid gefällt, ergab $384 \cdot 10^9$ Teilchen, mit Schutzkolloid $787 \cdot 10^9$ Teilchen. Die Teilchenzahl pro Gewichtseinheit in Milliarden Teilchen multipliziert mit dem spezifischen Gewicht ergibt die Teilchenzahl pro Volumeneinheit, die für die Beurteilung der Eigenschaften des Farbkörpers wesentlich ist. Nach den Messungen von Kühn ist die spezifische Teilchenzahl im ccm Farbkörper folgende:

	spez. Tz.		spez. Tz.
Leichtspat (Gips)	25,3	Stahlblau in Pulver	465
Quarz	35,1	Koksschwarz	874
Rote Mennige	44	Eisenbolus	929
Kohlenschwarz	79,5	Kammerbleiweiß	1107
Schwerspat	80,9	Kadmiumgelb, gold	1155
Grünerde J	129,6	Mittelbrauner Ocker	1188
Ultramarinblau, rotstichig	151,2	Rotes Eisenoxyd	1214
Zinnoberrot, blaustichig	162	Ultramarinblau, grünst.	1284
Pfirschinger Weißerde	173	Kadmiumgelb, zitron	1385
Eisenkiesabbrände	175,4	Lithopone Rotsiegel	1392
Orange Mennige	216	Flammenruß	1507
Grünerde R	245	Chromgelb, gold	1944
Blanc fixe R in Pulver	263	Zinkweiß	1948
Knochenschwarz	306	Zinnoberrot, gelbstichig	2288
Champagne-Kreide	415	Blanc fixe in Teig	2387
China clay	449	Berlinerblau in Teig, neutral	3494
Raseneisenerz	464	Chromgelb	3707

Wir geben in der folgenden Tabelle die vom Verband Deutscher Farbenfabriken aufgestellte Zusammenstellung der gebräuchlichsten bunten Körperfarben, die einen recht guten Überblick über ihre Verwendbarkeit für die verschiedenen Anstrichtechniken gestattet.

In der Reihe der anorganischen Körperfarben kommt den Weißpigmenten eine ganz besondere Bedeutung zu, weil sie von allen Körperfarben ohne Zweifel die ausgedehnteste Anwendung finden. Die wichtigsten weißen Körperfarben sind folgende: Karbonatbleiweiß, Sulfobleiweiß, Zinkweiß, Lithopone, und hierzu kommt in neuerer Zeit das Titanweiß. Das Karbonatbleiweiß ist basisches Bleikarbonat und führt in seinen höchstwertigen Sorten die Bezeichnung Kammerbleiweiß, so genannt nach dem Kammerprozeß, der das beste Bleiweiß liefert. Sulfobleiweiß ist basisches Bleisulfat; es wird durch Oxydation von Bleiglanz in Form eines feinen Nebels gewonnen und ist durch ein besonderes feines Korn aus-

Farbstoffnamen geordnet nach steigendem spez. Gew.	Spez. Gw. bei 17° s	$\frac{1}{s}$ spez. Volumen	Porenvolumen Volumen der Gewichtseinheit nach Chornell	Korngrößen in μ	Ölverbrauch — a gleicher Gew.-Teile der Farbkörper	Ölverbrauch — b gleicher Volumen-Teile der Farbkörper — Leinöl	Mohnöl
Lampenruß	0,5294	1,994	56	50% 1—5 μ; 50% 5—10 μ	188,7	7,2	10,9
Karmin Nacarat	1,0232	0,977	20	30% 1—2 μ; 60% 2—10 μ	79,3	13,6	10,9
Krapplack, I. B. A. S. F.	1,5662	0,641	17	20% < 1 μ; 80% 1—5 μ	157,9	—	—
Krapplack, B Siegel	1,8255	0,549	13	80% — 5 μ; 15% 5—10 μ	85,8	11,0	10,0
Pariserblau R	1,9515	0,514	13,4	95% < 1 μ	59,5	—	—
Umbra, deutsch nat.	1,9938	0,5001	7,6	100% < 1 μ	51,2	11,0	10,0
Graphit	2,0049	0,500	11,1	90% 1—10 μ; 10% 10—20%	18,5	—	—
Krapplack krist.	2,0081	0,500	11,1	70% 10—50 μ	18,5	—	—
Stahlblau 00, hellst.	2,0765	0,481	14,5		—	10,0	10,0
Asphalt, sicil.	2,1074	0,474	4,0		—	—	—
Ultramarin T. K. F.	2,4279	0,413	7,6	95% < 1 μ	34,1	12,5	12,5
Elfenbeinschwarz	2,7329	0,366	9,0	20% < 1—10 μ; 10% 1—10 μ	58,1	—	—
Ultramarin	2,7405	0,364	—	70% 10—40 μ	—	—	—
„ f. Kattun	—	—	6,0		—	—	—
Grünerde, nat. veron.	2,8635	0,349	8,0	70% 20—50 μ; 30% 50—80 μ	—	10,7	10,8
Aluminiumpulver	3,0165	0,331	9,0	10% 5—10 μ; 85% 10—60 μ	—	9,4	10,0
Guignetgrün, V. F. f. U.	3,0607	0,326	7,5	100% < 1 μ	—	—	—
Ocker, natur deutsch	3,1736	0,315	9,1	30% < 1 μ; 40% 5—10 μ; 10% 10—30 μ	31,8	11,7	12,0
Sienaerde, nat.	3,2887	0,304	—		45,7	12,0	12,0
Kobaltblau, hell	3,4267	0,292	8,4	50% 5—10 μ; 40% 10—30 μ	74,8	8,6	9,2
Kobaltblau, mttl.	3,6697	0,273	24,0	80% 10—30 μ; 10% 30—40 μ	50,1	7,0	7,8
Kobaltblau, dkl.	3,7142	0,269	17,0	60% 2—10 μ; 35% 10—30 μ	30,4	—	—
Caput mort., hell	3,9976	0,256	9,0		—	—	—
Bariumsulfat, gef.	4,1430	0,241	4,5	60% 2—5 μ; 35% 5—10 μ	15,5	5,4	4,0
Zinkweiß, Weißsiegel	5,1484	0,194	9,5		—	10,6	10,8
Kobaltgrün, hell	5,2639	0,190	15,9		—	9,4	10,6
Kobaltgrün, dkl.	5,4759	0,182	3,6		—	—	—
Zinkoxyd, gelb	5,6384	0,177	2,3	90% 10—50 μ; 10% 10—30 μ	7,02	7,4	6,3
Kremserweiß	6,9476	0,144	1,4		—	—	—
Bleiweiß, holländ.	7,6017	0,131	3,3	30% 5—10 μ; 68% 10—30 μ	8,1	10,0	16,4
Zinnober 000	7,8568	0,127	2,2	90% 10—30 μ	14,9	10,0	12,4
Zinnober Nr. 6.	8,0614	0,123	6,1	95% 2—10 μ	11,4	—	—
Mennige, deutsch	8,5224	0,117	2,2	85% 10—30 μ	—	—	—
Kupferbronze	8,5275	0,117	3,4	60% 20—50 μ; 20% 50—100 μ	6,1	7,2	6,2
Mennige, orange	9,9315	0,106	1,0	80% 10—30 μ	4,2	—	—
Mennige, engl.	9,5470	0,104	2,8	80% 10—30 μ	—	—	—
Schwerspat	4,3995	0,227	1,8		—	—	—
Caput mort., dkl.	5,1102	0,195	4,5		—	—	—

VdF-Buntnorm.

		Verwend-bar für
1. Ocker, hell		
2. „ mittel		
3. „ dunkel	Erdfarbe ohne künstlichen oder beabsichtigten Verschnitt durch Spat, Gips oder andere verdünnende oder beschwerende Stoffe, frei von Teerfarbstoffen, Chromfarben und ähnlichen Schönungsmitteln	
4. Satinocker		
5. Sienaerde, natürlich		
6. „ gebrannt		
7. Gebrannter Ocker		
8. Deutsche Umbra, natürlich	Erdfarbe in Verbindung mit Rebenschwarz	OLKZ
9. „ „ gebrannt		
10. Zyprische Umbra, natürlich		
11. „ „ gebrannt	Erdfarben ohne künstlichen oder beabsichtigten Verschnitt durch Spat, Gips oder andere verdünnende oder beschwerende Stoffe, frei von Teerfarbstoffen, Chromfarben und ähnlichen Schönungsmitteln	
12. Kasselerbraun		
13. Deutsche Eisenmennige, Oxydrot		
14. Spanischrot (Eisenoxydrot)		
15. Persischrot (Eisenoxydrot)		
16. Caput mort., rot	gemahlene Schwefelkiesabbrände	
17. „ „ violett		
18. Rebenschwarz (Koksschwarz)	unvermischtes Koksschwarz	OLK
19. Beinschwarz	Knochenkohle	
20. Englischrot, rein (Eisenoxydrot)	Eisenoxyd	OLKZ
21. Marsgelb (künstl. Ocker), rein	künstlich gefälltes Eisenoxyd	
22. Marsrot „ „ „	künstl. gefälltes Eisenoxyd, gebrannt	
23. Eisenoxydschwarz, rein	reines künstliches Eisenoxyd	OLKZ
24. Chromoxydgrün, rein, hell	Chromoxyd	
25. „ „ dunkel		
26. Ultramaringrün, rein		
27. Ultramarinblau, „ hell		
28. „ „ dunkel	Ultramarinfarbe	OLK
29. Ultramarinviolett, rein		
30. Chromgelb, rein, hell	künstliche anorganische Farbstoffe, in der Hauptsache aus chromsaurem Blei bestehend	OL
31. „ „ mittel		
32. „ „ dunkel		
33. Chromorange, rein		OLK
34. Chromrot, rein	basisch chromsaures Blei	OLK
35. Gelber Ultramarin, rein	chromsaures Strontium	OLKZ
36. Neapelgelb, rein (Bleiantimongelb)	pyroantimonsaures Blei	OLKZ
37. Kadmiumgelb, rein		
38. Kadmiumorange, rein	in der Hauptsache aus Schwefelkadmium bestehend	OL
39. Kadmiumrot, rein		
40. Karminzinnober, echt	Schwefelquecksilber	
41. Berlinerblau, rein (Pariserblau)	Eisenzyanverbindungen	
42. Bremerblau, echt (Kupferblau)	Kupferoxydhydrat	
43. Zinkgrün, rein, hell	chromsaure Zink- und Eisenzyanverbindungen	OL
44. „ „ mittel		
45. „ „ dunkel		
46. Chromgrun, rein, hell	chromsaure Blei- und Eisenzyanverbindungen	
47. „ „ mittel		
48. „ „ dunkel		
49. Schweinfurtergrün, echt	essigsaures und arsenigsaures Kupfer	O

Hierbei bedeuten das Zeichen O, daß die Farbe in Öl verwendbar ist, L die Verwendbarkeit für Leim, K für Kalk und Z für Zement.

gezeichnet. Zinkweiß ist in der Hauptsache Zinkoxyd und wird in verschiedenen Feinheitsgraden geliefert. Man unterscheidet in der Praxis Zinkweiß Rotsiegel, Grünsiegel, Zinkoxyd weiß und grau. Lithopone, das Umsetzungsprodukt von BaS mit Zinksulfat wird nach seinem Gehalt an Zinksulfid als Gelbsiegel (15%), Rotsiegel (30%), Grünsiegel (40%), Bronzesiegel (50%), Silbersiegel (60%) bezeichnet. Titanweiß ist die Bezeichnung für eine große Reihe von Weißpigmenten, die einen mehr oder weniger hohen Gehalt an Titandioxyd neben Zinkoxyd und Bariumsulfat enthalten. Vom Titandioxyd wird vor allem sein sehr hohes Deckvermögen, seine Indifferenz und völlige Ungiftigkeit hervorgehoben. Verglichen mit den übrigen Weißpigmenten besitzt das Titandioxyd in seiner kristallinen Form den sehr hohen Brechungsindex 2,76. Vergleichsweise sind die Werte für Zinksulfid 2,37, Kammerbleiweiß 2,04, Zinkweiß 2,01 und Sulfobleiweiß 1,93. Titandioxyd besitzt ein außergewöhnlich feines Korn, das unter 1 μ liegt. Zur Herstellung der Titanweißpigmente wird Titandioxyd entweder mit Zinkoxyd und Bariumsulfat gemischt oder nach dem Verfahren von Jebsen und Farup auf Bariumsulfat (Blanc fixe) niedergeschlagen. Auch das Titanox der Amerikaner ist ein Niederschlagspigment (Methode Rossi und Barton). Zur Erläuterung führen wir die Zusammensetzung einiger bekannter Titanweißsorten an:

Degea-Titanweiß:

Vierstern:	40% TiO$_2$	50% ZnO	10% BaSO$_4$
Dreistern:	30% ,,	30% ,,	40% ,,
Zweistern:	25% ,,	25% ,,	50% ,,

Kronos-Titanweiß:

Extra I:	50% TiO$_2$		50% BaSO$_4$
Standard I:	25% ,,		75% ,,
Standard A:	18,75% ,,	25% Zinkweiß	56,25% ,,

Titanium-Pigment Co:

Titanox Bx:	16% TiO$_2$		84% BaSO$_4$
Titanox Bxx:	25% ,,		75% ,,

Die Bewertung des Titandioxydes als Pigment für Außenanstriche ist nicht einheitlich[1]), vor allem wirft man dem Titananstrich seine Neigung zum Abkreiden und die große Weichheit der Anstrichschichten vor. Ein unbestritten wichtiges Anwendungsgebiet hat das Titandioxyd infolge seines feinen Korns und geringen spezifischen Gewichts (3,8 gegen 6,8 für Bleiweiß und 5,6 für Zinkweiß) für Zelluloselacke gefunden, weil bei diesen Lackfarben mit möglichst wenig Pigment ein hohes Deckungsvermögen erzielt werden muß. Welche Stellung die Titanweißsorten im übrigen im Verhältnis zu den älteren Weißpigmenten einnehmen werden, bleibt abzuwarten[2]).

Das Anreiben der Körperfarben und die Veränderungen der angeriebenen Farben während der Lagerung. Wenn der trockene Farbkörper mit einem Bindemittel, vorzugsweise Öl, vermischt wird, so tritt bei einem bestimmten Zusatz völlige Benetzung des Farbpulvers durch das Öl ein; die Ölmenge, die hierzu erforderlich ist, stellt für jedes Pigment eine charakteristische Zahl dar und wird nach einem Vorschlag von Gardner Ölabsorptionsfaktor genannt. Der Ölbedarf eines Pigmentes hängt von der spezifischen Oberfläche des Farbkörpers und dem Verteilungszustand der Pigmentpartikel im Öl ab. Gardner bedient sich zur Ermittlung der Ölabsorption

[1]) Vgl. C. P. van Hoek, Titandioxyd und Titanweiß. Farben-Ztg. **34** 2828 (1929).

[2]) Über die Prüfung von Körperfarben s. a. H. A. Gardner und St. A. Levy, Scientific Section Circular Nr. 352, ref. Farben-Ztg. **34**, 2833 (1929). — Über neuere Tendenzen in der Körperfarbenfabrikation siehe den Bericht von Wagner, Koll.-Ztschr. **54**, 112 (1931).

einer Bürette und läßt das Öl zu 20 g des Pigmentes fließen, die sich in einem unter-
gestellten runden Mischglas befinden. Man läßt das Öl in Mengen von ½ ccm
zufließen und befördert die Mischung von Pigment und Öl mit Hilfe eines stumpfen
Spatels[1]). Die Mischung ist anfangs krümelig; schließlich wird ein Punkt erreicht,
bei welchem die Masse die Wandung des Bechers netzt; dieser Ölzusatz wird als
Endpunkt betrachtet. In der folgenden Tabelle sind die Ölabsorptionsfaktoren
einiger Pigmente nach Gardner zusammengestellt:

Farbkörper	Ölbedarf für 100 g Pigment
Karbonatbleiweiß .	15—22,5
Sulfobleiweiß	26—32
Zinkoxyd	47,6—54,1
Titan	22—28
Lithopone	22,75—38,5
Asbestine	32—50
Schwerspat	13—15
Blanc fixe	23—36
Kreide	28—35

H. Wolff, G. Zeidler und W. Töldte[2]) nehmen die Mischung von Pigment und
Leinöl in einem Mörser vor; hierbei findet zum Unterschied von Gardner eine
leichte Mahlung des Pigmentes statt. C. P. van Hoek[3]) weist darauf hin, daß es
nicht gleichgültig ist, ob man Leinöl zum Pigment zusetzt, statt, wie es beim Mahlprozeß immer geschieht, oder ob man Pigment zum Leinöl zusetzt; eine Bestätigung
konnte bei Zinkweiß Rotsiegel gefunden werden: 100 g Zinkweiß geben auf Zusatz
von 18,6 g Leinöl nur eine trockene und krümelige Masse, während umgekehrt
bei Zusatz derselben Menge Leinöl zu 100 g Zinkweiß nur durch Rühren eine
Farbpaste erhalten wurde. Dieselbe Erscheinung sieht man beim Ölkitt, der durch
Zugabe von Leinöl zu Kreide statt umgekehrt von Kreide zu Leinöl hergestellt ist;
der Leinöl-Kreidekitt ist kurz und von mangelhafter Beschaffenheit, der Kreide-
Ölkitt ist plastisch. Der Mindestbedarf des Pigmentes an Öl ist also keine Konstante, sondern hängt von zufälligen Faktoren ab. Besonders hervorzuheben sind
die Oberflächenkräfte, die die Pigmentpartikel zusammenhalten, Feuchtigkeitshüllen
oder adsorbierte Gase, und die bei dem Mahlprozeß angewendeten Kräfte. Klumpp
und Meier[4]) unterscheiden Primärpigmente, bei denen nur der Raum zwischen
den Teilchen auszufüllen ist, und Sekundärpigmente, die noch einen zusätzlichen
Ölbedarf durch Adsorption und Porenraum erfordern; der Ölbedarf ist durch die
Raumerfüllung bestimmt. Über die Frage des Ölbedarfes der Farben und der sich
ergebenden Beziehungen zur Viskosität und Plastizität sind von Wolff und Blom
beachtenswerte Beiträge geliefert worden[5]).

Wir müssen uns die angeriebenen Farben als eine plastische Masse vorstellen,
in der der Farbkörper als disperse Phase verteilt ist. Von dem Verteilungszustand
dieser dispersen Phase hängt es ab, ob die Farbe gleichförmig und ergiebig ist oder
nicht. Das Öl umhüllt die einzelnen Farbstoffteilchen, oder bei unzureichender Verteilung, Gruppen von Farbstoffteilchen, die unter Umständen noch Lufteinschlüsse

[1]) Eine genaue Beschreibung der Methode findet man bei Gardner, Physical and chemical
examination of paints usw., S. 114 u. f. und Gardner und Coleman, Circular 85 Paint
Mfrs.-Association. — Vgl. a. die deutsche Ausgabe von B. Scheifele, S. 259—275.
[2]) Farben-Ztg. 33, 2730—2732 (1928). [3]) Farben-Ztg. 34, 1784 (1929). [4]) Farben-Ztg. 35,
127, 599 (1929). [5]) Farben-Ztg. 34, 2667 (1928) (Wolff); 35, 601 (1929) (Blom); s. a. F. E. Bartell
u. A. Hershberger, Untersuchung über die Beziehung zwischen Flüssigkeitsabsorption von
Pigmenten für verschiedene organische Lösungsmittel. Ind. Eng. Chemistry 22, 1304 (1930).

enthalten können. Schlick[1]) faßt das Leinöl als Schutzkolloid für den Farbkörper auf und führt folgenden charakteristischen Versuch an: Zerreibt man Berlinerblau möglichst fein und dispergiert es in Benzin, so erhält man eine wenig stabile Suspension, und das Filtrat ist in der Regel farblos. Wenn aber Berlinerblau in Gegenwart von einigen Tropfen Leinöl zerrieben und dann in Benzin dispergiert wird, so färbt sich die Flüssigkeit intensiv blau und läuft auch mit blauer Farbe durch das feinste Papierfilter. Diese Schutzkolloidwirkung zeigt das Leinöl auch gegenüber anderen Farbkörpern. Es ist daher wichtig, daß die einzelnen Farbstoffteilchen vom Bindemittel benetzt werden, denn nur dadurch kann die gleichmäßige Verteilung der Farbkörper im Bindemittel gewährleistet werden. Die Pigmentteilchen sind von dünnen Flüssigkeitshäutchen umgeben und enthalten Lufteinschlüsse, die die Benetzung des Farbkörpers durch das Bindemittel erschweren. Rein mechanisch beseitigt der Mahlprozeß diese Hüllen und fördert somit die Berührung zwischen Farbkörper und Öl. Andererseits führen alle Faktoren, die diese Benetzungsfähigkeit des Bindemittels gegenüber dem Farbkörper herabsetzen, zu Ausflockungen, die sowohl die Ergiebigkeit der Farbe als auch ihre spätere Haltbarkeit ungünstig beeinflussen. Dieses Verhalten der Farben ist praktisch insofern sehr wichtig, weil das Absetzen der Farbkörper in den angeriebenen Farben ein sehr häufig beobachteter Übelstand ist, der zur Bildung zäher und schwer zu verarbeitender Bodensätze führt. Es handelt sich hierbei vielfach um Ausflockungsvorgänge zwischen Farbkörpern und Bestandteilen des Dispersionsmittels, die eine Aufhebung der Schutzkolloidwirkung des Öls zur Folge haben[2]). Der Solzustand kann durch geringe Mengen von Stoffen, die die Grenzflächenspannung zwischen Pigment und Dispersionsmittel erniedrigen, günstig beeinflußt werden. Zur Illustrierung dieser Verhältnisse führt Green[3]) folgenden Versuch an: Man stellt sich eine Halbpaste aus reinem Mineralöl und Zinkoxyd her. Die Paste ist plastisch und besitzt eine große Ausgiebigkeit, nun fügt man einige Tropfen eingedicktes Mohnsamenöl hinzu und verreibt es mit der plastischen Farbölmasse. Die Paste verliert sofort ihre Ausgiebigkeit, wird flüssig und geht in ein ganz anderes Kolloidsystem mit entgegengesetzten Eigenschaften über[4]). Geringe Mengen von Stearinsäure, Ölsäure, Leinölsäure, Harzsäure besitzen die Eigenschaft, die Grenzflächenspannnung zwischen Farbkörper und Bindemittel herabzusetzen; auch Aluminiumstearat findet als Zusatz für nicht absetzende Farben vielfach Anwendung. C. Bingham und G. Jaques[5]) haben festgestellt, daß mit fortschreitender Vermahlung einer Farbölmasse die Ausgiebigkeit zurückgeht, aber nach 30 Stunden einen konstanten Wert erreicht. Die Plastizität steigt bis zu einem Höchstwert und fällt dann schnell ab. Spuren von Feuchtigkeit beeinflussen die Plastizität einer Farbmasse bedeutend. Schon 0,5% erniedrigt sie um ein Viertel des Anfangswertes. Vom technischen Standpunkt ist das Absetzen der angeriebenen Farbe von großer Bedeutung, denn je weniger die Farbe absetzt, um so leichter verarbeitbar ist sie und um so gleichmäßigere und hochwertigere Filme werden erhalten. Spezifisch schwere Farben wie Bleimennige neigen besonders stark zum Absetzen und kommt, wie in diesem Falle, noch eine chemische Wechselwirkung zwischen Öl und Farbkörper hinzu, so ist die angeriebene Farbe nur beschränkte Zeit haltbar. Von diesen Nachteilen ist die sog. disperse Mennige frei, weil sie sich in Öl bedeutend

[1]) Farben-Ztg. **26**, 1551 (1921).
[2]) Vgl. a. C. Arsem, Journ. Ind. and Eng. Chem. **18**, 157 (1926).
[3]) Journ. Ind. and Eng. Chem. **15**, 122 (1923).
[4]) Über die Plastizität von Farben vgl. Franklin Institute **195**, 303 (1923).
[5]) Journ. Ind. and Eng. Chem. **15**, 1033 (1923).

länger schwebend hält und falls sie absetzt, einen weicheren, leichter aufzurührenden Bodensatz bildet. Man sollte annehmen, daß die disperse Mennige infolge ihrer entwickelteren Oberfläche[1]) leichter mit dem Bindemittel reagiert. Das ist auch nach neueren Versuchen von Laufenberg[2]) der Fall, denn die disperse Mennige bildet viel größere Mengen löslicher bzw. kolloider Bleiverbindungen mit Öl als die gewöhnliche Mennige. Durch ihren feineren Verteilungszustand tritt trotzdem eine Verhärtung nicht ein, weil die Farbkörperteilchen wahrscheinlich von bleihaltigen Solvathüllen umgeben sind, die ihre kompakte Sedimentation verhindern. Blom hat festgestellt, daß eine disperse Mennige (Rodleben) in Öl selbst nach 15 Monaten noch leicht verstreichbar war[3]). In der nebenstehenden Abbildung (Abb. 138) sind die Absetzkurven von Tegomennige für verschiedene Schüttgewichte (Litergewichte) 1,7, 2, 2,2 enthalten und schließlich zeigen die Absetzversuche verschiedener Viktoriagrüne, Mischfarben von Chromoxyd, Zinkchromat und Spat in CCl_4, die Nützlichkeit derartiger Bestimmungen zur Charakterisierung von Körperfarben gleicher Art und verschiedener Beschaffenheit (Abb. 139 und 140).

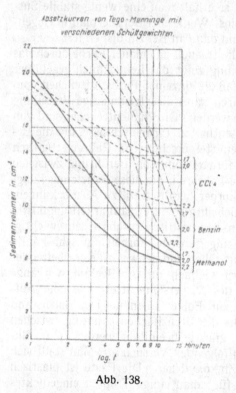

Abb. 138.

Ein wesentlicher Bestandteil jeder angeriebenen Farbe ist der Trockenstoff (Sikkativ). Es sind dies öllösliche Metallverbindungen, die dem Öl zugesetzt, den Trockenprozeß beschleunigen. Man unterscheidet Linoleatsikkative, Resinatsikkative, und hierzu sind neuerdings die Soligene der I. G. Farbenindustrie getreten,

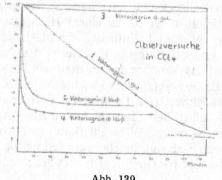

Abb. 139.

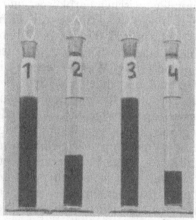

Abb. 140.

---

[1]) Nach Junk 84% Teilchen von 0,5—2 μ, 16% Teilchen von 2—4 μ.
[2]) Farben-Ztg. 35, 548 (1929).
[3]) Vgl. a. die Untersuchungen von Junk, Farbe und Lack 168 (1927). — Korrosion und Metallschutz 3, 82 (1927). — Blom, Farben-Ztg. H. 37 (1927).

die Metallverbindungen von Naphthensäuren sind. Die Wirksamkeit des Trockenstoffes wird bedingt durch die Höhe und Art des Metallgehaltes; aber auch die Bindungsform des Metalls ist für den Verteilungszustand und damit für die Wirksamkeit des Trockenstoffes von Bedeutung. Es scheint, daß die saure Komponente die Rolle eines Schutzkolloides hat. J. M. Purdy, W. G. France u. W. L. Evans (Ind. Eng. Chem. **22**, 508 (1930)) haben das ultramikroskopische Bild von Bleitrocknern bei gleichzeitiger Gegenwart von Co in Leinöl aufgenommen und finden, daß die gleichzeitige Gegenwart von Blei und Kobalt (2,07 % Pb, 0,589 % Co) die Löslichkeit von Blei erhöht. Auch scheint Co die ultramikroskopische Auflösung von Blei zu beschleunigen. Von den Metallen ist das Kobalt bei weitem der wirksamste Trockenstoff, daneben werden Blei, Mangan, Zink oder Kombinationen dieser Metalle vorzugsweise verwendet. Am natürlichsten erscheint es, als Träger für das Metall die Leinölsäure zu verwenden, jedoch haben sich auch die Resinattrockenstoffe, besonders die gefällten Resinate und die Soligene, sehr gut bewährt, ohne daß man jedoch von einer unbedingten Überlegenheit der einen oder anderen Art sprechen könnte[1]. Wesentlich für alle Trockenstoffe ist die gute Lösungsfähigkeit im Öl bzw. im Lack und die Erhaltung des gelösten bzw. kolloiden Zustandes in der angeriebenen Farbe. Neigt ein Trockenstoff zu Ausscheidungen, so wird er in der angeriebenen Farbe von dem Farbkörper adsorbiert und dadurch leicht unwirksam gemacht.

Beziehungen zwischen Farbkörper und Bindemittel im Farbfilm. Nachdem wir die einzelnen Komponenten des Anstriches kennen gelernt haben, bleibt noch übrig, die Wechselwirkungen zwischen Farbkörper und Bindemittel zu betrachten, die letzten Endes die Eigenschaften des Anstriches, seine Bewährung und seinen Verfall bestimmen. Wir befinden uns hier auf einem Gebiet, dessen Durchforschung von höchstem praktischen Wert ist, aber für dessen Darstellung uns vorläufig nur sehr lückenhafte Ergebnisse zur Verfügung stehen. Das Problem wird dadurch verwickelt, daß die chemischen und physikalischen Reaktionen in ihrem Verlauf entscheidend durch äußere Einwirkungen, ständiger Wechsel von Trockenheit und Feuchtigkeit, Temperaturwechsel und Strahlungseinflüsse — beeinflußt werden.

Es wird heute allgemein angenommen, daß Farbkörper mit basischem Charakter, vor allem Bleimennige, Bleiweiß und Zinkweiß Seifen bilden. Diese Frage ist von Ragg[2]), Eibner und Laufenberg[3]), Kindscher (Mat. Prüfungsamt)[4]) vorwiegend nach chemisch-analytischen Gesichtspunkten, von Droste[5]) mikroskopisch untersucht worden.

Die Grundierung des Eisens mit Mennige gilt mit Recht als die zuverlässigste Methode, um das Eisen zu schützen; man hat Beispiele dafür, daß Mennigeanstriche als Grundanstriche jahrzehntelang selbst unter Wasser gehalten haben. Die alte Rheinbrücke bei Köln und die Süder Elbbrücke bei Hamburg sind bekannte Beispiele für die hervorragende Bewährung der Mennigegrundierung. Es besteht kaum eine Meinungsverschiedenheit darüber, daß die freien Fettsäuren und Glyzerin, die beim Trocknen des Leinöls entstehen (vgl. die früher erwähnten Arbeiten von Eibner) mit Bleioxyd unter Bildung von Bleiseifen und Bleiglyzerinverbindungen reagieren. Diese Bleiverbindungen sind nach Eibner als „irreversible und irreso-

---

[1]) Nach amerikanischen Untersuchungen (vgl. Farben-Ztg. **36**, 556 (1930)) sollen sich für weiße Farben die Resinate, besonders Kobalt und Bleiresinat am besten bewähren. Zur Normung der Trockenstoffe s. Farben-Ztg. **36**, 600 (1930).   [2]) Rost und Eisenschutz (Berlin 1928).

[3]) Korrosion und Metallschutz **4**, 107 (1928); **5**, 159 (1929). — S. a. Laufenberg, Farben-Ztg. **35**, 546 (1929).   [4]) Farben-Ztg. **35**, 549 (1929), **36**, 1935 (1930).

[5]) Seifenbildung in Anstrichen (Berlin 1929).

luble" Kolloide aufzufassen. Eibner und Laufenberg haben ermittelt, daß in 100 Teilen Farbfilm in Form von Bleifilmgel folgende Mengen Filmsäuren gebunden sind:

Bleiweiß	25,43
Mennige	42,92
Bleioxyd	47,30
hochdisperse Mennige	53,86
hochdisperses Bleioxyd	56,24.

Laufenberg hat festgestellt, daß die Bildung von löslichen Bleiverbindungen mit steigender Basizität in der Reihenfolge Bleiweiß, Mennige, Bleioxyd wächst. Diese Bleiverbindungen haben kolloiden Charakter und werden als Bleioxyne bezeichnet. Auf die Bildung dieser Bleioxyne ist nach Laufenberg auch die geringere Quellfähigkeit des bleihaltigen Leinölfilms zurückzuführen. Laufenberg folgert ferner aus seinen Versuchen, daß die Bleiverbindungen den Alterungsvorgang des Ölfilms erheblich verlangsamen. Sie wirken nur solange für die Sauerstoffaufnahme beschleunigend, als das Öl noch nicht getrocknet ist; sobald der Trockenpunkt erreicht ist, bilden die Bleioxyne negative Katalysatoren, die den oxydativen Abbau des Films verlangsamen, Kindscher betont, daß die Bleiseifenbildung bei Bleiweiß, Sulfobleiweiß und Zinkoxyd im Gegensatz zu Mennige und Bleioxyd sehr gering ist. Für das Verhalten der Mennige ist, wie es scheint, der Gehalt an Bleisuperoxyd ausschlaggebend. Je höher der Gehalt an Bleisuperoxyd ist, um so geringer ist die Menge Blei, die öllöslich wird. So konnte Kindscher feststellen, daß eine hochdisperse Mennige mit einem Bleisuperoxydgehalt von 34,8% (theoretisch 34,9%) nur 0,4% öllösliches Blei abgibt, während eine andere Mennige mit 28,7% Bleisuperoxyd 2,8% lösliche Bleiverbindungen bildet. Diese Beziehung zwischen Bleisuperoxydgehalt und löslichem Blei ist auch von Laufenberg bestätigt worden. Droste hat die Seifenbildung bei seinen mikroskopischen Arbeiten mit Bleimennige, Bleioxyd, Bleisuperoxyd und Bleiweiß dadurch nachgewiesen, daß er den Film mit Schwefelwasserstoffwasser anätzte, indem die Präparate in Schwefelwasserstoffwasser eingelegt wurden. Infolge der im Ölfilm eintretenden Quellung färben sich die Bleiseifen enthaltenden Zonen braun bis schwarz. Sowohl Bleimennige wie auch Bleioxyd und Bleisuperoxyd zerfallen im Öl allmählich unter Seifenbildung, die sich auf diese Weise sehr leicht nachweisen läßt. Hingegen gibt Bleiweiß in Leinölfirnis nur eine ganz schwache Reaktion mit Schwefelwasserstoff; ebenso wenig konnte der Beweis der Seifenbildung für Zinkweiß überzeugend geführt werden. Es ist aber doch anzunehmen, daß sich auch in diesen Fällen im Laufe der Zeit im Anstrichfilm durch Aufspaltung der Glyzeride freie Ölsäuren bilden, die mit den Bestandteilen des Pigmentes in Reaktion treten. Man kann diesen Vorgang nach einem Vorschlag von Blom[1]) durch Zusatz freier Leinölsäure zu dem mit Öl angeriebenen Pigment beschleunigen. Auf diese Weise konnte Blom lamellare und sphärolitische Formen von Bleilinoleat nachweisen. Droste hat diese Versuche auch auf Zinkweiß ausgedehnt und gefunden, daß dieser Farbkörper besonders schnell unter Bildung nadelförmiger Kristalle reagiert. Diese große Reaktionsgeschwindigkeit von Zinkweiß mit Leinölsäure erklärt die guten Eigenschaften, die Zinkweiß als Farbkörper für den Außenanstrich neben Bleiweiß besitzt und macht es auch verständlich, daß Titanweiß als Gemisch von Titandioxyd mit Zinkweiß vorzugsweise verwendet wird, da die Seifenbildung von Titandioxyd unwahrscheinlich ist; das bei Titanweißanstrichen manchmal auftretende Abkreiden ist sicher auf die fehlende Seifenbildung im Film mit zurückzuführen.

[1]) Korrosion und Metallschutz 2, 238 (1926).

Eine andere nicht minder wichtige Beziehung zwischen Farbkörper und Bindemittel hat ihre Ursache in den durch die Einwirkung von Feuchtigkeit bedingten Quellungs- und Entquellungsvorgängen. Grundsätzlich kann man sagen, daß sowohl der Farbkörper wie auch das Bindemittel quellbar sind, nur der Grad der Quellbarkeit ist sehr verschieden, wie schon an früherer Stelle gezeigt worden ist. Aber auch Farbkörper sind quellbar, wie d'Ans zuerst gezeigt hat. Die vergleichende Untersuchung des Quellungsvermögens von Farbkörpern läßt sich in einfacher Weise derart durchführen, daß man sich einen Leinöl-Standöl-Holzölfirnis mit bekannter, sehr geringer Eigenquellung herstellt und die verschiedenen zu vergleichenden Farbkörper mit diesem Firnis verreibt. Es werden je 0,5 g der Farbe auf Glasplatten 9 × 12 aufgestrichen und nach mehrtägigem Trocknen bestimmte Zeit, z. B. 60 Stunden in Wasser von 25° eingelegt. Unter diesen Bedingungen ist beispielsweise die Wasseraufnahme in Prozent für ein

Oxydrot A	23,5%
Oxydrot B	32,6%
Bleiweiß	58,8%
Zinkweiß	56,0%
Bleimennige	4,7%.

Man erkennt auch hier wieder die Ausnahmestellung des Mennigeanstriches als eine Folge der geringen Eigenquellung des Farbkörpers. Durch die Quellung des Farbfilms werden die für Reaktionen zwischen Farbkörper und Bindemittel günstigen Vorbedingungen geschaffen; die Verseifung der Öle unter Bildung freier Säuren und Glyzerin wird begünstigt, und falls gleichzeitig der Farbkörper in einer reaktionsfähigen Form vorliegt, tritt die Seifenbildung ein. Natürlich ist die Quellung auch eine wesentliche Ursache für Vorgänge, die zum Verfall des Farbfilms führen, wie in einem früheren Abschnitt bereits gezeigt wurde. Diese verfestigenden und zerstörenden Prozesse überlagern sich wechselseitig und führen zu einem Gesamtbild, das recht verwickelt ist und in seinen Einzelheiten noch mancher Klärung bedarf. Über die Wechselwirkung zwischen den niedrigmolekularen Zersetzungsprodukten des Leinöls und Farbkörpers wissen wir so gut wie nichts.

Wir können uns vorstellen, daß ähnlich wie beim Abbinden und Erhärten des Zementes, sich das reaktionsfähige Farbkörperteilchen mit einer Reaktionszone umgibt, innerhalb der sich die Vorgänge abspielen, die wir soeben beschrieben haben. Der Farbkörper wird jedenfalls nur in seinen äußeren Zonen verändert und hierdurch bilden sich gewissermaßen Schutzschichten, die die Farbkörperchen vor weiterer Veränderung schützen. Die Farbkörper bilden also trotz ihrer Reaktionsmöglichkeit schließlich ein Gerüst, dessen feinste Zwischenräume von Bindesubstanz mit dem Farbkörper erfüllt sind. Von der Stabilität, Dichte und Struktur dieses anorganischen Gerüstes hängt die Lebensdauer des Anstriches ganz wesentlich ab. Der ideale Farbkörper verbindet mit geringem Quellungsvermögen hohe Dichte und Kornfeinheit, weil durch diese Eigenschaften die Stabilität der Farbschicht gewährleistet ist. Tritt hierzu noch eine Reaktionsmöglichkeit zwischen Farbkörper und den im Laufe der Zeit sich bildenden Spaltungsprodukten des Ölfilms, so sind alle Bedingungen für einen haltbaren Farbfilm gegeben, wie es beispielsweise bei dem Mennigeölfilm der Fall ist. Sehr nahe kommt diesen Forderungen auch der Eisenglimmer als Farbkörper für Deckanstriche; nur fehlt diesem Farbkörper die Reaktionsfähigkeit mit dem Bindemittel. Um das Bild zu vervollständigen müssen wir noch die ohne Zweifel bestehenden Wechselwirkungen zwischen Grundanstrich und der zu schützenden Oberfläche erwähnen, die im Falle des Eisens auf eine Passivierung hinauskommen.

Schon bei Besprechung der Kurzprüfungsverfahren der Anstrichstoffe wurde die ultraviolette Strahlung als besonders wirksames Mittel erwähnt, um im Rahmen des Laboratoriums Anstriche auf ihr Verhalten zu untersuchen. In der Tat bilden auch die ultravioletten Strahlen eine wichtige Ursache für die Zerstörung der Anstrichschichten und sind neben dem Temperaturwechsel und der Feuchtigkeit der wichtigste Faktor, der das Verhalten der Anstriche in der Praxis bestimmt. Obwohl wir über die photochemischen Vorgänge in Farbschichten im einzelnen noch wenig unterrichtet sind, kann man sich über die durch die ultravioletten Strahlen hervorgerufenen photochemischen Vorgänge etwa folgendes Bild machen: [1] [2] [3].

Das Gebiet der ultravioletten Strahlungen, das auf Farbschichten zur Einwirkung kommt, umfaßt die Wellenlängen von 4000—2500 ÅE (1 ÅE = 1 Ångström Einheit = $^1/_{10} \mu\mu$). Die Strahlen mit kürzeren Wellenlängen werden von der Atmosphäre absorbiert. Für die Wirkung der ultravioletten Strahlen ist ferner noch zu berücksichtigen, daß das Sonnenlicht im Tiefland an wirksamer Strahlung ärmer ist, als in der Höhe. Dieser Umstand ist für das Verhalten von Farben in verschiedenen Höhenlagen oft von entscheidender Bedeutung. Die ultraviolette Strahlung wird, ähnlich wie die sichtbare Strahlung, teils reflektiert, teils adsorbiert, teils transmittiert. Die Wirkung ultravioletten Lichtes auf feuchtes Öl ist nach den Untersuchungen von F. A. Stutz ähnlich der Wirkung von Wärme und dem Effekt des Luftblasens. Viskosität, Molekulargewicht und Brechungsindex steigen an, während die Jodzahl abnimmt. Nach van Hoek ist für das Verhalten des Anstrichs die durchgelassene Strahlung wichtiger als die absorbierte Strahlung, weil mit zunehmender Transmission eine in die Tiefe gehende Beeinflussung der Schichten eintritt. Nitrozelluloselacke, die durch ultraviolette Strahlen leicht angegriffen werden, sind auch für diese Strahlung sehr durchlässig. Auch rohes Leinöl ist transparent, hingegen ist erhitztes oder geblasenes Öl opak; dasselbe gilt für Holzöl und Standöl. Von diesen Ölen wird die ultraviolette Strahlung fast vollständig von der Oberfläche absorbiert und daher die tieferliegenden Schichten nicht angegriffen.

Von den Pigmenten interessieren vor allem die weißen Farbkörper und es ist festgestellt worden, daß die diffuse Reflexion ultravioletter Strahlen von Zinkweiß, Titanweiß und Zinksulfid gering ist, während Bleiweiß kurzwelliges Licht stark reflektiert. Durch die Mischung mit Öl wird allerdings das Reflexionsvermögen dieser Pigmente stark beeinflußt. Über die Beeinflussung der angeriebenen Farben durch ultraviolette Strahlen wissen wir auch noch verhältnismäßig wenig, es ist aber als sicher anzunehmen, daß für das gesamte Verhalten der Anstriche sowohl die Durchlässigkeit als auch die Absorption der ultravioletten Strahlung von Bedeutung sind. Aus den Untersuchungen von Stutz wissen wir z. B., daß Licht von 3655 ÅE bereits von einer Zinkweißschicht von 0,0009 mm vollständig absorbiert wird, während hierzu eine Bleiweißschicht von 0,0270 mm erforderlich ist, d. h. also, Bleiweiß ist für ultraviolette Strahlung 30 mal durchlässiger als Zinkweiß. Das Zinkweiß übt also in den Farbschichten eine viel wirksamere Schirmwirkung aus als Bleiweiß. Auch in Mischungen mit anderen Farbkörpern ist das Zinkweiß deshalb von besonderer Bedeutung. Daher erklärt sich auch wahrscheinlich die günstige Wirkung, die man häufig bei der Verwendung von Bleiweiß-Zinkweißmischungen in Farben macht.

[1] C. P. van Hoek, Die Weißpigmente und ihr Verhalten gegenüber ultravioletten Strahlen. Farben-Ztg. **34**, 833, 895, 952, 1006 (1929).

[2] G. F. A. Stutz, Journ. Franklin Institut **200**, 87—102 (1925); **202**, 89—98 (1926). — Journ. Ind. and Eng. Chem. **18**, 1235—1238 (1926); **19**, 879—901 (1927).

[3] G. Zeidler und W. Töldte, Farben-Ztg. **33**, 2607 (1928).

Wir können also das Ergebnis dieser Untersuchungen dahin zusammenfassen, daß alle Farbkörper auf das Bindemittel eine Schirmwirkung ausüben, derart, daß sie das Eindringen der ultravioletten Strahlung mehr oder weniger verhüten. Am wirksamsten sind solche Farbkörper, die ein hohes Absorptionsvermögen und eine geringe Durchlässigkeit für ultraviolette Strahlen besitzen. Nach Stutz können die weißen Farbkörper nach ihrer Durchlässigkeit für ultraviolette Strahlen in folgender Reihe eingeordnet werden:

Zinkweiß,	Zinksulfid,
Titandioxyd,	Antimonoxyd,
Titanweiß,	Lithopone,
basisches Bleisulfat,	Bleiweiß.

Je geringer die Schichtdicke ist, die erforderlich ist, um die ultraviolette Strahlung unschädlich zu machen, um so besser wird natürlich die darunter liegende Schicht von Farbkörper und Bindemittel gegen die schädlichen Einwirkungen dieser Strahlung geschützt sein. Wenn die ultraviolette Strahlung tiefer in die Farbschicht eindringt, wird sie ein wesentlicher Faktor für die vorzeitige Zerstörung der Farbschicht sein. Nach der Ansicht von van Hoek ist auch das Abkreiden der Farbschicht eine unmittelbare Folge der zerstörenden Einwirkung ultravioletter Strahlung. In dieser Hinsicht gibt van Hoek den Zinkweißanstrichen unbedingt den Vorzug. Auf der anderen Seite ist die Neigung von Bleiweiß zur Bildung von elastischen Seifen wiederum ein wertvolles Mittel zur Erhaltung der Elastizität der Farbschicht und deshalb wird wohl die beste Lösung in der Verwendung von geeigneten Mischungen liegen. Diesen Weg ist man ja auch mit Erfolg bei der Einführung des Titanweiß gegangen[1]).

Es sei schließlich noch erwähnt, daß für Nitrozelluloselacke die Schutzwirkung von Zinkweiß von ganz besonderer Bedeutung sein dürfte.

Der Umstand, daß die außenliegende Schicht eines Anstriches eine Schirmwirkung auf die tieferen Schichten ausübt, läßt schon die Notwendigkeit erkennen, einen Anstrich aus mehreren Schichten aufzubauen. In der Tat kann ein Anstrich seine Aufgabe als Schutzhaut nur dann erfüllen, wenn er aus mehreren Farbschichten zusammengesetzt ist. Wir müssen in jedem Anstrich zwei Hauptschichten unterscheiden:

1. Den Grundanstrich,
2. den Deckanstrich.

Der Grundanstrich hat die Aufgabe, sowohl die Verbindung mit dem Untergrund, als auch den Anschluß an den Deckanstrich herzustellen. Von den elastischen Eigenschaften des Grundanstriches hängt die Lebensdauer einer Farbe ganz wesentlich ab. Der Deckanstrich ist meistens wiederum aus mehreren, meistens zwei Schichten, zusammengesetzt; ihm fällt in erster Linie die Aufgabe zu, widerstandsfähig zu sein gegen die Einflüsse, denen der betreffende Anstrich in der Hauptsache ausgesetzt ist. Daraus folgt, daß der Deckanstrich in seinem Aufbau den

---

[1]) Über die Theorie des Abkreidevorganges und seine Messung sind von R. Kempf wichtige neuere Arbeiten erschienen, s. Farben-Ztg. 35, 650, 2474 (1929); 36, 20, 171, 533 (1929, 1930). Kempf beurteilt den Abkreidungsvorgang auf Grund seiner Arbeiten wie folgt: Die Beurteilung des Abkreidens in günstigem oder ungünstigem Sinne ist von dem zeitlichen Eintritt des Vorganges und seinem Umfang abhängig. Bei Weißfarben-Außenanstrichen ist ein mäßiges Abkreiden mit in den Kauf zu nehmen oder sogar als wünschenswert anzusehen — eine Schlußfolgerung, der ich mich nicht anschließen kann. Über den Zusammenhang zwischen Abkreiden und Wetterbeständigkeit besteht nach Kempf noch nicht genügend Klarheit; jedoch scheint mäßiges Abkreiden unter Umständen für die Wetterbeständigkeit nicht ungünstig zu sein. Vgl. auch Wolff, Farbe und Lack, 1928, S. 472; Korrosion und Metallschutz, 5, 285 (1929).

Stoff-nummer	Sorten-nummer	Farbton	Farbkörper	Mindestgehalt an Bindemittel (ohne Verdünnung in 100 Gewichts-teilen streich-fertiger Farbe und Bezeichnung des Bindemittels)	Gehalt an Verdünnungs-mittel in 100 Gewichts-teilen streich-fertiger Farbe	Gehalt an Holzöl-standöl im Binde-mittel %	Zäh-flüssigkeit des Binde-mittels bei 50° in Engler-graden

A. Grundfarbe.

| 260,02 | 0,1 | rot | Bleimennige | Mindestgehalt 15 Teile Höchst-gehalt 23 Teile Leinöl oder Leinölfirnis | 0—3 Teile | — | — |

B. Deckfarben.
a) Graue Wetterfarben.
Erster Deckanstrich.

260,06	0,1	hellgrau Nr. 2a oder 4a	Bleiweiß und Ruß	30 Teile Leinölfirnis	0—3 Teile	—	—
260,06	0,2	hellgrau Nr. 2a oder 4a	Zinkoxyd und Ruß	35 Teile Leinölfirnis	0—3 Teile	—	—
260,06	0,3	hellgrau Nr. 2a oder 4a	Eisenglimmer mit 3% metalli-schem Alumi-nium	30 Teile Leinölfirnis	0—3 Teile	—	—
260,06	0,4	hellgrau Nr. 2a oder 4a	Bleiweiß und Zinkoxyd im Verhältnis 3 : 7 und Ruß	30 Teile Leinölfirnis	0—3 Teile	—	—
260,06	0,5	hellgrau Nr. 2a oder 4a	Bleiweiß und Eisenglimmer im Verhält. 2 : 3	30 Teile Leinölfirnis	0—3 Teile	—	—
260,06	0,6	hellgrau Nr. 2a oder 4a	Zinkoxyd und Eisenglimmer im Verhält. 2 : 3	30 Teile Leinölfirnis	0—3 Teile	—	—

Zweiter Deckanstrich.

260,06	51	grau Nr. 2 oder 4	Bleiweiß und Ruß	30 Teile Leinöl-standölfirnis	5—15 Teile	—	20 ± 2
260,06	52	grau Nr. 2 oder 4	Zinkoxyd und Ruß	35 Teile Leinöl-standölfirnis	5—15 Teile	—	20 ± 2
260,06	53	grau Nr. 2 oder 4	Eisenglimmer mit 6% metalli-schem Alumi-nium	30 Teile Leinölstandöl-firnis	5—15 Teile	—	20 ± 2
260,06	54	grau Nr. 2 oder.4	Bleiweiß und Zinkoxyd im Verhältnis 3 : 7 und Ruß	35 Teile Leinölstandöl-firnis	5—15 Teile	—	20 ± 2
260,06	55	grau Nr. 2 oder 4	Bleiweiß und Eisenglimmer im Verhältnis 2 : 3 und Ruß	30 Teile Leinölstandöl-firnis	5—15 Teile	—	20 ± 2
260,06	56	grau Nr. 2 oder 4	Zinkoxyd und Eisenglimmer im Verhältnis 2 : 3 und Ruß	35 Teile Leinölstandöl-firnis	5—15 Teile	—	20 ± 2

Stoff-nummer	Sorten-nummer	Farbton	Farbkörper	Mindestgehalt an Bindemittel (ohne Verdünnung in 100 Gewichts-teilen streich-fertiger Farbe und Bezeichnung des Bindemittels)	Gehalt an Verdünnungs-mittel in 100 Gewichts-teilen streich-fertiger Farbe	Gehalt an Holzöl-standöl im Binde-mittel %	Zäh-flüssigkeit des Binde-mittels bei 50° in Engler-graden
			**b) Rauchgasfeste Farben.** Erster Deckanstrich.				
260,07	01	hellgrau Nr. 2a oder 4a	Bleiweiß und Ruß	25 Teile Holzölstandöl-firnis	5—15 Teile	25	20 ± 2
260,07	02	hellgrau Nr. 2a oder 4a	Bleiweiß und Eisenglimmer im Verhält. 2 : 3	25 Teile Holzölstandöl-firnis	5—15 Teile	25	20 ± 2
260,07	03	hellgrau Nr. 2a oder 4a	Eisenglimmer mit 2—3% metallischem Aluminium	25 Teile Holzölleinöl-standölfirnis	5—15 Teile	25	20 ± 2
			Zweiter Deckanstrich.				
260,07	51	grau Nr. 2 oder 4	Bleiweiß und Ruß	30 Teile Holzöl-standölfirnis	5—15 Teile	25	20 ± 2
260,07	52	grau Nr. 2 oder 4	Bleiweiß und Eisenglimmer im Verhält. 2 : 3	30 Teile Holzölstandöl-firnis	5—15 Teile	25	20 ± 2
260,07	53	grau Nr. 2 oder 4	Eisenglimmer mit 5—6% metallischem Aluminium	30 Teile Holzölleinöl-standölfirnis	5—15 Teile	25	20 ± 2
			c) Bunte Wetterfarben. Erster Deckanstrich.				
260,08	01	Ocker hell Nr. 11a	Ocker und Blei-weiß. Ocker darf Kalk und Magnesiumver-bindungen, auf CaO berechnet, nur bis 2% ent-halten	35 Teile Leinölfirnis	0—5 Teile	—	—
260,08	02	Rostbraun hell Nr. 13a	Eisenoxydrot. Dieses muß min-destens 60% F_2O_3 enthalten, Kalk und Ma-gnesiumverbin-dungen dürfen, auf CaO berech-net, bis zu 5% enthalten sein	35 Teile Leinölfirnis	0—5 Teile	—	—
260,08	03	Eichenholz-gelb Nr. 17a	Ocker und Bleiweiß	30 Teile Leinölfirnis	0—5 Teile	—	—
260,08	04	Grün hell Nr. 25a	Bleichromat, Bleiweiß und Berlinerblau	25 Teile Leinölfirnis	0—5 Teile	—	—
260,08	05	Olivgrün hell Nr. 28a	Bleichromat, Berlinerblau, Ocker, Bleiweiß u. Beinschwarz	30 Teile Leinölfirnis	0—5 Teile	—	—
260,08	06	Blau hell Nr. 32a	Zinkoxyd und Berlinerblau	35 Teile Leinölfirnis	0—5 Teile	—	—

Stoff-num-mer	Sorten-num-mer	Farbton	Farbkörper	Mindestgehalt an Bindemittel (ohne Verdünnung in 100 Gewichtsteilen streichfertiger Farbe und Bezeichnung des Bindemittels)	Gehalt an Verdünnungsmittel in 100 Gewichtsteilen streichfertiger Farbe	Gehalt an Holzölstandöl im Bindemittel %	Zähflüssigkeit des Bindemittels bei 50° in Englergraden
				Zweiter Deckanstrich.			
260,08	51	Ocker Nr. 11	Reiner Ocker. Ocker darf Kalk u. Magnesium-verbindungen auf CaO berech-net, nur bis 2% enthalten	40 Teile Leinölstandöl-firnis	5—15 Teile	—	20 ± 2
260,08	52	Rotbraun Nr. 13	Eisenoxydrot u. Ruß. Eisen-oxydrot muß mindestens 60% F_2O_3 enthalten. Kalk und Ma-gnesiumverbin-dungen dürfen, auf CaO berech-net nur bis zu 5% enthalten. sein	40 Teile Leinölstandöl-firnis	5—15 Teile	—	20 ± 2
260,08	53	Eichenholz-gelb Nr. 17	Ocker, Bleiweiß und Ruß	35 Teile Leinölstandöl-firnis	5—15 Teile	—	20 ± 2
260,08	54	Grün Nr. 26b	Bleichromat, Bleiweiß und Berlinerblau	30 Teile Leinölstandöl-firnis	5—15 Teile	—	20 ± 2
260,08	55	Olivgrün Nr. 28b	Ocker, Berliner-blau, Bleiweiß u. Beinschwarz	35 Teile Leinölstandöl-firnis	5—15 Teile	—	20 ± 2
260,08	56	Blau Nr. 32	Zinkoxyd und Berlinerblau	40 Teile Leinölstandöl-firnis	5—15 Teile	—	20 ± 2
				d) Bunte rauchgasfeste Farben. Erster Deckanstrich.			
260,09	01	Ocker hell Nr. 11a	Ocker, Bleiweiß. Ocker darf Kalk u. Magnesium-verbindungen, auf CaO berech-net, nur bis 2% enthalten	30 Teile Holzölleinöl-standölfirnis	5—15 Teile	25	20 ± 2
260,09	02	Rotbraun hell Nr. 13a	Eisenoxydrot. Eisenoxydrot muß mindestens 60% Fe_2O_3 ent-halten. Kalk u. Magnesiumver-bindungen dür-fen, auf CaO be-rechnet, nur bis zu 5% enthal-ten sein	30 Teile Holzölleinöl-standölfirnis	5—15 Teile	25	20 ± 2

Stoff-nummer	Sorten-nummer	Farbton	Farbkörper	Mindestgehalt an Bindemittel (ohne Verdünnung in 100 Gewichtsteilen streichfertiger Farbe und Bezeichnung des Bindemittels)	Gehalt an Verdünnungsmittel in 100 Gewichtsteilen streichfertiger Farbe	Gehalt an Holzölstandöl im Bindemittel %	Zähflüssigkeit des Bindemittels bei 50° in Englergraden
260,09	03	Eichenholzgelb hell Nr. 17a	Ocker und Bleiweiß	30 Teile Holzölleinölstandölfirnis	5—15 Teile	25	20 ± 2
260,09	04	Grün hell Nr. 26a	Bleichromat, Bleiweiß und Berlinerblau	25 Teile Holzölleinölstandölfirnis	5—15 Teile	25	20 ± 2
260,09	05	Olivgrün hell Nr. 28a	Ocker, Berlinerblau, Bleichromat, Bleiweiß u. Beinschwarz	30 Teile Holzölleinölstandölfirnis	5—15 Teile	25	20 ± 2
260,09	06	Blau hell Nr. 32a	Zinkoxyd und Berlinerblau	30 Teile Holzölleinölstandölfirnis	5—15 Teile	25	20 ± 2

Zweiter Deckanstrich.

Stoff-nummer	Sorten-nummer	Farbton	Farbkörper	Mindestgehalt an Bindemittel	Gehalt an Verdünnungsmittel	Gehalt an Holzölstandöl	Zähflüssigkeit
260,09	51	Ocker Nr. 11	Ocker. Ocker darf Kalk und Magnesiumverbindungen, auf CaO berechnet, nur bis 2% enthalten	35 Teile Holzölleinölstandölfirnis	5—15 Teile	25	20 ± 2
260,09	52	Rotbraun Nr. 13	Eisenoxydrot u. Ruß. Eisenoxydrot muß mindestens 60% Fe_2O_3 enthalten. Kalk und Magnesiumverbindungen dürfen, auf CaO berechnet, nur bis zu 5% enthalten sein	35 Teile Holzölleinölstandölfirnis	5—15 Teile	25	20 ± 2
260,09	53	Eichenholzgelb Nr. 17	Ocker, Bleiweiß und Ruß	35 Teile Holzölleinölstandölfirnis	5—15 Teile	25	20 ± 2
260,09	54	Grün Nr. 26b	Bleichromat, Bleiweiß und Berlinerblau	30 Teile Holzölleinölstandölfirnis	5—15 Teile	25	20 ± 2
260,09	55	Olivgrün Nr. 28b	Ocker, Berlinerblau, Bleiweiß u. Beinschwarz	35 Teile Holzölleinölstandölfirnis	5—15 Teile	25	20 ± 2
260,09	56	Blau Nr. 32	Zinkoxyd und Berlinerblau	35 Teile Holzölleinölstandölfirnis	5—15 Teile	25	20 ± 2

sehr verschiedenartigen Zwecken des Anstriches angepaßt sein muß. Ferner ist noch zu berücksichtigen, daß innerhalb der einzelnen Farbschicht die Pigmente nicht gleichmäßig verteilt sind. Nach den Untersuchungen, die über diese Frage von Blom[1]) ausgeführt worden sind, müssen wir eine lamellare Mikrostruktur annehmen, für deren Ausbildung vor allem Oberflächenkräfte und nicht Sedimentations-

---

[1]) Farben-Ztg. **34**, 2127 (1929). — Vgl. a. Wolff, Farben-Ztg. **34**, 669 (1928). — Liesegang, Farben-Ztg. **34**, 2460 (1929).

vorgänge verantwortlich zu machen sind. Die in den Abb. 141, 142 dargestellten
Filme sind geätzte und gefärbte Querschnittsbilder einer Seitenwandlackierung. In
beiden Bildern erkennt man deutlich die stark ausgebildete Spachtelschicht. Diese
Spachtelschicht ist wie in der Abb. 142 zu erkennen, wiederum aus mehreren Schichten
zusammengesetzt. Auf die Spachtelschichten folgen dann die Farblackschichten; jede
Lackschicht besteht deutlich aus zwei Zonen, einer unteren Pigmentschicht und der
darüberliegenden Lackschicht. Es ist also anzunehmen, daß innerhalb jeder einzelnen Farbschicht die untere Lage aus einer mit Bindemittel durchsetzten Pigmentschicht besteht, über die sich eine von Pigment freie Schicht absondert. Die einzelnen Schichten können, wie Blom gefunden hat, durch Anfärbung mit Lösungen
von Anilinfarbstoffen sichtbar gemacht werden. Die Schirmwirkung wird natürlich
vor allem von der obersten Schicht ausgeübt werden und hierbei ist neben der Art
des Farbkörpers auch die Oberflächenbeschaffenheit des Films vor allem seine
Dichte und sein Reflexionsvermögen für die Schutzwirkung von allergrößter Be-

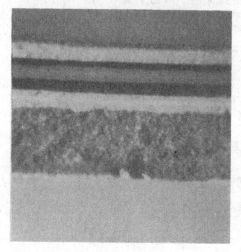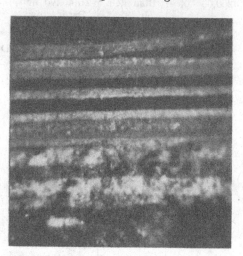

Abb. 141.   Abb. 142.
Seitenwandlackierung im Querschnitt.

deutung. Die eingehende mikroskopische Untersuchung von Anstrichen wird uns
in Zukunft noch weitere Aufklärungen geben.
    Man macht in der praktischen Anstrichtechnik gewohnheitsgemäß einen
Unterschied zwischen Anstrichfarben und Lacken bzw. Lackfarben. Diese Gruppierung ist aber nicht scharf, denn viele Anstrichfarben sind Lackfarben und es
gibt alle möglichen Übergänge zwischen beiden Gruppen. Systematisch kann
man die Anstrichfarben entweder nach ihrer Zusammensetzung oder nach dem
Material, das sie schützen sollen, oder nach ihren besonderen Anwendungsgebieten einteilen. Die Einteilung auf Grund der Zusammensetzung würde
zweifellos am meisten befriedigen; man hat die Möglichkeit, dieser Einteilung
die Art und Zusammensetzung der Bindemittel sowie der Farbkörper zugrunde zu legen. Von diesem rationellen System sind wir aber zur Zeit noch
weit entfernt; es ist überhaupt fraglich, ob sich eine solche Systematik praktisch
durchführen läßt. Gangbarer ist vielleicht der Weg, die Anstrichfarben nach dem
zu schützenden Material einzuteilen, und zwar 1. in Metallschutzfarben, 2. Schutzfarben für Beton und Mauerwerk, 3. Holzschutzfarben. Diesen Hauptgruppen
wären dann die auf die besonderen Verwendungsgebiete eingestellten Farben zu-

zuordnen. Den Verhältnissen der Praxis entsprechend hat sich die Einteilung der Farben vor allem nach den Verwendungsgebieten herausgebildet; hierfür seien in der folgenden Zusammenstellung einige Beispiele angeführt:

Alkali- und ammoniakbeständige Farben.
> Mit Soda- und Seifenlösung abwaschbare und gegen ammoniakhaltige Gase beständige Schutzfarben, oder beständig gegen Lösungen von Soda und Ätzalkalien.

Aluminiumfarben.
> Anstrichfarben für Tanks und Gasometer, besonders Petroleum- und Benzintanks. Aluminiumfarben sind auch vorzüglich geeignet als Holzanstrich und Dachanstrich, sowie als Anstrich für industrielle Öfen.

Benzin- und mineralölbeständige Farben.
> Beständig gegen Einwirkung von Benzin, Benzol, alkohol- und benzolhaltige Öle, sowie Teeröle. Diese Farben finden vor allem für den Anstrich von Benzin- und Mineralölbehältern weitgehendste Anwendung.

Betonschutzfarben.

Brückenfarben.
> Sonderanstriche für Brücken, Über- und Unterführungen, die in besonderen Fällen gegen die Einwirkung von Industrie- und Rauchgasen beständig sein müssen.

Feuerschutzfarben.

Gasometerfarben.
> a) Taucherglockenfarbe.
> b) Tassenfarbe.

Heizkörperfarben.

Keimtötende Farben.

Säurefeste Farben.

Schiffsbodenfarben.

Temperaturbeständige Farben.
> a) gegen trockene Wärme beständig.
> b) gegen feuchte Wärme beständig.

Unterwasserfarben.

Waggonfarben.

Für die systematische Ordnung der Anstrichfarben ist auch von der Deutschen Reichsbahn eine ganz wesentliche Arbeit geleistet worden. Die Tabellen (S. 336 bis 339) enthalten die Zusammensetzung von Schutzfarben nach den Angaben der Reichsbahn.

Auch die Einteilung der Lacke und Lackfarben unterliegt vielen Schwierigkeiten und die herrschenden Unklarheiten sind hier womöglich noch fühlbarer als bei den Anstrichfarben. Geradezu verwirrend wirkt die Gruppierung der Lacke nach den verschiedenen Verwendungsgebieten und die Bezeichnung nach besonderen Eigenschaften. Diese Einteilungen laufen in den üblichen Benennungen der Lackprodukte verläufig noch ohne System nebeneinander. Man kennzeichnet die Lacke als Automobillacke, Fußbodenlacke, Möbellacke, Isolierlacke, Lokomotivlacke, Lederlacke, ofentrocknende Lacke, Schleiflacke, Emaillelacke, sodabeständige Lacke, wobei in der Benennung entweder das Anwendungsgebiet oder eine besonders hervorstechende Eigenschaft zum Ausdruck kommt. Auch hier könnte natürlich die Einteilung auf Grund der Zusammensetzung systematischer sein. Man kann hierzu das Verhältnis von Lackkörper zum Ölgehalt zugrunde legen und die Art der Ölkomponente im Lack besonders kennzeichnen. Die Zelluloselacke, die wir an früherer Stelle eingehend besprochen haben, können nach ihrem Gehalt an Wolle, Plastizierungsmittel, Harzkörper übersichtlich eingeteilt werden. Die Durchführung dieser Systematik ist zur Zeit kaum möglich und ein kritischer Versuch in dieser Richtung würde auch über den Rahmen der vorliegenden Darstellung weit hinausgreifen. Im übrigen müssen wir auf die Sonderliteratur[1]) verweisen.

---

[1]) Seeligmann-Zieke, Handbuch der Lack- und Firnisindustrie. 4. Aufl. (Berlin 1930). — Wolff-Schlick-Wagner, Taschenbuch für die Farben- und Lackindustrie. (Stuttgart 1930.)

Tinte.

Von Dr.-Ing. **W. Leonhardi**-Dresden.

Mit 10 Abbildungen und 4 Kurven.

Geschichte und Grüppierung. Alle Flüssigkeiten, die zur Hervorbringung von Schriftzeichen dienen, faßt man unter dem Sammelnamen „Tinte" zusammen. Sieht man von den mit Ölen angeriebenen Schreibmaschinenband- und Stempelfarben ab, so fallen hierunter die kolloiden Lösungen der Eisengallus- und Blauholztinten, die Lösungen der Anilinfarbstofftinten und die Suspensionen verschiedener Spezialtinten, z. B. der Bronzetinten.

Die letzte Gruppe, die Suspensionstinten, spielten im Altertum die Hauptrolle. Man bediente sich einer Rußanreibung, die mit Pinsel oder Schreibrohr aufgetragen wurde. Diese Rußtinten lagen jedoch nur auf der Oberfläche des beschriebenen Stoffes, sie konnten leicht wieder entfernt werden. Man variierte die Suspensionstinten in allen Farben, benutzte Zinnober, Mennige und natürliche organische Farbstoffe. Mit einer Silbersuspensionstinte ist z. B. die berühmte Bibelübersetzung des Ulfilas geschrieben.

Eisengallustinte. Die erste Eisengallustinte diente nach einem Bericht von Philo von Byzanz im zweiten Jahrhundert als sympathetische Tinte. Es wurde mit einem Galläpfelauszug, der kaum sichtbare Spuren auf dem Beschreibstoff hinterläßt, geschrieben und die Schriftzüge wurden mit einer eisenhaltigen Kupfersalzlösung geschwärzt. Die spätere Entdeckung der Galläpfelsäure, unserer jetzigen Gallussäure, durch Scheele, der dann den Nachweis von der Existenz der Gerbsäure (Tanninwirkung) neben Gallussäure in den Galläpfelauszügen 1793 durch Deyeux und 1795 durch Séguin folgte, führte zur ständigen Verwendung der Suspensions-Eisengallustinten. Der bei diesen Tinten schon fertig gebildete Farbstoff setzte sich trotz Gummizusatzes mit der Zeit zu Boden, die Tinte mußte wieder aufgerührt werden und würde beträchtliche Ansätze an der Feder erzeugen. Es hatte den Anschein, als wenn die leicht flüssigen, die Feder nicht so angreifenden Blauholztinten, die Eisengallustinten verdrängen wollten.

Gerade in bezug auf die grundlegende Veränderung der kolloiden Beschaffenheit der Eisengallustinten ist das Hannoversche Patent, das dem Gründer der ältesten Tintenfabrik Deutschlands, August Leonhardi, am 4. Januar 1856 erteilt worden ist, besonders beachtlich.

Die Alizarintinte von August Leonhardi (Dresden) ist eine klare, filtrierbare kolloide Lösung. Die Bestandteile, welche den schwarzen Farbstoff, — die gerb- und gallussauren Eisenoxydverbindungen — bilden, werden in der Flüssigkeit durch Zusatz einer Mineralsäure an der Reaktion verhindert. Diese tritt aber erst ein nach dem Schreiben auf dem Papier, wenn die Luft durch ihren Ammoniakgehalt die Mineralsäure neutralisiert und durch ihren Sauerstoffgehalt die Eisensalze in die Oxydverbindungen übergeführt hat. Die Eisengallustinte nach 1856 haftet auch besser auf dem Papier, da sie in das Papier einzudringen vermag. Gegen Licht und Luft sind die Schriftzüge auch noch widerstandsfähiger als die der Blauholztinten.

Anilinfarbstofftinten. Mit der Entwicklung der Teerfarbenindustrie tauchte noch eine modernere Klasse von Tinten auf: die Anilinfarbstofftinten, welche sich durch größte Löslichkeit auszeichnen und deshalb für Kopier- und Hektographentinten beste Verwendung finden. Sie haben den Vorzug, neutral zu reagieren und greifen deswegen die Federn auch nicht an, haben jedoch den Nachteil der Vergänglichkeit. Neuerdings brachte die I. G. Farbenindustrie eine alkalische, gegen Licht und anorganische Säure widerstandsfähige schwarze Farbstofftinte heraus, die der erträumten Idealtinte näher kommen will, da sie bis auf die mangelnde Leichtflüssigkeit, die in der alkalischen Natur begründet liegt, manche Vorteile für sich hat. Sie kommt den bekannten schwarzen Farbstofftuschen der Tintenindustrie an Qualität sehr nahe und bietet deshalb nichts besonders Neues. Auch die Versuche, der Tinte einen blauen Farbstoff zuzusetzen, haben infolge Entstehung von Mißfarben · zu keinem befriedigenden Ergebnis geführt.

Vergleiche der Schreibwirkungen auf Grund der verschiedenen chemischen Struktur.

Der Urkundenwert der Eisengallustinten jedoch beruht auf dem mit der Papierfaser in stark kolloidchemischer Form fixierten Eisentannat, das zu unlöslicher Verbindung oxydiert. Die Ursache dieser charakteristischen tinktogenen Atomgruppierung, welche die Schwärzung hervorruft, ist von Schluttig und Neumann in ihrem klassischen Buch über „Eisengallustinten" genau erforscht worden. Man fand, daß drei benachbarte freie Phenolhydroxyle die Eigenschaft der Gallussubstanzen, mit Eisensalzen Schreibtinten von dokumentarischen Werten bilden zu können, bedingen. Die Stellung der Substituenten ist von großem Einfluß auf die Tönung. Die z. B. durch Pyrogallolkarbonsäure hervorgerufene Färbung ist rein schwarz, während diejenige der mit ihr isomeren Gallussäure mehr blauschwarz ist. Der Grund hierfür liegt darin, daß bei der ersteren nicht nur die benachbarte Stellung der drei Phenolhydroxyle, sondern auch die Orthostellung des Karboxyls zu dem einen Hydroxyl in Frage kommt, beide Faktoren also gleichzeitig wirken; bei der Gallussäure indessen ist das Karboxyl unbeteiligt, da es sich zu den Hydroxylen in Meta- resp. in Parastellung befindet. Saure Atomkomplexe drücken die Intensität der Färbung stark herab. Deshalb genügt die Tanninsubstanz für sich allein nicht, es muß zur Erzielung der tieferen Schwärzung die Gallussäure gleichzeitig mitwirken.

Analoge Versuche sind auch für die Blauholztinten mit Chromsalzen und Kampecheholzextrakten ausgeführt worden. Die Beliebtheit dieser Tinten lag in ihrer großen Farbkraft, die sich zu Kopierzwecken eignet, und ihrer Billigkeit, die aber in der Nachkriegszeit nicht so stark mehr in Erscheinung tritt. Der färbende Bestandteil ist das Hämatoxylin, ein Derivat des Pyrogallols, das mit Eisensalzen intensivste Schwarzfärbungen ergibt, die leider unbeständig sind.

Blauholztinten. Als Chromverbindungen sind Kaliumchromat, Kaliumbichromat und Chromalaun die gebräuchlichsten. Je mehr sauer reagierende Salze vorhanden sind, desto stärker geht die Farbe ins Weinrote über, Chrom läßt sich als Säure oder als Base, wie aus den Beispielen hervorgeht, verwenden. Der verschiedene Grad solcher amphoterer Substanz verändert dann auch den Elektrolytcharakter, der im allgemeinen positiv geladenen Metallsalztinten. Eisengallus- und Blauholztinten gehören zu den hydrophoben, im oxydierten Zustande irreversiblen kolloiden Lösungen.

Farbstofftinten. Von geringem dokumentarischen Wert und Lichtbeständigkeit sind die Anilinfarbstofftinten, die wegen ihrer leuchtenden Farbe beim Publikum Anklang gefunden haben. Ihr neutraler Charakter schützt außerdem die Federn besser. Da die reinen Farbstofflösungen die Papierfasern meist nur substantiv anfärben, fehlt ihnen die Deckkraft, die wiederum der letzten Gruppe von Tinten vorbehalten bleibt, den Spezialtinten, Gold-, Silber- und Bronzesuspensionen, die als Anreibungen mit Ölen feinangeriebene Pigmente bilden. Die disperse Phase besteht hierbei in einer Gummi- oder Schellack-Boraxlösung.

Hektographentinten. Die höchst konzentrierten Anilinfarbstofftinten vereinigt die Gruppe der Hektographentinten. Die Bedeutung der Lichtechtheit tritt hierbei zurück. Die Löslichkeit steht jedoch im Vordergrund. Es handelt sich um einen Vorrat an Farbstoff für 100 und mehr Abzüge. Die hohe Konzentration geht natürlich Hand in Hand mit einer relativ hohen Zähflüssigkeit, die in Richtung der Gruppen: Hektographentinte, Doppelkopier-, Kopier-, Schreibtinten abnimmt, im Verhältnis: $1,16 : 1,10 : 1,07 : 1,01 : 1$ ($1 =$ Wasser).

Eine andere Gruppe von Vervielfältigungstinten stellen die Autographietinten dar. Als Umdrucktinten bestehen sie aus einem Gemisch von Fetten, Wachs, Seife, Ruß und Harzen, die zusammengeschmolzen und dann in Wasser gelöst werden. Es entstehen mehrphasige Hydrosole, die ein besonders präpariertes Papier bedingen.

Schreibmaterial. Eine gute Eisengallustinte muß in offener Flasche wochen- und monatelang absolut klar bleiben, ohne die geringsten Ausscheidungen zu zeigen. Infolge des kolloiden Charakters der Tinten sind jedoch nach jahrelanger Aufbewahrung Ausscheidungen am Boden nicht zu vermeiden. Je länger die saure Tinte der Luft ausgesetzt ist, um so eher wird sich der Aziditätsgrad verringern. Die zugesetzten Mineralsäuren sollen ein vorzeitiges Absetzen von Tintenkörpern am Boden verhindern. Eine sehr überalterte Tinte zeigt daher Erscheinungen, als ob sie mit einem entgegengesetzt geladenen Elektrolyten teilweise gefällt wäre. — Jedes Hydrosol besitzt eine Potentialdifferenz, diese deutet auf eine Wanderung der Ionen hin. Durch Elektrolytzusätze erzeugt man eine Phasenverschiebung. An der Grenzfläche zwischen der dispersen Phase und dem Dispersionsmittel liegt eine neutrale Zone. Diese Gesetzmäßigkeit erklärt das starke Ankrusten einer in eine Eisengallustinte eingehangenen metallischen Feder, deren Kation mit der Zeit die beobachtete Phasenverschiebung hervorruft. Mit steigender Verdünnung nimmt die Kationbewegung zu. Eine in bezug auf Gallusgerbsäure zum Eisen im richtigen Verhältnis zusammengesetzte Eisengallustinte zeigte sich im konzentrierten Zustande am haltbarsten.

Der den Federn anhaftende Lacküberzug, der ein Rostschutzmittel darstellen soll, ist nur ganz im Anfangsgebrauch wirksam und verliert durch Säureeinfluß immer mehr an Widerstandskraft, zumal der Lacküberzug zwischen den Schlitzstellen fehlt. Schon besser sind die mit galvanischem Metallüberzug versehenen Federn. Die Unangreifbarkeit des Federmaterials nimmt in Richtung der elektrolytischen Spannungsreihe zu. Goldfedern mit harter Spitze aus einer Legierung von Platin und Osmium-Iridium haben den größten Vorzug. Nicht zum mindesten deswegen erfreut sich der Goldfüllfederhalter seiner Beliebtheit.

Das dritte zur Betrachtung unbedingt mit heranzuziehende Material ist das Papier. Eine alte Erfahrung lehrt, daß gute Qualitäten stets zusammengehören. Eine Qualitätstinte versagt auf schlechtem Schreibpapier und eine feine gut gehärtete spitze Feder ebenfalls. Die Güte eines Papiers zum Zwecke des Beschreibens hängt ebenso von der Faserzusammensetzung, wie vom Füllmaterial und der Leimung ab. Holzschliffpapiere eignen sich nicht zum Beschreiben mit sauren Tinten, da diese durchschlagen. Reine Zellulosepapiere saugen ebenfalls zu stark. Die besten Schreibpapiere, Normalpapiere, weisen ein Fasergemisch aus Leinen Baumwolle und Holzzellstoff, gute Harzleimung und reichlichen Füllstoffgehalt, Gips, Kaolin, Kalk auf. Je vollständiger die disperse Phase bei der Fabrikation auf den Heißzylindern der Papiermaschine verdunsten kann, um so weniger hygroskopisch ist das Endprodukt und dadurch unter der Voraussetzung des Zusatzes geringer Mengen wasserabstoßender Substanzen gut geeignet zum Beschreiben. Die Adhäsionskraft der Schreibflüssigkeit an der Feder muß um bestimmte Grade geringer sein, als die am Papiere. Um dies zu erreichen, ist es notwendig, die Schreibflüssigkeit auf ein Optimum der Viskosität einzustellen, dies liegt ca. bei 6,2 Sekunden Ausfließzeit aus der 10 ccm-Pipette.

Aus den zahlreichen Untersuchungsmethoden für Leimfestigkeit der Papiere sei die Methode nach Schluttig und Neumann[1]) kurz erwähnt. Auf einem hierzu besonders konstruierten Gestell, dessen Schenkelrahmen einen Winkel von 60 Grad auch mit der Tischplatte bilden, ist ein Aufsatz mit einer Blechrinne, die gegen einen in den eisernen Rahmen gespannten Papierbogen um 45 Grad geneigt ist, angebracht. In ein Glasröhrchen von bestimmten Abmessungen wird eine stets gleiche Menge Eisenchloridlösung gesaugt, die in 100 Gewichtsteilen 1 g Eisen, 1 g Gummiarabikum und 0,2 g Phenol enthält. Das Röhrchen wird oben mit dem Finger verschlossen und so gegen die Blechrinne gelegt, daß das untere Ende das Papier berührt.

Wird nun die obere Öffnung freigegeben, so fließt die Lösung auf dem Papier herunter. In dieser Weise erzeugt man nach jedesmaligem Verschieben des Aufsatzes um 3 cm noch drei Streifen. 15 Minuten nach Bildung des dritten Streifens wird das Blatt umgedreht und auf der Rückseite in gleicher Weise mit wäßriger Tanninlösung so behandelt (1% Lösung + 0,2 g Phenol), daß sich die Streifen rechtwinklig kreuzen.

Bei nicht leimfestem Papier färben sich die neun Kreuzungspunkte der Streifen wenige Sekunden nach dem Herunterlaufen der Tanninlösung schwarz. Ein Papier gilt als leimfest, wenn erst nach dem Verlauf einiger Minuten Farbreaktionen auftreten, beginnend bei den äußeren; die inneren vier Kreuzungspunkte folgen in deutlicher Grau- und Schwarzfärbung nach. Je schwächer sich nach Ablauf von 24 Stunden die Nachdunklung der Kreuzungspunkte zeigt, um so leimfester ist das Papier.

Derselbe Apparat dient aber auch zur Beurteilung der Leichtflüssigkeit einer Tinte. An der Stelle, an der das Glasrohr auf den Papierbogen aufgesetzt wurde, also am Kopf des Streifens, bemerkt man eine ovale Verbreiterung desselben. Die untersuchten Tintensorten des Handels zeigen sämtlich genau dieselbe Form des Kopfes und Breite des Streifens wie der beschriebene Typus, nur ist im allgemeinen bei den kombinierten Schreib- und Kopiertinten der Streifen etwas schmäler als bei den reinen Schreibtinten. Diese bereits mit den Adhäsions- und

[1]) Herzberg, Papierprüfung. 4. Aufl. (Berlin 1915), S. 172.

Kapillargesetzen zusammenhängende diagnostische Reaktion wird noch weiterhin spezieller untersucht werden.

An diesem Laufstreifenapparat kann man schließlich auch noch mit Hilfe des Ostwaldschen Chrometers das Nachdunkeln der Eisengallustintenstreifen beobachten. Verlangt wird eine ins Schwarz übergehende Tönung innerhalb von 8 Tagen. Das vom Materialprüfungsamt seinerzeit als Normaltinte anerkannte Fabrikat: Eisengallusschreibtinte von Aug. Leonhardi, Dresden, zeigt folgende Zunahme der Schwärzungrade:

Nach dem Versuch:

Zu Beginn:	Nach 1 Tag	Schwarzgehalt	Nr. 3. h
Schwarzgehalt: Nr. 3 d	„ 1 „	Weißgehalt	Nr. 2. k
Weißgehalt: Nr. 2 g.	„ 2 Tagen	Schwarzgehalt	Nr. 3. h
	„ 2 „	Weißgehalt	Nr. 2. k
	„ 3 „	Schwarzgehalt	Nr. 3. i
	„ 3 „	Weißgehalt	Nr. 2. k
	„ 4 „	Schwarzgehalt	Nr. 3. i
	„ 4 „	Weißgehalt	Nr. 2. l

In bezug auf Federprüfung hat der Verfasser noch einen kleinen Apparat konstruiert, der gestattet, die Beurteilung der Eignung von Federn für Eisengallusschreibtinte zu ermöglichen. Die um einige Zentimeter nach beiden Seiten verlängerte Mittelachse eines Uhrwerks hält an Stelle des Zeigers verschiedene kreuz-

Abb. 143.
Tintenfederprüfapparat.

weise gruppierte kleine Halter mit eingesteckten Federn fest. Hat man radial acht Halter angebracht, so taucht aller 7½ Minute ein Feder in einen unterhalb bereitstehenden schmalen Glasbehälter mit Versuchs- oder Normaltinte. Die Benetzungsdauer ist ca. ¼ Stunde. Die Feder bleibt, durch das Uhrwerk bewegt, ¾ Stunde der Einwirkung der Luft ausgesetzt, um von neuem einzutauchen. Nach ungefähr

6 Tagen kann nach ununterbrochenem Gang des Triebwerkes der Versuch als beendet gelten, wenn man die verdunstete Tinte täglich bis zur gleichen Höhe
ergänzt hat.

Bei diesem Versuch verstärkt man absichtlich die durch das häufige Eintauchen
und Austrocknenlassen entstehende Verkrustung der Feder.

Ursachen zu rascher und zu starker Verkrustung liegen einerseits am schlechten
Federmaterial, dessen Schutzschicht zu schnell zerstört ist, andererseits an einem
zu hohen Säuregrad der Tinte oder an einer zu wenig ausgereiften Schreibflüssigkeit.
Viele organische Naturprodukte, so auch die Gallusgerbstoffe, die einem Fabrikat
beigemengt sind, haben die unangenehme Eigenschaft, in verschieden starkem Maße
Ausscheidungen zu bilden, ganz gleich, ob die Lösung vorher filtriert worden ist
oder nicht. Diese kolloiden Gebilde, die auch noch dem Gummiarabikum als
häufig noch verwendeten Tintenzusatz eigen sind, entstehen bei jungen Lösungen
innerhalb 12—24 Wochen. Sie können, ohne den Charakter der Fabrikate nachteilig zu beeinflussen, durch kein Mittel schneller zum Absitzen gebracht werden.
Einen nicht zu vernachlässigenden Einfluß auf diese Erscheinungen übt der Härtegrad des zugesetzten Wassers aus. Je kalk- und gipsärmer das Wasser ist, um so
geringerer Bodensatz wird sich bilden.

Der Typus der Eisengallusurkundentinte, wie er vom Materialprüfungsamt
vorgeschrieben ist, hat folgende Zusammensetzung: 27 g wasserfreie Gerb- und
Gallussäure, 4 g Eisen auf Metall berechnet im Liter. Das entsprechende zweiwertige Eisensalz bildet mit der Gallussäure gallussaures Eisenoxydul, eine in
Wasser lösliche, farblose Verbindung, die sich weder durch die freie Säure, noch
durch die sauren Alkalisalze derselben aus Eisenoxydulsalzen niederschlägt. Aber
sobald Sauerstoff hinzukommt, fängt die Lösung an, erst rötlich, dann violett und
zuletzt schön schwarz zu werden. Dabei bleibt die Verbindung noch gelöst, aber
endigt damit, sich ganz schwarz niederzuschlagen. Dann liegt gallussaures Eisen-
oxyduloxyd vor. Diese Verbindung wird gebildet und zugleich niedergeschlagen,
wenn man Gallussäure mit der Lösung von einem neutralen oder basischen Eisen-
oxyd-Oxydulsalze vermischt. — Setzt man Gallussäure zu einem Oxydsalz, so
entsteht die Verbindung ebenfalls, aber dann wird ein gewisser Teil von dem Oxyd
zu Oxydul reduziert. Das günstigste Verhältnis nun zwischen Bestandteilen und
wasserfreier Gerb- und Gallussäure liegt zwischen 1 : 4,5 und 1 : 6,75 bis zu höchstens 50% Verdünnung des obigen Typus. Die Ausscheidungen der Eisenverbindungen finden in verdünnteren Lösungen weit schneller statt, als in konzentrierten.
Ebenso zeigt eine Eisengallustinte bereits nach kurzer Zeit um so mehr festen
Bodensatz und Wandbeschlag, je geringer die Verhältnisspanne von Eisen zu Tannin
gehalten ist. Umgekehrt bei einem relativen Überschuß von Gallusgerbsäure
findet ebenfalls eine Ausscheidung statt, die infolge ihrer lockeren Struktur sich
nur auf dem Boden zeigt. Bei einer richtig zusammengesetzten Eisengallusschreibtinte darf sich innerhalb eines Jahres nach der Herstellung noch keinerlei Bodensatz zeigen. Versucht man mit einer $1/10$ Normallösung Natronlauge die Fällungsreaktion herbeizuführen, so dürfen die Eisenhydroxyde nicht völlig kolloid, sondern mit tatsächlich sichtbaren Fällungskörpern auftreten. Kolloide Eisen-
hydroxydfällungen lassen stets auf ein zu geringes Quantum zugegebenen Eisen-
salzes schließen, das bei normaler Schreibtinte unter Einhaltung der höchst-
zulässigen Tanninmenge nicht das Optimum der Nachdunklung ergeben kann.
Es braucht nicht besonders betont zu werden, daß ein Säureüberschuß zum Zwecke
der Erhaltung des im falschen Gleichgewicht befindlichen Tintenkörpers in schon
erwähnter anderer Beziehung höchst nachteilige Folgen hat.

Kapillaranalyse. Zum Zwecke der Feststellung der Indentität zweier Tinten hat man sich nach den Untersuchungen Goppelsroeders[1] bereits recht vorteilhafte Aufschlüsse mit Hilfe der Kapillaranalyse verschaffen können. Wenn man in flüssige Körper oder in die Lösungen flüssiger oder fester Körper reinste Filtrierpapierstreifen 3—4 cm tief eintaucht, so steigen die gelösten Stoffe bis zu ungleichen Höhen empor; sind verschiedene Körper miteinander gemischt, so entmischen sie sich unter Bildung ganz charakteristischer Zonen. Bei nicht vollständiger Trennung findet eine Übereinanderlagerung statt. Mit Hilfe dieser Kapillarsteigmethode vermag man geringste Spuren von Farbstoffen, z. B. 0,000034 mg Eosin in 1 ccm Lösung an dem charakteristisch rosa gefärbten „Hochschein" nachzuweisen. Ebenfalls spielt die Konzentration einer zu untersuchenden Lösung bei der Kapillaranalyse eine bedeutende Rolle. In der Kolloidzeitschrift Bd. 26, S. 152 veröffentlichte H. Schmidt, Hamburg, die Untersuchung: „Über die Beziehung der Steigzeit und der Steighöhe zur Konzentration beim kapillaren Aufstieg im Filtrierpapier", wofür im Bd. 13, S. 146 die einheitliche Holmgreenformel angewandt wird:

$$\frac{C}{C_1} = \frac{\dfrac{r^2}{R^2 - r^2}}{\dfrac{r_1^2}{R_1^2 - r_1^2}}$$

C und C_1 bedeuten verschiedene Säurekonzentrationen, R ist der äußere, r ist der innere Zonenradius für C; R_1 und r_1 entsprechend für C_1. Da sich nun in die Querrichtung bei der Papierfabrikation mittels seitlicher Rüttelvorrichtungen niemals so viel Fasern lagern, wie in die Längsrichtung, die durch die Geschwindigkeit der Langsiebe bestimmt wird, ergibt sich bei jedem Tropfenbild auf Saugpapier eine elliptische Fläche. Aus diesem Grunde hat der Verfasser die Konzentrationsformel Holmgreens entsprechend berichtigt: An Stelle des Radius treten die Produkte der sich ergebenden elliptischen Mittelachsen A, B und a, b.

$$\frac{C}{C_1} = \frac{\dfrac{a \cdot b}{A \cdot B - a \cdot b}}{\dfrac{a_1 \cdot b_1}{A_1 \cdot B_1 - a_1 \cdot b_1}}$$

Das Papier. Zur spezielleren Erforschung der Randzonen eignete sich unter den Saugpapieren nur eine besondere Art von Löschpapieren, wie z. B. das Behördenlösch Nr. 2 der Peniger Patentpapierfabrik mit ca. 7,8% Aschengehalt und das den folgenden Tintenuntersuchungen zugrunde liegende Vampyr-Löschpapier von August Schoeller-Düren.

Besondere Merkmale dieses Papieres sind:

1. Bogengröße des Handels: 44,5 × 56,5 cm,
2. Quadratmetergewicht: 147 g,
3. Festigkeit: 2,65,
4. Reißlänge: 1200 m,
5. Aschengehalt: 4,17%, darunter 1 Kalk : 2 Kaolin,
6. Dicke: 0,3 mm,
7. Saugfähigkeit: Längsrichtung; für Wasser: 2,2 cm, für Schreibtinte 1,8 cm,
   Querrichtung; für Wasser: 2,0 cm, für Schreibtinte 1,5 cm,
   nach 10 Sekunden.

---

[1] Kapillaranalytische Untersuchungen (Versuche Schönbeins).

Die charakteristischen Tintenbilder für kapillaranalytische Untersuchungen werden ganz besonders durch den Kalkgehalt des nur dadurch geeigneten Löschpapiers hervorgerufen. Die Anwesenheit basischer Kalksalze bedingt das Zustandekommen einer Fällung der Eisensalze in ihrer Gallusgerbsäureverbindung. Je nach dem Säurecharakter der Tinte findet diese eher oder später statt. Es entsteht eine dunkle Eisentannatzone. Im durchscheinenden Lichte erkennt man deutlich an diesen Stellen die Verstopfung der Poren, so daß durch den wie ein Ultrafilter wirkenden dichten Wall nur noch die feinsten Farb- und ungefällten Eisensalzlösungen diffundieren können. Die Tanninsubstanzen bleiben im engeren konzentrischen Ringe so gut wie ganz hängen, die der Tinte zugesetzten Farblösungen entmischen sich an bestimmten Stellen, das Wasser dringt bis zur Peripherie. Dort setzt es die allerfeinsten Tintenpartikelchen ab, und zwar in dem Augenblick wo die Verdunstung die weitere Kapillarkraft aufzuheben beginnt.

Besonders in verdünnteren Lösungen erkennt man deutlich die bräunlich gewordenen Eisenhydroxydzonen. Die Salzsäure ist entwichen, bzw. neutralisiert,

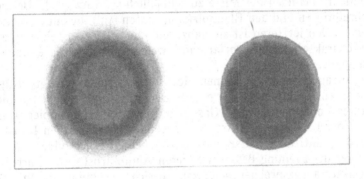

Abb. 144.
Kapillarbild, a einer Eisengallusschreib-, b Kopiertinte.

das Ferrosalz geht in Ferrohydroxyd und durch längere Lufteinwirkung in das bräunliche, feinst verteilte Ferrihydroxyd über. Ein Reißfederstrich mit Tanninlösung genügt, um die Ausbreitung der Eisenzone festzustellen.

Bringt man also mit einer kleinen geeichten Pipette tropfenweise auf die Mitte eines Bogens Vampyrlöschpapiers einen Kubikzentimeter Eisengallustinte, so kann man nach dem Eintrocknen folgende Zonen unterscheiden: In der Mitte befindet sich ein mit der vorherrschenden Anilinfarbe getönter Säurekern, daran schließen sich 1. die schwarze Eisentanninfällungszone, kurz Galluszone genannt; 2. Farbstoffzone; 3. Eisenhydroxydzone, von 2 überlagert; 4. Wasserzone; 5. Grenzrand.

Aus den Kapillarbildern ist ersichtlich, daß die Grenzlinie zwischen Säurekern und Eisentannatzone meist sehr unruhig, wellenförmig verläuft. Diese Unregelmäßigkeiten bedingen eine größere Anzahl von Proben, um eine nahezu genaue Mittelwertsbestimmung bei quantitativen Untersuchungen zu erreichen. Man findet diese Ausgestaltung der Säuregrenzlinie sowohl bei füllstoffreichen als -armen Papieren an den Übergangsstellen zwischen stark saugenden und durch kolloide Fällung an Kapillarkraft gehinderten Stellen. Die Maxima und Minima dieser Wellenlinie sind um so intensiver ausgestaltet, je schroffer der Konzentrationsabfall an der Übergangsstelle ausgefallen ist. Stark saure Tinten sind deshalb an solcher Wellenlinienführung gut erkenntlich.

Betrachtet man weiterhin den Fällungswall des kolloiden Eisenhydroxydes als schwach poröse Scheidewand, so erkennt man in dem Diffusionsgange der Tintenlösungen einen Vorgang der Ultrafiltration. Nur die allerfeinsten Partikelchen gehen hindurch, um sich in charakteristischen Linien am Rande abzusetzen. — Bei den Tinten, welche die Auszüge von chinesischen und kleinasiatischen Galläpfeln, den Knoppern, Dividivi, Valonea, Eichenholz, Kastanienholz und auch Kampecheholz als tinktogene Substanz enthalten, ist nach 1—2 Tagen die äußerste Zone entweder rein hellrotfarben oder mit einem Stich in die Färbung des in der Tinte enthaltenen vorläufigen Farbstoffes versehen. Die innere Zone ist blauschwarz, und zwar bei den Galläpfeln und Dividivi mit charakteristischen Linien gerändert, die bei Gerb- und Farbhölzern fehlen.

Nur bei Sumach und besonders bei den Myrobolanen zeigt sich die schwarze Färbung der Eisengallusverbindung bis in die äußerste Zone, so daß letztere dunkelgrau erscheint. Die Myrobalanen ergeben zwischen äußeren und inneren Zonen eine besondere blauschwarze Linie, an welche sich nach innen erst ein helles graues Band anschließt, das nach der Mitte zu schließlich schwarz wird. Bei den Chromblauholzschreibtinten und den Blauholzkopiertinten fehlt die äußere Zone entweder völlig, oder bei den letzteren ist sie ganz hellgrau. Dagegen zeigen alle Blauholztinten die charakteristische Rotfärbung, welche Schwefelsäure oder Natriumbisulfatlösung hervorbringt.

In hervorragendem Maße eignen sich solche schnell erzeugte Kapillarbilder zu diagnostischen Reaktionen. Der geübte Beobachter wird nicht nur die ihm vorgelegte Tintenprobe nach ihrer Klassenzugehörigkeit eingruppieren können, er wird auch in der Lage sein, die Art der verwendeten organischen Rohstoffe zu bestimmen und Quantitätsanhaltspunkte anzugeben. Ferner bildet man sich rasch ein Urteil über die Eignung des verwendeten Anilinfarbstoffes. Farbstoffe, deren Kolloidcharakter ausgesprochen ist, zeichnen sich gewöhnlich durch einen schwächeren kapillaren Aufstieg aus, als andere aus reinen Lösungen. — Basische Farbstoffe ergeben eine mittlere Ausbreitungsfläche, die von den sauren Farbstoffen noch übertroffen wird. Je leichter sich ein Farbstoff auf der Faser fixiert, um so geringer ist sein Aufstieg bei schwächeren Konzentrationen, größer bei stärkeren Konzentrationen. — Bei erhöhter Temperatur findet eine vermehrte Adsorption der Farbstoffe statt, während sich die kapillare Ausbreitung verringert. Säuren vermehren den Aufstieg basischer Farbstoffe, während saure Farbstoffe durch Zusatz von Basen nicht in die Höhe steigen.

Zur Erkennung von unrichtig zusammengesetzten oder der Art verdorbener Eisengallustinten ist vom Verfasser eine Versuchsreihe mit qualitativ verschobenen Rohstoffkomponenten, ausgehend von einer Versuchstinte der Firma A. Leonhardi, Dresden, aufgestellt worden[1]). Ebenso, wie sich mit abnehmender Azidität der intensiv gefärbte Säurekern der normalen Eisengallustinte verkleinert, so verringert er sich auch mit zunehmender Verdünnung, wobei das Kapillarbild einen mehr und mehr verschobenen Charakter annimmt. Einige Eisenhydroxydrandzonen werden für Schreibtinten erst bei einem Verdünnungsgrad auf das dreifache Volumen $\left(\frac{n}{3}\text{-Konzentration}\right)$ sichtbar. Es empfiehlt sich deshalb, bei den auf diese Weise hergestellten diagnostischen Versuchsbildern neben der normalen Konzentration zum Vergleich die Charakteristik der $\frac{n}{3}$-Konzentration (Abb. 145) mit

---

[1]) Siehe Beilage.

heranzuziehen. Man beobachtet bei den Verdünnungsreihen zwei bis drei dunkle Mittelzonen, die von einer helleren getrennt sind. Bei einer Störung des Gleichgewichts durch Anwesenheit einer zu reichlich zugegebenen Rohstoffkomponente kommt diese Doppelzonenbildung in Wegfall.

Eine nur übersäuerte Tinte (Abb. 146) zeigt in ihrem Kapillarbild normaler Konzentration eine sich scharf abhebende, stark gewellte, schmale, nach der Peripherie zu getriebene dunkle Fällungszone, die schon je nach der zugesetzten Säuremenge

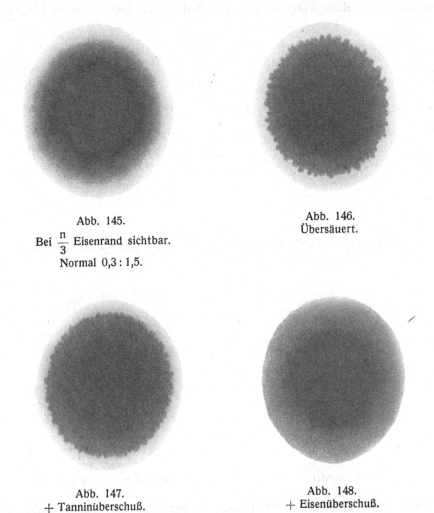

<table>
<tr><td align="center">Abb. 145.
Bei $\dfrac{n}{3}$ Eisenrand sichtbar.
Normal 0,3 : 1,5.</td><td align="center">Abb. 146.
Übersäuert.</td></tr>
<tr><td align="center">Abb. 147.
+ Tanninüberschuß.</td><td align="center">Abb. 148.
+ Eisenüberschuß.</td></tr>
</table>

(100 Teile Eisengallustinte + 1 Teil konz. HCl) bei Zugabe von 3—4% Säure nahezu aufgehoben wird, um bei einer 10%igen Zugabe vollkommen zu verschwinden. Diese Reaktionserscheinungen lassen deutlich erkennen, wie fein eine Eisengallusschreibtinte auf richtigen Säuregehalt eingestellt sein muß, um das harmonisch geschlossene charakteristische Normalkapillarbild mit ruhig verlaufender weder zu breiter, noch zu schmaler Dunkelzone zu erhalten. Man neutralisiert 10 ccm dieser Tinte mit 0,2 ccm Normal-Natronlauge.

Ein 1%iger Tanninüberschuß (Abb. 147) weist auch eine weniger glatt verlaufende Fällungszone, aber mit breiterem Ausmaße auf. Der sich daran unmittelbar anschließende schwache Ausstrahlungsring bildet sich mit weiter zunehmendem Tanningehalt zu einer schmalen abgesonderten Ringzone aus. Pyramidenartige Spitzen zeigen, aus der Primärzone herausragend, nach der Mitte. Sie werden um so länger und breiter, je höher der Tanningehalt ist. Im Kapillarbild mit verdünnterer Konzentration schließt sich der Tanninring enger nach der Mitte, viel weniger verschwommen als bei normalerem Tanningehalt.

Auch der Eisenüberschuß (Abb. 148), der seltener vorkommt, trägt dazu bei, diesen dunklen Fällungsring zu verengen. Bei 10% Zugabe wird die Blaufärbung

Abb. 149.
+ Übersäuert, — Tanninüberschuß.

Abb. 150.
+ Übersäuert, — Eisenüberschuß.

Abb. 151.
Konzentriert.

Abb. 152.
Übersäuert und konzentriert.

durch das Grün des Salzes übertönt und tritt nur in ausstrahlender Mittelzone bei $\frac{n}{3}$ -Verdünnung matt hervor.

Wirken Säure- und Tanninüberschuß gleichzeitig (Abb. 149), so herrscht, wie gesagt, der erstere bei weitem in der Charakteristik vor und läßt kaum den Tanninüberschuß erkennen. Es ist deshalb stets notwendig, sich zuerst Aufschluß über den Grad der Azidität zu geben. — Bei gemeinsamer Einwirkung von Säure- und Eisensalzüberschüssen (Abb. 150) ist der immer mehr ins Grünliche übergehende Farbton der unbenetzbar gewordenen Randzone vorherrschend. Diese Färbung erhält man auch bei den Kapillarbildern hochkonzentrierter Eisengallustinten (Abb. 151), die bei gleichzeitiger Übersäuerungseinwirkung (Abb. 152) ins Gelbgrüne übergehen.

Die Kapillarbilder der sich aus den extremen Versuchen ergebenden Zwischenstufen sind graphisch ohne weiteres auswertbar. Da sich z. B. der Säuregrad einer Eisengallustinte stets durch die Flächenausdehnung des inneren Säurekerns charakterisiert, ist man in der Lage, durch Berechnung des Verhältnisses von Säurekernfläche zur Gesamtausbreitungsfläche des Kapillarbildes Aufschluß über die Azidität einer vorliegenden Tinte zu erhalten. Bessere Mittelwerte erhält man durch Aufstellung des einfacheren Verhältnisses a b : A B (Produkt der Säurekernachsen zum Produkt der Gesamtflächenachsen) bei Eisengallustinten, als durch Anwendung der Holmgreenformel, da die durch die Faser- und Füllstoffanordnung bedingte verschiedene Saugfähigkeit der Untersuchungspapiere außerhalb des Fällungsringes ungleich stärker variiert als in der Kernzone selbst. Die dem Versuche zugrundeliegende Tinte mit 2% n HCl Säuregrad wurde bis 12% n HCl Gehalt gestaffelt (Kurve I), wobei sich eine in Prozenten ausgedrückte Zahlenreihe der Randzonenflächenverhältnisse ergab, die in schwach gewellter Kurve vom Werte 25,4% ausgeht und bis 44% wächst. Die gleichmäßige Gestaltung eines Säurezuwachses würde auch eine funktionale Abhängigkeit der Ausbreitungstendenz zur Folge haben, die in arithmetischer Reihe wächst, wenn nicht bei stetiger elliptischer Ausbreitung mit der Konzentrationszunahme eine im Anfang fördernde, späterhin hemmende Saugwirkung eintreten würde. Durch geeignete alkalische Titration kann man das gewählte Koordinatensystem nach dem Säuregehalt aufstellen, um für die weiteren Prüfungen auf Eisen- und Tanningehalt die sichere Grundlage zu gewinnen.

Bei gleichbleibender Säurekonzentration zeigt ein stetig vermehrter Eisengehalt (Kurve II) einen fast in arithmetischer Reihe erfolgenden Verlauf der Randzonenprozentsätzziffern. Dies ist schon deshalb leicht erklärlich, weil, wie schon erwähnt, diese Versuchsreihe in einer aufs dreifache verdünnten Konzentration vorgenommen werden muß. Steigen die Eisengehaltswerte für Normalkonzentration von 0,3% bis 0,7%, so wachsen die Zonenprozentsätze der Eisenrandlinien bei n/3-Konzentration von 59% bis 89,5%. Gerade diese Beobachtungsreihe gibt außerdem einen guten Aufschluß über den Verdünnungsgrad.

Durch Festlegung dieser Beziehungen kann man aus einer Geradengleichung mit gegebenem Werte für aufgefundenen Randzonenprozentsatz x das dazugehörige y = Prozentsatz an vorhandenem Eisen finden. Die Formel hierfür lautet nach Kurve II: $0,4 \, x - 30,5 \, y - 14,45 = 0$.

Ultramarintinte in normaler Konzentration besitzt z. B. eine dem Kapillarbild entnommene Eisenflächenausbreitung von 99,5%, diese sinkt bei Zugabe von 10% destilliertem Wasser auf 98,5, um bei einer Zugabe von 100% H_2O bis auf 80% zu fallen.

Bei Aufstellung einer Randzonenkurve für Bestimmung der Gallusgerbstoffsubstanz (Kurve III und IV) ist Vorbedingung, daß das Verhältnis von Eisen zu Tannin festgelegt ist. Im vorliegenden Falle ist es ca. 1 : 5. Die Kurve verläuft um einen beträchtlichen Grad steiler, wenn man den Eisengehalt konstant hält und mit Tanninüberschüssen arbeitet. Bei Zugrundelegung der $\frac{n}{3}$-Verdünnungskonzentration verläuft die Kurve mit entsprechendem Eisengehalt, umgekehrt wie bei normaler Konzentration, steiler als bei konstant gehaltener Eisenmenge. Im letzteren Falle nimmt die Kurve beinahe einen linearen Verlauf und schneidet die n-Kurve oberhalb des Punktes doppelter Konzentration für Versuchstinte 0,7 : 3, 4 = Fe : T. Diese merkwürdige Erscheinung erklärt sich aus der ungleich verstärkten Ausstrahlungstendenz der schwach ans Eisensalz gebundenen Überschußmenge der Tannin-

substanz in verdünnter Konzentrationslage. Hält der Eisengehalt mit dem Tanningehalt gleichen Schritt, so verlaufen die Kurven in regelmäßigem Abstande nahezu
parallel. Alle diese mikrochemischen Beobachtungen tragen dazu bei, näheren Aufschluß über die Zusammensetzung einer Eisengallustinte ohne zeitraubende chemische Analyse zu gewinnen, wenn man die errechneten Zonenwerte mit den beigefügten Kurvenpunkten vergleicht.

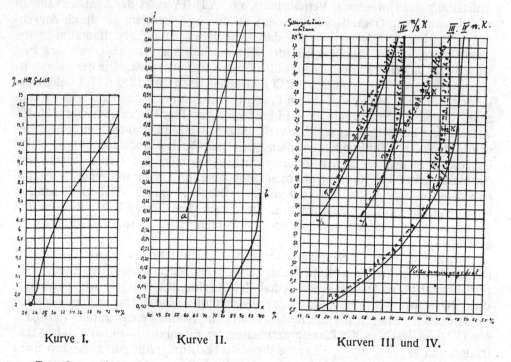

Kurve I.   Kurve II.   Kurven III und IV.

Der Gang einer solchen Kapillaranalyse für eine Eisengallustinte wäre kurz
folgender:

1. Feststellung des allgemeinen Charakters der Tinte, ob es eine Schreib- oder
   Kopiertinte ist, letztere ist erkenntlich an dem viel höheren Zonenwert für
   Gallusfarbstoffsubstanz bei gleichzeitig verkleinertem Kapillarbilde.
2. Aufschluß über den Säuregrad:
   a) durch Vergleich mit der Säurekurve,
   b) durch Feststellung des bis zur Ausfällung notwendigen Verbrauchs an
      Normalnatronlauge oder
   c) Bestimmung nach Hinrichsens Prüfungswesen, S. 319.
3. Bestimmung des Wasserverdünnungsgrades an der Hand der Eisenzonen-
   kurve. Bei normalen Schreibtinten ergibt sich 99,5%; für n/3-Konzen-
   tration 59% Randzonenwert; dieser entspricht einem Eisengehalt von 0,3%.
4. Bestimmung des Tanningehaltes an der Hand der Tanninkurve.

Normalpunkte für Versuchstinte: liegen bei ca. 1,5% Gallusgerbstoffsubstanz
bei einem Randzonenwerte:

   a) in Normalkonzentration: mit 40,4%,
   b) in dreifacher Verdünnung: mit 27% (Kurve IV).

Leim und Gelatine[1].

Von Professor Dr. E. Sauer-Stuttgart[2].

Mit 40 Abbildungen.

Einleitung. Leim ist der Urtyp der Kolloide, von ihm hat Graham, als er eine besondere Klasse von Stoffen von dem großen Hauptgebiet der Chemie abgrenzte und damit die Kolloidchemie begründete, den Namen entlehnt. Das Glutin, welches den Hauptbestandteil sowohl von Leim, als auch von Gelatine ausmacht, verkörpert die charakteristischen Eigenschaften derjenigen wichtigen Klasse von Kolloiden, die sich durch hohes Wasserbindungsvermögen auszeichnen.

Leim und Gelatine werden aus den gleichen Rohstoffen, nämlich aus Hautabfällen und aus Knochen gewonnen; wir werden daher bei der Fabrikation beider Erzeugnisse viel Gemeinsames finden, um so mehr als zwischen beiden stofflich im wesentlichen kein Unterschied besteht.

Praktisch wird im allgemeinen die Herstellung von Hautleim, Knochenleim und Gelatine in eigenen, räumlich voneinander getrennten Betrieben durchgeführt, aus diesem Grunde soll auch der Fabrikationsprozeß dieser Stoffe gesondert beschrieben werden. Während man bis vor kurzem den „Hautleim" als Lederleim bezeichnete, unterscheidet man jetzt folgende Arten von Leim:

1. Hautleim, aus Hautabfällen gewonnen; 2. Lederleim, aus entgerbtem Chromleder hergestellt; 3. Knochenleim, aus Knochen nach dem Dämpfverfahren hergestellt; 4. Mischleim, bestehend aus einem Gemisch von Hautleim und Knochenleim mit mindestens 30% an ersterem.

I. Chemisches.

Kollagen, Glutin, Gelatine, Leim. Die Leimbildner oder Kollagene stellen die Hauptmasse der tierischen Lederhaut und ebenso des organischen Anteils der Knochen dar. Sie gehören zu der Klasse der Eiweißstoffe, im besonderen der Albuminoide, die auch als Gerüsteiweße bezeichnet werden. Sie besitzen eine elementare Zusammensetzung von etwa 50% C, 25% O, 18% N, 6,5% H und 0,5% S, zeichnen sich also durch hohen Stickstoffgehalt aus.

Eine bestimmte Aufbauformel für das Kollagenmolekül, wenn überhaupt

---

[1] Literatur über Leim und Gelatine: L. Thiele, Die Fabrikation von Leim und Gelatine, 2. Aufl. (1922). — R. Kissling, Leim und Gelatine, 1. Aufl. (1923). — F. Dawidowsky, Die Leim- und Gelatinefabrikation, 5. Aufl. 1919. — R. H. Bogue, The Chemistry and Technology of Gelatin and Glue. — S. E. Sheppard, Gelatin in Photography (1924). — V. Cambon, Fabrication des Colles animales (Paris 1907). — M. de Keghel, Fabrication des Colles (Paris 1926). — J. Alexander, Glue and Gelatin (New York 1923).

[2] Mit Beiträgen von Dipl.-Ing. E. Conradt und Dr. E. Kinkel.

23*

von einer solchen gesprochen werden kann, ist noch nicht ermittelt; bei einer Zerlegung z. B. durch Barythydrat liefert es in der Hauptsache Aminosäuren vor allem Glykokoll.

Das Kollagen geht bei Behandlung mit heißem Wasser, besonders bei erhöhtem Dampfdruck in Glutin über; letzteres bildet den Hauptanteil der technischen Erzeugnisse Gelatine und Leim. Reinste Gelatine besteht im wesentlichen aus Glutin, im Leim ist letzteres schon in erheblichen Mengen weiter zu Gelatosen oder Glutosen abgebaut.

Glutin[1]) besitzt eine ganz ähnliche chemische Zusammensetzung wie Kollagen, es ist jedoch im Gegensatz zu letzterem in kaltem Wasser stark quellbar und schon bei schwachem Erwärmen leicht löslich. Die Bildung des Glutins aus Kollagen ist noch nicht aufgeklärt.

Hofmeister[2]) hat sie als Hydrolyse aufgefaßt, bzw. das Kollagen stellt das innere Anhydrid des Glutins dar, das durch Wasseraufnahme aus dem Kollagen entsteht. Hofmeister betrachtet die Reaktion als umkehrbar, beim Erhitzen der trockenen Gelatine auf 130⁰ C entsteht wieder ein schwer löslicher Stoff ähnlich dem Kollagen; dagegen wiesen Emmet und Gies[3]) nach, daß dieses Erhitzungsprodukt von Trypsin regelrecht verdaut wird, nicht dagegen das Kollagen.

Diese Wasserbindung geht bei dem unveränderten Kollagen nur bei energischem Erhitzen mit genügender Geschwindigkeit vor sich, und zwar erweist sich das Kollagen des Knochens, das Ossein, als widerstandsfähiger als das leimgebende Gewebe der Haut.

Nach längerer Vorbehandlung mit schwachen Alkalien, in der Regel wird Kalkmilch benutzt, läßt sich die Überführung des Kollagens in Glutin schon bei wesentlich tieferer Temperatur bewerkstelligen, man erhält dabei auch ein qualitativ wertvolleres Erzeugnis.

Manche Beobachtungen sprechen dafür, daß bei der Umwandlung von Kollagen in Glutin überhaupt kein chemischer Vorgang vorliegt, daß es sich vielmehr um eine Desaggregierung, um eine Herauslösung der Glutinmizellen aus den sie umschließenden schwerer löslichen Gewebeteilen der tierischen Haut handelt[4]).

Molekulargewicht. Für das Molekulargewicht des Glutins werden teilweise außerordentlich voneinander abweichende Werte angegeben je nach der Methode, die zur Bestimmung desselben angewandt wurde.

Paal[5]) findet aus der Siedepunktserhöhung 878—960, Procter[6]) gibt entsprechend dem Salzsäure-Bindungsvermögen einen Wert von 839 an, Wintgen[7]) erhielt ebenfalls 839, Kubelka[8]) ermittelte das Äquivalentgewicht des Hautkollagens zu 977 aus dem Gleichgewicht Hauptpulver-Salzsäure. Biltz[9]) berechnete das Molekulargewicht aus dem osmotischen Druck und fand für verschiedene Gelatinesorten Werte von 5500—31 000.

Wintgen[10]) führte für Kolloide an Stelle des Äquivalentgewichts den Begriff

---

[1]) Die Chemie des Glutins ist unter dem Abschnitt „Gerberei" kurz behandelt und soll daher hier nicht wiederholt werden.

[2]) F. Hofmeister, Ztschr. f. physiol. Chem. **2**, 299 (1878).

[3]) A. Emmet und N. Gies, Journ. Biol. Chem. **3**, 33 (1907).

[4]) O. Gerngroß, Ztschr. f. angew. Chem. **38**, 85 (1925). — Stiasny, Collegium 299 (1920).

[5]) C. Paal, Ber. **25**, 1202 (1892).

[6]) H. R. Procter, Journ. chem. Soc. **105**, 320 (1914).

[7]) R. Wintgen, Sitzungsber. d. chem. Abt. d. niederrhein. Gesellsch. f. Natur- und Heilkunde (Bonn 1915).

[8]) V. Kubelka, Kolloid-Ztschr. **23**, 57 (1918).

[9]) W. Biltz, Ztschr. f. physik. Chem. **91**, 705 (1916).

[10]) R. Wintgen, Kolloid-Ztschr. **34**, 292 (1924).

des Äquivalentaggregatgewichts ein, welches die Gewichtsmenge irgendeines Kolloids darstellt, die mit einer Äquivalentladung verbunden ist.

Chemische Reaktionen des Glutins[1]). Glutin gibt eine violette Biuretreaktion; Eiweißreaktionen wie die Millonsche, die Xanthoproteinreaktion und die nach Adamkiewicz-Hopkins, sollten bei Glutin nicht eintreten, da die betreffenden Spaltungsprodukte fehlen; daß dieselben meist, wenn auch nur in geringem Maße, positiv ausfallen, ist auf fremde Beimengungen zurückzuführen. Die Schwefelbleireaktion wird von käuflicher Gelatine gegeben, für besonders gereinigte Gelatine wird sie von Mörner bestritten.

Zahlreich sind die Fällungsreaktionen[2]). Charakteristisch ist hierbei, daß vielfach der betreffende Niederschlag nur bei Gegenwart anderer löslicher Elektrolyte ausfällt. Platinchlorid, Goldchlorid und Zinnchlorür geben Niederschläge, die in der Siedehitze löslich sind und beim Erkalten wieder ausfallen.

Auch Quecksilbernitrat und basisches Bleiazetat fällen, ebenso Quecksilberchlorid, letzteres nur bei Gegenwart von Elektrolyten. Neßlers Reagenz, desgleichen Uranylazetat geben noch in sehr verdünnten Lösungen Niederschläge. Von der Fällung mit Alkohol wird bei der Darstellung von reiner Gelatine Gebrauch gemacht.

Wichtig ist die Bildung unlöslicher Niederschläge mit Tanninlösung, ein Vorgang, der mit der Gerbung der tierischen Haut in Parallele zu setzen ist. Man hat diese Reaktion mehrfach zur Grundlage quantitativer Glutinbestimmungsmethoden gemacht.

Abbau des Glutins. Schon beim Erwärmen in reinem Wasser bei neutraler Reaktion erleidet Glutin eine Veränderung, weit schneller verläuft dieser Abbau in alkalischer oder saurer Lösung. Zunächst entstehen solche Körper, die noch mehr oder weniger den gleichen chemischen Bau besitzen wie das ursprüngliche Glutin, sie werden als β-Gelatine, Glutosen und Leimpeptone bezeichnet.

Allerdings erscheint es unwahrscheinlich, ob die zunächst eintretende Veränderung des Glutins, die mit einem starken Abfall der Gallertfestigkeit, der Viskosität, des Schmelzpunktes der Gallerte und auch der Klebkraft[3]) verbunden ist, chemischer Natur ist; man ist eher geneigt, an einen Abbau der Kolloidstruktur, eine Zerkleinerung der Teilchen zu denken. Dies scheint u. a. aus der geringen Menge formoltitrierbaren Stickstoffs bei fortschreitender Hydrolyse hervorzugehen[4]). Daß durch verschiedene Fällungsmittel, z. B. Tannin nur das unveränderte Glutin niedergeschlagen wird, nicht dagegen die Abbauprodukte, steht hiermit nicht in Widerspruch, wenn man bei der Fällung die Bildung einer Adsorptionsverbindung annimmt.

Jedenfalls sind diese Vorgänge von hervorragender praktischer Bedeutung für die Leimfabrikation, da man hier bestrebt sein wird, alle Einflüsse nach Möglichkeit auszuschalten, die einen Abbau und damit eine Schädigung der Glutinsubstanz begünstigen.

Die Erscheinung, daß durch Gegenwart von Säuren und Alkalien der Abbau noch gefördert wird, ist dem Leimfabrikanten aus praktischer Erfahrung nur allzu

---

[1]) S. O. Kestner, Chemie der Eiweißkörper (Braunschweig 1925).

[2]) F. Hofmeister, Ztschr. f. physiol. Chem. **2**, 299 (1878). — F. Klug, Pflüg. Arch. **48**, 100 (1891). — C. T. Mörner, Ztschr. f. physiol. Chem. **28**, 471 (1899).

[3]) O. Gerngroß und H. A. Brecht, Mitteilungen aus dem Mat.-Prüfungsamt 253 (1922).

[4]) Desgl.

bekannt. Aus Abb. 153 ist die Wirkung von Wasserstoff- und Hydroxylionen ersichtlich[1]). Als Abszissen sind die p_H-Werte, als Ordinaten der Gehalt an Abbauprodukten (ermittelt durch N-Bestimmung) aufgetragen.

Die Viskositätsänderung im Verlauf des thermischen Abbaus bei verschiedenen Temperaturen bzw. Dampfdrucken ist in Abb. 154, 155 und 156 wiedergegeben, und zwar sowohl für Lederleim als auch für Knochenleim[2]). L. Arisz[3]) gibt als Temperaturgrenze für den beginnenden Abbau 65° C an, was mit den vorstehenden Versuchen (Abb. 154) im Einklang steht.

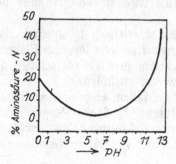

Abb. 153.
Abbau durch Wärme bei verschiedenen p_H-Werten.

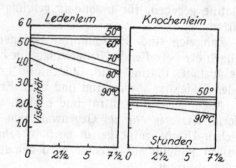

Abb. 154.
Abbau von Haut- und Knochenleim bei verschiedenen Temperaturen.

Man kann sich an Hand dieser Kurven für irgendeinen in der Wärme verlaufenden Arbeitsprozeß schon im voraus ein annäherndes Bild vom Ausmaß der zu erwartenden Veränderung der Glutinsubstanz machen.

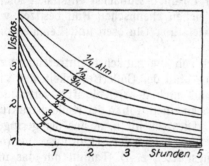

Abb. 155.
Abbau von Hautleim bei verschiedenen Dampfdrucken.

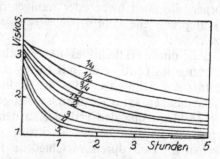

Abb. 156.
Abbau von Knochenleim bei verschiedenen Dampfdrucken.

Bei Hautleim ist der Viskositätsrückgang stärker als bei Knochenleim, die Ursache ist nicht in einem Unterschied des p_H[4]) zu suchen, vielmehr ist bei Knochenleim während des Fabrikationsganges durch die Druckbehandlung schon ein starker Eingriff erfolgt; die Kurve beginnt daher erst bei den niedrigeren Viskositätswerten, die dem flach verlaufenden Ast der Hautleimkurven entsprechen.

---

[1]) Nach R. H. Bogue, Journ. Ind. and Eng. Chem. 15, 1154 (1923).
[2]) E. Sauer, Chem.-Ztg. 473 (1924).
[3]) L. Arisz, Kolloidchem. Beih. 7, 1 (1915).
[4]) O. Gerngroß und H. A. Brecht, l. c. (261).

Für die Beurteilung der Prüfungsverfahren von Glutinpräparaten ist es sehr wertvoll, die Ergebnisse dieser Methoden bei fortschreitendem Abbau von Gelatine und Leim nebeneinander zu verfolgen. Eine der-
artige Versuchsreihe stellt Abbildung 157 dar[1]).

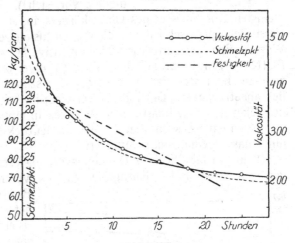

Eine 33⅓%ige Gelatine-
lösung wurde im siedenden Wasserbad am Rückflußkühler 27 Stunden erhitzt und nach bestimmten Zeiten Proben entnommen. Mit diesen Proben wurde jeweils die Viskosität bei 35⁰C und 15%, der Schmelz-
punkt der Gallerte und ebenso die Zerreißfestigkeit bei 33⅓% Gelatinegehalt bestimmt (pₕ = 7,05) (S. 406 u. f.). Auch hier zeigt sich die häufig von Praktikern behauptete Erscheinung, daß das Maximum der Binde-
kraft erst nach einem mäßigen Abbau erreicht wird[2]). Von diesem Punkt ab ist dann eine gewisse Parallelität aller drei Prüfungsmethoden zu erkennen.

Abb. 157.
Einfluß des Wärmeabbaues auf Zerreißfestigkeit, Viskosität und Schmelzpunkt.

II. Kolloidchemische Eigenschaften des Glutins.

Quellung. Übergießt man lufttrockenes Glutin, z. B. ein Stück Leim mit heißem Wasser, so löst es sich langsam auf, es erweckt den Eindruck eines schwerlöslichen Körpers; bei näherer Beobachtung zeigt sich jedoch, daß es sich nicht um eine Auflösung in gewöhnlichem Sinne handeln kann, der Körper erweicht zunächst stark an der Oberfläche, bildet zähe Schlieren, die sich allmählich in der Flüssigkeit verteilen.

Ganz anders ist das Bild, wenn wir die Glutinsubstanz in Wasser von Zimmer-
temperatur bringen. Hier tritt Quellung ein; unter starker Wasseraufnahme und Volumvergrößerung verwandelt sich der Glutinkörper in eine elastische Masse, in eine Gallerte.

Quellungsdruck und Quellungswärme. Der bei der Quellung entwickelte Druck ist ein sehr beträchtlicher, er kann gemessen werden, indem man die Quellung durch einen Gegendruck zum Stillstand bringt und die Größe dieses Gegendrucks ermittelt[3]).

Der Quellungsvorgang ist außerdem mit einer Wärmeentwicklung[4]) ver-
bunden, ebenso ist eine Volumkontraktion[5]) zu beobachten, d. h. das Volumen der gequollenen Masse ist kleiner als das von Trockensubstanz + Wasser. Beide Erscheinungen sind bei Beginn der Quellung am stärksten und lassen schnell nach, wenn der Wassergehalt etwa 50% des Trockengewichts erreicht hat.

---

[1]) E. Sauer, Habilitationsschrift (Stuttgart 1922).
[2]) R. Kissling, Chem.-Ztg. **41**, 740 (1917). — O. Gerngroß und H. A. Brecht, l. c. (265).
[3]) E. Posniak, Kolloidchem. Beih. **3**, 417 (1912).
[4]) J. Katz, Kolloidchem. Beih. **9**, 1—182 (1917—1918).
[5]) Desgl.

Quellungsgeschwindigkeit und Quellungsmaximum. Die Wasseraufnahme bei der Quellung geht anfangs rasch, dann mit immer mehr abnehmender Geschwindigkeit vor sich[1]). Die Quellungsdauer hängt vom kleinsten Durchmesser des Glutinkörpers ab, sie wächst mit steigender Dicke des Versuchskörpers schnell an, da die Diffusionsgeschwindigkeit des eindringenden Wassers eine sehr geringe ist. Quantitative Messung können entweder mit ganzen Platten[2]) von Gelatine oder mit der pulverförmigen Substanz[3]) vorgenommen werden. Im ersten Fall wird die Gewichtszunahme durch Wägung der oberflächlich abgetrockneten Quellkörper verfolgt; im zweiten Fall mißt man das Volumen der gekörnten Quellmasse nach Absitzen in einem Maßzylinder.

Nach einer bestimmten Zeit ist ein deutlich feststellbarer Stillstand der Quellung, das Quellungsmaximum, erreicht.

Sehr gut läßt sich der Quellungsvorgang verfolgen, wenn man Glutinsubstanz von ganz bestimmter Korngröße zu den volumetrischen Versuchen benutzt[4]).

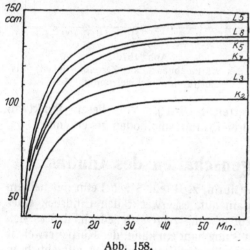

Abb. 158.
Kurven der Quellungsgeschwindigkeit.

Ein reiner Leim ist dabei besser geeignet als Gelatine, da letztere in pulverisiertem Zustand kleine flache Plättchen bildet, die sich in der Flüssigkeit schlecht absetzen.

Man spannt einen graduierten, verschließbaren Zylinder, der von einem Kühlmantel umgeben ist, auf eine langsam rotierende Scheibe, füllt Wasser und die abgewogene Menge von Leimpulver ein und setzt die Schüttelvorrichtung in Bewegung. Nach bestimmten Zeitabständen, anfangs in sehr kurzen Intervallen hält man den Zylinder in senkrechter Lage an und läßt die gequollene Masse 1 oder 2 Minuten absitzen. In Abb. 158 und Tabelle 1 sind die Quellungskurven für einige Leder- und Knochenleime wiedergegeben. Die Wasseraufnahme erfolgt sehr regelmäßig. Die Kurven haben die Form von Hyperbeln; bei der angewandten Korngröße ist die Hauptmenge des Wassers schon nach 30 Minuten aufgenommen, bei Knochenleim ist nach 45 Minuten die Quellung beendet, Lederleim braucht länger und hat auch nach 1½ Stunden das Quellungsmaximum nicht in allen Fällen erreicht.

Theorie der Quellung. Eine allen Erscheinungen der Quellung völlig gerecht werdende Erklärung ist noch nicht gefunden.

Ziemlich sicher erscheint, daß das Quellungswasser bei Gelatine nicht einheitlich gebunden ist. Bis 50% des Gewichts der Trockensubstanz an Wasser wird unter starker Druck- und Wärmeentwicklung aufgenommen aus einer Atmosphäre, die mit Wasserdampf gesättigt ist, dann hört die Wasseraufnahme auf. Weitere Wassermengen treten nur hinzu, wenn die Gelatine in flüssiges Wasser gebracht wird, wobei bis zur Erreichung des Endpunktes der Quellung 1000% und mehr Wasser in die Masse eingeht[5]).

[1]) F. Hofmeister, Arch. f. exper. Path. u. Pharm. **27**, 295 (1890).
[2]) F. Hofmeister, Arch. f. exper. Path. u. Pharm. **24—28** (1888—1891).
[3]) M. H. Fischer, Kolloid-Ztschr. **5**, 197 (1909).
[4]) E. Sauer, Farben-Ztg. **31**, 1425 (1926).
[5]) R. Zsigmondy, Kolloidchemie 3. Aufl., 369 (Leipzig 1920).

Tabelle 1.

Quellversuche mit verschiedenen Leder- und Knochenleimen. Je 10 g Leimpulver,
300 ccm Wasser, Temperatur 13⁰ C.

Gesamtzeit	Zeit des Absitzens	L 3	L 5	L 8	K 2	K 5	K 7
Min.	Min.	ccm	ccm	ccm	ccm	ccm	ccm
Anfang	0	(10 g)	(10 g)	(10 g)	(10 g)	(10 g)	(10 g)
2	1	50	64	55	41	50	50
7	2	81	105	98	69	90	85
12	2	96	122	116	85	111	104
22	2	106	134	128	97	126	116
32	2	109	139	132	101	132	121
42	2	111	142	135	103	134	123
62	2½	113	144	137	104	134	123
92	3	115	144	140	106	132	123
152	3	117	147	143	106	—	123

Immer wieder ist zu erkennen, daß die Wasserbindung in der Gallerte mindestens zweifacher Art ist und die Grenze wird übereinstimmend bei ca. 50 %
Wasseraufnahme bzw. 60—70 % Trockengehalt der Glutinsubstanz gefunden
(S. 838). Die Tatsache, daß die weiteren Wassermengen nur aus der flüssigen Phase
aufgenommen werden, legt den Schluß nahe, daß es sich dabei um zusammenhängende Massen von mechanisch eingeschlossenem flüssigen Wasser handelt.

Sehr eingehend hat J. R. Katz[1]) die Quellungsvorgänge untersucht; er hat
für eine große Anzahl von quellbaren Stoffen die Kurven der Wasseraufnahme
und -abgabe bei veränderten Dampfdrucken aufgenommen. Diese Kurven zeigen
auch für Stoffe sehr verschiedenartiger chemischer Herkunft eine einfache Form
und eine unverkennbare Ähnlichkeit.

Katz leitet aus seinen Beobachtungen einfache Gesetzmäßigkeiten für die
Quellung ab. Bemerkenswert ist, daß diese Gesetzmäßigkeiten nicht nur für Quellungsvorgänge Gültigkeit besitzen, sondern auch bei andern Erscheinungen, wo
es sich um Aufnahme einer Flüssigkeit durch einen festen oder flüssigen Stoff
handelt, Anwendung finden können.

Für die Auflösung von Wasser in konzentrierten Säuren werden denen für
Kolloide recht ähnliche Kurven der Wasseraufnahme, Volumkontraktion und
Wärmetönung festgestellt. Auch die Wasseraufnahme bei porösen Körpern wie
trockenes Kieselsäuregel läßt sich hier einordnen. Anderseits kann der quanti-
tative Verlauf der Wasseraufnahme bei gewissen Fällen der Quellung durch die
Adsorptionskurve nach Freundlich wiedergegeben werden.

Katz faßt die Quellung als Bildung einer Lösung von Wasser im
quellbaren Körper auf.

Eine Mizellarstruktur anzunehmen hält er für unnötig. Die aufgenommene
Wassermenge verteilt sich zwischen die einzelnen Moleküle des quellbaren Stoffs,
die allerdings bei starker Quellung, wie solche z. B. bei einer 1 %igen Gelatinegallerte vorliegt, sehr weit auseinanderrücken müßten.

Die Kernfrage bei der Quellung, warum nämlich bei dem einen Stoff bei
solch weitläufiger Verteilung der Moleküle in einer Flüssigkeit ein mechanischer
Zusammenhalt bewahrt bleibt, bei andern jedoch normale Auflösung eintritt,
ist durch diese Gesetze der Quellung nicht erklärt.

---

[1]) J. R. Katz, Die Gesetze der Quellung, Kolloidchem. Beih. 9, 1—182 (1917—1918).

Von Wichtigkeit erscheint der Versuch von Procter[1]) und Wilson[2]), eine Erklärung für die Quellung zu geben, die sich auf dem Donnanschen Membrangleichgewicht aufbaut.

Letzteres wirkt bekanntlich dahin, daß die Verteilung der Ionen zweier Elektrolyte, die durch eine Membran getrennt sind, eine ungleiche auf beiden Seiten der Membran ist, im Falle einer der Elektrolyte ein nicht diffundierendes Ion enthält. Multipliziert man die Konzentrationen der entgegengesetzt geladenen diffusiblen Ionen je auf beiden Seiten der Membran miteinander, so werden bei eingetretenem Gleichgewicht diese Produkte einander gleichen. Die dadurch gegebene ungleiche Konzentration der kristalloiden Ionen muß daß Auftreten von osmotischen Kräften veranlassen.

Nach Procters Theorie ist die Kraft, welche den Eintritt von Wasser in das Gel verursacht und so die Quellung bedingt, eben der osmotische Druck der kristalloiden Ionen, die sich innerhalb des Gels in größerer Konzentration als außerhalb desselben vorfinden. Voraussetzung dafür ist, daß Gelatine mit Säuren und Basen echte Salze bildet und daß diese Salze in ein nicht diffusionsfähiges Proteinion und in ein kristalloides Kation oder Anion dissoziiert sind. Procter untersuchte sehr eingehend den Einfluß von Salzsäure auf die Quellung von Gelatine. Er fand, daß das „Gelatinechlorid" hochgradig elektrolytisch in Anionen und kolloide Kationen dissoziiert. Diese letzteren sind nicht imstande zu diffundieren, bewirken daher keinen meßbaren osmotischen Druck. Die Anionen dagegen, die in dem Gel zur Erhaltung des elektrochemischen Gleichgewichts von den Kolloidionen zurückgehalten werden, üben sehr wohl einen osmotischen Druck aus und bringen die Masse unter Heranziehung von Wasser aus der umgebenden Lösung zur Quellung. Procter und Wilson konnten eine Beziehung zwischen dem Volumen des Gels und den beobachteten Werten der Wasserstoff- und Chlorionenkonzentration im Gel und in der Quellflüssigkeit feststellen und damit die Wirkung verschiedener Säurekonzentrationen auf die Quellung der Gelatine errechnen. Sie konnten zeigen, warum wenig Säure die Quellung bis zu einem Maximum vermehrt und warum weiterer Säurezusatz dann die Quellung wieder vermindert. —

Die Proctersche Theorie vermag also Aufschluß zu geben, wenn es sich um die Beeinflussung des Quellungsgrades der Gelatine durch Zusatz von Elektrolyten, besonders von Säuren und Basen handelt, sie kommt nicht in Frage für nichtionisierte isoelektrische Gelatine, da solche keinen osmotischen Druck aufweisen kann. Die Quellung zeigt hier tatsächlich ein Minimum, ist jedoch immer noch in erheblichem Maße vorhanden. Auch sonstige Unstimmigkeiten ergeben sich bei der Procterschen Theorie, sie hat bei andern Forschern, neuerdings besonders bei Pauli[3]) Widerspruch gefunden.

Nach Pauli[4]) sind die Ionen der Eiweißkörper mit Wasserhüllen umgeben, die nicht ionisierten Moleküle sind dagegen nicht hydratisiert. Durch Zusatz von Säuren oder Basen zu isoelektrischer, nicht ionisierter Gelatine würden sich deren Moleküle jeweils in ein stark ionisiertes Salz verwandeln und letzteres müßte dann ebenso hochgradig hydratisiert sein. Dementsprechend müßte durch Zusatz z. B. von Salzsäure zu isoelektrischer Gelatine, deren Eigenschaften die vom Grad der Wasserbindung abhängen, also osmotischer Druck, Quellung und Viskosität sich verstärken, was auch tatsächlich der Fall ist.

---

[1]) H. R. Procter, Journ. Chem. Soc. **105**, 313 (1914).
[2]) H. R. Procter und J. R. Wilson, Journ. Chem. Soc. **109**, 307 (1906).
[3]) W. Pauli, Kolloid-Ztschr. **40**, 185 (1926).
[4]) W. Pauli, Kolloidchemie der Eiweißkörper (Dresden und Leipzig 1920).

Vergleicht man die verschiedenen Ergebnisse, die bei den Untersuchungen über den Quellungsvorgang gefunden wurden, so hat es den Anschein, daß die Wasseraufnahme bei der Quellung in verschiedenen Fällen, auch wenn das äußere Bild des Vorgangs ein ähnliches ist, auf verschiedene Ursachen zurückgeführt werden muß; auch scheint die Art der Wasserbindung nicht einmal das Ausschlaggebende zu sein. Quellung tritt ein, wenn ein Körper auf irgendeinem Wege, sei es durch Lösung, Hydratation, osmotischen Druck, Imbition usw. größere Mengen Wasser aufnimmt, wesentlich ist nun, daß gleichzeitig eine weitere Art von Kraft oder innere Struktur bei dem quellenden Körper vorhanden ist, die einen mechanischen Zusammenhalt der quellenden Masse gewährleistet, ohne den Vorgang der Wasseraufnahme zu behindern. Wir finden daher die Quellung besonders verbreitet bei in der organischen Natur vorkommenden Stoffen, die eine Wachstumsstruktur aufweisen.

Die Entwässerung der Gallerte. Die Entwässerung der Glutinsubstanz ist nur eine Umkehrung des Quellungsvorgangs; so werden die bei diesem aufgestellten Gesetzmäßigkeiten auch für die Wasserbewegung in der entgegengesetzten Richtung Geltung haben, wenn man von gewissen Hysteresiserscheinungen absieht.

Wenn hier die Entwässerung gesondert behandelt wird, so liegt dies an der großen praktischen Bedeutung, die diesem Vorgang in der Leim- und Gelatinefabrikation zukommt.

Schon die praktische Erfahrung weist darauf hin, daß das Wasser aus der Gallerte in den verschiedenen Stadien der Entwässerung nicht mit der gleichen Leichtigkeit abgegeben wird.

Am besten sind diese Verhältnisse ersichtlich aus der Kurve der isothermen Entwässerung[1]) (Abb. 159). Auf der Abszissenachse sind die Wassergehalte, auf der Ordinatenachse die Dampfdrucke (mmHg) abgetragen, d. h. jeder einzelne Punkt der Kurve stellt den Grad der Entwässerung dar, wie er bei dem zugehörigen, auf der Ordinatenachse angegebenen Dampfdruck (Wassergehalt der Trockenluft) im besten Fall erreicht wird, wobei die Temperatur immer die gleiche ist.

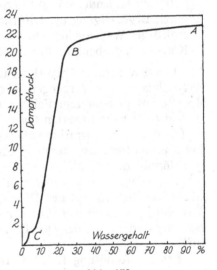

Abb. 159.
Entwässerung von Gelatine durch Änderung des Dampfdrucks.

Wir sehen ohne weiteres zwei deutlich voneinander abgegrenzte Gebiete der Wasserabgabefähigkeit. Von A bis B wird die Hauptmenge des Wassers ohne Schwierigkeit bei einer nur geringen Herabsetzung des Dampfdrucks, d. h. an eine Trockenluft, die einen relativ hohen Wassergehalt besitzt, abgegeben. Dies geht so weit, bis die Gallerte einen Trockengehalt von 60—70% aufweist. Die Entfernung der restlichen Wassermenge (B—C) erfordert eine starke, immer weitergehende Herabsetzung des Dampfdrucks.

In der Praxis ist eine willkürliche Erniedrigung des Dampfdrucks der Trockenluft nicht möglich, man hilft sich hier mit einer Steigerung der Temperatur, so weit dies zulässig ist.

---

[1]) K. Gerike, Kolloid-Ztschr. **17**, 78 (1915).

Theorie des Trocknens, Die Möglichkeit der Trocknung eines wasserhaltigen
Trockengeschwindigkeit. Körpers ist gegeben durch den Unterschied des Wasser-
dampfdrucks innerhalb des Körpers und in dessen
Umgebung. Wesentlich mitbestimmend ist auch der stoffliche Feinbau und die
Beschaffenheit der Oberfläche des Trockenguts.

Die Geschwindigkeit der Entwässerung hängt einerseits ab von der Verdampfung des Wassers an der Oberfläche des betreffenden Körpers und andererseits von der Schnelligkeit, mit welcher das Wasser aus dem Inneren nach außen
diffundiert.

Die Verdampfung kann beschleunigt werden durch Unterstützung dieser
Vorgänge, also

1. durch Herabsetzung des Dampfdrucks in der Trockenluft, d. h. durch Anwendung möglichst trockener Luft;
2. durch Temperaturerhöhung, wodurch die Wasseraufnahmefähigkeit der Luft
gesteigert wird;
3. durch lebhafte Bewegung der Luft, wobei die an der Oberfläche des Trockenguts sich bildende, mit Wasserdampf angereicherte Luftschicht entfernt wird;
4. durch Begünstigung der Diffusion diese ist gegeben durch einen hohen Unterschied des Wassergehalts im Innern und an der Oberfläche des zu trocknenden
Körpers und ebenfalls durch Temperaturerhöhung.

Trockengeschwindigkeit und Luftbewegung. Die Trocknung läßt sich
vergleichen mit den Vorgängen bei der Auflösung eines Stoffs in einer Flüssigkeit[1].
Man nimmt in letzterem Fall an[2], daß der betreffende Stoff mit einer dünnen
Schicht einer konzentrierten Lösung umgeben ist und daß die Auflösungsgeschwin-
digkeit dem Konzentrationsgefäll zwischen dieser Schicht und der Außenlösung
direkt proportional ist (durch lebhaftes Rühren ist die Konzentration der letzteren
gleichförmig zu halten).

In analoger Weise bildet sich bei der Trocknung eine mit Wasserdampf gesättigte Luftschicht an der Oberfläche des Versuchskörpers. Die Diffusion des
Wasserdampfs durch diese „stationäre" Schicht ist proportional dem Unterschied
des Dampfdrucks an der Oberfläche des Trockenkörpers und in der umgebenden
Luft.

Bei der Auflösung fester Körper in Wasser, welchen Vorgang wir mit der
Trocknung in Vergleich setzen, unterstützt kräftiges Rühren der Flüssigkeit
den Lösungsprozeß. In gleicher Weise begünstigt ein lebhaft bewegter Luftstrom
den Trockenvorgang dadurch, daß er die Dicke der mit Wasserdampf gesättigten
Luftschicht an der Oberfläche der Gallerte auf ein Minimum herabsetzt und infolgedessen die Diffusionsgeschwindigkeit des Dampfes erhöht.

Die Trockengeschwindigkeit, d. h. die in der Zeit dt verdampfte Wassermenge
dw ist daher durch nachstehende Diffusionsgleichung gekennzeichnet

$$\frac{dw}{dt} = (a + b v) (p' - p),$$

wo p' — p die Differenz des Wasserdampfdrucks an der Gallertoberfläche und in
der umgebenden Luft ist. a ist die Trockengeschwindigkeit bei unbewegter Luft,
v die Geschwindigkeit des Luftstroms und b ein konstanter Faktor.

Die Trockengeschwindigkeit ist naturgemäß noch abhängig von dem Winkel,

---

[1] W. K. Levis, Journ. Ind. and Eng. Chem. **13**, 427 (1921).
[2] W. Nernst und E. Brunner, Ztschr. f. phys. Chem. **47**, 52, 56 (1904).

in welchem der Luftstrom auf die Gallertfläche auftrifft. Bei senkrechter Richtung des Luftstroms ist die Trockengeschwindigkeit beinahe doppelt so hoch als bei paralleler Strömung, natürlich vergrößert sich dabei der Luftwiderstand entsprechend.

Trockengeschwindigkeit und Temperatur. Die Trockengeschwindigkeit nimmt mit steigender Temperatur zu, da durch die Temperaturerhöhung die Wasseraufnahmefähigkeit der Luft vergrößert wird (s. Abb. 160).

Die Höchsttemperatur bei der Trocknung ist durch den Schmelzpunkt der Gallerte festgelegt. Dieser bewegt sich je nach Qualität und Wassergehalt des zu trocknenden Produkts etwa zwischen 20 und 35⁰ C. Man kann jedoch die Beobachtung machen, daß ein Schmelzen der Gallerte durchaus nicht sogleich eintritt, wenn die Lufttemperatur diese vorher ermittelte Schmelztemperatur erreicht

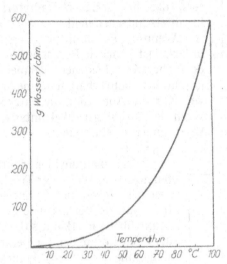

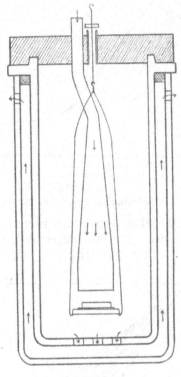

Abb. 160.
Wassergehalt der Luft bei verschiedenen Temperaturen.

Abb. 161.
Apparat für Trockenversuche.

hat. Die Ursache liegt darin, daß die Gallerte infolge Wärmeentziehung durch die Wasserverdampfung selbst eine tiefere Temperatur annimmt. Diese Temperaturerniedrigung hängt vor allem vom Sättigungsgrad der Luft mit Wasserdampf ab, die untere Grenze entspricht dem psychrometrischen Temperaturunterschied eben bei diesem Sättigungsgrad. Voraussetzung dabei ist, daß der Wassergehalt der betreffenden Gallerte hoch und eine Trockenhaut in stärkerem Maßstab noch nicht ausgebildet ist.

Zur Feststellung des Temperatureinflusses wurde folgende Anordnung getroffen[1]): Runde Gelatinegallertkörper in der Form eines niederen Kreiszylinders wurden in einem Luftstrom von konstanter Geschwindigkeit und Temperatur getrocknet und dabei die Gewichtsabnahme dauernd verfolgt. Abb. 161 zeigt den Trockenraum; der Trockenkörper ruht auf einer runden Glasplatte, die ihrerseits direkt auf der einen Schale einer analytischen Wage liegt, so daß die Wägung im

---

[1]) E. Sauer, nach nicht veröffentlichten Versuchen mit J. Veitinger.

Trockengefäß selbst vorgenommen werden kann. Der automatische Winderzeuger, die Trocken- und Heizvorrichtung für die Luft sind in der Abbildung weggelassen, ebenso die analytische Wage, die über dem Trockenraum zu denken ist.

Der Verlauf der Gewichtsabnahme bei der Trocknung einer Gallertplatte von 2 mm Dicke und 10 % Trockengehalt bei einer Temperatur von 24° C und einer Luftgeschwindigkeit von 1,5 Ltr. Luft/qcm in der Minute ist durch Abb. 162 dargestellt.

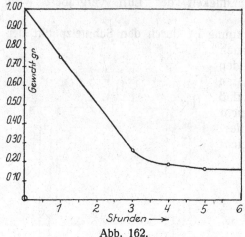

Abb. 162.
Trockengeschwindigkeit von Gelatine bei 24° C.

Es überrascht zunächst, daß die Kurve im größten Teil ihres Verlaufs einer geraden Linie nahekommt. Dieser Wasseranteil entspricht jedenfalls dem ersten Abschnitt der Entwässerung nach Abb. 159 (A—B), also der Abgabe des mechanisch eingeschlossenen Wassers, das bei geringer Dampfdruckherabsetzung entweicht.

Wenn man ähnliche Versuche unter sonst gleichen Bedingungen, jedoch bei verschiedener Temperatur durchführt, dann erhält man eine Schar von Kurven (Abb. 163), die unter sich ein ähnliches Aussehen besitzen, sich aber durch den Neigungswinkel unterscheiden, den ihr geradliniger Ast mit der Abszissenachse einschließt. Dieser Winkel ist das Maß der Trockengeschwindigkeit.

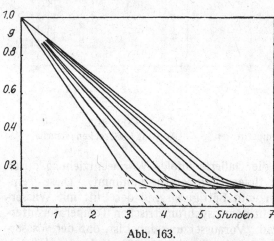

Abb. 163.
Trockengeschwindigkeiten bei 24—15° C.

Wenn man die hier ermittelten absoluten Werte der Trockengeschwindigkeit nicht ohne weiteres auf die Verhältnisse in der Praxis übertragen kann, so kommt doch der Einfluß der Temperatursteigerung bei der Trocknung klar zum Ausdruck.

Einfluß von Schichtstärke und Konzentration der Gallerte auf die Trockengeschwindigkeit. Ohne Zweifel ist anzunehmen, daß dicke Gallertplatten länger zum Trocknen brauchen werden als dünne, in beiden Fällen gleiche Konzentration vorausgesetzt. Bei der Gelatinefabrikation kommen höhere Schichtstärken nur bei der sog. technischen Gelatine in Betracht. Bei Leim dagegen sind Gallertschichten bis zu 30 mm Höhe gebräuchlich; gerade die starken Leimplatten erfreuen sich zeitweise einer besonderen Beliebtheit in Abnehmerkreisen und der Fabrikant muß sich ihre Herstellung angelegen sein lassen, auch wenn die Trocknung höhere Kosten erfordert. An sich ist vom Standpunkt des Verbrauchers aus der Wunsch nach dicken Leimtafeln unverständlich; abgesehen davon, daß die Schichtstärke mit der Qualität nichts zu tun hat, ist ein höherer Preis, höherer Wassergehalt und längere Quelldauer in Kauf zu nehmen.

Um den Einfluß der Schichtstärke auf die Trockengeschwindigkeit kennenzulernen, wurden eine größere Reihe von Trockenversuchen mit Gallertplatten (10% Trockengehalt) zunehmender Höhe nach der schon beschriebenen Methode angestellt. Aus Gründen der Raumersparnis sei nur das Ergebnis einer Versuchsreihe in Abb. 164 wiedergegeben.

Zunächst ist bemerkenswert, daß für alle Schichtstärken die Trockengeschwindigkeit in weitem Ausmaß gleichlaufend ist, kenntlich an dem parallelen Verlauf der Kurven. Erst wenn höhere Konzentrationen erreicht werden, nimmt die Entwässerungsgeschwindigkeit stark ab.

Natürlich dürfen diese Verhältnisse nicht ohne weiteres verallgemeinert werden, es ist zu beachten, daß die Anfangskonzentration in allen Fällen nur 10% betrug, also verhältnismäßig gering war.

Besondere Versuche über den Einfluß der Konzentration brauchen nicht angestellt zu werden; wenn wir eine Kurve in Abb. 164 bis zu dem Punkt verfolgen, wo der Wassergehalt von 10 auf 20% gestiegen ist, so verkörpert sie in ihrem weiteren Fortgang das Verhalten einer von Anfang an 20%igen Gallerte. Wenn auch von 20% ab ein größerer Teil des Wassers noch mit der gleichen Geschwindigkeit abgegeben wird, wie bei 10% Anfangsgehalt, so bestätigt sich doch die vom Praktiker gemachte Erfahrung, daß höher konzentrierter Leim langsamer trocknet, als die stärker wasserhaltige Gallerte. Bei einem Trockengehalt von 20% ist nämlich das Verhältnis von fester gebundenem Wasser zu dem weniger fest gebundenen weit ungünstiger als bei der 10%igen Gallerte, was aus der Abb. 164 ebenfalls ersichtlich ist. Deshalb geht die Trockengeschwindigkeit

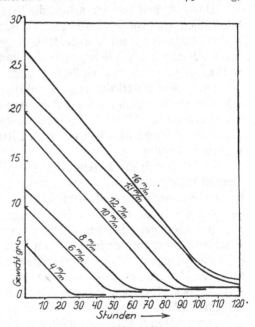

Abb. 164.
Trockengeschwindigkeit bei verschiedener
Schichtstärke der Gelatinegallerte.

bei höher konzentrierten Leimgallerten schneller zurück als bei stärker verdünnten.

Welche Folgerungen sind nun für die Praxis aus diesen Angaben zu ziehen?

Vor allem ist nach Möglichkeit der zwiefachen Art der Wasserbindung bzw. Wasserabgabe, wie sie durch die Entwässerungskurve (Abb. 159) kenntlich gemacht ist, Rechnung zu tragen. Die Trocknung stärkerer Leimtafeln ist mindestens in zwei Stufen durchzuführen; das leicht entfernbare Wasser ist bei geringerer, das fester haftende bei höherer Temperatur zu entziehen (s. hierzu auch S. 394).

Der Bau der Gelatinegallerte. Die eigentümliche Art der Wasserbindung in den Gallerten, wie sie besonders auffallend bei der Gelatinegallerte in Erscheinung tritt, hat zahlreiche Forscher zum Studium dieses Zustandes gereizt; eine vollständig befriedigende Erklärung ist auch für den inneren Feinbau der Gallerten bis jetzt noch nicht gegeben worden. Eine solche Erklärung müßte zugleich eine einleuchtende Theorie des Vorgangs der Wasseraufnahme selbst einschließen. Der Zustand der fertiggebildeten Gallerte darf nicht als solcher für sich allein, sondern nur in engstem Zusammenhang mit den Vorgängen der Quellung betrachtet werden.

Die Wabentheorie von Bütschli[1]) nimmt an, daß die Gallerten, wenigstens kurz nach ihrer Bildung sich aus einem System von Schaumwänden aufbauen, die aus einer konzentrierten Lösung des gallertbildenden Stoffs bestehen; die von den Schaumwänden eingeschlossenen Zellräume sind mit einer wäßrigen Flüssigkeit erfüllt, welche dem System seine mechanische Festigkeit gibt. Bütschli stützte seine Theorie durch äußerst gründliche und umfangreiche experimentelle Arbeiten vor allem durch photographische Wiedergabe der mikroskopischen Strukturen.

Nach Nägelis Mizellartheorie[2]) sind die kleinsten Bausteine der Gallerten amikroskopische Teilchen oder Kriställchen, eben die Mizellen. Dieselben sind durch Wasserhüllen voneinander getrennt, der Zusammenhalt beruht auf Anziehungskräften, die zwischen den einzelnen Teilchen wirksam sind.

Unwahrscheinlich war schon die Bütschlische Anschauung dadurch, daß die tatsächlich zu beobachtende verhältnismäßig leichte Beweglichkeit des Wassers in den Gallerten dem Vorhandensein geschlossener Schaumwände widersprach. Sie wird dadurch hinfällig, daß die von Bütschli wiedergegebenen mikroskopischen Strukturen von Gallerten nicht den primären Bau derselben darstellen.

Niemals konnten derartige Strukturen bei der unveränderten Glutinsubstanz erhalten werden, sondern sie entstanden erst nach Behandlung der Gallerten mit Chromsäure oder Alkohol. Es treten dabei regelmäßige Schrumpfungsfiguren auf, der wahre Feinbau ist selbst mit dem Ultramikroskop nur in Ausnahmefällen sichtbar zu machen[3]).

Die von Nägeli angenommenen Mizellen, deren Existenz seinerzeit experimentell nicht nachgewiesen werden konnte, sind für uns nicht weiter befremdlich, sie werden durch die Kolloidteilchen verkörpert. Zsigmondy und Bachmann[4]) konnten die Strukturen von Gelatinegallerten mit Hilfe des Ultramikroskops bei 1%igen Lösungen sichtbar machen; bei geeigneten Temperaturen läßt sich der Erstarrungsvorgang verfolgen. Zunächst erscheinen zahlreiche Ultramikronen, die sich anfangs noch in lebhafter Bewegung befinden und sich nach und nach zu größeren Aggregaten zusammenlagern; auf diese Weise entstehen Flocken, die den Anblick einer feinkörnigen Struktur gewähren. Lösungen höherer Konzentration erscheinen auch unter dem Ultramikroskop homogen.

Am meisten Wahrscheinlichkeit hat heute die Vorstellung, daß in den Gelatinelösungen kleinste von Wasserhüllen umgebene Teilchen vorhanden sind, vielleicht besitzen dieselben sogar noch eine gewisse Struktur von ihrem Ursprung aus dem tierischen Gewebe her, etwa die Ausbildung in Form feinster Fädchen oder Fäserchen, die beim Erstarren der Lösung zunächst zu größeren langgestreckten Gebilden zusammentreten und schließlich zu einem vollständigen Netzwerk verwachsen, welches das überschüssige Wasser einschließt.

Das Vorhandensein einer solchen sekundären Struktur wird noch durch andere Beobachtungen wahrscheinlich gemacht. Betrachtet man die Kurve der isothermen Entwässerung (s. Abb. 159, S. 363), so läßt sich feststellen, daß die Hauptmenge des Wassers einer Gallerte bei einer sehr geringen Dampfdruckerniedrigung abgegeben wird, diese Menge dürfte dem mechanisch eingeschlossenen Wasser entsprechen. Ein weiteres Quantum von Wasser ist wesentlich fester gebunden und entweicht erst bei beträchtlicher Herabsetzung des Dampfdrucks, ein scharfes Umbiegen der Kurve läßt den Unterschied in der Bindungsweise des Wassers

[1]) O. Bütschli, Untersuchungen über Strukturen (Leipzig 1898).
[2]) C. v. Nägeli, Theorie der Gärung, 98—100 (München 1879).
[3]) W. Bachmann, Ztschr. f. anorg. Chem. 73, 125 (1911).
[4]) Desgl.

für beide Fälle deutlich hervortreten; hier handelt es sich jedenfalls um den Wasseranteil, der in den Wasserhüllen der Ultramikronen festgehalten ist. Ein kleiner Rest von Wasser läßt sich erst bei äußerst niederem Dampfdruck entziehen, wahrscheinlich handelt es sich dabei um chemisch gebundenes Wasser.

Das Verhalten bei der Quellung von verschieden vorbehandelter Gelatine läßt eine sekundäre Struktur in der Gelatinegallerte ebenfalls als sehr wahrscheinlich vermuten. Dies zeigt folgender Versuch[1]): Man läßt Gelatine aufquellen, schmilzt bei 65° und stellt durch Verdünnen mit Wasser derselben Temperatur Lösungen von 30, 20 und 10% Trockengehalt her, gießt von jeder Lösung in je einen Blechbehälter von gleicher Grundfläche so viel ein, daß jedes Gefäß die gleiche Menge an Trockensubstanz enthält. Die Volumina der Lösungen verhalten sich daher zueinander wie $\frac{1}{3} : \frac{1}{2} : 1$. Nach dem Erkalten löst man die Gallertplatten aus den Formen und trocknet in einem Luftstrom von 30° C. Man hat nun vier trockene Tafeln von der gleichen Leimsorte, die die gleichen Dimensionen und das gleiche Gewicht aufweisen. Man stellt von denselben ein Pulver von 0,5 mm Korngröße her und führt damit Quellversuche nach der Volummethode aus (s. S. 360), dabei findet man durchaus voneinander abweichende Werte für das Quellungsmaximum (s. Abb. 165).

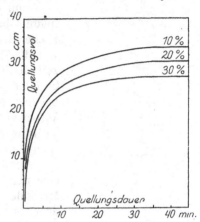

Abb. 165.
Quellmaxima von Leimpulvern.

Der Trockenleim, der aus der Gallerte mit höchstem Wassergehalt hergestellt war, erreicht bei der nochmaligen Wasseraufnahme auch wieder das höchste Volumen. Die dem ursprünglichen Wassergehalt entsprechende verschiedene Struktur der einzelnen Proben wird bei der Trocknung bis zu einem gewissen Grade erhalten und ist beim erneuten Quellen bestimmend für das Quellungsmaximum.

Die Elastizität der Gallerte. Die Elastizität oder Gallertfestigkeit wird vielfach in der Gelatine- und Leimindustrie als Maßstab für die Bewertung dieser Erzeugnisse, besonders der Gelatine herangezogen; aus diesem Grunde soll hier etwas näher auf sie eingegangen werden.

Man begnügt sich meist mit empirischen Methoden; in diesem Fall, besonders wenn es sich um Betriebskontrolle handelt, ist das Glutinometer von Greiner[2]) verwendbar. Für wissenschaftliche Zwecke wird man die Bestimmung des Elastizitätsmoduls bevorzugen. Solche Messungen wurden zahlreich ausgeführt, da die Gelatinegallerte wegen ihrer hohen Elastizitätsgrenze ein beliebtes Material für die Bestimmung der elastischen Konstanten bildete. Bei der Bestimmung des Elastizitätsmoduls wurden meist die üblichen Methoden angewandt: Dehnung band- und zylinderförmiger Gallertkörper, auch Torsion von Gallertzylindern, wobei das Drehmoment z. B. durch ein Hebelgewicht hervorgerufen wurde[3]).

Von den Ergebnissen der genannten Arbeiten mag kurz hervorgehoben werden,

[1]) E. Sauer und E. Kleverkaus, Kolloid-Ztschr. **50**, 134 (1930).
[2]) C. Greiner, Spezialingenieur für Leim- und Gelatinefabrikation, Neuß a. Rh. — Dissertation Mendel (Berlin).
[3]) R. Maurer, Ann. d. Phys. u. Chem. **28**, 628 (1886). — P. v. Bjerken, dieselbe **43**, 817 (1891). — E. Fraas, dieselbe **53**, 1074 (1894). — A. Leik, dieselbe **319**, 139 (1904). — M. Gildemeister, Ztschr. f. Biol. **63**, 175 (1915). — E. Hatschek, Kolloid-Ztschr. **28**, 210 (1921). — J. S. Sheppard und S. Sweet, Journ. Am. Chem. Soc. **43**, 539 (1922).

daß nach A. Leik sich der Elastizitätsmodul mit dem Quadrat der Konzentration ändert. Sheppard und Sweet gelangten zu einer allgemeineren Gleichung, die zwei Konstante enthält.

Die thermische Vorbehandlung übt eine ähnliche Wirkung auf den Elastizitätsmodul wie auf die Viskosität aus. Mit zunehmender Erhitzungsdauer ist eine bedeutende Abnahme der Festigkeit zu beobachten.

Ebenso treten in völliger Analogie zur inneren Reibung sog. Hysteresiserscheinungen auf, insofern als der Elastizitätsmodul nach dem Erstarren zeitlich variabel ist und erst nach mindestens 24 Stunden einen konstanten Endwert erreicht.

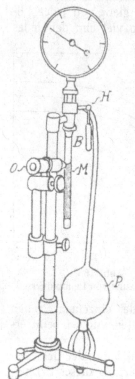

Abb. 166.
Elastometer von Kinkel und Sauer.

Von den Verfahren zur Bestimmung des Elastizitätsmoduls hat nur das von Sheppard und Sweet[1]) praktische Bedeutung. Ihr Torsionsdynamometer hat jedoch wie alle ähnlichen Vorrichtungen den Nachteil, daß Gallertzylinder in einer besonderen Form hergestellt werden müssen und dann in den Apparat eingespannt werden. Es ist jedoch bei einer solchen Arbeitsweise fast ausgeschlossen, Gelatinekörper von genau bestimmten Dimensionen zur Anwendung zu bringen, abgesehen von den Fehlern, die durch das Einspannen selbst entstehen.

Aus diesem Grunde wurde von E. Sauer und E. Kinkel eine neue einfache, auch für praktische Zwecke geeignete Methode zur Bestimmung des Elastizitätsmoduls der Scherung ausgearbeitet[2]), bei welcher die Gallertkörper bei der gleichen Temperatur in ein und demselben Behälter hergestellt und der Messung unterworfen werden (Abb. 166).

Bei den Versuchen wurde gefunden, daß für wenig veränderte Gelatine bezüglich des Verhältnisses von Elastizitätsmodul und Konzentration die quadratische Gleichung nach Leik Gültigkeit besitzt, während für stärker abgebaute Erzeugnisse der allgemeineren Gleichung von Sheppard und Sweet der Vorzug zu geben ist.

Gut brauchbar scheint auch das in U.S.A. benutzte Bloommeter[3]) zu sein. Das erwähnte Glutinometer von Greiner ergibt bei wechselnder Belastung stark veränderliche Werte für den Elastizitätsmodul.

Der Verflüssigungs- und Erstarrungspunkt der Gallerte. Beim Erwärmen beginnt eine Gallerte von Gelatine oder Leim von einer bestimmten Temperatur an sich zu verflüssigen. Dieser „Schmelzpunkt" ist natürlich nicht zu vergleichen mit dem Schmelzpunkt der kristallisierten Stoffe. In der wissenschaftlichen Literatur wird ihm auch nicht die gleiche Bedeutung beigemessen wie etwa der Viskosität und Gallertfestigkeit; dasselbe gilt für die Messung des Erstarrungspunktes.

Bogue[4]) faßt den letzteren als Grenzwert der Viskosität auf. Der Erstarrungspunkt ist erreicht, wenn die Viskosität $= \infty$ wird.

[1]) L. c.

[2]) E. Sauer und E. Kinkel, Ztschr. f. angew. Chem. **38**, 413 (1925). Der abgebildete Apparat wird von der Firma F. Köhler, Universitätsmechaniker a. D., Leipzig, hergestellt.

[3]) Ind. and Engin. Chem. **16**, 310 (1924).

[4]) R. H. Bogue, Chem. Met. Engin. **23**, 64, 105 (1920).

Vom technischen Standpunkt aus verdient jedoch dieser Übergangspunkt beträchtliches Interesse; ja man kann sagen, er bildet diejenige physikalische Eigenschaft der Leimlösung, welcher während des Fabrikationsganges in erster Linie Beachtung geschenkt wird.

Einerseits steht die Verflüssigungstemperatur der ·Gallerte in gewisser Beziehung zur Reinheit des betreffenden Glutinpräparats und wird daher als Wertmaßstab für Gelatine und Leim benutzt; dann hängen die Verarbeitungsbedingungen stark von dieser Größe ab. Eine niedrig schmelzende Gallerte muß stärker eingedampft werden um schneidbare Blöcke zu ergeben als eine höher schmelzende. Beim Trockenvorgang kann ein Überschreiten der Schmelztemperatur zu einer Verflüssigung des Trockenguts führen. Liegt der Schmelzpunkt sehr nieder, so ist die Folge davon ein Anwachsen der Trockendauer, was mindestens mit erhöhten Kosten, wenn nicht gar mit Zersetzungserscheinungen in der feuchten Gallerte verknüpft ist.

Wir finden eine ganze Reihe von Arbeitsmethoden zur Bestimmung des Schmelzpunkts, am bekanntesten ist die nach Kißling[1]), der das Schmelzen in horizontal liegenden Reagenzgläschen in einem Wasserbad beobachtet. Erwähnt seien noch die Verfahren nach Chercheffsky[2]), Cambon[3]), Herold[4]), Sheppard und Sweet[5]) und E. Sauer[6]). Zu beachten ist noch, daß konstante Werte für den Schmelzpunkt nur erhalten werden, wenn man immer dieselbe Kühlzeit und Kühltemperatur einhält. Der Schmelzpunkt steigt bei zunehmender Konzentration an (s. Abb. 167). Durchschnittswerte für den Schmelzpunkt s. Tabelle 8.

Die Viskosität von Glutinlösungen. Die Viskosität, auch Zähflüssigkeit oder innere Reibung genannt, ist eine Eigenschaft, die bei den Lösungen der Glutinsubstanz in ausgeprägtem Maße hervortritt. Die Messung derselben ist von großer Wichtigkeit, weil selbst geringe Änderungen im Zustand der Kolloide nachhaltig den Wert der Viskosität beeinflussen. Graham bezeichnete das Viskosimeter als Kolloidoskop, wobei er richtig erkannt hatte, daß gerade in der Viskositätsmessung eine Untersuchungsmethode gegeben ist, die sich für die Kolloidchemie hervorragend eignet. Aus diesem Grund hat die Viskositätsbestimmung schon seit längerer Zeit in der Leimindustrie als Methode zur Wertbestimmung Eingang gefunden.

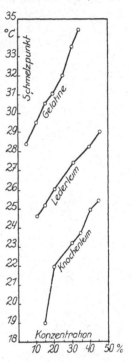

Abb. 167.
Einfluß der Konzentration auf den Gallertschmelzpunkt.

Weitaus die meisten der zahlreichen Apparate, die zur Messung der Viskosität konstruiert wurden, beruhen auf der Messung der Ausflußzeit der Flüssigkeit aus einer Kapillare. Auf letzterem Prinzip sind auch die bekannten Viskosimeter von Engler und Ostwald begründet, die auch mit Vorteil für die Messungen bei Gelatine und Leim benutzt werden.

[1]) R. Kissling, Ztschr. f. angew. Chem. **17**, 398 (1903).
[2]) Chercheffsky, Chem.-Ztg. 413 (1901).
[3]) Fusiometer von Cambon, s. z. B. Küttner und Ulrich, Ztschr. f. öffentl. Chem. **13**, 121 (1907).
[4]) J. Herold, Chem.-Ztg. **34**, 203 (1910); **35**, 93 (1911).
[5]) S. E. Sheppard und S. Sweet, Journ. Ind. and Eng. Chem. **13**, 423 (1921).
[6]) E. Sauer, Kunstdünger- und Leimindustrie, **20**, 106 (1923); siehe auch S. 408.

Das erstere dient hauptsächlich für technische Bestimmungen, das letztere wegen der einfachen Bauart zu wissenschaftlichen Versuchen. Ostwald-Viskosimeter mit engen Kapillaren sind für die Messung von Glutinlösungen einigermaßen höherer Konzentration ungeeignet. Störende Einflüsse, z. B. Scherungskräfte[1]), verschieben stark den eigentlichen Viskositätswert. Man macht die Beobachtung, daß die Zahlenwerte, die mit verschiedenen Instrumenten für die relative Viskosität bezogen auf den Viskositätswert des Wassers = 1 gefunden werden, beträchtlich voneinander abweichen. Diese Erscheinung ist recht unerwünscht, da sie es unmöglich macht, die von verschiedenen Forschern gefundenen Ergebnisse miteinander zu vergleichen.

　　　　　Für höhere Trockengehalte bei Leimlösungen empfiehlt sich die in Abb. 168 wiedergegebene Form des Ostwald-Viskosimeters, deren Dimensionen aus der Abbildung ersichtlich sind[2]).

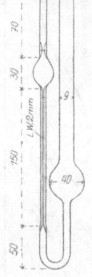

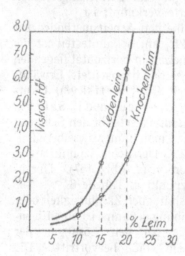

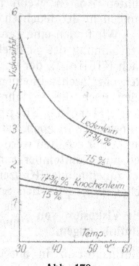

Abb. 168.　　　　　　　Abb. 169.　　　　　　　　　Abb. 170.
Viskosimeter von　　Einfluß der Konzentration auf die　Einfluß der Temperatur auf die
Ostwald　　　　　Viskosität von Leim.　　　　　Viskosität.

Einfluß der Konzentration und Temperatur auf die Viskosität. Der Viskositätswert einer Glutinlösung ist stark von der Konzentration und ebenso von der Temperatur abhängig; das hat nicht nur theoretisches Interesse, sondern diese Faktoren sind in erster Linie zu berücksichtigen, wenn es gilt, eine für praktische Zwecke in der Leim- oder Gelatineindustrie anwendbare Methode der Viskositätsmessung auszugestalten. Um die am besten geeignete Konzentration für die Viskositätsmessung zu ermitteln, wurden die entsprechenden Werte für eine größere Anzahl Hautleime und Knochenleime bestimmt und jeweils das Mittel aus diesen Zahlen genommen. Auf diesem Wege sind die Werte entstanden, die in Abb. 169 als Kurven aufgezeichnet wurden.

　　Bei 10% Trockengehalt liegen die entsprechenden Kurvenpunkte von Lederleim und Knochenleim recht nahe beieinander, bei höheren Gehalten vergrößert sich der Abstand immer mehr. Soll nun die Viskositätsbestimmung als Maßstab für den Gebrauchswert dienen, so darf die Konzentration nicht zu hoch

---

[1]) E. Hatschek, Ztschr. f. Kolloid-Chem. **7**, 301 (1910); **8**, 34 (1911); **12**, 238 (1913).
[2]) A. Gutbier, E. Sauer und E. Schelling, Kolloid-Ztschr. **30**, 376 (1922).

gewählt werden, da der Abstand zwischen beiden Sorten nicht mehr dem wirklichen Qualitätsunterschied entspricht. Nach obiger Abbildung erscheint eine Konzentration von 15% als brauchbarer Mittelwert, weil hier der Unterschied beider Sorten genügend hervortritt und andererseits nicht unverhältnismäßig groß wird.

Die Viskositätsmessung als Methode zur Wertbestimmung. Erstmals von J. Fels[1]) wurde der Vorschlag gemacht, die Viskosität als Maßstab der Qualität für Leim anzuwenden.

Er benutzte das Englersche Viskosimeter und arbeitete mit Leimlösungen von 15% Trockengehalt bei 30°, später bei 35° C.

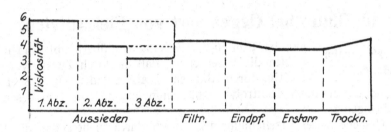

Abb. 171.
Verfolgung der Viskosität in den verschiedenen Stadien der Lederleimherstellung.

Von dem Kriegsausschuß für Ersatzfutter wurde seinerzeit abweichend davon die folgende Arbeitsvorschrift gegeben: „Die Ausflußzeit einer Leimlösung von 17¾% Trockengehalt, festgestellt mit dem Leimaräometer nach Suhr wird bei 30° C mit dem Englerschen Viskosimeter bestimmt. Dieser Wert, geteilt durch die Ausflußzeit von destilliertem Wasser bei 30° ergibt die Viskosität."

Lederleime mit einer Viskosität über 3,00 gelten als erste Qualität unter 3,00 als zweite Qualität, ebenso Knochenleime über bzw. unter der Viskosität 2,0[2])."

Die Temperatur von 30° ist für Hautleim unbedingt zu niedrig, da sie etwa bei dem Erstarrungspunkt liegt. Später wurde anscheinend die Versuchstemperatur auf 40° erhöht, wenigstens für Hautleim, so daß die Messung der Viskosität je nach der Leimsorte bei zwei verschiedenen Temperaturen vorzunehmen ist. Wie nach dieser Vorschrift bei Leimsorten, deren Herkunft erst ermittelt werden soll oder bei Mischleimen zu verfahren ist, bleibt unklar.

Die Anwesenheit von Elektrolyten, besonders von Wasserstoff- und Hydroxylionen, beeinflußt merklich die Viskosität; bei den Bedingungen von Temperatur und Konzentration jedoch, die bei der Viskositätsprüfung mit dem Engler-Apparat angewandt werden, ist die Abhängigkeit vom pH-Wert so gering, daß die Brauchbarkeit der Methode nicht beeinträchtigt wird (s. S. 381).

Die Viskosität als Hilfsmittel der Betriebskontrolle. Ganz ausgezeichnete Dienste, die durch keine chemische Methode zu ersetzen sind, leistet die Viskositätsmessung bei der Betriebskontrolle. Hier wird es sich empfehlen, unter Umständen geringere Konzentrationen als oben angegeben bei der Messung anzuwenden, da im Gang der Fabrikation auch Lösungen unter einem Gehalt von 17¾% anfallen.

---

[1]) J. Fels, Chem.-Ztg. **21**, 56 (1897); **25**, 23 (1901).
[2]) M. Rudeloff, Mitteilungen aus dem Mat.-Prüfungsamt **36**, 2 (1918); **34**, 33 (1919).

Man kann schnell und einfach in jedem Stadium des Arbeitsprozesses sich ein Bild vom kolloiden Zustand der Leimsubstanz machen. Es ist nur notwendig, Proben der Leimlösung zu entnehmen, sie mit Hilfe des Aräometers auf die Versuchskonzentration einzustellen und die Viskosität zu bestimmen.

Soll ein neues Arbeitsverfahren erprobt werden, hat man einen neuen Rohstoff zu verarbeiten oder versucht man ein Klärverfahren oder eine besondere Trockenmethode, immer gibt die Viskositätsmessung schnell Auskunft über das Schicksal der so empfindlichen Glutinsubstanz (s. a. S. 407).

Vorstehende schematische Abbildung (Abb. 171) bringt die Änderung der Viskosität im Verlauf des Fabrikationsganges von Hautleim zum Ausdruck.

III. Glutin bei Gegenwart von Elektrolyten.

Gelatine als amphoteres Kolloid. Wie bei Stoffen der Eiweißklasse überhaupt, finden wir bei Glutin die Eigenschaft, daß es durch Zusatz von Säuren positiv, durch Alkalien negativ geladen wird. Sehr geringe Mengen der betreffenden Elektrolyte sind schon ausreichend, um diesen Effekt hervorzubringen[1]).

Die Ursache dieser Erscheinung müssen wir darin suchen, daß die Gelatine entsprechend ihrem Aufbau aus Aminosäuren in den einzelnen Molekülen sowohl Amido-, als auch Carboxylgruppen enthält. Ist nur Säure anwesend, z. B. Salzsäure, so entsteht ein Ammoniumsalz; der Vorgang sei durch nachstehende Gleichung wiedergegeben[2]), wo R den Rest des Glutinmoleküls darstellt:

$$R\!<\!{}^{NH_2}_{COOH} + HCl = R\!<\!{}^{NH_3Cl}_{COOH}$$

Letzteres dissoziiert teilweise in:

$$R\!<\!{}^{NH_3Cl}_{COOH} \rightleftarrows R\!<\!{}^{NH_3^{\cdot}}_{COOH} + Cl'$$

Das Eiweißteilchen bleibt also mit positiver Ladung zurück. In entsprechender Weise kann ein neutrales Glutinmolekül auch negativ geladen werden, wenn man ein Alkali zufügt:

$$R\!<\!{}^{NH_2}_{COOH} + NaOH = R\!<\!{}^{NH_2}_{COONa} + H_2O \rightleftarrows R\!<\!{}^{NH_2}_{COO'} + Na^{\cdot}$$

Nach Loeb[3]) verbindet sich Gelatine mit Säuren nur, wenn die Wasserstoffionenkonzentration der Lösung einen bestimmten kritischen Wert überschritten hat; sie muß höher sein als n/50000 (p_H = 4,7). Das Glutin verhält sich dann, als ob es eine Base wie Ammoniak sei und ist imstande, mit Säuren Salze zu bilden. Liegt aber die Wasserstoffionenkonzentration der Lösung unterhalb dieses kritischen Werts, so reagiert das Glutin genau so, als ob man eine Säure, z. B. Essigsäure, vor sich hätte, es kann nunmehr Salze mit basischen Komplexen bilden. Bei dem kritischen Wert der Wasserstoffionenkonzentration kann sich das Protein praktisch

---

[1]) W. Pauli, Beitr. z. chem. Physiol. **7**, 531 (1906).
[2]) W. Pauli und H. Handovsky, Ztschr. f. Biochem. **18**, 340, 371 (1909).
[3]) J. Loeb, Die Eiweißkörper (Berlin 1924), 4.

weder mit einem sauren noch mit einem basischen Rest, auch nicht mit einem neutralen Salz verbinden[1]).

Diesen Wert der Wasserstoffionenkonzentration nennt man den isoelektrischen Punkt des Glutins.

Von anderen Forschern, z. B. von Wo. Ostwald und W. Pauli[2]), wird die Ansicht Loebs, daß Eiweiß nur zu beiden Seiten des isoelektrischen Punkts mit Salzionen reagiert, und zwar auf der alkalischen mit Metallionen, auf der sauren mit Anionen, abgelehnt; letzterer weist nach, daß einerseits von ein und demselben Eiweißkörper gleichzeitig beide Ionen eines Salzes gebunden werden, andererseits auch von reinsten alkali- oder säureproteinfreien Eiweißkörpern direkte Ionenbindung eingegangen werden.

Sicher ist auf jeden Fall, daß dem isoelektrischen Punkt eine bevorzugte Stellung zukommt.

Er wurde erstmals von W. B. Hardy[3]) festgestellt, welcher zeigte, daß die Wanderungsrichtung von koaguliertem Eiweiß im elektrischen Strom durch saure oder alkalische Reaktion des Dispersionsmittels bestimmt ist.

Michaelis[4]) wies später nach, daß bei dem isoelektrischen Punkt der Eiweißkörper nicht etwa ein vollkommener Stillstand, sondern eine geringe Wanderung nach beiden Polen stattfindet. Bei isoelektrischer Reaktion fehlt also nicht die Ladung des Eiweißes, sondern es sind geringe Mengen, und zwar gleichviel positive wie negative Ionen vorhanden.

Der isoelektrische Punkt der Eiweißkörper liegt nicht genau bei chemisch neutraler Reaktion; die saure Dissoziationskonstante des Glutins ist etwas größer als die alkalische, erst bei schwach saurer Reaktion, für Glutin bei einer Wasserstoffionenkonzentration $= 2 \cdot 10^{-5}$ ($p_H = 4,7$), wird der isoelektrische Punkt erreicht. Gerngroß[5]) gibt für besonders reine Knochengelatine den Wert $p_H = 5,05$ an. Wilson[6]) berichtet von einem zweiten isoelektrischen Punkt im alkalischen Gebiet bei $p_H = 8,0$.

Einen charakteristischen Wert, und zwar ein Minimum zeigen beim isoelektrischen Zustand u. a. folgende Eigenschaften des Glutins: Quellung, osmotischer Druck, Viskosität, Schmelzpunkt der Gallerte und Fällungszahl mit Alkohol.

Hofmeistersche Reihen. Zahlreiche Forscher haben sich mit dem Einfluß von Elektrolyten auf die kolloidchemischen Eigenschaften der Eiweißkörper beschäftigt. Gekennzeichnet sind diese Arbeiten durch zwei Marksteine: Hofmeistersche Reihen und Wasserstoffionenkonzentration.

Hofmeister[7]) fand, daß die Einwirkung von Neutralsalzen auf die Ausfällung, Quellung und andere Eigenschaften bei Eiweißstoffen eine durchaus verschiedene ist. Ordnet man die einzelnen Elektrolyte nach dem Grad der Wirkung, mit welchem sie z. B. die Quellung fördern, so ergibt sich, daß die Reihenfolge der Anionen die gleiche bleibt, auch wenn man Salze verschiedener Kationen anwendet. Ähnliches, jedoch weniger ausgeprägt, gilt auch für Kationen. Man bezeichnet die Gesetzmäßigkeit als Hofmeistersche Ionenreihen.

[1]) J. Loeb, Journ. of gen. Phys. **1**, 39, 237 (1918—1919); **3**, 85, 547 (1920—1921).

[2]) W. Pauli, Ztschr. f. Biochem. **153**, 253 (1924).

[3]) W. B. Hardy, Proc. Roy. Soc. of London **66**, 110 (1910).

[4]) L. Michaelis, Ztschr. f. Biochem. **19**, 181 (1909).

[5]) O. Gerngroß, und H. Bach Collegium 350 (1920).

[6]) J. A. Wilson, und E. G. Kern Journ. Am. Chem. Soc. **44**, 2633 (1922); **45**, 3139 (1923).

[7]) F. Hofmeister, Arch. f. exper. Path. u. Pharm. **27**, 345—413 (1890).

Die geringste Wirkung zeigen Sulfate, die höchste Jodide bzw. Rhodanide.
W. Pauli bestätigt diesen Befund, wie die nachstehende Tabelle erweist[1]).

Tabelle 2.

Erhöhung des Erstarrungspunkts	Erhöhung des Quellungsmaximums	Herabsetzung der Fällungswirkung gegen- über von Gelatine
Sulfat	Sulfat	Sulfat
Citrat	Citrat	Citrat
Tartrat	Tartrat	Tartrat
Acetat	Acetat	Acetat
Chlorid	Chlorid	↓Chlorid
Chlorat	Chlorat	
Nitrat	Nitrat	
Bromid	↓Bromid	
↓Jodid		

Sehr scharf wird die Gültigkeit der Reihen von Loeb[2]) angegriffen, da man
versäumt habe, die vergleichenden Versuche jeweils bei gleicher Wasserstoffionenkonzentration der betreffenden Elektrolyte durchzuführen. Die Folge davon
sei, „daß man die Wirkung verschiedener Wasserstoffionenkonzentration irrtümlich auf die chemische Natur der Anionen bezog". Nach Loeb wird der osmotische Druck, die Viskosität und Quellung von Chlorid, Bromid, Jodid, Nitrat,
Azetat, Propionat und Laktat bei einem bestimmten p_H quantitativ gleich beeinflußt; nur die Valenz, nicht die chemische Natur gibt den Ausschlag; die Hofmeisterschen Reihen stellen Fiktionen dar.

Wenn man sich auch einer so extremen Stellungnahme nicht anschließen
will — die experimentellen Beweise Loebs erscheinen nicht ausreichend hierfür —, so ist doch zu beachten, daß die Hofmeisterschen Reihen stark von der
Wasserstoffionenkonzentration abhängig sind.

Bei der Fällung von Eiweiß kehrt sich in schwach saurer Lösung die ausfällende Wirkung der aufgeführten Ionen in ihrer Reihenfolge gerade um[3]); jetzt
besitzen Jodide und Rhodanide die stärkstfällende Wirkung, während dies bei
Sulfaten am wenigsten der Fall ist.

Das Bild ändert sich auch mit den Versuchsbedingungen; die Maximalwirkung
wird bei den einzelnen Elektrolyten nicht bei gleicher Konzentration erreicht,
eine vergleichende Betrachtung bei ein und derselben Konzentration für alle
Elektrolyte wird daher den Vorgängen nicht gerecht werden.

Wasserstoffionenkonzentration. Die außergewöhnliche Wirkung von Säuren
und Basen auf die Eigenschaften der Glutin-
substanz sind dem Leimfabrikanten schon sehr lange bekannt, ohne daß sich Angaben hierüber in der Literatur finden.

In Abb. 172 ist der Einfluß von Säuren und Alkalien auf Quellung, Viskosität
und osmotischen Druck (nach Loeb) wiedergegeben. Besonders in der Nähe
des isoelektrischen Punkts ist der Einfluß der Wasserstoffionenkonzentration
unverkennbar.

[1]) W. Pauli, Arch. f. ges. Physiol. **71**, 333 (1898); **78**, 315 (1899).
[2]) J. Loeb, Die Eiweißkörper (Berlin 1924), 16.
[3]) S. Posternak, Ann. Inst. Pasteur. **15**, 85 (1908).

Alle Eigenschaften, die mit zunehmender Ionisation zahlenmäßig wachsen, müssen im isoelektrischen Punkt ein Minimum haben, denn hier ist der Dissoziationsgrad ein Minimum.

Ein sehr wertvolles Hilfsmittel, um einen klaren Einblick in Vorgänge bei Einwirkung von Säuren oder überhaupt von Elektrolyten auf Glutin zu erhalten, sind die Methoden der Bestimmung der Wasserstoffionenkonzentration.

Man hat bei Anwesenheit irgendwelcher Säuremengen zu unterscheiden zwischen der durch Titration feststellbaren Gesamtsäuremenge (Titrierazidität) und dem Anteil, der als freies Wasserstoffion wirklich verfügbar ist (aktuelle Azidität[1])).

Man wird nun in solchen Fällen, wo es sich um reine Säurewirkung handelt, nur durch Bestimmung der Wasserstoffionenkonzentration ein wahres Bild von dem in Rechnung zu setzenden Säurezustand der jeweils vorliegenden Versuchslösung erhalten.

Die Konzentration der Wasserstoffionen wird elektrometrisch oder mit Hilfe von bestimmten Indikatoren nach Sörensen[2]) oder Michaelis[3]) bestimmt. Diese Methoden sind inzwischen Allgemeingut bei den Chemikern der in Frage stehenden Industrie geworden, so daß hier nicht auf sie eingegangen zu werden braucht; die erforderlichen Spezialapparate sind im Handel erhältlich.

Nach Sörensen[4]) gibt man die Wasserstoffionenkonzentration nicht als solche an, da es sich dabei vielfach um sehr kleine Zahlenwerte handeln wird, sondern den negativen Logarithmus dieser Zahl und bezeichnet ihn mit der Abkürzung $p_H =$ Wasserstoffexponent. Nachstehende Tabelle gibt am besten über den Zusammenhang der betreffenden Zahlenwerte Auskunft.

Diese Ausdrucksweise hat besonders bei Berechnung der Wasserstoffionenkonzentration aus den Meßergebnissen gewisse Vorteile, ebenso bei der graphischen Darstellung größerer Spannweiten der aktuellen Azidität; für den Praktiker erscheint sie nicht sehr günstig gewählt. Die aufgezeichneten Kurven geben infolge der logarithmischen Einteilung ein stark verzerrtes Bild der tatsächlichen Verhältnisse; steigende Säuregehalte entsprechen abnehmenden Zahlen des p_H-Wertes, die einzelnen Intervalle der Skala sind ungleichwertig (die Konzentration $p_H = 3,0$ ist z. B. tausendmal größer als $p_H = 6,0$ usw.).

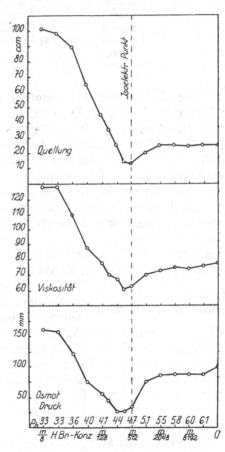

Abb. 172.
Quellung, Viskosität und osmotischer Druck von Gelatine im isoelektrischen Punkt.

[1]) L. Michaelis, Praktikum d. physikal. Chemie, 3. Aufl. (Berlin 1926).
[2]) S. P. L. Sörensen, Ztschr. f. Biochem. **21**, 131 (1909).
[3]) L. Michaelis und A. Gyemant, Ztschr. f. Biochem. **109**, 165 (1920).
[4]) S. P. L. Sörensen, l. c.

Tabelle 3.

Normalität[1])		Säurekonzentration: g H'/Litr.			pH
1 n	HCl	1 g	oder	1,0 g	0,0
0,1 n	,,	0,1	,,	10^{-1}	1,0
0,01 n	,,	0,01	,,	10^{-2}	2,0
0,001 n	,,	0,001	,,	10^{-3}	3,0
0,0001 n	,,	0,0001	,,	10^{-4}	4,0
0,00001 n	,,	0,00001	,,	10^{-5}	5,0
0,000001 n	,,	0,000001	,,	10^{-6}	6,0
neutral		**0,0000001**	,,	**10^{-7}**	**7,0**
0,000001 n	KOH	0,00000001	,,	10^{-8}	8,0
0,00001 n usw.	,,	0,000000001	,,	10^{-9}	9,0

Die Methode der Wasserstoffionenmessung besitzt nicht nur hervorragenden wissenschaftlichen Wert für die Gelatine- und Leimindustrie, sondern man bedient sich derselben auch mit größtem Vorteil für praktiche Zwecke. Dazu bieten uns die Indikatorenreihen ein bequemes Hilfsmittel, die selbst der Laie und einfache Arbeiter schnell handhaben lernt. Der Gebrauch von Lackmus und Phenolphthalein ist ja an sich schon üblich. Die Heranziehung weiterer Indikatoren erhöht die Sicherheit der Betriebskontrolle wesentlich. Wenn es gilt, das Rohmaterial und die daraus gewonnenen Lösungen auf dem schmalen Weg der Neutralreaktion oder in deren nächster Nähe durch den ganzen Arbeitsgang hindurchwandern zu lassen, so sind einige geeignete Indikatoren[2]) die Grenzpfähle zu beiden Seiten dieses Wegs, über die hinaus ohne Gefahr von der vorgezeichneten Linie nicht abgewichen werden darf (s. S. 384).

Einfluß von Elektrolyten auf die Quellung. K. Spiro[3]) und vor allem Wo. Ostwald[4]) haben die Erscheinungen der Quellung von Gelatine in Säuren eingehend verfolgt. Ostwald arbeitete nach der von Hofmeister beschriebenen Plättchenmethode (s. S. 360), die allerdings eine präzise Ermittlung des Quellungsmaximums nicht gestattet.

Wesentlich ist, daß er feststellte, daß in Verdünnung annähernd gleich stark dissoziierte Säuren wie Salzsäure, Salpetersäure und Schwefelsäure nicht gleich stark quellen, vielmehr Schwefelsäure hierin von der schwachen Essigsäure übertroffen wird. A. Kuhn[5]) untersuchte ebenfalls die Beeinflussung des Quellungsvorgangs durch eine große Anzahl hauptsächlich organischer Säuren.

Er konnte bei allen Säuren in mittleren Konzentrationen ein Maximum der Quellung feststellen; die Quellung selbst ergibt sich als das Resultat von vier

---

[1]) D. h. für den allerdings nur theoretischen Fall, daß die aktuelle Azidität der Gesamtazidität gleich ist.

Einige tatsächliche Werte für pH von Salzsäure in reinem Wasser sind:

1,0	n HCl	pH = 0,10
0,1	n HCl	pH = 1,071
0,01	n HCl	pH = 2,022
0,001	n HCl	pH = 3,013
0,0001	n HCl	pH = 4,009

[2]) Indikatorenreihen sind z. B. bei E. Merck, Darmstadt, erhältlich. Indikatorfolien nach P. Wulff (D.R.P. 405091) bei F. u. M. Lautenschläger, München 2.

[3]) K. Spiro, Beitr. z. chem. Physiol. **5**, 276 (1904).

[4]) Wo. Ostwald, Arch. f. ges. Physiol. **108**, 563 (1905).

[5]) A. Kuhn, Kolloidchem. Beih. **14**, 147 (1921—1922).

gleichzeitig verlaufenden Vorgängen; es sind dies die eigentliche Quellung, Solbildung, Hydrolyse und Ausflockung.

Eine Beziehung zwischen der Größe der maximalen Quellung und den Disso-
ziationskonstanten der betreffenden Säuren besteht nicht. Dagegen gibt es eine
angenäherte Proportionalität zwischen der Konzentration, bei der das Maximum
eintritt, und der Stärke der Säure.

Das Quellungsmaximum wird bei starken Säuren schon bei niederen, bei
schwachen Säuren erst bei höheren Konzentrationen erreicht.

Wo. Ostwald, A. Kuhn und E. Böhme[1]) prüften die Bedeutung der Wasserstoffionenkonzentration auf die Quellung von Gelatine. Sie zeigten, daß verschiedene
Säuren bei gleichen Wasser-
stoffionenkonzentrationen
verschieden stark quellen,
daß also auch das Anion bei
der Quellung berücksichtigt
werden muß.

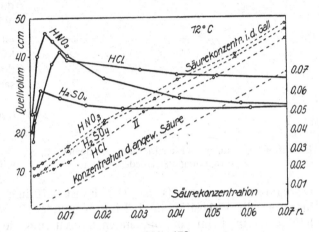

Abb. 173.
Quellung von Gelatine in HCl, HNO₃ und H₂SO₄ verschiedener Konzentration.

Die Ergebnisse der letzt-
genannten Forscher stehen
stark im Widerspruch zu der
Auffassung Loebs[2]) von der
reinen Wasserstoffwirkung
der Säuren.

Jedoch scheinen bei den
verschiedenen Arbeitsbedingungen vielfach überhaupt
nicht miteinander vergleichbare Verhältnisse vorzuliegen.
Es ist ein wesentlicher Unterschied, ob bei geringen oder
bei verhältnismäßig hohen Säurekonzentrationen gearbeitet wird, bei letzteren
wirkt in manchen Fällen das starke Bestreben zur Solbildung (Verflüssigung
der Gallerte) so störend, daß von der Feststellung eines Quellungsmaximums
nicht mehr gesprochen werden kann. Man denke an die Essigsäure, die technisch
als Verflüssigungsmittel für Leim dient.

In Abb. 173 ist der Verlauf der Quellung von 1 g Gelatine in verschiedenen
Säuren wiedergegeben. Da in der Gallerte eine Anreicherung an Säure stattfindet, sind die Quellungsmaxima nicht nur von der Konzentration, sondern
auch vom Volumen der angewandten Säure abhängig[3]). Die in der Abbildung
dargestellten Quellversuche wurden deshalb unter dauernder Erneuerung der
Säure vorgenommen. In der Gallerte ist die Gesamtkonzentration an Säure
größer, die H˙-Konzentration kleiner als in der Außenlösung.

Einfluß von Elektrolyten
auf die Viskosität.

Daß bei der Viskosität im isoelektrischen Punkt des
Glutins ein Minimum liegt, wurde schon erwähnt;
bei zunehmender Wasserstoffionenkonzentration erfolgt
ein Anstieg der Viskosität bis zu einem Maximum, dann wieder eine Abnahme.
Hier kann man ebenfalls die Beobachtung machen, daß auch das Anion der

[1]) Wo. Ostwald, A. Kuhn und E. Böhme, Kolloidchem. Beih. **20**, 142 (1925).
[2]) J. Loeb, l. c.
[3]) E. Sauer und E. Kleverkaus, Kolloid-Ztschr. **50**, 130 (1930). — A. Küntzel, Kolloid-
Ztschr. **40**, 264 (1926). — Wo. Ostwald und O. Kestenbaum, Kolloidchem. Beih. **29**, 1 (1929).

Säure eine Rolle spielt, wie sich aus den beiden nachstehenden Abb. 174 und 175 ergibt[1]), bei Abb. 174 sind die Abszissen die p_H-Werte, bei Abb. 175 dagegen die zugesetzten Säuremengen. Ein gewisser Einfluß der Wasserstoffionenkonzentration ist nicht zu verkennen, insofern als die schwächer dissoziierte Essigsäure bei äquivalenten Zusätzen nur eine geringe Steigerung der Viskosität herbeiführt, bei Berücksichtigung der p_H-Werte rücken dagegen die Kurven näher zusammen. Bei relativ höheren Essigsäurekonzentrationen steigt dann allerdings die Viskosität beträchtlich an, ohne daß noch eine Zunahme der Wasserstoffionenkonzentration zu beobachten wäre. Die Wirkung ist also hier auf Rechnung der undissoziierten Säure zu setzen.

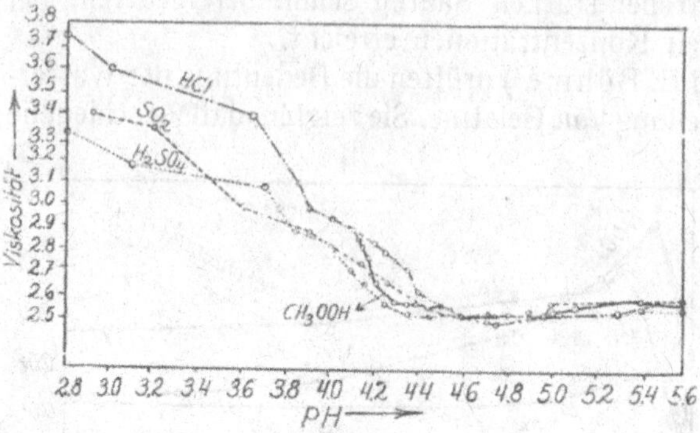

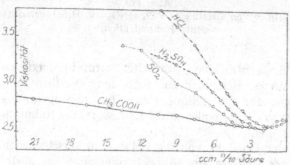

Abb. 174.
Einfluß des p_H auf die Viskosität von Gelatinelösungen bei Anwendung verschiedener Säuren.

Bogue[2]) fand, daß Maximalwerte der Viskosität bei $p_H = 3,5$ und $p_H = 9$ liegen. Die Viskositätsmessung wird vielfach als Methode zur Wertbestimmung der Glutinpräparate herangezogen (s. S. 371). Es ist natürlich von Wichtigkeit zu erfahren, inwieweit die Viskosität durch Einfluß fremder Zusätze sich verschiebt. Die am häufigsten im Leim vorkommenden Säuren sind die schweflige Säure, Schwefelsäure und Salzsäure. Hauptsächlich findet sich freie schweflige Säure im Knochenleim; Hautleim ist eher schwach alkalisch. Die Menge der im Knochenleim vorkommenden freien Säure wird gewöhnlich $0,2-0,8\%$, berechnet als SO_2 betragen, die Höchstmenge, die gelegentlich festgestellt wurde, war $1,32\%$ SO_2[3]).

Abb. 175.
Einfluß äquivalenter Säuremengen auf die Viskosität von Gelatinelösungen.

Um die Wirkung solcher Säuremengen auf die Viskositätsbestimmung zu ermitteln, wurde eine neutrale 15%ige Leimlösung mit steigenden Mengen von SO_2 bzw. Schwefelsäure entsprechend dem Gebiet obiger Konzentrationen versetzt und jeweils die Ausflußzeit gemessen (s. Abb. 176). Anscheinend liegt das Gebiet des Viskositätsmaximums bei dieser Glutinkonzentration erst bei höheren Säurezusätzen.

P. v. Schröder[4]) u. a. Forscher haben den Einfluß von Salzen auf die Viskosität untersucht und festgestellt, daß die meisten eine Erhöhung der inneren Reibung herbeiführen. Ordnet man die Ionen nach ihrer diesbezüglichen Wirksamkeit,

[1]) Nach eigenen Versuchen.
[2]) R. H. Bogue, Journ. Am. Chem. Soc. **44**, 1343 (1922).
[3]) A. Gutbier, E. Sauer und H. Brintzinger, Kolloid-Ztschr. **29**, 130 (1921).
[4]) P. v. Schröder, Ztschr. f. phys. Chem. **45**, 75 (1903).

so gilt für Anionen $SO_4'' > Cl' > NO_3'$, für Kationen: $Mg^{\cdot\cdot} > Na^{\cdot} > Li^{\cdot} >$ $NH_4^{\cdot} > K^{\cdot}$, eine $^{\cdot}$-Reihenfolge, wie sie F. Hofmeister[1]) schon bei seinen Quellungsversuchen auffand.

Von praktischem Interesse ist das Verhalten der Viskosität gegenüber von Glutin-Alaunlösungen, da der Alaun als Klärmittel für Leim benutzt wird und aus diesem Grunde im Leim in etwas höherer Konzentration vorhanden sein kann. Chlorkalzium entsteht beim Neutralisieren des Kalziumhydroxyds mit Salzsäure und läßt sich aus dem Rohmaterial nicht völlig auswaschen. Ferner wird Zinksulfat als Konservierungsmittel in nicht unwesentlichen Mengen dem Hautleim zugesetzt, man muß also auch mit dessen Anwesenheit rechnen. Von den letztgenannten Elektrolyten wurde das Verhalten des Alauns näher geprüft[2]). Bei niederen Temperaturen tritt eine außerordentliche Steigerung der Viskosität ein, diese kann so weit gehen, daß die Leimlösungen zu einer Gallerte erstarren. Bei Temperaturen über 60⁰ dagegen geht die Viskosität zurück, schließlich fällt ein Niederschlag aus, ein Verhalten, von welchem bei der Klärung des Leims Gebrauch gemacht wird. Im allgemeinen können jedoch die hier eintretenden Vorgänge nicht mit den sonst bei Neutralsalzen beobachteten verglichen werden, da der Kalialaun in Lösung der hydrolytischen Spaltung unterliegt und in der Flüssigkeit neben $H^{\cdot}$ auch Aluminiumhydroxyd, und zwar in kolloider Form vorliegt, welch letzteres Glutin chemisch oder durch Adsorption bindet[3]).

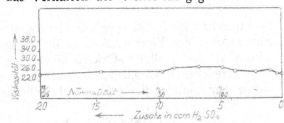

Abb. 176.
Viskositätsänderung von 15%iger Leimlösung bei Zusatz von SO_2.

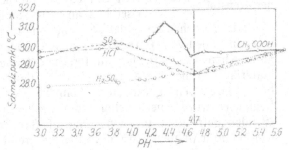

Abb. 177.
pH und Schmelzpunkt von Gelatinegallerte bei Anwendung verschiedener Säuren.

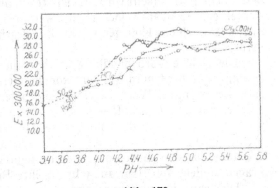

Abb. 178.
pH und Elastizitätsmodul von Gelatinegallerte bei Anwendung verschiedener Säuren.

Einwirkung von Elektrolyten auf Schmelzpunkt und Gallertfestigkeit.
Bezüglich der Wirkung von Ionen auf den Schmelzpunkt der Gallerte sei noch erwähnt, daß dieser ebenfalls beim isoelektrischen Punkt des Glutins ein Minimum aufweist[4]) (Abb. 177).

[1]) F. Hofmeister, l. c.
[2]) A. Gutbier, E. Sauer und F. Schelling, Kolloid-Ztschr. **30**, 376 (1922).
[3]) Desgl.
[4]) Nach nicht veröffentlichten Versuchen von E. Sauer und Palmhert (1924).

Dagegen zeigt sich ein solcher Zusammenhang bei dem Elastizitätsmodul (Gallertfestigkeit) nicht[1] (s. Abb. 178); ganz ähnliche Ergebnisse findet übrigens auch Gerngroß[2]. Die von Bogue[3] geäußerte Meinung, daß der Schmelzpunkt eine Funktion der Gallertfestigkeit ist, kann daher kaum zutreffen.

Gleichzeitige Einwirkung von Neutralsalzen und Säuren führen nicht zu einer Summierung der Eigenschaften beider gegenüber der Glutinsubstanz, vielmehr wird z. B. die Quellung stark rückläufig beeinflußt. Ein näheres Eingehen auf diese verwickelten Vorgänge, die besonders für die Gerberei von Bedeutung sind, würde den Rahmen dieser Arbeit überschreiten.

IV. Die Fabrikation des Hautleims.

Die Vorbehandlung der Rohstoffe. Der Hautleim ist weitaus das älteste der Glutinpräparate, deren Darstellung fabrikmäßig betrieben wird, deshalb soll dieser hier an erster Stelle behandelt werden.

Die Vorbehandlung der Rohstoffe besteht in einer Verlängerung des in den meisten Fällen vom Gerber bereits eingeleiteten Äscherprozesses. Nach seiner rein äußerlichen Beschaffenheit unterscheidet man getrocknetes und nasses Rohmaterial. Früher bestand die Ansicht, nur aus vorgetrocknetem Material einen brauchbaren Leim gewinnen zu können. Das feuchte, mit Kalkmilch behandelte Leimleder wurde meist schon vom Gerber auf luftigen Böden unter häufigem Wenden getrocknet und ging dann als Trockenware an die Leimfabriken. Dort wurde und wird auch heute noch diese Ware in Äschern in mit Ätzkalk angeschärftem Wasser eingeweicht, nach einigen Tagen herausgenommen und noch mehrmals. bis zur völligen Durchquellung mit kräftigen Zusätzen von Kalkmilch mehrere Wochen lang eingeäschert. Der Erfolg ist der, daß fast alles in den Hautstücken befindliche Fett verseift wird. Es entstehen unlösliche Kalkseifen, Schleimschichten werden gelöst, Haare gelockert, bei weitergehender Äscherung, vor allem im Sommer, aber auch das Kollagen merklich angegriffen und die Leimausbeute allmählich vermindert.

Die gleiche Vorbehandlung erfährt auch die große Zahl der für die Leimgewinnung außerdem in Betracht kommenden Rohmaterialien, wie alaun- und fettgare Lederabfälle, Webervögel, getrocknete Sehnen, Suronen, Transparentlederabfälle, Rohhautstanzabfälle usw. Abfälle von vegetabilisch gegerbtem Leder kommen heute als Lederleimrohmaterial größeren Stils leider noch nicht in Betracht, dagegen gewinnen die Chromlederabfälle, deren Entgerbung und Vorbereitung für den Siedeprozeß gerade dem Kolloidchemiker die interessantesten Fragen stellen, von Jahr zu Jahr erhöhte Bedeutung.

Die heute in Inlandsgerbereien und Schlachthäusern anfallenden Leimledermengen, die zahlenmäßig das bei weitem wichtigste Rohmaterial für die Hautleimgewinnung darstellen, werden dagegen fast ausschließlich ohne eingeschaltete Trocknung in feuchtem Zustand weiterverarbeitet. Soweit es sich um rohe, gesalzene Schlachthaus- oder um rohe, ungekälkte Gerbereiabfälle handelt, ist eine nachträgliche Äscherung unter reichlichem Aufwand von Ätzkalk auch heute noch unumgänglich notwendig, während die in den Gerbereien von der bereits gekälkten bzw. mit Kalk und Schwefelnatrium behandelten Haut mit der Hand oder

---

[1] Desgl.
[2] O. Gerngroß, Kolloid-Ztschr. **40**, 279 (1926).
[3] R. H. Bogue, Chem. Met. Engin. **23**, 64, 105 (1920).

Maschine abgestoßenen Hautstücke fast stets bei sachgemäßer Weiterverarbeitung einer Nachbehandlung entbehren könnten.

Unterschiede zwischen Leim aus getrocknetem und feuchtem Material. Es ist nicht zu leugnen, daß der aus getrocknetem Material (dem sog. Rohleim) hergestellte Leim sich in manchen Fällen durch ganz besonders hohe Zähflüssigkeit und Bindekraft auszeichnet. Relative Viskositäten von 5—7 (nach Fels) sind hier häufig anzutreffen. Der Leim selbst ist klar, durch die Vorbehandlung weitgehend befreit von trübenden, die Viskosität und Bindekraft ungünstig beeinflussenden Eiweißkörpern, die außerdem noch eine starke Neigung zu Fäulnis besitzen.

Lange nicht unter so günstigen Verhältnissen arbeiten dagegen alle die Fabriken, die von Hafenplätzen weit entfernt fast ausschließlich auf inländisches Material angewiesen sind, das, wie wir einleitend bemerkten, zu erheblichen Teilen heutigen Tages nicht aus reinem Blößenmaterial besteht, sondern zu einem großen Prozentsatz aus dem sog. Maschinenfleisch. Irgendwelche geringwertige Materialien aber zu äschern verbietet gegenwärtig die Lohnfrage und man begnügt sich entweder mit einem sog. Aufsetzen des nassen Leimleders mit Kalk zwecks Fettverseifung und einer Art Äscherwirkung oder aber man verwendet das Rohmaterial direkt in dem Zustand, wie es die Gerbereien liefern. Der Hauptvorteil bei der Verarbeitung von frisch angefallenem Rohmaterial besteht in der sehr weitgehenden Erfassung des Hautfettes, und zwar größtenteils in Form von neutralem Abschöpffett, das bei seiner leichten Raffinationsmöglichkeit und seiner hellen Farbe in der Seifenfabrikation an Stelle des Talges sehr bereitwillige Aufnahme findet.

Das Waschen und Entkalken des Leimleders. Das Waschen erfolgt in Waschholländern, und zwar meist bei ständigem Wasserzu- und -abfluß. Dabei spielt die richtige Wahl der Siebblechlochung eine erhebliche Rolle, vor allem bei der Verarbeitung von feinfaserigem Maschinenfleisch, da es sich hierbei um die Zurückhaltung oder den Verlust nicht unbeträchtlicher Fett- und Hautsubstanzmengen handelt. Bei einem starken Neutralfettgehalt des Leimleders beobachtet man ein starkes Schmieren, und Lochweiten unter 4 mm sind fast unmöglich, da sich die Löcher sehr rasch durch eingedrungene Fetteilchen verlegen. Das Gegebene ist hier eine Nachfiltration des abfließenden trüben Wassers: Im Waschgeschirr also weite Siebe, die sich leicht durch einen starken Wasserstrahl reinigen lassen und in die Abwasserleitung eingebaut ein Drehfeinfilter, das aus dem abfließenden Schmutzwasserstrom noch die mitgerissenen feinen Haut- und Fettkalkteilchen entfernt und automatisch austrägt.

Das Verhalten des Hautmaterials beim Waschprozeß. Liegt ein durch Ätzkalk und Schwefelnatrium stark gequollenes Material vor, so beobachtet man bei niedrigem Wasserfluß eine verhältnismäßig rasche Entfernung der oberflächlich anhaftenden Mengen der Äscherchemikalien, während das aus dem Innern nachdiffundierende Alkali begreiflicherweise je nach der Dicke des Hautstückes einer längeren Zeitspanne bedarf. Stehen genügende Waschholländer zur Verfügung und hält das Rohmaterial nicht gar zu hartnäckig seinen Kalk zurück, so wäscht man vorteilhaft ohne Säurezusatz bis zur völligen Neutralität des Hautmaterials weiter. Je nachdem sind dazu 24—48 und mehr Stunden nötig. Da nun mit dem Alkali fortwährend gelöste Eiweißsubstanz aus dem Rohstoff auswandert, so haben wir es hier vor allem bei länger ausgedehntem Waschen mit einer nicht zu unterschätzenden Nachextraktion von für die Leimgewinnung schädlichen Eiweißsubstanzen zu tun.

Mit fortschreitender Entkalkung tritt eine Entquellung der Hautsubstanz ein, sie wird schlaff und verfällt. Durch Zusatz von Mineralsäure kann die Erreichung dieses Zustands beschleunigt werden, wenn durch genaue Kontrolle der Alkalitätsverhältnisse dafür gesorgt wird, daß kein bleibender Überschuß an Säure verwendet wird. Überschüssige Säure quellt bekanntlich ihrerseits wieder die Hautsubstanz und an der starken Trübung des ablaufenden Wassers sowie an der glasigen Beschaffenheit gewisser Hautpartien erkennt man leicht den Eintritt der Übersäuerung, die mit Substanzverlust, vor allem bei gut vorgekalktem Rohmaterial, Hand in Hand geht.

Zur technischen Kontrolle der Alkalikonzentration im Waschgeschirr haben sich neben dem schon lange gebräuchlichen Lackmus- und Curcumapapier besonders bewährt die Merckschen Farbindikatoren zur Feststellung der H-Ionenkonzentration. Beispiel: Ein gewisses Leimleder wird bis zum Umschlagspunkt von Thymolblau ($p_H = 8,0-9,6$) gewaschen. (Es genügt hier das abfließende Waschwasser zu prüfen, im Gegensatz zur Gelatinefabrikation, bei der exakterweise Materialschüttelproben vorzunehmen sind.) Sodann gibt man bei abgestelltem Wasserfluß soviel Salzsäure zu dem bewegten Rohmaterial, daß nach 3 Stunden die eben gelbe Farbe von Bromthymolblau ($p_H = 6,0-7,6$) noch bestehen bleibt. Nun erfolgt ein mehrstündiges Nachwaschen zur Entfernung des geringen oberflächlichen Säureüberschusses, sowie des bei Neutralisation entstehenden Chlorkalzium.

Zweckmäßigerweise kontrolliert man die praktisch vollständige Entfernung des Chlorions durch Prüfung des ablaufenden Wassers mit Silbernitrat. Bei gut vorbehandeltem hochwertigen Rohmaterial genügt meist eine einfache Neutralstellung auf Kresolrotumschlag ($p_H = 7,2-8,8$) oder auch ein längeres Waschen mit reinem Wasser, da man hier bei den geöffneten Poren des Materials nicht mit einem so langsamen Ausdringen des Alkalis zu rechnen hat, wie bei gewissen frischen und meist auch stark mit Schwefelnatrium imprägnierten sog. Maschinenlederabfällen.

Der Nachteil einer starken Rohmaterialsäuerung ist erwiesen. Abgesehen von dem bei starker Übersäuerung eintretenden Substanzverlust erhält man leicht einen Leim von dunkler (rotbrauner) Farbe, der bei HCl-Säuerung und mangelhaftem Auswaschen schlecht trocknet, also hygroskopische Eigenschaften besitzt (Chlorkalziumgehalt), bei H_2SO_4-Säuerung dagegen Gips enthält, der sich unter Umständen im Vakuumapparat durch Krustenbildung unliebsam bemerkbar macht und auch zur Auswitterung und einer rauhen Oberfläche der getrockneten Tafel führen kann.

Die unangenehmste Eigenschaft aber besteht in der stark erhöhten Fäulnisfähigkeit des Leims, vor allem wenn mit Salzsäure gesäuert wurde. Dies rührt einerseits her von der Fällung der kalklöslichen Eiweißstoffe durch die Säure innerhalb des Materials, die dann beim Kochprozeß die Abzüge trüben, dem Leim bei Nichtentfernung eine verdächtig schmutzige Farbe erteilen und bei ihrer leichten Zersetzlichkeit durch Alkali einen geeigneten Nährboden für Bakterien bilden. Andererseits werden die zur Haltbarmachung des Leims während des Trocken- und späteren Verarbeitungsvorgangs zugesetzten Stoffe in ihren konservierenden Eigenschaften durch die Gegenwart vor allem von Elektrolyten in der Regel sehr ungünstig beeinflußt.

Der Siedeprozeß.

Das alte Verfahren. Ein kurzer Rückblick auf das alte, heute nur noch in handwerksmäßigen Betrieben anzutreffende Verfahren sei hier vorausgeschickt.

Verwendung findet nur ein stark vorgekälktes, weiches Leimleder, das nach dem Waschen mit Wasser ohne Säurezusatz zunächst in Handpressen möglichst stark ausgepreßt wird, so dann wieder für 12—15 Stunden in dünner Schicht und unter öfterem Wenden auf luftigen Böden ausgebreitet wird, um den aus dem Innern der Stücke noch allmählich heraustretenden Ätzkalk in kohlensauren Kalk zu verwandeln.

Das meist immer noch leicht alkalische Material wird sodann in den Siedekessel gebracht und dort durch direkte Feuerung oder indirekten Dampf zum Schmelzen gebracht, wobei stets das sog. Leimwasser des vorhergehenden Sudes mitbenützt wird, d. h. die nach dem Abpressen des Kochrückstandes durch nochmaliges Kochen mit Wasser unter Mitbenützung von Ätzkalk erhaltene Lösung. Man erhält eine ca. 15%ige Lösung, die durch Filtertücher abgelassen, direkt ohne weitere Eindickung zum Erstarren gebracht wird und nach dem Zerschneiden der Gallertblöcke meist an freier Luft getrocknet wird.

Der beim Kochen des Leimwassers zugesetzte Ätzkalk hat den Zweck, die widerstandsfähigeren leimgebenden Substanzen vollends in Lösung zu bringen und außerdem eine Klärung der zunächst trüben Brühe zu erreichen. Bei Zusatz von Kalkmilch beobachtet man nämlich schon nach sehr kurzem Aufkochen ein rasches Blankwerden der Lösung und ein Absinken feinflockiger Massen. Gerade dieses stark alkalische, an Abbaustoffen reiche Leimwasser ist der Punkt, an dem dieses älteste Verfahren am meisten krankt. Der Leim besitzt trotz des meist verwendeten hochwertigen Rohmaterials keine besondere Zähflüssigkeit (meist nicht über 2,5 relative Viskosität nach Fels), ist spröde, reagiert alkalisch und besitzt stark hygroskopische Eigenschaften. Für Buchbindereizwecke wird dieser Leim trotz seiner mäßigen Ausgiebigkeit wegen seines guten Klebvermögens, d. h. seines langsamen Gelatinierens, auch heute noch da und dort gern verwendet.

Im Großbetrieb sind derartige Arbeiten, wie Abpressen des Rohmaterials vor dem Verkochen, Antrocknen sowie ein Pressen der Rückstände zum Zwecke der völligen Entleimung nicht mehr am Platze. Man arbeitet durchweg mit viel dünneren Lösungen, die nachher im Vakuumverdampfapparat wieder beliebig eingedampft werden können.

Neue Gesichtspunkte beim Siedeprozeß. Zur Erzeugung eines möglichst hochviskosen, d. h. an Abbauprodukten möglichst armen Leimes ist Anstrebung einer neutralen Reaktion beim Siedeprozeß die erste Vorbedingung. Langes und sauberes Vorwaschen des Rohmaterials ist dafür die beste Grundlage. Das Verkochen erfolgt ganz allgemein in offenen Kesseln, und zwar sowohl mit indirekter als auch mit direkter Dampfbeheizung. So brutal ein Verkochen mit direkt eingeblasenem Dampf klingen mag, so notwendig erscheint dieses Verfahren doch in allen den Fällen, in denen noch verhältnismäßig hartes, kurz oder gar nicht nachgeäschertes und unaufgeschlossenes Rohmaterial zur Anwendung gelangt. Abgesehen von den öfters stark getrübten Brühen, deren mögliche Filtration jedoch heute dieses Verfahren nicht mehr in Frage stellt, erhält man in kurzer Zeit, unterstützt durch die mechanische Rührtätigkeit des einströmenden Dampfes, einen gleichmäßig erhitzten Kesselinhalt. Überläßt man vor dem Ablassen der Brühe die einzelnen Abzüge, von denen 5—6 hergestellt werden, noch einige Zeit der Ruhe, so daß sich bei abgestelltem Dampf der feste, suspendierte Anteil genügend absetzen und das Material noch nachschmelzen kann, so erhält man Brühen von genügender Klarheit und je nachdem mit einem Gehalt an 6—11% Trockensubstanz. Durch die direkte Kochung tritt gleichzeitig eine gründliche Sterilisation des Kesselinhalts ein, was vor allem bei reichlicher Verwendung rohen Leimleders von größter Bedeutung ist. Gewisse, meist geringwertige Leimledersorten halten nun häufig mit besonderer Hartnäckigkeit Alkali in ihren stärkeren Teilen zurück, so daß bei ihrer Verkochung in manchen Fällen doch noch Alkalitätsgrade sich einstellen, die, wenn unbeachtet, unbedingt einen niedrig viskosen Leim ergeben müssen. Starke Mineralsäuren zur heißen Leimbrühe zuzusetzen, empfiehlt sich aus naheliegenden Gründen nicht, dagegen ist Phosphorsäure weniger bedenklich, da hierbei der Kalk in unlöslicher Form niedergeschlagen wird.

Von schwachen Säuren sind Kohlensäure und schweflige Säure als Neutralisationsmittel ebenfalls erprobt worden. Man bläst die Gase direkt aus der Bombe durch Siebröhren in den Kochkessel ein. Die Kohlensäure erscheint auf den ersten Blick am bestechendsten und doch ist sie es nicht, da sie sich in der heißen Leimlösung nur spurenweise löst und größtenteils ungebunden auf der Oberfläche entweicht. Bessere Erfolge erzielt man mit Schwefeldioxyd, da hier die Löslichkeit eine günstigere ist als bei Kohlendioxyd und eine saubere Neutralisation in kurzer Zeit erreicht wird. Gleichzeitig tritt eine schwache Bleichung ein, die aber erst bei deutlich saurer Reaktion des Leims merklich wird, ein Umstand, der im Gegensatz zur Knochenleimfabrikation dieses Gas zur Lederleimbleichung als völlig ungeeignet erscheinen läßt.

Weit größerer Beliebtheit, weil einfacher und rascher in der Handhabung, erfreuen sich gewisse, leicht sauer reagierende Lösungen ergebende Salze, die sich mit dem Ätzkalk sofort unter Übergang in die Hydroxyde umsetzen, und zwar sind es in erster Linie A l a u n bzw. Aluminiumsulfat und Z i n k v i t r i o l. Besonders letzterer hat sich infolge seiner neutralisierenden, stark konservierenden und flockenden Eigenschaften im weitesten Umfange in der Leimfabrikation seit ca. 30 Jahren eingebürgert. Es ist nicht zu viel gesagt, daß manche Leimfabrik trotz bester technischer Einrichtungen infolge häufiger Fehlsude zu keinem Erfolg durchdringen konnte, weil sie die Anwendung des Zinkvitriols nicht kannte; manche Leimfabrik könnte auch heute ihren Betrieb schließen, wenn ihr die Zufuhr des Zinkvitriols unterbunden würde. Durch gleichzeitigen Zusatz von einer chemisch äquivalenten Menge Bariumkarbonat, das sich mit dem durch die Neutralisation gebildeten Kalziumsulfat trotz seiner geringen Löslichkeit in der durch direkten Dampf bewegten Flüssigkeit bereitwillig und quantitativ in Bariumsulfat und Kalziumkarbonat umsetzt, kann man den Aschegehalt weitgehend erniedrigen. Ein Umstand, der uns auch von seiten des mit Schwefelsäure arbeitenden Gelatinefabrikanten der Beachtung wert scheint, da ein geringer Aschegehalt bei der Gelatine noch ungleich wichtiger ist, als bei dem nur als Klebmittel in Betracht kommenden Lederleim.

Es hat sich schließlich gezeigt, daß die Verwendung von Zinksulfat auch nicht ohne Bedeutung für die Bleichmöglichkeit eines Leimes ist. Man beobachtet beim Zusetzen des Salzes zum heißen Kesselinhalt das Auftreten einer milchigen Trübung, wohl eine, durch das entstehende Zinkhydroxyd hervorgerufene Eiweißflockung. Diese Flockung besitzt eine erhebliche Adsorptionskraft für gewisse färbende Substanzen im Leim, denn man erhält hier nach sachgemäßer Filtration ein der reduzierenden Bleichung sehr zugängliches Leimerzeugnis.

Sieden mit indirektem Dampf. Bei hochwertigem Rohmaterial, das längere Zeit gekalkt wurde, lassen sich sehr schöne Erfolge auch mit indirektem Dampf erzielen. Es ist dabei nötig, den Siedeprozeß genügend lange auszudehnen, um keine Verluste an Rohstoff zu erleiden. Zum mindesten die ersten Abzüge müssen bei Temperaturen unter 100° C entnommen werden. Man erhält dabei ziemlich verdünnte, dagegen schön klare Brühen.

Ein Verfahren, bei welchem mit indirektem Dampf die Leimbrühen schon vom ersten Abzug an zum Sieden erhitzt werden, ist unbedingt verwerflich, da es zu einer geringwertigen Qualität führt; es hatte früher eine gewisse Berechtigung, als man ohne Gebrauch des Vakuumverdampfers direkt beim Aussieden höher konzentrierte Brühen gewinnen mußte.

Klärung und Filtration. Wie vorstehend besprochen, war früher die Verwendung eines durch Ätzkalk stark abgebauten Leimwassers das übliche Mittel, um zu blankeren Leimbrühen zu gelangen. Heute kommt dieses Verfahren nicht mehr in Frage. Will man schon von vornherein blanke Abzüge erhalten, so kocht man mit reinem Wasser aus, arbeitet mit dünnen Brühen bei indirekter Kochung und kann bei vorsichtigem Ablassen eine Nachfiltration der Abzüge umgehen.

Kocht man aber mit direktem Dampf, so muß man eine chemische Klärung bzw. eine Feinfiltration vornehmen. Die chemische Klärung beruht auf einer Flockenbildung, die alle Verunreinigungen umhüllt und mitreißt. Sie empfiehlt sich jedoch mehr bei Knochenleim (s. S. 399).

Auch durch Filtrieren erhält man völlig klare Lösungen, die Farbe wird reiner, jedoch nicht so hell wie beim Klären, da natürlich lösliche Farbstoffe nicht entfernt werden können.

Die Filtervorrichtungen entsprechen in ihrer Konstruktion den bekannten Filterpressen; an Stelle der Filtertücher treten jedoch dicke Filterplatten, die in einer

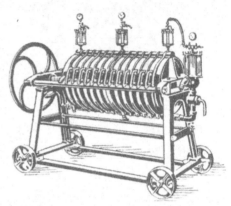

Abb. 179.
Filterpresse für Leim und Gelatine.

besonderen Presse aus aufgeschlemmter Zellulose-, Baumwoll- und Asbestfaser hergestellt werden, so daß eine schnelle Auswechslung erfolgen kann (s. Abb. 179).

Bewährte Leim- und Gelatinefilterpressen werden hergestellt von R. Haag, Stuttgart, Unionfilterwerke Mannheim u. a.

Die Filtration beeinträchtigt natürlich die Qualität des Leims in keiner Weise, vielmehr bedeutet sie in mehrfacher Hinsicht eine Verbesserung derselben.

Die Beständigkeit gegen Fäulnis wird wesentlich erhöht, beispielsweise zeigte eine filtrierte Leimlösung erst nach 4 Tagen beginnende Zersetzungserscheinungen, während die gleiche unfiltrierte Lösung nach dieser Zeit schon völlig in Fäulnis übergegangen war[1].

Weiterhin wird der Fettgehalt, wenn ein solcher vorhanden ist, wesentlich verringert; Fettsäuren werden hier meist als Kalkseifen in Form feiner Flocken vorliegen, die vom Filter zurückgehalten werden, unverseiftes Fett wird anscheinend von der Filterfaser adsorbiert.

Die unmittelbare Folge des Filtrierens ist häufig ein verstärktes Schäumen des Filtrats, was vor allem beim Eindampfen zu Störungen und Verlusten führen kann. Da nun die Schaumfähigkeit auch dem fertigen Leim zu einem erheblichen Grade erhalten bleibt, so nimmt man seine Zuflucht wieder zur leichten Fettung der filtrierten Leimlösung vor dem Eindampfen und erzielt dabei schon mit recht geringen Mengen

[1] E. Sauer, Kunstdünger- und Leimindustrie **21**, 295 (1924).

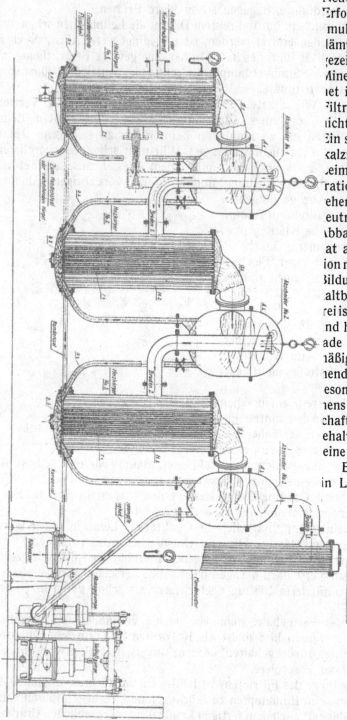

Neutralfett einen vollen Erfolg. Raffiniertes, leicht emulgierendes Leimfett dämpft den Schaum ausgezeichnet, während z. B. Mineralöl völlig ungeeignet ist. Die Neigung des Filtrats zum Schäumen ist nicht immer gleich groß. Ein stark alkalischer, also kalziumhydroxydhaltiger Leim schäumt nach der Filration sehr stark. Ein weitgehend elektrolytfreier, neutraler, von Muzinen und Abbaustoffen freier Leim hat auch nach der Filration nur wenig Neigung zur Bildung eines starken und haltbaren Schaums. Fettfrei ist praktisch kein Leim und häufig verdanken gerade die aus handwerksmäßigen Betrieben stammenden Leime, die im Ruf besonders geringen Schäumens stehen, diese Eigenschaft ihrem hohen Fettgehalt (0,5 % Fett sind eine Seltenheit).

Es sei bemerkt, daß ein Leim sehr fetthaltig sein kann, ohne daß die gelegentlich als Merkmal angeführten Fettaugen auftreten. Leimfett emulgiert sich nämlich beim Eindampfen sehr schnell und gründlich mit der konzentrierten Leimlösung. Wo Fettaugen bemerkbar sind, handelt es sich meist um grobe Verunreinigungen des Leims durch Fettkalkbrocken, die Neutralfett eingeschlossen enthalten. Nichtschäumen eines Leims ist also noch kein Merkmal für seine besondere Reinheit, starker Schaum dagegen kann immer als verdächtiges Zeichen angesehen werden.

Zur mechanischen Abscheidung von Verunreinigungen aus der Leimlösung wird neuerdings auch die Zentrifuge vorgeschlagen, doch muß ihre Bewährung einstweilen noch abgewartet werden[1]).

Das Eindampfen. Vor der eigentlichen Trocknung wird der verdünnten, ca.10%igen Leimbrühe ein Teil des Wassers durch Eindampfen entzogen.

In besser eingerichteten Betrieben findet man heute nur noch die Vakuumverdampfer, und zwar meist in Form des Mehrkörperapparats.

Entsprechend der Eigenart der Leimlösung muß der Verdampfer folgende Bedingungen erfüllen: Niedere Heiztemperatur, kurze Eindampfzeit und Unterdrückung der Schaumbildung.

Niedere Temperatur wird durch Anwendung des Vakuums erreicht. Die Leimbrühe muß kontinuierlich zu- und abfließen und möglichst bei einmaligem Durchgang auf die. gewünschte Konzentration gebracht werden. Je kleiner der Fassungsraum des Apparats im Verhältnis zur Heizfläche ist, desto kürzere Zeit verweilt die Leimlösung im Innern desselben, um so kürzer ist also auch die Erhitzungsdauer.

Speziell für die Leimfabrikation haben sich bewährt die Verdampfer von Wiegand, Kestner und Seyffert-Greiner, die obigen Anforderungen gerecht werden (s. Abb. 180).

Das Arbeiten mit Vakuum bedingt an sich keine Dampfersparnis, erst durch die Wiederverwendung des Brüdendampfes aus dem ersten Verdampfkörper zur Beheizung des

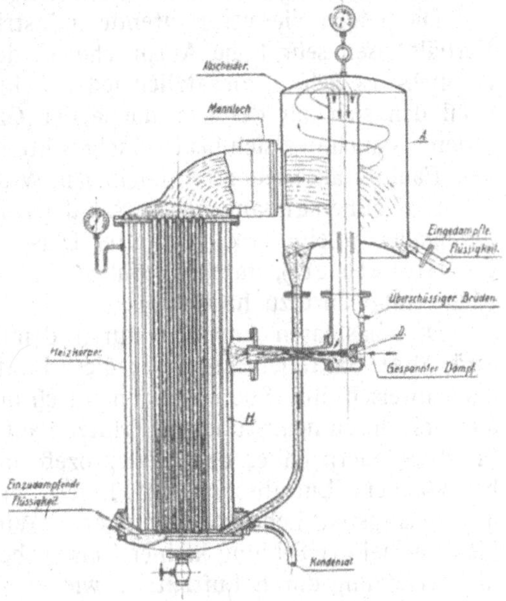

Abb. 181.
Wiegandscher Verdampfer mit Brüdenkompressor.

zweiten Körpers usw. wird eine Wärmeersparung erreicht. Theoretisch erfordert ein Zweikörperapparat die Hälfte, ein Dreikörper ein Drittel der Heizdampfmenge, wie sie im Einkörperapparat nötig wäre, außerdem sind natürlich die entsprechenden Wärmeverluste in Rechnung zu setzen.

Der Mehrkörperverdampfer benötigt eine wesentlich größere Heizfläche, da das Temperaturgefälle zwischen Heizfläche und einzudampfender Flüssigkeit mit steigender Zahl der Verdampfkörper immer kleiner wird.

Eine weitere Ersparnis an Dampf kann durch Anwendung des Prinzips der „Wärmepumpe" erreicht werden. Man komprimiert den Brüdendampf, bringt ihn dadurch wieder auf höheren Druck und höhere Temperatur und kann ihn zur Eindampfung der Lösung verwenden, welcher er entstammt.

In sehr einfacher Weise ist dieses Verfahren z. B. bei dem in der Leimfabrikation wohl am meisten in Gebrauch befindlichen Wiegandschen Verdampfer verwirklicht (s. Abb. 181). Ein Injektor, der mit Dampf von mindestens 2 Atm. Druck gespeist wird, saugt einen Teil des Brüdendampfs an, komprimiert ihn und führt

---

[1]) L. Thiele, Leim und Gelatine, 2. Aufl., S. 60 (Leipzig 1922).

das Gemisch aus Frischdampf und Brüdendampf dem ersten Heizkörper des Verdampfers zu.

Man dampft die Leimbrühe im allgemeinen nur soweit ein, daß noch eine zum Schneiden hinreichend feste Gallerte erzielt wird (25—35%). Die konzentrierte Leimlösung sammelt man bis zur Weiterverarbeitung in großen Bottichen.

Das Konservieren und Bleichen des Leims. Kein Leim kommt völlig steril aus dem Verdampfer, wenn auch zuzugeben ist, daß je nach Vorbehandlung, Verkochung, Filtration oder Klärung die Neigung zur Zersetzung eine sehr verschiedene ist. Wird der eingedampfte Leim sofort zu Flockenleim weiterverarbeitet, so erscheint eine besondere Haltbarmachung entbehrlich. Auch steht fest, daß Hautleim, wenn einmal getrocknet, wieder in Lösung gebracht, beträchtlich weniger zur Zersetzung neigt, als vor dem Trocknen.

Da jedoch die verarbeitende Industrie häufig auch unter den ungünstigsten Verhältnissen sehr hohe Ansprüche an die Haltbarkeit des Hautleims stellt, so empfiehlt es sich, grundsätzlich jeden Leim in eine Form zu bringen, in der er sowohl den sich auf der Oberfläche der Gallerte betätigenden Verflüssigungsbakterien als auch den sich bei Brutschranktemperaturen im flüssigen Leim entwickelnden Fäulnisbakterien größtmöglichen Widerstand entgegensetzt.

Eine äußerst unangenehme Art der Zersetzung tritt in der noch wasserhaltigen Leimgallerte beim Trocknen unter Blasenbildung auf. Es ist das Verdienst von Ch. Hickethier[1]), durch sorgfältige bakteriologische Untersuchungen diese Vorgänge aufgeklärt zu haben.

Die Gasblasen kommen durch den Lebensvorgang einer bestimmten Art anäober Bakterien zustande; diese Bakterien sind fast immer im Rohmaterial nachzuweisen, ihre Sporen zeichnen sich durch große Beständigkeit gegen Wärme aus, erst durch neunstündiges Erhitzen auf Siedetemperatur werden sie vernichtet. Sie überdauern daher den Siedeprozeß und finden ihrer anäoben Natur gemäß bei völligem Luftabschluß im Innern der außen angetrockneten Gallerttafeln die günstigsten Lebensbedingungen. Wird die Trocknung schnell beendet, so bleibt es bei der Bildung kleiner Blasen, bei Auflösen des Leims in Wasser kommt die Zersetzung durch Luftzutritt wieder zum Stillstand. Bei längerer Entwicklungsdauer, wie sie z. B. bei dicken Leimtafeln während der Trocknung gegeben ist, nimmt das Wachstum der Bakterien und damit die Blasenbildung einen äußerst starken Umfang an, so daß die Leimsubstanz erheblich geschädigt wird.

Wie schwierig eine derartige wirtschaftliche Konservierung des Leims ist, weiß jeder Fachmann. Die Verhältnisse liegen beim Hautleim insofern ungünstiger, als beim sauren Knochenleim, da die Fäulnisbakterien gerade die neutrale bzw. leicht alkalische Reaktion des Hautleims bevorzugen.

Konservierungsmittel sind in großer Zahl bekannt; empfohlen werden schweflige Säure, Borsäure, Salizylsäure, Formaldehyd, Quecksilberchlorid, Zinksulfat, Phenol, Beta-Naphthol usw.

Wirklich brauchbar sind nur wenige der Mittel dieser Art, einzelne besitzen überhaupt eine ungenügende Wirkung, andere konservieren zwar gut, sind jedoch störender Eigenschaften wegen nicht anwendbar: Formaldehyd z. B. macht den Leim unlöslich im Wasser, Beta-Naphthol gibt zu Verfärbungen Anlaß, Phenol besitzt einen zu starken Geruch.

Als sehr brauchbar hat sich das p-Chlor-m-kresol erwiesen, welches unter dem Namen „Raschit" in den Handel kommt; es ist jedoch in Wasser unlöslich und muß in Natronlauge gelöst werden. Die Anwesenheit von Alkali beeinträchtigt

---

[1]) Ch. Hickethier, Kunstdunger u. Leimindustrie, Jahrg. 1927.

merklich die konservierende Wirkung; aus diesem Grunde wendet man ein lösliches Salz der genannten Verbindung an, wie es z. B. im Grotan[1]) vorliegt.

Grotan löst sich etwa in 20—30 Teilen heißen Wassers, andererseits kann es auch, ähnlich wie Phenol, durch Zusatz geringer Wassermengen verflüssigt werden (Lösung von Wasser in Grotan).

Zu beachten ist auch, daß Grotan mit Wasserdampf, z. B. im Verdampfer, flüchtig ist. Aus diesem Grunde ist die kombinierte Anwendung mit einem andern Konservierungsmittel zweckmäßig.

Beispielsweise kann man den frisch hergestellten Leimabzügen zur Vorkonservierung sogleich Zinksulfat zusetzen, nach dem Eindampfen erfolgt die eigentliche Konservierung mit Grotan. Wichtig ist dabei, daß bei Zusatz des Grotans noch keinerlei Zersetzungsvorgänge der Leimsubstanz begonnen haben, da sonst unter Umständen auch eine chemische Veränderung des Grotans selbst erfolgt.

Werden diese Bedingungen eingehalten, so ist die Leimgallerte beinahe unbegrenzt haltbar.

Eine Reaktion zwischen Zinksulfat und Grotan in so geringer Konzentration findet bei Anwesenheit von Leim nicht statt.

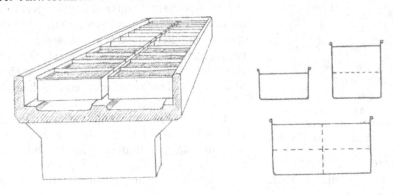

Abb. 182.
Kühltisch in Eisenbeton.

Abb. 183.
Querschnitte von Leimkasten.

Über die Anwendung von schwefliger Säure siehe Knochenleim (S. 397 u. 399).

Nunmehr erfolgt noch eine Bleichung mit Hydrosulfit (Blankit), die sich schon nach ganz kurzer Zeit durch eine wesentliche Aufhellung der Farbe zu erkennen gibt. Trotz des hohen Preises für Hydrosulfit ist die Bleichung lohnend, da schon recht geringe Mengen dafür ausreichend sind.

Natürlich sind noch eine ganze Reihe anderer Bleichverfahren vorgeschlagen worden, besonders die Anwendung von Wasserstoffsuperoxyd in verschiedenen Formen. Erwähnt sei nur das kombinierte Bleich- und Neutralisierungsverfahren nach C. Greiner[2]). Dieser behandelt schon das Rohmaterial in geschlossenen Behältern mit Wasserstoffsuperoxyd, wobei der Überdruck des freiwerdenden Sauerstoffs die bleichende Wirkung erhöht; während des Aussiedens wird eine Neutralisation durch Einleiten von Kohlendioxyd vorgenommen. Der noch vorhandene Rest von Kalziumhydroxyd wird als Kalziumkarbonat ausgefällt, der Überschuß von Kohlensäure entweicht, die Gefahr einer Übersäuerung ist ausgeschlossen.

[1]) Ullmann, Enzyklopädie der chemischen Technologie **3**, 707 (Berlin und Wien). Grotan wird hergestellt von Schülke und Mayr A.G., Hamburg.

[2]) C. Greiner, jr. D.R.P. 337178, 22 i. Gr. 3.

Formen, Schneiden und Auflegen der Leimgallerte. Die konzentrierten Leimlösungen werden zum Erstarrenlassen in Kasten aus verzinktem Eisenblech ausgegossen, die in einem kühlen Raum Aufstellung finden. Besonders bei Knochenleim ist meist noch eine Kühlung durch fließendes Wasser erforderlich. In langen Trögen aus Blech oder Eisenbeton, den Kühltischen, sind die Leimkasten in ein oder zwei Reihen eingesetzt und werden allseitig vom Kühlwasser bespült (s. Abbildung 182).

Der Querschnitt eines Kastens entspricht der Größe von einer, bei Wasserkühlung auch zwei oder vier Leimtafeln (s. Abb. 183). Nach 12—24 Stunden ist die Gallerte hinreichend fest. Man taucht die Kasten kurze Zeit in heißes Wasser, stürzt die Blöcke aus, teilt sie, wenn erforderlich, der Länge nach durch eine Schneidvorrichtung mit gespannten Drähten, so daß man Blöcke mit einem Querschnitt in der Größe einer Leimtafel erhält. Die weitere Aufteilung in Tafeln erfolgt in der Leimschneidmaschine; die Schneidmaschinen neuerer Konstruktion nehmen den ganzen Leimblock auf (Abb. 184), ein hin- und hergehender Schlitten preßt ihn langsam durch den Messerrahmen, letzterer enthält eine Anzahl schmaler, senkrecht eingespannter Messer, deren gegenseitiger Abstand die Stärke der Tafeln bestimmt. Man schneidet gewöhnlich in 15—30 mm Dicke, beim Trocknen tritt eine Schwindung bis auf etwa ein Drittel dieser Stärke ein.

Abb. 184.
Leimschneidmaschine
von C. Greiner, Neuß a. Rh.

Das Gelatinieren kann auch durch Ausgießen der Leimlösung auf Glas- oder Blechtafeln, die von unten mit kaltem Wasser gekühlt sind, vorgenommen werden. Das Erstarren erfolgt hier sehr rasch, da die Gallertschicht nur die Dicke einer Leimtafel besitzt. Für große Leistungen kommt dieses Verfahren weniger in Frage.

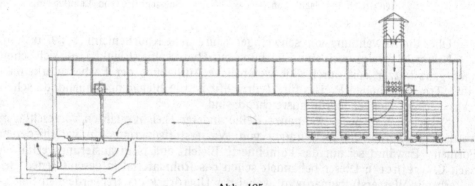

Abb. 185.
Trockenkanal von H. Schirm, Leipzig.

Die Tafeln werden von Hand auf Trockennetze gelegt, letztere bestehen aus Rahmen in der Größe von ca. 1 × 2 m; für deren lange Schenkel benützt man ca. 8 cm breite, hochkant gestellte Latten, für die kurzen 2 cm breite Flacheisen. Die Rahmen sind mit Hanf-, verzinktem Eisendraht- oder Aluminiumdrahtgeflecht bespannt, wovon sich besonders letzteres gut bewährt.

In den Vereinigten Staaten benutzt man zur Ersparung der Handarbeit maschinelle Vorrichtungen zum Auflegen der Leimtafeln auf die Netze; in Deutschland sind solche wohl nur in der Gelatinefabrikation in Gebrauch (s. S. 404).

Das Trocknen der Leimtafeln. Die belegten Netze werden auf flache Wagen meist in zwei Stößen von etwa 2 m Höhe aufgeschichtet und dann in die Trockenräume gebracht.

Zur rationellen Ausnutzung der Wärme haben sich am besten die Kanaltrockner bewährt. Ein solcher besteht aus einem 20—30 m langen Gang, dessen Querschnitt möglichst genau der Höhe und Breite der beladenen Leimwagen entspricht. An einem Ende ist ein Heizkörper aus Rippenrohren für Dampf, am andern Ende ein großer Ventilator angebracht, der einen schwach angewärmten Luftstrom durch den Kanal saugt (Abb. 185).

Die Trockenwagen werden gewöhnlich im Gegenstrom zur erwärmten Luft durch den Kanal bewegt.

Der Trockenvorgang erfordert eine peinliche Überwachung, die Temperatur soll bei Lederleim 30—35° C nicht überschreiten, da der Schmelzpunkt der frischen Gallerte etwa bei dieser Temperatur liegt. Auch die Luftmenge, die vom Ventilator gefördert wird, muß in bestimmtem Verhältnis zum jeweiligen Feuchtigkeitsgehalt der Atmosphäre, zur Länge des Kanals und zur Gewichtsmenge des Trockenguts stehen.

Der theoretisch errechnete Luftbedarf wird jedoch in Wirklichkeit beträchtlich überschritten.

O. Marr[1]) führt ein Beispiel der Berechnung von Luft- und Wärmebedarf für eine Leimtrocknungsanlage durch, er gelangt bei Annahme der üblichen Zahlen für die Dimensionen der Trockenanlage, Wärme- und Luftverbrauch, Wärmeübergangskoeffizient usw. zu einer Trockendauer von 24 Stunden. Tatsächlich erfordert jedoch die Trocknung je nach Dicke der Leimtafeln 10 bis 25 Tage. Die Ursache liegt in der stark gehemmten Wasserabgabe der Leimsubstanz.

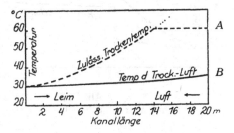

Abb. 186.
Temperatur im Trockenkanal.

Die Diffusionsgeschwindigkeit des Wassers vom Innern der Leimtafel nach außen ist an sich schon eine geringe und nimmt mit fortschreitender Trocknung immer mehr ab, da an der Oberfläche eine Trockenhaut von zunehmender Dicke entsteht. Die Trocknung muß daher auf alle Fälle so lange fortgesetzt werden, bis die Hauptmenge des Wassers entfernt ist, ohne Rücksicht darauf, daß die Ausnützung der Wasseraufnahmefähigkeit der Luft eine sehr unvollkommene ist.

Aus diesem Grunde haben die Trockenkanäle der Leimfabriken meist eine beträchtliche Länge.

Wie aus Abb. 160, S. 365 ersichtlich, ist die Aufnahmefähigkeit der Luft für Wasserdampf bei niederer Temperatur gering, steigt jedoch bei höheren Temperaturen beträchtlich an.

Trocknet man im Winter z. B. bei 0° C, so enthält 1 cbm Luft im höchsten Fall 5 g Wasser, wird die Luft auf 30° C erwärmt, so kann jeder Kubikmeter noch 30 − 5 = 25 g Wasser aufnehmen. Hat man dagegen im Sommer eine Außentemperatur von 25° C, so wird die Luft bis zu 23 g/cbm Wasserdampf enthalten. Bei einer Steigerung der Temperatur auf 30° C können nur noch weitere 30 − 23 = 7 g Wasser/cbm aufgenommen werden (dabei ist volle Sättigung der Luft mit

---

[1]) O. Marr, Das Trocknen und die Trockner, 3. Aufl. (München 1920).

Wasserdampf angenommen, ein Zustand, der praktisch nie erreicht wird). Die Trocknung wird also im Winter bei gleicher Trockentemperatur schneller verlaufen als im Sommer, wie dies auch tatsächlich beobachtet wird. Man kann daher im Winter einen Teil der Trockenluft zur Wiederbenützung zum Eingang des Trockenkanals zurückleiten, wodurch beträchtliche Wärmemengen gespart werden.

Die Trocknung bei höheren Temperaturen ist also nach obigem viel rationeller, man würde in diesem Falle mit wesentlich geringeren Mengen an Trockenluft auskommen; die frische Leimgallerte läßt aber, wie schon erwähnt, bei Hautleim höchstens eine Temperatur von 35⁰ C, bei Knochenleim von 25⁰ C zu. Wenn der Trockenprozeß weiter fortgeschritten ist, kann man jedoch mit der Temperatur unbedenklich höher gehen.

In ein und demselben Trockenkanal ist jedoch ein solches Verfahren nicht durchführbar.

In Abb. 186 stellt der Abschnitt der Abszissenachse die Länge des Trockenkanals dar, Kurve A gibt die zulässigen Höchsttemperaturen bei fortschreitender Trocknung wieder; als Höchstgrenze ist 60⁰ C angenommen, obwohl der stark entwässerte Leim auch bei höheren Temperaturen nicht mehr schmelzen würde; jedoch kann dann eine Schädigung der Qualität des Leims eintreten.

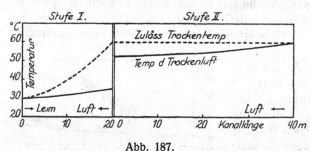

Abb. 187.
Temperatur beim Trocknen in zwei Stufen.

Kurve B zeigt die tatsächlich im Kanal herrschende Temperatur, die sich immer weiter von Kurve A entfernt.

Man kann aber die Trocknung stufenweise, etwa in zwei Abteilungen mit Hilfe von je zwei Kanälen durchführen.

In Stufe I wird bei niederer Temperatur in den gewöhnlichen Trockenkanälen soweit entwässert, bis die Tafeln nicht mehr weich, aber noch biegsam sind; dann folgt die Fertigtrocknung in Stufe II durch einen Trockenkanal von größerer Länge. Die Anfangstemperatur beträgt hier ca. 60⁰, die Luftbewegung kann wesentlich langsamer sein, da die Wasserabgabe nur noch sehr träge erfolgt. In Abb. 187 sind die Temperaturverhältnisse bei der Trocknung in zwei Stufen wiedergegeben, die Bezeichnung ist die gleiche wie in Abb. 186. Die bessere Anpassung der Trockenlufttemperatur an die tatsächlich zulässige Trockentemperatur ist ohne weiteres ersichtlich. Ein Kanal der Stufe II ist für mehrere Kanäle der Stufe I ausreichend. (Über Trocknung s. auch S. 363—367.)

Der getrocknete Leim wird von den Netzen herabgenommen und in Säcke von 50 kg, gelegentlich auch in Kisten oder Fässer verpackt. Bei längerem Lagern verliert er durch weitere Austrocknung meist noch an Gewicht.

V. Herstellung des Knochenleims nach dem Dämpfverfahren.

Die Verarbeitung der Knochen auf Leim erfordert eine Trennung des mineralischen Knochengerüsts vom organischen Anteil.

Entweder verfährt man so, daß man zunächst die anorganischen Salze durch Säuren herauslöst, wobei das Osseïn zurückbleibt, oder man läßt zunächst den anorganischen Anteil unverändert und führt durch gespannten Wasserdampf das Osseïn in Glutin über, welch letzteres in Lösung geht. Den ersteren Weg bezeichnet man als Mazerationsverfahren; wegen der Kostspieligkeit der dazu notwendigen Säure wird es meist nur in der Gelatinefabrikation angewandt (s. S. 402). Weitaus der gebräuchlichere Weg ist der letztere, er wird gewöhnlich zur Gewinnung des Knochenleims beschritten, man bezeichnet die Methode als Dämpfverfahren.

Im einzelnen gliedert sich die Verarbeitung in folgende Abschnitte:

1. Sortieren und Zerkleinern der Knochen.
2. Entfettung der Knochen und Raffination des Knochenfetts.
3. Trockene und nasse Reinigung des Knochenschrots.
4. Entleimung.
5. Weiterverarbeitung der Leimbrühen bis zum Fertigprodukt (wie bei Hautleim).
6. Aufarbeitung der Phosphatrückstände.

Die Rohknochen werden am besten direkt vom Eisenbahnwagen der Sortieranlage zugeführt. Eine mechanische Schüttelvorrichtung trägt die Knochen gleichmäßig auf das endlose, langsam fortlaufende Sortierband auf, hier werden Eisenteile durch einen feststehenden oder rotierenden Elektromagneten zurückgehalten,

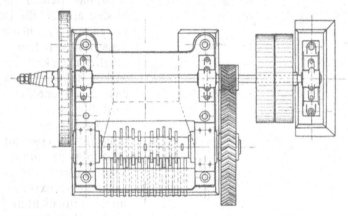

Abb. 188.
Knochenbrecher von H. Schirm, Leipzig. Ansicht von oben.

andere Fremdstoffe von Hand ausgelesen. Starke Röhrenknochen werden ebenfalls ausgeschieden, da sie sich als Rohmaterial für die Beinwarenfabrikation lohnender verwerten lassen. Das schräg aufwärtslaufende Sortierband wirft die Knochen in den Trichter des Brechers ab. Der Kruppsche Knochenbrecher besteht in der Hauptsache aus zwei Zahnradwalzen die sich mit verstellbarem Abstand gegeneinander drehen. Sehr beliebt sind die sog. Messerbrecher; das Zerkleinerungsorgan ist hier eine äußerst kräftige Welle, die an ihrem Umfang mit einer einzigen Reihe von Schlagstiften (Messern) in spiraliger Anordnung besetzt ist, die in eine Reihe entsprechender feststehender Messer eingreifen (s. Abb. 188).

Gewöhnlich ordnet man zwei derartige Brecher übereinander an, von welchen der obere mit größerem Messerabstand die Vorzerkleinerung besorgt; ein rotierender Elektromagnet zwischen beiden fängt gelegentlich abbrechende Schlagklingen vom oberen Brecher ab, um eine Beschädigung des unteren zu verhüten.

Entfettung der Knochen. Die Entfettung der Knochen wird heute ausschließlich nach dem Extraktionsverfahren mit organischen, in Wasser unlöslichen Lösungsmitteln durchgeführt. Weitaus am meisten gebräuchlich ist immer noch das Benzin, welches schon J. Seltsam, Forchheim i. B.[1]), der das Extraktionsverfahren für die Knochenverarbeitung im Jahr 1879 einführte, benutzt hat.

Die Zahl der verschiedenen Extraktionsapparate ist eine sehr große. Am besten bewährt hat sich für Knochen das Extrahieren mit Lösungsmitteldämpfen in feststehenden Einzelapparaten.

In Abb. 189 ist eine Knochenextraktionsanlage nach O. Ruf wiedergegeben.

Die zerkleinerten Knochen werden mittels Becherwerk und Transportbändern oder sonstigen Fördervorrichtungen dem Silo A zugeführt, und von hier aus in den Extraktor B eingefüllt. Nach Schließen des oberen Mannlochs wird vom Behälter C aus durch Leitung b e dem Extraktor so viel Benzin zufließen lassen, bis der Flüssigkeitsspiegel beinahe den Siebboden S erreicht.

Durch eine Dampfschlange wird das Benzin dauernd zum Sieden erhitzt, die Dämpfe steigen in den Knochen empor, kondensieren sich hier an dem anfänglich noch kalten Material und wirken dabei intensiv lösend auf das vorhandene Fett; schließlich wird die gesamte Füllung auf die Temperatur des siedenden Lösungsmittels erwärmt sein. Die Benzindämpfe müßten nunmehr unkondensiert zum Kühler abziehen, eine extrahierende Wirkung könnte nicht mehr ausgeübt werden. Es ist jedoch zu berücksichtigen, daß die Knochen eine beträchtliche Menge Wasser enthalten, letzteres wird durch die heißen Benzindämpfe dauernd verdampft, wobei diese ihrerseits kondensiert werden und damit fettlösend wirken.

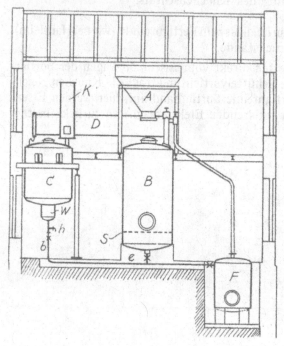

Abb. 189.
Extraktionsanlage nach O. Ruf-München.

Man läßt während der Extraktion dauernd Benzin aus Behälter C nachfließen, die abziehenden Benzindämpfe werden im Kühler D verdichtet, das Kondensat, bestehend aus Benzin mit wenig Wasser, fließt in den Benzinbehälter, das Wasser sammelt sich unten in W und wird von Zeit zu Zeit durch Hahn h abgelassen.

Bei anderen Konstruktionen wird ein Wasserabscheider zwischen Kühler und Benzinbehälter eingeschaltet. Wenn auch die automatische Wasserabscheidung als Vorzug zu betrachten ist, so hat die obige Konstruktion den Vorteil, daß dem Benzin längere Zeit zur Trennung vom Wasser gegeben ist. Dieser Umstand fällt besonders ins Gewicht, wenn an Stelle von Benzin das spezifisch schwerere Benzol benutzt wird. Um Wärme zu sparen, kühlt man nur so weit, daß das Benzin eben kondensiert wird und noch warm dem Behälter zufließt. Der Sicherheitskühler K verhindert dabei Benzinverluste.

[1]) L. Thiele, Leim und Gelatine, 2. Aufl., S. 29 (Leipzig 1922).

Das Benzin-Fettgemisch wird aus dem Extraktor nach dem Fettsammler F abgelassen und hier das überschüssige Lösungsmittel über Kühler D nach dem Benzinbehälter abdestilliert.

Nach beendeter Extraktion werden die noch in den Knochen enthaltenen Benzinreste durch direkten Dampf abgetrieben; die aus dem Extraktor entleerten Knochen sind weitgehend fettfrei und lufttrocken.

Das Knochenfett ist hell- bis dunkelbraun und besitzt einen unangenehmen Geruch, es enthält größere Mengen Wasser und Asche, letztere meist in Form von Kalkseifen. Man reinigt es durch Aufkochen mit 2—5% Schwefelsäure von 60° Bé, wobei die Kalkseifen gespalten werden und ein Niederschlag von Gips ausfällt.

Einer Bleichung widersteht es sehr hartnäckig, man kann eine solche mit Chromsäure oder durch Behandlung mit schwefliger Säure und darnach mit Bariumsuperoxyd erreichen. Neuerdings wird auch 30%iges Wasserstoffsuperoxyd empfohlen[1]).

Nicht zu verwechseln mit dem Knochenfett ist das Knochen- oder Klauenöl; es wird durch vorsichtiges Auskochen der Fußknochen von Rindern mit Wasser gewonnen und dient als feines Schmieröl.

Trockene und nasse Reinigung des Knochenschrots. Bei der nunmehr folgenden Reinigung der entfetteten Knochen werden in einer rotierenden Siebtrommel von 3—6 m Länge und 1—1,80 m Durchmesser die dem Knochenschrot anhaftenden Verunreinigungen abgescheuert.

Als Siebe benutzt man am besten Drahtnetze aus Vierkantdraht; wegen der rauhen Oberfläche und der größeren freien Siebfläche eignen sich solche besser für diesen Zweck als gelochte Bleche. Das Scheuermehl, das bei der Putztrommel anfällt, wird als Rohknochenmehl für Düngezwecke in den Handel gebracht, es enthält 4—5% Stickstoff und 18—20% Phosphorsäure (P_2O_5).

Gleichzeitig mit dem Polieren wird gewöhnlich eine Nachzerkleinerung und Klassierung des Knochenschrots nach verschiedenen Korngrößen vorgenommen. Die Hauptmenge des gescheuerten Knochenschrots liegt in trockenen glatten Stücken von 2—4 cm Größe vor und ist in dieser Form unbegrenzt haltbar.

Bei starker Zufuhr von Rohmaterial wird man dieses wegen Gefahr eintretender Fäulnis besonders im Sommer nicht längere Zeit lagern, sondern sogleich entfetten und lieber den entfetteten trockenen Knochenschrot aufbewahren, bis Bedarf in der Leimfabrik eintritt. Aus diesem Grunde empfiehlt es sich, den Raum der Extraktoren reichlich zu bemessen.

Zur weiteren Reinigung weicht man den polierten Knochenschrot 1—2 Tage lang in großen Holzbottichen oder betonierten Behältern in Wasser ein und führt gleichzeitig schweflige Säure aus einem Schwefelofen oder aus Stahlzylindern zu; die Menge der letzteren beträgt ca. $1/2$—1% des behandelten Schrotgewichts. Diese Schweflung wird fälschlich auch als Mazeration bezeichnet, unter letzterer versteht man jedoch die völlige Entmineralisierung der Knochen durch Säure (s. S. 402).

Da der erzielte Bleicheffekt nicht sehr bedeutend ist und andererseits eine der schwefligen Säure entsprechende Menge Phosphorsäure verloren geht, verzichten manche Fabriken auf diese Behandlung und begnügen sich mit einer ausgiebigen Spülung in einer Waschtrommel, die natürlich auch nach der Schwefelung zu erfolgen hat.

Entleimung des Knochenschrots. Der wichtigste Teilprozeß der Knochenleimgewinnung, die Entleimung des Knochenschrots, wird in eisernen Autoklaven vorgenommen. Dieselben bestehen aus

---

[1]) O. Uhl, Kunstdunger und Leim **26**, 255 (1929).

aufrechtstehenden Zylindern von ½—2 cbm Fassungsraum mit Siebboden und oberem und unterem Mannloch. Man bevorzugt neuerdings das kleinere Format wegen besserer Qualität und Ausbeute an Leim.

3—6 solcher Autoklaven, die in Anlehnung an die Zuckerfabrikation, welche der Knochenleimherstellung überhaupt in manchen Punkten als Vorbild gedient hat, als Diffuseure bezeichnet werden, sind zu einer Batterie vereinigt (s. Abb. 190).

Verbindungs- und Übersteigleitungen für die Leimlösung, ebenso Rohrleitungen für Dampf und heißes Wasser ermöglichen ein systematisches Auslaugen des Knochenschrots nach dem Gegenstromprinzip.

Jeder Diffuseur oder Dämpfer wird beispielsweise 6 bis 12mal je 1 Stunde abwechselnd mit gespanntem Dampf von 0,2—2 Atm. Druck und mit heißem Wasser bzw. mit Leimlösung befahren. Man steigert den Dampfdruck allmählich mit fortschreitender Erschöpfung der Knochen an Leim.

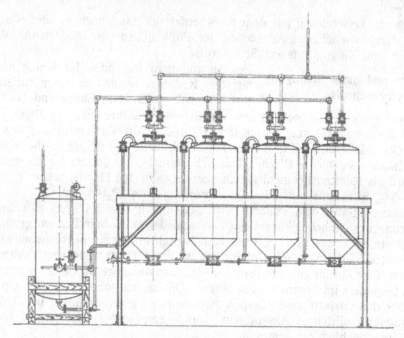

Abb. 190.
Dämpferbatterie zur Entleimung von Knochenschrot von H. Schirm, Leipzig.

In umstehendem Schema ist die Arbeitsweise einer Batterie mit 6 Diffuseuren wiedergegeben (s. Abb. 191).

Die oberen Zahlen geben die Nummern der Diffuseure an, die seitlichen Zahlen die Stunden; die Perioden des Dampfdrucks sind durch Kreuze, die der Auslaugung durch Kreise bezeichnet. Die Verbindungslinien zwischen letzteren zeigen den Gang der Leimlösungen an. Die Zeiten für das Weiterfördern der Brühen sind in den angegebenen Zeitabschnitten inbegriffen.

Zweckmäßig wird man hier mit 12maligem Wasserwechsel arbeiten, wobei das sechste und zwölfte Wasser frisch zugeführt wird, der einfacheren Darstellung halber ist bei obigem Schema nur 6maliger Wechsel angenommen.

Dämpfer 1 enthält z. B. als erstes „Wasser" von 16—17 Uhr eine stark angereicherte Leimlösung, die schon fünf andere Diffuseure (Nr. 6, 5, 4, 3, 2) passiert hat, dann folgt 18—19 Uhr eine Lösung, die durch vier Apparate gegangen ist usw. Von 2—3 Uhr wird das letzte (sechste) Wasser gegeben, das als Frischwasser dem Reservoir entnommen wird und dem weitgehend entleimten Schrot die letzten Reste von Leimsubstanz entziehen soll.

Die Leimbrühen mit 10—20 % Trockengehalt werden direkt aus den Dämpfern in höhergestellte Behälter, meist Holzbottiche, durch Dampf- oder Luftdruck hinaufbefördert, man überläßt sie hier einige Stunden sich selbst, damit die größeren Verunreinigungen sich absetzen können. Immerhin ist die Leimbrühe auch dann noch trüb und von hellbrauner Farbe. Man leitet zur Bleichung und Konservierung etwas schweflige Säure ein.

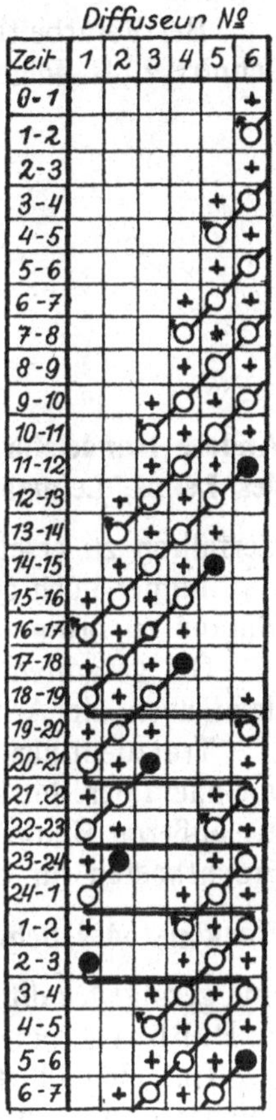

Klären und Filtrieren der Knochenleimbrühen. Will man eine hellere reinere Farbe beim Fertigfabrikat erzielen, so kann man die Leimlösung klären oder filtrieren.

Das Klären erfolgt nach Thiele[1]) mit Alaun oder Kalkmilch in schwach saurer Lösung, nach Cambon[2]) mit Monokalziumphosphat oder Phosphorsäure und Kalkmilch.

Eine sehr schöne Klärung erhält man auch mit Alaun und Phosphorsäure evtl. unter Zusatz von Kalkmilch[3]). Man macht die entsprechenden Zusätze bei Temperaturen von nicht unter 75º C, rührt längere Zeit lebhaft um und läßt den Niederschlag absitzen.

Die Lösung wird nicht nur völlig glasklar, sondern erhält auch eine hervorragend helle Farbe. Dies ist jedenfalls darauf zurückzuführen, daß die Eisenverbindungen bei der Klärung entfernt werden. Während der nicht geklärte Leim die Berlinerblau-Reaktion gibt, ist im geklärten Leim Eisen kaum noch nachzuweisen.

Die Qualität leidet bei Knochenleim durch die Klärung nicht in merklichem Maße, jedenfalls ist ein nennenswerter Rückgang der Viskosität nicht festzustellen. Dagegen steigt der Säuregehalt etwas an, außerdem neigen geklärte Leimlösungen stärker zum Schäumen, was schon beim Eindampfen derselben, ebenso später bei Gebrauch des fertigen Leims lästig werden kann. Jedenfalls wird man gut tun, nicht die Gesamtmenge der Produktion, sondern nur einen Teil zu klären und mit ungeklärtem Leim zu mischen.

Sehr lästig ist die Aufarbeitung des Klärrückstandes, welcher große Mengen von Leimsubstanz enthält. Über Filtration s. S. 387.

Die weitere Verarbeitung des Knochenleims unterscheidet sich nur unwesentlich von der des Hautleims. Man hat der geringen Gallertfestigkeit des Knochenleims dadurch Rechnung zu tragen, daß man ihn höher, etwa auf 30—40 % Trockengehalt eindampft, gewöhnlich wird nach dem Eindampfen etwas schweflige Säure zur Konservierung zugefügt, mit Blankit gebleicht und wenn der Leim geklärt wurde, etwas Lithopone oder Leimweiß zugesetzt, um ihm ein schwach trübes, weniger glasiges Aussehen zu geben.

Abb. 191.

[1]) L. Thiele, Leim und Gelatine, 2. Aufl., S. 59 (Leipzig 1922).
[2]) R. Kißling, Leim und Gelatine, S. 76 (Stuttgart 1923).
[3]) A. Gutbier, E. Sauer und F. Schelling, Kolloid-Ztschr. **30**, 376 (1922).

Verarbeitung der Knochenrückstände. Der nasse entleimte Knochenschrot enthält noch ca. 1% Stickstoff in der Trockensubstanz, welcher nicht in Leim übergeführt werden kann; die Hauptmenge des Rückstandes besteht aus Trikalziumphosphat.

Nach Trocknung, die an der freien Luft, besser auf einer Darre oder in einer Trockentrommel erfolgt, wird der Rückstand gemahlen und ergibt das „entleimte Knochenmehl" mit ca. 1% N und 30% P_2O_5, es stellt also einen hochprozentigen Phosphorsäuredünger dar. Dasselbe kann evtl. auf Superphosphat weiter verarbeitet werden.

Bei Verarbeitung größerer Mengen von Knochen erhält man im Jahresdurchschnitt z. B. folgende Ausbeute:

9% Knochenfett
12% Scheuermehl
55% polierten Knochenschrot, daraus
16% Leim, 44% entleimtes Knochenmehl
4% Hörner und Hufe
0,5% Röhrenknochen
19,5% Abfall- und Wasserverlust.

Andere Handelsformen des Leims, Leimgallerte. Die langwierige und recht kostspielige Trocknung des Leims in Form der Tafeln hat vielfach zu dem Gedanken angeregt, diesen Vorgang durch ein einfacheres Verfahren zu ersetzen.

Immer noch aussichtsreich erscheint es, Leimgallerte direkt als solche in den Handel zu bringen[1]).

Die gesamten Trockenkosten kämen dabei in Wegfall, für den Verbraucher dazu noch die Arbeit des Aufquellens.

Trotzdem hat sich die Gallerte in größerem Maßstab nicht einführen können; vor allem bereitet die Konservierung Schwierigkeiten, dann fehlen bei der Gallerte die äußeren Kennzeichen der Qualität und des Wassergehalts, außerdem sind die Frachtkosten für die Gewichtseinheit Trockenleim höher als bei Tafeln.

Flocken- oder Schuppenleim. Auf den gewöhnlichen Walzentrocknern hergestellter Leim in Flocken besitzt infolge Überhitzung nur eine geringe Qualität. Besser geeignet sind Vakuumtrockentrommeln, z. B. die von E. Paßburg, nur sind hier die Anschaffungs- und Betriebskosten beträchtliche.

Gut eingeführt hat sich auch der Ruf-Trockner, eine Trockentrommel, bei welcher sich auch ohne Anwendung von Vakuum ein hochwertiger Trockenleim erzielen läßt. Die Leimlösung wird zunächst in einen feinblasigen Schaum übergeführt, der letztere auf eine Trockenwalze aufgetragen und nach ¾ Umdrehung der Walze wieder abgeschabt. Die Untersuchung des Fertigfabrikats zeigt einen nur unwesentlichen Rückgang der Viskosität gegenüber der Leimlösung, aus welcher es gewonnen wurde (s. Abb. 192).

Um diese Flocken für den Gebrauch handlicher zu machen, können sie auch zu Plättchen gepreßt werden („Leimbohnen").

Pulverleim. Mit Hilfe des Zerstäubungsverfahrens (z. B. nach G. Krause) läßt sich Leim ebenfalls ohne Schwierigkeiten trocknen.

Das dabei erhaltene feine, leichte Pulver schwimmt auf Wasser, was beim Aufquellen störend ist; auch nimmt die voluminöse Masse beim Verpacken den mehrfachen Raum ein wie Tafelleim.

---

[1]) E. Sauer, Kolloid-Ztschr. **16**, 148 (1915).

Leimpulver erhält man auch durch Mahlen der scharf getrockneten Tafeln. Im Gebrauch ist solches Leimpulver sehr angenehm, stellt aber gegenüber Tafelleim kein neuartiges Erzeugnis dar, da es ja aus diesem gewonnen wird.

Leimperlen, Leimplättchen usw. Von der A.G. für Chemische Produkte, vorm. H. Scheidemandel[1]), wird Leim in Form von Perlen in den Handel gebracht.

Lösungen von Haut- oder Knochenleim läßt man in eine gekühlte, mit Wasser nicht mischbare Flüssigkeit eintropfen. Die erstarrten Gallertkügelchen werden von der Kühlflüssigkeit getrennt und 24 Stunden lang getrocknet. Von anderen Firmen wird die Leimgallerte in Form runder, linsenförmiger Körperchen oder als kleine quadratische Täfelchen von etwa 8 mm Kantenlänge getrocknet, besonders die letztere Form erscheint sehr glücklich gewählt.

Abb. 192.
Trockner für Leim und Gelatine nach O. Ruf, München.

Dieser „Kleinstückleim" hat den Vorzug, daß er die Leimsubstanz in ähnlich kompakter Form, wie sie bei den Tafeln vorliegt, dem Käufer darbietet; außerdem läßt sich die Menge bequem dosieren und die Wasseraufnahme bei der Quellung ist schneller beendet als bei den meist wesentlich dickeren Tafeln. Eine Beeinträchtigung der Qualität des Leims findet durch derartige Trockenverfahren nicht statt.

Flüssiger Leim. Kolloidchemisch interessant ist auch die Herstellung kaltflüssiger Leime. Es kommt dabei darauf an, einer stark konzentrierten Leimgallerte die Gelatinierfähigkeit zu nehmen, um unabhängig von einer Wärmequelle ein jederzeit gebrauchsfertiges Leimpräparat zu Verfügung zu haben.

Eine Verflüssigung kann herbeigeführt werden durch einen teilweisen Abbau des Glutins durch Erhitzen, man erhält dabei jedoch Produkte, die nur noch einen geringen Wert als Klebstoffe besitzen.

Die Verflüssigung beruht hier jedenfalls auf einer Desaggregierung oder Teilchenverkleinerung.

Weit bessere Ergebnisse erzielt man durch Zusatz bestimmter chemischer Stoffe in verhältnismäßig hoher Konzentration. Bei dieser Art der Verflüssigung handelt es sich nicht wie oben um einen irreversiblen Teilchenabbau; wenn man

---

[1]) A.G. f. Chem. Produkte vorm. H. Scheidemandel, D.R.P. 296522, 298366, 302853.

nämlich die betreffenden Zusatzstoffe durch Dialyse entfernt, erhält man die ziemlich unveränderte Leimgallerte zurück; sehr leicht erreicht man dies z. B. indem man einen derartigen flüssigen Leim in geringer Schichthöhe in einem Becherglas mit kaltem Wasser überschichtet, das Wasser jeweils nach längerem Stehenlassen mehrmals wechselt und schließlich abgießt; es bleibt dann an Stelle des flüssigen Leims eine feste Gallerte im Glas zurück.

Der Elektrolytzusatz bewirkt hier anscheinend eine Änderung in der Art der Wasserbindung, ein teilweiser Abbau der Glutinsubstanz wird damit natürlich auch Hand in Hand gehen.

Die Zahl der vorgeschlagenen Zusatzstoffe sowohl anorganischer als auch organischer Natur ist eine fast unübersehbare.

Gut brauchbar ist die schon lange für diesen Zweck bekannte Essigsäure, die einen sehr schön klaren, klebkräftigen Leim ergibt, welcher sich für solche Zwecke eignet, wo eine vorübergehende Säurewirkung nicht schadet; beim Trocknen verflüchtigt sich die Essigsäure.

Einen neutralen Leim von hoher Klebkraft liefert das α-naphthalinsulfosaure Natron[1] z. B. im Verhältnis: 38 Teile Leim, 12 Teile Zusatz, 50 Teile Wasser; mit der Zeit wird dieser Leim jedoch dünnflüssiger und verliert an Klebkraft.

Gut bewährt haben sich auch Ameisensäure[2]), ebenso Chloralhydrat. Dagegen gibt z. B. Chlorkalzium, das mehrfach empfohlen wurde, einen minderwertigen flüssigen Leim.

Die Menge der zuzusetzenden Stoffe hängt von der Konzentration und der Viskosität der betreffenden Leimlösung ab, man kann daher die Beobachtung machen, daß kaltflüssige Leime bei Verdünnung mit Wasser zu Gallerte erstarren.

VI. Die Fabrikation der Gelatine.

Rohmaterial. Die Herstellung der Gelatine schließt sich eng an die des Leims an. Zur Verwendung kommt nur das beste Rohmaterial, und zwar sowohl Hautabfälle als auch Knochen. Von ersteren sind die „Kalbsköpfe" und Kalbshautabschnitte besonders geeignet. Von Knochen werden bervorzugt: Rohrknochen, Schulterblätter, Rippen, dann Abfälle der Beinwarenfabrikation; sehr wertvoll sind auch die sog. Hornschläuche, d. h. die knochigen Stirnzapfen der Rinder.

Mazeration der Knochen. Soweit die Knochen noch nicht entfettet sind, empfiehlt sich eine Extraktion mittels Benzin, Trichloräthylen usw. (s. S. 395), ist aber nicht unbedingt erforderlich.

Durch Einwirkung von verdünnten Mineralsäuren, meist Salzsäure oder schweflige Säure, wird das im Knochen enthaltene Trikalziumphosphat herausgelöst. Die „Mazerationslauge", welche in der Hauptsache aus primärem Phosphat, Phosphorsäure und etwas freier Salzsäure besteht, wird auf Dikalziumphosphat (Präzipitat oder Futterkalk) weiterverarbeitet.

Durch Fällen mit verdünnter Kalkmilch in Bottichen, die mit Rührwerken ausgerüstet sind, wird das Phosphat abgeschieden, der Niederschlag dekantiert, abfiltriert, geschleudert und in einer Trockentrommel oder im Kanal entwässert.

Eine solche Mazerationsanlage, die etwa aus einem System von großen, mit säurebeständigem Material ausgekleideten Betonbehältern und den zugehörigen Verbindungsrohren besteht, arbeitet nach dem Gegenstromprinzip. Das frische

---

[1]) Dr. Supf, D.R.P. 212346 (1909). „Beticol" der Scheidemandel A.G.
[2]) Luftfahrzeugbau Schütte-Lanz, D.R.P. 325246 (1921).

Material kommt zuerst mit der nahezu gesättigten Lösung in Berührung und schließlich am Ende des Prozesses mit reiner Säure. Die geeignete Konzentration der Säure und die Dauer des Arbeitsgangs werden erfahrungsgemäß festgesetzt. Immerhin schwankt die Salzsäurekonzentration zwischen $\frac{1}{2}$ und 5° Bé, während die gesättigte Lauge dann bis 23° Bé und mehr aufweist.

Der Mazerationsprozeß gilt dann als beendet, wenn auch dickere Knochenstücke mit dem Messer durchgeschnitten werden können und im Inneren kein harter Kern mehr vorhanden ist.

Kalkbehandlung und Waschen. Die weitere Behandlung des Osseïns ist übereinstimmend mit der der Hautabfälle, zunächst erfolgt ein gründliches Auswaschen, welchem sich direkt die Kalkung anschließt; die letztere muß wesentlich gründlicher durchgeführt werden als bei der Leimfabrikation.

Der erste Kalk, der verhältnismäßig schnell verbraucht ist, wird abgelassen und das Material umgekalkt, d. h. aus den Gruben herausgeschöpft und in umgekehrter Reihenfolge unter Zusatz frischer Kalkmilch wieder eingebracht. Diese Behandlung wird in gewissen Zeitabständen mehrmals wiederholt, so daß sich der Kalkungsprozeß, vor allem während der kälteren Jahreszeit, auf mehrere Monate erstrecken kann. Außerdem empfiehlt es sich, zwischendurch ein Waschen des Materials vorzunehmen. Die Kalkbehandlung wird unterbrochen, wenn die Rohware hinreichend gequollen und gebleicht ist, schädliche Eiweißstoffe abgebaut und die Fette verseift sind. Das Material fühlt sich nicht mehr „kernig" sondern weich an.

An Stelle von Kalziumhydroxyd wird von manchen Fabriken die Anwendung verdünnter Natronlauge bevorzugt.

Das Waschen und Neutralisieren des derart vorbereiteten Rohmaterials geschieht ähnlich wie beim Hautleim. Für die Dauer des Waschprozesses ist neben der Stückgröße des Materials und der Stärke der verwendeten Säure die Zusammensetzung des Waschwassers von ausschlaggebender Bedeutung. Die einzelnen Stücke des Rohmaterials sollen, bevor sie in die Sudkessel gelangen, nur noch schwach sauer reagieren, was gewöhnlich mittels Lackmus geprüft wird.

Der Siedeprozeß. Die Sudkessel sind meist offene Behälter aus Nickel oder verzinntem Kupfer. Sie haben in den einzelnen Betrieben die verschiedensten Abmessungen und sind mit indirekter Beheizung durch Dampf ausgerüstet. In diese Behälter wird das Rohmaterial eingebracht, wobei gleichzeitig die nötige Wassermenge zufließt.

Die „Siedetemperatur" schwankt je nach dem Reifegrad und der Stückgröße des Materials zwischen 35 und 60° C. Hat die Gelatinelösung die gewünschte Konzentration erreicht, was aräometrisch festgestellt wird, so wird der erste Abzug abgelassen. Je nach der Natur der Rohware werden bis zu fünf (unter Umständen noch mehr) Abzüge bei immer mehr gesteigerter Temperatur gemacht. Der schließlich bleibende Rückstand wird ausgekocht, die Lösung mit Alaun und Phosphorsäure geklärt und nach und nach dem frischen Material wieder zugegeben oder für sich auf Leim verarbeitet. Die abgezogenen Sude werden filtriert, hier sind Filterpressen, oft Vor- und Nachfilter in Anwendung (s. S. 387).

Bei der Fabrikation von Dickblattgelatine (sog. Colle) ist eine Konzentrierung der Lösung durch Eindampfen im Vakuumverdampfer notwendig.

Formen und Trocknen der Gallerte. Die vollständig blanke Gelatinelösung wird in Kasten gegossen, welche meist wie die Sudkessel aus verzinntem Kupfer bestehen. Die erstarrte Gallerte wird, nachdem sie zur Erreichung größerer Festigkeit und Konservierung auf mindestens 5° C

26*

heruntergekühlt ist, in Blöcke zerlegt und weiter in Blätter geschnitten. Letztere werden von Hand auf Netze — solche von Baumwolle, Nickel- und Aluminiumdraht sind im Gebrauch — aufgelegt und getrocknet.

Speziell bei der Gelatineherstellung werden an Stelle der ausgedehnten Handarbeit mechanische Ausgieß-, Kühl- und Auflegmaschinen benutzt. In Deutschland sind im Gebrauch die Konstruktionen von Köpff-Göppingen, Schill und Seilacher-Stuttgart, M. Kind-Aussig[1]). Besonders in Nordamerika ist die Anwendung der Auflegmaschinen allgemein verbreitet und die Zahl der verschiedenen Konstruktionen eine sehr große.

Die Trockeneinrichtungen für Gelatine sind die schon bei Hautleim aufgeführten. Das Trocknen erfordert lange Erfahrung, da durch Qualität und Konzentration der Gallerte, Witterungs- und Luftverhältnisse die Trockenbedingungen von Fall zu Fall geändert werden müssen. Reguliert wird die Luftgeschwindigkeit sowie die Temperatur, letztere ändert sich zwischen 22 und 45° C.

Die getrockneten Gelatineblätter werden von den Netzen entfernt und meist in $\frac{1}{2}$ oder 1 kg-Pakete verpackt.

Einteilung der einzelnen Gelatinesorten. Das wertvollste Produkt ist die Emulsionsgelatine; diese kommt bei der Herstellung photographischer Platten, Filme und Papiere zur Verwendung. Die Fabrikation erfordert neben bestem Rohmaterial äußerst sorgfältige Vorbereitung desselben. Die physikalischen Konstanten müssen den höchsten Ansprüchen genügen. Die Emulsionsgelatine wird sowohl in Blatt- als auch in Pulverform hergestellt[2]).

Die Bezeichnung und Eigenschaften der einzelnen Sorten sind in nachstehender Tabelle aufgeführt:

Tabelle 5.

Bezeichnung	Blattzahl pro $\frac{1}{2}$ kg	Farbe	Eigenschaften	Verwendung
1. Emulsions-gelatine	—	weiß	hochwertige phys. Eigenschaften	phot. Zwecke
2. Extra	330—360	,,	,,	feinste Speisezwecke
3. Gold	260—280	nicht ganz weiß	etwas geringer	Speisezwecke
4. Silber	220—240	schwach gelblich	mittlere Qualität	Speisezwecke
5. Kupfer	180—200	st. gelbl.	geringere ,,	techn. Zwecke
6. Schwarz-Druck	bis 180	gelb	geringe ,,	,, ,,

VII. Prüfung von Leim und Gelatine.

Leim als Klebstoff. Als Klebstoff dient der tierische Leim in der Hauptsache zum Zusammenfügen von Holzteilen. Zwei ebene Flächen werden mit der dickflüssigen Leimlösung bestrichen und aufeinandergepreßt, nach dem Trocknen ist die Verbindung hergestellt; die Festigkeit ist eine beträchtliche,

---

[1]) S. z. B. L. Thiele, Leim und Gelatine, 2. Aufl., 101, und R. H. Bogue, The Chemistry and Technology of Gelatin and Glue (New York 1922).

[2]) Siehe auch H. Stadlinger, Emulsionsgelatine, Kunstdünger und Leim **26**, 268 (1929).

bei Hirnleimung (senkrecht zur Faser) wurden bis zu 130 kg/qcm Zerreißfestigkeit festgestellt[1]).

Über die Natur des Klebevorgangs herrscht noch keine vollständige Klarheit[2]). Erfahrungsgemäß ist festgestellt, daß die Leimschicht zwischen den Holzflächen möglichst dünn sein soll, nach dem Trocknen beträgt sie nur Bruchteile eines Millimeters, bei guter Verleimung ist nach dem Zerreißen überhaupt keine Leimschicht sichtbar. Außerdem soll der Leim bis zu einer gewissen Tiefe in die Holzfaser eindringen.

Als Klebstoffe sind nur solche Stoffe geeignet, die

1. nach dem Trocknen eine hohe mechanische Festigkeit besitzen und vor allem
2. beim Trocknen eine Schwindung aufweisen, und zwar muß diese Volumabnahme kontinuierlich erfolgen, d. h. in gleichem Maße wie das Wasser entweicht, müssen die Poren sich schließen, so daß dauernd der Zusammenhang auf der ganzen Fläche gewahrt bleibt. Ein Zusatzdruck beim Trocknen unterstützt den Vorgang und erhöht die Haftfestigkeit wesentlich;
3. ist eine spezifische Haftfähigkeit gegenüber den zu verbindenden Stoffen erforderlich.

Der tierische Leim besitzt diese soeben gekennzeichneten Eigenschaften als Klebstoff in hervorragendem Maße. Neuere Arbeiten über den Klebvorgang stammen hauptsächlich von Mc. Bain[3]). Sehr schöne Mikroaufnahmen von Schnitten durch die Leimfuge sind einer Mitteilung von A. Weinstein[4]) beigefügt.

Stark verbreitet in Kreisen der Praxis und auch in wissenschaftlichen Arbeiten ist die Meinung, daß Gelatine keine Klebkraft besitzt; an sich ist hierfür kein Grund einzusehen, da ja der wirksame Bestandteil des Leims, das Glutin, in der Gelatine in besonders hohem Anteil vorhanden ist.

Um hierüber Aufschluß zu erhalten, wurden mit einer 30 bzw. 33⅓%igen Gelatinelösung Klebversuche ausgeführt und nachfolgende Zahlenwerte erhalten[5]).

Tabelle 6.

	Gelatinegeh. 30%	Gelatinegeh. 33⅓%	
a)	92,0 kg/qcm	72,9 kg/qcm	Zerreiß-
	98,5 ,,	89,0 ,,	festigkeit.
b)	111,0 ,,	103,0 ,,	
	105,0 ,,	116,0 ,,	

Diese wenigen Versuche lassen sofort erkennen, daß Gelatine eine recht hohe Klebkraft besitzt, sie kommt einem guten Hautleim gleich. Bei den Versuchen Tabelle 6b wurden die Hölzer auf ca. 60⁰ vorgewärmt, bei 6a dagegen nicht erwärmt; in letzterem Fall war die Klebkraft geringer, da die Gelatine vorzeitig erstarrte und der Überschuß nicht aus der Fuge herausgepreßt werden konnte, so daß nach dem Zerreißen eine Gelatineschicht auf der Holzfläche sichtbar wurde.

---

[1]) E. Sauer, Kolloid-Ztschr. **33**, 40 (1923).
[2]) Vgl. z. B. H. Bechhold und S. Neumann, Ztschr. f. angew. Chem. **37**, 534 (1924).
[3]) Mc. Bain und Hopkins, Journ. Phys. Chem. **30**, 114. — Mc. Bain, Journ. Soc. Chem. Ind. **46**, 321. — Derselbe, Ind. Journ. and Eng. Chem. **19**, 1005 (1929). — Derselbe, Journ. Phys. Chem. **31**, 1674 (1927). — Truax, Brown und Bronse, Journ. Ind. and Eng. Chem. **21**, 74, 80.
[4]) A. Weinstein, Colloid Symposium Monogr. **4**, 270 (1926).
[5]) E. Sauer, Habilitationsschrift (Stuttgart 1922). — Vgl. a. F. W. Horst, Ztschr. f. angew. Chem. **37**, 225 (1924).

Vollständig ist damit aber die angeblich geringe Klebkraft der Gelatine nicht aufgeklärt, denn die erhaltenen Zugfestigkeiten sind auch bei Auftreten einer Zwischenschicht noch recht gut. Der Grund ist vielmehr ein anderer. Im leimverbrauchenden Gewerbe wird die Leimlösung in der Regel nicht nach einem bestimmten Prozentgehalt hergestellt, vielmehr wird eine hoch konzentrierte Lösung durch Verdünnen mit Wasser auf denjenigen Grad von Flüssigkeit gebracht, wie er für den jeweiligen Gebrauch erforderlich erscheint. Verfährt man mit Gelatine auch in dieser Weise, so erhält man bei der hohen Viskosität derselben verhältnismäßig geringprozentige Lösungen. Nach dem Trocknen bleibt dann auf der Leimfläche nicht genügend Masse zurück, um alle Zwischenräume auszufüllen und die Verbindung zwischen beiden Holzflächen herzustellen. Der Zusammenhalt ist naturgemäß dann nur gering.

Die Wertbestimmung des Leims[1]). Eine wirklich einwandfreie direkte Messung der Klebkraft des Leims durch Zerreißversuche mit irgendwelchen Probekörpern, die miteinander verleimt werden, erwies sich als undurchführbar; es muß bei diesen Versuchen stets mit größeren Fehlern gerechnet werden. Man hat daher seine Zuflucht zu indirekten Methoden genommen, von welchen einige leicht ausführbar und recht zuverlässig sind; trotzdem wird auch die Zerreißprobe niemals völlig entbehrt werden können.

Man unterscheidet physikalische und chemische Prüfungsverfahren; die letzteren laufen meist auf eine quantitative Bestimmung des Glutins hinaus[2]) und sind heute mehr in den Hintergrund getreten.

Wichtig für die Leimuntersuchung sind folgende Methoden:

I. Physikalische Prüfungen:

1. Zerreißprobe, 2. Viskosität, 3. Gallertfestigkeit bzw. Elastizitätsmodul, 4. Schmelzpunkt der Gallerte, 5. Schaumprobe, 6. Trockenfähigkeit, 7. Geruch; außerdem, wenn auch nicht hierher gehörig, 8. Prüfung auf Beständigkeit gegen Zersetzung.

II. Analytische Bestimmungen:

1. Wassergehalt, 2. Aschegehalt, 3. Fettgehalt, 4. Gesamtsäure, schweflige Säure, p_H-Wert, 5. unlösliche Fremdstoffe.

1. Zerreißprobe. Die Fugenfestigkeit geleimter Holzkörper wurde vor allem von Rudeloff[1]) sehr eingehend studiert. Er benutzte Probekörper aus Rotbuche von einem Querschnitt 5×10 cm, von denen je 2 mit den Hirnflächen kreuzweise verleimt wurden, so daß eine Leimfläche von 5×5 cm entstand. Nach Trocknung unter Druck von 5 kg/qcm erfolgte die Trennung mit Hilfe einer Zerreißmaschine, wobei besonderer Wert darauf gelegt wurde, daß die Zugkraft in der Richtung senkrecht zur Leimfuge angreift. Rudeloff stellte wenigstens für Hautleim einen Zusammenhang zwischen Viskosität und Fugenfestigkeit sicher.

---

[1]) Wichtige Arbeiten hierüber sind u. a.: J. Fels, Chem.-Ztg. **21**, 56 (1897); **25**, 23 (1901).— R. Kißling, Ztschr. f. angew. Chem. **17**, 398 (1903). — A. Müller, ebenda **15**, 482, 1237 (1902). — E. Halla, ebenda **20**, 24 (1907). — J. Herold, Chem.-Ztg. **34**, 302 (1910); **35**, 93 (1911). — A. H. Gill, Journ. Ind. and Eng. Chem. **7**, 102. — M. Rudeloff, Mitt. d. Materialprüfungsamtes **36**, 1 (1918); **37**, 33 (1919). — R. H. Bogue, Chem. Met Engin. 5, 6 (1920). — S. E. Sheppard und S. Sweet, Journ. Ind. and Eng. Chem. **13**, 423 (1921). — O. Gerngroß und A. H. Brecht, Mitt. d. Materialprüfungsamtes 251 (1922). — E. Sauer, Kolloid-Ztschr. **33**, 40 (1923). — Derselbe, Kunstdünger- und Leimindustrie **20**, 83, 90, 98, 106, 114, 122 (1923). —H. Bechhold und S. Neumann, Ztschr. f. angew. Chem. **37**, 534 (1924). — E. Sauer und E. Kinkel, ebenda **38**, 413 (1925).

[2]) Lenk, Collegium 572 (1926). — Rüdiger, Kolloid-Ztschr. **46**, 81 (1928).

Nach E. Sauer erreicht die Fugenfestigkeit bei einer bestimmten Konzentration einen Höchstwert, der je nach Qualität des Leims verschieden ist; bei noch höheren Konzentrationen geht die Zerreißfähigkeit wieder zurück.

Bei Ausführung von Zerreißproben verfährt man nach den Angaben von Rudeloff, oder man benutzt Rotbuchenkörper kleineren Formats vom Querschnitt 25 × 50 mm und den vereinfachten Zerreißapparat nach E. Sauer[1]) (s. Abb. 193). Da der günstigste Effekt für jeden Leim bei einer bestimmten Konzentration liegt, so müssen die Versuche bei mehreren verschiedenen Konzentrationen der Leimlösung ausgeführt werden. Bewährt haben sich für Hautleim die Konzentrationen von 25 und 35%, für Knochenleim 35 und 45%, während früher die Versuche vom Verfasser bei einem Lösungsverhältnis Leim : Wasser wie 1 : 2 und 2 : 3 ausgeführt wurden. (Ergebnisse s. S. 411.)

2. **Viskosität.** Diese wird mit Recht als die wichtigste Prüfungsmethode betrachtet. Da bei Verwendung des Leims als Klebstoff in der Holzindustrie eine bestimmte Mindestviskosität der Leimlösung erforderlich ist, stellt die Viskositätszahl ein direktes Maß für die Ausgiebigkeit eines Leimes dar. Zur Messung der Viskosität wird in Deutschland vorwiegend das Englersche Viskosimeter benutzt, zur Zeit ist die Anwendung einer $17\frac{3}{4}$%igen Lösung bei 40° C für Hautleim und 30° C für Knochenleim üblich. Man läßt ca. 100 g Leim in der etwa vierfachen Menge kalten Wassers völlig aufquellen, bringt das Glas mit der Leimgallerte in ein Wasserbad von 60° C und hält die Lösung noch $\frac{1}{2}$ Stunde auf dieser Temperatur. Letzteres ist notwendig, um die Nachwirkung der unterschiedlichen thermischen Vorbehandlung der verschiedenen Leimsorten auszugleichen. Dann stellt man

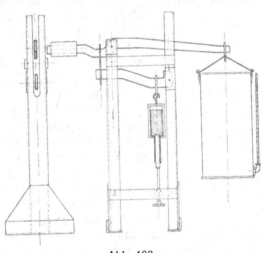

Abb. 193.

die Lösung mit Hilfe der Suhrschen Leimspindel auf $17\frac{3}{4}$% Leimgehalt ein, kühlt auf 40° ab und füllt das Viskosimeter mit der Leimlösung bis zur Marke. Man mißt die Auslaufzeit von 200 ccm der Lösung, dividiert durch den Wasserwert (bei 20° C) und erhält so die relative Viskosität der Leimlösung in Engler-Graden. Da die Einstellung mit Hilfe der Leimspindel etwas ungenau ist, muß für präzise Messungen eine Leimlösung durch Abwägen hergestellt werden, die 15 Gewichtsprozent reine wasserfreie Leimsubstanz enthält. Zu diesem Zweck ist von einer ausreichenden zerkleinerten Durchschnittsprobe des Leims zunächst Wasser- und Aschegehalt zu bestimmen und beides bei der Einwage in Abzug zu bringen.

Zur Bewertung des Leims nach der Viskosität haben sich aus Erfahrung folgende Zahlen ergeben:

I. Hautleim ($17\frac{3}{4}$%, 40° C)   Viskosität unter 3,0: geringe Qualität,
3,0—4,0: gute Qualität,
4,0—6,0: sehr gute Qualität,
über 6,0: Sonderqualität.

---

[1]) E. Sauer, Kolloid-Ztschr. **33**, 40 (1923). — Farbenztg. 1930, S. 2099. Der Apparat wird von Mahlers Waagenfabrik, Stuttgart, Rotebühlstr. hergestellt.

II. Knochenleim (17¾%, 30⁰ C) Viskosität unter 2,2: geringe Qualität,
$$\qquad\qquad\qquad\qquad\qquad\qquad\qquad 2,2—2,8:\ \text{gute Qualität,}$$
$$\qquad\qquad\qquad\qquad\qquad\qquad\qquad \text{über } 2,8:\ \text{sehr gute Qualität.}$$

Bei Untersuchung einer größeren Anzahl von Hautleimproben verschiedener Herkunft wiesen von der untersuchten Gesamtzahl der Proben auf:

$$24\% \text{ eine Viskosität von } 5,0—10,0$$
$$71\% \quad ,, \qquad ,, \qquad ,, \quad 3,0—\ 5,0$$
$$5\% \quad ,, \qquad\quad ,, \qquad ,, \quad \text{unter } 3,0$$

so daß weitaus die Hauptmenge in das Viskositätsgebiet von 3,0—5,0 entfällt.

3. Gallertfestigkeit und Elastizitätsmodul sind hauptsächlich für die Bewertung von Gelatine von Bedeutung, bei Verwendung des Leims als Klebstoff spielt die Gallertfestigkeit weniger eine Rolle. In Deutschland ist keine bestimmte Methode vorzugsweise in Gebrauch, das Glutinmikrometer von Greiner wird von Gerngroß und Mendel[1]) empfohlen, die eingehende Versuche damit vorgenommen haben. Sehr viel benutzt wird in U.S.A. das Gelometer von Bloom[2]), das von der National Association of Glue Manufacturers als Normalinstrument eingeführt wurde. Über die Messung des Elastizitätsmoduls s. S. 370.

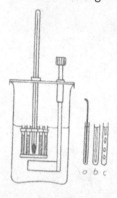

Abb. 194.

4. Schmelzpunkt der Gallerte. Zur Bestimmung des Schmelzpunkts von Leimgallerte dienen zahlreiche Apparate; häufig benutzt wird derjenige von R. Kißling[3]), ebenso das Fusiometer von Cambon[4]). Mit einfachen Hilfsmitteln und sehr zuverlässig läßt sich das Verfahren von E. Sauer ausführen. Die im Verhältnis von 1 : 2 hergestellte Leimlösung wird mit einer Kapillarpipette in dünnwandige Schmelzpunktröhrchen eingefüllt, die letzteren besitzen eine lichte Weite von ca. 3 mm und eine Länge von 40 mm. Die gefüllten Röhrchen werden zur Abkühlung in Reagenzgläser gebracht und genau zwei Stunden in fließendes Wasser von 12⁰ C eingestellt. Um nun den Schmelzvorgang in der Gallerte sichtbar zu machen, wird in jedes der Röhrchen in die noch flüssige Leimlösung ein Drahtstäbchen von 1 mm Durchmesser und 5 cm Länge eingeführt (Abb. 194, a), nach Erstarren des Leims werden diese Stäbchen herausgezogen (b), so daß ein Luftkanal in der Gallerte entsteht, und die Röhrchen, ohne sie mit der Hand zu erwärmen, an einem Thermometer neben der Quecksilberkugel befestigt. Man hängt das Thermometer in ein Becherglas, welches halb mit Wasser gefüllt ist und erwärmt langsam (pro Minute 2⁰); wenn der Schmelzpunkt erreicht ist, wird sich der scharf begrenzte Luftkanal plötzlich in einige getrennte Luftblasen auflösen (c). Dieser Punkt läßt sich besonders bei höherwertigen Leimsorten bis auf $^1/_1{}^0$ C feststellen. Die Ausführung der Bestimmung wird durch den in Abb. 194 wiedergegebenen einfachen Apparat erleichtert. Für Knochenleime findet man Schmelzpunktswerte von 24—26⁰ C., für Hautleim 27—32⁰ C. Die Methode leistet besonders dann sehr wertvolle Dienste, wenn es sich um Untersuchung kleinster Leimmengen handelt; zu ihrer Ausführung genügen nötigenfalls wenige Milligramm Substanz.

---

[1]) K. Mendel, Dissertation (Berlin 1930).
[2]) S. E. Sheppard und S. Sweet, Journ. Ind. and Eng. Chem. **15**, 576 (1923).
[3]) R. Kißling, Leim und Gelatine (Stuttgart 1923), S. 186.
[4]) R. Kißling, Leim und Gelatine (Stuttgart 1923), S. 186.

5. Schaumprobe. Man stellt eine 10%ige Leimlösung her, füllt 50 ccm davon in einen Schüttelzylinder mit Stopfen von 100 ccm Inhalt und 30 mm äußerem Durchmesser und bringt die Temperatur in einem hohen Wasserbad auf 40° C. Man schüttelt den Zylinder gleichmäßig stark und nicht zu schnell genau 1 Minute lang auf und ab und stellt ihn dann wieder in das Wasserbad. Nach 1, 3 und 5 Minuten wird die Schaumhöhe in Kubikzentimeter abgelesen. Ein Schaumvolumen von 40 ccm nach 3 Minuten sollte nicht überschritten werden

6. Trockenfähigkeit[1]). Diese wird nach vergleichenden Versuchen beurteilt. Man gibt 10 ccm einer Leimlösung 1 : 2 auf ein Uhrglas von 10 cm Durchmesser und auf zwei gleiche Uhrgläser eine gleichstarke Leimlösung je einer Sorte von bekannt guter und bekannt minderwertiger Trockenfähigkeit. Die Gläser dürfen vor Erstarren der Leimlösung nicht bewegt werden und müssen an einem zugfreien Platz nebeneinander aufgestellt werden. Man vergleicht das Fortschreiten des Trockenringes und kann sich bei einiger Übung ohne Schwierigkeit ein Bild von der Trockenfähigkeit machen.

7. Geruch. Normaler Hautleim und Knochenleim besitzen jeder einen charakteristischen Geruch, der bei einiger Übung leicht erkannt werden kann. Man versäume nie bei einer Leimuntersuchung den Geruch zu prüfen, man stellt denselben an der angehauchten Tafel oder noch besser bei der warmen Lösung fest. Es ist zweckmäßig, sich einige Vergleichsmuster vorrätig zu halten. Geringe Qualität, Fehler in der Fabrikation, Konservierungszusätze usw. sind vielfach schon am Geruch kenntlich.

8. Beständigkeit gegen Zersetzung. Ein Becherglas wird mit der 33 1/3%igen Lösung des betreffenden Leims bis zu 1/4 der Höhe gefüllt, mit einem Uhrglas bedeckt und in einen Raum gebracht, der dauernd auf einer Temperatur von 38° gehalten wird; am besten eignet sich hierzu ein Brutschrank oder Wasserbad mit Temperaturregler (Thermostat). Je von 12 zu 12 Stunden wird geprüft, ob sich Geruch und Aussehen des Leims verändern. Bei beginnender Fäulnis macht sich eine Trübung der Flüssigkeit und unangenehmer Geruch bemerkbar. Gute Leime sollten mindestens drei Tage bei dieser Behandlung unverändert bleiben.

II. Analytische Bestimmungen.

1. Wassergehalt. Man trocknet eine abgewogene Menge von ca. 1 g mindestens grießfein pulverisierte Leimsubstanz in einem breiten Wägegläschen bei 105—110° bis zur Gewichtskonstanz, wofür 12 Stunden erforderlich sind. Die Abkühlung vor dem Wägen muß bei gut geschlossenem Wägeglas in einem Schwefelsäureexsikkator erfolgen, da die Leimsubstanz sehr hygroskopisch ist. Die Entnahme einer Durchschnittsprobe wird am besten dadurch erreicht, daß man die Leimtafeln mehrmals quer durchsägt und die Sägespäne schnell in einem dichtschließenden Gläschen sammelt.

Stark wasserhaltiger Leim kann nicht ohne Wasserverlust zerkleinert werden, man löst dann 50 g des grobstückigen Leims im Maßkolben zu 1 l auf und bringt je 10 ccm davon in flachen Aluminiumdosen zur Trockne. Der Gewichtsverlust gegenüber der berechneten Ausgangsmenge ergibt den Wassergehalt[2]).

2. Aschegehalt. Zur Bestimmung der unverbrennbaren Fremdstoffe ver-

---

[1]) Nach R. Kißling, Leim und Gelatine (Stuttgart 1923), S. 195.
[2]) E. Sauer und H. Dillenius, Ztschr. f. angew. Chem. **42**, 552 (1929).

ascht man ca. 2 g der Leimsubstanz im Platin- oder Porzellantiegel. Während dies bei Hautleim meist keine Schwierigkeiten bereitet, wirkt bei Knochenleim das Zusammenschmelzen des Rückstandes störend. Man erhitzt um keinen Verlust an Alkalien zu verursachen, nur auf Rotglut, kocht den verbleibenden Kohlerückstand im Tiegel mehrmals mit Wasser aus und dampft die filtrierte Lösung stark ein. Filter und Kohle werden im Tiegel verascht, die konzentrierte Lösung zugesetzt, getrocknet und mäßig geglüht.

3. Säure- und Alkaligehalt. Freie Säure in Form von schwefliger Säure und Schwefelsäure findet sich meist nur in Knochenleim. Man stellt mit ausgekochtem destillierten Wasser eine 1%ige Lösung her und titriert je 100 ccm mit n/10 Natronlauge unter Zusatz von 1 ccm Phenolphthaleinlösung (1%) als Indikator auf eben beginnende Rosafärbung. In entsprechender Weise bestimmt man freies Alkali mit n/10 Salzsäure. Man berechnet auf Prozent SO_2 bzw. Prozent CaO.

Die Wasserstoffionenkonzentration (p_H-Wert) ist leicht und einfach mit Hilfe der Dauerindikatoren nach Michaelis[1]) festzustellen. Der Säuregehalt des Knochenleims bewegt sich meist zwischen 0,5 und 1% SO_2, der Alkaligehalt des Hautleims beträgt etwa 0—0,1% CaO. Für Hautleim genügt die Bestimmung des p_H-Werts, bei Knochenleim ist auch eine Titration auf Gesamtsäure erforderlich, da für den Verbraucher nicht nur die Wasserstoffionenkonzentration, sondern vor allem auch die schweflige Säure als solche störend ist. Die freie schweflige Säure im Knochenleim läßt sich auch mit Jodlösung messen[2]).

4. Fettgehalt. Eine direkte Extraktion des Fetts läßt sich nur mit Schwierigkeiten durchführen, recht gut bewährt hat sich das Verfahren von Fahrion[3]), bei welchem die Leimsubstanz zunächst durch alkoholische Natronlauge abgebaut wird.

10 g des zerkleinerten Leims werden in einer Porzellanschale mit 10—20 ccm Wasser vollständig aufquellen lassen, auf dem Wasserbad verflüssigt und 50 ccm 8%ige alkoholische Natronlauge zugegeben. Man erwärmt mehrere Stunden bei bedeckter Schale auf dem Wasserbad, dampft schließlich Alkohol und Wasser völlig weg und erhitzt den zähflüssigen Rückstand 2 Stunden im Trockenschrank auf 110⁰. Die Trockenmasse wird in heißem Wasser gelöst, mit Salzsäure angesäuert und nach Erkalten im Scheidetrichter mit einer reichlichen Menge von Äther ausgeschüttelt. Man gießt die ätherische Lösung nach Auswaschen mit Wasser in einen Kolben, löst evtl. die im Scheidetrichter verbleibenden festen Oxysäuren in warmem Alkohol und dampft die filtrierte ätherische und alkoholische Lösung zusammen in einem gewogenen Erlenmeyerkolben ein und ermittelt das Gewicht des Rückstandes.

5. Unlösliche Fremdstoffe. Diese können anorganischer oder organischer Natur sein; man löst 20 g Leim in Wasser und füllt die Lösung in einem Schüttelzylinder mit heißem Wasser auf 1 l auf. Dann läßt man 24 Stunden absitzen, dekantiert und sammelt den Rückstand auf einem Filtertiegel, trocknet und wägt. Durch Veraschen erhält man den anorganischen Anteil der Fremdstoffe als Rückstand.

Nachstehend finden sich für eine Anzahl Knochen- und Hautleime die Werte der verschiedenen Untersuchungsmethoden zusammengestellt.

---

[1]) L. Michaelis, Praktikum der physikal. Chem., 2. Aufl., S. 50 (Berlin 1922).
[2]) Gutbier, Sauer und Brintzinger, Kolloid-Ztschr. **29**, 130 (1921).
[3]) Fahrion, Chem. Ztg. 1899, S. 452.

Tabelle 7.
Untersuchungswerte für Knochen- und Hautleime.

Nr. und Sorte	Viskosität bei 17³/₄% 40° C	Zerreißfestigkeit bei 33¹/₃% kg/qcm	40% kg/qcm	Wasser %	Asche %	Säure % SO₂	Alkali %CaO	Fett %	Schaum (nach 3 Min.) ccm	Beständigkeit
K 1	2,40 *)	41	80	13,2	2,68	0,83	0	0,50	35	gut
K 2	2,50 *)	68	95	13,4	2,03	0,87	. 0	0,43	40	sehr gut
K 3	2,62 *)	79	109	12,6	2,75	1,02	0	0,42	30	gut
H 4	3,18	102	108	13,6	1,52	0	0,13	0,29	33	gut
H 5	3,22	107	115	13,8	2,66	0,21	0	0,42	23	sehr gut
H 6	3,28	104	118	14,3	4,08	0	0,14	0,25	30	gut
H 7	3,51	116	124	15,8	1,56	0	0,04	—	40	gut
H 8	3,54	106	114	14,7	4,94	0	0,08	0,16	40	mittel
H 9	3,70	113	124	16,6	1,77	0	0,08	0,37	25	sehr gut
H 10	3,98	110	124	14,8	1,43	0	0,02	0,44	2	mittelgut
H 11	4,33	123	127	14,4	1,86	0	0,08	0,18	10	mittelgut
H 12	6,39	112	136	13,8	1,45	0,09	0	0,46	15	sehr gut

K 1 bis K 3 = Knochenleim, H 4 bis H 12 = Hautleim.
*) Bei 30° C gemessen.

Die Prüfung der Gelatine. Nach E. Kinkel[1]) sind für photographische Gelatine folgende Untersuchungen anzustellen, die jedoch nicht alle die gleiche Bedeutung besitzen:

1. Blattzahl
2. Farbe des Blatts
3. Wassergehalt
4. Quellvermögen
5. Quellung in feuchter Luft
6. Aschegehalt
7. Analyse der Asche
8. Elastizitätsmodul
9. Gallertfestigkeit
10. Viskosität
11. Oberflächenspannung
12. Abbaukoeffizient[2])
13. Erstarrungsprodukt
14. Schmelzpunkt
15. pH-Messung
16. Lauge- bzw. Säurebindungsvermögen
17. Chloridbestimmung (elektrometrische Titration)
18. Bestimmung der schwefligen Säure
19. Durchsichtigkeit der Lösung
20. Beständigkeit gegen Zersetzung

Trotzdem ist es nicht möglich, bei Feststellung dieser Eigenschaften die Eignung einer Gelatine für einen bestimmten photographischen Zweck mit Sicherheit zu beurteilen. Weitaus die beste Auskunft gibt die photographische Prüfung in Form des Emulsionsexperiments[3]).

Exakt hergestellte Versuchsemulsionen, die auf Glas oder Papier aufgetragen werden, sowie die sich anschließende sensitometrische Prüfung zeitigen Ergebnisse, welche, richtig ausgewertet, mit großer Sicherheit auf den photographischen Charakter des betreffenden Gelatinesudes Schlüsse ziehen lassen.

---

[1]) Nach einer privaten Mitteilung von Dr. E. Kinkel, Firma Köpff & Söhne, Gelatinefabrik, Heilbronn.

[2]) Der Abbaukoeffizient läßt sich direkt aus der Veränderung des Elastizitätsmoduls bestimmen; es gilt die Gleichung $E = \dfrac{E_D - E_D'}{E_D}$, wo E_D den Elastizitätsmodul vor dem Abbau, E_D' nach demselben darstellt; der Wert E multipliziert mit 100 ergibt direkt die abgebaute Glutinmenge in Prozent (Kinkel).

[3]) F. Schulz, Kunstdünger und Leim **27**, 3 (1930).

Klebstoffe und Kitte.

Von Dr. phil. **Otto Rammstedt**-Chemnitz.

Klebstoffe dienen dazu, zwei gleichartige oder verschiedenartige Stoffe fest miteinander zu verbinden. Das Kitten und Kleben hat der Mensch, wie so vieles andere, jedenfalls durch Zufall gelernt, vielleicht sind ihm auch Beobachtungen, die er in der Tier- und Pflanzenwelt machte, zu Hilfe gekommen. Die griechischen Mythen und Sagen, welche den Menschen von der Spinne das Weben, von der Schwalbe das Kitten und Mauern erlernen lassen, weisen ja daraufhin, daß der Mensch im Umgang und Kampf mit der Tierwelt seine erste Geistesbildung empfangen hat. Die nötigen Stoffe zum Kitten und Kleben fanden die Menschen auch jedenfalls schon in grauer Vorzeit im Harz der Koniferen, im Gummi der Kirschbäume und Akazien, im Traganth der Astragalusarten sowie im Honig und Wachs der Bienen. Das Kitten dürfte wohl wesentlich früher ausgeübt worden sein als das Kleben. Jedenfalls stellte sich sehr bald das Bedürfnis ein, feste Körper, die nur roh zusammenpaßten, miteinander zu verbinden. Das Kleben aber, einigermaßen geebnete Berührungsflächen voraussetzend, erwies sich erst bedeutend später als eine technische Notwendigkeit, wurde jedoch auch schon recht früh erfunden. Beweise für sehr frühzeitiges Kitten bergen fast alle Museen in Form von gekitteten Töpfen und Urnen. Das Schlesische Museum für Kunstgewerbe und Altertümer zu Breslau besitzt ein besonders merkwürdiges Beispiel uralter Kittkunst. Es ist ein kleines Eichenkästchen, auf dessen Deckel in der ersten Völkerwanderungszeit fünf römische Denare festgekittet wurden. Das Bindemittel hat so vorzüglich gehalten, daß heute noch vier Geldstücke auf dem morschen Holzplättchen festsitzen. Die Kittmasse besteht vermutlich aus einer Kalk-Eiweißverbindung. Betrachtet man die Kunstwerke der alten Ägypter, so sieht man, daß die Kunst des Klebens und Kittens uralt sein muß, und daß die Klebstoffe von ausgezeichneter Beschaffenheit gewesen sein müssen, um bis in unsere Zeiten zu halten.

Man darf annehmen, daß die Ägypter und die anderen alten Kulturvölker, Babylonier und Assyrer, Phönizier und Inder gute Qualitäten Klebstoff herstellen konnten, daß ihnen die charakteristischen kolloiden Eigenschaften der verschiedenartigen Klebstoffe und Kitte bekannt waren und daß sie, bis zu einem gewissen Grade, auch eine dementsprechende Industrie gehabt haben. Denn für ihre großen Bauten und Kunstwerke bedurften sie Klebstoffe, Kitte und Bindemittel in größeren Mengen und gleichmäßiger Beschaffenheit.

Die Theorie des Klebens und der Klebstoffe.

Trotzdem die Klebstoffe und die Kunst des Klebens von alters her bekannt sind und Leim, Gelatine und Gummiarabikum in der Chemie, besonders in der Kolloidchemie, eine große Rolle spielen, sind die Vorgänge der inneren Verklebung und Verhornung der leimenden Substanz selbst, wie die äußere Verleimung stoff-fremder Schichten durch kolloide Bindemittel theoretisch noch wenig erörtert.

Allgemein gesprochen beruht das Kleben auf Adhäsion und Kohäsion, und zwar müssen beide Kräfte, soll der Klebstoff ein idealer sein, möglichst groß und möglichst einander gleichwertig sein. Beides hängt in der Hauptsache von zwei Faktoren ab, nämlich vom Klebstoff selbst und von der Beschaffenheit der zu ver-klebenden Körper. Bei der Holzverleimung z. B. dringt die warme Leimlösung in die Kapillaren des Holzes ein. Verzögert wird dies Eindringen durch die Viskosität der Leimlösung; um deren Zunahme durch frühzeitiges Erkalten hintanzuhalten werden die Hölzer vorgewärmt. Aus der erstarrten Leimlösung diffundiert Wasser in die Holzfaser, wodurch sich der Leim an den Oberflächen der Kapillarwände konzentriert. Wahrscheinlich kommt hier eine Adsorptionswirkung hinzu. Der Komplex dieser Beziehungen zwischen den Kapillarwänden und dem Leim ist nun die Adhäsion des Leimes. Zwischen den Holzstücken befindet sich eine Leimbrücke, deren Festigkeit von der Kohäsion des Leimes abhängt[1]). Ähnlich erklärt sich das Kleben von Papier und Pappe unter sich oder mit anderen Körpern und auch mit anderen Klebstoffen. Auch das Kleben von medizinischen Pflastern auf der mensch-lichen Haut gehört hierher, und zwar ist dies ein Fall, wo die Adhäsion größer ist und auch sein soll als die Kohäsion.

Kolloidchemisch betrachtet ist jede Verleimung, also jede Verbindung von zwei gleichartigen oder verschiedenartigen Körpern durch eine ver-bindende Zwischenschicht, im wesentlichen durch eine Sol-Gel-Umwandlung gekennzeichnet[2]). Die zur Ausführung der Verleimung erforderliche Lösung ist ein Sol, gewöhnlich ein Hydrosol, das nach dem Auftragen auf die zu verbindenden Flächen allmählich in den Gelzustand übergeht. Die Geschwindigkeit dieses Vor-ganges, die Darstellung dieser Umwandlung als Funktion der Konzentration und der Temperatur, seine Beeinflussung durch Zusätze, ferner die damit verknüpften Änderungen in den physikalisch-chemischen Eigenschaften der Zwischenschicht, reichen zur näheren Kennzeichnung des Vorganges aus. Bezeichnet man die Klebstofflösung als Kollasol und den nach eingetretener Verbindung der Gegen-stände erreichten Endzustand als Kollagel, so stellt sich die Verleimung als eine kolloidchemische Reaktion Kallasol $\leftrightarrows$ Kollagel dar. In den meisten und prak-tisch wichtigsten Fällen ist dieser Vorgang umkehrbar, jedoch gibt es auch wichtige Typen von Klebstoffen, für die der Prozeß nur einseitig möglich ist, weshalb man die Kollasol-Kollagelübergänge in reversible und irreversible einteilt. Stern faßt alle

Klebstoffe als „Aggregationen von Elementarkörpern" auf; die Elementarkörper sind chemisch ganz verschieden, aber durch die Aggregation ent-steht der Klebstofftyp, sobald es gelingt, den aggregierten Körper unter möglichster Erhaltung seiner Aggregation in den Sol-zustand überzuführen. Wird der Aggregationszustand durch ganz geringe hydro-lytische Eingriffe geschwächt, so steigen die Klebstoffeigenschaften zunächst noch an, weil bei noch ausreichender Aggregation der Solzustand günstig beeinflußt wird. Bei der Verbindung zweier Objekte dringt das Kollasol in den Porenraum ein und führt dadurch einen festen Verband mit der Zwischenschicht herbei. Zu-nächst wird mit wachsender Konzentration, der ein Anstieg der Viskosität parallel geht, ein Kollasol von höherer Klebkraft erhalten; bald wird aber ein Punkt er-reicht, in welchem der Einfluß der Konzentrationssteigerung durch den entgegen-

---

[1]) Vgl. hierzu Bechhold und Neumann, Ztschr. f. angew. Chem. 37, 539 (1924).
[2]) E. Stern, Ztschr. f. angew. Chem. 37, 403 (1924). — Vgl. auch den Abschnitt „Farben-bindemittel".

gesetzt gerichteten Einfluß der steigenden inneren Reibung überlagert wird. Der gelinde hydrolytische Abbau schafft die günstigsten Bedingungen, indem bei hoher Konzentration der Kollagele der Solzustand begünstigt, und der Anstieg der inneren Reibung vermieden wird. Steigert man die Aggregationsspaltung über diese sehr schmale Zone hinaus, so fällt die Klebkraft rasch ab. Theoretisch stellt sich der gesamte Vorgang als eine kolloidchemische Stufenreaktion dar, die recht verschiedene Formen annehmen kann. Eine häufig vorkommende Form ist die folgende: Kollagel (fest) $\rightleftarrows$ kollagel (flüssig) $\rightleftarrows$ Kollasol $\rightleftarrows$ Kollagel, Quellung Kollagel (flüssig) $\rightleftarrows$ Kollagel (fest) Leimung.

Agglutinations-Theorie. Eingehend hat auch H. Wislicenus mit seinen Schülern Jentsch und Lorenz über die Theorie des Klebens gearbeitet[1]. Nach Wislicenus ist die Eigenschaft des Klebens, d. i. eine Agglutination kolloid gelöster oder nur gequollener Teilchen, mit dem Dispersitätsgrad derart korrelativ verbunden, daß ein Maximum der Agglutination oder Verklebbarkeit im Bereich der typisch kolloiden Dispersion bestehen müßte, also bei der Durchmessergröße unlöslicher Emulsoid- und Suspensoidteilchen einer „Haut", die eine relativ hohe Kohärenz und Haftfähigkeit besitzt, im Gegensatz zu dem pulverigen Eintrocknen molekulardisperser kristalloider Lösungen, deren trockne Kristalle mit genau geordnetem räumlichen Aufbau zwar ihre ganz konstanten inneren Spaltbarkeitsfestigkeiten besitzen, aber kaum eine äußere Verkittungsfähigkeit haben. Zwischen dieser molekulardispersen Phase einerseits und dem gealterten, koagulierten oder ausgeflockten Zustand anderseits, der gleichfalls keine gut verklebenden Trockenrückstände gibt, liegt der eigentliche Kolloidzustand, der durch räumliche ungeordnete Verklebung und „Verhornung" der eintrocknenden Massenteilchen sich auszeichnet. Theoretisch ist also jedes wahre Kolloid im eingetrockneten verhornten Zustand zunächst ein „Klebstoff", wie jeder explodierende Stoff zwar Explosivstoff, aber nicht auch technischer „Sprengstoff" ist. Technische „Klebstoffe" setzen noch zwei weitere Eigenschaftsforderungen voraus: Die verhornten Schichten müssen einerseits schon für sich in dünner Hautform ein gewisses Mindestmaß von Festigkeit oder Kohärenz besitzen, anderseits an Flächen, welche verklebt werden sollen, fest adhärieren. Beide Festigkeitswerte werden in bekannter Weise durch Zerreißungsversuche an Schichten von jeweils bestimmt vereinbarter Dicke, Breite und Länge oder an verklebten Probekörpern messend ermittelt. Wislicenus unterscheidet also bei einem leimenden Bindemittel zwischen der inneren Verklebungsfähigkeit oder Eigenfestigkeit der Stoffteilchen als einer inneren Eigenschaft von Klebstoffen, die allen Kolloiden zukommt, und der äußeren Verklebungsfestigkeit (Klebkraft, Klebvermögen, Bindekraft, Leimungsfestigkeit) des technischen Klebstoffes, die in Kohäsion und Adhäsion begründet ist, also auch von der Beschaffenheit der zu verbindenden Flächen abhängt und praktisch möglichst hoch sein muß. Die beiden Eigentümlichkeiten sind von altersher am vollkommensten am tierischen Leim und an den wesentlichsten kolloiden Bestandteilen der Gelatine bzw. des Glutins so bedeutungsvoll erkannt und technisch benutzt worden, daß vom Leim die Begriffsbezeichnung der „Kolloide" und der Agglutination ausgegangen ist.

Die Oberflächenbeschaffenheit der zu verklebenden Flächen und die kolloiden Oberflächeneigenschaften des Bindemittels sind entscheidend, bei letzterem die Oberflächenaktivität, die wiederum vom Dispersitätsgrad und von der Aufladung abhängt.

---

[1] Ztschr. f. angew. Chem. **27**, 3, 504 (1914). — Kolloid-Ztschr. **34**, 201, 203, 204 (1924).

Einteilung der Klebstoffe. Ich schlage aus praktischen Gründen die in natürliche und künstliche vor und möchte unter natürlichen Klebstoffen diejenigen verstanden wissen, die in der Natur als Sol oder Gel fertig gebildet vorkommen. Künstliche Klebstoffe sind dagegen solche, die eine chemische Behandlung erfahren haben. Die im folgenden aufgeführten Klebstoffe sollen nicht etwa eine lückenlose Aufzählung sein, sondern eine Zusammenstellung und Besprechung der charakteristischsten und wichtigsten Vertreter.

Die natürlichen Klebstoffe.

Gummiarabikum. Durch Desorganisation des Stammparenchyms liefert die in den Nilländern und Senegambien heimische Acacia senegal (Linné) Willdenow und einige andere tropische Akazia-Arten Gummiarabikum, das aus Wunden des Stammes als dickflüssiges Hydrosol ausfließt und durch Verdunstung des Dispersionsmittels allmählich in ein farbloses, oder gelblich gefärbtes, durchsichtiges, rundlich geformtes Gel übergeführt wird. Dieser Gelzustand ist reversibel. Von der Größe bzw. Vollständigkeit der Reversibilität hängt z. T. die Brauchbarkeit bzw. die Güte des Gummiarabikums ab. Das Senegalgummi enthält z. B. wesentlich mehr Unlösliches als das Kordofangummi. Das Unlösliche des Senegalgummis quillt stark auf und gebraucht zur Überführung in den Solzustand mehr Wasser und längere Zeit; in der Technik sind die Ausbeuten an Lösung geringer und die Lösungen selbst sind schwerer filtrierbar. Schwer lösliches bzw. zu einer Gallerte quellendes Gummiarabikum kommt übrigens auch bei der Kordofanart vor. Dieses quellbare, aber nicht lösliche Gummi ist auch im Preise geringer. Ein Hamburger Importhaus schrieb darüber im März 1926: „Gummi Kordofan aus 1926er Ernte können wir Ihnen wesentlich billiger anbieten. Die neue Ernte, soweit sie von Dezember bis reichlich Ende Februar zur Verladung vom Sudan kommt, löst sich aber erfahrungsgemäß sehr schlecht bzw. gelatiniert sehr stark, so daß solche für Sie nicht in Betracht kommen kann. Die schlechte Lösung verliert sich erst in den Monaten März bis Mai, nachdem der Gummi an den Bäumen mehr ausgereift ist. Nach unserer Ansicht wird das Gummi im Sudan viel zu früh geerntet. Vor 20—25 Jahren begann man im Sudan mit der Ernte erst in den Monaten März—April und erzielte dadurch viel bessere und schönere Qualitäten." Ich kann dies bestätigen. Im April des Jahres 1923 hatte ich eine größere Menge Kordofangummi erhalten, um daraus Lösungen (1 + 1,5) zu Klebstoffzwecken herzustellen. Dieses Gummi löste sich, wie ein Laboratoriumsversuch ergab, fast gar nicht sondern ergab eine Gallerte, die derartig zäh war, daß sie beim Ausgießen aus einem 2-Liter-Kolben den Hals des Kolbens völlig ausfüllte als etwa 35 cm langer Strang von 4—4,5 cm Durchmesser, ohne zu reißen aus dem Kolbenhals heraushing und beim Wiederzurückkehren des Kolbens in diesen wieder völlig zurückschnellte. Als ich nach 3 Jahren dasselbe Gummi, von dem eine größere Probe in einem mit Glasstopfen verschlossenen Glase im Laboratorium gestanden hatte, in Wasser zu lösen suchte, hatte sich die Löslichkeit wesentlich gebessert, jedoch war sie immerhin noch so gering, daß das Gummi für die Praxis nicht brauchbar war. Erst nach Zugabe bedeutender Mengen Wasser konnte völlige Lösung erzielt werden. Immerhin hatte sich aber die Löslichkeit im Laufe der 3 Jahre gut gebessert. Daß die Menge der nur quellbaren, nicht löslichen Anteile des Gummiarabikums mit dem sog. Reifungszustand des Gummis im Zusammenhang zu stehen scheint, vermutete auch schon O. Fromm[1]), weshalb er bei der

---

[1]) Ztschr. f. analyt. Chem. **40**, 147 (1901).

Wertbestimmung die Menge des vorhandenen „Schleimes", also des Gequollenen, feststellte. Völlig fehlt übrigens dieser gallertartige Schleim niemals, besonders nicht bei den besseren Sorten; seine quantitative Bestimmung soll weiter unten erörtert werden.

Das Gummiarabikum besteht im wesentlichen aus den sauren Kalzium-, Magnesium- und Kaliumsalzen der Arabinsäure. Beim Veraschen verbleibt ein etwa $3-4\%$ betragender, aus Kalzium-, Magnesium- und Kaliumkarbonat bestehender Aschenrückstand. Um die Arabinsäure herzustellen, säuert man die konzentrierte wäßrige Lösung des arabischen Gummis stark mit Salzsäure an und setzt Alkohol zu. Der entstehende Niederschlag von Arabinsäure kann durch wiederholtes Auflösen in Wasser, Ansäuern mit Salzsäure und Fällen mit Alkohol in reinem Zustande gewonnen werden. Die feuchte ungetrocknete Arabinsäure löst sich leicht in Wasser, dagegen quillt die getrocknete darin nur gallertartig auf. Nach Zusatz von etwas Kalkwasser oder von etwas Kali oder Natronlauge löst sich auch die getrocknete Arabinsäure in Wasser leicht wieder auf. Man kann die Arabinsäure nach Graham auch durch Dialyse der mit etwas Salzsäure versetzten Gummilösung herstellen, wobei reine Arabinsäure auf dem Dialysator zurückbleibt. Eine der üblichen Gummiarabikum-Lösung ähnliche fast farblose, gut klebende Arabinsäurelösung kann man erhalten, wenn man 5,3 kg an der Luft getrocknete Arabinsäure in 7,5 kg Wasser und 3,7 kg Kalkwasser löst und 250 g Formalinlösung als Antiseptikum zusetzt.

Das Gummi verhält sich im allgemeinen wie ein Kolloid, doch zeigt die Lösung osmotischen Druck, verhält sich also nicht wie ein typisches Kolloid. Der osmotische Druck einer 6%igen Lösung von Kordofangummi betrug, im Osmometer von Moor und Roaf bei 32^0 bestimmt: $152-170$ mm Quecksilber, bei $22^0 = 141$ mm. Beim Senegalgummi betrug der osmotische Druck bei $16,5^0 = 114$ mm Quecksilber. Bei Gummiarabikum liegt das Temperaturgebiet der Quellung so tief, daß wir bei Zimmertemperatur fast nur den Auflösungsvorgang beobachten. Bei 0^0 zeigen aber auch Stückchen von Gummiarabikum ganz normale Quellungserscheinungen[1]. Man kann übrigens auch das Anfangsstadium der Quellung recht gut zur Anschauung bringen, wenn man lufttrockne Gummiarabikumstücke einige Zeit bei Zimmertemperatur in einer sog. feuchten Kammer aufbewahrt. Als feuchte Kammer benutzte ich einen statt mit Schwefelsäure mit Wasser beschickten Exsikkator. Nach 31 Tagen hatte das Gummi $23,56\%$ Wasser aus der feuchten Kammer aufgenommen, war weich geworden, ließ sich zusammendrücken und dehnen, zeigte deutlich die Quellung, klebte aber nicht.

Zur Wertbestimmung des Gummis genügt nicht eine einzige Methode, sondern erst der Vergleich des Ausfalles verschiedener Untersuchungsverfahren ergibt ein richtiges Bild. Folgende Verfahren kommen in Betracht: Zunächst eine rein praktische Klebeprobe mit Papier; die Gummilösung muß schnell kleben und das Papier darf sich nicht wieder ohne zu reißen trennen lassen. Ferner bestimmt man die Viskosität in irgendeinem geeigneten Viskosimeter. Gummis mit hoher Klebekraft zeigen auch eine hohe Viskosität. In der kolloidchemischen Technologie der Klebstoffe ist die Viskosität von einer ganz besonderen Bedeutung. Die Viskosität reagiert auf die kleinsten Veränderungen im Zustand eines Kolloids und ihre Messung ist eine der einfachsten Methoden, um das Verhalten von kolloiden Lösungen gegenüber äußeren Einflüssen zu verfolgen[2]. Die Bedeutung der Viskosität erhellt

---

[1] Vgl. Wo. Ostwald, Die Welt der vernachlässigten Dimensionen, 7. u. 8. Aufl. (Th. Steinkopff, Dresden 1922), S. 82.

[2] Vgl. auch hierzu E. Sauer, Kolloid-Ztschr. **17**, 132 (1915).

am deutlichsten und einfachsten aus der Tatsache, daß z. B. sowohl Leimlösungen als auch Lösungen von Gelatine, Dextrin oder auch von arabischem Gummi durch längeres Erhitzen, vor allem bei Überschreitung gewisser Temperaturen, Einbuße an Klebkraft mit gleichzeitigem Rückgang der Viskosität erleiden. Deshalb halte ich die Bestimmung der Viskosität für wichtig bei Untersuchung aller Klebstoffe. Entsprechende Zahlenwerte muß sich jeder in der Klebstoffindustrie tätige Chemiker selbst schaffen, denn erstens sind die Verhältnisse, unter denen gearbeitet wird, und die Ansprüche, die gestellt werden, zu verschieden und zweitens ist es eine Folge der Wahrung der Fabrikinteressen, daß derartige Zahlen wenig oder überhaupt nicht in die Literatur gelangen. Das, was R. E. Liesegang[1]) für die Viskosimetrie der Leim- und Gelatinelösungen sagt, läßt sich in entsprechender Weise auch auf die viskosimetrischen Verhältnisse der Klebstoffe im allgemeinen ausdehnen: Die Viskosimetrie der Leim- und Gelatinelösungen hat besonders an Bedeutsamkeit zugenommen[2]). Es sind viele Instrumente angegeben worden. Da sie in den Handel kommen, erübrigt sich eine Wiedergabe der Gebrauchsanweisungen. Immer noch ist mit sehr einfachen Mitteln eine für die Technik hinreichende Genauigkeit zu erzielen. Man ziehe in einer Pipette die Leimlösung mehrmals auf, so daß die Pipette die richtige Temperatur angenommen hat, und bestimme dann bei dem betreffenden Temperaturgrad die Auslaufzeit. Auf die letzten Kubikzentimeter muß man verzichten. Von sehr großem Einfluß ist die p_H-Konzentration.

Beam, der das Torsionsviskosimeter von Doolittle benutzte, fand bei 90° F (32,2° C) gemessen, die Viskosität einer 10%igen Lösung bei „Cordofan hard" zu 94—112, diejenige einer 20%igen Lösung zu 93,5—111, bei „Cordofan softer" 20%ige Lösung zu 87,5—92. Bei einer 10%igen Senegalgummilösung 83—89, bei einer 20%igen Lösung 92,5—104. Bei gewöhnlicher Temperatur bereitete Lösungen haben eine größere Viskosität, als heiß bereitete gleicher Konzentration. Bei längerem Aufbewahren der Gummilösung nimmt die Viskosität ab.

Zur Bestimmung der Klebefähigkeit sind verschiedene Methoden ausgearbeitet worden. Hirschsohn[3]) prüfte in der Weise, daß er eine bestimmte Menge 10%ige Gummilösung mit einer bestimmten Menge Gips verrieb und die Masse zu Stangen formte. Diese wurden durch unten angehängte Gewichte auf ihren Zerreißungspunkt geprüft. Gummiarabikum riß bei 1000 g Belastung, Senegalgummi bei 1600 g, australisches Gummi bei 1400 g, ostindisches Gummi bei 1500 g Belastung. Man kann diese Probe auch, entsprechend den Angaben von Weidenbusch[4]) für Leim, auch auf eine Gummilösnng übertragen. Man gießt prismatische Gipsstängelchen im Verhältnis von 5 g Gips zu 25 ccm Wasser; sie sind 9,2 cm lang, haben einen Querschnitt von 4 mm und wiegen je 1,7 g. Solch ein Stengel wird solange in eine etwa 10%ige Gummilösung gelegt, bis er sich ganz vollgesaugt hat, was nach etwa 5—10 Minuten der Fall ist. Nachdem der Stengel lufttrocken geworden ist, wird er auf einen in horizontaler Lage befestigten Eisenring so gelegt, daß er gewissermaßen einen Durchmesser desselben darstellt; dann wird ein Schälchen in der Mitte des Stengels aufgehängt und solange Gewichte in dasselbe gelegt, bis das Stengelchen durchbricht. Je mehr das Schälchen belastet werden kann, um so größer ist die Klebefähigkeit des Gummis. — Nach dem Verfahren von Dalén[5])

---

[1]) R. E. Liesegang, Kolloide in der Technik (Dresden 1923), S. 13.
[2]) E. Rothlin, Biochem. Ztschr. **98**, 34 (1919). — O. Faust, Ztschr. f. physiol. Chem. **93**, 758 (1919).
[3]) Pharm. Ztschr. f. Rußland 803 (1893).
[4]) Ind. Bl. **20**, 231. — Chem. Zbl. 576 (1883).
[5]) Mitt. d. kgl. techn. Versuchsanstalten 149 (1894).

tränkt man Fließpapier von bekannten Festigkeitseigenschaften mit der zu prüfenden Gummilösung, trocknet und prüft von neuem nach den bekannten Methoden die Festigkeit.

    O. Fromm[1]) hat s. Zt. in dem chemischen Laboratorium der Reichsdruckerei
an einer sehr großen Anzahl von Gummisorten, wie sie der Handel bietet, die
Schwankungen verfolgt, welche die Werte von gewissen physikalischen und chemischen Eigenschaften zeigen, um daraus ein Urteil über ihren Wert als Klebemittel zu gewinnen und dieses dann durch eine direkte Bestimmung der Klebfähigkeit zu kontrollieren. Fromm nimmt alle Prüfungen an einer Lösung von immer
gleich bleibender Konzentration vor. In jedem Falle wird von dem zu untersuchenden Gummi eine Lösung hergestellt, deren spezifisches Gewicht 1,035
beträgt, was einem Gehalt von etwa 10% lufttrocknen Gummis entspricht. Zu
diesem Zwecke werden 50 g grob gepulvertes Gummi mit etwa 200 ccm Wasser
übergossen und zeitweilig geschüttelt. Nach der Lösung wird durch ein Stück
Musselin und durch einen mit Watte ausgelegten Filtrierkonus in einen 500 ccm
Mischzylinder filtriert. Es erfordert einige Übung, ohne allzu großen Zeitverlust
die Gummilösungen so zu filtrieren, daß sie von allen ungelösten, nur gequollenen
Schleimteilchen befreit werden. Das auf 15⁰ C temperierte Filtrat wird mit Wasser
bis auf das spezifische Gewicht 1,035 verdünnt. Auf dem Filter bleibt zurück,
was das Gummi Unlösliches enthält, also vor allem neben den mineralischen und
pflanzlichen Verunreinigungen jene schleimigen, nicht löslichen, nur quellbaren
Anteile, deren Menge ein großes praktisches Interesse hat, denn diese Substanzen
und der besondere kolloide Zustand des Gummis setzen die Poren der Filtertücher
leicht zu und haben deshalb einen ungünstigen Einfluß auf die Arbeitsweise und
auf die Ausbeute. Man spritzt die ausgewaschenen Schleimteile, die auch die
vorhandenen Verunreinigungen enthalten, mit Wasser möglichst vollständig vom
Filter in einen Meßzylinder und überläßt sie der Ruhe. Am nächsten Tage haben
sie sich zu Boden gesetzt und man kann ihre Menge dem Volumen nach ablesen,
sie kann bis zu 50, 60 ja 70 ccm von 50 g Gummi betragen. Außerdem bestimmt
Fromm die Viskosität obiger Gummiarabikumlösung bei 20⁰ C; die Werte liegen
bei 2, sie schwanken zwischen 1,3 und 2,6. Die höchsten Werte, die Fromm überhaupt gefunden hat, sind 2,65—2,8 und 6,27, die niedrigsten 1,13—1,28—1,3—1,40
—1,41. Den Säuregrad bestimmte Fromm durch Titration der Gummilösung mit
$1/_{20}$ Normallauge unter Anwendung von Phenolphthalein als Indikator. Das Resultat
der Titration wird als Säuregrad in der Form angegeben, daß die von 50 ccm der
Gummilösung (1,035) verbrauchte Menge $1/_{10}$ Normallauge in Kubikzentimetern den
Säuregrad darstellt. Die für die verschiedenen Gummen ermittelten Zahlen schwanken etwa in eben so weiten Grenzen wie die Werte für die Viskosität. Der Säuregrad
beträgt im Mittel etwa 2,1; die höchsten beobachteten Zahlen sind 3,2; 2,8; 2,95;
2,85; 9,8 und die niedrigsten 1,4; 1,35; 1,5.

Bestimmung der Klebfähigkeit. Hierfür hat Fromm das oben schon erwähnte Verfahren von
Dalén weiter ausgearbeitet. Das zugrunde liegende Prinzip ist
dies, daß Saugpapier von bekannten Festigkeitseigenschaften
mit der zu prüfenden Gummilösung getränkt, getrocknet und dann das gewissermaßen mit Gummi geleimte Papier von Neuem auf seine Festigkeitseigenschaften
geprüft wird. Es zeigt sich dann eine Zunahme der Festigkeitszahlen, deren Größe
als ein Maß der Klebfähigkeit angesehen werden kann, denn das Gummi kommt
bei diesem Verfahren, indem es die lose liegenden Papierfasern verklebt, mit den-

---

[1]) Ztschr. f. analyt. Chem. **40**, 143—168 (1901).

selben Kräften zur Geltung, die auch bei seiner gewöhnlichen Anwendung als Klebemittel für Papierflächen wirken, nämlich mit der dem eingetrockneten Klebstoff eigenen Kohäsion und seiner Adhäsion an Papierfasern. Hiermit ist aber nicht gesagt, daß die zwischen dem aufgesaugten Gummi und den von ihm verklebten losen Papierfasern auftretende Klebkraft der Größe nach dieselbe ist wie sie beim Aufstreichen einer Gummilösung auf eine Papierfläche sich äußert. Jedoch ist eine Proportionalität zwischen der nach dem Saugpapier-Verfahren bestimmten und der bei der praktischen Anwendung in Frage kommenden Klebfähigkeit in viel höherem Maße anzunehmen, als wenn die gegen ganz andersartige Stoffe, wie Gips oder Holz, auftretende Klebkraft als Vergleichsmaß herangezogen wird. Die gummierten Streifen zeigen eine erheblich höhere Festigkeit als Streifen desselben Papiers in ungummiertem Zustande, und zwar wächst bei dem verwendeten Papier sowohl die Dehnung als auch die Bruchbelastung, bzw. die Reißlänge auf etwa den doppelten Wert. Um aus den direkt abgelesenen Zahlen für die Bruchbelastung und das Streifengewicht einen einfachen zahlenmäßigen Wert für die Klebfähigkeit zu entwickeln, setzt man die von den Streifen aufgenommene Menge Gummi in Beziehung zu der dadurch bedingten Festigkeitsvermehrung. Man subtrahiert einerseits von der mittleren Bruchbelastung der gummierten Streifen diejenige des ungummierten Papiers und andererseits vom Gewicht der gummierten Streifen dasjenige einer gleichen Anzahl ungummierter Streifen und bekommt so das Gewicht des von einem Streifen aufgenommenen Gummis und die dadurch hervorgerufene Vergrößerung der Bruchlast. Nun kann man sich das von den Streifen aufgenommene Gummi für sich, getrennt vom Papier, vorstellen als ein 15 mm breites Band von trockenem Gummi, nur daß man sich dieses Band nicht homogen zu denken hat, sondern als eine Ausfüllung des Papiergewebes, dessen Fasern das Gummi verklebte, gewissermaßen als einen Schwamm, in dessen Löchern die Papierfasern gesessen haben. Aus der Zunahme der Bruchlast und dem Gewicht des von einem Streifen von 18 cm Länge aufgenommenen Gummis läßt sich dann die Länge berechnen, die dieses Band haben müßte, wenn sein Gewicht gleich ist der von dem Gummi erzeugten Zunahme der Bruchlast. Das Rechnungsverfahren wird damit analog demjenigen, das man bei der Berechnung der Reißlänge eines Papiers aus der Bruchbelastung und dem Gewicht der zerrissenen Streifen anwendet. Die so errechneten Zahlen haben also die Bedeutung von Reißlängen; aber nicht solcher Reißlängen, die angeben, wie lang der Streifen sein muß, um unter eigener Last zu zerreißen, sondern solcher, die sich beziehen auf die beiden Kräfte, die bei Verwendung der Klebstoffe in Frage kommen: die Kohäsion der Teilchen des Klebstoffs untereinander und die Adhäsion an den zu verklebenden Stoff. Die sich so ergebenden Reißlängen, die sämtlich unter Anwendung von Gummilösungen vom spezifischen Gewichte 1,035 und von gleichartigem Papier erhalten wurden, werden nach Kilometern angegeben. Sie sind im Vergleich zu den Reißlängen von Papier sehr hoch und schwanken nach der Qualität des Gummis etwa zwischen 9 und 15 km. Diese Tatsache steht in bestem Einklang mit der Erfahrung, daß es unmöglich ist, zwei mit Gummi zusammengeklebte Papierstreifen so auseinander zu reißen, daß die Trennung an der Gummischicht stattfindet.

Die Frommsche Methode der Klebfähigkeitsbestimmung von Gummiarabikum-Lösungen ist sehr beachtenswert und erweiterungsfähig. Sie bietet die Möglichkeit der Übertragung auf verschiedene andere Klebstoffe, müßte aber mit den heutigen kolloidchemischen Anschauungen durchsetzt werden. Man kann die an ein Gummi zu stellenden Anforderungen durch Zahlen etwa so abgrenzen, daß man von ihm die Erfüllung folgender Bedingungen verlangt: Seine Lösung von spezifischem Gewicht 1,035 soll bei 20⁰ eine Viskosität von mindestens 2⁰, und im 1 dm-Rohr eine negative optische Drehung von wenigstens 2⁰ 30' zeigen; 50 ccm derselben sollen zu ihrer Sättigung mindestens 2,1 ccm $^1/_{10}$ n Natronlauge verbrauchen; die Lösung soll Bleiessig verdicken und alkalische Kupferlösung nicht erheblich reduzieren. Sind diese Bedingungen gleichzeitig erfüllt, so liegt nach den Erfahrungen Fromms der Wert für die Klebfähigkeit sicher über 14 und für seine Dehnung über 2[1]).

Die fabrikmäßige Herstellung von Gummiarabikum-Lösungen bietet keine Schwierigkeiten und kann in jedem beliebigen Gefäße geschehen. Die Lösung findet bei gewöhnlicher Temperatur statt, als Lösungsgefäß bevorzugt man rotierende Trommeln und die Filtration nimmt man durch geeignete Tücher entweder bei gewöhnlichem Druck oder in Vakuumapparaten vor. Zur Hintanhaltung von Schimmel und Gärung wird den Lösungen Karbolsäure, Salizylsäure, benzoesaures Natron, Formalin oder Solbrol zugesetzt.

Agar-Agar. Zur Fabrikation von Klebstoffen dürfte Agar wohl kaum oder doch wohl nur in geringen Mengen verwendet werden. Immerhin ist Agar ein natürlich vorkommender Klebstoff und ein solch charakteristisches Kolloid, daß eine kurze Erwähnung am Platze ist; auch deuten seine Synonyma auf die Verwendbarkeit zu Klebstoff hin: vegetabilischer Fischleim, japanische oder indische Hausenblase. Marchand[2]) schlägt sogar vor, das Agar, im Gegensatze zu Ichthyokolla, Phykokolla zu nennen. Unter dem Namen Agar-Agar werden sowohl einige kleine Meeresalgen der Abteilung der Florideen wie auch ein aus indisch-japanischen Florideen dargestellter eingetrockneter Schleim bezeichnet. Im Handel versteht man aber nur letzteren unter diesem Namen. Die beste Sorte japanisches Agar wird von Gelidium-Arten gesammelt. Entweder werden die Algen nur in der Sonne getrocknet und gebleicht oder man stellt eine Gallerte aus ihrem Auszug her und läßt aus diesem das Wasser herausfrieren. Trotz seines verschiedenen chemischen Aufbaues verhält sich Agar löslichen Kalksalzen gegenüber ebenso wie Gelatine. Eine Auflösung von 20 g Agar in 150 g krist. Kalziumnitrat und 130 g Wasser ist in der Kälte geleeartig fließend. Jedoch ist diese Masse im Gegensatz zur Gelatine kurzbrüchig, d. h. sie zieht zwischen den Fingern keine Fäden. Dadurch ist sie für gewisse Zwecke der Kalziumgelatine überlegen. Die Agarmasse läßt sich in äußerst dünner Schicht auf Papier verstreichen. Auch eine dickere Schicht veranlaßt kein Wellen des Papiers, da das Wasser zu fest gebunden ist. Zwei Seidenpapierblätter lassen sich ganz glatt aufeinander kleben. Außerdem trocknet der Kalziumagar im Gegensatz zu Kalziumgelatine leicht auf Glas ein[3]). Deshalb konnte Dietrich (D.R.P. 283649) für therapeutische Zwecke Chlorkalzium mit Hilfe von Agar in ein haltbares und dosierbares Trockenpräparat überführen[4]). Als neues Klebmittel wird das mit Ozon behandelte Agar empfohlen, welches in heißem Wasser löslich ist, aber nach dem Trocknen in kaltem Wasser unlöslich wird (Hey, D.R.P. 155741).

---

[1]) Zur Ergänzung der Frommschen Arbeit vgl. die Arbeiten von K. Dieterich in den Helfenberger Annalen 1896 und 1897, in den Berichten der Deutschen Pharmazeutischen Gesellschaft 1898, H. 3 und in der Ztschr. f. analyt. Chem. **40**, 408 (1901).

[2]) Bull. soc. bot. France **27**, 287 (1879); **28**, 207 (1880).

[3]) R. E. Liesegang, Farben-Ztg. **24**, 971 (1919).

[4]) Vgl. hierzu den Artikel von R. E. Liesegang in Kolloide in der Technik (Dresden 1923), S. 24—25.

Hausenblase. Colla piscium, Ichthyocolla, Hausenblase ist die getrocknete, präparierte, innere, pulpöse und vaskuläre Haut der Schwimmblase verschiedener in europäisch-asiatischen Gewässern vorkommenden, zu den Knorpel-Ganoiden gehörenden Acipenser-Arten (Stör), zu denen der Hausen, Acipenser Huso L. gehört, der im Schwarzen Meere und den in dieses mündenden Strömen vorkommt, ferner der Scherg oder Sewerjuga (A. stellatus) im Kaspischen und Schwarzen Meer, der Sterlet (A. Ruthenus) im Schwarzen und Asowschen Meer, im Baikalsee und Nördlichen Eismeer und endlich der Osseter (A. Güldenstädtii Br.) im Schwarzen und Kaspischen Meer und dem Baikalsee. Der Eierstock dieser Fische liefert den Kaviar, die Schwimmblase die rohe Ichthyocolla oder Hausenblase. Die Blasen werden aufgeschnitten, abgewaschen, bisweilen in Kalkwasser eingeweicht und auf Bretter gespannt getrocknet. Die halbgetrockneten Scheiben werden durch Reiben von der äußeren, nicht leimgebenden Silberhaut befreit, das Innere nach außen gekehrt, aufgespannt, fertig getrocknet (Blätterhausenblase, Ichthyocolla in foliis), oder in eine der anderen Handelsformen gebracht („gebrackt"). Die Hausenblase wird in der Pharmazie besonders zur Bereitung des Englisch-Pflasters und zum Klären trüber Flüssigkeiten benutzt, weniger zur Herstellung von Gelatinen, viel in der Technik, z. B. zum Kitten. Sie quillt in kaltem und löst sich in kochendem Wasser zu einer typisch kolloiden, stark klebenden, neutralen oder schwach alkalischen Flüssigkeit, die, wenn konzentriert, gelatiniert. Die wenig haltbare Lösung wird durch Zusatz von $1/_{15}$ Glyzerin haltbar. Der Hauptbestandteil der Hausenblase ist Kollagen bzw. Glutin. Die Hausenblase gilt seit alter Zeit als edelstes Klebmittel, jedoch steht ihrem ausgedehnten Gebrauche in den verschiedenen Gewerben ihr hoher Preis entgegen. Zur Verwendung wird die Hausenblase mit einem Hammer zu sehnigen Blättern zerklopft. Diese werden zu kleinen Stücken zerschnitten, mit etwa 40—50%igem Alkohol übergossen und, nachdem die Masse einige Stunden gestanden hat, im Wasserbade geschmolzen. Auch konzentrierte Essigsäure kann als Lösungsmittel verwendet werden. Das sog. Englische Heftpflaster kann folgendermaßen hergestellt werden. 50 Teile möglichst fein zerschnittene Hausenblase werden mit 200 Teilen Wasser 24 Stunden lang zum Quellen bei Zimmertemperatur angesetzt und dann im Dampfbade erhitzt, bis der größte Teil in Lösung gegangen ist. Dann wird durchgeseiht und der ungelöste Rückstand mit 200 Teilen Wasser in gleicher Weise behandelt. Die vereinigten Flüssigkeiten werden im Dampfbade auf 300 Teile eingedampft und ein Teil Zucker hinzugegeben. Mit der ziemlich kalten Masse wird sodann ausgespannter Seidentaffet mittels eines breiten, weichen Pinsels bestrichen, und zwar werden drei Striche im kühlen, die anderen in mäßig geheiztem Raume aufgetragen. Jeder Anstrich muß trocken sein, ehe der nächste aufgetragen wird. 50 g Hausenblase sind notwendig zur Herstellung von 5000 qcm Pflaster. Die Rückseite des Klebtaffets wird mit Benzoetinktur, die mit der gleichen Gewichtsmenge 96%igem Alkohol verdünnt ist, bestrichen.

Traganth. Traganth stammt von zur Familie der Papilionazeen gehörigen Astragalusarten, Dornsträuchern Kleinasiens, die bis etwa 80 cm hoch werden. Der aus den Stammorganen ausgetretene, an der Luft erhärtete Schleim ist der Traganth. Er besteht aus blattartigen, band- oder sichelförmigen, flachen, weißen oder gelblichweißen, durchscheinenden, nur etwa 1—3 mm dicken und mindestens 0,5 cm breiten, oft gestreiften Stücken. Er ist von hornartiger Beschaffenheit, schwer zu pulvern und kurz brechend. Mit 50 Teilen Wasser übergossen, quillt Traganth allmählich zu einer etwas trüben gallertartigen Masse auf, die mit Natronlauge beim Erwärmen auf dem Wasserbade gelb wird. Traganth ist geruchlos und schmeckt fade und schleimig. Auch verschiedene Astragalusarten Griechenlands liefern Traganth, jedoch kommen diese Sorten nur noch selten im Handel vor. Der Traganth entsteht durch Bildung von Schleimmembranen in den Zellen des Markes und der Markstrahlen der Stammorgane der Traganth liefernden Pflanzen und Zusammenfließen der Zellen zu Schleimmassen, wobei die Mittellamelle entweder erhalten bleibt oder mit zugrunde geht. Nimmt während der Regenperiode die Pflanze reichlich Wasser aus dem Boden auf, so quellen die vergummten Partien stark auf und werden, wenn die trockne Jahreszeit einsetzt, durch die schmalen, ebenfalls vergummten Hauptmarkstrahlspalten herausgepreßt, wobei die Rinde durchbrochen wird. Gewöhnlich zeigen die Traganthschleimmassen keine Zellulosereaktion mehr.

Über die Chemie des Traganth herrscht wenig Klarheit, da es sehr verschiedene Sorten gibt und selten klar gesagt ist, welche von ihnen untersucht worden ist. Daß die einzelnen Sorten chemisch verschieden sind, ist zweifellos, denn die Menge der bei der Hydrolyse auftretenden Produkte ist verschieden. Traganth ist der typische Vertreter der sog. Bassorin-Gummen, d. h. der mit Wasser nur quellenden, sich nicht darin lösenden Gummiarten. Mit 200 Teilen Wasser geschüttelt, zerfällt Traganth erst nach Wochen zu einem gleichmäßigen trüben Schleim, der sich nur sehr langsam klärt. Traganth verhält sich im allgemeinen wie ein Kolloid, es ist kolloidchemisch gesprochen ein aus einem Sol durch Eintrocknen entstandenes Gel, das aber durch Wasseraufnahme nur bis zum Zustande der Gallerte, nicht aber bis zum Solzustand reversibel ist. Nach Moor und Row[1]) zeigte eine, allerdings sehr verdünnte Lösung, keinen osmotischen Druck. Eine Lösung 1 : 1000 läßt sich filtrieren. Es scheint auch Traganthsorten zu geben, die bis zu 50% und mehr Lösliches enthalten[2]). Für die Pharmazie kommen nur die besten syrischen und persischen Sorten in Frage. Die weniger guten anatolischen Sorten werden besonders für technische Zwecke benutzt. Traganth klebt nicht im eigentlichen Sinne, aber er bindet, wenn eingetrocknet, in hervorragendem Maße. Man kann unlösliche Pulver mit Traganth in Suspension erhalten. Ein Teil Traganth besitzt die Bindekraft von 12—15 Teilen Gummiarabikum. Traganth wird auch zur Appretur von Kattunen, Seidenwaren und Spitzen, zur Herstellung von Dampffarben im Zeugdruck und in der Zuckerbäckerei verwendet. Eine eigenartige Kittmasse erhält man nach Grote und Perry durch Vermischen von 10 Teilen gepulvertem Traganth mit 200 Teilen Magnesiumhypochlorit und 24stündigem Stehenlassen dieser Mischung. Die entstehende dicke, schleimige Lösung wird nach D.R.P. 162637 durch immer feiner werdende Siebe getrieben, bis sich eine zähe, milchige Masse gebildet hat. Um damit Kitte herzustellen, wird sie auf Mischmaschinen mit passenden Füllstoffen gemischt. — Interessenten seien auch auf die Arbeiten von W. Peyer[3]) verwiesen, die manches Neue über Traganth bringen, unter anderem auch eine Methode zur Bestimmung der Viskosität.

Die künstlichen Klebstoffe.

Kleister. Werden Stärkekörner mit Wasser erwärmt, dann entstehen aus ihnen bei einer bestimmten Temperatur unter Wasseraufnahme zähe Tropfen, die zu einer weichen Gallerte, dem Kleister zusammenfließen. Die Verkleisterung entspricht einer Quellung bei erhöhter Temperatur. Bei der Quellung nimmt einer-

---

[1]) Bioch. journ. 2, 34.
[2]) Tschirch, Handb. d. Pharmakognosie 2, Abt. 1, 402.
[3]) Caesar und Loretz, Halle a. S., Geschäftsbericht 116 (1924); 153 (1925).

seits das Volumen der Stärkekörner an sich bis zum 125fachen zu, andererseits jedoch findet insofern eine Volumverminderung statt als das Volumen der gequollenen Stärke kleiner ist, als das Volumen der trockenen Stärke + dem Volumen des zur Quellung benötigten Wassers. Lösungen von Rhodaniden, Jodiden, Bromiden, Nitraten wirken quellungsfördernd, in ihnen tritt die Verkleisterung schon bei viel niedrigerer Temperatur, mitunter schon bei 40°, ein. Chloride und Azetate verändern die Verkleisterungstemperatur sehr wenig, und zwar wirken sie in hohen Konzentrationen ein wenig erniedrigend, in niedrigen etwas erhöhend; Tartrate, Phosphate, Sulfate erhöhen die Verkleisterungstemperatur. Auch die Wirkung der Kationen ist entsprechend: Li < Mg < Ca < Na, K, NH$_4$ < Sr < Ba erniedrigen in mittleren und hohen Konzentrationen, etwa von 3 n-Lösung an, die Verkleisterungstemperatur, während niedrige Konzentrationen sie in umgekehrter Reihenfolge erhöhen. Von den Nichtelektrolyten erhöhen Glykose und Glyzerin die Verkleisterungstemperatur, während Harnstoff und Chlorhydrat dieselbe herabsetzen. Säuren wirken in niedrigen Konzentrationen quellungshemmend, Maximum 0,25 n-HCl, 3 · n-H$_2$SO$_4$; in hohen Konzentrationen, 1,1 · n-HCl, 5,5 · n-H$_2$SO$_4$, erniedrigen sie die Verkleisterungstemperatur. Besonders stark quellungsfördernd wirken die Laugen. — Bei weiterem Erhitzen des Stärkekleisters in Wasser kommt es zur Bildung einer Lösung. Dabei findet ein weitgehender irreversibler physikalischer und chemischer Abbau des Stärkemoleküls statt. Die Stärke besteht aus dem elektronegativen kleisterbildenden Amylopektin, einem Amylosephosphorsäurekomplex und aus der Amylose, einem phosphorfreiem Polysaccharid. Die Stärkelösungen sind unstabil, sie gehen langsam in der Kälte, schneller beim Erhitzen folgende Veränderungen ein: zunehmende Trübung, abnehmende Viskosität, abnehmende Beeinflußbarkeit der Viskosität durch Säuren und Basen, zunehmende Leitfähigkeit; parallel hiermit wird dialysable Phosphorsäure entbunden. Die Unstabilität der Stärkelösung besteht also in einer fortschreitenden Zersetzung der Amylose-Phosphorsäure des Amylopektins und Bildung von Komplexen mit geringer Viskosität, Alkoholfällbarkeit, Angreifbarkeit durch Säuren und Basen. Die beobachteten Viskositätserhöhungen und deren Erniedrigungen sind als Hydratationen und Dehydratationen aufzufassen. Rein kolloidchemisch betrachtet ist die Stärke der Gelzustand, der bis zum Sol sämtliche Zwischenzustände infolge Hydratation durchläuft. Die Reversibilität ist aber beschränkt, der Stärkekleister, der Gallertzustand, geht durch Synaeresis wohl wieder in den Gelzustand der Stärke über, bildet aber natürlich niemals wieder ein Stärkekorn mit seinen charakteristischen Schichtungen. Ferner ist der Solzustand nicht wieder in die Gallerte, den Stärkekleister rückführbar. Alle Stärkekleister sind beim Altern sehr stark der Synaeresis unterworfen, deren Eintritt von der Art der Stärke, der Dispersität des Kleisters und der Temperatur abhängt; ein Kartoffelstärkekleister kann unter Umständen schon nach 24 Stunden der Synaeresis unterliegen, also der Kontraktion des Gels unter Abscheidung von Flüssigkeit. Mit der Synaeresis ist ein fast vollständiger Rückgang der Klebkraft verbunden. Aus diesem Grunde eignen sich die Stärkekleister auch nur wenig oder überhaupt nicht zu einem lagerungsfähigen Handelsprodukt, sie werden am besten zum Gebrauch stets frisch bereitet. Kaltes Wasser ist ohne Einfluß auf Stärke, heißes Wasser verkleistert. Nach Saare gebrauchen 100 g Stärke mindestens 40 g Wasser zur Verkleisterung. Die Temperatur, bei welcher der Vorgang eintritt, ist für die verschiedenen Stärkearten verschieden, und zwar ist sie nach Lintner und Maercker folgende: Kartoffelstärke 65°; Maisstärke 75°; Weizenstärke 80°; Reisstärke 80°; Roggenstärke 80°. Auf diese Temperaturen nimmt man jedoch bei Herstellung des Kleisters in der Praxis keine Rücksicht, sondern man erhitzt fast bis zum Sieden, indem man die mit wenig Wasser angerührte Stärke in kochendes Wasser oder umgekehrt das kochende Wasser in die Stärkeaufschlemmung einrührt. Bleibt der erkaltete Stärkekleister sich selbst überlassen, so tritt bald eine Gärung ein, die mit dem Auftreten von Milch-, Butter- und Essigsäure verbunden ist; mit diesem Sauerwerden trennt sich der Kleister in Gallerte und in eine wäßrige Lösung, wodurch die Klebkraft geringer wird bzw. ganz verschwindet. Diese infolge Gärung auftretende Erscheinung ist aber in ihrer Grundursache nicht identisch mit der oben erwähnten infolge Hysteresis auftretenden Synaeresis. Diese letztere tritt auch bei unter sterilen Bedingungen aufbewahrtem Kleister ein.

Unter gleichen Herstellungsbedingungen ist der Kartoffelstärkekleister in der Hitze sehr dick und steif, Weizenstärkekleister sehr dünn, wird aber beim Erkalten sehr dick. Der Weizenstärkekleister besitzt ein vorzügliches Klebe- und Verdickungsvermögen und übertrifft hierin den Kartoffelstärkekleister, widersteht auch länger als dieser dem Sauerwerden. Maisstärke liefert einen sehr dünnflüssigen, klaren Kleister, der auch beim Erkalten nur langsam erstarrt; doch steift er besser als Weizenstärkekleister. Auch der aus Reisstärke erhaltene dünnflüssige, klare und ziemlich haltbare Kleister besitzt ein höheres Steifungsvermögen als Weizen- bzw. Kartoffelstärkekleister.

Die Klebfestigkeit des Stärkekleisters ist abhängig von der Streichfähigkeit und der Viskosität. Um die Kleisterzähigkeit zu prüfen, bestimmen Brown und Heron[1] das Gewicht, welches erforderlich ist, um eine dünne Glasplatte in einen aus 3 g Stärke und 100 ccm Wasser hergestellten Kleister einsinken zu lassen. Dafert[2] stellt die Zeit fest, welche eine gewisse Kleistermenge von bestimmter Konzentration braucht, um aus einer Kapillarröhre auszufließen. Thomson[3] beurteilt die Zähigkeit nach der Tiefe, bis zu welcher ein aus einer Höhe von 30 cm fallen gelassener Fallkörper in den Kleister eindringt. Eine rein praktische Prüfung wird von Schreib[4] angegeben: Die Stärke wird mit Wasser angerührt und über einem Bunsenbrenner unter stetigem Umrühren verkleistert. Sobald der Kleister durchsichtig wird und gleich darauf anfängt aufzuschäumen, entfernt man ihn vom Feuer und rührt noch einige Zeit gut um. Das Kochen soll nicht über eine Minute dauern. Bei Anwendung von 4 g Stärke auf 50 ccm Wasser soll eine normale Stärke einen nach dem Erkalten festen Kleister geben, der nicht aus dem Schälchen ausfließt.

Kleister aus Johannisbrotkernmehl. Eine durchaus eigenartige Schleimdroge mit außerordentlich hervortretenden kolloiden Eigenschaften ist der Same des Johannisbrotes, der Frucht des Johannisbrotbaumes Ceratonia Siliqua (L). Die Samen haben ungefähr folgende Zusammensetzung: 11% Wasser, 19% stickstoffhaltige Substanzen, 62% Kohlenhydrate und etwa 2,3% Fett. Aus den von den Keimen befreiten Samen wird durch Ausziehen mit heißem Wasser ein besonders für Appreturen usw. geeigneter Klebstoff bereitet. Nach dem D.R.P. 60251 wird von Niemöller in Gütersloh aus den Kernen des Johannisbrotes ein Klebstoff gewonnen, indem sie geschält, zerkleinert und gesichtet werden. Der so erhaltene Klebstoff ist klar, von hellgelblicher Farbe und von starker Klebkraft. Ein anderes Patent (D.R.P. 89435) hat P. C. Castle in Liverpool genommen. Nach dem Patent 98135 werden die enthülsten Kerne mit Wasser

[1] Liebigs Annalen **199**, 165.
[2] Landw. Jahrb. 259 (1896).
[3] Dinglers polytechn. Journ. **261**, 88.
[4] Ztschr. f. angew. Chem. 694 (1888).

bei 71—82⁰ C ausgelaugt, dem so gewonnenen Extrakt noch Mehl und Salzsäure zugesetzt und so Klebkraft und Ausbeute erhöht. Nach dem Patent 189515 wird ein Klebstoff gewonnen, der sich Tragosolgummi nennt; aus ihm werden verschiedene Bindemittel hergestellt. J. F. Audibert (D.R.P. 451984) erhitzt zunächst die geschälten Kerne vor dem Auslaugen mit Wasser so lange bei einer 150⁰ nicht übersteigenden Temperatur bis sie eine goldbraune Farbe angenommen haben. Dann werden die Kerne mit dem zwanzigfachen Gewicht kochenden Wassers ausgelaugt und die so erhaltene viskose Lösung durch ein Filter abgesaugt, um die löslichen Klebstoffe von den unlöslichen Rückständen zu befreien. Man erhält schließlich eine durchsichtige Lösung, die in Heißlufttrockenapparaten verdampft wird. Der in trockenem Zustande hinterbleibende Klebstoff wird in Kugelmühlen vermahlen; das trockene Pulver ist unbegrenzt haltbar. — Die Firma Max Haenelt & Co. in Hamburg bietet ein Johannisbrotkernmehl an, das absolut frei von Schalen und Keimblättern ist und sich restlos in Wasser auflösen läßt. Ein solches Mehl besitzt ein ungewöhnlich großes Quellvermögen; bereits 1—2%ige Lösungen ergeben Gallerten von hoher Viskosität. — Walter Windgassen (Franz. Pat. 663802) setzt dem Johannisbrotkernmehl 5—15% einer alkylierten Naphthalinsulfonsäure hinzu wodurch die Benetzbarkeit des Mehles sowie die Klebkraft und die Haltbarkeit der fertigen Klebstofflösung erhöht wird.

Pflanzenleime bzw. Kaltleime.

Diese Klebstoffe werden aus pflanzlichen Rohmaterialien hergestellt, sie sollen Tierleim ersetzen, werden aber nicht wie dieser warm, sondern kalt verwendet. Als Ausgangsmaterial kommen in der Hauptsache Stärke und Mehl, ferner Gummiarabikum, Traganth, Agar, Zucker, Kasein, Sulfitlauge, Dextrin und Stärkezucker in Betracht. Der Gegensatz, der sich durch den Namen „Kaltleim" zum Tierleim ausdrücken soll, ist inzwischen nicht mehr ganz vorhanden, da man es in neuerer Zeit verstanden hat, auch den Tierleim durch geeignete Zusätze (Säure, Chlorzink, Zucker, Kalk) für Kaltleimung geeignet zu machen. Die älteren Verfahren sind in dem Buche von C. Breuer[1]) zusammengestellt, die neueren Verfahren erwähnt auch R. E. Liesegang[2]), der sich selbst mit besonderem Erfolge mit dieser Materie praktisch beschäftigt hat. Die Kaltleim-Industrie ist eine große, bedeutende Industrie geworden, einmal durch die Wohlfeilheit bzw. Ausgiebigkeit ihrer Erzeugnisse, dann durch die bequeme Verarbeitung gegenüber dem Tierleim und ferner durch die neue Industrie der automatischen Klebemaschinen, die mit Tierleim nicht hätten arbeiten können. Die Fabrikation der Kaltleime haben u. a. beschrieben H. Wagner[3]), W. Hacker[4]), Rr[5]), Matzdorff[6]) und R. E. Liesegang[7]). Eine praktische Einteilung der vielen verschiedenen Sorten gibt Matzdorff auf Grund der Rohstoffe; ich lasse sie hier folgen:

Einteilung der Kaltleime. Abteilung I. Flüssige, weiche, halbweiche bzw. pastenförmige Leime.

Gruppe 1. Ausgangsmaterial: Stärke; a) aufgeschlossen mit Alkalien; b) aufgeschlossen mit Salzen; c) Appreturmittel usw.

[1]) C. Breuer, Kitte und Klebstoffe, 2. Aufl. (Leipzig 1922), S. 78.
[2]) R. E. Liesegang, Kolloide in der Technik (Dresden 1923), S. 18.
[3]) Chem.-Ztg. **47**, 249, 289 (1923).
[4]) Chemikalien-Markt 3 und 4 (1920).
[5]) Kunststoffe **14**, 54, 118 (1924).
[6]) Ullmann, Enzyklopädie d. techn. Chemie, **9**, 24. — Chem.-Ztg. Chem. techn. Übersicht **44**, 275 (1920). — Mellands Textilber. 1, 56 (1920).
[7]) R. E. Liesegang, Kolloide in der Technik (Dresden 1923), S. 20.

Gruppe 2. Ausgangsmaterial: Dextrin; a) alkal. Leime; b) neutrale Leime; c) saure Leime.

Gruppe 3. Ausgangsmaterial: Stärkesirup.

Gruppe 4. Ausgangsmaterial: Kasein und Kleber.

Gruppe 5. Ausgangsmaterial: Sulfitzelluloseablauge.

Abteilung II. Pulverförmige Pflanzenleime.

Gruppe 1. Ausgangsmaterial: Stärke. a) Lösliche Stärke; b) Quellstärke, auch wohl als lösliche Stärke im Handel.

Gruppe 2. Ausgangsmaterial: Dextrin.

Gruppe 3. Ausgangsmaterial: Kasein, meist unter dem Namen „Trockenkleber" im Handel.

Zur **Abteilung I, Gruppe I,** gehört eigentlich auch der gewöhnliche Kleister, doch erscheint es mir nicht unberechtigt, ihm eine Sonderstellung einzuräumen. Wie schon oben erwähnt, kann die Quellung der Stärke außer durch heißes Wasser auch durch verschiedene Chemikalien bei gewöhnlicher Temperatur, allerdings mit nicht unerheblichem Kraftaufwand, hervorgerufen werden. Zu der in einem Holzbottich oder ähnlichem Gefäße befindlichen mit Wasser angerührten Stärke läßt man eine Chlormagnesium-, Chlorkalzium- oder Ätznatronlösung von etwa 30—40° Bé. zulaufen; das Gemisch wird durch ein Rührwerk verarbeitet. In 2—3 Stunden ist ein homogener, stark viskoser Kleister entstanden, der mit Säure neutralisiert und mit Frischhaltungsmitteln, wie Karbolsäure, Formalin, Benzoesäure, Solbrol usw. versetzt wird. Alkalischer Kleister entspricht etwa folgender Formel: 15—18% Kartoffelstärke, 2% Natriumhydroxyd, 5% Salpetersäure zum Neutralisieren, 75—78% Wasser; der bekannte Malerleim enthält noch Harzseife. Oder: 18 bis 20% Kartoffelmehl, 1% Natriumhydroxyd, 8% wasserfreies Chlormagnesium, 4% wasserfreies Chlorkalzium, 2% Salpetersäure, 65—67% Wasser.

Xanthogenat-Leim. An dieser Stelle ist besonders der von E. Stern[2]) zuerst hergestellte und von F. Sichel-Hannover in den Handel gebrachte Sichel-Holzleim oder Xanthogenat-Leim zu erwähnen. Nach den Angaben des Patentes 319012 besteht er aus den xanthogensauren Verbindungen durch Hydrolyse oder Oxydation schwach abgebauter Stärke oder Zellulose. E. Stern ging bei seinen Arbeiten von den Viskosen, besonders von den Stärkeviskosen aus. Bei Verwendung der mit Alkalien aufgeschlossenen Stärke zum Verleimen von Holz machte sich die von Maquenne und Roux beschriebene Retrogradation störend bemerkbar. Sowohl der gewöhnliche Stärkekleister wie der mit Alkalistärke bereitete Kleister verlieren beim Stehen ihre Streichbarkeit; wahrscheinlich durch Dehydratation. Die Masse dringt dann nicht mehr genügend leicht in die Poren des Holzes ein. Der Übergang von Alkalistärke in Xanthogenat vollzieht sich unter ähnlichen Bedingungen wie bei der Zellulose. Der Reifungsprozeß ist jedoch ein anderer, er führt nicht zu einer Koagulation. Die Stärkexanthogenate sind honiggelbe bis rötliche Kolloide mit ganz schwachem Geruch, verhältnismäßig sehr temperaturbeständig und ausgezeichnet durch hohe Bindefähigkeit für Holz. Auch Mischungen von Stärke- und Zellulosexanthogenaten werden verwendet. Durch einen Zusatz von ungebundener Stärke kann die Haltbarkeit erhöht werden. Diese Xanthogenate bilden Sole, die nach dem Aufstrich auf die zu leimenden Flächen unter dem Einfluß der Luft in Gele von großer Bindekraft übergehen. Allerdings tritt dies allmählich auch bei längerer Aufbewahrung des

---

[1]) Chem.-Ztg. **44**, 693 (1920).

Soles ein. Diesem Vorgang entgegen wirkt nur der Zusatz freier Stärke; beide Stoffe verhalten sich gegenseitig als Schutzkolloide.

Die sog. lösliche Stärke gibt mit heißem Wasser nicht wie die natürliche Stärke, einen Kleister, sondern eine mehr oder weniger klare und leicht bewegliche Lösung, die nach dem Abkühlen meist zu einer weißen, salbenartigen Masse erstarrt bzw. in einigen Fällen flüssig bleibt und sich kaum trübt. Lösliche Stärke wird erhalten durch Einwirkung von organischen und anorganischen Säuren auf natürliche Stärke bei Gegenwart oder Ausschluß von Wasser, durch Einwirkung von Ätzalkalien, von oxydierenden Mitteln, wie Chlor, Hypochlorite, Perborat, Perkarbonat, Permanganat, Persulfat, Wasserstoffsuperoxyd, Ozon u. dgl. Nach dem D.R.P. 250405 stellt Kantorowicz **kaltwasserlösliches Stärkemehl** her, indem er 100 kg Stärke mit 100 Liter Wasser verrührt und diese Stärkemilch auf Walzentrockenapparaten bei Temperaturen über 150° gleichzeitig verkleistert und trocknet. Die so gewonnenen Stärkeflocken werden alsdann gemahlen. Eingehend berichtet hierüber Parow[1]. — Ein neues Mittel zur Aufschließung von Stärke ist das **Aktivin[2]** genannte Natriumsalz des p-Toluolsulfochloramids. Man suspendiert Kartoffelmehl in der 10fachen Menge Wasser, gibt 1% der Stärke an Aktivin zu und bringt die Masse durch Einleiten von direktem Dampf zum Kochen. Es tritt zunächst bei ungefähr 60° Bildung von Kleister ein, der sich bei weiterem Kochen (5—15 Minuten) allmählich wieder verflüssigt. Die erhaltene Stärkelösung ist neutral, klar, farb- und geruchlos und je nach der angewandten Aktivinmenge und Kochdauer schwankt die Viskosität zwischen Sirupdicke und Wasserflüssigkeit. Ein Abbau von Stärke in Dextrin oder noch kleinere Spaltstücke wie Maltose und Glykose findet hierbei nicht statt.

Ein anderes neues Mittel zur Überführung von Stärke in Kleister ist die **„Biolase"** flüssig C 3" der Kalle & Co. A.G. Man rührt 10 kg Kartoffelstärke in 5 Liter Wasser von 50° C an und setzt 75 ccm Biolase flüssig C 3 zu. Diese Stärkeaufschwemmung läßt man unter gutem Rühren in 15 Liter kochendes Wasser einlaufen. Hierauf rührt man bei abgestelltem Dampf 10 Minuten lang um und kocht dann noch ¼ Stunde, worauf man unter Rühren erkalten läßt.

Gruppe 2. Dextrinleime. Um Kaltleim aus Dextrin herzustellen, bedient man sich, da meist Wärmezufuhr notwendig ist, gußeiserner, doppelwandiger Dampfkochapparate mit Rührwerk. In das in dem Kessel befindliche Wasser trägt man bei eingerücktem Rührwerk ganz allmählich, zweckmäßig durch Aufsieben, das Dextrin ein, wobei Klumpenbildung zu vermeiden ist, denn solche Klumpen lassen sich nur sehr schwer zerteilen. Erst nachdem alles Dextrin eingetragen und gleichmäßig verteilt ist, wird der Dampf angestellt und nur bis zur völligen Verkleisterung erwärmt. Dann wird zur Beseitigung des unangenehmen Dextringeruches Natriumbisulfit zugegeben und schließlich Ätznatron oder Borax oder beides, sämtlich in wäßriger Lösung 1 + 3. Matzdorff gibt folgende Arbeitsvorschriften an, in denen für a) ein dunkles, für b) ein mittleres und für c) ein helles gelbes Dextrin zu verwenden ist:

	a)	b)	c)
Dextrin	50,00 Teile	50,0 Teile	60,00 Teile
Natriumbisulfit	0,50 „	0,5 „	0,25 „
Natriumhydroxyd	1,00 „	— „	— „
Borax	3—4,00 „	5,0 „	— „
Wasser	45,00 „	45,00 „	40,00 „

---

[1] Ztschr. f. Spiritusindustrie **45**, 169 (1922).   [2] Chem.-Ztg. **48**, 297, 685 (1925).

Gruppe 3. Ausgangsmaterial Stärkesirup. Durch einen Zusatz von etwas Alkali (Natriumhydroxyd oder Borax, oder beides) gewinnt man eine hochviskose Klebstofflösung von schnell trocknendem glänzenden Aufstrich. Man gibt in einen Kessel mit Rührwerk 75 Teile Bonbonsirup von 42° Bé., rührt dazu 16 Teile heißes Wasser, in dem man 5 Teile Borax gelöst hat und nach völliger Durchmischung noch eine Lösung von 1 Teil Ätznatron in 2 Teilen Wasser. Der Haltbarkeit wegen setzt man Formalin hinzu.

Gruppe 4. Ausgangsmaterial Kasein und Kleber. Im Gegensatz zum Haut-, Knochen- und Lederleim (S. 382 ff.), die wegen ihrer warmen Zubereitung „Warmleime" genannt werden, sind die Kasein-Leime (Kasein-Kaltleimpulver) typische „Kaltleime". Sie bieten den Vorteil, einfach durch Anrühren mit Wasser, meist der zweifachen Gewichtsmenge, nach kurzer Zeit, etwa innerhalb einer halben Stunde, streichbare, fertige Leimlösungen zu geben, die allerdings, wenn sie wasserfeste Fugen bilden sollen, nach einem Arbeitstag (8 Stunden) unbrauchbar werden, d. h. gelatinieren und sich nicht wieder anrühren lassen.

Gute Kaseinleime sind durch hohe Wasserfestigkeit ausgezeichnet. Sie enthalten neben 50 bis 80% Kasein Kalkhydrat und alkalisch reagierende Salze wie Soda, Natriumphosphat, Natriumsilikat, ferner Natriumfluorid, Mangan- und andere Salze, endlich Petroleum, um das Stäuben des Pulvers zu verhindern. Die Qualität des verwendeten Kaseins — nur Säurekasein kommt in Betracht, nicht Labkasein — spielt bei der Brauchbarkeit des Leimes eine große Rolle[1]. Auch die aus Kleber, dem Eiweißstoff des Weizenkorns, hergestellten Klebstoffe, sind hier zu erwähnen, ferner die aus Hefe fabrizierten Klebemittel und ein Klebstoff, den F. Sichel und E. Stern (D.R.P. 387687 und 338516) herstellen, indem sie die Sulfosäuren mehrkerniger aromatischer Verbindungen, wie Naphthalin, Anthrazeen, Chrysen, Fluoren usw. oder deren Substitutionsprodukte mit Gelatine, Leim, Albuminen oder anderen Eiweißstoffen in Reaktion bringen.

Gruppe 5. Sulfitzelluloseablauge, die kolloide Stoffe mit Klebeigenschaften enthält, ist erst zu Beginn des Weltkrieges in großen Mengen für Klebzwecke in Gebrauch gekommen. Die dunkle Farbe der eingedickten Lauge und ihr unangenehmer Geruch hinderten eine weitgehende Verbreitung in den meisten Industrien. Durch Einwirkung von Säuren oder Sulfiten u. dgl. hat man aber in den letzten Jahren aus der Ablauge von etwa 32° Bé. einen technisch brauchbaren Klebstoff geschaffen. Infolge der stark hygroskopischen Eigenschaften lösen sich die nur mit Sulfitlauge ausgeführten Klebungen bei feuchter Witterung oder auch schon in feuchten Räumen leicht wieder auf. Brauchbare Klebemittel lassen sich herstellen indem man 450 Teile Sulfitlauge (33° Bé.) mit 100 Teilen einer 10%igen Kalkmilch kalt verrührt und dann 40 Teile gebrannte Magnesia nach und nach zufügt. Oder: 90 Teile Sulfitlauge werden mit einer Kalkmilch aus 10 Teilen Kalkhydrat in 70 Teilen Wasser verrührt und sodann 45 Minuten lang unter Rühren erwärmt.

Abteilung II umfaßt die sog. trocknen Pflanzenleime, die dazu bestimmt sind, das Kochen von Stärkekleister zu vermeiden und das arabische Gummi zu ersetzen.

Gruppe 1. Ausgangsmaterial Stärke.

Tragantine. Hierher gehört die von Kantorowicz nach seinem Patente 88468 hergestellte „Tragantine". Kantorowicz brachte zuerst mit Alkalien aufgeschlossene Stärke als neutralen flüssigen Pflanzenleim in den Handel und stellte später diese neutrale, aufgeschlossene Stärke rein und in Pulverform her. Das Präparat wird sowohl für sich als auch in Mischung mit Stärke, um Bindekraft und Ergiebigkeit zu erhöhen, zum Kleben schwer klebender Papiere benutzt;

---

[1] Gütige Privatmitteilung von Prof. O. Gerngroß.

in Mischung mit Dextrin wird es als Leimersatz verwendet. Ferner ist das Kantorowicz-Patent Nr. 166259 zu erwähnen, welches darauf beruht, daß ein beliebiges Stärkemehl mit der gesättigten Lösung eines Natron- oder Kalisalzes, mit welcher Stärke keinen Kleister bildet, gut verrührt und der Mischung darauf Ätzkali- oder Natronlauge beigefügt wird. Zu 100 kg Kartoffelstärkemehl, die in konzentrierter Natronsulfatlösung gut verrührt sind, werden z. B. 40 kg Natronlauge von 35° Bé., die mit 100 kg gesättigter Natriumsulfatlösung vermischt sind, zugegossen. Nach erfolgter neuer Mischung preßt man nach 10 Minuten die Salzlösung ab, trocknet die Stärke und pulvert sie fein. Diese Quellstärke ist sehr ausgiebig, 1 kg erfordert 5—7 kg Wasser, während 1 kg Dextrin nur ½—1 Liter aufnehmen kann; 1 kg Dextrin ergibt also höchstens 2 kg fertigen Klebstoff, 1 kg Quellstärke dagegen 6—8 kg.

Gruppe 2. Ausgangsmaterial Dextrin. Hier ist nur ein Produkt, das Gummi Germanicum erwähnenswert, ein geruchloses, gekörntes Dextrin, das aus einem in Gegenwart von Salzsäure gerösteten Dextrin gewonnen wird, dessen Lösung durch Chlor gebleicht und über Tierkohle filtriert wird. Das Filtrat wird im Vakuum eingedunstet und das Trockengut auf einem Stachelwalzwerk zerkleinert. Dieses Gummi kann das arabische in vielen Fällen ersetzen, besitzt aber den Nachteil, daß es wegen seines Gehaltes an Dextrose sehr hygroskopisch ist.

Gruppe 3. Trockenkleber aus Kasein besteht aus einer Mischung von Kasein und Borax; letzterer ermöglicht beim Erwärmen mit Wasser auf 70° eine gleichmäßige kolloide Lösung des an sich nicht löslichen Kaseins. Häufig wird statt Borax das billigere Natriumkarbonat verwendet. Man kann nach folgender Vorschrift arbeiten: 90% Kasein, 7,5% wasserfreies Natriumkarbonat, 2,5% β-Naphthol.

Klebstoffe aus Zelluloseestern. Ausgesprochene Klebemittel sind die stark viskosen Lösungen der verschiedenen Zelluloseester in Azeton, Essigester, Amylazetat, Äther-Alkohol usw. Es gibt eine große Zahl von Patenten, deren hier einige angeführt sein mögen. Die I. G. Farbenindustrie (Engl. Pat. 295366) vermischt Zelluloseester mit den üblichen Plastifizierungsmitteln, Weichmachungs- und Lösungsmitteln und fein verteilten festen Stoffen, wie Metallpulver, Sägemehl, Kaolin, Talk, Mehl, Gips, Asbest usw. Ferner wird Nitrozellulose mit Kampher, Azeton und Sägemehl gemischt, oder Zelluloseazetat mit Trikresylphosphat, Methylalkohol, Methyl- und Äthylazetat, Kaolin, oder Nitrozellulose mit Äthylazetanilid, gemahlenem Asbest, oder Filmabfälle mit Alkohol und Äthylazetat und Aluminiumbronze, oder Nitrozellulose mit Äthylazetanilid, Rizinusöl, Äthyl- und Methylazetat, Methylalkohol und gemahlenem Asbest oder Filmabfälle mit Äthylazetanilid, Rizinusöl, Trikresylphosphat, Methyl- und Äthylazetat. Ein anderes englisches Patent (302324) von Plinatus vermischt Zelluloseester mit hochsiedenden Lösungsmitteln mit oder ohne Zusatz von Harzen. 100 Teile feuchte, dispergierte Nitrozellulose, erhältlich durch Verrühren von Nitrozellulose mit Wasser bis zur Quellung, werden mit einer Emulsion von 20—60 Teilen Diäthylphthalat und 50 Teilen Wasser vermischt und erwärmt bis das Wasser verdunstet ist. Es entsteht eine pulverförmige Masse. 700 g trockne Kollodiumwolle werden mit 300 g Wasser und 600 g Dibutyrin in einem Vakuumkneter geknetet. Hierbei verdunstet das Wasser und man erhält ein granuliertes, trockenes Produkt, das zu dünnen Schichten ausgewalzt werden kann. Den Mischungen kann man Harze zusetzen. Man bringt die so erhaltenen Pulver oder Schichten zwischen die zu vereinigenden Gegenstände und vollendet die Vereinigung unter Anwendung von Hitze und Druck. — Es werden auch Lösungen von Zelluloid und Kautschuk in Hexalin

benutzt. Ein elastisch bleibendes und wasserunempfindliches Klebemittel stellen
Meyer und Claasen (D.R.P. 428058 und 429737) aus Zellulosederivaten und
Kautschuk, in flüchtigen Lösungsmitteln gelöst, her. Stadlinger (Farbe und
Lack 231 (1929)) berichtet über einen Zelluloidkitt, dessen große Klebekraft in
der Lederindustrie als Agokittverfahren benutzt wird.

Es sind noch zwei eigenartige Klebstoffgruppen zu erwähnen. Die
eine Gruppe wird nach den Patenten von Wallach (D.R.P. 323665; 325647)
hergestellt, indem Formaldehyd und Dizyandiamid bei Gegenwart von Schwefelsäure zur Kondensation gebracht werden. Man erhält aus 1 Teil Dizyandiamid und
2 Teilen 30%iger Formaldehydlösung einen dem Gummiarabikum gleichwertigen
Klebstoff. Mit weniger Formaldehyd fallen die Leime viskoser aus.

Die zweite Gruppe fußt auf Patenten des Konsortiums für elektrochemische
Industrie Deutschlands (Franz. Pat. 634136 vom 10. 5. 1927. D. Prior. vom
11. 5. und 24. 12. 1926) und benutzt Kondensationsprodukte von Vinylazetat.
Ein entsprechendes englisches Patent (308659) verwendet unpolymerisierte oder
teilweise polymerisierte Vinylverbindungen, die zu der schwer oder unlöslichen Form
polymerisiert werden. Das Verfahren eignet sich zum Vereinigen von Holz, Metall,
Stein, keramischen Stoffen, Kautschuk, Zelluloid, natürlichen oder künstlichen
Harzen, Glas, Pappe und Geweben. Es eignet sich besonders zur Herstellung nicht
splitternden Glases durch Vereinigen von zwei oder mehr Glasscheiben mit einer
dazwischen angeordneten Schicht aus Zellulosederivaten.

Kitte und Klebstoffe sind grundsätzlich nicht voneinander unterschieden. Auch
die Kitte dienen, wie die Klebstoffe zum Verbinden zweier gleichartiger
oder ungleichartiger Stoffe. Während die Klebstoffe meist in flüssiger oder halb-
flüssiger Form zur Vereinigung relativ dünner, schmiegsamer Flächen verwendet
werden, gebraucht man die gewöhnlich teigartigen, feste Massen darstellenden
Kitte zum Zusammenfügen kompakterer Gegenstände. Eine strenge Trennung
kann man zwischen Kitt und Klebstoff kaum durchführen, da zuviel und zu
allmähliche Übergänge vorhanden sind und da auch Kitte und Klebstoffe in
Mischung verwendet werden. Näheres Eingehen auf Kitte, ebenso auf die auch
zu den Klebstoffen zu zählenden medizinischen Pflaster muß ich mir leider aus
Raummangel versagen.

Gerberei.

Von Professor Dr. **Otto Gerngroß**-Berlin.

Mit 12 Abbildungen.

Einführung. Gerbereien sind chemische Betriebe, in welchen aus tierischen Häuten Leder erzeugt wird. Diese Häute, welche schmiegsam und fest zugleich im lebenden Zustande das Tier schützend umhüllen, sollen auch nach dem Tode des Trägers nicht nur die genannten wertvollen Eigenschaften behalten, sondern sie in verstärktem Maße dem Menschen zur Verfügung stellen. Um dies zu erreichen, müssen die aus Eiweiß bestehenden Häute gegerbt, in Leder verwandelt werden.

Es liegt nämlich in der Natur des wasserreichen Eiweißmaterials, daß es im unpräparierten Zustande oder mit dem Erlöschen des Lebens der Zellen rasch der Auflösung und Zerstörung durch Mikroorganismen und Fermente anheim fällt. Wohl kann man dieser Gefahr durch weitgehende Wasserentziehung entgehen; aber dann trocknen und schrumpfen die Häute zu hornigen, brettartig harten Massen zusammen, die überdies bei neuerlicher Wasseraufnahme bald wieder der Verderbnis anheim fallen können.

Der technische Prozeß der Lederfabrikation, wie er sich seit vorgeschichtlichen Uranfängen bis zur heutigen Vervollkommnung entwickelt hat, unterscheidet rein äußerlich betrachtet drei Stadien.

Im ersten wird die meistens durch Salzen oder Trocknen für den Transport vorübergehend konservierte Haut durch Weichen in Wasser wieder wie im lebenden Zustande schmiegsam gemacht. Dann wird die Oberhaut (Epidermis), welche als ein dünnes Häutchen die eigentliche Lederhaut (Cutis, Corium) umschließt, samt den Haaren und anderen Hautelementen, welche wie die Oberhaut der Lederbildung hinderlich sind, entfernt. Dies alles vollzieht sich in der sog. Wasserwerkstatt. In ihr wird also aus der in die Fabrik gelieferten „grünen" Rohhaut die Blöße, das ist das weitgehend gereinigte kollagene Hautfasergewebe isoliert. Es besteht histologisch im wesentlichen aus weißen Bindegewebsfasern, die chemisch aus dem Protein Kollagen aufgebaut sind. Man verwendet naturgemäß zur Bloßlegung dieser allein für die Lederbereitung technisch wertvollen faserigen Grundsubstanz Stoffe, „Chemikalien", welche wohl das zu Entfernende: vorwiegend die aus dem Eiweißstoff Keratin bestehende Epidermis mit den ihr zugehörigen Haaren, Talg- und Schweißdrüsen, ferner Fettgewebe, elastische Fasern, Blutgefäße, Muskeln, Nerven, protoplasmareiche Zellen treffen, das kollagene Bindegewebe aber je nach der zu erzeugenden Lederart mehr oder minder unberührt herausschälen. Solche Stoffe sind vor allem Alkalien wie Kalk, Schwefelnatrium, Arsensulfide, Natriumsulfhydrat u. dgl., OH- und SH-Ionen, die in Kombination miteinander wirken, ferner die ihrer stofflichen Natur nach so gut wie unbekannten Fermente.

Der zweite, vom ersten Stadium vollkommen abtrennbare Fabrikationsvorgang ist die eigentliche Gerbung der Blößen — die Vereinigung der beiden Lederkomponenten: Kollagen und Gerbstoff, aus welcher das Leder hervorgeht. Es ist allbekannt, daß die Gerbstoffkomponente, im Gegensatz zur Proteinkomponente, sehr verschiedenartig sein kann. Pflanzliche Gerbstoffe (Rotgerbung — sie macht noch immer den größeren Teil aller derzeit ausgeführten Gerbungen aus —), Chrom- und Eisengerbstoffe, Alaun, gewisse Fette, Formaldehyd werden im größten Ausmaße verwendet, allein und in Kombination miteinander. Dazu kommen neuerdings „synthetische Gerbstoffe", das sind meistens aromatische Sulfosäuren, und endlich sei auch noch das Benzochinon wegen seiner sehr energischen Gerbwirkung erwähnt.

Um aus diesen gegerbten Häuten marktfähige Ware zu erzeugen, folgen noch im dritten Stadium, je nach Ledersorte sehr verschiedene Operationen, das Schmieren, Fettlickern, das Färben, Glänzen und Appretieren, wobei die mit dem Gerbstoff verbundene Lederhaut ihre letzten begehrenswerten Eigenschaften zuerteilt oder gesteigert bekommt: Griffigkeit, Weichheit oder Festigkeit, Farbe, Glanz, Gestaltung der Oberfläche, des „Narbens", Wasserundurchlässigkeit usw. Hier wird das Leder mit Emulsionen und kolloiden Lösungen aller Art, mit Fetten, Ölen, Seifen, Emulgatoren usw., Harzen, Zelluloseestern, Pigmenten und Farbstoffen, Proteinen und Kohlehydraten, „Appreturen", zusammengebracht und auch — vielfach maschinell — mechanisch bearbeitet.

Legt man nun einen Querschnitt durch diese drei Etappen der Lederfabrikation und gibt sich darüber Rechenschaft, welche Vorgänge nur rein kristallchemisch zu erfassen sind, so bleibt im Grunde nicht viel mehr als das Analytische übrig, mit welchem die Chemiker der Gerbereien einzelne ihrer Gerbstoffe und ihre Hilfsstoffe kontrollieren. Das ist quantitativ noch immer eine große Menge. Abertausende Hände sind in den Laboratorien und Betrieben tätig, die verwendeten Alkalien, Säuren und Salze, die chemische Zusammensetzung der Chrombrühen, die Kennzahlen der Fette und Harze, die qualitativen Kennzeichen mancher vegetabilischer Gerbstoffe u. dgl. m. mit rein chemischen Mitteln zu untersuchen. Aber das Wesen aller drei Stadien der Lederfabrikation ist ohne kolloidchemische Einstellung und Deutungsweise nicht zu erfassen. Allein schon die bloße Tatsache, daß der Kern des Gewerbes in der Wechselwirkung zwischen den stets kolloiden Hautproteinen und den in fast allen Fällen kolloiden oder semikolloiden Gerbstoffen liegt, drückt dieser Industrie den charakteristischen Stempel auf.

Es wäre weit gefehlt, wenn man daraus die Berechtigung zu einer einseitigen Betrachtungsweise der gerberischen Vorgänge ableiten würde. Es ist im Gegenteil zu bedenken, daß die Grenzflächen, an welchen sich die Kolloidreaktionen abspielen, von chemischen Kräften beherrscht sind. Es muß das Ziel der Forschung sein, soweit als möglich auch kolloidchemische Vorgänge valenzchemisch und strukturchemisch zu erklären. Wir werden aber bei den Erörterungen über den Feinbau der Kollagen- und Gelatinemizelle (S. 442) und der Besprechung der Mizellarreaktionen die Grenzen erkennen, an denen organische Strukturchemie und Kolloidchemie ineinanderfließen.

Die Zeiten sind vorbei, in denen ein Fr. Knapp, dessen Bedeutung für die Lederforschung noch öfters zu würdigen sein wird, wie ein Prediger in der Wüste erschien und sagen konnte: „Wenige gewerbliche Zweige unter denjenigen, die durch ihre Produkte als erste Lebensbedürfnisse hervorragende Bedeutung besitzen, sind so sehr außerhalb der wissenschaftlichen Kenntnisnahme geblieben,

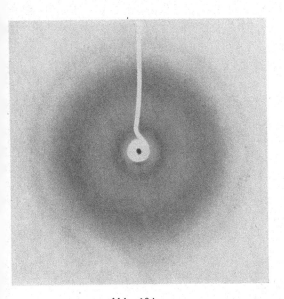

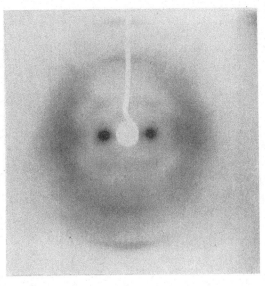

Abb. 194.
Ungedehnte, lufttrockene Gelatine, CuK α-Strahlung[1]).

Abb. 195.
Gedehnte, lufttrockene Gelatine, CuK α-Strahlung[1]).

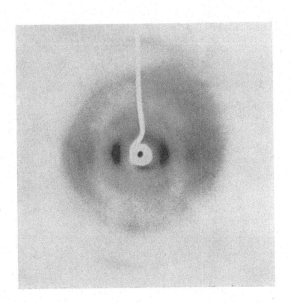

Abb. 196.
Sehnenkollagen (Fasanensehne) lufttrocken, CuK α-Strahlung[2]).

---

[1]) O. Gerngroß, K. Herrmann und W. Abitz, Biochem. Ztschr. **228**, 409 (1930).
[2]) Aufnahme von P. Koeppe, Techn. Hochschule Berlin.

VERLAG VON THEODOR STEINKOPFF, DRESDEN UND LEIPZIG

wie dies bei der Gerberei der Fall ist[1])". Viel eher hat man in den letzten Jahren den Eindruck, daß die heutige Gerbereiforschung eine Zusammendrängung von wissenschaftlichen Gedanken und Taten enthält, deren Kraft nicht allein dazu ausreichen dürfte, das eigene Gebiet mit der Zeit zu durchdringen, sondern auch andere allgemeinere Disziplinen zu befruchten. Sie bildet den Boden, auf dem organische Strukturchemie und Kolloidlehre sich insbesondere bei der Erforschung der Eiweißstoffe zu gemeinsamer Arbeit zusammengefunden haben.

Werfen wir einen Blick auf die Vorgänge in der Wasserwerkstatt. Selbst der zunächst durch rein konstitutiv chemische Umsetzungen und Spaltungen veranlaßte Prozeß der Auflösung und Entfernung nicht kollagenen Gewebes ist durchsetzt und überlagert von den bisher nur kolloidchemisch erfaßbaren Erscheinungen der Dispergierung und Peptisation, der Quellung und Entquellung. Wir können ferner sagen, daß die für die Wasserwerkstatt charakteristische chemische Isolierung des Kollagens kaum wichtiger für den künftigen Ausfall des Leders ist, als der Quellungszustand und der Grad der bis in die feinsten Bauelemente hinein sich erstreckenden Auflockerung des Kollagengewebes, der von den genannten Erscheinungen abhängt.

Noch mehr sind wir bei der eigentlichen Gerbung auf eine kapillarchemische Betrachtungsweise angewiesen. Es ist bezeichnend, daß schon im Jahre 1858, also noch vor Graham, der geniale technologische Wirklichkeitssinn Fr. Knapps die damals herrschenden, rein chemischen Theorien der Gerbung ablehnte, und in seiner jetzt eigentlich erst wieder berühmt gewordenen Arbeit „Natur und Wesen der Gerberei und des Leders"[2]) „Oberflächenkräfte" für den Zusammentritt von Haut und Gerbstoff verantwortlich machte. Nach ihm umhüllen die Fäulnis und Quellung widrigen Gerbstoffe, angezogen durch diese Kräfte, welche vermöge der großen Oberfläche der Hautfibrillen mobilisiert sind, in einer dünnen Oberflächenschicht die Hautfasern. Dadurch verhindern sie das Zusammenkleben und Hornartigwerden der trocknenden, gleichzeitig gegen Fäulnis und chemische Einwirkung resistent gewordenen Fäserchen, gewährleisten ihre leichte Verschiebbarkeit auch nach dem Trocknen und veranlassen so selbst nach dem Verschwinden des Wassers die charakteristische Schmiegsamkeit, welche man vor allem von leichteren Ledersorten fordert. Wir werden sehen, daß die moderne Forschung nur eine Vertiefung und Erweiterung der Knappschen Intuition allerdings unter Berücksichtigung der spezifisch chemischen Wirksamkeit der Grenzflächenmoleküle erbringen konnte.

Endlich ist auch die Bereitung der für die Nachbehandlung und Zurichtung des Leders gebräuchlichen, bereits genannten, fast durchweg in kolloider Zerteilung angewendeten Stoffe und ihre Wirkung vorteilhaft vom Standpunkt der Kolloidchemie zu betrachten.

Es wäre vielleicht ergiebiger gewesen, den kolloidchemischen Gesichtspunkt in der hier folgenden Besprechung der Gerberei in den Vordergrund zu stellen und die Probleme zusammenfassend danach zu ordnen; also z. B. ein Kapitel: „Über die Rolle der Neutralsalze in der Wasserwerkstatt", ein anderes: „Über den Einfluß der Wasserstoffionen-Konzentration auf Faserkollagen und Gerbstoff bei der vegetabilischen Gerbung" u. dgl. zu schreiben. Dadurch würde aber ohne Frage das

---

[1]) Fr. Knapp, Natur und Wesen der Gerberei und des Leders (München 1858). — Collegium **1919**, 133.

[2]) Fr. Knapp, Natur und Wesen der Gerberei und des Leders (München 1858); abgedruckt im Collegium **1919**, 170. — Ferner Fr. Knapp, Über Gerberei und Leder. Dinglers Polytechnisches Journ. **149**, 305 (1858).

praktisch Technologische zu sehr in den Hintergrund und das immerhin noch Problematische zu sehr in den Vordergrund getreten sein. Es scheint deshalb vorteilhafter, alle wesentlichen Operationen der Lederfabrikation, kolloidchemisch beleuchtet, vor dem Leser vorüber ziehen zu lassen.

I. Die Wasserwerkstatt.

Wie bereits in der Einführung erwähnt, bestehen die Arbeiten der Wasserwerkstatt in einer den Ausfall des Leders allerdings bereits entscheidenden Vorbereitung der rohen Haut für die eigentliche Gerbung. Rein materiell handelt es sich um die Isolierung des aus Eiweiß bestehenden kollagenen Bindegewebes. Die Wasserwerkstatt ist deshalb vor allem vom Standpunkt der Chemie und physikalischen Chemie der Proteine, welch letztere einen wichtigen Teil der Kolloidchemie ausmacht, zu betrachten. Es erscheint deshalb berechtigt, hier die Chemie und physikalische Chemie vor allem der in Betracht kommenden Eiweißstoffe Kollagen und Glutin zu besprechen. Ferner darf hier der mit der ersten Operation der Wasserwerkstatt — dem Weichen — im nächsten Zusammenhang stehende Prozeß der Konservierung der Haut gleichfalls angeschlossen werden.

1. Chemie der Proteine[1]). Das Problem der Konstitution der Proteine kann noch keineswegs als gelöst gelten. Wohl weiß man seit bald einem Jahrhundert, daß sie relativ leicht in die einfachen Aminosäuren zerfallen, die also die letzten Aufbauelemente der Proteine bilden. Dieser unter Wasseraufnahme einhergehende „hydrolytische" Zerfall findet durch Erhitzen mit Säuren und Alkalien oder durch Eiweiß lösende Fermente schon bei Brutwärme oder noch niederer Temperatur statt. Dabei werden ohne Frage säureamidartige Bindungen gelöst, was man durch das Freiwerden von COOH- und NH_2-Gruppen quantitativ verfolgen kann. Bei dem für die Gerberei wichtigsten Protein, dem Kollagen, werden nach der Hydrolyse 17 verschiedene, als chemische Individuen wohl definierte Aminosäuren isoliert[2]).

Gewiß ist auch, daß die Aminosäuren im Eiweiß zu ungemein komplizierten, sehr empfindlich strukturierten, wandlungsfähigen Gebilden zusammengeschlossen sind. Sie können sich mit Säuren, Basen, Salzen und den verschiedensten anderen Stoffen zu mehr oder minder lockeren Verbindungen vereinen. Der einzigartigen Vielseitigkeit der Proteine in Zusammensetzung und in bezug auf Reaktionsmöglichkeiten entspricht auch ihre besondere biologische Bedeutung. Die Natur hat ihre feinste und komplizierteste Äußerung, das Leben, materiell an das proteinreiche Protoplasma der Zelle gebunden.

Nicht sicher ist es aber, wie der Zusammenschluß der Aminosäuren zu den offenbar sehr hoch molekularen durch typische Gel- und Solbildung ausgezeichneten Proteinen erfolgt. Die größte Wahrscheinlichkeit spricht dafür, daß die von Hofmeister[3]) eingehend diskutierte und vor allem durch die berühmten analytischen und synthetischen Arbeiten E. Fischers[4]) und seiner Schule begründete

---

[1]) Eine dem heutigen Stande der Forschung entsprechende Darstellung der Chemie der Proteine findet sich in Ullmann, Enzyklopädie der technischen Chemie, 2. Aufl., 4, 332—371 (1929).
[2]) H. D. Dakin, Journ. Biol. Chem. **44**, 524 (1920). Diese Arbeit enthält die bisher vollständigste quantitative Hydrolyse des Glutins, in welcher über 91% des Gesamtinhaltes der Gelatine in Form von Aminosäuren erfaßt wurde.
[3]) Hofmeister, Ergebnisse der Physiologie, I. Abt Biochemie 759 (1902).
[4]) E. Fischer, B. **39**, 530 (1906).

Anschauung zurecht besteht, daß im wesentlichen lange, säureamidartig verknüpfte Aminosäure-(Polypeptid-)Ketten im Eiweiß vorliegen.

E. Fischer nahm bereits an, daß neben diesen Peptidbindungen auch Aminosäureanhydride (Diketopiperazine) im Eiweiß enthalten seien[1]. Eine Anzahl experimenteller Befunde neuerer Zeit schien nun dafür zu sprechen, daß diese Diketopiperazinbindung eine größere, ja vorherrschende Rolle im Eiweiß spiele[2]. Speziell die Röntgenspektographie von faserigen Proteinen wie Seide und Kollagen schien einen regelmäßig sich wiederholenden relativ kleinen Elementarkörper zu ergeben, dessen Ausmaße bei Seide weitgehend mit einem Anhydrid (Diketopiperazin) von Glykokoll und Alanin übereinstimmten. Auf Grund von Molekulargewichtsbestimmungen in Kresol, die Molekulargewichte von wenigen Hunderten lieferten, wird auch noch jetzt die Ansicht vertreten, daß in den Gerüsteiweißstoffen wie Kollagen kleine selbständige, nicht durch Hauptvalenzen, sondern aggregierende Kräfte gebundene Strukturelemente vorliegen[3]. Aber ohne Frage geben die röntgenographischen Abmessungen der kristallographischen „Elementarzellen" keinen Aufschluß über die Ketten- oder Moleküllängen, und es ist nicht möglich, die Abgrenzungen des organisch chemischen, durch Hauptvalenzen verknüpften Moleküls aus der röntgenographisch feststellbaren Elementarzelle zu ermitteln[4].

Ehe diese Erkenntnis gewonnen war, wurde vor allem durch die zu weitgehende Auswertung der Röntgenbilder hochmolekularer Naturstoffe von vielen Forschern nicht nur für Seide, Glutin und Kollagen, sondern insbesondere für Zellulose und Kautschuk die Ansicht verbreitet, daß in diesen hochmolekularen, typische Sole und Gele bildenden Stoffe kleine Strukturelemente durch Assoziationskräfte zusammengehalten werden, ähnlich wie die Kolloidchemie sich den Übergang vom kristallinen zum kolloiden Zustand durch einen Zusammenschluß, eine Aggregierung moldisperser Einzelkörper vorstellt. Eine ausgedehnte Diskussion über diese Probleme, die in gleicher Weise die organische Strukturchemie wie die Kolloidchemie umfassen, hat sich für beide Forschungsteile als ungemein fruchtbar erwiesen[5].

Neben der Kritik an der Auswertung der Röntgendiagramme und der Molekulargewichtsbestimmungen in Kresol und Phenol waren es vor allem Fermentstudien, welche bei den Proteinen die Deketopiperazin-Aggregierungshypothese für weite Kreise, die sich ihr vorübergehend zugewendet hatten, erschütterten. Solche Fermentstudien, die schon früher ein wichtiges Hilfsmittel für die Aufklärung der Konstitution der Proteine gewesen waren, machten es nach neueren Untersuchungen sehr unwahrscheinlich, daß Aminosäureanhydride die Bedeutung für den Eiweißaufbau besitzen, wie behauptet wurde. Die Säureanhydride erweisen sich nämlich

---

[1] l. c. S. 607.

[2] Die Gründe finden sich zusammengestellt in dem Abschnitt „Eiweiß" der Enzyklopädie der technischen Chemie von F. Ullmann, 11. Aufl., 357 (1929).

[3] R. O. Herzog, Naturwissensch. 11, 179 (1923). — Helv. Chim. Acta 11, 529 (1928). — Brill, Annalen 434, 204 (1923).

[4] M. Bergmann, R. O. Herzog und W. Jancke, Naturwissensch. 16, 464 (1928). — K. H. Meyer, Ztschr. f. angew. Chem. 41, 935 (1928). — B. 61, 1932 (1928). — Staudinger, Naturwissensch. 17, 141 (1929). — Derselbe, Ztschr. f. angew. Chem. 42, 37, 67 (1929).

[5] Vgl. die Vorträge von Bergmann, Mark, Pringsheim, Staudinger, Waldschmidt-Leitz auf der 89. Versamml. d. Ges. D. Naturforscher u. Ärzte, Ber. d. dtsch. chem. Ges. 59, 29, 73ff. (1926). — Ferner K. H. Meyer, Ztschr. f. angew. Chem. 41, 939 (1928); 42, 76 (1929). — Naturwissensch. 17, 255 (1929). — Biochem. Ztschr. 214, 253 (1929). — H. Staudinger, Naturwissensch. 17, 141 (1929). — Ztschr. f. angew. Chem. 42, 37, 67 (1929). — Ber. dtsch. chem. Ges. 63, 921 (1930). — H. Staudinger und Leupold, ebenda 731. — O. Gerngroß, Graf O. Triangi u. P. Koeppe, Ber. dtsch. chem. Ges. 63, 1603 (1930). — K. H. Meyer u. H. Mark, Der Aufbau der hochpolymeren organischen Naturstoffe (Leipzig 1930).

als ferment-resistent. Die ungemein feine, auf die Struktur eingestellte Ferment-wirksamkeit steht mit der vielgliederigen, schon an und für sich zu komplizierten, hochmolekularen Gebilden führenden Peptidverkettung auch besser im Einklang als mit der Vorstellung vorherrschender Diketopiperazin-Aggregationen. Aber das letzte Wort ist auch hier noch nicht gesprochen. Auch die Deketopiperazine sind von ungemeiner Wandlungsfähigkeit[1]). Es wäre immerhin nicht ganz unmöglich, daß gerade bei den Gerüsteiweißstoffen wie Seide und Keratin (Wolle), die weitgehende Widerstandsfähigkeit gegen Fermente äußern, Diketopiperazine eine gewisse Rolle spielen[2]).

Wenngleich man also ziemlich allgemein auf den Boden der früheren An-schauung zurückgekehrt ist, daß Moleküle von sehr großen Ausmaßen in den kolloiden Lösungen der genannten hochmolekularen Naturstoffe enthalten sind, so ist noch strittig, ob es sich dabei um „Eukolloide"[3]), „Makromoleküle", um selbständige, **nur** durch Hauptvalenzen zusammengeschlossene Riesenmoleküle vom Molekulargewicht von der Größenordnung 100 000[4]) handelt (Molekülkolloide), oder um kleinere, aber doch sehr erheblich große Teilchen von einigen Tausenden, die durch Partialvalenzen oder übermolekulare Kräfte erst zu den ganz großen in der Lösung befindlichen Teilchen, zu Mizellen[5]) aggregiert sind (Mizellkolloide).

Speziell für Zellulose und für Eiweiß wie Glutin ist es sehr wahrscheinlich, daß derartige Aggregierungen an sich großer Teilchen von ausschlaggebender Bedeutung sind. Wir können uns beim Eiweiß vorstellen, daß die Polypeptid-ketten fest durch Kohäsion miteinander verbunden sind, so daß sie sich in Lösung nicht trennen, sondern Aggregate, Mizellen, bilden. Diese höheren „Kohäsions-kräfte", die als „Mizellarkräfte" bezeichnet wurden, treten erst bei erheblicher Länge der Ketten auf, denn es besteht eine Additivität der Molekularkohäsion der einzelnen Bestandteile des Moleküls und die Natur hat offenbar bei ihren Gerüst-stoffen Verbindungen mit solchen Gruppen bevorzugt, die besonders hohe Inkre-mente der Molkohäsion liefern, nämlich Hydroxylgruppen in den Kohlehydraten (Zellulose), Säureamidgruppen in den Proteinen. Durch solche Kräfte ist auch der innige Zusammenhalt der Teilchen, der die Ursache der Festigkeitseigenschaften der Gerüststoffe ist, verständlich[6]).

Kollagen und Glutin. Diese theoretischen Betrachtungen sind von einschneidender Bedeutung für die Gerberei. Das Objekt der Gerbung ist das faserige Kollagengewebe. Es gehört zu den Zielen der wohlgeleiteten Leder-fabrikation, je nach der Ledersorte dieses Eiweißmaterial gewichts- und struktur-mäßig möglichst vollkommen oder bis zu einem gewissen Grade zu erhalten. Die Gefahr besteht besonders bei den vorbereitenden Arbeiten in der Wasserwerkstatt, daß der Einfluß von Alkalien, Säuren, Salzen, Fermenten und sich dazugesellender Temperaturerhöhungen den Abbau des Kollagens bis zum Glutin, die gefürchtete Verleimung der Faser bewirke. Worin besteht chemisch diese Verwandlung der

---

[1]) M. Bergmann, Naturwissensch. **18**, 467 (1930).

[2]) Waldschmidt-Leitz, Collegium **1928**, 554.

[3]) Wo. Ostwald, Kolloid-Ztschr. **32**, 1 (1923); **49**, 72 (1929).

[4]) Staudinger, Kautschuck **6**, 153 (1930).

[5]) Es wurde mit Recht darauf aufmerksam gemacht (Naturwissensch. **17**, 144 (1929), daß der Begriff Mizelle für ein Kolloidteilchen mitsamt seiner elektrischen Ladung reserviert wurde. (Zsigmondy, Kolloidchemie, 5. Aufl., S. 170 (Leipzig 1925).) Es fragt sich, ob es aber nicht doch zweckmäßig ist, den Begriff der Mizelle in alter Weise für Sekundärteilchen im Gegensatz zu Primärteilchen zu verwenden, vielleicht aber „das Mizell" von dem elektrisch geladenen Teilchen „die Mizelle" zu unterscheiden.

[6]) K. H. Meyer, Ztschr. f. angew. Chem. **41**, 944 (1929).

in warmem Wasser schwer löslichen Kollagenfaser in das mikroskopisch strukturlose, schon in warmem Wasser bei 30—40° C lösliche Glutin?

Man war und ist[1]) noch jetzt geneigt, diese Umwandlung rein strukturchemisch
zu fassen, das Kollagen als ein inneres Anhydrid der Gelatine zu betrachten und
die Verleimung des Kollagens zu Glutin als eine intramolekulare Wasseraufnahme
zu erklären. Es wäre dies ein reversibler Vorgang, der nach Hofmeister durch
die Formel: Gelatine $\rightleftarrows$ Kollagen + Wasser zu formulieren ist. Es hat sich
aber gezeigt, daß das von vielen verschiedenen Forschern bestimmte HCl-Bindungs-
vermögen von Kollagen und Gelatine sehr genaue Übereinstimmung, ca. 1000
Teile Gelatine oder Kollagen auf 1 Mol. HCl, ergibt. Ferner liegen die isoelektrischen Punkte von reinem aschefreiem Hautkollagen und von ganz reiner, im
Laboratorium aus sorgfältig vorbereiteter und fermentativ gebeizter Zickelblöße
erschmolzener Hautgelatine bei demselben p_H-Werte 5,5[2]); ferner wird das HCl-
Bindungsvermögen von reinem Kollagen und Gelatine bei Unterdrückung der
Quellung in konzentrierter Natriumsulfatlösung durch Formaldehyd quantitativ
in gleichem Maße vermindert[3]). Es scheint also, daß die Einzelteilchen, aus welchen
sich Kollagen und Gelatine zusammensetzen und die Oberflächenschicht ihrer
Mizellen in weitgehendster Weise strukturchemisch übereinstimmen.

Ein weiteres Argument dafür ist darin zu erblicken, daß das Röntgenbild
der Gelatine nach der Dehnung ein typisches Faserdiagramm aufweist, das so gut
wie vollkommen[4]) mit dem des faserigen Kollagens tierischer Sehnen übereinstimmt.

Abb. 194 ist das Diagramm ungedehnter Gelatine, das durch drei Kristall-
interferenzen und einen amorphen Ring charakterisiert ist. Demzufolge besteht
also die Gelatine aus einem kristallinischen oder pseudokristallinischen Bestandteil und einem amorphen Bestandteil.

Abb. 195 zeigt die gleiche Gelatine nach der Dehnung und Abb. 196 das Diagramm des Sehnenkollagens.

Durch den Zug haben sich die langgestreckten Mizellarkristallite der Gelatine
mit einer Achse weitgehend parallel in die Dehnungsrichtung eingeordnet, ein Vorgang, der bei dem Faserkollagen von selbst in natürlichem Wachstum erfolgt und
z. B. bei einer Hühnersehne bei bloßer Betrachtung durch die faserige Bildung
manifestiert wird. Aber auch bei gedehnter Gelatine läßt sich ohne besondere
optische Hilfsmittel die gleiche Faserstruktur erkennen. Beim Hämmern des getrockneten Materials zerspringt es nicht wie ungedehnte Gelatine in unregelmäßige
Splitter sondern teilt sich strähnenartig wie Asbest[5]), eine Folge des größeren
Zusammenhaltes in der Faserrichtung. Auch durch Vornahme der Zugprobe ist
die größere Festigkeit in der Dehnungsrichtung im Vergleich zur Festigkeit quer zur
Dehnungsrichtung feststellbar[6]).

Besonders interessant und kennzeichnend für den nahen Zusammenhang
zwischen Kollagen und Gelatine, der uns hier vor allem wichtig erscheint, ist es,

---

[1]) R. H. Bogue, Chem. Metall. Engineer. 1 (1922).

[2]) O. Gerngroß und St. Bach, Biochem. Ztschr. 143, 543 (1923). — L. Meunier und
P. Chambard, Journ. Soc. Leather Trades Chem. 9, 200 (1925). — Chem. Zbl. 1, 554 (1926).

[3]) A. Hloch, Gelatine und Kollagen, Dr.-Ing.-Dissertation, Technische Hochschule
Berlin 1926.

[4]) Die äquatorialen (in der Horizontalen gelagerten) dunklen Interferenzpunkte (11, 3 Å)
sind beim Sehnenkollagen etwas länglich ausgebildet, während sie bei der gedehnten Gelatine
kreisrund sind. Es ist dies lediglich ein Zeichen, daß die Gleichrichtung der Molekülketten in
der Sehne nicht so scharf wie bei der gedehnten Gelatine erfolgt ist.

[5]) J. R. Katz und O. Gerngroß, Kolloid-Ztschr. 36, 181 (1926).

[6]) M. Bergmann und Jacobi, Kolloid-Ztschr. 49, 46 (1929).

daß bei Gelatine und Kollagen die gleiche Kombination einer kristallinen und einer amorphen Phase zu erkennen, daß also die amorphe Phase schon im intakten Kollagen vorhanden ist und nicht etwa erst durch den Übergang des Kollagens in Glutin durch „Abbau" entsteht. Wenn man jedoch die Gelatine längere Zeit mit Wasser kocht, so daß ihre Lösungen Viskosität und Gelatinierfähigkeit verlieren, verschwindet stufenweise die „Kristallinität", die sich durch die schmalen Ringe in dem Debeye-Scherrerdiagramm der intakten Gelatine äußert. (Abb. 194.) Der Unterschied im Röntgenbild längere Zeit gekochter Gelatine im Vergleich zu intakter Gelatine ist also erheblich, während ein Unterschied zwischen dem Röntgenbilde von Kollagen und gedehnter Gelatine kaum zu bemerken ist. Trotzdem ist selbst bei der gekochten Gelatine ein Peptidabbau, ein Lösen von Hauptvalenzen[1] im wesentlichen Ausmaße nicht zu bemerken. Um wieviel weniger wird ein solcher bei der Verwandlung von Kollagen in Gelatine zu erwarten sein!

Schon im Jahre 1920 hat E. Stiasny[2] Ansichten über die Entstehung von Gelatine aus Kollagen und über die Peptisierung von Proteinen zu „Peptonen" im allgemeinen ausgesprochen, die eine vollkommen zutreffende, durch neuere Arbeiten nur experimentell begründete und vertiefte Vorstellung von der Verwandlung des Kollagens in Glutin vermittelten. (S. 441[3].) Nach ihm besteht das Kollagen aus polypeptidartigen Peptonen, die als Großbausteine im Gegensatz zu den niedersten Bausteinen, den Aminosäuren, zu betrachten und durch Nebenvalenzen zusammengehalten sind. Diese „Polypeptidmizellen" innerhalb des Kollagenaggregates sind von Wasserhüllen umgeben. Quellende Stoffe — die in der Wasserwerkstatt wirksamen Alkalien, Säuren, Salze, — werden diese Hüllen vergrößern, wohl auch die Partialvalenzen, mit denen die Großbausteine aneinander haften, absättigen, und dadurch den Zusammenhang mehr und mehr lockern.

Wir können uns unter Anlehnung an diese Idee vorstellen, wie die Mizellaraggregate der gequollenen, wasserreichen Kollagenmassen, welche viele Glutinmizellen zusammengeschlossen enthalten, bei geringen Temperaturerhöhungen auseinanderbrechen, „ausschmelzen", wie der Leimtechniker sagt, der diesen Prozeß bei der Leimfabrikation bewußt erzwingt. Dabei ist zu beachten, daß schon vor diesem vollkommenen Zusammenbruch der Faserstruktur gewisse feine, die Fasern umhüllende und stützende histologische Strukturelemente, die „ärolaren Gewebe" (S. 450), bereits durch die Quellung der Fasern zerrissen worden sind, wie man an stark gequollnen Faserbündeln mikroskopisch beobachten kann. Es ist verständlich, daß durch diesen rein histologischen Auflösungsprozeß die eigentliche Glutinierung stark gefördert wird. Diese Desaggregierung des Kollagens zu Glutin ist ein kontinuierlicher Prozeß, der zu der weiteren, vorläufig noch nicht konstitutiv chemisch, sondern auch nur dispersoidchemisch zu erfassenden Teilchenzerkleinerung fließend überleitet, die beim Erhitzen des Glutinsoles mit Wasser eintritt.

Wie bereits erwähnt, ist selbst beim Kochen, also bei viel höheren Temperaturen als sie bei der Verleimung des Bindegewebes vorkommen und trotz einer verheerenden Veränderung der Gelatine in bezug auf die Festigkeit der Gallerten, Viskosität und anderer physikalischer Eigenschaften eine durch

---

[1] Es wäre immerhin möglich, daß andere Bindungen als Peptidbindung gelöst werden, doch ist dies nicht wahrscheinlich.

[2] E. Stiasny, Collegium **1920**, 255. — Science **57**, 483 (1923).

[3] Schon früher hatte O. Cohnheim, Chemie der Eiweißkörper (Braunschweig, 1911), S. 77, das Verhältnis zwischen Pepton und Protein ähnlich gedeutet.

Formoltitration, van Slyke zahlen und Willstätter-Waldschmidt-Leitz-Titrationen kontrollierbare Lösung von Peptidbindungen nicht feststellbar. Erst bei sehr langem Kochen (336 Stunden) oder Anwendung höherer Temperaturen ($121°$) tritt „Peptolyse" wesentlich in Erscheinung. Man kann demnach auf eine vorwiegend kolloidchemische, d. h. nur die Teilchengröße betreffende Änderung und kaum auf eine echte „Hydrolyse" des Eiweißkomplexes im konstitutiv chemischen Sinne schließen[1]). Gerade der Abfall an Gallertfestigkeit des Glutins stellt schon rein äußerlich eine Umwandlung dar, welche gewiß nicht geringer ist als die Verwandlung hochgequollener Haut in feste Gelatinegallerte.

Der Feinbau der Kollagen- und Glutinmizellen. Es sei hier endlich noch eingehender der Zusammensetzung der im Bauplan, wie wir annehmen, gleichen Kollagen- und Gelatinemizelle gedacht.

Bestimmungen des osmotischen Druckes isoelektrischer Gelatine in wäßrigen Lösungen geringerer Konzentration als 0,5 % ergaben die Anwesenheit kinetischer Teilchen des Durchschnitts-Molekularaggregatgewichtes von rund 90000[2]). Schon ein kurzes Aufkochen z. B. der 25 %igen isoelektrischen Lösungen und nachheriges Abkühlen vermindert irreversibel in wesentlicher Weise das so ermittelte Molekulargewicht. Bei längerem Kochen fällt es mehr und mehr, so daß Durchlässigkeit durch die Kollodiummembran neben außerordentlichem Abfall der Viskosität und Gelatinierfähigkeit eintritt. Da eine Öffnung hauptvalenzchemischer Bindungen dabei nicht zu bemerken ist, müssen wir von einem Molekularaggregatgewicht oder Mizellargewicht von 90000 sprechen, so lange es nicht gelingt, den Beweis zu führen, daß es sich um ein „Eukolloid" handelt, bei dessen Teilchenzerkleinerung Hauptvalenzbindungen zerrissen werden. Selbst nach 336stündigem Kochen der Lösungen, nach welcher die Viskosität auf wenige Prozent der ursprünglichen gesunken ist, zeigen ebullioskopische und kryoskopische Bestimmungen Molekulargewichte von rund 4500 an. Die Primärteilchen, welche also die Gelatinemizellen zusammensetzen, müssen deshalb selber eine ziemlich erhebliche Molekulargröße besitzen.

Das früher erhaltene ebullioskopisch bestimmte Molekulargewicht von 900[3]), das anzeigen sollte, daß beim Kochen sich die Molekülaggregate zu so kleinen Teilchen zunächst reversibel in der wäßrigen Lösung aufteilen, ließ sich nicht bestätigen.

Es muß bemerkt werden, daß alle Angaben über Molekulargewichte und Molekularaggregatgewichte sich nur auf Durchschnittsgrößen beziehen. Man darf Gelatine und Kollagen ja nicht als einheitliche Substanzen betrachten. Zeigt ja, wie schon erwähnt, das Röntgendiagramm das Vorhandensein einer kristallinen oder pseudokristallinen und einer amorphen Phase an. Wahrscheinlich stehen beide in der Beziehung zueinander, daß die kristalline Phase eine gittermäßige Anordnung der dispergierten Phase enthält[4]). Dafür spricht das Verschwinden der Kristall-

---

[1]) O. Gerngroß und H. A. Brecht, Collegium **1922**, 262. — O. Gerngroß, Kolloid-Ztschr. **33**, 353 (1923). — O. Gerngroß, Graf O. Triangi und P. Koeppe, Ber. d. dtsch. Chem. Ges. **63**, 1603 (1930). — Das Vorliegen vereinzelter hauptvalenzchemischer Querverbindungen, „Netzbindungen" (K. H. Meyer und H. Mark, „Der Aufbau der hochpolymeren organischen Naturstoffe", S. 227, Leipzig 1930), zwischen den Polypeptidketten, der nicht leicht feststellbar sein durfte, soll nicht von der Hand gewiesen werden, würde aber an dem Bilde nichts Wesentliches ändern.

[2]) O. Gerngroß, Graf O. Triangi und P. Köppe, l. c. — Wo. Ostwald, Kolloid-Ztschr. **49**, 66 (1929) errechnete unter Berücksichtigung des Solvatationsdruckes in solchen Gelatinelosungen einen Limeswert von rund 73000.

[3]) C. Paal, Ber. d. dtsch. chem. Ges. **25**, 1202 (1892).

[4]) J. Trillat, C. R. **190**, 265 (1930).

interferenzen bei der längere Zeit gekochten Gelatinelösung (S. 438). Nehmen wir das Durchschnittsmolekulargewicht der Primärteilchen als minimal 4500 und das der Sekundärteilchen, der Mizellen, zu durchschnittlich 90000 an, so sind 20 solcher kleinen Teilchen in einer intakten Gelatine- bzw. Kollagenmizelle aggregiert.

Abbildung 197 und 198 geben eine schematische Darstellung des Feinbaues von ungedehnter Gelatine und Kollagen (bzw. gedehnter Gelatine), wie er sich auf Grund der Thermolyse der Gelatine und der röntgenspektrographischen Forschung zu enthüllen scheint[1]).

Die langgestreckten Fäden bedeuten die durch Hauptvalenzbindungen zustande kommenden Polypeptidketten. Sie sind, wie man sieht, durch Bündelung „gittermäßig" zu Mizellen angeordnet, wobei wir, wie bereits erwähnt (S. 436), als Querverbindungen Partialvalenzen annehmen. Die auf Abb. 194, Taf. I, angegebene äußerste Kristallinterferenz (2,8 Å) ungedehnter Gelatine stammt von einer diatropen Netzebenengruppe, welche senkrecht zur Achse der Polypeptid-(Hauptvalenz-)Ketten liegt und durch die regelmäßig sich wiederholenden Peptidbindungen der Polypeptidketten („Bindegruppen") zustande kommt. Der innere Ring (11,3 Å) (Abb. 194) jedoch ist durch eine paratrope Netzebenengruppe veranlaßt, welche parallel zur Achse der Polypeptidketten liegt. Dies ergibt sich daraus, daß bei der Quellung der Gelatine in Wasser der äußere Ring völlig ortsfest bleibt, während der innere Ring mit wachsender Quellung nach innen wandert, ein Zeichen, daß das Wasser, wie zu erwarten, und wie es ganz unserem Bilde entspricht, zwischen die durch Partialvalenzen verbundenen Ketten eindringt und sie auseinanderdrängt.

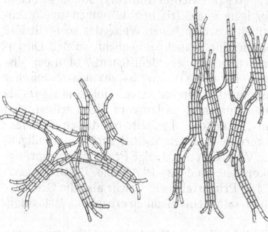

Abb. 197.
Gelatine-Mizellen.

Abb. 198.
Kollagen-Mizellen.
(Gedehnte Gelatine.)

Zwischen die querliegenden Ebenen, welche die „K-Interferenz" (2,8 Å) liefern, dringt jedoch kein Wasser ein, da ja die einzelnen Aminosäuren durch Hauptvalenzen fest verbunden sind[2]).

Man sieht aus den Bildern 197 und 198, daß die durch Querverbindungen zustande gekommenen Kristallite an den Enden „ausgefranst" sind, daß also lose Polypeptidketten über die Enden der Kristallite hinaus ragen. Diese Fransen liegen in der ungedehnten Gelatine (Abb. 197) regellos verteilt und sind die Ursache des amorphen Ringes des Röntgendiagrammes (Abb. 194). Im Kollagen und in der gedehnten Gelatine (Abb. 198) sind sie parallel orientiert. Die Fransen bilden ferner vermöge übermolekularer Kräfte die Verbindung der Kristallite untereinander.

Diese Hypothese erklärt unter anderem die verschieden leichte Wasserabgabe

[1]) O. Gerngroß, K. Herrmann und W. Abitz, Biochem. Ztschr. **228**, 409 (1930). — W. Abitz, O. Gerngroß und K. Herrmann, Zur röntgenographischen Strukturerforschung des Gelatinemizells, Naturwissensch. **18**, 754 (1930).

[2]) K. Herrmann, O. Gerngroß und W. Abitz, Ztschr. f. physikal. Chem., Abt. B, **10**, 371 (1930).

beim Trocknen der Gelatine und ihre enorme Quellbarkeit. Das innerhalb der Kristallite aufgenommene Wasser wird ohne Frage weit schwerer abgegeben werden als das Wasser, welches sich in die Hohlräume zwischen die Fransen einlagert.

Diese Fransen-Hypothese erklärt aber auch den so wichtigen röntgenspektrographischen Befund bei der Dehnung (Abb. 195, Taf. I). Sie liefert das Drehmoment, welches zur gemeinsamen Aufrichtung der Kristallite mit ihrer Faserachse in die Dehnungsrichtung erforderlich ist. Sie erklärt auf Grund unserer Kenntnisse über „Faserdiagramme" die Aufspaltung des amorphen Ringes und des inneren kristallinen Ringes senkrecht zur Dehnungsrichtung. Die gleichzeitige Ausrichtung des „amorphen" wie des „kristallinischen" Bestandteiles zeigt, daß die beiden mechanisch miteinander verbunden sein müssen, und zwar wohl derart, wie aus dem Bilde hervorgeht, daß die Fransen die Fortsetzung der Hauptvalenzketten über den gittermäßig gefügten Teil hinaus darstellen.

Das Bild steht auch durchaus im Einklang mit den Ergebnissen der langdauernden, vollständigen Thermolyse. Durch das andauernde Kochen werden die Kristallite durch Lösung der Partialvalenzen vollkommen in lose, ungeordnete Polypeptidketten zerlegt, „zerfranst". Das Gitter wird zerstört, und wir haben, wie dies auch beim Röntgendiagramm der thermolysierten Gelatine der Fall ist, ein rein „amorphes" Spektrum vor uns[1].

Die unterschiedlichen physikalischen Eigenschaften von Kollagen und Gelatine, besonders was Festigkeit und was Art der Quellung anbelangt, und auch die größere Resistenz des ersteren gegen chemische Einflüsse erklären sich keineswegs, wie man früher annahm (S. 437), aus einer Verschiedenheit der chemischen Konstitution. Die Unterschiede sind veranlaßt durch die natürliche, wachstumsmäßige Gleichrichtung der Gelatinemizellen im Kollagen und durch eine festere Verknüpfung seiner Kristallite untereinander. Dazu kommt noch, daß sicherlich rein histologische Momente zu berücksichtigen sind[2]. Scheiden und Hüllen an den Kollagenfibrillen[3], welche sich bei der Quellung bei mikroskopischer Vergrößerung bemerkbar machen und vielleicht auch die größere Resistenz der Randschichten der kollagenen Faser im Vergleich zu den Innenschichten[4] veranlassen.

Die anisodiametrische Quellung, die Quellung unter gleichzeitiger Verkürzung der kollagenen Faser im Gegensatz zur gleichmäßigen Quellung der Gelatine nach allen Seiten, ist wohl verständlich, wenn man bedenkt, daß die reichliche Einlagerung des Wassers zwischen die lockeren Molekülfransen im gerichteten Kollagen einen Zug im Sinne der Verkürzung der Faser ausüben wird. Bei den regellos durcheinander liegenden Kristalliten und losen Molekülketten (Fransen) in der Gelatine wird die Quellung hingegen nach allen Seiten (vgl. Abb. 197) erfolgen.

Beim **Ausschmelzen** des **Glutins** aus der Kollagenfaser, bei der Verleimung der Faser, wird durch die vorbereitenden Quellmaßnahmen (S. 436) der Zusammenhang der Fransen gelockert und bei der Temperaturerhöhung ganz gelöst. Die Mizellen, die Kristallite mit ihren Fransen trennen sich voneinander und es entsteht unter Dispergierung der Kollagenmizellen das Gelatinesol.

---

[1] O. Gerngroß, Ztschr. f. angew. Chem. **42**, 968 (1929). — Gerngroß, Triangi und Köppe, l. c.

[2] Neuerdings sind unabhängig von den älteren Befunden auf dem Gebiete der Kollagenforschung auch beim Studium der Zellulosefaser derartige mechanisch strukturelle Beobachtungen und Überlegungen zutage getreten. K. Hess und C. Trogus, Ztschr. f. physik. Chem. **145**, 418 (1930); Ber. d. dtsch. chem. Ges. **64**, 408 (1931).

[3] M. Kaye und Dorothy Jordan Lloyd, Proc. of the Royal Soc. of London, Serie B, **96**, 293 (1924).

[4] A. Küntzel, Collegium **1928**, 178.

Es ist sehr leicht auf Grund unseres Bildes verständlich, wie beim Abkühlen des Sols und bei der Gelatinierung nunmehr die Mizellen einerseits regellos durcheinander liegen und andererseits weniger fest miteinander verbunden sind als dies im Kollagen der Fall war.

K. H. Meyer[1]) hat auf Grund der wahrscheinlichen Molekulargewichte der Polypeptidketten, ferner der Art und Anzahl der in ihnen enthaltenen Aminosäuren die Dimensionen solcher Hauptvalenzketten errechnet. Legen wir unsere Vorstellung (S. 440) zugrunde, daß ein Bündel von 20 geordneten Polypeptidketten von einem Durchschnittsmolekulargewicht von 4500 eine Kollagen- und Gelatinemizelle ausmacht, so können wir dementsprechend die Raumerfüllung der Mizelle schätzen. Die Dicke wird etwa 30 bis 35 Å betragen[2]), wenn wir einen quadratischen Querschnitt annehmen, die Länge etwa 160 Å ausmachen. Es ist verständlich, daß ein derart dünner Mizellarfaden der ultramikroskopischen Beobachtung im Gelatinesol nur schwer zugänglich ist.

Es sei noch bemerkt, daß die schematisierten, stark vereinfachten Zeichnungen Abb. 197 und 198 nur unvollständig die Wirklichkeit wiedergeben können, um so mehr, als sie die Raumerfüllung nicht zur Anschauung bringen.

Es ist nun für die Gerberei von Wichtigkeit sich vorzustellen, wie solche Mizellarverbindungen zu reagieren vermögen.

Man kann zwei Reaktionstypen unterscheiden. Erstens das permutoide Durchreagieren, bei welchem die durch Hauptvalenzen verbundenen Ketten von Kollagen und Glutin nicht zerrissen werden, jedoch ein Eindringen von Reagenzien zwischen die Zwischenräume der Primärteilchen und ein Reagieren mit den verschiedensten Stoffen stattfinden kann, falls sie das nötige Diffusionsvermögen besitzen, um in das Innere der Mizellen einzudringen. Die Reaktion von Salzsäure mit Kollagen und Glutin und das Eindringen des Quellungswassers darf man sich wohl so vorstellen. Auch für die pflanzliche und mineralische Gerbung ist auf Grund der Änderung der Mizellardoppelbrechung auf ein Durchreagieren geschlossen worden[3]). Wenn es sich wie im Faserkollagen und bei gedehnter Gelatine um orientierte Mizellen handelt, so lagern sich die Reagenzien oder auch das Quellungswasser nicht in der Faserrichtung, sondern nur nach den beiden anderen Dimensionen ein, wodurch z. B. die anisodiametrische Quellung quer zur Faserrichtung begreiflich wird; auch die chemischen Reaktionen finden nur mit Gruppen statt, welche quer zur Faserachse liegen. Es kann somit eine Aufweitung und eine Änderung des mizellaren Gittergefüges erfolgen, die durch eine Änderung des Röntgendiagrammes sichtbar wird. Es ist verständlich, daß beim permutoiden Durchreagieren auch stöchiometrische Verhältnisse auftreten können.

Der zweite Reaktionstyp besteht in einer mizellaren Oberflächenadsorption, bei welcher vermöge der gewaltig ausgedehnten Oberflächen der Mizellen die verschiedensten Stoffe in großen Mengen gebunden werden können, ohne daß die kleinen Strukturelemente im Inneren der Mizellen getroffen werden. Bei Konstanz des Verhältnisses der Mizellaroberfläche zum Inhalt der Mizelle können beim Reagieren solcher Mizellen auch pseudostöchiometrische Bindungszahlen gefunden werden[4]).

---

[1]) K. H. Meyer, Biochem. Ztschr. **214**, 253 (1929).
[2]) J. Eggert und J Reitstötter, Ztschr. f. physik. Chem. **123**, 381 (1926) kommen auf ganz anderem Wege zu einem ähnlichen Resultat, nämlich zu einem Durchmesser der ungequollenen Gelatinemizelle von 37 Å.   [3]) A. Küntzel, Collegium **1929**, 209; vgl. auch J. R. Katz und O. Gerngroß, Kolloid-Ztschr. **40**, 332, (1926).
[4]) K. H. Meyer, Ztschr. f. angew. Chem. **51**, 953 (1928). — Biochem. Ztschr. **214**, 253 (1929).

So handelt es sich bei der Gerberei stets um typisch heterogene Reaktionen mizellarer Verbindungen, bei denen außer dem chemischen Aufbau der Mizelle, der allerdings stets bestimmend ist, das wechselnde Mizellargefüge, das durch die Vorgeschichte wesentlich beeinflußt wird, ausschlaggebend ist. Oberflächliche Mizellarreaktionen, und vollkommenes permutoides Durchreagieren können in allen Stadien der Häuteverarbeitung eine Rolle spielen. (S. 466.)

2. Physikalische und Kolloid-Chemie der Proteine. Eine der hervorstechendsten chemischen Eigenschaften der Proteine ist ihre in bezug auf Säure- und Basencharakter z w i t t e r a r t i g e, amphotere Natur, ihre Fähigkeit, Basen und Säuren zu binden, zu der noch das Vermögen hinzukommt, sich mit Neutralsalzen zu vereinen (vgl. wegen der N e u t r a l s a l z - w i r k u n g die folgenden Kapitel S. 447 und S. 449). Auch die niedersten Bausteine der Proteine, die Aminosäuren, zeigen bekanntlich das gleiche chemische Verhalten, und man kann die Eiweißstoffe als „komplexe Aminosäuren" bezeichnen. Wir werden sehen, wie die kolloidchemischen, kapillarelektrischen Erscheinungen an den Proteinen in Verbindung mit dem rein struktur- und valenzchemischen Verhalten ihrer Bausteine zu erklären ist.

Es ist aber im allgemeinen nicht zweckmäßig, die Eiweißlösungen einfach als Elektrolytlösungen zu betrachten. Schon rein physikalisch betrachtet, besitzen ihre Sole und Gele die wesentlichen Merkmale der Kolloidalität. Wie aus dem vorigen Abschnitt über den Aufbau der Moleküle, Mizellen und Mizellaraggregate hochmolekularer Substanzen wie Kollagen und Gelatine hervorgeht, spielt der v a r i a b l e Zerteilungsgrad, also Größe und Menge der Teilchen, eine Rolle. Er drückt sich in den Eigenschaften der Sole und Gele, in Viskosität, Diffusionsgeschwindigkeit, Gallertfestigkeit, Elastizitätsmodul u. dgl. aus. Er ist von der *Vorgeschichte*, der Vorbehandlung und der Bereitung der Sole und Gele abhängig, Dinge, welche in den echten Lösungen nicht zu berücksichtigen sind.

Betrachten wir also die Proteine, wie es im vorigen Abschnitt geschehen, vorwiegend als eine Zusammenfassung assoziierter Aminosäureketten, so werden bei der Einbringung in ein saures oder alkalisches wäßriges Milieu zunächst im allgemeinen nur die Moleküle an den Grenzflächen in Wechselwirkung mit der Umgebung treten. Nehmen wir der Einfachheit halber daselbst als reaktiv nur COOH- und NH_2-Gruppen an, so wird bei Zugabe von z. B. NaOH COONa, von z. B. HCl, von einer gewissen Azidität angefangen, NH_3Cl auftreten. Das sind stark polare Gruppen. Sie werden nach der T h e o r i e v o n L a n g m u i r und H a r k i n s sich orientieren und eine elektrische Doppelschicht bilden. Diese Theorie ist für die Erklärung verschiedener gerberischer Vorgänge von Vorteil und soll deshalb kurz besprochen werden.

Unabhängig voneinander haben diese Forscher, der eine bezüglich der Grenzfläche Ölsäure—Wasser, der andere bezüglich der von Isoamylalkohol und Wasser auf Grund von Experimenten die Vermutung ausgesprochen, daß sich die Moleküle senkrecht zu der Grenzfläche aufrichten, und zwar derart, daß der e l e k t r o p o l a r e Teil dem W a s s e r zugekehrt ist. Unter elektropolar sind jene Atomgruppen zu verstehen, in denen nicht die ganzen Valenzkräfte abgesättigt sind, sondern noch ein gewisser Überschuß an Valenzenergie zur Verfügung steht. Solche Gruppen sind z. B. in der Ölsäure COOH, im Alkohol OH, ferner NH_2, NO_2 u. a.

Bringen wir also das Protein in das salzsaure Milieu, so werden die entstehenden stark dissoziierten polaren $NH_3^+Cl^-$-Gruppen in der Grenzschicht sich dem Wasser, der Außenseite, zukehren, es wird eine Doppelschicht entstehen, deren dem Eiweiß selber zugekehrte Innenseite positiv, deren Außenseite negativ geladen ist. (Abb. 199.)

Umgekehrt drehen sich die Grenzflächenmoleküle in einem alkalischen Milieu mit den salzartig sich bildenden COONa-Gruppen dem Wasser zu, so daß das Eiweiß selber eine negative Ladung erhält. (Abb. 200.)

Tatsächlich zeigt z. B. Gelatine bei einer gewissen Azidität im elektrischen Potentialgefälle kathodische Wanderung, sie verhält sich wie ein Kation, als trügen die Teilchen positive Ladungen; in alkalischen Dispersionsmitteln wandert sie hingegen stets anodisch, ihre Ladung zeigt negatives Vorzeichen. Entsprechend verhält sie sich auch bei der Flockung durch entgegengesetzt geladene Kolloide.

Bringt man weitgehend von Elektrolyten befreite Gelatine oder Kollagen in vollkommen neutrales Wasser, so äußert sich auch dann eine negative Ladung, sie wird, wie man bei Gelatine am besten durch Kataphorese feststellen kann, mit wachsender [H·] geringer und erreicht bei einer bestimmten aktuellen Azidität ein Minimum; es tritt Wanderungsstillstand ein. Bei weiterer Erhöhung der Wasserstoffionen-Konzentration macht sich die Umladung bemerkbar, es tritt kathodische Wanderung auf. Diejenige [H·], bei welcher keine elektrische Ladung zu bemerken ist, bei welcher also offenbar der polare Charakter der Grenzflächenmoleküle aufgehoben ist, kennzeichnet den *isoelektrischen Punkt* des betreffenden Proteins.

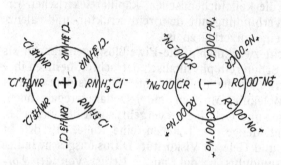

Abb. 199.
Elektrische Doppelschicht einer Proteinmizelle nach Langmuir und Harkins im sauren Milieu.

Abb. 200.
Elektrische Doppelschicht im alkalischen Milieu.

Außer den stark basischen Aminosäuren Lysin, Histidin und Arginin überwiegt nun bei den Eiweißbausteinen der saure Charakter über den alkalischen und mit Ausnahme der an diesen sog. Hexonbasen sehr reichen Eiweißstoffe, den Protaminen und Histonen, haben demnach auch die Proteine vorwiegend saure Dissoziation. In der Grenzschicht von Gelatine und Kollagen z. B. würden dementsprechend im neutralen Wasser unter Abdissoziation von H^+ die COO^--Reste dem Wasser zugekehrt, das Eiweiß, wie es auch der Fall ist, negativ geladen sein. Mit steigender [H·] der Außenflüssigkeit würde jedoch ein Zurückdrängen der vorwiegend sauren Dissoziation stattfinden und wenn $C_H = C_{OH}$ geworden, die Aminosäure-Ionen $+ NH_2 RCOO^-$ mit ebensoviel H·- wie OH'-Ionen im Gleichgewicht sind, hat eine vollkommene Entladung der Teilchen stattgefunden, der isoelektrische Punkt ist erreicht.

Es zeigt sich nun, daß dieser für jedes Protein charakteristische Punkt nicht nur bezüglich der elektrischen Wanderung der Umkehrungspunkt ist, sondern daß ganz allgemein die P_H-Eigenschaftskurven[1]) der Proteine eine meist nach der negativen Seite kulminative Entfaltung bei isoelektrischer Reaktion haben. In diesem Punkte haben die tierische Haut und Gelatine das geringste Wasserbindungsvermögen, die geringste Quellung und sie trennen sich am leichtesten vom Dispersionsmittel. Die Eiweißsole zeigen ein Minimum der Viskosität und des osmo-

---

[1]) p_H bedeutet soviel wie „Wasserstoffexponent" und ist der negative Logarithmus der Wasserstoffionen-Konzentration oder „Wasserstoffzahl", für welche das Zeichen [H·] gilt. Also $p_H = -\log. [H·]$. Z. B. $[H·] = 10^{-5}$; dann ist $p_H = 5$; vgl. L. Michaelis, Die Wasserstoffionen-Konzentration (Berlin 1914).

tischen Druckes, zeigen ein Maximum der Gelatinierungsgeschwindigkeit, ein
Minimum der Elastizität, des Widerstandes gegen Dehnung und der Oberflächenspannung.

Als charakteristisch für die P_H-Eigenschaftskurve seien hier die Quellungs-
und Viskositätskurven von Gelatine mitgeteilt, die links und rechts vom isoelektrischen Gebiete im Sauren sowohl wie im Alkalischen Maxima und dann mit
fallender [H˙] bzw. [OH′] einen Abfall ergeben, der eben zu dem Minimum bei
isoelektrischer Reaktion führt. (Abb. 201.)

Wie können wir uns nun das Minimum der Quellung im isoelektrischen Punkte
und überhaupt die charakteristische Kurve und den Einfluß der Wasserstoffionen-
Konzentration erklären? Ohne Frage ist
die Quellung von der Potentialdifferenz
an der Grenzfläche der Teilchen (S. 444)
und des Wassers abhängig. Eine starke
gleichsinnige Aufladung bewirkt gegenseitige Abstoßung der Mizellen, eine Vergrößerung der intermizellaren Zwischenräume. Gesondert davon ist die eine Volumvergrößerung der Mizellen veranlassende
Hydratition zu betrachten, welche die
ionisierten Primärteilchen mit größeren
Wasserhüllen umgeben wird als die entladenen. Die freien Ladungen der Gelatine-
ionen werden eine Verstärkung der elektrostatischen Anziehung auf die polarisier-
baren Wassermoleküle hervorrufen[1]). Das
Maximum der Quellung wird durch das
Maximum der elektrischen Ladung charakterisiert sein. Es ist andererseits eine
ganz allgemeine kapillarelektrische Erscheinung, nicht nur bei lyophilen Solen
und Gelen wie bei den Eiweißstoffen,
sondern auch bei lyophoben, daß die

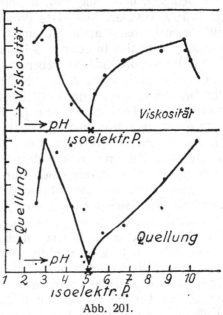

Abb. 201.
Der isoelektrische Punkt in den p_H-Viskosi-
täts- und p_H-Quellungskurven von Gelatine.

Elektrolyte in bezug auf Aufladung nicht unbegrenzt wirksam sind, sondern von
einer gewissen Konzentration an die polare Ordnung der Grenzschicht zerstören.
So ist der Abfall bei höherer [H˙] und [OH′] einfach zu deuten.

Es sei ferner erwähnt, daß die Gerbereichemiker Procter und Wilson eine
Theorie der Eiweißquellung auf Grund des Donnanschen Membrangleichgewichtes
bei Gegenwart nicht dialysierender Elektrolyte entwickelt haben, welche es gestattet, eine quantitative Beziehung zwischen der Konzentration der angewendeten
Ionen und dem Grade der Quellung bzw. der Entquellung abzuleiten. Diese Theorie
hat weit über die Gerbereikreise hinaus Ansehen und Bedeutung gewonnen und
soll deshalb hier angeführt werden, obwohl sie auch auf Widerspruch stößt. Sie
würde mit der Anschauung des permutoiden Durchreagierens (S. 442 und 466), daß
also bei der Anwesenheit genügender Mengen stark dissoziierender Säuren, die
Reaktion zwischen Säure und Eiweiß sich auf sämtliche Polypeptidketten
unter Salzbildung erstreckt, im Einklang stehen. Danach würde das Quellungs-

---

[1]) Wo. Pauli, Kolloidchemie der Eiweißkörper I (Dresden 1920). — Wo. Pauli und
E. Valkó, Elektrochemie der Kolloide, S. 431 (Wien 1929).

wasser nicht nur zwischen die Mizellen, sondern auch zwischen die Primär-teilchen dringen.

Procter und Wilson wenden die klassischen Gesetze der elektrolytischen Dissoziation und Valenz auf die bei der Salzbildung zwischen Säure und Eiweiß entstehenden Kolloid-Ionen an. Sie fassen das Eiweißgel nicht, wie wir es bisher angenommen haben, als zweiphasig, sondern als einphasig[1]) auf, in welchem die Eiweißteilchen ein Gitterwerk von molekularen Dimensionen bilden. Die da-zwischen befindliche Lösung liegt im Bereiche molekularer Attraktion. Der Quel-lungsvorgang gründet sich auf elektrische Anziehung und Abstoßung von Ionen auf molekulare Distanzen.

Demnach bildet das Protein mit der in das Gel hineindiffundierten Säure (z. B. HCl) ein stark ionisiertes Proteinsalz, und zwar mit einem kolloiden, nicht diffusiblen Protein-Kation und einem diffusiblen Anion (z. B. Cl). Während die Ionenkonzentration in der nur Salzsäure haltigen Quellflüssigkeit $[H^·] = [Cl']$ ist, ist im Innern der Gallerte neben der freien HCl auch dissoziierendes Gelatine-chlorhydrat vorhanden, so daß also hier $[H_1^·]$ nicht gleich $[Cl_1']$ ist. Nun besagt die Anwendung des Donnan-Gleichgewichtes auf den vorliegenden Fall, daß die Ionenprodukte $[H^·] \times [Cl']$ bzw. $[H_1^·] \times [Cl'_1]$ außerhalb und innerhalb der Gal-lerte gleich groß sein müssen. Da nach einer bekannten mathematischen Regel die Summe zweier gleichgroßer Faktoren kleiner ist als die Summe zweier ungleicher Faktoren, welche dasselbe Produkt geben[2]), so muß nach dem Ge-sagten in der Gallerte ein Überschuß diffusibler Ionen im Vergleich zur Außen-flüssigkeit herrschen. Der Überschuß diffusibler Ionen in der Gallerte über den außerhalb der Gallerte bei bestimmten Konzentrationen der angewendeten Säure verursacht einen nach außen gerichteten osmotischen Druck, welcher im Verein mit den elastischen Eigenschaften des Gels die Quellung quantitativ bestimmt. Die Grundvorstellung ist also die, daß, wie bei der Osmose die großen kolloiden Proteinionen nicht durch eine Membran hindurchdiffundieren können, die Eiweiß-ionen bei der Quellung nicht aus der Eiweißgallerte entweichen, so daß das Wasser wie bei der Osmose durch die Membran bei der Haut- bezw. Gelatine-quellung in die Gallerte dringt.

Es ergibt sich die quantitative Beziehung

$$x^2 = y(y + z) \tag{1}$$

und

$$2x + e = 2y + z, \tag{2}$$

wenn x die $H^·$- bzw. Cl'-Ionenkonzentration in der Quellflüssigkeit außerhalb der Gallerte, y die $H^·$-, z die Gelatine-Ionenkonzentration innerhalb der Gallerte und e den Überschuß der diffusib-len Ionen in der Gallerte über diejenigen in der Außenflüssigkeit bedeuten. Dieses e, welches einen osmotischen Überdruck von innen nach außen repräsentiert, ist ein direktes Maß für die Quellung. Dementsprechend zeigten Procter und Wilson, daß bei der Auftragung von berechnetem e (das mit 1000 multipliziert wurde) gegen die Konzentration von x in einem Koordinatensystem eine Kurve entsteht, die ganz die Gestalt einer Kurve wie in Abb. 201, S. 445 hat, die durch direkte Bestimmung der Quellung und Auftragung dieses experimentell ermittelten Wertes anstatt e erhalten wird. Nach Erreichung eines gewissen x (Ionenkonzentration der „äußeren" Quellflüssigkeit nach Einstellung des Gleichgewichtes) sinkt e, der osmotische Druck, der bei weiterer Steigerung von x negativ werden kann (Entquellung).

Aus der ungleichen Verteilung der Ionen zwischen Gel und umgebender Flüssig-keit, die sich auf Grund des Donnanschen Membrangleichgewichtes herleitet, muß ferner an der Grenzfläche zwischen Gel und Lösung eine Potentialdifferenz ent-

---

[1]) Vgl. a. J. R. Katz, Kolloidchem. Beih. **9**, 1 (1917).
[2]) Z. B.: $4 \cdot 4 = 2 \cdot 8$; dabei ist $4 + 4 < 2 + 8$.

stehen. Diese, welche ebensogut nach der Theorie von Langmuir und von Harkins (S. 444) erklärlich wird, ist besonders für die Procter-Wilsonsche Theorie der vegetabilischen Gerbung (S. 466) von Bedeutung.

Erwähnt sei auch der „zweite isoelektrische Punkt" der Haut und Gelatine, den Wilson[1]) im alkalischen Gebiet bei ca. p_H 8 fand und der bei gerbereichemischen Überlegungen eine Rolle spielt, obwohl von sehr vielen Seiten Existenz und Deutung dieses zweiten Umkehrungspunktes der p_H-Eigenschaftskurve angezweifelt wird.

Nach Wilson ist die abermalige Brechung der Kurve bei ca. p_H 8 (S. 453) dadurch zu erklären, daß mit steigendem p_H Kollagen und Gelatine in eine tautomere Form umgelagert werden, welche eine stärker basische Dissoziation als die normale Form und deshalb den isoelektrischen Punkt erst im alkalischen Gebiet besitzt. Auch durch Temperaturerhöhung allein soll diese im Gegensatz zur „Gelform" als „Solform" bezeichnete Modifikation erhalten werden.

3. Konservierung der Haut. Die frische Tierhaut ist ein sehr wasserreiches Proteingel, das so rasch der bakteriellen und fermentativen Zersetzung anheim fällt, daß es vor dem Transport in die Gerberei, sogleich nach dem Erkalten post mortem, konserviert werden muß. Dies wird in verschiedenster Weise im wesentlichen durch Entwässern erreicht, im allgemeinen durch „Einsalzen", Bestreuen der schräg auf Tischen gelagerten Fleischseiten der Häute mit Kochsalz. Das Quellungswasser tropft als Salzlake ab.

Außer der entquellenden Wirkung des Salzes ist seine antibakterielle zu berücksichtigen. Bakterien, welche Schäden wie das „Rotwerden", „die rote Erhitzung", vor allem die „Salzflecken" der Häute veranlassen, werden erst durch ziemlich hohe Salzkonzentrationen, von 8% an, die als „halophil" zu bezeichnenden Bakterien erst bei Konzentrationen von 16%, an der Entwicklung verhindert. Sehr vielfach wird, um die Wirksamkeit zu erhöhen, 3—5% Soda dem Häutesalz zugesetzt, um p_H-Werte von 10—11 zu erreichen[2]). Der Sodazusatz soll aber für die Faserstruktur der Haut, insbesondere für Sohlenleder, nicht ganz unschädlich sein[3]).

Saure Reaktion, z. B. durch Zusatz von $^1/_4$% $NaHSO_4$ zum Salz wird als wirkungsvoll und unschädlich empfohlen. Auf jeden Fall dürfte ein in gewissen Grenzen saures Salz günstiger als ein alkalisches sein, da die Diffusion des Neutralsalzes aus solch saurer Lösung in das Gewebe stärker ist als aus Alkali.

Die entquellende Wirkung der konzentrierten Salzlösung ist durch den entladenden Effekt der in großer Menge angewendeten Elektrolyte (S. 445) einerseits, und durch die dehydratisierende Wirkung, eine Folge des Wasserbindungsvermögens der Elektrolyt-Ionen andererseits, zu erklären. Auch durch das Donnan-Gleichgewicht läßt sich die Herabsetzung der Quellung durch Neutralsalze verständlich machen[4]). Diese dehydratisierende Kraft, das Aussalzvermögen, ordnet sich in bezug auf die Anionen (z. B. bei Natriumsalzen) in die Reihe:

$$SO_4 >, Citrat >, Azetat >, Cl >, Br >, NO_3 >, I >, CNS >, Salicylat >, Benzoat,$$

in bezug auf die Kationen (z. B. bei den Sulfaten) in die Reihe:

$$Li >, Na >, K >, Rb >, Cs >, Mg.$$

[1]) J. A. Wilson und A. Gallun jun., Journ. Ind. and Eng. Chem. **15**, 71 (1923). — J. A. Wilson, The Chemistry of Leather Manufacture 1, 2. Aufl., 1, 198 (New York 1928).

[2]) F. Stather, Collegium **1928**, 595. — M. Bergmann, Collegium **1928**, 599; **1930**, 153. — F. Stather und Liebscher, Collegium **1929**, 436.

[3]) D. J. Lloyd, Collegium **1930**, 270.

[4]) J. A. Wilson, Die Chemie der Lederfabrikation, 2. Aufl., 1, 101 (Wien 1930). — The Chemistry of Leather Manufacture 2. Aufl., 1, 167 (New York 1928).

Es sind dies die sog. Hofmeisterschen oder lyotropen Reihen. Die an der Spitze stehenden Ionen sind stark entwässernd, die am Ende im Gegenteil, — besonders in neutraler und alkalischer Lösung — sogar peptisierend und können deshalb die Hautsubstanz schädigen. Da das handelsübliche Kochsalz $CaCl_2$ und $MgCl_2$ enthält, ist bereits der Vorschlag gemacht worden, NaCl durch Na_2SO_4, das selbst die Peptisierung von Gelatine in alkalischer Lösung unterdrückt[1]), zu ersetzen[2]).

Eine noch bedeutend stärkere Entquellung bedeutet das Pickeln, das besonders in Australien an entwollten Schaffellen vor dem Überseetransport geübt wird. Die Häute kommen in 10—20% Kochsalz enthaltende Lösungen, die außerdem Salzsäure oder Schwefelsäure im Ausmaße von etwa $1/_{22}$ n enthalten. Sie werden dabei derart von Wasser befreit und die Fibrillen so weitgehend von einander isoliert (S. 464), daß sie nach einigem Dehnen wie Alaunleder aussehen. Unter Annahme der Procter-Wilsonschen Quellungstheorie auf Grund des Donnan-Gleichgewichtes läßt sich die energische kombinierte Wirkung von Säure und Salz wohl verstehen. Man kann sich aber auch vorstellen, daß die Säurebehandlung, welche nicht nur die Mizellen als Ganzes, sondern durchreagierend alle Primärteilchen der Mizelle erfassen kann (S. 440), eine stark auflockernde Wirkung und dann eine tiefergehende Durchdringung der entwässernden Neutralsalz-Ionen im Kollagenaggregat bewirkt, als Neutralsalze allein.

Eine dritte Art der Konservierung, die in unkultivierten und salzarmen Ländern geübt wird, ist das einfache Trocknen an der Luft, wobei bis zu 70% des frischen Hautgewichtes schwindet. Dies ist für die Verfrachtung von großem Vorteil, kann jedoch zu Schädigungen der Haut oder Erschwerung ihrer Weiterverarbeitung führen. (Vgl. folgendes Kapitel.)

4. Das Weichen. Die erste eigentliche Operation der Wasserwerkstatt ist das Weichen im Wasser, um die konservierte Haut wieder in den natürlichen Quellungszustand zu bringen. Das ist nicht bloß deshalb nötig, um rasche und gleichmäßige Diffusion der beim Äschern angewendeten Chemikalien in das Gewebe zu ermöglichen, sondern auch um die Haut ohne Schädigung „Entfleischen" zu können. Das ist das Entfernen der gerberisch wertlosen oder störenden Teile, wie Fleisch, Fett- und Unterhautbindegewebe von der Innenseite der Lederhaut (Abb: 202, S. 450 u. 451). Abgesehen davon, daß für diese Operation in vielen Fällen die ungequollene Haut zu dünn wäre, würde auch eine mangelhaft gequollene Haut[3]) die schonende Trennung der zu entfernenden Gewebe von dem Kollagen im Corium erschweren. Beim Eintrocknen erleiden nämlich die Proteingallerten eine von vielen Faktoren abhängige Veränderung der Gestalt. Dies offenbart sich bei der Betrachtung der handelsüblichen Leimtafeln, welche, obwohl sie im gequollenen Zustande vollkommen plan sind, in der trockenen Handelsform die bekannte rahmenartige Aufbiegung der Ränder zeigen. Die entsprechenden

---

[1]) Durch ganz geringe Na_2SO_4-Gaben kann jedoch die ausgeflockte, schwach solvatisierte isoelektrische Gelatine infolge von Aufladung peptisiert werden. Gerngroß, Kolloid-Ztschr. **40**, 283 (1926). Überhaupt muß beachtet werden, daß die Wasserstoffionen- und Salz-Konzentrationen bei der Neutralsalzwirkung ausschlaggebende Bedeutung besitzen. Auch mit konzentrierter Kochsalzlösung kann man die quellende Wirkung von NaOH weitgend unterdrücken. So behandelte Häute zeigen weder Quellung noch schlüpfrigen Griff. Es bestehen auch deutliche Unterschiede in der Neutralsalzwirkung auf Gelatine, Hautpulver, geäscherte Blöße und endlich frisches, durch keinerlei Vorbehandlung verändertes Corium. Wie bereits erwähnt, ist die Vorgeschichte des kollagenen Materials zu berücksichtigen. Vgl. D. Mc. Laughlin und E. R. Theis, Collegium **1926**, 431.

[2]) A. W. Thomas und S. B. Foster, Journ. Ind. and. Eng Chem. **17**, 1161 (1925).

[3]) Man entfleischt deshalb vielfach erst die stark gequollene, geäscherte Haut.

Unebenheiten in nicht vollkommen gequollener Haut würden Veranlassung sein, daß das entfleischende Messer kollagenes Gewebe verletzt.

Getrocknete Häute weichen viel schwerer als bloß gesalzene. Eine starke Entwässerung, besonders bei höheren Temperaturen kann das Quellungsvermögen irreparabel schädigen. Dieses „Unlöslichwerden" der im ursprünglichen gequollenen Zustande leicht löslichen oder nach bloßer mäßiger Entquellung leicht wieder quellenden Gele ist eine häufige Erscheinung bei organischen und anorganischen Kolloiden. Es ist möglich, daß höhere Temperaturen strukturchemische Änderungen bewirken, welche das Wasserbindungsvermögen verändern[1]). Es ist übrigens bekannt, daß einerseits die letzten Mengen Wasser besonders schwer aus dem Kollagen und Gelatinegel zu entfernen sind, und daß insbesondere die ersten Wassermengen, welche entwässerte Gelatine beim Quellen aufnimmt, eine größere Wärmetönung ergeben als die späteren[2]). Dieses Quellungswasser ist besonders fest inner halb der Mizellen gebunden. Es zeigt eine ähnliche Kontraktion und Dichte-vergrößerung wie das Kristallwasser anorganischer Salze[3]). Im Lichte der auf S. 440—441 mitgeteilten Anschauungen über den Feinbau von Gelatine und Kollagen betrachtet, werden diese Erscheinungen verständlich. Ferner bewirkt die Trocknung eine Koagulation von Proteinen, die alsdann wie ein Zement Fasern und Fibrillen umhüllen und der Aufweichung, ja der Wirkung aller Operation in der Wasserwerkstatt entgegenstehen[4]).

Für die wegen Gefahr der Fäulnis oft notwendige Beschleunigung der Weiche werden häufig, besonders bei trockenen Häuten, geringe Mengen Alkalien, vor allem Na_2S, seltener auch Säuren benützt. Es ist ferner schon seit sehr langer Zeit bekannt, daß z. B. verdünnte NaCl-Lösungen viel schneller als reines Wasser weichen. Neuerdings ist in Würdigung der lyotropen Reihe (S. 447) die quellende Spitzenwirkung der Rhodansalze für den gerbereitechnischen Weichprozeß patentiert worden[5]). Da die Aminosäuren, ebenso wie sie mit Säuren und Basen Verbindungen eingehen, auch mit Neutralsalzen unter Bildung von wohldefinierten Doppelverbindungen reagieren[6]), können wir die Neutralsalzwirkung auf die Proteine in ähnlicher Weise wie diejenige von Säuren und Basen auf Grund kolloidchemischer Quellungstheorien (S. 444 und 446) erklären. Es handelt sich um eine milde und spezifische Ionenwirkung, die nur graduell von der viel energischeren Wirkung der eine bevorzugte Stellung einnehmenden H- und OH-Ionen verschieden ist[7]). Man hat auch experimentelles Material dafür erbracht, daß die Proteine sich mit beiden Ionen eines Neutralsalzes verbinden können[8]).

Man hat speziell in letzter Zeit sich intensiver mit der bisher wohl ausgiebig benutzten aber wenig erforschten Neutralsalzwirkung in der Gerberei befaßt[9])

---

[1]) Die häufige rein hydrolytische Aufspaltung, welche in solchen Fällen zu bemerken ist, und selbstverständlich durch Zerstörung des Kolloidcharakters die Quellfähigkeit vernichtet, gehört nicht in den Rahmen dieser Überlegung.

[2]) J. R. Katz, Kolloidchem. Beih. 9, 1 (1917).

[3]) J. Eggert und J. Reitstötter, Ztschr. f. physik. Chem. 123, 375 (1926).

[4]) G. D. Mc. Laughlin, J. H. Highberger und E. K. Moore, Journ. Am. Leather Chem. Assoc. 24, 339 (1929).

[5]) D.R.P. 369587.   [6]) P. Pfeiffer, Collegium 1926, 483.

[7]) O. Gerngroß, Kolloid-Ztschr. 40, 284 (1926).

[8]) W. Pauli und E. Valkó, Elektrochemie der Kolloide, 457 ff. (1929).

[9]) E. Stiasny und W. Ackermann, Kolloidchem. Beih. 17, 219 (1923). — A. W. Thomas und S. B. Foster, Journ. Ind. and Eng. Chem. 17, 1162 (1925). — A. W. Thomas und M. W. Kelly, ebenda 19, 977 (1927). — Vgl. z. B. K. H. Gustavson, Journ. Am. Leather Chem. Assoc. 21, 206, 366 (1926). — G. D. McLaughlin und E. R. Theiss, Collegium 1926, 431; 1927, 477. — V. Kubelka, Kolloid-Ztschr. 51, 331 (1930).

(S. 447 und 448). Selbst eine Vorbehandlung der Haut mit 0,03% kochsalzhaltigem Wasser bewirkt eine irreversible Veränderung, die sich durch Erhöhung der Wasserdurchlässigkeit äußert[1]).

Es darf noch erwähnt werden, daß die mechanische Behandlung der zu weichenden Häute in den für das moderne Gerbereigewerbe charakteristischen rotierenden Trommeln oder anderen, ähnlichen Effekt erzielenden maschinellen Vorrichtungen zur Beschleunigung der Diffusion des Wassers und der quellenden Agenzien in die Haut im größten Maßstabe üblich ist.

5. Struktur der Haut. Äschern und Enthaaren. Der Äscherprozeß besteht, rein schematisch betrachtet, in der Isolierung des aus weißen kollagenen Gewebefasern gebildeten Bindegewebes, das die Hauptmasse der Lederhaut (Cutis, Corium) ausmacht. Das eigentliche primäre Element dieses außerordentlich fein organisierten, vielfach verschlungenen Gewebes sind langgestreckte, Aminosäureketten enthaltende Eiweiß-(Glutin-)Moleküle (S. 440), welche zu sekundären Teilchen, zu Mizellen, zu Ketten und Fäden vereint sind[2]). Diese Mizellarfäden sind im Kollagen der Sehnen parallel gerichtet und Ursache der optischen Anisotropie (Mizellar- und Stäbchendoppelbrechung), und des „Faserdiagrammes" bei der Durchstrahlung mit Röntgenlicht[3]). Es wurde schon erwähnt (S. 437), daß Gelatine nach der Dehnung prinzipiell das gleiche Diagramm ergibt (Abb. 195 und 196), und wahrscheinlich denselben mizellaren Feinbau besitzt, daß man also demnach Gelatine materiell als dispergiertes Kollagen bezeichnen könnte. Der Richtungseffekt an der Gelatinemizelle läßt sich nach der Dehnung auch mechanisch an der faserigen Struktur beim Spalten feststellen und gedehnte, formaldehydgegerbte Gelatine zeigt eine ähnliche rhythmische Kontraktion in heißem Wasser und Wiederausdehnung beim Einbringen in kaltes Wasser, wie sie nach Ewald[4]) für Formolkollagen charakteristisch ist[5]).

Wir haben die einzelne Mizelle als rund 3,5 $\mu\mu$ dick und 16 $\mu\mu$ lang geschätzt (S. 442). Die Mizellarfäden sind zu den Kollagenfibrillen zusammengeschlossen, deren Dicke auf 5 μ geschätzt worden ist. Eine Anzahl — ihre Dicke wurde mit 30—50 μ beurteilt — solcher Kollagenfibrillen sind in der eigentlichen Hautfaser vereint; sie bildet im ähnlichen Aufbau die dickeren Bindegewebs-Faserbündel. Die Randzone der Fasern ist durch ein festeres Gefüge, durch größere Widerstandsfähigkeit gegen chemische und fermentative Einflüsse ausgezeichnet als die Mittelschicht[6]). Fasern und Faserbündel sind durch feine maschenartige, offenbar auch kollagenartige Hüllen von großer Festigkeit, die „areolaren Scheiden oder Hüllen", umsponnen. Diese Fasermassen sind innig miteinander zu einem besonders an der Außenseite der Haut dichten Gewebe ohne Anfang und Ende verflochten. Dadurch, daß in der Gesamtheit dieses Gewebes keine Faserrichtung der Mizellarfäden bevorzugt ist, ergibt das Röntgenbild der Blöße kein Faserdiagramm wie das von Sehnenkollagen oder gedehnter Gelatine, sondern konzentrische Kreise wie ungedehnte Gelatine[7]).

Man sieht dieses vielfach verschlungene Gewebe auf Abb. 202 besonders im Mittelteil. Der unterste helle, mehr horizontal gegliederte Teil ist im wesentlichen

---

[1]) M. Bergmann, Collegium **1928**, 599.

[2]) K. H. Meyer, Biochem. Ztschr. **214**, 253 (1929).

[3]) R. O. Herzog, Naturw. **11**, 172 (1923). — J. R. Katz und O. Gerngroß, Naturwissensch. **13**, 901 (1925).

[4]) A. Ewald, Ztschr. f. physiol. Chem. **105**, 115, 141 (1919).

[5]) O. Gerngroß und J. R. Katz, Kolloidchem. Beih. (Ambronn-Festschr. **23**, 368 (1926).)

[6]) A. Küntzel, Collegium **1926**, 178.

[7]) J. R. Katz und O. Gerngroß, Kolloid-Ztschr. **40**, 333 (1926).

das beim „Entfleischen" (S. 448) mechanisch zu entfernende Unterhautbindegewebe. Die äußerste, ganz dünne, dunkle Linie ist die aus Keratin gebildete
Epidermis. Sie ragt, wie man sieht, mit Einstülpungen und deren Adnexen, das
sind Haarwurzelscheiden und Haare, mit Talg- und Schweißdrüsen, mit Haar-
muskeln, in den oberen Teil der bindegewebigen Lederhaut hinein. Dieser infolgedessen zerklüftete, aber in bezug auf die einzelnen kollagenen Gewebebestandteile
besonders feine und dichte, auch den „Narben" bildende Bestandteil des Coriums
wird Papillarschicht genannt, und ist auf der Mikrophotographie besonders schön
zu sehen. Diese nach außen liegende Narbenschicht ist ähnlich wie die Rand-
schicht von Kollagen- und Elastinfasern durch größere Widerstandskraft,
z. B. auch gegen Verleimung,
gekennzeichnet.

Außer diesen Hautelemen-
ten sind noch gelbe elastische
Fasern zu nennen, welche besonders an dem untersten und
äußeren Teil der Lederhaut vorkommen, und diesen Schichten,
speziell aber der Papillarschicht
eine gewisse Spannung und
Elastizität verleihen, ferner
Blut- und Lymphgefäße und
Nerven. Endlich sind die Bindegewebszellen, die Mutterzellen
der extrazellulären Kollagenfibrillen, welche in einem losen
Zellverbande das ganze kollagene Gewebe durchdringen, zu
beachten.

Der Äscher (vgl. auch
S. 431) (— im Kalkäscher sind
das Wirksame die OH′-Ionen in
Verbindung mit proteolytischen Bakterienfermenten[1]), im

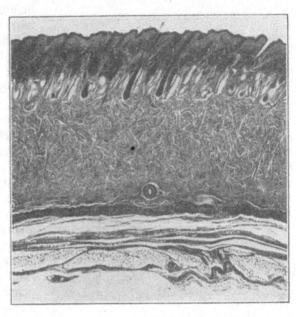

Abb. 202.
Vertikalschnitt durch eine frisch gehäutete Kalbshaut
(lineare Vergrößerung etwa 16fach)[2].

Schwefelnatriumäscher wirkt eine Kombination von OH′- und SH′-Ionen, bei dem am
Ende dieses Abschnittes noch erwähnten „Schwitzen" arbeiten, durch Ammoniak-
entwicklung unterstützt, Bakterienfermente —) löst die Protoplasmafasern auf,
welche die keratinösen Gebilde der Epidermis zusammen halten und auch die
Epidermis im Corium verankern[3]. Die Epidermis hebt sich infolgedessen ab
(Abb. 203), die Haarwurzelscheiden erweichen, so daß sich die kolbenartigen
Haarwurzeln aus den bindegewebigen Haarbälgen leicht mechanisch entfernen
lassen, die Haut ist „haarlässig" geworden. Sie wird durch Streichen mit dem

---

[1] J. A. Wilson und Daub, Journ. Ind. and Eng. Chem. 16, 602 (1924), finden auch in
sterilen Kalkbrühen eine Enthaarung. Die Bakterienwirkung soll sich darauf beschränken, daß
sie, meist schon von Bakterien, die aus der Weiche stammten, primäre Amine liefert, welche
die Enthaarung fördert. So wird jetzt von G. D. Mc. Laughlin ein Methylaminzusatz zum
Weißkalkäscher empfohlen. G. D. Mc. Laughlin, I. J. Highberger und E. K. Moore, Ref.
Collegium 1929, 36.

[2] Diese Mikrophotographien, ebenso wie die auf S. 452 (Abb. 203), verdanke ich Herrn John
Arthur Wilson, dem ich für die Übersendung von Originalphotographien sehr verbunden bin.

[3] A. Kuntzel, Die Histologie der tierischen Haut, S. 60 (Dresden 1925).

29*

Haardegen auf dem „Baum" von Hand aus oder mit der Enthaarmaschine von der Epidermis und den Haaren befreit.

Außer diesem augenfälligen Vorgang ist die teilweise Herauslösung des anderen oben bezeichneten nicht kollagenen Faser- und Gewebematerials zu nennen. Schon beim Einsalzen und Weichen werden die albumin- und globulinartigen, salz- und alkaliempfindlichen Bestandteile, so die protoplasmareichen Bindegewebszellen, z. T. zerstört und entfernt, und dieser Prozeß, vereint mit alkalischer Fettverseifung, schreitet beim Äschern je nach der angewendeten Methode mehr oder minder energisch weiter und findet in der im folgenden Abschnitt zu besprechenden Beize seine Fortsetzung. Ja, es gibt Betriebe, die ein ausgezeichnet gutes Leder liefern, in denen die Äscherung so geleitet ist, daß sie bereits diese hauptsächlichste Reinigungsarbeit vollendet, so daß nach der Enthaarung die noch stark alkaligequollenen Häute beim Streichen mit dem Eisen von „Grund" und „Gneist" (S. 455) befreit werden können.

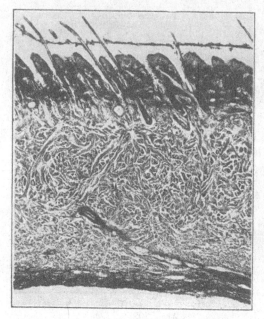

Abb. 203.
Vertikalschnitt durch eine „haarlässig" gewordene Kalbshaut (lineare Vergrößerung etwa 16fach).

Neben diesen, die nicht kollagenen Massen betreffenden Wirkungen ist der Einfluß auf das Kollagen selbst zu berücksichtigen. Er äußerst sich zunächst sehr augenscheinlich durch eine charakteristische, enorme Volumvergrößerung des kollagenen Bindegewebes, die „Schwellung" und das „Prallwerden" der Haut. Die pralle Haut ist sehr elastisch, glasig-durchsichtig, das Wasser läßt sich nicht durch Pressen entfernen.

Die durch die Gewichtszunahme einfach feststellbare „Schwellung" umfaßt nicht nur das Wasser, welches das Prallwerden veranlaßt, sondern auch von der Haut aufgenommene Wassermengen, die sich mehr oder minder leicht wieder mechanisch auspressen lassen. Dieses locker gebundene Wasser sitzt, wohl z. T. auch nur kapillar aufgenommen, an der Oberfläche der Mizellen und Mizellarverbände, während das prallmachende Wasser in die Mizellargruppen zwischen die die Kristallite verbindenden losen Mizellarfäden einströmt und auch die Kristallite (S. 440) selber bis zu den Primärteilchen, den Molekülen, durchdringt. Auf die Verschiedenartigkeit der Wasserbindung in Gelatinegelen ist schon hingewiesen worden. Auch in den Röntgendiagrammen macht sich die Quellung durch eine Lageveränderung gewisser Interferenzringe bemerkbar (S. 440). Über die gesonderte Beurteilung der „schwellenden" und „prallmachenden" Wirkungen der verschiedenen Agenzien der Wasserwerkstätte ist noch wenig bekannt geworden. Temperaturerhöhung verstärkt die Schwellung und läßt die Prallheit abnehmen[1]. In der folgenden Betrachtung ist bei der Quellung stets nur das Gelwasser gemeint, das vor allem die Ursache des Prallwerdens der Häute ist.

---

[1] E. Stiasny, Jahresber. d. Ver. Akad. Gerbereichemiker **3**, 2 (1926).

Die gebräuchlichen Kalk- und Schwefelnatriumäscher haben erfahrungsgemäß einen p_H von 11,8 bis 12,6. Wirft man einen Blick auf Abb. 204[1]) (S. 453), so sieht man, daß in diesem Gebiet eine sehr starke Quellung stattfindet.

Aus dem bisher über die Quellung und den Feinbau des Kollagens und der kollagenen Faser Gesagten geht hervor, daß dies einer völligen Auflockerung der dispersen Phase des ganzen Kollagen- und Hautfasergefüges gleichkommt. Es ist sehr wohl zu begreifen, daß die Wirkungen der Alkalibehandlung und der durch sie veranlaßten Quellung nur zum Teil reversibel sind. So sei nur erwähnt, daß je nach Dauer und Intensität der Alkalivorbehandlung sich das Adsorptionsvermögen von Hautpulver (S. 459) im allgemeinen, insbesondere aber auch für Gerbstoffe und Nichtgerbstoffe ändert[2]). Gewiß ist dies z. T. auf molekulare und mizellare Veränderungen zurückzuführen. Aber auch das rein histologisch mechanische, das Sprengen der „areolaren Hüllen" (S. 450), das Aufbündeln der Fasern ist zu berücksichtigen.

So ist es verständlich, daß man für feinnarbiges Leder stark alkalisch reagierende Äscher nicht verwenden kann, da sie die äußere Papillarschicht, den Narben, zu stark vergrößern.

So bestimmt die Vorbehandlung der Häute im Äscher ihr Verhalten bei der Beize (vgl. folgenden Abschnitt) und in den gerbenden Flüssigkeiten, und dasselbe ist schon von den allerersten vorbehandelnden Stadien der Lederfabrikation, vom Konservieren und vom Weichen zu sagen.

Man kennt wohl kaum einen Rohstoff, der bei seiner Verarbeitung so von seiner „Vorgeschichte" (S. 443) abhängig ist, wie die tierische Haut; dies wird durch die chemische Struktur der Proteine und durch die besondere, mizellare Struktur der Kollagenfaser verständlich. Dies ist auch die Ursache dafür, was praktisch von allergrößter Bedeutung ist, und was jeder Lederfabrikant trotz mancherlei Warnung und von den Vorfahren übermittelten Erfahrungen einmal in seinem Betriebe schmerzlich kennenlernen muß: daß die Lederfabrikation keinerlei aus dem Zusammenhang mit den vorhergehenden oder nachfolgenden Operationen herausfallende Änderungen im bewährten Fabrikationsgang verträgt, ohne die Qualität des fertigen Fabrikates in schwerster Weise zu gefährden.

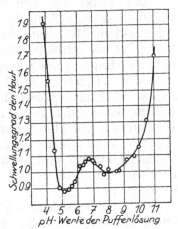

Abb. 204.
p_H-Quellungskurve einer Kalbsblöße.

Die sog. „geschwitzten Häute", welche durch Einhängen in brutwarme Kammern durch die Einwirkung von Bakterien und dabei gleichzeitig sekundär entstehendes Ammoniak haarlässig gemacht und dann nur sehr wenig mit Kalk behandelt sind, werden außer in solchen Fällen, in denen man das Haarkleid von heftigen chemischen Eingriffen unberührt gewinnen will (Lamm- und Schaffelle), für das schwere, feste Sohlleder verwendet, da in ihnen das Hautgefüge durch die geringere chemische und kaum quellende Vorbehandlung nur wenig verändert ist.

6. Entkälken und Beizen. Die enthaarten Häute werden unter mechanischer Bearbeitung gewaschen, maschinell oder mit dem Scheerdegen noch weiter auf der Fleischseite von dem Unterhautzellgewebe gereinigt und egalisiert, unter Umständen schon jetzt gestrichen, da im stark ge-

---

[1]) J. A. Wilson und A. F. Gallun jun., Journ. Ind. and Eng. Chem. **15**, 71 (1923).
[2]) Tatarskaja, Collegium **1929**, 649.

quollenen Zustand die gelockerten nicht kollagenen Hautbestandteile sich leichter entfernen lassen als aus der verfallenen Haut (S. 454). Je nach Dicke und Bedarf werden sie alsdann meist mit einer Bandmessermaschine horizontal zur Oberfläche gespalten, wobei der Gerber seinen kostbarsten Rohstoff, die Haut, zu vervielfältigen in der Lage ist. Das Spalten aus dem Kalk hat auch den Vorteil, daß die Gerbflüssigkeit rascher durch die dünnen Spalte als durch die dicken Häute diffundiert. In manchen Betrieben, insbesondere in U. S. A., wird auch aus der angegerbten oder gegerbten Haut gespalten. Die prallen Häute müssen nun vor der Gerbung unter allen Umständen von der Alkaliquellung und von Kalk befreit werden. Vegetabilische und Mineralgerbungen finden vorwiegend bei saurer Reaktion, aber auch Formaldehyd-, Chinon- und Fettgerbung zweckmäßig bei Annäherung an den Neutralpunkt statt.

Das „Entkälken" wird auf verschiedene Art erreicht. Das Einfachste ist der allerdings sehr sorgfältig zu überwachende Zusatz von Säuren wie Salzsäure, Ameisensäure, Milchsäure, Buttersäure, Essigsäure. Dabei durchläuft die Haut bis in das isoelektrische Gebiet hinein alle Stadien der p_H-Quellungskurve. Sie wird zwischen p_H 5 und 8 (Abb. 204) schlaff und trübe, das Wasser läßt sich leicht aus ihr herauspressen, sie ist „verfallen". Das auspreßbare Wasser ist, wie bereits erwähnt, nicht innerhalb der Mizellen oder an deren Oberflächenschicht gebunden, sondern sitzt locker zwischen den Fibrillen. Die wasserarm gewordenen Mizellarfäden und Fibrillen unterscheiden sich in ihrem Lichtbrechungsvermögen von dem in den Interstizien noch vorhandenen Wasser, wodurch die milchige Trübung erklärlich wird, während in der prallen, glasigen Haut der Wasserreichtum der „dispersen Phase" bewirkt, daß kein Lichtbrechungsunterschied zu bemerken ist.

Die [H'], bei welcher das Minimum der Quellung herrscht, der isoelektrische Punkt (S. 444), ist Gegenstand vieler Untersuchungen gewesen. Für aschefreie und sorgfältig gereinigte Gelatine aus einer Zickelblöße ist mittels Kataphorese gezeigt worden, daß er bei p_H 5,5 liegt und dasselbe ist für aschefreies, gereinigtes Hautpulver als Quellungsminimum gefunden worden. Wie aus Abb. 204 (S. 453 und 447) hervorgeht, fand J. A. Wilson einen Punkt minimaler Schwellung bei Gelatine und Haut bei etwa p_H 5, also im schwach sauren Gebiet, einen zweiten bei p_H 8 im alkalischen Gebiet.

Lassen wir den „zweiten isoelektrischen Punkt", der noch Gegenstand der Diskussion ist, aus dem Spiel. Auch für den ersten ist es sehr wahrscheinlich, daß für verschiedene Häute und vor allem in verschiedenen Milieus isoelektrische Punkte bei recht verschiedenem p_H gefunden werden. Das Quellungsminimum ist nicht nur von der chemischen Zusammensetzung der Haut und der [H'], sondern auch von Neutralsalzen und verschiedenen Faktoren des Milieus abhängig[1]. Besonders Gerbstoffe werden diesen Punkt stark verschieben, wie das bei der Formaldehydgerbung experimentell gezeigt worden ist[2]. Es scheint übrigens, als würde für die Praxis des „Verfallenmachens" die punktweise Fixierung des Quellungsminimums gar nicht so wichtig sein. Es dürfte genügen, das Gebiet zwischen p_H 5 und 8 zu treffen, das sich in Abb. 204, S. 453 ja aus den beiden links und rechts davon steil aufsteigenden Quellungsarmen deutlich hervorhebt. Tatsächlich hat der Verfasser bei vielen Untersuchungen sehr weit ver-

---

[1] H. R. Kruyt und H. C. Tendeloo, Journ. physic. Chem. **29**, 1303 (1925). — O. Gerngroß, Kolloid-Ztschr. **40**, 282 (1926).

[2] O. Gerngroß und St. Bach, Collegium **1922**, 350; 379 (1923). — Biochem. Ztschr. **143**, 533 (1923).

fallener Schafblößen aus einer Glacégerberei p_H-Werte zwischen 7,5 und 8 gefunden, die also ziemlich weit vom eigentlichen isoelektrischen Punkt p_H 5,5 abliegen.

Derartige feine, für Handschuhleder gebräuchliche, und überhaupt die meisten Häute werden nicht einfach mit Säuren entkälkt, sondern gleichzeitig „gebeizt". Die Beize setzt den mit dem Äschern begonnenen Reinigungsprozeß (S. 451) des kollagenen Fasergewebes wirksam fort. Epidermisreste, die Reste der bei der Konservierung der Rohhäute koagulierten Proteine, in gewissem Umfange vielleicht auch in der Haut vom Äscherprozeß zurückgebliebene Keratosen, abgebaute Protoplasmaproteine, die vor allem aus den im Corium befindlichen Bindegewebszellen stammen, werden beim Beizen herausgelöst, die Elastinfasern gelockert und ihrer elastischen, die Haut straffenden Wirkung beraubt, Fette emulgiert. Nach dem Beizen lassen sich, soweit dies noch nicht nach dem Äschern geschehen ist, die ablösbar gewordenen Bestandteile aus der verfallenen Haut als der sog. „Gneist", „Schmutz" oder „Grund", der je nach der Farbe des Felles mehr oder minder dunkel gefärbt ist, herausquetschen. Dies geschieht durch „Streichen" auf dem Baum mit dem Streicheisen, einem zweihändigen stumpfen Messer. Die Notwendigkeit der Entfernung dieser Stoffe für die Erzielung eines guten Leders besteht darin, daß beim Einbringen der Häute während des Gerbprozesses in saure Flüssigkeiten ($p_H < 5$) diese Stoffe z. T. wieder unlöslich gefällt werden, so daß sie sich nicht mehr mechanisch entfernen lassen. Beim Trocknen bilden diese Koagulate harte, spröde Massen, welche den Narben des Leders rauh und brüchig machen und im allgemeinen die Schmiegsamkeit des fertigen Leders beeinträchtigen.

Spezifischer für die Beize und wichtiger aber als dieser Reinigungsprozeß ist ihre Einwirkung auf die kollagene Faser. Sie liefert den eigentlichen Beizeffekt, der sich nicht zahlenmäßig messen läßt. Er wird vom erfahrenen Gerber durch Betasten der Blöße, Feststellung der Glätte und Schlüpfrigkeit, die Eigenschaft, beim Zusammenfalten eines Hautsäckchens und Drücken, Luft durchzulassen, den Fingerabdruck lange beizubehalten und das Wasser besonders leicht auspressen zu lassen, festgestellt. Eine bloß verfallene Blöße (S. 454) zeigt die Auspreßbarkeit des Wassers nicht in dem Maße wie eine wirklich gebeizte und verfallene Haut.

Wir müssen uns als die Ursache dieses Effektes einen gewissen Abbau der kollagenen Faser und des kollagenen Mizellargefüges im Sinne der Erörterungen auf S. 440 vorstellen. Diese Veränderung darf nicht bis zu löslichen Produkten, einer Verleimung der Faser führen. Sie ist je nach dem zu erzeugenden Fabrikat bis zu einem bestimmten Punkt zu leiten. Gerade die neuen Erkenntnisse über den molekularen und mizellaren Bau eines faserigen Proteins wie des Kollagens vermitteln uns eine Anschauung, wie man sich dies vorzustellen hat.

Der für den Ausfall feinerer Ledersorten so wichtige Beizprozeß wurde bis zum Beginn unseres Jahrhunderts noch auf sehr unappetitliche Weise durchgeführt, nämlich mit tierischen Exkrementen, vor allem Hundekot und Taubenmist. Er hat das Gerbereigewerbe in früheren Zeiten in sehr üblen Geruch gebracht und macht den talmudischen Spruch verständlich: „Die Welt kann weder des Gewürzkrämers noch des Gerbers entraten; wohl dem Gewürzkrämer, doch weh dem, dessen Beruf es ist, Gerber zu sein"[1]. Man weiß nunmehr, daß das Wirksame in diesen unerfreulichen Aufgüssen und Brühen proteolytische und lipolytische

---

[1] J. T. Wood, Das Entkälken und Beizen der Felle und Häute (Braunschweig 1914), 2.

Fermente sind und hat die Konsequenzen durch Herstellung von sauberen, genau in ihrer Wirksamkeit definierten, künstlichen Fermentbeizen gezogen. So enthält das seit Jahren in Europa am meisten gebrauchte Präparat, das Oropon, den Preßsaft von tierischen Bauchspeicheldrüsen[1]), aufgesogen in Sägemehl, und wenig Kochsalz, außerdem 60—80% etwas sauer reagierendes Ammoniumsulfat. Letzteres setzt sich mit dem Kalk zu löslichem Gips und Ammoniak um und bewirkt mit puffernden Salzen den für die tryptische Wirksamkeit optimalen p_H von ca. 8 bei gleichzeitiger Entquellung des Hautgewebes[2]).

Die Häute werden mit nur geringen Mengen dieser Fermentbeizen (etwa 0,2 bis 0,4% auf das Blößengewicht berechnet) in Wasser von Bruttemperatur eine oder mehrere Stunden mechanisch bewegt. Die Gefahr besteht nun, daß die eiweißlösenden Fermente nicht nur die zu entfernenden Zellreste, Albuminkoagulate, Keratosen, das Elastin usw. treffen, sondern auch das Kollagen zu weit angreifen, um so mehr, als der Beizprozeß bei 35—40° C durchgeführt wird, wobei schon leicht Verleimung (S. 441) eintreten kann. Stiasny und Ackermann[3]) haben gezeigt, daß in gewissen Konzentrationen besonders jene Neutralsalze, welche die quellenden Ionen (S. 447) der lyotropen Reihe enthalten, durch ihren, die Kollagenmizellen dispergierenden, peptisierenden Effekt im Verein mit Trypsin der Haut gefährlich werden können. Es ist wohl verständlich, daß das durch die Vorbehandlung stark gelockerte Kollagen, dessen Mizellen durch Aufladung, Hydratation, Absättigung von Partialvalenzen durch Neutralsalze nur noch schwach zusammenhängen, im Sinne der Vorstellungen von S. 441 leicht vollkommen zu Glutin desaggregiert und dann auch weiter durch die kombinierte Fermentwirkung, formoltitrierbar, abgebaut werden. Besonders überzeugend ist die tiefgehende Neutralsalzwirkung an Gelatine selber gezeigt worden; diese kann durch Rhodankalium in neutraler Lösung derartig desaggregiert werden, daß sie ultrafiltrierbar wird und ihre Mutarotation vollkommen einbüßt, ohne daß die Lösung von Hauptvalenzen formoltitrierbar nachweisbar wird[4]). Es besteht demnach auch ein Unterschied in der Wirkung der Pankreasfermentbeizen, je nachdem sie Ammoniumchlorid oder Ammoniumsulfat enthalten. Das Chlorid wirkt auf das Protein, so daß eine Beschleunigung des Abbaues und Verstärkung des Beizeffektes eintritt, das Sulfat wirkt eher stabilisierend. Kompliziert werden die Verhältnisse dadurch, daß die Einwirkung der Neutralsalze auf das Protein einerseits und auf das Ferment andererseits nicht im gleichen Sinne verlaufen müssen. Auch die Kalksalze, die bei dem bisher in einer Operation geübten Entkälken und Beizen in ungleichmäßiger Verteilung und in einer mit dem Fortschreiten der Entkälkung von außen her abnehmenden Menge in der Haut vorhanden sind, beeinflussen stark die Fermentwirkung. So kann es leicht zu ungleichmäßiger Beizung kommen und unter Würdigung dieser Verhältnisse empfiehlt E. Stiasny die praktische Abtrennung des Entkälkens von der anschließenden Beizoperation[5]).

---

[1]) Sie liefert ein Gemisch von zwei eiweißlösenden Fermenten ausgesprochener Spezifizität: Trypsin und Erepsin. Vgl. E. Waldschmidt-Leitz, Ber. d. dtsch. chem. Ges. **59**, 3000 (1926); Collegium **1928**, 543. Es sei mit Rücksicht auf die folgenden Ausführungen mitgeteilt, daß dieser Forscher bei keinem der abgetrennten Enzyme eine besondere, das Eiweiß nur desaggregierende Funktion feststellen konnte (vgl. a. S. 438 u. 439).

[2]) Eine zusammenfassende Darstellung des Beizprozesses und speziell der Rolle, welche die Fermente dabei spielen, findet sich in dem Abschnitt von O. Gerngroß, Fermente in der Lederindustrie, in Bd. 4 von C. Oppenheimer, Die Fermente und ihre Wirkungen (Leipzig 1929).

[3]) E. Stiasny und W. Ackermann, Kolloidchem. Beih. **17**, 219 (1923).

[4]) E. Stiasny, S. R. Das Gupta und P. Tresser, Collegium **1925**, 23.

[5]) E. Stiasny, Vagda-Ber. **20**, 46 (1927). — Collegium **1929**, 608.

Es soll am Schluß nicht unerwähnt bleiben, daß es Glacégerbereien gibt, welche, wie die Fabrikanten sagen, ein so weiches Wasser haben, daß in diesen Betrieben so gut wie gar nicht oder überhaupt nicht gebeizt werden muß. Möglicherweise spielt in diesen Fällen neben der Vorbereitung der Häute vor der Beize der Elektrolytgehalt dieser Wässer eine wesentliche Rolle (449). Es gibt übrigens fermentfreie Kunstbeizen, die bei richtiger Anwendung und entsprechender vorheriger Äscherung der Häute einen befriedigenden „Beizeffekt" erzielen sollen.

II. Die Gerbung.

1. Die vegetabilische Gerbung.

a) Die pflanzlichen Gerbstoffe und Gerbextrakte. In der Wasserwerkstatt ist aus der Rohhaut die für die Gerbung vorbereitete „Blöße" entstanden. Aus der Vereinigung dieses, wie wir gesehen haben, mehr oder minder weitgehend von anderen Gewebselementen gereinigten, gelockerten, in räumlich getrennte Fibrillen zerlegten, kollagenen Bindegewebes mit den Gerbstoffen entsteht das Leder.

Gerbstoffe finden sich in den verschiedensten Pflanzen, doch ist die Zahl derjenigen, welche sie im technisch interessanten Ausmaße enthalten — mindestens 10—15% — nicht so sehr groß. Sie kommen, um die für die Lederbereitung wichtigsten zu nennen, angehäuft in der R i n d e von Fichte, Hemlock-Tanne, Maletto, Eiche, Mimosa, Mangrove, in den H ö l z e r n von Eiche, Kastanie, Quebracho, der Katechuakazie, in den F r ü c h t e n von Eichenarten (z. B. Valonea), von Terminaliaarten (Myrobalanen), in B l ä t t e r n von Sumach, Pistaccia, Gambir, in W u r z e l n , Canaigre, Badan, in pathologischen Auswüchsen den „G a l l e n", z. B. als chinesisches und türkisches Tannin, vor.

Konstitutiv chemisch gemeinsam ist ihnen allen der schwach saure, und zwar von phenolischen Hydroxylgruppen herrührende Charakter. Sie zeigen im elektrischen Potentialgefälle anodische Wanderung.

Am besten erforscht sind die Galläpfeltannine, von denen das chinesische ein kolloidlösliches Gemenge von Polygalloylglukosen, vorwiegend Penta-m-digalloyl-Glukose[1] mit beträchtlich hohem Molekulargewicht von 1700, ist[2]). Die für die Lederbereitung eigentlich wichtigsten Gerbstoffe wie die von Fichtenrinde, Mimosarinde, Eichenholz und -rinde, Kastanien- und Quebrachoholz besitzen nicht den vorwiegend esterartigen (depsidartigen), also leicht hydrolysierbaren Charakter wie die Tannine, sondern enthalten als charakteristische Bestandteile Kohlenstoff, an Kohlenstoff kondensierte Systeme[3]).

Vergleicht man den Stand der Proteinchemie mit dem der Chemie dieser technischen Gerbstoffe, so sieht man, daß sie erst an der Stelle steht, an der die Eiweißchemie sich vor etwa 35 Jahren befand, als man die verschiedenen Aminosäuren möglichst quantitativ zu isolieren begann, konstitutiv chemisch bestimmte, und die Art ihrer Verknüpfung untersuchte. F r e u d e n b e r g hat immerhin am Modell des Katechins[4])

---

[1]) E. F i s c h e r und M. B e r g m a n n, Ber. d. dtsch. chem. Ges. **52**, 829 (1919). — P. K a r r e r, H. R. S a l o m o n und J. P e y e r, Helv. Ann. Acta **6**, 3 (1923).

[2]) K. F r e u d e n b e r g, Collegium 417 (1924).

[3]) K. F r e u d e n b e r g, Die Chemie der natürlichen Gerbstoffe (Berlin 1920).

[4]) K. F r e u d e n b e r g, H. F i k e n t s c h e r, N. H a r d e r und O. S c h m i d t, Ann. d. Chem. **444**, 135 (1925).

$$HO \quad O \quad OH$$
$$CH-\langle\quad\rangle OH$$
$$C \cdot OH$$
$$H$$
$$OH \quad CH_2$$

Epikatechin

gezeigt, wie man sich vielleicht die Entstehung der gerbenden Systeme an diesem einfachen Grundmodell vorzustellen hat. Besetzt man die sekundäre Alkoholgruppe (in der Formel fettgedruckt) mit Azetyl, so nimmt die Löslichkeit des Katechins ab und seine Gerbstoffnatur zu. Die Erklärung ist darin zu suchen, daß die Phenolhydroxyle allein und nicht auch die sekundäre Alkoholgruppe für die Gerbstoffnatur verantwortlich sind, und daß sie um so besser wirken, je schwerer löslich der Komplex ist, in dem sie stehen.

Während demnach die phenolischen Hydroxyle den Typus der Gerbstoffe in bezug auf Polarität repräsentieren, ist es die Karbinolgruppe, welche das Strukturprinzip enthält, das zu den polydispersen Gerbstofflösungen führt. Das in der sekundären Alkoholgruppe azetylierte Katechin ist nämlich in Lösung ziemlich beständig. Das nicht azetylierte äußert hingegen schon durch geringe Einwirkung — bloßes Stehen in wäßriger Lösung, Kochen, durch Säuren, Basen, Fermente — eine Kondensationsneigung, die zu einem Gemenge verschiedenartiger, sich gegenseitig in kolloider Lösung haltender, alle möglichen Stufen der Molekulargröße und des Dispersitätsgrades durchlaufender Formen ein und desselben Grundtyps führt. Sobald die Aufladung an der Grenzfläche der Teilchen und ihre Hydratation nicht mehr zur Solvatisierung ausreicht, werden die zu einer gewissen Größe angewachsenen sekundären Teilchen als „Phlobaphene", „Gerbstoffrote" ausflocken; wir haben die typischen technischen Gerbbrühen vor Augen.

Die Ansicht scheint berechtigt, daß die Unterschiede im Ausfall des Leders bei Anwendung der verschiedenen technischen Gerbmittelextrakte weniger von den feineren, konstitutiv chemischen Merkmalen der eigentlichen Gerbstoffe abhängen, als von Art und Menge der sie begleitenden „Nichtgerbstoffe", welche Teilchengröße und Hydratation der Gerbstoffe, das Diffusionsvermögen, die Geschwindigkeit und Festigkeit, mit der sie sich mit der Faser vereinen, die „Adstringenz" des ganzen gerbenden Systems beeinflussen. Zur Gewinnung der Gerbstoffe für technische Zwecke werden die vegetabilischen Gerbmaterialien in heißem Wasser im Gegenstromprinzip je nach dem Bedürfnis und der Betriebseinrichtung, in welcher sich die Anlage befindet (Gerberei oder Gerbextraktfabrik), mehr oder minder schonend in offenen oder geschlossenen „Diffusionsbatterien" unter Anwendung von verschiedenen Temperaturen und Drucken, evtl. auch von gewissen, Farbe und Löslichkeit der Extrakte verbessernden Zusätzen, extrahiert. Dabei gehen selbstverständlich nicht nur die als pflanzliche Gerbstoffe anzusprechenden Bestandteile in Lösung, sondern auch die ihnen chemisch mehr oder minder nahestehenden „Nichtgerbstoffe". Die moldispersen Nichtgerbstoffe, wie z. B. Zucker, dialysieren leicht durch die intakten Wandmembranen der nicht zu weitgehend zerkleinerten Gerbmaterialien, während die eigentlichen Gerbstoffe langsamer und bei etwas höheren Temperaturen austreten. So kann man z. B. bei Fichtenrinde durch kalte Vorbehandlung der Lohe vor der eigentlichen Extraktion eine Veredlung durch Erhöhung der „Anteilzahl" des Extraktes an eigentlichem Gerbstoff erzielen[1]). Es ist ferner zu bedenken, daß Elektrolytgehalt, vor allem die

---

[1]) P. Jakimoff, Collegium **1928**, 426.

Wasserstoffionen-Konzentration des verwendeten Wassers die Extraktion und den Ausfall des Extraktes beeinflussen (S. 459). Unter Berücksichtigung des vorher über die Konstitution der Gerbstoffe Gesagten, sehen wir, wie auch bei den gerbenden Extrakten die „Vorgeschichte" (S. 443) wie bei der Gewinnung der Hautblöße (S. 453) — ein Charakteristikum der Kolloidalität — von entscheidender Wichtigkeit ist.

b) Die Gerbstoffanalyse. Die qualitative Unterscheidung der verschiedenen Extrakte durch optische, durch Farben- und chemische Fällungsreaktionen braucht hier nicht berücksichtigt zu werden. Erwähnt sei, daß die meisten Extrakte bei 25°C zwischen 22° und 25° Bé einen steilen Anstieg der Konzentrations-Viskositätskurven zeigen, und daß die stark verschiedenen Viskositäten zur Erkennung der verschiedenen Extrakte verwendet werden könnten; besonders der Punkt plötzlichen Viskositätsanstieges bei Erreichung einer bestimmten Dichte ist charakteristisch[1]). Die quantitative Gerbstoffanalyse geschieht prinzipiell bisher in der Art, daß man zunächst nach einer gewisse Freiheiten lassenden Vorschrift in bestimmten Grenzen sich haltende Konzentrationen der Lösungen herstellt, und sie alsdann vom „Unlöslichen" durch Filterkerzen oder Papier unter Kaolinzugabe filtriert. Durch gewichtsmäßige Feststellung der adsorbierten Stoffe, welche beim Behandeln dieser filtrierten Lösung von Hautpulver[2]) zurückgehalten werden, unterscheidet man den „Gerbstoff", als das von der Haut Festgehaltene, vom „Nichtgerbstoff", als dem in der Lösung verbliebenen Anteil. Die Zuverlässigkeit dieser Methode steht und fällt mit der Gleichmäßigkeit der adsorbierenden Eigenschaften des Hautpulvers. Leider ist es nicht ganz einfach, in den verschiedenen Ländern ein stets ganz gleichmäßiges Hautpulver zu fabrizieren. So bewirkt eine starke Formaldehydbehandlung, wie man sie eine Zeitlang dem weißen Hautpulver angedeihen ließ, eine Abnahme der Adsorptionskraft für die sauren Gerbstoffe und Nichtgerbstoffe. Mehr oder minder intensive Alkalivorbehandlung, wie sie beim Äschern vorkommen kann, beeinflußt gleichfalls insbesondere das Vermögen, Nichtgerbstoffe aufzunehmen[3]).

Erst in letzter Zeit hat man damit begonnen, der dispersoid- und kapillarchemischen Seite der Gerbbrühen bei ihrer qualitativen und quantitativen Beurteilung Rechnung zu tragen. Man erkannte, daß die Art der Herstellung der Lösungen auf Menge und Art des „Unlöslichen"[4]) einen beträchtlichen Einfluß hat. Z. B. verursachen niedrige Lösungstemperaturen eine grobe Zerteilungsform und daher hohe Zahlen für das Unlösliche. Noch größeren Einfluß hat die Konzentration der zu untersuchenden Gerbstofflösungen auf die Teilchengröße. Die Menge sog. „unlöslicher Stoffe" geht bei verschiedenen Eichenholz-, Mimosa-, Kastanienextrakten mit steigender Konzentration durch ein Maximum, während sie bei Quebracho fortlaufend ansteigt. Von größter Bedeutung ist endlich die p_H-Zahl. Von p_H 4 aufwärts ist das Unlösliche gering und sinkt mit weiter steigendem p_H alsbald auf Null. Bei p_H-Werten kleiner als 4 nimmt das Unlösliche sprunghaft zu. Es ergeben sich für verschiedene Gerbstoffe charakteristische p_H-Fällungskurven[5]), die übrigens, wie man sich denken kann, für die Gerbung selber von Wichtigkeit sind, da diese ja besonders im sauren Gebiete stattfindet (S. 462).

Daß die Art der verwendeten Filter und des Filtrierens von größtem Einfluß bei der Analyse der polydispersen Systeme sein muß, liegt auf der Hand. Um

---

[1]) L. Pollak, Collegium **1925**, 122.
[2]) Geäscherte, entkälkte, zu einem weißen, wolligen Pulver gemahlene Rindshaut.
[3]) R. Tatarskaja, Collegium **1929**, 644.
[4]) E. Stiasny, Collegium **1929**, 579.
[5]) V. Kubelka und E. Belawsky, Collegium **1925**, 111, 247.

die damit zusammenhängenden Schwierigkeiten auszuschalten, wurde eine Sedimentierungsmethode für die Bestimmung des „Unlöslichen" vorgeschlagen. Die sedimentierenden Teilchen haben einen Durchmesser von $> 1 \, \mu$[1]).

Auch die Art der Unterscheidung von „Gerbstoff" und „Nichtgerbstoff", wie sie konventionell nach den Vorschriften des mit dem Weltkriege in 3 große Verbände verteilten „Internationalen Vereins der Leder-Industrie-Chemiker" durchgeführt wird, unterliegt der Kritik. Bei den bisher üblichen Verfahren (vgl. oben) wird naturgemäß viel „Nichtgerbstoff", entsprechend den Adsorptionsgesetzen stark abhängig von der Menge des Adsorbens und der Gleichgewichtskonzentration des „Nichtgerbstoffes", vom Hautpulver festgehalten.

Wilson und Kern[2]) schlugen deshalb vor, als Gerbstoff nur das irreversibel Gebundene zu bezeichnen und demnach das Hautpulver nach der Gerbstoffbehandlung von Nichtgerbstoffen bis zur Erschöpfung mit Wasser auszuwaschen. Auf diese Weise konnte eine weitgehende Parallelität zwischen der Größe der Adstringenz (Intensität und Geschwindigkeit des Anfalles des Gerbstoffes an die Haut) und des Verhältnisses des Gerbstoffes zu Nichtgerbstoff festgestellt werden.

Das offenbar sehr komplizierte Wesen der Adstringenz, welche gerberisch das wichtigste Merkmal für die verschiedenen Gerbmittellösungen ausmacht, hat vor einiger Zeit die Gerbereichémiker besonders beschäftigt. Es scheint, daß sie stark mit der p_H-abhängigen Potentialdifferenz an der Grenzfläche der Gerbstoffteilchen zusammenhängt. Durch Messung der anodischen Wanderungsgeschwindigkeit konnte z. B. festgestellt werden, daß beim stark adstringenten Quebracho die Ladung ein Vielfaches von der des milden Gambirs beträgt. Durch Wegdialysieren der moldispersen Nichtgerbstoffe kann man die Ladung der zurückbleibenden Gerbstoffpartikelchen und die Adstringenz gleichzeitig beträchtlich erhöhen[3]). Außerdem verzögert aber ohne Frage die Anwesenheit des Nichtgerbstoffes die Verbindung des Gerbstoffes mit der Faser auch dadurch, daß der leicht diffundierende Nichtgerbstoff vorauseilt, in lockerer Bindung das Kollagen besetzt, den Gerbstoff dadurch zum Eindringen in die Tiefe veranlaßt. Es ist auch, allerdings nicht ohne Widerspruch zu finden, behauptet worden, daß die Diffusionsgeschwindigkeit einer Gerbmittellösung in Gelatinegallerte der Adstringenz umgekehrt proportional sei. Wichtig ist ferner die Feststellung, daß Nichtgerbstoffe beim Stehen der Lösungen an der Luft durch Oxydation, Kondensation und Aggregierung zu echten Gerbstofflösungen werden können. Alle diese Dinge wären bei der analytischen Beurteilung technischer Gerbstofflösungen und -extrakte mehr als bisher zu berücksichtigen.

Unter der schon im vorhergehenden Abschnitt erwähnten Annahme, daß das verschiedene Verhalten der verschiedenen pflanzlichen Gerbstoffbrühen weniger konstitutiv chemisch als auf Unterschieden in der Teilchengröße und dem Hydratationsgrad der Teilchen begründet ist, wurde die mehr oder minder leichte Aussalzbarkeit durch Kochsalz zur Charakterisierung der Gerbstofflösungen herangezogen. Es ergab sich[4]), daß das wenig adstringente Tannin am schwersten, der stark adstringente Quebracho am leichtesten aussalzbar ist und daß offenbar zwischen Adstringenz, Teilchengröße und Hydratationsgrad Beziehungen bestehen, welche durch die fraktionierte Aussalzung aufdeckbar sind. Nimmt man an, daß

[1]) V. Kubelka und V. Nêmec, Collegium 1929, 421.
[2]) J. A. Wilson, Journ. Am. Leather Chem. Assoc. 15, 374 (1920). — A. W. Thomas und S. B. Foster, Journ. Ind. and Eng. Chem. 15, 191 (1922).
[3]) J. A. Wilson, Journ. Am. Leather Chem. Assoc. 15, 374 (1920).
[4]) E. Stiasny und O. E. Salomon, Collegium 1923, 326.

sich zur Angerbung kleinteilige, zur Ausgerbung großteilige Gerbbrühen eignen, so ist man auf Grund der Salzfällungsanalyse imstande, geeignete Gerbstoffe zu wählen und zu mischen. Die bereits erwähnte Beobachtung von Wilson[1]), daß Nichtgerbstoffe die Adstringenz von Gerbstoffen vermindern, konnte bestätigt werden, denn Gallussäure (ein typischer Nichtgerbstoff) ist imstande, die Salzfällbarkeit stark herabzusetzen.

Alle diese vom wissenschaftlichen, technischen und händlerischen Standpunkte aus wichtigen analytischen Fragen sind noch Gegenstand der Diskussion. Eine vorschnelle Änderung in der konventionellen Gerbstoffanalyse vorzunehmen, könnte mit Rücksicht auf die Internationalität des Gerbstoffhandels unheilvolle Folgen haben. Man hat sich deshalb unter Würdigung des Verbesserungsbedürfnisses und der Schwierigkeiten der Methode innerhalb der 3 großen Verbände (Internat. Verein der Lederindustriechemiker, Internat. Society of Leather Trades Chemists, Americ. Leather Chemists Association) durch Vermittlung eines Internationalen „Liaison Comités" 1927 auf eine „Provisorische Internat. offizielle Methode" geeinigt, die für die Bestimmung des Unlöslichen Filtration durch Papier und Kaolin vorsieht[2]).

Man hat übrigens erkannt, daß es nicht so sehr auf wissenschaftlich begründete Einzelheiten der analytischen Methode ankomme, als auf eine einheitliche, leicht einzuhaltende Analysenvorschrift, damit man in die Lage versetzt werde, in den verschiedensten Laboratorien analytisch vergleichbare Ergebnisse zu erzielen. Es wurde neustens der einheitliche Ausbau der von der Praxis längst bevorzugten „Filtermethode" ins Auge gefaßt, bei welcher die zu entgerbende Lösung durch ein Hautpulver-Filter gesaugt wird[3]).

Auch der Sulfitierungsprozeß, die Erhitzung von gewissen, die unlöslichen „Phlobaphene" und „Gerbstoffrote" bildenden Gerbextrakte, wie Quebracho, mit Natriumbisulfit und Natriumsulfit zum Zwecke der Aufhellung, des Löslichmachens und besserer Ausnutzung der gerbenden Stoffe ist vorwiegend als eine Teilchenverkleinerung erkannt worden. Mit fortschreitender Sulfitierung, Dispergierung und endlich konstitutiv chemischem Abbau des Gerbstoffes geht der technische Gerbeffekt derartiger „behandelter" Extrakte durch ein Maximum; zu weitgehende Sulfitierung vermindert demnach die Wirksamkeit und Qualität der Extrakte.

Übrigens sind auch die künstlichen Gerbstoffe, welche meist aus aromatischen Sulfosäuren bestehen, als typisch dispergierende Mittel aufzufassen, die zugleich mit der Fähigkeit, Leim zu fällen, ausgestattet sind. Neradol D z. B. verhindert unter Umständen geradezu durch seine Schutzkolloidwirkung das Ausfallen von Bariumsulfat aus den Lösungen. Die vorteilhafte Anwendung dieser Stoffe in Kombination mit natürlichen Gerbstoffen ist demnach auch vorwiegend dispersoidchemisch zu verstehen. Es ist aber auch eine Wirkung auf die Haut zu berücksichtigen, der zufolge eine Beschleunigung der Durchströmung der Gerbstofflösungen durch die Haut eintritt[4]). Die ebenfalls ähnlich wie manche künstliche Gerbstoffe verwendeten Sulfitzelluloseablaugen wirken lösend auf die Phlobaphene (S. 458), gleichzeitig aber offenbar teilchenvergrößernd auf die kleinteiligen Quebrachoanteile[5]).

[1]) J. A. Wilson und Kern, Journ. Ind. and Eng. Chem. 12, 465 (1920); 13, 772 (1921).
[2]) M. Bergmann, Collegium **1929**, 233.
[3]) F. Stather, Collegium **1930**, 480.
[4]) M. Bergmann, W. Münz und L. Seligsberger, Collegium **1930**, 520.
[5]) E. Stiasny, Collegium **1925**, 142.

c) Durchführung und Gesetze der vegetabilischen Gerbung. Wesentliche Gesetzmäßigkeiten der vegetabilischen Gerbung lassen sich aus der Azidität, bei welcher sie stattfindet, herleiten. Es ist deshalb unerläßlich, daß der Gerbereichemiker mit den Methoden der Messung der Wasserstoffionen-Konzentration vertraut ist. Ein Blick auf das mit der Wilson-Kernschen Methode ermittelte p_H-Gerbungsdiagramm[1]) (Abb. 205) zeigt, daß im sauren Gebiet bei etwa p_H 2—3 sehr starke Gerbung, bei $p_H = 5$ ein Minimum, im alkalischen Gebiet zwischen p_H 7 und 9 wieder eine deutliche Fixierung des Gerbstoffes mit einem Maximum bei etwa p_H 8 stattfindet. Bei langandauernder Gerbung vereinfacht sich allerdings die Kurve sehr, indem von etwa p_H 9 angefangen bis etwa p_H 2,5 die Gerbintensität allmählich ansteigt.

Die Wirkung der Wasserstoffionen-Konzentration bei der Gerbung ist eine vielseitige. Einerseits beherrscht sie die Ladungsverhältnisse an der Grenzfläche der

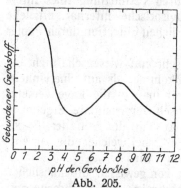

Abb. 205.
Einfluß von p_H auf die Gerbstoffbindung.

Mizellen und Fibrillen der Haut (S. 440 u. 444) und damit wahrscheinlich die Vereinigung von Haut und Gerbstoff (S. 466). Andererseits wirkt sie auf den Zustand der Gerbstofflösung (S. 459), auf Ladung, Teilchengröße und Diffusionsfähigkeit. Diese Einwirkung auf Haut und Gerbstoff ist in bezug auf Gerbeffekt, d. h. Vereinigung der beiden Komponenten, nur z. T. im gleichen Sinne wirksam, z. T. antagonistisch und erklärt die große Kompliziertheit der Verhältnisse.

Der Quellungsgrad der Haut, dessen Abhängigkeit vom p_H besprochen wurde (Abb. 204, S. 453), ist ein weiteres Regulativ für die Gerbung. Eine wenig geschwellte Haut wird bereitwilliger den Gerbstoff in sich hineindiffundieren lassen als eine pralle Haut, deren Mizellen durch Wasseraufnahme und Volumenvergrößerung die intramizellaren und interfibrillaren Zwischenräume besetzt bzw. verengt haben. Andererseits herrscht an der Grenzfläche der mit Säure geschwellten Mizellen und Mizellarverbände eine starke positive elektrische Aufladung (S. 444) und solche säuregeschwellte Häute werden deshalb bei richtiger Behandlung, wenn auch langsamer, so doch mehr und fester den Gerbstoff binden als weniger sauer gequollene Häute. Dieser Effekt wird dadurch unterstützt, daß bei starker Quellung und je nach der Vorbehandlung der Haut in der Wasserwerkstatt (S. 453) auch eine stärkere Aufbündelung und Oberflächenvergrößerung der Fibrillen eintritt. Überhaupt wird der Zustand der Haut in bezug auf Faserstruktur und feinere Mizellarstruktur, in der sie der Quellungstod, das Aufhören der Quellung, die Gerbung, ereilt und verharren läßt, für den Ausfall des Leders größte Bedeutung haben.

Der Vorgang der pflanzlichen Gerbung spielt sich, rein schematisch betrachtet, etwa folgendermaßen ab. Die aus der Beize kommenden, verfallenen, etwa neutralen Blößen, werden zunächst in alte gebrauchte Brühen („Farben"), welche wenig Gerbstoff, aber viel Nichtgerbstoff enthalten, eingehängt. Es sind ausgesprochen wenig adstringente Brühen (S. 460), mit starkem Diffusionsvermögen. Da außerdem die Haut zwischen p_H 5 und 8 liegt (Abb. 205), wird nur eine geringe Fixierung des

---

[1]) A. W. Thomas und M. W. Kelly, Journ. Ind. and Eng. Chem. **15**, 1148 (1923). — A. W. Thomas, Journ. Am. Leather Chem. Assoc. **21**, 503 (1926).

Gerbstoffes stattfinden. Allmählich kommen diese schwach angegerbten Häute in Farben mit größerem Gerbstoff- und geringerem Nichtgerbstoffgehalt. Gleichzeitig findet in steigendem Maße eine Aufnahme von Säuren durch die Haut statt, da die Farben einen gewissen Grad natürlicher Säuerung besitzen, endlich tritt ein Überschreiten des Gebietes von p_H 4 ein, wo die Vereinigung von Haut und Gerbstoff stark zunimmt (Abb. 205). Diese höhere Azidität erreicht man unter Umständen durch Zusätze von Mineral- oder organischen Säuren, wenn die natürliche fermentative Säuerung der Gerbbrühen nicht ausreicht. Nach Durchlaufen eines oder mehrerer solcher Farbengänge, werden die Häute in den Versatz gebracht, wo sie in starken Extraktbrühen schichtweise mit eingestreuter Lohe übereinander verweilen.

So bewirkt man ein allmähliches Hineindiffundieren, eine Durchdringung, Durchgerbung, ja Füllung des Hautgewebes mit Gerbstoff. Die seit alten Zeiten geübte Vorsicht, mit schwachen, gebrauchten Gerbbrühen anzufangen und allmählich die Gerbstoffkonzentration zu steigern, ist die „goldene Gerberregel". Sie hat zum Wesensinhalt, daß man dafür sorgen muß, daß die Diffusion des Gerbstoffes mindestens so schnell ist, wie die Vereinigung des Gerbstoffes mit der Haut. Würde man sogleich mit starken, adstringenten Brühen an eine säuregeschwellte Haut herangehen, so würde eine oberflächliche Zugerbung der Haut bewirkt werden. Die Diffusion des Gerbstoffes in die Tiefe, die Gargerbung würde verhindert, „Totgerbung" veranlaßt werden, bei welcher die Haut im Innern des Leders ungegerbt, hart und brüchig ist. Ein weniger extremer Fall zu rascher Gerbung ist die Runzelung und Schrumpfung des Narbens durch ungleichmäßige Gerbstoffaufnahme.

Einen großen Fortschritt für die Gerberei bezüglich Beschleunigung der Fabrikation bedeutete die Anwendung rotierender heizbarer Gerbtrommeln, die innen an den Dauben lange Zapfen tragen. Durch Hängenbleiben der Häute an den Zapfen, Heben und Recken, durch Zurückfallen der Häute in die 25—35⁰ C warmen Brühen bei der Rotation des Fasses und so fort, findet in dem Hautgewebe ein wechselweises Einsaugen und Auspressen der Lösungen statt; die Diffusion und Durchdringung der Blöße mit dem Gerbstoff ist beschleunigt, und man kann mit konzentrierteren Extrakten und viel rascher gerben. Die Beschleunigung wird allerdings durch eine Qualitätsminderung erkauft, die vor allem durch die Minderung der Festigkeitseigenschaften der Hautfaser bei der starken mechanischen Beanspruchung im rotierenden Faß verständlich ist.

Außer diesem rein mechanischen Verfahren der „Schnellgerbung"[1], das erstmalig unter dem Drucke der notwendig gewordenen Massenproduktion an Leder in der Zeit der französischen Revolutions- und der Napoleonischen Kriege vorübergehend angewandt wurde, heutzutage aber geradezu die moderne Gerberei charakterisiert, sind noch andere in neuester Zeit vorgeschlagene Schnellgerbverfahren zu erwähnen. So das in verschiedenen Fabriken praktisch erprobte Elektroosmose-Verfahren der Elektroosmose-A.G. in Berlin, bei welchem die Blößen in schwache, etwa 1⁰ Bé starke Gerbbrühen zwischen zwei Hartbleielektroden, welche von Gerbstoff undurchlässigen, negativ geladenen Diaphragmen umgeben sind, aufgehängt werden. Bei der anodischen Wanderung der Gerbstoffteilchen findet eine Angerbung und ferner eine derartige Vorbereitung der Blößen statt, daß die nachfolgende normale, vegetabilische Gerbung stark abgekürzt ist[2]).

---

[1]) Vgl. dazu A. Gansser, Taschenbuch des Gerbers, S. 102 (Leipzig 1917).
[2]) A. H. Prausnitz, Ztschr. f. Elektrochem. 28, 27 (1922). — L. Pollak, Der Gerber 174 (1926); vgl. a. den Abschnitt „Elektroosmose" dieses Werkes.

Erwähnt seien noch die Versuche, durch Mitverwendung von kolloiden Polysacchariden wie Tragasol[1]) und Stärke[2]) mit den Gerbstoffbrühen die Gerbung zu beschleunigen, ferner das Nance-Verfahren, durch Anwendung von Vakuum[3]) das gleiche zu erreichen. Das Luckhaus-Verfahren arbeitet in geschlossenen Kesseln, in welcher die Häute glatt aufgehängt sind, sich in langsamer rotierender Bewegung befinden und mit klar filtrierten Brühen behandelt werden. Es soll neben sehr rascher Gerbung (1—10 Tage!) völlige Schonung der Faser erzielt werden[4]).

d) Theorie der vegetabilischen Gerbung. Die Gerbtheorien, welche, ohne dabei besonders die Kolloidalität der reagierenden Stoffe und die Mizellarstruktur der kollagenen Faser (S. 440) zu berücksichtigen, in der Haut lediglich die chemische Substanz sehen, mit der sich der Gerbstoff chemisch zu Leder zu vereinigen habe, sind für den jetzigen Stand der Forschung so unergiebig, daß auf sie hier nicht näher eingegangen werden soll.

Man ist sich heute klar darüber, daß das Wesen der Gerbung zunächst rein physikalisch betrachtet in dem liegt, was F. Knapp (S. 433) erkannte: in einer dauernden gegenseitigen Isolierung der durch die vorbereitenden Arbeiten in der Wasserwerkstatt, vor allem das Äschern und Beizen, „aufgeschlossenen" Gewebefasern und Fibrillen gegeneinander. Dadurch verkleben diese Faserelemente beim Trocknen nicht miteinander, lassen sich gegenseitig verschieben, ist das Leder auch im trockenen Zustande schmiegsam, besonders wenn man durch Schmieren die Gleitfähigkeit der Fasern aneinander erhöht (S. 476).

Während man früher die makro- und mikroskopisch strukturlose, scheinbar homogene chemische Substanz des Glutins als rein chemisches Modell für die Lederbildung betrachtete, ist umgekehrt heute die deutlich fibrillare Struktur aufweisende kollagene Hautsubstanz als Vorbild für den Vorgang der Gelatinegerbung betrachtet worden. Es zeigte sich, daß sowohl formaldehydgegerbtes Kollagen wie gedehnte und gegerbte Gelatine in heißem Wasser Kontraktion, beim Abkühlen spontane Ausdehnung äußern. Solche rhythmischen Kontraktionen und Wiederausdehnungen scheinen allgemein nur an fibrillare Strukturen geknüpft zu sein[5]). Sie sind nur bei einer Verschiebbarkeit der Fasern oder Mizellarfäden gegeneinander möglich und die Vorstellung drängt sich auf, daß sich *die Isolierung der Bauelemente im Sinn Knapps bei Glutin und sinngemäß beim Kollagen bis in die mizellare Struktur hinein erstreckt*[6]).

Die durch die Vereinigung des Gerbstoffes mit der Haut veranlaßte Isolierung der Fasern fällt mit einer Entquellung und Unterdrückung der Quellfähigkeit zusammen; gleichzeitig macht sich eine Steigerung der mechanischen und chemischen Festigkeit, vor allem Unempfindlichkeit gegen Mikroorganismen, bemerkbar.

Es fragt sich nun, wie diese Vereinigung von Kollagen mit Gerbstoff, welche nicht stöchiometrischer Natur ist, aufzufassen wäre. Die Erklärung Knapps: „Sämtliche Momente der Bildung und des Verhaltens der Leder verweisen den Gerbprozeß aus dem Bereich der Chemie in das Gebiet der Physik; sie kenn-

---

[1]) Croß, Greenwood und Lamb, Journ. Soc. Dyers Colourists 35, 62 (1919); vgl. auch V. Casaburi, Cuir techn. 23, 109 (1930); Chem. Centralbl. 1930, II, 1026.
[2]) Tournbull und C. Michael, Engl. Pat. 110470 (1917).
[3]) Nance, Am. Pat. 1065168 (1913).
[4]) L. Jablonski, Collegium 1929, 577; Madsen, Ztschr. f. angew. Chem. 1930, 913.
[5]) W. J. Schmidt, Naturwissensch. 12, 273 (1924).
[6]) O. Gerngroß und J. R. Katz, Kolloidchem. Beih. 23, 376 1926 (Ambronn-Festschr.).

zeichnen ihn als Erscheinung der Flächenanziehung"[1]), kann nicht mehr befriedigen. Man hat später den Vorgang der Vereinigung als „Adsorption" bezeichnet und sich vielfach bemüht, die Aufnahme aller möglichen Gerbstoffe durch die Haut quantitativ der Gesetzmäßigkeit der bekannten empirischen parabolischen Adsorptionsgleichung $\frac{x}{m} = \beta \cdot c^{\frac{1}{p}}$ unterzuordnen. Auch dadurch wurde das Gerbproblem, wie es scheint, nicht besonders weiter geklärt, die Frage nur einfach in die ebenso ungelöste nach der Natur dieser adsorbierenden Kräfte verschoben. Man hat nun neuerdings Nebenvalenzkräfte für diese adsorptive Vereinigung von Haut und Gerbstoff verantwortlich gemacht und gezeigt, wie man von den einfachsten Phenolen zu den Gerbstoffen und von den einfachsten Aminen zu den Proteinen fortschreitend, chemisch die Verbindungsfähigkeit dieser Stoffe auf Grund der gleichen „salzbildenden Kräfte" erklären könnte[2]). Nun sind aber die kristallinischen Phenole nicht imstande, die Haut in Leder zu verwandeln und es wurde schon vor längerer Zeit darauf hingewiesen, daß im allgemeinen erst bei Erreichung einer gewissen Kolloidalität der Gerbstoff seine Wirkung entfaltet[3]) (vgl. auch S. 472).

Eine weitergehende Annahme ist die, daß die adsorbierenden Kräfte durch eine molekulare Oberflächenschicht der Kolloidpartikelchen veranlaßt sind. Auch diese Annahme ist wie die obengenannte imstande, die deutliche Abhängigkeit der Adsorption von der chemischen Konstitution des Adsorbens, die spezifische Adsorption zu erklären. Die Vorstellung ist berechtigt, daß die Atome der letzten Oberflächenschicht wie bei Kristallen mit ihren Valenzkräften frei in den Nachbarraum hineinragen und daß die Grunderscheinung der Adsorption die Absättigung dieser Affinitäten ist[4]). Diese Vorstellungen sind auch durchaus auf kolloide Grenzflächen übertragbar. Die Bedeutung der chemischen Reaktionsfähigkeit der Grenzflächen ist übrigens überzeugend bei der vegetabilischen Gerbung gezeigt worden. Formaldehyd-gegerbte tierische Haut hat, wenn der Formaldehyd im Überschuß angewendet wird, ein sehr stark vermindertes Adsorptionsvermögen für vegetabilische Gerbstoffe, ein Zeichen dafür, daß die vegetabilischen Gerbstoffe offenbar mit denjenigen basischen Gruppen des Proteins reagieren, welche nachweislich auch durch Formaldehyd besetzt werden[5]). In noch unmittelbarer Weise wird das gleiche durch die Tatsache bewiesen, daß Hautsubstanz, welche durch salpetrige Säure einen Teil ihres Stickstoffes — offenbar Aminostickstoff — verloren hat, ebenfalls eine in charakteristischer Weise veränderte Gerbstoffaufnahme zeigt[6]).

Wir sehen somit, daß unsere Vorstellungen über die Kräfte, welche im allgemeinen die „Adsorption" veranlassen, an Klarheit und Tiefe gewonnen haben. Man muß aber unbedingt von einer Theorie der vegetabilischen Gerbung auch eine Erklärung für die weitgehende p_H-Abhängigkeit der Gerbstoffaufnahme fordern, die sich bei der Betrachtung der Kurve in Abb. 205 (S. 462) ergibt. Es ist auffallend, daß im Bereiche von etwa p_H 7 bis 2 Gerbungs- und Quellungskurve

[1]) F. Knapp, Festschr. der Herzoglichen Carola-Wilhelmina Hochschule bei Gelegenheit der 69. Versamml. dtsch. Naturforscher und Ärzte in Braunschweig (1897).

[2]) K. Freudenberg, Collegium 1921, 353. — Vgl. a. G. Powarnin und Tichomirow, Collegium 1924, 158 — P. Pfeiffer, Collegium 1926, 485.

[3]) E. Stiasny, Collegium 1908, 118 — Ztschr. f. angew. Chem. 37, 913 (1924).

[4]) F. Haber, Ztschr. f. Elektrochem. 20, 521 (1924). — O. Hahn, Ztschr. f. angew. Chem. 1930, 871; L. Imre, ebenda 875.

[5]) O. Gerngroß und H. Roser, Collegium 1922, 1, 28.

[6]) A. W. Thomas und S. B. Foster, Journ. Am. Chem. Soc. 348, 489 (1926).

(Abb. 204, S. 453) eine weitgehende Parallelität aufweisen. Man kann daraus auf eine gleiche Ursache für Gerbung und Quellung schließen. Bei der Quellung sehen wir diese Ursache in der Potentialdifferenz an der Grenzfläche der Gelatinepartikelchen oder des fibrillaren Kollagengels (S. 444).

Die Procter-Wilsonsche Gerbtheorie bemüht sich, die Folgerung aus diesen Beobachtungen und Überlegungen zu ziehen. Sie besagt, daß die vegetabilische Gerbung durch den Ausgleich der positiven Ladungen an den Grenzflächen des Eiweißgels mit den im gleichen p_H-Gebiet negativen Ladungen der Gerbstoffteilchen zustande kommt. Der Zusammenfall des Quellungsminimums und Gerbminimums im ersten isoelektrischen Punkt bei p_H 5 ist so aus dem Minimum der Ladung des fibrillaren Gels verständlich. Die Wilsonsche Theorie, daß im alkalischen Gebiet bis zur Erreichung des „zweiten isoelektrischen Punktes" eine Umlagerung des Proteins zu der stärker basisch dissoziierenden „Solform" (S. 447) stattfinde, die erst bei p_H 8 wieder entladen sei, bis dahin aber positive Ladungen trage, könnte die wieder wachsende Gerbstoffaufnahme bis ungefähr p_H 7 verständlich machen.

Konsequenterweise müßte aber demnach im zweiten isoelektrischen Punkt bei etwa p_H 8 wiederum ein Minimum der Gerbstoffaufnahme sich äußern, was, wie man auf Abb. 205 sieht keineswegs der Fall ist. Diese mit der Procter-Wilsonschen Theorie nicht in Einklang zu bringende Erscheinung, daß die Gerbstofffixierung bis p_H 9 ansteigt und sich auch noch auf ein Gebiet erstreckt, wo eine entgegengesetzte Ladung von Protein und Gerbstoff unmöglich zu erwarten ist, versucht A. W. Thomas mit der oxydativen Entstehung chinonartiger Stoffe (S. 460 und 467) in den Gerbbrühen bei alkalischer Reaktion zu erklären[1]).

Viele Erscheinungen sprechen dafür, daß mit der Zeit die Bindung zwischen Gerbstoff und Protein eine festere wird. Es ist sehr wahrscheinlich, daß sekundäre hauptvalenzchemische Veränderungen zwischen den Oberflächenmolekülen stattfinden, so daß alsdann wie bei der Formaldehydgerbung (S. 467) eine auch strukturchemisch völlig verwandelte molekulare Oberflächenschicht im Leder die Mizellen und Mizellarverbände umhüllt. Die Vorstellung, daß diese chemischen Reaktionen auf eine molekulare Oberflächenschicht beschränkt bleiben, macht es begreiflich, daß die auf Knapps Gedanken zurückgehende Umkleidung der Lederfaser sich dem direkten Nachweis durch mikroskopische[2]), ja wie es bisher scheint auch röntgenographische Wahrnehmung[3]) entzieht. Es würde sich also bei der Gerbung vorwiegend um „mizellare Oberflächenreaktionen" (S. 442) handeln. Die Unveränderlichkeit der Röntgenbilder unter ähnlichen Bedingungen hat auch zu der Auffassung geführt, daß die Gerbstoffe nicht mit der „kristallinen" sondern nur mit der „amorphen" Phase, die das Röntgenbild ausweist (S. 439), reagiere[4]). Man wird gut tun, hier die Weiterentwicklung der röntgenspektrographischen Forschung abzuwarten. Auf Grund der Änderung der Mizellardoppelbrechung von Kollagen durch Gerbstoffe ist auf ein permutoides Durchreagieren geschlossen worden[5]).

[1]) A. W. Thomas, Journ. Am. Leather Chem. Assoc. 21, 487 (1926).
[2]) Rollet, Dingl. polytechn. Journ. 158, 298 (1861). — W. Fahrion, Collegium 1910, 255. — Procter, Collegium 1910, 319. — J. A. Wilson, Journ. Am. Leather Chem. Assoc. 14, 93 (1919).
[3]) J. R. Katz und O. Gerngroß, Kolloid-Ztschr. 40, 332 (1926); F. Halla und R. Tandler, Ztschr. f. physikal. Chem. 12, 89 (1931).
[4]) R. O. Herzog und W. Jancke, Ber. d. Dtsch. chem. Ges. 59, 2489 (1926).
[5]) A. Küntzel, Collegium 1929, 207.

2. Formaldehyd- und Chinongerbung.

Das Gemeinsame bei diesen beiden Gerbarten, die auf den Reaktionen zweier

so verschiedener Substanzen wie Formaldehyd, HCHO und Benzochinon, $\bigcirc$ mit

Kollagen beruhen, ist zweifacher Natur. Einmal findet in beiden Fällen im Gegensatz zu den mineralischen und pflanzlichen Gerbarten die Gerbung zweckmäßig bei Annäherung an die wahre Neutralität — p_H 7,1 — statt. Die von Thomas und Kelly[1]) und von Gerngroß und Gorges[2]) unabhängig voneinander festgestellten p_H-Gerbungskurven bei Chinon- und Formaldehydgerbung zeigen eine auffallende Übereinstimmung. Zweitens ist es bei Formaldehyd und besonders bei Chinon[3]) so gut wie erwiesen, daß sie mit den Bausteinen der Proteine, die man ohne Zweifel als chemische Modelle für die hochmolekularen Naturstoffe ansehen kann, hauptvalenzchemisch reagieren. Man braucht also für sie keine Partialvalenzen oder elektrisch geladene Grenzflächen, wie bei den vegetabilischen Gerbstoffen, in Anspruch zu nehmen.

Nun ist es aber bekannt, daß sowohl in den Formaldehyd- wie in den Chinonlösungen Polymerisationen zu kolloiden Systemen stattfinden. Das Chinon oxydiert sich leicht zu polymeren Oxychinonen. Man hat wohl mit Recht bei der Chinongerbung angenommen, daß diese im Charakter den natürlichen Gerbstoffen in gewisser Hinsicht ähnlichen kolloiden Polymeren — ohne hauptvalenzchemische Reaktionen — sich sekundär, also in Kombination mit der eigentlichen Chinongerbung, an die Oberflächen der Kollagenmizellen und Fibrillen anlagern.

Der monomolekulare Formaldehyd steht in wäßriger Lösung in einem gewissen Gleichgewicht mit seinen kolloiden Polymeren[4]). Der Versuch muß hier allerdings als gescheitert gelten, wasserresistente Polyoxymethylenverbindungen des Formaldehyds ausschließlich für die Formaldehydgerbung verantwortlich zu machen[5]). Es ist bemerkenswert, daß die bisherigen, zum Teil noch unveröffentlichten Röntgenaufnahmen von Formaldehydleder und von formaldehydgegerbten Sehnen und formaldehydgegerbter gedehnter Fasergelatine bzw. den entsprechenden Chinonproteinen, keine prinzipielle Änderung im Diagramm erkennen ließen. Ein weitgehendes Durchreagieren kleiner, sich wiederholender Molekülteile wie z. B. bei der Bildung der Nitrozellulose aus Zellulosefasern und Salpeter-Schwefelsäure findet nicht statt, sonst würde der innere Gitterbau der Mizellen verändert und wahrscheinlich eine Veränderung im Kollagenspektrum sichtbar werden[6]).

Die Formaldehydgerbung findet zweckmäßig im Gebiete zwischen p_H 6,5 und 7,5 statt. Bei mehr saurer Reaktion verbindet sich der Aldehyd nur mangelhaft mit dem Kollagen. Bei stärkerer Alkaleszenz schwillt die Haut stark, und da in diesem Gebiet gleichzeitig eine schlagartig rasche Gerbung stattfindet, werden die äußeren Schichten der gequollenen Haut totgegerbt (S. 463) und es ergibt sich ein höchst unvollkommenes Leder[7]).

---

[1]) Thomas und Kelly, Journ. Ind. and Eng. Chem. **16**, 925 (1924).

[2]) O. Gerngroß und R. Gorges, Collegium **1926**, 398.

[3]) L. Meunier und Seyewitz, Collegium **1908**, 195. — S. Hilpert und F. Brauns, Collegium **1925**, 69). [4]) F. Auerbach und H. Barschall, Arb. d. kaiserl. Ges.-Amts **27**, 183 (1907).

[5]) W. Moeller, Collegium 270 (1919). — Vgl. dagegen O. Gerngroß und H. Löwe, Collegium **1922**, 229. [6]) J. R. Katz und O. Gerngroß, Kolloid-Ztschr. **40**, 332 (1926).

[7]) A. M. Hey, Journ. Soc. Leather Trades Chemists 6, 131 (1922). — O. Gerngroß und R. Gorges, Collegium **1926**, 398.

3. Mineralische Gerbungen.

A. Allgemeines über mineralische Gerbung. Kieselsäure- und Eisengerbung.

Eine große Anzahl der verschiedensten mineralischen Stoffe sind imstande, Haut in Leder zu verwandeln: Lösliche Aluminium-, Eisen-, Chrom-, Cer-Salze, ferner Kieselsäure-Sole, schwerlösliche Silikate, Sulfide, Hydroxyde, Phosphate, Karbonate von Chrom, Zinn, Kupfer und Magnesium, feinzerteilter Schwefel, ferner Chlor und Brom. Die Tatsache, daß so außerordentlich verschiedene Substanzen imstande sind, als Gerbstoffe aufzutreten und Haut in Leder zu verwandeln, diente vor einigen Jahren als eine Stütze für eine rein physikalische Auffassung der Gerbung. Die Haut sollte als ein sehr hoch molekulares Produkt so außerordentlich reaktionsträge sein, daß sie sich überhaupt nicht chemisch verbinden könnte. Die vielen verschiedenen, z. T. inerten chemischen Stoffe, welche lederbildend sind, sollten erst recht beweisen, daß es gar nicht auf die chemischen Affinitäten bei der Gerbung ankomme. Man dürfte heute im Gegenteil dazu geneigt sein, die angeführten Tatsachen umgekehrt als einen Ausfluß der besonderen Reaktionsfähigkeit der Proteine an den Grenzflächen ihrer Molekülaggregate zu betrachten (S. 440 u. 442).

Außer Chrom-, Aluminium- und Eisensalzen haben von den genannten Stoffen nur die Magnesia[1]) und kolloide Kieselsäure[2]) ein gewisses Interesse gewonnen. Bei der Magnesiagerbung, die praktisch durchgeführt wird, werden Magnesiumkarbonate, die entweder fertig mit der Haut zusammengebracht oder in ihr durch Umsetzung und Fällung erzeugt werden, gebraucht. Bei der Kieselsäuregerbung wird die Gerblösung durch vorsichtiges Eintragen von 30%igen Natriumsilikatlösungen in 30%ige Salzsäurelösungen erzeugt, bis das Sol etwa $^1/_{10}$ Normalität aufweist. Das Wesen dieser Gerbung ist wahrscheinlich aus dem über die vegetabilische Gerbung Gesagten zu begreifen. Die anodische Kieselsäure vereinigt sich mit dem in saurer Lösung kathodischen Protein. Das Zustandekommen der Verbindung und die Verbindungsfähigkeit des Objektes der Gerbung mit der Kieselsäure versteht sich aus der spezifisch chemischen Konstitution der Grenzflächenmoleküle der beiden miteinander reagierenden kolloiden Stoffe (S. 465). Es ist nicht bekannt, daß bisher ein marktfähiges Silikatleder erzeugt wurde.

Technisch beträchtlich weiter als diese Gerbart ist die seit vielen Jahrzehnten immer wieder versuchte Gerbung mit Eisensalzen[3]) gediehen, obwohl auch sie einstweilen vorwiegend als ein Problem der Gerbereitechnik zu betrachten ist. Soviel bekannt, gibt es in Deutschland jetzt zwei Eisenleder, deren Konkurrenzfähigkeit mit andern Ledern sich noch erweisen muß[4]).

Die Brauchbarkeit des Eisenleders scheitert besonders an seinem Mangel an Lagerbeständigkeit. Es wird mit der Zeit brüchig. Für die Durchführung der Gerbung wird meistens, wie es schon Knapp tat, ein Ferrosalz gewählt, welches in der Lösung zu dem eigentlich erst gerbenden Ferrisalz mit den verschiedensten, meist im Überschuß angewendeten oxydierenden Mitteln oxydiert wird. Die Mitverwendung von Sulfitzelluloseablaugen, pflanzlichen Gerbstoffen und Formaldehyd scheint sich bis zu einem gewissen Grad dabei zu bewähren, doch wurden die ver-

---

[1]) D.R.P. 377536; 451988. — Collegium **1928**, 31.
[2]) Hough, Le Cuir **8**, 209, 257, 314 (1919). — Collegium **1920**, 581.
[3]) Vgl. J. Jettmar, Die Eisengerbung (Leipzig 1920).
[4]) O. Gerngroß, Ztschr. f. angew. Chem. **43**, 897 (1930).

schiedensten organischen Stoffe, so Seife, Blut, Harn und anderes als Zusatz vorgeschlagen.

Es ist möglich, daß der entscheidende Nachteil der Eisensalze gegen die Chromsalze darin liegt, daß sie in wäßriger Lösung vorwiegend hydrolytisch zu dem wenig reaktiven, kaum Diffusionsvermögen besitzenden $Fe(OH)_3$ gespalten werden [1]), während die Chromsalze reaktions- und wandlungsfähige Partialvalenzen betätigende Hydroxoverbindungen und Komplexe verschiedener Dispersitätsgrade, semikolloide Lösungen bilden, welche bis zu den Fibrillen und Mizellen vordringen können. Möglich ist es auch, daß im Eisenleder abgelagertes Fe_2O_3 als Sauerstoffüberträger schädlich auf die Ledersubstanz wirkt.

B. Die Chromgerbung.

a) Ihre Durchführung.

Schon F. Knapp hat die gerbende Wirkung der Chrom- und Eisensalze voll gewürdigt. Der technische und wirtschaftliche Erfolg blieb ihm nur deshalb versagt, weil er die in Deutschland seltenen und kostspieligen Chromverbindungen aus volkswirtschaftlichen Gründen nicht genügend berücksichtigte und dem verlockenden Gedanken unterlag, das Eisen, welches in Deutschland in Massen vorkommt, für die Lederbereitung auszunutzen [2]).

Heute spielt nach der vegetabilischen Gerbung die Chromgerbung die bedeutendste Rolle. Sie zeichnet sich durch Schnelligkeit und Einfachheit aus, ferner erzeugt sie einen zarteren Narben, so daß sie besonders für die feineren Oberledersorten fast ausschließlich verwendet wird; aber auch in Kombination mit der vegetabilischen Gerbung wird sie für Möbelleder in steigendem Maße herangezogen und in der Herstellung von Chromsohlen hat man in den letzten Jahren große Fortschritte gemacht. Endlich wird das Chromleder für einige technische Verwendungszwecke bevorzugt, da es größere Widerstandskraft gegen heißes Wasser und gegen chemische Angriffe und größere Zugfestigkeit als pflanzlich gegerbte Leder besitzt.

Als Vorbereitung für die Chromgerbung wird meistens ein Pickel (S. 448) mit Kochsalz und Schwefelsäure oder einer anderen Säure, so Salzsäure, Buttersäure, Ameisensäure, Milchsäure verwendet. Man erreicht dadurch neben einer Zurückdrängung der Säurequellung ein gleichmäßigeres Eindringen des Gerbstoffes in die Tiefe der Haut. In die ungepickelte Blöße dringt die hydrolytisch abgespaltene Säure rasch ein, während der großteilige basische Chromgerbstoff nur langsam oder gar nicht nachfolgen kann und so eine unerwünschte Übergerbung der äußeren Teile, vor allem des empfindlichen Narbens bewirkt.

Man unterscheidet die „Einbadgerbung" von der „Zweibadgerbung". Bei der „Einbadgerbung" wird die Lösung eines Chromsalzes, meistens Chromalaun, Chromsulfat, ferner auch Chlorid aber auch Fluorid, Laktat und Formiat mit Soda oder Natronlauge nur so weit neutralisiert, daß keine Flockung von basischem Chromsalz entsteht. In diese Brühen, welche noch sehr deutlich sauer sind und die zur Verhinderung zu starker Schwellung unter Umständen noch einen Kochsalzzusatz (S. 448) erhalten, werden die gepickelten Blößen eingehängt. Je stärker der Chromgehalt der Brühe, je größer die „Basizitätszahl" des Gerbsalzes, das ist das Verhältnis:

$$\frac{\text{an OH gebundenes Cr}}{\text{Gesamt Cr}} \cdot 100,$$

[1]) E. Stiasny, Collegium **1908**, 135, 147.
[2]) F. Knapp, Die wirtschaftlichen Anschauungen über die Gerbprozesse und ihre Entwicklung, Festschr. der Herzoglich technischen Hochschule Carola Wilhelmina (Braunschweig 1897).

je weniger sauer die Brühen sind und je näher die Lösung durch Verminderung der sauren Reaktion dem Alkaliflockungspunkte gebracht ist, desto rascher und mehr Chrom wird im allgemeinen von der Haut aufgenommen, d. h. um so adstringenter ist die Brühe (S. 460). Um eine Totgerbung (S. 463) zu vermeiden, werden auch bei der Einbadchromgerbung Farbengänge (S. 463) wie bei der vegetabilischen Gerbung benutzt. Vorteilhaft und im größten Umfange in Gebrauch ist die Bewegung der Häute in Gerbfässern oder Haspelgeschirren unter leichter Erwärmung. Die Einbadchrombrühen können zweckmäßig auch aus dem billigen Natriumbichromat durch Reduktion in heißer saurer Lösung mit leicht oxydierbaren organischen Substanzen, vor allem Glukose, ausgelaugter Lohe, Falzspänen, aber auch einfach mit schwefliger Säure, hergestellt werden. Sehr viel gebraucht werden auch auf bestimmte „Basizität" eingestellte, fertige Chromsalze.

Die immer seltener verwendete „Zweibadgerbung" hat zum Prinzip, die Haut zunächst mit der rasch eindringenden Chromsäure zu tränken und dann im Inneren des Leders die gerbenden Verbindungen entstehen zu lassen. Zu diesem Zweck wird den gepickelten Blößen als erstes Bad eine Natriumbichromatlösung gegeben, welche in einigen Portionen mit Salzsäure, seltener mit Schwefelsäure angesäuert wird. Auch hier wird eine evtl. zu stark auftretende Säureschwellung durch Kochsalz unterdrückt. Es versteht sich von selbst, daß die Brühe beständig in Bewegung gehalten werden muß.

Im zweiten Bade wird alsdann mit Natriumthiosulfat in saurer Lösung die Chromsäure zu basischen Chromisalzen reduziert. Neben Chromverbindungen nimmt dabei die Haut gleichzeitig Schwefel auf, welcher unter anderem die dem Zweibadchromleder charakteristischen Eigenschaften verleiht.

Bei den Chromgerbungen ist es üblich, das Garwerden dadurch zu prüfen, daß man die Kochbeständigkeit untersucht. Man schneidet ein Stück Leder aus der Haut und legt es 5 Minuten lang in siedendes Wasser. Vollkommen durchgegerbtes Chromleder muß diese Probe unmittelbar nach der Gerbung[1]) ohne Schrumpfung aushalten, während die ungegerbte, oder mangelhaft gare kollagene Faser im heißen Wasser eine Kontraktion erleidet. Wie an Sehnen, also einem Kollagen mit parallel gerichteten Mizellen und Fibrillen gezeigt wurde, scheint diese Hitzekontraktion, welche nachweisbar kein Quellungsvorgang ist[2]), dem Verleimungsprozeß (S. 441) nahe zu stehen. Die Gleichrichtung der stäbchenförmigen Mizellen scheint aufgehoben, das Röntgendiagramm des Kollagen verschwindet und macht dem des Glutins Platz[3]).

Eine wesentliche Operation bei der Fabrikation ist endlich die Entfernung des Überschusses von Säure aus Chromleder. Es wird zu diesem Zwecke in einem Haspelgeschirr oder Walkfaß mit verdünnten Lösungen von Natriumbikarbonat, Borax, oder anderen, die Säuren neutralisierenden Salzen behandelt.

b) Gesetzmässigkeiten und Theorie der Chromgerbung.

Früher glaubte man, daß es für die Beurteilung einer Chrombrühe genüge, ihre leicht analytisch feststellbare Chromkonzentration zu ermitteln, ferner ihre „Basizitätszahl" (S. 469), endlich die Flockungszahl, das ist die Anzahl ccm

---

[1]) Die Nachbehandlung des Chromleders, z. B. die Entsäuerung (vgl. oben) mit überschüssigem Alkali, ferner Trocknen bei Temperaturen über 50° C kann unter Umständen das Auftreten von Kontraktionserscheinungen bei der Probe bewirken; vgl. E. Stiasny, Collegium **1926**, 225.

[2]) T. W. Engelmann, Pflüg. Arch. **7**, 155 (1873); **8**, 95 (1874).

[3]) O. Gerngroß und J. R. Katz, Kolloidchem. Beih. **23**, 3€8 (1926). — K. H. Meyer, Biochem. Ztschr. **214**, 275 (1929).

n/10 NaOH, die zu 25 ccm der auf 1 g Chrom pro Liter verdünnten Brühe zugesetzt werden müssen, um eine dauernde Trübung zu erzeugen. Je größer die Chromkonzentration, je höher die Basizitätszahl und je kleiner die Ausflockungszahl sei, desto adstringenter wirke die Brühe.

Man weiß aber heute, daß die Verhältnisse nicht so einfach liegen. Zunächst setzt sich die „Basizitätszahl", die einfach durch Alkalititration der heißen Brühen gegen Phenolphtalein festgestellt wird, aus der freien, in der Brühe vorhandenen Säure und der an dem gerbenden Komplex gebundenen Säure zusammen. Man muß also die „Basizität" der Lösung von der des Chromsalzes unterscheiden. Die Bestimmung der p_H-Werte, welche, wenn auch nicht ganz sicher, die Azidität der Brühe vermitteln, da die gefundene [H$\cdot$] von den vorhandenen Salzen abhängt, kommt hier als analytische Maßnahme zu Hilfe. Neuerdings ist auch festgestellt worden, daß das Basischmachen mit Soda nicht den gleichen Basizitätsgrad des Gerbsalzes erzeugt, wie eine äquivalente Menge Natronlauge. Es entstehen im ersteren Falle Carbonato-Chromkomplexe, die anderen Charakter und andere Basizität wie die normalen basischen Salze haben[1]). Die Chromlösungen stellen sehr komplizierte, reaktionsfähige Systeme dar. So ist ihre gerberische Wirksamkeit außer durch die genannten Faktoren von der Konzentration in dem Sinne abhängig, daß z. B. bei Chromsulfat- und -chloridbrühen mit steigender Konzentration die Chromaufnahme durch ein Maximum geht und dann wieder abfällt. Es spielen ferner, wenn auch lange nicht so stark wie bei der vegetabilischen Gerbung, die Wasserstoffionenkonzentration eine Rolle, der Hydrolysengrad, die Temperatur, bei welcher die Brühe erzeugt wurde (Dauer u. Höhe der Erhitzung vor und besonders nach dem Basischmachen), ihr Alter, endlich Salze, die, wie aus dem vorstehenden Kapitel hervorgeht, in reichlicher Menge bei der Chromgerbung in den Brühen entstehen oder ihnen zugesetzt werden.

Am wichtigsten aber ist die Art des angewandten Chromsalzes selber. So kann man, um den extremsten Fall zu nennen, durch Zusatz von Seignettesalz zu einer Chrombrühe ihre Ausflockung durch Natronlauge und ihre Gerbwirkung vollkommen verhindern. Ja man kann durch dieses Salz Chromfalzspäne glatt entchromen. Es bildet sich in diesem Falle ein Chromtartratkomplexsalz, in welchem die Valenzen des Chroms derartig abgesättigt sind, daß es offenbar nicht mehr imstande ist, mit dem Hautkollagen zu reagieren. Auch Kochsalz und Natriumsulfat, obwohl letzteres die [H$\cdot$] erniedrigt, also die Adstringenz erhöhen sollte, vergrößert die Flockungszahl und verringert in einem weiten Konzentrationsbereich die Gerbwirkung. Andererseits gibt es gewisse Chromkomplexverbindungen — Sulfito-, Formiato- und Oxalatochromsalze —, welche das Chrom in maskiertem Zustande enthalten, also in dieser Form nicht durch Laugen gefällt werden, und dabei doch ein starkes Gerbvermögen besitzen. Z. B. erhält man durch Zusatz von steigenden Mengen Natriumsulfit zu einer basischen Chrombrühe gerbende Systeme und bei dem Verhältnis von 1 Mol $CrOHSO_4$ zu $1\frac{1}{2}$ Mol Na_2SO_3 ist eine Lösung entstanden, welche überhaupt nicht durch Natronlauge gefällt wird, also die Ausflockungszahl ∞ besitzt und dabei gerade ihre maximale Gerbwirkung zeigt. Das alte Chromgerbegesetz, wonach die Chromaufnahme mit zunehmender Basizität und mit abnehmender Ausflockungszahl zunimmt, gilt also nur für die einstweilen hauptsächlich üblichen basischen, vorwiegend kathodischen Chromsulfat- und Chromchloridbrühen, nicht aber für die genannten, ausschließlich anodisch wandernden gerbenden Chrom-

---

[1]) E. Stiasny, E. Olschowsky und St. Weidmann, Collegium **1930**, 565.

komplexe. Diese bewirken übrigens selbst bei hohen p_H-Werten (p_H 4—5) eine besonders milde, allmähliche Angerbung, so daß ein vorhergehender Pickel unnötig wird[1]), auch lassen sie sich vorteilhaft zum Neutralisieren von kationisch vorgegerbtem Leder verwenden. Es ist selbstverständlich, daß die Kennzeichnung solcher anodischer Brühen nach ganz anderen Gesichtspunkten zu erfolgen hat als die der kathodisch wandernden.

Man sieht aus den geschilderten, sehr komplizierten Verhältnissen so viel, daß bei der Chromgerbung eine viel stärkere valenzchemische Abhängigkeit besteht als bei der vegetabilischen Gerbung. Ohne Zweifel spielt aber auch der Dispersitätsgrad eine wesentliche Rolle, obwohl eine Beobachtung vorliegt, der zufolge eine durch Reduktion von $Na_2Cr_2O_7$ mit SO_2 erzeugte Chromgerbbrühe bei der Ultrafiltration und bei der Dialyse keine kolloiden Anteile zurückläßt, also demnach überhaupt solche nicht besitzen soll[2]).

Über die für das Zustandekommen der vegetabilischen und Chromgerbung erforderliche Kolloidalität der Brühen läßt sich vielleicht folgendes bemerken: Es ist möglich, daß nur dort, wo eine wahre, durch Hauptvalenzbetätigung veranlaßte strukturchemische Verwandlung der Oberflächenschicht geschieht, so daß die Grenzflächenmoleküle der Mizellen und Fibrillen nach der gerbenden Einwirkung einem neuen, nicht hydrophilen Stoff angehören, die Forderung nach Kolloidalität des Gerbmittels wegfallen kann. Soviel wir bisher wissen, ist dies nur bei Formaldehyd und Chinon der Fall (S. 467). Beide wirken auch in molekular disperser Zerteilung, beide behalten ihren gerbenden Effekt auch in alkoholischer Lösung[3]). Auch die schon erwähnte auffallende Ähnlichkeit der p_H-Gerbungskurven dieser beiden Gerbstoffe[4]) scheint zu zeigen, daß es sich um ähnliche Vorgänge handelt.

Bei den vegetabilischen und bei der Chromgerbung werden hingegen die Gerbstoffteilchen durch Partialvalenzen oder gerichtete Adsorption von der Oberflächenschicht der Eiweißmizellen oder Fibrillen festgehalten. Man kann sich vorstellen, daß, um die Oberfläche in wirkungsvoller Weise zu besetzen, hier eine größere Menge gerbender Substanz und eine Teilchengröße notwendig ist, welche in einem gewissen Einklang mit derjenigen der Eiweißmizellen steht.

Findet durch fortschreitende Kondensationsreaktionen eine so weitgehende Teilchenvergröberung statt, daß das Gebiet der bereits flockenden Hochkolloide erreicht wird wie bei den Phlobaphenen (S. 458) und stark basischen gealterten Chrombrühen, so ist neben dem Diffusionsvermögen auch die Fähigkeit, unabgesättigte Nebenvalenzen zu betätigen und somit das Gerbvermögen verloren gegangen.

Die einfache Vorstellung, daß das Chromleder ein ganz bestimmtes stöchiometrisch zusammengesetztes Chromkollagenat[5]) sei, in welchem das Chrom an den sauren Gruppen, wahrscheinlich an den Karboxylgruppen des Proteins sitze, kann demnach nicht befriedigen. Dieser Gedanke stützt sich auf die Beobachtung, daß gare Chromleder etwa 3,3% Cr_2O_3 gebunden enthalten. Unter Annahme eines Äquivalentgewichtes des Kollagens von 750 würde man für ein

---

[1]) E. Stiasny und L. Szegö, Collegium **1926**, 46. Über die praktische Anwendung dieser Neuerung vgl. P. Pawlowitsch, Gerber **1930**, 114.

[2]) F. L. Seymour-Jones, Journ. Ind. and Eng. Chem. **15**, 75 (1923).

[3]) W. Fahrion, Neuere Gerbmethoden und Gerbtheorien (Braunschweig 1915), 103; (Chinongerbung), 100. — Ferner R. Abbegg und P. v. Schröder, Kolloid-Ztschr. **2**, 86 (1907) (Formaldehydgerbung).

[4]) A. W. Thomas und M. W. Kelly, Journ. Ind. and Eng. Chem. **16**, 925 (1924) (Chinongerbung). — O. Gerngroß und R. Gorges, Collegium 398 (1926) (Formaldehydgerbung).

[5]) J. A. Wilson, Journ. Am. Leather Chem. Assoc. **12**, 108 (1917). — Die moderne Chemie n der Lederfabrikation (Leipzig 1925), 356.

Monochromkollagenat 3,38% Cr_2O_3 errechnen. Da man unter bestimmten Bedingungen genau das 4- und das 8fache dieser Menge an Hautpulver binden kann, wurde auch von Tetra- und Oktochromkollagenaten gesprochen. Es ist aber, selbst wenn wir einer ganz rein valenzchemischen Auffassung der Chromgerbung als einer Salzbildung huldigen, außer Zweifel, daß fur die Bindung des Chroms nicht bloß die sauren, sondern auch basische Gruppen im Kollagen wesentlich sind[1]).

Über die quantitativen Verhältnisse beim Zusammentritt von Chromgerbstoff und Gelatine hat Wintgen[2]) Beobachtungen mitgeteilt, die Wert für die Beleuchtung der kolloidchemischen Seite der Chromgerbung zu besitzen scheinen. Er stellte fest, daß Chromoxydsole verschiedenen Dispersitätsgrades mit Gelatinelösungen vollkommene, gegenseitige, selbst im kochenden Wasser unlösliche Fällungen geben. Im Maximalfällungspunkte werden von einem Äquivalentaggregatgewicht kolloiden Chromoxydes, das er berechnete, und dessen Größe mit dem Dispersitätsgrade natürlich variiert, stets rund 30000 g Gelatine gefällt. Dieser Wert stimmt größenordnungsmäßig mit dem osmotisch ermittelten Molekularaggregatgewicht der Gelatine überein.

Auch die für die Theorie der vegetabilischen Gerbung wertvolle Procter-Wilsonsche Theorie des Ladungsausgleiches (S. 466) wurde für die Chromgerbung herangezogen. Demnach sollen anodisch wandernde Chromkomplexe in der Brühe mit den in der sauren Lösung kathodischen Proteinionen reagieren[3]). Es ist aber bekannt, daß der Chromanteil in den üblichen Chromsulfat- und -chloridbrühen vorwiegend kathodisch wandert und überhaupt konnte gezeigt werden[4]), daß der Wanderungsrichtung des Chroms keine ausschlaggebende Bedeutung für das gerberische Verhalten zukommt.

Vor allem hat E. Stiasny[5]) an einem sehr umfangreichen experimentellen Material mit den verschiedensten gerbenden und nichtgerbenden Chromkomplexverbindungen die Anschauung ausgebildet, daß die Beständigkeit und Teilchengröße des Chromkomplexes wichtiger als seine Ladungsart sei. Ist das Chrom in dem komplexen Salz mit Haupt- und Nebenvalenzen so abgesättigt, daß ihm für eine weitere Verbindungsfähigkeit mit dem Kollagen nichts übrigbleibt und ist der Komplex andererseits auch so beständig, daß er sich in wäßriger Lösung nicht weiter verändert, so ist eine Gerbwirkung nicht zu erwarten, gleichviel, ob das Chrom kathodisch oder anodisch oder gar nicht wandert. Ist aber der chromhaltige Komplex unbeständig, bilden sich beim Alkalizusatz, beim Erhitzen und längerem Stehen der Brühen durch Hydrolyse unter H-Abspaltung aus den komplexen Chromsalzen Hydroxoverbindungen und aus diesen durch Wasserabspaltung „Olverbindungen", so werden während dieser steten Umwandlungen Nebenvalenzen wirksam, welche die Ursache der Adsorption (S. 465) durch die Haut und deren Gerbung sind. Diese „Verolung", bei welcher eine am Chrom hauptvalenzchemisch gebundene Hydroxylgruppe (Hydroxogruppe) außerdem an einem zweiten Chromatom durch Nebenvalenz gebunden wird, bedeutet eine Molekülvergrößerung:

[1]) O. Gerngroß, Collegium 489 (1921). — K. H. Gustavson und P. J. Widen, Journ. Am. Leather Chem. Assoc. 21, 22 (1926). — A. W. Thomas und M. W. Kelly, Journ. Am. Chem. Soc. 48, 1312 (1926).

[2]) R. Wintgen und H. Löwenthal, Kolloid-Ztschr. 34, 292 (1924).

[3]) Atkins und Thompson, Journ. Soc. Leath. Trades Chemists. 15, 207 (1923).

[4]) F. L. Seymour-Jones, Journ. Ind. and Eng. Chem. 15, 265 (1923). — E. Stiasny, Ztschr. f. angew. Chem. 913 (1924). — Gerber 51, 165 (1925).

[5]) E. Stiasny und K. Lochmann, Collegium 1925, 207. — E. Stiasny und D. Balànyi, Collegium 1927, 86. — E. Stiasny, Collegium 1928, 554.

$$Cl'_2 \left[(H_2O)_4 \, Cr {\overset{OH}{\underset{OH_2}{\diagdown}}} \right]^{..} + \left[\overset{H_2O}{\underset{HO}{\diagup}} Cr(OH_2)_4 \right]^{..} Cl'_2 \longrightarrow$$

Hydroxopentaquochromichlorid

$$\left[(H_2O)_4 \, Cr {\overset{OH}{\underset{HO}{\diagdown\diagup}}} Cr \, (OH_2)_4 \right]^{....} Cl'_4 + 2 H_2O$$

Di-Olverbindung

So entstehen Großmoleküle und Molekülaggregate, so findet die Bildung polydisperser Systeme statt, welche der Forderung eines gewissen Diffussionsvermögens einerseits, und einer gewissen Kolloidalität andererseits entsprechen, eine Forderung, die wie bei der vegetabilischen Gerbung (S. 465 u. 472) auch bei der Chromgerbung offenbar erfüllt sein muß.

So ist ganz ähnlich wie bei der Vorbereitung der Haut auch bei der Vorbereitung der Chrombrühe die Entstehung, die „Vorgeschichte" des fein organisierten, reagierenden Gebildes (S. 443) als typisches Zeichen der Kolloidalität von ausschlaggebender Bedeutung. Diese theoretischen, stets durch das Experiment geleiteten Anschauungen haben ein tieferes Verständnis für die verwickelten Verhältnisse und Vorgänge in den komplizierten Chrombrühen angebahnt und es ist zu erwarten, daß sie auch unmittelbar technische und wirtschaftliche Fortschritte bringen.

Daß der wissenschaftlichen Forschung auf dem Ledergebiete nicht so leicht wie in manchen anderen Fabrikationen der praktische Erfolg zuteil wird, liegt einerseits daran, daß Jahrtausende alte, durch Erschöpfung aller sich bietenden praktischen Möglichkeiten gewonnene Erfahrung und Überlieferung in einem der lebensnotwendigsten Gewerbe, wie es die Gerberei ist, die Fabrikation schon früher auch ohne wissenschaftliche Durchdringung auf sehr hohe Stufe gebracht hat. Andererseits haben wir die außerordentliche Kompliziertheit und Verbundenheit der kolloiden Vorgänge in den Gerbereien kennengelernt, welche die Eingliederung einer Teilerkenntnis und ihre Übertragung in den gesamten Fabrikationsvorgang sehr erschwert.

So ist es verständlich, daß die „Theorie in der Gerberei" nicht sehr hoch bei den Praktikern im Werte stand und noch vor wenigen Jahren war es berechtigt, kritisch auf die damaligen Lehrbücher über die Lederfabrikation hinzuweisen[1]), in welchen meist nur kurz und recht unbefriedigend die Anschauungen über die Konstitution und den Feinbau der kollagenen Fasern und die Theorien der Gerbvorgänge erwähnt werden, ehe sie sich in die Fülle der praktischen Handhabungen und Rezepte, welche ihren Inhalt ausmachen, versenken. Es war damals nur zu sehr erlaubt, an die Ausführungen Goethes zu erinnern, der sich in der Farbenlehre mit dem Verhältnis zwischen Theorie und Praxis in der dem Gerbereigewerbe so nahe verwandten Färbereiindustrie ausführlich beschäftigt:

„Merkwürdig ist es, in diesem Sinne die Anleitungen zur Färbekunst zu betrachten. Wie der katholische Christ, wenn er in seinen Tempel tritt, sich mit Weihwasser besprengt, und vor dem Hochwürdigen die Knie beugt und vielleicht, alsdann ohne sonderliche Andacht seine Angelegenheiten mit Freunden bespricht, oder Liebesabenteuern nachgeht, so fangen die sämtlichen Färbelehren mit einer respektvollen Erwähnung der Theorie geziemend an, ohne daß sich auch nachher nur eine Spur fände, daß etwas aus dieser Theorie herflösse, daß diese Theorie irgend etwas erleuchte, erläutere und zu praktischen Handgriffen irgendeinen Vorteil gewähre"[2]).

---

[1]) Vgl. O. Gerngroß, Vom Wesen der Gerbung tierischer Haut, Habilitationsschrift, Techn. Hochschule zu Berlin (1920), 6 u. 7.

[2]) W. v. Goethe, Zur Farbenlehre, Didaktischer Teil, V. Abteilung, 1. Ansatz, 731 (1808); zitiert nach Propyläen Ausgabe 21, 187 (München 1913).

Man darf heute feststellen, daß durch die wissenschaftliche Gerbereiforschung zumindest sehr viele Erläuterungen und Erklärungen und somit Sicherungen für längst geübte Praxis gefunden wurden, und man kann erwarten, daß die theoretische Forschung auch hier mehr und mehr „zu praktischen Handgriffen" Vorteile bringen wird.

III. Das Fetten, Schmieren und Fettlickern, das Färben, Appretieren und Zurichten der Häute.

A. Schmieren und Fettlickern.

Es wurde auseinandergesetzt, daß die Gerbung vorwiegend darin bestehe, die durch vorbereitende Arbeiten aufgeschlossenen, d. h. von nicht kollagenem Material gereinigten, gelockerten und voneinander gesonderten Hautfibrillen und Fasern durch die Einwirkung von „Gerbstoffen" auf die Lederhaut voneinander isoliert zu halten. Diese Isolierung hat zu bewirken, daß die trockenen Fasern nicht mehr verkleben, sondern im Leder verschiebbar aneinander v o r b e i g l e i t e n. Dies letztere wird durch die Gerbung allein nur in selteneren Fällen ohne weiteres in genügendem Maße erreicht. Wenn die Häute aus der Gerbung oder Gare kommen und getrocknet werden, haben sie bei den meisten Gerbarten ein unansehnliches Aussehen und nicht den typischen lederartigen Griff.

Um einen extremen Fall als Erklärung für das Gesagte zu nehmen, sei auf die Glacégerbung hingewiesen. Die mit einem Gemisch von Alaun, Kochsalz, Eigelb und Mehl gewalkten Blößen werden in ventilierten geheizten Räumen, „in der Borke" getrocknet, um die Verbindung des Alaungerbstoffes mit der Haut fester zu gestalten. Die gegerbten Felle sind alsdann brettartig steif und weit davon entfernt, den wunderbaren Reiz des Materials zu entfalten, den das fertige weiße oder buntgefärbte Glacéleder der Hand und dem Auge bietet. Sie müssen zunächst mit Wasser etwas befeuchtet und dann durch Ziehen und Recken über eine hölzerne scharfe Kante „gestollt" werden. Durch dieses Dehnen trennen sich erst die leicht miteinander verklebten Hautfasern und Fibrillen bereitwillig voneinander, so daß erst jetzt der Eindruck schmiegsamen Leders entsteht. Nun wird der überschüssige, nicht festgebundene Alaungerbstoff, der die Reinheit und Gleichmäßigkeit der späteren Färbungen stören könnte, durch ein kurzes Waschen mit Wasser in rotierenden Trommeln „das Broschieren" entfernt.

Alsdann erhalten die Felle zur Erhöhung ihrer Z ü g i g k e i t und Weichheit eine Nachgare mit Eigelbemulsion und Salz. Erst jetzt sind sie für die Färbung und fertige Zurichtung vorbereitet. Ein reines Alaunleder ohne Anwendung eines **Fettstoffes,** wie er im Eieröl[1]) des Eigelbes enthalten ist, würde niemals ein Leder ergeben können, das den Anforderungen an Zügigkeit und Dehnbarkeit entspräche, die man z. B. an ein Handschuhleder stellen muß. Beim Anmachen mit Wasser wird das Öl durch natürliche „Emulgatoren", Lezithine, vor allem aber das Eialbumin des Eiweißes, das vom technischen „Eigelb" nie abgetrennt ist und eine wichtige Rolle spielt, fein emulgiert.

Man sieht aus diesem Beispiel, daß die Gerbung allein nicht ausreicht, der gegerbten Blöße die begehrenswerten Eigenschaften des Leders zu erteilen. Die beim Glacéleder geschilderten Nachbehandlungen bezwecken eine Entfernung über-

---

[1]) Das Eieröl bewirkt gleichzeitig wie T r a n bei der S ä m i s c h g e r b u n g eine echte Fettgerbung, auf die in dieser Zusammenfassung nicht näher eingegangen wird. Überhaupt sei erwähnt, daß viele Fettungsmittel nicht nur die geforderte Schmierwirkung entfalten, sondern auch gleichzeitig eine Art nachträglicher F e t t g e r b u n g erzielen.

schüssiger eingelagerter Stoffe, die mechanische Auseinanderlegung und Dehnung der isolierten gegerbten Fibrillen und ein Schmieren, ein Umhüllen der Faserelemente mit Fett, um die Gleitfähigkeit zu erhöhen.

Sämtliche Ledersorten werden gefettet, geölt oder geschmiert, selbst das feste und steife Sohlenleder enthält nach der Fertigstellung 2—3% Fett. Es ist verständlich, daß die Verringerung der die Fibrillen schädigenden Reibung beim Aneinandervorbeigleiten zugleich auch die Festigkeit der gefetteten Fäserchen und die Dauerhaftigkeit des Leders im Gebrauch erhöht, daß aber ein großer Überschuß von Fett — über 21%[1]) — die allgemeine Zugfestigkeit des Leders pro qcm wieder abnehmen läßt.

Sehr starke Fettung (über 20%) erreicht man einfach durch Eintauchen der trockenen Leder in geschmolzenes Fett. Im allgemeinen bringt man jedoch beträchtlich geringere Mengen Fett in das vorher angefeuchtete Leder hinein (in vegetabilisches Leder 10—15%, in chromgares 4—8%). Bei leichteren, speziell den chromgegerbten Ledersorten (Boxcalf, Rindbox, Chevreaux, Schafledern) wird ein „Fettlicker" angewendet. Hier wird das Fett in Form einer dreiphasigen, häufig recht fettreichen Emulsion einverleibt, bei der die disperse Phase Öl, das Dispersionsmittel Wasser ist und als dritte Phase ein Emulgator dient. Nur bei der Anwendung von Wollfett und bei Degras und Moellon (vgl. weiter unten) handelt es sich um Emulsionen von Wasser in Fett.

Als Öle kommen bei den Fettlickern fast nur Klauenöl und Olivenöl, die im wesentlichen aus „Triolein", dem Triglyzerid der Ölsäure bestehen, Rizinusöl und Fischtrane zur Anwendung. Auch Mineralöle werden diesen Mischungen zugesetzt. Als Emulgatoren kommen Fettsäureseifen, ferner sulfurierte Öle, Moellon und Degras, das sind oxydierte Trane, und Eigelb und Mischungen dieser hauptsächlich verwendeten Emulsionsmittel in Betracht. Außerdem enthalten die Licker Borax oder Soda, um eine entsprechende Alkalität für die Erhaltung der Stabilität der Emulsionen zu gewährleisten. Aus dem gleichen Grunde wird meistens Seife im Überschuß den Lickern zugesetzt, da die Leder stets sauer sind und einen Teil des Alkalis an sich reißen.

Neben den genannte Emulgatoren werden für die vielartigen und komplizierten Emulsionen, die bei der Zurichtung und Fertigstellung der Leder in Anwendung kommen, noch die folgenden Emulsionsmittel gebraucht: Naphtensulfosaure Salze und freie Naphtensulfosäuren, „Kontakt", die verschiedensten „Netzmittel", wie sie in der Textilindustrie neuerdings so vielfach Eingang gefunden haben[2]), Azeton, das sich als Emulsionsmittel bewährt[3]), dann Gelatine, Albumin, Kasein, verschiedene Eiweißabbauprodukte und Gelatosen, Gummiarabikum, Dextrine, irisches Moos und Karagheen-Moos, Stärke, Harze und Harzseifen, Cholesterin, Lezithin, Saponin und endlich auch gewisse unlösliche, fein verteilte anorganische Stoffe wie kolloide Tone u. dgl. Das feuchte Leder adsorbiert beim Walken bereitwillig die feinverteilten Öle und Fette aus der schwach alkalischen Emulsion, so daß die ausgeschöpfte wäßrige Brühe, das Dispersionsmittel, welche p_H 6,4—7 zu haben pflegt, allein zurückbleibt.

Es ist zu beachten, daß die Leder, speziell Chromleder, vor dem „Fettlickern" gut entsäuert sind, da bei einem p_H < 6 die Emulsionen nicht beständig sind und ausflocken, ehe sie ihre Wirkung getan haben. Emulsionen von Mineralölen in Wasser mittels sulfurierter Öle bzw. deren Alkalisalzen zeigen bei p_H 7—7,7 ein

---

[1]) J. A. Wilson und A. F. Gallun, Journ. Ind. and Eng. Chem. **16**, 1147 (1924).
[2]) W. Schindler, Die Grundlagen des Fettlickerns (Leipzig 1928), 4; Collegium **1928**, 241.
[3]) Wo. Ostwald, Kolloid-Ztschr. **43**, 228 (1927).

Maximum der Beständigkeit. Auch ein gewisses Maß löslicher Stoffe im Leder führt zu einer zu raschen Teilchenvergrößerung der dispersen Phase, so daß die Fetteilchen verhindert sind, in die Tiefe zu diffundieren. Andererseits kann ein vollkommener Mangel an löslichen Stoffen im Leder zu einer Überfettung und einem zu weichen Leder führen.

Ein höherer p_H fördert wohl die Eindringungstiefe des Fettes in das Leder, aber von einer bestimmten Alkalinität an geht die fettende Wirkung weitgehend zurück[1]). Es ist übrigens gezeigt worden, daß der wirkungsvolle Fettlicker gar nicht tief in das Leder einzudringen braucht[2]).

Man kann sich den Reaktionsmechanismus des Fettlickerns so vorstellen, daß das, wie bereits erwähnt, stets saure Leder das Alkali des Lickers neutralisiert, die Emulsionen „bricht" und daß nunmehr die gemäß unserer Anschauungen über die Theorie der Emulsionen[3]) ihrer Schutzhüllen beraubten Ölpartikelchen die Fasern umhüllen, und vor allem beim warmen Trocknen weiter in die Tiefe der Fibrillen und des ganzen Leders dringen können. Möglicherweise spielt bei der Vereinigung von Leder und Fett auch der Ausgleich elektrostatischer Ladungen zwischen positiv geladenem Leder und anionischen Fetteilchen eine Rolle, ähnlich wie man sich bei der vegetabilischen Gerbung (S. 466) die Reaktion zwischen Faser und Gerbstoff vorstellen kann[4]).

Ein Licker von mittlerer Emulsionsbeständigkeit scheint demnach der beste zu sein[5]). Ein solcher mit sehr großer Beständigkeit liefert wohl klaren und glatten Narben aber loses Leder. Manchmal werden jedoch die Fettlicker bezüglich ihrer Brauchbarkeit lediglich auf Grund der Stabilität der Emulsion beurteilt. Diese Prüfung ist auf keinen Fall berechtigt. Trotz größter Beständigkeit der Emulsion können sehr erhebliche Fehler verschiedenster Art sich nach der Anwendung des Lickers beim Leder herausstellen, denn es kommt selbstverständlich auf Menge und Art aller einzelnen Ingredienzien an. So gute Dienste dem Gerbereichemiker, der auf dem Gebiete des Fettlickerns tätig ist, die Theorien der Emulsionen leisten, so ist er doch bei der praktischen Prüfung auf eine Fettungsprobe im Betriebe angewiesen, wenn er sich nicht der Gefahr schlimmster Schäden aussetzen will. Es ist dies ja auch wohl verständlich, wenn man den Werdegang des Leders, seine in jedem Betriebe verschiedene Vorgeschichte (vgl. S. 453) einerseits, und die ungeheuer verschiedenen Möglichkeiten der Kombinationen in den Fettlickern bedenkt.

B. Färben, Appretieren und Zurichten der Leder.

Das Färben des Leders geschieht vielfach nach dem Fetten, bei manchen Ledern jedoch in einem mit dem Fettlicker oder es wird zuerst eine Grundfarbe gegeben, gelickert und dann übergefärbt. Es kann hier nicht auf das außerordentlich vielseitige Gebiet der Lederfärberei eingegangen werden, für das in prinzipieller Weise ähnliche Gesichtspunkte gelten, wie für die Färberei anderer natürlicher oder auch künstlicher Faserstoffe[6]).

---

[1]) E. Stiasny, Collegium **1928**, 239.

[2]) H. B. Merill, Collegium **1928**, 276.

[3]) W. D. Harkins, The stability of emulsions, monomolekular and polymolekular films, thickness of the waterfilm on salt solutions, and the spreading of liquids, Colloid Symposium Monograph **5**, 19 (1928). — W. D. Harkins and Sollmann, Journ. Am. Soc. **48**, 69 (1926).

[4]) J. A. Wilson, The Chemistry of Leather Manufacture, 2. Aufl., 844, 824 (New York 1929).

[5]) E. Stiasny, l. c. — J. A. Wilson, l. c. S. 816.

[6]) Vgl. den Abschnitt „Färberei" S. 110 dieses Werkes.

Erwähnt muß aber werden, daß in steigendem Maße anstatt der Durchfärbung der Faser ein oberflächliches Aufspritzen von „Deckfarben"[1]) mittelst Spritzpistolen erfolgt. Man unterscheidet Deckfarben, welche im Prinzip gefärbte Zelluloseesterlacke in organischen Dispersionsmitteln sind, und wäßrige eiweißhaltige Deckfarben, die als Lederfinische bezeichnet werden.

Die Zelluloseesterdeckfarben sind vor allem auch in der Lage, kleine Narbenschäden, die besonders bei der gewöhnlichen Durchfärbung des Leders stark hervortreten und den Wert der fertigen Ware stark drücken würden, zu verdecken. Durch Aufspritzen dieser Deckfarben werden die Vertiefungen und Fehler im Narben ausgeglichen und die lackartigen Überzüge dienen gleichzeitig als Schutz für die Oberfläche gegen mechanische Einwirkungen und Wasser, zur Erhöhung der Reibechtheit und zur Erzeugung von Glanz.

Als Farbstoffe, die feinst verteilt, in diesen Lacken verwendet werden, kommen unlösliche anorganische Pigmente, ferner Farblacke, aber auch gelöste Anilinfarben in Betracht. Es ist verständlich, daß in Anbetracht der besonderen Schmiegsamkeit der Lederunterlagen diese Überzüge entsprechende Festigkeitseigenschaften, Elastizität und Plastizität, Dehnbarkeit und Schmiegsamkeit haben müssen. So kommt es sowohl auf den Dispersitätsgrad des Farbstoffes, auf die Qualität der Zelluloseestergrundlage, auf das angewandte Lösungsmittel und die zuzusetzenden Plastizierungs- und Weichmachungsmittel an. Als solche werden Rizinusöl und Leinöl, verschiedene Phthalsäureester, Triphenylphosphate u. dgl., die verschiedensten Fettsäureester verwendet, außerdem werden höhere Alkohole wie Butanol beigefügt, um ein gleichmäßiges und klares Antrocknen der Emulsionen zu gewährleisten.

Ein besonderes Interesse finden die billigeren und farbschöneren, eine edlere Oberfläche liefernden wasserlöslichen Farbfinische. Auch sie enthalten Pigmente, Farblacke und organische Farbstoffe. Die unlöslichen Pigmente und Lacke werden zunächst mit sulfonierten Ölen oder Netzmitteln als Emulgatoren oder Peptisationsmitteln angerührt und alsdann meistens mit Kaseinatlösungen, auch Albuminlösungen, denen Wachsemulsionen zugefügt werden können, hergestellt. Durch Verwendung von Formaldehyd oder Formaldehyd abspaltenden Stoffen wird für die möglichste Wasserunlöslichkeit dieser Finische gesorgt.

Man sieht, wie das interessante Gebiet der Deckfarben und Finische Probleme bietet, die vor allem in das Reich der Kolloidchemie gehören.

Endlich sei noch erwähnt, daß man am Schluß die meisten Leder, zur schöneren Gestaltung der Oberfläche und zur Erreichung gewisser Festigkeitseigenschaften in geeigneten Zurichtemaschinen durch „Glänzen", Bügeln, durch Anbringung eines künstlichen Narbens in der Narbenpresse, durch Egalisieren und Abschleifen der Fleischseite u. dgl. fertigstellt. Der einfachste Fall einer solchen Behandlung ist z. B. die Erzeugung eines Hochglanzes, bei welcher die Leder in dünnster Schicht mit einer Albuminlösung, aber auch einfach mit Blut oder Magermilch versehen und alsdann nach dem Trocknen maschinell durch die Behandlung mit schnelllaufenden Glas-, Achat- oder Stahlrollen geglänzt werden.

Die Anbringung eines künstlichen Preßnarbens, die unter hohen Drucken und Erhitzung geschieht, erfolgt stets auf einer oberflächlichen Schicht von Zelluloseesterlacken.

---

[1]) Vgl. W. Vogel, Collegium **1926**, 560. — W. Vogt, Ledertechnische Rundschau **19**, 148 (1927).

Plastizität und Plastizierung.

Von Dr. phil. **Josef Obrist**-Brünn.

Vorbemerkung. Wo immer wir im täglichen Leben mit der Materie in Berührung treten, zeigt sich, daß, falls wir von den gasförmigen Stoffen absehen, eine eindeutige Abgrenzung derselben in die Typen „fest" und „flüssig" in einer großen Zahl von Fällen Schwierigkeiten bietet, indem der größere Teil der Stoffe, mit denen wir es normalerweise zu tun haben, entweder primär oder aber in irgendeiner Phase ihrer Verarbeitung Eigenschaften besitzt, durch welche diese Stoffe — äußerlich wenigstens — als Übergangsformen der Zustände „fest—flüssig" gekennzeichnet sind. Teige, Brei und sirupartige Substanzen, Salben, Seifen, die große Zahl der Werkstoffe, die wir in unseren Industrien verarbeiten, die Speisen, die wir genießen, ja unter gewissen Bedingungen sogar die Gesteine und selbst Kristalle, die man sozusagen als „Reinkultur" des „festen" Körpers im Sinne Tammanns anzusehen geneigt ist, bieten innerhalb weiterer oder engerer Temperaturgrenzen unter dem Einfluß äußerer deformierender Kräfte ein physikalisches Verhalten dar, das die spezifischen Kennzeichen sowohl der festen als der flüssigen Phase in sich vereinigt. Man bezeichnet dieses Zustandsgebiet in der landläufigen Sprache als die „plastische" Phase des betreffenden Stoffes.

Die Erforschung des plastischen Zustandes steht derzeit erst in ihren Anfängen und das zur Verfügung stehende verhältnismäßig spärliche experimentelle Material hat bisher nur wenige positive Schlußfolgerungen ermöglicht, wohl aber erkennen lassen, daß das Problem — soweit wenigstens die Materialien der Technik in Frage kommen — ein vorwiegend kolloidchemisches oder besser dispersoidologisches ist. Dies ganz in Übereinstimmung mit der Tatsache, daß nach neuesten Untersuchungen[1]) eine Anzahl für die Technik bedeutungsvoller physikalischer Materialkonstanten, z. B. Festigkeit, elektrolytische und Wärmeleitfähigkeit im allgemeinen für ein beliebiges natürlich vorkommendes oder technisch gewonnenes und verwendetes Material keine charakteristischen Größen darstellen, sondern ganz beträchtlich verschieden sind von den entsprechenden Werten des Einkristalls, mit anderen Worten also wesentlich durch die „Korngröße" und die Natur der entweder zufällig vorhandenen oder absichtlich zugesetzten Spuren von „Verunreinigungen" bedingt sind[2]). Das makroskopische Verhalten der Materie kann

---

[1]) Vgl. z. B. A. Smekal, Naturwissensch. **10**, 799 (1922). — Phys. Ztschr. **26**, 707 (1925). — Ztschr. f. techn. Phys. **7**, 535 (1926). — G. v. Hevesy, Ztschr. f. Phys. **19**, 80, 84 (1922).

[2]) So ist beispielsweise, um eine Vorstellung von der Größenordnung dieser Differenzen zu geben, nach A. Smekal (a. a. O.) die konstante „molekulare Festigkeit" des „Idealkristalls", das ist die Festigkeit der zwischenmolekularen Bindungen, 100—1000mal größer als die mittels des üblichen Zugversuches bestimmte „technische Festigkeit" eines realen Kristalls — eine Tatsache, die von Smekal mit der Existenz submikroskopischer Risse und Hohlräume („Poren" und „Lockerstellen"), von denen der Realkristall durchsetzt sein soll, also mit einer subvisiblen Kornstruktur in Zusammenhang gebracht wird.

eben nicht lediglich strukturchemisch verstanden werden, sondern wird in gleichem Maße durch die Textur der Substanz mitbestimmt. Im besonderen tritt dieser Einfluß der Textur, wie im folgenden näher auszuführen sein wird, überwiegend stark in der plastischen Phase hervor, ein Umstand, der die Plastizität durchaus nicht als eine spezifische Eigenschaft gewisser Körpergruppen, vielmehr als speziellen kolloiden und damit allgemein möglichen Zustand der Materie in Erscheinung treten läßt.

Lediglich von diesem Gesichtspunkt aus sollen im vorliegenden Abschnitt die Frage des plastischen Zustandes der Werkstoffe behandelt und dabei schon im Hinblick auf den knappen zur Verfügung stehenden Raum ausschließlich jene Momente in den Kreis der Betrachtung gezogen werden, die die Technologie der nichtmetallischen Stoffe betreffen. Bezüglich der Metalle, deren plastisches Verhalten im Zusammenhang mit ihren sonstigen mechanischen Eigenschaften und den Erscheinungen der Verfestigung und Rekristallisation namentlich seit den letzten Jahren vom molekulartheoretischen Standpunkt Gegenstand tiefgreifender Untersuchung ist, liegen bereits mehrfach zusammenfassende Darstellungen in den neuesten großen Handbüchern der Physik und Mechanik, sowie in Monographien vor (z. B. Müller-Pouillet, Lehrb. d. Physik 1, 2. Teil, Geiger und Scheel, Handb. d. Phys. 6, Auerbach und Hort, Handb. d. physikal. u. techn. Mechanik, Sachs-Fiek, Der Zugversuch, A. Nadai, Der bildsame Zustand der Werkstoffe usw.), auf die hiermit der Vollständigkeit halber bloß verwiesen sei. Um so mehr muß natürlich an dieser Stelle Verzicht geleistet werden auf die auch nur kurze Darstellung der teils phänomenologischen teils an bestimmte Strukturvorstellungen anknüpfenden Theorien, wie sie etwa von B. de St.-Venant, W. Voigt, M. Brillouin, J. Cl. Maxwell, L. Boltzmann, L. Prandtl u. a. entwickelt wurden[1]).

Wenn auf diese gerade heute so hochaktuellen Gedankengänge und Schlußfolgerungen im Rahmen dieses Werkes nicht näher eingegangen wird auf die Gefahr hin, dem physikalisch eingestellten Leser einen Torso zu bieten, so glaubt Verfasser dies damit rechtfertigen zu dürfen, daß er es entsprechend der Zielsetzung dieses Werkes für geboten hielt, auf den wenigen ihm überlassenen Seiten lediglich jene kolloidphysikalischen Gesichtspunkte auszuwählen und zu betonen, die ausschlaggebend sind für das elastisch-mechanische Verhalten der technischen Endprodukte innerhalb der verschiedenartigen plastische Massen verarbeitenden Industriezweige, mit der Absicht, vor allem den Praktiker auf neue Möglichkeiten in der bewußten Beeinflussung der Materialeigenschaften hinzuweisen und zu eigenen Versuchen im großtechnischen Betrieb anzuregen. Hat sich doch die Technologie gerade der plastischen Massen — ausgenommen jene des Kautschuks und vielleicht in mancher Beziehung jene der Zellstoffmassen — trotz ihres zweifellos kolloidchemischen Charakters vielfach an den Erkenntnissen der Dispersoidlehre „vorbeientwickelt" und sich so immer bedenklicher in ein Netz wohlgehüteter empirischer Rezepte und Geheimverfahren eingesponnen[2]).

---

[1]) Eine übersichtliche Zusammenstellung dieser Theorien findet sich in der Enzykl. d. math. Wissensch. 4, 4. Teilbd. im Th. v. Kàrmànschen Artikel Physikalische Grundlagen der Festigkeitslehre, 743—770. — Vgl. ferner aus neuerer Zeit u. a. die Arbeiten von H. Hencky, Ztschr. f. angew. Math. u. Mech. 3, 241 (1923); 4, 323 (1924); 5, 144 (1925). — C. Caratheodory und E. Schmidt, Ztschr. f. angew. Math. u. Mech. 3, 468 (1923). — R. v. Mises, Gött. Nachr. 582 (1913). — Ztschr. f. angew. Math. u. Mech. 5, 147 (1925); 8, 161 (1928).
[2]) J. Obrist, Kolloid-Ztschr. 45, 82 (1928).

I. Begriff und Charakteristik der Plastizität.

Der vorwissenschaftliche Begriff der „Plastizität" (vom griechischen $\pi\lambda\acute{\alpha}\sigma\sigma\varepsilon\iota\nu$ = formen, bilden) oder „Bildsamkeit" hat ebenso wie die Begriffe „hart" und „weich" seine Wurzel in der Tastempfindung und bezeichnet zunächst einen bestimmten Konsistenzzustand, wie er etwa durch Glaserkitt, Wachs, usw. bei gewöhnlicher Temperatur dargestellt wird. Aber schon die ersten durch die Bedürfnisse der Technik geforderten Versuche, diesen Begriff präziser zu fassen und gar die Eigenschaft der Bildsamkeit im Einzelfall zahlenmäßig festzulegen, stoßen auf erhebliche Schwierigkeiten. Kennzeichnend für den subjektiven Charakter des Plastizitätsbegriffes ist einerseits die synonyme Terminologie, wie sie sich in der Literatur etwa in den Bezeichnungen „Plastizität, Bildsamkeit, Knetbarkeit, Duktilität, Nachgiebigkeit, zähes Fließen, Zähigkeit, Geschmeidigkeit, über-elastische Verformung, dauernde Deformation, Weichheit" usw. eingebürgert hat, womit im Grunde, soweit gewissermaßen das makroskopische Verhalten der Stoffe in Betracht gezogen wird, mehr oder weniger die gleiche Eigenschaft ausgedrückt werden soll. Andererseits gelingt es nicht, wenn jeweils nur eine der vorhin genannten Eigenschaften als Meßmethode für die Beurteilung des „Plastizitätsgrades" herangezogen wird, die verschiedenen Stoffe hinsichtlich ihres plastischen Verhaltens eindeutig in eine Reihe einzuordnen, so daß von zwei Stoffen, die einmal nach ihrer Viskosität, das andere Mal etwa nach der Dauerdeformation beurteilt werden, unter Umständen der eine im ersten Fall als plastischer wie der zweite, im anderen Fall umgekehrt der zweite als plastischer wie der erste zu bezeichnen wäre[1]. Diese Tatsache beweist, daß der Begriff der Plastizität komplexer Natur ist und daß das plastische Verhalten durch mehrere möglicherweise z. T. voneinander abhängige Parameter bestimmt wird[2].

So kann es also nicht wundernehmen, daß innerhalb der verschiedenen mit plastischen Massen arbeitenden Industrien ebensoviel verschiedene Eigenschaften als „Plastizität" bezeichnet werden, je nachdem der eine oder andere Faktor für die praktische Beurteilung des Arbeitsgutes in den Vordergrund rückt[3].

Qualitative Definition. Angesichts dieser verwickelten Sachlage steht eine auch nur qualitativ präzise Definition des Plastizitätsbegriffes, welche alle mitunter auch scheinbar antibate Merkmale des plastischen Zustandes, wie z. B. hohes Formveränderungsvermögen einerseits, geringen Verformungswiderstand andererseits mit umfassen müßte, derzeit noch aus. Um so zahlreicher sind hingegen die in der Fachliteratur sich vorfindlichen Begriffsbestimmungen, die meist praktischen Bedürfnissen angepaßt, den plastischen

---

[1] Ausfuhrliches darüber samt näheren Literaturangaben vgl. z. B. im Abschnitt Plastizität von W. Deutsch des neuen Handbuches der physikalischen und technischen Mechanik, herausgegeben von F. Auerbach und W. Hort (Leipzig).

[2] Eine Vorstellung von dieser Komplexität möge die Bemerkung geben, daß nach M. Planck (Mechanik deformierbarer Körper [Leipzig 1919], 40) die Deformierbarkeit bloß des idealen festen Körpers durch nichts weniger als 36 Parameter festgelegt wird. Und nun erst bei realen Körpern, gar wenn es sich, wie es bei den technischen plastischen Massen der Fall ist, um Mehrkomponentensysteme handelt!

[3] Treffend werden diese Verhältnisse durch R. E. Wilson in einer Diskussion zur H. Greenschen Arbeit „Further Development of the Plastometer and its Practical Application etc." (Proc. Americ. Soc. Test. Mat. **20** (1920)) gekennzeichnet, wenn er da sagt: „There is scarcely anything about which greater confusion exists in many different industries than this question of body, plasticity, mobility or whatever we may call it. The clay people have on idea, the paint people have another, the starch paste people another, the rubber cement people still another. Different committees are talking about plasticity and meaning entirely different things".

Zustand unter engbegrenzten Gesichtswinkeln erfassen, wie einige wenige aus der Fülle solcher Definitionen ausgewählte, von autoritativer Seite verschiedener Fachgebiete stammende Beispiele zeigen mögen.

J. Cl. Maxwell, der Klassiker der Physik, definiert: „Findet man, daß die Gestalt eines Körpers eine dauernde Änderung erleidet, sobald ein (auf ihm ausgeübter) Zwang einen gewissen Wert übersteigt, so nennt man den Körper weich oder plastisch"[1]).

F. Auerbach, der demgegenüber feststellt, daß Plastizität und Weichheit offenbar nicht dasselbe sei, wiewohl zwischen beiden Eigenschaften doch irgendein Zusammenhang zu bestehen scheine, erblickt in der „Plastizität die Eigenschaft gewisser Körper, bei äußeren Einwirkungen, die ein bestimmtes Maß überschreiten, bleibende, aber allmähliche und stetige Veränderungen zu erfahren"[2]).

J. Stark knüpft bei seiner Definition bereits an konkrete Vorstellungen über den Bau eines festen Körpers an, wenn er sagt: „Nehmen die Teile eines festen Körpers unter der Wirkung äußerer Kräfte Verschiebungen gegeneinander an, ohne auseinanderzureißen, und behalten sie diese Verschiebungen nach Fortnahme der äußeren Kräfte dauernd bei, so nennen wir den Körper plastisch oder bildsam"[3]).

Eine eigenartige Auffassung vertritt L. Brillouin[4]), der von der Voraussetzung ausgeht, daß Flüssigkeiten keinen Gestaltwiderstand besitzen. Danach ist ein Körper plastisch, wenn in ihm ohne Dichtenänderung eine instabile Gleitbewegung stattfinden kann, im Gegensatz zum „brüchigen" Körper, in dem kleine Deformationen unstabile Dichtenänderungen hervorrufen.

Eine weitere Plastizitätsdefinition, welche in ihrer Art speziell auf die keramischen Massen Bezug nimmt, aber dadurch bemerkenswert ist, daß sie ein neues Moment als charakteristisch für die Bildsamkeit anzusehen scheint, wurde von H. Seger, dem Begründer der wissenschaftlichen Keramik, gegeben: Unter Plastizität versteht man die Eigentümlichkeit fester Körper, in ihre Poren eine Flüssigkeit aufzunehmen und damit eine Masse zu bilden, der durch Kneten und Drücken jede beliebige Form gegeben werden kann und schließlich nach dem Aufhören des Druckes und nach der Entfernung der Flüssigkeit dieselbe auch als fester Körper unverändert zu bewahren[5]).

Schließlich sei noch erwähnt, daß A. Atterberg vom Standpunkte der Bodenkunde aus versucht hat, dem Problem der Bildsamkeit näherzutreten und unter „Plastizität im beschränkteren Sinne die Eigenschaft der Körper, sich unter den Fingern zu Drähten ausrollen zu lassen" versteht[6]).

Bemerkenswert ist zunächst, daß sich die Plastizität, die unzweifelhaft in engem Zusammenhang u. a. mit den Festigkeitseigenschaften der Körper steht, ebenso wie die letzteren bei einem und demselben Stoff je nach Art der deformierenden Kräfte in graduell verschiedener Weise äußert, so daß schon in dieser Hinsicht eine Unterscheidung zwischen Zug-, Druck-, Biegungs-, Torsions-, Scheerungsplastizität usw. erforderlich wird.

[1]) J. C. Maxwell, Theorie der Wärme; deutsch von F. Auerbach (Breslau 1877), **288**.

[2]) F. Auerbach in A. Winkelmanns Handb. d. Physik, 2. Aufl., **1**, 870 (Leipzig 1908). — Wied. Ann. d. Phys. **45**, 277 (1892).

[3]) J. Stark, Die physikalisch-technische Untersuchung keramischer Kaoline (Leipzig 1922), 66.

[4]) L. Brillouin, C. R. **112**, 1054 (1891); **126**, 328 (1898). — Ann. chim. phys. (7), **13**, 377; **14**, 311; **15**, 447 (1898).

[5]) C. Bischoff, Die feuerfesten Tone, 3. Aufl. (Leipzig 1904), 22.

[6]) A. Atterberg, Kolloidchem. Beih. **6**, 78 (1914).

Zeit- und Temperatureinfluß. Von wesentlicher Bedeutung ist weiterhin bei allen plastischen Verformungen der Zeiteinfluß. Glasig-amorphe Körper z. B., wie Glas, Schellack, Pech usw. sind in ihrem mechanischen Verhalten durch eine ausgesprochene Abhängigkeit von der Deformationsgeschwindigkeit gekennzeichnet, insofern als sie sich unter verhältnismäßig geringer Beanspruchung, sobald dieselbe nur genügend lange Zeit einwirkt, ohne weiteres plastisch verformen lassen, hingegen viel größeren, aber plötzlich einsetzenden Kräften gegenüber sich als durchaus spröde Körper erweisen[1]). In thermischer Hinsicht macht sich der zeitliche Einfluß dahin geltend, daß deformierende Kräfte von langer Dauer bei niederer Temperatur gleiche Wirkungen zur Folge haben wie kurzzeitige bei entsprechend hoher Temperatur. Daß ferner Alterung die mechanischen und im besonderen die plastischen Eigenschaften von Substanzen namentlich kolloiden Charakters ganz wesentlich· beeinflußt, ist eine jedem mit plastischen Massen arbeitenden Technologen geläufige Tatsache.

Auch zwischen Temperatur und Größe der Deformationskräfte besteht ein bisher nur größenordnungsmäßig festgestelltes Äquivalenzverhältnis in dem Sinne, daß plastische Wirkungen, welche durch bestimmte deformierende Kräfte hervorgebracht werden, in gleicher Weise auch durch entsprechende Temperatureinflüsse bedingt werden. So entspricht nach W. M. Cohn[2]) in ganz grober Schätzung vielfach einem Temperatureffekt von einigen Celsiusgraden ein Druckeffekt von einigen tausend Atmosphären — eine Tatsache, die praktisch z. B. in dem Verhalten des Schmiedeeisens oder der keramischen Materialien bei hohen Temperaturen zum Ausdruck kommt, wie überhaupt die Einwirkung von Druck und Wärme als das hauptsächlichste Hilfsmittel des technologischen Arbeitsprozesses bei der Plastizierung von organischen Stoffen (Kautschuk, Proteine, Zellulose usw.) in Frage kommt.

Wenn auch zur Zeit systematische quantitative Untersuchungen in dieser Richtung noch nicht vorliegen, so steht jedenfalls fest, daß der plastische Zustand innerhalb des Zustandsgebietes fester Körper durch ein eigenes, von bestimmten Druck- und Temperaturwerten abgegrenztes Existenzgebiet dargestellt wird, wobei der Zeiteinfluß als weitere unabhängige Variable hinzukommt.

Eine vom Gesichtspunkt des Technologen bedeutsame Folgeerscheinung der plastischen Verformung, die mit Ausnahme der glasig-amorphen Körper allgemein zutage tritt, ist die Verfestigung des Materials unter dem Einfluß reckender Kräfte. Hierbei sind die Ursachen, die zur Verfestigung führen, bei Stoffen von kristallinischem Bau[3]) vermutlich völlig verschieden von jenen bei Körpern von gelartiger oder sonstwie kolloider Struktur. Wir kommen auf diese zweite Gruppe weiter unten ausführlicher zurück.

Quantitative Definition. Die aufgezeigten Unklarheiten darüber, welche Eigenschaft bzw. welcher Eigenschaftskomplex als Plastizität anzusehen sei, bringen es naturgemäß mit sich, daß auch die quantitativen Definitionen durchaus verschiedene physikalische Größen zur Grundlage der zahlenmäßigen Erfassung der Plastizität machen. Vielfach werden Zähigkeit und Plastizität nicht genügend auseinandergehalten und für das visköse Fließen charakteristische Faktoren, die zweifellos in der plastischen Deformation enthalten sind, zum Maßstab der Plastizität gemacht. Wenn hierbei die Gefahr besteht,

---

[1]) Vgl. hierüber ausführlich P. Ludwik, Physik. Ztschr. **10**, 411 (1909).
[2]) W. M. Cohn, Keram. Rundschau **36**, 771 (1928).
[3]) Vgl. R. Becker, Ztschr. f. techn. Phys. **7**, 547 (1926).

31*

daß andere die Plastizität mitbestimmende Faktoren übersehen werden, so gilt dies mutatis mutandis auch für jene Definitionen, die mit oder ohne Berücksichtigung des Zeiteinflusses lediglich Eigenschaften heranziehen, welche mehr oder weniger an festen Körpern realisiert sind (wie z. B. Festigkeit, Formbeständigkeit, Weichheit oder dgl.). Trotz dieser vom wissenschaftlichen Standpunkt bestehender Bedenken gestatten die unterschiedlichen Definitionen und die auf sie gegründeten Meßmethoden eine für die Zwecke der Betriebskontrolle immerhin ziemlich befriedigende Beurteilung der Stoffe hinsichtlich ihres Plastizitätsgrades, und ob man in der Praxis der einen oder der anderen der nachstehend angeführten Festsetzungen den Vorzug geben wird, hängt letzten Endes natürlich davon ab, welche von den die Plastizität bedingenden Faktoren mit Rücksicht auf den jeweiligen Verwendungszweck des Materials ausschlaggebend sind.

Relative und praktische Plastizität. F. Auerbach[1]), der die Plastizität für eine quantitative, jedoch nicht neue und selbständige Eigenschaft der Körper hält, hat erstmalig die Plastizität als den Überschuß der Festigkeit über die elastische Vollkommenheit definiert und als einfachstes Maß derselben die Differenz $N = F - V$ (F Festigkeit, V Elastizitätsgrenze) eingeführt, die er „Plastizitätsmodul" oder „absolute Plastizität" nennt. N wird natürlich wie F und V in kg/mm² gemessen. Charakteristischer für bestimmte Eigentümlichkeiten im plastischen Verhalten der Körper ist die „Plastizitätszahl" oder die „relative Plastizität"

$$n = \frac{F - V}{F},$$

d. h. der in Bruchteilen der Festigkeit ausgedrückte Überschuß der Festigkeit über die Elastizitätsgrenze. Eine dritte Möglichkeit der Definition, welche dem in der Technik meist üblichen, aber unklaren Sinn des Begriffsinhaltes „Plastizität" am meisten entgegenkommt, gibt die Größe der Veränderung, welche ein Körper bei der Deformation von der Elastizitätsgrenze bis zur Festigkeitsgrenze erfährt. Auerbach bezeichnet sie als „Plastizitätsverhältnis" oder „praktische Plastizität":

$$N = \frac{F - V}{E},$$

wobei E den mittleren Elastizitätsmodul innerhalb des Plastizitätsbereiches bedeutet[2]).

Plastizitätszahl. In der Folge wurde dann von B. Zschokke unter besonderer Berücksichtigung der Verhältnisse bei keramischen Massen die Plastizität als Funktion der Deformationsfähigkeit und Zerreißfähigkeit definiert und das Produkt dieser beiden Eigenschaften als Maß der Plastizität angesprochen, wobei die Zerreißfestigkeit eines feuchten Tonstranges und die Größe der Dehnung desselben vor dem Zerreißen bestimmt wurden[3]). Doch hängen

---

[1]) F. Auerbach, Wied. Ann. d. Phys. **45**, 277 (1892). — Winkelmanns Handb. d. Phys 2. Aufl., **1**, 870 (1908).

[2]) Korrekter wäre, da E beim Übergang von V zu F eine Funktion der allmählich gesteigerten Kraft K ist, zu schreiben:

$$N = \int_V^F \frac{d K}{E}$$

[3]) B. Zschokke, Baumaterialienkunde **7**, 24 (1902); **8**, 1 (1913).

gerade bei den Tonen Zerreißfestigkeit und Dehnung wesentlich von dem jeweiligen Wassergehalt ab, und zwar in der Weise, daß bei bestimmter Zerreißfestigkeit die Dehnung mit wachsendem Wassergehalt zunimmt. Dieser dritte von Zschokke unberücksichtigt gelassene Faktor wurde von M. Rosenow[1]) in Rechnung gesetzt, indem er als Maß der Plastizität das Produkt

$$\text{Zerreißfestigkeit} \times \text{Dehnung} \times \text{Wassergehalt}$$

ansieht. Er bezeichnet dieses Produkt als „Plastizitätszahl".

Fließgrenze, Ausrollgrenze.   In diesem Zusammenhange mag noch erwähnt sein, daß A. Atterberg mit Rücksicht darauf, daß die typischen Erscheinungen der Plastizität bei Tonen nur innerhalb gewisser Wassergehaltsgrenzen auftreten, als Maß der Plastizität die Differenz zwischen der „Fließgrenze" (Wassergehalt, bei welchem ein Ton bei Erschütterung eben zu fließen beginnt) und der „Ausrollgrenze" (Wassergehalt, bei dem der Ton beim Ausrollen zu dünnen Drähten zu zerbröckeln beginnt) festsetzt[2]).

C. G. S.-Einheit der Plastizität.   In neuester Zeit hat E. Karrer im Hinblick auf seine Auffassung, daß Plastizität die Fähigkeit eines Körpers ist, eine Deformation aufzunehmen und dauernd zu behalten, die folgende quantitative Definition einer C. G. S.-Einheit der Plastizität vorgeschlagen: Eine Substanz besitzt Einheitsplastizität, wenn sie unter Normalbedingungen von einer Kraft von 1 kg/qcm während einer Sekunde zu einem bestimmten Grade deformiert wird und die ganze Deformation dauernd behält[3]). Für diese Einheit wird der Name „pla" in Vorschlag gebracht. Welcher Art die Normalbedingungen sind, die für eine konkrete Meßmethode gewählt werden, wird an späterer Stelle bei Besprechung der Plastometer vermerkt. Hier ist lediglich festzuhalten, daß die Definition einerseits einen Faktor berücksichtigt, der mit der Weichheit zusammenhängt (Deformabilität), andererseits einen Faktor, der auf die bleibende Deformation Rücksicht nimmt und angibt, welcher Teil der Deformation erhalten bleibt (Retentivität). Dementsprechend setzt Karrer die Plastizität ganz allgemein gleich dem Produkt zweier Funktionen s und D

$$P = s \cdot D,$$

wobei s eine Funktion der Weichheit (softness) und D eine Funktion der Dauerdeformation (permanent set) ist. Über den Bau der Funktionen s und D ist nichts ausgesagt, die Entscheidung hierüber muß durch das Experiment gesucht werden. Karrer selbst läßt in erster Annäherung s bzw. D einfach gleich der Weichheit bzw. der Dauerdeformation selbst sein und versucht zunächst zu einer praktisch brauchbaren, wenn auch ebenfalls roh angenäherten Formulierung von Deformabilität und Retentivität zu gelangen, worüber weiter unten die Rede sein wird.

Fließfestigkeit und Beweglichkeit.   E. C. Bingham und seine Mitarbeiter haben das plastische Verhalten der Stoffe an hochviskösen kolloiden Systemen etwa von der Konsistenz von Gießmassen beim Durchpressen durch Kapillaren ausführlich studiert. Diese Untersuchungen führten zur Auffassung, daß die Plastizität eine von der Elastizität vollkommen unabhängige Eigenschaft sei (im Gegensatz zu Auerbach!) und ebenfalls durch zwei grundlegende Materialeigenschaften bedingt sei, welche als Fließfestig-

---

[1]) M. Rosenow, Über die Bildsamkeit der Tone. Diss. (Hannover 1911).
[2]) A. Atterberg, Kolloidchem. Beih. **6**, 55 (1914); Kolloid-Ztschr. **20**, 1 (1917).
[3]) E. Karrer, Journ. Ind. and Eng. Chem. **21**, 770 (1929).

keit (yield value) und Beweglichkeit (mobility) bezeichnet werden[1]). Die Fließfestigkeit f — auch „Anlaßwert" genannt — ist jener schon von Maxwell (s. obige Definition) als charakteristisch für das Verhalten plastischer Körper erkannte untere Schwellenwert der Scheerkraft, der erreicht sein muß, damit die Deformation überhaupt in Gang gesetzt werde. Darin liegt der grundsätzliche Unterschied zwischen dem „plastischen" Fluß und dem „viskösen" Fluß normaler Flüssigkeiten, bei denen jede Beanspruchung, gleichgültig wie klein, dauernde Deformation hervorruft[2]). In diesem letzten Fall hat die Strömungsgleichung die Form $v = \varphi \cdot F \cdot r$, wenn v die einer Flüssigkeitsschicht durch eine in der Entfernung r wirkende Scheerkraft F erteilte Geschwindigkeit und φ die Fluidität (der reziproke Wert der Viskosität) der Flüssigkeit bedeuten. Bezeichnet man eine der Fluidität der Flüssigkeiten analoge Eigenschaft beim festen Körper als Beweglichkeit μ, so gilt nach Bingham für den plastischen Fluß die Beziehung

$$v = \mu \cdot (F - f) \cdot r.$$

Diese Gleichung gilt für nichtpolare Kolloide und auch hier nur bei größeren Fließgeschwindigkeiten, während sie bei geringen Drucken versagt. Nach A. de Waele[3]) ändert sich der Anlaßwert f mit der Scheergeschwindigkeit, was damit zusammenhängt, daß f eine wahre Kohäsion darstellt und im Falle einer Suspension wahrscheinlich in inniger Beziehung mit der Grenzflächenspannung fest/flüssig steht.

Auf die interessanten hierher gehörigen Untersuchungen E. Hatscheks[4]), Wo. Ostwalds[5]), A. de Waeles[6]), W. R. Hess[7]), F. D. Farrows[8]), H. Freundlichs und E. Schaleks[9]) u. a., soweit die Deutung der verschiedentlichen Versuchsergebnisse auf die plastische Deformation Bezug nimmt, kann an dieser Stelle nicht näher eingegangen werden und es sei daher wenigstens auf die betreffenden Literaturstellen verwiesen.

Im Gegensatz zu den genannten Forschern vertritt W. M. Cohn[10]) die Ansicht, daß es überhaupt nicht möglich sei, die Plastizität als solche zahlenmäßig anzugeben und schlägt daher vor, die kolloidplastischen Materialien der Technik quantitativ durch Angabe des folgenden Datenkomplexes zu kennzeichnen: a) Existenzgebiet, b) Menge und Art der festen und flüssigen Phasen, c) Verarbeitbarkeit, d) Standfestigkeit, e) Alterungsvermögen, f) Bindevermögen. Ob durch diese komplizierte Definition, die allzu eng an die speziellen Bedürfnisse der keramischen Technologie angelehnt ist und übrigens selbst noch Elemente enthält, die begrifflich nicht besser begründet sind als der Plastizitätsbegriff an sich, die Eigenart des plastischen Zustandes — und sei es auch nur der Mehrkomponentenstoffe — allgemeiner erfaßt ist als durch die vorangehend erwähnten Festsetzungen, muß freilich dahingestellt bleiben.

[1]) E. C. Bingham, Fluidity and Plasticity. Mac. Graw. Hill Book Co. Inc. (New York 1922). — Journ. Phys. Chem. **29**, 1201 (1925). — E. C. Bingham und J. W. Robertson, Kolloid-Ztschr. **47**, 1 (1929). — E. C. Bingham und H. Green, Proc. Americ. Soc. Test. Mat. **19**, 640, II (1919). — H. Green, Proc. Americ. Soc. Test. Mat. **20**, 450, II (1920).

[2]) Vgl. hierzu die kritischen Ausführungen in E. Hatschek, Die Viskosität der Flüssigkeiten (Dresden und Leipzig 1929), 198—201.

[3]) A. de Waele, Kolloid-Ztschr. **38**, 27 (1926). — A. de Waele und G. L. Lewis, Kolloid-Ztschr. **48**, 126 (1929).   [4]) E. Hatschek, a. a. O.

[5]) Wo. Ostwald, Kolloid-Ztschr. **36**, 99, 157, 248 (1925); **47**, 176 (1929). — Vgl. a. G. W. Scott, Blair, Kollloid-Ztschr. **47**, 76 (1929).

[6]) A. de Waele, Kolloid-Ztschr. **36**, 332 (1925); **38**, 27, 257 (1926).

[7]) W. R. Hess, Kolloid-Ztschr. **27**, 154 (1920).

[8]) F. D. Farrow und G. M. Lowe, Journ. Text. Inst. **15**, 414 (1923).

[9]) H. Freundlich und E. Schalek, Ztschr. f. physik. Chem. **108**, 167 (1924).

[10]) W. M. Cohn, Keram. Rundschau **37**, 51, 70 (1929).

II. Plastometrie.

Von den mit plastischen Massen arbeitenden Industriezweigen haben bisher anscheinend lediglich die keramische und die Kautschukindustrie Verfahren zur Messung der Plastizität in der laufenden Betriebskontrolle entwickelt. Von der Erwähnung der in der Keramik vielfach noch üblichen subjektiven oder halbsubjektiven Methoden wird im folgenden ganz abgesehen und von den — namentlich für keramische und Mörtelmaterialien sehr zahlreichen — objektiven Verfahren nur einige wenige neuere und charakteristische ihrem Prinzip nach besprochen unter Verzichtleistung auf die ausführliche Beschreibung der Apparaturen. Eingehendere mit Abbildungen versehene Beschreibungen bzw. Anführung der Originalliteratur finden sich hinsichtlich der Keramik bei W. M. Cohn, Keram. Rundschau **37**, 51, 69, 179 (1929), bezüglich des Kautschuks bei Griffiths, Trans. Inst. Rubber Ind. **1**, 308 (1926).

Plastometer nach Ira Williams. Gemische von erheblicher Steifheit werden entweder nach einem Druck- oder nach einem Spritzverfahren untersucht. Ein in Kautschuklaboratorien viel verwendetes Instrument der ersten Art ist das Plastometer nach Ira Williams[1]), das von de Vries[2]) etwas modifiziert und von van Rossem später verbessert wurde, bei welchem eine zylinderförmige Probe von bestimmtem Gewicht (500 g) und 15—16 mm Durchmesser zwischen die Stirnfläche eines sich nach oben und unten frei beweglichen Zylinders und einer fixen Platte gebracht wird. Bei konstanter Belastung und konstanter Temperatur wird von Zeit zu Zeit (etwa nach 3, 5, 10 usw. Minuten) die Dickenabnahme der Probe gemessen und die Zeit-Dicke-Kurve konstruiert, die nach Williams als Maß der Plastizität dienen soll. De Vries betrachtet als charakteristisch für die Plastizität die Dicke nach 30 Minuten Belastung und bezeichnet dieselbe mit D_{30}. Da die Kompressionskurven für verschiedene Proben nicht parallel verlaufen, so ergibt sich ein zweiter charakteristischer Wert in dem Kurvenwinkel, d. i. der Dickenabnahme etwa von 25 zu 35 Minuten, von de Vries als H bezeichnet. Im Diagramm mit D_{30} als Abszisse und H als Ordinate läßt sich leicht die Abhängigkeit des Wertes H von D_{30} erkennen und damit ein Schluß auf das plastische Verhalten der Probe ziehen.

Goodrich-Plastometer. Eine ebenfalls nach der Druckmethode arbeitende Einrichtung stellt das neue Goodrich-Plastometer[3]) dar, welchem die von E. Karrer gegebene quantitative Plastizitätsdefinition zugrunde liegt (s. S. 485). Die zu untersuchende Substanz wird in Form einer kleinen zylindrischen Probe von 1 cm Höhe und 1 cm Durchmesser zwischen zwei Backen von ebenfalls 1 cm Durchmesser gebracht. Durch eine meßbare Federkraft wird die obere bewegliche Backe gegen die untere fixe Backe gedrückt, wobei die zwischenliegende Substanz eine am Plastometer ablesbare Höhenänderung erfährt, die als Maß der Deformation gilt. Sofort nach erfolgter Deformation wird die Feder plötzlich ausgeschaltet und an der Bewegung eines leichten mit der oberen Fläche der Probe dauernd in Berührung stehenden Stempels der Grad der Erholung ebenfalls durch die abermalige Höhenänderung festgestellt. Ist h die ursprüngliche Höhe der Probe, h_1 die Höhe unter Druck und h_2 die Höhe nach der Erholung, so ist

[1]) Ira Williams, The India Rubber World **69**, 516 (1924).

[2]) O. de Vries, Comm. Central Rubber Stat. Buitenzorg **44**, 223 (1925).

[3]) E. Karrer, Journ. Ind. and Eng. Chem. (Analytical Edition) **1**, 158 (1929); Journ. Ind. and Eng. Chem. **21**, 770 (1929).

die Retentivität $(h - h_2)/(h - h_1)$. Für die Weichheit (Deformabilität) s ergibt sich, wenn F die wirkende Kraft bedeutet, in erster Annäherung

$$s = K \cdot \frac{h - h_1}{h} \cdot \frac{1}{F}$$

wo K eine dem Apparat eigentümliche und überdies von den verwendeten Maßeinheiten abhängige Konstante bedeutet. Definitionsgemäß ergibt sich daher für die Plastizität P als Produkt von Retentivität und Weichheit genähert:

$$P = K \cdot \frac{h - h_2}{Fh} \, .$$

Marzetti-Plastometer. B. Marzetti versucht mit Hilfe eines von ihm in die Kautschuktechnologie eingeführten Plastometers[1]) die Plastizität dadurch zu messen, daß das Gewicht in Milligramm oder das Volumen in Kubikzentimeter bestimmt wird, das man erhält, wenn ein Faden der Substanz während einer bestimmten Zeitdauer unter konstantem Druck und konstanter Temperatur aus einer kleinen Öffnung gepreßt wird. Der Apparat ist im wesentlichen ein Druckviskosimeter und besteht aus einem flaschenförmigen Gefäß, dessen Boden in einen Kegelmantel ausläuft und in der Kegelspitze eine Öffnung trägt. Die zylinderförmig geformte Probe wird in das Innere des Plastometers gebracht und durch einen mit Preßluft betriebenen Stempel, der im Flaschenhals beweglich geführt wird, in ununterbrochenem Strang aus der Öffnung gespritzt, während eine bei der Ausflußöffnung befindliche Einkerbvorrichtung in immer gleichen Zeitintervallen (etwa 15, 30, 45 usw. Minuten) an dem austretenden Strang Marken anbringt und damit die beabsichtigte Gewichts- oder Volumsmessung ermöglicht.

Abwalzverfahren nach J. Stark. In der Keramik wurden mehrfach Verfahren vorgeschlagen, die grundsätzlich darin bestehen, daß das Material entweder in Zylinder- oder in Kugelform in einer Presse allmählich steigend so lange belastet wird, bis man das Auftreten von Rissen beobachtet. Die Größe der Deformation und der Belastung gibt dann ein Maß für die Bildsamkeit (Zschokke[2]), Mellor[3]) u. a.). Verwandt damit ist das Abwalzverfahren von J. Stark[4]). Über einen Probeziegel des Materials von 6 cm Länge, 1,5 cm Breite und 0,5 cm Höhe wird eine Walze derart geführt, daß der Ziegel eine Höhenabnahme um 0,25 mm und eine entsprechende Zunahme der Länge und Breite erfährt. Der Vorgang wird so oft wiederholt und dabei die Walze jedesmal um 0,25 mm tiefer gestellt, bis sich an den Rändern oder der Oberfläche des Ziegels Risse zeigen. Das Verhältnis der Höhenabnahme zum anfänglichen Höhenwert multipliziert mit 100 kann dann als die „vomhundertliche Bildsamkeit der Abwalzung" definiert werden.

Ackermann-Plastometer; Emley-Plastometer. Ackermann[5]) bestimmt die „kritische Belastung", bei welcher ein Stempel mit konstanter Geschwindigkeit durch das Probematerial hindurchsinkt, und schließt aus dem Verhältnis dieser kritischen Belastung zur Auflagefläche auf die Plastizität.

[1]) B. Marzetti, Giorn. chim. ind. ed appl. **5**, 342 (1923). Auch India Rubber Journ. **66**, 417 (1923).

[2]) B. Zschokke, a. a. O.

[3]) J. W. Mellor, Trans. Amer. Ceram. Soc. **21**, 91 (1921/22). — Trans. Faraday Soc. **17**, 354 (1921/22).

[4]) J. Stark, a. a. O. 67.

[5]) A. S. E. Ackermann, Nature **111**, 17, 202, 534 (1923).

Beim **Emleyschen** Plastometer[1]) wird aus den Tangentialkräften, welche beim Drücken der Substanz gegen eine Platte unter gleichzeitigem Drehen auftreten, in ihrer Abhängigkeit von der Zeit auf die Bildsamkeit gefolgert. Nach **Hall**[2]) führt jedoch diese Methode nicht allgemein zu brauchbaren Werten.

Druckviskosimeter. Eine weitere Gruppe von Plastometern, die vornehmlich der Untersuchung von Gießmassen wie überhaupt von Suspensionen dienen, bilden die Druckviskosimeter, wie sie in verschiedenen technischen Ausführungsformen von **Simonis**[3]), **Bleininger und Ross**[4]), **Kohl**[5]), **Piekenbrock**[6]) u. a. entwickelt wurden. Das Meßprinzip beruht darauf, daß die bei konstantem Druck in einer bestimmten Zeit ausfließende Substanzmenge festgestellt wird. Doch bringt es die verhältnismäßig primitive Art der Versuchsanordnung mit sich, daß die Beobachtungsergebnisse der einzelnen Autoren für das gleiche Material beträchtliche Streuungen aufweisen.

In erster Linie wissenschaftlichen Untersuchungszwecken dient das allgemein bekannte und vielverwendete Druckviskosimeter von Wo. **Ostwald**[7]), auf das daher hier nicht näher eingegangen werden muß.

Eine ebenfalls für wissenschaftliche Plastizitätsuntersuchungen gedachte verfeinerte Ausbildung hat das Druckviskosimeter ferner durch E. C. **Bingham** und dessen Mitarbeiter[8]) erfahren, welche die Versuchssubstanz unter weitgehend konstantgehaltenem Druck durch eine Kapillare pressen und die Ausflußgeschwindigkeit (das pro Stunde durch die Kapillare hindurchgegangene Volumen) graphisch in Abhängigkeit vom aufgewandten Druck bringen. Die Auswertung des Diagramms führt dann zur Kenntnis der von **Bingham** als für die Plastizität charakteristisch angesehenen Größen Anlaßwert f und Beweglichkeit μ (s. S. 486). Kurven ganz ähnlicher Art wie mit dem **Bingham**-Plastometer erhielt **Shearer**[9]) mit dem **Schwerkraft-Konsistenzmesser**, einer (142 cm) langen Glasröhre, an deren unterem Ende eine Messingkapillare von genau bekannter Länge und Weite sitzt, wobei die Fließgeschwindigkeit als Funktion der Länge der Glasröhre ermittelt wird.

Mikroplastometer. Schon seiner Originalität wegen bemerkenswert ist das **Mikroplastometer** von **Green**[10]), das aus einem kleinen auf den Objekttisch eines Mikroskops anzubringenden Viskosimeter in Verbindung mit einer kombinierten Druck- und Manometeranordnung besteht. Der Apparat gestattet nicht nur die Natur des plastischen Flusses unter dem Mikroskop zu studieren, sondern auch neben der Möglichkeit der Viskositätsbestimmung von Flüssigkeiten den Anlaßwert **direkt** zu messen, der nach der **Bingham**-Methode lediglich durch Extrapolation der plastischen Flußkurve erhalten wird. Auch die direkte Bestimmung der Beweglichkeit erscheint prinzipiell möglich, wiewohl die Methodik nach dieser Richtung erst einer weiteren Ausgestaltung bedarf.

---

[1]) W. E. **Emley**, Trans. Amer. Ceram. Soc. **17**, 612 (1915); **19**, 523 (1917). — Techn. Papers Bur. Stand. 169 (1920); Bur. Stand. Techn. News Bull. 132 (1928).

[2]) F. P. **Hall**, Journ. Amer. Ceram. Soc. **5**, 346 (1922). — Techn. Papers Bur. Stand. **17**, 345 (1923).

[3]) M. **Simonis**, Sprechsaal **38**, 597 (1905).

[4]) A. V. **Bleininger** und D. W. **Ross**, Trans. Amer. Ceram. Soc. **16**, 392 (1914).

[5]) H. **Kohl**, Sprechsaal **58**, 13 (1925).

[6]) F. **Piekenbrock**, Ber. dtsch. Keram. Ges. **5**, 35 (1924).

[7]) Wo. **Ostwald**, Kolloid-Ztschr. **36**, 99 (1925).

[8]) E. C. **Bingham**, a. a. O. — H. **Green**, a. a. O. — E. C. **Bingham**, H. D. **Bruce** und M. O. **Wolbach**, Journ. Ind. and Eng Chem. **14**, 1014 (1922).

[9]) W. L. **Shearer**, Journ. Amer. Ceram. Soc. **11**, 542 (1928).

[10]) H. **Green**, Proc. Americ. Soc. Test. Mat. **20** (II), 451 (1920). — H. **Green** und G. S. **Haslam**, Journ. Ind. and Eng. Chem. **17**, 726 (1925).

III. Ursachen der Plastizität.

Molekulare und kolloide Plastizität. Die sowohl im physikalischen als auch technischen Schrifttum immer wieder von neuem aufgeworfene Frage nach der Ursache der Plastizität als allgemein möglicher Zustandsform verliert ihre Berechtigung angesichts der Tatsache, daß den nach außen in Erscheinung tretenden charakteristischen Eigenschaften der Plastizität (Knetbarkeit, Standfestigkeit, Verfestigung usw.) innerhalb der verschiedenen Körperklassen durchaus nicht gleiche innere Ursachen zugrunde liegen. Die Ursachen der Plastizität des Einkristalls sind zweifellos ganz anderer Art als die der Plastizität der Tone und bei diesen wieder anderer Natur als sie etwa für die Plastizität des metallischen Natriums oder des Wachses verantwortlich sind. Zweckmäßigerweise wird man die Vielheit der plastischen Erscheinungsformen zunächst in zwei Typen einordnen durch Unterscheidung von „molekularer Plastizität" und „kolloider Plastizität". Als molekulare Plastizität möge jene bezeichnet werden, deren Ursachen durch die Gittereigenschaften der Substanz (thermische Spannungsschwankungen, atomarer Platzwechsel im Gitter[1]), Gleitebenenbildung[2]), Lockerstellen[3]) usf.) bedingt sind. Es ist dies die typische Kristallplastizität[4]) im Gegensatz zur Plastizität disperser Systeme, die durch die Wechselwirkung von disperser fester Phase und Dispersionsmittel (kapillare Wirkungen, Oberflächenaktivität, Adsorption, Viskosität des Dispersionsmittels, Teilchengröße und Teilchenform usf.) verursacht wird und die wir daher kurz kolloide Plastizität nennen wollen. Eine Mittelstellung zwischen beiden nehmen die einheitlich amorphen Substanzen ein insofern, als durch die Möglichkeit hochpolymerer Atombindungen die Mitwirkung auch kolloid-physikalischer Faktoren in Betracht kommen kann. In dieser Zweiteilung soll natürlich nicht eine scharfe Abgrenzung der Stoffe nach ihrer Zugehörigkeit in die eine oder andere Klasse erblickt werden, sondern lediglich eine Aussage über den Sitz der plastischen Eigenschaften gemacht sein, wobei ein Übereingreifen der beiden Ursachenkomplexe nicht nur möglich, sondern im allgemeinen sogar wahrscheinlich ist. Was dann nach außen als Plastizität in Erscheinung tritt, ist die Resultierende der jeweils gerade zur Wirkung kommenden Einzelursachen.

Mit Rücksicht darauf, daß die „plastischen Massen" der Technik durchwegs disperse Systeme darstellen, beschränken wir uns im folgenden darauf, jene gemeinsamen Umstände festzuhalten, welche als die Ursachen der kolloiden Plastizität gelten können und die Eigenschaften dieser Stoffe letzten Endes bestimmen, ohne jedoch auf Besonderheiten in konkreten Fällen einzugehen.

Kolloidität der technischen plastischen Stoffe. Überblickt man — vorläufig nur ganz oberflächlich — die einzelnen plastischen Massen der Technik bezüglich Ausgangsstoff sowie ihrem physikalisch-chemischen Charakter nach, so fällt zunächst auf, daß ein Großteil derselben typische Kolloide sind, was zwangläufig dazu führt, eine der prominentesten Ursachen der Plastizität

---

[1]) R. Becker, Ztschr. f. techn. Phys. **7**, 547 (1926). — M. Polanyi und E. Schmid, Naturwissensch. **17**, 301 (1929).

[2]) G. Tammann, Metallographie, 2. Aufl. (Leipzig 1921), 59ff. — E. Schiebold, Ztschr. f. Metallk. **16**, 417, 462 (1924). — A. Nadai, Der bildsame Zustand der Werkstoffe (Berlin 1927).

[3]) A. Smekal, Ztschr. f. techn. Phys. **7**, 535 (1926). — Ztschr. Ver. Dtsch. Ing. **72**, 667 (1928).

[4]) O. Lehmann (Ann. d. Phys. **12**, 311 (1903)) hält dafür, daß bei Kristallen wahre Plastizität unmöglich sei; vielmehr soll es sich bei der Kristallplastizität um scheinbare Plastizität handeln beruhend auf fortgesetzter Zertrümmerung und Wiederverschweißung der Trümmer während der Deformation.

eben in der Kolloidität dieser Stoffe zu sehen. Kolloidchemisch sind sie nämlich — wenigstens soweit sie organischer Herkunft sind — nach Wo. Ostwald[1]) als Xerogele gekennzeichnet, die entstanden sein können: a) durch Trocknen von Lyogelen (z. B. Zelluloid, Filme und Fasern aus Zellulosederivaten in organischen Lösungsmitteln), b) durch chemische Reaktionen, Polymerisation usw. (z. B. Kunsthorne, Kunstharze, Linoxyn, synthetischer Kautschuk), c) durch Koagulation von Solen (z. B. Kunstfasern aus Hydrosolen, Viskose, Kupferseide), d) durch verschiedene technische Verarbeitung organischer Gele und Gewebe z. B. natürliche Spinnfasern, Papier, Leder, Kautschuk). Wenn sich auch die Ton- und Kaolinmassen sowie überhaupt Massen, die ihre Plastizität einer „Anmacheflüssigkeit" verdanken, als nicht ausgesprochene Gele der Einreihung in dieses Schema entziehen, so ist andererseits so gut wie sichergestellt, daß Sol- und Gelbildung auch bei diesen Systemen — L. Rhumbler nennt sie Magmoide — in direktem Zusammenhang mit deren plastischem Verhalten stehen. Ob dabei die Gegenwart organischer Kolloide oder lediglich die Gegenwart von Tonteilchen kolloider Dimensionen neben solchen mikroskopischer Größenordnung die Plastizität bedingt, und zu welchem Grade Kolloidität und Plastizität bei den Magmoiden parallel einhergehen, ist zwar strittig, doch für die Feststellung der Tatsache, daß Kolloidgehalt ganz allgemein eine der Ursachen der Plastizität ist, belanglos. Für die letztere Auffassung tritt der größere Teil der Forscher ein (A. S. Cushman[2]), P. Ehrenberg[3]), P. Rohland[4]), A. S. E. Ackermann[5]), E. C. Bingham[6]), G. Keppeler[7]) A. Simon und W. Vetter[8]), E. Podszus[9]) u. v. a.). Nach A. Bigot[10]) soll der Betrag der Plastizität der Menge der im Ton vorhandenen Kolloide geradezu proportional sein. Auch H. Salmang[11]) mißt der Kolloidität als Ursache für die Bildsamkeit zwar nur geringe, aber immerhin eine gewisse Bedeutung bei. Im Gegensatz hierzu hält A. Ruff[12]) den Gehalt an Teilchen wirklich kolloider Größenordnung als für die Plastizität ganz unmaßgeblich.

Dispersitätsart und Dispersitätsgrad. Ein zweites Moment, welches nicht nur für das plastische Verhalten, sondern in weiterer Folge auch für die mechanisch-elastischen Eigenschaften des technischen Endproduktes von ausschlaggebendem Einfluß ist, sind Dispersitätsart (Textur) und Dispersitätsgrad der dispersen Phase[13]). Nach allen bisherigen Beobachtungen sind lediglich flächig- und linearzusammenhängende Phasen befähigt, plastische Systeme zu bilden, wobei als weiterer Faktor der von O. Lehmann[14]) als Homöotropie bezeichnete unter dem Einfluß von Deformationskräften (z. B. Kneten, Strecken usw.) auftretende Effekt der Parallelorientierung der blättchen- oder stäbchenförmigen

[1]) Wo. Ostwald, Kolloid-Ztschr. **46**, 248 (1923).
[2]) A. S. Cushman, Trans. Amer. Ceram. Soc. 6, 65 (1904).
[3]) P. Ehrenberg, Die Bodenkolloide, 3. Aufl. (Dresden 1922), 98 ff.
[4]) P. Rohland, Silikat-Ztg. 2, 30 (1914).
[5]) A. S. E. Ackermann, Trans. Soc. Engl. 37 (1919). — Nature **111**, 17, 202, 523 (1923.
[6]) E. C. Gingham, Journ. Phys. Chem. **29**, 1201 (1925).
[7]) G. Keppeler, Keram. Rundschau **35**, 157 (1927).
[8]) A. Simon und W. Vetter, Ber. dtsch. Keram. Ges. 9, 216 (1928).
[9]) E. Podszus, Kolloid-Ztschr. **20**, 65 (1917).
[10]) A. Bigot, Ceramique **26**, 194 (1923). — C. R. **176**, 1470 (1923); **178**, 88 (1924).
[11]) H. Salmang, Ztschr. f. anorg. Chem. **162**, 115 (1927).
[12]) O. Ruff, Ztschr. f. anorg. Chem. **133**, 187 (1924).
[13]) J. Obrist, Rev. Gen. Coll. 5, 649 (1927). — O. Manfred und J. Obrist, Kolloid-Ztschr. **41**, 348 (1927); **42**, 174 (1927); **43**, 41 (1927). — Vgl. a. R. O. Herzog und K. Weißenberg, Kolloid-Ztschr. **46**, 277 (1928).
[14]) O. Lehmann, Ann. d. Phys. **12**, 311 (1903).

Dispersionselemente hinzukommt, der dann im Sinne einer Plastizitätserhöhung und Verfestigung einwirkt.

Was zunächst die Textur betrifft, so konnte dieselbe bereits bei einer Reihe von plastischen Massen aus dem optischen Verhalten erschlossen werden. Körper, die aus einem homogenen (amorphen) Medium bestehen, in welches irgendeine blättchen- oder stäbchen(faser-)förmige Phase in durchweg (annähernd) gleicher Orientierung eingebettet ist, zeigen nämlich die sog. Formdoppelbrechung (O. Wiener, H. Ambronn), sofern die Abstände dieser — in einer oder zwei Dimensionen nach kolloiden Größenordnungen bemessenen — Elemente klein sind im Verhältnis zur Wellenlänge des Lichtes[1]). Solche Formdoppelbrechung wurde nachgewiesen z. B. an gedehntem Kautschuk[2]), an Zelloidin und Zelluloid[3]), an der Azethylzellulose[4]), an Tonsuspensionen[5]) usw. Auch Kaseinkunsthorn[6]) sowie die synthetischen Harze (Kunstharze) zeigen Doppelbrechung, die sich außer als akzidentelle Doppelbrechung schon mit Rücksicht einerseits auf die hochpolymere Natur des Ausgangsstoffes bzw. Kondensationsproduktes, andererseits auf die Art ihrer Fertigung (s. weiter unten S. 500) zu einem Teil als Formdoppelbrechung erweisen dürfte[7]).

Eine wertvolle Ergänzung und Erweiterung erfahren diese optischen Befunde durch die röntgenographischen Ergebnisse J. R. Katzs, R. O. Herzogs, H. Marks u. a., wonach gedehnter[8]) Kautschuk und verschiedene Massen aus Zelluloseabkömmlingen Faserdiagramme liefern[9]). Auf den Feinbau der kolloiden stäbchen- bzw. blättchenförmigen Bauelemente noch im einzelnen einzugehen, ist in diesem Zusammenhang nicht möglich, doch sei wenigstens die im Hinblick auf die Ursachen der Plastizität interessante Tatsache vermerkt, daß der mizellare Aufbau zweier chemisch so ganz verschiedengearteter Körper wie es die Zellulose und der Kautschuk sind, in vieler Beziehung Ähnlichkeit besitzt[10]). Um noch ein letztes unter der großen Zahl von Beispielen anzuführen, sei auf die ultramikroskopischen Untersuchungen R. Zsigmondys und W. Bachmanns[11]) an der

---

[1]) Bei Xerogelen findet in der Regel eine Überlagerung mit noch anders gearteten Anisotropien (z. B. infolge innerer Spannungen) statt, so daß aus der Gesamtdoppelbrechung der auf die Formdoppelbrechung entfallende Anteil in geeigneter Weise isoliert werden muß. Näheres über die Theorie und Untersuchungsmethodik s. in Ambronn-Frey, Polarisationsmikroskop (Leipzig 1926).

[2]) L. Schiller, Diss. (Leipzig 1911).

[3]) M. Wächtler, Kolloidchem. Beih. 20, 157 (1925).

[4]) A. Möhring, Wissensch. und Ind. 70, (1923).

[5]) H. Zocher, Ztschr. f. phys. Chem. 98, 293 (1921).

[6]) K. Haupt und M. Wächtler, Kunststoffe 15, 129 (1925). — Vgl. hierzu J. Obrist und O. Manfred, Ztschr. f. angew. Chem. 39, 1293 (1926).

[7]) Vgl. hierzu a. H. Staudinger, Ztschr. f. angew. Chem. 42, 67 (1929).

[8]) Daß die Formdoppelbrechung ebenso wie das Röntgenfaserdiagramm des Kautschuks erst nach Dehnung zum Vorschein kommt, hängt mit der Spiralstruktur der dispersen Phase zusammen, die übrigens für den kautschukartigen Zustand der Materie verantwortlich ist (P. P. v. Weimarn, Kolloid-Ztschr. 46, 38 (1929)). Erst durch Streckung wird die geradlinige „Stäbchen"form erhalten, welche die Voraussetzung für das Auftreten der Formdoppelbrechung bzw. des Faserdiagramms bildet.

[9]) J. R. Katz, Kolloid-Ztschr. 36, 300 (1925). — L. Hock, Ztschr. f. Elektrochem. 31, 405 (1925). — J. R. Katz und H. Mark, Ztschr. f. Elektrochem. 31, 105 (1925). — K. Becker, R. O. Herzog, W. Jancke und M. Polanyi, Ztschr. f. Phys. 5, 61 (1921). — R. O. Herzog und H. W. Gonell, Kolloid-Ztschr. 35, 201 (1924). — R. O. Herzog, Ber. d. dtsch. chem. Ges. 58, 1254 (1925).   [10]) H. Mark und G. v. Susich, Kolloid-Ztschr. 46, 11 (1928).

[11]) R. Zsigmondy und W. Bachmann, Kolloid-Ztschr. 145 (1913). — Vgl. a. W. F. Darke, J. W. Mc. Bain und C. S. Salomon, Proc. Roy. Soc. Edinburgh 98 (A), 395 (1921). — H. Zocher, Ztschr. f. phys. Chem. 98, 293 (1921).

Seife, einem Körper von beachtlicher Plastizität, hingewiesen, die zum Ergebnis führten, daß auch die Seife aus verfilzten mehrere Zentimeter langen Fäden besteht und bei längerem Stehen in ein System unzähliger dünner Lamellarkristalle übergeht.

Lassen schon diese Tatsachen ein einheitliches morphologisches Prinzip im Bau der plastischen Massen erkennen, dessen sich übrigens die Natur selbst beim Aufbau ihrer Faserstoffe bedient, so ist darüber hinaus durch die Versuche A. Atterbergs[1]) an blättchenförmigen Körpern wie $BaSO_4$, CaF_2, $BaCO_3$, $SrCO_3$ und Le Chateliers[2]) an ebensolchen feinverteilten Mineralien wie Glimmer und Glaukonit, die daraus bildsame Massen — wenn auch nicht von der hohen Plastizität der Tone — erhalten konnten, erwiesen, daß unbedingte Voraussetzung für das Auftreten des plastischen Zustandes stäbchen (faser)- oder blättchenförmige Gestalt der dispersen Phase ist. Hierbei scheint in erster Linie die Stäbchen(Faser-)form plastizitätsbedingend zu sein und die Blättchenstruktur, die z. B. bei Tonen und Kaolinen mehrfach studiert wurde[3]), nur insofern von Bedeutung zu sein, als sie die günstigste Teilchenform darstellt, die dadurch, daß sich die Teilchen während der plastischen Verformung mit ihren Breitseiten aneinanderlegen und aneinander vorbeigleiten, die Bildung eines kettenförmigen, also nach einer Dimension bevorzugten Aggregats und damit den Zusammenhalt der Teilchen ähnlich wie bei faserförmigen Bauelementen ermöglicht[4]).

Zur Klärung des Einflusses des Dispersitätsgrades als Ursache der Plastizität wurden namentlich auf dem Gebiet der keramischen Massen und des Kautschuks eingehendere Untersuchungen durchgeführt[5]), wobei sich herausstellte, daß Tone mit Teilchengrößen von mehr als 10 μ ein weniger plastisches Produkt ergeben als solche mit Teilchengrößen unter diesem Wert. Am günstigsten fanden O. Ruff und A. Riebeth[6]) eine im Bereich von 0,3—2,5 μ liegende Größe, und von der gleichen Größenordnung werden die Durchmesser der kolloiden Kautschukteilchen im Latex angegeben, nämlich mit 0,5—3 μ[7]). Bei den keramischen Kaolinen schwankt die mittlere Teilchengröße zwischen 3,6 und 8 μ[8]). Schon diese wenigen an typisch plastischen Stoffen festgestellten Zahlen und andererseits die jedem Technologen bekannten Überschreitungserscheinungen (Totwalzen, Totmastizieren, übermäßige Anwendung peptisierender Mittel usw.) zeigen, daß das Optimum der Plastizität unter sonst gleichen Umständen nicht etwa bei molekularen Zerteilungsgraden, sondern bei mittleren Dispersitätsbereichen liegt, eine

---

[1]) A. Atterberg, Ztschr. f. angew. Chem. **24**, 928, 1209 (1911).

[2]) H. Le Chatelier, Kieselsäure und Silikate (Leipzig 1920), 378.

[3]) Z. B. H. Salmang, Ztschr. f. anorg. Chem. **162**, 115 (1927). — G. Keppeler, Keram. Rundschau **35**, 157 (1927). — W. Eitel, Naturwissensch. **16**, 421 (1928). — J. Stark, a. a. O. Bezüglich des Bentonits, eines in Nordamerika vorkommenden tonartigen Naturprodukts (wasserhaltiges Aluminiumsilikat) scheint noch nicht sichergestellt zu sein, ob er blättchen- oder stäbchenförmige Teilchen enthält. Nach R. Bradfield und H. Zocher (Kolloid-Ztschr. **47**, 223 (1929)) ist letzteres der Fall, während E. D. Wherry (Amer. Mineralogist **10**, 65, 120 (1925)) den Bentonit als ein dimensionales Kolloid bezeichnet, dessen Teilchen in ihrer Flächenausdehnung makroskopische Dimensionen, aber bloß „molekulare" Dicke, also Blättchenform, haben.

[4]) Le Chatelier, a. a. O., veranschaulicht das Verhalten von blättchenförmigen Teilchen durch folgendes Bild: Wirft man ein Kartenspiel über einen Tisch, so bleibt der Zusammenhang der einzelnen Blätter weitgehend erhalten im Gegensatz zu einer Hand voll Würfel oder Kugeln, die über den Tisch geworfen, sofort auseinanderstreben.

[5]) H. G. Schurecht, Bull. Amer. Ceram. Soc. **1**, 153 (1922). — H. Salmang, Ber. dtsch. Keram. Ges. **7**, 100 (1926). — G. Keppeler, Keram. Rundschau **35**, 157 (1922).

[6]) O. Ruff und A. Riebeth, Ztschr. f. anorg. Chem. **173**, 385 (1928).

[7]) E. B. Spear, India Rubber Rev. **60** (1924).

[8]) J. Stark, a. a. O.

Tatsache, die überdies auch bei einer Anzahl anderer physikalischer Eigenschaften (Elastizität, Festigkeit, Verstärkerwirkung von Zusatzstoffen usw.) zutrifft und auf die Wo. Ostwald (Die Welt der vernachlässigten Dimensionen) mehrfach aufmerksam gemacht hat. Dieser eigenartige Zusammenhang zwischen Plastizität und Teilchengröße mag wohl hauptsächlich in der die Plastizität mitbedingenden Wechselbeziehung zwischen disperser Phase und Dispersionsmittel begründet sein, die zwecks Entfaltung der für das Auftreten von Plastizität notwendigen Oberflächenkräfte zwischen beiden Phasen (Adsorption, Oberflächenspannung, Lyosphäre usw.) eine spezifische Mindestoberfläche der festen Teilchen zur Voraussetzung haben muß, während die obere Grenze der Teilchengröße durch die Forderung nach Möglichkeit der Kettenbildung bestimmt wird. Auf die Beziehungen zwischen Dispersitätsgrad und Absorption der flüssigen Phase kommen wir weiter unten S. 495 zurück.

Homöotropie. Dispersitätsart und Dispersitätsgrad stehen, soweit sie als Ursachen der Plastizität in Frage kommen, in innigem Zusammenhang mit der Homöotropie. Durch die letztere ist erst die Möglichkeit des Zusammenschlusses der Teilchen zu kettenartigen Gebilden gegeben, indem unter der Wirkung deformierender Kräfte (Drücken, Strecken) aus leicht zu übersehenden Gründen eine Parallellagerung der primären Bauelemente — etwa nach Art von regellos durch ein zähes Mittel verklebter Stäbchen, die zwischen zwei Platten hin- und hergewälzt werden — statthat. Durch Zug und das damit Hand in Hand gehende Aneinandergleiten der gleichgerichteten Teilchen kann dann die Ausbildung einer Faserstruktur erzwungen werden (z. B. Streckspinnverfahren), die ihrerseits je nach dem Grade der Verkettung der so entstandenen Sekundärelemente die Festigkeitseigenschaften nach Entfernung der flüssigen Phase beeinflußt. Die von G. Tammann[1]) beschriebene Beobachtung, daß die Plastizität des Eises und gelben Phosphors sehr rasch mit der deformierenden Kraft wächst, wie auch die bekannte Tatsache der Erhöhung der Plastizität durch Kneten beruht zweifellos auf Homöotropie. Von Interesse mag in diesem Zusammenhang weiterhin die einfache Beziehung zwischen Moleküllänge und Viskosität sein, der zufolge z. B. in der Reihe der Homologen der gesättigten Paraffinkohlenwasserstoffe C_nH_{2n+2} die Viskosität mit der Länge der Kette ansteigt und mit fallender Temperatur bei den langen Molekülketten stärker wächst als bei Körpern mit kurzer Kette (z. B. Rizinusöl, Glyzerin oder Wasser)[2]).

Im Gegensatz zur oben erwähnten durch äußere Einwirkung „erzwungenen" Homöotropie dürfte es sich bei der Plastizitätserhöhung durch Alterung wenn schon nicht ausschließlich (s. S. 501), so doch wenigstens zu einem gewissen Grade um „spontane" Homöotropie[3]) handeln, hervorgerufen durch Oberflächenspannung innerhalb des dispersen Systems. Dafür spricht die Tatsache, daß Orientierungsdoppelbrechung an strömenden Solen[4]) erst nach einer gewissen Reifung beobachtet werden kann. Ebenso konnten H. Zocher und H. W. Albu[5]) an Gelen, die aus nadelförmigen Kolloidteilchen aufgebaut waren, nachweisen, daß diese beim Altern zur Fädenbildung führen.

---

[1]) G. Tammann, Ann. d. Phys. **7**, 198 (1902).
[2]) S. Kyropoulos, Ztschr. f. techn. Phys. **10**, 2 (1929).
[3]) O. Lehmann, Ann. d. Phys. **12**, 321 (1903).
[4]) H. Disselhorst und H. Freundlich, Elster- und Geitel-Festschr. 453 (1915). — Phys. Ztschr. **16**, 419 (1915); **17**, 117 (1916). — Vgl. auch die Beobachtungen A. v. Buzágh, Kolloid-Ztschr. **47**, 223 (1929) an Bentonit- und Kaolinsuspensionen.
[5]) H. Zocher und H. W. Albu, Kolloid-Ztschr. **46**, 33 (1928).

Adsorption, Absorption, Oberflächenspannung. Einen weiteren Ursachenkomplex für das Auftreten von Plastizität, der insbesondere die Verschiebbarkeit der Teilchen bei plastischer Deformation beherrscht, beinhalten die an der Grenzfläche zwischen fester Dispersion und flüssigem Dispersionsmittel zutage tretenden Erscheinungen der Adsorption, Absorption und Oberflächenspannung der beiden Phasen. Diese Kräfte bewirken die Bildung einer Flüssigkeitsschicht um die festen Teilchen, die viele Molekülradien stark sein kann. So fanden z. B. O. Ruff und A. Riebeth[1]) für die ungefähre Stärke der Wasserhüllen um $BaSO_4$-Teilchen (mittlerer Radius 0,188 μ bzw. 0,144 μ) 133 bzw. 46 Molschichten. Die Ursache der Hüllenbildung ist nach O. Ruff in den elektrischen Ladungen der Partikeln zu suchen; er nimmt an, daß in Gegenwart eines sauren Dispersionsmittels deren Entstehung durch das Eindringen von H-Ionen in die Teilchenoberfläche bedingt ist, während bei neutraler oder alkalischer Flüssigkeit daneben noch die Mitwirkung oberflächlich adsorbierter bzw. gebundener Fremdmolekel in Frage kommt, deren elektrolytische Dissoziation an der Oberfläche der dispersen Phase die für die Hüllenbildung erforderliche elektrische Ladung liefert. Die physikalischen Eigenschaften und Beziehungen dieser Flüssigkeitshüllen zum plastischen Zustand wurden erst kürzlich durch A. de Waele und G. L. Lewis[2]) einer eingehenden plastometrischen Untersuchung zugeführt. Dabei ergab sich die interessante und für das plastische Verhalten bedeutungsvolle Tatsache, daß die Flüssigkeitsschicht um die dispersen Teilchen andere Eigenschaften besitzt als die Flüssigkeit in Masse, d. h. sie verliert ihre charakteristischen Flüssigkeitseigenschaften und verhält sich wie ein fester Körper: sie benetzt nicht und fließt nicht wie eine normale Flüssigkeit bei Scheerbeanspruchung. Die bekannte Konsistenzzunahme von Farbpasten bei längerem Reiben oder von Tonschlickern bei mechanischer Behandlung[3]) hängt mit der Bildung dieser Schicht gebundener Flüssigkeit in der Weise zusammen, daß infolge Oberflächenvergrößerung der dispersen Phase, also infolge Dispersitätserhöhung durch die mechanische Behandlung, der Anteil ungebundener Flüssigkeit im System verringert wird, während gleichzeitig die Volumkonzentration der mit quasifester, unbeweglicher Flüssigkeit beladenen Teilchen wächst. In der folgenden nach A. de Waele und G. L. Lewis (a. a. O.) wiedergegebenen Tabelle ist die Abhängigkeit der spezifischen Absorption (Verhältnis des Volums der Zwischenräume zu dem der festen Teilchen) vom Dispersitätsgrad der festen Phase und der Natur des Dispersionsmittels an einigen Pigmenten sehr deutlich zu sehen:

Tabelle I.

Pigment	Flussigkeit	Spezifische Absorption
Titanweiß	Mineralspindelöl	2,60
Titanweiß	Spermöl	2,00
Gasruß	Wasser	4,67
Gasruß	Ammoniakalische Schellacklösung	3,80
Gasruß	Mineralspindelöl	5,06
Grob. Ultramarin	Mineralspindelöl	0,98
Grob. Ultramarin	Oxydiertes Rapsöl und Spermöl	0,89
Feiner Ultramarin	Mineralspindelöl	1,47
Feiner Ultramarin	Oxydiertes Rapsöl und Spermöl	0,93

[1]) O. Ruff, und A. Riebeth, a. a. O.
[2]) A. de Waele und G. L. Lewis, Kolloid-Ztschr. **48**, 126 (1929).
[3]) Wo. Ostwald und F. Piekenbrock, Kolloidchem. Beih. **19**, 138 (1924).

Das Verhältnis der Dicke der pseudofesten Schicht zur Dimension des dispersen Teilchens ist umgekehrt proportional dem Dispersitätsgrad und ist in einem gegebenen fest-flüssigen System innerhalb eines weiten Konzentrationsbereiches konstant. Außerdem steht dieses Verhältnis in engem Zusammenhang mit der Fließfestigkeit des Systems, die durch die Existenz der Schicht geradezu bedingt zu sein scheint, wie überhaupt mit allgemein kolloiden Eigenschaften.

Aber auch die außerhalb der gebundenen Schicht zwischen zwei Teilchen liegende Zone des flüssigen Dispersionsmittels verhält sich nach de Waele und Lewis nicht wie eine normale Flüssigkeit. Vielmehr ist die Viskosität des Dispersionsmittels, welches unmittelbar an die quasifeste Flüssigkeitsschicht angrenzt, sehr groß und nähert sich mit zunehmender Entfernung von dieser ihrem normalen Wert.

Der Mechanismus der Schichtbildung wird von den beiden Forschern auf Oberflächenspannungsdifferenzen der Systemphasen zurückgeführt. Stellt man sich nämlich die Oberflächenspannung verschiedener Stoffe als eine Anzahl von Kraftlinien pro Längeneinheit vor, so ist einleuchtend, daß miteinander in Berührung stehende Phasen sich nur dann ganz absättigen, wenn von der einen Phase ebensoviele Kraftlinien zur anderen übergehen als umgekehrt. Da aber feste Stoffe erheblich größere Werte der Oberflächenspannung besitzen als Flüssigkeiten, so wird mehr als eine Längeneinheit der flüssigen Phase erforderlich sein, um die Längeneinheit der festen Phase zu binden, d. h. es ist eine mehr als monomolekulare Schicht einer Flüssigkeit nötig, um das Kraftfeld einer festen Oberfläche abzusättigen. Die Stärke der quasifesten Schicht steht daher im Zusammenhang mit der Differenz der Oberflächenspannungen. Die Folgewirkung der so zustande kommenden Absättigung ist eine Ausrichtung der Flüssigkeitsmoleküle innerhalb der Adsorptionsschicht, wobei eine dichte schichtenweise Packung dieser orientierten Molekeln entlang der Oberfläche der dispersen Teilchen, also eine feste Hülle um dieselben, entsteht. Diese Orientierungstendenz pflanzt sich weiterhin auf die ungerichteten frei beweglichen Moleküle der ungebundenen Flüssigkeit fort, sobald dieselben an die gerichtete feste Hülle anprallen und in bestimmter Orientierung zurückgeworfen werden, und verursacht dadurch jenseits der Grenzfläche einen Orientierungsgradienten nicht angebbarer Reichweite, der seinerseits die Ursache der vorhin erwähnten starken Viskositätserhöhung an der Grenze der quasifesten Schicht sein dürfte.

Ein möglicherweise damit verwandter Effekt, der insbesondere die Rolle von Zusatzstoffen (Füllmittel, Pigmente) bei plastischen Massen von Gelnatur zu beleuchten vermag, wurde von M. Kröger und K. Fischer[1] beobachtet, die feststellen konnten, daß Gele in Berührung mit festen Grenzflächen durchweg innig mit denselben verwachsen. Dieses Anwachsen führt im allgemeinen zu einem festeren Zusammenhalt als ihn die Gallerte in sich aufweist und bleibt aus, wenn frische Gallerte mit einer gealterten Gallertgrenzfläche, die an sich auch nichts anderes als eine feste Grenzfläche darstellt, zusammentritt. Kommt der Effekt an festen Grenzflächen kolloider Größenordnungen zur Geltung, so läßt sich verstehen, daß die Plastizität des dispersen Systems durch ihn weitgehend mitverursacht wird.

IV. Verfestigung und Entfestigung.

In engstem Zusammenhang mit Teilchenform und Homöotropieeffekt steht — zunächst wenigstens bei Stoffen von kolloider Plastizität — die Änderung der physikalischen Eigenschaften bei plastischer Deformation, im besonderen die

[1] M. Kröger und K. Fischer, Kolloid-Ztschr. **47**, 10 (1929).

gemeinhin als „Verfestigung" bezeichnete Zunahme der Festigkeitseigenschaften, wie sie ziemlich allgemein bei allen Körpern unter dem Einfluß deformierender Kräfte von Strömungscharakter, z. B. Recken, Walzen, Spritzen, Gießen usw. beobachtet werden kann[1]. Wenn auch bei Stoffen von molekularer Plastizität (Kristallen, Metallen) die Ursache der Verfestigung letzten Endes in Gittervorgängen zu suchen ist, so scheint immerhin für das grobmechanische Verhalten derselben die durch das Recken unter Mitwirkung des Gleichrichtungseffektes sekundär erfolgende Bildung von „Faser"teilchen weitgehend mitverantwortlich zu sein, wofür u. a. das Auftreten der bekannten Faser- und Walzstrukturen bei Kaltdeformation von Metallen spricht.

Zur Beleuchtung der Größenordnung der Verfestigung sind in der nachfolgenden Tabelle für eine Anzahl möglichst verschiedener Stoffgruppen bei verschiedenartiger mechanischer Beanspruchung die Festigkeitsdaten vor und nach der Deformation zusammengestellt[2].

Tabelle II.

Festigkeit in kg/qmm	Vor der Deformation	In der Zug- (Walz-, Faser-) Richtung	Quer zur Zug- (Walz-, Faser-) Richtung	Geformt	Gegossen	Nach dem Ziehen	Nach dem Walzen	Beobachter
Gelatine (13% H_2O-Gehalt)	4,4	9,3	3,3—4,2	.	.	.	.	M. Bergmann und B. Jacobi, Kolloid-Ztschr. **49**, 46 (1929)
Kaseinfell	.	0,446	0,356	.	.	.	.	W. de Visser, Kalander und Schrumpfeffekt von unvulk. Kautschuk. Diss. (Delft 1925)
Packpapier	.	Reißl. in km 9,06	Reißl. in km 4,25	.	.	.	.	W. Herzberg, Papierprüfung (Berlin 1915)
Viskosefilm	10,5	16,9	.	.	.	.	.	R. O. Herzog und H. Selle, Kolloid-Ztschr. **35**, 199 (1924)
Kautschuk (Hevea bras.)	.	0,115	0,022	.	.	.	.	W. de Visser, a. a. O.
Kaolin (Kremlitz)	.	.	.	0,092	0,176	.	.	H. Kohl, Ber. dtsch. Keram. Ges. **7**, 19 (1926). — „Feuerfest" **2**, 53 (1926)
Al-Legierung (geschmiedet)	.	50,5	14,5	.	.	.	.	H. Steudel, Ztschr. f. Metallk. **19**, 129 (1927)
Geglühter Draht	34	.	.	.	.	64	91	M. v. Schwarz und R. Goldschmidt, Zbl. f. Hütten- u. Walzwerke **32**, 127 (1928)

[1]) Bei glasartig-amorphen Körpern konnte nach M.Polanyi und E.Schmid, Naturwissensch. **17**, 303 (1929), Fußnote 3 eine Verfestigung bisher allerdings noch nicht nachgewiesen werden.

[2]) Ausführlichere auch andere mechanische Eigenschaften (Dehnung, Elastizitätsmodul, usw.) berücksichtigende Zahlenzusammenstellungen s. bei O. Manfred und J. Obrist, Ztschr. f. angew. Chem. **41**, 971 (1928); ferner Kolloid-Ztschr. **41**, 348; **42**, 174; **34**, 41 (1927).

Schon diese wenigen Zahlen zeigen, daß die Festigkeit in der Deformations-(Zug-, Walz-, Faser-) Richtung erheblich größer ist als senkrecht dazu und die Verfestigung gegenüber den Werten vor der Deformation an die 100 %, in manchen Fällen sogar weit darüber beträgt. Die fast im Verhältnis 1 : 2 stehenden Festigkeitswerte von geformtem und gegossenem Kaolin lassen den Einfluß der stereometrischen Teilchenordnung, die sich im zweiten Fall wesentlich vollkommener auswirken kann als im ersten, besonders rein erkennen. Der festigkeitssteigernde Einfluß der Packungsdichte der Teilchen, die naturgemäß von der Art der Deformation abhängt und durch die beim Walzen hinzutretende Druckwirkung gegenüber dem bloßen Ziehen beträchtlich gefördert werden kann, ergibt sich augenfällig an dem Beispiel des geglühten Drahtes, dessen Festigkeit im undeformierten Zustand zu jener nach dem Ziehen bzw. nach dem Walzen sich annähernd wie 1 : 2 : 3 verhält.

Tabelle III.

Kupfer	Vorbehandlung	Vorgewalzt bzw. gepreßt		Gewalzt auf 2 mm		Gewalzt auf 0,5 mm		Gewalzt auf 0,17 mm	
		σ_B kg/qmm	δ	σ_B kg/qmm	δ	σ_B kg/qmm	δ	σ_B kg/qmm	δ
Elektrolytbarren	gewalzt auf 4 mm	23,4	47	37,7	5	43,1	5	42,2	2
Gußknüppel	gewalzt auf 4 mm	23,1	47	37,2	6	43,0	5	42,4	3
Elektrolytbarren	gepreßt auf 6 mm	23,1	43	38,1	5	43,1	5	41,9	2,5
Gußknüppel	gepreßt auf 6 mm	22,8	44	38,7	6	43,6	6	43,7	2

Es ist ohne weiteres klar, daß der durch die Homöotropie bedingte Strömungseffekt ebenso wie er sich optisch durch das Phänomen der Orientierungsdoppelbrechung zeigt, andererseits durch den vektoriellen und ortsabhängigen Charakter der mechanischen Konstanten in Erscheinung treten muß. Denn die Festigkeit ist ja letzten Endes bestimmt durch den gegenseitigen Zusammenhalt der Stoffelemente, soweit dieselben als selbständige Individuen (Kristallite, Mizelle, Fasern u. dgl.) zunächst am Aufbau des Körpers beteiligt sind. Der gegenseitige Zusammenhalt wird aber um so größer sein müssen, in je größerer Oberfläche die Bindung der Dispersoidelemente stattfindet. Kugelform der Teilchen bietet offenbar infolge nur punktförmiger Berührungsmöglichkeit die ungünstigsten Bindungsverhältnisse dar, Stäbchen- oder Lamellenform hingegen gibt die größtmögliche Bindungsfläche bei Parallelorientierung der Teilchen. Daraus folgt aber, daß unter sonst gleichen Umständen ein festes disperses System den Höchstwert seiner Festigkeit dann erreicht, wenn die Teilchenorientierung in weitestgehendem Ausmaße fortgeschritten ist. Weiterhin ergibt sich daraus von selbst, daß der Grad der Teilchenorientierung in direktem Zusammenhange zum Deformationsgrad bzw. zur Deformationsdauer stehen muß. Nach F. Kirchhof[1]) steigt z. B. die Bruchfestigkeit und Härte bzw. Dichte von unbearbeitetem

---

[1]) F. Kirchhof, Gummi-Ztg. **42**, 526 (1927/28). — Vgl. a. H. Feuchter, Kautschuk 8 (Januar 1928).

gerecktem und in der Reckung durch Abkühlen fixiertem Rohkautschuk innerhalb gewisser Grenzen proportional mit dem Reckungsgrad an. Ein zweites Beispiel hierfür, welches zeigen soll, wie einschneidend der Bearbeitungsgrad schon bei relativ geringen Unterschieden auf die Festigkeitseigenschaften einwirken kann, möge die nebenstehende Tabelle III für Walzkupfer geben, dessen Festigkeit (σ_R) und Bruchdehnung (δ) in Abhängigkeit vom Walzgrad durch O. Bauer und G. Sachs[1]) ermittelt wurden.

Besonders beachtenswert ist an diesen Zahlen die weitgehende Unabhängigkeit der Festigkeitswerte vom ursprünglichen Gefüge, sofern es schon nach der ersten Verdichtung durch Walzen oder Pressen für den Gang der Festigkeitszahlen belanglos ist, ob von einem porösen (Elektrolytbarren) oder einem dichten (Gußknüppel) Material ausgegangen wird.

Die Erfahrung zeigt, daß der Verfestigung durch plastische Deformation im allgemeinen eine obere Grenze gesetzt ist, die sehr von der Natur des Materials abhängig ist. Ist dieser Maximalwert erreicht, so erfolgt bei weiterer Deformation eine rasch fortschreitende Entfestigung. Diese Erscheinung, die vom technischen Standpunkt gesehen zu einer Minderung auch aller übrigen mechanischen Qualitäten führt, ist in der Kautschuktechnologie unter dem Namen „Totwalzen" des Kautschuks bekannt. Schon in den Zahlen der voranstehenden Tabelle (letzte Kolumne) ist die beginnende Entfestigung bereits deutlich erkennbar; die folgenden zwei Beispiele an einem Rohkautschukfell nach W. de Visser[2]) und einem weitgehend kalt gewalzten (etwa 90%) Zinkblech nach G. Sachs[3]) soll die rasche Abnahme der Festigkeitswerte nach Erreichung des Maximums vorführen:

Tabelle IV.

	Walzdauer	Festigkeit	Bruchdehnung
Rohkautschuk	10 Minuten	7,75 kg/qm	172 %
	15 „	4,37 „	306 „
	20 „	2,29 „	382 „
	30 „	1,59 „	509 „
Zinkblech	3 Sekunden	38,3 kg/qmm	10 %
	25,2 „	28,5 „	19 „
	1 Minute 12 Sekunden	24,9 „	25 „
	3 Minuten 30 Sekunden	21,0 „	40 „
	12 „ 24 „	16,1 „	66 „
	63 „ 20 „	11,8 „	85 „
	nach 20 Stunden	7,9 „	125 „

Das Phänomen der Entfestigung findet seine zwanglose Erklärung in der Störung bzw. Zerstörung jener stereometrischen Ordnung, die eben Voraussetzung für die Verfestigung war. Denn die Festigkeit ist c. p. weitgehend bedingt durch die Länge der aus den Primärelementen homöotropisch entstandenen linearen (ketten- oder faserförmigen) Sekundärgebilde, deren Zusammenhalt sei es durch Nebenvalenzen oder Kohäsionskräfte, sei es durch eine Kittwirkung des Dis-

[1]) O. Bauer und G. Sachs, Mitt. a. d. Materialprüfungsamt und Kaiser-Wilhelm-Inst. f. Metallforsch., Berlin, Sonderh. III, 28 (1928).

[2]) W. de Visser, Kalander- und Schrumpfeffekt von unvulkanisiertem Kautschuk. Diss. (Delft 1925).

[3]) G. Sachs, Mitt. a. d. Materialprüfungsamt u. Kaiser-Wilhelm-Inst. f. Metallforschung, Berlin, Sonderh. 2, 22 (1926).

persionsmittels oder sonstwie verursacht wird. Unter der Einwirkung der deformierenden Kraft wird naturgemäß ein Teil der bereits entstandenen in der Oberflächenschicht befindlichen Sekundärelemente wieder gebrochen, während in größerer Entfernung unter der Oberfläche die Faserbildung ungestört vor sich gehen kann. Es wird sich also in jeder Phase der Reckung ein Gleichgewicht zwischen „gebrochenen" und „ungebrochenen" Elementen ausbilden, mit welchem, solange der Anteil der ungebrochenen „Fasern" überwiegt, eine immer fortschreitende Verfestigung einhergeht. Eine hinlänglich weit getriebene plastische Deformation muß schließlich zu einer Verschiebung des Gleichgewichtes zugunsten des „gebrochenen" Anteils und damit zu einem Fallen der Festigkeitswerte, d. i. zur Entfestigung, führen.

V. Plastizierung.

Die Überführung in den plastischen Zustand beansprucht, soweit sie technisch lediglich der Formgebung dient, in diesem Zusammenhang kein weiteres Interesse. Wohl aber ergeben sich aus den vorangegangenen Darlegungen wichtige technische Regeln in jenen Fällen, in denen auf dem Wege der Plastizierung die Erzeugung eines neuartigen Produktes von bestimmten physikalischen und insbesondere elastischen und Festigkeitseigenschaften aus irgendwelchen Ausgangsstoffen angestrebt wird. Der plastischen Phase als Zwischenzustand im Fertigungsprozeß kommt hierbei besondere Bedeutung zu, ist sie doch jener Zustand, in welchem die Synthese des neuen Stoffes erfolgt, in deren Verlauf ihm seine spezifischen Eigenschaften eingeprägt werden.

Der Plastizierungsprozeß läßt sich technologisch durch zwei voneinander im allgemeinen grundsätzlich trennbare Phasen charakterisieren: 1. Die Überführung des Ausgangsmaterials in den für den plastischen Zustand geeigneten Zerteilungsgrad von kolloider Größenordnung, was im Wesen einer Desaggregation bis zu den primären Bauelementen gleichkommt, 2. durch einen Reaggregations- und Packungsvorgang, bei welchem unter dem Einfluß homöotropischer Effekte die den plastischen Zustand bedingende Textur (Faser- oder Blättchenform der Teilchen) des Materials gestaltet wird bei gleichzeitiger Verdichtung bzw. „Verfilzung" der solcherart entstandenen Sekundärelemente[1].

Desaggregation. Die Desaggregation, die entweder auf mechanischem Wege oder mit Hilfe von chemischen Agentien oder durch die vereinigte Wirkung beider Eingriffe durchgeführt werden kann, kommt vor allem in Frage bei solchen Ausgangsstoffen, die ihrer Natur nach feste Kolloidsysteme darstellen, bei denen also irgendwelche Bauelemente (Kristallite, Mizelle, Fibrillen oder dgl.) in irgendeinem als Kittsubstanz wirkenden Dispersionsmittel regellos verteilt sind (z. B. Proteinkörper, Zellulose). Ihr Ziel ist lediglich Lockerung der bereits vorgebildeten Mizelle aus dem Verbande ihrer Einbettungssubstanz unter möglichster Schonung[2] des Teilchens selbst — grob vergleichbar etwa der Lockerung und Freilegung der Steinchen in einem Geröllkonglomerat durch Schlagen mit einem Hammer oder durch Auflösen des Bindemittels. Mechanische Behandlung des zu plastizierenden Gutes als Desaggregierungsmittel unter Anwendung von Mühlen, Mahlholländern, Mastikatoren, Kollergängen, Knetmaschinen — auch das Kneten beinhaltet neben einem Homogenisierungsvorgang einen Desaggrega-

---

[1] J. Obrist, a. a. O. — Ferner O. Manfred und J. Obrist, a. a. O.

[2] Vgl. hierzu O. Faust, Kolloid-Ztschr. **46**, 329 (1928). — Ferner Wo. Ostwald, Kolloid-Ztschr. **40**, 67 (1926).

tionsvorgang[1]) — kann im allgemeinen mit Rücksicht auf die Forderung der möglichsten Erhaltung der Primärteilchen lediglich als vorbereitende Operation gelten. Wesentlich wichtigere Bedeutung kommt dagegen der chemischen Desaggregation durch Zusatz von Elektrolyten bei. Der Chemismus dieser als „Plastifikantien", „Weichmachungs-", „Gelatinierungs-", „Anätzmittel" u. dgl. m. bezeichneten Zusätze ist im einzelnen derzeit nicht einmal halbwegs geklärt. Tatsache ist aber, daß ihre Wirkungsweise eine spezifische[2]) ist, wobei je nachdem alle möglichen Zustandsänderungen kolloider Art wie Peptisation, Koagulation, Solvatation, Adsorption usw. neben- und miteinander in Erscheinung treten können und sich unter Umständen überdeckend Größe sowie Oberflächenbeschaffenheit der Teilchen beeinflussen. In den weitaus meisten Fällen handelt es sich bei den Plastifikantien um Substanzen mit wirksamen NH_2-Gruppen oder Alkalien. Desaggregierend wirken ebenso Quellmittel und in diesem Sinne ist auch das Wasser z. B. bei der Aufbereitung des Kaseins in der Kunsthorntechnologie oder der Kampfer, wie er zur „Lösung" der Nitrozellulose in der Zelluloiderzeugung dient, als Plastifikans anzusprechen. Eine wegen ihrer allgemeinen Anwendbarkeit bemerkenswerte Methode zur Überführung von Fibroin, Chitin, Kasein, Zellulose und ähnlicher Substanzen in den zäh-plastischen Zustand wurde von P. P. v. Weimarn[3]) ausgebildet, welcher fand, daß sich die genannten Stoffe durch wäßrige Lösungen von Li-, Na-, Ca-Halogeniden bzw. Rhodaniden plastizieren lassen, wobei die Dispergierfähigkeit für alle Stoffe stets in der Reihenfolge abnimmt: $LiSCN > LiJ > LiBr > LiCl$; $NaSCN > NaJ$; $Ca(SCN)_2 > CaJ_2 > CaBr_2 > CaCl_2$. v. Weimarns Methode, Zellulose, Chitin und Fibroin mit dem gleichen Plastifikans zu desaggregieren, gibt technisch die Möglichkeit des Aufbaues komplexer plastischer Massen Zellulose + Chitin + Fibroin.

Auf weitere die Plastifikantien betreffenden Einzelheiten, wie etwa die wichtige Abhängigkeit des Dispersitätsgrades von der Konzentration des Dispergierungsmittels einzugehen, verbietet der Raummangel und sei diesbezüglich auf die Arbeit von A. de Waele (Kolloid-Ztschr. **48**, 133 (1929)) verwiesen. Nicht unerwähnt sei ferner in diesem Zusammenhang, weil für die Keramik von Bedeutung, die plastizierende Wirkung von Bakterien und Algenkulturen[4]) beim Reifen (Mauken) der Tone. A. V. Bleininger führt die hierbei beobachtete Erhöhung der Bildsamkeit hauptsächlich auf die Bildung organischer Säuren zurück, die dann ihrerseits als Peptisatoren wirken, während Algen durch Weiterwachsen im Inneren der Masse eine fortschreitende Dispergierung verursachen und dadurch indirekt als Plastifikantien wirken, indem sie dem Wasser Zustritt zwischen die Teilchen gestatten[5]).

Reaggregation. Die zweite Phase des Plastizierungsprozesses, die Reaggregation zu „Faser"gebilden und Packung derselben, wird unter Mitwirkung von Wärme in der Strangpresse (Schlauchpresse), in den verschiedenen üblichen

---

[1]) J. Obrist, Kautschuk **4**, 250 (1928).

[2]) Näheres hierüber z. B. C. Ellis, Synthetic resins and their plastics, Chemical Catalog Co. 122, 126, 380 (1923). — S. P. Schotz, Synthetic organic compounds, Ernest Benn Ltd. 376 (1925). — Clement und Rivière, Matières plastiques — soies artificielles 55, 256. — P. Bary, Le Caoutchouc et la Guttapercha **26**, 14464 (1929). — M. H. Fischer und M. O. Hooker, Kolloid-Ztschr. **47**, 193 (1929).

[3]) P. P. v. Weimarn, Kolloid-Ztschr. **11**, 41 (1912); **12**, 141 (1913); **29**, 197, 198 (1921); **36**, 338 (1925); **40**, 120 (1926).

[4]) A. V. Bleininger, Journ. Ind. and Eng. Chem. **12**, 436 (1920). — H. Spurrier, Journ. Amer. Ceram. Soc. **1**, 710 (1918). — W. Lambrecht, Chem.-Ztg. **50**, 975 (1926).

[5]) Eine andere Erklärung s. bei J. Stark, a. a. O., 70.

Walzvorrichtungen, bisweilen durch bloße Pressung der aufbereiteten Rohmassen in Fachpressen oder durch Streckung vollzogen. Gemeinsam ist allen diesen Verfahren, daß man das Plastizierungsgut in Form einer hochviskösen Masse in größerem oder geringerem Grade einem Strömungsvorgang unterwirft, durch welchen die Orientierung und Verkettung der Strukturelemente herbeigeführt wird. Der Grad der zu Ende des Prozesses erreichten orientierten Aggregation der Teilchen, welcher schließlich für das elastisch-mechanische Verhalten des plastizierten Stoffes maßgebend ist, ist offenbar von der Größe der hierbei aufgewendeten Plastizierungsarbeit und diese wiederum, da die treibende Kraft unverändert einwirkt, nur von dem zurückgelegten Strömungsweg abhängig, so daß unter sonst gleichen Umständen jenes Verfahren die höchstwertigen elastisch-mechanischen Qualitäten des Endproduktes erwarten läßt, das den längsten Fließweg und damit die bestmögliche Teilchenorientierung gewährleistet[1]).

Bezüglich der technologischen Einzelheiten, soweit sie die maschinelle Einrichtung, Fixierung der Reaggregation (Vulkanisation, Härtung, Trocknung) u. dgl. betreffen, sei auf die einschlägigen die speziellen plastischen Massen behandelnden Abschnitte des vorliegenden Werkes verwiesen.

Polymerisation. Grundsätzlich verschieden verläuft die Plastizierung in jenen Fällen, in denen die für den plastischen Zustand erforderliche Kolloidität nicht schon von Natur aus vorgebildet ist, sondern aus moleküldispersen Ausgangsstoffen erst gewonnen werden muß. Hierbei wird das Ausgangsprodukt durch geeignet geleitete Aggregation zu hochmolekularen Gebilden bis in das Gebiet kolloider Dimensionen geführt, wobei die mechanisch-physikalischen Eigenschaften innig mit der Länge der Kette des so erhaltenen Polymerisationsproduktes („Faser"-struktur) verknüpft sind[2]). Nach P. Bary[3]) ist die unbedingt notwendige Voraussetzung für einen Stoff R, der befähigt sein soll, durch Polymerisation in den kolloidplastischen Zustand überzugehen, daß er ungesättigt sei, also eine oder zwei verfügbare Valenzen zur Verbindung mit einem zweiten Stoff oder mit sich selbst besitze, so daß z. B. $nR'' = (R_n)''$, wo R_n das Polymerisationsprodukt bedeutet, das ebenso wie der ursprüngliche Stoff verfügbare Valenzen hat. Ist die Zahl der ungesättigten Bindungen von R_n ebenso groß wie n, so ist es, um die Polymerisation zu Ende zu führen, notwendig, die endständigen Affinitäten durch einwertige Moleküle oder Radikale abzusättigen. Ein Beispiel hierfür bietet die Synthese der künstlichen Harze, z. B. aus Phenol und dem leicht zur Polymerisation neigenden Formaldehyd. Nach Raschig ist die erste Stufe der Reaktion Bildung von Saligenin:

$$C_6H_5OH + HCOH = C_6H_4 \Big\langle {}^{OH}_{CH_2OH}$$

Infolge des lose gebundenen Wassers ist die erhaltene Verbindung weiterer Polymerisation fähig:

$$\begin{array}{c} C_6H_4 \Big\langle {}^{CH_2OH}_{OH} \\[2mm] C_6H_4 \Big\langle {}^{OH}_{CH_2OH} \end{array} = \begin{array}{c} C_6H_4 - CH_2O \cdot H \\[2mm] \rangle O \\[2mm] C_6H_4 - CH_2 \cdot OH \end{array} + H_2O$$

---

[1]) Vgl. hierzu E. W. Mardles, Kolloid-Ztschr. **49**, 9 (1929) bzw. Trans. Farad. Soc. **118** (1923).

[2]) S. H. Staudinger, Ztschr. f. angew. Chem. **42**, 67 (1929).

[3]) P. Bary, Caoutchouc et Guttapercha **26**, 14464 (1929).

Das Saliretin reagiert weiter unter Wasseraustritt zu noch höher molekularen Komplexen, schließlich zu einem Endprodukt, dem man etwa die Formel zuschreiben könnte:

$$H - [OC_6H_4 \cdot CH_2]_n - OH = - [OC_6H_4 \cdot CH_2]_n + H_2O.$$

Nach Baekeland, der zu einer ähnlichen, aber geschlossenen Formel gelangt, ist der Mindestwert des Index gleich 6. In analoger Weise läßt sich auch die Kondensation der Proteine mit Hilfe von Formaldehyd erklären. Mechanische Behandlung von Strömungscharakter, z. B. Rühren während der Reaktion, begünstigt die Kettenbildung der im Polymerisationsprozeß erhaltenen kolloiden Elemente[1].

Das Plastizierungsproblem, das in diesem Rahmen allerdings bloß schematische Behandlung erfahren konnte, birgt noch eine Reihe interessanter und technisch bedeutungsvoller Fragestellungen, deren Lösung wohl ausschließlich von seiten der Kolloidchemie zu erwarten bleibt. Ist doch die Plastizierung als Zweckoperation zur Veredlung und Neubildung von Stoffen im wahrsten Sinne des Wortes eine kolloidchemische Synthese.

---

[1] C. Ellis, a. a. O., 276. — Vgl. auch H. Freundlich und H. Kroch, Naturwissensch. **14**, 1206 (1926); Ztschr. f. phys. Chem. **124**, 155 (1926).

Plastische Massen.

Von Ing. **Otto Manfred**-Berlin.

Mit 6 Abbildungen und 1 Tafel.

Plastische Massen von Werkstoffcharakter, wie sie ausschließlich Gegenstand der folgenden Darstellung·bilden, sind ebenso die Erzeugnisse der Schwerindustrie, der Keramik, der Kunststeinfabrikation oder ähnlicher Formerstoff-Technologien. All diesen Industrien ist, genau so wie der des Kautschuks, des Glases oder dgl. m., gemeinsam, daß die zur Aufarbeitung gelangenden Rohstoffe einen plastischen Zwischenzustand zu passieren haben, welcher zu einem wesentlichen Anteil Voraussetzung für die vorgenannten Industrien, ebenso wie für die im folgenden zu schildernde Technologie der sog. „eigentlichen" plastischen Massen bildet.

Aus diesen einleitenden Worten folgt bereits, welche Bedeutung der näheren Kenntnis des plastischen Zustandes bzw. des Wesens der plastischen Verformung zukommt. Damit ist gleichzeitig gesagt, daß die erst in allerjüngster Zeit sich offenbarenden Gesetze der Plastizierung dem Werkstofftechnologen Handhaben bieten, in den Fabrikationsgang einzugreifen bzw. diesen je nach erstrebten Eigenschaften des gewünschten Fabrikates entsprechend zu lenken. „A proper understanding of the laws of plastification is . . . a prime prerequisite for the development of novel and useful plastics"[1].

Die „eigentlichen" plastischen Massen umfassen gemäß der üblichen Einteilung in der Hauptsache drei Gruppen:

1. Die verschiedenen Zellstoffmassen.

2. Die auf synthetischem Wege gewonnenen Harze, die sog. Kunstharze.

3. Die plastischen Massen aus Eiweiß- oder Eiweißähnlichen Rohstoffen: Proteinoplaste.

Diese Abgrenzung hat sich in der Praxis (Industrie) wie im Schrifttum eingebürgert, auch wird das Gebiet in dieser Zusammenfassung an Hochschulen (Technologie), sowie im gewerblichen Rechtsschutz (Kl. 39, Reichspatentamt) behandelt. Begründet ist dies insofern, als plastische Massen dieser Art — neben der eingangs erwähnten Gemeinsamkeit — ausnahmslos formbare Kunststoffe darstellen, die bei gewöhnlicher Temperatur in der Regel hornartig fest und elastisch sind und bei erhöhter Temperatur plastisch werden. Auch bezüglich Verwendung dieser Massen besteht Analogie insofern, als dieselben zu einem Großteil als Werkstoffe der Drechslerwarenindustrien oder ähnlicher Gewerbe dienen, welche aus diesen Halbfabrikaten die verschiedenartigsten Erzeugnisse nach verschiedenen Methoden herstellen.

---

[1] Plastics **5**, 559 (1929).

Vom Standpunkte der Kolloidlehre gehören diese Massen mit Gelcharakter gemäß einer von Wo. Ostwald gegebenen Systematik[1]) in die Gruppe der Xerogele. Die besondere Art der Genesis solcher plastischer Massen sowie die hochmolekulare Natur ihrer Ausgangsstoffe (Zellstoff, Proteine), läßt es berechtigt erscheinen, dieselben auch als Isokolloide (z. B. die Kunstharze) bzw. Eukolloide anzusprechen (Wo. Ostwald, H. Staudinger).

Bezüglich ihres optischen Verhaltens sind plastische Massen zum Großteil Mischkörper, welche eine Dispersion stäbchen- oder plättchenförmiger Teilchen (Mizelle) in einem festen Dispersionsmittel darstellen.

In der folgenden Schilderung ist der Technologie der Proteinoplaste (Kasein-Kunsthorn) breiterer Raum gewidmet. Dies ist einmal mit der jährlich steigenden wirtschaftlichen Bedeutung dieser Massen begründet[2]), weiter läßt sich gerade bei der genannten Gruppe plastischer Massen zeigen, daß diese tatsächlich zu den Kolloidindustrien par excellence gehört, wie Wo. Ostwald bereits zu einem Zeitpunkt erklärte[3]), zu welchem die Industrien plastischer Massen noch ausnahmslos in einer mehr oder weniger empirisch-mechanistischen, einseitig strukturchemisch orientierten Ideenwelt befangen waren. Besonders bezüglich der Technologie der Proteinoplaste läßt es sich sehr drastisch dartun, welch „eine Fülle höchst merkwürdiger Erscheinungen . . . noch auf eine theoretische Deutung wartet" oder bis vor kurzem wartete „die ohne Hilfe von Kolloidphysik und Kolloidchemie nicht möglich erscheint"[4]) beziehungsweise zu erklären war.

Während ferner bezüglich der Technologie der Kunstharze wie der der Zellstoffmassen eine ausgedehnte, bis auf die jüngste Gegenwart reichende Literatur vorhanden ist[5]), in welcher auch der kolloidchemischen Betrachtungsweise Rech-

---

[1]) Wo. Ostwald, Kolloid-Ztschr. **46**, 254 (1928).

[2]) Während 1927 die Zelluloidausfuhr Deutschlands nach Zelluloid-Ind. Nr. 10 vom 15. 2. 1929 28405 dz im Werte von 15101000 Mark betrug, war dieselbe in diesem Zeitraum bei den Proteinmassen (in der Hauptsache Kasein-Kunsthorn) bereits auf 34019 dz im Werte von 11135000 Mark gestiegen. Im Jahre 1928 hielt sich die deutsche Ausfuhr von Zellstoff (Zelluloid)- und Proteinmassen ziemlich die Wage (je ca. 40000 dz) wobei jedoch bemerkenswert ist, daß die Zelluloidausfuhr in diesem Zeitraum mit etwa 21 Millionen Mark zu Buche steht, während diese von Kasein-Kunsthorn mit 9,25 Millionen Mark figuriert. Im ersten Halbjahr 1929 wird Deutschlands Zelluloidausfuhr mit 20243 dz im Werte von rund 11 Millionen Mark gemeldet, während die von Kasein-Kunsthorn bereits 23881 dz (Wert rund 5,5 Millionen Mark) beträgt. Insgesamt gelangten 1929 von Deutschland rund 50000 dz an Proteinmassen (Kasein-Kunsthorn) im Werte von rund 11 Millionen Mark zur Ausfuhr, während die Zelluloidausfuhr im selben Zeitraume 41500 dz (Wert 22½ Millionen Mark) aufweist. Frankreich, das Land mit den besten Voraussetzungen für die Kasein-Kunsthornindustrie (führendes Land der Welt in der Kasein-Erzeugung), jedoch andrerseits auch mit einer Zelluloidindustrie von Tradition, führte — nach Le Caoutchouc et la Gutta-Percha **26**, 14481 (1929) — 1928 Kasein-Kunsthorn in der Menge von 34251 metrischen Zentern im Werte von rund 26 Millionen Francs, gegenüber nur von 4620 dz Zelluloid, Wert ca. 13 Millionen Francs, aus. Ähnliche, auf Frankreich bezughabende Ziffern, weist das Jahr 1929 auf. Auffallend an diesen Zahlen ist neben dem ständigen Steigen der Kasein-Kunsthorn-Produktionsziffer die enorme Diskrepanz zwischen den Zelluloidnotierungen im Vergleiche zu denen des Kasein-Kunsthorns. Wenn auch die seit einiger Zeit in der Kasein-Kunsthorn-Industrie Europas betriebene Preispolitik mit den Lehrmeinungen der Betriebswirtschaftslehre nicht in Einklang zu bringen ist, so ist doch dem wirtschaftlich orientierten Technologen klar, daß bei der Technologie der Proteinoplaste der Schlüssel zur Marktbeherrschung im Rahmen des Gebietes der plastischen Massen in einer gewissen weiteren Grenze liegt, wie im folgenden noch gezeigt werden soll.

[3]) Wo. Ostwald, Kolloidchem. Beih. **4**, 19 (1913).

[4]) Wo. Ostwald, Die Welt der vernachlässigten Dimensionen, 9. und 10. Aufl. (Dresden 1927), S. 277.

[5]) Kürzlich erschienen: J. Scheiber und K. Sändig, Die künstlichen Harze (Stuttgart 1929). — K. Bonwitt, Handbuch der Zelluloidindustrie (Berlin 1931). — H. B. Weiser, Plasticity of Cellulose Esters (New York 1928).

nung getragen wird, ist das auf die Technologie der Proteinoplaste bezughabende Schrifttum sehr spärlich. Es soll deshalb im folgenden versucht werden, diese Lücke einigermaßen auszufüllen.

Proteinoplaste.

Plastische Massen aus Eiweiß- oder eiweißähnlichen Rohstoffen (Proteinoplaste), sind nach ihrem Ausgangsstoff auf Protein pflanzlicher oder animalischer Herkunft, oder evtl. Gemische beider, zurückzuführen. Kolloidchemisch stellen dieselben — in teilweiser Anlehnung an eine von Wo. Ostwald diesbezüglich früher gegebenen Definition — koagulierte, gegen Quellung tunlichst unempfindlich gemachte, auf dem Wege kolloidplastischer Verformung erhaltene Proteinmassen von Werkstoffcharakter dar[1]).

Plastische Massen aus Pflanzeneiweiß.

Pflanzeneiweiß kann z. B. aus Gewächsen der Schmetterlingsblütlergruppe (Erbsen, Linsen, Pferdebohnen, Wicken usw.) gewonnen werden, oder man extrahiert es aus Weizen, Mais, vegetabilischem Elfenbein (Corozo), Kartoffeln oder dgl. mehr. Plastische Massen auf Basis derartiger Ausgangsstoffe haben größere praktische Bedeutung nicht erlangt. In den Ländern des fernen Ostens (Japan) sind während langer Jahre anhaltend Versuche unternommen worden, die dort in ausgedehnten Landstrichen kultivierte Sojabohne bzw. das Protein derselben auf industrielle Weise zu plastischen Massen zu verarbeiten (S. Satow). Es scheint, als ob erst in jüngster Zeit diese Versuchsarbeiten in ein industriewirtschaftliches Geleise gelangt wären[2]).

In einem gewissen Sinne gehören auch plastische Massen aus Hefeeiweiß hierher, die zeitweilig zu einiger industrieller Bedeutung gelangten (Ernolith)[3]).

Plastische Massen aus Eiweißstoffen animalischer Natur.

Neben der hier geringere Bedeutung besitzenden Gelatine oder dgl., welche schon frühzeitig zur Herstellung von Folien, Flittern (Pailetten) usw. verwendet wurde[4]) und an der man zunächst die gerbende Einwirkung von Formaldehyd näher studierte, auf welcher Reaktion die Technologie der Proteinoplaste bekanntlich in der Hauptsache beruht, sind es Blutproteine (Blutalbumin) und die Eiweißstoffe der Milch (Kasein), welche den Rohstoff für plastische Massen dieser Art liefern.

Massen aus Blutprotein. In jüngster Zeit sind neuerdings Bestrebungen zu verzeichnen, Blutproteine (Blutalbumine) über den Rahmen der eigentlichen direkten Formpressung hinaus (z. B. in der Knopffabrikation) auch auf anderem Wege, etwa an Hand der Strangpresse, zu verarbeiten. An sich ist ja der Gedanke, Blut — der Ausgangsstoff für die Albuminerzeugung — zur Herstellung bildsamer Stoffe zu verwenden, schon alt. Vgl. z. B. D.R.P. 2211 (1877).

---

[1]) Im folgenden wird dann an entsprechender Stelle über die Vorgänge, wie sie sich beim „Unempfindlichmachen gegen Quellung" („Härten") abspielen, noch Näheres gesagt werden.

[2]) Plastics **5**, 303 (1929).

[3]) Vgl. z. B. Chem.-Ztg. **39**, 934 (1915); **41**, 489 (1917).

[4]) Näheres diesbezüglich (Patentlit. usw.) z. B. bei I. B. Meyer, Kunstdünger- und Leim-Ind. **27**, 20, 38 (1930).

Das im Öst. Pat. 95806 beschriebene Verfahren zur Herstellung von Kunsthorn aus wasserlöslichem Blutmehl (bezüglich Erzeugung desselben vgl. die D.R.P. 324132, 331887, 332434) ist in der Folgezeit noch Gegenstand weiterer Verbesserungsbestrebungen gewesen. So war man einerseits bemüht, plastische Massen aus Blutprotein färberisch — also bezüglich ihres Aussehens — wertvoller zu gestalten, andererseits Arbeitsweisen zu finden, bei welchen die Pulverform des zur Aufarbeitung gelangenden Trockenblutes — im Gegensatz zur pastösen Ausgangsform — bis zur Formgebung erhalten bleibt. Weiter sollen Massen aus Trockenblut, nach Zusatz von Phenolen in Gegenwart eines Katalysators mit Formaldehyd behandelt, höhere Bildsamkeit sowie Wasserbeständigkeit besitzen. Letzteres scheint bis zu einem gewissen Grade glaubhaft.

Wenn trotzdem bis heute plastische Massen aus Blutproteinen besondere Bedeutung nicht erlangt haben, so liegt dies — wenn nicht an der eigentümlichen Feinstruktur des Ausgangsstoffes — wohl am Gehalt gewisser für die Bluteiweißstoffe spezifischer Pektisatoren, welche gemäß ihrer Agglomerationen bedingenden Wirkung Ursache für die geringwertigen mechanisch-elastischen Eigenschaften solcher Massen sein dürften. Außerdem sind die derzeit bekannten Methoden der Blutentfärbung noch immer ziemlich kostspielig[1]).

Kasein-Kunsthorn.

Diese plastische Masse, „koaguliertes und gegen Quellung tunlichst unempfindlich gemachtes Kasein" (Wo. Ostwald), also ein irreversibel koaguliertes Kaseingel, ist, wie eingangs bereits erwähnt, im Laufe der Jahre innerhalb des Rahmens der „eigentlichen" plastischen Massen zu wirtschaftlich immer größerer Bedeutung gelangt. Während bis ca. 1914 lediglich ein einziger Konzern diese Fabrikation praktizierte, ist heute die Hartkaseinindustrie[2]) in allen Industriestaaten Europas wie in den Vereinigten Staaten von Nordamerika heimisch. Es ist somit am Platze, im folgenden zunächst die Entstehungsgeschichte dieses Zweiges der Technologie plastischer Massen kurz zu schildern.

Das in der Milch der Säugetiere enthaltene, in der Hauptsache aus dem Mageranteil der Kuhmilch nach verschiedenen Methoden gewonnene Kasein besitzt neben seiner Brauchbarkeit als Nahrungsmittel gewisse Eigenschaften, die schon frühzeitig zu gewerblicher Nutzung reizten. So war z. B., entsprechend der dem Käsestoff innewohnenden Klebkraft, die Verwendung desselben zu Kitten und Klebstoffen bereits im Altertum bekannt. Eine brauchbare plastische Masse war jedoch aus Kasein an sich zunächst nicht erzielbar, da derartige Massen neben großer Sprödigkeit außergewöhnlich hohe Quellbarkeit zeigen. Erst nach der von Busch (1875) bzw. J. J. Trillat (C. R. 114, (I) 1280 (1892)) vermittelten Erkenntnis (gerbenden Wirkung von Formaldehyd auf Gelatine usw., Näheres ob der diesbezuglichen Tätigkeit von J. J. Trillat bei J. Roux, Chim. Ind. 17, 476 (1927)) gelang es in der Folgezeit Proteine bzw. daraus hergestellte Massen durch Einwirken von Formaldehyd in ihren Eigenschaften zu modifizieren (D.R.P. 88114, 99509, 107673, Schering). Hornartige Massen aus mit Formaldehyd behandeltem Kasein sind dann Gegenstand des D.R.P. 127942 (1897 — A. Spitteler und W. Krische), gemäß welchem auch bereits ein an das später übliche Trockenkasein des Handels gemahnender Ausgangsstoff (Labkasein) bei den Versuchen benützt wurde. Nachdem es so gelang, die Wasseraufnahme (Quell-

---

[1]) Naheres bezuglich der industriellen Nutzung von Blut für verschiedene Zwecke findet sich in dem Buche von K. C. Turk, Schlachtblut- und Abfallstoffverwertung (Berlin 1929). Über plastische Massen aus Blut weiteres z. B. bei E. I. Fischer, Kunstdünger- und Leim-Ind. 27, 149 (1930).

[2]) Die im deutschen Sprachgebiet wenig gebräuchliche Bezeichnung „Hartkasein" entspricht dem Begriff „caseine durcie" bzw. „casein solid", wie dieser im französischen bzw. angloamerikanischen Sprachgebiet fast ausnahmslos eingeführt ist. Die mit Rücksicht auf mögliche Verwechslungen mit Massen anderer Art nicht ganz klare Bezeichnung „Kunsthorn" hat sich in Westeuropa, ähnlich wie in Amerika, vorläufig nicht einbürgern können.

barkeit) derartiger Kaseinmassen gegenuber ähnlichen Arbeitsweisen (Schering) weit herab-
zumindern, war der Weg für das technische Betreiben dieser Angelegenheit gewiesen. Das D.R.P.
127942 ist somit — sieht man von ähnlichen Arbeiten rein wissenschaftlicher Natur etwa desselben Zeitraumes ab[1]) — der eigentliche Ausgangspunkt der Kasein-Kunsthorn-Technologie.
Die betriebstechnische Aufnahme der Hartkaseinfabrikation (Vereinigte Gummiwarenfabriken
Harburg-Wien) erfolgte zunächst in Anlehnung an die in der Technologie des Kautschuks seinerzeit üblichen Arbeitsweisen an Hand der diesen entsprechenden Maschinen (Schlauchmaschine,
Etagenpresse). Auch die in der Technologie des Kautschuks bzw. Zelluloids gebräuchlichen Walzwerke (Kalander) werden bereits frühzeitig zum Zwecke der Plastizierung bzw. Formgebung der
Kaseinmassen herangezogen, ein Gedanke, der, ebenso wie die Herstellung von Kunsthorn auf dem
Wege direkter Pressung aus Kaseinpulver (Engl. Pat. 1550 (1897), Vgl. hierzu D.R.P. 381104,
hierzu ferner Kunststoffe 2, 226 (1912)) in der neueren Patentliteratur des Kasein-Kunsthorns
wiederholt zu finden ist. Vgl. die D.R.P. 317721, 366958, 368569.

Die Patentliteratur der Kasein-Kunsthorn-Technologie gibt ferner fruhzeitig Kunde von
verschiedenen Bestrebungen zwecks Modifikation der Eigenschaften von Hartkasein. So finden
sich eine Anzahl Vorschläge, die eine gemeinsame (gleichzeitige) Aufarbeitung verschiedener
Proteine (Kasein, Milchalbumin, Blutalbumin, Gelatine), von Protein (Kasein usw.) mit Zellstoff (Zellulosenitrat, -xanthogenat oder dgl.), von Kasein mit Beimischungen von Kampfer,
Kautschuk, Ölen, Harzen, Kunstharzen usw. usw. empfehlen. Keiner dieser Vorschläge hat
nennenswerte technische Bedeutung erlangt.

Von größerem Interesse, besonders für den Kolloidchemiker, sind Vorschläge (Patentliteratur), in welchen bereits von Zusatzstoffen zum Kasein die Rede ist, die wir heute im weitesten
Sinne ganz allgemein als Plastifikantien ansprechen. Von derartigen, quellend oder dgl.
wirkenden Agentien, auf welche noch zurückzukommen sein wird, werden Alkalien, Erdalkalisalze, organische Basen usw. schon frühzeitig genannt. Auch diese Stoffe kehren in der Patentliteratur als „Neuerungen" zeitweilig immer wieder.

Technohistorisch von Interesse sind ferner die D.R.P. 186388, 212927 aus den Jahren
1903/04. In denselben findet sich bereits der Gedanke, dem Kasein ein Qellmittel zuzusetzen,
welches gemäß seiner besonderen Beschaffenheit gleichzeitig als Mittel zur Entwicklung des
H. COH aus beigefügtem $(CH_2)_6N_4$ dient. Die in diesen Patentschriften enthaltene Idee — Vereinigung von Plastizierung (Formgebung) und „Härtung", womöglich in einem Arbeitsgang,
also Umgehung der nachträglichen langwierigen Badhärtung — ließ sich erst in jüngster Zeit in
einem gewissen Sinne technisch realisieren, wie noch gezeigt werden soll.

Wie schon früher erwähnt, geht die mechanisch-maschinelle Arbeitsmethodik (Formgeben:
Stäbe, Röhren, Platten; Plastizieren) der Kasein-Kunsthorntechnologie genetisch auf die Tech-
nologie des Kautschuks wie des Zelluloids zurück. Die von der Kautschukindustrie entlehnte
Strangpresse (Schlauchmaschine, strainer) sowie hydraulische Fachpresse (Etagenpresse für die
Heißvulkanisation) werden bereits am Beginn der Kasein-Kunsthornindustrie ubernommen.
Fast ebenso frühzeitig wird versucht, das für die Technologie der Zellstoffmassen (Zelluloid)
spezifische Blockpreßverfahren auf die Aufarbeitung von Kasein zu übertragen. Vgl. Franz.
Pat. 339081 (1903).

Die — wie aus Vorstehendem ersichtlich — älteste Arbeitsweise, das Strangpreßverfahren,
hat in ihrer weiteren Ausgestaltung (Knetpreßmethodik — D.R.P. 241887, 368942, A. Bartels—
Internat. Galalith-Ges. Hoff & Co., Harburg a. E.), gegenüber andern Arbeitsweisen, die
größte industrielle Bedeutung erlangt. Es wird daher auf diese Arbeitsmethode noch zurückzukommen sein.

Das Blockpreßverfahren gelangte erst später zu einer gewissen betriebstechnischen Bedeutung (Franz. Pat. 472192 — Aufarbeitung von Trockenkasein des Handels auf diesem Wege,
nachdem bereits früher nach D.R.P. 257814 seitens der A. B. Syrolit Eslöf-Schweden gemäß
einer „Naß"-Arbeitsweise [2]) das Blockpreßverfahren praktiziert wurde, worauf während der Kriegs-
zeit seine Weiterentwicklung von mehreren der größten Zelluloidfabriken Frankreichs in die
Wege geleitet wurde. Auch diese Arbeitsweise dürfte — wenigstens bis zu einem gewissen Grade —

---

[1]) F. Blum, Ztschr. f. physiol. Chem. 22, 127 (1896). — A. Bach, Mon. Scient. 157 (1897).
— Benedicenti, Arch. f. Physiol. 219 (1897). — Vgl. hierzu Ztschr. f. physiol. Chem. 31, 461
(1900). — Bliss und Novy, Journ. Soc. experim. 4, 47 (1899). — Lepierre, C. R. Biol. 51,
28, 236 (1899).

[2]) Eine Liste von auf die „Naß"-Arbeitsweise bezughabenden Patentschriften ist in dem
folgend zitierten Buche von E. Sutermeister (S. 147) enthalten. Es hat sich gezeigt, daß auch
in modifizierter Form (diesbezugliche Patente in dem erwähnten Buche, S. 148) die „Naß"arbeitsweise nicht wirtschaftlich ist, weswegen sie nie zu industrieller Bedeutung gelangte.

mit Rücksicht auf manche Vorzüge (eigenartige Musterungen, gleichmäßige Plattenstärken) Dauerbestand der Fabrikstechnik bleiben. Allerdings sind andrerseits gewisse Mängel des Blockpreßverfahrens nicht zu leugnen: Der Rohstoff wird infolge der stundenlang (!) andauernden Einwirkung von Druck und Wärme öfters unzulässig hoch beansprucht. Als Folge ergeben sich neben Überhitzungen, die das Preßgut in seinen physikalischen Eigenschaften schädigen, auch entwertende Farbschwankungen. Daher wurde in der Patentliteratur der neuesten Zeit zum Pressen dünner Platten die sog. Rotationspresse vorgeschlagen. Weiter ist an dieser Stelle die Arbeitsweise gemäß Am. Pat. 1 560 368 zu erwähnen.

Die Technologie des Kasein-Kunsthorns gliedert sich im wesentlichen in drei hauptsächliche Arbeitsvorgänge:

Mischen,

Plastizieren,

Härten bzw. Gerben.

Wie bereits früher angedeutet, können einzelne dieser Vorgänge direkt ineinanderlaufen bzw. parallel gehen, wovon im folgenden noch die Rede sein wird.

Ausgangsstoff der Hartkaseinindustrie ist heute ausnahmslos Lab-Kasein, welches in der bekannten Form (Trockenkasein des Handels) der Fabrikation zugeführt wird. Von einer näheren Besprechung des Kaseins kann hier abgesehen werden, da bezüglich desselben ausführliche Literatur vorhanden ist[1]), in welcher z. T. auch dem physikochemischen bzw. kolloidchemischen Standpunkte sehr wohl Rechnung getragen wird (E. L. Tague).

Es sei hier lediglich bemerkt, daß Labkaseine — im Vergleich mit den ursprünglich bei der „Naß"-Arbeitsweise als Rohstoff dienenden Säurekaseinen — einen wesentlich höheren Aschengehalt besitzen. Ebenso ist die „Bindekraft" der Labkaseine — vom Standpunkt des Erzeugers plastischer Massen ins Auge gefaßt — höher.

Ähnlich wie in der Industrie der Kunstharze und der der Zellstoffmassen (Zelluloseester) kann bei der vergleichenden Wertbestimmung des Ausgangsstoffes (Labkasein) der Viskositätsbestimmung Bedeutung zukommen[2]). Allerdings wird sich der erfahrenere Praktiker in der Regel bereits aus dem Äußeren bzw. der Farbe, dem Geruch usw. ein Urteil über die Güte bilden können. In diesem Sinne werden Labkaseine auch gehandelt, d. h. die Preise (pro Tonne) „je nach Weiße" festgesetzt[3]).

Auch über die Gewinnung von Labkasein berichtet die bereits zit. Kaseinbuchliteratur, ferner entsprechende, z. B. milchwirtschaftliche Zeitschriften sowie die bezughabende Patentliteratur. Außerdem ist der Herstellungsweg aus der Tafel I, S. 520, ersichtlich. Da, wie früher bereits erwähnt, Frankreich in der Kaseinerzeugung bis heute führend ist, so sind die diesbezüglichen französischen Patente, da diese vielfach nur in Frankreich genommen werden, besonders instruktiv.

Als kolloidphysikalisch von Interesse sei hier das D.R.P. 391 352, Verfahren zur Herstellung eines für die Erzeugung von Kunsthornmassen besonders geeig-

---

[1]) E. Sutermeister, Casein and its industrial applications. (New York 1927). — E. L. Tague, Casein, preparation, chemistry, technical utilization (London 1926). — R. Scherer, Das Kasein, 2. Aufl. (Wien-Leipzig 1919). — Ch. Porcher, Le lait au point de vue colloidal (Dissert. Lyon 1929). — R. E. Liesegang, Kolloide in der Technik (Dresden 1923), S. 21.

[2]) Vgl. diesbezüglich z. B. W. M. Clark, Journ. Ind. and Eng. Chem. 12, 1162 (1920). Als bestes Mittel zur Wertbestimmung des Kaseins (Bindekraft) wird die Viskositätsmessung nach der Auflösung in Borax beschrieben. Physikalische Strukturänderungen des Kaseins haben einen größeren Einfluß auf die Viskosität als die normal vorkommenden Verunreinigungen.

[3]) Wie folgend bald ersichtlich sein wird, ist dies gerade kolloidchemisch sehr wohl begreiflich.

neten Kaseins, erwähnt. Gemäß demselben wird Kasein (Quark) einer nachhaltigen mechanischen Bearbeitung mittels Massiermaschinen, Walzwerken, Knetmaschinen oder dgl. unterworfen, was eine weitergehende Änderung des Schichtgefüges derart behandelten Kaseins wahrscheinlich macht.

Mischen.

Das dem Bereiten der Mischung vorangehende Mahlen des in der Regel in körniger Form in die Fabrik gelangenden Kaseins hat als Ziel, ein Mahlgut günstigster „Korngröße" zu liefern, wie eine solche erfahrungsgemäß im „feinen Grießkorn" zu erblicken ist. Die derartigem Kaseinpulver zugesetzte Wassermenge [1]), welcher gleich entsprechende Chemikalien beigefügt werden können (Plastifikantien bzw. Weichmachungsmittel, gerbende Agentien) und in welcher evtl. bereits Farbstoffe gelöst sind, wirkt als quellendes, den Dispersitätsgrad erhöhendes Agens. Ziel ist jetzt, dem „Optimum der Kolloidität" (J. Alexander, Wo. Ostwald) möglichst nahe zu kommen bzw. die günstigsten Voraussetzungen zwecks Erreichens dieses Optimums während des folgenden Plastizierens zu schaffen [2]). Selbstverständlich ist daher eine weitgehend vollkommene Homogenisation des Mischgutes, wie bei jedem Misch-(Knet-)Vorgang, anzustreben. Es heißt dies, daß das Rohgut (Kaseinpulver) in allen seinen Teilen vom Feuchtigkeitszusatz gleichmäßig erfaßt werden muß. Diesem Zwecke entsprechen Mischmaschinen verschiedener Art, welche im Wesen als bekannt vorausgesetzt werden dürfen [3]).

Werden Zusatzstoffe verwendet (Plastifikantien, Weichmachungsmittel, gerbende Agentien), so ist es, etwa ähnlich wie in anderen typischen Kolloidindustrien, z. B. der des Kautschuks [4]), nicht ganz gleichgültig, in welcher Reihenfolge diese Zusätze eingemischt werden [5]). Je nach der Funktion, welche solchen Agentien zugedacht ist, können dieselben entweder sofort der berechneten Menge Wasser beigefügt oder der Mischung später zugesetzt werden.

Bei dieser Gelegenheit sei kurz das zum Verständnis des folgenden bezüglich Plastifikantien-Weichmachungsmittel gesagt, während von gerbenden Agentien noch gelegentlich später die Rede sein wird.

Die große Mehrzahl der mit Fragen der Bildsamkeit beschäftigten Forscher ist der Ansicht, daß Plastifikantien die Bildsamkeit erhöhen, indem sie das Zerteilen des zu verarbeitenden, folgend zur Verformung gelangenden Gutes in feinere

---

[1]) Diesbezüglich phänomenologisch allgemein Näheres bei E. Hatschek, Kolloid-Ztschr. 8, 34 (1911); 11, 284 (1912); 12, 238 (1913). Was die bei diesem Vorgang sich entwickelnde Wärme anlangt vgl. Wied. Ann. 29, 114 (1886).

[2]) P. Bary, Caoutchouc et Gutta-Percha 26, 14466 (1929). — K. H. Meyer, Ztschr. f. angew. Chem. 41, 945 (1928).

[3]) Der neuzeitliche „Kreisel-Mischer", eine Rotations-Misch- und Emulgiermaschine (Nutzung der Kreiselwirkung fur Mischzwecke), dürfte auch in der Kasein-Kunsthorntechnik Vorteile bringen. — Bezüglich einer besonders für Kasein oder dgl. konstruierten Mischmaschine vgl. D.R.P. 383964, Ö. P. 117480. — Weiteres bezuglich Mischvorrichtungen z. B. bei H. Blucher, Plastische Massen (Leipzig 1924), S. 30—39. — Bezüglich Mischen und Dispergieren, Misch- und Färbetechniken (Kunstmassenfärbung) vgl. das Buch von H. Wagner, Die Körperfarben (Stuttgart 1928).

[4]) F. Kirchhof, Gummi-Ztg. 42 (I), 504 (1927).

[5]) Ähnliches weiß der erfahrene Praktiker von der gemeinsamen Aufarbeitung verschiedener Proteine (z. B. Kasein mit Blutalbumin), bei welcher das Einhalten einer ganz bestimmten Aufeinanderfolge bezüglich Vereinigung der Mischungsbestandteile Voraussetzung ist für das Erzielen einer aufarbeitbaren Rohmasse.

Aggregate fördern[1]). Wirkungsmäßig geht also eine mit chemischen Mitteln betriebene Desaggregation vor sich, ähnlich wie sie — wesentlich brutaler — mit mechanischen Mitteln beim Zertrümmern (z. B. im Kollergang), Mahlen, Kneten, Rühren usw. verschiedenen Gutes statthat.

Weiter können Weichmachungsmittel (Erweicher, softener) die Aufgabe haben, als Schmiermittel während der Formgebung zu wirken, etwa um das „Gleiten" der Teilchen besonders während des folgenden Plastizierens zu erleichtern[2]), sowie ihrer hohen Benetzfähigkeit wegen, welche sie aufzuweisen haben, Agglomerationen von Füllstoffpartikelchen (z. B. färbende Pigmente) zu verhindern.

Zusatzstoffe erwähnter beider Arten erlangen in der Industrie der verschiedensten plastischen Massen ständig steigende Bedeutung. Zum Teil sind derart wirkende Chemikalien, etwa in der Keramik, längst eingeführt. An dieser Stelle sei auch die von P. P. v. Weimarn[3]) ausgearbeitete Methode erwähnt, Fibroin, Chitin, Kasein, Zellstoff od. dgl. m. in den zähplastischen Zustand zu überführen. Diese Rohstoffe lassen sich durch wässerige Lösungen von Alkali- (Erdalkali-) Halogeniden bzw. Rhodaniden dispergieren, wozu sich LiCNS besonders eignet.

Selbstverständlich ist daher, daß Plastifikantien, denen eine spezifisch desaggregierende Rolle vorbehalten ist, von vornherein in die Mischung zu gelangen haben, da ja der Faktor Zeit (entsprechend langes Einwirken von Quellmittel oder dgl.) in der Kasein-Kunsthornmischtechnik auch wichtig ist. Stehenlassen der Mischungen über Nacht! Dagegen können Weichmachungsmittel mit vornehmlich „schmierendem" Effekt evtl. vor dem Verarbeiten der Mischung dieser zugesetzt werden.

Plastifikantien des Kaseins sind in der Hauptsache anorganische Basen („Anätzmittel", Peptisation), ferner verschiedene organische Basen bzw. Substanzen mit der NH_2-Gruppe (Weichmachungsmittel). Gleichzeitig kommt besonders gewissen alkylierten Aminen (z. B. Methyldiphenylamin) ein klärender, d. h. die Kasein-Kunsthornmassen aufhellender Effekt zu.

Agglomerationen bedingende Zusatzstoffe (Pektisatoren) — ein solcher ist beispielsweise im höheren Fettgehalt des Kaseins zu erblicken, während einem gewissen geringen Fettgehalt der Ia Marktkaseine anscheinend schutzkolloide Wirkung zukommt — sind selbstverständlich auszuschließen. Ebenso sind „Überschreitungserscheinungen", wie selbe etwa durch Aufarbeiten staubfein gemahlenen Kaseinpulvers bedingt sind, hintanzuhalten. Den Gesamtzusammenhang des Werkstoffes störende grobe Teilchen bzw. Agglomerationen, ebenso wie zu weit getriebener Mahlgrad des Rohstoffes oder dgl. (zu feine Teilchen führen beim Mischen zu Agglomerationen), ergeben Massen mit minderen mechanischen Werten (Vakuolen, Lunkerbildungen). Ähnliches gilt bei Anwendung von Erdfarben, Metallpulvern usw., außerdem beanspruchen derart „gefüllte" Massen[4]) beim Verarbeiten die Werkzeuge (Stähle) in erhöhtem Maße.

---

[1]) Vgl. z. B. C. Harries, Kolloid-Ztschr. **23**, 181 (1923). — H. Feuchter, Kolloidchem. Beih. **20**, 90 (1925).

[2]) An einem der Tonindustrie entnommenen Beispiel wird von J. E. Kirchner, Brick and Clay Rec. **71**, 106 (1927) gezeigt, wie allein schon vom rein mechanischen Standpunkte der Zusatz eines entsprechenden Schmiermittels zur Rohmasse empfehlenswert sein kann.

[3]) P. P. v. Weimarn, Kolloid-Ztschr. **11**, 41 (1912); **12**, 141 (1913); **29**, 197/98 (1921); **36**, 338 (1925); **40**, 120 (1926).

[4]) Es sei hier daran erinnert, daß in der Kautschuktechnik mittels sog. „aktiver Füllstoffe" (z. B. Gasruß, feingeschlämmte Kaoline) günstigere mechanische Eigenschaften erzielt werden können. Günstigere Dispersität — Poly- bzw. Heterodispersität. Vgl. Wo. Ostwald, Kolloid-

Bisweilen kann man feststellen, daß sich Kaseine von anscheinend derselben Beschaffenheit beim Aufarbeiten unter gleichen Bedingungen verschieden verhalten. Da bekannt ist, daß die Löslichkeit der Proteine von der Art ihrer Herstellung, von ihrem Vorleben, Alter usw. abhängt[1]), so ist auf diese Umstände Bedacht zu nehmen. Die Verschiedenheit der Labkaseine des Handels je nach Jahreszeit bzw. Futter kann in der Kunsthornfabrikation zu Schwierigkeiten Anlaß geben (Farben!).

Plastizieren.

Es folgt jetzt „das Plastischmachen" der Rohmasse, „der wichtigste und schwierigste Teil der Fabrikation"[2]). Wie bereits früher angedeutet, wird die Überführung des Kaseins in den plastischen Zustand (Plastizierung, Gelatinierung) betriebstechnisch in der Hauptsache an Hand der Strangpresse (Schlauchmaschine, Schneckenpresse) vorgenommen, wobei man stab-, röhren- oder andere strangförmige Formlinge erzielt, welch letztere in der Regel in hydraulischen Etagenpressen (Fachpressen) zu Platten verpreßt werden (vgl. die Tafel I, S. 520)[3]), während Stäbe und Röhren nach vollzogenem „Härten" (Gerben) bereits ein marktübliches Halbfabrikat darstellen.

Im Sinne des Vorstehenden hat die Arbeitsweise gemäß D.R.P. 241 887 bis heute die größte industrielle Bedeutung erlangt. Nach diesem Schutzrecht wird pulverförmiges Kasein „mit möglichst wenig Wasser (etwa 20—42 Teile Gesamtgehalt an Wasser in 100 Teilen der pulverförmigen Mischung von Kasein und Wasser) unter gleichzeitiger Anwendung von hohem Druck und Wärme zu einer vollständig gleichmäßigen Masse verknetet und zu Platten, Stäben und Formstücken gepreßt." (Knetpreßmethodik — A. Bartels, Int. Galalith-Ges. Hoff & Co., Harburg a. E.) Die Patentschrift[4]) spricht von „einer geschlossenen heizbaren Knetmaschine", an Hand welcher die erwähnte Knetpreßmethodik ausgeführt wird. Eine derartige Hochdruckknetmaschine bildet dann Gegenstand des D.R.P. 368 942[5]). Dieses Schutzrecht beinhaltet eine Schlauchmaschine (Strangpresse, Abb. 206), welche durch Einschalten entsprechender Widerstände im Preßkopf zu einer Preßknetvorrichtung umgestaltet ist[5]). Die im Kopfstück der Strangpresse angeordneten Widerstände (Siebscheiben[5])) haben in der Hauptsache als Knetwerkzeuge zu wirken.

Stellt die diesen beiden auf das Jahr 1910 bzw. 1915 zurückgehenden Schutzrechten entsprechende Arbeitsweise bereits den Höhepunkt industrietechnischer Entwicklung dieser Art dar, oder folgt aus der neuzeitlich kolloidphysikalischen Erkenntnis bzw. aus der Kolloidlehre als Disziplin, welche sich in hervorragender

---

Ztschr. **25**, 223 (1919). Ähnliches bezüglich der Mörtel- oder Zementkörper berichtet F. Frenkel in R. E. Liesegang, Kolloidchemische Technologie (Dresden 1927), S. 632. Die Festigkeit eines erhärtenden Mörtel- oder Zementkörpers ist desto höher, je dichter er ist, d. h. je geringer seine inneren Hohlräume sind. Um diese möglichst weitgehend auszuschließen, ist Poly-(Hetero-) Dispersität erforderlich. — Ferner Vieser, Beton und Eisen **17**, 64 (1918). — Zement **19**, 604 (1930).

[1]) Vgl. z. B. Wo. Ostwald, Kolloid-Ztschr. **49**, 202 (1929).

[2]) A. Bartels, in Ullmann, Enzyklopädie d. techn. Chem. 1. Aufl., **5**, 597 (1917); 2. Aufl., **5**, 449 (1930). — Vgl. hierzu O. Manfred, Ztschr. f. angew. Chem. **43**, 688 (1930).

[3]) Die mechanische Technologie des Hartkaseins ist ferner z. B. in der Aufsatzreihe von W. H. Simmons, Industrial Chem. Man. **6**, 206 (1930), geschildert.

[4]) Vgl. hierzu z. B. D.R.P. 183318 (J. Kathe), gemäß welchem es bereits damals (1905) bekannt war, Kasein mit der „zum Plastischmachen gerade nötigen Menge Wasser... in geheizten Knetmaschinen" zu verarbeiten bzw. entsprechende Formlinge (Preßkörper) herzustellen.

[5]) Vgl. hierzu z. B. Am. Pat. 642813 vom 6. 2. 1900 (R. Cowen). — Öst. Pat. 64651.

Weise mit der Dispersität bzw. den Kolloidstruktur-konstellationen in ihrer Beziehung zu den physikalischen Eigenschaften von Werkstoffen aller Art befaßt, irgendwie, daß die moderne Kasein-Kunsthorntechnik bezüglich der mechanisch-technologischen Methodik andere Wege zu gehen hat?

Um diese Frage befriedigend klar zu beantworten, was heute möglich ist, ist natürlich nebst der selbstverständlichen arbeitsbegrifflichen Klarheit (über den Begriff „Kneten" usw.) vor allem darüber Klarheit erforderlich, was denn die Kasein-Kunsthorntechnik eigentlich will bzw. welchen Anforderungen ihre Produkte zu entsprechen haben.

Kaseinkunst-horn—Verwendungsgebiet. Qualitative Beschaffenheit. Wie bereits früher einleitend bemerkt, stellen plastische Massen in der Regel Halbfabrikate von Werkstoffcharakter dar, die zum Großteil für Zwecke der Drechslerwarenindustrien geeignet. Kasein-Kunsthorn im besonderen wird in der Hauptsache der Knopf- und Kammindustrie zugeführt, wogegen die Erzeugung räumlich eng begrenzter Massenartikel verschiedener anderer Art geringere Bedeutung besitzt. Während es im Laufe der Jahre gelang, Kasein-Kunsthorn für Zwecke der Knopf-erzeugung (Damenkleiderkonfektion) gegenüber anderen konkurrierenden Kunst- und Naturstoffen an die erste Stelle zu bringen[1]), sind für die Kammfabri-

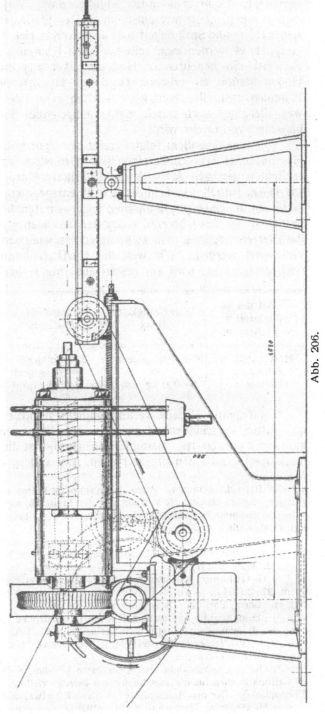

Abb. 206.

---

[1]) Es ist vielleicht von Interesse, hier daran zu erinnern, daß — abgesehen von dem kostbaren Büffelhorn — Naturhorn wie Knochen als Rohstoffe der Knopffabrikation heute kaum

kation[1]) Hartkautschuk und Zelluloid nach wie vor führend. Kasein-Kunsthorn steht diesbezüglich, heute wie einst, an dritter Stelle. Es ist „für diesen Artikel wegen seiner Härte und Sprödigkeit und auch weil es sich nicht gut bearbeiten läßt, wenig geeignet; es werden zwar teilweise auch Kämme aus diesem Material angefertigt, doch ist ein bedeutender Handelsartikel aus ihnen nicht hervorgegangen"[2]). Hierzu kommt ein größerer Grad von Hygroskopizität[3]), welcher sich auch an Kämmen nachteilig bemerkbar machen kann (Verziehen bzw. Werfen derselben, was allerdings auch durch nicht sachgemäßes Trocknen der Kunsthornplatten bisweilen verursacht wird).

Aus vorstehendem folgt bereits die Problemstellung, wie sie derzeit der Kasein-Kunsthorntechnik eigen ist. Gefordert wird neben einer seit längerem erreichten gewissen Ästhetik der Fabrikate (ansprechende Farben, Naturstoffen wie Horn, Büffelhorn, Schildpatt usw. entsprechende Musterungen) in der Hauptsache ein in seinen physikalischen Eigenschaften hochwertiger Werkstoff, welcher bezüglich der den Gütegrad charakterisierenden physikalischen Kennziffern Standardwerten möglichst nahe zu kommen hat, wie sie im Hartkautschuk oder Zelluloid verkörpert werden. Wie weit die Hartkaseinindustrie von diesem Ziele heute noch entfernt ist, wird am besten aus entsprechenden Zahlenwerten ersichtlich:

Art des Werkstoffes in Plattenform	Biegefestigkeit Smax	Elastizität Modul E	Brinell-Härte	Hygroskopizität[4])
Hartkautschuk	18—2100 kg/qcm²[5])	2500 kg/qcm²	—	ca. 1%
Zelluloid	—	3—6000 kg/qcm²	8,17kg/qmm²[6])	kaum 1%
Hartkasein	6—900 kg/qcm[7])	20—44000kg/qcm²[7])	15,26 kg/qmm²	ca. 34%

Vorstehende Tabelle veranschaulicht in krasser Weise die außerordentlich qualitative Verschiedenheit zwischen Hartkasein einerseits, Zelluloid bzw. Hartkautschuk andrerseits. Besonders ausgeprägt ist dieser Unterschied einmal in den mechanisch-elastischen Eigenschaften, zum andern bezüglich der Hygroskopizität.

---

noch in Betracht kommen. Auch die Kammfabrikation bedient sich des Naturhorns immer weniger. Selbst Naturstoffe von der Art der Steinnuß, welche als Rohmaterial in der Knopfindustrie geraume Zeit vorherrschte, werden von Kaseinmassen steigend mehr zurückgedrängt. Vgl. diesbezüglich z. B. Plastics 5, 708 (1929).

[1]) Diese — gemeinsam mit der Bürstenbranche — beansprucht heute mehr als ein Drittel der gesamten Rohzelluloidproduktion für ihre Zwecke (vgl. F. Ullmann, Enzyklopädie d. techn. Chem. 2. Aufl., 3, 141).

[2]) G. Hübener, Kunststoffe 3, 281 (1913). — Vgl. ferner G. Bonwitt, Ztschr. f. angew. Chem. 27, 2 (1914). — G. H. Brother, in E. Sutermeister, Casein and its industrial applications. Chem. Cat. Co. (New York 1927), S. 166.

[3]) „Being slightly hygroscopic, it is not recommended for the manufacture of articles which come into frequent contact with water or acids, . . .". Druckschrift der Erinoid-Ltd., Stroud-Glos., 4. — Vgl. ferner G. Bonwitt, l. c., weiteres G. H. Brother, in dem vorzitierten Buche von E. Sutermeister, S. 166.

[4]) Die Wasseraufnahme der Kunstharze (Pheno-, Aminoplaste), von denen Phenoplaste als Griffmaterialien für die verschiedensten Zwecke vielfach verwendet werden, beträgt ca. 1% (Phenoplaste). Die der Aminoplaste ist bisweilen etwas höher.

[5]) H. Brandt, Kautschuk 2, 213 (1926).

[6]) Härte nach Mohs: Für Kasein-Kunsthorn ca. 2,5, für Zelluloid ca. 1,9. Dagegen ist das spezifische Gewicht von Hartkasein etwa gleich dem des Zelluloids (1,33).

[7]) Diese Werte schwanken je nach Arbeitsweise (Plastizierungsmethodik), auf welche Hartkasein zurückzuführen ist. — Bez. Problemstellung der Hartkasein-Industrie vgl. ferner F. Ullmann, Enzyklopädie d. techn. Chem., 2. Aufl., 3, 142/43.

Ist es Zweck und Ziel der wissenschaftlichen Forschertätigkeit, im besonderen der industriewirtschaftlichen Forschung (industrial research), aus dem Studium der Phänome die Direktiven abzuleiten, die zur Lösung der Probleme führen, so drängt sich als nächstliegend die Frage auf: Welche Lösungsgrundlagen bietet die Wissenschaft dem auf Weiterentwicklung der Kasein-Kunsthorntechnik bedachten Technologen angesichts dieser Problemstellung?

Was zunächst einmal die mechanisch-elastischen Eigenschaften anlangt, so wissen wir seit altersher, daß in der organischen Stoffwelt die natürlichen Fasern als Träger hoher Festigkeiten usw. anzusehen sind[1]). Damit besitzen wir bereits eine Teilerklärung über die Vorzüglichkeit des Zelluloids, was seine mechanischen Eigenschaften betrifft. Der Rohstoff für diese plastische Masse ist ein Fasermaterial mit Mikrofaser(Kristall)struktur (parallel angeordnete Stäbchen — Mizelle), die weder beim Esterifizieren (Nitrieren, Azetylieren oder dgl.) noch beim „Auflösen" bzw. Gelatinieren verändert wird (H. Ambronn, A. Möhring, R. O. Herzog, topochemische Reaktionen). Kautschuk, der Ausgangsstoff der Hartgummifabrikation, zeigt gegenüber Zellstoff keine prinzipielle Verschiedenheit, wie wir aus den feinbaulichen Untersuchungen (Röntgenoskopie) der letzten Jahre (J. R. Katz, E. A. Hauser und H. Mark, G. L. Clark) sowie aus Experimentalarbeiten wissen, die die Prädisposition dieses Kolloids zur Faser-(Kristall)-bildung bzw. Kristalliten-orientierung, letztere hier auf mechanischem Wege (Recken bzw. Strecken)

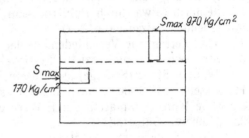

Abb. 207.

erzielt, drastisch offenbaren (H. Feuchter, L. Hock, F. Kirchhof, „Rohgummi — ein Faserstoff", „Die Kautschukfaser und die Zellulosefaser").

Nach Ansicht namhafter Forscher auf dem Gebiete der vielfach als hochmolekular angesehenen Naturstoffe (Zellulose, Kautschuk, Proteine) kommt allen drei Klassen ein gemeinsames Aufbauprinzip zu[2]), wofür Merkmale in ihrem ausgeprägten Quellvermögen, in ihrem besonderen Verhalten gegen Röntgenlicht usw. erblickt werden. Dieser z. B. von K. Hess[3]) vertretenen Auffassung wird ähnlich auch von J. R. Katz[4]), H. Staudinger[5]) wie K. H. Meyer[5]) beigepflichtet.

Daß die den eigentlichen Proteinen sehr nahe stehenden natürlichen Seiden (Fibroin, Chitin) ebenso wie die Zellulose ein Faserdiagramm geben, konnte R. O. Herzog bereits früher nachweisen. Ähnlich wie Kautschuk zeigt auch

[1]) Vgl. z. B. R. O. Herzog, Ztschr. f. angew. Chem. **39**, 297, 299 (1926).

[2]) Bezüglich dem der Stärke eigenen Sonderaufbau vgl. K. H. Meyer, H. Hopff und H. Mark, Ber. d. Deutsch. Chem. Ges. **62**, 1103, 1111 (1929); ferner K. H. Meyer, Biochem. Ztschr. **208**, 7 (1929). Bekanntlich gibt Stärke mit Formaldehyd die schwer lösliche Formalinstärke; D.R.P. 92252, 92394, 93111, 99378, 201436. — M. Samec, Kolloidchemie der Stärke (Dresden 1927), S. 422.

[3]) K. Hess und G. Schultze, Naturwissensch. **13**, 1003, 1006/07 (1925).

[4]) J. R. Katz und P. J. P. Samwel, Naturwissensch. **16**, 592 (1928). — Liebigs Ann. **472**, 241, 256 (1929).

[5]) H. Staudinger, Ztschr. f. angew. Chem. **42**, 67, 70 (1929). — Naturwissensch. **17**, 141, (1929). — Vgl. dazu R. O. Herzog, Naturwissensch. **17**, 271 (1929). — Vgl. insbesonders auch die entsprechenden Arbeiten von K. H. Meyer, z. B. Biochem. Ztschr. **208**, 1; **214**, 253 (1929.)

Gelatine beim Dehnen Faserstruktur[1]), während die Kristallinität anderer Proteine (Kasein usw.) von G. L. Clark[2]) sowie E. Ott[3]) (Albumin) nachgewiesen werden konnte.

Technologisch wichtig ist die Tatsache, daß wir — ähnlich wie bei Metallen — sowohl bei Zellstoff bzw. Zellulosederivaten[4]), ebenso wie bei Kautschuk[5]) (Guttapercha, Balata), Kasein oder dgl. mehr durch Recken bzw. Strecken der entsprechenden Ausgangsform dieser Stoffe wesentliche höhere Festigkeitswerte erzielen[6]) (Kristallbildung, Kristallitenorientierung, Faserstruktur). So konnte W. de Visser[7]) beim Kalandrieren von Kasein feststellen, daß die derart erzielten Kaseinfelle folgende Bruchfestigkeitswerte zeigen:

in der Längsrichtung: 44,6 kg/qcm²,
in der Querrichtung: 35,6 kg/qcm².

Wie wir sehen ist der Festigkeitsmaximalwert mit der maximalen Reck- bzw. Strecklinie identisch. Diese Proportionalität zwischen Streck(Reck)grad und Festigkeit zeigt sich besonders auffallend beim Verstrecken von Kaseinfellen in Streifenform (etwa durch Pulverpressung in einer Etagenpresse erhalten) gemäß vorstehender Skizze (Abb. 207).

Hier beträgt die Verschiedenheit der Festigkeitswerte bzw. die auf dem Wege des Streckens (Recken) erzielte Festigkeitserhöhung ca. 600%.

Werden Stäbe (Stränge) aus Kasein, deren Elastizitätsmodul E in Form von Hartkasein ca. 30000 kg/qcm beträgt, zu Platten verpreßt, so ergibt sich für derartige Kunsthornplatten ein E-Wert von ca. 20—24000 kg/qcm, also ein bis 33% höherer Gütegrad.

Diese Zahlenwerte bestätigen die Angaben von J. Rousset, Franz. Pat. 529635 1. Add. 24347, welcher sagt: „Après avoir plusieurs fois plongé la plaque de caséine dans l'eau bouillante, et l'avoir soumise entre chaque opération á des tractions successives, pour augmenter la solidité de la feuille, en lui donnant en quelque sorte une texture fibreuse, . . .“[8]).

---

[1]) J. R. Katz und O. Gerngroß, Kolloid-Ztschr. **39**, 180 (1926). — Naturwissensch. **13**, 901 (1925).

Auch diese beiden Forscher (O. Gerngroß-J. R. Katz) konnten somit zeigen „wie aus einem ursprünglich scheinbar amorphen Stoff — der Gelatine — durch einfachen Zug die charakteristischen Merkmale des Röntgenspektrums eines vorher schon bekannten anderen Stoffes mit geordneter Mizellaranordnung — des Faserkollagens oder einer wenigstens sehr nahe verwandten Substanz — entsteht.“ Kolloid-Ztschr. **39**, 183 (1926). — Auch von den Autoren gesperrt. — J. J. Trillat, Journ. phys. radium **10**, 370 (1929). — C. R. **190**, 265 (1930). — S. E. Sheppard und J. G. Mc Nally, Coll. Sympos. Ann. **7**, 17 (1930).

[2]) G. L. Clark, Journ. Ind. and Eng. Chem. **18**, 1131 (1926).

[3]) E. Ott, Kolloidchem. Beih. **23**, 108 (1926).

[4]) Vgl. z. B. R. O. Herzog, und H. Selle Kolloid-Ztschr. **35**, 199 (1924). — W. Lüdke, Kolloid-Ztschr. **47**, 341, 345 (1929).

[5]) Vgl. z. B. F. Kirchhof, Kautschuk **2**, 151 (1926). — Gummi-Ztg. **42**, 526 (1927). — H. Feuchter, Kautschuk **3**, 307, 312 (1927).

[6]) „Die mechanischen Eigenschaften gereckten Kautschuks sind nach außen gegenüber dem ursprünglichen Material durch eine außerordentliche Steigerung der Festigkeit mit einer entsprechenden Verringerung der Dehnung gekennzeichnet.“ H. Feuchter, Kautschuk **4**, 2 (1928); **2**, 262 (1926). — Nach H. Mark und E. Valkó, Gummi-Ztg. **44**, 2077 (1930), weist gereckter Kautschuk gegenüber dem normalen Ausgangsstoff eine zehnfach höhere Festigkeit auf.

[7]) W. de Visser, Kalander- und Schrumpfeffekt von unvulkanisiertem Kautschuk. Diss. T. H. Delft (1925).

[8]) Bei dieser Gelegenheit sei an die Arbeit von D. Brewster, On the production of crystalline structure in crystallised powders by compression and traction. Trans. Roy. Soc. Edinbourgh **20**, 555 (1853) erinnert.

Weiter konnte vor kurzem an Gelatine gezeigt werden[1]), daß diese gedehnt eine Reißfestigkeit von 9,3 kg/qmm aufweist, während der entsprechende Wert nichtgedehnter Gelatine 4,4 kg/qmm beträgt. Die durch Recken bedingte Festigkeitserhöhung beträgt also. auch hier mehr als 100 %.

Im Verein mit der durch Kalanderstrecken (Recken) an Kaseinfellen erzielten höheren Festigkeit vermochte W. de Visser[2]) ferner eine deutliche Verringerung der Quellbarkeit feststellen. Ähnliches zeigt sich auch bei Zellulosederivaten[3]), Kautschuk[4]) u. dgl. m. Selbst an anorganischen plastischen Massen (Beton) konnte ein ähnlicher Effekt nachgewiesen werden[5]).

Wollen wir nun angesichts dieser geschlossenen Reihe von Experimentaltatsachen die früher erwähnte Knetpreßmethodik mit kritischem Blick betrachten, so setzt dies selbstverständlich vollkommen arbeitsbegriffliche Klarheit voraus.

Zur Terminologie. — Der Begriff „Kneten".　Gemäß den Definitionen namhafter Technologen ist Kneten wesensgleich mit Mischen. „Bei bildsamen Stoffen, deren innerer Zusammenschluß (Kohäsion) infolge inniger Berührung und eigentümlicher Beschaffenheit der Einzelteilchen groß ist, pflegt man das Mischen durch Rühren Kneten zu nennen[6])." Zweck des Mischens ist jedoch die Homogenisation des Arbeitsgutes, welche durch lebhafte Verschiebung desselben in allen Richtungen (gegensätzlicher Ortswechsel) erzielt wird[7]). „Hierin liegt die wichtige Funktion des Knetprozesses, bei welchem die Teilchen unter fortgesetztem Wechsel der Bewegungsrichtung gegeneinander verschoben werden[8])."

Mit einem derartigen Kneten unter hohem Druck, wie es in der Kasein-Kunsthorntechnik (Strangpreßverfahren — Knetpreßmethodik) statthat, erfolgt ein teilweises „Verreiben" der Rohmasse — je nach angewandtem Knetwerkzeug mehr oder weniger stark — also eine Desaggregation[9]), welche schließlich mitbedingend ist für weitgehende Homogenisation. Homogenisation jedoch

---

[1]) M. Bergmann, und B. Jacobi, Kolloid-Ztschr. **49**, 46 (1929). — Vgl. hierzu J. R. Katz und O. Gerngroß, Kolloid-Ztschr. **39**, 180 (1926).

[2]) W. de Visser, l. c. Kaseinfelle, S. 136. — Wie Ernst, Pflüg. Arch. **213**, 131 (1926) zeigen konnte, stimmt damit das Verhalten von Muskeln uberein.

[3]) Vgl. z. B. R. O. Herzog, Papierfabrikant **21**, 338, welcher — C. **94**, 742 (1923) — sagt: „Die Faserstruktur, d. h. die gesetzmäßige Anordnung der Kriställchen, hängt aufs engste mit den Festigkeitseigenschaften und der Quellbarkeit der Zellulose zusammen." — Vgl. ferner R. O. Herzog und H. Selle, Kolloid-Ztschr. **35**, 199 (1924). — R. O. Herzog, Ztschr. f. angew. Chem. **41**, 534/35 (1928). — W. Ludke, Kolloid-Ztschr. **47**, 346 (1929).

[4]) B. Weigend und A. Brändle, Journ. Ind. and Eng. Chem. **15**, 259 (1923). — H. Feuchter, Kautschuk **3**, 25 (1927); **4**, 48 (1928). — L. Hock, in K. Memmler, Handb. d. Kautschukwissenschaft (Leipzig 1930), S. 484.

[5]) O. Graf, Zement **17**, 1464 (1928).

[6]) H. Fischer, Technologie des Scheidens, Mischens und Zerkleinerns (O. Spamer, Leipzig 1920). S. 198. — Vgl. ferner O. Stier, Chem.-Ztg. **44**, 903 (1920). — M. Pailly, Rev. Gen. Coll. **4**, 295 (1926). — H. B. Vollrath, Chem. Met. Engin. **29**, 444 (1923). — D. M. Liddell, Handbook of Chemical Engineering, Vol. II, Sect. XV., (New York 1922). — M. Dolch, Betriebsmittelkunde für Chemiker, II, I. C. (Leipzig 1929).

[7]) H. Fischer und A. Nachtweh, Mischen, Rühren, Kneten und die dazu verwendeten Maschinen, 2. Aufl. (Leipzig 1923), S. 3.

[8]) Enunciatum des k. k. Patentgerichtshofes zu Wien vom 28. IX. 1918 in Sachen Öst. Pat. 53146 (D. R. P. 241887).

[9]) Bezüglich der desaggregierenden Wirkung des Knetens in andern Zweigen der Technologie vgl. z. B. den Beitrag von C. G. Schwalbe, S. 22, Abs. 2 dieses Werkes. — Vgl. ferner G. Kraus, Kolloidchem. Beih. **25**, 301 (1927). — L. Carpenter, Mechanical mixing machinery (London 1925). — H. Seymour, Agitating, stirring and kneading machinery (London 1925). — C. G. Schwalbe, Chem. Ztg. **54**, 657 (1930).

bedeutet bezüglich der mechanisch-elastischen Eigenschaften plastischer Massen bestimmte, derart nicht überschreitbare Grenzwerte, wie folgend noch an Hand eines entsprechenden Zahlenmaterials gezeigt werden soll.

Das Strecken plastischer Massen erfolgt in der Regel im Sinne einer geradlinigen Zugreckung; derart wird das Recken (Strecken) von namhaften Autoren auch aufgefaßt[1]. Die mechanische Technologie (Karmarsch-Fischer, Kick) definiert (ähnlich wie die Metallkunde, Czochralski — Streckzahl) den Begriff „Strecken" als „Verlängerung eines Werkstückes bei gleichzeitiger Abnahme des Querschnittes." Kolloidphysikalisch gesehen ist durch das Strecken, im Gegensatz zu dem Struktur zerstörenden Prinzip des Knetens, eine Aggregation bzw. Reaggregation (Auslösung präformierter Kristallite — Strukturenbildung) bedingt, die sich am angestrebten Werkstoff besonders auffällig in maximalen mechanischen Werten äußert. „Sowohl bei jenen Körpern, die im natürlichen Zustand besondere Kristallanordnung aufweisen, wie bei jenen, denen solche durch Deformation aufgeprägt werden, ist diese Anordnung von entscheidendem Einfluß auf die physikalisch-chemischen Eigenschaften, insbesondere die Quellbarkeit, Dehnbarkeit und Elastizität[2]." So konnte H. Kohl[3], welcher den Einfluß der Formgebung (Art des Verformens) auf die mechanischen Eigenschaften keramischer Massen quantitativ verfolgt hat, feststellen, daß stabförmige Probekörper aus Tonen oder Kaolinen, die durch Gießen aus Sodaschlicker erhalten wurden, etwa die doppelte Bruchfestigkeit von Stäben desselben Rohstoffes aufweisen, welche jedoch durch Einformen der handgerechten (gekneteten) Masse hergestellt waren.

Etwa in gleicher Größe bewegen sich die Unterschiede der Festigkeiten (spezifische Biegefestigkeit) von Steingutmassen, wie H. Kohl[4] weiter feststellen konnte.

Mit den von H. Kohl gefundenen Zahlenwerten im Einklang stehen die Arbeiten von Salmang[5], welcher die Parallelorientierung der Elementarteilchen (gleichmäßige Anordnung derselben) sowie ihre höhere Packungsdichte für die günstigeren Festigkeitswerte von Gießlingen[6] verantwortlich macht. Die Minderwertigkeit gekneteter Massen erklärt H. Salmang[7] mit anders gearteter Lagerung der Teilchen, „die nicht parallel sondern dem Druck der Hand folgend in Wirbeln und Stromlinien angeordnet sein dürften." Bei dieser Gelegenheit sei noch besonders auf eine Arbeit von H. Spurrier[8] verwiesen, welcher feststellte, „daß

---

[1] Vgl. z. B. H. Feuchter, Kautschuk **4**, 8 (1928).
[2] K. Weißenberg, Ann. Physik **69** (4), 412 (1922).
[3] H. Kohl, Ber. D. Keram. Ges. **7**, 19 (1926). — Feuerfest **2**, 53 (1926).
[4] H. Kohl, l. c. — Über eine kolloidchem. Erklärung dieses auffallenden Verhaltens vgl. H. Kohl, Ber. D. Keram. Ges. **7**, 29 (1926).
[5] H. Salmang, Vortrag über: Die Bildsamkeit der Tone auf der 89. Versamml. D. Naturforscher..., Düsseldorf 1926. — Ref. Chem.-Ztg. **50**, 723 (1926). — Ferner Ztschr. f. anorg. Chem. **162**, 115 (1927).
[6] Über das wirkungsmäßig dem Strecken ähnliche Gießen (Teilchenorientierung, welche allerdings beim Strecken eine wesentlich weitgehendere ist) vgl. H. Feuchter, Kautschuk **4**, 8 (1928): „Es gibt wahrscheinlich noch andere Reckprinzipien als diejenigen eines mechanisch- und thermisch-elastischen Kräfteeffekts; man denke an die Stäbchenbildung gewisser fließender Sole." — An dieser Stelle sei ferner an die Arbeit von R. H. Bogue, The structure of elastic gels, Journ. of the Amer. chem. soc. **44**, 1343 (1922) erinnert. Bogue nimmt einen Zusammenhang zwischen Elastizität der Gele und der Länge der Fäden an, die sich nach ihm während dem Gelatinierungsvorgang aus den Molekülen bilden.
[7] H. Salmang, Ztschr. f. anorg. Chem. **162**, 125 (1927).
[8] H. Spurrier, Journ. Am. Cer. Soc. **9**, 535 (1926).

alle geformten Massen vom Verformungsvorgang her noch Luft enthalten, die den Zusammenhang der feuchten Masse stört und die Bildsamkeit empfindlich herabsetzt." Hieraus folgt neuerlich, welche Wichtigkeit weitgehendem Entlüften der Formlinge auch in der Kasein-Kunsthorntechnologie zukommt. Denn auch bezüglich Kasein-Kunsthorn gilt, daß die Abwesenheit von Luft zusammen mit der gleichmäßigen Anordnung der Teilchen höhere Festigkeit bedingt.

Ähnlich wie H. Kohl bei den Tonen, den für das Wesen des plastischen Zustandes (plastische Verformung) wohl typischesten Stoffgruppe, konnten W. Greinert und J. Behre[1]) aus an Kautschukvulkanisaten vorgenommenen Zerreißversuchen folgern, daß sich diese mit steigender Knetzeit des angewandten Gummis verschlechtern. Weiter konnte festgestellt werden, daß die auf dem Wege der Intensivverknetung an Hand sog. Hochleistungsknetmaschinen erhaltenen Kasein-Kunsthornmassen eine gewisse Herabminderung ihrer mechanisch-elastischen Kennziffern gegenüber mit gewöhnlichen Preßknetvorrichtungen erhaltenen Produkten erkennen lassen, wie nach Vorerwähntem zu erwarten war.

Streckpreßverfahren. Aus dem Dargelegtem folgt somit, daß die Fabrikation plastischer Massen (Kasein-Kunsthorn usw.) mit optimalen physikalischen Eigenschaften an Hand der Strangpresse nicht nach dem Knetpreßverfahren, sondern nach der Streckpreßmethodik zu geschehen hat, was heute technisch möglich ist. Somit ist z. B. die Strangpresse mittels entsprechender Streckwerkzeuge zu einer Preßstreckvorrichtung zu gestalten (entsprechendes Zerlegen der möglichst „wirbelfrei" bzw. vektorial strömenden Rohmasse in ein Faserbündel — Streckspinnverfahren[2]), in welcher Faserstruktur zerstörende Knetarbeit möglichst weitgehend vermieden wird. Die Beschaffenheit der als Streckwerkzeuge wirkenden Plastizierungsorgane muß somit natürlich so sein, daß sie einen — im mechanischen Sinne — weitgehenden Zerteilungsgrad der auf dem Wege des Streckpressens zur Formgebung gelangenden plastischen (fadenziehend-viskosen) Rohmasse bedingen (Luftfreiheit der Preßstücke, Porenfreiheit derselben). Da außerdem — wie gezeigt — hohe Packungsdichte der erzielten Massen günstig ist, so sind Druckverluste möglichst zu vermeiden (Ausschließen des Stauens der Masse).

Kasein-Kunsthorntechnologie. Überblick. Plastizierungsgesetz. Überblicken wir jetzt die zur Zeit üblichen Plastizierungsmethoden der Kasein-Kunsthorntechnologie insgesamt, so wird es begreiflich, warum die an Hand der Kalanderwalze oder ähnlicher Walzvorrichtungen erhaltenen Kaseinmassen bezüglich ihren mechanischen Werten etwa gleich sind denen, wie sie mittels der Strangpresse (Knetpreßmethodik) erzielt werden. Das einer gewissen vorangehenden Knetarbeit folgende Kalanderrecken (Fellwalzen-Kalandereffekt) ergibt Produkte mit einer bestimmten Textur („beschränkte" Faserstruktur[3])), die bereits höhere mechanische Werte bedingt. „Vollständige" Faserstruktur[3]), welcher wir an Hand der Strangpresse am nächsten kommen können, entspricht natürlich maximalen Festigkeitswerten.

---

[1]) W. Greinert und J. Behre, Kautschuk **2**, 64 (1926).

[2]) O. Manfred, Ztschr. f. angew. Chem. **43**, 688 (1930) — Bekanntlich zeigt sich gerade beim Strecken dunner Fäden starke Kristallbildung bzw. weitgehendes Gleichrichten der Kristallite, somit also ein Nahekommen an die Struktur der natürlichen Fasern, was ja in jeder Phase des technologischen Arbeitsverfahrens anzustreben ist. Vgl. J. R. Katz, Kolloid-Ztschr. **37**, 19 (1925). — Wo. Ostwald, Kolloid-Ztschr. **40**, 73 (1926). Bei dieser Gelegenheit sei auch der Begriff „Faser" festgehalten: Aggregate disperser Teilchen, deren Länge ihre Breite um ein Vielfaches übertrifft (Kolloid-Ztschr. **44**, 163 (1928)).

[3]) R. Schenck, Ztschr. f. Metallkunde **20**, 99 (1928). — R. O. Herzog und K. Weißenberg, Kolloid-Ztschr. **46**, 287 (1928). — L. Hock, Kolloid-Ztschr. **35**, 47 (1924).

Kasein-Kunsthornmassen „unter Vermeidung einer Plastizierung" her-zustellen[1]) wird jetzt betriebstechnisch immer weniger gehandhabt. Es hat sich als allgemeingültige Gesetzmäßigkeit erwiesen, daß zwischen Plastizierungsgrad des Rohstoffes einerseits, den physikalischen Eigenschaften plastischer Massen andrerseits ein funktioneller Zusammenhang besteht (O. Manfred, Plastizierungs-gesetz[2])). Hierbei haben wir unter Plastizierung Desaggregation des Ausgangs-stoffes zu Elementen niedrigerer Ordnung (Dispersitätsgrad vielfach innerhalb der Grenzen mittlerer kolloider Teilchengröße) mit folgender mehr oder weniger vollkommen gerichteter Reaggregation zu Strukturelementen von vornehmlich eindimensionaler Erstreckung zu verstehen.

Das der Vollständigkeit halber hier zu erwähnende Ergebnis der kritisch restlosen Sichtung der auf die Technologie des Kasein-Kunsthorns bezughabenden Patentliteratur (Plastizierungsmethoden) entbehrt nicht eines gewissen psycho-logischen Interesses. Die im vorstehenden widerlegte Annahme, daß der Güte-grad plastischer Massen eine Funktion der aufgewandten Knetarbeit sei, bildet gedanklich den Ideenkern der D.R.P. 183318, 241887, 368942, von denen die letzteren beiden Schutzrechte betriebstechnisch in gewissem Sinne (wirtschaft-liche Entwicklung der Hartkaseinindustrie im Zusammenhang mit diesen Patenten) als Pionierpatente gelten müssen. Wie weitgehend suggestiv beeinflussend dieselben bei der angestrebten Weiterentwicklung der Technologie des Kasein-Kunsthorns wirkten, folgt aus der kritiklosen Übernahme der Knetlegende, welche beim Schaffen der früher bereits erwähnten, sog. Hochleistungsknetmaschinen als Leitlinie diente. Derartige Maschinen bedingen an Hand verschiedener Mittel (kugelartige Füllkörper, Knetlinge, Reibscheiben usw. oder ähnliche Dispersionsorgane) maximale Knet-wirkung. Schließlich gipfelt die äußerste Konsequenz dieses Gedankens in der sog. Dispersionsknetmaschine (kontinuierliche Feinverknetung, Emulsionierung), welche für die Herstellung von Farblacken (Kasein, Zelluloseester) geeignet sein soll.

---

[1]) D.R.P. 381104.

[2]) Diese Erkenntnis wurde vom Verfasser bereits früher (1925) ausgesprochen, sowie dann folgend (1926) zahlenmäßig belegt. Vgl. O. Manfred, Caoutchouc et Gutta-Percha 23, 13347 (1926). In derselben Revue (13452) wird diese Gesetzmäßigkeit eingangs zu dem auf die Tech-nologie plastischer Massen bezughabenden „Jahresbericht 1926 . . ." bereits ganz allgemein for-muliert. Vgl. diesbezüglich ferner O. Manfred und J. Obrist, Kolloid-Ztschr. 41, 348; 42, 174; 43, 41 (1927). — Ztschr. f. angew. Chem. 41, 971 (1928). Die in dieser Arbeit auf breiter Basis bewiesene Rationalität des Streckpreßverfahrens (Aggregationsformprinzip, welches aus der erwähnten Gesetzmäßigkeit folgt) bzw. seine Überlegenheit gegenüber anderen Methoden plasti-scher Verformung — maßgebend ist nicht, daß verformt wird, sondern wie verformt wird — läßt sich ferner an Hand einer Reihe weiterer Arbeiten namhafter Autoren bestätigen. Vgl. z. B. L. Guillet, C. R. 183, 541 (1926). — W. Püngel, Mitt. d. Versuchsanst. D. Luxemburg Berg. Hütten A.G. 2, 11 (1926). — J. S. Glen Primrose, Trans. Am. Soc. Steel. Test. 13, 617. — R. O. Herzog, Naturwissensch. 16, 420 (1928). — Weiteres bei J. Obrist, Rev. Gen. Coll. 5, 649 (1927). — Kolloid-Ztschr. 45, 82 (1928). — Kautschuk 4, 250 (1928). — O. Manfred, Ztschr. f. angew. Chem. 43, 688 (1930). — Inzwischen nimmt die Technik zusehends mehr, z. T. schon in bewußter Weise, auf diese Gedankengänge Bedacht: Vgl. z. B. Öst. Pat. 113143, Be-arbeiten von faserhaltigen Tonmassen mit kammartigen Werkzeugen, zwar so lange, bis die Asbestfasern längsparallel liegen. Am. Pat. 1741912, Erzeugen von Fensterglas nach dem Streckpreßverfahren. Bezüglich dem Einfluß des Streckens auf die Festigkeit metallischer Werkstoffe vgl. z. B. Abb. 268—272 in J. Czochralski, Moderne Metallkunde (Berlin 1924). — Hierzu W. Kuntze, Ztschr. f. Metallkunde 22, 18, 20 (1930). Schließlich sei an die sog. Lilienfeldseide erinnert, eine weitgehend gestreckte Kunstfaser, welche als Kunst-seide alle anderen bezüglich Reißfestigkeit und Wasserbeständigkeit übertrifft. Vgl. H. E. Fierz-David, Die Kunstseide (Neujahrsblatt der Naturforschenden Ges., Zürich 1930), S. 30. Helv. Chim. Acta 13, 47 (1930). Franz. Pat. 672301 (I. G.), Strecken der Kunstfaser über 50%, wobei mittels „Schwellmitteln" gearbeitet wird. Es werden Fasern von hoher Reißfestigkeit erzielt.

VERLAG VON THEODOR STEINKOPFF, DRESDEN UND LEIPZIG.

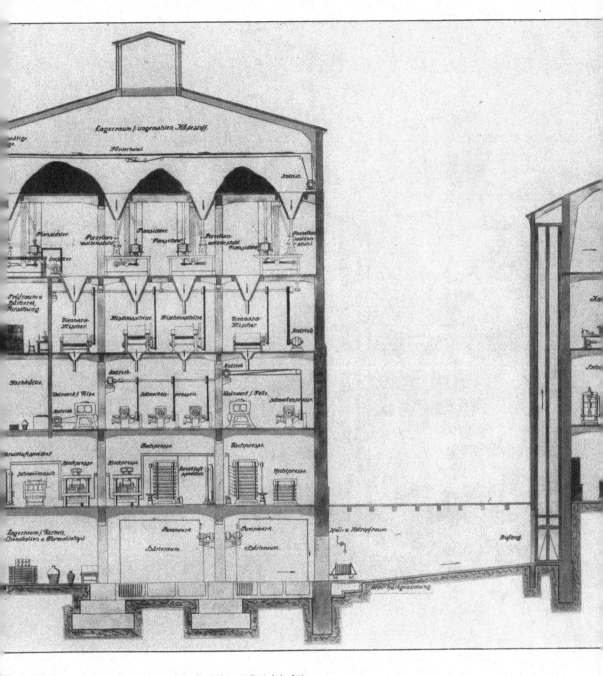

Kunsthorn-Erzeugung im Sinne wirtschaftlicher Betriebsführung.

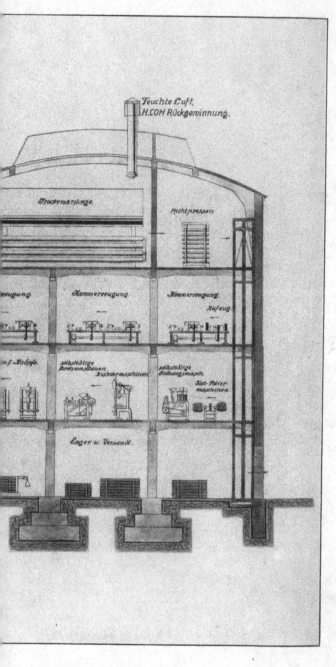

„Härten" bzw. Gerben.

Sehen wir die Eiweißstoffe als polymerisierte Aminosäuren an (F. Hofmeister, E. Fischer), so umfaßt dieses Gebiet in der Hauptsache zwei Gruppen:

Proteine[1])

I.	II.
mit mehr Monoaminosäuren, überwiegend sauer.	mit mehr Diaminosäuren, überwiegend alkalisch.

Zur Gruppe I gehört das uns hier interessierende Milchkasein[2]), wegen seinem Gehalt an Phosphor auch als Phosphorprotein angesprochen.

In einem anderen Sinne läßt sich das Gebiet der Eiweißstoffe nach Wo. Pauli[3]) wie folgt überblicken:

Proteine

I.	II.
Die im isoelektrischen Punkte instabilen	Die im isoelektrischen Punkte stabilen

Eiweißstoffe.

Zu der ersteren Klasse gehören wieder die Kaseine, bezüglich welcher wir auch hier festhalten wollen, daß dieselben oft durch Zusatz von Säuren, stets durch Alkali, oberflächlich peptisiert werden.

Weiteres über den auch jetzt noch wenig geklärten Aufbau der Eiweißstoffe, bezüglich deren sich die Ansichten der auf diesem Gebiete tätigen Forscher außerdem vielfach widersprechen[4]), erübrigt sich hier mit Rücksicht auf die Diskussion dieser Materie in anderen Kapiteln dieses Werkes (z. B. „Gerberei"). Für das Verständnis des folgenden sei daran erinnert, daß sich nach den neueren Forschungen (E. Abderhalden, M. Bergmann, R. O. Herzog) die als hochmolekular angesprochenen Proteine auf niedrig molekulare Grundkörper, Diketopiperazine (ringförmig säureamidartig verknüpfte Aminosäureverbindungen), zurückführen lassen[5]).

Zusammenfassend im Sinne des Vorstehenden werden wir somit zweckmäßig — wie O. Gerngroß[6]) — Eiweißstoffe als „komplexe Aminosäuren" ansehen, „wobei die Elementarkörper der Mizellen Diketopiperazine, Polypeptide oder beides sein können"[6]). Als symbolisches Schema des Eiweißampholyten mag uns der Ausdruck $NH_2 \cdot R \cdot COOH$ dienen, welcher die Proteine gemäß ihrem zwitterartigen Verhalten — mit ihren zahlreichen reaktionsfähigen Aminogruppen wie mehrwertige Basen, andrerseits wie vielbasische Säuren mittels ihrer Karboxylgruppen — entsprechend charakterisiert.

Wie bereits früher mehrfach angedeutet, besteht der langgesuchte technische Effekt, wie er durch das Einwirken von Formaldehyd auf Kaseinmassen erzielt

---

[1]) H. Handovsky, in R. Zsigmondy, Kolloidchemie II, 5. Aufl. (Leipzig 1927), S. 202.

[2]) Die meisten Eiweißstoffe sind bekanntlich merklich stärkere Säuren als Basen.

[3]) Wo. Pauli, Kolloid-Ztschr. **40**, 186 (1926).

[4]) Vgl. z. B. G. Sándor, Ref. Kolloid-Ztschr. **48**, 96, I (1929). — T. B. Robertson, Kolloid-Ztschr. **49**, 95 (1929).

[5]) Enzymatische und chemische Untersuchungen jüngsten Datums lassen allerdings auch diese Ansichten zweifelhaft erscheinen. Vgl. z. B. E. Waldschmidt-Leitz, Ber. d. Deutsch. Chem. Ges. **62**, 1819, 2219 (1930). — Chem. Weekbl. **27**, 266 (1930).

[6]) O. Gerngroß in diesem Werk S. 443.

wird, darin, daß diese ihre Sprödigkeit in einem weiten Maße verlieren, während andrerseits ihre Wasserbeständigkeit (Quellungswiderstand) wesentlich erhöht wird. Hat man unter Gerbung — das zu behandelnde Gut rein äußerlich betrachtet — „die Überführung aus einem lockeren weichen, wenig widerstandsfähigen und klebrigen Zustand in einen festeren und zäheren" zu verstehen[1]), wie dies ja insbesondere auch in der Kasein-Kunsthorntechnik statthat (Kaseinpreßgut →Kasein-Kunsthorn), so ist der Begriff „gerben" gegenüber dem in der Kunsthornindustrie gebräuchlichen „härten" rationeller, und zwar deswegen, weil ja auch die intimeren physikalisch-chemischen Vorgänge der Quellungsimmunisation — das „irreversible Überführen lyophiler Gruppen des Eiweißmoleküls in andere Gruppen, deren Polarität gegenüber Wassermolekülen weniger ausgeprägt ist"[2]) — im Wesen übereinstimmend sind mit den entsprechenden auf die tierische Haut bezughabenden Aufbereitungsvorgänge eigentlicher Art (Lederfabrikation — Gerben).

Die Reaktionsgleichung, nach welcher man sich das Einwirken von Formaldehyd auf das Eiweißmolekül vorzustellen hat, ist etwa:

$$\begin{array}{c} R \cdot COOH \\ | \\ NH_2 \end{array} + CH_2O = \begin{array}{c} R \cdot COOH \\ | \\ N = CH_2 \end{array} + H_2O.$$

Die Deutung dieses Vorganges im Sinne der klassischen Chemie war übrigens zunächst allgemein, auch seitens der zünftigen Gerbereichemiker[3]). In weiterer Folge haben jedoch L. Meunier[4]) sowie insbesondere W. Moeller[5]) eine kolloidphysikalische Theorie der Gerbung entwickelt, gemäß welcher das zu gerbende Gut durch in der Formaldehydlösung vorhandene reaktionsträge Formaldehydpolymere in Form von Mikrokristallen „umhüllt" werden soll. Diese Ansicht hat einer kritisch experimentellen Prüfung nicht standgehalten, wie insbesondere von O. Gerngroß und seiner Schule mehrfach gezeigt werden konnte[6]). Nach wie vor haben wir somit das Einwirken von Formaldehyd auf Protein (Kasein) als chemischen Vorgang anzusehen, zu welcher Ansicht auch L. Meunier[7]) rückgefunden hat. Allerdings fehlen bezüglich dieses Chemismus vorläufig noch nähere Kenntnisse; daß der Formaldehyd mit den NH_2-Gruppen des Proteinmoleküls allein reagiere, wird angezweifelt. Verbindungen von der Art der Dimethylol-Diketopiperazine[8]) sollen wahrscheinlicher sein[9]).

Das Gerben („Härten") der Kaseinformlinge (Stäbe, Röhren, Platten usw.) wird seit Existenz der Hartkaseinindustrie hauptsächlich in Formaldehydbädern von entsprechender Konzentration vorgenommen. Das Arbeiten mit gasförmigem Formaldehyd, in Patentschriften wiederholt empfohlen, ist aus verschiedenen Gründen nachteilig. So z. B. erfolgt die H·COH Aufnahme seitens der Proteine aus gasförmigem Formaldehyd wesentlich langsamer als aus wässerigen Form-

[1]) R. Abegg und P. v. Schröder, Kolloid-Ztschr. 2, 85 (1908).

[2]) L. Meunier und Khoa Le Viet, Cuir techn. 22, 432 (1929).

[3]) Vgl. z. B. E. Stiasny, Kolloid-Ztschr. 2, 263 (1908). — J. v. Schroeder, Kolloidchem. Beih. 1, 56 (1909). — H. Procter, Kolloid-Ztschr. 8, 69 (1911).

[4]) L. Meunier, Colleg. 211 (1909).

[5]) W. Moeller, z. B. Kolloid-Ztschr. 17, 42 (1915); 25, 67, 102 (1919). — Colleg. 32 (1919).

[6]) Vgl. z. B. O. Gerngroß, und H. Löwe, Colleg. 229 (1922).

[7]) L. Meunier, Chimie des colloides et applications industriels (Paris 1924), S. 265. — B. Ziroulsky, Halle aux Cuiers 163 (1929).

[8]) Helv. Chim. Acta 5, 678 (1922).

[9]) A. W. Thomas, M. W. Kelly, S. B. Foster, Journ. Am. Leather Chem. Assoc. 21, 57 (1926).

aldehydlösungen[1]). Bezüglich der zweckentsprechenden Konzentration der Formaldehydlösung (Härtebäder) finden sich im Schrifttum vielfach irreführende Angaben. Wenn z. B. gesagt wird: „Eine hohe Konzentration der Lösung wirkt günstig und auf den Härteprozeß beschleunigend, doch geht man im Interesse der Arbeiter der Härteabteilung meistens nicht über eine 35%ige Lösung"[2]), so ist dies falsch. Denn die Geschwindigkeit in der Aufnahme des Formaldehyds aus derartigen Lösungen steigt nur bis zu einem gewissen Gehalt von etwa 10%[3]). Zweckmäßig geht man auch über derartige Badstärken in der Praxis niemals hinaus.

Da bei dem üblichen Härten der Kaseinformlinge in Formaldehydbädern der Aldehyd nur außerodentlich langsam in die Preßkörper diffundiert, so bedürfen stärkere Formlinge gemäß der in geometrischer Progression ansteigenden Härtedauer derart Monate lang währender Gerbezeit[4]). Eine einigermaßen beschleunigte Formolisation, wie sie mittels Bädern von höherer Temperatur festgestellt werden konnte[5]), ergibt neben anderen Nachteilen minderwertige Produkte. Andrerseits waren Versuche, Kaseinpreßgut bei höherem Druck zu härten, vollständig ergebnislos[6]). Weitere Vorschläge (Patentliteratur), die Bäder mit verschiedenen Zusatzstoffen zu modifizieren, so zwar, daß das entstehende Kunsthorn günstigere Eigenschaften erlangt oder in kürzerer Zeit gehärtet ist, haben größere praktische Bedeutung nicht erlangt. Dagegen wird die der zünftigen Gerbereichemie wohlbekannte Tatsache, daß eine gewisse Alkalinität für das Gerben mit Formol vorteilhaft ist, in der Hartkaseinindustrie vielfach übersehen.

Nähere systematische Studien zwecks Ermittlung der günstigsten Voraussetzungen für die Formaldehydhärtung mittels solcher Lösungen sind noch ausständig. Erst jüngst konnte festgestellt werden[7]), daß das Optimum der Form-

[1]) A. L. Lumière und A. Seyewetz, Bull. Soc. Chim. Paris **35**, 872 (1906). — Die Maximalmenge an aufgenommenem H. COH ist jedoch beiderseits (flüssig, gasförmig) schließlich gleich.

[2]) E. Stich, Kunststoffe **5**, 186 (1915). — Ferner z. B. das Buch von E. L. Tague, l. c. 158. — Vgl. weiter L. Vanino - E. Seitter - A. Menzel, Der Formaldehyd, 2. Aufl. (Wien—Leipzig 1927), S. 168.

[3]) A. L. Lumière und A. Seyewetz, l. c., welche außerdem erwähnen, daß mit erhöhter Temperatur keine merklich beschleunigte Aufnahme von Formaldehyd feststellbar sei. Wiewohl die zitierten Angaben der beiden Autoren später von A. Granger, Mon. scient. **22**, 504 (1908) zur Gänze bestätigt wurden, widersprechen gewisse Vorschläge der neueren Patent- sowie Angaben in der Zeitschriftenliteratur den auf den Wärmeeinfluß bezughabenden Ausfuhrungen von Lumière-Seyewetz-Granger. — Über die Art der Formaldehydaufnahme anderer Proteinstoffe aus Formaldehydlösung verschiedener Konzentration berichtet H. S. Bell, Journ. Soc. Dyers Color. **43**, 76 (1927), welcher im Wesen die diesbezüglichen Angaben der vorgenannten drei Autoren bestätigt.

[4]) So wird bezüglich der erforderlichen Lieferzeit von Kasein-Kunsthorn in einer Druckschrift neueren Datums seitens der Fabrik (Erinoid-Ltd., Stroud-Glos.) z. B. angegeben: Fur Platten von 20 mm .... 280 Tage, für Stäbe von 25 mm .... 300 Tage.

[5]) M. Fontaine, Rev. Mat. Plast. **3**, 435 (1927).

[6]) Im Gegensatz hierzu erfolgt z. B. seitens Wolle die Formaldehydaufnahme im Autoklaven, besonders bei höherer Temperatur, außerordentlich rasch, was bei Wolle allerdings weitaus eher zu erwarten war. Vgl. S. R. Trotman, E. R. Trotman und J. Brown, Journ. Soc. Dyers Colors. **44**, 49 (1928). Auch das Gerben von Häuten durch Kombination von höherem Druck, Vakuum usw. scheint industriewirtschaftlich von Interesse zu sein. Vgl. Colleg. 574 (1929). — Luckhaus-Schnellgerbeverfahren.

[7]) Θ. Gerngroß und H. J. Bandt, noch nicht veröffentlicht. Daß die Wasserstoffionenkonzentration in bezug auf den Gerbevorgang einen wichtigen Faktor darstellt, ist bekannt. Vgl. z. B. G. Sándor, l. c. 100. Anderseits darf hier nicht übersehen werden, daß der pH-Wert — von dessen seinerzeitiger Überschätzung man sich inzwischen weitergehend freigemacht hat — nur geringen oder gar keinen Einfluß auf die Verarbeitbarkeit (Formgebung) plastischer Masser besitzt, wie wenigstens bezüglich gewisser anorganischer plastischer Massen festgestellt werder konnte. Vgl. H. Salmang, Ref. Kolloid-Ztschr. **48**, 372 (1929).

aldehydgerbung (Kasein) etwa bei p_H 6 liegt (isoelektrischer Punkt von Labkasein bei etwa p_H 5,2).

Aus dem Vorstehenden ist ersichtlich, daß es zunächst eines der wesentlichen Probleme der Kasein-Kunsthorntechnologie war, beschleunigte Gerbeverfahren zu finden. Diese Aufgabe stand besonders in früheren Jahren zeitweilig als das Problem im Vordergrund des Interesses, weil ja die Notwendigkeit, hohe Kapitalien für eine ziemlich lange Zeit festzulegen, besonders betriebswirtschaftlich als erster, hauptsächlicher Nachteil dieser Fabrikation ins Auge sprang.

Schon in den ersten Jahren nach der Jahrhundertwende finden wir in der Patentliteratur Vorschläge, die beschleunigte Härtemethoden zum Gegenstand haben. Soweit dieselben bezüglich ihres Ideenganges beachtlich sind, wird auf sie noch zurückzukommen sein; betriebstechnisch haben sie keine Bedeutung erlangt. Dagegen war es der Kunsthornindustrie möglich, die gerbenden Eigenschaften der Aluminiumsalze (Alaune, z. B. $K_2SO_4 \cdot Al_2(SO_4)$ 3,24 H_2O) frühzeitig praktisch zu nutzen, wie an entsprechenden Arbeitsvorschriften aus der Industriebetriebspraxis gezeigt werden konnte[1]). Die der aufzuarbeitenden Rohmasse zugesetzte Alaunlösung darf allerdings eine gewisse Konzentration nicht überschreiten, da ein höherer Gehalt an Mineralsubstanz die Verarbeitbarkeit des entstehenden Kunsthornfabrikates — z. B. mittels Drechselstählen oder dgl. — evtl. herabsetzen kann. Beim Arbeiten mit Aluminiumsalzen ist ferner die zwischen den Vorgängen Quellen-Gerben bestehende innige Beziehung[2]) wohl zu beachten. Das Vorgehen beim Mischen hat dementsprechend zu sein.

Schnellhärteverfahren. Bereits die vorbedeutete Arbeitsweise mit Aluminiumsalzen (Alaunlösung, Kombinationsgerbung) ist im Wesen übereinstimmend mit den folgenden kurz zu besprechenden Methoden, welche zum Teil noch in Entwicklung begriffen sind. Die je nach Erfordernis entsprechend geformte bzw. unter hohem Druck verdichtete Kaseinmasse (Kaseinpreßgut) läßt es begreiflich erscheinen, daß in sie bei dem bekannten Härtevorgang mittels Bädern der Formaldehyd nur langsam diffundiert. Somit war von vornherein der Gedanke naheliegend, der bildsamen Rohmasse vor oder während der plastischen Verformung ein entsprechendes Agens zuzusetzen, welches zu einem geeigneten Zeitpunkt gerbende Wirkung auslöst. Tatsächlich finden wir in der Patentliteratur solche Vorschläge bereits frühzeitig[3]), doch ist der Härteeffekt der damals genannten Stoffe (z. B. $(CH_2)_6N_4$, gewisse Aldehydpolymere) entweder zu gering, also ähnlich wie bei den besprochenen Aluminiumverbindungen, oder es erfolgt die Gerbung des Proteins zu spontan — etwa so, wie dies monomolekularer Formaldehyd zeigt[4]) — so daß die Bildsamkeit der Rohmasse weitgehend schwindet, die mechanisch-maschinelle Plastizierung somit nachteilig beeinflußt bzw. evtl. unmöglich gemacht wird.

---

[1]) O. Manfred, Caoutchouc et Gutta-Percha **24**, 13417 (1927). — Es sei hier daran erinnert, daß Aluminiumsalze, ebenso wie Formaldehyd, den isoelektrischen Punkt nach der sauren Seite zu verschieben. Vgl. S. E. Sheppard, S. S. Sweet, A. J. Benedict, Journ. Am. Chem. Soc. **44**, 1862 (1922). — O. Gerngroß, und St. Bach, Biochem. Ztschr. **143**, 533 (1923). Diese Arbeit liefert übrigens einen weiteren Beweis dafür, daß Protein mit Formaldehyd chemisch reagiert. — Über die Art des Reaktionsproduktes, welches beim Einwirken von Aldehyd, Alaun oder dgl. auf Kasein entsteht vgl. E. L. Tague, l. c. 157.

[2]) W. Kopaczewski, L'état colloidale et l'industrie, II., 297 (Paris 1927).

[3]) D.R.P. 186388, 200952, 212927.

[4]) Die wäßrigen Lösungen des Paraformaldehyds und der Polyoxymethylene unterscheiden sich bekanntlich nicht von Formaldehydlösung. Vgl. die auf die Polymeren des Formaldehyds bezughabende Arbeit von F. Auerbach und H. Barschall, Arbeiten aus dem Kaiserl. Gesundheitsamt **27**, H. 1.

Auch der theoretisch einwandfreie Gedanke, den Formaldehyd in der Roh-masse reaktiv zu bilden, z. B. etwa durch Oxydation von CH_3OH mit H_2O_2[1]), dürfte allein schon aus rein ökonomischen Gründen praktisch interesselos sein. Für Erzeugnisse in Form von Folien, Fasern, dünnen Schichten oder dgl. ist aller-dings neuerlich vorgeschlagen worden[2]), das Härten von Kolloiden so vorzunehmen, „daß man ihnen an sich nicht härtende Stoffe zusetzt und sie später mit anderen an sich ebenfalls nicht härtenden Stoffen behandelt, welche durch chemische Um-setzung mit den zuerst zugeführten Stoffen Härtungsmittel für das Kolloid er-zeugen."

Neueren Datums sind ferner Vorschläge (Patentliteratur), den Formaldehyd in Verein mit Alkoholen in die Kaseinmischung einzuführen[3]); hierbei soll dem Alkohol schutzwirkende Funktion gegenüber vorzeitigem Härten zukommen. Schließlich wird in ähnlichem Sinne vorgeschlagen[4]), der pulverförmigen Protein-rohmasse vor dem Plastizieren eine wäßrige Lösung zuzusetzen, welche Alkali-oder Erdalkalisulfit oder Mischungen solcher Sulfite mit Bisulfiten nebst Form-aldehydlösung oder seinen Polymeren enthält. Jüngstens sind dann noch gewisse Methylolverbindungen zwecks beschleunigter Härtung empfohlen worden[5]). Auch wird versucht, Formaldehyd durch Glyoxal[6]) oder Furfurol zu ersetzen[7]).

All den erwähnten Arbeitsweisen schwebt in der Hauptsache lediglich vor, das Gerben der Formlinge in möglichst kurzer Zeit zu vollenden, also die Wirt-schaftlichkeit der Fabrikation derart günstiger zu gestalten. Sind wir uns jedoch der früher besprochenen Problemstellung bewußt (S. 514), so wird begreiflicher-weise eine Arbeitstechnik anzustreben sein, die nebst Bedachtsamkeit auf Zeit-ökonomik besonders darauf Wert legt, mit Zeitökonomik bedingenden Mitteln gleichzeitig auch die physikalischen Eigenschaften des angestrebten Werkstoffes entsprechend günstig zu gestalten. Bereits in den ersten Jahren der Hartkasein-industrie finden wir in Patentschriften Vorschläge, die Bildsamkeit des handels-üblichen Trockenkaseins durch Zusätze gewisser Säuren (z. B. $CH_3 \cdot COOH$) mehr noch, durch Zusatz von Alkalien, zu erhöhen. Wie inzwischen an den Tonen gezeigt werden konnte[8]), besitzen die bildsamsten Massen den größten Gehalt an Kolloidteilchen. Erinnern wir uns weiter der Arbeiten Salmangs[9]) auf diesem Gebiete[10]), halten wir also fest, daß es zur Erzeugung einer bildsamen Masse aus einem festen und einem flüssigen Körper neben der geeigneten morphologischen Eigenschaften des festen Körpers der Bildung einer viskosen Schicht zwischen

[1]) Einen z. T. ähnlichen Ideengang finden wir bereits im D.R.P. 200952.

[2]) D.R.P. 449811.

[3]) D.R.P. 489438; Engl. Pat. 276542; Schweiz. Pat. 128481.

[4]) D.R.P. 466052. — Vgl. hierzu das folgend zitierte Buch von Clément-Rivière, 32

[5]) Vgl. z. B. Öst. Pat. 112821.

[6]) D.R.P. 485189.

[7]) Am. Pat. 1648179; 1711025.

[8]) W. C. France, Journ. Am. Cer. Soc. 9, 67 (1926).

[9]) H. Salmang, l. c., ferner z. B. G. Keppeler, Keram. Rundschau 35, 157 (1927). — Derselbe, Sprechsaal 61, 115 (1928). — A. Bigot, Ceramique 26, 194; 27, 85. — C. R. 178, 88 (1924) — L. E. Jenks, Journ. Phys. Chem. 33, 1733 (1929). — Journ. Am. Cer. Soc. 11, 317 (1928) In diesen Arbeiten wird neuerdings dargetan, daß die Anwesenheit einer möglichst alle Teilchen des zu formenden Rohgutes umhüllenden gelatinösen Masse (Gallerte) nebst einer entsprechenden Peptisation von besonderer Wichtigkeit für die Plastizität des Rohstoffes ist.

[10]) Wir haben in der Technologie des Kasein-Kunsthorns bei sämtlichen industriell betrie benen Verfahren (Plastizierungsmethoden) genau dieselben Gegebenheiten, wie diese Gegenstand der Studien Salmangs bilden, d. h. wir haben es ausnahmslos mit dem System fest (Rohstoff) — flüssig (Zusatzstoff, das ist in der Regel H_2O mit beigefügten Agenten wie Gerbebeschleuniger usw.) zu tun.

den Teilchen bedarf („Schmiermittel" — Reaggregation), so folgt daraus, daß die der Rohmasse zugesetzten Agentien (Gerbebeschleuniger) ganz allgemein möglichst plastizierender Natur in dem vorstehend besprochenen Sinne sein müssen[1]). Chemikalien solcher Art, bequem dosierbar, ferner den in der Kasein-Kunsthorn-Technologie gegebenen thermischen Verhältnissen entsprechend, also den Aldehyd zur gegebenen Zeit abspaltend (Aldehydmuttersubstanzen), somit Aldehyd·muttersubstanzen plastizierender Natur ($R - H \cdot COH$ bzw. $R - Aldehyd$, $R = Plastifikans$), lassen auch die Art der Kombinationen zu, welche optimal kolloidplastischer Verformung einerseits, der ihr währenddessen unmittelbar folgenden Gerbung andrerseits entsprechen[2]).

Der Vollständigkeit halber sei hier noch daran erinnert, daß die Herstellung thermoplastischer Massen von höherer Wasserbeständigkeit als die der marktbekannten Proteinerzeugnisse durch Behandeln von Kasein oder dgl. mit Phenol, welchem dann die Reaktion mit Formaldehyd folgt, schon frühzeitig versucht wurde[3]). Ähnliche Vorschläge finden sich auch neuerdings wieder. Da der hornartige Charakter solcher Kasein-Kunstharzerzeugnisse im weiteren Maße verloren geht bzw. die mechanisch-elastischen Eigenschaften fallen, so haben diese Arbeitsweisen wenig praktisches Interesse.

Auch an die Kombination Protein-Zellstoff wurde bereits früher erinnert. In mancher der diesbezüglichen Arbeitsvorschriften (Patentliteratur) wird Gemischen von verschiedenen Quellmitteln eine besondere Rolle zugeschrieben, worauf aus kolloidchemischen Gründen im folgenden noch zurückzukommen sein wird.

Schwaches Quellen der Oberfläche von Kaseinpreßgutplatten verschiedener Farbe geht der Herstellung gewisser Spezialerzeugnisse (Schichtplatten) zweckmäßig voraus.

Verminderte Hygroskopizität von Kaseinkunsthornmassen sollen schließlich bituminöse Stoffe, in emulgiertem Zustand der Rohmasse zugesetzt, bedingen[4]).

Während nach dem „Härten" in Formaldehydbädern das Kunsthorn zum Trocknen zu gelangen hat, wobei die Formlinge schwinden, sich evtl. werfen, kann bei einem wohlgeleiteten Schnellhärteverfahren das Trocknen weitergehend vermieden werden. Bezüglich dem Trocknen plastischer Massen aus Kasein könnte vielleicht das D.R.P. 492008 (Behandeln plast. Massen in feuchter Luft, wodurch angeblich ein von inneren Spannungen freies Gut erzielt wird) von Interesse sein, zumal derart angeblich auch eine wesentlich kürzere Trockenzeit für Kaseinmassen erforderlich sein soll[5]). Stäbe und Röhren werden zweckmäßig in Rotations-Trommeltrocknern vom überschüssigen Formaldehyd (Feuchtigkeit) befreit, wodurch das für Kasein-Kunsthornplatten nach dem Trocknen erforderliche Richten (Richtpressen) wegfällt[6]).

Abfallverwertung. Am Beginn der Hartkaseinindustrie versuchte man dieselbe zunächst derart, daß man „die zerkleinerten Abfälle mit sauren oder alkalischen Lösungsmitteln des frischen Kaseins von beliebiger Konzentration mit oder ohne Anwendung von Druck, bis zum Plastischwerden oder bis zur Lösung erwärmte" (Öst. Pat. 19617/1904). Dieser Gedanke taucht dann

---

[1]) Die Forschungsergebnisse von H. Salmang sind in vollem Einklang mit den Ansichten namhafter Technologen auf anderen Gebieten, einschließlich dem der „eigentlichen" plastischen Massen. Vgl. diesbezüglich z. B. Clément-Rivière, Matières Plastiques-Soies Artificielles (Paris 1924), 55.

[2]) O. Manfred, Rev. Mat. Plast. **4**, 643 (1928).

[3]) C. Ellis, Synthetic resins and their plastics, VIII., 144 (New York 1923).

[4]) Öst. Pat. 109386. — D.R.P. 310388.

[5]) W. H. Simmons, Industrial Chem. **6**, 298 (1930).

[6]) Chem.-Ztg. **54**, 587 (1930) bzw. British Plastics **1**, 476 (1930).

in der Patentliteratur wiederum mehrfach auf. Außerdem wurde vorgeschlagen, Abfälle aus mit Blut-, Kasein- oder Leim durch Formaldehydeinwirkung erhaltene Massen durch Behandeln mit alkalischen H_2O_2-Lösungen ($H \cdot COH \rightarrow H \cdot COOH$) zu regenerieren. Nach D.R.P. 419536 werden die Abfälle von Kaseinkunsthorn im zerkleinerten Zustand, zweckmäßig evtl. nach dem Bearbeiten gemäß Öst. Pat. 19617, „in Gegenwart von Wasser mit Formaldehyd bindenden Stoffen behandelt, die stärker wie Protein mit Formaldehyd reagieren und dieses binden und deren Formaldehydverbindungen keine . . . härtende Wirkung auf Proteinstoffe besitzen." Als solche Formaldehyd bindende Mittel nennt die Patentschrift schwefligsaure Salze, insbesondere Bisulfite.

Da die Vorstehendem gemäß erzielten Regenerate in ihrer qualitativen Beschaffenheit nicht mit denen des Kautschuks verglichen werden können, außerdem die Regenerationsmethoden kostspieliger sind[1]), so hat man versucht, andere Nutzungsmöglichkeiten bezüglich Hartkaseinabfällen zu erschließen. So wurde z. B. begonnen, ihre Brauchbarkeit als Stickstoffdünger zu studieren[2]).

Sollten sich jedoch, wie früher in Frankreich, Argentinien, Neuseeland, die Landwirtschaften anderer Länder auch zu einer rationellen Kaseinfabrikation entschließen, so würde dies voraussichtlich derart preisregulierend wirken, daß Regenerat für die Kasein-Kunsthornfabrikation kaum noch erwägenswert sein dürfte.

Kunstharze.

Synthetische Harze, welche bezüglich ihrer Existenz bis auf gewisse Arbeiten A. v. Baeyers aus dem Jahre 1872 zurückzuführen sind (Einwirken von Aldehyden auf Phenole[3])), konnten erst etwa 1909 in größerem Maßstab fabrikatorisch hergestellt werden, nachdem es L. H. Baekeland 1907 gelungen war, in Modifikation von Versuchsarbeiten mehrerer Vorgänger[4]) eine Verfahrensweise zu finden (vereinigte Wirkung von Wärme und Druck — D.R.P. 233803), die brauchbare Produkte lieferte (Bakelite[5])).

Als Werkstoff für die Drechslerwarenindustrien hatten Kunstharze (Phenolformaldehyd-Kondensationsprodukte) zunächst deshalb Interesse, weil sich mit ihnen gewisse Halbedelsteine, Bernstein usw. billig ersetzen ließen. Inzwischen ist es gelungen, diese zunächst sehr spröden synthetischen Harze mit günstigeren mechanischen Eigenschaften auf den Markt zu bringen, was einen erhöhten Verbrauch, z. B. als Material für Griffe verschiedener Art, zur Folge hat. Hierbei kommt den Kunstharzen ihre hohe, praktisch vollkommene Wasserbeständigkeit[6]) zugute. Nach wie vor bleibt jedoch der größte Konsument der Kunstharze die Elektrotechnik (Isolationskörper) bzw. Lackfabrikation[7]).

Das Gebiet der künstlichen Harze in seiner Gesamtheit ist heute bereits selbst für den Spezialisten kaum noch übersehbar. Ein gegenwärtig erscheinender, die diesbezügliche Patentliteratur zum Gegenstand besitzender Überblick[8]) beinhaltet 20 Klassen verschiedener synthetischer Harze. Es muß jedoch bemerkt

---

[1]) Vgl. hierzu auch A. Hutin, Rev. Mat. Plast. 1, 486 (1925).

[2]) E. Haselhoff, Landw. Versuchsstat. 84, 1 (1914). — E. Blanck, Milchw.-Zbl. 46, Nr. 12 (1917). — Franz. Pat. 647376.

[3]) Ber. d. Deutsch. Chem. Ges. 5, 25, 1095 (1872).

[4]) A. Smith, D.R.P. 112685. — A. Luft, D.R.P. 140552. — W. Story, D.R.P. 173990.

[5]) J. K. Mumford, The story of Bakelite (New York).

[6]) Vgl. diesbezüglich H. G. Leopold und J. Johnston, Journ. Phys. Chem. 32, 876 (1928).

[7]) Bezuglich Anwendung der Phenolformaldehyd-Kunstharze für den chemischen Apparatebau (Haveg), eine Errungenschaft der jüngsten Zeit, Vgl. z. B. Chemfa 2, 169 (1929).

[8]) Aladin, Plastics 5, 202 (1929).

werden, daß im Sinne der eingangs zu diesem Beitrag gegebenen, auf die plastischen Massen bezughabenden Definition im Rahmen dieses Berichtes hauptsächlich nur die Phenolformaldehydharze (Phenoplaste) zu besprechen sein werden. Allerdings haben die erst in neuerer Zeit geschaffenen Harnstoffaldehydmassen (Aminoplaste) inzwischen auch technische Bedeutung erlangt.

Die Phenolaldehydharze (Phenoplaste) sind im Wesen das Reaktionsprodukt von Phenolen mit Aldehyden; in der Regel geht die Reaktion in Gegenwart von Elektrolyten als Kontaktmittel, denen meist kondensierender Einfluß zugeschrieben wird, vor sich[1] („Novolake" — „Resole", „Resite"; Deshydratation). Bezüglich ihrer noch nicht geklärten Konstitution hält man Phenoplaste für ein Oxybenzylmethylenglykolanhydrid[2] (Baekeland, Lebach), auch werden sie als Dioxydiphenylmethanalkohole angesehen (Raschig[3])).

Kolloidchemisch läßt sich die Fabrikation der Kunstharze (Phenoplaste[4])) etwa wie folgt kennzeichnen:

Ausgehend von Rohstoffen in molekulardispersem Zustand (Phenol, Formaldehyd oder dgl.), ist bei der Reaktion dieser Stoffe zunächst eine durch das Kontaktmittel bedingte Polymerisation anzunehmen, welche schließlich zu kolloiden Aggregationen führt, wie aus den Arbeiten von Harries und Nagel[5], ferner Pollak und Ripper[6] geschlossen werden kann. Diese Polymerisation bzw. Aggregation kann drei Formen annehmen (A-, B-, C-Zustand, Baekeland), von denen wir die A-Form als molekularkomplex (löslich, Lacke-Elektrotechnik) anzusprechen haben, während die beim weiteren Erwärmen durch Bilden höherer Aggregationen (Dispersitätsgradverminderung) entstehende B-Form ein Isokolloid darstellt. Mit fortschreitender Aggregation (kombinierte Einwirkung von Hitze und Druck auf die B-Form) treten dann die kolloidplastischen Eigenschaften immer stärker hervor, bis schließlich die C-Form, das feste in Lösungsmitteln unlösliche Kolloid „Phenoplast"erreicht ist[7].

Bei den Harnstoffaldehydharzen (Aminoplaste), wie sie zuerst von F. Pollak und K. Ripper in technischer Verwendbarkeit hergestellt wurden, ist die Reaktion anderer Art. Der Übergang des anfänglichen Reaktionsproduktes[8]

[1] Näheres bezüglich dem Mechanismus (Strukturchemie) der Phenolharzsynthesen in dem bereits früher zitierten Werke von J. Scheiber-K. Sändig, Die künstlichen Harze, 109.

[2] Dieser Ansicht steht das Arbeitsergebnis von S. Satow und Y. Sekine (Zerlegbarkeit des Phenolkondensates in drei Teile, Journ. Chem. Ind. Tokyo 24, 332 (1921)) gegenüber. Die beiden Forscher konnten weiter zeigen, daß Phenoplaste (Bakelite oder dgl.) den Proteinen ähnliche Eigenschaften (amphoterer Charakter) besitzen, was schließlich zu einer Methodik führte, gemäß welcher sich Phenoplaste auch ohne Aufwand höherer Drucke herstellen lassen (Jap. Pat. 37857, 39211 (1921). Weiteres bezüglich dieser in Europa wenig bekannten Arbeiten bei C. W. Rivise, Plastics 4, 609 (1928).

[3] Bezüglich einer weiteren Konstitutionshypothese jüngsten Datums vgl. A. E. Blumfeldt, Chem.-Ztg. 53, 493 (1929). Hierzu J. Scheiber, H. Lebach, Chem.-Ztg. 53, 643 (1929). — M. Koebner, Chem.-Ztg. 54, 619 (1930).

[4] Bezüglich einer neuzeitlich-kontinuierlichen apparativ anscheinend originellen Methodik der Phenolharzfabrikation vgl. Am. Pat. 1660403. — Plastics 4, 552 (1928).

[5] C. Harries und W. Nagel, Wissenschaftl. Veröffentl. aus dem Siemens-Konzern 3, 253 (1923). — Ferner C. Harries, Wissenschaftl. Veröffentl. aus dem Siemens-Konzern 3, 248 (1923). — Vgl. a. H. Stäger, in R. E. Liesegang, Kolloidchemische Technologie (Th. Steinkopff, Dresden 1927), S. 291.

[6] F. Pollak, und K. Ripper Chem.-Ztg. 48, 569, 582 (1924).

[7] A. Bréguet, Rev. Gen. Coll. 5, 681 (1927). — O. Manfred und J. Obrist, Kolloid-Ztschr. 42, 174 (1927). — K. Ripper, Kontakt, Römmler Nachrichten Nr. 1, 4 (1929). — R. H. Kienle, Journ. Ind. and Eng. Chem. 22, 590 (1930).

[8] Bezüglich Bildung und Konstitution der Aminoplaste vom strukturchemischenStandpunkte vgl. E. Scholz, Dissertat. (Berlin 1928).

zu immer zähflüssigeren Massen findet da nicht stetig statt, sondern in zwei verschiedenen Phasen, wobei die erste Phase der Kondensation, die zweite der Aggregation entspricht. Die Kondensation vollzieht sich hierbei in Abwesenheit freier Säure, die Aggregation jedoch unter dem koagulierendem Einfluß freier Wasserstoffionen. Durch Abtönung der Wasserstoffionenkonzentration gelingt es, die beiden Phasen nach Belieben ineinander umzuwandeln und damit Produkte verschiedener Dispersitätsgrade bzw. verschiedener Beschaffenheit zu gewinnen. Ein neuerlicher Beweis für die weitgehende Abhängigkeit von Dispersitätsgrad und physikalischen Eigenschaften[1]). Kondensationsprodukte aus Harnstoff und Formaldehyd weisen die Eigenschaften hochsolvatisierter hydrophiler Emulsionskolloide auf, insbesondere die Fähigkeit, spontan zu gelatinieren bzw. irreversible Gallerten zu bilden. Bei der Fabrikation solcher Massen gelang es zunächst, das Gelatinieren so zu beeinflussen, daß mittels alkalisch reagierender Salze je nach Wunsch ein stabiles Zwischenprodukt erhalten werden konnte. Gewisse Neutralsalze beschleunigen die Gelatinierung, so daß sich diese Erscheinung nach ein bis drei Stunden zeigt (spontane Synärese), während ansonsten Tage erforderlich sind. Augenblickliches Gelatinieren wird durch eine dritte Gruppe von Salzen (Ammonsalze aller Säuren) erreicht, die jedoch ein weißes Produkt liefern, welches Wasser in

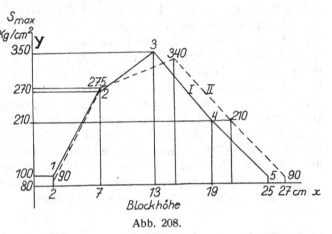

Abb. 208.

grobdisperser Form enthält. Mittels bestimmter Neutralsalze, die genau im Sinne der Hofmeisterschen Ionenreihe wirken, können Trübungen beseitigt bzw. glasklare Produkte erhalten werden („Pollopas").

Auch an Kunstharzen offenbart sich der zwischen Plastizierungsgrad und physikalischen (mechan.-elastischen) Eigenschaften bestehende funktionelle Zusammenhang sehr deutlich, wie an entsprechenden Zahlenwerten dargetan werden konnte[2]). Einmal ist es der „Strömungseffekt", die Ortsabhängigkeit der Festigkeitswerte, wie er sich an Längsstreifen aus Kunstharzen in Blockform (Phenoplaste) gemäß Abb. 208 zeigt. Weiter zeigen Stäbe aus Kunstharzen gegenüber Platten unter sonst gleichen Umständen in der Regel immer die günstigeren mechanischen Werte, was sich mit der bei Stäben günstigeren Aggregationsmöglichkeit (Strömungsorientierung) zwanglos erklärt. Dieselben Gründe sind es, die derartige Verschiedenheiten an Aminoplasten verschiedener Formate (Platten, Stäbe) bedingen[3]). Ebenso zeigen Kunstharzgießlinge in Stabform (Phenoplaste) konform mit den bei Platten gefundenen Zahlenwerten gegenüber den beiden Stabenden in den Mittelpartien bedeutend höhere Festigkeitswerte[4]).

---

[1]) Diesbezuglich weiteres bei O. Manfred und J. Obrist, Kolloid-Ztschr. **42**, 176 (1927).
[2]) O. Manfred, Caoutchouc et Gutta-Percha **24**, 13702 (1927).
[3]) Diesbezuglich weiteres bei O. Manfred und J. Obrist, Kolloid-Ztschr. **42**, 177 (1927).
[4]) Bei dieser Gelegenheit sei an die Befunde von E. Schmid und G. Wassermann, Ztschr. f. Physik **42**, 779 (1927), erinnert. Die genannten Autoren konnten an hartgezogenen

Zellstoffmassen.

Plastische Massen mit Zellulose bzw. Zelluloseestern als Ausgangsstoff gehören zu den ältesten Produkten innerhalb der Stoffgruppe „‚eigentliche‘ plastische Massen". Daher, sowie mit Rücksicht auf ihre wirtschaftliche Bedeutung, sind diese Massen bereits Gegenstand ausführlicher Studien gewesen. Dementsprechend ist bezüglich dieses Gebietes eine reiche Literatur vorhanden[1]).

Ester der Zellulose, wie Zellulosenitrat, Zelluloseazetat, Nitroazetylzellulose, Zellulosexanthogenat, Formylzellulose, können — entsprechend aufbereitet — mit oder ohne Füllstoffen zu Formstücken oder dgl. verschiedenster Art (Stäbe, Röhren, Blöcke, Tafeln, Platten, Folien, Filme, Fäden[2]) usw.) verarbeitet werden. Neben Zelluloseestern kommen nach neueren Arbeiten[3]) auch Zelluloseäther für die Fabrikation plastischer Massen zur Anwendung.

Die älteste und trotz ihrer Feuergefährlichkeit noch immer wichtigste der Zellstoffmassen, das von J. W. Hyatt 1868 erfundene Zelluloid[4]), ist weitgehend dispergiertes und reaggregiertes Zellulosenitrat, bei dessen Fabrikation der peptisierende Einfluß des Kampfers so wesentlich ist, daß wir Zelluloid mit A. Dubosc als Camphrogel ansprechen können[5]). Mit Rücksicht auf den nur im beschränkten Maße zur Verfügung stehenden Raum geht es nicht an, die Technologie des Zelluloids hier näher zu erörtern. Dies erübrigt sich auch insofern, als diesbezüglich die kolloidchemische Betrachtungsweise bereits verschiedentlich statthatte[6]). Wiewohl die Technologie des Zelluloids — zunächst wenigstens — vornehmlich empirisch entwickelt wurde, so gilt trotzdem auch hier wenigstens bis zu einem gewissen Grade das, was G. Bonwitt anläßlich eines Vortrages über die Entwicklung der Zellstoffmassentechnologie ganz allgemein sagt: „Weniger waren hier große prinzipielle Fragen zu lösen, als vielmehr kleinere Details auf chemischem (kolloidchemischem) wie nicht zuletzt maschinellem Gebiete (Appa-

---

Drähten aus Cu, Al, Ag, Au röntgenographisch feststellen, daß die derart erzielte Faserstruktur in ihrer Beziehung zu den Festigkeiten der Drähte in den einzelenen Zonen etwa dieselben Konsequenzen bedingt, wie z. B. die Strömungsaggregation bei den Kunstharzen. Es wiesen nämlich die Kernzonen der Drähte höhere Festigkeitswerte auf, als die Außenpartien, was auf die röntgenographisch ermittelte Richtung der Faserachsen (in der Drahtmitte der Längsrichtung des Drahtes parallel, in den Außenzonen bis zum Winkel der Ziehdüse gegenüber der Drahtachse geneigt) rückzuführen ist. Ähnliches stellten J. W. Scott und L. H. de Wald beim Vergleich vertikal und horizontal gegossener Kupferdrahtbarren fest. Techn. Publ. Am. Inst. Mining metall Eng. Nr. 289 (1930). — Ferner E. Schmid und G. Wassermann, Naturwissensch. 17, 312 (1929).

[1]) Aus der Reihe der über diesen Gegenstand in den drei Weltsprachen erschienenen Bücher usw. sei hier lediglich an das zehn Bände umfassende Standardwerk von E. C. Worden, Technology of celluloseesters (New York 1921) erinnert.

[2]) Bezuglich Kunstfasern (Kunstseide) vgl. das entsprechende Sonderkapitel dieses Werkes. Dasselbe gilt bez. Papier und der sich vom Papier ableitenden Werkstoffe (Vulkanfiber, Pertinax, Preßspan).

[3]) Vgl. z. B. Plastics 4, 678 (1928).

[4]) Bezüglich Entwicklungsgang der Zelluloidindustrie vgl. z. B. C. Marx, Plastics 4, 669 (1928).

[5]) Vgl. L. Meunier, Techn. moderne 17, 97 (1925). — Inzwischen konnte K. H. Ueda, Ztschr. f. phys. Chem. 133, 350 (1928), zeigen, daß die bei der röntgenographischen Analyse von Zelluloid erhaltenen Diagramme nicht auf ein stöchiometrisches Verhältnis zwischen den Zelluloidkomponenten deuten, sondern auf die Existenz einer „festen Lösung". — Vgl. dazu Ztschr. f. phys. Chem. 149, 372 (1930).

[6]) Vgl. z. B. H. Schwarz, Kolloidchem. Beih. 6, 90 (1914). — G. Leysieffer, Kolloidchem. Beih. 19, 145 (1918). — F. J. G. Beltzer, Kolloid-Ztschr. 8, 177 (1911). — H. Schwarz, Kolloid-Ztschr. 12, 32 (1913). — F. Sproxton, Kolloid-Ztschr. 28, 225 (1921). — H. Brandenburger und H. Mark, Kolloid-Ztschr. 34, 12 (1924). — O. Manfred und J. Obrist, Kolloid-Ztschr. 43, 41 (1927).

rate) auszuarbeiten"[1]). Die Nützlichkeit der kolloidchemischen Arbeitsweise auch auf diesem Zweige der Technik wird damit wiederum von zuständiger Seite bestätigt, wie dies ferner auch auf das Ausgangsmaterial der Zellstoffmassen bezughabende Arbeiten neueren Datums zeigen[2]).

Die zweitwichtigste Zellstoffmasse, das aus Azetylzellulose (Zelluloseazetat) gewonnene Produkt (Cellon, Sicoid, A. Eichengrün) ist bezüglich seiner wesentlichsten Eigenschaften mit dem frühzeitig aufgetauchten Schlagwort „schwer entflammbares Zelluloid" „safety celluloid" vielleicht am besten gekennzeichnet. „Für fast alle Anwendungsgebiete wird Azetylzellulose mit Kampferersatzmitteln gemischt bzw. in eine kolloidale Lösung übergeführt. Durch die Art dieser Kampferersatzmittel, welche in der Technik meistens als „Zusätze" bezeichnet werden, und durch ihre Mengenverhältnisse werden Acetatschichten von den verschiedenartigsten Eigenschaften erzeugt"[3]).

Da die aus Azetylzellulosen hergestellten Massen, Filme usw. bezüglich ihrer Festigkeit gegenüber den aus Nitrozellulosen erzeugten Produkten gleicher Art zurückstehen, so hat man bereits vorgeschlagen[4]), der Azetylzellulose bzw. deren Lösungen in Azeton oder dgl. geringere Mengen einer Nitrozellulose niedrigerer Viskosität zuzusetzen, wodurch ohne merkliche Erhöhung der Brennbarkeit die Festigkeit erhöht werden soll.

Schließlich sei hier daran erinnert, daß für die Beurteilung von Azetylzellulosen zur Herstellung zelluloidartiger plastischer Massen nicht die Viskositätszahlen, sondern die Viskositätskurven maßgebend sind[5]).

Plastische Massen aus Viskose bzw. Zellulosexanthogenat (E. Brandenburger-Folien, O. Eberhard-Massen, -Cellophan[6]), Monit) haben erst in der Nachkriegszeit größere Bedeutung erlangen können, nachdem die Realisierung entsprechender Fabrikationsmethoden zunächst großen Schwierigkeiten begegnete (Trockenprobleme).

Eine aus Zelluloseestern, Gelatinierungsmitteln und Füllstoffen bestehende plastische Masse (Trolit)[7]) hat in der Elektrotechnik (Rundfunk) größere Anwendung erlangt.

Wie aus Vorstehendem bereits ersichtlich, bedient sich so ziemlich die gesamte Zellstoffmassentechnologie in ausgiebiger Weise der Plastifikantien (Gelatinie-

[1]) G. Bonwitt, Ztschr. f. angew. Chem. 27, 1 (1914).

[2]) Vgl. z. B. P. Bary, Rev. Mat. Plast. 3, 131, 137 (1927). — Rev. Gen. Coll. 4, 322 (1926).

[3]) A. Eichengrün, Azetylzellulosen, Sonderabdruck aus F. Ullmann, Enz. techn. Chem. (1928), S. 131.

[4]) D.R.P. 427181.

[5]) A. v. Fischer, Kolloid-Ztschr. 29, 260 (1921). — Über weitere kolloidchemische Kennzeichnung von Azetylzellulose, welche industriellen Verwendungszwecken zugeführt wird, vgl. W. Fermazin, Chem.-Ztg. 54, 605 (1930).

[6]) Bezüglich Cellophan näheres z. B. bei H. Pincass, Kunststoffe 19, 150 (1929). — R. Weingand, Zellulosehydrat-Folien, in F. Ullmann, Enz. d. techn. Chem. 2. Aufl. 3, 157. — F. Lenze und L. Metz, Kunststoffe 19, 217 (1929). Daselbst weitere Literatur. — Auch am Cellophan äußert sich die Verschiedenheit in der Festigkeit sehr deutlich (Zerreißfestigkeit), je nachdem ob die Probestreifen den Bogen in longitudinaler Richtung (parallel zur Bewegung des Films, z. B. beim Gießen) oder quer zu selber (90⁰) entnommen werden. Die Längsstreifen zeigen ausnahmslos um mindestens 100% höhere Festigkeiten. Vgl. die entsprechende Tabelle bei H. Pincass, l. c. 151.

[7]) Näheres bei F. Schmidt, Kolloid-Ztschr. 46, 324 (1928). — G. Leysieffer, Umschau 34, 241, 243 (1930). Ferner die D.R.P. 379299, 343183, 400675, 393873, 395104, 395083/84 441023, 445308. — Bezüglich neuer Verfahrensweisen, was das wirtschaftliche Aufarbeiten von Zelluloseestern oder Zelluloseäthern anlangt, vgl. A. Eichengrün (Buss), Zellstoff und Papier 10, 395 (1930). — Ztschr. f. angew. Chem. 43, 236 (1930).

rungs-, Weichmachungsmittel, „gelophile" Lösungsmittel[1])), wobei an die bereits früher von Knoevenagel (Azetylzellulosearbeiten) festgestellte Tatsache erinnert sei, daß öfters gewisse Flüssigkeitsgemische (z. B. binäre Systeme) zum Lösen bzw. Quellen von Zelluloseestern geeigneter sind, als die einzelnen reinen Substanzen[2]).

Neben der strukturell günstigen Beschaffenheit des Ausgangsstoffes[3]) ist es das innige Zusammenwirken von mechanisch-maschineller und chemischer Plastizierung, was die Hochwertigkeit der Zellstoffmassen bedingt. Denn auch bei dieser Stoffgruppe ist die physikalische Beschaffenheit der einzelnen Massen das Wichtigste[4]). Die Sonderstellung des Zelluloids bezüglich seiner mechanisch-elastischen Eigenschaften erklärt sich mit dem besonderen Einfluß des Kampfers (spezifisches Plastifikans für Nitrozellulose), bezüglich welchem ein ganz bestimmter Kampfergehalt optimale Eigenschaften herbeiführt[5]).

Daß „die mechanischen Eigenschaften des schließlich resultierenden Materials unzweifelhaft von seiner Behandlung im plastischen Zustand beeinflußt werden"[6]) bzw. daß auch bei den Zellstoffmassen der funktionelle Zusammenhang zwischen Plastizierungsarbeit und mechanischen elastischen Eigenschaften besteht, wurde bereits früher zahlenmäßig dargetan[7]).

*		*		*

Überblicken wir das Gebiet der Technologie „eigentlicher" plastischer Massen, fassen wir die hervortretenden Gemeinsamkeiten zusammen, so ist festzuhalten, daß zunächst der grob- oder molekulardisperse Rohstoff durch geeignete Arbeitsweisen an einen bestimmten kolloidplastischen Zustandsbereich herangebracht wird, welcher Voraussetzung ist für die folgende plastische Verformung, das Plastizieren. Ferner ist ersichtlich, daß der Plastizierungsvorgang durch der jeweiligen

---

[1]) Eine übersichtliche Darstellung derartiger Zusätze neuerer Art bei A. Noll, Chem.-Ztg. **51**, 546, 566 (1927). — T. S. Carswell, Plastics **5**, 80 (1929). — Bezüglich dem Einfluß organischer Flussigkeiten auf Zellstoff (Zellulosehydrat)-Erzeugnisse vgl. W. Lüdtke, Kolloid-Ztschr. **47**, 341 (1929). — R. O. Herzog, Zellstoff und Papier **10**, 170 (1930). — W. B. Lee, Journ. Soc. Chem. Ind. **49**, 226 (1930). — Auch in der Fabrikation rauchlosen Pulvers bedient man sich plastizierender Zusätze, um die erforderliche Dispersion des Rohstoffes (Zellulose) zu erzielen. Vgl. diesbezüglich z. B. F. Olsen, Coll. Sympos. Mon. **6**, 253, 260 (1928). Die Arbeit liefert einen interessanten Einblick in die Technologie der Explosivstoffe, indem sie zeigt, daß auch dieser Industriezweig zweckmäßig kolloidchemische Erkenntnisse nutzt.

[2]) Vgl. S. E. Sheppard, E. K. Carver, R. C. Honck, Plastizität und Quellung von Zelluloseestern. Coll. Sympos. Mon. **5**, 243 (1927). — I. Sakurada, Kolloid-Ztschr. **48**, 353 (1929); **49**, 52 (1929). — E. W. Mardles, Kolloid-Ztschr. **49**, 4, 11 (1929). Bekanntlich ist auch gegenüber Kautschuk das Quellvermögen gewisser Mischungen (z. B. gleicher Teile CCl₄ und CS₂) stärker als das der Einzelbestandteile. Eine Erklärung dieses Phänomens bei K. H. Meyer, Biochem. Ztschr. **208**, 21 (1929).

[3]) Von diesbezüglichen Arbeiten jüngsten Datums vgl. H. Mark, Melliands Textilberichte Nr. 9 (1929). — G. L. Clark, Journ. Ind. and Eng. Chem. **22**, 474 (1930). — Vorher R. O. Herzog und W. Jancke, Ztschr. f. phys. Chem. **139**, 245 (1928).

[4]) „The industry of the cellulose esters has for its principal object the manufacture of a material of valuable mechanical properties. Its colour, transparency, surface, etc., though of great importance would be of little moment if the material did not possess elasticity, tensile strength, and toughness at ordinary temperatures, and plasticity at higher temperatures." F. Sproxton, Cellulose Esters (Third Report on Colloid Chem., 1920), S. 82.

[5]) H. Brandenburger und H. Mark, Kolloid-Ztschr. **34**, 12 (1924). — P. Heymanns und G. Calingaert, Journ. Ind. and Eng. Chem. **16**, 939 (1924).

[6]) F. Sproxton, Kolloid-Ztschr. **28**, 227 (1921).

[7]) O. Manfred und J. Obrist, Kolloid-Ztschr. **43**, 41 (1927). — K. Hess und C. Trogus, Naturwissensch. **18**, 437 (1930). — K. Hess, Ztschr. f. angew. Chem. **43**, 471, 479 (1930). — K. Hess und C. Trogus, Ztschr. f. phys. Chem. (B) **9**, 169 (1930).

Stoffnatur entsprechende Zusätze weitergehend beeinflußt werden kann. Hierbei wirken derartige Plastifikantien (Weichmachungs-, Gelatinierungs-, Anätz-mittel, „gelophile" Lösungsmittel) wohl hauptsächlich — nicht ausschließlich — Dispersitätsgrad regulierend (Peptisation — Proteine, Zellstoff; Pektisation — Kunstharze). Das dem Werkstoffcharakter plastischer Massen entsprechende Be-streben, ihre physikalischen Eigenschaften möglichst günstig zu gestalten, die damit im Zusammenhang stehende, je nach Stoffnatur sowie Stand der Technik mehr oder weniger weitgehende Bedachtnahme auf den funktionellen Zusammenhang zwischen Plastizierungsarbeit und physikalischen Eigenschaften charakterisieren die verschiedenen Arbeitsweisen (Plastizierungsmethoden) bzw. die diesen entsprechenden Produkte (mechanische Kennziffern als Gütegradkriterien).

„Der Nutzen der Kolloidchemie für die Technik" bzw. für die vorbesprochenen Gebiete der Technologie wird naturgemäß verschieden sein. Bezieht man gegen-über der Dispersoidologie selbst einen streng kritischen Standpunkt — etwa den eines S. P. L. Sörensen[1]) — so kann auch da nicht geleugnet werden, daß sie bis zu einem gewissen weiteren Maße die Disziplin darstellt, wie dies eben durch die kolloidplastische Zustandsform der entsprechenden Rohstoffe während ihrer Aufarbeitung (Plastizieren) ganz allgemein bedingt ist. Kommen ferner noch der Ausgangsstoffnatur entsprechende Besonderheiten dazu, wie bei hochmolekularen Kolloidsystemen von der Art der Proteine, des Zellstoffes oder dgl., berücksichtigen wir weiter, daß in den auf diesen Rohstoffen aufgebauten Industrien (Proteinoplaste, Zellstoffmassen) vorläufig in der Hauptsache nur kolloidchemisch erfaßbare Vor-gänge (Quellen, Dispergieren, Peptisation, Desaggregation, Entquellen, Quellungs-immunisation, Reaggregation) das Kennzeichnende der einzelnen Arbeitsweisen sind, so können wir diese Zweige der Technik wohl als „Kolloidindustrien par excellence" ansprechen. Es wolle allerdings nicht übersehen werden, daß in neuerer Zeit durch entsprechende Arbeiten hauptsächlich von M. Bergmann, P. Pfeiffer, H. Staudinger, E. Stiasny ein weitgehender Zusammenhang zwischen Valenz-chemie und Kolloidchemie aufgezeigt werden konnte.

Disziplinen, welcher Art immer, sind für den Technologen schon deshalb von Interesse, weil ihnen — im Gegensatz zu den Faustregeln roher Empirie — heuristischer Wert innewohnt. Inwieweit da die Kolloidlehre als Leitlinie dienen kann, wurde im vorstehenden bezüglich der Technologie der Proteinoplaste am Beispiel des Kasein-Kunsthorns konkret näher gezeigt. Ähnliches geschah in kürzerer Form bezüglich der Kunstharze und der Zellstoffmassen. Auch auf dem Gebiete der Kunstharze war man vor nicht zu ferner Zeit noch fast ausschließlich strukturchemisch orientiert, bis dann F. Pollak und K. Ripper bei der an-gestrebten Fabrikation von Harnstoff-Formaldehydkondensationsprodukten nach einer größeren Anzahl ergebnisloser Versuche zur Erkenntnis gelangten, „daß hier offenbar nicht mehr mit rein chemischen Überlegungen weiterzukommen war, sondern daß ein Fortschritt, wenn überhaupt,..." so nur mit Hilfe der Kolloidchemie erwartet werden konnte[2]).

---

[1]) S. P. L. Sörensen, Kolloid-Ztschr. **49**, 19 (1929).

[2]) F. Pollak und K. Ripper, Chem.-Ztg. **48**, 571 (1924). — Vgl. ferner O. Manfred und J. Obrist, Plastics **3**, 591 (1927). — „Der Nutzen der Kolloidchemie für die Technik" wird bei den Kunstharzen, dem zuerst auf breiter Basis planmäßig kolloidchemisch entwickelten Industriezweig plastischer Massen aus den entsprechenden Produktionsziffern am besten er-sichtlich. Schätzungsweise durften zur Zeit insgesamt ca. 150000 Tonnen synthetischer Harze jährlich erzeugt werden (vgl. Chem.-Ztg. **54**, 439 (1930)), wogegen sich die entsprechende Ziffer für Zellstoffmassen etwa in der Mindesthöhe von 50000 t bewegt. Die erst jüngst planmäßig wissen-schaftlich erfaßte Technologie der Proteinmassen weist eine Produktionsziffer von ca. 10000 t auf.

Physikalische Methoden zur Wertbestimmung plastischer Massen.

Neben der mechanisch-technologischen Materialprüfung, wie sie bekanntlich bezüglich der metallischen Werkstoffe sowie anderer Bau- und Konstruktionsmaterialien seit längerer Zeit entwickelt wurde, sind es in neuerer Zeit Ansätze zu optischen Methoden, die man zwecks Wertbestimmung plastischer Massen zu nutzen versucht.

Mechanisch-technologische Methoden. Ebenso wie in der Gummiindustrie die Notwendigkeit der mechanischen Kautschukprüfung seit der Einführung der Vulkanisationsbeschleuniger unumgänglich wurde, da der Wert eines Beschleunigers nur mittels physikalischer (mechanisch-technologischer) Methoden feststellbar ist[1]), so ist auch in den Industrien plastischer Massen diese Art der Wertbestimmung von großer Wichtigkeit. Den Vulkanisationsbeschleunigern in ihrer Wirkung z. T. ähnlich, z. T. mit ihnen im Wesen übereinstimmend (Aldehydmuttersubstanzen plastizierender Natur in der Technologie der Proteinoplaste) sind die Plastifikantien. Auch hier läßt sich der Wirkungswert derselben natürlich nur mittels physikalischer (mechanisch-technologischer) Methoden genau erfassen.

Während die mechanische Prüfung von Zellstoffmassen in diesen Industrien bereits ziemlich gebräuchlich ist, worüber L. Clément und C. Rivière in ihrem Buche „Die Zellulose" X, 228 näher berichten[2]), kann ähnliches von der Industrie der Proteinoplaste sowie Kunstharze vorläufig nicht gesagt werden. Diesbezüglich ist bezeichnend, was O. Gamber in seiner Schrift „Die drechselbaren Kunstharze"[3]) S. 11 erwähnt: „Die Überprüfung der mechanischen Eigenschaften der Fabrikate ist noch nicht üblich oder geschieht durch einfaches Aufwerfen eines Stückes, Schaben mit einem Messer und Brechen[4]). Und doch wäre es für die Beurteilung der Fabrikate von höchstem Werte, wenn eine mechanische Prüfung stattfände und die Bruchfestigkeit bei Schlag und Biegung sowie die Härte stets bestimmt würde"[5]). Es wird daher im folgenden lediglich die Wertbestimmung der Kunstharze und Proteinoplaste (Kasein-Kunsthorn) kurz besprochen, da bezüglich Zellstoffmassen auf das vorerwähnte Buch verwiesen werden kann.

Während bei einer Anzahl von Werkstoffen auf die Bestimmung der Zerreißfestigkeit Gewicht gelegt wird, geschieht die Wertbestimmung der vorgenannten plastischen Massen auf mechanischem Wege zweckmäßig so, daß ein hochwertiges Zelluloid oder bester Hartkautschuk von bekannten Werten als Standardkörper gewählt wird. Die derart erfolgende vergleichende Werkstoffprüfung liefert für Zwecke der technischen Praxis vollkommen befriedigende Werte, besonders bezüglich Biegefestigkeit (Smax/kg-qcm) und Elastizität (E/kg-qcm). Neben diesen beiden vornehmlich interessierenden Kennziffern kommt noch die Bestimmung der Schlagbiegefestigkeit in Betracht. Als ein wenigstens annäherndes praktisches Maß für die Bildsamkeit der in Rede stehenden plastischen Massen kann die Brinellhärte (Druckprobe mittels Stahlkugel, Messen des Eindruckdurchmessers, welcher als Maß für die Härte gilt) dienen.

[1]) Kirchhof, Gummi-Ztg. **40**, 93 (1925). — H. Lecher, Chem.-Ztg **54**, 590 (1930).
[2]) L. Clément und C. Rivière, Zellulose — Zelluloseverbindungen — Plastische Massen, deutsch bearbeitet von K. Bratring (J. Springer, Berlin 1923).
[3]) Chem. techn. Bibl. **381** (Hartleben) (1926).
[4]) Ähnliches gilt erfahrungsgemäß bezüglich Proteinmassen (Kasein-Kunsthorn).
[5]) Vgl. ferner F. Pollak und K. Ripper, Chem.-Ztg. **48**, 584 (1924). — Die widersprechenden Textangaben z. B. bezüglich der mechanischen Eigenschaften der Kunstharze, wie sie in verschiedenen Büchern zu finden sind, erklären sich eben damit, daß die physikalischen Konstanten der neueren plastischen Massen erst vor kürzerer Zeit näher bestimmt worden sind.

Die Methodik zwecks Ermittlung der vorgenannten Kennziffern (z. B. aus dem Biegeversuch) kann als bekannt vorausgesetzt werden (vgl. die Handbücher für Materialprüfung wie Bach, Martens, Memmler, Wawrziniok). Da die Materialprüfung auch nach der apparativen Seite in fortschreitender Entwicklung begriffen ist, so sei daran erinnert, daß einige dieser Apparate der bekannteren Konstrukteure (Breuil, Losenhausen, Schob, Schopper) bisweilen auch für die Wertbestimmung der neueren plastischen Massen herangezogen werden können. In der Regel bedient man sich der bekannten rechteckigen Probekörper[1]) von mittlerer Stärke (2—4 mm, S_{max}, E). Andererseits ist jedoch auch das Messen plastischer Massen in Stabform zu empfehlen. Gerade auch hierbei ergeben sich phänomenologisch interessante Aufschlüsse von technischer Wichtigkeit, wie z. T. bereits früher an entsprechenden Orten dieses Beitrages gezeigt werden konnte. Durchsichtige Kunsthornstäbe, aus durch Extraktion weitergehend entfettetem Kasein (vgl. z. B. D.R.P. 408 407) hergestellt, zeigen einen Elastizitätsmodul E = ca. 38 bis 40 000 kg/qcm, während annähernd durchsichtige Stäbe, für welche ein mit klärend wirkenden Zusätzen behandeltes Kasein (vgl. z. B. Franz. Pat. 582 870) als Rohstoff diente, E-Werte von ca. 30—32 000 kg/qcm ergeben. Anscheinend kommt dem Fett der normalen Marktkaseine schutzkolloide Wirkung zu; ein tiefergehender Entzug des Fettgehaltes macht sich in einer Dispersitätsabnahme mit den erwähnten Folgen in den mechanischen Werten geltend. Ein zum Prüfen von Rundstäben geeignetes Feinmeßinstrument (Zugversuch, hierbei Anordnung gemäß Abb. 209) ist der Martenssche Spiegelapparat (Abb. 209).

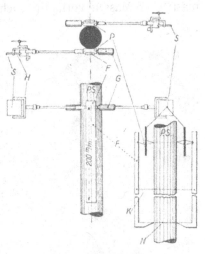

Abb. 209.
Martensscher Spiegelapparat.
P = Stahlprismen, S = Spiegel,
F = Meßschienen, H = Halter,
PS = Probestab, N = Ringnut.

Will man bei der mechanisch-technologischen Wertbestimmung plastischer Massen brauchbare Werte erhalten, so ist schließlich wichtig zu beachten, daß ähnlich wie beim Kautschuk[2]) auch bei den plastischen Massen der Feuchtigkeitsgehalt[3]) der Probekörper eine gewisse Rolle spielt[4]). Ein weiterer wichtiger Faktor ist die Änderung der mechanischen Eigenschaften mit der Temperatur[5]). Ebenso wie Kautschuk[6]) zeigt bekanntlich auch Kasein-Kunsthorn in der Wärme geringere Biegefestigkeit als bei Normaltemperatur.

Bezüglich einiger plastischer Massen sind die mechanischen Kennziffern bereits früher angegeben worden (S. 529, Abb. 208). Die Biegefestigkeit der Kunstharze (Phenoplaste) erreicht in der Regel nicht den Wert von S_{max} = 400 kg/qcm

---

[1]) Clément, Rivière, Bratring, l. c. 230, Abb. 44.
[2]) Journ. Ind. and Eng. Chem. 17, 833 (1925).
[3]) Diesbezüglich sowie ob der Art der Wasseraufnahme plastischer Massen näheres be
O. Manfred und J. Obrist, Plastics 4, 1 (1928).
[4]) Gemäß Angaben von G. Zelger, Chim. et Ind. (1924), Mai-Sondernr. 576 hat ferner de
Luftfeuchtigkeitsgehalt größeren Einfluß auf die Festigkeitsprüfung plastischer Massen.
[5]) Fr. Hauser, Diss. Erlangen (1912).
[6]) Kautschuk 2, 213 (1926).

(Stäbe). Die Festigkeiten der Aminoplaste sind etwa 100% höher. Die Elastizitätsmoduln der Kunstharze bewegen sich ziemlich ausnahmslos zwischen 30—40000 kg/qcm.

Bezüglich der Brinellhärte wurden bei vergleichender Prüfung folgende Mittelwerte gefunden:

Kunstharze (Phenoplaste)   18,18 kg/qmm
Kasein-Kunsthorn   15,26   ,,
Zelluloid   10,17   ,,

Der auf das Zelluloid bezughabende Wert dürfte zu hoch sein; es standen da nämlich nur schwächere Probekörper zur Verfügung.

Optische Methoden. Neben der Materialprüfung mit Röntgenstrahlen, von welcher trotz der zu erwartenden Aufschlüsse seitens der Industrien plastischer Massen vorläufig noch wenig oder gar kein Gebrauch gemacht wird,

Abb. 210.

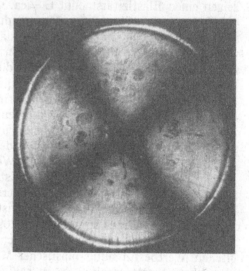

Abb. 211.

ist hier die versuchte Wertbestimmung von Kasein-Kunsthorn an Hand des Polarisationsmikroskopes bzw. die Birefraktrometrie plastischer Massen zu erwähnen.

Wie die obigen Mikrophotogramme von zwei verschiedenen Kunsthornstäben[1] zeigen (Abb. 210, 211), können Beobachtungen im polarisierten Licht (gekreuzte Nicols) bisweilen vielleicht gewisse Fingerzeige bezüglich der Beschaffenheit plastischer Massen bieten (Abb. 210, 211). Von der Möglichkeit, mit dieser optischen Methodik „auf einfache und schnelle Weise die Qualität eines Kasein-Kunsthorns festzustellen"[2], kann jedoch keine Rede sein[3]. Von anderer Seite vorgenommene

---

[1] Der eine Stab (Abb. 210) stammt von einer mit gewöhnlichen Siebscheiben ausgestatteten Strangpresse (D.R.P. 368942), der andere (Abb. 211) wurde an Hand feindüsiger Sondersiebscheiben (Engl. Pat. 107769 (1917), vgl. hierzu D.R.P. 477699) erhalten.

[2] K. Haupt und M. Wächtler, Kunststoffe, 15 129 (1925). — M. Wächtler, Physik. Ztschr. 29, 504 (1928).

[3] J. Obrist und O. Manfred, Ztschr. f. angew. Chem. 39, 1293 (1926).

Versuche[1]), die Birefraktrometrie zur näheren Kennzeichnung plastischer Masse heranzuziehen, scheinen sich zu entwickeln.

Schließlich sei noch an die im ultravioletten Licht erzielte Umwandlungs charakteristik von Kunstharzen erinnert[2]).

---

[1]) W. Stauf, Kolloid-Ztschr. **46**, 345 (1928).

[2]) L. Gamble und G. F. A. Stutz, Journ. Ind. and Eng. Chem. **21**, 330 (1929). — Auc sei hier noch die Arbeit von G. Kostka, Der Ultraviolettdetektor als Hilfsmittel zur Untersche dung des echten Bernsteins von seinen Imitationen, Chem.-Ztg. **53**, 117, 138 (1929), erwähn Zwecks Unterscheidung von Cellon und Zellophan mittels der Analysenquarzlampe vgl. G. Sán dor, Ztschr. f. angew. Chem. **42**, 1108 (1929). — A. Segitz, Papierfabr. **28**, 206 (1930). - Bezüglich röntgenographischer Untersuchungen an Zellulosederivaten aus dem Laboratorium vo K. Hess, vgl. z. B. Ztschr. f. phys. Chem. (B) **7**, 17 (1930). — Ferner R. Tandler, Struktur untersuchungen mit Röntgenstrahlen, Chem.-Ztg. **54**, 301 (1930).

Kautschuk.

Von E. A. Hauser-Frankfurt a. M.

Mit 36 Abbildungen.

Einleitung. Unsere Kenntnis von der Gewinnung und Verarbeitung des Kautschuks bis zu den verschiedensten fertigen Gegenständen, das Studium seiner Eigenschaften, seiner chemischen Zusammensetzung usw. umfaßt heute ein so großes Gebiet, daß es geradezu unmöglich erscheint, im Rahmen dieses Werkes eine erschöpfende Darstellung zu geben. Ich habe mich daher im folgenden darauf beschränkt, nur das für ein allgemeines Verständnis Erforderliche mitzuteilen und hierbei besonderen Wert darauf gelegt, auch die neuesten Erkenntnisse und Errungenschaften zu verwerten. (Aus dieser Einschränkung geht daher klar hervor, daß die folgenden Mitteilungen nicht mit der Lupe des Spezialfachmannes gelesen werden dürfen, der in der Fachliteratur detailliertere Ausführungen suchen muß, s. z. B. Gottlob, Technologie der Kautschukwaren; Luff-Schmelkes, Chemie des Kautschuk; Hauser, Latex; Kirchhof, Fortschritte in der Kautschuktechnologie; Bedford und Winkelmann, A systematic survey of rubber chemistry; Memmler, Handbuch der Kautschukwissenschaft u. m. a.)

Historisches. Den ersten Hinweis auf die Verwendung von Kautschuk verdanken wir den Forschungen von Dr. Gann über die Maja-Kultur, welcher feststellte, daß die Maja-Indianer bereits im 11. Jahrhundert Spielbälle aus einer Masse herstellten, welche als Kautschuk identifiziert werden konnte.

Die erste authentische Mitteilung über Kautschuk stammt aus dem Jahre 1525 und ist in dem Buche „De orbo nuovo" von Pietro Martyre d'Anghiera zu finden.

Die ersten Proben dieses heute wohl in bezug auf seine Verwendung wichtigsten aller natürlichen Kolloide verdanken wir dem französischen Forscher Charles Marie de la Condamine, welcher im Jahre 1735 aus den südamerikanischen Provinzen Quito und Esmeralda Proben von Kautschuk an die Pariser Akademie übersandte. Condamine teilt in seinem Begleitschreiben mit, daß dieses Produkt aus dem milchigen Saft eines Baumes stammt, der von den Eingeborenen „Hévé" genannt wird. Nach den Angaben von Condamine soll sich dieser Baum auch im Gebiet des Amazonas finden, allwo er von den Eingeborenen „cahutschu" (caa = Holz, o-chu = Rinnen, Tränen) genannt wird.

Condamine übersandte gleichzeitig auch einige von den Eingeborenen aus dieser Substanz hergestellte Gegenstände, wie Schuhe und Flaschen. Diese Gegenstände wurden durch Aufträufeln des Milchsaftes auf poröse, unglasierte Tonformen hergestellt und nach Eintrocknen der Milch durch Zerdrücken der Tonform die fertigen Gegenstände gewonnen. Die erste chemische Untersuchung über den Milchsaft und des daraus durch Trocknen erzielten Produktes verdanken wir Fresneau, welcher im Jahre 1751 ausführlich über seine Untersuchungen an die Pariser Akademie berichtete. Die Bezeichnung „India Rubber" stammt von dem Chemiker Priestley, welcher im Jahre 1770 beobachtete, daß Kautschuk Bleistiftstriche entfernen kann.

Von diesem Zeitpunkt an hat die Verwendung von Kautschuk ständig zugenommen, vor allem seit der Feststellung, daß dieses Produkt in verschiedenen organischen Lösungsmitteln gelöst und mit derartigen Lösungen Gewebe aller Art imprägniert werden können. Nach Verdunstung des Lösungsmittels verbleibt ein dünner Kautschuküberzug. Allen so hergestellten Produkten hafteten jedoch die nachteiligen Eigenschaften gelösten Kautschuks an, welcher bekanntlich bei hohen Temperaturen leicht klebrig wird, bei niedern Temperaturen hingegen seine elastischen Eigenschaften einbüßt, ferner im Laufe der Zeit durch Oxydation leicht brüchig wird usw. (Auch Feuchtigkeit bewirkt ein rasches Klebrigwerden derartiger Waren.)

Erst als 1838 Goodyear in Amerika und dann 1843 unabhängig von ihm Th. Hancock in England die Feststellung machten, daß Kautschuk, mit Schwefel vermengt und erhitzt, bzw. in ein Bad von flüssigem Schwefel getaucht, seine physikalischen Eigenschaften weitgehendst ändert, war der zunehmenden Verwendbarkeit von Kautschuk der Weg geebnet. Die sich hierbei abspielende Reaktion wurde von Th. Hancock als „Vulkanisation" bezeichnet. Bereits 1832 hatte der Deutsche F. Lüdersdorff festgestellt, daß die Erhitzung von Kautschuk mit Schwefel die Klebrigkeit des Produktes verringert, ohne sich jedoch der Tragweite dieses Vorganges klar zu sein. Die systematische Erforschung dieser Umwandlung verdanken wir jedoch Th. Hancock, der somit als der eigentliche Begründer der heutigen Kautschukindustrie angesehen werden muß. Er war es auch, welcher die Feststellung machte, daß Rohkautschuk zerrissen, bzw. zwischen Walzen geknetet, plastisch wird und erst dadurch in einen Zustand versetzt werden kann, welcher die Einmengung von Füllstoffen usw. gestattet.

Dieser Vorgang wird nach dem Vorschlag Th. Hancocks als „Mastikation" bezeichnet. Die angewandte Apparatur bezeichnete er als „pickle".

Th. Hancock war es auch, welcher bereits 1824 ein Patent auf die direkte Anwendung der Kautschukmilch, bzw. der Verwendung von Latex an Stelle von Kautschuklösungen erhielt, so daß auch er als der Urheber der direkten Latexverarbeitung angesehen werden muß (unter Latex — spanisch = Milch — versteht man heute allgemein Kautschuk-Kohlenwasserstoffe enthaltende pflanzliche Milchsäfte; im speziellen wird hierunter heute der Latex von Hevea brasiliensis (s. w. u.) verstanden). Th. Hancock hat die direkte Verwendung von Latex jedoch bald wieder aufgegeben, da die Schwierigkeiten des Transportes und die große Labilität dieser Flüssigkeit eine fortlaufende Belieferung zur damaligen Zeit noch nicht gewährleisten konnten. (Über die in allerletzter Zeit von neuem auflebende Bestrebung, mit Umgehung des Rohkautschuks Latex direkt an Stelle von Rohkautschuk oder Gummilösungen zur Anwendung zu bringen, sowie über die bisher erzielten Erfolge in dieser Richtung soll an entsprechender Stelle berichtet werden.) Im Jahre 1846 fand A. Parkes, daß es möglich ist, Kautschukfilme lediglich durch Eintauchen in eine Lösung von Schwefel-Monochlorid bei gewöhnlicher Temperatur zu vulkanisieren (Kaltvulkanisation). Im Jahre 1921 ließ sich schließlich der Engländer Peachy ein Verfahren patentieren, gemäß welchem Kautschuk durch Verbringung in einen Raum, in welcher gasförmiger Schwefelwasserstoff und gasförmige schweflige Säure zur Reaktion gebracht werden, vulkanisiert werden kann. Durch den bei dieser Reaktion sich bildenden kolloiden Schwefel tritt ebenfalls eine Art Kaltvulkanisation ein.

Wie bereits erwähnt, ist mit den Entdeckungen von Th. Hancock und A. Parkes gewissermaßen der Grundstein für die heutige Kautschukindustrie gelegt worden, welche, abgesehen von den durch die fortschreitende Technik naturgemäß bedingten Verbesserungen im großen und ganzen bis in die allerletzten Jahre in ihrer Arbeitspraxis keine nennenswerten Umwandlungen erfahren hat.

Erst zu Beginn unseres Jahrhunderts hat die chemische Forschung in erhöhtem Maße wieder eingesetzt und sich vor allem auf die Ergründung der chemischen Zusammensetzung dieses Naturproduktes konzentriert. Hier ist vor allem an die grundlegenden Arbeiten von Harries, Pummerer, Staudinger usw. zu erinnern, sowie an die noch in bester Erinnerung befindlichen Arbeiten von Hoffmann, Gottlob und Mitarbeitern, deren Gipfelpunkt eine technische Synthese darstellen sollte.

Auch die Entdeckung der sog. künstlichen Beschleuniger, über deren Wesen und Zweck an entsprechender Stelle berichtet werden soll, verdanken wir in erster Linie den Arbeiten von Gottlob und Mitarbeitern. Daß alle diese Arbeiten sowie die mit zunehmender Systematik im Laufe der letzten Jahrzehnte zur Ausführung gelangten Untersuchungen der physikalischen Eigenschaften des Kautschuks (mechanische Prüfungen) uns in unserer Erkenntnis dieses Naturproduktes nicht zu einem allerseits befriedigenden Ergebnis geführt haben, beruht wohl in der Hauptsache darauf, daß man die chemischen, bzw. chemisch-physikalischen Eigenschaften dieses typischen Kolloids weder mit chemischen Eingriffen noch mit mechanischen Prüfmethoden ergründen kann. Die kolloidchemische Forschung hat sich jedoch erst im Laufe der allerletzten Jahre mit der Untersuchung des Kautschuks befaßt, und wenn wir auch heute noch weit davon entfernt sind, restlos befriedigende Resultate zu verzeichnen, so haben zahlreiche Arbeiten uns dennoch in der Erkenntnis der Struktur, sowie der hierdurch bedingten Erkenntnis der Eigenschaften und in dem Verständnis der Verarbeitungsmethoden ein gut Stück weitergebracht (s. w. u.).

Die Herkunft des Kautschuks. Die Heimat des heute hauptsächlich zur Verwendung gelangenden Kautschuks ist Brasilien, allwo der Milchsaft der Hevea brasiliensis seit Jahren von den Eingeborenen gewonnen, zu dem als Parakautschuk bekannten Produkt verarbeitet und in den Handel gebracht wird. Während noch vor knapp 20 Jahren die Kautschukindustrie hauptsächlich auf die Verwendung dieses Parakautschuks angewiesen war, ist heute die brasilianische Ausbeute im Vergleich zu den in den Plantagen Ostindiens gewonnenen Mengen nahezu vernachlässigbar. In weiser Voraussicht der zukünftigen Bedeutung des Kautschuks haben die Engländer in den siebziger Jahren des vorigen Jahrhunderts weder Versuche noch Geld gescheut, diesen Baum in ihre ostasiatischen Kolonien zu verpflanzen. Nach einigen fehlgeschlagenen Versuchen ist es Sir H. Wickham gelungen, eine größere Anzahl von Heveasamen, welche er in den Urwäldern des Tapajos sammeln konnte, in die botanischen Garten von Kew zu verpflanzen. Ein Teil der dort gezogenen Setzlinge wurde dann nach Ceylon und Singapore weiter versandt. Diesem im Originalbericht geradezu abenteuerlich anmutenden Unternehmen verdankt die gesamte Welt die Entstehung der riesigen Gummiplantagen englisch und holländisch Ostindiens. Außer der Hevea brasiliensis liefert noch eine ganze Anzahl anderer Pflanzengattungen Milchsäfte, welche Kautschuk-Kohlenwasserstoffe enthalten. Von den wichtigeren sind die in Ostasien beheimatete Ficus elastica, die aus Südamerika nach Afrika verpflanzte Manihot Glaziovii

(Ceara), Castilloa elastica, Kickxia elastica usw. zu erwähnen, welche jedoch stets eine untergeordnete Bedeutung behalten haben. Mit den Kautschuk liefernden Bäumen verwandt sind noch die Pflanzen, welche Guttapercha und Balata liefern, deren Heimat und auch heute noch hauptsächlichste Gewinnungsquelle Südamerika (Guyana), sowie einige Inseln des ostasiatischen Archipels (Borneo) ist.

Die Gewinnung des Kautschuks. Der Kautschuk-Kohlenwasserstoff ist im Milchsaft des betr. Baumes in Form mikroskopisch kleiner Partikelchen verschiedenster Gestalt und Größenordnung dispergiert, aus welchem er (s. w. u.) auf verschiedene Art und Weise gewonnen werden kann. Die Gewinnung des Milchsaftes selbst erfolgt bei den wichtigsten Kautschuk liefernden Pflanzen durch Anzapfen derselben.

Die Zapfmethode, worunter man sowohl die Art des Schnittes als auch die Anzahl derselben, sowie ihre zeitliche Aufeinanderfolge versteht, kann nicht einheitlich festgelegt werden, da, je nach der Gegend, Baumart und Gepflogenheiten der einzelnen Unternehmungen die verschiedensten Kombinationen zur Anwendung

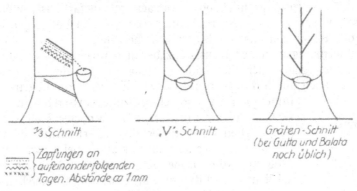

Abb. 212.

gelangen. In den englischen und holländischen Plantagen, welche mit Hevea bepflanzt sind, hat sich in letzter Zeit vielfach das sog. A-B-C-System mit Erfolg eingeführt, worunter man folgendes versteht: die Pflanzung wird in drei Sektionen geteilt, wovon die Bäume zweier Sektionen durch 2 Monate hindurch täglich auf ein Drittel ihres Umfanges gezapft werden (die Zapfung erfolgt, indem mit einem geeigneten Messer die Rinde an einer bestimmten Stelle und in bestimmter Länge angeritzt wird, so zwar, daß die darunter liegenden Milchsaftgefäße verletzt werden (Abb. 212). Nach Ablauf dieser Zeit wird eine Sektion in Ruhe belassen und dafür die dritte in Zapfung genommen usw. Es hat sich gezeigt, daß diese Art der Latexgewinnung bei weitgehendster Schonung der Bäume und bester Rindenerneuerung die größte Ausbeute an Kautschuk liefert. Ein derartig an sich drastisch anmutendes System ist jedoch im allgemeinen nur bei Hevea und Manihot angängig, während z. B. bei Ficus elastica und besonders bei Guttapercha und Balata andere Methoden zur Anwendung gelangen müssen. Vor allem werden die beiden letzten Gattungen heute allgemein auf einmal durch eine große Anzahl von ausgeführten Zapfschnitten ihres Milchsaftes beraubt, worauf sie bis zu 5 Jahren (Balata) bis zur nächsten Zapfung in Ruhe belassen werden müssen. Obwohl dieses Verfahren an sich wenig rentabel erscheint, ist es immerhin besser, als die seinerzeitige Methode, die Bäume zu fällen und nach Entfernung der Rinde den im Baum vorhandenen Kautschuk-Kohlenwasserstoff zu gewinnen. Bei Guttapercha ist in letzter Zeit auch das von

Obach entdeckte Extraktionsverfahren immer mehr und mehr eingeführt worden, welches lediglich durch Extraktion der Blätter Guttapercha gewinnt, wodurch die Lebensdauer und Ertragsfähigkeit der Bäume wesentlich erhöht wird. Eine Anzahl minderer Kautschuksorten, wie z. B. Guayule, stammt aus den Wurzeln und niederen Stämmen strauchartiger Gewächse, aus denen sie durch Extraktion gewonnen werden müssen. Da, wie bereits erwähnt, bei weitem die Hauptmenge der zur Verarbeitung gelangenden Kautschukmilchsäfte der Hevea brasiliensis entstammt, soll im folgenden nur auf die Weiterverarbeitung dieses Produktes Bezug genommen werden, wenn nicht ausdrücklich anders bemerkt.

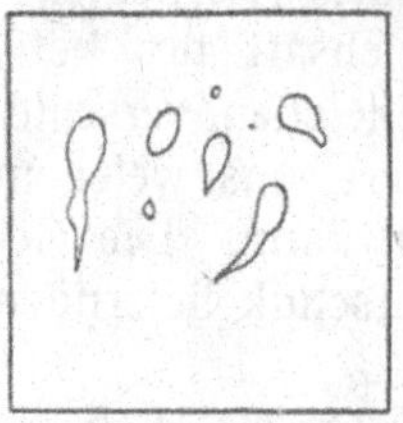

Abb. 213.
Verschiedene Formen von Hevea Latex-Partikelchen.

Latex. Der Latex stellt eine im allgemeinen milchigweiße Flüssigkeit dar, deren Konsistenz zwischen der von Magermilch und der fetten Rahmes schwankt.

Man trifft mitunter auch Latex an, welcher schwach rosa, gräulich oder schwach gelb gefärbt ist, und es konnte nachgewiesen werden, daß diese Farbennuancen von im Latex gelösten Metallsalzen, in der Regel von Eisenverbindungen, herrühren.

Die Schwankungen in der Konsistenz beruhen in erster Linie auf dem verschiedenen Wassergehalt der Flüssigkeit, welcher sowohl durch klimatische Bedingungen, als auch durch die Jahreszeiten wesentlich beeinflußt wird. Im Latex findet sich der Kautschuk-Kohlenwasserstoff in Form mikroskopisch kleiner, in starker Brownscher Molekularbewegung befindlichen Partikelchen dispergiert. Unter dem Mikroskop betrachtet, gewahrt man vor allem bei schwacher Vergrößerung, daß die Größe der einzelnen Partikelchen nicht einheitlich ist und daß im Latex sowohl Partikelchen mit Durchmesser von 5 oder auch mehr μ (1 μ = 0,001 mm) bis nur im Ultramikroskop wahrnehmbaren Teilchen vorhanden sind. Der Latex muß daher als polydisperses System bezeichnet werden. Eine genauere Betrachtung dieser Teilchen zeigt, daß dieselben von der Kugelgestalt merklich abweichen und im allgemeinen Ei- oder Birnenform haben. Teilweise sind auch Teilchen mit mehr oder minder ausgeprägten schwanzartigen Ansätzen vorhanden (Abb. 213). Neueste ultramikroskopische Untersuchungen haben selbst für die kleinsten Partikelchen den Beweis erbracht, daß auch sie von der Kugelgestalt abweichen. Die kolloidchemische Forschung hat es ferner in letzter Zeit ermöglicht, auch über die Konsistenz der einzelnen Partikelchen genau Aufschluß zu geben und somit eine der größten Streitfragen, nämlich ob man den Latex zu den Emulsionen oder Suspensionen zählen

Abb. 214.
Schematische Zeichnung der Struktur eines Kautschukteilchens im Hevealatex.

1. Flüssiger Kern
2. Zunehmende Verdickung nach außen
3. Adsorbierte Harz- und Eiweißschicht.

muß, entschieden. Das einzelne Latexteilchen besteht aus einem zähflüssigen Kern von honigartiger Konsistenz, welcher nach außenhin eine zunehmende Verfestigung aufweist, so daß die Oberflächenschicht mit einer nahezu festen elastischen Hülle verglichen werden kann. An dieser Hülle ist noch eine an Harz und Eiweiß angereicherte Serumschicht adsorbiert (Abb. 214). Auf Grund unserer heutigen Erfahrung dürfen wir wohl annehmen, daß wir es hier mit einer von innen nach außen zunehmenden Polymerisation des Kautschuk-Kohlenwasserstoffs zu tun haben, die vermutlich durch das Vorhandensein einer Grenzfläche Kohlenwasserstoff: Eiweiß begünstigt wird. Daß wir es tatsächlich im Rohkautschuk mit zumindest zwei Kohlenwasserstofffraktionen zu tun haben, welche sich durch verschiedene Löslichkeit in Kautschuklösungsmitteln sowie durch verschiedene elastische Eigenschaften unterscheiden, ist schon von Weber und Caspari vermutet und neuerdings durch die schönen Arbeiten von Feuchter und von Pummerer experimentell nachgewiesen worden. Durch die Untersuchungen der beiden letztgenannten Forscher ist es tatsächlich gelungen, analysenreine Kohlenwasserstofffraktionen zu isolieren, welche sich nicht nur in bezug auf ihre Löslichkeit in Äther sondern auch in bezug auf ihre physikalischen Eigenschaften erheblich voneinander unterscheiden. Genauere mikroskopische Untersuchungen am einzelnen Latexpartikel haben nun ergeben, daß tatsächlich die Außenhülle in Kautschuklösungsmitteln nur sehr schwer löslich ist, wohingegen die Kernmasse, sobald sie durch die semipermeable Außenhülle mit dem Lösungsmittel in Berührung kommt, sehr leicht gelöst wird.

Diese Kautschukteilchen sind in Wasser dispergiert, in welchem außer dem bereits erwähnten Eiweiß und Harzen auch noch Zucker und vor allem Magnesium-, Kalzium- und Phosphorsäuresalze gelöst sind. Die Brownsche Bewegung der einzelnen Teilchen ist durch eine eigentümliche zickzackartige Fortbewegung charakterisiert, deren Ursache ebenfalls in der nichtkugeligen Gestalt zu suchen ist. Wird Latex sofort nach Austritt aus dem Baum auf seine Wasserstoffionenkonzentration hin geprüft, so ergibt er ein p_H von durchschnittlich 7,2—7,0 (die p_H-Werte stellen den negativen Logarithmus der Konzentration an Wasserstoffionen pro Liter dar). Wird Latex nach der Zapfung sich selbst überlassen, so tritt bereits im Verlauf einiger Stunden, hauptsächlich durch Bakterieneinwirkung, eine starke Säurebildung auf, welche schließlich zur Koagulation führt. Diese Koagulation kann naturgemäß auch durch Zusatz von Säure erzielt werden (worauf die weiter unten zu besprechenden Rohkautschuk-Gewinnungsmethoden beruhen). Es hat sich nun gezeigt, daß bei einer p_H von ungefähr 4,8 der Kautschuk aus dem Latex ausgefällt wird. Wird jedoch durch Zusatz hochkonzentrierter Säuren die p_H spontan auf ungefähr 3 gebracht, so tritt keine Koagulation ein und der Latex bleibt flüssig. Während im frischen Latex die einzelnen Kautschukpartikelchen negative Ladung aufweisen und somit im elektrischen Felde zur Anode wandern, und dortselbst unter gleichzeitiger Entladung koagulieren, weist stark angesäuerter Latex eine Umladung der Partikelchen auf, so daß diese zur Kathode wandern. Bei noch stärkerer Ansäuerung (also bei einer p_H unter 3) tritt wieder spontane Koagulation ein. Wir haben es somit hier mit einer sog. unregelmäßigen Reihe zu tun. Die Tatsache, daß das H-Ion das Auftreten einer unregelmäßigen Reihe bedingen kann, ist schon von Agglutininbakterien her bekannt, bei denen man mit einer Eiweißumhüllung rechnet. Aber auch das Verhalten des Latex gegenüber verschiedenen Zusätzen zeigt, daß bei frischem Latex das Kation als der Hauptfaktor anzusehen ist, wohingegen bei stark angesäuertem Latex das Anion die Hauptrolle zu spielen scheint. Alle diese Feststellungen, sowie vor allem der Umstand, daß die p_H des Ausfällungsbereiches gerade der Konzentration nahe kommt, bei der die meisten Eiweißkörper zur Gerinnung gebracht werden können, sprechen dafür, daß die einzelnen Kautschukteilchen mit einer Eiweißhülle umgeben sind, und daß die Koagulation an sich weniger durch das Verhalten des Kautschuks, sondern vielmehr durch das ihn umschließende Eiweiß bedingt und geregelt ist. Diese Feststellung, im Zusammenhang mit dem vorher über die Konsistenz der einzelnen Teilchen Gesagten, läßt es geraten erscheinen, die Bezeichnungen Emulsion und Suspension auf Latex überhaupt nicht anzuwenden. Aber auch die ent-

schieden korrektere Bezeichnung lyophob oder lyophil kann bei der Untersuchung der einzelnen Latices keineswegs verallgemeinert werden. Das Verhalten
des Hevealatex an sich spricht fraglos für ein lyophiles Kolloid (was bei Annahme
einer Eiweißhülle zu erwarten ist), wohingegen reiner Kautschuk wohl eher als
lyophob bezeichnet werden müßte. Daß dem so ist, konnte auch im Verhalten
von Latex nachgewiesen werden, welcher sowohl durch chemische als auch physikalische Methoden weitgehend seines Eiweißgehaltes beraubt worden war.

Zum Unterschied von Hevealatex weist der Latex von Manihot stäbchenförmige
Kautschukteilchen auf, während z. B. Ficus elastica kugelige Teilchen zeigt, welche
in Anbetracht ihres völlig flüssigen Zustandes ohne weiteres als Emulsion bezeichnet
werden könnten (Abb. 215, 216). Latex von Guttapercha enthält eine nahezu feste
Dispersion, während die disperse Phase von Balatalatex in bezug auf ihre Konsistenz eine Mittelstellung einnimmt.

Die Konstitution des Kautschuks. Schon 1837 hat Bouchardat Kautschuk der Trockendestil-
lation unterworfen und das Destillat einer genauen chemischen
Untersuchung unterzogen. Er fand hierbei eine bei 37°C sie-
dende Flüssigkeit von der Formel C_5H_8, welche er als Isopren bezeichnete.

Eine weitere Fraktion, welche zwischen 170° und 173° C siedet, konnte als eine

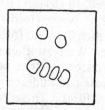

Abb. 215.
Teilchen in Mani-
hot-Latex.

Abb. 216.
Teilchen in Ficus
Elastica-Latex.

Substanz von der Formel $C_{10}H_{16}$ identifiziert
werden, welche als Dipenten bezeichnet wurde.
Die Fraktion, welche bei 300° C übergeht, trägt
noch heute die Bezeichnung Heveen. Prozentual auf die angewandte Menge Kautschuk
berechnet, hat Weber folgende %-Zahlen bei
der Destillation des Kautschuks gefunden:
Isopren 6,2; Dipenten 46; Heveen 17;
Polyterpene 26,8; Kohlerückstand 1,9; mineralische Rückstände 0,5; Verluste (Wasser,
Gase) 1,4.

Bouchardat war es auch, welcher als erster aus Isopren Dipenten, und
später auch eine dem Kautschuk ähnliche Substanz durch Polymerisation synthetisieren konnte.

Seither sind eine ganze Anzahl von Polymerisationsmethoden angegeben
worden, welche mit Isopren als Ausgangsmaterial zu Produkten führen, die in
gewisser Beziehung dem Naturkautschuk ähnliche Eigenschaften aufweisen. Über
die Konstitution des Isoprens, seine großtechnische Synthese sowie über die Konstitution des Kautschuks sind eine große Anzahl von Arbeiten bekannt geworden,
von denen in erster Linie die von Tilden, Kondakow, Euler, vor allem aber die
Arbeiten von Harries, Gottlob, Hoffmann, Pummerer und Staudinger
usw. erwähnt werden sollen. Den Arbeiten der Chemiker der Farbenfabriken
Bayer ist es während des Krieges gelungen, auch aus Homologen des Isoprens
kautschukähnliche Produkte zu synthetisieren. Die Eigenschaften der so künstlich
gewonnenen Produkte konnten jedoch überall dort, wo es auf die elastischen Eigenschaften des Kautschuks ankam, keineswegs befriedigen. Für die Herstellung von
Gegenständen aus Hartgummi haben sie jedoch fraglos in der Zeit der Rohkaut-
schukknappheit gewissen Wert gehabt. Ganz abgesehen davon, daß alle diese
synthetischen Produkte noch nicht in bezug auf ihre Eigenschaften mit dem
natürlichen Produkt konkurrieren können, ist auch der Preis der Herstellung
wesentlich zu hoch, um in normalen Zeiten mit Rohkautschuk in Konkurrenz
treten zu können.

Alle erwähnten Forscher kommen zu der übereinstimmenden Auffassung, daß Kautschuk der Formel $(C_5H_8)x$ entspricht. Über die Größe des Faktors x, also über den Polymerisationsgrad gehen die Ansichten jedoch weit auseinander. Da nun Kautschuk als typisches Kolloid bezeichnet werden muß, erscheint es auf Grund unserer heutigen Kenntnisse wenig Erfolg versprechend, die Konstitution und Struktur dieser Substanz allein mit rein chemischen Methoden zu ergründen.

In allerjüngster Zeit (1925) hat J. R. Katz die Feststellung gemacht, daß gedehnter Kautschuk, einer röntgenspektographischen Untersuchung unterworfen, ein ausgesprochenes Punktdiagramm liefert und somit die Anwesenheit einer „kristallisierten" Substanz wahrscheinlich erscheinen läßt. Eingehende Untersuchungen von Hauser und Mark und in jüngster Zeit von Mark und Meyer sowie ihren Mitarbeitern, G. L. Clark u. a. haben nicht nur gezeigt, daß die von J. R. Katz gemachte Feststellung zu Recht besteht, sondern es ist heute an Hand des vorliegenden überaus großen Aufnahme- und Zahlenmaterials möglich, den dem Kautschuk-Kristallit zugrunde liegenden Elementarkörper zu bestimmen. Die neueste Auffassung geht dahin, daß wir es mit einem Elementarkörper des rhombischen Systems zu tun haben und daß in ihm 8 Isoprenreste vorliegen. Die Größe der Molekularverbände, welche als Ursache des Entstehens der Interferenzen angesehen werden müssen, beläuft sich auf ca. 4—5000 C_5H_8. Außer den Interferenzpunkten weisen sämtliche Kautschukaufnahmen mit Ausnahme der hochgereckten Proben noch einen amorphen Ring auf, welcher wohl auf die Anwesenheit einer nicht kristallisierten Phase schließen läßt. Es muß ausdrücklich bemerkt werden, daß diese röntgenographisch festgestellte Zweiphasigkeit mit der am einzelnen Latexteilchen mikromanipulatorisch nachgewiesenen mehrphasigen Struktur nichts gemeinsam hat. Die Annahme einer Kristallisation wird auf Grund des in den letzten Jahren gewonnenen Materials immer wahrscheinlicher. Sie ist auch ohne weiteres im Stande, fast sämtliche Erscheinungen und Eigenschaften, die wir vom Kautschuk kennen, befriedigend zu erklären.

Eine andere Hypothese, welche allerdings auf nur sehr wenig experimentellen Nachweisen fundiert erscheint, ist die Annahme, daß die Molekühle im Kautschuk unter bestimmten Bedingungen sich zunehmend aggregieren bzw. desaggregieren können. Im ersteren Falle würde eine Vergröberung der Struktur unter gleichzeitiger Verringerung der Grenzflächen und somit eine Verfestigung der Masse eintreten. Dies würde eine Erhöhung der elastischen Eigenschaften bewirken. Im zweiten Falle hätten wir es mit einer Aufteilung und somit Vergrößerung der Grenzflächen zu tun, wodurch eine Verminderung der elastischen Eigenschaften hervorgerufen werden würde.

Nach den allerneuesten Forschungen müssen wir wohl aber annehmen, daß die Struktur des Kautschuks einen Spezialfall des in der Natur an sich sehr verbreiteten Prinzips des Aufbaues von Faserstoffen darstellt. Ebenso wie wir uns in der Zellulose u. a. Naturfasern den Aufbau aus in der Faserachse zusammenhängenden Mizellen vorstellen müssen, vertritt man heute die Annahme, daß auch im Kautschuk die vorhandenen Isoprenreste zu Hauptvalenzketten vereinigt sind, welche sich bei der Dehnung in der Richtung der Faserachse orientieren. Es bleibt lediglich die Frage offen, ob diese Hauptvalenzketten im ungedehnten Zustand bereits präformiert sind und hier in Form von Knäulen oder zusammengelagerten Federn vorliegen, wie Hauser und Mark annehmen oder ob tatsächlich erst durch den Dehnungsvorgang eine „Kristallisation" durch einen osmotischen Reinigungsprozeß erfolgt, wie kürzlich Zocher und Fischer auf Grund eingehender Untersuchungen mit dem Polarisationsmikroskop angenommen haben.

Verarbeitung von Latex zu Rohkautschuk. (Herstellung von Crepe und Sheet.) Der aus den einzelnen Zapfstellen ausfließende Latex wird in kleinen, zumeist aus Porzellan oder Aluminium bestehenden Näpfchen aufgefangen und dann von den Zapfern in einen Sammeleimer geleert. Der so täglich gewonnene Latex wird nun an einer möglichst zentral gelegenen Stelle in zumeist ausgekachelte Behälter gegossen, nachdem er vorher durch Abseihen von etwaigen Verunreinigungen bzw. bereits gebildeten Gerinnseln befreit worden war. Der in diese Sammelbehälter verbrachte Latex wird nun auf eine bestimmte Konzentration an Kautschuk-Kohlenwasserstoff durch Verdünnung mit Wasser gebracht. Hierauf wird unter ständigem Rühren eine dem jeweils vorhandenen Kautschukgehalt entsprechende Menge verdünnter Essigsäure (in neuerer Zeit wird auch vielfach Ameisensäure oder auch Natrium-silico-fluorid angewandt) zugesetzt und hierauf der Behälter, nachdem der durch das Rühren gebildete Schaum entfernt worden war, zugedeckt und ca. 20 Stunden in Ruhe gelassen. In dieser Zeit bildet sich ein je nach der angewandten Essigsäurekonzentration mehr oder minder festgefügtes Koagel, welches entsprechend seinem spezifischen Gewicht auf der Oberfläche schwimmt. Dasselbe wird am nächsten Tage abgehoben und das verbleibende Serum, in welchem sich außer den löslichen Mineralbestandteilen auch ein großer Teil der Eiweißsubstanzen befindet, abgelassen. (Eine Verwendung dieses an Eiweiß und Zucker nicht gerade arm zu bezeichnenden Serums ist bis heute noch nicht erfolgt.) Das Koagulum wird nunmehr auf zwei mit verschiedener Geschwindigkeit gegeneinander rotierenden glatten Walzen unter gleichzeitiger starker Berieselung mit Wasser zu einem dünnen Fell ausgezogen (Abb. 217). Durch diesen Vorgang wird das im Koagel noch eingeschlossene Serum bzw. die überschüssige Säure entfernt. Auf diese Art und Weise werden die im Latex vorhandenen Nichtkautschukbestandteile, die fast ausnahmslos säurelöslich sind entfernt. Crêpe und smoked sheet unterscheiden sich daher vornehmlich von Parakautschuk, sprayed-rubber u. dgl. durch den Mangel an Nichtkautschukbestandteilen, wie Harzen, Eiweiß, Mineralsalzen usw. Diese Felle werden nunmehr noch mehrmals durch immer enger gestellte Walzen gezogen, bis das zuerst stark löcherige Fell einen festen, nahezu lückenlosen Zusammenhalt aufweist. Dann werden diese Felle an der Luft oder in Heißluftschränken vorgetrocknet oder aber in gut ventilierten Trockenhäusern auf Rechen aufgehängt, allwo sie ca. 3—4 Wochen der restlosen Trocknung überlassen bleiben. Das so gewonnene Produkt, welches von lichtgelber Farbe ist, gelangt als „first latex crepe" in den Handel. Manche Plantagen bringen den Latex nicht in großen Sammelbehältern, sondern in kleinen rechteckigen Pfannen zur Koagulation. Das Koagulum, welches durch Anwendung starker Essigsäure rasch gebildet und durch Zusatz keimtötender Mittel möglichst blasenfrei gehalten wird, wird einmal durch ein geriffeltes Walzenpaar gezogen und hierauf in einem sog. Räucherhaus für mehrere Wochen getrocknet. In diesem Räucherhaus erfolgt die Trocknung nicht nur durch gründliche Ventilation, sondern auch durch ständige Unterhaltung eines beizenden, aus bestimmten Holzarten erzeugten Rauches. Die so erhaltenen Felle sind von bräunlicher Farbe, durchsichtig und werden als „smoked sheet" bezeichnet. Dieses Verfahren sollte zu Beginn der Plantagenindustrie die brasilianische Methode der Herstellung von Parakautschuk weitgehendst kopieren. Diese letztere Methode bestand darin, daß

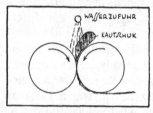

Abb. 217.
Crepewalze.

der Zapfer den gewonnenen Latex über einem offenen Feuer, welches zur Erzielung eines adstringierenden Rauches mit Uricurinüssen gespeist wird, auf einem mit Lehm bestrichenen Holzstab allmählich aufträufeln ließ. Durch die Rauchwirkung einerseits, sowie die Temperatur andererseits wurde sowohl eine Koagulation als eine Verdampfung erzielt und durch ständiges weiteres Aufträufeln von Latex schließlich ein mächtiger Ballen aufgebaut, der dann nach Beendigung der Arbeit in die Hälfte geschnitten, von dem gewissermaßen als Mittelachse dienenden Stock befreit wurde (Abb. 218). Auch heute wird in Brasilien Kautschuk noch auf diese Art und Weise gewonnen und gelangt je nach seiner Provenienz als „Fine Hard", „Entrefine", „Upriver", „Hard cure", „Soft Cure" usw. in den Handel.

Vorbereitung des Rohkautschuks für die Weiterverarbeitung. In früherer Zeit, wo die Kautschukindustrie vor allem auf die Belieferung von brasilianischem und afrikanischem Wildkautschuk angewiesen war, war es erforderlich, diesen Kautschuk vor der Weiterverarbeitung einem gründlichen Reinigungsprozeß zu unterziehen. Die angelieferten Blöcke wurden in den Gummifabriken auf eigenen Waschwalzen unter starker Berieselung mit Wasser zerrissen und nach gründlicher Bearbeitung zu dünnen Fellen ausgewalzt, in Heißluft- oder Vakuumtrocknern getrocknet. Auf diese Art und Weise wurde der Kautschuk von den meisten bei der Gewinnung in ihn gelangenden Verunreinigungen, wie Rindenstücke u. dgl., befreit und ferner wurde auf diese Weise ein großer Teil der in ihm noch vorhandenen Harze und Eiweißbestandteile usw. entfernt, welche bei der unsauberen Herstellungsweise der früheren Zeit oftmals zum sog. Leimigwerden des Kautschuks Veranlassung gaben.

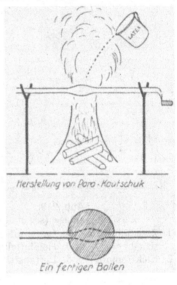

Herstellung von Pora-Kautschuk

Ein fertiger Ballen

Abb. 218.

Die Differenz zwischen dem Gewicht des angelieferten Kautschuks und dem, welches nach erfolgter Reinigung und Trocknung gefunden wurde, bezeichnet man als Waschverlust und beträgt derselbe heute noch bei Parakautschuk 10—20%. Nicht übersehen darf auch werden, daß die meisten Wildkautschuksorten noch erhebliche Mengen Wasser enthalten, welche ebenfalls auf die oben beschriebene Art und Weise restlos entfernt werden können.

Mit dem zunehmenden Aufschwung der Plantagenindustrie Ostindiens und den beständig verbesserten Gewinnungsmethoden des Rohkautschuks ist man von der eben besprochenen Vorbehandlung des Rohkautschuks so gut wie abgekommen, da die angelieferten Rohkautschuksorten sehr rein von Verunreinigungen und so gut wie wasserfrei sind. Nur für die Herstellung solcher Gegenstände, bei denen die geringste Verunreinigung einen schädigenden Einfluß ausüben könnte, wird auch heute noch der angelieferte Rohkautschuk einem Waschprozeß unterworfen. Dies gilt vor allem für die Herstellung von Automobilluftreifen.

Zerstäubungsverfahren. In letzter Zeit haben die Bestrebungen zugenommen, den Kautschuk sowohl in einer Form zu erhalten, welche auch die im Latex vorhandenen Nichtkautschukbestandteile enthält, sowie ein Verfahren zu finden, welches die Erzielung eines möglichst einheitlichen Produktes

35*

gewährleistet. Bei der Herstellung von Crepe oder Sheet wird, wie bereits erwähnt, ein großer Teil der Nichtkautschukbestandteile bei der Koagulation mit dem Serum entfernt, und ferner ist die tatsächlich als einheitlich in bezug auf Qualität zu bezeichnende Menge zumindest durch die Größe der zur Koagulation benutzten Sammelgefäße begrenzt.

Versuche, obige Probleme zu lösen, stammen von Kerbosch, Wickham usw., welche auf verschiedene Art und Weise eine möglichst einfache Verdampfung von Latex zu erzielen hofften. Diese Verfahren haben jedoch wegen der kostspieligen Anlagen sowie wegen der begrenzten Kapazität wenig Anklang gefunden. Obwohl bereits 1914 G. A. Krause in München mit seiner in der chemischen Industrie bekannten Zerstäubungsapparatur Latex mit Erfolg durch Zerstäubungstrocknung verarbeiten konnte, verdanken wir die Ausgestaltung dieses Verfahrens zu einer großtechnischen Kautschukgewinnungsmethode dem Amerikaner Hopkinson. Die Hopkinsonsche Anlage, von der sich heute eine Anzahl in Sumatra und Java in Betrieb befinden, ähnelt in ihrer Konstruktion dem Krause-Zerstäubungstrockner. Der Latex, welcher zwecks Erhaltung seiner Fluidität mit etwas Ammoniak oder Formaldehyd oder in neuester Zeit auch mit Natriumbi- oder triphosphat versetzt worden war, wird aus großen Sammelbehältern auf die an der Decke eines pyramidenstumpfartig gebauten Trockenturmes befindliche Zerstäubungsscheibe gepumpt. Diese Scheibe, welche direkt mit einem Elektromotor gekuppelt ist, vollführt eine Rotation, welche eine periphere Umdrehungsgeschwindigkeit von ca. 130 Metersekunden gewährleistet. Durch die auftretende Zentrifugalkraft wird der auffließende Latex in Form eines äußerst feinen Nebels in den Trockenraum verspritzt, durch welchen von oben nach unten ein starker Strom vorerhitzter Luft geblasen wird. Die Luft sorgt in diesem Falle nicht nur für die Verdampfung, sondern fungiert gleichzeitig als Träger für den gebildeten Wasserdampf. Das Trockenprodukt fällt in Form weißer Flocken zu Boden, wo es sich rasch zu einer schwammartigen weißen Masse zusammenballt. Die Böden der Hopkinsonschen Trockenanlagen sind nun so ausgestattet, daß sie sektionsweise entfernt werden können, worauf das auf ihnen angefallene Trockengut durch hydraulische Pressen zu kompaktem Rohkautschuk gepreßt wird (Abb. 219). Diese Nachbehandlung hat sich als erforderlich erwiesen, da der anfallende „sprayed" oder „snow rubber" sehr viel Luft okkludiert enthält, welche, wenn nicht durch Druck entfernt, ein für den Transport zu voluminöses und hygroskopisches Produkt verursachen würde. Dieser „sprayed rubber" hat in den letzten Jahren in der Industrie zunehmend Anklang gefunden und wird vor allem laufend in größeren Mengen in Amerika verarbeitet. Es wird ihm außer Zähigkeit nachgerühmt, daß er in bezug auf Alterung außerordentlich widerstandsfähig ist. Infolge der in ihm vorhandenen Nichtkautschukbestandteile vulkanisiert er rascher als gewöhnlicher Plantagenkautschuk, was fraglos ebenfalls als Vorteil angesehen werden muß. Ein Nachteil des Produktes ist lediglich die wesentlich schwierigere Erzielung eines

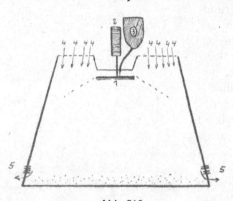

Abb. 219.
Zerstäuberanlage (schematisch)

1. Zerstäuberscheibe
2. Elektromotor
3. Latexzuflußgefäß
4. Heißlufteintritt
5. Luftaustritt(Filter).

plastischen, zur Aufnahme von Füllstoffen geeigneten Produktes, was auf der hohen Zähigkeit des Rohmaterials beruht. Mit der zunehmenden Erweiterung unserer Erfahrungen scheint auch diesem Umstand dadurch Rechnung getragen werden zu können, daß man dem Latex noch vor der Zerstäubung zweckentsprechende Plastikatoren zusetzt, die dann dem fertigen sprayed rubber die erforderliche Weichheit verleihen. Überall dort, wo es sich um die Herstellung den elektrischen Strom isolierender Gegenstände handelt, eignet sich „sprayed rubber" nicht ohne weiteres, da ein großer Teil der Nichtkautschukbestandteile mehr oder minder starke Elektrolyte sind.

Latexkonzentrate. Wie bereits eingangs erwähnt, hat das Interesse an der direkten Verwendung von natürlichem Latex an Stelle von Rohkautschuk in den letzten Jahren ständig zugenommen. Daß jedoch dieses Interesse nicht in dem Maße gestiegen ist, wie auf Grund der ersten erfolgreichen Versuche zu erwarten war, beruht wohl ausschließlich auf der Schwierigkeit der Verschiffung und des Transportes von flüssigem Latex und der auch heute vor allem durch die Labilität dieser Flüssigkeit bedingten, unvermeidlichen Verluste an flüssiger Milchsubstanz. Bis heute muß Latex zwecks Erhaltung seiner kolloiden Eigenschaften mit Ammoniak oder einem anderen, die Koagulation hemmenden Reagens versetzt in Blechkannen luftdicht verschlossen zum Versand gebracht werden, es sei denn, daß man in der Lage ist (einige amerikanische Firmen tun das) die Verschiffung in Tankschiffen vorzunehmen. In beiden Fällen darf nicht übersehen werden, daß man hierbei durchschnittlich 70% Wasser als für die weitere Verarbeitung unnützen Ballast mittransportiert und daß wie gesagt, schon geringfügige Ursachen Anlaß zum Verderben dieser Flüssigkeit während des Transportes werden können. Es ist daher nicht zu verwundern, daß in letzter Zeit zahlreiche Bestrebungen dahin gingen, den Latex am Ort der Gewinnung weitgehendst zu konzentrieren. Dies wurde auf verschiedensten Wegen zu erreichen versucht und ist, soweit unsere Kenntnisse heute reichen, auch mehr oder minder erfolgreich gelungen. Im allgemeinen kann man zwischen drei verschiedenen Konzentrationsmethoden unterscheiden:

1. Konzentration durch Zentrifugierung oder Filtration,
2. Konzentration durch Aufrahmung,
3. Konzentration durch Wasserverdampfung mit oder ohne Zusatz von Schutzkolloiden.

Die erste Methode, Latex durch Zentrifugieren einzudicken, stößt insofern auf technische Schwierigkeiten, als es nicht leicht ist, Zentrifugen solcher Kapazität herzustellen, die die auf Plantagen anfallenden Latexmengen ohne weiteres bewältigen könnten. Des weiteren zeigt sich bei der Zentrifugierung, daß eine restlose Trennung zwischen Serum und Kautschuk selbst bei Anwendung extrem hochtouriger Zentrifugen nicht möglich ist, so daß man immer mit einem Anteil niedrig konzentrierten Latex rechnen muß, der dann auf eine der bereits beschriebenen Methoden noch koaguliert werden müßte. Des weiteren aber zeigt sich, daß bei dem Zentrifugieren ein großer Teil der vorhandenen natürlichen Schutzmittel, wie z. B. Eiweißkörper in der Magermilch zurückbleiben, wodurch das Konzentrat äußerst unstabil wird und schon beim geringsten Druck koaguliert. Andererseits muß zugegeben werden, daß die Entfernung der Eiweißbestandteile die Gefahr einer Koagulation durch Fäulnis weitgehendst beseitigt.

Die Konzentration durch Anwendung von Filtern oder Ultrafiltern ermöglicht zwar eine restlose Trennung von Serum und Kautschukbestandteilen, doch dürfte auch diese Methode großtechnisch auf Schwierigkeiten stoßen, da auch hierbei das erzielbare Konzentrat mehr oder minder labil ist. Außerdem dürfte die erforderliche laufende Reinigung derartiger Filtrationsanlagen das Verfahren an sich zu kostspielig gestalten.

Die Aufrahmung kann sowohl durch längeres Erhitzen von Latex bei 60—70⁰ erreicht werden, oder aber durch Zusatz gewisser Substanzen, wie z. B. Karragheenmoos u. ähnl. Pflanzenschleime. Auch hier ist es nicht gelungen, eine restlose Trennung zu erzielen, so daß auch in diesem Fall mit einem Verlust an Kautschuksubstanzen gerechnet werden muß, abgesehen von dem Umstand, daß auch diese Konzentrate infolge des Nichtvorhandenseins der von Natur aus im Latex vorkommenden Schutzkolloide und Stabilisatoren für die meisten Verwendungszwecke zu empfindlich sind.

Durch bloßes Verdampfen läßt sich Latex nicht wesentlich konzentrieren, da bei Erzielung einer gewissen Konzentration in der Regel spontane Koagulation einsetzt. Wohl gelingt es, Latex, der mit Ammoniak konserviert ist, bis zu ca. 60% Kautschukgehalt einzudampfen, vorausgesetzt, daß man für ständige Zufuhr des mitverdampfenden Ammoniaks sorgt. Wird jedoch Latex unter Zufügung von gewissen besonders hierfür geeigneten Schutzkolloiden eingedampft, so ist es möglich, denselben weitgehendst zu konzentrieren, ohne daß er hierbei seine Wiederlöslichkeit in Wasser verliert. Es ist auf diese Art und Weise gelungen, Latexkonzentrate mit nur wenigen Prozent Wasser zu erhalten.

Soweit bis heute bekannt, ist lediglich das Verfahren der Konzentration mit Schutzkolloiden großtechnisch ausgewertet. Das so erhaltene Produkt (es ist unter dem Namen „Revertex" bekannt) ist von dickflüssiger bis zu pastöser Konsistenz, so daß es ohne weiteres selbst in einfachen Holzkisten zum Versand gebracht werden kann. Des weiteren zeigt es infolge der restlos erhaltenen natürlichen Schutzstoffe sowie der zur Ermöglichung der Verdampfung beigefügten Schutzkolloide größte Stabilität, weitgehendste Druckunempfindlichkeit usw. Der äußerst geringe Wassergehalt dieses Konzentrates bedingt ferner, daß die sonst im Latex enthaltenen Fäulniserreger keinen günstigen Nährboden finden und somit auch das Produkt in dieser Richtung als außerordentlich stabil bezeichnet werden kann.

Das Mastizieren. Das Kautschukfell in der heute üblichen Form von Crepe oder Sheet ist als solches ohne weitere Verarbeitung nur in äußerst beschränktem Maße anwendungsfähig. Lediglich Crepe hat in letzter Zeit für Besohlungszwecke einen gewissen Markt gefunden, der aber im Vergleich zum Gesamtverbrauch an Kautschuk nahezu vernachlässigbar ist. Für alle weiteren Verwendungszwecke hat sich eine Weiterverarbeitung des Rohkautschuks als unumgänglich erwiesen. Die Kautschukfelle müssen auf Mischwalzen oder in großen Knetmaschinen (Werner-Pfleiderer, Banbury) bearbeitet werden, wodurch sie erst einen plastischen, für die Aufnahme von Zusatzmaterialien geeigneten Zustand erhalten (Abb. 220).

Dieser Vorgang wird nach dem Vorschlag von Th. Hancock als „Mastikation", bezeichnet.

Sobald der Kautschuk durch diese Bearbeitung plastisch geworden ist, werden ihm alle die Zusätze gegeben, die für die Eigenschaften des daraus herzustellenden Produktes erwünscht sind. In erster Linie muß jedoch dem Kautschuk die für die nachher erfolgende Vulkanisation erforderliche Menge Schwefel beigemischt werden. Alle übrigen Zusatzmaterialien, welche als Füllstoffe bezeichnet werden, dienen entweder lediglich zur Verbilligung des fertigen Produktes oder zur Erzielung eines ganz bestimmten Effektes (Abb. 221).

Die gebräuchlichsten anorganischen Zusatzstoffe sind Schwerspat, Kaolin, Kieselgur, Zinkweiß, Lithopone, Goldschwefel, Eisenoxyd, Bleiglätte, Mennige, ferner Ruß und andere.

Die Zusammensetzung der einzelnen Mischungen gilt heute noch als eines der größten Geheimnisse mancher Gummifabriken und die Mischungszusammensetzungen beruhen meist auf der langjährigen Erfahrung der Praktiker. Erst in letzter Zeit kann man vor allem in der Bereifungsindustrie die Feststellung machen, daß man immer mehr und mehr auf gewisse, auch weiteren Kreisen bekannte Standardmischungen zurückgreift, da sich anscheinend allmählich die fraglos richtige Auffassung Bahn bricht, daß weniger die so heilig gehüteten Mischrezepte die Ursache für besondere Güte der fertigen Fabrikate darstellen, sondern vor allem die rein sachgemäße Verarbeitung die Qualitäten der Fertigprodukte maßgebend beeinflußt.

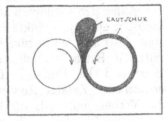

Abb. 220.
Mastikation.

Von den erwähnten Füllstoffen kommen in der modernen Gummiindustrie, die, wie gesagt, eine weitgehende Systematik und Vereinfachung der Mischrezepte anstrebt, vor allem dem Zinkweiß und dem amerikanischen Gasruß besondere Bedeutung zu. Zinkoxyd wirkt nämlich außer als Färbemittel auch als Aktivator bei der Vulkanisation und verursacht eine nicht unbeträchtliche Erhöhung der Zähigkeit und des „Nervs" der Kautschukmischung. Er wird vor allem dort besondere

Abb. 221.
Mastizierwalze.

Anwendung finden, wo auf besonders widerstandsfähige Kautschukmischungen Wert gelegt wird. Der amerikanische Gasruß hat sich vor allem seit dem Aufblühen der Bereifungsindustrie in zunehmendem Maße eingeführt, da er dem Kautschuk eine ganz erhebliche Verfestigung verleiht. Zur Herstellung von Laufflächen für Autobereifungen werden heute fast ausnahmslos Gasrußmischungen mit Ruß amerikanischer Provenienz angewandt, da es bis heute nicht möglich war, im Inland einen Ruß herzustellen, der dem amerikanischen Produkt gleichwertig ist. Die zwei markantesten Eigenschaften, welche Gasruß der Kautschukmischung verleiht, ist die für die Automobilreifenindustrie so wichtige Erhöhung des Abreib-widerstandes, wodurch die Lebensdauer der Automobilreifen bedeutend erhöht werden kann, und die unter dem Namen „Tearing-Effekt" bekannte Erscheinung. Unter dieser letzteren Bezeichnung versteht man den großen Widerstand, welche eine Gasruß-Kautschukmischung dem Einreißen entgegensetzt. Auch diese Erscheinung ist für die Reifenfabrikation wichtig, da hierdurch weitgehend verhindert wird, daß ein durch eingedrungene Fremdkörper verursachter Einschnitt sich ohne weiteren äußeren Einfluß vergrößert.

Außer den erwähnten anorganischen Zusatzstoffen kommen in der Kautschuk-industrie eine beschränkte Anzahl organischer Zusatzstoffe in Frage. Die wichtigsten dieser sind fein vermahlene Kautschukabfälle, welche lediglich als Streckungs-mittel in Betracht kommen, ebenso wie Regenerat, mineralische und pflanzliche Fette und Öle, Harze, natürliche und künstliche Bitumina, welche vielfach als erweichende Zusätze Anwendung finden. Außer diesen Produkten werden teils zur Verbilligung, teils zur Herstellung gewisser Gegenstände (Radiergummi) geschwefelte Öle (Faktis) in größerem Maßstabe angewandt.

Unter Regenerat versteht man ein Produkt, welches durch Entschwefelung bereits vulkanisierten Kautschuks auf verschiedene Art und Weise gewonnen werden kann. Man unterscheidet heute vor allem zwei Regenerierverfahren. Das eine davon besteht im Prinzip darin, daß die Abfälle durch Erhitzen auf Temperaturen bis zu 200° in Gegenwart von Alkali wieder in einen plastischen Zustand übergeführt werden. Das Alkali verseift hierbei alle verseifbaren Anteile der ursprünglichen Kautschukmischung, zerstört aber gleichzeitig die anwesenden Gewebematerialien. Das andere Produkt ist unter dem Namen „Lösungsregenerat" bekannt. Hierbei werden die gemahlenen Abfälle mit Lösungsmittel unter Druck erhitzt, wodurch der Altgummi seine Plastizität wieder erhält. Bei diesem Verfahren können die im Altgummimaterial eingeschlossenen Gewebeteile ebenfalls rückgewonnen werden. Bei allen Regenerierungsverfahren wird jedoch, da dieselben entweder unter Anwendung von Hitze oder durch Einfluß starker Reagenzien vor sich gehen, der Nerv des Kautschuks nicht unwesentlich geschädigt, so daß die Anwendung von Regeneraten nur überall dort in Frage kommen sollte, wo man auf ein besonders hochwertiges Produkt keinen Wert legen muß. Wenn auch bei einem außerordentlich hohen Preis des Rohkautschuks die Anwendung von Regeneraten vielfach aus ökonomischen Gründen erwünscht wäre, so haben eingehende Versuche bewiesen, daß die Wiederstandsfähigkeit der mit Regeneratzusätzen hergestellten Produkte annähernd prozentual der zugesetzten Regeneratmengen fällt. Aus diesem Grunde sollte von der Anwendung von Regenerat überall dort abgesehen werden, wo es auf die Herstellung hochwertiger Artikel ankommt (z. B. Bereifung für Kraftfahrzeuge). In den letzten Jahren hat aber die Erzeugung von Regenerat technisch erhebliche Fortschritte gemacht, so daß viele der heute auf dem Markt befindlichen Kautschukregenerate als verhältnismäßig hochwertige Produkte bezeichnet werden können. Diese Produkte werden daher heute vielfach nicht nur als Streckungsmittel angewandt, sondern verschiedenen Mischungen als Plastikatoren oder Weichmachungsmittel zugesetzt.

Eine Gruppe von Zusätzen, welche erst in letzter Zeit in erhöhtem Maße Anwendung findet, sind die sog. künstlichen Beschleuniger. Wie bereits erwähnt, hat Zinkweiß einen auf die Vulkanisation beschleunigenden Einfluß. Auch Bleiglätte, Kalk, Magnesia und Goldschwefel wirken im gleichen Sinne. Die Arbeiten über künstlichen Kautschuk der Farbwerke vorm. J. Bayer haben nun den eigentlichen Anstoß zu der Entdeckung und Erforschung der organischen Beschleuniger gegeben, nachdem Hoffmann und Gottlob gefunden hatten, daß Piperidin u. a. aliphatische Basen sowie deren Additionsprodukte mit Schwefelkohlenstoff die Vulkanisation des Kautschuks wesentlich beschleunigen. Seither ist die Zahl der bekanntgewordenen Beschleuniger ins Unermeßliche gestiegen und seien daher im folgenden nur die derzeit in der Kautschukindustrie hauptsächlich angewandten einzeln aufgeführt: piperidylditiocarbaminsaures Piperidin (Vulcacit P), Aldehyd-ammoniak, Diphenylguanidin, Hexamethylentetramin, Thiocarbanilid, Xantogenate, Dithiomercaptobenzotiazol (Captax), Thiuramdisulfid (Vulcacit T, Tuads) usw. Außer den Vulkanisationsbeschleunigern ist in allerjüngster Zeit die Anwendung einer ganzen Gruppe neuer Substanzen bekannt geworden. Es handelt sich hierbei um chemisch an sich sehr heterogene Verbindungen, welche aber alle die gemeinsame Eigenschaft haben, Kautschukvulkanisate vor der natürlichen Alterung zu schützen. Diese Substanzen, als deren Vertreter z. B. Aldol-α-Naphtylamin genannt sei, tragen die Bezeichnung „Antioxydantien". Ihre Wirkung beruht teils darauf, daß sie starke Basen sind, teils darauf, daß sie ein starkes Reduktionsvermögen besitzen. Sobald der Kautschuk mit dem ihm zugesetzten Füllstoffen auf den Mischwalzen homogenst verarbeitet ist, wird er von den Walzen abgeschnitten und zu einer sog. Puppe gerollt, welche bis zur weiteren Verarbeitung gelagert wird (Abb. 222). Die nächste wichtige Operation in der Verarbeitung des Rohkautschuks ist das Kalandrieren oder Plattenziehen. Zu diesem Zweck wird das Material auf einer warmen Mischwalze nochmals vorgewärmt, bis es wieder plastisch geworden ist und dann auf den sog. Plattenkalander gebracht Die Vorwärmung ist nur dann erforderlich, wenn die Puppen längere Zeit gelagert wurden, da der mastizierte, plastische Kautschuk, wenn in Ruhe belassen, allmählich wieder

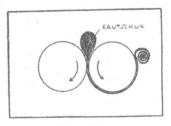

Abb. 222.
Rollen einer Puppe.

seinen „Nerv" zurückgewinnt, sich „erholt". (Möglicherweise haben wir es hier mit einer ähnlichen Erscheinung zu tun, wie bei dem von Freundlich beschriebenen „thioxtropen" Gelen.) Unter Plattenkalander versteht man Maschinen, auf welchen zwei, drei oder auch vier Walzen in vertikaler Lage übereinander angeordnet sind (Abb. 223, 224). Zum Unterschied zu den vorher besprochenen Walzwerken weisen die Kalander im allgemeinen keine Friktion auf, besitzen also gleiche Umdrehungsgeschwindigkeiten der Walzen. Die plastische Kautschukmasse wird beim Passieren der Walzen nicht zerrissen, sondern lediglich breitgequetscht und zu glatten Platten beliebiger Stärke ausgewalzt. Da die Platten beim Verlassen des Kalanders noch warm und plastisch sind, müssen sie möglichst schnell nach Verlassen der Walze in Stoff eingewickelt werden. Um die bei Kalanderplatten immer feststellbare Kornwirkung zu vermindern, ist es vorteilhaft, die Temperatur des Kalanders etwas höher zu halten als die der Mischung. Die Kornwirkung besteht darin, daß eine auf dem Kalander gezogene Gummiplatte in der Zugrichtung eine größere Dehnbarkeit aufweist als in der darauf senkrechten. Wird die Platte nicht in noch warmen Zustand in einen Einrollstoff gewickelt, so hat sie die Neigung, in ihrer Breite abzunehmen. Dieser Erscheinung muß auch bei der Vulkanisierung Rechnung getragen werden, da sonst die Gefahr besteht, daß die fertigen Gegenstände nicht die ihnen zugedachte Form aufweisen. Über die Theorie des Kalandereffektes sind eine große Anzahl von Arbeiten erschienen. Allgemein muß der Grund in einer strukturellen Anisotropie gesucht werden, welche im gewissen Sinne mit einseitigen Dehnen vergleichbar ist. In den überwiegenden Fällen ist die auf dem Kalander gezogene Gummiplatte das erste Stadium in der Herstellung der fertigen Gummiwaren. Man trachtet, die gezogenen Platten nur wenige Millimeter dick zu gestalten, um so das Auftreten von Blasen weitgehendst zu vermeiden. Wenn es sich daher bei der Herstellung fertiger Gummiwaren um dickere Gegenstände handelt, so müssen die Platten dubliert werden. Die zur Herstellung der betreffenden Waren erforderlichen Stücke werden von Hand oder maschinell aus der Kalanderplatte herausgestanzt, entsprechend zusammengeklebt und schließlich vulkanisiert. Die Herstellung von Kinderspielbällen z. B. geschieht so, daß aus einer Kalanderplatte Stücke in der Art einer aufgespaltenen Apfelsinenschale geschnitten werden, die dann an ihren Rändern verklebt werden. Vor der Schließung wird ein Blähmittel, wie z. B. Ammoniumkarbonat eingebracht. Dann wird die so gebildete Rohform in eine zweiteilige Metallhohlform gesetzt und diese Form hierauf vulkanisiert. Durch die Temperaturerhöhung vergast das Blähmittel und drückt nun den ebenfalls durch die

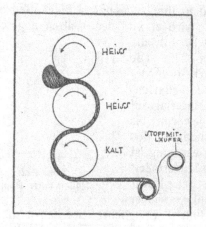

Abb. 223.
3 Walzenkalander.

Abb. 224.
Plattenkalander.

Temperatur erweichten Kautschuk an die Wand der Metallform an. Durch die fortschreitende Vulkanisation wird der Kautschuk verfestigt und gewissermaßen in der ihm von der Metallform aufgedrungenen Gestalt fixiert.

Die Theorie der Mastikation. Wie besprochen, wird bei der Mastikation, welche fraglos als die wichtigste Phase in der heutigen Kautschukverarbeitung angesehen werden muß, eine zunehmende Erweichung des Kautschuks, mit anderen Worten eine Erhöhung seines Plastizitätsgrades erzielt, wobei gleichzeitig eine merkbare, sich verstärkende Klebrigkeit der Masse festgestellt werden kann. Mit diesem Vorgang gepaart ist jedoch eine steigende Abnahme des Nervs, richtiger gesagt, der elastischen Eigenschaften festzustellen.

Es fehlt nicht an zahlreichen Vorstellungen dieses Vorganges, doch kann bis heute noch keine Theorie als restlos befriedigend angesehen werden. Die neuesten Forschungen führen zu dem Ergebnis, daß bei der Mastikation von Rohkautschuk sowohl eine weitgehende Zerstörung der Struktur der einzelnen Latexteilchen, als auch eine weitgehende Lockerung der Mizellarverbände des Kautschuks erfolgt. Durch die Zerstörung der ursprünglichen Struktur der im Rohkautschuk in engster Packung vorhandenen Latexteilchen wird die plastische klebrige Innenmasse an die Oberfläche gebracht, während die durch den Mastikationsvorgang zerrissenen

Hüllen dann in dieser plastischen Masse dispergiert erscheinen. Genau genommen ist also eine Art Phasenverschiebung eingetreten. Wie man sich die Veränderungen vorstellen soll, welche die Mizellarverbände des Kautschuks erleiden, ist heute insofern schwierig zu beantworten, als wir noch nicht in der Lage sind, ein endgültiges Bild des inneren Aufbaues des Kautschuks zu liefern. Werden dieselben, wie in letzter Zeit von den meisten Forschern vermutet, als Mizellen betrachtet, so würde die Mastikation eine Zerteilung dieser in einzelne kleinere Teilchen verursachen, wodurch die innere Ordnung des Raumgitters mehr oder minder stark gestört wird. Nimmt man mit anderen Forschern das Vorhandensein von Aggregaten an, denen keine genau definierte Ordnung zukommt, so würde der Vorgang der Mastikation sich durch eine Desaggregation dokumentieren. Der Vorgang der Erholung beruht dann lediglich darauf, daß die ursprüngliche Ordnung der Mizellen sich in mehr oder minder ausgeprägtem Maße wieder hergestellt („Rekristallisation" oder „Reaggregation"). Wird jedoch Kautschuk totgewalzt, so ist der Grad der Desorientierung ein so großer, daß eine Regeneration des ursprünglichen Zustandes ausgeschlossen ist. Für den Vorgang an sich ist vor allem der Druck und die Reibung maßgebend. Wird mit warmen Walzen gearbeitet, so verursacht die von außen zugeführte Temperatur eine rasche Erwärmung und demzufolge eine Viskositätsverringerung der Kautschukmasse. Hierdurch ist eine weitgehende gleitende Verschiebung der einzelnen Mizellen ermöglicht, wohingegen beim Arbeiten mit kalten Walzen diese Gleitbewegung infolge der hohen Viskosität der Masse ausgeschaltet ist. Aus dieser Überlegung heraus ist es erklärlich, daß das Totwalzen leichter auf kalten Walzen erzielt wird, da hier die einzelnen Bausteine dem auf sie einwirkenden Druck durch Gleitbewegung nicht ausweichen können.

Die Vulkanisation. Wie bereits erwähnt, hat erst die Feststellung von Th. Hancock und Goodyear, daß Kautschuk mit Schwefel erhitzt, bedeutende Veränderungen in seinen Eigenschaften erfährt, den Grundstein zur heutigen Kautschukindustrie gelegt. Die Chemie dieses von Th. Hancock als Vulkanisation bezeichneten Vorganges ist bis heute noch nicht einwandfrei geklärt. Es ist auch heute noch nicht mit Sicherheit zu sagen, ob die Veränderungen, die Kautschuk durch die Vulkanisation erleidet, als ein chemischer oder physikalischer Vorgang zu bezeichnen sind. Im Gegensatz zu älteren Auffassungen kann man heute nur sagen, daß den bei der Vulkanisation gebildeten Schwefel-Kautschukverbindungen nur sekundäre Bedeutung zukommt. Nichtsdestoweniger sprechen viele Anzeichen dafür, daß die Vukanisation im Grunde genommen einer Polymerisation gleichkommt und somit als chemische Reaktion bezeichnet werden muß. Ob außer dieser Polymerisation auch noch Koagulationserscheinungen bei der Verfestigung des Kautschuks mitspielen, läßt sich heute noch nicht endgültig entscheiden.

Je nach der Menge des zugesetzten Schwefels gelingt es, Vulkanisate mit verschiedenen Eigenschaften zu erhalten. Mit zunehmender Schwefelmenge verlieren diese Vulkanisate in zunehmendem Maße die elastischen Eigenschaften, bis man schließlich bei Anwendung von 30% Schwefel und noch mehr ein Produkt erhält, welches als Hartgummi bezeichnet wird und an sich keine der elastischen Eigenschaften mehr besitzt. Auf Grund neuester Arbeiten kann man wohl mit Sicherheit annehmen, daß die Bildung von Hartgummi ein rein chemischer Vorgang ist, da hier eine stöchiometrisch jederzeit reproduzierbare Schwefelmenge gebunden wird. Während Rohkautschuk bei verhältnismäßig geringer Belastung starke Dehnung zuläßt, beansprucht gut ausvulkanisierter Kautschuk wesentlich stärkere Spannungen, um entsprechende Dehnungen zu erzielen, wobei sich das besondere

Merkmal des Kautschuks, durch welches er sich von allen anderen bekannten Substanzen unterscheidet, nämlich, daß er zunehmender Dehnung steigenden Widerstand entgegensetzt, besonders bemerkbar macht. Wird nichtvulkanisierter Kautschuk nach erfolgter Dehnung entspannt, so geht er im allgemeinen nicht in seine Ausgangslänge zurück, sondern hinterläßt eine mehr oder minder stark ausgeprägte „bleibende" Dehnung. Vulkanisierter Kautschuk zeigt die Tendenz, nach erfolgter Entspannung weitgehendst wieder in seine ursprüngliche Lage zurückzuschnellen. Unvulkanisierter Kautschuk ist ferner bei niederen Temperaturen steif und wenig elastisch, bei hohen Temperaturen wird er leicht plastisch und zeigt ebenfalls geringe elastische Eigenschaften. Nach erfolgter Vulkanisation bleiben jedoch die elastischen Eigenschaften über einem sehr weiten Temperaturbereich erhalten.

Die Vulkanisation der fertig geformten Gummiwaren erfolgt entweder in Autoklaven unter Dampfdruck oder zwischen dampfgeheizten Platten. Es ist aber auch, wie bereits erwähnt, vor allem bei dünnwandigen Gummiartikeln möglich, durch Einwirkung bestimmter Gase ($H_2S + SO_2$), bzw. durch Tauchen in Schwefelchlorürlösung, zumindest oberflächlich zu vulkanisieren. Im ersteren Falle spricht man von Heißvulkanisation, während die anderen Methoden als sog. Kaltvulkanisation bezeichnet werden.

Die mechanische Prüfung der Vulkanisate geschieht auf verschiedene Art und Weise. Zur Feststellung der elastischen Eigenschaften bedient man sich heute noch in erster Linie des sog. Schopperschen oder Scottschen Kautschukprüfers, während für die Bestimmung der plastischen Eigenschaften sog. Plastimeter in letzter Zeit zunehmende Verwendung finden.

Die letzteren Apparate beruhen prinzipiell darauf, daß Kautschuk unter bestimmten Druck aus feinen Öffnungen gepreßt wird und die in der Zeiteinheit ausgepreßten Mengen gewogen werden, oder aber es wird vermittelst entsprechender Stanzen auf ein entsprechendes Kautschukstück ein bestimmter Druck ausgeübt und die Tiefe des Eindruckes gemessen. Diese Meßmethoden haben sich vor allem zur Kontrolle des Mastikationsvorganges sehr wertvoll erwiesen, da, wie bereits erwähnt, der richtige Grad der Mastikation für die endgültige Qualität der Fertigware wesentlich ist. Während bei allzu kurzer Mastikation der Plastizitätsgrad des Kautschuks nicht ausreicht, um eine homogene Verteilung der Füllstoffe zu gewährleisten, ist andererseits allzu langes Belassen des Kautschuks auf den Walzen schädlich, da er hierbei seinen „Nerv" in einem solchen Grade verliert, daß eine Erholung des Kautschuks gar nicht oder nur in äußerst geringem Maße möglich ist. Derartig behandelter Kautschuk wird als „totgewalzt" bezeichnet. Bei der Anwendung starker Beschleuniger ist eine plastimetrische Kontrolle des Mastikationsvorganges ebenfalls angezeigt, da sie eine verhältnismäßig rasche etwaige Anvulkanisation, oder wie es fachmännisch heißt „Anbrennen" der Mischung auf den Walzen durch die sprunghafte Steigerung des Plastizitätsfaktors anzeigt.

Weitere mechanische Prüfmethoden dienen zur Messung der Zermürbung oder des Abriebes usw. Während die Zermürbungsprüfung vor allem für massive Gummiartikel in Betracht kommt, ist die Abriebbestimmung für die Beurteilung von Laufflächenmischungen von Bedeutung geworden. Auch der Untersuchung der Ermüdungserscheinungen bei wiederholter Beanspruchung von Kautschuk durch Zug oder Druck ist in letzter Zeit erhöhte Aufmerksamkeit geschenkt worden. Gerade in letzter Zeit wurden auch einige Methoden angegeben, mit Hilfe derer es möglich sein soll, die natürliche Alterung des Kautschuks künstlich zu beschleunigen und so in relativ kurzer Zeit ein Bild über die Veränderungen, die Kautschuk bei natürlicher Lagerung erfährt, zu erhalten. Wenn man sich auch darüber im Klaren sein muß, daß diese Methoden schon allein deshalb nur relativen Wert haben, da die die Alterungserscheinungen bedingenden Faktoren noch nicht restlos erkannt sind, so sind sie immerhin für die laufende Betriebskontrolle von Bedeutung. Die heute wohl am meisten zur Ausführung gelangenden Methoden sind die Belassung der Kautschukmuster in einem Trockenluftraum von ca. 70° für mehrere Tage oder das Verbringen der zu untersuchenden Proben in Sauerstoff von 10 Atm. bis 20 Atm. Druck bei einer Temperatur von 60—70°. Hier genügen bereits wenige Stunden, um Erscheinungen hervorzurufen, die einer natürlichen Alterung von mehreren Jahren entsprechen.

Es würde bei der vielseitigen Verwendung, die der Kautschuk gefunden hat, den Rahmen dieser Abhandlung bei weitem überschreiten, wenn im folgenden der Werdegang aller aus Kautschuk hergestellten Gegenstände näher besprochen werden sollte, und es wird daher im folgenden nur ganz prinzipiell auf die wichtigsten

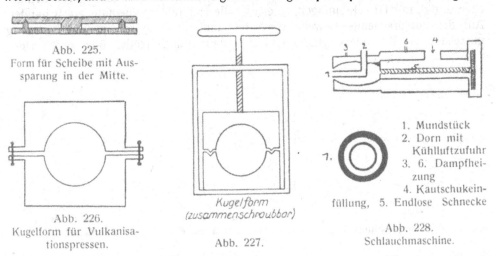

Abb. 225.
Form für Scheibe mit Aussparung in der Mitte.

Abb. 226.
Kugelform für Vulkanisationspressen.

Kugelform
(zusammenschraubbar)

Abb. 227.

1. Mundstück
2. Dorn mit Kühlluftzufuhr
3. 6. Dampfheizung
4. Kautschukeinfüllung, 5. Endlose Schnecke

Abb. 228.
Schlauchmaschine.

Methoden der Kautschukverarbeitung eingegangen werden. (Zwecks detaillierter Angaben sei auf die entsprechende Fachliteratur verwiesen.)

Weichgummiwaren. Die Herstellung von Weichgummiwaren kann man ganz allgemein in zwei Rubriken teilen, und zwar in sog. Formartikel und in Gegenstände, welche auf der Spritzmaschine zur Herstellung gelangen. Die ersteren werden, wie bereits der Name sagt, in entsprechend gestalteten Formen hergestellt. Zu diesem Zweck wird die in der Mischwalze fertig gemachte Mischung zumeist am Kalander zu Platten gezogen und hiervon entsprechende Mengen in die Form eingebracht und dieselbe unter Druck der Vulkanisation unterworfen. Hierbei ist zu beachten, daß bei der Vulkanisation eine Volumenvergrößerung des Kautschuks eintritt, und es ist daher Sorge zu tragen, daß die Form entweder entsprechende Aussparungen besitzt, aus denen die überschüssige Kautschukmischung austreten kann, da sonst die Gefahr besteht, daß der in der Form herrschende Druck dieselbe auseinandersprengt, wodurch das Aussehen des fertigen Produktes wesentlich beeinträchtigt werden würde, oder aber die angewandte Menge Kautschukmischung muß genau entsprechend dem Formvolumen ausgewogen sein. Auf diese Art und Weise werden Kugeln, Gummiabsätze, Sohlen, Matten usw. hergestellt (Abb. 225, 226, 227). Zur Herstellung von Schläuchen oder Gummischnüren werden die sog. Schlauchmaschinen verwendet. In dieselben wird der Kautschuk durch eine endlose Schnecke gegen eine entsprechend geformte Öffnung (Mundstück) befördert, aus welcher er dann, die Form dieses Mundstückes annehmend, austritt (Abb. 228). Handelt es sich um die Herstellung von Schläuchen, so empfiehlt es sich, diese Schläuche nach dem Austreten auf entsprechende Metallrohre bzw. bei Vakuumschläuchen auf Draht aufzuziehen, damit bei der Vulkanisation ein Zusammenfallen nicht möglich wird, Bei soliden Schnüren genügt es, dieselben mit Talkum einzureiben oder sie ganz frei in Dampf zu vulkanisieren. Auf diese Art und Weise werden Automobil-, Fahrrad-, Wasser- oder Gasschläuche, Vakuumschläuche usw. hergestellt. Vielfach werden aber auch heute noch Automobilluftschläuche aus Kalanderplatten hergestellt, indem sie entweder über einen Dorn gewickelt oder ähnlich wie bei dem noch später zu beschreibenden Scheibenverfahren auf einen Hohlzylinder aus Kalanderplatten fertig geformt und in eigens hierfür konstruierten Vulkanisationsapparaturen vulkanisiert werden. Handelt es sich um die Herstellung von Schläuchen u. dgl. mit Gewebseinlagen, so erfolgt die Herstellung ebenfalls am Kalander. Auf das entsprechende Gewebe wird die Gummiauflage in einem Arbeitsgang mittelst eines Kalanders aufgebracht und dann durch Rollen über einen Dorn

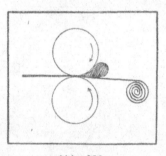

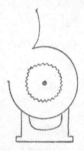

Abb. 229.
Schlauchwicklung.

Abb. 230.
Friktionskalander.

Abb. 231.
Mastikator.

aus derartigen Platten z. B. Schläuche mit Gewebeeinlagen hergestellt, indem auf das entsprechende Gewebe die Gummierungslage aufgewalzt wird (Abb. 229). Wo eine möglichst intensive Durchdringung der einzelnen Gewebefasern erzielt werden soll, werden Kalander mit ungleich rasch laufenden Walzen, sog. Friktionskalander angewandt (Abb. 230), wodurch die Gummimischung in das Gewebe eingedrückt wird.

Patentgummiwaren. Gegenstände, wie Eisbeutel, Badehauben, sog. Paraschläuche u. dgl. werden heute noch vielfach aus sog. Patentgummi hergestellt. Das Verfahren der Patentgummiherstellung ist eines der kompliziertesten in der ganzen Gummiindustrie. Es erfordert vor allem große Erfahrung und Sachkenntnis. Während man sich früher zur Herstellung von Patentgummiplatten vor allem des Parakautschuks bediente, wird heute vornehmlich first Latex crepe verwandt. Besonderer Wert muß auf völlige Reinheit des Produktes gelegt werden. Die Kautschukfelle werden in einen sog. Mastikator gebracht, welcher aus einem liegenden gußeisernen Hohlzylinder besteht. Im Innern des Zylinders ist eine achsial gelagerte kannellierte Walze vorhanden, deren Durchmesser ungefähr $1/3$ von dem des Zylinders beträgt (Abb. 231). Der Gummi wird nun zwischen Zylinder und Walze geknetet, wobei er sich allmählich erwärmt. Vor allem muß hierbei dafür Sorge getragen werden, daß eine genügende Menge Kautschuk vorhanden ist, um den entsprechenden Druck und die entsprechende Reibung zu gewährleisten. Der

Mastikationsprozeß muß so geleitet werden, daß der entstehende plastische Gummiblock vollkommen porenfrei und homogen ist. Sobald der Block genügend mastiziert erscheint, wird er warm dem Mastikator entnommen und in einen Eisenzylinder gebracht, der oben offen und unten mit einem kreisrunden zentrischen Loch versehen ist. In die obere Zylinderöffnung paßt kolbenartig eine Stahlscheibe. Diese enthält in ihrer Mitte eine runde Aussparung, durch welche dann vermittelst einer Spindelpresse ein Dorn in der Längsachse durch den Gummiblock getrieben werden kann. Dann wird der Block in einer Handspindelpresse unter ständigem Nachziehen auskühlen gelassen, wozu oft mehrere Tage erforderlich sind (Abb. 232). Der erkaltete Block wird mit dem Eisendorn in ein Kältebad von -5^0 C gebracht und dort 3—5 Tage belassen, um vollkommen durchfroren zu werden.

Im allgemeinen wird nun dieser Block sofort auf die Schneidemaschine gebracht. Zur Herstellung besonderer Qualitäten empfiehlt es sich jedoch, denselben in einem kühlen trockenen Raum möglichst einige Monate lagern zu lassen. Auf der Blockschneidemaschine werden nun diese Blöcke spiralig in Form dünner Platten abgeschält. Die abgeschnittenen Platten werden sofort nach Verlassen der Maschine auf einen Eisenzapfen aufgewickelt. Um ein Zusammenkleben der so gewonnenen Platten zu verhindern, werden sie vorteilhaft mit Seifenlösung eingestrichen. Die Vulkanisation geschieht dann entweder durch Eintauchen in eine Lösung von Chlorschwefel in Petrol-Schwefelkohlenstoff oder Tetrachlorkohlenstoff oder aber durch Verbringen in einen abgeschlossenen Raum, in welchem Chlorschwefeldämpfe gleichmäßig verteilt sind.

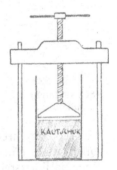

Abb. 232.
Handspindelpresse.

Schwammgummiherstellung. Auch die Herstellung von Schwammgummi für Badeschwämme, Spielzeuge aus Schwammgummi und Spielbälle u. dgl. erfordert große spezielle Erfahrung und sind auch hier Mischrezepte sowie besondere Verarbeitungsmethoden zumeist sorgsam gehütete Geheimnisse der entsprechenden Fabriken. In Anbetracht des Umstandes, daß in neuerer Zeit Schwammgummi in zunehmendem Maße für die verschiedensten Zwecke, wie Fußbodenbelag, Sitzkissen, Stoßdämpfer für Fuhrwerke u. dgl. Anwendung findet, ja sogar nagelsichere Fahrzeugbereifungen daraus hergestellt werden, soll die prinzipielle Herstellungsweise derartigen Schwammgummis kurz erwähnt werden. Der Kautschuk wird auf gewohnte Weise auf der Mastizierwalze plastisch gemacht und ihm hierauf die für die jeweilige Mischung erwünschten Füllstoffe, sowie der für die Vulkanisation erforderliche Schwefel beigegeben. Diese Mischung wird nun wesentlich länger auf den Mischwalzen belassen und so größtenteils ihres ursprünglichen Nervs beraubt. Der Kautschuk wird mit anderen Worten nahezu „totgewalzt". Dann werden dieser Mischung die zur Erzielung der Schwammstruktur erforderlichen Blähmittel zugesetzt, von denen Ammonium carbonicum, Ammoniumchlorid und Natriumnitrit heute wohl die bekanntesten sind. Diese Mischung wird nunmehr in eine entsprechende Form so eingebracht, daß sie nicht den ganzen Teil dieser Form ausfüllt und wird dann in Dampf oder Wasser vulkanisiert. Auch die Vulkanisation von Schwammgummi, bzw. die Art und Weise der Temperatursteigerung und des Temperaturabfalles, erfordern besondere Erfahrung. Dadurch, daß der Kautschuk nahezu seine ganzen elastischen Eigenschaften durch das lange Walzen einbüßt, setzt er der durch die Temperaturerhöhung eintretenden Gasbildung der erwähnten Beimengungen keinen nennenswerten Widerstand entgegen und füllt schließlich die ganze Form aus (Abb. 233). Nach

Beendigung der Blähung und Vulkanisation wird nun die Form geöffnet und je nach Verwendungszweck entweder die fertige Schwammasse so wie sie ist belassen (Kinderspielbälle, Kissen u. dgl.), oder aber es wird zumeist von Hand die äußere zusammenhängende Haut abgeschnitten und dem verbleibenden schwammartigen Gefüge die jeweils gewünschte Form erteilt.

Bereifung. Ein besonderer und heute vielleicht der wichtigste Zweig der Kautschukverarbeitung ist die Herstellung von Automobilbereifungen. Diese gehört auch heute noch zu den schwierigsten Verarbeitungsmethoden von Kautschuk und erfordert außer einer gründlichen Sachkenntnis des Mischwesens,

Abb. 233.
Schwammgummi
(Vulkanisation).

Abb. 234.
Reifenaufbau
1. Formring
2. Untere Gewebe-
   lage
3. Obere Gewebe-
   lage
4. Wulst
5. Kissenschicht
6. Protektor.

Abb. 235.
Massivreifenzusammensetzung
1. Hartgummilage
2. Halbharter Weichgummi
3. } Weichgummi
4. }

ein sehr erfahrenes und geschultes Arbeitspersonal, wenn man hochwertige Qualitätsware herstellen will. Es würde zu weit führen, hier die Einzelheiten der Pneumatikherstellung zu besprechen und sollen daher nur die derzeitig hauptsächlichst angewandten zwei Herstellungsmethoden prinzipiell erwähnt werden.

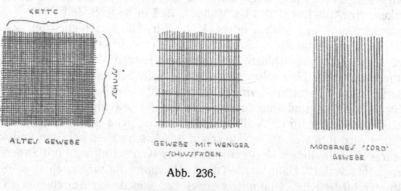

Abb. 236.

Die Automobilbereifung besteht erstens aus der Gewebeeinlage (Carcasse), zweitens aus der Kissenschicht (Breaker) und drittens aus der Laufdecke oder dem Protektor (Abb. 234), während die immer mehr abkommenden Vollgummireifen aus Lagen verschiedener Gummimischungen hergestellt sind, und zwar so, daß als innerste an der Felge liegende Schicht eine Hartgummiplatte direkt aufvulkanisiert ist, auf welche dann die anderen immer weicheren Gummilagen aufgelegt werden (Abb. 235). Vielfach werden auch Vollreifen so hergestellt, daß man nach Aufbringen der Hartgummiplatte auf das Stahlband die Weichgummimischung als endloses Band geringer Dicke auf den Reifen aufwickelt bis die gewünschte Schichtdicke erzielt ist. Manche Fabriken ziehen es heute auch noch vor, die gesamte Weichgummiauflage in einem Arbeitsgang auf einer Spritzmaschine zu ziehen und dann direkt auf die Hartgummiauflage aufzulegen.

Während früher für die Herstellung von Automobilbereifungen ein normales Gewebe mit Kette und Schuß angewandt wurde, bedient sich die moderne Automobilbereifung in zunehmendem Maße des schußfreien, sog. Cordgewebes. Mit-

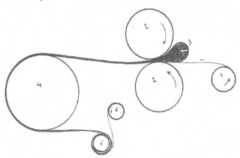

unter verwendet man auch ein Gewebe, welches nur in größeren Zwischenräumen (etwa jeden Zentimeter) einen Schußfaden besitzt (Abb. 236). Gewebe, welche sowohl Kette wie auch Schuß besitzen, werden heute noch fast allgemein auf Friktionskalandern verarbeitet (s. w. o.). Das Gewebe wird zwischen beiden Walzen durchgeführt und vor den Walzen die meist sehr zähe benzolische Gummilösung (Zement) oder die gut vormastizierte Mischung aufgelegt. Durch die Friktion wird nun Gummimasse in das Gewebe eingepreßt. Nach Verlassen der Walzen läuft dann das so imprägnierte Gewebe wo erforderlich über eine Trockenvorrichtung, woselbst das

Abb. 237.
Herstellung von imprägniertem Gewebe für Reifeneinlagen auf einem Friktionskalander.

1. Gewebeabrollwalze
2. Friktionskalander
3. Gummizement
4. Trockenwalze, dampfgeheizt
5. Mitläufer, Abrollwalze
6. Aufrollvorrichtung.

Lösungsmittel zur Verdampfung kommt (Abb. 237). Der imprägnierte Stoff wird dann aufgerollt und bis zur weiteren Verwendung gelagert. Bei der Herstellung von Cord laufen eine große Anzahl einzelner Fäden, welche durch eine entsprechende

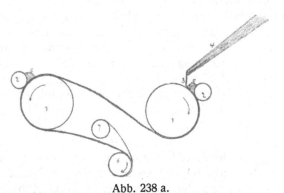

Abb. 238 a.
Herstellung von doppelt imprägniertem Cordgewebe.

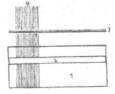

Abb. 238 b.
1. Heizbare Trockenwalzen
2. Kl. Streichwalzen
3. Rechen für Cordfäden
4. Fäden
5. Streichlösung
6. Aufrollvorrichtung
7. Mitläuferabspulvorrichtung.

Spannvorrichtung parallel gehalten werden, auf eine in langsamer Rotation befindliche, geheizte Walze. An entsprechender Stelle wird nun mit Hilfe einer einfachen Streichvorrichtung die Gummilösung aufgetragen und sofort hierauf durch Verdunstung des Lösungsmittels getrocknet. Die Imprägnierung bewirkt nun ein inniges Zusammenhalten der parallel laufenden Fäden (Abb. 238a und b). Manche Firmen stehen jedoch der Cordimprägnation skeptisch gegenüber und begnügen sich damit, die einzelnen von den Spindeln ablaufenden Fäden in einem Rechen zu sammeln und nach Passieren einer oder zweier Trockenwalzen durch einen

Vier-Walzenkalander laufen zu lassen, auf welchen gleichzeitig beide Gewebeseiten mit einer dünnen Kautschukschicht überzogen (plattiert) und die Zwischenräume der einzelnen Fäden mit derselben Masse ausgefüllt werden (Abb. 239). Grundbedingung für ein einwandfreies kontinuierliches Arbeiten nach dieser Methode ist die Möglichkeit, die einzelnen Fäden fortlaufend ganz gleichmäßig gespannt

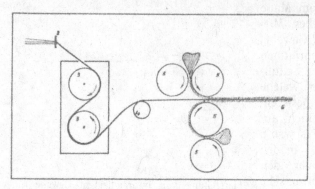

Abb. 239.
Cordherstellung mit gleichzeitigem Doppelbelag.

1. Einzelne Fäden
2. Sammelrechen
3. Trockenwalzen
4. Führungswalze
5. 4-Walzenkalander
6. Doppelseitig belegter fertiger Cord (schußfrei)

zu halten. In allerjüngster Zeit haben die Amerikaner an Stelle der Benzinlösung Latex zur Anwendung gebracht. Die einzelnen Fäden laufen auf einer Rolle durch ein Latexbad und werden sofort nach Verlassen desselben in vorher beschriebener Weise getrocknet (Abb. 240). Das mit Latex imprägnierte Gewebe zeichnet sich durch besonders große Widerstandsfähigkeit gegen Risse aus und ist außerdem noch bedeutend dehnbarer, als mit Benzinlösung hergestelltes. Als allerjüngste Errungenschaft auf dem Gebiete der Cordherstellung muß die Verwendung von Latexkonzentraten genannt werden. Das Latexkonzentrat hat gegenüber der Leximprägnierung den Vorteil, daß es nach der bisher für Benzin üblichen Weise aufgetragen werden kann und daß es infolge seines außerordentlich hohen Kautschukgehaltes dem Cord eine bisher nicht erzielbare Festigkeit verleiht. Der Hauptvorteil des schußlosen Cordgewebes wird darin erblickt, daß hierbei die

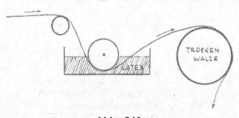

Abb. 240.
Herstellung von Cord durch Imprägnation mit flüssigem Latex.

Fäden durch eine Gummischicht voneinander getrennt sind, wodurch die Reibung der übereinander liegenden Fäden des Gewebes ausgeschaltet wird. Gerade aber durch diese Reibung wird die Reifentemperatur während des Laufens erhöht, wodurch natürlich die Lebensdauer verkürzt wird. Das so hergestellte Cordgewebe wird nun in den meisten Fällen auf einem Dreiwalzenkalander noch mit einer Auflageschicht einer bestimmten Kautschukmischung (skimcoat) versehen, wodurch die Bindung der einzelnen Fäden noch wesentlich erhöht wird. Die Laufflächenmischungen, welche in neuester Zeit fast durchweg Gasrußmischungen sind, werden nach erfolgter Fertigstellung auf den Mischwalzen auf dem sog. Profilkalander oder mittels Spritzmaschine vorprofiliert (Abb. 241), d. h. es werden je nach der Breite des erforderlichen Protektors auf dem Kalander Streifen geschnitten, welche in der Mitte am stärksten sind, so daß die beiden Seiten allmählich abflachen (Abb. 242). Bisher unterscheiden sich die beiden Herstellungsverfahren von Automobilreifen nicht. Die weitere Verarbeitung kann dann entweder auf sog. Formringen oder auf flachen Scheiben erfolgen. Im ersteren Falle dient ein gußeiserner Kern, welcher bereits die Form des fertigen Reifens besitzt, als Unterlage. Auf diese Formen werden nun eine entsprechende Anzahl Lagen des Cordgewebes gebracht, dann die Seitenwulste, welche entweder aus einem dreieckigen massiven Gummiring oder aus dreieckig gelegten geflochtenen Drahtgeweben bestehen, aufgesetzt. Schließlich wird noch ein starkes gummiimprägniertes Gummi-Stramingewebe genau zentrisch auf der Lauffläche aufgelegt und auf dieses dann der vorprofilierte Protektor gezogen. Hierauf werden noch die Seitenwände mit dünnen Kalanderplatten bekleidet. Alle diese Manipulationen sind zum großen Teil Handarbeit. In neuester Zeit ist es allerdings den Amerikanern gelungen, auch den Reifenaufbau weitgehendst maschinell zu gestalten. Die einzelnen Schichten werden durch Bestreichen mit Benzinlösung aneinandergeklebt. Ist der Reifen im Rohbau fertig, so wird er von dem Formkern abgenommen und an die Stelle des Formkernes tritt der sog. Heizschlauch. Es ist dies wieder ein starkwandiger Gummischlauch, welcher mittels Preßluft oder Heißdampf voll aufgepumpt werden kann. Mit diesem Schlauch versehen, kommt der Reifen in die Vulkanisierform, welche reliefartig die von den einzelnen Fabriken jeweils benutzten Laufflächenprofile enthält. Nach Schließung der Form und Aufpumpen des Heizschlauches werden die Formen

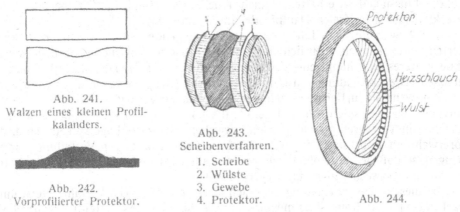

Abb. 241.
Walzen eines kleinen Profil-
kalanders.

Abb. 242.
Vorprofilierter Protektor.

Abb. 243.
Scheibenverfahren.

1. Scheibe
2. Wülste
3. Gewebe
4. Protektor

Abb. 244.

dampfgeheizt, wobei die Expansion des Heizschlauches und die gleichzeitige Erweichung des Kautschuks den vorprofilierten Protektor in das Profilrelief einpreßt. Die andere Methode, welche bei der Herstellung von Fahrradreifen vor allem Anwendung findet, in letzter Zeit aber auch bei der Automobilbereifung kleiner und mittlerer Dimensionen zunehmenden Anklang gefunden hat, ist die Herstellung auf flachen Scheiben. Hier wird an Stelle des Formkernes eine einer Transmissionsscheibe ähnliche Vorrichtung zur Anwendung gebracht. Auf diese Vorrichtung wird nun die erforderliche Anzahl Cordlagen aufgelegt, die Wulste seitlich befestigt, die Zwischenlage aufgelegt und schließlich der Protektor aufgetragen (Abb. 243). Dann wird der so fertiggestellte Reifen von der Scheibe abgenommen. Er hat dann das Aussehen eines flachen Ringes. Genau zentrisch in diesen Ring wird nun der schwach aufgepumpte Heizschlauch gelegt und, wenn man sich nochmals von der völlig zentrischen Lagerung vergewissert hat, allmählich voll aufgepumpt. Hierdurch wird der flache Ring zentrisch gehoben, so daß die Seiten automatisch zusammenfallen und sich an den Heizschlauch anlegen (Abb. 244). (Die Formgebung kann auch maschinell [Vacuumcups] erfolgen.) Die weitere Verarbeitung ist dieselbe wie nach dem bereits beschriebenen Verfahren. Auch dieser Vorgang ist in Amerika und in den modern eingerichteten europäischen Fabriken bereits restlos mechanisiert.

Tauch- und Streichwaren. Zur Herstellung von Tauchartikeln wie chirurgische Handschuhe, Fingerlinge, Sauger u. dgl., wird Roh-kautschuk nach erfolgter Mastikation in einem geeigneten Lösungsmittel gelöst. In diese Lösung werden nun die entsprechenden Formen getaucht. Die Zahl der Tauchungen richtet sich nach der erforderlichen Dicke. Die nach erfolgter Ver-dampfung des Lösungsmittels vorzunehmende Vulkanisation geschieht entweder durch Eintauchen in eine Schwefelchlorürlösung oder durch Verbringen in einen mit Schwefelwasserstoff und schwefliger Säure (gasförmig) gleichmäßig beschickten Raum. In neuerer Zeit erfolgt die Vulkanisation auch in wäßrigen Beschleuniger-lösungen bei ca. 80—90°. Hierauf werden die fertigen Gegenstände mit Talkum eingestreut und von der Form abgezogen. Selbstverständlich lassen sich derartige Tauchartikel auch direkt aus Latex herstellen.

Bei der letzterwähnten Methode ist allerdings zu beachten, daß bei Anwen-dung des wesentlich dünnflüssigeren Latex trotz des erhöhten Kautschukgehaltes ein mehrmaliges Tauchen erforderlich ist, da die Haftbarkeit des Latex an der Form gegenüber der Kautschuklösung geringer ist. Es ist jedoch möglich, durch An-wendung gewisser auf Latex verdickend wirkender Agenzien eine entsprechend viskose Flüssigkeit zu erhalten. Nach Trocknung erfolgt die Vulkanisation, am zweckmäßigsten im freien Dampf oder in erhitzter Luft.

Bei Anwendung von Latex oder dem im folgenden zu erwähnenden vulkani-sierten Latex können natürlich nur solche Füllstoffe Anwendung finden, welche ohne weiteres eine homogene Verteilung in dieser wäßrigen Kautschukdispersion zulassen. Die Anwendung von Faktis, Regenerat, Ölen, Harzen u. dgl. ist nur dann möglich, wenn sie in Form von feinsten Dispersionen vorliegen. Während dies vor kurzem noch unmöglich war, hat gerade die Forschung der letzten Jahre uns eine Anzahl von Verfahren gebracht, gemäß welchen wir in die Lage versetzt sind, die vorerwähnten Substanzen in äußerst feiner stabiler wäßriger Verteilung zu ver-bringen, so daß sie heute ohne weiteres in praktisch beliebigen Mengen dem Latex für Mischungszwecke zugesetzt werden können.

In diesem Zusammenhang sei auch das Schidrowitz-Verfahren erwähnt. Nach diesem Verfahren ist es möglich, bereits die im Latex verteilten Kautschuk-teilchen zu vulkanisieren, ohne hierbei die kolloide Beschaffenheit dieser Lösung zu verändern. Man erhält somit einen Latex, welcher bereits vulkanisierten Kaut-schuk in feinster Verteilung enthält, so daß nach Verdampfung des Wassers ein Film von vulkanisiertem Kautschuk verbleibt. Da auch hier der Kautschuk nicht die geringste mechanische Beanspruchung erlitten hat, ist es nicht zu verwundern, daß die erhaltenen Produkte in bezug auf ihre mechanischen Eigenschaften, sowie in bezug auf ihre Widerstandsfähigkeit bei Sterilisation, Alterung usw. allen auf die bisherige Verarbeitungsweise gewonnenen Gegenständen bei weitem überlegen sind. Selbstverständlich kann man dem sog. „Vultex" auch die gewünschten Füll- und Farbstoffe vor der weiteren Verarbeitung zusetzen. Ein weiterer Vorteil dieses Verfahrens ist ferner der Umstand, daß man nach erfolgter Trocknung der ge-tauchten Formen lediglich durch einfaches Abziehen die fertigen Gegenstände erhält und die Vulkanisation mit den bekanntermaßen gesundheitsschädlichen Dämpfen oder Lösungen vollkommen ausgeschaltet wird.

Die in den letzten Jahren bekanntgewordenen Ultrabeschleuniger haben es aber andererseits ermöglicht, Latexmischungen herzustellen, welche schon beim Trocknen auf der Form oder dem Gewebe den Vulkanisationsgrad erreichen, welcher von dem Fertigprodukt gefordert wird, so daß man in vielen Fällen die Anwendung von vulkanisiertem Latex umgehen kann. Dies hat überall dort seinen besonderen Vorteil, wo bei der Herstellung des Fertigproduktes mit Abfallmaterial zu rechnen ist, das man natürlich bei nichtvulkanisierten Abfällen auf Walzen ohne weiteres wieder verwerten kann, während Abfälle aus vulkanisierter Ware entweder dem Regenerier-prozeß unterworfen werden müssen oder aber zumindest erst in feinst vermahlenem Zustand als Füllmittel zur Anwendung kommen können.

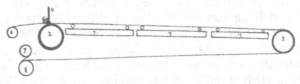

Abb. 245.
Streichmaschine.

Auch die Herstellung von mit Kautschuk imprägnierten Geweben wird im allgemeinen unter Anwendung von Kautschuklösungen aus-

1. Dampfgeheiz- te Platten	3. Endwalze	6. Stoffrolle
2. Gummiwalze	4. Streichmesser	7. Mitläufer
	5. Streichlösung	8. Aufrollvorrichtung.

geführt. Das zu imprägnierende Gewebe wird über sog. Streichmaschinen geführt, an deren einem Ende mittels eines Streichmessers die entsprechende Kautschuklösung, welche mitunter auch Füllstoffe enthält, in dünner Schicht aufgetragen wird; das so bestrichene Gewebe läuft dann über Heizplatten, woselbst das Lösungsmittel verdampft (in neuerer Zeit wird es durch entsprechende Anlagen z.T. rückgewonnen);

Abb. 246.
Streich(spreading)maschine.

am anderen Ende der Maschine wird das imprägnierte trockene Gewebe abgenommen und aufgerollt und nachträglich vulkanisiert (Abb. 245 u. 246). Auch hier richtet sich die Anzahl der erforderlichen Striche nach der Dicke der gewünschten Imprägnierungsschicht. Diese Methode läßt sich sowohl unter Anwendung von Latex kopieren, wobei die Mastikation und Lösung des Rohkautschuks in Wegfall kommen oder aber man verwendet ebenfalls vulkanisierten Latex, wodurch ferner noch eine nachträgliche Vulkanisation überflüssig ist. Dies ist vor allem

bei der Imprägnierung von besonders feinem und teurem Gewebe wie Seide u. dgl.
von Bedeutung, da die nachträgliche Vulkanisation, sei es durch Hitze, sei es
durch Einwirkung gasförmiger Agenzien fraglos eine Schädigung des Gewebes
mit sich bringt. Besonderen Vorteil bietet die Anwendung von Latex bei der
Herstellung von reinen, also ohne Gewebeunterlage hergestellten Gummitüchern,
welche bisher nur äußerst schwierig herzustellen waren. Zu diesem Zweck wird
vorteilhaft konzentrierter Latex, bzw. Mischungen mit demselben, auf einer
Streichmaschine aufgetragen, welche mit einem aus einem geeigneten Material
hergestellten endlosen Band versehen ist. Nach Verdampfung des Wassers resultiert ein Kautschukfilm, welcher einfach von der Unterlage abgezogen wird und
aufgerollt werden kann, wodurch der Betrieb ein vollkommen kontinuierlicher ist.
Es ist anzunehmen, daß dieses Verfahren vor allem dazu angetan sein wird, der
sog. Patentgummiindustrie erhebliche Konkurrenz zu machen. (Über die Herstellung von Tauch- und Streichartikeln unter Anwendung von Latex durch
elektrische Niederschlagung s. w. u.)

Hartgummifabrikation. Die Herstellung von Hartgummigegenständen unterscheidet sich in vielen Punkten grundsätzlich von der
Fabrikation von Weichgummiwaren. Der erste Unterschied beruht darin, daß der
Rohkautschuk, nachdem er auf den Walzwerken einen genügenden Grad von
Plastizität erhalten hat, mit einer wesentlich größeren Menge von Schwefel, als
in den übrigen Anwendungsgebieten, versetzt werden muß, und zwar kann allgemein gesagt werden, daß ein idealer Hartgummi entsprechend der Formel
$(C_5H_8S)x$ aus 68 Teilen Kautschuk und 32 Teilen gebundenen Schwefel bestehen
sollte. (Unter gebundenen Schwefel versteht man den Prozentsatz des ursprünglich angewandten Schwefels, welcher bei der Extraktion mit Azeton nicht rückgewonnen werden kann. Der im Azetonextrakt vorliegende Schwefel wird als
„freier S" bezeichnet.) Berücksichtigt man den Zusatz organischer Beschleuni-
gungsmittel nicht, so ergibt sich bei einem Dampfdruck von 4 Atm. eine Vul-
kanisationszeit von 8—12 Stunden. Außer Schwefel werden aber zwecks Verbilligung für weniger hochwertige Produkte auch Füllmaterialien zur Anwendung
gebracht, die im allgemeinen die gleichen sind, wie bei der Herstellung von Weichgummi. Nur muß man vom Zusatz metallischer Füllstoffe absehen, da sie sonst
den Hartgummi elektrisch leitend machen würden. An organischen Zusatzstoffen
werden außer Ölen (zur Erhöhung des Glanzes) mitunter auch Faktis und Mineral
rubber zugesetzt. Auch Regenerate können, wenn sie metallfrei sind, Anwendung
finden. Das wichtigste Füllmaterial ist jedoch Hartgummistaub, schon deshalb,
weil eine andere Anwendung für dieses Material bisher nicht gefunden wurde.
Es ist jedoch wesentlich, daß die Qualität dieses Staubes erstklassig ist.

Die aus Hartgummi herstellbaren Gegenstände sind Platten, Stäbe, Röhren,
polierte Massenartikel wie Kämme, Kästen, säurefeste Auskleidungen für Pumpen
u. dgl., Akkumulatorengehäuse, Telephonschalldosen, diverse chirurgische Artikel,
sowie in neuerer Zeit eine größere Anzahl von Gerätschaften für die drahtlose
Telegraphie.

Nachdem die Mischung zuerst auf den Mastikationswalzen fertiggestellt ist,
wird sie zumeist auf Dreiwalzenkalandern zu Platten gewünschter Dicke ausgezogen. Es finden auch sog. Dublierungswalzen Verwendung, mit deren Hilfe
man die einzelnen gezogenen Platten bis zur gewünschten Dicke aufeinanderwalzen
kann. Hierbei ist besonders darauf zu achten, daß zwischen den einzelnen Schichten
keine Luftblasen bleiben, da diese sonst die Waren so gut wie wertlos machen
würden. Die Platte wird nun mit einer mit Öl getränkten Zinnfolie bedeckt, auf

Gewebe gelegt und mit einer Walze so lange bearbeitet, bis zwischen der Platte und der unteren Folie die anhaftende Luft verdrängt ist. Hierauf wird der Stoff abgezogen und die darauf haftende obere Zinnnfolie aufgelegt. Die Vulkanisation der Platte geht im allgemeinen in großen Wasserkesseln vor sich. Nach Beendigung derselben werden die Folien von der Platte abgezogen, was ohne weiteres möglich ist, sofern die Platte ausvulkanisiert ist. Nach einmaligem Gebrauch ist es erforderlich, die Zinnfolie einzuschmelzen, da sie sonst nach einmaliger Vulkanisation infolge oberflächlicher Sulfidbildung nicht mehr verwendbar ist. Sollen die Platten noch auf Hochglanz poliert werden, so geschieht dies im allgemeinen unter Anwendung von Tripelerde (Kieselgur), bzw. einem Gemisch von Tripelerde mit Paraffinöl, wodurch besonderer Hochglanz erzielt wird. Stäbe und Röhren aus Hartgummi werden ähnlich wie die Weichgummiwaren auf der Schlauchmaschine gespritzt. Es empfiehlt sich, hierzu das Material stark vorzuwärmen, da man bei Hartgummi so gut wie keine Erweicher zufügen kann. Das Rohr wird aus der Maschine auf einem mit Hartgummistaub bestreuten Tisch, auf dem es leicht vorwärts gleiten kann, geführt. Die Vulkanisation wird vorteilhaft frei im Dampf vorgenommen. Bei Herstellung von fertigen Formgegenständen, wie Kämmen u. dgl., wird die Vulkanisation zumeist so vorgenommen, daß die entsprechenden Formen in Wasser vulkanisiert werden, wodurch eine große Gleichmäßigkeit der Temperatur gewährleistet wird. Die Herstellung von Kästen geschieht folgendermaßen: Platten von gewünschter Dicke werden um einen entsprechenden Eisenkern herum zusammengestellt, und zwar so, daß erst der Boden und dann die Seitenflächen aufgelegt werden. Die Schnittflächen werden mit einer Kautschuk-Benzinlösung bestrichen. Nach beendigter Vulkanisation wird dann der fertige Kasten vom Kern abgezogen. Eines der schwierigsten Zweige der Hartgummiindustrie ist die Herstellung säurefester Auskleidungen, wie sie in der chemischen Industrie vielfach Anwendung finden. Hier ist besonders auf die große Haftbarkeit der Hartgummischichten auf dem Metall Wert zu legen, wofür eine große Zahl bestimmter Verfahren in Vorschlag gebracht wurde. Prinzipiell empfiehlt es sich, die zu bekleidende Metalloberfläche erst mit einer Gummilösung vorzustreichen, dann ein ziemlich großmaschiges Gewebe aufzulegen und auf dieses die Hartgummiplatte aufzuwalzen. Hierdurch wird große Haftbarkeit und Blasenfreiheit gesichert. Im allgemeinen hat jedoch jede Fabrik für die Herstellung säurefester Auskleidungen ihre eigenen, zumeist auf jahrelanger Erfahrung beruhenden Vorschriften. Eine ganz neue Methode beruht darauf, daß man Latex- bzw. Latexkonzentrat, welches mit den entsprechenden Füllstoffen homogenst vermengt ist, unter hohem Druck nach Art des Schoobschen Verfahrens, auf die zu bekleidende Unterlage aufspritzt.

Die industrielle Verwendung von Latex bzw. von Latexkonzentraten an Stelle ungelösten Rohkautschuks. In letzter Zeit hat die direkte Anwendung von Latex nicht nur in der Gummiindustrie, sondern auch in anderen Industriezweigen zunehmendes Interesse gefunden; es seien daher im folgenden einige Hinweise über die direkte Anwendung von Latex gegeben. Wir müssen hierbei grundsätzlich zwischen zwei Gruppen von Anwendungsmöglichkeiten unterscheiden, und zwar erstens der Gruppe, welche sich die direkte Substituierung des Rohkautschuks durch Latex oder Latexkonzentrate in der eigentlichen Gummiindustrie zum Ziele gesetzt hat und der, welche die Verfahren umfaßt, bei denen Latex für Industriezweige zur Anwendung kommt, die bislang selbst sich mit der Anwendung von Kautschuk nicht direkt befaßt hatten. Während man zu Beginn der eigentlichen Latexverarbeitung versuchte, die Substituierung

des Rohkautschuks dadurch vorzunehmen, daß man dem Latex in sog. Misch-
apparaten (Werner-Pfleiderer) die erforderlichen Füllstoffe zufügte und dann die
so gewonnene Mischung nach erfolgter Trocknung auf den Walzwerken bzw.
Kalandern mastizierte und wie Rohgummi weiter verarbeitete, ist man in den
letzten Jahren immer mehr und mehr dazu übergegangen, die althergebrachten
Kautschukverarbeitungsmethoden zu verlassen und an ihre Stelle Verfahren zu
setzen, welche den neuen Eigenschaften des Latex Rechnung tragen. Als eine
der typischen Verarbeitungsmethoden des Latex sei hier das Verfahren der elektrischen Niederschlagung erwähnt. Die einzelnen Kautschukteilchen im Latex
wandern im elektrischen Feld zur Anode, wo sie unter Entladung ausfallen. Diese
Erscheinung hat man sich nun zunutze gemacht, indem man der Anode oder einem
ihr direkt vorgeschalteten Diaphragma die Form gibt, welche der fertige Gegenstand aufweisen soll. Durch Einschalten des Stromes gelingt es nun in erstaunlich
kurzer Zeit, vollkommen gleichmäßige Überzüge von ganz annehmbarer Dicke zu
erzielen, welche nach erfolgter Trocknung und Vulkanisation von der Form abgezogen, den fertigen Gegenstand darstellen. Natürlich kann man auch Latexmischungen auf diese Art und Weise niederschlagen, sofern man dafür Vorsorge
getroffen hat, daß die in der Mischung anwesenden Füllstoffe gleichen Ladungssinn aufweisen.

Es sind aber auch eine große Anzahl anderer Methoden bekannt geworden,
welche unter Umgehung dieser elektrotechnisch nicht sehr leicht lösbaren Aufgabe
ähnliche Ergebnisse zeitigen. So ist es z. B. möglich, lediglich durch Anwendung
poröser Formen, welche in Latex oder in Latexmischungen getaucht werden, ähnliche
Niederschläge zu erzielen. Vor ganz kurzer Zeit sind Verfahren bekannt geworden,
die darauf beruhen, daß man dem Latex gewisse Zusätze macht, welche erst bei
bestimmter Temperatur wirksam sind und dann eine spontane Koagulation bewirken. Wird nun beispielsweise ein so vorbehandelter Latex in Formen verbracht, welche auf die kritische Temperatur geheizt werden, so wird sich an ihnen
spontan ein koagulierter Kautschukfilm bilden, der ebenfalls nach erfolgter Trocknung und Vulkanisation als fertiger Gegenstand vorliegt. Gemäß anderer Verfahren
wieder wird die Adhäsionsfähigkeit des Latex durch gewisse Zusätze so gesteigert,
daß er in beliebig erzielbaren Schichtdicken an der Oberfläche der zu bedeckenden
Form haften bleibt.

Die Möglichkeit, Latex heute durch gewisse Zusätze zu verdicken, hat ihm
auch in zunehmendem Maße auf den Gebieten der Gewebestreicherei, vor allem
auf dem Gebiet der Cordimprägnierung für Bereifungszwecke sowie auf dem Gebiet
der Kunstlederherstellung Eingang verschafft.

Die Anwendung von Latex und vor allem Latexkonzentraten hat aber vor
allem in den Industrien eingeschlagen, welche sich zur Herstellung ihrer Fertig-
waren an die Gummiindustrie wenden mußten. Dies gilt vornehmlich für die Textilindustrie, welche heute Latexkonzentrate in steigenden Mengen für Kaschier- und
Dublierzwecke verwendet. Der Vorteil der Anwendung von Latexkonzentrat für
derartige Unternehmen liegt nicht nur in dem Umstand, daß die Herstellung der
Mischung keine besondere gummitechnische Erfahrung erfordert, sondern auch
noch darin, daß die Verarbeitung von Latex keinerlei Feuersgefahr mit sich bringt
und somit nicht nur ein erhebliches Risiko vermieden wird, sondern sich auch die
Anschaffung sonst erforderlicher Schutzvorrichtungen erübrigt. Eine weitere mit
dieser Anwendung im Zusammenhang stehende Methode ist die Herstellung sog.
Gummitreibriemen sowie Faltbootstoffe, welche noch bis vor kurzem ausschließlich
Domäne der Gummiindustrie war, welche sich die für diese Zwecke erforderlichen

Textilien beschaffte. Heute finden wir im Gegensatz hierzu, daß die Textilindustrie selbst vielfach schon unter Anwendung von Latex ihr Gewebematerial bis zum fertigen Produkt verarbeitet. Ein Gebiet, auf welchem ebenfalls in zunehmendem Maße Latex Anwendung findet, ist die Herstellung von Schuhklebemitteln und die Herstellung von Flaschen- und Konservenbüchsendichtungen. Hier haben wir nicht nur den Vorteil, daß diese Dichtungen sowohl auswechselbar als auch stationär hergestellt werden können, sondern es zeigt sich vor allem bei Konservenbüchsen ein besonderer Vorteil darin, daß man mit Latex eine erhebliche größere Menge Kautschukmischung in die Dichtungsstücke einbringen kann, als mit den bisher üblichen Benzinlösungen, wodurch eine erheblich bessere Abdichtung von vornherein garantiert wird.

Schließlich sei noch die Herstellung von Bremsbelegen für die Automobilindustrie, sowie der Hochdruckdichtungsplatten der Vollständigkeit halber erwähnt.

Ein neues nicht minder interessantes Gebiet ist die Herstellung mikroporöser Gummifilter, welche sowohl in harter Ausführung als Ersatz für Filtersteine als auch in weicher Ausführung als Ersatz für Filtertücher, wie sie in den Filterpressen der chemischen Industrie Anwendung finden, geliefert werden. Die nahezu chemische Indifferenz des Kautschuks gegenüber Alkalien und Säuren selbst hoher Konzentration und erhöhter Temperatur läßt erwarten, daß dieses Material noch wertvolle Anwendung finden wird.

Wohl könnte man noch über eine große Anzahl von Anwendungsmöglichkeiten des Latex berichten, doch erscheinen diese heute noch nicht so durchgearbeitet, daß eine erschöpfende Darstellung im Rahmen dieser zusammenfassenden Abhandlung schon angepaßt wäre.

Die Anwendung von Kautschuk in der Kabelindustrie.

Es sei der Vollständigkeit halber noch auf zwei Gebiete hingewiesen, die mit der eigentlichen Gummiwarenindustrie nichts direktes zu tun haben, dennoch heute aber erhebliche Mengen Kautschuk verarbeiten. Das wichtigere von beiden ist wohl das Gebiet der Kabelindustrie, welches sich im großen Maße die isolierenden Eigenschaften des Kautschuks in der Umkleidung von Metalldrähten zunutze macht. Die Herstellung der entsprechenden Mischungen ist prinzipiell dieselbe, wie bereits beschrieben, nur daß hier bei der Auswahl der Mischungen weniger auf die elastischen Eigenschaften der Fertigfabrikate Wert gelegt werden muß. Die auf den Mastikationswalzen hergestellten Mischungen werden direkt in den sog. Kabelspritzmaschinen weiter verarbeitet. Diese Kabelspritzmaschinen unterscheiden sich von den sonst üblichen dadurch, daß durch den Kopf der Maschine der Draht (Litze) geführt werden kann und daß der Kautschuk bei Austritt der Litze aus der Maschine einheitlich um den Draht gepreßt wird. Ansonsten werden die mastizierten Mischungen auf Kalandern zu sehr dünnen Platten ausgezogen. Diese Platten werden mittels entsprechender Anordnungen in Streifen bestimmter Breite geschnitten und diese dann entweder maschinell auf die Metallitzen aufgewickelt oder aufgescheert. Während das erstere Verfahren ohne weiteres verständlich sein dürfte, bedarf das zweite wohl einiger Erklärungen. Der horizontal zur Abwicklung gebrachte Draht (bzw. mehrere Drähte) wird zwischen zwei übereinander gelagerten Walzen durchgeführt, welche der Stärke des Drahtes entsprechende Rillen aufweisen (Abb. 247). Gleichzeitig mit dem Draht werden nun ober- und unterhalb desselben zwei Kalanderplattenstreifen zwischen den enggestellten Walzen hindurchgeführt. Hierbei wird der Draht selbst eng von den Kautschukplatten umpreßt, die überstehenden Ränder gleichzeitig abgeschnitten, so daß sie nach Verlassen der Walzen von selbst vom

Kabel abfallen. Der Abfall wird dann später wieder mit verwalzt. Die auf die eine oder andere Art und Weise hergestellten Kabel werden nun auf großen Trommeln, in Talkum eingebettet, in großen Dampfautoklaven vulkanisiert.

Das zweite Gebiet betrifft die Herstellung von Hochdruckdichtungen sog. „It-Platten". Der Rohkautschuk wird hier in entsprechenden Knetmaschinen mit Lösungsmittel versetzt und bis zur teigigen Konsistenz anquellen gelassen. Diesem Teig wird dann Asbest, etwas Eisenoxyd und geringe Mengen von Schwefel zugefügt und die Masse solange weiter geknetet, bis sie eine homogene Verteilung aufweist. Dann wird die Masse auf einen sog. It-Plattenkalander verbracht.

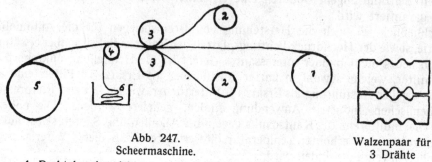

Abb. 247.
Scheermaschine.

Walzenpaar für
3 Drähte

1. Drahtabspulvorrichtung
2. Kautschukstreifen
3. Walzen (Scheerwalzen)
4. Führungswalze
5. Aufwicklungsvorrichtung
6. Abfall.

Dieser Kalander besteht aus einer großen heizbaren Walze, welcher eine kleine Führungs- oder Verteilungswalze vorgelagert ist. Die teigige Masse wird nun zwischen beiden Walzen aufgetragen und durch die kleine Walze auf der geheizten Trommel verteilt. Das Lösungsmittel verdampft und es verbleibt die Kautschuk-Asbestmischung. Das Auftragen wird solange fortgesetzt, bis die Platte die erforderliche Schichtdicke erreicht hat. Dann wird sie der Breite nach durchgeschnitten und von der Walze abgenommen. Handelt es sich um die Herstellung einer dickeren Platte, so werden die entsprechenden einzelnen normalstarken Platten nach Einstreichen mit schnell vulkanisierenden Kautschuklösungen aufeinander dubliert.

(Die Klischees für die Abb. 221, 224 und 246 wurden mir von der Firma J. S. Fries Sohn, Frankfurt a. M., in liebenswürdiger Weise überlassen.)

Elektrotechnische Isolierstoffe.

Von Dr. **Hans Stäger**-Baden (Schweiz).

Mit 14 Abbildungen.

Allgemeines. Die moderne Elektrizitätswirtschaft verlangt die Erzeugung und Übertragung großer Leistungen. Die Wirtschaftlichkeit bedingt die Anwendung sehr hoher Spannungen. Damit im Zusammenhang steht natürlich eine entsprechende Dimensionierung und Isolierung der Apparate und Maschinen. In mechanischer Beziehung ist der Bau von Großmaschinen abhängig von der Materialeigenschaften von Gußeisen, Stahl und anderen Legierungen. Durch Zusammenarbeit des Konstrukteurs mit dem Werkstofferzeuger sind in letzter Zeit große Fortschritte auf dem metallurgischen Gebiete gemacht worden. Vor allem nützlich war dabei die Mitarbeit des Materialprüfers, der als Sachverständiger die Vermittlung zwischen dem Fabrikanten und dem Verbraucher besorgte. Die Werkstofforschung ist so zu einer eigenen Disziplin geworden. Zu den metallurgisch-mechanischen Materialfragen kommen im Elektromaschinenbau noch die chemisch-elektrischen der Isoliermaterialien hinzu. Welche Zusammenhänge zwischen chemischen und elektrischen Eigenschaften bestehen, werden wir im Verlaufe dieser Abhandlung noch sehen.

Während die elektrische Festigkeitslehre in den letzten Jahren große Fortschritte gemacht hat, sind die ursächlichen Zusammenhänge der Isoliermaterialeigenschaften noch verhältnismäßig schlecht erforscht, was daher rührt, daß die Festigkeitslehre nur vom Standpunkt des Elektrotechnikers entwickelt worden ist ohne die Mitarbeit des Chemikers oder Materialprüfers. Die gleiche Erscheinung war ja auch s. Zt. bei der Entwicklung der Metalle und Legierungen als Konstruktionsmaterialien für den allgemeinen Maschinenbau beobachtet worden. Wenn wir daher an dieser Stelle versuchen, die Isoliermaterialien vom kolloidchemischen Standpunkte zu betrachten, so muß von vornherein darauf aufmerksam gemacht werden, daß man kein abgeschlossenes Bild oder auch nur ein lückenloses Programm für die zukünftige Forschungsarbeit verlangen darf. Die in der Literatur vorhandenen Angaben und eigene Versuche sollen besprochen und als Anregung für eine systematische Weiterarbeit auf diesem Gebiete betrachtet werden. Die Kolloidchemie und ihre Arbeitsmethoden werden sich bei der Erforschung der Isoliermaterialien mit großem Erfolg anwenden lassen. Währenddem früher durch reichliche Dimensionierung und damit schlechte Ausnützung der Materialeigenschaften der Zweck erreicht wurde, so ist das Bestreben des heutigen Maschinenbaues, durch gedrängte Konstruktion, richtige Auswahl und äußerste Ausnützung des Werkstoffes zum Ziele zu gelangen. Dabei muß der Chemiker mit seinen Spezialkenntnissen und seinen Arbeitsmethoden zur Erforschung der Eigenschaften der Konstruktionsmaterialien mitarbeiten.

Elektrische Festigkeitslehre. Als Grundlage für die Besprechung der kolloidchemischen Eigenschaften der Isolierstoffe müssen wir uns vorerst mit den Elementaranschauungen der elektrischen Festigkeitslehre vertraut machen. Diese wurde s. Zt. in Anlehnung an Vorstellungen aus der Mechanik entwickelt. So wie ein fester Körper durch mechanische Kräfte beansprucht wird und je nach seinen Eigenschaften früher oder später bei steigender Belastung eine bleibende Formänderung erleidet, und schließlich infolge der Zerstörung des Kristallitverbandes zerreißt, nimmt man auch an, daß ein Material durch ein elektrisches Feld beansprucht und schließlich durchgeschlagen wird. Dementsprechend verstehen wir unter elektrischer Durchschlagsfestigkeit diejenige Spannung in Kilovolt, bei der eine Isolierplatte von 1 cm Dicke im homogenen Feld durchschlagen wird. Die elektrische Durchschlagsfestigkeit ist aber keine Materialkonstante: es ist heute allgemein bekannt, daß Dielektrika in dünnen Schichten wesentlich höhere Beanspruchungen ertragen als in dicken.

Gasförmige Stoffe. Die Art und Weise wie der Durchschlag eingeleitet wird, ist bei den verschiedenen Aggregatzuständen grundsätzlich verschieden. Die plastischen Stoffe nehmen eine Zwischenstellung zwischen fest und flüssig ein. In einem gasförmigen Medium erzeugt ein elektrisches Feld nur einen wattlosen Verschiebungsstrom, der keine Leistungsverluste bedingt. Die Elektrizitätsleitung wird von den vorhandenen Ionen besorgt. Es ist dies eine Grundannahme, die man bei der Vorstellung des Durchganges von Elektrizität durch Gase machen muß. Gewöhnlich sind aber sehr wenig Ionen vorhanden, so daß keine Entladung erfolgt. Wenn man die Ionenzahl vergrößert durch Bestrahlung mit ionisierenden Strahlen (Röntgenstrahlen, ultraviolette Strahlen), dann kann eine unselbständige Entladung eintreten. Statt die Ionisierung auf diesem Wege durchzuführen, kann man auch das elektrische Feld stärker machen. Die vorhandenen Ionen werden dadurch beschleunigt und erhalten eine solche Wucht, daß sie beim Auftreffen auf ein neutrales Gasteilchen dieses in Ionen aufzuspalten vermögen. Es ist dies die sog. Stoßionisation. Durch diese wächst die Ionenzahl außerordentlich rasch und die Gasstrecke wird durchschlagen. Damit die neutralen Gasteilchen in diesem Sinne aufgespalten werden, müssen die vorhandenen Ionen auf eine Mindestgeschwindigkeit beschleunigt werden, was bei einer entsprechenden Mindestspannung erreicht wird. In der Praxis muß man also immer unter dieser Spannung bleiben, wenn man Entladungen vermeiden will. Die Durchbruchfeldstärke ist abhängig von der Elektrodenform und Distanz, vom Luftdruck und darum, wie bereits betont, keine Materialkonstante[1]).

Flüssige Stoffe. Während wir es beim Elektrizitätsdurchgang durch Gase nur mit einem wattlosen Verschiebungsstrom zu tun haben, verhalten sich die flüssigen Isolierstoffe schon wesentlich anders: Der durch die Wechselspannung erzeugte Strom ist nicht mehr um 90° verschoben, er hat eine Wattkomponente. In der Flüssigkeit entstehen Verluste, die davon herrühren, daß wir es nicht mit einem idealen Isolator zu tun haben, sondern mit einem Stoff, der einen endlichen Widerstand aufweist. Die Verluste werden durch die Leitfähigkeit des Materials verursacht und sind sog. Stromwärmeverluste. Da die Leitfähigkeit mit der Temperatur sich ändert, so ist auch in diesem Falle die Durchschlagsfestigkeit keine Materialkonstante, sondern zeigt eine Temperaturabhängigkeit.

---

[1]) Ausführlich sind die Verhältnisse besprochen in dem Buche von Schumann, „Die elektrische Durchbruchfeldstärke von Gasen" (Berlin 1923).

Auch ist eine Abhängigkeit vom Druck festgestellt worden. Diese Beziehungen sind erklärlich durch die heutigen Anschauungen über den Durchschlag in Flüssigkeiten. Die grundlegende Theorie wurde von Günther Schulze[1]) aufgestellt: Die in der Flüssigkeit vorhandenen Ionen werden durch das elektrische Feld beschleunigt und erwärmen die Flüssigkeitsteilchen infolge der Reibung. Wenn die Reibung groß genug ist, verdampfen die Teilchen und es entstehen Dampfkanäle. Wenn nun andere Ionen in diese hinein geraten, tritt Stoßionisation und damit der Durchschlag ein. Die Durchschlagsfestigkeit der Isolierflüssigkeiten wird in hohem Maße beeinflußt durch Verunreinigungen, was bei allen diesbezüglichen Angaben zu berücksichtigen ist.

Nach den zusammenfassenden Untersuchungen von W. O. Schumann[2]) lassen sich qualitativ ein Teil der Erscheinungen durch diese Hypothese erklären, die Temperatur- und Frequenzabhängigkeit der elektrischen Festigkeit flüssiger Isolierstoffe sind jedoch nicht zu deuten. Früher war man der Auffassung, daß der Elektrodenoberfläche eine große Bedeutung zukomme bei der Ermittelung der Durchschlagsfestigkeit. Schumann konnte nachweisen, daß dem nicht so ist, daß dagegen das Elektrodenmaterial einen wesentlichen Einfluß ausübt bei der Bestimmung der elektrischen Festigkeit von Flüssigkeiten. Elektroden aus Silber oder Zink ergeben immer die höchsten Werte, solche aus Eisen oder Messing dagegen die niedrigsten. Aber auch andere Unregelmäßigkeiten, die bei der Bestimmung der elektrischen Festigkeit von flüssigen Isolierstoffen auftreten, können heute noch nicht erklärt werden, so z. B. die Tatsache, daß Mineralöle bei ca. 70º C eine maximale elektrische Festigkeit aufweisen, während bei Hexan diese ausgehend von Zimmertemperatur mit steigender Temperatur stetig abnimmt.

Feste Stoffe. Bei den festen Stoffen sind die Verhältnisse noch verwickelter. Die großen Ansprüche, die man infolge der Steigerung der Spannungen an Isoliermaterialien stellen muß, haben namentlich in letzter Zeit die Forschungen auf dieses Gebiet gelenkt. Bis heute ist das Problem des elektrischen Durchschlages fester Dielektrika noch keineswegs als gelöst zu betrachten. Im folgenden soll eine der heute wohl meist anerkannten Theorien entwickelt werden. Nach dieser ist der Durchschlag als Störung des thermischelektrischen Gleichgewichtes anzusehen. Auch der feste Isolator hat immer eine bestimmte Leitfähigkeit und ist nicht vollständig homogen, so daß dadurch eine örtliche Änderung der Stromführung bedingt ist. Die verschiedene Stromwärme, die so entsteht, erzeugt örtlich eine übermäßige Erwärmung. Dadurch wird der Widerstand verkleinert und die Leitfähigkeit vergrößert und so ist ein weiteres Ansteigen der Temperatur an dieser Stelle zu erklären. Wenn die erzeugte Wärme abgeführt werden kann, bleibt das Gleichgewicht erhalten. Wenn dies aber nicht mehr der Fall ist, dann wird die überschüssige Wärme das Material zerstören und den Durchschlag einleiten[3]). Für die Praxis ist es also wichtig, den Kipppunkt[4]) des Wärmegleichgewichtes nicht zu überschreiten, da man sich sonst bereits im labilen Gebiet befindet und das Isoliermaterial bleibende Änderungen erleidet, die schließlich zur Zerstörung führen. Auch dieser Vorgang hat sein mechanisches Analogon. Mit der mechanischen Belastung soll bei einem gegebenen Material auch nicht über dessen Streckgrenze gegangen werden, da sonst bleibende Deformationen auftreten. Zu den Stromwärmeverlusten kommen bei

---

[1]) Jahrbuch für Radioaktivität und Elektronik. **19**, 92 (1922), 2.
[2]) Ztschr. f. techn. Physik **6**, 439 (1925).
[3]) K. W. Wagner, Journ. of the AJEE. **41**, 1034 (1922). — Dreyfus, Bulletin des SEV. **15** (1924).
[4]) Berger, Bulletin des SEV. **17**, 37 (1926).

festen Isoliermaterialien im Wechselfeld noch die Verluste durch dielektrische Nachwirkung hinzu. Bei Gleichstrombelastung haben wir auch hier nur Stromwärmeverluste. Da wir, wie bereits angedeutet, keinen vollkommen homogenen Isolator haben, so müssen wir für die Grundbetrachtung ausgehen von der Tatsache, daß in einem Stoff mit größerer Dielektrizitätskonstante die elektrischen Kräfte kleiner sind. Die Stromdichte ist somit in verschiedenen Schichten ungleich und dadurch können sich an den Trennschichten Ladungen ansammeln, die sich erst im Laufe der Zeit ausgleichen. Diese wachsen proportional mit der Frequenz und steigen wie die Stromwärmeverluste mit dem Quadrat der Spannung. Daraus ergibt sich wiederum, daß auch bei festen Isoliermaterialien die Durchschlagsfestigkeit keine Materialkonstante sein kann.

Bei plastischen Stoffen haben wir eine kombinierte Abhängigkeit der Durchschlagsfestigkeit. Im festen Zustand treten bei Stromdurchgang Wärmeverluste und Verluste durch dielektrische Nachwirkung auf, währenddem im geschmolzenen Zustande nur die erstgenannten in Betracht kommen. Die von Kock[1]) durchgeführten Versuche an solchen Isolierstoffen beweisen deutlich, daß die dielektrischen Nachwirkungsverluste vom molekularen Zustande abhängig sind. Die Durchschlagsfestigkeit ist bei diesen Materialien mit dem Druck veränderlich, was man auch bei flüssigen Dielektrika beobachten kann, d. h. also, die plastischen Stoffe gehen vor dem Durchschlag in den flüssigen Zustand über und verhalten sich dann wie Öl.

Als die beiden wichtigsten Eigenschaften aller Isoliermaterialien der Elektrotechnik sind nach obigen Ausführungen zu bezeichnen die Leitfähigkeit und die Dielektrizitätskonstante, wobei die erste die Ursache der Stromwärmeverluste und die zweite der ungleichmäßigen Verteilung der Beanspruchung in geschichteten Materialien ist.

Neben der oben erwähnten Theorie des Wärmedurchschlages wurde auch verschiedentlich versucht, die Erscheinungen beim elektrischen Durchschlag als rein elektrisches Phänomen zu erklären. Rogowski[2]) hat auf Grund einer solchen Hypothese verschiedene Untersuchungen angestellt. Auf rechnerischem Wege hat es sich ergeben, daß bei der Annahme rein elektrischer Kräfte beim Durchschlag derartig große Feldgradienten auftreten müßten wie sie in der Natur nicht vorkommen. Er war genötigt, die Annahme zu machen, daß konstitutive Fehler vorhanden sein müssen, die die niedrigeren, wirklich vorkommenden Feldgradienten bedingen. Die Arbeiten von Smekal[3]) haben den Nachweis erbracht, daß die Kristallgitter keine Idealgitter sind, sondern daß in jedem Realgitter zwei Arten von Atomen vorhanden sind, sog. Gitteratome, die den Idealgittern angehören, und sog. Lockeratome, die die Ursache der Abweichungen sind. Er konnte auch nachweisen, daß auf 10000 Gitteratome ein Lockeratom vorhanden ist. Durch diese Annahme wird es möglich, sowohl die Erscheinungen der mechanischen als der elektrischen Festigkeit bei festen Isolierstoffen zu erklären, was unter Berücksichtigung der reinen Kohäsionskräfte nicht möglich ist. Die erwähnten Lockerstellen wirken im Kristallgitter wie kleine Kerben. Die Leitfähigkeit nimmt an diesen Stellen zu. Der örtliche Durchbruch soll erfolgen durch gitterzerstörende Stoßwirkung feldbeschleunigter freiliegender Ionen. Auf der gleichen Grundanschauung aufgebaut hat auch Joffè[4]) seine Versuche durchgeführt. Er behauptet, daß die Locker-

[1]) ETZ. **36**, 85 (1915).
[2]) Arch. f. Elektrotechn. **18**, 123 (1927).
[3]) Ztschr. VDI **72**, 667 (1928). — Physik. Ztschr. **26**, 707 (1925); **27**, 837 (1926). — Ztschr. f. angew. Chem. **42**, 489 (1929). [4]) Physik. Ztschr. **28**, 911 (1928).

stellen bzw. die kleinen Risse sich infolge der durch das Feld erzeugten Spannungen während der Versuche vergrößern und ausbreiten können.

Bönning[1]) kommt auf Grund seiner Untersuchungen zur Auffassung, daß die Leitung in Isolierstoffen elektrolytischer Natur sei und dementsprechend elektrolyterfüllte Kanäle in diesen vorhanden sein müssen. Bei kolloidalen Stoffen, wie sie in hohem Maße in der Isoliertechnik zur Anwendung kommen, nimmt er folgende Arbeitshypothese zu Hilfe: an den Grenzflächen ist eine mehr oder weniger starke Ionenadsorption festzustellen. Die adsorbierten Ionen werden als Grenzionen bezeichnet. Diesen Grenzionen entsprechen eine gleiche Anzahl sog. Ergänzungsionen. Wenn das Material gleichförmig ist, dann haben diese Ionen keinen Einfluß auf die Feldverteilung. Wenn aber freie Ergänzungsionen vorhanden sind, dann werden diese auf elektrolytischem Wege an die entgegengesetzte Elektrode geführt und dort ausgeschieden. Die adsorbierten Grenzionen verbleiben nun bis zu einer gewissen Feldstärke festgehalten. Bei Überschreitung des kritischen Wertes werden diese aber freigemacht, es tritt Erwärmung und Durchschlag auf unter Bildung von Gasen.

In neuerer Zeit hat Halbach[2]) durch Versuche nachgewiesen, daß durch Verfolgung des zeitlichen Verlaufes des Verlustwinkels vor dem Durchschlag ein Mittel gegeben ist zur Erkennung der Art des Durchschlages. Wenn der Durchschlag unabhängig ist vom Verlustwinkel und unabhängig von der Temperatur, dann haben wir es mit einem rein elektrischen Durchschlag zu tun. Dieser erfolgt also bei Wärmestabilität, der Wärmedurchschlag dagegen bei Wärmeinstabilität, die sich unter anderem durch Wärmeabhängigkeit des Verlustwinkels kundgibt.

Eine sehr interessante Veröffentlichung ist neuerdings von Smurow[3]) erschienen. Er untersuchte die physikalische Natur der elektrischen Vorgänge in homogenen Isolatoren an Schwefel bei Temperaturen von -200^0 C bis 1000^0 C. Er baut seine Hypothese auf der heutigen Vorstellung vom Bau der Moleküle auf. Auf rechnerischem Wege bestimmt er den sog. Ionisierungsgradienten und kommt dabei zu sehr hohen Werten. Er kann nachweisen, daß diese Größe durch verschiedene Nebenwirkungen anderer Moleküle wesentlich herabgemindert wird, wodurch die Differenz zwischen dem rechnerischen und dem experimentellen Ergebnis erklärt werden kann. Als solche Nebenwirkung ist z. B. das Magnetfeld eines benachbarten Moleküles zu betrachten. Experimentell ist es gelungen, die Größe dieser Beeinflussungen zu messen und damit eine Übereinstimmung zu schaffen zwischen den errechneten Werten und denjenigen, die in der Praxis vorkommen. Durch solche und ähnliche Nebenwirkungen ist eine ungleichmäßige Verteilung der Elektronen bedingt, so daß auch im homogenen Isolator konstitutive Inhomogenitäten den elektrischen Durchschlag einleiten.

Bei höheren Temperaturen tritt nach den Ansichten der verschiedensten Forscher immer ein Wärmedurchschlag ein, was Inge[4]) für Porzellan nachgewiesen hat.

In bezug auf das Verhalten der Dielektrika im Gleich- oder Wechselfeld können wir zwei Gruppen unterscheiden: Bei den Gasen hat die Frequenz sozusagen keinen Einfluß auf die Anfangsspannung und mit Gleichstrom ergeben sich fast die gleichen Durchschlagsfestigkeiten wie mit Wechselstrom vom gleichen Maximalwert. Bei Flüssigkeiten haben wir, wie schon gesagt, bei Anwendung von Gleich- oder Wechsel-

[1]) Arch. f. Elektrotechn. **20**, 88 (1928).
[2]) Arch. f. Elektrotechn. **21**, 535 (1928).
[3]) Arch. f. Elektrotechn. **22**, 31 (1929).
[4]) Arch. f. Elektrotechn. **18**, 225 (1927).

strom nur Stromwärmeverluste. Nach der Auffassung von Günther Schulze verhalten sich die beiden Stromarten aber verschieden. Die Ionenreibung, von der bei dieser Theorie ausgegangen wird, ist bei Flüssigkeiten sehr groß. Bei Gleichstrom wird die ganze zugeführte Leistung in Reibungswärmeleistung umgesetzt. Derjenige Anteil, der die Ionen beschleunigen soll, ist sehr klein. Da sich bei Wechselstrom die Kraft nach Größe und Richtung andauernd ändert, so werden die Ionen zuerst in einer Richtung beschleunigt, dann wieder verzögert und in umgekehrter Richtung bewegt. Es erübrigt sich nur ein kleiner Teil zur Umsetzung in Wärme. Beim Durchschlag mit Wechselstrom und hohen Frequenzen ist also eine größere Feldstärke erforderlich als bei Gleichstrom. Es soll hier noch einmal erwähnt werden, daß bei festen Dielektrika die Erwärmung nicht nur durch die Stromwärme, sondern auch durch dielektrische Nachwirkung erfolgt. Daraus ergibt sich, daß die Durchschlagsfestigkeit mit Wechselstrom tiefer liegt als mit Gleichstrom, der nur die Stromwärmeverluste bedingt.

Für eingehendere Studien der elektrischen Festigkeitslehre empfehle ich neben den wichtigsten bereits zitierten Originalarbeiten die Werke von Schwaiger[1]) und Wagner[2]).

Von den heute im Elektromaschinen- und Apparatebau verwendeten Isolierstoffen können an dieser Stelle nicht alle behandelt werden. Wir werden im Verlaufe unserer Betrachtungen nur einige wichtige Gruppen herausgreifen, in die sich die verschiedensten, als Dielektrika verwendeten Materialien unterbringen lassen. So möchte ich an dieser Stelle betonen, daß ich mich nicht mit den keramischen Stoffen befassen werde, die im vorliegenden Werke an anderer Seite behandelt werden, obschon gerade die elektrischen Eigenschaften von Porzellan durch richtige Zusammensetzung und entsprechende Führung der Sinterungsvorgänge beim Brennen wesentlich beeinflußt werden können. Auch die gasförmigen Isolierstoffe dürften uns an dieser Stelle nicht interessieren. Entsprechend der oben gebrauchten Reihenfolge bei der Betrachtung der elektrischen Festigkeit können wir somit gleich mit den Flüssigkeiten beginnen.

Mineralöle. Von allen flüssigen Isolierstoffen kommen in großen Mengen die Mineralöle in Schaltern und Transformatoren zur Verwendung. Diese haben die Aufgabe, im Transformator die durch die Verluste erzeugte Wärme abzuführen und die Temperatur nicht über eine maximal zulässige Grenze ansteigen zu lassen. Da die Durchschlagsfestigkeit dieser Öle in reinem Zustande wesentlich höher ist als diejenige von Luft, so dienen sie in hohem Maße der Isolation. In Hochspannungsschaltern werden sie vor allem zur Isolierung gebraucht. Durch genügende Dünnflüssigkeit sollen sie den beim Schaltvorgang auftretenden Funken möglichst rasch löschen. Die in früheren Zeiten verwendeten Harzöle sollen hier nur der Vollständigkeit halber erwähnt werden. Diese oxydieren sich im Betrieb und bilden dabei schwachsaure, lösliche Reaktionsprodukte, die die elektrischen Eigenschaften nicht stark beeinflussen. Gleichzeitig findet aber eine Polymerisation der ringförmigen Verbindungen statt und die Folge davon ist, daß das Öl in eine feste pechartige Masse übergeführt wird. Für die elektrische Festigkeit kommen damit Verhältnisse in Betracht, wie sie oben für die sog. plastischen Stoffe geschildert wurden und die Veränderungen des Öles lassen sich an folgenden Analysendaten veranschaulichen:

---

[1]) Schwaiger, Lehrbuch der elektrischen Festigkeit (Berlin 1919). — Elektrische Festigkeitslehre (Berlin 1925).

[2]) K. W. Wagner, Die Isolierstoffe der Elektrotechnik (Berlin 1924).

	Ausgangsmaterial	Endprodukt
Spez. Gewicht bei 20°	0,973	1,07
Säurezahl	0,14	12,51
Verseifungszahl	3,25	18,32
Jodzahl	92,5	30,6
Schmelzpunkt	—	95°

Elementare Zusammensetzung

	Ausgangsmaterial	Endprodukt
% C	87,95	82,81
% H	10,72	8,87
% O	1,33	8,32

Abb. 248 zeigt das Bild eines Transformators, der einige Jahre mit Harzöl im Betrieb gewesen ist. In kolloidchemischem Sinne läßt sich der Vorgang wohl mit einer Gelbildung vergleichen. Der Endzustand ist asphalt-ähnlich und unlöslich; nur in der Zwischenstufe der Umwandlung ist eine Quellfähigkeit für gewisse Lösungsmittel zu beobachten.

Viel wichtiger sind die Vorgänge der Verände-rung von Mineralölen im Betrieb. Wir haben es da-bei mit einem Oxydationsvorgang zu tun, wie schon von verschiedenen Forschern festgestellt wurde. Brauen[1]) hat als Beweis dafür hauptsächlich die Bildung von hochmolekularen Säuren, die mit der Zeit ausflocken und sich als Schlamm absetzen, an-geführt. Die Natur der Säuren ist in hohem Maße abhängig vom Ausgangsöl und von den Oxydations-bedingungen. So kann z. B. bei gewissen Ölen beobachtet werden, daß trotz langer Oxydations-dauer die gebildeten Säuren immer in kolloider Form gelöst bleiben und somit keine Schlamm-ausbildung erfolgt. Diese Reaktionsprodukte sind aber darum sehr gefährlich, weil sie persäureartigen Charakter haben, zum größten Teile flüchtig sind, aber die Kastenwände und die Isolation stark angreifen und so die Ursache von sehr unange-nehmen Zerstörungen und Betriebsgefährdungen sind. Marcusson und Bauernschläger[2]) haben versucht, diese Persäuren nachzuweisen. Sie fanden jedoch einen geringen Peroxydgehalt; dazu ist zu bemerken, daß, wie bereits gesagt, der Großteil dieser Säuren flüchtig ist und darum der direkten

Abb. 248.
Transformator nach mehrjährigem Betrieb mit Harzöl.

Bestimmung entgeht, wie Stäger[3]) s. Zt. nachgewiesen hat. Über die Einwirkung dieser Reaktionsprodukte, speziell auf die im Transformator vorhandenen Faser-stoffe möchte ich weiter unten in anderem Zusammenhange eingehen.

Im Verlaufe neuerer Untersuchungen konnte von verschiedenen Forschern gezeigt werden, daß sich bei der Oxydation von Mineralölen aber nicht nur saure

---

[1]) ETZ. **35**, 145 (1914).
[2]) Chem.-Ztg. **50**, 263 (1926).
[3]) Helv. Chim. Acta. **6**, 62 (1923).

Reaktionsprodukte, sondern auch flüssige, z. T. zähflüssige oder pulverförmige Schlammformen bilden, die z. T. noch quellbar oder aber bereits in irreversible Gele übergegangen sind. Rodman[1]) hat s. Zt. unterschieden zwischen einem sauren verseifbaren, einem asphaltartigen unverseifbaren und einem kohligen Schlamm. Der erstgenannte soll sich hauptsächlich am Boden absetzen und aus Säuren vom Typus $C_nH_{2n-2}O_2$ und $C_nH_{2n}O_2$ bestehen. Diese Schlammform ist sehr hygroskopisch und hält hartnäckig Feuchtigkeit sowie Sauerstoff in Adsorption zurück. Er hat dementsprechend eine verhältnismäßig große Leitfähigkeit und ist ein schlechter Isolator. Der asphaltartige Schlamm ist nicht verseifbar und hat infolge seines neutralen Charakters eine gute Isolierfähigkeit, aber eine schlechte Wärmeleitfähigkeit. Er soll sich hauptsächlich auf den Wicklungen absetzen und leicht zu örtlichen Überhitzungen führen. Haslam und Frolich[2]) haben sich eingehend mit der Oxydation von Mineralölen beschäftigt und geben folgendes Reaktionsschema an, das von verschiedenen Forschern an anderen Orten bestätigt worden ist: Kohlenwasserstoffe-Alkohole-Aldehyde und Ketone-Naphthen- und Fettsäuren-Asphaltprodukte (durch Polymerisation und Kondensation). Ähnliche Untersuchungen hat auch Schläpfer[3]) durchgeführt. Eine Zusammenstellung der diesbezüglichen Literatur findet sich bei Typke[4]). Der kohlige Schlamm kommt hier nicht in Betracht, da er kein Oxydationsprodukt ist, sondern beim Durchschlag des elektrischen Lichtbogens im Öl entsteht, und in anderem Zusammenhange behandelt werden muß. Von Stäger wurden die Oxydationsprodukte unterschieden in öllösliche und ölunlösliche, d. h. also solche, die als Sol vorkommen und solche, die stark zur Gelbbildung neigen und schließlich gar in ein irreversibles Kolloid übergehen. Die Metalle üben bei diesen Vorgängen einen bemerkenswerten katalytischen Einfluß aus. Stäger und Bohnenblust[5]) konnten im weiteren einwandfrei nachweisen, daß der primäre Vorgang bei der Oxydation die Säurebildung ist. Durch tägliche Messung der Veränderungen der Versuchsöle bei einem über 1000 Stunden ausgedehnten Versuch konnte festgestellt werden, daß während den ersten Tagen eine Säurebildung ohne jegliche sichtbare Trennung des Kolloids in zwei Phasen auftritt und erst von einem bestimmten Punkte an Ausflockung erfolgt. Während die Säurebildung im Verlaufe der Zeit abnimmt, steigt die Schlammbildung stark an. Inwiefern die Ausflockung direkt durch die Säurebildung bedingt ist, konnte noch nicht einwandfrei festgestellt werden. In dem in der Wärme sich bildenden Gel sind gewisse hochmolekulare Säuren vorhanden, die aber nicht, wie Rodman vermutet, Monokarbonsäuren sind, sondern wie durch Molekulargewichtsbestimmungen und Elementaranalyse festgestellt wurde, mit den Asphaltogensäuren Charitschkoffs[6]) übereinstimmen und Dikarbonsäuren sind. Der Hauptanteil des Schlammes besteht aber aus verhältnismäßig sauerstoffreichen Neutralverbindungen, die durch Anhydrisierung, Lakton- und Laktidbildung entstanden sind, und deren Isolierfähigkeit verhältnismäßig gut ist. Ein Teil der Reaktionsprodukte kann sich bei Betriebstemperatur im Öl als Sol gelöst halten. Sobald diese unter eine bestimmte kritische Grenze fällt, tritt Gelbildung ein. Dieser Vorgang ist vor allem gefährlich bei Transformatoren mit großem Kühlröhren-

---

[1]) Transactions of the American Electrochemical Society **40**, 199 (1922). — Electrical World **79**, 129 (1922).
[2]) Journ. Ind. and Eng. Chem. **19**, 292 (1927).
[3]) Dissertation Zürich E. T. H. (1925).
[4]) Ztschr. f. angew. Chem. **41**, 148, 418 (1928).
[5]) Bulletin SEV. **15**, 45 (1924).
[6]) Österr. Chem.-Ztg. 125 (1910).

system, in dem das warme Sol unter die kritische Temperatur abgekühlt wird und das Gel sich an den Rohrwandungen absetzt und so die Zirkulation hindert; dadurch steigt die Temperatur im Transformator an, die Gelbildung wird gefördert und der Transformator wird gefährdet. Die primär entstehenden Koagulationsprodukte haben z. T. erdölharzähnlichen Charakter. Daß diese Produkte in neutralen Ölen verhältnismäßig leicht in kolloider Form in Lösung bleiben, haben Holde und Eikmann gezeigt[1]). Die Ausbildung des Gels verläuft verschieden, je nachdem zur Oxydation Sauerstoff oder Luft verwendet wird. So haben die Untersuchungen der British Electrical and Allied Industries Research Association[2]) gezeigt, daß bei der Oxydation mit Sauerstoff stark quellbare Gele entstehen, die sehr schwer von adsorbierten Ölanteilen zu befreien sind, währenddem mit Luft braune bis schwarze leicht koagulierende irreversible Gele sich bilden. Dieser Punkt ist außerordentlich wichtig bei der gegenwärtigen Diskussion über die Prüfmethoden solcher Öle. Der im Betriebe sich bildende Schlamm ist immer von der letzteren Art. Daraus ergibt sich, daß eine Prüfung mit Sauerstoff als Oxydationsmittel zu Trugschlüssen führen muß.

Über die Oxydation von Mineralölen in Gegenwart von löslichen Katalysatoren haben Petrow, Danielowitsch und Rabinowitsch[3]) ihre Versuchsergebnisse veröffentlicht. Sie konnten nachweisen, daß von den naphthensauren Salzen das Mangansalz wirksamer ist als die Kupfer-, Blei- und Zinksalze.

Auf Grund der oben erwähnten Reaktion bei der Autooxydation der Mineralöle wurde versucht, durch Inhibitoren oder Antioxydantien die Alterung zu verzögern, bzw. zu verhindern. Haslam und Frolich fanden, daß sich Verbindungen vom Typus des Diphenylamins als negative Katalysatoren gegenüber dem positiven Kupfer sehr gut eignen. Brian Mead und seine Mitarbeiter[4]) bestimmten den Temperaturkoeffizienten für die Sauerstoffaufnahme und prüften die antioxydative Wirkung von 177 Substanzen. Sie kamen dabei zur Feststellung, daß Schwefel, Nitrokresol und Nitrobenzol die besten Wirkungen ausüben. Dieses Ergebnis ist um so interessanter als früher von verschiedenen Autoren, vor allem dem Schwefel eine sehr nachteilige Wirkung auf die Schlammbildung zugeschrieben wurde. Butkow[5]) hat festgestellt, daß β-Naphthol, Antrazen, β-Naphthylamin als gute Inhibitoren verwendet werden können. Sogar bei der Druckoxydation von Mineralölen vermochte ein Zusatz von β-Naphthylamin die Oxydation stark zu verzögern. Die Untersuchungen des englischen Prüfungsausschusses des British Electrical and Allied Industries Research[6]) ergaben aus 16 geprüften Substanzen die besten Resultate mit 0,5 % Hydrochinon, das sowohl die Wasser- als die Säurebildung verhindern soll.

Im Transformator sind in großen Mengen Faserstoffe zur Isolation der Wicklungen vorhanden. Vor allem handelt es sich dabei um Papier, Preßspan und Baumwolle. Da wir es bei diesen Stoffen mit großoberflächigen Materialien zu tun haben, so wird die Oxydation an und in diesen sehr stark sein. Evers[7]) hat die Vorgänge im Transformator unter Berücksichtigung der speziellen Oxydationsverhältnisse in kolloidchemischem Sinne in sehr interessanter Weise erklärt. Ausgehend von der

[1]) Mitt. a. d. Materialprüfungsamt **25**, 148 (1907).
[2]) Journ. of the Institution of Electrical Engineers **61**, 661 (1923).
[3]) Festschrift Bach (Berlin 1927).
[4]) Journ. Ind. and Eng. Chem. **19**, 1240 (1927).
[5]) Erdöl und Teer **3**, 267, 551 (1927).
[6]) World Power **10**, 28 (1928).
[7]) Ztschr. f. angew. Chem. **38**, 659 (1925).

Tatsache, daß Mineralöl niemals ein einheitliches System ist, sondern mindestens aus zwei Phasen besteht, nimmt er an, daß die eine Phase das Gemisch niedrig molekularer und die zweite dasjenige hochmolekularer Kohlenwasserstoffe sei. Es ist eine bekannte Tatsache, daß die Mineralöle hygroskopisch sind und so muß man annehmen, daß diese molekulardispersen Körper mit Wasserhüllen im Sinne der Solvate umgeben sind. Von Stäger[1]) wurde auf die Möglichkeit einer Solvatbildung aufmerksam gemacht im Zusammenhang mit einer Untersuchung über die elektrische Festigkeit. Diesen Punkt werden wir an anderer Stelle weiter unten noch eingehender besprechen müssen. Evers nimmt nun für reines Mineralöl an, daß die niedrig molekulare Phase solvatähnlich die hochmolekulare umgibt. Die im Transformator enthaltenen Baustoffe wie Preßspan, Papier, Holz, Baumwolle usw. enthalten alle infolge ihrer kapillaren Konstitution Feuchtigkeit und Luft adsorbiert. Um eine gute Isolation zu erhalten, müssen diese beiden schädlichen Bestandteile entfernt und die Hohlräume mit Öl gefüllt werden. Im Betrieb ist es aber unmöglich, weiterhin Luft und Feuchtigkeit vollständig fern zu halten. Infolge der großen Oberflächenspannung des Wassers wird dieses in die kapillaren Hohlräume einzudringen versuchen und so das Öl verdrängen. Dadurch kann unter Umständen wieder eine gewisse Durchfeuchtung der Isolation eintreten. Die Flüssigkeiten stehen in den Kapillaren unter hohem Druck. Es werden also bei den sich in diesen abspielenden Reaktionen Kräfte mitwirken, die bei gewöhnlichen chemischen Reaktionen nicht vorhanden sind. Mineralöl vermag bis 18 Volum-% Sauerstoff zu lösen, wie Rodman gezeigt hat[2]). Wir haben es bei den sich abspielenden Reaktionen also mit einem komplizierten System, Wasser-, Sauerstoff-, Gelbestandteile des Öles, zu tun. Evers erklärt den Vorgang folgendermaßen: In den Kapillaren wird sich zuerst der hochmolekulare Anteil des dispersen Systems in gequollener solvatisierter Form abscheiden. Da die Flüssigkeiten in den Kapillaren wie schon gesagt unter einem hohen Druck stehen, so ist es nicht unwahrscheinlich, daß das Öl in den Kapillaren eine gesättigte Lösung von Sauerstoff darstellt und so der Sauerstoff durch das Öl in die Kapillaren hineindiffundieren kann. Unter diesen Bedingungen können die Reaktionen viel rascher verlaufen als normalerweise. Diese Betrachtungsweise ist für die Praxis von größter Bedeutung. Es gibt heute immer noch Autoren, die behaupten, die Zerstörung der Faserstoffe im Transformator sei im Zusammenhang mit der Säurebildung und eine Bestimmung der Säurezahl der gebrauchten Öle ergebe einwandfrei, ob dieses bei weiterer Verwendung die Isolation zerstöre oder nicht. Auch wird von gewissen Seiten immer noch behauptet, daß nur die ungesättigten Verbindungen für die Zerstörung des Öles und der Isolation verantwortlich seien[3]). Stäger[4]) hat verschiedentlich darauf hingewiesen, daß es absolut unzulässig ist, auf Grund eines Reaktionsproduktes Öle für diesen Verwendungszweck zu begutachten, und daß wir es z. B. bei der Zerstörung von Baumwolle im Transformator nicht mit einem sog. Säurefraß zu tun haben. Im folgenden soll noch ein zahlenmäßiger Beleg für die Richtigkeit der Behauptung erbracht werden: Gleiche Baumwollproben wurden in zwei verschiedenen Ölen während 500 Stunden bei 112⁰ unter Luftzutritt im Kupfergefäß (BBC-Methode) ausgekocht und dabei ergaben sich folgende Werte:

---

[1]) Bulletin des SEV. **15**, 8 (1924). — Ztschr. f. angew. Chem. **39**, 311 (1926).
[2]) Elektrical World **79**, 1271 (1922).
[3]) S. z. B. Rodman, l. c. Schwarz, Chem.-Ztg. **35**, 413 (1911). Auch über die Formolitzahlbestimmung in den Transactions der American Society for Testing Materials.
[4]) Helv. Chim. Acta **6**, 62, 386, 893 (1923).

	Öl A	Öl B
Verteerungszahl	0,09	0,11
Säuregehalt im Kupfergefäß	0,46	0,51
Schlammgehalt	0,1 %	0,08 %
Reduktion der Baumwollfestigkeit	100 %	35 %

Die aus der Nähe der Baumwollproben entnommenen Ölproben in einem andern Beispiel ergaben eine Säurezahl von 0,39 nach 450 Stunden. Das Öl, das aus der Baumwolle extrahiert wurde, zeigte eine Säurezahl von 0,41, trotzdem hatte die Baumwolle ihre ganze Festigkeit eingebüßt und war in ein leicht pulverisierbares Oxydationsprodukt übergegangen. Vom Betrieb kamen sehr oft Öle mit verhältnismäßig großen Säurezahlen wie 1,5 und noch höher zurück bei vollständig

Abb. 249.
Transformator nach mehrjährigem Betrieb mit ungeeignetem Mineralöl.

Abb. 250.
Einpoliger Hochspannungsölschalter. 150000 Volt, zur Aufstellung im Freien ohne Ölkübel.

intakter Isolation. Diese Erscheinungen wurden vom gleichen Autor in einer weiteren Arbeit beschrieben. Es wurde die Einwirkung der verschiedensten Säuren auf Baumwolle untersucht und sowohl die Festigkeitsveräderung als auch die gebildete Oxyzellulose festgestellt[1]. Dabei hat sich ergeben, daß kein direkter Zusammenhang besteht zwischen den durch die Autoxydation entstehenden Säuren und der Zerstörung der Baumwolle. Damit ist nach meiner Auffassung einwandfrei bewiesen, daß es keinesfalls möglich ist, die komplizierten Reaktionsvorgänge im

---

[1] Stäger, Helv. Chim. Acta **11**, 277 (1928).

dispersen System Mineralöl und Sauerstoff-Isoliermaterialien auf ein einfaches Reaktionsschema zu beschränken und auf Grund eines Reaktionsproduktes Angaben über die Verwendbarkeit im Anlieferungszustand oder über die Weiterverwendbarkeit nach bestimmten Betriebszeiten zu machen. Auch ist es unzulässig, irgendwelche Gruppen von Verbindungen allein für die Veränderungen in diesem System verantwortlich zu machen. Abb. 249 zeigt einen verschlammten Transformator (mit ungeeigneter Ölfüllung) als bildliche Ergänzung der obigen Ausführungen.

Währenddem es im Tranformator vor allem die durch die Oxydation verursachten Umwandlungen in dem mehrphasigen kolloiden System sind, die uns interessieren, so sind es im Schalter in erster Linie Vorgänge der Zersetzung von Mineralöl im elektrischen Lichtbogen und die Beeinflussung der Isolierfähigkeit infolge der hygroskopischen Eigenschaften der verwendeten Öle.

Abb. 250 ist das Bild eines Hochspannungsschalters ohne Ölkübel.

Bei jedem Abschaltungsvorgang entsteht im Ölschalter ein Lichtbogen, der das Öl infolge der Wärmeentwicklung z. T. in gasförmige, flüssige und feste Zersetzungsprodukte überführt. Die als Schaltergase bekannten gasförmigen Zersetzungsprodukte bestehen hauptsächlich aus Wasserstoff, ungesättigten Kohlenwasserstoffen und Methan, wie aus der folgenden Analyse hervorgeht:

Wasserstoff	64,7%	63,1%	Kohlensäure	1,5%	0,3%
Kohlenwasserstoffe	22,3 „	26,3 „	Sauerstoff	2,4 „	1,2 „
Methan	3,2 „	4,0 „	Stickstoff	4,9 „	5,1 „ [1]

Wie Evers nachgewiesen hat, sind die entstehenden ungesättigten Kohlenwasserstoffe kein so kompliziertes Gemisch wie ursprünglich angenommen worden ist, der Hauptteil besteht aus Azetylen neben niederen Olefinen. Daneben entsteht ein erstmals von diesem Forscher festgestelltes gasförmiges Zersetzungsprodukt, das er als Bromid von der Formel $C_6H_4Br_8$ angibt. Diese Schaltergase sind oft sehr gefürchtet, da sie verhältnismäßig leicht zu Explosionen Veranlassung geben. Bei sehr heftigen Abschaltungen kommt es gelegentlich vor, daß Öl stark zerstäubt wird und sich z. T. als Nebel eine Zeit lang fein verteilt im Schaltergas halten kann. Es ist von verschiedenen Seiten die Vermutung ausgesprochen worden, daß von diesen Nebeltröpfchen aus die Erregung zur Explosion erfolgen könne. Nach den Untersuchungen von Haber und Wolff[2] ist das aber nicht zutreffend. Diese Forscher haben nachweisen können, daß bei inhomogenen Nebeln ein großer Sauerstoffüberschuß vorhanden sein muß, um eine vollständige Verbrennung einzuleiten, und zwar muß dieser um so größer sein, je grobdisperser die Nebeltröpfchen sind. Wie wir aber aus obiger Analyse entnehmen können, ist der Sauerstoffgehalt sehr gering, so daß bei dem verhältnismäßig geringen Dispersitätsgrad der Ölnebel diese nicht als Ölkeime angenommen werden können.

Die flüssigen Zersetzungsprodukte lassen sich nicht eliminieren, da sie die verschiedenste Zusammensetzung haben können, je nach der Art des Öles. Die Trennung der einzelnen Kohlenwasserstoffe ist bis jetzt noch nicht gelungen. Soviel ist aber als sicher zu behaupten, daß es sich um niedere Kohlenwasserstoffe handelt. Durch vergleichende Siedeanalyse läßt sich das ohne weiteres nachweisen:

---

[1] Weitere Schaltergasanalysen s. Bauer, Untersuchung an Ölschaltern II (Zürich 1917). — Stäger, Mineralöle für Schalter und Transformatoren (Zürich 1925). — Evers, Wissenschaftl. Veröffentl. aus dem Siemens-Konzern **4**, 326 (1925).

[2] Ztschr. f. angew. Chem. **36**, 735 (1923).

	Anlieferungs-zustand	Nach 650 Abschaltungen
Spez. Gewicht bei 20⁰	0,892	0,886
Flammpunkt (offener Tiegel)	148⁰	112⁰
Siedeanalyse		
von 0—300⁰	2,3%	12%
„ 300—350⁰	31,0 „	32 „
„ 350—370⁰	29,0 „	31 „
Rückstand	37,7 „	25 „

Für die kolloidchemische Betrachtung sind von wesentlicher Bedeutung die festen Zersetzungsprodukte oder, wie wir sie weiter oben nach der Nomenklatur von Rodman genannt haben, der kohlige Schlamm. Bis jetzt war man allgemein der Auffassung, daß es sich dabei um freien Kohlenstoff in mehr oder weniger hochdisperser Form handle. Je nach den Abschaltbedingungen sind verschiedene Erscheinungsformen dieses Zersetzungsproduktes festzustellen. So treten bei hohen Spannungen und kleinen Stromstärken hochdisperse Partikel auf; bei niederen Spannungen und hohen Stromstärken dagegen grobflockige. Infolge der ausgedehnten Oberfläche sind starke Grenzflächenkräfte zu beobachten und der Schlamm adsorbiert als hydrophobes Kolloid niedere Kohlenwasserstoffe und gasförmigen Wasserstoff. Durch die neuesten Untersuchungen von Evers[1]) muß diese Auffassung aber vollständig geändert werden. Er konnte nämlich nachweisen, daß wir es nicht mit mehr oder weniger dispersen Kohlenstoff, oft in der Literatur auch als Ruß bezeichnet, zu tun haben, sondern mit einem Gemenge hochmolekularer Kohlenwasserstoffe, wahrscheinlich mit Ringen aromatischer Natur. Die nach der alten Auffassung adsorbierten Gasbestandteile gehören somit zur Struktur der Kohlenwasserstoffe. Es gelang Evers nachzuweisen, daß der gleiche Schlamm auch mit rein aromatischen Kohlenwasserstoffen, wie Benzol, Dekalin usw. erhalten werden kann. Er gibt zum Vergleiche folgende Analysenwerte:

	Braunkohlenöl	Transformatorenöl	Benzol
% C	90,1	93,9	92,0
% H	2,8	2,7	3,7
% O	7,1	3,4	4,3

Durch die hohe Temperatur des Lichtbogens soll das Öl eine Krackung durchmachen. Wenn der früher schon besprochene bromierte Kohlenwasserstoff $C_6H_4Br_8$, der wohl als primäres Zersetzungsprodukt zu betrachten ist, in dem in der Nähe der Kontaktstellen erwärmtes Öl sich polymerisieren kann, dann bildet sich der Schlamm aus. Als Entstehungsmöglichkeiten kommen also in Betracht: Eine Dehydrierung des Öles unter der Einwirkung der hohen Temperatur des Lichtbogens, eine Polymerisation des noch unbekannten Azetylenkohlenwasserstoffes bei mäßiger Temperatur und die Einwirkung geringer Mengen Sauerstoff auf diesen. Die verschiedenen Dispersitätsgrade, von denen oben gesprochen worden ist, lassen sich wohl durch Kataphorese erklären. Die Brenndauer des Lichtbogens hat einen großen Einfluß auf die Teilchengröße. Evers konnte in Abständen von je 24 Stunden Brenndauer eine zunehmende Dispersität nachweisen. So war es in einem beschriebenen Falle möglich, daß man nach 24 Stunden etwa 6 g Schlamm

---

[1]) Wissenschaftl. Veröffentl. aus dem Siemens-Konzern **4**, 329 (1925).

aus 3 Liter Öl ausscheiden konnte, nach 48 Stunden nur noch wenige Milligramm und nach 72 Stunden lief das ganze schwarze Öl durch jedes Filter hindurch ohne eine Spur von Rückstand auf diesem zu hinterlassen. Bei noch längerer Brenndauer zeigte sich wieder eine Verringerung des Dispersitätsgrades, so daß der Schlamm leicht mit Filter vom Öl getrennt werden konnte. Diese Versuche sind durchgeführt worden mit 15000 Volt 50 periodigem Wechselstrom. Es sind in der Literatur leider keine Angaben gemacht über den Einfluß der Stromstärke. Daß in diesem Falle kataphoretische Einflüsse vorhanden sind, scheint mir einwandfrei bewiesen zu sein. Aber auch die oben erwähnten Ergebnisse lassen sich mit Hilfe der Kataphorese erklären. Die Erhöhung der Stromstärke wirkt Teilchen vergrößernd und damit stark ausflockend.

Der abfiltrierte Schlamm hält Öl in großen Mengen adsorbiert zurück und es ist nicht möglich, durch Pressen dasselbe zu entfernen. Beim Aufschlämmen mit Benzin ist nur eine langsame Sedimentation zu beobachten. Beim mehrmaligen Ausführen dieser Operation zeigt sich aber doch, daß Öl an das Dispersionsmittel abgegeben wird und noch die gleichen Eigenschaften besitzt wie das Ausgangsöl. Dabei geht der Schlamm in eine pulverige irreversible Masse über. Wenn ein Lichtbogen in der Nähe der Oberfläche verläuft, wo atmosphärischer Sauerstoff hinzutreten kann, dann entsteht, wie man sich nach der alten Auffassung auszudrücken pflegte, graphitisierter Kohlenstoff, der eine größere Leitfähigkeit aufweist. Seit den Ergebnissen der Eversschen Untersuchungen möchte ich diese Erscheinung folgendermaßen interpretieren:

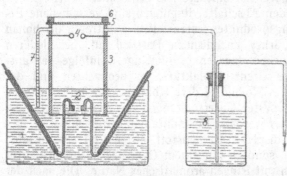

Abb. 251.
Anordnung zur Untersuchung der in der Praxis oft vorkommenden Erniedrigungen der Durchschlagsfestigkeit im Schaltergasraum

1. Ölkübel	zugleich Abdichtung des
2. Abschaltkontakte	Mischungsraums.
3. Zylinder aus Bituba (Gas- und Entzündungsraum)	6. Beschwerungsring aus Eisen
4. Funkenstrecke	7. Ölstandanzeiger
5. Abdeckung aus ölgetränktem Filtrierpapier,	8. Wasserglas zur Herstellung des Vakuums im Zylinder.

Die Oxydation des in Betracht kommenden Azetylenkohlenwasserstoffes verläuft unter diesen Bedingungen wesentlich günstiger als im Innern des Öles, und dabei bildet sich unter dem dispergierenden Einfluß des Lichtbogens eine Suspension. An diesem graphitisierten Produkt sind keine Quellungserscheinungen mit Öl festzustellen, dagegen lassen sich auch bei diesem kataphoretische Einflüsse und damit verschiedene Dispersionsgrade mit der Änderung der Stromspannungsverhältnisse wahrnehmen.

Eine Frage, die im Ölschalter eine große Bedeutung haben kann, ist diejenige nach der Zerstäubung des Kontaktmaterials. Evers gibt zwar zu, daß Metalle in Dispersionsmitteln mit niedriger Dielektritizätskonstante, wie Öl, prinzipiell zerstäubt werden können. Er konnte aber in der Asche nie Kupfer nachweisen, was jedoch dem Verfasser schon verschiedentlich möglich gewesen ist. In einem speziellen Falle war sogar eine vollständige Verkupferung eines Isolationsteiles wahrscheinlich größtenteils auf Zerstäubung zurückzuführen. Der oft im Schlamm enthaltene Eisenoxydgehalt ist von jenem an der Oberfläche adsorbiert und stammt wahrscheinlich von der Kastenwand her.

Die beim Abschaltvorgang entstehenden festen Zersetzungsprodukte können auch im Gasraum in hochdisperser Form als Rauch enthalten sein[1]). Wenn man darauf ein elektrisches Feld einwirken läßt, dann werden die Rauchteilchen im Gleichstromfeld je nach der Ladung an den Elektroden abgelagert, da man annehmen muß, daß die einzelnen Rauchteilchen, die infolge ihrer großen Oberfläche starke Adsorptionskräfte betätigen, die vorhandenen Gasionen adsorbieren. Auf diesem Wege lassen sich die in der Praxis oft vorkommenden Erniedrigungen der Durchschlagsfestigkeit im Schaltergasraum erklären. Abb. 251 gibt eine Anordnung zur Untersuchung dieser Erscheinung. Eine Reihe Versuche, die im Prüffeld der A.G. Brown, Boveri & Cie. durchgeführt wurden, bestätigen denn auch diese Annahme. Es wurde eine Gleichstromleitung von 20 bis 35 kW in gewöhnlichem Schalteröl zwischen Kupfer- und Kohlekontakten abgeschaltet. Die Kontakte waren 70 mm unter der Öloberfläche angebracht und die Funkenstrecke 190 mm über derselben und wurde gebildet durch Kugeln von 10,5 mm Durchmesser und 20 mm Abstand. Dabei wurden folgende Resultate erhalten:

% Gas	Gemessene Durch- schlagsspannung Volt	% der Durch- schlagsspannung in Luft	Explosions- erscheinungen	Bemerkungen
80	12200	51,5	keine Verbrennung	auf den Kugeln dichter,
70	12300	52	keine Verbrennung	flockiger Belag v. aus-
60	11800	50	schwache Verbrennung	geschied. Rauchteilchen
50	12000	51	starke Verbrennung	
40	11600	49	schwache Explosion	zieml. dichter
20	11600	49	starke Explosion	Belag
15	12400	52,2	sehr starke Explosion	
10	12100	51	sehr starke Explosion	leichter, homogener
5	12800	54	starke Explosion	Belag ausgeschiedener
4	14400	61	schwache Explosion	Rauchteilchen
3	15400	65	keine Verbrennung	
1	16600	70	keine Verbrennung	
0	26600	100	keine Verbrennung	

Die Herabsetzung der Durchschlagsspannung der Gasstrecke wird bewirkt durch die festen Rauchteilchen, die infolge der Wirkung des elektrischen Feldes an die spannungsführenden Teile gezogen werden. Daß tatsächlich die Funkenstrecke teilweise durch das Feld von den Rauchteilchen befreit werden kann, zeigen die Versuche mit Nadeln an Stelle der Kugeln. Bei der gleichen Anordnung wie im oben geschilderten Versuche ergeben sich mit einer Nadelfunkenstrecke folgende Werte:

% Gas	Gemessene Durchschlags- spannung	% der Durch- schlagsspannung in Luft
40	13000	86
20	13600	71
10	14300	75
5	17200	90
0	19000	100

---

[1]) Über Rauch s. Kohlschütter, Die Erscheinungsformen der Materie (Leipzig 1917).

Die prozentualen Durchschlagsspannungen in gasreichen Gemischen sind durchschnittlich ca. 20% höher als bei der Kugelfunkenstrecke. Dies erklärt sich daraus, daß an den Spitzen der Nadeln infolge des großen Feldgradienten dem Schaltergas soviel Rauchteilchen entzogen werden, daß in der Nähe der Nadeln eine teilchenfreie Zone entsteht.

Mit der gleichen Anordnung, nur durch Ersatz der Funkenstrecke durch einen in horizontaler Lage angebrachten Porzellanisolator, konnten sehr schön die Ablagerung der Rauchteilchen und die Wanderung im elektrischen Feld beobachtet werden. Wenn das Rohr längere Zeit in spannungslosem Zustande in einer Atmosphäre von 80% Schaltergas gelagert wird, so ändert sich der Oberflächenwiderstand nicht, die Rauchteilchen werden nicht niedergeschlagen. Sobald aber Spannung an das Rohr angelegt wird, beginnen diese zu wandern und auf der Oberfläche des Isolatorrohres sich auszuscheiden. Dadurch wird der Oberflächenwiderstand erniedrigt und die Überschlagsspannung entsprechend herabgesetzt. In hochprozentigen Gasgemischen kann diese bis auf 0 zurückgehen. Zwischen altem und neuem Öl konnte bei allen diesen Erscheinungen kein wesentlicher Unterschied festgestellt werden. (Als altes Öl war ein solches verwendet worden, in dem bereits 1000 Abschaltungen von 20 kW gemacht worden sind.)

Von Crago und Hodnette[1]) wurde die Frage studiert, bei welchen Spannungen sich das Öl bereits derartig zersetze, daß eine Verschlechterung im elektrischen Sinne festgestellt werden könne. Ihre Versuche ergaben, daß praktisch unterhalb der Koronaspannung eine nachteilige Zerstörung des Öles nicht eintrete: Die Widerstände hatten sich nicht geändert trotz Beanspruchung bis zu dieser Grenze, die Leitfähigkeit blieb in diesem Bereiche ebenfalls die gleiche, der Gehalt an ungesättigten Verbindungen hatte sich nicht geändert und somit war auch die Durchschlagsfestigkeit bei Feldstärken unterhalb der Koronaspannung gleich wie im Anlieferungszustand.

Wir haben bereits oben darauf aufmerksam gemacht, daß die in Schaltern verwendeten Mineralöle genügende Dünnflüssigkeit haben müssen, um möglichst rasch zwischen die sich öffnenden Kontakte hineinzufließen und den Lichtbogen auszulöschen. Je rascher dies geschieht, um so weniger Zersetzungsprodukte irgendwelcher Art werden entstehen. Bei der heute üblichen Freiluftaufstellung kommt es im Winter natürlicherweise oft vor, daß die Stationen bei tiefer Temperatur arbeiten müssen. Um unter solchen Bedingungen ein einwandfreies Funktionieren zu gewährleisten, muß das Öl eine entsprechende Kältebeständigkeit, d. h. einen tiefen Stockpunkt, haben. Die Abhängigkeit der Schaltzeit von der Öltemperatur ersehen wir aus der Abb. 252. Durch die dicke Konsistenz des Öles wird der Schaltvorgang erschwert, so daß bei starker Beanspruchung eine Zerstörung des Schalters durch Explosion oder Ölbrand leicht möglich wird. Es wird nicht nur die Lichtbogendauer, sondern vor allem auch die Lichtbogenlänge unter diesen Bedingungen stark vergrößert. Dem Verhalten der Schalteröle in der Kälte muß dementsprechend eine ganz besondere Aufmerksamkeit geschenkt werden[2]). Bezüglich ihrem Verhalten in der Kälte lassen sich die beiden großen Gruppen der Methan- und Naphthenöle scharf trennen, wie aus Abb. 253 zu ersehen ist. Beim Abkühlen eines Methanöles beobachtet man von einer bestimmten Temperatur an die Ausscheidung eines netzartigen Gewebes von festen Paraffinkohlenwasserstoffen, das dem Öl eine gewisse statische Festigkeit gibt, so daß es den Fließ-

---

[1]) Journ. of the American Institute of Elektrical Engineers **44**, 219 (1925).
[2]) Brühlmann, BBC-Mitteilungen **9**, 14 (1923).

gesetzen einer Flüssigkeit nicht mehr gehorcht. Bei dem eigentlichen Stockpunkt findet eine mehr oder weniger spontane Kristallisation statt. Die Frage, ob das Paraffin im Mineralöl in kolloider Form enthalten ist und mit der Zeit in den kristallinen Zustand übergeht, ist bis heute noch nicht einwandfrei gelöst[1]). Die Paraffinkohlenwasserstoffe, um die es sich bei raffinierten Methanölen handelt, sind bei Raumtemperatur in hochdisperser Form vorhanden und bei tiefen Temperaturen in der Nähe des Stockpunktes tritt dann eine Trennung des mehrphasigen Systems auf unter Ausbildung ganz typischer Wabenstrukturen. Wenn die Abkühlung genügend stark ist, dann erfolgt im Innern der Waben die Ausbildung der Kristallisationskeime und infolge der Unterkühlung und der großen Kristallisationsgeschwindigkeit ein durchgehendes Erstarren der Masse. Dadurch wird aber das Arbeiten des Schalters unmöglich. Bei Naphthenölen tritt diese Erscheinung erst bei wesentlich tieferen Temperaturen auf wie aus Abb. 253 hervorgeht, eine Kristallisation tritt überhaupt nicht ein.

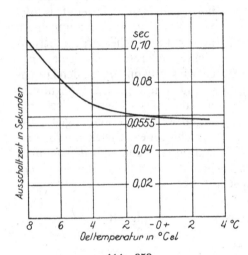

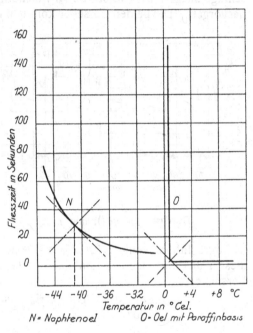

Abb. 252.
Abhängigkeit der Schaltzeit von der Öltemperatur.

Abb. 253.
Verhalten der Schalter- (Methan- und Naphthen-)öle in der Kälte.

Bei tiefen Temperaturen haben wir eine starke Vergrößerung der Viskosität und von einem bestimmten Punkte an auch eine allmähliche Änderung der Fließverhältnisse. Bei weiterer Unterkühlung tritt aber keine spontane Kristallisation auf. Sehr oft kann dagegen Ausbildung von Trübungen und schlierenartigen Gebilden, die als Trennung der dispersen Phasen anzusprechen sind, beobachtet werden. Bei den Übergangsölen aus der Naphthenmethangruppe kann gelegentlich auch die Ausbildung eines vollständig zusammenhängenden Wabensystems beobachtet werden. Nach meiner Auffassung ist es gerade dieses Auftreten der bei der Gelbildung so häufig beobachteten Wabenstruktur, das darauf hinweist, daß bei raffinierten Mineralölen die Paraffinkohlenwasserstoffe bei normaler Temperatur in hochdisperser Form als Sol gelöst sind. Bei tiefer Temperatur erfolgt die Gelbildung.

---

[1]) Diskussion über diese Frage s. Gurwitsch, Die wissenschaftl. Grundlage der Erdölverarbeitung (Berlin 1924).

Bei Naphthenölen tritt die Trennung der dispersen Phasen erst bei viel tieferer Temperatur auf.

Nachdem wir im vorstehenden die Veränderungen der Mineralöle in Transformator und Ölschalter bei der Oxydation und unter dem Einfluß des elektrischen Lichtbogens kennen gelernt haben, müssen wir uns noch mit dem Wesen des elektrischen Durchschlages befassen. Als Grundlage für diesen Vorgang gilt die oben erwähnte Theorie von Günther Schulze. Über den Einfluß der verschiedenen Verunreinigungen auf die elektrische Festigkeit sind die Meinungen heute noch nicht eindeutig festgelegt. Vor allem sind die verschiedenen Auffassungen bedingt durch die großen Streuungen, die bei solchen Untersuchungen beobachtet worden sind. So haben Hayden und Steinmetz[1]) in einem großen Ölquantum 100 Durchschläge ausgeführt und starke Abweichungen feststellen können, wie aus Abb. 254 hervorgeht. Die beiden Forscher kommen dabei zum Schluß, daß es überhaupt sehr

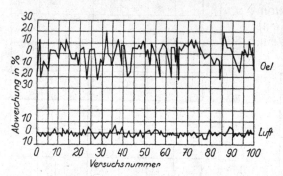

Abb. 254.
Durchschläge in Öl und Luft.

fraglich sei, ob flüssige Dielektrika eine bestimmte elektrische Festigkeit besitzen. Sie behaupten, daß der Durchschlag im Öl durch Inhomogenitäten eingeleitet werde. So können z. B. Strömungen im Feld mit örtlicher großer Stromdichte auftreten, die eine Gasentwicklung und damit den Durchschlag verursachen. Zipp[2]) nimmt an, daß das Öl ein Gemisch von organischen Verbindungen mit verschiedenen Dielektrizitätskonstanten sei und daß die dadurch bedingte Inhomogenität für die elektrische Festigkeit ausschlaggebend sei. Daß diese Konstante sogar schon mit der Temperatur sich ändern kann, zeigen eigene Versuche:

Temperatur	Dielektrizitätskonstante	Leitfähigkeit
20⁰	1,3	38,2 · 10⁰ Ohm/ccm
30⁰	1,44	37,2
40⁰	1,7	33,6
50⁰	2,5	24,1

Auch Brückmann[3]) behauptet, daß der Durchschlag durch Inhomogenitäten eingeleitet werde und daß nicht feuchte Fasern allein in Betracht kommen. Er machte eine Versuchsreihe mit Transformatorenöl, das Spuren von Rizinusöl enthielt und konnte nachweisen, daß der Durchschlag in Form eines Überschlages längs der Grenzfläche der Medien verschiedener Dielektrizitätskonstanten erfolgte. Solche Grenzflächen können, wie in vorliegendem Falle, leicht bei Mischungen von Ölen entstehen. Wie oben gezeigt wurde, ist es auch möglich, daß Schichten mit verschiedenen Dielektrizitätskonstanten durch ungleichmäßige Erwärmung in ein und demselben Öl entstehen. Sorge[4]) hat nachgewiesen, daß die elektrische Festigkeit auch vom Elektrodenmaterial abhängig ist. So bewirkten Silber und Zink die

[1]) Journ. of the American Institute of Electrical Engineers **53**, 38 (1924).
[2]) Ingenieur-Ztg. **3**, 279 (1923).
[3]) E.T.Z. **43**, 453 (1923).
[4]) Arch. f. Elektrotechn. **13**, 189 (1924).

höchsten, Eisen und Messing die niedrigsten Durchbruchsfeldstärken. In einer ausführlichen Arbeit untersucht Draeger[1]) die Einflüsse der Eigendissoziation und der ultravioletten Strahlen auf die Leitfähigkeit und kommt zum Schluß, daß Eigendissoziation und Ionisation beim Durchschlag einen weit geringeren Einfluß ausüben als die Leitfähigkeit, die z. B. durch elektrolytische Verunreinigungen verursacht wird.

An dieser Stelle interessiert uns hauptsächlich der Einfluß hochdisperser Teilchen, vor allem die Änderung der elektrischen Festigkeit durch den Wassergehalt. Wir haben weiter oben schon angedeutet, daß die Mineralöle hygroskopisch sind. Die Aufnahme des Wassers geschieht infolge der Hydrophilie in erster Phase unter Bildung von Solvaten. Größere Partikelchen, die mikroskopisch nicht mehr sichtbar sind, können als Emulsion vorhanden sein. Von Friese[2]) wurde der Einfluß des Verteilungsgrades und die Abnahme der Durchschlagsfestigkeit von Öl experimentell verfolgt. Schon früher war von Hirobe, Ogawa und Kubo[3]) nachgewiesen worden, daß der Sättigungsgrad für Wasser sehr schnell erreicht wird. Bei einem Gehalt von 0,1⁰/₀₀ konnte ein starker Abfall der Durchschlagsfestigkeit beobachtet werden. Dieser Wert wurde von Friese so bestätigt: Währenddem ein mit allen Mitteln gereinigtes und getrocknetes Öl eine Festigkeit von 230 kV/cm aufwies, war bei oben erwähnter Sättigung der Wert nur noch 22 kV/cm. Ein weiterer Zusatz reduzierte diesen nicht mehr wesentlich. Nach Friese sollen die Kügelchen bei 0,1⁰/₀₀ von der Größenordnung 10 μ sein. Schröter[4]) hat solche bis 5 μ festgestellt. Er hat auch eine beträchtlich höhere Festigkeit für vollständig reines Öl, nämlich 340 kV/cm gemessen. Daß Wasser, das in Tropfenform ins Öl gerät, nicht sehr gefährlich ist, wurde von Rodman[5]) und Stäger[6]) bestätigt. In diesem Zusammenhange wurden von Shrader[7]) sehr interessante Beobachtungen gemacht. Er konnte nachweisen, daß bei langsamem Erhitzen von wasserhaltigem Öl 2 Minima für die Durchschlagsfestigkeit vorhanden sind. Beim ersten wird das in Emulsionsform vorhandene Wasser ausgetrieben und beim zweiten dasjenige, das adsorbiert oder als Solvat enthalten ist. Für das disperse System Wasser-Mineralöl und die elektrische Festigkeit desselben ist also anzunehmen, daß ein Teil des Wassers als Emulsion vorliegt und daher Unstetigkeitsflächen vorhanden sind. Beim Anlegen eines elektrischen Feldes wird diejenige disperse Phase mit der höheren Dielektrizitätskonstante in das Feld hineingezogen. Dadurch entsteht gewissermaßen ein geschichtetes Dielektrikum und der Durchschlag erfolgt nach den einleitend erwähnten Grundlehren der elektrischen Festigkeit. Ein anderer Teil des Wassers ist, wie mehrfach erwähnt, als Solvat in Form molekularer Adsorptionsverbindungen enthalten. Bei vorsichtigem Erwärmen wird auch dieses Wasser ausgetrieben und wir haben im Zusammenhange mit dieser Dehydratation nochmals die gleiche Erscheinung wie beim emulgierten Wasser und damit das zweite Minimum. Durch diese Annahme lassen sich die Versuche von Shrader wohl erklären.

Inwiefern die emulgierten Wasserteilchen als solche sich am Durchschlag beteiligen und wie wir uns den Vorgang vorzustellen haben, bevor die Ausbildung der

[1]) Arch. f. Elektrotechn. **13**, 366 (1924).
[2]) Wissenschaftl. Veröffentl. aus dem Siemens-Konzern **1**, 41 (1921).
[3]) Report Nr. 25 of the 3. Section of Imperial Departement of Communication 1916.
[4]) Arch. f. Elektrotechn. **12**, 67 (1923).
[5]) Electric Journ. **22**, 216 (1925).
[6]) Ztschr. f. angew. Chem. **39**, 311 (1926).
[7]) Journ. of the Franklin Institute **199**, 513 (1925).

Dampfbahnen und damit die Möglichkeit der Stoßionisation erfolgt, hat Gyemant[1]) mathematisch behandelt. Das Ergebnis der Rechnung stimmt bei gewissen Annahmen gut mit der von Friese experimentell festgestellten Kurve überein, so daß wir die Untersuchungen des Erstgenannten hier kurz besprechen müssen. Die Leitung im Dielektrikum erfolgt entweder durch Konvektion oder durch Verschiebung. Im ersten Falle befinden sich freibewegliche Elektronen und Ionen im Feld und legen darin kürzere oder längere Strecken zurück, bei dem zweiten werden diese vom Molekularverbande zurückgehalten; es ist nur eine Bewegung innerhalb der Moleküle möglich. Die Dipole werden unter dem Einfluß des elektrischen Feldes gerichtet und dabei treten Polarisationserscheinungen auf, wie sie Mikola[2]) für feste Dielektrika nachgewiesen hat. Aus der Polarisation kann ein intermittierender Verschiebungsstrom hervorgehen unter folgender Annahme: Ein Elektron kann sich aus nichtionisierbaren Molekeln, z. B. Benzol, bei noch so starker Erhöhung des Dipolmomentes nicht vollständig entfernen, eine Trennung mit nachfolgender freier Wanderung ist also nicht denkbar. Es ist aber möglich, daß die in Kettenform angeordneten Dipole stark deformiert werden, so daß das Elektron der einen Molekel stärker von dem Felde des Nachbardipols ergriffen wird als vom Felde der eigenen Molekel und dadurch überspringt. Dieser Vorgang wird sich gleichzeitig in der ganzen Kette vollziehen. Die elektrische Verschiebung kann auf diese Weise in eine dauernde elektrische Leitung übergehen. Ein solcher Strom kann lokale Wärmeentwicklung und Verdampfung verursachen und so den eigentlichen Durchschlag einleiten. Das Wasser im Mineralöl ist, wie wir bereits festgestellt haben, teilweise in Form von dispersen Teilchen als Kugeln in Emulsion vorhanden. Diese bilden gutleitende Punkte in einem nichtleitenden Medium. Der Mechanismus der Feldwirkung auf dieses System ist nach Gyemant so aufzufassen, daß die Wasserkugeln sich in der Feldrichtung dehnen und dann Entladungen zwischen den benachbarten Teilchen erfolgen. Die dabei angenommene Dehnung der Wasserteilchen läßt sich elektrostatisch begründen und man kann den Zusammenhang der Feldstärke und der stattfindenden Dehnung quantitativ ermitteln. Die Annahme einer Dehnung von 60—70% bei einem Teilchenradius von $r = 2 \cdot 10^{-3}$ cm, wie er den von Friese gemessenen entspricht, ergibt eine sehr gute Übereinstimmung der theoretischen Kurve mit der experimentell festgestellten, daß so die Annahme einer Dehnung der Wasserteilchen in der Emulsion unter dem Einfluß des elektrischen Feldes wohl berechtigt ist. Es ist bis jetzt noch nicht untersucht worden, inwiefern eine Dehnung für evtl. vorhandene Solvate in Betracht kommen kann.

Verunreinigungen, wie Fasern, die im Öl oft vorkommen und die Durchschlagsfestigkeit stark reduzieren, wirken wohl hauptsächlich nachteilig infolge ihrer hydrophilen Eigenschaften, d. h. der starken Adsorptionstendenz für Wasser. Friese hat nachgewiesen, daß die emulgierten Wassertröpfchen nicht von den Fasern aufgesaugt werden, sondern an der Oberfläche derselben festsitzen. Im elektrischen Felde werden sich diese aber genau gleich verhalten wie die freischwebenden.

Bei Freiluftstationen kann im Winter das Wasser im Öl gefrieren. Da die Differenz der spezifischen Gewichte bei gewissen Ölsorten sehr gering ist, so entstehen unter Umständen beständige Suspensionen, die eine wesentlich geringere Durchschlagsfestigkeit besitzen als reines Öl.

Aus dem Obigen ergibt sich für die Prüftechnik, daß eine Bestimmung der Durchschlagsfestigkeit bei Isolierölen nur geringen Wert haben kann. Viel wich-

---

[1]) Ztschr. f. Physik **33**, 789 (1925). — Wissenschaftl. Veröffentl. aus dem Siemens-Konzern **4**, 68 (1925).

[2]) Ztschr. f. Physik **32**, 476 (1925).

tiger ist das Verhalten derselben bei einer Dauerspannungsprobe, wie schon Engel-
hardt[1]) nachgewiesen hat. Der Schweiz. elektrotechnische Verein hat dementsprechend in seinen Lieferungsbedingungen an Stelle der üblichen Durchschlagsfestigkeit eine Dauerprüfung vorgeschrieben.

Neben den oben besprochenen Verwendungsarten der Mineralöle in Transformatoren und Schaltern müssen wir noch kurz die Verwendung in Hochspannungskabeln besprechen. Die Bemerkungen über das dielektrische Verhalten gelten
natürlich auch in der Kabeltechnik, dagegen sind bei dieser Verwendungsart noch
Erscheinungen zu beobachten, die in Schaltern und Transformatoren normalerweise
nicht vorkommen. In letzter Zeit ist diesem so wichtigen Gebiet der Hochspan-
nungstechnik erhöhte Aufmerksamkeit geschenkt worden, so daß im folgenden die
heutigen Auffassungen an Hand der wichtigsten Literatur kurz mitgeteilt werden
sollen. Riley und Scott[2]) schreiben der Viskosität von Kabelisolierölen eine
große Bedeutung für die Imprägnierung der Kabel zu. Die Viskosität soll möglichst
gering sein, damit die Öle gut in die Kabelisolationen eindringen. Ein Harzzusatz
wie er früher verwendet wurde, erhöht die Viskosität und ist daher nicht empfehlenswert. Der Stockpunkt der Öle ist auch in diesem Falle sehr wichtig, da bei hohem
Stockpunkt und rascher Belastung sich Blasen bilden, die das Dielektrikum stören.
Durch mehrmaliges Erhitzen und entsprechendes Abkühlen kann sich bei Methanölen der Stockpunkt verschieben. Ein Harzzusatz ist auch in diesem Falle
unerwünscht, da er auch den Stockpunkt erhöht. Harzmischungen sind im weiteren
nicht zur Isolation zu empfehlen, da sich an dem als Isolation verwendeten Papier
dialytische Vorgänge abspielen können, wodurch ein stark inhomogenes Dielektrikum entsteht, das die Ursache von Störungen ist. Auch diese Öle können im oben
beschriebenen Sinne durch Oxydation zerstört werden. Durch vergleichende Ver-
lustwinkelmessungen haben diese Autoren die Verhältnisse elektrisch in Funktion
der chemischen Zersetzung untersucht und festgestellt, daß je nach Art der Öle
große Unterschiede bestehen können. In Übereinstimmung mit früher angeführten
Untersuchungen stellen diese Forscher fest, daß das elektrische Feld unterhalb der
Koronaspannung keinen zerstörenden Einfluß auf die Isolieröle ausübt. Die Reinigung gebrauchter Öle hat keinen großen Wert, da nur Fremdkörper entfernt
werden, gewisse Oxydationsprodukte aber, die den Verlustwinkel in ungünstigem
Sinne beeinflussen, werden nicht erfaßt[3]).

Als direkte Folge von bestimmten elektrischen Beanspruchungen flüssiger
Isolierstoffe, wie Kabelöle geben Del Mar, Davidson und Marion[4]) folgende
Erscheinungen an:

1a) Polymerisation und Kondensation (Bildung des sog. X-Wachses).

1b) Verteilung der Komponenten nach der spezifischen Kapazität (oben erwähnte
dialytische Vorgänge).

1c) Änderung der Oberflächenspannung zwischen den einzelnen Teilen (was die
unter 1b) erwähnten Vorgänge beeinflussen kann).

Als indirekte Einflüsse ergeben sich:

2a) Wärmeeffekte, Verkohlung der organischen Materialien.

2b) Bildung chemischer Verbindungen durch Oxydation.

2c) Elektrolytische Einflüsse infolge von gebildetem Wasser, das auf endosmoti-
schem Wege in den Kabeln sich verschieben kann.

---

[1]) Arch. f. Elektrotechn. **13**, 181 (1924).
[2]) Journ. of the Institute of Electrical Engineers **66**, 815 (1928).
[3]) Engineer **76**, 581 (1928).
[4]) Transactions of the American Institute of Electrical Engineers **46**, 1049 (1927).

Auf die Bildung der unter 1a erwähnten, in der amerikanischen Literatur als X-Wachs bezeichneten, schmierigen und wachsartigen Substanz müssen wir noch kurz zu sprechen kommen. Durch den Einfluß der Korona entstehen in den Kabeln Polymerisationsprodukte und Kondensationsprodukte, letztere unter Abspaltung von Wasserstoff als Gas. Hirshfield, Meyer und Connell[1]) unterscheiden dementsprechend Öle, die stark zur Polymerisation neigen und daher weniger Gase bilden und solche, die unter nachteiliger Gasentwicklung vornehmlich kondensieren. Das Ideal wäre ein Material, das nur polymerisiert. Welche Art von Produkten entsteht, ist abhängig von den Kohlenwasserstoffen, die im ursprünglichen Öl vorhanden sind. Auch in bezug auf die Faserstoffe, die im Kabel verwendet werden, so z. B. Papier ist der Unterschied sehr wichtig. Öle, die stark polymerisieren und Wachs bilden, zerstören das Papier nicht, währenddem diejenigen Öle, die nicht zur Wachsbildung neigen, die Papierisolation infolge Oxydation durch Ozon zerstören.

Lind und Glocker[2]) haben das Verhalten verschiedener Kohlenwasserstoffe bei der elektrischen Entladung im Zusammenhange mit den oben erwähnten Erscheinungen untersucht und neuerdings haben Schöpfle und Connell[3]) die Veränderungen und die Bildung der Polymerisations- und Kondensationsprodukte unter dem Einflusse von Kathodenstrahlen experimentell erforscht.

Die hier behandelten Eigenschaften der Mineralöle im elektrischen Felde lassen sich natürlich auch auf andere flüssige organische Dielektrika übertragen. Da diese aber für die Praxis keine große Bedeutung haben, können wir uns mit der Angabe einiger bezüglicher Literaturstellen[4]) begnügen.

Faserstoffe. Von den festen Dielektrika sind vor allem sehr wichtig die Faserstoffe. Diese kommen in den verschiedensten Formen als Gespinste, Gewebe, Papier, Preßspan, roh und imprägniert zur Verwendung. Sie haben entweder direkt als Isolation zu dienen, oder nur als Träger für die eigentlichen Isolierstoffe, wie z. B. Glimmer. Als Fasermaterialien, die in der Mehrzahl der Fälle angewendet werden, kommen in Betracht Baumwolle und Seide, in Papier und Preßspan können gelegentlich auch andere vertreten sein wie Hanf und Jute. Von den drei in der Natur hauptsächlich vorkommenden Grundstrukturen haben wir es bei dieser Betrachtung also nur mit der fibrillären zu tun, und zwar gehören die Faserstoffe zum formbildenden Material des Organismus. In letzter Zeit hat sich die chemische Forschung intensiv mit diesem Produkt befaßt und bei allen Untersuchungen wurde versucht, mit Hilfe der kolloidchemischen Betrachtungsweise das Problem zu erfassen. Zellulose gehört nach den neuesten Kenntnissen zu den polymeren Kohlenhydraten oder Polysacchariden, die Seide zu den eiweißartigen Skleroproteinen.

Die Ansichten über den Aufbau der Fasern haben sich in letzter Zeit wesentlich geändert; vor allem gefördert wurde die Erkenntnis durch die Zuhilfenahme der Röntgenstrahlen. Die Zellulose besteht aus Faserbündeln, deren Strukturelement die Zelle, die Elementarfaser ist. Diese Elementarfaser löst sich aber bei mikroskopischer Betrachtung auf in einzelne feine Fäserchen, die als Primitivfaser oder Fibrille bezeichnet werden. Früher wurde diese Form als Einheit angenommen, durch Einführung der Röntgenuntersuchungsmethoden hat sich aber gezeigt, daß die Primitivfasern z. T. aus Kriställchen bestehen, die Stäbchen- oder Plättchen-

---

[1]) Revue Universelle des Mines 71, 101 (1928).
[2]) Journ. Am. Chem. Soc. 50, 1767 (1928).
[3]) Journ. Ind. and Eng. Chem. 21, 529 (1929).
[4]) Almy, Annalen der Physik 1, 508 (1900). — Sorge, Arch. f. Elektrotechn. 13, 189 (1924).

form haben. Nach Herzog[1]) haben wir als Aufbauschema anzunehmen: Elementar-
faser-Primitivfaser-Kriställchen, das wohl nicht nur für die Zellulose gültig ist,
sondern sich ohne Schwierigkeit auf die meisten andern natürlichen Fasern anwenden läßt. Die Kriställchen sind eingebettet in eine amorphe Substanz, die die
einzelnen kristallisierten Strukturelemente zusammenhält. Für das Entstehen der
Faser ist anzunehmen, daß die Fibrillenelemente sich in einer nicht strukturierten
Gallerte, die aus lockeren, wasserreichen Teilchen besteht, entwickeln. Wir haben
es also mit einer Umwandlung von Kolloidmizellen in Kristalle zu tun.

Sowohl während der Verarbeitung wie im Betrieb der elektrischen Maschinen
oder der Transformatoren werden an die verwendeten Fasern gewisse mechanische
Ansprüche gestellt. Die mechanischen Eigenschaften sind durch gewisse Eigen-
arten im Bau dieser Stoffe begründet. Als Charakteristikum für das mechanische
Verhalten haben wir auch in diesem Falle die Zerreißfestigkeit und die zugehörige
Bruchdehnung zu betrachten. Die Metalle, die andern wichtigsten Baustoffe der
modernen Industrie, bestehen aus einzelnen Kristalliten, die durch eine dünne
Schicht Kittsubstanz voneinander getrennt sind. Die Lagerung der Kristallite in
einer nicht strukturierten Kittsubstanz entspricht ungefähr der Annahme, wie wir
sie für Fasern gemacht haben. Wir können uns dementsprechend auch die Vorstellungen über die Veränderung bei mechanischer Beanspruchung, wie man sie
bei Metallen entwickelt hat, zunutze machen: Die bleibende Dehnung kommt dadurch zustande, daß Kristallschichten entlang kristallographisch bestimmter
Ebenen abgleiten. Mit fortschreitender Dehnung neigen sich die Gleitebenen immer
mehr, so daß die plastische Kristalldehnung zu einer Drehung des Gitters führt.
Mit zunehmender Belastung nimmt die Gleitfähigkeit ab, da Unregelmäßigkeiten
in den Atomlagen das Gleiten beschränken, der Kristall verfestigt sich. Diese
Vorstellung, die für den Einkristall ohne weiteres gültig ist, wird wesentlich komplizierter, wenn man die vielen Kristallite berücksichtigt, aus denen sich eine
Legierung zusammensetzt. Das Gleiten wird in dem Falle noch mehr beschränkt
durch die verschieden gelagerten Kristalle. In ähnlicher Art und Weise haben wir
uns bei mechanischer Beanspruchung die Vorgänge in der Faser vorzustellen. Die
Bedingungen sind hier allerdings wesentlich verwickelter, da die max. Dehnung
vom Feuchtigkeitsgehalt der Faser abhängig ist: Bei Baumwolle z. B. ist die Bruchdehnung am größten bei 100% Luftfeuchtigkeit. Wir müssen für die faserigen
Isolierstoffe folgende Grundannahme machen: Die natürliche Faser ist ein zweiphasiges System, das aus kristallisierten Elementen und amorpher Einbettungssubstanz besteht. Durch Aufnahme von Wasser erweicht diese und bietet dem
Abgleiten der Kriställchen sehr geringen Widerstand. Diese werden gegeneinander
verschoben bei mechanischer Beanspruchung, ohne daß aber Gleitebenen auftreten.
In diesem Falle sind also die kristallisierten Elemente die mechanisch festeren
Bestandteile im Gegensatz zu den Metallen. Je mehr Fremdstoffe in der Kittsubstanz der Faser vorhanden sind, um so größer ist die Quellfähigkeit. Eine Verfestigung, wie wir sie bei den Metallen antreffen, tritt bei Fasern nicht auf.

Feuchtigkeitsgehalt. Der Feuchtigkeitsgehalt ist nicht nur von großer Bedeutung
für die mechanische Festigkeit dieser Dielektrika, sondern
auch vor allem für die elektrischen Eigenschaften. Damit wir diese Zusammenhänge verstehen können, müssen wir erst noch einige grundsätzliche Anschauungen
besprechen. Die Fasermaterialien sind alle mehr oder weniger hygroskopisch: Wir
haben es mit ausgesprochenen hydrophilen Adsorbentien zu tun[2]). Die Einbettungs-

---

[1]) Ztschr. f. angew. Chem. **39**, 297 (1926).
[2]) Freundlich, Zellulosechemie **7**, 57 (1920).

oder Kittsubstanz wird infolge der Wasseraufnahme zur Quellung kommen. Die Quellungsbreite der einzelnen Fasern ist je nach den Wachstumsverhältnissen und vor allem je nach der Vorbehandlung stark verschieden. Die Veränderung in der Quellfähigkeit ist auch in hohem Grade abhängig vom Alter der Fasern, so daß Schwalbe[1] s. Zt. vorgeschlagen hat, bei allen Angaben über Versuche mit solchen Materialien das sog. Lageralter anzugeben. Für die Elektrotechnik sind diese Erscheinungen von größter Bedeutung, wie wir weiter unten im Zusammenhang mit den elektrischen Eigenschaften noch sehen werden. An dieser Stelle sollen jedoch erst noch einige Bemerkungen über die Trocknung der Fasermaterialien während der Fabrikation gemacht werden. Durch ungeeignete Ausführung dieses Prozesses kann die Hydrophilie der Faser zerstört werden, das reversible Kolloid geht über in ein irreversibles und damit ist aber auch die mechanische Festigkeit zum größten Teil zerstört. Diese Umwandlung vollzieht sich aber auch beim Lagern an der Luft im Laufe der Zeit und ist als Entquellung zu bezeichnen, somit als ein normaler Alterungsvorgang. Wenn die Faser vorsichtig behandelt wurde, und die Quellfähigkeit erhalten geblieben ist, dann ist der Quellungsgrad in hohem Maße abhängig von der Luftfeuchtigkeit. Textilfasern, die Luft mit Feuchtigkeitsgehalten von 2,5 bis 97% ausgesetzt worden sind, haben bei gleicher Temperatur erst eine gleichmäßige Wasseraufnahme gezeigt. Bei einem Feuchtigkeitsgehalt von 75% beobachtete man einen rascheren Anstieg, wie Obermiller und Göz[2] nachgewiesen haben. Bei gleicher Luftfeuchtigkeit, aber höherer Temperatur ist die Wasseraufnahme geringer. Wechselnder Barometerdruck hat nicht auf die Größe, sondern nur auf die Geschwindigkeit der Quellung einen Einfluß. Vollkommen trockene Fasern, deren Quellfähigkeit noch nicht durch übermäßige Hitze oder zu raschen Temperaturanstieg zerstört worden ist, wirken wie Phosphorpentoxyd. Die Wasseraufnahme ist in diesem Falle mit einer beträchtlichen Wärmeentwicklung verbunden. Ob es sich dabei um Kondensationswärme des Wasserdampfes handelt oder ob wir es mit einer Wärmetönung zu tun haben, die infolge der Adsorption auftritt, ist noch nicht entschieden. Neben dem eigentlichen Quellungswasser, das infolge der Hydrophilie der quellfähigen Substanz angezogen wird, haben wir in den Fasern noch das Wasser zu unterscheiden, das von den kapillaren Spalten aufgesogen wird und von Pfeffer[3] als Imbibitionswasser bezeichnet worden ist. Beim Trocknen wird erst dieses letztere ausgetrieben. Wenn wir die mechanische Festigkeit verfolgen, so können wir feststellen, daß keine wesentliche Abnahme der Dehnung erfolgt, wenn das kapillare Wasser entfernt worden ist, da die maximal gequollene Kittsubstanz immer noch ihre volle Elastizität beibehalten hat. Bei den heute vorhandenen Literaturangaben ist gerade dieser Punkt immer sehr wenig berücksichtigt worden. Da der Elektrotechniker in hohem Maße für die mechanischen Eigenschaften von Baumwolle und Papier sowohl in getränktem als in ungetränktem Zustande vor und nach dem Trocknen interessiert ist, so wäre es sehr zu begrüßen, wenn über diesen Punkt systematische Versuche gemacht würden unter Zuhilfenahme aller möglichen mechanischen Proben zur Kontrolle der Vorgänge bei der Entwässerung. Wie schon gesagt, ruft das Trocknen eine wesentliche Beschleunigung des Alterns hervor. Je rücksichtsloser und plötzlicher die Entwässerung der Faser geschieht, je höher die Trockentemperaturen sind und je länger sie angewendet werden, um so rascher ist die Quellfähigkeit und damit die mecha-

---

[1]) Papierfabrikant **24**, 38 (1926).

[2]) Melliands Textilberichte **7**, 71 (1926).

[3]) S. a. Bechhold, Kolloide in Biologie und Medizin, 5. Aufl. (Dresden 1929).

nische Festigkeit zerstört. Fisher und Atkinson[1]) haben für Kabelpapiere eine Dauererwärmung von 78⁰ C als Maximum vorgeschlagen, eine Verschlechterung auf 80% des Anlieferungszustandes erhielten sie nach 900 Stunden bei 100⁰ und nach 5 Stunden bei 150⁰. Schüler[2]) nimmt an, daß eine Verringerung der Festigkeit auf 40% des Anlieferungszustandes für Baumwolle und Papier noch zulässig sei und hat festgestellt, daß nach einer Erwärmungsdauer von 100—150 Tagen ein stationärer Zustand eintritt. Die Temperaturen, bei denen diese Werte erreicht werden, sind für Baumwolle in Luft 102⁰ C, in Öl 114⁰ C und bei Papier bei 125⁰ C in Öl. Hopper[3]) gibt an, daß die Beständigkeit der Fasermaterialien durch vorsichtiges Trocknen und Ölimprägnieren auf das 900fache gesteigert werden könne, wenn die Betriebstemperatur 90⁰ C nicht überschreitet. Wenn die Faserstoffe nicht imprägniert im Öl gelagert zur Anwendung kommen, so können direkte Oxydationsvorgänge eine große Rolle spielen je nach der Qualität des Öles, wie wir bereits früher gesehen haben. So kommt es, daß man oft bei Wicklungen in der Nähe der Oberfläche eine stärkere Zerstörung feststellen kann als bei den tiefer gelegenen. Unter dem Einfluß der Zersetzungsprodukte des Öles kann es auch vorkommen, daß eine Koagulation der Leimung eintritt und damit die mechanische Festigkeit zerstört wird. Die in der Isoliertechnik verwendeten geleimten Faserprodukte, wie Papier und Preßspan müssen also vor allem auch eine gute Leimfestigkeit in warmem Transformatorenöl aufweisen, wenn sie in solchem verwendet werden. Das bedingt, daß die Leimung bei der Herstellung der Fabrikate mit aller Vorsicht besorgt werden muß. Diese wird normalerweise mit Harz durchgeführt und die dabei in Betracht kommenden kolloidchemischen Erscheinungen sind von Lorenz[4]) studiert worden.

Bei den mannigfaltigen Verwendungszwecken der Faserstoffe in der Isoliertechnik spielt das Gefüge derselben eine große Rolle. Klemm[5]) hat sich eingehend mit der Gefügelehre von Papier befaßt. Der Vollständigkeit halber sollen hier einige Punkte erwähnt werden. Das sog. Netzgefüge ist für die mechanische Festigkeit von großer Bedeutung. Die Feinheit und die Länge der Fasern sind es, die das Gefüge zum großen Teil bedingen: Je länger und dicker die Fasern sind, um so weniger dicht ist das Gefüge, je feiner und kürzer, um so dichter. Je elastischer die Faser im wasserdurchtränkten gequollenen Zustande, um so weniger dicht ist das Papier. Der Holzschliff enthält viele Spaltfäserchen, die für die Verfilzung sehr günstig sind und große Dichte ergeben, dagegen niemals ein Netzgefüge herbeiführen. Dies kann aber bei reinem Holzschliff durch Zusatz netzbildender Materialien erreicht werden. Je nach dem Verwendungszweck in der Isolation müssen gewisse Gefügeeigenschaften gefordert werden, so wird für die zu imprägnierenden Papiere keine große Dichte, dagegen eine große Saugfähigkeit verlangt, z. B. für gewisse Kabelpapiere[6]). Bei Preßspänen zeigt sich nach den Untersuchungen von Flemming[7]) ungefähr folgendes Bild. Holzstoff-Preßspäne sind zu steif und neigen zu raschem Altern, Baumwollpreßspäne sind weich, porös, Jute- und Hanfpreßspäne sind beim Auskochen in Öl nicht beständig. Leinenpreßspäne sind dicht, gut biegsam und haben eine hohe Festigkeit.

Auf Grund der Flemmingschen Versuche wurde das für Isolierzwecke speziell geeignete preßspanähnliche Material Elephantide entwickelt, hergestellt aus Jute

---

[1]) Journ. of the American Institute of Electrical Engineers **40**, 183 (1921).
[2]) E.T.Z. **27**, 535 (1916).
[3]) Electrican **44**, 258 (1926).
[4]) Wochenbl. f. Papierfabrikation **53**, 4543 (1922).
[5]) Wochenbl. f. Papierfabrikation **54**, 2643 (1923); **57**, 92 (1926).
[6]) Belani, Der Papierfabrikant **23**, 728 (1925).
[7]) Electrican **84**, 2271 (1921).

und Baumwolle. Dieses Material, sowie ähnlich zusammengesetzte Isolierpreßspäne haben gute dielektrische und mechanische Eigenschaften, auch sind sie für die Verarbeitung genügend flexibel. Nach den Untersuchungen von Dunton und Muir[1]) wurde der Zusatz von Jute erniedrigt, da diese beim Altern im warmen Transformatorenöl schlechte mechanische Eigenschaften erhält. Die British Engineering Standards Association[2]) unterscheidet vier verschiedene Arten Isolierpreßspäne:

1. hart, nicht porös, unbehandelter Preßspan soll ein spezifisches Gewicht nicht unter 1,15 haben, das nach 18stündigem Trocknen bei 80⁰ C nicht über 1,30 steigen soll, gute dielektrische Eigenschaften;
2. weich, unbehandelter Preßspan soll ein spezifisches Gewicht unter 1,15 haben, das nach der gleichen Wärmebehandlung wie unter 1. nicht tiefer als 0,90 sein darf, verhältnismäßig geringe elektrische Festigkeit, dagegen wesentlich größere Saugfähigkeit als 1.;
3. extra dicht, unbehandelter Preßspan hat ein spezifisches Gewicht von über 1,3 nach der erwähnten Wärmebehandlung, größere elektrische Festigkeit als 1.;
4. dünn, unbehandelter Preßspan soll ein spezifisches Gewicht nicht unter 1,15 haben, sehr flexibel sein und hohe mechanische Festigkeit aufweisen nach der erwähnten Wärmebehandlung, wird hauptsächlich zu Nutenisolationen verwendet.

Bei der Herstellung elektrischer Preßspäne muß vor allem auf gut hydratisierte Zellulose geachtet werden.

Der Verein Deutscher Elektrotechniker[3]) verlangt in seinen Lieferungsbedingungen für Preßspan zwei verschiedene Qualitäten: solchen mit einem spezifischen Gewicht mit 1,25 und sog. Edelpreßspan mit einem spezifischen Gewicht von 1,4. Im weiteren sind Vorschriften gemacht für die mechanische Festigkeit, die Falzzahl und die elektrischen Eigenschaften.

In diesem Zusammenhange soll noch eine Frage angeschnitten werden, die schon oft zu großen Diskussionen Veranlassung gegeben hat, nach meiner Auffassung aber bis jetzt vom falschen Gesichtspunkt aus behandelt worden ist, nämlich diejenige nach der Verwendung von Sulfit- oder Natronzellulose. Retzow[4]) kommt auf Grund von vergleichenden Messungen zum Schluß, das Sulfitzellulose für Isolierpapiere nicht verwendet werden dürfe. Wenn wir den ganzen Herstellungsprozeß der Zellstoffe und des Papiers verfolgen und dabei sehen, welche Bedingungen vor allem im Hinblick auf das Alter der Faser und die damit verbundene Quellfähigkeit beim Aufschluß maßgebend sind, so kommt man zur Auffassung, daß eine Versuchsreihe ohne Berücksichtigung aller dieser Faktoren für eine Entscheidung nicht genügt. Belani hat z. B. elektrisch sehr gutes hochsaugfähiges Kabelpapier mit einem 20%igen Zusatz von Sulfitzellulose hergestellt. Beim Lagern des Holzes koagulieren die, kolloide Substanzen enthaltenden Pflanzensäfte und bilden eine Kittsubstanz aus, die sich mehr oder weniger schwer aufschließen läßt. Wird dieser Aufschluß richtig geleitet und die Leimung mit der nötigen Sorgfalt durchgeführt, so können für gewisse Zwecke sogar sehr gute Isolierpapiere aus Sulfitzellulose entstehen, wie durch Versuche des Verfassers belegt werden konnte. Viel wichtiger ist die Gleichmäßigkeit des Materials sowohl bei

[1]) Electrican 102, 569 (1929).
[2]) British Engineering Standards 231 (1925).
[3]) E.T.Z. 50, 360 (1929).
[4]) Kunststoffe 14, 21 (1924).

Papieren als bei Preßspänen, denn nur so ist eine gleichmäßige Imprägnierung zu erwarten oder wenn das Material als Träger verwendet werden soll, kann nur in diesem Falle mit einer gleichmäßigen Schichtung des Isolierstoffes gerechnet werden.

Früher wurde allgemein für die Kabelpapiere eine möglichst große Reißlänge gefordert um die nötige Festigkeit der Kabelisolation garantieren zu können. Hoyer[1] macht mit Recht darauf aufmerksam, daß diese Forderung keineswegs genügend ist, sehr wichtig ist vor allem auch die Dehnung der Kabelpapiere, und zwar sowohl in der Maschinen- als in der Querrichtung. Diese Eigenschaft tritt vor allem in Erscheinung beim Biegen der Kabel. Auch Hoyer tritt für die Verwendung von Zellulose ein, verlangt aber, daß diese vollständig frei sein muß von Metallsalzen. Der zur Fabrikation verwendete Zellstoff muß sehr gleichmäßig sein. Die Papiere zur Isolation von Schwach- und Starkstromkabeln unterscheiden sich sowohl in bezug auf die mechanischen Eigenschaften als vor allem auch in der Imprägnierungsfähigkeit, die vor allem für die Hochspannungskabel von großer Bedeutung ist. Zur Unterscheidung der einzelnen Papierarten werden diese oft mit substantiven Farbstoffen gefärbt, die aber keineswegs die elektrischen Eigenschaften beeinflussen dürfen, bei Hochspannungskabeln vor allem auch die Saugfähigkeit nicht beeinträchtigen dürfen. Riley und Scott[2] weisen darauf hin, daß das kolloidal gebundene Wasser, das als Zellbestandteil anzusprechen ist, bei Hochspannungskabeln die elektrische Festigkeit des Kabelpapieres nicht beeinträchtigt, seine Entfernung hätte im Gegenteil die Zerstörung der Faser zur Folge. Obschon die elektrischen Eigenschaften für solche hochwertige Isolationen sehr gute sein müssen, soll doch auch die Kapilarität ein Maximum aufweisen. Unter Berücksichtigung dieser Tatsache muß das Kalandrieren solcher Papiere verworfen werden, da dadurch die Oberfläche verschlossen wird. Während der Fabrikation können bei unvorsichtigem Arbeiten Salze adsorbiert werden, die die Wärmebeständigkeit (eine der wichtigsten Eigenschaften) und die Kapilarität sehr beeinträchtigen können. Die Lösung der Kabelpapierfrage liegt nicht darin, daß man, wie das früher gelegentlich geschehen ist, sog. Manilapapier vorschreibt, sondern es muß vielmehr darauf geachtet werden, daß die verwendeten Faserstoffe chemisch möglichst rein sind und der Herstellungsprozeß in dem oben kurz geschilderten Sinne richtig geleitet wird, damit die Fasern im fertigen Papier die besten kolloidchemischen Eigenschaften aufweisen.

Alle die oben geschilderten Verhältnisse, die mit der kolloiden Struktur der natürlichen Faserstoffe zusammenhängen, bedingen auch in hohem Maße das Verhalten dieser Materialien im elektrischen Feld und entscheiden damit über die Verwendbarkeit als Dielektrikum. Vor allem ist es die Feuchtigkeit, die wie auch bei den Isolierölen, eine ausschlaggebende Bedeutung hat. In der feuchten Faser kann bei Anlegen einer Spannung durch vorhandene Salze direkte Leitfähigkeit oder aber auch kataphoretische Überführung gewisser kolloidgelöster Bestandteile auftreten. An den Membranen können durch Diffusionsvorgänge Inhomogenitäten unter teilweiser Polarisation erzeugt werden und so die Ursache örtlicher Erwärmungen und der Störung des thermischelektrischen Gleichgewichtes sein. Es wurde oben schon kurz darauf aufmerksam gemacht, von welcher Bedeutung in der Beziehung die Leimung von Isolierpapieren sein kann. Bei der vorstehenden Betrachtung der Verteilung des Wassers in den Fasern haben wir festgestellt, daß ein Teil als Quellungswasser und ein anderer Teil als Imbibitionswasser in den kapillaren Spalten vorhanden ist. Auch die erwähnten Versuche über die Abhängigkeit der

---

[1] Kunststoffe **18**, 29 (1928).
[2] Electrician **102**, 441 (1929).

Wasseraufnahme vom Feuchtigkeitsgehalt der Luft, haben deutlich gezeigt, daß zwei verschiedene Stufen zu unterscheiden sind, da von einem bestimmten Feuchtigkeitsgehalt an die Wasseraufnahme viel rascher erfolgt. Für das Verhalten im elektrischen Feld ist diese Unterscheidung ebenfalls von großer Bedeutung, da die Stromleitung in hohem Maße abhängig ist von der Anordnung des Wassers in den Fasern und den kapillaren Zwischenräumen. Die Leitfähigkeit und damit der Isolationswiderstand ist von der Spannung abhängig, und zwar nimmt erstere mit zunehmender Spannung zu. Es ist anzunehmen, daß sich die kapillaren Wasserhäute mit zunehmender Feldstärke verdicken. Der Grund liegt darin, daß unter dem Einfluß des Feldes die Oberflächenspannung geändert wird. Infolge dieser Feuchtigkeitsverteilung im Faserstoff durch das elektrische Feld ist auch eine Abhängigkeit des Verlustwinkels von der Spannung beobachtet worden. Dieser wird mit steigender Spannung größer, je niedriger die Frequenz ist, da die Diffusionserscheinungen an den Membranen raschen Spannungsänderungen nicht so schnell zu folgen vermögen wie langsamen. Wie diese Vorgänge sich abspielen, läßt sich sehr gut an einem Modell veranschaulichen, das von Evershed[1]) angegeben wurde. Abb. 255 zeigt die Anordnung. Zwei mit Wasser gefüllte Näpfchen sind durch eine Glasröhre von 0,3—0,35 mm lichter Weite verbunden. In dieser sind noch einzelne Luftblasen enthalten, da sie nicht ganz gefüllt wurde. In der Abb. 255, I, sehen wir, daß die Stromleitung nur durch die kapillare Wasserhaut an der Röhrenwand übernommen wird. Der ganze Widerstand dieser Anordnung ist

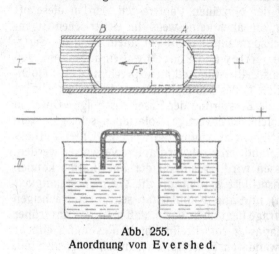

Abb. 255.
Anordnung von Evershed.

also in diesem Wasserhäutchen zu suchen. Wenn man nun die Spannung erhöht, dann verdickt sich die Wasserhaut, infolge der bereits erwähnten Oberflächenspannungserniedrigung. Die mikroskopische Betrachtung hat gezeigt, daß die Verdickung am positiven Pole beginnt und sich als Wanderzelle fortsetzt. Sehr gut lassen sich die Versuchsbedingungen vergleichen mit den praktisch vorkommenden Verhältnissen, wenn man mehrere solcher Röhren parallel schaltet. So lange keine zusammenhängende Wasserhaut in der Faser vorhanden ist, kann somit auch keine Elektrizitätsleitung stattfinden. Wenn die getrocknete Faser der Luftfeuchtigkeit ausgesetzt wird, so nimmt sie erst das Quellungswasser infolge der großen Hydrophilie auf und erst dann werden die kapillaren Spalten ausgefüllt, die dann eine bestimmte Leitfähigkeit verursachen. Versuche von Schwaiger[2]) können wohl in diesem Sinne gedeutet werden. Er konnte nachweisen, daß bei nicht imprägnierten, hygroskopischen Isoliermaterialien die Durchschlagsfestigkeit bei niedriger relativer Luftfeuchtigkeit nur sehr wenig abnimmt. Bei Feuchtigkeitsgehalten von 40—70 % tritt aber ein starker Abfall auf und nachher bleibt sie wieder mehr oder weniger konstant, wie aus Abb. 256 hervorgeht. Wie wir bei den Isolierölen gesehen haben, daß das Wasser in Form von Solvaten keinen großen Einfluß auf

---

[1]) Journ. of the American Institute of Electrical Engineers **52**, 51 (1913).
[2]) Arch. f. Elektrotechn. **3**, 332 (1915).

die elektrische Festigkeit ausübt, so können wir bei den Faserstoffen beobachten, daß das Quellungswasser, insofern keine spaltende Adsorption oder ähnliche Vorgänge eine Rolle spielen, die Durchschlagsfestigkeit nicht so stark reduziert wie das Imbibitionswasser. Mit mehrmaligem Trocknen wird sich die Erscheinung ändern. Da mit dem Altern der Fasern die Quellfähigkeit zurückgeht, wird auch der Anteil an Quellungswasser immer kleiner. Die kapillaren Spalten füllen sich rascher und damit tritt schon früher eine Reduktion der elektrischen Festigkeit ein, wie das schon an einigen Fällen nachgewiesen werden konnte. Bei elektrischen Prüfungen an Kabelpapier muß vor allem berücksichtigt werden, daß sich der Feuchtigkeitsgehalt des Papieres mit der Luftfeuchtigkeit ins Gleichgewicht zu setzen versucht. Das Papier verhält sich in der Beziehung wie ein ausgesprochenes Gel. Die Wasseraufnahme erfolgt in der Querrichtung rascher als in der Längsrichtung. Dementsprechend kann eine Quellung bis zu 30 % der ursprünglichen Dimension erfolgen, wie Walter[1]) nachgewiesen hat. Die Wasseraufnahme und -abgabe ist ein reversibler Vorgang, solange nicht durch höhere Temperatur die Quellfähigkeit der Faser zerstört worden ist. Schon Whitehead[2]) hat mit Nachdruck darauf hingewiesen, daß neben den elektrischen Eigenschaften vor allem die mechanischen, die Porosität usw. bei einer einwandfreien Begutachtung eines Isolierstoffes berücksichtigt werden müssen.

Bei stark entquollenen und gealterten Fasern, bei denen das Quellungswasser keine große Rolle mehr spielt, ist um so wichtiger das kapillaradsorbierte Wasser, das vor allem auch für die Oberflächenleitfähigkeit eine große Rolle spielt. Nach den Versuchen von Curtis[3]) ergibt sich, daß diejenigen Stoffe, bei denen sich keine zusammenhängende Wasserhaut ausbilden kann, einen sehr hohen und von der Luftfeuchtigkeit nahezu unabhängigen Oberflächenwiderstand haben. Bei Schellack wurde z. B. trotz beträchtlicher Wasseraufnahme keine Veränderung der Oberflächenleitfähigkeit beobachtet, was wiederum ein Beweis für unsere Behauptung ist, daß dem Quellungswasser nicht die gleiche Bedeutung zukommt, wie dem kapillaradsorbierten. Der Einfluß der Temperatur konnte nicht eindeutig festgestellt werden. Es ist nach K. W. Wagner wohl die Behauptung richtig, daß diese im Bereich der Zimmertemperatur keinen Einfluß ausübt im Verhältnis zu den Schwankungen der Luftfeuchtigkeit. Wenn gewisse ungeeignete Leimungsmittel verwendet worden sind, die durch adsorbierte Feuchtigkeit hydrolytisch gespalten werden, wir es also mit einer hydrolytischen Adsorption zu tun haben, dann kann der Temperatureinfluß unter Umständen sehr in Betracht kommen, und wir haben dann nicht eine Abnahme der Oberflächenleitfähigkeit zu erwarten, wie das nor-

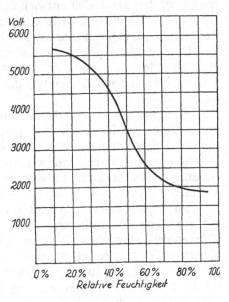

Abb. 256.
Durchschlagsfestigkeiten von Faserstoffen in Abhängigkeit von Luftfeuchtigkeit.

[1]) Papierfabrikant **27**, 369 (1929).
[2]) Journ. of the American Institute of Electrical Engineers **42**, 618 (1923).
[3]) Bulletin Bureau of Standards, Washington **11**, 359 (1915). — E.T.Z. **27**, 469 (1916).

malerweise mit steigender Temperatur infolge der Verdampfung des Wassers der Fall ist, sondern bis zu einem gewissen Punkt nimmt diese zu. Unter Umständen kann infolge örtlicher Wärmeentwicklung auch Koagulation der kolloid gelösten hydrolytischen Spaltprodukte auftreten, womit dann eine Abnahme der Oberflächenleitfähigkeit verbunden ist. Diese gleichen Annahmen lassen sich natürlich auch auf den Durchgangswiderstand übertragen. Wenn der Oberflächenwiderstand mit Wechselstrom gemessen wird, dann werden in der Regel niedrigere Werte erhalten als mit Gleichstrom. Dieser kann eben nur fließen in einer zusammenhängenden Wasserhaut von Pol zu Pol, währenddem sich der Wechselstrom auch in den nichtleitend verbundenen Stellen als Verschiebungsstrom fortsetzen kann. Die Vorstellungen, die man sich heute über diesen Vorgang macht, wurden schon früher bei den Isolierölen entwickelt. Wir haben auch dort schon gezeigt, daß es sich um ein rein dispersoidelektrisches Problem handelt: Die Deformation disperser Teilchen in starken elektrischen Feldern. Wie Friese nachgewiesen hat, kann die Feuchtigkeit auch in Form disperser Tröpfchen auf der Oberfläche der Faser sitzen ohne einzudringen. Diese Tröpfchen werden sich gleich verhalten wie diejenigen in der Emulsion, so daß auch hier die Annahmen von Gyemant ihre Berechtigung haben.

Nicht nur die Feuchtigkeit beeinträchtigt die elektrischen Eigenschaften von Isolierpapier, sondern auch evtl. eingeschlossene Luft. Es muß daher durch geeignete Behandlung dafür gesorgt werden, daß die letzten Luftreste vor den Isolationsprüfungen entfernt werden. Eingehende Untersuchungen über diesen Gegenstand sind ausgeführt worden von Whitehead, Hamburger und Kouvenhoven[1]). Wenn papierisolierte Kabel der Korona ausgesetzt werden, dann kann aus dem Papier Wasser abgespalten werden, dadurch wird dieses aber sehr spröde, wie aus den Untersuchungen von Schöpfle und Connell[2]) hervorgeht. Die Autoren versuchten diesen Vorgang mit Hilfe von Kathodenstrahlen nachzuahmen. Sie erhielten dabei Zersetzungsprodukte der Zellulose mit sehr hohen Kupferzahlen aus sauren Eigenschaften. Unter dem Einfluß der Koronaerscheinungen im Betrieb war aber keine Strukturveränderung der verwendeten Papiere in der gleichen Zeit festzustellen, auch waren die festgestellten Kupferzahlen niedriger. Daraus geht hervor, daß die Einwirkung der Kathodenstrahlen stärker ist als diejenige der Koronaerscheinungen.

Neben Papier werden auch Gewebe in den verschiedensten Formen in der Isoliertechnik verwendet. Für diesen Zweck nicht speziell behandelte Gewebe, wie sie die Textilindustrie normalerweise liefert, haben schlechte elektrische Eigenschaften, die durch Imprägnierung mit isolierenden Überzügen und andere Zwischenbehandlungen verbessert werden müssen. Durch die damit verbundene Trocknung wird infolge Entquellung und damit zusammenhängender Schrumpfung auch eine größere Festigkeit erzeugt. Für die Trocknungsvorgänge gelten dieselben Richtlinien wie sie weiter oben schon kurz für die Kabelpapiere besprochen worden sind. Für Gewebe, die für Isolierzwecke verwendet werden sollen, haben Dunton und Muir[3]) Richtlinien für Lieferungsbedingungen aufgestellt.

Für gewisse Zwecke, wie z. B. die Nutenisolation von Generatoren und Motoren, wird Papier in Verbindung mit Glimmer verwendet. Als Ausgangsmaterial wird das sog. Mikafolium benutzt. Es ist dies ein einseitig mit Glimmer beklebtes Papier, das auf die Kupferleiter warm aufgepreßt wird. Es kann wohl mit Recht

---

[1]) Journ. of the American Institute of Electrical Engineers **46**, 939 (1927); **47**, 565 (1928).
[2]) Journ. Ind. and Eng. Chem. **21**, 529 (1929).
[3]) Electrician **102**, 439 (1929).

behauptet werden, daß Schellack neben Kautschuk eine sehr wichtige Rolle in der Isoliertechnik spielt. Da Kautschuk schon an anderer Stelle behandelt worden ist, haben wir uns noch mit dem Schellack etwas eingehender zu befassen als Beispiel für die große Klasse der natürlichen Harze, die in den verschiedensten Formen in der Elektrotechnik gebraucht werden. Es ist heute eine vielverbreitete Ansicht, daß die spezifischen Eigenschaften der natürlichen Harze nicht nur bedingt sind durch die chemische Zusammensetzung und Struktur, sondern vor allem durch kolloid-chemische Verhältnisse.

Schellack ist der wichtigste Vertreter der sog. Aliphatoretine[1]). Der Schellack ist ein Gemisch verschiedener Stoffe. Durch die Untersuchungen von Tschirch und Farner[2]) haben wir die ersten Aufklärungen über die Zusammensetzung dieses Naturharzes erhalten. Später haben Tschirch und Lüdi[3]) dasselbe vollständig abgebaut. Je nach der Wirtspflanze kann der Schellack verschieden zusammengesetzt sein. Stocklack, der in älteren Isolationen noch verhältnismäßig häufig angetroffen wird, heute aber nur noch gelegentlich Verwendung findet, enthält wasserlösliche Anteile, die teilweise starke elektrolytische Leitfähigkeit bedingen. Daneben können aber auch kolloide Substanzen enthalten sein, die unter dem Einflusse des elektrischen Feldes zu kataphoretischen Erscheinungen führen. Durch diese Vorgänge entwickelte Wärme können gewisse Harzbestandteile durch Wärmekoagulation elektrisch unschädlich werden, unter Umständen kann dadurch aber auch die Klebefähigkeit stark zurückgehen. Eine zusammenfassende Schilderung des Schellacks und seine Eigenschaften, wie er für die Isoliertechnik in Frage kommt, findet sich bei Nagel und Körnchen[4]). Für unsere Betrachtungen sind vor allem wichtig die Untersuchungen von Harries und Nagel[5]). Das für die spezifischen Eigenschaften des Schellacks ausschlaggebende sog. Reinharz wurde von diesen Forschern vor allem untersucht. Das Reinharz ist zu 79—81% im Schellack enthalten und läßt sich durch Äther ausziehen. Durch hydrolytische Spaltung konnten bis jetzt zwei Substanzen daraus isoliert und identifiziert werden: Zu 30% die Aleuritinsäure, die, wie von diesen Forschern nachgewiesen wurde, eine Trioxypalmitinsäure ist[6]) und zu 8—10% die Schellolsäure, eine hydroaromatische Dioxykarbonsäure. Weitere Spaltprodukte, die zu etwa 30% aus Oxysäuren und zu 30% aus färbenden Bestandteilen und nicht zu identifizierenden Beimengungen bestehen, konnten bis jetzt nicht kristallisiert erhalten werden. Die Aleuritinsäure hat eine große Tendenz zur Laktonisierung und Veresterung, so daß Harries und Nagel die Ansicht vertreten, daß das Schellackmolekül aus Oxysäuren aufgebaut ist, die sich in laktidartiger Bindung befinden und sich wohl mit den Milchsäureharzen vergleichen lassen.

Das Reinharz zeigt nun sowohl bei der hydrolytischen Spaltung als bei der Behandlung mit verschiedenen Lösungsmitteln oft ein eigenartiges Verhalten; woraus geschlossen werden muß, daß es in verschiedenen Modifikationen auftreten kann[7]). Das Reinharz wird, wie bereits angedeutet, durch Ausschütteln mit Äther und mehrmaligem Ausfällen mit Alkohol erhalten und bildet ein bräunlichweißes Pulver, das in Alkohol, Eisessig, starker Ameisensäure und Ätzkali leicht löslich ist. Durch das letztere wird es mit der Zeit hydrolysiert. Es ist abei auch möglich, ein

---

[1]) Nomenklatur nach Tschirch, Harze und Harzbehälter, 2. Aufl.
[2]) Arch. der Pharm. **35** (1899).
[3]) Helv. Chim. Acta **6**, 994 (1923).
[4]) Wissenschaftl. Veröffentl. aus dem Siemens-Konzern **6**, 235 (1927).
[5]) Ber. **55**, 3833 (1922).
[6]) Wissenschaftl. Veröffentl. aus dem Siemens-Konzern **1**, 178 (1922).
[7]) Harris und Nagel, Wissenschaftl. Veröffentl. aus dem Siemens-Konzern **3**, 253 (1923).

Produkt zu erhalten, das im Aussehen und den meisten Eigenschaften mit dem geschilderten Reinharz übereinstimmt, sich aber dadurch charakteristisch unterscheidet, daß es völlig unlöslich ist, selbst in siedendem Alkohol, und sich durch Lauge nicht hydrolysieren, wohl aber lösen läßt. Durch Auflösen in Eisessig oder Ameisensäure und Ausfällen mit Wasser erhält man eine Modifikation, die wohl alkohollöslich, nicht aber hydrolysierbar ist. Erst durch Lösen desselben in Alkohol und Ausfällen mit Wasser kann man ein Reinharz erhalten, das auch punkto Hydrolyse dem ursprünglichen entspricht. Harries[1]) nimmt an, daß wir es bei diesen Vorgängen mit Aggregationen und Desaggregationen zu tun haben. Es handelt sich bei diesen Umwandlungen somit um eine Umänderung des Dispersitätsgrades, wobei anzunehmen ist, daß eine oder mehrere disperse Phasen sich zu einem System zusammenschließen, das eine gewisse Festigkeit, vielleicht durch gegenseitige Adsorption infolge Oberflächenwirkung erlangt. Das Aggregat besitzt mehrere Moleküle als einfache disperse Phase. Diese Aggregationen stehen somit im Gegensatz zu Polymerisationen und lassen sich durch Peptisation in einfachere disperse Phasen desaggregieren. Das Schellack-Reinharz ändert seine Eigenschaften je nach dem Lösungsmittel, mit dem es behandelt wird. In der Beziehung haben wir, wie gesagt, 3 Modifikationen zu unterscheiden: Alle 3 werden von Kalilauge aufgenommen, von Alkohol nur 2. Eine Modifikation wird durch Lauge hydrolysiert, die andern bleiben unverändert. Durch Peptisation mit hydroxylhaltigem Lösungsmittel können aber auch diese wieder hydrolysierbar werden. Das nicht hydrolysierbare Harz hat einen Zersetzungspunkt bei 240° C. Durch Eisessig oder Ameisensäure ist die Peptisation schon so weit vorgeschritten, daß es wieder alkohollöslich wird und einen Schmelzpunkt von 108° C hat. Löst man in Alkohol und fällt mit Wasser, dann ist die Desaggregation vollständig und das Produkt hydrolysierbar.

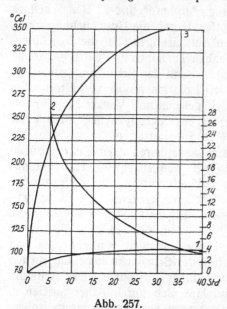

Abb. 257.
Veränderung des Schellacks bei Dauererwärmung.
1. Gewichtsabnahme von Schellack bei 100° C
2. Abnahme der Alkohollöslichkeit von Schellack
3. Ansteigen der Schmelzpunkte von Schellack.

Die in Alkohol unlösliche Phase kommt durch Koagulation zustande, wir können sie als grobe Dispersion betrachten. Infolge der Aggregation mehrerer disperser Phasen ist kein genügender Angriffspunkt für die chemische Einwirkung gegeben. Durch Peptisation werden die Aggregationen aufgelöst und wir erhalten die aktive Phase wieder zurück. Harries nimmt auch noch eine mehr physikalische Erklärung zur Hilfe: Die Peptisation erfolgt durch einen Hydroxylträger, nämlich Alkohol. Das spricht für eine elektrische Entladung oder Umladung, wodurch die Änderung des Dispersitätsgrades und damit die Störung der gegenseitigen Adsorption verschiedener disperser Phasen erfolgen kann.

---

[1]) Wissenschaftl. Veröffentl. aus dem Siemens-Konzern 3, 248 (1923).

Diese Anschauungen über die verschiedenen Modifikationen des Schellack-Reinharzes waren die Grundlage für Versuche einer Partialsynthese durch Harries und Nagel[1]).

Gardner und Whitemore[2]) haben sich neuerdings auch mit der Konstitution des Schellacks befaßt an Hand von Lösungsversuchen in verschiedenen Lösungsmitteln. Als beste Lösungsmittel sind solche festgestellt worden, die Hydroxylgruppen oder Carboxylgruppen enthalten, im weiteren Ketone und basische Amine. Die besten sind aber die Alkohole oder diejenigen mit alkoholischen Gruppen. Lösungsmittel, die Hydroxylgruppen enthalten, lösen den Schellack auch dann sehr gut, wenn andere freie Gruppen vorhanden sind, die Länge der Kohlenwasserstoffkette hat dabei keine Bedeutung. Für möglichst gute Löslichkeit ist ein bestimmtes Verhältnis O/C im Lösungsmittel erforderlich.

Für die Isoliertechnik ist vor allem wichtig das Verhalten des Schellacks in der Wärme. Obige beiden Forscher haben folgende Resultate gefunden: Bei ca. 90° C beginnt das Reinharz unter Aufblähen zu schmelzen. Es handelt sich dabei nicht um eine Zersetzung sondern um eine Wasserabgabe. Bei 200° C verliert das Produkt die flüssige Konsistenz und geht in eine zähe Masse über, die beim Erkalten steinhart wird. Diese ist bis 300° C nicht schmelzbar, unlöslich und nicht hydrolysierbar. Als A-Form wird die noch lösliche peptisierbare Form bezeichnet. Oberhalb 200° C entsteht die X-Form. Der Übergang der A- in die X-Form ist nicht reversibel. Eigene Versuche haben ähnliche Resultate ergeben. In Abb. 257 sind die Kurven für das Verhalten bei längerem Erwärmen eingezeichnet. Bei mehrstündigem Erhitzen auf 100° C erhält man ein Produkt, dessen Schmelzpunkt demjenigen der X-Form von Harries entspricht, das nicht mehr löslich und nicht mehr peptisierbar, dagegen in der Wärme noch verseifbar ist. Bei dieser Behandlung muß auch wieder die Bildung einer nicht reversiblen Aggregation angenommen werden, da die Elementarzusammensetzung sich nicht geändert hat und die Verseifbarkeit in der Wärme erhalten geblieben ist:

	% C	% H
Elementare Zusammensetzung von Reinharz	61,4	8,7
nach 40stündigem Erwärmen auf 100° C	62,0	8,1

	Schellack	Reinharz
Verseifungszahl Anlieferungszustand	197	186
nach 40stündigem Erwärmen auf 100° C	190	187

Der Schmelzpunkt ist aus der Kurve ersichtlich.

Die elektrische Leitfähigkeit ändert sich mit steigender Temperatur. Mehrmaliges Umschmelzen beeinflußt diese Veränderung jedoch nicht wesentlich, was wiederum ein Beweis für die Annahme der Bildung von Aggregationen ohne Strukturänderung ist. Wenn wir das Reinharz jedoch über 170° C erhitzen, dann kann eine Veränderung in der Leitfähigkeit festgestellt werden, die wesentlich von der früheren abweicht, so daß man in diesem Falle annehmen muß, daß Polymerisationen oder ähnliche Vorgänge bei dieser Temperatur vor sich gehen. Ein weiterer Beweis, daß wir es bei längerem Erwärmen von Schellack, bzw. Reinharz, nur mit Dispersitätsgradänderungen durch Aggregation infolge Hitzekoagulation zu tun haben, ist das Verhalten in einer Ozonatmosphäre. Für den elektrischen Betrieb

---

[1]) Wissenschaftl. Veröffentl. aus dem Siemens-Konzern **3**, 12 (1924).
[2]) Journ. Ind. and Eng. Chem. **21**, 226 (1929).

ist es sehr wichtig, den Einfluß von Ozon auf Schellack zu kennen, da bei Glimmerscheinungen viel Ozon erzeugt wird, das unter Umständen die Isolation zerstören kann. Eine Einwirkung ist in der Praxis unter Umständen anzunehmen, da Harries einen ozonidartigen Körper bei der Einwirkung von Ozon auf Schellolsäure erhalten hat. Bei unseren Versuchen konnten wir, unter dem Betrieb angepaßten Verhältnissen, jedoch keine Einwirkung feststellen. Sowohl Reinharz im frischen Zustand, als auch mehrmals umgeschmolzenes reagierte nach längerer Einwirkung von Ozon nicht mit diesem. Auch fand keine Polymerisation über eine Peroxydbildung statt, da die Jodzahlen vor und nach der Einwirkung genau den gleichen Wert aufwiesen.

Kunstharze. Die natürlichen Harze, wie Schellack, sind z. T. verdrängt worden durch die sog. Kunstharze. Diese spielen heute in Verbindung mit Papier und anderen Trägern oder Füllstoffen in der Isoliertechnik vor allem in Form der Phenolformaldehydharze eine große Rolle.

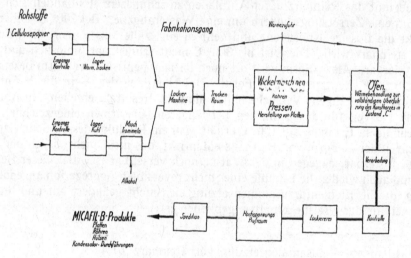

Abb. 258.
Verarbeitungsschema der Kunstharze.

Die alkalisch kondensierten härtbaren Phenolformaldehydharze werden im sog. A-Zustand als schmelzbare, leichtlösliche Produkte zu Isoliermaterialien verarbeitet. Durch Erwärmung geht diese Form über in einen noch schmelzbaren, in Alkohol unlöslichen, aber quellbaren B-Zustand. Bei weiterer Erwärmung tritt der C-Zustand auf, der ein unschmelzbares, in Lauge lösliches oder quellbares Produkt darstellt. Wenn wir zum Vergleich das Schellackreinharz herbeiziehen, so können wir bei der Gruppe der Phenolharze den A-Zustand als die eigentliche Kondensationsphase bezeichnen, die bei ersteren in der Natur durchschritten wurde. Diese Reaktion wird von Wasserabspaltung begleitet. Dabei bilden sich noch leichtflüchtige Zwischenkondensationsprodukte bei den Kunstharzen aus. Die Gesamtheit der flüchtigen Produkte wird als Kondensations- oder Härteverluste bezeichnet.

Abb. 258 zeigt den Fabrikationsvorgang zur Herstellung von Isoliermaterialien, wie er z. B. bei der A.G. Micafil in Altstetten (Zürich) durchgeführt wird[1]. Abb. 259 veranschaulicht die Herstellung des sog. bakelisierten Papiers, das dann auf der

---

[1] Ich möchte an dieser Stelle der A.G. Micafil den besten Dank aussprechen für die Überlassung dieser Abbildung.

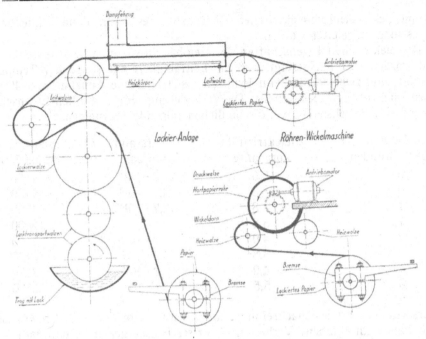

Abb. 259a.   Abb. 259b.
Herstellung des bakelisierten Papiers, und Röhrenwickelmaschine.

Röhrenwickelmaschine in allen möglichen Dimensionen zu Isolierzylindern ver-arbeitet wird. Abb. 260 ist eine Mikroaufnahme einer durchgeschnittenen Isolier-platte in 43facher Vergrößerung.

Für die Eigenschaften des Endproduktes ist vor allem maßgebend die Qualität des Papiers. Da das Harz im A-Zustand, in welchem es, wie wir oben gesehen haben, noch Wasser abspaltet, auf das Papier aufgetragen wird, so ist für die elektrische Festigkeit ausschlaggebend der Zustand der quell- und saugfähigen Faser im Momente des Auftragens des Harzes auf das Papier in der sog. Bakelisiermaschine. Das bei der Kondensation sich entwickelnde Wasser wird vom Faserstoff z. T. auf-gesaugt und kann unter Umständen nur teilweise bei der Weiterverarbeitung aus diesem entfernt werden. Wenn sich, wie wir bei der Besprechung der Faserstoffe gesehen haben, eine zusammenhängende Feuchtigkeits-schicht ausbilden kann, dann ist die elektrische Festig-keit ungenügend. So hat Breuer[1]) gefunden, daß die Durchschlagsfestigkeit mit der Saugfähigkeit des Papiers abnimmt. Er verlangt deshalb für diesen Verwendungs-zweck ein möglichst nicht saugfähiges Papier. Wenn die Aggregation des Harzes, die durch nachträgliches Erwärmen durchgeführt wird, nicht genügend ist, dann kann unter dem Einflusse des elektrischen Feldes ein ganz verschiedenes Verhalten resultieren, das durch kataphoretische Verschie-bungen der einzelnen Zwischenreaktionsprodukte verursacht wird. Durch örtliche

Abb. 260.
Mikroaufnahme einer Isolier-platte aus Kunstharz.

¹) Kunststoffe **15**, 17 (1925).

Störung des thermisch-elektrischen Gleichgewichtes kann dann schließlich der Durchschlag eingeleitet werden.

Die elektrischen Eigenschaften des Reinbakelites sind von Mannel[1]) untersucht worden. Er hat gezeigt, daß die Leitfähigkeit mit steigender Temperatur zunimmt, und zwar wurde beim Erhitzen bis 204° C eine Abnahme um 40% des ursprünglichen Wertes festgestellt. Die Veränderung der elektrischen Eigenschaften während des Bakelisierens veranschaulichen folgende Messungen.

Wärmebehandlung 105° C Stunden	Dielektrizitäts-konstante	Widerstand Ohm/cm³	Durchschlagsfestigk. Volt 0,05 mm
0	16,5	$17,2 \cdot 10^{11}$	1450
0,5	3,8	$2,7 \cdot 10^{13}$	1700
1	3,8	$2,7 \cdot 10^{14}$	1950
1,5	3,8	—	2000
2	4,0	$2 \cdot 10^{15}$	2100
3	3,8	$2 \cdot 10^{15}$	3100
4	4,9	$2 \cdot 10^{15}$	3520
6	5,5	$2 \cdot 10^{15}$	3520

Untersuchungen an Schellackreinharz im Laboratorium der A.G. Brown, Boveri & Cie. haben ein ähnliches Verhalten für dieses Harz ergeben, so daß daraus wohl eine gewisse Ähnlichkeit in bezug auf die Auffassung der Vorgänge bei der Aggregation sich ergibt. Durch eigene Messungen, die an fertigen Stücken durchgeführt wurden, konnte eine exponentielle Temperaturabhängigkeit festgestellt werden, die wohl im Zusammenhang mit der Beweglichkeit der Aggregation bei höheren Temperaturen stehen muß. Durch geeignete Temperaturbehandlung kann dieser Einfluß praktisch eliminiert werden. Für die Oberflächenleitfähigkeit ist der Aggregationszustand des Harzes ebenfalls sehr wichtig, da in gewissen Stufen noch hydrophile Eigenschaften vorhanden sind. Es können sich dann sehr leicht dünne Wasseradsorptionshäutchen an der Oberfläche ausbilden, die eine große Leitfähigkeit aufweisen. So konnten z. B. folgende Abnahmen des spezifischen Oberflächenwiderstandes an Versuchsstücken nach 24stündigem Lagern in Wasser und Behandeln nach V.D.E.-Vorschriften[2]) gemessen werden:

	Anlieferungszustand	nach 24stündigem Liegen in Wasser
1.	6788000 Megohm	36300
2.	37340000 „	266100

Das ausgehärtete C-Harz zeigt eine verhältnismäßig geringe Änderung der elektrischen Eigenschaften. Auch die Temperaturabhängigkeit derselben ist wesentlich zurückgegangen. In diesem Zustande sind die Phenolformaldehydharze in Lösungsmitteln absolut unlöslich und nicht mehr quellbar. Durch Kalilauge kann jedoch eine Quellung und Desaggregation noch erreicht werden.

Luchow[3]) hat eingehende Untersuchungen durchgeführt über den Zusammenhang zwischen Strom und Spannung in Kunstharzen. Seine Messungen wurden durchgeführt mit Gleichstrom. Obschon er das Harz in der sog. C-Form zu seinen

---

[1]) Arch. f. Elektrotechn. **12**, 497 (1924).
[2]) Vorschriftenbuch des V.D.E. (Berlin 1926).
[3]) Arch. f. Elektrotechn. **22**, 104 (1929).

Messungen verwendete, konnte er doch eine starke Temperaturabhängigkeit feststellen. Durch den Stromdurchgang soll das Harz bleibende chemische Veränderungen erleiden. Die Stromspannungskurven sind in hohem Maße abhängig von der Schichtdicke und nur innerhalb geringer Dicken reine Exponentialkurven, bei größeren Dicken sind es ausgesprochene Gerade. Die dünneren Proben werden von einem geringeren Strom durchflossen. Polarisationserscheinungen konnten nicht festgestellt werden. Auf Grund dieser Untersuchungen glaubt Luchow annehmen zu dürfen, daß bei Kunstharzen vom Phenolformaldehydtypus im C-Zustand kein reiner Wärmedurchschlag erfolgt.

Da die Verwendung von sog. Hartpapierisolationen in Form von Röhren oder Platten immer zunimmt, so sind entsprechend in letzter Zeit auch verschiedene eingehende Experimentaluntersuchungen an solchen Produkten durchgeführt worden. Rogowski[1]) stellte im Zusammenhang mit seinen Untersuchungen über die Natur des elektrischen Durchschlages bei Kunstharzen fest, daß die Leitfähigkeit bei längerem Erhitzen auf 130° C konstant bleibt. Bei weiterem Steigern auf 150° nimmt sie aber wieder zu, und zwar bis auf den zehnfachen Wert. Im Verlaufe der Zeit geht sie allerdings wieder zurück. Wenn die Temperatur auf 180° erhöht wird, erhöht sich die Leitfähigkeit wieder entsprechend um nach einiger Zeit konstant zu bleiben. Schließlich sollen alle Harze den gleichen Endwert für die elektrische Leitfähigkeit aufweisen. Diese Erscheinungen hängen zusammen mit den chemischen Veränderungen, den Kondensationen und Polymerisationen, die sich bei höheren Temperaturen bei den Kunstharzen abspielen. Da das Hartpapier schon bei der Herstellung verschiedene Wärmebehandlungen durchmacht, so ist es in bezug auf die Leitfähigkeit der Harzschichten günstiger als reines Harz. Auch Schwenkhagen[2]) hat sich mit der Untersuchung der elektrischen Vorgänge in Hartpapier befaßt. Er sieht den Durchschlag solcher Produkte als reinen Wärmedurchschlag an und glaubt, daß die chemischen Veränderungen auf elektrolytische Vorgänge zurückzuführen seien, wobei die Feuchtigkeit dissoziierend wirken soll. Die elektrische Festigkeit ist bei Hartpapieren in der Längsrichtung infolge solcher Veränderungen in der Harzschicht nur $1/_{10}$ von derjenigen in der Querrichtung, in der sich elektrolytische Vorgänge infolge der Faserstoffe nicht so hemmungslos abspielen können.

Der Verlustwinkel und seine Änderung mit der Temperatur ist nach den Untersuchungen von Kumlik[3]) ein Kriterium für das elektrische Verhalten von Hartpapier. Eine einwandfreie Prüfung ist nur dann möglich, wenn man die Veränderung im Laufe der Zeit verfolgen kann. Wenn Lufteinschlüsse in höchstdisperser Form im Hartpapier vorhanden sind, dann sind sie noch nicht gefährlich, da eine eigentliche Stoßionisation infolge zu geringer freier Weglänge nicht auftreten kann. Bei der mikroskopischen Untersuchung von durchschlagenen Hartpapierisolationen hat es sich gezeigt, daß der Ursprung der Zerstörung immer vom Rande der Metalleinlagen von Kondensatorklemmen ausging, da dort gewöhnlich bereits mikroskopisch sichtbare Lufteinschlüsse vorhanden sind, die bereits gefährlich werden können. Infolge der größeren Leitfähigkeit der Harzschicht, erfolgt der erste Angriff in dieser, und damit ist die Einleitung des Durchschlages von hier aus erfolgt. Weiter oben haben wir festgestellt, daß für die Herstellung von Hartpapieren wenig saugfähiges Papier verwendet werden soll. Obwohl ein saugfähiges Papier, das dünn ist und wenig satiniert, viel Lack

[1]) E. & M. **44**, 599 (1926).
[2]) Elektrizitätswirtschaft **26**, 342 (1927).
[3]) Elektrizitätswirtschaft **27**, 423 (1928).

aufnimmt und damit vor nachträglicher Aufnahme von Feuchtigkeit geschützt ist, ist es aus dem bereits erwähnten Grunde, Aufnahme von Kondensationsprodukten beim Erwärmen, ungünstiger, da die Leitfähigkeit durch diese Produkte durch das Papier hindurch wesentlich erhöht wird. Infolge von örtlichen Erwärmungen neigen daher solche Isolationen mehr zum Aufplatzen.

Die Phenolformaldehydharze vermochten den Schellack als Klebemittel für Glimmer in Verbindung mit Papier und Geweben nicht zu ersetzen. Es wurde schon längst nach einem Ersatze des teuren Naturharzes durch ein billiges Kunstharz gesucht. Vor einiger Zeit haben vor allem die Amerikaner als Klebemittel für Glimmer ein aus Phtalsäureanhydrid und Glyzerin hergestelltes Kunstharz, das sog. Glyptal empfohlen. Barringer[1] macht in einer diesbezüglichen Veröffentlichung darauf aufmerksam, daß es eine ausgezeichnete Klebefähigkeit für Glimmer besitze und daß mit Glyptal hergestellte Isolationen viel größere Wärmebeständigkeit aufweisen als solche mit Schellack, da es wesentlich weniger karbonisieren soll als das Naturharz. Nagel[2] weist aber nach, daß die Eigenschaften von Glyptal noch keineswegs derartig sind, daß es den Schellack zu verdrängen vermag.

Isolierlacke. Um den überaus schädlichen Einfluß der Feuchtigkeit auf die elektrischen Eigenschaften von Faserstoffen auszuschalten, müssen diese für hochwertige Isolationen mit wasserundurchlässigen Überzügen oder in der ganzen Masse mit Feuchtigkeit schützenden Imprägnierungen versehen werden. Zu diesem Zwecke verwendet man die sog. Isolierlacke[3]. Je nach Verwendungsart und Zusammensetzung werden diese unterschieden.

Für die Verarbeitung haben wir zu unterscheiden zwischen Tauch- oder Imprägnierungslacken, Überzugslacken und sog. Bindelacken. Zu den letzteren gehören auch die bereits besprochenen Schellack- und Kunstharze.

Je nach der Zusammensetzung unterscheiden sich die Isolierlacke in

a) Spritlacke, das sind solche, die durch Verdampfen des Lösungsmittels trocknen und hauptsächlich zu Überzügen da verwendet werden, wo geringe Flexibilität und rasches Trocknen verlangt werden. Es sind gewöhnlich Lösungen von Harzen, wie Schellack oder Kopal in Alkohol mit plastifizierenden Zusätzen, wie Rizinusöl, Gummi und ähnlichen. Gelegentlich werden auch Kunstharzlösungen oder Präparate verwendet.

b) Öllacke. Sie enthalten als wichtigsten Bestandteil trocknende, vegetabilische Öle, vor allem Leinöl und Holzöl. Diese Öle werden zusammengeschmolzen mit Harzen oder Asphalten und in einem Lösungsmittel aufgelöst. Die Trocknung geht dadurch vor sich, daß das Lösungsmittel verdampft und das Öl unter chemischer Veränderung in einen festen Film übergeht. Diese Umwandlung kann sich sowohl an der Luft, bei den sog. Luftlacken, oder im Ofen bei erhöhter Temperatur und Luftzutritt, bei den sog. Ofenlacken, abspielen.

Je nach dem Verwendungszweck müssen verschiedene Anforderungen gestellt und durch geeignete Prüfung die besten Lacktypen ausgesucht werden. Beim heutigen Stand der Lackindustrie sind nicht alle wünschbaren Eigenschaften gleichzeitig zu erhalten. Es lassen sich z. B. nicht immer in Einklang bringen:

---

[1] General Electric Review **29**, 757 (1926).
[2] Wissenschaftl. Veröffentl. aus dem Siemens-Konzern **6**, 235 (1927).
[3] Allgemeines über Isolierlacke s. Findley, Harvey, Rodgers, Proc. Americ. Soc
Test. Mat. **23**, 423 (1923). — Flemming, World Power **1**, 149 (1924).

Härte
Ölwiderstandsfähigkeit   und Plastizität,
Klebe- und Bindefähigkeit
Hoher Erweichungspunkt

oder

Flexibilität   und rasches Trocknen,
Wärmebeständigkeit

währenddem folgende Eigenschaften sich ergänzend beeinflussen:

Flexibilität
Wärmebeständigkeit   und Trockenheit
Ölbeständigkeit   und Härte.

Die elektrischen Eigenschaften stehen selbstverständlich auch im Zusammenhang mit der Zusammensetzung der Lacke. So können z. B. bei rascher Trocknung, bedingt durch entsprechende Auswahl von Lackbasis und Lösungsmittel, Haarrisse entstehen, die an der Luft Feuchtigkeit adsorbieren und die Leitfähigkeit vergrößern. Die Lackindustrie muß ihre Aufmerksamkeit auf die speziellen Anforderungen der Isoliertechnik richten, wenn die jetzt gebräuchlichen Lacke verbessert werden sollen.

Bei Harzlösungen, wie Spritlacken und anderen, haben wir es gewöhnlich mit einem dispersen System zu tun und die Trocknung solcher Lacke bietet Probleme, die nichts mehr mit Chemie, sondern mit der Kolloidlehre zu tun haben, wie Wolff[1]) mit Recht behauptet hat. Der Auflösung der Harze geht eine mehr oder weniger deutliche Quellung voraus. Die Lösungen zeigen in bestimmten Konzentrationen das Tyndallphänomen. Wenn Harzlösungen eintrocknen, die schon bei geringen Konzentrationen gelatinieren, dann reißt die Lackschicht oder sie springt ab. Das Gel, in diesen Fällen die feste Lackschicht, enthält noch erhebliche Flüssigkeitsmengen. Durch Verdampfung derselben können Strukturspannungen, wie sie von Prowazek nannte, auftreten. Bei weiterer Volumverminderung kann die Lackschicht nicht mehr Widerstand leisten und es beginnt die Rißbildung. Oft sind auch die typischen Wabenstrukturen zu beobachten. Im Falle, wo das Harz weniger zur Gelbildung, aber stark zu Koagulation neigt, kann sich gar ein abwischbares Pulver bilden. Diese Verhältnisse treten vor allem auch auf bei den oben erwähnten Kunstharzen. Wolff[2]) konnte im weiteren nachweisen, welche Bedeutung das Lösungsmittel für die Beschaffenheit der Lackanstriche hat. Von den Lacklösungen kann bald mehr Lösungsmittel verdunsten, ohne das Gelbildung eintritt, bald kann in dem Gel viel Lösungsmittel enthalten sein. Dieses hat somit nicht nur die Funktion des Verdunstens, sondern ist in weitgehendem Maße an der Beschaffenheit der Lackschicht von dem Kolloidzustand der konzentrierten Lösung abhängig.

Bei den Öllacken gestalten sich die Verhältnisse noch wesentlich komplizierter. Wir haben es bei diesen mit komplexen Kolloiden, mehr oder weniger dispergierten Lösungen zu tun. Die disperse Phase, die Lackbasis, ist an und für sich wieder ein kolloides System. Der Trockenvorgang von vegetabilischen Ölen ist von vielen Forschern eingehend untersucht worden und man ist jetzt wohl mehrheitlich der Ansicht, daß derselbe nicht auf rein chemischem Wege erklärt werden kann, sondern nur unter Anwendung der Kolloidlehre. Die Ergebnisse dieser Untersuchungen

---

[1]) Ztschr. f. angew. Chem. **35**, 555 (1922).
[2]) Farben-Ztg. **27**, 2086 (1922).

sind für die Isoliertechnik von größtem Interesse. An die Isolierlacke müssen die höchsten Anforderungen gestellt werden. Sie sollen sehr plastisch sein, und dürfen nicht derartig hart auftrocknen, daß beim Arbeiten der Maschinen oder Transformatoren Risse entstehen. Speziell für den letzteren Verwendungszweck muß eine große Ölfestigkeit gegen heißes Mineralöl gefordert werden. Wenn das trocknende Öl nicht richtig behandelt worden ist, dann kann infolge der großen Wasserempfindlichkeit auf Grund der Ausbildung eines Oberflächenadsorptionshäutchens Oberflächenleitfähigkeit auftreten, wie wir sie auch schon bei anderer Gelegenheit erwähnt haben. Damit ist aber gerade der Zweck der Imprägnierung des Faserstoffs vereitelt. Die sich bei der Oxydation bildenden Oxysäuren können die Leitfähigkeit ebenfalls stark beeinflussen, wie die Untersuchungen von Weber[1] gezeigt haben. Bei längerem Trocknen in der Wärme nimmt der Oberflächenwiderstand wieder zu. Dieser Autor nimmt an, daß die Oxysäuren bei der Behandlung in Wärme sich verflüchtigen. Der Verfasser aber konnte nachweisen, daß Lackfilme selbst mit hoher Säurezahl gute Isolierwerte ergaben, wenn sie richtig getrocknet sind. In dem Augenblick, wo die Koagulation der oxydierten Glyzeride eintritt, geht auch die Leitfähigkeit stark zurück und bei fortschreitender Gelatinierung nimmt sie wieder ab. Die Auffassung von Weber muß also in diesem Sinne korrigiert werden, daß es wohl die Säuren sind, die die Leitfähigkeit verursachen, nicht aber ihre Flüchtigkeit, die die Verbesserung bedingen, sondern der Koagulationsvorgang. Je hydrophiler die sich bildende Gallerte ist, um so geringer ist die Verbesserung. Leitfähigkeitseffekte können aber auch durch Sikkative verursacht werden. Es muß daher bei der Begutachtung von Isolierlacken speziell auf diesen Punkt geachtet werden. Abb. 261 zeigt die Abnahme des Isolierwiderstandes, die in einem Lacküberzug an einer Motorwicklung gemessen wurde. Der Motor war mit einer Belastungsmaschine so gekuppelt, daß eine Höchsttemperatur von 50⁰ C in der Ständerwicklung nicht überschritten wurde. Die Messungen sind an 6 verschiedenen Tagen während je 6 Stunden durchgeführt worden. Nach einwöchentlicher Trocknung wurde der Motor im Raum stehen gelassen und nach 17 Tagen wieder gemessen. Die erhaltenen Werte sind in Abb. 261 gestrichelt eingetragen. Der Typus der Abnahme des Isolationswiderstandes ist derselbe, die Werte sind allerdings etwas günstiger. Es sind in diesem Falle wieder die Oxysäuren, die die Leitfähigkeit verursachen. Das verwendete Leinöl ist aber selbst in getrocknetem Zustande derart hygroskopisch, daß nie genügende Widerstandswerte erhalten werden konnten.

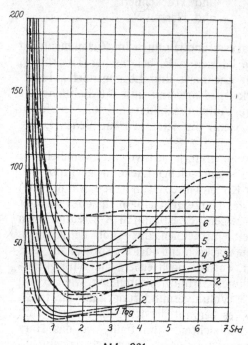

Abb. 261.
Änderung des Isolationswiderstandes von Lack.

---

[1] Transactions of the American Electrochemical Society **42**, 293 (1922); **44**, 53 (1923).

Während des Oxydationsprozesses der trocknenden Öle können sich unter Umständen aus den gebildeten Oxysäuren und den Kupferleitern Salze bilden, die aber nicht so schädlich sind, wie allgemein angenommen wird, da sie selbst große Isolierwiderstände aufweisen. Sobald die Koagulation einsetzt werden auch diese Salze vollständig unschädlich und beeinflussen die Leitfähigkeit nicht mehr, eine Erscheinung, die in letzter Zeit auch von Weber[1] untersucht und bestätigt wurde.

Die Art und Weise der Gelatinierung und der vorausgehenden Koagulation der oxydierten Glyzeride sind die Ursachen der mechanischen Eigenschaften von Isolierlacken. Wir haben gesehen, daß die Linoxynbildung immer weiter geht, wodurch die mechanischen Eigenschaften der Lackfilme verändert werden. Es ist also für die einwandfreie Begutachtung eines Isolierlackes nicht genügend, den Lackfilm nach dem Trocknen zu untersuchen, da dabei die zeitliche Veränderung nicht berücksichtigt wird. Versuche, die im Materialprüfungsamt in Berlin-Dahlem durchgeführt worden sind[2], haben gezeigt, wie außerordentlich wichtig gerade diese Veränderung bei Lacken sein kann. Die Versuche wurden über 120 Tage ausgedehnt und haben bei gewissen Lacktypen ergeben, daß die Festigkeit sich im Laufe der Zeit bei gleichbleibender Dehnung verbessert. Diese Lacke werden also nicht spröde im Betrieb. Bei anderen Zusammensetzungen war nach verhältnismäßig kurzer Zeit schon bei Zimmertemperatur eine starke Abnahme der Dehnung festzustellen, was auf Sprödewerden und Haarrißbildung hindeutet. Noch viel ausgesprochener werden die Unterschiede bei längerem Lagern bei erhöhter Temperatur. Da bei allen Verwendungszwecken in der Isoliertechnik aber mit solcher gerechnet werden muß, so können die Prüfungen in der Beziehung nicht scharf genug durchgeführt werden. Auch die Imprägnierungsfähigkeit, die vom Dispersitätsgrad der Lackbasis abhängt, spielt eine wichtige Rolle. Besonders bemerkenswert ist auch bei den von Schob und Reglin durchgeführten Versuchen die Anwendung der Röntgenstrahlen. Die Röntgenaufnahmen lassen bereits ohne quantitative Ausmessungen deutliche Unterschiede erkennen, so daß es möglich erscheint, durch Bestimmung des Feinbaues und des Dispersitätsgrades der Lacksubstanz neben der qualitativen Bestimmung der Zusammensetzung einschließlich der Sikkative für die gute Beurteilung und das spätere Verhalten im Betrieb wichtige Aufschlüsse zu bekommen. In diesem Sinne sind auch die Vorschläge von Stern[3] zu begrüßen, der eine Reihe von Lackfilmen mikroskopisch untersucht hat und auf Grund seiner Untersuchungen die Vermutung ausspricht, daß durch zweckmäßiges Studium der Mehrstoffsysteme und Ausbildung der mikroskopischen Methoden für diesen Zweck Verfahren zur Schnellprüfung von Lacken sich ausarbeiten lassen.

Die neuen Vorschriften des Vereines Deutscher Elektrotechniker[4] sind schon auf die Ergebnisse der oben erwähnten Untersuchungen des Materialprüfungsamtes aufgebaut. Auch die vorläufigen amerikanischen Lieferungsbedingungen für Isolierlacke[5] suchen mit den verschiedenen Prüfmethoden die besten Eigenschaften der für die Isoliertechnik zu verwendenden Lacke zu erfassen. Brauen[6] hat ebenfalls in einer Zusammenstellung darauf hingewiesen, welche Mindestanforderungen an Isolierlacke gestellt werden müssen.

---

[1] Journ. Ind. and Eng. Chem. **17**, 11 (1925).
[2] S. Mitt. d. Materialprufungsamtes **70** (1924); **45** (1926); **46**, 395 (1925).
[3] Ztschr. f. angew. Chem. **39**, 693 (1926).
[4] E.T.Z. **50**, 358 (1929).
[5] Proc. America. Soc. Test. Mat. **28**, 975 (1928).
[6] Bulletin SEV (1927).

Die Elektrotechnik muß heute bei den immer steigenden Beanspruchungen der Isoliermaterialien von den Lackfabrikanten unbedingt verlangen, daß alle möglichen Wege zur Erreichung hochwertiger Produkte beschritten werden. Das kann nach der Auffassung des Verfassers nur dadurch geschehen, daß die oben erwähnten Grundprinzipien der Kolloidlehre bei der Fabrikation solcher Lacke in hohem Maße berücksichtigt werden.

Compounds Ausgußmassen. Für bestimmte Spulen und Wicklungen werden an Stelle von Isolierlacken sog. Compounds oder Imprägniermassen verwendet. Diese haben auch den Zweck, die Luft und die Feuchtigkeit aus den Faserstoffen zu entfernen und die Isolation vor Wiederaufnahme zu schützen. Ähnlich zusammengesetzte Ausgußmassen werden benutzt, um Isolatoren auszugießen und Kabel zu vergießen. Je nach dem Verwendungszweck sind diese Isolierstoffe, die wir bei der Besprechung der elektrischen Festigkeit als plastische Stoffe bezeichnet haben, verschieden zusammengesetzt. Gewöhnlich bestehen sie aus Harzen, Pechen, Asphalten, Mineralölen und ähnlichen Stoffen und weisen bei Zimmertemperatur je nach der Zusammensetzung eine mehr oder weniger feste Konsistenz auf.

Wir haben es bei diesen Produkten mit komplizierten dispersen Systemen zu tun. Es ist bis heute jedoch noch nicht möglich, zu unterscheiden, welche Komponente als disperse Phase und welche als Dispersionsmittel funktioniert. Da die kolloidchemische Betrachtungsweise bis heute auf diese Stoffe nicht ausgedehnt worden ist, so können im folgenden nur einige Andeutungen über die Zusammenhänge gemacht werden. Die als Grundmasse oft verwendeten Peche und Asphalte enthalten alle mehr oder weniger freien Kohlenstoff in hochdisperser Form. Die Kunstasphalte enthalten mehr als die Naturasphalte. Da dieser Kohlenstoff ein guter Leiter der Elektrizität ist, so darf der Gehalt an solchem eine maximal zulässige Grenze nicht überschreiten. Vor allem wichtig für die Leitfähigkeitserscheinungen ist der Dispersionsgrad. Genaue Messungen über diesen Punkt liegen leider nicht vor. Gewisse gelegentliche Beobachtungen an solchen Massen deuten darauf hin, daß diesem Punkte bis jetzt viel zu wenig Beachtung geschenkt worden ist. Durch den mehr oder weniger dispersen Kohlenstoff werden verschiedene Eigenschaften der Isoliermassen in hohem Maße beeinflußt, so die Härte, Zähigkeit und vor allem die Klebkraft an Metallen. Bei Erwärmung auf höhere Temperaturen sind die Kunstasphalte viel besser in Beziehung auf Bildung von freiem Kohlenstoff als die Naturprodukte, wie Uytenbogaart[1]) nachweisen konnte. Er schlägt daher vor, den Kunstasphalten den Kohlenstoff durch Benzolextraktion zu entziehen; dadurch erhält man Bitumina, die beständiger sind bei höherer Temperatur als die Naturasphalte.

Die Asphalte und Peche werden mit den verschiedensten Substanzen zusammengeschmolzen. Bei Harzzusätzen muß man speziell auf das Vorhandensein organischer Säuren achten. Diese können mit Metallteilen Salze bilden, die als gute Leiter den Oberflächenwiderstand bedeutend herabzusetzen vermögen. Diese Erscheinung kann speziell sehr unangenehme Folgen haben bei Kabelisoliermassen, die aus Harzen und Isolierölen zusammengesetzt sind. Die sich bildenden Salze sind in der Masse in hochdisperser Form gelöst und können bei Anwesenheit von Feuchtigkeit durch Diffusion an der Oberfläche angereichert werden, ebenso können sie im elektrischen Feld durch Kataphorese überführt werden. Steiner[2]) hat in

---

[1]) E.T.Z. **44**, 706 (1923).
[2]) Ztschr. f. angew. Chem. **39**, 588 (1926).

neuerer Zeit die Salzbildung bei solchen Massen untersucht. Er konnte nachweisen, daß Öl unter Luftabschluß die Metalle nicht angreift, Harz dagegen einen starken Einfluß ausübt und z. T. sehr viel Metall zu lösen vermag. Beim Eisen speziell konnte ein bestimmtes Gleichgewicht zwischen Salz- und Metallgehalt der Masse festgestellt werden. Bei diesem Vorgang verändert sich das Harz. Steiner nimmt an, daß es polymerisiert. Nach unserer Auffassung handelt es sich aber um Aggregationen, die die Veränderungen verursachen. Die Feststellung, daß die Auflösung der Metalle in Massen mit verschiedenem Harzgehalt beinahe die gleiche ist, hat bis heute noch keine Erklärung gefunden. Retzow[1]) hat bei der Untersuchung des Schwindens von solchen Ausgußmassen sehr interessante Beobachtungen gemacht. Bei einer Versuchsreihe Öl—Kolophonium wurde die Schwindung von Öl zu 1,2%, von Kolophonium zu 8,4% gemessen. Mit steigendem Ölgehalt nimmt der Schwund ab, und zwar verläuft die Kurve nicht linear, sondern nimmt bis 10% Harz sehr stark ab und verläuft von dort weg mehr oder weniger linear. Der scharf ausgeprägte Knickpunkt läßt sich auch bei der Bestimmung der elektrischen Festigkeit feststellen. Diese Erscheinung läßt sich nach unserer Auffassung auf zwei Arten erklären. Die Aggregation des Kolophoniums ist bis zu einem gewissen Prozentsatz (10%) größer als bei höherer Konzentration. Bis zu diesem Punkt kommen für die Leitfähigkeit die kataphoretischen Wanderungen der mehr oder weniger grobdispersen Harzteilchen in Betracht. Beim Knickpunkt zerfällt die Aggregation und es treten jetzt die molekularen Leitfähigkeitswerte in Erscheinung. Oder es läßt sich auch annehmen, daß bei der Auflösung des Harzes eine Solvatation auftritt und sich diese bei einer bestimmten Zusammensetzung sprunghaft ändert infolge unbekannter Ursache. Es ist nicht möglich, eine einwandfreie Erklärung zu geben, da bei allen diesen Versuchen nie Angaben gemacht worden sind über das Harz im Anlieferungszustand und die Zeitdauer der Wärmeeinwirkung beim Lösen oder Zusammenschmelzen. Daß sich der Dispersitätsgrad in solchen Massen ändert bei dauernd erhöhter Temperatur, Alterserscheinungen bei wechselnder Temperaturänderung auftreten, läßt sich an Druckmessungen, wie eigene Versuche zeigten, und an Verlustmessungen, wie sie von Howes[2]) durchgeführt worden sind, nachweisen.

Für das elektrische Verhalten haben wir oben unterschieden zwischen dem festen und dem flüssigen Zustand, wobei wir bei ersterem Stromwärme und dielektrische Verluste, beim flüssigen dagegen nur Stromwärmeverluste haben. Auch bei der Verfolgung der Verlustkurve mit steigender Temperatur zeigen sich Erscheinungen, die auf Änderungen des Dispersitätsgrades hindeuten. Pungs[3]) hat ein Gemisch Kolophonium-Wachs durchgemessen. Bei höheren Temperaturen im flüssigen Zustand haben wir die von der Frequenz unabhängigen Stromwärmeverluste. Beim Festwerden gehen die Verluste stark zurück und die Kurven für verschiedene Frequenzen auseinander. Im festen Gebiet ist noch ein ausgesprochenes Maximum für die Verluste festzustellen. Bei weiterer Abkühlung auf Zimmertemperatur gehen diese noch weiter zurück. Dieses Maximum kann in Zusammenhang gebracht werden mit einer beginnenden Aggregation.

Für gewisse Verwendungszwecke müssen die Isoliermassen speziell ölfest sein. Brückmann und Pijl[4]) haben nachgewiesen, daß solche Massen bei bestimmten Feldstärken in Mineralölen in kolloider Form in Lösung gehen. Bei einer Versuchs-

---

[1]) Elektrotechn. und Maschinenbau **41**, 36 (1923).
[2]) Transactions of the American Electrochemical Society **44**, 57 (1923).
[3]) Arch. f. Elektrotechn. **1**, 8 (1912).
[4]) E.T.Z. **47**, 14 (1926).

anordnung wurde z. B. Transformatorenöl mit einer elektrischen Festigkeit von 100 kV/cm verwendet. Bei einer Elektrodendistanz von 1 cm konnte schon bei einem Spannungsunterschied von 2000 Volt Wechselstrom ein deutliches in Lösunggehen beobachtet werden. Durch Filtrieren war das Öl nicht mehr zu reinigen. Die elektrische Festigkeit der Lösung war 100 kV/cm, währenddem diejenige der Vergußmasse 200 kV/cm betragen hat. Infolge kataphoretischer Überführung kann es vorkommen, daß die Vergußmasse in Kabeln wandert.

Ausgußmassen sollen keine Steinkohlen-Generator- oder Braunkohlenteerpeche enthalten, da diese mit Mineralölen koksartige Ausscheidungen ergeben. Eine analytische Methode zur Untersuchung solcher Massen ist von Kindscher und Lederer[1]) angegeben worden. Das Isoliervermögen der Steinkohlenpeche ist schlechter als dasjenige von Petrolasphalten. Bis zu Temperaturen von 60° C steigt dieses bei Steinkohlenpechen, fällt dann aber plötzlich stark ab, währenddem die zweite Art von Asphalten bis zum Schmelzpunkt ein gleichmäßiges Steigen dieser Eigenschaft aufweist. Neben dem Nachteil der Steinkohlenpeche ist vor allem auch noch das schlechte Verhalten in bezug auf Duktilität und Durchdringungsvermögen zu erwähnen, auch haben die Petrolpeche eine bessere Kältebeständigkeit. Die geblasenen Asphalte haben durch das Blasen ihre Plastizität verloren und sind aus diesem Grunde für diesen Verwendungszweck nicht zu empfehlen, wie Lagerquist und Spanne[2]) gezeigt haben.

Hammerschmidt[3]) hat einen sehr interessanten Beitrag zur Kenntnis der Ausgußmassen geliefert. Die Gemische mit Harzöl sollen weniger zur Entmischung neigen, als solche mit Mineralölen, dagegen setzen Zusätze von Harzöl die Durchschlagsfestigkeit der Komponenten herunter. Ein Gemisch mit ca. 40 % Harzöl zeigt eine niedrigere Festigkeit als die Komponenten. Obschon die einzelnen Mischungen unter Umständen den gleichen Tropfpunkt aufweisen können, ist ihre Durchschlagsfestigkeit sehr verschieden, so daß bei der Verwendung von Ausgußmassen auf diese beiden Eigenschaften geachtet werden muß. Auch die Säurezahl steht nicht im Zusammenhange mit der Durchschlagsfestigkeit.

Aus diesen Andeutungen geht hervor, daß auch für die Fabrikation und Auswahl von Isoliermassen kolloidchemische Methoden mit Vorteil angewendet werden.

Kitte. Neben den Isolierstoffen ist für die Elektrotechnik das Problem der Verbindung von Metallteilen mit Porzellan von großer Wichtigkeit. Bis vor einiger Zeit waren auf diesem Gebiete nur empirische Kenntnisse vorhanden. Die einzelnen verwendeten Kitte waren nicht systematisch mit wissenschaftlichen Methoden untersucht worden. Die höheren Anforderungen, die heute an solche Verbindungen gestellt werden, machten es aber im Laufe der Zeit unerläßlich auch diese Frage durch eingehende Untersuchungen der Lösung entgegenzuführen. Feitknecht[4]) hat seiner Zeit die Verhältnisse bei den Magnesiumoxydzementen studiert und vor allem darauf hingewiesen, welche große Bedeutung der Herstellung des Ausgangsmateriales Magnesiumoxyd zukommt. Die technologischen Untersuchungen unter Berücksichtigung der Abbindezeit und Haftfestigkeit sind vor allem durch Nagel und Grüss[5]) sowohl für die Magnesiumoxydzemente als auch für die Zinkoxydzemente durchgeführt worden. Es hat sich gezeigt, daß gewisse Mischungsverhältnisse eine maximale Haftfestigkeit ergeben und daß in teilweiser

---

[1]) Chem.-Ztg. **52**, 1014 (1928).
[2]) E.T.Z. **49**, 1395 (1928).
[3]) Ztschr. f. angew. Chem. **42**, 523 (1929).
[4]) Helv. Chim. Acta **10**, 140 (1927).
[5]) Wissenschaftl. Veröffentl. aus dem Siemens-Konzern **6**, 150 (1928); **7**, 372 (1929).

Übereinstimmung mit den oben erwähnten Untersuchungen die Art der verwendeten Oxyde und ihre Herstellung auf die Eigenschaft des Stückes von ausschlaggebendem Einflusse sind. Die Erhärtungs- und Verarbeitungszeit wurde verfolgt durch Messung der Veränderung des Widerstandes des Gemisches. Dieser steigt nach einer bestimmten Reaktionszeit stark an, dann wird im Verlaufe der Zeit die Zunahme geringer und an diesem Knickpunkt der Kurve beginnt auch die eigentliche Erhärtung.

Sehr oft verwendet werden auch die Bleiglätteglyzerinkitte, die neuerdings von Stäger[1]) in ähnlicher Weise untersucht worden sind. Die Teilchengröße, der Dispersitätsgrad, der verwendeten Bleioxyde bedingt in diesem Falle in Übereinstimmung mit den oben besprochenen Versuchen die Mischungsverhältnisse, die Abbindezeit und die Haftfestigkeit.

Es soll an dieser Stelle darauf aufmerksam gemacht werden, daß Isoliermaterialien wie Porzellan und Kautschuk in diesem Handbuch gesondert behandelt werden. Die Papierfabrikation und die allgemeinen Eigenschaften von Papier sind ebenfalls an anderer Stelle besprochen. Die chemischen Zusammenhänge bei den Kunstharzen finden sich in einem speziellen Abschnitt und die Schilderung der Vorgänge beim Trocknen von Isolierlacken bzw. trocknenden Ölen ist ebenfalls in dem betreffenden Abschnitt nachzulesen.

---

[1]) Ztschr. f. angew. Chem. **42**, 370 (1929).

Kolloidchemische Technologie der Asphalte und Teere.

Von Dr. **Albrecht v. Skopnik**-Berlin.

Mit 8 Abbildungen.

———————

Im Rahmen dieses Buches sind die Asphalte und Teere von besonderem Interesse, weil sie einmal, wie die Asphalte, bereits in ihrer Urform, und wie die Teere in der Gestalt, in welcher sie zuerst als Schwelprodukte organischer Substanzen vorliegen, bereits kolloide Gebilde darstellen, und dann, weil beide Stoffe ausgezeichnet emulgierbar sind und sich in geeigneten Apparaten und unter Verwendung der mannigfaltigsten Dispersionsvermittler in Suspensionen und Emulsionen überführen lassen. Besondere Bedeutung haben die Suspensionen und Emulsionen der Asphalte und Teere in Wasser als Dispersionsmittel gewonnen; doch liegen auch eine Reihe wichtiger technischer Erzeugnisse vor, die dem Typ Wasser-in-Ölemulsionen entsprechen. Gerade die Emulgierbarkeit hat die Verwendung der Asphalte und Teere in der Technik einen großen Aufschwung gegeben, und besonders die Technik des Straßenbaues hat aus dieser Entwicklung viele Anregung erhalten und großen Nutzen gezogen.

Einteilung und allgemeine Eigenschaften. Asphalte und Teere sind schwarze, hochviskose bis feste Massen, die in Wasser und verdünnten Säuren unlöslich sind. Ihre organischen bituminösen Bestandteile lösen sich dagegen leicht in Schwefelkohlenstoff und Chloroform.

Im industriellen und technischen Sprachgebrauch laufen Asphalte und Teere z. T. auch heute noch durcheinander, obwohl sie bei einerseits vielfach gleichem Verhalten, andererseits recht erhebliche Unterschiede aufweisen. Die Bestrebungen, auf dem gesamten Gebiete der „bituminösen Stoffe" Klarheit zu schaffen, liegen schon längere Zeit zurück, und namhafte Gelehrte dieser Fachkreise, von denen hier nur Engler, Abraham, Holde, Graefe und Marcusson genannt seien, haben wiederholt diesbezügliche Vorschläge gemacht, die nun aber seit dem Jahre 1927 — wenigstens für die deutsche Wissenschaft, — durch die vom Nomenklaturausschuß des Vereins Deutscher Chemiker geschaffene „Nomenklatur der Teere und Bitumina" abgelöst sind. Danach werden die bituminösen Stoffe eingeteilt[1]:

A. Bitumina (in der Natur vorgebildet).

I. Bitumina, größtenteils verseifbar.

Saprogelwachs, Montanwachs, fossile Harze.

———————

[1] H. Mallison, Teer, Pech, Bitumen und Asphalt (Halle 1926), S. 12.

II. Bitumina, größtenteils unverseifbar.
1. Flüssig.
   Erdöle:
   Destillationsrückstände: Erdölasphalt,
   Raffinationsrückstände: Erdölsäureasphalt.
2. Fest. a) Ozokerite; b) Asphalte: natürliche Asphalte, Asphaltgesteine, Asphaltite.

B. Teere und Peche.

(Künstlich durch destruktive Destillation organischer Naturstoffe gewonnen.)

1. Holzteere: a) Laubholzteere, b) Nadelholzteere, c) Blasenteere.
2. Torfteere
3. Braunkohlenteere: a) Schwelteere, b) Generatorteer, c) Braunkohlenurteer.
4. Schieferteer
5. Steinkohlenteer: a) Gasanstaltsteer, b) Kokereiteer, c) Hochofenteer, d) Steinkohlenurteer.
6. Karbol- und Naphtholteer.
7. Ölgas- und Wassergasteer.
8. Fetteer.
9. Knochenteer.
10. Harzpech.

Im Rahmen dieser Abhandlung interessieren in erster Linie die natürlichen und künstlichen Asphalte und die Teere, obwohl sie keine streng isolierte Stellung einnehmen und, was für sie zutrifft, auch vielfach für die anderen verwandten Stoffe in gleicher Weise gilt.

Die natürlichen Asphalte[1]), die Asphaltbitumina und die Steinkohlenteere sind gleichartig gebildete kolloide Systeme. Sie gehören zu den geschützten lyophoben Solen und enthalten als solche drei Gruppen von Verbindungen.

1. Ultramikrone,
2. Schutzkörper,
3. ein öliges Medium.

In dem reinen Asphaltbitumen bestehen die Ultramikrone ausschließlich aus elementarem Kohlenstoff. Die chemische Natur der Schutzkörper und des Mediums ist zur Zeit noch wenig erforscht, wichtiger sind aber die physikalischen Eigenschaften. Die Kohlenstoffteilchen, die sich möglicherweise in ihrem „aktivierten" Zustande befinden[2]), adsorbieren die Schutzkörper und bilden damit zusammen die Asphaltmizelle, welche in dem öligen Medium gelöst ist. Wichtig für die Verwendung des Asphaltes ist die Stabilität des ganzen Systems, welches abhängt vom Verhältnis zwischen Mizell und Medium. Wird das Asphaltmizell unlöslich, ohne daß es selbst zerstört wird, so tritt die sog. reversible Flockung auf. Es hat sich herausgestellt, daß diese Flockung fast ausschließlich von der Grenzflächenspannung zwischen Mizell und Medium abhängt. Wird das Mizell zerstört, so wird die Flockung irreversibel. Hierbei wird das Adsorptionsvermögen zwischen Kohlenstoffpartikelchen und dem Schutzkörper zerstört.

Bei den Rohteeren[3]) ist das Wasser und der freie Kohlenstoff als disperse

---

[1]) F. J. Nellensteyn, Asphalt und Teer, Straßenbautechnik H. 19 (1929). — K. R. Lange, ebendort H. 2 (1929).

[2]) F. E. Spielmann, Asphalt und Teer, Straßenbautechnik H. 46 (1929).

[3]) H. Grohn, Teer und Bitumen H. 20 (1929).

Phase im Teer als Dispersionsmittel verteilt. Während der größte Teil des Wassers sich leicht abscheidet, wird ein Anteil von 4—5% in mikroskopisch feinen Tröpfchen festgehalten. Zur Stabilität dieser Emulsionen tragen wesentlich geringe Anteile des freien Kohlenstoffes bei. Besonders der Wassergasteer[1]) ist durch seinen hohen Gehalt an Wasser (bis 30%) gekennzeichnet, das emulsionsartig mit ihm gemischt ist. Der Teer, der durch die Aufschließung der Kohle mittels hochsiedendem Anthracenölen (D.R.P. 320056, Dr. Teichmann) bei etwa 350° C erhalten wird, stellt das Urbitumen der Kohle dar, das den feinen Kohlenstoff in feinstverteilter Form kolloid gelöst enthält. Im Braunkohlenteer ist ebenfalls das Wasser im Teer emulgiert. Der Emulgationsträger ist der Flugstaub, der in Form von Kohlenstaub und Ascheteilchen vorliegt. Es handelt sich hier um sog. Pulveremulsionen, bei denen fein verteilte feste Stoffe die Rolle eines Emulgators spielen[2]).

In den Trinidadasphalten[3]) befinden sich die darin enthaltenen Mineralteile im kolloiden Zustand feinster Verteilung. Dies zeigt sich daran, daß diese feinen Mineralteilchen durch das feinste Filter gehen, wenn man den Asphalt auflöst, und sogar durch längeres Schleudern nicht abgeschieden werden können. Bei der Untersuchung unter dem Mikroskop findet man, daß diese kolloiden Anteile wahrscheinlich ursprünglich in Wasser dispers verteilt waren und nach dessen Verdunsten in den Asphalt übergingen. Im Trinidadasphalt befinden sich daher die Komponenten, Bitumen- und Mineralstoffe, im Gleichgewicht, womit einerseits die gleichmäßige Zusammensetzung dieses Naturproduktes im Einklang steht, und andererseits unter Berücksichtigung der, durch die feinstverteilten Mineralstoffe entwickelten starken Grenzflächenkräfte der Wert des Asphaltes in der Emulsionstechnik zu erklären ist.

Verwendung in der Technik. Technische Verwendung finden die Asphalte und Teere vor allen Dingen als Binde- und Imprägniermittel. Auch wenn sie als Anstrichmittel verwendet werden, werden in erster Linie ihre bindenden und imprägnierenden Eigenschaften ausgenutzt. Der Straßenbau und die Dachpappenfabrikation sind die Hauptverwender der genannten Stoffe. Diese sollen als Straßenbauhilfsstoffe dazu dienen, die kleinen Hohlräume und Poren des Gesteins auszufüllen, auch das Steingerüst einer Straßendecke klebend und verkittend zu verbinden, wobei in beiden Fällen vielfach der Überzug mit einer feinen bituminösen Haut genügt. In der Dachpappenfabrikation werden diese Stoffe zu dem Zweck verwendet, die Poren der Rohpappe auszufüllen, die Fasern zu imprägnieren und die ganze Pappe wasserdicht zu machen. Lange Zeit begnügte man sich damit, zu diesem Zweck die Asphalte und Teere mit geeigneten Lösungsmitteln in Lösung zu bringen oder durch Zufuhr von Wärme dünnflüssig zu machen, und auf diese Weise das Gestein, bzw. die Pappe zu tränken. Auch heute wird vielfach noch so gearbeitet.

Bei weitem wirkungsvoller sind jedoch diejenigen Verfahren, die die Asphalte und Teere in emulgiertem Zustande verwenden. Es wurde bereits einleitend darauf hingewiesen, daß beide Stoffe durch geeignete Dispersionsmittel in Suspensionen und Emulsionen übergeführt werden können, und daß vor allem die wäßrigen Suspensionen und Emulsionen in der Technik eine Rolle spielen. Die Zahl der bei der Herstellung solcher Emulsionen vorgeschlagenen und verwendeten Emulgatoren, Stabilisatoren und Emulgierapparate ist außerordentlich groß, und es

---

[1]) J. Marcusson, Die natürlichen und künstlichen Asphalte (Leipzig 1931), S. 63.
[2]) F. Frank, Ztschr. f. angew. Chem. 20 (1923).
[3]) J. Richardson, The Report on Colloid-Chemistry (London 1920).

würde den Rahmen dieser Abhandlung überschreiten, sie alle aufzuführen oder gar kritisch zu werten. Für die am meisten interessierende Form der wäßrigen Bitumen- oder Teeremulsionen ist der Vorgang im Prinzip fast immer so, daß die flüssigen oder flüssig gemachten Asphalte oder Teere als disperse Phase im Wasser als Dispersionsmittel verrührt, vermahlen oder zerstäubt werden, wobei die Emulgierung durch Emulsionsvermittler und Beschleuniger mannigfaltiger Art bewirkt oder unterstützt wird und den so erhaltenen Suspensionen oder Emulsionen, Stabilisatoren verschiedener Stoffart und Wirkungsweise zugesetzt werden können. Eine dem heutigen Stande der Technik entsprechende übersichtliche Zusammenstellung der hauptsächlichen Emulgierapparate, Emulgatoren und Stabilisatoren findet sich in Aladin „Technisch verwendbare Emulsionen mit besonderer Berücksichtigung der bituminösen Emulsionen"[1]), auf welches hiermit verwiesen wird.

Nach Engler und Dieckhoff[2]), sind schon im Jahre 1874 Lösungen von Seifen in Teerölen oder von Teerölen in Seifen in den Handel gebracht worden. Diese Lösungen zeigten die Eigentümlichkeit, daß sie entweder mit Wasser eine Emulsion bildeten, welche also das Teeröl im Zustand feinster mechanischer Verteilung hält, oder aber eine vollkommene Lösung bilden. Der Erfinder dieses Verfahrens scheint nicht mit Sicherheit festzustehen, doch ist zweifellos über die Präparate von J. Schenkel[3]) (Chemische Fabrik Eisenbüttel) zuerst 1884 in wissenschaftlichen Zeitschriften berichtet worden. In diese Zeit fällt auch bereits das D.R.P. 52129 Kl. 23 vom 8. Mai 1889 W. Dammann, „Verfahren, um Teeröle vollständig in wäßrige Lösung zu bringen" gekennzeichnet durch die Behandlung des Teeröls mit einem Fett (fetten Öl) oder einem Harz, oder einer Fett- oder Harzsäure und einer Base (vorzugsweise einem Alkali) in wäßriger Lösung, wobei das Teeröl einer gegenseitigen innigen Einwirkung mit den genannten Substanzen, bzw. mit dem Reaktionsprodukt derselben, evtl. unter Zusatz eines Alkohols ausgesetzt wird und, gekennzeichnet durch Anspruch 2, dadurch, daß Anspruch 1 in Verbindung mit der Einführung eines Halogens oder einer, ein solches oder Schwefel, Phosphor, oder Stickstoff enthaltenden Element- oder Atomgruppe in das Teeröl oder in eine, der in Anspruch 1 genannten Substanzen oder in das Gemisch derselben, ausgeführt wird.

Es ist interessant, zu bemerken, daß in diesem Verfahren bereits im großen und ganzen die Lehre von der Herstellung bituminöser Emulsionen in den Grundzügen enthalten ist.

Die Anwendung von Bitumen- und Teeremulsionen für die Zwecke des Straßenbaues ist in den letzten Jahren gewaltig gestiegen, da der stark entwickelte Automobilverkehr Straßen verlangt, die seinen Anforderungen entsprechen, und die Bitumen- und Teeremulsionen sich als besonders geeignet und wirtschaftlich erwiesen haben. Wenn im folgenden von „Straßenbauemulsionen" die Rede ist, so sind damit Bitumen- und Teeremulsionen gemeint, deren disperse Phase heute fast immer aus künstlichem Bitumen (Destillationsrückstände des Erdöls, Erdölasphalte) oder aus destilliertem und präpariertem Steinkohlenteer besteht. Für diese Bitumina und Teere sind auf Grund der bisherigen Erfahrungen bestimmte Vorschriften erlassen, die die hauptsächlichsten physikalischen und chemischen Eigenschaften dieser Straßenbauhilfsstoffe regeln und die ständig ergänzt und vervollkommnet werden. Von den Straßenbaubehörden und Ausschüssen der am

---

[1]) (Berlin 1928.)
[2]) Pharm. Zbl. 290 (1884).

Straßenbau gleich interessierten Verbände, sind auch für die Emulsionen selbst Vorschriften herausgegeben [1]).

Die Herstellung von Straßenbauemulsionen erfordert große Sorgfalt und Sachkenntnis, sowohl in der Auswahl der Rohstoffe und Hilfsstoffe, als auch in der Überwachung und Durchführung des Herstellungsprozesses selbst. Man verlangt von diesen Emulsionen, daß ihr Wassergehalt im allgemeinen nicht über 50 % hinausgehen soll, um unnütze Transportkosten zu vermeiden. Ferner soll die Emulsion homogen sein, eine gewisse Frostbeständigkeit insofern aufweisen, daß sie nach dem Gefrieren bei tieferen Temperaturen und darauf folgendem Auftauen, sich wieder verrühren lassen, ohne daß Ausscheidungen erfolgt sind. Die wichtigsten Anforderungen sind die, welche den kolloidchemischen Zustand der Emulsion und ihr diesbezügliches Verhalten betreffen. Danach sollen diese Emulsionen einerseits so stabil sein, daß sie auch ein längeres Lagern und weitere Transporte und die damit verbundenen Stöße und Erschütterungen aushalten, ohne daß eine Ausflockung eintritt. Andererseits müssen diese Emulsionen jedoch ihrem Verwendungszweck gemäß, eine genügende Labilität besitzen, also eine solche Neigung zum Zerfall haben, daß sie beim Auftreffen auf die damit zu behandelnde Oberfläche (Steine, Straßen usw.) ausflocken oder „brechen", ein Vorgang, der auf die Störung des elektrischen Gleichgewichtes zurückgeführt wird und darauf beruht, daß die Adhäsionskraft der bituminösen Teile an die Gesteinsoberfläche stärker ist, als diejenigen Kräfte, die die Emulgierung herbeigeführt haben. Dieses Brechen soll bei einem großen Teil der Emulsionen, besonders solchen, die zur reinen Oberflächenbehandlung von Straßen verwendet werden, sofort erfolgen, sobald die Emulsion mit der Oberfläche in Berührung gekommen ist, und es gibt sogar eine Reihe von Verfahren, die dahin zielen, den Brechungsprozeß durch Zusatz von Elektrolyten zu den Steinen, oder dadurch zu beschleunigen, daß gleichzeitig mit der Emulsion ein Elektrolyt auf die zu behandelnde Oberfläche aufgebracht wird. Will man dagegen Steine (Splitt, Schotter usw.) mit bituminösen Substanzen umhüllen und tränken, indem man sie vor dem Einbau damit mischt, so können hierzu nur Straßenbauemulsionen verwendet werden, deren Brechungsprozeß durch Zusatz entsprechender, als starke Stabilisatoren wirkender Mittel, um einen gewissen Zeitpunkt „verzögert" ist; und zwar um so lange Zeit, bis die Steine vollkommen umhüllt und getränkt sind. Ein vorzeitiger Ausfall der dispersen Phase, wie er Eigenschaft der erstgenannten Emulsionen ist, würde nur eine ungenügende Umhüllung und Tränkung herbeiführen, welchem Umstande man durch die Herstellung der letztgenannten mit „Brechungsverzögerern" behandelten Emulsionen Rechnung getragen hat. Eine weiter wichtige Forderung, die die Verbraucher von Straßenbauemulsionen an diese stellen, geht dahin, daß die Menge des verwendeten Emulgators möglichst gering, und der Emulgator selbst wasserlöslich sein soll, so daß er nach der Ausfällung der dispersen Phase auf der Gesteinsoberfläche mit dem versickernden Wasser abgeführt wird. Zu große Mengen Emulgator und solche, die nicht mit dem Sickerwasser abgeführt werden, führen leicht zu der gefürchteten Erscheinung der Reversibilität der bituminösen Schichten. Es sind dann auf der Straßendecke die alten Emulsionskomponenten Emulgator, bituminöse Substanz und, bei Regen und Schnee, das Wasser zusammen. Der darübergehende Verkehr sorgt für das „Rühren". Es tritt eine Reemulgierung ein und die wiederentstandene Emulsion wird abgetragen, was zur Zerstörung der Straßendecke führt.

Bei den meisten Bitumen- und Teeremulsionen für Straßenbauzwecke handelt

[1]) Deutscher Straßenbau-Verband, Heft 3, Vorschriften für die Beschaffenheit, Probenahme und Untersuchung von Asphalt- und Teeremulsionen im Straßenbau (Berlin 1931).

es sich nicht um kolloide Dispersionen im Sinne der Kolloidlehre. Die Teilchengröße des dispergierten Stoffes liegt durchschnittlich, z. T. sogar erheblich, über 1,5 μ, und auch sonst fehlen einige charakteristische Eigenschaften des echt kolloiden Zustandes, wie die Filtrierbarkeit, die Brownsche Bewegung u. a. — Andererseits sind auch die Straßenbauemulsionen selbstverständlich in vieler Hinsicht den Vorgängen der Lehren der Kolloidchemie unterworfen, wenn das Gebiet auch nach dieser Richtung hin noch wenig durchforscht ist und sich für den Kolloidchemiker noch ein weites Feld der Betätigung darin bietet.

Die Zahl der Straßenbauemulsionen hat sich im Laufe der Jahre stark vermehrt, und es bestehen heute bereits über 100 Präparate, deren Herstellung teils durch Patente geschützt ist, teils nach streng gehüteten Geheimverfahren erfolgt. Von den in Deutschland bekannteren Straßenbauemulsionen seien nachstehend folgende aufgeführt:

1. Bitumenemulsionen: Autonal, Asdag, Bitumuls, Banit-B, Bitas, Bimoid, Bitusol, Banel, Bykumen, Bindubit, Brigalit, Calhumid, Cowa-Bit, Colas, Colzuma, Continol, Colfalt, Dasagol, Euphalt, Emas, Emulbit, Friabit, Gerrasol, Gumiled, Gummonex, Hil-As-Kalt, Jeserit, Kasphalt, Kaltas, Kalbit, Koldmex, Kab, Lydtinol, Lilomit, Liquibit, M-B-C-Kaltasphalt, Mexolit, Mexas, Normas, Nurbit, Resitol, Rundosit, Rheobit, Suspas, Solutol, Spraymulsion, Vialit E, Viatex, Viafalt, Webas, Wibit, Wasubit, Wegelin, Zikobit.

2. Teeremulsionen (die bituminösen Stoffe bestehen entweder ganz oder zum größten Teil aus Teer): Banit-A, Irga, Kiton, Magnon, Pionier, Terrol, Vialit und Viafix. Ferner Acite und Teramuls, die aber warm verarbeitet werden müssen.

Aus England wird berichtet, daß im ganzen nur 35 Emulsionen bekannt waren, von denen alle bis auf 11 verschwunden sind[1]).

Die große Zahl der Patente, die sich auf die Herstellung von Straßenbauemulsionen und die Verwendung derselben im Straßenbau beziehen, beweist, welche Bedeutung diesem Anwendungsgebiet beigemessen wird. Nachstehende Zusammenstellung soll einen kurzen Überblick der in Deutschland patentierten Verfahren geben, die der Patentnummer nach geordnet sind:

1. D.R.P. 40020 (1886). Die Deutsche Asphalt A.G. der Limmer und Vorwohler Grubenfelder in Hannover ließ sich ein Verfahren zur Darstellung eines bituminösen Steinpulvers für Straßenbauten schützen, darin bestehend, daß trockner — pulverförmiger Kalk — oder Asphaltstein (mit oder ohne Zusatz von Harzseife) unter Erwärmen durch Zufügung von Kalkmilch zu einem alkalischen Steinschlamm verarbeitet wird. Aus letzterem wird eine emulsionsartige Verbindung mit heißflüssigem Bitumen gewonnen und die erkaltete und getrocknete Masse gepulvert (Patent erloschen).

2. D.R.P. 170133 (1904). K. Mann löste Asphalt oder Teer in einem geeigneten Lösungsmittel und goß diese Lösung in ein Gemisch, das sowohl Seife wie auch ein organisches oder anorganisches Kolloid, z. B. Stärke, enthält. Dieses Gemisch wird erhitzt und gründlich umgerührt z. B. mittels eines Dampfstrahls. Wenn man nun z. B. eine Lösung von Asphalt und Benzol in das heiße Gemisch einlaufen läßt, so verflüchtigt sich das Benzol und wird durch Abkühlen der Dämpfe wiedergewonnen. Der Asphalt bleibt in innigem Gemisch mit der Flüssigkeit zurück und behält diesen Zustand, wenn man das Umrühren bis zur Abkühlung der Masse fortsetzt. Im Bedarfsfalle setzt man während dieses Prozesses mehr Wasser hinzu, stets unter kräftigem Umrühren. Hierdurch entsteht eine salbenartige Emulsion, die sich mit Wasser ganz gleichmäßig mischt und auch in diesem Zustande verbleibt.

---

[1]) Laeger, Mitt. der Auskunfts- und Beratungsstelle für Teerstraßenbau H. 10 (1929).

Abgesehen von der Verwendung von Benzol als Lösungsmittel, enthält dieses Patent bereits alles, was zur Lehre von der Herstellung der Bitumen- und Teeremulsionen gehört. Es findet sich darin auch bereits der Hinweis, daß Seife nicht nur als fertiges Gebilde als Emulgator verwendet wird, sondern erst während des Emulsionsprozesses in statu nascendi oder in situ emulgierend wirkt (Patent erloschen).

3. D.R.P. 216212 (1907) und 244307 (1910). F. Raschig stellte eine Teersuspension unter dem Namen „Kiton" her und benutzte zum Beständigmachen fetten Ton. Der Teer macht den Ton wasserbeständig und wasserfest. Beim Verdünnen der Kitonpaste mit Wasser scheidet sich der Teer nicht in Tropfen ab, sondern setzt sich vielmehr beim langen Stehen infolge der Schwerkraft und des hohen spezifischen Gewichtes des präparierten Steinkohlenteers als zartes, schwarzes Pulver ab (Patent erloschen).

4. D.R.P. 248084 (1909). R. Wallbaum läßt sich ein Verfahren schützen zur Herstellung von Emulsionsprodukten aus Asphalt, Steinkohlenteerpech, Petroleumpech und ähnlichen Stoffen oder Gemischen dieser Stoffe, dadurch gekennzeichnet, daß man Asphalt, Steinkohlenteerpech u. dgl. oder deren Gemisch mit verseifbaren Substanzen, wie z. B. Harz, Naphthensäuren, Fettsäuren zusammenschmilzt und die über 100⁰ heiße Schmelze in eine Seifenlösung, die vorteilhaft freies Alkali oder Ammoniak enthält, unter Rühren einträgt. (Patent erloschen)

5. D.R.P. 248793 (1910). R. Wallbaum (Zusatz zu D.R.P. 248084). Verfahren zur Darstellung von Emulsionsprodukten aus Asphalt, Steinkohlenteerpech, Petroleumpech u. dgl. oder Gemischen derselben unter Verwendung von Naphthensäure, Harz, Fettsäuren usw., nach Patent 248084, dadurch gekennzeichnet, daß man die genannten Komponenten zusammenschmilzt und in dieser Schmelze bei 110⁰ die Umsetzung der verseifbaren Anteile mit verdünnten Lösungen von fixem Alkali oder Ammoniak, also eine Verseifung der Emulgiermittel in statu nascendi oder in situ vornimmt (Patent erloschen).

In diesen beiden Patenten ist die Lehre der Herstellung der Bitumen- und Teeremulsionen bereits ganz fest umrissen. Sie können sozusagen als Standardpatente gelten, von denen sich die große Anzahl späterer Verfahren vielleicht durch gewisse patentrechtliche Merkmale unterscheidet, ohne dem Fachmann etwas wesentlich Neues zu bringen.

6. D.R.P. 250275 (1911). K. Albert und L. Berend geben ein Verfahren bekannt, nach dem vollkommen emulgierbare Massen aus Asphalt, Pech, Teeren, Harzen, Öle, Kohlenwasserstoffen, Kreosoten und sonstigen in Wasser unlöslichen oder sehr schwer löslichen Stoffen oder Gemischen derselben bereitet werden können, welche die Eigenschaft haben, nach dem Verdunsten des Wassers einen unlöslichen oder sehr schwer löslichen Rückstand zu liefern, die ferner im Gegensatz anderer bekannten Emulsionen dieser Art mit Säuren und neutralen Salzlösungen mischbar sind. Das Verfahren ist dadurch gekennzeichnet, daß man als Emulsionsträger an Stelle von Seifen, Harzen, Alkalien usw. die aus der Zellstoffabrikation erhaltenen eingedickten Sulfitzelluloseablaugen in neutraler oder alkalischer Form und in relativ geringen Mengen verwendet.

Als wesentlich für das Zustandekommen einer guten Emulsion wird hervorgehoben, daß diese Laugen neutralisiert sind, also nicht mehr ihre ursprüngliche schwachsaure Reaktion besitzen.

7. D.R.P. 256573 (1910). Die A.G. für Asphaltierung und Dachbedeckung vormals J. Jeserich führte ein Verfahren aus zum Einbau von Straßen, Chausseen

u. dgl. mit Emulsionen geeigneter Bindemittel, wie Teer, Teeröl, Peche, Harze, Asphalt, Goudron u. dgl. Die Ausführung erfolgte in der Weise, daß die Bindemittel aus ihren Emulsionen durch Zusatz chemischer Mittel ausgeschieden werden, so daß jedes einzelne Teilchen des Pflastermaterials mit einer gleichmäßigen, dünnen Haut des Bindemittels umhüllt wird (Patent erloschen).

8. D.R.P. 295064 (1915) und D.R.P. 363246 (1918). L. Schade van Westrum stellte wasserdichte Körper, wie Straßen usw. auf kaltem Wege mit Hilfe einer Mischung von Baumaterial und einer Emulsion von Bitumen her. Das Verfahren war dadurch gekennzeichnet, daß man die Emulsion von Bitumen durch Zusatz einer sehr geringen Menge ungelöschten Kalk nach Mischung mit dem Baumaterial aufhebt. An Stelle des ungelöschten Kalkes läßt sich jeder andere geeignete basische Körper verwenden, z. B. gelöschter Kalk, Baryt u. dgl. der durch Bildung entsprechender ölsaurer Verbindungen, wie z. B. von ölsaurem Kalk, einen unlöslichen, die Emulsion aufhebenden Körper erzeugt (Patente erloschen).

9. D.R.P. 295893 (1910). W. H. Elmenhorst stellte Straßenbeläge mittels eines Bindemittels aus Bitumen dar, das mit durch Ammoniak und ähnlichen basischen Materialien verseifbaren Stoffen in eine leicht lösliche Emulsion überführt ist. Das Verfahren ist dadurch gekennzeichnet, daß die Emulsion eine größere Menge Bitumen als Wasser enthält, mit dem Schotter in der Kälte verarbeitet wird und durch die Einwirkung der Luft schnell wasserunlöslich wird. — Als basische Seifenkomponenten werden Chinolin, Pyridin, Pyrrolin und Ammoniakwasser genannt, die dann mit Rizinusöl, Harzöl, Harz, die emulgierend wirkende Seife bilden. Von dem Emulsionsgemisch wird gesagt, daß es ähnlich wie Zement sofort verarbeitet, also mit dem Steinschlag oder anderen Straßenbaumaterialien gut gemischt und auf die Straße aufgetragen, sowie gewalzt werden kann (Patent erloschen).

10. D.R.P. 312690 (1912). W. Plinatus stellte Emulsionen durch Mischung von Leim und ähnlichen Kolloiden mit Ölen, Fetten, Teer, Pech u. a. unter Zusatz von Estern aus mehrwertigen Alkoholen und organischen Säuren her (Patent erloschen).

11. D.R.P. 368232 (1912). R. Houben stellte eine Emulsion von Asphalt oder ähnlichen Stoffen mit Hilfe von verseifbaren Ölen her (Patent erloschen).

12. D.R.P. 385860 (1921) und D.R.P. 390434 (1922). Diese Patente nehmen insofern im Rahmen der Straßenbauemulsionen eine Sonderstellung ein, als nach den darin beschriebenen Verfahren eine Asphalt- und Pechdispersion hergestellt werden soll, deren disperse Phase bis zur kolloiden Feinheit dispergiert ist. Das Plausonsche Forschungsinstitut G.m.b.H. läßt sich gemäß diesen Patenten ein Verfahren zur Herstellung kolloider Asphalt- oder Pechdispersionen schützen, wobei Pech oder Asphalt oder ein Gemisch derartiger Stoffe in Gegenwart von geringen Mengen eines organischen Lösungsmittels bis zur Schmelze erhitzt und dann in einer Kolloidmühle mit erwärmtem Wasser in Anwesenheit von dispersionsbeschleunigenden Mitteln verarbeitet werden. Als Lösungsmittel, welche dem Asphalt zur Erleichterung des Schmelzens zugesetzt werden, können Rohpetroleum, Rohbenzol, Benzine u. ähnl. Stoffe verwendet werden. Als Dispersatoren, welche dazu dienen, die Dispergierung des Asphaltes in der Mühle zu beschleunigen und die Beständigkeit der erzeugten Dispersion zu erhöhen, kommen organische Schwefelverbindungen, besonders solche, die eine oder mehrere Sulfogruppen enthalten, in Betracht. Es sind dies Naphthosulfosäuren, Nebenprodukte der Petroleumraffination, ferner Sulfitlauge, sulfurierte Öle usw. Die Sulfitlauge wird vorher mit Schwefelsäure und darauf-

folgender Neutralisation mit Soda und Kalk behandelt. Man soll nach kurzer Bearbeitungszeit in der Mühle eine völlige homogene, grauschwarze Dispersion erhalten, die den Asphalt in kolloider Verteilung enthält und sich mit jeder beliebigen Menge Wasser verdünnen läßt.

Um die Viskosität dieser Dispersion zu erhöhen, kann man ihr zweckmäßig während der Verarbeitung in der Kolloidmühle oder schon vorher beim Schmelzen, Wachse oder Bitumina zusetzen.

Auf diese Weise werden jedoch nur Pech- oder Asphaltdispersionen von 10 bis 20% erzielt. Ein höheres Konzentrat von 35—40% kann man durch Zusatz von Huminsäure oder Huminsäureverbindungen erhalten und es genügen schon 5%, in manchen Fällen sogar 1—2%, um diese Wirkung zu erzielen.

13. D.R.P. 394107 (1921). Sudfeldt & Co. gewannen künstlichen Stampfasphalt durch Anreicherung von Kalkstein oder bitumenarmen Asphaltstein mit Bitumen bei Gegenwart von Naphthensulfosäuren oder naphthensulfosauren Salzen (Patent erloschen).

14. D.R.P. 405237 (1922). Dr. C. A. Agthe läßt sich ein Verfahren zur kontinuierlichen Zerstäubung von Flüssigkeiten, mit Hilfe von gespannten Gasen und Dämpfen und Einverleibung der zerstäubten Stoffe in ein Dispersionsmittel schützen, dadurch gekennzeichnet, daß man die Zerstäubungsvorrichtung unter die Oberfläche des Dispersionsmittels taucht und das Zerstäubungsmittel zur Kondensation bringt, wobei man zweckmäßig die dem Dispersionsmittel entsprechende Dampfart zur Zerstäubung benutzt. Die zur Zerstäubung benutzte Vorrichtung besteht aus einer durch zwei Verschraubungen einstellbaren Düse, durch die der Zutritt des emulgierenden Stoffes geregelt werden kann. Das Verfahren wird bereits 1921 von der Schweizer Vialit-Gesellschaft zur Herstellung von Straßenbauemulsionen praktisch ausgeübt, und es werden danach auch die in Deutschland bekannten Straßenbauemulsionen „Vialit" und „Vialit E" hergestellt.

15. D.R.P. 407106 (1924). Die Norddeutsche Portland-Cement-Fabrik Misburg und Dr. W. Renner (L. Rexhausen) ließen sich ein Verfahren zur Veredlung von Asphalt, Erdölrückständen, Säureteer und ähnlichen bitumenhaltigen Stoffen schützen, dadurch gekennzeichnet, daß diese Stoffe mit Ammoniak, zweckmäßigerweise in der Wärme, für sich oder in Gegenwart etwaiger Füllstoffe behandelt werden, worauf das Ammoniak und das Wasser durch Erwärmen vertrieben werden, um die gebildete Emulsion zu zerstören und ein trockenes, wasserunlösliches, hartes und in der Wärme zähes Produkt zu erhalten. — Eine praktische Anwendung wird für den Straßenbau vorgeschlagen, wobei man das Gesteinklein in entsprechender Weise behandeln kann, so daß die Poren und die Oberfläche der Steine mit dem veredelten und feinst verteilten Bitumen ausgefüllt und imprägniert werden (Patent erloschen).

16. D.R.P. 418107 (1924). Tarkold Ltd. Boars Head Whart stellen Emulsionen oder Lösungen von Teer, Pech oder Bitumen mit Kasein und Seifen für Teermakadam, zum Anstreichen, Imprägnieren oder Bestreichen von Straßen, Plätzen, Tennisplätzen usw. her.

17. D.R.P. 433273 (1924). Die Naamlooze Vennotschap Bataafsche Petroleum Maatschappij stellt Asphaltemulsionen mittels besonderer Emulsionsmittel unter Anwendung von Hydroxyden, Karbonaten usw. der Alkalien und des Ammoniums her. Hierbei wird der geschmolzene Asphalt mit Oxydationsprodukten von Kohlenwasserstoffen, insbesondere Erdöldestillaten, welche unveränderte Kohlenwasserstoffe, Säureanhydride, Laktone, Alkohole, Ester usw. enthalten, und den Hydrooxyden, Karbonaten usw. gegebenenfalls unter Druck gemischt. Als Emulgiermittel wird beispielsweise Paraffin benutzt, welches mit Hilfe von Sauerstoff

oxydiert wird. Ein Zusatz einer sehr geringen Menge dieses Oxydationsproduktes zum Asphalt bewirkt, daß der genannte Stoff sich leicht und vollständig mit alkalischen Lösungen emulgieren läßt. Einen besonders guten Erfolg soll man dadurch erzielen, daß man die Oxydationsprodukte zunächst mit dem Asphalt vermischt oder in dem geschmolzenen Asphalt auflöst und erst dann mit den alkalischen Stoffen in Berührung bringt. Es erfolgt eine sofortige Emulgierung. Um die Emulsion gegen Elektrolyten beständig zu machen, kann man vor, während oder nach dem Emulgieren Schutzkolloide zusetzen.

18. D.R.P. 470306 (1923). Die Asphalt Cold Mix Ltd. London, läßt sich ein Verfahren schützen, zur Herstellung einer wäßrigen bituminösen Emulsion, die durch Mischen von Fettsäuren mit geschmolzenem bituminösen Material unter Hinzufügung einer verdünnten Lösung von Ätznatron oder Ätzkali oder Natrium- oder Kaliumkarbonat bereitet wird, dadurch gekennzeichnet, daß das Verhältnis der Fettsäure, auf das Gewicht des Bitumens gerechnet, weniger als 5% beträgt. Der Anspruch wird erweitert durch die Verwendung von Ölsäure im Betrage von etwa 4% des Bitumengewichtes und einer 1—2%igen Ätznatronlauge, die 0,5% NaOH auf das Bitumengewicht berechnet zusammen mit einer hinreichenden Menge Wasser enthält, wovon 25—50 Teile des Bitumens einzuführen sind.

In Deutschland wird dieses Verfahren von der Trinidad-Deutsche Kaltasphalt A.G., Dresden, ausgeübt, deren Präparate unter dem Namen „Colas" vertrieben werden und zu den bekanntesten Straßenbauemulsionen gehören.

19. D.R.P. 477760 (1925). Die Firma Paul Lechler, Stuttgart, läßt sich ein Verfahren schützen zur Herstellung von wassergequellten, organischen Stoffen zum Straßenbau z. B. Straßenteerungsmittel von Lösungen von Bitumen in Öl oder von Lösungen von Harz in Öl u. dgl. dadurch gekennzeichnet, daß man diesen Lösungen Wasser mechanisch zumischt, und zwar nur so viel und so lange bis eine pastenartige, mit Wasser nicht mischbare Aufquellung entsteht, die sich mit Wasser ohne Zuhilfenahme mechanischer Mittel und in jedem Verhältnis mischen läßt.

20. D.R.P. 489476 (1926). C. A. Braun läßt sich ein Verfahren zur Herstellung hochstabiler Emulsionen schützen. Den technischen Emulsionen, besonders von Asphalt, kann man eine besondere große Haltbarkeit und Unempfindlichkeit gegen einen weiten Transport oder eine lange Lagerung geben, wenn man ihnen geringe Mengen einer Lösung von sauren Farbstoffen und komplexen Salzen der Cyangruppe zusetzt, z. B. 0,15% Orange RO und 0,25% Ferrocyankalium, in wenig Wasser gelöst. (Patent erloschen.)

21. D.R.P. 495232 (1930). Dr. F. Raschig G. m. b. H. Verfahren zur Herstellung wasserarmer Bitumenemulsionen für Straßenbauzwecke durch Vermischen von erwärmten Bitumen, Ton, Wasser gegebenenfalls unter Zusatz von Füllstoffen, dadurch gekennzeichnet, daß bei der Herstellung des Gemisches nur soviel Wasser verwendet wird, daß eine streufähige Masse entsteht.

22. D.R.P. 498425 (1930). K. Meisenhelder läßt sich ein Verfahren schützen zum Aufbringen von Bitumen auf Gesteinsflächen auf kaltem Wege mittels Bitumenemulsionen oder -lösungen, dadurch gekennzeichnet, daß die mit Bitumen zu umhüllenden Gesteinskörper vor dem Vermischen mit der Emulsion mit einer dünnen Öl- oder Fettmembran überzogen werden.

23. D.R.P. 499713 (1930). Die Bitumuls Kaltasphalt A.G. läßt sich ein Verfahren schützen zur Herstellung von Emulsionen aus geschmolzenen Ölasphalten unter Verwendung eines Emulgiermittels durch Rühren in der Wärme bis sämtlicher Asphalt in Emulsion übergegangen ist, dadurch gekennzeichnet, daß man

als Emulgiermittel eine verdünnte wäßrige Lösung fixer Alkalien ohne Zusatz von irgend einem fremden organischen Hilfsstoff verwendet.

Zahlreiche Patentanmeldungen für bituminöse Emulsionen, die hauptsächlich für Straßenbauzwecke dienen sollen, liegen zur Zeit vor, von denen zu erwähnen sind:

B. 118822, 23c.   A. Braun, München. Verfahren zur Herstellung von haltbaren, wäßrigen Emulsionen aus hochmolekularen Kohlenwasserstoffen von Asphalten, Montanwachs, Ceresin u. dgl. 21. 3. 1925.

L.   67560, 80b, 25.   Dr. W. Lorenz. Verfahren zur Beschleunigung der Herstellung bzw. Stabilisierung oder Regenerierung von bituminösen Emulsionen aller Art. 21. 12. 1926.

G.   68959, 80b, 25.   Gesellschaft für Teerstraßenbau m.b.H., Essen. Verfahren zur Herstellung von Bitumenemulsionen. 9. 12. 1926.

T.   33306, 80b, 25.   M. Trux. Verfahren zur Herstellung von Emulsionen von bituminösen Stoffen für Straßenbauzwecke. 5. 4. 1927.

A.   45756, 80b, 25.   Asphalt Cold Mix Ltd., London, Verfahren zur Herstellung einer wäßrigen bituminösen Emulsion. 22. 8. 1925.

A.   50312, 80b, 25.   Asphalt Cold Mix Ltd., London. Verfahren zur Herstellung einer wäßrigen bituminösen Emulsion (Zusatz zu D.R.P. 470306). 14. 3. 1927.

M. 102790, 80b, 25.   J. M. Montgomerie, Glasgow. Verfahren zur Herstellung von bituminösen Emulsionen. 30. 12. 1927.

C.   38900, 80b, 25.   Colas, Kaltasphalt-Gesellschaft, Dresden. Verfahren zur Herstellung einer wäßrigen bituminösen Emulsion insbesondere für Straßenbauzwecke. 27. 10. 1926.

K. 102145, 80b, 25, Dr. Kretzer, Koblenz. Verfahren zur Herstellung von u. K. 111675, 80b, 25. Bitumenemulsionen. 20. 12. 1926 bez. 13. 10. 1928.

Auch eine große Anzahl von ausländischen Patenten, die sich mit neuen Kaltasphaltverfahren für den Straßenbau beschäftigen, sind bekannt, da man sich im Auslande, besonders in England und Amerika schon frühzeitig mit der Emulgierung von Bitumen und Teeren, die zur Befestigung von Straßen dienen sollen, befaßt hat. Von diesen ausländischen Verfahren ist eine Reihe von Patenten von L. Kirschbraun zu erwähnen. Ferner wird in dem amerikanischen Patent §865578 (1907) wohl zuerst Sulfitzelluloseablauge als Emulgator für Teere usw. geschützt, nur verwendet der Erfinder Ellis konzentrierte saure Lauge während das 4 Jahr später herausgekommene D.R.P. 250275 (1911) (s. S. 622) neutralisierte Lauge benutzt, die also nicht mehr ihre ursprüngliche saure Reaktion besitzt. Auch die Rütgerswerke, Charlottenburg, haben ein umfangreiches engl. Patent erhalten (Engl. Pat. 273989). Sie verwenden bei ihren bituminösen Mischungen für Straßenbau breiförmige Mischungen mit Stoffen, welche von sich aus alkalisch reagieren oder denen alkalisch reagierende Stoffe zugesetzt sind. Als verwendbar werden genannt Eisenhydroxyd, Aluminiumhydroxyd, Zinkoxyd, basische Salze des Magnesiums, breiförmige Stärke usw., zweckmäßig industrielle Abfälle, z. B. Abfälle aus Gasfabriken, der Aluminiumgewinnung oder dgl.

Für den bituminösen Straßenbau kommen als wichtigste Bestandteile in Betracht:

1. das verwendete plastische Bindemittel,
2. das Gestein (der Mineralkörper).

Um einen gleichmäßigen, feinen Überzug auf dem Gestein zu erhalten und zugleich eine schmierende und verkittende Wirkung zu erzielen, ist es notwendig, das bituminöse Material in feinste Form zu verteilen und ihm eine bestimmte Zähflüssigkeit zu geben.

Das bituminöse Bindemittel besteht aus:

1. Naturasphalt oder dem ihm chemisch nahestehenden Erdölasphalt[1]).
2. Straßenteeren.

Die Benetzungskraft der bituminösen Bindemittel gegenüber dem Gestein ist verhältnismäßig gering und hängt nicht allein ab von der durch Wärme erzielten Dünnflüssigkeit des bituminösen Baustoffes sondern auch von der Eigenschaft der Oberflächenenergie des Bindemittels[2]). Bei einer hohen Oberflächenenergie des Bindemittels erfolgt im allgemeinen eine gute Benetzung des Gesteins und Adhäsionsstabilität. Es stellte sich heraus, daß die Oberflächenenergie des Bitumens der Asphalte niedriger ist als die der Steinkohlenteere. Deswegen versuchte man durch Überführung der elastischen Bindemittel in Emulsionsform eine gleichmäßige feinste Verteilung und daher eine gute Benetzung des Gesteinkörpers zu erzielen. Besonders die Verwendung der Bitumen-

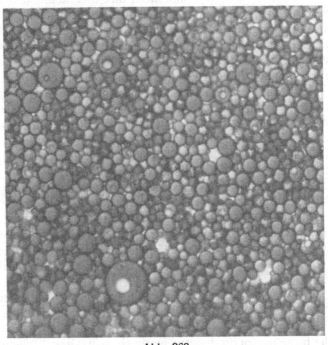

Abb. 262.
Feinverteilung der Bitumenteilchen einer guten Straßenbauemulsion (Vialit). Vergrößerung 1200 mal.

emulsionen für den modernen Straßenbau hat von Jahr zu Jahr aus diesem Grunde zugenommen, da von der Feinverteilung des Bindemittels auf dem Gesteinkörper die Stabilität der Straße abhängt.

Bei Verwendung von Straßenteer genügt es in den meisten Fällen, ihn durch Erhitzen dünnflüssig zu machen, damit er als Klebemittel und für die Imprägnierung des Gesteins dienen kann. Eine weitere wichtige Forderung an das bituminöse Bindemittel ist, das Gestein zu schmieren, damit sich beim Einwalzen die Steine unter Bildung des kleinsten Hohlraums zusammenschieben, verriegeln und sich im Laufe der Zeit fest untereinander verkitten können. Hierfür muß man aber dem Bindemittel eine ganz bestimmte Viskosität (Zähflüssigkeit) geben.

Beide bituminöse Bindemittel verlangen, da sie eine verschiedene chemische Zusammensetzung haben, andere Einbauweisen.

---

[1]) A. v. Skopnik, in C. Doelter, Handb. d. Mineralchemie IV, Teil 3 (Dresden 1930).
[2]) Asphalt und Teer, Straßenbautechnik H. 1 (1929).

Besonders der Erdölasphalt enthält in größeren oder kleineren Mengen das gut schmierende, beständige Rohzylinderöl und knetbare Asphaltstoffe von starker Klebkraft, während der Straßenteer aus einem Gemisch von Teerölen (Leichtöl, Mittelöl, Schweröl und Anthracenöl) und starrem Steinkohlenteerpech besteht. Das viskose Anthracenöl besitzt für den Straßenbau genügende Schmierfähigkeit. Mit der Zeit verharzen die Steinkohlenteeröle durch Oxydation und Polymerisation und geben mit dem Steinkohlenteerpech in der Straßendecke ein außerordentlich standfestes Bindemittel.

Die Viskosität der bituminösen Baustoffe.   Die Methoden zur Bestimmung der Viskosität (Zähflüssigkeit) sind in der Praxis verschieden. Bei Asphalten bestimmt man meist ihre Streckbarkeit mit dem Dowschen Duktilometer, um festzustellen, ob das Bitumen genügend plastisch ist, oder seine Penetration, d. h. die Festlegung einer Konstante, die sich aus der Tiefe des Eindringens einer belasteten Nadel für eine gewisse Zeiteinheit ergibt. Für diese Bestimmung wurde von Richardson eine besonders praktische Penetrationsmaschine gebaut. Diese kommt für die Untersuchungen meistenteils in Betracht[1]).

Für die Straßenteere hat man andere Methoden zur Bestimmung ihrer Zähflüssigkeit eingeführt. Sie beruhen entweder auf der Messung der Geschwindigkeit des Einsinkens eines Instrumentes z. B. 1. Eintauchzeit nach Hutchinson. 2. Eintauchzeit nach Lunge, oder auf der Ausflußgeschwindigkeit aus kleinen Öffnungen. 3. der Viskosität nach Engler oder Rütgers und 4. der Viskositätsbestimmung mit dem Standardkonsistometer[2]).

In England hat die British Tar Road Association seit 1927 die Viskositätsbestimmung für Straßenteere im Standardkonsistometer vorgeschrieben, während Deutschland, das bisher mit der Hutchinsonspindel arbeitete wegen der einfachen und bequemen Handhabung im Jahre 1930 ebenfalls zu dieser Methode übergegangen ist. Die mit der Hutchinsonspindel bei 25° ermittelten Werte weichen nur sehr wenig von denen bei 30° C mit dem Standardkonsistometer erhaltenen Zahlen ab.

Die Rolle des verkittenden Gesteins.   Die Spannungen, die an den Grenzflächen des bituminösen Bindemittels gegen Luft herrschen, können anderer Art und insbesondere Größenordnung sein als die an der Grenzfläche der bituminösen Bindemittel gegen Gestein (Grenzflächenspannung). Es spielt daher auch die Art des Gesteins gegenüber den gleichen Bindemitteln eine ausschlaggebende Rolle, und es ist daher wichtig, die Beschaffenheit des Bindemittels dem verwendeten Gestein anzupassen. Dem Gestein kommt im bituminösen Straßenbau die Hauptaufgabe zu, der Träger des Verkehrs zu sein. Es muß deswegen ein Material verwendet werden, welches feste, zähe Struktur besitzt und wenig Poren enthalten darf. Es eignen sich daher hierfür alle Hartgesteine und scharfkantigen Sande, wie beispielsweise Grünstein, Basalt, Grauwacke, Porphyr, Hochofenschlacke und Bleischlacken unter Berücksichtigung ihrer chemischen Zusammensetzung, besonders solcher Gesteine, welche beim Brechen ein kubisches Korn geben und Sande, die unter dem Druck der hydraulischen Presse ohne jedes Bindemittel eine möglichst feste zusammenhängende Masse liefern.

Für den Asphaltstraßenbau verwendet man hauptsächlich quarzreichen Fluß- und Grubensand, der vor allen Dingen lehm- und staubfrei sein muß, ferner Grus und Steinmehl, aber auch Splitt in verschiedenen Körnungen.

---

[1]) D. Holde, Untersuchungen der Kohlenwasserstofföle und Fette. 6. Aufl. (Berlin 1926).
[2]) H. Mallison, Der Straßenbau H. 32 (1929).

Die Zusammenstellung der Sand-Steinmehl-Mineralmasse soll von möglichster Dichtheit sein und ein Hohlraummindestmaß besitzen. Die Zusammensetzung des Mineralgemisches richtet sich nach der Baukonstruktion[1]).

Auch beim Teerstraßenbau ist man bestrebt, um dichteste Lagerung der Mineralmasse zu erhalten, nur möglichst wenig Hohlräume im Gesteinaufbau zu lassen, die von dem bituminösen Bindemittel ausgefüllt werden. Die Hohlräume müssen aber soweit bemessen sein, daß selbst bei fester Lagerung der mit Teer überzogene Gesteinskörper während der Sommerwärme den sich ausdehnenden Teer nicht an die Oberfläche treten lassen darf.

Die Korngröße des Gesteins, das meist in mehreren Lagen systematisch übereinander aufgebaut wird, ist bei den einzelnen Baukonstruktionen verschieden.

In neuester Zeit baut man neben den bisher angeführten Oberflächenteerungen und Teermakadamstraßen

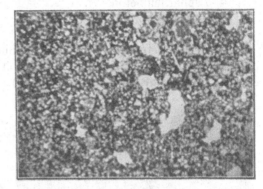

Abb. 263.
Gute Schlacke für Teerstraßenbau (Lupenaufnahme).

anlehnend an den Asphaltstraßenbau nach dem Grundsatz des Hohlraumminimums die sog. Teerbetonstraßen. Hierfür bestehen deutsche und englische Vorschriften über die Zusammensetzung der Mineralmassen und des Füllers[2]).

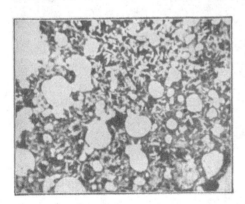

Abb. 264.
Mittelgute Schlacke für Teerstraßenbau (Lupenaufnahme).

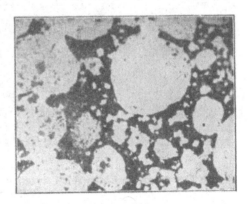

Abb. 265.
Schlechte Schlacke für Teerstraßenbau (Lupenaufnahme).

Auch der Essener Asphalt nach Dammann, mit Teer überzogenem und verknetetem Hochofenschlackengrus oder gemahlenem Hartsteingrus liefern eine Art Teerbeton.

Da sich in Deutschland und auch England die Hochofenschlacke für den Straßenbau bewährt hat und viel verwendet wird, sollen drei Abbildungen von Straßenbauschlacken, die nach Dr. Lüer, Essen, als gut, mittel und schlecht bezeichnet sind, den Unterschied im Außenporengehalt an Dünnschliffen zeigen.

[1]) W. Reiner, Handb. d. neuen Straßenbauweisen (Berlin 1929).
[2]) E. Herion, Der Straßenbau H. 31 (1929).

Von den zahlreichen Einbauweisen und Methoden, die Naturasphalt bzw. Erdölasphalt verwenden, sind zu nennen:

1. Stampfasphalt
2. Gußasphalt bzw. Hartgußasphalt.
3. Sandasphalt.
4. Asphaltfeinbeton.
5. Asphaltgrobbeton.
6. Steinschlagasphalt.
7. Asphaltbeton ausgeführt mit Bitumenemulsionen.
8. Oberflächenbehandlung mit Erdölbitumen (Heißverfahren) oder mit Bitumenemulsionen (Kaltverfahren).

Abb. 266.
Fertige Teersplittdecke Eberswalde—Angermünde—Prenzlau (alte Provinzialstraße der Provinz Brandenburg).

Unter Anwendung von Straßenteeren:

1. Einstreuverfahren (Oberflächenteerung und Innentränkung).
2. Mischverfahren (Teersplitt, Teermakadam, Teerbeton).

Die Ausführung dieser zwei Verfahren kann erfolgen durch Straßenteere verschiedener Konsistenz[1]), mit Teeremulsionen oder mit Kaltteeren.

Da Deutschland sein Augenmerk besonders in letzter Zeit wegen seiner aus umfangreichen Naturschätzen gewonnenen Steinkohlenteeren als Ausgangsmaterial

---

[1]) Vorschriften über die Beschaffenheit und Untersuchung von reinem Steinkohlenteer ohne und mit Zusatz von Erdöl-Asphalt als Bindemittel im Straßenbau, herausgegeben vom Deutschen-Straßenbau-Verband in Übereinstimmung mit der Zentralstelle für Asphalt- und Teerforschung (Berlin 1931).

für den Straßenteer, auf den Teerstraßenbau gerichtet hat, so sei hier kurz das besonders beliebte und praktische Mischverfahren (Herstellung von Teersplitt) unter Verwendung von einheimischen Mineral geschildert[1]).

Je nach der Anlage wird das aus dem Steinbruch kommende Mineral (Grünstein oder Basalt bzw. Hochofenschlacke) im Brecherwerk gebrochen und in die Mischanlage befördert. Über Schurren und Elevatoren gelangt der Splitt nach Passieren der Trockentrommel, wo er von der Feuchtigkeit und zugleich durch Exhaustoren vom Gesteinstaub befreit wird, in einen Sammelsilo. Von dort wird er in den Mischer gekippt und unter Hinzufügung der erforderlichen, vorher erwärmten Bindemittelmenge durch ein Rührwerk gründlich mit dem Bindemittel gemischt. Nach dem Mischen wird der fertige Teersplitt in Loren abgelassen und getrennt nach verschiedenen Körnungen auf Lager gebracht.

In dem von Luft abgeschlossenen Teersplitthaufen, der ungefähr eine Höhe von 2 m haben kann, vollzieht sich durch die gleichmäßige Wärme eine abgestimmte einheitliche Verteilung des Teers auf dem Mineral.

Der geteerte und baureife Schotter bzw. Splitt wird auf der festeingelagerten Neuschüttung oder mit Teersplitt ausgeglichenen festen alten Fahrbahn, nachdem diese mit einem bitumenhaltigen Bindemittel hauchfein überdeckt wurde, gleichmäßig schichtenweise ausgebreitet und schichtenweise eingewalzt. Als Abschlußdecke und Porenverschluß dient eine feinkörnige Verschleißschicht, die mit Bitumen oder Bitumenemulsionen getränkt ist. Die so eingebaute Straße kann sofort dem Verkehr übergeben werden, durch den dann die weitere Festigung erfolgt.

Dachpappen. Bei der Dachpappenfabrikation findet eine möglichst innige Verteilung von bituminöser Masse (Teer oder Asphalt) und Pappe statt. Die Vereinigung dieser beiden Stoffe stellt mancherlei Voraussetzungen kolloidchemischer Art an die Rohmaterialien, die durch die bisher üblichen Bestimmungen einzelner chemischer oder physikalischer Eigenschaften nicht restlos erfaßt werden können. Das Haftvermögen des Teers oder des Asphaltes an die Pappe oder dem Gewebe, die Aufnahmefähigkeit und das Bindevermögen des Teers für Sand sind wesentlich bedingt durch die Grenzflächenkräfte[2]).

Man unterscheidet zwei Arten von Dachpappen, die Teerdachpappe und die Asphaltdachpappe (teerfreie Dachpappe).

Die Teerdachpappen sind Erzeugnisse, gewonnen durch Tränkung normengemäßer Rohpappe mit normengemäßer Tränkmasse. An die Tränkmasse (Teer) für besandete Dachpappen stellen die Normen DIN DVM 2122 folgende Anforderungen[3]).

Die Tränkmassen für besandete Teerdachpappen werden gewonnen:

a) durch Destillation von Steinkohlenteer.

b) durch Verschmelzen von Steinkohlenteerpech mit Steinkohlenteeröl,

c) durch Verschmelzen von Steinkohlenteerpech mit Erzeugnissen nach a) und b),

d) durch Verschmelzen von Erzeugnissen nach a), b) und c) mit Bitumen rein asphaltischer Grundlage. Der Gehalt an Bitumen darf nicht 25 % überschreiten.

---

[1]) E. Kuthe, Verkehrstechnik H. 35 (1929).
[2]) H. Grohn, Teer und Bitumen H. 21 (1929).
[3]) Vorschriften für die Prüfung (Din 1995) und Lieferung (Din 1996) von Asphalt und Teer sowie von Asphalt und Teer enthaltenden Massen, soweit sie im Straßen-, Tief- und Hochbau verwendet werden. (Berlin 1929.)

Wassergehalt: höchstens 1%.

Erweichungspunkt: nicht unter 20⁰ und nicht über 40⁰.

Siedeverhalten: Bis 250⁰ dürfen nicht mehr als 5% übergehen. Der Wassergehalt ist nicht in diesen 5% enthalten.

Naphthalingehalt: nicht mehr als 2,5%.

Bei der Herstellung von Asphaltpappen nimmt man eine doppelte Tauchung
vor, 1. um die Faser zu imprägnieren (Tränkungsmasse), 2. um eine Deckschicht
zu erhalten (Überzugsmasse). Die besten Rohmaterialien sind nach Prüfung des
amerikanischen Chemikers Abraham, die Asphaltite, welche in fast reinem Zustande
in der Natur vorkommen, wie Grahamit, Gîlsonit, Manjak, ferner die Fettpeche,
wie Stearinpech und Wollfettpech und schließlich, die während der Destillation
geblasenen Erdölasphalte. Das Einstellen auf die richtige Konsistenz erfolgt mit
Fluxölen (hochsiedenden paraffinfreien Erdöldestillaten, die nicht mehr als 20%
betragen sollen).

Die Tränkungsmasse muß nach den heutigen Erfahrungen einen Schmelzpunkt von 38—43⁰ C haben und wird bei 120—160⁰ verarbeitet. Um die Masse
möglichst wetterbeständig und geschmeidig zu machen, wird zu dem Erdölasphalt
ein geringer Zusatz von wetterbeständigem und elastischem Stearinpech sowie von
geschmeidigem Wollfettpech gegeben, so daß man folgende Vorschrift erhält[1]):

Hauptbestandteil: etwa ein mex. Erdölasphalt . .	Schmp. 55⁰	−40%
(Füllmaterial): etwa ein weicherer amer. Erdölasphalt	„ 40⁰	−30%
Wollfettpech	„ 32⁰	− 5%
Stearinpech	„ 50⁰	−10%
Fluxöl		−15%

Theoretisch errechneter Schmelzpunkt der Zusammensetzung = 40⁰ C.

Die zur Herstellung des Überzuges dienende bituminöse Masse, die nicht mehr
den Zweck hat, in die Poren einzudringen, muß einen höheren Schmelzpunkt
besitzen. Die chemisch-technischen Beziehungen der Zusammensetzung eines
guten Überzuges können zusammengefaßt werden[2]):

1. Gefahrene Temperatur = 160⁰ C.
2. Schmelzpunkt der Zusammensetzung: 68—70⁰ C.
3. Penetration (Eindringungstiefe) nach Abraham: 1—2,5.

Eine Vorschrift des Überzuges wäre folgende:

Gilsonit	Schmp. etwa 132⁰ C	−15%
Geblasener Erdölasphalt	„ „ 110⁰ C	−10%
Mexic. Eagle	„ „ 55⁰ C	−60%
Stearinpech	„ „ 50⁰ C	−10%
Wollfettpech	„ „ 32⁰ C	− 5%

Theoretisch errechneter Schmelzpunkt der Zusammensetzung = 70,4⁰ C.

Um die leichte Aufnahmefähigkeit des Steinkohlenteeres auszunutzen, kann
man die Pappe mit Steinkohlenteer tränken und ihr dann einen Überzug mit wetterbeständigem Erdölasphalt geben, so daß der Teer in der Faser suspendiert ist und
die Innentränkung vornimmt, während der Erdölasphalt den haltbaren wetter-
beständigen, schön geriffelten Überzug gibt (s. Abb. 268).

---

[1]) A. Elben, Die Fabrikation der teerfreien Dachpappe (Berlin 1924), S. 25.
[2]) Ebendort, S. 32 und 41.

Obst[1]) empfiehlt als kalt anzuwendendes Anstrichmittel, Emulsionen zu verwenden und gibt ein österreichisches Patent an, weil es den Übergang von der bisherigen Dachanstrichtechnik zur Emulsionstechnik in sich vereint. Nach diesem Patentanspruch, auf den bereits auch ein französisches Patent erteilt wurde, verwendet man als Überzug für Dachpappe Asphalt-, Pech- usw. Massen mit einem hohen — bis 65% — Gehalt an Füllstoffen. Zur Herstellung der Anstrichmasse läßt man zu einer angewärmten Mischung von Kieselgur und Wasser unter ständigem Rühren geschmolzenes Pech, Asphalt, Petroleumdestillationsrückstände, ganz allmählich zutropfen. Man kann auch die Mischung in der Weise herstellen, daß man die Füllstoffe zuerst mit geschmolzenem Bitumen tränkt und dann mit Wasser vermischt. Auch kann man den Mischungen noch Fette, Öle oder Harze zusetzen. Es wird betont, daß die mit diesen Mischungen überzogene Dachpappe nach dem Trocknen nicht klebrig ist. Das Prinzipielle daran ist die Verwendung einer wäßrigen Bitumenemulsion.

Abb. 267.
Teerdachpappe.

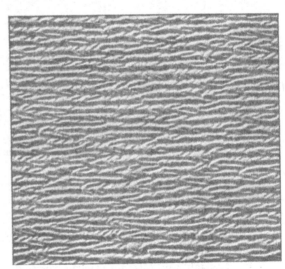

Abb. 268.
Asphaltpappe.

Die Rohstoffe der Pappe sind Wolle, Leinen, Baumwolle, Jute, Manila, Holzfaser, chemischer Holzstoff, Sodazellulose und Esparto. Da die Poren frei liegen müssen, darf die Rohpappe nicht geleimt sein, weil jede Leimung das Eindringen des Tränkungsmaterials verhindern würde. Reine Wollfaser ist saugkräftiger als vegetabilische Faser und ist auch bedeutend widerstandsfähiger gegen Atmosphärilien und Wasser. Die Fasern sollen lang sein, Holzstoff und Gerberlohe sowie Zusätze zum Heben des Gewichtes wie Kreide, Gips, Lehm, Kaolin und Schwerspat gelten als Verschlechterung. Die Pappe muß nicht zu glatt sein, sondern ohne an Festigkeit zu verlieren, locker liegen und vollständig säure- und knotenfrei sein.

---

[1]) W. Obst, Asphalt und Teer, Straßenbautechnik H. 4 (1929).

Die Verwendbarkeit der Rohpappe zur Fabrikation von Dachpappe beruht besonders auf folgenden Voraussetzungen[1]):

1. einer gewissen Wetterbeständigkeit,
2. der Fähigkeit, in allen Teilen gut durchtränkbar zu sein,
3. der Aufnahmefähigkeit für eine gewisse Menge Tränkmasse,
4. der Geschwindigkeit dieser Tränkmassenaufnahme bzw. der Durchtränkung,
5. einer gewissen Reißfestigkeit.

Auf Grund umfassender Untersuchungen des Staatlichen Materialprüfungsamtes in Berlin sind Normen aufgestellt worden, denen eine zur Herstellung von Teerdachpappen geeignete Rohpappe entsprechen soll[2]).   Die Normen gelten nur für Rohpappen bis zu bestimmten Stärken.

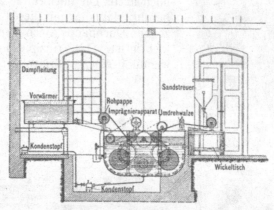

Abb. 269.
Pfannenanlage einer Dachpappenfabrik.

1. Zur Herstellung der Rohpappe dürfen lediglich folgende Arten von Rohstoffen verwendet werden:

a) Lumpen,
b) Abfälle aus der Textilindustrie, soweit sie faseriger Natur sind,
c) Altpapier.

Auswahl und Mischungsverhältnisse der Rohstoffe bleiben dem Fabrikanten überlassen.   Direkter Zusatz von Holzschliff, Strohstoff, Torf, Sägemehl und mineralischem Füllstoff ist verboten.

2. Der Aschegehalt darf nicht mehr als 12% betragen.
3. Lufttrockene Pappe darf nicht mehr als 12% Wasser führen.
4. Alle Pappen, die eine geringere Aufnahmefähigkeit an Anthrazenöl als 120% nach dem Eintauchen aufweisen, gelten für mangelhaft.
5. Rohpappen von normaler Dicke (333 g für den Quadratmeter und mehr) müssen ein Reißgewicht (für 15 mm Breite) von mindestens 4 kg in der Längsrichtung haben.

Heute erfolgt die Herstellung der Teerdachpappe fast ausschließlich auf maschinellem Wege nach dem sog. Durchzugssystem.   Die Pappe wird in einer Pfanne mittels einem System von Leitrollen durch die auf etwa 95—100° C erwärmte

---

[1]) W. Malchow und H. Mallison, Die Industrie der Dachpappe (Halle 1928), S. 9.
[2]) Ebendort, S. 11.

Imprägnierungsmasse durchgeführt und dann mittels Ausdrehwalzen von über-schüssigem Teer befreit, worauf die getränkte Pappe automatisch mit Sand be-streut wird. Der Teer hat die bemerkenswerte Eigenschaft, oberflächlich aufgestreute feste Körper, wie Sand, fest zu binden, so daß das Zusammenkleben der meist in Rollen in den Handel gebrachten Fabrikate selbst beim längeren Lagern verhindert wird. Der steinige Überzug verhütet das Abtropfen des Teeres, was durch die Ein-wirkung der Sommerwärme leicht eintreten würde und macht außerdem das Dach flammsicher. Der Sand muß lehmfrei sein und eine Korngröße von 1—1,5 mm besitzen.

Bei der Herstellung von Asphaltpappe (teerfreier Pappe) führt eine Zubringe-walze die Rohpappe in möglichst langen Bahnen dem Imprägnierapparat zu, wobei 120 bzw. 160° C, je nach Art der Pfannen, getränkt wird. Nach Passieren der Aus-drehwalzen wird die Pappe durch einen Ventilator gekühlt und durch Walzen gut abgepreßt, so daß die Pappe matt und ohne Flecken herauskommt. Darauf wird sie der Überzugspfanne, wo die Mischung auf etwa 160° C erwärmt wird, zugeführt und mit einer Deckschicht überzogen. Nachdem die getränkte und überzogene Pappe durch eine zweite Ausdrehwalze gegangen ist, wird sie automatisch mit Talkum bestreut und gelangt aufgerollt auf das Lager.

Die Abbildungen 267 und 268 veranschaulichen zwei verschiedene Arten von Dachpappen.

Keramik.

Von Dr.-Ing. **Hans Kohl**-Charlottenburg.

Mit 20 Abbildungen.

Einleitung. Ähnlich wie die Textilindustrie verwaltet die Keramik, die heutige Industrie der Steine und Erden, das Erbe eines uralten Gewerbes, dessen Erzeugnisse die oft einzigen Zeugen versunkener Kulturepochen der Menschheit bilden. Darunter befinden sich Höchstleistungen, die uns — wie die Fayenzen von Kutahia, die Porzellane der Chinesen und des deutschen Barocks — noch heute die höchste Bewunderung auch in technischer Hinsicht abnötigen.

Einer solchen Tradition gegenüber hat die verhältnismäßig junge keramische Wissenschaft naturgemäß einen schweren Stand. Das geht sogar soweit, daß die vorhandenen Erfahrungen in mancher Beziehung eine gewisse konservative Einstellung der keramischen Industrie bedingen, die die wissenschaftliche Förderung ihrer Probleme hemmt. Das Gegenbeispiel sehen wir in Nordamerika, das in wenigen Jahren, unbeschwert von Traditionen und Vorurteilen, auf schon vorhandenen Erkenntnissen und Veröffentlichungen der deutschen Keramik eine Wissenschaft und mit dieser in enger Fühlung eine Industrie aufgebaut hat, der wir heute kaum etwas Gleichwertiges gegenüberstellen können.

Und doch war dies indirekt ein Erfolg der deutschen Wissenschaft, der mit der Übersetzung von Segers Gesammelten Schriften[1]), dem noch heute gültigen Fundament der Keramik, begann, der aber dadurch um so rascher gefördert wurde, daß außer der rein chemischen Betrachtungsweise auch die physikalische Seite der meisten keramischen Probleme frühzeitig erkannt und unter Einsatz viel reicherer Mittel, als dies im verarmten Europa möglich war, in Angriff genommen wurde. So ergibt sich heute eine lebhafte und fruchtbare Wechselwirkung der beiden Wissensgebiete, zu denen als weitere wichtige Ergänzung die Erkenntnisse der Geologie, der Mineralogie, der landwirtschaftlichen Bodenkunde und der Petographie hinzutreten, um schließlich ihr Produkt der speziellen Feuerungstechnik zur Vollendung zu übergeben. Überall aber, und zwar ganz besonders bei der Gewinnung und Verarbeitung der Rohstoffe, bei der Formgebung, und schließlich im feuerflüssigen Zustande der geschmolzenen Bestandteile spielen kolloidchemische Vorgänge eine wichtige Rolle. Und gerade diese sind es, die am längsten der wissenschaftlichen Erkenntnis getrotzt haben und zu einem großen Teil noch heute unerforscht sind.

Dementsprechend besteht die kolloidchemische Literatur unserer Wissenschaft aus einer großen Anzahl von Einzelaufsätzen, die sich in den Fachzeitschriften

---

[1]) H. A. Seger, Gesammelte Schriften (1896).

der Keramik, der Agrikulturchemie, der physikalischen und Kolloidchemie verstreut finden. Eine zusammenfassende Darstellung der kolloidchemischen Vorgänge bei der Steinzeugfabrikation hat kürzlich F. Singer[1]) gegeben, während ein allgemeines Sammelreferat über Kolloidkeramik bisher nur in der englischen Literatur[2]) existiert.

Eine allgemeine Zusammenstellung der neueren keramischen Literatur findet sich in E. P. Bauer „Keramik"[3]), als Sammelwerk ist nach dem älteren „Handbuch der gesamten Tonindustrie" von B. Kerl hauptsächlich die von F. Singer herausgegebene „Keramik im Dienste von Industrie und Volkswirtschaft"[4]) zu nennen.

A. Allgemeine Keramik.

I. Rohstoffe.

Die plastischen Rohstoffe, ihre Entstehung, Einteilung und Eigenschaften. Die Rohmaterialien der keramischen Industrien bestehen ausschließlich aus natürlich vorkommenden Bestandteilen der Erdkruste und erfahren vor ihrer Verarbeitung außer der mechanischen Ausschlämmung grober Bestandteile weder eine chemische, noch eine tiefergreifende physikalische Veränderung als evtl. die Mahlung. Ihre Verwendung ist also an die betreffenden Vorkommen gebunden und setzt eine genaue Kenntnis ihrer verschiedenartigen Eigenschaften voraus. Das gilt im besonderen Maße für die der keramischen Formgebung charakteristischen, sog. plastischen Rohstoffe, die Kaoline und Tone. Beide sind Zersetzungsprodukte feldspathaltiger Gesteine, von denen hier als wichtigste nur die Granite und Porphyre genannt seien. Während die ersteren bei langsamer Abkühlung unter hohem Druck im Erdinneren Zeit hatten, restlos auszukristallisieren und größere Kristalle zu bilden, entstand bei den Porphyren durch plötzliche Abkühlung an der Erdoberfläche ein feinkristallines, teilweise direkt glasiges Gefüge, das vereinzelte größere Kristalleinsprenglinge einschließt. Deshalb enthalten die aus Granit entstandenen Kaoline von Zettlitz, Chodau, Amberg, Hirschau den im Kaolinisierungsprozeß nicht veränderten Quarz des Urgesteins in so grober Verteilung, daß er schon im gewöhnlichen Schlämmprozeß bis auf geringe Reste entfernt werden kann. Die Porphyrkaoline hingegen, wie die des Halleschen Beckens, die sächsischen Vorkommen in Mügeln, Oschatz, Kemmlitz, Meißen, Seilitz usw., führen größere Mengen feinsten, unausschlämmbaren Schluffsand und können daher durch gewöhnliche Schlämmung nicht so hochprozentig an Tonsubstanz aufbereitet werden. Sie sind also, da die Tonsubstanz als Träger der Plastizität und Feuerfestigkeit den Wert der Kaoline und Tone in erster Linie bestimmt, in dieser Beziehung den Granitkaolinen unterlegen.

Es gibt jedoch auch technische Verwendungsmöglichkeiten, für die das Vorhandensein allerfeinsten unausschlämmbaren Quarzschluffes in den Tonen erwünscht und notwendig ist. Gewisse Steinguttone, die zur Erzielung einer hohen, den üblichen Steingutglasuren gleichkommenden Wärmeausdehnung in die Masse eingeführt werden, verdanken diese Eigenschaft ihrem Gehalt an feinstem

---

[1]) F. Singer, Das Steinzeug (Braunschweig 1929).

[2]) A. J. Vickers, Die Kolloidchemie als Hilfsmittel zur Erkenntnis der Tone. Trans. Ceram. soc. Engl. 2—3, 91—100, 124—147 (1929).

[3]) E. P. Bauer, Keramik. (Technische Fortschrittsberichte Bd. 1) (Dresden 1923).

[4]) F. Singer (Braunschweig 1923).

Quarz, dessen Oberfläche außer durch seine Kornfeinheit häufig noch durch Spaltungen und Zerklüftungen vergrößert ist. Er bildet daher durch gegenseitige Adsorption mit Tonsubstanzteilchen u. d. M. gut erkennbare Quarz-Tonester[1]), die sich in wäßriger Suspension nicht auflösen und durch diese enge Packung die physikalischen Quarzeigenschaften — besonders seine hohe Wärmeausdehnung — stärker auf die Masse übertragen, als dies bei der gleichen Menge gröberen isolierten Quarzes geschieht[2]).

Abgesehen von derartigen Sonderfällen wird der Wert der Kaoline und Tone vorwiegend durch die anteilmäßige Menge, Reinheit und sonstige Beschaffenheit der in ihnen enthaltenen Tonsubstanz bestimmt. Wir kommen damit zu dem Punkte, der wohl als der schwächste der ganzen keramischen Wissenschaft gelten kann, und der in ganz besonderem Maße der Kolloidchemie zur Klärung bedarf. Scheint die Menge der Tonsubstanz in einem geschlämmten Kaolin oder in einem Ton, der auf dem Wassertransport nach seiner sekundären Lagerstätte einen natürlichen Schlämmprozeß durchgemacht hat, in erster Linie vom Charakter des Urgesteins beeinflußt zu werden, so soll ihre Beschaffenheit nach Priehäuser[3]) von der Art ihrer Bildung, dem Zersetzungsprozeß, abhängen.

Die Kaolinisierung, d. h. die Umwandlung der Alkalifeldspäte ($K_2O \cdot Al_2O_3 \cdot 6 SiO_2$) in Tonsubstanz ($Al_2O_3 \cdot 2 SiO_2 \cdot 2 H_2O$) beruht auf der Herauslösung und Wegführung der Alkalien und eines Teiles der Kieselsäure. Statt dessen tritt Wasser in das Molekül ein, und es entstehen aus 100 Teilen Orthoklas 46 Teile Tonsubstanz, bzw. wenn sie in deutlich kristalliner Form vorliegt, Kaolinit.

Ohne auf die früheren ziemlich zahlreichen Theorien der Kaolinisierung einzugehen, möchten wir uns hier auf die Wiedergabe der nach dem heutigen Stande der Wissenschaft wahrscheinlichsten beschränken und verweisen dabei auf die zusammenfassende Darstellung von W. Dienemann[4]).

Demnach sind alle Kaolinisierungsprozeße unter Einwirkung des Wassers und der Kohlensäure vor sich gegangen und unterscheiden sich lediglich durch ihre Intensität in der Reihenfolge: Atmosphärische Oberflächenverwitterung, Kaolinisierung durch kohlensäurehaltige Wässer von Mooren (Braunkohlentone) und postvulkanische Wasser- und Kohlensäuredämpfe aus dem Erdinneren. Die letzte Art der Bildung, die man früher beispielsweise für die durch große Mächtigkeit ausgezeichneten Kaolinlager der östlichen Oberpfalz und des Zettlitzer Bezirkes annahm, hat jedoch nach neueren Anschauungen[5]) nur ganz partielle Bedeutung, und es ist heute erwiesen, daß auch die letztgenannten Vorkommen durch eine — allerdings sehr intensive und langandauernde — Einwirkung von der Oberfläche her unter dem Einfluß überlagerter tertiärer Moore entstanden sind. Die Umsetzung des Feldspates in Tonsubstanz und die Herauslösung der feinsten Teilchen in Form von Hydraten der Tonerde und Kieselsäure erfolgten bei den Oberpfälzer Kaolinen so gründlich, daß nur ein verhältnismäßig grobkörniges Material ohne Kolloidtongehalt zurückblieb. Die von R. Rieke[6]) veröffentlichten Mikrophotographien von Hirschauer Kaolin veranschaulichen die für dieses Vorkommen charakteristische Form von fächerartig gegliederten monoklinen Kaolinitblättchen

---

[1]) H. Harkort, Ber. d. dtsch. keram. Ges. 9, 484 (28. 8.).
[2]) H. Kohl, Ber. d. Dtsch. keram. Ges. 3, 303 (22. 6.).
[3]) M. Priehäuser, Vortrag (Dresden 1924) und Keramos 8, 673 (1929).
[4]) W. Dienemann, Die nutzbaren Gesteine Deutschlands und ihre Lagerstätten 1 (Stuttgart 1928).
[5]) M. Priehäuser, Vortrag (Dresden 1924) und Keramos 8, 673 (1929).
[6]) R. Rieke, Sprechsaal 34 (1907).

bis zu 0,1 mm Durchmesser. Die Oberpfälzer Kaoline von Amberg, Hirschau und Schnaittenbach sind daher ausgesprochene Magerkaoline von sehr geringer Bildsamkeit.

Bei den Halleschen und sächsischen Vorkommen hingegen konnte überall in ziemlich geringer Tiefe das Liegende der Kaoline als unzersetztes Gestein (Quarzporphyr) erbohrt werden, wobei ein allmählicher Übergang, also eine Verschlechterung des Rohkaolins mit der Tiefe zu beobachten ist. Diese Tatsache spricht deutlich für eine Kaolinisierung von obenher, die nach Stahl[1] bei der überwiegenden Mehrzahl der mitteldeutschen Lagerstätten in enger Verbindung mit Braunkohlenlagern anzutreffen ist. Auch hier waren es also die tertiären Moore, die nach aller Wahrscheinlichkeit die zur Kaolinbildung notwendige Kohlensäure geliefert haben. Jedoch war hier die Zersetzung weniger energisch und vollständig, so daß ein je nach der Einwirkungsdauer mehr oder weniger hoher Gehalt an unvollständig zersetztem Feldspat erhalten blieb. Auch der meist aus leichter zersetzbaren Gesteinsteilen entstandene Allophanton, der bei stärkerer Einwirkung vollständig gelöst und weggeführt werden kann, blieb bei einzelnen dieser Kaoline mehr oder weniger erhalten und verleiht ihnen eine hohe Bildsamkeit.

Ein typisches Beispiel für einen solchen an Kolloidton reichen und daher hochplastischen Kaolin bietet das vom Verfasser näher untersuchte Vorkommen von Seilitz[2] bei Meißen, dessen hoher Gehalt an Alkalien und in verdünnter Salzsäure löslicher Tonerde die obige Annahme bestätigt, daß nur eine unvollständige Zersetzung und Auslaugung stattgefunden hat. Hierfür sprechen auch die Ergebnisse der „Physikalisch-technischen Untersuchungen keramischer Kaoline" von J. Stark[3], der durch Absetzversuche in 3%iger Zuckerlösung nach der Stokesschen Formel die mittleren Korndurchmesser einiger Handelskaoline bestimmte und zu ihren sonstigen Eigenschaften in Beziehung brachte (Tabelle 1).

Tabelle 1.

Kaolin-Vorkommen	Mittlerer Korn $\varnothing$	Wasser-dampf-aufnahme	Verhältl. Wasser-durch-lässigkeit	Verhältl. Ansauge-geschwin-digkeit	Verhältl. Trocken-geschwin-digkeit	Trocken-schwin-dung	Bruch-festig-keit gmm²	Biege-festigkeit nach Kohl[4]
Schnaitten-bach	8,3	1,0%	7,4	1,5	1,2	0,7%	14	< 1kg/qcm
Hirschau	6,8	1,4%	5,1	1,4	1,1	0,8%	24	1,2
Hohburg	5,8	2,8%	1,5	1,0	1,0	2,4%	70	4,7
Zettlitz	4,8	3,5%	1,0	1,0	1,0	2,7%	120	8,6
Halle	4,5	3,3%	1,1	1,3	1,3	2,3%	84	2,5
Seilitz	4,2	5,5%	0,2	0,8	0,9	6,0%	330	19,3
Fetton S	3,6	6,0%	0,05	0,8	0,9	5,1%	278	—

Während Starks Plastizitätskurven infolge der Anwendung eines ungeeigneten Apparates von der obigen Reihenfolge abweichen, entspricht dieselbe nach allgemein geteilten praktischen Erfahrungen auch bezüglich der Bildsamkeit den wirklichen Verhältnissen. Lediglich der Hallesche Kaolin rangiert hier falsch, wahrscheinlich infolge seines beträchtlichen Gehaltes an peptisierenden Humusstoffen, die die Absetzgeschwindigkeit verzögert haben dürften (vgl. hierzu

---

[1] Stahl, Archiv für Lagerstättenkunde **12** (Berlin 1912).
[2] Berchl, Die Verwendung des Seilitzer Kaolins zur Herstellung von Porzellan. Ber. d. Dtsch. keram. Ges. **10**, 335—338 (1929).
[3] J. Stark (Leipzig 1924).   [4] Ber. d. Dtsch. keram. Ges. **7**, 23 (1926).

Spangenbergs[1]) Ton-Humussuspensionen in seiner Arbeit „Zur Erkenntnis des Tongießens"). Am richtigsten geben die Zahlen für die Bruchfestigkeit, bzw. die Biegefestigkeit lufttrockener Tonstäbe, welch letztere unabhängig von der Stark-schen Arbeit vom Verfasser gefunden wurden, die Unterschiede in der Plastizität wieder. Immerhin ergibt sich aus der obigen Tabelle der deutliche Zusammenhang zwischen der Teilchengröße und einer ganzen Reihe keramisch wichtiger Eigenschaften. Ehe wir uns diesen zuwenden, sei noch zur Ergänzung der obigen Ausführungen eine Einteilung der Tone und Kaoline angeführt, die H. Stremme[2]) in übersichtlicher Form gegeben hat:

I. Auf primärer Lagerstätte.

   1. Durch Einfluß der Atmosphärilien zersetzte Gesteine: Lehmböden, verwitterte Gesteine.
   2. Durch kohlensäurehaltiges Wasser zersetzte Gesteine: Kaolinisierte Gesteine (Rohkaoline).
   3. Durch postvulkanische Dämpfe und durch heiße, salzreiche Kohlensäuerlinge zersetzte Gesteine (Rohkaoline).

II. Auf sekundärer Lagerstätte.

   1. Verwitterungsprodukte, darunter Tone (bzw. Mergel usw.).
      a) Tone zu einem großen Teil, bis überwiegend aus „Feldspatresten" bestehen: Typus des gemäßigten Klimas.
      b) Tone überwiegend aus „Allophanoiden" bestehend: Typus der Tropen.
   2. Kaolinisierungsprodukte, darunter Tone, Kaolinisierungstone (Kaolinton).
   3. (Umlagerung von I., 3. unbekannt.)

Ganz allgemein pflegt man Kaoline als an primärer, Tone als an sekundärer Lagerstätte befindlich zu unterscheiden.

Neben den bisher betrachteten keramisch vor allen wichtigen „Feldspatresttonen", deren Hauptbestandteil „Tonsubstanz" der chemischen Zusammensetzung $Al_2O_3 \cdot 2 SiO_2 \cdot 2 H_2O$ durchweg ziemlich genau entspricht, Salzsäure unlöslich ist und nur von Schwefelsäure zersetzt wird, unterscheidet Stremme die sog. Allophantone als Gelgemenge von Tonerde- und Kieselsäurehydraten wechselnder chemischer Zusammensetzung. Diese entstehen im Gegensatz zu den ersteren durch Fällung aus Lösungen, bzw. Flockung von Solen, und durch Verwitterung salzsäurelöslicher Tonerdesilikate. Die Allophanoide sind nach van Bemmelen in Salzsäure löslich und sollen infolge ihrer kolloidalen Verteilung in hohem Maße den Charakter der Tone bestimmen.

Man ist heute jedoch der Ansicht, daß der kolloidale Zustand keineswegs auf diese in fast allen Bodenarten vorkommenden Allophantone beschränkt ist, sondern daß der Kolloidtongehalt der keramischen Tone ebenso wie die gröberen Teilchen vorwiegend aus Tonsubstanz $Al_2O_3 \cdot 2 SiO_2 \cdot 2 H_2O$ besteht. Den schlüssigen Beweis hierfür erbrachte Keppeler[3]), indem er nachwies, daß die Debye-Scherrer-Röntgenogramme feinster Tontrüben nach wochenlangem Stehen genau die gleichen charakteristischen Interreferenzen zeigen wie Zettlitzer Kaolin, das klassische Material für „Tonsubstanz", während Bauxit und Tonerdegel unter sich ähnliche aber vom Kaolin gänzlich abweichende Spektren ergeben. Immerhin ist

---

[1]) Spangenberg, Dissertation (Darmstadt 1916).
[2]) H. Stremme, Chem.-Ztg. **35**, 529 (1911).
[3]) G. Keppler, Die Tone im Lichte der Kolloidkunde. Ber. d. Dtsch. keram. Ges. **10**, 133 (29. 3.).

es natürlich möglich, daß auch Allophantone in kleinen Mengen in keramischen Tonlagern vorkommen, Vorbedingung für den kolloidalen Zustand dieser Tone ist ihre Anwesenheit jedoch nicht.

Zu den anorganischen Kolloiden haben sich namentlich bei den Tonen während ihrer Verfrachtung durch das Wasser auch noch organische Kolloide gesellt und sind als dunkelfärbende, im Solzustande peptisierende Bestandteile, an der sekundären Lagerstätte ‘mit abgesetzt worden.

1. Die Korngröße.

Ohne weiteres wird nun schon der große Einfluß offenbar, den die Korngröße bzw. der Dispersitätsgrad der Tonteilchen in keramischen Suspensionen und Gelen („Massen") ausüben muß. Die obigen Angaben der Starkschen Tabelle bedürfen zwar ebenso wie die vielfach angegriffene Methode ihrer Ermittlung noch der Nachprüfung auf ihre absolute Richtigkeit, dürften aber als relativer Maßstab den wirklichen Verhältnissen entsprechen. Spangenberg[1]) fand durch ultramikroskopische Auszählung an Suspensionen von Zettlitzer Kaolin vor und nach der Behandlung mit Humuslösung eine Teilchengröße von 0,088 μ^3 und 0,046 μ^3. Dies entspricht einem mittleren Korndurchmesser von 0,55 μ und 0,44 μ, die Ultrafiltration dagegen ergab Teilchen bis zu 2 μ. Durch Berechnung der Teilchengröße aus der Absitzgeschwindigkeit desselben Kaolins, gemessen an der obersten, also feinsten Schicht, wurde vom Verfasser ein Teilchendurchmesser von 0,146 μ gefunden. Ungerer[2]) bestimmte die Korngrößen eines in fünf Schichten sedimentierenden schlesischen Tones zwischen 0,15 und 0,5 μ. In einem englischen China clay wurde von amerikanischen Forschern[3]) ein Gehalt von 43,8 % Teilchen unter 1,7 μ gefunden.

Nach der Ostwaldschen Einteilung bewegt sich also der Dispersitätsgrad der Kaolinsuspensionen gerade an der Grenze zwischen den echten Suspensionen (> 0,1 μ) und den Suspensoiden (kolloide Verteilung 0,1 μ bis 1 $\mu\mu$), sie sind demnach nach Quinke zweckmäßig als Trübungen zu bezeichnen. Nur für die allerfeinsten Teilchen, zu denen sowohl die „Allophanoide", als auch die Kolloidtonteilchen von der Zusammensetzung der Tonsubstanz zu rechnen sind, und deren Menge in erster Linie für die charakteristischen Unterschiede der „fetten" und „mageren" Tone maßgebend ist, wird man Teilchengrößen bis weit hinein in das Gebiet der echten Hydrosole annehmen dürfen. Durch fortgesetztes Schlämmen gelang es Ehrenberg, aus einem fetten Ton von Gäbersdorf-Beckern in Schlesien den darin enthaltenen Kolloidton zu isolieren. Er erhielt eine gelblich opalisierende Lösung mit allen Kennzeichen der echten Hydrosole. Ob man nun wie P. Ehrenberg[4]) u. a., diesen Kolloidton als besonderen, abweichenden Bestandteil, gewissermaßen wie ein als Klebstoff für die gröberen Teilchen fungierendes lyophobes Kolloid zu betrachten hat, oder mit G. Wiegner[5]) einen kontinuierlichen Übergang von den größeren zu den feinsten Teilchen bei gleicher chemischer Zusammensetzung annehmen soll, wobei nur die verschiedene Teilchengröße die Verschiedenheit in den Eigenschaften bedingt, kann heute noch nicht mit absoluter Sicherheit entschieden werden. Die neuere Forschung neigt wie G. Keppeler (l. c.) mehr

---

[1]) Spangenberg, Dissertation (Darmstadt 1916).
[2]) E. Ungerer, Ber. d. Dtsch. keram. Ges. 3, 43 (1922).
[3]) E. W. Scripture und E. Schramm, Journ. Am. Cer. Soc. 14, 4, 175 (1926).
[4]) P. Ehrenberg, Die Bodenkolloide (Dresden und Leipzig 1921).
[5]) G. Wiegner, Boden und Bodenbildung. 5. Aufl. (Dresden und Leipzig 1931).

der letzteren Ansicht zu und entspricht damit besser der Lehre von der Kontinuität der Materie. Jedenfalls ist es logischer, wie auch A. Fodor und B. Schönfeld[1]) in ihrem „Beitrag zur Kolloidnatur des Tones" hervorheben, die Existenz eines besonderen „Kolloidtones" nicht allzusehr zu betonen, da hierdurch leicht der älteren überwundenen Auffassung der „kolloiden Stoffe" statt der „kolloiden Zustände" zu neuer Geltung verholfen werden könnte.

2. Das Verhalten in der Suspension.

Suspendiert man einen Ton durch Aufquirlen mit der mehrfachen Menge Wasser, so entsteht eine Trübung, die zunächst alle gröber und feiner verteilten Stoffe vermischt in der Schwebe hält. Bereits nach kurzer Zeit beginnen jedoch die ersteren sich am Boden des Gefäßes abzusetzen, und je nach der Feinheit fallen die nächst feineren Teile früher oder später nieder. Durch Zusatz geringer Mengen von Alkalien kann man diesen Vorgang verlangsamen, durch Zugabe größerer Mengen derselben Stoffe ihn beschleunigen. In jeder Konzentration beschleunigend, d. h. flockend, wirken Säuren und die meisten Salze[2]). Da die Tone von Natur aus vielfach Salze enthalten, wird häufig bereits durch gründliches Auswaschen ihre Suspensionsfähigkeit erhöht.

Setzt man eine solche Suspension dem elektrischen Spannungsgefälle aus, so wandern die Teilchen an die Anode. Durch Zusatz von Alkalien wird dieser Vorgang, die Kataphorese, bedeutend verstärkt. Er findet aber, wie A. Fodor an ausgewaschenen Tonen und Verfasser an lange Zeit dialysiertem Zettlitzer Kaolin beobachten konnten, auch ohne die Anwesenheit von Elektrolyten statt. Es bedarf also keineswegs erst einer Aufladung durch letztere, sondern die Tonteilchen an sich besitzen in wäßriger Suspension bereits einen so ausgesprochen negativ elektrischen Charakter, um kataphoretisch an den $+$-Pol zu wandern. Nur das Wasser als Dispersionsmittel ist Vorbedingung, Äther und sonstige organische Flüssigkeiten verhalten sich gänzlich abweichend, da sie die Tonteilchen nicht benetzen.

Es würde hier zu weit führen, das Für und Wider der zahlreichen Theorien, die über das Verhalten von Tonsuspensionen aufgestellt worden sind, gegeneinander abzuwägen. Statt dessen soll versucht werden, auf Grund der modernen kolloidchemischen Literatur[3]) der Tone und eigener Arbeiten des Verfassers[4]) ein Bild zu entwerfen, das den vielseitigen, oft widersprechenden Eigenschaften der Kaoline und Tone in der Suspension, als Masseteig und als Gießmasse so gut, wie das heute möglich ist, gerecht wird. Wir bedienen uns hierbei der von A. Fodor vertretenen Theorie der Ton-Enhydronen, die in der allgemeinen Kolloidchemie eine Parallele besitzen in dem von Perrin und Duclaux eingeführten Begriff

---

[1]) A. Fodor und B. Schönfeld, Beiträge zur Kenntnis der Kolloidnatur der Tone. Kolloidchem. Beih. **19**, 1 (1924).

[2]) R. Rieke, Über die Wirkung löslicher Sulfate auf Kaolin und Tone. Sprechsaal **43**, 755 (1910).

[3]) R. Gallay, Beitrag zur Kenntnis der Tonkoagulation. Kolloidchem. Beih. **21**, 431 (1926). — Wo. Ostwald und F. Piekenbrock, Beitr. z. kolloidchem. Kennzeichnung techn. Kaoline u. Tone. Kolloidchem. Beih. **19**, 138 (1924). — A. Vasel, Über Menge und Zusammensetzung des Kolloidtons im Kaolin von Meißen. Kolloid-Ztschr. **23**, 178 (1923). — A. Fodor, Kolloidchem. Beih. **18**, 77 (1923).

[4]) H. Kohl, Der Einfluß geringer Elektrolytzusätze auf die Beständigkeit von Tonsuspensionen. Ber. d. Dtsch. keram. Ges. **3**, 64 (1922). — Derselbe, Die Anwendung geringer Elektrolytzusätze zur Reinigung von Tonen. Ber. d. Dtsch. keram. Ges. **4**, 116 (1923).

der Mizelle. Ein Ton-Enhydron sei ein von einer Hydratmembran umgebenes Tonteilchen, entsprechend dem Symbol:

$$\left\{ \left[\text{Ton} \begin{array}{c} - OH' \\ - OH' \\ \vdots \end{array} \right] \begin{array}{c} H+ \\ H+ \\ \vdots \end{array} \right\} \begin{array}{c} HOH\ldots \\ HOH\ldots \end{array}$$

Die innerste Schicht der Hydratmembran bleibt also infolge ihrer starken Haftfestigkeit nicht mehr elektrisch neutral, sondern erfährt eine gewisse Spaltung in ihre Ionen, von denen das Hydroxylion das Tonteilchen negativ beladet. Man kann dies auch chemisch so erklären: Das Tonteilchen sättigt infolge seines sauren Charakters (Nebenvalenzen!) oberflächlich Wasserstoffionen teilweise ab, so daß die gleichzeitig mechanisch adsorbierten OH'-Ionen, nun nicht mehr vollständig durch H + neutralisiert, dem ganzen Komplex eine negative Ladung erteilen.

Keppeler[1]) erklärt unter Verzicht auf eine — gewiß anfechtbare — chemische Deutung den Vorgang sehr anschaulich folgendermaßen: „Die Tonteilchen umgeben sich mit Wasserhüllen, in denen die Wassermoleküle durch die Oberflächenkräfte gewissermaßen komprimiert, dichter aneinandergelagert, als im freien Teil des Wasserraumes sind. Die Tonteilchen sind negativ gegen das Wasser, in dem sie schweben, geladen. Wie diese Ladung zustande kommt, ist in den Einzelheiten umstritten. Sicher ist, daß Ionen, die von den Teilchen adsorbiert werden, eine große, wenn nicht ausschlaggebende Rolle spielen. Diese elektrische Ladung kommt aber nach außen nicht zur Geltung, eine Tonsuspension äußert gegen die Gefäßwandungen oder an der Flüssigkeitsoberfläche als Ganzes keine elektrische Ladung. Die vorhandenen Ladungen müssen also im Innern gegeneinander ausgeglichen, neutralisiert sein, durch die Ladung der das Teilchen umgebenden Flüssigkeit, also der positiven Ladung des Wassers. Diese ist aber nicht stabil an eine bestimmte Stelle gebunden, sondern dürfte nach den vorliegenden Untersuchungen als Ionenschwarm aufzufassen sein, der das Kolloidteilchen umgibt. So kommen wir also zu einem nicht ganz einfachen Bilde: Das Kolloidteilchen mit seiner Wasserhülle nimmt in seiner Oberfläche negativ geladene Ionen auf und wird von positiven Ionen in der freien Wasserschicht umschwärmt. Der ganze Komplex wird nach Duclaux als „Mizelle" bezeichnet."

Treten nun durch Zusatz von Alkalihydroxyden neue OH'-Ionen in die Lösung, so verstärken sie zunächst die Teilchenladung durch Eindringen in die Hydrathülle und damit die gegenseitige elektrostatische Abstoßung der Teilchen. Gleichzeitig tritt aber hierdurch eine Lockerung der Haftfestigkeit der Membran (Verflüssigung der Gießmasse!) ein. Der Elektrolyt schiebt sich gewissermaßen zwischen Teilchen und Hydrathülle und verringert deren Haftfestigkeit. Eine weitere Vermehrung der Elektrolytzusätze führt schließlich zur völligen Loslösung der Membran, zur Dehydration und Flockung. Mit anderen Worten: die OH'-Ionen der Alkalihydroxyde bewirken nur solange eine Stabilisierung der Suspension, wie der Zusatz unterhalb des Schwellenwertes der flockenden Kationen bleibt. Wird er überschritten, so tritt die koagulierende Wirkung der letzteren ein, indem sie die negative Ladung der Teilchen neutralisieren.

Der Übergang aus dem Zustand der maximalen Aufladung zur völligen Koagulation ist jedoch kein plötzlicher, sondern es erfolgt zunächst eine Aggregation der Teilchen, während die aufladende Wirkung vermehrter Alkalizugabe noch

---

[1]) G. Keppeler, Die Tone im Lichte der Kolloidkunde. Ber. d. Dtsch. keram. Ges. **3**, 133 (1922).

anhält. So konnten wir am Zettlitzer Kaolin beobachten, daß das Optimum der Stabilität dünnflüssiger Suspensionen bei niedrigerer Konzentration lag als dasjenige der Dünnflüssigkeit des entsprechenden Gießschlickers. Unter dem Ultramikroskop stellt sich der Vorgang folgendermaßen dar: Die in wäßriger Suspension zunächst vorhandenen Teilchenaggregate werden durch die erste Zugabe von Alkali dispergiert und verstärken ihre mehr oder weniger schon vorher vorhandene Brownsche Bewegung. Bei weiterem Zusatz treten die Primärteilchen wieder zu größeren Aggregaten zusammen, hören auf zu schwingen, behalten aber noch lange Zeit die Fähigkeit zur kataphoretischen Wanderung im Spannungsgefälle. Erst bei weiterer Steigerung der Elektrolytkonzentration hört auch dies auf, und die Flockung wird vollständig.

Während des geschilderten Zwischenzustandes, der sich äußerlich im Absetzen der Suspensionen oder — bei dickflüssiger Konsistenz, z. B. im Gieß-

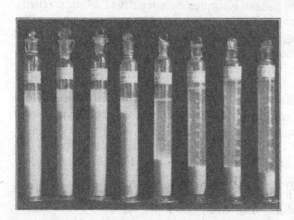

Abb. 270.
Suspensionen von Seilitzer Kaolin (20%ig) mit steigendem Zusatz von 5%iger Kalkmilch nach 3 Stunden.

schlicker — durch breiartige Ansteifung der vorher flüssigen Masse kennzeichnet, kann nun durch die längere Einwirkung der Lauge und durch mechanisches Durchquirlen eine weitere Zerteilung der feinsten Teilchen, d. h. eine Erhöhung des Dispersitätsgrades stattfinden. Eine Vergrößerung der Oberfläche bedingt aber eine höhere Konzentration zur Flockung. Die Laugenmenge, die zuerst jenseits der Flockungsschwelle war, ist nunmehr unterschwellig geworden; durch erneutes Aufquirlen wird daher der Ton wieder suspendiert, die Gießmasse flüssig (Rückverflüssigung!).

Die beschriebene aufladende und verflüssigende, in höherer Konzentration aber flockende Wirkung ist allen Alkalihydroxyden gemeinsam; sie folgt in der Intensität der lyotropen Reihe: Li +, Na +, K +, Rb +, Cs +; Ammoniak wirkt ebenfalls peptisierend, jedoch milder und in höherer Konzentration weniger koagulierend. Ähnlich verhalten sich die Karbonate. Ihre Wirkung ist etwa sechsmal schwächer als die der entsprechenden Hydroxyde. Sie werden deshalb für die technische Verwendung, wo geringe Abweichungen in der Konzentration unvermeidlich sind, vorgezogen.

Die Verbindungen höherwertiger Basen, z. B. der Erdalkalien und des Aluminiums flocken Tonsuspensionen entsprechend der Wertigkeitsregel bereits in geringerer Konzentration. Beispielsweise bei CaO ist die aufladende Wirkung der OH-Ionen sehr gering und wird durch die sogleich erfolgende Ca-Flockung übertönt. Die Niederschläge sind aber bei nicht zu hoher Konzentration flockig und voluminös (s. Abb. 270, Nr. 5); ein Umstand, den die Agrikulturchemie zur Verhinderung der Krustenbildung von Tonböden ausnutzt. In manchen Kaolinwerken dient die Zugabe von gebranntem Kalk zur Beschleunigung des Absetzens der Kaolinmilch. Säuren und eine große Anzahl von Salzen bewirken Flockung ohne vorherige Stabilisierung. Der Schwellenwert ist auch hier in hohem Maße vom Dispersitätsgrade des Tones abhängig.

Sowohl Salze wie Alkalien und ebenso gewisse Kolloide werden von den Tonteilchen teilweise a d s o r b i e r t. Dabei ist die Adsorption ebenfalls von der Teilchengröße abhängig, und man hat versucht, die letztere durch Ermittlung der adsorbierten Menge organischer Farbstoffe zu bestimmen. Wir konnten z. B. im Betriebe feststellen, daß zur wirksamen Anfärbung einer plastischen Steinguttonmasse eine erheblich größere Menge Brillantgrün erforderlich ist als für die gleiche Menge einer Porzellan-Kaolinmasse. Fodor und Schönfeld[1]) fanden bei der Adsorption von Kalk durch Ton die Adsorptionsisotherme in Gültigkeit. Für die gleiche Gesetzmäßigkeit sprechen die Kurven, die vom Verfasser[2]) für die Verminderung der Leitfähigkeit verdünnter Elektrolytlösungen ermittelt wurden, wenn denselben steigende Mengen von dialysiertem Zettlitzer Kaolin zugesetzt wurden.

Welch großen und kolloidchemisch bedeutsamen Einfluß die in den Kaolinen und Tonen von Natur aus enthaltenen kleinen Salzmengen in Gestalt einer Flockungsbeschleunigung beim Wasserentzug ausüben, zeigten R. Rieke und W. Johne[3]) durch die Messung des Rührwiderstandes bei verschiedenem Wassergehalt. Die mit dem Rührviskosimeter gemessene Viskosität wäßriger Kaolinsuspensionen nimmt im Gegensatz zur Ausflußviskosität nicht stetig mit der Konzentration zu, sondern zeigt bei bestimmten Konzentrationen ein deutliches Maximum und Minimum. Durch gründliches Auswaschen der Kaoline konnte diese Unstetigkeit beseitigt und somit als Aggregatbildung der Teilchen durch die flockende Wirkung der Elektrolyte bei bestimmten Konzentrationen erkannt werden.

Auch natürlich im Boden vorkommende oder künstlich zugefügte Kolloide wie Humusstoffe, Gerbsäure, kolloide Kieselsäure u. a. können adsorbiert werden und als Schutzkolloide die Flockung durch Elektrolyte verhindern oder, was noch wichtiger ist, bei der Tonverflüssigung zwecks Erreichung einer möglichst wasserarmen, aber trotzdem dünnflüssigen Gießmasse eine höhere Alkalizugabe gestatten, ohne daß flockende, d. h. hier versteifende, Wirkung eintritt.

Andererseits kommen in manchen Tonen auch organische Kolloide vor, die die Peptisierung und Verflüssigung durch Alkali stören. G. Keppeler[4]) fand solche Beimengungen in Groß-Almeroder Tonen und konnte sie durch Vorerhitzen des Tones auf 200—300° unschädlich machen. Der Ton ließ sich nach dieser Behandlung durch Alkali und günstig wirkende Humuszusätze ausgezeichnet verflüssigen. Es ist denkbar, daß dieses Verfahren für die Aufbereitung hochwertiger Tone, z. B. für das Gießen von Glashäfen, praktische Bedeutung erlangen kann; es braucht lediglich die Trockentemperatur in den für die Vortrocknung der Tone üblichen Darren oder Trockentrommeln auf den erforderlichen Hitzegrad gesteigert zu werden.

Außer den chemisch-physikalischen sind auch die mechanischen Einwirkungen von großer Bedeutung für die Beschaffenheit der Tonteilchen und ihr Verhalten in der Suspension. So beobachtete F. Piekenbrock[5]) eine erhebliche Steigerung der Viskosität solcher Tonsuspensionen, die mehrmals durch eine Kapillare gepreßt und hierdurch in einen Zustand feinerer Verteilung gebracht worden waren. Auch hier zeigt sich also ein Weg zur Vergrößerung der Oberfläche und damit zur Wertsteigerung der Naturtone, der indessen ebenso wie die erfolgreichen Versuche mit der Plausonschen Kolloidmühle vorläufig nur theoretische Bedeutung hat.

---

[1]) L. c.
[2]) L. c. 70.
[3]) R. Rieke und W. Johne, Ber. d. Dtsch. keram. Ges. **10**, 9, 404 (1929).
[4]) Ber. d. Dtsch. keram. Ges. **3**, 257 (1922).
[5]) Kolloidchem. Beih. **19**, 138 (1924). — Ber. d. Dtsch. keram. Ges. **5**, 35 (1924).

Auch das Absetzen der Suspensionen kann, wie Gallay[1]) experimentell nachwies, auf mechanischem Wege durch die natürliche oder künstlich erzeugte Anwesenheit gröberer Teilchen befördert werden, wie sich das auch praktisch bei mehr oder weniger feingeschlämmten keramischen Massen äußert. Die feinen Teilchen werden dann durch die groben gewissermaßen „ausgekämmt". Hier wäre eine praktische Ausnutzung der Ergebnisse des Experiments, etwa durch Zusatz künstlich geflockter oder grobkörniger Kaoline zu schwer absetzenden Suspensionen durchaus denkbar, und zwar besonders in solchen Fällen, wo die Flockung durch Kalk nicht ausreichen oder das Endprodukt schädigen würde.

3. Die Bildsamkeit.

Wie bei allen Solen führt auch bei den Tonen der Entzug des Dispersionsmittels, des Wassers, zur Flockung und Gelbildung. Dieser Vorgang verläuft allmählich und äußert sich, wie Wo. Ostwald und W. Rath[2]) durch stalagmometrische Messungen feststellten, zunächst in einer Erhöhung der Oberflächenspannung des Tonschlickers. Bei dem von ihnen untersuchten Material trat von etwa 18% Tonkonzentration ab eine Verringerung der Tropfenzahl ein. Die Tonteilchen nähern sich, versehen mit ihren fest adsorbierten Hydrathüllen so weit, daß ihre gegenseitige Attraktion über die in wäßriger Suspension bestehende elektrostatische Abstoßung die Oberhand gewinnt, so daß aus dem flüssigen ein knetbarer Zustand wird. Offenbar ist die auch so entstehende Haftfestigkeit der Teilchen eine Funktion ihrer Oberfläche, bzw. Kornfeinheit. Sie wird vor allem auch bedingt durch die Anwesenheit feinst verteilten Kolloidtones, dessen Menge und Feinheit für den Grad der Plastizität maßgebend ist, maßgebender wahrscheinlich als die mehr oder weniger große Feinheit der von ihm „eingebundenen" Teilchen gröberer Größenordnung.

Eine derart kompliziert zusammengesetzte Eigenschaft ist schwer zu definieren. Wir beschränken uns daher auf die Wiedergabe der Erklärung Segers. Er versteht unter Plastizität die Eigentümlichkeit fester Körper, in ihren Poren eine Flüssigkeit aufzunehmen und damit eine Masse zu bilden, der durch Kneten und Drücken jede beliebige Form gegeben werden kann, und schließlich nach dem Aufhören des Druckes und nach der Entfernung der Flüssigkeit dieselbe als fester Körper unverändert zu bewahren. Besonders die letzte Forderung ist es, die in vielen modernen Definitionen und Prüfmethoden zu wenig Beachtung findet. Eine noch so gut knetbare, auf der Scheibe verdrehbare und zähe Masse genügt dann der praktischen Anforderung an hohe Bildsamkeit nicht, wenn sie, zu einem hohen dünnwandigen Gefäß aufgedreht, nicht genügend „steht", sondern in sich zusammenfällt.

Auch zur Erklärung der Plastizität leistet die Enhydronentheorie gute Dienste. Verfolgt man den allmählichen Übergang aus der Tonsuspension über den dickflüssigen, breiigen Zustand zur knetbaren Masse durch Wasserentzug, so zeigt sich ein immer größer werdender Widerstand gegen die Verschiebung der Teilchen gegeneinander. Die nicht an die Tonteilchen gebundenen Wassermoleküle, die das Medium der Fließfähigkeit bilden, verschwinden, und es bleiben schließlich nur die Teilchen mit ihren fest adsorbierten Hydrathüllen, dicht aneinander gelagert, übrig. Die Haftfestigkeit der letzteren und die gegenseitige Anziehung der geflockten Teilchen bewirken nunmehr eine Konsistenz, die man als Optimum für

---

[1]) Ber. d. Dtsch. keram. Ges. **7**, 431 (1926).
[2]) Wo. Ostwald und W. Rath, Über die Oberflächenspannung von Tonschlicker. Kolloid-Ztschr. **36**, 234, 48 (1925).

die Bildsamkeit wird bezeichnen dürfen. Versetzt man eine solche knetbare Masse mit Alkali, so wird, wie wir oben sahen, die Haftfestigkeit der Hydrathüllen verringert, die Teilchen werden entflockt und wieder aufgeladen, die Masse wird flüssig. Die Anwesenheit von Alkalien schädigt also die Plastizität. Praktisch ergibt sich hieraus, daß die Abfälle von Sodagießmassen für keramische Form- oder Drehermasse nicht verwendet werden dürfen, eine jedem Keramiker geläufige Regel.

Auf der anderen Seite können schwach flockende Agenzien, wie z. B. organische Säuren, die Plastizität begünstigen. Man benutzt hierzu Humussäure, bzw. stark humushaltige Tone, Gerbsäure oder auch schwache anorganische Säuren, die dann gleichzeitig eine evtl. aus fein gemahlenem Feldspatzusatz herrührende alkalische Reaktion der Masse neutralisieren. Demselben Zweck dient auch das wochen-, teils sogar jahrelange Lagern im Massekeller, das sog. „Mauken". Hierbei tritt eine natürliche saure Gärung ein, und man hat sogar versucht, den Vorgang durch künstliche Bakterienimpfung zu beschleunigen. Ob nun derartige Gärungsprozesse oder aber die durch das lange Lagern erzielte weitgehende Homogenisierung als Ursache anzusehen sind, Tatsache ist jedenfalls eine merkliche Verbesserung der Bildsamkeit und Bindefähigkeit, die sich auch experimentell bei der Prüfung der Biegefestigkeit lufttrockener Tonstäbe aus frischer und gelagerter Masse nachweisen ließ. Wahrscheinlich wirken beide Vorgänge zusammen, und die organischen Kolloide tragen durch ihre feine Verteilung mit zu der Bildung einer möglichst großen Gesamtoberfläche bei.

Wird nun der plastischen Masse auch das die Hydratmembran bildende Wasser entzogen, so treten die Teilchen zu festen Aggregaten zusammen, die Bildsamkeit wird geringer, die Masse krümelig. Wird der Erhärtungsvorgang nicht gestört, so entstehen je nach der Plastizität des Tones Körper von mehr oder weniger großer Festigkeit.

Die in den letzten Jahren stark vermehrte Literatur über die Plastizität stellte W. M. Cohn[1]) zusammen und wies als den meisten Theorien Gemeinsames auf folgende Punkte hin: Das Auftreten des plastischen Zustandes ist an das gleichzeitige Vorhandensein von fester und flüssiger Phase gebunden. Bei Systemen aus mehreren Komponenten überziehen sich die festen Teilchen mit einer kolloidalen Oberflächenschicht. Keppeler[2]) hält die Blättchenstruktur der Tonteilchen, ihre Weichheit, Feinheit und das Vorhandensein schleimiger Stoffe für wesentlich. Er beweist experimentell die Unmöglichkeit, das System Quarz—Wasser durch feinste Mahlung bildsam zu machen. Singer[3]) führt die Bildsamkeit auf die Anwesenheit quellfähiger Gelhüllen auf den blättchenförmigen Tonteilchen zurück.

Daß die Blättchenstruktur der Teilchen, auf die Rieke[4]) schon früher hingewiesen hat, für die Bildsamkeit wesentlich ist, beweist ein Beispiel aus der Praxis der Fabrikation von Graphitschmelztiegeln. Es zeigte sich bei der Verformung derartiger aus Ton und Graphit verschiedener Herkunft zusammengesetzter Massen, daß der in ausgesprochener Blättchenform vorliegende Graphit von Madagaskar sehr viel bildsamere und nach dem Trocknen festere Massen ergab als Graphite von mehr körniger Struktur. Die Blättchen legen sich beim Eindrehen dachziegelartig übereinander, und ebenso wie diese teils mehrere Millimeter

---

[1]) W. M. Cohn, Das Auftreten des plastischen Zustandes und Versuche zu seiner Deutung. Keram. Rundschau **36,** 41—47 (1928).
[2]) G. Keppeler, Über die Bildsamkeit der Tone. Keram. Rundschau **35,** 10, 157 (1927).
[3]) F. Singer, l. c.
[4]) R. Rieke, Die Plastizität der Tone. Sprechsaal **44,** 597 (1911).

großen weichen Graphitblättchen, dürften sich die mikroskopisch kleinen Tonblättchen mit parallelen Gleitflächen beim Verarbeiten orientieren. Den Einfluß schleimiger, verkittender Stoffe zeigt ebenfalls ein Versuch des Verfassers, Schamotte- und Steingutmassen durch Zusatz von Zellstoffsulfitablauge plastischer zu machen. Außer einer fühlbaren Verbesserung der Formbarkeit dieser Massen konnte eine beträchtliche Steigerung ihrer Trockenfestigkeit gemessen werden. Ganz allgemein wurde bei allen derartigen Versuchen bisher beobachtet, daß sich die Trockenfestigkeit stets in demselben Sinne änderte wie die aus so vielen Komponenten zusammengesetzte Eigenschaft der Tone, die mit dem komplexen Begriff Plastizität oder Bildsamkeit umschrieben wird. Einen sehr interessanten Beitrag für das Verhalten von Tonsuspensionen im dickflüssigen und festen Zustand lieferte O. Bartsch[1]) durch Gegenüberstellung der Zahlen für die Trockenfestigkeit, Viskosität und den Deformationswiderstand von Tonbreien. Der letztere wurde nach dem Prinzip des Stalagmometers als Zerreißfestigkeit durch das Tropfengewicht bestimmt und ergab sehr charakteristische Unterschiede der verschiedenen Tone entsprechend ihrer Bildsamkeit. Beim Zusatz verflüssigender Elektrolyte (Soda usw.), zeigte sich zunächst eine Abnahme des Tropfengewichtes, nach Überschreitung des optimalen Zusatzes jedoch eine Zunahme durch die nunmehr eintretende Flockung, wie dies in analoger Weise bei Viskositätsmessungen von Gießmassen zu beobachten ist.

4. Die Gießfähigkeit.

Wie wir bereits oben sahen, werden steife Tonbreie durch Zusatz von Alkalien dünnflüssig, ohne daß ihr Wassergehalt vermehrt wird. Es gibt für jeden Ton ein Optimum des Elektrolytzusatzes, bei dessen Überschreitung wieder eine Versteifung eintritt. Alle Substanzen, die zur Stabilisierung der Tonteilchen in wäßriger Suspension beitragen, begünstigen auch ihre Verflüssigung. Flockende Agentien hingegen, wie Salze (besonders Sulfate) und ·Erdalkalien stören auch die Gießfähigkeit. Der in der Technik übliche Sodazusatz verfolgt daher das doppelte Ziel, einerseits die Teilchen durch Zuführung von OH'-Ionen aufzuladen, andererseits die den Tonen hauptsächlich von Natur beigemischten Ca-Ionen als unlösliche Karbonate unschädlich zu machen. Sind lösliche Sulfate anwesend, so wird zu ihrer Beseitigung vielfach ein Zusatz von äquivalenten Mengen Barytwasser angewandt. Ähnlichen Zwecken dient die Zugabe von Schutzkolloiden in Gestalt von Na-Humaten, Wasserglas[2]), Saponinen, Pflanzenextrakten und humusreichen Tonen. Als erster setzte wohl Weber[3]) bewußt einen solchen typischen „Gießton" von Schwepnitz keramischen Massen zu, um sie auch in stark gemagertem Zustand mit grobem Schamottekorn zu Glashäfen vergießen zu können. Die Vorbedingung hierfür ist die Erreichung eines genügend dünnflüssigen Zustandes mit möglichst geringem Wasserzusatz, damit der „Gießschlicker" vermöge seines hohen spezifischen Gewichtes die körnigen Magerungsmittel nicht zu Boden sinken läßt.

Die wissenschaftliche Aufklärung dieser Vorgänge gaben Keppeler und Spangenberg[4]), indem sie aus praktisch besonders gut gießfähigen Tonen zunächst die wirksamen Humusbestandteile isolierten. Der Zusatz derselben zu an sich schlecht gießbaren Tonen bewirkte eine bedeutende Verbesserung dieser Eigenschaft. Denselben Einfluß hatte ein Na-Humat, das durch Aufbereitung von Kasseler Braun erhalten wurde. Seine Wirkung beruht auf der Aufteilung

[1]) O. Bartsch, Festigkeitseigenschaften des Systems Ton-Wasser. Ber. d. Dtsch. keram. Ges. 10, 3, 146 (1929). — [2]) E. Kieffer, Keramos 8, 401 (1925), Sprechs. 59, 11, 167 (1926). — H. Kohl, Keramos 4, 194 (1925). — [3]) Weber, D.R.P. 336661. — [4]) Spangenberg, l. c.

und Emulgierung der Tonteilchen. Auf Grund dieser wissenschaftlichen Vorarbeiten ist es heute möglich, das Gießen grobkörniger Massen zu jeder Scherbenstärke technisch durchzuführen und zu beherrschen.

Es gibt nun Tone und Kaoline, die sich trotz aller solcher Zusätze zum Gießen nicht eignen. Man kann sie zwar durch Zugabe gut gießfähiger Materialien, wie z. B. gewisser Meißener und Wildsteiner Tone weitgehend verbessern[1]), doch bleibt hierbei ihre ursprüngliche Indifferenz gegen die üblichen Verflüssigungsmittel noch immer ungeklärt. Man hat vielfach beobachtet, daß aus Porphyr entstandene Kaoline wie die von Kemmlitz, Korbitz und Seilitz schlechter auf Sóda reagieren als solche granitischen Ursprungs (Zettlitz, Oberpfalz). Erwiesen ist außerdem der schädliche Einfluß mancher Salze und gewisser organischer Kolloide in sekundär lagernden Tonen, welcher in der weiter oben zitierten Arbeit von Keppeler festgestellt wurde.

Auch beim Wasserentzug der Gießmassen führt das Verschwinden des Dispersionsmittels zur Entladung und festeren Zusammenlagerung der Teilchen. Dieser Vorgang ist infolge der vorherigen stärkeren Aufladung und Zerteilung plötzlicher und intensiver als in Formmassen. Dementsprechend haben gegossene Körper im frischen Zustande weniger Standfestigkeit und fallen leichter in sich zusammen als geformte, werden aber nach dem Trocknen dichter und fester. Verfasser[2]) konnte regelmäßig an gegossenen und geformten Tonstäben gleicher Form und Zusammensetzung sowohl ein höheres Raumgewicht, als auch eine fast verdoppelte Biegefestigkeit der ersteren feststellen.

5. Das Trocknen, Schwinden und Verhalten des trockenen Tones.

Der erste Teil des technischen Trockenvorganges vollzieht sich bei gedrehten wie bei gegossenen Massen in der porösen, das Wasser aufsaugenden Gipsform. Diese gibt dem Körper soviel Halt, daß der Unterschied in der Standfestigkeit bei beiden Arten der technischen Formgebung praktisch meist nicht in Erscheinung tritt. Dagegen verlangt der freidrehende Handwerker wie der modellierende Künstler eine hohe Standfestigkeit seiner Masse, welche am besten durch gleichzeitiges Vorhandensein feinster bindender und gröberer, gewissermaßen gerüstbildender Teilchen in Gestalt von nicht zu fein gemahlenem Sand oder Schamotte gewährleistet wird.

Die Annäherung der Teilchen, die den Trockenvorgang begleitet, führt zu einer Volumverringerung des geformten, bzw. gegossenen Stückes, der sog. Trockenschwindung. Auch diese ist in ihrer Größe, gleich der Plastizität, von der Feinheit der Teilchen und Porenräume abhängig (vgl. Tab. 1, S. 639). Sie wird durch Säurezusatz vermindert, durch Alkali erhöht[3]). Während der Oberflächenverdunstung des Wassers, das durch die Kapillarwirkung der Poren aus dem Scherben ergänzt wird, tritt wahrscheinlich Luftleere in den wasserfreien Poren ein, so daß die Schwindung (nach Pukall[4])) auch als Zusammenpressung durch den äußeren Atmosphärendruck erklärt werden kann. Ist der Wasserentzug soweit fortgeschritten, daß der Körper fest zu werden beginnt, so tritt eine Verlangsamung des Schwindungsvorganges ein, und er hört bereits ganz auf, ehe sämtliches Wasser verdunstet ist. Die Beziehung zwischen Wassergehalt und Trockenschwindung

---

[1]) E. Kieffer, Keramos 8, 401 (1925). — Sprechsaal 26, 11, 167 (1926). — H. Kohl, Keramos 4, 194 (1925). — [2]) H. Kohl, Die Biegefestigkeit getrockneter Tone als Maß ihres Bindevermögens. Ber. d. Dtsch. keram. Ges. 7, 19 (1926). — [3]) A. V. Bleininger und C. E. Fulton, Trans. Am. Cer. Soc. 14, 827 (1912). — [4]) W. Pukall, Über die Vorgänge beim Trocknen keramischer Rohwaren. Sprechsaal 59, 23, 367 (1926); 61, 429 (1928).

eines fetten Tones entspricht nach Jacob[1]) dem in Abb. 271 wiedergegebenen Kurvenbild. Aron[2]) nennt den zuerst bis zur Schwindungsgrenze entweichenden Anteil das Schwindungs-, den letzten das Porenwasser. Dies ist lediglich ein anderer Ausdruck für das als freies Dispersionsmittel vorhandene leicht verdampfende zum Unterschied von dem, wie wir oben sahen, als Hydratmembran fest adsorbierten und infolgedessen schwerer entweichenden Wasser. Hierdurch würde sich der Knick in der Schwindungskurve zwanglos erklären.

Parallel mit der Schwindung nimmt die Wasserdurchlässigkeit (Tabelle 1, S. 639) der Tone ab, und es kann sich bei sehr rascher Trocknung eine fast undurchlässige Oberflächenhaut bilden, die das weitere Trocknen sehr erschwert. Man vermeidet dies durch Erhitzung in wasserdampfgesättigter Luft und Regulierung der Trocknung entsprechend der Diffusionsgeschwindigkeit des aus dem Innern an die Oberfläche des Scherbens nachdringenden Wassers („Feuchtigkeitstrocknung").

Die Festigkeit der getrockneten Formlinge ist ebenfalls annähernd der Bildsamkeit und Teilchengröße der Tone proportional (Tab. 1, S. 639) und gibt ein direktes Maß für ihr Bindevermögen, d. h. die Fähigkeit der Tone, sog.

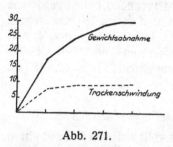

Abb. 271.

Magerungsmittel wie Sand oder Schamotte einzubinden. Abweichend verhalten sich nur, wie wir oben sahen, die Alkaligießmassen, die infolge der stärkeren Aufteilung und Ladung der Teilchen bei der durch Wasserentzug eintretenden Entladung festere und dichtere Körper bilden.

Auch die Hygroskopizität der getrockneten und gepulverten Tone kann, wie ebenfalls aus Tabelle 1 ersichtlich ist, zum Maßstabe ihrer Korngröße und Bildsamkeit gemacht werden. Sie ist bei der starken Oberflächenanziehung zwischen Tonteilchen und Wasser erklärlich, und es erhellt hieraus ohne weiteres, daß es viel leichter ist, einen völlig trockenen Ton, der das Wasser begierig aufsaugt, gleichmäßig bis zum knetbaren Zustande zu durchfeuchten, „einzusumpfen", als ein grubenfeuchtes Material, dessen Teilchen bereits adsorptiv abgesättigt sind und sich bei weiterer Wasserzugabe indifferent verhalten. Werden plastische Tone beim Trockenprozeß zu hoch erhitzt, so tritt durch die Zerstörung der Humuskolloide und — bei höheren Temperaturen — der Allophanoide eine Verringerung der Plastizität ein. So zeigten z. B. geformte Stäbe aus Steingutmasse schon nach der Trocknung von 80⁰ C an bei Wiederanfeuchtung und nochmaliger Lufttrocknung ein Nachlassen ihrer Trockenfestigkeit und Bindekraft[3]).

Daß bei der Anfeuchtung eine nennenswerte Quellung der Teilchen, d. h. Absorption im Gegensatz zu der oberflächlichen Adsorption von Wasser stattfindet, wird von der neueren Forschung für die eigentliche Tonsubstanz überwiegend verneint. Jedenfalls dürfte sie dann nur unbedeutend sein und sich hauptsächlich auf kolloide Hydrate der Tonerde und Kieselsäure (Allophanoide) sowie auf die organischen Bodenkolloide beschränken.

6. Das Verhalten der Tone beim Brennen.

Nachdem bei 100—110⁰ das Feuchtigkeitswasser verdampft ist, entweichen oder verbrennen zunächst die organischen Beimengungen. Auf der Erfahrung, daß durch zweistündiges Erhitzen auf 220⁰ C der größte Teil der als Schutzkolloid

[1]) Jacob in Singer, Keramik 197 (1923). — [2]) Aron und Kerl, Handbuch der Tonwarenindustrie 47 (1907). — [3]) H. Kohl, Zur Trockenfestigkeit der Tone. Ber. d. Dtsch. keram. Ges. 11, 325 (1930).

wirksamen organischen Substanz flüchtig geht, begründet H. Harkort[1] eine
einfache praktisch genügend genaue Methode ihrer quantitativen Bestimmung.
Das im Tonsubstanzmolekül ($Al_2O_3 \cdot 2\,SiO_2 \cdot 2\,H_2O$) chemisch gebundene Wasser
beginnt bei 440° zu entweichen, bei 470—500° läßt sich der größte Teil desselben
durch mehrstündiges Erhitzen austreiben, der letzte Rest jedoch entweicht erst
nach längerem Glühen bei 750—800° C. Mit dem Verlust des Hydratwassers ist
ein völliger Zerfall des Kaolinitmoleküls verbunden, wobei wahrscheinlich freie
Tonerde und Kieselsäure entstehen. Gleichzeitig geht die Plastität des Materials
verloren, indem durch Aggregation der Teilchen ihr kolloider Zustand aufgehoben
wird. Die Tonerde wird durch einstündiges Glühen bei 700—750° in 6 %iger Salzsäure löslich, verliert aber
diese Löslichkeit allmäh-
lich durch Erhitzung auf
höhere Temperaturen[2]).

Mit diesen Verände-
rungen sind außer der
weiter fortschreitenden
Schwindung thermische
Vorgänge verbunden, die
im Verlauf der Erhitzungs-
kurven von Kaolin und Ton
zum Ausdruck kommen.
I. W. Mellor fand hierbei
die in Abb. 272 wieder-
gegebenen Kurvenbilder,
bei denen auf der Ordi-
nate die Temperatur, auf
der Abszisse die Erhit-
zungsdauer in Minuten
aufgetragen ist. Kolloider
Tonit (weiter oben als

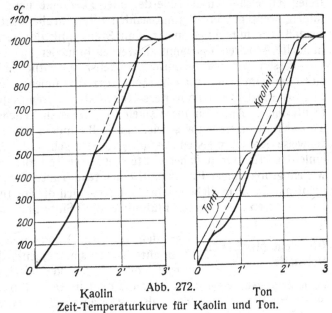

Kaolin   Abb. 272.   Ton
Zeit-Temperaturkurve für Kaolin und Ton.

Allophanoide bezeichnet), dessen Hydratwasser schon früher zu entweichen beginnt, zeigt bereits einen endothermen Vorgang bei 150° C; die anderen beiden
kritischen Punkte bei 500 und 900° C hat er mit Kaolin gemeinsam. Der erste
ist durch die Wasserabspaltung und den Zerfall der Tonsubstanz zu erklären, der
zweite bereits bei 800° beginnende exotherme Prozeß beruht wahrscheinlich auf
der Polymerisation und Oberflächenverringerung der Tonerde, oder wie Roth[3])
annimmt, auf der Bildung von amorphem Sillimanit $Al_2O_3 \cdot SiO_2$. Erst bei etwa
1300° tritt diese Verbindung in Gestalt mikroskopisch sichtbarer Kristalle in die
Erscheinung und kann besonders gut in Dünnschliffen von hochgebrannten Por-
zellanen beobachtet werden. Heute nimmt man allerdings auf Grund amerikanischer
Forschungen[4]) an, daß diese Kristalle nicht Sillimanit, sondern Mullit entsprechend
der Formel $3\,Al_2O_3 \cdot 2\,SiO_2$ darstellen. Der Schmelzpunkt des reinen Kaolinits
liegt etwa bei 1770° (Segerkegel 35).

Seit der Auffindung des Mullits ist das System $Al_2O_3 \cdot SiO_2$ in erhöhtem
Maße Gegenstand zahlreicher mit dem Rüstzeug modernster Methoden der Thermo-

[1]) H. Harkort, l. c. Ber. d. Dtsch. keram. Ges. 9, 4, 189 (1928).
[2]) A. M. Sokoloff, Sprechsaal, Arch. 1912, Nr. 9.
[3]) E. Roth, Bucher d. Dtsch. keram. Ges. 3 (1922).
[4]) N. L. Bowen und Greig, Journ. Am. Cer. Soc. 7, 238 (1924).

chemie und Röntgenographie durchgeführter Forschungsarbeiten, so daß auf diesem Gebiet heute mehr denn je alles im Flusse ist. Der bedeutsamste Fortschritt ist die von W. Eitel[1]) und seinen Mitarbeitern theoretisch und experimentell begründete Hypothese, der Mullit sei lediglich zu betrachten als ein sehr feinfaseriger Sillimanit, in den eine fast amorphe, überaus feinkristalline Tonerde versteckt eingelagert sei. Es würde hier also eine kolloide Lösung von Tonerde in Sillimanit in fester Form vorliegen, deren weitere Erforschung vom Standpunkt des Kolloidmineralogen das größte Interesse verdient.

„Unsere Kenntnisse von den Vorgängen beim Brennen von Kaolin", insbesondere die Frage, ob die ersten Glühprodukte der Tonsubstanz ein Gemenge freier Kieselsäure und Tonerde, oder aber eine neue Verbindung „Metakaolin" bilden, stellt mit einer umfassenden Literaturübersicht K. Spangenberg[2]) dar, so daß hier nur einige, mehr vom Standpunk des keramischen Technologen behandelte Arbeiten[3]) genannt zu werden brauchen.

Fassen wir die technisch zunächst wesentlichen Veränderungen der Tonsubstanz beim Brennen noch einmal kurz zusammen, so ergeben sich nach dem Verlust der Plastizität eine weitere Kontraktion (Brennschwindung) und Verdichtung (Sinterung). Auch für diese spielen die feinsten Teilchen, bzw. Gelhäute auf den Tonsubstanzblättchen eine wichtige Rolle, indem sie die weiteren Reaktionen, die teilweise bereits im festen Zustande vor sich gehen, durch ihre verkittende Wirkung einleiten. Es brennt daher ein feindisperser Ton mit demselben Flußmittelgehalt wie ein grobkörniger Kaolin ganz bedeutend früher dicht als dieser, wobei allerdings nicht nur die Tonteilchen selbst, sondern auch die entsprechend mehr oder weniger feinverteilten adsorbierten Flußmittel die „Sinterung" durch partielle Schmelzung herbeiführen.

Die nicht plastischen Rohstoffe. Der den meisten Tonen und Kaolinen natürlich beigemischte Quarz spielt nächst der Tonsubstanz die wichtigste Rolle in den keramischen Massen und Glasuren. Freie Kieselsäure wird diesen außerdem in Gestalt reiner Quarzsande, Quarzite und Flintsteine (Chalzedon) als sog. Magerungsmittel zugesetzt. Sie vermindern die Plastizität, die Schwindung und die Verdichtung beim Brennen und üben durch ihre eigenartigen thermischen Umwandlungen, die meist mit Volumenänderungen verbunden sind, wichtige Einflüsse auf die Masse aus, die später noch im einzelnen zu besprechen sind. Solche Umwandlungen erfolgen nach C. Fenner[4]) bei

575° α-Quarz	$\rightarrow$ β-Quarz	mit reversibler Volumenvergrößerung beim Erhitzen
570° β-Quarz	$\rightarrow$ α-Quarz	
870° β-Quarz	$\rightarrow$ β_1-Tridymit	
1470° β_1-Tridymit	$\rightarrow$ β-Cristobalit	
117° α-Tridymit	$\rightarrow$ β_1-Tridymit	
163° β_1-Tridymit	$\rightarrow$ β_2-Tridymit	
240—198° β-Cristobalit	$\rightarrow$ α-Cristobalit	mit starker reversibler Volumenvergrößerung beim Erhitzen.
274—219° α-Cristobalit	$\rightarrow$ β-Cristobalit	

[1]) W. Eitel, Neuere Untersuchungen über das System $Al_2O_3 \cdot SiO_2$. Keram. Rundschau **34**, 37, 599 (1926).
[2]) K. Spangenberg, Keram. Rundschau **35**, 21, 231 (1927).
[3]) F. Singer, Ztschr. f. Elektrotechn. **32**, 348 (1926). — W. Miehr, Ber. d. Dtsch. keram. Ges. **9**, 6, 339 (1928). — L. Navias und P. Davy, Unterscheidung von Mullit und Sillimanit mit Hilfe ihres Röntgenspektrums. Journ. Am. Cer. Soc. **8**, 640 (1925).
[4]) Ztschr. f. anorg. Chem. **85**, 133 (1914).

Beim Übergang von Quarz in Tridymit und Kristobalit — der letztere ist die in feinkeramischen Massen auch von niedrigerer Brenntemperatur als der oben angeführten Umwandlungstemperatur die weitaus häufigere Modifikation — erfolgt eine Verringerung des spezifischen Gewichtes von 2,65 auf 2,32. Für die Technik bedeutsam sind außerdem besonders die plötzlich eintretenden Volumenveränderungen von Quarz bei 575⁰ und von Kristobalit bei ca. 230⁰, da sie sowohl die Festigkeit des keramischen Körpers wie sein Verhalten zur Glasur nachteilig beeinflussen können. Geringere Unregelmäßigkeiten besitzt die zweite, besonders unter dem Einfluß gewisser Mineralisatoren entstehende Modifikation der Kieselsäure, der Tridymit, dessen Bildung deshalb bei hoch kieselsäurehaltigen feuerfesten Steinen, den sog. Silikasteinen, vorzugsweise angestrebt wird.

Flint (Chalcedon) und sog. Findlingsquarzite, deren Quarzkörnchen in kolloid aus Kieselsäuregel entstandenem SiO_2-Basalzement eingebettet liegen, gehen leichter und bei niedrigerer Temperatur in die Form mit geringerem spezifischen Gewicht über als die meisten Sande, Quarze und Felsquarzite. Bei etwa 1625⁰ liegt der Schmelzpunkt des bei dieser Temperatur allein beständigen Kristobalits, der infolge des der Kieselsäure und den Silikaten eigenen unscharfen Überganges (Schmelzintervall) sehr schwer genau zu bestimmen ist. Es bildet sich die amorphe Modifikation, das wegen seiner außerordentlich geringen Wärmeausdehnung bekannte Quarzglas.

Als „Flußmittel" wird in Porzellan- und Hartsteingutmassen der bei 1160 bis 1180⁰ schmelzende Kalifeldspat, Orthoklas, $K_2O \cdot Al_2O_3 \cdot 6\,SiO_2$, eingeführt. Er ist meist von Natron- und Kalkfeldspat (Albit, Anorthit u. a.) begleitet und wird oft in Gestalt der in Deutschland häufigen im Anfangsstadium der Kaolinisierung stehenden Feldspatsande (unter dem wissenschaftlich nicht richtigen Handelsnamen „Pegmatite") zugesetzt.

Weitere meist weniger erwünschte Beimengungen sind Glimmer, hauptsächlich Muskovit, Eisenmineralien und kohlensaurer Kalk. Der letztere findet hauptsächlich in Kalksteingutmassen und Glasuren Verwendung als Kalkspat oder Kreide. Die hierbei sich bildenden Mehrstoffsysteme, die auch im Abschnitt „Zement" ($CaO - SiO_2 - Al_2O_3$) näher behandelt sind, werden später bei den einzelnen keramischen Massen kurz erörtert werden.

Die Aufbereitung der Rohstoffe. Abgesehen von der Aussortierung der Tone in den Grubenbetrieben findet eine eigentliche Aufbereitung am Fundorte zum Zwecke der Qualitätsverbesserung eigentlich nur für die Kaoline und die Rohkreide statt. Die bei den Feldspatwerken häufig vorhandenen Zerkleinerungs- und Mahlanlagen seien hier nur nebenbei erwähnt.

Als hauptsächlichste Aufbereitungsmethode für Kaoline und Kreide dient das sog. Schlämmen. Die im Tagebau oder Tiefbau bergmännisch geförderten Rohkaoline werden zunächst in Auflösungsmaschinen, die meist die Gestalt großer horizontaler Quirlwerke besitzen, mit der etwa vier- bis fünffachen Menge Wasser aufgeschlämmt. Gleichzeitig wird durch rotierende Becherwerke mit Siebschaufeln der sofort niederfallende Grobsand mehrmals umgeschaufelt und hierdurch von anhaftenden Kaolinteilchen befreit. Die Kaolinmilch fließt nun durch ein oft bis zu 100 m langes Rinnensystem und setzt hier einerseits durch die spezifische Schwere der körnigen Beimengungen, andererseits durch die gewissermaßen rollende Fließbewegung auch den feinen Sand und die sonstigen Verunreinigungen ab. Es sei hier darauf hingewiesen, daß gerade die letztere Wirkung durchaus noch nicht physikalisch erforscht ist, daß aber ihre Klärung für die Gestaltung der Schlämmrinnensysteme praktische Bedeutung haben würde. Praktisch erwiesen ist jedenfalls, daß nicht, wie man annehmen könnte, allein die Größe der Schlämm-fläche — etwa in Form sehr breiter und kürzerer Rinnen — für die Schlämm-wirkung maßgebend ist, sondern auch die Zurücklegung eines gewissen Fließweges. Je länger und schwächer geneigt die Rinnen, je länger also die eigentliche Schlämm-zeit ist, um so feiner wird das Material ausgeschlämmt, um so mehr geht aber auch von der wertvollen Tonsubstanz durch Absetzen mit dem Sande verloren. Um diese Verluste zu vermindern, wird in größeren Werken der ausgeschlämmte Feinsand nochmals in großen Wannen mit langsam umlaufenden Bodenkratzern, sog. Entschlickerungsapparaten, ausgelaugt. Die vom Sand befreite Kaolinmilch fließt nun nach dem Passieren rotierender Trommel- oder Schüttelsiebe in große Bassins, wo sie zum Absetzen längere Zeit stehen gelassen wird.

Nachdem das überstehende klare Wasser abgehebert worden ist, wird die stark eingedickte Suspension nunmehr in Filterpressen bis auf einen Wassergehalt von 25—30% entwässert und die Preßkuchen auf Hürden oder in Trockenkanälen

Abb. 273.
Abgesetzte Suspension von Kemmlitzer Rohkaolin nach 24 Stunden. 1. ohne Zu-satz, 2. mit Soda, 3. mit Wasserglaszusatz.

weiter getrocknet. Da die Filtrierfähigkeit der Kaoline und Massen von ihrem Disper-sitätsgrade abhängt, müssen die Filter-tücher[1]) in ihrer Porengröße sorgfältig der Eigenart des Materials angepaßt werden. Kolloidreiche „fette" Tone können für sich überhaupt nicht mehr filtriert werden, da sie die Poren der Tücher rasch verstopfen. Man hilft sich hier, indem man den Tonen beispielsweise in der Steingutindustrie die für die Masse notwendigen Magerungsmittel vor dem Filtrierprozeß zusetzt. Für beson-ders leicht filtrierbare, also grobkörnigere Stoffe hat man neuerdings den Entwässe-rungsprozeß kontinuierlich gestalten können.

Man verwendet hierzu rotierende Zylinder, die mit Filtertuch bespannt sind und etwa zu einem Drittel in die zu entwässernde Suspension eintauchen. In den mit Flüssigkeit bedeckten Feldern wird jeweils durch eine mit dem Innern der Trommel verbundene Vakuumpumpe Unterdruck erzeugt, so daß sich ein etwa fingerdicker Kaolinkuchen ansaugt. Während der weiteren Umdrehung wird dieser Kuchen durch zuströmenden Dampf vom Innern der Trommel her nachgetrocknet und schließlich mit Gummiwalzen oder mittels einer Schnurauflage (Imperialfilter) abgehoben.

Eine elegante und besonders für den Kolloidchemiker interessante Auf-bereitung ist die elektroosmotische Reinigung der Tone, die die weiter oben dargelegten Eigenschaften derselben ausnützt. Die mit geringem Wasserzusatz aufgelöste Kaolinsuspension wird bereits im Auflösungsapparat mit einem stabili-sierenden Elektrolyten, meist Natronwasserglas, in derjenigen Menge versetzt, die die maximale Stabilisierung hervorruft. Hierdurch werden die Kaolinteilchen längere Zeit in der Schwebe gehalten, während welcher die körnigen Beimengungen, die durch den Elektrolyten viel weniger beeinflußt werden, in erhöhtem Maße ausfallen. Abb. 273 zeigt deutlich die Wirkung von Soda und Wasserglas auf die Sedimentbildung einer Rohkaolinsuspension. Im ersten Standglas, das keinen Elektrolytzusatz erhielt, sind die größeren Quarzkörner mit Kaolin vermischt zu

---

[1]) L. Stein, Die Baumwollfiltertücher in der keramischen Industrie. Sprechsaal **59**, 17, 264 (1926).

Boden gesunken. Standglas 2 und 3 hingegen zeigen deutliche Schichtbildung, da die Tonsubstanz länger in Suspension gehalten wurde. Dieser Vorgang, der, wie Verfasser[1]) experimentell an verschiedenen Kaolinen und Tonen nachwies, die eigentliche Reinigung der Kaoline beim Osmoseverfahren bewirkt, könnte auch in den gewöhnlichen Schlämmereien ausgenutzt werden, wenn durch die Elektrolytzerteilung der Tonsubstanz nicht die Preßfähigkeit derselben in gewöhnlichen Filterpressen so außerordentlich verschlechtert würde.

Zur Entwässerung dient beim Osmoseverfahren deshalb die technische Anwendung der Kataphorese, über deren Ausführung in der Osmosemaschine sowohl wie in der elektroosmotischen Filterpresse in einem besonderen Abschnitt dieses Buches eingehend berichtet wird.

Beide Verfahren bedingen jedoch einen erheblichen Stromverbrauch und werden solange wirtschaftlich nicht konkurrieren können, wie genügend reine Kaolinvorkommen zur Verfügung stehen, die einer derartigen Aufbereitung nicht bedürfen.

Die Untersuchung der Rohstoffe. Die chemische Gesamtanalyse ist für die Charakterisierung aller keramischen Rohstoffe unentbehrlich. Bezüglich ihrer Ausführung sei hier auf die speziellen analytischen Lehrbücher (Treadwell, Lunge-Berl, und speziell Hillebrandt) verwiesen und nur auf die besondere Wichtigkeit der genauen Bestimmung der Alkalien als stärkstes Flußmittel, sowie des stark färbenden Titanoxyds auf kolorimetrischem Wege[2]) hingewiesen.

Die rationelle Analyse hat die Aufgabe, die in den Rohstoffen enthaltene Tonsubstanz von den akzessorischen Beimengungen, wie z. B. Quarz, Feldspat, Glimmer usw. zu trennen. Von den zahlreichen Ausführungsarten seien nur die beiden typischen Methoden erwähnt: Berdel bestimmt durch Kochen mit konzentrierter Schwefelsäure und nachfolgende Lauge- und Salzsäurebehandlung den unlöslichen Rückstand und errechnet aus der Differenz als in Schwefelsäure Lösliches die Tonsubstanz. Das Verfahren Kallauner-Matejka benutzt die oben beschriebene Eigenschaft der Tonsubstanz, durch Glühen bei 700—800° in verdünnter Salzsäure löslich zu werden, bestimmt nach der üblichen Methode die in Lösung gegangene Tonerde und errechnet aus dem gefundenen Wert die demnach vorhandene Tonsubstanz. Während beim ersten Verfahren ein Teil der akzessorischen Beimengungen, wie z. B. Glimmer und halbkaolinisierte Spatreste mit als „Tonsubstanz" gelöst werden, bleibt bei der zweiten Methode eine gewisse Unsicherheit durch die nicht immer ganz konstante stöchiometrische Beziehung der Tonerde zur Tonsubstanz bestehen, und es ist zweckmäßig, beide Methoden als gegenseitige Ergänzung anzuwenden.

Die mechanische Analyse zur Bestimmung der Teilchengröße wird im Kapitel „Dispersoidanalyse" ausführlich behandelt. In der Keramik hat sich als einzige der Sedimentiermethoden das Wiegnersche Fallrohr einführen können und leistet für die Bestimmung der Mahlfeinheit unplastischer Rohstoffe gute Dienste. Ein genaues Arbeiten gestattet die gleichzeitig von mehreren Bodenkundlern[3]) im Jahre 1922 gefundene Pipettmethode, die auf der Abheberung und Trockengehaltsbestimmung von Proben aus verschiedenen Schichten einer sedimentierenden Suspension beruht. Nachdem für ihre bisher etwas komplizierte Ausführung

---

[1]) H. Kohl, Ber. d. Dtsch. keram. Ges. **3**, 64 (1922).
[2]) R. Rieke, Sprechsaal **45** (1912).
[3]) G. Krauss, Internat. Mitt. f. Bodenkunde **13**, 147 (1923). — G. W. Robinson, Journ. agr. science **2**, 306 (1922).

eine handliche Apparatur[1]) konstruiert worden ist, dürfte dieses bisher sicherste und genaueste Verfahren auch in die keramischen Laboratorien in steigendem Maße Eingang finden.

In der keramischen Praxis herrschen jedoch nächst der Siebanalyse noch die auf der Spülmethode beruhenden Schlämmapparate nach Schöne in Schlämmzylinder und nach Schulze im Schlämmkelch vor und werden als schnell ausführbare Betriebskontrolle der Massen, sowie besonders der gemahlenen steinigen Bestandteile geschätzt.

Am weitesten verbreitet in der Keramik ist heute der Apparat von Schulze-Harkort[2]), der sich von den älteren Apparaten dadurch unterscheidet, daß die Schlämmgeschwindigkeit durch die Anwendung verschieden weiter, aus Messing gedrehter Präzisionsdüsen reguliert wird, während die Fallhöhe des zufließenden Wassers konstant bleibt. Die Zeit sparenden konstruktiven Vorteile der Apparatur, wie Ablaßvorrichtung für den Rückstand an der unteren Kelchspitze, Mikrometereinstellung für den strömungstechnisch sehr wichtigen Abstand der Düsenöffnung vom Boden, handlicher Aufbau ganzer Schlämmbatterien, sind aus Abb. 274 ersichtlich.

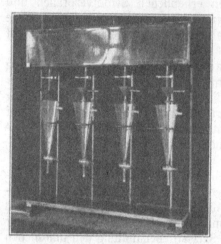

Abb. 274.
Schlämmapparat
nach Schulze-Harkort.

Die Kenntnis der Schwindung beim Trocknen und Brennen ist für die technische Verwendung der Tone unerläßlich; sie wird durch Anbringung von Marken auf den frisch geformten Körpern, zweckmäßig Probeziegeln $80 \times 40 \times 10$ mm Abmessung, und Nachmessung des Markenabstandes nach dem Trocknen und Brennen bei verschiedenen Temperaturen mit der Schublehre bestimmt.

Die Trockenschwindung der Tone und Kaoline ist ebenso wie ihr Bedarf an „Anmachwasser" zur Überführung in den formgerechten Zustand und ihre Hygroskopizität als trockenes Pulver ein Maßstab für die Plastizität des betreffenden Materials. Die direkte Bestimmung der letzteren ist, wie wir oben sahen, wegen ihres komplexen Charakters mit großen Schwierigkeiten verbunden. Jede der zahlreichen bisher schon vorgeschlagenen Meßmethoden für die Plastizität, die von W. M. Cohn[3]) zusammengefaßt und gegenübergestellt wurden, weist daher mehr oder weniger große Mängel auf. Auch die von W. M. Cohn[4]) konstruierten Apparaturen zur Ermittelung der Druckkomponente der Verarbeitbarkeit beschränken sich bewußt auf die Messung einer Teileigenschaft, nämlich des Widerstandes, den eine plastische Masse dem Eindringen verschieden geformter Stempel (nach dem Prinzip der Vikatnadel bei Zementkuchen) entgegensetzt. Von den älteren direkten Bestimmungsmethoden seien hier nur diejenigen von Atterberg[5]),

---

[1]) M. Köhne, Keram. Rundschau **37**, 880 (1929).
[2]) H. Harkort, Die Schlämmanalyse mit dem verbesserten Schulzeschen Apparat als Betriebskontrolle. Ber. d. Dtsch. keram. Ges. **8**, 1, 1 (1927).
[3]) W. M. Cohn, Keram. Rundschau **37**, 4, 51 (1929).
[4]) W. M. Cohn, Ber. d. Dtsch. keram. Ges. **10**, 5, 245 (1929).
[5]) Sprechsaal **44**, 497 (1911).

Zschokke-Rosenow[1]) und Pfefferkorn[2]) angeführt. Der erstere bestimmt den Wassergehalt, bei dem ein Ton sich gerade noch, ohne zu bröckeln, zu dünnen Würsten ausrollen läßt, die „Ausrollgrenze", auf der einen, die „Fließgrenze" des Tonbreies auf der anderen Seite. Die Differenz im Wassergehalt beider Grenzzustände gilt als Maß für die Größe der Bildsamkeit.

Die von Rosenow vorgeschlagene „Plastizitätszahl" ist das Produkt aus der Zerreißfestigkeit, der beim Zerreißen auftretenden Dehnung und dem Wassergehalt der geprüften Tonmasse. K. Pfefferkorn bestimmt durch Deformationsversuche unter geringem Druck den Zustand der besten Verformbarkeit und läßt den hierzu erforderlichen Wassergehalt als Plastizitätszahl gelten. Die Methode liefert aber, wie R. Rieke und E. Sembach[3]) an einer größeren Anzahl keramischer Rohstoffe nachweisen, teilweise so stark von der erfahrungsgemäß vorhandenen Bildsamkeit abweichende Resultate, daß ihre Anwendung auf enge Grenzen beschränkt bleiben müsse. Die letztgenannten Verfasser äußern zum Schluß die Ansicht, daß es unzweckmäßig sein dürfte, für die von so vielen Faktoren abhängige Plastizität eine zusammenfassende Maßzahl zu ermitteln. Es sei jedenfalls richtiger, die einzelnen physikalischen Eigenschaften gegenüberzustellen und zu einer Gesamtcharakteristik zusammenzufassen.

Hierzu gehört vor allem auch eine zahlenmäßige Angabe über die Bindefähigkeit der Tone, die sich durch Bestimmung der Biegefestigkeit getrockneter Stäbe gewinnen läßt. Die nebenstehende Abb. 275 zeigt den vom Verfasser für diesen Zweck konstruierten Apparat[4]). Auch die amerikanischen Prüfnormen sehen für die Tonuntersuchung die Prüfung der Biegefestigkeit vor, und es hat sich in der Praxis gezeigt, daß Schwankungen in der Bildsamkeit bei Betriebsmassen regelmäßig die Veränderung der Trockenbiegefestigkeit zur Folge hatten.

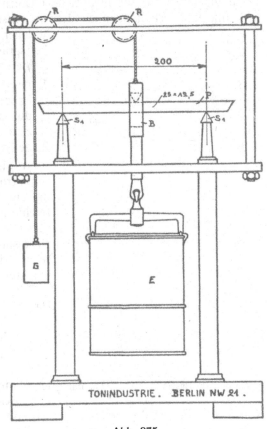

Abb. 275.
Apparat zur Prüfung der Biegefestigkeit trockener Tonstäbe.

Über die Gießfähigkeit wurde bereits oben ausführlich gesprochen. Für ihre zahlenmäßige Festlegung als Materialeigenschaft hat sich die folgende Methode

---

[1]) Über die Bildsamkeit der Tone. Dissertation (Hannover 1911). — Mitt. d. Eidg. Materialprüfungsanstalt H. 11 (1907).
[2]) Sprechsaal **57**, 297 (1924); **58**, 183 (1925).
[3]) Ber. d. Dtsch. keram. Ges. **6**, 111 (1925).
[4]) Ber. d. Dtsch. keram. Ges. **7**, 23 (1926). — Keram. Rundschau **34**, 37, 602 (1926).

bewährt: Zunächst wird nach dem von Simonis[1]) angegebenen Verfahren die zur Verflüssigung günstigste Elektrolytzugabe (meist Soda) bestimmt. In 6 Pulverflaschen von 300 g Inhalt werden je 50 g trockener Ton mit 30 ccm Flüssigkeit angesetzt. Die zuzugebende Flüssigkeit besteht bei Flasche Nr. 1 aus destilliertem Wasser, bei den folgenden aus Sodalösung von steigender Konzentration, so daß Nr. 6 aus 24 ccm Wasser mit 6 ccm 5 %iger Sodalösung besteht, eine Konzentration, die bei den meisten Tonen das Optimum der Verflüssigung überschreitet. Nach 12stündigem Stehen und mehrfachem Umrühren oder Schütteln auf der Schüttelmaschine läßt sich dann nach dem Augenschein ziemlich sicher bestimmen, bei welcher Konzentration der höchste Flüssigkeitsgrad erreicht wird. Dann wird zu einer größeren, möglichst dickflüssigen Probe

1. des Schlickers mit der günstigsten Sodakonzentration (im Zweifelsfalle wird auch die nächst höhere und nächst tiefere Konzentration in derselben Weise untersucht),
2. des sodafreien Schlickers

nach fünfstündiger Mahlung auf einer Porzellantrommelmühle soviel Wasser zugegeben, bis ein bestimmter Dünnflüssigkeitsgrad erreicht ist. Letzterer wird durch Ausflußversuche in dem nebenstehend abgebildeten Viskosimeter[2]) bestimmt (Abb. 276). Dasselbe wird durch den oben angebrachten Trichter T mit dem zu messenden Schlicker gefüllt, bis seine Oberfläche mit dem oberen Rand abschließt. Die Ausflußöffnung 0 ist durch einen eingeschliffenen Kegel verschlossen. Durch Herabdrücken des beweglich aufgehängten Ausflußgefäßes an dem Handgriff H bis zum Anschlag wird die Ausflußöffnung frei, und der Schlicker fließt in das untergestellte

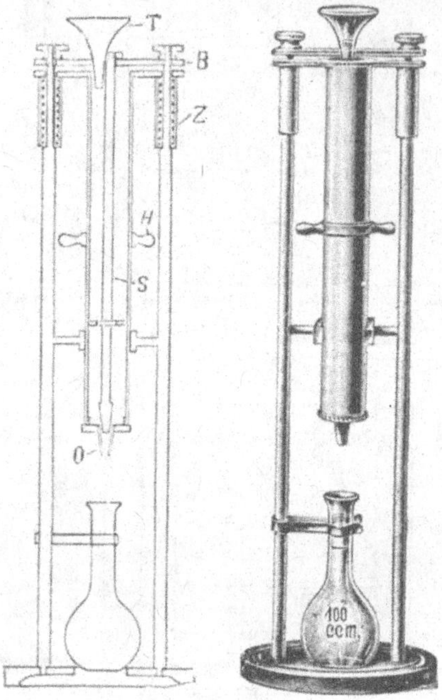

Abb. 276.
Apparat zur Bestimmung der Gießfähigkeit.

Kölbchen. Es wird nun mit der Stoppuhr die Zeit bestimmt, die vom Öffnen des Apparates bis zur Füllung des 100 ccm-Kölbchens zur Marke notwendig ist.

Die Ausflußzeit beträgt bei Wasser 7,0—7,2 Sekunden, für einen normalen Porzellan-Gießschlicker 26—30 Sekunden, für Steingutmassen bis zu 200 Sekunden.

Bei der Ausführung der Untersuchung wird nun der Wassergehalt des nach obiger Anweisung hergestellten Schlickers solange geändert, bis die vorgeschriebene Ausflußzeit erreicht ist. Der für die Erreichung dieses Zustandes notwendige Wassergehalt charakterisiert nunmehr die „Gießfähigkeit" des betreffenden Materials.

Außer dem bei günstigstem Elektrolytzusatz ermittelten Wasserbedarf ist es häufig interessant, die zur Erreichung derselben Dünnflüssigkeit erforderliche Menge reinen Wassers ohne Zusatz zu kennen. Sie ist annähernd der Plastizität der Substanz proportional. Die Differenz beider Meßergebnisse gibt ein Maß, wie stark der betreffende Kaolin oder Ton auf Soda, bzw. andere zugesetzte Elektrolyte „reagiert"

---

[1]) Sprechsaal **38**, 282 (1905).
[2]) Das keramische Viskosimeter nach Dr. Kohl. Sprechsaal **58**, 1 (1925).

Es sei hier darauf hingewiesen, daß die vorstehend beschriebene Messung nicht die eigentliche Viskosität erfaßt, da die sehr dickflüssigen, heterogenen Gießmassen der Praxis eine zur exakten Messung der inneren Reibung notwendige Kapillare nicht störungsfrei durchfließen, während es andererseits für den Keramiker nur darauf ankommt, sich über die Fließfähigkeit der Masse in dieser oder ähnlicher Weise zu unterrichten.

Eine andere Methode zur Bestimmung der Zähigkeit von Gießmassen ist das Verfahren von Simonis[1]), der die Kraft bestimmt, die zum Abheben einer Spiegelglasplatte von der Oberfläche des Tonbreies notwendig ist. E. P. Bauer[2]) hingegen mißt die Fallzeit einer Kugel im Gießschlicker im Vergleich zu Glyzerin. Diese Methode ist sehr empfindlich und ergab interessante Zahlen für die Ansteifung der Gießmasse nach längerem Stehen.

Die bisher aufgeführten Untersuchungsmethoden betrafen die Tone und Kaoline im grünen Zustande. Ebenso wichtig ist ihr unterschiedliches Verhalten beim Brennen. Die Porosität wird zweckmäßig an den für die Schwindungsmessung (s. o.) hergestellten, bei verschiedenen Temperaturen gebrannten Probeziegeln durch Bestimmung ihres Wasseraufnahmevermögens in kochendem Wasser festgestellt. Man ermittelt so den von außen zugänglichen, offenen Porenraum, die sog. „scheinbare Porosität". Die „wahre Porosität", die auch die geschlossenen Hohlräume mit umfaßt, wird ausgedrückt durch die Beziehung des am feingemörserten Scherbenpulver festgestellten spezifischen Gewichtes zum Volumen des Probeziegels. Der Scherben gilt als dicht gebrannt, „gesintert", wenn seine Wasseraufnahmefähigkeit 2% nicht überschreitet.

Abb. 277.
Segerkegel.

Zur qualitativen Porositätsprüfung wendet man die Tintenprobe an und beobachtet am zerschlagenen Scherben, wie weit ein auf die Oberfläche aufgebrachter Tintentropfen in sein Inneres eingedrungen ist.

Verschärft wird diese Prüfung insbesondere bei elektrotechnischen Erzeugnissen durch Prüfung der Bruchflächen in methylalkoholischer Fuchsinlösung bei mindestens 150 Atm. Druck.

Beruht die Sinterung auch meist schon auf einem oberflächlichen Verschmelzen der Tonteilchen infolge feinst verteilter Flußmittel, so ist doch bis zum eigentlichen Schmelzpunkt in der Regel eine erhebliche weitere Temperatursteigerung notwendig. Die Alumosilikate besitzen keinen exakt definierbaren Schmelzpunkt, sondern erweichen allmählich in einem weiteren Temperaturintervall. Man hat sich daher geeinigt, für die Schmelzung den sog. Kegelschmelzpunkt als maßgebend anzusehen, d. h. diejenige Temperatur, bei welcher aus der Prüfmasse hergestellte kleine dreiseitige Pyramiden in der Form der zur Temperaturmessung üblichen Segerkegel (s. Abb. 277) umschmelzen. Die Prüfung erfolgt zweckmäßig im Vergleich mit solchen Segerkegeln, deren Schmelztemperaturen in Abständen von etwa 20° zwischen 605 und 2000° C bekannt sind.

Von ausschlaggebender Bedeutung für die Verwendung der Tone und Kaoline für feinkeramische Zwecke ist schließlich ihre Brennfarbe und die Abwesenheit von feinkörnigen Eisenverunreinigungen, die beim Brennen gelbe Flecken verursachen.

---

[1]) Sprechsaal **38**, 881 (1905).
[2]) Ber. d. Dtsch. keram. Ges. **5**, 27 (1924).

　　　Die Untersuchung der nicht plastischen Rohstoffe beschränkt sich im allgemeinen auf die chemische Analyse und wird durch Brenn- und Schmelz-proben ergänzt. Bei Quarziten für feuerfeste Steine ist es häufig wichtig, die Umwandlungsgeschwindigkeit in die Modifikation mit niedrigerem spezifischen Gewicht zu prüfen und an Dünnschliffen festzustellen, ob ein Findlings- oder Fels-quarzit vorliegt.

　　　Die vorstehend aufgeführten Untersuchungsmethoden können selbstverständ-lich nur eine unvollständige, gedrängte Übersicht darstellen. Sie sind in sinn-gemäßer Weise auch für die Betriebskontrollen der keramischen Massen anzuwenden, so daß bei der Besprechung der letzteren auf die Beschreibung ihrer speziellen An-wendung verzichtet werden darf. Es werden deshalb nur die kolloidchemisch interessanten Prüfmethoden näher erläutert werden. Im übrigen sei auf das Kapitel „Die Untersuchung der Tonwaren" im 2. Band Lunge-Berl: „Chemisch-tech-nische Untersuchungsmethoden", auf die entsprechenden Abschnitte in Singer: „Keramik", und auf die erst z. T. veröffentlichten Prüfvorschriften der Deutschen Keramischen Gesellschaft[1]) hingewiesen. Eine sehr umfassende Darstellung der amerikanischen Prüfmethoden[2]) ist in einem Sonderheft der Amerikanischen Keramischen Gesellschaft erschienen.

II. Einteilung der Tonwaren.

　　　Die Mannigfaltigkeit der keramischen Erzeugnisse läßt es zweckmäßig erschei-nen, ihre Einteilung im Interesse der Übersicht auf die wichtigsten Typen zu be-schränken, wie sie Pukall[3]) gegeben hat:

Tonwaren, dunkelfarbig:

mit porösem Scherben	mit dichtem Scherben
Irdenware.	Steinzeug.

Tonwaren, weiß:

mit porösem Scherben	mit dichtem Scherben
Steingut.	Porzellan.

　　　Zur Rubrik Irdenware wären auch noch Fayencen, nicht geklinkerte Ziegel, Drainröhren und die feuerfesten Erzeugnisse zu rechnen, Steinzeug schließt die Klinker und säurefesten Steine ein und nähert sich als silbergraues „Feinsteinzeug" dem Porzellan. Trifft man die Einteilung nach der Art der Aufbereitung, die im folgenden zusammenfassend behandelt werden soll, so sind die beiden Haupt-gruppen: grobkeramische und feinkeramische Produkte zu unterscheiden.

III. Die Aufbereitung der keramischen Massen und ihre Prüfung.

Grobkeramische Formmassen.　Die grobkeramischen Massen, zu denen ins-besondere die Arbeitsmassen der Ziegelindustrie, der Schamottestein- und Grobsteinzeugfabrikation gehören, werden in der Regel ohne besondere Vorbehandlung der Rohstoffe zubereitet. Lediglich der natürlichen Verwitterung pflegt man häufig dadurch nachzuhelfen, daß man die gruben-

---

　　　[1]) Materialprüfungsausschuß d. Dtsch. keram. Ges. Untersuchungs- und Prüfmethoden keramischer Rohstoffe und Erzeugnisse. Ber. d. Dtsch. keram. Ges. 8, 44, 92 (1927).
　　　[2]) The Standards Report (Committee on Standards). Journ. Am. Cer. Soc. 11, 6, 355—534 (1928).　　[3]) Pukall, Grundzüge der Keramik (Coburg 1922).

feuchten Tone und Lehme im Freien lagert und „wintert". Neben der feineren Zerteilung der Tonsubstanz erreicht man hierdurch eine Verminderung der löslichen Salze und schädlichen Beimengungen von Eisenkies, Kalkknollen usw. Werden die Tone ohne weitere Zusätze verarbeitet und sind frei von gröberen steinigen Beimengungen, so genügt ein einfaches oder doppeltes Walzwerk zum Zerdrücken der Tonschollen. Diese fallen aus dem Walzwerk direkt in die Öffnung des Tonschneiders, der — nach dem Prinzip des Fleischwolfes — die Masse mit rotierenden, schraubenförmig angeordneten Messern weiter bearbeitet und durch eine konische Ausstoßöffnung als fortlaufenden Strang herauspreßt.

Hochwertigere Massen, bei denen auf die Zerkleinerung aller körnigen Bestandteile Wert gelegt wird, werden vor dem Passieren des Walzwerkes auf einem Naßkollergang zerkleinert, und, sofern die natürliche Grubenfeuchtigkeit nicht ausreicht, mit der für den formgerechten Zustand notwendigen Menge Wasser berieselt. Der Kollergang besteht aus zwei in verschiedenem Abstand auf einer Achse drehbar montierten Stahlwalzen, die das Material durch die als Sieb ausgebildete rotierende Kollerbahn hindurchpressen.

Werden schließlich der Masse körnige Bestandteile zugesetzt, die wie bei Grobsteinzeug und Schamottesteinen oder Kapselmassen eine vorgeschriebene Korngröße haben müssen, so sind Bindeton und Zusatz zunächst getrennt aufzubereiten. Die Schamotte, d. h. bereits gebrannter Ton, der entweder besonders vorgebrannt wird oder aus dem Bruch von Kapseln, Steinen usw. besteht, wird auf Steinbrechern oder Nockenwalzwerken zerkleinert und auf rotierenden Siebzylindern in den erforderlichen Korngrößen sortiert. Für die Bindetone gibt man heute allgemein der Trockenaufbereitung den Vorzug, da besonders fette Tone, wie oben näher erläutert, sich im getrockneten Zustand im Wasser viel besser auflösen. Die Tone werden also entweder an der Luft oder künstlich auf Darren oder in Trockenzylindern vorgetrocknet und dann mittels Walzwerk oder Siebkollergang zerkleinert. Sie werden dann in dünnen Lagen zusammen mit der Schamotte aufgeschichtet, angefeuchtet und zur gründlichen Durchfeuchtung einige Zeit (etwa 24 Stunden) liegen gelassen. Die so „gesumpfte" Masse wird dann im Tonschneider vollends homogenisiert.

In modernen Schamotteaufbereitungsanlagen ist auch das Sumpfen durch mechanisches Mischen der automatisch zugeteilten trockenen Bestandteile zunächst in der Trocken-, dann in der Naßmischschnecke ersetzt, so daß ein kontinuierlicher Aufbereitungsprozeß vom Rohmaterialsilo bis zur fertigen Masse möglich wird.

Allen Verfahren und Massen gemeinsam ist als Endglied der Tonschneider, aus dem die fertige Masse als Strang austritt, um entweder sogleich zu Ziegeln geschnitten, oder als Ballen zur weiteren Formgebung transportiert zu werden.

Feinkeramische Form- und Drehmassen. Steingut- und Porzellanmassen werden bis auf den Schlämmprozeß, den erstere durchzumachen haben, ähnlich aufbereitet. Die Porzellanindustrie bezieht ihre Kaoline meist im geschlämmten Zustand und braucht sie nur aufzulösen und zu versetzen. Bei den Steinguttonen ist die separate Vorschlämmung jedoch unmöglich, da sie wegen ihrer Teilchenfeinheit nicht für sich filtriert werden können. Dies ist erst möglich, nachdem sie mit unplastischen Stoffen versetzt, „gemagert" sind, was zweckmäßiger Weise erst in der Fabrik geschieht. Beide Fabrikationen bringen im Gegensatz zur grobkeramischen Mischung im pulver- oder teigförmigen Zustand ihre Massen zunächst in dünnflüssige Suspension. Als Beispiel sei der Arbeitsvorgang einer Steingutmassemühle beschrieben: Die möglichst lufttrockenen

Tone und Rohkaoline werden in den vorgeschriebenen Gewichtsmengen auf einem Tonwolf grob vorgebrochen und mittels Becherwerk in den meist horizontal rotierenden Auflösungsquirl befördert. Der weitere Schlämmprozeß entspricht der weiter oben beschriebenen Kaolinaufbereitung bis zur Konzentration der Suspension in den Absetzbassins. Inzwischen werden die steinigen Massebestandteile auf Naßtrommelmühlen, das sind rotierende Eisenzylinder mit Quarzitsteinfutter und Flintsteinen als Mahlkörper, fein gemahlen. Feldspat und Quarz müssen vorher auf Trockenkollergängen mit Granitbahn und -läufern auf Erbsgröße vorgebrochen werden. Die übrigen Zusätze: Sand, Rohkreide und die zur Weißfärbung der gelblich brennenden Massen dienenden Kobaltsalze können direkt auf die Mühle gegeben werden. Interessant ist der Einfluß des Wassers auf die Mahlwirkung, die ohne Wasserzusatz viel weniger intensiv ist und auch bei zu hohem Wasserzusatz nachläßt. Wir fanden ein Optimum der Mahlwirkung bei

Abb. 278.

Masseschlagmaschine. Der Massestrang wird von den umlaufenden Horizontal- und Vertikalwalzen abwechselnd breit und hoch gequetscht.

einem spezifischen Gewicht der Suspension gleich 1,45. Auch die Anwesenheit geringer Mengen Tonsubstanz befördert den Mahlprozeß, wahrscheinlich dadurch, daß sie den feinen Sand besser in Suspension hält. Bei Vergleichsversuchen zeigte sich, daß besonders im Anfangsstadium, wenn die Körnchen noch relativ grob sind, durch Verringerung des in der Praxis meist zu hohen Wasserzusatzes eine schnellere Mahlung erzielt wird, während später, nachdem schon eine weitgehende Zerkleinerung stattgefunden hat, der Wassergehalt höher sein darf, ohne die weitere Feinmahlung zu beeinträchtigen. Wahrscheinlich kommt es darauf an, daß die Suspension genügende Viskosität besitzt, um nicht von den Flintsteinen abzufließen, sondern diese als dünne Haut allseitig zu bedecken. Die restlose theoretische Klärung dieser Vorgänge würde auch von wirtschaftlicher Bedeutung sein, da bei der heute zwischen 15 und 120 Stunden schwankenden Mahldauer für Masse und Glasurmaterialien bei den verschiedenen Fabriken erhebliche Energiemengen eingespart werden könnten.

Die feingemahlenen steinigen Versatzmaterialien werden von den Mühlen über Schüttelsiebe und Magnetscheider in einen meist vertikal rotierenden Versatz-

quirl geleitet und hier mit den konzentrierten Tonsuspensionen aus den Absitz-
bottichen, bzw. bei der Porzellanfabrikation mit dem trocken aufgegebenen geschlämmten Kaolin mehrere Stunden durchgequirlt. Die Entwässerung bis zum
formfeuchten Zustand geschieht dann auf Filterpressen. Je nach der Bildsamkeit
des Materials und dem Preßdruck (6—12 Atm.) schwankt die Preßdauer von 3 bis
4 Stunden für fette Steingutmassen, bis zu 10 Minuten für magere Porzellan- oder
Hartsteingutmassen.

Die Filterkuchen werden nun je nach der Eigenart der Masse mehr oder
weniger lange Zeit im Massekeller zum „Mauken" gelagert und auf einem Tonschneider oder einer Masseschlagmaschine (Abb. 278) völlig homogenisiert. Bei
elektrotechnischen Massen, aus denen alle Luftbläschen entfernt werden müssen,
wird diese Prozedur häufig zweimal, nämlich vor und nach dem Mauken vorgenommen.

Als regelmäßige Betriebskontrolle ist es zweckmäßig, die Preßdauer der
einzelnen Massechargen laufend zu notieren, da sich hier zu allererst eine Abweichung in der Verarbeitbarkeit derselben äußert. Ferner sind in derselben Weise,
wie es oben für die Untersuchung der Rohstoffe angegeben wurde, der Mahlgrad
durch Sieb- und Schlämmanalysen, sowie die rationelle Zusammensetzung der
Masse durch Bestimmung des Glühverlustes und durch die rationelle Analyse
nachzuprüfen. Von Zeit zu Zeit wird man außerdem die Schwindung sowie die Biegefestigkeit lufttrockener geformter Stäbe als Maß der Bindefestigkeit kontrollieren.
Dies gilt sinngemäß auch für die grobkeramischen Formmassen, von welchen die
Schamottemassen eine häufigere Nachprüfung der Schamottekorngröße auf den
entsprechenden gröberen Sieben erfahren müssen.

Gießmassen. Nachdem die theoretischen Grundlagen für die Verflüssigung der
Tone weiter oben ausführlich behandelt wurden, sei hier nur die
Herstellung einer Steingutgießmasse als praktisches Beispiel beschrieben. Als
Auflösungsmaschine dient entweder eine Trommelmühle, in der zunächst das in
vielen Fällen zugesetzte Scherbenmehl zerkleinert wird, oder ein horizontaler
Rührquirl. Alle diese älteren keramischen Maschinen haben den Nachteil, daß für
ihren Antrieb die hohe Tourenzahl der Elektromotoren zunächst auf die ihnen
eigene langsame Umdrehung heruntertransformiert werden muß. Aus diesem
Grunde hat eine moderne, schnellaufende Auflösungsmaschine, der Dorstsche
Schraubenquirl, neuerdings eine rasche Verbreitung gefunden. Die Wirkungs-
weise der rotierenden Schiffsschraube, die die festen Teile der Masse mit großer
Gewalt gegen den Boden des Rührbottichs schleudert und dadurch mit geringem
Kraftverbrauch zerkleinert, ist aus Abb. 279 ersichtlich. Dabei wird gleichzeitig das
Hineinschlagen von Luft, die sich sonst in feinen, sehr schwer entweichenden
Bläschen an den Tonteilen ansetzt und in der fertigen Ware winzige Löcher verursacht, vermieden. In das zunächst eingefüllte Wasser werden die Abfälle aus
der Dreherei und Gießerei und die noch fehlende Masse in Gestalt von Preßkuchen
eingebracht und mit der erforderlichen, für jede Masse ausprobierten Sodamenge
versetzt. Nach etwa fünfstündiger Mischung ist die Masse homogen und wird mittels Ausflußviskosimeter und Pyknometer auf ihre Fließfähigkeit und ihr spezifisches Gewicht geprüft. Die gefundenen Zahlen geben an, welche Korrekturen
noch durch weitere Zugabe von Masse, Wasser oder Soda vorzunehmen sind, bis
der Schlicker den Anforderungen genügt.

Wir fanden bei technischen Gießmassen für Porzellangeschirr eine Dichte
von 1,55 bis 1,65 und eine Ausflußzeit im Kohlschen Viskosimeter von 30 bis
50 Sekunden. Eine fette Steingutmasse eignete sich für den technischen Gieß-

prozeß am besten, wenn ihr spezifisches Gewicht über 1,7, ihre Ausflußzeit mindestens 120 Sekunden (bis 150) beträgt. Ein hohes spezifisches Gewicht verhindert die bei Steingut häufig vorkommenden Gießflecken; andererseits darf die Masse nicht zu dickflüssig sein, um die Rohr- und Schlauchleitungen passieren zu können und nicht schon in der Gipsform völlig zu gelieren. Es ist also eine ständige genaue Betriebskontrolle jeder Charge notwendig, wenn anders man nicht zu dem umständlichen Verfahren zurückkehren will, zunächst die gesamte Masse völlig zu trocknen und genau einzuwägen. Aber auch dann ist eine zeitweilige Kontrolle der fertigen Gießmasse nicht zu umgehen.

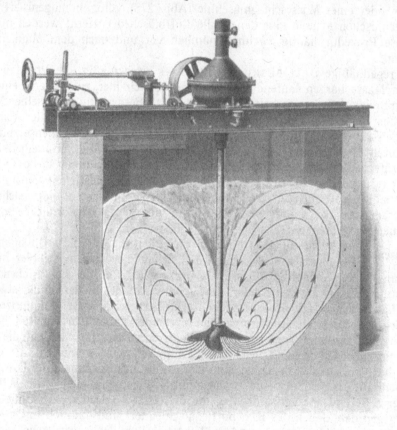

Abb. 279.
Schraubenquirl zur Auflösung von Gießmassen.

Auch in der Grobkeramik gewinnt der Gießprozeß steigende Bedeutung, insbesondere für die Fabrikation der großen Hohlgefäße, Glashäfen und der sanitären Feuertongeräte wie Badewannen, Becken usw. Hier werden die Rohstoffe direkt zu Gießmassen aufbereitet, ein Verfahren, das überall da anwendbar ist, wo nicht ein größerer Teil schon fertig zubereiteter Abfallmasse verarbeitet werden muß, und wo die Rohstoffe von flockenden Salzen frei sind. Nach den weiter oben beschriebenen Verfahren von Weber, Keppeler und Spangenberg können auch grobgemagerte Schamottemassen gegossen werden, denen außer dem Elektrolyten gewisse Schutzkolloide zur besseren Verflüssigung zugesetzt werden.

Stanzmassen. Der unter der landläufigen Bezeichnung „Stanzen" verstandene Vorgang ist eigentlich ein Pressen der mit Öl und Wasser krümelig aufbereiteten Porzellanmasse. Die fertige Masse wird hierzu getrocknet und mit einem geringen Feuchtigkeitsgehalt in Schlagkreuzmühlen zerkleinert. In einer Mischmaschine, bzw. von Hand auf groben Sieben, erfolgt dann die Vermengung mit einem stark viskosen Öl, das die Kaolinteilchen nicht benetzt und daher die voluminös krümelige, „unklebrige" Beschaffenheit der Masse herbeiführt, die für den Stanzprozeß und für das gute Loslassen des fertigen Körpers von der Matrize notwendig ist.

IV. Die Formgebung.

Das Formen. Der einfachste Formgebungsprozeß für keramische Massen ist, abgesehen von dem freihändigen Kneten, dem „Modellieren", das Einformen in Holz- oder Gipsformen, wie dies am primitivsten beim Ziegelhandstrich zur Anwendung kommt. In ähnlicher Weise werden auch große Steinzeug- oder Schamottekörper durch Einschlagen der bildsamen Masse in Holz- oder Metallformen hergestellt, bei komplizierten Gegenständen zunächst in einzelnen Teilen, die dann später mit flüssiger Masse zusammengarniert werden.

Abb. 280.
Freidrehen von Fayencegefäßen.

Bei der maschinellen Ziegelherstellung wird sogleich der Massestrang, der aus dem zur Aufbereitungsanlage gehörenden Tonschneider ausgepreßt wird, durch ein entsprechend abgemessenes Mundstück auf die richtigen Ziegelabmessungen der Länge und Breite nach gebracht, so daß die einzelnen Ziegel direkt mittels Stahldrahtschneider von dem Strang abgeschnitten werden können. Auch dieser Vorgang sowie der Abtransport ist in modernen Fabriken noch weitgehend mechanisiert.

Durch die Anwendung verschieden geformter Mundstücke gestattet die Strangpresse die Herstellung einer ganzen Reihe symmetrisch geformter Körper, wie z. B. von Kanalisations- und Drainröhren, Kühlschlangen, Hohlziegeln, Biberschwänzen usw. Häufig dient sie auch zur rohen Vorformung sog. „Hubel", die später durch Ausquetschen, Über- oder Abdrehen weiter bearbeitet werden.

Das Drehen. Die rotierende Töpferscheibe ist eine der ältesten Maschinen der Menschheit. Schon die alten Babylonier und Ägypter benutzten diese Art der Formgebung, die sich in ihrem Grundprinzip noch heute in den modernsten Fabriken erhalten hat. Freilich die Kunst des „Freidrehens", wie sie auf der in Abb. 280 wiedergegebenen Fayencedrehscheibe veranschaulicht wird, war mit der Verdrängung des Handwerks nahe daran auszusterben. Erst in neuerer Zeit hat sich speziell das deutsche Kunstgewerbe darauf besonnen, welche unschätzbaren künstlerischen Möglichkeiten hier lange genug unausgenützt lagen, und allerorts entstanden Werkstätten, die die Pflege des Freidrehens zu ihrer Hauptaufgabe gemacht haben. Nur der Antrieb der Maschinen, der früher allgemein durch mit dem Fuße anzustoßende Schubscheiben vorgenommen wurde, ist heute meist durch elektrische Energie ersetzt.

Dasselbe gilt für die in den großen Fabriken zu Hunderten laufenden Maschinen-drehspindeln, auf denen mit fest eingestellten Schablonen die industriellen Massen-produkte hergestellt werden. Man unterscheidet hier das „Eindrehen" der Hohl-gefäße in Gipsformen und das „Überdrehen" der Flachgeschirre wie Teller, Schalen u. ä. auf Gipskernen. Beim Eindrehen tiefer Hohlgefäße ist es vielfach noch üblich, zunächst sog. Hubel anzufertigen, welche auf der Strangpresse her-gestellt und mit Holzstempeln, unter die ein feuchtes Tuch gelegt wird, in Gips-formen als rohe Form ausgequetscht oder auch mit Schablonen roh eingedreht werden. Die Gipsform mit dem Hubel wird dann in eine andere Drehspindel ein-gesetzt und hier mittels der am drehbaren Schablonenschalter angeschraubten Schablone vollends ausgeformt. In den Steingutfabriken — und auch heute schon in den meisten Porzellanfabriken — spart man den ersten Arbeitsgang durch Verwendung sog. Quetschschablonen, die durch ihre Form den in die Gipsform geworfenen Masseklumpen an den Wänden hochdrücken und gleichzeitig innen fertig ausformen.

Im Gegensatz zum Eindrehen wird beim Überdrehen die Außenfläche des Tellers durch die Schablone mit eingefeilter Aussparung für den Fußwulst be-arbeitet, während die Innenfläche auf der flachen konvex ausgebildeten Gipsform anliegt und deren plastische Verzierungen im Negativ abbildet. Der Arbeits-vorgang ist meist so, daß ein Bursche das Blatt auf flacher Scheibe vorformt und dasselbe auf die Tellerform aufpatscht, die dann vom Dreher fertig über-gedreht wird.

Auch das Rändern mit elastischem Stahlblech, das Fertigmachen und Schwäm-men geschieht auf der Drehscheibe.

Das Gießen. Der Gießprozeß entspricht in seiner Anwendung dem üblichen Ver-fahren in der Metallindustrie. Die Negativformen werden wie die Drehformen aus Gips gegossen. Ihre Herstellung bildet einen besonderen Fabrika-tionszweig der keramischen Fertigung und soll deshalb hier ganz kurz erläutert werden. Als Rohmaterial dient das bei etwa 180° gebrannte Halbhydrat des schwefelsauren Kalkes, der Form- oder Modellgips, der mit Wasser zu einem Brei angerührt, in kurzer Zeit als poröser Körper erstarrt. Aus Gips werden zunächst die Positivmodelle geformt, und von diesen werden, nachdem sie mit Seife oder Schellack oberflächlich verdichtet worden sind, die Arbeitsformen abgegossen.

Einfache Hohlgefäße, wie Krüge und Kannen, werden in Formen ohne Gips-kern gegossen; d. h. die Gipsform besteht lediglich aus einem Hohlkörper, an dessen Innenfläche sich die eingegossene Gießmasse als allmählich immer dicker werdender Überzug absetzt. Dies geschieht dadurch, daß die poröse Gipswandung der Gieß-masse Wasser entzieht, bis sie sich zum standfesten Scherben verdichtet. Ist die gewünschte Scherbenstärke erreicht — was bei mageren Porzellanmassen in wenigen Minuten, bei fetten Steingutmassen erst nach Stunden geschieht — so wird die übrige flüssige Masse ausgegossen. Der Scherben löst sich nach einiger Zeit weiteren Trocknens von der Gipsform, er „schwindet ab", und der Körper kann nunmehr aus der Form herausgehoben werden. Komplizierte Körper, wie z. B. dickwandige Isolatoren mit mehrfachen Durchbohrungen, werden in allseitig ge-schlossenen Gipsformen gegossen, in die der Schlicker durch ein Zulaufloch ebenso eingegossen wird wie flüssiges Metall in die Sandform. Hier kommt es in erster Linie darauf an, daß der Schlicker so wenig wie möglich Wasser enthält, damit nach dem Entzuge desselben durch die umschließende Gipsform in dem gegossenen Körper keine Hohlräume hinterbleiben.

Ein niedriger Wassergehalt, bzw. ein hohes spezifisches Gewicht bei trotzdem genügender Fließfähigkeit sind also die Hauptanforderungen, die an solche Massen gestellt werden müssen, und es ist eine ständige genaue Kontrolle dieser Eigenschaften notwendig, wie sie im Kapitel über die Aufbereitung beschrieben wurde. Für die Geschirrfabrikation muß außerdem auf die Einhaltung einer gleichmäßigen Ansaugegeschwindigkeit Wert gelegt werden (vgl. Tabelle 1, S. 639), damit die Ware immer dieselbe Scherbenstärke erhält. Man prüft diese Eigenschaft in einfacher Weise durch Probeabgüsse kleiner Zylinder in Gipsformen und durch Messung oder Wägung der in einer bestimmten Zeit angesaugten Probezylinder oder Tiegel.

Über die Beeinflussung der Ansaugegeschwindigkeit von Kaolin- und Tonsuspensionen in Gipsformen durch die in der Praxis zur Herstellung von Gieß: massen benützten Verflüssigungsmittel berichten R. Rieke und K. Blicke[1]), daß die Korngröße der Teilchen einen ausschlaggebenden Einfluß hat. In Elektrolytgießmassen ändert sich die Ansaugegeschwindigkeit nicht proportional der absoluten Menge des Verflüssigungsmittels, sondern entsprechend der Normalität der Lösung. In der Praxis setzt man zur Beschleunigung des Ansetzens gewöhnlich gemahlene Scherben, zur Verlangsamung jedoch fetten Ton zu. Dieser bildet rasch eine schwer durchlässige Haut und hemmt den Durchtritt des Wassers in die Kapillaren der Gipsform.

Das Gießverfahren hat seine große technische Bedeutung dadurch, daß es die Herstellung aller, auch eckiger Formen gestattet und sich viel weitgehender mechanisieren läßt als die an die Einzelherstellung auf der Drehscheibe gebundene Fabrikation gedrehter Gegenstände. Hinzu kommt der bequeme Transport der flüssigen Masse mittels Pumpen oder Preßluft durch Rohrleitungen oder Schläuche bis an die Arbeitsplätze. In amerikanischen Betrieben ist man bereits soweit, daß man selbst die größten Gießformen für Becken, Klosetts usw. auf dem laufenden Band oder Schaukelförderer an den Arbeitsplätzen zur Füllung vorbeiführt, während das Entleeren, Ausnehmen und Verputzen an anderen Stationen, die sämtlich von der Transportvorrichtung durchlaufen werden, vorgenommen wird. Dem Gießverfahren gehört daher zweifellos zumindest für die Herstellung großer Gefäße, bei denen der mechanisierte Transport besonders wichtig ist, die Zukunft. Man geht deshalb mehr und mehr dazu über, feuerfeste Produkte, insbesondere Glashäfen, Schleifscheiben u. a. zu gießen. Dies ist dadurch möglich, daß in der spezifisch schweren, zähflüssigen Masse auch grobe Beimengungen, wie die in feuerfesten Massen erforderlichen Schamottekörner, sowie Korund und Karborundum der Schleifmassen in der Schwebe bleiben, so daß derartige Massen bequem gegossen werden können, ohne sich zu entmischen.

Es geht hieraus wohl ohne weiteres hervor, welche große Bedeutung die Elektrolytverflüssigung der Tone und alle damit zusammenhängenden Probleme zur Vermeidung von Gießfehlern für die Technik besitzen, so daß ihre endgültige theoretische Klärung hier nochmals als lohnende Aufgabe der Kolloidchemie hingestellt werden darf.

Das Pressen und Stanzen. Ein dem Einformen ähnlicher Vorgang ist das Pressen der formfeuchten Masse unter hohem Druck in Stahlmatrizen, wie es hauptsächlich in der Fabrikation für feuerfeste Schamottesteine und Kapseln angewandt wird. Der hohe Druck dient zur mechanischen Verdichtung und Verfestigung und hat besondere Bedeutung bei weniger plastischen und ganz unplastischen Massen, in denen die enormen inneren Kräfte der kolloiden Tonmassen eine solche Verdichtung nicht von selbst herbeiführen. Hierher

[1]) R. Rieke und K. Blicke, Ber. d. Dtsch. keram. Ges. **10**, 2, 73 (1929).

gehören z. B. Magnesitsteine und Silikasteine, deren körnige Rohstoffe: Sinter-magnesit, Quarzit und Kalk von sich aus nicht schwinden. Die Matrizen und Stempel werden mit Öl bestrichen, damit die fertig gepreßten Körper nicht ankleben.

Ein interessanter Mittelweg zwischen Gießen und Pressen wird bei dem neuen „S- und G"-Verfahren der Fa. Scheidhauer & Giessing eingeschlagen. Die als dickflüssige Elektrolytgießmasse aufbereiteten Tone werden bis zu 80 % mit körniger Schamotte versetzt und durch mehrmaliges Stampfen unter hohem Druck in Stahlformen geschlagen. Hierdurch verteilt sich die Bindemasse so fein zwischen den Schamottekörnern und bewirkt durch die ihr eigene erhöhte Trockenfestigkeit einen festeren Zusammenhalt der Masse. Während gewöhnliche Schamotte-massen mindestens 40—50 % Bindeton enthalten müssen und dementsprechend beim Trocknen und Brennen schwinden, bleiben die nach dem neuen Verfahren gestampften Körper fast unverändert und gestatten eine früher nicht erreichbare Maßgenauigkeit in der Fertigung.

Beim Pressen von Steingutwandplatten verwendet man ein fast trockenes Massepulver, das zwischen zwei Stahlplatten in viereckiger Form zur Platte zu-sammengepreßt wird. Hier erzielt man das Loslassen der Form an Stelle des Ein-ölens dadurch, daß beide Stempel elektrisch geheizt werden.

Der mit „Stanzen" bezeichnete Arbeitsprozeß der Porzellanindustrie ist eigentlich auch ein Preßvorgang und wird hauptsächlich für die Herstellung elektrotechnischer Installationsartikel, Schaltkontakte, Sicherungen und ähnlicher kleiner, aber oft sehr komplizierter Isolierkörper angewandt. Die Aufbereitung der mit Öl und Wasser zu krümeliger Konsistenz angemachten Stanzmasse ist bereits im Vorhergehenden beschrieben worden. Selbstverständlich ist ein der-artiges Massepulver schon an sich geeigneter als Rohstoff für eine kontinuierliche Massenfabrikation als die plastische Masse. Man sieht daher in der Stanzerei die ersten Vollautomaten für eine keramische Formgebung. Die pulverisierte Masse fließt in automatisch abgeteilter Menge in die Stahlmatrize, wird hier vom Stempel unter allmählich gesteigertem Druck zum fertigen Körper gepreßt und selbsttätig aus der Matrize ausgestoßen. Überwiegen zur Zeit auch noch die von Hand be-dienten und halb automatisch betriebenen Pressen, so ist doch der weiteren Mechanisierung im Material keine Schranke gesetzt. Dieses ist aber auch — seiner Plastizität beraubt — keine eigentliche keramische Masse mehr; und es ist sehr interessant, demgegenüber festzustellen, daß die völlige Mechanisierung des Drehens selbst der einfachsten Teller bisher nicht befriedigend gelungen ist. Es scheint, als ob die Verarbeitung des plastischen Tones des Tastsinnes der mensch-lichen Hand bedarf, und daß man, will man diese ausschalten, auch die Bild-samkeit der Masse beseitigen muß.

V. Das Trocknen.

Der technische Trockenprozeß der keramischen Erzeugnisse erfährt erst in neuerer Zeit die Beachtung, die ihm auf Grund seiner Wichtigkeit zur Betriebs-rationalisierung und zur Vermeidung von Fabrikationsfehlern zukommt. Wir sahen bereits oben, welche tiefgreifenden Veränderungen in Gestalt der Schwindung und Verfestigung der Tone hierbei stattfinden, so daß bei ungleichmäßiger Trocknung Spannungen und Verwerfungen im Scherben, Abblätterungen und Risse auftreten können, die häufig erst beim Brennen ausgelöst werden. Sehr trockenempfindlich sind viele hochplastische kolloidreiche Tone, wie auch aus ihrer großen Trocken-schwindung hervorgeht. Durch Zusatz flockender Salze, insbesondere Eisenchlorid[1]) (ca. 1 %) kann diese Empfindlichkeit stark verringert werden. Die wichtigste Vorbedingung für den gleichmäßigen Verlauf des Prozesses ist die Einhaltung einer Trocknungsgeschwindigkeit an der Oberfläche, die nicht größer ist als die Diffusionsgeschwindigkeit des Wassers im Ton.

Dieser Forderung genügen am leichtesten die dünnwandigen Gegenstände der feinkeramischen Fertigung. Man findet deshalb in der Geschirrindustrie sowohl für Porzellan wie für Steingut selten besondere Trockenanlagen. Meist beschränkt man sich auf gute Heizung und Ventilation der Fabrikationsräume. Die Trocknung dauert dann bei Tellern etwa 3, bei größeren Gegenständen, wie Becken und Kannen, 8—15 Tage, bedeutet also immerhin einen Aufenthalt, der mit einem fließenden Fabrikationsprozeß nicht vereinbar ist. Man trifft deshalb besonders bei einzelnen Massenerzeugnissen wie Tellern und Schalen auch heute schon in feinkeramischen Fabriken einfache Trockenanlagen an, die aus Trockenkarussellen oder verschließbaren Kammern mit Bodenheizung bestehen. Ein Schritt weiter ist die Benutzung der Abwärme abkühlender Öfen, aus denen vorgewärmte Luft in diese Kammern eingeblasen wird, und die neuerdings von Amerika übernommenen Mangeltrockner. Man erreicht hierdurch eine Beschleunigung der Fabrikation einerseits und eine Ersparnis an Platz und Gipsformen andererseits, da man nunmehr beispielsweise Tellerformen, die sonst täglich nur einmal benutzt werden können, dreimal am Tage überformen kann. Eine besondere Regelung des Feuchtigkeitsgehaltes der Trockenluft findet aber hier bisher nicht statt und ist für die dünnwandigen Geschirre auch kaum erforderlich.

Anders bei dickwandigen Isolatoren, Sanitätssteingut, Steinzeugröhren und Baukeramiken, deren Trocknung früher bis zu 8 Wochen in Anspruch nahm. Ein solcher Aufenthalt ist für die moderne Massenfabrikation natürlich unerträglich, und man hat — zuerst wieder in Amerika — nach dem Prinzip der sog. Feuchtigkeitstrocknung Verfahren ausgearbeitet, die die Trocknungsdauer derartiger Körper auf höchstens 24 Stunden verringern. Vorbedingung hierfür ist ein geschlossener Raum, der je nach der Eigenart der Fabrikation aus stationären Trockenkammern oder Tunneltrocknern, durch die die Ware auf Wagen oder Schaukelfördern hindurchbewegt wird, bestehen. Der Trockenprozeß erfolgt hier in drei Stadien. Zunächst wird die Ware in feuchtigkeitgesättigter Atmosphäre angewärmt, bis der ganze Scherben auch im Innern eine konstante Temperatur von etwa 80° C angenommen hat. Nunmehr wird die Atmosphäre allmählich entfeuchtet, und zum Schluß wird die Temperatur der trockenen Luft zur völligen Trocknung der Ware gesteigert. Diese Regelung erfolgt automatisch durch Hygrometer und Temperaturmeßinstrumente, welche die Schaltung der Dampf- und Heißluftzufuhr betätigen. Die Wirtschaftlichkeit derartiger Trockenanlagen liegt auf der Hand. Die Fabriken dickwandiger Erzeugnisse sind daher schon aus diesem Grunde gezwungen, sich ihrer zu bedienen, und auch in Deutschland sind bereits eine größere Anzahl Feuchtigkeitstrockner im Betrieb, die meist nach dem Prinzip S c h i l d e [2]) mit Umluftzellengebläsen arbeiten. Ausführliche Angaben über amerikanische Trockenanlagen nach dem beschriebenen Prinzip machte W. S t e g e r [3]) in seinem Reisebericht vor der Deutschen Keramischen Gesellschaft [4]). Über die Ersparnis

---

[1]) H. Fréchette und I. H. Philipps, Rißfreies Trocknen von Tonen mit hohem Gehalt an kolloider Substanz. British Clayworker **38**, 446 (1929).

[2]) W i r t h, Verfahren und Anlagen für die Trocknung keramischer Produkte. Ber. d. Dtsch. keram. Ges. **9**, 5, 299 (1928).

[3]) Ber. d. Dtsch. keram. Ges. **6**, 5, 202 (1925).

[4]) Vgl. a. K. E n d e l l, Das Verfahren der Feuchtigkeitstrocknung für keramische Betriebe. Ber. d. Dtsch. keram. Ges. **7**, 2, 114 (1926).

an Raum und Zeit durch Anwendung solcher Trockner könne man sich erst ein Bild machen, wenn man in älteren Fabriken, die vor der Anschaffung dieser Trockner einfache Trockengerüste verwendeten, die großen nunmehr freien Hallen sieht, die ehemals von Gerüsten eingenommen waren.

VI. Das Brennen.

Das Brennen hat den Zweck, die getrockneten Tonwaren, die in diesem Zustande nur geringe Festigkeit besitzen und vom Wasser aufgeweicht werden, in feste gegen Feuchtigkeit widerstandsfähige, mehr oder weniger dichte Körper überzuführen. Die Veränderungen, die die Tonsubstanz bei höheren Temperaturen erfährt, wurden bereits oben erörtert. Hinzukommen nun in den Massen die Reaktionen der einzelnen Bestandteile, die sämtlich auf einen mehr oder weniger vorgeschrittenen Schmelzvorgang hinauslaufen. Die Rücksicht hierauf, sowie auf die Reinheit und Farbe des Brenngutes, das deshalb teilweise nicht mit den Feuergasen in direkte Berührung kommen darf, bestimmen die Wahl des Ofensystemes.

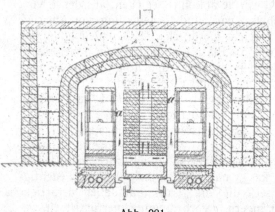

Abb. 281.
Dreßlerofen: Querschnitt.

In der Feinkeramik, d. h. in der Porzellan-, Steingut- und Feinsteinzeugindustrie ist der noch heute vorherrschende Ofentyp der seit Jahrhunderten übliche Rundofen mit direkter Befeuerung. Er wird meist in Größen für 60 bis 100 cbm Inhalt gebaut und hat heute durchweg überschlagende Flammenführung durch Anbringung der Abzugsfüchse in der Ofensohle, so daß hier die Flammengase abgezogen werden und durch Kanäle in der Ofenwandung nach der Ofenkuppel und in die Esse geführt werden. Bei Porzellanöfen ist die Ofenkuppel gewöhnlich zu einem oberen Brennraum erweitert, in welchem die heißen Abgase noch zum Vorglühen des Porzellans ausgenutzt werden, ehe sie durch die Esse entweichen. In diesen Öfen wird die Ware in Schutzkapseln aus Schamotte, die möglichst dicht abschließend übereinander aufgestapelt werden, eingesetzt. Zur Beheizung kann auch Generatorgas angewandt werden.

Ein wärmetechnischer Fortschritt gegenüber diesen periodischen Öfen ist der Ringofen, dessen Konstruktion als üblicher Ziegeleiofen allgemein bekannt sein dürfte. Für Steinzeug und Steingut, seltener für Porzellan, wird der Ringofen durch Zwischenwände als sog. Kammerofen unterteilt. Die Beheizung erfolgt meistens mit Generatorgas durch Schamottepfeifen oder besonders konstruierte Brenner. Die Abgase der brennenden Kammern durchstreichen, den Einsatz erwärmend, noch die nächste und übernächste Kammer, ehe sie in den Schornstein gelangen. Die abgebrannten abgekühlten Kammern andererseits wärmen die Verbrennungsluft für die im Feuer stehenden folgenden Kammern vor. Der Prozeß ist also, da die Feuerzone ständig von Kammer zu Kammer im Kreise wandert, fast kontinuierlich und hat den Vorzug einer sehr langsamen Erwärmung und Abkühlung, welche für große Stücke unerläßlich ist. Wärmewirtschaftlich nachteilig ist die zum Ausnehmen und Einsetzen der Ware notwendige Abkühlung des Mauerwerkes, der aber als Vorteil die stationäre Aufstellung des Brenngutes gegenübersteht.

Im Tunnelofen ist die Feuerzone stationär, und die Ware wird auf Wagen, deren Fahrgestelle gegen die Oberhitze isoliert sind, durch den Ofen gefahren. Auch hier ist die Generatorgasheizung meist an die Stelle der Kohlenfeuerung getreten. Man unterscheidet Tunnelöfen mit direkter Beheizung, bei denen die Flammengase direkt in den Tunnelraum treten und die Ware, bzw. die Kapseln umspülen, und Muffelöfen, deren hauptsächlichster Vertreter, der Dreßlerofen, in Abb. 281 im Querschnitt wiedergegeben ist. Hier sind auf beiden Seiten parallel dem Wagenzug aus hoch-feuerfestem Material gebaute Verbrennungskammern eingebaut, in denen die Verbrennung der Gase stattfindet, während die Wärmeübertragung auf das Brenngut nur durch Strahlung und Luftzirkulation im Tunnel stattfindet. In diesen Öfen wird die umständliche und teure Einfüllung der Stücke in Kapseln erspart, so daß sie — wenigstens für den oxydierenden Brand — heute als das wirtschaftlichste moderne Brenninstrument gelten dürfen.

Für das Einbrennen der Aufglasurfarben, das Vergolden und gewisse Spezialverfahren, die bei Temperaturen von ca. 900—1000° C ausgeführt werden, sind ähnlich den Tunnelöfen konstruierte sog. Zugmuffeln heute vorwiegend im Gebrauch. Bei ihnen umspült die Flamme von außen das aus dünnwandigen Schamotteplatten gebildete Tunnelgewölbe, durch das die dekorierte Ware in eisernen Schmelzkörben hindurchgerollt wird, ohne also mit den Ofengasen in Berührung zu kommen.

VII. Glasuren.

Die keramischen Glasuren sind Gläser, deren Bestandteile in feinster Pulverschicht auf den rohen oder bereits einmal gebrannten Scherben gebracht und im gemeinsamen „Glattbrand" zu einem dünnen, fest haftenden Überzug aufgeschmolzen werden. Sie haben den Zweck, der Scherbenoberfläche Dichte und Glanz zu verleihen und sind die Träger der farbigen Dekorationen.

Man unterscheidet Rohglasuren, Frittenglasuren und Salzglasuren. Die ersteren bestehen ausschließlich aus wasserunlöslichen Materialien und brauchen aus diesem Grunde vor der Naßmahlung auf der Trommelmühle nicht zusammengeschmolzen zu werden. Ihr einfachster Typ sind die Lehmglasuren, die meist aus einem oder mehreren, Eisenoxyd und Kalk enthaltenden Glasurlehmen bestehen und bereits bei niedrigen Temperaturen mit brauner Farbe ausschmelzen. Sie dienen hauptsächlich zum Glasieren von farbigen Irdenwaren und von Steinzeug an solchen Stellen, zu denen die Salze der Ofenatmosphäre keinen Zutritt haben.

Komplizierter zusammengesetzt sind die Porzellanglasuren, die aus Sand, Feldspat, Kalkspat, Dolomit und Scherbenmehl, also durchweg wasserunlöslichen Stoffen, zusammengesetzt werden und deshalb roh verwendet werden können. Die Zusammensetzung der Porzellanglasuren ähnelt derjenigen der Segerkegel 6—10 und wird deshalb zweckmäßig als sog. Segerformel dargestellt. Dieselbe gibt das Molekularverhältnis der einzelnen Oxyde wieder, wobei die Summe der Flußmitteloxyde = 1 gesetzt wird. Z. B. die Formel des Segerkegels 7, die häufig den üblichen Porzellanglasuren zugrunde liegt, ist:

$$\left.\begin{array}{l} 0{,}7 \ CaO \\ 0{,}3 \ K_2O \end{array}\right\} \overline{\ 0{,}7 \ Al_2O_3 \cdot 7 \ SiO_2}$$

$$\overline{1{,}0 \ RO}$$

Fritteglasuren werden hauptsächlich für Steingut, Wandplatten und Kacheln gebraucht. Sie enthalten als Flußmittel häufig Soda, Pottasche, Borsäure und Bleioxyd, das seine Giftigkeit erst als gebundenes Silikat verliert, und müssen vor der Verwendung „gefrittet", d. h. zu einem fertigen Glase zusammengeschmolzen werden. Hierzu dienen Wannenschmelzöfen, ähnlich wie sie in der Glasindustrie üblich sind. Nur wird hier das ausgeschmolzene Glas, die „Fritte", zur leichteren Zerkleinerung in Wasser abgeschreckt. Die Fritte wird nunmehr in derselben Weise wie die Porzellanglasuren mit den noch übrigen wasserunlöslichen Versatzstoffen naß gemahlen.

Zum Glasieren werden die porösen Scherben in die Glasursuspension kurze Zeit eingetaucht und saugen hierbei einen dünnen Überzug von Glasurpulver auf ihrer Oberfläche fest, während das Wasser in das Scherbeninnere gesaugt wird, um später wieder zu verdunsten. Die Dichte der Glasursuspensionen richtet sich nach der Porosität des Scherbens und dem Tempo des Glasierens, das naturgemäß bei großen Stücken langsamer ist als bei kleineren. Sie schwankt bei Steingut zwischen 1,32 und 1,45. Eine häufige Schwierigkeit, die insbesondere auch den Kolloidchemiker angeht, bildet hier die Verhinderung des zu schnellen Absetzens der Glasur. Man erreicht das häufig durch Neutralisierung ihrer meist alkalischen Reaktion durch Säurezusatz oder durch Zugabe von Modellgips, der die Viskosität stark zu erhöhen scheint. Auch organische Zusätze wie Gummi, Dextrin und Leim, deren verschiedene Wirkung auf die Adhäsions- und Suspensionsfähigkeit von Glasuren E. S. Foster[1]) ausführlich beschreibt, werden vielfach angewandt. Eine merkwürdige Auflockerung der Bodensätze von Fritteglasur bewirkt eine ganz geringe Menge zugemahlener Bleiglätte. Eine andere unangenehme Eigenschaft der Glasuren, insbesondere farbiger Glasuren, die mit färbenden Metalloxyden versetzt sind, ist die Schaumbildung nach längerem Stehen. Sie läßt sich häufig durch Neutralisierung und selbst durch Ätheraufgabe zur Schaumzerstörung nicht völlig beseitigen und ist in der Fabrikation überaus lästig.

Besondere Typen der besprochenen Glasuren sind die durch Zinnoxyd oder Zirkonfluoride getrübten Schmelzglasuren, die farbigen Laufglasuren und die Kristallglasuren, in denen durch künstliche Übersättigung mit gewissen Oxyden, hauptsächlich Titanoxyd und Zinkoxyd, beim Erkalten Entglasungserscheinungen hervorgerufen werden, die sich in eisblumenartigen Kristallausscheidungen äußern.

Die Salzglasuren sind Anflugglasuren, die hauptsächlich für Steinzeug Anwendung finden. Sie werden am Schluß des Brandes durch Aufstreuen von Kochsalz auf die Feuer erzeugt. Hierdurch entsteht eine kochsalz- und wasserdampfhaltige Atmosphäre im Ofen, die mit der Oberfläche des Scherbens glasurbildend reagiert. W. Fischer[2]) untersuchte die Entwicklungsbedingungen dieser Glasuren näher und fand am geeignetsten für gute Salzglasurbildungen solche Scherben, die an sich schon dem glasigen Zustand möglichst nahe, d. h. also weitgehend gesintert waren.

Die hauptsächlichsten Anforderungen, die an eine gute Glasur zu stellen sind, bestehen in einer ausreichenden Härte, glänzenden Oberfläche und in einem absolut festen Haften an dem Scherben. Am schwersten zu erreichen ist die letztgenannte Eigenschaft bei solchen Scherben, die sich in ihrer chemischen Zusammensetzung und ihren physikalischen Eigenschaften von der Glasur weitgehend unterscheiden.

---

[1]) E. S. Foster, Journ. Am. Cer. Soc. **12**, 4, 264 (1929).
[2]) Dissertation (Breslau 1926.) — Ref. Sprechsaal **60**, 17, 293 (1927).

Am leichtesten also bei der Salzglasur, die sich ja direkt aus dem Scherben herausbildet und beim Porzellan, wo Scherben und Glasur vorwiegend aus denselben Rohstoffen bestehen und einander bis auf den geringen Unterschied in der Schmelztemperatur chemisch sowie physikalisch sehr ähnlich sind. Immerhin muß auch hier sorgfältig beobachtet werden, daß die Wärmeausdehnung beider Körper nicht zu sehr voneinander abweicht. Viel schwerer zu erreichen ist diese Übereinstimmung jedoch beim Steingut; infolge seiner zahlreichen ungelösten Quarzkristalle besitzt es eine unregelmäßige Wärmeausdehnung, der die Glasur nur dann zu folgen vermag, wenn sie genügend Elastizität und Zugfestigkeit besitzt und möglichst bei der kritischen Umwandlungstemperatur des Quarzes (575°) noch nicht völlig starr ist. Sind die Unterschiede zwischen Scherben und Glasur zu groß, so treten Risse in der Glasur auf, die das Erzeugnis natürlich stark entwerten. Die physikalischen Eigenschaften der Steingutglasuren haben daher für die Technik die größte Bedeutung; speziell für die Kolloidchemie aber besteht die Aufgabe, die Viskosität dieser Glasuren bei hohen Temperaturen zu messen und solche Körper herauszufinden, die trotz höheren Schmelzpunktes erst bei möglichst niedriger Temperatur (unter 600° C) völlig starr werden[1].

VIII. Farben.

Die keramischen Farben enthalten als hauptsächlichste Bestandteile färbende Metalloxyde, die je nach der Brenntemperatur mit anderen Oxyden gemischt oder zusammengefrittet werden. Für grüne Farbtöne dienen Chromoxyd und Kupferoxyd, für blaue Kobaltoxyd, für rotbraune und gelbe Eisenoxyd, für gelbe und schwarze Uranoxyd, für braune und violette Manganoxyd, für rote schließlich Kupferoxydul unter besonderen Brennbedingungen und sog. Pinkfarbkörper, die aus Chromaten und Zinnoxyd gebildet werden. Die Herstellung der keramischen Farben ist ein besonderer Fabrikationszweig unserer Industrie, der in der Hauptsache noch rein empirisch nach alt erprobten Rezepten arbeitet. Die chemisch-physikalischen Grundlagen für die Bildung der Farbkörper, die in erster Linie auf festen Reaktionen der Metalloxyde ohne eigentliche Schmelzung beruhen, sind noch wenig erforscht. R. Rieke und W. Paetsch[2]) arbeiteten über die Konstitution einiger derartiger Körper und fanden, daß durch Glühen zwei- oder dreiwertiger Oxyde bei hohen Temperaturen feste Lösungen von Spinellcharakter entstehen, die der Formel $RO \cdot R_2O_3$ entsprechen. Durch eine derartige Kuppelung, z. B. mit Tonerde, werden einige Oxyde wie CoO u. a. widerstandsfähiger gegen hohe Temperatur und können dann auch zur Scharffeuerdekoration hoch gebrannter Erzeugnisse verwandt werden.

Man unterscheidet Unterglasur- und Aufglasurfarben. Die ersteren werden als wäßrige feinstgemahlene Breie direkt auf den saugenden Scherben aufgetragen und zusammen mit der danach aufgebrachten Glasur eingebrannt. Sie müssen daher hitzebeständig sein, um der Temperatur des Glattbrandes standzuhalten. Ist bei Steingut bei seinen Glasurbrandtemperaturen bis etwa 1200° die Anzahl beständiger Scharffeuerfarben noch ziemlich groß, so schrumpft diese Palette für den Porzellanbrand bei ca. 1350—1400° C bis auf einige wenige zusammen, zu denen hauptsächlich Kobalt- und Chromoxyd gehören.

---

[1]) W. Steger, Neue Untersuchungen über die Wärmeausdehnung und Entspannungstemperatur von Glasuren. Ber. d. Dtsch. keram. Ges. 8, 1, 24 (1927).
[2]) Ber. d. Dtsch. keram. Ges. 2, 77—83 (1921); 3, 147—156 (1922).

Die Aufglasurfarben, die auf die fertige Glasur mittels Öl als Bindemittel aufgetragen und bei 900° C eingebrannt werden, finden deshalb hauptsächlich für Porzellan Anwendung. Die eigentlichen Farbkörper werden hier zur Erniedrigung ihrer Schmelztemperatur mit sog. Fluß, einem sehr niedrig schmelzenden Blei-borsäureglas, versetzt und verbinden sich hierdurch fest mit der darunterliegenden Glasur.

Eine andere Technik, hauptsächlich für Fayencen gebräuchlich, ist das Malen in die ungeschmolzene Glasur, gleich nachdem diese durch Tauchen in die Glasur-suspension aufgetragen ist. Man erhält hierdurch zart verschwimmende Konturen, die noch durch die pinkbildende Reaktion mancher Farbkörper mit dem Zinn-oxyd der Glasur verstärkt werden und einen Hauptreiz der alten, echten Fayencen bilden.

B. Spezielle Keramik.

I. Ziegel und Baukeramiken.

Die Fabrikation der Mauersteine ist eng an die betreffenden Vorkommen von Ziegeltonen und -lehmen gebunden, die sich in wechselnder Qualität und Zu-sammensetzung eigentlich in ganz Deutschland verteilt finden. So betreibt fast jede Ziegelei ihre eigene Grube und ist in ihren Erzeugnissen und Fabrikations-methoden von den Eigenschaften der örtlichen Rohstoffe abhängig. Die meisten Ziegeltone brennen sich infolge ihres Gehaltes an Eisenoxyden rot, oder wenn außerdem Kalk in ihnen in bestimmter, feinster Form enthalten ist, durch die Bildung von Eisenkalksilikaten gelb. Je nach dem Gehalt an derartigen Fluß-mitteln, zu denen noch Alkalien, unzersetzte Gesteinsreste und Sand hinzutreten, ist die Brenntemperatur zu wählen, die zwischen 900 und 1200° C liegen kann.

Über das Wintern, die Aufbereitung und Formgebung der Ziegel, die heute fast ausschließlich auf der Maschinenpresse erfolgt, wurde bereits oben gesprochen. Als durchweg übliche Brennvorrichtung dient der Schütt-Ringofen, der durch Deckenlöcher mit Brennstoff, meist Braunkohlenbriketts, beschickt wird. Er be-steht aus einem ringförmig in sich zurückkehrenden Gewölbe, in das die trockenen Ziegel in lichtem Aufbau hochkant eingesetzt werden. Die Ziegelaufbauten unter den Schüttlöchern sind gleichzeitig die Feuerschächte und Roste für die ein-geworfenen Briketts. Sie werden jeweils solange beschickt, bis die in dem etwa 1 m betragenden Zwischenraum bis zur nächsten Schüttlochreihe eingebauten Ziegel gargebrannt sind. Dann rückt das Feuer um 1 m weiter vor und läuft so ununterbrochen rings um den Ofen, während an den abgekühlten Ofenstellen das Brenngut ausgefahren und frische Formlinge eingebaut werden. Diese offenen Ofenpartien werden durch Papiervorhänge von dem übrigen Gewölbe abgeriegelt, damit keine falsche Luft in den Brennraum gelangen kann. Der Brennstoffbedarf für 1000 Ziegel beträgt etwa 250—350 kg Braunkohlenbriketts von 4800 WE. Er wird noch geringer, wenn man den Ziegeln selbst zur Erhöhung ihrer Porosität Braunkohlenstaub bei der Aufbereitung einverleibt.

Derartige Ziegel sind zwar sehr leicht und infolge ihres Luftgehaltes in trockenem Zustand gut isolierend; sie besitzen aber eine geringe Druckfestigkeit von oft unter 100 kg/qcm, sind wenig beständig gegen Feuchtigkeit und gar nicht gegen Frost. Sie teilen diese Eigenschaften mit manchen ganz niedrig aus ton-substanzarmen Wiesenlehmen und Mergeltonen gebrannten Backsteinen, die als Hintermauerungsziegel oder für Innenwände verwandt werden. Erstklassige Hartbrandziegel, in der Farbe sortiert als „Verblendsteine“, haben eine Porosität von etwa 8% und eine Druckfestigkeit von 250 kg/qcm und sind absolut frost-beständig. Treibt man den Garbrand in reduzierender Atmosphäre noch weiter bis zu völliger Versinterung der Poren, wofür sich besonders eisenoxyd- und manganhaltige, aber kalkarme Tone eignen, so gelangt man zu den in neuerer Zeit so beliebten „Eisenklinkern" von dunkelroter bis schwarzer Farbe, die zusammen mit gleichartigen Baukeramiken unseren modernen Wohn- und Zweckbauten eine ebenso abwechslungsreiche wie dauerhafte Fassade verleihen.

Ein interessanter Fabrikationsfehler, der besonders bei Verblendsteinen unangenehm empfunden wird, ist die Ausscheidung löslicher Salze beim Trocknen und Brennen, die entweder auf den Salzgehalt der Tone oder des zur Verfügung stehenden Wassers zurückzuführen sind. Besonders lösliche Eisenverbindungen bewirken dann fleckige Verfärbungen der beim Brande obenliegenden Fläche. Zu ihrer Vermeidung ist in einigen Ziegeleien das folgende, wohl nicht allgemein bekannte Verfahren in Anwendung: Über der Austrittsöffnung der Ziegel ist ein Behälter mit kalter stark verdünnter Lösung von Tischlerleim an-gebracht, aus dem eine rotierende Bürste eine dünne Schicht Leimlösung auf die obere Seite des Ziegelstranges aufstreicht. Beim Trocknen bildet sich hier eine hauchdünne Leimhaut, in die die löslichen Salze beim Verdunsten des Lösungs-mittels eintreten, so daß sie von der Oberfläche des Ziegels getrennt werden. Hier-durch wird eine Reaktion derselben mit der Brennhaut des Ziegels verhindert, und die Verunreinigungen haften nach dem Brande, währenddessen die Leim-schicht natürlich verbrennt, nur ganz lose, so daß sie leicht mechanisch entfernt werden können.

II. Feuerfeste Erzeugnisse.

Tonschamotteerzeugnisse. Die besten Hartbrandziegel, denen häufig zur Magerung Ziegelmehl beigemischt wird, können bereits als feuer-feste Steine gelten, wenn sie den hierfür vorgeschriebenen Schmelzpunkt über Segerkegel 26 (ca. 1580° C) erreichen. Sie dienen zur Ausmauerung weniger beanspruchter Industrieöfen, für Kesselfeuerungen, hauptsächlich aber als Radial-steine für den Schornsteinbau, da sie die hierfür gleichzeitig erforderliche hohe Druckfestigkeit in höherem Maße besitzen als die eigentlichen Schamottesteine. Bei diesen muß die Rücksicht auf mechanische Festigkeit hinter hohen Anforderungen an ihre Standfestigkeit im Feuer und Temperaturwechselbeständigkeit zurück-treten.

Normale Schamottesteine bestehen etwa zur Hälfte aus feuerfesten, bzw. aus hochfeuerfesten, d. h. über Segerkegel 33 (1730° C) schmelzenden Tonen und zur Hälfte aus Schamotte in verschieden sortierten Körnungen. Die Feuerfestigkeit, womit im allgemeinen ein hoher Kegelschmelzpunkt bezeichnet wird, beruht einerseits auf der mehr oder weniger vollkommenen Abwesenheit aller Fluß-mitteloxyde, andererseits auf dem Verhältnis Tonerde : Kieselsäure in der feuer-festen Masse. Das in Abb. 282 wiedergegebene Diagramm nach K. Endell[1]) zeigt das wichtigste Eutektikum dieses Systems bei etwa 90% Kieselsäure und 10% Tonerde. Links von diesem Punkt liegt das Gebiet der Silikasteine, rechts das der Schamotte- und Tonerdesteine, die aber trotz ihres höheren Schmelzpunktes unter Druck bei niedrigerer Temperatur erweichen als die ersteren.

Die Aufbereitung und Formgebung entspricht derjenigen der Ziegelindustrie, nur müssen für die Mischung und Durcharbeitung Maschinen vermieden werden,

---

[1]) Chem.-Ztg. **39**, 421 (1915).

die wie die Kollergänge die groben Schamottekörner zerkleinern würden. Diese sind notwendig zur Erreichung einer möglichst hohen Widerstandsfähigkeit gegen Temperaturwechsel, während die feine Schamotte die Standfestigkeit der Masse

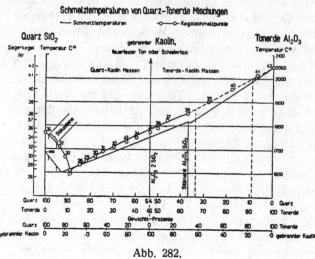

Abb. 282.
Schmelzdiagramm Kieselsäure-Tonerde nach K. Endell.

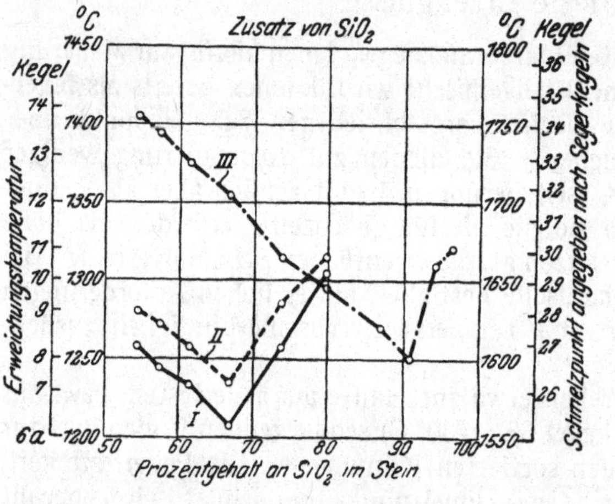

bei hohen Temperaturen (vgl. Abb. 283) erhöht[1]). Die Wahl der Körnung richtet sich daher nach dem jeweiligen Verwendungszweck der Steine. Feinkörniger Quarz begünstigt ebenfalls die Standfestigkeit (vgl. Abb. 283), ist aber infolge seiner thermischen Umwandlungen schädlich, wenn die Steine schroffem Temperaturwechsel ausgesetzt werden. Dies gilt für andere Schamottemassen, wie Kapseln, Glashäfen, Zinkmuffeln usw., ebenso wie für Steine. Man muß daher bei der Einführung quarzhaltiger Rohkaoline sehr vorsichtig verfahren und am besten solche Kaoline wählen, deren Quarz sich relativ leicht bei hohen Temperaturen löst oder in Tridymit umwandelt, so daß seine thermischen Effekte bei der späteren Verwendung nicht mehr oder doch nur in geringem Maße auftreten.

Wichtig in dieser Hinsicht ist außerdem die Brenntemperatur. Sie beträgt für hochwertige Schamottewaren bis über 1400° C und muß durch ihre Höhe jedenfalls die unbedingte Gewähr bieten, daß bei späterem Erhitzen im Gebrauch eine Volumenveränderung durch Nachschwinden oder Wachsen nicht mehr stattfinden kann. Hierdurch wird auch die Widerstandsfähigkeit gegen chemische Angriffe, Glasschmelzen und Schlacken gesteigert.

Abb. 283.
Erweichungstemperaturen und S. K. Schmelzpunkte von Schamottesteinen.
I mit grobem, II mit feinem Schamottekorn;
III Kegelschmelzpunkte.

Interessant für den Kolloidchemiker ist besonders der Erweichungsvorgang[2]) der Tonschamottemassen bei hohen Temperaturen unter Druck, der in neuerer Zeit als wichtigste Materialprüfungsmethode allgemein angewandt wird. Als Apparate dienen die Hebelpressen von Steger (Abb. 284) und von

---

[1]) Nach E. Sieurin und F. Carlsson, Ber. d. Dtsch. keram. Ges. **3**, 53 (1922).
[2]) Ein einheitliches Bild über die Vorgänge beim Erweichen der Tone gibt G. Keppeler, Das Erweichen der Tone. Ber. d. Dtsch. keram. Ges. **7**, 2, 88 (1926).

Hirsch, bei denen Probezylinder im elektrischen Ofen erhitzt und durch Kohlestempelübertragung mit einem Druck von 1—2 kg/qcm belastet werden. Es wird so die Temperatur ermittelt, bei der die Tone und Massen zu erweichen beginnen, so daß sie unter dem Druck der beschwerten Kohlestempel ganz allmählich in sich zusammensinken. Gute Schamottemassen erweichen bei 1200—1300⁰, und zwar ganz unabhängig von ihrem Kegelschmelzpunkt, der meist über 1700⁰ liegt. Merkwürdig ist der Einfluß feinkörniger Magerungsmittel, die im Gegensatz zu den grobkörnigen die Erweichungstemperatur erhöhen (s. o.). Es handelt sich hier wohl um eine Vermehrung der inneren Reibung durch die größere Oberfläche der feinen Körnchen in der feuerplastischen Grundmasse, die sich in dieser Beziehung ähnlich verhält wie ein kolloides Gel.

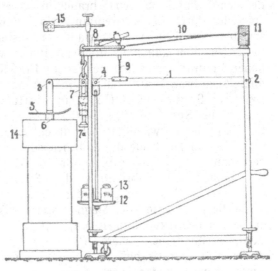

Abb. 284.
Hebelpresse von Steger.

b) Die Quarzschamottesteine verdanken ihre hohe Standfestigkeit dem feinen Quarz, der hier als selbst hoch standfestes Magerungsmittel in der beschriebenen Weise wirkt, während Schamottekörnchen, die selbst früher weich werden, natürlich auch der Masse nicht einen derartigen Grad von Standfestigkeit verleihen können (s. Abb. 283). Der Quarz wirkt aber andererseits beim Brennen durch seine Umwandlung stark lockernd auf das Gefüge und verursacht eine hohe Temperaturempfindlichkeit dieser Steine.

c) Ins Extrem getrieben ist dies bei den Silikasteinen, die ohne jegliches tonige Bindemittel aus zerkleinertem Quarzit mit Kalkmilch gepreßt und

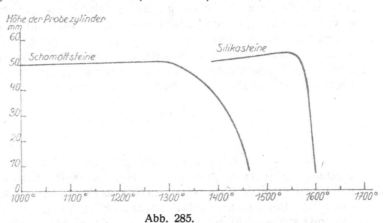

Abb. 285.
Erweichungskurven für Schamotte- und Silikatsteine.

außerordentlich hoch gebrannt werden. Derartige Steine haben eine geringe mechanische Festigkeit, bersten leicht bei Temperaturwechsel, übertreffen aber in der Standfestigkeit die Schamottesteine bedeutend. Sie stehen unter denselben Bedingungen bis etwa 1600⁰, brechen dann allerdings plötzlich in sich zusammen, während die tongebundenen Steine ganz allmählich zusammengedrückt werden (s. Abb. 285). Das Verwendungsgebiet der Silikasteine ist dementsprechend scharf abgegrenzt auf diejenigen Bauten, die Druckbelastung bei sehr hohen Temperaturen aushalten müssen, ohne daß sie schroffem Temperaturwechsel und Stichflammeneinwirkungen ausgesetzt sind.

Die Hauptschwierigkeit bei der Herstellung ist die Überführung der Quarzite in die volumenbeständige Form des Trydimits oder wenigstens des Kristobalits, der sich dann im späteren Gebrauch in den ersteren umwandelt. Man erreicht dies entweder durch die Verwendung leicht umzuwandelnder Findlingsquarzite, die sich hauptsächlich in Deutschland im Westerwald und im sächsischen Tongebiet vorfinden, aber allmählich immer seltener werden, oder durch Anwendung sehr hoher Brenntemperaturen bei langer Branddauer. Man kann dann auch Felsquarzite zu brauchbaren Silikasteinen brennen, braucht hierzu allerdings Temperaturen von Segerkegel 20 (1530⁰) in mehrtägiger Einwirkung, während Findlingsquarzite bei Segerkegel 14 (1440⁰) in 24 Stunden fertig gebrannt werden können. Der Grad der Umwandlung, der durch mikroskopische Untersuchung von Dünnschliffen und Kontrolle der Wärmeausdehnung sowie des spezifischen Gewichtes bestimmt wird, ist maßgebend für die Güte des Produktes.

Ähnlich der Fabrikation der Silikasteine werden aus hochfeuerfesten unplastischen Oxyden Steine oder Tiegel hergestellt und gebrannt. Hierher gehören die Fabrikation der Magnesitsteine aus sintergebranntem und wieder zermahlenem eisenoxydhaltigen Magnesit, die hochfeuerfesten Massen aus Zirkonoxyd, geschmolzener Tonerde (Korund), Karborundum, Sillimanit, Chromit und Kohlenstoff, bzw. Graphit. O. Ruff[1]) hat Versuche veröffentlicht, auch derartigen unplastischen Oxyden durch Zusatz von Salzsäure eine gewisse Plastizität und Gießbarkeit zu verleihen, so daß z. B. aus reinem Zirkonoxyd das Gießen standfester kleiner Tiegel gelang. Auch diese hochfeuerfesten Körper, die häufig zur Erreichung genügender Festigkeit und Dichte bei sehr hohen Temperaturen gebrannt werden müssen, sind meist außerordentlich empfindlich gegen Temperaturwechsel, so daß ihre technische Anwendung begrenzt ist. Eine Ausnahme macht hoch gebrannte Tonerde, die bei geeigneter Vorbehandlung und Brenntemperatur völlig kristallisierte Massen von außerordentlich hoher Widerstandsfähigkeit gegen Temperaturwechsel ergibt. Ihre gute Wärmeleitfähigkeit entspricht der des natürlichen Korunds und macht sie — zusammen mit ihrer elektrischen Isolierfähigkeit auch bei sehr hohen Temperaturen — besonders geeignet für thermisch hoch beanspruchte Isolatoren wie Zündkerzen, Heizdrahtträger und lichtbogenfeste Blindkontakte.

III. Töpfereierzeugnisse.

Als typisches unglasiertes Töpfereierzeugnis sei hier zur näheren Kennzeichnung dieser Gruppe nur der poröse Blumentopf genannt, der aus rot bis gelb brennenden feineren Ziegeltonen hergestellt und bei etwa 1000⁰ gebrannt wird.

Mit einer niedrig schmelzenden Bleiborsäureglasur versehen finden wir denselben Scherben in der sog. Irdenware als ältestes Gerät des Haushaltes; es hat sich trotz seiner nicht zu leugnenden Unzulänglichkeit, die auch wegen der nicht immer ganz vermiedenen Bleilässigkeit ungenügend ausgeschmolzener Bleirohglasuren gesundheitliche Bedenken nicht ausschließt, bis auf die heutige Zeit halten können, wird aber doch mehr und mehr durch das widerstandsfähigere, höher gebrannte Steinzeug ersetzt. Ein Mittelding zwischen den beiden ist das beliebte Bunzlauer Braungeschirr, das als feuerfestes Kochgeschirr infolge seiner Porosität den Vorzug einer höheren Temperaturwechselbeständigkeit mit der mechanischen Festigkeit des dichten Steinzeugs in Scherben und Glasur verbindet.

---

[1]) Ber. d. Dtsch. keram. Ges. 5, 149 (1924).

Von ähnlichen Eigenschaften sind die Massen für Ofenkacheln, denen meist ein Zusatz von feingemahlener Schamotte gegeben wird. Je nach der Qualität der Rohstoffe, von denen speziell die Veltener und Lausitzer Kacheltone genannt werden sollen, werden zu ihrer Aufbereitung ein primitiver Schlämmprozeß, eine Zerkleinerung im Naßkollergang wie bei hochwertigeren Ziegelmassen oder nur ein längeres Sumpfen in großen Sumpfgruben angewandt. Das Kachelblatt wird von Hand in die Form geschlagen und auf der Rückseite mit dem sog. Rumpf garniert oder mittels Maschinenpresse in einem Stück hergestellt. Die Vorderseite wird häufig mit einer Haut aus feinstem weißbrennendem Ton, einer „Engobe" versehen, die dann eine durchsichtige weiße oder farbige Glasur trägt. Verzichtet man auf eine Engobe, so benutzt man meist eine opake Schmelzglasur mit Zinnoxyd oder einem als „Terrar" bezeichneten Zirkonpräparat als Trübungsmittel, die den gelb bis rötlichen Scherben völlig verdeckt.

Der Brennprozeß besteht aus Roh- und Glattbrand wie beim Steingut und bei der Fayence; diese unterscheidet sich von der gewöhnlichen Irdenware neben ihrer feineren Aufbereitung hauptsächlich durch ihre opake Zinnglasur. Die hohe Plastizität der an fetten Tonen reichen Masse gestattet im weitesten Maße die Anwendung freihändiger Formgebung durch Aufformen oder Drehen auf der Töpferscheibe und ist einer der Gründe, weshalb das moderne Kunstgewerbe hier wieder reichere Möglichkeiten sieht als beim Steingut und Porzellan. Hierzu kommen die Farbwirkungen der sonst bei keinem anderen keramischen Produkt angewandten In-die-Glasurmalerei.

IV. Steingut.

Benutzt man für die Töpferware reinweiß brennende Tone mit der hierzu notwendigen feineren Aufbereitung, wie sie weiter oben ausführlich beschrieben wurde, und wendet die durch das Fehlen des Eisenoxyds bedingte höhere Brenntemperatur an, so entsteht Steingut.

Als Rohstoffe dienen die rein weiß brennenden Meißener Steinguttone, die einen ziemlich erheblichen Prozentsatz feinsten, unausschlämmbaren Quarzsand enthalten, aber trotzdem hochplastisch sind; die tonsubstanzreichen, meist etwas gelblicher brennenden böhmischen Tone von Wildstein und Eger und die Rohkaoline aus den Halleschen, sächsischen oder Karlsbader Gruben. Dem entsprechen die blue- und ball-clays und china-clays in England, der Heimat der Steingutfabrikation. Hierzu kommen für Weichsteingut größere Zuschläge von Kreide oder Kalkspat, für Hartsteingut, Feldspat oder Pegmatit, während das in Deutschland häufigste Mischsteingut seinem Namen entsprechend beide Zusätze enthält. Die typische rationelle Zusammensetzung dieser drei Steingutarten entspricht etwa der folgenden Tabelle:

	Feldspatsteingut (nach Seger)	Kalkfeldspatsteingut	Kalksteingut
Tonsubstanz	52	52	52
Quarz	40	40	38
Feldspat	8	3	—
Kalkspat oder Kreide	—	5	10
	100	100	100

Dabei stammt die Tonsubstanz etwa zur Hälfte aus plastischen Tonen, zur Hälfte aus Kaolinen.

Die Aufbereitung und Formgebung ist für alle drei Steingutarten gleich, dagegen ist die Brenntemperatur des ersten Brandes, des Schrühbrandes, verschieden. Sie liegt für Feldspatsteingut bei Segerkegel 9, bei besonders hartem, wie dem amerikanischen, sogar bei Segerkegel 11; um durch den bei Segerkegel 9 schmelzenden Feldspat eine möglichst starke Verfestigung des Scherbens zu erzielen. Bei Misch- und Kalksteingut, das bei Temperaturen von Segerkegel 3a—6a geschrüht wird, wird die Festigkeit durch die Versinterung der fetten Tone herbeigeführt, ohne daß ein eigentlicher Schmelzprozeß vor sich geht. In allen Fällen bleibt aber der Scherben noch genügend porös, um beim Tauchen in die Glasursuspension diese in genügender Schichtstärke aufzusaugen. Vorher werden die Unterglasurdekorationen durch Aufstreichen mit dem Pinsel, durch Spritzen aus Preßluftzerstäubern oder mit Schwammstempeln aufgetragen. Wir sahen bereits oben, daß das Steingut infolge seiner niedrigeren Glattbrandtemperatur (etwa Segerkegel 2a—5a, 1060—1180°) über eine reichere Unterglasurfarbenpalette verfügt als das Porzellan. Es bedarf daher nur selten der nachträglichen Aufglasurverzierung, so daß sich diese meist auf das Vergolden und Einbrennen des Goldes in Muffeln bei etwa 700—800° C beschränken kann. In beiden Bränden muß für eine überwiegend oxydierende Ofenatmosphäre gesorgt werden, damit das Bleisilikat der Glasur nicht zu Metall reduziert wird, und die Glasur verraucht.

Fassen wir die Eigenschaften des Steingutes auf Grund seiner Zusammensetzung und Herstellungsart nunmehr zusammen, so sehen wir zunächst als Vorzüge gegenüber dem Porzellan seine größere Bildsamkeit und Trockenfestigkeit. Es schwindet insgesamt etwa nur 7—8 % in der Länge und ist daher, weil es auch gleichzeitig einen eigentlichen Erweichungsvorgang beim Brennen nicht durchmacht, im Feuer formbeständiger und weniger geneigt, sich zu verziehen. Man kann z. B. Teller im Glasurbrande zur Platzersparnis auf scharfkantigen Schienen hochkant stellen, so daß ca. 10 Teller in einer Brennkapsel Platz finden. Man kann außerdem große Becken, Wannen und Sanitätswaren herstellen, ohne befürchten zu müssen, daß sie sich im Brande verziehen. Die Porosität des Scherbens bewirkt bei den nicht zu quarzreichen Massen eine größere Temperaturwechselbeständigkeit im Vergleich zu dicht gebrannten Massen, die für die Fabrikation von Back- und Puddingformen eine immerhin zu beachtende Bedeutung hat. Schließlich kommt als ästhetisches Moment die Anwendbarkeit zahlreicher leuchtender Unterglasurfarben und farbiger Glasuren hinzu, denen das Steingut seine vielseitige Verwendung für Ziergeräte und Blumengefäße verdankt.

Diesen Vorzügen gegenüber sind allerdings auch die Schwächen des Steinguts nicht zu übersehen, die namentlich in seiner geringeren mechanischen Festigkeit zu suchen sind. Hierzu kommt die geringere Haftfestigkeit der Glasur, die zu Haarrissen oder zum Abplatzen an den Rändern führen kann. Dieser Fehler ist deshalb so besonders heimtückisch, weil er nicht sofort an der fertig gebrannten Ware sichtbar ist, sondern häufig erst nach langer Zeit auf dem Lager oder im Gebrauch auftritt. Mehr als andere Fabrikationen bedarf das Steingut daher einer sorgfältigen Betriebskontrolle, die sich vor allem auch auf eine laufende Überwachung des Fertigproduktes bezüglich seines Glasurverhaltens erstrecken muß. Man prüft dies zweckmäßig nach dem Verfahren von H. Harkort durch Abschreckversuche aus dem auf 100—200° erhitzten Luftbad in Wasser. Halten die Stücke diese Prozedur bis 200° oder sogar bis 220° aus, so ist erfahrungsgemäß mit einer dauernden Haltbarkeit zu rechnen. · Eine noch schärfere Prüfung ist die Dampfdruckprobe im Autoklaven bei 8—12 Atm. Druck, die nach dem Vorschlag von H. S. Schurecht[1]) besonders für Sanitätssteingut zur Anwendung gelangt. Neue Einblicke und gleichzeitig eine sehr aufschlußreiche Prüfmethode auf diesem

---

[1]) H. G. Schurecht, Journ. Am. Cer. Soc. **11**, 5, 271 (1928).

Gebiet fand W. Steger[1]) mit Hilfe eines Apparates, der die Spannungen zwischen Glasur und Scherben an einseitig glasierten Stäben bei Temperaturänderungen direkt zu beobachten gestattet.

Einen Spezialzweig der Steinguterzeugung bildet die Fabrikation von Wandplatten, die, wie wir schon sahen, aus pulvrig-krümeliger Masse mit 7 % Feuchtigkeitsgehalt gepreßt werden. Das Brennen geschieht ebenso wie beim Geschirr; nur muß mit Rücksicht auf die Empfindlichkeit der Platten noch peinlicher jede zu rasche Erhitzung und Unregelmäßigkeit im Temperaturverlauf vermieden werden. Im übrigen handelt es sich hier um eine typische Massenfabrikation, bei der nicht nur die Formgebung auf der Maschinenpresse, sondern auch das Trocknen im Kanaltrockner, das Brennen im Tunnelofen, das Abstauben und Glasieren auf dem Transportband derart zu einem fließenden Fabrikationsverlauf zusammengefaßt ist, wie das bei der vielseitigen Geschirrfabrikation gar nicht möglich ist.

Neben dem Hartsteingut wird für sanitäre Ware großen Formats, Badewannen und ähnliches die sog. Feuertonware verwandt. Der dicke Scherben wird aus einer nicht weißbrennenden Schamottemasse ähnlich wie die Glashäfen gegossen, dann mit einer weißen Weichporzellanmasse in der Art der Kacheln engobiert und schließlich glasiert. Dies alles geschieht im grünen Zustand, so daß nur ein einziger Brand bei ca. Segerkegel 10 (1300⁰ C) notwendig ist. Hierin liegt der wirtschaftliche Vorteil der ziemlich schwierigen Fabrikation, deren Produkte zwar mechanisch außerordentlich fest und frostbeständig, gleichzeitig aber sehr schwer und deshalb weniger exportfähig sind als Sanitätssteingut.

V. Steinzeug.

Die Steinzeugtone, der wesentliche Rohstoff dieser Fabrikation, müssen vor allem anderen die Eigenschaft haben, bei nicht zu hohen Temperaturen, also spätestens etwa bei 1250⁰ völlig dicht zu sintern, ohne aber schon bei dieser Temperatur zu schmelzen. Es gibt Steinzeugtone — und das sind gerade die besten — die schon bei 1000⁰ dicht zu werden beginnen, bei 1100⁰ einen völlig gesinterten Scherben mit glänzend muscheligem Bruch zeigen, trotzdem aber erst bei 1700⁰ schmelzen. Diesen Anforderungen können aber rein weiß brennende Tone nicht genügen. Es ist hierzu ein gewisser — wenn auch oft sehr geringer — Gehalt an Flußmitteln, wie Eisenoxyd, Titanoxyd u. a. notwendig, der auch die Brennfarbe beeinflußt. Sie kann vom zarten Silbergrau bis zum Rotbraun oder tiefsten Graphitgrau variieren. Solche typische Steinzeugtone findet man vorzugsweise im Westerwald, in Schlesien und im böhmischen Tongebiet, und um diese Vorkommen haben sich bodenständige Industrien gebildet, die z. B. dem Bunzlauer Steinzeug seinen Ruf und dem hessischen Kannenbäckerlande seinen Namen gegeben haben.

Entsprechend den verschiedenen Eigenschaften der Steinzeugtone, die, je nach ihrer eignen Bildsamkeit eine starke oder schwache Magerung verlangen, schwankt die rationelle Zusammensetzung der Massen in sehr weiten Grenzen:

Tonsubstanz. . . . . ca. 35—65 %
Quarz . . . . : . . . ca. 30—55 %
Feldspat oder halbzersetztes Gestein. . . ca. 2—20 %

Ebenso verschieden kann die Aufbereitung sein, die sich bei groben Steinzeugmassen für Röhren und Tröge kaum von derjenigen guter Ziegelmassen unter-

---

[1]) W. Steger, Spannungen in glasierten Waren und ihr Nachweis. Ber. d. Dtsch. keram. Ges. **9**, 203—215 (1928).

scheidet, auf der anderen Seite aber, z. B. für elektrotechnisches Steinzeug, dieselbe Sorgfalt genießt wie für Steingut und Porzellan.

Für die Formgebung spielen die Strang- und Röhrenpresse eine große Rolle. Sehr viel wird eingeformt und auf der Scheibe gedreht. Der Gießprozeß hingegen tritt hier mehr zurück, da gerade Steinzeugtone vielfach Schwierigkeiten bei der Verflüssigung machen.

Für das Brennen genügt im Gegensatz zum Steingut und Porzellan ein Brand, der gleichzeitig die Verdichtung des Scherbens und das Aufschmelzen der Glasur bewirkt. Die letztere ist in den meisten Fällen eine Anflugglasur, die durch Aufstreuen von Kochsalz auf die letzten Feuer erzielt wird (s. o.). Bei vorwiegend reduzierender Ofenatmosphäre, die außerdem einen früheren Garbrand herbeiführt, wird der Scherben grau, im Bruch graphitartig glänzend. Bei oxydierendem Ausbrand erhält man einen rötlich braunen Scherben, der meist auch nicht so dicht ist, weil das Eisenoxydul als sehr wirksames Flußmittel die Verdichtung viel stärker befördert als das ziemlich indifferente Eisenoxyd. Die Brenntemperaturen schwanken zwischen Segerkegel 7 bis Segerkegel 12 ($1230-1350^0$ C).

Für die Dekoration des Feinsteinzeuges kommen daher eine größere Anzahl Unterglasurfarben in Betracht als für Porzellan. Besonders sind es die verschiedenen Kristallglasuren, Laufglasuren, Chinarot, eine sehr empfindliche, unter ganz bestimmten Bedingungen reduzierte Kupferglasur und andere Feuerkünste, die hier Anwendung finden.

In der Hauptsache jedoch hat das Steinzeug technische Bedeutung. Durch die hohe Bildsamkeit der Massen lassen sich die kompliziertesten Körper wie Kühlschlangen, Pumpen und andere Maschinenteile für die chemische Industrie herstellen, für die die chemisch gleich widerstandsfähige Porzellanmasse zu unplastisch ist. Steingut scheidet infolge seiner Porosität ganz aus. Wir sehen daher im Steinzeug einen der wichtigsten Werkstoffe der chemischen Großindustrie bei Destillieranlagen, Konzentrationsgefäßen für Säuren, Raschigröhrchen wie schließlich als unangreifbaren Fußbodenbelag von Maschinenhäusern und Küchen. Ein bedeutender Vorzug für die technische Verwendung ist die Schleif- und Bohrbarkeit des Steinzeuges im fertig gebrannten Zustand, so daß eine nachträgliche Bearbeitung und exakte Passung stattfinden kann, wie sie kein anderer keramischer Körper erlaubt. Auch die mechanische Festigkeit des Steinzeuges ist ziemlich hoch, und lediglich in seinen elektrischen, bzw. dielektrischen Eigenschaften steht es dem Porzellan noch nach, so daß es für Isolationszwecke hauptsächlich nur da Anwendung findet, wo so ungewöhnliche oder große Stücke verlangt werden (z. B. Durchführungen), daß sie sich aus Porzellan nur sehr schwer herstellen lassen. Über neuartige Steinzeugmassen mit einer bei keramischen Massen bisher nicht erreichten außerordentlich niedrigen Wärmeausdehnung berichten F. Singer und W. M. Cohn[1]. Diese Massen enthalten als Bindeton einen typischen schlesischen Steinzeugton von Niesky (Zinzendorf), 43 % Göpfersgrüner Speckstein und 22 % Tonerde, können also in einer Hinsicht auch zu den im Abschnitt Porzellan behandelten Steatitmassen gezählt werden. Ihr niedriger Ausdehnungskoeffizient, der bei Temperaturen unter 200^0 C sogar hinter dem des Quarzglases zurückbleibt, läßt eine sehr vielseitige technische Anwendung dieser neuen Massen erwarten.

---

[1] F. Singer und W. M. Cohn, Ber. d. Dtsch. keram. Ges. **10**, 269 (1929).

VI. Porzellan.

Die klassische Zusammensetzung des europäischen Hartporzellans entspricht dem rationellen Schema:

50% Tonsubstanz,
25% Quarz,
25% Feldspat.

Zur Einführung der Tonsubstanz werden fast ausschließlich geschlämmte Kaoline benutzt, so daß die Massen den bisher besprochenen fetten Tonmassen in der Bildsamkeit nachstehen. Um so sorgfältiger und homogener muß die Masse aufbereitet werden, damit sie den Ansprüchen der üblichen Formgebung auf der Scheibe gewachsen ist. Außer feinster Mahlung der steinigen Bestandteile und gründlicher Mischung im Quirl, der wie bei Steingutmassen das Abpressen in Filterpressen folgt, muß daher für eine sorgfältige Durchknetung der fertigen Masse in der Masseschlagmaschine gesorgt werden.

Der Quarz wird in Gestalt reiner Glassande von praktisch 100% SiO_2-Gehalt oder für besonders hochwertige Porzellane, die sehr durchscheinend sein sollen, als skandinavischer Kristallquarz eingeführt. Der letztere verbessert die Transparenz des Porzellans gegenüber Sand und Geyserit, wie photometrisch festgestellt wurde, ganz merklich, ohne daß dieser Vorzug des teuren ausländischen Materials theoretisch bisher geklärt werden konnte.

Der reinste Feldspat kommt ebenfalls aus Norwegen, kann aber ohne Nachteil für die Masse durch die gleichzeitig Quarzsand und geringe Mengen Tonsubstanz führenden deutschen Pegmatite aus Schlesien und Bayern ersetzt werden. Eine solche Masse enthält dann etwa:

50% Kaolin,
40% Pegmatit,
10% Feldspat.

Je höher der Feldspatgehalt, desto niedriger liegt die Garbrenntemperatur, desto geringer ist aber auch die Standfestigkeit der Masse selbst bei dieser niedrigen Temperatur.

Zum Verständnis dieser Vorgänge ist es notwendig, kurz auf die Theorie der Porzellanbildung einzugehen. Nachdem beim Brennen bei 800° C die Tonsubstanz unter Verlust des Hydratwassers in Tonerde und Kieselsäure zerfallen ist, schmilzt bei 1100—1170° C der Feldspat und löst bei steigender Temperatur immer schneller die in der Nachbarschaft befindlichen Kieselsäure- und Tonerdeteilchen. Und zwar geht von der ersteren zunächst die feinverteilte Kieselsäure der Tonsubstanz und erst später der grobdisperse zugesetzte Quarz in Lösung. Treibt man diesen Prozeß — beispielsweise im Lichtbogen — bis zur völligen Lösung aller Bestandteile, so entsteht bei nachfolgender plötzlicher Abkühlung ein durchsichtiges Glas, bei langsamer Abkühlung im Industrieofen jedoch ein von zahlreichen kleinen Kriställchen getrübter Glaskörper. Diese Trübung wird noch stärker, wenn man den Brand und die Abkühlung im Industrieofen wiederholt, so daß der Entglasungsvorgang fortschreiten kann. Um einen solchen handelt es sich auch bei dem eigentlichen Porzellanbrand, nur mit dem Unterschied, daß hier der Schmelz- und Lösungsvorgang vorzeitig abgebrochen wird, so daß außer den neu gebildeten Kriställchen auch noch ungelöste Quarz- und Tonerdeteilchen vorhanden sind. Die entstandenen Kriställchen haben nadelförmige Gestalt und liegen je nach der Brenntemperatur entweder vereinzelt im Bereich eines geschmolzenen Feldspatkornes oder verteilen sich, wenn die Reaktion bei höherer Temperatur, d. h. über

Segerkegel 14—15 (1410—1435°) weiter fortgeschritten ist, und der Quarz wie in den Halleschen Kaolinen sehr fein verteilt vorliegt, als verfilztes Netzwerk im ganzen Scherben (s. Abb. 286). Man hielt sie früher für Sillimanit, $Al_2O_3 \cdot SiO_2$, glaubt aber in neuerer Zeit, daß sie der Formel 3 $Al_2O_3 \cdot 2 SiO_2$ des Mullits entsprechen (s. S. 651). Es ist nun offenbar, daß in tonsubstanzreichen Massen die Bildung des Mullits stärker ist, zumal sie längere Zeit höheren Temperaturen ausgesetzt werden können als feldspatreiche Massen. Die Feldspatschmelze befindet sich während der langsamen Temperatursteigerung in einem Zustand der Übersättigung durch die immer weiter fortschreitende Lösung von Tonerde und Kieselsäure, während das schwerer lösliche Reaktionsprodukt beider Stoffe auskristallisiert. Ein Vorgang, der sich bei beginnender Abkühlung in verstärktem

 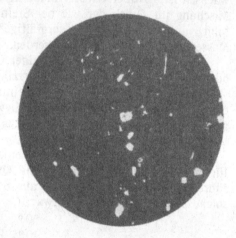

Vergr. = 300, gewöhnliches Licht.   Vergr. = 100, polarisiertes Licht.

Abb. 286.
Dünnschliff durch einen bei S.K. 15 (ca. 1435° C) gebrannten Porzellanscherben.

Auf der linken Seite sind beim Übergang des Scherbens zur Glasur zahlreiche gut ausgebildete Mullitnadeln sichtbar.

Die größeren noch nicht gelösten Quarzkörner (hell) sind stark angegriffen und rund geschmolzen. Die linke Seite des Bildes, die von der Glasur eingenommen wird, ist völlig dunkel, der Scherben rechts durch seinen kristallinen Charakter etwas aufgehellt.

Maße fortsetzt. Die Kristallbildung findet jedoch auch ohne die Gegenwart von Feldspat und anderen Flußmitteln durch die Reaktion von Kieselsäure und Tonerde, die bereits im festen Zustande beginnt, statt und wird nach W. Miehr[1]), der Mullitkristalle in Tonen schon bei 1000° feststellte, besonders durch hohen Tonerdegehalt begünstigt. Es bildet sich auf diese Weise schon beim Brennen ein Gerüst von Kristallen, das die Standfestigkeit des Körpers erhöht. Dazu kommt noch der höhere Schmelzpunkt der tonerdereicheren Masse an sich. Hiermit dürfte erklärt sein, warum die weicheren Feldspat- und quarzreicheren Massen selbst bei niedrigerer Temperatur (Segerkegel 12—13) weniger Stand haben als die hochwertigen echten Hartporzellane bei Segerkegel 15—16.

Der Fabrikationsverlauf unterscheidet sich — abgesehen von der schwierigeren Formgebung mit der mageren Masse und der schnelleren Ansaugung der Gießmasse in der Gipsform — vom Steingut hauptsächlich im Brennprozeß. Das Porzellan

---

[1]) W. Miehr, l. c.

wird im ersten Brand nur bei der viel niedrigeren Temperatur von 900⁰ C verglüht, damit es genügend porös bleibt, um die aus Feldspat, Kalk, Quarz und Kaolin bestehende Rohglasur (s. o.) aufzusaugen. Die glasierten Gegenstände werden nun einzeln auf ihrer beitesten Fläche, Teller also auf dem von Glasur befreiten Fußwulst stehend, in Kapseln gebrannt. Größere Gegenstände, beispielsweise Figuren mit frei überstehenden Teilen müssen hierbei mit „Bomsen", d. h. Stützen aus der gleichen Masse oder aus Schamotte so abgestützt werden, daß sie sich im Zustande der beginnenden Erweichung nicht verziehen oder verbiegen.

Das Brennen muß im Gegensatz zum Steingut bei schwach reduzierender oder wenigstens neutraler Atmosphäre vor sich gehen, damit die in allen Roh-

Abb. 287.
Porzellanfundamente der Funktürme in Nauen. Die Belastung der Porzellandruckstücke, die zur Isolierung der 210 m hohen Antennentürme dienen, geben ein Bild von der enormen Druckfestigkeit des technischen Porzellans.

stoffen doch immer in Spuren enthaltenen Eisenverbindungen reduziert und entfärbt werden. Andernfalls entsteht gelbstichiges Porzellan, ein Fehler, der aber auch durch zu starke Kohlenstoffeinlagerung in den noch porösen Scherben beim Vorfeuer verursacht werden kann. Es muß daher durch eine gründliche Oxydationsperiode kurz vor dem Dichtwerden der Glasur etwa bei 1000⁰ C Sorge getragen werden, daß der im Scherben enthaltene Kohlenstoff herausgebrannt wird. Man erreicht dies zweckmäßig durch das ohnehin in diesem Brennstadium notwendige Entschlacken und Freimachen der Roste. Erst nachdem das geschehen ist, darf mit dem reduzierenden Brennen begonnen werden. Erfolgt die Oxydation zu spät, so diffundiert doch noch soviel Sauerstoff durch die flüssige Glasur ins Scherbeninnere, um den dort abgelagerten Kohlenstoff zur Verbrennung zu bringen. Es entstehen dann blasige Auftreibungen der Glasur oder des ganzen Scherbens, die gleichzeitig eine häßliche Gelbfärbung hinterlassen. Das Brennen des Porzellans stellt daher sehr hohe Anforderungen an das technische Können der Brenner, und es ist erst in neuerer Zeit gelungen, durch systematische Erforschung des günstigsten Temperaturanstieges und der Ofenatmosphäre von den vererbten Erfahrungen und empirischen Brennregeln der alten Meister unabhängig zu werden.

Für die Unterglasurdekoration und für farbige Glasuren, die besonders für Isolatoren Anwendung finden, eignen sich, wie schon oben ausgeführt wurde, nur wenige Scharffeuerfarben, die hauptsächlich Kobaltoxyd, Chromoxyd oder Eisenoxyd als Farbkörper enthalten. Vorherrschend ist die Aufglasurdekoration mit nochmaligem Brand in der Muffel bei 900° C.

Will man jedoch auf die Reize einer farbenprächtigen Unterglasurmalerei nicht verzichten, so ist es notwendig, niedriger garbrennende Porzellanmassen zu kombinieren. Man kann dies beispielsweise im Segerporzellan dadurch erreichen, daß man den Feldspatgehalt auf Kosten des Kaolins auf 30, den Quarzgehalt

Abb. 288.
Elektrotechnisches Versuchsfeld einer Isolatorenfabrik mit Spannungen bis zu 1 Million Volt.

auf 45% steigert und die restbleibenden 25% Tonsubstanz z. T. als fetten Ton einführt, um die notwendige Bildsamkeit zu erzielen. Auf andere Weise ermöglicht man die niedrigere Garbrenntemperatur beim Fritten- und Knochenporzellan, denen man als Flußmittel eine künstliche Glasfritte, bzw. Knochenmehl zusetzt. Alle diese Massen, die bei Segerkegel 7—9 garbrennen, haben jedoch infolge ihrer mechanischen und thermischen Empfindlichkeit eine mehr kunstgewerbliche als praktische Bedeutung.

Einen Spezialzweig der Hartporzellanfabrikation bildet die Herstellung elektrotechnischer Isolierkörper. Während das Porzellan als Niederspannungsmaterial zumal in gedeckten Räumen mit einer immer stärker werdenden Konkurrenz der Kunstharze zu kämpfen hat, ist es für Hochspannungsisolatoren von Freileitungen bezüglich seiner Isolierfähigkeit sowohl wie seiner Wetterbeständigkeit und hohen mechanischen Festigkeit nach wie vor unerreicht.

Auszunehmen sind hiervon nur die dem Porzellan ähnlichen Steatitmassen, die Speckstein entweder als Zusatz enthalten (Melalith) oder direkt aus Specksteinpulver gestanzt werden und besonders gute elektrische Eigenschaften besitzen (Zündkerzen). Noch widerstandsfähiger in elektrischer und thermischer Beziehung sind porzellanartige Massen, die als Magerungsmittel Sillimanit enthalten, der in Amerika aus Andalusit, in Deutschland aus indischem Zyanit erbrannt wird, und schließlich die schon oben erwähnten, bis zur Kristallisation gebrannten Massen aus reinem Aluminiumoxyd.

Es bedarf für die Hochspannungsmassen einer ganz besonders sorgfältigen Aufbereitung, damit möglichst alle Luftbläschen entfernt und Poren unbedingt vermieden werden. Solche Hohlräume schwächen nicht nur den isolierenden Querschnitt, sondern führen infolge der im elektrischen Feld eintretenden Ionisierung ihres Luftinhaltes zu Durchschlägen, wie man dies häufig an den Durchschlagskanälen zerstörter Isolatoren feststellen kann. Die neuen Prüfungsvorschriften des Vereins Deutscher Elektrotechniker sind deshalb gerade in diesem Punkte besonders streng und fordern, daß eine methylalkoholische Fuchsinlösung selbst unter 100 Atm. Druck in den zerschlagenen Scherben nirgends eindringt. Jeder Hochspannungsisolator wird, ehe er das Werk verläßt, im elektrotechnischen Prüffeld (s. Abb. 289) unter höherer Spannung auf Durchschlagssicherheit geprüft, als er später im Gebrauch aushalten muß, so daß schon hier mit Sicherheit alle nicht ganz einwandfreien Stücke ausgeschieden werden.

Da die Porzellankörper mit Metallarmierung fest verbunden werden müssen, werden an ihre Maßgenauigkeit hohe Anforderungen gestellt. Um diesen zu genügen, muß nicht nur für eine ständig gleichbleibende Schwindung der Masse gesorgt werden, sondern es kommen auch besondere Formgebungsmethoden, z. B. das aus der Metallindustrie entlehnte Abdrehen der lederharten Körper auf Horizontaldrehbänken und für Niederspannungsartikel das Stanzen zur Anwendung, worüber schon im Kapitel „Aufbereitung und Formgebung" gesprochen wurde. Ein weiterer Unterschied von der Geschirrfabrikation ist das Glasieren der größeren Isolatoren im rohen Zustand, so daß für die Fertig-

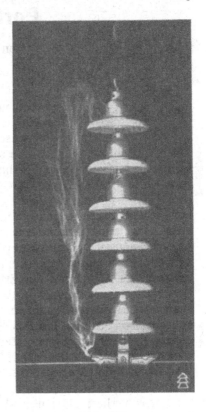

Abb. 289.
Lichtbogenüberschlag an einer sechsgliedrigen Hängeisolatorenkette.

stellung nur ein Brand notwendig ist. Es würde hier zu weit führen, auf die Einzelheiten der elektrotechnischen Porzellanfertigung und auf die raffinierte Ausgestaltung der modernen Prüfverfahren einzugehen. Die Einrichtung von Prüffeldern, die Spannungen bis zu 2 Millionen Volt anwenden, die Prüfung durch pulsierende Stromstöße und die Unzahl neuester Patente auf diesem Gebiet beweisen, daß sich hier eine Spezialwissenschaft entwickelt hat, die sich dem Tempo unseres elektrotechnischen Zeitalters und seinen enormen Anforderungen in jeder Weise anpaßt. Damit gelangen wir in das Arbeitsfeld des Elektrotechnikers und Konstrukteurs, dessen erfolgreiche Mitarbeit ein besonderes Verständnis für die Eigenart unseres Werkstoffes erfordert, nachdem der Geologe, der Kolloidchemiker, Physiker und Keramiker das Ihre getan haben.

Kolloidchemische Technologie des Portlandzementes.

Von **G. Frenkel**-Berlin.

Die Kolloidchemie des Portlandzementes ist ein von jeher viel umstrittenes und dennoch lange Zeit wenig erforschtes Gebiet gewesen. Obgleich sich die Wissenschaftler vieler Nationen redlich um die Klärung der Fragen bemüht haben, die sie uns aufdrängt, existierte bis vor kurzem noch keine Theorie, die dem Verhalten des Portlandzementes sowohl bei seiner Entstehung im Feuer, als auch später beim Abbinden und Erhärten erschöpfend gerecht wird. Erst die Arbeitsergebnisse allerneuester Zeit hellen dies Dunkel auf und geben uns einigermaßen lückenlose Unterlagen. Das langsame Vorwärtsdringen hat seine Ursache einerseits in den experimentell schwer faßbaren physikalisch-chemischen Bedingungen, die in einem Vielstoffsystem, wie es der Zement darstellt, vorliegen, andererseits in der unzugänglichen Konsistenz, die der Zement während des Abbindens und Erhärtens zeigt. Man hat versucht, diesem letzten Umstande aus dem Wege zu gehen und durch Beobachtungen an verdünnten Zementaufschlämmungen, etwa auf dem Wege der Viskosimetrie oder der Filtrationsanalyse, Schlüsse auf das Verhalten des Zementes in Normalkonsistenz zu ziehen. Diese Versuche, die bestenfalls das erste Stadium des Abbindens beleuchten könnten, sind aber zum Fehlschlagen verurteilt, weil der Zement mit steigendem Wassergehalt durch sofort einsetzende Hydrolyse und, bei weiterem Anstieg des Wasserzusatzes durch Quellung, jede Beziehung zu seinem Verhalten in Normalkonsistenz verliert. Um nun aber Zement in Normalkonsistenz untersuchen zu können, muß man auf die üblichen kolloidchemischen Methoden verzichten und recht umständliche Wege gehen. Wir werden dies im Laufe dieser Ausführungen erkennen.

Die kolloidchemischen Eigenschaften des Zements lassen sich nicht verstehen ohne eingehende Kenntnis der Vorgänge bei seiner Entstehung. Ich werde daher im folgenden nach einem kurzen Abriß des Fabrikationsganges zunächst diesen in seinen wesentlichen Punkten chemisch betrachten und erst im zweiten Teil der Ausführungen den Zement als solchen behandeln. Mit Rücksicht auf den mir zur Verfügung stehenden Raum wird es mir manchmal nicht möglich sein, Erklärungen einzelner Vorgänge eingehend zu belegen. Indessen

---

Zeichenerklärungen:

Zem.: Zeitschrift Zement (Berlin-Charlottenburg).

Zem.-Port.: Mitteilungen des Vereins deutscher Portlandzementfabrikanten (Berlin-Charlottenburg).

finden sich diese Belege ohne weiteres in den am betreffenden Ort angeführten Literaturstellen.

Portlandzement ist ein hydraulisches Bindemittel mit nicht weniger als 1,7 Gewichtsteilen Kalk (CaO) auf 1 Gewichtsteil lösliche Kieselsäure (SiO_2) + Tonerde (Al_2O_3) + Eisenoxyd (Fe_2O_3), hergestellt durch feine Zerkleinerung und innige Mischung der Rohstoffe, Brennen bis mindestens zur Sinterung und Feinmahlen[1]). Außer den angeführten vier Hauptbestandteilen enthält der Portlandzement meist geringe Mengen von Magnesia, Schwefelsäure und Alkalien. Nach Gewichtsprozenten fallen auf:

CaO 62—66%,	Al_2O_3 6—10%,	MgO 0—5%,
SiO_2 17—24%,	Fe_2O_3 1—6%,	SO_3 0—3%.

Fabrikationsgang. Als Rohstoffe werden Kalksteine und Tone oder Mergel verwandt, zu denen mitunter noch geringe Mengen eines Korrektionsstoffes treten, wenn die Hauptkomponenten nicht von sich schon die gewünschte Zusammensetzung der Rohmischung ermöglichen. Man arbeitet nach zwei voneinander grundsätzlich verschiedenen Herstellungsmethoden, welche je nach der Aufbereitungsart der Rohmasse „Trockenverfahren" und „Dickschlammverfahren" genannt werden.

Beim Trockenverfahren werden die Rohstoffe in einem den vorliegenden Umständen angepaßten Verhältnis zusammengeworfen und in Steinbrechern vorzerkleinert. Das gebrochene Material gelangt dann in Trockentrommeln und von dort in Vorschrotmühlen, die es als Mehl von Erbsen- bis Grieskörnung verläßt. Es fällt darauf in Silos und gelangt später in ein zweites Mühlenaggregat, in dem es bis auf die für den Brennprozeß erforderliche Feinheit herabgemahlen wird. Darauf wird es abermals von Silos aufgenommen, in denen durch dauernde Durchmischung die zunächst noch vorhandenen Schwankungen in der chemischen Zusammensetzung ausgeglichen werden. Das Rohmehl gelangt nun zum Brennen, zu dem jetzt in der Hauptsache zwei verschiedene Systeme von Öfen verwandt werden. Bei „Schachtofenbetrieb" wird das Rohmehl nach leichter Anfeuchtung mit ca. 10% Kohle- oder Koksgries vermischt und in Ziegelpressen zu Steinen von etwa halber Bauziegelgröße verformt. Diese Steine gelangen in vertikale etwa 12 m hohe Schachtöfen von 2—3 m innerem Durchmesser, in denen sie langsam abwärts gleiten, wobei sie durch die den Ziegeln eingepreßte Kohle bei etwa 1450° C gebrannt werden. Das Verweilen in der Zone höchster Temperatur beträgt etwa den sechsten bis achten Teil dieser Zeit. Das gebrannte Gut, als „Klinker" bezeichnet, verläßt höchstens noch schwach rotglühend den Ofen, wird mit Wasser benetzt und gelangt darauf in die Klinkerhalle. Nachdem es hier abgelagert und ausgekühlt wurde, kommt es nach Zusatz von bis zu 3% Rohgips in die Zementmühle, aus der als es fertige Ware abläuft. Bei Anwendung des anderen Brennsystems wird das Rohmehl nicht verziegelt, sondern gelangt — lediglich leicht befeuchtet — in Drehrohröfen von etwa 30—70 m Länge und 2—3 m innerem Durchmesser, die es durch geringe Neigung gegen die Horizontale und langsame Rotation allmählich vorwärts gleiten lassen. Eine der Bewegungsrichtung des Rohmehls entgegengeblasene Öl-, Gas- oder Kohlenstaubflamme erhitzt es bis zur Sinterung. Das Brenngut gelangt darauf in Kühltrommeln, in denen es rasch seine Hauptwärme abgibt, wird mit Wasser benetzt und in das Klinkerlager transportiert, worauf es wie Schachtofenklinker weiter behandelt wird. Die Zeit, in der das Brenngut den

---

[1]) Deutsche Normen für Portlandzement (Verlag Tonindustriezeitung, Berlin).

Drehofen durchläuft, beträgt 2—5 Stunden. Sie richtet sich hauptsächlich nach den Ausmaßen der Öfen.

Beim Dickschlammbetrieb verzichtet man auf das Trocknen der vorgebrochenen Rohmaterialien und vermahlt sie zu einem Schlamm mit etwa 38—40 % Wassergehalt. Dieser Dickschlamm fließt in große zylindrische Behälter, in denen er durch Einblasen von Luft durchgemischt wird und so lange verweilt, bis seine chemische Zusammensetzung den gewünschten Grad bis aufs Genaueste erreicht hat. Nach Verlassen der Mischbehälter fließt der Schlamm in die Öfen — hier stets Drehöfen —, in denen er getrocknet und gebrannt wird. Der Vorteil, den das Dickschlammverfahren vor dem Trockenverfahren besitzt, besteht einmal in einer Verminderung der benötigten Mahlenergie für die Rohstoffe und dann hauptsächlich in weit günstigeren Bedingungen für die Einstellung und Homogenisierung der Rohmasse. Letzteres hat seinen Grund in dem höheren Dispersitätsgrad des Dickschlammes gegenüber dem trockenen Rohmehl, welcher durch die viel größere Masse des Dispersionsmittels Wasser gegenüber dem Dispersionsmittel Luft ermöglicht wird. Der Nachteil des Dickschlammbetriebes wird durch den höheren Aufwand an Wärmeenergie bedingt, welcher zum Verdampfen des Wassers vor dem Brande nötig ist. Auch die sehr wesentlichen Verbesserungen, die in den letzten Jahren an den Drehöfen beider Systeme durchgeführt werden konnten, vermochten eine wärmeökonomische Überlegenheit des Trockenverfahrens nicht auszuschalten. In beiden Verfahren erfordert der Betrieb eine dauernde genaue Überwachung, die sich auf die Zusammensetzung des Materials erstreckt, ferner auf den Wassergehalt, Kohlenverbrauch und auf die Feinheit der verschiedenen Mahlprodukte.

Chemie der Fabrikation. Die chemischen Vorgänge, die sich beim Brennen des Zementes abspielen, sind, wie wir heute annehmen dürfen, folgende:

Die vier an der Zusammensetzung des Zementes in der Hauptsache beteiligten Faktoren liegen in der Rohsubstanz zunächst als kohlensaurer Kalk und als eisenhaltiges Aluminiumsilikat vor. Im Ofen tritt nun zunächst bei etwa 500° C das in der Tonsubstanz enthaltene Hydratwasser aus[1]. Zwischen 700 und 800° C wird der Ton in Al_2O_3 und SiO_2 gespalten[2] und zu gleicher Zeit beginnt der Kalk die Kohlensäure abzugeben, welche bei Erreichung von etwa 950° vollständig entwichen ist[3]. Der entsäuerte Teil des Kalkes beginnt sofort — noch in festem Zustande — Verbindungen mit Tonerde und Kieselsäure einzugehen; wenn die letzte Kohlensäure entwichen ist, befindet sich die Hälfte des Kalkes bereits in Neubindung[4]. Es bilden sich zunächst Monokalziumsilikat und Monokalziumaluminat. Mit weiter steigender Temperatur verschieben sich die molekularen Verhältnisse beider Salze zugunsten des Kalkes, so entsteht von etwa 900° an Dikalziumsilikat und bis etwa 1150° Dikalziumaluminat[5]. Bei etwa 1250° C entsteht eine Kalk-Eisenoxydverbindung — wahrscheinlich zunächst Monokalziumferrit, später Dikalziumferrit. Die Ferritbildung macht sich nach außen hin durch starke Schwindung des Brenngutes[6] und durch Umschlag seiner Färbung von strohgelb nach grünlichschwarz geltend. Die Schwindung wird durch Entstehung einer flüssigen Phase verursacht, die sich als Eutektikum aus den Kalkferriten und vor-

---

[1] Nacken, Zem. **20**, 245 (1922).
[2] Dyckerhoff, Zem. **10**, 200 (1925).
[3] Kühl, Zem. **19**, 607 (1929).
[4] Kühl, Zem. **19**, 604 (1929). — Prüssing, Zem. **29**, 886 (1929).
[5] Kühl, Zementchemie 24ff (1929).
[6] Kühl, Zem. **41**, 454; **42**, 462; **43**, 469 (1922).

nehmlich den im Rohmehl enthaltenen Mengen von Magnesia und Alkalien bildet. In der flüssigen Phase lösen sich teilweise die bereits entstandenen Silikate und Aluminate und vermögen sich dadurch schon bei dieser Temperatur weiter an Kalk zu bereichern, bis bei weiter steigender Erhitzung die letzten Teile des noch freien Kalkes gebunden sind. Die Klinkerbildung, die bei idealen Brennbedingungen und gut aufbereiteten Rohmehl im kleinen schon bei 1200—1250[0][1]) beendet sein kann, wird bei den ungünstigeren Verhältnissen, die im Großbetrieb meist herrschen, erst bei etwa 1450° C vollständig erreicht. Die mechanische Aufbereitung des Rohmehls spielt hierbei eine erhebliche Rolle. Es ist erklärlich, daß zur Erreichung eines günstig verlaufenden Brennprozesses neben gleichmäßiger Durchmischung des Rohmehls auch eine gewisse Mindestfeinheit desselben erforderlich ist. Dieser Umstand soll indessen nicht zu der Ansicht verleiten, daß mit immer weiter steigender Rohmehlfeinung auch eine dauernde Verbesserung des erzielten Brenngutes einhergehen muß[2]). Von erheblichem Einfluß auf die Gestaltung des Brennvorgangs ist selbstredend die chemische Zusammensetzung des Rohmehls. Schon aus dem oben Gesagten geht hervor, daß Rohmehle, die verhältnismäßig reich an Eisenoxyd sind, leichter sintern als andere. In demselben Sinne wirkt ein hoher Gehalt an Tonerde, Magnesia und Alkalien sinterungserleichternd. Man hat experimentell festgestellt, daß das Optimum an Qualität eines Zementes nicht erreicht wird, wenn die Brennmasse in völliges Schmelzen kommt, woraus man schließt, daß es sich beim Zementbrennen nicht um das Erstreben eines Gleichgewichts sondern eines Ungleichgewichtes handelt[3]). Für diese Annahme spricht auch die Wirkung, welche die Kühlgeschwindigkeit auf die spätere Erhärtung hat: Schnell gekühlte Klinker leisten Besseres als langsam gekühlte. Während der Abkühlung kristallisieren bei etwa 1230° C die Klinkermineralien aus[4]). Diese wurden bereits vor über 30 Jahren von dem Schweden Törnebohm festgestellt und mit den Namen Alit, Belit, Celit und Felit belegt[5]). Man erkannte bald, daß der Alit, welcher der Menge nach stets überwiegt, für das Erhärtungsvermögen der Zemente eine vorherrschende Rolle spielt. Aus diesem Grunde hat man sich um die Klärung gerade seiner Konstitution am meisten bemüht; die in den letzten Jahren gefundenen Resultate liegen nun so stark in einer Richtung, daß man annehmen darf, den langen Streit um die Zusammensetzung dieses Minerals jetzt entschieden zu sehen. Es ist bezeichnend, daß schon Törnebohm, der als erster sich mit den Klinkermineralien überhaupt befaßte, vom Alit eine Anschauung hatte, die der heute als richtig angenommenen nicht unähnlich ist. Er hielt diesen für eine feste Mischung von Trikalziumsilikat und einem kalkreichen Aluminat; über dieses letztere lediglich mußte seine Meinung durch jüngere Forschungen berichtigt werden. Später wich man indessen von Törnebohms Ansicht wieder ab. Glasenapp[6]) zeigte, daß der Brennprozeß und damit die Alitbildung von zahlreichen physikalisch-chemischen Vorgängen abhängig ist und von Fall zu Fall einen anderen Verlauf nimmt. Jänicke[7]) stritt die Existenz des Trikalziumsilikats überhaupt ab und legte dem Alit die Formel $8\,CaO \cdot Al_2O_3 \cdot 2\,SiO_2$ zugrunde. Dyckerhoff[8]) hielt den Alit für ein mit Kalk angereichertes

[1]) Nacken, Zem. 7, 75 (1920); 21, 257 (1922).
[2]) Kühl, Zem. 21, 155, 174 (1923).
[3]) Kühl-Knothe, Die Chemie der hydraulischen Bindemittel (Leipzig), 161.
[4]) Nacken, Zem. 8, 89 (1920).
[5]) Törnebohm, Die Petrographie des Zementklinkers (Stockholm 1897).
[6]) Glasenapp, Zem.-Port. 313 (1913).
[7]) Jaenecke, Zem.-Port. 249 (1912); 273 (1913).
[8]) Dyckerhoff, Zem. 10, 203 (1925).

Dikalziumsilikat. Nach amerikanischer Auffassung sollte Alit Trikalziumsilikat neben Dikalziumsilikat und Trikalziumaluminat enthalten[1]). Kühl hielt Alit für eine von Fall zu Fall verschiedene isomorphe Mischung oder feste Lösung von Jäneckes Verbindung und Trikalziumsilikat[2]). Es würde zu weit führen auf die Argumente zu den verschiedenen Ansichten hier näher einzugehen[3]). Die neuesten sehr umfassenden Arbeiten von Kühl[4]), sowie Guttmann und Gille[5]) lassen mit Sicherheit annehmen, daß Alit entweder die von Kühl vermutete isomorphe Mischung von Trikalziumsilikat und Jäneckes Verbindung, d. h. brutto Trikalziumsilikat und Dikalziumaluminat darstellt, oder eine diesem sehr ähnliche Mischung aus Trikalziumsilikat und Trikalziumaluminat. Da der Tonerdegehalt des Alites relativ niedrig ist, erscheint die noch schwebende Meinungsdifferenz über die daran gebundene Kalkmenge ohne großen Belang.

Korngröße.   Die Reaktionsfähigkeit des fertig gemahlenen Zementes wächst mit dessen steigender Oberfläche stark an. So kommt es, daß bei chemisch gleich zusammengesetzten Zementen die Qualität zunächst proportional der Feinheit ansteigt[6]). Der Feinmahlung ist indessen dadurch eine Grenze gesetzt, daß mit wachsender Oberfläche des Zementes nicht nur die Erhärtungszeit abgekürzt wird, sondern auch die Bindezeit. Bei Erreichung eines bestimmten, für jeden Zement besonderen Feinheitsgrades, schlägt er um, d. h. er wird ein Raschbinder. Dadurch wird er aber für viele Zwecke wertlos, da damit seine Verarbeitung unmöglich gemacht ist. Ein wichtiger Gesichtspunkt für die Beurteilung der Korngrößen eines Zementes ist folgender: Die Festigkeit eines erhärtenden Mörtel- oder Zementkörpers ist desto höher, je dichter er ist, d. h. je geringer seine inneren Hohlräume sind. Um eine hohe Dichte zu erreichen, ist es aber völlig gleichgültig, ob die einzelnen Körner eines Zementes groß oder klein sind. Sie müssen nur unter sich verschieden groß sein. Diese Forderung wird von den modernen Mahlmaschinen weitgehend erfüllt. Sie muß wieder geltend gemacht werden, wenn zur Wahl des geeigneten Zuschlagstoffes (Kies, Sand usw.) geschritten wird.

An dieser Stelle seien die Mahlmaschinen noch kurz besprochen. Die verschiedenen Systeme, die in Gebrauch sind, lassen sich prinzipiell in zwei große Gruppen teilen, in Maschinen ohne Separation des Feinen, und in solche mit Separation. In den erstgenannten Mühlen wird das Mahlgut — oft in mehreren mit verschiedenen Mahlkörpern beschickten Kammern — eine bestimmte Zeit, die sich hauptsächlich nach der Einlaufsgeschwindigkeit richtet. zerkleinert, wobei Grobes und Feines in gleicher Weise vom Mahlprozeß getroffen wird. Das Gut verläßt in einem einzigen Strom die Mühlen, nur das Gröbste wird durch Siebe darin zurückgehalten. In den Mühlen mit Separation dagegen wird der feingemahlene Anteil des Gutes dauernd in besonderen Separatoren durch Luftstrom abgeblasen, so daß der Mahlprozeß nur immer wieder das Gröbste trifft, das bis zu einer, durch die Stärke des Luftstromes festgelegten Korngröße heruntergemahlen wird. Dies ermöglicht eine wesentliche Ersparnis an Mahlenergie. Die

---

[1]) Rankin, Ztschr. f. anorg. Chem. **91**, 288 (1915).
[2]) Tonindustrie-Ztg. **23**, 365 (1914).
[3]) Kühl, Zem. **42**, 512 (1924); **41**, 454; **42**, 462; **43**, 469 (1922). — Nacken, Zem. **6**, 61; **7**, 74; **8**, 85 (1920). — Jaenecke, Ztschr. f. anorg. Chem. **73**, 200 (1911); **74**, 428 (1912); **76** 357 (1912); **89**, 355 (1914); **93**, 271 (1915). — Rankin und Wright, Ztschr. f. anorg. Chem. **75**, 63 (1912). — Dyckerhoff, Zem. **38**, 455; **52**, 681 (1924); **1**, 3; **2**, 21; **6**, 102; **7**, 120; **8**, 140; **9**, 174; **10**, 200 (1925).
[4]) Kühl, Zem. **19**, 604 (1929).
[5]) Guttmann und Gille, Zem. **30**, 912 (1929).
[6]) Gary, Zem.-Port. 141 (1907). — Kuhl, Tonindustrie-Ztg. **31**, 197 (1917).

Maschinen der zweiten Art eignen sich vorzüglich zur Herstellung des Zement-
rohmehles, bei dem es darauf ankommt, eine bestimmte Mindestfeinheit zu erreichen.
Für die Mahlung des Zementes selbst indessen, für den neben dem feinen auch ein
feinster Anteil erwünscht ist, werden Maschinen ohne Separation in vielen Fällen
ein besseres Produkt liefern.

Zur Beurteilung des Feinheitsgrades sowohl von Rohmehlen, wie auch von
Zementen mißt man in den meisten Laboratorien den prozentuellen Rückstand,
den diese beim Passieren von Sieben mit bestimmter Maschenweite hinterlassen.
Diese Methode, die entstanden ist, als die Mahlmaschinen noch nicht annähernd die
Leistungsfähigkeit besaßen, die sie heute haben, ist nicht mehr sehr zweckmäßig[1]).
Nachdem man schon zu Sieben mit immer kleinerer Maschenweite fortgeschritten
ist, befindet man sich heute an der Grenze des auf diesem Gebiete Erreichbaren.
Es sind Siebe mit 900, 4900 und 10000 Maschen/Quadratzentimeter in Gebrauch.
Wenn man nun beispielsweise für einen Zement einen Siebrückstand von 10 %
auf 4900 Maschen/Quadratzentimeter mißt — hochwertige Zemente erreichen
oft noch viel weitergehende Feinheit —, so ist das ein sehr mangelhaftes Kriterium
für die Korngröße, denn über 90 % des Zementes sagt das Resultat nichts, als
daß seine Körnung unter der vom Sieb bedingten Maximalgröße liegt. Wie dieser
Anteil im einzelnen beschaffen ist, bleibt verschwiegen. Um diesem Übelstand
abzuhelfen, sind neuerdings Versuche im Gange, die Feinheit von Zementen nach
anderen Gesichtspunkten, z. B. Windsichtung[2]), Oberflächenadsorption, Sedimentationsgeschwindigkeit[3]), zu messen. Eine sehr zuverlässige Feinheitsbestimmung
durch Windsichtung wird neuerdings durch die Apparate von Dickson in England
und Gonnel in Deutschland ermöglicht. Beide Apparate arbeiten in der Art, daß
einer abgewogenen Zementmenge durch Hindurchblasen von Luft bestimmter
Strömungsgeschwindigkeit die Anteile einer bestimmten Korngröße entzogen
werden. Je nach Änderung der Strömungsgeschwindigkeit läßt sich die Korngröße zwischen 10 und 60 μ variieren. Ein rasch und gut gehender Apparat zur
Feinheitbestimmung durch Sedimentation wurde von Kühl ausgearbeitet[4]).
Derselbe besteht in einem langen mit Alkohol gefüllten senkrecht stehenden Rohr,
an dessen oberen Ende zum gegebenen Zeitpunkt eine Zementalkoholschlämme
eingebracht wird. Die Zementkörner beginnen sodann zu sedimentieren, wobei die
Sedimentationsgeschwindigkeit weitgehend proportional der jeweiligen Korngröße
ist. Durch eine sinnreiche elektrische Beheizung des Rohres, welche bewirkt, daß
das spezifische Gewicht der Zementalkoholschlämme jeweils leichter ist, als die
darunter befindliche Alkoholsäule, konnte Kühl anfänglich auftretende Fehl-
resultate, wie Durchschießen der Schlämme nach unten und dadurch entstehende
Wirbelbildung völlig ausschalten.

**Chemie des Abbindens
und Erhärtens.** Zur Prüfung eines Zementes auf sein Verhalten beim Abbinden und Erhärten wird eine gewogene Menge mit
Wasser angerührt, bis ein Brei von bestimmter, in den
„Zementnormen" vorgeschriebener Konsistenz entsteht. Der Wasserbedarf
schwankt zwischen 21 und 28 Gewichtsprozent. Seine Höhe hängt von der Kornfeinheit und der Dichte, schließlich auch von der chemischen Zusammensetzung
des Zementes ab. Da das Anmachewasser zunächst hauptsächlich als Benetz-
flüssigkeit wirkt, steigt die benötigte Menge in der Regel mit wachsender Mahl-

---

[1]) Kuhl, Zem. **39**, 490 (1920).
[2]) Gary, Zem.-Port. 143 (1907).
[3]) Guttmann, Über die Kornfeinheit der Zemente (Berlin 1926), 15.
[4]) Kühl, Tonindustrie-Ztg. **69**, 1247 ff. (1929).

feinheit. Zemente mit hoher Dichte haben infolge Verringerung der zu füllenden Hohlräume meist weniger Wasserbedarf. Sie enthalten daher in der Raumeinheit relativ viel erhärtungsfähige Zementsubstanz, was ihre vorteilhafte Erhärtungskurve erklärt. Nach Verlauf einiger Zeit verschwindet das an der Oberfläche des Zementkuchens zunächst sichtbare Wasser, zugleich beginnt seine bis dahin feststellbare Elastizität zurückzugehen, d. h. der Zement fängt an abzubinden. Der Abbindevorgang ist meist nach 5—8 Stunden beendet, es gelingt dann nicht mehr ohne Kraftanwendung, den Zement mechanisch zu deformieren. Von diesem Zeitpunkt an beginnt die Erhärtung. Beide Entwicklungsstadien gehen ineinander über, sie sind indessen nicht direkt voneinander abhängig. Zemente mit sehr kurzer Abbindezeit brauchen nicht eine dementsprechend große Erhärtungsgeschwindigkeit zu entwickeln. Andererseits erreichen ausgesprochene Langsambinder oft sehr schnell hohe Festigkeit. Die Berücksichtigung dieser Tatsache scheint mir für die Beurteilung früher vorgeschlagener kolloidchemischer Prüfmethoden (vgl. S. 688) an frisch angerührten Zementen äußerst wichtig.

Der wissenschaftlichen Erforschung des Zementes im Abbindestadium stehen weit größere Schwierigkeiten entgegen, als wir sie bei der Besprechung des Brennvorganges feststellen mußten. Zu den chemischen Komponenten des Klinkers treten hier noch die Stoffe, die beim Mahlprozeß zugegeben werden, wie Gips und oftmals Farbstoffe. Außerdem enthält das Anmachewasser nicht selten gelöste Salze, die den Verlauf des Abbindens und Erhärtens wesentlich beeinträchtigen. Schon Le Chatelier und Törnebohm erkannten etwa zur Jahrhundertwende, daß der Zement beim Abbinden nicht als einheitliches Ganzes anzusehen sei, sondern daß das Abbinden sich aus einer Reihe chemischer Einzelvorgänge zusammensetzt, die voneinander in gewissem Grade abhängig sind, die aber doch, mit wechselnder Zusammensetzung des Zementes, sich sehr verschiedenartig gestalten können. Können wir auch heute diese Einzelvorgänge wenigstens qualitativ einigermaßen übersehen, so ist uns doch über die Wirkungsweise einiger an der Abbindung unbedingt beteiligter Komponenten, z. B. des Eisens, außer gewissen allgemeinen Feststellungen[1]) nichts Bestimmtes bekannt.

Wenn also die wissenschaftliche Klärung der Vorgänge beim Abbinden und Erhärten des Zementes bis heute nicht völlig gelungen ist, so steht doch ein so reiches Beobachtungsmaterial zur Verfügung, daß man wohl annehmen darf, den richtigen Weg zur Erforschung dieser Frage gewiesen zu sehen.

Nach früherer Auffassung besteht die Abbindung und Erhärtung in der Bildung schwerlöslicher Salze, die eine Art Kristallverfilzung hervorbringen sollen. Diese Ansicht wurde, nachdem Zullkowski[2]) schon einen Versuch einer kolloidchemischen Erhärtungstheorie unternommen hatte, zum ersten Male von Michaelis gänzlich fallen gelassen, welcher nach umfangreichen Arbeiten über die Hydratation von Kieselsäure-Tonerde-Kalksystemen[3]) seine Quellungstheorie aufstellte[4]). Wie zu erwarten war, wurde er damit stark von den Vertretern der Kristallisationstheorie angefeindet. Noch neuerdings fand die letztere Vertreter in namhaften Forschern[5]). Der Streit kam einigermaßen zur Ruhe, nachdem Kühl[6])

[1]) Kühl, Zem.-Port. 206 (1914).

[2]) Zullkowski, Zur Erhärtungstheorie der hydraulischen Bindemittel (1901).

[3]) Michaelis, Die Quellung der Kieselsäure in Kalkwasser. Baumaterialienkunde Nr. 1. — Zem.-Port. 148 (1899); 137 (1906).

[4]) Michaelis, Zem.-Port. 199 (1907).

[5]) Endell, Ztschr. f. angew. Chem. 31 (1), 196 (1918). — Le Chatelier, Chem. Trade Journ. 62, 113 (1918). — Chem. News. 117, 85 (1918).

[6]) Kühl, Zem.-Port. 98 (1922).

die alte Michaelissche Theorie neu formulierte und sie mit Beobachtungen von dessen Gegnern in Einklang brachte. Seine Ausführungen können in der Hauptsache heute noch volle Gültigkeit beanspruchen. Unter Zugrundelegung von Beobachtungen neuester Zeit gewinnt man folgendes Bild über den Verlauf beider Vorgänge.

Das Anmachewasser sättigt sich sofort nach Zusatz mit Zementsubstanz, wobei jedes einzelne Zementkorn zunächst an der Oberfläche angegriffen wird. Es ist anzunehmen, daß der Lösungsvorgang vorzugsweise den kristallisierten Teil des Zementes (Alit) trifft. Die gelösten Salze — Trikalziumsilikat und Trikalziumaluminat — werden dabei zu Trikalziumhydroaluminat[1]), unlöslichem Kalziumhydrosilikat und freiem Kalkhydrat[2]) umgesetzt. Das Trikalziumhydroaluminat dissoziiert weitgehend. Die Konzentration der dreiwertigen Aluminationen regt die Quellung des Kalziumhydrosilikats an, welche den Anfang der Abbindung hervorruft. Zu diesem Zeitpunkt hat sich um jedes Zementkörnchen ein Mantel von Kalziumhydrosilikatgel gebildet. Der umschlossene Kornrest hydratisiert sich dadurch weiter, daß er seinem Gelmantel Wasser entzieht und diesen dadurch zur Erstarrung bringt. Die „innere Austrocknung" — wie Michaelis diesen Vorgang treffend bezeichnete — vollzieht sich allmählich immer langsamer, da der Hydratisierungstendenz der fortlaufend weniger werdenden noch unverbrauchten Zementteile eine dauernd wachsende Konzentration wasserbindender kolloider Substanz entgegensteht. So kommt es, daß man noch nach verhältnismäßig langer Zeit unverbrauchte Alitkörner in abgebundenem Zement mikroskopisch feststellen kann. Mit fortschreitender Wasserentziehung des Hydrosilikatgels kristallisieren die bis dahin noch gelösten Teile des Hydroaluminats in mikroskopisch kaum noch wahrnehmbarer Größe aus und bilden ein fein verteiltes Skelett in dem sich mehr und mehr verfestigenden Gel. Das vom Trikalziumsilikat zu Beginn abgespaltene Kalkhydrat bleibt scheinbar im Silikatgel kolloid gelöst.

Die eben entwickelte Theorie erklärt uns zahlreiche Beobachtungen am bindenden Zement, von denen auf die wichtigsten kurz eingegangen sei.

1. Das mikroskopische Bild eines abbindenden Zementes zeigt — auch nach Verlauf längerer Zeiträume — bis auf einzelne noch nicht angegriffene Alitkörner keinerlei Kristallbildung. Im polarisierten Licht beobachtet man sehr schwach diffuse Aufhellung, die mit der Alterung des Zementes langsam anwächst[3]). Die Röntgenspektra abgebundener Zemente zeigen Resultate, die mit dem mikroskopischen Befunde völlig in Einklang stehen[4]).

2. Die elektrische Leitfähigkeit von angerührtem Zement sinkt nach Untersuchungen von Prüssing[5]) mit Einsetzen des Abbindens auf nahezu 0 herab.

3. Die Abbindezeit kann durch gewisse Zusätze wesentlich beeinträchtigt werden. Diese Zusätze wirken entweder durch Erhöhung des Lösungsvermögens im Anmachewasser in bezug auf Zementsubstanz, oder durch Ausfällung schwerlöslicher Salze, oder durch Beeinflussung des Quellungsvorganges. Es sind Salze bekannt, die gleichzeitig mehrere dieser Wirkungen ausüben, deren Stärke wieder in verschiedener Weise von der Konzentration der Salze abhängig ist. So kann der merkwürdige Fall eintreten, daß die Richtung, in der die Bindezeit von einem einzigen Salze, z. B. Chlorkalzium, beeinflußt wird, mit wachsender Konzentration

[1]) Radeff, Zem. **9**, 177 (1925).
[2]) Michaelis, l. c.
[3]) Kühl, Zem.-Port. 109 (1922).
[4]) Wever, Zem. **12**, 221 (1926).
[5]) Prüssing, Mündliche Mitteilung.

desselben mehrmals umschlägt[1]). Die Einwirkung des Gipses, die für die Fabrikation naturgemäß von besonderem Interesse ist, hängt ebenfalls stark von der Konzentration desselben ab. Während kleine Gipsmengen — bis zur Sättigung des Anmachewassers — ohne Einfluß auf die Bindezeit sind, steigt diese mit wachsendem Gipszusatz an und bleibt später wieder konstant, ohne sich von einem weitersteigenden Zusatz irgendwie beeinträchtigen zu lassen. Man geht vielleicht nicht fehl, wenn man sich die verlangsamende Wirkung des Gipses auf die Abbindegeschwindigkeit durch die Bildung eines schon vor langer Zeit von Michaelis und von Candlot festgestellten Salzes mit der Formel $3\,CaO \cdot Al_2O_3 \cdot 3\,CaSO_4 \cdot 30\,H_2O$ (in der Zementliteratur Kalziumsulfoaluminat genannt) erklärt, durch dessen Ausscheidung die Konzentration der die Quellung des Kalziumhydrosilikates anregenden Aluminationen herabgesetzt wird[2]).

Ein geringer Wasserzusatz zu frischvermahlenem Zement verlängert dessen Abbindezeit dadurch, daß sich um jedes Zementkörnchen ein Gelhäutchen von Kalziumhydrosilikat bildet, das später vom Anmachewasser erst durchdrungen werden muß.

4. Die Wirkung der „inneren Austrocknung" konnte Kühl[3]) veranschaulichen, indem er eine Reihe verschieden fein gemahlener Zemente von ein und demselben Klinker herstellte, und aus diesen Zementen Probekörper mit verschieden hohem Wasserzusatz anfertigte. Es zeigte sich, daß die allerfeinsten Zemente, bei hohen Wasserzusätzen nur schlechte Festigkeitswerte erreichten, was sich daraus erklärt, daß in ihnen eben keine gröberen Partikel enthalten waren, die das zunächst gebildete Gel später durch eigene Quellung dehydratisieren könnten.

Haltbarkeit des Zementes. Die zerstörende Wirkung, welche verschiedene Salze auf abbindenden Zement ausüben, wird stark herabgesetzt, wenn sie zum Zement erst Zutritt erhalten, nachdem dessen Abbindeprozeß eingeleitet ist, d. h. wenn der Zement schon durch eine schützende Gelhülle bedeckt ist. Man kann diesen Gelschutz verstärken, wenn man dem Zement Stoffe beimengt, die schnell größere Mengen von Kalziumhydrosilikatgel bilden (künstliche und natürliche Puzzolane)[4]).

Immerhin widerstehen auch solche Schutzmäntel dem zerstörenden Einfluß gewisser Salze nicht auf die Dauer, und die Feststellung ihrer Einwirkungsmöglichkeit von bestimmten Mengen an kann die Verwendung von Portlandzement für Bauzwecke in manchen Fällen ganz verbieten. Die Wirkung der Salze kann auf verschiedene Weise eintreten.

Ein Teil der Salze zerstört direkt das chemische Gefüge des Zementes durch Herauslösen oder Austausch von Basen oder Säuren (Ammon- und Alkalisalze), ein anderer Teil wirkt rein physikalisch, indem sich Salze im Innern des Zementkörpers kristallisieren und durch den entwickelten Kristallisationsdruck[5]) den Zementkörper sprengen (Magnesiumsalze, größere Mengen von Gips, Chlorkalzium). Dieselbe Wirkung kann auch schon eintreten, wenn die Zementrohmischung selbst solche Salze in zu großer Menge enthielt. Ebenso wirkt zu hoher Kalkgehalt „treibend", indem er mit den übrigen Zementsalzen kalkübersättigte Verbindungen eingeht, die beim Hydratisieren als Sprengkörper wirken. Die vielfach geäußerte

---

[1]) Kühl und Ullrich, Zem. **42**, 860, 861 (1926).
[2]) Kuhl, Zem.-Port. 115 (1922).
[3]) Kühl, Tonindustrie-Ztg. **86**, 1529 (1929).
[4]) Michaelis, Zem.-Port. 153 (1899).
[5]) Kühl, Tonindustrie-Ztg. **56**, 789 (1912).

Ansicht, es bilde sich freier Kalk, der ablöscht, und dadurch Treiben hervorruft, ist irrig[1]).

Es besteht nur eine enge Zone von Möglichkeiten, in der sich die Analyse eines fehlerfreien Zementes bewegen darf, und diese Zone wird abermals eingeschränkt, wenn ein Zement gute Qualität erwarten lassen soll. Es ist eine alte, oft neu be-stätigte Regel, daß die Qualität eines Zementes vorwiegend durch seine chemische Zusammensetzung bestimmt wird[2]). Gute Aufbereitung, sorgfältiger Brand und vorteilhafte Zementmahlung müssen günstig wirken, indessen überwiegend wird die Leistungsfähigkeit eines Zementes durch das Verhältnis der vier an der Erhärtung hauptsächlich beteiligten chemischen Komponenten bedingt. Um aber Zusammen-hänge zwischen Rohmehlzusammensetzung und Eigenschaften der resultierenden Zemente zu studieren, hatte man bis vor wenigen Jahren einen langen Versuchsweg zurückzulegen, der die Exaktheit der Ergebnisse oft in Frage stellte. Die Rohmehle mußten im Laboratoriumsofen mit unverhältnismäßig hohen Brennstoffmengen gebrannt, die Klinker vermahlen und aus den Zementen Serien von Probekörpern angefertigt werden, die auf Zug- und Druckfestigkeit zu prüfen waren. Die Einwirkung vieler Zufallsfaktoren gestaltete die Ergebnisse der Versuchs-anordnung wenig reproduzierbar. Wechselnder Zug beim Brennen, dadurch mehr oder minder scharfer Garbrand, wechselnde Verschlackung der Klinker, Abweichungen in der Kühlgeschwindigkeit, verschiedene Härte der erbrannten Klinker, dadurch Unterschiede im Mahlergebnis konnten den Erhärtungsverlauf des Zementes so stark beeinflussen, daß die Deutung der erzielten Resultate sehr erschwert war. Aus diesem Grunde war es vom wissenschaftlichen Standpunkt aus sehr zu begrüßen, daß Kühl vor einigen Jahren eine exakt arbeitende Kleinprüfmaschine erfand, die gestattete, mit wenigen Gramm Zement schon genügenden Aufschluß über den Erhärtungsverlauf zu gewinnen. Damit ist ermöglicht, die Probebrände im elek-trischen Widerstandsofen auszuführen, wobei völlig reproduzierbare Versuchs-bedingungen eingehalten werden können. Die erheblichen Fortschritte, die die Zementforschung gerade in den letzten Jahren erreichen konnte, sind nicht zuletzt auf die durch diese Kleinprüfeinrichtung ermöglichte exakte Arbeitsweise zurück-zuführen.

---

[1]) Kuhl, Zement **25**, 441 (1926).
[2]) Spindel, Tonindustrie-Ztg. **19**, 317 (1926).

Gips.

Von Dr. Ing. **Paul Neuschul**-Prag.

Mit 1 Abbildung.

———————

Der gebrannte Gips — der Stuckgips — besitzt die Eigenschaft, mit Wasser zu einem Brei angerührt, binnen kurzer Zeit aus dem tropfbar flüssigen in den festen steinartigen Zustand überzugehen. Die Erkenntnis dieses Vorganges wurde, wie Untersuchungen an altägyptischen Bauwerken und die Überlieferung der römischen Schriftsteller Vitruvius und Plinius bezeugen, schon in den ältesten Zeiten verwertet. Schon damals hat sich der Stuckgips durch seine ausgezeichnete Gußfähigkeit, seine schnelle Erhärtung und seine rein weiße Farbe für Kunst und Architektur gleich brauchbar erwiesen.

Die wissenschaftliche Untersuchung dieses Vorganges jedoch blieb bis in die neueste Zeit gänzlich unzureichend. In den Jahren 1887 und 1893 erschienen die ersten auf diesem Gebiete grundlegenden Arbeiten Le Chateliers[1]), in denen er darlegte, daß der Handelsstuckgips im wesentlichen aus dem Halbhydrat des Kalziumsulfats besteht und daß seine Herstellung aus dem Doppelhydrat auf einer bei 128° C liegenden Umwandlungstemperatur beruht. Das Abbinden erklärt er durch die größere Löslichkeit des Halbhydrates (0,9—1,2 % bei 18° C) gegenüber der des Dihydrates (0,205 % bei 18° C), so daß sich aus der für das Doppelhydrat übersättigten Lösung kleine Kristalle ausscheiden. Der chemische Prozeß verläuft also auf folgende Art:

$$CaSO_4 \cdot \tfrac{1}{2} H_2O + 1\tfrac{1}{2} H_2O = CaSO_4 \cdot 2 H_2O.$$

Das so überraschende Erhärten des entstehenden Doppelhydrates führt er auf das Verwachsen der Nadeln zurück.

Die Untersuchungen van't Hoffs[2]) und seiner Mitarbeiter bezogen sich vor allem auf die physikalisch-chemischen Verhältnisse, während die P. Rohlands[3]) den Einfluß von Zusätzen, besonders von Elektrolyten behandelten. Letzterer kam zu dem Ergebnis, daß Zusätze, die die Löslichkeit des Gipses erhöhen, auch die Hydratation und damit das Erstarren beschleunigen, während löslichkeitsvermindernde das Gegenteil bewirken.

Die Autoren der späteren Zeit, im besonderen Glasenapp[4]) und Moye[5]) bestätigten, daß das Abbinden und Erhärten des Gipses ausschließlich auf das

———————

[1]) Le Chatelier, C. R. **96**, 1668 (1893).
[2]) J. H. van't Hoff, und Mitarbeiter, Ztschr. f. phys. Chem. **45**, 3 (1903) und a. a. O.
[3]) P. Rohland, Der Stuck- und Estrichgips (Leipzig 1904).
[4]) M. v. Glasenapp, Studien über Stuckgips, totgebrannten und Estrichgips (Berlin 1908).
[5]) A. Moye, Der Gips (Leipzig 1906).

Verwachsen und Verfilzen der sich ausscheidenden Kriställchen zurückzuführen ist. Für die Härte des abgebundenen Gipses sei nur die Form, Größe und Dichtigkeit der Kriställchen maßgebend.

Gegenüber diesen Anschauungen wurden jedoch bald Stimmen laut, die in der Hydratation und Kristallisation des Gipses nicht den Hauptgrund seines Erhärtens erblickten. Schon F. Knapp[1]) sah in der Tatsache, daß der gebrannte Gips Hydratwasser aufnimmt, keine Erklärung dafür, daß der als Mehl mit Wasser angerührte Brei zu einer zusammenhängenden Masse erstarrt. Es könnte ebensogut an Stelle des Breies aus Halbhydrat und Wasser ein solcher aus Doppelhydrat und Wasser treten.

Es lag nun nahe, zur Aufklärung dieser Erscheinungen kolloidchemische Gesichtspunkte heranzuziehen, ebenso wie es beim Zement versucht wurde. A. Cavazzi[2]) wies vor allem auf die Geleigenschaften des beim Anrühren mit Wasser erhaltenen Gipsbreies hin und auf eine Regel P. P. v. Weimarns, nach der ein schwerlöslicher Stoff bei Auslösung der Übersättigung zunächst in Gallertform auszufallen pflegt. Auch konnte er in Alkohol ein Kalziumsulfatgel darstellen, das jedoch nicht unbedingt auf eine Gelform des Gipses in Wasser schließen läßt. J. Traube[3]) konnte im Gipsbrei Strukturen, ähnlich den Liesegangschen Ringen beobachten und auch den Einfluß der Elektrolyte auf die Abbindungsgeschwindigkeit im Sinne der Hofmeisterschen Ionenreihe.

Wenn auch der strikte Beweis bis jetzt noch fehlt, so ist doch die Annahme der Bildung eines Gipsgels, welches die entstandenen Nadeln miteinander verkittet, mit größter Wahrscheinlichkeit anzunehmen, da nur so die außerordentlich hohe Festigkeit des abgebundenen Gipses erklärlich ist.

Die neuesten Untersuchungen auf diesem Gebiete gehen von Wo. Ostwald aus und wurden von diesem und P. Wolski[4]), H. Neugebauer[5]), L. Ritter[6]) und P. Neuschul[7]) durchgeführt. Das wesentliche an diesen Arbeiten ist die Einführung einer neuen Methodik, mit deren Hilfe man den stetigen Übergang in den festen Körper kontinuierlich verfolgen kann.

Wo. Ostwald fand, daß die Viskosimetrie einer verdünnten (ca. 3—5%igen) Gipssuspension eine ausgesprochene S-Kurve liefert, deren Maximum mit dem Erhärten des Gipses ziemlich übereinstimmt. Die Höhe des Maximums ist abhängig von Temperatur, Konzentration und Dispersitätsgrad des zerriebenen Präparates. Weiter ist die Höhe, sowie die Zeit bis zur Erreichung des Maximums stark von Zusätzen der verschiedensten Art abhängig. L. Ritter, der die Ergebnisse Rohlands und Traubes über den Einfluß von Elektrolyten auf den Gips nachprüfte, fand die Hofmeistersche Ionenreihe nur wenig ausgeprägt und beobachtete in Übereinstimmung mit Rohland, daß manche Salze, je nach der angewandten Konzentration, beschleunigend oder verzögernd wirken können.

Über den Einfluß von Nichtelektrolyten, insbesondere von Schutzkolloiden lagen keine Messungen vor. Pedrotti[8]) nennt als Stoffe, die in der Praxis zur Hemmung der Gipsabbindung verwendet werden, neben Leim, Eibischwurzel, Gummiarabikum und Alkohol, auch Milch, Molkenwasser, Käsestoff und Schlempe.

---

[1]) F. Knapp, Zit. nach P. Rohland, Tonindustrie-Ztg. **32**, 1594 (1908).
[2]) A. Cavazzi, Kolloid-Ztschr. **12**, 196 (1913).
[3]) J. Traube, Kolloid-Ztschr. **25**, 62 (1919).
[4]) Wo. Ostwald und P. Wolski, Kolloid-Ztschr. **27**, 78 (1920).
[5]) H. Neugebauer, Kolloid-Ztschr. **31**, 40 (1922).
[6]) L. Ritter, Dissertation (Leipzig 1924).
[7]) P. Neuschul, Dissertation (Prag 1925).
[8]) Marco Pedrotti, Der Gips (Wien 1901).

P. Neuschul hat nun auf Anregung Wo. Ostwalds die Einwirkung von Schutzkolloiden mit Hilfe der Viskosimetermethode quantitativ gemessen.

Übereinstimmend wurde gefunden, daß hydratisierte Kolloide den Abbindungs-
vorgang ausschließlich hemmen. Eine Beschleunigung wurde in keinem der betrachteten Fälle beobachtet. Die verzögernde Wirkung steigt im allgemeinen mit
der Erhöhung der Konzentration des Kolloides. Die Zusätze bewirken außer einer
Veränderung der Abbindungszeit auch eine Änderung des hydraulischen Effektes,
d. h. der Höhe des Viskositätsmaximums. Ein mittlerer hydraulischer Effekt entspricht dem mechanischen Optimum des Gipsmörtels.

Erhebliche Änderungen der Abbindungszeit als auch des hydraulischen
Effektes können schon von außerordentlich kleinen Schutzkolloidkonzentrationen
bewirkt werden.

Schon folgende Konzentrationen verzögern die normale Abbindungszeit einer
2,8%igen Gipssuspension von 32,5 Minuten um 2,5 Minuten (ca. 8%):

Pulvergelatine . .	0,0001%	Eibischwurzel . .	0,007%
Blattgelatine . .	0,00025%	Gummiarabikum.	0,005%
Hämoglobin . . .	0,0005%	lösl. Stärke . . .	0,005%
Natriumkaseinat .	0,0001%	Dextrin	0,025%
Eialbumin. . . .	0,0005%	Tannin	0,25%

Auf den hydraulischen Effekt ergeben sich ähnliche große Einflüsse.

Bei geeigneten höheren Konzentrationen der Schutzkolloide können Abbindungszeit und hydraulischer Effekt in ganz beträchtlicher Weise verändert werden.
So wird z. B. die normale Abbindungszeit von 32,5 Minuten geändert:

bei einem Zusatz von	auf Minuten	um%
0,005% Blattgelatine.	75	131
0,0025% Pulvergelatine.	65	100
0,025% Hämoglobin	85	162
0,025% Na-Kaseinat	60	85
0,025% Eialbumin	112,5	246
0,14% Eibischwurzel	180	454

Bei Zusätzen, die über den vorstehend angeführten Konzentrationen liegen,
wird unter den Versuchsbedingungen praktisch überhaupt keine Abbindung mehr
erzielt. Dementsprechend wird der hydraulische Effekt stundenlang auf Null
gehalten.

Die übrigen untersuchten Kolloide verhielten sich bei den maximal verwendeten
Konzentrationen folgendermaßen:

Bei einem Zusatze von	wird die normale Abbindungs-zeit von 32,5 Minuten erhöht		wird der normale hydraulische Effekt von 13,8 Sekunden erniedr.	
	auf Minuten	um %	auf Sekunden	um %
0,25% lösliche Stärke	57,5	77%	7,4	53,6%
2,5% Gummiarabikum	57,5	77%	9,9	28,3%
2,5% Dextrin	52,5	62%	8,2	40,6%
5% Tannin	47,5	46%	5,7	41,3%

Trägt man nun in ein Koordinatensystem als Abszisse den Logarithmus der
Konzentration und als Ordinate die Abbindungszeit ein, so erhält man zwei verschiedene Kurvenarten: Bei den zuerst behandelten Kolloiden, also Gelatine,

Hämoglobin, Na-Kaseinat, Eialbumin und Eibischwurzel geben die Kurven das deutliche Bild von Hyperbeln, d. h. daß bei geeigneter Erhöhung der Konzentrationen die Werte für die Abbindungszeiten im Unendlichen liegen. Die entsprechenden Kurven für den hydraulischen Effekt' liefern bei diesen Konzentrationen Nullwerte.

Bei den übrigen betrachteten Kolloiden bilden die Kurven der Abbindungszeiten Gerade, d. h. die Abbindungszeiten nehmen proportional dem Logarithmus der Konzentration zu.

Man erkennt aus dieser Zusammenstellung, daß sich deutlich zwei Klassen von Schutzkolloiden unterscheiden lassen, die sowohl in der Form ihrer Kurven, als auch in ihren wirksamen Konzentrationen außerordentliche Unterschiede zeigen.

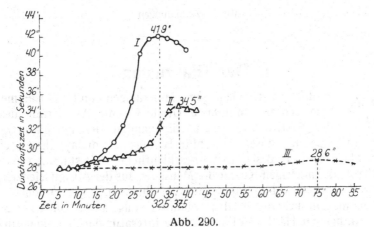

Abb. 290.

I. Abbindungskurve fur reinen Gips (2,8%); II. Abbindungskurve bei Zusatz von 0,0005% Gelatine; III. Abbindungskurve bei Zusatz von 0,005% Gelatine.

Vergleicht man diese beiden Klassen mit der von Zsigmondy[1]) an Hand der Goldzahl gefundenen Einteilung, so erkennt man, daß unsere erste Klasse mit der von Zsigmondy im allgemeinen übereinstimmt. Die zweite Klasse vereinigt die Zsigmondysche zweite und dritte Klasse.

Da weder eine Löslichkeitsänderung, noch die Erhöhung der Viskosität des Dispersionsmittels einen wesentlichen Anteil an der hemmenden Wirkung auf die Gipsabbindung in den betrachteten Konzentrationen haben kann; da weiter die schützende Wirkung der verschiedenen Schutzkolloide auf Gold- und Kongorubinsol praktisch in gleicher Reihenfolge varriiert wie die Hemmung der Abbindung des Gipses, so ist anzunehmen, daß die allgemeine Theorie der Schutzwirkung dieser Kolloide, in der die Adsorption eine Hauptrolle spielt, auch den Einfluß auf die Gipsabbindung mit einschließt.

---

[1]) R. Zsigmondy, Kolloidchemie. 3. Aufl. (Leipzig 1920), 360.

Glas.

Von **Raphael Ed. Liesegang**.

Mit 12 Abbildungen.

I. Der Glaszustand.

Ein Streit um die Tektite. Prähistoriker, Geologen, Mineralogen und Astronomen waren eine Zeitlang in hohem Grade für die Aufklärung des Wesens der Tektite interessiert. Es handelt sich um glasartige Stoffe, welche man in ziemlichen Massen sowohl in Böhmen, im malayischen Archipel und in Südaustralien fand. Daß sie aus vorgeschichtlicher Zeit stammen mußten, war erwiesen. Trotz der niedrigen Kultur der Menschen aus der Aurignacienzeit, also vor 20000 Jahren, trotz der ethnographischen Verschiedenheit der Fundorte und trotz des hohen Schmelzpunktes dieses Glases glaubten einige an Produkte von Menschenhand. Neuerdings hat H. Michel[1]) die große Literatur darüber einer eingehenden Sichtung unterzogen und entscheidet sich mit der Mehrheit der Forscher für die kosmische Herkunft. Bemerkenswert ist es immerhin, daß die Unterscheidung von natürlichen und künstlichen Gläsern derartige Schwierigkeiten bereitete. Restlos sind sie auch jetzt noch nicht behoben. Denn die Oberflächenformen der Tektite stimmen nicht mit dem überein, was man sonst von Meteorresten erwartet. Deshalb wählte Eaton[2]) eine andere Deutung: Sie seien natürlicher, aber irdischer Herkunft. Durch Verwitterung von granitischem oder ähnlichem magmatischen Gestein sei zunächst eine Kieselsäuregallerte entstanden, die außerdem Eisen, Kalk, Magnesium, Aluminium und Alkalien enthielt. Diese haben beim Eintrocknen das Glas gebildet.

Diese Theorie sollte zwar nur als eine Seltsamkeit vorgeführt werden. Aber damit kann doch nicht gleich dem zugestimmt werden, was F. E. Sueß als Hauptgrund gegen sie anführt. Wenn nämlich Sueß sagt, daß auch die größte Trockenheit im irdischen Klima keine derartige Entwässerung herbeizuführen vermöge, so muß dagegen betont werden, daß zunächst die Kieselsäuregallerte die Erscheinung der Synäresis zeigt. D. h. sie kann wenigstens einen Teil ihres Wassers selbst dann abspalten (und dabei schrumpfen), wenn man sie im zugeschmolzenen Reagenzglas längere Zeit aufbewahrt. Dann aber sei auf die Opale verwiesen, deren gallertige Vorstufe fast Gewißheit ist. Für die Achate, aus denen wir die unzerbrechlichen Mörser herstellen, für die Feuersteine, die den Urvölkern als Messer und Waffen dienten, gilt das gleiche. Mit sanften Mitteln: auf wäßrigem Wege bei gewöhnlicher

---

[1]) H. Michel, Fortschr. d. Mineral., Krist.-Petrogr. **7**, 314 (1922).
[2]) J. N. W. Eaton, Verh. kon. Akad. Wet. Amsterdam **1921**, Teil 22, Nr. 2.

Temperatur formt die Natur die Kieselsäuregerüste der Diatomeen, den Tabeschir der Bambusstaude.

Worauf das hinaus will, braucht kaum noch gesagt zu werden: Daß nicht unbedingt· der Schmelzofen notwendig ist, um Glasähnliches zu bilden und zu formen.

Bei Opalen, Achaten und Feuersteinen glaubte man vor ·kurzem noch geologische Zeiten als Entstehungszeit einsetzen zu müssen. Der eilige Mensch würde sich an ein solches Tempo natürlich nicht gewöhnen können. Aber seitdem Hatschek bei Reaktionen in Kieselsäuregallerten bei gewöhnlicher ·Temperatur Kristalle von metallischem Gold von einigen Millimetern Durchmesser in wenigen Tagen erhielt, nachdem Karbide von solcher Härte, daß sie zuerst an Diamanten erinnerten, dabei auftreten, — seit diesen Laboratoriumsversuchen neigen auch die Mineralogen und Petrographen mehr zu der Ansicht, daß unter gewissen Bedingungen die Bildung von Mineralien viel rascher erfolgt, als wie man es bisher annahm. Bei Diatomengerüsten und dem Tabaschir der Bambusstauden ist die Schnelligkeit der Bildung von Kieselsäureglas evident.

Weitere Vergleiche mit Gallerten mögen sich gleich anschließen, obgleich vorausgeschickt werden muß, daß die Theorie der gallertigen Zustände kaum mehr ausgereift ist als die Theorie des glasigen Zustandes. Wenn Bradford[1]) das Glas mit einer erstarrten Gelatinelösung vergleicht, so ist zu beachten, daß er die Gallertbildung als einen Kristallisationsvorgang auffaßt.

Begründet wurde die Gallerttheorie des Glases von G. Quincke[2]). Danach ist „Glas nicht homogen. Es enthält viele unsichtbare Schaumwände, welche sichtbare und unsichtbare Schaumkammern umschließen. — Glas ist eine Gallerte, welche bei hoher Temperatur entstanden ist und Schaumwände von Kieselsäure oder Silikaten enthält, welche die mit Alkalisilikaten gefüllten Schaumkammern umhüllen".

Nach Sosmann[3]) hängen die Si-Ionen der polymerisierten SiO_2-Moleküle wie die Perlen einer Kette zusammen:

$$\text{Si} - \text{Si} - \text{Si} - \text{Si} \ .$$

Bei den Kristallen sei der Strang einer solchen Tripletanordnung spiralig gewunden. Dadurch wird die Leichtigkeit der Modifikationsänderung gedeutet. Dagegen fehle im Quarzglas jede Ordnung in der Richtung der Verbindungsfäden der Moleküle. Vielmehr bilden sie ein wirres Knäuel, das bei hoher Temperatur in starker Bewegung ist und einem Haufen sich ringelnder Würmer gleicht. Bei der in der Technik üblichen Erstarrungsgeschwindigkeit fehlt die Zeit zur Entwirrung der Knäuel. So bleiben im Quarzglas molekulargroße Lücken, welche den Durchtritt von Gasen (so dem einatomigen Helium schon bei Zimmertemperatur, von Wasserstoff bei 300°) ermöglichen. In einem Glas Na_2O, CaO, $6 SiO_2$ ist etwa die Hälfte der SiO_2 für Silikatbildung verbraucht, die andere Hälfte soll das Lösungsmittel bilden. Die Silikate seien also dem Quarzglas eingefügt, ohne seinen Bau wesentlich zu verändern. Die beschriebene Fadenstruktur scheint also wie bei den glasigen Silikaten die räumliche Anordnung zu beherrschen.

[1]) C. S. Bradford, Trans. Soc. Glass Techn. **3**, 232 (1919).
[2]) G. Quincke, Ann. d. Physik **7**, 733 (1902); **46**, 1025 (1915).
[3]) R. B. Sosman, Journ. Franklin Inst. **194**, 2 (1922).

Im Anschluß hieran faßt W. E. S. Turner[1]) das Quarzglas und die anderen Gläser als eine Art Kieselsäuregel auf. Es liegt ein Schwamm vor, dessen Poren bei den Silikatgläsern mit den Silikaten ausgefüllt sind. Auch H. Salmang[2]) macht den Vergleich mit einem Schwamm: Das SiO_2-Gerüst ist mehr oder weniger kristallin (also wohl wie bei manchen Seifengallerten) ausgebildet. Die Poren sind mit den Alkali- und Erdalkalisilikaten ausgefüllt.

Beziehungen dazu finden sich auch in dem sehr wichtigen Aufsatz von E. Berger[3]) über die Natur des Glaszustandes. Vom Transformationspunkt der technischen Gläser sagt er: „Die hochpolymerisierten Moleküle rücken allmählich so weit zusammen, daß die den Polymerisationsvorgang bewirkenden Kräfte als starke Adsorptionskraft zur Auswirkung gelangen. Dadurch ziehen sich die größeren Verbände gegenseitig an und auch die restlichen kleinen einfachen Moleküle werden herangerissen, ähnlich wie die Gelatineteilchen einer Gelatinelösung beim Erstarren zur Gallerte sich das Wasser anlagern."

Auf Grund seiner Studien an organischen Gläsern aus Propylenglykol, Glyzerin oder Glukose verwirft G. S. Parks[4]) die Auffassung des Glaszustandes als unterkühlte Flüssigkeit. Es liege vielmehr ein vierter Aggregatzustand vor, vergleichbar der Gallerte. Bei der Erwärmung des Glukoseglases beginnt die Erweichung. Bei 60⁰ bildet sich eine sehr viskose Flüssigkeit. Das sei vergleichbar mit dem Übergang einer Gallerte in eine assoziierte Flüssigkeit.

SiO_2 und Alkalisilikat haben ein enges Schmelzintervall, das durch Zugabe des Oxyds eines zweiwertigen Metalls verbreitert werden kann, so daß nun jene teigige Zwischenstufe entsteht, welche die Formgebung erleichtert. Daraus folgert Bary[5]), daß Glas unterhalb der Temperatur des eigentlichen Schmelzpunktes eine Gallerte ist, d. h. die Lösung eines Kristalloids in einem hochpolymerisierten Stoff. Bei SiO_2 und Alkalisilikaten ist die Polymerisationsfähigkeit nur gering. Diese werden die Rolle des gelösten Kristalloids übernehmen. Dagegen ist bei den Silikaten der zweiwertigen Metalle die Möglichkeit zur Bildung langer Ketten vorhanden, weil hier (im Gegensatz zu den vorigen) das Ende des einen Moleküls mit dem Ende des anderen reagieren kann:

$$2\,[2\,CaO.(SiO_2)n] = Ca \underset{O}{\overset{O}{\diamondsuit}} Si \underset{O}{\overset{O}{\diamondsuit}} ..$$

$$Si \underset{OCa}{\overset{OCa}{\diamondsuit}} Si \underset{O}{\overset{O}{\diamondsuit}} .. \quad Si \underset{O}{\overset{O}{\diamondsuit}} Ca.$$

In diese polymeren Verbindungen gehen auch Borsäure, Tonerde und andere Moleküle ein. Beim Erhitzen bis zum Schmelzpunkt zerfallen sie, beim Abkühlen bilden sie sich wieder. — Die Möglichkeit der Elektrolyse des Glases deutet darauf hin, daß das Natriumsilikat darin als Kristalloid vorhanden ist. Die großen Dimensionen der Kalziumpolysilikate bedingen die Starrheit des Glases.

Glas als nicht-fester Körper. Es ist hierbei zu beachten, was G. Tammann, der den Satz prägte, unter festen Stoffen versteht. Nur dem in Gitterform ausgebildeten Stoff, also dem Kristall spricht er diese Bezeichnung zu. Da wenigstens beim idealen Glase Gitteraufbau auch der Teile fehlt oder

---

[1]) W. E. S. Turner, Trans. Soc. Glass Techn. **9**, 147 (1925).
[2]) H. Salmang, Glastechn. Ber. **4**, 172 (1926).
[3]) E. Berger, Glastechn. Ber. **5**, 393 (1927).
[4]) G. S. Parks und H. M. Huffman, Journ. phys. Chem. **31**, 1842 (1927); **32**, 1366 (1928).
[5]) P. Bary, Revue Gén. d. Colloides **3**, 1, 43 (1925).

wenigstens stark zurücktritt, stimmt der Satz von Tammann, wenn man sich seiner Definition der festen Stoffe anschließt[1]). Ist dieser aber berechtigt?

Hausser und Schulz haben besonders große Einkristalle aus Kupfer hergestellt. Obgleich hier die Gitterforderung von Tammann in vollkommenen Maß erfüllt ist, vermag ein Kind die 16 mm dicke Stange leicht zu biegen. Sie ist fast einer Siegellackstange vergleichbar, die sich durch ihre eigene Schwere mit der Zeit biegt, und die deshalb als nichtfester Körper bezeichnet wird. Erst wenn das Gitter des Kupferkristalls, z. B. durch das Biegen, deformiert ist, dann vermag auch ein Athlet jene Kupferstange nicht mehr zurückzubiegen. Gerade die Störung des Gitters, die im Glase zum Extrem ausgebildet ist, schafft also wenigstens bei den Metallen Verfestigung, macht aus ihnen einen festen Körper.

Es sei hier an die Theorie bei Beilby erinnert: Beim Polieren eines Metalls oder einer Legierung beginnt die oberflächliche Schicht zu fließen und bildet danach eine amorphe, glasartige Masse. Eine solche bildet sich auch beim Härten zwischen den Einzelkristallen aus. Von ihr nimmt Z. Jeffries[2]) an, daß sie (wenigstens bei niederen Temperaturen) viel härter sei als das kristalline. Sauerwald, der Beilbys Theorie für die Metalle übrigens ablehnt und mit Tammann annimmt, daß eine höher disperse Ausbildung der Kristalle an der Grenze der größeren Kristalle genüge, gibt zu, daß „im allgemeinen amorphe Körper einen höheren Formänderungswiderstand und vor allem eine geringere Formänderungsfähigkeit als kristallisierte Stoffe haben".

Tammann selber, wenn er sich mit O. Lehmann im Disput über die Bezeichnung „flüssige Kristalle" befindet[3]), bezeichnet bei dieser Gelegenheit als „flüssig" nur Zustände, „in denen der betreffende Stoff schon durch verschwindende Kräfte deformiert wird". — Deshalb wird man mit dem, in der Glasliteratur so verbreiteten Satz, Glas sei kein fester Körper, zum mindesten etwas vorsichtiger umgehen müssen.

Glas als unterkühlte Flüssigkeit. Bei Einschätzung der bekannten These von Tammann ist es angebracht, die Begriffe Flüssigkeit und Unterkühlung gesondert zu betrachten. Tammann betont das Wort Flüssigkeit. Das Ungeordnete darin wird allgemein angenommen. Leitet man einen elektrischen Strom durch eine Elektrolytlösung, so schafft man zwar eine Ordnung, die fast an ein Gitter erinnert, bringt damit die Masse aber nicht dem festen Zustand näher. Nach seinem Verhalten könnte auch der Kupferkristall als unterkühlte Flüssigkeit bezeichnet werden.

Unterkühlungsfähigkeit ist ein wichtiger Faktor für die Glasbildung. Ihr Wesen, das zur Übersättigung in Beziehung steht, ist noch kaum ergründet. Einige Forscher betrachten die übersättigten Lösungen als kolloide. Tammanns Satz wäre in diesem Fall identisch mit der Aggregationslehre. Eine andere Möglichkeit könnte sein: Größe und Verteilung der Moleküle, wie sie oberhalb 1200° vorhanden war, bleibt auch unterhalb 1200° erhalten. Das wäre Erfüllung von Tammanns Satz in der idealen Form: Glas eine Pseudomorphose nach der Flüssigkeit. Das ist nicht wesensgleich mit: Glas ist Flüssigkeit.

---

[1]) L. Hawkes (Geol. Mag. **67**, 17 (1930)), der sich bei mineralogischen Gläsern gegen die Auffassung als unterkühlte Flüssigkeit wendet, weil die molekulare Assozation eine ganz andere sei, formt den Ausdruck „amorpher Feststoff", der natürlich in der Tammannschen Auffassung einen inneren Widerspruch enthalten würde.

[2]) Z. Jeffries, Journ. Am. Inst. of Metals **11**, 300 (1917).

[3]) G. Tammann, Aggregatzustände. Die Zustandsänderungen der Materie (Leipzig 1922), S. 289.

Mit einer Erweiterung des von Tammann geprägten Begriffs sucht V. Großmann[1]) durchzukommen. Er glaubt, daß die Gläser nicht aus Monosilikaten
mit überschüssiger SiO_2 aufgebaut sind, sondern daß Disilikate vorliegen. Scherrer-
Aufnahmen zeigten, daß der Dikieselsäure kristalline Struktur zukommt. Aber
dieser kristalline Zustand ist auf eine sehr labile Gitterordnung gegründet. Schon
bei mäßiger Erwärmung stürzt das Gitter zusammen und es entsteht ein amorpher
Stoff. „Dieser amorphe Stoff hat jedoch neben dem locker sitzenden Absorptions-
wasser eine definierte Kieselsäure zur Basis. Ihr Feinbau deutet auf das Vorhandensein großer Molekülkomplexe, sog. Riesenmoleküle, die sich in chemischer
Hinsicht wie wirkliche Kristalle verhalten, in bezug auf ihre optischen Eigenschaften aber noch als leer angesehen werden müssen." In diesen großen Molekülkomplexen ist „eine Sammlung, ein Grad der Vorordnung der Moleküle schon
vorhanden; zur definitiven Gitterbildung, die das Scherrer-Diagramm liefert,
ist nur noch ein Schritt. Und nicht mit Unrecht ist dieser glasige Zustand als
ein vierter Aggregatzustand angesehen". — „Gläser kann man demnach, in Erweiterung des Begriffs der unterkühlten Schmelzen, nach Tammann, als Phasen
auffassen, welche einen bestimmten Ordnungsgrad bereits erlangt haben, und
gleichsam einen Urzustand kristalliner Verteilung der Materie repräsentieren."

Glas als Pseudomorphose nach der Schmelze. Auch die Verwendung dieses Wortes erfordert Vorsicht: Die Pseudomorphosen der Mineralogen haben
in ihrer inneren Struktur meist durchaus keine
Ähnlichkeit mit derjenigen der umgewandelten Kristalle. Wollte man das Wort
im Sinne der Mineralogen anwenden, so wäre die Pseudomorphosentheorie des
Glaszustandes unumstößlich, und doch fast wertlos, da sich allzuvieles dahinter
verstecken kann.

Eine ideale Pseudomorphose schwebt H. Schönborn[2]) vor: Wird die Abkühlungsgeschwindigkeit so groß, daß sie die Geschwindigkeit der Polymerisation
übertrifft, so muß es gelingen, die Gläser in einen Zustand überzuführen, welche
dem molekularen Aufbau nach einer höheren Temperatur entspricht. — Der
Techniker steht hier vor einem erstrebenswerten, aber nicht leicht durchführbaren
Problem.

Aggregationen. Selbst das flüssige Wasser besteht nicht aus H_2O-Molekülen,
sondern aus Aggregationen zu $(H_2O)x$ usw. Sonst müßte der
Siedepunkt viel niedriger liegen. Da hieraus geschlossen werden kann, daß auch der
Gefrierpunkt des H_2O sehr viel niedriger liegen müsse, so drängt sich die Theorie
der Unterkühlung wieder auf: Erhaltung des schwachen Aggregationsgrades der
höheren Temperatur auch bei niederer.

Normalerweise nimmt aber die Aggregation mit fallender Temperatur zu;
d. h. die Teilchengröße steigt. Das hat Berger mit schematischen Figuren illustriert: die Veränderungen beim Aggregationspunkt (1200⁰) und beim Transformationspunkt (550⁰). Dabei braucht er das Wort Allotropie, indem er diesen
Begriff in sonst nicht üblicher Weise sehr stark dehnt: „Andersartigkeit eines
Stoffes trotz gleicher chemischer Zusammensetzung". · In der Photographie hat
man sich entschieden dagegen gewehrt, wenn Carey Lea die verschiedenfarbigen
Formen des kolloiden Silbers als allotrope Formen auffaßte. Es hieß: Hier handelt
es sich nur um verschiedene Teilchengröße. — Als Le Chatelier[3]) die Vorgänge
am Transformationspunkt mit der allotropen Umwandlung des Schwefels ver-

[1]) V. Großmann, Glastechn. Ber. **7**, 369 (1929).
[2]) H. Schönborn, Sprechsaal **61**, 49, 117 (1928).
[3]) H. Le Chatelier, C. R. **179**, 517 (1924).

glich, hätte er sich Angriffe auf diese Theorie ersparen können, wenn er Bergers Erweiterung des Begriffs Allotropie angenommen hätte. Aber dazu sei nicht geraten. —

Nicht jeder Zusammentritt von Teilchen muß gleich Einspringen ins Gitter, Kristallisation, bedeuten. Sonst wäre der Beginn der Glasbildung gleichzusetzen mit dem Beginn der Entglasung. Als Fulcher[1]) den Ausdruck „Aggregationstemperatur" prägte, vermied er mit Absicht das Wort Kristallisation. Das war ein lobenswertes Unklarlassen, die Schaffung eines umfassenderen Ausdrucks. Man kann ja Unterabteilungen nachträglich noch machen: Nichtkristalline und kristalline Aggregation, die in der Temperaturskala nicht zusammenfallen brauchen. Deshalb kumuliert auch Bergers Darstellung in einem Wunsch nach weiterer Erkenntnis der nichtkristallinen Zusammenlagerungen. Im Abschnitt über die Entglasungen wird noch mehr hiervon die Rede sein.

Glas als Kolloid-Elektrolyt. Weitgehende Vergleiche der Gläser mit Seifen stellt B. Lange[2]) an: Wie bei letzteren hat man es auch bei den Silikatgläsern mit Kolloidelektrolyten zu tun. Beim einfachen Natronglas verschiebt sich bei Temperatursteigerung das kolloide Gleichgewicht

$$\frac{[Na_2SiO_3]n}{a} \rightleftharpoons \frac{n\,Na_2SiO_3}{b} \rightleftharpoons \frac{2\,Na + n\,SiO_2''}{c}$$

nach links. Die Mizelle besteht aus dem kristallinen Kern a, der von b hüllenförmig umgeben ist. Bei der Transformationstemperatur (550°) beginnt die elektrolytische Dissoziation c der Hülle. Dadurch die Ladung der Mizellen. Vorwiegend bei der Aggregationstemperatur erfolgt eine Überlagerung dieses Vorgangs durch den Zerfall kolloider SiO_2-Teilchen:

$$[SiO_2]n \rightleftharpoons n\,SiO_2.$$

Wie die einzelnen SiO_2-Moleküle innerhalb eines solchen Teilchens gelagert sind, läßt sich vorläufig ebensowenig wie bei den hochmolekularen organischen Stoffen sagen. Es kämen in Betracht normale chemische Haupt- oder Nebenvalenzkräfte, elektrostatische Anziehungskräfte wie van der Waals sie bei komprimierten Gasen annimmt, oder Assoziationskräfte, die mit den kristallbildenden Kräften in Parallele zu setzen sind. Die kettenartige Anordnung von R. B. Sosman[3]) ist dabei nicht ausgeschlossen.

Indem sich das Temperaturgleichgewicht der Glasmizellen nur langsam einstellt, erklärt sich die Abhängigkeit der Entglasung von der Vorbehandlung; namentlich auch von der Abkühlungszeit. Hier bestehen nahe Beziehungen zu Beobachtungen bei der Kristallisation aus wäßrigen Natriumoleatlösungen, welche P. H. Thiessen[4]) beschrieben hat.

II. Teilchengröße der Rohstoffe und in der Schmelze.

Mahlungsgrad. „Fein gemahlen und gut gemischt ist halb geschmolzen." Aber — wenn es nicht das Wirtschaftliche verbieten würde — man könnte hier leicht zu viel des Guten tun. Springer macht auf die Gefahr des Zerstäubens aufmerksam, wenn man z. B. den besonders feinen Kieselgur verwenden würde.

[1]) J. Fulcher, Journ. Am. Cer. Soc. **8**, 339, 789 (1925). — Phys. Rev. **2**, 899 (1925).
[2]) B. Lange, Sprechsaal **62**, 617 (1929).
[3]) R. B. Sosman, The properties of silica (New York 1927).
[4]) P. H. Thiessen und E. Triebel, Ztschr. f. anorg. Chem. **179**, 267 (1929).

R. Dralle weist auf das Mitspielen eines typisch kapillarphysikalischen Phänomens hin: Ist der Quarz zu fein, so hält er die Luft viel fester. Dadurch wird die Benetzung durch die zuerst schmelzenden alkalischen Flußmittel erheblich verzögert. Statt einer Beschleunigung erhält man so durch die Erhöhung des Feinheitsgrades eine Verzögerung der Schmelze. Eine Verschlechterung der Läuterung kommt hinzu. — Ein Vergleich mit gewissen Böden, in welche dann ein Regenguß nicht eindringt, wenn sie vorher besonders stark durchgetrocknet waren, illustriert die hemmende Wirkung der kapillar festgehaltenen Luft.

In der Schmelze. Ihre Entstehung schildert G. Keppeler[1]). Erhitzt man allmählich ein geeignetes Gemenge von Quarz, Ton und Flußmitteln, so zeigen sich folgende Übergänge: zunächst Reaktion der sich berührenden Teilchen schon im festen Zustand und Bildung eutektischer Schmelzen. Deren Menge ist aber zunächst beschränkt. Sie benetzen die festgebliebenen Teilchen. Die Oberflächenspannung der Flüssigkeitshäutchen zieht die Teile zusammen. Die Formverhältnisse bleiben vorläufig erhalten, nur wird der Körper kleiner. Zunächst ist er porös. Bei steigender Temperatur löst die Schmelze mehr von dem Festgebliebenen. Jetzt ist die innere Reibung noch sehr hoch, da die Flüssigkeit sehr zäh ist und die Einlagerung der festen Teilchen noch stärkere Reibung bedingt. Bei weiterer Temperatursteigerung tritt der Flüssigkeitscharakter stärker in den Vordergrund. Die Oberflächenspannung beginnt über die Zähigkeit Herr zu werden. Die Kanten beginnen sich abzurunden. Von hier an ist der Körper nicht mehr als keramisches Erzeugnis anzusprechen, da die Formbeständigkeit aufhört und Feinheiten der Prägung sich verwischen. Nun kommt zur Wirkung der Oberflächenspannung noch diejenige der Schwerkraft hinzu. Erst bildet sich ein Tropfen, dann verflacht er sich und die Schmelze läuft zum glatten Fluß aus. Hier kommt man ins Gebiet des Glases und der Glasuren.

„Bei den meisten technischen Schmelzen", sagt F. Eckert[2]), wird nur ein verhältnismäßig geringer Grad der Homogenität erreicht. Die Verschiedenheit der Eigenschaften derartiger Gläser, wenn sie auch nach dem gleichen Satz erschmolzen werden, ist in erster Linie in ihrer Inhomogenität begründet und in der physikalisch-chemischen Verschiedenheit dieser kleinsten heterogenen Bestandteile. Es muß betont werden, daß diese Heterogenitäten nur in den gröbsten Fällen als sog. Schlieren, Rampen und Winden sichtbar zu sein brauchen." Und er bemerkt ferner, „daß infolge der grobdispersen Inhomogenitäten des schmelzenden Gemisches eine viel größere Zahl von Phasen im Ausgangsmaterial vorhanden ist, als irgendeinem Gleichgewicht entspricht". — Und auch von der aus der Schmelze gebildeten Masse sagt er: „Das Glas ist insofern keine ideale homogene Lösung, als ihr das Kennzeichen der vollständigen molekularen Verteilung der Einzelbestandteile fehlt, sowohl der gelösten (Einfach- und Mehrfachsilikate, Aluminate, Borate, vielleicht auch komplexe Salze) wie auch des Lösungsmittels (vorwiegend Kieselsäure). Man findet vom Zustand der reinen Lösung alle Übergänge bis zur mehr oder weniger geordneten Anhäufung einzelner Molekülarten." —

Nach H. Hermann[3]) sind manche Entglasungen aus dem Zustandsdiagramm überhaupt nicht zu erklären, wenn man nicht die chemische Unhomogenität der Schmelze in Betracht zieht. Er verwirft es auch als ungenau und irreführend, wenn man von einer allgemein entglasungsfördernden oder hemmenden Wirkung einzelner Oxyde spricht.

[1]) G. Keppeler, Vorbericht d. Bunsenges. 86 (1923).
[2]) F. Eckert, Trans. Soc. Glass. Techn. **9**, 267 (1925).
[3]) H. Hermann, Sprechsaal **59**, 142 (1926).

Neubildungen von Inhomogenitäten in der Schmelze brauchen nicht immer Beziehungen zu Entglasungen zu haben. Es sind auch disperse Systeme flüssig-flüssig möglich, also Emulsionen oder ihre noch feinere Form: Emulsoide. Im verfestigten Glas kann dann eine Pseudomorphose nach dieser zweiphasigen Flüssigkeit vorliegen.

Das hier vermutete fand E. Berger[1]) bei seinen eingehenden Studien bestätigt: Bei Alkali-Borsäure-Schmelzen mit bis zu 30% SiO_2 treten auch durchsichtige Steine auf, die sich nur durch andere Brechung von der Umgebung unterscheiden, und die Berger als Glassteine bezeichnet. Durchsichtige „Linsenkristalle" bilden sich in gewissen Barium-Alumino-Borosilikatgläsern aus. Berger vermutet hier Kristalle geringerer Symmetrie, die flüssigen Kristallen ähneln. Kolloide Ausscheidungen wie Trübungen, Emaille, Emulsionen treten oft auf. Eine der Trübungen, bei der es zuerst schien, als wenn sie von sehr kleinen Luftbläschen herrühren, war in Wirklichkeit von massiven Glaskügelchen gebildet; ein Beweis, daß die trübende Phase nicht kristallisiert zu sein braucht, sondern daß sie glasiger Natur sein kann.

III. Kühlung und Härtung.

Besonderheiten der Oberfläche. Es sei daran erinnert, daß die aus dem Schmelzfluß entstandenen NaOH- oder $AgNO_3$-Stangen sich beim Einlegen in Wasser oft im Inneren rascher lösen als an der Peripherie, so daß Röhren entstehen. Die Masse ist außen dichter, innen durch Ionenschrumpfung lockerer aufgebaut. Man wird an den Satz Goethes vom zu rasch gekühlten Glas erinnert: „Die Masse bleibt innerlich getrennt, spröde, die Teilchen stehen nebeneinander, und obgleich nach wie vor durchsichtig, behält das Ganze etwas, das man Punktualität genannt hat." Es ist das gleiche, was E. Zschimmer mit den Worten ausdrückte, „daß im unterkühlten Zustand die Moleküle in der Oberflächenschicht sich unter Druckspannung näher, und im Innern unter Zugspannung entfernter voneinander befinden."

Als Gegner solcher Anschauung tritt G. Keppeler[2]) auf. Zwar räumt er ihr den Vorzug der Einfachheit ein, er vermißt in ihr aber Angaben über die Art und Gruppierung der Moleküle. „Sie kann uns deshalb nicht tiefer in das Wesen des vorliegenden Vorgangs einführen."

Die von Keppeler gewünschte Aufklärung erteilt Lazareff[3]). Die Untersuchung gehärteter Gläser im polarisierten Licht macht wahrscheinlich: Bei der Erhitzung auf hohe Temperatur sind die länglichen Teilchen ungleichmäßig zerstreut. Bei der Abkühlung übt die Außenhaut einen solchen Druck auf die folgende Schicht aus, daß die Teilchen sich dort regelmäßig, z. B. wie ein Mauerwerk, anordnen müssen, um weniger Raum einzunehmen. „Durch diese Zusammenpressung ist die Bedingung für pseudokristallinische Bildungen unter der Glashaut gegeben, in denen die Glasteilchen, die mitunter ganze Molekülaggregate darstellen, zur Annahme einer bestimmten Lage gezwungen werden." In noch größerer Tiefe wird aber das Gefüge lockerer als bei normalem Glase. Minimale Vakua liegen hier wohl zwischen den Teilchen.

„Gehärtetes Glas kann also einem flüssigen Kristall von riesengroßen Aus-

[1]) E. Berger, Glastechn. Ber. **5**, 569 (1928).

[2]) G. Keppeler, Sprechsaal, **61** 300 (1928).

[3]) P. P. Lazareff, Glastechn. Ber. **7**, 202 (1929). (Auch für den Abschnitt über Oberflächenentglasung und Oberflächenspannung hat dieses Thema Bedeutung.)

messungen verglichen werden. Die Moleküle an der Oberfläche sind in regelmäßigen
Reihen nebeneinander gegliedert (Ursache der Doppelbrechung). Die regelmäßige
Anordnung verändert sich indessen mit der Tiefe. Je weiter man unter die Ober-
fläche eindringt, um so größer wird die Unregelmäßigkeit der Lagerung."

Chemischer Einfluß   Schott hatte 1893 nachgewiesen, daß SO_2 in Kühlofengas
der Kühlgase.   die Widerstandsfähigkeit der Oberfläche erhöht. Gehlhoff
                          und H. Löber konnten das bestätigen. Nach G. Keppeler
haben CO_2 und Wasserdampf ebensolche Wirkung. Er bestätigt dabei eine Angabe
von Gehlhoff[1]), wonach gekühlte Glasplatten mit „Feuerpolitur" niedere Angreifbarkeit besitzen als die abgeschliffenen Platten der gleichen Art. Dasselbe
gilt für Rohglas in der natürlichen gegossenen Form gegenüber geschliffenem und
poliertem Spiegelglas. Keppeler deutet dies chemisch. Denn die Außenseite
von Hohlgläsern, welche jenen Gasen ausgesetzt war, ist widerstandsfähiger als
die Innenseite. „Die chemischen Eigenschaften, die man bisher der „Feuerpolitur"
zuschrieb, werden also erst bei der Kühlung durch die Wirkung der Kühlgase in
den Glasoberflächen hervorgerufen."

Fehlt auch noch eine Deutung für die angeblich gleichartige Wirkung von
SO_2, CO_2 und Wasserdampf, so ist doch der Hinweis an sich von Bedeutung für
den Kolloidchemiker, daß die Glasoberflächen je nach ihrer Behandlung bei der
Herstellung sehr verschiedene Eigenschaften haben können. Adsorption, Kataly-
sator- und rein chemische Wirkungen können bei zwei Gläsern in gleicher chemischer
Zusammensetzung verschieden ausfallen.

IV. Entglasungen.

Vielfacher Sinn   „Entglasung" bedeutet eigentlich, daß etwas nicht mehr im
des Wortes.   glasigen Zustand ist, was sich vorher darin befand. Aber der
                      eigentliche glasige Zustand brauchte vorher noch gar nicht er-
reicht gewesen zu sein. Denn sehr viele Entglasungen beginnen bereits in der
Schmelze. Das gilt sowohl für die Magmen der Geologen wie für die Glasschmelzen
der Technik.

Mancherlei verschiedenes führt dazu: Einfache Kristallisation oder Sammelkristallisation, chemische Neubildungen und allotrope Umwandlungen. Entglast
nennt man aber auch ausgegrabene römische Glasgeräte, wenn ihnen ein Teil der
löslichen Bestandteile entzogen ist. — Der Reichtum der bei den Entglasungen
möglichen Formen geht besonders aus dem großen Tafelwerk von K. Tabata[2])
hervor.

Allotrope Umwandlungen.   Nur ein Beispiel, das zudem einen besonders einfachen
                              Fall betrifft, sei erwähnt. Nach R. Rieke und
K. Endell[3]) wandelt sich Quarzglas bei mehrstündigem Erhitzen auf 1100 bis
1200^0 in β-Cristobalit um. Geht die Temperatur wieder zurück, so tritt bei 230^0 die
Bildung von α-Cristobalit ein. Dadurch wird der Dispersitätsgrad ein ganz anderer:
Es tritt Entglasung ein. Das Material wird brüchig und gasdurchlässiger. Klar
geschmolzenes, durchsichtiges, blasenfreies Quarzglas neigt am wenigsten zur Entglasung. Durch feinverteilte Luftbläschen, oberflächliche Verunreinigungen,
sowie im Glas suspendierte feinste Teilchen wird die Entglasung befördert.

---

[1]) Gehlhoff und Schmidt, Sprechsaal **60**, 339 (1927).
[2]) K. Tabata, Researches Elektrotechn. Lab., Tokyo Nr. 163, 165, 175, 179, 182, 189,
211 (1925—1927).
[3]) R. Rieke und K. Endell, Silikat-Ztschr. **1**, 6 (1913).

Keimwirkungen in der Glasschmelze. Im Gegensatz zur chemischen und physikalischen Forschung ist es hier wichtiger, daß es überhaupt zu einem Zusammentritt gleicher Moleküle kommt, als wie die Beantwortung der Frage, welcher Zusammensetzung dieselben sind. Erst sekundär gewinnt die chemische Natur eine Bedeutung, nämlich dadurch, daß von ihr die Keimbildungs- und die Kristallisationsgeschwindigkeit abhängig sind.

Aus dem Diagramm $Na_2O \cdot CaO \cdot SiO_2$ kann man lesen, daß bei der bekannten Zusammensetzung der Schmelze und bei der gerade erreichten Temperatur die Bildung einer bestimmten Verbindung zu erwarten sei. Aber dieser Chemismus braucht sich dann noch nicht gleich zu äußern. Damit es zu einer Trübung, zu einer Ausscheidung kommt, müssen sich die Moleküle erst zusammenfinden. Das erfordert eine gewisse Zeit. Inzwischen kann man durch eine Viskositätssteigerung — wobei es erst von sekundärer Bedeutung ist, ob dieselbe durchTemperaturerniedrigung oder durch passende Zusätze erreicht wird — die Beweglichkeit, die Wanderungsgeschwindigkeit der Moleküle derart herabsetzen, daß sie sich nicht mehr in hinreichendem Maße zusammenfinden.

Auch das Stadium der Übersättigung, der Überschmelzung schiebt sich· noch zwischen Bildung des betreffenden Stoffs und den Zusammentritt größerer Molekülmassen, sei es unter Ausbildung regelrechter Kristallgitter oder von feinsten Tröpf-

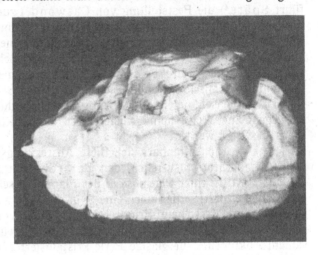

Abb. 291.
Rhythmisch entglastes Glas.

chen, die in emulsionsartiger Verteilung bleiben. Die Bildung bemerkbarer Kriställchen geht (worauf besonders G. Tammann hingewiesen hat) die Formung amikroskopischer Keime voraus. Wie bei der Vergrößerung (und Sichtbarmachung) der Keime des latenten Bildes bei der photographischen Entwicklung schlägt sich auf ihnen weiteres Material, daß in der Umgebung in übersättigter Form vorhanden ist, nieder.

Theoretisch müßten sich größere Entglasungen auch durch Verhinderung dieser Keimbildung verhindern lassen. Arbeiten auf diesem typisch kolloidchemischen Gebiet liegen noch nicht vor. Es sei nur darauf hingewiesen, daß Hiege[1]) und Reitstötter[2]) z. B. durch Zugabe von Ferro- oder Ferrizyankalium die Neubildung von Keimen in den Mischungen zur Herstellung von Goldsolen ganz erheblich herabsetzen konnten. Auch die Wirkung der Desensibilisatoren in der Photographie gehört hierher. Man hat vielleicht ähnliches durch Zusätze zu Glasschmelzen auch schon erreicht, dieses aber bisher anders zu deuten versucht.

Unbeachtet blieb bisher auch, daß Fremdkeime oft ebenso wie die arteigenen

---

[1]) K. Hiege, Ztschr. f. anorg. Chemie **91**, 145 (1915).
[2]) J. Reitstötter, Kolloidchem. Beih. **9**, 222 (1917). — Vgl. a. die Zusammenfassung in R. E. Liesegang, Kolloidchemie, 2. Aufl. (Dresden 1926), S. 10, 123.

wirken. Platinbilder lassen sich mit naszierendem Silber verstärken[1]). Für naszierendes Gold haben auch Cd, Zn, Cu, Sn, Bi, Ag Keimwirkung[2]), was nebenbei für die Herstellung von Goldrubinglas bedeutsam sein könnte. — Chemisch werden dadurch die Entglasungsvorgänge immer komplizierter. Die kolloidchemische Betrachtung bringt dagegen Einheitlichkeit. Aber eingehende Studien hierüber sind noch notwendig. Z. B. auch über die Keimwirkung verschiedener Modifikationen aufeinander: Von Tridymit auf Quarz usw.

Unbeachtet und unausgenutzt blieb schließlich beim Glasschmelzen auch die Möglichkeit der Keimvergiftung (Inaktivierung), auf welche besonders Zsigmondy[3]) in wäßrigen Systemen hingewiesen hat. — Das kann im Resultat identisch sein mit einer Verminderung der Kristallisationsgeschwindigkeit. Es ist jedoch nicht dem Wesen nach identisch. Auf eine kristallisationshemmende Wirkung des Borax führt Späte[4]) die Feststellung von Caswood[5]) zurück, wonach ein Boraxzusatz die sonst durch Kaliumsulfat herbeigeführte Trübung verhindern kann.

Die Angaben von Jackson[6]), daß „homogenes" Glas überhaupt nicht entglasen soll und daß deshalb Thermogenisieren der Schmelze durch Rühren von Vorteil sei, steht nur indirekt mit diesen Keimproblemen in Zusammenhang: Bei unvollkommener Mischung finden sich an einzelnen Stellen der Schmelze ungünstige Stoffzusammensetzungen, die vorzeitig zu Keimbildungen Anlaß geben. Kann man auf irgendeine Weise homogenisieren, so kann diese „Ansteckungsgefahr" allerdings beseitigt werden.

Sehr deutlich offenbart sich diese Ansteckung durch Kristallreste bei einem kleinen Laboratoriumsversuch, den Balarew[7]) unternahm. Etwas $Cd_2P_2O_7$ und $Zn_2P_2O_7$ wird in einer Platinöse in der Flamme geschmolzen. Hatte man ungenügend lange erhitzt, so daß noch eine Spur der Kristalle vorhanden war, so kristallisiert die ganze Masse beim Erkalten wieder. Nach vollkommener Durchschmelzung erhält man die glasige Form bei raschem Abkühlen; dagegen Kristalle bei langsamem Abkühlen. Die glasige Perle kristallisiert bei mehrmaligem Erhitzen erst, ehe sie schmilzt. Bei zu kurzem Erhitzen einer Glasperle aus gleichen Mengen der beiden Phosphate kristallisiert nur die Peripherie, nicht das Innere. Zur Kristallisation einer überkalteten Flüssigkeit ist also nicht nur Anwesenheit von Keimen, sondern auch eine gewisse Kristallisationsgeschwindigkeit notwendig. —

In einer sehr eingehenden Arbeit über die Kristalltrachten der technischen Kalk-Natron-Silikatentglasung hat H. Jebsen-Marwedel[8]) häufig Anlaß, bei der Deutung ungewöhnlicher Ausbildungen der Wollestonit-, Cristobalit- und anderer Entglasungskristalle auf Inhomogenitäten im Glase hinzuweisen: Die auftretenden Kristalle entsprechen dann nicht der Lage des Glases in dem zuverlässigen Diagramm von Morey und Bowen, wenn entweder der Glasfluß noch nicht homogen war, also örtliche Häufung bestimmter Oxyde enthielt, oder wenn das Glas infolge Zersetzung seine vielleicht vorher vorhanden gewesene Homogenität nicht mehr besitzt. — Von nur lokal ausgeschmolzenen β-Wollastonitkristallen heißt es: „Es mangelt dem Glase an Homogenität kleinster Raumteile,

[1]) R. E. Liesegang, Photogr. Archiv **34**, 116 (1893).

[2]) S. Börgeson, Kolloid-Ztschr. **27**, 18 (1920).

[3]) R. Zsigmondy, Kolloidchemie (Leipzig 1912), S. 96.

[4]) F. Späte, Glastechn. Ber. **1**, 19 (1923).

[5]) J. D. Caswood und W. E. S. Turner, Journ. Soc. Glass Techn. **1**, 87 (1917).

[6]) H. Jackson, Journ. Soc. Glass Techn. **1**, 140 (1917). — Glasstechn. Ber. **2**, 20 (1924).

[7]) D. Balarew, Ztschr. f. anorg. Chem. **136**, 221 (1924). — Ähnliche Versuche machte H. Jackson, Journ. Roy. Soc. of Arts **68**, 134 (1920) mit Zinksilikat.

[8]) H. Jebsen-Marwedel, Sprechsaal **62**, 715 (1929).

deren Wärmeleitung also verschieden auf die Kristallsubstanz einwirkte. Einen ähnlichen Verdacht hatte auch H. Hermann[1]) geäußert, als er von der Korngröße des Gemenges eine Zellstruktur des Glases herleitete." Das gleiche gilt von der oft zu beobachteten Torsion der Cristobalite: „Nach F. Bernauer[2]) kann die Neigung zur Torsion von Walstrangkristallen an viele Kristalle anorganischer und organischer Körper künstlich herbeigeführt werden, indem man die Mutterlauge durch Zusätze uneinheitlich macht." — Jebsen-Marwedel verweist ferner auf ein Sandkorn, welches zwar geschmolzen war, dessen SiO_2 sich aber nur wenig durch Diffusion in der Umgebung verteilt hatte. Soweit letzteres der Fall ist, hat sich die Viskosität der Umgebung so gesteigert, daß die Kieselsäure des Sandkorns in Tropfenform zusammenbleibt. (Bei der Abkühlung geht sie zunächst in Cristobalit über.) Auch der Einfluß von Gasbläschen auf die Kristalltracht des Cristobalits gehört hierher.

Keimzufuhr durch Scherben nimmt v. Dimbleby[3]) an, um die Sprödigkeit, das Sinken der mechanischen Festigkeit und die steigende Neigung zum Bruch beim wiederholt (im Platintiegel) geschmolzenen Kalk-Natronglases zu deuten. Vielleicht bildeten sich Erstarrungskeime in der verhältnismäßig langen Zeit, welche größere Scherben zu ihrer hohen Erhitzung brauchten. Dann muß durch ungenügende Diffusion die Wiederauflösung dieser Keime verhindert worden sein. — Es ist verständlich, daß bei Wannenöfen Scherben, die sich weit unter dem Glasspiegel befinden, unter Bedingungen kommen können, die das Wachstum der Keime sehr begünstigen.

Nachwirkungen geringer Entglasungen der Schmelzen. Bei weitgehendst optisch geprüfter Spannungsfreiheit und anscheinender Homogenität des Glases beobachtete Eckert zuweilen eine derartige Steigerung der Sprödigkeit und Verminderung der Reißfestigkeit, daß ein sonst äußerst wärmefestes Glas dadurch fast die Eigenschaft gewöhnlicher Gläser annahm. „Es ist möglich, daß der den hohen Temperaturen entsprechende, an den einzelnen Stellen durch Zufälle verschieden weit gediehene Reaktionsverlauf zu ungeordneten Heterogenitäten führt, welche zwar der Größenordnung nach größer sind als von molekulardisperser Natur, jedoch noch nicht so makroskopisch, daß sie mit bekannten optischen Mitteln bemerkt werden können. Solches Glas würde dann im landläufigen Sinne vollkommen homogen erscheinen im Sinne eines reinen Gemisches. Es könnten aber doch auf diese Weise die großen Spannungen zwischen diesen kleinsten heterogenen Bestandteilen erklärt werden, welche man notwendigerweise annehmen muß, um die gesteigerte Sprödigkeit des Glases zu erklären."

Als praktisches Beispiel hierzu führt Eckert an: „Ein hoch kieselsäurereiches, äußerst wärmefestes Glas verliert diese Eigenschaften vollständig bei den geringsten sichtbaren Spuren der bekannten kolloiden Entglasung, vermutlich Tridymitbildung. Es muß als selbstverständlich angenommen werden, daß alle Übergangsstufen der molekulardispersen festen Lösung bis zur kolloiden Ausscheidung herstellbar sind mit einer entsprechenden kontinuierlichen Steigerung der Eigenschaftsänderung."

Das heißt mit etwas anderen Worten: Eckert macht die Anwesenheit kolloider Einlagerungen verantwortlich für jene Mikrospannungen, welche der opti-

---

[1]) H. Hermann, Sprechsaal **61**, Nr. 34 (1928).
[2]) F. Bernauer, Zbl. f. Mineral. A., 384 (1928).
[3]) V. Dimbleby, H. W. Howes, W. E. S. Turner und F. Winks, Glastechn. Ber. **7**, 582 (1930).

schen Untersuchung entgehen können, weil sich jede einzelne derselben nur über einen außerordentlich kleinen Raum erstreckt. In irgendeiner geheimnisvollen Weise spielt dabei auch die Art der Raumerfüllung eine Rolle.

Vielleicht läßt sich dieses folgendermaßen unter einen einheitlichen Gesichtspunkt bringen: Tatsache ist, daß bei den hier vorliegenden Verbindungen die kristalline Form meist dichter, weniger raumerfüllend ist als die amorphe. H. Knoblauch[1]) wies nach, daß größere Sphärolithe in Fensterglas oft in einem Hohlraum stecken. Es handelt sich nicht um ein Auftreiben durch freiwerdendes Gas; denn der Raum ist gasfrei. Jener Kristall nimmt einen geringeren Raum ein als das amorphe Glas.

Dies darf auch auf die kolloiden Teile übertragen werden, soweit sie kristallin sind. Und Eckert sprach ja bei der Tridymit-Erwähnung nur von solchen. Um

Abb. 292.
Von Leerräumen umhüllte Sphärolithe in entglastem Flaschenglas (H. Knoblauch).

diese Hohlräume von vielleicht selber noch fast kolloider Größe herum muß sich eine Oberflächenspannung des Glases bemerkbar machen, welche ihre Wirkung wenigstens eine kleine Strecke in das Glas hinein erstreckt. Mikrospannungen sind die Folge, ohne daß die Einlagerungen diese unmittelbar bewirken. Denn sonst müßte ja jedes Milchglas, auch Goldrubinglas mit seinen kolloiden Heterogenitäten unglaublich wenig widerstandsfähig sein.

An jenen Grenzflächen gegen die Hohlräume bildet sich aber noch ein zweites aus, das vielleicht in bisher zu wenig beachteter Beziehung zur Oberflächenspannung steht: Wie im Kapitel über die Schmiermittel erläutert wurde, ordnen sich an den Grenzfächen die Moleküle im Sinne von Langmuir und Harkins[2]). Es ist nun ganz besonders darauf aufmerksam zu machen, daß bei diesem palisadenartigen Aufbau infolge der Gleichrichtung kein kristallgitterähnlicher Zusammenschluß der Atome erfolgen kann. Die (chemischen) Moleküle bewahren

---

[1]) H. Knoblauch, Sprechsaal **57**, 235 (1924).
[2]) Vgl. die Zusammenfassung bei R. E. Liesegang, Kolloidchemie, 2. Aufl. (Dresden 1926), S. 66, 127.

vielmehr ihre Selbständigkeit. Es ist ein ganz eigenartiger Zustand. Große Ordnung und doch nicht Kristallinität. Große Ordnung andererseits gegenüber der Unordnung im (gewöhnlichen) Amorphen. Es ist sehr gut möglich, daß dieser Zustand das ausmacht, was Hardy auf Grund seiner Schmiermitteluntersuchungen als vierten Aggregatzustand bezeichnet. — Hierdurch ist also abermals zum mindesten eine Heterogenität im Glase bedingt.

Teilweise kann auch das Gas im Glase in kolloider Form enthalten sein. Jedes Bläschen bringt aber mit seiner Nachbarschaft eine Wirkungseinheit hervor, wie sie im vorigen geschildert worden ist. Fürchtet der Elektrotechniker z. B. bei der Verwendung eines Glases zu Röntgenröhren die feinen Luftbläschen wegen des großen Sprungs in den Dielektrizitätskonstanten, so hat er außerdem noch zu berücksichtigen, daß die Langmuir-Orientierung der Moleküle in vollkommenstem Maß die Helmholtzsche elektrische Doppelschicht zur Folge haben muß[1].

Bisher hat man bei den Entglasungsvorgängen nur mit dem eigentlichen Kristallwachstum der Keime gerechnet. Auch hierbei wird an der Peripherie jeweils eine Molekül lage in der Langmuir-Lagerung sein. Der Kolloidchemiker sagt gewöhnlich: Eine Adsorption geht der Einlagerung ins Kristallgitter voraus. Die Kristallvergrößerung erfolgt dadurch, daß immer wieder die Vorordnung der Moleküle in die vollkommene (Gitter-)Ordnung (der Atome) übergeht. Nur arteigene (Keime), nicht aber Fremdeinlagerungen wie beim Milchglas führen zur Kristallvergrößerung und zur Vermehrung der Mikrospannungen.

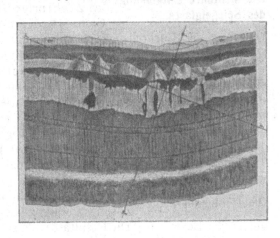

Abb. 293.
Entglasung nach Daubrée.

Wie aber kann man sich vorstellen, daß im starren Medium die Beweglichkeit der Moleküle hierzu genügend groß ist? Denn es genügt nicht, zu sagen, im Glas als unterkühlter Flüssigkeit sei die „Übersättigung" geradezu ins Ungeheure gesteigert. — Tammann[2] brachte trockenes Silberpulver durch einen rotierenden Rührer in ständige Bewegung. Erwärmte er nun allmählich, so trat bei 104—106° ein Zusammenbacken des Pulvers ein. Es ist anzunehmen, daß sich hierbei immer wieder einmal Teilchen so trafen, daß ihre Gitter zusammenpaßten und nun ein Einspringen in diese und damit eine Art Zusammensintern des Pulvers herbeigeführt wurde. In ähnlicher Weise könnten beim Glas kleine Erschütterungen zu solchem Einspringen ins Kristallgitter Anlaß geben. Hierbei kommt es zu einer Wärmeentwicklung (Kristallisationswärme und Berzelius-Effekt), die der Bauschanalyse zwar entgehen wird, die aber (ähnlich wie die Dessauersche Punktwärme) auf kleinstem Umfang genügen wird, wenigstens für eine neue Langmuir-Orientierung Beweglichkeit zu schaffen.

Damit ist also ein Versuch gemacht, neben die gröberen, der optischen Unter-

---

[1] Über die elektrische Doppelschicht um Gasblasen im Wasser infolge des Langmuir-Effektes vgl. J. Loeb, Journ. Gen. Physiol. 5, 513 (1923).
[2] G. Tammann, Aggregatzustände (Leipzig 1922), S. 215.

suchung zugänglichen Spannungen solche zu setzen, die in ihren Reichweiten auf kolloide Dimensionen zurückgehen.

Auch Jebsen-Marwedel geht auf die Inhomogenitäten ein, welche der Entglasungskristall in seiner Umgebung hervorruft: Da bei der Cristobalitbildung eine Volumverminderung eintritt, können im umgebenden Glas Sprünge eintreten, die im Sinne der Kristallstruktur orientiert scheinen. Breite Höfe um die Entglasungskörper zeigen sich auch dann, wenn man einen mit Shärolithen durchsetzten Glasbrocken zerschlägt und der Weberschen Beständigkeitsprobe mit Anhauchen und HCl-Dampfbehandlung aussetzt. Auch die chemische Analyse zeigt Unterschiede in der Zusammensetzung der Höfe und des normalen Glases. Von diesen Höfen führt es hinüber zur Erklärung von achatähnlichen, rhythmischen Entglasungen, welche übrigens A. Daubrée[1]) schon 1880 geschildert hat.

Die sichtbare Entglasung des Spiegelglases. Den bisher dehnbaren Begriff der Sichtbarkeit faßt E. Zschimmer[2]), indem er experimentell die obere Grenze der Keimzahl und der Kristallgröße bestimmt. Dazu wird der Bruchteil eines Gramms von technischem Glas bei hoher Temperatur (z. B. 1350°) und darauffolgendes Abschrecken keimfrei gemacht. (Die Notwendigkeit der Entkeimung zeigt, daß Zschimmer hier mit einer Vorstufe, mit einer „latenten Entglasung" rechnet.) Dann wird eine bestimmte Zeitlang erhitzt, das mehr oder weniger geschmolzene Glas wieder abgeschreckt und hiervon Dünnschliffe angefertigt. An Mikroaufnahmen derselben werden die größten Kristalle ausgemessen. Bei einem untersuchten Spiegelglas wurde 950—1050° als die entglasungsgefährlichste Zone festgestellt. Zur Bestimmung der darin entstandenen Tridymit- und Wollastonitkristalle war das röntgenographische Verfahren notwendig.

Die Röntgenographie ist natürlich überhaupt für den Nachweis kristalliner Entglasungsprodukte, auch solcher von kolloiden Dimensionen, von großer Bedeutung. Die Resultate widersprechen sich noch etwas: G. Wykoff[3]) untersuchte eine Reihe von Natron-Kalk-Kieselsäuregläsern, die keine Spur von Entglasung oder Trübung erkennen ließen. Aus den Röntgenaufnahmen zieht er den Schluß, daß sie doch eine große Zahl von kolloiden Kriställchen enthalten. Die Linien waren besonders scharf bei jenen Glaszusammensetzungen, von denen bekannt ist, daß sie leichter zur Entglasung neigen. Dagegen erhielt N. Seljakow[4]) negative Resultate mit gutem chemischem Glas, als er die Angaben von Lebedeff[5]) nachprüfen wollte, nach welchen das Verhalten im kritischen Temperaturgebiet durch die Anwesenheit feinster SiO_2-Kriställchen im Glase bedingt sein soll. Im System $Na_2O + SiO_2$ traten bis zu 70%SiO_2 keine SiO_2-Kristalle, wohl aber bei 63% SiO_2-Gehalt Kristalle von Na_2SiO_3, bis 75% solche von $Na_2Si_2O_5$, und über 75% solche von SiO_2 auf. Deshalb wird im Anschluß an Schönborn[6]) angenommen, daß die Existenz des kritischen Temperaturgebiets in Glas den Molekuläränderungen und nicht den α-β-Umwandlungen der Kieselsäure zuzuschreiben ist. — C. J. Peddle[7]) beobachtete je nach dem Verhältnis der Basen zur SiO_2 verschiedene Verbindungen, die sich in gröberer bis zu kolloider Form

[1]) A. Daubrée, Synthetische Studien zur Experimentalgeologie (Braunschweig 1880), S. 122.
[2]) E. Zschimmer und A. Dietzel, Ztschr. f. techn. Physik 278 (1926).
[3]) G. Wykoff und G. W. Morey, Trans. Soc. Glass.-Techn. 9, 165 (1925).
[4]) N. Geljakow, L. Strutinski und A. Krasnikow, Ztschr. f. Physik 33, 53 (1925).
[5]) Lebedeff, Trans. Opt. Inst. Leningrad 2, 1 (1921).
[6]) H. Schönborn, Ztschr. f. Physik 22, 305 (1924).
[7]) C. J. Peddle, Glass 2, 736 (1925).

ausschieden. Da er neben den kristallinen Bildungen auch amorphe erhielt, mußte hier die Röntgenuntersuchung versagen. Dieses gilt auch vom „Milchglas als Emulsion", welches G. Schott beschrieben hat, ferner von den „Glassteinen" Bergers.

Deutlichere Anzeichen für einen Gehalt an kristallinen Teilchen kolloider Größenordnung fand J. T. Randall[1]). Scherrer-Aufnahmen wiesen bei einem Quarzglas auf 1,5 bis 2 mμ große Cristobalitteilchen hin[2]). Gefälltes Kieselsäuregel zeigte noch etwas größere Kriställchen. Da man letzteres als amorph bezeichnet, trifft der Ausdruck für das Glas noch mehr zu. Aber der Ausdruck „amorph" verliert seinen Sinn, wenn doch Kristallite darin vorhanden sind. — Das aus Kalziummetasilikat hergestellte Wollastonitglas zeigte hexagonale Kriställchen des Pseudowollastonits, der sich bei hoher Temperatur gebildet hatte. Die Größe ist etwa dieselbe wie im Quarzglas.

Das durch reiche Kühlung einer Schmelze von Natriumborat erhaltene Glas besteht aus kleinen Kriställchen von $Na_2B_4O_7$. — Im käuflichen Hartglas herrschen die Cristobalitkriställchen vor. — Spannungen im Glas beeinflussen dieses Debye-Scherrer-Bild nicht, da sie nur vorhandene Kriställchen ordnen, nicht aber deren Größe ändern. Man müßte mit längerwelligen Röntgenstrahlen arbeiten, um die neue Orientierung feststellen zu können. Die aus den Aufnahmen gezogene Folgerung, daß Glas weniger dicht sei als der entsprechende Kristall, bestätigt sich. Quarzglas hat die Dichte 2,20 gegenüber 2,35 bei Cristobalit.

Oberflächenentglasung durch Fremdkeime. H. Knoblauch[3]) zeigt, daß bei der Verarbeitung des Glases im Ofen die Kristallnadeln hauptsächlich an der Oberfläche des Glases entstehen, selbst wenn die Temperaturverhältnisse dort die gleichen wie im Inneren sein sollten. Kleinste feste Teilchen gelangen, z. B. durch die Flamme, dort ins Glas und wirken als Kristallisationskeime. — Wie in so vielen anderen Fällen werden es in der Hauptsache „Fremdkeime" sein, d. h. solche, die chemisch nichts mit dem werdenden Kristall zu tun zu haben brauchen.

Wie vorsichtig man aber hier mit der Deutung sein muß, beweist ein Fall, den H. Jebsen-Marwedel[4]) aus einem älteren Fensterglasbetrieb erwähnt. Das Glas wird hier nach dem Strecken so gekühlt, daß einerseits ein Ausgleich der Spannungen möglich war, andererseits noch keine Entglasung bemerkbar wird. Für Zeit und Temperatur waren also nur ein enges Feld gegeben. In einem Streckofen waren ganz kleine Braunkohlenstückchen auf die Glasfläche geflogen. Bei ihrem langsamen Verglimmen steigerten sie die Temperatur in der Umgebung ein wenig, aber genügend, um „eine Entglasung noch unsichtbarer Keime, entweder durch Erhöhung ihre Kristallisationsgeschwindigkeit oder Verlängerung der Zeit ihrer Bildungs- oder Wachstumsmöglichkeit, eintreten zu lassen." Rings um das Zentrum wird eine leichte, sich in exzentrischen Ringen überlagernde Trübung („Mondfleck") gebildet, die in einem bestimmten Abstand von einer scharfen, aus sehr kleinen Kristallen zusammengesetzten Linie begrenzt ist.

---

[1]) J. T. Randall, H. P. Rooksby und B. S. Cooper, Trans. Glass Techn. **14**, 219 (1930).
[2]) Das Röntgenbild sagt jedoch noch nicht, daß alles kristallin sei. — Es wäre ferner interessant, festzustellen, ob Teilchen dieser Größenordnung bereits in der (beweglichen) Schmelze vorhanden waren, oder ob sie sich erst beim Erstarren ausbildeten. Im ersten Fall wäre es ein Pyrosol, im letzteren ein Pyronephrit im Sinne von Eitel. Beide würden übrigens unter den weiten Begriff der Entglasung fallen.
[3]) H. Knoblauch, Sprechsaal **57**, 235 (1924).
[4]) H. Jebsen-Marwedel, Sprechsaal **60**, 408 (1927).

Oberflächenentglasung und Oberflächenspannung. Statt der Fremdkörper betont K. Tabata[1]) die Wirksamkeit von Kanten, Narben und Bläschen. Die Oberflächenspannung, die dichtere Packung der Moleküle an der Oberfläche[2]) erhöht dort die Häufigkeit der Zusammenstöße der in Wärmebewegung befindlichen Moleküle und damit die dortige raschere Entglasung. Auf konvexen Flächen erzeugte Tabata bei gleicher Erwärmung mehr Kristallkeime als auf konkaven. Bei 850° wird die Bildung der SiO_2-Kristalle kaum durch diejenige von Silikatkristallen beeinflußt. Eine Ausnahme machen nur $BaSiO_3$-Kristalle. —

Bei einem Studium der Besonderheiten der Oberfläche ist auch auf das zu achten, was in der Geologie als Lateralsekretion bezeichnet wird[3]). Temperaturschwankungen, welche die Entglasungen fördern, ist die Oberfläche ebenfalls stärker ausgesetzt als das Innere.

Zschimmer hat die Ansicht widerlegt, daß die Temperaturdifferenz zwischen den äußeren und inneren Schichten die Ursache dieser Kristallbildung sei. Dafür vollzieht sich der Temperaturausgleich zu rasch. Eine gewisse Rolle spielt die Verarmung der Oberfläche an Alkali[4]). Versuche von Großmann[5]) zeigen den großen Einfluß der Oberflächengestaltung: In der Umgebung von Ritzstellen steigt bei gewisser Wärmebehandlung die Entglasung. — In der Oberfläche ist die Kristallisationsgeschwindigkeit überhaupt gesteigert. Nach Thomson ist die Oberflächenspannung von Flüssigkeiten durch die Differenz der Energieinhalte der äußeren und der inneren Schichten definiert, wobei die potentielle Energie und damit auch die chemische Aktivität der Randschichten überwiegt. Hieran anschließend bringt Takata die Oberflächenentglasung in Zusammenhang mit der durch das Sinken der Viskosität bedingten Beeinflussung der Beweglichkeit der Atome und Moleküle: Zufolge ihres größeren Energiegehaltes und der durch Erwärmung hervorgerufenen Oberflächenkontraktion besitzen die Atome der Oberflächenschichten die größte Möglichkeit einer gegenseitigen Verkettung. Durch die Oberflächenkontraktion wird auch der Abstand der Moleküle vermindert.

Beseitigung von Oberflächenentglasung. Die Kristallisation auf lange gelagerten Gläsern erklärt A. F. O. Germann[6]): Wasser nur oberflächlich eingedrungen, hatte Silikate hydrolytisch gespalten, und beim Erhitzen bedingt die Kristallisation der freigewordenen Kieselsäure die Aufrauhung. Entfernt man diese neuentstandene SiO_2 vorher mit verdünnter HF, so kann man die Entglasung des lang gelagerten Glases vor der Lampe verhindern. — G. Gehlhoff erwähnt, daß dieses Verfahren vielfach in Amerika üblich sei.

Angriff des Wassers. Für die Widerstandsfähigkeit gegen Wasser entwickelt E. Berger[7]) folgende Vorstellungen: In reinem Wasserglas wird $SiO_3 \overset{\displaystyle Na}{\underset{\displaystyle Na}{\diagup\diagdown}} SiO_3$

vorliegen. Die Na-Ionen sind hier eindringendem Wasser verhältnismäßig leicht

---

[1]) K. Tabata, Researches Elektrot. Lab. Tokyo Nr. 191 (1927). — Journ. Am. Cer. Soc. **10**, 6 (1927).

[2]) G. Keppeler, Sprechsaal **61**, 300 (1928) bestreitet dieses. — V. Großmann, Sprechsaal **62**, 394 (1929) tritt dafür ein.

[3]) R. E. Liesegang, Geologische Diffusionen (Dresden 1913), S. 70.

[4]) Könnte diese bedingt sein durch thermische Wanderung im Sinne von Ludwig-Soret?

[5]) V. Großmann, Glastechn. Ber. **7**, 369 (1929).

[6]) A. F. O. Germann, Proc. Am. Chem. Soc. **43**, 11 (1920).

[7]) E. Berger, Glastechn. Ber. **5**, 569 (1928).

zugänglich. Bei Na-Ca-Gläsern tritt das Ca-Ion unterhalb der Aggregationstemperatur mit in den Komplex der $SiO_3 - SiO_3$-Ionen ein. Wahrscheinlich
bildet sich dabei vorzugsweise das Komplexanion $Ca - (SiO_3 - SiO_3)_2$. An

letzteres lagert sich im Transformationspunkt das Alkali an:
$$Ca \begin{cases} Na \\ SiO_3 - SiO_3 \\ SiO_3 - SiO_3 \\ Na \end{cases}$$

Durch diese Bindung an ein größeres Komplexanion ist das Na-Ion weit besser
gegen eindringendes Wasser geschützt. Diese verbessernde Wirkung des Ca steigt
an, bis gleiche molekulare Anteile CaO und Na_2O erreicht werden. Bei weiterer
Steigerung entsteht $Ca - SiO_3 - SiO_3$. Dieses gewährt wegen seiner Kleinheit
keinen genügenden Schutz mehr gegen eindringendes Wasser.

V. Opal- und Milchglas.

Optik der lichtzerstreuenden Beleuchtungsgläser. Die nahe Beziehung zu kolloidchemischen Problemen dokumentiert G. Schott[1]) dadurch, daß er sich auf Wo. Ostwalds „Licht und Farbe in Kolloiden" stützt.

Die Aufgabe der getrübten (Opal- und Milch-) Gläser besteht nach E. Zschimmer[2]) darin, die Strahlen der Lichtquelle möglichst vollkommen zu zerstreuen,
ohne den Farbeneindruck der Lichtquelle, z. B. des weißen Lichtes, wesentlich zu
ändern. Damit verbindet sich noch ein besonderer Anspruch der Beleuchtungs-
technik, dessen Erfüllung der Glasindustrie größere Schwierigkeiten bereitet, zu
deren Beseitigung aber — wie hinzugefügt werden möge — die kolloidchemische
Betrachtung in erster Linie berufen ist: „Das getrübte Glas soll je nach dem Zweck,
dem es in Form eines Schirmes, einer Glocke usw. dient, einen gewissen Teil der von
der Quelle ausgestrahlten Lichtmenge durchlassen und andererseits einen gewissen
Teil zurückwerfen — beides ohne wesentliche Änderung der Farbe und Gesamt-
intensität des erzeugten Lichtes. Die Theorie des Opals als Problem der Glas-
schmelzkunst ist zur Zeit noch nicht vollkommen durchgebildet; man kann jedoch
einige allgemeine physikalische Grundsätze heranziehen, auf deren geschickter
Benutzung die Herstellung technisch vollkommener Opalgläser beruht. Diese
Gläser bestehen aus einer durchsichtigen farblosen Grundmasse, in welcher eine
große Zahl von Teilchen eines jedenfalls farblosen und durchsichtigen Fremd-
körpers (z. B. Kristalle, Sphärolithe, Bläschen) gleichmäßig verteilt sind. Wenn
nun sehr feine Teilchen in großer Zahl in dem Glase schweben, dann zeigt das Glas
den beim natürlichen Opal bekannten bläulichen Schein im auffallenden
weißen Lichte, während es bei entsprechender Schichtdicke im durchfallenden
Lichte rot erscheint („Feuer des Opals"). Dies beruht darauf, daß die sog. getrübten
Medien das kurzwellige blaue Licht stärker zurückwerfen als die langwelligen
Strahlen (besonders Rotlicht), so daß beim Durchscheinen die langwelligen (roten)
Strahlen vorwiegen; es gilt nämlich für die reflektierte Intensität i an feinen
getrübten Gläsern das bekannte Gesetz:

$$i = \frac{c}{\lambda^4}$$

---

[1]) G. Schott, Glastechn. Ber. **3**, 315 (1925). — Vgl. a. M. Pirani und H. Schönborn,
Licht und Lampe 458 (1926).
[2]) E. Zschimmer, Glastechn. Ber. **1**, 73 (1923).

worin C eine Konstante und λ die Wellenlänge des Lichtes bedeuten. Will man die auswählende Reflexion eines getrübten Glases gemäß diesem Gesetz vermeiden, so muß man den Durchmesser der in dem Glas verteilten durchsichtigen Körperchen (Teilchengröße des Trübungsmittels) genügend groß wählen, so daß das Gesetz der auswählenden Reflexion nicht mehr gilt. Der zweite Grundsatz für die Theorie des Opals ergibt sich aus folgender Erkenntnis: die lichtzerstreuende Wirkung eines getrübten Glases wird wesentlich bedingt durch die Brechungsexponenten der glasigen Grundmasse einerseits und der darin schwebenden durchsichtigen Fremd-körper (trübende Teilchen) andererseits. Um eine möglichst vollkommene licht-zerstreuende Wirkung des Opalglases (Milchglas) zu erreichen, muß man den Unterschied im Brechungsexponenten der Grundmasse bzw. der trübenden Teilchen so groß wie möglich machen. Ein ideales Opalglas würde man gemäß dieser Theorie erhalten müssen, wenn man Gasblasen oder besser luftleere Hohl-räume in Kugelform von entsprechender Größe und Menge in eine möglichst hoch brechende, dabei farblose glasige Grundmasse einbettete. In der Praxis läßt sich ein solches Idealglas aber nur sehr schwer herstellen." —

Es tritt also hier die kolloiddisperse Luft als ideales Trübungs- und Weiß-machungsmittel auf. In vielen Fällen hat die organisierte Natur sich dieses Mittels bedient: Im Weiß der Haare, der Federn, mancher Blüten. Überall spielt der große Unterschied im Brechungsvermögen der Luft gegenüber dem Umhüllenden (dem Dispersionsmittel) die Hauptrolle.

Normierung dieser Gläser. Von der Deutschen Glastechnischen und der Deut-schen Beleuchtungstechnischen Gesellschaft wurden gemeinsam die praktische Normierung und Messung dieser Gläser festgesetzt. Als Normale für Trübglas dient eine keilförmige Platte aus Opalglas. Zur Herstellung der Mattglasskala wurde eine Spiegelglasplatte erst matt geätzt, und dann von einem Ende bis fast zum anderen Ende mit gleichförmiger Geschwindigkeit in ein Blankätzbad getaucht. Der zuerst eingetauchte Teil hat also die schwächste Mattierung[1].

Eine Einteilung der Trübungsmittel fügt sich kolloidchemisch am besten in das von R. Dralle[2] aufgestellte System, in welchem er sich von der sonst üb-lichen Einteilung nach den Rohmaterialien freimachte. Mit leichter Modifizierung derselben kann gesprochen werden von solchen Trübungs-mitteln, die als solche im Glasfluß (unverschmolzen) bleiben, bei denen also von vornherein auf den Verteilungsgrad zu achten ist. (Dralle I.) Im gewissen Sinne könnte auch Zschimmers Luft hierzu werden, ferner unter gewissen Bedin-gungen das, was Dralle unter III aufführt.

Zu unterscheiden wären hiervon diejenigen Verfahren, welche man im An-schluß an die kolloiden Glasfärbungsverfahren als „Anlaßtrübungen" bezeichnen kann: Das Material löst sich (molekular), scheidet sich dann aber in kolloider Form wieder aus. Es ist dabei zu unterscheiden, ob es in der ursprünglichen chemischen Form wiedergefunden wird, oder ob chemische Umsetzungen mit Glasbestandteilen intermediär oder dauernd stattfinden.

Fast unmerkbar gleitet dieses in die dritte Gruppe über, in welcher durch den Zusatzstoff die Ausbildung einer kolloiden Verteilung von Glasbestandteilen selbst begünstigt wird. Das ist natürlich das, was sonst als Entglasung gefürchtet ist. — Wie es so oft vorkommt, sucht man hier dem Bösen eine gute Seite abzugewinnen.

---

[1] G. Gehlhoff und M. Thomas, Ber. 5 d. Fachausschusses d. D. Glastechn. Ges., Fach-ausschuß I.

[2] R. Dralle, Glasfabrikation 1 (München 1931).

Da eine säuberliche Einschachtelung noch nicht möglich ist, teilweise wegen Strittigkeit der eigentlichen Wirksamkeit, z. B. bei den Flußsäurewirkungen, teilweise deshalb, weil das gleiche Verfahren zugleich in zwei Gruppen untergebracht werden müßte, so sei vorläufig als Provisorium nochmals das System von Dralle mit einigen Bemerkungen eingefügt:

I. Der Glasfluß enthält schwer schmelzbare Stoffe. Mit Zinkoxyd getrübte Emaillegläser werden gegenwärtig nur noch selten von der Glasindustrie hergestellt. Neuerdings wurde Zirkonoxyd versucht. Jedoch ist dies nur bis 1200° beständig.

Als nicht allzu weit abgelegen sei ein Blick auf die Bereitung des Emailles (für Überzüge auf Gußeisen usw.) geworfen. In einer Besprechung der Wirkung der Feldspate sagt J. Grünwald[1]): „Kleine Partikel eines Minerals von hohem Schmelzpunkt können in dem halbgar geschmolzenen Glas zurückbleiben. Es ist sehr gut möglich, daß diese Teilchen stundenlang bei erhöhter Temperatur suspendiert erhalten bleiben. Tatsächlich scheint es, daß einige Fälle der Opazität diesem Umstand zugeschrieben werden müssen. Solche Mischungen sind Glasemulsionen. Selbstverständlich sind nicht alle Emulsionen opak und hängt dies mit den optischen Eigenschaften der Flüssigkeit zusammen." Grünwald betont dann stark den Einfluß der Mahlfeinheit hierauf. Auch die anfängliche Viskosität wird dadurch wesentlich beeinflußt.

II. Trübung durch Entglasung. Neben dem eigentlichen Alabasterglas, also einem SiO_2-reichen, CaO-armen Glas ohne eigentlichen Trübungszusatz, führt Dralle als wahrscheinlich auch die Trübung des Bleiglases durch Arsenik an. Daß seine Hinzunahme der fluorhaltigen Gläser noch fraglich sei, wird eine besondere Notiz hierüber zeigen.

III. Bei diesen trübenden Teilchen nimmt Dralle feine Tröpfchen erstarrten Glases an, wobei bei der Abkühlung eine begrenzte Löslichkeit und Trennung in mehrere Phasen auftritt. Er spricht von milchähnlicher Emulsion. Und es bestehen hier natürlich Beziehungen zu dem, was von der Möglichkeit einer emulsoiden Entglasung angegeben wurde, wenn dort auch der hier gewünschte Trübungseffekt ausgeschaltet gedacht war.

Zu dieser dritten Dralleschen Gruppe rechnet Scherrer die Trübung phosphathaltiger Gläser. Denn beim mikroskopischen Studium von Feinglas fand er zahlreiche durchsichtige Kügelchen, welche in der glasigen Grundlage eingebettet sind. — Über die Gründe, die zu einer Verdrängung der Knochenasche als Trübungsmittel geführt haben, berichtete kürzlich ein Ungenannter in einem Aufsatz[2]), der auch für die Geschichte der ganzen Trübungsverfahren interessant ist.

Trübungen durch normale Glasbestandteile können durch Entglasung entstehen, besonders wenn man „Mineralisatoren" zugibt, welche die Entglasung fördern. Sonderung von Dispersoid und Dispersionsmittel braucht aber allein noch nicht zur Herbeiführung einer hinreichenden Trübung zu genügen. Der Unterschied im Lichtbrechungsvermögen von Dispersoid und Dispersionsmittel muß groß genug werden. Namentlich dann, wenn die Entmischung zu einem amorphen Dispersoid führt, kann dieser Unterschied zu gering sein. Es sind dieses die Fälle, in welchem Inhomogenitäten von geringerer Dispersität vorhanden sein können, ohne daß ihr optischer und selbst Röntgennachweis gelingt.

---

[1]) J. Grünwald in Muspratt, Ergänzungsband 2, 315 (Braunschweig 1925).
[2]) Sprechsaal 59, 442 (1926).

Das Alabasterglas repräsentiert im extremen Maß das vorher Gesagte. G. Schott gibt die Anleitung: Die Schmelze eines kalkarmen Kalisilikatglases, das überhaupt stark zur Entglasung neigt, wird mit Wasser abgeschreckt, fein gemahlen, und dann bei möglichst niedriger Temperatur nochmals geschmolzen. Dabei wirken die kleinen Glassplitterchen als Keime, so daß das Glas bei geeigneter Temperatur unzählige Kriställchen bildet. Das gleiche kann man erreichen, wenn man in das geschmolzene Glas fein gemahlenes Alabasterglas einer früheren Schmelze hineinrührt. Über die Natur dieser Kriställchen, welche die Trübung bedingen, ist noch nicht viel auszusagen. — Diese Fabrikation wird nur noch wenig ausgeübt, da die Beherrschung der Korngröße nicht leicht ist. Einige größer gewachsene Aggregate verderben alles.

Feststoffe, welche ihre Form bewahren. Hierbei würden die Verhältnisse am einfachsten liegen. G. Schott[1]) bevorzugt diese Deutung für das Zinnoxyd. Seine Mikroaufnahme zeigt deutlich kristalline Begrenzung der Teilchen. Aber er läßt die Frage offen, ob nicht doch teilweise intermediäre Lösung erfolge.

Beim Ungelöstbleiben kann nur Aggregation der Teilchen unter Bildung von Sekundärteilchen hinzukommen. Löst sich aber der zugesetzte Stoff in der Schmelze und tritt bei einem bestimmten Grad wieder Abscheidung ein, so werden die Verhältnisse viel komplizierter, und sie sind auch in der vorhandenen Literatur noch nicht hinreichend auseinander gehalten. Übersättigungserscheinungen (Überschmelzungen) spielen hier eine große Rolle. Ein Wachstum der bei einem gewissen Grad der Abkühlung spontan entstehenden Keime auf Kosten des noch Übersättigten ist nicht allein in der Schmelze möglich, sondern auch noch später. Ausschließlich auf nicht allzu viskose Schmelzen beschränken sich aber die eigentlichen Koagulationen, d. h. das, was Schott als unerwünschter Zusammenlagerung der Teilchen bezeichnet.

Intermediäre Lösung des Feststoffs. Als typisches Beispiel sei das Aufrauhen von Beleuchtungsgläsern mit einem Gehalt an Kalziumphosphat genannt, das Zschimmer[2]) mikroskopisch verfolgt hat. Die Verteilungsart der größeren und kleineren Teilchen beweist, daß es sich hier nicht um einen Zusammentritt fertig gebildeter Teilchen handeln kann. Der klare Hof um die größeren Teilchen herum ist größer als bei den kleinen. Zschimmer rechnet damit, daß die größeren Teilchen auf Kosten der kleineren, die sich intermediär lösen, durch Diffusion vergrößern. Das entspricht dem, was in der photographischen Emulsion als „Ostwald-Reifung" bezeichnet worden ist. Dieser Vorgang ist auch im gallertigen Medium oder einer halberstarrten Schmelze möglich. Aber die Beobachtungen Zschimmers lassen sich auch ohne Ostwald-Reifung deuten: Die größeren Teilchen sind die zuerst entstandenen Keime. Ihre Umgebung verarmt am weitesten an übersättigt Gelöstem. Bilden sich bei tieferer Abkühlung an anderen Stellen sehr viele Keime, so berauben sie sich gegenseitig des Nährmaterials, und bleiben klein mit kleinen Höfen. — Diese verschiedenen Möglichkeiten der Dispersitätsänderungen verdienten deshalb eine eingehendere Schilderung, weil sie auch bei der Entstehung mancher gefärbter Gläser eine Rolle spielen.

Milchglas als Emulsion. Auch G. Schott unterstützt die Lehre von der intermediären Lösung, indem er darauf hinweist, daß im geschmolzenen Zustand die mit Phosphaten (und auch mit Fluorpräparaten) versetzten Massen klar sind. Beim Erkalten bilden sich Ausscheidungen, meist in Tröpfchen-

---

[1]) G. Schott, Glastechn. Ber. **3**, 315 (1925).
[2]) E. Zschimmer, K. Hesse und L. Stoess, Sprechsaal **58**, 513, 529 (1925).

form, die anderes Brechungsvermögen als das umgebende Glas haben. Über die chemische Natur dieser Ausscheidungen wagt Schott noch nichts zu sagen. Er bevorzugt die Entmischungstheorie: Die homogene klare Glasschmelze zerlegt sich bei der Abkühlung in zwei Gläser, wenn die Bedingungen für eine gegenseitige Löslichkeit nicht mehr vorhanden sind. Es läge also eine Glasemulsion vor: Sowohl Dispersoid wie Dispersionsmittel wären klar und durchsichtig, nur von verschiedenem Brechungsindex[1]). — Die Fabrikation ist nicht leicht, da es oft zur traubenförmigen Zusammenlagerung der Tröpfchen kommt. („Steine", „Knoten".) —

Eine Emulsion bedeutet für den Kolloidchemiker ein System flüssig-flüssig. In der Schmelze lag ein solches vor. Vom fertigen Glase kann man das nur dann sagen, wenn man sich der Tammannschen Theorie des glasartigen Zustandes anschließt. Dann dürfte man aber auch eine Aufwirbelung von gepulvertem Quarzglas in Wasser als Emulsion bezeichnen. — Viel wichtiger als diese Namenfrage ist die Tatsache, daß hier der disperse Anteil als amorph angesprochen wird.

Eine der von Schott angefertigten Mikrophotographien eines mit Kryolith getrübten tonerdehaltigen Alkalisilikatglases zeigt Tröpfchen von etwa 3 μ Durchmesser, diejenige eines mit Phosphorsäure getrübten Borosilikatglases solche von 12 μ. Mit letzteren sind die erwünschten Effekte leichter zu erreichen, besonders auch deshalb, weil es in der Durchsicht nicht die rötlichgelben Opaleszenzfarben zeigt.

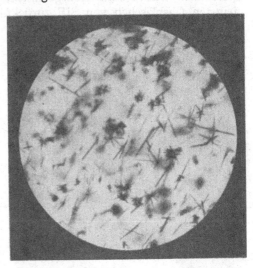

Abb. 294.
Zinnoxydtrübung nach G. Schott.

Die Trübungen durch Fluoride sind sehr verschiedenartig gedeutet worden. Granger[2]) gibt eine Zusammenfassung für das Glas. Sie sei ergänzt durch Angaben aus der Emailleliteratur:

a) Bildung einer suspendiert bleibenden, fluorfreien, kristallisierten Tonerde. — Eine solche Ausscheidung von Al_2O_3 nach der Verflüchtigung des Fluors nimmt J. Grünwald im Email an. — Also Kolloidbildung durch Verflüchtigung eines Bestandteils, wie sie R. Schwarz zur Erzeugung eines SiO_2-Sols aus kieselsaurem Ammon benutzte.

b) Bildung von Natriumsilikofluorid mit oder ohne Tonerde.

c) Bildung von Aluminiumfluorid[3]).

d) Bildung von eingeschlossenem Siliziumfluorid. Granger selbst schreibt diesem eine sekundäre Wirkung zu. — Bei dieser Blasentheorie sei erwähnt, daß Landrum[4]) an Wasserdampfblasen denkt.

---

[1]) Ein Klarwerden könnte allerdings auch dann eintreten, wenn das geschmolzene Glas und der ungelöst gebliebene Zusatzstoff gleiches Lichtbrechungsvermögen erreichten.

[2]) A. Granger, Journ. Soc. Glass Techn. 7, 291 (1923). — Eine ganz ähnliche Einteilung hatte übrigens schon N. L. Bowen, Trans. Am. Cer. Soc. 2, 261 (1919) gegeben.

[3]) Dieses wird auch angenommen von H. Hovestadt „Jena-Glas", 397 und R. R. Danielson, Am. Cer. Soc. Chem. Expos. (1920).

[4]) R. D. Landrum, Trans. Am. Cer. Soc. 16, 579 (1914).

e) Ausscheidung von Kieselsäure in fein verteiltem Zustand[1]).

f) Auscheidung von Tonerde oder Erdalkalifluorid[2]) beim Abkühlen.

Da Granger erst bei einer gewissen Höhe des Fluoridzusatzes schon bei der ersten Schmelze ein opakes Glas erhielt, bei geringerem Zusatz aber die Trübung erst beim Wiedererhitzen erzielte, glaubt er an eine Ausscheidung von feinst verteilter fester Kieselsäure oder Tonerde als Ursache der Trübung. Bei geringen Mengen würden also die Fluoride zu den Anlaß-Trübemitteln zu rechnen sein.

Röntgenographisch wiesen H. F. Krause[3]) und J. W. Ryde[4]) NaF und CaF nach, je nach den Verhältnissen von Na und Ca gemischt oder allein. Letzterer fand auch Gläser ohne Röntgenlinien, deren Trübung er auf einen Gehalt an feinsten Gasbläschen von SiF zurückführt, wie es auch schon Granger u. a.

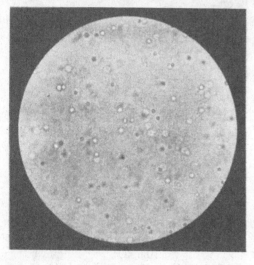 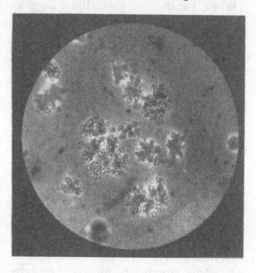

Abb. 295.
Milchglas als Emulsion: Eine Glasart schied sich aus der anderen als Tröpfchen schwebend ab (G. Schott).

Abb. 296.
Milchglas als Emulsion. Unerwünschtes Zusammenlegen der Tröpfchen zu Sekundärteilen (G. Schott).

vermutet hatten. Hier kann nicht, wie bei anderen Opalgläsern, die Trübung durch stärkeres Erhitzen und darauffolgendes rasches Abkühlen fast beseitigt werden. — Bei den fluorhaltigen Suspensionsgläsern stellte Ryde einen mittleren Durchmesser der trübenden Teilchen von 0,35 bis $1,3 \cdot 10^{-3}$ mm fest.

Statt der Gasbläschentheorie kann natürlich hier der Hinweis von Schott in Betracht kommen, daß der disperse Anteil bei Fluoridtrübungen oft amorph ist. Allerdings stützte sich Schott nur auf optische Untersuchungen. Studien von Hyslop[5]) warnen jedoch in dieser Hinsicht etwas zur Vorsicht. Dieser kühlte fluoridhaltige Gläser von 1300° plötzlich durch Wasser, so daß sie kein opakes Aussehen ausbilden konnten. Die klaren Stücken wurden ausgewählt, gepulvert und in kleinen Sillimanittiegeln von 1 ccm Inhalt von neuem für 5 Stunden auf 700

[1]) Benrath, Dingl. Pol. Journ. **192**, 339.

[2]) Ausscheidung von Fluornatrium wird angenommen von Vondracek, Sprechsaal **42**, 584 und 589 (1909).

[3]) H. F. Krause, Dissertation (Darmstadt 1925).

[4]) J. W. Ryde und D. E. Yates, Journ. Soc. Glass Techn. **10**, 274 (1926).

[5]) J. F. Hyslop, Trans. Soc. Glass Techn. **11**, 362 (1927).

bis 1200° erhitzt. Dann kühlten sie an der Luft ab. Aus den Zentren der Stücke wurden dünne Teile herauspräpariert und mikroskopiert. Die trübungsbildenden Teilchen erreichen bei 700° einen Durchmesser von 0,17 μ, bei 800° 0,33 μ, bei 900° 1,0 μ, bei 1000° 3,7 μ. Bis hierher erscheinen sie im Mikroskop amorph, jedoch läßt Röntgenanalyse ihren kristallinen Charakter erkennen. Bei höheren Temperaturen treten auch unter dem Mikroskop kristalline Formen auf. Die von der Temperatur abhängige Viskosität des Glases ist das, was Form und Größe der Teilchen beeinflußt.

Opaleszenz des Bleiglases durch Chloride. Die Trübung tritt in K-Pb-Silikatgläsern bei 2% NaCl bereits beim Schmelzen, bei 0,5% erst beim Wiedererhitzen des Glases auf. Wahrscheinlich handelt es

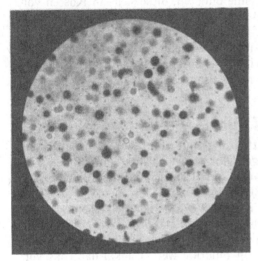

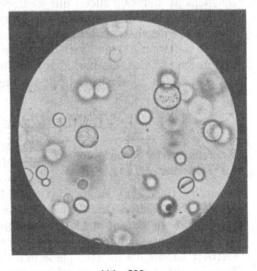

<table>
<tr><td align="center">Abb. 297.
Milchglastrübung durch Kryolith von 0,003 mm
Durchmesser (G. Schott).</td><td align="center">Abb. 298.
Trübung durch Phosphorsäurekügelchen von
0,012 mm Durchmesser (G. Schott).</td></tr>
</table>

sich um Ausscheidungen des im Glas nur wenig löslichen Bleichlorids. Jedoch ist es auch nicht ausgeschlossen, daß Kieselsäure von Chlorid durch Elektrolytflockung in kolloide Form gebracht wird[1]). — Eine ganz andere Deutung gab Sutton[2]). Hiernach sollen kolloide Al_2O_3-Teilchen ausgeflockt werden. Diese sind positiv geladen, und es wird angenommen, daß sie durch die Cl-Ionen entladen und geflockt werden. Denn es konnte nachgewiesen werden, daß NaCl in einer Glasschmelze ähnlich, wenn auch nicht so stark, wie im Wasser hydrolytisch gespalten wird.

Das Rauhwerden der Oberfläche bei phosphatgetrübten Gläsern, welches nicht selten auftritt, ist nach E. Zschimmer[3]) viel weniger abhängig von der chemischen Zusammensetzung als von der Wärmebehandlung und Zeit. Die das Rauhwerden bedingenden Kriställchen sind oft von einem breiten trübungsfreien Hof umgeben. „Saugen die an verschiedenen Punkten der Schmelze ursprünglich entstandenen Sterne (Rosetten von Kalzium-

---

[1]) M. Firth, F. W. Hodkin und W. E. S. Turner, Journ. Soc. Glass Techn. **10**, 176, 199 (1926).

[2]) W. J. Sutton und A. Silvermann, Journ. Am. Cer. Soc. **7**, 86 (1924).

[3]) E. Zschimmer, Sprechsaal **58**, 513, 529 (1925).

phosphat) nach den Gesetzen der Diffusion das umgebende Raumfeld rasch auf, so bleibt für die darin vorhandenen kleineren und kleinsten Körnchen nichts übrig, um zu wachsen. Diese werden sich vielmehr bei zunehmendem Wachstum der großen Sterne in der Schmelze wieder auflösen. — Wenn dagegen infolge eines kleineren Diffusionskoeffizienten des Nährmaterials (Kalziumphosphat) die anfangs gebildeten Sterne das umgebende Feld nur sehr langsam aufsaugen können, so werden die zahllosen in der Schmelze schwimmenden kleinen und kleinsten Kalziumphosphatkörnchen sich längere Zeit in der Schmelze erhalten können."

Danach nimmt Zschimmer hier eine Ostwald-Reifung an, d. h. ein Wachsen von größeren Teilchen auf Kosten der sich intermediär lösenden, vorher schon vorhanden gewesenen kleineren Ausscheidungen. Es besteht jedoch auch die andere Möglichkeit, daß sich zuerst nur wenige Keime bildeten, diese sich auf Kosten von noch gelöstem Kalziumphosphat vergrößerten, so phosphatarme Höfe um sich bildeten, in denen es später nicht mehr zur Neubildung von Keimen kommen kann. Erst in weiterem Abstand von diesen kommt es bei weiterer Abkühlung zur Bildung von neuen Keimen, die nun aber klein bleiben. — So ähnlich das Endresultat ist, so verschieden ist doch der Entstehungsmechanismus.

VI. Mattätzung und Politur.

Kristallähnliche Strukturen bei der Flußsäure-Ätzung. Die Mattätzung mit Flußsäure abspaltenden Mischungen gibt nach den Mikroaufnahmen von K. Hesse[1]) Vertiefungen von kristallinem Aussehen im Gegensatz zu dem unregelmäßigen Korn einer mit dem Sandstrahlgebläse behandelten Oberfläche. Diese „Kristalle" verhalten sich chemisch wie Glas, nicht wie darauf abgesetzte unlösliche Fluoride. Das Absetzen von solchen ist jedoch wahrscheinlich, da die nach oben gerichtete Glasfläche immer viel stärker mattiert ist, als die untere. Jene unlöslichen Fluoride werden lokal das Glas vor dem Angriff der Flußsäure schützen.

Dieser Deutung ist entgegengehalten worden, daß die gleichen regelmäßig begrenzten Strukturen auch dann auftreten, wenn man die Glasplatte vorher mit einer Gelatineschicht bedeckt hatte[2]). Dadurch könnte aber sowohl die Ausbildung des kristallinen Schutzkörpers wie auch ein direkter Kontakt eines solchen mit der Glasoberfläche verhindert werden. Bei weiteren Versuchen zeigte es sich, daß man die Vorgänge in ausgezeichneter Weise dann verfolgen kann, wenn man eine 10%ige Gelatinelösung mit Fluornatrium anreichert, eine Glasplatte damit bedeckt und nach dem Erstarren (nicht Trocknen!) der Schicht etwa einen halben ccm verdünnte Schwefelsäure in Tropfenform darauf setzt. Die Säure verteilt sich im Laufe einiger Tage durch Diffusion eine Strecke weit ringsum und macht Flußsäure aus dem Fluornatrium frei, das sie in der Gelatineschicht vorfindet. Entfernt man nach einigen Tagen die Gelatineschicht mit heißem Wasser, so finden sich hauptsächlich die Randpartien mattgeätzt. Die mikroskopische Untersuchung ergibt auch hier die kristallähnlichen Begrenzungen der tieferliegenden Teile. In der Mitte finden sich auch einzelne solcher Formen. Es macht den Eindruck, als sei hier, wo Konzentration und Zeitdauer größer waren, auf die Mattätzung eine Blankätzung gefolgt.

Die in der Glasliteratur zuweilen auftauchende Behauptung, daß die Mat-

[1]) E. Hesse, Glastechn. Ber. 3, 35 (1925).
[2]) R. E. Liesegang, Photogr. Chronik 33, 377 (1926).

tierung durch ein endgültiges Zurückbleiben der Kristalle von schwer löslichen Fluoriden des Kalziums oder Bleis bedingt sei, hat auch Späte[1]) widerlegt. Zunächst bleibt die kristallähnliche Struktur auch dann bestehen, wenn man alles Aufliegende entfernt hatte. Dann fehlt aber auch die Doppelbrechung, welche man sonst zu erwarten hätte. Auch Späte rechnet damit, daß jene Kristalle nur während der Ätzung schützend wirkten.

Endgültig scheint das Problem aber doch noch nicht gelöst zu sein. Immerhin ist es bemerkenswert, daß man bei der Säurepolitur einen Überschuß Schwefelsäure dem Bade zugibt und häufige Spülungen vornimmt, mit dem bewußten Ziel, störendes Aufgelagertes zu entfernen. Aber mit „Streichtrief", d. h. dem Aufstrich einer breiigen Masse aus verdünnter Flußsäure mit Mehl oder Baryt kann man ebenfalls eine Hellätzung erzielen, obgleich man vom ruhigen Liegenbleiben der Masse eher Mattur erwarten könnte.

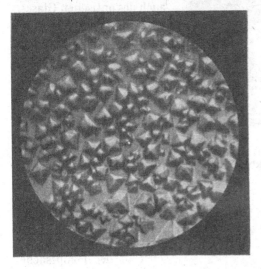

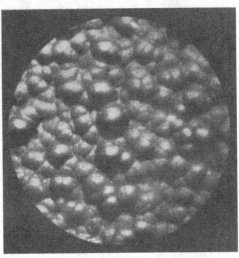

<table>
<tr><td align="center">Abb. 299.
Ätzung von chemisch-widerstandsfähigem Glas
(G. Schott).</td><td align="center">Abb. 300.
Ätzung von Fensterglas (G. Schott).</td></tr>
</table>

Nach G. Schott[2]) ist übrigens diese Mattätzung bei einem chemisch widerstandsfähigen und bei Fensterglas verschieden. Nur das erstere zeigt die Oktaeder, welche auch Schott auf eine Schutzwirkung aufgelagerter, wenig löslicher Fluoride zurückführt. Beim Fensterglas sind es dagegen abgerundete Höcker. Schott meint, „daß sich hier ein unlösliches Produkt in kolloider Form ausgeschieden habe", denn es macht den Eindruck „einer gelartig entstandenen Ausscheidung".

Eisblumenglas. In kolloidchemischen Lehrbüchern ist es üblich, auf die ganz ungeheuren Gewalten hinzuweisen, welche durch die Wasseraufnahme von quellbaren Stoffen ausgeübt werden können. Bei der Herstellung des Eisblumenglases liegt das Umgekehrte vor: die erstaunlich große Kraftentfaltung durch einen entquellenden, schrumpfenden organischen Körper. Wenn von einem mit Leimlösung bestrichenen mattierten Glas nach dem Trocknen die abspringende Leimschicht sehr dünne Glasfetzen mitreißt, so ist diese Möglichkeit des Schichtenabreißens zugleich eine bemerkenswerte Eigenschaft des Glases.

---

[1]) F. Späte, Sprechsaal **59**, 6 (1926).
[2]) G. Schott, Glastechn. Ber. **3**, 315 (1925).

Denn man sollte bei dieser starken Beanspruchung eher ein Springen in der ganzen Dicke erwarten. Anscheinend wird dieses dadurch verhütet, daß die Kraftentfaltung jeweils nur auf einer schmalen Linie erfolgt. Denn das Abreißen der Leimschicht geschieht nicht kontinuierlich, sondern ruckweise. Diese Absätze markieren sich durch Hügel und Täler und diese machen den eisblumenartigen Eindruck. Sie erinnern an den „muscheligen" Sprung der Feuersteine, des Obsidians und auch des optischen Glases.

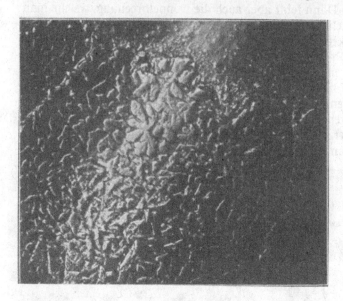

Abb. 301.
Mattätzung eines mit Gelatineschicht bedeckten Trockenplattenglases (R. E. Liesegang).

Die vorherige Mattur scheint nur angewandt zu werden, um das Haften der Leimschicht zu vergrößern und ihr bessere Angriffspunkte zu geben. Oft kommt man auch ohne Mattur aus.

Leim ist nicht nur wirtschaftlich vorteilhafter, sondern auch wirksamer als reine Gelatine. Bei Leim ist der Gehalt an Abbauprodukten (Gelatose) viel höher als bei der sonst in der Hauptsache wesensgleichen Gelatine. Das größere Kontraktionsvermögen des Leims zeigt sich z. B. auch darin, daß ein mit Leim bestrichenes Papier nach dem Trocknen mehr zum Rollen neigt als ein mit Gelatine bestrichenes.

Oberflächenstrukturen bei der mechanischen Politur.

In der mattgeschliffenen Oberfläche sind nach Preston[1] nicht nur Hügel und Täler vorhanden, wie es Rayleigh, French u. a. annahmen, sondern

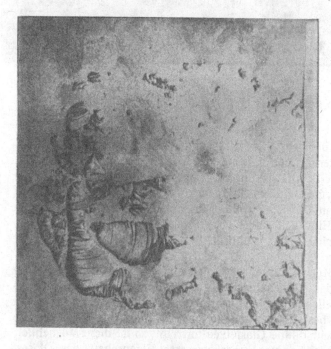

Abb. 302.
Abreißen von Glasfetzen durch eintrocknende Leimschicht. Nat. Größe (Wo. Ostwald).

[1] F. W. Preston, Trans. Opt. Soc. **23**, 3 (1921).

äußerst feine Schaumsprünge, die bis zu 10 Wellenlängen tief in das Glas hineinragen. In diese Sprünge können feinste Splitter eingezwängt sein, welche im polarisierten Licht nachweisbare Spannungen von zweiseitig matt geschliffenen Glasplatten bedingen. Für das Polieren hatte Beilby (1919) angenommen, daß die Oberfläche des Glases (oder auch eines Metalls) dabei plastisch werde und unter dem Einfluß der Oberflächenspannung zusammenfließe. French[1]) (1916) bezeichnete diese anders geartete Schicht als β-Glas. Preston konnte keine andere Löslichkeit des β-Glases feststellen. Aber er fand bei ganz leichtem Anätzen mit Flußsäure, daß unter dieser zusammenhängenden Oberflächenschicht noch die alte Kratzerstruktur des Anschleifens liegt. Diese „Spinngewebsstruktur" tritt schon nach Wegnahme einer Schicht von $1/_{10}$ Wellenlänge auf. (French hatte 8 Wellenlängen für die β-Schicht angenommen.) Die Fäden dieser Spinngewebsstruktur sind ebenfalls aus Sprungsystemen zusammengesetzt, deren Breite auf 10 $\mu\mu$ geschätzt wird. — H. Schneiderhöhn hatte an Mineralien, R. Vogel an Legierungen festgestellt, daß durch das Polieren die Oberfläche prinzipiell verändert werden kann; daß also Fehlschlüsse aus einer metallographischen Untersuchung gezogen werden könnten. Das ist also beim Glas ebenfalls möglich.

Gegen die Theorie, daß eine Ausfüllung von Rissen bei der mechanischen Politur durch eine intermediäre oberflächliche Schmelzung des Glases erfolge, wendete sich N. R. Adam[2]) mit der Begründung, daß beim Wiedererstarren eine Kristallisation eintreten müsse. Er übersieht dabei, daß es dann überhaupt unmöglich sein sollte, zum Glaszustand zu kommen. Nach Adam sollen vielmehr molekulargroße Stücke abgerissen und an anderer Stelle wieder abgelegt werden.

Aus feuchtem Polierrot kann sich nach Preston[3]) beim Reiben auf dem Glas $Fe(OH)_3$ bilden, das gemeinsam mit entstehender gallertiger SiO_2 während des Prozesses zu einer dünnen festen Schicht erstarren kann. —

Im allgemeinen ist zu bedenken, daß der beim Polieren einsetzende scherende Druck außerordentlich viel höher ist, als wie man landläufig nach der aufgewendeten Energie erwartet. Nach den Beobachtungen, welche G. Tammann und S. Balarew an Salzkristallen gemacht haben, sind hierbei selbst Molekülzerreißungen und damit Reaktionsänderungen nicht ausgeschlossen.

VII. Zerbrechen und Zerschneiden von Glas.

Spannungen und ihre Auslösung. F. Rinne[4]) unterscheidet zwischen primären und sekundären Spannungen. Jede Verknüpfung von Teilchen zu einer höheren Einheit führt zur ersteren. So Aggregation von Elektronen zu Atomen, von Atomen zu Molekülen, von Molekülen zu Kristallen oder amorphen Massen. Überlagert werden diese durch die sekundären Spannungen, hervorgerufen durch magnetische und elektrische Kräfte, ungleichmäßige Temperaturänderung und mechanische Beanspruchung. Neben der Verlagerung der Atomkerne kommt es dabei zu einer Deformation der Elektronenhülle Da in letzterer der „Sitz der Optik" ist, sind die sekundären Spannungen mit Hilfe des linear polarisierten Lichtes nachweisbar.

[1]) Vgl. a. J. W. French, Optician **62**, 1603 (1922).
[2]) N. R. Adam, Nature **119**, 162 (1927).
[3]) F. W. Preston, Journ. Soc. Glass Techn. **14**, 127 (1930).
[4]) F. Rinne, Keram. Rundsch. **35**, 463 (1927).

Der Sprungverlauf bei der Zertrümmerung kompakten Glases durch Schlag und Stoß ist von H. Jebsen-Marwedel[1]) einer eingehenden Studie unterworfen worden: Die Elastizität des Eisens beruht darauf, daß auf die anfängliche reversible Deformation ein Fließen (Plastizität) folgt. Letzteres fehlt beim kalten Glase fast vollkommen. Daher seine Sprödigkeit, die sich erst bei Annäherung an den Schmelzpunkt verliert. Die Verschmelzung seiner Risse beim Polieren zeigt jedoch, daß ein kleiner Rest von Fließbarkeit auch beim Glase vorhanden ist. (Die hohe lokale Temperatursteigerung beim Friktionieren darf dabei nicht unberücksichtigt bleiben.)

H. Salmang hat die Plötzlichkeit des Zerfalls von Gläsern in Zusammenhang gebracht mit der wurmartigen Gestalt des SiO_2-Moleküls. Ihr verknäulter Zustand befördert einerseits den Zusammenhalt, andererseits macht er ein Gleiten wie beim Eisen unmöglich. — Es ist wahrscheinlich, daß ebenso wie nach Tammann bei der gewaltsamen Zerteilung eines Kristalls auch beim Glase Moleküle zerrissen werden können. (Solche enorme Kräfte hatte Lenard schon bei seinem Versuch der Deutung der Wasserfallelektrizität vermutet.)

Tammann sah, daß eine frisch gespaltene Glimmeroberfläche sich beim Anhauchen nicht beschlägt. Auch ganz frisch geschlagene Glasbrocken nehmen den Hauch nicht an. Dieses geschieht vielmehr erst nach einigen Minuten. Deshalb muß man auch bei der Eosinprobe nach Mylius das Alter des Bruchs berücksichtigen. Es wird vermutet, „daß Reste wie SiO_2 (aus einem größeren Verband) sowie NaOH oder dgl. momentan durchaus selbständiges Dasein haben können, dem aber dadurch ein rasches Ende gesetzt ist, daß sie sich an jedem zur Verfügung stehenden Mittel (H_2O, CO_2) absättigen und nun erst eine gewöhnliche Oberfläche schaffen".

Glas vermag sehr viel größere Druck- als Zugkraft auszuhalten. Die komprimierende Wirkung des Schlages oder Stoßes verursacht noch kein Springen. Erst die darauf folgende Dilatation tut es, obgleich sie von geringerer Amplitude ist. — Bei den Studien über den muschligen Bruch des Glases, der nach Tammann und Rinne durch die Schwingungen des Glaskörpers bedingt ist, muß man sorgfältig jene seltenen Glasstücke aussuchen, welche nicht schon vorher lokale innere Spannungen besaßen. Für Tammann ist der unregelmäßige Ablauf der rhythmischen Riffbildung ein Anzeichen für chemische Inhomogenitäten oder innere Spannungen des Glases.

Bei Erwähnung von Zschimmers Kohäsionspunkt (Verwachsung von zwei aufeinandergepreßten Glasstücken bei 673^0) wird darauf aufmerksam gemacht, daß Tammann die Erscheinung in viel einfacherer Weise durch Rühren von erwärmten Kristallpulvern studierte. (Aber Tammann deutete dieses Zusammenbacken des Pulvers, welches weit unter dem Schmelzpunkt erfolgt, durch Einspringen ins Kristallgitter. Beim Glas könnte jedoch man höchstens dann an solche Deutung denken, falls eine, wenn auch noch nicht bemerkbare Entglasung vorläge.)

Glasschneiden. Mikroskopisch verfolgte F. Rinne[2]) die Vorgänge beim Glasritzen. Zur Seite des Ritzstreifens zeigen sich viele kleine muschelige Absplitterungsbezirke, die meist mit rhythmischen Unterbrechungen aufeinander folgen. Im polarisierten Licht zeigt sich die Lokalisation der starken Spannungen, welche dem Druck vorausgehen.

Foley[3]) und Knipp[4]) sahen beim Glasschneiden mit dem Diamanten Luminiszenz auftreten (welche den Trockenplattenfabrikanten interessieren könnte). Die Spaltungslinie läuft dem Diamanten voraus.

---

[1]) H. Jebsen-Marwedel Sprechsaal **60**, 317 (1927).

[2]) F. Rinne, Zbl. f. Mineral. A, 209 (1926).

[3]) Foley, Science **13**, 332 (1901).   [4]) Ch. T. Knipp, Nature **120**, 262 (1927).

VIII. Das Färben der Gläser.

Man unterscheidet Lösungs- und Anlauffarben. Bei letzteren ist das Färbende im fertigen Glas in kolloider Verteilung. Damit gilt auch hier die von Wo. Ostwald geprägte

Farbe-Dispersitätsgrad-Regel. Im Abschnitt „Photographie" wird von einem Versuch berichtet, bei welchem Gelatinelösung zuerst mit Silbernitrat, dann mit Hydrochinon versetzt wird. Zuerst ist die Lösung farblos klar, dann wird sie in der Durchsicht gelb, orange, rot, braun, oliv, und schließlich undurchsichtig schwarz. Durch rasches Erstarrenlassen dünner Aufstriche gelingt es oft, die einzelnen Farben zu fixieren. Dort soll es ein Modellversuch sein zur Deutung der Polychromie des Silbers, das man bei der physikalischen Entwicklung der Auskopierpapiere beobachten kann. Hier soll es zeigen, wie auch im Glase die Färbung im hohen Grade von der Teilchengröße der Anlauffarbe abhängt. Jene Farbfolge ist bedingt durch immer größer werdende Teilchen von metallischem Silber.

Neben der Teilchengröße kann natürlich die Teilchenform entscheidend eingreifen. Dann ist es nicht gleichgültig, ob es sich um Primär- oder Sekundärteilchen handelt. Ferner können versteckte chemische Einflüsse sich äußern: Von einer kolloiden Goldlösung war der Größe nach ein Rot erwartet worden. Das tatsächlich vorhandene Blau erklärte sich, als gemerkt wurde, daß die Reduktion nicht bis zum Metall, sondern nur bis zum Oxydul gegangen war. Als dieses durch weitere Reduktion in Metall übergeführt wurde, trat das erwartete Rot auf.

Goldrubinglas. „Was nun das Gold im rubinroten Glase betrifft, so glaube ich, daß eine kleine Betrachtung darüber genügt, um zu überzeugen, daß es sich im metallischen Zustande befindet. Hitze wirkt im Sinne einer Trennung der Verbindungen des Goldes, und wenn dieses so von dem Chlor befreit ist, entweder auf der Oberfläche von Glas, Bergkristall, Topas und anderen unwirksamen Stoffen, so erhält man oft ein rubinrotes Häutchen von Goldteilchen. Das Sonnenlicht und die Linse zeigen, daß das Gold im Rubinglase sich in dispergierten und gleichmäßig verteilten Teilchen befindet. Die Ähnlichkeit des Goldglases mit den beschriebenen rubinrot-goldenen Zerstäubungen und Flüssigkeiten ist sehr groß. Die angeführte Ursache für das Rubinrot im Glas ist auf diese Weise sicher erwiesen, so daß man mit Bestimmtheit annehmen kann, daß fein zerteiltes metallisches Gold die Quelle der rubinroten Farbe ist."

So schrieb Faraday 1857. Nach langer Vergessenheit haben die neueren kolloidchemischen Feststellungen, namentlich die ultramikroskopischen von Siedentopf und Zsigmondy, dem großen Forscher auch hierin Recht gegeben: Wie in der wäßrigen kolloiden Lösung steigt auch im Glase die Teilchengröße mit dem Übergang von Farblos, Gelb, Rot, Blau, das meist in der Aufsicht schon mißfarben Braun (lebrig) ist.

Strittig ist das erste, farblose Stadium. Zsigmondy[1] sagt, daß das durch Schmelzen von Blei- oder Barytglas mit sehr wenig Goldchlorid erhaltene und schnell erkaltete, farblose Glas „als Lösung metallischen Goldes in der Glassubstanz anzusehen ist, nicht als Lösung einer chemischen Verbindung des Goldes". Wo. Ostwald bezeichnet sowohl sie wie auch die schwach gelbe Form als „molekulardispers", weil das Ultramikroskop darin noch keine Teilchen erkennen ließ.

---

[1] R. Zsigmondy, Kolloidchemie (Leipzig 1912), S. 28. — Die großen Verdienste von R. Zsigmondy um die Erforschung dieses Gebietes sind von E. Zschimmer, Sprechsaal **60**, 1021 (1927) gewürdigt worden.

Vollkommen ausgeschlossen ist es allerdings nicht, daß auch hier schon Amikronen vorliegen.

Zugunsten der Theorie der wirklichen Lösung kann jedoch angeführt werden, daß die Temperatur zur Glasschmelze auch zum Schmelzen des Goldes ausreicht. Bei der Abkühlung würde es dann in atomistischer Verteilung im Glase zurück-bleiben. Diese Auffassung hat deshalb den großen Vorzug vor der Deutung der Farblosigkeit durch amikronische kolloide Goldteilchen, weil sie eine viel größere Beweglichkeit, also Fähigkeit zum Zusammentritt bei der Anlauftemperatur ge-währleistet. Beim Anlaufen würde es sich hiernach also um die Neubildung eines Kolloids handeln, nicht um das Größerwerden eines schon vorhandenen Kolloids.

Auch Tammann[1]) spricht von einer echten Lösung des Goldes in geschmol-zenen Silikaten. Bei rascher Abkühlung bleibt das Glas farblos. Aus Versuchen über das Verhalten beim abermaligen Erwärmen (Anlassen) ergibt sich: Glas-stücke, die auf Temperaturen unter 388 ± 6^0 erhitzt waren, hatten ihre schwach rosae Färbung nicht verändert, während alle Glasstücke, deren Temperaturen über 392 ± 6^0 bis 550^0 gestiegen waren, die gleiche tiefrote Farbe zeigten. Bei 390^0 beginnt demnach die Beweglichkeit der Goldmoleküle im Glas so groß zu werden, daß sich diese zu ultramikroskopischen Teilchen sammeln können. Diese Tem-peratur liegt sehr nahe bei der Temperatur, bei der die Doppelbrechung, die durch Abschrecken in demselben Thüringer Glas erzeugt wird, beim Erhitzen ver-schwindet (385^0).

Im Vergleich hiermit sind Versuche mit Borax und Gold interessant: J. Don-nau konnte (1904) durch Schmelzen von Borax mit Goldchlorid ein rotes kolloides Goldsol erhalten. Ehringhaus und Wintgen[2]) gelangten durch schnelles Ab-kühlen nicht zu einem farblosen „Glas". Die Teilchenzahl wächst mit der Kon-zentration und nimmt ab mit der Erhitzungdauer. Erhöhung der Konzentration führt schneller zu großen Teilchen als Verlängerung der Erhitzungsdauer. Die Koagulierungsversuche wurden bei 925^0, d. h. 135^0 unter dem Schmelzpunkt des Goldes vorgenommen. Die Größe der Goldteilchen schwankt zwischen 30 und $300 \mu\mu$.

Die von B. Lange[3]) durchgeführten Messungen der optischen Depolarisation führten zu folgenden Ergebnissen: Bekanntlich hängen Farbenintensität und Teilchengröße weitgehend ab von Höhe und Dauer der Erhitzung des ursprünglich farblosen Goldglases: Bei niederer Anlaßtemperatur entsteht der feindisperse Rubin, bei längerem Erhitzen über 1000^0 der gröbere, in der Durchsicht blau-gefärbte Saphirin. Auch Lange findet, daß der Zusammenhang zwischen Dispersi-tätsgrad und Farbe vollkommen demjenigen der wäßrigen Goldsole entspricht. Der Durchmesser der Goldteilchen im Saphoronglas liegt unterhalb $55,6 \mu\mu$. Der Einfluß der Zusammensetzung des Grundglases auf Depolarisation und Licht-absorption ist nur gering. Selbstverständlich kann die Zusammensetzung auf das Wachstum der kolloiden Goldteilchen von Einfluß gewesen sein. Vergleicht man Gläser mit gleichem Goldgehalt, aber verschiedener Teilchengröße, so kann die Farbintensität im gleichen Spektralbezirk um etwa das Fünffache verschieden sein. Daraus zieht Lange den Schluß, zu welchem H. T. Bellamy[4]) auf Grund von Versuchen mit einem sehr zinnoxydreichen Glas schon vorher gekommen war: das man oft die gleiche Farbtiefe mit nur $^1/_5$ des Goldes erreichen könne.

---

[1]) G. Tammann und H. Schrader, Ztschr. f. anorg. u. allg. Chem. **184**, 293 (1929).
[2]) A. Ehringhaus und H. Wintgen, Ztschr. f. physik. Chem. **104**, 301 (1923).
[3]) B. Lange, Glastechn. Ber. **5**, 477 (1928).
[4]) H. T. Bellamy, Sprechsaal **46** (1923).

Pyrosole hat R. Lorenz[1]) solche kolloide Lösungen genannt, bei welchen das Dispersionsmittel aus einer Schmelze besteht. Metallisches Blei verteilt sich beim Erhitzen in einer Schmelze von $PbCl_2$, metallisches Silber in AgCl.

Aber diese Verteilung, welche Lorenz als Pyrosol angesprochen hatte, erwies sich bei der eingehenden Forschung von W. Eitel und B. Lange[2]) als keine kolloide. Jedenfalls zeigten sich keine ultramikroskopisch sichtbare Teilchen. Es wird deshalb angenommen, daß das Metall mit der Schmelze reagiere, vielleicht unter Bildung von Subhaloiden. Erst bei Erstarren der Schmelze tritt eine ultramikroskopisch definierte Trübung ein, indem die in der Schmelze entstandene Verbindung zerfällt. — Die Wandlung in diesen Vorstellungen ist auch in glastechnischer Hinsicht beachtenswert.

Silber. Die in wäßrigen Systemen so leicht erreichbare Vielfarbigkeit des kolloiden Silbers ist im Glase noch nicht erreicht. Man kommt in der Schmelze und Lasur (Gelbsatz) nur zu Gelb, höchstens zu Braun. Vielleicht liegt das daran, daß der Schmelzpunkt des Silbers (960°) im Vergleich zu dem des Glases zu niedrig liegt.

Kupfer. Bei diesem unedleren Metall kommt zweifellos viel Chemisches hinzu, was die Farbgebung beherrscht. Schon 1887 hatte sich H. Schwarz[3]) mit den kolloidchemischen Verhältnissen befaßt. Im Kupferrubin und im Aventurin, der damals noch ein Kind des Zufalls (aventura) war, nahm er das Kupfer in metallischer Form an. Ein mäßig saures Glas erwies sich für die Aventurinbildung als vorteilhaft. Zwischen 900 und 800°, wenn das gelöste Kupfer sich ausscheidet, muß die Abkühlung sehr langsam erfolgen. Es kann dann zu größeren Kristallblättern zusammentreten. — Zum Streit um den Aventurin, der schon seit Pettenkofer begann, äußerte sich später V. Auger[4]): In der Schmelze bildet sich Kuprosilikat (hier liegt also ein Fall wie bei den scheinbaren Pyrosolen vor). Beim Erkalten erfolgt Zerfall in metallisches Kupfer und Kuprisilikat, welch letzteres die allgemeine Grünfärbung gibt. — Kupferoxydul nahm H. Schwarz (1887) in Hämatinon (Porporino) und in Astralit an, dessen Farbe purpurrot und brillanter ist.

Bei den, den Flammgasen leichter zugänglichen Glasuren bewahrt das aufgestrichene Kupfervitriol im gewöhnlichen Feuer eine grünliche Farbe. Bei der darauf folgenden Schwarzätze in der reduzierenden Flamme wird die Bildung von kolloidem metallischen Kupfer angenommen. Das gewöhnliche Feuer des dritten Brandes (Rotätze) schafft das rote Kupferoxydul. Bei dieser Art des Anlaufens ist es aber fraglich ob es sich noch um einen Zusammentritt von Teilchen handelt.

Der Chemismus in der Schmelze scheint ein ganz anderer zu sein. Während man bei der Lasur nicht zu harte, pottaschereiche, kalkarme Gläser bevorzugt, nimmt man für die Schmelze des Kupferrubinglases solche mit hohem Kieselsäuregehalt. Sonst kommt man zu leicht zum Braunen, Schwarzen, Opaken.

Aus seinen Studien über die Rotätze folgert L. Springer[5]): Der in den Bränden zuerst auftretende Ton entsteht durch Kupferoxyd, das folgende Schwarz durch metallisches Kupfer. Letzteres sei sehr hoch dispers. In oxydischem Feuer entstehe dann das Rot durch Kupferoxydul. Nach A. Granger[6]) kann das Metall

---

[1]) R. Lorenz, Kolloid-Ztschr. **18**, 177 (1918).
[2]) W. Eitel und B. Lange, Ztschr. f. anorg. Chem. **171**, 169 (1928); **178**, 109 (1929).
[3]) Eine historische Würdigung vgl. Glastechn. Ber. **96**, 98 (1928).
[4]) V. Auger, C. R. **144**, 422 (1907).
[5]) L. Springer, Sprechsaal **50**, 90, 111 (1917).
[6]) A. Granger, Journ. Soc. Glass Techn. **7**, 291 (1923).

als solches im Glasfluß gelöst werden, um dann beim stärkeren Erhitzen in Cu_2O und CuO überzugehen. Nach H. Jackson[1]) sind vom eingeführten Cu_2O bis zu 8% echt löslich. Das beim schnellen Abkühlen erhaltene hellgrüne Glas gibt beim Wiedererhitzen rotes Cu_2O und daneben gelbes CuO in verschiedenem Dispersitätsgrad, bis hinab zu ultramikroskopischen Größen. Mehr wie beim Golde spielt hier das Chemische hinein. Denn SiO_2 vermag bei genügend hoher Temperatur Cu_2O in Cu und CuO zu zerlegen. Chemisches und Teilchengröße erklären die Vielheit der mit Kupfer erzielbaren Färbungen.

Eine röntgenographische Studie von S. Gottfried[2]) ergibt metallisches Kupfer als das färbende Prinzip des Kupferrubinglases.

Selen. Mit Selen erhält man nach Fenaroli[3]) in Natronkalkgläsern eine braune Färbung, wenn sich darin eine echte Lösung von Polyseleniden bildet. Geht hieraus kolloides elementares Selen hervor, so entstehen die gewünschten prachtvoll lachsroten oder violetten Töne. Das Verhalten des kolloiden Selens im Glase ist sehr ähnlich demjenigen im Wasser. Fenaroli fand im roten Glas Sub-. mikronen von weniger als 40 $\mu\mu$ Kantenlänge, also kleiner als wie sie Reissig in Selenhydrosolen gemessen hatte. — Auch Kirkpatrik[4]) schließt sich dieser Kolloidtheorie an.

Für das Rubinrot, Pinkrot, Orange und die Bernsteinfarbe, welche man je nach der Selenverbindung, der Glasart und der Brennmethode erhält, versucht A. Silverman[5]) chemische Deutungen (Polyselenide, Bleiselenid usw.), mit denen er jedoch selber nicht zufrieden ist. Interessanter ist seine frühere Mitteilung[6]), daß ein Selenrubinglas, das in der Hitze schwarz, bei Zimmertemperatur rubinrot war, bei der Abkühlung mit flüssiger Luft in Orange oder Gelb überging.

Tellur. Das Korallenrot der Tellurgläser ist nach Fenaroli durch Polytelluride bedingt, das Braun und Stahlblau durch das kolloide Element. |

Schwefel. Während kolloider Schwefel in Gelatinegallerten polychrom, allerdings nur mit geringer Farbtiefe, erzeugt werden kann, kommt man im Glase bei Abwesenheit von Schwermetallen nur zu gelb bis braun. Fenaroli[7]) sah im Ultramikroskop optische Leere. Das Fehlen des kolloiden Schwefels hierin stehe mit dem stark elektronegativen Charakter dieses Glases in Zusammenhang. Dagegen könne man in den stark sauren Bor-Natron-Gläsern eine Blaufärbung durch kolloiden Schwefel erhalten.

Bei Anwesenheit von Schwermetallen ist natürlich der Zutritt von Chemischem wahrscheinlich. Bei keramischen Gegenständen rechnet z. B. S. A. Bole[8]) mit der Bildung eines Ferrosulfosilikats, das weder in Wasser noch in Königswasser, sondern nur in Flußsäure löslich ist. — Daß bei solchen Verbindungen dann der Verteilungsgrad wieder eine Rolle spielt, ist natürlich nicht ausgeschlossen.

In einem stark lebrigen, ausgeflockten Kadmiumsulfidglase konnte H. Heinrichs[9]) erst bei sehr starker Vergrößerung Blättchen und Säulen von 1,6 μ Durchmesser nachweisen.

[1]) H. Jackson, Pottery Gazette **52**, 1460 (1927).
[2]) S. Gottfried, Ztschr. f. angew. Chem. **40**, 1483 (1927).
[3]) P. Fenaroli, Chem.-Ztg. **36**, 1149 (1912); **38**, 177 (1914).
[4]) F. A. Kirkpatrik und G. G. Roberts, Sprechsaal **57**, 121 (1924).
[5]) A. Silverman, Journ. Am. Cer. Soc. **11**, 81 (1928).
[6]) A. Silverman, Trans. Am. Cer. Soc. **16**, 547 (1914).
[7]) P. Fenaroli, Kolloid-Ztschr. **16**, 53 (1915).
[8]) G. A. Bole und F. G. Jackson, Journ. Am. Cer. Soc. 163 (1924).
[9]) H. Heinrichs und C. A. Becker, Sprechsaal **61**, 411 (1928).

Kohle. Über die Ursache der unerwünschten Gelbfärbung der Glaubersalz-schmelze wechselten die Meinungen etwas. 1916 gab Springer an, daß man bei Zugabe von zuviel Kohle die Reduktion nicht bis zu dem erwünschten Sulfit, sondern bis zum Schwefelnatrium führe, und daß dieses, und nicht etwa fein verteilter Kohlenstoff die Färbung bedinge. 1919 konnte er jedoch korrigieren, daß durch Kohlenstoff auch bei Abwesenheit von Glaubersalz ein leichtes Gelb entstehen könne. Er konnte nach Auflösung des Glases in Flußsäure das Zurück-bleiben von schwarzen Kohlenstoffflocken nachweisen. Die Bezeichnung „Kohlen-gelbglas" hätte also doch eine gewisse Bedeutung[1]).

Farbänderungen durch Licht und andere Strahlungsarten hat man in der Mineralogie vielfach auf Bildung von kolloiden Verteilungen zurückgeführt. So sei an Siedentopfs Erklärung des blauen Stein-salzes durch kolloides Natrium erinnert. Es lag natürlich nahe, solche Deutung auch beim Glase zu versuchen. Schwierigkeit machte es, sich in den starren Ge-bilden die zum Zusammentritt notwendige Beweglichkeit der Bausteine zu er-klären[2]). Bei den Gittern der Kristalle könnte das noch schwieriger sein als beim Glase, wenn man nicht beobachtet hätte, daß die Verfärbungen bevorzugt dort auftreten, wo das Gitter gestört ist.

Die neueren Anschauungen über die Elektronik des latenten Bildes, welche im Kapitel über Photographie zu finden sind, vermögen die genannten Schwierig-keiten teilweise zu beseitigen, wenn man sie auf dieses Gebiet überträgt. Das, was da große Beweglichkeit hat und Konzentrierungen an einzelnen Stellen ver-anlaßt, scheinen die Elektronen zu sein. Im Bromsilberkorn wenigstens kann das aus den Bromion durch Belichtung freigewordene Elektron weitere Strecken zurücklegen, ehe es ein Silberion in ein Silberatom verwandelt. Und es kann hinzu-gefügt werden, daß die Entstehung eines Keimes Anlaß zu weiteren Gitterstö-rungen ist.

Maxwell-Garner[3]) beobachtete, daß ein farbloses Goldglas durch Röntgen-bestrahlung rubinrot wurde. Bei Doelter[4]) wurde es braun. Die Strahlung bewirkte also ein Anlaufen wie sonst die Wärmebehandlung. Entsprechend wurde farbloses Silberglas gelb. Maxwell-Garnett konnte zeigen, daß kolloides Gold von jener Größenordnung auftrat, wie es Zsigmondy im gewöhnlichen Goldrubinglas gefunden hatte. Aber er ging auf die Dynamik des Vorganges nicht ein.

β- und γ-Strahlen ließ J. Hoffmann[5]) einwirken. Verbindungen des Na, K, Li, Ca und Ba nehmen jene Färbung an, welche der Dampf oder ein Organo-Sol des betreffenden Metalls besitzt. Natürliche klare Quarze bekommen die Trübung der Rauchquarze. Wie bei jenen natürlichen Rauchquarzen, welche nicht Fremd-stoffen ihre Trübung verdanken, verschwindet auch bei den durch Bestrahlung entstandenen das Rauchige bei der Erhitzung. Die so wieder gebleichten Quarze sind einer erneuten Verfärbung durch Bestrahlung leichter zugänglich. Das Rauchige ist höchstwahrscheinlich bedingt durch Bildung neutraler Silizium-atome. — Quarzgläser sind der Bestrahlung leichter zugänglich als kristallisierte Quarze. Bei diesen Gläsern kann jenes Violett bis Violettbraun auftreten, welches vollkommen dem der Amethyste entspricht[6]). Beide luminiszieren beim Erhitzen

---

[1]) L. Springer, Sprechsaal **52**, 88 (1919).
[2]) G. O. Wild und R. E. Liesegang, Zbl. f. Mineral. 481 (1922); 358, 737 (1923).
[3]) Maxwell-Garnett, Phil. Trans. 203 A, 385 (1904).
[4]) C. Doelter, Das Radium und die Farben (Dresden 1910).
[5]) J. Hoffmann, Glastechn. Ber. **8**, 482 (1930).
[6]) Bei Röntgenbestrahlung von Quarzglas erhielt G. O. Wild die auf kolloides Si zurück-geführte Violettfärbung in Schlierenform, geringen Störungen in diesem Glasfluß entsprechend.

und verlieren ihre Färbung fast oder ganz, indem sich das feinverteilte Silizium oxydiert. Bei den durch Bestrahlung verfärbten künstlichen Silikatgläsern ist es oft schwierig, das atomistisch oder kolloid verteilte Metall anzugeben, welches die betreffende Färbung bedingt. Denn es kann ja der gleiche Ton durch verschiedene Elemente hervorgerufen werden, wenn der Dispersitätsgrad verschieden ist.

Die Mahlfeinheit der Glasfarben. Lagerfeldt[1]) schildert die sehr langwierigen Mahlprozesse, welche Unterglasurfarben, Farbkörper, Schmelzfarben, Glasuren, Lüster, Glanzgold, Glasfarben und Emaillen durchzumachen haben. Manche bleiben zur Erreichung der 0,16 μ, als einer Größe, welche von der oberen Grenze der Kolloide (0,1 μ) nicht mehr weit entfernt ist, 4 Wochen in der Mühle. Nachträglich kann es beim Lagern wieder zu einem Zusammenbacken kommen, namentlich, wenn wasserlösliche Anteile vorhanden waren, die sich beim Trocknen ausscheiden. Hier muß dann eine andere Dispersionsflüssigkeit verwendet werden. Aber ein Hartwerden kann auch noch durch den Zutritt atmosphärischer Feuchtigkeit erfolgen. Dann hilft nur das seit Jahrhunderten geübte Nachreiben vor dem Gebrauch.

Daß das Mahlen nicht nur eine Kornverkleinerung herbeiführt, sondern zuweilen auch in andere Eigenschaften eingreifen kann, zeigen Untersuchungen über die Kieselsäure. Bay[2]) und Dale[3]) bringen Stützen für die schon 1884 von Spring geäußerte Ansicht, daß der kristalline Quarz dabei teilweise in die amorphe Form übergeht und dabei an Dichte abnimmt. Geht man dagegen vom geglühten Chalzedon aus, wie es Washburn[4]) tat, so kann es zu einer Dichtezunahme (von 2,175 auf 2,224) kommen, weil hier der Wegfall der submikroskopischen Kapillaren mehr ausmacht als die Umwandlung in die glasige Form.

IX. Viskosität.

Viskosimeter für die Schmelze. Aus seiner Zusammenfassung des reichen Materials schält W. Eitel[5]) die folgenden Prinzipien heraus.

1. Die Bestimmung der Ausflußgeschwindigkeit der Schmelze aus engen Röhren, also etwa aus Kapillaren von Platin, Platin-Iridium oder Kieselglas.

2. Die Bestimmung der Dämpfung eines mit der Schmelze gefüllten schwingenden Gefäßes.

3. Die Bestimmung des Widerstandes gegen eine in der Schmelze langsam aufsteigende oder absinkende schwere Kugel oder dergleichen.

4. Die Bestimmung der Rotationsgeschwindigkeit eines zylindrischen Bezugskörpers, der in der Schmelze in einem gleichfalls zylindrischen Gefäße sich bewegt.

Die erste Methode hat den Nachteil, daß die Ausflußkanülen bald leiden. Die zweite Methode kat kaum Anwendung gefunden. Dagegen beruhen für gewisse Zwecke brauchbare Verfahren auf dem dritten Prinzip. Den weitesten Anforderungen bezüglich Temperatur und Zähigkeit entsprechen auf dem vierten Prinzip beruhende Verfahren, z. B. dasjenige von M. Margules und von E. W. Washburn.

Sehr wichtig sind neben den Viskositätsmessungen bei hohen Temperaturen

---

[1]) Lagerfeldt, Sprechsaal **59**, 629 (1926).
[2]) Bay, Proc. Roy. Soc. **102**, 218 (1923).
[3]) A. J. Dale, Trans. Am. Cer. Soc. **23**, III, 211 (1924).
[4]) Washburn und Navias, Journ. Am. Cer. Soc. **5**, 565 (1922).
[5]) W. Eitel, Glastechn. Ber. **3**, 275 (1925).

jene Verfahren, die Viskositäten bei Temperaturen bis zur Verfestigung des Glases festzustellen, z. B. im Bereich der Entspannungstemperaturen. Bei Zschimmer[1]) hängt ein Glasstab mit Gewicht am unteren Ende in einem elektrischen Ofen. Es wird die Verlängerung des Stabes beobachtet. Späte[2]) modifiziert diese Methode, indem er 8 Glasstäbe gleichzeitig verwendet, die unten zuerst gestützt sind. Bei steigender Temperatur wird von Zeit zu Zeit eine Stütze weggezogen, und die Zeit festgestellt, in welcher eine Verlängerung um 3 cm eintritt. F. Weidert[3]) bettet einen polierten Glaswürfel in Kieselgur, erhitzt, und stellt einerseits die Temperatur fest, bei welcher der erste Eindruck einer Fläche zu beobachten ist („Deformationstemperatur") oder bei welcher die Kanten verschwinden („Fließtemperatur").

Sehr hohe Viskositäten bestimmt V. H. Scott[4]) durch Verdrehung von Glasstäben. Er mißt auch die Dicke des Glashäutchens, welches ein Pt-Ir-Draht bedeckt, wenn dieser mit bestimmter Geschwindigkeit durch die Schmelze gezogen worden war, und bestimmt hieraus deren Viskosität[5]). Auch G. Gehlhoff[6]) muß zu verschiedenen Methoden greifen, um die ganze Kette der Viskositätsbereiche zusammenzufassen. Im Entspannungsbereich bestimmt er die Temperatur, bei welcher ein bestimmt belasteter Glasstab um einen bestimmten Betrag durchbiegt. Auch die von H. Schönborn[7]) festgestellte Änderung des Temperaturkoeffizienten der elektrischen Leitfähigkeit bei der Entspannungstemperatur ist hier wertvoll. Gehlhoffs zweite Methode: die Bestimmung der Temperatur, bei welcher sich ein Glasstab bei bestimmter Belastung um einen bestimmten Betrag verlängert, wird etwa 100° oberhalb der Entspannungstemperatur angewandt, d. h. im „Zähigkeitsbereich", der für die Verarbeitungsmöglichkeit jenes Glases vor der Lampe bedeutsam ist. Für den „Flüssigkeitsbereich" dient ihm ein Rührviskosimeter, das dem von E. W. Washburn[8]) angegebenen ähnlich ist.

Das Bureau of Standards in Washington[9]) hat einen Apparat zur Messung der Viskosität von geschmolzenem Glas zwischen 800 und 1400° C konstruiert. Die Reibung in den rotierenden Teilen des Triebmechanismus ist so gut wie eine lineare Funktion der Belastung und variiert von 5 bis 0,7 % für Belastungen von 40 bis 800 g. Der Endeffekt ist von der Tiefe des Eintauchens fast unabhängig.

Verdoppelungszahlen der Viskosität. Eine Tabelle hierzu gibt E. Berger. Bei Glas (geschmolzenem Diopsid) sind es (in der Gegend von 1300°) 9°, bei Wasser 26°, bei Bleiamalgam 350°. Auffallend niedrig ist diese Zahl bei Rizinusöl mit 1,8°.

Einfluß der chemischen Zusammensetzung. Da dieser der kolloidchemischen Betrachtung vorläufig noch ferner liegt, muß ebenfalls auf die erwähnte Zusammenfassung von Eitel aufmerksam gemacht werden. Die Messungen von English[10]) ergaben einen verhältnismäßig ähnlichen Verlauf der Viskositätskurven der Natron-, Natron-Kalk-, Natron-Magnesia- und Natron-Tonerde-Gläser. Nur sind sie im Temperaturgebiet etwas verschoben. Dagegen bringt Borsäuregehalt ganz wesentliche Änderungen und Abwechslungen: Bei 800°

[1]) Zschimmer, Zentral-Ztg. f. Opt. und Mech. 10 (1917).
[2]) F. Späte, Glastechn. Ber. 1, 2 (1923).
[3]) F. Weidert und G. Berndt, Ztschr. f. techn. Physik 1, 51, 121 (1920).
[4]) V. H. Scott, E. Irvine und D. Turner, Proc. Roy. Soc. London 108 A, 154 (1925).
[5]) V. H. Scott, Journ. Glass Techn. 10, 424 (1926).
[6]) G. Gehlhoff und M. Thomas, Ztschr. f. techn. Physik 7, 260 (1927).
[7]) H. Schönborn, Ztschr. f. Physik 22, 305 (1924).
[8]) E. W. Washburn und G. R. Shelton, Phys. Review 15, 149 (1920).
[9]) G. K. Burger, Sprechsaal 62, 448 (1929).
[10]) S. English, Journ. Soc. Glass Techn. 8, 205 (1924).

erzeugt fortschreitender Borsäurezusatz erst sehr starke, von 25 % an nur noch geringe Erniedrigung der Viskosität. Bei 700⁰ bedingen jedoch bis zu 15 % eine Zunahme, erst mehr als 15 % wieder eine Abnahme.

Die Untersuchung von English[1]) in der Nähe der Kühltemperaturen ergab Daten, welche im Praktiker zuerst ein Mißtrauen gegen diese wissenschaftlichen Untersuchungen erwecken kann, was ihn veranlassen könnte, seinem „Gefühl" noch mehr zuzutrauen. Denn er kennt aus der täglichen Erfahrung den großen Unterschied in der Verarbeitung der Kali-Kalk-Gläser einerseits und der Bleigläser anderseits. Erstere sind „milde" (lange) Gläser, die beim Abkühlen ganz allmählich steifer werden, während die „kurzen" Gläser sich nur in einem viel kleineren Temperaturbereich verarbeiten lassen, da sie viel plötzlicher steif werden. Nun ergeben aber die Viskositätsbestimmungen der beiden Gläserarten abgesehen von der Verschiedenheit der Temperatur fast keine Unterschiede. Es kommt hier ein zweiter Faktor hinzu, welcher sich nicht bei der Viskositätsbestimmung, dagegen sehr stark beim praktischen Arbeiten äußert: Die Wärmeausstrahlung des Glases. Milde Gläser sind gewöhnlich auch weich. Bei der niedrigeren Schmelztemperatur strahlen sie weniger Wärme aus: Sie halten ihre Wärme besser als die meist härteren, kurzen Gläser. Im Bereich der Kühltemperatur bewirkt aber eine Abkühlung um 8⁰ eine Erhöhung der Viskosität auf das Doppelte. — Mit solcher Erkenntnis holt die Wissenschaft den zeitweiligen Vorsprung des Praktikers doch wieder ein.

Weitere Viskositätsmessungen von English, ferner solche von E. W. Washburn[2]) wertet G. S. Fulcher[3]) neu aus. Es gelingt ihm, bei den verschiedenen Glaszusammensetzungen, die bei English bis zu 4 Komponenten haben, die Aggregationstemperatur, bei welcher auch er eine Vergrößerung der Moleküle im Glas annimmt, scharf zu fassen. Besonders interessant ist die Beziehung zur Entglasungstemperatur. In einzelnen Fällen rückt letztere der Aggregationstemperatur nahe. In anderen legt sich jedoch eine Temperaturstrecke dazwischen.

Modifikationsänderungen. Wie vieles übrigens hier die Wissenschaft neben dem eigentlich Chemischen zu berücksichtigen hat, wie schwer, veranlaßt durch scheinbar Abgelegenes, das Verhältnis zwischen chemischer Zusammensetzung noch zu übersehen ist, das lehrt der Hinweis von Le Chatelier[4]) auf die Allotropie des Glases und ihren Einfluß auf die Zähigkeit. Die Umwandlungen vollzogen sich, wie schon Lefon aus dilatometrischen Untersuchungen gefolgert hatte, zwischen 500 und 600⁰. Nun ist es kolloidchemisch sehr bemerkenswert, daß er diese Unterschiede, diese angebliche Berechtigung zur Unterordnung in die α- und β-Modifikation beim Vergleich von normalen und entglasten Gläsern findet. Was er Modifikationsänderung nennt, könnte also der Unterschied im Dispersitätsgrad sein.

Kohäsionspunkt. E. Zschimmer[5]) versuchte damit eine neue Konstante des Glases zu geben. Würde man ein homogenes Glasstück in zwei Hälften teilen und wieder zusammenlegen, so würden in einem idellen Fall (der allerdings in Wirklichkeit niemals erfüllt sein kann) die Stücke wieder in der alten Festigkeit durch Kohäsion zusammenhaften. Denn die benachbarten Teile der Stücke würden sich „in molekularer Nähe" befinden. Dagegen treten komplizitere Erscheinungen auf, wenn man zwei plangeschliffene Stücke derselben

---

[1]) S. English, Journ. Soc. Glass Techn. **7**, 25 (1923).
[2]) E. W. Washburn, G. B. Sheldon und E. E. Libmann, Univ. of Illinois Eng. Stat. Bull. **140**, 74 (1924).　　　[3]) G. S. Fulcher, Journ. Am. Cer. Soc. **8**, 339 und 789 (1925).
[4]) H. Le Chatelier, C. R. **179**, 517, 718 (1924).
[5]) E. Zschimmer, Silikat-Ztschr. **2**, 129 (1914).

Glassubstanz aufeinanderlegt. Denn die Teilchen befinden sich nicht ohne weiteres in molekularer Nähe. Außerdem wirken fremde Stoffe mit. Denn die Oberfläche hat Bestandteile der Luft adsorbiert und kann durch diese auch chemisch verändert sein. Es kann zwar dann auch ein gutes Anhaften erreicht werden — die Stücke sind, wie der Optiker sagt, „angesprengt" —, aber es handelt sich dabei nicht um Kohäsion, sondern um Adhäsion.

Als Adhäsion wird hier jedes mechanische Anhaften zweier Körper bezeichnet, das nicht Kohäsion ist.

Wie die adsorbierte Luft den Zusammenhang der angesprengten Glasstücke vermittelt, soll hier nicht untersucht werden. Vielleicht hat die Luft, wie W. Voigt (1883) annahm, in unmittelbarer Nähe der Glassubstanz die Beschaffenheit einer tropfbaren Flüssigkeit oder sogar eines festen Stoffes.

Erweicht man die angesprengten Gläser durch Erhitzen, so ist es möglich, daß die Glasteilchen infolge ihrer gesteigerten Schwingungen hier oder dort in molekularen Kontakt kommen, d. h. „daß die schwingenden Glasmoleküle die Luftschicht durchschlagen, so daß die Luftmoleküle an dieser Stelle aus dem Wege geräumt werden und stellenweise die Glasmasse den Raum einnimmt, den vorher die Luftmasse einnahm". Hier geht also die Adhäsion in Kohäsion über.

Je beweglicher die Glasmoleküle sind, um so kleiner muß bei gleicher Temperatur und gleichen Adhäsionsbedingungen die hierfür erforderliche Zeit sein. Setzt man die Zeitdauer der Erhitzung fest, so wird die Temperatur, bei welcher innerhalb dieser Zeit die Kohäsion der Glasmasse (der „Kohäsionspunkt") eintritt, von deren chemischer Zusammensetzung abhängen. Der Kohäsionspunkt ist eine Konstante der Glassubstanz, welche deren spezifisches Erweichungsvermögen in relativem Maß definiert und somit den Verlauf der Verflüssigung exakt zu verfolgen gestattet. Er bietet also einen Ersatz für den Schmelzpunkt, welcher nur für die kristallisierte Substanz tatsächlich Bedeutung besitzt. Er charakterisiert den Molekularzustand als Funktion der chemischen Zusammensetzung. — Sind so zwei Glasplatten an einem Punkt zur Kohärenz gelangt, so reißt bei ihrer Trennung die eine aus der anderen ein winziges Stückchen heraus. Dies gilt als Kennzeichen für die Erreichung der Kohärenz.

Der Kohärenzpunkt ist bisher die einzige Maßmethode geblieben, die wir an der Grenze des starrelastischen Zustandes gegen den Zustand beginnender Elastizität haben. Eine briefliche Benachrichtigung von Zschimmer deutet an, daß sie jedoch wegen ihrer Kostspieligkeit kaum weitere wissenschaftliche Verwendung gefunden habe. Dagegen wurde die Methode praktisch von Bedeutung für die Herstellung der sog. Bifokal-Brillengläser, bestehend aus einem vorher geschliffenen und polierten Kronglas mit aufgeschweißter Flintlinse und ähnlichen Kombinationen. Überhaupt lassen sich polierte Glaskörper danach im elektrischen Ofen gut verschweißen. Obgleich Zschimmer dieses Verfahren in einer deutschen optischen Werkstätte (Busch) eingeführt hatte, erhielten R. G. Parker und A. J. Dalladay[1]) hierauf ein amerikanisches Patent.

X. Gase und Wasser im Glas.

Herkunft der Gase. Über deren Ursprung braucht kaum ein Wort verloren zu werden. Es ist nicht allein die auf den pulverförmigen Rohstoffen durch Adsorption und kapillar festgehaltene Luft und Feuchtigkeit, sondern es entwickeln sich auch während des Schmelzvorganges neue Gasmengen aus dem Salpeter, der Soda, dem Bleioxyd usw. Aus der Ofenatmosphäre kann die Schmelze

---

[1]) R. G. Parker und A. J. Dalladay, Am. Pat. 1206177. — Journ. Soc. Chem. Ind. 85 (1917).

Sauerstoff, Kohlenstoff, Stickstoff aufnehmen. Schließlich entwickeln sich Gase beim Polen aus dem eingeführten Holzstab, aus zugesetztem Ammoniaksalpeter usw.

Wie groß der Gasgehalt ist, hat E. W. Washburn[1]) gezeigt. Er schmolz normales Glas bei 1200⁰, brachte dann den Schmelzraum des Versuchsofens rasch in Verbindung mit einem größeren Vakuum. Wie bei Endells Obsidian-Versuch blähte sich der Schmelzfluß auf, stieg über die Ränder des Tiegels und nahm nun das 6-fache Volumen des Glases ein. Dabei war schon ein größerer Teil des Gases ins Vakuum entwichen. Auf die an sich interessanten Mengenbestimmungen des von verschiedenen Glassorten abgegebenen O_2, CO_2, N_2 kann hier nicht eingegangen werden. Immer wieder ist versucht worden, durch Schmelzen im Vakuum die Gase zu entfernen.

Mikroskopisch feine Luftblasen begünstigen die Entgasung des Quarzglases (Rieke, Endell) und nach Germann[2]) auch diejenige des gewöhnlichen Glases. Daß ihre Abwesenheit bei optischen Gläsern Grundbedingung ist, braucht nicht besonders betont zu werden.

Austreibung von Gasen aus dem Schmelzfluß. Das Läutern durch Arsenik oder Sulfat verfolgte E. Zschimmer[3]) an reinen und tonerdehaltigen Alkali-Kalk-Silikatgläsern: Zur Beschleunigung der Austreibung der Gasblasen aus der Schmelze wirft man bekanntlich oft ein Stück Arsenik hinein. Durch chemische Umsetzungen kommt es zur Sauerstoffentwicklung. Dessen große Blasen reißen nun die kleinen (= Gispen) mit nach oben. Sulfat kann ähnlich wirken, indem es beim Läutern von der freien SiO_2 zersetzt wird. Die entstehende SO_3 dissoziiert unter Blasenbildung, welche wie oben wirkt. Keppelers Ansicht, daß das Sulfat durch Vergrößerung der Oberflächenspannung wirke, ist unwahrscheinlich.

Ein Tonerdegehalt erhöht (nach English) die Viskosität des Glasflusses namentlich bei höheren Temperaturen sehr. Damit steht im Zusammenhang, daß die Schaumbildung auf dem Glasfluß bei der Läuterung größer ist, wenn der Tonerdegehalt steigt. Da die Oberflächenspannung (nach Washburn und Libman) durch Tonerde nur wenig verändert wird, wird sie bei der Schaumbildung keine große Rolle spielen.

Eine andere Deutung der Schaumbildung gibt L. Bock[4]). Sie trete nur dann ein, wenn die Menge der dem Glase zugesetzten Kohle in keinem richtigen Verhältnis zum Sulfatgehalt und der Feuerungsart steht. Rauchende Flamme kann selber als Reduktionsmittel wirken, Na_2S aus dem Na_2SO_4 erzeugen und damit Schaumbildung hervorrufen.

Permeabilität des Quarzglases für Gase. Stets ist eine größere Erhitzung hierzu nötig. Es bestehen drei Möglichkeiten des Durchtritts: 1. Es tritt eine Modifikationsänderung der Glaswand ein, welche zu Porosität führt. 2. Bereits vorher in der Glaswand vorhandenes Gas vermittelt den Durchtritt von äußerem Gas. 3. Das Glas erlangt ein größeres Lösevermögen für Gase.

ad 1. Rieke[5]) erwähnt, daß das auf 1200⁰ erhitzte Quarzglas in β-Cristobalit

[1]) E. W. Washburn, F. F. Footitt und E. N. Burting, Univ. of Illinois Bull. **18**, 15 (1920).

[2]) A. F. O. Germann, Journ. Am. Chem. Soc. **43**, 11 (1921).

[3]) E. Zschimmer, E. Zimpelmann und L. Riedal, Sprechsaal **59**, 331, 353, 393, 411, 422 (1926).

[4]) L. Block, Sprechsaal **59**, 633 (1926).

[5]) R. Rieke und K. Endell, Silikat-Ztschr. **1**, 6 (1913).

übergeht, der sich beim Abkühlen auf 230° in α-Cristobalit umwandelt. Das bedeutet Entglasung und Schaffung von Gasdurchlässigkeit.

ad 2. E. C. Mayer[1]), der bei Temperaturen zwischen 330 und 710° bei Quarzröhren einen Durchtritt von Wasserstoff, bei wenigstens 430° von Stickstoff beobachtet hatte, führte diese Durchlässigkeit auf einen Gasgehalt des Quarzes zurück. H. Wüstner[2]) fand bei Diffusionsversuchen mit Wasserstoff und Quarzglas bei Temperaturen zwischen 300 und 1000° erhebliche Unterschiede, je nachdem die Quarzwand ganz frisch oder schon einmal zu einem solchen Versuch benutzt worden war. Eine Deutung versucht er nicht. Neben Entglasung könnte man daran denken, daß vom ersten Versuch bahnschaffendes Gas in der Wand zurückblieb. — Die Aufnahmefähigkeit des Quarzes bei 700 bis 1000° für Wasserstoff findet er von der gleichen Größenordnung wie diejenige des Wassers bei Zimmertemperatur für Wasserstoff. — W. Biltz[3]) rechnet damit, daß Quarzglas Kohlenwasserstoffe gelöst enthält, die bei hoher Temperatur langsam unter Zersetzung abgegeben werden.

ad 3. Eine von G. A. Williams[4]) festgestellte Tatsache spricht gegen die dritte Theorie, welche sich einer Membranwirkungstheorie von W. Nernst anschließen würde. Helium dringt, wie noch gezeigt werden soll, viel leichter durch erhitztes Quarzglas als Wasserstoff. Das Lösevermögen des Quarzglases für Wasserstoff und Helium ist aber nahezu gleich groß.

Beim Vergleich der Durchlässigkeit für Helium und Wasserstoff ist wohl darauf zu achten, daß ersteres einatomig, letzteres zweiatomig ist. Aber die Größenunterschiede der Gasteilchen sind doch nicht so erheblich, daß dieses zugunsten einer Siebtheorie sprechen würde. Helium beginnt nach Williams[5]) bei 180°, Wasserstoff bei 300° durch Quarzglas durchzutreten. Bei 500° ist der Durchtritt des Heliums 500mal so groß als derjenige des Wasserstoffs. Die Durchlässigkeit ist proportional dem Gasdruck. Weder Jenaer- noch Pyrex-Glas läßt Wasserstoff durch, Pyrexglas aber Helium. Dagegen will Lo Surdo[6]) bei starken elektrischen Entladungen einen größeren Durchtritt von Wasserstoff durch Glas als von Helium (und Neon) beobachtet haben.

Steigert man den Druck auf 100 Atmosphären, so tritt auch bei Zimmertemperatur Helium innerhalb einiger Stunden durch Quarzglas hindurch. Bei Wasserstoff erfolgte dieses auch in 11 Tagen nicht[7]).

Kieselsäuregehalt der Gläser und deren Gasdurchlässigkeit. Eine auffällig große Durchlässigkeit für Helium beobachtete C. C. van Voorhis[8]) bei Pyrexglas. Dieses steht wohl mit seinem sauren Charakter in Zusammenhang. Denn beim Vergleich der Durchlässigkeit von sehr verschiedenen Gläsern (bei 200 bis 500°) ergab sich, daß mit steigendem Gehalt an sauren Oxyden, also Kieselsäure und Borsäure, die Permeabilität zunimmt, bei steigendem Gehalt an basischen Oxyden, also Natron, Kali, Baryt usw. dagegen fällt. Sehr schwach saure oder sehr schwach basische Oxyde wie Blei und Tonerde sind dagegen ohne Einfluß.

---

[1]) E. C. Mayer, Phys. Rev. [2] **6**, 283 (1915).
[2]) H. Wüstner, Ann. d. Physik [4] **46**, 1095 (1915).
[3]) W. Biltz und H. Müller, Ztschr. f. anorg. Chem. **163**, 297 (1927).
[4]) G. A. Williams und J. B. Ferguson, Journ. Am. Chem. Soc. **46**, 635 (1924).
[5]) G. A. Williams und J. B. Ferguson, Journ. Am. Chem. Soc. **44**, 2160 (1922).
[6]) A. Lo Surdo, Atti R. Acad. Roma [5] **30**, I, 85 (1921).
[7]) H. M. Elsey, Journ. Am. Chem. Soc. **48**, 1000 (1926).
[8]) C. C. van Voorhis, Phys. Rev. **23**, 557 (1924).

Adsorption und Absorption von Gasen an Glasoberflächen.

Bei der Vielheit der Vorgänge, welche bei der Bedeckung der Glasoberfläche mit Gas- und Wasserhäutchen möglich sind, seien dieselben in verschiedene Unterrubriken untergeteilt, obgleich eine säuberliche Trennung derselben nicht möglich ist, da meist mehrere derselben ineinander greifen.

Nach Langmuir[1]) erstrecken sich die Adsorptionskräfte der Oberfläche fester Stoffe auf nicht mehr als eine einzige Moleküllage. Beim Glase erfolgt aber, wie er an Versuchen mit Wasserdampf zeigen konnte, auf die anfängliche Adsorption ein langsames Vordiffundieren ins Innere, also „Volumenabsorption". Die Möglichkeit einer solchen Diffussion von atmosphärischen Gasen bei gewöhnlicher Temperatur hatte D. Ulrey[2]) bezweifelt. Washburn[3]) meint jedoch, daß das von Le Chatelier[4]) u. a. beobachtete Eindringen der Gase bei verhältnismäßig niedriger Temperatur in Quarzglas den Schluß zulasse, daß dieses auch bei gewöhnlichen Gläsern anzunehmen sei. Gegenüber den im vorigen Abschnitt beschriebenen Vorgängen bei erhöhter Temperatur bestehe also nur ein quantitativer Unterschied.

In ähnlicher Weise komplizieren sich die Verhältnisse, wenn man in neuerer Zeit wiederholt betonte Beziehungen gewisser Adsorptionen zu chemischen Vorgängen auch auf Gas und Glas übertragen würde. L. Michaelis[5]) schreibt direkt eine chemische Gleichung nieder für die Anfärbung von Glas oder Kieselsäure durch Methylenblauchlorid. Man könnte ebensogut sagen: Diese Farbstofflösung bringt die Glasoberfläche zur Verwitterung. Und mit solcher „Austauschadsorption" wäre der Anschluß an einen späteren Abschnitt geschaffen.

Überhaupt stört das häufige Eingreifen des Chemischen das Studium der eigentlichen Adsorptionserscheinungen. Nach R. G. Sherwood[6]) werden bei 200⁰ im Vakuum die in molekularer Schicht adsorbierten Gase restlos abgegeben. Wenn dann bei Temperaturerhöhung auf 500⁰ wieder Gase auftreten, nimmt er diese als bei weiteren chemischen Umsetzungen im Glase neu entstanden an. Bei dem geschilderten Reichtum des Glasinnern an Gasen darf man jedoch diese, wie auch J. E. Schrader[7]) betont, nicht vergessen.

Finden Entglasungen durch Rekristallisationen statt, so ist es möglich, daß nicht allein infolge des Poröswerdens, sondern auch infolge eines Kleinerwerdens der Oberflächen der Einzelteilchen vorher adsorbiert gewesene Gase frei werden. Dieser Adsorptionsrückgang wird aber natürlich durch das Schwammigerwerden der Gesamtmasse sehr verwickelt.

G. H. Latham[8]) findet eine molekulare Dicke der Adsorptionsschicht von polaren und nichtpolaren Stoffen in Dampfform auf frisch geschmolzenem Glas, das nach dem Blasen nur mit trockener Luft in Berührung gekommen war. War aber dieses Glas oberflächlich mit Säure vorbehandelt, wodurch es etwas an Glätte verloren hatte, so beträgt die Dicke der Adsorptionsschicht etwa 50 Moleküle.

---

[1]) J. Langmuier, Journ. Am. Chem. Soc. **38**, 2283 (1916); **40**, 1387 (1918).
[2]) D. Ulrey, Phys. Rev. **14**, 160 (1919).
[3]) E. W. Washburn, F. F. Footitt und E. N. Burting, Univ. of Illinois Bull. **18**, 15, 27 (1920).
[4]) Le Chatelier, Le Silice et les Silicates (Paris 1914), S. 94.
[5]) Vgl. die Zusammenfassung: R. E. Liesegang, Kolloidchemie, 2. Aufl. (Dresden 1926), S. 54.
[6]) R. G. Sherwood, Phys. Rev. **12**, 448 (1918).
[7]) J. E. Schrader, Phys. Rev. **13**, 437 (1919).
[8]) G. H. Latham, Journ. Am. Chem. Soc. **50**, 2987 (1928).

Hauchbilder. Über dieses, hauptsächlich durch die Untersuchungen von Moser bekannte Oberflächenphänomen fand eine ausgedehnte Auseinandersetzung zwischen Lord Rayleigh und J. Aitken[1]) statt. Man gewinnt dabei den Eindruck, daß die Angelegenheit durchaus noch nicht spruchreif ist, sondern auf weitere Bearbeitung wartet. — Beobachtungen, welche Lord Rayleigh mit stark erhitzten oder mit frisch gebrochenen Glasoberflächen erhielt, kann Aitken nicht bestreiten. Aber er behauptet, daß sie für die Erklärung nicht in Betracht kämen. Denn man habe es dann nicht mit gewöhnlichem Glase zu tun. — Auch hier also bestätigt sich die Angabe von Rinne, daß eine frische Glasoberfläche ganz andere Eigenschaften hat wie eine gealterte.

Quellungserscheinungen an der Glasoberfläche. Auch Eckert[2]) warnt beim Glase vor einer unüberlegten Verwendung des Wortes Adsorption. Besonders ist dieses bei den Wasserhäutchen berechtigt, die weit mehr als eine Moleküldicke haben. „Es sind dann der festen Phase sog. diffuse Schichten überlagert, die mehr oder weniger schon einer Lösung mit stetigem Übergang entsprechen. Derartige Schichten können bei zur Gel-Bildung neigenden Stoffen, wie Glas, mit Quellungsvorgängen verbunden sein. Die Quellschicht löst dann ihrerseits wieder Flüssigkeiten und Gase, und natürlich können sich dann auch noch chemische Reaktionen abspielen und Verbindungen auftreten." Deshalb ist der Ausdruck „Sorption", welcher umfassender ist als „Adsorption", besser angebracht. — Es muß hier auf die nahen Beziehungen zu der Auffassung von Langmuir hingewiesen werden: Bildung einer Quellschicht bedeutet ein teilweises Eindringen des Wassers in die Glasschicht.

Damit rechnet French[3]) auch beim Polieren: Den von ihm studierten Gleit- und Fließbewegungen sollen Quellungserscheinungen unter dem Einfluß des Wassers und Drucks vorhergehen. — Baker[4]) versucht auch die Hauchbilder mit Quellungsvorgängen im Zusammenhang zu bringen.

Bei einem natürlichen Glas, dem Pechstein, nehmen G. Schott und G. Linck[5]) sehr erhebliche Quellungen an. Dessen Wassergehalt wird als ein sekundärer nachgewiesen. Alle natürlichen Gläser sind um so stärker hydratisiert, je älter sie sind, unter je höherem Druck sie gestanden haben, je kieselsäureärmer sie sind und je feiner verteilt sie auftreten.

Ein solches Tiefergreifen von Flüssigkeiten würde natürlich eine Bestimmung der Gesamtoberfläche eines Glaspulvers nach einer der sonst üblichen Adsorptionsmethoden unmöglich machen. Deshalb griff H. Wolff[6]) zu einer chemischen Methode, die hier nur deshalb erwähnenswert ist, weil auch sie deshalb keine durchaus zuverlässigen Resultate gab, da die Teilchen der verschieden spröden Glassorten abweichende Formen: länglich spitze, dann auch kürzere Splitter usw. gaben.

Das Beschlagen der Gläser. Verständlicher werden das Eindringen des Wassers und die Quellungserscheinungen, wenn man Chemisches mit hinzuzieht: Besonders die alkalireichen Silikatgläser zersetzen sich oberflächlich unter dem Einfluß des Wasserdampfs und des adsorbierten Wassers. Das freiwerdende Alkali geht durch die Kohlensäure in Karbonat über. Dieses blüht an

[1]) J. Aitken, Nature **90**, 613 (1913).
[2]) F. Eckert, Jb. f. Radioaktivität **20**, 93 (1924).
[3]) J. W. French, Optician **62**, 1603 (1924).
[4]) T. J. Baker, Nature **111**, 743 (1923).
[5]) G. Schott und G. Linck, Kolloid-Ztschr. **34**, 113 (1924).
[6]) H. Wolff, Ztschr. f. angew. Chem. **23**, 138 (1922).

der Oberfläche aus und hält infolge seiner Hygroskopizität Wasser fest. — Selbstverständlich kann dieses nicht mehr als adsorbiert gelten.

Zschimmer[1]) hat eine Reihe von Mikrophotogrammen solcher Beschläge veröffentlicht, an denen man deutlich sieht, wie größere Teilchen mit einem größeren beschlagfreien Hof umgeben sind wie die kleinen. Außerdem zeigt sich, wie die sich ausscheidende Soda auf leichte Politurkratzer und auf Staubkörnchen reagiert, diese (photographisch gesprochen) entwickelt. Und die Wassertröpfchen geben dann die Verstärkung.

Bekanntlich spielt die Vermeidung dieses Beschlagens besonders bei den optischen Gläsern eine große Rolle. Zschimmer erzählt, daß eine optische Fabrik einen sehr hohen Schadenersatz von einer optischen Glashütte verlangte, weil Feldstecherprismen, die aus dem gelieferten Glas gefertigt worden waren, nach einigen Wochen erblindeten.

Nebenbei sei hier erwähnt, daß die Vermeidung des Karbonat-Ausblühens den Verarbeiter optischer Gläser nicht immer vor jeder Art des Beschlagens schützt. Schon Faraday hatte erkannt, daß schwere Bleigläser nach Berührung mit dem Finger oder unter dem Einfluß eines Schwefelwasserstoffgehalts der Luft zuweilen Flecken von Schwefelblei geben.

Farbstoff-Adsorptionen. Bekanntlich wird auch zur Prüfung der Beschlagfähigkeit die Mylius-Probe mit einer wäßrig-ätherischen Lösung von Eosin benutzt. In der Hauptsache ist das eine chemische Reaktion. Aber nach Mylius spielt doch auch hier Kolloidchemisches hinein: Wenn bei verwitterten Brüchen die Eosinwerte scheinbar paradoxerweise geringer sind als bei frischen, so rechnet Mylius damit, daß die zweiwertigen Basen (CaO, BaO, PbO, ZnO), welche bei den frischen Flächen an der Eosinreaktion beteiligt waren, bei der Verwitterung mit einer Schutzhülle von koagulierter Kieselsäure überzogen wurden und nun hierbei nicht mehr mitmachen. Sollte diese Deutung stimmen, so läge also keine poröse Kieselsäuregallerte vor und die Quellungstheorien wären zu revidieren. Außerdem sollte angewittertes Glas weiteren Angriffen gegenüber widerstandsfähiger sein, da es von einer oberflächlichen undurchlässigen Kieselsäurehaut bedeckt ist.

Ferner sagt Mylius von seiner „Oberflächenbeize": „Sie wirkt wie die feuchte Luft auf das Glas ein, indem das Silikat zunächst hydrolytisch zersetzt wird und das frei gewordene NaOH und $Ca(OH)_2$ dann eine äquivalente Menge der Farbstoffsäure aus der Lösung adsorbiert." Das Chemische darf hierbei also nicht zu gering eingeschätzt werden. F. Schelte[2]) bezeichnet Äthylviolett, Methylviolett BB, Diamantfuchsin und Methylenblau B als brauchbar für Adsorptionsversuche an Glaspulvern. Bei verschiedenen Glasarten ist aber kein Schluß auf gleiche Größe der Oberfläche bei gleicher Adsorption erlaubt. Neben der Oberfläche müssen chemische und andere physikalische Momente noch in Betracht kommen. Denn stets war bei gleicher Oberfläche die Adsorption bei Pulver aus Fensterglas viel größer als aus dem Schottschen Bleiglas Nr. 19523.

---

[1]) E. Zschimmer, Ztschr. f. Elektrochem. **28**, 194 (1922).
[2]) F. Schelte, Ztschr. f. phys. Chem. **114**, 394 (1925).

Wasser und Abwasser.

Von **F. Sierp**-Essen.

Mit 21 Abbildungen.

Die Unreinheit des natürlichen Wassers. Ebenso wie das Wasser als das auf der Erde verbreitetste Dispersionsmittel in der Kolloidchemie eine große Rolle spielt, ist auch die Kolloidchemie in der Technologie des Wassers von allergrößter Bedeutung[1]). Chemisch reines Wasser findet sich nirgends in der Natur. Das in der Natur zur Verfügung stehende Wasser hat stets je nach seinem Ursprung einen mehr oder minder großen Gehalt an kristalloiden und kolloiden Stoffen. Bei dem Kreislauf, den das Wasser im Haushalte der Natur, in dem es eine sehr große Rolle spielt, durchmacht, wechselt dieser Gehalt ständig.

Dieser Gehalt an kristalloiden und kolloiden Stoffen entscheidet auch die Frage, ob ein Wasser als Trinkwasser oder als Brauchwasser verwandt werden kann oder nicht. Während für Trinkwasser hauptsächlich ein in gesundheitlicher Beziehung einwandfreies Wasser in Frage kommt, richtet sich die Zusammensetzung des Wassers für gewerbliche Zwecke ganz nach seinem Verwendungszwecke.

Das Wasser wird nun je nach seinem Ursprung als Meteorwasser, Quell-, Bach-Fluß-, See- oder Meerwasser bezeichnet. Letztere bilden das Oberflächenwasser im Gegensatz zu dem Grundwasser, das sich in der Erdkruste in großer Menge vorfindet. Von diesem in der Natur zur Verfügung stehenden Wasserquellen wird allgemein in den europäischen Ländern für Trink- und Brauchwasserzwecke, obwohl Oberflächenwasser billiger ist, das Grundwasser wegen seiner Keimfreiheit, geringeren Verschmutzung und gleichmäßigeren Zusammensetzung bevorzugt. Nur dort, wo Grundwasser in nicht genügender Menge zur Verfügung steht, greift man hier auf Oberflächenwasser zurück. Anders ist es aber in den Vereinigten Staaten, in denen man Oberflächenwasser bevorzugt, nachdem es sehr umständlichen Reinigungsprozessen unterworfen wurde.

A. Grundwasser.

Die Bewegung des Grundwassers. Unter Grundwasser[2]) versteht man jenes unterirdische Wasser, das sich in der Erdkruste über einer meist lehmigen undurchlässigen Erdschicht ansammelt und sich nach den Gesetzen der Filtration fortbewegt. Diese „wassertragende", undurchlässige Erdschicht ist Grundbedingung für die Bildung des Grundwassers. Je nachdem das Grundwasser

---

[1]) Buswell, The Chemistry of water and sewage Treatment, Journ. Am. Chem. Soc. (New York 1928).

[2]) Gross, Handbuch der Wasserversorgung (München 1929). — Prinz, Handbuch der Hydrologie, 2. Aufl. (Berlin 1913). — Klut, Trink- und Brauchwasser (Berlin 1924), 26.

in der Erdkruste sich fortbewegt oder stillsteht, unterscheidet man strömendes oder ruhendes Grundwasser. Für die Verwendung des Grundwassers zur Trinkwasserversorgung muß es sich um strömendes Grundwasser handeln. Für die Bildung des Grundwassers kommen außer den atmosphärischen Niederschlägen, den Sickerwässern der Oberflächenwasser auch in geringer Menge noch die im Boden auftretenden Dampfkonzentrationen in Betracht. Während Höfer[1]) hauptsächlich Infiltration durch atmosphärische Niederschläge bei der Bildung des Grundwassers annimmt, führt Metzger[2]) eine ganze Reihe von Vorgängen an, und zwar:

1. Kapillare Bewegung des Wassers,
2. Entwicklung von Wasserdampf durch Verdunstung,
3. Bewegung des Wasserdampfes durch die Grundluft (Diffusion),
4. Kondensation des Wasserdampfes zu tropfbar flüssigem Wasser,
5. Abtropfen oder Absinken des Wassers unter seinem Eigengewicht.

Hierbei sind die Witterungsverhältnisse an der Erdoberfläche, insbesondere die Temperatur und der Wasserdampfgehalt der Luft, sowie die Häufigkeit, Stärke und Temperatur der Niederschläge von sehr großer Bedeutung. Der Wassergehalt des Bodens selbst ist abhängig von der Bodenart, und zwar insbesondere von der Zahl und Größe der kapillaren Poren. Bei der Kapillarität und Wassermenge des Bodens muß man zwischen einer kapillaren und hygroskopischen Sättigung unterscheiden.

Das von den Niederschlägen stammende Grundwasser wird allmählich in den Untergrund geführt. Diese Überführung kann dort, wo das Wasser auf die Grundluft stößt, nach Metzger[3]) oft so langsam erfolgen, daß man kaum eine Beeinflussung des Grundwasserspiegels feststellen kann. Nur bei grobkörnigem Boden mit nicht kapillaren Hohlräumen ist eine schnelle Versickerung festzustellen.

Die Bewegung des Grundwassers im Boden richtet sich nach den Gesetzen der Filtration. Die Grundwassergeschwindigkeit beträgt je nach der Durchlässigkeit des Schichtenmaterials 3—10 m täglich. Hierbei spielt das Porenvolumen des Bodens eine ausschlaggebende Rolle. Bei Flußalluvionen beträgt dieses 15—35%. Diese Durchlässigkeit der Filterschicht ist von ausschlaggebender Bedeutung für die Bestimmung der Ergiebigkeit des Grundwassers. Das Darcysche Filtergesetz kann in den gewöhnlicheren Fällen angewandt werden. Das Darcysche Grundgesetz, ergänzt durch den Thiemschen Exponenten[4]), der der verschiedenen Beschaffenheit des Bodens Rechnung trägt, lautet $Q = \varepsilon \, i \, f$, worin Q die Ergiebigkeit des Grundwasserstromes, i sein natürliches Gefälle und f die senkrecht zur Strömungsrichtung gemessene Durchflußfläche ist. Unter ε versteht man den Durchlässigkeitswert des Untergrundes, der diejenige Wassermenge angibt, welche durch die Fläche 1 bei dem Gefälle 1 in 1 Sekunde hindurchfließt. ε kann unmittelbar aus der Bodenprobe ermittelt werden, indem man mit der vorhandenen Bodenprobe ein künstliches Filter aufbaut und einen Filterversuch macht. Ferner läßt sich ε

---

[1]) Höfer, Grundwasser und Quelle. Eine Hydrologie des Untergrundes (Braunschweig 1920).

[2]) Metzger, Die Bildung des Grundwassers und die sonstigen hydrologischen Vorgänge im Boden. Ges.-Ing. **45**, 217 (1922). — Die Versickerung der atmosphärischen Niederschläge und ihr Einfluß auf die Wasserführung von Quellen. Ges.-Ing. **49**, 629 (1926).

[3]) Metzger, Die Wasserlieferung der Quellen in ihrer Abhängigkeit von der Grundluft. Wasser und Gas **17**, 725 (1927).

[4]) Thiem, Eintrittswiderstände bei Rohrbrunnen. Ztschr. f. Wasserversorgung **6**, 69 (1919).

aus der spezifischen Ergiebigkeit (Fördermenge dividiert durch Absenkung) eines Brunnens und dem Vergleich mit gleichartigen Brunnen in anderen Bodenschichten ermitteln. Auch durch Anwendung von Salzen oder Färbversuchen kann man die Bestimmung von ε vornehmen. Da alle diese Verfahren nur annähernde Werte ergeben, so schlägt Thiem[1]) vor, den Durchlässigkeitswert durch einen Pumpversuch zu bestimmen, wobei die Absenkung des Grundwassers in zwei verschieden weit vom Entnahmebrunnen entfernten Beobachtungsrohren gemessen wird. Aus den sich hierbei im Grundwasser bildenden Absenkungstrichter kann man Absenkungskurven herleiten, die dann auf rechnerischem Wege die Gesamtergiebigkeit der wasserführenden Schicht ergeben. Eigenbrodt[2]) sucht hierbei die stets vorhandenen Ungenauigkeiten in den Bodenverhältnissen dadurch auszuschalten, daß er den Durchflußquerschnitt in möglichst viele Teile zerlegt. Je länger diese Pumpversuche dauern, um so genauer wird der Wert für ε. Im Gegensatz zu dieser Darcyschen Formel, in der bereits von Thiem die spezifische Durchlässigkeit ε eingefügt ist, stellt Smrecker[3]) für die spezifische Durchflußmenge (Durchflußmenge Q geteilt durch den Durchflußquerschnitt F) die folgende Formel auf:

$$\frac{Q}{F} = \frac{a}{2\pi\, HX_0}$$

in der Q die Menge der Entnahme aus einem Versuchsbrunnen, H die mittlere Mächtigkeit des Grundwasserstromes und X_0 der sog. Wirkungsradius ist.

Bei der Aufschließung eines Grundwasserstromes haben sich in der Praxis zur Feststellung der Ergiebigkeit Probebrunnen mit länger beobachteten Pumpenbetrieb am besten bewährt.

Die kapillare Beschaffenheit des Bodens hat weiter auf den Brunnenbau bei Grundwasserversorgung einen tieferen Einfluß, da bei der Verwendung von Rohrbrunnen mit zu dichtem Boden der Filterwiderstand unter Umständen zu hoch werden kann. Übersteigt dieser Filterwiderstand in den Rohrbrunnen $\frac{1}{2}$ bis sogar 1 m, so ergibt sich nach Thiem[4]) eine unnötig hohe Vermehrung der Pumpkosten. Es empfiehlt sich dann, vor der Anlage der Rohrbrunnen zur Behebung dieser großen Widerstände den Boden in der Umgebung des Rohrbrunnen aufzulockern. Für Brunnen mit durchlässiger Wand ist nach Koschmieder[5]) die

Wassermenge $Q = \dfrac{2\pi\, Kh\,(H-h)}{\ln R - \ln r}$, worin H die Wassertiefe, h die verbleibende

Tiefe im Brunnen, R der Einflußradius, r der Brunnenhalbmesser und K der Durchlässigkeitsfaktor nach dem Darcyschen Gesetz darstellen. Ein wesentlicher Unterschied ist ferner, ob es sich bei der Wasserbeschaffung um Brunnen oder Sammelleitungen handelt. Während bei Brunnen mit bestimmter Wassermenge sich der Durchgangsquerschnitt mit der Entfernung vom Brunnen erweitert, spielt bei Sammelleitungen die Entfernung vom Brunnen nicht die gleiche ausschlaggebende Rolle. Bei Brunnen sind nach Lehr[6]) die Brunnenwiderstände abhängig von dem

[1]) Thiem, Hydrologische Methoden. Journ. f. Gasbel. u. Wasserversorgung **63**, 121 (1920).

[2]) Eigenbrodt, Bestimmung der Ergiebigkeit einer wasserführenden Schicht. Ges.-Ing. **50**, 421 (1928).

[3]) Smrecker, Bestimmung der Durchflußmenge von Grundwasserströmen. Journ. f. Gasbel. u. Wasserversorgung **61**, 2181 (1918).

[4]) Thiem, Eintrittswiderstände bei Rohrbrunnen. Ztschr. f. Wasserversorgung **6**, 69 (1919).

[5]) Koschmieder, Ergiebigkeit von Rohrbrunnen. Wasser und Gas **18**, 673 (1928). — Die Ergiebigkeit wasserführender Bodenschichten. Wasser und Gas **17**, 514 (1927).

[6]) Lehr, Brunnenwiderstände, ihre Berechnung, Entstehung und Beseitigung. Ges.-Ing. **49**, 749 (1926).

für die Brunnenfassung verwendeten Werkstoff und der Bauart des Filters, ferner aber auch von den löslichen, den sich abscheidenden Beimengungen und von der chemischen Zusammensetzung des Grundwassers.

Uferfiltriertes und echtes Grundwasser.   In dicht bevölkerten Gebieten, wie es z. B. in den Industriezentren des rheinisch-westfälischen Industriegebietes der Fall ist, reicht bei dem sehr großen Wasserbedarf der Grundwasserstrom nicht aus. Man ist daher zu einer künstlichen Anreicherung des Grundwasserstromes übergegangen, indem man durch Uferfiltration und besondere Anreicherungsbecken, die durch eine durchlässige Kies- und Sandschicht mit dem Grundwasserstrom in Verbindung stehen, dem Grundwasser künstlich Oberflächenwasser zufügt. Dieses Oberflächenwasser wird dann durch die Filterschichten, die das Grundwasser durchläuft, gereinigt, wodurch es ähnliche Zusammensetzung wie das natürliche Grundwasser bekommt. Nach Spitta und Reichle[1]) sind die Unterschiede zwischen uferfiltriertem Grundwasser und echtem Grundwasser folgende:

1. Uferfiltriertes Grundwasser.	2. Echtes Grundwasser.
1. Der Grundwasserspiegel fällt vom Fluß nach dem Brunnen ab.	1. Der Grundwasserspiegel fällt zum Flusse hin.
2. Er steigt und fällt mit dem Flußwasserspiegel.	2. Er schwankt wenig und zeigt im Jahre einen höchsten und tiefsten Stand mit Übergang.
3. Trotz gleicher Entnahme wechselt die Absenkung. Sie ist am größten, wenn das Flußbett bei langem Niederwasser am stärksten verschlammt ist, am kleinsten, nach einem die Verschlammung fortspülenden Hochwasser.	3. Das Maß der durchschnittlichen Absenkung ist praktisch gleichbleibend.
4. Die höchste und niedrigste Temperatur liegt je nach dem Aufenthalt des Wassers im Boden eine Reihe von Graden (etwa 10°) auseinander.	4. Die Temperatur schwankt nicht oder nur wenig (1—2°).
5. Nach der Entfernung der Brunnen vom Fluß ist die Temperatur des Wassers der einzelnen Brunnen verschieden.	5. Die Temperatur ist in allen Brunnen praktisch dieselbe.
6. Die Keimzahlen sind bisweilen (Hochwasser) hohe und schwankende.	6. Die Keimzahlen sind relativ gering und gleichmäßig.
7. Die chemische Beschaffenheit wechselt mit dem Flußwasser in einem der Aufenthaltsdauer und Vermischung des Wassers im Boden entsprechend gemilderten Grade.	7. Die chemische Beschaffenheit wechselt nicht oder wenig bei allmählichem Übergang.

Abb. 303 zeigt, wie im rheinisch-westfälischen Industriegebiet das Grundwasser durch Uferfiltration künstlich angereichert wird.

Durch ein Stau wird der Wasserspiegel so weit gehoben, daß das Flußwasser mit freiem Gefälle zu den Anreicherungsbecken fließen kann. Diese Anreicherungsbecken reichen mit ihrer Sohle in den Kies. Sie sind mit einer 0,5—1 m starken Sandschicht versehen. Diese Sandschicht hat die Aufgabe, die aus dem Flußwasser stammenden, grobdispersen Stoffe zurückzuhalten und so das Flußwasser für die biologische Reinigung im Grundkies vorzubereiten. Das Wasser wandert dann durch die Kiesschicht, wird hierbei gereinigt und gelangt schließlich ins Grundwasser, mit dem es dann durch die Sickerrohre gehoben wird.

---

[1]) Spitta und Reichle, Wasserversorgung. Sonderber. d. Handbuches der Hygiene von Rubner (Leipzig 1924).

Die Zusammensetzung des Grundwassers. Die Zusammensetzung des Grundwassers richtet sich nach dem Gestein, das es durchflossen hat. Durch biologische Tätigkeit hat das Grundwasser seinen Sauerstoffgehalt verloren und weist dafür einen höheren Kohlensäuregehalt auf. Die im Grundwasser enthaltene Gesamtkohlensäure setzt sich nach Tillmanns[1]) aus folgenden Stufen zusammen:

$$\text{Bikarbonat } H_2CO_3 \Big\langle \begin{array}{l} \text{gebundene } H_2CO_3, \\ \text{halbgebundene } H_2CO_3, \end{array}$$

$$\text{Gesamtkohlendioxyd} \Big\langle \begin{array}{l} \text{unschädliche } H_2CO_3, \\ \text{aggressive } H_2CO_3. \end{array}$$

Der Kohlensäuregehalt spielt eine besonders große Rolle. Bei der Wanderung des Grundwasser durch die Bodenschichten löst die Kohlensäure Kalk-, Magnesium- und Eisenverbindungen. Kalk- und Magnesiumverbindungen finden sich im Wasser außer als Bikarbonate auch als Sulfate und Silikate. Der Gehalt an Kalk- und Magnesiumsalzen macht das Wasser hart und für viele Zwecke unbrauchbar. Wie Tillmann nachgewiesen hat, gehört zu jedem Kalzium- bzw. Magnesiumbikarbonatgehalt eine bestimmte sehr geringe Menge freier Kohlensäure, die Erdalkalibikarbonate in kolloider Lösung halten[2]). Entfernt man diesen geringen Überschuß, so flocken gleich die Erdalkalikarbonate aus. Im Gegensatz zu der über diesen Betrag vorhandenen freien Kohlensäure, die Tillmanns die „aggressive Kohlensäure" nennt, weil sie auf Rohrleitungen, Beton usw. zerstörend wirken kann, hat diese

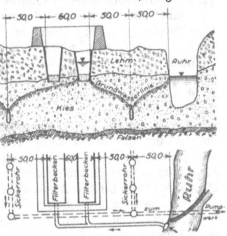

Abb. 303.
Wassergewinnung aus dem Ruhrkies.

Begleitkohlensäure keine aggressiven Eigenschaften und wird deshalb als unschädliche Kohlensäure bezeichnet. Über die Beseitigung der schädlichen aggressiven Kohlensäure und der lästigen Eisenverbindungen siehe weiter unter Enteisenung und Entsäuerung. Die Vereisenung des Grundwassers der norddeutschen Tiefebene ist darauf zurückzuführen, daß die dort lagernden Eisenerze durch faulende organische Stoffe zu Ferrooxyd reduziert werden. Die im Grundwasser enthaltene Kohlensäure löst das Eisen jetzt als Ferrobikarbonat. In den oberen Teilen des Bodens reichert es sich mit den von der landwirtschaftlichen Düngung stammenden aufgeschlossenen Stoffen an, bestehend aus den in der Zersetzung befindlichen Lebewesen und Humusstoffen, die dann die organische Substanz im Wasser bilden.

Unter dem Einfluß des Kohlendioxyds und des Wassers auf Silikate des Bodens, besonders die Feldspate, verwittern diese allmählich, wobei sie ihre basischen Bestandteile allmählich abgeben, während Kieselsäure und Ton zurückbleiben.

---

[1]) Tillmanns, Die chemische Untersuchung von Wasser und Abwasser (Halle 1925), 88.
[2]) Schlösing, Über die Löslichkeit von Kalziumkarbonat durch Kohlensäure. C. R. 70 (1872). — S. a. Baumeister, Kolloide Speisewasserreinigung. Chem. Age **10**, 269 (1924).

Kieselsäure findet sich daher in den meisten Grundwässern und oft auch in den Oberflächenwässern, und zwar sowohl kolloide Kieselsäure als auch als Kaliumsilikat gelöst, in Mengen von durchschnittlich 9—15 mg/l. Doch hat Siewert[1] auch höhere Gehalte von 30—200 mg/l beobachtet. Smith[2] hat das Verhalten dieser kolloiden Kieselsäure im Trinkwasser, besonders auch in ihrem Verhalten gegenüber anorganischen Salzen studiert (s. auch Enthärtung S. 759).

B. Oberflächenwasser.

Kolloidgehalt der Oberflächenwässer. Dort, wo Grundwasser in nicht genügender Menge zur Verfügung steht, muß auf Oberflächenwasser zurückgegriffen werden[3].

Das aus Bächen, Flüssen, Seen stammende Oberflächenwasser ist meistens viel stärker verschmutzt, als das meist bakterienarme Grundwasser. Es muß daher vor dem Gebrauch einer gründlichen Reinigung unterzogen werden.

Außer durch den mehr oder minder großen Gehalt an gelösten Stoffen hat Oberflächenwasser, abgesehen von der großen Planktonmenge, meist größeren Gehalt an kolloiden Verunreinigungen. Diese können teils anorganischer, teils organischer Natur sein. An anorganischen Kolloiden treten besonders nach starken Regenfällen die bei der Trinkwasserversorgung so lästigen, auf Abspülung zurückzuführenden Tonsuspensionen auf, die dem Wasser die so unansehnliche gelbbraune Färbung verleihen.

Im Gegensatz zur Trinkwasserversorgung sind diese Tonsuspensionen jedoch bei der künstlichen Anlage von Austerbänken[4] sehr erwünscht, wenn nicht sogar erforderlich. Die Austern sondern einen Schleim ab, mit dem sie die Tonsuspension zu Tonklumpen einhüllen. Auf diesen Brocken siedeln sich Bakterien an, die als Nahrung für die Austern dienen.

Im Gegensatz zu Flußwasser ist Quellwasser oft sehr hart, besonders wenn es aus Kalk- oder Gipsformationen stammt. Quellwasser zeichnet sich ferner durch einen hohen Gehalt an kolloider Kieselsäure aus[5], die die Veranlassung zur Bildung des Kieselsinters gibt.

Die im Oberflächenwasser oft in sehr großer Menge enthaltenen organischen Kolloide verdanken ihr Entstehen z. T. der Lebenstätigkeit der Bakterien oder des im Flusse enthaltenen Planktons, z. T. müssen sie aber auch auf die oft sehr großen Zuflüsse an Abwässern zurückgeführt werden. Diese Kolloide werden von den Flüssen mit hinaus in die Seen bzw. die stark salzhaltigen Meere gespült. In diesen erfolgt durch die starken Elektrolyte eine Ausflockung der Kolloide. Diese ausgeflockten Kolloide bilden jetzt mit dem ebenfalls unter dem Einfluß der Elektrolyte abgetöteten Plankton den an der Küste als Düngemittel noch sehr begehrten Schlick[6]. Moorwässer enthalten als hauptsächlichste Verschmutzung kolloide Huminverbindungen, die dem Wasser eine gelbliche Farbe verleihen. Eine eigen-

---

[1] Siewert, Ber. der Kommission zur Leitung der Vorarbeiten für ein neues Wasserwerk (Halle 1867).

[2] Smith, Kieselsäure, ihr Einfluß und ihre Beseitigung bei der Wasserreinigung. Illinois State Water Survey **16**, 140.

[3] Beninde, Die voraussichtliche Entwicklung der Wasserversorgung in den nächsten Jahren und die hygienische Einstellung hierzu. Ztschr. f. Hyg. **103**, 399 (1924).

[4] Ranson, La Filtration de l'eau par les Lamellibranches et ses Conséquences. Bull. Inst. océan. Monacs. **409** (1926).

[5] Zsigmondy, Kolloidchemie, 3. Aufl. (Leipzig 1920).

[6] Arnhold, Die Bewertung des Schlicks. Landw. Jb. **58**, 220 (1924).

tümliche kolloide Verschmutzung zeigt der Kolloidsee bei Witzenhausen. In einem Basaltbruch unterhalb der Kuppe des Bilsteins hat sich durch unerwartet aus der Tiefe kommendes Quellwasser ein See gebildet. Das Wasser hat eine eigentümlich rote Farbe. Wedekind und Straube[1]) haben den See und das Wasser daraufhin untersucht. Die Tiefe des Sees beträgt 7 m. Das Wasser zeigt alle Eigenschaften einer kolloiden Lösung. Es geht durch gewöhnliches Filtrierpapier glatt durch, zeigt die kennzeichnende Schlierenbildung, in sehr starker Verdünnung Tyndall-phänomen und die Erscheinung der Wanderung im elektrischen Potentialgefälle, wobei die kolloidgelösten Teilchen zur Anode wandern. Elektrolyte wirken selbst beim Kochen nicht fällend. Das feste Hydrosol wurde durch Eindampfen in einer Porzellanschale gewonnen und bildet sich auch beim Ausfrieren in der Natur. Durch ein de Haensches Membranfilter filtriert ist das Filtrat eine klare wasserhelle Flüssigkeit mit einem aus NaCl und Na_2SO_4 bestehenden Rückstand von 118 mg/l. Die kolloiden Anteile des Wassers betragen 1 %. Sie enthielten:

12,00 % Eisen,
32,66 % Aluminium,
55,67 % Kieselsäure.

Außer diesen mehr allgemeinen Verunreinigungen gibt es im Oberflächenwasser noch sehr viele Verschmutzungen, die z. T. örtlicher Natur, z. T. klimatischen Ursprungs sind, die aber andererseits unbedingt aus dem Leitungswasser zu entfernen sind.

Während Grundwässer sich meist durch einen hohen Eisengehalt auszeichnen, findet man bei Oberflächenwasser starke Verschmutzung durch Tonsuspensionen, organische Kolloide, Huminsubstanzen.

Allgemeine Eigenschaften des Wassers.

Durch einen mehr oder minder verschiedenen Gehalt an Kristalloiden und Kolloiden werden die physikalischen und physiologischen Eigenschaften des Wassers stark beeinflußt.

Färbung und Trübungsgrad. Die Farbe des Wassers kann durch verschiedene Ursachen beeinflußt werden. Das Wasser hat für Rot ein stärkeres Adsorptionsvermögen als für Blau. Erst die im Wasser suspendierten Stoffe bedingen eine Reflexion des in das Wasser fallenden Lichtes. Je weniger reflektierende Suspensa im Wasser enthalten sind, um so blauer ist das Wasser. Mit steigendem Gehalt an Trübungsstoffen neigt sich die Farbe mehr zum Grün hin. Nach der Zerstreuungs- oder Diffusionstheorie von Rayleigh und Tyndall[2]), nach der das blaue seitliche Licht eines trüben Mediums polarisiert ist, ist die Farbe eines Wassers um so blauer, je kleiner die im Wasser suspendierten Teilchen sind. Ist der Gehalt an suspendierten Stoffen aber größer, so wird das Wasser undurchsichtig trübe und nimmt die Farbe der suspendierten Stoffe an, wie dies z. B. bei den Tonsuspensionen der Fall ist, die die Flüsse und Bäche bei Hochwässern mitführen. Oft bedingen auch Bakterien und Algenwachstum durch ihre eigene Färbung die verschiedene Färbung eines Wassers.

Die Färbung und Trübung eines Wassers kann auf verschiedene Weise gemessen werden. Bekannt ist das Diaphanometer von J. König[3]), das sich nach Egger[4]) zur

---

[1]) Wedekind und Straube, Der Kolloidsee bei Witzenhausen a. d. Werra. Ztschr. f. angew. Chem. **55**, 253 (1922).

[2]) Oethinger, Die Farbe des Wassers (Berlin 1919).

[3]) König, Ztschr. f. Unters. d. Nahrungsm. **7**, 129 (1904).

[4]) Egger, Beiträge zur Trübungsmessung bei der Wasseruntersuchung. Gas und Wasserfach **71**, 726 (1928).

Messung von Farbmengen bei Trübungen bis zu 10 mg/l herab gut bewährt hat. Bei feineren Trübungen werden aber die Messungen ungenau. Bei diesem Apparat werden Tonaufschwemmungen als Vergleichflüssigkeit benutzt. Besser bewährt hat sich das von Olszewski[1]) konstruierte Halbschattenphotometer (s. Abb. 304). In diesem Apparat geschieht die Bestimmung der Färbung durch Farbblättchen, die nach der Ostwaldschen Farbenlehre bezeichnet sind. In seiner neueren Form gestattet das Instrument Durchsichtigkeitsmessungen bei einer Schichthöhe von 40, 30, 20 und 10 cm Höhe. Man kann mit diesem Apparat Trübungen bis unter 1 mg/l messen. Egger benutzte bei seinen Messungen statt der Tonaufschwemmungen Suspensionen von Bolus. Um die Beschränkung, die der Apparat bei der Verwendung natürlicher

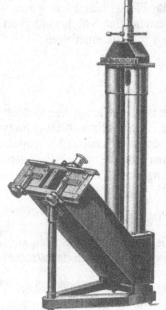

Lichtquellen infolge zu großer Schwankungen erfährt auszuschalten, schaltet man neuerdings eine Tageslichtlampe ein.

Die Feststellung der Trübung erfolgt gegen das von Ostwald angegebene Normalweiß. Als Vergleichsflüssigkeit dient eine 30 cm hohe Schicht destillierten Wassers, das nach Egger durch wiederholte Destillation nach Zugabe von Kaliumpermanganat und Schwefelsäure vollkommen gereinigt ist. Entsprechend der Verstellung der Lichtzufuhr bei der Vergleichslösung, die der verminderten Lichtdurchlässigkeit der trüben Flüssigkeit entspricht, kann auf einer Skala (von 0—100 cm eingeteilt) direkt der Trübungsgrad abgelesen werden.

Auch mit Hilfe der Durchsichtigkeitszylinder gegen eine normierte Snellensche Schriftprobe läßt sich die Trübung, ausgedrückt in Zentimeter Durchsichtigkeit, sehr gut messen.

Als weitere Apparate zur Trübungsmessung kommen das Tubidokolorimeter nach Dolo und die amerikanischen Trübungs- und Farbmesser nach Allen-Hazen-Whipple-Fraze und der Trübungsmesser der Askaniawerke in Dessau in Frage. In neuerer Zeit hat die Firma Zeiss den Becherglasapparat zur Trübungsmessung eingeführt, bei dem das von

Abb. 304.
Trübungsmesser nach
Olszewski.

den Trübteilchen ausgehende zerstreute Licht gemessen wird, während getrübte Glasprismen als Vergleichskörper dienen. Egger empfiehlt zur Erzielung besserer Vergleichsergebnisse die Einstellung dieser Trübkörper gegen Vergleichslösungen oder Normalprismen.

In Amerika[2]) benutzt man zur Messung der Trübung als Vergleichslösung eine mit Wasser aufgeschlämmte Kieselerde. Als Normallösung gilt eine Aufschlämmung von 1 Teil getrockneter und gesiebter Walkerde in 10000 Teilen Wasser. Der Feinheitsgrad dieser Walkerde wird durch Messung mit einem eingetauchten blanken Platinnetz von 1 mm Durchmesser ermittelt, das in einer Tiefe von 100 mm unter der Oberfläche eingetaucht noch eben sichtbar sein muß. Die United States Geology Survey hat für diese Untersuchungsmethode eine Tabelle, die den Trübungsgrad zahlenmäßig angibt, ausgearbeitet.

¹) Olszewski, Chemische Technologie des Wassers. Sammlung Göschen Bd. 909 (Berlin 1925).

²) Standard Methods for examination of water and sewage. 6th. Edition, 5 (New York 1925).

Neuerdings hat Dernby[1]) vorgeschlagen, zur Bestimmung der Färbung Karamellösungen zum Vergleich heranzuziehen, während er bei Trübungen zum Vergleich eine Mastixlösung bestimmter Zusammensetzung benutzt. Diese Vergleichslösung stellt er sich in der Weise her, daß er 2 g Mastix in 50 ccm absoluten Alkohol löst. Die Lösung wird bei 18⁰ C in feinem und raschem Strahl, am besten mittels Pipette unter schnellem Umrühren in einen Meßkolben von 200 ccm Fassungsvermögen in 140 ccm ungefärbtes destilliertes Wasser eingelassen und dann bis zur Marke aufgefüllt. Diese Mastixsuspension ist unbegrenzt haltbar. Jeder Kubikzentimeter entspricht 10 mg Mastix. Zur Bestimmung werden Verdünnungen von 1:10, 1:20, 1:30 usw. hergestellt. An Stelle des sonst üblichen weißen Hintergrundes wird hier ein schwarzes Papier verwandt. Die Trübung wird in Milligramm Mastix angegeben. Bei gefärbten Wässern wird der Vergleichslösung Farbstoff bis zur gleichen Tönung des zu untersuchenden Wassers zugegeben. In neuester Zeit haben Haase und Thiele[2]) einen photoelektrischen Trübungsmesser konstruiert, der unter Ausschaltung der subjektiven Beeinflussung bei den übrigen Verfahren die Selenzelle anwendet, um objektive Ergebnisse zu erzielen.

Der Geschmack eines Wassers kann durch verschiedene Stoffe ein stark wechselnder sein. Ein Gehalt an freier Kohlensäure gibt dem Wasser einen erfrischenden Geschmack. In sehr vielen Fällen sind es Kleinlebewesen, die den Geschmack des Wassers bedingen. So beobachtet man, daß Trinkwasser häufig nach dem Durchgang durch ein Langsamfilter einen schlechten Geschmack nach Fischen, Gurken, Rasen oder nach Geranium aufweist. Dieser schlechte Geschmack ist jedoch auf Algenwucherungen, wie z. B. Asterionella, Tabellaria, Synura, Anabaena und Uroglena zurückzuführen. War dieser schlechte Geschmack auf Kleinlebewesen zurückzuführen, so hatte man empfohlen, diesen Geschmack durch Zugabe von Kupfersulfat oder Kaliumpermanganat zu beseitigen. Da besonders Kupfersulfat oft bei größeren Gaben bis zu 15 mg/l versagt hat, ist in neuerer Zeit die Anwendung von Chlor[3]) empfohlen und an vielen Stellen mit Erfolg durchgeführt.

Anders ist es jedoch, wenn das Wasser Eisen oder Phenol enthält. Eisen findet sich sehr häufig im Wasser. Bei einem Gehalt von 2 mg/l tritt ein tintenartiger Geschmack auf. Eisen muß deshalb bis auf einen Höchstgehalt von 0,1 mg/l entfernt werden (über Enteisung s. S. 767). Sehr starke Geschmacksbelästigungen können durch Phenol auftreten, das auf verschiedene Weise in das Wasser gelangen kann. Als Hauptphenolquellen bei Oberflächenwasser kommen in Frage: Abwasser von Kokereien, Gasanstalten, Braunkohlenschwelereien, Nebenproduktengewinnungsanlagen, Holzverkohlungsindustrien, atmosphärische Niederschläge aus der Nähe vorgenannter Industrien, Abspülungen von Teerstraßen, Zersetzungsprodukte, die ein Flußschlamm an das Wasser abgibt. Zu normalen Zeiten werden diese phenolhaltigen Stoffe durch Adsorptionsvorgänge und die im Vorfluter herrschende Selbstreinigung abgebaut. Anders ist es jedoch bei Frost, wo die Selbstreinigung durch die tiefe Temperatur stillgelegt ist und bei Hochwasser, wo die Wassergeschwindigkeit oft so groß ist, daß nicht die genügende Zeit für den Abbau zur Verfügung

---

[1]) Dernby, Kolorimetrische Wasseruntersuchungen. Journ. f. Gasbel. u. Wasserversorgung **59**, 641 (1916).

[2]) Haase und Thiele, Ein photoelektrischer Trübungsmesser. Gas und Wasserfach **71**, 414 (1928).

[3]) Haupt, Die Reinigung von Oberflächenwasser für die Trink- und Brauchwasserversorgung. Ztschr. f. Unters. d. Lebensmittel **54**, 22 (1927). — Enslow, Recent advances in controlling chloro tastes and algae development. Journ. Am. Wat. Works Assoc. **18,** 621 (1927).

steht. Bei der normalen starken Verdünnung tritt jedoch dieser Phenolgehalt des Wassers gar nicht in die Erscheinung, anders ist es jedoch bei der jetzt allgemein durchgeführten Chlorung des Wassers zur Bekämpfung des Keimgehaltes. In diesem Falle tritt beim geringsten Chlorzusatz infolge Bildung von Chlorphenolen ein sehr übler Geschmack auf und verleiht dem Wasser einen selbst in der größten Verdünnung bemerkbaren Jodoformgeschmack. Man kann das Phenol beseitigen, indem man es gleich an der Anfallstelle aus den Nebenproduktenabwässern durch Extraktion mit Benzol, durch Adsorption an aktive Kohle oder auf biologischem Wege entfernt, wie dies durch das Schlammbelebungsverfahren oder durch die Emscherfilter nach Dr. Bach[1]) geschieht. Für die Entfernung des Phenols aus dem Oberflächenwasser kommt in erster Linie die Entfernung durch Adsorption an aktive

Abb. 305.
Mit aktiver Kohle gefülltes Geschmacksfilter auf dem Wasserwerk der Stadt Hamm.

Kohle in Frage. Man hat verschiedene andere Vorschläge zur Beseitigung dieses üblen Geschmacks gemacht, wie Überchlorierung zur Oxydation der Phenole und Wegnahme des überschüssigen Chlors durch Natriumthiosulfat und Natriumsulfit, Zersetzung durch Oxydation mit Kaliumpermanganat, Anwendung von Ammoniak und Chlor unter Bildung der Chloramine. Das Adlersche Verfahren[2]) sieht eine Überchlorierung des Wassers zur Oxydation der Phenole vor mit einer Chlormenge bis zu 3 mg/l. Nach einer genügend langen Kontaktzeit wird das überschüssige Chlor durch ein Filter mit aktiver Kohle beseitigt. Das durchgegangene Wasser zeigt dann keinerlei Geschmacksbelästigung mehr. Nach den bei dem Ruhrverband[3]) durch-

---

[1]) Bach, „Das Emscherfilter", eine neue Form der biologischen Körper für Abwasserreinigung. Wasser und Gas **16**, 372 (1926).

[2]) Grasberger und Nozieska, Die Entkeimung des Wassers mit Chlor und die Entfernung des überschüssigen Chlors nach dem Adlerschen Verfahren. Zbl. f. ges. Hyg. **16**, 425 (1928). — Vinogradow Volzenski, Kohlefilter zur Dechlorierung. Vrachen delo 1183 (1926). — Pick, Entchlorung von Trinkwasser durch aktive Kohle. Vom Wasser, Bd. III (1929).

[3]) Imhoff und Sierp, Aktivkohlefilter zur Geschmacksverbesserung. Gas- und Wasserfach. **72**, 465 (18. Mai 1929). — Sierp, Geruchs- und Geschmacksverbesserung von Trink- und Brauchwasser. Techn. Gemeindebl. **32**, 153, 165 (1929).

geführten Versuchen ist eine Überchlorierung in dem Falle nicht nötig, wenn man die Chlorierung in durch Filter gut vorgereinigtem Wasser vornimmt. Auf dem Wasserwerk der Stadt Hamm in Westfalen steht das erste von der Kary-Gesellschaft in Bremen, Bahnhofstraße, gebaute Filter für eine tägliche Leistung von 25000 cbm mit einer Füllung von 20 cbm aktiver Kohle, die von der Lurgi A.G., Frankfurt, unter der Bezeichnung A. K. T. 2 geliefert wurde. Dieses Filter hat sich sehr gut bewährt. Abb. 305 zeigt das auf dem Hammer Wasserwerk errichtete Filter.

Zur Prüfung eines Leitungswassers auf einen Gehalt an lyophilen Kolloiden empfiehlt v. Daray[1]) einfaches Schütteln des Wassers in einem Reagensglase. Tritt Blasen- oder Schaumbildung auf, so sind lyophile Kolloide zugegen. Aus der Beständigkeit des Schaumes kann man dann Rückschlüsse auf die Menge der vorhandenen Kolloide ziehen. Diese lyophilen Kolloide zersetzen sich jedoch sehr bald und geht daher die Schaum- und Blasenbildung eines Wassers sehr schnell zurück.

Nach der Art der Verwendung unterscheidet man zwischen Trinkwasser und Brauchwasser.

Trinkwasser.

Von einem zur Wasserversorgung von Menschen und Tier dienenden Wasser muß nach Klut[2]) verlangt werden, daß es:

1. dauernd frei von Krankheitserregern und solchen Stoffen ist, die gesundheitsschädlich sind, Grundwasser eignet sich daher wegen seiner Keimfreiheit besser zu Trinkwasserversorgungen,
2. möglichst klar, farb-, geruch- und geschmacklos ist, ferner im Sommer nicht zu warm und im Winter nicht zu kalt ist,
3. im Haushalt zum Kochen und Waschen geeignet ist und bei Wasserleitungen keine Metalle und Mörtel angreifende Eigenschaften hat.

Brauchwasser.

Der Reinheitsgrad dieser Wässer richtet sich ganz nach dem Verwendungszweck, für den sie bestimmt sind, und wird man daher das Leitungswasser stets am besten am Verwendungsort dem Zweck entsprechend weiterreinigen. Klut[2]), der eine größere Aufstellung über die Anforderungen, die an die Betriebswässer für die verschiedenen gewerblichen Zwecke zu stellen sind, gegeben hat, hat ungefähr folgende Richtlinien für Brauchwasser aufgestellt, von denen im nachstehenden nur einzelne wiedergegeben werden können:

Bäckereien: Das Wasser muß hygienisch einwandfrei, geruch- und geschmacklos und möglichst eisen- und manganfrei sein.

Beton- und Zementbauten: Das Wasser darf nicht sauer reagieren, es darf keine aggressive Kohlensäure, keine Sulfide, keinen hohen Gehalt an Sulfaten (bedenklich schon 200—300 mg/l SO_3), desgleichen keine Magnesiaverbindungen und keine Fette enthalten. Bei sulfathaltigem Wasser bilden sich Kalziumsulfaluminate, die unter Bildung des sogenannten Zementbazillus durch Wasseraufnahme und Volumvergrößerung eine Sprengwirkung auf Beton ausüben.

---

[1]) v. Daray, Die Anwesenheit von hydrophilen Kolloiden im Trinkwasser. D. m. W. **51**, 23 (1925).

[2]) Klut, Trink- und Brauchwasser (Berlin 1924), 64.

48*

Bierbrauereien: Karbonatarme, weiche Wässer geben Biere nach Pilsener Art. Wässer mit hoher Karbonat- und geringer Gipshärte Biere nach Münchener Art und harte gipsreiche Wässer Biere nach Dortmundef Art. Luers[1]) schlägt vor, die Karbonate eines harten Brunnenwassers durch Milchsäure zu neutralisieren. Aus diese Weise kann man die Qualität eines Bieres ganz erheblich verbessern. Nach dem Brauereigesetz ist jedoch diese Neutralisation nicht gestattet.

Kesselspeisewasser: Wasserrohr- und Röhrenkessel: Härte des Wassers nicht mehr als 5—6⁰ D. H. Flammrohr- und Lokomobilkessel weniger als 10—16⁰ D. H. Hochleistungsrohrkessel: möglichst Destillat oder Kondensat.

Das Wasser soll nach Hofer[2]) möglichst arm an Kieselsäure sein (etwa 6—8 mg/l), da der Kessel bei höheren Gehalten zu oft gereinigt werden muß. Der Sauerstoffgehalt soll möglichst 0,1 mg/l nicht übersteigen, nur bei Alkalisulfat bzw. Phosphatgehalt kann er bis 0,3 mg/l betragen. Schwebestoffe und zu große Dichte erzeugen Schäumen und Spucken. Bei Steilrohrkesseln tritt bereits bei 0,3⁰ Bé Schäumen und Spucken auf, während man bei Schrägrohrkesseln noch mit Wässern von 0,8—0,9⁰ Bé füllen kann. Holzwollfilter zur Abscheidung organischer Schwebestoffe sind zu vermeiden.

Konservenfabriken: Eisen- und manganfreies, möglichst weiches Wasser. Zusatz von Natriumbikarbonat ist wegen Vernichtung der Vitamine zu vermeiden.

Molkereien: Hygienisch einwandfreies, eisen- und manganfreies, möglichst salzarmes Wasser (besonders an Magnesiumsalzen). Bei Anwendung eisenhaltigen Wassers beim Kneten der Butter besteht nach Meurer[3]) die Gefahr, daß die Butter einen metallischen Geschmack annimmt. Meurer empfiehlt daher in den Molkereien den Einbau besonderer Enteisenungsfilter, wie sie von der Kommanditgesellschaft Kary in Bremen, Amerikahaus, geliefert werden.

Textilindustrie und Wäschereien: Wäschereien benötigen besonders weiches Wasser. Durch 1 cbm Wasser von 17⁰ D. H. werden 3 kg Seife von 60%· Fettgehalt zerstört. Infolge Bildung körniger Kalk- und Magnesiasalze bilden sich nach Neumann[4]) starke Ascheanreicherungen in den Wäschen, was weiter eine Abnahme der Wasseraufsaugefähigkeit und andererseits der Zerreibungsfestigkeit bewirkt. Für das Waschen und Färben mit basischen und substantiven Farbstoffen ist weiches Wasser vorzuziehen, wohingegen wie Niehaus[5]) festgestellt hat für andere Farbstoffe, wie Alizarinfarbstoffe härteres Wasser von etwa 8⁰ D. H. an vorzuziehen ist, weil in diesem Falle der Kalk zur Bindung der Farbstoffe gebraucht wird. Holzwollfilter haben sich in der Textilindustrie nicht bewährt, da die sich auf der Holzwolle ansiedelnden Mikroorganismen andere Farbtöne hervorrufen können.

Mineralwasser.

Die Mineralwässer verdanken ihre annormale Zusammensetzung den besonderen geologischen Verhältnissen ihres Entstehungsortes. Die Ursache der besonderen Wirkungen der verschiedenen Mineralwässer auf den Organismus sind zum größten Teil noch unaufgeklärt. In letzter Zeit sind auch auf diesem Gebiete

---

[1]) Luers, Enthärtung des Brauereiwassers mit Milchsäure. Wochenschr. f. Brauerei **44**, 585 (1927).

[2]) Hofer, Neuzeitliche Kesselspeisewasseraufbereitung. Glückauf **65**, 1067 (1929).

[3]) Meurer, Enteisenung von Wasser mittels Druckluft. Molkerei-Ztg. **41**, 1609 (1927).

[4]) Neumann, Die zerstörende Wirkung der Härtebildner. Ref. in Ges.-Ing. **50**, 765 (1928).

[5]) Niehaus, Beitrag zur Wasserfrage in Textilbetrieben. Überreicht von Rob. Reichling & Co., Königsfeld-Crefeld (1927), 27.

durch die Anwendung kolloidchemischer Forschungsmethoden weitere Fortschritte in der Untersuchung der natürlichen Mineralwässer in bezug auf ihre chemische Zusammensetzung und physiologische Wirkung erzielt worden. So konnte Fresenius[1]) u. a. nachweisen, daß bestimmte Salze, z. B. das Eisen im Mineralwasser des Kochbrunnens in Wiesbaden katalytische Wirkungen gegenüber Wasserstoffsuperoxyd auslösen. Da aber auch in ultrafiltriertem Wasser diese Katalyse auftrat, so können Kolloide nicht in Frage kommen. Gleichzeitig stellte Fresenius aber fest, daß hierbei der p_H-Wert eine ausschlaggebende Rolle spielt. Gaiser[2]) hat ebenfalls die Aktivität der Mineralwässer gegenüber Wasserstoffsuperoxyd untersucht und unterscheidet je nach der Stärke der Zersetzungsfähigkeit vier verschiedene Gruppen, von starkzersetzenden bis zu hemmenden Eigenschaften. Während Eisenverbindungen fördernd auf die Zersetzungsmöglichkeit wirken, haben Kolloide, wie vor allem kolloide Kieselsäure hemmende Eigenschaften. Winkler[3]) hat bei seinen Untersuchungen der Schwefelquellen des Bades Nauheim festgestellt, daß die Wirkung der Schwefelquellen mit einem Gehalt von 0,06 g/l hauptsächlich auf der Einführung kolloiden Schwefels in den Körper beruht. Schmeyer[4]) stellte durch Froschlarvenversuche den Einfluß der Gasteiner Thermalwässer auf den hormonalen Drüsenapparat fest. Das normale Ionenverhältnis der Interzellularsubstanz von $K : Na : C_a$ (sog. Eukolloidität) kann nach den Untersuchungen von v. Niedner[5]) durch erdalkalische Mineralwässer zugunsten der Erdalkalien verschoben werden, wodurch eine Umstimmung erkrankter Organe und Zellen herbeigeführt werden kann.

Chlorung des Wassers.

Bei Oberflächenwasser erzielt man Keimfreiheit durch die Zugabe geringer Chlormengen. Für diese Chlorung wendet man neben chlorabspaltenden Chemikalien, wie Chlorkalk, Karporit, Hypochloritlauge, Chloramine vornehmlich Chlorgas an, das man mit Hilfe der Chlorapparate nach Dr. Ornstein von der Chlorator A.G. in Berlin[6]) (s. Abb. 306) und neuerdings der Bamag-Meguin A.G. in Mengen von

---

[1]) Fresenius, Über die katalytischen Eigenschaften der Mineralwässer. Ztschr. f. wissenschaftl. Bäderkunde 169 (1926).

[2]) Gaiser, Über katalytische Wirkungen von Mineralwässern. Ztschr. f. angew. Chem. **16**, 401 (1928).

[3]) Winkler, Die Schwefelquellen und Bäder des Bades Nauheim. Med. Welt **1**, 814 (1927). — Zur Pharmakodynamik der Schwefelsäure. Ztschr. f. wissenschaftl. Bäderkunde vom 21. 2. 1927.

[4]) Schmeyer, Biologische Untersuchungen über hormonale Wirkungen des Bad Gasteiner Thermalwassers. Ztschr. f. wissenschaftl. Bäderkunde **1**, 72 (1927).

[5]) v. Niedner, Brunnenkuren mit erdalkalireichen alkalischen Mineralwässern. Med. Welt **1**, 851 (1927).

[6]) Ornstein, Das Chlorgasverfahren und seine Anwendung. Chlorator G.m.b.H., Berlin, S. 14. — Die Chlorung des Wassers als hygienische Maßnahme. Ztschr. f. Medizinalbeamte Nr. 24 (1930). — Trinkwasserreinigung in Nordamerika, mit besonderer Berücksichtigung der Chlorung. Gas- und Wasserfach **71**, 1081 (1928). — Erfahrungen mit dem Chlorgasverfahren in der Wasser- und Abwasserbehandlung. Ztschr. f. angew. Chem., **39**, 1035 (1926). — Bruns, Die Desinfektion des Trinkwassers in Wasserleitungen mit Chlor. Gas- und Wasserfach **45., 46., 47.** und **48.** H. (1922). — Weitere Erfahrungen auf dem Gebiet der Chlorung des Trinkwassers. Gas- und Wasserfach **71**, 1037 (1928). — Olszewski, Das neue Ammoniak-Chlorgas-Entkeimungsverfahren. Chem.-Ztg. **28** (1927). — Nachtigall, Erfahrungen bei der Chlorung von Oberflächenwasser bei niedrigen Temperaturen. Arch. f. Hyg. **100**, 1.—4. H. (1928). — Nachtigall und Keim, Aus der Praxis der Trinkwasserchlorung. Techn. Gemeindebl. **30**, 329 (1926). — Lutz, Prinzipielles zur Chlorgassterilisation des Trinkwassers. Ztschr. f. Hyg. **107**, 3.—4. H. (1927). — Schwarzbach, Chlorgassterilisation von Trinkwasser und seine besondere Bewährung bei Hochwasser. Gas- und Wasserfach **69**, 272 (1926).

0,1 bis 1 mg/l zugibt. Die dem Wasser zuzusetzende Chlormenge ist abhängig von dem Gehalt des Wassers an Keimen und an verschiedenen Stoffen, die das sogenannte Chlorbindungsvermögen eines Wassers ausmachen. So vermögen die im Wasser enthaltenen organischen Stoffe gelöster oder kolloider Art das Chlor teils chemisch, teils adsorptiv zu binden. Von den anorganischen Stoffen sind es neben den niederen Oxydationsstufen, wie z. B. Ferrosalze, vornehmlich die Bikarbonate, die Chlor chemisch binden. Diese Chlormengen sind für die Entkeimungszwecke wertlos. Zur Kontrolle, ob eine genügende Chlormenge zugesetzt wurde, benutzt man neben der Jodzinkstärkelösung, die etwa 0,3 mg/l freies Chlor

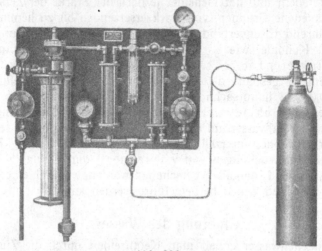

Abb. 306.
Chlorgasanlage der Chlorator A.G., Berlin.

anzeigt, hauptsächlich die Orthotolidinreaktion, die noch etwa 0,1 mg/l freies Chlor anzeigt. Olzewski hat einen sehr sinnreichen Apparat konstruiert, mit dessen Hilfe man auf Wasserwerken ständig die Chlorkontrolle automatisch durchführen kann.

Entölung des Wassers.

Die Industrien und die Schiffahrt mit ihren ölhaltigen Kondenswässern und der ständig sich entwickelnde Automobilverkehr senden besonders auch mit dem Niederschlagswasser von den Straßen stets wachsende Mengen Öl in die Flüsse, so daß diese, wie Matheus[1] z. B. von dem Quadrutfluß berichtet, oft vollkommen zur Trink- und Brauchwasserversorgung untauglich sind.

Nach Pollitt-Creutzfeldt[2] erzeugt ein Ölgehalt des Wassers auf dem Wasser eine Haut, die die Verdampfung hindert. Gibt man ein kleines Stückchen Kampfer auf öl- und fettfreies Wasser, so führt es hier kreisende Bewegungen aus. Auf öl- und fetthaltigem Wasser bleibt das Kampferstückchen ruhig liegen.

Sehr unangenehm macht sich die Ölverschmutzung in den großen Häfen[3] bemerkbar. Hier sind die Ölverschmutzungsquellen außer auf die im Vorgenannten

---

[1] Matheus, Oil well pollution necessitates auxiliary-water supply. Eng. News. Rec. **100**, 358 (1928).

[2] Pollitt-Creutzfeldt, Die Ursachen und die Bekämpfung der Korosionen (Braunschweig 1926), 71.

[3] Fales progress in control of oil pollution. Journ. Am. Wat. Works Assoc. **18**, 587 (1927).

aufgeführten Quellen, auch auf die meistens an den Häfen liegenden Ölraffinerien und vor allem auch auf die Schiffe mit Ölfeuerung und auf das Ballastwasser aus den Öltanks der Tankschiffe und auf die Kondenswässer der Schiffswerften und industriellen Betriebe zurückzuführen.

Um das von den Tankschiffen stammende, aus den Öltanks hochgepumpte Ballastwasser vor dem Ablassen in den Hafen vom Öl zu befreien, empfiehlt Garland[1]) den Einbau von Stromlinienölabscheidern.

Das mit dem Rohwasser herangeführte Öl muß sich nun unbedingt sehr unangenehm in den Filtern der Trinkwasserwerke bemerkbar machen, die es sehr bald verstopfen und deren biologische Wirkung es sehr empfindlich stören kann. Die Untersuchungen von Kammann haben ergeben, daß tierische und pflanzliche Fette und Öle weniger schädlich sind, da diese von den biologischen Häuten angegriffen und abgebaut werden, im Gegensatz zu den durch mineralische Öle hervorgerufenen Verschmutzungen, die nicht angegriffen werden.

Diese Ölverschmutzung kann auch bei der Verwendung des Oberflächenwassers zu industriellen Zwecken oft sehr üble Folgen auslösen. So zeigt Splittgerber[2]), daß geringe Mengen Fett und Öl im Kesselspeisewasser sehr schädlich wirken und durch verstärktes Auftreten der Überhitzungserscheinungen das so gefürchtete Überschäumen hervorrufen, zumal nach englischer Untersuchung Öl und Fett die Wärme tausendmal schlechter leiten als Stahl.

Es werden verschiedene Verfahren zur Entfernung des Öls und Fettes aus dem Kondens- und Kesselspeisewasser angegeben. Der heiße Dampf wird vor der Kondensation gegen Prallflächen geleitet, wobei sich das Öl in tropfbar flüssiger Form abscheidet und abgezapft werden kann. Die Firma W. Siemon, Wien, stellt geschlossene Apparate her, in denen sie die im Wasser enthaltenen kolloiden Schmieröbestandteile (Paraffin) durch Zusatz einiger Milligramm Kalkhydroxyd, das in Form von Kalkwasser zugesetzt wird, ausfällt. Splittgerber[3]) empfiehlt eine Vorentölung des Abdampfes durch Oberflächenattraktion und eine Nachentölung durch chemische Fällung mittels Aluminiumsulfat und Alkali und darauf folgende Filtration. Sheppard T. Powell[4]) empfiehlt eine besondere aus Terrystoff oder anderem dichten Gewebe bestehende Filterhaut. Paulik[5]) hat Versuche zur Entölung von Kesselspeisewasser durch Koksfilter gemacht. Diese ergaben keine guten Resultate. Bessere Resultate erzielte er bei einer Filtration über Holzwolle, die das Öl besser zurückhält. Leider haben diese Holzwollfilter den Nachteil, daß sie organische Stoffe an das Wasser abgeben.

Enthärtung des Wassers.

Die Härte eines Wassers ist von ausschlaggebender Bedeutung bei der Verwendung des Wassers zu Kesselspeisewasser, und zwar nicht nur in warmtechnischer Beziehung, sondern auch mit Rücksicht auf den Zustand der Kessel.

Das Wasser darf keinen zu hohen Härtegrad aufweisen. Die die Härtegrade bedingenden Kalk- und Magnesiaverbindungen sind im Wasser z. T. als Bikarbonate

[1]) Garland, Die Verunreinigung von Meeren und Häfen mit Öl und ein Hilfsmittel dagegen. Journ. Soc. chem. Ind. **46**, 1161 (1927). — Ref. Wasser und Abwasser **25**, 27 (1928).

[2]) Splittgerber, Neuzeitliche Kesselwasserspeisung. Ges.-Ing. **50**, 810 (1927).

[3]) Splittgerber, Über den vorzeitigen Stand der Kesselspeisewasser, mit besonderer Berücksichtigung der Speisung von Hochdruckkesseln. Vom Wasser, Bd. II, 122 (1928).

[4]) Sheppard, T. Powell, l. c. S. 26, Nr. 1.

[5]) Paulik, Filtration von Kesselspeisewasser über Holzwolle. Ztschr. f. d. Tschechoslowak. Republik 51, Nr. 38. — Deutsche Zuckerindustrie **25**, 725 (1927).

vorhanden und werden durch sehr geringe Mengen unschädlicher Kohlensäure in Lösung gehalten. Diese Kalk- und Magnesiumverbindungen flocken sofort aus, sobald man einen Teil der Kohlensäure durch Erwärmen oder Bindung an Chemikalien entfernt. Diese Härte wird daher vorübergehende (temporäre) oder besser Karbonathärte genannt. Stammt das Wasser aus Gipsformationen, so nimmt es eine große Menge Gips auf, mit dem das Wasser die bleibende oder permanente, oder besser Mineralhärte bildet. Auch die löslichen Magnesiumverbindungen, wie das Magnesiumchlorid der Endlaugen, ergibt die bleibende Härte. Die Summe der Karbonat- und der bleibenden Härte bilden die Gesamthärte eines Wassers. Diese Härtebildner spielen im Haushalt eine große Rolle, da sie den Kesselstein bilden, beim Waschen einen großen Mehrverbrauch an Seife bedingen und auch beim Kochen, z. B. von Erbsen, schädlich wirken können. Ein hoher Gehalt an Bikarbonaten bedingt nach Haase[1]) bei der immer mehr eingeführten Chlorung des Trink- und Brauchwassers einen erheblichen Mehrbedarf an Chlor. In einem Wasser mit hohem Härtegrad wird beim Waschprozeß erst eine große Menge Seife nutzlos dazu verwandt, die Kalk- bzw. Magnesiaverbindungen als fettsaures Kalzium bzw. Magnesium auszufällen, ehe es zu der für den Waschprozeß so wichtigen Schaumbildung kommt. Diese Eigenschaft des Wassers, mit Seife erst dann zu schäumen, wenn alle Kalk- bzw. Magnesiumverbindungen ausgefällt sind, hat man sich bei der

Härtebestimmung zunutze gemacht. Man gibt von einer genau eingestellten Seifenlösung solange zu dem zu untersuchenden Wasser zu, bis die Oberflächenspannung so weit herabgesetzt ist, daß sich ein bleibender Schaum bilden kann. Dies ist dann der Fall, wenn alle Kalk- und Magnesiaverbindungen als fettsaure Salze gefällt sind. Aus der Anzahl der verbrauchten Kubikzentimeter Seifenlösung kann man dann auf den Gehalt des Wassers an härtebildenden Stoffen schließen.

Diese von Clarck eingeführte, von Boutron und Boudet modifizierte Härtebestimmungsmethode, die als Schnellverfahren nach dem altbekannten Schüttelverfahren für die Praxis sehr gut geeignet ist, hat verschiedene Änderungen erfahren, zumal ein höherer Gehalt an freier Kohlensäure, Magnesiaverbindungen und an organischen Stoffen hierbei leicht störend wirkt. Das maßanalytische Verfahren nach Winkler[2]) mit Kaliumoleat und Methylorange als Indikator, das im Bereich verdünnter Lösungen bei fehlendem Überschuß von Magnesiumsalzen in Frage kommt und daher hauptsächlich für vorübergehende Kohlensäure- oder Karbonathärte benutzt wird, gibt nicht so gute Resultate wie das von Blacher eingeführte Kaliumpalmitatverfahren mit Phenolphthalein als Indikator, das im Gebiet mittlerer und höherer Konzentration die besten Resultate gibt und daher mehr für die Bestimmung der Gesamthärte in Frage kommt. Die besten Ergebnisse erhält man nach Weißenberger[3]) mit der modifizierten Seifenmethode[4]), die in allen Konzentrationsgebieten anwendbar ist. Da ein Überschuß an Kohlensäure störend wirkt, so empfiehlt es sich, diese durch Einblasen von Luft zu entfernen. Zur Erzielung genauerer Resultate empfiehlt Schmidt[5]) stets warmes Wasser anzuwenden, da sich dann einerseits besser die Ausfällungen ausscheiden und andererseits auch die Schaumbildung kräftiger entwickelt.

[1]) Haase, Die Chlorung des Trinkwassers. Gas- und Wasserfach **71**, 385 (1928).
[2]) Winkler, Lunge-Berl, 4. Aufl., **2**, 234.
[3]) Weißenberger, Über die Härtebestimmung in technischen Gewässern. Ztschr. f. angew. Chem. **35**, 177 (1922).
[4]) Zschimmer, Über die Härtebestimmung von Wässern. Ztschr. d. Bayr. Rev.-Vereins **26**, 33 (1922). — Weißenberger, Modifizierte Seifenmethode. Ztschr. f. angew. Chem. **26**, 140 (1913).   [5]) Schmidt, Reinigung und Untersuchung des Kesselspeisewassers (Stuttgart 1921).

Kesselsteinbildung und Enthärtung des Wassers. Die Härte des Wassers spielt bei der Verwendung als Kesselspeisewasser eine große Rolle, da sie zur Bildung des Kesselsteines bzw. Kesselschlammes Veranlassung gibt. Je nach der Art des Wassers unterscheidet man verschiedene Arten von Kesselstein und benennt sie nach ihrer Hauptmenge als Karbonat-, Sulfat-, Silikat- und Magnesiakesselstein. Wegen der schlechten Wärmeleitung sind die Sulfat- und Silikatkesselsteine am unangenehmsten. Die Härte soll deshalb nach Splittgerber[1]) unter 2 D. Härtegraden liegen. Ferner soll die Alkalität 0,4 g Natriumhydroxyd bzw. 1 g/l Soda nicht überschreiten. Bei dieser Alkalität wird die Kieselsäure noch nicht ausgeschieden und kann daher nicht schädlich wirken. Über die Rolle der Kieselsäure ist sehr viel gearbeitet. In letzter Zeit konnte Stephan[2]) die bisher nur vermutete Kolloidität der Kieselsäure nachweisen. Die ungünstigen Eigenschaften der Kieselsäure, wie hohes Wärmestauvermögen, treten erst auf, wenn der Kieselsäuregehalt des Kesselsteins 10% übersteigt. Die Frage der Kieselsäurebeseitigung aus dem Kesselspeisewasser ist noch ungelöst und bereitet noch große Schwierigkeiten. Um der durch die Kieselsäure auftretenden Schwierigkeit Herr zu werden, empfiehlt Braumgard[3]) ebenfalls stets genügend Alkali zuzusetzen und die Wasserreinigung soweit zu treiben, daß man durch Ablassen die Kesselwasserkonzentration stets niedrig genug hält, so daß Ansätze vermieden werden. Früher hat man auch das unangenehme Schäumen und Spucken auf hohe Härtegrade zurückgeführt. Fouck[4]) hat die Ursachen untersucht und kommt zu dem Ergebnis, daß das Schäumen auf Seifenbestandteile, Ölteilchen und organische Substanzen zurückzuführen sei, während für das Spucken bauliche Fehler in Frage kommen. Um ein Kesselwasser zum Schäumen zu bringen, sind zwei Stoffe erforderlich und zwar erstens ein Stoff, der die Viskosität der Lösung erhöht und so die Beständigkeit der Schaumblasen erhöht. Hierhin gehören die suspendierten Stoffe. Zur zweiten Gruppe gehören die Seifen und solche Stoffe, die die Oberflächenspannung verändern. Zur Enthärtung des Wassers kommen nach Splittgerber[5]) das Kalksoda- und das Sodaverfahren (Neckarreinigung) für die Karbonathärte neben dem Permutitverfahren für die permanente Härte in Frage. Die Auswahl des betreffenden Enthärtungsmittels richtet sich nach der Art des Wassers:

1. Das Kalksodaverfahren ist geeignet für Wasser mit viel freier Kohlensäure und hoher Karbonathärte.
2. Das Ätznatron-Sodaverfahren eignet sich besonders für den Großbetrieb, besonders in den Fällen, wo die beträchtliche Härte durch Magnesiumsalze bedingt ist und Wert auf möglichst niedrige Schlammenge gelegt wird.
3. Das Sodaverfahren (Neckarreinigung) braucht man bei Wässern mit vorwiegender Mineralsäurehärte und gleichzeitiger Magnesiaarmut.
4. Die Permutitenthärtung wird mit Erfolg bei Wässern mit großen Schwankungen angewandt, wobei man bei hoher Karbonathärte vorher eine Abstumpfung der Karbonate durch „Impfen" mit Schwefelsäure vornimmt.

---

[1]) Splittgerber, Neuzeitliche Kesselwasserspeisung. Ges.-Ing. **50**, 810 (1927).

[2]) Stephan, Das Verhalten der im Wasser gelösten Kieselsäure im Dampfkessel. Ztschr. f. angew. Chem. **41**, 984 (1928).

[3]) Braumgard, Permutiertes Kesselspeisewasser und siliziumhaltiger Kesselstein. Ztschr. d. Bayr. Rev.-Vereins **29**, 259.

[4]) Fouck, Present knowledge of foaming and kriming of boiler water, with suggestions for research. Journ. Am. Wat. Works Assoc. **17**, 160 (1927).

[5]) Splittgerber, Chemische Überwachung von Kesselspeisewasser, Enthärtungsanlagen. Ztschr. f. Unters. d. Nahrungs- u. Genußmittel **50**, 442 (1925).

Ein großer Nachteil des Kalksodaverfahrens besteht nach Ziemer[1]) darin, daß durch die Zugabe von 1 Teil Soda 5000 Teile Kalksalze in den kolloiden Zustand übergeführt werden, die dann erst durch Hitze ausgeflockt werden müssen. Um die Wirkung der Soda auszugleichen, schlägt er vor, Kolloide entgegengesetzter Ladung wie z. B. Tannin zuzuführen, das dann mit dem Schlamm entfernt werde. Leider wird die Wirkung des Tannins durch Graphit beeinträchtigt, da Tannin auf Graphit dispergierend wirkt. Die Zahl der empfohlenen aber nur als Notbehelf anzusehenden Kesselsteinverhütungsmittel ist außerordentlich groß. Das Schweiz. Pat. 118236 vom 23. Juli 1925 von Karplus[2]) empfiehlt den Zusatz nichtschäumender Kolloide wie Zellstoffablauge und Alkalihumat, um die Oberflächenwirkung der schäumenden Kesselsteinbildner zu verbessern. Die auf diese Weise erhaltenen Hydrosole fallen selbst bei Drucken bis zu 30 Atm. nicht aus, sondern reißen als schwebende Kerne die Kesselsteinbildner in Form eines feinen Schlammes zu Boden. Die Firma E. de Haen, Hannover, bringt unter der Bezeichnung Kohydrol ein Kesselsteinverhütungsmittel in den Handel, das auf Grund vorstehender Angaben zusammengesetzt ist und als ein kolloides Kohlenstoffpräparat bezeichnet wird. Die Wirkung des aus Sulfitablaugen mit Graphitzusatz bestehenden Kesselsteinverhütungsmittels beruht auf dem starken Adsorptionsvermögen der suspensoiden Kolloide. Aus ähnlichen Erwägungen beruht das von Broglio[3]) an-

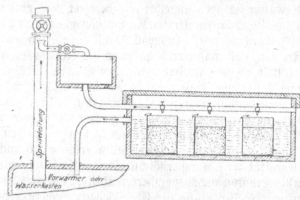

Abb. 307.
Reschke-Apparat zur Dosierung von Gerbstofflösung.

gegebene Kesselsteinverhütungsmittel Tartricid, das zu etwa 35% aus gerbsäureähnlichen Stoffen besteht. Durch ein in die Speisewasserleitung eingebautes Einführungsgerät wird eine innige Mischung mit dem Wasser erzielt. Bei einem 211 Tage dauernden Versuche waren von 21000 cbm Wasser mit 3402 kg Kesselstein nur 0,44% als Kesselstein im Kessel zurückgeblieben. Die übrigen 99,56% konnten durch Abschlämmen und Ablassen beseitigt werden. Die Kosten dieses Verfahrens stellt Broglio mit 0,10 Mark pro Kubikmeter dem Kalksodaverfahren mit 0,30 Mark pro Kubikmeter gegenüber. In gleicher Weise setzt Reschke[4]) Gerbstofflösungen, die er sich in einem besonderen Apparat herstellt und automatisch zerfließen läßt zu, um die Bildung des Kesselsteines zu verhüten. In dem in Abb. 307 dargestellten Apparate erfolgt die automatische Zuführung von Gerbstoffen in der Weise, daß die in einem Behälter befindlichen festen Gerbstoffe durch eine genau geregelte Wasserzuführung allmählich flüssig gemacht werden, und die aufgelösten Gerbstoffe durch eine exakte Regulierung der Düsen, die gleichzeitig mit dem Wasserzufluß erfolgt, dem zufließenden Wasser zugeführt

[1]) Ziemer, Kesselsteingegenmittel und ihre Bedeutung. Brennstoff und Wärmewirtschaft 8, 123 (1926).

[2]) Karplus, Kesselstein und Kolloidchemie. Die Wärme (30. Juli 1926).

[3]) Broglio, Erfahrungen mit einem Kesselsteinverhutungsmittel. Arch. f. Wärmewirtschaft und Dampfkesselwesen. 9, 111 (1928).

[4]) Bruno Reschke, G.m.b.H., Essen.

werden. Die Gerbstoffmenge beträgt etwa 3 g/cbm verdampftes Wasser. Hofer[1]) hat das Verfahren weitgehendst nachgeprüft und kommt zu einer recht günstigen Beurteilung des Verfahrens. Zur Verhinderung der Kesselsteinbildung hat man fernerhin vorgeschlagen, dem Kesselspeisewasser Auszüge von Leinsamen zuzuführen. Nach Voges[2]) beruht das Leinsamenkolloidverfahren darauf, daß die Leinsamenkolloide, die mit einer Vorrichtung des russischen Ingenieurs Kolzeff hergestellt werden, emulgierend wirken und die Kesselsteinbildner bei ihrer Ausfällung aus dem Wasser mit einer Schleimhaut umgeben, so daß sie sich nicht an den Kesselwänden festsetzen. Es bildet sich vielmehr ein Schlamm, der sich leicht zu Boden setzt und durch Ablassen von Zeit zu Zeit entfernt werden muß. Das Verfahren, das sich bei der englischen und französischen Flotte bewährt haben soll, hat sich jedoch bei uns in Deutschland nicht einführen können.

Sauer und Fischer[3]) haben vergleichende Versuche mit verschiedenen hydrophilen Kolloiden zur Kesselsteinverhütung gemacht und gezeigt, daß diese die thermische Enthärtung bikarbonathaltiger Wässer stark beeinflussen. Sie verwandten Gelatine, Gummiarabikum, Agar-Agar, Dextrin und Tannin, wobei die Schutzwirkung darin bestand, daß sie die Kristallisation des Kalziumkarbonates mehr oder weniger stark hemmen und dadurch die Ausfällung verhindern. Bei höheren Wärmegraden und vor allem bei hohem Druck ist die hemmende Wirkung bedeutend geringer. Am schwächsten wirkte Gummiarabikum, während Gelatine und Agar-Agar bessere Resultate ergaben. Gelatine zeigt bei den erhöhten Drucken die stärksten Zersetzungserscheinungen. Während Agar-Agar zu 0,2% zugesetzt alle Kalksalze in Lösung erhält, wurde bei Tannin diese Wirkung bereits bei 0,1% und 10 Atm. Druck erzielt.

Die Elektroosmose A.G. in Berlin schlägt in ihrem D.R.P. 394360 und 395752 (Verfahren zur vollständigen oder teilweisen Beseitigung von Salzen aus Wässern auf elektrolytischem Wege) vor, die reinen Karbonatwässer durch Zusatz einer äquivalenten Menge Schwefelsäure im Mittelraum eines Dreizellenapparates durch die Wirkung des elektrischen Stromes zu reinigen[4]). Die Reinigung selbst erfolgt in der Weise, daß das sulfathaltige Wasser im Anodenraum der elektroosmotischen Wirkung unterworfen wird. Sind auch andere Kalksalze zugegen, so wird das Wasser zunächst dem Anodenraum zugeführt und darauf zwecks Absetzung der Karbonatflocken in ein Absetzgefäß geleitet und schließlich im Mittelraum eines Dreizellenapparates elektroosmotisch behandelt. Im letzteren Falle kann der Zusatz von Kalkwasser unterbleiben, da das sich an den Elektroden bildende Kalziumhydroxyd auf die Karbonate ausflockend wirkt. Über dieses Verfahren liegen jetzt die ersten Ergebnisse vor. Der Vorteil des Verfahrens beruht darin, daß man Wasser jeden Reinheitsgrades erzielen kann, je nach dem industriellen Zweck für den das Wasser verwendet werden soll. Man braucht nur die Durchflußzeit entsprechend einzustellen. Nach Illig[5]) hat sich als Anode nur Magnetit bewährt, während als Kathode Eisen, Zink oder Zinn verwandt werden können. Als Diaphragmen wendet man Vulkanfieber an. Nur in den letzten Zellen wurden Diaphragmen

[1]) Hofer, Untersuchung eines neuartigen Gerbstoff-Wasseraufbereitungsverfahrens mit Kesselwasserrückführung. Glückauf **65**, 541 (1929).

[2]) Voges, Der Kesselstein und seine Bekämpfung. Ztschr. f. d. ges. Krankenhauswesen, 22. Jahrg., 5, 141—144 (mit 3 Abb.).

[3]) Sauer und Fischer, Über die Anwendung von Kolloiden zur Kesselsteinverhütung. Ztschr. f. angew. Chem. **40**, 1176 (1927). — Desgl. Vom Wasser. 2, 161 (1928).

[4]) Vgl. E. Mayer, Elektroosmose S. 94ff. (Leipzig 1931.)

[5]) Illig, Der elektroosmotische Wasserreinigungsvorgang der Siemens-Elektroosmose G.m.b.H. Siem. Ztschr. **8**, 349 (1928).

aus Chromgelatine angewandt. Ein Nachteil ist hierbei, daß die Diaphragmen eine verschiedene Durchlässigkeit für positive und negative Ionen haben. Nach Aten[1]) beträgt die Ausbeute 15 Liter pro Kilowattstunde, wohingegen Gerlach[2]) auf 100 Liter Wasser bei 110 Volt 2 Kilowattstunden braucht. Aten und Illig[3]) sind daher der Ansicht, daß bei hohen Strompreisen das Verfahren noch zu teuer sei, so daß man zur Herstellung destillierten Wassers besser die Destillation anwendet.

Das den Siemens-Schuckertwerken durch D.R.P. 440005, Kl. 85 vom 15. Februar 1924 geschützte Verfahren sieht bei der Entfernung des Kesselsteins mit Säure, zum Schutze des Metalls der Kesselwandungen während der Einwirkung der Säure vor, das Metall als Kathode in einen elektrischen Stromkreis ein-zuschalten, während eine oder mehrere Anoden in die Reinigungsflüssigkeit ein-tauchen. Die ursprünglich nur als Korrosionsschutz angewandten elektrolytischen Kesselschutzverfahren eignen sich auch infolge der kathodischen Abscheidung von Wasserstoff zur Verhütung von Kesselstein, doch muß man, wie Riemer[4]) an einem Fall der Praxis zeigt, sehr vorsichtig sein, da bei schlechten Isolierungen und zu hohem Strom es zur Bildung von Chlor aus Magnesiumchlorid kommen kann, das dann zu starken Korrosionen Veranlassung gibt. Interessant ist das in der Zuckerindustrie angewandte Verfahren zur Entfernung des Kesselsteines[5]). Man führt in die Kessel Melasse ein, die unter Bildung von Saccharaten tief in den Kessel-stein dringt. Nach mehrtägigem Stehen fügt man Hefe zu. Durch die bei der Gärung sich bildende Kohlensäure wird der Kesselstein abgesprengt.

Entsäuerung.

Ein Kohlensäuregehalt gibt dem Trinkwasser einen erfrischenden Geschmack. So erwünscht dies an und für sich sein mag, hat aber die Kohlensäure andererseits im Leitungswasser die sehr unangenehme Eigenschaft, daß sie die Metalle der Leitungsrohre angreift. Von der im Wasser enthaltenen Kohlensäure kommt nach den Untersuchungen von Tillmanns[6]) als „aggressiv" nur der Teil an Kohlensäure in Frage, der nicht dazu dient, das im Wasser enthaltene Kalziumbikarbonat in Lösung zu halten. Diesen, die Lösungskohlensäure über-schreitenden Anteil der Kohlensäure nennt Tillmanns daher die aggressive Kohlensäure. Zur Bestimmung der Menge der aggressiven Kohlensäure bedient man sich des Marmorlösungsversuches nach Professor C Heyer, Dessau. Eine gewogene Menge feingepulverten Marmors wird mit einer bestimmten Menge Wasser behandelt und dann an der aufgelösten Marmormenge die aggressive Kohlensäure ermessen.

Der Gehalt an aggressiver Kohlensäure spielt bei der Korrosion des Eisens eine ausschlaggebende Rolle. Zur Aufklärung dieser Vorgänge bei der Korrosion der Leitungsrohre haben die Arbeiten Tillmanns[7]) und seiner Mitarbeiter weit-

[1]) Aten, Elektroosmotische Wasserreinigung. Chem. Weekbl. **25**, 211 (1928).

[2]) Gerlach, Über eine neue Methode zur Herstellung von destilliertem Wasser auf elektro-osmotischem Wege. Zbl. f. Bakt. **98**, 125.

[3]) Illig, Elektroosmotische Wasserentsalzung. Umschau 152 (1927). — Siem. Ztschr. **8**, 349 (1928).

[4]) Riemer, Ein Beitrag zur Frage der Korrosionsbildung in Dampfkesseln. Ztschr. d. Dampfkesselüberwachungs- u. Versicherungs A.G. H. 3 (1925).

[5]) Die Korrosion des Eisens und seine Verhütung. Deutsche Zuckerindustrie 677 (1926).

[6]) Tillmanns und Heublein, Über die kohlensauren Kalk angreifende Kohlensäure der natürlichen Wasser. Ges.-Ing. **35**, 669 (1912). — Tillmanns, Die chemische Untersuchung von Wasser und Abwasser (Halle 1915).

[7]) Tillmanns, Hirsch und Weintraud, Die Korrosion von Eisen unter Wasserleitungs-wasser. Gas- und Wasserfach **70**, 35 (1927).

gehendst beigetragen. In diesen Arbeiten, bei denen die Zustände sowohl in ruhenden als auch in bewegten Flüssigkeiten untersucht wurden, kommt Tillmanns unter anderem zu folgenden Ergebnissen:

1. p_H-Wert hat im sauerstoffhaltigen Wasser im Gegensatz zu sauerstofffreiem Wasser keinen Einfluß auf die Rostgeschwindigkeit.
2. Sauerstoff entfaltet bei kleinen Gehalten eine rostfördernde, bei hohen Gehalten eine rostschützende Eigenschaft durch Passivierung des Eisens, die vom p_H-Wert abhängig ist, in der Art, daß sie bei alkalischer Reaktion leichter eintritt als bei saurer Reaktion.
3. In natürlichen Wässern mit Kalziumkarbonatgehalt ist das Kalk-Kohlensäuregleichgewicht von ausschlaggebender Bedeutung für die Rostung. Sauerstoffhaltige Wässer mit gelöster kalkaggressiver Kohlensäure rosten weiter. Dahingegen bilden sauerstoffhaltige Wässer, die im Kalk-Kohlensäuregleichgewicht sind, bald eine Schutzschicht von Kalziumkarbonat an den Rohrwandungen. Zur Bildung dieser Schutzschicht ist Sauerstoff erforderlich, der auch später nach Ausbildung der Schutzschicht auf keinen Fall mehr korrodierend wirken kann.

Tillmanns sieht daher die Hauptaufgabe der Entsäuerungsanlagen nicht in der Heraufsetzung des p_H-Wertes als vielmehr in der Einstellung des Kalk-Kohlensäuregewichtes, das die Grundbedingung für die Bildung der Rostschutzschicht sei. Es kann daher falsch sein, bei weichen Wässern mit dem Soda- oder Ätznatronverfahren zu entsäuern, da wegen des Kalziumkarbonatmangels keine Schutzschicht gebildet wird. Krepp[1]) hat das gegenseitige Verhältnis der Kohlensäure und des p_H-Wertes im Meerwasser bei verschiedenem Salzgehalt untersucht und dabei festgestellt, daß Meerwässer mit vollem Salzgehalt im Vergleich zu solchen, die an Salinität verloren haben, besser gepuffert sind. Bei Steigerung des Kohlensäuregehaltes wird auch die Pufferwirkung gesteigert. Er schließt daraus, daß Meerwasser mit hoher Salinität in vieler Hinsicht eine günstigere Umgebung zur Entwicklung des Lebens darstelle als Wasser mit herabgesetztem Salzgehalt. Nicht immer ist die Kohlensäure allein die Ursache der sauren Reaktion des Wassers. Letztere kann auch besonders bei Kesselspeisewässern durch Zersetzung von im Wasser enthaltenen Schmierölen[2]) in Fettsäuren entstehen, die dann ebenfalls korrodierend wirken.

Die Entfernung der Kohlensäure kann geschehen 1. durch Entgasung an der freien Luft, thermische Entgasung, Vakuumentgasung; 2. durch chemische Bindung der Kohlensäure, indem man das Wasser entweder durch Marmorfilter[3]) leitet oder die Kohlensäure an Natronlauge, Soda oder Kalkwasser bindet.

Während bei der Entkohlensäuerung durch Lufteinblasen gleichzeitig ein bestimmter Sauerstoffbetrag in das Wasser aufgenommen wird, wodurch das Wasser größere Korrosionskraft bekommen kann, wird beim zweiten Verfahren oft die Härte erhöht. Es muß also bei der chemischen Entkohlensäuerung ständig beobachtet werden, daß auch aller Kalk gut ausgeflockt worden ist. Nimmt man nach den Untersuchungen von Kastner[4]) die Ausflockung mit Soda und Kalk bei

[1]) Krepp, Über das gegenseitige Verhältnis von Kohlensäure und p_H-Wert im Meerwasser bei verschiedenem Salzgehalt. Inter. Rev. d. ges. Hydrobiologie u. Hydrographie **15**, 240 (1926).

[2]) Die Korrosion des Eisens und ihre Verhütung. Deutsche Zuckerindustrie **52**, 677 (1927).

[3]) Tillmanns, Verfahren zur Entfernung der Karbonathärte von Wässern. D.R.P. 402048.

[4]) Kastner, Entgasung und Reinigung von Kesselspeisewasser. Chem. Age **4**, 304 (1921).

höherer Temperatur vor, so geht die Ausscheidung bedeutend schneller vor sich, und es wird die Gasabscheidung begünstigt. Um einem entsauerten Wasser den Sauerstoff wieder zu entziehen, empfiehlt Taubert[1]) die „Rostexfilter", die eine Mangan-Stahlwollefüllung haben und den Sauerstoffgehalt unter 0,5 mg/l herunterdrücken können.

Bei den Vakuumentgasungsanlagen muß man nach Steinmann[2]) unterscheiden zwischen Vakuumgegenstrom-Entgasungsverfahren und Vakuumgleichstromverfahren. Bei beiden Verfahren wird nicht nur die korrodierende Kohlensäure, sondern auch der schädliche Sauerstoff entfernt. Bei der Anwendung von Marmorfiltern zur Entsäuerung kommt es darauf an, arsen- und eisenfreien Marmor zu verwenden. Ist der Marmor eisenhaltig, so bildet sich Eisenhydroxyd, das sehr schnell die Oberfläche des Marmors bedeckt und ihn für weitere Entsäuerung unbrauchbar macht. Bei Wässern über 6 D. Härtegrade sollen nach Steinmann keine Marmorfilter angewandt werden. Kleinere Entsäuerungsanlagen durch Belüftung und Marmorfilter für kleine Mengen bis zu etwa 2 l/sek. beschreibt Friedel[3]). Die Filtergeschwindigkeit beträgt 1,25 cm/sek. Bei 1 qm Filterstoffoberfläche werden 30 cbm im Tag entsäuert, wobei der Kohlensäuregehalt von 42 mg auf 5 mg herunterging, während aber gleichzeitig die Härte von 0,8 D. Härtegrade auf 5,2 D. Härtegrade stieg.

Von den chemischen Verfahren hat das neue Bücherverfahren[4]), das in Wiesbaden und Remscheid eingebaut ist sich weiter bewährt. Es beruht darauf, daß zur Herstellung des zur Neutralisation und zur Ausscheidung der Bikarbonate dienenden Kalkwassers ein sehr hochwertiges, nahezu chemisch reines aus Marmor hergestelltes Kalkhydratpulver von unfühlbarem Korn benutzt wird. Um Anfressungen in den Leitungen zu verhindern, wird soviel Kalkhydrat zugesetzt, bis der p_H-Wert 8,78 erreicht ist. In den Leitungen kann sich jetzt ein Ansatz von Kalziumkarbonat bilden. Die Kosten werden zu 0,3 Pfennig pro Kubikmeter angegeben. Gegen das neue Verfahren wendet Bamberg[5]) ein, daß auch bei diesem Verfahren die Kalkzufuhr von dem schwankenden Kohlensäuregehalt abhängig sei. Er empfiehlt das alte Verfahren der Entsäuerung durch Entlüften und Marmorfilter beizubehalten. Er wendet sich hierbei auch gegen die Ansicht Büchers, daß es möglich sei, die in den Rohren evtl. gebildete zu starke Schutzschicht durch ein Wasser mit höherem Kohlensäuregehalt herauslösen zu können.

Bei der Untersuchung der Geeignetheit von Zinküberzügen in Leitungsrohren stellt Baylies[6]) fest, daß sich bei einem p_H-Wert von 6,5 der sich bildende Zinkhydroxydüberzug in reichlichen Mengen löst, während das Zinkhydroxyd bei p_H-Wert 7,5 unlöslich sei. Er empfiehlt daher, in den Röhren eine Schutzschicht von Kalziumkarbonat zu bilden. Zu diesem Zwecke sei es unbedingt erforderlich, daß mindestens 25 mg $CaCO_3$/l vorhanden sei, damit das Gleichgewicht $Ca(HCO_3)_2 : CaCO_3$ gestört werde, und sich überschüssiges Kalziumkarbonat absetze.

---

[1]) Taubert, Sauerstoffreies Wasser. Ztschr. d. V. D. I. **71**, 1272 (1928).
[2]) Steinmann, Die Wasserentgasung der Gegenwart. Gas- und Wasserfach **69**, 691 (1926).
[3]) Friedel, Entsäuerungsanlagen. D. Städt. Tiefbau **5**, 76 (1927).
[4]) Bücher und Schulte, Bekämpfung der Korrosion in den Wiesbadener und Remscheider Wasserleitungen. Gas- und Wasserfach **70**, 7—12 (1927).
[5]) Bamberg, Entsäuerung von Trinkwasser. Gas- und Wasserfach **70**, 368 (1927).
[6]) Baylies, Treatment of Water to prevent Corrosion. Journ. Ind. and Eng. Chem. **19**, 777 (1927).

Enteisenung und Entmanganung.

Der Eisengehalt gibt dem Wasser einen eigenen, tintenartigen Geschmack. Das Eisen muß deshalb aus dem Leitungswasser entfernt werden, zumal es auch Veranlassung zur Bildung von Eisenalgen und Eisenansätzen in den Leitungsrohren gibt. Im Grundwasser findet sich Eisen als Ferrobikarbonat. Leitet man in das Wasser Luft ein, so wird das Eisen zu Ferrisalz oxydiert. Dieses unterliegt leicht der Hydrolyse und spaltet Eisenhydroxydsol ab, das in starker Verdünnung unsichtbar ist, bei größerer Menge dagegen bereits das Wasser wohl gelb färbt, aber noch völlig klar erscheinen läßt. Die für diese Oxydation des Eisens benötigte Luftmenge ist sehr gering, so daß zur Oxydation der Ferrosalze in Wasser oft Schnüffelventile an den Pumpen genügen. Bei offenen Enteisenungsanlagen genügt eine Fallhöhe des Wassers von 2—2,5 m. Dieses Eisenhydroxydsol koaguliert langsamer oder schneller und fällt schließlich als Eisenhydroxyd in rotbraunen Flocken aus. Da diese Koagulation durch Kontaktwirkung mit frischausgeflocktem Eisenhydroxydgel stark beschleunigt wird, so läßt man das belüftete Wasser über belüftete Rieseler oder Filter gehen, auf deren Boden stets frischgefälltes Eisenhydroxyd vorhanden ist. Die durchstreifende Luft nimmt gleichzeitig die im Wasser vorhandene Kohlensäure mit.

Zur Prüfung, ob alles Eisen ausgefällt ist, was ja bei schlecht wirkenden Rieselern oft nicht der Fall ist, bestimmt Kiskalt[1]) das suspendierte Eisen neben dem kolloiden Eisen mit Hilfe von Gelatine als Schutzkolloid. Enthält das zu enteisende Wasser neben Eisen auch Huminstoffe, was ja besonders bei Zuflüssen von Moorwässern der Fall ist, so geht die Ausflockung des Eisens durch Belüftung sehr schlecht, da die Huminsubstanzen als Schutzkolloide wirken. Man hat daher vorgeschlagen, diese Huminsubstanzen durch Zugabe von Kaliumpermanganat zu zerstören. Nach den Untersuchungen von Noll[2]) ist dieses aber nur möglich, wenn sich Eisen und Huminstoffe in einem bestimmten Gleichgewicht befinden. Ist dies nicht der Fall, so sind diese kolloiden Lösungen sehr beständig, zumal sich auch das ausgeschiedene Mangan an der Bildung kolloider Lösungen beteiligt. Man würde dann eine zu große Menge Kaliumpermanganat zur Zerstörung der Huminstoffe benötigen. So mußte Lührig[3]) in einem Falle bis zu 3 mg/l Permanganat zum Rohwasser hinzugeben. Nach Bildung kolloider Manganoxydstufen auf dem Filter, kann man die Zugabe von Kaliumpermanganat verringern. Um nicht zu große Permanganatmengen zu gebrauchen, kann man Braunsteinpulver in die Filterschicht einschlämmen. Bei ähnlichen Untersuchungen hat Lührig[4]) die natürlichen und künstlichen schwarzen Sande auf ihre Eigenschaft als Entmanganungsmittel untersucht und festgestellt, daß die natürlichen sich zur Entmanganung sehr gut eignenden Sande sich auch künstlich durch Behandeln weißer Sande mit Kaliumpermanganat sehr gut herstellen lassen und dann die gleiche gute Wirkung wie die natürlichen Sande haben. Ferner stellte er fest, daß die störende freie Kohlensäure durch Kalk beseitigt werden müsse. Die beim Durchfließen der Braunsteinrieseler oft beobachtete Abnahme der Oxydierbarkeit

---

[1]) Kiskalt, Die Untersuchung der Wirksamkeit des Rieselers bei der Enteisenung. Gas- und Wasserfach **64**, 576 (1921).

[2]) Noll, Beitrag zur Enteisenung bzw. Entmanganung von Grundwasser. Techn. Gem.-Bl. **27**, 103 (1924).

[3]) Lührig, Über Schwierigkeiten bei der Enteisenung eines Grundwassers und ein einfaches Mittel zu seiner Beseitigung. Gas- und Wasserfach **70**, 621 (1927).

[4]) Lührig, Natürlicher und künstlicher schwarzer Sand als Entmanganungsmittel für Wasser. Gas- und Wasserfach **70**, 1277 (1927).

ist nach den Untersuchungen von Thiele[1]) außer auf die Oxydation der organischen Stoffe besonders auf eine Oxydation von Ammoniak und Nitrit und auf die Entfernung der Mangano- und Ferroionen zurückzuführen. Außer den Huminstoffen haben auch Alkalikarbonate eine hemmende Wirkung auf die Eisenausflockung, wohingegen Kalzium- und Magnesiumkarbonat die Ausflockung begünstigen.

Von den im Wasser enthaltenen organischen Stoffen wirken die kolloidgelösten Stoffe als Schutzkolloide bis zu einem gewissen Grade hemmend auf die Ausflockung, während die wirklich gelösten Stoffe die Fällung begünstigen. Saure oder neutrale Reaktion[2]) (p_H-Wert kleiner oder gleich 7,07) wirkt hemmend auf die Ausflockung, am besten ist alkalische Reaktion (p_H-Wert größer als 7,07).

Die Enteisenung kann in offenen oder geschlossenen Rieselern erfolgen. Offene Rieseler haben gegenüber den geschlossenen Rieselern den Vorteil, daß beim

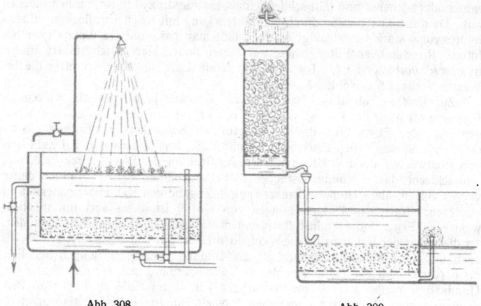

Abb. 308.
Offene Enteisenungsanlage nach Oesten[3]).

Abb. 309.
Offene Enteisenungsanlage nach Piefke[3]).

Durchstreifen der Luft diese gleichzeitig die in Freiheit gesetzte Kohlensäure mit fortführt, während sie bei den geschlossenen Rieselern im Wasser gelöst bleibt, und zwar infolge des höheren Druckes, der in den geschlossenen Rieselern herrscht. Geschlossene Enteisenungsanlagen haben dagegen den Vorteil, daß sie sehr wenig Platz beanspruchen und sich gut reinigen lassen (Abb. 308 und 309 zeigen zwei offene Enteisenungsanlagen[4])).

Nach der Oxydation des Eisens und der darauf folgenden Koagulation wird das Wasser über das Filter geleitet, deren Füllmasse bereits mit früher ausgeschiedenem Eisenhydroxyd beladen ist. Letzteres hat zur Folge, daß etwa noch nicht koaguliertes Sol auch in die Gelform übergeführt wird. Das Kontaktmaterial muß rauhe, scharfkantige Oberfläche haben. Bei der Wahl der Filter muß man nach v. Frei-

---

[1]) Thiele, Über Eisen und Mangan im Wasser. Gas- und Wasserfach **71**, 289 (1928).

[2]) Olzewski, Chemische Technologie der Wasser (Sammlung Göschen Bd. 909), Berlin 1925, S. 107.

[3]) S. Klut, l. c.   [4]) S. a. Klut, Trink- und Brauchwasser l. c.

litsch[1]) unterscheiden, ob das Eisen auf der Filteroberfläche durch Absiebung oder durch Kontaktwirkung in der Filterschicht abgeschieden werden soll. Im ersteren Falle der Absiebung auf Stau- oder Langsamfiltern muß das Eisen vollkommen in die Oxydform übergeführt sein, was durch die Anwendung hoher Rieseler erreicht wird. Um die Filter nicht zu stark zu belasten, empfiehlt sich Absetzbecken vorzuschalten. Die Filtergeschwindigkeit darf 0,8 m pro Stunde nicht überschreiten. Um das Eindringen von Eisen in die Sandmassen tunlichst zu verhindern, betreibt man die Filter mit hohem Überstau, damit das Eisen möglichst viel Zeit zu seiner Umsetzung vor der Filtrierung hat. Wirksamer sind dagegen die Kontakt- oder Schnellfilter, bei denen die Filterung in der ganzen Sand- oder Kiesmasse erfolgt, da diese durch das auf der Kontaktmasse ausgeschiedene Eisenhydroxyd für weitere Ausflockung sorgt. In diesen kann die Filtergeschwindigkeit auf 10 m pro Stunde gesteigert werden. Bei hohem Eisengehalt (über 6 mg/l) empfiehlt es sich, dem Schnellfilter ein Langsamfilter vorzuschalten, um sicher zu sein, daß alles Eisen ausgeschieden wird. Die Schnellfilter finden immer mehr Verbreitung, so daß schon sehr viele geschlossene Filter in Gebrauch sind. Das von der Bollmann-Filtergesellschaft, Hamburg 1, hergestellte Bollmann-Sandschnellfilter (s. Abb. 310 und 311) hat eine Filterschicht von 1,5—2 m Mächtigkeit.

Das Rohwasser tritt durch den Schieber M zunächst in die ringförmige Rinne G, aus der es dann beruhigt auf die Oberfläche der Sandfüllung fließt, durchdringt die Sandfüllung, in der das koagulierte Eisenhydroxyd adsorbiert wird. Das Wasser sammelt sich in den Siebrohren K. Von hier aus fließt das gereinigte Wasser durch das Sammelrohr und die Filterleitung ab.

Die Korngröße der Filtermasse wähle man nicht zu groß. Fällt das Eisen leicht und grobflockig aus, so soll die Korngröße nicht über 2 mm betragen. Wenn aber das Eisen, wie dies in weichen und karbonatarmen Wassern der Fall ist, feinflockig ausfällt, nehme man ein Korn von 0,5—1 mm. Als Filtermasse verwendet man nach Klut[2]) am besten harte, widerstandsfähige Stoffe, besonders Quarzkies.

Sind die Schnellfilter einige Zeit in Gebrauch, so setzen sie sich zu und müssen gereinigt werden. Die Ausdauer eines Schnellfilters richtet sich nach dem Eisengehalt des Rohwassers und nach der Höhe der angewandten Filtergeschwindigkeit. Bei dem oben beschriebenen Bollmannfilter erfolgt die Wäsche durch Druckwasser, das in der bisherigen Filterrichtung entgegengesetzten Strömung durch den Sand geleitet und alles Eisen und allen Schmutz entfernt. Gleichzeitig wird durch das Ventil L während der Wäsche ein Wasserstrahl eingeleitet, der den ganzen Sand umwälzt und durch Zerreiben die letzten Schmutzstoffe von dem Sand entfernt, die dann mit den Druckwassern entfernt werden. Während das Bollmannfilter den Sand durch Wasserstrahl umwälzt, erfolgt diese Umwälzung bei den Schnellfiltern der Firma Wilhelm Wurl, Maschinenfabrik, Berlin-Weißensee, durch ein Rührwerk (s. Abb. 312). Gegenüber den offenen Langsamfiltern haben die geschlossenen Schnellfilter auf 1 qm Oberfläche gerechnet eine ganz bedeutend gesteigerte Leistungsfähigkeit.

Leitungswasser soll nicht mehr als 0,1 mg Eisen und nicht mehr als 0,1 mg Mangan pro Liter enthalten.

---

[1]) v. Freilitsch, Einiges über die Wahl der Filter bei offenen Enteisenungsanlagen. Gas- und Wasserfach **64**, 576 (1921).

[2]) Klut, Neuere Beobachtungen bei geschlossenen Enteisenungsanlagen. Gas- und Wasserfach **65**, H. 33 (1922) und **69**, H. 22 und 40 (1926).

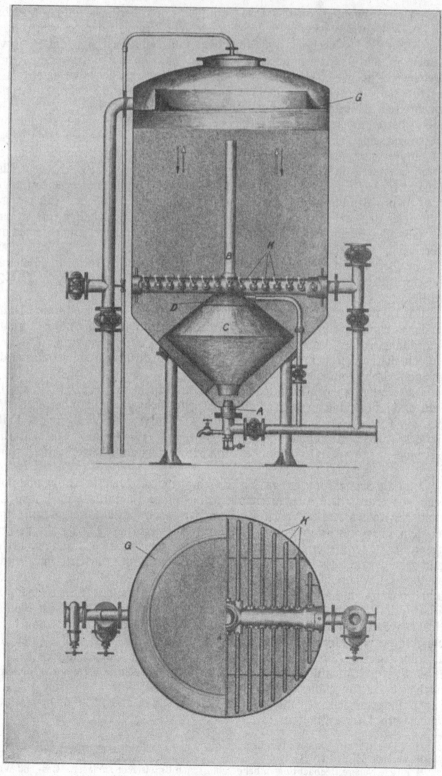

Abb. 310. Schnitt durch ein Bollmann-Schnellfilter.

Die erste Enteisenungsanlage wurde nach Prinz[1]) 1887 in Helsingborg errichtet. Das Rohwasser wurde durch Sprühschirme zerstäubt, die über den Filtern angeordnet waren. In dieser Anlage wurde der Eisengehalt des Wassers von 0,7 auf 0,3 mg herabgesetzt.

Während es sich bei der Enteisenung des Leitungswassers um einen rein kolloidchemischen Prozeß handelt, spielen bei der Entmanganung neben dem kolloidchemischen Prozeß, z. B. bei den biologischen Verfahren von Vollmer, aber auch biologische Prozesse eine große Rolle. Im letzteren Falle ist es hauptsächlich die Manganbakterie Clonothrix fusca, die ihren Eisengehalt gegen Mangan

Abb. 311.
Innenansicht eines der vier Bollmann-Schnellfilterhäuser der städtischen Wasserwerke Berlin, Werk Wuhlheide.

auszutauschen vermag. Die Ausscheidung des Mangans erfolgt ebenfalls in Filtern, in denen sich diese Algen ansammeln. Diese Filter enthalten, wie die Enteisenungsfilter, Sand, dessen Oberfläche ebenfalls durch bereits ausgeschiedenes Manganoxyd aktiviert ist. Zur Einarbeitung derartiger Filter wird eine Vorbehandlung des Sandes mit verdünnter Kaliumpermanganatlösung empfohlen.

Über eine Beeinflussung der zur Manganabscheidung dienenden Filter durch freies Chlor berichten Weber[2]) und Olzewski[3]). Weber, der seine Beobachtungen auf dem Wasserwerk Hannover machte, mußte, als er frisch gechlortes, noch freies Chlor enthaltendes Wasser auf die Entmanganungsfilter leitete, feststellen, daß hierdurch die Filter in bezug auf Entmanganung stillgelegt wurden. Nach kurzer

---

[1]) Prinz, Ein Beitrag zur Geschichte der Grundwasserenteisenung. Wasser und Abwasser 15, 66 (1927).

[2]) Weber, Beeinflussung der Manganabscheidung durch freies Chlor. Chem.-Ztg. 51, 794 (1927).

[3]) Olzewski, desgl. Chem.-Ztg. 51, 897 (1927).

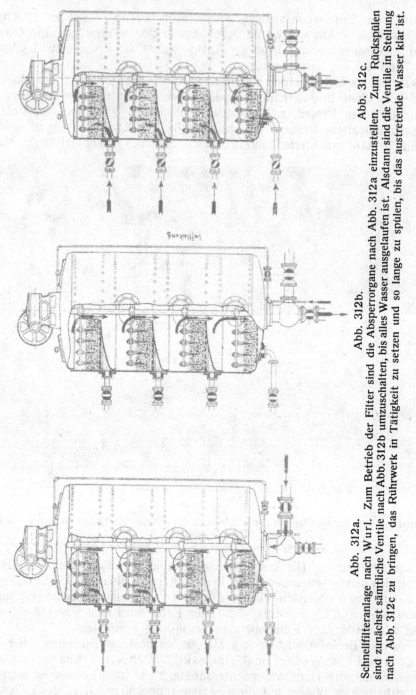

Abb. 312c.

Abb. 312b.

Abb. 312a.

Schnellfilteranlage nach Wurl. Zum Betrieb der Filter sind die Absperrorgane nach Abb. 312a einzustellen. Zum Rückspülen sind zunächst sämtliche Ventile nach Abb. 312b umzuschalten, bis alles Wasser ausgelaufen ist. Alsdann sind die Ventile in Stellung nach Abb. 312c zu bringen, das Rührwerk in Tätigkeit zu setzen und so lange zu spülen, bis das austretende Wasser klar ist.

Zeit stellte sich jedoch die Wirkung wieder ein und wurde auch nicht mehr beeinträchtigt, wenn jede Woche nur einmal chlorhaltiges Wasser über die Filter geleitet wurde. Weber schließt hieraus, daß bei den Entmanganungsvorgängen die
Lebenstätigkeit der Organismen die Hauptrolle spiele. Zu einem gleichen Ergebnis
kommt auch Wollzogen von Rühr[1]), der auf der Oberfläche verschiedener

---

[1]) Rühr, Magnanese in Waterworks. Journ. Am. Wat. Works Assoc. **18**, 1 (1927).

Stoffe, wie Kohle, Kalziumkarbonat und frischer Sand eine Schicht Mangan-
bakterien bildete, und dann mit diesen so verbreiteten Materialen manganhaltende
Trinkwasser vom Mangan befreite. Dagegen kommt Tillmanns[1]) bei seinen Untersuchungen zu dem Ergebnis, daß das kolloide Mangan hauptsächlich durch Adsorption gebunden wurde.

Chemische Entfernung kolloider Schmutzstoffe. Im engen Zusammenhange mit der Enteisenung und Entmanganung steht die Ausscheidung der kolloiden Schmutzstoffe durch chemische Fällung.

Wie bereits S. 750 ausgeführt, können die kolloiden Schmutzstoffe sowohl
anorganischer wie auch organischer Natur sein. Man entfernt sie aus dem Wasser,
indem künstlich in dem Wasser Gele erzeugt werden, die dann die Fähigkeit haben,
die meist negativen Kolloide durch ihre eigene positive Ladung auszuflocken und
auf ihrer Oberfläche zu adsorbieren.

Tonsuspensionen, die je nach der Zeit und nach den Wasserständen im Ober-
flächenwasser zu beobachten sind, färben das Wasser gelblich bis gelbbraun[2]).
Um letztere zu beseitigen, empfiehlt Smit[2]), soviel Kalk zuzusetzen, daß stets ein
Überschuß von 50 mg/l vorhanden ist. Dies hat den Vorteil, daß

1. alle Tonsuspensionen vollkommen ausgeflockt werden, besonders wenn
   man nachträglich den Kalküberschuß durch eingeleitete Kohlensäure
   entfernt;
2. der Kalk gegenüber der sonst üblichen Aluminiumsulfatfällung, die keinerlei
   bakterizide Wirkung hat, sehr stark sterilisierend wirkt.

Mom[3]) brauchte bei der Trinkwasseraufbereitung von Tjiliwong Flußwasser
zur Ausscheidung der kolloiden Tonteilchen 75—100 mg/l CaO. Die hierbei
verbleibende alkalische Reaktion wirkte jedoch stark geschmacksverschlechternd.
Um diesen Überschuß zu entfernen hat Houston die Entkalkung durch Kohlensäure durch Einleiten von Koksofenabgasen durchgeführt. Smit[4]) hat Versuche
zur Fällung der Tonsuspensionen sowohl mit dialysierter als auch mit nicht
dialysierter Kieselsäure einerseits und Elektrolyten andererseits mit gutem Erfolg
durchgeführt.

Bei der Wasserreinigung mit Hilfe der chemischen Fällung bedient man sich
meistens der Aluminium- und Eisensalze, von denen die Eisensalze jedoch immer
mehr und mehr in den Hintergrund gedrängt werden. Von diesen meist in Form
der Sulfate angewandten Salzen wird dem Wasser eine bestimmte, sich nach dem
Verschmutzungsgrad richtende Menge zugegeben. In großen Sammelbecken läßt
man jetzt dem sich bildenden Aluminiumhydroxydsol bzw. Eisenhydroxyd Zeit,
in den Gelzustand überzugehen. Diesen Vorgang unterstützt man durch Zugabe
von Soda. Als positiv geladene Kolloide ziehen diese Sole jetzt die negativ geladenen Schmutzkolloide an und flocken diese mit aus. Sind alle Kolloide ausgeflockt und abgesetzt, so wird dann das Wasser noch über Langsam- oder Schnellfilter geleitet, die dann diese feinen Flocken restlos zurückhalten. Die Menge der

---

[1]) Tillmann, Hirsch und Häffner, Die physikalisch-chemischen Vorgänge bei der
Entmanganung von Trinkwasser. Gas- und Wasserfach **70**, 25 (1927).

[2]) Smit, Waterreinigung med Schuk van Kalk in Verband med de Trinkwaterversorging
in Netindie. Mededeel. for de burgerlick geneesk Dienst in Weltevreden (Java) 1920, 126.

[3]) Mom, The Coagulation of colloidal clay by means of a base (lime). Medeling v. de dienst
d. volksgezondheid in Nederl. Indie **17**, 1. (1928)

[4]) Smit, Die Koagulation von Tonsuspensionen und Kieselsäure. Journ. Am. Chem. Soc.
42, 400 (1920).

zuzugebenden Chemikalien richtet sich nach dem Verschmutzungsgrad. Egger[1]) hat für das Stuttgarter Wasser einen Aluminiumzusatz von 20—30 mg/l durch Vorversuche festgestellt, wobei er eine Einwirkungsdauer für die Ausflockung des Aluminiumhydroxyds von $2\frac{1}{2}$—4 Stunden benötigt. Doch kann man diese Einwirkungszeit abkürzen, bzw. ohne Absitzbecken arbeiten, wenn man durch gesteigerten Zusatz an Fällungsmitteln zunächst auf den Schnellfiltern eine dichte Filterhaut von Aluminiumhydroxyd erzeugt und dann, wenn diese gebildet ist, den Fällungsmittelzusatz einstellt und ohne diesen weiter filtriert. Ein sehr gutes Hilfsmittel für die Bemessung des richtigen Zusatzes an Chemikalien bietet die Bestimmung der Wasserstoffionenkonzentration, und hat sich daher diese Bestimmung in Wasserwerkslaboratorien immer mehr und mehr Eingang verschafft, zumal man nach Egger[2]) die gewöhnlichen quantitativen Methoden zur Aluminiumbestimmung bei den geringen in Betracht kommenden Mengen nicht anwenden kann. Von den gewöhnlichen analytischen Bestimmungen kommt nur die Sulfatbestimmung in Frage. Auf die Wichtigkeit der Messung der Wasserstoffionenkonzentration wird in allen Berichten, besonders aber in der amerikanischen Literatur hingewiesen. Unter anderen weist auch Haupt[3]) an Hand der Untersuchungen von L. B. Miller[4]) auf die Wichtigkeit der genauen Innehaltung des p_H-Wertes bei den Ausflockungsverfahren hin. Alling[5]) berichtet ebenfalls, daß er bei ständiger Kontrolle des p_H-Wertes stets die höchste Klarheit, einen geeigneten Säuregrad, gleichmäßige Resultate und dabei höchste Ersparnis an Chemikalien habe. Auf dem Wasserwerk in Baltimore wird der p_H-Wert ständig durch eingebaute Potentiometer kontrolliert. Diese zeigen einerseits dem Arbeiter an der Chemikalienzusatzvorrichtung an, ob die richtige Menge an Aluminiumsulfat bzw. an Kalk zugesetzt wird, und andererseits ob das endgültig abfließende Wasser den richtigen p_H-Wert hat.

Hartfield[6]) gibt als isoelektrischen Punkt für die Ausflockung des Aluminiumhydroxyds einen p_H-Wert von 6,1—6,3. Bei einem p_H-Wert von 5,8—7,5 war kein Aluminium im filtrierten Wasser nachweisbar. Über- und Unterschreitungen ergeben den Nachweis von Aluminium im Filtrat. Demgegenüber findet Catlet[7]), daß das Fällungsoptimum bei einem p_H-Wert 5,5 liegt. Bei stark gefärbten Wässern wendet er soviel Aluminiumsulfat an, daß der p_H-Wert 4,5 beträgt im Gegensatz zu trübem, aber farblosem Wasser, das sein Fällungsoptimum bei einem p_H-Wert von 6,5—7,5 hat.

In Erkenntnis der Tatsache dieses großen Einflusses des p_H-Wertes bei der chemischen Fällung sind zur Ersparnis an chemischen Fällungsmitteln die verschiedensten Vorschläge gemacht worden. Baylis[8]) empfiehlt entweder vor oder

---

[1]) Egger, Vorschläge zur chemischen Überwachung bei Schnellfilter und Enteisenungsanlagen, sowie vergleichende Untersuchungen über deren Wirkung. Wasser und Gas **16**, 889 (1926).

[2]) Egger, Die Überwachung der Aluminiumsulfat-Trinkwasserreinigung. Chem.-Ztg. **50**, 167 (1926).

[3]) Haupt, Die Reinigung von Oberflächenwasser für Trinkwasser und Betriebswasserversorgung. Ztschr. f. Unters. f. Nahrungs- u. Genußmittel **54**, 22 (1927).

[4]) Miller, Public Health Report **40**, G. 28 (1925).

[5]) Alling, Die Wichtigkeit des p_H-Wertes für die Arbeit am Filter, wo Alaun als Koagulierungsmittel benutzt wird. Am. Deyestuff Reporter **16**, 761 (1927). — Ref. in Wasser und Abwasser **24**, 297 (1927).

[6]) Hartfield, Hydrogenion concentration and soluble solution in filterplants effluents. Journ. Am. Wat. Works. Assoc. **11**, 554 (1924).

[7]) Catlet, Optimum hydrogenium concentration for coagulation of various water. Journ. Am. Wat. Works Assoc. **11**, 887 (1924).

[8]) Baylis, Use of suphuric acid with alum in water purification. Eng. News Rec. 883 (1923).

mit dem Aluminiumsulfat einen Zusatz von Schwefelsäure, um die negative Ladung der kolloiden Schmutzstoffe abzusättigen, die dann durch einfache Adsorption an das ausgeflockte Aluminiumhydroxyd niedergeschlagen werden. Auf diese Weise werden die Kosten für die Wasserreinigung um 25 % herabgesetzt. Bei Gelegenheit der Untersuchung des Don Riverwassers fand Pirnie[1]), daß es sehr vorteilhaft ist, das Wasser nach dem Aluminiumsulfatzusatz zu belüften. Durch den Aluminiumsulfatzusatz wird durch den Zerfall der Bikarbonate sehr viel freie Kohlensäure gebildet, die den p_H-Wert berabsetzt. Durch die Belüftung wird diese Kohlensäure entfernt, was eine große Ersparnis an der später zuzusetzenden Soda mit sich bringt. Während das Rohwasser einen p_H-Wert von 7,35 hatte, war der p_H-Wert nach dem Alaunzusatz (ohne Belüftung) 6,60, nach Alaunzusatz mit nachfolgender Belüftung war der p_H-Wert 7,2. Um die bei der Ausflockung mit Aluminiumsulfat sich bildende Kohlensäure zu entfernen, empfiehlt Egger[2]) den Einbau eines Rührwerkes, wodurch gleichzeitig die Ausflockung beschleunigt werde.

Daniels[3]) hat weitgehende Untersuchungen über den Einfluß der Wasserstoffionenkonzentration gemacht, um festzustellen, bei welchem p_H-Wert die Wiederauflösung des Aluminiums als Sulfat bzw. als Aluminat erfolgt. Wendet man hierbei Natriumkarbonat an, so erfolgt bei einem höheren p_H-Wert als 6,8 bereits eine Auflösung des bereits ausgeflockten Aluminiumhydroxyds. Bei Anwendung von Kalziumoxyd liegt die Auflösungsgrenze bei einem p_H Wert von 7,3. Bei diesen Untersuchungen hat Baylis auch die Anwendungsmöglichkeit der verschiedenen Indikatoren geprüft. Phenolphtalein und Methylrot erwiesen sich als unbrauchbar. Für Phenolphtalein liegt die Grenze zwischen farblos und gefärbt bei 8,3, also bei einer Wasserstoffionenkonzentration, die bei der Bildung von Aluminaten bereits sehr weit vorgeschritten ist. Bei Methylrot dagegen liegt der Farbenwechsel noch in der Zone der nicht vollkommenen Ausflockung, so daß nicht alles Aluminiumsulfat ausgenutzt werden würde. Die besten Ergebnisse werden mit Bromthymolblau als Indikator erzielt. Dieses wechselt seine Farbe von blau über grün nach gelb. Die größte Fällung wurde bei p_H-Wert 7,0 erreicht, bei der Bromthymolblau eine mehr blaugrüne Farbe zeigt. Hält man diese Wasserstoffionenkonzentration ein, so ist der Abfluß frei von Aluminaten. Während man Eisensulfat in der Fällungstechnik wegen der unangenehmen Wirkungen, die etwa im Wasser verbleibende Eisenreste nach sich ziehen, ganz verlassen hat, wird neuerdings die Anwendung von Aluminaten allein oder in Verbindung mit Aluminiumsulfat empfohlen. So versetzen Ripple, Turre und Christman[4]) das Rohwasser mit geringen Mengen Aluminiumsulfat, lassen es etwas absetzen und versetzen dann mit einer Lösung von Natriumaluminat. Statt der gewöhnlich angewandten Menge von 8,6 g Aluminiumsulfat werden jetzt nur 2,1 g Natriumaluminat gebraucht. Dieselben guten Resultate erzielte Powell[5]), der durch Anwendung von Aluminiumsulfat und Natriumaluminat eine Ersparnis an Chemi-

[1]) Pirnie, Aeration of water immediately after alum dose saves soda. Eng. News. Rec. 883 (1927).

[2]) Egger, Vorschläge zur chemischen Überwachung bei Schnellfilter und Entkeimungsfilter. Wasser und Gas 16, 889 (1926).

[3]) Daniels, Experiments in water coagulation with aluminiumsulphate. Eng. News Rec. 90, 93 (1923).

[4]) Ripple, Turre und Christman, Use of liquid sodium aluminate in the clarification of the Denver Water Supply. Journ. Ind. and Eng. Chem. 20, 748 (1928).

[5]) Powell, Results of using sodium aluminate with alum in filtration works. Eng. News Rec. 98, 871 (1928).

kalien von 0,4 Pfennig pro Kubikmeter, eine Verminderung der freien Kohlensäure, einen gleichmäßigeren p_H-Wert und eine Verminderung der Farbe erzielte. Auf vielen Wasserwerken hatte man sich mit dem Alaunzusatz bisher nach der Trübung gerichtet; Armstrong[1]) stellte jedoch fest, daß die Trübung keinen Einfluß auf die Alaunmenge hat, da sich trüberes Wasser oft leichter reinigen ließ als weniger trübes Wasser. In gleicher Weise geben Bull und Darby[2]) an, daß bessere Reinigungserfolge erzielt werden, je größer der Gehalt des Wassers an suspendierten Stoffen ist, sie gaben sogar, um die Menge der suspendierten Stoffe zu steigern, noch künstlich Schlamm hinzu. Zur Ersparnis an Chemikalien haben Bull und Darby die Sedimentation in zwei Stufen verlegt, in denen sie in der ersten Stufe die grobdispersen Schwebestoffe und dann mit Hilfe von Chemikalien die hochdispersen Kolloide entfernten. Um die zur Ausfällung nötige Menge an Chemikalien schnell bestimmen zu können, hat Spalding[3]) einen Apparat erfunden.

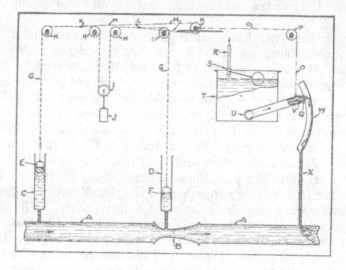

Abb. 313.

Er besteht aus 6 Bechergläsern, die alle mit einem Rührwerk versehen sind. Das Wasser wird mit verschiedenen Konzentrationen versetzt und kann verschieden stark gerührt werden. Aus den verbleibenden Trübungen werden Rückschlüsse auf die zuzusetzende Menge gezogen. Die Bestimmung des Koagulierungsmittels mit Hilfe dieses Apparates brachte allein auf dem Wasserwerk Oklahama eine Ersparnis von 20000 Mark jährlich.

Zur gleichmäßigeren Verteilung des Ausflockungsmittels empfiehlt Jenks[4]), das Aluminiumsulfat in Wasser zu einer 45%igen sirupartigen Flüssigkeit zu lösen und dann durch eine in Blei hergestellte Spritzvorrichtung mit Spritzdüsen aus rostfreiem Stahl in dem Wasser zu verspritzen. Über eine sehr praktische Alaun-Kalkdosierungseinrichtung, die Mr. Armstrong auf dem neuen modern ein-

---

[1]) Armstrong, Turbidity and coagulant dosage. Journ. Am. Wat. Works Assoc. **19**, 306 (1928).

[2]) Bull and Darby, Sedimentation studies of turbis Amer. River waters. Journ. Am. Wat. Works Assoc. **19**, 284 (1928).

[3]) Spalding, Laboratory reaktion apparatus helpes operate Filters. Eng. News Rec. **96**, 944 (1926).

[4]) Jenks, Use of ejektor on alum sirup dosing lines. Eng. News Rec. (1927).

gerichtetem Wasserwerk in Baltimore eingerichtet hat, berichtet Haupt[1]) (Abb. 313). Das Wasser, dem die Lösung zugesetzt werden soll, fließt durch Rohr A, in das eine Düse B eingebaut ist, die dazu dient, um einen sich mit der Strömungsmenge ändernden Druckunterschied zu erzeugen. Ein Schwimmerbehälter C ist vor der Stauscheibe B aufgesetzt, während ein zweiter Schwimmerbehälter D auf der engsten Stelle der Düse B aufgesetzt ist. Der Wasserstand in den Behältern C und D ist von der Strömungsmenge in Rohr A abhängig. Die in den Behältern C und D vorhandenen Schwimmer regeln durch Seilübertragung jetzt den Zufluß der Lösung aus dem Behälter T durch die Düse Q.

Von größter Wichtigkeit ist auch, wie Hopkins[2]) festgestellt hat, die Art der Mischung des Fällungsmittels mit dem zu reinigenden Wasser. Je inniger das Fällungsmittel mit Wasser gemischt wird, und je länger die sich an die Ausflockung anschließende Einwirkungszeit ist, um so besser ist die Ausflockung. Diese Einwirkungszeit muß, wie Cox[3]) andererseits festgestellt hat, mindestens 15 Minuten betragen, damit alle Kolloide ausgeflockt werden und sich große Flocken bilden, die sich leicht absetzen. Hierbei soll die Wassergeschwindigkeit im Aufenthaltsbecken höchstens 0,5—0,6 Fuß pro Sekunde betragen.

Bei Zugabe zu großer Mengen an Fällungsmittel werden nach Baylis[4]) zu große Flocken gebildet, die eine zu lockere Beschaffenheit besitzen und daher leicht zerfallen, so daß sie dann durch die verhältnismäßig großen Filterporen des Kieses der Schnellfilter hindurchgehen können. Bei richtiger Fällung besitzen die Flocken eine gewisse Zähigkeit.

Filter. Die auf irgendeine Weise ausgeflockten Kolloide des Wassers läßt man möglichst weitgehend in Absetzbecken absetzen. Der Rest wird auf Langsam- oder Schnellfiltern abgefangen. Langsamfilter sind große mit Sohlendrainage und einer darüber befindlichen Sandfilterschicht versehene Filterbecken, die zu ihrer Einarbeitung, um alle Fällungsflocken restlos auf der Oberfläche der Sandfilterschicht zu adsorbieren, eine längere Zeit gebrauchen. Es ist also neben der kolloidadsorbierenden Wirkung auch noch eine physikalische und später auch eine biologische Wirkung vorhanden. Schnellfilter entsprechen in ihrer Anordnung den bereits S. 769 besprochenen und zur Enteisenung benutzten Schnellfiltern von Bollmann, Wurl, Halvor-Breda usw. Während bei Langsamfiltern keine Vorbehandlung des Wasser erforderlich ist, muß bei den Schnellfiltern vor der Filterung eine Ausflockung der Kolloide durch chemische Zusätze erfolgen.

Langsamfilter üben eine gute bakteriologische Wirkung aus, wohingegen in den Schnellfiltern die Keime weniger stark zurückgehalten werden. Es fehlt der ad- und absorbierende biologische Rasen, der die Porengröße erheblich herabsetzt. Demgegenüber haben aber Schnellfilter infolge der vorhergegangenen chemischen Behandlung des Wassers eine größere Wirkung auf die im Wasser enthaltenen Farbstoffe. Die Belastung der Langsamfilter auf 1 qm Oberfläche gerechnet, ist bedeutend geringer als bei Schnellfiltern. Bei Langsamfiltern rechnet man mit einer durchschnittlichen Belastung von 1 cbm bis höchstens 2,5 cbm auf 1 qm Oberfläche.

---

[1]) Haupt, Speisewasserpflege in amerikanischen Kesselanlagen. „Mitteilungen" N. 22 d. Vereinigung der Großkesselbesitzer.

[2]) Hopkins, Experiments on formation of floes for sedimentation. Eng. News Rec. 90, 204 (1923).

[3]) Cox, Alum agitation studies at reading. Eng. News Rec. 93, 101 (1924).

[4]) Baylis, Study on flocculation phenomen with microscope. Eng. News Rec. 92, 760 (1924).

Langsamfilter. Die Größe der Filterschicht richtet sich ganz nach den örtlichen Verhältnissen. Saville[1]) mußte in Hartford mit Rücksicht auf die Bevölkerung, die einen Widerwillen gegen ein mit Chemikalien behandeltes Wasser hatte, Langsamfilter bauen mit einer Stautiefe von 1,35 m und einer Filterschicht von 1,20 m. Er baute 8 große Sandfilter von je 200 qm Oberfläche. In diesen wurden täglich 4290 cbm pro Hektar Oberfläche behandelt. Die Langsamfilter setzten die Eigenfärbung des Wassers nur um 42 % herab.

Die Beschaffenheit des Filtrates und die Leistungsfähigkeit eines Filters hängen nach Bach[2]) von dem richtigen Verhältnis des Poreninhaltes und des Wasserhaltungs- und Wasseraufnahmevermögens von Sand, Kies usw. zum Filtriergut ab. Der Poreninhalt ist der zwischen den Körnern des aufgeschütteten Materials freibleibende mit Luft gefüllte Raum. Je gleichmäßiger der Durchmesser des Kornes ist, desto größer ist der Poreninhalt. Unter Wasseraufnahmevermögen versteht man diejenige Menge Wasser, die ein bereits gefülltes Filter nach Leerlauf abermals aufzunehmen vermag, wohingegen mit Wasserhaltungsvermögen diejenige Menge bezeichnet wird, die nach Leerlauf eines Filters in diesem zurückbleibt und gleich dem Poreninhalt des Filters weniger dem Wasseraufnahmevermögen ist. Während nun Bach diese drei Faktoren mit einem besonderen Apparat bestimmt, schlagen Einstein und Mühsam[3]) vor, die Kanalweite von Filtern durch die Bestimmung des Druckes, der zur Überwindung der Kapillarkraft nötig ist, um das in den Kanälen des Filters enthaltene Wasser auszutreiben, zu bestimmen. Der Druck p = 2 s/r, worin s = Kapillarkonstante und r der Radius ist.

Bei Langsamfiltern treten häufig Verstopfungen auf, die nicht auf die Filterwirkungen zurückzuführen sind. Beruhen diese Verstopfungen auf Algenwachstum, so lassen sie sich leicht durch Kupfersulfat[4]) bekämpfen. Neuerdings wird für die Algenbekämpfung in Filtern auch vorherige Behandlung mit Chlor empfohlen. Ein sehr eigentümliches Verfahren hat Lovejoy[5]) angewandt. Er hatte festgestellt, daß die Algenbildung sich hauptsächlich dann zeigte, wenn das Rohwasser sehr klar war. Sobald sich das Flußwasser trübte, verschwanden die Algen, weil die Lebensbedingungen fehlten. Auf Grund dieser Beobachtungen hat er dann beim Auftreten des Algenwachstums das Rohwasser durch Aufrühren des Schlammes im Fluß mit Baggern künstlich getrübt. Das Algenwachstum ging darauf vollkommen zurück. Neuerdings hat Egger vergleichende Untersuchungen zwischen Langsam- und Schnellfiltern gemacht und gefunden, daß sie in der Wirkung gleich seien, doch werde der Geschmack bei Schnellfiltern stärker verbessert. Dieser schlechte Geschmack ist, wie Sonden[6]) festgestellt hat, oft darauf zurückzuführen, daß Sauerstoffmangel in den Filtern eintritt, was zur Folge hat, daß die biologischen Verhältnisse zerstört werden. Der Sauerstoffbedarf ist in den Oberschichten am stärksten. Bei Anwesenheit von Eisen und Mangan macht sich eine allmählich immer stärker werdende Dunkelfärbung des Sandes bemerkbar, die auch durch

---

[1]) Saville, Slow sand filtration Plant for Hartford. Eng. News Rec. **89**, 380 (1922). — Operation of slow sand filters at Hartford. Eng. News Rec. **93**, 508 (1924).

[2]) Bach, Die Bestimmung des Poreninhaltes des Wasserhaltungs- und Wasseraufnahmevermögens von Sand u. ähnl. Materialien. Ges.-Ing. **46**, 300 (1923).

[3]) Einstein und Mühsam, Experimentelle Bestimmung der Kanalweite von Filtern. D. m. W. **48**, 49 (1922).

[4]) Garralt, Use of Copper Sulphate at Hartford and Effect on Filters Runs. Eng. News Rec. **93**, 1124 (1924).

[5]) Lovejoy, Algae control by creating turbidity at Lomsville. Eng. News Rec. 505 (1928).

[6]) Sonden, Langsamfiltering och halten luftsyre i valten. Ber. d. Stockholmer Wasserwerks (1927).

Waschen nicht entfernt wird. Diese Färbung ist um so dunkler, je größer der Mangangehalt ist. Diese Verstopfungen können durch Behandeln mit Säuren entfernt werden.

Um nun die Wirkung der Langsamfilter zu erhöhen, hat Reich[1]) vorgeschlagen, die Oberfläche der Sandschicht durch tägliches Aufharken aufnahmefähiger zu machen. Statt des Aufharkens kann man aber auch die obere Schicht abheben, da die Hauptschmutzstoffe sich alle in der oberen Schicht absetzen.

In ähnlicher Weise wie Egger seine Schnellfilter (s. S. 774) hat Clark[2]) seine Langsamfilter mit einer Lösung von 20 kg/qm Aluminiumsulfatlösung beladen, die durch eine schwache Sodalösung in die Tiefe gespült werden. Hierdurch wird die Oberfläche des Filtersandes mit einer Aluminiumhydroxydschicht überzogen, die dann den im Wasser enthaltenen Kolloiden eine sehr große Adsorptionsfähigkeit gegenüber äußern kann. Diese Filter sind in Lawrence über 5 Jahre in Betrieb und bewirkten in dieser Zeit eine durchschnittliche Abnahme von 90 % der organischen Verschmutzungen. Da aber durch die Soda der biologische Rasen beschädigt wurde, zeigte sich eine geringere Abnahme der Keime. In dieser Zeit brauchte nur einmal eine Sandwäsche vorgenommen werden.

Schnellfilter. Da das Schnellfilter ein Raumfilter ist, im Gegensatz zum Langsamfilter, das als ein Oberflächenfilter angesehen werden muß, so haben die Schnellfilter gegenüber den Langsamfiltern den Vorteil

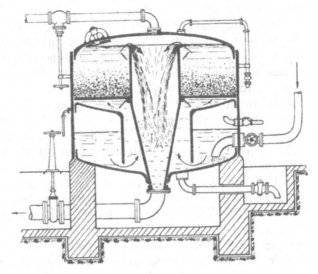

Abb. 314.
Reisertsches Schnellfilter.

der viel größeren Belastungsmöglichkeit, doch ist man bei Schnellfiltern meistens gezwungen, eine chemische Fällung vorzuschalten.

Die auch zur Enteisenung benutzten Schnellfilter von Bollmann, Wurl, Halvor-Breda, Reisert usw. kommen auch für die Reinigung des Wassers in Anwendung. Läßt die Reinigungswirkung durch Verstopfen der Filterkanäle nach, so wird der Sand durch Spülung gereinigt. Die einzelnen Filter unterscheiden sich dadurch, daß bei dieser Spülung des Sandes entweder der Sand durch Rührwerk oder durch hineingepreßte Luft mechanisch umgewälzt wird.

Während bei verschiedenen Schnellfiltern z. B. nach Wurl, Bamag usw. die Umwälzung durch ein Rührwerk geschieht, erfolgt sie bei dem Bollmann-Schnellfilter und bei dem Reisertschen geschlossenen Schnellfilter durch Preßluft (s. Abb. 314). Die Filtergeschwindigkeit, die bei Langsamfiltern ca. 100 mm pro Stunde beträgt, kann bei Schnellfilter auf 3—10 m pro Stunde gesteigert werden. Ebenso kann auch der Druck, der in Langsamfiltern zwischen 0,5—1,4 m schwankt,

[1]) Reich, Einige Erfahrungen beim Bau und Betrieb von Filtern. Ges.-Ing. **46**, 54 (1923).
[2]) Clark, A new method of purifying water. Eng. News Rec. **89**, 514 (1922).

auf 3 m gesteigert werden. Auch aus diesem Grunde vertragen Schnellfilter eine viel höhere Belastung, die je nach dem Zustand des Rohwassers bis auf 175 cbm auf 1 qm Oberfläche gesteigert werden kann. So beträgt nach Larmon[1]) die Belastung 117 cbm/qm und nach Leissen[2]) in der größten Schnellfilteranlage der Welt in Detroit, die schwefelsaure Tonerde zur Ausflockung benutzt, 150 cbm/qm. Ziegler[3]) gibt dagegen bei Langsamfiltern eine Belastung von höchstens 2,5 cbm/qm und bei Schnellfiltern 140 cbm/qm an. Eine Steigerung der Jewelschen Schnellfilter sind nach Obst[4]) die Scheidtschen Ringstufenfilter, die aus 1 m hohen Steinzylindern bestehen, die unter sich verbunden sind. Um den Querschnitt der Filter noch besser auszunutzen, werden neuerdings bei dem Bollmann-Schnellfilter kegelförmige Leitkörper eingebaut (s. Abb. 310, S. 770), die ein gleichmäßiges Absinken des Sandes bei der Stahlwäsche bewirken, so daß sich wirklich alle Sandkörner an der Stahlwäsche beteiligen und andererseits der Sand gleichmäßig gelagert wird.

Bei sehr schmutzigen Wässern empfiehlt sich eine stufenweise Behandlung des Wassers, indem man zunächst durch ein gröberes Schnellfilter die Hauptmenge der Schmutzstoffe entfernt, und das so vorgereinigte Wasser einer Nachbehandlung in Schnell- oder Langsamfiltern unterwirft. Ein derartiges Stufenfilter ist das nach dem Pench-Chabalsystem arbeitende Filter. Es besteht in einer wiederholten Sandfiltration, und zwar zunächst durch drei Schichten groben Kies und dann durch zwei Schichten feinen Sandes mit einer Korngröße von 1—3 mm. Nach Ansichten von Milos und Kabrhela beruht die gute Wirkung darauf, daß sich die Wirkungen der einzelnen Schichten nicht nur addieren, sondern sogar multiplizieren.

Die Seitz-Werke in Kreuznach bringen seit kurzer Zeit für die Zwecke der Wasserfiltration besondere Klär- und Entkeimungsfilter in den Handel. Diese Filter sind ähnlich den in der Industrie bekannten Filterpressen gebaut. Das Wasser wird durch besondere Filterschichten geleitet, die je nach dem Verwendungszweck für alle Trübungen abgestuftes Filtriervermögen haben. Diese Filterschichten (E.K.-Schichten) können so dicht geliefert werden, daß sie gleichzeitig zu Entkeimungszwecken dienen können. Die Leistungsfähigkeit geht natürlich mit der Feinheit der Schichten zurück. Es können verschieden viele Schichten hintereinander angeordnet werden. Jede Schicht des E.K.-Filters hat eine Leistung von 50 Liter stündlich, so daß bei einem Filter mit einer Höchstmenge von 110 Schichten 5500 Liter Wasser stündlich gereinigt und entkeimt werden können. Da die gebrauchte Filterschicht jedesmal entfernt werden muß, sind diese Filter nur für kleinere Mengen brauchbar. An den Stellen, wo sehr reines Wasser erforderlich ist, wie in besonderen gewerblichen Betrieben, haben sie sich jedoch gut bewährt. Um das Verfahren auch für größere Wassermengen brauchbar zu machen, werden jetzt filterpressenähnliche Filter gebaut, in denen die Filtermasse im Anschwemmverfahren auf Filterrahmen gebildet wird. Ist diese Filtermasse nach dem Gebrauche erschöpft, so wird sie einfach abgezogen und eine neue Schicht aufgeschwemmt.

---

[1]) Larmon, Waterfiltration plant for Ohama Metropolitan districts. Eng. News Rec. **90**, 870 (1923).

[2]) Leissen, Detroit 320 m. g. d. filtration plant in worlds largest.

[3]) Ziegler, Neuere Erfahrungen der Trink- und Gebrauchswasseraufbereitung. Ztschr. f. Bauw. **68**, 742 (1919). — Schnellfilter, ihr Bau und Betrieb (Leipzig 1919).

[4]) Obst, Werdegang und zukünftige Entwicklung der Trinkwasserbereitung. Ges.-Ing. **49**, 645 (1926).

Aktive Kohlefilter. Die Vorschläge zur Verwendung der aktiven Kohle zur Wasserreinigung sind schon älter. In dem D.R.P. 401 128 empfiehlt Sauer die Anwendung von feinpulveriger aktiver Kohle zur Reinigung von Flüssigkeiten, vor allem von Trinkwasser. Die hierbei benötigten Drucke werden jedoch so groß, daß sie bei den großen Wassermengen der Wasserwerke nicht angewandt werden können. Besser sind die bereits S. 754 angegebenen, von Adler empfohlenen Dechloratoren die mit aktiver Kohle gefüllt sind. Während Adler für diese Zwecke aktive Kohle mit Korngrößen von 4—7 mm empfiehlt, hält Winogradow Korngrößen von 1—3 mm für das Richtige. Das vom Ruhrverband auf dem Wasserwerk der Stadt Hamm für eine tägliche Wassermenge von 20 000 cbm errichtete Filter ist mit 20 cbm aktiver Kohle, A. K. T. 2[1]) gefüllt. Diese Kohle hat einen Durchmesser von 2 mm. Diese Filter entfernen nicht nur allen schlechten Geschmack, sondern auch alles evtl. noch vorhandene Eisen. (S. Abschnitt Geschmack der Wasser.)

Neuerdings bringt die Sybri-Apparatevertrieb-Gesellschaft in Essen kleine, an Zapfhähne anzuschließende Hausfilter, die mit aktiver Kohle gefüllt sind und zur Geruchs- und Geschmacksverbesserung des Trinkwassers dienen in den Handel. Diese unter der Bezeichnung „HAK"-Filter in den Handel gebrachten Filter haben gegenüber den großen Filtern auf den Wasserwerken den großen Vorteil, daß sie nur das zu Trink- und Genußzwecken verwandte Wasser reinigen, während alles andere Wasser zu Spül- und Brauchzwecken, bei dem der Geruch und Geschmack nicht stört, ungereinigt abgezapft werden kann. Abb. 315 zeigt ein derartiges an die Hausleitung angeschlossenes HAK-Filter. Der obere Aufsatz ist mit hochaktiver Kohle gefüllt.

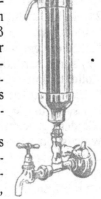

Wolff[2]) berichtet über ein Kleinfilter für die Tropen, das mit aktiver Kohle (Supra oder Norit-Kohle) gefüllt ist. Die Betriebsdauer dieser Filter beträgt bei 35° C 14 Tage und liefert täglich 24 Liter steriles Wasser. Um Filter keimsicher zu machen, hat Bechold[3]) ein Imprägnierungsverfahren erfunden. Durch

Abb. 315.

diese Imprägnierung wird die Filtergeschwindigkeit nur unwesentlich beeinflußt, weil die Poren nicht abgedichtet, sondern die Keime getötet werden. Am besten haben sich für dieses Imprägnierungsverfahren Filter aus Porzellanerde und Kiesel bewährt.

C. Abwasser.

Das im Haushalt der Menschen oder in den industriellen Betrieben als Trink- oder Brauchwasser verwendete Leitungswasser erscheint in der gleichen Menge als Abwasser wieder und hat als solches je nach seiner Verwendungsart eine mehr oder minder große Menge Schmutzstoffe aufgenommen. Diese Schmutzstoffe sind teils gelöster, teils ungelöster Art. Die ungelösten Schmutzstoffe können in grobdisperser Form als sog. absetzbare Schwebestoffe auftreten oder mehr feindisperser Form sein. In letzterer Form finden wir sie z. B. im häuslichen Abwasser in den nicht absetzbaren Schwebestoffen und in den eigentlichen Abwasserkolloiden, die

---

[1]) Lieferung Lurgi, Gesellschaft für Wärmetechnik, Frankfurt a. M.
[2]) Wolff, Über ein Filter, das auch bei Trockentemperatur steriles Wasser liefert. Nederlandsch Tijdschr. for geneesk. **69** (1925). — Ref. Wasser und Abwasser 23. 1. (1927).
[3]) Bechold, Keimsichere Filter. Ges.-Ing. **49,** 113 (1926).

dem filtrierten häuslichen Abwasser die eigene schmutziggraue Farbe und die so unangenehme Fäulnisfähigkeit verleihen. Je nach dem Ursprung des entstehenden Abwassers muß man zwischen häuslichen und gewerblichem Abwasser unterscheiden.

Häusliches Abwasser enthält viel organische Schmutzstoffe. In gewerblichen Abwässern herrschen dagegen oft mehr anorganische Verunreinigungen vor, abgesehen von einigen Betrieben, wie Brauereien, Brennereien, Zellulosefabriken, Stärkefabriken usw., die sehr stark verschmutzte Abwässer mit hohem Gehalt an organischen Kolloiden abstoßen. Die organisch verschmutzten häuslichen Abwässer enthalten alle im Haushalte des Menschen anfallenden Haushaltungswässer, Wasch- und Spülwässer und in mehr oder minder großer Menge auch Fäkalien. An kolloiden Verunreinigungen sind demnach in diesen Wässern enthalten, außer den Seifen- und Schmutzsuspensionen, die aus dem Verdauungstraktus stammenden stark hydrophilen Kolloide der Fäkalien, die z. T. aus stickstoffhaltigen Eiweißverbindungen bestehen, die unter dem Einfluß anärober Bakterien sehr leicht in Fäulnis übergehen.

Sack[1]) hat mit dem Zeißschen Interferometer Untersuchungen über die Zusammensetzung der häuslichen Abwässer angestellt. Er stellte hierbei fest: 1. Bei Abwässern kleiner Städte tritt um die Mittagszeit ein Kolloidmaximum auf, 2. rein häusliche Abwässer enthalten in der Frühe andersgeartete Kolloide (Seifenkolloide) als während der übrigen Tageszeit (Fäkalkolloide), 3. ein Drittel bis die Hälfte der ganzen organischen Substanz liegt als Kolloide vor, 4. beim Vermischen des stark salzhaltigen Saalewassers mit Jenaer Abwasser trat eine gegenseitige Kolloidfällung ein. Auf letzteren Vorgang der Kolloidausfällung durch stärkere Salzkonzentration beruht die starke Schlickbildung an den Mündungen der großen Flüsse in die Meere, wo die in den Flüssen enthaltenen Kolloide ausgeflockt und mit dem gleichzeitig abgetöteten Plankton ausgeschieden werden. Je länger der Weg ist, den das Abwasser in der Kanalisation zurücklegen muß, um so mehr werden diese Schmutzstoffe zerrieben und um so größer ist der Gehalt des Wassers an kolloiden Schmutzstoffen. Dieses Zerreiben der ungelösten, grobdispersen Schmutzstoffe bis zur feindispersen Kolloidform wird noch mehr durch Abstürze und Windungen im Kanalnetz begünstigt. Da sich nun die grobdispersen, d. h. absetzbaren Schwebestoffe viel leichter aus dem Abwasser entfernen lassen, so ist bei den Kanalisationen auf eine glatte Abführung der Abwässer der größte Wert zu legen, besonders da diese Kolloide ja auch sehr leicht in Fäulnis übergehen und daher möglichst bald aus dem Wasser entfernt werden müssen. Während man nun in Städten und Siedlungen[2]), deren Einwohner nicht hauptsächlich Ackerbau treiben, der Schwemmkanalisation mit Anschluß der Spülaborte, wegen ihrer hygienisch einwandfreien und wirtschaftlich zweckmäßigen Art der Entfernung der Unratstoffe gegenüber dem Trennsystem den Vorzug geben wird, sind in dünnbebauten Siedlungen mit rein ländlichem Charakter Schwemmkanäle vom volkswirtschaftlichen Standpunkt nicht erwünscht, da in diesem Falle alle Kotstoffe restlos auf den großen zur Verfügung stehenden Flächen ausgenutzt werden können.

Industrielle Abwässer. Von industriellen Abwässern mit einem Gehalt an hauptsächlich organischen Kolloiden kommen in Frage: Die Abwässer aus Schlachthäusern, Abdeckereien[3]), Wollwäschereien, Molkereien, Margarinefabriken, Leimfabriken, Stärkefabriken usw. In Schlachthäusern fallen große

---

[1]) Sack, Über die Filterwirkung von Böden auf kolloidhaltige Wässer. Ges.-Ing. **38**, 524 (1915).

[2]) Bach, Irrige Ansichten im Abwasserreinigungswesen. Techn. Gemeindebl. **22**, 113 (1919).

[3]) Haselhoff. Wasser und Abwasser. Sammlung Göschen. Band 473. S. 21 (Berlin 1919).

Wassermengen an, die zum Spülen und Reinigen verwendet wurden und daher durch Blut, Inhalt der Eingeweide, Düngerresten, Fetteilchen stark verschmutzt sind. In Abdeckereien sind dagegen die stark leimhaltigen Abwässer wegen ihrer leichten Fäulnisfähigkeit sehr unangenehm.

Sehr unangenehm sind Abwässer aus Brennereien; diese enthalten außer dem Kartoffelwaschwasser das Fruchtwasser, welches bei dem zur Verkleisterung der Stärkekörner notwendigen Dämpfen der Kartoffeln austritt. Es enthält Gummi, Stärkemehl und das giftige Solanin. Hinzu kommen noch die stark verschmutzten, verbrauchten Maischen.

Bei den Abwässern aus Stärkefabriken sind es hauptsächlich die Wasch-wässer der Rohmaterialien, Kartoffeln, Weizen, Mais, Reis, die sich durch einen Gehalt an Eiweißstoffen, Gummi und Zucker auszeichnen, und so diese Wässer sehr leicht fäulnisfähig machen. Bei Zuckerfabriken fallen an die Abwässer der Rübenwäschen, die Kondenswässer und die kolloidhaltigen Diffusions- und Osmose-wässer. Die Diffusionswässer enthalten neben gelöstem Zucker die Saftbestandteile, die durch ihre Eiweißnatur mehr kolloidartigen Charakter haben. Die Osmose- und Ausscheidewässer, von Melasse herrührend, enthalten an kolloiden Ver-schmutzungen neben den höheren Zuckerarten die organischen Basen des Rüben-saftes. Zuckerfabrikabwässer zeichnen sich daher durch ihren hohen Gehalt an gärungs- und fäulnisfähigen Stoffen aus und geben sehr oft zu großen Klagen Anlaß.

Die Abwässer aus Molkereien, Käsereien und Margarinefabriken sind in ihrer Zusammensetzung sehr stark schwankend. Am schädlichsten sind sie durch ihren stark schwankenden Gehalt an Milchzucker und anorganischen, stickstoffhaltigen Kolloiden, wie Albumin, Kasein usw., die in dem Wasser z. T. in suspendierter Form vorhanden sind und dem Wasser eine leichte Gärungs- und Fäulnisfähig-keit verleihen.

Abwässer aus Papierfabriken enthalten an kolloiden Stoffen, besonders aus Pappfabriken, sehr viele durch Natronlauge aus dem Holz extrahierte Lignin-verbindungen.

Abwässer aus Gerbereien setzen sich zusammen aus den Wasch- und Äscher-wässern, die neben Blut und Eiweißstoffen Schwefelarsen und Schwefelkalzium bzw. neuerdings Schwefelnatrium enthalten und aus den sauren Lohbrühen, die außer den nicht verbrauchten Pflanzenextrakten die extrahierten Hautsubstanzen enthalten. 1 cbm Weißgerbereiwasser enthielt nach Haselhoff[1]) in 1 cbm 5,66 kg Abdampfrückstand, der aus organischen Stoffen, Kalkschlamm und Schwefel-natrium bestand.

Mehr emulsionsartigen Charakter haben die Abwässer der Fett- und Ölindustrie und der Wollkämmereien. Letztere Abwässer enthalten das Cholesterin hältige Wollfett, teils in Form von Seife, teils frei in feiner Emulsion. Bei der großen anfallenden Menge kann es zu erheblichen Belästigungen im Vorfluter kommen.

Während die bisher aufgeführten industriellen Abwässer sich durch ihren Ge-halt an organischen Kolloiden auszeichneten, treten bei sehr vielen Wässern mehr anorganische Kolloide in den Vordergrund. Zu letzteren gehören die Abwässer aus der Kohlenwäsche der Steinkohlenzechen, Braunkohlengruben, Nebenprodukten-tenabwässer und vor allem die Beizereiabwässer und Abwässer von Entzinnungs-anlagen, die sich durch einen mehr oder minder hohen Gehalt an Eisenhydroxyd auszeichnen.

---

[1]) Haselhoff, Wasser und Abwasser. Sammlung Göschen, Band 473, S. 21 (Berlin 1919).

In vielen Fällen ist eine Vermischung des industriellen Abwassers mit häuslichem Abwasser von großem Vorteil, da diese infolge ihres verschiedenen Charakters gegenseitig ausflockend aufeinander wirken können. Treffen z. B. in einem Abwassersammler saure, eisensalzhaltige Abwässer von Eisenbeizereien auf mehr alkalisch reagierende häusliche Abwässer, so flockt das sich bildende Eisenhydroxyd bald die Abwasserkolloide aus.

Die in einem Abwasser enthaltenen Schmutzstoffe kann man, wenn man von dem von Straßenabspülungen herrührenden Sand, der ja gewöhnlich in besonderen Sandfängern abgefangen wird, absieht, trennen nach ihrer schwereren oder leichteren Absetzbarkeit in:

1. Absetzbare Schwebestoffe. Es sind dies die mehr oder weniger grobdispersen, stark hydrophilen Suspensionen der im Abwasser enthaltenen Sinkstoffe, die sich bei ruhigem Stehen des Abwassers innerhalb 2 Stunden absetzen und dann den sog. Frischschlamm bilden;
2. nicht absetzbare Schwebestoffe. Das Abwasser enthält stets eine mehr oder minder große Menge feindisperser Schwimmstoffe, die selbst bei längerem Stehen sich nicht absetzen, sondern in ständiger Suspension bleiben;
3. die hochdispersen, eigentlichen Abwasserkolloide. Filtriert man ein Abwasser durch ein gewöhnliches Faltenfilter, so erhält man je nach der Verschmutzung ein grau bis grauschwarz gefärbtes Filtrat, das eine große Menge Kolloide enthält;
4. gelöste Schmutzstoffe. Hierher gehören außer den mineralischen Salzen, die organischen gelösten Schmutzstoffe, deren Entfernung meistens nur auf biologischem Wege möglich ist.

Läßt man dieses Filtrat einige Zeit stehen, so flocken diese Kolloide durch Zusammenlagerung allmählich aus. Aus einem rein häuslichen Abwasser mit 1030 mg/l Abdampfrückstand z. B. wurden durch Dialyse die Elektrolyte entfernt. Es blieben noch 287 mg/l Abdampfrückstand = der Trockensubstanz der im Wasser enthaltenen Kolloide zurück. Von diesen Kolloiden gingen 254 mg/l durch die Entfernung der Elektrolyte in den Gelzustand über, während 33 mg/l ein beständiges Sol bildeten. Die in diesem Abwasser enthaltenen Kolloide waren 80% organischer Natur und 20% mineralischer Natur.

Man hat die Rolle, die Kolloide selbst bei der Zusammensetzung von häuslichen und organisch verschmutzten industriellen Abwässern spielen, bisher stark unterschätzt, da man die Bedeutung der suspendierten Stoffe und der gelösten Stoffe überschätzte. Um die Beeinflussung des biochemischen Sauerstoffs durch die Kolloide zu untersuchen, hat Urbain[1]) einen Dialysierapparat gebaut, mit dem er sich reine Kolloidlösungen herstellte. Der Dialysierapparat ist in Abb. 316 dargestellt. Zur Dialyse wird destilliertes Wasser angewandt, aus dem der gelöste Sauerstoff durch Kochen restlos entfernt wird. Als Vorratsbehälter für dieses Wasser dient ein 10-Literballon aus verzinntem Kupfer. Um nach dem Kochen den Wiederzutritt von Sauerstoff zu verhindern, wird das eintretende Gas durch eine Lösung von Pyrogallol geleitet. Der Dialysierapparat selbst ist vollkommen geschlossen und wird mit Stickstoff gefüllt. Der ganze Apparat steht in Eis, so daß in ihm eine Temperatur von annähernd 0° herrscht.

---

[1]) Urbain, Dialyse von häuslichem Abwasser und einigen organisch verschmutzten industriellen Abwässern. Techn. Gemeindebl. **32**, 89 (1929).

Tabelle.

	Häusliche Abwasser			Strohpappenfabrikabwasser		
	Abwasser mg/l	kolloide Stoffe mg/l	Abnahme in %	Abwasser mg/l	kolloide Stoffe mg/l	Abnahme in %
Gesamtabdampfrückstände	—	—	—	4865	890	—
Organische Substanzen	—	—	—	2289	520	—
Bioch. O_2-Bedarf 24 Stunden	68	47	69	490	420	53,9
„ „ 48 „	108	73	68	745	650	83,3
„ „ 10 Tage	302	185	61	1250	780	62,4

	Gerbereiabwasser			Büchsenfleischfabrikabwasser		
	Abwasser mg/l	kolloide Stoffe mg/l	Abnahme in %	Abwasser mg/l	kolloide Stoffe mg/l	Abnahme in %
Gesamtabdampfrückstände	2580	1292	—	3610	1980	—
Organische Substanzen	1956	1180	—	3080	1964	—
Bioch. O_2-Bedarf 24 Stunden	380	345	90,8	780	740	94,9
„ „ 48 „	530	490	92,4	1120	1060	94,3
„ „ 10 Tage	1560	1120	71,8	2040	1782	87,4

Um die durch die Dialyse erhaltenen Werte nachkontrollieren zu können, wurde gleichzeitig die Ultrafiltrationsmethode angewandt. Der biochemische Sauerstoffbedarf der durch Ultrafiltration erhaltenen Fraktion war 8—12% niedriger als der durch die Dialyse erhaltenen Fraktion.

Die Ergebnisse der Urbainschen Versuche sind in der obenstehenden Tabelle eingetragen.

Die in einem häuslichen Abwasser enthaltenen Kolloide sind gegen Temperatursteigerungen sehr widerständig. Ein rein häusliches Abwasser mit einer Oxydierbarkeit von 600 mg/l wurde 2 Minuten auf 100° erhitzt und nicht verändert. Dampft man jetzt dieses Wasser stark ein, so flockt ein Teil der Kolloide aus. Beim Aufnehmen mit Wasser gehen sie aber z. T. wieder in Lösung. Die auf das frühere Volumen aufgefüllte Lösung zeigt jetzt nach der Filtration durch Kreppfaltenfilter eine Oxydierbarkeit von 570 mg/l. Es sind demnach rund 5% der Kolloide durch das Eindampfen bis zur Sirupdicke aus-

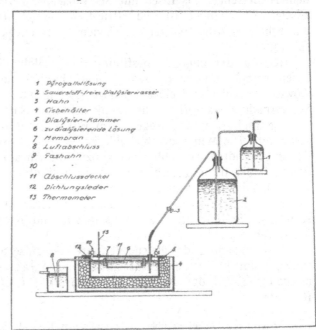

```
 1  Pyrogallollösung
 2  Sauerstoff-freies Dialysierwasser
 3  Hahn
 4  Eisbehälter
 5  Dialysier-Kammer
 6  zu dialysierende Lösung
 7  Membran
 8  Luftabschluss
 9  Gashahn
10
11  Abschlussdeckel
12  Dichtungsleder
13  Thermometer
```

Abb. 316.
Dialysierapparat.

gefällt und bei Aufnahme des Rückstandes mit Wasser irreversibel. Dampft man das Abwasser vollständig bis zur Trockne ein, so ergibt sich, daß ca. 50% der Kolloide beim Aufnehmen mit Wasser reversibel sind. Durch schwaches Verkohlen des Abdampfrückstandes wurden dagegen die Kolloide vollständig zerstört. Die Tatsache der Reversibilität der Abwasserkolloide ist von sehr großer Bedeutung bei der Verwendung des Wassers als Düngstoff. Die im Boden festgehaltenen Kolloide halten durch ihr großes Wasserbindungsvermögen bei trockenen Jahreszeiten sehr viel Wasser im Boden fest und sorgen so dafür, daß die Würzelchen stets genügend Wasser vorfinden. Werden sie trotzdem eingetrocknet, so sorgt der nächste Regen dafür, daß sie wieder genügend Wasser aufnehmen.

Von den im Abwasser enthaltenen Kolloiden sind nach Bach die organischen Kolloide die Träger der Fäulnis des Abwassers und die Ursachen der wasserbindenden Eigenschaften des Schlammes. Von den mineralischen Kolloiden kommt den Eisenoxydulverbindungen besondere Bedeutung zu, da sie zu ihrer Oxydation sehr viel Sauerstoff verbrauchen, und daher mittelbar die Fäulnis des Abwassers begünstigen sowie im Schlamm wasserbindend wirken.

Die Bestimmung der Kolloide im Wasser.

Es sind die verschiedensten Vorschläge zur quantitativen Bestimmung der in einem Wasser enthaltenen Kolloide gemacht worden.

Richter[1]) flockt die Kolloide mit Ferrichlorid und Ammoniak aus, löst von dem Niederschlag das Eisen mit Schwefelsäure heraus, bis die braune Farbe des Eisens verschwunden ist und filtriert die ausgefällten Kolloide durch einen mit ausgeglühtem Asbestpolster versehenen Goochtiegel und bestimmt die Trockensubstanz.

Rohland[2]) dagegen bestimmt die Kolloide kolorimetrisch-gravimetrisch, indem er 50—100 cm³ des von den mechanisch suspendierten Stoffen befreiten Abwassers mit 1 cm³ einer 1%igen Lösung von Anilinblau versetzt, auf dem Wasserbade eindampft bis zur Sirupkonsistenz. Nach Waschen mit heißem Wasser wird getrocknet und gewogen. Im Filtrat wird das Anilinblau kolorimetrisch bestimmt. Die Menge der Kolloide ist = c — (a—b), wobei a die Konzentration der angewandten Anilinblaulösung bzw. die Anzahl der zugesetzten Kubikzentimeter, b der nicht absorbierte Teil des Anilinblaues und c die gewogene Menge von Kolloiden und Anilinblau ist.

Marc und Sack[3]) adsorbierten die Kolloide an Baryumsulfatpulver und bestimmten die Refraktion der Wässer vor und nach der Adsorption durch das Interferometer.

Bach[4]) benutzt das gleiche Verfahren der Adsorption der Kolloide an Bariumsulfat, nimmt aber im Gegensatz zu Marc und Sack die Bestimmung der Kaliumpermanganatzahl der Kolloide als Maßstab für die Menge der ausgeflockten Kolloide.

---

[1]) Richter, Arbeiten über die organischen Kolloide im Abwasser. Pharmaz. Zentralh. **53**, 215, 247, 276, 311 (1912).

[2]) Rohland und Meysohn, Eine Methode zur Messung der Kolloide zuckerhaltiger Abwasser. Deutsche Zuckerindustrie 167 (1913).

[3]) Marc und Sack, Über eine einfache Methode zur Bestimmung der Kolloide in Abwässern und über die Verwendung des Flüssigkeitsinterferometers bei der Wasseruntersuchung überhaupt. Kolloidchem. Beih. **5**, 375 (1914).

[4]) Bach, Die Bestimmung der Kolloide im Abwasser. Ges.-Ing. **43**, 600 (1927).

Neu[1]) bedient sich auf· Anregung Strells zur Bestimmung der Kolloide im Abwasser der Ultrafiltration. Die hierzu benötigten Ultrafilter werden nach den Vorschriften Wo. Ostwalds mit Rohkautschuklösung und Kollodiumlösung hergestellt und vor der Benutzung mit 2% Kongorotlösung auf Dichtigkeit geprüft. Durch Bestimmung der Abdampfrückstände vor und nach der Ultrafiltration ergibt sich die Menge der anwesenden Kolloide.

Reinigung der häuslichen Abwässer.

Die Reinigung der häuslichen Abwässer kann sich erstrecken:

1. auf die Entfernung des Öles, Fettes und der teerartigen Stoffe,
2. auf die Entfernung der absetzbaren Schwebestoffe,
3. auf die Entfernung der nicht absetzbaren Schwebestoffe und der Kolloide.

Entölung bzw. Fettfänger. Durch die ständig sich immer mehr entwickelnde Autoindustrie gelangen trotz der behördlich vorgeschriebenen Öl- und Benzinabscheider von den Garagen und von den Straßen und aus den industriellen Betrieben große Mengen Öl und Fett in das Abwasser. Gelangt das Fett mit dem Frischschlamm in die Faulräume, so besteht die Gefahr, daß es in den Faulräumen und den Gashauben zur Bildung einer dicken Schwimmdecke kommt. Am unangenehmsten wirkt das Öl bzw. Fett bei der biologischen Reinigung. Es legt sich auf die Oberfläche der biologischen Rasen bzw. auf die Flocken der Schlammbelebung und sperrt diese dann von der so notwendigen Luftzufuhr ab und hindert sie, ihre adsorptiven Kräfte zu äußern.

Abb. 317.
Belüfteter Fettfang auf der Kläranlage Essen-Rellinghausen.

Um die Öle abzufangen, hat man sich früher der sog. Ölfänger bedient, in denen das Öl und Fett an der Oberfläche in besonderen Kammern, wie dies z. B. bei dem bekannten Kremer-Fettfänger der Fall ist, abgefangen wird. Hierbei wird aber nur das auf der Oberfläche schwimmende Fett und Öl abgefangen. Es kommen aber außer dem auf der Oberfläche schwimmenden Fett noch das sich zu Boden absetzende Fett, bzw. der sehr häufig von den Straßenbefestigungen abgespülte Teer und auch noch die im Wasser suspendierten Fettstoffe in Frage, die trotz längeren Stehens sich weder absetzen noch an der Oberfläche sammeln. Um auch diese Fette abzufangen, hat der Ruhrverband in Essen[2]) einen belüfteten Fettfang (s. Abb. 317) eingerichtet, der alles im Wasser enthaltene Fett in Form eines haltbaren Schaumes an die Oberfläche bringt, wo es dann von

---

[1]) Neu, Eine neue Methode zur quantitativen Bestimmung der Abwasserkolloide mit Hilfe der Ultrafiltration. Dissertation (München 1923).

[2]) Imhoff, Fries, Sierp, Betriebsergebnisse der Schlammbelebungsanlage des Ruhrverbandes in Essen-Rellinghausen. Techn. Gemeindebl. **30**, Nr. 5/6 (1927). — Mahn, Entölung von Abwasser. Techn. Gemeindebl. **33**, 77 (1930).

Hand oder maschinell leicht beseitigt werden kann. Dieser noch etwa 60% Wasser enthaltende Schaum enthält in seiner Trockensubstanz je nach dem Fettgehalt des Wassers 60—90% Fett.

Reinigung von gröberen Schwebestoffen. Die Entscheidung der Frage, ob nur die absetzbaren Schwebestoffe oder auch die nicht absetzbaren Schwebestoffe und die Kolloide entfernt werden müssen, richtet sich nach der Menge und der Verschmutzung des Abwassers, und ganz besonders nach der Größe und der Art des Vorfluters. In den meisten Fällen wird man bei sehr großen Vorflutern sich auf die Entfernung der absetzbaren Stoffe beschränken können, da die Selbstreinigungskraft des Vorfluters ausreicht, die nicht absetzbaren Stoffe und die Kolloide zu zersetzen. Bei mittleren und besonders bei kleineren Vorflutern dagegen wird man auch die nicht absetzbaren Stoffe und die Kolloide entfernen müssen, um größere Belästigungen im Vorfluter zu vermeiden.

Die Ausscheidung der absetzbaren Schwebestoffe kann z. B. durch Siebe, von denen sich die Spülsiebe am besten bewährt haben, besser aber und vollkommener in Absetzbecken erfolgen. Bei körnigem, mineralischem Schlamm ist die Oberfläche der Absetzbecken im wesentlichen maßgebend für die Absetzwirkung und ist etwa auf 1 cbm stündliche Wassermenge 2 qm Oberfläche erforderlich. Dahingegen wirken nach Imhoff[1]) bei flockigem, städtischem Schlamm tiefe Absetzbecken bei gleicher Oberfläche besser als flache. Man wird daher die mehr körnigen, mineralischen Schlamm haltenden industriellen Abwässer in Sickerbecken reinigen und die häuslichen Abwässer mit leicht flockigem, organischem Schlamm in tieferen Absetzbecken behandeln. Schulze-Förster[2]) hat versucht, aus den Absetzkurven der in einer bestimmten ruhenden Wassermenge enthaltenen ungelösten Stoffe den Absetzvorgang in eine mathematische Formel zu bringen, wobei man berücksichtigen muß, daß neben der Fällgeschwindigkeit auch noch die Fließgeschwindigkeit in einem Klärbecken eine Rolle spielt. Ehnert[3]) stellt fest, daß das Maß der Sandfanggeschwindigkeit $v = 30$ cm/sec. nur unter bestimmten Verhältnissen eine Entsandung des Abwassers gewährleistet, und daß die für die Geschiebebewegung maßgebende Schleppkraftgrenze bei 60 cm/sec. liegt. Von den mechanischen Kläranlagen zur Ausscheidung des Frischschlammes aus den mehr häuslichen Abwässern haben sich am besten die zweistöckigen Absetzbecken, deren Hauptvertreter der Emscherbrunnen ist, bewährt (s. Abb. 318). Der anfallende Frischschlamm sinkt hierbei in die unter dem Absetzraum liegenden Faulräume, in denen der Schlamm einen Zersetzungsprozeß durchmacht. Sind Absetzbecken und Faulraum dagegen getrennt, so hat man Brunnen mit getrennter Schlammfaulung, z. B. Neustädter Becken, Kremer Brunnen, Dorrbecken.

Der in dem Absetzbecken anfallende Frischschlamm enthält rund 95% Wasser. Durch seinen hohen Gehalt an eiweißhaltigen, schleimigen, kolloiden Stoffen hat er ein sehr großes Wasserbindungsvermögen, das auch seine Entwässerung sehr erschwert. In dünnen Schichten auf durchlässigen Sandboden gepumpt, gibt er einen Teil des mechanisch festgehaltenen Wassers ab, so daß er durch die Luft so weit trocken wird, daß man ihn untergraben kann. Das kolloidgebundene Wasser hält er dagegen sehr fest. Wenn man ihn in größerer Höhe aufschichtet, so daß die Luft ihn nicht mehr durchdringen kann, hält er das Wasser

---

[1]) Imhoff, Fortschritte der Abwasserreinigung (Berlin 1925), 31. — Taschenbuch der Stadtentwässerung (München 1925), 42.

[2]) Schulze-Förster, Formel für die Berechnung des Absetzvorganges körniger Stoffe mit verschiedenen Fällgeschwindigkeiten. Ges.-Ing. **50**, 105 (1927).

[3]) Ehnert, Die Entsandung städtischer Abwässer, unter Berücksichtigung der Geschiebebewegung in Abwasserkanälen. Beih. z. Ges.-Ing. Reihe 2, H. 3

hartnäckig fest und geht dann sehr leicht in stinkende Fäulnis über und gibt dann
zu starken Geruchsbelästigungen Veranlassung. Die Versuche, diesen stark schleimigen Schlamm in Filterpressen zu trocknen, scheiterten an dem großen Gehalt
an wasserbindenden Kolloiden. Man hat daher versucht, durch Zugabe von aus-
flockenden Chemikalien dieses Wasserbindungsvermögen der Kolloide im Schlamm
zu zerstören. Doch war der Erfolg nur gering. Auch Versuche mit Zentrifugen
haben zu keinem befriedigenden Ergebnis geführt. Am besten ist es, die Kolloide
des Schlammes in den unter den Absetzbecken liegenden Faulräumen durch einen
Faulprozeß unter dem Einfluß anärober Lebewesen zu zerstören. In dem Faulraum der Emscherbrunnen bleibt der Schlamm 3—6 Monate. In dieser Zeit macht
er einen Faulprozeß durch, bei dem die Kolloide unter Zersetzung der organischen
Substanz zerstört werden. Es bildet sich hierbei ein wertvolles aus Methan (80%),
Kohlensäure (15%), und Stickstoff (5%) bestehendes Gas. Der Schlamm verliert

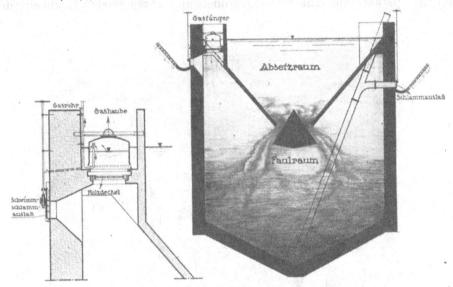

Abb. 318.
Schematischer Schnitt durch ein zweistöckiges Absetzbecken (Emscherbrunnen).

seine schleimige Beschaffenheit, wobei auch gleichzeitig sein Wasserbindungsvermögen stark zurückgeht. Der Wassergehalt des Schlammes geht auf 75—80%
herunter. Trotz dieses höheren Gehaltes an Trockensubstanz wird der bisher zähflüssige Schlamm leichtflüssig. Gleichzeitig findet infolge des Abbaues der
organischen Substanz eine starke Zunahme des mineralischen Anteils statt. Während
der Frischschlamm in seiner Trockensubstanz aus etwa 75% organischen und 25%
mineralischen Anteilen bestand, setzt sich der ausgefaulte Schlamm aus 50%
mineralischen und 50% organischen Stoffen zusammen. Der Faulschlamm, der im
Gegensatz zu braunem Frischschlamm tiefschwarz aussieht, läßt sich auf drainierten
Trockenbeeten sehr leicht weiter trocknen. Er hat dann nur noch einen Wassergehalt von ca. 50%. Der Frischschlamm hat durch diesen Faulprozeß ca. 80%
seines Volumens verloren. Man braucht also nur den fünften Teil der bisherigen
Masse zu beseitigen. Der Faulschlamm stellt durch seinen hohen Gehalt an Dungstoffen[1] noch ein wertvolles Düngemittel dar. An Dungstoffen kommen außer

---

[1] Sierp, Über den Dungwert von Frischschlamm und Faulschlamm. Techn. Gemeindebl.
27, 16 (1924).

geringen Kali, Phosphorsäure und Stickstoff besonders sein hoher Gehalt an organischen, besonders humusbildenden Stoffen[1]) und an wertvollen Boden-bakterien in Betracht, die die Bodengare sehr wertvoll beeinflussen können und auch auf das Wasserbindungsvermögen eines trockenen Sandbodens von wert-vollem Einfluß sein können.

Bei dieser rein mechanischen Reinigung des Abwassers werden nur die absetz-baren Schwebestoffe abgeschieden. Die Ausscheidung und Beseitigung der im Wasser verbleibenden nicht absetzbaren Schwebestoffe und vor allem der Kolloide geschieht hauptsächlich durch die biologischen Abwasserreinigungsverfahren.

Entfernung der nicht ab-setzbaren Schwebestoffe. Travis[2]) hat von der großen Adsorptionsfähigkeit der nicht absetzbaren Stoffe und der Kolloide an Flächen Gebrauch gemacht. Zu diesem Zwecke erbaute er zur Ausscheidung der Kolloide sog. hydrolytische Becken, in welchen zahlreiche parallel hintereinander angeordnete und schräggestellte Tafeln eingebaut

Abb. 319.

waren, die er Kolloidore nannte. Das Wasser tritt von oben her zwischen die Platten. Beim Durchtritt setzen sich die nicht absetzbaren Schwebestoffe und die Kolloide an die Platten an, die dann auch selbst durch ihre schleimige Beschaffenheit die nicht absetzbaren Stoffe festzuhalten vermögen. Sobald die sich ansetzende Schicht eine bestimmte Dicke und damit auch Schwere erreicht hat, fällt die Schicht zu Boden bzw. in den unter dem Absetzbecken liegenden Faulraum. Nach Green[3]) sind die dünnen Platten auf der Kläranlage Durham gegen die Senkrechte in einem Winkel von 15⁰ angebracht.

Statt der Platten wendet die „Städtehygiene- und Wasserbaugesellschaft", Wiesbaden[4]), in ihrem Kolloiddoppelbecken quer zur Fließrichtung eingebaute

[1]) Bach, Bestimmung der Humusstoffe im Abwasserklärschlamm. Ges.-Ing. **49**, 19 (1926).

[2]) Dunbar, Leitfaden der Abwasserreinigung (München 1912), 215.

[3]) Green, Durham and its municipal works. Surveyor **63**, 313 (1923).

[4]) Delkeskamp, Biologische Abwasserreinigungsanlage für die Eisenbahnhauptwerkstätte Kaiserslautern. Ges.-Ing. **43**, 85 (1920).

Holzstäbe an (s. Abb. 319), wie sie auf den Kläranlagen Zürich und Kaiserslautern errichtet sind. Durch die Kolloidfänger konnte auf der Kläranlage Zürich die Wirkung der Kläranlage erheblich gesteigert werden. Um die Wirkung dieser Kolloidfänger durch Unterstützung der Wanderung der Kolloide noch zu vergrößern, hat Evans[1]) auf der Kläranlage Oklahoma Kolloidfänger aus Metallplatten angewandt und noch den elektrischen Strom durch diese Platten geschickt. Wenn er auch bei geschicktem Betrieb und guter Durchbildung der Anlage sehr gute Ergebnisse erzielte, hält er das letztere Verfahren jedoch für zu teuer, zumal die Stadtverwaltungen auf derartige Anlagen meist nicht die nötige Sorgfalt verwenden.

Auf der Kläranlage in Chikago hat Coulter[2]) ebenfalls Versuche mit platten- und stabförmigen Kolloidfängern gemacht, die sich aber nicht bewährt haben. Er hat daraufhin besondere „biolytic tancs" erbaut, bei denen das Abwasser unten eingeleitet wurde und oben abfloß. Es bildete sich dann durch den sich absetzenden Schlamm allmählich ein Schlammfilter, durch das das Abwasser hindurchgeleitet wurde. In diesem Falle äußerten die kleinen Schlammteilchen durch ihre Oberfläche eine Oberflächenanziehung.

Ein Nachteil dieser Kolloidore besteht darin, daß die Schicht der abgesetzten Kolloide oft zu stark werden kann. Es besteht dann die Gefahr, daß die untere Schicht bereits in Fäulnis übergeht, wodurch dann das durchfließende Wasser selbst angefault wird und durch Schwefelwasserstoffbildung einen leicht fauligen Geruch bekommen kann. Es ist daher vorgeschlagen, durch Klopfvorrichtungen dafür zu sorgen, daß die Schicht durch die Erschütterung in regelmäßigen Zeitabständen abfällt und es nicht zu Fäulnisentwicklung kommen kann. Besser wirken jedoch die auf gleichzeitiger biologischer Wirkung beruhenden belüfteten Kolloidfänger, da es bei ihnen nicht zur Bildung einer zu dicken Schicht kommen kann. Die durchstreichende Luft wird dafür sorgen, daß die sich bildenden Schichten stets frühzeitig abfallen.

Reinigung von Kolloiden. Bei den bisher beschriebenen Reinigungsverfahren wurden nur die grobdispersen Stoffe, nicht aber die hochdispersen Stoffe erfaßt. Die Entfernung der letzteren kann nun auf verschiedene Weise erfolgen, und zwar durch:

1. das Degenersche Kohlebreiverfahren im Rothe-Röckener-Turm,
2. chemische Fällung,
3. Schnellfilter,
4. biologische Verfahren die man trennen kann, in
   a) Faulkammer,
   b) Bodenbehandlung, wilde Berieselung, Rieselfelder und intermittierende Bodenfiltration, Beregnung,
   c) künstliche biologische Reinigung, Füllkörper, Tropfkörper, Schlammbelebung.

1. Das Degenersche Kohlebreiverfahren und das Huminverfahren.

Die gute Adsorptionswirkung der Kohle für Kolloide ist seit langem bekannt, und so lag es nahe, daß man diese auch in der Abwassertechnik heranzog. Die Vorschläge der Abwasserreinigung durch Adsorption erstreckten sich nun nicht

---

[1]) Evans, Idle electrolytic sewage works in Oklahoma. Eng. News Rec. **84,** 135 (1920).
[2]) Coulter, Removal of colloids from sewage, Theory and Practice. Eng. News Rec. **87,** 571 (1921).

lediglich auf Kohle, sondern man zog auch Torf und Braunkohle heran, weil diese oft viel billiger sind als die teuere Holzkohle. Bei dem Degenerschen Kohlebrei wird das Abwasser mit Braunkohlenbrei versetzt (auf 1 cbm = 1—2 kg) und dann mit Aluminium- oder Eisensulfat gefällt. Nimmt man diesen Fällungsvorgang im Rothe-Röckener-Turm vor, so bildet sich ein Schlammfilter, durch das das Abwasser filtriert wird. Hierdurch wird die günstige Wirkung des Reinigungsprozesses noch gesteigert. Eine große Anlage nach dem Degenerschen Verfahren hat u. a. sehr lange in Potsdam mit befriedigenden Ergebnissen gearbeitet. Der hierbei anfallende Schlamm wird in Brikettform gepreßt und kann dann verfeuert werden. An Stelle des Braunkohlenbreies verwendet man in den Preibisch-Filtern Körper aus Braunkohlenschlacke. Diese Filter haben sich besonders im schlesischen Industriegebiet bei Färbereiabwässern bewährt.

Ganz andere Wege gehen Hoyermann und Wellensiek[1]), die aus dem Braunkohlenbrei oder einem Torfbrei erst durch Alkalien die Humusstoffe extrahieren. Das Abwasser wird mit diesen Humusstoffen versetzt. Zur guten Ausflockung und weiteren Klärung wird Kalk zugesetzt. Dieses Verfahren ist mit mehr oder minder großem Erfolg viel bei Zuckerfabrikabwässern verwandt worden. Roubeck[2]) und Rohland[3]) haben dieses Verfahren noch erweitert, indem sie die Humusstoffe ganz oder z. T. durch Tone besonderer Zusammensetzung ersetzen. Roubeck erzielte mit einem Gemisch von 90% Ton und 10% Humus befriedigende Ergebnisse. Demgegenüber benutzt Rohland[4]) wegen des Reichtums an Kolloiden den hochplastischen Ton von Striegau in Schlesien, da in der Braunkohle im Verhältnis zu Ton zu wenig Kolloide vorhanden sind.

2. Chemische Fällung.

Ebenso wie beim Oberflächenwasser die Trinkwasserreinigung durch chemische Fällungsmittel erfolgen kann, hat man auch in der Abwasserreinigung alle möglichen Chemikalien zur Ausflockung der im Abwasser vorhandenen suspendierten kolloiden Stoffen benutzt. Als hauptsächlichstes Ausflockungsmittel kommen Eisensulfat, Tonerdesulfat und Kalk, sowohl allein als auch gemischt in Frage. Die Stadt Leipzig hat sehr lange Zeit die Fällung im großen betrieben. Zur Zeit hat man jedoch die chemische Fällung wegen der damit verbundenen großen Kosten und der schwierigen gleichmäßigen Dosierungsmöglichkeit verlassen. Es fällt bei der chemischen Fällung ein sehr stark wasserhaltiger Schlamm an, dessen Beseitigung große Schwierigkeiten bereitet.

3. Schnellfilter.

Schnellfilter wurden bisher nur in der Trinkwasserreinigung benutzt. Bach[5]) hat Versuche angestellt, auch Abwasser durch Schnellfilter zu reinigen. Er kommt hierbei zu dem Ergebnis, daß es sehr gut möglich ist, Abwasser in Schnellfiltern zu behandeln, und zwar sowohl Abwasser, das vor den Filtern mit Fällungsmitteln behandelt worden ist und den gefällten Schlamm in einem Absetzbecken abgelagert

---

[1]) Wellensiek, D.R.P. 226430, Kl. 85c.
[2]) Roubeck, Über die Reinigung von Abwässern mit Humus, Ton und Kalk. Ztschr. f. Zuckerindustrie Böhmen **37**, 128 (1913).
[3]) Rohland, Abwasserproblem und Kolloide. Das Wasser G. 164 (1913).
[4]) Rohland, Kolloid-Ztschr. **2**, 177 (1908).
[5]) Bach, Versuche zur Reinigung von Abwasser durch Schnellfilter. — Sonderschrift Emschergenossenschaft-Verwalt. Jahr 1919/1920.

hat, wie auch Abwasser, das nach mechanischer Vorklärung keiner weiteren Behandlung vor dem Schnellfilter unterworfen ist. Er hält die Anwendung der Schnellfilter besonders dort angebracht, wo in den Abwässern gewisse Stoffe aus industriellen Betrieben, namentlich Metallsalze enthalten sind, die bei der Vermischung mit häuslichem Abwasser Fällungen bzw. Ausflockungen erzeugen. In letzterem Falle erübrigt sich der Zusatz von kostspieligen Fällungsmitteln. Dieser Fall tritt sehr häufig ein beim Vermischen industrieller Abwässer mit häuslichen Abwässern. Wichtig ist bei den Schnellfiltern die Reinigung des Sandes vom zurückgehaltenen Schlamm in ständigem Betrieb durch Rückspülung des Filters. Es ergab sich, daß mit chemischen Fällungsmitteln ausgeflockter Schlamm sich leichter zurückspülen ließ als direkt ausgeschiedener Schlamm. Dies muß darauf zurückgeführt werden, daß es sich im ersten Falle um einen direkten Filtrationsprozeß handelte, während beim nicht vorbehandelten Wasser die Kolloide z. T. an den sich allmählich bildenden schleimigen Überzügen des Sandes adsorbiert werden.

War keine Ausflockung vor den Filtern erfolgt, so darf in einer 24stündigen Filterperiode die eigentliche Beschickung nur 5 Stunden dauern. Nach dem Abfließen des Wassers wird dann die Filterschicht durch Aufharken der Oberfläche und durch Öffnen der Ablaufschieber belüftet, wodurch die an und für sich zähe schleimige Schmutzschicht so umgewandelt wird, daß sie bei der Rückspülung leicht aus dem Sand entfernt werden kann.

4. Biologische Verfahren.

a) Faulverfahren. Das älteste biologische Verfahren zur Zerstörung der in einem Abwasser enthaltenen Schmutzkolloide ist das Faulverfahren. Dieses Verfahren beruht darin, daß man dem Wasser in großen Faulkammern eine längere Aufenthaltsdauer gibt. Das Wasser macht hierbei unter dem Einfluß anäober Bakterien einen Faulprozeß durch, bei dem die im Wasser enthaltenen Kolloide zerstört werden. Die Kolloide verlieren ihren hydrophilen Charakter und flocken in Form eines stark mineralischen Schlammes aus. Doch hat man dieses Verfahren wegen der großen erforderlichen Räume wohl allgemein verlassen. Nur in besonderen Fällen, wie bei alleinstehenden Häusern, Sanatorien usw. dürfte es noch in Frage kommen.

b) Bodenbehandlung. Bei der Bodenbehandlung der Abwässer nutzt man einerseits die Adsorptionsfähigkeit der in einem Boden enthaltenen Kolloide aus, andererseits macht man von seiner Filterwirkung Gebrauch. Die Bodenbehandlung hat in ihrer Verbindung mit einer landwirtschaftlichen Ausnutzung noch den großen Vorteil, neben einer guten Reinigung des Abwassers die vollkommenste Ausnutzung der noch im Abwasser steckenden Dungwerte zu gewährleisten.

Die von Sack[1]) durchgeführten Untersuchungen über die Filterwirkung von Böden auf kolloidhaltige Wässer haben ergeben, daß die Kolloidadsorption der Böden nicht allein durch deren kristalline, sondern zum großen Teil durch ihre amorphen Bestandteile bedingt ist. Der Boden bevorzugt bei der Adsorption organische Kolloide vor anorganischen Kolloiden und tauscht die anorganischen Bodenkolloide gegen die organischen fäulnisfähigen Abwasserkolloide aus. Sack ist daher der Ansicht, daß die adsorbierenden Eigenschaften der Böden die Anfangswirkung der Abwasserreinigung ausmachen, die mit dem sich anschließenden

---

[1]) Sack, Über die Filterwirkung von Böden auf kolloidhaltige Wässer. Ges.-Ing. 38, 524 (1915).

Reinigungsvorgang der katalytischen und bakteriologischen Einflüsse des Bodens Hand in Hand gehen.

Bei den Untersuchungen zur Feststellung der Adsorbierbarkeit verschiedener Kolloide an verschiedene kristalline Pulver konnte er feststellen, daß Boden bedeutend schwächer Kolloide adsorbieren als kristalline Pulver.

Daß die Wirkung der Rieselfelder neben der Tätigkeit der Bakterien in erster Linie auf physikalisch-chemische Vorgänge zurückzuführen ist, geht aus den Feststellungen Rubenciks[1]) hervor, der feststellte, daß wohl im Sommer die doppelte Anzahl Bakterien vorhanden sei, nicht aber die Intensität der Stoffumsetzung entsprechend zunehme. Bei tiefen Temperaturen bis unter 0^0 finden im Rieselboden noch immer die physikalisch-chemischen Vorgänge der Adsorption und Resorption statt.

Während man die sog. wilde Berieselung bei tonigem und schwach geneigtem Boden anwenden kann, wobei ein Hektar Land die Abwässer von ca. 60 Personen aufnimmt, muß beim Rieselfeld, um einen guten Filterbetrieb zu gewährleisten, ein genügend durchlässiger, also ein mehr sandiger Boden zur Verfügung stehen. Bei guter mechanischer Vorreinigung[2]) kann man bei Rieselfeldern auf 1 ha guten sandigen Boden das Abwasser von 100 Einwohnern reinigen.

Rieselfelder haben neben Geruchs-, Fliegen- und Rattenbelästigungen ferner den Nachteil, daß sie nur dann ohne weitgehende Vorreinigung im Dauerbetriebe benutzt werden können, wenn sehr große Flächen zur Verfügung stehen. Im anderen Falle kann es besonders in niederschlagsreichen Jahren vorkommen, daß man dem Rieselfeldbetrieb noch eine weitergehende Reinigung vorschaltet, wobei man auf die Erhaltung der Dungstoffe weitgehendst Rücksicht nehmen sollte. Sierp[2]) schlägt daher vor, den Rieselfeldern außer guten Fettfängern, die die Verklebung des Bodens durch Fettstoffe verhindern sollen, gute Absetzbecken zum Abfangen der absetzbaren Schwebestoffe vorzuschalten. Die in den Schwebestoffen enthaltenen Papier- und Rohfasern tragen häufig zu einer erheblichen Verschlickung des Bodens bei. Besonders bei zu klein bemessenen Rieselfeldern empfiehlt sich dann auch noch die Vorschaltung einer biologischen Anlage, und zwar wie das in Abb. 320 gezeigte Schema einer neuzeitlichen Rieselfeldanlage angibt, am besten eine Stufenreinigung bestehend aus belüfteten Tauchkörpern mit nachfolgender Schlammbelebungsanlage. Diese Anordnung hat den Vorteil, daß man die Vorreinigung bis zu dem in jedem besonderen Falle gewünschten Reinheitsgrade treiben kann.

Bei der intermittierenden Bodenfiltration werden gut filtrierende Bodenflächen mit dem Abwasser überstaut. Es eignen sich am besten durchlässige feine Sand- oder Kiesböden. Der obere Mutterboden wird entfernt, der dann gleich zur Aufschüttung der die einzelnen Felder abschließenden Erddämme benutzt wird.

Bei den Beregnungsverfahren wird das Abwasser aus besonderen Verteilerrohren durch Spritzdüsen auf der zu beregnenden Ackerfläche verteilt. Der Boden saugt das Wasser besonders in der heißen Jahreszeit gierig auf. Der Boden und die Bodenkolloide halten die Abwasserkolloide fest, die dann unter dem Einfluß der Bodenbakterien in wertvolle Dungstoffe übergeführt werden, die dann leicht von der Pflanze assimilierbar sind. Das gereinigte Wasser fließt dann zum Vorfluter ab oder versickert im Boden.

---

[1]) Rubencik, Bakteriologische Bodenuntersuchungen der Rieselfelder. Ref. in Wasser und Abwasser 24, 56 (1928).

[2]) Sierp, Neuzeitliche Rieselfeldwirtschaft. Techn. Gemeindebl. 32, 61 (5. März 1929).

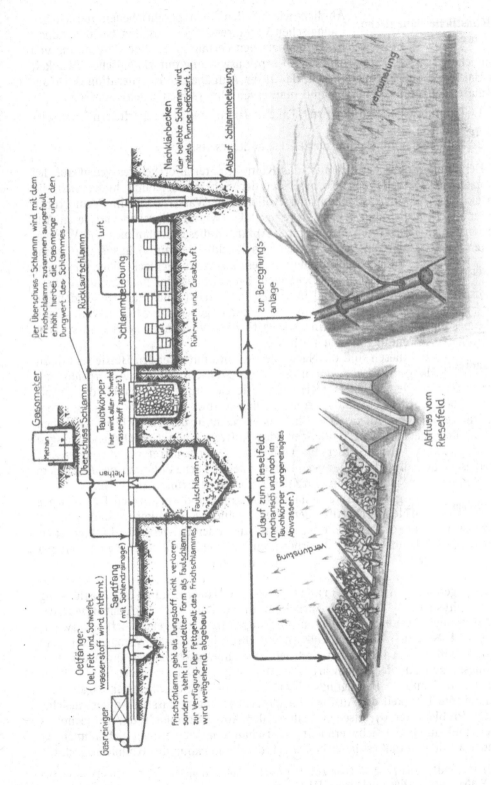

Abb. 320.
Schema einer neuzeitlichen Rieselfeld- und Beregnungsanlage.

c) Künstliche biologische Verfahren. Ähnlich wie bei den oben beschriebenen natürlichen biologischen Verfahren handelt es sich bei den künstlichen biologischen Verfahren um eine Verbindung von kolloidchemischer Adsorptions- und Absorptionswirkung mit biologischer Tätigkeit von Bakterien und Kleinlebewesen, denen die Aufgabe der Regeneration des Kontaktmaterials zufällt. Hierbei muß man einen Unterschied machen zwischen

1. Tropfkörpern, Füllkörpern, Tauchkörpern und Emscherfiltern einerseits und
2. dem Schlammbelebungsverfahren andererseits.

Bei dem ersteren Verfahren ist das Kontaktmaterial örtlich festgelegt auf der Füllmasse der betreffenden Körper. Bei der Schlammbelebung bildet sich die Kontaktmasse durch Ausflockung der Kolloide im Wasser selbst in Form grober leichter Flocken, die dann in dem zu reinigenden Wasser schweben und deren Adsorptionsfähigkeit stets von neuem durch Abfangen dieses Schlammes und Wiederzuleiten zu dem zu reinigenden Wasser (als Rücklaufschlamm) ausgenutzt wird.

Füllkörper sind einfache Becken, die mit dem aus Koks, Schlacke oder sonstigem porösem Material bestehenden Kontaktmaterial gefüllt sind. Diese Füllkörper werden intermittierend betrieben, d. h. nach einer Füllzeit werden die Körper entleert und müssen dann einige Zeit zur Regenerierung leer stehen. Diese Füllkörper sind aber wegen ihrer Unwirtschaftlichkeit vollkommen verlassen worden. Größere Anwendung finden noch die

Tropfkörper. Bei diesen sind die Nachteile des intermittierenden Betriebes mit zu langen Zwischenzeiten dadurch vermieden, daß die Adsorption und Regeneration zu gleicher Zeit stattfindet. Die Belastungsmöglichkeit der Tropfkörper ist begrenzt. Bei einem mittleren häuslichen Abwasser rechnet man auf 1 cbm Körpermaterial 1 cbm Abwasser. Ein großer Nachteil der Tropfkörper ist neben den verhältnismäßig hohen Baukosten, das Auftreten von Geruchsbelästigungen und Fliegenplagen, die besonders im Sommer sehr stark auftreten. In neuerer Zeit ist vorgeschlagen, diese Belästigungen durch eine schwache Chlorung des Abwassers zu verhindern, was aber nur in einzelnen Fällen zum Erfolg geführt hat.

Tauchkörper. Sehr großes Interesse haben in letzter Zeit die belüfteten Tauchkörper und die Emscherfilter gefunden. Es sind dieses Füllkörper, die von unten belüftet werden, um die Nachteile des intermittierenden Betriebes der Füllkörper zu vermeiden. Die belüfteten Tauchkörper kommen hauptsächlich dort in Frage, wo es auf eine teilweise biologische Reinigung ankommt. Bei der Theorie der Entfernung der Kolloide aus dem Abwasser durch Tauchkörper stehen sich zwei Ansichten gegenüber. Die von Travis vertretene Theorie führt die Ausflockung auf rein physikalische Ursachen zurück, während Dunbar die Ansicht vertritt, daß das biologische Leben für den Ausflockungsprozeß maßgebend ist. Buswell, Shive und Neave[1]) kommen auf Grund ihrer jahrelangen Versuche zu dem Ergebnis, daß beim Tauchkörper und beim Schlammbelebungsverfahren der Ausflockungsprozeß an die Gegenwart von Mikroorganismen gebunden sei. Physikalische und chemische Bedingungen beeinflussen die Wirksamkeit der Organismen und damit die Tätigkeit des Ausflockungsprozesses. Die Verfasser sind der Ansicht, daß das Problem der chemischen Fällung der Abwasserkolloide durch die hohen Kosten und durch die Schwierigkeit der Behandlung der großen Schlammengen begrenzt werde und daß es daher besser sei, die Ausflockung der Kolloide durch die

---

[1]) Buswell, Shive and Neave: Removal colloids from Sewage. Circular 3 of the State Water Survey Division Urbana III (1928).

Biopräzipitation vorzunehmen, bei der die Kolloide von den Mikroorganismen als Nahrung aufgenommen werden.

Bei der Untersuchung der Hydrolytiktanks und der Kolloidore von Travis im Gegensatz zu den belüfteten Tauchkörpern zeigte es sich, daß die verhältnismäßig geringe Wirkung der ersteren auf das Fehlen des Sauerstoffs zurückzuführen ist.

Die belüfteten Tauchkörper sind im Ruhrgebiet an verschiedenen Stellen ausprobiert. Ihre Wirkung beruht hauptsächlich auf Adsorptionswirkung. Die bei den anderen biologischen Verfahren, z. B. den Tropfkörpern und der Schlamm-

Abb. 321.
Einbau der Dachlatten in die Tauchkörperkästen in Velbert.   Oben rechts ist das Belüftungspendel zu sehen.

belebung der Adsorptionsperiode folgende Regenerierung des biologischen Rasens bzw. der Flocken fällt hier fort.   Bei der bisherigen Anordnung der Kolloidore stellten sich sehr schnell anärobe Bedingungen ein.   Bei den belüfteten Tauchkörpern wird ständig dafür gesorgt, daß die reifen, für die Adsorption unbrauchbaren Häute abgestoßen und entfernt werden.

Eine Hauptaufgabe bei der Herstellung der Tauchkörper ist die richtige Füllung und richtige Zuführung der Luft.   Am besten bewährt haben sich die in Abb. 321 gezeigten schräggestellten Dachlatten, da der sich auf diesen bildende biologische Rasen durch die durchperlende Luft sehr leicht abgerieben wird.

Die Luftzuführung erfolgt durch Pendelrohre.   Diese haben den großen Vorteil, daß man einerseits mit Luft sparen und andererseits die Luft zeitweise an einzelnen Stellen konzentrieren kann.   Abb. 322 zeigt die Kläranlage Hattingen[1] als modernste Tauchkörperanlage.   In dieser Anlage wird das Wasser in einer zweistufigen Tauch-

---

[1] Fries, Zweistufige Tauchkörper für phenolhaltiges städtisches Abwasser in Hattingen. Techn. Gemeindebl. **33**, 206 (29. Aug. 1930).

körperanlage biologisch gereinigt. Zur Lufterzeugung wird das in den vorgeschalteten Emscherbrunnen gewonnene Faulgas verwandt. Man kann damit rechnen, daß bei belüfteten Tauchkörpern[1] rund 30÷40% der organischen Verschmutzungen entfernt werden. Besondere Bedeutung dürften die Tauchkörper bei der biologischen Stufenreinigung, z. B. als Vorstufe für Schlammbelebungsanlagen erhalten.

Schlammbelebungsverfahren. Von den biologischen Verfahren zur vollständigen Reinigung des Abwassers von den Abwasserkolloiden hat das Schlammbelebungsverfahren sich immer mehr durchsetzen können und dürfte wohl auch in den meisten Fällen die anderen biologischen Verfahren verdrängen. Die erste in Deutschland errichtete Anlage in Essen-Rellinghausen hat den an dieses Verfahren gestellten Erwartungen voll und ganz entsprochen. In der

Abb. 322.

Kläranlage Hattingen.   Zweistufige Tauchkörperanlage.   Lufterzeugung aus dem Faulgas.

Zwischenzeit sind weitere sehr große Anlagen, besonders in Amerika fertiggestellt. Beim Schlammbelebungsverfahren wird Luft von der Oberfläche des Wassers aufgenommen oder durch Filterplatten in das Wasser gepreßt und so im Wasser in feinster Form verteilt. Die Frage, welche Art der Schlammbelebung, ob Oberflächenbelüftung, Luftdurchblasen oder das in Essen-Rellinghausen angewandte Verfahren der mechanischen Umwälzung mit Zusatzluft, das beste sei, ist noch offen. Zur Zeit liegen die Verhältnisse so, daß man in England die Oberflächenbelüftung, in Amerika das Hurdsche Verfahren des Lufteinblasens, in Deutschland das kombinierte Verfahren bevorzugt.

Belüftet man ein häusliches Abwasser stark, so bildet sich ein leichter Flockenschlamm, der imstande ist, die im Wasser vorhandenen Schmutzstoffe aus ihm zu entfernen. Buswell und Long[2] kommen zur folgenden Erklärung des sich ab-

---

[1] Imhoff, Die Zusammenhänge der Belebungsverfahren. Ges.-Ing. **49**, 661 (1926). — Fortschritte der Abwasserreinigung, 2. Aufl., 59, 93. — Submerged contact beds. Eng. New Rec. (Oktober 1927). — Sierp, Die biologische und chemische Abwasserreinigung mit Hilfe von Luft. Kl. Mitt. d. Vereins f. Wasser-, Boden- u. Lufthygiene (Berlin-Dahlem, Weihn. 1927), 5. Beih. — Mahr, Erfahrungen beim Bau und Betriebe der Kläranlage Kettwig. Techn. Gemeindebl. **31**, 1 (5. April 1928). — Mahr und Sierp, Erfahrungen beim Bau und Betriebe von Tauchkörpern. Techn. Gemeindebl. **31**, 117 (20. August 1928).

[2] Buswell and Long, Microbiology and theory of activates sludge. Eng. News Rec. **90**, 119 (1923).

spielenden Reinigungsvorganges: Die Flocken des belebten Schlammes bestehen aus einem schleimigen Grundstoff, worin Fadenbakterien und einzellige Bakterien eingebettet sind und worauf verschiedene Arten von Protozoen und Methazoen leben. Die Reinigung des Wassers geht so vor sich, daß seine organischen Kolloid-stoffe von den Lebewesen aufgenommen und in lebende Masse verwandelt werden. Durch diesen Vorgang werden die organischen Stoffe des Abwassers aus der ge-lösten kolloiden Form in körperliche Masse übergeführt, so daß sie durch Absetzen leicht beseitigt werden können. Nach unseren Untersuchungen wird durch das Lufteinblasen zunächst eine Entfernung der durch den Lebensprozeß der Bak-terien usw. gebildeten Kohlensäure erreicht und gleichzeitig durch Neutralisation der negativ geladenen Abwasserkolloide eine Verschiebung der Wasserstoffionen herbeigeführt. Hierdurch wird der Flockungspunkt der Abwasserkolloide erreicht. Gleichzeitig werden durch die Luft die im Abwasser enthaltenen Eisensalze oxydiert, die als Eisenhydroxyd ausgeflockt werden und dadurch auch zur weiteren Reinigung des Wassers beitragen. Die Bakterien haben dann die Aufgabe, die Oberfläche dieser Flocken stets von neuem aufzurauhen, damit sie weiterhin adsorbierend wirken kann. An den ausgeflockten Kolloiden können sich dann ständig durch Adsorption weitere Kolloide ausscheiden   Zu ähnlichen Erklärungen kommt Horowitz-Wlassowa[1]), die ferner fand, daß durch die starke Belüftung die nützliche Wir-kung des Nitrobacter durch Niederdrückung der Denitrifizierung untersützt wird. Buswell, Shive und Neave[2]) bezeichnen diesen Vorgang als Biopraezipitation. Bei der Untersuchung der einzelnen Vorgänge zerlegen sie diese in verschiedene Stufen, wobei sie besonders auf die Wichtigkeit der innigen Mischung des belebten Schlammes mit dem zu reinigenden Wasser hinweisen, da sonst die Belebtschlamm-teilchen den Kolloiden gegenüber nicht ihre adsorbierende Kräfte entfalten könnten. Die Zersetzungsprodukte der Mikroorganismen müssen beseitigt werden, da sie sonst die Tätigkeit der Organismen hemmen oder diese sogar vergiften können.

Einen wichtigen Einfluß hat das Eisen auf die Schlammbelebung. Man kann bei der Einarbeitung der Schlammbelebungsbecken die Einarbeitungszeit ganz erheblich abkürzen, wenn man dem mechanisch gereinigten Wasser geringe Mengen eines Ferrisalzes zugibt. Durch chemische Umsetzung mit den im Wasser ent-haltenen Karbonaten und Austreibung der Kohlensäure werden die Eisenhydroxyd-flocken ausgeschieden, die als Gerüstsubstanz für die sich entwickelnden Bakterien und Protozoenflora dienen. Wolman[3]) fand, daß man durch Zugabe von Eisen-salzen es in der Hand habe, die sonst etwa 25% betragende Menge an Rücklauf-schlamm auf 2% herunterzudrücken.

Man hat es nun auch bei der Schlammbelebung in der Hand, bis zu welchem Reinigungsgrad man das Wasser reinigen will. Bricht man den Reinigungsprozeß früher ab, so daß also der Rücklaufschlamm schneller als sonst wieder mit Ab-wasser in Berührung kommt, so muß man den Rücklaufschlamm eine gewisse Zeit wiederbelüften. In dieser Zeit müssen die Bakterien und Protozoen die auf der Oberfläche der Flocken gebildeten Häute beseitigen, damit die Flocken imstande sind, von neuem Abwasserkolloide aus dem Abwasser zu adsorbieren.

Bei dicken Wässern empfiehlt es sich, den ganzen Reinigungsvorgang in zwei

---

[1]) Horowitz-Wlassowa, Contribution à l'étude de l'épuration des eaux par les bones activées. Revue d'hygiène **48**, 753 (1926).

[2]) Buswell, Shive and Neave, Removal colloids from sewage. Circular 3 of the State Water Survey Division Urbana (1928).

[3]) Wolman, Notes on the role of iron in the activated sludge process. Eng. News Rec. **98**, 202 (1927).

oder mehrere Stufen[1]) zu zerlegen, wobei der als Überschußschlamm zu beseitigende belebte Schlamm stets in der ersten Stufe lediglich zur Ausnutzung der noch vorhandenen Adsorptionskräfte benutzt wird. In analoger Weise kann man aber auch als erste Stufe belüftete Tauchkörper benutzen.

Infolge seiner kolloiden Eigenschaften hat der belebte Schlamm ein großes Adsorptionsvermögen für alle möglichen Kolloide. Am leichtesten werden, wie Kammann[2]) feststellte, die Seifen- und Fettkolloide adsorbiert und dann biologisch abgebaut. Auch an Bakteriengifte kann man bei allmählich steigenden Zusätzen den belebten Schlamm gewöhnen. Die in Amerika schon längere Zeit bekannte Tatsache, daß belebter Schlamm Phenol aus phenolhaltigen Abwässern, die bis zu 10 % zu häuslichem Abwasser zugesetzt waren, beseitigt, ist von Jordan[3]) bestätigt worden.

Sehr große Schwierigkeiten bereitete bisher die Beseitigung der großen Mengen des stark wasserhaltigen, anfallenden Überschußschlammes (pro Kopf und Tag = 2,5 Liter). In den Belebungsbecken reichert sich der belebte Schlamm immer mehr und mehr an und muß daher stets ein bestimmter Teil als Überschußschlamm entfernt werden. Die Beseitigung[4]) des infolge seines hohen Gehaltes an hydrophilen Kolloiden sehr stark wasserhaltigen Schlammes (bis 99 % Wasser) machte große Schwierigkeiten. Zur Zerstörung des Wasserbindungsvermögens der Kolloide durch Ausflockung der Kolloide im Schlamm hat man verschiedene Verfahren angewandt, wie Zugaben von Chemikalien, z. S. Säure, Eisensulfat, Tonerdesulfat und starkes Erwärmen in Trockentrommeln. In Amerika wird dieser bis zu 99 % Wasser enthaltende Schlamm, z. B. auf der Kläranlage in Milwaukee und Des Plaines, zunächst unter Zugabe von Chemikalien auf etwa 80 % entwässert und dann durch Hitze getrocknet, und so in ein trockenes Pulver verwandelt, das infolge seines hohen Gehaltes an Stickstoff (6 %) ein sehr begehrtes Düngemittel darstellt. Mohlmann und Palmer[5]) haben zur Entwässerung die verschiedenen Ausflockungsmittel wie Schwefelsäure, Aluminiumsulfat, Ferrosulfat nebeneinander verglichen. Die günstigsten Ergebnisse erzielten sie durch Zugabe von Ferrosulfat mit gleichzeitiger Chlorung.

Dieses Verfahren zur Beseitigung des Überschußschlammes ist für deutsche Verhältnisse zu teuer. Es hat sich daher die von Imhoff[6]) vorgeschlagene Ausfaulung, die sich auf der Rellinghauser Anlage sehr gut bewährt hat, an verschiedenen Stellen eingeführt. So pumpt die neue große Anlage in Chicago täglich ihren Überschußschlamm in die 18 Meilen entfernt liegenden Faulräume der Emscherbrunnen der Westside-Anlage. Dieses Ausfaulen des Überschußschlammes ist ja auch unbedenklich in bezug auf die Frage der Verwendung des Schlammes als Düngemittel, da die eigentlichen Düngestoffe nur wenig verändert werden. Gleichzeitig wird die sonst bei der mechanischen Abwasserreinigung pro Kopf an-

---

[1]) Sierp, Die biologische und chemische Abwasserreinigung mit Hilfe von Luft. l. c.

[2]) Kammann, Die Entwicklung und Anwendung der Selbstreinigungsverfahren. Arch. f. Hyg. **100**, 107 (1928).

[3]) Jordan, Versuche mit dem Verfahren der Abwasserreinigung mit dem belebten Schlamm in Waldenburg. Ges.-Ing. **51**, 150 (1928).

[4]) Sierp, Die Beseitigung des überschüssigen belebten Schlammes bei der Abwasserreinigung. Wasser u. Abwasser (Berlin-Dahlem 1925), 19.

[5]) Mohlmann and Palmer, Ferri salts as coagulants for activated sludge prior to filtration. Eng. News Rec. **100**, 147 (1928).

[6]) Imhoff, Transaction of the international conference on sanitary engineering (London 1924), 140. — a) Fortschritte der Abwasserreinigung. — b) Disposal of excess activated sludge by digestion. Eng. News Rec. **94**, 936 (1925).

fallende Gasmenge verdoppelt. Die durch die Ausfaulung vermehrte Gasmenge
kann zur Erzeugung der Kraft für die Belüftung dienen. Auf diese Weise werden
die Betriebskosten soweit heruntergedrückt, daß das Verfahren auch in schwierigeren Fällen wirtschaftlich ist.

Reinigung industrieller Abwässer.

Braunkohlenindustrieabwässer sind für die Fischerei sehr schädlich. Am schädlichsten sind die Brikettfabrikabwässer, da sie
neben sichtbaren Schwebestoffen, hauptsächlich sandigen Bestandteilen, eine sehr
große Menge kolloidgelöster negativ geladener Schlammteilchen enthalten, die
durch positiv geladene Gegenkolloide ausgeflockt werden können. Bahr und
Kahter[1]) benutzen als billig herzustellendes Gegenkolloid Magnesiumhydroxyd,
das in dem Abwasser selbst durch Zusatz von Chlormagnesiumlauge und kalt-
gesättigtem Kalkwasser hergestellt wird, wobei man darauf achten muß, daß man
zuerst Chlormagnesiumlauge und dann Kalkwasser zusetzt; bei einem Abwasser
mit einem Gehalt von 2,5 g Trockensubstanz pro Liter genügen 6 ccm einer
7,7%igen Magnesiumchloridlauge und 200 ccm kaltgesättigten Kalkwassers auf
1 Liter Abwasser.

Diese Ausfällung der Kolloide wird bei Gegenwart von Phenolen verhindert.
Das als Schutzkolloid wirkende Phenol verlangsamt die Sinkgeschwindigkeit der
Schlammteilchen sehr weitgehend, so daß mit phenolhaltigen Schwelwässern gemischte Brikettfabrikabwässer ihren Schlamm viel schlechter absetzen als die
reinen unvermischten Wässer. Man muß daher die Brikettfabrikabwässer und
die phenolhaltigen Schwelwässer vor der Mischung für sich gesondert reinigen.

Phenolhaltige Abwässer von Nebenproduktenanlagen und Schwelanlagen wirken
auf die Fischerei sehr schädlich, da sich das Phenol im
Fischkörper anreichern kann und dann dem Fischfleisch einen unangenehmen
Phenolgeschmack verleiht. Auf die Beeinflussung der phenolhaltigen Abwässer
auf Oberflächenwasser und die hierbei bei der Chlorierung auftretenden Schäden
ist bereits S. 753 hingewiesen. Man kann konzentriertere phenolhaltige Abwässer
mit einem Mindestgehalt von 2 g/l Phenol nach dem Hilgenstrock-Pottschen
Verfahren durch Extraktion mit Benzol vor den Abtreibekolonnen bis zu einem
gewissen Grade, d. h. bis etwa 0,4 g/l entphenolen. Diese Verfahren sind nach den
Angaben von Wiegmann[2]), Weindel[3]), Crawford[4]), Raschig[5]) und Koch[6])
in den letzten Jahren weitgehendst durchgebildet. Um den bei diesen Verfahren auftretenden Benzolverlust zu vermeiden, hat man Ersatz des Benzols
durch Leichtöle vorgeschlagen. Leider neigen diese aber stark zu Emulsions-
bildungen, die sich dann nur schlecht trennen lassen. Bei Abwässern mit einem
geringeren Phenolgehalt sind diese Verfahren nicht mehr wirtschaftlich. In neuerer

---

[1]) Bahr und Kahter, Ein Beitrag zur Klärung der Braunkohlenindustrieabwässer. Braunkohle **21**, 4 (1922).

[2]) Wiegmann, Die Arbeiten der Emschergenossenschaft zur Gewinnung des Phenols aus
dem Ammoniakwasser der Ruhrzechen. Glückauf **64**, 397 (1928). — Weitere Ergebnisse der
Anlagen zur Gewinnung des Phenols aus dem Ammoniakwasser. Glückauf **64**, 605 (1928).

[3]) Weindel, Die wirtschaftliche Gestaltung der Entphenolungsanlagen. Glückauf **64**, 16
(1928).

[4]) Crawford, Elimination and recovery of phenols from crude ammonia liquors. Journ.
Ind. and Eng. Chem. **18**, 313 (1926).

[5]) Raschig, Entphenolung der Kokereiabwässer. Ztschr. f. angew. Chem. **40**, 897 (1927).

[6]) Koch, Die Beseitigung und Rückgewinnung von Phenol aus dem rohen Ammoniak-
abwasser. Teer **23**, 1 (1927).

Zeit sind Bestrebungen im Gange, die Reinigung der phenolhaltigen Abwässer durch Filter mit aktiver Kohle durchzuführen. Die gut entteerten Abwässer werden über aktive Kohlen geleitet. Diese laden sich bis zur Sättigung mit Phenol auf. Nach dem Durchbruch wird das Phenol durch Benzol extrahiert und das auf der Kohle verbleibende Restbenzol durch Wasserdampf abgetrieben. Die Kohle ist dann wieder für weitere Extraktionen gebrauchsfähig. Je nach der Durchflußgeschwindigkeit kann man durch Filter mit aktiver Kohle bis zu 100% des Phenols entfernen. Vollkommen kann das Phenol aus den Nebenproduktenabwässern durch die biologisch wirkenden Reinigungsverfahren mit belebtem Schlamm und mit dem Emscherfilter nach Dr. Bach[1]) entfernt werden. Hierbei wird das Phenol ebenso wie die Schmutzkolloide aus häuslichem Abwasser zunächst adsorbiert und dann durch den Oxydationsprozeß im Körper der Kleinlebewesen zerstört. Parker[2]) hat einen Vergleich der Extraktionsverfahren gegenüber den biologischen Verfahren gemacht und gibt letzteren den Vorzug.

Gerbereiabwässer, Abwässer von Filmfabriken, Molkereiabwässer zeichnen sich durch ihren sehr hohen Gehalt an organischen fäulnisfähigen Kolloiden aus. Man hat die verschiedensten Reinigungsmethoden versucht, doch eignen sich nach Kammann[3]) und Kessner[4]) hauptsächlich die biologischen Reinigungsmethoden, wie Tropfkörper, Schlammbelebung, zur Reinigung dieser Wasser. Die sonst sehr giftig wirkenden Gerbereiabwässer können in Mischung mit häuslichem Abwasser gereinigt werden durch Schlammbelebung oder durch Tropfkörper, wenn der Gesamtinhalt der häuslichen Abwässer an Gerbereiabwasser 30% nicht übersteigt und wenn man, wie Kamman[5]) angibt, vorher die schädlichen sauren Gerbbrühen beseitigt. Um die Wirkung der sauren Abwässer zu beseitigen, hat F. W. Mohlmann die Gerbereiabwässer vorher gut gekälkt und hat dann nach den Angaben von Diénert[6]) sehr gute Erfolge mit dem Schlammbelebungsverfahren erzielt.

Für Brennereiabwässer haben sich die von Dr. Bach laut D.R. P.426765 erfundenen Emscherfilter, die als belüftete Füllkörper aufzufassen sind, bewährt. Brennereiabwässer enthalten neben Zucker, Gummi und Stärkemehl vor allem auch das giftige Solanin der Kartoffelschale. Zu dem Maischwasser kommt noch das Weichwasser der Gerste, das Spülwasser und das Kartoffelwaschwasser. Auf 1000 Liter Maischraum rechnet man 2500—3000 Liter Abwasser. Dieses Abwasser geht leicht in Fäulnis über. Um diese Wässer für den biologischen Abbau vorzubereiten, empfiehlt das englische Patent der Dänischen Gärungsindustrie Nr. 307587 die Abwasser nach Zusatz von Kalk weitgehendst auszufaulen und dann anschließend zunächst auf Tropfkörpern und dann in Fischteichen zu behandeln. Diese Behandlung scheitert jedoch an den hohen Bau- und Unterhaltungskosten. Es wird daher neuerdings, besonders bei Kornbrennereien empfohlen, die Maische einzudampfen, und das gewonnene Extrakt nach Mischung mit Häcksel oder ähnlichem Füllmaterial als Futtermittel zu verwenden.

[1]) Bach, Emscherfilter usw. l. c.

[2]) Parker, Abwasser der Gasanstalten. Gasjourn. **181**, 77 (1927).

[3]) Kammann, Die Beseitigungsmöglichkeit neuartiger Abwässer. Techn. Gemeindebl. **1**, 27 (1924).

[4]) Kessner, Experimental works on the purification of trade waste waters. Surveyor **66**, 233 (1924).

[5]) Kammann, Die Entwicklung und Anwendung der Selbstreinigungsverfahren. Arch. f. Hyg. **100**, 107 (1928).

[6]) Diénert, Reinigung der Abwässer aus Gerbereien. Cuir techn. 19, 376. — Ref. in Chem. Zbl. 2742 (1928).

Zur Abscheidung der in Brennerei- und Brauereiabwässern enthaltenen Hefen empfiehlt Bode die Anwendung des Martenschen Heberkessels. Wenn diese auch bei den hefehaltigen Abwässern aus Brauereien gute Erfolge erzielt haben mögen, so ist ihre Anwendung bei den feinen Hefezellen aus Brennereien ohne Anwendung von Fällungsmitteln nicht zu empfehlen.

Öl- und teerhaltige Abwässer. Sehr schwierig zu reinigen sind öl- und teerhaltige Abwässer, da diese Stoffe mit dem Abwasser leicht eine Emulsion eingehen, aus denen sie nach Bach[1]) bei Veränderung der Temperatur, der Verdünnung oder Reaktion immer wieder Öl in Tropfenform abscheiden, die sich dann auf der Oberfläche der Gewässer ausbreiten und die Wässer dann von der für Selbstreinigung und das Fischleben so wichtigen Sauerstoffzufuhr abschneiden. Größere Öl- und Teermengen entfernt man durch Teer- bzw. Fettfänger. Eine weitergehende Reinigung erzielt man durch Koksfilter. In diesen überzieht das Fett oder der Teer die Koksstückchen, die dann nach vollkommener Absättigung entfernt und durch neue ersetzt werden müssen.

Abb. 323.
Entteerungsanlage der Guten Hoffnungshütte (System König).

Die in Abb. 323 wiedergegebenen Teerfänger sind mit Eisenfeilspänen gefüllt. Das Wasser durchwandert erst eine Teerschicht, die die Hauptmenge des Teeres zurückhält. In der Mitte ist ein mit Koks gefülltes Filter, das den beiden äußeren Filtern nachgeschaltet ist. Man kann aber auch nach dem Flotationsverfahren die fett- oder teerhaltigen Abwässer mit feinen Stoffen, wie Kohle oder Staubteilchen versetzen. Beim Einblasen von Luft bilden diese nach Adsorption des Fettes einen bleibenden Schlamm, der sich auf der Oberfläche absetzt und leicht entfernt werden kann.

Will man ein Wasser auf seinen Fettgehalt prüfen, so gibt man kleine Kampferstückchen auf das Wasser. Auf fettfreiem Wasser macht der Kampfer kreisende Bewegungen. Kammann und Keim[2]) haben nun gefunden, daß sich tierische und pflanzliche Fette auf biologischem Wege entfernen lassen. Mineralische

---

[1]) Bach, Die Abwasserbeseitigung in der chemischen Industrie. Ztschr. f. angew. Chem. **34**, 561 (1921).

[2]) Kammann und Keim, Erfahrungen mit der biologischen Reinigung sog. Ölwässer. Ges.-Ing. **43**, 245 (1920).

Fette dagegen verhindern die Zersetzung. Die Verfahren zur Zerstörung einer Ölemulsion durch Druck oder Erhitzung sind zu teuer, besser ist das elektrolytische Entölungsverfahren bzw. das Hoyermann-Wellensicksche Huminverfahren.

Wollwäschereiabwässer enthält große Mengen aus Lanolin und Seife bestehende trübe Verschmutzungen. Aus diesen kann man einen großen Teil der kolloidgelösten Stoffe entweder durch Zentrifugen oder durch starkes Belüften in Form eines leicht abschöpfbaren Schaumes entfernen. Der dann noch im Wasser verbleibende Rest scheidet sich nach dem Ansäuern mit Schwefelsäure, die die im Wasser enthaltenen Seifen zerstört, in Form eines starken fettigen Schaumes ab, aus dem das Fett (Lanolin usw.) durch Auspressen und Extraktion gewonnen wird.

Sulfitzellulose-Abwässer enthalten neben geringen Mengen Holzfasern vornehmlich Ligninsulfosauresalze, Zucker usw. Der Zucker kann nach der Neutralisation dieser Wässer durch Kalk vergoren und der gebildete Alkohol durch Destillation gewonnen werden. Die im Wasser verbleibenden organischen Stoffe rufen in den Vorflutern nach der Verdünnung mit sauerstoffhaltigem Wasser das so sehr gefürchtete Pilzwachstum hervor. Man hat daher zur Beseitigung der Sulfitzelluloseabwässer vorgeschlagen, die Ablaugen einzudicken. Die gewonnenen Extrakte finden dann als Klebstoffe oder neuerdings auch wieder als Gerbstoffe in der Lederindustrie weitgehende Verwendung. Diese Wiederverwendung der Sulfitablaugen ist sehr zu begrüßen, da sie einerseits ein sehr lästiges Abfallprodukt von den Vorflutern fernhält und dieses andererseits wieder dem Volksvermögen zuführt, was mit Rücksicht auf die teueren aus dem Auslande bezogenen pflanzlichen Gerbextrakte besonders zu begrüßen ist. Die Firma E. de Haen mischt die eingedampften Sulfitablaugen mit feingemahlenem Graphit und bringt diese Mischung unter dem Namen „Kohydrol" als ein kolloides Kohlenstoffpräparat gegen Kesselstein und Korrosionen in den Handel.

Färbereiabwässer aus Färbereien oder Textilfabriken bereiten der Reinigung oft je nach der Art des angewandten Farbstoffes sehr große Schwierigkeiten. In sehr vielen Fällen kommt man hier sehr gut mit chemischer Ausfällung durch Eisen- oder Aluminiumsalze zum Ziel. In der sächsischen Textilindustrie haben die von C. A. Preibisch erfundenen Preibischfilter weitgehende Anwendung gefunden. In diesen Fabriken wird als Heizmaterial eine Braunkohle verfeuert, die eine grobschlackige, sehr poröse, für Farbstoffe stark adsorptive Braunkohlenschlacke liefert. Die Abwässer werden in großen Absetzbecken von Faserstoffen und ausgeschiedenen Farbstoffen befreit und dann durch Füllkörper geleitet, die mit obiger Schlacke gefüllt sind. Die Filter müssen intermittierend betrieben werden. In bezug auf die Wirkung bleibt es sich gleich, ob es sich um Schwefelfarben, substantive Farbstoffe oder Indanthrenfarben handelt. Pritzkow und Jordan[1]) haben den Einfluß der Schlammbelebung auf anilinfarbstoffhaltige Abwässer untersucht und gefunden, daß in diesen Abwässern wohl die organischen Substanzen und damit die Fäulnisfähigkeit beseitigen werden, der Farbstoff aber nicht. Friese und Bell[2]) empfehlen daher für anilinfarbige Abwässer biologische Tropfkörper, die mit Hüttenkoksasche gefüllt sind. Die Hüttenkoksasche soll eine Korngröße von 3—5 mm haben. Die Wirkung ist um so besser, je geringer die Alkalität ist.

---

[1]) Pritzkow und Jordan, Die Reinigung stark farbstoffhaltiger Abwässer durch das belebte Schlammverfahren. Wasser und Gas **18**, 553 (1928).

[2]) Friese und Bell, Die Reinigung anilinfarbiger Abwässer. Ges.-Ing. **49**, 292 (1926).

Zuckerfabrikabwässer enthalten neben Zuckerresten von den verschiedensten Kohlehydraten auch sehr viele leicht zersetzliche Eiweißstoffe. Sie gehen leicht in saure Gärung über und geben dann zu Geruchsbelästigungen in der Umgebung und zu starken Belästigungen im Vorfluter durch starkes Pilzwachstum und Sauerstoffentziehung Veranlassung. Das von Nolte[1]) empfohlene Gärfaulverfahren hat sich bei Zuckerfabriken in der Magdeburger Gegend sehr gut bewährt.

Dieses Verfahren beruht darauf, daß man die zucker- und eiweißhaltigen Wässer zunächst unter Ausnutzung der vorhandenen Wärmemengen einer sauren Gärung unterwirft, wobei die kohlehydrathaltigen Stoffe abgebaut werden. Sind alle kohlehydrathaltigen Stoffe in Buttersäure übergeführt, so wird durch Zugabe von Kalk das Wasser bis zu einem bestimmten p_H-Wert neutralisiert und dann in einer weiteren Klärgrube der Methangärung, also einer Fäulnis, unterworfen. Die vollkommen ausgefaulten Wässer werden dann noch auf Rieselfeldern biologisch nachgereinigt. An Stelle der Rieselfelder hat Nolte[2]) neuerdings vorgeschlagen, zur Verhinderung der Pilzbildung im Vorfluter die ausgefaulten Wässer mit Chlor zu behandeln.

Da diese Zuckerfabrikabwässer stets nur in der sog. Kampagne, die von November bis Februar dauert, also innerhalb eines kurzen Zeitraumes anfallen, so ist in neuester Zeit vorgeschlagen, diese Abwässer dort wo geeigneter Boden zur Verfügung steht, zu verrieseln oder noch besser zu verregnen. Letztere Beseitigungsmethode hat schon aus dem Grunde, daß diese Abwässer einerseits sehr viele hochwertige Dungstoffe enthalten und daß andererseits die Kampagne in die Zeit der Feldherrichtung, also des größten Düngerbedarfs fällt, sehr viel bestechendes für sich, zumal hierdurch die bisher zerstörten Düngewerte dem Volksvermögen wieder zugeführt werden. Ergebnisse über die in dieser Beziehung durchgeführten Versuche liegen leider noch nicht vor. Eine auf Flotation beruhende Methode zur Reinigung der Zuckerfabrikabwässer ist in dem Engl. Pat. 231430 angegeben (A Flotation Method for separating colloidae Substances from Sugar Solutions). Zu 300 ccm Zuckerfabrikabwasser werden 2,5 g Kalziumkarbonat und 20 ccm Petroleum zugefügt. Durch Zufügen von 4 ccm 10%iger Schwefelsäure wird Kohlensäure entwickelt, die das sich bildende Kalziumsulfat emulsionsartig in der Flüssigkeit verteilt. Auf dem Gips scheiden sich die aus Pektinen und gummiartigen Stoffen bestehenden Kolloide ab und werden nach 2 Stunden durch Absetzen oder Zentrifugieren entfernt.

Wenn ja auch die Kolloidchemie in der Trinkwasserreinigung und der Abwässerbeseitigung schon sehr befruchtend gewirkt hat, so sind doch noch sehr viele Fragen zu lösen. Es ist zu hoffen, daß die Kolloidchemie auch weiterhin zur Aufklärung der verschiedenen Vorgänge beitragen wird.

[1]) Nolte, Das Doppelgärverfahren mit Zwischenkalkung (Hildesheimer Verfahren) ein Beitrag zur Frage der Reinigung von Zuckerfabrikabwässern. Kl. Mitt. d. Landesanst. f. Wasser-, Boden- u. Lufthyg. 7 (1927). — Nolte, Das Gärfaulverfahren. (Salzwedeler Verfahren zur Reinigung der Pressen- und Diffusionsabwässer der Zuckerfabriken.) Vom Wasser 2 (1928).
[2]) Nolte, Zur Frage der Behandlung von Zuckerfabrikabwässern mit Chlor. Ztschr. d. Ver. Dtsch. Zuckerind. 79, Juliheft (1929).

Emulsionszerstörung in der Erdölindustrie.

Von Dr. **Rudolf Koetschau**-Hamburg.

Mit 7 Abbildungen.

Allgemeine Grundlagen.

Eine Emulsion ist ein System, das zwei flüssige Phasen enthält, von denen die eine in Form von Kügelchen in der anderen verteilt ist. Die Flüssigkeit, die die Kügelchen bildet, wird als disperse Phase bezeichnet, während man die Flüssigkeit, die die Kügelchen umgibt, geschlossene Phase oder Dispersionsmittel nennt[1]). Für zwei Flüssigkeiten gibt es theoretisch zwei Arten von Emulsionen, je nachdem die eine oder andere dispergiert ist. Dieser grundsätzliche Unterschied ist auch praktisch von Bedeutung (Wo. Ostwald, 1910); Emulsionen gleicher Volumenkonzentration, aber entgegengesetzter Art besitzen sehr verschiedene Eigenschaften, z. B. Öl-Wasser-Emulsionen und Wasser-Öl-Emulsionen, wobei die erstgenannte Phase die disperse ist[2]).

Als Emulsionsvermittler kommen gewisse dritte Stoffe, sog. Emulgatoren in Betracht, die der Emulsionsart das Gepräge geben. Wasserlösliche Kolloide geben Öl-Wasser-Emulsionen, öllösliche Kolloide bilden Wasser-Öl-Emulsionen. Besonders wirksame Emulgatoren für Öle aller Art sind Seifen, die deshalb häufig in der Technik zur Gewinnung von stabilen Emulsionen oder von emulgierenden Fabrikaten benutzt werden und auch eine Hauptursache bei der Bildung unerwünschter Emulsionen bilden, deren Zerstörung dann erstrebt wird. Bei der Entstehung von Öl-Wasser-Emulsionen wirken bekanntlich Kaliseifen besser als Natronseifen (Pickering); Clayton gibt eine ganze Reihe von Beispielen für derartige Emulsionen; bemerkenswert sind patentierte Verfahren zur Emulgierung von Mineralölen mittels sulfosaurem Natron, ferner mittels Harzen und Resinaten, während Kautschuk, ölsaure Salze, z. B. des Kalziums, u. a. öllösliche Kolloide Wasser-Öl-Emulsionen liefern[3]).

---

[1]) W. Clayton, Die Theorie der Emulsionen und der Emulgierung; deutsche Ausgabe von Dr. L. Farmer Loeb (Berlin 1924). — Das ausgezeichnete, von Prof. F. G. Donnan eingeleitete Buch ist in praktischer Hinsicht ergänzt worden durch das im gleichen Verlag erschienene Werk von O. Lange, Technik der Emulsionen (Berlin 1929). Von neuesten, zusammenfassenden Arbeiten sind hervorzuheben: A. Lottermoser und N. Calantar, Die technischen Zerstörungsmethoden der Rohölemulsionen, Kolloid-Ztschr. **48**, 179ff. (1929). — Die kolloidchemischen Faktoren bei der Bildung und Entmischung der Rohölemulsionen, ibid. 362ff. — Lester C. Uren, Rohölemulsionen (Entstehung und Beseitigung). National Petroleum News **21**, Nr. 13, 51; Nr. 16, 59; Nr. 20, 61; Nr. 27, 59 (1929); Zbl. 1, 2940; 2, 1108, 1497, 2132 (1929). — Richard T. Bright, Behandlung von Ölemulsionen mit Chemikalien, Oil and Gas Journ. **28**, Nr. 5, 40, 41, 80 (1929). — Zbl. 2, 3087 (1929).

[2]) Kolloid-Ztschr. **6**, 103 (1910).   [3]) Clayton, 3.

Aber auch fein verteilte feste Körper können als Emulgatoren wirken, wie man beispielsweise bei Dampfturbinenölen zuweilen beobachten kann, wo infolge der Anwesenheit von Rost- und Metallteilchen hartnäckige, oft sahneartige Schichten, Wasser-Öl-Emulsionen, auftreten; fälschlicherweise werden dann solche Erscheinungen dem Schmieröl zur Last gelegt, das aber selbst gar keine Neigung zur Emulgierung zeigt, entsprechend den strengen Anforderungen der Lieferungsvorschriften [1]). Die Metallteilchen werden leichter von Öl als von Wasser benetzt, und es entstehen dann Wasser-Öl-Emulsionen. Das neuerdings vielgenannte Kieselsäuregel (Silicagel) wird technisch zur adsorptiven Entfärbung von Mineralölen benutzt [2]). Das Gel belädt sich mit hochmolekularen Ölanteilen, von denen es mit heißem Wasser teilweise wieder befreit werden kann. Das zur Regeneration benutzte Wasser zeigt nun zuweilen milchige Trübungen, da die feinporige Kieselsäure als Emulgator leichter von Wasser als von Öl benetzt wird, so daß Öl-Wasser-Emulsionen auftreten.

Emulgatoren können jedenfalls gasförmig, fest oder flüssig sein; Schutzkolloide dienen zur Stabilisierung leicht ausflockender kolloider Lösungen, sie sind „Stabilisatoren", die zugleich selbst als Emulgatoren wirken können, z. B. Kasein als salzbildender Eiweißstoff. Es kann also nur von der vorwiegenden Eigenschaft in einer der beiden Richtungen gesprochen werden. Man unterscheidet nur ganz allgemein die echten, durch Ionen-Austausch chemisch wirksamen Emulgatoren (mit hydrophilen, oleophilen oder beiderlei Eigenschaften) von den Stabilisatoren, welche Schutzkolloide mit mehr physikalischer Wirkung sind. Die Stabilisatoren vermögen leicht Hydrate zu liefern (Kieselsäuresol) bzw. mit Wasser zu quellen (Gummen, Leim, Stärke) und als mehr oder weniger zähflüssige Medien Filme zu bilden, die zur Ionenabgabe wenig oder gar nicht veranlagt sind. Die echten Emulgatoren enthalten im Molekül salzbildende Gruppen, die gleich den Auxochromen der Teerfarbstoffe die Löslichkeit der Emulgatoren bedingen, z. B. —OH, —COOH, —SO$_3$H, —NH$_2$, —CO. Die Filmsubstanz dieser Emulgatoren ist zum Ionenaustausch hervorragend befähigt. Die feinverteilten festen Stoffe besitzen hohe Adsorptionskraft, ohne Ionen auszusenden, z. B. die festen chemisch inaktiven Suspensionskolloide, wie Schlamm, Ruß. Die entsprechenden Emulsionen werden von O. Lange als „Emulsionsartige Adsorptionsverbände" bezeichnet [3]).

Donnan und Potts untersuchten die emulgierenden Eigenschaften von fettsaurem Natron in wäßriger Lösung gegenüber reinem Kohlenwasserstofföl. Entsprechend der kolloiden Natur der höhermolekularen Seifen begann die Emulgierfähigkeit erst beim laurinsauren Natron. Donnan stellte eine wesentliche Erniedrigung der Grenzflächenspannung von der Laurinsäure an fest und fand mittels der Tropfpipette die folgenden Tropfenzahlen von Kohlenwasserstoffölen, die 0,7 % freie Fettsäure enthielten [4]):

	Säure	Tropfenzahl gegen	
		Wasser	n/1000 NaOH
C$_1$	Ameisensäure	34	37
C$_2$	Essigsäure	38	38
C$_4$	Buttersäure	38	35
C$_8$	Kaprylsäure	44	47
C$_{12}$	Laurinsäure	43	82

---

[1]) Vgl. die Dampfemulgierprobe in den „Richtlinien für den Einkauf und die Prüfung von Schmiermitteln" (Düsseldorf 1928). Es gibt natürlich auch ungeeignete Turbinenöle, die sich im Gebrauch wesentlich verändern.

[2]) Vgl. Ztschr. f. angew. Chem. **39**, 210 (1926).

[3]) Vgl. O. Lange, 1—30.   [4]) Kolloid-Ztschr. **6**, 208 (1910). — Clayton, 41.

Infolge ihrer grundlegenden Bedeutung mögen hier auch die weiteren Ergebnisse Donnans und seiner Mitarbeiter kurz erwähnt werden. Ausgehend von der Ansicht, daß die Emulgierung mit der Bildung einer Seifenschicht an der Grenzfläche Öl-Wasser zusammenhängt, untersuchte Donnan die Beziehung zwischen den Konzentrationen der Lösungen der fettsauren Natronsalze und der Grenzflächenspannung zwischen diesen Lösungen und einem reinen Kohlenwasserstofföl, das nur 0,1 % freie Fettsäure enthielt (die Grenzflächenspannung Öl-Wasser wurde gleich eins gesetzt). Die nachstehenden Kurvenbilder zeigen die Ergebnisse, wonach von C_8 an deutliche Spannungserniedrigungen auftreten (Abb. 324 und 325).

Nach Donnan und Potts werden die höhermolekularen Seifen an der Grenzfläche gemäß der Gibbsschen Phasenregel adsorbiert. Schlußfolgerung: „Änderungen der Grenzflächenspannung an der Grenzfläche Öl-Wasser gehen einher mit Änderungen des elektrischen Potentials; hierbei spielt die selektive Ionenadsorption vielleicht eine Rolle." Die emulgierten Ölkügelchen sind umgeben von einer „sehr zähen oder vielleicht sogar gelatinösen Hülle, die dem Zusammenfließen der Kügelchen Widerstand leistet".

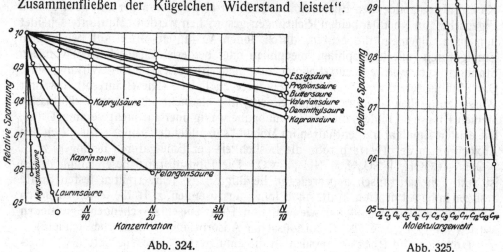

Abb. 324.　　　　　　　　　　　　　　　　Abb. 325.

Gut raffinierte Mineralöle enthalten keine Karboxyl- oder „wasseraffinen" Gruppen, weshalb sie mit reinem Wasser auch keine Emulsionen geben. Werden sie damit innig gemischt, so erfolgt rasche Phasentrennung ohne schaumige Zwischenschicht. Hierauf gründen sich die in verschiedenen Ländern bestehenden Vorschriften für die Prüfung von Dampfturbinenölen, die bereits oben erwähnt wurden. Die maximale Geschwindigkeit des Abscheidens wird in Amerika „Entmischbarkeit" genannt und als Maß für den Widerstand des Öles gegen Emulgierung im Handel benutzt[1]). Bei manchen Mineralölen lassen sich sauerstoff- und schwefelhaltige hochmolekulare Anteile oft schwer durch Raffination mit Chemikalien entfernen, namentlich wenn das Rohöl sehr reich an Asphalt war. Die Emulgierprobe ist bei derartigen Ölen besonders wichtig; es ist anzunehmen, daß die

[1]) Herschel, Proc. Americ. Soc. Test. Mat. 2, 248 (1916). — U. S. Bur. Standards, Techn. Paper 86, 1—37 (1917). — Philip, Journ. Soc. Chem. Ind. 195, 697. — Delbridge, Proc. Americ. Soc. Test. Mat. 1, 416 (1920). — Conradson, ibid. 2, 273 (1916). — Vgl. Journ. Ind. and Eng. Chem. 9, 166 (1917). — Lottermoser und Calantar, a. a. O. 184. — Vgl. a. N. Gramenizki, Zbl. 1, 333 (1929) (Einfluß der physikalischen oder chemischen Raffinationsmethode auf den „Emulsifying Test" nach Conradson).

Verfeinerung der Adsorptionstechnik auch auf dem Schmierölgebiet Fortschritte zeitigen wird[1]).

Die Ölkügelchen in reinen Öl-Wasser-Emulsionen haben Durchmesser von der Größenordnung 10^{-5} cm; bis zum Durchmesser der Kügelchen von $4 \cdot 10^{-3}$ cm (4μ) abwärts tritt Brownsche Molekularbewegung auf, deren Lebhaftigkeit der Größe der Teilchen umgekehrt proportional ist. Theoretisch können annähernd 74% Öl mit etwa 26% Wasser emulgiert werden, wenn starre Kugeln vorliegen. Infolge der Deformierbarkeit der Ölkügelchen konnte man aber sogar 99% Öl dispergieren. Man ersieht hieraus, welche enormen technischen Schwierigkeiten in diesen kolloiden Gebieten der Bildung, Vermeidung und Zerstörung von Emulsionen zu überwinden sind. Bei konzentrierten Emulsionen sind Emulgatoren die Ursache großer Beständigkeit, durch die Bildung von Adsorptionshäutchen an der Öl-Wasser-Grenze. Bemerkenswert ist ferner, daß die Ölkügelchen in Öl-Wasser-Emulsionen negative Ladung besitzen (kataphoretische Versuche).

Wichtig für den Erdöltechniker ist weiterhin die Beobachtung, daß die beiden konträren Emulsionsarten umkehrbar sind. Clowes konnte z. B. eine Öl-Wasser-Emulsion durch Schütteln mit Kalziumsalzen in eine Wasser-Öl-Emulsion umwandeln, entsprechend einer Beobachtung von Bancroft, daß Natronseifen die Emulgierung von Öl in Wasser, dagegen Kalkseifen den umgekehrten Typ begünstigen. Es können aber auch beide Arten nebeneinander bestehen[2]). Auf alle Fälle sind diese merkwürdigen Erscheinungen der „hydrophilen" und „hydrophoben" Kolloide in der Erdöltechnik zu berücksichtigen, wenn es sich um die Emulsionszerstörung handelt. Es gilt dabei vor allem, da Emulsionen von reinem Kohlenwasserstofföl und reinem Wasser ziemlich selten vorkommen, die Emulgatoren ausfindig zu machen, welche die Adsorptionshäutchen verursachen. Die Anschauungen von Langmuir und Harkins über den Feinbau von Flüssigkeitsoberflächen haben viel zur Aufklärung des Wesens der Emulgatoren beigetragen. Clayton sagt darüber: „Das wesentliche der Emulgatoren im allgemeinen ist, daß sie an der Grenzfläche flüssig-flüssig gerichtet sind, und zwar so gerichtet, daß die freie Oberflächenenergie auf ein Minimum reduziert ist. Das polare oder aktive Ende des Emulgators ist nach der stärker polaren oder aktiven Flüssigkeit gerichtet, das weniger polare Ende nach der weniger polaren Flüssigkeit."

Die bisherige Empirie in der Emulsionstechnik kann nur beseitigt werden, wenn sich physikalische Messungen an Emulsionen einbürgern, denen Clayton ein besonderes Kapitel widmet. Da die Emulsionen ein System flüssig-flüssig darstellen, spielt die entsprechende Spannung eine wichtige Rolle. Während der Ausdruck „Oberflächenspannung" im allgemeinen nur für die Oberfläche flüssig-gasförmig gebraucht wird, verstehen wir unter „Grenzflächenspannung" die Spannung an der Trennungsfläche flüssig-flüssig oder fest-flüssig. Bei Emulsionen erfolgt die Messung der Grenzflächenspannung mittels der Tropfengewichtsmethode: Die Grenzflächenspannung ist der Tropfenzahl umgekehrt proportional.

Wichtig ist ferner die Phasenbestimmung, welche der beiden flüssigen Phasen

---

[1]) Vgl. R. Koetschau, Über neuere Fortschritte der Adsorptionstechnik, Ztschr. f. angew. Chem. **39,** 210 (1926). Wichtig erscheinen kolloidchemische Prüfungen, d. h. Grenzflächenspannungsmessungen von Turbinenölen nach bestimmten, den technischen Verhältnissen angepaßten Beanspruchungen, neuerdings von Stäger empfohlen, der auch eine graphische Methode zur Beobachtung der Entemulgierung angegeben hat. (B.B.C.-Nachrichten der Brown, Boveri & Cie, A.G., **16,** H. 2, 78 (1929)).

[2]) Außer „OW" (Öl-Wasser-Emulsionen) und „WO" (Wasser-Öl-Emulsionen) unterscheidet man noch „DE" (Doppelemulsionen) und „ME" (Mischemulsionen), vgl. O. Lange, 15; ferner Zbl. **1,** 1647 (1927).

die kontinuierliche, bzw. die disperse ist, namentlich bei Untersuchungen über Phasenumkehr. In der Erdöltechnik dürfte vor allem die „Tropfenverdünnungs-methode" Anwendung finden, wonach eine Emulsion durch Zusatz der geschlossenen Phase, nicht aber durch Zusatz der dispersen Phase verdünnt werden kann[1]).

Technisch von Bedeutung ist die Kenntnis des Ölgehaltes von Emulsionen. Man kann entweder quantitative Entmischungen, z. B. mit Mineralsäure oder mit Lauge vornehmen und das abgeschiedene Öl volumetrisch, ähnlich wie bei der Türkischrotöl-Analyse, oder durch Extraktion bestimmen. Ferner ist es auch möglich, auf optischem Wege die Konzentration von Emulsionen zu messen durch Ermittlung des Trübungsgrades mittels Nephelometer oder Tyndallometer.

Die Besprechung der theoretischen Grundlagen der Zerstörung von Erdöl-emulsionen verlangt schließlich einen Hinweis auf die notwendigen technischen Bedingungen für die Emulgierung und Entmischung, sowie für die Emulsions-vermeidung. Es muß zugestanden werden, daß die Wissenschaft hier noch keine völlig klaren Erkenntnisse gewonnen hat, sondern daß die Technik den Forscher vor merk-würdige Rätsel stellt. Ganz allgemein kann nämlich durch Bewegung eine Emul-sion sowohl gebildet wie zerstört werden: Die Bewegungsmethoden scheinen eine wesentliche Rolle zu spielen.

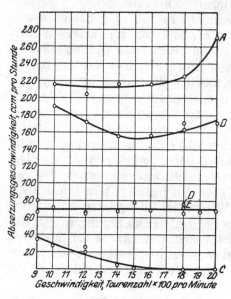

Abb. 326.
Minimale Absetzungsgeschwindigkeiten von Schmierölen.

Clayton erwähnt die Beobachtung von Ayres, wonach eine Rohölemulsion, die so beständig war, daß sie der Trennung in einer Zentrifuge Widerstand leistete, nach Beförderung im Schnellzug vollstän-dig in Wasser und Öl getrennt war. Viel-leicht hatte die Vibration des Zuges eine Emulsionszerstörung verursacht; in neuerer Zeit scheinen in der Tat künstliche Vibra-tionen sowohl für die Bildung wie für die Zerstörung von Emulsionen technisch an Bedeutung zu gewinnen.

Verschiedentlich hat man Emulsionen dadurch zerstören können, daß man bei der Bewegung für ein bestimmtes Luftminimum an der Grenzfläche Luft-Emul-sionen sorgte, so z. B. bei der Trennung von Öl aus Abwässern der Wollwäscherei, wie eine Reihe von Patentschriften aus neuester Zeit beweisen[2]).

Es gilt in jedem Falle bei der Anwendung von Bewegungsmethoden die opti-malen Bedingungen für Zeit und Geschwindigkeit experimentell zu bestimmen.

---

[1]) Vgl. a. die Untersuchungsmethoden von Lottermoser und Calantar, a. a. O. 363f. Eine wichtige neuere Methode von J. Carrière beruht auf der Differenz der Brechungs-indizes, Chem. Weekblad **26**, 413 (1929) (Mikrophotogramme im Original). — Ref. Brennstoff-chemie **11**, 53 (1930).

[2]) Vgl. Clayton, 94—95. — Über den Einfluß von Vibrationen vgl. a. T. Kuczynski, Przemysl Chem. **9**, 84. — Zbl. **2**, 2883 (1926). — D.R.P. 314090; Engl. Pat. 177498 (1920), 157490 (1922). Besonders merkwürdig sind die emulsionsbildenden Wirkungen hochfrequenter Schallwellen nach den Versuchen von R. W. Wood, A. L. Loomis und W. T. Richards, Journ. Am. Chem. Soc. **51**, 1724 (1929). — Ref. Brennstoffchemie **10**, 369 (1929).

Recht instruktiv sind Versuche von Herschel[1]) über die Emulgierfähigkeit von Schmierölen in Wasser. Der Einfluß der Geschwindigkeit auf die Beständigkeit der Emulsionen hatte eine deutliche Grenze, gewisse Geschwindigkeiten wirkten wieder emulsionszerstörend; die Kurve, die das Verhältnis zwischen Geschwindigkeit und Beständigkeit darstellt, geht durch ein Minimum, wie das nebenstehende Diagramm der minimalen Absetzungsgeschwindigkeiten für vier Schmieröle erkennen läßt (Abb. 326).

Erdölemulsionen.

Über diese hat Gurwitsch sehr anschaulich geschrieben und ihre vielseitige Bedeutung betont sowie mit eigenen Versuchen belegt[2]). Die Entstehung von Erdölemulsionen ist bei den zahlreichen Beanspruchungen, denen das Erdöl bereits in der Erde oder im Laufe der technischen Verarbeitung sowie im Gebrauch ausgesetzt wird, zu berücksichtigen.

Die von Gurwitsch ausgeführten stalagmometrischen Prüfungen russischer Erdölanteile ergaben im Einklang mit amerikanischen Untersuchungen, daß beim Übergang von den niederen Erdölfraktionen zu den höheren die Oberflächenspannung an der Luft im allgemeinen zu-, an der Grenzfläche mit Wasser dagegen abnimmt. Einen entscheidenden Einfluß üben aber außerdem noch strukturchemische Faktoren aus, denn die Oberflächenspannung gegen Luft nimmt von den Grenzkohlenwasserstoffen zu den Naphthenen, dann zu den aromatischen und endlich den ungesättigten Kohlenwasserstoffen zu, gegen Wasser aber in noch stärkerem Grade ab. Drittens sind noch die Emulgatoren wirksam, durch deren Anwesenheit beispielsweise die Erdöldestillate kleinere Spannungszahlen gegen Wasser aufweisen, als ihre Raffinate. Asphalt- und Harzstoffe sowie vor allem Naphthensäuren sind im Rohöl und den Destillaten diejenigen gelösten Stoffe, welche sich an der Grenzfläche anreichern und Adsorptionshäutchen bilden; bei Raffinaten kommen Naphthenate und sulfosaure Salze in Betracht. Nach den Versuchen von Lottermoser und Calantar wies ein Baku-Rohöl, von dem die Fraktionen bis 150° abdestilliert waren, gegen Wasser eine Tropfenzahl 39 auf, die sich auf 15 verringerte, nachdem die in alkoholischer Natronlauge löslichen Teerstoffe entfernt waren. Dagegen lieferten beide Öle bei Messungen der Oberflächenspannung gegen Luft vor und nach dem Teerentzug 88 Tropfen. Den Hartasphalten (unlöslich in Normalbenzin), welche viskositätserhöhend wirken, kommt nach den Autoren eine größere Stabilisierungswirkung zu, als den Petroleumteeren (in alkoholischer NaOH löslich). Gurwitsch beschreibt das folgende Phänomen beim Schütteln einer verdünnten Lösung von Erdölharzen in Benzin mit Wasser: „Nach Aufhören des Schüttelns bleibt zwischen Benzinlösung und Wasser eine reichliche Schicht Emulsion von wabenartiger Struktur zurück; die meist eckigen, relativ großen Waben sind mit Wasser gefüllt, ihre Wandungen bestehen aus dünnen Ölhäutchen. Diese Häutchen besitzen nun eine nicht ganz unbeträchtliche Festigkeit, wie aus der Tatsache zu schließen ist, daß sie ein von oben herabgeworfenes nicht zu großes Glasstück ohne zu zerreißen auffangen und in sich aufhalten; auch sieht man an der Grenze der Emulsion im Wasser hier und da einzelne Stücke dieser Häutchen als abgerissene Fetzen hängen. Solches Verhalten der Emulsionshäutchen spricht entschieden dafür, daß sie nicht aus der ursprünglichen Benzinlösung bestehen, sondern an

---

[1]) a. a. O. (1917).

[2]) L. Gurwitsch, Wissenschaftliche Grundlagen der Erdölverarbeitung, 2. Aufl. (Berlin 1924), 123ff., 192ff., 298ff., 327.

festen Harzstoffen sehr stark angereichert sind." Letzteres konnte auch analytisch belegt werden[1]).

Nun sind die Häutchen gleicher Emulgatoren, aber verschiedener Mineralöle von sehr verschiedener Festigkeit, was Gurwitsch auf die Unterschiede in den Oberflächenspannungsverhältnissen der betreffenden Mineralöle zurückführt. Durch grundlegende Arbeiten von Ellis[2]) und von Sherrick[3]) ist ferner die Bedeutung der elektrischen Ladung für die Erhaltung der Erdölemulsionen klargelegt worden; die gleichsinnigen Ladungen der suspendierten Tröpfchen müssen einander abstoßen und daher das Zusammenfließen der Tröpfchen erschweren bzw. ganz verhindern, also die Emulsion stabiler machen.

Am häufigsten ist in den Erdölemulsionen Wasser in Form von unzähligen mikroskopischen Kügelchen enthalten, deren Zusammenfließen durch die harzreicheren Ölhäutchen verhindert wird. Bei den meisten Rohpetroleumemulsionen ist die Festigkeit der Adsorptionshäutchen aber so gering, daß bereits durch verhältnismäßig einfache Verfahren mittels physikalischer Kräfte (Zentrifugalkraft, Wärme, elektrisches Feld) Zerreißung der Häutchen und Zerstörung der Emulsion erfolgt.

Gurwitsch hat darauf hingewiesen, wie schwer dagegen oft Emulsionen von ausgesprochen wabigem Bau, wie bei der oben beschriebenen Harz-Benzinlösung, getrennt werden können; derartige, allerdings selten vorkommende Emulsionen sind jahrelang haltbar. Fein verteilte feste Fremdkörper, wie Sand oder Schlamm, sind als Rohölemulgatoren von großem Einfluß. Die festen Teilchen lagern sich an den Grenzflächen der Wasser- oder Öltröpfchen an und bilden hier Hüllen, die das Zusammenfließen der Tropfen verhindern; es entstehen mehr oder weniger steife, sehr beständige Emulsionen, wie solche in Baku und im rumänischen Erdölgebiet beobachtet wurden, mit äußerst widerstandsfähigen Sandhüllen.

In Rußland (Bibi Eybat) und in Rumänien (Tzintea) sind auch natürliche Naphthenseifenemulsionen aufgetreten[4]). Durch Zusatz kleiner Mengen freier Naphthensäuren zu der Bibi Eybater Emulsionsnaphtha (nur 0,5%) erfolgte rasche Phasentrennung; als Emulgator wirkte eine minimale Menge von naphthensaurem Kalk.

Diese Versuche führen unmittelbar zur Betrachtung der im Raffinationsprozeß der Mineralöldestillate mit konzentrierter Schwefelsäure und Natronlauge häufig auftretenden Emulsionen. Die gesäuerten Öle werden meist mittels Preßluft innig mit Lauge gemischt, wobei sich immer Emulsionen bilden, die sich aber im normalen Betriebe möglichst rasch wieder absetzen sollen. Jedoch je nach der Art des Öles, seiner Viskosität und Dichte, der Natur und Menge seiner sauren Bestandteile, der Stärke der Lauge, der Temperatur usw. bilden sich Emulsionen von sehr verschiedener Beständigkeit, wodurch der wirtschaftschemische Effekt der Raffination ungünstig beeinflußt werden kann. Gurwitsch sagt mit Recht: „Obwohl der Frage der Emulsionsbildung bei der alkalischen Behandlung von Erdölprodukten die größte Wichtigkeit für den ganzen Raffinationsprozeß zugesprochen werden muß, ist sie bisher wissenschaftlich noch sehr wenig untersucht worden; die ver-

[1]) Gurwitsch, a. a. O. 127. — Lottermoser und Calantar, a. a. O. 373f.

[2]) Ztschr. f. physik. Chem. **80**, 597 (1912).

[3]) Journ. Ind. and Eng. Chem. 133 (1920). Häufig wird möglichst niedrige Grenzflächenspannung zwischen disperser Phase und Dispersionsmittel sowie hohe Viskosität des Dispersionsmittels als Bedingung für die Stabilität einer Emulsion überschätzt. Von ausschlaggebender Bedeutung sind jedoch die Adsorptionshaut und die elektrische Ladung an der Grenzfläche. Vgl. H. Bechhold und K. Silbereisen, Kolloid-Ztschr. **49**, 301 (1929).

[4]) Gurwitsch, a. a. O. 130. — Stauß, Petroleum **19**, 327 (1923).

schiedenen Kunstgriffe, die zur Verhütung der Emulsionsbildung in der Praxis üblich sind, tragen rein empirischen Charakter und sind vielmehr der Kunst des praktischen Raffineurs, als der Wissenschaft des Chemikers zu verdanken." Der bekannte russische Erdölchemiker hat der alkalischen Reinigung ein sehr eingehendes Kapitel gewidmet, auf das hier ausdrücklich hingewiesen sei[1]).

Die Art und Weise der mechanischen Bewegung, der Mischprozeß, scheint nun keine so große Rolle zu spielen, wie das Moment der „partiellen Auflösung". Es zeigte sich, daß die Grenzflächenspannung zwischen gesäuertem Maschinenöldestillat und Natronlauge mit der Temperatur zu-, mit der Konzentration der Lauge innerhalb gewisser Grenzen abnimmt, weshalb im allgemeinen niedrige Temperaturen und mittlere Laugenkonzentrationen emulsionsfördernd sind.

Die höhermolekularen Destillate liefern beständigere Emulsionen, als die niedrigermolekularen, so daß besonders bei der Maschinenölraffination Schwierigkeiten auftreten. Allerdings setzen Naphthenseifen die Oberflächenspannung des Wassers an der Grenze mit Benzin relativ am meisten herab, viel weniger dagegen an der Grenze mit Maschinenöl, so daß sich die seifenreichsten und festesten Seifenhäutchen aus Seifenlösungen und Benzin bilden; aber die technischen Bedingungen liegen naturgemäß bei den viskosen Schmierölen, welche bei der Laugung beträchtliche Mengen saurer Anteile abgeben, am ungünstigsten.

Sulfosäuren, die durch Einwirkung der konzentrierten oder gegebenenfalls rauchenden Schwefelsäure auf die Erdölkohlenwasserstoffe oder die Naphthensäuren entstehen, sind ebenfalls imstande, sowohl in freier Form, wie auch als Seifen emulgierend zu wirken. Gesäuerte Maschinenöldestillate, welche unter 1 % Sulfosäure enthalten, emulgieren nicht nur mit Alkali, sondern auch schon beim Auswaschen mit reinem Wasser.

Das von Robertson[2]) festgestellte kritische Volumenverhältnis von Lauge und Öl scheint ebenfalls für den Charakter der Emulsionen in Frage zu kommen; beim Verhältnis von Öl zur Lauge gleich 86:14 wurde eine besonders viskose, dicke Emulsion gebildet, die sich sowohl mit mehr Öl, wie auch mit mehr Wasser verflüssigen ließ.

Es erhellt, daß die Hydrolyse der Naphthenate und Sulfonaphthenate beim Auswaschen ins Gewicht fallen muß. Das mit Alkali behandelte Öl nimmt stets gewisse Mengen saurer Seifen auf, von denen es durch weitere Auswaschung befreit werden muß. Die Hydrolyse wird nach dem Massenwirkungsgesetz durch überschüssiges freies Alkali zurückgedrängt, bleibt aber noch in beträchtlichem Grade bestehen (Versuche von Lissenko, Baku 1913).

E. Eichwald[3]) hat eine übersichtliche Zusammenstellung der bei den Erdölemulsionen auftretenden Erscheinungen gegeben. Zur Theorie der Emulsionen zitiert Eichwald die Arbeit von Griffin[4]), der die Hydrolyse der Seifen für das Zustandekommen der Emulsionen in erster Linie berücksichtigt Die entstehenden Säuren werden vom Öl aufgenommen, und zwar als „unimolekulare Filme". Eichwald empfiehlt, Versuche in der von Griffin gezeigten Richtung fortzusetzen, um die Bildung und Zerstörung der Erdölemulsionen zu studieren.

Naturgemäß enthalten die Abfallaugen, die bei der alkalischen Reinigung

---

[1]) Gurwitsch, a. a. O. 298ff. Es sei bemerkt, daß die „nasse" Laugung der gesäuerten Schmieröle in der neuesten Raffinationstechnik durch „trockene" Neutralisation mittels Bleicherde weitgehend verdrängt worden ist.

[2]) Kolloid-Ztschr. 7, 7 (1910).

[3]) E. Eichwald, Mineralöle. Technische Fortschrittsberichte 7, herausgegeben von B. Rassow (Dresden und Leipzig 1925).   [4]) Journ. Am. Chem. Soc. 45, 1648 (1923).

als Nebenprodukte gewonnen werden, relativ viel Naphthenseife außer emulgiertem Mineralöl. Während für den größten Teil der alkalischen Charge die Vermeidung der Emulgierung des gesamten Öles von größter Wichtigkeit ist, wird bei den Abfalllaugen die Zerstörung der stets vorliegenden Emulsionen in besonderen Teilen der Fabrikation erstrebt werden müssen.

Technische Emulsionszerstörung.

In der Erdölindustrie spielt die technologische und die wirtschaftstechnische Seite derartiger Aufgaben eine große Rolle, denn diese Industrie gründet sich auf die Veredelung eines typischen Rohstoffes, der in Massen durchgesetzt wird und andererseits keine hohen Raffinierungskosten verträgt.

Die Erdöltechnik zerfällt in zwei Verarbeitungsphasen, deren erste die meist am Produktionsstandort stattfindende Destillation ist, worauf die Destillate als Halbfabrikate einer physikalisch-chemischen oder rein chemischen Raffination mit verschiedenen Agentien, Adsorptionsmitteln, Säure, Lauge, unterzogen werden, um zu den handelsüblichen Fabrikaten zu gelangen. Man beobachtet jetzt immer mehr das Bestreben, die Destillation zu verfeinern und die Raffination dementsprechend zu erleichtern und zu verbilligen, womöglich ganz auszuschalten. In beiden Phasen der Erdölverarbeitung hat man nun mit Emulsionen zu rechnen, die sich naturgemäß voneinander ganz wesentlich unterscheiden[1]).

Zerstörung von Rohölemulsionen.

Das rohe Erdöl enthält wechselnde Mengen von Wasser, meist Salzwasser (bis 10 % NaCl im Durchschnitt), welches neben Schmutzstoffen im Öl oft sehr fein verteilt ist. Bei vielen Rohölen genügt zwar eine Entwässerung durch einfaches Klären, indem das wasserhaltige Öl beispielsweise in großen Kofferblasen erhitzt wird, ehe es in die eigentlichen Hochvakuumdestillierkessel übergepumpt wird. Häufig wird jedoch ein Öl mit 25—60 % Wassergehalt erbohrt, das eine äußerst beständige Wasser-Öl-Emulsion darstellt. Ein Teil des Wassers scheidet sich als „freies Wasser" ab, aber der größte Teil ist als „eingeschlossenes Wasser" (trapped water) emulgiert. Ist der Wassergehalt nicht höher als 2 %, so kann das Rohöl handelsüblich als „pipe line oil" verkauft werden. Sherrick bewies durch Bestimmung der elektrischen Leitfähigkeit, daß in den Rohemulsionen tatsächlich Wasser bzw. Salzwasser die disperse Phase ist[2]). Dieser Forscher fand ebenso wie Dunstan, Richardson und Padgett[3]), daß Asphalt- oder hochmolekulare Erdölanteile namentlich in Gegenwart von Ton oder anderen Mineralien als Emulgatoren wirken, was man mit Weißöl (Paraffinum liquidum) künstlich erreichen kann, wenn man die genannten Kolloide zufügt. Das öllösliche Asphaltkolloid bildet eine Schutzhülle um die Wasser- oder Salzlösungskügelchen. Die Schutzhüllen müssen also zwecks Entmischung der Emulsion zerstört werden, wofür die nachstehenden vier verschiedenen Methoden Eingang in die Erdöltechnik gefunden haben:

1. Elektrische Methoden.
2. Mechanische und elektrolytische Verfahren.
3. Einwirkung chemischer Agentien.
4. Wärmebehandlung.

---

[1]) Eine allgemeine Beschreibung von Zerstörungsapparaten mit zahlreichen Skizzen und Abbildungen an Hand von deutschen Patentschriften findet man bei O. Lange, 87—96.

[2]) Journ. Ind. and Eng. Chem. **12**, 133 (1920).

[3]) Vgl. bei Clayton, 105 u. 131 ff. die sehr eingehende Literaturzusammenstellung.

Elektrische Methoden. Im Jahre 1911 erhielt Cottrell das grundlegende Patent der Verwendung hochgespannter elektrischer Ströme (Wechselströme) zur Zerstörung von Rohölemulsionen (Am. Pat. 987115). Nach Cottrell unterstehen die Wasserteilchen elektrostatischen Kräften, die von den Potentialen und Dielektrizitätskonstanten der sich berührenden Substanzen abhängig sind; die Teilchen können im elektrischen Felde zum Zusammenfließen gebracht werden, worauf man sie durch Absitzenlassen oder Zentrifugieren abtrennt. Mittels Wechselströmen von 10—15000 Volt Spannung sind bei den fundamentalen Versuchen Cottrells genügend große Wassertropfen erzielt worden, und das Rohöl konnte leicht bis auf 0,5 % Wasser entwässert werden[1]).

In der Zeitschrift „Journal of Industrial and Engineering Chemistry" haben W. G. und H. C. Eddy[2]) den Cottrell-Prozeß sehr eingehend geschildert und durch einen mikrokinematographischen Film dem anschaulichen Verständnis nähergebracht. Clayton hat Ausschnitte des fünfzigfach vergrößerten, äußerst interessanten Films abgebildet, die hier wiedergegeben seien: Die unbehandelte Emulsion wies eine innere Phase von 35 % auf, und es wurden immer je Sekunde 16 Einzelbilder angefertigt. Man

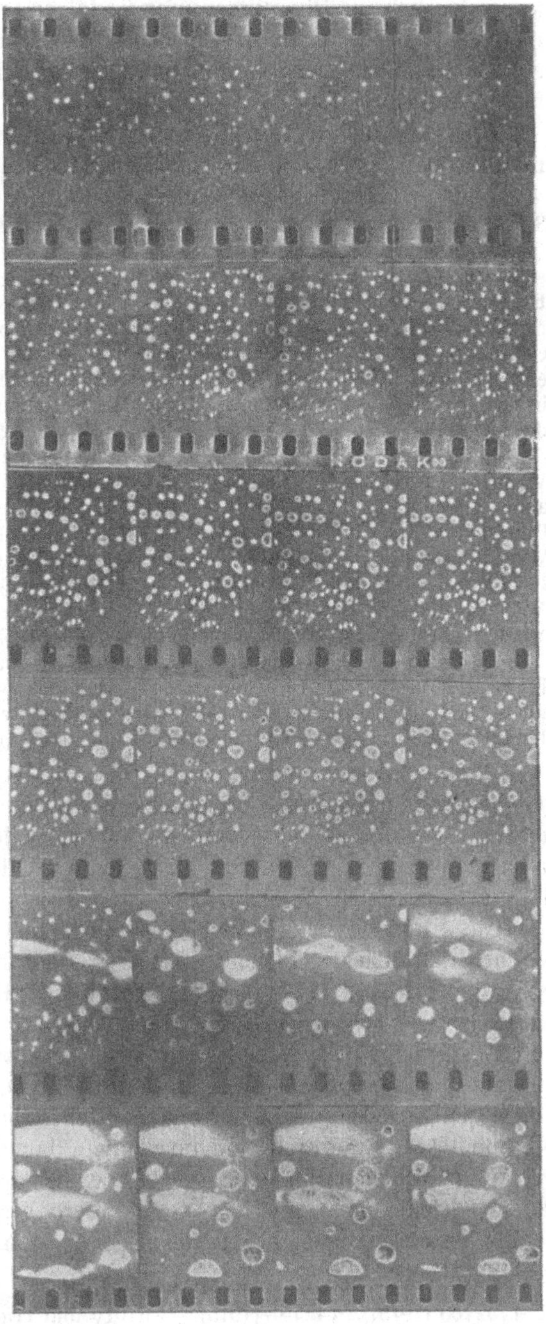

Abb. 327.
Mikrokinematographische Aufnahme der elektrischen Entwässerung nach Cottrell.

[1]) Vgl. Petroleum **13**, 1046ff. (1918). — Trans. Am. Electrochem. Soc. 209 (1919). — Am. Pat. 1287115. — Ferner D. B. Dow, Oil Field Emulsions (Washington 1926), mit zahlreichen Literaturangaben.

[2]) 1016 (1921); Am. Pat. 1544528, 1565992. — Ferner Sherrick und Ayres, ibid. **13**, 1010—1011. — Nach E. Kroch sind im Los Angeles-Becken weit über 100 Cottrellapparate in Betrieb, dagegen nur ein Dutzend außerhalb Amerikas in den Erdölfeldern von Europa, Asien und Afrika (Ägypten). Petroleum **25**, 981 (1929).

kann deutlich die Phasentrennung verfolgen, namentlich auch die schönen kettenförmigen Anordnungen der immer größer werdenden Wassertropfen, die sich in
einer Reihe befanden, vergleichbar den gerichteten Eisenfeilspänen im Magnet-
felde (Abb. 327).

Aus der von Clayton gegebenen Beschreibung, die dem Aufsatz von Eddy entnommen wurde, seien hier noch die folgenden technologischen Ausführungen zitiert:

„Ein galvanisierter Stahlbehälter (der „electrical treater") der etwa 8 Fuß hoch ist und
3 Fuß im Durchmesser beträgt, hat in der Mitte eine senkrechte Achse, die eine Reihe kreisförmiger Scheiben trägt. Die Achse ist isoliert montiert und wird langsam gedreht. Die Behälterwand ist geerdet und bildet eine Elektrode; die Achse stellt eine sich drehende Elektrode dar.
Es wird eine Potentialdifferenz von 11 000 Volt (ein Wechselstrom von üblicher Frequenz) auf-
rechterhalten. Die Rohölemulsion wird kontinuierlich zugeführt und geht durch das ringförmige
elektrische Feld, das so zwischen der Behälterwand und den Rändern der Scheiben besteht, wobei
es zur Entmischung kommt. Das freigemachte Öl und das Wasser gelangen in ein Klärbecken,
in dem die Trennung von Öl und Wasser (das Salze enthält) vervollständigt wird. Eine Anlage,
die mit Hilfe eines einzigen Stromkreises und Motors betrieben wird, kann aus einer beliebigen
Anzahl der eben beschriebenen Entwässerungsapparate bestehen, und zwar von 1—8 in geraden
Vielfachen; desgleichen in Gruppen von je 6 Einheiten. Die Leistung eines jeden Entwässerungs-
apparates beträgt im Durchschnitt 300—1000 Faß Öl pro Tag. Es spielt die Beschaffenheit der
Emulsion in dieser Hinsicht eine wichtige Rolle. Der Elektrizitätsverbrauch schwankt von 5—57
Wattstunden pro Faß entwässerten Öls. Die durchschnittlichen Stromkosten (1921) betrugen
1 Cent (gleich 4,2 Pfg.) für 20—25 Faß. Wo die örtlichen Verhältnisse es ermöglichen, wird die
Anlage so angelegt, daß ein Gefälle vom Vorratsbehälter durch die Entwässerer zu den Versand-
behältern besteht, um mit einem Minimum an Rohrleitungen und Pumpen auszukommen.
Die maximale Wirksamkeit hängt von einer optimalen Versuchstemperatur ab. Die mittlere
Temperatur beträgt 57° C, besonders beständige Emulsionen müssen aber unter Umständen bis
auf 82° C erhitzt werden, bevor sie der elektrischen Behandlung unterworfen werden. Für Öle,
die flüchtige Bestandteile enthalten, muß man eine geschlossene Heizvorrichtung anwenden".

W. G. und H. C. Eddy nehmen an, daß in den Rohölemulsionen die Wasserteilchen als elektrische Kondensatoren wirken, und daß die geschlossene Ölphase
als Dielektrikum anzusprechen ist. Während des Prozesses zerreißen dann die geladenen Wassertröpfchen die umhüllenden Ölhäutchen und fließen zu größeren
Tropfen zusammen.

Das Emulsionszerstörungsverfahren nach Cottrell ist in den letzten Jahren
vielfach modifiziert und verbessert worden. Clayton erwähnt weitere Patente
von Mc. Kibben, Harris sowie Laird und Raney, worauf hier nur kurz verwiesen sei[1]).

Ein anderes Prinzip liegt dem Gleichstromverfahren von Seibert und Brady
zugrunde, das auf Kataphorese beruht[2]). Das im Rohöl verteilte Wasser wird
durch den Strom zu einer der beiden Elektroden geführt und ausgeschieden. Die
Kataphorese ist dadurch gekennzeichnet, daß die stets elektrisch geladenen, fein
verteilten Teilchen im elektrischen Gleichstromfelde zu der entgegengesetzt geladenen Elektrode wandern. Die Wanderungsgeschwindigkeit ist dem Potentialgefälle des elektrischen Feldes (d. h. der an den Elektroden angelegten Spannung,

---

[1]) Am. Pat. 1 299 589 (1919); 1 304 786 (1919); 1 281 925 (1918); 1 116 299 (1914); 1 142 759
bis 1 142 760 (1915); 1 142 761 (1915). — Eddy und Harris, Am. Pat. 1 430 294—1 430 296 und
1 430 301—1 430 306. — Quinby, Am. Pat. 1 382 234. — M. S. Skaer, Am. Pat. 1 555 231. —
C. W. Girvin, Am. Pat. 1 565 997. Vgl. a. S. 854 dieses Werkes. —In neuester Zeit hat das in
Kalifornien erprobte Verfahren von John Milton Cage größere Beachtung gefunden, welches
mit Wechselstromspannungen von 50000—66000 Volt und darüber und nur mit einer Elektrode
ohne fließenden Strom arbeitet; die hier wirksamen sog. „Raumladungen" (space charge) sind
noch wenig geklärt. Eine durch instruktive Abbildungen und Betriebsangaben erläuterte Beschreibung des Cageverfahrens hat E. Kroch veröffentlicht. Petroleum 25, 981 (1929). —
Zbl. 2, 2283 (1929). Vgl. a. Ernest H. Wilcox (Los Angeles), Oil and Gas. Journ. 28,
Nr. 33, 38, 102 (1930); Zbl. 2, 504 (1930).   [2]) Am. Pat. 1 290 369 (1919).

dividiert durch den Abstand der Elektroden) proportional, so daß die Entwässerung um so schneller vor sich geht, je höher die Spannung ist[1]). Spannungen von 250 bis 600 Volt bei einem Elektrodenabstand von 2 Zoll sollen sich bewährt haben; die Stromstärke schwankt zwischen einigen Milliampere und 10 Ampere. Nach Clayton wird dieses Prinzip von der Gulf Production Company benutzt, um im Goose Creek (Texas) Rohölemulsionen zu zerstören. Das Verfahren besteht dabei aus einer Kombination von Erhitzen in geschlossenen Gefäßen, Absitzenlassen, Gleichstrombehandlung und Zentrifugieren.

T. Kuczynski hat eine Schnellkataphorese bei rotierenden Elektroden beschrieben, wobei der Stromübergang von der Tourenzahl abhängt. Die Leitfähigkeit des reinen Rohöles von Boryslaw-Tustanowice wurde bei 50° mit $1,4 \cdot 10^{-9}\Omega^{-1}$ ermittelt; sie ist innerhalb 100—600 Volt von der Spannung unabhängig. Die Leitfähigkeit der Emulsion ist bei niedrigen Spannungen kleiner, bei höheren größer; bei hochprozentigen Emulsionen ist die Stromstärke der Stromleitung proportional. Für hochprozentige Emulsion wurde eine Detektorwirkung festgestellt, die rasch abklang[2]).

In der neueren amerikanischen Literatur findet man zahlreiche Aufsätze, außer den zitierten Patentschriften, die sich auf die elektrische Entwässerung beziehen[3]). Von den neuesten deutschen Patenten sei noch das D.R.P. 431222 (2. 8. 1925) der Bataafschen Petroleum Maatschappij mit Jan Heinrich Christoph de Brey genannt.

Das Verfahren beruht auf der Beobachtung, daß der „Vollständigkeitsgrad der Scheidung nicht von der effektiven Spannung abhängt, sondern ausschließlich durch die Höhe der Spitzenspannung, d. h. des höchsten momentanen Wertes der Spannung bestimmt wird. Demgemäß besteht das Wesen der Erfindung in der Anwendung eines Wechselstromes, dessen Spitzenspannung ein Vielfaches, mindestens das Doppelte der effektiven wirksamen Spannung ist. Es ist ferner möglich, einen nur in der einen Halbperiode pulsierenden Wechselstrom anzuwenden, bei dem die Spitzenspannung des positiven Teiles der Kurve ein Vielfaches der positiven effektiven Spannung ist, während der negative Teil der Kurve einen ebenen Verlauf ohne Spitzen erkennen läßt, jedoch von solcher Form, daß die effektive negative Spannung der effektiven positiven Spannung gleich ist. Der zu benutzende Apparat besitzt die Eigentümlichkeit, daß der ein- oder mehrphasige pulsierende Wechselstrom von gewöhnlicher bis mittlerer Frequenz entweder unmittelbar mittels eines Generators mit einer spitzen bzw. unsymmetrischen Spannungskurve oder mittels eines Generators mit sinusförmiger Spannungskurve erzeugt wird, in welch letzterem Fall der Stromerzeuger unmittelbar mit einem synchron laufenden Stromunterbrecher gekuppelt wird, der den Strom in dem Augenblick unterbricht, wenn die Spannung gleich Null ist; in beiden Fällen können ein oder mehrere Emulsionsscheider entweder unmittelbar oder durch Zwischenumformer mit dem Stromerzeuger verbunden sein[4])".

---

[1]) Vgl. Gurwitsch, a. a. O. 192.

[2]) Przemysl Chem. 9, 605; 11, 429. — Zbl. 1, 2890 (1928); 2, 996 (1927).

[3]) Vgl. a. Bacon und Hamor, The American Petroleum Industry (New York), 529 (1916). — Cottrell und Speed, Trans. Amer. Inst. Min. Eng. 43, 514. — F. D. Mahone, Entwässerung von „Cutoil". Zbl. 1, 322 (1915). Ferner Am. Pat. 1573389, Standard Oil Co. übertr. v. L. G. Gates, Berührung mit einem leitfähigen Stoff, der beide Emulsionsphasen auf gleiche elektrische (z. B. negative) Ladung zu bringen vermag. Zbl. 1, 2865 (1926). Ferner das Am. Pat. 1609546 v. 19. November 1925. der Petroleum Rectifying Co., übertr. von F. W. Harris, Zbl. 1, 1646 (1927), Zusatz von Kieselgur u. a. m. sowie elektrische Entwässerung.

[4]) Vgl. das Referat in Erdöl und Teer 35, 560 (1926), dem diese Beschreibung entnommen ist; vgl. ferner das holl. Pat. 5573, sowie Am. Pat. 1570209; Zbl. 1, 3638 (1926). Erwähnt sei auch das holl. Pat. 14502 v. 27. April 1923 der Bataafschen Petroleum Mij mit Hillmann und Chase, Zbl. 2, 851 (1926); Behandlung von Emulsionen mit oszillierenden Entladungen von Hochfrequenzströmen. Weiterhin erwähne ich das franz. Pat. 618685 v. 8. Juli 1926 derselben Firma (mit J. de Brey), Zbl. 1, 2623 (1927), das einen elektrischen Entwässerungsapparat mi zentraler Öffnung betrifft, die von einem Gehäuse mit zentral angeordneter Elektrode überdacht ist; vgl. a. Am. Pat. 1704463 v. 20. Juli 1926.

Elektrische Entnebelung von Rohöldämpfen. Im engen Zusammenhang mit dem vorstehenden Abschnitt sei noch auf Erscheinungen bei der Wasserdampfdestillation des Erdöls hingewiesen, die mit den Emulsionen kolloidchemisch viel Gemeinsames haben. Bei der Destillation enthält nämlich der sich kondensierende Öldampf meistens mechanisch mitgerissene, sehr fein verteilte Ölteilchen, was einerseits die Farbe der Destillate verschlechtert, anderseits bei paraffinhaltigen Rohölen ungünstig auf die Paraffinkristallnatur wirkt. Pawlikowski hat über erfolgreiche Versuche berichtet, die Öldämpfe durch stille elektrische Entladung zu entnebeln[1]); der Dephlegmator der Blase war als Entnebelungsapparat ausgebildet; verwendet wurde Wechselstrom (50 Perioden) von 6500—5000 Volt, je nach der im Dephlegmator herrschenden Temperatur.

Es zeigte sich, daß stets die durch das elektrische Feld hindurchgegangenen Destillate, besonders die Gasöl- und Spindelölfraktionen, lichter waren, als die üblichen Destillate. Die Spannung durfte allerdings bei der Entnebelung der Öldämpfe nicht beliebig gesteigert werden, um unerwünschte Reaktionen zu vermeiden. Die im Elektrochemischen Institut des Lemberger Polytechnikums ausgeführten Vergleichsversuche lassen vermuten, daß die Einführung der elektrischen Entnebelung in die Mineralölindustrie ein rascheres Destillationstempo gestatten, sowie die Abscheidung des Paraffins und die Raffination der Schmieröldestillate erleichtern würde.

Mechanische und elektrolytische Methoden. Auf mechanischem Wege kann man Rohölemulsionen auf ziemlich einfache Weise dadurch zerstören, daß man die Wasser-Öl-Emulsion durch ein Filter preßt, das leichter von Öl als von Wasser benetzt wird (Prinzip von Hatschek[2])). Eine Filterschicht von pulverisiertem vulkanisiertem Gummi oder von Eisensulfid (Pyrit) hält z. B. das Wasser zurück. Bildet dagegen Wasser die äußere Phase, so filtriert man über Stoffe, welche sich mit Wasser besser als mit Öl benetzen lassen, z. B. empfiehlt Hatschek in diesem Falle Kalziumkarbonat. In beiden Fällen geht, bei nicht allzu großem Druck, nur die besser benetzende Flüssigkeit durch das Filter. Nach Gurwitsch scheint diese einfache Methode weniger Eingang in die Erdölindustrie gefunden zu haben, vermutlich weil sich die Filter zu schnell verstopfen. Einige weitere Beispiele für technische Vorschläge mögen noch betrachtet werden.

Nach dem D.R.P. 257194 (1911) von L. Dittersdorf erfolgt die Filtration durch verhältnismäßig grobes, scharfkantiges Filtermaterial, Glasscherben u. a. m. Die Oberfläche einzelner Tröpfchen soll dabei aufgerissen werden, was aber naturgemäß bei sehr feinen Teilchen von etwa 0,4 μ Durchmesser und darunter versagen muß. Das Verfahren soll in einer der modernsten Raffinerien Galiziens, in Jaslo, mit Erfolg in technischem Maßstabe angewendet worden sein[3]).

Hier möchte ich auch auf die technisch bedeutsame Zerstörung von Braun-

---

[1]) Przemysl Chem. 25 (1926). — Brennstoffchem. **7**, 237 (1926). Vgl. hierzu das Cottrell-Möller-Verfahren zur elektrischen Gasreinigung (Entteerung), z. B. Zbl. **2**, 959 (1926), die ref. Aufsätze von D. Stavorinus und H. Becker; ferner S. 854ff. dieses Werkes.

[2]) Journ. Soc. Chem. Ind. **29**, 125 (1910).

[3]) Vgl. Petroleum **13**, 1046 (1918). — Vgl. a. das Druckfiltrationsverfahren von Mc. Kenzie, Erdöl und Teer **2**, 110 (1926). (Celit-Filterkuchen, bei kalifornischen Rohölen bewährt, Kosten 1—3 Cents für ein Barrel. — Vgl. ferner Am. Pat. 1569695.) Vgl. ferner Elsenbast und Horine, Oil and Gas. Journ. **27**, 140 (1929). — Erdöl und Teer **5**, 226 (1929), über die zu 95% aus SiO_2 bestehenden, von der feinsten zur stärksten Mahlung unter den Namen „supercel", „standard super cel", „hyflow supercel" in den Handel gebrachten Filtrationsmittel (filter aids). Vgl. a. K. Stauss, Petroleum **19**, 327 (1924).

kohlenteerflugstaubemulsionen hinweisen, wo die Entfernung des Emulgators, des lästigen Flugstaubes, nach langwierigen Versuchen mittels Filtern, Bauart F. Frank, gelang, so daß dann die Destillation leicht möglich wurde[1]).

Nicht unerwähnt möge bleiben, daß sich Öl-Wasser-Emulsionen technisch durch Zugabe geeigneter Elektrolyte zerstören lassen; da die Ölkügelchen negativ geladen sind, verwendet man Elektrolyte mit hochwertigem Kation, z. B. Aluminiumsulfat. Sherrick hat sehr schöne Untersuchungen über Ionenadsorption angestellt; er benutzte Säuren und das noch besser wirkende Eisenchlorid zur Trennung von Wasser-Rohölemulsionen.[2]).

Die verschiedenen elektrischen Methoden zur Entölung von Kondenswasser oder, was wirtschaftschemisch und gewerbehygienisch von großer Bedeutung ist, von Abwässern (Waschwässern) der Erdölindustrie beruhen auf dem Prinzip der Kataphorese oder auf einem kombinierten elektrochemischen Verfahren; der in England vielfach angewandte Davis-Perrett-Prozeß ist ein sehr gutes Beispiel für eine elektrochemische Entölungsmethode, wobei das Kondenswasser zwischen Eisenelektroden elektrolysiert wird. Das von der Anode gebildete Eisenoxyd wird abfiltriert und hält das Öl zurück[3]).

Auch das Aussalzen von Emulsionen kommt technisch in Frage, wobei das Salz in der äußeren Phase löslich ist oder von ihr leichter benetzbar sein muß, um die Schutzhäutchen „auszusalzen" (Versuche von Parsons und Wilson[4])).

Nach dem D.R.P. 406658 der B. A. S. F. mit A. Mittasch und A. Eisenhut soll die Entwässerung von Teeren durch Zusatz von löslichen Neutralsalzen erfolgen. Anderseits sollen nach den D.R.P. 338955 und 388818 der Rütgerswerke wasserhaltige Teere und Mineralöle durch Zusatz von in Wasser unlöslichen Stoffen, am besten alkalischer Reaktion, entwässert werden; man erhitzt z. B. mit 2—3% Steinkohlenasche unter Umrühren und filtriert nach Entmischung. Auch der Zusatz von porösen Stoffen zu Rohölemulsionen soll Zusammenballung und Abtrennung der Wassertröpfchen bewirken[5]).

Ausnutzung der Zentrifugalkraft. Infolge des Unterschiedes der spezifischen Gewichte der Emulsionsbestandteile wird natürlich immer ein Streben nach Trennung vorliegen. Dieses wird jedoch durch die innere Reibung des dispersen Systems gehemmt, welche um so wirksamer ist, je kleiner die Teilchen sind. Die Fallgeschwindigkeit der Kügelchen ist bekanntlich nach der Formel von Stokes proportional dem Quadrat des Radius und nimmt daher schnell ab, wenn

---

[1]) Ztschr. f. angew. Chem. **36**, 141, 277 (1923).

[2]) Journ. Ind. and Eng. Chem. **12**, 137 (1920). — Vgl. a. Clayton, 111 und Gurwitsch, 195.

[3]) Eingehende Beschreibung und Skizze bei Clayton, 115—116. — Vgl. ferner Petroleum **13**, 1046 (1918). — Ztschr. d. dtsch. Öl- u. Fettind. **45**, 152 (1925). Über die Neutralisation und Scheidung saurer bzw. alkalischer Abwässer vgl. Wieleczinski, Petroleum **5**, 1237 (1910). — F. Donath, Öst. Chem.-Ztg. **9**, 5 (1906). — O. Lange 390. Gegen das Schäumen und Spucken von ölhaltigem Kesselspeisewasser soll sich als beruhigender Zusatz Rizinusöl bewährt haben. Zbl. **1**, 2349 (1927). — O. Lange, 391.

[4]) Journ. Ind. and Eng. Chem. **13**, 1120—1121 (1921). Genannt sei hier das Am. Pat. 1593893 von R. J. Barry (Vermischung mit 1% NaCl und 0,1—1% Ton und Erhitzung), das Am. Pat. 1617208 von I. B. Gail und N. Adam (Eisenchlorid- und Natriumkarbonatzusätze), und das Norw. Pat. 26667 (1916) von Bottars (Zusatz von Säuren). Über das Hindurchleiten der Emulsionen durch ungelöstes Salz enthaltende Kochsalzlösung unter hohem Druck vgl. D.R.P. 266132, auch D.R.P. 161924/5. — O. Lange, 391. Die Scheidung bereits getrennter Emulsionsschichten durch ein treppenförmig gelagertes Gehäuse betrifft das D.R.P. 422104 von M. Esterer. Ähnlich ist das D.R.P. 262463 von J. P. Busch.

[5]) Kruh und Seidener, Öst. Pat. 83645, Zbl. **4**, 212 (1921). Erwähnt seien auch die Anwendung von Zement und Kalk, Petroleum **20**, 1029. (1924). — Vgl. a. Kissling, Chem. Technologie des Erdöls, 2. Aufl. (Braunschweig 1924), 354f.

die Teilchen sehr klein werden. Man kann jedoch die Schwerkraft wieder wirksam machen, und so eine Trennung in kurzer Zeit erzwingen, wenn man die von der Masse unabhängige Zentrifugalkraft ausnutzt.

Die Zentrifugalseparatoren haben auch in der Erdölindustrie zwecks Emulsionszerstörung Anwendung gefunden, ja, sind den elektrischen Methoden z. T. vorgezogen worden. Die Entwicklung der jüngsten Zeit zeigt die steigende Verwendung von Separatoren zur Trennung von Emulsionen nicht nur des Rohöls, sondern auch von gebrauchten Schmierölen u. a. m. Ayres hat zwei wichtige Vorteile der Methode für die Zerstörung von Rohölemulsionen hervorgehoben, die beide den wirtschaftschemisch so bedeutungsvollen Zeitfaktor betreffen. Denn erstens wird die Absitzdauer stark herabgesetzt, und dann braucht man wesentlich geringere Emulsionsquanten zu erhitzen, nämlich nur die konzentrierten Abläufe der Zentrifuge, und kann so durch geringe Wärmezufuhr die Trennung rasch vollenden.

Den neueren Stand der amerikanischen Technik der Zerstörung von Erdölemulsionen mittels der „Super-Zentrifuge" beleuchtet Clayton unter Hinweis auf Veröffentlichungen von Born und Keable im Jahre 1921 bzw. 1922 wie folgt[1]):

„Man hat vor kurzem die Überzentrifuge auf den Ölfeldern eingeführt. Ein Rahmen trägt eine kleine schnelllaufende Turbine, die eine senkrechte Achse und ein konisches Lager hat, das auf einem Kugellager ruht. Die Trommel hat einen Durchmesser von etwa 4,5 Zoll und ist an der Turbine mittels einer senkrechten Achse oder einer Spindel aufgehangen. Hierdurch erzielt man direkte Kraftübertragung. Die Trommel besteht aus Spezialstahl. Besondere Vorrichtungen gewährleisten die Innehaltung der richtigen Stellung während einer Rotation von etwa 17000 Touren pro Minute. Neben dem Vorteil größerer Geschwindigkeit und größerer Zentrifugalkraft ermöglicht die Überzentrifuge infolge ihrer länglichen Trommel eine längere Einwirkung der Zentrifugalkraft auf die Emulsionsteilchen. Die auf 43—82° C vorgewärmten Emulsionen werden unter Eigendruck aus 10 m Höhe in den Separator eingelassen. Zuerst läßt man die Trommel langsam an, gibt dann Salzwasser hinein, bis die volle Umdrehungsgeschwindigkeit erreicht ist, und läßt dann die Emulsion kontinuierlich zulaufen. Man kann etwa 100—200 Fässer entwässertes Öl mit Hilfe einer Maschine in 24 Stunden erhalten. Sogar „bottom settlings" (Bodensätze), die 70—80% Wasser enthalten, können so weitgehend entwässert werden, daß das Öl nur noch 0,5% Wasser enthält."

Gurwitsch betont die relativ große Leistungsfähigkeit (bis 32 t in 24 Stunden) der kontinuierlich arbeitenden Überzentrifugen: Die Zentrifugalkraft nimmt bekanntlich, bei gleichem Radius, dem Quadrat der Geschwindigkeit proportional zu. Die Überzentrifuge erscheint auch für Laboratoriumszwecke sehr geeignet, wenn man Rohölemulsionen zerstören und analysieren will. Eine Sharples-Super-Zentrifuge für das Laboratorium, welche bei 45000 Umdrehungen in der Minute eine bisher unerreichte Leistung aufweisen soll, ist im Handel erhältlich.

Die Generalvertretung der Sharples-Super-Zentrifuge (Carl Padberg, Düsseldorf) hat eine Reihe von anschaulichen Druckschriften herausgegeben, denen die nachstehenden Beschreibungen entnommen sind.

Die Sharples-Super-Zentrifuge für das Laboratorium. Das Prinzip ist folgendes: Der sich drehende Teil ist ein Stahlzylinder oder „Rotor" R. Die zu behandelnde Flüssigkeit befindet sich in einem erhöhten Behälter B, dringt von unten als Strahl S in den Rotor ein und erfährt durch den Schild S' die erforderliche radiale Richtungsänderung; die Zentrifugalkraft schleudert sie gegen die Innenwand des Rotors und trennt sie dabei entsprechend ihrem spezifischen Gewicht. Gesetzt den Fall, es handle sich um zwei Flüssigkeiten, so bilden sich zwei konzentrische Schichten, und die zwei

---

[1]) Clayton, 121.

durch die Zentrifugalkraft getrennten Flüssigkeiten verlassen den Apparat getrennt durch O und O', durch zwei verschiedene „Schüsseln" in getrennte Behälter. (Abb. 328.)

Nach beendeter Arbeit hält man den Apparat an; der Rotor wird abmontiert, worauf sich die Sedimente, die sich evtl. darin niedergeschlagen haben, leicht entfernen lassen. Die Laboratoriums-Überzentrifuge mit direkt angebauter Freistrahlturbine hat als besondere Merkmale:

45000 Umdrehungen pro Minute, Antriebskraft: trockener Dampf oder komprimierte Luft, Überdruck 1,5 Atm.; Verbrauch 45 kg Dampf oder 40 cbm komprimierte Luft pro Stunde; Durchflußmenge ca. 120 Liter pro Stunde; Höhe 60 cm; benötigte Fläche: 40 × 40 cm; Gewicht 25 kg. Die Zentrifuge kann auch für motorischen Antrieb ausgeführt werden, und zwar durch Verwendung eines direkt angebauten Zahnradvorgeleges mit Schnurantrieb; bei Druckluftbetrieb wird der Motorkompressor auf Wunsch mitgeliefert.

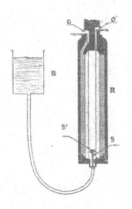

Abb. 328.
Super-Zentrifuge für das
Laboratorium.

Abb. 329.
Transportable Zentrifuge mit elektrischer Heizung.

Sharples-Super-Zentrifugen für technische Zwecke. Außer der Laboratoriumszentrifuge werden noch drei große Modelle für die verschiedensten Betriebszwecke gebaut; genannte Druckschriften bringen ausführliche Zeichnungen und außerdem besondere Hinweise auf die Entwässerung von Rohpetroleumemulsionen, ferner auch auf die Reinigung gebrauchter Schmieröle und Transformatorenöle u. a. m. Besonders bemerkenswert sind die Betriebszentrifugen zur Behandlung von flüchtigen und oxydierbaren Flüssigkeiten sowie die mit elektrischer Heizvorrichtung versehenen transportablen Anlagen (Abb. 329). Die batterieweise Anwendung im Betriebe wird durch die Abb. 330 veranschaulicht, welche zwar die Verarbeitung von Wollwaschwässern betrifft, aber auch für die Erdölindustrie großes Interesse beansprucht.

C. Ebel, Mailand, hat die Wirkungsweise derartiger Überzentrifugen für Zwecke der Lackfiltration beschrieben und dabei auch auf die Bedeutung für die Behandlung von wasserhaltigem Rohpetroleum und gebrauchten Mineralölen

.hingewiesen [1]). Die Wirkungsweise eines de Laval-Separators wird von Clayton am typischen Beispiel der Milchentrahmung erläutert [2]).

Es hat an weiteren Vorschlägen, Emulsionen durch Bewegung zu zerstören, nicht gefehlt. Als Beispiel diene das Am. Pat. 1587111 vom 17. 7. 1923 [3]). Nach diesem Verfahren versetzt man die Emulsion in strömende Bewegung, läßt Wasser von 90—120° F hinzufließen, erteilt der Mischung eine rotierende Bewegung und

Abb. 330.
Super-Zentrifugen-Batterie.

überläßt sie hierauf in einem besonderen Behälter der Ruhe. Schließlich seien an dieser Stelle Vorschläge genannt, Emulsionen ähnlich wie bei dem Vorgang des „Brechens" der Kaltasphaltemulsionen durch Darbietung großer Oberflächen an

---

[1]) Carl Ebel, Über Lackfiltration mit „Sharples Superzentrifugen" und deren Anwendungen auf anderen Gebieten. Chem.-Ztg. 48, 92 (1924). Von den die Trennung von WO-Emulsionen betreffenden Patenten der Sharples Specialty Co., Philadelphia, sei das Am. Pat. 1646339 v. 2. April 1921, übertr. von Eugene E. Ayres jr. genannt (Zbl. 1, 619 (1928)).

[2]) Clayton, 117ff; vgl. a. den Aufsatz in Nat. Petr. News vom 20. August 1919; ferner D.R.P. 359917. Von deutschen Hochleistungszentrifugen nenne ich noch den „Westfalia"-Separator der A.G. Ramesohl & Schmidt, Oelde, von Knitsch beschrieben. Hamburger Technische Rundschau 25 (1926). Sehr wirksam sind die „Westfalia"-Schleudertrommeln mit Filtereinsätzen zum Zurückhalten feinster Trübungsstoffe. Auch die Zentrifugen der Firma Gebr. Heine, Viersen, seien hier genannt. Vgl. Lottermoser und Calantar, a. a. O. 180; vgl. weiterhin die Verfahren von G. D. Comyn und W. A. White, Engl. Pat. 250360 (1925) und The American Demulsifying Co., Muscogee (Oklahoma) Am. Pat. 1573321.

[3]) George L. Fogler, Tulsa, Oklahoma, Zbl. 2, 1484 (1926).

der Luft, z. B. durch Ausbreitung auf Koks- oder Kiesschichten zu zerstören. Es scheidet sich eine Ölhaut ab, die durch fließendes Wasser in Tropfen übergeführt wird[1]).

Einwirkung chemischer Agentien. Bereits die mechanischen und elektrolytischen Methoden zeigten die Verwendung chemischer Agentien zur Zerstörung von Rohölemulsionen. Von den dort genannten Verfahren sind jedoch diejenigen z. T. verschieden, welche sich in erster Linie auf die scheidende Wirkung bestimmter Chemikalien gründen. Gurwitsch erwähnt derartige „höchst interessante" Bestrebungen, durch Zusatz kleiner Mengen verschiedener chemischer Reagentien eine Veränderung der Grenzflächenspannung zwischen Öl und Wasser zu erzielen. Dazu gehören in erster Linie Seifen der Fett- oder Sulfosäuren[2]), auch Leim und besonders Stärke sowie dergleichen hydrophile Kolloide[3]).

Da in den Rohölemulsionen das Wasser die disperse Phase ist und die Adsorptionshüllen meist aus hydrophoben Harz- oder Asphaltstoffen bestehen, muß nach dem Prinzip von Bancroft bei gewissen Konzentrationen ein zugesetztes hydrophiles Kolloid gegensätzlich wirken: Die Häutchen gehen auseinander. Ein zu großer Zusatz des hydrophilen Kolloids kann jedoch zur Phasenumkehr führen, weil die Häutchen ja aus ersterem gebildet werden.

T. Kuczynski hat folgende Ansichten entwickelt[4]). Die Emulsionen seien um so beständiger, je geringer die gegenseitige Löslichkeit der Komponenten ist. Zur Zerstörung von Emulsionen wäre also die gegenseitige Löslichkeit zu erhöhen, was durch Temperaturerhöhung erzielt werden könnte. Ferner auch durch Zufügung geeigneter Lösungsmittel, z. B. von Süßwasser bei Rohöl-Salzwasser-Emulsionen. Nach Kuczynski hat sich nun die Zugabe von Phenolen oder Anilinen als zweckmäßig erwiesen, die nur in sehr geringen, von der Temperatur abhängigen Mengen benötigt werden. So genügten bei 40° beispielsweise 0,1—0,3% Karbolsäure, bei 100° nur 0,01%, wenn für gute Rührung und feine Verteilung des Phenols gesorgt wurde. Es konnten betriebsmäßige Mengen von 10000 kg nach 12stündigem Absitzenlassen getrennt werden. Dieses Verfahren soll sich in der Staatlichen Mineralölfabrik in Drohobycz gut bewährt haben, um so mehr, als es in der gewöhnlichen Raffinationsapparatur ausgeführt werden konnte. Die Ausbeuten sollen fast quantitativ sein, bei sehr geringem Dampfverbrauch. Die Unkosten betragen daher nur 1—5% des ausgebrachten Rohöles.

Später hat Kuczynski die emulsionszerstörende Wirkung verschiedener in Rohöl unlöslicher Stoffe auf elektrische Kräfte zurückzuführen versucht und be-

---

[1]) Green, Ogden und Unthank, Franz. Pat. 605318, engl. Prior. 29. Oktober 1924. — Zbl. **2**, 1485 (1926). — Vgl. a. Petroleum **19**, 327 (1924). — Vgl. a. das Am. Pat. 1627072 vom 26. Januar 1924, Zbl. **2**, 358 (1927) von J. F. Wright, wonach das emulgierte Öl zusammen mit einem Strahl von heißem Wasser gegen eine rotierende Prallplatte geschleudert und dann durch Zentrifugalmischer in Absitzbehälter geleitet wird.

[2]) Vgl. Zbl. **2**, 966 (1923). — Ferner B. Johnson, Engl. Pat. 284401 (27. Oktober 1926), Zbl. **1**, 2329 (1928), Zerstörung von Teeremulsionen mittels teerlöslicher Karbonsäuren, welche im Wasser unlöslich sind.

[3]) Gurwitsch, 193. — Clayton, 110—111. — Sherrick, Ayres, Journ. Ind and Eng. Chem. **13**, 1010, 1013 (1921). — Vgl. a. das Am. Pat. 1617201 vom 20. Juni 1922, Zbl. **1**, 2151 (1927) von N. A. Hallauer, übertr. von H. A. Done, Behandlung mit Zellulose, die mit NaOH imprägniert ist.

[4]) Petroleum **19**, 420—423 (1924); D.R.P. 406818. Diese Auffassung wird von Lottermoser und Calantar kritisiert: Man durfte nicht etwa bestrebt sein, eine Lösung von Öl in Wasser oder umgekehrt zu erzielen, sondern im Gegenteil eine scharfe Trennung in zwei möglichst unlösliche Schichten (a. a. O. 182).

obachtet, daß im Gegensatz zu Emulsionen aus Texas und Kalifornien in den Emulsionen von Boryslaw-Tustanowice die Wassertropfen positiv geladen sind. Wasser und wäßrige Lösungen laden sich nach Kuczynski zwar gegen Raffinate immer positiv, aber bei Destillaten bzw. gegen Rohöl, bei sauren Ölen, positiv, bei alkalischen negativ, wodurch die Wirkung alkalischer Seifenlösungen, alkalischer Phenollösungen u. a. m., sowie der Sandfiltration erklärt werden könne[1].

Phenol als Zusatz wird auch von H. Dodd[2] empfohlen; ferner ist Phenol in dem sog. Tret-O-Lite enthalten, welches eine für die Emulsionszerstörung geeignete Rezeptur darstellt[3]. Die Zusammensetzung des mit Ultramarinblau gefärbten Emulsionsheilmittels, von dem 1%ige Lösungen bei 65° zugemischt werden, ist: 83,0% Natriumoleat, 5,5% Natriumresinat, 5,0% Natriumsilikat, 4,0% Phenol, 1,5% Paraffin, 1,0% Wasser.

Nach Gurwitsch setzt Karbolsäure die Grenzflächenspannung zwischen Öl und Wasser ganz bedeutend herunter, so daß sie sich an der Grenze dieser Flüssigkeiten stark adsorbieren lassen muß; Phenol verdrängt daher z. T. die Harzstoffe aus den Grenzflächen und wirkt auf die Harzhäutchen zerstörend. Phenole haben nach Lottermoser und Calantar nicht die Eigenschaft, elastische, zähe Häutchen zu bilden und mit diesen Häutchen die beiden Phasen einzuschließen. Es entsteht in diesem Falle keine neue Emulsion, wenn auch die Grenzflächenspannung Öl-Wasser noch stärker herabgesetzt wird, als vorher. Die fehlenden Grenzflächenmembranen können höchstens durch fein verteilte feste Körper ersetzt werden. Bei der Einwirkung von wasserfreiem Zinntetrachlorid nach Torossian gelang es den Autoren, die Asphaltkörpermembranen zu fällen und die Emulsionen zu zerstören (auf 300 ccm 10%ige Emulsion 4 g $SnCl_4$); auch beim Schütteln mit 5% Fullererde wurde eine Trennung erzielt[4].

Nach dem Am. Pat. 1597461 v. 11. 6. 1925 der Standard Oil Co., San Francisco, übertr. v. Ralph A. Halloran, werden Emulsionen zwecks Entwässerung mit 1% oder weniger des bei der Schwefelsäurebehandlung von Mineralölen erhaltenen Säureteers versetzt und damit auf 150—200° F (65—93° C) erhitzt[5].

---

[1] Petroleum **24**, 398 (1928). — Zbl. **1**, 2221 (1928).

[2] Chem. Met. Engin. **28**, 249.

[3] Matthews und Crosby, Journ. Ind. and Eng. Chem. **13**, 1015 (1921). — Vgl. a. Gill, Engl. Pat. 180447 (1921). Die Konzentration der im Tret-O-Lite gelösten Stoffe wird je nach der Beschaffenheit der zu behandelnden Emulsionen variiert, bis das Optimalverhältnis erreicht wird. Es sollen insgesamt ca. 30 verschiedene Tret-O-Lite-Mischungen existieren (Lottermoser und Calantar, a. a. O. 183). Vgl. a. Am. Pat. 1715217, (Zbl. **1**, 2037 (1930)).

[4] Lottermoser und Calantar, a. a. O. 374f.; — G. Torossian, Journ. Ind. and Eng. Chem. **13**, 903 (1921). — Weitere Literaturangaben über Phenolverfahren in den Jahren 1922—1925 s. R. Kissling, Chem.-Ztg. **50**, 817 (1926). Bemerkenswert ist das Franz. Pat. 608154 von Brégeat, Zbl. **2**, 2258 (1926) (Waschen von Emulsionen mit Phenol, Kresol u. ähnl. Stoffen; mit oder ohne Druck, kontinuierlich). Einen Waschprozeß mit Phenolen oder Naphthalinverbindungen, ihren Hydrierungs- und Sulfurierungsprodukten, wobei die Dichten der Phasen durch Erwärmung so geregelt werden, daß Schichtenbildung eintritt, beschreibt das Öst. Pat. 99212 (1925).

[5] Ein ähnliches Verfahren wird in dem Kanad. Pat. 247810 vom 26. Mai 1924, Zbl. **1**, 359 (1927) der Standard Oil Development Co., New York, übertr. von Carl F. Pester, sowie in dem Am. Pat. 1668941 vom 20. März 1923, der Standard Oil Development Co., Delaware, übertr. von Louis Burgess, beschrieben (Zbl. **2**, 1166 (1928)). Ein Entemulgierungsmittel aus neutralisiertem Säureteer wird in dem Am. Pat. 1673045 vom 4. Oktober 1923 der Standard Oil Co., San Francisco, übertr. von Edwin D. Gray, genannt (Zbl. **2**, 1512 (1928); auch die Kanad. Pat. 269664/5 vom 26. Mai 1924 der Standard Oil Co., Chicago, übertr. von Elmer Henry Payne und Samuel Alexander Montgomery, betreffen solche Neutralisationsprodukte (Laugen) (Zbl. **2**, 117 (1929)). Ferner wird durch das Am. Pat. 1718335 vom 28. Juli 1923 der Standard Oil Co., San Francisco, übertr. von Orville Ellsworth Cushman

Schließlich zitiere ich noch die überaus zahlreichen amerikanischen Patente der Firma Wm. S. Barnickel & Co., Webster Groves Miss., übertr. v. Melvin de Groote (und z. T. v. Wilbur C. Adams), in denen u. a. die folgenden Substanzen zur Aufhebung von Wasser/Ölemulsionen genannt werden[1]):

Am. Pat. 1555818 (23. April 1923)   0,1—1% Harzderivate (m. Cl, Br, HHO_3, H_2SO_4 u. a. m.).

1590617 (23. Dezember 1924) Erdalkalisalze von sulfonierten Mineralölen.

1596587 (23. Dezember 1924) Seifenartige Substanzen aus Schieferölprodukten.

1596589 (6. April 1925) Stearolacton, z. T. gemischt mit Oleat, Saponin usw.

1596590 (29. Mai 1925) Hydrophobe, öllösliche Stoffe, wie Naphthensäuren, Harze, Fettsäuren, Sulfosäuren m. Wasser, Glyzerin usw.

1596591 (29. Februar 1925) Ein Emulsionsquantum wird zerstört, dazu wird frische Emulsion gegeben.

1596592 (1. Oktober 1925) Wasserunlösliche Seife aus Schieferölprodukten.

1596585 (23. Dezember 1924) Zn-Späne mit adsorbiertem Entemulgierungsmittel.

und Theodore William Doell die Herstellung von Sulfosäuren aus viskosem Mineralöl für die Zwecke der Emulsionszerstörung geschützt (Zbl. 2, 2135 (1929)). Vgl. a. Engl. Pat. 319623, (Zbl. 1, 925 1930)). Weiterhin sind hier die Patente der Firma Kontol Co., Dallas (Texas), übertr. v. Charles Fischer jr. und Warren T. Reddish zu erwähnen. Nach dem Am. Pat. 1710159 vom 2. September 1926 werden Aluminiumsalze des Säureteers der Mineralölraffination zusammen mit Natronlauge als Entemulgierungsmittel verwendet (Zbl. 2, 519 (1929)), während nach dem Am. Pat. 1727164 vom 7. September 1926 mittels NaOH fast neutralisierte Säureteer-Sulfosäuren, welche mit Bitumen homogen gemischt wurden, in einer Menge von 1⁰/₀₀ als Emulsionszerstörer dienen (Zbl. 2, 3266 (1929)); das Am. Pat. 1727165 vom 30. Oktober 1926, schützt einen analogen Zusatz von 1⁰/₀₀ einer Mischung von 85—95% öl- und wasserlöslicher NaAl-Salze der Mineralöl-Sulfosäuren (zur Änderung der Oberflächenspannung der Komponenten) mit 5—15% Bitumen, Schm. 35—95⁰ (um das Zusammenfließen zu beschleunigen), unter Erwärmung (Zbl. 2, 3266 (1929)).

[1]) Vgl. Zbl. 1, 1086; 2, 1360, 2137, 2138 (1926). — V. Barnickel & Co. ferner Am. Pat. 1595455/7 (6. April 1925); Zbl. 1, 1104 (1927); 1606699, 1612180 (29. April 1926), 1617737 (2. September 1927), 1617738 (12. Oktober 1925), 1617739 (21. November 1925), 1617740 (3. Mai 1926), 1617741 (26. Juni 1926), 1656622 (11. Juli 1926), 1656623 (11. August 1926), 1659993 (17. Juni 1926), 1659998 (16. November 1926), 1659999 (10. Dezember 1926), 1660000/4 (31. Dezember 1926); Zbl. 1, 1646, 1647, 2382, 2383; 2, 2372 (1927); 1, 1739, 2031, 2032 (1928). — Vgl. ferner die Am. Pat. 1638021/2 (19. März 1924); Zbl. 2, 1917 (1927) von Lewis A. Way, übertr. von Alexander B. Way, wonach Gemische von Naphthalin und Nitrobenzol in fester, feinverteilter Form verwendet werden, sowie das Am. Pat. 1699374 (17. Mai 1926); Zbl. 1, 2131 (1929) von W. L. Palmer, worin Zusätze von Kresol, Ölsäure, Oxalsäure im Gemisch mit Glyzerin u. a. m. als Entemulgierungsmittel genannt sind. Die Einwirkung von CaC_2 oder Na wird durch das Am. Pat. 1700627 (17. November 1924); Zbl. 1, 2131 (1929) von S. Warren Cole, geschutzt; die Wärmetönung und die entbundenen Gase sollen dabei die Emulsionszerstörung begünstigen. Organische Sulfosäuren und deren Salze, Türkischrotöl, Saponin, Leim werden laut Am. Pat. 1643698 und Engl. Pat. 163519 verwendet. Schaumbildner wie Fett- oder Sulfofettsäureester werden in dem Engl. Pat. 225617 von A. M. Bloxam (1923) genannt. Nach dem Am. Pat. 1566008 von C. G. Hinrichs wird die Emulsion mit der Lösung eines Chloradditionsproduktes einer flüssigen Fettsäure in CCl_4 behandelt (Oil a. Gas. Journ. 137 (1926)). Nach dem Am. Pat. 1606698 von De Groote werden besonders hartnäckige Emulsionen, z. B. „Bottom Settlings" durch Kalziumkresolat, Magnesiumresinat u. a. wasserunlösliche, aber vom Wasser benetzbare, kolloiddisperse Stoffe, die frei von Fettsäuren sind, getrennt. Vgl. a. E. E. Ayres, Chem. Abstr. 15, Nr. 22, 3904; Petroleum World 406 (1918), wo der Zusatz einer kleinen Menge eines in Petroleum löslichen Materials aber auch wasserlöslicher Schutzkolloide z. B. präparierter, öllöslicher Stärke, vorgeschlagen wird. Ferner vgl. D.R.P. 417365, The Sharples Specialty Co., wonach ein von Mineralsubstanzen freies, hydrophiles emulgierendes Kolloid zugesetzt wird, das dem emulgierenden Einfluß des in den Emulsionen vorhandenen, im Öl gelösten emulgierenden Kolloids entgegenwirkt.

Lottermoser und Calantar studierten die Wirkung der vorgeschlagenen Stofftypen, indem sie je 25 ccm Baku-Rohölemulsion mit 0,1 g Zusatz 5 Minuten schüttelten und das Ergebnis nach einer Woche beobachteten (a. a. O. 364ff.).

Am. Pat. 1596593 (1. Oktober 1925)   Kolloide, koagulierende, eine Seife bildendes organisches Radikal enthaltende Suspensionen, wie Gemische der Lösungen von Natriumoleat, -resinat, Ammoniumoxystearat oder Kaliumsulfonaphthenat m. anorganischen Salzlösungen.

1596594 (1. Oktober 1925)   Naphthalinsulforicinoleat, Sulfooxyanthracenresinat.

1596595 (1. Oktober 1925)   Nicht sulfonierte, halogenfreie, aromatische Ester einer organischen Seife bildenden Substanz, z. B. aus Kresol, Ölsäure und P_2O_5.

1596596 (7. Oktober 1925)   Alkalisalze polyzyklischer Sulfosäuren.

1596597 (7. Oktober 1925)   Naphthensäureester.

1596598 (7. Oktober 1925)   Kondensationsprodukt einer Naphthensäure und einer aromatischen Verbindung mit einer Sulfogruppe.

Wärmebehandlung. Durch Erwärmen wird die Viskosität herabgesetzt und die Trennung von Öl und Wasser begünstigt. Deswegen werden sehr beständige Emulsionen zweckmäßig in erwärmtem Zustande den Zentrifugen zugeführt. Bei relativ unbeständigen Rohölemulsionen genügt oft schon ein mehr oder weniger langes Erwärmen, welches batterieweise in kontinuierlichem Betriebe erfolgen kann, um fast quantitative Scheidungen zu erzielen. Enthalten die emulgierten Rohöle flüchtige Bestandteile, so kann zuweilen direkt destilliert werden, und es entweicht Wasser zusammen mit Benzin und Petroleum (topping plants in Kalifornien). Im allgemeinen ist eine Destillation des gesamten, emulgierten Öles nicht ratsam, weil die Ölwässer anorganische Salze, vor allem Chloride, enthalten, die viel Kesselstein bilden und deren Zersetzung infolge Säurebildung zu Korrosionen führen kann.

Einfaches Erhitzen der Rohölemulsion ist nach Gurwitsch ziemlich kostspielig, namentlich das Verfahren mittels überhitztem Dampf, den man durch geschlossene Schlangenröhren streichen läßt. Ayres empfiehlt dagegen direkten, nicht überhitzten Dampf anzuwenden, den man in die am Boden des Absitzgefäßes sich ansammelnde Wasserschicht eintreten läßt, wodurch eine langsame und gleichmäßige Durchwärmung gewährleistet wird[1]). Von den vielen Einzelvorschlägen sei eine Anzahl angemerkt[2]).

---

[1]) Gurwitsch, 193. — Ayres, Journ. Ind. and Eng. Chem. **13**, 1011 (1921). Über die technischen Nachteile der direkten Destillation vgl. Petroleum **20**, 1321 (1925); ferner Am. Geolog. Surv. Bull. 653 (1917).

[2]) Hardison, Ztschr. f. angew. Chem. **28**, 376 (1915) (Durchleiten durch erhitzte Röhren). B.A.S.F. D.R.P. 354202 (Emulsionen werden unter Überdruck erhitzt, worauf nach Entspannung bei ständigem weiteren Erhitzen das Wasser abgeblasen wird). Ferner D.R.P. 248872 (Graaf, Erhitzen salzhaltiger Emulsionen mit Süßwasser). Engl. Pat. 17954 (Rosen). Öst. Anmeld. 6506. D.R.P. 262463 (Bush). Am. Pat. 1070555 (Stone). — Vgl. Petroleum **13**, 1046 (1918). Vgl. a. Doherty Research Co., übertr. von H. O. Ballard, Am. Pat. 1600030 (10. April 1909) (kontinuierliches Erwärmen). — A. L. G. Dehne, D.R.P. 385760; Zbl. **1**, 2850 (1924) (Vakuumverfahren). — A. L. Frankenberger, Am. Gas. Journ. **124**, 24; Zbl. **1**, 2160 (1926) (Technische Entwässerung von Wassergasteer durch Erwärmen vor der Destillation). — Ph. J. de Kadt, Holl. Pat. 15167 (7. April 1927); Zbl. **1**, 1647 (1927) (Überführung durch Zusatz von Harzseife u. a. m. in einen Zwischenzustand, der weder W.-O.-Emulsion noch O.-W.-Emulsion ist, worauf Destillation ohne Schäumen und Stoßen möglich ist). — D. P. Fleeger, und F. P. Osborn, Am. Pat. 1616119 (1. Dezember 1921); Zbl. **1**, 2489 (1927) (Durchleiten durch mehrere besonders konstruierte Gefäße). — Universal Oil Products Co., übertr. von G. Egloff und H. P. Benner, Am. Pat. 1649102 (18. September 1920); Zbl. **1**, 869 (1928). (Zwei übereinanderliegende Flammrohrblasen, von denen die untere zur Entwässerung und Destillation, die obere zum Kracken dient, wobei das System auch unter Druck und kontinuierlich laufen kann). Am. Pat. 1649103 (23. Oktober 1920), ibid. (Hindurchdrücken von Emulsionen durch liegende Zylinder, welche immer enger werdende Siebplatten enthalten). Am. Pat. 1674819 (20. August 1920); Zbl. **2**, 1168 (1928) (Erhitzung der Emulsionsoberflächen in Blasen, die erst später von außen

Als weitaus eleganteste technische Methode erscheint jedoch die Druckwärme-behandlung, welche auf der wichtigen Beobachtung beruht, daß Emulsionen beim Erhitzen über den Siedepunkt des Wassers rasch auseinander gehen. Vielleicht werden nach der Ansicht von Gurwitsch die Adsorptionshäutchen durch starkes Erhitzen in der Ölphase aufgelöst, bzw. aus dem hochkolloiden in einen viel weniger dispersen Zustand übergeführt, so daß die Adsorption und die Festigkeit der Häutchen entsprechend vermindert werden. Das Verdienst, diese Erscheinung zuerst in ihrer technischen Bedeutung richtig erfaßt zu haben, gebührt meines Erachtens dem amerikanischen Erdölchemiker Jesse A. Dubbs (Pittsburgh), der in dem Am. Pat. 890762 (angemeldet 1905, erteilt 1908) seine Erfindung niedergelegt hat. Die Patentschrift trägt die Bezeichnung „Treating Oil" und bezieht sich auf jene hartnäckigen Rohpetroleumemulsionen, die in der damaligen Zeit allen technischen Trennungsversuchen widerstanden. Es ist für den Kolloidchemiker nicht ohne Interesse, daß der Erfinder „by reason of the presence of some substance" die äußerst feine Verteilung des Wassers im Rohöl zu erklären versuchte. Das Wesen der Erfindung besteht in der Einwirkung von höheren Temperaturen auf das Rohöl, wobei die Verdampfung verhindert wird; nach dem Abkühlen kann man die getrennten Phasen auf einfache Weise verarbeiten. Der Patentanspruch lautet:

„Als Verbesserung bei dem Trennen von Öl und Wasser das hier beschriebene Verfahren, dadurch gekennzeichnet, daß man das mit Wasser gemischte Öl auf eine Temperatur oberhalb derjenigen erhitzt, bei welcher die Verdampfung in dem Verhältnis von etwa $^1/_{20}$ eines Kubik-fußes pro Quadratfuß der Fläche pro Stunde unter atmosphärischem Druck sein würde, während man eine wesentliche Verdampfung verhindert und das Öl und Wasser unter die Verdampfungs-temperatur abkühlen läßt, worauf man dann Öl und Wasser sich nach dem spezifischen Gewicht scheiden läßt."

erhitzt werden). Am. Pat. 1710154 (21. Oktober 1920); Zbl. 2, 519 (1929) (Hindurchpressen durch enge Öffnungen). Am. Pat. 1703103 (1. September 1020); Zbl. 2, 1369 (1929) (Kracken von Emulsionen, wobei in der Kondensation erneute Emulsionsbildung vermieden wird). — Universal Oil Products Co., übertr. von G. Egloff, Am. Pat. 1670107 (7. Januar 1921); Zbl. 2, 310 (1928) (Destillation unter gleichzeitiger Einspritzung von NaOH in den Dampfraum). — Universal Oil Products Co., übertr. von G. Egloff und R. T. Pollock, Am. Pat. 1649104 (9. Juli 1920); Zbl. 1, 871 (1928) (Vakuumdestillation in liegenden Zylindern mittels elektrischer Heizplatte, welche die Öloberfläche erhitzt und so das Schäumen verhindert). — B. Hilde-brand, Am. Pat. 1650514 (2. April 1925); Zbl. 1, 870 (1928) (Man schleudert die Emulsion gegen erhitzte Flächen und leitet sie in gewundenem Laufe durch fein zerteiltes Material). — L. E. Winkler und F. C. Koch, Am. Pat. 1650813 (20. September 1926); Zbl. 1, 871 (1928) (Ansteigende Absitzbatterie mit Einleitung heißer Verbrennungsgase zum Kracken der Öle). — H. Kleinmann, Gas Age Rec. 63, 349, 353 (1929); Zbl. 2, 240 (1929) (Entwässerung von hart-näckigen Wassergasteeremulsionen durch vorsichtiges Erhitzen). — R. A. van Mills, Oil and Gas. Journ. 27, Nr. 49, 45, 150 (1929); Zbl. 2, 816 (1929) (Aufstieg der Emulsion durch warmes Salzwasser, kontinuierlich). — E. H. Morse, übertr. von C. M. Morse, Am. Pat. 1702613 (20. Dezember 1926); Zbl. 2, 821 (1929) (Leitung der Emulsion über geheizte, gewellte Flächen in Scheidegefäße). — Deutsche Werft A.G., Hamburg, Engl. Pat. 308752 (21. Juni 1928); Zbl. 2, 1369 (1929) (Leitung der Emulsion in dünner Schicht über geneigte Flächen). — Cl. C. Monger und J. S. J. Lyell, Am. Pat. 1660230 (27. November 1925); Zbl. 1, 2032 (1928) (Schleu-dern der Emulsion unter Druck gegen eine unter Wasser getauchte Schale). — Über die Ver-drängung von Öl durch Wasser in Sanden verschiedener Korngröße vgl. N. T. Lindtrop und V. Nikolajew, Bull. Am. Assoc. Petroleum Geolog. 13, 811 (1929). — Zbl. 2, 1613 (1929). — Vgl. H. Atkinson, F. K. Holmestead und J. B. Adams, Am. Pat. 1651311 (14. April 1926); Zbl. 1, 870 (1928) (Behandlung von Ölsanden mit alkalischen Lösungen). — The Thermal Industrial and Chemical Research Co., Ltd., Engl. Pat. 211528 (Leitung der Emulsion durch in einem Metallbad liegendes Rohr, unter Vermeidung des Krackens). — H. F. Owen, Am. Pat. 1578739. — J. H. Wiggins, Chem. Abstr. 15, Nr. 16, 2716 (Leitung der Emulsion durch einen Heizapparat in kontinuierlichem Strom mit Wirbelbewegung). — Vgl. ferner die Patentzusammenstellung von L. Singer, Petroleum 26, 692 (1930).

Nach der Beschreibung wird die Rohölemulsion in Druckgefäßen auf Temperaturen oberhalb der Verdampfungstemperatur von Öl und Wasser erhitzt, und zwar wird angegeben, daß diese Temperatur im allgemeinen annähernd 250 oder 300° F (also etwa 120—150° C) beträgt. Es hat sich dabei als zweckmäßig erwiesen, die Druckgefäße nur bis zu einer gewissen Grenze zu füllen.

Im Jahre 1918 haben dann v. Pilat und v. Piotrowski über Versuche im Laboratorium der Mineralölfabrik in Drohobycz berichtet, die sich auf die Nachprüfung des sog. „Metan-Verfahrens" zur Verarbeitung galizischer Rohpetroleumemulsionen bezogen. Dieses Verfahren stammt von den Chemikern Moscicki und Kling („Metan" G.m.b.H., Lemberg, 1917) und beruht einfach auf der Druckerhitzung der Emulsionen Wasser-Rohöl mittels Dampf von 3—4 Atm. auf 120 bis 130°[1]).

Die aus den Gruben von Boryslaw-Tustanowice unter dem Namen „Kal" geförderte Rohölemulsion war lange Zeit ein lästiges Nebenprodukt. Es ist wirtschaftschemisch von Interesse, daß die technische Aufarbeitung im Grunde dem gesteigerten Kriegsbedarf zu verdanken ist. Die wirtschaftliche Bedeutung erhellt, wenn man bedenkt, daß im genannten Gebiete im Jahre 1918 etwa 250 Waggons monatlich produziert wurden. Es handelte sich um Emulsionen, die teilweise aus sehr tiefen Schächten (über 1300 m tief) aus Grenzgebieten zwischen rohölhaltigen und darunter liegenden salzwasserführenden Schichten gefördert wurden. Besonders hartnäckig erwiesen sich nun die Emulsionen aus relativ schweren Ölen, welche reich an hochmolekularen Anteilen sind. v. Pilat und v. Piotrowski vermuten, daß beide Arten von Emulsionen vorkommen und daß nur in denen der leichteren Öle das Wasser die disperse Phase bildet.

Die nach dem „Metan"-Verfahren arbeitende Apparatur ist ebenso einfach, wie die von Dubbs angewandte; die Autoren erwähnen einen etwa 40000 kg Emulsion enthaltenden Druckbehälter, in dem das Gut auf 120—130° bei 3—3½ Atm. Überdruck erhitzt wird. Die Zerstörung erfolgt beispielsweise bei 3 Atm. in 5 Stunden, bei höheren Drucken wesentlich schneller; hierbei ist aber nicht der Druck, sondern lediglich die Temperaturhöhe entscheidend, wie experimentell nachgewiesen wurde. Der Ölgehalt des damals verarbeiteten, schweren und schlammhaltigen Guts schwankte zwischen 18—25%, so daß die Anlage mit Rücksicht auf die schwierige Befüllung des Behälters mit der zähflüssigen Masse nur 8—10 t reines Öl täglich leisten konnte. Die Untersuchung des Salzwassers in der Emulsion ergab Gehalte bis 235 g im Liter, in der Hauptsache Chloride und Karbonate von Ca, Mg, Na, neben wenig Sulfaten und Bromiden. Der Asphaltgehalt der abgetrennten Öle wurde zu 0,4—0,6% bestimmt; außerdem waren die Öle sehr paraffinreich.

Die österreichische Patentschrift 80805/23c (angemeldet 17. 2. 1917, patentiert ab 15. 9. 1919) der Firma „Metan", Lemberg, hat folgenden Patentanspruch:

„Verfahren zur Abscheidung von Wasser oder wäßrigen Lösungen aus Erdöl- oder anderen Ölemulsionen durch Erhitzen derselben, dadurch gekennzeichnet, daß die Emulsionen unter gleichzeitiger Anwendung von mindestens 1 Atm. Überdruck auf Temperaturen von über 100° C gegebenenfalls unter Rühren erhitzt werden."

In der Beschreibung wird darauf hingewiesen, daß durch die Einwirkung von Temperaturen über 100° eine die Trennung der Phasen begünstigende Verminderung der Viskosität erzielt wird. Die zur Trennung erforderliche Zeit ist von der Beschaffenheit der Emulsion und von der Größe der dispergierten Wasserteilchen

---

[1]) Petroleum **13**, 1046ff. (1918). — Moscicki und Kling, Über wäßrige Emulsionen und ihre Trennung, Ztschr. „Metan" 121 (Lemberg 1917). — Vgl. ferner R. Koetschau, Ztschr. f. angew. Chem. **32**, 45 (1919), Aufsatzteil.

abhängig; die Zeit des Abscheidens kann man verkürzen, wenn bei verminderter Viskosität die Emulsion durchgerührt und dann absitzen gelassen wird. Beispielsweise erwärmt man eine frisch aus dem Schachte gewonnene Rohölemulsion 4 Stunden lang bei 8 Atm. Überdruck ohne Rühren. Nach dieser Zeit ist die Trennung der Rohölemulsion in 56 % Salzlösung und 44 % Rohöl vollzogen. Ein Erwärmen bei 5—6 Atm. führt auch zum Ziele, erfordert aber zur Trennung unter Rühren eine Arbeitszeit von etwa 10 Stunden. Eine technische Verbesserung des Verfahrens ist in dem auf der österreichischen Anmeldung vom 30. 3. 1918 beruhenden D.R.P. 353278/23b, patentiert ab 31. 10. 1919 niedergelegt, welches der „Metan"-Gesellschaft und J. Moscicki und K. Kling in Lemberg erteilt wurde. Hier handelt es sich um die kontinuierliche Ausbildung des Verfahrens, denn der Patentanspruch lautet:

„Verfahren zur Trennung von Wasser oder wäßrigen Salzlösungen aus Erdöl- oder anderen Ölemulsionen durch Erhitzen unter Druck, dadurch gekennzeichnet, daß man die Emulsionen einen gegen Wärmeverlust isolierten, unter Überdruck stehenden Behälter ständig derart durchströmen läßt, daß die entwässerte Ölphase ständig oben und die wäßrige Phase ständig oder unterbrochen unten aus dem Behälter abgelassen werden kann."

Nach der Beschreibung erscheint es wesentlich, unerwünschte Strömungen in der Emulsionssphäre zu vermeiden, was durch Einbau von Hinderungsflächen erzielt werden kann.

Auf demselben kontinuierlichen Prinzip beruht im Grunde auch das Verfahren von R. Mannaberg und K. Koteckyi, Pardubitz (österreichische Anmeldung vom 26. 8. 1921, deutsche Anmeldung M. 75008, Kl. 12d, vom 31. 8. 1921). Die Ansprüche lauten:

„1. Verfahren zur Zerlegung von Emulsionen, z. B. der Emulsionen von Mineralöl mit Wasser, durch Erhitzen in unter Überdruck stehenden geschlossenen Gefäßen auf Temperaturen, die über dem Siedepunkt der niedrigersiedenden Emulsionskomponente liegen, dadurch gekennzeichnet, daß das Erhitzungsgefäß zugleich zur getrennten Abführung der beiden Emulsionskomponenten bei ununterbrochener Erhitzung verwendet wird, wobei die abgezogenen Flüssigkeitsmengen durch Zuführung von frischer Emulsion ersetzt werden.

2. Verfahren nach Anspruch 1, dadurch gekennzeichnet, daß der Rest der leichter flüchtigen Anteile in an sich bekannter Weise in Dampfform abgetrieben wird.

3. Vorrichtung zur Ausführung des Verfahrens nach Anspruch 1 und 2, dadurch gekennzeichnet, daß mehrere erhitzte Druckkessel hintereinander geschaltet sind, welche die Flüssigkeit zweckmäßig in ununterbrochenem Arbeitsgang durchfließt."

Die Erfindung bezieht sich auf die Zerlegung von solchen Emulsionen, die aus gegeneinander chemisch unwirksamen Komponenten bestehen, beispielsweise der Emulsionen von Mineralölen, pflanzlichen und tierischen Fetten und Ölen, ferner von Teer, Harz mit Wasser oder Salzwasser usw., ist also in dieser Hinsicht umfassender, als die vorgenannten Verfahren. Es sei aber erwähnt, daß bereits das D.R.P. 143946/53h (vom 14. 8. 1901) von C. Fresenius ein Verfahren zur Trennung der Emulsionen von fetten Ölen aufweist, die sich bei deren alkalischer Reinigung bilden, wonach unter Überdruck von etwa 1 Atm. Phasentrennung erfolgt. Auch die im nächsten Abschnitt beschriebenen Druckverfahren von R. Koetschau und von Gurwitsch beziehen sich auf die Trennung von Seifenemulsionen.

Das Verfahren von Mannaberg und Koteckyi will nun allgemeine apparative Vorteile bringen, indem das Erhitzungsgefäß unmittelbar zur getrennten Abführung der Komponenten bei ununterbrochener Erhitzung und kontinuierlicher Arbeitsweise verwendet wird. Die Kühler sollen zweckmäßig als Gegenstrom-Vorwärmer ausgebildet werden, und der Betrieb erfolgt am besten batterieweise zur stufenweisen Zerlegung der Emulsion. Ein besonderes Dekantationsgefäß ist nicht erforderlich; die Destillation soll in unmittelbarem Anschluß an die Druckbehandlung erfolgen.

Auf weitere Vorschläge, Rohölemulsionen durch Wärmebehandlung zu entwässern, z. B. nach dem Krause-Verfahren, kann hier nicht näher eingegangen werden, auch das vorgeschlagene Ausfrieren des Wassers, also die Anwendung von Kälte, sei nur grundsätzlich genannt[1]).

Zerstörung und Vermeidung von Mineralölemulsionen im Raffinationsprozeß.

Die im Raffinationsprozeß auftretenden Schwierigkeiten bei der alkalischen Reinigung der mit konzentrierter oder rauchender Schwefelsäure behandelten Öle, namentlich der Schmieröldestillate, beruhen auf der Neigung zur Bildung beständiger Öl-Wasser-Emulsionen, wie oben unter Bezugnahme auf die sehr eingehenden Studien von Gurwitsch dargelegt wurde. Typke (A.E.G., Berlin) hat die Anwendung der Raffinationsmittel Schwefelsäure und Lauge besprochen und dabei in dem Kapitel „Behandlung mit Lauge" die Vorschläge von Gurwitsch, Kissling u. a. zur Zerstörung und Vermeidung der auftretenden Seifenemulsionen erwähnt[2]).

Die Seifen, welche als Emulgatoren wirken, rühren einerseits von vorhandenen Naphthensäuren, anderseits von Sulfosäuren her, die besonders bei der Anwendung von Oleum gebildet werden. Die Mineralölseifenemulsionen lassen sich durch Ansäuern ziemlich leicht zerstören, aber dabei werden natürlich wieder Naphthensäuren oder Sulfosäuren frei, so daß die Schwierigkeiten von neuem beginnen.

Als gutes Mittel zur Zerstörung der im Raffinationsprozeß auftretenden Emulsionen ist Alkohol schon seit langem bekannt. Die Wirkung des Alkohols ist nach Gurwitsch wahrscheinlich so zu erklären, daß durch den Zusatz der die Emulsionsbildung begünstigende kolloide Zustand der Naphthenseifenlösungen im Wasser aufgehoben wird. Alkohol drückt sowohl die Emulgierfähigkeit, wie auch die Hydrolyse herab. Mittels alkoholischer Natronlauge (etwa 50% Alkohol) lassen sich daher seifenfreie Raffinate viel leichter herstellen als mittels gewöhnlicher wäßriger Lauge; der hohe Preis des Alkohols macht allerdings seine Verwendung meist nur bei der Fabrikation teurer Produkte (Weißöle) wirtschaftlich.

Budrewicz[3]) empfiehlt dem gesäuerten Öl zur Vermeidung der Emulsionsbildung 0,25—0,3% Alkohol zuzusetzen und auf 50° zu erwärmen, also analog wie bei der Gewinnung des bekannten „Kontaktspalters" von Petroff zu verfahren; nach dem D.R.P. 312136 werden die Öle ebenfalls vor der Laugung zwecks Entfernung der Sulfosäuren zur Vermeidung einer Emulsion mit wäßrigen Lösungen von Azeton oder Alkohol behandelt.

---

[1]) Vgl. Clayton, 122, Anm. 1, 2, 3 und 7. Vgl. a. die Ausfrierversuche von Lottermoser und Calantar, a. a. O. 364. Erwähnt sei noch das öst. Pat. 102957 (21. Mai 1924) von N. Metta, Bukarest, Zbl. 1, 3584 (1926) (Vorrichtung zur ununterbrochenen Trennung und Destillation von Teer- und Ölemulsionen: Druckbehälter, z. T. mit einer Metallschmelze gefüllt, mit einem von wechselseitig durchbohrten Blechen gebildeten Kammersystem). Ferner das Am. Pat. 1611370 (28. Juni 1923) von der Power Specialty Co., übertr. von J. Primrose, Zbl. 1, 1646 (1927) (Druckerhitzung).

[2]) Petroleum 22, 751ff (1926).

[3]) Przemysl Chem. 4, 63.

Oft gelingt es der Kunst des Raffineurs durch Zusatz kleiner Mengen Naphthensäure oder Ölsäure das Emulsionsgleichgewicht zu stören und Trennungen zu erzielen. Nach K. Dittler kann auch vorteilhaft Tallöl (flüssiges Harz aus dem Sulfatzellstoffprozeß), insbesondere bei der Neutralisation gesäuerter hochviskoser Schmieröldestillate verwendet werden[1]). Es sind aber noch eine ganze Reihe von manchmal phantastischen Vorschlägen gemacht worden, um die Raffinationsemulsionen zu zerstören oder ihre Bildung in statu nascendi zu vermeiden.

Erwähnenswert ist ein Vorschlag von Dekker[2]), Formaldehyd als Zerstörungsmittel zu verwenden. Zur Vermeidung von Emulsionen hat die „Aktiengesellschaft für Chemiewerte" Alkalilauge benutzt, die von festen Trägern, wie Fullererde, Kieselgur usw. aufgesaugt ist[3]). Nach Fowler erhitzt man das gelaugte Öl sehr rasch und versetzt dann mit Adsorptionsmitteln, wie Kohle oder Bleicherde[4]).

Gurwitsch betont mit Recht die Wichtigkeit der Reinheit der alkalischen Laugen, da Verunreinigungen von Kalk-, Magnesium- und Eisensalzen bzw. deren Hydroxyden äußerst schädlich sind. Die Naphthenseifen dieser Metalle sind in Wasser fast unlöslich, dagegen in Mineralölen viel leichter löslich. Wenn sie in Mineralöl gelöst sind, lassen sie sich nur sehr schwer mit Natronlauge zu Natronseife umsetzen und widerstehen den Auswaschungsversuchen. Zum Auslaugen saurer Öle sollte daher in den Betrieben nur ganz reines Wasser benutzt werden, welche Maßnahme am besten vor hartnäckigen Emulsionen schützt.

Zuweilen, besonders bei Texasölen und schweren rumänischen Destillaten, treten Emulsionen von überraschender Stabilität auf. Gleichzeitig ungefähr mit dem Verfahren von Moscicki und Kling, jedoch unabhängig davon, konnte Koetschau eine auf dem Prinzip der Druckerhitzung beruhende Methode in die Raffinationspraxis einführen[5]). Werden nämlich derartige Emulsionen nur zwei Stunden auf 4—5 Atm. erhitzt, so erfolgt glatte Trennung in Seifenlauge und sehr leicht auswaschbares Öl. Zu diesem Zweck wird einfach zwischen Lauge- und Klärgefäß ein Autoklav, der sog. „Zerstörer" eingebaut, der innen mit direktem Dampf geheizt wird.

Die Raffination von zersetzten Destillaten scheint infolge der erhöhten Bildung von Sulfosäuren aus den Karbüren besonders leicht Emulsionen zu ergeben. Auch bei der erwähnten Behandlung mit Oleum hat man ja mit dem Eintritt der Sulfogruppe ins Molekül zu rechnen. Aus demselben Grunde bietet die Reinigung rumänischer Öle Schwierigkeiten infolge der Anwesenheit von Karbüren und polyzyklischen Kohlenwasserstoffen. Mit Hilfe der Zerstörer können nun etwa auftretende Emulsionen spielend getrennt werden. Dieses Verfahren ist von Koetschau sowohl bei der Raffination hochviskoser Maschinenöldestillate als auch bei der Verarbeitung der Abfallaugen mit gutem Erfolge benutzt worden.

Um die Bildung von Emulsionen zu vermeiden bzw. eine Zerstörung in statu nascendi herbeizuführen, wurden nun weiterhin auch gesäuerte Destillate unmittelbar unter Druck, bei 3—5 Atm. Wasserdampfspannung gelaugt. Diese Methode führte zu dem D.R.P. 360274 der Mineralölwerke Albrecht & Co., Hamburg; als Vorzüge des Verfahrens seien höhere Ausbeuten an Raffinat und Zeitersparnis

[1]) Chem.-Ztg. **52**, 577 (1928). — Zbl. **1**, 1165 (1928). Über den Zusatz von Rohnaphthensäuren vgl. z. B. W. Geritz, Allg. Österr. Chem. u. Techn. Ztg., **48**, 27 (1930). — Zbl. **1**, 2037 (1930).

[2]) Dekker, Holl. Pat. 5953. — Zbl. **2**, 224 (1922).

[3]) Engl. Pat. 231900. — Zbl. **2**, 1647 (1925).

[4]) Am. Pat. 1534376. — Petroleum **21**, 2018 (1925).

[5]) R. Koetschau, Die Zerstörung und Vermeidung von Mineralölemulsionen, Ztschr. f. angew. Chem., Aufsatzteil **32**, 45f. (1919).

genannt[1]). Es sei noch bemerkt, daß als Druckgefäß außer stehenden Autoklaven auch alte, liegende Dampfkessel von 40 cbm Inhalt verwendet werden konnten.

v. d. Heyden und Typke schlagen vor[2]), die Behandlung in offenen Gefäßen bei Temperaturen oberhalb 100° vorzunehmen. Dies ist dadurch möglich, daß Laugen schon bei mittleren Konzentrationen erheblich oberhalb des Siedepunkts des Wassers sieden. Bei höheren Laugenkonzentrationen ist es möglich, bis zu 160° und noch darüber zu arbeiten. Ein Vorzug dieses Verfahrens ist, daß die lauge-löslichen Stoffe und mit ihnen auch beträchtliche Mengen teerartiger Neutralstoffe aus dem Öl entfernt werden, wobei oft eine Nachwäsche mit Wasser gar nicht mehr erforderlich ist, weil die aus dem Öl entfernten Stoffe in eine Form übergeführt sind, in der sie sich nur in sehr geringem Maße in Öl lösen. Dieses Verfahren lieferte auch bei sehr kreosothaltigen Braunkohlenteerölen haltbare Raffinate. Nach den Angaben der Autoren ließen sich Transformatorenöle mit Verteerungszahlen von 0,2 und darunter aus verschiedenen Rohstoffen herstellen, ohne daß es notwendig gewesen wäre, auch nur eine Waschung an dem Öl im Laufe des gesamten Raffinationsprozesses vorzunehmen. Man erkennt hieraus die eminente Bedeutung der Emulsionsvermeidung, die nach eben denselben Gesichtspunkten wie die Zerstörung technisch erzielt werden kann.

Die Abfallaugen, namentlich die Natronabfälle aus der Schmierölreinigung sind sehr reich an emulgierten Kohlenwasserstoffen, so daß auch hier die von Koetschau im Betriebe erprobte Druckerhitzung, welche Gurwitsch im Bakuer Laboratorium ebenfalls gefunden hat, mit Erfolg in besonderen Teilen der Fabrikation durchgeführt werden kann[3]). Gurwitsch stellte fest, daß bei hohen Temperaturen die Naphthenseifen ihren kolloiden Charakter und damit die emulsionsbildende Fähigkeit einbüßen, indem die Grenzflächenspannung zwischen saurem Öl und Natronlauge bei der Erhitzung zunimmt.

Es ist eine wirtschaftschemische Frage, welche Bestandteile aus den Abfall-laugen am lohnendsten abzuscheiden sind. Gurwitsch erreicht nach dem D.R.P. 145749 beispielsweise eine Zerstörung der emulgierten Abfallaugen durch indirekte Elektrolyse, um freie Naphthensäure und Ätznatron zu erhalten[4]). Der Wert der aus den Abfallaugen gewinnbaren Seifenöle oder Naphthensäuren ist aber je nach der Marktlage und den Rohmaterialien sehr schwankend.

Die lebhafte Erfindertätigkeit hat noch eine Menge von Vorschlägen gezeigt, und die Patentliteratur der Welt bringt immer neue Ideen, von denen allerdings wohl nur die wenigsten Eingang in die Praxis finden[5]).

---

[1]) Vgl. a. R. Koetschau, Veredelungsprobleme der Kohlenwasserstoffchemie, Ztschr. f. angew. Chem., Aufsatzteil 34, 403ff. (1921). Eine ähnliche Erfindung ist später durch das Am. Pat. 1709203 (26. April 1926); Zbl. 2, 2624 (1929) der Pan American Petroleum Co., übertr. von J. C. Black, W. D. Rial, und R. T. Howes, geschützt worden (Drucklaugung mit verdünnter Natronlauge unter 4—7 Atm.). Erwähnt sei hier noch das Am. Pat. 1616352 (8. April 1922) der Standard Development Co., Delaware, übertr. von E. B. Cobb, Zbl. 1, 2152 (1927): Um in gesäuertem Schmieröl die emulsionserzeugenden Stoffe, besonders die Sulfoverbindungen zu zerstören, wird das Öl mit Dampf auf 350—500° F (176—260° C) erhitzt und später filtriert.

[2]) E.T.Z. 46, 1811 (1925). — Erdöl und Teer 1, 36 (1925). — Vgl. aber auch die zuerst von R. Koetschau (a. a. O.) vorgeschlagene Alkalischmelze von Braunkohlenölen (D.R.P. 314745 u. 314746 (1916)).

[3]) Gurwitsch, 327.

[4]) Über diese u. ähnl. Vorschläge vgl. Gurwitsch, 326ff.

[5]) Ich zitiere noch die zusammenfassende Abhandlung von L. Singer, Kolloide im Erdöl und in der Erdölindustrie, Petroleum 21, 2234 (1925); ferner E. Kissling, Chem.-Ztg. 50, 817 (1926). O. Lange, Ztschr. d. Dtsch. Öl- u. Fettind. 45, 152 (1925), wo auch saure Abfallsäureemulsionen besprochen werden. Mechanische Trennungsverfahren zur Aufarbeitung von sauren Säureteer-

Rückblick. Wenn wir zurückblicken, so machen wir die Wahrnehmung, daß die Chemie des Erdöls zwar nicht die glänzenden Ergebnisse erzielt hat, wie die Veredelung der Steinkohlenteerprodukte. Aber die Aufgaben der Erdöl-Kohlenwasserstoffchemie sind nicht weniger kompliziert und wichtig für die Entwicklung der Technik.

Die Emulsionen haben sich von überraschender Bedeutung erwiesen; wir beobachten in der Erdöltechnik das doppelte Bestreben, einerseits Emulsionen zu bilden (Bohröle, Emulsionsschmieröle, bituminöse Emulsionen), anderseits Emulsionen zu zerstören oder zu vermeiden (Rohöl, Raffinationsprozeß). Beide Aufgaben können zu ihrer Lösung physikalischchemische Methoden nicht mehr entbehren. Die kolloidchemische Technologie hat hier bereits wesentliche Erfolge zu verzeichnen, deren wirtschaftschemische Auswirkung den Wert der neuen Betrachtungsweise deutlich erkennen läßt.

---

emulsionen (Sludge-Verarbeitung) sind in den Am. Pat. 1665189/90 (13. April 1927) der General Petroleum Co., übertr. von E. W. Roth, beschrieben, Zbl. 1, 3021 (1928). Vgl. ferner das Druckerhitzungsverfahren des Am. Pat. 1752555 (15. Nov. 1926) der Standard Oil Co. of California, übertr. von R. A. Halloran, W. N. Davis und G. A. Davidson, Zbl. 1, 3629 (1930).

Elektroosmose.

Von Dr. **Erwin W. Mayer**-Berlin.

Mit 11 Abbildungen.

Gesetze und Theorien der Elektroosmose.

Gemeinsam mit Dr. Nikolaus Schönfeldt, Charlottenburg.

Einleitung. Man bezeichnet mit dem Sammelnamen Elektroosmose diejenige Gruppe von elektrokinetischen Erscheinungen, welche bei Einwirkung einer elektromotorischen Kraft auftreten und sich als Verschiebung einer Flüssigkeit gegen eine feste Wand oder als Bewegung von kolloiden Teilchen gegen eine Flüssigkeit wahrnehmbar machen. Dabei wird besonders die Verschiebung einer Flüssigkeit gegen eine feste Wand als Elektroendosmose, die hierzu inverse Erscheinung, die Bewegung von kolloiden Teilchen gegen eine Flüssigkeit, als Elektrophorese bezeichnet. Umgekehrt entsteht eine elektromotorische Kraft, sog. Strömungspotentiale, durch Bewegung einer Flüssigkeit gegen eine feste Wand, wie durch Bewegung kolloider Teilchen gegen eine Flüssigkeit, sog. kataphoretische Ströme, Erschütterungsströme, Ströme durch fallende Teilchen auftreten.

Beschreibung der Elektroendosmose und der Kataphorese. Das Wesen der als Elektroendosmose bezeichneten Erscheinung wird durch folgenden Laboratoriumsversuch wiedergegeben (Abb. 331):

Ein U-förmiges Glasrohr wird durch ein poröses Diaphragma D aus Ton in zwei voneinander getrennte Räume A und K geteilt. Beide Räume sind gleich hoch mit verdünnter Kaliumchloridlösung gefüllt. In A befindet sich die Anode, in K die Kathode. Beim Anlegen eines Potentialgefälles findet ein Übertreten der Flüssigkeit aus A nach K statt, was durch ein Steigen des Niveaus N_1 in K und Fallen des Flüssigkeitsspiegels N_2 in A sichtbar wird. Der Übertritt der Flüssigkeit dauert solange, bis ihr hydrostatischer Überdruck dem elektroosmotischen Druck gleich wird. Sodann stellt sich ein nicht mehr veränderlicher Niveauunterschied ein, vorausgesetzt, daß in den Versuchsbedingungen keine Änderung eintritt. Bei organischen Diaphragmen findet dieser Übertritt meist in den Kathodenraum statt.

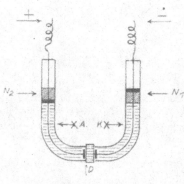

Abb. 331.

Der folgende Laboratoriumsversuch zeigt die bei der Elektrophorese auftretenden Vorgänge. In einem Kupfertopf (Abb. 332a) befindet sich eine Tonsuspension (leicht herstellbar durch Versetzen einer Tonaufschlemmung mit etwas Wasserglas), in der eine Hartbleianode hängt. Das Kupfergefäß bildet die Kathode. Sobald an die Elektrode eine Potentialdifferenz (rd. 50 V.) durch Einschalten von Gleichstrom angelegt wird, beobachtet man am Rande des Kupfergefäßes eine Klärung der Suspension, die im Verlauf weniger Minuten noch deutlicher wird. Zieht man dann die Anode aus der Suspension, so zeigt sich, daß sie eine dicke, mit einem Spatel entfernbare Anlage von entwässertem Ton trägt (Abb. 332b). Es hat also aus der Tonsuspension eine Wanderung des Tons zur Anode, also gewissermaßen eine Entwässerung des Tons im Wasser, stattgefunden.

Geschichte der Elektroosmose. Die elektroendosmotische Flüssigkeitsüberführung wurde zuerst von V. Reuss[1]) beobachtet (1809). Er steckte zwei mit Wasser gefüllte Röhren in feuchten Ton, leitete durch sie einen elektrischen Gleichstrom hindurch und bemerkte dabei, daß der Meniskus in dem die Kathode enthaltenden Rohr stieg, im Anodenrohr jedoch fiel. Gleichzeitig konnte er auch ein

Abb. 332 a.   Abb. 332 b.
Versuch der elektrophoretischen Wanderung von Ton.
a) Anfang des Versuches.   b) Ende des Versuches.

Loslösen von Tonteilchen unter Trübung des Wassers und Wandern des Tones zur Anode feststellen. Damit war auch die Elektrophorese entdeckt worden.

Ähnliche Beobachtungen wurden dann von Porret[2]), Faraday[3]), E. du Bois-Reymond[4]) u. a. Autoren gemacht. G. Wiedemann[5]) veröffentlichte im Jahre 1852 die ersten auf experimenteller Basis gewonnenen Gesetzmäßigkeiten der Elektroendosmose, die durch grundlegende Arbeiten von W. Hittorf[6]), G. Quincke[7]), H. v. Helmholtz[8]), H. Lamb[9]), M. v. Smoluchowski[10]), J. Perrin[11]); A. Coehn[12]), A. Lottermoser[13]) u. a. m. Vertiefung fanden.

Grundgesetze. Bereits G. Wiedemann[14]) stellte fest, daß bei ein und derselben Flüssigkeit durch das Diaphragma in gleichen Zeitabschnitten gleiche, der Stromintensität proportionale Flüssigkeitsmengen übertreten, und daß diese bei sonst gleichen Bedingungen von der Oberfläche und Dicke des

[1]) Mém. de la Soc. imp. des Natural. Moscou 2, 327 (1809). — [2]) Gilb. Ann. 66, 272 (1816). — [3]) Exp. Res. Nr. 1562 (1838). — [4]) Berl. Ber. 895 (1860). — [5]) Pogg. Ann. 87, 321 (1852). — [6]) Pogg. Ann. 98, 8 (1856). — [7]) Pogg. Ann. 113, 513 (1861). — [8]) Wied. Ann. 7, 337 (1879). — Ges. Abhandlungen 1, 855 (1882). — [9]) Phil. Mag. 25, 52 (1888). — [10]) Bull. de l'Acad. d. Sc. de Cracovie 182 (1903). — [11]) Journ. Chim. Phys. 2, 601 (1904); 3, 50 (1905). — [12]) Ztschr. f. Elektrochem. 4, 63 (1897). — [13]) Ztschr. f. prakt. Chem. 256, 241 (1897). — [14]) Pogg. Ann. 87, 321 (1852).

Diaphragmas unabhängig sind. Dieser Gesetzmäßigkeit gab G. Wiedemann mathematischen Ausdruck, indem er

$$H = K \frac{J \cdot s \cdot d}{q}$$

setzte.

Hierin bedeutet H den Niveauunterschied der beiden durch das Diaphragma getrennten Räume, J die Stromstärke, s den spezifischen Widerstand der Lösung, d die Dicke, q den Querschnitt des Diaphragmas, und K eine Konstante. Da $\frac{J s d}{q}$ dem Potentialgefälle an beiden Seiten des Diaphragmas proportional ist, so ist auch der durch die Elektroendosmose hervorgerufene Niveauunterschied der elektromotorischen Kraft proportional (Wiedemannsches Gesetz).

Von entscheidendem Einfluß auf die Elektroendosmose ist, wie schon G. Quincke[1]) in seinen Versuchen fand, die Natur des Diaphragmas. A. Cruse[2]) untersuchte die Wirkung der Temperatur, E. Freund[3]) die der Konzentration auf die Elektroendosmose.

Die Elektrophorese wurde zuerst genauer von G. Quincke[4]) untersucht. Quantitative, an Lykopodiumteilchen in Wasser ausgeführte Messungen ergaben Proportionalität der Wanderungsgeschwindigkeit mit der elektromotorischen Kraft.

Die Entstehung von Potentialdifferenzen der Strömungspotentiale bei der Bewegung von Flüssigkeiten durch Tonplatten ist von G. Quincke[5]) entdeckt worden. Die Potentialdifferenz war dem Druck, unter dem die Flüssigkeit durch die Tonplatte gepreßt wurde, proportional. Dieselbe Erscheinung konnte F. Zöllner[6]) bei Verwendung von Glaskapillaren nachweisen. Diesbezüglich wurden auch von E. Edlund[7]), J. W. Clark[8]) und H. Haga[9]) Messungen ausgeführt.

Alle diese Erscheinungen der Elektroosmose konnten theoretisch erst durch die Einführung der Doppelschichttheorie gedeutet werden.

Doppelschichttheorie und Wandaufladung. Die Einführung des Begriffes der elektrischen Doppelschicht geht schon auf G. Quincke zurück. Diese Doppelschicht entsteht an der Grenzfläche Wand (Kapillarenwand des Diaphragmas, Oberfläche der Kolloide) — Flüssigkeit und bewirkt einen Potentialsprung an derselben. Die eine Belegung dieser Doppelschicht haftet an der Wand fest, die andere jedoch ragt in die Flüssigkeit hinein und ist tangential zur ersten verschiebbar.

Diese Theorie wurde für zylindrische Kapillarröhren durch H. v. Helmholtz[10]) in mathematische Form gekleidet. Unter bestimmten Voraussetzungen kommt er für die durch ein Kapillarbündel endosmotisch übergeführte Flüssigkeitsmenge zur Gleichung:

$$v = \frac{q \cdot E r^2 D \cdot \zeta}{4 \pi \eta l}$$

wo v den in der Zeiteinheit endosmotisch erfolgten Flüssigkeitstransport, q den Querschnitt des Bündels, E die angelegte Spannung, D die Dielektrizitätskonstante der Flüssigkeit[11]), ζ den Potentialsprung an der Grenzfläche Flüssigkeit—Kapillaren-

―――――
[1]) Pogg. Ann. **113**, 513 (1861). — [2]) Phys. Ztschr. **6**, 201 (1905). — [3]) Wied. Ann. **7**, 53 (1879). — [4]) Pogg. Ann. **113**, 513 (1861). — [5]) Pogg. Ann. **107**, 1 (1859); **110**, 38 (1860). — [6]) Pogg. Ann. **148**, 640 (1873). — [7]) Pogg. Ann. **156**, 251 (1875). — Wied. Ann. **1**, 184 (1877); **5**, 489 (1878); **8**, 127 (1879); **9**, 95 (1880). — [8]) Wied. Ann. **2**, 335 (1877). — [9]) Wied. Ann. **2**, 326 (1877); **5**, 287 (1878). — [10]) Wied. Ann. **7**, 337 (1879). — Ges. Abhandlungen **1**, 855 (1882). —[11]) Die Einführung der Dielektrizitätskonstante in die Helmholtzsche Gleichung stammt von Pellat, Journ. Chim. Phys. **2**, 607 (1904).

wand, das sogenannte elektrokinetische Potential[1]), η die Viskosität der Flüssigkeit und l den Elektrodenabstand bedeuten[2]). Die Gleichung gilt nur für Diaphragmen, die dem Poiseuilleschen Gesetz gehorchen.

Obige Formel wurde im ganzen durch die Experimentalarbeiten von G. Wiedemann[3]), G. Quincke[4]), E. Dorn[5]), U. Saxèn[6]), J. Perrin[7]) u. a. bestätigt[8]).

Eine Verallgemeinerung der Helmholtzschen Theorie für Kapillarröhren beliebiger Gestalt gab M. v. Smoluchowski[9]). Er stellte auch eine Theorie für die Elektrophorese auf. Für die kataphoretische Geschwindigkeit gilt die Formel

$$v = \frac{E\,D \cdot \zeta}{4\,\pi\,\eta}$$

(Die Bedeutung der Buchstaben ist dieselbe wie vorhin.)

Die Elektrophorese wurde makroskopisch von E. F. Burton[10]), mikroskopisch von R. Ellis[11]) und F. Powis[12]), ultramikroskopisch von T. Svedberg und H. Andersson[13]) ausgeführt.

Im Falle der Strömungspotentiale gilt nach v. Helmholtz:

$$E = \frac{P\,\zeta\,D}{4\,\pi\,\eta\,l}$$

wobei P den hydrostatischen Überdruck bedeutet. (Über die Bedeutung der anderen Buchstaben s. weiter oben.) H. R. Kruyt[14]), .H. Freundlich und P. Rona[15]) haben mit Hilfe der Strömungspotentiale den Einfluß verschiedener gelöster Stoffe auf das ζ-Potential untersucht.

Für die kataphoretischen Ströme hat M. v. Smoluchowski[16]) eine Theorie entwickelt. Quantitative Messungen, welche die v. Smoluchowskische Theorie bestätigen konnten, führte J. Stock[17]) aus.

Wie kommt nun die elektrische Aufladung an der Grenzfläche Wand—Flüssigkeit zustande? Die Mehrzahl der Kolloidforscher vertritt die Anschauung, daß diese Aufladung eine Folge der Ionenadsorption[18]) ist. Es werden jedoch nicht alle Ionen gleich stark adsorbiert. Die beiden am besten adsorbierbaren Ionen sind die Ionen des Wassers: nämlich das H·- und das OH′-Ion. Metallionen werden im allgemeinen um so stärker adsorbiert, je höher ihre Wertigkeit ist. Die chemische Natur des Adsorbens spielt dabei auch eine wichtige Rolle, indem saure Adsorbentien vor-

---

[1]) Die Bezeichnung ζ für das elektrokinetische Potential ist auf Vorschlag von H. Freundlich eingeführt worden, wodurch die Verschiedenheit vom Nernstschen ε-Potential zum Ausdruck gebracht werden soll. H. Freundlich und P. Rona, Sitzungsber. d. Preuß. Akad. d. Wiss. **20**, 397 (1920). — [2]) Über das elektrokinetische Potential s. a. H. Lamb, Phil. Mag. **25**, 52 (1888) sowie M. Gouy, Journ. d. Phys. **9**, 457 (1910). — C. R. **149**, 654 (1909). — Ann. d. Phys. **7**, 129 (1917). — [3]) Pogg. Ann. **87**, 321 (1852). — [4]) Pogg. Ann. **113**, 513 (1861). — [5]) Wied. Ann. **9**, 513 (1880); **10**, 46 (1880). — [6]) Wied. Ann. **47**, 46 (1892). — [7]) Journ. Chim. Phys. **2**, 618 (1904). — [8]) Versuche von K. Illig und N. Schönfeldt (Wiss. Veröffentl. a. d. Siemenskonzern **7**, 1. H. (1928)), und von N. Schönfeldt (Wiss. Veröffentl. a. d. Siemenskonzern **8**, 2. H. (1929)), die in der letzten Zeit mittels einer neuen Versuchsmethodik ausgeführt wurden, zeigten jedoch, daß das ζ-Potential sowohl von den Porositätsverhältnissen des Diaphragmas, wie auch von der Stromstärke abhängt, daß also eine Ergänzung bzw. Festlegung der Anwendungsgrenzen obiger Gleichung erforderlich ist. — [9]) Phil. Mag. **11**, 439 (1906). — [10]) Ztschr. f. phys. Chem. **78**, 321 (1911). — [11]) Ztschr. f. phys. Chem. **89**, 91 (1915). — [12]) Kolloid-Ztschr. **24**, 156 (1919). — [13]) Kolloid-Ztschr. **22**, 81 (1918). — [14]) s. H. Freundlich und P. Rona, Sitzungsber. d. Preuß. Akad. d. Wiss. **20**, 397 (1920). — [15]) s. S. 385 in Graetz Handb. d. Elektr. d. Magn. **2**, Lieferung 2. — [16]) Anzeig. d. Akad. d. Wiss. Krakau **131** (1913); **95** (1914). — [17]) J. Stock, Krak. Anz. **635** (1912); **131** (1913). — [18]) s. J. Perrin, Journ. Chim. Phys. **2**, 601; **3**, 50 (1904 und 1905). — A. Gyemant **28**, 103 (1921).

wiegend OH'-Ionen, basische jedoch H'-Ionen adsorbieren. Die Natur der adsorbierten Ionen bedingt den Ladungssinn des Adsorbens. Diaphragmen aus Ton,
Kieselsäure, Hanf- oder Flachsgewebe, Viskose usw. laden sich gegen Wasser negativ,
solche aus Pergament, Leder, Seide, Wolle, eiweißartige Membrane, tierische
Blase usw. positiv auf. Bei den negativ geladenen Diaphragmen findet die Flüssigkeitsüberführung nach der Kathode, bei den positiv geladenen nach der Anode
statt. Umgekehrt sind, im reinen Wasser dispergiert, die Metalle, Graphit, Ton,
Sulfide, saure Farbstoffe, Gerbstoffe, Leim usw. negative, hingegen die Metalloxyde,
basische Farbstoffe usw. positive Kolloide. Kolloide und Diaphragmen können aber
auch je nach dem p_H-Wert der Lösung positiv oder negativ aufgeladen sein[1]). Der
Umkehrungspunkt der Wand, der sog. isoelektrische Punkt, muß jedoch nicht bei
der neutralen Reaktion der Lösung liegen, dies wird nur bei gleich starkem Adsorptionsvermögen für H'- und OH'-Ionen der Fall sein. Die Aufladung der
Diaphragmen bedingt eine ungleiche Durchlässigkeit für beide Ionenarten und
bewirkt dadurch die bereits von W. Hittorf beobachteten Konzentrationsverschie-
bungen an beiden Seiten des Diaphragmas[2]). Ein negativ aufgeladenes Diaphragma läßt vorwiegend Kationen, ein positiv geladenes leichter Anionen durch.

Bei den elektroosmotischen Vorgängen spielt außer der Ladung der Diaphragmen auch ihre Porengröße eine wichtige Rolle. Letztere ermöglicht es,
Kolloide verschiedenen Dispersitätsgrades zu trennen bzw. zu reinigen.

Zum Schluß sei noch die Regel von Coehn[3]) erwähnt. Dieselbe besagt, daß
sich bei Berührung zweier Dielektrika stets dasjenige mit der höheren Dielektrizitätskonstante positiv gegen das andere mit der niedrigeren auflädt. Diese Regel liefert
jedoch nur qualitativ brauchbare Zahlen.

Nutzanwendung der Elektroosmose.

Das Verdienst, die Erscheinungen der Elektroosmose, Endosmose und Kataphorese erstmalig technisch verwendet zu haben, gebührt Graf Botho Schwerin[4]).
Die Einführung der technisch verwertbaren Verfahren in die Industrie übernahm
die von ihm gegründete Elektro-Osmose-Aktiengesellschaft (Graf
Schwerin-Gesellschaft) in Berlin.

Bei der industriellen Verwertung der Elektroosmose kann man zwei Ver-
fahrensgruppen unterscheiden: jene Verfahren, die ohne und jene, welche mit
Diaphragmenverwendung arbeiten.

Entwässerungsverfahren.   Die erste Gruppe der Verfahren verwertet industriell
die Erscheinung, daß bei Bestehen eines Potential-
gefälles die disperse Phase einer im allgemeinen wäßrigen Suspension nach der
einen Elektrode (meist Anode) wandert und sich dort in Form einer weitgehend
entwässerten Schicht ansetzt, während das Dispersionsmittel (meist Wasser)

---

[1]) s. W. Hardy, Ztschr. f. Phys. Chem. **33**, 385—400 (1900). — Journ. of Phys. **24**, 288 (1899).

[2]) s. W. Hittorf, Ztschr. f. phys. Chem. **39**, 613 (1902); **43**, 2 (1903). — W. Bein, Ztschr.
f. phys. Chem. **27**, 1 (1898). — N. Cybulski und D. Bobrowski, Anzeig. d. Akad. d. Wiss.
Krakau (April 1909). — A. Bethe, Zbl. f. Phys. **23**, Nr. 9 (1909). — Internat. Physiol. Kongr.
(Wien 1910). — M. m. W. 23 (1911). — A. Bethe und Th. Toropoff, Ztschr. f. physik. Chem.
88, 686 (1914); **89**, 597 (1915).

[3]) Wied. Ann. **64**, 217 (1898). — A. Coehn und U. Raydt, Ann. d. Phys. **30**, 777 (1909).

[4]) Graf B. v. Schwerin, Über technische Anwendung der Endosmose, Ztschr. f. Elektrochem. **36**, 739 (1903). — Ber. d. V. Internationalen Kongr. f. angew. Chem. (Berlin 1903), Sekt. X.,
4, 643. — Ferner F. Foerster, Nachruf, Ztschr. f. Elektrochem. **23**, 7—8, 126 (1917).

nach der entgegengesetzten Elektrode (meist Kathode) wandert, also eine Trennung der festen Bestandteile vom Wasser, mithin eine Entwässerung stattfindet; es sind dies die auf Elektrophorese beruhenden Verfahren.

Die elektrophoretischen Erscheinungen können hinsichtlich der genannten Wirkung überall dort mit Erfolg industrielle Anwendung finden, wo die Notwendigkeit auftritt, die Trennung feiner, meist schlammförmiger, stets schwer entwässerbarer Suspensionen vom Wasser, also die Entwässerung[1]) disperser Systeme, durchzuführen. Hierbei kann entweder die Gewinnung der dispersen Phase oder die Befreiung des Wassers von als Verunreinigungen auftretenden Kolloiden bezweckt werden. Die elektrophoretischen Verfahren können also die bisherigen Entwässerungsverfahren, Filtration, Zentrifugieren, Absetzenlassen der Suspensionen usw., vorteilhaft ergänzen bzw. ganz ersetzen.

Begrenzt wird die Anwendbarkeit der elektroosmotischen Entwässerung durch gleichzeitige Anwesenheit größerer Elektrolytmengen im Wasser, da in solchen Fällen der elektrophoretische Vorgang infolge der auftretenden Elektrolyse teilweise zurückgedrängt wird, und durch das Einsetzen der Elektrolyse wesentliche Anteile des elektrischen Stromes auf diesen Nebenprozeß verwendet werden müssen, was die Wirtschaftlichkeit des elektroosmotischen Verfahrens beeinträchtigt.

Elektroosmotische Ton- und Kaolinreinigung. Ihre industriell ausgedehnteste Anwendung hat die Elektroosmose, soweit Entwässerungsprobleme in Betracht kommen, bei der Ton- und Kaolinreinigung[2]) gefunden.

Da Rohkaolin sich in der Natur stets verunreinigt mit Verwitterungs- und Zersetzungsprodukten seiner Ursprungsmineralien vorfindet, bedarf es zu seiner Befreiung von diesen Stoffen eines Reinigungsverfahrens, das früher ausschließlich in der alten Methode der mechanischen Schlämmung bestand: Rohkaolin wird mit Wasser zu einer Trübe angerührt, aus der die verunreinigenden Nichtkaolinbestandteile durch Absetzenlassen entfernt werden. Aus der reinen Suspension wird der geschlämmte Kaolin entweder durch Absetzenlassen oder durch Filterpressen entwässert. Dieses Verfahren ist mit beträchtlichen Verlusten an wertvoller Kaolinsubstanz verbunden und ermöglicht auch nicht immer eine vollkommene Entfernung der Verunreinigungen.

Das Kaolinreinigungsverfahren der Elektro-Osmose-A. G. setzt bei der Bereitung der Kaolinsuspension ein und benützt die kolloidchemische Erkenntnis, daß die Beständigkeit von Kaolinsuspensionen durch Zusatz gewisser Elektrolyte oder Kolloide wächst, die gleichzeitig den elektrischen Gegensatz zwischen der Kaolinsuspension und deren Verunreinigungen erhöhen. Die „Auflösung" des Kaolins wird praktisch durch die Erhöhung der OH-Ionenkonzentrationen bewirkt, also durch Zusatz ganz geringer Mengen von Alkalien[3]), Wasserglas, Huminstoffen[4]) und anderen ähnlichen Reagenzien[5]). Der Zusatz dieser Peptisatoren ist aber nicht nur für die Erhöhung der kolloiden Eigenschaften wichtig, er steigert auch den Gegensatz zwischen der Suspension und den in ihr enthaltenen aber entgegengesetzt geladenen Verunreinigungen, wie Quarz, Glimmer und Pyrit, so daß sich die abstoßende Wirkung zwischen Kaolinsuspension und Begleitstoffen vermehrt; dies beschleunigt und fördert das Absetzen der Verunreinigungen in stichfester Form. Diese

---

[1]) D.R.P. 124509/10, 128025, 131932 (1900); 179086, 179985 (1903); 310681, 316443, 316444 (1917).

[2]) S. a. Tonindustrie-Ztg. 93 (1912).

[3]) D.R.P. 233281 (1906); 239649 (1910); 305450 (1914); 311052 (1917).

[4]) D.R.P. 253563 (1911).

[5]) D.R.P. 249983 (1910); 241177 (1911); 277900, 279945 (1913); 405112 (1912).

Art der Arbeit bewirkt eine Vervollständigung des gewünschten Schlämmungsvorganges, d. h. einen besseren Reinigungseffekt. Das beschriebene Verfahren erreicht in sehr vollkommener Weise die fraktionierte Zerlegung eines Suspensionsgemisches durch das verschiedene elektrische Verhalten der Gemengteile desselben gegenüber dem Einfluß von OH-Ionen auf die Beständigkeit der Kaolinsuspension.

Bei Anwendung des Schlämmverfahrens der Elektro-Osmose-A.G. in der industriellen Praxis wird der Rohkaolin in Quirlen mit etwa der vierfachen Menge Wasser aufgeschlämmt, dem die für das betreffende Rohmaterial und das zur Verfügung stehende Wasser ermittelte Elektrolytmenge (meist Wasserglas) zugefügt wird; es handelt sich nur um Bruchteile eines Liters für die Tonne Rohkaolin. Bei dieser Behandlung bildet sich eine dünnflüssige Suspension, deren spezifisches Gewicht 1,2—1,4° Bé beträgt. Schon im Quirl findet die Abscheidung der gröbsten Verunreinigungen besonders des Grobsandes statt. Die mit Verunreinigungen aller Art beladene Suspension fließt nunmehr durch ein Rinnensystem, in dem sich die gröberen Verunreinigungen rasch und vollständig in stichfester Form absetzen[1]), gelangt dann zur Beseitigung der allerfeinsten Verunreinigungen in große Absetzkästen, wo die letzten Spuren des am schwersten entfernbaren Glimmers zurückbleiben und verläßt in vollständig gereinigtem Zustande diesen Teil der Fabrikation. Die gereinigte Kaolinsuspension stellt eine dünnflüssige, milchig-weiße und eine für gewisse Kolloide typisches Moiré zeigende Flüssigkeit dar, die, ohne sich abzusetzen, stundenlang stehen kann. Aus ihr muß nunmehr der gereinigte Kaolin in trockener Form gewonnen werden. Bei mageren Kaolinen ist dies häufig durch normale Filtration, gegebenenfalls nach vorhergehendem Zusatz ausgelender Mittel möglich. Bei fetten Kaolinen hingegen versagen meist die bekannten Methoden der Entwässerung. Eine Filtration in normalen Filterpressen ist unmöglich, da die Suspension in solchen Fällen zur Gänze durch das Filtertuch geht. Hier setzt nun der eigentliche elektroosmotische Entwässerungsprozeß[2]) ein, der darin besteht, daß unter dem Einfluß des elektrischen Stromes der Kaolin aus der Suspension an einer Anode als dicker, festhaftender Kuchen abgeschieden wird. Im Gegensatz zur Filtration werden gerade die feinsten Teilchen, als am leichtesten wandernde, am schnellsten abgeschieden, während u. U. noch vorhandene Verunreinigungen zurückbleiben. Die Entwässerung des Kaolins kann entweder in der sog. Osmosemaschine oder in der elektroosmotischen Filterpresse erfolgen. Es werden nach dem „Osmoseverfahren" jährlich etwa 18000 t Edelkaolin erzeugt.

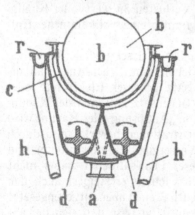

Abb. 333.
Schema einer Osmosemaschine.

Die Osmosemaschine[3]) (Abb. 333) besteht im Prinzip aus einer zylindrischen, um ihre horizontale Achse langsam rotierende Hartbleianode b von 60 cm Durchmesser und 170 cm Länge, die in einen nach unten schräg zulaufenden Troge derart gelagert ist, daß der untere Teil, ähnlich wie bei den rotierenden Trommelfiltern, stets in die zu entwässernde Suspension eintaucht, während der andere Teil aus ihr herausragt. Parallel zu dem in die Suspension eintauchenden

---

[1]) D.R.P. 253429 (1911); 305450 (1914).
[2]) D.R.P. 179086 (1903); 181841 (1906).
[3]) D.R.P. 252370 (1911); 263454 (1912); 272383 (1913).

Walzenteil ist innerhalb des Troges in geeigneter Entfernung von der Anode die aus Messingdrahtnetz hergestellte, einen halben Zylindermantel bildende Kathode c angebracht. Die Kaolinsuspension tritt durch ein Rohr a an der Unterseite des Troges ein, wird dort von zwei Quirlen d ergriffen, die ein Absetzen des Kaolins verhindern und die Suspension durch die Drahtnetzkathode c hindurch gegen die Anode b hin bewegen. Die Suspension durchfließt den Trog parallel zu dessen Längsachse, also senkrecht zur Stromrichtung, und verläßt ihn an der dem Eintritt gegenüberliegenden Stirnseite r. Die Elektroden sind durch isolierte Stromzuführung mit der Gleichstromquelle verbunden. Unter dem Einfluß des Stromes wandert das negative Kolloid Kaolin an die langsam rotierende Hartbleianode,

Abb. 334.
Osmosemaschinenanlage (Kaolinreinigung).

setzt sich an ihr in einer 6—12 mm dicken, etwa 20—25% Wasser enthaltenden homogenen Schicht fest und wird durch die Drehung der Hartbleiwalze kontinuierlich aus der Suspension gehoben. Am Scheitelpunkt der Walze wird das entwässerte Kaolin durch einen Schaber von der Anode abgenommen und fällt in Form eines zusammenhängenden weißen Teppichs über ein Holzbrett in ein vorgestelltes Holzwägelchen (Abb. 334). Der entwässerte Kaolin wird nach Passieren einer Strangpresse in eine Kanaltrocknung geführt. Die von Kaolin größtenteils befreite Suspension verläßt den Trog durch die Ablaufstutzen h der Osmosemaschine und wird in dem Aufschlämmungsprozeß zurückgeleitet. Der Ablauf enthält die Hauptmenge des zugesetzten Elektrolyten und findet für weitere Aufschlämmungen Verwendung. Hierdurch wird ein Kreislauf der Trübe erzielt und das Auftreten lästiger Abwässer vermieden.

Für den Betrieb der Osmosemaschine wird Gleichstrom von 110 V verwendet und mit einer Stromdichte von 0,01 A/qcm gearbeitet. Mit einer normalen Maschine können täglich rd. 8000 kg trockener Kaolin hergestellt werden, wobei für 1000 kg etwa 25 kWh erforderlich sind.

Auf einem ähnlichen Prinzip wie die Osmosemaschine beruht die **elektroosmotische Filterpresse**[1]). Diese besteht (Abb. 335) wie die normalen mit Druck arbeitenden Filterpressen aus Rahmen und Platten. Die Platten tragen die Elektroden; die Anoden sind aus Hartblei, die Kathoden aus perforiertem Messing- oder Eisenblech hergestellt. Filtertuch braucht nur vor die durchlöcherten Kathoden gespannt zu werden, während vor der Anode ein solches nicht nötig ist. Manchmal wird aber auch vor die Anode ein Tuch gespannt, das jedoch keinerlei Filtrationswirkung hat, sondern nur als Schutz der Anode und zur Verhinderung der direkten Berührung des Kaolins mit der Anode dient. Der elektroosmotischen Filterpresse wird wie einer normalen Presse durch eine Pumpe der zu entwässernde Kaolin zugeführt. Aus der in der elektroosmotischen Filterpresse in den Rahmen zwischen den Elektroden stehenden Kaolinsuspension wandert nach dem Einschalten des elektrischen Stromes der Kaolin an die Anode, das Wasser gegen die durchlöcherte Kathode, durch die hindurch es entlang den Platten zu den Ablaßhähnen fließt. In dem Maße als Wasser die Presse verläßt, wird automatisch neue Suspension in die Filterpresse gepumpt, bis die Rahmen völlig mit auf 20 bis 25% Wassergehalt entwässertem Kaolin gefüllt sind. Die Presse wird nun normal geöffnet und entleert.

Abb. 335.
Elektroosmotische Filterpresse.

Eine elektroosmotische Filtration dauert einschließlich Füllung, Entleerung und Zusammensetzung der Presse etwa 45—55 Minuten. Ähnlich wie die beschriebenen Rahmenpressen können auch entsprechend eingerichtete elektroosmotische Kammerpressen Anwendung finden. Solche Pressen werden in Größen bis 1,2 qm Rahmenquerschnitt gebaut.

Die elektroosmotische Filterpresse vermeidet alle jene Nachteile, die mit der Verwendung hoher Drucke beim Filtrationsprozeß mit gewöhnlichen Filterpressen zusammenhängen; die Pressen können leichterer Bauart sein, die Bedienung ist einfacher, der Verbrauch an Filtertüchern wesentlich geringer, die Leistungsfähigkeit eine mehrfach höhere.

Das elektroosmotische Verfahren für die Aufbereitung von Kaolin hat abgesehen von seinem geringen Raumbedarf und den damit verbundenen fabrikatorischen und wirtschaftlichen Vorteilen den Vorzug, daß es gestattet, aus einem Rohkaolin, der nach dem gewöhnlichen alten Schlämmverfahren ein nur zweitklassiges oder gar minderwertiges geschlämmtes Produkt liefern würde, einen hochwertigen, hoch-

---

[1]) D.R.P. 266971 (1912); 306666, 311053, 311663, 316494/5/6 (1917); 347598 (1920). — F. Ulzer, Über ein neues Filterpressenverfahren, Ztschr. f. angew. Chem. **28**, 308 (1915). — Ferner F. Singer, Ber. d. techn. wiss. Abt. d. Verbandes keramischer Gewerke **5**, 16 (1919). — A. Bräuer u. J. D'Ans, Fortsch. d. anorg.-chem. Ind. **1**, 3564 (Berlin 1923).

plastischen und allen Ansprüchen der keramischen Industrie meist entsprechenden Kaolin zu gewinnen. Es ermöglicht also auch die Ausbeutung von Kaolinlagern, die bisher nur minderwertigen Kaolin lieferten. Kaolinschlämmereien, die nach dem elektroosmotischen Prinzip arbeiten, sind in Deutschland, der Tschechoslowakei und anderen Ländern erfolgreich in Betrieb.

Der elektroosmotisch gereinigte Kaolin besitzt infolge seiner aus dem kolloiden Zustand erfolgten Gewinnung und der damit verbundenen Kornfeinheit eine besonders hohe Plastizität sowie Reinheit der Farbe; seine Schwindungseigenschaften und seine Feuerbeständigkeit sind im günstigsten Sinne beeinflußt. Die Art seiner Gewinnung sichert dem elektroosmotisch hergestellten Kaolin eine Gleichmäßigkeit, die keine der bisherigen Schlämmethoden erreichen kann.

In ganz analoger Weise wie bei Kaolin kann die Elektroosmose auch bei der Reinigung von Ton verwendet werden[1]). Hier kommt es neben der Entfernung des Pyrits, der beim Brennen schwarze Flecke verursacht, auf die Erhöhung der Feuerfestigkeit der Tone an. Mehrere Anlagen arbeiten nach diesem Verfahren.

Die elektroosmotische Filterpresse hat sich auch für die Entwässerung von Zementschlämmen[2]), Farbstoffen[3]), sowie für die Torfentwässerung als geeignet erwiesen, ohne aber bisher industriell Eingang gefunden zu haben.

Torfentwässerung. Für eine industrielle, von Witterungseinflüssen unabhängige Torfentwässerung gibt es bisher noch kein technisch wirtschaftliches Verfahren. Die Anwendung des elektroosmotischen Prinzips auf diesem Gebiete bedeutet zweifelsohne einen Fortschritt. Nach B. Schwerin[4]) wird Torf durch Vermahlen unter Zusatz peptisierender Stoffe, z. B. von Alkalien, in Suspension gebracht und aus dieser dann elektroosmotisch (Filterpresse) entwässerter Torf gewonnen. Es gelingt nach diesem Verfahren, Torf von 85—90% Wassergehalt bis auf 65% Wassergehalt zu entwässern, also ein Produkt zu erhalten, das zur Vergasung schon geeignet erscheint[5]).

Kautschuk. In neuerer Zeit hat die Elektroosmose eine interessante und zukunftsreiche Anwendung in der Kautschukindustrie[6]) gefunden. Th. Cockerill[7]) war der erste, der den elektrischen Strom zur Verarbeitung von Latex (Milchsaft) von Kautschukbäumen verwendete; er sah den Prozeß als elektrolytischen Vorgang an, erkannte also den elektroendosmotischen Charakter des Abscheidungsvorganges nicht. Th. Cockerill beschreibt aber schon eine Vorrichtung zur kontinuierlichen Gewinnung von Kautschuk durch elektrische Stromeinwirkung auf Latex. Nach ihm haben S. E. Sheppard und L. W. Eberlin[8]) die Erschei-

[1]) W. R. Ormandy, Trans. Engl. Ceram. Soc. **12**, 36 (1912/13), **13**, 1 (1913/14). — Ferner M. Stoermer, Tonindustrie-Ztg. **36**, 2183 (1912).

[2]) D.R.P. 397398 (1920).

[3]) Graf B. v. Schwerin, Ztschr. f. Elektrochem. **9**, 793 (1903). — Öst. Pat. 81242.

[4]) D.R.P. 124509 (1900); 150069, 155453 (1902); 163549, 166742 (1904); 185189 (1902); 336333 (1918).

[5]) In den Jahren 1916—1917 stand unter Mitwirkung des preußischen Ministeriums der öffentlichen Arbeiten in Wildenhoff in Ostpreußen eine Versuchsanlage im Betrieb und hat die technische und wirtschaftliche Brauchbarkeit des Verfahrens erwiesen. Die von der preußischen Regierung geplante Errichtung einer großen Anlage zur Ausnutzung der ostpreußischen Moore konnte nach Ausgang des Weltkrieges nicht verwirklicht werden.

[6]) Le Génie Civil **88**, 83. — Technique Moderne **18**, 85. — Brass World **21**, 411. — Metal Industry **18**, H. 3.

[7]) D.R.P. 218927 (1908).

[8]) Journ. Ind. and. Eng. Chem. **17**, 711 (1925). — Chem. Zbl. **2**, 1811 (1925). — The India Rubber Journ. **67**, 351 (1924). — Am. Pat. 1476374, 1580795 (1925); Engl. Pat. 251271, 253091, 261700.

nung der Elektrophorese verwendet, um aus natürlichem Kautschuklatex oder aus künstlichen, den elektrischen Strom leitenden Kautschukdispersionen den Kautschuk auf Metalle oder leitend gemachte Stoffe niederzuschlagen. Man verwendet hierzu Kautschukemulsionen, die durch Lösen von Kautschuk in organischen Lösungsmitteln und Vermischen dieser Lösungen mit Seifenlösungen unter Zusatz gewisser sulfurierter Öle entstehen. Wie pflanzliche Produkte im allgemeinen, so ist auch Kautschuk ein negatives Kolloid, dessen Abscheidung also anodisch erfolgt. Als Anode können verschieden geformte Gegenstände verwendet und mit Kautschuk überzogen werden, ganz ähnlich wie dies in der Galvanoplastik mit Metallen geschieht. Gleichzeitig mit dem Kautschuk kann man auf diesem Wege Stoffe, die für die Vulkanisierung und Färbung nötig sind und negativen Kolloidcharakter besitzen, durch Vermischen mit der Kautschukemulsion in feinster Verteilung mit dem Kautschuk zum Niederschlagen bringen. Dieses Verfahren ermöglicht es, unter Vermeidung der bei sonstigen Verfahren verbundenen Feuersgefahr, auf einfachste Weise die verschiedenen Gegenstände mit Kautschuk zu überziehen. Der Stromverbrauch für diesen Prozeß ist sehr gering (etwa 0,025 A. für ein qcm²), die Abscheidung an der Anode ist in wenigen Minuten beendet. Nach diesem Verfahren ist nicht, wie man meinen sollte, nur ein Überziehen in dünner Schicht möglich, da ja Kautschuk gewissermaßen die Elektrode isolierend überzieht, vielmehr ist es möglich, auch bedeutende Schichtdicken zu erzielen, anscheinend als Folge einer bei dem feinporösen Zustand durch aufgesaugte Elektrolyte bedingten Leitfähigkeit.

Das geschilderte Verfahren gestattet in rascherer, einwandfreierer Form, als dies bisher durch Tauchen und Eintrocknen geschieht, ohne Anwendung chemischer Koagulationsmittel die Gewinnung eines Rohkautschuks aus Latex.

Ähnliche Wege schlägt P. Klein[1] ein. Bei jedem elektroosmotischen Prozeß tritt als Folge der gleichzeitig als Nebenprozeß stattfindenden Elektrolyse an den Elektroden eine schwache Gasentwicklung auf, die an der Niederschlagselektrode manchmal das Abscheiden bzw. Anhaften des Kolloids erschwert oder eine oft unerwünschte Porosität des abgeschiedenen Gels zur Folge hat. Schon Graf B. Schwerin hat in solchen Fällen[2] das Vorschalten eines indifferenten Diaphragmas vor die Elektroden vorgeschlagen, um das elektrolytisch entwickelte Gas von der die Abscheidungsunterlage bildenden Diaphragmenfläche abzuhalten. Bei der Kautschuk-Elektroosmose wird durch Einbetten oder Umhüllen der Anode mit einem flüssigkeitsdurchlässigen, aus einem nicht leitenden Stoff bestehenden Diaphragma oder durch Zwischenschaltung eines Diaphragmas ein Produkt erhalten, das mit den aus Kautschukorganosolen durch Tauchen gewonnenen Produkten gleichwertig sein soll. Man erhält einen Kautschuk, der im Gegensatz zur bisherigen Arbeitsweise keinerlei mechanische Bearbeitung nötig macht und vermeidet dadurch eine Verminderung des Nervs und der Qualität des Kautschuks. Das als Unterlage für die Abscheidung des Kautschuks dienende Diaphragma braucht kein absoluter Nichtleiter zu sein, es muß nur, wenn seine Poren mit Elektrolyt gefüllt sind, einen größeren Widerstand haben als die Elektrolytlösung, so daß der Stromdurchgang überwiegend durch diese geht und nicht durch das Diaphragma. Solche Niederschlagsdiaphragmen sind z. B. Gips, Ton, Zementmörtel, Pergament, Asbest und Gewebe. Der aus dem Latex abgeschiedene Kautschuk setzt sich auf diesen Unterlagen fest. Man kann dem Prinzip der Osmose-

---

[1] Engl. Pat. 223189, übertragen auf die Anode Rubber Company Ltd., London; D.R.P. 413038. — S. a. The India Rubber Journ. **69**, 15 (1925). — Trans. Inst. Rubber Ind. **4**, 343 (1928). — Engl. Pat. 257885 (1920).

[2] D.R.P. 179086 (1903).

maschine folgend, die Abscheidung auf rotierenden Unterlagen vor sich gehen lassen und auf diese Weise Kautschukplatten herstellen oder Stoffe und Papier mit Kautschuk imprägnieren.

Es ist klar, daß Farbstoffe, Füllmittel, feste oder flüssige Beschleuniger, soweit sie in feindispergiertem Zustand der Kautschukemulsion beigemischt werden und wie diese negativ geladen sind, gleichzeitig mit dem Kautschuk niedergeschlagen werden können, wodurch eine Wirkung, die sonst nur durch intensive mechanische Bearbeitung erzielbar ist, erreicht wird.

Imprägnierung. Die Elektroosmose hat auch auf dem Gebiete der Textilindustrie Anwendung gefunden: mit ihrer Hilfe kann das Imprägnieren und Wasserdichtmachen von Geweben vorteilhaft vorgenommen werden, da das Schutzmittel aufs feinste in die Poren der Gewebe eindringen kann. Das Verfahren ist von A. O. Tate[1]) ausgearbeitet worden und wird in Amerika (in Cranston, Rhode Island) ausgeübt[2]). Für die Imprägnierung wird das Gewebe mit verdünnter Natriumoleatlösung vorbehandelt und hierauf zwischen einer Graphitplattenelektrode, über die eine Lösung von Aluminiumazetat fließt, und einer Aluminiumanode, die völlig mit schwerem Wolltuch umkleidet ist, durchgeführt. Die Ausführung erfordert 30—60 A. bei 50 V. je Elektrode. Die Ware wird zwei- bis viermal, je auf der Vorder- und Rückseite der Stromwirkung ausgesetzt.

Diaphragmenverfahren. Wie einleitend erwähnt, umfaßt die zweite Gruppe der elektroosmotischen Verfahren jene, deren Wirkung an die Anwesenheit von Diaphragmen gebunden ist. Es soll am Beispiel der Herstellung kolloider Kieselsäurelösung[3]) das Wesen dieser Verfahrengruppe[4]) beschrieben werden.

Man verwendet für alle diese Verfahren den sog. Dreizellenapparat (s. Abb. 336), der dadurch entsteht, daß zwei Diaphragmen, ein negatives, kathodisches Diaphragma n, etwa Gewebe pflanzlicher Herkunft, und ein positives Diaphragma p anodischerseits, z. B. Pergament oder eine andere tierische Membrane, drei voneinander geschiedene Räume bilden, den Anodenraum A, den Mittelraum M und den Kathodenraum K. Hinter den Diaphragmen und möglichst an diese herangerückt sind die Elektroden angebracht. Der Mittelraum M ist mit Wasserglas-(Natriumsilikat-)Lösung gefüllt, die Elektrodenräume mit Wasser. Wird Gleichstrom an die Elektroden gelegt, so tritt als Folge der auftretenden Elektrolyse aus der mit zahlreichen Verunreinigungen (Na_2SO_4, NaCl usw.) beladenen Wasserglaslösung das Alkali nach der Kathodenseite durch das negative Diaphragma hindurch, während die verunreinigenden sauren Bestandteile durch das positive Diaphragma zur Anode wandern. Die nicht dissoziierte, in Wasser im Sinne einer echten Lösung unlösliche Kieselsäure verbleibt in Form von Kieselsäuresol im Mittelraum. In der Praxis wird dieser Vorgang vorteilhaft in zwei Stufen durchgeführt. Zunächst wird in einem Zweizellenapparat, dessen Diaphragma elektronegativen Charakter hat und in

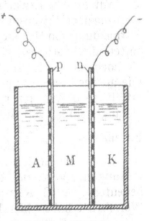

Abb. 336.
Schema eines Dreizellen-
apparates.

---

[1]) Engl. Pat. 19312 (1909).

[2]) H. J. M. Creighton, The India Rubber Journ. **65,** 31 (1921). — Gummi-Ztg. 638 (1922). — Chem.-Ztg. **46,** 255 (1922); **47,** 88 (1923). — Wolle- u. Leinenind. **43,** 42 (1923).

[3]) D.R.P. 283886 (1913).

[4]) D.R.P. 265628 (1911); 266825 (1912); 291672 (1914); 295043, 295666 (1915).

dessen Anodenraum sich die Wasserglaslösung befindet, der Großteil des Alkalis zum Auswandern gebracht, so daß ein Kieselsäuresol, das noch saure Verunreinigungen enthält, im Anodenraum zurückbleibt. Dieses Sol wird nun zur Entfernung der letzten Spuren alkalischer und saurer Bestandteile in einem Dreizellenapparat weiter der Elektroosmose unterworfen, bis der Mittelraum vollkommene Elektrolytfreiheit zeigt. Dies ist nötig, um das Kieselsäuresol in beständiger Form zu erhalten, da schon geringe Verunreinigungen es zum Ausgelen bringen können. Durch diese Arbeitsweise gelingt es, Kieselsäuresole von 10% SiO_2 herzustellen, die monatelang klar haltbar sind; Sole von $4-5\%$ SiO_2-Gehalt können jahrelang ohne Ausgelung aufbewahrt werden. Das Produkt kommt unter dem Namen „Elmosol" in den Handel[1]) und wird für therapeutische Zwecke, insbesondere für die Tuberkulosebehandlung und gegen Arteriosklerose, mit Erfolg angewendet.

Für alle elektroosmotischen Diaphragmenverfahren ist die Wahl des richtigen positiven Diaphragmas von wesentlicher Bedeutung[2]).

Ein Anwendungsgebiet für die Elektroosmose bietet die

Gewinnung von Reinglyzerin aus den Glyzerinunterlaugen der Fettspaltung[3]). Die Unterlaugen enthalten neben Glyzerin verschiedene Salze, Eiweißprodukte, Farbstoffe und andere Verunreinigungen. Der normale Weg, um aus den Laugen Glyzerin zu gewinnen, besteht im Eindampfen, Auskristallisierenlassen der Salze und Dampfdestillation, womöglich im Vakuum; für die Reindarstellung des Glyzerins ist eine nachfolgende Vakuumdestillation stets erforderlich. Durch Elektroosmose der Rohlaugen zwischen Diaphragmen gelingt es, alle Verunreinigungen restlos zu entfernen und beim Abdampfen ein Glyzerin zu erhalten, das dem einmal destillierten in Reinheit und Aussehen entspricht. Es ist also möglich, in einer einzigen Operation aus Glyzerinunterlaugen Reinglyzerin zu erhalten. Technisch hat sich das Verfahren bisher noch nicht eingeführt.

Mit großen Erwartungen ging man in der Zuckerfabrikation[4]) an die Verwertung der elektroosmotischen Prinzipien. Man hoffte, durch ihre Anwendung unter Vermeidung von Melasse aus den Diffusions-, Saturations-, Dünn-, Mittel- oder Dicksäften direkt Reinzucker zu erhalten oder die Melasse soweit zu entsalzen, daß sie noch für die Herstellung von kristallisiertem Zucker verwendet werden kann. Die an das Verfahren geknüpften Hoffnungen haben sich industriell noch nicht erfüllt, so daß es sich in der Praxis nicht einführen konnte. Dasselbe gilt für die Reindarstellung von Milchzucker.

Eiweißkörper. Eine starke Bedeutung hat in den letzten Jahren die Anwendung der Elektroosmose auf Eiweißkörper gewonnen und ist hier besonders für das Gebiet der Immunsera wichtig geworden, für deren industrielle Herstellung und Veredlung die elektroosmotischen Verfahren einen großen Fortschritt bedeuten. W. G. Ruppel[5]) und seine Mitarbeiter, später auch C. Dhéré und Wo. Pauli haben hier Pionierarbeit geleistet.

In den Eiweißkörpern bzw. Eiweißlösungen, wie solche beispielsweise im Blutserum vorkommen, liegen typische Vertreter der Dispersoide vor. Das Serum-

---

[1]) Hersteller: Siemens-Elektro-Osmose G. m. b. H., Berlin-Siemensstadt.

[2]) D.R.P. 334233 (1913).

[3]) D.R.P. 354235 (1919); 397480 (1923).

[4]) D.R.P. 124430 (1900); 148971 (1901); 152591 (1902); 251098 (1911); 361594 (1915); 335816 (1919); 410164 (1923).

[5]) W. G. Ruppel, O. Ornstein, J. Carl und G. Lasch, Ztschr. f. Hyg. **97**, 188 (1922). — W. G. Ruppel, Ber. d. dtsch. pharm. Ges. **30**, 314 (1920). — Ders., Ztschr. f. Hyg. **99**, 101 (1923). — Ders., D. m. W. **49**, 40 (1923). — Ferner Engl. Pat. 150318/19, 150324, 150328 (1926). — Chem. Zbl. **2**, 151, 205 (1921); **4**, 82, 339. — O. Ornstein, Ztschr. f. Hyg. **110**, 52 (1929).

eiweiß besteht der Hauptsache nach aus Albumin und Globulin, das seinerseits in Pseudoglobulin und Euglobulin unterteilt wird. Diese drei Eiweißarten unterscheiden sich durch ihre Löslichkeit in Ammonsulfatlösung: halbgesättigte Ammonsulfatlösung fällt die Globuline, ganz gesättigte Ammonsulfatlösung das Albumin aus. Euglobulin ist in reinem Wasser unlöslich, Pseudoglobulin in reinem Wasser dagegen löslich. Nach der Nomenklatur und im Sinne neuerer kolloidchemischer Anschauungen ist also Euglobulin ein lyophobes Eiweiß, da es mit reinem Wasser als Dispersionsmittel keine kolloide Lösung bildet, Albumin und Pseudoglobulin lyophiles Eiweiß; Albumin- und Globulinlösungen haben vermöge ihres großen Dispersitätsgrades den Charakter echter Lösungen, von denen sie jedoch durch ihr Verhalten bei der Dialyse und im Tyndallschen Lichtkegel zu unterscheiden sind. Globulin ist ein Derivat des gemeinen Eiweißes, des Albumines, aus diesem durch Abspaltung einer Aminosäure (wahrscheinlich von Glutaminsäure) entstanden. Das Pseudoglobulin steht in seinen physikalischen Eigenschaften dem Albumin, in seinem chemischen Charakter dem Globulin nahe. In elektrolytfreiem Wasser dispergiert, sind Albumin und Paraglobulin elektrisch negativ geladen, wandern also anodisch. Der Ladungssinn des Eiweißes kann jedoch durch Änderung der Reaktion des Dispersionsmittels verändert werden. Diese Tatsache ist durch die amphotere Natur von Eiweiß bedingt. Während in saurem Medium Eiweiß positiv geladen ist, also kathodisch wandert, besitzt es in alkalischem Medium negative Ladung, wandert daher anodisch; OH-Ionen beschleunigen und verstärken die anodische, H-Ionen die kathodische Wanderung. Bei Vorhandensein eines Potentialgefälles findet an den Elektroden Entladung und damit Ausflockung des lyophoben Eiweißes statt; das ausgeflockte Eiweiß ist denaturiert, d. h. es ist in reinem Wasser nicht mehr dispergierbar, also unlöslich. Um es wieder in Lösung zu bringen, es zu dispergieren, ist die Gegenwart von Elektrolyten, vorteilhaft von Alkalien oder Säuren, nötig.

Bei der Einwirkung von elektrischem Strom[1]) auf eine Globulinlösung, sei es in alkalischem oder saurem Milieu, zwischen Diaphragmen mit verschiedenem elektrischen Potential, wandern zunächst alle Elektrolyte aus, bis ein Punkt erreicht ist, wo bei einem Minimum an Elektrolyten ein Maximum an elektrisch-neutralen Eiweißteilchen vorhanden ist. Dieser Punkt heißt der isoelektrische Punkt; in diesem Punkt liegt das Optimum für die Ausflockung von Euglobulin. Bei der

Elektroosmose von Blutserum, einem Gemisch von verschiedenen Eiweißkörpern und Elektrolyten, findet unter dem Einfluß des elektrischen Stromes im Dreizellenapparat zwischen elektrisch differenzierten Diaphragmen, z. B. zwischen Pergamentpapier als negativem und tierischer Blase oder Chromgelatine als positivem, bei niederer Spannung zunächst ein Abwandern der Elektrolyte statt. Gleichzeitig wandern auch die im Blutserum vorhandenen Aminosäuren und anderen Abbauprodukte des Eiweißes aus. Diese organischen Stoffe, die wohl noch Eiweißcharakter besitzen, aber beim Kochen keine Gerinnungserscheinungen mehr zeigen, sind unabhängig von ihrem Dispersionsmittel bemerkenswerterweise positiv elektrisch geladen, wandern also zur Kathode. Wird im Laufe der Stromeinwirkung endlich der isoelektrische Punkt erreicht, so fällt das Euglobulin aus, während gleichzeitig die früher alkalische oder neutrale Flüssigkeit schwach sauer wird. Das Euglobulin wird durch Filtration oder Zentrifugieren entfernt, worauf die weitere Fraktionierung des Eiweißes in seine Komponenten Albumin und Paraglobulin vermittels des elektrischen Stromes erfolgen kann. Man nutzt zur Erreichung dieses Zweckes die größere Wanderungsgeschwindigkeit des Albumins aus.

---

[1]) W. G. Ruppel, D. m. W. 2 (1923).

Immunserum. Die geschilderten Erscheinungen haben interessante Aufschlüsse über Natur und Bildung der Eiweißkomponenten des Serums gegeben[1]). Sie haben aber auch die Möglichkeit geliefert, mit Hilfe der Elektroosmose wichtige Verbesserungen bei der industriellen Herstellung und in der Qualität von Immunserum zu erzielen.

W. Ruppel[2]) hat bewiesen, daß der elektrische Strom keinerlei schädigende, insbesonders keinerlei zerstörende Wirkung auf die Antitoxinkörper eines Immunserums ausübt. In den meisten Fällen, z. B. bei Diphtherieserum, ist der überwiegende Anteil des Antitoxins, also des wirksamen Prinzips des Diphtherieserums, an das Paraglobulin gebunden, während das Euglobulin nur Spuren desselben enthält, und das Albumin frei von Antitoxin ist. Durch elektroosmotische Fraktionierung der Eiweißkomponenten gelingt es demnach, die antitoxinfreien Eiweißfraktionen von den antitoxinhaltigen zu trennen, also die antitoxinreiche Paraglobulinfraktion frei von Euglobulin und Albumin zu erhalten. Es entsteht durch diese Behandlung auf elektroosmotischem Wege ein Serum, das befreit ist von allem nur als unerwünschter Ballast die Antitoxinfraktion begleitenden wertlosen Eiweiß, also ein Serum, in dem das Verhältnis von Antitoxin zu Eiweiß ein bedeutend günstigeres ist als im Rohserum. Dies bedeutet eine Anreicherung oder Konzentration von Serum, d. h. die Möglichkeit, antitoxinreiche Sera herzustellen, die auf einen bestimmten Eiweißgehalt bezogen, ein Mehrfaches von Antitoxineinheiten enthalten als das Rohserum. Diese Wirkung konnte bisher nur recht unvollkommen auf verlustreichen und schwierigen Umwegen erreicht werden.

Es gelingt, auf elektroosmotischem Wege aus einem 500—800fachen Diphtherieserum ein 1000—2000faches Serum zu gewinnen, d. h. ein Serum, das je 1 ccm statt 500—800 Antitoxineinheiten (AE) deren 1000—2000 enthält, wobei der absolute Eiweißgehalt des elektroosmotisch gewonnenen Produktes nicht höher ist als der des Ausgangsproduktes. In dem elektroosmotischen Serum ist das gesamte Eiweiß einzig durch die Pseudoglobuline vertreten. Es können also Rohsera, die wegen ihres geringen Antitoxingehaltes unverwendbar oder viel zu schwach wären, durch Anwendung des elektroosmotischen Verfahrens nicht nur zu brauchbarem Serum, sondern auch zu hochwertigen Präparaten verarbeitet werden. Neben diesem rein wirtschaftlichen Erfolg hat das elektroosmotisch gereinigte Serum aber auch eine Reihe von Vorteilen bei seiner klinischen Anwendung. Die Verwendung des reinen Pseudoglobulins an Stelle des Vollserums, also die Entfernung des Euglobulins, vermindert die Gefahr der Serumkrankheit, wie des Serumexanthems, da die überwiegende Mehrzahl der diese Erscheinungen hervorrufenden Stoffe aus dem elektroosmotisch gereinigten Serum durch den elektrischen Strom entfernt sind. Daß die Reste der zur Immunisierung der Tiere verwendeten Antigene ebenfalls, und zwar anodisch abwandern, ist ein weiterer Vorteil. Von wesentlicher Bedeutung aber ist, daß besonders durch Entfernung der Euglobuline, die Anaphylaxieerscheinungen bedeutend abgeschwächt werden, da anscheinend Paraglobulin als lyophiles Eiweiß

---

[1]) W. G. Ruppel, O. Ornstein, J. Carl und G. Lasch, Ztschr. f. Hyg. **97**, 188—208 (1922). — S. a. G. Kleinschmidt, Jb. f. Kindhlk. **86**, 271 (1917). — H. Freundlich und J. Loeb, Biochem. Ztschr. 150 (1924). — H. Freundlich und W. Beck, Biochem. Ztschr. 166 (1925). — W. Beck, Biochem. Ztschr. 156 (1925). — J. Reitstötter und G. Lasch, Bioch. Ztschr. 165, 90 (1925). — J. Reitstötter, Kolloid-Ztschr. 32 (1923). — Öst. Chem.-Ztg. (1922). — Wo. Pauli, Biochem. Ztschr. **152**, 355 (1924). — Stern, Biochem. Ztschr. 115, 144 (1923). — G. Ettisch und W. Beck, Biochem. Ztschr. **171**, 443, 454; **172**, 1 (1926). — D. m. W. **51**, 47 (1925). — R. Otto und T. Shirakawa, Ztschr. f. Hyg. **101**, 398 (1924); **103**, 426 (1924). — C. Dhéré, C. R. **150**, 934 (1910). — O. Ornstein, Ztschr. f. Immun. Forsch. 57, 507 (1928).

[2]) a. a. O.

im Gegensatz zu dem lyophoben Euglobulin weniger schockauslösend wirkt. Durch die elektroosmotische Reinigung und Veredelung der Sera werden ferner alle Stoffe beseitigt, die mit der eigentlichen Schutzwirkung nichts zu tun haben, ferner die Abtötung und Entfernung von lebenden Keimen restlos und mit Sicherheit bewirkt. Infizierte Sera können durch Elektroosmose leicht sterilisiert werden, ohne daß ein Zusatz von Chemikalien nötig ist. Dazu kommt, daß elektroosmotisch gereinigte und angereicherte Sera infolge der Entfernung von Euglobulin und anderen Ballaststoffen von dauernder Haltbarkeit und absoluter Konstanz des Wirkungsgrades sind, im Gegensatz zu elektroosmotisch unbehandelten Seris, die bei längerem Aufbewahren, als Folge der Überführung der hydrophilen in hydrophobe Kolloide[1]), eine erhebliche spontane Abschwächung des Antitoxingehaltes zeigen und daher einen veränderlichen Titer besitzen.

Die elektroosmotisch konzentrierten Serumpräparate zeichnen sich durch eine vollkommene Durchsichtigkeit und dauernde Klarheit aus. Ihre Viskosität ist eine geringere, wodurch eine leichtere, raschere und schmerzlosere Aufsaugung als bei den unbehandelten Serumpräparaten erfolgt.

Das elektroosmotische Verfahren findet Anwendung für humane und veterinäre Sera. Diphtherie-, Tetanus-, Scharlach-, Streptokokken-, Schweinerotlauf- und Pestserum werden gleicherweise veredelt. Eine Reihe von staatlichen und privaten Seruminstituten bedienen sich für die Herstellung verschiedener Sera des elektroosmotischen Anreicherungs- und Reinigungsverfahrens mit Erfolg.

Wasserreinigung. Seit einigen Jahren hat die Elektroosmose auch auf dem Gebiet der Wasserreinigung erfolgreiche Anwendung gefunden[2]). Das natürlich vorkommende Wasser enthält stets Salze gelöst, deren Natur und Menge von den geologischen Verhältnissen des Durchströmungsgebietes des betreffenden Wassers abhängig ist. Vorwiegend sind es Erdalkali- und Alkalisalze in Form von Bikarbonaten, Sulfaten und Chloriden; daneben kommen manchmal Eisen-, Mangan- und andere Salze vor. Die Menge dieser Salze, insbesondere der Kalk- und Magnesiasalze, bedingt die Härte des Wassers.

Für eine Reihe von industriellen Verwendungszwecken ist eine geringe Härte bzw. Salzarmut oder Salzfreiheit des Wassers erwünscht. Die bisher gebräuchlichsten Methoden, das Wasser zu enthärten waren chemische, durch welche die löslichen Salze in unlösliche verwandelt (Kalk-Sodaverfahren), also ausgefällt oder die schwer löslichen Kalksalze in leicht lösliche Natriumsalze übergeführt wurden (Permutitverfahren). Eine vollständige Entsalzung des Wassers oder eine Entfernung der leichtlöslichen Salze, wie der Chloride, Sulfate u. a. der Alkalien, des Magnesiums usw. konnte bisher nur durch Destillation erzielt werden, was aber in den meisten Fällen wegen der großen Kosten unwirtschaftlich ist. Hier nun bietet die Elektroosmose in Verbindung mit Elektrolyse ein Mittel, um wirtschaftlich die Entsalzung durchzuführen.

Wird in dem Mittelraum eines durch geeignete Diaphragmen gebildeten Drei-

---

[1]) W. G. Ruppel, O. Ornstein, J. Carl und G. Lasch, a. a. O. 190.

[2]) D.R.P. 383666 (1921); 394360, 395752 (1922).— E. Mayer, Öst. Chem.-Ztg. **27**, 6 (1924). — Ztschr. f. Elektrotechn. **46**, 306 (1925). — E. Jalowetz, Verfahren zur Verbesserung von harten Brauwässern auf elektroosmotischem Wege, Gambrinus Nr. 7 (1925). — F. Gerlach, Zbl. f. Bakt. **98**, 125 (1926). — Fr. Keyßer und O. Ornstein, Kl. W. **4**, 10 (1925). — C. G. Hammar, Nya Mineralvattenfabrikanten **3**, 2 (1926). — v. Bezold, Brennstoff- u. Wärmewirtschaft **8**, 15 (1926). — K. Illig, Ztschr. f. angew. Chem. **39**, 1085—1112 (1926). — A. H. W. Aten, Chem. Weekblad **25**, 46, 211 (1928). — E. Mayer, Deutsche Destillateur-Ztg. **48**, 856 (1927). — K. Illig, Siemens-Ztschr. 6 (1928). — P. Patin, Chim. Ind. **19**, Nr. 2 (1928). — O. Gerth, Diamant **50**, 558 (1928). — H. Wimmer, Wissenschftl. Mitt. d. öst. Heilmittelstelle Nr. 10 (1930).

zellenapparates (s. Abb. 336 auf S. 845) Wasser dem elektrischen Strom ausgesetzt, so wandern die Ionen der im Wasser gelösten Salze in die mit Wasser gespülten Elektrodenräume, so daß das im Mittelraum befindliche zu reinigende Wasser immer ionen-, also salzärmer, wird. Die Ionen werden durch Spülen der Elektrodenräume mit Wasser dauernd entfernt, und im Mittelraum bleibt reines Wasser zurück. In der Praxis wird dieser Prozeß in kontinuierlich arbeitenden Apparaten, die filterpressenartig aneinandergereiht 10 Dreizellensysteme enthalten, ausgeführt (Abb. 337). Durch das elektroosmotische Verfahren kann nicht nur eine teilweise Entsalzung des Wassers erzielt, sondern auch leicht eine vollständige Entsalzung erreicht werden, d. h. es gelingt, ein Wasser herzustellen, das dem destillierten Wasser gleichwertig ist.

Abb. 337.
Elektroosmotischer Wasserreinigungsapparat.

Durch Änderung der durchlaufenden Rohwassermenge und durch unterschiedliche Schaltung des elektrischen Stromes kann jeder beliebige gewünschte Enthärtungsgrad bis zur vollständigen Enthärtung erreicht werden. Zahlreiche, nach dem beschriebenen Verfahren gebaute Anlagen sind seit Jahren industriell in Betrieb. Für die Herstellung von „destilliertem" Wasser sind etwa 1,3—3,5 kWh je 100 Liter nötig; dort, wo es sich nur um teilweise Entsalzung handelt, 0,3—1 kWh je 100 Liter. Natürlich ist der Stromverbrauch und die Leistung der Apparate von der Menge der im Wasser gelösten Salze abhängig.

    Die Herstellung von destilliertem Wasser auf elektroosmotischem Wege bedeutet vielfach eine wesentliche Ersparnis gegenüber der Herstellung auf thermischem Wege, die Kosten betragen gegenüber der Destillation u. U. $^1/_3$ bis $^1/_{12}$, je nachdem die Verdampfung durch Kohlen- oder Gasfeuerung geschieht. Gleichzeitig mit der Entsalzung nach dem elektroosmotischen Verfahren findet auch eine Sterilisation des Wassers statt, so daß elektroosmotisch entsalztes Wasser auch für klinische und pharmazeutische Zwecke Verwendung finden kann.

Von Interesse ist die elektroosmotische Wasserreinigung auch für die B r a u - i n d u s t r i e[1]), bei der eine möglichst weitgehende Salzfreiheit (besonders Magnesia-freiheit) für die Erzielung heller Qualitätsbiere erwünscht ist, wobei der Umstand, daß für Lebensmittelbetriebe keinerlei Chemikalien zur Wasserreinigung verwendet werden sollen, noch besonders ins Gewicht fällt.

Gerbung. Durch Anwendung der Elektroosmose wurde versucht, das seit Jahr-zehnten oft, aber erfolglos behandelte Problem der vegetabilischen G e r-b u n g unter Zuhilfenahme des elektrischen Stromes einer technisch befriedigenden industriellen Lösung zuzuführen[2]). Bei der Herstellung von Leder, dem Produkt der gegenseitigen Durchdringung zweier kolloider Körper[3]), nämlich des Kolloids gequollene tierische Haut und des Kolloids vegetabilischer Gerbstoff, erschien die Anwendung elektroosmotischer Prinzipien erfolgversprechend und hat tatsächlich im Sinne einer wesentlichen Beschleunigung des Durchdringungsprozesses der Haut durch den vegetabilischen Gerbstoff einen gewissen praktischen Fortschritt in der Lederindustrie gezeitigt. Es gelingt durch Anwendung der Elektroosmose[4]), den viele Wochen, jo oft Monate dauernden Durchgerbungsprozeß, wie ein solcher z. B. bei schwerem Sohlleder heute oft noch üblich, auf wenige Tage herabzudrücken, ohne dabei, was von besonderer Wichtigkeit ist, eine merkliche Qualitätsverän-derung hervorzurufen.

Vegetabilische Gerbstofflösungen sind Dispersoide, in denen der Gerbstoff die disperse Phase bildet. Sie sind elektrisch negativ geladen, wandern also zur Anode. Zum Schutze des Gerbstoffes vor elektrolytischen Zersetzungen an den Elektroden werden diese mit einem Diaphragma umgeben. Diese Anordnung führt also zu einem Dreizellenapparat, dessen beide Mittelwände von Diaphragmen (Kuttertuch) ge-bildet werden; der so entstandene Mittelraum enthält die Gerbbrühe; die Elektroden-räume sind mit Wasser gefüllt. Bei der Einwirkung des elektrischen Stromes auf natürliche Gerbstofflösungen wandern die in denselben enthaltenen Elektrolyte in die Elektrodenräume, während — bei Anwendung geeigneter Diaphragmen und bei richtig gewählten Stromverhältnissen — der Gerbstoff im Mittelraum in unverän-tem, nur gereinigtem Zustand zurückbleibt. Würde man vor die Anode eine tierische Blöße (also eine für die Aufnahme des Gerbstoffes durch Enthaarungs- und Schwel-prozesse vorbereitete Haut) spannen, so würde diese Haut als Diaphragma wirken und Elektroendosmose eintreten, ähnlich wie dies bei einer Elektrolytlösung und einem Tondiaphragma der Fall ist. Die Folge wäre das Durchdringen der Gerbstofflösung durch die als positives Diaphragma wirkende Blöße, also eine typische Elektro-endosmose. Schon F. R o e v e r[5]) beobachtete, daß ein in einer Gerbstofflösung erzeugtes Potentialgefälle den Gerbstoff aus der Lösung nach den Häuten treibt. Infolge der Affinität des Gerbstoffes zur Blöße würde eine Abbindung des Gerb-stoffes, also eine Gerbung eintreten, aber natürlich in sehr kurzer Zeit, da ja als Folge der Endosmose eine im Vergleich zur Diffusion außerordentlich viel größere Geschwindigkeit der Durchdringung stattfindet. Das Verfahren ähnelt also in seiner Wirkung dem Durchpressen einer Gerbstofflösung durch die Blöße[6]).

---

[1]) E. J a l o w e t z, a. a. O. — W. W i n d i s c h, Gambrinus 5, 160. — G. B o d e, Tages-Ztg. f. Brauerei, **45**, Nr. 201 (1928).

[2]) D.R.P. 283285 (1913); 286678 (1914); 352671 (1918); 357861, 359997 (1919). — L. P o l-lack, Der Gerber (1926).

[3]) Th. K ö r n e r, Beiträge zur Kenntnis der wissenschaftlichen Grundlage der Gerberei I—III, Freiberg (1899—1903).

[4]) P. N. E h r e n s t e i n, Geschichte der elektrischen Gerbung, Häute u. Lederbericht Nr. 23 (1922). — Ferner Handb. f. d. ges. Gerberei u. Lederind. (Leipzig 1925) 1, 311.

[5]) Ann. Phys. (3) **57**, 397 (1896). — [6]) A. F ö l s i n g, Ztschr. f. Elektrochem. 2, 167 (1895).

Die beschriebene Wirkung tritt überraschenderweise auch ein, wenn die Blößen nicht in Form eines Diaphragmas vor der Anode festgespannt sind, sondern wenn sie einfach in der Gerbgrube zwischen den durch Diaphragmen geschützten Elektroden lose, senkrecht oder parallel zu den Stromlinien hängen. Auch bei dieser Anordnung findet eine rasche Durchdringung der Blöße statt. Ob unter der Einwirkung des elektrischen Stromes vorwiegend Elektroendosmose oder eine Entwässerung der Haut infolge Auswanderns des Quellungswassers durch die Fibrillenwände oder ob auch eine Beschleunigung der Abbindung des bei der normalen Gerbung anfangs nur lose an der Haut adsorbierten Gerbstoffes eintritt, wieweit Dehydratationserscheinungen infolge elektroosmotischer Entwässerung in der Haut stattfinden, bleibt dahingestellt. Tatsache ist, daß als Folge der elektroosmotischen Behandlung eine außerordentliche Abkürzung der Gerbdauer eintritt.

Ein elektroosmotisches Gerbsystem besteht meist aus 3—4 Gerbgruben, wie solche in allen Gerbereien gebräuchlich sind, und deren Fassungsraum, je nach den Abmessungen der Gruben, 30—150 Häute beträgt. An die Stirnseiten der Gruben, die aus Beton, Holz, Ziegelstein oder anderem Baumaterial hergestellt sind, werden die Elektrodenrahmen einfach eingehängt. Sie sind aus Holz, an der Rückseite mit Holz verkleidet, an der Vorderseite (gegen das Grubeninnere) mit dem Diaphragma bespannt. Wesentlich ist, daß diese Rahmen flüssigkeitsdicht sind, damit weder Gerbstofflösung in die Elektrodenräume ein- noch Wasser aus ihnen austreten kann. Für die Spülung der Elektrodenräume ist ein Wasserein- und -auslauf vorgesehen. Die Elektroden werden durch einen Schlitz in diese Rahmen eingehängt und mit der Gleichstromquelle verbunden.

Im industriellen Betrieb spielt sich der Prozeß so ab, daß die geäscherte und gut entkalkte Blöße in eine erste elektroosmotische Grube kommt, die eine Gerbstofflösung von etwa 2% Gerbstoffgehalt enthält, dort 12—18 Stunden der Stromeinwirkung ausgesetzt bleibt und hierauf in drei aufeinanderfolgenden Tagen jeweils in ähnliche Gerbgruben in je um 2% stärkere Brühen gebracht wird, um dort der Stromeinwirkung ausgesetzt zu werden, bis sie am vierten Tage in einer 7—8%igen Gerbbrühe hängt. Nach dieser Zeit ist die Blöße meist noch nicht vollkommen durchgegerbt, sondern, wie der Gerber sagt, „durchgebissen", ist aber befähigt, bei einer anschließenden 24—36stündigen Gerbfaßbehandlung vollkommen satt durchgegerbt zu sein. Die für das Verfahren nötige Spannung schwankt je nach der Größe der Gerbgruben zwischen 80 und 140 V. Der gesamte Stromverbrauch beträgt etwa $^1/_{10}$ kWh für 1 kg fertiges Leder. Der vollkommene Gerbprozeß spielt sich in 4—5 Tagen ab und kann bei leichteren Häuten sogar in 3 bis 4 Tagen durchgeführt werden. Das erzeugte Leder ist von einer vorzüglichen Beschaffenheit und zeigt sogar gegenüber dem normal gegerbten Leder eine um 8—10% größere Reißfestigkeit, was besonders für die Riemen- und Oberlederfabrikation von Interesse ist.

Grünfutterkonservierung. Im weiteren soll in Kürze ein Verfahren erwähnt werden, das in einem gewissen Zusammenhang mit der Elektroosmose steht und die Konservierung von Grünfutter unter Zuhilfenahme des elektrischen Stromes bewirkt. Es ist dies das Elektrosilo- oder elektrische Futterkonservierungsverfahren von Th. Schweizer[1]), welches von der

[1]) DRP. 357409, 399924, 448773 u a. m. — Th. Schweizer, Futterkonservierung (Dresden 1921). — Baltz-Baltzber, Delgefö-Kalender und Frommes Landwirtschaftskalender (1921). — A. Eckstein und E. Rominger, M. m. W. **71**, 396 (1924). — Kinzel und Küchler, Flugbl. Nr. 43 d. Bayer. Landesanstalt f. Pflanzenbau u. Pflanzenschutz. — Wallem, Mitt. d. Vereinig. d. Elektrizitätswerke **20**, 215 (1921). — Pfister, Vortrag auf der Tagung ostdeutscher Zentralen (Stralsund). — E. Bersa und F. Weber, Ber. d. dtsch. Bot. Ges. **40**, 254 (1922).

den Siemens-Schuckertwerken nahestehenden Elektrofutter G. m. b. H., Dresden, eingeführt wurde. Bei diesem Verfahren wird das Grünfutter in frischem Zustande gehäckselt und in besonderen nach gewissen Erfahrungsgrundsätzen gebauten 3—6 m hohen Türmen oder Silos eingelagert wird. Diese fassen 30—90 cbm Grünfutter. Der Boden der Futterkammer ist ebenso wie der Deckel als Elektrode ausgebildet, die Wände aus nichtleitenden Tonhohlsteinen gebaut. Der elektrische Strom von 220—380 V., und zwar bemerkenswerterweise sowohl Gleichstrom als auch Drehstrom, wird durch das dichtgestampfte Grünfutter geschickt, wobei anfangs wegen der geringen Leitfähigkeit nur wenig Strom, etwa 5 A., durchgeht, allmählich aber die Strommenge steigt. Der Prozeß ist beendet, wenn eine weitere Erhöhung der durchgehenden Strommenge nicht stattfindet. Der Stromverbrauch beträgt je nach der Natur des eingebrachten Grünfutters für 100 kg Elektrofutter 2,2—3 kWh.

Unter dem Einfluß des elektrischen Stromes findet eine sterilisierende, also konservierende Wirkung auf das Grünfutter statt. Das so behandelte Grünfutter erhält eine erhöhte Haltbarkeit, die, wenn die Behandlung sachgemäß erfolgt, Monate hindurch andauert. Es entsteht ein brauchbares, nährstoffreiches Dauerfutter.

Die Vorgänge, die sich im Elektrosilo abspielen, sind jedenfalls recht komplex. Die Konservierung scheint unter anderm die Folge der bei dem Prozeß auftretenden Erwärmung des Grünfutters auf etwa 50° C zu sein, bei welcher Temperatur die Bedingungen der Milchsäurebildung günstig sind, die nach Pfister bei der Abtötung der Bakterien und Mikroorganismen eine wesentliche Rolle spielt. Daneben dürfte aber auch die durch den elektrischen Strom bedingte Erstarrung der Schutzkolloide (Bersa[1]) von Einfluß sein. Jedenfalls scheint die sterilisierende Wirkung wesentlich vom Stromdurchgang selbst auszugehen, und durch elektroosmotische Verschiebung des Zellinhaltes gegen die Zellwände eine Abtötung der Mikroorganismen stattzufinden. Die Elektrofutteranlagen sind für die Landwirtschaft deshalb von großer Bedeutung, weil diese dadurch in die Lage kommt, die gesamte Futterernte unabhängig von der Witterung im gewünschten Reifezustand der Futterpflanzen ohne Verluste nach dem Schnitt einzubringen. Außer einer Ersparnis an Arbeitskräften und Scheunenraum ist die verminderte Feuersgefahr ein Vorteil. Dazu kommt, daß dieses Verfahren die Möglichkeit bietet, das Vieh dauernd mit Grünfutter zu füttern und den stets unerwünschten Übergang von Grünfutterfütterung zur Heufütterung zu vermeiden.

Arbeiten zahlreicher Ärzte, Physiologen und Chemiker haben den Beweis geliefert, daß durch die Verfütterung des Dauerfutters eine Beeinträchtigung der Tiere und deren Produkte, insbesondere der Milch, nicht stattfindet, deren Vitamingehalt nicht leidet[2].

Seit dem Jahre 1919 sind weit über 1000 Siloanlagen errichtet und in Betrieb genommen worden.

Ölemulsionen. Im Anschluß an die beschriebenen Anwendungsgebiete der Elektroosmose sei noch kurz die Verwendung der Elektrizität für die Zwecke der Entmischung von Ölemulsionen[3] gestreift. Die erste Anregung, den elektrischen Strom für diese Zwecke zu verwenden, geht von A. Leipold[4] aus, der die Entölung von Kondenswasser auf diesem Wege erreichte. E. G. Cottrell[5]

---

[1] a. a. O. [2] A. Eckstein und E. Rominger a. a. O.
[3] S. Clayton-Loeb, Die Theorie der Emulsionen und der Emulgierung 105—109 (Berlin 1924).
[4] D.R.P. 170342 (1904).
[5] Am. Pat. 287115 (1911).

verwendete etwas später den elektrischen Strom zur Entwässerung von Rohölemulsionen. Diese Verfahren gründen sich darauf, daß ein Zusammenfließen der
Wasserkügelchen nach dem Durchgang eines elektrischen Gleich- oder Wechselstromes durch die Emulsion zustande kommt. Nach W. G. Eddy[1]) wird das Verfahren
in einer Reihe galvanisierter Stahlbehälter vorgenommen, in die isoliert eingeführt
eine rotierende Achse mit einer Reihe kreisförmiger Scheiben als Elektrode ragt; das
Gefäß ist geerdet. Es wird Wechselstrom normaler Frequenz von 11000 V. verwendet, das Rohöl konstant zugeführt und unter dem Einfluß des elektrischen
Stromes die Emulsion entwässert. Als Temperaturoptimum gilt etwa 60° C. Die
Stromkosten betragen je nach dem Wasser- und Salzgehalt der Emulsion 3—45 Watt
je 100 l. F. M. Seibert und J. D. Brady[2]) verwenden Gleichstrom von 250—600 V.
bei einer Stromstärke von wenigen Milliampere. Hier beruht die Entwässerungswirkung
auf Kataphorese[3]). Ihr Verfahren wird von der Gulf Production Company in
Texas angewendet und mit Erhitzen der Emulsion in geschlossenen Gefäßen,
Absetzenlassen und Zentrifugieren verbunden. C. W. McKibben[4]) arbeitet
mit verhältnismäßig weit voneinander abstehenden Elektroden; hierdurch sollen
die zur Kettenbildung neigenden Wasserkügelchen polarisiert werden. Im Gegensatz dazu nimmt F. W. Harris[5]) stark genäherte Elektroden.

Elektrische Gasreinigung.

Die letzterwähnten Verfahren leiten zu den interessanten und industriell von
besonderer Wichtigkeit gewordenen Verfahren über, die in den letzten Jahren als
elektrische Gasreinigungsverfahren von allgemeiner Bedeutung geworden
sind und in engstem Zusammenhang mit der Erscheinung der Elektroosmose stehen.

Im vorausgegangenen wurde die Einwirkung des elektrischen Gleichstromes
auf Kolloidlösungen in den Kreis der Betrachtungen gezogen, oder, nach Wo. Ostwalds Nomenklatur, auf Dispersoide, deren eine Phase, das Dispersionsmittel,
flüssig, die andere Phase, die disperse Phase, fest oder flüssig ist. Diese Systeme
sind in ihrem Wesen und ihrem Charakter am besten erforscht und bekannt.

Von sehr mannigfacher Bedeutung für unser Leben und für die Technik sind
jedoch jene Dispersoide, deren eine Phase gasförmig, die andere flüssig oder fest ist.
Was wir im gewöhnlichen Sprachgebrauch Rauch und Nebel nennen, ist vom moder-
nen physikalischen Standpunkt aus gesehen ein kolloides System, bei dem das Dispersionsmittel gasförmig, die andere Phase im Falle Rauch fest, im Falle Nebel flüssig ist.
Als echte Dispersoide folgen diese Systeme den für Kolloide geltenden allgemeinen
Gesetzen und zeigen dieselben Erscheinungen mit oft nur graduellen Unterschieden.
Ebenso wie die für Dispersoide typische Brownsche Bewegung u. a. Merkmale
feststellbar sind, werden sie gleich den „echten Kolloiden" auch vom elektrischen
Strom beeinflußt. Während aber in Kolloidlösungen durch Anwesenheit eines meist
elektrisch leitenden oder eines durch Elektrolytzusatz leicht leitend zu machenden Mediums die Möglichkeit des Transportes von elektrischem Strom gegeben ist,
also ein verhältnismäßig geringer elektrischer Widerstand herrscht, liegen die Dinge
bei den Dispersoiden mit einer gasförmigen Phase etwas verwickelter, und es

[1]) Journ. Ind. and Eng. Chem. 13, 1016 (1921). — S. ferner Siemens-Schuckert-Werke,
D.R.P. 334120 (1918).
[2]) Am. Pat. 1290369 (1919).
[3]) S. a. Elektro-Osmose A.G., D.R.P. 347537 (1919).
[4]) Am. Pat. 1299589, 1304786 (1919).
[5]) Am. Pat. 1281952 (1918). — S. a. R. E. Laird and J. N. Raney, Am. Pat. 1116299
(1914); 1142760/61 (1915); ferner Bataafsche Petroleum Maatschappij, Holl. Pat. 5573 (1919).

bedarf meist eines viel kräftigeren Anstoßes, um die analogen Wirkungen wie in kolloiden Lösungen hervorzurufen. Dies drückt sich in erster Linie in der Notwendigkeit aus, hochgespannte Ströme zu verwenden, hat aber den wirtschaftlichen Vorteil, daß als Folge der geringen Leitfähigkeit zur Erzielung gewisser Effekte geringere Stromaufwendungen notwendig sind.

In allen durch feste oder flüssige feinste Schwebekörper verunreinigten Gasen und Dämpfen liegt also ein kolloides System vor. In den Nebel- und Raucharten sind Teile von mikroskopischer Sichtbarkeit bis zu molekularen Dimensionen mit Teilchengrößen von 0,1 bis 0,01 μ vorhanden. Teilchen von über 0,1 μ zeigen schon deutlich Fallbewegung; bei gröberem Rauch mit 0,5 μ Teilchengröße fallen diese schon gradlinig; dichte Nebel haben Teilchen von 30 μ, was bereits einer durch mechanische Zerkleinerung erreichbaren Teilchengröße entspricht.

Wird ein solches System in ein elektrisches Feld mit verhältnismäßig niedriger Spannung gebracht, so zeigt sich keinerlei Beeinflussung desselben, trotzdem die Schwebekörper als disperse Phase eines Dispersoides eine elektrische Eigenladung besitzen; aber diese Ladung ist ungenügend, um eine wahrnehmbare Beeinflussung der Schwebeteilchen hervorzurufen. Wie bei kolloiden Lösungen als Folge von Adsorptionserscheinungen durch Elektrolytzusätze Aufladungen der kolloiden Teilchen erfolgen, kann auch bei den Dispersoiden mit einer gasförmigen und einer festen oder flüssigen Phase eine Aufladung stattfinden. Man nennt diesen Vorgang Ionisation. Mittel dazu gibt es verschiedene: Bestrahlung durch Radium- und Röntgenstrahlen, Einwirkung von ultraviolettem Licht, ferner gewisse chemische Reaktionen und Flammen, bei denen sog. „große Ionen" auftreten, rufen Ionisation hervor, ohne daß diese indessen genügt, um im elektrischen Feld eine merkliche Wanderung und Abscheidung der dispersen Phase, also des Staubes oder Nebels, herbeizuführen. Dies kann in Ausmaßen, die für eine praktische Verwertung Voraussetzung sind, nur durch Anwendung der Stoßionisation, also beim Überschreiten der Anfangsspannung, erzielt werden. Die Stoßionisation besteht darin, daß man mittels hochgespannten Gleichstromes von etwa 50000 V. von einer Elektrode mit kleinem Krümmungsradius, z. B. einer drahtförmig ausgebildeten, Elektronen durch das mit Staub und Nebelteilchen verunreinigte Gas ausströmen läßt. Man nennt diese Elektrode Ausström- oder Sprühelektrode (vgl. Abb. 338) und bildet sie in der Gasreinigungstechnik, in der diese Erscheinungen praktisch verwertet werden, zumeist als negative Elektrode aus, da die negative Korona[1]) gegen verschiedene Einflüsse weniger empfindlich ist als die positive. In angemessener Entfernung von der negativen Sprühelektrode ist die positive Gegenelektrode angebracht, die als Niederschlagselektrode bezeichnet wird. Die von der negativen Elektrode ausgesprühten, negativen Ionen strömen durch den ganzen Gasraum gegen die positive Elektrode, laden auf ihrem Wege die Staubpartikelchen negativ auf und bewirken nunmehr ein Wandern derselben nach der positiven Niederschlagselektrode, an der sie sich unter Entladung niederschlagen.

Die Aufladung der Staubteilchen ist, wie F. v. Hauer gezeigt hat, nicht eine Folge des auffallenden Ionenstromes oder der Influenzwirkung[2]) der kleinen Rauchteilchen; sie ist nur dadurch möglich, daß die Staubteilchen infolge der Wärme-

---

[1]) Voigt, Ztschr. f. Gewinnung und Verwertung d. Braunkohle **25**, 435, 469 (1926). — K. Ehring, ebenda **24**, 813, 836 (1926).

[2]) W. Deutsch, Ann. Phys. **68**, 335 (1922); **76**, 729 (1925). — Ztschr. f. techn. Phys. **6**, 423 (1925); **9** (1926). — Metall und Erz **24**, 356 (1927). — R. Seeliger, Ztschr. f. techn. Phys. **7**, 49 (1926). — J. Stark und W. Friedrichs, Wiss. Veröffentl. a. d. Siemenskonzern **2**, 208 (1922). — R. Walzel, Berg- u. Hüttenmännisches Jahrb. **74**, 117 (1926).

bewegung ebenso wie von den Molekülen auch von den Ionen bombardiert werden, mit anderen Worten, die Aufladung kommt gleichsam durch den Partialdruck der Ionen zustande. Diese Auffassung ist auch rechnerisch durch W. Deutsch bewiesen worden.

Die Wanderung der ionisierten Staubteilchen gegen die Niederschlagselektrode wird unterstützt durch den sog. elektrischen Wind, der stets bei Spitzenentladungen auftritt.

Die beschriebenen Erscheinungen wurden unabhängig voneinander durch F. G. Cottrell (Amerika) und E. Möller (Deutschland) für die Reinigung und Entstaubung von Gasen nutzbar gemacht[1]). Beide Erfinder verbanden sich später und legten den Grund zu dem in den letzten Jahren mit durchschlagendem Erfolg in der Praxis eingeführten Cottrell-Möller-Verfahren zur elektrischen Entstaubung und Gasreinigung oder dem Elektrofilterverfahren[2]).

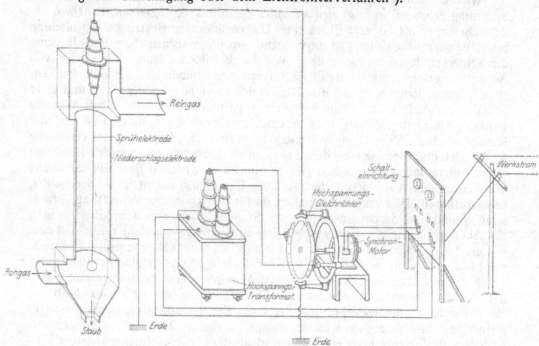

Abb. 338.
Schema einer elektrischen Gasreinigungsanlage nach Cottrell-Möller.

Prinzip der elektrischen Gasreinigung. Die industrielle Ausführung der elektrischen Gasreinigungs- und Entstaubungsverfahren, wie sie u. a. von der Lurgi Apparatebau G.m.b.H. in Frankfurt a. M., den Siemens-Schuckert-Werken und der Elga, G.m.b.H., Kaiserslautern, durchgeführt werden, gestaltet sich im Prinzip folgendermaßen:

Das zu reinigende Gas tritt meist von unten in ein System von Röhren, von denen in der schematischen Darstellung (Abb. 338) ein einzelnes Rohr abgebildet ist. Jedes Rohr ist als Abscheide- oder Niederschlagselektrode ausgebildet und wird als solche geerdet. In jedem Rohr hängt, achsial und isoliert in das Rohr ein-

---

[1]) R. Durrer, Stahl u. Eisen **39,** 1377 (1919). — L. Plaß, Metall u. Erz **18,** 539 (1921). — J. Körting, Ztschr. d. V.D.I. **66,** 719 (1922).

[2]) D.R.P. 230570, 277091, 265964, 282310, 282737, 290146.

geführt, ein Draht, der mit der Hochspannungsanlage verbunden ist. Dieser Draht dient als Lade-, Sprüh- oder Ausströmelektrode. Das durch das Rohr strömende zu reinigende Gas bzw. die in ihm befindlichen Schwebekörper, werden unter dem Einfluß des zwischen Rohrwand und Ausströmungselektrode herrschenden starken elektrischen Feldes ionisiert, wandern gegen die Niederschlagselektrode, also die Rohrwand, an der sie sich abscheiden und fallen entweder von selbst oder unter Zuhilfenahme einer von Hand oder durch Motor betätigten Schüttelvorrichtung in den unter dem Röhrenbündel angebrachten Staubtrichter. Aus diesem wird der niedergeschlagene Staub periodisch oder durch eine geeignete Transportvorrichtung kontinuierlich entfernt, während das gereinigte Gas am oberen Ende der Röhren den Apparat verläßt. Abb. 339 zeigt das Bild einer solchen Röhren-

Apparatur. anlage.

Für gewisse Zwecke tritt an Stelle des Röhrentyps der Plattentyp, und zwar entweder in liegender oder stehender Anordnung.

Bei den Plattenapparaten liegender Anordnung (Abb. 340) sind die Niederschlagselektroden als parallel angeordnete, horizontal ePlatten oder Siebe mit

dazwischenliegenden, drahtförmigen Ausströmelektroden ausgebildet. Die Gase streichen zwischen den Platten quer zu den Ausströmelektroden. Dieser Typ wird für die Abscheidung von Staub, wie er in der Zement-, Tonerde-, Sodaindustrie und in ähnlichen Fällen in großen Mengen auftritt, viel angewendet. Gerade für die Massenbewältigung bietet die liegende Plattenkammer bautechnisch besondere Vorteile.

In den Plattenapparaten stehenden Typs sind die Platten vertikal angeordnet. Der stehende Typ wird besonders dort angewendet, wo es sich um Abscheidung flüssiger Schwebeteilchen (Säuren) oder um hohe Temperaturen handelt. Für den Betrieb der Anlagen wird Strom von 20000—150000 V., meist intermittierender Gleichstrom, verwendet. Die Stromstärken sind sehr gering, es genügen schon wenige Milliampere. Die Abmessungen der Reinigungskammern für eine Gasmenge von 100 cbm je Minute bei 5 g Staubgehalt je Kubikmeter sind $3 \times 3 \times 9$ m. Die für 100 cbm/min Gas benötigte Leistung beträgt etwa 4 KW.

Abb. 339.
Röhrenanlage zur elektrischen Gasreinigung nach Cottrell-Möller.

Die Notwendigkeit, feinste feste oder flüssige, im Schwebezustand befindliche Körper aus der Luft u. a. Gasen oder Dämpfen zu entfernen, besteht in einer großen Zahl von Fällen in der industriellen Praxis. Die Entstaubung und Reinigung von Gasen waren bisher nur mit sehr unvollkommenen und auch oft wirtschaftlich unbefriedigenden Verfahren durchzuführen; sie benötigten kostspielige und viel Raum beanspruchende Anlagen, deren Wirkungsweise zudem vielfach nur bescheidenen Ansprüchen genügten.

In großen Staubkammern und Kanälen, in denen als Folge der Querschnittsvergrößerung eine wesentliche Verminderung der Strömungsgeschwindigkeit der zu reinigenden Gase eintrat, wurde das Absetzen größerer Schwebeteilchen aus Rauch-, Röst- und Trocknungsgasen erreicht, ohne aber eine Abscheidung der feineren und feinsten Teilchen erzielen zu können. Einen ähnlichen Erfolg suchte man durch Richtungswechsel, Filtration der Gase durch Gewebe, Kies, Koks, Raschigringschichten und andere Filter zu erreichen, scheiterte aber häufig an der Schwierigkeit, ein Filtermaterial zu finden, das auch dem chemischen Angriff und

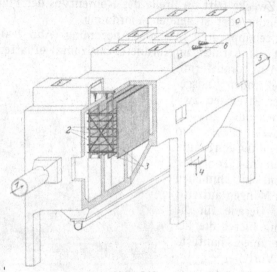

Abb. 340.
Apparat zur elektrischen Gasreinigung mit liegenden Platten.

der oft hohen Temperatur der Gase und Dämpfe Widerstand bot. Andere Verfahren benutzten in den Zyklonabscheidern die Fliehkraft zur Abscheidung gröberer Verunreinigungen oder führten die verunreinigten Gase durch Flüssigkeiten[1]), um dort die Naßabscheidung der Schwebekörper zu erreichen, wobei, wenn es sich um heiße Gase handelte, empfindliche Wärmeverluste eintraten.

Mit der Einführung des elektrischen Gasreinigungsverfahrens von F.G. Cottrell und E. Möller wurden alle diese Schwierigkeiten überwunden und ein bedeutsamer Schritt nach vorwärts getan, um viele Betriebe hygienischer und wirtschaftlicher zu gestalten.

Anwendungsgebiete. Der Zweck und damit die Notwendigkeit zur Durchführung der Entstaubung und Gasreinigung kann ein mehrfacher sein[2]). Einmal wird ihr Ziel die möglichst restlose Befreiung der Luft und Abgase industrieller Betriebe von Staub und anderen Schwebekörpern sein, die oft schwere Belästigung aller Lebewesen infolge Hervorrufens von Erkrankungen der Atmungs-

---

[1]) Vgl. H. Remy, Ztschr. f. angew. Chem. **39**, 147 (1926), uber Absorption chemischer Nebel.

[2]) H. Fiesel, Mitt. d. Metallges. **1**, 15 (1929).

organe und Schädigung der Vegetation durch diese Stoffe bedingen; es werden also vorwiegend hygienische Gesichtspunkte maßgebend sein. Nicht selten wird sogar die Entstaubung oder Entnebelung von den Gewerbeaufsichtsbehörden als Bedingung für die Fortführung gewisser Betriebe gestellt. In anderen Fällen wieder kommt es darauf an, die in Gasen und Dämpfen schwebenden Staub- und Nebelteilchen deshalb wiederzugewinnen, weil deren Wert ein beträchtlicher ist, und dadurch Fabrikationsverluste verringert werden. Wieder in anderen Fällen müssen Gase, um für gewisse katalytische Reaktionen geeignet zu sein, von Schwebestoffen und Verunreinigungen vollständig befreit werden, welche auf die empfindlichen Katalysatoren vergiftend wirken. Natürlich wird in vielen Fällen nicht nur der eine oder andere Zweck allein erreicht, sondern dort, wo beispielsweise aus hygienischen Gründen eine Entstaubung stattfinden muß, auch gleichzeitig ein wertvolles Produkt abgeschieden werden, das oft die Kosten und den Betrieb der Gasreinigungsanlage nicht nur deckt, sondern noch Sondergewinn bringt.

Die Zahl der nach dem elektrischen Gasreinigungsverfahren arbeitenden Anlagen beträgt gegenwärtig über Tausend. Amerika hat zuerst solche Anlagen gebaut, von denen die größte rd. 1 Million cbm Gas stündlich reinigt. Für zahlreiche Industrien hat aber auch in Europa das Verfahren maßgebende Bedeutung gefunden; sein Anwendungsgebiet erstreckt sich auf die Zement-, Magnesit-, Kalk-, Gips-, Glas-[1]), Tonerde-, Schwefelsäure-, Zellstoff- und Textilindustrie[2]), auf Metallhütten und chemische Werke, auf Brikettierungs- und Brennstoffvergasungsanlagen, auf Hochofenwerke zur Gichtgasreinigung usw.

In der Zement- und Magnesitindustrie entweichen mit den Abgasen der rotierenden Brennöfen, der Trockentrommeln sowie der Zerkleinerungs- und Förderanlagen sehr beträchtliche Mengen allerfeinsten Staubes, welche für die Umgebung solcher Werke eine wahre Plage bilden können. Im weiten Umkreis setzt sich der feine Staub auf Gebäuden und Kulturen ab und bedingt durch seine kaustischen Eigenschaften und durch die Eigentümlichkeit, beim Naßwerden zu erhärten, zahlreiche Unzuträglichkeiten. Hier bedeutet die Anwendung der elektrischen Entstaubung eine wohltuende Verbesserung der Lebensverhältnisse im Umkreis dieser Werke. Aber auch vom Gesichtspunkt der Rückgewinnung des sonst verlorengehenden Materials ist das Verfahren für die Zement- und Magnesitindustrie von größtem Interesse. Ähnlich liegen die Verhältnisse bei der Kalk-, Gips- und Tonindustrie, wo oft 10% Materialverluste durch Verstaubung[3]) auftreten, die jetzt vermieden werden können. Der für die Entstaubung notwendige Strom beträgt für 50—60000 cbm Gas etwa 2 kWh.

Ganz besondere Bedeutung hat die elektrische Staubfällung in der Schwefelsäurefabrikation[4]) erlangt. Hier müssen die Röstgase teils aus mechanischen, teils aus chemischen Gründen von Flugstaub und gewissen chemischen Verunreinigungen, wie arsenige Säure und Selen, gereinigt werden. Der Flugstaub gibt nämlich Anlaß zu sehr störenden Verstopfungen von Rohrleitungen, Kanälen und der Glovertürme, er verunreinigt die Kammern und liefert gefärbte Schwefelsäure. Arsenige Säure ist außerdem eine in Schwefelsäure für viele Verwendungszwecke höchst unerwünschte Verunreinigung und muß daher aus den Röstgasen entfernt werden. Dort, wo nach dem Kontaktverfahren gearbeitet wird, müssen die Röstgase restlos von Arsen befreit sein, weil Arsentrioxyd vergiftend auf die

[1]) Elektrofilter in der Keramik und Glasindustrie, Keram. Rundschau 33, 40 (1925).
[2]) C. Hahn, Siemens-Ztschr. (Dezember 1925).
[3]) L. Plaß, Metall u. Erz 18, 540 (1921).
[4]) E. Zopf, Chem.-Ztg. 47, 117/118 (1923).

als Katalysator dienenden Kontaktsubstanzen wirkt, indem es deren Wirksamkeit und Lebensdauer herabsetzt.

Für das Niederschlagen des Flugstaubes auf elektrischem Wege bedarf es nur eines Bruchteiles des Raumes, den man früher für Staubkammern und Kanäle benötigte; es werden Zug- und Temperaturverluste vermieden und ein trockener Staub erhalten, den man direkt als Abbrand oder Farbstoff verwenden kann. Dieser niedergeschlagene Staub enthält zudem die flüchtigen Metallverbindungen in angereicherter Form, ist also hochwertiger. Um die Entarsenierung durchzuführen, müssen zunächst die in den Röstgasen in gasförmiger also nicht niederschlagbarer Form enthaltenen Arsen- oder Selenverbindungen in eine niederschlagfähige Form gebracht werden; durch Abkühlen werden sie zu Nebeln kondensiert und dann der elektrischen Reinigung unterworfen.

Das Cottrell-Möller-Verfahren bedeutet für die Schwefelsäureindustrie neben einer Vereinfachung und Verbesserung des Prozesses auch die Möglichkeit, die billigeren arsenhaltigen Kiese zu verarbeiten, also eine Verbilligung der Herstellung von Schwefelsäure. Die Anwendung beschränkt sich nicht nur auf die erwähnten Stufen der Schwefelsäureherstellung, sondern ist auch zur Reinigung der Abgase aus den Konzentrationsanlagen wertvoll. Es ersetzt hier die Kolonnen und Kokskisten und schlägt Säure bis 25° Bé Stärke nieder.

Während die bisher erwähnten Anwendungsgebiete Fälle vorstellen, bei denen der Hauptzweck die Erzielung möglichst reiner Gase ist, und die niedergeschlagenen Stoffe in gewissem Sinne als Nebenprodukte, wenn auch als erwünschte, anfallen, gibt es eine Reihe von Industrien, bei denen die Rückgewinnung der feinsten Staube Endzweck ist. Dies ist bei zahlreichen Schmelz- und Metallhüttenwerken der Fall, in deren Betrieben durch die Abgase wertvolle Erz-[1]) oder Metallstaube verlorengehen können; ihre Wiedergewinnung ist für die Rentabilität der Betriebe nicht selten von ausschlaggebender Bedeutung. Besonders seitdem für die Metallgewinnung vorwiegend die feinen Flotationskonzentrate (siehe Abschnitt Flotation dieses Werkes) zur Verfügung stehen, hat sich — in erster Linie bei ihrem Abrösten — die Notwendigkeit ergeben, Staubverluste durch elektrische Niederschlagsverfahren zu verhindern. Zahlreiche Schmelzhütten und Raffinierwerke gewinnen ferner heute durch das elektrische Entstaubungsverfahren aus ihren Abgasen Blei, Zinn, Zink, Kupfer, Arsen, Quecksilber und deren Verbindungen[2]) oder Edelmetalle zurück, wobei oft Hand in Hand eine Entgiftung der Abgase geht.

Von Bedeutung sind die elektrischen Gasreinigungsverfahren auch für die Reinigung von Gichtgasen[3]) und von Gasen von Brennstoffvergasungsanlagen geworden. Der Betrieb von Gasmotoren erfordert ein möglichst reines Gas, um eine mechanische Abnutzung der Maschinen durch Schwebeteilchen zu vermeiden. Je nach der Verwendung der Gase für die Cowperheizung, Kesselheizung oder als Maschinengas wird das Gichtgas mehr oder weniger vollständig gereinigt. Bei der Gaserzeugung, in Kokereien[4]), Gasanstalten, Generatorgas- und Schwelanlagen für Steinkohle, Braunkohle, Torf und Holz wird auf elektrischem Wege Staub,

---

[1]) Kirmse, Metall u. Erz **25**, 605 (1929).

[2]) J. Körting, Ztschr. d. V.D.I. **66**, 719 (1922). — W. Deutsch, Metall u. Erz **24**, 357 (1927).

[3]) A. Gouvy, Revue de Metallurgie (Oktober 1920). — I. Dreher, Stahl u. Eisen **44**, 873 (1924). — H. Lent, Ber. d. Fachausschüsse d. Vereins dtsch. Eisenhüttenleute, Bericht 64 (1923). — S. a. Stahl u. Eisen **41**, 1083 (1921). — Metall u. Erz **25**, 161 (1928).

[4]) J. Weyl, Sprechsaal **60**, 22 (1927). — s. Le Génie Civil **96**, 458 (1929).

Dickteer[1]), Dünnteer und Wasser fraktioniert abgeschieden. Es wird zunächst bei einer über der Kondensationstemperatur des Teeres liegenden Temperatur der Staub niedergeschlagen, hierauf bei einer über der Wasserkondensation liegenden Temperatur der wasserfreie Teer in einer zweiten Abscheidungsstufe ausgeschieden, endlich kann man bei 20—30⁰ in einer dritten Behandlungsstufe die letzten Reste kondensierten Teernebels gemeinsam mit Wasser abscheiden[2]).

Eine weitere Anwendung findet das elektrische Entstaubungsverfahren in der Braunkohlen-Brikettindustrie[3]). Hier werden durch die Brüden sehr wesentliche Mengen Kohlenstaub mitgerissen, die durch elektrische Staubfällungsverfahren restlos trocken niedergeschlagen und ohne weiteres wieder brikettiert werden können.

Daß in der chemischen Industrie, z. B. in der Salpetersäurefabrikation, in Sulfitlaugenfabriken und bei der Entstaubung von Rauchgasen[4]) aus Schornsteinen für das Verfahren ein weiteres Feld der Anwendung liegt, braucht nach dem Vorausgegangenen nicht weiter ausgeführt zu werden. Auch dort, wo Milch, Fruchtsäfte und Farben durch Zerstäuben getrocknet werden, leistet das Verfahren wertvolle Dienste.

Einige wichtige zusammenfassende Darstellungen über Elektroosmose befinden sich in:

H. Freundlich, Kapillarchemie, 4. Aufl. I (Leipzig 1930, 335 ff.). — R. Zsigmondy, Kolloidchemie (Leipzig 1912), 43—52. — A. Müller, Allgemeine Chemie der Kolloide (Leipzig 1907), 36—45. — F. Foerster, Elektrochemie wäßriger Lösungen, 2. Aufl. (Leipzig 1915), 101—121. — P. H. Prausnitz, Elektroosmose und Elektrophorese, Chem. Techn. Wochenschrift Nr. 37/38 (1920). — R. E. Liesegang, Kolloidchemie. Wissenschaftl. Forschungsberichte, Bd. VI. (Dresden 1922), 40—50. — L. Michaelis, Die Wasserstoffionenkonzentration, 2. Aufl. I (Berlin 1922), 212—257. — P. H. Prausnitz und J. Reitstötter, Elektrophorese, Elektroosmose, Elektrodialyse in Flüssigkeiten (Dresden 1931). — P. H. Prausnitz, Technische Elektroosmose, Kolloid-Ztschr. 31, 319 (1922). — P. H. Prausnitz, Elektroosmotische Methoden in Houben, Die Methoden der organischen Chemie, 3. Aufl., 2, 1140—1153. — P. H. Prausnitz, Über Elektroosmose, Ztschr. f. Elektrochemie 28, 27 (1922). — W. Pauli und E. Valkó, Elektrochemie der Kolloide (Wien 1929). — K. Arndt, Technische Elektrochemie (Stuttgart 1929), 540. — J. Reitstötter in Enzyklopädie der technischen Chemie, herausgegeben von Ullmann, 4, 401 (Berlin 1929) (mit besonderer Berücksichtigung der Patentliteratur). — E. Berl und K. R. Andress, Technische Anwendungen der Elektro-Osmose, in F. Auerbach und W. Hort, Handbuch der physikalischen und technischen Mechanik, Bd. VII (Leipzig 1930). — J. Reitstötter, Kolloid-Ztschr. 43, 35 (1927). — G. Grube, Grundzüge der theoretischen und angewandten Chemie, 2. Aufl., 145—161 (Dresden 1930).

---

[1]) J. Weyl, Stahl u. Eisen 46, 1863 (1926).

[2]) E. Zopf, Gewerbefleiß 11 (1925). — Vgl. a. Chem.-Ztg. 47, 117/118 (1923).

[3]) Elektrische Brasenentstäubung und Elektrofilter in Braunkohlenbrikettfabriken, Braunkohle 40 (1925). — Blass, Der Bergbau 42, Nr. 28 (1929).

[4]) R. Durrer, Stahl u. Eisen 39, 1377 (1919).

Kolloidchemische Anschauungen auf dem Gebiete der Molkereiprodukte.

Von D. Sc. **William Clayton**-London[1]).

Kolloidnatur der Milch. Die Fabrikation von Butter, Margarine und Käse bietet zahlreiche Probleme kolloidchemischer Art[2]). Die Grundlage für das Verständnis aller Molkereiprodukte bildet das kolloidchemische Studium der Milch. Hier liegt deren hauptsächlichste Basis und ihr Ursprung. Kuhmilch ist durchschnittlich zusammengesetzt aus:

Wasser . . . . 87,27 %
Fett . . . . 3,64 %
Milchzucker. . . . . 4,88 %
Kasein . . . . 3,02 %
Albumin . . . . 0,53 %
Asche . . . . 0,71 %

Milch hat ein spezifisches Gewicht von 1,029—1,033 und gefriert bei —0,5345⁰ C. Der p_H frischer Milch liegt bei ungefähr 6,89[3]), doch ist die physikalisch-chemische Erklärung dafür schwierig[4]). Sie basiert auf den Gleichgewichten der Puffer-systeme Kalziumphosphat-Zitrat-Eiweiß.

Merkwürdigerweise sind nur wenige Arbeiten über die Oberflächenspannung der Milch erschienen. Carapella und Chimera[5]) behaupten, daß die Oberflächen-spannung im umgekehrten Verhältnis zum Fettgehalt der Milch steht, während Behrendt[6]) angibt, daß das Fett keinen Einfluß auf die Oberflächenspannung hat, sondern daß Proteine und Fettsäuren die ausschlaggebenden Faktoren sind. Nach Dahlberg und Hening[7]) nimmt die Oberflächenspannung der Milch mit steigen-dem Fettgehalt und durch Alterung ab, während sie durch Pasteurisieren erhöht

---

[1]) Deutsch von E. Lottermoser.

[2]) Clayton, Colloid Problems in Dairy Chemistry, Brit. Assoc. Colloid Rep. 2, 96—117 (1918). — Leroux, Rev. gen. sci. 36, 178 (1925) für den Zeitraum von 1921—1925 mit 48 Litera-turangaben. — Palmer, The Chemistry of Milk and Dairy Products Viewed from a Colloidal Standpoint, Journ. Ind. and Eng. Chem. 16, 631—635 (1924). — Porcher, La Constitution du Lait, Bull. Soc. Chim. Biol. 5, 270—296 (1923). — Le Lait 3, 97—112, 188—200 (1923); 5, 1—30 (1925). — Le Lait au Point de Vue Colloidal, Thèse pr. à la Fac. d. Sc. de Lyon, Nr. 88, 530ff. (Lyon 1929). — Rahn und Sharp, Physik der Milchwirtschaft (Berlin 1928). — Richmond, Milk, Thorpe's Dictionary of Applied Chemistry 4, 362—381 (1924).

[3]) Faber und Hadden, M. Kl. f. Nordamer. 6, 245—261 (1922). — Milroy, Biochem. Journ. 9, 215 (1915). — Schultz, Journ. Dairy Sci. 5, 383 (1922).

[4]) Fundamentals of Dairy Science (New York 1928), Kap. 6.

[5]) Rev. d'Hygiène et de Medicine Infantile 9, 167—178 (1910).

[6]) Ztschr. f. Kindhlk. 33, 209—217 (1922).

[7]) New York Agric. Expt. Station, Techn. Bull. 113, 42 (1924).

wird. Durch Abkühlung sinkt sie wie erwartet ab[1]). Nach Kopaczewski[2]) beträgt die Oberflächenspannung der Milch 52,8 Dynen bei 15°C.

Milch ist eine Emulsion[3]). Sie enthält das Fett zu Kügelchen von durchschnittlich annähernd 3 μ Durchmesser dispergiert. Die Grenzen der Kugeldurchmesser liegen bei 0,1 und 10 μ. 1 ccm Milch enthält ungefähr 2—4 $\times 10^{12}$ Fetttröpfchen[4]). Von verschiedenen Autoren sind Untersuchungen über die Teilchengröße der Fetttröpfchen ausgeführt worden[5]). Die Art des adsorbierten Proteins, das eine Membran um die Fettkügelchen bildet, ist noch umstritten, doch wird Kasein als das wahrscheinlichste angesehen[6]).

Wenn die Fettkügelchen durch das spezifisch schwerere Milchserum an die Oberfläche steigen, bildet sich der Rahm. Dicker Rahm enthält ungefähr 56 % Fett und 39 % Wasser, dünner annähernd 29 % Fett und 64 % Wasser. Der Fettgehalt bewegt sich innerhalb sehr weiter Grenzen und der Prozentgehalt an Fett ist dem spezifischen Gewichte des Rahmes umgekehrt proportional. van Dam und Sirks[7]) und van der Burg[8]) haben das Maß des Aufstieges der Fettkügelchen in der Milch studiert und gute Übereinstimmung mit Werten, die aus dem Stokesschen Gesetz berechnet waren, gefunden. Ausgezeichnete Untersuchungen zur kolloidchemischen Erklärung des Aufrahmens sind von Rahn[9]) sowie von Troy und Sharp[10]) ausgeführt worden.

Milchschaum. Frische Milch schäumt leicht beim Schütteln. Das Auftreten von Schaum ist bei kolloiden Systemen wohlbekannt und beruht auf der Anhäufung kolloider Teilchen in der Grenzfläche Luft-Flüssigkeit. Thermodynamisch kann dies so gedeutet werden, daß beim Auflösen einer Substanz in einer Flüssigkeit die Oberflächenspannung des Lösungsmittels geändert wird und dadurch Konzentrationsänderungen in der Grenzfläche Flüssigkeit—Luft eintreten. Wenn die Oberflächenspannung infolge der Gegenwart des gelösten Stoffes abnimmt, muß sich dieser in der Grenzfläche Flüssigkeit—Luft anreichern. Das stimmt mit dem Prinzip des beweglichen Gleichgewichtes überein, nach dem die größte Stabilität der Grenzflächen im allgemeinen dann erreicht ist, wenn die Oberflächenenergie ein Minimum ist. Dieser Sonderfall des oben erwähnten Prinzipes wird gewöhnlich als Gibbs-Thomsonsche Regel bezeichnet, und die Erscheinung der Konzentrationsänderung in der Grenzfläche wird Adsorption[11]) genannt.

Schüttelt man Milch zum Zwecke der Schaumerzeugung, so wird die Grenze, die Luft und Flüssigkeit scheidet, verstärkt, und eine beträchtliche Adsorption der Milchkolloide tritt ein. Schaum ist eine ungeheure, häutchenartige Flüssigkeitsfläche, die in ein Gas eingetragen ist. Die Gasblasen bestehen infolge der Anwesen-

[1]) Quagliarello, La pediatria **24**, 1—11 (1919).

[2]) L'Etat Colloidal et l'Industrie **1**, 134 (1925). — S. a. Burri und Nußbaumer, Biochem. Ztschr. **22**, 90 (1909). — Bauer, Biochem. Ztschr. **32**, 362 (1911).

[3]) Clayton, The Theory of Emulsions and Their Technical Treatment (London 1928), 218, 265.

[4]) Schellenberger, Milch-Ztg. **22**, 817 (1893). — Woll, Journ. Agric. Sci. **6**, 446 (1892).

[5]) Svedberg und Estrup, Kolloid-Ztschr. **9**, 259—261 (1911). — Rahn und Sharp, l. c. 35. — Holm in Fundamentals of Dairy Science (New York 1928), 154.

[6]) Anderson, Trans. Farad. Soc. **19**, 106—111 (1923). — Titus, Journ. Biol. Chem. **76**, 237—250 (1928). — Müller, Landwirtschaftliche Versuchsstat. **9**, 364 (1867).

[7]) Verslag. Land. Onderzoek. Rijkslandbouwproefsta **26**, 106 (1922).

[8]) Forsch. Geb. Milchwirts. **1**, 154 (1921).

[9]) Forsch. Geb. Milchwirts. **1**, 133—154, 213—233, 309—325 (1921). — Kolloid-Ztschr. **30**, 110—114 (1922).

[10]) Journ. Dairy Sci. **11**, 189—229 (1928).

[11]) Clayton, Die Theorie der Emulsionen (Berlin 1924), 45.

heit von Milchkolloiden einige Zeit in einer dauerhaften Form (Ramsden-phänomen). Ramsden zeigte an einer ganzen Anzahl kolloider Systeme, daß das adsorbierte Kolloid in gewissen Fällen zu einem solchen Grad angereichert werden kann, daß es als feste oder halbfeste Membranen „ausgefällt" wird. Besonders auffallend waren seine Versuche mit wäßrigen Albuminlösungen, die beim Schütteln oder Umgießen aus einem Gefäß in ein anderes einen sehr beständigen Schaum ergaben, der durch festes Albumin, das irreversibel aus der Lösung gefällt war, haltbar gemacht wurde. Er zeigte ferner, daß in einer Lösung von zwei oder mehr Kolloiden, von denen jedes, wenn es allein zugegen wäre, sich in der Grenzfläche anreichern würde, vorzüglich das eine Kolloid bei einem mehr oder weniger vollständigen Ausschluß des andern sich ansammelt. Dieses besonders stark adsorbierte Kolloid ist selbstverständlich dasjenige, welches die so bemerkenswerte Herabsetzung der Oberflächenspannung verursacht[1]). Der quantitative Beweis des Ramsdenphänomens für den Milchschaum wurde von Siedel und Hesse[2]) geliefert, die ein ausgesprochenes Anwachsen des Proteingehaltes im Milchschaum gegenüber der ursprünglichen Milch fanden. Die anorganische Analyse zeigte keine Änderung.

Schaum, der ungestört auf der Milch bleibt, fällt allmählich zusammen. Schließlich liegen zarte, membranartige Falten auf der Oberfläche. Brouwer[3]) glaubt, die Existenz von kleinen, eigenartig geformten Körpern in der Milch bewiesen zu haben. Diese waren Membranen, die durch Adsorption von Protein an Gasblasen eigenartig geformt waren und in der Milch zurückblieben, nachdem die Gasblasen zusammengefallen waren.

Rahn[4]) zeigte, daß durch Hinzufügen von 0,5 % Pepton zur Milch der Charakter des Milchschaumes geändert wurde, indem sich Blasen bildeten, die so untereinander platzten, daß sie sich allmählich zu immer größeren Blasen vereinigten. Das ist der Änderung im Charakter der Blasenwände zuzuschreiben, die in der Luftphase fest sind, aber sich in der flüssigen Phase wieder auflösen. Gelatinezusatz zur Peptonmilch ruft weitere Änderungen hervor, die der Verdrängung des Peptons durch die Gelatine zuzuschreiben sind. Die äußeren Wände der Blasen sind jetzt nur halbfest, und Risse in den Wänden verursachen langsames Zusammenfallen der Blasen.

Siedel[5]) fand, daß ein Buttern der Milch von ungefähr 45 Minuten bei tiefer Temperatur die beim Zentrifugieren auftretende Schaumbildung verhinderte. Das Abkühlen der Milch ohne Buttern bewirkte ebenfalls keine Schaumbildung. Außerdem schäumte gekühlte, gebutterte und dann wieder mit Rahm gemischte Magermilch wie gewöhnlich, wenn sie durch einen Separator geschickt wurde. Zweierlei geht aus diesen Versuchen hervor: a) Buttern fettarmer Milch macht das Kolloid unwirksam, b) der größere Teil des Schaumkolloids ist im Rahm. Buttert man Magermilch, so entsteht ein Schaum mit nachfolgender irreversibler Koagulation der Milchkolloide. Ist so der Anlaß des Schäumens beseitigt, so hat weiteres Buttern keine Wirkung. Schaum ist reich an Milchkolloiden infolge der merklichen Adsorption, die an der ungeheuren Grenzfläche Fett—Wasser stattfindet. Daß die

---

[1]) Arch. f. Anat. Phys. 517—534 (1894). — Proc. Roy. Soc. 72, 156—164 (1903). — Ztschr. f. physik. Chem. 47, 336 (1904).

[2]) Hildesheimer Molkerei-Ztg. 638 (1900).

[3]) Niederlandsch. Tijdschr. Geneeskunde 67, 409—410 (1925). — Verslag. Land. Onderzoek. Rijkslandbouwproefsta 18, 46—59 (1923).

[4]) Kolloid-Ztschr. 30, 341—346 (1922).

[5]) Rahn, l. c. 343.

Milchproteine sich um die Fettkügelchen konzentrieren, ist quantitativ durch analytische Untersuchungen an Magermilch, Rahm und Butter bewiesen worden[1]).

Bei Schlagsahne und homogenisierter Milch oder Rahm tritt eine intensive Proteinadsorption ein, wodurch Systeme von großer Stabilität entstehen. Die Adsorption erfolgt bei Schlagsahne an der Grenzfläche Luft—Flüssigkeit, während homogenisierte Milch oder Rahm an der Grenzfläche flüssig—flüssig adsorbieren[2]).

Rahn erhebt die Frage nach der chemischen Natur der Substanz, die das Schäumen der Milch und des Rahmes verursacht. Er zeigt, daß sie nicht identisch mit Laktalbumin ist, weil dieses bei genügendem Erhitzen der Milch koaguliert und die Milch trotzdem noch fähig ist, zu schäumen. Er bezweifelt weiter, daß Kasein dafür verantwortlich ist, da saure Milch oder Rahm, in der das Kasein ausgeflockt ist, noch schäumen kann. Er glaubt, daß ein drittes Protein ·in der Milch besteht, dessen Isolierung mehrere Forscher für sich in Anspruch nehmen[3]).

Die nähere Erforschung des Milchschaumes in seiner Beziehung zur Temperatur, dem Eiweißgehalt und der Oberflächenspannung der Milch verlangt noch starke Beachtung. Leete[4]) findet, daß die Neigung zum Schäumen zwischen 20 und 30°C ein Minimum zeigt. Unter 20°C nimmt diese Neigung langsam zu, während sie oberhalb 30°C sehr stark ansteigt. Rahn[5]) zeigte, daß Rühren von Magermilch bei verschiedenen Temperaturen von einem schnellen Sinken der Neigung zum Schäumen in dem Maße wie die Temperatur steigt begleitet wird. Ferner ist der Schaum auf kalter Milch vollkommen verschieden im Charakter von dem auf warmer, besonders in der Art seines Zusammenfallens.

Rahm.

Milch enthält gegen 3,6% Fett, das als Emulsion von hoher Beständigkeit anwesend ist. Beim Stehen steigt der größere Teil des Fettes als Rahm an die Oberfläche. Man hat sich lange gestritten, ob die Fettkügelchen in der Milch von einer Membran oder von einer gelatinösen, schleimigen, halbflüssigen Substanz, die gewöhnlich mit dem aus dem Dänischen übernommenen Namen „Hüllenmembran" bezeichnet wird, umgeben seien. Struve[6]) glaubte, daß diese Membran aus unlöslichem Kasein bestände, während Babcock[7]) sie für Milchfibrin hielt. Schmid[8]) beweist in seiner Arbeit „Die mikroskopische Untersuchung der Kuhmilch" die Gegenwart einer Membran um die Fettkügelchen. Dies stimmt mit der allgemeinen Erfahrung bei Emulsionen überein, daß gewisse emulgierende Stoffe an der Grenzfläche flüssig—flüssig so fest adsorbiert sind, daß sie häufig irreversibel „gefällt" sind. Anderson[9]) hält das Kasein für den die Emulsion herbeiführenden Stoff, während Hattori[10]) ihn als ein neuisoliertes Protein, das Haptein, anspricht.

[1]) Rahn, Forsch. Geb. Milchwirts. 1, 313—319 (1921).
[2]) Wiegner, Kolloid-Ztschr. 15, 105—123 (1914). — Buglia, Kolloid-Ztschr. 2, 353—354 (1908). — Sobbe, Milchwirts. Zentr. 34, 503—506 (1914).
[3]) Storch, Milch-Ztg. 259 (1897). — Voeltz, Pflüg. Arch. 102, 373. — Hammarsten, Ztschr. f. physiol. Chem. 8, 467 (1884). — Sebelien, Ztschr. f. physiol. Chem. 9, 445 (1885). — Schloßmann, Ztschr. f. physiol. Chem. 22, 197 (1896).
[4]) S. Fundamentals of Dairy Science, 172.
[5]) Physik der Milchwirtschaft, 16.
[6]) Journ. f. prakt. Chem. 27, 249 (1883).
[7]) Milch-Ztg. 17, 809.
[8]) Milch-Ztg. 50, 18.
[9]) Trans. Farad. Soc. 19, 106 (1923).
[10]) Journ. Pharm. Soc. Japan. 516, 123—170 (1925).

In der Technik wird der Rahm von der Milch durch Zentrifugen getrennt, und obgleich manche interessante Tatsachen damit verbunden sind, besonders vom Standpunkte des Zerstörens der Emulsionen[1]), hat doch diese zentrifugale Trennung keinen unmittelbaren Einfluß auf das in diesem Beitrag behandelte Kolloidthema.   Um zu einer befriedigenden Erklärung der Butterbildung zu kommen, muß das Aufrahmen der Milch nach älteren Methoden, die auf ungestörtem Einfluß der Schwere beruhen, betrachtet werden.

Bis in die neuere Zeit war die allgemein anerkannte Ansicht über die Aufrahmung durch die Schwere, daß sie von den verschiedenen spezifischen Gewichten des Fettes und der wäßrigen Phasen, und von der Viskosität der wäßrigen Phase abhänge.   So bemerkt der amerikanische Autor Hunziker[2]): „Wenn die Viskosität der Milch nicht größer als die des Wassers wäre, würden die Fettkügelchen sogleich in der gleichen Weise an die Oberfläche emporsteigen, wie in Wasser gegossenes Öl an die Oberfläche steigt."   Eine neue Arbeit von Rahn[3]) hat gezeigt, daß die gewöhnliche Ansicht über das Aufrahmen unvollständig und in Hinsicht auf den Viskositätsfaktor allein ganz unhaltbar ist.

Das gewöhnliche Aufrahmen der Milch durch die Schwere kann auf drei Wegen durchgeführt werden:

1. Durch Stehen der Milch in flachen Pfannen von 5—10 cm Tiefe während 24—36 Stunden.   Der Rahm wird mit einem Schaumlöffel entfernt, doch werden 0,5—1 % des Rahmes in der Magermilch zurückgehalten.

2. Durch Stehen der Milch in tiefen Pfannen (Tiefe etwa 50 cm), die in kaltes Wasser gesetzt sind.   Die Magermilch wird vom Boden abgezogen und das in der Magermilch zurückgehaltene Fett beträgt nur ungefähr 0,2 %.   Diese Methode hat Bancroft[4]) treffend folgendermaßen beurteilt: „Die Milchfachleute haben bemerkt, daß entgegen aller Erwartung der Rahm schneller und vollständiger in einem tiefen Gefäß als in einer flachen Pfanne aufsteigt.   Die feineren Teilchen werden von den größeren erfaßt und aufwärts gerissen, weil die Konzentration der größeren Teilchen, bezogen auf die Einheit des Querschnitts bald hoch genug steigt, um eine filtrierende Wirkung auszuüben. . . . Niemand hat Versuche über eine mögliche Beziehung zwischen der Konzentration, bei der die Filtration beginnt, und der Konzentration, bei der die Fluidität den Wert 0 hat, gemacht."

3. Durch Verdünnen mit Wasser: der frischen Milch wird heißes oder kaltes Wasser bis zu ein Viertel oder ein Drittel ihres Volumens zugesetzt.   Der dabei verfolgte Gedanke ist, daß das Herabsetzen der Viskosität des Milchserums das Aufsteigen der Fettkügelchen beschleunigt.   Die Ergebnisse sind jedoch nicht sehr gut, denn ungefähr 0,7 % des Butterfettes geht in der Magermilch verloren.

Rahn[5]) hat gezeigt, daß die Viskosität der Milch erhöht und das Aufrahmen beschleunigt werden kann.   Die Zunahme der Viskosität wiederum kann durch Zusatz von wasserlöslichen Kolloiden, z. B. Gelatine, bewirkt werden.   Von warmer Milch von 40° C, die Gelatine enthielt, berichtet Rahn[6]): „Der Zusatz der Gelatine bewirkte also schnellere Aufrahmung, größere Rahmschicht, einen lockeren Rahm mit geringerem Fettgehalt, eine sehr viel vollständigere Ausscheidung des Fettes

---

[1]) Clayton, Die Theorie der Emulsionen (Berlin 1924), 116.

[2]) The Butter-Industry (Illinois 1920), 68.

[3]) Kolloid-Ztschr. **30**, 110—114 (1922).

[4]) Applied Colloid Chemistry (New York 1921), 193.

[5]) Forsch. Geb. Milchwirts. **1**, 133 (1921). — Vgl. a. Palmer and Anderson, Journ. Dairy Sci. **9**, 1—14 (1926).

[6]) Kolloid-Ztschr. **30**, 110 (1922).

im Rahm, also eine fettärmere Magermilch, trotzdem die innere Reibung weit über die Höchstgrenze normaler Milch, die bei etwa 2,4 liegt, hinausgeht. Diese Versuche sind mit Gelatine sowie mit anderen Stoffen wiederholt worden; selbst bei einer Zähigkeit von 5,61 wurde eine erheblich bessere Rahmausbeute erzielt als bei unbehandelter Milch."

Andere Kolloide, wie Traganth, Gummiarabikum, Pepton und Albumin beschleunigten in kleinen Mengen zugesetzt das Aufrahmen. Durch Zusatz von Nichtkolloiden, wie Zucker, verzögerte sich das Aufrahmen trotz Zunahme der Viskosität. Diese Ergebnisse verlangen deutlich eine neue Deutung der Erscheinung des Aufrahmens der Milch. Hervorgehoben werden müssen mehrere wichtige Arbeiten von Sakurei[1]), Brouwer[2]) u. a.[3]), die sich direkt auf diese Materie beziehen.

Rahn zeigte ferner, daß die durch Erhitzung verhinderte Aufrahmung der Milch (früher der Beladung der Fettkügelchen mit koaguliertem Protein zugeschrieben) auf den normalen Betrag gebracht werden konnte, durch Zusatz von Gelatine oder einem anderen beschleunigenden Kolloid nach dem Erhitzen. Aus der Messung der Geschwindigkeit des Aufstieges der Fettkügelchen in der Milch unter verschiedenen Bedingungen schloß Rahn, daß die Fettkügelchen in der Rohmilch nicht einzeln aufsteigen, sondern sich zu Klümpchen zusammenschließen, die einen größeren Auftrieb besitzen. In der Rohmilch gibt es zahlreiche solche Klumpen; selten sind sie in erhitzter Milch. Darin liegt der wesentliche Unterschied in der Art der Aufrahmung. Erhitzen zerstörte das Zusammenballen der Fettkügelchen. Der Zusatz von Albumin, Gummiarabikum und Gelatine erhöhte das Zusammenballen infolge der Bildung einer adsorbierten, klebrigen Hülle, die das Zusammenkleben der Kügelchen, wenn sie aufeinanderprallen, ermöglicht. Der analytische Beweis für die Anreicherung an den Fettkügelchen wurde für den Fall des Gelatinezusatzes dadurch erbracht, daß Stickstoffbestimmungen von Rahm und Magermilch ausgeführt wurden. Ein Ansteigen des Betrages des zugefügten Kolloids verursachte einen lockereren Rahm von geringerem Fettgehalt. Die Adhäsion des die Hülle bildenden Kolloids wird durch Erhitzen verringert, die Kügelchen steigen einzeln auf und geben eine dichtere Rahmschicht.

Butter.

Wenn Milch oder Rahm gebuttert wird, ballen sich die Fettkügelchen zusammen und bilden Körnchen, die dann zusammen zu einer Masse von scheinbar homogenem Gefüge verarbeitet werden. Der durchschnittliche Fettgehalt der Butter beträgt 83,5%, der Wassergehalt ist ungefähr 13%. Über die genauen Veränderungen, die bei der Verbutterung des Milchfettes eintreten, bestehen noch abweichende Meinungen. Die Verfechter der „Hüllenmembrantheorie" glauben, daß die schleimige Substanz, die die Fettkügelchen einhüllt, abgerieben wird und die Kügelchen sich darauf vereinigen. Nach einer Theorie von Fleischmann, die kürzlich von Pratolongo[4]) erneuert wurde, läuft der Butterprozeß auf eine

---

[1]) Biochem. Ztschr. **149**, 525—533 (1924).
[2]) Chem. Zbl. **1**, 524 (1926).
[3]) Van Rossem, Journ. Soc. Chem. Ind. **44**, 33 (1925). — Palmer and Anderson, Journ. Dairy Sci. **9**, 1—14, 171—191 (1926). — Sherwood and Smallfield, Journ. Dairy Sci. **9**, 68—77 (1926). — Beck, Biochem. Ztschr. **156**, 471—481 (1925). — Van Dam und Sirks, Verslag. Land. Onderzoek. Rijkslandbouwproefsta **26**, 106—186 (1922); **29**, 94—109, 137—152 (1924). — Troy and Sharp, Journ. Dairy Sci. **11**, 189—229 (1928).
[4]) Giorn. chim. ind. applicata **6**, 3—10 (1924).

Verdichtung der überschmolzenen Fettkügelchen hinaus. Es ist jedoch wohlbekannt, daß das Fett durch bloße Abkühlung verdichtet werden kann und keine
Butterbildung stattfindet.

Gegenwärtig herrscht die Ansicht, daß die Fettkügelchen in der Milch eine
adsorbierte Proteinhülle haben. Während des Butterns oder des Einrührens von
Luft wird das Protein wieder an die ungeheure Grenzfläche Luft—Flüssigkeit
adsorbiert. So behauptet Rahn[1]), daß während des Butterns die Proteinhüllen,
die durch die Berührung mit der Luft koagulierten, darauf durch die Schüttel-
bewegung gesprengt werden, das Schäumen aufhört, und die Fettkügelchen sich
zu kleinen, traubenartigen Butterklümpchen vereinigen. Er zeigte später[2]),
daß Butter so lange als die Flüssigkeit schäumt, erzeugt werden kann, selbst
wenn das Fett in den Rahmteilchen flüssig ist; doch werden unter diesen Bedingungen die Agglomerate von flüssigem Fett durch die heftige Bewegung
wieder zerstört, und der Butterertrag ist gering. Die zur Butterbildung nötige
Zeit steigt in dem Maße, wie die Temperatur fällt; bei 5⁰C bildet sich praktisch
keine Butter mehr.

Hittcher[3]) fand, daß die Anfangstemperatur beim Buttern des Rahmes
und des Fettinhaltes schwerlich irgendwelchen Einfluß auf die Größe der Agglomerate der gebildeten Butter hat. Er machte die interessante Beobachtung,
daß das Gefrierenlassen des Rahmes vor dem Buttern bei gewöhnlichen Temperaturen das Buttern sehr beschleunigt. Wahrscheinlich hängt dies mit einer
Änderung der physikalischen Eigenschaften der Proteinhülle zusammen. Folgende
Arbeiten sind in Zusammenhang mit dem Vorhergehenden von Bedeutung:

Hittcher, Eingehende Studien über das Verfahren der Butterbereitung.
Landw. Jb. 51, 489—562 (1918).

Rahn, Untersuchungen über den Butterungsvorgang. Teil I: Eine Ober-
flächenspannungstheorie. Forsch. Geb. Milchwirts. 1, 309—325 (1921); Teil II:
Wirkung der Temperatur. L. c. 2, 76—94 (1922)

Rahn, Die Bedeutung der Oberflächenspannungserscheinungen für den Mol-
kereibetrieb. Kolloid-Ztschr. 30, 341—346 (1922).

Andere Abhandlungen sind im Literaturverzeichnis[4]) vermerkt.

Die Butterkerne werden zu einer homogenen Masse verarbeitet, die sich unter
dem Mikroskop als eine verdichtete Wasseremulsion in Fett erweist, dem Gegenteil
des Emulsionstypus, wie ihn Milch oder Rahm zeigt. Die physikalischen Bedingungen beim Buttern, vor allen Dingen die Temperatur, haben einen tief-
gehenden Einfluß auf die Butter, besonders in bezug auf ihren Wassergehalt. Die
hauptsächlich in dieser Beziehung zu berücksichtigenden Faktoren sind der Fettgehalt, die Azidität, die Viskosität des Rahmes und der Grad der angewandten
Bewegung. Mit einem Rahm, der 30—45% Fett enthält und bei einer Temperatur
zwischen 13 und 18⁰C gebuttert wird, sollte man gute Ergebnisse erzielen. Wenn
Rahm reift, entsteht Milchsäure, die Viskosität des Rahmes sinkt und das Buttern
wird leichter. Das Kasein flockt aus, wenn die Azidität zu hoch steigt, und man

[1]) Forsch. Geb. Milchwirts. 1, 309—325 (1921).
[2]) Forsch. Geb. Milchwirts. 2, 76—94 (1922).
[3]) Landw. Jb. 51, 489—562 (1918).
[4]) Van Dam, Landw. Versuchsstat. 86, 393 (1915). — Milchwirts. Zentr. 52, 1—4 (1923).
— Fischer and Hooker, Fats and Fatty Degeneration (New York 1917). — Gortner, American
Colloid Symposium 1, 410 (1923). — Hunziker, The Butter-Industry (Illinois 1920), Kap. 10.
— Rahn und Sharp, Physik der Milchwirtschaft, Kap. 6.

findet dann in der Buttermasse Kaseinklümpchen. Das Buttern darf nicht zu rasch und heftig ausgeführt werden, weil dann der Feuchtigkeitsgehalt durch den Einschluß von Buttermilch in den Butterkernen zu hoch ist. Auch muß man das Buttern einstellen, sobald die Butterkörnchen die Größe kleiner Erbsen erreichen, da sonst die Körnchen sich vereinigen und zuviel Buttermilch zurückhalten, die dann nicht wieder ausgewaschen werden kann.

Palmer[1]) hat das Buttern des Rahmes untersucht, indem er ein mit großen platinierten Platinelektroden ausgestattetes Butterfaß benutzte und bei konstanter Temperatur arbeitete (16⁰ C). Es wurde die Änderung der elektrischen Leitfähigkeit während des Butterns verfolgt. Trägt man als Ordinate den Widerstand des Rahmes in Ohm und als Abszisse die Zeit in Minuten auf, so wurde eine Kurve erhalten, die ein scharfes Maximum zeigte. Der Widerstand wuchs in dem Maße, als das Buttern fortschritt, erreichte ein Maximum nach ungefähr 10 Minuten, blieb 30 Minuten praktisch konstant und fiel dann bis zur Leitfähigkeit der Buttermilch. Dies ist als ein Beweis für die Umwandlung des Rahmes als Typus einer Öl—Wasseremulsion in Butter (Wasser—Ölemulsion) anzusehen.

Palmer[2]) berechnete aus Storchschen Angaben, daß die Wassertröpfchen in der Butter sehr zahlreich und fein verteilt sind. Palmer hat auch berechnet, daß die Fläche, die die Grenzfläche Fett—Wasser in 540 g Butter einnimmt, gut 1000 qm beträgt, eine wichtige Tatsache im Hinblick auf das Ranzigwerden, das während des Lagerns eintritt.

Disperse Phase	Durchmesser in mm	Anzahl pro cbmm
Fettkügelchen im Rahm	0,010—0,0016	15—25 $\times$ 10⁶
Wassertropfen in Butter	0,047—0,0011	3—13 $\times$ 10⁶

Außer dem Buttern von Milch oder Rahm sind noch andere Methoden zur Abtrennung des Butterfettes vorgeschlagen worden. So behauptet Clavel[3]), daß Rahm erhalten werden kann, wenn man die Milch durch hindurchströmende Gase in einen Schaum verwandelt. Gießt man die so vorbehandelte Milch durch ein feines Sieb, so hält dieses das Fett zurück. Das ist ein Beispiel für das Ramsdenphänomen bei der Adsorption, und die Methode ist angewandt worden, um andere Emulsionen in technischen Operationen zu trennen[4]). North[5]) schlägt vor, Rahm bei 13⁰ C zu schlagen und dann mit 1—4 Volumteilen heißen Wassers zu verdünnen, um das Fett zu schmelzen, den Klumpen darauf durch einen Molkenseparator und schließlich durch eine Ölzentrifuge zu schicken. Methoden, die von der Änderung des Kaseinzustandes abhängen, sind Alexander[6]) und Stevenson[7]) patentiert worden. Der erstere erhitzt Milch unter Druck, um das Kasein aufzulösen und so die Abtrennung des Fettes zu erleichtern. Die Methode des letzteren besteht darin, Salzsäure hinzuzufügen, bis der p_H des Milchserums 3 ist. Dadurch wird das gefällte Kasein wieder aufgelöst.

---

[1]) American Colloid Symposium **1**, 410 (1923).
[2]) Journ. Ind. and Eng. Chem. **16**, 634 (1924).
[3]) D.R.P. 314090 (1918).
[4]) Karpinsky, Engl. Pat. 177498 (1922). — Edser, Engl. Pat. 157490 (1922).
[5]) Am. Pat. 1416053 (1922). — Engl. Pat. 206918 (1922).
[6]) Am. Pat. 1401853 (1921).
[7]) Am. Pat. 1397663, 1397664 (1921).

Margarine.

Margarine ist ein Butterersatz, in dem das Milchfett der Butter durch eine Mischung von tierischen und pflanzlichen Fetten und pflanzlichen Ölen ersetzt wird. Die Fettmischung wird zu einer homogenen Flüssigkeit geschmolzen und mit Milch, die vorher pasteurisiert und dann durch Impfen mit Milchsäurebakterien-Reinkulturen angesäuert wurde, emulgiert. Die Emulsion wird dann mit Hilfe einer gekühlten, rotierenden Trommel oder durch einen Sprühregen von eisgekühltem Wasser erstarren gelassen. Auf diesem Wege werden Flocken oder Körnchen erzeugt, die Butterkörnchen vortäuschen. Die Margarineteilchen werden dann zwischen Walzen zu einer homogenen Masse verknetet. Schließlich wird das Produkt in einem Mischer, der mit Hilfe von rasch rotierenden Messern die Masse zerreißt und durchmischt, gesalzen.

Diese Industrie[1]) eröffnet ein interessantes Untersuchungsgebiet in der Kolloidchemie und -physik, da ihre Hauptprobleme mit Emulsionen verbunden sind. Die moderne Auffassung der Emulsionen möge kurz wie folgt zusammengefaßt werden[2]). Eine stabile Emulsion besteht aus einer Flüssigkeit, die in Tröpfchenform in einer anderen, die das Dispersionsmittel bildet, dispergiert ist. Die Stabilität hängt ab von der Gegenwart einer adsorbierten schützenden Hülle um die dispergierten Kügelchen. Als adsorbierte Stoffe kommen Seife, Gelatine, Gummi, Milchkolloide usw., und in manchen Fällen feste Teilchen wie Kohle, Kieselsäure, Metalloxyde usw. in Betracht. Von zwei Flüssigkeiten A und B können zwei Emulsionsreihen, nämlich A in B und B in A, von allen Konzentrationen bis zu 99% der dispersen Phase hergestellt werden. Welche Flüssigkeit das Dispersionsmittel bildet, das die andere tröpfchenförmige Flüssigkeit umgibt, beruht auf den relativen Benetzungskräften der Flüssigkeiten für den emulgierenden (schützenden) Stoff. Das steht in quantitativer Beziehung zu dem Randwinkel der flüssigen Grenzfläche mit dem adsorbierten emulgierenden Stoff.

Im Handel befinden sich Margarinen, die Emulsionen sowohl vom Wasser-in-Öltypus, als auch vom Öl-in-Wassertypus darstellen. Ein gutes Mittel, sie zu unterscheiden, besteht darin, ihre elektrische Leitfähigkeit zu bestimmen[3]). Der Emulsionstypus hängt wesentlich vom Herstellungsverfahren ab. Der Gebrauch von Milch in einer Margarineemulsion befördert natürlich den Öl-in-Wassertypus in Übereinstimmung mit der beobachteten Regel, daß wasserlösliche Kolloide den Öl-in-Wassertypus und öllösliche Kolloide den Wasser-in-Öltypus befördern. Da die Volumina der Ölphase zur wäßrigen Phase sich wie 5:1 verhalten, sind die Margarinetechniker so verfahren, daß die wäßrige Phase (Milch + Wasser) in dem Öl dispergiert wurde. Läßt man unter konstantem Rühren den wäßrigen Anteil langsam in das ganze Öl laufen, so bildet sich eine Emulsion, die, obgleich von Natur aus bei diesen Arbeitstemperaturen (25—50°) instabil, durch sofortiges Abkühlen stabil gemacht wird.

Nur wenige wissenschaftliche Arbeiten, die sich mit der Margarinetechnologie befassen, sind veröffentlicht worden, obwohl der Verfasser[4]) über physikalisch-chemische Untersuchungen von beträchtlichem Interesse berichtete. Die Patentliteratur weist einige in kolloidchemischer Beziehung interessante Arbeiten auf.

---

[1]) Clayton, Margarine (London 1920).
[2]) Clayton, Die Theorie der Emulsionen (Berlin 1924).
[3]) Clayton, Brit. Assoc. Rep. on Colloid Chemistry 2, 114 (1918).
[4]) Clayton, Kolloid-Ztschr. 28, 202 (1921). — Ztschr. d. dtsch. Öl- u. Fettind. 46, 321 (1926). — Margarine-Journ. 2, 13, 503 (1920).

So wurde Blichfeldt[1]) ein Patent erteilt für den Gedanken, daß eine stabile Margarineemulsion des Öl-in-Wassertypus entstünde, wenn die Ölphase langsam in die wäßrige Phase unter konstanter Bewegung eingetragen würde. Das ist grundsätzlich richtig, da unter günstigen mechanischen Bedingungen die Milchkolloide den Öl-in-Wassertypus verlangen. Verschiedene wasserlösliche Kolloide sind bei der Darstellung von Margarineemulsionen des Öl-in-Wassertypus angewandt worden, z. B. Gelatine, Eigelb, Lezithin, Kasein. Andererseits sind Patente erteilt worden für den Gebrauch von emulgierenden Stoffen, die den Wasser-in-Öltypus befördern würden.

Schou[2]) schlägt vor, ein gereinigtes vegetabilisches Öl bei 250°C zu oxydieren, bis Gelatinierung einsetzt. Das Produkt wird auf 100°C abgekühlt und mit dem Doppelten seines Volumens an kaltem Öl gemischt. Dieses „gelatinierte Öl" ist ein ausgezeichneter Stoff, Wasser-in-Ölemulsionen darzustellen. Ein Zusatz von ungefähr 1% zu frischen Ölen gestattet die Emulgierung von ungefähr 70% des Wasser- oder Milchvolúmens. Scheinbar ist Schous Öl so oxydiert worden, daß sich in dem molekularen Gefüge polare Gruppen entwickelten, die das Produkt automatisch in den Stand setzten, Wasser zu dispergieren[3]).

Ayres[4]) hat sich die Anwendung von Kokosnußölstearin als eines öllöslichen Kolloides, das die Dispersion von Wasser in Öl befördert, patentieren lassen. In diesem Falle sind der Betrag des hinzugefügten Stearins und die Emulgierungstemperatur einander so angepaßt, daß das Stearin als eine wirkliche Suspension zugegen ist, und es wird selbstverständlich viel leichter vom Öl, als vom Wasser benetzt. Der Gedanke ist hervorragend.

Die Margarineemulsion der Praxis ist sehr kompliziert zusammengesetzt. Wenn die Öle und Fette mit gesäuerter Milch emulgiert werden, muß dem Einfluß von Milchsäure, Milchkolloiden und Kaseinflocken auf die Emulsion Rechnung getragen werden.

Eine ins Einzelne gehende Untersuchung wird gefordert in bezug auf den Emulsionstyp in der Margarine und auf praktische Fragen wie Plastizität und Ausbreitungsfähigkeit, Verderben beim Lagern, Lösung und Diffusion des Salzes und der Schutzmittel, und das Ausschwitzen der Feuchtigkeit, besonders von in Papier eingewickelten Sorten. Die Homogenisierung der Emulsionen entgegengesetzter Typen bietet ebenfalls ein reiches Feld für technische Untersuchung. Selbst dem anscheinend so einfachen Mischprozeß hat man nicht die Beachtung, die er verdient, geschenkt. Es ist jetzt klar, daß es ein Optimum des Rührens und ein Optimum der Mischungszeit gibt. Diese Bemerkungen gelten für alle Emulsionen in allen Industrien[5]).

Interessant ist, daß der Gasgehalt von Butter und Margarine untersucht worden ist. Das Gas (Luft) wird während des Emulgierens, Knetens und besonders während des Mischens hineingebracht. Rogers[6]) fand, daß frische Butter 10 Volumprozente Gas ($O_2 = 20\%$, $N_2 = 33\%$, $CO_2 = 47\%$) liefert. Rahn und Mohr[7]) geben als Ergebnis der Analyse von 290 Butterproben an, daß 100 g 4,2 ccm Gas

[1]) Engl. Pat. 4505 (1912).
[2]) Engl. Pat. 178885, 187298, 187299 (1922).
[3]) Langmuir, Journ. Amer. Chem. Soc. 39, 1848 (1917).
[4]) Am. Pat. 1467081 (1923).
[5]) Clayton, Die Theorie der Emulsionen (Berlin 1924), 96. — Journ. Soc. Chem. Ind. 45, 288 (1926). — Stamm und Kraemer, Journ. f. phys. Chem. 30, 992—1000 (1926). — Huber, Journ. Econ. Entomol. 18, 547 (1925).
[6]) U. S. Dept. Agric. Bur. Anim. Ind. Bull. 162, 5—69.
[7]) Forsch. Geb. Milchwirts. 1, 211—224 (1924).

liefern; die Grenzen liegen bei 0,97 und 8,38 ccm. Margarine enthält in der Regel mehr Gas als Butter, weil sich während der Herstellung mehr Gelegenheiten zum Eindringen des Gases bieten[1]).

Unsere Aufmerksamkeit zieht jetzt die recht interessante Wirkung des Salzzusatzes (NaCl) zu einer Emulsion auf sich. Hunziker[2]) hat ausführlich die Ursache der Flecken in gesalzener Butter untersucht. Ausgezeichnete Mikrophotographien begleiten seinen Bericht. Diese Flecken kommen nur in gesalzener Butter vor und beruhen auf osmotischen Wirkungen infolge unvollständiger Salzverteilung. Wenn das Salz der Butter in einem Mischer zugegeben wird, schmelzen die emulgierten Wasserkügelchen zusammen und nehmen an Zahl ab. Darauffolgendes Durcharbeiten sollte genügen, die Salzkonzentration auszugleichen und die Kügelchen (jetzt Salzlösung) gleichmäßig zu verteilen. Die großen Kügelchen müssen wieder annähernd auf die Größe der ursprünglichen Wassertröpfchen heruntergebracht werden. Die Flecken treten in unvollständig oder ungleichmäßig hergestellter Butter ungefähr 6—12 Stunden nach der Butterung auf. Dieselben Effekte werden auch bei der Margarine gefunden.

Beachtung verdient auch die neue Arbeit von Platt und Fleming[3]) über die Frage der Spezialmargarinen für Pasteten. Solche Fette werden „verkürzte Fette" genannt und werden als Ersatz für Butter und Schweineschmalz verwendet. Platt und Fleming erörtern das „Verkürzen von Fetten" im Lichte der neueren Theorien der Grenzflächenspannung und Ölhäutchen, einschließlich der Harkins-Langmuirschen Ansichten über die molekulare Orientierung an Grenzflächen.

Zum Schluß muß bemerkt werden, daß Butter und Margarine vom physikalisch-chemischen Standpunkte als die gleiche Substanz aufgefaßt werden können. Butter ist nur eine Emulsion von Wasser-in-Öl, während Margarine sowohl eine solche von Wasser-in-Öl als auch von Öl-in-Wasser sein kann. Das hängt von der Darstellungsweise ab. Butter stellt die Umkehrung einer Emulsion durch mechanische Mittel dar und ist tatsächlich eine zufällige Emulsion. Das Wasser wird nur nach dem Buttern in die Butterkörnchen hineingebracht und wird weiter hineingetragen und verteilt, wenn die Masse homogenisiert wird. Was die Margarine anbelangt, so ist das Wasser hier in einem wahren Emulsionszustande, da das Produkt eine reine Emulsion war, die dann durch Abkühlen in die feste Form übergeführt wurde.

Käse.

Käse ist ein Milchprodukt und enthält als wichtigsten Bestandteil das Kasein. Man fabriziert ihn in großer Mannigfaltigkeit. Die verschiedenen Sorten enthalten 25—30% Wasser, 22—33% Eiweiß, 13—42% Fett und 3—7% Asche.

Man läßt Milch durch Zusatz von Lab gerinnen und schneidet später die koagulierte Masse zur Erleichterung des Auspressens der Molken in Stücke. Um daraus Käse herzustellen, werden die Stücke dann zusammengeknetet, gesalzen und reifen gelassen.

Die Struktur von Käse durchläuft alle Grade von teigigem bis zu körnigem Gefüge verschiedener Härte. Die physikalische Chemie dieses Gegenstandes beschäftigt sich hauptsächlich mit der Umwandlung des weichen Milchklumpens in eine mehr oder weniger zähe oder elastische Masse, wie sie Käse darstellt. Die

---

[1]) Forsch. Geb. Milchwirts. **1**, 360—362 (1924).
[2]) Journ. Dairy Sci. **3**, 77—106 (1920).
[3]) Journ. Ind. and Eng. Chem. **15**, 390 (1923).

Strukturänderungen, die während der Herstellung von Käse eintreten, sind jetzt noch Gegenstand der Forschung, während über die Teilchengröße und die Funktionen der Fettkügelchen gegenwärtig keine Veröffentlichung vorliegt.

Käse ist ein kolloides System, und seine Struktur spiegelt die Einwirkung von Elektrolyten (hauptsächlich Säuren) auf seine Bestandteile wieder. Dem Einfluß des Hauptbestandteiles Kasein ist zuzuschreiben

a) das Verschmelzen der Fettkügelchen in dem Maße, wie sich die gerinnende Milch verdichtet,

b) das Zurückhalten der Molken im Quark,

c) die durch bakterielle und enzymatische Einwirkung erfolgenden Veränderungen im Kasein.

Die Kolloidchemie ist an dem Problem der Milchgerinnung durch Lab stark interessiert. Diese sehr verwickelte Angelegenheit ist Gegenstand zahlreicher Untersuchungen gewesen, und selbst jetzt bestehen noch Meinungsverschiedenheiten.

Fenger[1]) hat gezeigt, daß Lab die Fähigkeit besitzt, bei 40°C in 10 Minuten das mehr als 2000000fache seines Gewichtes an frischer Milch zu koagulieren. Der Einfluß der Temperatur auf die Funktion von Lab ist von Rupp[2]), Dominicis und Rotunda[3]) und Porcher[4]) studiert worden. Der Einfluß von Konzentration, Zeit und Wasserstoffionenkonzentration wurde von Grimmer[5]) und van Dam[6]) untersucht.

Verschiedene Theorien über die Labfunktion sind von Mellanby[7]), Wright[8]), Bang[9]), Schryver[10]), Alexander[11]) und Fuld[12]) aufgestellt worden. Eine ausgezeichnete Zusammenfassung der ganzen Sachlage ist von Palmer und Richardson[13]) gegeben worden, die folgenden Schluß ziehen: „Es ist nicht möglich, die Milchgerinnung durch Lab richtig zu verstehen, wenn man sie von irgendeinem beliebigen Standpunkt betrachtet. Beide Reaktionsphasen, die Einwirkung des kolloiden Lab auf die Kaseinate und die Gerinnung des dadurch entstehenden Parakaseinats sind kolloidchemischer Natur. Mindestens drei wichtige Fragen, von denen keine bis jetzt vollkommen befriedigend beantwortet werden kann, stehen im Zusammenhang mit der Labwirkung. Wie ist die genaue Beschaffenheit des kolloiden Kalziumkaseinats in der Milch? Wie vollzieht sich die Umwandlung in dieses Kolloid, das für die gesteigerte Affinität für Kationen verantwortlich ist? Wie bewirkt das kolloide Enzym Lab diese Umwandlung?"

Die letztgenannten Autoren glauben weiter, daß „der ultramikroskopische Befund und die zahllosen experimentellen Beobachtungen deutlich darauf schließen lassen, daß der Labgerinnungsklumpen ein instabiles, rasch synärierendes Gel amorpher Teilchen von Kalziumparakaseinat, von denen jedes seine Eigenart

---

[1]) Journ. Am. Chem. Soc. **45**, 249 (1923).

[2]) U. S. Dept. Agric. Bur. Anim. Ind. Bull. 166 (1913).

[3]) Ann. v. scuola agr. Portici **17**, 1—20 (1922).

[4]) C. R. **182**, 1247 (1926). — S. a. Mattick and Hallett, Journ. Agric. Sci. **19**, 452 (1929).

[5]) Forsch. Geb. Milchwirts. **2**, 457—481 (1925); **3**, 361 (1926).

[6]) Ztschr. f. physiol. Chem. **58**, 295 (1908).

[7]) Journ. Physiol. **45**, 345 (1912).

[8]) Biochem. Journ. **18**, 245 (1924).

[9]) Skand. Arch. Physiol. **25**, 105 (1911).

[10]) Proc. Roy. Soc. (B) **86**, 460 (1913).

[11]) Journ. Ind. and Eng. Chem. **15**, 254 (1923); **16**, 974, 1282 (1924).

[12]) Beitr. Chem. Physiol. Path. **2**, 169 (1902).

[13]) American Colloid Symposium **3**, 128 (1925).

behält, darstellt. . . . Die Fällungsreaktion beruht auf der Valenzwirkung des fällenden Ions . . . Es existiert auch ein bestimmtes Temperaturbereich für das Kalziumparakaseinatgel."

Nur wenige und meist weiter zurückliegende Arbeiten sind über die physikalische Chemie von Käse selbst veröffentlicht worden. Die Wirkung des Säuregrades auf die Struktur ist am Edamer Käse studiert worden[1]). Wichtig ist auch der Feuchtigkeitsgehalt[2]). Die Elastizität der in der Milch durch das Labferment hervorgerufenen Flockung ist von Allemann und Schmid[3]) studiert worden, während Marquardt[4]) eine ausgedehnte Untersuchung über die physikalische Chemie der Weichkäsebereitung durchgeführt hat.

Ein Problem von beträchtlicher Wichtigkeit bedeutet für die Käsefabrikation das Maß der Salzdiffusion von der Oberfläche des Käses in sein Inneres. Die einzige Veröffentlichung in dieser Beziehung, in der darüber ausführlich berichtet wird, stammt von Mrozek[5]), der ausführt, daß neben der Salzdiffusion auch eine Wasserosmose besteht. Scheinbar hat man dem möglichen Einfluß des Salzes im Käse auf die Teilchengröße der Fettkügelchen keine Aufmerksamkeit geschenkt.

---

[1]) Boekhout und de Vries, Rev. gen. Lait 7, 285 (1909). — van Dam, Rev. gen. Lait 8, 169 (1910); 9, 151 (1911). — Watson, Journ. Dairy Sci. 12, 289 (1929).

[2]) Van Slyke, New York (Geneva) Agric. Expt. Sta., Bull. 207 (1901).

[3]) Landw. Jb. (Schweiz) 30, 357 (1916). — Vgl. a. Guittonneau, C. R. 180, 1536 (1925).

[4]) Journ. Dairy Sci. 10, 309 (1927).

[5]) Forsch. Geb. Milchwirts. 4, 391 (1927).

Die Lipoide.

Von Dr. **Bruno Rewald**-Hamburg.

Einteilung. Die Nomenklatur der Lipoide ist heute noch schwankend, da von verschiedenen Autoren für dieselbe Körperklasse ganz verschiedene Bezeichnungen gewählt werden. Eine scharfe Abgrenzung ist aber notwendig. Um von vornherein die Körper, die unter dem Begriff Lipoide zusammengefaßt werden sollen, ganz scharf zu umreißen, diene folgendes Schema:

Lipoide

Cerebroside   Phosphatide

Cerebron Kerasin Nervon   Lezithin Kephalin Sphingomyelin
(Phrenosin)

Hiernach sind Phosphatide die Stoffe, die als Basis stets Glyzerin enthalten. Zwei der Hydroxylgruppen sind, analog wie bei den Fetten, mit Fettsäureradikalen besetzt, während die dritte OH-Gruppe durch eine Phosphorsäure verankert ist, die ihrerseits wieder eine organische Base enthält. Das Schema der bekanntesten Phosphatide ist demnach folgendes:

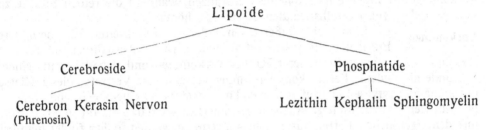

CH_2—Fettsäure
CH —Fettsäure
CH_2— O
OH —PO
C_2H_4—O
N≡$(CH_3)_3$
OH
Lezithin

CH_2—Fettsäure
CH — Fettsäure
CH_2—O
OH—PO
CH_2—O
CH_2—NH_2
Kephalin

Die Cerebroside haben eine ziemlich komplizierte Zusammensetzung. Sie sind besonders dadurch ausgezeichnet, daß sie stets einen Zucker, und zwar Galaktose, enthalten. Außerdem kommt immer eine Fettsäure vor, endlich ist auch hier eine organische Base fest im Molekül verankert, Sphingosin. Die Konstitution des Hauptvertreters dieser Gruppe, des Cerebrons, ist folgende:

$$CH_3—(CH_2)_{21}—CHOH—CO$$

$$OH \qquad NH$$

$$CH_3—(CH_2)_{12}—CH = CH—CH—CH—CH_2$$

$$O$$

$$CH_2OH—CH—(CHOH)_3—CH$$

$$O$$

Cerebron

Nicht zu den Lipoiden zu rechnen sind die Sterine (Cholesterin, Phytosterin, Ergosterin, Stigmasterin usw.). Diese Körperklasse hat ganz andere Eigenschaften, es sind stets einfache oder mehrfach ungesättigte Alkohole, während die Lipoide stets Ester sind und immer in ihrem Molekül mindestens ein Fettsäureradikal enthalten müssen, stets auch eine organische Base. Außerdem sind alle natürlich vorkommenden Lipoide hochkolloide Substanzen, während die reinen Sterine zu den besonders gut kristallisierenden Körpern gehören.

Vorkommen.   Die Lipoide sind äußerst weit in der Natur verbreitet. Eine besondere Eigentümlichkeit ist, daß mit ganz geringen Ausnahmen, die Lipoide stets nur als Begleitstoffe anderer Körper vorkommen und sich daher in reinem Zustande nie finden. Ferner kommen immer verschiedene Vertreter dieser Klasse untereinander vergesellschaftet vor, so daß man es stets mit einem mehr oder weniger buntem Gemisch zu tun hat. Auch ist es bemerkenswert, daß die Lipoide fast stets mit den eigentlichen Fetten zusammen angetroffen werden, daher findet man bei genauer Untersuchung in so gut wie allen Fetten stets Lipoide, ganz gleich ob es sich um Extraktionsfette oder Preßfette handelt. Ferner ist es aber in gleicher Weise beachtenswert, daß auch alle Eiweißarten in ihrer natürlichen Zusammensetzung — also ohne chemische oder physikalische Weiterbehandlung — Lipoide enthalten. Und nicht zum wenigsten charakteristisch ist, daß auch bei genauer Untersuchung sich herausgestellt hat, daß die Zuckergruppe gewisse Beziehungen zu den Lipoiden hat. Wissen wir schon seit langem, daß z. B. die Galaktose ein integrierender Bestandteil der reinen Cerebroside ist, so haben die Arbeiten von Schulze und Winterstein und von anderen Forschern gezeigt, daß auch insbesondere die pflanzlichen Lipoide immer einen Zucker, und zwar ein Di- oder Polysaccharid, enthalten, das sich auf einfache Weise nicht abtrennen läßt.

Über den Gehalt einiger wichtiger Naturstoffe an Lipoiden unterrichtet nachstehende Tabelle:

Phosphatidgehalt einiger wichtiger Naturstoffe.

a) tierische Rohstoffe

Frischeigelb	8—10%
Trockeneigelb	16—18%
Milch	ca. 0,05%
Gehirn (Rind)	ca. 6%
Leber (Hund)	1,6—2,9%
Muskel (Rind)	ca. 2%
Niere (Rind)	ca. 2%
Knochenmark (Hund)	4,5—5%
Butter	0,5—1,2%
tierische Fette	Spuren.

b) pflanzliche Rohstoffe

Lupine	1,6—2,2%
Erbse	1—1,2%
Linse	1—1,2%
Sojabohne	1,6—2,1%
Weizen	0,4—0,5%
Roggen	0,5—0,6%
Mais	0,2—0,3%
Baumwollsamen	0,8—0,9%
Kakaobohnen	0,07—0,3%

Allgemeine Eigenschaften. Das Hauptmerkmal der Lipoide ist ihre Eigenschaft mit vielen anderen Stoffen haltbare Emulsionen zu bilden und selbst in Wasser zu typischen Gelen zu quellen. Während Lipoide, besonders die vom Typus der Phosphatide, in ihrer Konstitution gewisse Analogien zu den Fetten aufweisen, ist diese Eigenschaft der Gelbildung ein ganz charakteristisches Unterscheidungsmerkmal, das auch vielfach zur Erkennung vorhandener Lipoide dienen kann. Denn die Lipoide haben — zum Unterschied von fast allen anderen bekannten Kolloiden — mit den Fetten das gemeinsam, daß sie mit Fettlösungsmitteln leicht löslich sind. So kann man z. B. mit Äther, Chloroform, Benzol, Benzin und vielen gechlorten Kohlenwasserstoffen die meisten Lipoide in Lösung bringen. Nach Verjagung des Lösungsmittels bleibt dann das Lipoid zusammen mit dem Fett zurück. Fügt man jetzt etwas Wasser hinzu, so wird das etwa vorhandene Lipoid quellen, während naturgemäß das Fett sich nicht verändert. Das gequollene Lipoid ballt sich nach kurzer Zeit in Flocken zusammen und kann so leicht von dem klaren Öl oder Fett durch Zentrifugieren getrennt werden. Dies ist eine häufig sehr gut anwendbare Vorprobe auf das Vorhandensein von Lipoiden.

Andere organische Lösungsmittel verhalten sich gegenüber Lipoiden verschieden. Alkohol löst nur manche, insbesondere die Lezithine, aber nicht die Cerebroside und Kephaline. Azeton ist ein sehr gutes Fällungsmittel für alle Lipoide, jedoch bei großem Überschuß von Fetten können gegenseitige Löslichkeitsbeeinflussungen stattfinden. Das gleiche gilt für Essigester, der besonders in der Kälte sehr gut fällend wirkt. In diesen beiden letzteren Mitteln hat man gute Präparate in Händen, um die Lipoide von den Fetten im allgemeinen zu trennen.

Mit den Eiweißkörpern bilden die Lipoide sehr häufig „Verbindungen". Man konnte bis heute nicht feststellen, ob es sich um echte chemische Verbindungen oder nur um physikalische Anlagerungen handelt. Wahrscheinlicher ist das letztere, da man es nie mit konstanten Verhältnissen zu tun hat und eine einfache Alkoholbehandlung eine quantitative Trennung bewirkt. Aber andererseits sind diese Lipoide wieder so fest an das Eiweiß „gebunden", daß alle sonst so leicht lösend wirkenden Lipoidlösungsmittel — wie Äther, Benzol usw. — auch bei noch so langer Einwirkung und bei Siedetemperaturen — eine restlose Extraktion nicht bewirken können. — Auch verhalten sich derartige „Lezitalbumine" — die ja praktisch in großen Mengen hergestellt werden — in gelöster Form wie reine Eiweißkörper ohne daß man die Lipoidkomponente bemerken könnte. Die physikalischen Eigenschaften haben sich nicht geändert.

Sehr beachtlich ist es auch, daß Lipoide imstande sind, große Mengen Zucker in sich aufzunehmen, ohne daß dadurch die Eigenschaften der Lipoide merklich verändert werden. Während sonst Zucker in organischen Lösungsmitteln so gut wie unlöslich ist, können derartige Lipoid-Zuckerkomplexe leicht vollkommen klar in vielen organischen Lösungsmitteln gelöst werden, ohne daß auch nach Monaten irgendwelche Veränderungen, besonders Abscheidungen, sich zeigen. Man kann technisch hiervon Gebrauch machen um Zucker „alkohollöslich" zu machen!

Betrachtet man die merkwürdigen Eigenschaften dieser Körperklasse, so findet man Brücken zu den anderen wichtigsten Gruppen — den Eiweißstoffen, den Fetten und in gewisser Hinsicht auch den Zuckern — geschlagen. Mit den Fetten finden wir das gemeinsame in der chemischen Konstitution, mit den Eiweißstoffen in dem Gehalt an Aminogruppen und in den kolloiden Eigenschaften, zu den Zuckern in der Möglichkeit mit diesen Komplexe zu bilden, wie sie sonst zwischen Vertretern zwei so grundverschiedener Klassen kaum vorkommen. Was aber die Lipoide ganz besonders auszeichnet, ist, daß sie — trotzdem stets nur in geringen Mengen vorhanden — dennoch auf die physikalischen Eigenschaften der betreffenden Materien einen ganz besonderen Einfluß ausüben. Wir können heute mit Sicherheit behaupten, daß insbesondere die kolloiden Eigenschaften dieser Körperklassen an sich wie auch die Eigenschaften, die andere Gruppen durch den Gehalt an Lipoiden erfahren, für den Ablauf vieler Naturprozesse von größter Bedeutung sind. Die Technik hat aber neuerdings hiervon gleichfalls Nutzen gezogen, nachdem man die besonderen Eigenschaften der Lipoide erkannt hat und nachdem man sie in größerem Maßstabe herstellen kann.

Darstellung. Die Darstellung gründet sich stets auf eine Extraktion. Am gebräuchlichsten zur Gewinnung des tierischen Lezithins ist die Extraktion von Eigelb. Man extrahiert das getrocknete Eigelb mit Methyl- oder Äthylalkohol bei mäßiger Wärme, trennt von dem ungelösten Eiweiß, dampft den alkoholischen Extrakt bis zur Trockne, behandelt mit eisgekühltem Essigester zur Lösung des mitextrahierten Eieröles. Der Lezithinrückstand wird im Vakuum vom Lösungsmittel befreit; man erhält so ein hochwertiges Eilezithin.

Viel bedeutungsvoller ist heute die Gewinnung von Pflanzenphosphatiden. Man extrahiert z. B. Sojabohnen mit einem Gemisch aus Alkohol und Benzol und dampft das Lösungsmittel in gewohnter Weise ab. Zugleich mit dem Öl werden auch die Phosphatide extrahiert. Durch Zugabe geringer Mengen Wasser werden letztere ausgeschieden und durch Schleudern von dem überschüssigen Öl getrennt. Die Weiterverarbeitung zu konzentrierten Produkten kann nach dem Eindampfen geschehen. Die wichtigsten Methoden sind geschützt[1]).

Anwendung. Seitdem die Phosphatide in großen Quantitäten und zu relativ billigen Preisen erhältlich sind, hat sich das Anwendungsgebiet außerordentlich erweitert. Man hat bald erkannt, daß insbesondere dort, wo es sich um die Herstellung von Emulsionen handelt, die Lipoide eine ganz hervorragende Rolle spielen. So benutzt man schon heute diese Körper in ausgedehntem Maße in der Technik. Besonders die Nahrungsmittelindustrie, die Leder- und Textilindustrie haben den Vorteil der Verwendung von derartigen Lipoiden erkannt, ohne daß hiermit auch nur andeutungsweise die Möglichkeiten erschöpft sind.

Herstellung der Emulsionen. Die Herstellung rein wäßriger Emulsionen stößt dann auf keine Schwierigkeiten, wenn man zu Anfang die Vorsichtsmaßregel ergreift, daß man nicht zu große Mengen Wasser auf einmal verwendet, sonst tritt nur ein langsames Quellen ein und es bedarf oft relativ

---

[1]) D.R.P. 200253, 210013, 223593, 236605, 260886, 261212, 272057, 291494, 298373, 304889, 315941, 382912, 432377, 438329, 439387, 464554, 479353, 480480, 485676, 505354, 511851; Am. Pat. 1586145; Franz. Pat. 371391, 390683, 410819; Holl. Pat. 17442, 18441; Engl. Pat. 222463 (1925), 285417 (1928), 311436 (1928); Schwed. Pat. 59870.

sehr langer Zeiten, bis eine vollkommen homogene kolloide Lösung sich gebildet hat. Zweckmäßig geht man dabei so vor, daß man gleiche Mengen von Lipoid mit lauwarmem Wasser (ca. 40° C) in einem geeigneten Gefäß miteinander innigst vermischt bzw. zerreibt. Das Wasser wird begierig von dem Lipoid aufgenommen und man erhält in relativ kurzer Zeit eine pastenförmige homogene Masse. Jetzt fügt man noch einmal das gleiche Quantum Wasser hinzu und mischt dieses in gleicher Weise unter. Hat man auf diese Art eine Vormischung hergestellt, so gelingt es leicht, durch weitere Zugabe von Wasser .nunmehr jede beliebige Verdünnung herzustellen. Diese Lösung ist eine rein kolloide und nach Sterilisation in geschlossenen Gefäßen sehr lange Zeit haltbar; an der Luft zersetzt sie sich rasch. Gegen Alkalien ist sie sehr beständig, gegen Säuren äußerst empfindlich. Es genügen schon geringe Säurekonzentrationen, um eine Ausflockung zu bewirken. Da viele Lipoide, besonders die pflanzlichen, Kohlenhydrate enthalten, die bei Gärung Säuren bilden, so ist die leichte Zersetzung sehr verdünnter Lösungen erklärlich. Durch Zugabe geeigneter Antiseptika ist dem vorzubeugen. Auch Zugabe von Salzen bewirkt ein minder oder rascher hervortretendes Aufrahmen. Anorganische Salze wirken hierbei ungünstiger als organische. Man vermeide deshalb bei der Herstellung derartiger Emulsionen auch zu hartes Wasser. Man beachte ferner, daß auch viele Metalle mit Lipoiden Verbindungen bilden, so insbesondere Kadmium, Kupfer und andere Schwermetalle. Hierdurch wird natürlich auch die Bildung von Kolloiden in Gegenwart derartiger Verbindungen unmöglich gemacht, da diese „Lipoidsalze" fast stets unlöslich sind.

Ferner ist es wichtig, manchmal ganz geringe Mengen von Alkalien, am besten organische, wie z. B. Triäthanolamin, hinzuzufügen. Die Lipoide, besonders wenn sie viel Kephalin enthalten, haben von Natur eine ganz schwach saure Reaktion, so daß es zweckmäßig erscheinen kann, diese Säuremenge vorher abzustumpfen. Auf diese Weise wird die Stabilität der Emulsion beträchtlich erhöht. Derartige wäßrige Lipoidemulsionen können für sich in der Technik angewendet werden. Sie dienen z. B. als Weichmachungsmittel in der Textilindustrie. Meistens jedoch wendet man sie nicht in dieser Form an, sondern benutzt sie, um andere Stoffe, die an sich keine Emulsionen geben, durch Zusatz von Lipoiden „wasserlöslich" zu machen[1]).

Fettemulsionen. **Die Lederindustrie** verwendet seit jeher zur Herstellung ihrer Licker Emulgatoren, insbesondere Eigelb. Das Problem ist hier, die Fette, die zur Herstellung guter Leder benötigt werden, insbesondere also die Trane, Klauenöl, Rizinusöl usw. in eine solche Form zu bringen, daß sie leicht in das Leder eindringen, um dieses dauernd geschmeidig zu machen. Da die gewöhnlichen Fette diese Eigenschaften — Emulgierbarkeit mit Wasser — nicht haben, andererseits aber Eigelb viele Nachteile aufweist, nicht zum wenigsten die Gerinnbarkeit des Eiweißes bei höheren Temperaturen — so mußte man den Weg chemischer Behandlung der Fette gehen — man sulfurierte sie und machte sie auf die Weise „wasserlöslich". Dadurch wurde aber selbstverständlich auch der ganze Charakter der Fette sehr stark verändert. Auch trat die unerwünschte Erscheinung auf, daß die Löslichkeit so groß wurde, daß bei nachfolgender Wässerung ein erheblicher Teil der Fette wieder ausgeschwemmt wurde. Hier konnten die Lipoide mit Erfolg verwendet werden. Durch ihre große Fettlöslichkeit gelingt es leicht, z. B. ein Gemisch herzustellen — bei mäßiger Erwärmung — das aus

---

[1]) D.R.P. 424748, 426743, 461004, 474269, 241564; Engl. Pat. 19344 (1913).

25 Teilen Lipoid und 75 Teilen Tran besteht. Nimmt man hiervon einen Teil und mischt ihn mit ca. 3—4 Teilen Wasser (am besten möglichst salzarmem) bei einer Temperatur von 40—50⁰ C, so bekommt man ein gelbes, homogenes, gleichmäßiges Gemisch, besonders wenn man geringe Mengen Alkali (Ammoniak) zufügt, um die stets vorhandenen freien Fettsäuren im Tran zu neutralisieren. Mit diesem Licker kann man dann sofort die Fettung der Leder vornehmen (6 kg hiervon genügen, um ca. 250 kg Rohnaßhaut zu verarbeiten). Die Aufnahme des Tranes ist eine ganz vorzügliche und da das Lipoid selbst in diesem Falle als reines Fett wirkt, hat man eine doppelte Wirkung. Außerdem verankert das Lipoid nicht nur sich, sondern auch den zugesetzten Tran schon nach kurzer Zeit so fest in der Haut, daß ein späteres Auswaschen unmöglich ist.

Vielfach wendet man das Pflanzenlipoid aber auch derart an, daß man damit gebrauchsfertige Licker herstellt, die also eine bestimmte Zusammensetzung haben und die stets einen nicht unbeträchtlichen Gehalt an Lipoid aufweisen. Dann hat der Gerber es nicht mehr nötig, sich selbst die einzelnen Mischungen zuzubereiten. Die besondere Wirkung aber der Lipoide hier beruht ausschließlich auf den kolloiden Eigenschaften, auf der Vermittlerrolle, Substanzen, die sonst miteinander nicht direkt in Lösung gebracht werden können, in homogene haltbare Gemische zu verwandeln [1]).

Die Textilindustrie gebraucht für ihre verschiedenen Stufen der Fabrikation eine ganze Reihe von Emulsionen, um die Fettung der Fäden bei der Spinnerei und Spulerei zu bewirken, sie braucht Bäder, durch die während der Zurichtung die Gewebe gezogen werden, um z. B. der Kunstseide eine besondere Geschmeidigkeit und einen hohen Glanz zu verleihen. In der Beuche müssen die verwendeten Rohstoffe feinst verteilt sein — kurz, bei fast allen Stufen dieser so sehr verzweigten Industrie handelt es sich darum, kolloide dünne Lösungen herzustellen. Auch hier hatte man bisher häufig von den sulfurierten Ölen Gebrauch gemacht — aber es hat sich erwiesen, daß die Sojaphosphatide eine ganz hervorragende Rolle bei der Fabrikation spielen können. Bäder, die nur geringe Mengen Lipoid enthalten, bewirken auf der Kunstseide einen Glanz wie er sonst nicht zu erreichen war, außerdem wird der Griff so weich und seidenartig, wie es bisher nie beobachtet wurde.

In all diesen Fällen ist es notwendig, mit möglichst weichem Wasser zu arbeiten, da sonst der Kalkgehalt sogar zersetzend wirkt. Sehr vorteilhaft ist es, geringe Mengen eines schwachen Alkalis zuzufügen, wobei insbesondere in neuer Zeit sich Triäthanolamin als wirksam erwiesen hat.

Die Herstellung der Emulsionen stößt aber manchmal auf Schwierigkeiten, weil das pastenförmige feste Lezithin immer eine gewisse Zeit zum Quellen braucht, besonders wenn es sich um große Quantitäten handelt. Nicht immer kann man auch den Weg beschreiten, das Phosphatid vorher in Fetten zu lösen, weil man vielfach auch Emulsionen benötigt, die möglichst fettfrei sein sollen. Für solche Fälle hat es sich als vorteilhaft herausgestellt, die Phosphatide, besonders die pflanzlichen, in geringen Mengen organischer Lösungsmittel zu lösen; dann gelingt die Suspension in Wasser sehr leicht, man kann auch selbstverständlich das Lösungsmittel wieder verjagen, wenn erforderlich [2]).

In der Margarineindustrie werden derartige Lezithin-Fettemulsionen schon

---

[1]) D.R.P. 175381, 514399, 516187, 516188, 480157; Franz. Pat. 642682, 647456; Holl. Pat. 22981; Norw. Pat. 45804; Engl. Pat. 121133 (1920), 306672 (1928).

[2]) D.R.P. 231233, 370039, 438328; Franz. Pat. 693887, 693528, 675902; D.R.P. 470954.

seit langer Zeit in größtem Umfange angewendet[1]). Die Margarine an sich
ist ja schon eine Emulsion, eine Wasser-in-Öl-Emulsion, bestehend aus 84% eines
Fettgemisches (das wechselnd ist je nach der Jahreszeit und auch nach Preis)
und 16% Wasser, meistens nicht direkt aus solchem, sondern aus Magermilch
bestehend. Aber diese Emulsion, die in besonderen Kirnen (Emulgatoren) hergestellt wird, zeigt meistens doch nicht die Struktur, die man von einer solchen
Mischung erwartet, sie ist nicht fein genug, insbesondere sind die Wassertropfen
nicht feinst verteilt, emulgiert. Um hier eine besondere Wirkung zu erzielen,
nahm man früher Eigelb, heute fast ausschließlich Phosphatide. Schon ein so
geringer Zusatz wie 0,2—0,3% eines ca. 60%igen Phosphatids bewirkt eine erhebliche Verbesserung der Struktur der Margarine, insbesondere werden die Wasser-
anteile feinst emulgiert. Das beruht natürlich darauf, daß Phosphatide imstande
sind, einerseits mit dem vorhandenen Wasser Emulsionen zu bilden, andererseits
sich in den Fetten zu lösen — bei richtiger Temperatur muß daher eine kolloide
Emulsion entstehen, wodurch die Bildung von Wassertropfen verhindert wird.
Unterstützt wird diese Erscheinung häufig noch durch Verwendung geeigneter
Fette, insbesondere gehärteter Fette, die auch gute Emulsionsbildner sind. In der
Margarine bewirkt das Phosphatid noch eine andere Erscheinung, die auch auf
die besondere kolloide Eigenschaft zurückzuführen ist. Reine Fette lassen beim
Erhitzen etwa vorhandenes Wasser oder auch zugesetztes Wasser unter kleinen
Detonationen bei großer Blasenbildung entweichen. Fügt man Phosphatide hinzu,
so bemerkt man, daß das Wasser nur ganz allmählich unter Bildung eines feinen,
stehenden Schaums fort geht. Das mit Hilfe der Phosphatide in feinster, kolloider
Beschaffenheit verteilte Wasser in der Margarine ruft die gleiche Erscheinung
hervor, wie wir sie bei der Butter beobachten, die bekanntlich auch lipoidreich
ist. Man kann den Unterschied am besten beobachten, wenn man z. B. mit einem
reinen Kokosfett — und in einem solchen mit 0,3% Phosphatide — einen Brat-
versuch durchführt. Die Margarinefabrikation hat schon seit vielen Jahren die
praktische Nutzanwendung hieraus gezogen.

Eine weitere aber noch recht umstrittene Frage ist die, ob geringe Mengen
Phosphatid — es handelt sich um Zehntel Prozente und noch weniger — eine
schützende Wirkung auf Öle ausüben können. Fast stets ist in Ölen eine geringe
Menge Wasser noch enthalten, die mit der Zeit zersetzend auf diese einwirken
kann. Bekanntlich treten in gealterten Ölen Ranziditätserscheinungen auf, die
bis heute noch nicht restlos geklärt sind, jedenfalls schreibt man dem Wasser
hierbei eine entscheidende Rolle zu. Wenn dem aber so ist, so ist es leicht erklärlich, daß die Phosphatide hier günstig wirken können, indem sie den Ölen die
geringen Mengen Wasser durch feste Bindung entziehen und so diesen „Katalysator" wasserunschädlich machen. Das Problem ist interessant genug, weiter
verfolgt zu werden[2]).

Fettemulsionen besonderer Art spielen seit langen Jahren in der Therapie
eine wichtige Rolle: Lebertranemulsionen. Sowohl in der Humanmedizin, aber
besonders auch in der Veterinärpraxis verwendet man mit Vorteil derartige Produkte, die im Wesen ja nur darin bestehen, daß man den tierischen Lebertran —
meistens zu 40% — mit Wasser — 60% — in eine dauernd haltbare Emulsion
bringt. Da aber Tran und Wasser ohne weiteres nicht mischbar sind, mußte man

---

[1]) D.R.P. 142397, 175381, 183689, 221698, 408911; Engl. Pat. 18201 (1909); Am. Pat.
1014690; Engl. Pat. 8589 (1914), 295884 (1928); Am. Pat. 1762077; Norw. Pat. 40515;
Schwed. Pat. 63824; Engl. Pat. 129165 (1919), 1744 (1910).

[2]) D.R.P. 439130; Am. Pat. 1575529; Franz. Pat. 606110.

von jeher Emulgatoren anwenden, meistens in Form von Gummitragant, Gummi-arabikum, Gelatine, Agar Agar oder ähnlichem.   Das alles aber sind pflanzliche Rohstoffe, die in der Hauptsache durch ihre Kohlenhydratkomponente wirken, wobei auf der anderen Seite die Gefahr leichter Zersetzungen, besonders von Gärungen, besteht.   Für derartige Zwecke ist naturgemäß gerade Lezithin oder ein anderes Phosphatid das gegebene.   Besonders in der tierärztlichen Praxis macht man schon einen recht ansehnlichen Gebrauch von derartigen Emulsionen, die mit Lezithinzusatz hergestellt werden, wobei man auch den weiteren Vorteil hat, daß man therapeutisch hochwirksame Substanzen mit einverleibt, die gerade der jugendliche Organismus benötigt.

Phosphatide in der Schokoladenindustrie.   Es blieb bisher vollkommen unbeachtet, daß die Kakao-bohnen von Hause aus einen gewissen Gehalt an Lipoiden aufweisen.   Wenn auch diese Tatsache als wahrscheinlich vorausgesetzt werden konnte, so konnte doch nicht vermutet werden, welche Bedeutung den Phosphatiden insbesondere zukommt.   Die Untersuchung ergab, daß normalerweise zwischen 0,07—0,25 % Phosphatide in den Kakaobohnen vor-kommen.   Diese sind jedoch scheinbar sehr fest gebunden, besonders an das Eiweiß, jedenfalls nur sehr wenig im Fett gelöst.   Beim Pressen der Bohnen geht in die Kakaobutter so gut wie kein Phosphatid, auch nicht, wenn die Bohne vorher geröstet oder alkalisiert wird.   Dagegen reichert sich nach dem Pressen im Rück-stand (Kakaopulver) das Phosphatid entsprechend an.   Trotzdem nun also in jeder Bohne, in jedem Kakaopulver auch in jeder Schokolade natürliche Mengen von Phosphatiden vorkommen, bewirkt ein weiterer ganz geringer Zusatz von Phosphatiden ganz auffällige Erscheinungen in der ganzen Struktur der Schokolade. Fügt man 0,2—0,4 % Reinphosphatid hinzu, während der Fabrikation in der Conche oder im Melangeur, so beobachtet man schon nach ganz kurzer Zeit eine sonst nicht erreichbare Leichtflüssigkeit der ganzen Masse — eine Erscheinung, die nur physikalisch-kolloidchemisch erklärt werden kann.   Denn auch die Scho-kolade selbst stellt ein kolloides System dar, das hier durch den Zusatz eines anderen Kolloides stark beeinflußt wird.   Die Technik zieht natürlich den prak-tischen Nutzen daraus, indem sie durch diesen geringen Zusatz eines Phosphatides eine viel leichtere Verarbeitbarkeit ihrer Produkte erzielt, da in kürzerer Zeit und mit weniger Kraft ein besser verarbeitbarer Rohstoff entsteht; daß hiermit häufig auch eine wesentliche Materialersparnis (Kakaobutter) erzielt wird, ist eine nicht unerwünschte Nebenerscheinung.

Auch in anderer Hinsicht, beim Abpressen der Kakaobutter, bei der Kakao-herstellung, tritt etwas Analoges ein.   Man ist bisher gezwungen, dieses Pressen bei hohen Drucken — bis 400 Atm. — durchzuführen; ein geringer Zusatz von Phosphatiden — hier genügen unter Umständen schon 0,1 % — bewirkt, daß der ganze Preßprozeß viel besser vor sich geht.   Nicht nur, daß die Flüssigkeit der Masse ein leichteres Abpressen an sich bewirkt, man muß sogar zu Anfang vor-sichtig vorgehen, damit die sehr dünne Masse nicht zu sehr schäumt.   Sehr vorteil-haft aber ist, daß besonders im Endstadium des Preßvorganges auch bei niedrigeren Drucken, in kürzerer Zeit nur, dementsprechend bei niedrigeren Temperaturen, sehr gute Resultate erzielt werden.   Auch hier haben wir es mit einer Beeinflussung der gesamten Struktur einer an sich kolloiden Masse durch eine andere zu tun, wobei besonders auffällig die minimalen Mengen sind, die eine so große Wirkung entfalten[1]).

[1]) Am. Pat. 1660541, 1781672; Engl. Pat. 262239 (1926), 330450 (1930); Franz. Pat. 678792; Norw. Pat. 49116; Belg. Pat. 362624.

Phosphatide in der Teigwarenindustrie. Teigwaren werden im allgemeinen nur unter Verwendung von Mehl und Wasser hergestellt, unter Zusatz von Salz — besonders hochwertige Teigwaren erhalten einen Eigelbzusatz, also auch schon indirekt einen Lezithinzusatz durch das Eigelb. Gibt man aber gewöhnlichen „Wassernudeln", also solchen ohne Eigelbzusatz, einen geringen Zusatz von Phosphatiden, so beobachtet man sehr bald, daß die Bindefähigkeit des Mehles sehr stark erhöht wird. Während gewöhnliche Teigwaren, besonders wenn sie nur aus kleberarmen europäischen, besonders deutschen Inlandsmehlen hergestellt werden, eine ungehinderte Quellung erleiden, d. h. mit anderen Worten vollkommen zerfallen und ihre Struktur verlieren, verhindert ein fast minimaler Zusatz von Phosphatiden diese unerwünschte Erscheinung; es kann so erzielt werden, daß die Nudeln ihre Form völlig bewahren. Teige nur mit Wasser, erreichen in gleichen Zeiten bei gleicher Temperatur das doppelte Volumen als jene, die mit Phosphatiden versetzt sind; „je höher der Dispersitätsgrad (Lezithinemulgierung) der adsorbierenden wie auch der zur Adsorption gelangenden Kolloide ist, desto unlösbarer ist der gesamte Adsorptionskomplex und um so weniger werden die Stoffe beim Kochen gehemmt" (Ziegelmayer). Ein besonderer praktischer Vorteil ist mit dieser Eigenschaft der Phosphatide verbunden — man kann heute — was früher vollkommen ausgeschlossen war — aus reinem deutschen Weizen Teigwaren (ohne Eizusatz) herstellen, wenn man relativ geringe Quanten Phosphatide dem Teig untermengt. Der Zusatz des Kolloids, Phosphatid, bewirkt also auch hier, selbst bei kleinster Dosierung, eine Verbesserung des gesamten Gefüges.

Phosphatide in der Bäckerei. Daß die Mehle von Hause aus gewisse Mengen Phosphatide enthalten, ist seit langem bekannt, aber nicht oder nur wenig bekannt ist, daß ein geringer Zusatz von Phosphatiden zum Teig eine wesentliche Verbesserung in dem ganzen Backprozeß bewirkt. Fügt man nach der Gare noch das Phosphatid dem Teig bei, so beobachtet man nicht nur, daß die Bräunung der Kruste eine bessere ist, man erkennt gleichzeitig, daß das Volumen der Gebäcke bei sonst ganz gleichen Bedingungen erheblich vergrößert ist und daß die Porenbildung im fertigen Brot viel feiner, gleichmäßiger ist. Diese Beobachtungen sind unabhängig voneinander an den verschiedensten Stellen gemacht worden. Das Bäckereigewerbe hat hier in dem Kolloid, Phosphatid, einen Stoff in der Hand, der eine ausgezeichnete und exakt feststellbare günstige Wirkung auszuüben imstande ist. Das ist um so bemerkenswerter, als sonst gleichartige Erscheinungen nur durch ausgesprochen chemische Mittel zu erzielen sind, durch Salze, Oxyde, Peroxyde — kurz durch Stoffe, die während des Backprozesses chemisch einwirken. Bei den Phosphatiden kann nur eine kolloidchemische Reaktion in Frage kommen, da eine Zersetzung — wie nachgewiesen — nicht stattfindet. Es findet sicher eine feinere Verteilung der einzelnen Bestandteile statt, ein gleichmäßigeres Aufgehen des ganzen Teiges, ein wahrscheinlich verlangsamtes, aber daher besser durchgebildetes Aufgehen, wodurch die feinere Porenbildung und das größere Volumen sich zwanglos erklären. Natürlich bleiben hier wie in vielen anderen Fällen, noch viele Rätsel zu lösen [1]).

Phosphatide in der pharmazeutischen Industrie. Die erste praktische Anwendung haben die Phosphatide in der pharmazeutischen Industrie gefunden, aber naturgemäß hauptsächlich wegen ihrer therapeutischen Wirkung als Träger einer organischen Phosphorkomponente. Aber ganz abgesehen hiervon — wobei es ja nicht auf die kolloide Beschaffenheit als

---

[1]) Engl. Pat. 328075 (1930); Schweiz. Pat. 153975.

solche ankommt — können die Phosphatide auch einen besonderen Einfluß gerade wegen ihrer kolloiden Beschaffenheit ausüben. Wir wissen heute noch relativ sehr wenig über das Verhalten eingeführter Substanzen in den Organismus, es ist daher auch nicht viel über die Phosphatide bekannt. Es existiert natürlich eine Anzahl von Arbeiten, die sich mit dem Vorkommen und den Eigenschaften der Phosphatide in den einzelnen Organen befassen, aber nur sehr wenige zuverlässige Angaben sind vorhanden, die sich mit dem Schicksal von Phosphatiden als solchen bei Zufuhr per os abgeben, insbesondere sich aber das Problem gestellt haben, ob die ausgesprochen kolloiden Eigenschaften der Phosphatide eine irgendwie geartete Verbesserung des Verdauungsvorganges für die Phosphatide selbst bzw. den damit versetzten Nahrungsmitteln bedingen. Wenige Versuche, die darüber existieren, zeigen, daß die Phosphatide selbst Nahrungsmittel par exellence sind. Viel zahlreicher sind jene Arbeiten, die die Einwirkung von Phosphatiden für die Zubereitung verschiedener Pharmazeutika behandeln. Auf Lebertran wurde schon hingewiesen; ähnlich können Phosphatide aber auch als Zusätze zu Salbengrundlagen dienen, da durch die kolloiden Eigenschaften sich feinste Emulsionen herstellen lassen, wie sie gerade in der Pharmazie aber auch in der Kosmetik für Kreme usw. besonders erwünscht sind. Hier bestehen noch die besonderen Vorteile, daß man es mit einem absolut neutralen, indifferenten Stoff zu tun hat, der anderen Körpern große Geschmeidigkeit verleiht und feinste Verteilung hervorruft. So kann man z. B. auch Seifen herstellen, die nach dem Verseifungsprozeß der Fette durch einen Zusatz von Phosphatiden sehr vorteilhaft beeinflußt werden, deren Schäumungskraft vergrößert wird, weil der Phosphatidzusatz den Schaum besonders fein verteilt und die Bläschen fest bindet, so daß ein „stehender" Schaum erzielt wird. Wie immer genügen hier kleinste Mengen, um größte Wirkungen hervorzurufen[1]).

Phosphatide als Schädlingsbekämpfungsmittel. Für die Schädlingsbekämpfung müssen die Giftstoffe — ganz gleich welcher Art diese sind — in feinste Verteilung gelangen, damit sie beim Zerspritzen oder Zerstäuben auf eine möglichst große Fläche sich verteilen lassen. Es kommt hinzu, daß dafür Kolloide bevorzugt werden, weil einfache wäßrige Lösungen ein zu schnelles Eintrocknen der verspritzten Substanzen bewirken und weil damit zusammenhängend natürlich ein starker Wind ein schnelles Abstauben bewirkt, bei Regen ein vorzeitiges Abwaschen. Fügt man nun den zu verspritzenden Stoffen Phosphatide hinzu, so erreicht man hierdurch alles das was man anstrebt: eine feine Verteilung der Salze oder Stoffe, die als Schädlingsmittel wirken sollen, ein Haften an den Blättern und Blüten, ohne daß Trockenheit oder Regen — wenn nicht zu stark — ein Abblasen oder Abwaschen bewirken. Es kommt hinzu, daß auch die Atmung der Pflanzen nicht leidet, da ein zu starkes Verstopfen der Poren nicht eintritt. Die Phosphatide sind infolge ihrer kolloiden Beschaffenheit hier die idealen Verteilungsmittel[2]).

Phosphatide als Wurstbindemittel. Eine eigenartige Anwendung haben ganz neuerdings die Phosphatide in der Praxis auch noch dadurch gefunden, daß bei der Wurstherstellung — insbesondere bei Koch- und Brühwürsten —, durch den Zusatz von Phosphatiden wesentliche Verbesserungen erreicht werden können. Viele Fleischsorten haben eine geringe Bindefähigkeit,

---

[1]) D.R.P. 223593; 241564; 268103, 279200, 287743, 302229, 303537; 330673, 355569, 389298, 399148, 435823, 470954, 375620, Öst. Pat. 107587; Schweiz. Pat. 127256, 136239; Engl. Pat. 3950 (1913); Holl. Pat. 2583; Öst. Pat. 67680, 110850; Engl. Pat. 23613 (1911), 15047 (1914), 20928 (1911), 418 (1910).

[2]) D.R.P. 476293.

die für die Wurstfabrikation von großem Nachteil ist. Man hat schon andere Mittel benutzt, um diesen Mangel aufzuheben, aber geringe Mengen von Phosphatiden — es genügen 0,5—2 % — bewirken, daß das Fleisch bindiger wird und die Faser sich besser aufschließt, quillt und dadurch eine bessere Wasserdurchdringung ermöglicht.

Hiermit sind die Möglichkeiten der Verwendung der Phosphatide für die technische Verwertung noch keineswegs erschöpft, große Gebiete befinden sich noch in Bearbeitung, weitere werden sicher noch erschlossen werden, denn die Eigenschaften gerade dieser Körperklasse sind derartige, daß man mit Bestimmtheit annehmen kann, daß hier neue Wege sich auftun werden. Mit der Vervollkommnung der Darstellung wachsen auch die Möglichkeiten der Verwendung. Wohin wir aber auch blicken — immer sind es die besonderen physikalisch-chemischen, insbesondere die kolloiden Eigenschaften, die diese Stoffe so wertvoll für die Industrie gemacht haben — und in noch größerem Umfange in Zukunft sicherlich noch machen werden.

Zuckerindustrie.

Von **Erich Gundermann**-Gronau (Hann.).

Einleitung. Die Aufgabe der Zuckertechnik ist es, aus der Zuckerrübe einen organischen molekulardispersen Stoff, den Rohrzucker, möglichst rein und mit möglichst großer Ausbeute in kristallisierter Form zu gewinnen. Dieser Aufgabe wirken neben anderen sog. Nichtzuckerstoffen die in den Säften enthaltenen Kolloide entgegen. Andererseits finden während des ganzen Erzeugungsganges kolloidchemische Vorgänge statt, deren günstiger oder weniger günstiger Verlauf die Fabrikation ganz wesentlich beeinflussen. Es ist daher für die Zuckertechnik von Wichtigkeit, die aus der Rübe und den Hilfsstoffen der Fabrikation in den Saft gelangenden Kolloide und ihr Verhalten im Betriebe, sowie die sich in diesem abspielenden kolloidchemischen Vorgänge zu kennen. Im Rahmen dieses Aufsatzes ist es nicht möglich, die Kolloide selber eingehend zu besprechen. Ich kann hier nur erwähnen, daß es sich in erster Linie um Eiweiß- und Pektinstoffe, Saponine und einige anorganische Kolloide handelt. Im übrigen muß ich mich jedoch auf die in diesem Falle wichtigeren kolloidchemischen Vorgänge des Betriebes beschränken.

Auslaugen der Schnitzel. Der Gang der Fabrikation ist so, daß die Rüben zuerst gewaschen, dann geschnitzelt und darauf in die sog. Diffusionsgefäße eingefüllt werden. Die in diesen Gefäßen vor sich gehende Entzuckerung bzw. Entsaftung der Rübenschnitzel beruht z.T. auf osmotischen Vorgängen. Durch die Erwärmung der Schnitzel innerhalb der Gefäßbatterie wird das Protoplasma der Pflanzenzelle, das eine semipermeable Membrane darstellt, von der Zellwand abgehoben, es tritt Plasmolyse ein und der Zellinhalt kann nun in die ihn umgebende Flüssigkeit diffundieren. Nach Kroener findet die Plasmolyse bei 60 bis 70° statt[1]). Wie Prat festgestellt hat, geht die Plasmolyse in sauren Lösungen bedeutend schneller und vollkommener vor sich als in neutralen oder alkalischen[2]). Es ist daher anzunehmen, daß bei denjenigen Diffusionsverfahren, die mit Rücknahme der sauren Abwässer arbeiten, die Plasmolyse eher eintritt, der Diffusionsvorgang also eher beginnt als bei der gewöhnlichen Auslaugung ohne Wasserrücknahme. Um die Plasmolyse und damit die Auslaugung zu beschleunigen, sind vor ungefähr 25 Jahren Verfahren aufgekommen (Brühverfahren und Diffusionsverfahren mit heißer Einmaischung), die die Erwärmung der Schnitzel auf die zur Koagulation der Plasmamasse nötigen Temperatur schon vor oder gleich nach Eintritt in die Auslaugungsgefäße vornehmen, während bei der gewöhnlichen Gefäßentsaftung diese Temperatur mehr nach der Mitte des Auslaugungsvorganges hin verschoben ist. Diese Verfahren haben ferner den Vorteil, daß diejenigen

---

[1]) Ztschr. Ver. Dtsch. Zuckerind. **55**, 321 (1905).
[2]) Kolloid-Ztschr. **40**, 248 (1926).

Kolloide, die bei höherer Temperatur koagulieren, schneller zur Koagulation gelangen. Der zweite kolloidchemische Vorgang bei der Entzuckerung der Rübenschnitzel ist nämlich die Ausflockung der Kolloide unter der Einwirkung der Wärme und des natürlichen Säuregehalts der Säfte. Soweit die Kolloide noch in den Zellen eingeschlossen sind, koagulieren sie in diesen. Nun ist aber ein großer Teil der Zellen durch das Zerschneiden der Rüben freigelegt, die löslichen Kolloide können also ungehindert in den Saft gelangen. Sie flocken hier z. T. aus und werden, wie Herzfeld anläßlich der Prüfung des Claasenschen Rücknahmeverfahrens feststellte, beim Durchströmen der Schnitzel von diesen „abfiltriert". Die Arbeit mit sauren Rücknahmewässern soll, wie ebenfalls schon Herzfeld gefunden hat, die Ausflockung der Kolloide verbessern. Der Genannte will bei seinen Versuchen in Rethen Säfte bekommen haben, die fast kein koagulierbares Pektin mehr enthielten[1]). In neuerer Zeit ist, um die Rohsaftkolloide soviel wie möglich schon während der Auslaugung auszuflocken, wieder der an sich alte Gedanke aufgetaucht, die Einmaischsäfte mit SO_2 zu behandeln. Über die hierbei erzielten Resultate hat man jedoch bisher nichts gehört. Das Verhalten verschiedener Kolloide bei Arbeit mit saurem oder alkalischem Diffusionswasser haben Kollmann[2]) und Morgenstern[3]) näher erläutert, doch stützen sich ihre Ausführungen mehr auf theoretische Überlegungen als auf exakte Versuche im Betriebe. Da sich beide Autoren außerdem teilweise widersprechen, sollen ihre Angaben hier nicht zitiert werden. Auf Grund der vorliegenden geringen Versuche und Beobachtungen kann man sagen, daß von den Kolloiden Eiweiß- und Pektinstoffe in den Saft übergehen, und zwar finden sich nach Andrlik im Diffusionssaft 15—23% des Eiweißstickstoffs der Rübe[4]). Nach Versuchen Selliers enthalten 100 ccm Rohsaft 0,0169 g Eiweißstickstoff, von denen nur 0,0053 g durch Hitze koagulierbar, 0,0116 g durch Hitze allein nicht koagulierbar sein sollen[5]). Die Saponine finden sich ebenfalls im Rohsaft, obgleich das saure Saponin eigentlich unlöslich ist, doch wird es von dem neutralen Saponin in die Solform überführt[6]). Über weitere Kolloide liegt bisher kein Versuchsmaterial vor. Der Gesamtkolloidgehalt der Rohsäfte ist ganz verschieden. Er ist abhängig von den Arbeitsbedingungen des Entsaftungsverfahrens und der Beschaffenheit der Rüben sowie der Schnitzel. Je musiger und zerrissener die Schnitzel sind, desto mehr Kolloide gelangen in den Saft. Ebenso ist der Gehalt an Kolloiden bei der Verarbeitung unreifer oder erfrorener und wieder aufgetauter Rüben größer. Wie bei allen kolloiden Systemen ist auch hier die p_H-Ionenkonzentration von großer Wichtigkeit. Säfte mit höherer Azidität wiesen im allgemeinen einen geringeren Gehalt an koagulierbaren Stoffen auf als solche mit niedriger Azidität. Genaue Untersuchungen über die Menge der in Rohsäften enthaltenen Kolloidmengen sind m. W. bisher nicht ausgeführt worden. Ja, man weiß noch nicht einmal genau, ob diese Kolloide vorwiegend elektropositiver oder elektronegativer Natur sind. Badollet und Paine[7]) nehmen nur negative Kolloide an. Es ist nach den bisherigen praktischen Erfahrungen aber wahrscheinlich, daß außer diesen positive Kolloide vorkommen. Man kann dieses auch auf Grund folgender Versuche annehmen: Versetzt man verdünnte Melasse,

---

[1]) Ztschr. Ver. Dtsch. Zuckerind. **59,** 526 (1909).
[2]) Cbl. f. Zuckerind. **35,** 1257 (1927).
[3]) Dtsch. Zuckerind. **52,** 1145 (1927).
[4]) Ztschr. Ver. Dtsch. Zuckerind. **53,** 906 (1903).
[5]) a. a. O. **53,** 787 (1903).
[6]) a. a. O. **76,** 381 (1914).
[7]) a. a. O. **64,** 293 (1926).

in der sich alle nicht durch die Saftreinigung entfernten Kolloide der Rübe vorfinden müssen, mit Salzsäure, so flocken die negativen durch positive H-Ionen
koagulierbaren Kolloide nach mehr oder weniger langer Zeit aus (s. meine diesbezüglichen Versuche[1])). Filtriert man diese Gele ab und gibt dem Filtrat Natronlauge zu, so bemerkt man nach einiger Zeit wieder das Absetzen eines gallertartigen Niederschlages. Auf Grund der Theorie über die Elektrolytkoagulation
vermute ich, daß dieser Niederschlag vorwiegend aus positiven durch die negativen
OH-Ionen der Natronlauge ausgeflockten Kolloiden besteht. Auch aus den Ausführungen und Versuchen Barbaudys kann man schließen, daß in Rübensäften
positive und negative Kolloide zugegen sein müssen[2]).

Koagulation der Kolloide. Die Koagulation der Kolloide geht nun nicht nur in den Ent-
saftungsgefäßen vor sich. Sie beginnt hier nur und wird in
der nächsten Stufe der Fabrikation, in den Rohsaftvorwärmern,
fortgesetzt. Gewöhnlich wird der Saft in diesen auf 80—85⁰ angewärmt. Bei welcher
Temperatur die Flockung der Rohsaftkolloide am vollkommensten ist, ist bisher
noch nicht untersucht worden. Die praktische Erfahrung hat gezeigt, daß eine
hohe Anwärmung (bis 95⁰) fast nie nachteilig auf die fernere Verarbeitungsfähig-
keit der Säfte wirkt. Smolenski ist der Ansicht, daß die übliche Anwärmung
bis 80⁰ nicht genügt, um alle koagulierbaren Eiweißstoffe auszuflocken[3]). Rumpf
will nach einem amerikanischen Patent zu demselben Zweck sogar bis 220⁰ F.
= 105⁰ C gehen. Da die Koagulation der Kolloide, wie erwähnt, durch Zusatz
von Säure gefördert wird, hat man seit Jahrzehnten die verschiedensten Säuren
als Zusatzmittel zum Rohstoff vorgeschlagen, von denen besonders die schon bei
der Auslaugung genannte SO_2 und die Essigsäure erwähnt seien. Daß diese Zusätze z. T. Erfolg hatten, z. T. ohne jeden Erfolg waren, lag daran, daß man bisher
die nötige Menge nicht kontrollieren konnte, sondern die Säuren auf Grund von
Erfahrungen willkürlich zusetzte, was bei dem schwankenden Kolloid- und Säuregehalt der Säfte oft zu schweren Mißgriffen führte. Heute hat man nun in der
p_H-Ionenmessung ein Werkzeug in der Hand, um feststellen zu können, bei welchem
Säuregrad bzw. bei welcher p_H-Ionenkonzentration die Flockung der Rohsaftkolloide am schnellsten und vollkommensten stattfindet. Leider sind solche Messungen erst wenig ausgeführt worden. Saillard hat festgestellt, daß SO_2 bei $p_H = 4,04$
aus Rübenrohsäften dieselben Stoffe ausfällt wie Bleiessig; Eiweiß flockt dabei
in demselben Maße aus, als wenn Kupferoxydhydrat zugesetzt wäre[4]). Nach
Capelle und Baerts liegt das Optimum für die Ausflockung der Kolloide aus
Rohsaft in saurer Lösung mit Phosphorsäure bei $p_H = 4,38$, mit Essigsäure bei
$p_H = 4,35$, doch ist die zur Ausflockung nötige p_H-Ionenkonzentration je nach
der Temperatur verschieden[5]). In alkalischen Lösungen soll nach den Genannten
die beste Flockung mit Kalk bei $p_H = 10,4—10,5$ eintreten. In der Praxis hat
man schon, ehe es p_H-Messungen überhaupt gab, den Rohsaft vor Eintritt in die
Rohsaftvorwärmer mit Kalk alkalisch gemacht, was für die weitere Verarbeitung
der Säfte vorteilhaft sein soll. Die negativ geladenen Rohsaftkolloide sollen nach
Block bei dieser Arbeitsweise durch die positiv geladenen Kalzium-Ionen ausgeflockt werden[6]), während Tödt im Gegenteil eine Ausflockung elektropositiver

[1]) Chem. Ztg. **53,** 305 (1929).
[2]) Chimie et Industrie **16,** 984 (1924).
[3]) Ref. Dtsch. Zuckerind. **51,** 251 (1926).
[4]) Ref. Cbl. f. Zuckerind. **35,** 1254 (1927).
[5]) Ref. Dtsch. Zuckerind. **52,** 79 (1927).
[6]) Cbl. f. Zuckerind. **35,** 1100 (1927).

Kolloide durch die negativen Hydroxylionen vermutet[1]). Neben Säuren und Kalk sind im Laufe der Jahre eine ganze Anzahl kristalloider und kolloider Stoffe als Flockungsmittel für den Rohsaft vorgeschlagen worden, ferner elektrochemische Verfahren, doch haben alle diese zum größten Teil sogar patentierten Arbeitsweisen für die Praxis aus wirtschaftlichen Gründen bisher keinerlei Bedeutung erlangt. In den letzten Jahren sind eine Anzahl Fabriken dazu übergegangen, einen Teil des Saftes aus der Saturation, des sog. Schlammsaftes, zum Rohsaft zurückzunehmen. Bei dieser Arbeitsweise, durch die nach Messungen von Spengler die Absetzfähigkeit des Saftes nach beendeter Scheidung und Saturation verbessert wird[2]), werden im allgemeinen 25% Schlammsaft zurückgeführt, doch wenden einzelne Fabriken, z. B. die nach dem Dorrverfahren arbeitende Zuckerfabrik in Stendal, bedeutend größere Mengen an. In Amerika will man neuerdings in dem Aluminiumoxyd ein wirksames und verhältnismäßig billiges Mittel für die vollständige Ausflockung der Rübensaftkolloide gefunden haben. Welche einzelnen Kolloide nun bei der Anwärmung des Rohsaftes ausgeflockt werden, ist bisher nicht vollständig festgestellt worden. Herzfeld hat in Niederschlägen von Rohsaftvorwärmern Eiweiß- und Pektinstoffe sowie anorganische Salze und organische Säuren entdeckt[3]), wobei anzunehmen ist, daß diese letzteren von den flockenden Kolloiden adsorbiert worden sind. Andrlik und Votocek isolierten aus Rohsaftvorwärmern eine Rübenharzsäure, deren Identität mit dem schon früher von Kollrepp gefundenen Isocholesterin wahrscheinlich ist[4]). Smolenski hat das Glukuronid der Rübenharzsäure, das mit dem sauren Saponin Koberts identisch ist, aus Vorwärmerablagerungen abgeschieden[5]).

Da anzunehmen ist, daß ein Teil der Kolloide bei der Kalkscheidung des Saftes wieder löslich gemacht wird, hat es nicht an Versuchen gefehlt, diese durch die Anwärmung des Saftes in die Gelform überführten Kolloide vor der Behandlung des Saftes mit Kalk abzufiltrieren. Zu diesem Zweck hatte man schon in den achtziger Jahren die sog. Eiweißfänger, Tuchfilter, die aber heute in keiner Fabrik mehr in Betrieb sind. Namhafte Fachleute, u. a. Herzfeld, der sich eingehend mit der Frage der „Eiweißfiltration" beschäftigte, haben die Filterung des Rohsaftes verworfen, da nur 1,33—2,1% des koagulierten Eiweißes unter den Arbeitsbedingungen der Kalkscheidung wieder in Lösung gehen[6]). Der Hauptgrund für das Verschwinden der Eiweißfänger aus der Praxis war aber jedenfalls nicht der Untersuchungsbefund Herzfelds, sondern die Tatsache, daß sich diese Gele durch Tücher nur sehr schwer filtrieren lassen. Um dem Saft eine bessere Filtrationsfähigkeit zu verleihen, hat man die verschiedensten Stoffe vorgeschlagen. Erwähnt sei hier nur die Mischung des Rohsaftes mit Kieselgur, die Stutzer 1905 patentiert worden ist[7]). In neuerer Zeit geht man nun andere Wege und versucht durch Schleuderung mit sieblosen Schleudern die ausgeflockten Kolloide aus dem Rohsaft zu entfernen. Versuche in dieser Richtung sind auf Java sowie in der Tschechoslowakei mit Laval-Separatoren und Sharples Superzentrifugen unternommen worden. Auch in Deutschland, und zwar in der Zuckerfabrik Roßleben, hat man derartige Versuche ausgeführt. Verwendet wurden hier Westfalia-Separatoren[8]).

[1]) Cbl. f. Zuckerind. **35,** 1070 (1927).
[2]) a. a. O. **37,** 1350 (1929).
[3]) Ztschr. Ver. Dtsch. Zuckerind. **43,** 1064 (1893).
[4]) Ztschr. Ver. Dtsch. Zuckerind. **48,** 273 (1898).
[5]) Ref. Dtsch. Zuckerind. **51,** 251 (1926).
[6]) Ztschr. Ver. Dtsch. Zuckerind. **43,** 173 (1893).
[7]) a. a. O. **57,** 692 (1907).
[8]) Chem. App. **16,** 131 (1929).

Ferner hat die Chemische Abteilung des Instituts für Zuckerindustrie ausgedehnte Laboratoriumsuntersuchungen über die Ausflockung und Abschleuderung von Rohsaftkolloiden angestellt. Über alle diese Versuche liegen ausführliche Versuchsergebnisse bisher in der Literatur nicht vor. Trotzdem kann man behaupten, daß durch das Schleudern unbedingt eine günstige Wirkung auf den Saft erzielt werden muß. Selbst wenn die geflockten Kolloide bei der Kalkeinwirkung auf den Saft nicht peptisiert werden sollten, so werden durch das Schleudern doch die feinen durch Pülpefänger nicht abfangbaren Markteilchen, die sonst in der Scheidung in Lösung gehen, entfernt und damit die Menge der schädlichen nach der Saftreinigung im Saft gelösten Nichtzuckerstoffe verringert. Bei dieser Gelegenheit sei noch erwähnt, daß in einer Zuckerfabrik seit einem Jahr ein Anschwemmfilter der Seitz-Werke zur vollständigen Entpülpung des Rohsaftes in Betrieb ist[1]).

Scheidung. Die eigentliche Reinigung der Säfte zerfällt in die sog. Scheidung und die Sättigung oder Saturation. In der Scheidung wird dem Saft 1,5—2,5% vom Rübengewicht Ätzkalk in Form von Stücken oder Kalkmilch zugesetzt, und in der Sättigung wird der überschüssige Kalk mit CO_2 wieder ausgefällt. Die Reinigung des Rübensaftes mit Kalk und CO_2 ist im wesentlichen eine Entfernung von Kolloiden und ionendispersen Stoffen durch Ausflockung und Adsorption. Rein chemische Umsetzungen finden nur wenige statt. Da der isoelektrische Punkt der in alkalischen Lösungen koagulierbaren Rohsaftkolloide wie schon früher erwähnt, um $p_H = 10$ liegt, wäre es an sich nicht nötig, dem Saft in der Scheidung so große Kalkmengen zuzusetzen. Man muß dies aber tun, damit in der nachfolgenden Saturation die Adsorptionsvorgänge vollkommen verlaufen, und man einen gut filtrierbaren Schlamm erhält. Für die Koagulation ist der größere Kalkzusatz im Gegenteil schädlich, da hierdurch die ausgeflockten Kolloide z. T. wieder peptisiert werden. Mit der Frage der Peptisation koagulierter Rübensaftkolloide befaßt man sich schon seit Jahrzehnten. Die diesbezüglichen Untersuchungen Herzfelds über das Eiweiß sind vorhin genannt worden. Herzfeld hat allerdings bei diesen den Fehler gemacht, daß er nur mit kalkhaltigen Lösungen gearbeitet hat. In dem Scheidesaft befinden sich aber nicht nur Kalk, sondern, worauf Sellier, der diese Frage ebenfalls studierte, hinweist, auch Alkalien, die auf das koagulierte Eiweiß einwirken, und zwar ist die Wirkung um so größer bei je höherer Temperatur und längerer Dauer die Kalksscheidung vor sich geht[2]). Die Erkenntnis, daß eine lange Scheidedauer für die Saftreinigung vielleicht gar nicht so vorteilhaft ist, wie man bisher glaubte, bricht sich immer mehr Bahn. Wegen Mangel an exakten Versuchen kann man allerdings vorläufig nicht behaupten, daß eine lange Scheidedauer durchaus nachteilig ist, aber die Praxis hat doch festgestellt, daß man selbst mit einer ganz kurzen nur nach Minuten zählenden Scheidungszeit eine gute Saftreinigung erzielen kann, es also zum mindesten unnötig ist, den Kalk längere Zeit auf den Saft einwirken zu lassen. Je nach den Vegetationsbedingungen der Rübe liegen die Verhältnisse jedoch verschieden. Man müßte daher eigentlich entsprechend den Ausführungen Spenglers[3]) die Scheidungsdauer und -temperatur variieren. Leider sind die kolloidwissenschaftlichen Probleme der Scheidung bisher erst wenig geklärt. Man weiß nur aus den Versuchen Claassens, daß „erhebliche Mengen Schleim in voluminöser Form" abgeschieden werden[4]). Bei

[1]) Dtsch. Zuckerind. **55**, 117 (1930).
[2]) Ztschr. Ver. Dtsch. Zuckerind. **53**, 787 (1903).
[3]) Cbl. f. Zuckerind. **35**, 833 (1927).
[4]) Cbl. f. Zuckerind. **37**, 186 (1929).

diesem „Schleim" wird es sich allerdings nur z. T. um koagulierte Rohsaftkolloide handeln, z. T. wird er aus dem sich bei der Scheidung bildenden Monokalzium-saccharat, das nach Kunz[1]) entsprechend seinem Verhalten und Aussehen ein typisches Kolloid ist, bestehen. .

Physikalische Vorgänge der Saturation. Mehr als mit der Scheidung hat man sich in den letzten Jahren mit den physikalischen Vorgängen der Saturation beschäftigt. Besonders sind hier die Beobachtungen und Forschungen Blocks einerseits und Claassens und seiner Mitarbeiter anderer-seits wichtig. Block sieht in der Saturation eine regelrechte Kristallisation ähnlich der des Zuckers, und zwar soll das Kalziumkarbonat schalenartig an die im Saft schwebenden Kolloide ankristallisieren. Die endgültigen Kristalle sollen Kugel-form haben[2]). Claassen und Bredt beobachteten dagegen, daß der kohlensaure Kalk ganz unregelmäßig, teils amorph teils kristallinisch ausfällt und sich erst nach seiner Ausfällung an die Kolloide anlagert[3]). Man kann sich aus diesen Beob-achtungen den Saturationsvorgang ungefähr so vorstellen: Es entstehen zuerst beim Einleiten des Kohlendioxyd kolloide Körper, die „unter Zuckerabspaltung kondensierte Gallerten der schon von Lippmann und Weißberg erwähnten Zucker-Kalk-Kohlensäureverbindung darstellen" (Bredt), und die Silin neuer-dings näher studiert hat[4]). Diese Gallerten lagern sich an den kohlensauren Kalk an, treten weiter zu Klümpchen zusammen und bilden schließlich die Kugelkörper, die nach Bredt wohl kristallinisches Gefüge besitzen aber entgegen der Block-schen Ansicht nicht als Kugelkristalle bezeichnet werden können. Die aus der Rübe stammenden Kolloide verringern, soweit sie schon als Gele im Safte schweben, gegen Ende der Saturation stark ihr Volumen und lagern sich auch an die Kalk-teilchen an, während die noch als Sole vorliegenden elektropositiven Kolloide bei den ihrem isoelektrischen Punkt entsprechenden p_H-Ionenkonzentrationen aus-flocken und dann ebenfalls zusammenschrumpfend zu dem ausgefällten Kalzium-karbonat treten. Es ist nicht ausgeschlossen, daß bei der Saturation ferner Schutz-kolloide verzögernd auf die Umsetzung einiger Stoffe wirken. Jedenfalls erklären sich Spengler und Brendel die nicht vollständige Ausfällung des Kalzium-oxalates mit gewissen bisher ungeklärten Schutzwirkungen[5]). Man muß an-erkennen, daß die kolloidchemischen Vorgänge der Saturation durch die Unter-suchungen von Claassen, Bredt und Block erheblich geklärt worden sind. Trotzdem bleibt noch vieles Hypothese, und es ist daher dringlich zu wünschen, daß sich die lebende Generation der Zuckertechniker weiterhin eingehend mit diesen schwierigen Problemen beschäftigen wird. Neben den erwähnten Vorgängen findet in der Saturation eine Adsorption von Farbstoffen durch das ausfallende Kalziumkarbonat und vielleicht auch durch koagulierende Kolloide statt, und es ist wahrscheinlich, daß weitere Kolloide sowie molekular- und ionendisperse Stoffe, die unter den Bedingungen der Scheidung und Saturation an sich nicht koagu-lierbar bzw. fällbar sind, auf diese Weise aus dem Saft entfernt werden. So hat man z. B. im Saturationsschlamm Säuren festgestellt, die leicht lösliche Kalksalze bilden, die also durch Fällung nicht ausgeschieden sein können; ferner Gips, von dem man annehmen kann, daß er ebenfalls irgendwie adsorbiert ist. Die Ent-färbungswirkung frisch gefällten kohlensauren Kalkes auf Zuckerlösungen hat

---

[1]) Ztschr. Ver. Dtsch. Zuckerind. **54**, 940 (1924).
[2]) Cbl. f. Zuckerind. **28**, 1264 (1920/21); **29**, 138 (1921/22). — Dtsch. Zuckerind. **47**, 441 (1922).
[3]) Ztschr. Ver. Dtsch. Zuckerind. **70**, 203 (1920); **79**, 295 (1929). — Cbl. f. Zuckerind. **37**, 217 (1929).
[4]) Ref. Cbl. f. Zuckerind. **36**, 792 (1928).   [5]) Ztschr. Ver. Dtsch. Zuckerind. **78**, 729 (1928).

Fr. W. Meyer studiert[1]) und dabei festgestellt, daß die Farbadsorption um so stärker ist, je feinkörniger das Kalziumkarbonat in der Saturation ausfällt. Es ist daher wichtig, möglichst schnell zu saturieren, wodurch mehr und kleine Kristalle gebildet werden, welche durch ihre größere Oberfläche die Adsorptionsvorgänge fördern. Auf die adsorbierende Wirkung frisch gefällten kohlensauren Kalkes ist es auch zurückzuführen, daß man mit größeren Kalkmengen eine bessere Saftreinigung erreicht als mit kleineren Kalkzusätzen.

Ein allgemeines Rezept, bis zu welcher p_H-Ionenkonzentration man den Saft mit CO_2 sättigen soll, gibt es nicht. Je nach den Vegetationsbedingungen der Rüben wird der p_H-Wert, bei dem die beste Reinigung und Filtration erzielt wird, verschieden sein. Spengler gibt für die erste Saturation $p_H = 11,2$, für die zweite $p_H = 9,2$ an[2]).

Soweit die Kolloide im Rohsaft noch nicht ausgeflockt sind, kogulieren sie zum großen Teil in der Scheidung und Saturation oder werden in letzterer durch Adsorption entfernt. Die Hauptmenge, etwa 80% der Kolloide des Rohsaftes, findet sich, wenigstens bei normaler Arbeit, also im Saturationsschlamm (dem sog. Scheideschlamm), der in den Filterpressen vom Saft getrennt wird. Die Eiweißstoffe gehen, soweit sie unter der Kalkeinwirkung nicht zersetzt sind, fast vollständig in den Schlamm über. Von den Saponinen ist sowohl das neutrale als auch das saure im Scheideschlamm von Traegel nachgewiesen worden[3]). Ob die Pektinstoffe durch die übliche Saftreinigung vollkommen entfernt werden, scheint fraglich. Es ist anzunehmen, daß sie z. T. in den Schlamm wandern, z. T. verändert im Saft verbleiben. Von anorganischen Kolloiden hat man Eisen, Tonerde und Kieselsäure im Schlamm gefunden.

Oberflächenspannung. Man sollte eigentlich glauben, daß die Oberflächenspannung der Säfte nach der Entfernung der meisten Kolloide aus dem Saft steigt. Das ist aber nicht der Fall, sondern die Oberflächenspannung geht im Gegenteil, wie Lindfors festgestellt hat, zurück, und zwar führt er dieses auf die aus dem Ätzkalk in die Säfte gelangte Kieselsäure zurück, die durch die Saftreinigung nur unvollkommen entfernt wird[4]). Allerdings ist es bisher überhaupt zweifelhaft, ob eine genaue Proportionalität zwischen dem Gehalt der Säfte an Kolloiden und der Oberflächenspannung besteht, ja man weiß bisher noch nicht einmal genau, welche Stoffe die Oberflächenspannung von technischen Zuckerlösungen eigentlich erniedrigen. Aus diesen Gründen will ich vorläufig von der Nennung von Oberflächenspannungszahlen absehen, indem ich Interessenten auf die diesbezügliche bisher geringe Literatur verweise[5]).

Filtration. Die Filtration der Säfte ist hier nur soweit von Wichtigkeit, als Schwierigkeiten bei dieser auftreten können, die auf kolloide Stoffe zurückzuführen sind. Gelangt z. B. infolge Unaufmerksamkeit des bedienenden Arbeiters ungekalkter Rohsaft durch die Scheidung und Saturation in die Filterpressen, so verschmieren die Poren der Filtertücher. Ebenso verhält sich gekalkter aber unsaturierter oder nicht fertig saturierter Saft. In allen diesen Säften befinden

---

[1]) Dtsch. Zuckerind. **52**, 497 (1927).
[2]) a. a. O. **52**, 401 (1927).
[3]) Ztschr. Ver. Dtsch. Zuckerind. **75**, 145 (1925).
[4]) Ref. Dtsch. Zuckerind. **49**, 1069 (1924).
[5]) a. a. D. **49**, 1069 (1924); **51**, 923, 995 (1926). — Cbl. f. Zuckerind. **36**, 913 (1928); **37**, 37 (1929). — Ztschr. Ver. Dtsch. Zuckerind. **76**, 253 (1926); **77**, 464 (1927).

sich die Kolloide noch in einer Form, die die gewöhnliche Filtration behindert. Filtrationsfähig werden die Kolloide eben erst dann, wenn sie sich bei Beendigung der Saturation in koaguliertem Zustande an den ausgefällten kohlensauren Kalk angelagert haben, oder, wie man früher sagte, von diesem „eingehüllt" worden sind. Auch mangelhafter Kalkzusatz bei der Scheidung verursacht Filtrationsschwierigkeiten, da sich in diesem Falle für die ausgeflockten Gele nicht genügend Anlagerungsflächen finden. Es ist ferner beobachtet worden, daß bei Verwendung von unverseifbarem Wollfett zum Niederschlagen des Schaumes bei der Saturation Filtrationsschwierigkeiten entstehen. Dagegen haben die diesbezüglichen Untersuchungen Schillers bewiesen, daß eine Verzögerung der Filtration durch den Zusatz von Fetten nicht stattfindet, ganz gleich, ob leicht-, schwer- oder nicht verseifbare Fette verwendet werden, wenn die zugesetzten Mengen das übliche Maß (0,0026 % auf Rübe) nicht überschreiten[1]. Besonders schwierig gestaltet sich die Filtration bei der Verarbeitung erfrorener oder wieder aufgetauter Rüben und unter Umständen auch bei Rüben, die lange gelagert haben. Säfte aus solchen Rüben sind besonders reich an löslichen schwer koagulierbaren Pektin- und Eiweißstoffen. Auch der bei faulen Rüben in größerer Menge vorhandene Invertzucker gibt mit Kalk schleimige Verbindungen, die die Filtration behindern. So fand Saillard bei Verarbeitung erfrorener Rüben auf den Filterpreßtüchern eine zähe Haut[2]. In der Praxis ist von mehreren Seiten die Beobachtung gemacht worden, daß bei Anwesenheit von Kohlenmonoxyd im Saturationsgase ein schmieriger Schlamm entsteht, doch konnte Kusnetzow wie schon früher Herzfeld beim Saturieren von Zuckerlösungen mit CO$_2$ keine kolloiden Substanzen feststellen[3]. Von anorganischen Stoffen galten bisher Tonerde, Eisen, Kieselsäure und Magnesia hindernd für die Filtration. Nach neueren Berichten soll jedoch auch magnesiareicher Kalk gut filtrierbaren Schlamm geben.

SO$_2$-Saturation des Dünnsaftes. Vielfach wird der Saft neben CO$_2$ auch noch mit SO$_2$ saturiert, wodurch er weiter entfärbt wird. Diese Entfärbung ist einerseits auf Adsorption von Farbstoffen durch die ausfallenden Kalziumsulfitkristalle, andererseits auf Reduktionserscheinungen und vielleicht auch auf Änderungen des Dispersitätsgrades der farbgebenden Kolloide zurückzuführen. Jedenfalls scheint aber die Adsorption eine wesentliche Rolle hierbei zu spielen, da der Entfärbungseffekt bei vorhergehender Kalkzugabe ein größerer ist als bei der SO$_2$ Saturation des Saftes ohne Kalkzusatz. Bei der heute in einigen Fabriken ausgeübten Saturation nach Weißberg, bei der der Saft anschließend an die übliche Kalkscheidung, CO$_2$-Saturation und Filtration zuerst mit SO$_2$ und dann nach abermaliger Kalkung nochmals mit CO$_2$ saturiert wird, wird das in den Säften teilweise lösliche Kalziumsulfit bei der Endsaturation ebenfalls durch Adsorption an die ausfallenden Kalziumkarbonatkristalle fast vollständig entfernt. Wichtig für die Entfärbung ist ferner die p$_H$-Ionenkonzentration, die nach Kayser um so niedriger gehalten werden muß, je besser man entfärben will[4]. Die Tatsache, daß mit saurer SO$_2$-Arbeit eine bessere Wirkung erzielt wird als mit alkalischer ist verschiedenen Praktikern schon lange bekannt und durch die Versuche von Thielepape und P. Meier von neuem erhärtet worden[5].

[1]) Ztschr. Ver. Dtsch. Zuckerind. **47,** 408 (1897).
[2]) Ref. Cbl. f. Zuckerind. **30,** 337 (1922/23).
[3]) a. a. O. **31,** 100 (1923/24).
[4]) a. a. O. **35,** 722 (1927).
[5]) Ztschr. Ver. Dtsch. Zuckerind. **79,** 176 (1929).

Eindampfen des Saftes. Der mehrere Male mit CO_2 und z.T. mit SO_2 saturierte und gefilterte Dünnsaft stellt eine gelblich gefärbte Flüssigkeit von ungefähr 13—15° Trockensubstanz dar, die nun in Mehrfachverdampfern eingedampft wird. Bei dieser Eindampfung fallen in den einzelnen Körpern der Verdampfungsanlage verschiedene Mengen Niederschläge aus, die für den Betrieb schädlich sind, da sie auf den Heizflächen festbrennen und so den Wärmedurchgang behindern. Derartige Niederschläge bestehen aus Eisen, Tonerde, Kieselsäure, organischen Kalkverbindungen und Kalziumkarbonat. Um einen Teil des Kalkes schon vor der Verdampfung abzuscheiden, kocht man den Saft vielfach vorher in einem besonderen Apparat einige Zeit auf, wodurch das im Saft vorhandene Bikarbonat zerlegt werden soll. Es hat sich aber sowohl in der Praxis als auch bei Versuchen gezeigt, daß durch diese Maßnahme wenig oder gar kein Kalk abgeschieden wird, und man hat nun nach den verschiedensten Erklärungen für diese Ursache gesucht. So führt Kollmann auf Grund theoretischer Betrachtungen das Nichtausfallen des Kalziumkarbonates auf im Saft enthaltene Kolloide zurück, die auf das Karbonat eine Schutzwirkung ausüben[1]). In den letzten Jahren hat man versucht, durch Zusatz von Stoffen, die die Ausscheidungen in „statu nascendi" oder schon vorher adsorbieren, die Steinansätze zu verringern. Zu diesem Zweck sind Aktivkohlen, Kieselgur, Kalziumkarbonat u. a. dem in die Verdampfer gehenden Saft beigegeben worden. Die Ansichten über die günstigen Wirkungen dieser Zusätze sind geteilt. Schlosser und Hrabowski stellten fest, daß durch $CaCO_3$-Zusatz zum Dünnsaft tatsächlich eine Abnahme der löslichen Kalkverbindungen stattfindet[2]). Ferner konnten Stanek und Pavlas eine verringernde Wirkung durch im Saft schwebende Saturationsschlammteilchen auf die Steinansätze konstatieren[3]), doch warnt Claassen vor einer Verallgemeinerung dieser Versuche[4]). Was nun die chemische Natur der im Dünnsaft gelösten Kalkverbindungen betrifft, so nahm man von jeher an, daß es sich vorwiegend um stark lösliche aber doch ionendisperse Salze organischer Säuren handelte. Demgegenüber glauben Paine, Keane und McCalip, daß diese löslichen Kalksalze z. T. kolloiden Charakter haben[5]). Es ist sogar nicht ausgeschlossen, daß ein großer Teil der Erscheinungen, die man bisher ausschließlich auf das Vorhandensein der organisch-sauren Kalksalze zurückführte, von kolloiden Saccharaten herrühren.

Kristallkochen. Der auf 50—70% Trockensubstanz eingedickte Saft gelangt im Fabrikationsgange nach meistens nochmaliger Saturation mit SO_2 in die Kristallkocher, in denen die Kristallisation des Zuckers unter weiterer Eindickung bis zur Übersättigung vor sich geht. Die Kolloide wirken hierbei nachteilig, da sie die Viskosität der bei höherer Konzentration an sich zähflüssigen Zuckerlösungen noch verstärken, wodurch die Wanderung der Zuckermoleküle behindert wird. Ferner werden Kolloide von den wachsenden Kristallen selektiv adsorbiert. Nun findet in gut gereinigten Säften von normalen Rüben bei der ersten Kristallisation weder eine wesentliche Adsorption von Nichtzuckerstoffen noch eine wesentliche Behinderung des Kristallwachstums durch die Zähflüssigkeit statt. Anders ist es bei der Kristallisation der aus dem ersten Kristallbrei (der sog. Erstproduktfüllmasse) abgeschleuderten Sirupe. Die Zuckerlösungen muß man nämlich, um sie vollständig zu erschöpfen, zwei- oder dreimal der Verkochung auf Kristall unterwerfen. In diesen Sirupen ist

---

[1]) Cbl. f. Zuckerind. **36**, 1423 (1928).
[2]) a. a. O. **37**, 494 (1929).
[3]) Ref. Dtsch. Zuckerind. **54**, 801 (1929).
[4]) Cbl. f. Zuckerind. **37**, 852 (1929).
[5]) Ref. Ztschr. Ver. Dtsch. Zuckerind. **78**, 111 (1928).

der Gehalt an Kolloiden größer, die Viskosität also stärker. Infolge der stärkeren Zähflüssigkeit und der damit verbundenen geringeren Beweglichkeit der Zuckermoleküle wird die Kristallisationsgeschwindigkeit einerseits behindert. Andererseits häufen sich die eine niedrige Oberflächenspannung besitzenden Kolloide an den Kristallflächen an und behindern so ebenfalls das Wachsen der Kristalle. Hierdurch fallen die Kristalle kleiner aus, die wirksame Adsorptionsoberfläche wird dagegen größer. Die Voraussetzungen für eine starke Adsorption (große Oberfläche und langsames Kristallwachstum) sind demnach bei der Kristallisation der Nachprodukte besonders gegeben. Werden zu große Mengen Ablaufsirupe zum Verkochen der Erstproduktfüllmasse zugezogen, so kann natürlich auch hier eine starke Adsorption von Nichtzuckerstoffen stattfinden, vor allem wenn der Ablaufzuzug schon in den ersten zwei Dritteln des Kristallisationsvorganges vorgenommen wird. Es ist selbstverständlich, daß diese durch selektive Adsorption im Zuckerkristall eingeschlossenen Kolloide die Qualität des Zuckers ungünstig beeinflussen. Es ist daher nicht möglich, aus schlecht gereinigten Säften oder aus verhältnismäßig größeren Kolloidmengen enthaltenden Sirupen einwandfreien weißen Verbrauchszucker herzustellen. Nach Beobachtungen aus dem praktischen Betriebe scheinen auch die Kristallisationsfähigkeit und die Adsorption von Kolloiden von der p_H-Ionenkonzentration abhängig zu sein. So ist beobachtet worden, daß invertzuckerfreie neutrale oder sogar saure Melassen eine niedrigere Reinheit hatten, also besser entzuckert waren als alkalische. Saillard geht sogar soweit, die nach seiner Ansicht schlechtere Qualität deutscher Rohzucker gegenüber den französischen (das trifft wohl heute nicht mehr zu, Verf.) auf das Einhalten einer zu hohen Alkalität in deutschen Rohzuckerfabriken zurückzuführen[1]). Mit dem Einfluß verschiedener in Zuckersäften vorkommender Kolloide hat sich u. a. Dedek beschäftigt, aus dessen Arbeiten hervorgeht, daß die Kolloide die Kristallisationsgeschwindigkeit stark „bremsen", aber keine völlige Unkristallisierbarkeit hervorrufen können. Die Unkristallisierbarkeit der Melasse, des letzten Sirups der Zuckerfabrikation, ist also nicht auf die Kolloide zurückzuführen, sondern hat andere Ursachen[2]). Allerdings können Kolloide, wenn sie in größeren Mengen vorkommen, die Ausbeute an kristallisiertem Zucker vermindern.

Der fertig gereinigte Dünnsaft von ca. 15% Trockensubstanz besitzt, wie erwähnt, eine gelbliche Farbe, die jedenfalls durch Einwirkung von Kalk und Alkalien auf die im Rohsaft enthaltenen Monosen entstanden ist. Diese Farbe nimmt während des Eindampfens der Säfte entsprechend der Konzentration zu. Neben diesen Oxydationsprodukten der Monosen bilden sich jedoch während des Verdampfens und Kristallkochens neue Farbstoffe. Besonders die Farbzunahme bei der Verdampfungskristallisation ist ganz bedeutend. Nach Mehrle ist die Farbe der Kristallmasse stets um 50% höher als die Farbe der Säfte und Sirupe, aus denen die betreffende Kristallmasse gekocht ist[3]). Alle diese Farbsubstanzen hat man bisher, ohne sie genau zu kennen, unter der Sammelbezeichnung „Karamelstoffe" zusammengefaßt. Aber schon Stolle hat darauf hingewiesen, daß bei der Zuckerfabrikation verhältnismäßig wenig Karamel entsteht[4]). Er hält die Überhitzungsprodukte eher für dextrinartige Körper. Nach Ansicht anderer Autoren soll die gelbe Farbe bei der Kalkscheidung durch Kondensation der Aminosäuren untereinander oder mit Zuckern gebildet werden, und

[1]) Ref. Ztschr. Ver. Dtsch. Zuckerind. **77**, 337 (1927).
[2]) a. a. O. **77**, 495 (1927). — Cbl. f. Zuckerind. **36**, 13 (1928).
[3]) Dtsch. Zuckerind. **52**, 102 (1927).
[4]) Ztschr. Ver. Dtsch. Zuckerind. **53**, 1138 (1903).

die braune Farbe der dichteren Lösungen durch weitere Kondensation und Polymerisation entstehen[1]). Ripp hat derartige stickstoffhaltige Farbsubstanzen auch tatsächlich dargestellt[2]). Lundén unterscheidet auf Grund seiner spektrophotometrischen Untersuchungen zwei Farbarten, die er als Amethyst- und Karamelfarbe bezeichnet, und deren Intensität je nach der p_H-Ionenkonzentration verschieden ist. Von diesen beiden Farbarten wird die jedenfalls schon aus dem Rohsaft stammende Amethystfarbe bei der Kristallisation von den Kristallen besonders stark adsorbiert[3]). Spengler und Landt können sich auf Grund ihrer Forschungen dieser Einteilung Lundéns übrigens nicht anschließen[4]). Im ganzen kann man sagen, daß unsere Kenntnisse bezüglich der Farbstoffe von Zuckersäften leider noch lückenhaft sind. Es ist auch nicht erwiesen, ob diese Farbstoffe, die ohne Zweifel zum größten Teil kolloider Natur sind, identisch sind mit den Substanzen, die bei wiederholtem Eindicken von Zuckerlösungen entstehen, und die die Kristallisationsfähigkeit beeinflussen, obgleich der Gedanke nahe liegt. Es hat sich nämlich in der Praxis herausgestellt, daß die Kristallisationsfähigkeit von Zuckersäften durch längeres Verweilen bei höherer Temperatur und Konzentration herabgemindert wird. Auf diese „Kristallisationsmüdigkeit" mehrfach umgekochter Sirupe und der aus solchen Sirupen gewonnener Zucker ist auch die Erscheinung zurückzuführen, daß aus Nachproduktzuckern hergestellte Lösungen bei gleichem Zucker- und Nichtzuckergehalt keinen gleichwertigen Zucker wie aus frischen Rübensäften ergeben. Man hat ursprünglich als Ursache für diese Erscheinungen die Viskosität gehalten, aber schon Claassen hat vor fast 30 Jahren gezeigt, daß die Zunahme der Viskosität beim wiederholten Einkochen von Sirupen ganz unregelmäßig ist[5]), diese also hierfür nicht verantwortlich gemacht werden kann. Man könnte eher denken, daß es sich hierbei um kolloide Stoffe handelt, die die Zähflüssigkeit weniger stark, die Kristallisation dagegen stark beeinflussen. Ich denke dabei an ähnliche Stoffe wie z. B. das Oxymethylfurfurol, das Troje ebenfalls in den Kochsirupen annimmt[6]), und das mit Alkalien, Aminen, Asparagin- und Glutaminsäure harzartige Kondensationsprodukte bildet.

Um die sich in dichteren Zuckerlösungen bildenden Farbstoffe bzw. die Kristallisation verzögernden Überhitzungsprodukte des Zuckers zu entfernen, werden die Schleudersirupe und die gelösten Nachproduktzucker vor dem Verkochen in manchen Fabriken noch einmal mit Kalk und CO_2 oder SO_2 behandelt. Diese Behandlungsweise wird von den älteren Zuckerfachleuten meistens abgelehnt, da hierdurch nur verhältnismäßig geringe Nichtzuckermengen ausgeschieden werden. Man betrachtete eben bisher diese Frage nur vom rein chemischen Standpunkt und sagte, bei richtig geleiteter Scheidung und Saturation des Rohsaftes könnte hier keine Reinigungswirkung mehr erzielt werden, während man die adsorbierende Wirkung der Karbonate und Sulfite gar nicht berücksichtigte. Heute ist aber durch die Arbeiten von Fr. W. Meyer erwiesen, daß frisch gefälltes Kalziumkarbonat aus Nachzuckerlösungen 50% der Farbe entfernt[7]). Will man den Wert oder Unwert der Saturation von Sirupen genau ergründen, so darf

---

[1]) Tschaskalick, Cbl. f. Zuckerind. **33**, 374 (1925). — Simmich, Ztschr. Ver. Dtsch. Zuckerind. **76**, 1 (1926).

[2]) Ztschr. Ver. Dtsch. Zuckerind. **76**, 627 (1926).

[3]) a. a. O. **76**, 780 (1926).

[4]) a. a. O. **77**, 429 (1927).

[5]) a. a. O. **53**, 335 (1903).

[6]) Ztschr. Ver. Dtsch. Zuckerind. **75**, 635 (1925).

[7]) Dtsch. Zuckerind. **52**, 497 (1927).

man nicht allein die chemischen Veränderungen sondern muß vor allem die Änderung der Viskosität, der Oberflächenspannung, der Farbe und der Kristallisationsfähigkeit durch diese Arbeitsweise feststellen, was meines Wissens bisher nicht geschehen ist. Besonders wirksam auf die Entfernung von Kolloiden aus Sirupen soll die „augenblickliche Saturation" nach Urban sein, bei der der Lösung Kalk und CO_2 oder SO_2 zu gleicher Zeit zugesetzt werden[1]). In der Rohrzuckerindustrie hat man neuerdings auch mit Erfolg versucht, Abläufe mit Hilfe siebloser Schleudern von „Gummistof en" zu reinigen.

Aktivkohle-filtration. Die Saturation stark gefärbter Zuckerlösungen ist allerdings immer nur als eine Vorreinigung aufzufassen. Will man aus solchen konkurrenzfähigen Zucker herstellen, so muß man zu stärker entfärbenden Mitteln greifen. Als ein derartiges Mittel ist die Knochenkohle schon seit Jahrhunderten in der Zuckerindustrie bekannt. Sie wird jedoch in letzter Zeit mehr und mehr durch pflanzliche Aktivkohlen in den Hintergrund gedrängt. Der Zweck der Aktivkohlenfiltration ist neben der Entfernung von Farbstoffen, die Adsorption von farblosen Kolloiden und sonstigen anorganischen und organischen Stoffen. Die Aktivkohlen wirken hierbei nach dem Gesetz über den Gleichgewichtszustand, d. h. je weniger eine Zuckerlösung die genannten Stoffe enthält, um so früher hört die Adsorption auf. Diese Eigenschaft der Kohlen macht man sich in der Technik zunutze, indem man über Kohlen, die aus reineren Zuckerlösungen nichts mehr adsorbieren, unreinere Lösungen leitet, bis auch hier wieder das Gleichgewicht zwischen adsorbierter Stoffmenge und Konzentration dieser Stoffe in der Zuckerlösung erreicht ist. Auf solche Weise kann man dieselben Aktivkohlen mehrmals zur Filtration verwenden. Wichtig für die Adsorption ist die Oberflächengröße der Kohlen. Flockige Kohlen die eine große Oberfläche haben, sind besser als körnige. Ein gewisser Prozentsatz körniger gröberer Teilchen ist jedoch von Vorteil, um einen porösen Filterkuchen zu bilden, wodurch die Filtriergeschwindigkeit eine höhere wird. Die Oberflächengröße ist auch nicht allein maßgebend für die Adsorptionswirkung sondern die Größe der Kapillaren ist ebenfalls von Einfluß. Ferner spielen elektrische Eigenschaften der Aktivkohlen bei den Adsorptionsvorgängen eine gewisse Rolle. Es ist daher wesentlich, den von der Darstellung und den Verunreinigungen der Kohlen abhängigen isoelektrischen Punkt zu kennen, worauf Spengler und Landt hinweisen[2]). Nicht weniger wichtig ist die Reaktion bzw. p_H-Ionenkonzentration der zur Filtration gelangenden Zuckerlösungen, weil besonders die Kolloide je nach der Reaktion der Lösungen verschieden stark adsorbiert werden. Nach Hauge und Willaman werden negativ geladene Kolloide am vollkommensten in saurer Lösung, elektropositive Kolloide in alkalischer Lösung adsorbiert[3]). In der Praxis hat man durchweg gefunden, daß in sauren Zuckerlösungen die Farbstoffadsorption wirksamer ist als in alkalischen. Auf die Verschiedenartigkeit des isoelektrischen Punktes der Kohlen und der in technischen Zuckerlösungen vorhandenen Kolloide bezüglich ihrer elektropositiven bzw. elektronegativen Natur sind auch die Beobachtungen von Traube und Medschid zurückzuführen, daß Mischungen verschiedener Kohlen und Mischungen von Kohlen mit Erden besser entfärben als die betreffenden Kohlen und Erden allein[4]). Überhaupt ist die Wirkung jeder Aktivkohle auf unreine Zuckerlösungen eine ganz spezifische. Sowohl die oberflächen-

---

[1]) Ztschr. Ver. Dtsch. Zuckerind. **74**, 176 (1924).
[2]) Ztschr. Ver. Dtsch. Zuckerind. **78**, 81 (1928).
[3]) Ref. a. a. O. **77**, 753 (1927).
[4]) Cbl. f. Zuckerind. **35**, 1399 (1927).

aktiven Stoffe als auch die Ionen werden in verschiedenem Maße adsorbiert. Es hat daher nicht an Versuchen gefehlt, den Wert der zahlreichen im Handel erhältlichen Kohlen für die Zuckerindustrie festzustellen. Bei den vielen diesbezüglichen Veröffentlichungen handelt es sich aber zum großen Teil um mehr oder weniger unvollkommene Beobachtungen aus dem Betriebe. Als exakte, allerdings mehr wissenschaftliche Messungen über verschiedene Aktivkohlen sollen neben den Untersuchungen von Traube und Medschid[1]) nur diejenigen von Tödt[2]) sowie Spengler und Landt[3]) genannt werden. Die Konzentration der Zuckerlösungen ist bei der Aktivkohlenfiltration ebenfalls von Bedeutung, und zwar ist die Adsorptionswirkung, wie außer Vasatko, Spengler und Landt festgestellt haben, um so geringer je konzentrierter die Zuckerlösung ist[3]). Bei Anwesenheit von Aktivkohlen wird die Saccharose in der Wärme schneller zersetzt als gewöhnlich. Sie wirken als Oxydationskatalysatoren. Nach Vasatko wächst die Zersetzung mit der Temperatur und der angewendeten Kohlenmenge, doch ist die Zersetzungskraft der einzelnen Kohlen verschieden[4]). Bis noch vor kurzer Zeit war man in der Technik der Ansicht, daß pflanzliche Aktivkohlen den Kalk nicht in dem Maße aus den Säften entfernen wie die Knochenkohle. Diese Ansicht ist inzwischen revidiert worden. Bleiben die Säfte genügend lange mit den pflanzlichen Kohlen in Berührung, so findet auch bei diesen eine wesentliche Kalkadsorption statt. Andererseits aber steht fest, daß die Knochenkohle von allen Aktivkohlen die oberflächenaktiven Stoffe am wenigstens adsorbiert[2]). Der wirksame entfärbende Bestandteil der Knochenkohle soll nach Sipjagin nicht der Kohlenstoff sondern der phosphorsaure Kalk sein, und soll dieser in chemisch reinem Zustande die Knochenkohle ganz ersetzen können[5]). Dieser Ansicht kann sich Kutzew nicht anschließen. Er glaubt, die Wirkung der Knochenkohle auf die Kapillaren des Knochengerüstes zurückzuführen[6]).

Um die Filtrationsgeschwindigkeit bei den feinkörnigen pflanzlichen Aktivkohlen zu verbessern, setzt man den Säften häufig mit den Kohlen Kieselgur oder Holzmehl oder auch alle beide zu, wodurch ein festerer Filterkuchen und damit eine bessere Filtrationsgeschwindigkeit erzielt wird.

Für den Kolloidchemiker sind noch die Beobachtungen von Spengler und Landt von Interesse, nach denen Aktivkohlen bei der Adsorption in unreinen Zuckerlösungen in einen höheren Dispersitätsgrad übergehen, und zwar scheinen negative Ionen hier peptisierend zu wirken[7]).

Melasse. Soweit die Kolloide nicht durch die verschiedenen Reinigungsverfahren und durch Adsorption an den Zuckerkristallen aus den Säften entfernt sind, wandern sie in den letzten Sirup der Fabrikation, die Melasse, die also verhältnismäßig reich an Kolloiden ist. Nach amerikanischen Forschungen enthält sie zehnmal soviel Kolloide wie der Rohzucker. Ihr Gehalt an diesen soll 0,20—0,44% betragen, von denen der überwiegende Teil organischer Natur sein soll. Um welche Kolloide es sich hier im einzelnen handelt, ist bisher nicht untersucht worden. Neben den durch die Einwirkung der Wärme während der Fabrikation entstandenen Kolloiden (Karamelstoffen und Dextrinen) scheinen kompliziert zusammengesetzte

[1]) Cbl. f. Zuckerind. **35**, 1368, 1399 (1927). — Ztschr. Ver. Dtsch. Zuckerind. **77**, 355 (1927).
[2]) Ztschr. Ver. Dtsch. Zuckerind. **76**, 253 (1926).
[3]) a. a. O. **77**, 429 (1927).
[4]) Ref. Cbl. f. Zuckerind. **35**, 1487 (1927).
[5]) Ref. a. a. O. **34**, 55 (1926).
[6]) Ref. a. a, O. **34**, 663 (1926).
[7]) Ztschr. Ver. Dtsch. Zuckerind. **78**, 199 (1928); **79**, 397 (1929).

Alkali- und vielleicht Kalksaccharate zugegen zu sein. Jedenfalls sind in Rüben-zuckermelassen verschiedene Arten Kolloide vorhanden, wie die ausführlichen Untersuchungen von Brodowski ergeben haben[1]) und wie auch aus meinen dies-bezüglichen Flockungsversuchen hervorgeht[2]). Daß unsere Kenntnisse von diesen noch sehr gering sind, liegt in erster Linie in der Schwierigkeit, sie abzuscheiden, da die für derartige Arbeiten meistens benutzten Kollodiummembranen die Kolloide nicht vollständig zurückhalten und die Ultrafiltration zuviel Zeit beansprucht.

Wie aus den vorliegenden kurzen Ausführungen über die kolloidchemischen Vorgänge der Zuckerindustrie hervorgeht, ist unser Wissen um die Kolloide tech-nischer Zuckerlösungen noch recht lückenhaft. Bei der nur wenige Monate im Jahr dauernden Rübenverarbeitungszeit der Zuckerfabriken werden sicher auch Jahrzehnte vergehen, bis alle kolloidchemischen Probleme der Zuckerindustrie nur annähernd geklärt sind. Ohne die Kolloidchemie zu überschätzen, glaube ich, daß mit fortschreitender Bearbeitung kolloidchemischer Fragen manche Unklarheit über die Vorgänge im Zuckerfabrikbetriebe schwinden und mancher technisch-wirtschaftliche Fortschritt erzielt werden wird.

---

[1]) Kolloidchem. Beih. **29**, 261 (1929).
[2]) Chem. Ztg. **53**, 322 (1929).

Mehl und Brot.

Von **Ernst Berliner**-Darmstadt.

Einleitung. Das Getreidekorn setzt sich aus Keimling, Nährgewebe („Mehlkörper" und „Aleuronzellen") und Schale (Frucht- und Samenschale) zusammen. Der Keimling besteht zum größten Teile aus protoplasmatischem Eiweiß, Fett und Lipoiden, der Mehlkörper aus Stärke und Reserveeiweiß, die Schale aus Zellulose bzw. Zellulosederivaten. Aschenbestandteile sind in löslicher und unlöslicher Form im ganzen Korne verteilt, hauptsächlich aber in Keimling, Aleuronzellen und Schale angereichert. Außerdem enthält das Getreidekorn Wasser, Zuckerarten und Enzyme, von denen die beiden letztgenannten Stoffgruppen im wesentlichen ebenfalls im Keimling niedergelegt sind, der Roggen außerdem schleimartige Verbindungen. Als Brotgetreide steht bei weitem an erster Stelle der Weizen, neben ihm spielt in den nördlichen Ländern Europas und Amerikas der Roggen eine gewisse, allerdings ständig an Bedeutung abnehmende Rolle. Gerste, Mais, Reis, Hirse, Hafer und andere Gramineen werden im folgenden wegen ihrer geringen Bedeutung als Brotgetreide nicht berücksichtigt werden.

Die obige Zusammenstellung zeigt, daß die Hauptmasse des Getreidekornes, nämlich Stärke und Eiweiß, daneben aber auch Fett, Lipoide und Zellulose Kolloide sind, deren Beschaffenheit und Verhalten vom kolloidchemischen Standpunkte aus bei der Verarbeitung des Kornes zu Mehl, des Mehles zum Teige und schließlich des Teiges zum Brote zu berücksichtigen sind und auch auf Grund uralter Erfahrungen im gewissen Umfange vom Müller und Bäcker schon berücksichtigt wurden, als der Begriff der Kolloidchemie noch gar nicht existierte.

Die Mehlbereitung. Die Müllerei hat das Ziel das Getreide zu zerkleinern und aus dem mehr oder minder feinen Gemenge von Kornbestandteilen den aus Stärke und Eiweiß bestehenden Mehlkörper durch Siebung und andere ergänzende Arbeitsvorgänge zu gewinnen.

Da das spezifische Gewicht der einzelnen Kornbestandteile nur in beschränktem Maße (z. B. durch Windsichtung) zu ihrer Trennung benutzt werden kann, muß der Vermahlungsvorgang so geleitet werden, daß bei der Sichtung des Mahlgutes möglichst der ganze Mehlkörper so fein aufgelöst wird, daß er durch die Siebmaschen hindurchgeht, während Schalen- und Keimanteile unter Vermeidung von Splitter- und Pulverbildung nur soweit aufzuteilen sind, daß sie den von ihnen umschlossenen Mehlkörper freigeben und als grobe Stücke (Kleie) auf dem Sieb zurückbleiben. Der Erfolg der Vermahlung wird also sowohl von der Arbeitsweise der Zerkleinerungsmaschinen als auch von dem Verhalten der Kornbestandteile während des Mahlvorganges abhängen. Letzteres aber wird in starkem Maße nicht nur durch die Eigenstruktur der als Gele aufzufassenden Kornbestandteile, sondern auch durch die ihren physikalischen Zustand beeinflussenden Faktoren, wie Temperatur und Feuchtigkeit, bedingt.

Wenn auch dem erfahrenen Müller das verschiedene Verhalten der Rohware weitgehend geläufig ist und er ihm empirisch durch Einstellung der Maschinen und entsprechende Vorbereitung des Getreides mit Hitze und Wasser Rechnung zu tragen sucht, liegen exakte Untersuchungen über das kolloidphysikalische Verhalten des Mahlgutes unter wechselnden Bedingungen nur in geringem Umfange vor. Abgesehen davon, daß die Mühlenbauanstalten im Laufe der Jahrzehnte besonders günstige Durchmesser, Geschwindigkeiten, Voreilungen und Riffelformen der Mahlwalzen ermittelt haben, liegt ein großes Erfahrungsmaterial von seiten der Mühlen über den Einfluß der Temperatur und Feuchtigkeit auf das Mahlgut vor, das aber einer exakten Analyse kaum zugänglich ist. Roggen verlangt eine ganz andere Müllerei als Weizen und auch die einzelnen Weizensorten verhalten sich je nach der Struktur des Mehlkornes sowie der Dicke und Zähigkeit der Schale beim Zerkleinerungsvorgange ganz verschieden

Die zelluloseartigen Außenschichten des Getreidekornes sind sowohl ihrer chemischen Struktur als auch ihrem faser- und flächenartigen Zellaufbau nach zähe, der Vermahlung großen Widerstand entgegensetzende Substanzen, doch führt ihre wiederholte Beanspruchung durch quetschende und scheerende Kräfte der Mahlwalzen eine merkliche Splitterwirkung herbei, wenn der Vermahlung nicht eine geeignete Vorbereitung des Mahlgutes mit Wasser vorhergeht. Schon bei lufttrockenem Getreide, also einer Ware von etwa 9—12 % Feuchtigkeit sind die Schalenteile ziemlich spröde und brüchig, bei einem Wassergehalte von 15—17 % des Kornes besitzt die Schale hingegen optimale Zähigkeit. In dieser Richtung netzt, wäscht und „konditioniert" man den Weizen oder entzieht der Ware in nassen Erntejahren die entsprechenden Mengen überschüssiger Feuchtigkeit, während man dem Roggen hierin weniger Sorgfalt widmet, weil seine Schale an sich zäher ist und zudem die Ansprüche an Roggenmehle in bezug auf helle Farbe, also Schalenarmut geringer sind. Hilfsmittel zur Verbesserung des mit Wasser erreichbaren Effektes hat man wohl hier und da erprobt, besonders die Imprägnierung der Schale mit Gelatine-, Leim- oder quellungsfördernden Salzlösungen, doch haben sich solche Verfahren bisher nicht eingeführt.

Haben wir es schon bei den Schalenteilen des Getreidekornes mit einem äußerlich deutlich merkbaren Quellprozeß ursprünglich lufttrockener Gele in Berührung mit Wasser zu tun, so tritt dieser kolloidchemische Vorgang noch deutlicher bei den Keimen zutage. Die Hauptmasse des Keimlings besteht aus quell- und besonders lösungsfähigen Eiweiß- und Lipoidmassen, welche in den Embryonalgeweben durch zarte Zellulosemembranen in kleine schachtelförmige Zellen aufgeteilt sind. Nach Seidel[1] gibt es für die Getreidekeime überhaupt keine Grenze der Wasseraufnahme. Sie zerfließen in zerkleinertem Zustande förmlich in feuchter Luft. Referent fand, daß Keimeiweiß fast zu 100 % wasserlöslich ist und ein großer Teil des Rohfettes aus in Wasser ebenfalls stark quellenden Phosphatiden besteht. Im unzerkleinerten Getreidekorn allerdings schreitet der Quellprozeß der Keime nicht so stark fort, da der Wasserzusatz begrenzt ist und der unverletzte Embryo das Wasser viel langsamer aufnimmt, als der aus dem zerquetschten Keimling sich bildende kolloide Zellbrei. Die Ausscheidung der Hauptmenge der Keimlinge bietet der Müllerei keine besondere Schwierigkeit. Ihr schwammiges Gewebe wird durch den Walzendruck zu größeren Fladen ausgepreßt, welche die Siebmaschen nicht mehr passieren können.

---

[1] K. Seidel, Die Vorbereitung des Weizens. Ztschr. f. d. ges. Getreidewesen 15, 151 (1928).

Wichtiger noch als für Schale und Keimling des Getreidekornes ist die richtige kolloidchemische Vorbereitung seines Mehlkörpers, wenigstens für die Weizenmüllerei. Der Roggen hat stets einen relativ weichen Kern, welcher ziemlich unabhängig von dem Mahlverfahren allmählich zerrieben wird und sich von der Schale durch den Sichtprozeß trennen läßt. Das Innere des Weizenkornes aber ist je nach Sorte, Herkunft und Wassergehalt mehlig oder glasig, weich und bröcklig oder hart und zähe. Eine einfache Schnittprobe gibt dem Müller Aufschluß über die physikalische Struktur seines Mahlgutes, welcher er Vorbereitung und Vermahlungsweise anzupassen sucht. Im allgemeinen sind die „mehligen" Weizen kleberärmer als die „glasigen" und deshalb „weicher". Ein Querschnitt durch den Mehlkörper eines Hartweizens zeigt in den fest miteinander verkitteten Endospermzellen eine hornige Grundmasse, das „Klebereiweiß", und in diesem eingebettet, linsenförmige Stärkekörner in verschiedenen Größen. Das Klebereiweiß füllt die Zellen vollständig aus und umschließt die Stärkekörner lückenlos. Daher das glasige durchscheinende Aussehen durchschnittener Hartweizenkörner. Der Mehlkörper der Weichweizen ist porös. Sein Klebereiweiß läßt lufterfüllte Lücken zwischen den Stärkekörnern frei, so daß wir makro- und mikroskopisch statt des zweiphasigen Systems Eiweiß—Stärke des Hartweizens ein Dreiphasensystem Eiweiß—Stärke—Luft vor uns haben. Die harte und zugleich zähe Klebermasse des Hartweizens umschließt die Stärkekörner so fest, daß der Walzendruck der Vermahlungsmaschine bei der Zertrümmerung des Mehlkornes nur wenig Stärkekörner aus der Grundmasse des Klebers freimacht. Der lockere Weichweizenkern aber zerbröckelt beim Vermahlen in feine und feinste Teilchen, aus deren spärlicher Eiweißsubstanz die Stärkekörner herausfallen wie Haselnußkerne aus der geöffneten Schale. Noch im fertigen Mehle lassen sich die Strukturverschiedenheiten harter und weicher Weizen gut erkennen[1]) und erlauben gewisse Rückschlüsse auf die verwendete Rohware. Das Mehl aus Hartweizen besteht in der Hauptsache aus gröberen Bruchstücken des Mehlkornes mit glatten Bruchflächen von oft fast kristallähnlichem Aussehen im Mikroskop. Weichweizenmehl bildet ein Gemenge von kleinen Mehlkörperteilchen, Kleberstückchen und isolierten Stärkekörnern. Da ein zu feines „schliffiges" Mehl selten erwünscht ist, muß der Müller Weichweizen vorsichtiger vermahlen und sichten als Hartweizen, der selbst bei scharfem Walzendruck und feiner Sichtung noch ein „griffiges", zwischen den Fingern sich körnig anfühlendes Mehlprodukt liefert. Die große Zahl der deutschen Kleinmühlen verarbeitet meist den mehligen deutschen Landweizen und in Amerika ist die Mehrzahl der Mühlen infolge der dortigen Anbauverhältnisse entweder für die Vermahlung von Hart- oder Weichweizen eingestellt. Die verhältnismäßig gleichmäßige Beschaffenheit der Rohware erleichtert beiden Kategorien von Mühlen die Arbeit. Hingegen sind die meisten europäischen großen und mittleren Mühlen auf die Verarbeitung einer Weizenmischung angewiesen, welche oft 4—6 oder noch mehr in- und ausländische Weizensorten umfaßt und deshalb sorgfältigerer Vorbereitung bedarf. Hier setzt nun die eigentliche Kunst des Müllers ein. Er muß die ausländischen Hartweizen mit Wasser und Hitze mürbe machen, feuchte einheimische Ware gegebenenfalls durch Trocknung festigen und die Vermahlung der Weizenmischung dann so führen, daß trotz der verschiedenen Kernstruktur der einzelnen Weizen ein Mehl von möglichst gleichmäßiger Korngröße resultiert. Man muß zugeben, daß der praktische Müller dieser Aufgabe in hohem Maße ge-

---

[1]) E. Berliner und R. Rüter, Mehlmikroskopie. Ztschr. f. d. ges. Mühlenwesen: 1. Die Korngröße feingesichteter Weizenmehle **5**, 13 (1928); 3. Die mikroskopische Struktur des Weizenmehlkörpers **5**, 105 (1928); 4. Das Schwimmverfahren **6**, 114 (1929).

recht wird. Nichtsdestoweniger liegt hier noch ein weites Gebiet brach, das der exakten Bearbeitung durch den kolloidchemisch geschulten Getreidechemiker harrt. Den praktischen Bedingungen angepaßte Mahlversuche und einwandfrei ausgeführte Siebanalysen des Mahlgutes liegen erst in geringem Umfange der Allgemeinheit vor. Eine Arbeit von Wo. Ostwald und W. Steinbach[1]), welche den Einfluß der Temperatur des Mahlgutes auf die Teilchengröße der Mahlprodukte untersucht, kann als Vorbild für derartige Untersuchungen dienen. Haltmeier[2]) und andere haben in neuerer Zeit die Siebanalyse von Mahlprodukten der Getreidemüllerei eingehend behandelt und den Wert dieser Methode für die praktische Betriebskontrolle nachgewiesen. Zur Mengen- und Größenbestimmung der feinsten Teilchen im Mehle ist allerdings auch die Siebanalyse ungeeignet, da bei dem Sichtvorgang eine Verfilzung der Mehlteilchen zu größeren Komplexen eintritt. Hier dürfte eine Schlemmanalyse der Mehle in geeigneten Flüssigkeitsgemischen zum Ziele führen, wie sie in einigen Betriebslaboratorien schon ausgeführt und zur Trennung von Weich- und Hartweizenteilen in Handelsmehlen auch bereits beschrieben worden ist[3]).

Die Teigbereitung. Wo. Ostwald[4]) kennzeichnete das Mehl kolloidchemisch als eine grobe Dispersion verschiedener wasserarmer Hydrogele: des ungeformten Proteingels, des Stärkegels in Form von Stärkekörnern in der Größe zwischen 1 und etwa 60 μ und des spärlicher vorhandenen Zellulosegels der zerbrochenen Zellwände. In diesen Gelen sind molekular verteilt Salze, Zucker, Säuren, Wasser und andere Verbindungen. Die Luft bildet die kontinuierliche Phase oder das Dispersionsmittel.

Obwohl mengenmäßig die Stärke im Mehle überwiegt, da sie rund 70—80 % ausmacht, spielt sie doch bei der Teigbereitung nicht die Hauptrolle. Diese übernimmt im Weizen- und Roggenmehlteige das Protein oder der „Kleber", allerdings in Konkurrenz mit hydrophilen Lipoiden des Keimes und der Aleuronzellen, die trotz aller Vorsicht auch in das hellste Auszugsmehl hineingelangen und sich besonders in den schalen- und keimreicheren „Nachmehlen" unangenehm bemerkbar machen können. Im Roggenmehl beeinflußt außerdem die schleimige, sehr quell- und lösungsfähige Interzellularsubstanz des Mehlkernes die Teigkonsistenz.

Beobachtet man unter dem Mikroskope das Verhalten eines Weizenmehlstäubchens bei Wasserzusatz, so kann man eine momentan eintretende Volumenvergrößerung des Teilchens bemerken. Die Grundmasse des Teilchens, der Kleber, reißt blitzartig etwa das dreifache seines Eigengewichtes an Wasser an sich und vergrößert durch diesen Quellprozeß dementsprechend sein Volumen. Auch die dem Kleber eingelagerten Stärkekörner und die dem Mehlteilchen anhängenden Zellmembranreste nehmen natürlich Wasser auf, doch sind diese Mengen so gering, daß sie dem Auge bei dem beschriebenen Versuch nicht sichtbar werden. Das Mehlteilchen ist also in Wasser begrenzt quellbar und bildet so einen Miniaturteig, der gänzlich andere Eigenschaften hat als das lufttrockene Mehl. Die mehr oder minder harte Masse des Klebers wird spontan weich und teigig und

---

[1]) Wo. Ostwald und W. Steinbach, Beiträge zur Kenntnis der Mahlvorgänge. Kolloid-Ztschr. **43**, 355 (1927).

[2]) O. Haltmeier, Siebanalyse zur Kontrolle der Vermahlung. Ztschr. f. d. ges. Mühlenwesen 5, 98, 114 (1928).

[3]) E. Berliner und R. Rüter, Mehlmikroskopie. Ztschr. f. d. ges. Mühlenwesen: 1. Die Korngröße feingesichteter Weizenmehle 5, 13 (1928); 3. Die mikroskopische Struktur des Weizenmehlkörpers 5, 105 (1928); 4. Das Schwimmverfahren 6, 114 (1929).

[4]) Wo. Ostwald, Beiträge zur Kolloidchemie des Brotes: 1. Über kolloidchemische Probleme bei der Brotbereitung. Kolloid-Ztschr. **25**, 26 (1919).

gewinnt infolge der großen Wasseraufnahme physikalische Eigenschaften, wie die der Formbarkeit und Dehnbarkeit, welche dem wasserarmen Mehlkörper fehlten.

Man hat früher die plötzliche Verwandlung des spröden Mehlkörpers in eine teigige Masse durch Wasserzusatz als eine Enzymwirkung aufgefaßt und spricht noch heute zuweilen gewohnheitsmäßig von der „Kleberbildung". Es unterliegt aber gar keinem Zweifel, daß der Kleber im Mehlkörper aller Getreidesorten fertig vorgebildet ist und nur durch den kolloidchemischen Vorgang der Quellung in Gegenwart von Wasser seine Eigenschaften so grundlegend ändert, wie es eben angedeutet wurde. Am deutlichsten tritt diese Art der Teigbildung beim Weizenmehle zutage, doch auch Mehle aus Roggen, Gerste und den anderen Gramineen sind zur Teigbildung befähigt, wenn auch die physikalisch-chemischen Eigenschaften solcher Teige graduell von denen der Weizenteige abweichen.

Die Teigbildung aus einer größeren Menge Mehl durch Wasserzusatz kommt dadurch zustande, daß die einzelnen gequollenen Mehlteilchen miteinander in Berührung kommen und verkleben, wenn man nur einen Überschuß an Wasser vermeidet. Jedes Mehl darf nur soviel Wasser zugesetzt bekommen, als es als begrenzt quellfähiges kolloidchemisches System aufzunehmen vermag. Ein Überschuß von Wasser vermindert den Zusammenhang der einzelnen Mehlteilchen und führt in extremen Fällen nicht zu einem Teige, sondern zu einer Suspension kleiner Teigteilchen. Beim „Gießen" des Teiges ist also die Wasseraufnahmefähigkeit des Mehles zu berücksichtigen.

Da zur Herstellung eines guten Gebäckes, sei es mit Hilfe von Hefe oder Backpulvern, ganz bestimmte Eigenschaften des Teiges nötig sind, wurde naturgemäß auf die Prüfung der Teigeigenschaften von jeher Wert gelegt.

Wo. Ostwald[1]) beschreibt den Mehlteig als eine Substanz, die sich teils wie ein fester Körper, teils wie eine Flüssigkeit verhält. Er ist von strähniger Struktur und schneidbar, aber auch plastisch und sogar einer Flüssigkeit ähnlich, indem er sich selbst überlassen, seinem Eigengewichte nachgibt und die Form eines ihn umgebenden Gefäßes annimmt. Er ist ein Polydispersoid mit Wasser als Dispersionsmittel. Im Hefeteige bildet das wasserdurchtränkte Klebereiweiß die zusammenhängende, formbare, dehnbare, elastische Grundmasse. In ihr sind grob dispers verteilt die große Masse der Stärkekörner, Hefezellen, Zellmembranreste und die sich infolge der Hefetätigkeit überall entwickelnden Kohlesäurebläschen, kolloid verteilt in Solform übergegangene Bestandteile der Protein-, Stärke- und Lipoidsubstanzen und schließlich molekular gelöst Kohlensäure, Milchsäure, Salze, Zucker und andere Abbau- bzw. Stoffwechselprodukte der enzymatischen Arbeitsvorgänge von Mehl, Hefe und Bakterien. Eine ähnliche Darstellung des mehrphasigen kolloiden Systems Teig gibt Swanson[2]).

Dem Bäcker ist es geläufig, daß die Eigenschaften des Teiges nicht nur von der Mehlsorte abhängen, sondern auch von der Zubereitung und Behandlung des Teiges bis zum Backprozeß. Es überlagern und beeinflussen sich gegenseitig kolloidchemische und enzymatische Prozesse. Die Wasserquellung des Teiges verwandelt sich mit fortschreitender Gärung in eine Säurequellung, da erhebliche Mengen von Kohlensäure, Milchsäure entstehen, welche die Quellung der Mehleiweißstoffe gewaltig fördern[3]). Das vom Bäcker den Teigen gewöhnlich zu-

[1]) Wo. Ostwald, Beiträge zur Kolloidchemie des Brotes: 1. Über kolloidchemische Probleme bei der Brotbereitung. Kolloid-Ztschr. 25, 26 (1919).

[2]) C. O. Swanson, A theory of colloid behavior in dough. Cereal Chemistry 2, 265 (1925).

[3]) E: Berliner und J. Koopmann, Die Struktur des Weizenklebers. Ztschr. f. d. ges. Mühlenwesen 4, 43 (1927).

gesetzte Kochsalz sowie lösliche Aschenbestandteile des Mehles wirken wiederum der Säurequellung entgegen, während Abbauvorgänge, hervorgerufen teils durch mehleigene Enzyme wie Amylasen, Proteasen und Phosphatasen, teils durch die Hefefermente, die kolloidchemischen Eigenschaften des Teiges je nach Menge, Zeit, Temperatur und Wasserstoffionenkonzentration wieder quellungs- und lösungsfördernd beeinflussen. Auch die rein mechanische Behandlung des Teiges beim Durcharbeiten von Hand, besonders aber in Knetmaschinen ist derartig wirksam, daß auf diese Weise ein Teig in ähnlicher Weise „totgeknetet" werden kann wie etwa Kautschuk durch einen falsch geleiteten Walzprozeß.

a) **Teigprüfverfahren.** Analog dem Materialprüfverfahren in anderen Industrien hat man natürlich versucht, mit mehr oder minder komplizierten Methoden und Apparaten die physikalisch-chemischen Teigeigenschaften möglichst zahlenmäßig festzustellen und ihre Veränderungen durch die verschiedensten Einflüsse zu verfolgen. Es ist hier nicht der Platz auf alle diese Versuche einzugehen, zumal die meisten sich nicht bewährten oder nur noch in einzelnen Betriebslaboratorien Anwendung finden. Man hat Fließ-, Druck-, Dehnbarkeits-, Elastizitäts- und Zerreißprüfungen für Teige ausgearbeitet, eine gewisse Bedeutung hat aber nur eine Gruppe von Vorschlägen bekommen, welche dem Vorbilde von Hankoczy[1]) folgend das Verhalten einer an ihren Rändern fest eingespannten Teigplatte von bestimmten Ausmessungen unter dem Einflusse von Druckluft oder einem zweckmäßig geformten Stempel verfolgt. Baileys Expansimeter und Chopins Extensimeter[2]) dehnen die eingespannte Teigmembran mit Druckluft zu einer großen Blase aus, messen das Maximavolumen der Blase, also die Dehnbarkeit der Membran und die hierzu nötige Kraft. Der „Komparator" genannte Apparat einer Schweizer Mühlenbaufirma benutzt zur Dehnung der Teigmenbran bis zu ihrem Bruch einen im Längsschnitt parabolischen Kolben und zeichnet während der Festigkeitsprüfung die Dehnbarkeits- und Zähigkeitsverhältnisse des Teiges in einem Registrierapparat zeitlich auf. In letzter Zeit ist schließlich ein neuer Teigprüfungsapparat konstruiert worden, der das Verhalten des Teiges bei verschiedenem Wassergehalt verfolgt. Soweit sich aus den vorliegenden kurzen Beschreibungen ersehen läßt, wird der Widerstand des Teiges gemessen, den er bei verschiedenem Wassergehalt einer Art von Knetmaschine entgegensetzt. Obwohl besonders der Komparator in Mühlenlaboratorien häufig anzutreffen ist, läßt sich kaum behaupten, daß er, oder ihm ähnliche Apparaturen völlig befriedigen. Es ist schon äußerst schwierig, trotz denkbar einheitlicher Versuchsanordnung aus dem gleichen Mehle zweimal einen Teig von gleichen Eigenschaften herzustellen. Aber außer dieser Schwierigkeit der Reproduzierbarkeit gleicher Vorbedingungen stört noch die Unsicherheit der Interpretation der Versuchsergebnisse. Die physikalisch-chemischen Eigenschaften der Teige werden derartig stark durch die verschiedensten Umstände beeinflußt, daß gleiche Teigeigenschaften auf ganz verschiedene Ursachen zurückgeführt werden können. Man kann mit anderen Worten aus dem gleichartigen Verhalten zweier Teige im Teigprüfapparat nicht auf ähnliches Verhalten im Gär- und Backprozesse schließen.

b) **Viskosimetrie.** Die klassische Untersuchungsmethode der Kolloidchemie ist die Viskositätmessung kolloidgelösterStoffe. Es wäre merkwürdig, wenn diese

---

[1]) E. v. Hankoczy, Apparat für Kleberbewertung. Ztschr. f. d. ges. Getreidewesen **12**, 57 (1920).

[2]) C. H. Bailey und Le Vesconte, Physical tests of flour quality with the Chopin Extensimeter. Cereal Chemistry **1**, 38 (1924).

Prüfungsart nicht ausgiebig die Mehlchemiker beschäftigt hätte. Es liegt auch tatsächlich ein sehr umfangreiches Material über das viskosimetrische Verhalten von Mehllösungen vor. Grundlegend waren die Veröffentlichungen von Wo. Ostwald und Lüers[1])[2]), welche in großen Zügen die Viskosität von „Teiglösungen" und „Brotlösungen" behandelten und auch schon zur kolloidchemischen Untersuchung von Einzelbestandteilen des Mehles übergingen. Ihnen folgten zahlreiche Veröffentlichungen, besonders von amerikanischer Seite, die die Untersuchungstechnik ausbauten und die mit dem Viskosimeter erhaltenen Resultate in Beziehung zur Backfähigkeit der Mehle zu bringen versuchten.

Lüers und Ostwald[1]) fanden, daß die Viskosität von Mehl-Wasser-Suspensionen durch Ausmahlungsgrad, Wasserstoffionenkonzentration, Temperatur und andere Faktoren stark beeinflußt wird. Sie hielten eine mittlere Viskosität für das Kennzeichnen gut backfäniger Mehle, u. a. deshalb, weil hoch ausgemahlene Mehle gewöhnlich viskosere Aufschlemmungen lieferten als helle, schalenarme Mehle. Erhitzte Mehlsuspensionen, die sie als „Brotlösungen" bezeichneten, verhielten sich insofern umgekehrt wie unerhitzte, als gewöhnlich die aus hellen Mehlen hergestellten Brotlösungen viskoser waren als solche aus Nachmehlen. Säurezusatz fördert die Viskosität, Salzzusatz hemmt sie. Wir kommen weiter unten bei der Kritik der Viskositätsmessungen als Unterscheidungsmerkmal gut und schlecht backfähiger Mehle auf diese Punkte zurück. Lüers und Schwarz[3]) erweiterten die von Ostwald angeregten und begonnenen Untersuchungen, benutzten aber, wie auch die meisten amerikanischen Forscher, an Stelle des Kapillarviskosimeter von Wi. Ostwald ein Torsionsviskosimeter zur Prüfung erhitzter und unerhitzter Mehl-Wasser-Aufschlemmungen. Sie fanden meist eine positive Beziehung zwischen Viskosität und Gebäckvolumen als Exponent der Backfähigkeit. Richtungsangebend für die Mehrzahl der späteren Untersuchungen waren die sorgfältigen Versuche von Sharp und Gortner[4]) [5]). Diese Forscher bestätigten die Erfahrung, daß die Gegenwart von Salzen die Viskosität von wäßrigen Mehlsuspensionen herabdrückt, und laugten deshalb, um den Einfluß der löslichen Aschenbestandteile auszuschalten, die Mehle vor der Viskositätsmessung mit Wasser aus. Da bei $p_H = 3$ ein Viskositätsmaximum festgestellt werden konnte, empfehlen sie die Viskositätsmessung wäßriger Mehlsuspensionen nach Zusatz entsprechender Mengen von Milchsäure, ein Vorschlag, der sicherlich insofern berechtigt ist, als auch im Teige durch die entstehenden Gärungssäuren eine Säurequellung der Mehlbestandteile stattfindet, die nachzuahmen wichtiger erscheint als die reine Wasserquellung. Gortner[5]) vervollkommnete dann noch diese Methode, indem er durch Variierung der Mehlkonzentration in der milchsauren Lösung den Qualitätsfaktor der Eiweißstoffe heraushob, den er wie sein Mitarbeiter Sharp für einen Gluteninqualitätsfaktor hielt.

Nach dieser Gortnerschen Methodik wird wohl heute in den meisten Betriebslaboratorien gearbeitet, soweit man überhaupt auf Viskositätsmessungen an

---

[1]) H. Lüers und Wo. Ostwald, Beiträge zur Kolloidchemie des Brotes: 2. Zur Viskosimetrie der Mehle. Kolloid-Ztschr. 25, 82, 116 (1919).

[2]) Wo. Ostwald, Beiträge zur Kolloidchemie des Brotes: 1. Über kolloidchemische Probleme bei der Brotbereitung. Kolloid-Ztschr. 25, 26 (1919).

[3]) Lüers und Schwarz, Über die Beziehung der Viskosität zur Backfähigkeit der Mehle. Ztschr. f. Nahrungs- und Genußmittel 49, 75 (1925).

[4]) Sharp und Cortner, Viscosity as a measure of hydration capacity of wheat flour and its relation to baking strength. Minnesota Agricult. Experim. Station. Techn. Bull. 19 (1923).

[5]) Gortner, Viscosity as a measure of gluten quality. Cereal Chemistry 1, 75 (1924).

Mehlsuspensionen Wert legt. Uns will es scheinen, als ob wenigstens bei dem heutigen Stande der Mehlchemie die kolloidchemische Prüfung des Mehles als Ganzes noch nicht das Ziel einer brauchbaren Qualitätsprüfung erreicht hat und erreichen kann. Praktisch alle Einzelbestandteile eines Mehles sind entweder selbst Kolloide — wie Stärke, Klebereiweiß, Zellulose und Lipoide — oder Stoffe, auf die diese Kolloide sehr fein aber auch unter Umständen sehr verschieden reagieren, wie die Salze und Säuren in Mehlwassersuspensionen und im Teige. Man kann kaum erwarten, aus der Summe aller dieser Einzelreaktionen in einer wäßrigen oder angesäuerten Mehlsuspension ein klares Bild über das Verhalten der Mehle im Gär- und Backprozeß zu bekommen, bevor man das kolloid-chemische Verhalten von Stärke, Klebereiweiß, Lipoiden und ihre Beeinflussung durch Elektrolyte usw. im einzelnen genau kennt. Es steht fest, daß schon minimale wasser- und säurelösliche Stärkebestandteile und ihre kolloiden Abbauprodukte die Viskosität einer Stärkesuspension auch bei niedrigen Temperaturen stark beeinflussen können. Ebenso wird durch die in Lösung gehenden Eiweißstoffe einer Mehl-Wassersuspension zwar die Viskosität des Dispersionsmittels erhöht, die Viskosität des ganzen Systems hingegen gewöhnlich erniedrigt, da die Quellung der einzelnen Mehlbestandteile infolge Substanzverlustes zurückgeht und damit der Abstand der suspendierten Teilchen voneinander sich vergrößert. Es ist ferner gewagt — und die Praxis bestätigt diese Behauptung — aus dem Verhalten einer Mehlaufschlemmung auf das Verhalten des Mehles im Teige Schlüsse zu ziehen. In der Suspension liegt ein Wasserüberschuß vor, und die einzelnen Mehlteilchen sind durch eine wäßrige Lösung voneinander isoliert. Im Teige bilden die gequollenen Mehlteilchen zugleich mit dem Quellmittel eine zusammenhängende Phase. Daß sich das Verfahren der viskosimetrischen Prüfung eines Stoffes in stark verdünntem Zustande in vielen Fällen als Qualitätsprüfung bewährt hat, schließt nicht aus, daß es in unserem Falle noch nicht die gehegten Erwartungen erfüllt. Der Grund dürfte teils in der noch mangelhaften kolloidchemischen Kenntnis der Einzelbestandteile des Mehles liegen, teils auch darin, daß ein gärender Mehlteig ein viel komplizierteres kolloidchemisches System ist, als etwa eine Kautschuk- oder Leimlösung.

Die Einzelbestand- teile des Mehles. **a) Die Stärke.** Um das kolloidchemische Verhalten der Stärke mit Wasser als Dispersionsmittel vorwegzunehmen, so ist zu betonen, daß sie im Teige als Kolloid trotz ihres mengenmäßigen Übergewichtes zurücktritt, wenn sie auch nicht als indifferentes Verdünnungsmittel aufzufassen ist, wie man in einer kurzen Periode der Überschätzung der Mehleiweißstoffe anzunehmen geneigt war. Stärke allein gibt mit Wasser angerührt zwar eine plastische Masse, der aber die anderen wichtigen Eigenschaften eines Mehlteiges völlig fehlen. Auch Stärkesuspensionen haben in wäßriger oder saurer Lösung nicht im entferntesten die ausgeprägten Eigenschaften, die einer Mehlsuspension gleicher Konzentration infolge ihres Gehaltes an quell- und lösungsfähigen Eiweiß- und anderen Stoffen eigentümlich ist. Ein intensiver enzymatischer Abbau der Stärkekörner beeinflußt zwar die Viskosität erheblich, aber im Teige tritt auch dies gegenüber dem Einflusse der Eiweißkörper wenigstens in Mehlen aus gesundem, nicht ausgewachsenem Getreide zurück. Es ist zu bedenken, daß im Hefe- und Sauerteige selbst nach stundenlanger Gärung nur ein geringer Prozentsatz der Stärkekörner diastatisch merklich angegriffen ist, und daß die aus diesem Angriff resultierenden Stärke- und Dextrinsole sich im Teige nicht etwa anhäufen, sondern durch die rege Gärtätigkeit der Hefe über Malzzucker zu Alkohol und Kohlensäure und einigen anderen Abbauprodukten weiterverarbeitet werden. Unter diesen Verbindungen tritt aber dann fast nur noch die Kohlensäure in Erscheinung, und zwar als Teig-Auflockerungsmittel und Regulator der Wasserstoffionenkonzentration.

Mit dem Vorstehenden soll nicht etwa gesagt sein, daß die Stärke trotz ihrer mengenmäßigen Überlegenheit als Kolloid gleichgültig sei. Im Teige ist sie aber in erster Linie Hefefutter und erst im Backofen beginnt ihre Hauptrolle als kolloider Körper. Daß die Verkleisterungsfähigkeit der Stärke, ihre Widerstandsfähigkeit gegen enzymatische Angriffe, ihre spezifische Viskosität und andere chemische und physiko-chemische Eigenschaften Bedeutung haben, deuten Untersuchungen von Ostwald[1]), Whymper[2]), Rask und Alsberg[3]) und Berliner und Rüter[4]) an, um nur einzelne Arbeiten herauszugreifen.

b) Die Eiweißstoffe, insbesondere der Weizenkleber. Beccari entdeckte im Jahre 1728 die merkwürdige Eigenschaft der Weizenmehle, welche sie vor allen anderen Mehlen auszeichnet, daß aus ihren Teigen durch fortgesetztes Kneten unter Wasser oder unter einem Wasserstrahle alle geformten Bestandteile des Teiges wie Stärkekörner, Schalenteile und ein großer Teil der wasserlöslichen Bestandteile ausgeschlemmt werden und schließlich eine gelbliche, kautschukartige Masse zurückbleibt, die zu etwa 80 % aus den Eiweißstoffen des Mehles besteht. Dieser Körper, wegen seiner physikalischen Beschaffenheit deutsch als „Kleber", französisch und englisch als „gluten" bezeichnet, hat den größten Teil aller auf dem Gebiete der Mehl- und Brotchemie geleisteten Arbeit auf sich gelenkt. Die Eiweißstoffe von Roggen und den anderen Getreidearten sind nicht auswaschbar und wohl auch weniger kompliziert zusammengesetzt, weshalb wir in erster Linie auf den Weizenkleber eingehen und die Eiweißstoffe des Roggenmehles nur kurz bei passender Gelegenheit behandeln werden.

Die ursprüngliche Auffassung, daß die Menge des Klebers die Backfähigkeit eines Mehles bestimmt, besteht auch heute noch mit einer gewissen Einschränkung zu Recht. Diese Einschränkung kann kurz etwa so formuliert werden, daß zwar ein gewisses Minimum an Klebersubstanz für die Güte eines Weizenmehles unerläßlich ist und im großen und ganzen auch der Wert des Mehles als Backmehl mit steigendem Klebergehalte wächst, daß aber die Qualität des Klebers noch wichtiger als seine Quantität ist. Der quantitativen Bedeutung des Weizenklebers trägt man insofern in der Praxis Rechnung, als man fast in allen Mühlenlaboratorien und auch in den meisten Brotfabriken den Kleber auswäscht und den Feucht- oder Trockenklebergehalt des Mehles bestimmt oder an Stelle dieser bis vor kurzem noch primitiv von Hand ausgeführten Kleberbestimmung eine Proteinbestimmung im Mehle ausführt, da Kleber- und Proteingehalt der Mehle praktisch parallel laufen. In Amerika bevorzugt man die Proteinbestimmung. In Europa zieht man die Kleberbestimmung vor, die in den letzten Jahren durch amerikanische und europäische Autoren vervollkommnet worden ist und neuerdings sogar durch einen einwandfrei arbeitenden Kleberauswaschautomaten neuen Antrieb erhalten hat. Dill und Alsberg[5]) haben die Grundbedingungen für eine einwandfreie

---

[1]) Wo. Ostwald, Beiträge zur Kolloidchemie des Brotes: 1. Über kolloidchemische Probleme bei der Brotbereitung. Kolloid-Ztschr. **25**, 26 (1919).

[2]) Whymper, Colloid problems in bread-making. 3. Report on colloid chemistry, British Association Adv. Sci. 61 (1920).

[3]) Rask und Alsberg, A viscosimetric study of Wheat starches. Cereal Chemistry **1**, 7 (1924).

[4]) E. Berliner und R. Rüter, Diastasestudien an Weizenmehlen. Ztschr. f. d. ges. Mühlenwesen **5**, 134, 156 (1928).

[5]) Dill und Alsberg, Some critical considerations of the gluten washing problem. Cereal Chemistry **1**, 222 (1924).

Kleberbestimmungsmethode festgestellt, indem sie den Einfluß der Elektrolyte im Waschwasser, der Temperatur, Abstehzeit und vieler anderer Faktoren aufdeckten, eine Arbeit, die besonders in Europa dankbar begrüßt worden ist[1]).

Die Prüfung des Klebers auf Qualität wurde bis vor kurzem noch in ganz roher Weise ausgeführt, indem man den ausgewaschenen Feuchtkleber mit den Händen abtastete, dehnte, zerriß und dabei seine Festigkeitseigenschaften abschätzte. Prüfapparate zum Ersatz dieser gefühlsmäßigen Probe haben sich nicht durchsetzen können, wohl hauptsächlich weil die Elastizität der Klebermasse die Herstellung eines Kleberstückchens von bestimmten Dimensionen, etwa eines Würfels oder eines Stranges kaum zuläßt. An denselben Schwierigkeiten scheiterte Hankoczys Versuch[2]), an Stelle der Teigmasse eine Kleberscheibe durch Luft bis zum Platzen aufzublasen. Ältere Verfahren von Boland[3]) und Liebermann[4]), die Ausdehnungsfähigkeit einer Kleberkugel durch Erhitzen im Ölbade auf 150° zu bestimmen, werden kaum noch angewandt.

Bahnbrechend für kolloidchemische Untersuchungen an ausgewaschenem Weizenkleber waren Untersuchungen von Wood, Hardy, Upson und Calvin. Wood beobachtete schon 1907[5]) die Quellung und Lösung von Kleberstückchen in Säuren, den Rückgang der Quellung und die Zunahme der Kleberzähigkeit beim Überschreiten einer gewissen Wasserstoffionenkonzentration nach der sauren Seite, die Quell- und Lösungseinflüsse verschiedener Säuren und die quellhindernde Wirkung von Salzen. Er schloß daraus auf die große Bedeutung der im Getreidekorn während seiner Entwicklung sich ablagernden Salze und legt das Hauptgewicht auf die Elektrolytverhältnisse im Kleber. Hardy[6]) entwickelte diese Theorie weiter, indem er die Festigkeit des Klebers von den anwesenden Salzen und Säuren abhängig sein ließ. Die Salze erhöhen die Haftfähigkeit der Kleberteilchen und wirken den quellenden und lösenden Säurekräften entgegen. Das Verhältnis von Salzen und Säuren ist also nach ihm ausschlaggebend. Schließlich tauchten Upson und Calvin[7]) ausgestanzte Feuchtkleberscheiben in Flüssigkeiten verschiedener Zusammensetzung und bestimmten deren Quellung in Säure sowie den Rückgang der Quellung bei Salzzusatz durch Wägung der Kleberscheibchen. Uns scheinen diese amerikanischen Arbeiten die Grundlage für die moderne Kolloidchemie des Klebers zu sein, obwohl sie nicht zu praktisch verwertbaren Verfahren ausgebaut wurden. Erst seit einigen Jahren hat sich in einer größeren Zahl von Untersuchungslaboratorien ein praktisches Prüfverfahren einzuführen begonnen, das 1929 in einer Reihe von Aufsätzen in der Zeitschrift für das gesamte Mühlenwesen[8]) behandelt wurde. Von der Beobachtung ausgehend,

---

[1]) Siehe die Arbeiten in der Ztschr. f. d. ges. Mühlenwesen 6, 3, 4 (1929).

[2]) E. v. Hankoczy, Apparat für Kleberbewertung. Ztschr. f. d. ges. Getreidewesen 12, 57 (1920).

[3]) Boland, Mémoire sur les moyens de reconnaître et d'apprécier les propriétés panifiables de la farine du froment à l'aide de l'aleuromètre. Bulletin. soc. encour. ind. nat. 47, 704 (1848).

[4]) Liebermann, Apparat und Verfahren zur Bestimmung der Qualität des Weizenklebers. Ztschr. f. Nahrungs- und Genußmittel 4, 1009 (1901).

[5]) Wood, The chemistry of the strength of wheat flour. Journal Agric. Sci. 2, 139, 267 (1907).

[6]) Hardy, An analysis of the factors contributing to strength in wheaten flours. Journ. of Agric. 17, Suppl. 4, 52 (1910).

[7]) Upson und Calvin, On the colloidal swelling of wheat gluten. Journ. Am. Chem. Soc. 37, 1295 (1915). — The colloidal swelling of weath gluten in relation to milling and baking. Nebraska Agric. Exper. Station Res. Bull. 8 (1916).

[8]) E. Berliner und J. Koopmann, 1. Kolloidchemische Studien am Weizenkleber; 2. Über die Quellung und Lösung von Weizenkleber; 3. Über die Löslichkeit des Weizenklebers in verdünnten Säuren. Ztschr. f. d. ges. Mühlenwesen 6, 57, 75, 173 (1929/30).

daß gute Kleber in einer Säurelösung von etwa $p_H = 4$ sehr stark aufquellen und nur langsam in Lösung gehen, schlechte Kleber hingegen unter schwachen Quellerscheinungen sich unter gleichen Bedingungen sehr schnell zu einem trüben Eiweißsol auflösen, wurde eine Quell- und Lösungsprüfung des Klebers ausgearbeitet, welche eine zahlenmäßige Beurteilung der Kleberqualität gestattet und sich auch in der Praxis zu bewähren scheint. Daß nicht alle Qualitätseigenschaften, sondern hauptsächlich die Kleberzähigkeit mit dieser Methode erfaßt wird, muß hervorgehoben werden. Immerhin wird mit dieser Hauptkomponente der Kleberqualität eine schon recht weitgehende Klassifizierung der Kleber und damit der Mehle in bezug auf ihr backtechnisches Verhalten ermöglicht.

Unveröffentlichte Versuche des Referenten aus dem Jahre 1920 und solche von Kuhn und Richter[1]) weisen ebenfalls auf kolloidchemische Strukturverschiedenheiten guter und schlechter Weizenkleber hin. Die Viskosität von sauren Klebersolen ist nämlich bei gleicher Konzentration um so höher, je besser die Mehle sind, aus denen sie isoliert werden. Kuhn und Richter fanden ferner verschiedene Oberflächenspannungen der Klebersole, doch ist diese Eigenschaft noch nicht weiter studiert worden. Auch Trübungsmessungen von Berliner und Rüter an Klebersolen gaben eine Qualitätsreihe der untersuchten Kleber, welche praktisch mit der durch Quell- und Viskositätsprüfung erhaltenen Reihenfolge zusammenfällt. Die hier und da vorhandenen Abweichungen glauben die Verfasser als Anzeichen für andere physiko-chemische Eigenschaften der Kleber, wie z. B. ihre Dehnbarkeit deuten zu dürfen.

Während bisher alle Feinstrukturtheorien über den Kleber ohne experimentelle Unterlage sind und deshalb nur als Arbeitshypothesen Wert haben, wurde im Anschluß an die erwähnten Quell- und Löslichkeitsversuche eine Grobstruktur des Klebers aufgestellt, welche den Versuchsergebnissen Rechnung trägt und durch gewisse mikroskopische Beobachtungen gestützt wird. Wie man in Latex zahllose Kügelchen beobachtet, so erscheinen in der Kleberlösung schon bei schwacher mikroskopischer Vergrößerung kleine Teilchen als grobdispergierte Phase in dem mikroskopisch sonst nicht weiter auflösbaren Klebereiweißsol, welche auch im unaufgelösten Wasser- oder Säurekleber sichtbar sind. Da sie der Auflösung in wäßrigen und sauren Medien sowie verdünntem Alkohol widerstehen, aber im verdünnten Alkali verschwinden, entspricht ihr Verhalten dem des Glutenins, wie es Osborne[2]) und seine Schule festgestellt hat. Hiernach wäre also das Glutenin nicht, wie es der allgemeinen Auffassung entspricht, in Form von ultramikroskopischen Teilchen, sondern grob dispers im Kleber verteilt, und die Menge des Glutenins sowie sein Dispersitätsgrad würden die Klebereigenschaften bestimmen. Die verschiedene Viskosität der sauren Kleberlösungen käme dadurch zustande, daß die Zahl und Größe der in dem Gliadinsol suspendierten Gluteninteilchen sowie die ihnen anhängenden gequollenen Gliadinhüllen die Zähigkeit der Klebersole bestimmen. Befreit man die Gluteninkügelchen von den ihnen anhaftenden gequollenen Gliadinhüllen durch Autoklavenbehandlung unter Druck, so haben alle Kleberlösungen gleicher Konzentration praktisch gleiche Viskosität. Eine Nachprüfung dieser Theorie ist wünschenswert, besonders in der Richtung, ob die mikroskopisch sichtbaren Körnchen wirklich aus Glutenin bestehen. Färbungs- und andere Versuche gaben bisher noch keine eindeutige Klärung.

---

[1]) Kuhn und Richter, Zur Kenntnis der kolloidchemischen Eigenschaften des Weizenklebers. Kolloidchem. Beih. 22, 421 (1926).

[2]) Osborne, The proteins of the wheat kernel. Carnegie Institution of Washington, Publikation Nr. 84 (1907).

Die „Gluteninkörnchentheorie" steht im Widerspruch zu der Auffassung von Sharp und Gortner, welche den Kleber als ein äußerst fein verteiltes Gemisch von Gliadin und Glutenin betrachten und das Glutenin als den eigentlichen Quellkörper des Klebers bezeichnen. Auch die Gluteninkörnchentheorie sieht wenigstens indirekt in dem Glutenin den Körper, der dem Kleber sein Quellvermögen verleiht, aber nur insofern, als die Gluteninkörnchen, in der Grundmasse des Gliadins gleichmäßig verteilt, eine gewisse Gliadinsphäre um sich binden, die bei Säurezusatz zwar quillt, aber nicht so schnell in Lösung geht wie reines Gliadin. Diese Anschauung stützen sowohl die Tatsache, daß reines Gliadin sehr schnell und ohne erhebliche Quellung in Säuren zu einem mikroskopisch strukturlosem Sol sich auflöst, als auch die Beobachtung, daß ein Kleber in Säure um so stärker aufquillt und um so langsamer in Lösung geht, je mehr man ihn durch Gliadinentzug an Glutenin angereichert hat. Gegen die Quellfähigkeit des Glutenins spricht weiter, daß ein fast ausschließlich nur noch aus Glutenin bestehender Kleber überhaupt nicht mehr quillt, sondern zu einer lockeren nur schwer feindispergierbaren Masse in Säurelösungen zerfällt, ohne daß sich Quellerscheinungen bemerkbar machen. Mit diesen Erörterungen über die Rolle der beiden Hauptbestandteile des Klebers, Gliadin und Glutenin, kommen wir aber schon zu den Untersuchungen, welche sich mit den Einzelbestandteilen des Klebers beschäftigen.

Kolloidchemie von Gliadin und Glutenin. Osborne[1]) und seine Schüler führten zuerst in umfangreichen Untersuchungen eine Trennung der verschiedenen Weizenkleberbestandteile durch und studierten ihre chemische Zusammensetzung. Die Trennung wurde in der Weise durchgeführt, daß man je einen wasser-, salzwasser-, alkohollöslichen und schließlich einen in den genannten Lösungen unlöslichen Eiweißkörper isolierte. Die wasser- und salzwasserlöslichen Proteine Leukosin und Globulin treten mengenmäßig im Weizenmehl gegenüber dem Gliadin und Glutenin stark zurück. Es ist auch nicht gelungen, klare Beziehungen zwischen ihnen und der Backfähigkeit der Mehle festzustellen. Bedeutungslos sind sie sicher nicht, mindestens nicht als Indikatoren für enzymatische Abbauvorgänge im Mehle, welche die kolloidchemische Struktur des Mehlproteins sehr stark verändern können.

Sieht man von diesen beiden Proteinen, sowie von den 10—20 Prozent kohlenhydrat- und lipoidartigen Körpern des Weizenklebers zunächst einmal ab, so bleiben Gliadin und Glutenin übrig, von denen wieder das erstere als Hauptbestandteil überwiegt. Über das Mengenverhältnis von Gliadin und Glutenin besteht heute noch keine einheitliche Auffassung. Um die Hauptetappen der verschiedenen Meinungen kurz anzuführen sei nur gesagt, daß Fleurent[2]) etwa 75% Gliadin und 25% Glutenin im Weizenkleber annahm. Eine Verschiebung dieses Verhältnisses sollte eine Qualitätsverschlechterung zur Folge haben. Seine These wurde aber abgelehnt, da bei späteren Untersuchungen in Mehl- und Kleberauszügen, die mit verdünntem Alkohol hergestellt wurden, niemals so große Gliadinmengen gefunden wurden, wie Fleurent angibt. Die Differenzen sind offenbar auf die verschiedene Extraktionsmethodik zurückzuführen. Der Gliadingehalt eines Mehles allein kann jedenfalls nicht als Qualitätsfaktor in Rechnung gestellt werden.

Sowohl als Gel als auch als Sol reagiert Gliadin sehr empfindlich auf Temperatur-, Salz- und p_H-Einflüsse. Das aus einer verdünnten alkoholischen Lösung durch starken Wasser-, Alkohol- oder Salzzusatz oder durch Azeton ausgefällte

---

[1]) Osborne, The proteins of the wheat kernel. Carnegie Institution of Washington, Publication Nr. 84 (1907).
[2]) Fleurent, C. R. de l'Acad. des Sci. **123**, 327, 755 (1896).

Gliadingel ist ein farbloser, äußerst klebriger, fadenziehender Körper, der im Mikroskop völlig strukturlos erscheint. In Wasser und starkem Alkohol wie in Azeton ist er fast unlöslich, löslich dagegen in verdünnten Säuren, Laugen und in verdünntem Alkohol. Die Lösung des Gliadingeles vollzieht sich in diesen Flüssigkeiten schnell und ohne starke Quellungserscheinungen. Schon kurze Behandlung mit Formaldehyd vernichtet aber die Löslichkeit und erzeugt ein in Säuren sehr stark quellendes und in verdünntem Alkohol unlösliches Gel. Auch Hitzebehandlung setzt die Löslichkeit des Gliadingeles herab. Schon diese Beobachtung sollte zu Zweifeln Anlaß geben, ob die Definition des Gliadins als eines einheitlichen, in verdünntem Alkohol löslichen Körpers richtig ist. Die Herabsetzung der Löslichkeit des Gliadins durch Hitze- oder Formaldehydbehandlung scheint eher für gewisse Zustandsformen eines Proteins oder eines Proteingemenges als für einen gut definierten Eiweißkörper zu sprechen. In dieser Beziehung sind Untersuchungen von Sörensen[1]) und seinen Mitarbeitern beachtenswert, welche die löslichen Proteinstoffe als „reversibel dissoziable Komponentensysteme" auffassen.

Das Verhalten alkoholischer Weizen- und Roggengliadinsole ist hinreichend bekannt. Lüers[2]) fand, daß kleine Säuremengen die Viskosität von Gliadinlösungen erheblich steigerten. Starke Säuren in größeren Mengen verursachten einen starken Viskositätsabfall und schließlich Ausfällung des Gliadins. Milchsäure erzeugt stärkere Viskosität als Mineralsäuren in schwächeren Konzentrationen, in größeren Dosen Trübung ohne eigentliche Fällung. Basen erhöhen die Viskosität stark. Salze vermindern sie, und zwar Tartrate am stärksten, Chloride am wenigsten. Ein Unterschied zwischen Roggen- und Weizengliadin ist nicht festzustellen. Aus dem Verhalten des Gliadins in saurer alkoholischer und saurer wäßriger Lösung schließt Lüers auf den emulsoiden Charakter der ersteren und die suspensoide Struktur der letzteren. Der isoelektrische Punkt des Gliadins liegt nach Lüers und anderen Autoren bei $p_H \sim 6,5$.

Etwa 75 Vol.% Alkohol löst das Gliadin am besten, in sauren Lösungen ist seine Löslichkeit bei $p_H = 2$ am stärksten, im isoelektrischen Punkt am schwächsten und dann wieder dauernd steigend auf der alkalischen Seite.

Löslichkeitsbestimmungen des Gliadins in verschiedenen Säuren und Basen, kataphoretische, polarimetrische und refraktometrische Untersuchungen lassen bei objektiver Prüfung aller Befunde nicht den Schluß zu, daß es etwa in Roggen- und Weizenmehlen verschiedene Gliadine gäbe. Gegenteilige Angaben bedürfen zum mindesten der Nachprüfung, soweit sie nicht schon als widerlegt gelten müssen. Im allgemeinen zeigt das kolloidchemische Verhalten der Gliadinsole eine weitgehende Übereinstimmung mit dem Verhalten des Klebers, nur daß letzterer offenbar durch die Anwesenheit der zweiten Kleber-Hauptkomponente, des Glutenins, in bestimmter Richtung modifiziert wird.

Unsere Kenntnisse über das Glutenin stehen noch auf recht schwachen Füßen. Seine chemische Konstitution wurde wie die des Gliadins und anderer Eiweißstoffe von Osborne aufgeklärt, soweit dies durch seine hydrolytische Aufspaltung in Aminosäuren möglich ist. Früher betrachtete man als Glutenin die Eiweißmenge, welche nach Entfernung der wasser-, salzwasser- und alkohol-

[1]) S. P. L. Sörensen, Die Konstitution der löslichen Proteinstoffe als reversibel dissoziable Komponentensysteme. Kolloid-Ztschr. 53, 102 (1930).

[2]) Lüers, Beiträge zur Kolloidchemie des Brotes: 3. Kolloidchemische Studien am Roggen- und Weizenkleber mit besonderer Berücksichtigung des Kleber- und Backfähigkeitsproblems. Kolloid-Ztschr. 25, 177 (1919).

löslichen Eiweißbestandteile in Mehl oder Kleber noch übrigblieb. Neuerdings sind mehrere direkte Methoden der Gluteninbestimmung von amerikanischen Mehlchemikern ausgearbeitet und durch Aufnahme in das Methodenbuch der „Amerikanischen Vereinigung von Getreidechemikern"[1]) auch offiziell anerkannt worden. Es läßt sich kaum verhehlen, daß diese Methoden noch nicht als endgültige zu betrachten sind und wohl kaum die Gewähr für die Isolierung des reinen Gluteninkörpers bieten. Da zudem die quantitative Bestimmung des Gluteningehaltes von Mehlen keinen Fortschritt in dem Streben nach einer fruchtbaren Analyse der Backeigenschaften brachte (weil die Schwankungen der auf solche Weise ermittelten Gluteningehalte der Mehle unerheblich sind), wird man auch hier die kolloidchemische Untersuchungsmethode in den Vordergrund stellen müssen. Was sonst an Angaben über die Beschaffenheit des Weizenglutenins vorliegt, muß mit Vorsicht verwertet werden.

Glutenin ist unlöslich in wäßrigen, alkoholischen und salzigen Lösungen, löslich in Laugen und, der üblichen Auffassung nach, auch in Säuren, doch handelt es sich in letzterem Falle vielleicht eher um eine grobe Dispergierung als um wirkliche Lösung. Sharp und Gortner[2]) fanden eine maximale Löslichkeit bei $p_H = 3$ und $p_H = 11$ und vermuteten wegen der bei $p_H = 6$ und $p_H = 8$ beobachteten minimalen Quellung von Mehlen den isoelektrischen Punkt in diesen p_H-Bereichen. Andere Angaben bezeichnen $p_H = 6,4$, 6,8 oder 7,0 als Lage des isoelektrischen Punktes. Halton[3]) glaubte mehrere Glutenine aus Weizenmehlen, mindestens deren zwei, isoliert zu haben, doch dürfte es sich eher um Fraktionen von verschieden weit durch die Vorbehandlung angegriffenen Proteinkörpern als um verschiedene Gluteninindividuen zu handeln. Die verschiedenen herangezogenen physikalischen Untersuchungsmethoden sprechen mehr für die Identität des Weizenglutenins als für das Vorhandensein mehrerer Glutenine, sofern man die zur Verfügung stehenden Isolierungs- und Untersuchungsmethoden überhaupt gelten lassen will. Daß der Dispersitätsgrad, also eine kolloidchemische Zustandsform des Glutenins vielleicht die Eigenschaften des Klebers festlegt, wurde schon von Bailey[4]) als Vermutung ausgesprochen. Die bereits erwähnten Beobachtungen von Berliner und Koopmann[5]) stützen diese Auffassung, falls sich ihre Annahme der Gluteninnatur der im Kleber und in Kleberlösungen mikroskopisch sichtbaren Körnchen bewahrheiten sollte, allerdings mit dem Unterschied, daß Bailey an eine ultramikroskopisch feine Verteilung des Glutenins denkt, Berliner und Koopmann aber das Glutenin als Körnchen bis zu einem Durchmesser von 1 μ im Gliadin verteilt sehen und außerdem natürlich sowohl dem Gliadin als auch dem Glutenin noch eine Feinstruktur zugestehen, über die heute noch gar nichts ausgesagt werden kann.

Ob das Glutenin, wie Sharp und Gortner meinen, ein in Säuren stark quellender Körper ist, oder vielmehr nach Ansicht der eben genannten Autoren nur als grob pulverförmig verteilte Stützsubstanz indirekt das an sich leichtlösliche Gliadin in einen schwerlöslichen und um so stärker in Säuren aufquellenden Körper verwandelt, ist noch unentschieden, da eine objektive Nachprüfung beider Theorien von dritter Seite noch aussteht und nicht eher zu erwarten ist, bis

---

[1]) Methods for the analysis of cereals and cereals products. (Lancaster 1928.)

[2]) Sharp und Gortner, Viscosity as a measure of hydration capacity of wheat flour and its relation to baking strength. Minnesota Agricult. Experim. Station. Techn. Bull. 19 (1923).

[3]) Halton, The chemistry of the strength of wheat flour. Journ. Agric. Sci. 14, 587 (1924).

[4]) Bailey, The chemistry of wheat flour. (New York 1925).

[5]) E. Berliner und J. Koopmann, Die Struktur des Weizenklebers. Ztschr. f. d. ges. Mühlenwesen 4, 43 (1927).

ähnliche Untersuchungen an wirklich reinem Glutenin angestellt worden sind, wie sie für das Gliadin schon seit einer Reihe von Jahren vorliegen.

Nach Osborne[1]), M. P. Neumann[2]) und anderen enthält auch Roggen einen gluteninartigen Körper. Da nach der älteren Methodik aber als Glutenin einfach der in Wasser, Salzwasser und Alkohol unlösliche Eiweißrest der Mehle bezeichnet wird und die direkten amerikanischen Gluteninbestimmungen in Roggenmehlen negative Resultate geben, bleibt diese Frage noch strittig. Da weiter im mikroskopischen Bilde von Roggenmehlen die wiederholt erwähnte Körnchenstruktur der Eiweiß- stoffe fehlt und bekanntlich die Eiweißstoffe des Roggens nicht durch Auswaschen als „Kleber" isoliert werden können, scheint es vorläufig folgerichtiger, dem Roggen einen Gluteninkörper im Sinne des Weizenglutenins abzusprechen. Der Vollständigkeit halber sei noch erwähnt, daß die mikroskopische Betrachtung von Gerstenmehl, aus dem sich ebenfalls kein Kleber gewinnen läßt, eine Körnelung seiner Eiweißkörper aufweist, welche die des Weizenklebers an Deutlichkeit weit übertrifft. Man könnte danach annehmen, daß Roggeneiweiß zu wenig, Gersten- eiweiß zu viel Glutenin enthält, um einen auswaschbaren Kleber zu bilden, und daß gerade im Weizenmehl das Mengenverhältnis von Gliadin und Glutenin im Verein mit der physikochemischen Struktur des Glutenins so abgestimmt ist, daß der als Weizenkleber bekannte Adsorptionskomplex zustande kommt, doch han- delt es sich hier nur um eine grobe Arbeitshypothese, die höchstens in ihren Grund- zügen richtig und nach verschiedenen Richtungen der experimentellen Nach- prüfung, Ergänzung und Berichtigung bedarf.

Die Rolle der Lipoide im Teige. Das Hauptinteresse der meisten Untersucher hatte sich be- greiflicherweise auf die Eiweißstoffe der Mehle konzentriert, da sie zweifellos die Hauptträger der kolloidchemischen Teig- eigenschaften sind. Die selbstverständliche Bedeutung der Elektrolyte, und zwar sowohl der natürlichen, im Mehle vorhandenen und im Teige durch die Gärung entstehenden, als auch die Bedeutung des in erheblichen Mengen durch den Bäcker zugesetzten Kochsalzes wurde ebenfalls in zahlreichen Abhandlungen gebührend und vielleicht sogar hier und da in übertriebener Weise gewürdigt, seitdem Jessen- Hansen[3]) den Einfluß der Wasserstoffionen-Konzentration auf die Backfähigkeit in seiner klassischen Untersuchung in großen Zügen nachwies. In einem gewissen Widerspruch zu der Ansicht über die Wichtigkeit der im Teige anwesenden Elektro- lyte stand die Tatsache, daß selbst große Mengen von gewissen Salzen nicht immer die erwartete Wirkung auslösen und entsprechend angesetzte Versuchsserien die Situation eher verwirrten als klärten. Man gewann schließlich den Eindruck, daß in erster Linie nicht die Aschenbestandteile der Mehle als solche, sondern ihre Träger genaueren Studiums wert sind. In der Asche aller Getreideprodukte findet man rund 50% Phosphorsäure, welche in ihr hauptsächlich als Kalium- phosphat in Erscheinung tritt. Sucht man nach der Herkunft der Phoshporsäure, so stößt man auf die früher vom Kolloidchemiker wenig beachtete phosphor- haltigen Lipoide oder Phosphatide des Getreidekornes, welche in wäßrigen Mehl- suspensionen und im Teige teils infolge reiner Quell- und Lösungsprozesse, teils in Form ihrer enzymatischen Spaltungsprodukte an den kolloidchemischen Ver- änderungen der Teigbeschaffenheit sowohl als Elektrolyte wie als Kolloide regen Anteil nehmen. Es ist das Verdienst von Working[4]) auf diese vorher einfach

[1]) Osborne, The proteins of the wheat kernel. Carnegie Institution of Washington, Pu- blication Nr. 84 (1907).   [2]) M. P. Neumann, Brotgetreide und Brot. 3. Aufl. (Berlin 1929).
[3]) Jessen-Hansen, Etudes sur la farine de froment. C. R. Labor. **10**, 170 (Carlsberg 1911).
[4]) Working, Lipoids, a factor influencing gluten quality. Cereal Chemistry 1, 153 (1924).

unter dem Begriff „Rohfett" wohl quantitativ mit den eigentlichen Fetten zusammen bestimmten, aber im übrigen als Kolloide nicht weiter beachteten Stoffe aufmerksam gemacht zu haben.

Working zeigte, wie durch künstlichen Zusatz von Lipoiden, welche aus den Aleuronzellen und dem Keimling des Getreidekornes gewonnen waren, die Beschaffenheit normaler Kleber so verschlechtert wurde, daß unter Umständen sogar ihre Auswaschbarkeit verloren ging, Versuche, welche von anderer Seite bestätigt werden konnten. Bailey[1]) wies an der Hand der spezifischen Leitfähigkeit von Mehlsuspensionen nach, daß in Berührung mit Wasser eine Aufspaltung der aschenreichen Lipoide stattfinde. Beide Beobachtungen bekräftigen die Ansicht von der doppelten Schädlichkeit der in den Kleiebestandteilen des Getreides sitzenden Lipoide für die Backfähigkeit als stark wasseranziehende und dabei allmählich zerfließende Kolloide und als Depot von Aschenbestandteilen mit starker Pufferwirkung, welche die optimale Säuerung der Teige unterbinden. In aschenarmen Vordermehlen merkt man wenig von Lipoiden, um so mehr aber in den dunkleren Nachmehlen, welche ihren Aleuronzellen- und Keimlingsgehalt schon durch ihre hohen Aschenwerte verraten.

Die Brotbereitung. Die Auflockerung der Teigmasse durch zahllose Gasbläschen, die von den im Teige gleichmäßig verteilten Hefezellen bzw. in manchen Fällen durch das zugesetzte Backpulver erzeugt werden, führt zu einem ziemlich labilen Gebilde eines Teigschaumes, welcher im richtigen Moment der „Vollgare" im Ofen in seiner gegenwärtigen Form und Struktur fixiert werden soll. Der Hauptvorgang beim Backprozeß ist offenbar eine Verschiebung der Wasserspeicherung von den Eiweißstoffen auf die Stärkekörner. Die Eiweißstoffe des Teiges enthalten mindestens 75% Feuchtigkeit, die Stärkekörner nur einen Bruchteil davon. Bei der Erwärmung im Backofen koagulieren nun von einer gewissen Temperatur an, etwa zwischen 70 und 80° C, die Eiweißstoffe und geben während dieser Hitzekoagulation einen großen Teil ihrer Feuchtigkeit ab. Gleichzeitig aber nähern sich die Stärkekörner im erhitzten Teige der für sie kritischen Temperatur, bei der sie verkleistern oder wenigstens verquellen und durch diesen Verkleisterungsprozeß eine enorme Wasseraufnahmefähigkeit gewinnen. Es findet also im Backofen eine weitgehende Umlagerung der Wasserverteilung im Gebäck statt, indem das vorher wasserreiche Eiweißgel einen großen Teil seines Wassers an die verquellende Stärke abgibt und dabei zu einem festen, starren Eiweißgerüst irreversibel erstarrt, während die an Volumen stark zunehmende Stärkemasse trotz Wasserreichtums ihre Konsistenz nicht wesentlich vermindert, wenigstens nicht in Gebäcken aus normalen Mehlen. Ist aber z. B. ein Mehl aus ausgewachsenem, angekeimtem Getreide ermahlen oder hat der Bäcker dem Teige zuviel diastatische Enzyme in Form von Malzextrakt oder Malzmehl zugesetzt, so beginnt der Teig schon auf Gare, also vor dem Einschieben in den Ofen zu „laufen", d. h. er verliert seine Festigkeit und sein Standvermögen und breitet sich flach aus. Die Ursache hiervon ist ein zuweitgehender fermentativer Stärkeabbau. Die Stärkekörner verflüssigen sich in niedrigere Stärke-, Dextrin- und Zuckerprodukte und rauben so dem luftigen Gebäude des aus lauter zarten Blasenwänden aufgebauten Teigschaumes seinen Halt. Geradezu katastrophalen Umfang kann dieser Vorgang unter Umständen im Backofen annehmen, da die Enzyme bei einer Erwärmung bis über 50° C immer intensiver arbeiten und im Backofen ihre Arbeit noch geraume Zeit fortsetzen, ehe die steigende Hitze sie abtötet. Auch die proteolytischen Fermente kranker Mehle, der Hefe und Bakterien

---

[1]) **Bailey**, Specific conductivity of water extracts of wheat flour. Sci. **47**, 645 (1918).

beteiligen sich an dem Zerstörungswerk und beeinträchtigen durch den Abbau der Eiweißstoffe deren Gerinnungsfähigkeit.

Backverbesserungsmittel. Der festigende Einfluß des Kochsalzes und noch stärker wirkender Salze auf die Teigbeschaffenheit ist von Alters her bekannt. Phosphate und andere Salzverbindungen gelten als nützliche Helfer des Bäckers zur Regulierung der Teigbeschaffenheit und als Hefefutter. Mehl aus ausgewachsenem Getreide, Malzmehle und Malzpräparate sind in gleicher Weise dem Bäcker als Förderer der Teiggärung geläufig. Einen weiteren Schritt in der bewußten Anwendung anorganischer Verbindungen als Backhilfsmittel bedeutete die Entdeckung der Wirkung sauerstoffreicher Salze wie des Ammoniumpersulfates, das sowohl als Hefefutter — als saures Ammoniumsulfat nach Abspaltung des Sauerstoffes — wie auch als Oxydationsmittel die kolloidchemischen Eigenschaften des Teiges — größere Wasseraufnahmefähigkeit, Erhöhung der Teigzähigkeit und Teigelastizität — schon in kleinen Mengen überraschend verbessert. Noch intensiver wirken brom- und jodsaure Salze, die neben dem Persulfat sich ausgedehnter Verwendung in der Mühlenindustrie und im Bäckereigewerbe erfreuen. Die Wirkungsweise der brom- und jodsauren Salze — nur die ersteren pflegen in der Praxis wegen ihres niedrigen Preises Anwendung zu finden — ist noch nicht ganz geklärt. Wahrscheinlich handelt es sich um eine chemische Veränderung der Eiweißstoffe durch die Bromsäure, welche im Laufe der Teiggärung allmählich frei wird. Minimale Mengen der genannten Salze, 1—3 g per 100 kg Mehl, rufen in besonderen Fällen ganz erstaunliche Wirkungen hervor und geben dem Müller und Bäcker die Möglichkeit, trotz wechselnder Qualität der Rohware ein brauchbares Endprodukt zu erzielen. Gerade dieser Umstand zwang aber auch die Müller der wissenschaftlichen Seite ihrer Industrie erhöhte Aufmerksamkeit zuzuwenden und die Hilfe des Chemikers in Anspruch zu nehmen. So hat sich im Laufe der letzten 20 Jahre das Mühlenlaboratorium trotz mancher Widerstände als eine Notwendigkeit für die großen und mittleren Mühlen erwiesen, und selbst die zahlreichen kleinen Mühlen können chemische Beratung kaum gänzlich entbehren. So hat sich auch in der Müllerei die Umwandlung eines uralten Handwerkes in eine nach wissenschaftlichen Grundsätzen überwachte moderne Industrie vollzogen, ein Entwicklungsprozeß, der auch auf die Bäckerei überzugreifen beginnt und sich in den größeren Brotfabriken schon durchgesetzt hat.

Schlußbetrachtung. Wir sahen, daß von der Mehlgewinnung an über den Teig bis zur Brotbereitung Stoffe verarbeitet werden, deren kolloider Zustand in keinem Stadium des Arbeitsganges unberücksichtigt bleiben darf. Stellen schon an sich das Mehl und in noch stärkerem Maße der Teig ein sehr kompliziertes System hochmolekularer kolloider Körper dar, so erschweren noch die vom Beginn der Teigbereitung bis zum Ausbackprozeß nebeneinander laufenden Abbauvorgänge der Mehl-, Hefe- und der im Sauerteige noch dazukommenden Bakterienfermente die Übersicht und Regulierung der Teig- und Brotbereitung. Von einer klaren Erkenntnis aller Einzelfaktoren und ihrer Zusammenarbeit und einer zielbewußten Beherrschung der Verarbeitungsmethoden sind wir noch weit entfernt. Soviel aber ist sicher, daß eine Mehl- und Brotchemie ohne Kolloidchemie undenkbar ist, wenn auch die kolloidchemischen Methoden allein nicht zum Ziele führen können. Insofern scheint das Gebiet der Mehl- und Brotbereitung mit seinen Nachbargebieten zu den schwierigsten, aber auch interessantesten der kolloidchemischen Technologie zu gehören, als es zu seiner erfolgreichen Bearbeitung nicht nur kolloidchemische Kenntnisse, sondern umfassendes Verständnis für die Gärungschemie im weitesten Sinne voraussetzt.

Bierbrauerei.

Von **Fritz Emslander**-Regensburg.

Mit 2 Abbildungen.

Die Brauereiwissenschaft war bis zu Anfang des Jahrhunderts rein chemisch orientiert. Die Aufgaben der Chemie beruhten vor allem in Untersuchungen der Rohstoffe und des Fertigfabrikates. Die Begutachtungen auf dieser Grundlage, dann die rein chemische Erklärungsweise der verschiedenen Operationen im Werdegang der Malz- und Bierbereitung befriedigten in keiner Weise. F. Emslander machte vor 30 Jahren den ersten Versuch, die Vorgänge und Untersuchungen in der Brauereitechnik von kolloidchemischen Gesichtspunkten aus zu betrachten.

Der Schritt ins Paradies der Kolloide war damit getan. Doch Althergebrachtes und besonders vorgefaßte Meinung waren so rasch nicht aus dem Wege zu schaffen: schon der Ausdruck „kolloid" wirkte damals allzu fremdartig. Als dann Prof. Dr. H. Freundlich sich der Sache mit annahm, fand die neue Wissenschaft allgemeineren Anklang.

Die Bierbrauerei hat die Aufgabe, aus Malz und Hopfen ein Getränk zu bereiten, das Geschmack, Bekömmlichkeit und verdauungsfördernde Wirkung in höchstem Grade vereint. Bis ins graue Altertum läßt sich das Bierbrauen verfolgen und der vorurteilsfreien medizinischen Wissenschaft wird es gelingen, nachzuweisen, weshalb das Bier manchen Anfeindungen zum Trotz Volksgetränk bis heute geblieben ist. Das Bier als kolloide Lösung wirkt emulgierend auf andere Nährstoffe und damit verdauungsfördernd. Diese letztere Eigenschaft ist besonders in unserem arm gewordenen Heimatlande von hoher Bedeutung; jetzt wo es gilt, bei Aufwendung von geringst möglicher Energie höchste Nährleistung zu erreichen. J. Alexander sagt ja auch mit Recht: Man lebt nicht von dem, was man ißt, sondern was man verdaut.

Wissenschaftliches. In der Brauerei spielt die Chemie der Grenzflächen die Hauptrolle. Man hat da zu unterscheiden zwischen der Oberflächenspannung des gesamten Systems und den Grenzflächenspannungen der vorhandenen Phasen. Die Gesamtoberflächenspannung spielt eine mehr untergeordnete Rolle, die Phasengrenzkräfte dagegen sind ausschlaggebend für die Wirkung der Enzyme, für Klärung und Bruchbildung und besonders für die Geschmacksbeeinflussung — für Vollmundigkeit und Schaumhaltigkeit des Bieres.

F. Emslander und H. Freundlich[1]) hatten gefunden, daß die Kolloide des Bieres im elektrischen Stromgefälle nach dem Minuspol wandern, daß sie also gegen die wässerige Phase positiv geladen sind. Bei dem Versuche traten bereits nach 10 Minuten dunkle Flocken an der Kathode (Minuspol) auf und nach einer halben Stunde hatten sich dort dicke, flockige Massen angesetzt, während die Anode auch nach einer fünfstündigen Elektrolyse völlig blank war. Die flockigen Massen waren sehr stark gefärbt und nach einer halben Stunde war schon deutlich eine entschiedene Aufhellung an der Anodenseite, eine Vertiefung der Farbe an der

---

[1]) F. Emslander und H. Freundlich, Ztschr. f. physik. Chem. **49**, 317 (1904). — Allg. Brauer- u. Hopfen-Ztg. **44**, Nr. 201 (1904).

Kathodenseite zu bemerken. Der Schaum war an der Kathode gelblich, sehr klebrig und beständig, an der Anode rein weiß und wenig haltbar; ein weiterer Beweis für die Wanderung der Kolloide nach der Kathode.

Das Ergebnis dieser Versuche ist also, daß die im Bier vorhandenen Kolloidstoffe im elektrischen Stromgefälle zur Kathode wandern, daß Bier eine Lösung positiver Kolloide ist und daß die Säure beim Bier und im Brauprozeß eine erhebliche Rolle spielt.

Diese Erkenntnis führte dann zur Ergründung der zweiten Frage: Welcher Art sind die Ladungen, die im Brauprozesse eine Rolle spielen, in welchem Zusammenhange stehen sie mit den Säureverhältnissen? Die Beantwortung dieser Frage stieß insofern auf Schwierigkeiten, als erst durch kostspielige Versuche geeignete Apparate gefunden werden mußten. Nur durch die Munifizenz des bekannten Großbrauers Julius Liebmann in Brooklyn N.-Y. war die Möglichkeit gegeben, die begonnenen Arbeiten zu gutem Erfolge zu führen. Herrn J. Liebmann gebührt auch an dieser Stelle Anerkennung und Dank.

Die Leitfähigkeitsmethode versprach am raschesten Aufschluß über die inneren Zustände von Würze und Bier zu geben. Allein neben den gesuchten Säure-Ionen kamen auch hier vielerlei andere Ionen zur Messung, was kein eindeutiges Resultat zuließ. Ganz besonders störend wirkten die Kolloide. Die Kolloide stellten sich bald mehr bald weniger hemmend den Bahnen der Ionen in den Weg und ließ diese Meßmethode viele Rätsel offen. Als aber Titration mit Barytlauge und jeweilige Messung der dabei auftretenden Leitfähigkeiten miteinander verbunden wurden, entstanden Kurven ganz eigener Art. Es konnte sofort festgestellt werden, ob im Brauprozeß Karbonat- oder Gipswasser Verwendung findet, aus spitzen oder gerundeten Knickpunkten ließ sich der mehr oder weniger starke Abbau, wie auf die Menge der vorhandenen Kolloide schließen; die verschiedenen großen Biertypen ließen sich leicht feststellen. Diese Meßmethode ist für den Kolloidforscher ein unentbehrliches Rüstzeug, was auch eine schöne Arbeit von H. Lüers[1] beweist. Seit kurzer Zeit existiert eine neue Apparatur (Triodometer[2]), von Dr. Udo Ehrhardt in Bitterfeld, welche durch Verwendung der Elektronenröhre ungeahnte Möglichkeiten in Aussicht stellt.

Bugarsky und Liebermann wiesen auf elektrometrischem Wege nach, daß Säure von den Proteinen gebunden werde. Diese Autoren waren die ersten, welche die Bestimmung der Ionen mittels Gasketten in die Physiologie einführten, nachdem F. Hoffmann schon auf Anregung W. Ostwalds den $H^{\cdot}$-Gehalt des Magensaftes durch die Methyl-Azetat-Methode bestimmt hatte. F. Emslander[3] hat im Jahre 1913 diese Gaskettenmethode der zymotechnischen Forschung zugänglich gemacht und die Lösungs- und Stabilitätsverhältnisse der Eiweißkörper im Brauprozeß wie besonders beim Biere mit der $H^{\cdot}$-Ionenkonzentration (p_H) in Einklang zu bringen gesucht. Das Triodometer von Udo Ehrhardt bedeutet auch hier einen gewaltigen Fortschritt.

Weiter wurde eine Vorrichtung konstruiert, wodurch die bisherige, so schwierige und zeitraubende elektrometrische Titration in ganz einfacher Weise durchgeführt werden kann. Die elektrometrische Titration gewährt den besten Einblick in die Pufferungsverhältnisse von Würze und Bier, die neben den Phosphaten vor allem von Kolloiden bedingt sind[4] (Abb. 341).

---

[1] H. Lüers, Ztschr. f. ges. Brauwesen **37**, 210 (1914).
[2] Hersteller: Kurt Retsch, Düsseldorf, Birkenstr. 2.
[3] F. Emslander, Kolloid-Ztschr. **13**, 156 (1913); **14**, 44 (1914).
[4] F. Emslander, Die elektrometrische Titration. Wochenschr. f. Brauerei **40** (1929).

H. Lüers und ganz besonders W. Windisch[1]) und seine Mitarbeiter haben diese Arbeiten in aussichtsreicher Weise fortgesetzt. Der Einfluß der H'-Ionenkonzentration auf den enzymatischen Abbau der Kohlehydrate und Proteine, sowie auf Vollmundigkeit und Schaumhaltigkeit des Bieres, ist wesentlich geklärt. Die mannigfach praktischen Ergebnisse, welche die Anwendung der elektrometrischen Messung zeigten, werden noch erwähnt. An dieser Stelle erwähnenswert dürfte eine Bestätigung des Gibbsschen Theorems sein. (Gibbs fand, daß alle Stoffe, welche die Oberflächenspannung einer Flüssigkeit erniedrigen, in die Oberfläche gehen. Die Oberfläche kann fest, flüssig oder gasförmig sein.) F. Emslander[2]) fand mit der elektrometrischen Meßmethode, nach L. Michaelis, daß sich stets sauerere Werte ergaben, als mit der Methode des strömenden Wasserstoffes. Nach L. Michaelis wird die Platinelektrode nur an die Oberfläche der zu messenden Flüssigkeit gebracht. Da bei Würze und Bier die oberflächenaktiven Stoffe sauerer Natur sein müssen, so erklärt sich obiger Messungsbefund als Bestätigung des Gibbsschen Theorems. Ganz besonders wertvoll ist dieser Befund für die Erklärung der Vollmundigkeit und Schaumhaltigkeit, sowie der Kohlensäurebindung jener Eigenschaften eines guten Bieres, die ausschließlich von oberflächenaktiven Stoffen bedingt sind, deren Erhaltung besonders durch den Wandeinfluß des bayerischen Maßkruges stabilisiert wird.

Durch diese Studien wurde die Kenntnis gefördert über den enzymatischen Abbau und die Stabilitätsverhältnisse der Kolloide in der Brauerei. Die Ultrafiltration, welche von W. Windisch, W. Dietrich und P. Kolbach[3]) zu eingehenden Studien über die Art der reagierenden Kolloide herangezogen wurde, ergab sehr weitgehende Aufschlüsse.

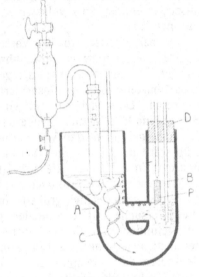

Abb. 341.

Eine ganz besondere Förderung des kolloidchemischen Studiums erwächst der Brauindustrie durch das Werk von Dr. K. Mündler[4]).

Die Praxis der Brauerei zerfällt in vier Hauptvorgänge: Mälzerei, Sudprozeß, Gärung und Lagerung des Bieres.

Mälzerei. Malz ist die Seele des Bieres. In der Mälzerei beginnen die ersten kolloidchemischen Reaktionen und erstrecken sich dann über den ganzen Brauprozeß, über die Gärungsvorgänge bis zur Reife des Bieres. Die Gerste wird je nach Temperatur bis zu 90 Stunden in Wasser eingeweicht und die chemische Zusammensetzung des Wassers ist ausschlaggebend für den Typ des fertigen Bieres. Leider sind unsere Kenntnisse hier noch sehr gering; daß aber die im Weichwasser gelösten Salze — die Anionen oder Kationen im Sinne der Hofmeisterschen Reihen — für die Bildung der diastatischen und proteolytischen Enzyme im Gerstenkorne hauptausschlaggebend sind, ist mit Sicherheit anzunehmen. Den größten

[1]) W. Windisch, Wochenschr. f. Brauerei (1919, 1920, 1921 und 1922).
[2]) F. Emslander, Ztschr. f. ges. Brauwesen **38**, 196 (1915).
[3]) W. Windisch, W. Dietrich und P. Kolbach, Wochenschr. f. Brauerei (1921 und 1922).
[4]) K. Mündler, Physikalisch-chemisches Praktikum für Brauer (Stuttgart 1926).
S. d. Referat von Wo. Ostwald, Kolloid-Ztschr. **40**, 358 (1926).

Einfluß übt wie überhaupt im ganzen Brauprozesse auch hier die Wasserstoffionenkonzentration aus. Ein Laboratoriumsversuch von F. Emslander[1]) erbrachte hierfür den Beweis. Es wurde in zwei Schalen Gerste gebracht und der elektrische Strom durchgeleitet. Bei dieser Anordnung trat an der Kathodenseite ein sehr viel rascheres Wachstum als auf der Anodenseite auf. Die Messung der (H') am negativen Pol ergab $p_H = 3,83$, am positiven Pol $p_H = 9,61$. Es ist so bestätigt; daß Quellung und Wachstum der Gerste durch die H'-Ionen ganz besonders beeinflußt werden. Dieser Versuch ist für die Landwirtschaft insofern wertvoll, als bisher die Reaktion des Ackerbodens nur ganz wenig, die Pufferung des Bodens aber gar keine Beachtung fanden. Planlos werden besonders künstliche Düngemittel oftmals verwendet, wodurch vielfach so saurer Boden geschaffen wird, daß das Ernteerträgnis und die Kornqualität, nicht minder auch die Güte des Hopfens, hierdurch schwere Einbuße erleiden. Hier die Errungenschaften der Kolloidchemie auszuwerten, ist eine volkswirtschaftliche Forderung ersten Ranges. Das aber nur nebenbei. ·

Unbekannt ist, wo die Wassersalze ins Gerstenkorn eindringen, da doch die Spelze eine semipermeable Membrane darstellt. Mir scheint, daß die Wassersalze an der Keimlingsspitze eindringen, hier durch Dialyse abgeschieden und von benachbarten Kolloiden adsorbiert werden, um beim Keimprozeß dann in Aktion zu treten. Denn sicher ist auf Grund eigener Versuche, daß in oder direkt an der Spelze jene Eiweißstoffe gelagert sind, welche so schwierig zu lösen sind (Glutin). Ich habe gefunden, daß Würzen und Biere aus dem reinen Malzkorn nicht glutintrüb werden, daß dagegen bei Zusammenverarbeiten mit den Spelzenteilen jene unangenehme Eigenschaft auftritt (durch Einfluß des Spelzengerbstoffs).

Abgesehen von praktischer Erkenntnis, daß die chemische Zusammensetzung des Weichwassers einen großen Einfluß auf die Malzqualität ausübt, habe ich auch Weichversuche mit verschieden gepufferten Wässern gemacht ($p_H = 4,5-7,0$) und gefunden, daß die Weichwässer immer dunkler sich färben, je mehr sie nach der neutralen Reaktion hinneigen. Je nach der (H') des Weichwassers entsteht ein anderes Diffusionspotential, so daß besonders durch alkalische Reaktion (Zusatz von gelöschtem Kalk) Stoffe ausgelaugt werden, welche im Brauprozeß unerwünscht sind. Welcher Art diese Diffusionsprodukte sind, ist unbekannt; sicher sind Kolloide — Proteine und Gerbstoffe — hier mehr oder weniger mitvertreten.

Es sei in diesem Zusammenhange jetzt schon darauf hingewiesen, daß das Wasser eine erhebliche Rolle auch im Auslaugeprozeß des Hopfens spielt. Enthärtete Brauwässer benötigen viel mehr Hopfen als harte Wässer (Karbonathärte). Laboratoriumsversuche mit Wässern von verschiedener (H') beweisen, daß auch hier das Diffusionspotential eine große, bisher nicht beachtete Rolle spielt. Biere aus enthärtetem Wasser hergestellt, haben auch einen feineren Hopfengeschmack als Biere aus Karbonatwässern, im ersteren Falle werden nur die edlen Hopfenbestandteile ausgelaugt, während bei harten Wässern auch die rauhen Stoffe herausdiffundieren und die Hopfenharze werden verseift, bei weichen Wässern dagegen sind die Hopfenharze als Emulsion vorhanden.

In der Mälzerei vollzieht sich beim Keimprozeß der Gerste der Abbau der Eiweißstoffe, wobei die Reaktion im Korninneren eine besondere Rolle spielt, derart, daß bei neutraler Reaktion (gegen Methylorange) mehr die peptischen Enzyme, bei alkalischer Reaktion aber die tryptischen Enzyme zur Wirkung kommen. Geht die Temperatur im Gerstenkorn über 18^0 C, so bildet sich Milchsäure in erheblichem

---

[1]) F. Emslander, Kolloid-Ztschr. **13**, 156 (1913); **14**, 44 (1914).

Grade und damit eine (H'), welche dem tryptischen Abbau hinderlich ist. Die Tryptasen aber lösen die Proteine weit vollkommener als die Peptasen und ist deshalb die Praxis bestrebt, im Keimprozeß möglichst niedere Temperaturen einzuhalten und lieber länger zu mälzen. Die Malzpeptase arbeitet am besten bei $p_H = 3,2$, die Malztryptase dagegen bei $p_H = 6,4$. Eine starke Erwärmung des Keimhaufens ist dem Fieberzustand zu vergleichen, welcher Vorgang dann ganz erhebliche Substanzverluste nach sich zieht, womit ein starker Malzschwund verbunden ist, infolge Veratmung der Kohlehydrate.

Auf der Tenne werden bei niederen Temperaturen (18^0 C) in 7—9tägiger Keimzeit die kohlehydratspaltenden und proteolytischen Enzyme gebildet, auf der Darre setzt sich bei höheren Temperaturen (bis 70^0 C) in 48stündiger Darrzeit der Lösungsprozeß für die Proteine fort und beim Abdarren ($80—100^0$ C) werden die Farb- und Aromastoffe speziell der dunklen Biere gebildet. Farb- und Aromastoffe haben rein kolloiden Charakter. Die Aromastoffe sind nach J. C. Lintners Studien Verbindungen von Zucker mit Aminosäuren.

Zwecks weiterer Verarbeitung wird nun das Malz in Walzenmühlen gebrochen. Dieser Prozeß birgt mitunter eine große Gefahrenquelle für die Brauerei: die Malzstaubexplosion. Diesen zwar seltenen aber meist sehr heftig auftretenden Vorgang aufzuklären, ist bisher noch nicht restlos gelungen. P. Beyersdorfer gibt eine kolloidchemische Erklärung, die viel Wahrscheinlichkeit besitzt: Durch die Vermahlung des Malzkornes werden kleinste Mehlteilchen gebildet, die an ihren Oberflächen Sauerstoff adsorbieren und verdichten. Dadurch entsteht eine Verbindung von hoher Explosivkraft, genau wie Kohlepulver mit flüssiger Luft gemischt, der Explosivkraft des Dynamits nicht nachstehend. Bei jeder Zertrümmerung von Teilchen in kleinere Bestandteile entsteht Elektrizität, welche in diesem Falle die Staubteilchen auflädt. Bei Überspannung kommt es zur Entladung und damit zum zündenden Funken. Der allerfeinste Staub ist der gefährlichste, jener Staub, den Wo. Ostwald in das Reich der vernachlässigten Dimensionen einreiht — zu den Kolloiden zählt. (Auch Explosionen beim Lagerfaßpichen mittels Einspritzapparaten finden kolloidchemisch die beste Erklärung.)

Sudhaus. Hier werden die Proteine, besonders aber die Kohlehydrate zu weiterem Abbau und vor allem zur Lösung gebracht. Die einflußreichsten Faktoren bei diesen Prozessen sind Zeit, Temperatur und (H'). Das Optimum der (H') für den Abbau der Kohlehydrate und Proteine liegt bei $p_H = 4,5$ bis 5,0. W. Windisch, W. Dietrich und P. Kolbach, dann Adler und die Amerikaner Shermann, Thomas und Baldwin[1]) haben je ein anderes Optimum der (H') und auch einen teilweise anderen Verlauf in der Wirkungsweise der Diastase gefunden. Es ist daher nicht allein die (H') des Substrates ausschlaggebend, sondern vielleicht auch Verschiedenheiten in den Säure-Anionen, ferner das Grenzflächenpotential der reagierenden Substanzen. Hierfür gab F. Emslander[2]) Beweise derart, daß er Maischversuche mit hellem Malze in üblicher Weise und mit Vaselinöl bedeckt vornahm. Im ersten Falle war das Verhältnis Maltose zu Nichtmaltose 1 : 0,39, im zweiten Falle 1 : 0,69. Auch der erfahrene Praktiker kennt empirisch den Einfluß der Oberflächenspannung auf den Maischprozeß: wenn die Maischen beim Kochen „plappern" (stoßen), so ist die Fermentation erschwert; wenn dagegen die Maischen „wallen" oder Flaum kochen (schäumen), so darf man auf leichte Verzuckerung rechnen. Im ersten Falle haben wir niedere, im zweiten Falle eine hohe Oberflächenspannung gegen die Pfannenwand.

---

[1]) Wochenschr. f. Brauerei **40**, 6, 7, 8 und 9 (1923).
[2]) F. Emslander, Kolloid-Ztschr. **2**, 308 (1908).

Diese Überlegungen führen uns in das Wesen enzymatischer Prozesse ein und ich möchte dazu hier meine Ansicht niederlegen. Schon früher (Ztschr. f. ges. Brauwesen **42**, 135 (1919)) hatte ich nachgewiesen, daß es nicht richtig ist, zu sagen, die optimale Wirkung eines Enzym liege stets bei einer bestimmten (H'). Richtig ist vielmehr, daß die Reaktionsoptima der Enzyme bei spezifischer Oberflächenspannung der Substrate gelegen sind. Diese Konstanten suchen sich die Enzyme zu schaffen, indem sie auf die Säurebildung derart einwirken, daß dadurch eine (H') entsteht, welche die zur Reaktion günstigste Oberflächenspannung (Grenzflächenspannung) einstellt. Man kann sich diesen Vorgang so vorstellen, daß die Reaktionswirkung so lange andauert, bis eine so hohe (H') und damit eine so niedere Grenzflächenspannung sich einstellt, daß darunter die enzymatische Reaktionswirkung leiden würde.

Auch im Sudhaus spielen wie beim Weichprozeß die Wassersalze eine merkliche Rolle. Ihr Einfluß erstreckt sich meiner Ansicht nach nicht so sehr auf die Beeinflussung der (H') als vielmehr auf die Art der Auslaugung der Malzbestandteile. Ich habe gefunden, daß Digestionswürzen weit geringer haltbare Biere (Glutintrübung) geben, als solche Würzen, bei denen der Auslaugungsprozeß nur kurze Zeit dauerte. Bei den Digestionswürzen werden Proteine ausgelaugt, zu deren Abbau dann entweder keine Enzyme vorgebildet sind, oder aber die vorhandenen Enzyme haben geringe enzymatische Kraft. Der Praktiker weiß auch, daß Biere, die mit Gipswässern hergestellt wurden, geringere Haltbarkeit aufweisen als solche aus Karbonatwässern. Dieses kolloidchemische Problem hat bisher noch keinerlei Aufklärung gefunden. Und doch liegt hier der Grund dafür, daß bei der verschiedenartigen Zusammensetzung der Brauwässer eben jede Braustätte geschmacklich ein anderes Bier liefert. Die Zusammensetzung des Brauwassers ist richtunggebend für den Biertypus. Daher ist z. B. auch in München, in Dortmund, in Pilsen, in Burton on Trent usw. der Biercharakter jeweils ein ganz verschiedener.

Nach der Extraktion des Malzes wird die gewonnene Würze mit Hopfen gekocht. Die extrahierten Hopfenharze wirken als Schutzkolloide auf die Eiweißkörper, sie erhöhen die Haltbarkeit des Bieres insofern, als sie Schutzstoffe gegen Infektion, ganz besonders gegen die Sarzina darstellen, sie erhöhen die Schaumhaltigkeit und Vollmundigkeit des Bieres, da sie sehr oberflächenaktiv wirken, sie geben dem Biere die erwünschte Bittere. Der Gerbstoff des Hopfens wirkt fällend auf die Proteine, er ist die Ursache, daß die Labilität der Proteine durch allmähliche Fällung verschwindet. Bei diesen Fällungsvorgängen spielen die (H') und das Licht eine bedeutende Rolle[1]). Ein intensives und lange dauerndes Hopfenkochen erhöht die Dispersion der Hopfenharze, fördert dadurch deren Schutzwirkung und ist daher mitbestimmend auf die Geschmacksnerven. Diese Erscheinung mag mit der von W. Windisch und Mitarbeitern[2]) durch Ultrafiltration festgelegten Tatsache im Zusammenhange stehen, daß Hopfengerbstoff nicht nur fällend auf Eiweißstoffe wirkt, sondern auch dispersitätsverringernd. (Schutzkolloid.)

Nach Beendigung des Hopfenkochprozesses wird die Malz-Hopfenwürze abgekühlt, wobei die im Sudprozesse durch Hitze geronnenen Eiweißstoffe agglutinieren und sedimentieren. Beim Abkühlen ist die Würze in ständig wälzender Bewegung. Durch diese Bewegung kommen die feinen Koagula in gegenseitige Berührung, ballen zusammen, was die Sedimentation merklich fördert. Die Art der Abkühlung ist daher für den nun folgenden Gärprozeß besonders wichtig. Je

---

[1]) F. Emslander, Die Rolle des Hopfengerbstoffes im Brauprozeß. Jb. d. Versuchs- u. Lehranstalt f. Brauerei (Berlin 1927), 187.

[2]) W. Windisch, P. Kolbach und E. Wentzell, Wochenschr. f. Brauerei **42**, 313 (1925).

klarer die Würzen, um so besser die Gärung. Aus diesem Grunde unterwirft man auch die Eiweißausfällungen — den Trub — der Filtration. Dabei zeigt sich im Verlaufe der Filtration, wie im Sudhause die Lösung vor sich gegangen ist: je besser die Lösung im Sudhause war, je grobdisperser die Eiweißfällung durchgeführt werden konnte, um so rascher geht die Filtration. Erfahrungstatsachen, die dem Empiriker wohl bekannt waren, die der Kolloidchemiker aber erst klären und erklären konnte.

Gärung. Der Einfluß der Hefe auf die Würze als einer Lösung von Maltose, Dextrin, Proteinen, Hopfenharzen usw. löst mannigfache kolloidchemische Reaktionen aus. Man beobachtet da vor allem eine starke Säurebildung, so zwar, daß die (H·) bereits nach wenigen Stunden ins Optimum der Hefereaktion von $p_H = 4,5$ bei Würzen aus Karbonatwässern und $p_H = 4,2$ aus Gipswässern übergeht. F. Emslander[1]) hat gefunden, daß diese automatisch optimale Reaktionseinstellung der Hefe dem Zwecke dient, die anfänglich ganz verschiedenen Oberflächenspannungen der Würzen auf die den Hefeenzymen am besten zusagende Grenzflächenspannung einzustellen und so den günstigsten Gärverlauf sicherzustellen. Hierbei gehen auch in der Hefezelle selbst merkwürdige Umladungen elektrischer Natur vor sich. So fanden H. Lüers und K. Geys[2]), daß rühende gewässerte Hefe positive Ladungen in Würzen aufweist; nach einigen Stunden aber, wenn gesteigertes Zelleben einsetzt, beginnt bei der Hefe deutlich sich negative Ladung einzustellen, vom 5. Gärtage an tritt bei der Hefe wiederum positive Ladung ein.

Zu Anfang der Gärung ist also die Hefe positiv gegen die Würze geladen, sie schafft sich dann, wie F. Emslander zeigte, in Zuckerlösungen alsbald das Optimum der (H·) und wird dabei nach den Befunden von H. Lüers und K. Geys negativ gegen die angesäuerte Würze. Die Ladung und damit die Stabilität der Hefe geht ins Optimum, die Oberflächenspannung nach Emslanders Messungen ins Minimum; zu Ende der Gärung wird die Hefe wieder gegen das Gärsubstrat positiv, mit den Bierkolloiden isoelektrisch, die Grenzflächenspannung geht ins Minimum; es entstehen dadurch die Vorbedingungen für die Agglutination der Hefe. Der Praktiker sagt, es tritt Bruchbildung ein und erkennt daraus das Ende der Hauptgärung.

Die Oberflächenspannung hat, wie F. Emslander und H. Freundlich[3]) konstatierten, in der Praxis der Gärung einen gewaltigen Einfluß. Je schlechter die Benetzbarkeit der Gärgefäßwand ist, um so höher ist die Oberflächenspannung der gärenden Würze und um so höher wird der Vergärungsgrad des Bieres. Aus den Versuchsreihen sei hier mitgeteilt, daß die Vergärungsgrade waren: im Bottich aus Glas resp. emailliertem Eisen 52,9, bei lackierter Bottichwand 57,4%, bei gepichter Bottichwand 68,4%, bei vor der Gärung nicht benetzter Holzwand 72,8%. Wird dagegen das hölzerne Gärgefäß vor dem Einbringen der Würze ausgebrüht, so verschwindet die in den Holzporen imbibierte Luft und die Würze adhäriert nun besser an den Holzwänden, die Oberflächenspannung der Würze wird dadurch erniedrigt und damit auch der Vergärungsgrad. Diese Erscheinung war dem Praktiker längst bekannt; die Erklärung ist eine Errungenschaft der physikalischen Chemie.

In jüngster Zeit führen sich in der Brauerei immer mehr die sogenannten Großgärgefäße ein, welche aus Aluminium, emailliertem Eisen oder Zement bestehen, letztere mit einer Schutzschicht aus Erdpech, Paraffin und dergleichen versehen. Während besonders die Emaillebottiche eine außerordentlich befriedigende

¹) F. Emslander, Ztschr. f. ges. Brauwesen **42**, 127 (1919).
²) H. Lüers und K. Geys, Kolloid-Ztschr. **30**, 372 (1922).
³) F. Emslander und H. Freundlich, l. c.

Gärung geben und die Schaumhaltigkeit und Vollmundigkeit des Bieres merklich fördern, trifft man bei Zementbottichen verschiedentlich die sog. „kochende Gärung". Man hat es bei der kochenden Gärung mit der gleichen Erscheinung wie beim Kochen der Maischen zu tun; wenn beim Kochen der Maischen diese „plappern" = stoßen, dann hat die Maische eine niedere Oberflächenspannung und wenn kochende Gärung eintritt, ist dies ein Beweis, daß die Würze eine hohe Oberflächenspannung besitzt und die Folge ist eine hohe Vergärung, schlechte Vollmundigkeit und Schaumhaltigkeit des Bieres. Dieser Einfluß auf die Gärung und auch Lagerung des Bieres, den ganz besonders die Wände des Gefäßes hervorrufen, wurde bisher viel zu wenig beachtet. F. Emslander[1]) hat darauf aufmerksam gemacht, was aber die interessierten Industrien recht übel aufgenommen haben. Die Brauindustrie hat aber allen Grund den kolloidchemischen Errungenschaften weitgehendste Aufmerksamkeit zu schenken.

Die durch die Wände beeinflußte Oberflächenspannung läßt sich direkt nicht messen, sie kann aber durch Feststellung der in den einzelnen Gefäßen auftretenden Siedepunkte berechnet werden. In obigen Gefäßen war der mit vorher gut abgekochtem Wasser durch einen elektrischen Sieder festgestellte Siedepunkt bei Glas > Lack > Pech > Holz. In gleicher Weise können die jetzt verwendeten Bottiche aus Emaille, glasiertem Ton, Aluminium, Schiefer, Paraffin usw. untersucht werden.

Oben war bereits erwähnt, daß die Bruchbildung der Hefe bei der Gärung eine Funktion der Oberflächenspannung darstellt. Der gleichen Einwirkung unterliegen auch die koagulierbaren Eiweißkörper. Emslander und Freundlich fanden, daß der Vergärungsgrad mit dem Grade der Klärung parallel gehe. So war das an Paraffinwänden vergorene Bier schon nach 5 Tagen klar, das an Holzwänden nach 6 Tagen, das an Pechwänden nach 7 Tagen, während das an Glaswänden vergorene Bier nach 8 Tagen noch ganz trübe war. Diese Beobachtung stimmt auch mit einer von R. Klinger[2]) über die Gerinnung des Blutes festgelegten Tatsache überein, derzufolge Blut an Glaswänden wesentlich rascher gerinnt als in mit Paraffin überzogenen Gefäßen (nur sind die Ladungsverhältnisse hier umgekehrt).

Der Einfluß der Wände der Gärgefäße auf die Intensität der Gärung sowohl wie auch auf Klärung und Bruchbildung ist seit Jahrzehnten ein Problem, dem regstes Interesse entgegengebracht wird, das aber restlos aufzuklären F. Emslander erst in letzter Zeit gelungen ist. Es machen sich hier nämlich elektrostatische Einflüsse derart geltend, daß z. B. von den positiv elektrisch aufgeladenen Glas- resp. Emaillewänden die gleichsinnig geladene Gärungskohlensäure abgestoßen wird, während von den negativ aufgeladenen Paraffinwänden eine Anziehung und ein Festhalten der positiv geladenen Kohlensäurebläschen ausgeht. In letzterem Falle steigen die Kohlensäurebläschen hoch, wenn der Auftrieb die elektrostatischen Anziehungskräfte zu überwinden vermag. Die Paraffinwände wirken als Akzelerator (Gärungsbeschleuniger). Das Problem der Klärung des Bieres beruht vielfach auf analogen Einflüssen, indem die Wände teils anziehend, teils abstoßend auf die positiv geladenen Bierkolloide einwirken.

Den angedeuteten Einfluß auf die Gärung demonstriert am besten Abb. 342.

Es wurde eine zur Hälfte mit Emaille zur anderen Hälfte mit Paraffin überzogene Platte in gärendes Bier gehängt und wird hier der erwartete Effekt deutlich sichtbar.

---

[1]) F. Emslander, Wochenschr. f. Brauerei **42**, 217 (1925).
[2]) R. Klinger, Naturwissensch. **5**, 193 (1917).

In diesem Zusammenhange sei auf eine Erkenntnis der letzten Zeit hingewiesen[1]). Wie bereits erwähnt, verschwinden aus den Brauereien die mit Pech überzogenen Holzgefäße immer mehr. An ihre Stelle treten solche aus Aluminium, Eisenemaille, V_2A-Stahl, Beton mit Schutzüberzug usw. Zur Kühlung werden meist Kupferrohre in diesen Gefäßen verwendet. Es befindet sich also in einem Metall- resp. Betongefäß eine Elektrolytlösung (Bier), das durch Kupferkühler gekühlt wird. Dabei steht dem unedleren Metall das edlere Metall (Kupfer) gegenüber, wodurch ein galvanisches Element entsteht. Da zudem sowohl die Kupferkühler wie das Metallgefäß mit der Erde verbunden sind, stehen die beiden Metalle unter sich in leitender Verbindung und es fließen daher ständig durch das Bier elektrische Ströme. Dieser Stromfluß führt sowohl zur Zerstörung (Oxydation) unedleren Metalles (Aluminium) als auch zur elektrischen Wanderung und Abscheidung besonders wertvoller Bierkolloide (Bierstein). Die Auswertung dieser ganz neuen Beobachtung wird manche kolloidchemische Rätsel lösen, um so mehr als man bisher vielfach den Mangel von Schaumhaltigkeit, Vollmundigkeit und Kohlensäurebindung eines Bieres nicht erklären konnte.

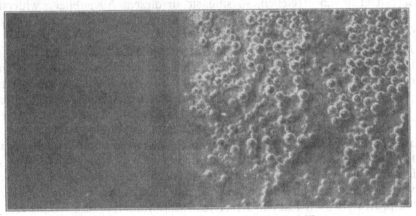

Emaille   Paraffin
Abb. 342.

Bei der von anderer Seite aufgestellten Theorie der Bruchbildung als einer Funktion der (H') sei darauf hingewiesen, daß die scheinbaren Widersprüche sich dahin aufklären lassen, daß aus den Arbeiten von H. Helmholtz[2]) bekannt ist, daß jeder Änderung der elektrischen Energie-(H') eine gleiche Änderung der Oberflächenenergie entspricht: Wenn die Grenzflächenspannung des Substrates ein Minimum erreicht, so ist die Ladung der kolloiden Teilchen am größten und umgekehrt. Das Minimum der Ladung oder das Maximum der Grenzflächenspannung ist aber der isoelektrische Punkt und in diesem Zustande koagulieren die Proteine, sedimentiert die Hefe.

Lagerung. Die jetzt folgende Lagerung des Bieres und die entsprechende Behandlung im Reifungsprozeß bildet den Schlußstein im Werdegang der Bierfabrikation. Im Lagerkeller treten auch alle Fehler zutage, soweit solche vorher bei der Fabrikation unterlaufen sind und hier ist daher auch das Feld, auf dem die Kolloidchemie bisher die größten Triumphe gefeiert hat. Vollmundigkeit, Schaumhaltigkeit und Haltbarkeit des Bieres sind von den Operationen im

[1]) F. Emslander, Elektrizität in Gär- und Lagertanks, Wschr. f. Brauerei 47, 10 u. 23 (1930).
[2]) H. Helmholtz, Ann. d. Physik 3, 7, 337 (1879).

Lagerkeller besonders beeinflußt. Vor dem Verkaufe wird besonders das helle Bier filtriert. Die Filtermasse (Asbest und Zellstoff) adsorbiert nicht nur wertvolle Kolloide wie Dextrine und Eiweißkörper sondern auch Wasserstoffionen. Der durch Filtration erzielte Glanz und die Klarheit des Bieres bedingt sonach eine schwere Geschmacksschädigung des Bieres insofern, als Schaumhaltigkeit, Vollmundigkeit und Azidität dabei Schaden leiden.

Haltbarkeit[1]). Die biologische Haltbarkeit des Bieres, soweit sie auf den Einfluß wilder Hefe oder Bakterien zurückzuführen ist, beruht neben Reinlichkeitsfehlern, ganz besonders in der Reaktion der Würze, derart, daß eine Infektion um so leichter und rascher überhand nimmt, je alkalischer — je niederer die (H˙) ist. Hier gilt das von Emslander geprägte Wort: „Disposition und Reaktion schaffen kranke Biere". Diese früher viel befehdete These wurde auch durch eine schöne Arbeit von H. van Laer[2]) bestätigt. Dieser Forscher folgert: Die Azidität der Würze und der Biere, d. h. die aktuelle Azidität ist ein grundlegender Faktor für die Haltbarkeit. Die schwerste Infektion ist ohne Folgen in einer genügend sauren Würze. Da die Biere im allgemeinen durch die Gärung ein p_H von etwa 4,5 erreichen, so sind sie in diesem Augenblicke widerstandsfähig gegen eine Bakterieninfektion, wenn diese sich nicht vorher entwickeln konnte, wenn Gewöhnung ausschaltet.

Unter dem hier uns vor allem vorschwebenden Haltbarkeitsbegriff soll ferner die Eigenschaft verstanden sein, daß möglichst stabiles Eiweiß im Bier vorhanden ist. Diesen Wertfaktor einem Biere durch normale Fabrikation zu geben, das z. B. lange Seereisen überdauern soll oder aber das vor dem Genusse in Eis abgekühlt wird, erscheint zur Zeit als eine unerfüllbare Forderung. Durch lange Lagerung in der Flasche, ganz besonders aber durch starke Abkühlung, werden vor allem pasteurisierte Biere mehr oder weniger rasch trübe und unansehnlich. Man bezeichnet diese Trübung fälschlich als Glutintrübung[3]). Glutin ist ein der tierischen Gelatine analoger Körper. Das eigentliche Glutin aber kommt in der Brauerei nicht vor. Das läßt sich am einfachsten dadurch beweisen, daß es nicht möglich ist, mit dem proteolytischen Enzym der Hefe — mit Endotryptase — das sog. Bierglutin abzubauen, während das tierische Glutin mittels Endotryptase auch bei Temperaturen von 2° C leicht verflüssigt werden kann.

Das sog. Bierglutin ist ein Eiweißkörper, der durch Hitze unter Beihilfe von Gerbstoff in eine komplexe Form übergeht, koaguliert. Die Koagulation kann verhindert werden, wenn durch Beigabe eines proteolytischen Enzymes wie Pepsin, Bromelin, Papayotin bei den Pasteurisiertemperaturen dieser Eiweißkörper abgebaut — peptisiert — wird. Diese geniale kolloidchemische Erkenntnis ist die Erfindung des Deutschen H. Wernaer, und der Amerikaner L. Wallerstein hat mit seinen diesbezüglichen amerikanischen Patenten ein glänzendes Geschäft gemacht.

Bei der Koagulation des Glutins ist, wie erwähnt, neben Hitze auch das Vorhandensein eines Gerbstoffes unerläßlich. Die Glutintrübung unterscheidet sich in ihrem ersten Stadium von anderen Trübungen insofern, als nicht etwa Suspensionen von Eiweißgerinnseln die Trübung verursachen, sondern kugelförmige Körper schwimmen in dem abgekühlten Biere, beugen das einfallende Licht und erzeugen das gefürchtete unansehnliche Aussehen solcher Biere. Diesen Bieren fehlt die Vollmundigkeit, sie sind „leer" und hart im Trunke. Durch Erwärmen

---

[1]) F. Emslander, Wochenschr. f. Brauerei **42**, 217 (1925).
[2]) H. van Laer, Petit Journ. du Brasseur Nr. 1193, 1194 (1922). — Wochenschr. f. Brauerei **39**, 226 (1922).
[3]) F. Emslander, Wochenschr. f. Brauerei **39**, 115 (1922); **41**, 131 (1924).

des Bieres platzen die kugelförmigen Gebilde und es zeigen sich nun mikroskopisch feine Eiweißgerinnsel.

Um diesen Vorgang zu verstehen, sei erwähnt, daß das Bier ein mehrphasiges Gebilde ist. Das Bier ist keine reine Lösung verschiedener Agenzien, sondern eine Emulsion bestehend aus in Wasser echt gelösten Stoffen, aus emulsoiden Eiweißkörpern, Hopfenharzen, Kohlehydraten und Kohlensäure. Wird das Bier auf 0° C oder darunter abgekühlt, dann kohärieren die emulsoiden Eiweißkörper zu ölartigen Tröpfchen und ergeben Gebilde, die wir unter dem Namen „Glutinkörper" kennen. Im Biere sind weiter noch feinste Eiweißkoagula (Suspensionseiweiß) vorhanden, welche die Eigenschaft besitzen, die Oberflächenspannung zu erniedrigen. Da nach Gibbs Stoffe, welche die Oberflächenspannung erniedrigen, in die Oberfläche gehen, so ist es nicht mehr verwunderlich, daß die emulsoiden Eiweißkörper und Hopfenharze, wenn sie durch Abkühlung aus dem Zustande der echten Lösung in den der öltröpfchenartigen Verteilung übergegangen sind und sich daher gegen die wässerige Lösung Grenzflächen bilden konnten, von einem Häutchen geronnenen Eiweißes umgeben sind. Das Glutinkörperchen ist sonach ein Gebilde, dessen Kern aus emulsoidem und dessen Hülle aus suspensoidem Eiweiß besteht. Wird dieses Glutinkörperchen erwärmt, so dehnt sich das emulsoide Eiweiß aus, sprengt die lederartige Hülle und verteilt sich wieder im Biere, die Hülle aber wird im Mikroskop als Gerbstoffeiweißkoagulum leicht sichtbar.

W. Windisch und Mitarbeiter[1]) haben mit Hilfe der fraktionierten Ultrafiltration zahlenmäßig den Einfluß der Hopfenharze und der Lagerdauer auf die Dispersitätsverhältnisse der Eiweißstoffe des Bieres dargelegt.

Die Natur dieser trübenden Eiweißkörper aufzuklären ist H. Lüers[2]) gelungen. Lüers hat festgestellt, daß das Bier während der Lagerung eine Zunahme an koagulierbaren Proteinen erfährt. Durch die klassische Methode der Anaphylaxie hat er dann bewiesen, daß an den Trübungen der pasteurisierten Biere eine Reihe von Proteinen beteiligt ist, von welchen ein erheblicher Teil aus der Hefe stammt.

Die Methode der Anaphylaxie beruht darauf, daß man dem Versuchstier, z. B. einem Meerschweinchen, subkutan, besser intravenös oder intraperitoneal eine Eiweißlösung einspritzt und die Einspritzung nach 12 Tagen mit der gleichen Eiweißlösung wiederholt. Es treten dann eigenartige Krankheitserscheinungen auf, die man als Überempfindlichkeit oder Anaphylaxie bezeichnet. Sie treten je nach Dosis und den verschiedenen Umständen so plötzlich und heftig auf, daß wenige Minuten nach der Reinjektion unter schweren Krampfzuständen und Temperatursturz der Tod eintreten kann. Man spricht deshalb von einem anaphylaktischen Schock. Lüers injizierte eine größere Anzahl von Meerschweinchen mit in Lösung gebrachter Pasteurisiertrübung und spritzte alsdann nach 14 Tagen einen wässerigen Extrakt aus plasmolysierter Hefe ein. Es traten sofort die typischen Erscheinungen der Anaphylaxie mit Temperaturstürzen bis zu 4° C auf. Damit ist der einwandfreie Beweis erbracht, daß in der Pasteurisiertrübung auch Eiweißkörper der Hefe mitenthalten sind. Hieraus ergibt sich, daß alle Mittel zur Verhinderung der Pasteurisiertrübung ziemlich wertlos sind, welche vor Beendigung der Hauptgärung angewandt werden. Entscheidend hilft nur der erwähnte Zusatz proteolytischer Enzyme oder Fällungsmittel (Tannin). Unerforscht ist noch, wie weit die aus der Spelze ausgelaugten Proteine oder Gerbstoffe hier eine Rolle spielen, denn gerade Gipswässer disponieren das Bier sehr stark zu Glutintrübungen.

[1]) W. Windisch, P. Kolbach und E. Wentzell, l. c.
[2]) H. Lüers, Ztschr. f. ges. Brauwesen 45, 159 (1922).

Erwähnenswert ist auch der weitere Befund Lüers, daß in 100 Liter Bier etwa nur 1 g Pasteurisiertrübung enthalten ist, wodurch jene gewaltige Trübung erzeugt wird. Daraus ersieht man, in welch enormer Zerteilung diese kleine Menge Eiweiß sein muß, daß sie eine so starke Lichtbrechung in der großen Biermenge verursachen kann. Ein schönes Beispiel für kolloidchemische Zustände.

Vollmundigkeit[1]). Eine sehr wichtige Eigenschaft eines guten Bieres ist die Vollmundigkeit, d. h. jene Eigenschaft, welche das Bier gehaltvoller erscheinen läßt, als es in Wirklichkeit ist.

Der Volksmund spricht von einem vollmundigen Biere: das Bier trinkt sich wie Öl. Der Kenner schreibt also einem solchen Biere eine Eigenschaft zu, die dem Öle eigen ist. Öl hat eine sehr niedere Oberflächenspannung, hohe Viskosität und meist ein starkes Ausbreitungsvermögen. Leider ist das Ausbreitungsvermögen einer Flüssigkeit gegen eine andere Grenzfläche direkt nicht meßbar.

Zur Erklärung des Vollmundigkeitsbegriffes kann nur das Ausbreitungsvermögen herangezogen werden. Diese Eigenschaft kommt vor allem den emulsoiden Eiweißkörpern und Hopfenharzen zu. Das geht daraus hervor, daß ein unterkühltes Bier sich immer leer und rauh trinkt. Durch die Unterkühlung wurden die Emulsionseiweiße und die Hopfenharze aus dem Zustande der Lösung in den Zustand der ölartigen Verteilung übergeführt, wodurch dann noch dazu Hüllen um die Eiweißkörper sich bilden konnten, die es nicht mehr gestatten, mit den Geschmacksnerven in direkte Verbindung zu treten. Die Eiweißkörper und Hopfenharze haben die Eigenschaft verloren, sich in der Mundhöhle auszubreiten, die Geschmacksempfindung in dieser Richtung ist ausgeschaltet, das Bier trinkt sich leer.

Wenn streng filtrierte Biere sich ebenfalls leer trinken, so kommt dies daher, daß durch die starke Filtration die Emulsionskörper — die Urheber der Vollmundigkeit — abfiltriert wurden. Extraktbestimmungen vor und nach dem Filter beweisen leicht den Substanzverlust des wertvollsten Bestandteiles eines guten Bieres. W. Windisch und V. Beermann[2]) haben durch Ultrafiltration diese Stoffe identifiziert.

Schaumhaltigkeit[3]). Wir müssen unterscheiden zwischen Schaumbildung und Schaumhaltung. Schaumbildend ist jede Flüssigkeit mit niederer Oberflächenspannung. Da die allermeisten Biere eine niedere Oberflächenspannung aufweisen, so schäumen auch fast alle Biere gut, wenn sie nur genügend Kohlensäure enthalten. Der Schaum ist eine feine Zerteilung des Kohlensäuregases in dem Biere — eine Gasemulsion. Die Zerteilung der Kohlensäure im Biere — der Schaum — ist nur dann haltbar, wenn emulgierende Agenzien (sog. Emulgatoren) anwesend sind. Man hat dabei an Stoffe gedacht, welche stark viskos sind. Diese Ansicht ist falsch, denn das äußerst viskose Glyzerin erhöht die Schaumhaltung des Bieres in keiner Weise. Dagegen wird durch Zusatz von Spuren von Hühnereiweiß, gewissen Ölen (von Mais und Reis) und Harzen (Hopfenharz, Pech) ein äußerst haltbarer Schaum erzeugt. Also mehrphasige Systeme geben durch Kohlensäure (Luft) haltbare Schäume, besonders in Gefäßen, an deren Wänden das Bier stark adhäriert, wodurch die Bildung recht kleiner Kohlensäurebläschen bedingt ist (Bayerischer Steinkrug usw.). Da dem Praktiker bekannt ist, daß vollmundige Biere immer auch schaumhaltend sind, so genügt es, auf das unter Vollmundigkeit ausgeführte zu verweisen. Die Ursachen von

[1]) F. Emslander, Wochenschr. f. Brauerei **39**, 115 (1922).
[2]) W. Windisch und V. Beermann, Wochenschr. f. Brauerei **37**, 109 (1920).
[3]) F. Emslander, Wochenschr. f. Brauerei **39**, 115 (1922).

Vollmundigkeit und Schaumhaltung sind identisch, es ist die Ausbreitungsfähigkeit der Emulsionseiweiße sowie der Hopfenweichharze, wodurch um das Gasbläschen eine unendlich dünne aber sehr haltbare Hülle sich legt, welche dem Platzen der Gasbläschen großen Widerstand entgegensetzt.

Als Mitbedingung zur Schaumhaltung ist dann noch die Anwesenheit eines festen, feinst verteilten Körpers — eines Emulgators — notwendig (koaguliertes oder Suspensionseiweiß). Wenn die Kohlensäureblase durch das Bier perlt, so gehen die genannten zwei Eiweißformen nach den Gesetzen der Oberflächenspannung (Gibbs) in die Oberfläche des Gasbläschens und ummanteln es. Dextrine erhöhen auch hier die Zähigkeit der Gashülle und die festen Teile bilden Haftpunkte für das mitanwesende Eiweißkolloid, so ähnlich wie die festen Teile (Kiesel) im Betongemisch zusammen mit Zement ein tragfähiges Gewölbe bilden, wogegen die einzelnen Bestandteile für sich instabile Gebilde geben würden.

Die Schaffung und Stabilisierung der „Emulgatoren" im Werdegang des Bieres ist ein recht schwieriges Problem, das zur Zeit noch fast ganz von der Empirie beherrscht wird. F. Emslander[1]) fand, daß die Bildung der Wasserstoffionenkonzentration bis zum Höhepunkt bei der Gärung eine von bisher viel zu wenig beachteten Einflüssen abhängende Zeitfunktion ist. Einmal geht die (H˙) bei der Gärung schon nach wenigen Stunden ins Optimum, unter anderen Betriebsverhältnissen hingegen erst nach mehreren Tagen. Ein rascher Anstieg der (H˙) führt zu sehr intensiver Ausfällung der die Schaumhaltigkeit fördernden Kolloide, ein langsamer Anstieg hingegen erzeugt nur minimale Fällungen und dazu Fällungen von feinster Dispergierung und damit großer Stabilität. Wir haben hier ein typisches Beispiel von „Gewöhnungserscheinungen", ein Schulbeispiel für das Danysz-Phänomen.

Wie kleine Stoffmengen hier genügen, sagt H. Freundlich, wenn er darauf hinweist, daß 3×10^{-7} g Pepton auf einer Oberfläche von 1 qcm genügt, um ein festes Häutchen zu bilden und um gleichzeitig einen festen Schaum zu erzeugen. Derartige Häutchen haben eine Dicke von 3 $\mu\mu$.

Nährwert des Bieres. Der Nährwert des Bieres wird wie bei anderen Nährstoffen auf dem Kalorienwert basiert. Das ist eine irrige Theorie, denn J. Alexander[2]) sagt mit Recht: Wir leben nicht von dem was wir essen, sondern was wir verdauen. So ist bekannt, daß reine Kuhmilch von den Kindern nur schwer verdaut wird, weil dieselbe, sobald sie mit dem Magensafte (Salzsäure) in Berührung kommt, sofort koaguliert — zu Quark wird. Bei Zusatz von Schutzkolloiden, wie Gelatine, isländisches Moos oder Gerstenschleim aber wird das Kasein entweder ganz am Koagulieren verhindert oder aber, wenn es doch koaguliert, sind die Gerinnsel so feinflockig, daß sie sich beim Verdauungsprozeß leicht auflösen. Ähnliche Verhältnisse treffen wir bei der Frauenmilch, welche den Kindern immer gut bekommt. In der Frauenmilch wirkt eben das Albumin — ein reversibles Kolloid — als Schutzstoff[3]). Auch das Bier enthält solche Schutzstoffe in großer Menge. Diese Schutzstoffe finden sich besonders im Extrakt des Farbmalzes und des dunklen Malzes, sie lassen sich durch Alkoholfällung aus allen Bieren gewinnen. Löst man die Fällung in Wasser auf und gibt sie zur Milch, so beobachtet man bei Säurezusatz nur eine sehr feinverteilte Suspension, welche bei Erwärmung auf 37° C

---

[1]) F. Emslander, Wochenschr. f. Brauerei **38** (1926).
[2]) J. Alexander, Kolloid-Ztschr. **6**, 197 (1910).
[3]) J. Alexander, Kolloid-Ztschr. **5**, 101 (1909).

gänzlich verschwindet, so zwar, daß mit freiem Auge eine Koagulation überhaupt nicht mehr wahrnehmbar ist[1]).

Dieser Beobachtung ist die praktische Erfahrung längst vorausgeeilt. Von seiten der Ärzte wird den stillenden Frauen geraten, neben oder mit Milch zusammen, malzreiche Biere (Ammenbier) zu trinken. Man weiß auch, daß schwarzes Brot sowie Käse mit Bier zusammen genossen, hohe Nährwirkungen auslöst. Das Bier wirkt in diesen Fällen emulgierend —, zerteilend und schafft dadurch den Verdauungsenzymen große Angriffsflächen. Unter diesem Gesichtspunkte wirkt das Bier neben seinem eigenen Nährgehalte verdauungsfördernd und damit energie-ausnutzend auf andere Nährstoffe.

Für diese Theorie spricht auch eine praktische Tatsache. Das ärmere Publikum trinkt mit Vorliebe dunkle, gehaltvolle Biere, die Besitzenden aber lieben helle, trockene (sec) Biere. Der Minderbemittelte erkennt eben instinktiv, daß der Mehrgehalt der kolloiden Schutzstoffe des dunklen Bieres seine kärgliche Nahrung besser verdauen läßt, während die Besitzenden im hellen Biere mehr ein Genußmittel erblicken. Was für den armen Mann im Ernährungsprozeß das dunkle Bier bedeutet, ist für den Reichen die Majonaise — Emulgierungsmittel.

Bier als Diagnostikum[2]). Man kann beobachten, daß bei manchen Menschen, sobald sie Bier trinken, der Bierschaum sofort zusammenfällt. Solche Personen sind krank (Zuckerkrankheit, Nierenleiden, Tuberkulose) oder sie tragen den Keim einer Krankheit in sich. Die Erklärung für diese oft zu machende Beobachtung ist die, daß in solchen Fälle Stoffe mit dem Biere in Kontakt treten, welche die Oberflächenspannung erniedrigen und dadurch schaumzerstörend wirken. Besonders bei Zuckerkranken kann man die Beobachtung machen, daß der Atem stark nach Obstäther, Azeton, auch nach Alkohol riecht. Diese Stoffe sind sehr oberflächenaktiv und verdrängen daher die weniger oberflächenaktiven, schaumgebenden Stoffe aus der Oberfläche des Bieres und zerstören dadurch fast augenblicklich den Schaum. Aus dem gleichen Grunde können bekanntlich auch Messungen der Oberflächenspannung in Räumen nicht gemacht werden, in denen auch nur Spuren von Ätherdampf usw. sich vorfinden.

---

[1]) F. Emslander, Kolloid-Ztschr. 6, 156 (1910).
[2]) F. Emslander, Kolloid-Ztschr. 6, 156 (1910), Wochenschr. f. Brauerei 48, 11 (1931).

Pflanzenschutz.

Von Dr. A. Chwala-Wien.

Vorbemerkung. In den „Kolloidtechnischen Sammelreferaten VII: Kolloidchemie und Schädlingsbekämpfungsmittel (mit besonderer Berücksichtigung der Arseniate)", Kolloid-Ztschr. **46**, H. 3, 227 ff. (1928), wurde zum erstenmal vom Verfasser der Versuch unternommen, auf die kolloidchemischen Probleme im Gebiete des praktischen Pflanzenschutzes hinzuweisen.

Die nachstehenden Ausführungen sollen eine Erweiterung der genannten Arbeit darbieten. Es muß aber schon an dieser Stelle bemerkt werden, daß die wissenschaftliche Durcharbeitung der in Frage kommenden kolloidchemischen Beziehungen derzeit noch in den Kinderschuhen steckt; wir sind daher leider auch noch weit davon entfernt, behaupten zu können, daß der Wert der kolloidchemischen Betrachtungsweise im Pflanzenschutzdienst auch nur annähernd erkannt oder geschätzt würde. Dies rührt einerseits daher, daß sich zur Zeit noch wenige kolloidchemisch gebildete Chemiker mit dem Gebiete des Pflanzenschutzes befassen, andererseits von der Schwierigkeit, diesen Beziehungen, die mehr noch als mit der Kolloidchemie mit der Biochemie verwandt sind, einen eindeutigen wissenschaftlichen Ausdruck zu geben, so daß man in den meisten Fällen noch vollkommen im Dunkeln tappt.

A. Gruppeneinteilung.

Die wichtigsten Pflanzenschutzmittel rekrutieren sich aus den folgenden Körperklassen:

> 1. des Arsens, 2. des Bariums, 3. der Kieselfluorwasserstoffsäure, 4. des Kupfers, 5. des Quecksilbers, 6. des Schwefels, 7. des Cyans, 8. des Schwefelkohlenstoffs, 9. des Nikotins, 10. des Pyrethrums, 11. der Seifen, 12. der Mineralöle, 13. der Teerprodukte.

Bei einigen der genannten Gruppen bestehen natürliche Beziehungen zur Kolloidchemie, bei einer Reihe anderer ist man bestrebt, solche Beziehungen künstlich zu schaffen, bei den restlichen sind nicht nur derartige Beziehungen nicht vorhanden, sondern nach dem derzeitigen Stande unserer Kenntnisse weder möglich noch auch erwünscht. Die hier gegebene Einteilung ist bewußt willkürlich und unvollständig, erscheint uns jedoch für die Auswertung der wichtigsten Pflanzenschutzmittel hinreichend und zweckmäßig.

B. Warum ist die kolloidchemische Betrachtungsweise für die Pflanzenschutzmittel und für den praktischen Pflanzenschutz von Bedeutung?

Bei einer Reihe von Pflanzenschutzmitteln finden wir eine Anzahl Eigenschaften, deren Kenntnis, Beachtung und Verwertung dem nicht kolloidchemisch gebildeten Chemiker ferner liegt, deren Bedeutung für die Beurteilung des wissenschaftlichen und praktischen Wertes eines Pflanzenschutzmittels jedoch außerordentlich groß ist. Es sind u. a. die folgenden:

Dispersitätsgrad, Teilchenladung, Hydratationsgrad, Adsorptionsvermögen, Schwebefähigkeit, Stabilität und Flockungswert, Benetzungsfähigkeit, Haftvermögen, Schüttgewicht, Aufbringungsvermögen durch Spritzen und Stäuben.

Eine Reihe anderer Eigenschaften, wie Löslichkeit, Wasserstoffionenkonzentration, Ionenwirkung, hydrolytische und elektrolytische Dissoziation usw., gehört in das Gebiet der allgemeinen oder physikalischen Chemie und soll hier nur ausnahmsweise Erwähnung finden. Ebenso wird hier von einer ausführlicheren Besprechung der Pflanzenschutzmittel im Hinblick auf ihre Toxizität oder ihre Verwendungsart abgesehen; diese Momente sollen nur in dem zum Verständnis der Materie unbedingt erforderlichen Ausmaße gestreift werden.

C. Besprechung der kolloidchemischen Beziehungen bei den einzelnen Gruppen.

Allgemeines. Vor Eingehen in die Besprechung der einzelnen Gruppen sei hier grundsätzlich darauf hingewiesen, daß wir die Arseniate als Schulbeispiele für eine Reihe von Betrachtungen gewählt haben bzw. in dem Kapitel über die Arseniate Überlegungen und Darlegungen bieten, die ebensogut auch für eine Anzahl anderer Gruppen Gültigkeit haben.

Insbesondere sind dies die Erwägungen über:

1. die Chemismen, die als solche zu den Pflanzenschutzmitteln führen;

2. die durch die Anwendung der Kolloidchemie gewonnenen Vorteile in der Durchführung der unter 1. erwähnten Chemismen im großen, u. zwar:

a) Peptisation von Fertigprodukten zu sog. Trübungen[1]),

b) Zusatz von Schutzkolloiden zu Fertigprodukten mit oder ohne Verwendung von Kolloidmühlen,

c) Bereitung von wirklich- oder pseudokolloiden Endprodukten aus kolloiden Ausgangsstoffen,

d) Bereitung von Kolloidpräparaten aus den Ausgangsstoffen in Anwesenheit von Schutzkolloiden,

e) Zusatz von Netzmitteln zu den Fertigpräparaten,

f) Zusatz von Füllstoffen mit z. T. kolloidem Charakter, z. T. inerter Beschaffenheit,

g) Verwendung von Haftmitteln von variablem chemischem Typus.

Hierzu bedarf Punkt a einer näheren Erläuterung. Der Ausdruck „Trübungen" (Zwischenstufe zwischen wirklichen Kolloiden und wirklichen Suspensionen) ist zuerst von G. Quincke[1]) gebraucht worden. Hier sollen darunter im Sinne der

---

[1]) G. Quincke in Drudes Ann. d. Physik (4) **7**, 57—69 (1902); s. a. F. V. v. Hahn, Dispersoidanalyse (1928), 4—5.

Ausführungen Chwalas[1]) heterodisperse, wie schon der Name sagt, „trübe"
Zustände von Nichtgelen verstanden werden, die folgende Eigenschaften aufweisen:

   α. Ihre im Wiegner-Geßnerschen Apparat photographisch aufgenommenen Fallkurven zeigen Sedimentationen, die auch nach Ablauf mehrerer Tage
noch nicht vollständig sind.

   β. Ihre 1%igen Aufschwemmungen geben nach 16 Stunden noch einen
Trockenrückstand von 30—80%.

   γ. Ihre Photomikrobilder zeigen bei 2100facher Vergrößerung keine Agglutinationen, sondern nur Einzelteilchen, zuweilen sogar im auffallenden Licht bei der
gleichen Vergrößerung selbst diese nicht mehr. (Die größeren Teilchen der hetero-
dispersen Phase werden beim Einstellen herausgedrängt, und lediglich die aller-
kleinsten Partikel lassen sich auf eine Ebene einstellen und werden nur verschwommen sichtbar.)

   Die oben aufgezählten verschiedenen Methoden sollen in ihrer Anwendung
an Körpern, die von Haus aus durch chemische Operationen sich schon dem kolloiden oder kolloidähnlichen Zustande nähern, dazu dienen, den Pflanzenschutzmitteln
solche zusätzlichen und neuen Eigenschaften zu verleihen, wie sie sie im nichtkolloiden Zustande nicht oder nur unvollständig besitzen. Es sind dies u. a. die
in Kapitel B, S. 932 erwähnten, welche ausgesprochen zur Domäne der Kolloidchemie gehören.

   Es sei nochmals betont, daß diese ganze Methodik, die im Arseniatkapitel
kurz behandelt wird, vielfach ebensolche Geltung für andere Gruppen, wie z. B.
die des Kupfers oder des Schwefels, besitzt.

   Des weiteren mögen hier noch ganz kursorisch die Anwendungsgebiete der
wichtigsten Gruppen skizziert werden: Gegen fressende Insekten dienen die
Arseniate, teils gegen saugende Insekten, teils gegen überwinternde Larven und
Eier verwendet man Seifen, Petroleum, Mineralöle und Teerprodukte; falschen
Meltau bekämpft man mit Kupferverbindungen, echten mit Schwefel; die Quecksilberverbindungen dienen zu Saatgutbeizen; Tabak findet Verwendung sowohl
gegen fressende Schädlinge (kleine Raupen), wie gegen saugende usw.

Arsenpräparate.   In früherer Zeit begnügte man sich damit, die Arsenite und Arseniate
des Mg, Ca, Ba, Zn, Cu, Pb usw. entweder durch doppelte Um-
setzung oder auf eine andere Weise herzustellen, ohne besondere Einzelheiten der Herstellungsart zu berücksichtigen. Doch kam man sehr bald darauf, daß man, um
Unzukömmlichkeiten in der Praxis zu vermeiden, schon bei der Erzeugung sehr
auf die Beschaffenheit des entstehenden Produktes Bedacht nehmen muß. (Hier
soll im allgemeinen von definierbaren Produkten gesprochen werden. Denn die im
Pflanzenschutz unter ein und derselben Bezeichnung gebräuchlichen Mittel stellen
hinsichtlich ihres chemischen Aufbaues oft recht verschiedene Verbindungen dar,

---

   [1]) Vgl. die Monographie von A. Chwala, Zerkleinerungs-Chemie, Kolloidchem. Beih. 31,
H. 6—8 (1930).

   Die von Chwala in neue Beleuchtung gerückten Trübungen verdienen, dem Bedürfnis
der Technik entsprechend, eine Sonderstellung, die aber nicht etwa den zwischen hydrophilen
und hydrophoben dispersen Phasen bestehenden Gegensatz zum Ausdruck bringen soll. Eine
„Trübung", u. a. dadurch charakterisiert, daß das feste Nichtgel im nichtsolvatisierten
Zustand vorhanden ist, unterscheidet sich von der Lösung des kolloiden hydrophoben Goldes
z. B. merkbar durch eine weit geringere thermodynamische Stabilität seines Systems, welche
aber für viele Zwecke der Technik sehr interessant ist und bevorzugt wird. Diese Sonderstellung
der Trübungen stellt demnach keine Trennung zwischen Trübungen und wirklich kolloiden
Lösungen dar, da es zweifellos zwischen diesen beiden dispersen Zuständen (bis jetzt allerdings
noch nicht genügend bekannte) kontinuierliche Übergänge geben wird.

da die Handelsprodukte häufig auch Stoffe enthalten, die fälschlich als „inert" bezeichnet werden.) Ein Blei- oder Kalziumarseniat beispielsweise, welches mehr als 0,75 % As_2O_5 bzw. mehr als 0,2 % As_2O_3 in löslichem Zustande enthält (wir kommen weiter unten noch darauf zurück), wurde auch früher schon als schlechtweg unbrauchbar gebrandmarkt, aber ebenso ist ein Produkt zu verwerfen, wenn seine Teilchen zu groß, das Schüttvolumen zu klein, der Hydratationsgrad zu gering, die Benetzungsfähigkeit und das Haftvermögen zu dürftig und die Schwebefähigkeit zu mangelhaft sind[1]). Da versuchte man mit Hilfe rein chemischer Mittel ein Optimum der gewünschten Eigenschaften zu erreichen, ohne daß es jedoch im großen und ganzen möglich gewesen wäre, dies restlos durchzuführen. Später dann, als die Kolloidmühle auftauchte, und man auf mechanischem Wege zum Ziele gelangen zu können glaubte, wurden die Pflanzenschutzmittel in Wasser, evtl. unter Zusatz von Schutzkolloiden, geschlagen. Aber keine der beiden Arten führte zum Erfolg. Man muß vielmehr sowohl dem rein chemischen Weg als auch der selektiven und subtilen kolloidchemischen Methodik größte Aufmerksamkeit bei der Erzeugung der Pflanzenschutzmittel schenken. Wenn wir als Beispiel die Herstellung eines Arseniates wählen, so ist dabei zu beachten, daß die Konzentration des Erzeugungsmilieus optimal gewählt werden muß, daß die Umsetzungsgeschwindigkeit der Komponenten nur innerhalb ziemlich enger Grenzen optimal ist, daß der Einfluß der Temperatur und, sofern es sich nicht um molare Lösungen handelt, der physikalische Charakter der Ausgangsstoffe zu studieren ist usw.

Ein charakteristisches Beispiel für das eben Gesagte liefert das D.R.P. 456 188, das besonders zur Herstellung von kolloidem Kalzium- oder Kupferarseniat Anwendung finden soll. Nach diesem Verfahren läßt man die Komponenten so langsam aufeinander einwirken, wie die betreffende Reaktion an sich erfolgen würde. Man gießt also nicht zwei Lösungen auf einmal zusammen, sondern überzeugt sich in einem Vorversuch, wieviel Zeit die betreffende Umsetzung beansprucht, und verfährt dementsprechend. Auf diese Weise erfolgt nach Angabe des Patentes niemals eine Ausfällung, sondern man erhält das Endprodukt in kolloider Form.

Die Bildung der Kalziumarseniate z. B. aus den Komponenten ist durchaus nicht eindeutig, da wir die Möglichkeit der Entstehung von zwei- und dreibasischem Kalziumarseniat ins Auge fassen müssen und, wenn man so sagen darf, auch von vierbasischen bzw. von Gemischen dieser verschieden basischen Verbindungen. Mit Recht weisen A. T. Clifford und F. K. Cameron[2]) darauf hin, daß man z. B. bei dem System CaO, As_2O_5, H_2O von festen Lösungen variabler Zusammensetzung sprechen kann. Die Bildung der angeblich kolloiden Zustände nach obigem Patent wäre daher nicht nur in bezug auf die Reaktionsgeschwindigkeit, sondern auch bezüglich der Zusammensetzung der entstandenen Produkte und im Hinblick auf die funktionellen Zusammenhänge zwischen diesen und anderen Momenten eines Studiums wert. Es ist bei der Methodik des kolloidchemischen Arbeitens noch weniger als bei der gewöhnlichen chemischen Arbeit gleichgültig, mit welchen Konzentrationen und Geschwindigkeiten die Komponenten verwendet werden, welche von letzteren vor- oder nachgelegt wird usw.

Für die Erzeugung eines guten Kalkarseniates ist es z. B. unumgänglich notwendig, daß der verwendete Kalk ganz außerordentlich gut hydratisiert ist, daß die Kalkmilch nur in bestimmter Konzentration gebraucht wird, ebenso auch die Arsensäure, und daß die Umsetzung der Arsensäure mit vorgelegter Kalkmilch bei ganz

---

[1]) S. hierzu L. Fulmek, Fortschr. d. Landwirtschaft **4**, 7, 209ff. (1929).
[2]) A. T. Clifford und F. K. Cameron, Solid Solutions of Lime and Arsenic acid, Journ. Ind. and Chem. Eng. **21**, 1, 69 (1929).

bestimmter höherer Temperatur vor sich geht. Sind die Voraussetzungen für die Erzeugung des Produktes, mit anderen Worten, ist die „Geschichte", die Entwicklungsgeschichte, des Produktes günstig gewählt, bzw. ist die Konstitution des Präparates eine entsprechende[1]), so ist damit für die spätere Kolloidisierung bereits die Hälfte der Arbeit geleistet. Es macht einen gewaltigen Unterschied aus, ob der Kalk sich reichlich oder, bei gleichem Gehalt an CaO, nur mäßig hydratisieren läßt. Ebenso kann unter sonst völlig gleichen Voraussetzungen schon das mehr oder weniger gründliche Rühren während der Operation von ausschlaggebender Bedeutung für das Gelingen sein, so daß im einen Falle ein Produkt erhalten wird, welches an der Pflanze Schädigungen hervorruft, oder dessen Spritzbrühe das Blatt oder die Frucht in unzureichendem Maße bedeckt (benetzt), während in einem anderen das entstandene Kalziumarseniat den Anforderungen besser entspricht.

Vielfach begnügt man sich damit, die chemischen Erzeugungsphasen zu studieren und zu verändern, um bessere Qualitäten hervorzubringen. In unzähligen anderen Fällen kommt man aber damit nicht zum Ziel, man muß vielmehr die Stoffe „kolloidisieren", bzw. pseudokolloidisieren, um die gewünschten hochqualifizierten physikalisch-kolloidchemischen Eigenschaften wie auch die nötige Toxizität bei der Anwendung zu erhalten, sowie bequemere Aufbringung auf die Pflanzen und Ökonomisierung des Verbrauches zu ermöglichen.

Zur Verdeutlichung des Gesagten sei kurz darauf hingewiesen, daß der höhere Dispersitätsgrad bessere Schwebefähigkeit in Wasser, größere Stabilität der Suspension usw. bedingt, daß die kolloide oder annähernd kolloide Spritzbrühe homogenes Bedecken der Pflanzenteile bei sparsamem Verbrauch gestattet. Ein leicht sedimentierendes Produkt hingegen birgt den Übelstand in sich, daß die Spritzbrühe im Gefäß absetzt und ihre Konzentration sich ständig mindert, so daß, übertrieben ausgedrückt, anstatt Arseniat gegen das Ende des Spritzvorganges lediglich Wasser verspritzt wird. Nur in größeren Apparaten ist für ein Rühren, d. h. Homogenisieren der Brühe während des Spritzens vorgesorgt, doch wird dadurch das Spritzen erschwert und verteuert. Man verbessert daher das Produkt, bei dessen Herstellung man bereits nach Möglichkeit auf hohe Qualitäten hingearbeitet hat, durch Kolloidisieren, bzw. indem man es (mit Wasser) in eine „Trübung" verwandelt.

Hier müssen wir ein für allemal bemerken, daß wir in den vorliegenden Ausführungen unter Kolloidisieren etwas verstehen, was dem klassischen Begriff des kolloiden Zustandes keineswegs vollkommen entspricht. Eine echte kolloide Lösung mit im thermodynamischen Gleichgewicht stehenden, daher überhaupt nicht sedimentierenden Teilchen von $1-100 \mu\mu$, eine Lösung, die in der Durchsicht blank wäre, würde in der Pflanzenschutztechnik wenig Anklang finden, da sie nach dem Aufspritzen und Eintrocknen nur einen ganz dünnen Film hinterlassen würde. Die Pflanzenschutzmittel, soweit sie im gewöhnlichen Sprachgebrauch als kolloid bezeichnet werden, sind lediglich als sehr gute Suspensionen bzw. schon als „Trübungen" anzusprechen. Es sind Aufschwemmungen von solcher Stabilität, daß eine Verarmung der Spritzbrühe innerhalb der in der Praxis für den Spritzvorgang üblichen Zeit nicht sehr bemerkbar eintritt. Eine brauchbare Faustregel sagt, daß diejenigen wäßrigen Aufschwemmungen als gut zu bezeichnen sind, die, als 1%ige Suspensionen angesetzt, nach 16stündigem Stehen noch $30-50\%$ der ganzen angewandten Menge der dispersen Phase schwebend enthalten. Eine solche Aufschwemmung zeigt Teilchen von echter kolloider Größenordnung (unter $100 \mu\mu$) bis zur Größe von 10000 und 20000 $\mu\mu$, ist also heterodispers. Die idealen

---

[1]) S. u. a. A. Chwala, Chemie und Pflanzenschutz, Öst. Chem.-Ztg. **43**, 6 (1929).

Brühen für den Pflanzenschutz sind die auch von Zsigmondy so genannten „Trübungen".

Zur Erzielung solcher hochqualifizierter Suspensionen oder „Trübungen" werden die Arseniate beispielsweise peptisiert, evtl. unter Zuhilfenahme mechanischer Hilfsmittel (Dispersoidmühlen und -maschinen). Diese Peptisationen sind keineswegs leicht oder einfach, da es beispielsweise nicht möglich ist, Arseniate auf billige Weise so stark zu hydratisieren, wie es für die Durchführung einer einwandfreien Peptisation —natürlich, ohne auch z. B. die „lösliche Arsensäure" über das vorgeschriebene Maß zu erhöhen — nötig wäre. Man muß die Arseniate nehmen, wie sie durch die chemischen Reaktionen anfallen — also in nicht bzw. nur schwach hydratisiertem Zustande —, da die anderen chemischen Methoden für die Praxis zu kostspielig wären. Uns sind nur wenige Fälle bekannt, in denen eine solche Peptisation einigermaßen gut vor sich geht.

Ein guter Peptisator für diesen Zweck ist das Natriumpyrophosphat[1]), das sich in einer großen Anzahl von Arseniätpeptisationen bisher recht gut bewährt hat. 10—15% wasserfreies $Na_4P_2O_7$, gerechnet auf Kalkarseniat, und zwar ein speziell hergestelltes, diesem vorher trocken zugemischt, bewirkt in der wäßrigen Aufschwemmung eine so eindeutig vor sich gehende kolloide Zerteilung des Mischpräparates, daß der Vorgang auch kinematographisch aufgenommen werden kann; die Agglomerate verschwinden z. B. bei einer 2100maligen Vergrößerung vollkommen —, es entsteht eine Trübung, welche in der entsprechenden, für den Pflanzenschutz vorgeschriebenen Konzentration (0,2—1%) den Anforderungen bezüglich Schwebefähigkeit, Filmbildungsbestreben, Benetzungsfähigkeit, Haftvermögen usw. gerecht wird. (Die Arseniate werden lediglich in wäßrigen Suspensionen verwendet; dies ist sozusagen ein Glück, da die bisher gefundenen praktischen Peptisationen nur gegen Wasser möglich waren. Leider wird in der Literatur, wenn man von Kolloiden spricht, viel zu oft stillschweigend vorausgesetzt, daß es sich um Dispergierungen, Peptisationen, Zerteilungen usw. lediglich gegen Wasser handelt. Die Chemismen der Dispergierungen gegen Wasser haben mit denen gegen z. B. organische Lösungsmittel in der Regel wenig gemein, weshalb es wohl angezeigt wäre, dies in der Literatur häufiger als bisher zu betonen.)

In so hohem Maße nun auch die oben kurz besprochene Kolloidisierung von Arseniaten die Vorteile erhöhter Toxizität, bequemerer Verwendung der Spritzbrühen, besserer Benetzung der besprizten Pflanzenteile usw. zur Folge hat, haftet ihr doch auch ein, allerdings weit weniger ins Gewicht fallender, wohl z. T. behebbarer Nachteil an, weil eine „Trübung" etwas leichter vom Blatt abrinnt als eine grobe Suspension.

R. H. Smith[2]) hat nachgewiesen, daß speziell bei kolloiden Lösungen ein belangreicher Teil der Spritzbrühen durch leichteres Abfließen verloren geht. Da aber eben diese kolloiden Lösungen erheblich wirksamer sind als die nichtkolloiden Suspensionen des gleichen Präparates, wenn sie auch einen weniger dicken Film hinterlassen, so wäre es ein Gebot der Stunde, solche Spritzmethoden zu ersinnen, welche es ermöglichen würden, gerade nur so viel von dem Spritzbrühennebel auf die Blätter herabsinken zu lassen, wie erforderlich ist, um sie zur Gänze zu bedecken. Die bisherigen Spritzmethoden und -apparate bewirken die Bedeckung der zu besprizenden Pflanzenteile durchaus nicht in wirtschaftlicher Weise. Während auf einem Teil der Blätter kaum einige wenige flache Tröpfchen liegen (flach, weil

---

[1]) S. D.R.P. 478190, Franz. Pat. 650177 u. v. a. von A. Chwala.

[2]) R. H. Smith, An investigation of spray coverages and arsenical residue in relation to the control of the codling moth, Journal of economic Entomology 21, 571ff. (1928).

bei den Trübungen die Oberflächenspannung gering und die Benetzung erheblich ist), rinnt die Aufschwemmung von anderen Blättern kontinuierlich ab, was nicht nur unökonomisch, sondern für den Boden direkt schädlich ist. Wird einmal die Spritztechnik in obigem Sinne vervollkommnet, so werden die kolloiden Trübungen tatsächlich den Idealfall für den Pflanzenschutz darstellen.

Der Film der Trübungen auf den Blättern ist ungleich homogener als der der groben Suspensionen, die Einzelteilchen besitzen eine weitaus größere Oberfläche als die der groben Zerteilungen, sie benetzen das Blatt wesentlich besser und rascher, die Haftfähigkeit des trockenen Films ist ebenfalls erhöht, kurzum, es werden gerade diejenigen Eigenschaften gesteigert, auf die es ankommt, und die Wirtschaftlichkeit wird dadurch gehoben.

Die Prüfung der kolloiden oder trübungsartigen Arseniate auf ihre Tauglichkeit im Pflanzenschutz geschieht teils nach physikalisch-chemischen Methoden, teils von kolloidchemischen Gesichtspunkten aus, worauf wir später zurückkommen[1]).

Andere Methoden zur Kolloidisierung oder Pseudokolloidisierung als die oben erwähnte sind im großen und ganzen nur wenig bekannt geworden. Es wurde schon früher gesagt, daß in der Jugendzeit der technischen Kolloidchemie größere Mengen von Schutzkolloiden (z. B. Sulfitablauge oder andere) zur Erreichung dieses Zieles herangezogen wurden. Über diese wenig originellen Bestrebungen wollen wir hinweggehen. Besser schon haben sich jene Verfahren bewährt, die Zusatz von Schutzkolloiden oder vermeintlichen Peptisatoren mit gleichzeitiger Verarbeitung des Materials in der Kolloidmühle kombinierten. Diese Vorgangsweise hatte wenigstens den Vorteil, daß man bis zu mittelguten Suspensionen gelangte, ohne zu allzu großen Mengen von Schutzkolloiden greifen zu müssen. Wir glauben auch hier von dem Eingehen auf Einzelheiten absehen zu können.

Eine weitere Gruppe von Verfahren will kolloide Arseniate durch doppelte Umsetzung, z. B. kolloides Bleiarseniat aus Bleisilikofluorid und Alkaliarseniat bzw. kolloides Kupferarseniat aus Kupfersilikofluorid und Alkaliarseniat bei Gegenwart von Leim, Gummi, Agar usw. erzeugen (Engl. Pat. 263670 (1926), Bentley). Die Verfahren dieser Gruppe, nach denen kolloide Arseniate angeblich durch doppelte Umsetzung verschiedener Salze in Anwesenheit von Schutzkolloiden hervorgebracht werden sollen, sind sehr zahlreich, besitzen jedoch keinen Anspruch auf besonderes Interesse, da sie zu teuer arbeiten und kaum je in einem Falle zu einer „Trübung" im Sinne der oben gegebenen Definition führen. Man erhält mit ihnen nur Suspensionen, die etwas besser sind als die ohne Schutzkolloide erzielten. Übrigens soll nach Ansicht verschiedener Autoren[2]) die Anwesenheit von Schutzkolloiden im Fertigpräparat die Toxizität beeinträchtigen, was durchaus begreiflich ist.

Eine Reihe von Verfahren bemüht sich, aus kolloiden Ausgangsprodukten zu kolloiden Endprodukten zu gelangen. Z. B. wird in einer Patentanmeldung ein Verfahren beschrieben, nach welchem grüne bis rotbraune Sulfarsenite bzw. Sulfarseniate in annähernd kolloider Form durch Umsetzung von kolloidem Schwefelarsen mit Kupferkalkbrühe entstehen sollen. Durch gleichzeitige Verwendung von z. B. kolloidem Schwefel neben den eben erwähnten Stoffen Schwefelarsen und Kupferkalkbrühe will die Erfinderin gleichzeitig Oidium (durch den Schwefel), Peronospora (durch das Kupfer) und fressende Schädlinge (durch das Arsen) bekämpfen.

---

[1]) Vgl. A. Chwala, Kolloid-Ztschr. **46**, 227ff. (1928).
[2]) Trappmann, Schädlingsbekämpfung, Grundlagen und Methoden im Pflanzenschutz, Samml. Chemie und Technik der Gegenw. **8** (Leipzig 1927).

In gewissem Sinne ebenfalls hierher gehörig sind die Bestrebungen, die dahin zielen, die Suspensionen eines Arseniates durch Mittel wie Seife, sulfurierte Öle, sulfurierte aromatische Stoffe, sulfurierte Pech- und Teerprodukte, Huminsäuren oder andere organische „Netzmittel" schwebe- und netzfähiger zu gestalten.

Ferner gibt es eine große Zahl von Verfahren, die eine Verbesserung der Spritzbrühen nicht durch Zusatz gewöhnlicher Schutzkolloide oder der erwähnten Netzmittel anstreben, sondern Mischungen der Pflanzenschutzmittel teils mit anorganischen Trübungen oder Pseudokolloiden (wie Kaolin oder Bentonit, evtl. noch unter Zusatz von Seife) teils mit anderen mehr oder weniger inerten Füllstoffen (Kieselgur, Schlemmkreide) empfehlen. Die Verwendung solcher Mischungen wurde auch vor der Anmeldung des D.R.P. 412515 von den verschiedensten Seiten mit Erfolg in der Praxis durchgeführt.

Zur Sache selbst sei erwähnt, daß tatsächlich Kaolin — obwohl nur eine Trübung gebend — die Suspensionsfähigkeit der Arseniate erhöht. Die Seife, ein uraltes Zusatzmittel zu den Arseniaten, wirkt auf fünferlei verschiedene Arten: 1. ist der Zusatz des Kolloids (der Seife) an sich suspensionsfördernd, 2. wird durch die OH·-Ionen der Seife eine gewisse, wenn auch geringe Peptisation der Arseniate erzielt, 3. bringt der Seifenschaum die Arseniatteilchen an die Oberfläche und verhindert auf diese Weise auch das Absetzen, 4. werden die Trübungen durch den Seifenzusatz benetzungsfähiger, 5. bildet die Seife vermöge ihrer hydrolytischen Spaltung in wäßriger Lösung aus einem Teil der Arseniate Alkali-Arseniat — welches zwar die Toxizität, aber auch die Verbrennungsgefahr erhöht — und Metallseife.

Die Feststellung der größeren oder geringeren Beeinflussung der Spritzbrühen oder Stäubemittel durch die verschiedenen Zusatzstoffe (zum T. Kolloide, teilweise auch bloße Füllmaterialien) wurde bisher verschiedentlich in der Praxis versucht, nicht aber auf dem Wege der wissenschaftlichen Methodik der Dispersoidanalyse.

Auch zur Erhöhung der Haftfähigkeit finden wir eine große Menge von Zusatzstoffen vorgeschlagen, da die Wirksamkeit von Schädlingsbekämpfungsmitteln durchaus nicht allein, teilweise nicht einmal in ausschlaggebender Weise von der Giftigkeit des Stoffes gegenüber den zu vernichtenden Schädlingen abhängt. Sie wird vielmehr in hervorragendem Maße mit dadurch bedingt, daß das Mittel nicht nur möglichst fein verteilt ist und leicht aufgebracht werden kann, sondern daß es auch recht lange an den zu schützenden Pflanzenteilen haftet[1]). Die intensiven Bestrebungen, die Haftfähigkeit des eingetrockneten Spritzbrühenfilms oder des Staubbelages zu verbessern, sind daher vollauf berechtigt. Die bereits erwähnten Netzmittel (Seife usw.) dienen vielfach auch als ganz brauchbare Haftmittel bei Spritzbrühen. Ein spezifisches Haftmittel wollen H. Bollmann und B. Rewald (D.R.P. 476293) im Lezithin gefunden haben, während E. Merck für Stäubemittel vorschlägt, die Pulver mit Erdalkali- oder Schwermetallsalzen der Fett-, Harz- oder Naphthensäuren zu überziehen.

Die Zusätze zu den Spritzbrühen — Netz- und Haftmittel, wie sulfurierte Öle, Lezithin, Kaolin usw. — sind oft Kolloide oder Trübungen, teilweise sogar mit peptisierenden Eigenschaften. Das von Merck empfohlene interessante Verfahren könnte vielleicht als Vorschlag zur Erzeugung eines „trockenen Schutzkolloids" betrachtet werden.

Die interessantesten, aber nur wenig zahlreichen, bisher gelungenen Kolloidisierungen sind die oben angeführten Fälle einer wirklichen Peptisation ohne Schutzkolloide. In dieser Richtung und in der einer Verbesserung der Spritztechnik in praktischer und theoretischer Hinsicht sind die Erfolge der Zukunft zu suchen.

---

[1]) S. L. Fulmek, l. c.

Verbindungen des Bariums. Diese interessieren uns hier wenig, da es sich bei ihnen bisher entweder bloß um molekulare Verbindungen handelt, z. B. BaCl$_2$, oder um solche mit den Säuren des Arsens oder mit komplizierten organischen Säureresten. Über Arseniate wurde bereits gesprochen, und etwaige kolloide Salze mit organischen Säureresten sind nicht allein für das Barium charakteristisch.

Verbindungen der Kiesel-fluorwasserstoffsäure. Im kolloiden Zustand sind Fluorsilikate nicht hergestellt worden, was sich u. a. dadurch erklärt, daß sie meist löslich sind und in Wasser leicht hydrolysieren. Hingegen unternahm der Amerikaner H. W. Walker[1]) den Versuch, das für die Praxis spezifisch zu schwere Natriumsilikofluorid durch Hinzufügen von ca. 20 % kolloider Kieselsäure spezifisch leichter zu machen und gleichzeitig durch diesen Zusatz die durch das reine Natriumsilikofluorid stets bewirkte Laubschädigung zu unterbinden. Der Versuch, der unser Interesse verdient, weil er rein kolloider Natur ist, soll nach des Erfinders Angaben nach beiden Richtungen vollen Erfolg gezeitigt haben. Dieses Beispiel zeigt neuerdings die Nützlichkeit der kolloidchemischen Einstellung zu einem Problem des Pflanzenschutzdienstes mit Deutlichkeit auf.

Die in kolloider Form angewandte Kieselsäure drängt in der Gleichung

$$2\,Na^+ + SiF_6^{--} + 2\,H_2O \rightleftharpoons 2\,Na^+ + 4\,H^+ + 6\,F^- + SiO_2 \text{ (als Hydrat)}$$

das Gleichgewicht in der Spritzbrühe nach dem Massenwirkungsgesetz nach der linken Seite, wodurch die Verbrennungserscheinungen vermindert werden. Da die Verwendung von Schutzkolloiden wie Gelatine, Leim, Sulfitlauge, Kasein (dieses namentlich in Amerika sehr beliebt) usw., wie bereits früher hervorgehoben, selten empfehlenswert erscheint, so wäre die von Walker angegebene Richtung der Verwendung von kolloider Kieselsäure — etwa im Sinne eines anorganischen Schutzkolloides gedacht — vielleicht auch anderwärts im Pflanzenschutz mit Vorteil anwendbar.

Verbindungen des Kupfers. Da das Kupfer in seinen Verbindungen als Fungizid ebenso charakteristisch ist wie das Arsen in den seinen als Insektizid, so soll dieses Kapitel im Rahmen des Zulässigen etwas ausführlicher behandelt werden.

Die interessantesten Kupferverbindungen im Pflanzenschutz sind die Kupfer-Kalkbrühe (Bordeauxbrühe), die Kupfer-Sodabrühe und kolloides Kupfer.

Die Wirkungsweise der kolloiden oder nicht kolloiden Kupferverbindungen auf pflanzliche Parasiten aller Art ist biologisch nicht völlig geklärt, doch hat die Annahme, daß das Kupfer sich mit dem Protoplasma zu einer festen, sei es molaren, sei es Adsorptions- oder Kolloidverbindung vereinigt, Wahrscheinlichkeit für sich. Das Kupferalbuminat ist chemisch toxisch wirkungslos, zeigt also eine sehr feste Verbindung zwischen Eiweiß und Kupfer an.

Das Kupfer wird der Pflanze meist in nahezu unlöslicher Form dargeboten, d. h. die Verbindung enthält sehr wenig freie Cu$^{..}$-, bzw. Cu$^{.}$-Ionen; es ist aber wahrscheinlich, daß durch, von den Blättern oder Keimschläuchen der Pilze ausgeschiedene, saure Agenzien eine teilweise Auflösung des in den Spritzflecken enthaltenen Kupfers und demnach eine Bildung von Kupferionen bewirkt wird, die mit dem Eiweiß chemisch, adsorptiv oder kolloidchemisch reagieren. Es wäre müßig, sich hier in Erörterungen darüber einzulassen, ob kolloide Kupferverbindungen etwa direkt mit dem

---

[1]) H. W. Walker, The preparation of a special light sodium fluosilicate and its use as a boll weevil poison, Journ. of economic Entomology **21**, Nr. 1 (1928).

Eiweiß zu reagieren vermögen, sicher ist aber, daß das angewendete, an sich fast unlösliche, Kupferpräparat um so leichter im gewünschten Sinne toxisch wirken wird, je kolloidähnlicher es ist. Andererseits verbietet sich mit geringfügigen Ausnahmen die Verwendung molarer, nichtkomplexer Lösungen von Kupfersalzen zur Bekämpfung pflanzlicher Parasiten infolge der schweren Schädigungen, die die lebenden Teile der höheren Pflanzen sowohl durch das Kupfer in dieser sehr reaktionsfähigen Form wie auch durch die in solchen molaren Lösungen vorhandenen Anionen oder [H]-Ionen erleiden. Ein Gehalt von bis zu 10 mg Cu im Liter soll angeblich für höhere Pflanzen unschädlich sein, wenn die Verbindung nicht durch ihr Anion als Ätzmittel wirkt. Es darf also die Toxizität nicht bis zu dem in molaren Lösungen anzutreffenden Grad gesteigert werden, es muß in Anlehnung an die von Ehrlich seinerzeit für die planmäßige chemotherapeutische Untersuchung von Heilstoffen für den tierischen und menschlichen Organismus eingeführten Begriffe der Dosis curativa (c) und Dosis tolerata (t) die Reaktionsfähigkeit des Pflanzenschutzmittels gegenüber Eiweiß derart bestimmt werden, daß sie schon ausreicht, um die niedere Pflanze, den Parasiten, zu töten, aber noch nicht genügt, die höhere Pflanze zu schädigen. Der Quotient c/t, der chemotherapeutische Index, muß bei allen brauchbaren Pflanzenschutzmitteln kleiner als 1 sein, eine Bedingung, welcher die meisten modernen Desinfektions- und Konservierungsmittel, wie z. B. die Fluorverbindungen, nicht entsprechen[1]). Das zur Verwendung gelangende Kupferpräparat muß demnach — mit Ausnahme gewisser komplexer Kupfersalze — einerseits in Wasser unlöslich sein, andererseits eine zur Abtötung der niederen Pflanze genügend hohe Lösungs- bzw. Reaktionsgeschwindigkeit gegenüber den von jener ausgeschiedenen Säften besitzen. Das ist dann z. B. möglich, wenn das Kupferpräparat stark hydratisiert oder kolloid ist. In der Tat wird das wichtigste unter den kupferhaltigen Pflanzenschutzmitteln, die Kupfer-Kalkbrühe, oft fälschlich als Kolloid angesprochen. Sie ist aber keine kolloide Lösung, ihre große Reaktionsfähigkeit beruht vielmehr auf ihrer starken Hydratation. Da sie sowohl das wichtigste wie auch das interessanteste der im Pflanzenschutz gebrauchten Fungizide ist, und da sie sich zum Studium der kolloidchemischen Methodik gut eignet, wollen wir sie einer eingehenderen Betrachtung unterziehen.

Zur Herstellung von 100 Litern einer 1%igen Kupfer-Kalkbrühe werden getrennt angesetzt: eine Lösung von 1 kg $CuSO_4 \cdot 5 H_2O$ in 50 Litern Wasser und eine tadellos erzeugte Kalkmilch aus ca. $\frac{1}{2}$ kg frisch gebranntem CaO in 50 Litern Wasser. Die Kupfervitriollösung wird unter Rühren in die vorgelegte Kalkmilch eingetragen, wobei ein blauer schleimiger Niederschlag entsteht. Hierbei ist zu beachten, daß die Endreaktion schwach phenolphthaleinalkalisch sein muß. Hätte die entstandene Brühe ein p_H größer als 9, so wäre die Kupfer-Kalkbrühe nur wenig wirksam; ein p_H kleiner als 9 (etwa 7,5) hätte wohl eine erhöhte Wirksamkeit der Brühe, aber auch schon Laubschädigungen zur Folge. Ein p_H-Wert unter 7 (Anwesenheit auch nur geringfügiger Mengen von freiem $CuSO_4$) ist durchaus verpönt; in diesem Falle treten bereits schwerste Schädigungen der höheren Pflanze ein.

Über die chemischen Vorgänge bei der Bereitung der Kupfer-Kalkbrühe hat A. Wöber 1919 eine Theorie aufgestellt[2]). Die Feststellungen, zu denen er wohl mehr auf rein analytischem Wege als auf dem der Konstitutionserforschung gelangte, sind die folgenden:

---

[1]) Vgl. hierzu G. Gaßner, Wesen, Wirkung und Bewertung chemischer Pflanzenschutzmittel, Ztschr. f. angew. Chem. **42**, 867ff. (1929).

[2]) A. Wöber, Die chemische Zusammensetzung der Kupfer-Kalkbrühen, Ztschr. f. Pflanzenkrankheiten **29**, 94 (1919).

1. Die Reaktion von vorgelegter Kupfersulfatlösung mit nachgelegter Kalk-milch vollzieht sich in drei Stufen, und zwar in einer sauren, einer neutralen und einer alkalischen. Die gebildeten Produkte unterscheiden sich von-einander dadurch, daß das CuO im Verhältnis zum SO_3 mit steigendem Erdalkalizusatz zunimmt. (Der H_2O-Gehalt ist variabel und bleibe hier unberücksichtigt.)

2. Bei Überschuß von $Ca(OH)_2$ lagert sich dieses als solches an die neutrale Verbindung $(CuO)SO_3 \cdot (CuO)_3 \cdot x\,aq$ als Molekül an.

3. Es ist daher notwendig, das Kupfersulfat in die Kalkmilch einfließen zu lassen, um die sauren und neutralen Zwischenstufen zu vermeiden.

4. Der Kupfer-Kalkniederschlag ist eine alkalische Kupferkomplexverbindung, in welcher nebst $Cu(OH)_2$ und $Ca(OH)_2$ auch noch $CuSO_4$ als Komponente auftreten muß.

Mit der letzteren Feststellung befand sich Wöber in Übereinstimmung mit anderen Forschern[1]). Es besteht kein Zweifel darüber, daß die Kupfer-Kalkbrühe um so stärker fungizid wirkt — unter sonst vergleichbaren Umständen —, je mehr von diesem $CuSO_4$ vorhanden ist, bzw. je leichter dieses z. B. durch die CO_2 der Luft freigemacht werden kann.

Die von Wöber und anderen angegebenen Formeln können lediglich als Näherungsformeln angesehen werden. Zweifelsohne sind die Reaktionsprodukte aus $CuSO_4$ und $Ca(OH)_2$ komplizierte, offenbar aus primär gebildetem $3 [Cu(OH)_2] \cdot CuSO_4$ (siehe Wernersche Triolsalze) entstehende Zwitterprodukte, in die $Ca(OH)_2$, evtl. auch $CaSO_4$, eingebaut ist, und die man vermutlich teils als Komplex-, teils als Adsorptionsverbindungen wird ansprechen können. Die von den ge-nannten Forschern gegebenen Formeln sind daher analytisch wertvoll, im Sinne einer Konstitutionsbetrachtung aber unzulänglich.

Entscheidende Arbeiten über die Kupfer-Kalkbrühe vom physikalisch-chemischen bzw. kolloidchemischen Standpunkt aus sind nicht vorhanden. Über die Ionenkonzentrationen, speziell die der $Cu^{..}$-Ionen, in den Kupferbrühen unter verschiedenen Verhältnissen, bei verschiedenen Temperaturen, in verschiedenen Gebrauchswässern und in verschiedenen Konzentrationen (beim Übergang aus der aufgebrachten verhältnismäßig dünnen Suspension bis zur Trockene) liegen ebensowenig eindeutige Experimentaldaten vor wie etwa im Freiland angestellte Studien über die Reaktionsfähigkeit der Kupferbrühen gegen schwache Säuren, z. B. von einem p_H zwischen 4 und 6, wie sie die Pflanzen ausscheiden.

An der Kupfer-Kalkbrühe sehen wir die bereits bei den Arsenikalien hervor-gehobene Erfahrung bestätigt, daß die Wirksamkeit eines Pflanzenschutzmittels als Insektizid oder Fungizid durchaus nicht allein auf seinem Gehalt an der Gift-komponente beruht, sondern auch durch eine Reihe anderer Momente in maß-gebender Weise beeinflußt wird.

Der Kupfer-Kalkbrühe werden, mit Recht, folgende gute Eigenschaften nach-gerühmt:

1. Der Niederschlag ist äußerst fein; die mittlere Körnchengröße beträgt $3-4\,\mu$.

2. Der Niederschlag ist feinflockig, voluminös und sehr schwebefähig.

3. Der Niederschlag ist sehr haftfähig.

4. Die Brühe ist sehr viskos, so daß nur wenig von den Blättern abläuft.

5. Die richtig hergestellte Brühe verursacht keine Verbrennungen.

---

[1]) Vermorel und Dantony, Referat: Der Wein am Oberrhein, Int. agrartechn. Rundschau **13**, 21 (1917).

6. Die Spritzflecken sind gut sichtbar.

7. Die Brühe gestattet eine Mischung mit Arsenbrühen.

Diesen guten Eigenschaften stehen nur wenige schlechte gegenüber. So verliert die Brühe z. B. während eines Tages viel von ihrer Wirksamkeit, die Brühenflecken beschatten die Blätter zu sehr, u. ä.

Die physikalische und die Kolloidchemie zeigen uns wohl noch nicht eindeutig an, in welchen Richtungen die gewünschten optimalen Eigenschaften der Kupfer-Kalkbrühe planmäßig erzielt und gesteigert werden können, doch sind sie imstande, eine Reihe von Phänomenen dieser Brühe zu erklären.

Die große Schwebefähigkeit der Bordeauxbrühe ist zweifellos eine Funktion des Hydratationsgrades des Niederschlags, und dieser wird um so hydratisierter, „solvatisierter", sein, je geringer die Konzentration der verwendeten Reaktionskomponenten ist und je größer der Überschuß der während der Reaktion anwesenden OH-Ionen, mit anderen Worten: das Molekül des uns im inneren Aufbau noch unbekannten Kupfer-Kalkniederschlages wird infolge der vielen eingebauten H_2O-Moleküle besonders groß sein.

Der Zuckerzusatz, der zuweilen gegeben wird, bezweckt nichts anderes, als die Hydratisierung — sozusagen auf dem Wege einer Komplexsalzbildung — zu fördern und die durch die Ca-Ionen bewirkte Dehydratisierung und dadurch bedingte Verringerung der Schwebefähigkeit aufzuhalten. In diesem Falle steht der Zucker der Wirkungsweise gewisser Schutzkolloide mit etwas peptisatorischem Charakter schon sehr nahe.

Auch die Teilchenkleinheit des Kupfer-Kalkniederschlags läßt sich mit Hilfe der kolloidchemischen Denkmethodik annähernd erklären. Die Teilchen werden um so kleiner ausfallen, je besser es gelingt, die Niederschlagsbildung bei anscheinend quantitativem Verlauf zu bremsen[1]), es werden daher dünne Lösungen der Reaktionskomponenten unter Zusatz von peptisationsfördernden Mitteln (Stoffen mit OH-Ionen, Zucker, mehrwertigen Phenolen u. a.) zur Anwendung gelangen.

Ebenso wird die vielgerühmte Haftfähigkeit des Kupfer-Kalkniederschlages am lebenden Blatt durch eine physikochemische Überlegung verständlich. Bekanntermaßen haftet auf Glas eingetrocknete Gelatine derart fest auf diesem, daß der trockene Gelatinefilm, wenn man ihn trocken von seiner Unterlage loslösen will, nicht unerhebliche Teile von der Glasoberfläche mitreißt. Dieses Verhalten ist kein Charakteristikum der Gelatine, vielmehr eine beim Trocknen eintretende Eigenschaft schleimiger, gelatinöser und hydratreicher (solvatisierter) Niederschläge überhaupt. Die Bordeauxbrühe ist ein Typus eines solchen hydratisierten und daher klebenden Niederschlages.

Schließlich ist auch die hohe Viskosität der Kupfer-Kalkbrühe von der Art und Weise, wie der Niederschlag gebildet wird, abhängig. Je hydratreicher das System ist, desto viskoser ist es auch, und dies ist eine der Ursachen der Eigenschaft der Bordeauxbrühe, beim Spritzen nicht leicht von den Blättern abzurollen, also nicht nur der guten „Haftfähigkeit", sondern auch der guten „Auftragsfähigkeit" der Brühe.

Neben der Kupfer-Kalkbrühe gibt es eine Reihe anderer Kupferpräparate kolloiden Charakters. Als Beispiel hierfür sei das D.R.P. 428245 erwähnt, ein Verfahren zur Reduktion von Cu(OH) mit reduzierenden Schutzkolloiden in der Hitze, bei Anwesenheit anorganischer, das Cu nicht lösender, Säure.

Vielfach werden Kupferverbindungen, durch Salzbildung aus Kupfersalzen

---

[1]) Vgl. D.R.P. 456188 auf S. 934.

und den aus Braunkohlen durch Oxydation erhaltenen Huminsäuren hergestellt, verwendet.

Die Erkenntnis, wie wichtig es ist, daß die z. B. auf Rebstöcke aufgespritzten Kupferbrühen von besonders schleimiger und haftfähiger Beschaffenheit sind, damit der kupferhaltige Niederschlag nicht durch etwa bald einsetzendes Regenwetter wieder heruntergewaschen wird, findet Ausdruck in den D.R.P. 416899 und 419460. Die Patentnehmerin will die kolloidähnliche Beschaffenheit der Kupfer-Kalkbrühe durch Zusatz von Salzen aromatischer Sulfosäuren oder der Sulfurierungsprodukte pech- und harzartiger aromatischer bzw. hydroaromatischer Körper erhöhen. Auch Lösungen sulfosaurer oder sulfofettsaurer Kupferverbindungen in Ammoniak (D.R.P. 236264) werden zur Anwendung vorgeschlagen. Eine ganze Anzahl anderer Patente empfiehlt die Hinzufügung irgendwelcher Schleimmittel, Haftmittel, Verdickungsmittel usw. zu den Brühen, doch würde eine Betrachtung über den Wert oder Unwert dieser Zusammensetzungen, über deren praktische Erprobung man zum großen Teil noch recht wenig zu hören bekommen hat, den hier gesteckten Rahmen überschreiten.

Vorläufig stellt die alte Kupfer-Kalkbrühe noch immer das souveräne Mittel unter den Kupferpräparaten dar.

Verbindungen des Quecksilbers. Die zumeist als Saatgutbeizen verwendeten Quecksilberverbindungen weisen bisher irgendwelche originelle Kolloidtypen nicht auf. Zur Anwendung gelangen komplexaromatische Verbindungen oder solche mit höheren Säuren (Sulfosäuren pech- und harzartiger Körper, D.R.P. 368123).

Schwefel. Der Schwefel bildet in wissenschaftlicher wie in praktischer Beziehung ein für die Kolloidchemie dankbares Gebiet. Er ist ziemlich leicht in wirklich kolloidem Zustand zu erhalten, entweder aus H_2S und SO_2 (in Gegenwart von Wasser, evtl. noch von Schutzkolloiden, D.R.P. 290610, D.R.P. 427585), oder z. B. aus Polysulfidlösungen in Gegenwart von Schutzkolloiden (D.R.P. 358700 und 431505) sowie beispielsweise aus Lösungen von Schwefel in Alkohol, Azeton u. dgl., durch Ausfällung wieder in Gegenwart von Schutzkolloiden (D.R.P. 201371).

Ferner wurde eine kolloidähnliche Schwefelbrühe (Trübung) durch Schlagen von Schwefel in einer Kolloidmühle bei Anwesenheit von Elektrolyten erzielt (D.R.P. 470837). Weiters kann man Schwefel in feinverteilter Form aus Polysulfidlösungen in Gegenwart von Zucker — als Komplexbildner — gewinnen; daß man Schwefel mit Huminsäuren und deren Salzen (D.R.P. 454933) bzw. Schwefelpulver mit verschiedenen Haft- und Netzmitteln mengt, ist wohl selbstverständlich. Ebenso wird die im D.R.P. 458954 niedergelegte Methode, ein Pflanzenschädlingsbekämpfungsmittel (also z. B. Schwefel) durch Bildung aus den Komponenten in Gegenwart von Schutzkolloiden und nachherige Fällung dieser letzteren unter Zusatz inerter Stoffe zu erzeugen, sicherlich schon von so mancher Fabrik geübt worden sein, bevor dieser Patentanspruch bekannt geworden war.

Bedeutende Forscher, wie Sven Odén, P. P. v. Weimarn, H. Freundlich, Raffo u. a. haben den kolloiden Schwefel eingehend studiert.

Bei der Reaktion zwischen H_2S und SO_2 ist die Bildung von kolloidem Schwefel an die Gegenwart von Pentathionsäure gebunden, welche mit dem elementaren Schwefel zusammen konstitutiv den Kolloidschwefel bildet. Das Gegenion bildet das Kation, während der Pentathionsäurerest im Sinne Wo. Paulis den ionogenen Komplex abgibt.

Nach H. Freundlich[1]) ist die große Beständigkeit der Selmi-Raffo-Odén-

---

[1]) H. Freundlich, Kapillarchemie, 2. Aufl. (Leipzig 1922).

schen Schwefelsole durch den großen Gehalt an Mizellen bedingt, und dieser offenbar dadurch, daß die Pentathionsäure eine starke Verwandtschaft sowohl zum Schwefel wie zum Wasser hat. H. Freundlich schreibt für das Selmi-Raffo-Odénsche Schwefelsol:

$$\boxed{\begin{array}{c} S\mu \\ S_5O_6H_2 \\ \underline{H_2O} \end{array}} \quad H^+$$

In der Schreibweise Wo. Paulis würde man schreiben:

$$[x \cdot (S\mu + nH_2O) \cdot y \cdot H_3S_5O_6 \cdot S_5O_6H_2] \, H^+.$$

Während saure Schwefelkolloide für Pflanzenschutzzwecke unbrauchbar sind, da die Pflanze bereits gegen ein p_H von 6,5 empfindlich ist, gibt es in der Praxis verwendete Formen von Schwefeltrübungen mit schwach alkalischem Charakter ($p_H = 8 - 8,5$). Es ist also vermutlich nicht die Pentathionsäure allein, die als Peptisator in Frage kommt. Bei der Bildung sehr schöner Trübungen beispielsweise aus dem elementaren Schwefel durch Schlagen in der Kolloidmühle in Gegenwart gewisser Schutzkolloide und Elektrolyte ist die Bildung von Pentathionsäure kaum anzunehmen.

Die Tatsache, daß die kolloide Lösung oder Trübung des Schwefels in Gegenwart von Elektrolyten beständig bleibt, ist ebenso interessant wie ungeklärt.

Wie schon erwähnt, ist das Gebiet des Schwefels für den Kolloidchemiker dankbar, aber auch der Pflanzenschutztechniker wird, dem Kolloidchemiker folgend, leicht auf seine Rechnung kommen. Denn der kolloide Schwefel zeigt sich gegenüber dem an sich nicht benetzbaren nichtkolloiden von wesentlich höherer Wirksamkeit[1]). Es sei bei dieser Gelegenheit betont, wie wichtig es wäre, bei den Pflanzenschutzmitteln auch den Gegenpartner — in diesem Falle das Oidium — biochemisch und kolloidchemisch genau zu kennen. Auch mag hier nochmals darauf verwiesen werden, daß, im Gegensatz zu den Arseniaten, die Wirksamkeit des kolloiden Schwefels durch die Anwesenheit von Schutzkolloiden anscheinend wenig beeinträchtigt wird.

Schon in der Reihenfolge Ventilato-Schwefel — präzipitierter Schwefel finden wir eine erhebliche Verbesserung in der Wirkung, die eine weitere starke Steigerung aufweist, wenn wir zur Anwendung von kolloiden Trübungen des Schwefels fortschreiten. Exakte wissenschaftliche Erklärungen für die bessere Wirksamkeit des kolloiden Schwefels bzw. der Schwefeltrübung unter den verschiedenen Bedingungen des Laboratoriums und des Freilands sind uns die Kolloidchemie und die Biochemie bisher schuldig geblieben.

Die unzähligen im Pflanzenschutz verwendeten Verbindungen des Schwefels[2]) kommen hier für uns nicht in Betracht.

Cyanverbindungen. Dieses Kapitel bietet für den Kolloidchemiker im allgemeinen wenig Interesse, doch hat die Kolloidchemie immerhin auch hier einen Anlauf zur Betätigung genommen. Im D.R.P. 380784 wird ein Verfahren geschützt zur Herstellung von haltbaren Schäumen aus Seife, Saponin, Eiweiß u. dgl., welche das Pflanzenschutzmittel in festem, flüssigem oder gasförmigem Zustande — z. B. als HCN — enthalten. Ebenso können als Pflanzenschutzmittel wirksame Gase mittels Kohle usw. adsorbiert werden (D.R.P. 461584 — AsH_3).

[1]) S. G. Gaßner, l. c.
[2]) Vgl. B. Waeser, Pflanzenschädlingsbekämpfung und Düngung mit Schwefel. Die Metallbörse **18**, 846 (1928).

Nikotin-, Pyrethrum-, Mineralöl- und Teerpräparate. Innerhalb des hier vorgezeichneten Rahmens kann nur ganz kurz das erwähnt werden, was den Kolloidchemiker an dieser Gruppe von Präparaten interessieren kann und soll.

Wie bereits bei den Kupferverbindungen gesagt wurde, sind die dem Pflanzenschutz dienenden Mittel meist notwendigerweise in Wasser unlöslich. Da sie jedoch in Form von Spritzbrühen zur Anwendung gelangen, bzw. als Staub von den wäßrigen Organflüssigkeiten aufgenommen werden sollen, müssen die organischen Substanzen dieser Gruppe, zumeist Flüssigkeiten, in Wasser dispergiert werden. Die Oberflächenspannung ist in den mit Wasser emulgierten Mineralöl- oder Teerprodukten (auch Tabakextrakten) erniedrigt, die Benetzungsfähigkeit erhöht. Als Emulgatoren werden die verschiedenartigsten Produkte gewählt, von denen die wichtigsten und häufigsten alle Arten von Seifen, sulfurierte Öle, Trane und Wachse, sowie Resinate sind, während eine Unzahl von Lösungs- und Weichmachungsmitteln als „Brücken" dienen.

Eine richtige, auf wissenschaftlicher Grundlage aufgebaute Auswahl der organischen Präparate zur Bekämpfung tierischer und pflanzlicher Schädlinge nach ihrer Tauglichkeit fehlt. Wir wissen bloß aus der Erfahrung, daß gewisse organische Produkte beispielsweise um so stärker insektizid sind, je mehr ungesättigte Bestandteile sie enthalten, und daß schwerere Öle stärker insektizid sind als leichtere.

Die Frage der Stabilität der Emulsionen werden wir weiter unten noch eingehender beleuchten. Hier nur so viel, daß die Emulsionen vor ihrer Verwendung möglichst haltbar sein, andererseits aber auf der Pflanze möglichst leicht brechen sollen. Die Tendenz mancher Erfinder, Emulsionen von sehr weit getriebener Teilchenkleinheit und übergroßer Stabilität zu erzeugen, ist daher verfehlt, was auch durch die Untersuchungen von Griffin, Richardson und Budette[1]) bestätigt wird.

Schutzkolloide, Seifen, Netz- und Haftmittel. Die Schutzkolloide sind zumeist echt kolloide Körper, die Seifen (Mc. Bain[2])) sind in Wasser teils molar, teils kolloid löslich. Die Netzmittel besitzen teils seifenähnlichen Charakter, teils kommen sie den Schutzkolloiden nahe. Die Haftmittel lassen sich zur Zeit schwer klassifizieren; es gibt einerseits anscheinend inerte, andererseits solche, die auch als Schutzkolloide wirken.

Bei den Insektiziden wird die Verwendung von Schutzkolloiden im allgemeinen nicht gern gesehen, da sie zumindest einen die Wirkung des Mittels hemmenden Ballast bilden. Bei der Bekämpfung pflanzlicher Parasiten hingegen beeinträchtigen die Schutzkolloide die Wirksamkeit der Präparate anscheinend viel weniger.

Die Seifen werden ebenso wie die vielen bekannten Netzmittel zur Erhöhung der Benetzungsfähigkeit der Pflanzenschutzmittel gegenüber der Pflanze und zur Herstellung von Emulsionen gebraucht.

Mit den Haftmitteln hat man sich bisher nur empirisch befaßt. Wir stehen erst am Beginn einer kolloidchemischen Betrachtungsweise dieser Stoffe, bezüglich derer auf die zusammenfassende Arbeit von H. Voelkel[3]) verwiesen sei, zumal ihre Besprechung einen zu breiten Raum beanspruchen würde.

---

[1]) E. L. Griffin, Ch. H. Richardson, R. C. Budette, Relation of size of oil drops to toxicity of Petroleum-oil-emulsions to aphids. Journ. of Agricultural Research **34**, 727 (1927).
[2]) Soap and the Soap Boiling Processes, „Colloid Chemistry" von J. Alexander, Vol. I (New York 1926).
[3]) H. Voelkel, Arbeiten aus der biologischen Reichsanstalt Berlin-Dahlem **17**, 253ff. (1929).

D. Chemische und Dispersoid-Analyse.

Bei dem heutigen Stande der Dinge ist die Beschäftigung mit der chemischen und der Dispersoidanalyse für den Kolloidchemiker fast ebenso wichtig wie die mit der Herstellung der kolloiden Präparate an sich. Erhebliche Summen könnten durch eifrigere Pflege der chemischen wie der Dispersoidanalyse erspart werden. Die ungeheure Arbeit, die in der Pflanzenschutzliteratur ihren Ausdruck gefunden hat, leider aber zum nicht geringen Teil wertlos ist und dennoch fort und fort Zeit und Geld in verfehlten Freilandversuchen der Experimentatoren verschlingt, könnte in sehr vielen Fällen unterbleiben, wenn die Methodik der laboratoriumsmäßigen Untersuchung der Pflanzenschutzmittel, d. i. deren chemische und kolloidchemische Analyse, weiter ausgebaut würde. Es sei zugegeben, daß die Methodik der chemischen wie der dispersoidchemischen Analyse der Pflanzenschutzmittel heute noch in den Kinderschuhen steckt; sind wir doch noch nicht einmal so weit, daß wir bei den Arseniaten eine wirklich verläßliche Bestimmung der „löslichen Arsensäure" besitzen. Da über die chemische und Dispersoidanalyse in Anwendung auf die Pflanzenschutzmittel eine Literatur bis nun nicht existiert, soll hier zum erstenmal der Versuch unternommen werden, eine Anregung zu geben. Wir bleiben uns gleichwohl bewußt, daß selbst eine einwandfreie und vollständige chemische und kolloidchemische Analyse niemals den Versuch im Freiland ersetzen kann. Der praktische Wert eines Pflanzenschutzmittels ist von zu vielen rein biochemischen und biologischen Momenten abhängig, als daß der Chemiker oder Kolloidchemiker im Laboratorium ein eindeutiges Urteil darüber abgeben dürfte[1]). Gaßner beschäftigt sich in seiner bereits zitierten Arbeit eingehend mit den Schwierigkeiten, die sich bei der wissenschaftlichen und laboratoriumsmäßigen chemotherapeutischen Prüfung von Pflanzenschutzmitteln ergeben. Auch er ist der Ansicht, daß in Anbetracht der vielen hereinspielenden Momente, von denen er speziell die Haftfähigkeit, die Geschwindigkeit der Einwirkung und die Möglichkeit einer Nachwirkung hervorhebt, die Prüfung sowohl theoretisch wie praktisch durchgeführt werden müsse, daß also der Feldversuch nicht zu umgehen sei. Denn der chemotherapeutische Index hängt ebenso wie die absoluten Werte der Dosis curativa und Dosis tolerata weitgehend von der Prüfungsmethodik wie von den

---

[1]) Während der Drucklegung dieser Arbeit erschien eine Folge von Artikeln von F. Stellwaag im „Anzeiger für Schädlingskunde" 5, H. 9 (1929), 6, H. 4 u. 6 (1930): „Giftigkeit und Giftwert der Insecticide".

Stellwaag bemüht sich in verdienstlicher Weise, Ordnung in gewisse Begriffe auf dem Gebiete der Auswertung von Schädlingsbekämpfungsmitteln zu bringen. Seine Vorschläge sind interessant und berücksichtigenswert, könnten aber an Bedeutung noch außerordentlich gewinnen, wenn sie mehr Zusammenhang mit der kolloidchemischen Forschung hätten.

Lehrreich ist folgende Bemerkung Stellwaags, der der Referent voll zustimmt, namentlich mit Bezug auf nichtamerikanische Länder: „Es gibt (derzeit, d. Ref.) mehr Unterschiede als Vergleichspunkte (bei der Giftauswertung). Die Verwirrung wird bei einem eingehenden Vergleich der Originaluntersuchungen noch größer. Sie zu beseitigen, sollte keine Zeit verloren werden, nachdem sie auch in anderen europäischen Ländern vorherrscht."

In einer neuen Arbeit „Gegenwärtiger Stand unserer Kenntnisse über die Normierung der Schädlingsbekämpfungsmittel im deutschen Weinbau", Wein u. Rebe 12, H. 3 (1930), hat Stellwaag die Typisierung verschiedener Weinbauschädlingsbekämpfungsmittel diskutiert und u. a. darauf hingewiesen, daß zur Wertbestimmung der Pflanzenschutzmittel sowohl die physiologische, wie auch die chemische Untersuchung nötig ist. Aus diesen Ausführungen geht ebenfalls hervor, daß die bloße chemische Untersuchung unzulänglich ist und sein muß. Hingegen ermöglicht schon die laboratoriumsmäßig ausgeführte kolloidchemische bzw. physikalisch-chemische Untersuchungsmethodik erheblich erweiterte Erkenntnisse über den Wert oder Unwert der Mittel. Dessenungeachtet bleibt natürlich die physiologische Prüfung der Mittel eine conditio sine qua non.

äußeren Verhältnissen Klima, Witterung usw. ab. Als Beispiel für diese Einflüsse führt er das Verhalten von Steinbrandsporen gegen Kupfersulfatlösungen an. Damit behandelte Sporen zeigen nämlich, auf Wasser ausgesät, keinerlei Keimung, auch wenn nur minimale Kupfermengen zur Anwendung gelangt waren, während volle Keimung erfolgt, auch wenn man die Beizung mit sehr hohen Konzentrationen von Kupfersulfat vorgenommen hatte, sobald die Sporen auf gewöhnlichen Erdboden als Substrat kamen. Die Sporen adsorbieren also gewisse Mengen Kupfer, die bei Aussaat in Erde wieder gelöst werden und herausdiffundieren. Die fungizide Wirkung des Kupfersulfats hängt demnach von den Bedingungen ab, unter denen die Sporen bzw. das mit Sporen behaftete Saatgut später zur Aussaat gelangen.

Der Heranziehung der Dispersoidanalyse zur Bewertung von Pflanzenschutzmitteln stellt sich aber noch eine andere Schwierigkeit entgegen: Die in der Praxis zur Verwendung gelangenden Präparate entsprechen in ihrer prozentuellen Zusammensetzung und chemischen Konstitution oft gar nicht den ihnen beigelegten Namen.

Offiziell werden bisher in der Regel die folgenden Bestimmungen an Pflanzenschutzmitteln vorgenommen:

1. Prozentuelle Zusammensetzung.
2. Löslicher Anteil der Giftkomponente, bzw. derjenigen Komponente, die auch das Laub schädigt.
3. Schüttvolumen.
4. Feinheitsgrad des Trockenpulvers (Siebprobe).

Inoffiziell werden des weiteren überall dort, wo kolloidchemische Auffassungen Platz gegriffen haben, noch bestimmt:

5. Schwebefähigkeit in Anwendung des Stokesschen Gesetzes.
6. Dispersoidanalytische Filtration durch Schottsche Glasfilter.
7. Mikrophotographische Aufnahmen.
8. Benetzungsfähigkeit.
9. Haftfähigkeit.
10. Wetterbeständigkeit (gegen Wind und Regen).
11. Filmbildungsvermögen.
12. Stabilität gegen klimatische Einflüsse (Wärme, Feuchtigkeit) wie gegen Elektrolyte (Gebrauchswässer) und Flockungswert.
13. Ladungssinn.

Im großen und ganzen sind die angeführten Punkte vorwiegend auf Suspensoide, weniger auf Emulsoide, anwendbar. Immerhin hat gerade der Flockungswert eine, wenn auch bisher stets vernachlässigte Bedeutung für die in der Pflanzenschutztechnik verwendeten Emulsionen.

Die klassischen dispersoidanalytischen Methoden zur Bestimmung der echten Kolloide, wie die Goldzahl, die Auszählung der Teilchen, bis zu einem gewissen Grade sogar die Teilchengrößenbestimmung mit Ausnahme der unter 7. angeführten mikrophotographischen Aufnahmen, die Ultrazentrifugierung, die quantitative Bestimmung der Ladung, der Adsorptions- und Benetzungswärme usw. kommen für die Pflanzenschutzmittel als übermäßig subtil derzeit nicht leicht in Frage. Hingegen sind andererseits die bisherigen, namentlich die offiziellen Methoden derart roh, daß sich ihre Verfeinerung als dringend nötig erweist.

Dies gilt vor allem tür das Verfahren zur Löslichkeitsbestimmung.

Die Bestimmung des Gehaltes an „löslichem As_2O_5" z. B., der für die Bewertung der Toxizität des Arseniates sowohl gegenüber dem Tier wie gegenüber der Pflanze gleich wichtig ist, geschieht vorschriftsmäßig durch Digerieren einer Suspension von 2 pro Mille des Arseniats in ausgekochtem destilliertem Wasser bei 32° C durch 24 Stunden und darauffolgende Gehaltsbestimmung des blanken Filtrats an As_2O_5'''.

Bei derart langer Einwirkung wird schließlich ein Gleichgewicht erreicht sein, bei welchem, ungeachtet der die Dissoziation störenden Begleitkörper, das Maximum der Dissoziation eingetreten ist. Die Passage des Arseniatmagmas durch den Tiermagen hingegen geht in einem winzigen Bruchteil der im Laboratorium für die Bestimmung des „löslichen As_2O_5" aufgewendeten Zeit vor sich.

Es besteht Grund zu der Annahme, daß beispielsweise bei der Bestimmung des löslichen As_2O_5 im zweibasischen Bleiarseniat das Maximum der Dissoziation viel rascher eintritt als beim basischen Kalziumarseniat, daß daher das Bleiarseniat auch dem — zumal alkalischen — Tiermagensaft noch innerhalb der Verdauungszeit viel mehr giftige As_2O_5-Ionen präsentieren wird als das Kalziumarseniat. (Ohne Zweifel tritt bei der Vergiftung des Insekts in dessen Organismus eine Reihe von Nebenumsetzungen zu schwerlöslichen Verbindungen ein, z. B. zu PbS, zu $PbCO_3$, zu $CaCO_3$ u. ä. Ohne die Wichtigkeit dieser Nebenreaktionen schmälern zu wollen, begnügen wir uns mit Rücksicht auf die bisher undurchsichtige Kompliziertheit dieses Neben- und Durcheinanders verschiedener Parallelreaktionen mit dem bloßen Hinweis auf die jedenfalls feststehende Tatsache, daß diese sekundären Umsetzungen den p_H-Einfluß mehr als überkompensieren können.) Daher ist diese Art der Bestimmung des „löslichen As_2O_5" für die Beurteilung der Toxizität eines Produktes nicht sehr eindeutig, und auch dem Anspruch, einen Sicherheitskoeffizienten gegen Laubschädigungen einzuführen, kann sie nur teilweise gerecht werden.

Bei den Arseniaten darf der Gehalt an löslicher Arsensäure bzw. arseniger Säure einen bestimmten Betrag nicht überschreiten, wenigstens nach den amtlichen Vorschriften einiger auf diesem Gebiete führenden Staaten, wie z. B. U.S.A. So darf Kalkarseniat bei einem vorgeschriebenen Mindestgehalt von 40% Gesamtarsensäure nicht über 0,75% lösliches As_2O_5 und nicht über 0,20% lösliches As_2O_3 enthalten. Höhere Gehalte an löslicher Arsensäure bzw. „arseniger Säure" verursachen Laubverbrennungen, werden daher in der Praxis durch Zusatz von Ätzkalk in roher Weise behoben. In dem besten existierenden Analysenbuch für Pflanzenschutzmittel, den amerikanischen „Official and tentative Methods of analysis of the Association of official Agricultural Chemists" (Washington 1925), wird auch nicht mit einem Wort irgendeine kolloidchemische Analysenvorschrift erwähnt. Dementsprechend geben auch die bisher üblichen offiziellen Analysenvorschriften bei kolloiden Präparaten z. T. unrichtige Resultate. Z. B. ist im Filtrat aus einem der offiziellen Vorschrift gemäß mit destilliertem Wasser digerierten Kalkarsen selbstverständlich nicht nur die wirklich molar gelöste Arsensäure enthalten, sondern auch das ganze kolloide Kalkarsen. Verfasser hat nach der offiziellen Analysenvorschrift in einem solchen kolloiden Präparat für das vom Gesetzgeber als molar löslich gedachte „lösliche As_2O_5" Werte gefunden, die den tatsächlichen Gehalt an wirklich molar gelöstem As_2O_5 um ein Vielfaches übersteigen. Es wäre zu empfehlen, daß sich die offiziellen Stellen mit einer Korrektur der bisher üblichen, amtlich festgelegten Methoden befassen würden.

Verfehlt ist weiterhin auch die Verwendung von destilliertem Wasser zur Bestimmung des löslichen As_2O_5, da das Präparat im Tiermagen in ein schwach alkalisches Milieu von einem p_H von ungefähr 9 gelangt. Fulmek hat anläßlich der Aufstellung der „Giftigkeitsunterschiede gebräuchlicher Arsenmittel"[1] expe-

---

[1] L. Fulmek, l. c.

rimentell festgestellt, daß der frühere Widerspruch zwischen „Löslichkeit" und „Giftigkeit" hinwegfällt, wenn chemisch richtig verglichen wird, was dem chemisch Denkenden a priori als berechtigte Annahme erscheinen durfte:

1. Der gewöhnliche Analysenbefund der wasserlöslichen Arsenanteile steht im Widerspruch zu den Vorgängen im Raupendarm. Hingegen ist

2. eine weitgehende Übereinstimmung in der Reihenfolge der Giftigkeitsunterschiede der Arsenmittel in beiden Fällen festzustellen, sobald man die Reihe nach der p_H-Löslichkeit (Löslichkeit des Arseniates bei einem $p_H = 9$) aufstellt.

Schließlich fehlt bisher in der chemisch-analytischen Methodik für eine große Anzahl von Pflanzenschutzmitteln die Konstitutionsbestimmung, die bei vielen Präparaten sehr wichtig wäre. Wir wollen hierfür ein Beispiel anführen: Es ist durchaus nicht gleichgültig, ob ein Kalziumarseniat der Formel $[Ca\{Ca_3(AsO_4)_2\}] \cdot O$ oder $Ca_3As_2O_8 + CaO$ oder $Ca_3As_2O_8 \cdot CaO$ entspricht, da hiervon der Gehalt an löslichem As_2O_5, die Lösegeschwindigkeit, das hydrolytische und elektrolytische Gleichgewicht und damit die Toxizität abhängen. Diese Feststellung ist aber im Sinne der Aufgabe, die sich diese Arbeit gestellt hat, deswegen wichtig, weil die Toxizität bei kolloiden Produkten mehr noch als bei schlechtweg unlöslichen Substanzen durch die chemisch-physikalischen Konstanten beeinflußt wird.

Daß die Vervollständigung der oben aufgezählten Reihe von Untersuchungen durch die p_H-Bestimmung unerläßlich ist, versteht sich von selbst, nicht nur, weil ein p_H über ca. 9 und unter 6 die Pflanze schädigen würde, sondern auch aus dem Grunde, weil innerhalb dieser Grenzen sich gewisse chemisch-physikalische und kolloidchemische Konstanten mit der Größe des p_H ändern.

Wir wollen nun einige wenige von den kolloidchemischen Analysenmethoden, wie sie im Pflanzenschutz gebraucht werden können, anführen.

Schwebefähigkeit. 3 g Substanz werden in 300 ccm destillierten Wassers durch kräftiges Schütteln suspendiert. Nach 16stündigem Stehen werden 200 ccm der Suspension abpipettiert und hiervon der Trockenrückstand bestimmt.

Oder: Man stellt in einem zylindrischen Gefäß eine 5%ige Aufschwemmung her, überläßt diese der Ruhe und entnimmt nach Verlauf einer gewissen Zeit mittels einer Pipette vorsichtig eine bestimmte Flüssigkeitsmenge aus der Mitte der Flüssigkeitssäule. Durch die Analyse des Pipetteninhaltes wird die Abnahme an suspendierter Substanz im mittleren Querschnitt der Flüssigkeitssäule festgestellt und hiermit die Substanzmenge, die diesen Querschnitt passiert hat. Aus dem Verhältnis dieser, von der Fallgeschwindigkeit der Partikel abhängigen Menge zu der in genau der gleichen Weise an einer anderen Suspension ermittelten läßt sich ein Vergleichswert für die Teilchengröße errechnen.

Vielleicht noch einfacher und besser als diese Methoden sind die Bestimmungen mit Hilfe des Zweischenkelflockungsmessers von Wo. Ostwald-v. Hahn, des Wiegnerschen Sedimentationsapparates und des Revolversedimentierapparates nach Hengl-Reckendorfer.

Dispersoidanalytische Filtration. Sie erfolgt durch Schottsche Glasfilter bestimmter Porenweite. Da der Porendurchmesser der Schottschen Glasfilter im äußersten Falle 3μ beträgt, können alle Teilchen über 4μ mit Sicherheit zurückgehalten werden. Diese Glasfilter eignen sich vorzüglich zur Untersuchung der Trübungen, da diese, wie ja bereits früher erwähnt, sehr heterodispers sind und Teilchen enthalten, deren Durchmesser von der kolloiden Größenordnung (etwa $100 \mu\mu$) bis zu 20 und 50μ gehen.

Mikrophotographische Aufnahmen. Aufnahmen bei 2100facher Vergrößerung im auffallenden Lichte im Metallmikroskop sollen keine Agglutinationen mehr erkennen lassen.

Benetzungsfähigkeit. Deren Bestimmung liegt derzeit noch völlig im argen, soweit es sich um eine laboratoriumsmäßige Zahlenermittlung handelt. Das Stalagmometer von Traube ist für die suspensoiden Systeme zu wenig empfindlich. Trappmann[1]) gibt im Nachrichtenblatt der Biologischen Reichsanstalt wohl zahlenmäßige Belege, doch wollen wir von ihrer Besprechung absehen, da sie einen Wert für die Pflanzenschutztechnik bis nun noch nicht erwiesen haben. Auch die Messung des Randwinkels hat bis jetzt keinerlei Nutzen gebracht.

Haftfähigkeit. Der Begriff der Haftfähigkeit wird von verschiedenen Autoren verschieden aufgefaßt.

Görnitz[2]) versteht darunter die Fähigkeit der Teilchen, sich auf die zu behandelnden Pflanzenteile aufzulagern und Erschütterungen derselben (insbesondere durch Wind und den Aufschlag der Regentropfen) standzuhalten. Trappmann[3]) bezeichnet als Kriterium der Haftfähigkeit das Hängenbleiben des Pulvers auf den zu behandelnden Pflanzen. Das „Hängenbleiben" der einzelnen Pulverpartikel ist in erster Linie durch deren Gestalt und chemische Zusammensetzung bedingt. H. Voelkel[4]) definiert die Haftfähigkeit als Hängenbleiben, d. h. als die Fähigkeit des aufgestaubten Pulvers, in möglichst gleichmäßiger Verteilung liegen zu bleiben und Erschütterungen der bestäubten Fläche standzuhalten. Eidmann und Berwig[5]) rechnen auch Wind- und Regenbeständigkeit zur eigentlichen Haftfähigkeit. Moore[6]) zählt die elektrische Aufladung der Teilchen unter die die Haftfähigkeit bedingenden Momente.

Unter „Haften" als übergeordnetem Begriff faßt man 1. die eigentliche Haftfähigkeit (das Hängenbleiben), 2. die Windbeständigkeit und 3. die Regenbeständigkeit zusammen.

Die Haftfähigkeit wird nach Görnitz, bzw. nach H. Voelkel durch Vergleich mit einem Testtalkum bestimmt.

Stabilität. Die konkreteste Bestimmung der Stabilität ist die Feststellung des Flockungswertes. Dieser ist für suspensoide wie für emulsoide Systeme, wenn es sich um Spritzlösungen handelt, von ausschlaggebender Bedeutung. Kolloide Systeme sind bekanntlich im allgemeinen nur in Abwesenheit von Elektrolyten gut beständig. Nun enthalten aber schon die Gebrauchswässer, mit denen die Spritzbrühen angesetzt werden, meistens so viel Elektrolyte, daß sowohl Suspensionen wie Emulsionen leicht flocken. Dieser Kalamität kann man begegnen, entweder indem man die Beständigkeit der kolloiden Trübungen und Emulsionen durch entsprechende Aufladung und Hydratation erhöht, oder durch Zusatz von Schutzkolloiden oder schließlich durch Enthärtung des Gebrauchswassers. Da die Verwendung von Schutzkolloiden in größeren Mengen wegen der wahrscheinlich hierdurch hervorgerufenen Toxizitätsverringerung nicht ratsam erscheint, bleiben nur der erste und der dritte Weg als empfehlenswert offen.

Für Emulsionen ist der ideale Stabilitätszustand der, daß sie, wie schon oben bemerkt, an und für sich, ohne Schutzkolloide, beständig sind, auf dem Blatt oder

[1]) Trappmann, Nachrichtenbl. d. Biologischen Reichsanstalt **5**, 98 (1925).
[2]) K. Görnitz, Anz. f. Schädlingskunde **3**, H. 9 (1927).
[3]) Trappmann, Schädlingsbekämpfung, Grundlagen und Methoden im Pflanzenschutz. Samml. Chemie und Technik d. Gegenw. **8** (Leipzig 1927).
[4]) H. Voelkel, l. c.
[5]) Eidmann und Berwig, Forstwissenschaftliches Zbl. **50** (1928).
[6]) W. J. Moore, Journ. of economical Entomology **18** (1925).

der Baumrinde aber leicht brechen, so daß sich auf diesen Pflanzenteilen möglichst rasch unzählige winzigste Tröpfchen der toxischen Substanz niederschlagen.

Emulsionen mit kleinen Tröpfchen sind stabiler als solche mit größeren und gleichzeitig weniger insektizid, weil sie auf den Pflanzenteilchen zu langsam brechen, weshalb die Emulsion àls solche, d. h. mit dem Wasser auch das Öl von der Pflanze abläuft. Bei auf der Pflanze leicht brechenden Emulsionen rinnt nur das Wasser ab, während das Öl bleibt. Die optimale Teilchengröße beträgt 7—10 μ. Kalt hergestellte Emulsionen haben in der Regel kleinere Teilchen als warm erzeugte. Daher sind unter sonst vergleichbaren Umständen die letzteren brauchbarer, weil sie leichter auf der Pflanze brechen und mehr Öl auf ihr hinterlassen, also aus d i e s e m Grunde „haftfähiger" sind. Man würde hier besser von größerer Brechfähigkeit oder besserem Haften der toxischen Komponente sprechen. Das Zustandebringen der richtigen, der optimalen, Teilchengröße ist innerhalb weiter Grenzen vielfach wichtiger als die chemische Zusammensetzung der Emulsionen. Es ist die Aufgabe des Kolloidchemikers, die Emulsion so herzustellen, daß sie auf der Pflanze leicht bricht, d. h. ihre Stabilität gegenüber der Pflanze so gering zu bemessen, daß der Koagulationspunkt auf dieser leicht erreicht wird.

Die Oberfläche eines Tropfens pro Volumeinheit, das ist seine Oberfläche dividiert durch sein Volumen, ist unter der annähernd richtigen Annahme seiner Kugelgestalt

$$\frac{4 \pi r^2}{4/3 \pi r^3} = \frac{3}{r},$$

daher ist die Oberfläche pro Volumeinheit und mit ihr die Ladung dem Radius verkehrt proportional.

Andere Fragen bezüglich der Emulsionen, sowohl hinsichtlich der geforderten Eigenschaften wie der Herstellungsweisen, müssen in diesem Rahmen unbesprochen bleiben.

Ladungssinn. Für die Praxis hat die Bestimmung des Ladungssinnes eines Kolloides deshalb Wert, weil Kolloid und Pflanzenteile entgegengesetzten Ladungssinn haben sollen. Gewisse, allerdings bestrittene, Untersuchungen wollen bewiesen haben, daß in diesem Falle die Haftfähigkeit des Pflanzenschutzmittels eine höhere sei.

E. Schlußbemerkung.

Wenn man später einmal den staatlichen Pflanzenschutzprüfanstalten Pflanzenschutzmittel mit einer dispersoidanalytischen Charakteristik, gewissermaßen mit einem dispersoidanalytischen Taufschein, übergeben wird, was ja ebenso selbstverständlich sein sollte, wie bei Industrieprodukten die Angabe der perzentuellen Zusammensetzung, wird man endlich auch die Bedeutung eines jeden einzelnen physiko- bzw. kolloidchemischen Faktors für den Pflanzenschutz feststellen können.

Die vorstehenden Darlegungen wollen zeigen, nach wieviel Richtungen hin die kolloide Problemstellung im Pflanzenschutzdienste dem Chemiker wie den anderen, speziell orientierten, Fachleuten Nutzen bringen könnte. Wir stehen am Anfang einer interessanten Entwicklung, in welcher vorläufig die Empirie herrscht, während die Wissenschaft im allgemeinen und die Kolloidchemie im besonderen vorläufig noch geringen Anwert finden. Ein engeres Zusammenarbeiten zwischen Chemikern, Botanikern, Entomologen, Phytopathologen und Landwirten täte da not, allein es wird noch so manches Jahrzehnt dauern, bevor durchgängig wissenschaftlich exakte Betrachtungsweisen die Zusammenhänge zwischen Eigenschaften und Wirkungen der Pflanzenschutzmittel klar erkennen und verwerten lassen werden.

Düngemittel.

Von **A. Retter**-Hamburg.

Einleitung. Düngen heißt, dem Kulturboden diejenigen Pflanzennährstoffe wieder zuführen, die ihm durch die Ernten entzogen wurden. In dieser Definition kommt freilich nicht zum Ausdruck, welchen Machtfaktor die Düngung in allen Kulturländern bedeutet. Der Bauer streut Dünger, um jahraus jahrein gute Kornernten zu gewinnen. Der Volkswirtschaftler, der Staatsmann, sie sehen in der Düngung eine der Vorbedingungen, um die Ernährung des Volkes durch landwirtschaftliche Produktion im eigenen Lande sicherzustellen und damit einem Ziele zuzustreben, das zu Freiheit und Unabhängigkeit führt. Es ist keine Utopie, das lehrt ein Rückblick auf die kurze Spanne von 100 Jahren, in der sich ein Wissenschaftszweig der angewandten Chemie, die Agrikulturchemie bilden und zu mächtigem Aufschwung entwickeln konnte. Die Ernteerträge von der gleichen Fläche sind innerhalb weniger Jahrzehnte verdoppelt worden. Wer wollte nicht so viel Optimismus aufbringen, um angesichts der Entwicklungsmöglichkeiten in der Beherrschung der Naturkräfte und der Technik für die Zukunft heute noch unbekannte Leistungen auf dem weiten Gebiet landwirtschaftlicher Erzeugung vorauszuahnen. Von der Agrikulturchemie darf noch Großes erwartet werden, wenn sie sich wie bisher in die einzelnen Gebiete vertieft ohne das Zusammenfassen der Ergebnisse aus dem Auge zu verlieren. Die Natur wirkt im Ackerboden mit so vielen verborgenen Kräften, daß sie den Forscher zwingt, jede Einseitigkeit aufzugeben, sich vielmehr aller Hilfsmittel zu bedienen, die ihm Chemie, Physik und Biologie an die Hand geben. Das Althergebrachte war die Beobachtung des Bodens vom geologischen und chemischen Standpunkt aus, neu hinzugetreten ist die Biologie und Kolloidlehre.

Kolloidchemische Eigenschaften des Ackerbodens. Definierte man sonst den Boden als „oberste von der Atmosphäre beeinflußte Verwitterungsschicht der festen Erdrinde", so lauten neuere Auffassungen „mechanisches Gemenge verwitterter Gesteine mit organischen, in Zersetzung begriffenen Bestandteilen" oder allzu einseitig gefärbt „Der Boden ist ein grobdisperses und kolloiddisperses System". In Wahrheit verlaufen im Kulturboden die chemischen Umsetzungen, die Äußerungen rein physikalischer Zustände der Stoffe und die Tätigkeit der Kleinlebewesen unausgesetzt nebeneinander her. Bodenkolloide sind Körper eines bestimmten Verteilungsgrades, in ihren Größenverhältnissen von den abschlämmbaren dispersen Teilchen bis hinüber zu den echten molekularen Lösungen reichend. Sie sind teils anorganischer, teils organischer Natur. Als Verwitterungsprodukte erscheinen Kolloidton, Hydrate der Kieselsäure und der Sesquioxyde, schwerlösliche Salze des Kalziums und des Eisens, wasserhaltige Doppelsilikate, als organische Stoffe der Verwesung die Humuskolloide. Jeder dieser Stoffe erfüllt nach seinen chemischen und physikalischen Eigenschaften bestimmte Aufgaben im Haushalt des Bodens. Allen gemeinsam ist Unbeständigkeit, Veränderlichkeit beim Hinzutreten anderer Körper. Ihren verschiedenen Teilchengrößen und ihrem hydrophilen Charakter entsprechend ist der Grad ihrer Beweglichkeit im Boden verschieden. Trockenheit und Nässe,

Hitze und Frost ändern ihre Zustände. Der Aufschwemmung folgt Ausflockung. Am wichtigsten sind die Koagulationen, die auf Zutritt von Elektrolyten, also Säuren, Basen und Salzen erfolgen. Die wirksamsten Kolloideigenschaften beruhen auf der ungeheuer großen Oberfläche unzählig vieler Einzelteilchen kleinster Masse. Wirken in den wahren Lösungen die in Ionen gespaltenen Stoffe mit gesteigerten Affinitäten, so lösen die Oberflächenspannungen der Kolloide die Fähigkeit aus, Körper jeden Aggregatzustandes an der Grenzfläche anzuhäufen. Zunächst einmal Wasser, das im Herabsinken oder im Emporsteigen festgehalten wird. Dann auch Pflanzennährstoffe, die in schwacher Konzentration in der Bodenflüssigkeit enthalten sind. Dadurch wird verhindert, daß kostbarer Ammoniakstickstoff, Phosphorsäure und Kali durch anhaltende atmosphärische Niederschläge aus der oberen Krume herausgewaschen werden. Die Kolloide dienen mithin als Sammler, welche die Bodenlösungen vor allzu stark schwankenden Konzentrationsänderungen schützen. Mit der Sorption werden Säuren, Basen, Salze und Ionen der Salze gebunden, gleichzeitig können noch weitere Umsetzungen stattfinden dadurch, daß die Bodenzeolithe ihre Basen mit denen anderer Bodensalze austauschen. Dies betrifft namentlich Kali und Kalk der zugeführten Düngesalze, ein Vorgang, der auch umkehrbar ist, sobald das Massenwirkungsgesetz hineinspielt. Die Gegenwart der Kolloide ist außerdem Vorbedingung für die ideale Krümelstruktur des Ackers, d. h. eine solche Lagerung der Einzelkörner, daß luft- und wassergefüllte Hohlräume im günstigen Verhältnis nebeneinander liegen. Die Zusammenballung der einzelnen Körner zu Krümeln aber geschieht durch Kolloide, die im ausgeflockten Zustand verkittend wirken.

Ziele der Bearbeitung des Bodens. Die Geschicklichkeit, die der Landwirt nach eigener Erfahrung und durch Belehrung in der Bearbeitung des Bodens, in der Auswahl der Fruchtfolge und des Düngers erworben hat, ermöglicht es ihm, Krümelung, Gare und Fruchtbarkeit seines Ackers trotz des jährlichen Ernteentzuges aufrecht zu erhalten. Verbrauchte Kolloidstoffe werden durch die nie ruhenden Verwitterungsvorgänge und durch die Zufuhr von organischen Stoffen in den Wirtschaftsdüngern Stallmist und Gründüngung ergänzt. Dahin gehören auch die seit langer Zeit geübten Meliorationsarbeiten, die einem unfruchtbaren Boden entweder die fehlenden Kolloidkörper bringen oder umgekehrt, bei den zu stark tonhaltigen oder rohhumushaltigen Böden das Übermaß an Kolloid durch Besandung oder durch Kalkung verdünnen. Das Endziel des erfolgreichen Feldbaues ist die Schaffung eines mittelstarken Gehaltes an mildem Humus. Seit Jahrhunderten ist das bei allen ackerbautreibenden Völkern durch das Eingraben von organischem Abfall und Holzasche unbewußt geschehen.

Humusbildung in der Natur. An manchen Stellen der Erde sorgt die Natur selber für Heranschaffung von Kolloidmaterial. Der Nil bewässert und befruchtet mit Schlamm das Land. Der an den Mündungen der Nordseeflüsse sich absetzende Schlick besteht aus feinstem Ton, Sand und den Resten kiesel- und kalkschaliger Mikroorganismen, denn das elektrolythaltige Meerwasser scheidet mechanische Trübungen rasch aus. Für die Wasserbauverwaltungen ist die Entfernung des frischen Schlicks mit Saugbaggern eine wahre Sisyphusarbeit, die nur erträglich wird durch die praktische Verwertung der nach monatelangem Lagern angetrockneten Masse als Düngererde. Ihr Reichtum an kolloider Kieselsäure, Ton, Kalk und organischen Stoffen, während die Kernnährstoffe nur in Zehntelprozenten vertreten sind, bewirkt auf sandigen Geestböden, Ödländereien und abgetorften Mooren wahre Wunder an Fruchtbarkeit. Leguminosen, Gemüse und Gras gedeihen üppig. Eine Schlickgabe von 1000 dz pro ha pflegt 5—6 Jahre vorzuhalten, doch der Nutzungswert reicht nicht weiter als bis nach Ostfriesland. Die binnen gelegenen Ländereien müssen der hohen Transportkosten wegen auf diese Naturquelle verzichten. Vor etwa 10 Jahren hatte Carpzow in Erkenntnis der vielseitigen guten Eigenschaften des Schlicks begonnen, ihn in Mischungen mit verschiedenen Düngestoffen zu verwerten und ihn durch diese Zusätze trocken und vollwertig zu machen. Ihm und der Naturdünger G.m.b.H. sind hierauf Patente[1]) erteilt worden, die als Zusätze Rohphosphat, Kalkstickstoff, Dolomitschiefer, Phonolith nennen. Die nach dem Verfahren hergestellten Düngemittel Biohumus und Biophosphat haben an Absatzschwierigkeiten gelitten, da auch bei ihnen der Transport der Materialien den Gestehungspreis zu sehr belastet. Mehr auf bakteriellem Gebiet bewegen sich die Verfahren, die als Grundlage kolloidhaltige Humusbraunkohle und als Zusatz organische Abfälle oder Düngesalze, außerdem Bakterienkulturen, anwenden. Eine Reihe derartiger Präparate ist unter den Namen Guanol, Humunit, Humixdünger, Biomoor, Humophosphat, Havegdünger, Kulturin, in den Handel gekommen[2]). Ihr Nutzen für gärtnerische Betriebe ist, sobald sie in nicht zu geringen Dosen ausgestreut werden, ohne Zweifel beträchtlich, für den großen Landbetrieb kommen sie kaum in Frage, weil heute der Landwirt aus Mangel an Betriebsmitteln zu konzentrierten Düngesalzen greift, die ihm beim Ausstreuen wenig Gespannarbeit kosten. An sich sind bakterienreiche Dünger auch im Sinne der Kolloidzufuhr zweckmäßig, weil die Mikroorganismen mit ihrer Körpermasse und ihren Ausscheidungen den Kolloidgehalt im Boden vermehren. Sie entwickeln in ihren Lebensäußerungen, die auf Abbau des Organischen eingestellt sind, schwache organische Säuren, die gleich der Kohlensäure wasserunlösliche Phosphate und Silikate aufzulösen imstande sind. Sie leisten somit für die Nährstoffaufnahme der Wurzeln nicht geringe Dienste.

Die Wertschätzung der organischen Bestandteile des Bodens hat viele Wandlungen durchgemacht. Auf Überschätzung folgte Geringschätzung, heute ist man bei der goldenen Mitte angelangt.

Unentbehrlichkeit der mineralischen Düngesalze. Wenn auch mittelhohe Erträge bei alleinigem Gebrauch von Wirtschaftsdüngern möglich sind, so ist die Beidüngung mit mineralischen Düngesalzen unerläßlich, wenn Höchsternten erzielt werden sollen. Die Wirkung der Düngesalze ist vielseitig. Sie geben nach ihrem Einbringen in den Boden nicht lediglich den Nährstoff ab, um dann aus dem Erdreich zu verschwinden. Nur in seltenen Fällen wird der Nährstoff sofort restlos von den Wurzeln aufgesogen. Die Regel ist, daß das Salz einige Zeit im Boden verweilt, sich in ihm zerteilt, zersetzt und umsetzt und mit seinen Ballaststoffen, die von den Wurzeln nicht resorbiert werden, auf andere Bodenbestandteile reagiert. Schließlich bleiben auch Nährstoffreste zurück, die mit der Krume fest verbunden selbst Bodenmasse werden. Stickstoff-Phosphorsäure-Kalisalze kommen infolge ihres hohen Prozentgehaltes nur in winzigen Bruchteilen der Erdmenge, mit der sie vermischt werden, zur Anwendung. Wenn beispielsweise 400 kg Superphosphat auf dem Hektar Land verteilt und auf 20 cm Tiefe eingeeggt sind, so bedeutet das eine Verteilung in etwa 3 Millionen kg Erde, d. h. 4 Teile Düngestoff auf 30000 Teile. Trotz dieser Verdünnung üben die Salze, deren Säurebestandteile Phosphorsäure, Schwefelsäure, Salzsäure, Salpetersäure, deren Basen Kalk, Sesquioxyd, Kali, Natron und Ammoniak sind, mit ihren Ionen weitgehende chemische Wirkungen aus, einmal auf die Gesteinstrümmer, deren Verwitterung beschleunigt wird, dann auf aus-

---

[1]) D.R.P. 380760, 407007, 421271, 422623, 429479, 436124.
[2]) Öst. Pat. 83875; D.R.P. 383779, 435534.

tauschfähige Silikate, aber auch auf die Struktur der Ackerkrume und die Mikroflora. Ein großer Teil der Düngesalze ist wasserlöslich, bringt also in den Boden die wertvolle Eigenschaft der guten Verteilung bereits mit. Einige Phosphatdünger (Thomasmehl, Rhenaniaphosphat) sind nicht wasserlöslich und bedürfen deshalb erst eines längeren Verweilens im Boden, bis sie abgebaut im kohlensäurehaltigen Bodenwasser löslich werden. Zu den reaktionsfähigsten Körpern gehört die Phosphorsäure, weil außer der einen wasserlöslichen Verbindung mit Kalk noch zwei unlösliche Kalksalze und mehrere unlösliche Eisenoxyd- und Tonerdeverbindungen bestehen. So geht das ursprünglich sofort im Bodenwasser aufgelöste Superphosphat nach Wochen oder Monaten, sofern es nicht von den Wurzeln aufgenommen war, in unlösliche Stufen über, aber als hauchdünnes kolloidartiges Gebilde, das assimiliert werden kann.

Den in den natürlichen Kalkphosphaten vorhandenen dreibasisch phosphorsauren Kalk auf anderem Wege als durch Aufschließen mit Schwefelsäure zu Superphosphat assimilierbar zu machen, ist ein Problem der neueren Zeit geworden. Die I. G. Farben-Industrie A.G. und die amerikanische Industrie treiben aus dem Phosphorit durch Schmelzen mit Sand und Kohle elementaren Phosphor aus und oxydieren ihn zu Phosphorsäure. Das deutsche Rhenaniaphosphat ist ein zitratlösliches Sinterprodukt aus Phosphorit, Sand und Soda.

Aufschluß der natürlichen Kalkphosphate auf biochemischem Wege. Von verschiedenen Seiten sind Versuche unternommen worden, das Phosphat mit schwächeren Hilfsmitteln auf biochemischem Wege zu zersetzen. Das Biophosphat von Carpzow wurde oben erwähnt. Ganssen hofft einen löslichen Dünger dadurch zu erzielen, daß er Phosphat mit Humussäurematerial und mit Kieselsäuregel zusammenbringt[1]), es würde dies in Rußland ausgeführten Versuchen entsprechen, Rohphosphat durch Kompostieren mit Torf teilweise aufzuschließen. Einen noch einfacheren Weg beschreiten diejenigen, die feinstgemahlene nordafrikanische weicherdige Rohphosphate als Düngemittel anbieten. In Deutschland sind derartige Phosphatmehle zum Gebrauch auf sauren Hochmoorböden zugelassen (Moorphosphat), weil sie sich hier als billige Dünger bewährt haben. Auf den gewöhnlichen mineralischen Ackerböden, deren chemische Reaktion etwa zwischen den Zahlen p_H 5—8 liegt, ist die Wirkung dieser Mehle viel zu langsam, selbst wenn sie wie in Frankreich geschehen im elektrostatischen Feld nach Cottrell kolloid fein niedergeschlagen werden.

Aufschluß durch kolloidfeine Vermahlung. Der Gedanke, durch nasse Vermahlung zum Zustand der kolloidfeinen hydratisierten Phosphatmoleküle zu gelangen, ist von Plauson[2]) aufgegriffen worden, dem das Verdienst zukommt, ein neues Mahlprinzip versucht zu haben. Die stündliche Leistung seiner nicht kontinuierlich arbeitenden Kolloidmühle war indessen viel zu gering, um Massenprodukte, wie es die Düngemittel sind, herstellen zu können. In einem ebenfalls nassen Mahlverfahren legte deshalb de Haen[3]) den Schwerpunkt nicht auf die Mühle mit hoher Tourenzahl, sondern auf das Mitvermahlen von kolloiden Naturprodukten, die als Schutzkolloid den hochdispersen Zustand des Phosphates aufrecht erhalten sollen. Die drei Komponenten Rohphosphat, Humuskohle und Wasser werden in Kugelrohrmühlen in kontinuierlichem Betrieb vermahlen. Der Humusstoff dient als Stabilisator, soll aber auch dank seines Humussäuregehaltes eine lösende Wirkung auf das Phosphat ausüben. Fundstellen gibt es in Deutschland an mehreren Orten, im Kreise Crossen a. d. O. (Wellmitz), bei Kassel, im südlichen Hannover und bei Köln. Das de Haen-

---

[1]) D.R.P. 378535.   [2]) D.R.P. 372565.   [3]) D.R.P. 435799.

Phosphat ist nicht über das Versuchsstadium hinausgekommen. Günstige Ergebnisse bei Felddüngungsversuchen liegen vor, andererseits lassen sich auch Bedenken geltend machen. Das Molekül des dreibasischen Kalkphosphates wird offenbar nicht verändert, denn die Löslichkeit des Produktes in Zitronensäurelösung erfährt keine Zunahme. Es fehlt ein chemischer Maßstab für die Bewertung, man müßte sich also mit Feststellungen am Flockungsmesser begnügen oder versuchen, mit der Lösungsgeschwindigkeit in irgendeinem Mittel zu arbeiten.

Kolloide Kieselsäure als Düngestoff. Die den größten Teil der Bodensubstanz ausmachende Kieselsäure hat neuerdings besondere Beachtung gefunden, seitdem von einem hervorragenden Agrikulturchemiker, Prof. Lemmermann, die Anregung gegeben wurde, kolloide Kieselsäure als Zusatz zu den Phosphorsäuredüngemitteln Superphosphat und Thomasmehl zu benutzen[1]). Nicht in dem Sinne, daß Kieselsäure den Nährstoff Phophorsäure in der Pflanze vertreten könnte, sondern daß sie in irgendeiner noch nicht erforschten Weise den Eintritt der Phosphorsäure mit der Bodenflüssigkeit in die Zellhaut und das Plasma der Wurzel erleichtert. Vielleicht erhöht die Gegenwart der kolloiden Kieselsäurelösung die Zersetzung der Phosphatsubstanz durch Absorption des Kalkbestandteiles oder das Kolloid absorbiert OH-Ionen. Vielleicht beseitigt die Kieselsäure nur Hemmungen in der Phosphorsäureaufnahme, macht sie beweglicher. Für die Düngerpraxis würde sich die Nutzanwendung ergeben, daß in einem schwach phosphathaltigen Boden eine Kieselsäurebeigabe das Element Phosphor mobilisiert. Um so eher wird dann allerdings die Erschöpfung des Bodens eintreten und der Raubbau müßte schließlich doch durch hohe Phosphatgaben ergänzt werden. Auch bei diesem Verfahren scheitert vorläufig die praktische Verwertung an dem hohen Preis der auf chemischem Wege herzustellenden Kolloidkieselsäure, die nach Lemmermann durch amorphe Kieselsäure (Kieselgur) nicht ersetzbar ist. Interessant ist in diesem Zusammenhang ein Verfahren der Asahi Glass Company Ltd. in Tokio (Japan)[2]), bei welchem die Wirkung von Düngemitteln durch Beigabe von kolloidem Magnesiumsilikat gesteigert wird. Man hatte beobachtet, daß gewisse Böden in Japan ihre Fruchtbarkeit einem natürlichen Gehalt an diesem Silikat verdanken und man hat daraufhin ein künstliches Präparat hergestellt. Erstaunlich ist bei den mitgeteilten Versuchen, daß so geringe Mengen wie $3\frac{1}{2}$ kg auf den Hektar auf Frühreife und Ertrag deutlichen Einfluß ausüben. Man könnte es nur mit katalytischer Wirkung erklären.

Entwicklung der Kolloidchemie in der Düngerindustrie. Der Anwendung der Kolloidchemie steht, wie die Übersicht zeigte, auch auf dem Gebiet der Bodendüngung und der Düngerindustrie ein weites Feld offen, einmal um die verwickelten Vorgänge bei der Assimilierung der Nährstoffe zu erklären, andererseits um bei der industriellen Gewinnung von Düngemitteln Dienste zu leisten. Alle technischen Hilfsmittel der Kolloidchemie, Fällung, Vermahlung, Flotation, sind bei diesem Zweig der Industrie verwertbar. Als Beispiel mag hier noch angeführt sein, daß in den Phosphatdistrikten in Florida und Tennessee heute bereits mit dem Wasser-Öl-Luft-Emulsionsgemisch Phosphat vom tauben Muttergestein getrennt wird. Bei allen Aufgaben, welche die Agrikulturchemie in Zukunft zu lösen haben wird, u. a. bei der Klärung der Frage, welche Rolle seltenere Elemente wie Schwefel, Jod, Titan, Bor u. a. m. im Ackerboden übernehmen, wird die Betrachtung von der kolloidchemischen Seite aus mitzusprechen haben.

---

[1]) D.R.P. 384576.   [2]) D.R.P. 506938 und 508170.

Kolloidchemische Gesichtspunkte in der Metallurgie[1]).

Von Prof. Dr. **F. Sauerwald**-Breslau.

Mit 18 Abbildungen.

Vorbemerkung. In der Kolloidchemie kann man eine engere und eine weitere Problemstellung unterscheiden. Man kann wohl sagen, daß in der historischen Entwicklung zuerst die Probleme, die bei einer besonders weitgehenden Unterteilung der Materie auftreten, zu der Ausbildung eines Sondergebietes, eben der Kolloidchemie, geführt haben. Bei dieser besonders weitgehenden Unterteilung wird der Einfluß der Oberflächenkräfte auf das Verhalten der betreffenden Partikelchen von ausschlaggebender Bedeutung infolge des außerordentlichen Wachstums der Oberfläche. Die Verfolgung dieser Erscheinungen ist die engere Aufgabe der Kolloidchemie. Die allgemeine Betrachtung der Oberflächen- und Grenzflächenerscheinungen, unabhängig von der Ausbildung der Größe der Oberflächen, leitet zu den allgemeinen Gebieten der Physik und Chemie über und diese Kapillarphysik kann als weiteres Problem der Kolloidchemie betrachtet werden.

Beide Arten kolloidchemischer Probleme sind in besonderem Umfange dort studiert worden, wo einerseits weitgehende Zerteilungen der Materie in definierter Form leicht herstellbar sind und wo die Oberflächenkräfte verhältnismäßig leicht theoretisch und experimentell erfaßbar sind, also besonders dann, wenn mindestens eine fluide Phase vorhanden war und wenn es sich um amorphe Körper handelte. Auf viele größere Schwierigkeiten stößt zum mindesten die engere Kolloidchemie, wenn es sich lediglich um feste kristallisierte Körper handelt, während hier einer weiteren Kolloidchemie oder Kapillarphysik im allgemeinen Unterteilungsproblem bis auf nicht zu kleine Dimensionen dankbare, aber doch auch neu zu orientierende Aufgaben verbleiben.

Wenn man von diesem Standpunkte ausgehend die Rolle erwägt, die eine kolloidchemische Betrachtung in der Metallurgie spielen kann, so wird man zum mindesten in bezug auf die genannten engeren kolloidchemischen Gesichtspunkte skeptisch sein müssen. Bei tieferen Temperaturen liegen die Metalle und ihre

---

[1]) Vgl. hierzu die entsprechenden Kapitel in den Büchern von Guertler, Metallographie (Berlin). — Ostwald, Die Welt der vernachlässigten Dimensionen, 9.—10. Aufl. (Dresden 1927). — R. E. Liesegang, Kolloide in der Technik (Dresden 1923). — F. Sauerwald, Lehrb. d. Metallkunde (Berlin 1929). — F. Sauerwald, Physikal. Chemie der metallurgischen Reaktionen (Berlin 1930). — Ferner die allgemeineren Abhandlungen Quincke, Ztschr. f. Metallographie 3, 23, 79, 303 (1913). — P. P. v. Weimarn, Ztschr. f. Metallographie 3, 65 (1913). — J. Alexander, Stahl u. Eisen 696 (1921). — Imhausen, Stahl u. Eisen 1641 (1921); 622 (1922). — F. Sauerwald, Kolloid-Ztschr. 42, 242 (1927).

Legierungen als feste kristallisierte Körper vor, von denen einigermaßen exakte Feststellungen über starke Unterteilungen und die dabei wirkenden Kräfte noch kaum vorliegen. Nur wenn das Metall bei tiefer Temperatur erst aus einer fluiden Phase entsteht, z. B. durch Elektrolyse aus wäßriger Lösung, können, wie wir sehen werden, echte Kolloide diesen Vorgang beeinflussen, und infolge des Vorhandenseins einer fluiden Phase kann man auch hier mit einigermaßen bestimmten kolloidchemischen Begriffen arbeiten. Die metallurgischen Vorgänge bei hohen Temperaturen lassen dagegen, wenn man ihnen nur einigermaßen Zeit gönnt, im allgemeinen schwer Zustände aus der Welt der vernachlässigten Dimensionen sich ausbilden.

Von größerer Bedeutung für die Metallurgie sind die weiteren kolloidchemischen Probleme der Unterteilung in größeren als submikroskopischen Dimensionen. Es folgt dies ja schon einfach aus der Tatsache, daß die Endprodukte der Metallurgie mit ganz vereinzelten Ausnahmen Haufwerke von Kristalliten sind, auf deren Eigenschaften die Größe und Anordnung der Einzelkristallite natürlich von Einfluß sein werden.

Wenn man diesen Zusammenhang feststellt, erfordert es allerdings die Rücksicht auf die historische Gerechtigkeit, gleichzeitig zu sagen, daß die Metallurgie diese Fragen längst diskutiert und z. T. gelöst hat, ehe man versuchte, die kolloidchemische Nomenklatur auf diese Vorgänge anzuwenden; insbesondere sind die hierher gehörigen metallurgischen Techniken in ihrer Entwicklung durch kolloidchemische Gesichtspunkte im allgemeinen nicht beeinflußt worden.

Durch diese Auffassung ist dem vorliegenden Kapitel naturgemäß eine besondere Behandlungsweise vorgeschrieben. Es sind nur diejenigen metallurgischen Prozesse eingehender zu behandeln, denen tatsächlich die engere kolloidchemische Betrachtungsweise ihren Stempel aufdrückt, und wo dieselbe wesentlich neue Fortschritte bringen kann. Wo die kolloidchemische Betrachtung nur eine interessante Beleuchtung metallurgischer Fragen ermöglicht und wo es sich um das allgemeine Problem der Unterteilung handelt, ist nur eine summarische Übersicht zu geben. Dabei ist noch zu bemerken, daß einige Fragen, die man in diesem Kapitel suchen könnte, bereits in anderen Kapiteln behandelt worden sind, so die der Aufbereitung, Reinigung der Gichtgase und die der Herstellung kolloider Metalllösungen (Metallzerstäubungen).

Flüssige Metalle und Legierungen.

Oberflächenspannung und ihre Wirksamkeit. Die Oberflächenspannung flüssiger Metalle und Legierungen ist nicht sehr oft gemessen worden. Wenn man von den zahlreichen Messungen an Hg absieht[1]), liegen Arbeiten über Metalle vor von Quincke[2]), Siedentopf[3]), Grumnach[4]), Lorenz[5]), Hagemann[6]), Hogness[7]), Smith[8]), Sauerwald (l. c.) mit Drath,

---

[1]) Literatur darüber vgl. F. Sauerwald und Mitarb., Ztschr. f. anorg. Chem. **154**, 79 (1926).; **162**, 301 (1927); **181**, 353 (1929); T. H. (Breslau 1930). Dipl.-Arb.
[2]) Vgl. Ann. d. Physik **61**, 267 (1897).
[3]) Wied. Ann. **61**, 235 (1897).
[4]) Ann. d. Physik **3**, 660 (1900).
[5]) Ztschr. f. physik. Chem. **83**, 459 (1913).
[6]) Diss. (Freiburg 1914).
[7]) Journ. Am. Chem. Soc. **43**, 1621 (1921).
[8]) Journ. of inst. of Metals **12**, 168 (1914); **17**, 65 (1917).

Krause und Reischauer, Bircumshaw[1]). Legierungen sind gemessen worden von Siedentopf, Grumnach, Sauerwald und Mitarbeitern, Matuyama[2]). Nicht alle der mitgeteilten Zahlen dürften einer eingehenden Kritik standhalten und nur neue systematische Untersuchungen können Sicherheit über die einzelnen Werte schaffen. Darüber hinaus ist eine tiefgehende Analyse der Natur der Oberflächenspannung der Metalle notwendig, da sich herausgestellt hat, daß keine der normalen Beziehungen über die Oberflächenspannung bei Metallen zutrifft[3]).

Soviel jedoch kann gesagt werden, daß die Oberflächenspannung der Metalle im allgemeinen sehr hoch ist und sich in der Größenordnung von einigen Hunderten bis Tausend dynen/cm bewegt. Diese hohe Oberflächenspannung der Metalle wird im allgemeinen darauf hinwirken, daß in der Metallurgie der hohen Temperaturen echte kolloide Lösungen der Metalle in nicht metallischen Schmelzen, also z. B. in Schlacken nicht leicht auftreten. Andere Faktoren, die in derselben Richtung wirken, sind stärkere Unterschiede im spez. Gewicht und die nicht allzu hohe innere Reibung der flüssigen Metalle[4]). Von Latta, Killing und Sauerwald[5]) wurde die Aufstiegsgeschwindigkeit von Schlackenteilen festgestellt und dieselbe bei Durchmessern von 0,1 mm an sehr erheblich gefunden. Natürlich führen diese Umstände leider nicht zu einer absoluten Trennung der metallischen und nicht-metallischen flüssigen Phasen. Die Schlacken nehmen metallisches Material mit sich und auch die Metalle weisen Schlackenbestandteile auf, deren Vorhandensein für die Eigenschaften des metallurgischen Endproduktes von sehr großer Bedeutung ist. Es sind da zu nennen die Schlackeneinschlüsse in Stahl und Eisen, die allerdings schon stark anormalen SnO_2-Einschlüsse in Bronze u. a. m. Es handelt sich jedoch hier immer um Einschlüsse von mikroskopischen Dimensionen[6]).

Von besonderer Bedeutung wird die Oberflächenspannung flüssiger Metalle bei solchen metallurgischen Prozessen sein, bei denen Gase durch das Metallbad geblasen werden, also beim Konverterbetrieb, auch während der Kupferraffination beim Polen. Von der Oberflächenspannung wird die Größe der sich bildenden Blasen abhängen, also die Größe der Reaktionsfläche; für das Aufsteigen dieser Blasen im Metallbad und damit ebenfalls für die Geschwindigkeit des Prozesses sind naturgemäß die innere Reibung und Dichte mitbestimmend. Quantitatives über die Art dieser Einflüsse ist noch nicht bekannt.

Quincke[7]) und Desch[8]) haben sich viel mit der Wirkung der Oberflächenspannung auf die Kristallisation befaßt. Man kann nicht sagen, daß die von ihnen

---

[1]) Philos. Magazine **2**, 341 (1926).

[2]) Sc. Rep. Tohoku Imp. Univ. S. I. **16**, 555 (1927).

[3]) Der Temperaturkoeffizient der Oberflächenspannung der Metalle ist im allgemeinen negativ. Interessant ist die Feststellung von F. Sauerwald, Drath, Krause und Michalke, daß Cu und einige Cu- und Fe-Legierungen in praktisch wichtigen Bereichen einen positiven Temperaturkoeffizienten aufweisen.

[4]) Vgl. darüber F. Sauerwald und Mitarb., Ztschr. f. anorg. Chem. **135**, 255 (1924); **157**, 117 (1926); **161**, 51 (1927) u. ff.

[5]) Dipl.-Arbeit Techn. Hochschule Breslau und Julienhütte, O.-Schl. (1929).

[6]) Bei Seigerungen, d. h. bei ungleicher Verteilung von Komponenten im erstarrten Regulus, reichen unsere Vorstellungen über Kristallisationen im allgemeinen (mit Ausnahme der sog. umgekehrten Blockseigerung) zur Deutung der Erscheinungen aus und man braucht engere kolloidchemische Gesichtspunkte nicht in Anspruch zu nehmen, vgl. Arnold und Sander, Ztschr. f. Metallkunde **13**, 122 (1921). — Weiterhin vgl. Gillet, Ztschr. f. physik. Chem. **20**, 729.

[7]) Ztschr. f. Metallographie **3**, 23, 79, 303 (1913).

[8]) Chem. Met. Engin. **21**, 773, Engineering 530 (1921).

ausgebildeten Vorstellungen in den allgemeinen Gedankenkreis eingegangen sind. Das Vorkommen nichtmetallischer Zwischenwände zwischen den Metallkristalliten, von denen wir unten noch zu sprechen haben, kann auch durch die gewöhnlichen Vorstellungen über die Kristallisationsvorgänge hinreichend gedeutet werden.

Kolloide Lösungen mit flüssigen Metallen bei höheren Temperaturen; Metallnebelbildung. Von R. Lorenz[1]) sind Beobachtungen mitgeteilt worden, nach denen trotz der großen Oberflächenspannung flüssige Metalle sich in Salzschmelzen in verschiedenem Dispersitätsgrade — wohl auch bis zu echten kolloiden Lösungen — auflösen können. Es handelt sich z. B. um Feststellungen an flüssigem Blei gegenüber Bleichlorid,

Silber gegen Silberchlorid, Thallium gegen Thalliumbromid- und -chlorid. Die Metallnebel in den Salzen entstehen, wenn die Metalle in flüssige Salze eingeführt werden. In der Abb. 343 sieht man deutlich die aus dem unten liegenden Blei aufsteigenden Nebel. In einigen Fällen sind neuerdings von Eitel und Lange[2]) sowie Magnus und Heymann[3]) die „Pyrosole" als atomdisperse Lösungen erkannt worden.

Die Faktoren, welche zur Metallnebelbildung führen, sind noch nicht völlig aufgeklärt worden. Es scheint bis jetzt, daß hohe Dampfdrücke der Metalle und geringe Oberflächenspannungen an der Grenze Metall—Salz[4]) das Einsetzen der Erscheinung begünstigen, man muß wohl auch noch mit kapillarelektrischen Faktoren rechnen.

Die technische Bedeutung der Metallnebelbildung haben wir in folgendem zu sehen:

Die Gesamtmenge von Metall, die in jedem Augenblick in der Schmelze verteilt ist, ist meist nur gering; sie ist häufig nur von der Größenordnung 0,1 %. Man muß ja aber damit rechnen, daß

Abb. 343.
Bleinebel in Bleichlorid.

an die Oberfläche des Salzes gelangendes Metall dort verdampft oder oxydiert wird, und daß dann weiter neue Mengen Metall in die Schmelze gehen können. Wenn also irgendwo bei metallurgischen Prozessen Metallnebelbildungen auftreten können, muß der mögliche Metallverlust sehr wohl im Auge behalten werden. Am ehesten hat man damit bei Schmelzflußelektrolysen zu rechnen, denn die Metallnebelbildung kann auch aus Metallen erfolgen, die Kathode bei einer solchen Elektrolyse bilden, und der Charakter der Elektrolyte wird dem der oben genannten Salze häufig nahe kommen. Hier ist der Einfluß um so mehr zu fürchten, als noch die Stromausbeute offenbar durch an die Anode gelangendes Metall ungünstig beeinflußt werden kann. Vielleicht muß man auch an einen Einfluß der Nebelbildung auf das Leitvermögen und die Stromverteilung denken.

---

[1]) Ztschr. f. Elektrochem. **7**, 277 (1901) und folgende Veröffentlichungen bis Ztschr. f. anorg. Chem. **91**, 61 (1915).

[2]) Ztschr. f. Anorgan. Chemie **178**, 108 (1929).

[3]) Naturwissensch. **17**, 931 (1929).

[4]) Lorenz und Liebmann, Ztschr. f. physik. Chem. **83**, 459 (1913).

Feste Metalle und Legierungen.

Die Oberflächenspannung fester Metalle. Auch feste kristallisierte Körper haben eine Oberflächenspannung. Wie bei allen „festen" Körpern kann sich diese Spannung nicht bemerkbar machen, solange die gesamte Festigkeit derselben gegen Verformung größer ist als der Betrag der in der Oberfläche wirkenden Spannung. Der Betrag des gesamten Verformungswiderstandes kann nun auf zwei Wegen herabgesetzt werden, nämlich erstens durch Querschnittsverminderung und zweitens durch Temperaturerhöhung. Wenn diese Faktoren in geeigneter Weise gewählt werden, zeigt sich, daß Lamellen unter dem Einfluß der Oberflächenkräfte schrumpfen. H. Schottky[1]) hat dies für dünne Silberfolien von 0,19 μ bei 300⁰ und von 0,7 μ bei 400⁰ gezeigt.

Aus der Größenordnung dieser Zahlen sieht man, daß die Spannung an der Oberfläche kompakter Metallgegenstände im allgemeinen bei der Verarbeitung und Verwendung der Metalle keine Rolle spielen wird. Aber auch schon reine Metalle sind ja nun keine kompakten, anisotropen Körper;

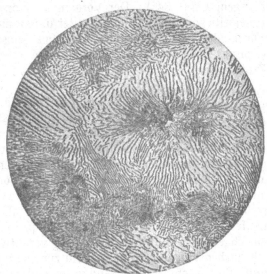

Abb. 344.
Streifiger Perlit nach Oberhoffer (100mal vergr.).

sie sind aus einer großen Zahl einzelner Kristallite zusammengesetzt, die sogar bei mechanischer Verarbeitung durch den Mechanismus der sich übereinander schiebenden Gleitebenen (s. u.) noch weiter unterteilt werden können. Dies trifft auch für Mischkristallegierungen ebenso wie für Legierungen aus verschiedenartigen Kristalliten zu. An diesen „inneren Trennungsflächen" werden auch bis zu einem gewissen Grade Oberflächenenergien wirksam sein, über die prinzipiell dasselbe zu sagen ist, wie über die Oberflächenspannungen an ganz freien Oberflächen. Bei starker Unterteilung und Temperaturerhöhung werden diese Spannungen auf Verkleinerung der inneren Oberflächen hinwirken, wenn auch diese Auswirkung offenbar sich

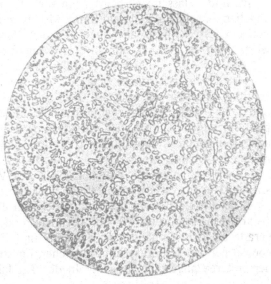

Abb. 345.
Körniger Perlit nach Oberhoffer (400mal vergr.).

[1]) Nachr. d. k. Ges. d. Wissenschaften zu Göttingen 480 (1912).

schwerer durchsetzen wird wie bei freien Oberflächen und auch wahrscheinlich noch mit anderen Faktoren in Zusammenhang steht, s. z. der Möglichkeit der Diffusion.

In diesem Sinne faßt man gewöhnlich z. B. die Veränderung des im Stahl vorliegenden Eutektoids aus Fe_3C und Fe beim Glühen bei etwa 700° auf. Dieser sog. „Perlit" zeigt nach gewöhnlicher Abkühlung streifige Anordnung der Gefügebestandteile (Abb. 344), die beim Glühen in die körnige Anordnung des Zementits übergeht (Abb. 345). Der Vorgang ist von erheblicher technischer Bedeutung: Einerseits wirkt er nach noch weiter unten mitzuteilenden Gesichtspunkten auf die Formänderungsfähigkeit des Materials günstig ein; andererseits erschwert die erfolgte Koagulation naturgemäß eine etwa notwendige Wiederauflösung des Zementits.

Oberflächenerscheinungen bei metallurgischen Reaktionen mit Gasen. Hauptsächlich in Schachtöfen, ferner in Röstöfen verlaufen metallurgische Reaktionen zwischen festen Stoffen und Gasen. Schon wenn man im Laboratorium die entsprechenden Reaktionen bezüglich der sich einstellenden Gleichgewichte untersucht, treten selbst hier, wo man den Vorgängen genügend Zeit lassen kann, erhebliche Verzögerungserscheinungen auf. Es zeigt sich, daß die betreffenden Bodenkörper einen erheblichen Einfluß auf die Einstellung der Gleichgewichte haben können. Man hat bei solchen Feststellungen gewöhnlich auf eine Mischkristallbildung zwischen den Komponenten im festen Zustande geschlossen[1]), die ja in der Tat für eine Beeinflussung der Gleichgewichte und ihrer Einstellung verantwortlich gemacht werden kann. Aber ein solcher Vorgang ist nicht allein zur Deutung der Abweichungen heranzuziehen und es ist auch sehr notwendig, an andere Möglichkeiten der Auffassung dieser Vorgänge zu denken, da die obige Deutung, ohne daß dies immer beachtet wird, häufig zu sehr großen Widersprüchen mit den anderweitigen Feststellungen, z. B. über Mischkristallbildungen führt.

Der Umstand, daß diese Reaktionen in erster Linie an festen Oberflächen verlaufen, nötigt den räumlichen Mechanismus derselben einer Betrachtung zu unterziehen und es lassen sich bei derselben eine ganze Reihe Oberflächenerscheinungen angeben, die ebenfalls in dem Sinne wirken, daß die Einstellung der Gleichgewichte von der festen Phase, also eben von den Vorgängen an ihrer Oberfläche bedingt wird. Man denke z. B. nur an den Vorgang der Reduktion eines Eisenoxydkorns mit Wasserstoff. Zuerst wird äußerlich eine Eisenhaut um das Korn gebildet, die je nach ihrer Struktur sicherlich den weiteren Verlauf der Gleichgewichtseinstellung zwischen H_2, H_2O, Fe, FeO beeinflussen muß. Je nach der Temperatur und Zeit werden nach Ergebnissen, die unten über das Zusammenbacken von pulverförmigen Kriställchen mitgeteilt werden, das Metall und die Oxyde mehr oder weniger fest zusammenfritten und dadurch die Gleichgewichtseinstellung mehr oder weniger stören.

Wenn schon so mit einem Einfluß des Verteilungsgrades der festen Phasen auf die Gleichgewichtseinstellung bei Laboratoriumsversuchen gerechnet werden muß, ist dies noch mehr der Fall, wo es sich überhaupt in erster Linie nur um die Geschwindigkeiten der betreffenden Reaktionen handelt. Diese spielen nun gerade bei den Vorgängen in Schacht- und Röstöfen eine wesentliche Rolle und ebenso bei den Laboratoriumsversuchen im strömenden Gase, die zur Aufklärung der ersteren angestellt werden. In der Tat lassen Untersuchungen von Brinck-

---

[1]) Man vgl. z. B. Matsubara, Ztschr. f. anorg. Chem. **124**, 39 (1922).

mann[1]) und Hofmann[2]) über die Reduktionsgeschwindigkeiten von Eisenoxyden durch H_2 und CO den Wert der Betrachtung der Frittvorgänge an den Oberflächen erkennen.

Besondere chemische Wirkungen an Metallstauben, Pyrophorität. Eine sehr unerwünschte Unterteilung metallischen Materials, die zu erheblichen Verlusten führen kann, ist die Staubbildung in metallurgischen Öfen. Die Reinigung der Gichtgase wurde bereits an anderer Stelle behandelt. In unserem Zusammenhang sei nur auf die Frage der Selbstentzündlichkeit, die Pyrophorität solcher Staube, die auch bei den niedrigen Oxydationsstufen der Metalle festzustellen ist, hingewiesen. Man hat z. T.[3]) angenommen, daß die Pyrophorität in erster Linie von der chemischen Zusammensetzung und besonderen beigemengten Stoffen bedingt sei. Sauerwald[4]) sowie Tammann und Nikitin[5]) haben dagegen nachgewiesen, daß die Pyrophorität in erster Linie abhängig sei von der Feinheit des betreffenden Staubes, d. h. vom Verhältnis der Oberfläche desselben zur Masse, worauf auch schon Versuche von Ipatiew[6]) hindeuteten. Je mehr Oberfläche vorhanden ist, um so höher ist die Temperatursteigerung bei einer zunächst langsam einsetzenden Oxydation, so daß dann auch die Selbstbeschleunigung der Reaktion um so größer ist. Es ergibt sich daraus sofort das Mittel, die Pyrophorität zu verhindern, indem man die Gesamtoberfläche verkleinert, z. B. den Gichtstaub bei hoher Temperatur entstehen läßt, bzw. ihn ohne Zutritt von Sauerstoff einer höheren Temperatur aussetzt.

Die Herstellung besonders dünner Metallamellen und Drähte, sowie von Metallpulvern. Die Herstellung besonders dünner Metallamellen und Drähte hat ein nicht unerhebliches technisches Interesse. Die alten Herstellungsverfahren sind neuerdings durch einige elegante Methoden, die noch zu wesentlich feineren Dimensionen führen, ergänzt worden. Besonders Gold und Silber sind schon seit altersher zur Herstellung dauerhafter Blättchen verwendet worden. Die Goldschlägerei arbeitet so, daß Feingold zunächst zu dünnen Blechen gewalzt wird. Dann werden die Bleche zu mehreren mit Pergamentblättern, später Goldschläger (Ochsendarm)-haut abwechselnd übereinandergeschichtet „geschlagen", so daß eine Abnahme der Dicke eintritt. Dieses Verfahren wird mehrmals wiederholt und schließlich werden Blättchen von $1/8000$ mm hergestellt.

Dieses Verfahren ist jetzt durch zwei neue Verfahren — eines von K. Müller[7]), eines von Lauch und Ruppert[8]) — im Endeffekt wesentlich übertroffen worden. Nach K. Müller wird auf einer Kupferfolie das betreffende Metall elektrolytisch niedergeschlagen, auf dieses wird wieder Kupfer heraufelektrolysiert. Nach geeigneter Behandlung und Einspannung können die äußeren Cu-Schichten weggeätzt werden. Nach dem zweiten Verfahren wird auf eine hochglanzpolierte Steinsalzkristallplatte mittels Kathodenzerstäubung Metall niedergeschlagen und der Kristall mit H_2O weggelöst. Nach dem ersten Verfahren sind Schichten von 10 $\mu\mu$, nach dem zweiten solche von 5 $\mu\mu$ erzeugt worden[9]).

---

[1]) Diss. (Breslau 1923).

[2]) Ztschr. f. angew. Chem. **38**, 715 (1925). — Vgl. a. Meyer, Mitt. Kaiser-Wilh.-Inst. f. Eisenforschung **10**, 107.

[3]) Z. B. J. W. Gilles, Stahl u. Eisen **42**, 885 (1922). — Osann, Stahl u. Eisen **43**, 466 (1923).

[4]) Metall u. Erz **21**, 117 (1924). — [5]) Ztschr. f. anorg. Chem. **135**, 201 (1924).

[6]) Chem. Zbl. 2, 147 (1908). — [7]) Naturwissensch. **14**, 43 (1926).

[8]) Physik. Ztschr. **27**, 452 (1926).

[9]) Über die Eigenschaften dünnster Metallfolien vgl. weiterhin z. B. L. F. Curtiss, Chem. Zbl. **3**, 806 (1922). — Dembinska, Ztschr. f. Physik **54**, 46 (1928).

Zur Herstellung auch dünnster Drähte bedient man sich des Ziehprozesses. Dabei wird bei Platin nach Wollaston zur Herstellung geringster Dimensionen der Kunstgriff gebraucht, den Platindraht mit einem Mantel aus Silber zu umgeben, der nach Beendigung des Ziehprozesses chemisch abgelöst wird.

Die Herstellung von Metallen in pulverförmigem Zustand erfolgt entweder auf rein chemischem Wege durch Reduktion von Oxyden im Wasserstoffstrom (Ferrum reductum) oder durch mechanische Zerkleinerung von kompakten Metallen. Die letztere bietet bei wenig duktilen, spröden Metallen nichts Besonderes. Interessant ist dagegen, daß auch sonst sehr duktile Metalle unter Einhaltung gewisser Bedingungen durch Schlag pulverisiert werden können. Das bekannteste Beispiel dafür ist die Herstellung von Aluminiumpulver. Es wird dabei das Aluminium dicht unterhalb des Schmelzpunktes geschlagen und die zunächst entstehenden Körner werden dann unter möglichster Innehaltung der höheren Temperatur in Schüttelmaschinen weiter zerkleinert. Die Staubfeinheit des Al-Pulvers wird schließlich in erwärmten Stampfapparaten erzielt.

Die Unterteilung in kompakten metallischen Körpern, die aus einem Kristallitenkonglomerat bestehen.

Metalle und Legierungen, die nicht Einzelkristalle sind, können im wesentlichen auf drei verschiedene Arten erzeugt werden:

1. aus dem Schmelzfluß (regulinische Körper),
2. durch elektrolytische Abscheidung im festen Zustande,
3. durch Zusammenfügen fester Kristallite (synthetische Körper).

Die technisch bei weitem überwiegende Bedeutung hat die erste Methode. Alle diese Körper bestehen aus einer Vielheit einzelner Kristallite. Ihre Anordnung ist naturgemäß durch die Bedingungen bei der Entstehung gegeben, sie kann weiterhin im festen Zustande noch stark geändert werden auf zwei Arten:

1. immer durch plastische Verformung, wenn eine solche möglich ist,
2. häufig durch Behandlungen bei verschiedenen Temperaturen.

Sehr viele Eigenschaften hängen von der Struktur der Kristallitenkonglomerate ab, viele können von der Art der Unterteilung des Kristallitenkonglomerats abhängen. Von physikalischen Eigenschaften werden insbesondere die magnetischen Kennziffern[1] beeinflußt. Die elektrische Leitfähigkeit[2] scheint nicht, die Wärmeleitfähigkeit[2] wenigstens in gewissen Fällen beeinflußt zu werden. Häufig folgt die Korrosion den Korngrenzen[3]. Von besonderer Bedeutung ist ein Einfluß auf die Festigkeitseigenschaften, der unten weiter erörtert wird. Es sei hier als Vorbereitung eine kurze Charakterisierung der Festigkeitseigenschaften eingeschaltet.

Die Metalle reißen im allgemeinen nicht einfach bei einer bestimmten Belastung, sondern sie erleiden unter dem Einfluß äußerer Kräfte zunächst bleibende Deformationen, ehe Materialtrennungen eintreten. Den Widerstand gegen die Verformung nennen wir Verformungswiderstand, denjenigen gegen das schließliche Reißen den Reißwiderstand. Von den überlieferten Begriffen der Materialprüfung ist der der Streckgrenze noch am ersten mit dem anfänglichen Verformungswiderstand zu

---

[1] v. Auwers, Daewes, vgl. zuletzt S. J. Sizoo, Ztschr. f. Physik **51**, 556 (1928).
[2] Eucken und Mitarbeiter, Ztschr. f. phys. Chem. **134**, 220 (1922).
[3] Vgl. z. B. Rawdon, Ind. and Eng. Chem. **19**, 613 (1927).

identifizieren. Die Zerreiß- (oder auch die Druck-) festigkeit ist allgemein nicht mit dem Reißwiderstand identisch; sie besagt lediglich, wie stark ein Querschnitt belastet werden muß, damit der Bruch eintritt unter der Voraussetzung, daß der Deformationsvorgang so verläuft, wie bei dem betreffenden vorangegangenen Zerreißversuch. Wir werden diesen Begriff, der also eine wirklich auftretende Spannung und Festigkeit nicht bezeichnet, allerdings gebrauchen müssen. Vom Beginn der Verformung bis zum Reißen können die verschiedenen Materialien ein ganz verschiedenes Maß von Formänderung durchmachen, d. h. sie haben ein verschiedenes Formänderungsvermögen. Dieses Formänderungsvermögen mißt man beim Zerreißversuch durch die Einschnürung des Stabes und durch seine Dehnung. Die Tatsache, daß die Reißfestigkeit meist höher liegt, als der anfängliche Formänderungswiderstand, bezeichnet man als Verfestigung.

Bei dem Reißvorgang ist naturgemäß ganz prinzipiell darauf zu achten, ob die Materialtrennung zwischen den Körnern oder in den Körnern erfolgt. Beide Vorgänge sind möglich, jedoch trifft die häufig ausgesprochene Regel, daß bei höheren Temperaturen die Trennung zwischen den Körnern, bei tiefen Temperaturen durch die Körner erfolgt, sicher nicht allgemein zu[1]).

Beeinflußbarkeit der Unterteilung bei der Entstehung regulinischer Metalle. Man stellt sich den Erstarrungsvorgang einer Schmelze zu einem Kristallitenkonglomerat so vor, daß bei kleinerer oder größerer Unterschreitung der Schmelztemperatur eine Anzahl „Kristallkeime" entstehen, die weiter wachsen, während sich noch neue Keime bilden können. Entsprechend der Keimzahl und der Kristallisationsgeschwindigkeit entstehen

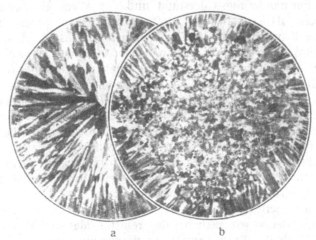

Abb. 346.
Gefügeanordnung von zwei infolge ungleichförmiger Wärmeverteilung nadelig kristallisierten Aluminiumbronzebarren.
a Hohe Abkühlungsgeschwindigkeit: Nadeliges Gefüge bis ins Zentrum.
b Mittlere Abkühlungsgeschwindigkeit: Nadeliges Gefüge nur in den Randschichten.
Geätzt mit Ammoniumpersulfat 1 : 10. (Lin. Vergr. 0,75.) Nach Czochralski.

wenig große oder viel kleine Kristallite. Da mit dem Grade der Unterkühlung, der von der Abkühlungsgeschwindigkeit abhängt, zunächst die Kernzahl zunimmt und auch immer nur eine Zunahme derselben festzustellen ist, wird

[1]) Vgl. F. Sauerwald, Kolloid-Ztschr. l.c. — Sauerwald und Elsner, Ztschr. f. Physik 44, 36 (1927). — Sauerwald und Pohle, Ztschr. f. Physik 56, 576 (1929). — Sauerwald,

ganz allgemein bei Metallen bei schneller Abkühlung das Korn feiner als bei langsamer Abkühlung[1]) (eine Ausnahme macht nur Sb[2])).

Technisch kann man beim Gußvorgang verschiedene Abkühlungsgeschwindigkeiten dadurch erreichen, daß man einmal in Sandformen gießt, die sogar noch erwärmt werden können, im anderen Extrem wird in Metallkokillen gegossen, die gekühlt werden können. Bei beiden Verfahren pflegen sich nicht nur Unterschiede in der Korngröße zu ergeben, sondern auch in der Kristallitenanordnung. Bei schneller Abkühlung bilden sich gern Kristallnadeln aus, die auf der kühlenden Fläche senkrecht stehen. Man bezeichnet dies auch als Transkristallisation, nach Rinne[3]) als Orthotropie, Thermotropie. Die Abb. 346 läßt die Gegensätze erkennen.

Der Einfluß der verschiedenen Gefüge auf die Festigkeitseigenschaften äußert sich nach Czochralski so, daß allgemein die Festigkeit mit steigender Unterteilung zunimmt, während das Formänderungsvermögen abnimmt. Viel authentisches Material über diese Zusammenhänge liegt allerdings besonders gerade bei Gußmetallen nicht vor[4]) (vgl. unten den Abschnitt „Wärmebehandlung"). Bei diesen Überlegungen muß daran gedacht werden, daß, wenn der Einfluß der Korngröße rein erfaßt werden soll, Quasiisotropie im wesentlichen gewahrt werden muß, d. h. es darf keine Orthotropie vorliegen und es dürfen auch nicht zu wenig Kristallite im Haufwerk sein.

Die Natur der Korngrenzenschichten. Vor allem in der angelsächsischen Literatur hat man sich besondere Vorstellungen über die Natur der Korngrenzenschichten gemacht, gerade, um die oben soeben gekennzeichnete Gesetzmäßigkeit zu verstehen. Da im allgemeinen amorphe Körper einen höheren Formänderungswiderstand und vor allem eine geringere Formänderungsfähigkeit als kristallisierte Stoffe haben, glaubte man an den Korngrenzen amorphe Schichten von Metall annehmen zu müssen. Bei zunehmender Unterteilung würde also infolge Zunahme der amorphen Massen das Material weniger zu Formänderungen befähigt. Dieser Analogieschluß, der für die so überaus leicht kristallisierenden Metalle die Annahme amorpher Massen ad hoc erfordert, ist nach unseren Vorstellungen jedoch nicht notwendig, da auch schon die im stärker unterteilten Kristall geringere Möglichkeit der Gleitflächenbildung (s. u.) eine hinreichende Deutung der Erscheinungen ermöglicht. Der experimentelle Nachweis des erhöhten Dampfdruckes des amorphen Korngrenzenmaterials von Rosenhain[5]) ist nach Versuchen von Sauerwald und Patalong[6]) nicht stichhaltig.

Während man so keineswegs genötigt ist, weitgehende Annahmen über Besonderheiten der Struktur an den Oberflächen der homogenen Kristallite zu machen[7]), sind die Überlegungen über das Verbleiben der kleinen Mengen an Verunreinigungen, mit denen wir auch bei den reinsten Metallen zu rechnen haben, von größter Wichtigkeit. Tammann[8]) hat darauf hingewiesen, daß solche Ver-

---

[1]) Vgl. Tammann, Kristallisieren und Schmelzen (Leipzig 1903).

[2]) Bekier, Ztschr. f. anorg. Chem. **78**, 181 (1912).

[3]) Ber. d. Sächs. Akad. d. Wissensch. Sitzung 20. Februar 1926. Über Gußtextur vgl. E. Schmid, Metallwirschaft **8**, 651 (1929)

[4]) F. Sauerwald, Kolloid-Ztschr., l. c.

[5]) Ztschr. f. Metallographie **3**, 276 (1913).

[6]) Ztschr. f. Phys. **41**, 355 (1927).

[7]) Die Madelungschen Überlegungen über die Gitterstruktur an Gitteroberflächen führen in andere Richtung und die Volmerschen Anschauungen über adsorbierte Schichten dürften hier noch nicht in Frage kommen. Vgl. zuletzt Ztschr. f. Physik **35**, 176 (1926).

[8]) Ztschr. f. anorg. Chem. **121**, 275 (1922). — Tammann und Heinzel, Ztschr. f. anorg. Chem. **176**, 147 (1928).

unreinigungen, welche von den flüssigen Metallen gelöst, im festen Zustand jedoch nicht gelöst werden, sich in Häutchenform zwischen den Kristalliten ablagern können; solche Häutchen sind von ihm direkt nachgewiesen worden. Die Ausscheidung dieser Häutchen erfolgt bei einer der Vielzahl der Komponenten entsprechenden, tiefliegenden, „polyeutektischen" Temperatur. Wird der betreffende Körper über diese Temperatur erhitzt, so kann eine Veränderung der Verteilung solcher Beimengungen erfolgen. Wir werden weiter unten sehen, welche Bedeutung diese Häutchen für die Möglichkeit der Veränderung des Dispersitätsgrades haben.

Die Unterteilung elektrolytisch erzeugter Metallkörper[1]. Da einigermaßen umfangreiche Erfahrungen über die Struktur elektrolytisch erzeugter Metallniederschläge nur bei Elektrolysen in der Nähe der Raumtemperatur — also vor allem aus wäßriger Lösung — gewonnen wurden, soll nur von diesen hier die Rede sein. Die Niederschläge sind in jedem Falle kristallin und bestehen auch aus einer Vielheit von Kristalliten, für deren Zahl wieder Kernzahl und Wachstumsgeschwindigkeit maßgebend sind. Diese Faktoren erscheinen jedoch hier nicht als Materialkonstanten, die lediglich von der Temperatur abhängig sind, sondern diese Größen hängen noch vom Elektrolyten, seinem physikalisch-chemischen Charakter, seiner Konzentration, den Strömungs- und Diffusionsverhältnissen, den Stromverhältnissen, Spannung und Stromdichte ab. Es treten dementsprechend starke Variationen der Unterteilung solcher Körper auf, die sich noch dadurch komplizieren, daß noch häufiger als bei der Entstehung regulinischer Körper Orientierungseffekte der Kristallite sich geltend machen.

Beim Beginn einer Elektrolyse ist der sich unmittelbar an der Kathode ansetzende Niederschlag wohl immer ziemlich feinkörnig, weiterhin kann man im allgemeinen sagen, daß ceteris paribus die Niederschläge verhältnismäßig grobkristallin ausfallen, wenn der Elektrolyt ein einfaches anorganisches Salz ist, daß sie feinkristallin werden, wenn Komplexsalze elektrolysiert werden. In Richtung dieser Formulierung liegt die unten näher zu behandelnde Tatsache, daß Zusatz von Kolloiden zu Elektrolyten die Niederschläge feinkörnig kristallin bis zur mikroskopischen Strukturlosigkeit werden läßt. Mit steigender Stromdichte nimmt das Korn ebenfalls ab. Die Art des Niederschlages hängt aber sehr von der Konzentration der Lösung und der Möglichkeit der Nachdiffusion an die Kathode ab. Besonders bei abnorm hohen Stromdichten besitzen die Niederschläge keinen festen inneren Zusammenhang mehr und die Farbe wird in jedem Falle dunkel, es entstehen in sehr verdünnten Lösungen die sog. schwarzen Metalle[2]. Aber auch diese Abscheidungsform ist nicht etwa „amorphes" Metall, sondern nur sehr voluminöses, fein kristallines Material. Infolge seiner großen Oberfläche macht sich einige Zeit nach der Entstehung sogar bei niedriger Temperatur die Oberflächenspannung bemerkbar und der Niederschlag kristallisiert zu dem normal aussehenden Metall zusammen[3].

Über die Orientierung ist besonders neuerdings[4] durch röntgenographische Untersuchungen und mit Hilfe von Klangfiguren und Ätzfiguren authentisches Material herangeschafft worden.

---

[1]) Vgl. hier F. Foerster, Elektrochemie wäßriger Lösungen, 3. Aufl. (Leipzig 1922).
[2]) Vgl. z. B. Kohlschütter und Mitarbeiter, Ztschr. f. Elektrochem. 19, 161 (1913).
[3]) Vgl. hier auch Kohlschütter und Steck, Ztschr. f. Elektrochem. 28, 554 (1922).
[4]) Schröder und Tammann, Ztschr. f. Metallkunde 16, 201 (1924). — Glocker und Kaupp, Ztschr. f. Metallkunde 16, 377 (1924). — Förster, Chem.-Ztg. 50, 447 (1926). — Köster, Ztschr. f. Metallkunde 18, 219 (1926). — Bozorth, Physik. 7, Ber. 102 (1926). — Frölich, Clark und Aborn, Ztschr. f. Elektrochem. 32, 267 (1926).

Der Einfluß von Kolloiden auf die elektrolytische Metallabscheidung. Wenn Elektrolyten ein Zusatz von Stoffen gegeben wird, als deren gemeinsames Charakteristikum man wohl eine erhebliche Größe des Moleküls ansehen kann, fällt das sich abscheidende Metall feinkörniger und dichter aus; es zeigt infolgedessen auf seiner Oberfläche auch einen erhöhten Glanz. In erster Linie wirken in diesem Sinne in geringen Mengen (0,01—0,05 %, um Beispiele für die untere Grenze zu nennen) zugesetzte Kolloide. Man hat in der Galvanotechnik deshalb auf diese Erscheinung eine erhöhte Aufmerksamkeit gerichtet.

An Arbeiten, die sich mit der Natur dieses Vorganges beschäftigt haben, sind zu nennen die von v. Huebl[1]), Foerster[2]), Mueller und Bahntje[3]), A. Betts[4]), Sieverts und Wippelmann[5]), Grube und Reuß[6]), Frölich[7]), Isgarischew und Titow[8]), Audubert[9]), Rabald[10]), Frölich[11]), Foerster und Klemm[12]), Oesterle[13]). Von besonderem Interesse bei diesen Vorgängen ist die Erscheinung, die bei Kupfer eingehend untersucht wurde, daß die Abscheidung bei nicht zu geringem Kolloidzusatz in Schichten zu erfolgen pflegt. Abb. 347 zeigt dies an einigen knollenförmigen Gebilden eines Kupferniederschlages, der durch Elektrolyse mit Gelatinezusatz erhalten wurde. Diese Schichtenbildung ist z. B. auch bei Eiweiß zu beobachten; nach etwas Zusatz von Gummiarabikum kann man Feinkörnigkeit des Niederschlages ohne Schichtenbildung erreichen.

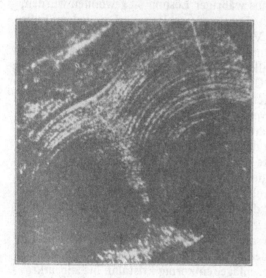

Abb. 347.
Schichtenbildung in Elektrolytkupfer nach Grube und Reuß (350mal vergr.).

Diese Schichtenbildung läßt erkennen, daß bei der Abscheidung von Metallen aus kolloidhaltigen Elektrolyten noch besondere Vorgänge kolloidchemischer Natur eintreten. Man muß offenbar allgemein auch mit einem kataphoretischen Transport des Kolloids an die Kathode rechnen, wenn der Adsorptionsvorgang nicht als hinreichender Grund zur Deutung angesehen werden kann. Es sind in der Tat in so entstandenen Niederschlägen erhebliche Mengen nicht-

[1]) Mjtt. d. K. u. K. Militärgeogr. Inst. **6**, 51 (1886).
[2]) Ztschr. f. Elektrochem. **5**, 512 (1899).
[3]) Ztschr. f. Elektrochem. **12**, 318 (1906).
[4]) Ztschr. f. Elektrochem. **12**, 819 (1906).
[5]) Ztschr. f. anorg. Chem. **91**, 1 (1915).
[6]) Ztschr. f. Elektrochem. **27**, 45 (1921).
[7]) Ann. Elektrochem. Soc. 1926 (Z. B. **26**, 1, 3587). — Ztschr. f. Metallkunde **18**, 236 (1926).
[8]) Kolloidchem. Beih. **14**, 25 (1921).
[9]) Rev. met. **21**, 567 (1924).
[10]) Ztschr. f. Elektrochem. **32**, 289 (1926).
[11]) Korrosion u. Metallschutz **2**, 107 (1926). — Ztschr. f. Elektrochem. **32**, 295 (1926).
[12]) Ztschr. f. Elektrochem. **35**, 409 (1929).
[13]) Ztschr. f. Elektrochem. **35**, 505 (1929).

metallischer Bestandteile nachgewiesen worden und die Schichten sind offenbar identisch mit Orten verschiedener Metall- bzw. Kolloidkonzentrationen.

Über den Verlauf der Abscheidung im einzelnen sind verschiedene Vorstellungen geäußert worden. Man kann der Ansicht sein, daß die verschiedenen Schichten auch tatsächlich zu verschiedenen Zeiten abgeschieden werden, indem — roh ausgedrückt — Elektrolyse und Kataphorese zeitlich sich abwechseln; beides könnte aber auch gleichzeitig zur Abscheidung eines hochdispersen Systems führen, indem der nichtmetallische Anteil als Schutzkolloid wirkt, aus dem erst nach einer gewissen Zeit die Schichten durch Koagulation des Metalls entstehen. Die genauere Untersuchung hat weiterhin gezeigt[1]), daß der elektrochemische Charakter des Zusatzes für den Ablauf der Vorgänge von wesentlicher Bedeutung sein kann.

Das Ruhepotential in kolloidhaltigen Lösungen ist gegenüber den Lösungen ohne Kolloide nicht sehr verändert, wohl aber ist dies bei den Abscheidungspotentialen der Fall, die beträchtlich erhöht werden. Sehr wichtig für die praktische Anwendbarkeit des Kolloidzusatzes ist die Tatsache, daß die damit erzielten Niederschläge spröde zu sein pflegen und das sogar bei Zusätzen in einer Menge, bei denen sichtbare Schichtenbildung noch nicht auftritt. Es sind auch dann offenbar an den Kristallitenabgrenzungen Ablagerungen des Nichtmetalls vorhanden, welche die mechanischen Eigenschaften des Konglomerats ungünstig beeinflussen. Man wird also im allgemeinen Kolloidzusatz bei der Erzeugung von Überzügen auf eine verhältnismäßig starre Unterlage anwenden können, man wird einen solchen Zusatz bei Herstellung kompakter Körper unter Umständen aber nicht gebrauchen.

Von einzelnen Vorschriften für Kolloidzusatz mögen noch folgende mitgeteilt werden[2]):

Zink[3]): Classen[4]) schreibt z. B. Süßholzwurzelextrakt (50 g) als Zusatz zu folgendem Bad vor: 200 g Zinksulfat, 40 g Glaubersalz, 10 g Zinkchlorid, 5 g Borsäure, 1 Liter Wasser.

Meurant[5]) arbeitet mit Zusatz von Gummiarabikum.

Pfannhauser[6]) spricht sich über den dauernden Erfolg mit solchen Bädern allerdings skeptisch aus.

Blei: Eines der bekanntesten Patente ist das von Betts[7]), der einen Zusatz von einem Teil Gelatine auf 5000 Teile eines Elektrolyten vorschlägt, der z. B. aus Pb-Salzen der Kiesel- und Borfluorwasserstoffsäure besteht. Untersuchungen nach dieser Vorschrift hergestellter Verbleiungen s. bei Lange[8]).

Kadmium: Auch bei Herstellung von Cd-Überzügen ist zu Fluoridelektrolyten Zusatz von Kolloiden nach Mathes und Marble[9]) empfohlen worden. Über Gelatinezusatz vgl. weiterhin Senn[10]) sowie Millian[11]).

---

[1]) Vgl. z. B. Frölich, l. c.

[2]) Vgl. die neueste zusammenfassende Darstellung von Stockmeier, Galvanotechnik in Ullmanns Enzyklopädie d. techn. Chem.

[3]) Vgl. Schlötter, Galvanostegie, 1. Teil, 11 (1910). Vgl. ferner P. Róntgen, Metall und Erz 17, 617 (1929).

[4]) D.R.P. 183972.

[5]) D.R.P. 154492 erl.

[6]) Galvanotechnik 580 (1910).

[7]) D.R.P. 198288 erl.

[8]) Ztschr. f. Metallkunde 13, 267 (1921).

[9]) Ztschr. f. Metallkunde 18, 126 (1926).

[10]) Ztschr. f. Elektrochem. 11, 236 (1905).

[11]) Chem. Zbl. 2, 522 (1925).

Auch die gegenseitigen Fällungen von Metallen entsprechend der Spannungsreihe werden durch Kolloidzusatz in dem oben genannten Sinne beeinflußt. Gray[1]) beschäftigt sich mit der Ausfällung von Pb und Cu durch Zn aus ihren Salzen. Ein geringer Gelatinezusatz wirkt nach ihm günstig auf die Haftfähigkeit des Niederschlages, ein stärkerer Zusatz hat wieder nachteilige Folgen.

Synthetische Metallkörper. Wenn man Metallkristallite, besonders solche kleiner Dimensionen, also Metallpulver, zusammenpreßt, so entstehen Körper erheblicher Festigkeit, wie schon Spring[2]) zeigte. Je nach dem Ausgangsmaterial ist das feste und nach der Pressung starre Kristallitenhaufwerk in verschiedener Weise unterteilt, denn bei der Pressung treten im allgemeinen nur die Adhäsionskräfte an den Oberflächen der Kristallite in Funktion[3]), ein Vorgang, für den man den Ausdruck „Fritten" gebrauchen kann; die Kristallite sind nach der Pressung im Haufwerk in ähnlicher Weise noch als Individuen enthalten wie in einem regulinischen Körper. Kompliziertere Vorgänge, die beim Pressen zu einer direkten Vereinigung mehrerer Kristallite zu neuen größeren einheitlichen Kristallen führen, treten nur beim Pressen bei höheren Temperaturen[4]) ein. Andererseits tritt beim Pressen in einer Matrize auch im allgemeinen nicht etwa eine Unterteilung der Kristallite ein. (Wenn nicht die Drucke außerordentlich hoch gewählt werden.) Die Festigkeit so entstandener Körper, die in der Glühlampenindustrie eine Rolle spielen, ist immerhin nicht so groß, daß sie in der nur bei Raumtemperatur gepreßten Form endgültig verwendet werden könnten: zur Steigerung der Festigkeit sind weiterhin Wärmebehandlungen notwendig, die im übernächsten Kapitel behandelt werden[3]).

Die plastische Verformung metallischer Körper.

Die über das Maß der elastischen Verformung hinausgehenden Gestaltsänderungen sind nur dadurch möglich, daß innerhalb der einzelnen Kristallite eine Verschiebung der regelmäßig gelagerten Schichten der Atome eintritt. Diese Verschiebung ist in erster Annäherung eine Parallelverschiebung, die auf den sog. Gleitflächen eintritt; solche Flächen brauchen jedoch nicht genaue Ebenen zu sein, es treten auch Biegungen derselben und infolgedessen Drehungen der Kristallitenteile gegeneinander auf, wobei jedoch die Elementarbereiche selbst nur elastische Deformationen durchmachen. Die Schnitte solcher Gleitflächen mit der Metalloberfläche kann man an polierten Flächen direkt sichtbar machen (Abb. 348). Neben den Gleitflächen hat auch noch das Umklappen von Kristalltèilen in die sog. Zwillingsstellung Bedeutung für die plastische Verformung. Nicht wesentlich zur plastischen Deformierbarkeit trägt eine Lagenveränderung von sonst unberührt bleibenden Kristalliten bei, indem etwa Verschiebungen an den Kornbegrenzungsflächen stattfinden.

Das ganze Problem der plastischen Deformation von Kristalliten läuft sehr wesentlich darauf hinaus, über den Zustand des Materials an den Gleitflächen und in unmittelbarer Nähe derselben Aufschluß zu erhalten. Aus zahlreichen Erscheinungen kann man folgern, daß nach einer Gleitung — auch wenn sie um das

---

[1]) Koll.-Ztschr. **38**, 354 (1926).
[2]) Berl. Ber. (15. Januar 1882).
[3]) F. Sauerwald, Ztschr. f. anorg. Chem. **122**, 277 (1922). — Ztschr. f. Elektrochem. **29**, 79 (1923). — Sauerwald und Jaenichen, Ztschr. f. Elektrochem. **30**, 175 (1924); **31**, 18 (1925). — St. Kubik, Diss. Techn. Hochsch. (Breslau 1931).
[4]) Sauerwald und Hunczek, Ztschr. f. Metallkunde **21**, 22 (1929).

Maß ganzer Vielfacher des Atomabstandes erfolgt — das Raumgitter der beiden gleitenden Teile nicht etwa wieder ein völlig intaktes Ganzes bildet, sondern die Gleitfläche wird bis zu einem gewissen Grade die Natur einer Fuge im Material behalten — nicht unähnlich wie die Korngrenzenschichten der Kristallitengrenzen innere Trennungsschichten bilden. Für unsere Problemstellung hat also die plastische Verformung die Bedeutung, daß sie zunächst eine weitgehende Unterteilung des Materials mit sich bringt.

Dies gilt allgemein zunächst sicher für den Augenblick, wo Deformationen im Gange sind. Der bleibende Endeffekt einer plastischen Deformation ist nun aber sehr stark davon abhängig, bei welcher Temperatur die plastische Verformung vorgenommen wird. Bei hohen Temperaturen treten nämlich während und unmittelbar nach der Verformung Vorgänge ein, welche die Unterteilung des Gitters der einzelnen Kristallite durch Gleitflächen, ihre elastischen Deformationen und alle anderen, hier noch nicht genannten Folgewirkungen von Verformungen rückgängig machen, bzw. ihr Entstehen überhaupt verhindern. Am einfachsten erhellt dies daraus, daß z. B. nach Verformungen bei genügend hoher Temperatur keine Streckungen der Kristalliten in der Zugrichtung der wirkenden Kräfte zu sehen sind, was daher kommt, daß das Material während und unmittelbar nach der Verformung mit großer Geschwindigkeit im festen Zustande neu kristallisiert[1]). Dies Temperaturgebiet, dessen Grenzen nach unten naturgemäß sich mit der Geschwindigkeit der Deformation verschieben, in dem ein Unterteilungseffekt durch Gleitflächen nicht mehr auftritt, und in dem keine weiteren Effekte der Bearbeitung als die mit der Neukristallisation verbundenen mehr verbleiben, wird zweckmäßig als Gebiet der Warmbearbeitbarkeit für einen bestimmten Stoff bezeichnet.

Abb. 348.
Gleitlinien in deformierten
Eisenkristallen.

Bei dem tiefer gelegenen Gebiet der Kaltbearbeitung hat nun die Bearbeitung nicht nur den Effekt einer bleibenden Unterteilung des Materials und gewisser elastischer Verspannung einzelner Raumgitterbereiche, besonders in der Nähe der Gleitflächen. Es tritt vor allen Dingen bei der Verschiebung der Teile gegeneinander eine stark ausgeprägte, bleibende Orientierung der Kristallite nach bestimmten Achsen ein, deshalb weil auch die Neigung zum Gleiten in bestimmten Richtungen besonders ausgeprägt ist.

Der technologisch wesentlichste Effekt dieser Kaltbearbeitung ist nun weiterhin der, daß der Formänderungswiderstand heraufgesetzt und die Formänderungsfähigkeit vermindert wird. Über die Beeinflussung der Reißfestigkeit sind die Untersuchungen noch nicht völlig zu einem einheitlichen Resultat gekommen. Jener Effekt hängt in erster Linie mit der oben genannten im Laufe der Verformung auftretenden Verkrümmung der Gleitflächen, die naturgemäß ein Weitergleiten erschwert, in zweiter Linie mit der Gleichrichtung der Kristalliten in Lagen erhöhten Widerstandes[2]) zusammen. Die Unterteilung des Materials wirkt in demselben

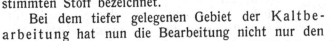

---

[1]) F. Sauerwald und Mitarbeiter, Ztschr. f. anorg. Chem. **140**, 227 (1924). — Zbl. f. Hütten- u. Walzwerke **30**, 501 (1926). — Metallwirtschaft **7**, 1353 (1928).

[2]) Vgl. die Zusammenstellungen in Sauerwald, Lehrb. d. Metallkunde. (Berlin 1929.)

Sinne und sie könnte — bei Unterschreitung gewisser Werte — auch für eine Zunahme der Reißfestigkeit verantwortlich gemacht werden.

Die Festigkeitseigenschaften sind nicht die einzigen, welche durch Kaltbearbeitung geändert werden. Z. B. wird auch der elektrische Widerstand erhöht, doch bleiben diese Änderungen in ihrer technologischen Wichtigkeit hinter den genannten zurück. Sie spielen natürlich aber auch für das Zustandekommen einer vollständigen Theorie eine wesentliche Rolle. Eine solche hat naturgemäß auf der vollständigen Strukturtheorie fester Körper, also unter Einbeziehung kinetischer und elektronentheoretischer Faktoren zu basieren[1]). Nach kurzer Skizzierung der allgemeinen Gesichtspunkte sind nun noch einige spezielle Mitteilungen über das Verhalten einzelner Metalle in beiden Gruppen von Verformungsvorgängen zu machen.

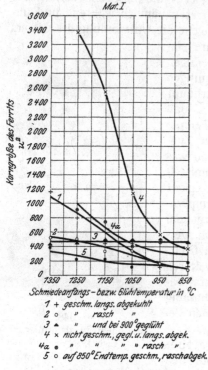

Abb. 349.
Abhängigkeit der Korngröße von der Schmiedetemperatur.

Zunächst einmal: Wo liegen die Grenzen zwischen Warm- und Kaltbearbeitung bei den einzelnen Metallen und Legierungen? Beide Temperaturgebiete gehen ineinander über und ihre Grenzen sind einigermaßen exakt bis jetzt nur bei Cu, Al und Fe[2]) bestimmt. An Al sind, wenn das bearbeitete Stück schnell abgekühlt wird, bei schlagartiger Beanspruchung auch nach Bearbeitung bei Temperaturen von 600° noch merkliche Verfestigungen festzustellen; bei Cu treten unter denselben Verhältnissen bei 800—900° keine wesentlichen Verfestigungen mehr auf, wohl aber durchgreifende Kristallisationen (die beim Al bei 600° eben erst angedeutet sind). Bei Fe liegen besondere Verhältnisse vor, insofern das gesamte Beständigkeitsgebiet sich in verschiedene Phasen unterteilt. Es ist nun hier zufällig so, daß für schnelle Bearbeitung das ganze α-Gebiet Bereich der Kaltbearbeitung darstellt, bei langsamer Beanspruchung fehlen schon bei tieferer Temperatur Verfestigungen[3]). Im γ-Gebiet treten keine Verfestigungen mehr auf[4]).

Die technologische Beeinflussung des Materials durch Warmbearbeitung — diese sei zuerst besprochen — gegenüber dem Zustande des Gusses ist eine sehr bedeutende und wesentliche. Wenn wir oben auch gesehen haben, daß der kristalline Zustand des warmverarbeiteten Materials dem Normalzustand weitgehend entspricht, so tritt das neu kristallisierende Gefüge gewöhnlich in erheblich feinerer Form als das Gußgefüge und im allgemeinen ohne die oben genannten Orientierungseffekte des letzteren auf. Ferner werden Hohlräume und Lunkerstellen des Gusses geschlossen und gewöhnlich verschweißt. Wir haben also eine Homogenisierung

[1]) Vgl. F. Sauerwald, Ztschr. f. Elektrochem. 29, 79 (1923). — Ztschr. f. Metallkunde 15, 184 (1923).
[2]) Vgl. F. Sauerwald und Giersberg, dort auch weitere Literaturangaben.
[3]) Körber und Rohland, Mitt. d. Kaiser-Wilhelm-Inst. f. Eisenforschung 5, 55.
[4]) Sauerwald u. Mitarb., Arch. Eisenhüttenwesen 1, H. 11 (1928).

des Gefüges, die gegenüber beliebig erfolgenden Beanspruchungen immer von günstiger Wirkung zu sein pflegt, festzustellen; vor allem dürfte auch der Korngrenzenverband bei der Warmbearbeitung gefestigt werden. Diese Effekte, die die gewöhnlich zu konstatierende Sprö-

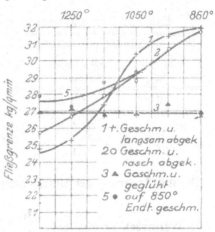

digkeit des Metalles nach dem Guß beheben, dürften noch von größerer technologischer Wichtigkeit sein, als der reine Unterteilungseffekt, der im allgemeinen nur die Festigkeit zu steigern pflegt.

Als Beispiel mögen die Feststellungen von Oberhoffer[1]) über den Einfluß des Walzens genannt werden. Ein rohgegossenes Raffinadkupfer hatte eine Festigkeit von 15 kg/mm² und eine Dehnung von 20%, eine Kontraktion von 19%. Dasselbe bei 800° warmgewalzt hatte eine Festigkeit von 21 kg/mm², eine Dehnung von 28% und eine Kontraktion von 30%.

Bei der Warmverarbeitung von Eisen und Stahl ist außer der oben genannten Verdichtung und der bei geringen Werten der Kristallisationsgeschwindigkeit bei nicht zu

Abb. 350.
Abhängigkeit der Fließgrenze von der Schmiedetemperatur.

langsamer Abkühlung eintretenden Verfeinerung zunächst des γ-Kornes damit zu rechnen, daß die feinere Unterteilung im γ-Zustand bei der Umkristallisation auf eine feinere Verteilung der Ferritausscheidungen hinwirkt, da die Ferritausscheidungen den Korngrenzen der γ-Phase und den Spuren von Fremdkörpern im Eisen folgen.

Den Einfluß der verschiedenen Warmformgebungsbedingungen auf Korngröße und Eigenschaften kann man aus nebenstehenden, von Oberhoffer, Lauber und Hammel[2]) an einem Flußeisen erhaltenen Zahlen ersehen. Dabei wird vor allem deutlich, daß tiefere Schmiedetemperatur zu kleinerem Korn führt (Abb. 349 und 350).

Da die Fremdkörper häufig in ihrer Anordnung der Deformationsrichtung folgen (da sie nicht neukristallisieren können), tritt im Eisen auch nach Warmbearbeitung eine orientierte Struktur auf, die sog. „Zeilenstruktur" (Abb. 351), nämlich dann, wenn die Ferritkristalle an den Zeilen der Fremdkörper aus-

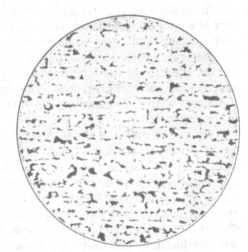

Abb. 351.
Zeilenstruktur in Stahl (50 × vergr.).

kristallisieren. Bei Stählen, welche ledeburitische Karbide enthalten, wird analog wie bei jeder heterogenen Legierung durch Warmwalzen natürlich die eutektische Anordnung zerstört, ein Effekt, der für die Verwendung dieser Stähle von ausschlaggebender Bedeutung ist.

---

[1]) Metall u. Erz **15**. 47 (1918). — [2]) Stahl u. Eisen **33**, 1507 (1913); **36**, 234 (1916).

Die technologische Bedeutung des Kaltbearbeitungsvorganges ist für einzelne Metalle aus folgender Tabelle zu ersehen. Man erkennt die erhebliche Zunahme der Zugfestigkeit und die Abnahme des Formänderungsvermögens.

Einfluß der Kaltverformung auf mechanische Eigenschaften.

Kaltwalzen von Aluminium[1]			Kaltziehen von Flußeisen[2]		
Walzgrad %	Zugfestigkeit kg/mm²	Dehnung %	Bearbeitungsgrad %	Zugfestigkeit kg/mm²	Dehnung %
0	5,3	20,0	0	41	30
50	12,0	0,5	20	53	17
75	14,5	0,2	40	66	10
87	16,5	0,2	60	79	8
94	17,1	0,4	80	94	6

Die mit Änderung der Unterteilung verbundenen Wärmebehandlungen metallischer Körper.

1. Wärmebehandlung bei fehlendem Modifikationswechsel. Wir schließen zunächst solche Körper, in denen Modifikationswechsel kristallographischer Formen und damit verbundene Löslichkeitsänderungen der Komponenten auftreten, aus unseren Betrachtungen aus, und betrachten zuerst Wärmebehandlungen, welche unabhängig davon möglich sind.

Die verschiedenen Arten metallischer Körper sind Wärmebehandlungen in ganz verschiedener Weise zugänglich. Der Einzelkristall — sei es, daß er aus dem Schmelzfluß durch entsprechende Regelung der Kernzahl oder auf anderem Wege, insbesondere durch Rekristallisation entstanden ist — zeigt nach Glühungen, falls er sich vor der Glühung im Gleichgewichtszustand befunden hat, keine Veränderung. War er vorher kalt bearbeitet, so können, falls die Temperatur der Glühung genügend hoch war, Kristallisationen auftreten und der Einzelkristall wird zum Kristallitenkonglomerat. Diese Erscheinung heißt Rekristallisation; wenn sie eintritt, werden alle Effekte der Kaltbearbeitung aufgehoben. Nach milderer Verformung kann ein deformierter Einzelkristall bei geeigneten Temperaturen als Ganzes wieder ausheilen, welche Erscheinung als Kristallerholung oder -vergütung bezeichnet wird[3].

Die regulinischen Metallkörper, die durch den Guß entstehen, ändern bei einfacher Wiedererwärmung in Temperaturgebieten unterhalb des Schmelzpunktes, wenn Nebenwirkungen ausgeschlossen sind, ihre Struktur nicht mehr[4]. Nur wenn eine Kaltbearbeitung vorgenommen wurde, und dann eine Glühung bei geeigneten, über einer ziemlich gut definierten Schwelle liegenden Temperaturen angeschlossen wird, tritt Rekristallisation ein. Es muß auch mit Kristallisationen gerechnet werden, wenn vorher warmverformte Körper, in denen während der Warmverformung die nach den früheren Ausführungen verlaufenden Kristallisationen nicht zu einem Zustand eines gewissen Gleichgewichtes geführt haben, wieder erwärmt werden. Die schließlich erzielte Korngröße kann kleiner als die des Ausgangsmaterials sein oder auch größer.

[1] F. Körber, Ztschr. f. Elektrochem. **29**, 311 (1923).

[2] P. Goerens, Ferrum **10**, 65 (1913).

[3] Groß, Ztschr. f. Metallkunde **16**, 18, 344 (1924). — Koref, Ztschr. f. Metallkunde **17**, 213 (1925). — Polanyi, Erg. d. exakt. Naturw. **2**, 177 (1923).

[4] Der Grund hierfür liegt nach Tammann in dem Vorhandensein der die Kristallite einhüllenden Fremdkörperhäutchen, vgl. S. 967.

Die beiden wichtigsten Gesetzmäßigkeiten der Glüheffekte nach Kaltbearbeitung sind folgende: Die Temperatur beginnender Rekristallisation liegt
um so tiefer, je stärker die vorangegangene Kaltbearbeitung war und die entstandene
Korngröße ist um so geringer, je stärker ceteris paribus die Kaltbearbeitung war.
Diese Zusammenhänge bilden den wesentlichen Inhalt der sog. Rekristallisations-
diagramme, wie es für Cu in Abb. 352 wiedergegeben ist. In Abb. 353 ist ebenfalls
für Cu die Änderung der mechanischen Eigenschaften nach Glühungen bei verschiedenen Temperaturen angegeben. Man sieht, daß die Wirkungen der Kaltbearbeitung bei 150—200⁰ verschwinden. Eine zweite Kristallart in einem
Kristallitenhaufwerk pflegt die Kristallisationsvorgänge stark evtl. ganz zu verhindern. Im übrigen muß auf die neueren Darstellungen über Rekristallisation
verwiesen werden[1]).

Die durch Elektrolyse entstandenen Metallkörper kristallisieren ohne
weiteres bei Glühungen oberhalb bestimmter Temperaturen. Ebenso tun dies die

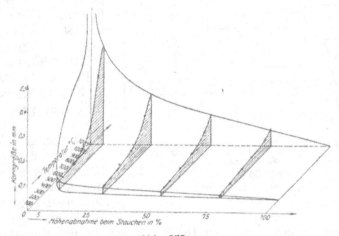

Abb. 352.
Rekristallisationsdiagramm des Kupfers (nach Rassow und Velde).

synthetischen Metallkörper[2]). Natürlich treten in beiden Körperklassen auch
Kristallisationen nach Bearbeitung auf. Die Temperaturen, bei denen spontan
ohne vorhergegangene Bearbeitung in synthetischen Körpern Kristallwachstum
eintritt, bei denen also neben die Wirkung der Adhäsionskräfte die des Platz-
wechsels der Atome von einem zum anderen Raumgitter tritt, liegen höher als die
Temperaturen des Kornwachstums nach Bearbeitung[2]). Zu starkes Kornwachstum
ist z. B. bei der Verwendung solcher Wolframkörper in der Glühlampenindustrie
zu vermeiden, was durch einen Zusatz von ThO_2 bei der Herstellung erreicht wird.

Bei der Untersuchung der so möglichen Variation der Unterteilung der Metallkörper und ihrer technologischen Effekte muß stark darauf geachtet werden, daß
bei den auftretenden Kristallisationen auch wieder mit Richtungsunterschieden
zu rechnen ist. Bei vielen Rekristallisationen, also Kristallisationen nach Kaltbearbeitung, ist — wenn die Rekristallisation bei relativ niedrigen Temperaturen

---

[1]) Z. B. F. Sauerwald, Lehrb. d. Metallkunde (Berlin 1929.)
[2]) F. Sauerwald, Ztschr. f. anorg. Chem. **122**, 277 (1922). — Ztschr. f. Elektrochem.
29, 79 (1923) und l. c.

ausgeführt wird, das entstehende Gefüge nach dem Bearbeitungsgefüge orientiert[1]). Wenn eine sehr starke Kristallisation bei hohen Temperaturen erzwungen wird, so bleiben — wenn nach einer oder zwei Dimensionen besonders sich erstreckende Körper vorliegen, also Drähte oder Bleche — Kristallite mit maximalen Kristallisationsgeschwindigkeiten in diesen Richtungen übrig[2]). Analoge Gesetzmäßigkeiten gelten für das spontane Wachstum elektrolytischer und synthetischer Körper.

An den in der genannten Weise in der Wärme behandelten Körpern ist nun die Abhängigkeit der technologischen Eigenschaften vom Unterteilungszustand verhältnismäßig am besten untersucht worden[3]). Es sind da bei regulinischen Körpern zu nennen z. B. die Ergebnisse von Masing und Polanyi[4]) am Zink. Die Zerreißfestigkeit von rekristallisiertem Zn wurde von ihnen an grobkörnigem Material zu 3—6 kg/mm², bei feinkörnigem Material zu 13 bis 18 kg/mm² bei der Temperatur der flüssigen Luft gefunden. Diese Unterschiede sind so groß, daß sie, auch wenn Orientierungsunterschiede der Kristallite vorgelegen haben sollten, die bei dem hexagonalen Zn natürlich von besonderer Bedeutung sind, doch wesentlich durch den Unterteilungseffekt bedingt sein müssen.

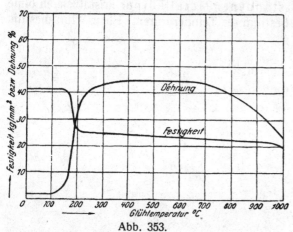

Abb. 353.
Änderung der mechanischen Eigenschaften des Cu nach Glühungen.

Über den Einfluß der Unterteilung auf die Härte sei eine Arbeit von Angus und Summers[5]) genannt, welche für Kupfer und Bronze eine direkte Proportionalität zwischen Größe der Summe der Kornoberflächen und der Härte feststellt. Diesen Feststellungen gegenüber will Hinzmann[6]) nur einen Einfluß der Korngröße auf die Aufnahme schlagartig zugeführter Deformationsenergie zugeben. Die eben genannten Unterschiede betreffen den reinen Effekt verschiedener Unterteilung bei völlig ausgeglühten Materialien. Der Unterschied zwischen diesen und den im Zustand der Kaltbearbeitung befindlichen Materialien (s. S. 974) ist damit nicht zu verwechseln, derselbe ist wegen des dort noch vorhandenen besonderen Verfestigungseffektes bedeutend größer. Übrigens treten auch bei Glühungen nach Kaltbearbeitung besonders bei relativ hohen Temperaturen Effekte auf, die den eben genannten Gesetzmäßigkeiten insofern widersprechen, als bei wachsender Korngröße die Dehnungen — allerdings ebenfalls die Festigkeiten — abnehmen. Ein solcher .Einfluß ist z. B. auch in den

[1]) Tammann und Schröder, Ztschr. f. Metallkunde 16, 201 (1924). — Glocker und Kaupp, Ztschr. f. Metallkunde 378 u. a. m. Vgl. Zusammenstellung. Sauerwald, Lehrb. d. Metallkunde (Berlin 1929).
[2]) Elam, Phil. Mag. (6), 517. — Sachs und Schiebold, Ztschr. f. Kristallographie 63, 34 (1926).
[3]) Vgl. F. Sauerwald, Kolloid-Ztschr., l. c., s. dort auch weitere Literatur.
[4]) Erg. d. exakt. Naturw. 2 (Berlin 1923).
[5]) Journ. of Inst. of Metals 1, 115 (1925).
[6]) Ztschr. f. Metallkunde 18, 208 (1926).

Kurven der Abb. 353 zu erkennen. Man sagt, eine solche fehlerhafte Behandlung des Materials bei zu hohen Temperaturen „verbrenne" dasselbe. Es dürften hier noch andere Faktoren als die der Unterteilung mitwirken.

Auch bei synthetischen Körpern hat Kornwachstum im allgemeinen eine Verminderung der Festigkeit und eine Zunahme der Dehnung zur Folge[1].

2. Wärmebehandlung unter Ausnutzung von Modifikationswechsel und Löslichkeitsänderungen. Schon bei reinen Metallen mit Umwandlungen ist die Möglichkeit gegeben, durch Erwärmen und Abkühlen mit verschiedener Geschwindigkeit in dem Gebiet der Umwandlungen erstens die Umwandlungen mehr oder weniger vollständig verlaufen zu lassen und zweitens, was uns hier besonders interessiert, die Korngröße der entstehenden Phase weitgehend zu beeinflussen. Dies ist natürlich in allen Arten metallischer Körper möglich. So ist z. B. bei reinem Eisen die Tatsache wichtig, daß man durch bloßes Erhitzen des nicht vorher bearbeiteten Eisens über 1100⁰ ein sehr starkes Kornwachstum erzielt, welches technologisch sehr ungünstig ist. Zunächst wird das so entstehende γ-Eisen sehr grobkörnig, und bei der erneuten Umkristallisation in α-Eisen bei der Abkühlung entstehen aus den großen γ-Kristallen auch große α-Kristalle.

Bei Legierungen pflegen die Modifikationsänderungen· in vielen Fällen mit Löslichkeitsänderungen der Komponenten verbunden zu sein. Hier kommt zu den oben schon genannten Möglichkeiten der Beeinflußbarkeit des Zustandes noch die hinzu, daß man durch verschieden schnell gestaltete Erwärmung und Abkühlung noch das Maß der Entmischung verschieden gestalten kann.

Abb. 354.
Stahlrohguß mit 0,4 C nach Oberhoffer (100mal vergr.).

Eine der wichtigsten Beeinflussungen der Unterteilung nach den zuerst genannten Gesichtspunkten — wobei also die Löslichkeitsverhältnisse noch unberührt bleiben — ist die Wärmebehandlung des Stahlgusses. Ein normaler Stahlrohguß sieht unter dem Mikroskop, wie Abb. 354 zeigt, aus: ein grobes Ferritmaschenwerk und dazwischen der Perlit, das Eutektoid von Ferrit und Zementit. Wurde ein Gußstück mit solchem Gefüge nochmals bei Temperaturen, wo sich Eisen und Zementit zum γ-Mischkristall eben lösen, kurze Zeit geglüht, und dann wieder abgekühlt, so sind die Ferritaggregate bedeutend kleiner geworden (Abb. 355). Während beim Stahlguß die γ-Mischkristalle sich aus dem Schmelzfluß sehr grob ausbilden, entstehen sie feinkörnig, wenn das γ-Zustandsgebiet zum Zweck des Glühens von tiefen Temperaturen her erreicht wird. Bei der Abkühlung entspricht — wie schon oben beim reinen Eisen betont — die Ferritausbildung

---

[1] Sauerwald und Jaenichen, Ztschr. f. Elektrochem. **30**, 175 (1924); **31**, 18 (1925).

dem γ-Korn, daher der große Unterschied in beiden Fällen. Bei Glühungen bei zu
hoher Temperatur ist naturgemäß die Gefügeausbildung wieder gröber. Technologisch sind diese Unterschiede von allergrößter Bedeutung. Wie Abb. 356 zeigt,
lassen sich alle Eigenschaften durch die richtige Wärmebehandlung außerordentlich verbessern.

Wenn wir uns nun den Wärmebehandlungen zuwenden, welche auch die
Löslichkeitsverhältnisse beeinflussen, so stoßen wir dabei auf Gesichtspunkte, die manche Berührungspunkte mit den eingangs gekennzeichneten engeren
kolloidchemischen Betrachtungsweisen haben. Es handelt sich hier wie dort um
Zwischenzustände zwischen der echten Lösung und den heterogenen Zuständen,
speziell zwischen den echten festen Lösungen und den heterogenen Gemengen
zweier oder mehrerer Kristallarten[1]). Die Tatsache, daß wir es hier aber eben nur

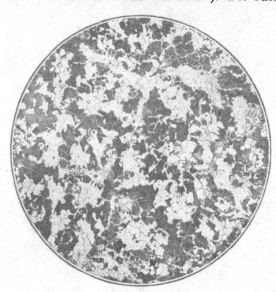

Abb. 355.
Stahlguß mit 0,4% C bei 800⁰ geglüht nach
Oberhoffer (100mal vergr.).

mit kristallinischen Zuständen und
zwar solchen der Metalle zu tun
haben, läßt gleichzeitig auch erkennen, daß mit der einfachen
Übertragung der etwa an wäßrigen Lösungen gewonnenen Erfahrungen wenig gewonnen wird, bzw.
daß die einfache Übertragung der
entsprechenden Bezeichnungsweise
keine sehr weitreichende Bedeutung hat, gelegentlich sogar zu
Mißverständnissen führen kann.
Besonders Körber und Maurer[2])
haben darauf hingewiesen; insbesondere ist zu bemerken, daß ein
großer prinzipieller Unterschied
insofern besteht, als die Diskussion
der elektrischen Ladungen, die für
das Erscheinungsgebiet der Hydrosole und -gele und für ihre kolloidchemische Betrachtungsweise von
wesentlicher Bedeutung sind, für
die hier zu besprechenden Erscheinungen in demselben Sinne keine Rolle spielen
kann. Man muß vielmehr sagen, daß, um Analoges für die metallischen festen
Lösungen zu schaffen, die Entwicklung besonderer kristallographischer Gesichtspunkte notwendig wäre, für die aber bis jetzt aus Mangel an Tatsachenmaterial und
methodischen Überlegungen nur geringe Möglichkeit besteht[3]). Wir haben es also
einstweilen auch nur mit der Feststellung verschiedener Dispersitätsgrade zu tun.

Bei den fraglichen Vorgängen handelt es sich immer um die Entmischung
fester Lösungen[4]). Allen gemeinsam ist, daß eine bei einer bestimmten höheren
Temperatur vorhandene Lösung künstlich durch schnelle Abkühlung auf eine tiefe
Temperatur gebracht wird, bei der sie mehr oder weniger unbeständig ist. Ver-

---

[1]) Der erste Hinweis darauf findet sich wohl bei Benedicks, Ztschr. f. physik. Chem.
52, 733 (1905).
[2]) Vgl. Stahl u. Eisen **41**, 1646 (1921).
[3]) Vgl. Masing, Ztschr. f. Elektrochem. **37**, 414 (1921).
[4]) Vorgänge, wie sie bei der Wärmebehandlung z. B. von Goldkupferlegierungen auftreten, sind noch allzu ungeklärt, als daß sie in unseren Erörterungen berücksichtigt werden
könnten. Vgl. hierüber L. Nowack, Ztschr. f. Metallkde **22**, 94 (1930).

schiedene Dispersitätsgrade bis zur mikroskopisch erkennbaren Heterogenität können dann durch die bei den tiefen Temperaturen eingeleiteten und hier langsam verlaufenden Entmischungen hervorgerufen werden. Die dann noch auftretenden verschiedenen Möglichkeiten derselben sind offenbar durch die verschiedenartige Temperaturabhängigkeit der Sättigungsgrenzen der Mischkristalle und die Art der sich ausscheidenden Kristallart folgendermaßen bedingt:

1. Die betreffende feste Lösung ist nur bei höherer Temperatur beständig, bei tieferer Temperatur überhaupt unbeständig. Das trifft z. B. zu beim Härten und Anlassen des Stahles.

2. Es liegt bei höherer Temperatur die Sättigungsgrenze eines Mischkristalles höher als bei tieferen Temperaturen. Bei der Ausscheidung des überschüssig gelösten Anteils kommt es wahrscheinlich wesentlich darauf an, ob

   a) bei der Entmischung ein reiner Stoff bzw. eine zweite einfache feste Lösung sich ausscheidet, oder

   b) eine intermetallische Verbindung entsteht.

Beispiele für a) sind die Entmischungen von Ag-Cu-Mischkristallen, für b) z. B. die der vergütbaren Leichtmetall-Legierungen.

Das erste hier zu besprechende Tatsachengebiet ist das der Härtung des Stahles und seiner Vergütung.

Das charakteristische an der Härtung einfacher C-Stähle, von denen hier nur die Rede sein kann, ist, daß der Stahl aus Temperaturgebieten, in denen der Zementit bzw. Ferrit ganz oder z. T. gelöst ist, rasch auf Raumtemperatur abgekühlt wird, was z. B. durch Abschrecken in H_2O geschehen kann. Bei diesem Vorgange wird die Umwandlung des in der festen Lösung vorliegenden γ-Eisens in α-Eisen nicht oder nur zu geringem Teile unterdrückt, wohl aber wird die Entmischung der festen Lösung weitgehend hintangehalten. Diese letztere Tatsache erscheint ohne weiteres durchaus nicht so plausibel, wenn man ein Gefügebild gehärteten Stahles ansieht, denn die nadelförmigen Gebilde des Härtungsgefüges des Stahls, des sog. Martensits (Abb. 357), sehen durchaus anders aus als homogene, nicht entmischte feste Lösung. Ihre Natur ist noch nicht in jeder Beziehung aufgeklärt. Sie dürften zum größten Teil mit dem mechanischen Zwangszustande des gehärteten Stahles zusammenhängen[1]). Von Hanemann[2]) wurde der Versuch gemacht, den verschiedenen im gehärteten Stahl auftretenden Gefügebestandteilen jeweils verschiedene Phasen mit verschiedenem C-Gehalt zuzuordnen. Nachdem unabhängig von der Deutung der auftretenden Gefügebilder — besonders durch Maurer[3]) — der Zustand des

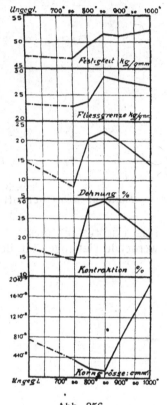

Abb. 356.
Änderung der Struktur und Eigenschaften eines Stahlgusses mit 0,25% C mit der Glühtemperatur.

---

[1]) z. B. Sauerwald und Jackwirth Ztschr. f. anorg. Chem. **140**, 391 (1924). — Vgl. ferner zuletzt Maurer und Riedrich, Archiv Eisenhüttenwesen **4**, 95 (1930).

[2]) Vgl. zuletzt Archiv Eisenhüttenwesen **4**, 479 (1930/31).

[3]) Mitt. d. Kaiser-Wilhelm-Inst. f. Eisenforschung **1**, 72 (1920).

gehärteten Stahles als eine zwangsweise feste Lösung gedeutet war, ist die Berechtigung dieser Auffassung durch röntgenographische Befunde von Westgren und Phragmen[1]) und Wever[2]) weitgehend sichergestellt worden. Die Verteilung des Kohlenstoffes wird als atomdispers bezeichnet[3]). Der Kohlenstoff ist in die Zwischenräume des Eisenraumgitters eingelagert[2]). Das Gitter wird etwas aufgeweitet und ein wenig zur tetragonalen Symmetrie verzerrt[4]).

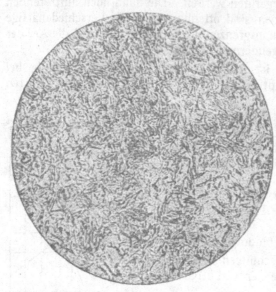

Abb. 357.
Martensit nach Oberhoffer (250mal vergr.).

Wenn man einen in Wasser abgeschreckten Stahl auf höhere Temperaturen bringt, sucht er sich naturgemäß dem Gleichgewichtszustande zu nähern. Das Primäre dabei wird sein, daß die Pseudolösung sich weitergehend entmischt. Die Geschwindigkeit dieses Vorganges wird bereits bei 100 bis 200⁰ erheblich gesteigert und ist schon sehr groß, wenn man auf Temperaturen von 600⁰ kommt.

Das Endergebnis dieses Vorganges bezüglich der Mikrostruktur ist die sichtbar werdende Heterogenität des Gefüges, so daß Ferrit und Zementit gut nebeneinander unterschieden werden können. Über den Mechanismus der Vorgänge sind bereits bestimmte Vorstellungen ausgebildet worden[3]).

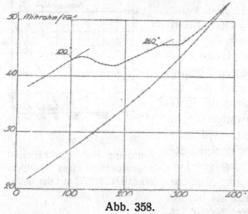

Abb. 358.
ElektrischerWiderstand eines gehärteten C-Stahls von 0,87% C beim Anlassen nach Enlund.

Die Härtung bewirkt ein starkes Anwachsen des Formänderungswiderstandes und eine starke Abnahme der Formänderungsfähigkeit, bemerkenswerterweise auch eine Abnahme des elektrischen Leitvermögens, sowie Volumenvergrößerungen. Beim Anlassen gehen diese Eigenschaftsänderungen wieder zurück. Beim Stahl überwiegt (vgl. jedoch Leichtmetalle) heute durchaus noch die Meinung, daß beim Anlassen des z. B. im ge-

---

[1]) Ztschr. f. physik. Chem. **102**, 1 (1922); **98**, 181 (1921).
[2]) Mitt. d. Kaiser-Wilhelm-Inst. f. Eisenforschung **3**, 45 (1921). — Ztschr. f. Elektrochem. **30**, 382 (1924).
[3]) Wenn man gehärteten Stahl in Säure löst, so entsteht eine dunkel gefärbte Lösung, wie Eggertz (Jern Kont. Ann. **36**, 5 [1881]) zuerst beobachtete. Die Dunkelfärbung wird durch dispersen Kohlenstoff hervorgerufen. Es ist nicht gelungen, die Menge des dispersen Kohlenstoffs mit der Menge und dem Zustand des Kohlenstoffs im Stahl in eindeutige Beziehung zu bringen.
[4]) Vgl. insbesondere die Untersuchungen von Honda und Sekito, Science reports of the Tohoku Imp. Univ. **17**, 743 (1928), u. Kurdjumow und Sachs, Zschr. f. Phys. **64**, 325 (1930).

härteten Zustande vorliegenden Eisenkohlenstoffmischkristalls im wesentlichen **nur** der eine Vorgang der Entmischung statthat. Die Gesamtheit der Rückänderung mit der Temperatur ist jedoch keineswegs eine einfache Funktion. Verfolgt man z. B. den Anlaßvorgang eines Stahles, indem man den elektrischen Widerstand dabei bestimmt, so ergibt sich vorstehendes Bild (Abb. 358). Die **zwei** Höchstwerte können hier dadurch bedingt sein, daß wir außer dem instabilen im wesentlichen als α-Eisen anzusprechenden Mischkristall noch einen instabilen γ-Eisenmischkristall vorliegen haben, die beide ihren Zerfall bei verschiedenen Temperaturen erleiden. Diese Zusammenhänge sind durchaus noch nicht aufgeklärt. Ihre Wichtigkeit geht z. B. daraus hervor, daß auch die mechanischen Eigenschaften von Stählen, die bei verschiedenen Temperaturen angelassen sind, durchaus nicht in einfacher Weise von der Anlaßtemperatur abhängen. So zeigen nach **Kühnel** unter bestimmten Bedingungen die Zerreißfestigkeiten nicht zu niedrig gekohlter Stähle je nach dem C-Gehalt des Stahles ein Maximum nach Anlassen bei Temperaturen von 100 bis 300⁰[1]. Demgegenüber zeigt die Härte einen einsinnigen

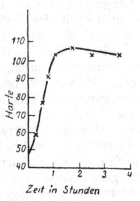

Abb. 359.
Änderung der Härte einer abgeschreckten Ag-Cu-Legierung beim Anlassen auf 287⁰ mit abnehmender Dispersion (nach **Fraenkel**).

Abfall mit dem Fortschritt des Anlaßvorganges. Dies läßt darauf schließen[2], daß die Werte für die Zerreißfestigkeiten durch Nebenumstände, z. B. innere Spannungen, entstellt sind. Härte und Zerreißfestigkeit unterscheiden sich durch ihre Beeinflußbarkeit hierin.

Das äußere Bild der Erscheinungen **nach Ziffer 2 der oben gegebenen Einteilung** ist insofern anders, als unmittelbar nach dem Abschrecken dieser Legierungen von einer bestimmten Temperatur eine wesentliche Änderung der Eigenschaften nicht zu konstatieren ist, sondern entweder bei Raumtemperatur nach einiger Zeit, oder auch nur nach Anlassen bei etwas erhöhter Temperatur nach einer gewissen Zeit bemerkbar wird, ein Vorgang, der mit „Altern" bezeichnet wird.

Eine Vorstellung von der Änderung der mechanischen

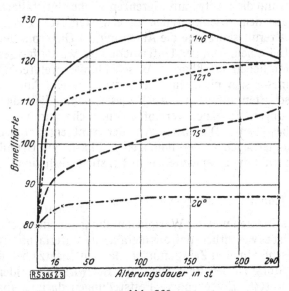

Abb. 360.
Brinellhärte von Lantal bei der Alterung bei verschiedenen Temperaturen nach **Meissner**.

Eigenschaften mit abnehmender Dispersion in einem Falle wie 2 vermittelt die Abb. 359. Mit abnehmender Dispersion steigt der Formänderungswiderstand erst und fällt dann. Einen zu dem maximalen Formänderungswiderstand gehörenden Dispersitätsgrad bezeichnet man als kritischen Dispersitätsgrad. Seine Wirksam-

---

[1] Diss. (Berlin 1912). — [2] Sauerwald u. v. Nießen, Zbl. d. Hütten- u. Walzwerke **31**, 207 (1927).

keit erklärt man sich dadurch, daß die Gleitebenenbildung bei einer bestimmten submikroskopischen Größe der Ausscheidung am meisten gehemmt wird. Bei einem Vorgang wie dem der Entmischung der Ag-Cu-Legierungen erfährt die elektrische Leitfähigkeit eine Steigerung. Insbesondere auf Grund dieses Umstandes kann man schließen, daß nur ein einfacher Ausscheidungsvorgang vorliegt.

Im Falle 2b, z. B. der vergütbaren Leichtmetallegierungen, entsprechen die Änderungen der mechanischen Eigenschaften häufig der der Abb. 359 (s. Abb. 360, obere Kurve). Wenn eine Vergütung bei genügend tiefen Temperaturen vorgenommen wird, kann hier, wie auch z. B. bei den Ag-Cu-Legierungen, der Vorgang vor Überschreitung des maximalen Wertes abgebremst werden, was natürlich für die technische Verwertung von ausschlaggebender Bedeutung ist (Abb. 360, untere Kurven). Insbesondere die elektrische Leitfähigkeit verhält sich jedoch hier vielfach anders, als im Falle 2a, insofern beinahe immer ein Sinken der Leitfähigkeit entweder im ganzen Verlauf des Alterungsprozesses, oder in Teilen desselben festzustellen ist. Wenn man an der allgemeinen Gesetzmäßigkeit festhält, daß die Mischkristalle mit größerem Gehalt an gelösten Bestandteilen auch die geringere Leitfähigkeit haben, ist man gezwungen, anzunehmen, daß hier nicht nur eine reine Entmischung sich geltend macht[1]). Da es sich in diesen Fällen ausschließlich um die Ausscheidung intermetallischer Verbindungen handelt, nimmt man jetzt meist an, daß im ersten Teil der Vorgänge die Bildung der Verbindungen in homogener Phase eine Rolle spielt.

Von besonderer Bedeutung für die Erkenntnisse der wirksamen Faktoren kann hier die weitere Verfolgung der Vorgänge auf röntgenographischem Wege werden[2]). Diese ist auf drei Arten versucht worden. Erstens wurde danach gesucht, wann die Röntgeninterferenzen solcher Kristallarten auftreten, deren Ausscheidung aus den Mischkristallen zu erwarten ist. Zweitens wurde während der ganzen Alterungsvorgänge die Änderung der Gitterparameter der festen Lösungen verfolgt. Bei einem Teil der Untersuchungen wurde festgestellt, daß sowohl die nach diesen Methoden erfaßbaren Ausscheidungen fehlten[3]), als auch der Raumgitterparameter sich nicht änderte[4]), wenn bereits Änderungen der physikalischen Eigenschaften auftraten. Auch dies Ergebnis läßt darauf schließen, daß bei den Alterungen Vorgänge verlaufen, die nicht nur in einer Ausscheidung von Kristallen bestehen. Die dritte Art der röntgenographischen Untersuchungen, die Veränderungen in der homogenen Phase auf Grund von Intensitätsmessungen der Strahlung zu erschließen sucht, steht noch ziemlich am Anfang der Entwicklung[5]).

Kolloide in der Metallbeizerei. Ein Zwischen- oder Endprozeß in der Metallverarbeitung ist die Beizerei, in der Zunderschichten von der Warmbehandlung auf chemischen Wege entfernt werden. Hierbei ist es wesentlich, daß das metallische Material nicht zu heftig angegriffen wird. Man hat schon in alter Zeit gefunden, daß ein Zusatz hochmolekularer, insbesondere kolloider Stoffe zu den Beizbädern die Beizwirkung mildert und deshalb zu regulieren gestattet. Eingehendere Feststellungen darüber macht W. H. Creutzfeldt[6]). Es scheint, daß die Wirkung der Zusätze in Bildung einer Adsorptionsschicht zu suchen ist.

Mit ähnlichen Erscheinungen ist auch bei ungewollten chemischen Einwirkungen auf Metalle, bei der Korrosion, zu rechnen.

---

[1]) Fraenkel und Seng, Ztschr. f. Metallkunde **12**, 225 (1920). — Fraenkel und Scheuer, Ztschr. f. Metallkunde **12**, 427 (1920). — [2]) Die mikroskopische Beobachtung ergibt auch hier wenig Aufschlüsse, vgl. Lennartz u. Henninger, Ztschr. f. Metallkunde **18**, 213 (1926). — [3]) Vgl. z. B. Schmid u. Wassermann, Naturwissensch. **14**, H. 44 (1926). — [4]) v. Göler u. Sachs, Metallwirtschaft **8**, 671 (1929). — [5]) Hengstenberg u. Wassermann, Z. f. Metallkunde **32**, 114 (1931). — [6]) Ztschr. f. anorg. Chem. **154**, 213 (1926).

Flotation.

Von Dr. **Erwin W. Mayer**-Berlin.

Mit 15 Abbildungen.

Einleitung. Seit einigen Jahren stehen die Flotations- oder Schwimmaufbereitungsverfahren im Vordergrund des Interesses der Erz- und Kohlenaufbereitungsfachleute. Diese Verfahren gründen sich auf rein empirische Beobachtungen und fanden anfangs nur zögernd Eingang in die Erzaufbereitung. Von Australien und Amerika ausgehend haben sie jedoch in den letzten Jahren die ganze Welt erobert und sind heute ein unentbehrliches Mittel der Aufbereitungstechnik. Sie stellen zweifellos auf dem Aufbereitungsgebiet die wichtigste Neuerung dar, die in den letzten Jahrzehnten zu verzeichnen ist[1]).

Vor näherem Eingehen auf das Wesen der Flotation soll in Kürze einiges über die **Erzaufbereitung** im allgemeinen, besonders über deren Zwecke und ihre gebräuchlichsten Verfahren gesagt werden.

In den seltensten Fällen finden sich Erze und Kohlen in ihren natürlichen Lagerstätten in so reinem Zustand vor, daß sie ohne weiteres verarbeitet werden können. Stets sind sie mehr oder weniger mit verschiedenen Begleitmaterialien, der sog. Gangart, verwachsen, meist auch treten die verschiedenen Erze nebeneinander auf. Für die weitere Verarbeitung, also für die Verhüttung der bergmännisch gewonnenen Erze, des sog. Rohhaufwerkes, ist fast immer eine Trennung des Erzes von der wertlosen Gangart und eine Anreicherung der wertvollen Erzbestandteile notwendig, oft aber auch eine Trennung der Erzbestandteile mit verschiedener Metallgrundlage voneinander. Diese Anreicherungsnotwendigkeit ist dadurch bedingt, daß die meisten Verhüttungsmethoden für die wirtschaftliche Verarbeitung der Erze einen bestimmten minimalen Metallgehalt voraussetzen, und zudem der Transport niedrighaltiger Erze von der Grube zu den oft entfernt gelegenen Hütten die Rentabilität in Frage stellen würde. In anderen Fällen wieder muß die Scheidung von Erzen mit verschiedener Metallgrundlage deswegen durchgeführt werden, weil ein Verhütten gemischter Erze häufig Schwierigkeiten bereitet, mit Verlusten verbunden ist und die Qualität der gewonnenen Metalle ungünstig beeinflussen kann.

Die Anreicherung der Erze nach erfolgter bergmännischer Gewinnung ist also eine Hauptaufgabe der Erzaufbereitung[2]). Sie bedient sich für ihre Zwecke physikalischer und chemischer Verfahren; je nachdem diese im trockenen oder nassen

---

[1]) A. J. Weinig und I. A. Palmer, Quarterly of the Colorado School of Mines **24**, Nr. 4, 8 (1929).

[2]) S. z. B. E. Treptow, Grundzüge der Bergbaukunde II, 6. Aufl. (Wien 1925). — H. Schennen und F. Jüngst, Lehrb. d. Erz- u. Steinkohlenaufbereitung, II. Aufl. (Stuttgart 1930). — S. J. A. Truskott, Text Book of Ore Dressing (London 1923).

Zustand durchgeführt werden, werden sie als Trocken- oder Naßaufbereitung bezeichnet. In sehr weitgehendem Maße macht sich die Aufbereitung die Unterschiede der spezifischen Gewichte der Mineralgemengteile zunutze (mechanische
bzw. naßmechanische Verfahren); die Windsichtung, Schlämmung, die Setz-
maschinen- und Herdarbeit beruhen im wesentlichen auf diesem Prinzip. Auch
die Verschiedenartigkeit der elektromagnetischen Eigenschaften der Mineralien
wird für ihre Trennung dienstbar gemacht (elektromagnetische Aufbereitungsverfahren, Magnetscheidung). Hierzu kommen noch jene Aufbereitungsmethoden,
die sich gewisser Chemikalien bedienen (chemische Aufbereitung: z. B. Amalgamation, Zyanidlaugung, Laugungsverfahren).

Allen Verfahren in gleicher Weise eigentümlich ist die Notwendigkeit, die Erze
vor ihrer Aufbereitung zu zerkleinern. Das Maß der Zerkleinerung richtet sich in
jedem Falle nach der Natur der Erze und nach dem gewählten Aufbereitungsverfahren. Den gesteigerten Anforderungen, die man im Laufe der Zeit an die Aufbereitungsmethoden sowohl in qualitativer als auch in quantitativer Hinsicht
stellen mußte, genügten die erwähnten Verfahren häufig nicht mehr. Sie versagen
in vielen Fällen, wo die Differenzierung der physikalischen Eigenschaften der Erzbestandteile keine genügend ausgesprochene ist, ferner dort, wo es sich um die
Aufbereitung sehr armer oder komplexer Erze, von Haldenprodukten der naßmechanischen Aufbereitung oder um feine Schlämme handelt. Für diese schwierigen Aufgaben haben sich jene Verfahren bewährt, welche die Oberflächeneigenschaften der Erze zu ihrer Trennung ausnutzen; es sind dies die als Flotations-
oder Schwimmverfahren bezeichneten, die in den letzten Jahrzehnten so erfolgreich Anwendung fanden.

Das Wesen der Flotation besteht darin, daß gewisse feinzerkleinerte Erze (besonders
Sulfide) in wäßriger Trübe bei Gegenwart von Ölen bzw. be-
stimmter organischer Verbindungen sich mit einem dünnen
Häutchen (Film) überziehen, dadurch die Fähigkeit erhalten, sich an Gasblasen
zu heften, die gleichfalls von einem Ölfilm überzogen sind, und als Folge des so
erhaltenen Auftriebes an die Trübeoberfläche schwimmen, wo sie einen leicht
abschöpfbaren Erzschaum bilden. Der Gangart fehlt diese Fähigkeit, sie bleibt
daher in der Trübe zurück, so daß eine Trennung des Erzes von der Gangart
stattfindet.

Die Flotationsverfahren stehen zwischen den physikalischen und chemischen
Aufbereitungsverfahren. Soweit es sich um die heute allein noch technisch ausgeübten Schaumschwimmverfahren handelt, beruhen sie weitgehend auf kolloidchemischer Grundlage[1]). Nach O. Bartsch[2]) gibt es kaum ein anderes technisches Verfahren, das in so inniger Beziehung zur Kolloidchemie steht, wie das
Schaumschwimmverfahren.

Beschreibung der Flotation. Wird ein feinverteiltes Erz mit Wasser zu einer
dünnen Suspension, einer sog. Trübe, vermischt, so
wird es sich je nach Feinheit des Erzes nach kürzerer oder längerer Zeit am
Boden des Gefäßes als scharf getrennte Schicht absetzen. Dieses Verhalten ändert
sich mit einem Schlage, wenn der Trübe — besonders eignen sich hierzu Erze
von sulfidischem Charakter — eine ganz geringe Menge eines geeigneten Öles,

---

[1]) H. Freundlich, Ztschr. f. angew. Chem. **36**, 480 (1923). — K. Wolf, Journ. f. prakt.
Chem. **105**, 40 (1922). — I. Traube, Metall u. Erz **18**, 405 (1921). — A. M. Gaudin, Eng. and
Min. Journ. **124**, 1045 (1927).

[2]) O. Bartsch, Beitrag zur Theorie des Schaumschwimmverfahrens, Kolloidchem. Beih.
20, 50 (1924).

z. B. Kreosotöl, Pineöl oder gewisse organische Verbindungen zugesetzt werden, und die „geölte" Trübe hierauf zwecks inniger Mischung mit Luft kräftig durchgeschüttelt wird. Läßt man nunmehr die Trübe stehen, so zeigt sich die Bildung von drei scharf voneinander getrennten Schichten: an der Oberfläche schwimmt ein metallisch glänzender, dicker Erzschaum, am Boden liegt die fast erzfreie Gangart und dazwischen steht klares Wasser. Es hat also eine Trennung des wertvollen Sulfides von der wertlosen Gangart stattgefunden. Durch Entfernen des Erzschaumes (Abschöpfen, Überfließenlassen usw.) kann dieser von der Gangart getrennt werden.

Die Möglichkeit, unter geeigneten Bedingungen durch Flotation aufbereitet zu werden, besteht bei einer großen Anzahl von Erzen, in erster Linie bei sämtlichen Erzen sulfidischen Charakters (Sulfide, Arsenide usw.), ferner bei allen gediegenen Metallen, bei Graphit, Schwefel, Kohle, vereinzelt auch bei oxydischen Erzen, wie Oxyden, Karbonaten, Phosphaten, Silikaten u. a. m.

So einfach die Vorgänge der Flotation bei oberflächlicher Betrachtung erscheinen, so vieler Anstrengungen bedurfte es, um sie zu ihrer heutigen technischen Vollkommenheit zu führen.

Geschichte der Flotation. Wie viele bedeutende technische Fortschritte entstand auch die Flotation als Folge einer zufälligen Beobachtung. Diese Beobachtung mit genialer Erfassung ihrer Wichtigkeit weiterverfolgt und verwertet zu haben, verdanken die Flotationsverfahren ihre heutige Bedeutung.

Als Erster beobachtete W. Haynes[1]), 1860, daß ölige und bituminöse Stoffe zu Sulfiden und Metallen größere Affinität als zu erdigen Substanzen und Oxyden besitzen und begründete auf diese Eigenschaft ein Aufbereitungsverfahren, das jedoch keinen praktischen Erfolg hatte.

Die Gebrüder Bessel in Dresden erhielten im Jahre 1877 ein D.R.P. 42[2]) zur Aufbereitung von Graphit, das eigentlich alle wesentlichen Merkmale der modernen Schwimmverfahren enthält, in der Folgezeit aber trotz seines Pioniercharakters in Vergessenheit geriet.

Als Erfinder der Flotation wird im allgemeinen der Amerikaner Dr. Everson[3]) (1885) angesehen, dessen Beobachtung, daß Sulfide, besonders in Gegenwart von Säuren, zu Ölen eine Affinität besitzen, zum ersten auf den Namen seiner Frau Carrie J. Everson lautenden Flotationspatent[4]) führte.

Die geschichtliche Entwicklung der Flotationsverfahren und ihre wechselnden Schicksale bis zu ihrer gegenwärtigen Vollendung sollen hier nur kurz gestreift werden.

Die wichtigsten Fortschritte der ersten Jahre sind mit den Namen G. Robson[4]) und S. Crowder[5]), F. Elmore[6]), C. V. Potter[7]) und G. D. Delprat[8]) verbunden.

---

[1]) Engl. Pat. 488 (1860).

[2]) S. a. D.R.P. 39369 (1886).

[3]) Th. J. Hoover, Concentrating Ores by Flotation 255 (New York 1916). — Eng. and Min. World **1**, 133 (1930).

[4]) Am. Pat. 348157 (1885).

[5]) D.R.P. 82722 (1894); Engl. Pat. 427 (1894).

[6]) Engl. Pat. 31948 (1898); Am. Pat. 653340, 676679 (1899); D.R.P. 123519, 133098 (1900). — F. Elmore, Glückauf **45**, 846 (1909). — C. Blömeke, Öst. Ztschr. f. Berg- u. Huttenwesen **23**, 307, 510 (1901); **24**, 49 (1902). — R. Glatzel, Ein Beitrag zum Elmoreschen Extraktionsverfahren, Diss. (Freiberg 1908). — A. S. Elmore, Eng. and Min. Journ. **83**, 908 (1907); **87**, 1257 (1909).

[7]) D.R.P. 155563, 156450 (1902); Engl. Pat. 1146 (1902); Am. Pat. 776145 (1902). — Ferner Austr. Min. Standard **36**, 336 (1906); **37**, 225 (1907); **45**, 220 (1911).

[8]) Engl. Pat. 26279 (1902); Am. Pat. 735071 (1903), 768035 (1907); D.R.P. 155563, 156450 (1902); 169583, (1903).

Der Verbrauch großer Ölmengen und die Anwendung von Säure kennzeichnen diese Periode. Eine grundlegende Verbesserung und den Beginn der späteren großen Erfolge einleitend, stellt die 1902 von dem Italiener A. Froment gemachte Beobachtung dar, daß schon spurenweiser Ölzusatz die Flotation ermöglicht. Seine Erfindung führte 1903 zur Gründung der auf dem Gebiete der Schwimmaufbereitung führend gewordenen Minerals Separation, Limited in London, in der sich Aufbereitungsfachleute, wie J. Ballot, J. H. Curle, W. W. Webster, S. Gregory, H. L. Sulman, H. F. K. Picard und Th. J. Hoover vereinigten.

Im Jahre 1905 wurde der Minerals Separation Ltd. bzw. H. L. Sulman, H. F. K. Picard und J. Ballot ein Verfahren patentiert[1]), das als Agitations-Schaumschwimmverfahren bezeichnet wurde. Der wesentliche Fortschritt bei diesem Prozeß gegenüber allen früheren besteht darin, daß die Flotation mit einer nur ganz geringen Ölmenge, nämlich mit weniger als 1%ₒ Öl vorgenommen wird. Durch heftiges Rühren wird mechanisch Luft in die geölte Erztrübe eingeschlagen, wodurch unzählige kleine Gasblasen in der Trübe erzeugt werden. Die Gasbläschen heften sich an die geölten Erzteilchen und steigen, wenn man der durchgerührten Trübe in einem Spitzkasten Gelegenheit gibt, zur Ruhe zu kommen, in Form eines dicken Erzschaumes an die Trübeoberfläche. Um dieses Verfahren durchzuführen, wurden eine Reihe Apparate konstruiert, als deren Endglied die heutigen M. S.-Standardapparate anzusehen sind.

Die nächsten Jahre standen im Zeichen gewaltiger Konkurrenzkämpfe, die verschiedene Interessengemeinschaften und Zusammenschlüsse zur Folge hatten; so z. B. schloß die Minerals Separation Limited mit der erfolgreichen Amalgamated Zinc Limited eine Interessengemeinschaft und saugte andere Firmen auf, wodurch sie einen weltbeherrschenden Einfluß auf dem Flotationsgebiet erwarb.

Außerhalb des Rahmens der Minerals Separation Limited brachte F. E. Elmore[2]) 1904 seinen Vakuumprozeß heraus, bei dem die Luftblasenbildung durch Evakuierung der Trübe erzielt wird. Nur geschichtliches Interesse beansprucht der auf Oberflächenspannung beruhende Macquisten-Prozeß[3]), sowie das von A. A. Lockwood und Samuel[4]) erfundene „Murex"-Verfahren, eine Vereinigung von Flotation und Magnetscheidung.

Die Jahre 1908—1914 brachten zahlreiche Verbesserungen in maschineller Hinsicht, ohne daß wesentliche neue prinzipielle Gesichtspunkte bezüglich des Verfahrens in Erscheinung traten. Im Jahre 1914 kam J. M. Callow[5]) mit seinem als „Pneumatischen Schwimmprozeß" bezeichneten Verfahren heraus, das einen bedeutsamen Fortschritt vorstellt. Es besteht darin, daß durch feinporige Medien Druckluft gepreßt wird, wobei sie sich in feine Bläschen zerteilt, an die sich die geölten Sulfide heften können.

Seit dem ersten Jahrzehnt dieses Jahrhunderts begann man auch auf dem europäischen Kontinent Interesse für die Flotation zu zeigen, und es machten sich in Europa Bestrebungen bemerkbar, die großen Fortschritte der Angelsachsen auf dem Gebiete der Flotation nicht ohne weiteres hinzunehmen. Hier führten

---

[1]) Engl. Pat. 7803 (1905), sog. „Basispatent"; Am. Pat. 835120 (1905).

[2]) Engl. Pat. 17816, 29282 (1904); 5953 (1905); 26821 (1906); 4911 (1909); 6896, 10929 (1910); D.R.P. 166469 (1905).

[3]) Engl. Pat. 25204 (1904); Am. Pat. 865194 (1905); D.R.P. 187726 (1905). — Öst. Ztschr. f. Berg- u. Hüttenwesen 15 (1908). — W. R. Ingalls, Eng. and Min. Journ. 84, 765; 86, 23 (1908).

[4]) Engl. Pat. 12962 (1908); 16229 (1909); 13009 (1910); Am. Pat. 933717 (1909); D.R.P. 229672 (1909); 266651, 322886 (1912). — Metall u. Erz 11, 207 (1914).

[5]) Am. Pat. 1104755, 1124853, 1141377 (1914).

die Arbeiten von Leuschner[1]), G. S. Appelqvist und E. O. Tydén[2]), G. Gröndal[3]), der Fried. Krupp Grusonwerk A.G., der Maschinenbauanstalt Humboldt[4]) und der Elektro-Osmose A.G.[5]) zur Ausbildung brauchbarer Verfahren.

Die zunehmende Bedeutung der Flotationsverfahren in der Aufbereitungstechnik führte zum Zusammenschluß der bedeutendsten kontinentalen Aufbereitungsfirmen mit der Minerals Separation Limited in London. Diese Firmen sind in der Cesag, Central-Europäischen Schwimmaufbereitungs-A.G., Berlin[6]), zusammengefaßt, die eine Interessengemeinschaft der Elektro-Osmose A.G. (Graf Schwerin-Gesellschaft), der Humboldt-Deutzmotoren A. G., Werk Köln-Kalk, der Fried. Krupp Grusonwerk A. G., Magdeburg, und der Minerals Separation Limited darstellt. Ausgehend von der Tatsache, daß in der modernen Flotationstechnik häufig eine Kombination verschiedener Flotationsverfahren vorteilhaft ist, hat die, die Callow- und Mac Intosh-Verfahren in Europa verwertende Metallgesellschaft in Frankfurt a.M.[7]) die Auswertung dieser Patente ebenfalls der Cesag übertragen und dadurch den Rahmen dieser Gesellschaft noch wesentlich erweitert, so daß wenigstens für wichtige Teile Europas die vornehmlichsten Weltpatente in einer Hand zusammengefaßt sind. Außerhalb dieser Interessengemeinschaft steht in Deutschland nur die Ekof, Erz- und Kohle-Flotation G.m.b.H., Bochum, die mit der Cesag jedoch neuerdings durch gewisse Bindungen verknüpft ist.

In den Jahren nach dem Weltkrieg hat die Entwicklung der Flotationsverfahren große Fortschritte gemacht; besonders die Entdeckung C. L. Perkins (1921)[8]), daß an Stelle der bisher benutzten Öle wohldefinierte chemische Verbindungen wie Xanthate, Thiocarbanilid u. a. als Flotationsmittel treten können, bedeutet einen Markstein. Diese Erkenntnis hat auch die Entwicklung der selektiven Flotation beschleunigt. Als Folge der Entdeckung von G. E. Sheridan und G. G. Griswold (1922)[9]), welche die drückende Wirkung der Zyanide erkannten, fanden die selektiven Verfahren rasch weiteste Verbreitung und haben die Metallurgie des Kupfers, Bleis und Zinks stark beeinflußt. Der Übergang von saurer Trübe zur alkalischen, eine Folge der Einführung der selektiven Flotation, bedeutet einen weiteren Schritt zur Vervollkommnung der Schwimmverfahren. Endlich wurde in den letzten Jahren die Flotation oxydischer Erze auch in industriellem Maßstab versucht und vielfach durchgeführt.

Die letzten 10 Jahre haben den Flotationsverfahren, deren Anwendung sich bis 1920 ausschließlich auf Erze beschränkt hatte, durch die Feststellung, daß dieselben Methoden auch für die Aufbereitung von Kohlen anwendbar sind, ein neues großes Arbeitsfeld erschlossen. Dadurch wurde die Flotation in Gebiete gelenkt, die sie äußerst befruchteten und ihr neue Anregungen gaben. Dies alles zeigt, daß die Entwicklung der Schwimmverfahren noch keinesfalls als abgeschlossen zu betrachten ist, und für die Industrie noch weitere interessante Erfolge zu erwarten sind.

---

[1]) D.R.P. 222089 (1908); 225809 (1909); 260229; Holtmann, Glückauf **48**, 388 (1912).

[2]) D.R.P. 241950 (1911); 277847 (1913); 288462 (1914); 309088 (1917); 309859 (1916); 311196 (1918).

[3]) D.R.P. 294519 (1915); 311586 (1917).

[4]) D.R.P. 328031 (1919); 347240 (1921); 347464 (1921); 353726 (1920); 361597, 364508 (1921); 406524 (1922); 449593 (1919); 493259 (1928).

[5]) D.R.P. 326405 (1918); 356815, 360807, 363816 (1919); 416284 (1923).

[6]) Vgl. Metall u. Erz **19**, 311 (1922); **20**, 137 (1923).

[7]) Ztschr. f. Metallwirtschaft **8**, 409 (1929).

[8]) Am. Pat. 1364304/8, 1364858/9, 1394639/40 (1922).

[9]) Am. Pat. 1421585, 1427235 (1922).

Theorie.

Unsere Kenntnisse über die der Flotation zugrunde liegenden Erscheinungen sind noch keine vollkommenen. Nur allmählich bricht sich die Erkenntnis Bahn, warum und unter welchen Bedingungen einzelne Mineralien die Eigenschaft besitzen, schwimmfähig zu sein, andere nicht. Die letzten Jahre haben mannigfache Fortschritte gebracht, so daß man heute schon einen wesentlich besseren Einblick in die Vorgänge der Schwimmaufbereitung besitzt.

Die Komplexität der bei der Flotation auftretenden Erscheinungen macht es erklärlich, daß auch heute noch nicht eine restlos befriedigende Erklärung aller sich abspielenden Vorgänge gefunden ist, und die Ansichten über die Ursachen und den Verlauf der Flotation noch umstritten sind. Anfangs betrachtete man die Flotation als ein ausschließlich physikalisches Problem, obwohl man wußte, daß der Chemismus der Erze und der Flotationsmittel sehr wesentlich die Schwimmfähigkeit bestimmt. In neuerer Zeit räumt man immer mehr auch chemischen Reaktionen einen gewissen Einfluß bei der Flotation ein, zumindestens soweit es sich um die Beeinflussung der Schwimmfähigkeit im Sinne ihrer Vermehrung oder Verminderung handelt, wie eine solche bei der selektiven Flotation stets angestrebt wird. Eine scharfe Grenze zwischen den physikalischen und chemischen Vorgängen läßt sich schwer ziehen.

Auf den Zusammenhang der Flotation mit Oberflächenvorgängen hat schon H. Bradford[1]) 1885 hingewiesen und die Verschiedenheit der Benetzbarkeit von Mineralien in den Vordergrund der Erklärungsversuche gestellt. S. Valentiner[2]) hat als Erster Messungen vorgenommen und den Begriff des Randwinkels eingeführt, H. Schranz[3]) die theoretischen Ausführungen durch Versuche bestätigt. Später hat man sich mehr der elektrostatischen Theorie zugewandt, deren Verfechter J. M. Callow[4]), O. C. Ralston[5]) und P. Vageler[6]) waren, die als Ursache der Flotation annahmen, daß dic elektronegaliv geladenen Gasblasen die positiv geladenen Erzteilchen anziehen, die gleichgeladenen Gangartteilchen aber abstoßen. Diese Theorie wurde durch Arbeiten von E. Ryschkewitsch[7]), I. Traube[8]), O. Bartsch[9]) und E. Berl[10]) weitgehend widerlegt. Auch Theorien, die den Glanz[11]), die Härte und die Oxydations-

---

[1]) Amer. Pat. 345951 (1885). — S. a. M. Moldenhauer, Ztschr. f. ges. Huttenkunde 73 (1912). — Ann. d. Physik **105**, 1 (1858); **134**, 356 (1868); **137**, 402 (1869); **139**, 1 (1870). — Arch. f. Entwicklungsmechanik **7**, 325 (1898). — H. Freundlich, Kapillarchemie (Leipzig 1922) 214.

[2]) Zur Theorie der Schwimmverfahren, Metall u. Erz **11**, 455 (1914). Physikalische Probleme im Aufbereitungswesen des Bergbaues (Braunschweig 1929).

[3]) Ein experimenteller Beitrag zur Kenntnis der Schwimmvermögen, Metall u. Erz, **11**, 462 (1914).

[4]) Amer. Inst. Min. Met. Eng. Techn. Publ. (1916).

[5]) Min. Scient. Press. **111**, 623 (1915).

[6]) Metall u. Erz **17**, 113 (1920); P. Vageler, Die Schwimmaufbereitung der Erze (Dresden 1921).   [7]) Chem.-Ztg. **45**, 478 (1921).

[8]) I. Traube, Metall u. Erz, **18**, 405 (1921); **21**, 520 (1924); **22**, 58, 107 (1925); **25**, 618 (1928). — I. Traube und K. Nishizawa, Kolloid-Ztschr. **32**, 383 (1923). — I. Traube, Chem.-Ztg. **45**, 546 (1921) — I. Traube, A. Kieke, O. Bartsch und K. Nishizawa, **48**, 663, 673 (1924). — Ber. d. Deutsch. Chem. Ges. **42**, 86 (1909).

[9]) Kolloidchem. Beih. **20**, 1, 50 (1924).

[10]) E. Berl und H. Vierheller, Ztschr. f. angew. Chem. **36**, 161 (1923). — E. Berl und P. Pfannmüller, Kolloid-Ztschr. **34**, 328 (1924); **35**, 34, 106, 110 (1924).

[11]) H. Freundlich, Ztschr. f. angew. Chem. **33**, 171 (1920).

fähigkeit von Erzen mit ihrer Schwimmfähigkeit in Zusammenhang bringen, sind aufgestellt worden.

Heute vertritt die Mehrzahl der Forscher die Ansicht, daß es sich bei den Schaumschwimmverfahren, also den heute ausschließlich in Betracht kommenden Flotationsprozessen, um kapillarchemische Vorgänge handelt, bei denen besonders Adsorptionserscheinungen[1]) in den Vordergrund treten, die am besten im Lichte moderner kolloidchemischer Gesichtspunkte Erklärung finden. Es handelt sich bei der Flotation im wesentlichen um Adsorptionsphänomene, die sich in Gas-Flüssigkeitsphasen abspielen; über die Art der Adsorption, ob es sich um eine Ionenadsorption, um eine molekulare oder eine chemische handelt, sind allerdings die Ansichten auseinandergehend. Ohne Zweifel spielen aber bei der Flotation Adsorptionserscheinungen eine ausschlaggebende Rolle.

Ob ein Körper flotierbar ist oder nicht, hängt ausschließlich von der Beschaffenheit seiner obersten Oberflächenschichte ab und nicht von den Eigenschaften seines Innern. Ist ein Körper wasserunbenetzbar (Sulfide), so ist er schwimmbar, ist er benetzbar von Wasser (Gangart), so ist er nicht schwimmbar. Aufgabe der Flotationsreagenzien ist es, die Mineraloberfläche in dem gewünschten Sinn zu beeinflussen.

Zum Verständnis dieser Verhältnisse ist es nötig, kurz die polaren Eigenschaften von Stoffen zu streifen.

Eine Atom- oder Ionenkombination wird als polar bezeichnet, wenn nicht die ganzen Valenzkräfte gesättigt, sondern Restvalenzen als Überschuß an Valenzenergie vorhanden sind. Je symmetrischer die Atomgruppierung ist, desto weniger

$$\begin{array}{c} \text{H} \\ | \\ \text{polar ist das Molekül; so z. B. ist H—C—H (Methan), weil symmetrisch, unpolar,} \\ | \\ \text{H} \end{array}$$

$$\begin{array}{c} \text{H} \\ | \\ \text{Chloressigsäure Cl—C—COOH, weil unsymmetrisch, polar. Polare Körper sind} \\ | \\ \text{H} \end{array}$$

reaktionsaktiv, unpolare reaktionsträge. Auf Grund dieser Begriffseinteilung unterscheidet man polare und unpolare Stoffe; polar sind Wasser, alle Mineralien, Kohle, unorganischen Salze usw., unpolar u. a. Kohlenwasserstoffe, Schwefel, Luft usw. Zwischen beiden Gruppen besteht ein Affinitätskontrast, besonders bezüglich ihrer Benetzungseigenschaften. Die polaren Stoffe sind wasserbenetzbar, hydrophil, die unpolaren unbenetzbar, hydrophob. Außer Stoffen mit ausgeprägt einseitigen Eigenschaften gibt es solche, die in ihrem Molekül gleichzeitig polare und unpolare Eigenschaften vereinen; man bezeichnet sie als polar-unpolar, heteropolar. Ursache ist das gleichzeitige Vorhandensein von polaren und unpolaren Atomgruppen in demselben, meist großen Molekül, und zwar an entgegengesetzten Enden desselben. Als polare Gruppe wirkt z. B. die COOH-Gruppe, als unpolare Gruppen sind die Kohlenwasserstoffreste zu nennen.

---

[1]) A. F. Taggart und A. M. Gaudin, Trans Amer. Inst. Min. Met. Eng. **68**, 479 (1922). — A. W. Fahrenwald, Trans. Amer. Inst. Min. Met. Eng. **70**, 647 (1924). — Min. and Scient. Press **123**, 227 (1925). — A. M. Gaudin, Am. Inst. Min. Met. Eng. Techn. Publ. **4** (1927). — A. S. Adams, Amer. Inst. Min. Met. Eng. Techn. Publ. **41** (1927). — O. Bartsch, Kolloidchem. Beih. **20**, 1, 50 (1924). — S. a. I. Traube, a. a. O.; K. Kellermann und E. Peetz, Kolloid-Ztschr. **44**, 296 (1928).

An dem Beispiel der Heptylsäure können diese Verhältnisse leicht erkannt werden:

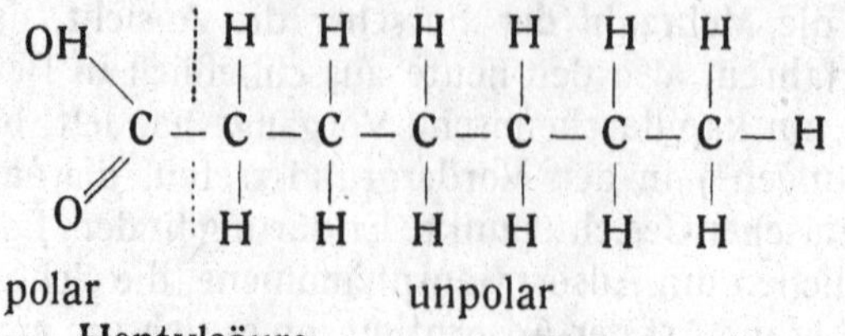

$$
\begin{array}{c}
\text{OH} \\
| \\
\text{C}
\end{array}
\;-\;
\begin{array}{c}
\text{H} \\
| \\
\text{C} \\
| \\
\text{H}
\end{array}
\;-\;
\begin{array}{c}
\text{H} \\
| \\
\text{C} \\
| \\
\text{H}
\end{array}
\;-\;
\begin{array}{c}
\text{H} \\
| \\
\text{C} \\
| \\
\text{H}
\end{array}
\;-\;
\begin{array}{c}
\text{H} \\
| \\
\text{C} \\
| \\
\text{H}
\end{array}
\;-\;
\begin{array}{c}
\text{H} \\
| \\
\text{C} \\
| \\
\text{H}
\end{array}
\;-\;
\begin{array}{c}
\text{H} \\
| \\
\text{C} \\
| \\
\text{H}
\end{array}
\;-\;\text{H}
$$

polar   unpolar
Heptylsäure

Der polare Teil des Moleküls bedingt den Grad der Wasserlöslichkeit und Wasserbenetzbarkeit. Der allgemeine Charakter eines Körpers wird von dem relativen Anteil polarer und unpolarer Gruppen in seinem Molekül bestimmt.

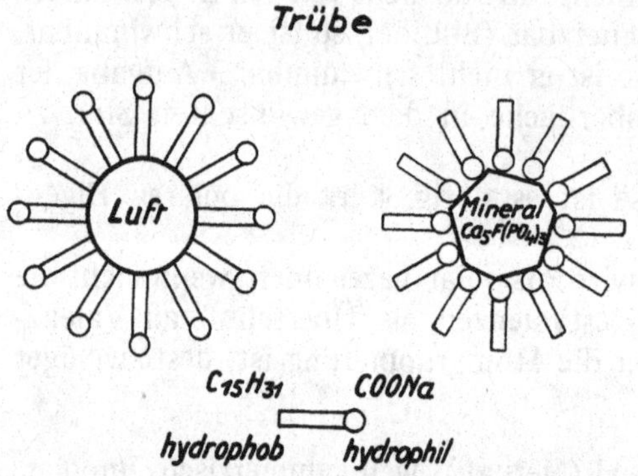

Abb. 361.
Orientierung der Oleatmoleküle bei der Apatitflotation.

Die für die Flotation verwendeten Reagenzien werden von einzelnen Mineralien oberflächlich adsorbiert und rufen dadurch Veränderungen der Oberflächeneigenschaften hervor.

Als Adsorption wird eine Konzentrationserhöhung disperser Phasen eines heterogenen Systems in Grenzflächen bezeichnet, als deren Folge die Adsorbentien, bei den Flotationsvorgängen also Mineralteilchen und Luftblasen, sich mit einem meist monomolekularen Adsorptionshäutchen, einem Film, überziehen. Dieser Film verleiht dem umhüllten Stoff die Oberflächeneigenschaften des Adsorptivs: ist dieses polar, so wird der umhüllte Stoff wasserbenetzbar, hydrophil; ist es unpolar, so wird er wasserabstoßend, hydrophob.

Wie I. Langmuir[1]) und W. D. Harkins[2]) unabhängig voneinander bewiesen haben, sind nun in diesem Adsorptionshäutchen die Moleküle heteropolarer Stoffe nicht etwa regellos gelagert, sondern in einem ganz bestimmten Sinne orientiert; die aktive, polare, hydrophile Gruppe des Moleküls ist in Wasseroberflächen gegen die Wasserphase, die inaktive, unpolare, hydrophobe Gruppe gegen die Gasphase gerichtet. Auf die Verhältnisse bei der Flotation übertragen, wird nach I. Traube und O. Bartsch[3]) ein Wettbewerb der Erzoberfläche und der Gasphase um die polare Gruppe stattfinden. Am Beispiele der Apatitflotation[4]) mit Natriumoleat seien die im Sinne der Langmuir-Harkinsschen Theorie sich abspielenden Vorgänge an Hand der Abb. 361 erläutert. In dieser Darstellung ist das heteropolare Oleatmolekül als Streichholz versinnbildlicht, dessen Kopf die reaktionsfähige, polare COONa-Gruppe, dessen Stiel die reaktionsträge, unpolare $C_{15}H_{31}$-Gruppe vorstellt. Bei der Adsorption des Oleates an das Apatitteilchen richten sich die Oleatmoleküle im Adsorptionshäutchen so, daß die aktive, hydrophile Gruppe

---

[1]) Proc. Nat. Acad. Science, Washington **5**, 569 (1919. — Ztschr. phys. Chem. **139**, 647 (1928).
[2]) Journ. Amer. Chem. Soc. **39**, 1848 (1917).
[3]) Kolloidchem. Beih. **20**, 46 (1924). — Kolloid-Ztschr. **38**, 321 1926).
[4]) W. Luyken und E. Bierbrauer, Ztschr. f. techn. Phys. **10**, 140 (1929). — Berg-
und Hüttenm. Jhrb. Leoben **79**, 46 (1931).

gegen das Mineral gerichtet ist, die inaktive, unpolare Gruppe gegen die Trübe. Das Apatitteilchen wird also einen unpolaren, hydrophoben Charakter annehmen. Die Gasblase umhüllt sich gleichfalls mit einem Oleatfilm, bei dem die hydrophobe Gruppe gegen die Gasphase, die hydrophile gegen die Trübe orientiert ist.

Viele Flotationsmittel und Zusätze werden leicht von Sulfiden, schwerer oder gar nicht von oxydischen Erzen und den verschiedenen Gangmineralien adsorbiert, die hingegen oberflächlich Wassermoleküle energisch adsorbieren, also von Wasser benetzbar sind.

Ob die Adsorption bei der Flotation eine rein physikalische Erscheinung ist oder ob, besonders an Mineralteilchen, nicht auch chemische Vorgänge auftreten, ist eine noch nicht vollkommen gelöste Frage. A. F. Taggart[1]) vertritt die Ansicht, daß alle Flotationsreagenzien, welche die Schwimmfähigkeit von Mineralien beeinflussen, dies als Folge chemischer Reaktionen tun. Viele Erscheinungen sprechen für diese Auffassung.

Jedenfalls besitzen Mineralteilchen, die von einem hydrophoben Film ganz oder teilweise bedeckt sind, die Neigung, sich mit Gasblasen, deren Oberfläche ebenfalls mit einem Ölhäutchen überzogen ist, zu verbinden und in die Höhe zu schwimmen. Ob ein „geöltes" Erzteilchen sich an Luftblasen heftet oder nicht, hängt von der relativen Größe der auf das Teilchen wirkenden Anziehungskräfte ab.

Die letzten Ursachen des Haftens von Mineralteilchen an der Grenzfläche gasförmig-flüssig sind noch ungeklärt, nach O. Bartsch[2]) ist Adhäsionsflockung anzunehmen; A. F. Taggart[3]) erklärt die Haftwirkung als eine Folge der in den Adsorptionshäutchen bestehenden Orientierung der Moleküle.

Für die Durchführung von Schaumschwimmverfahren, also der gegenwärtig einzig geübten, ist die Bildung eines tragfähigen, stabilen, drei- oder mehrphasigen Schaumes notwendig. Schäume sind disperse Systeme, deren disperse Phase gasförmig und deren Dispersionsmittel flüssig ist. Bei Flotationsschäumen treten die Erzteilchen als dritte, feste Phase auf, die erst die Stabilität des Erzschaumes bewirken[4]). Zur Bildung von Schäumen ist es notwendig, daß die Oberflächenspannung des Wassers durch oberflächenaktivierende, kapillaraktive Stoffe erniedrigt wird. Solche Stoffe sind durch ihre Fähigkeit ausgezeichnet, sich an der Oberfläche der Lösung anzureichern; sie geben dadurch Anlaß zur Bildung einer sog. Gibbsschen Schicht. Die als Schäumer in der Flotationstechnik verwendeten Mittel entsprechen dieser Forderung. Die Vergrößerung der Trübeoberfläche durch die Schaumbildung bedeutet eine wirksame Unterstützung der Schwimmvorgänge und ist für den Erfolg der Flotation von maßgebender Bedeutung.

Bezüglich der Flotationsfähigkeit sulfidischer Erze kann gesagt werden, daß sie mit der von E. Schürmann[5]) aufgestellten Reihe, welche die Affinität des Metalles gegen Schwefel ausdrückt, übereinstimmt, d. h. die Schwimmfähigkeit fällt von den Sulfiden des Ag zu Cu, Bi, Cd, Pb, Zn, Ni, Fe, Mn.

---

[1]) A. F. Taggart, T. C. Taylor und A. F. Knoll, Amer. Inst. Min. Met. Eng. Techn. Publ. **312** (1930); mit C. R. Ince, Ebenda **204** (1930).

[2]) a. a. O.

[3]) Metall u. Erz **19**, 126 (1923).

[4]) H. L. Sulmann, Trans. Inst. Min. Met. **29**, 44 (1920). — E. Edser, Fourth Report of Colloid Chemistry (London 1922).

[5]) Ann. d. Chem. **249**, 326 (1883).

Die Praxis der Flotation.

Vorbedingungen für die Flotation.

Zur Durchführung aller Flotationsverfahren sind eine Anzahl ähnlicher Vorbedingungen nötig, in deren Variation die Unterschiede der zahlreichen Verfahren liegen. Sie bilden den Gegenstand vieler Patente[1]). Die angedeuteten Variationsmöglichkeiten beziehen sich hauptsächlich auf folgende Vorgänge und Punkte:

1. Zerkleinerung,
2. Trübezusammensetzung,
3. Flotationsreagenzien,
4. Menge der Flotationsreagenzien und Zeitpunkt ihrer Zugabe,
5. Art der Erzeugung und Verteilung der für den Schaumbildungsvorgang nötigen Luftmenge,
6. Weiterverarbeitung der Flotationskonzentrate.

1. Zerkleinerung.

Für jeden Aufbereitungsprozeß ist eine Zerkleinerung des Rohhaufwerkes Grundbedingung. Alle Erze sind gröber oder feiner mit der Gangart und untereinander verwachsen und müssen freigelegt, „aufgeschlossen", werden, denn nur nach Freilegung des Erzes von der Gangart kann eine Scheidung des Haltigen vom Tauben erreicht werden. Der Grad der Verwachsung bedingt in erster Linie die Feinheit, bis zu der die Zerkleinerung bzw. Vermahlung in jedem einzelnen Falle vorgenommen werden muß. Von der Art und dem Grade der Vermahlung des Flotationsgutes ist weitgehend der Erfolg der Schwimmaufbereitung abhängig. Bei der Flotation handelt es sich nämlich nicht nur darum, das Erz aufzuschließen, sondern es ist auch nötig, jene Kornfeinheit zu erreichen, welche die Vorbedingung für Durchführung eines Schwimmverfahrens überhaupt ist; nicht immer sind Aufschlußgrad und Schwimmfeinheit zusammenfallend. Korngrößen von über 0,4 mm[2]) sind im allgemeinen für Schwimmverfahren ungeeignet, meist müssen die Erze weit darunter gemahlen werden, da zu große Erzteilchen vom Schaum nicht mehr getragen werden können, sich loslösen und in die Trübe zurückfallen. Andererseits bereitet aber eine zu große Feinheit des Flotationsgutes ebenfalls Schwierigkeiten bei der Flotation, da sich Teilchen, die sich in der Größenordnung dem kolloiden Zustand nähern, unter Umständen der Flotation entziehen[3]). Als annähernde, jedoch keineswegs ausnahmslose Regel kann gelten, daß rund 75 % des zur Flotation gelangenden Gutes durch ein 200 Maschensieb (d. i. 200 Maschen je engl. Zoll oder 6400 Maschen je cm² bzw. 0,075 mm Durchmesser) gehen sollen, und daß eine Mahlung auf 48 Maschen je engl. Zoll (etwa 256 Maschen je cm²) die oberste Grenze der Flotierbarkeit ist[4]). Geringe Mengen von Überkorn

---

[1]) S. z. B. J. Friedmann, Überblick über die wichtigsten Patente auf dem Gebiet der Schwimmaufbereitung unter besonderer Berücksichtigung der Patente der Minerals Separation Limited, Metall u. Erz **18**, 429 (1921). — Ferner A. F. Taggart, Handbook of Ore Dressing (London 1927), 779—904. — E. W. Mayer und H. Schranz, Flotation (Leipzig 1931) 522.

[2]) Vgl. A. F. Taggart, J. O. Groh und H. B. Henderson, Amer. Inst. Min. Met. Eng. Techn. Publ. **414** (1931).

[3]) A. F. Taggart, Bull. Am. Inst. Min. Eng. (1914). — Metall u. Erz **11**, 206 (1914). — A. Del Mar, Eng. and Min. Journ. **106**, 14 (1908). — F. G. Moses, Chem. Met. Eng. **52** (1919).

[4]) P. Vageler, Die Schwimmaufbereitung der Erze (Dresden 1921) 39. — E. H. Rose, Eng. and Min. Journ. **122**, 331 (1926). — Vgl. A. F. Taggart, J. O. Groh und H. B. Henderson, a. a. O.

schaden aber keineswegs. Die für jeden Einzelfall versuchsmäßig festzustellenden, günstigsten Mahlungsverhältnisse müssen im Betriebe eingehalten und dauernd kontrolliert werden[1]), was am besten durch Sieb- oder Schlämmanalysen und mikroskopische Untersuchungen geschieht.

Da die Kosten der Zerkleinerung und Mahlung, besonders der Feinmahlung, bei der Aufbereitung einen sehr wesentlichen Posten (etwa 50%) ausmachen, wird man jeweils die geringste Vermahlung wählen, die bezüglich Anreicherung und Ausbringung eben noch möglich ist.

Im allgemeinen erfolgt die Mahlung bei Flotationsgut nicht im trockenen Zustand, sondern unter Zusatz von Wasser; die Menge desselben schwankt in weiten Grenzen und ist für das Mahlergebnis wichtig. Das moderne Bestreben besteht darin, in möglichst dicker Trübe (1 : 2) zu mahlen, welche Möglichkeit durch die vervollkommneten Methoden der Klassierung (mechanische Klassierer) begünstigt wird[2]).

Die Notwendigkeit, der Mahlung des für die Flotation bestimmten Aufbereitungsgutes besonderes Augenmerk zuzuwenden, hat in den letzten Jahren der Technik der Feinmahlung mannigfache Anregung gegeben, und es sind in dieser Hinsicht bemerkenswerte Fortschritte erzielt worden. Der Vermahlung des Aufgabegutes geht ein Vorbrechen (auf 50—60 mm) in Backen- oder Rundbrechern voraus, hierauf erfolgt die Zwischenzerkleinerung (auf rund 3—6 mm) in Rund-, Scheiben- oder Kegelbechern oder in Walzenmühlen.

Für die Vermahlung[3]) dienen gegenwärtig hauptsächlich die sieblosen Kugel- oder Trommelmühlen, das sind zylindrische Mühlen, bei denen das Verhältnis Länge zu Durchmesser etwa 1 : 1 ist. Sie werden entweder mit zentralem Austrag oder mit Austragkammer gebaut. Als Mahlkörper dienen Stahlkugeln oder Flintsteine. Seit einigen Jahren werden vielfach Stabmühlen verwendet, bei denen als Mahlkörper Stahlstäbe dienen; auch konische Mühlentypen, z. B. die Hardingemühle, stehen in Gebrauch.

Eine wirtschaftliche Vermahlung kann häufig in einem Mühlentyp allein nicht vorgenommen werden. Vielmehr muß sie, besonders bei Anlagen mit größerem Durchsatz, in mehreren Stufen erfolgen, deren jede die Mahlung bis zu einer bestimmten Korngröße in ökonomischer Weise durchführt. Wegen der Kosten und des die Flotation schädigenden Einflusses der Schlämme ist jede Übermahlung zu vermeiden. Das neuzeitliche Mahlprinzip besteht darin, das Mahlgut in der Mühle tunlichst rasch durchzusetzen und das Überkorn durch Klassierapparate (z. B. Dorrklassierer) automatisch der Mühle zurückzuführen; man läßt die Mühlen in geschlossenem Kreislauf mit den Klassierern arbeiten; dadurch wird das auf genügende Feinheit vermahlene Gut einer weiteren Vermahlung entzogen und die Bildung zu großer Schlammengen vermieden. Dies ist auch der Grund, daß man immer mehr zu kurzen Mühlen mit großem Durchmesser (Trommelmühlen) übergeht.

Für jedes Erz müssen in oft langwierigen Versuchsreihen Schritt für Schritt die günstigsten Mahl- und Flotationsbedingungen festgestellt werden[4]). Wohl haben theoretische Forschungen diesen rein empirischen Weg schon teilweise

---

[1]) D. G. Campbell, Eng. and Min. Journ. (6. Mai 1917). — C. Flury, Eng. and Min. Journ. 359 (1922). — E. H. Rose, Eng. and Min. Journ. **122**, 335 (1926).

[2]) W. C. Mewes, Metall u. Erz **17**, 279 (1920).

[3]) H. S. Gieser, Eng. and Min. Journ. **97**, 463 (1914). — G. Glockemeier, Metall u. Erz **19**, 286 (1922). — W. C. Mewes, Ztschr. d. V. D. I. **64**, 555 (1920). — E. W. Mayer und H. Schranz, Die Flotation (Leipzig 1931) 25ff.

[4]) H. L. Hazen, Eng. and Min. Journ. **107**, 1169 (1918).

gekürzt, doch ist noch ein weiter Weg, um aus der Zusammensetzung eines Erzes auf Grund rein theoretischer Überlegungen den endgültigen Arbeitsgang festzulegen. Ziel aller theoretischen Forschung aber ist, sich diesem Zustand möglichst zu nähern.

2. Trübezusammensetzung und Einfluß des Wassers.

Alle Flotationsvorgänge spielen sich in wäßriger Aufschlämmung des Erzes ab. Die Trübedichte ist von starkem Einfluß auf den Verlauf des Prozesses[1]). Es ist ohne weiteres einleuchtend, daß in einer dicken Trübe die Gasblasen und die Reagenzien, soweit sie nicht gelöst sondern nur dispergiert sind, rascher und mit größerer Wahrscheinlichkeit die festen Bestandteile der Suspension erreichen können als in einer dünnen Aufschlämmung. Allerdings ist in dicker Trübe auch die Wahrscheinlichkeit größer, daß selbst schwerer flotierbare Teilchen, also die Gangart, zum Aufschwimmen gebracht werden und das Flotationskonzentrat verunreinigen. Andererseits wird in zu stark verdünnter Trübe eine nicht unbeträchtliche Anzahl an und für sich leicht schwimmbarer Erzteilchen nicht genügend Luftbläschen finden können und dadurch der Flotation entzogen werden. Es gilt also der Satz, daß unter sonst gleichen Arbeitsbedingungen in dünner Trübe reinere Konzentrate, aber ein schlechteres Ausbringen, in dicker Trübe unreinere Konzentrate bei besserem Ausbringen erhalten werden. Die gebräuchlichsten Trübenkonzentrationen bewegen sich bei einfacher Flotation zwischen 3 : 1 und 4 : 1, also der 3—4fachen Wassermenge, bezogen auf das Erzgewicht, wobei im allgemeinen gröbere Korngrößen in dickerer, feine Schlämme in dünnerer Trübe verarbeitet werden. Bei selektiver Flotation arbeitet man meist in etwas dichterer Trübe. Von besonderer Wichtigkeit ist, daß die Trübedichte bei einer Anlage stets dieselbe bleibt, da stärkere Schwankungen die Flotation aufs ungünstigste beeinflussen. Eine ständige Kontrolle ist daher nötig.

Nicht ohne Bedeutung für den Verlauf des Schwimmvorganges ist die Beschaffenheit des Wassers[2]). Die Mehrzahl der natürlichen Wässer eignet sich für die Flotation; auch die meisten Grubenwässer können ohne Bedenken verwendet werden. Dagegen ist Wasser, das einzelne Kolloide wie Humusstoffe, Saponin oder Tannin enthält, vollkommen unverwendbar, weil durch sie jede Flotation verhindert wird. Auch übergroßer Eisen-, Kalk- oder Magnesiagehalt hat sich häufig als schädlich erwiesen[3]). Ebenso können Schmieröle, die ins Wasser gelangen, sehr arge Störungen hervorrufen. Eine Anreicherung von Salzen im Flotationswasser, die bei der Wasserwiederverwendung möglich ist, muß sich in gewissen Grenzen halten und ständig durch Analysen kontrolliert werden. Die Verwendung von Seewasser für Flotationszwecke ist ohne Störung des Schwimmvorganges möglich[4]).

Der Gesamtverbrauch von Wasser bei der Flotation beträgt bei Wiederverwendung der Abwässer etwa dieselbe Menge wie verarbeitetes Erz, sonst etwa die drei- bis vierfache Menge.

---

[1]) O. C. Ralston, Eng. and Min. Journ. 105, 735 (1918). — Über Kontrolle der Trübdichte s. R. S. Handy, Eng. and Min. Journ. 120, 536 (1925). — Metall u. Erz 23, 506 (1926).

[2]) O. C. Ralston, Eng. and Min. Journ. 105, 735 (1918). — C. G. McLachlan, Can. Min. Met. Bull. 214, 237 (1930). — A. W. Hahn, Eng. and Min. Journ. 123, 449 (1927). — A. T. Tye, Eng. and Min. Journ. 121, 597 (1926).

[3]) F. Mewes, Metall u. Erz 17, 279 (1920).

[4]) A. K. Burn, Bull. Inst. Min. Met. 314 (1930). — Min. Mag. 32, 365 (1930).

Eine sowohl bei der einfachen wie bei der selektiven Flotation wichtige Rolle spielt die Wasserstoffionenkonzentration[1]) der Trübe, die einer ständigen Kontrolle unterworfen werden soll. Sowohl die Höhe der Anreicherung als auch das Ausbringen stehen in einer starken Abhängigkeit vom p_H, von dem vielfach auch der Verbrauch an Flotationsreagenzien abhängt.

3. Flotationsreagenzien.

Unter diesem Begriff werden alle jene organischen und anorganischen Stoffe und Chemikalien zusammengefaßt, deren Zugabe für die Durchführung eines Schwimmverfahrens nötig ist. Ihre Auswahl und Dosierung gehören in den besonderen Arbeitsbereich des Flotationstechnikers.

Die Aufgaben, die den Flotationsreagenzien obliegen, sind mannigfaltige; ihrer Wirkung und ihrem Verwendungszweck entsprechend kann ihre Einteilung in verschiedene Gruppen[2]) vorgenommen werden:

1. Sammler (collectors); sie dienen der Bildung eines dünnen, das Erzteilchen überziehenden, hydrophoben Häutchens (Films), das die Mineralteilchen befähigt, sich an die Luftbläschen zu heften.
2. Schäumer (Schaumbildner, frothers); sie dienen der Erzeugung eines dauerhaften Schaumes durch Verminderung der Oberflächenspannung des Wassers.
3. Sammler-Schäumer, mit beiden Eigenschaften.
4. Drückende, passivierende Mittel (Drücker, depressing agents); sie dienen zur zeitweisen Aufhebung der Schwimmfähigkeit von an sich flotierbaren Mineralien.
5. Aktivierende Mittel; sie dienen zur Erhöhung der Schwimmfähigkeit von Mineralien.
   a) Belebende Mittel (activating agents); sie heben die Wirkung drückender Mittel auf.
   b) Verstärkende, modifizierende Mittel (modifying agents); sie machen gewisse, unter gewöhnlichen Bedingungen nicht oder nur schwer schwimmbare Erze durch Erhöhung der natürlichen Schwimmfähigkeit flotierbar.
6. Schädliche Mittel, Gifte (toxic agents); sie verhindern oder erschweren die Flotation.
7. Mittel zur Bekämpfung von 6, Gegengifte (antitoxic agents).

Eine scharfe Trennung zwischen den einzelnen Gruppen ist nicht möglich. Es liegen häufig Übergänge von einer zur anderen vor, besonders soweit es sich um Schäumer und Sammler handelt; vielfach ist die Menge, in der ein Mittel angewendet wird, für die Art seiner Wirkung entscheidend.

Über die physikalische und chemische Wirkungsweise der Sammler und Schäumer, sowie über den Zusammenhang ihres chemischen Aufbaues mit ihren Eigenschaften als Flotationsmittel sind verschiedene Ansichten geäußert worden.

---

[1]) H. L. Hazen, Eng. and Min. World 1, 312 (1930). — F. Prockat und H. Kirchberg, Kohle u. Erz 27, 122, (1930). — L. Kraeber, Metall u. Erz 28, 130 (1931). — D. Talmud, Kolloid-Ztschr. 48, 165 (1929). — D. Talmud und N. M. Lubman, ebenda 50, 159 (1930). — G. G. Thomas, L. J. Christmann u. R. S. Gifford, Am. Cyanamid Co., Techn. Paper 11, (1928). — A. M. Gaudin, Min. and Met. 10, 19 (1929). — G. H. Wigton, Min. and Met. 9, 541 1928).

[2]) Amer. Inst. Min. Met. Eng. Techn. Publ. 4 (1927).

Besonders A. F. Taggart[1]) und A. M. Gaudin[2]) haben sich mit diesen Fragen eingehend befaßt. Zum Verständnis der recht komplexen Vorgänge sei kurz folgendes bemerkt:

Sammler sind polar-unpolare, heteropolare Stoffe. Vorbedingung für das Aufschwimmen von Erzteilchen ist das Haften von Gasblasen an ihnen. Dieses erfolgt unter Vermittlung der sog. Sammler. Mineralteilchen, die von Wasser benetzt sind, können sich nicht mit Gasblasen vereinigen; nur von Wasser unbenetzte Partikel können schwimmen. Die Verhinderung bzw. Beseitigung der Wasserbenetzbarkeit des zu flotierenden Erzteilchens ist Aufgabe der Sammler. Sie verdrängen das Wasser von der Erzoberfläche, indem sie sich selbst als Folge von Adsorptionswirkung an der Erzoberfläche unter Bildung eines dünnen, hydrophoben Häutchens (Films) von etwa monomolekularer Dicke verdichten. Diesen Vorgang nennt man im gewöhnlichen Sprachgebrauch „Ölen" der Erzteilchen; eine solche Wirkung kann nur von Stoffen erreicht werden, die zu den Erzteilchen sowohl eine physikalische als auch eine chemische Affinität besitzen; Sammler müssen also gewisse polare Eigenschaften haben, reaktionsfähig sein; aber sie müssen auch unpolar sein, da das umhüllte Teilchen, um schwimmbar zu werden, wasserunbenetzbar sein, also als Ganzes eine unpolare Oberfläche erhalten muß. Daraus ergibt sich, daß Sammler polar-unpolare Stoffe sein müssen, deren polarer Molekülteil im Adsorptionshäutchen zum Erz, deren unpolarer Molekülteil gegen das Wasser gerichtet ist (s. S. 990).

Außer auf physikalischen Affinitäten scheint die Wirkung von Sammlern auch auf gewissen chemischen Verwandtschaften zu dem Mineral zu beruhen. So dürfte beispielsweise die sammelnde Wirkung der Xanthate auf die Bildung schwerlöslicher, komplexer Schwermetallsalze zurückzuführen sein[3]).

Man unterscheidet zwei Gruppen von Sammlern: Sammleröle und chemische Sammler. Am Beginn der Flotationspraxis und bis vor wenigen Jahren wurden als Sammler ausschließlich Öle mineralischer, pflanzlicher und tierischer Herkunft verwendet, besonders die Produkte der Steinkohlen- und Holzteerdestillation u. a. m. Als typische Sammler wurden z. B. Kreosotöl, Rohkresol, Buchenholzteeröl, Petroleum, Schieferöl usw. gebraucht. Die wechselnde Zusammensetzung dieser Öle und die damit im Zusammenhang stehenden Unzukömmlichkeiten ließen den Wunsch rege werden, einheitliche chemische Verbindungen stets gleichbleibender Eigenschaften als Sammler zu verwenden. Diesen wichtigen Fortschritt verdankt man der Entdeckung C. L. Perkins[4]), der 1921 fand, daß eine große Anzahl chemischer Verbindungen Sammlereigenschaften von bisher noch ungekannter Stärke besitzen. Heute kennt man hunderte organische Verbindungen, deren prinzipielle Eignung für die Flotation erwiesen ist.

Bezüglich der chemischen Konstitution und ihres Einflußes auf die flotativen Eigenschaften von Sammlern haben eingehende Untersuchungen von A. F. Taggart

---

[1]) A. F. Taggart, T. C. Taylor und A. F. Knoll, Amer. Inst. Min. Met. Eng. Techn. Publ. **204** (1929). — Min. and Met. **9**, 257 (1928).

[2]) A. M. Gaudin, Min. and Met. **6**, 259 (1925). — Am. Inst. Min. Met. Eng. Techn. Paper **4** (1927). — Eng. and Min. Journ. **124**, 1045 (1927). — A. M. Gaudin, H. Glover, M. S. Hansen und C. W. Orr, Utah Eng. Exp. Station Techn. Paper **5** (1928). — A. M. Gaudin und P. M. Sorensen, Utah Eng. Exp. Station Techn. Paper **4** (1928). — S. a. C. Seebohm, Metall u. Erz **25**, 505 (1928). — Ferner W. Petersen, Die Metallbörse **19**, 1322ff. (1929). — H. Madel, Metall u. Erz **26**, 434 (1929).

[3]) A. M. Gaudin, Flot. Practice 60 (1928). — P. Siedler, Metall u. Erz **28**, 425 (1931).

[4]) Am. Pat. 1364304/8, 1364858/9, 1364639/40 (1921).

und seinen Mitarbeitern[1]) ergeben, daß Sammler fast immer zweiwertigen Schwefel oder dreiwertigen Stickstoff in ihren polaren Atomgruppen enthalten. Als wirksamste Radikale bei Sammlern haben sich die Atomgruppierungen von Schwefel mit Wasserstoff oder Metallen erwiesen, bei Stickstoffradikalen sind die Amino- und Diazogruppen die wirksamsten. Die bei Sammlern häufigsten polaren Gruppen, die in Anlehnung an die chromophoren Gruppen bei Farbstoffen als „flotophore" Gruppen bezeichnet werden können[2]), sind: N''', NH, NH_2, N:N, S'', CSNH, $CSNH_2$, SH u. a. m.[3]) Hinsichtlich des unpolaren Teils eines Sammlermoleküls besteht im allgemeinen die Regel, daß er aus acht oder mehr Kohlenstoffatomen besteht.

Unter diesen zahlreichen Verbindungen hat sich jedoch nur eine verhältnismäßig kleine Anzahl in der Flotationspraxis eingebürgert, nämlich jene, die mit wirtschaftlichen Mitteln die besten Aufbereitungserfolge geben und von möglichst allgemeiner Anwendbarkeit sind.

Die zweifellos wichtigsten und als Sammler in größtem Ausmaß verwendeten organischen Verbindungen sind die Xanthate[4]), die Salze der Xanthogensäure (Sulfthiokohlensäure), $S = C \diagdown{}^{OR}_{SMe}$. Es werden die Kalium- und Natriumsalze der Äthylxanthogensäure und ihrer Homologen angewendet. Das verbreitetste ist das leichtlösliche Natriumäthylxanthat, $S = C \diagdown{}^{OC_2H_5,}_{SNa}$ meist kurz Xanthat genannt. Ihre große Verbreitung verdanken die Xanthate dem Umstand, daß schon außerordentlich geringe Mengen, rund 0,05—0,02 kg/t Erz, zur Erzielung einer vorzüglichen Flotationswirkung genügen, und sie bei hohem Metallausbringen sehr reine Konzentrate liefern. Die Verwendung von Xanthaten für die Flotation ist in Deutschland und anderen europäischen Ländern der Minerals Separation Ltd. bzw. der Cesag geschützt.

Ein großes Anwendungsgebiet, wenn auch nicht im Ausmaße wie die Xanthate, hat das Thiocarbanilid, $S = C \diagdown{}^{NHC_6H_5}_{NHC_6H_5}$[5]) gefunden. Es ist schwer löslich und gelangt entweder als Pulver oder in o-Toluidin gelöst unter der Bezeichnung TT-Mischung (20% o-Toluidin, 80% Thiocarbanilid) zur Anwendung. Die Verwendung des Thiocarbanilids als Flotationsmittel ist durch D.R.P. 347750 (1920) geschützt.

Von den zahlreichen, für Sammlerzwecke noch Anwendung findenden Verbindungen seien noch erwähnt: α-Naphthylamin (X-Kuchen)[6]) und Ölsäure ($C_{18}H_{34}O_2$). Letztere ist als Säure oder in Form ihrer Seifen ebenso wie andere höhere Fettsäuren für die Flotation oxydischer Erze von Bedeutung.

Schäumer dienen der Schaumerzeugung. Da homogene Flüssigkeiten keinen stabilen Schaum bilden, müssen, um eine Schaumbildung zu ermöglichen, der Trübe oberflächenspannungserniedrigende Stoffe zugeführt werden. Es sind

---

[1]) A. F. Taggart, T. C. Taylor und C. R. Ince, Am. Inst. Min. Met. Eng. Techn. Publ. **204** (1929).

[2]) E. W. Mayer, Chem.-Ztg. **54**, 231 (1930).

[3]) A. F. Taggart und Mitarbeiter, 32. — H. Madel, Metall u. Erz **26**, 437 (1929).

[4]) Entdecker der Wirkung sind C. H. Keller und C. R. Lewis, s. Eng. and Min. Journ. **119**, 1034 (1925). — Am. Pat. 1554220 (1925); 1610298 (1926); D.R.P. 475108 (1925). — P. Sieder, a. a. O. — E. Badescu und F. Prockat, Kohle u. Erz **27**, 625 (1930).

[5]) Carbanilid, $O = C(NHC_6H_5)_2$, also das S-freie Analogon, ist kein Sammler, Beweis des Einflusses eines S-Atomes auf die flotativen Eigenschaften.

[6]) D.R.P. 353725 (1920).

dies ähnlich den Sammlern polar-unpolare Stoffe von mittlerer Wasserlöslichkeit, und zwar stets Nichtelektrolyte. Die für Schäumer charakteristischen polaren Gruppen sind: OH, CO, COOH, CONH, COO, COC, seltener NH_2. Die Schaumwirkung hängt innerhalb gewisser Grenzen mit der Anzahl der nicht unmittelbar mit der polaren Gruppe zusammenhängenden Kohlenstoffatome zusammen.

Die Mengen, in denen Schäumer bei der Flòtation verwendet werden, sind sehr gering, sie schwanken zwischen durchschnittlich 0,06 kg/t verarbeitetes Erz bei Kupfererzen und 0,15 kg/t bei der selektiven Flotation. Die Natur des zur Anwendung gelangenden Schäumers beeinflußt stark die Natur des erzeugten Schaumes, seine Elastizität, Konsistenz, die Größe und Stabilität der Luftblasen und viele andere Eigenschaften.

Im Gegensatz zu den Sammlern haben sich die Öle, besonders ätherische Öle[1]), ihre Stellung als Schäumer bewahren können. Als Standardprodukt unter den Schäumern ist das Pineöl, das Destillationsprodukt des amerikanischen Kiefern- und Fichtenholzes, anzusehen; seine Schaumkraft verdankt es voraussichtlich seinem Gehalt an Terpineol und anderen Terpenalkoholen. Eine fast ebenso starke Verbreitung wie Pineöl hat in den letzten Jahren Kresylsäure[2]) gefunden, eine Art Rohkresol. Als Ersatz für Pineöl ist das Flotol der I. G. Farbenindustrie A. G. zu nennen, ein aus Bestandteilen ätherischer Öle und synthetischen Terpenprodukten zusammengestelltes Öl. In geringerem Maße werden Kresole, Kreosotöle Phenole und Amine, z. B. o-Toluidin und α-Naphthylamin als Schäumer verwendet.

Da sowohl Sammler als auch Schäumer polar-unpolare Stoffe sind, ist es begreiflich, daß zwischen ihnen keine scharfe Grenze gezogen werden kann und sich mannigfaltige Übergänge finden. Stoffe mit sammelnden und schäumenden Eigenschaften sog. **Sammler-Schäumer** sind besonders in der Gruppe der Amine und Phenole anzutreffen. Toluidin, Xylidin und α-Naphthylamin sind hier zu nennen. In vielen Fällen werden auch Mischungen von schäumenden und sammelnden Reagentien verwendet und in den Handel gebracht, z. B. die TT-Mischung, die AT-Mischung (60 Teile α-Naphthylamin, 40 Teile o-Toluidin) u. a. m. In den letzten Jahren hat als Sammlerschäumer die unter dem Namen Aerofloat[3]) (Phosokresol) in den Handel gebrachte Dikresyldithiophosphorsäure,

die durch Einwirkung von P_2S_5 auf Kresylsäure hergestellt wird, starke Verbreitung gefunden.

Es sind verschiedentlich Versuche gemacht worden, die schaumbildende und sammelnde Wirkung von Flotationsmitteln nach der quantitativen Seite zu verfolgen und ihre Wirkungsintensität durch Kennziffern festzulegen. A. F. Taggart[4]) z. B. hat unter Zugrundelegung von Xanthat und Thiocarbanilid als Standardmittel, deren Kennziffer er mit 100 bezeichnete, die Wirkung von Sammlern verglichen und sie beispielsweise für Phenylthioharnstoff mit 59, für Kresol mit 21, für Pineöl mit 10 ermittelt, wobei diese Stoffe für die Flotation von Bleiglanz verwendet wurden. Bei schäumenden Mitteln sind die auf ähnlicher Grundlage festgelegten Kennziffern für Phenol 0,31, für Anilin 0,13, für Xylidin 1,1 und für Pineöl 2,9.

[1]) D.R.P. 240 607 (1910).
[2]) G. L. Landolt, E. G. Hill u. A. Lowy, Eng. Min. World 1, 250 (1930).
[3]) F. T. Whitworth, Am. Pat. 1 593 232 (1926). — Franz. Pat. 665 179 (1928).
[4]) A. F. Taggart, T. C. Taylor, C. R. Ince, a. a. O. 25.

Während für die einfache Flotation häufig Sammler und Schäumer allein genügen, sind bei der selektiven Flotation stets Zusätze nötig, um die Oberflächeneigenschaften der Mineralien zu beeinflussen.

Die Wirkung von Oberflächeneigenschaften ändernden Mitteln scheint vorwiegend auf chemische Reaktionen innerhalb der Trübe zurückzuführen zu sein, als deren Folge Vorgänge eintreten, welche die Flotationseigenschaften der Erze verändern.

Drückende Mittel sind meist anorganische Elektrolyte wie Soda, Natronlauge, Kalk, Wasserglas, Zyanide[1]), Chlorkalk, Natriumphosphat, Zinksulfat, Sulfite[2]), Thionate[3]), Hyposulfite[4]), Thiosulfate[5]), Bichromat, Permanganat u. a. m. Sie haben die Aufgabe, die Oberfläche von Mineralteilchen die am Schwimmen verhindert werden sollen, mit einem polaren, hydrophilen Häutchen zu überziehen, sie also wasserbenetzbar zu machen und damit vor Benetzung durch Sammler zu schützen. Dies kann die Folge einer Reaktion zwischen dem Anion des Reagens und dem Kation des Minerals unter Bildung einer polaren Verbindung sein; das ist z. B. bei der Verwendung eines Alkalizyanides als drückendes Mittel für Zinkblende anzunehmen; wahrscheinlich bildet sich auf der Blendeoberfläche ein dünnes Häutchen von Zinkzyanid, das die Blende so vollkommen wasserbenetzbar macht, daß sie ihr Schwimmvermögen verliert. Es kann aber auch das Reagens mit in der Trübe befindlichen Stoffen unter Bildung unlöslicher Verbindungen reagieren, die selektiv unter Bildung eines polaren Films von gewissen Mineralien adsorbiert werden und sie dadurch hydrophil machen. Auf diese Art ist wahrscheinlich die drückende oder niederhaltende Wirkung des bei der selektiven Blei-Zinkflotation viel verwendeten Gemisches von Natriumzyanid und Zinksulfat zu erklären, d. h. das durch Einwirkung des Zyanids auf Zinksulfat gebildete Zinkzyanid wird von der Zinkblende adsorbiert, während der Bleiglanz freibleibt, so daß die Blende ihre Schwimmfähigkeit einbüßt und in der Trübe zurückgehalten wird, während der Bleiglanz hochschwimmt. Der gebräuchlichste und im größten Maßstab verwendete Drücker ist Kalk. Er hält Pyrit nieder, indem er ihn mit einem hydrophilen Hydroxydhäutchen überzieht. Kalk dient auch dazu, die Erztrübe alkalisch zu machen. Etwa seit dem Jahre 1925 wird die Flotation vorwiegend in alkalischer Trübe vorgenommen, ganz im Gegensatz zu der bis zu diesem Zeitpunkt geübten Arbeitsweise, die Flotation in saurer Trübe durchzuführen. Es hat sich nämlich herausgestellt, daß die Wirksamkeit der chemischen Flotationsreagenzien im alkalischen Medium, dessen p_H vorteilhaft ständig kontrolliert wird, eine vollkommenere ist als in saurer Trübe.

Die Menge an Drückern schwankt je nach dem Erz und den angewandten Mitteln zwischen 0,03 und 0,60 kg/t; die Durchschnittsmenge in U. S. A. (ausschl. CaO) betrug 1928 rd. 0,13 kg/t, die Menge an CaO 0,3—5 kg/t.

Aktivierende Mittel sind immer Elektrolyte. Ihre Aufgabe besteht entweder darin, gedrückten Erzen ihre ursprüngliche Schwimmfähigkeit zu geben (wiederbelebende Mittel) oder die natürliche Schwimmfähigkeit von Mineralien zu erhöhen (modifizierende Mittel). Sie müssen polar sein, um

---

[1]) G. E. Sheridan und G. G. Griswold, Am. Pat. 1421585, 1427235 (1922). — W. E. Simpson, Min. Mag. 35, 9 (1926). — E. L. Tucker, J. F. Gates und R. E. Head, Min. Met. 7, 126 (1926).

[2]) R. A. Pallanch, Eng. and Min. Journ. 123, 1053 (1927).

[3]) D.R.P. 490875 (1927).

[4]) D.R.P. 495704 (1928).

[5]) D.R.P. 491289 (1928).

sowohl auf die Mineraloberfläche als auch auf die sie umhüllenden Überzüge wirken zu können. Die wiederbelebenden Mittel zerstören das polare Drücker-häutchen und stellen dadurch die Vorbedingungen zur Adsorption von Sammlern auf der Erzoberfläche her.

Man unterscheidet zwei Gruppen aktivierender Reagenzien; die einen besitzen ein aktives Anion (z. B. S), die anderen ein aktives Kation (z. B. Cu, Pb usw.). Zur ersten Gruppe gehören die Alkalisulfide, hauptsächlich Natriumsulfid[1]), ferner Kalziumsulfid (CaS), Polysulfide usw. Diese Zusätze werden als Sulfidierungsmittel zur Flotation oxydischer Erze verwendet. Zur zweiten Gruppe gehört in erster Linie Kupfersulfat[2]), ferner Schwefelsäure. Besonders wichtig ist das Kupfer-sulfat, das in größtem Maßstabe zur Belebung der Zinkblende im selektiven Schwimmprozeß und als modifizierendes Mittel bei der Flotation von Blende im allgemeinen verwendet wird; es kommt in Mengen von durchschnittlich 0,3 kg/t zur Anwendung.

Als **Flotationsgifte** sind neben gewissen Kolloiden besonders die Salze der mehrwertigen Kationen (Cr, Th, Al, Fe) anzusehen. Sie zerstören die Flotations-fähigkeit aller Mineralien, können aber durch G e g e n g i f t e, das sind z. B. Kalk oder Alkalien, unschädlich gemacht werden.

4. Reagenzienmenge.

Neben der chemischen Natur der bei einem Schwimmverfahren verwendeten Flotationsmittel und -Zusätze spielt deren Menge eine ausschlaggebende Rolle. Dies gilt sowohl für den technischen Erfolg als auch für die Wirtschaftlichkeit eines Prozesses. Eine richtige Dosierung ist zur Erzielung der angestrebten technischen Wirkung unbedingt Vorbedingung; ein Übermaß oder ein unzuläng-licher Aufwand an Flotationsmitteln kann die Flotation in eine ganz unerwünschte Richtung lenken, ja, sie ganz verhindern. Dazu kommt, daß die Schwimmittel einen nicht unwesentlichen Teil der Flotationskosten ausmachen (etwa 12—20 %), so daß alle Bestrebungen dahin gehen müssen, den Chemikalienverbrauch auf ein Mindestmaß zu beschränken.

Am Beginn der Flotationspraxis betrug die Ölmenge[3]) rund 30 % der ver-arbeiteten Erzmengen. Durch das Basispatent der Minerals Separation[4]) konnte der Ölverbrauch auf unter 1 ⁰/₀₀ der Erzmenge herabgedrückt werden. Mit Einführung chemischer Flotationsmittel sank der Verbrauch noch weiter. So z. B. war nach

	Sammler kg/t	Schäumer kg/t	Gesamtverbrauch an Reagenzien kg/t
Kupfererze	0,050	0,073	2,047
Bleierze	0,042	0,069	0,438
Zinkerze	0,081	0,068	1,507
Kupfereisenerze	0,266	0,101	18,450
Bleizinkerze	0,182	0,054	2,295

---

[1]) D.R.P. 345242 (1920).
[2]) O. C. Ralston, C. R. King und F. X. Tartaron, Amer. Inst. Min. Met. Eng. Techn. Publ. **247** (1929). — O. C. Ralston u. W. C. Hunter, ebenda **248** (1929).
[3]) O. C. Ralston, Flugschr. d. U.S. Bureau of Mines (Juni 1927).
[4]) Engl. Pat. 7803 (1905).

statistischen Mitteilungen[1]) der Durchschnittsverbrauch an Schwimmitteln in U.S.A. im Jahre 1928 der folgende (s. Tabelle auf S. 1000, unten).

Von entscheidender Wichtigkeit, besonders bei der selektiven Flotation, ist der Zeitpunkt der Reagenzienzugabe zur Trübe. Im allgemeinen werden konditionierende Mittel schon in der Mühle zugegeben, z. B. Kalk, Zyanide, Zinksulfat u. a.; auch Sammler, z. B. Thiocarbanilid, werden häufig in der Mühle zugefügt. Wenn die Einwirkdauer eine Rolle spielt, werden eigene, meist mit Rührwerk versehene Einwirkgefäße verwendet. Zusätze, die zum Wiederbeleben gedrückter Erzbestandteile dienen, dürfen erst nach Flotation des niedergedrückten Erzes zugesetzt werden. Vielfach werden Schwimmittel in mehreren Teilmengen zugefügt.

5. Luftverteilung.

Wesentlich und ausschlaggebend für den Flotationserfolg ist die intensive „Belüftung" der Trübe, d. h. ihre Sättigung mit Luft und deren feinste Dispergierung. Es ist einleuchtend, daß ein Zusammentreffen disperser Teile — hier Erz bzw. geöltes Erz und Luft — um so leichter und sicherer stattfinden kann, je feiner dispergiert beide sind, also bezüglich der Luft, je größer die Anzahl und Oberfläche der Luftblasen sind.

Mittel, um die Zuführung der Flotationsluft bzw. deren Dispergierung bei der Flotation zu erreichen, gibt es zahlreiche. Die wichtigsten Verfahren, die in der Praxis Anwendung finden und durch zahlreiche Patente geschützt sind, seien im folgenden aufgezählt:

1. Mechanische Rührung (Agitation) und dadurch bedingtes Eintreiben oder Ansaugen von Luft (z. B. beim Standardtyp der Minerals Separation).
2. Einführung von Druckluft durch poröse Medien (z. B. beim Callow- und Mac Intoshapparat) oder durch weite Rohröffnungen (z. B. beim Southwestern- und Ekofapparat).
3. Anwendung von Vakuum und dadurch bedingtes Freiwerden von in der Trübe gelöster Luft (z. B. beim Elmore-Vakuumapparat).

Eine besonders wirkungsvolle Art der Luftverteilung ist die auf mechanischem Wege durch Rührung der Trübe. Bei genügender Umfangsgeschwindigkeit der Rührflügel (6—10 m/sec) wird Luft in großen Mengen in die Trübe eingeschlagen und feinst verteilt, gleichzeitig findet auch eine weitgehende Durchmischung der

---

[1]) T. H. Miller und R. L. Kidd, U. S. Bur. Min. Inf. Circ **3004** (1930).
Welche gewaltigen Mengen Flotationsmittel z. B. allein in Amerika verwendet werden, geht aus einer Aufstellung von T. H. Miller, und R. L. Kidd, U. S. Bur. Min. Inf. Circ. 3112 (1931), hervor, welche die Mengen Flotationsreagenzien, die im Jahre 1929 in Amerika verbraucht wurden, umfaßt:

	rd. t:	rd. t:
I. Schäumer		
Kresol, Pineöl, Amine usw.		4180
II. Sammler		
1. Öle, wie Steinkohlen- und Holzteeröle usw.	1050	
2. Chemikalien, wie Xanthat, Aerofloat, Ölsäure usw.	2670	3720
III. Säuren und Alkalien		
1. Säuren	5450	
2. Alkalien einschl. Kalk	105570	111020
IV. Andere Reagenzien		
1. Sulfidierende Reagenzien (Na_2S)	1150	
2. Belebende Reagenzien ($CuSO_4$)	3020	
3. Drückende Reagenzien (Zyanide, Na_2SiO_3, $ZnSO_4$)	2730	6900
Zusammen		125820

Trübe mit den Flotationsmitteln statt. Der Agitationsprozeß der Minerals Separation Ltd. beruht auf diesem Prinzip. Als Rührer dienen entweder propellerartig ausgebildete Rührflügel, die um eine vertikale Achse (M.S.-Apparate) oder Rotoren, die um eine horizontale Achse drehbar sind (z. B. K und K-Apparat).

Die Einführung der Flotationsluft unter Überdruck (Druckluftflotationsapparate) ist gleichfalls eine vortreffliche Methode; sie gestattet eine leichte Bemessung der Flotationsluft, wodurch eine einfache Regulierung des ganzen Schwimmvorganges möglich ist. Zu den erfolgreichsten Verfahren gehört das Callow- und Mac Intosh-Verfahren, bei denen die Druckluft durch poröse Gewebe, durchlochte Gummiplanen oder ähnliche Medien gedrückt wird, wodurch außerordentlich feine Luftblasen entstehen.

Eine weitere, früher viel angewendete Möglichkeit der Erzeugung von Luftblasen besteht darin, daß man die geölte Trübe einem Vakuum aussetzt; hierbei wird die unter normalem Druck im Wasser gelöste Luft in Form allerfeinster Bläschen entbunden.

6. Entwässerung und Trocknung der Konzentrate.

Die Flotationskonzentrate verlassen die Überläufe der Apparate in Form eines Schaumes, dessen Konsistenz und Beständigkeit von der Natur des Erzes, von den angewandten Flotationsmitteln, der Apparatur und einer Reihe anderer Umstände abhängig ist. Die Zusammensetzung der Schäume bezüglich ihres Gehaltes an Festkörpern ist recht verschieden, aus den ersten Zellen eines Apparatesystems kommt der erzreichste Schaum; in ihm kann das Verhältnis von Wasser zu Erz wie 1 : 1 sein, da die ersten Zellen noch die erzreichste Trübe enthalten; aus den späteren Zellen, die schon teilweise an Erz erschöpft sind, fließt ein Schaum, bei dem das Verhältnis Wasser : Erz wie 4 : 1 und noch größer sein kann. Der Schaum wird meist in hölzernen, breiten, steilen Rinnen abgeleitet; manchmal können sehr dichte und beständige Schäume zu Stauungen Anlaß geben; Berieseln mit Wasser oder Bebrausen erleichtert ein Zerstören und Wegleiten des Schaumes.

Um die trockenen, verhüttbaren Erze aus den Flotationsschäumen zu gewinnen, müssen sie künstlich entwässert werden, während die Produkte der naßmechanischen Aufbereitung wegen ihrer größeren Korngröße in geeigneten Absitzbecken sich leicht absetzen und dann einfach weggeschaufelt und an der Luft getrocknet werden können. Vor der eigentlichen Entwässerung wird häufig noch eine Eindickung[1]) vorgenommen, die in Spitzkästen, Eindickern[2]) (Dorr-, Genter-Eindickern[3])), durchgeführt wird.

Die eingedickten Konzentrate werden dann entweder in Filterpressen oder rotierenden, kontinuierlich wirkenden Vakuumfiltern in der Bauart[4]) als Trommel- oder Scheibenfilter (Polysius-, Wolfsches Zellenfilter, Oliver-Portlandfilter), in Innenfiltern[5]) (Gröppel, Dorr), auf einfachen Vakuumnutschen oder durch Zentrifugieren auf 5—20% Wassergehalt gebracht. Vereinzelt werden sie noch thermisch nachgetrocknet. Hierzu dienen entweder Herdtrockner (z. B. Lowdentrockner) oder rotierende Trommeltrockner.

[1]) H. Hanson, Eng. and Min. Journ. **108**, 853 (1920).

[2]) Min. World **44**, 70 (1916). — Eng. and Min. Journ. 3, 3 (1917). — Metall u. Erz **14**, 213 (1917).

[3]) A. L. Genter, Eng. and Min. Journ. **123**, 462 (1927). — C. E. Chaffin, Eng. and Min. Journ. **120**, 74 (1925). — Metall u. Erz **22**, 489 (1925).

[4]) K. W. Geisler, Ztschr. Ver. d. Ing. **69**, 1437 (1925); **72**, 1089 (1928). — F. D. Bradley, Eng. and Min. Journ. **106**, 207, 899 (1918). — R. R. Woolley, Eng. and Min. Journ. **104**, 875 (1917).   [5]) Metall u. Erz **25**, 436 (1928).

Die Abgänge (Berge, Tailings) der Flotation werden, sofern sie nicht direkt in Wasserläufe abgeleitet werden dürfen, in Klärbecken (oder Eindicker) geschickt und das geklärte, abgezogene Wasser gegebenenfalls zurückgewonnen und für Flotationszwecke wiederverwendet. Dies ist bei einfacher Flotation leicht möglich, bei selektiver muß darauf Rücksicht genommen werden, daß im Wasser Stoffe enthalten sind, die der Flotation des ersten Metallträgers schaden können.

Beschreibung einiger wichtiger Flotationsapparate.

Nachdem im vorangegangenen Abschnitt jene Vorbedingungen beschrieben wurden, welche für die Flotation unerläßlich sind, sollen nunmehr einige der wichtigeren zu ihrer Durchführung geeignete Apparate beschrieben werden; hierbei sollen nur jene berücksichtigt werden, die gegenwärtig industriell in bedeutenderem Umfang Anwendung finden oder von örtlichem Interesse sind. Die zeitweise sprunghafte Entwicklung bei der Durchbildung neuer Flotationsapparate scheint im gegenwärtigen Zeitpunkt zu einem gewissen Abschluß gekommen zu sein, so daß nur eine verhältnismäßig kleine Anzahl von Typen und Fabrikaten als Auslese einer großen Anzahl in allgemeinerer Verwendung steht. Diese Apparate bauen sich im wesentlichen auf wenigen Grundformen auf und können nach der Art, in der bei ihnen die Belüftung der Trübe stattfindet, eingeteilt werden in:

1. Rührwerks- oder Agitationsapparate;
    a) mit vertikaler Rührwelle;
    b) mit horizontaler Rührwelle.
2. Druckluft-Flotationsapparate;
    a) pneumatische Apparate;
    b) Freiluftapparate.
3. Kombinationen aus 1. und 2[1]).

Die Agitationsapparate sind dadurch gekennzeichnet, daß die Belüftung der Trübe durch maschinelle Rührung erfolgt und daß der Vorgang der Belüftung und der Schaumbildung in zwei voneinander getrennten Abteilungen stattfindet, in dem Rühr- oder Belüftungs- und dem Schaumabscheideraum. Es gibt Typen mit vertikaler und solche mit horizontaler Rührung. Die wichtigsten Vertreter dieser Gruppen sind der M. S.-Standardapparat der Minerals Separation mit vertikaler und der K und K-Apparat mit horizontaler Rührung.

Bei den Druckluft-Flotationsapparaten wird die Flotationsluft als Preßluft in die Trübe eingeführt, und zwar entweder:

a) durch poröse Medien: Pneumatische Apparate (Callow- und MacIntosh-apparat),
b) durch Düsen oder verhältnismäßig weite Rohre: Freiluft-(Air-lift)apparate (Southwestern-, Ekofapparat).

Die Belüftung und Schaumabscheidung erfolgt bei den pneumatischen Apparaten in demselben Raum, bei den Freiluftapparaten im allgemeinen in zwei getrennten Räumen.

Zu den kombinierten Apparaten gehören der M. S.-Unterluftapparat und der Fahrenwaldapparat.

---

[1]) Auf die Vakuumapparate (Elmore-Apparat), die nur ganz vereinzelt noch in Verwendung stehen, soll hier nicht eingegangen werden.

Man kann die Flotationsapparate auch in Einzellen- und Mehrzellenapparate einteilen, je nachdem sie aus einer einzelnen Zelle oder aus einer Anzahl
nebeneinander gebauten Zellen bestehen. Einzellenapparate sind die Rührwerks-
apparate mit horiziontaler Rührung, die pneumatischen und die Freiluftapparate
(mit Ausnahme der Ekofapparate); Mehrzellenapparate sind alle Rührwerksappa-
rate mit vertikaler Rührung und die kombinierten Apparate.

Da bei der Flotation nur ausnahmsweise in e i n e m Arbeitsgang Endkonzentrate
entstehen, sondern meist ein gewisser Teil eine Nachreinigung durchmachen muß,
so arbeitet man meist so, daß bei der ersten Flotation ein Vorkonzentrat hergestellt
wird, bei dem es weniger auf die Höhe der Anreicherung als auf eine vollkommene
Erschöpfung der Trübe an Haltigem ankommt; man bezeichnet die Apparate, in
denen die Vorreinigung stattfindet als Vorreiniger (rougher). Die Vorkonzentrate
werden dann in Reinigern (cleaner) nachflotiert, um die gewünschte Anreicherung
zu erzielen; die Abgänge werden den Vorreinigern wieder zugeführt. Häufig werden
die Abgänge der Vorreiniger, um eine vollkommene Erschöpfung der Berge zu
erreichen, noch in Bergereinigern (scavenger) nachgearbeitet. Schon aus diesen
kurzen Andeutungen ist ersichtlich, daß eine große Zahl von Kombinations-
möglichkeiten bei der Trübeführung denkbar sind und der beste Stammbaum
jeweils versuchsmäßig festgelegt werden muß.

Über die Vorzüge und den Wert der verschiedenen Apparatetypen gehen die
Ansichten auseinander. Im allgemeinen geben Agitationsapparate reinere Abgänge, also ein besseres Ausbringen, aber weniger hoch angereicherte Konzentrate,
pneumatische Apparate dagegen eine höhere Anreicherung. In modernen Anlagen
werden daher häufig Apparate beider Typen kombiniert und Agitationsapparate
als Vorreiniger (rougher), pneumatische Apparate als Reiniger (cleaner) verwendet.

Die Mehrzellenapparate werden meist in Serienanordnung Wand an Wand
nebeneinander gebaut, so daß die Trübe aus einer Zelle in die benachbarte gelangt,
und dies sich solange wiederholt bis sie aus der letzten erschöpft, also metallfrei,
abfließt. Einzellenapparate, z. B. pneumatische, deren Leistungsfähigkeit durch
Verlängerung der Bottiche sehr weit getrieben werden kann, werden falls
ihre Leistung nicht ausreicht, hinter-einander aufgestellt, so daß die Trübe
aus der ersten Zelle in die nach-folgende fließt oder gehoben wird.

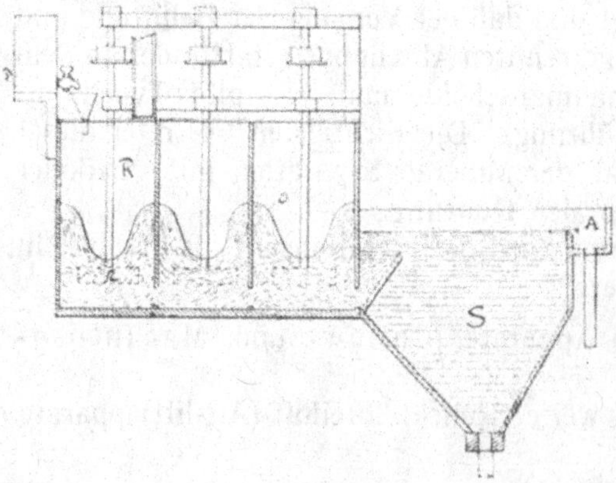

Abb. 362.
Schematische Darstellung der Vorgänge im M.S.-
Standardapparat der Minerals Separation.

1. Rührwerks- oder Agitationsapparate.

a) Mit vertikaler Rührung.

M. S.-Standardapparat. Dieser Apparat stellt den klassischen
Typus jener Apparategruppe dar, bei
der die zur Flotation nötige Luft durch
mechanische Rührung (Agitation)
in die Trübe eingeschlagen wird.
Charakteristisch für ihn und seine
zahlreichen mehr oder weniger gelungenen Nachahmungen ist, daß die Luft in die
Trübe von oben, also von der Oberfläche her eintritt, die Oberfläche der Trübe
daher dauernd in Unruhe und Bewegung ist. Infolge der wirbelnden Bewegung der
Trübe, muß die Abscheidung des Schaumes in einem von dem eigentlichen Rühr-

raum abgesonderten spitzkastenförmigen Raum, in dem relative Ruhe herrscht, vor-
sichgehen. Schematisch stellt sich der Vorgang in der M.S.-Zelle folgendermaßen dar:
in der Rührzelle R (Abb. 362) wird durch den Rührer r, der sich mit einer Umfangsgeschwindigkeit von 6—7 m/sec bewegt, die Trübe kräftig durchgerührt. Unter
dem Einfluß der propellerartig geformten Rührflügel steigt die Flüssigkeit an
den Rändern des Rührgefäßes höher, und es entwickelt sich eine Art trichterförmige
Oberfläche, etwa gemäß der angedeuteten Linien o. Große Luftmengen werden
teils durch Druck- teils durch Saugwirkung in die Trübe getrieben. Infolge der

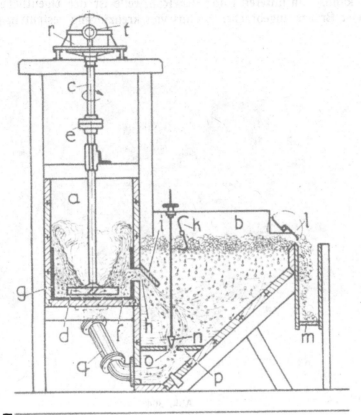

Abb. 363.
M.S.-Standardapparat der Minerals-Separation Ltd. (Schnitt durch eine Zelle).

kräftigen Bewegung der Trübe kann aber ein Aufsteigen von Schaum in dieser
Rührzelle nicht erfolgen. Deshalb wird die belüftete Trübe in einen der Rührzelle vorgebauten Spitzkasten S geleitet, der dem Einfluß der Rührbewegung
entzogen ist und in dem daher ein gewisser Ruhezustand herrscht, wodurch die
Luft Gelegenheit findet, in Form feinster, erzbeladener Bläschen an die Oberfläche zu steigen und daselbst einen Erzschaum zu bilden, der durch einen Abstreicher bei A ständig entfernt wird.

Der heutige M.S.-Standardapparat[1] hat sich zu seiner jetzt üblichen Form
im Laufe der Jahre entwickelt und verdankt seine gegenwärtige Bauart in erster

---

[1] D.R.P. 244 490 (1910); 321 160, 338 656 (1913); 345 243 (1921) u. v. a. — S. a. F. Friedmann, Metall u. Erz **18**, 429 (1921). — Ferner Th. J. Hoover, Eng. and Min. Journ. **89,** 913
(1910).

Linie Th. J. Hoover. Seine Elemente sind in zahlreichen Variationen nachgeahmt worden und haben die gesamte Flotationstechnik wesentlich beeinflußt.

In seiner heutigen Form besteht der M.S.-Standardapparat (Abb. 363) aus einer Anzahl nebeneinander angeordneter, quadratischer Holzkästen, die als Rühr- bzw. Belüftungszellen (a) dienen. In jeder Rührzelle läuft ein an einer vertikalen Welle (c) befestigter Rührflügel (d). Je zwei benachbarte Rührwerke haben entgegengesetzten Drehungssinn, um Erschütterungen auszugleichen. Konstruktiv sind sie so ausgebildet, daß jedes Rührwerkpaar einzeln außer Betrieb gesetzt werden kann. Am unteren Ende der Rührwelle ist der eigentliche Rührer aus Stahl oder Bronze angebracht, der aus vier kreuzförmig gestellten, propellerartig

Abb. 364.
M.S.-Standardapparat.

ausgebildeten Flügeln gebildet wird. Der Antrieb der Rührwelle erfolgt entweder von der Hauptwelle (t) über Kegelräder oder durch Einzelantrieb der Welle oder durch Gruppenantrieb. Für den Betrieb einer Rührzelle sind je nach Größe etwa 1—4 PS notwendig.

Vor jeder Rührzelle (a) und mit der vorhergehenden durch einen Schlitz (h) verbunden ist ein hölzerner Spitzkasten (b) angebracht. Von diesem kann mittels eines Striegels (n) die Menge des Ablaufs zur nächsten Rührzelle eingestellt und damit das Trübeniveau im Spitzkasten geregelt werden. Für die Feinregulierung wird der Ablauf vom Spitzkasten über ein in der Abbildung nicht sichtbares Wehr geleitet, so daß die Trübe zwei Wege nehmen kann. Am oberen Ende des Spitzkastens befindet sich der Konzentratsaustrag (m) in Form einer an der Längsseite des Apparates verlaufenden, geneigten Holzrinne. Eine Einheit (Abb. 364) besteht aus 6—24 solcher nebeneinander gebauten Einzelzellen von 700—1100 mm

Seitenlänge. Der Platzbedarf für einen in 24 Stunden etwa 250 t leistenden Apparat mit 24″-Rührern beträgt etwa 11,5 × 3,2 × 3,9 m.

Die Arbeitsweise des Apparates (s. Abb. 363 u. 364) ist folgende: die Flotationstrübe (die Zugabe der Schwimmittel erfolgt häufig in einer den Rührzellen ähnlich ausgebildeten Vorzelle) wird von oben in die erste Rührzelle geleitet, wo durch die rasche Bewegung der Rührflügel die erste Belüftung stattfindet. Die belüftete Trübe strömt durch den Verbindungsschlitz (h) in den ersten Spitzkasten, in dem der Trübespiegel wie in allen übrigen Spitzkästen infolge der saugenden Wirkung der Rührflügel etwas tiefer steht als in den Rührzellen. Der Erzschaum steigt an die Oberfläche, von wo er durch geeignete Vorrichtungen, z. B. S-förmig gebogene Bleche (k) und Abstreicher (l) in die entlang dem Apparat verlaufende Konzentratsammelrinne geleitet wird. Infolge der propellerartigen Ausbildung der Rührer wirken sie gewissermaßen als Zentrifugalpumpe und saugen die nunmehr erzärmere

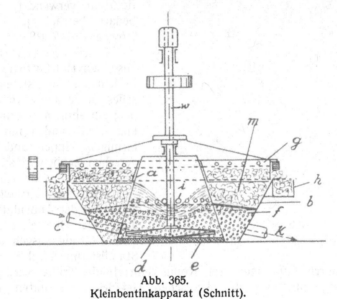

Abb. 365.
Kleinbentinkapparat (Schnitt).

Trübe aus dem ersten Spitzkasten teils durch die Öffnung (o), teils über das Wehr in die zweite Rührzelle, in der sich derselbe Vorgang wie in der ersten Zelle wiederholt, und dies setzt sich bis zur Erschöpfung der Trübe an Haltigem fort. Aus dem letzten Spitzkasten, dessen Schaum meist schon fast erzfrei ist, geht die Berge ab. Meist erfolgt in einer oder mehreren Zellen ein „Nachölen" der Trübe, um die letzten Erzspuren zu gewinnen. Für den Betrieb eines zehnzelligen Standardapparates mit einer Verarbeitungsleistung von 10—15 t/h sind etwa 45 PS nötig, vier Arbeiter je Schicht können 8 Einheiten bedienen.

Der M.S.-Standardapparat wird gegenwärtig in erster Linie für die Kohlenflotation verwendet, während Erze in dem sog. Unterluftapparat (siehe S. 1013) verarbeitet werden.

Kleinbentinkapparat[1]). Dieser Apparat (s. Abb. 365) besteht aus einer sich nach unten verjüngenden, kegelstumpfförmigen Außenwanne (e), in der konzentrisch ein sich umgekehrt verjüngender Konus (a) ragt, der mit Öffnungen (i) versehen ist, und in dem sich eine mit 450—500 Umdrehungen/min bewegende

---

[1]) D.R.P. 524869 (1923). — Génie Civil **91**, 126 (1927).

Welle (w) mit Rührflügel (d) dreht. Die bei (c) einströmende Trübe wird im inneren Konus belüftet, gelangt durch eine untere Öffnung der inneren Konuswand in den Außenraum, wo sich der Schaum abscheidet; er wird durch eine Abstreichvorrichtung (g) in die Konzentratrinne (h) geführt. Die noch nicht fertig ausgearbeitete Trübe gelangt durch die Löcher (i) zurück in den Rührraum und erfährt erneut dieselbe Behandlung. Mehrere kaskadenförmig aufgestellte Apparate bilden eine Einheit. Der Apparat wird ausschließlich und in beschränktem Umfang für die Kohlenflotation verwendet. Der Kraftbedarf beträgt je t Durchsatz (trocken) 6—7 PS.

Krautapparat[1]). Er besteht aus einem Holzbottich (s. Abb. 366), in dem sich ein feststehendes, konisches Gefäß aus Chromstahl befindet; ein ähnlich geformter Gummikonus, der außen mit schneckenförmigen Rippen und Luftlöchern versehen ist, bewegt sich innerhalb des Außenkonus als Rotor um eine vertikale Achse. Er steht durch ein Rohr mit der Außenluft in Verbindung. Der Oberteil des Konus ist glockenförmig ausgebildet und mit Stabilisierungsblechen ausgerüstet.

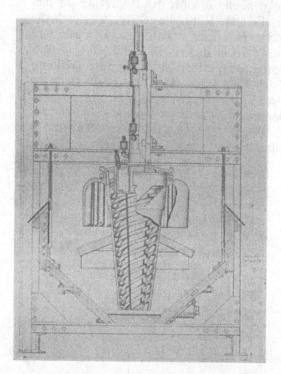

Abb. 366.
Krautapparat (Schnitt).

Die unten durch Öffnungen am Konus eintretende Trübe wird durch die Rotorbewegung innerhalb des konischen Gefäßes von unten nach oben befördert, belädt sich auf diesem Wege mit Luft, die als Folge der ansaugenden Wirkung der strömenden Trübe durch die Löcher des Konus einströmt und deren Menge regulierbar ist. Die belüftete Trübe wird gegen quergestellte Flügel geschleudert, so daß eine feine Verteilung der Luft stattfindet; unterhalb der Glocke wird der belüfteten Trübe Gelegenheit zur Beruhigung und damit zur Schaumabscheidung

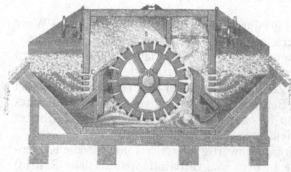

Abb. 367.
K und K-Apparat (Schnitt).

gegeben. Es findet ein natürlicher Kreislauf der Trübe bis zu deren Erschöpfung statt.

[1]) Eng. and Min. Journ. **106**, 746 (1918). — Engl. Pat. 248279 (1925); Am. Pat. 1549492 (1925). — K. Glinz, Glückauf **64**, 947 (1928).

b) Mit horizontaler Rührung.

K und K-Apparat (Kohlberg-Kraut)[1]). Er besteht aus einem bis 4 m langen Holzbottich (Abb. 367), in dem sich um eine horizontale Drehachse ein Rotor bewegt; dieser setzt sich aus einer Holztrommel von rd. 0,5 m ⌀ mit in der Längsrichtung verlaufenden, vorspringenden Holzleisten zusammen, die mit Gummi belegt sind. Der Rotor macht 170—180 Umdrehunngen/min. Bei Drehung des Rotors erfassen die Leisten die Trübe und wirbeln sie um, wobei ihre Belüftung stattfindet. Die belüftete Trübe tritt durch Öffnungen der Seitenwände des Bottichs in vorgebaute Spitzkästen, wo die Schaumbildung vorsichgeht, während die noch nicht erschöpfte Trübe durch einen unteren Längsschlitz in den Rotorraum zurückfließt.

2. Druckluft-Flotationsapparate.

a) Pneumatische Apparate.

Der grundsätzliche Unterschied zwischen dieser Apparatetype und der vorbeschriebenen besteht darin, daß die Luft von unten unter Druck eingeführt wird und gesonderte Räume zum ruhigen Aufsteigen der Luftblasen und zur Abscheidung des Schaumes nicht nötig sind, da die Trübe sich in verhältnismäßiger Ruhe befindet, so daß die mit Erzteilchen beladenen Luftblasen sich ohne Schwierigkeit an der Trübeoberfläche als Schaum ansammeln können. Der Erzschaum fließt bei diesen Apparaten meist von selbst ohne Zuhilfenahme besonderer Vorrichtungen über einen Überlauf ab, wenn der Trübespiegel entsprechend eingestellt ist.

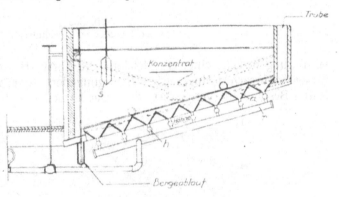

Abb. 368.
Callowapparat.

Für die innige Mischung der Trübe mit den Flotationsreagenzien sind bei diesem Apparatentyp meist gesonderte Rühr- oder Mischgefäße[2]) nötig, aus denen die konditionierte, d. h. vorbereitete Trübe den Flotationszellen zufließt.

Callowapparat[3]) (Pneumatische Zelle). Dieser Apparat ist von sehr einfacher Bauart (s. Abb. 368). Er besteht aus einem Holzkasten von etwa 3 m Länge und 0,6 m Breite, dessen Boden unter einem Winkel von etwa 14° geneigt ist. Die Höhe des Trübespiegels an der Trübeeintrittsseite ist 0,45 m, an der Bergeablaufseite

---

[1]) Am. Pat. 1174737 (1916); 1322909 (1919). — R. D. Gardner, U. S. Bur. Min. Inf. Circ. **6285** (1930).

[2]) Metall u. Erz **25**, 435 (1928).

[3]) Am. Pat. 1 124 853, 1 124 855/6, 1 141 377 (1915); 1 329 335 (1920). — Ferner F. P. Egeberg, D.R.P. 361596, 376704, 408497 (1920). — J. M. Callow, Trans. Amer. Inst. Min. Met. Eng. **54**, 14 (1917). — E. Gayford, Eng. and Min. Journ. **97**, 1275 (1914); **100**, 609, 919 (1915). — Met. and Chem. Eng. **13**, 509 (1915). — Min. Mag. **14**, 48 (1916). — Eng. and Min. Journ. **105**, 734 (1918). — 26. Jber. d. Ontario Bureau of Mines (1917). — W. H. Coghill, Eng. and Min. Journ. **105**, 422 (1918). — C. E. Oliver, Eng. and Min. Journ. **109**, 840 (1920). — C. T. Rice, Eng. and Min. Journ. **105**, 707 (1918).

etwa 1,1 m. Der Boden besteht aus einer Anzahl voneinander getrennter Abteilungen (a), deren jede mit einem porösen Material, meist mehreren Lagen
Segelleinen bezogen ist, das auf einer Blechunterlage ruht. Auf diese Art entstehen unter dem Schwimmbehälter eine Anzahl Luftkammern, in die von unten
durch ein Rohr (r) Druckluft eingeführt wird. Jede Luftkammer besitzt einen
eigenen Lufthahn (h), durch dessen Drosselung, entsprechend dem über den einzelnen
Kammern herrschenden hydraulischen Druck, die Luftzufuhr geregelt werden kann.
Durch die porösen Tücher tritt die Luft in die überstehende Trübe in Form feinster
Luftbläschen ein, die sich an die geölten Erzteilchen anlagern. Diese Art der Luft-

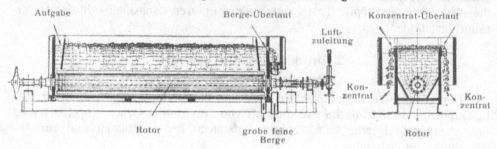

Abb. 369.
Mac Intoshzelle (Schnitt).

einführung bedingt eine sehr gleichmäßige Luftverteilung; die aufperlenden Luftblasen verursachen eine gewisse Bewegung der Trübe, wodurch ein Absetzen der
festen Bestandteile verhindert wird. Der Erzschaum steigt auf und fließt in dem

Abb. 370.
MacIntoshzellen.

Maße, als sich der Schaum an der Oberfläche des Bottichs vermehrt, über den
oberen Rand des Bottichs über. Die dem Apparate zugeführte Luft steht unter
einem Druck von rd. 0,25 atü.

MacIntoshapparat[1]). Dieser Apparat hat sich aus der Callowzelle entwickelt, als sich mit der Verwendung großer Mengen Kalk bei der Flotation
die Notwendigkeit ergab, die häufig auftretenden Verstopfungen des porösen
Gewebes zu verhindern, welche vielfach zu Betriebsstörungen und Stillständen

[1]) Am. Pat. 1608896 (1925); DRP. 512479 (1926). — Eng. and Min. Journ. **122**, 874
(1926). — Metall u. Erz **24**, 140 (1927). — C. S. Parsons, Kanad. Min. Journ. **47**, 63 (1927). —
E. W. Mayer, Kohle u. Erz, **27**, 351 (1930). — Rassegna Mineraria **36**, 29 (1930). — Echo des
Mines et de la Met. **58**, 349 (1930). — C. G. Lachlan, Flot. Practice 251 (1928). — H. Salau,
Metall u. Erz **28**, 246 (1931). — G. I. Young, Eng. and Min. World **1**, 426 (1930).

führten. Bei der MacIntoshzelle wird das Absetzen der festen Trübebestandteile dadurch vermieden, daß das poröse Medium als ein sich langsam um eine horizontale Achse drehender Rotor mit gasdurchlässiger Oberfläche ausgebildet ist, auf dem ein Absetzen der Festteile nicht möglich ist.

Die MacIntoshzelle[1]) (s. Abb. 369 und 370) besteht aus einer langgestreckten Holzzelle von 3—6 m Länge und etwa 1 m Höhe, in deren Längsrichtung ein beweglicher Rotor, durch Zapfen und Stopfbuchsen abgedichtet, eingeführt ist. Der mit etwa 15 Umdrehungen in der Minute sich drehende Rotor besteht aus einem mit zahlreichen Löchern versehenen Hohlzylinder aus Stahl von rd. 250 mm Durchmesser. Die Luftzufuhr erfolgt durch die Hohlwelle. Über den Rotor wird ein Segelleinengewebe oder perforiertes Gummituch[2]) befestigt, so daß die mit 0,2 atü einströmende Preßluft in feinster Weise zerteilt wird.

Der Rotor dient nicht nur zur guten Luftverteilung, sondern er hält auch die Trübe in einer dauernden schwachen Bewegung, wodurch ein Absetzen fester Teile vermieden wird. Infolge der langsamen drehenden Rotorbewegung müssen gegebenenfalls auf dem Rotor niedergesetzte Teilchen von selbst wieder herabfallen. Die durch den Rotor bewirkte schwach transversale Wellenbewegung erleichtert das Austragen der Schaumkonzentrate.

Zur Erzielung eines gleichbleibenden Flüssigkeitsspiegels befindet sich auf der Austragsseite der Zelle ein breites, verstellbares Wehr; das Absetzen grober Teilchen auf dem Boden der Zelle wird durch zwei am Rotor angebrachte Winkeleisen verhindert.

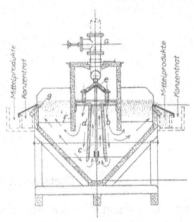

Die Leistungsfähigkeit einer Normalzelle (etwa 3 m Länge), die in einem System mehrerer gleichartiger Zellen arbeitet, beträgt je nach der Flotationsfähigkeit des Erzes 1—2 t/h, der Kraftverbrauch je Zelle 3—4 PS.

b) **Freiluftapparate.**

Southwesternapparat[3]). Er ist ein typischer Vertreter der auch als „air-lift"- oder „free-air"-Apparate bezeichneten Freiluftapparate. Er stellt eine Kombination der Forrester-[4]), Hunt-, Welsch-[5]) und Dunn-[6])Apparate dar und wird aus Holz oder Eisen gebaut. Der Southwesternapparat (Abb. 371) besteht aus einem bis 20 m langen Bottich mit unten abgeschrägtem Boden.

Abb. 371.
Southwesternapparat (Schnitt).

Über dem Apparat verläuft ein weites Luftverteilungsrohr (a), von dem in Abständen von etwa 15 cm nach unten Luftzuleitungsrohre von 0,5—1" abzweigen; sie führen die nötige Flotationsluft mit einem Druck von rd. 0,12 atü über den Boden der Zelle. Zu beiden Seiten dieser Rohre und entlang der ganzen Apparatelänge verlaufen in einem Abstand von etwa 15 cm zwei fast vertikale Wände (d), die eine Luftkammer (c) bilden. Oberhalb der Luftkammer befindet sich eine Ablenkungs-

[1]) Vertriebsrecht für Europa (ausschl. die nordischen Länder): Cesag, Berlin.
[2]) D.R.G.M. 1182804 (1931). H. Salau, a. a. O.
[3]) Metall u. Erz **25**, 434 (1928). — K. Glinz, Glückauf **64**, 947 (1928). — E. H. Mohr, Flot. Practice 197 (1928).
[4]) Am. Pat. 1646019 (1927). — Eng. and Min. Journ. **127**, 1025 (1929).
[5]) Am. Pat. 1253653 (1918).
[6]) Am. Pat. 1219089 (1917).

kappe (e), die den Trübestrom gegen vertikale Leitplatten (f) führt, deren tieferes Ende in die Trübe reicht. Durch die eingeführte Luft wird die Trübe in der Luft-kammer (c) nach oben gegen die Ablenkungskappe geführt, ähnlich wie dies bei den Drucklufthebern (Mammutpumpen) der Fall ist. An den Leitplatten zer-schellt die Trübe; hier ist die Zone der größten Bewegung und intensivsten Be-lüftung. Die Trübe gelangt in den spitzkastenartig erweiterten Raum, wo sich der Schaum bildet und über die Schaumabläufe (g) abfließt. Im Apparat findet als Folge der Lufteinfuhr und Schwerkraftwirkung der durch die Pfeile ange-deutete Trübekreislauf statt.

Ganz ähnlich ist der Bau und die Wirkung des Forresterapparates.

Ekofapparat. Dieser Apparat[1]) besteht (s. Abb. 372) aus einer Anzahl hölzerner Kammern, die eine Höhe von 2 m und eine Grundfläche von 0,5 × 0,5 m besitzen. Die Kammern setzen sich (Type F) aus einer Anzahl Düsenkammern (a)

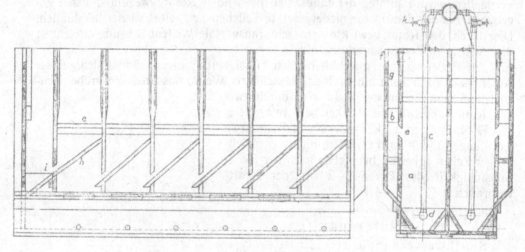

Abb. 372.
Ekofapparat, Type F. Längs- und Querschnitt.

und den dazugehörigen Schaumkammern (b) zusammen, an denen entlang eine Konzentratrinne verläuft. Über den Zellen liegt eine Druckluftsammelleitung (0,25—0,30 atü), von der aus in jede Düsenzelle ein etwa 30 cm über dem Boden in eine Kugeldüse endendes Düsenrohr mündet.

Die eingepreßte Luft wird durch die Düse verteilt und ruft lebhafte Wallung der Trübe hervor, die aus der Düsenkammer durch den Schlitz (e) in die Schaum-kammer (b) tritt; hier scheidet sich der Schaum ab und fließt über den Überlauf (f) ab. Die noch nicht ausgearbeitete Trübe fließt über den schrägen Schaum-kammerboden (h) durch den Schlitz (i) in die nächste Düsenkammer, wo sich der-selbe Vorgang wiederholt. Meist wird in einem sog. „Reichschäumer", der tiefer als der Vorschäumer aufgestellt ist, eine Nachflotation einzelner Mittelfraktionen vorgenommen.

Neuerdings bringt die Ekof einen in seiner Bauart dem Forresterapparat ähnlichen Typ (Type W) heraus, jedoch mit Zwischenwänden.

---

[1]) D.R.P. 294519 (1915); 311586 (1917) — A. Macco, Metall u. Erz **17**, 273 (1920); **18**, 197 (1921). — E. Treptow, Metall u. Erz **21**, 4 (1924). — R. Wüster, Glückauf **60**, 19 (1924). — R. Glatzel, Metall u. Erz **22**, 4 (1925).

3. Kombinierte Agitations- und Druckluft-Apparate.

M.-S.-Unterluftapparat[1]) (Positiv-Flow-Subaerationtyp). Er besteht wie der Standardapparat aus einer Anzahl nebeneinander gereihter, quadratischer Zellen, die gleichzeitig als Rühr- und Schaumzellen dienen. Zum Unterschied vom Standardtyp besitzt er keine vorgebauten Spitzkästen. In jeder Zelle (s. Abb. 373) läuft ein Vertikalrührer (e), der ähnlich wie der Rührer bei den M.S.-Standardapparaten ausgebildet ist, mit 7—8 m/sec umläuft und die Luft, welche durch eine am Boden angebrachte Luftzuführung (q) mit rd. 0,2 atü in die Trübe eingeführt, teils durch die niederfallende Trübe mitgerissen wird, auf das Feinste dispergiert. Die belüftete Trübe steigt aus der unteren Belüftungszone (c) nach oben und wird durch einen Stabilisierungsrost (b) beruhigt, so daß die Luftblasen reichlich Gelegenheit haben, im oberen Schaumabscheideraum (d) an die Oberfläche zu steigen, um sich dort in Form eines Erzschaumes zu sammeln, der entweder von selbst überfließt oder durch Abstreicher entfernt werden kann.

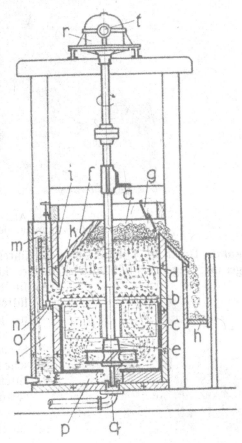

Abb. 373.
M.S.-Unterluftapparat (Schnitt durch eine Zelle).

Die Trübe läuft durch einen in der Hinterwand der Zelle angebrachten Schlitz (k) über ein Wehr (m) in eine Hilfskammer (l) und von dort in einen schrägliegenden Kanal (p), der unter dem Zellenboden liegt; dieser Umlaufkanal führt sie der folgenden Zelle zu, dessen Rührer die noch unausgearbeitete Trübe ansaugt, und wo sich der beschriebene Vorgang wiederholt. Mittelprodukte, die anfallen, werden ohne besondere Fördervorrichtung aus den Schaumfangrinnen durch die Saugwirkung des Rührers angesaugt, so daß eine Nachreinigung ohne Zwischenschaltung von Pumpen usw. erfolgen kann.

Da durch die beschriebene Bauart ein zwangsläufiges Umlaufen der Trübe durch jede Zelle erfolgt, wird dieser Typ „Positiv-Flow" genannt.

Die Einstellung der Schaumspiegelhöhe erfolgt durch das erwähnte Wehr.

Fahrenwaldapparat (Denver Sub-A)[2]). Er lehnt sich in seiner Bauart an den M.S.-Unterluftapparat an.

Der Apparat (Abb. 375) zerfällt durch einen Stabilisierungsrost in einen unteren Belüftungs- und einen oberen Schaumabscheideraum. Durch ein seitliches Rohr strömt die Trübe auf den aus einer Scheibe mit aufgesetzten

[1]) D.R.P. 321160 (1913); 345243 (1920). — C. Bruchhold, Ztschr. Ver. d. Ing. **73**, 1440 (1929).

[2]) A. W. Fahrenwald, Flot. Practice 119 (1928). — Am. Pat. 1417895 (1920). — Metall u Erz **25**, 435 (1928). — K. Glinz, Glückauf **64**, 947 (1928).

Rippen bestehenden Rührflügel, der durch eine vertikale Welle angetrieben wird, die etwa 375 Umdrehungen je Minute macht. Um die Rührwelle ist ein weites Rohr (a) mit Öffnungen angebracht, das oberhalb des Trübespiegels durch eine luftdichte Kappe abgeschlossen und mit einer Druckluftleitung verbunden werden

Abb. 374.
M.S.-Unterluftapparat der Minerals-Separation.

kann. Durch die Umdrehung des Rührers wird die Luft in regelbarer Menge angesaugt, gegebenenfalls zusätzliche Druckluft zugeleitet. Im unteren Teil der Zelle findet eine kräftige Belüftung statt; die belüftete Trübe steigt durch den Beruhigungsrost nach aufwärts und hat Gelegenheit im oberen, etwas spitzkastenförmig verbreiterten Teil den Schaum abzuscheiden, der durch mechanische Abstreicher in die Konzentratrinnen geleitet wird. Die noch nicht erschöpfte Trübe gelangt durch die Öffnungen des Rohres (a) wieder nach unten und macht denselben Vorgang erneut mit, so daß ein selbsttätiger Trübeumlauf im Sinne der Pfeile stattfindet. Ein anderer Teil wird über eine Zwischenkammer und ein verstellbares Wehr in die benachbarte Zelle geführt, also im Gegensatz zum M.S.-Apparat nicht durch die Saugkraft des Rührers.

Abb. 375.
Fahrenwaldapparat (Schnitt).

Mittelprodukte können durch annähernd horizontal verlaufende Rückführungsrohre einer Nachbehandlung zugeführt werden, ohne daß hierzu Pumpen usw. verwendet werden müssen.

Für den unmittelbaren Betrieb von Flotationsapparaten sind eine Reihe von Nebenapparaten notwendig, von denen die wichtigsten sind:

Gebläse zur Erzeugung der Druckluft für die Druckluftflotationsapparate, Mischer zum Durchmischen der Trübe mit den Reagenzien, Verteiler zur gleichmäßigen Verteilung der Trübe auf die einzelnen Apparate, Probenehmer und vor allem Zusatzmittelspeiser für die selbsttätige Zugabe der Flotationsreagenzien.

Selektive Flotation.

Bisher wurden vorzugsweise jene Verfahren in den Kreis der Betrachtungen gezogen, welche die Trennung der Erze von der sie begleitenden Gangart auf dem Wege der Flotation bewirken; diese Art der Flotation wird einfache, „kollektive" Flotation (engl. bulk flotation) genannt. Schon einleitend wurde als ein weiterer und wesentlicher Zweck der Erzaufbereitung die Trennung von Erzen mit verschiedener Metallgrundlage bezeichnet. Soweit diese Aufgabe bei gemischten Erzen durch Flotation erfolgt, bezeichnet man diesen Vorgang als selektive oder differentielle Flotation.

Jede Flotation ist im Grunde genommen eine selektive, denn sie bewirkt ja eine selektive Trennung von Mineralbestandteilen. Im engeren Sinne jedoch und vom historischen und wirtschaftlichen Gesichtspunkt aus bezeichnet man als selektive Flotation[1]) ausschließlich die mittels Flotation vorgenommene Scheidung zweier oder mehrerer flotierbarer Erze oder Mineralien mit verschiedener Metallbasis voneinander, durch nacheinander erfolgendes Aufschwimmen der verschiedenen Erzbestandteile. Beispiele von selektiver Flotation sind u. a. die Trennung von Bleiglanz und Zinkblende, von Zinkblende und Kupferkies oder Pyrit, von Graphit oder Molybdänglanz und Pyrit usw.

Die Trennung der Erze von der Gangart durch Flotation, also die kollektive Flotation, ist im Vergleich zur Trennung von Erzen voneinander eine verhältnismäßig leichte Aufgabe, da die Unterschiede der Schwimmfähigkeit bei Erz und Gangart weit ausgeprägter sind als zwischen zwei in ihrer chemischen Natur nahe verwandten Erzen. Während die einfache Flotation im allgemeinen Körper von sehr verschiedener Benetzbarkeit, nämlich hydrophobes Erz und hydrophile Gangart, scheidet, werden durch selektive Flotation Körper von ähnlicher Hydrophobie voneinander getrennt.

Die Scheidung von Erzen mit verschiedener Metallgrundlage ist meist von großer wirtschaftlicher Bedeutung; ein typisches Beispiel für die Wichtigkeit der Trennung bilden gemischte Bleizinkerze, die Bleiglanz und Zinkblende, zwei fast regelmäßig nebeneinander vorkommende Erze, enthalten und meist noch von Pyrit begleitet sind. Bei der Verhüttung von Bleierzen schadet ein gewisser Zinkgehalt, der, wenn er 8% übersteigt von den Hütten mit Strafabzügen belegt wird. Die Qualität des gewonnenen Metalls kann infolge Verunreinigung durch das andere leiden und die Notwendigkeit, das Zink zu verschlacken, bedingt Mehrkosten bei der Verhüttung und Metallverluste. Wie weit die Trennung der einzelnen Erzbestandteile voneinander vorgenommen wird, hängt jeweils vom Stande der Hüttentechnik, der Wirtschaftslage des Erzmarktes, aber auch von den Kosten der Aufbereitung ab[2]).

Die naßmechanischen Trennungsmethoden haben bei gemischten Erzen, deren Bestandteile ähnliche spezifische Gewichte besitzen, in zahlreichen Fällen versagt[3]), besonders wo es sich um feines Gut handelt. Nach vielen aber vergeblichen Versuchen hat sich auch hier die Flotation erfolgreich durchgesetzt.

Es erübrigt sich, die nur noch geschichtliches Interesse beanspruchenden ersten selektiven Verfahren von E. J. Horwood, F. S. Lyster und L. Bradford näher zu beschreiben. Es waren die ersten Versuche, die selektive Flotation

---

[1]) O. C. Ralston, Min. Scient. Press. **40**, 980 (1915). — Metall u. Erz **12**, 429 (1915). — Met. and Chem. Eng. **12**, 350, 414 (1914).

[2]) A. Grumbrecht, Metall u. Erz **24**, 557 (1927).

[3]) W. Hommel, Metall u. Erz **16**, 501, 559 (1920).

industriell zu verwenden; diese Verfahren sind von den neuzeitlichen Verfahren verdrängt worden.

Der heute allgemein übliche Weg der selektiven Flotation besteht darin, durch Zugabe geeigneter drückender Mittel zur Trübe alle jene Erzbestandteile, die nicht hochgeschwommen werden sollen, am Schwimmen zeitweise zu hindern, die ungedrückte Erzkomponente zu flotieren und hierauf die gedrückte Komponente nach Zufügen belebender Mittel, gegebenenfalls nach Zugabe von frischem Sammler und Schäumer, ebenfalls zu flotieren. Hierbei pflegt man den Erzbestandteil mit größerer Schwimmfähigkeit zuerst zu flotieren und den weniger leicht flotierbaren zu drücken. Über die Wirkungsweise der passivierenden und aktivierenden Mittel sei auf den Abschnitt Flotationsreagenzien verwiesen.

Die selektive Flotation ist für zwei Hauptanwendungsgebiete von besonderer Bedeutung: einmal für die Trennung von Kupfersulfiden von den sie meist begleitenden Eisensulfiden, wie Pyrit und Magnetkies[1]), das andere Mal für die Trennung von Bleiglanz und Zinkblende voneinander und von Pyrit. Die erste, im allergrößten Maßstab durchgeführte Trennung wird erreicht durch Flotation in alkalischer, besonders kalkalkalischer Trübe. Kalk drückt Pyrit, läßt aber die Kupfersulfide im allgemeinen unbeeinflußt. Unterstützt wird die Wirkung des Kalkes gelegentlich durch Natriumzyanid; s. Abschnitt „Drückende Mittel" S. 999. Der gedrückte Pyrit kann durch Zugabe von H_2SO_4 oder Na_2S wiederbelebt und flotiert werden.

Trennung von Zinkblende und Bleiglanz[2]). Die Entdeckung von G. E. She-

[1]) A. Crawfoot, U. S. Bur. Min. Inf. Circ. 6460 (1931). — E. Mäkinen, Metall u. Erz **28**, 147 (1931). — G. H. Ruggles und F. H. Adams, Flot. Practice 146 (1928). — G. J. Young, Eng. and Min. World **1**, 426 (1930). — F. Hodges, U. S. Bur. Min. Inf. Circ. 6394 (1931). — B. S. Morrow, Eng. and Min. Journ. **128**, 295 (1929). — A. B. Parsons, Eng. and Min. Journ. **123**, 84 (1927). — E. Wittenau und W. B. Cramer, U. S. Bur. Min. Inf. Circ. 6404 (1931). — W. T. MacDonald, Eng. and Min. Journ. **126**, 677 (1928). — W. B. Maxwell, Eng. and Min. World **1**, 193 (1930). — W. B. Holman, Min. Mag. **38**, 85 (1928). — H. R. Taylor, Eng. and Min. World **1**, 143 (1930). — L. M. Barker, Min. Congr. Journ. **16**, 363 (1930). — A. T. Tye, Eng. and Min. Journ. **128**, 845 (1930). — J. H. Rose und J. C. McNabb, U. S. Bur. Min. Inf. Circ. 6319 (1930). — C. G. McLachlan, Can. Min. Met. Bull. **214**, 237 (1930). — C.W. Tully, Eng. and Min. Journ. **128**, 582 (1929). — M. Mortensen, Metall u. Erz **27**, 294 (1930).

[2]) C. Bruchhold, Ztschr. d. V. D. I. **73**, 1440 (1929). — Ch. A. Mitke, Eng. and Min. Journ. **128**, 960 (1929). — A. B. Parsons, Eng. and Min. Journ. **122**, 644 (1926). — Metall u. Erz **24**, 193 (1927). — A. B. Young und W. J. McKenna, Eng. and Min. Journ. **128**, 291 (1929). — M. M. O'Brien, H. R. Banks, Min. Mag. 117 (1927). — Metall u. Erz **24**, 575 (1927). — Min. Mag. **38**, 241 (1928). — Metall u. Erz **25**, 626 (1928). — H. D. Keiser, Eng. and Min. Journ. **126**, 748 (1928). — Metall u. Erz **26**, 206 (1929). — Jasjukewitsch, Mineraljnove Syrjo 197 (1928). — Metall u. Erz **26**, 95 (1929). — F. J. Pirlot, Rev. univ. des Mines de la Met. 8. serie, 137 (1929). — Metallbörse **19**, 875 (1929). — A. W. Fahrenwald, Metall u. Erz **24**, 576 (1927). — Rassegna Mineraria **49**, 146 (1929). — T. H. Mason, Eng. and Min. Journ. **128**, 926 (1929). — J. M. Callow, Min. Mag. **41**, 336 (1929). — Eng. Min. Journ. **127**, 640 (1929). — Ch. Berthelot, Le Génie Civil **59**, 401 (1929). — I. Priadkine, Echo des Mins et de la Met. **58**, 323 (1930). — Ztschr. f. d. Berg-, Hütten- und Salinenwesen 77, 1. Abh.-Heft (1929). — Eng. and Min. World **1**, 187 (1930). — Min. Congr. Journ. **15**, 62 (1930). — Metallbörse **20**, 1213 (1930). — H. I. Salau, Metall und Erz **27**, 281 (1928). — Juan Rubio de la Torre, Boletino oficial de Minas y Metallurgia 1929. — Färber, Metallbörse **20**, 1377 (1930). — W. E. Hales, Min. Congr. Journ. **15**, 963 (1929). — M. F. Dycus, Min. Congr. Journ. **16**, 968 (1929). — W. H. Blackburn, U. S. Bur. Min. Inf. Circ. 6430 (1930). — H. M. Lewers, Eng. and Min. World **1**, 656 (1930). — W. J. McKenna, Flot. Practice 82 (1928). — K. Patzschke, Metall u. Erz **27**, 113 (1930). — F. Prockat und E. Grohmann, Kohle u. Erz **28**, 157, 195, 230 (1931). — H. v. Scotti, Metall u. Erz **22**, 195 (1925). — R. A. Pallanch, U. S. Bur. Min. Inf. Circ. 6492 (1931).

ridan und G. G. Griswold[1]), daß Zinkblende bei Anwesenheit von Alkali-zyaniden, gegebenenfalls bei Gegenwart von Zinksulfat, ihre Schwimmfähigkeit zeitweise einbüßt, während Bleiglanz nicht beeinflußt wird, hat der selektiven Flotation erst ihre umfassende Anwendbarkeit geschaffen. Der übliche Weg der Blei-Zinktrennung ist der folgende:

Die soda- oder kalkalkalische Trübe wird mit Natriumzyanid[2]) (etwa 0,10 kg/t) oder einem Gemisch von Zyanid (etwa 0,10 kg/t) und Zinksulfat (etwa 0,05—0,30 kg/t) versetzt. Dies geschieht entweder schon in der Mühle, im Flotationsapparat selbst oder in einem vorgeschalteten Zwischenbehälter mit Rührwerk, einem sog. Einwirkgefäß, da die Einwirkdauer je nach der Erzbeschaffenheit u. U. bis 1 Stunde betragen kann; manchmal erfolgt sie bei erhöhter Temperatur (bis 60° C). Durch diese Behandlung wird die Zinkblende gedrückt, bleibt daher bei der unter den üblichen Bedingungen durchgeführten Flotation in der Trübe, während der Blei-glanz flotiert. Sobald die Trübe an Bleiglanz erschöpft ist, wird sie zur Wieder-belebung der Blende mit Kupfersulfat (rd. 0,50 kg/t) versetzt, manchmal neuer-dings eine geringe Menge Schwimmittel zugegeben und die Blende geschwommen.

Die selektive Flotation von Bleizinkerzen liefert bei einem Ausbringen von etwa 90 % Bleikonzentrate mit nur wenigen Prozenten Zink und Zinkkonzentrate mit geringem Bleigehalt.

Die selektive Flotation hat in den letzten Jahren außerordentliche Bedeutung gewonnen und sehr wesentlich zur Vermehrung der Zink- und Bleierzeugung beigetragen. Im Jahre 1927 allein betrug in Amerika die durch selektive Flotation verursachte Mehrproduktion an Zink und Blei etwa 24 %. Viele Betriebe wurden überhaupt erst durch die selektive Flotation rentabel gemacht, nachdem sie vorher wegen Unwirtschaftlichkeit eingestellt werden mußten. Dazu kommt, daß bisher unverwendbare Haldenprodukte durch die selektive Flotation nutzbar gemacht werden können. Sie gestattet also die Ausbeutung von Bleizinkerzen, deren Auf-bereitung vorher nur bei hohen Metallpreisen lohnend erschien. Die durch die selektive Flotation bedingte Verbilligung der Aufbereitungskosten, die Nutzbar-machung des früher zum Teil aus komplexen Erzen in nicht gewinnbarer Form an-fallenden Zinks sowie die Möglichkeit, große bisher unverwertbare, weil metallarme Erzlagerstätten auszubeuten, haben eine starke Überproduktion an Metallen und eine Verbilligung der Metallpreise je Einheit zur Folge gehabt, so daß die gegenwärtige Metallbaisse zum Teil eine Folge der Flotation ist.

Die aufgezählten Anwendungen erschöpfen keineswegs die Möglichkeiten der selektiven Flotation. Kurz erwähnt sei unter vielen anderen, die Möglichkeit, Kupfererze von Bleiglanz[3]) oder Zinkblende[4]) zu trennen. Beide Trennungen werden im großen Maßstab durchgeführt. Neuerdings wird die selektive Flotation auch bei der Verarbeitung von Kohle zur Trennung der kokbaren Glanzkohle von der unverkokbaren Mattkohle erfolgreich[5]) verwendet.

---

[1]) Am. Pat. 1 421 585, 1 427 235 (1922).

[2]) W. E. Simpson, Min. Mag. **35**, 9 (1926).

[3]) E. Gayford, Min. Congr. Journ. **18**, 134 (1927). — C. E. Locke, Eng. and Min. Journ. **125**, 117 (1928). — K. Glinz, Intern. Bergwirtsch. **23**, 229 (1930).

[4]) Eng. and Min. Journ. **125**, 941 (1928). — S. P. Lowe, Min. Mag. **43**, 241 (1930). — M. Mortensen, Metall u. Erz **27**, 294 (1930).

[5]) H. Schranz, Kruppsche Monatshefte **6**, 57 (1925). — E. W. Mayer und H. Schranz, a. a. O. 513.

Flotation oxydischer Erze.

Als Folge der guten Wasserbenetzbarkeit von oxydischen Erzen und Mineralien, sind diese wesentlich schwieriger der Flotation zugänglich zu machen als die sulfidischen, von Wasser schwer benetzbaren Erze. Lange Zeit glaubte man daher, daß die Anwendbarkeit der Flotation auf Sulfide und Erze sulfidischen Charakters (Arsenide usw.) beschränkt sei. Erst als eine Folge der gründlicheren wissenschaftlichen Durchforschung der Flotationsmaterie stellte man fest, daß unter geeigneten Bedingungen auch Oxyde flotiert werden können, wobei unter der Bezeichnung Oxyde alle sauerstoffhaltigen Erze und Mineralien verstanden werden, also auch Karbonate, Silikate, Phosphate usw. Das Problem der Flotation oxydischer Erze[1]) ist erst in den letzten Jahren in einzelnen Fällen industriell gelöst worden[2]).

Es gibt zwei Verfahren, um oxydische Erze zum Schwimmen zu bringen, ein indirektes und ein direktes. Bei dem indirekten werden die oxydischen Erze durch Behandlung mit Sulfiden der Alkalien oder Erdalkalien oberflächlich in Sulfide[3]) verwandelt (Sulfidierung), es schlägt also eigentlich nur einen Umweg ein und ist im Grunde genommen nichts anderes, als die Flotation von Sulfiden; das andere hingegen erreicht das Schwimmen der Oxyde durch Verwendung bestimmter Sammler von besonders kräftiger Wirkung, wie höherer Xanthate, Fettsäuren u. a. m.

Die erste Methode wird vielfach für die Behandlung oxydischer und karbonatischer Kupfer-[4]) und Bleierze mit Erfolg industriell angewendet. Zu beachten ist, daß bei der Sulfidierung die vorhandenen natürlichen Sulfide, besonders Silbererze, an Schwimmfähigkeit einbüßen[5]); man entfernt daher häufig vor der Sulfidierung die Sulfide durch Flotation oder naßmechanisch.

Die zweite, direkte Flotationsmethode, um oxydische Erze zu verarbeiten, besteht in der aktiven Beeinflussung der an sich, wenn auch in geringerem Maße als bei den Sulfiden vorhandenen Schwimmfähigkeit; sie bedient sich vielfach der höheren Fettsäuren[6]) (z. B. Öl-, Palmitinsäure) und deren Salze, der Seifen; zur Abstoßung der Berge wird meist Wasserglas in geringen Mengen der Trübe zugesetzt.

Mit Hilfe dieser Verfahren ist es gelungen, oxydische Kupfer-[7]), Blei-[8]),

---

[1]) C. Seebohm, Kohle u. Erz 25, 754 (1928).

[2]) J. M. Callow, Met. and Chem. Eng. 16, 250 (1917). — Bull. Amer. Inst. Min. Met. Eng. (Februar 1917). — Metall u. Erz 14, 203 (1917). — R. Gahl, Eng. and Min. Journ. 105, 717 (1918). — Met. and Chem. Eng. 18, 5 (1918). — Metall u. Erz 15, 128 (1918). — G. L. Allen, Met. and Chem. Eng. 20, 169 (1919). — Eng. and Min. Journ. 110, 759 (1920). — F. Duling, Eng. and Min. Journ. 124, 204 (1927). — A. J. Monks und N. L. Weiß, Min. Met. 11, 455 (1930). — E. W. Mayer und H. Schranz, a. a. O. 388.

[3]) T. Varley, U. S. Bur. Min., Rep. Inv. 2811 (1927). — A. W. Hahn, Amer. Inst. Min. Met. Eng., Techn. Publ. 10 (1927) — H. Madel, Metall u. Erz 24, 569 (1927). — A. M. Gaudin u. H. Glovers, M. S. Hansen u. C. W. Orr, Univ. of Utah Techn. Pap. 1 (1928). — O. C. Ralston u. Allen, U. S. Bur. Min. Rep. Inv. (Juli 1916).

[4]) E. J. Duggan, Eng. and Min. Journ. 126, 1008 (1928). — Metall u. Erz 26, 315 (1929).

[5]) P. Vageler, a. a. O. 74. — L. J. Christmann und S. A. Falconer, Eng. and. Min. Journ. 127, 951 (1929). — H. S. Gieser, ebenda 128, 465 (1929).

[6]) Franz. Pat. 538661 (1921). — A. M. Gaudin und Mitarbeiter, a. a. O.

[7]) F. Kroll, Metall u. Erz 25, 53 (1928). — Ch. Locke, Eng. and Min. Journ. 127, 108 (1929). — W. Broadbridge, Trans. Inst. Min. Met. 51 (1920).

[8]) E. W. Mayer und H. Schranz, Flotation (Leipzig 1931) 338. — F. Duling, Eng. and Min. Journ. 124, 204 (1927). — A. W. Hahn, Flot. Practice 188 (1928). — A. J. Monks und N. L. Weiß, a. a. O.

Zinn-[1]), Wolfram-, Mangan-[2]) und Eisenerze[3]) zu flotieren. Ebenso ist es gelungen, auch Apatit[4]), Flußspat[5]) und Bauxit[6]), Schwerspat[7]) und Kryolith[8]) erfolgreich zu flotieren. Die bemerkenswerteste industrielle Anwendung der direkten Methode findet im belgischen Kongo statt, wo ein oxydisches Kupfererz mit 4 % Cu bei einem Ausbringen von 80 % auf 30 % Cu angereichert wird. Als Flotationsöl wird Ölsäure oder Palmöl verwendet. Eine Anlage in Südafrika verarbeitet ein Kupfererz, das 85 % des Kupfers in Form von Malachit, Azurit und Kuprit enthält, durch Flotation, und stellt bei einem Ausbringen von 79 % ein Konzentrat mit 27 % Cu-Gehalt her[9]). Als Beispiel der Verwendung besonders kräftig wirkender Sammler zur direkten Flotation von oxydischen Erzen sei eine Flotationsanlage in Amerika erwähnt[10]), in der Weißbleierz, $PbCO_3$, mit 12—25 % Pb bei einem Ausbringen von 97 % auf 45 % Pb angereichert wird. Als Sammler kommt in erster Linie Natriumamylxanthat zur Anwendung.

Die große Verbreitung der Flotationsverfahren hat einen sehr wesentlichen **Einfluß auf die Verhüttungspraxis** ausgeübt.

Bis vor wenigen Jahren wurden in überwiegenden Mengen verhältnismäßig recht grobe Kornklassen aus den Aufbereitungsanlagen den Hütten zur Weiterverarbeitung geliefert; im Vergleich zu diesen großen Quantitäten spielten die geringen Mengen feiner Konzentrate eine ganz untergeordnete Rolle. Sie bereiteten beim Rösten, dem groben Gut beigemischt, keine wesentlichen Schwierigkeiten, doch suchte man ihre Menge wegen der durch sie bedingten Verluste (Flugstaub) auf ein möglichst geringes Maß zu beschränken. Mit dem Siegeszug, den die Flotationsverfahren durch die Welt antraten, und mit der von Jahr zu Jahr steigenden Menge an feinsten Konzentraten mußten die Hütten den neuen Verhältnissen notwendigerweise Rechnung tragen und sich ihnen anpassen. So wirkte die Flotation befruchtend auf die Verhüttungspraxis[11]) ein, und diese Fortschritte hatten wieder ihre Rückwirkung auf die Verbreitung der Schwimmverfahren, da andernfalls ohne die Anpassung der Hütten die Entwicklung der Flotation an den Schwierigkeiten, deren Produkte weiterzuverarbeiten, gescheitert wäre.

Als eine Folge der Schwimmaufbereitung werden den Hütten gegenüber früher wesentlich metallreichere Konzentrate angeliefert. Hierdurch ist eine Verbilligung der Metallgewinnung eingetreten. Dies gilt in besonderem Maße bei der Kupfer-,

[1]) A. C. Vivian, Min. Mag. **36**, 348 (1929). — E. Barnitzke, Metall u. Erz **25**, 621 (1928).

[2]) G. H. Wigton, Eng. and Min. Journ. **126**, 791 (1928). — Metall u. Erz **26**, 315 (1929). — Eng. and Min. World **1**, 77, 162 (1930). — F. D. De Vaney u. I. B. Clemmer, Eng. and Min. Journ. **128**, 506 (1929). — E. Bierbrauer, Mitt. a. d. Kaiser-Wilhelm-Inst. f. Eisenforschung **9**, 115 (1927).

[3]) H. Miessner, Metall u. Erz **25**, 248 (1928). — E. W. Mayer und H. Schranz, a. a. O. 400. — A. S. Adam, S. M. Kobey und M. J. Sayers, Eng. and Min. World **2**, 575 (1931).

[4]) W. Luyken u. E. Bierbrauer, Ber. 21 des Erzausschusses d. Ver. dtsch. Eisenhüttenl. (1928). — F. D. De Vaney und J. B. Clemmer, Eng. and Min. Journ. **128**, 508 (1929).

[5]) W. H. Coghill und O. W. Greeman, U. S. Bur. Min. Rep. Inv. 2877 (1928). — Am. Pat. 1785992 (1930). — R. B. Ladoo, U. S. Bur. Min. Bull. 244 (1927).

[6]) B. W. Gandrud und F. D. De Vaney, U. S. Bur. Min. Bull. 312, 75 (1929). — Eng. and Min. Journ. **127**, 313 (1929).

[7]) Am. Pat. 1 662 633 (1928). — J. G. Swainson, Eng. und Min. Journ. **131**, 26. Januar 1931.

[8]) E. W. Mayer und H. Schranz, a. a. O. 409.

[9]) W. Broadbridge, a. a. O. 51.

[10]) E. W. Mayer und H. Schranz, a. a. O. 391.

[11]) Kirmse, Metall u. Erz **25**, 609 (1928).

Zink- und Bleigewinnung. Die Ofenanlagen wurden leistungsfähiger, die Schlackenmengen geringer und daher die Metallausbeute größer, alles Ursachen, daß die Gestehungskosten je Metalleinheit sanken.

Dadurch, daß die Flotation einen großen Teil jener Arbeit übernimmt, den früher die Hütten bei der Trennung von Metall und Gangart leisten mußten, konnten in den Hütten vielfach Vereinfachungen durchgeführt werden. Änderungen der Verhüttungsverfahren sind in erster Linie bei dem Röst- und Schmelzprozeß zu verzeichnen; vor allem waren bei der Ausbildung der bei diesen Verfahren üblichen Transportvorkehrungen Verbesserungen nötig. Es ist ohne weiteres klar, daß die maschinelle Zufuhr und das Beschicken von feinen, meist feuchten und klumpenden Stauben Sonderaufgaben boten, die eine eigene Lösung erforderten.

Für die Abröstung der feinsten Flotationskonzentrate konnten die bisher üblichen Röstöfen meist nicht verwendet werden, da in ihnen das Röstgut größtenteils als Flugstaub verloren ging. Allmählich haben, besonders in Kupferhütten, Flammöfen die Schachtöfen verdrängt. Für Bleikonzentrate werden meist keine Herdöfen mehr zum Vorrösten verwendet, sondern die ganze Vorbereitung der Bleierze zum Schmelzen findet in Dwight-Lloyd-Apparaten[1]) statt. Diese sind nicht nur als Sinter- und Agglomerierungsapparate, sondern auch zum Rösten feiner Flotationskonzentrate gut geeignet. Durch diese Maßnahmen und durch Neukonstruktion der Röst-[2]) und Schmelzöfen gelingt es heute in rotierenden Öfen unter Zuhilfenahme der elektrischen Gasentstaubungsverfahren[3]) auch allerfeinste Flotationskonzentrate ohne Verluste abzurösten und zu sintern[4]).

Auch auf die Entwicklung der Elektrolyse hat die Flotation vielfach Einfluß geübt und sie begünstigt[5]).

Anwendung der Flotation.

Die durch Flotations-Verfahren aufbereiteten Erzmengen übersteigen jährlich 120 Millionen t. Will man die Bedeutung der Flotation erkennen, muß man in erster Linie die amerikanischen Verhältnisse betrachten; in Amerika haben die Schwimmverfahren die ausgedehnteste Verbreitung gefunden[6]). Im Jahre 1929[7]) wurden, wie statistisch festgestellt, von 268 Gesellschaften rd. 65 Millionen t Erz mittels Flotation verarbeitet, das sind rd. 77 % der gesamten etwa 88 Millionen t betragenden Erzmengen, die überhaupt einen Aufbereitungsprozeß durchmachten. Das Ergebnis der Flotation betrug rd. 3,7 Millionen t Konzentrate. Außer dem Hochofenprozeß besteht in U.S.A. kein zweites metallurgisches Verfahren von so umfassender und allgemeiner Bedeutung, wie das Flotationsverfahren. Von der Gesamtmenge aufbereiteter Erze wurden im Jahre 1928 rd. 90 % der durch Aufbereitungsprozesse gewonnenen Kupferkonzentrate, rd. 38 % der Bleikonzentrate, 100 % der

---

¹) V. Tafel, Metall u. Erz 26, 169 (1929). — E. H. Robie, Eng. and Min. Journ. 127, 144 (1929). — W. R. Ingalls, Eng. and Min. Journ. 127, 115 (1929). — H. Wittenberg, Mitteilungen d. Metallges. 3, 3 (1930). — A. S. Dwight, Trans. Amer. Inst. Min. Met. Eng. 76, 527 (1928).

²) F. M. Fourment, Ztschr. f. Metallurgie 481 (1928).

³) S. dieses Werk S. 854.

⁴) W. Broadbridge, a. a. O. 31.

⁵) G. Eger, Chem.-Ztg. 53, 858 (1929).

⁶) A. J. Weinig und A. I. Palmer, a. a. O. 5.

⁷) T. H. Miller und R. L. Kidd, U. S. Bur. Min. Rep. Inv. 3112 (1931).

Molybdänkonzentrate sowie fast 100% aller aus komplexen Blei- und Zinkerzen stammenden Konzentrate durch Flotation gewonnen.

Leider liegen über außeramerikanische Verhältnisse keine authentischen Angaben vor. Schätzungsweise dürften in Europa jährlich 5—6 Millionen t Erz mittels Schwimmaufbereitung verarbeitet werden.

In der ersten Zeit der Flotationspraxis wurde die Flotation im allgemeinen nur als Ergänzung der naßmechanischen Aufbereitung für die hierbei anfallenden feinsten Schlämme und Mittelprodukte angewendet. Das Anwendungsgebiet der Schwimmverfahren hat sich inzwischen aber sehr erweitert. Sie haben sich besonders für die Aufbereitung stark verwachsener und komplexer Erze eingeführt, für die eine andere Art der Aufbereitung als durch Flotation in den meisten Fällen überhaupt nicht in Betracht kommt. Aber auch dort, wo unter Umständen eine Teilmenge durch naßmechanische Aufbereitung konzentriert werden könnte, zieht man es heute vielfach vor, das gesamte Rohhaufwerk zu flotieren (Allflotation)[1]), da sich die Schwimmaufbereitung durch die Vereinheitlichung des Betriebes und die Verringerung der Anlagekosten, trotz der erhöhten Kosten für die Mahlung des Gutes, in vielen Fällen wirtschaftlicher gestaltet als ein kombinierter Aufbereitungsgang. Dazu kommt als wichtigster Vorteil, daß durch Flotation im allgemeinen ein höheres Ausbringen und eine höhere Anreicherung erzielbar ist.

Eine gewisse Wichtigkeit haben die Flotationsverfahren für die Aufbereitung von alten Halden und Teichschlämmen erlangt, wodurch bisher brachliegende Werte in großem Maßstabe zu wertvollen Produkten verarbeitet werden können. Die Möglichkeit, die sehr allgemein anwendbaren Verfahren der selektiven Flotation für die Aufbereitung von Lagerstätten zu verwenden, die bisher wegen der Unmöglichkeit, die Erze rationell aufzubereiten, nicht ausgebeutet werden konnten, hat dazu geführt, daß allein hierdurch eine Erhöhung der Metall-Weltproduktion um 25% eingetreten ist[2]). Auch als vorbereitendes Verfahren für die Laugung und Amalgamation hat sich die Flotation ein weites Feld erobert.

Die umfassendste Anwendung findet die Flotation bei der Aufbereitung von armen Erzen sulfidischen Charakters, doch hat in den letzten Jahren auch die Aufbereitung oxydischer Erze und Mineralien solche Fortschritte gemacht, daß in einzelnen Fällen ihre wirtschaftliche Aufbereitung durch Flotation durchgeführt werden konnte.

In weitaus größtem Maßstab werden Kupfererze[3]), sowohl sulfidische, wie gediegen Kupfer führende, durch Flotation verarbeitet (in U.S.A. 1929, 51,5 Millionen t).

---

[1]) T. Varley, U. S. Bur. Min. Rep. Inv. 2811 (1927).

[2]) Auch die starken Preisstürze in der Blei-Zink-Silbergruppe sind indirekt auf die Flotation zurückzuführen. Metallbörse **20**, 461 (1930).

[3]) Eng. and Min. Journ. **94**, 1085 (1912). — L. Addicks, Eng. and Min. Journ. **103** (Januar 1917). — H. R. Adam, Eng. and Min. Journ. **103**, (Februar 1917). — W. H. Coghill, Eng. and Min. Journ. **105**, 422 (1918). — L. F. Barber, Eng. and Min. Journ. **109**, 845 (1920). — R. Gahl, Eng. and Min. Journ. **105**, 717 (1918). — A. H. Jones, Eng. and Min. Journ. **105**, 720 (1918). — H. H. Adams, Eng. and Min. Journ. **105**, 724 (1918). — A. Crowfoot und K. H. Donaldson, Eng. and Min. Journ. **110**, 471 (1920). — E. Treptow, Metall u. Erz **21**, 1 (1924). — H. K. Burch, Eng. and Min. Journ. **118**, 808 (1924). — H. M. Payne, Eng. and Min. Journ. **116**, 1105 (1923). — A. Crowfoot, Eng. and Min. Journ. **123**, 884 (1925). — E. H. Robie, Eng. and Min. Journ. **125**, 932 (1928); **126**, 133, 253, 290, 605 (1928). — A. Rochelt, Ztschr. d. Öst. Ing. u. Architektenver. **81**, 135 (1929). — B. W. Holmann, Min. Mag. **38**, 25, 82 (1928). — W. B. Cramer, Eng. and Min. Journ. **126**, 676 (1928). — A. W. Fahrenwald, Eng. and Min. Journ. **126**, 58 (1928). — Eng. and Min. World **1**, 296 (1930). — Siehe ferner Fußnote 1, S. 1016.

Es folgen Bleierze[1]), Zinkerze[2]), Platin-, Gold- und Silbererze[3]); ferner Antimon-[4]), Molybdän-[5]), Quecksilber-[6]) und Eisenerze; hinzu kommen noch Schwefel[7]) und Graphit[8]). In jüngster Zeit ist auch die Flotation von Phosphaten[9]) (Apatit) Flußspat[10]), Quarz, Kryolith, Kalkspat[11]) und Bauxit[12]) sowie Magnesit[13]) erfolg-

---

[1]) C. T. Durell, Colorado School of Mines Mag. 2, 199 (1912). — Holtmann, Glückauf 48, 388 (1912). — J. Cohn, Min. and Eng. World 40, 1049. — W. F. Boericke, Eng. and Min. Journ. 107, 1158 (1919). — A. Del Mar, Eng. and Min. Journ. 105, 1177 (1918). — F. T. Rice, Eng. and Min. Journ. 105, 707 (1918); 106, 482 (1918). — G. Crecar und C. C. Hewitt, Eng. and Min. Journ. 106, 528 (1918). — W. J. Zeigler, Eng. and Min. Journ. 105, 741 (1918). — G. C. Riddell, Chem. and Met. Eng. 19, 822 (1918). — E. W. Mayer und R. Schön, Metall u. Erz 20, 385 (1923). — H. v. Scotti, Metall u. Erz 22, 195 (1925). — W. Zeigler, Eng. and Min. Journ. 122, 444 (1926). — Min. and Met. 8, 339 (1927). — Eng. and Min. Journ. 126, 253 (1928). — F. Duling, Eng. and Min. Journ. 124, 204 (1927). — O. Kalthoff, Metall u. Erz 25, 125 (1928). — W. L. Zeigler, Min. Met. 8, 339 (1927). — Eng. and Min. Journ. 122, 448 (1926). Siehe auch Fußnote 2, Seite 1016.

[2]) C. B. Strachan, Min. Congr. Journ. 16, 839 (1930). — U. S. Bur. Min. Inf. Circ. 6379 (1930). — E. E. Ellis, Min. Congr. Journ. 17, 305 (1931).

[3]) W. B. Blyth, Min. Press (April 1915). — Bull. of the Austral. Inst. of Min. Eng. (1916). — W. C. Prosser, Eng. and Min. Journ. 100, 633 (1915). — T. Wartenburg, Monthly Journ. Chem. Met. and Min. Soc. South Africa 39 (1918). — G. H. Clevenger, Eng. and Min. Journ. 105, 743 (1918). — R. L. Lemmon und A. R. Weigall, Veröffentl. d. Inst. Min. and Met. ref. H. Madel, Metall u. Erz 22, 136 (1925). — A. J. Winter und B. H. Moore, Min. Mag. 35, 305 (1926). — W. Müller, Columbus, J. E. Grant, C. L. Heath, Amer. Inst. Min. Met. Eng. Techn. Publ. 1549 (1926). — H. H. Smith, Eng. and Min. Journ. 122, 175 (1926). — J. M. Tippett, Eng. and Min. Journ. 124, 181 (1927). — E. S. Leaver und J. A. Woolf, Eng. and Min. Journ. 126, 448 (1928). — A. James, Eng. and Min. Journ. 126, 970 (1928). — Min. Mag. 38, 51 (1928). — G. Quittkat, Metall u. Erz 26, 400 (1929). — Eng. and Min. Journ. 128, 774 (1929). — E. G. Howe, Eng. and Min. Journ. 128, 929 (1929). — A. James, Eng. and Min. World 1, 17 (1930). — A. B. Sabin, Min. and Met. 415 (1929). — M. F. Dycus, Min. Congr. Journ. 16, 968 (1929). — Glenn L. Allen, Eng. and Min. Journ. 110, 759 (1920). — J. O. Greenan und E. M. Bagley, Eng. and Min. Journ. 126, 173 (1928). — P. Trotzig, Dissertation, Freiberg i. Sa. 1927. — G. Teufer, Dissertation, Berlin 1928. — T. K. Prentice, Min. Mag. 41, 180 (1929). — H. Börner, Metall u. Erz 27, 655 (1930). — A. James, Eng. and Min. Journ. 126, 970 (1928). — L. A. Grant, U. S. Bur. Min. Inf. Circ. 6411 (1931). — W. G. Moore und B. H. Clark, Min. Mag. 43, 58 (1930). — C. Butters, Eng. and Min. Journ. 128, 362 (1929).

[4]) J. Daniels und C. R. Corey, Eng. and Min. Journ. 103, 185 (1917). — D. G. Campbell, Eng. and Min. World 40, 97. — Metall u. Erz 11, 171 (1914). — E. W. Mayer und H. Schranz, a. a. O. 375.

[5]) Min. Mag. 11, 341 (1914). — H. H. Claudet, Bull. Canad. Min. Inst. and Min. Mag. 8 (1916). — Eng. and Min. Journ. 105, 880 (1917). — C. E. Oliver, Eng. and Min. Journ. 109, 840 (1920). — H. A. Doerner, Eng. and Min. Journ. 119, 925 (1925). — W. H. Coghill und J. P. Bonardi, Eng. and Min. Journ. 109, 1210 (1920). — Chem. and Met. Eng. 21, 364 (1919). — H. Altertum, Ztschr. f. angew. Chem. 42, 2 (1929). — W. I. Coulter, Min. and Eng. Journ. 127, 476 (1929).

[6]) L. H. Duschak, Min. Mag. 42, 182 (1930). — W. Bradley, U. S. Bur. Min. Inf. Circ. 6429 (1931).

[7]) P. F. Junehomme, Eng. and Min. Journ. 107, 1124 (1919). — H. L. Hazen, Eng. and Min. Journ. 127, 830 (1929). — Heyde, U. S. Bur. Min. Rep. Inv. 15 (1918).

[8]) A. W. Allen, Eng. and Min. Journ. 107, 97 (1919). — C. P. H. Boumell, Eng. and Min. Journ. 109, 48 (1920). — W. Landgraeber, Metall u. Erz 21, 583 (1924). — W. G. Hubler, Eng. and Min. Journ. 125, 1059 (1928). — S. Neugirg, Metall u. Erz 24, 571 (1927). — Eng. and Min. Journ. 128, 368 (1929).

[9]) B. W. Gandrud und F. D. De Vaney, U. S. Bur. Min. Rep. Inv. 2906; s. Fußnote 4, S. 1019.

[10]) Siehe Fußnote 5, S. 1019. — Am. Pat. 1785992 (1930).

[11]) C. S. Parsons, Kanad. Min. Journ. 48, 68 (1927).

[12]) Siehe a. Fußnote 6, S. 1019.

[13]) E. W. Mayer und R. Schön, Metall u. Erz 22, 221 (1925).

reich durchgeführt worden. Neuerdings sind oxydische Erze des Bleis, Zinns, Kupfers, Mangans und Eisens industriell durch Flotation aufbereitet worden.

Mit den kurz aufgezählten Anwendungsgebieten ist die Anwendbarkeit der Flotationsverfahren jedoch keineswegs erschöpft. Diese haben sich gerade im letzten Jahrzehnt ein neues, großes Gebiet erobert, nämlich die Flotation der Kohle zur Verarbeitung der Staube und Schlämme sowie zur Trennung koksfähiger von nichtkoksfähiger Kohle.

Kohlenflotation.

Hatte sich in den ersten Jahren nach Einführung der Flotationsverfahren in die Aufbereitungstechnik das Interesse fast ausschließlich auf ihre Anwendung für die Erzkonzentration beschränkt, so fanden in den letzten Jahren dieselben Methoden auch Eingang in die Kohlenaufbereitung[1]). Damit wurden den Flotationsverfahren neue interessante Anwendungsgebiete erschlossen.

Die Aufgabe, vor welche die Flotationstechniker bei der Schwimmaufbereitung der Kohle vorerst gestellt wurden, war die Trennung der brennbaren Kohlensubstanz von den nicht brennbaren Bestandteilen, also die Verringerung des Aschegehaltes von Feinkohlen[2]), bzw. die Entfernung aller jener Bestandteile, die den Heizwert der Kohle herabsetzen und ihre Verwendungsmöglichkeiten ungünstig beeinflussen. Es handelt sich hierbei in erster Linie um tonige und schieferige Gangart und um die Befreiung der Kohle vom besonders schädlichen Pyrit.

Bei der bergmännischen Gewinnung der Kohle und den meist darauffolgenden Waschprozessen fallen stets in von der Natur der geförderten Kohle abhängigen Mengen staub- und schlammförmige Produkte an, deren Verwertbarkeit aus verschiedenen Gründen Schwierigkeiten bereitet, und die sich daher oft auf den Halden der Zechen oder in den Schlammteichen in bedeutenden Mengen anhäufen. Ist die Absatzmöglichkeit für diese Staube und Schlämme schon wegen ihrer geringen Korngröße an sich eine beschränkte, so erschwert der Umstand, daß sie besonders aschenreich sind, ihre Verwendung noch in erhöhtem Maße. Wegen der im Vergleich zur Kohle meist leichteren Zerreiblichkeit der Kohlenschiefer sammeln sich diese gerade in den feinen Anteilen der Kohle, also in den Stauben und Schlämmen, an, so daß sie wesentlich mehr Asche (bis 50 %) enthalten als die Stückkohle und Feinkohlensortimente und daher meist weder für die Verkokung noch für die Brikettierung geeignet sind. Die Frage der wirtschaftlichen Verwertung dieser Abfallprodukte ist in allen Kohlenrevieren ein wichtiges Problem, dessen Lösung in einzelnen Fällen geradezu Vorbedingung für die Ertragsfähigkeit des Betriebes sein kann. Eine rationelle Verarbeitung dieser Produkte wird durch Anwendung der Flotationsverfahren ermöglicht.

Zuerst von der Minerals Separation Ltd.[3]), London, und der mit ihr in

---

[1]) O. C. Ralston und A. P. Wichmann, Die Schaumflotation von Kohle, Chem. and Met. Eng. **26**, 500 (1922). — A. Czermak, Neuzeitige Gesichtspunkte f. d. Aufbereitung und Verwendung von Feinkohlen, Berg- u. Hüttenmännisches Jb. d. mont. Hochschule Loeben **73**, 1 (1925). — K. Glinz, Der Bergbau **42**, 691 (1929). — F. L. Kühlwein, Glückauf **65**, 323, 364, 401 (1929).

[2]) E. Bury, W. Broadbridge und A. Hutchinson, Trans. Inst. Min. Eng. **60**, 243 (1920). — Foxwell, Gas World (1922), Coking Section 10. — A. Thau, Glückauf **59**, 940 (1923).

[3]) R. Wüster, Gluckauf **58**, 6 (1922). — Am. Pat. 1418547 (1920). — Engl. Pat. 183504 (1922). — W. Groß, Glückauf **61**, 917 (1925). — D.R.P. 412908 (1923); 432355 (1920).

Interessengemeinschaft stehenden Cesag, Centraleuropäische Schwimmaufberei-
tungs-A.G., Berlin[1]), unternommene Versuche haben zu bedeutenden Erfolgen
geführt. Die ersten Kohlenflotationsanlagen entstanden in Spanien und England,
denen zahlreiche in Frankreich, Deutschland und anderen Ländern folgten.

Als Vorläufer der eigentlichen Kohlenflotationsverfahren ist das sog.
„Trent-Verfahren"[2]) zu erwähnen, das in Amerika örtliche Anwendung gefunden
hat. Das Wesen dieses Prozesses lehnt sich an das alte Elmoresche Extraktionsverfahren an und besteht darin, daß äußerst feinzerkleinerte Kohle in wäßriger
Trübe mit 30—40% des Kohlengewichts an Öl, z. B. Petroleum, Benzol, aber auch
viskosen Ölen, innig verrührt wird. Hierbei geht die Kohle aus der Trübe in das
Öl und bildet mit diesem ein sog. „Amalgam", das die Form einer dicken, wasserarmen Paste besitzt und in die Höhe schwimmt; die Berge verbleiben im Wasser
und werden vom „Amalgam" getrennt.

Die moderne Kohlenflotation[3]) geht im großen und ganzen denselben Weg wie
die Erzflotation[4]). Ebenso wie bei den Erzen werden auch bei der Kohle die
Grenzen der Flotierbarkeit durch die zu verarbeitenden Korngrößen bedingt; nur
gelingt es bei Kohle wegen ihres niedrigeren spez. Gew. in geeigneten Apparaten
Korn von 2,5 bis 3 mm zum Schwimmen zu bringen, während bei Erzen 1,5 mm
die alleräußerste Grenze darstellen[5]). Da die Flotation nicht teurer ist als die
Feinsetzarbeit, das Absieben[6]) von 1 mm Korn aber meist mit Schwierigkeiten
verbunden ist, führt man gewöhnlich alles Korn von 0—1 mm dem Schwimmprozeß zu, ohne daß kleine Mengen von Überkorn bis 2,5 mm schaden.

Das Entfernen des Staubes aus dem Aufgabegut der Kohlenwäschen (z. B.
durch Windsichtung) in einer möglichst frühen Verarbeitungsstufe beeinflußt die
Reinheit der Setzprodukte im günstigen Sinne[7]), und gleichzeitig ergibt die Flotation
der Staube ein Mehrausbringen an reiner Kohle von 10—15%, bezogen auf die
Gesamtaufgabe.

Die Kohlenflotation wird vorteilhaft in einer Trübe von 1 : 2,5 bis 1 : 4
durchgeführt, daher müssen die aus der Kohlenwäsche anfallenden Schlämme[8])
vor ihrer Verarbeitung eingedickt werden. Dies geschieht vorteilhaft in Spitzen
oder Eindickern. Die Eindickung empfiehlt sich auch aus Gründen der Anlage-
kostenersparnis, da für die Verarbeitung dünner Trüben größere bzw. mehr Apparate
notwendig sind. Welche Anteile der Kohle in jedem einzelnen Falle der Flotation
unterworfen werden sollen, muß jeweilen entschieden werden; der Aschengehalt
und die Natur des Ausgangsgutes, der beabsichtigte Verwendungszweck, die Art
der Voraufbereitung, also technische und wirtschaftliche Erwägungen, müssen die
Entscheidung beeinflussen.

---

[1]) A. Thau, Stahl u. Eisen **42**, 1153, 1242. (1929). — K. Wolf, Journ. f. prakt. Chem.
105, 39 (1922).

[2]) Engl. Pat. 151236 (1920), DRP. 357388 (1920); Am. Pat. 1420165, 1421862 (1920). —
Umschau **65**, 1123 (1921). — G. S. Perrott und S. P. Kinney, Chem. and Met. Eng. **25**,
182 (1921). — Ztschr. d. V. D. I. **65**, 1123 (1921).

[3]) E. Edser und P. T. Williams, World Power Conference, Fuel Conference, Nr. C 5
(1928). — A. Allen, Min. Met. **10**, 332 (1929).

[4]) R. Schön, Mitt. d. Ges. f. Wärmewirtschaft **3**, 68 (1923). — O. C. Ralston und
A. P. Wichmann, Chem. and Met. Eng. **26**, 500 (1922). — O. C. Ralston und G. Yamada,
Chem. and Met. Eng. **26**, 1081 (1922). — C. Berthelot, Chimie Industrie 334 (1927).

[5]) Siehe a. A. M. Gaudin, J. O. Groh und H. B. Henderson, Amer. Inst. Min. Met.
Eng. Techn. Publ. 414 (1931).

[6]) H. Schranz, a. a. O.

[7]) K. Reinhardt, Glückauf **62**, 485 (1926); Ztschr. d. V. I. **70**, 521 (1926).

[8]) M. Lucke, Ztschr. d. V. D. I. **73**, 1345 (1929).

Es gelingt ohne Schwierigkeiten, Kohlenstaube und -schlämme von 20—50 % Aschengehalt auf 5—6 % Asche und darunter zu bringen[1]), wobei das Ausbringen an brennbarer Substanz 90—98 % betragen kann. Bei einzelnen Kohlensorten des Ruhrgebietes konnte die Entaschung sogar bis auf 2 % getrieben werden. Allgemein kann gesagt werden, daß flotierte Feinkohle leicht auf einen Aschengehalt gebracht werden kann, der unter jenem der besten Stückkohle des betreffenden Vorkommens liegt[2]).

Für die Flotation sind Staube leichter verarbeitbar als Schlämme, da in den Stauben die Kohleteilchen, die erst kurz vor der Flotation mit Wasser in Berührung kommen, eine bessere Benetzbarkeit gegen Öl zeigen als Schlämme, bei denen es längere Zeit braucht, um an ihrer Oberfläche das Wasser durch Öl zu verdrängen. Als Flotationsmittel werden nicht chemische Flotationsmittel, sondern im allgemeinen Öle, wie Benzolmischöl, Paraffinöl, phenolhaltige Abwässer, Kreosote, Kresole, Gasöl, höhere Fraktionen der Teerdestillation, Waschöle, Bernsteinöl und ähnliche Öle verwendet.

Die Kohlenflotationsverfahren lassen sich auf alle Steinkohlen anwenden; für Braunkohlen sind technisch brauchbare Resultate bisher nicht erzielt worden.

Flotierte Kohle kann verschiedene Anwendung finden. Am wichtigsten ist ihre Verwendung für die Koksherstellung[3]), wo kokfähige Kohle vorliegt. Flotierte Kohle wird selten für sich allein, sondern meist mit gewaschener Feinkohle gemeinsam verkokt und liefert einen besonders hochwertigen, feinporigen und festen Hüttenkoks, dessen Qualität über der des normalen Koks liegt. In Fällen, wo die flotierte Feinkohle für die Verkokung nicht geeignet ist, kann sie für die Brikettherstellung[4]) verwendet werden. In beiden Fällen ist eine möglichst weitgehende Entwässerung notwendig[5]).

Die Flotationskonzentrate aus mechanischen Apparaten enthalten 60—65 % Wasser; die der pneumatischen 70—80 %. Die Entwässerung der Kohlenflotationsschäume hat bei Beginn der Kohlenflotation gewisse Schwierigkeiten bereitet[6]) und wurde anfangs nicht selten durch Absetzenlassen in Trockentürmen, gemeinsames Entwässern mit grobem Gut auf Entwässerungsbändern oder Vermischen mit trockenem Kohlenstaub erzielt, um die gesamte als Koksofenbesatz dienende gewaschene Feinkohle auf jenen Wassergehalt zu bringen, der für die Verkokung nötig ist (rd. 10 %). Heute wird die Entwässerung der flotierten Kohle auf 16—20 % Wassergehalt auf maschinellem Wege, in rotierenden Trommelfiltern[7]), seltener in Zentrifugen wirtschaftlich erreicht, so daß auch dieses Nebenproblem der Kohlenflotation als weitgehend gelöst bezeichnet werden muß.

---

[1]) A. Thau, a. a. O. — A. Götte, Gluckauf **65**, 1581, 1671 (1929). — H. A. J. Pieters, Brennstoff-Chemie **12**, 325 (1931).

[2]) Über Ergebnisse der Flotation s. a.: E. Bury, W. Broadbridge und A. Hutchinson, Trans. Inst. Min. Eng. **60**, 243 (1921). — Lee und Whithead, Gasworld (1924). — Louis, Colliery Eng. 427 (1927). — Dessagne, La Technique moderne **15**, 554 (1923). — Bloum-Picard, La Revue Industrielle (1926). — W. Randall, Rec. Geol. Surv. India. **56**, 225 (1924). — J. G. Scoular und B. Dunglinson, Trans. North of Eng. Inst. 142 (1924). — W. Guider, Journ. Soc. chem. Ind. **46**, 238 (1927). — Coll. Guard. **84**, 145 (1927). — O. Bräuer, Glückauf **67**, 657 (1931). — W. R. Chapman und R. A. Mott, Fuel. **6**, 258 (1927). — W. Groß, Gluckauf **61**, 922 (1925). — E. W. Mayer und H. Schranz a. a. O. 519.

[3]) Gluckauf **60**, 988 (1924).

[4]) C. H. Tupholme, Coal Age **24**, 277 (1923). — R. Wüster, a. a. O.

[5]) O. Schäfer, a. a. O. — M. Lucke, a. a. O. — K. Glinz, a. a. O. — E. Sachse, Gluckauf **65**, 1739 (1929).

[6]) R. Wüster, Glückauf **60**, 19, 797 (1924).

[7]) Ztschr. d. V. D. I. **69**, 1437 (1925); **72**, 1089 (1928).

In Anlehnung an die selektive Erzflotation ist auch bei der Kohlenflotation eine selektive Flotation der verschiedenen petrographischen Kohlenbestandteile versucht und erfolgreich durchgeführt worden[1]). Zahlreiche Kohlenflötz eliefern eine nichtkokende Kohle. Die Ursache ihrer Nichtkokbarkeit ist in vielen Fällen hauptsächlich darauf zurückzuführen[2]), daß diese Vorkommen neben Glanzkohle Mattkohle in wesentlichem Ausmaße enthalten. Englische Forscher haben solche Kohlen zuerst in ihre Bestandteile zerlegt[3]). Glanzkohle ist vorzüglich kokbar, während Mattkohle unverkokbar ist und, in gewissen Mengen der Glanzkohle beigemengt, deren Kokbarkeit herabsetzt. In jahrelangen Versuchen ist es in einzelnen Fällen gelungen, durch selektiveFlotation Matt- und Glanzkohle voneinander zu trennen[4]), so daß eine gut verkokbare Glanzkohlen-Fraktion und als Nebenprodukt eine hochwertige Kesselkohle resultiert. Hand in Hand mit dieser Trennung geht natürlich eine Entaschung der Kohle[5]).

Diese wenigen, keineswegs erschöpfenden Beispiele zeigen schon, welche weittragende Bedeutung der Kohlenflotation zukommt.

Was die Ausführung der Kohlenflotation anbelangt, so wird sie in der überwiegenden Mehrzahl der Fälle in Agitationsapparaten, vornehmlich in dem M.S.-Standard-Apparat der Minerals Separation[6]) (s. Abb. 376) vorgenommen, der bei geeigneten Maßnahmen Korn bis 3 mm verarbeiten kann.

Weniger für die Kohlenflotation geeignet sind im allgemeinen die Druckluftapparate[7]), die nur Korn bis höchstens 0,3 mm zu verarbeiten vermögen[8]). Sie kommen daher höchstens für die Flotation von feinsten Schlämmen in Frage. Einzelne Typen liefern hierbei recht wesentliche Mengen Mittelprodukte.

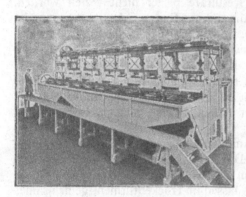

Abb. 376.
M. S.-Standardapparat für Kohle.

Die auf systematischer wissenschaftlicher Forschung begründete Entwicklung der Flotationsverfahren zeigt, daß noch lange kein Endpunkt in der Verwertungsmöglichkeit der Schaumschwimmverfahren erreicht ist. Das immer stärker werdende Bedürfnis nach Rationalisierung der Betriebe und nach wirtschaftlichen Arbeitsmethoden wird auch weiter dazu beitragen, der Flotation starke Verbreitung zu sichern und ihr vielleicht auch noch viel allgemeiner einen Platz dort einräumen, wo Körper mit verschiedenen Benetzungseigenschaften getrennt werden sollen.

[1]) H. Schranz, a. a. O. — W. R. Chapman, Fuel 1, 52 (1922). — E. W. Mayer und H. Schranz, a. a. O. 516.

[2]) M. Stopes, Proc. Roy. Soc. **90**, 470 (1919). — H. Winter, Glückauf 59, 873 (1923). — A. Czermak, a. a. O.

[3]) Mary C. Stopes, Proc. Roy. Soc. **90**, 470 (1919). — s. a. H. Winter, Glückauf, **59**, 873 (1923). — H. Hoffmann, Glückauf **64**, 1237, 1273 (1928).

[4]) H. Hoffmann, Glückauf **64**, 1277 (1928). — D.R.P. 406061 (1922). — Ferner W. R. Chapman, Fuel 1, 52 (1922).

[5]) O. Schäfer, Stahl u. Eisen **45**, 1, 44 (1925).

[6]) J. G. Scoular und B. Dunglinson, Gas World, Coking Sect. 13 (1924) — R. Wüster, Glückauf **58**, 6 (1922). — Festschr. d. Erzgeb. Steinkohle A. Vs., 178 (1924).

[7]) R. Wüster, Glückauf **60**, 19 (1924).

[8]) A. Czermak, a. a. O. 11.

Zusammenfassende Literatur.

1. Th. J. Hoover, Concentrating Ores by Flotation, 3. Aufl. (mit erschöpfender Literaturzusammenstellung bis 1916) (London 1916).

2. W. Broadbridge, Froth Flotation, its Commercial Application and its Influence on Modern Concentration and Smelting Practice; Transactions of the Institution of Mining and Metallurgy (London 1919—1920.)

3. E. Edser, The Concentration of Ores by Flotation (1921).

4. T. A. Rickard, The Flotation Process; A Compilation of Articles Appearing in the Mining and Scientific Press (1195—1920).

5. P. Vageler, Die Schwimmaufbereitung der Erze (Dresden und Leipzig 1921).

6. C. Bruchhold, Der Flotationsprozeß (Berlin 1927).

7. W. Luyken und C. Bierbrauer, Die Flotation in Theorie und Praxis (Berlin 1931).

8. E. W. Mayer und H. Schranz, Flotation (Leipzig 1931).

9. E. Treptow, Grundzüge der Bergbaukunde 2 (Wien 1925), 140—166, 217—220.

10. A. F. Taggart, Handbook of Ore Dressing 779—904 (New York 1927).

11. H. Schranz; in F. Ullmann, Enzyklopädie der techn. Chemie, 2. Aufl., 1, 793 (Berlin u. Wien 1928).

12. H. Schennen und F. Jüngst, Lehrbuch der Erz- und Kohlenaufbereitung. 2. Aufl. bearb. von E. Blumel (Stuttgart 1930).

13. E. Berl und B. Schmitt, Der Flotationsprozeß; in F. Auerbach und W. Hort, Handbuch der physikalischen und technischen Mechanik 7, 615 (I. A. Barth, Leipzig 1930).

14. H. Madel in F. Kögler, Taschenbuch für Berg- und Hüttenleute 2, 382 (Berlin 1929).

15. W. R. Chapman und R. A. Mott, The Cleaning of Coal 395—438 (London 1928).

16. L. Bárcena y Diaz, La Concentración de Menos en 1929 (Bilbao 1929).

Ferner zusammenfassende Abhandlungen:

17. A. E. Liwehr, Die Flotationsscheidung, Öst. Ztschr. f. Berg- u. Hüttenwesen 473—485, 510—519, 544—546 (1914).

18. F. Bronckart, Le Flottage des Minerais, Révue génerale des Sciences pures et appliqués 31, 5—17 (1920).

19. B. Simmersbach, Die Aufbereitung von Erzen nach dem Schwimmverfahren, Chem.-Ztg. 45, 357—360, 383—385 (1921).

20. K. Arndt, Zur Kenntnis der Schwimmaufbereitung, Dinglers Polytechn. Journ. 337, 206—208 (1922).

21. H. Schranz, Über die Schwimmaufbereitung von Kohlen und Erzen, Kruppsche Monatshefte 6, 57 (1925).

22. K. Wolf, Aufbereitungsmethoden, insbesondere Schwimmverfahren und elektroosmotische Ton- und Kaolinreinigung, Metall u. Erz 22, 474—480 (1925).

23. A. J. Weinig und I. A. Palmer, The Trend of Flotation, Quarterly, School of Mines Colorado 24, Nr. 4 (1929).

24. Results in Modern Flotation, Denver Equipment Co., Bulletin 2901 (Denver 1930).

25. O. Schäfer, Die Anwendung der Schwimmverfahren zur Aufbereitung von Kohle Stahl und Eisen 45, 1, 44 (1925).

Photographie.

Von Dr. **Raphael Ed. Liesegang**-Frankfurt a. M.

War auch damals der Name Kolloidchemie noch nicht aufgetaucht, so hat sich doch die Photographie schon ganz zu ihrem Anfang mit Vorgängen befaßt, die in dieses Gebiet hineingehören. So wäre es wissenschaftlich interessant, den Niederschlag des Quecksilberdampfes auf den belichteten Teilen der Daguerreotypie zu studieren. Aber nur für die gegenwärtig ausgeübten Verfahren kann in dieser Technologie Raum sein. Die Beziehungen zur zukünftigen Kolloidchemie wurden besonders eng, als Albumin, Gelatine und andere Kolloide als Bindemittel für die lichtempfindlichen Schichten benutzt, und als Bromsilber-„Emulsionen" (die nach dem jetzigen Sprachgebrauch richtiger „Suspensionen" heißen würden) hergestellt wurden. Aber selbst nach dem Aufkommen der letzteren war in den 80er Jahren das Interesse der Wissenschaftler noch so gering für die kolloid-chemische Deutung, daß die grundlegenden Arbeiten Carey Leas über die Photohaloide zunächst kaum beachtet wurden. Der Chemiker wollte mehr mit Stoffen zu tun haben, die er durch Kristallisation reinigen konnte. Von Quincke hatte man die Stimmung, er arbeitete mit Schmutz. Die Konstitution war die Hauptsache. Die Gestalt, soweit sie nicht Kristall war, blieb fast unbeachtet. Und als die physikalische Chemie aufkam, da suchte man zuerst eigentlich nur nach den Gleichgewichten, nicht nach ihren Vorstufen, die in der Photographie so wichtig sind.

Ein Jahrzehnt später war es schon anders. Da glaubte einer, der von der Hochschule in die Praxis der Emulsionsfabrikation kam, fast über diese Vorbildung klagen zu müssen. Die Schulchemie schien eher zu hemmen als zu nützen. Die Kenntnis von Grahams Arbeiten wäre hier förderlich gewesen. Aber diese waren damals noch nicht allgemein bekannt. So war man gezwungen, manches in der Literatur bereits niedergelegte nochmals für sich neu zu finden.

Heute ist kaum eine beachtenswerte Publikation da, soweit sie sich nicht allein mit Optik oder reiner Photochemie befaßt, die nicht einen Anschluß an die Kolloidchemie hat.

I. Die lichtempfindlichen Schichten.

Die Bildträger. Nur ganz ausnahmsweise, z. B. bei der Daguerreotypie und der Schumann-Platte verzichtet die Photographie auf die Verwendung eines Bindemittels, welches das bilderzeugende Pigment auf der Unterlage festhält. Bei dem kaum noch gebräuchlichen Salzpapier liefert die oberste Papierschicht selber den Bildträger.

Der kolloide Bildträger kann dadurch mit der lichtempfindlichen Substanz versehen werden, daß man ihn zuerst auf die Unterlage (Glasplatte, Film, Papier,

Metall) in dünner Schicht aufträgt und dann die Lösung des lichtempfindlich-
machenden Stoffes einziehen läßt. Das geschieht beim nassen Kollodiumverfahren
und bei den Bichromatverfahren, weil die fertige Mischung nicht haltbar ist.
Auch bei der fabrikationsweisen Herstellung des Albumin- und Mattalbuminpa-
piers ist die nachträgliche Silberung notwendig, da Albumin von Silbernitrat
koaguliert wird.

Viel häufiger sind die Verfahren, in welchen man eine Lösung des Bildträger-
materials (hauptsächlich Gelatine und Kollodium) mit der lichtempfindlichen Substanz versieht, beides also in einer einzigen Operation aufträgt. Da die lichtempfindliche Substanz oft unlöslich ist, z. B. das Bromsilber, erzeugt man sie durch
Doppelzersetzung innerhalb der Gelatine usw. Bei diesen sog. Emulsionsverfahren
wird auch die Schutzkolloidwirkung des Bildträgers ausgenutzt. D. h. dadurch,
daß man die Bromkaliumlösung erst nach Vermischung mit wenigstens einem Teil
der Gelatine mit der Silbernitratlösung versetzt, verhindert man das grobkörnige
Ausfallen des Bromsilbers. Durch Verwendung nur eines Teils der Gelatine verhindert man aber anderseits (bei der Herstellung der hochempfindlichen Trocken-
plattenemulsionen) eine zu starke Schutzkolloidwirkung. Denn eine gewisse Korngröße des Bromsilbers ist erwünscht, da mit ihr die hohe Lichtempfindlichkeit zusammenhängt. Außerdem verhindert man, daß beim Auswaschen der löslichen
Bestandteile (KNO_3, Ammoniak) aus der erstarrten Emulsion zu viel Wasser in die
Gallerte hineinkommt. Der aus gußtechnischen Zwecken oder wegen des Glanzes
notwendige Rest der Gelatine wird nachher zugesetzt. Bei auskopierenden und bei
einigen ammoniakfreien Gaslichtemulsionen für den Auftrag auf Papier ist das
Auswaschen nicht notwendig, weil ein Abdiffundieren der löslichen Salze in die
Unterlage möglich ist und so ein Kristallisieren innerhalb der Bildschicht ver-
hindert wird.

Schutzkolloid und Schichtbildner. Gelatinelösung, die durch langes Kochen ihr Erstarrungsvermögen verloren hat, vermag die darin entstandenen
Silberhaloide oft mindestens ebenso gut in Suspension zu
halten wie frische Gelatinelösung. Die getrocknete Schicht würde sich jedoch in
den Bädern lösen, das Bild also wegschwimmen. Dieses Beispiel zeigt, daß das
zersetzte Kolloid zwei Funktionen hat. Wenn sie auch bei Verwendung von Gelatine
oder Kollodium von der gleichen Substanz erfüllt werden, so ist es doch notwendig,
sie theoretisch auseinander zu halten.

Die Gelatose, d. h. die verkochte Gelatinelösung hat bei den in Betracht kommenden Temperaturen eine sehr viel geringere Viskosität als die frische Gelatine.
Der naheliegende Gedanke, daß der Viskosität das Tragevermögen für die großen
Mengen des oft ziemlich grobkörnigen Bromsilbers zuzuschreiben sei, ist also nicht
richtig. Die zur Herstellung matter Papierbilder zugesetzte Stärke setzt sich aus
der Gelatinelösung viel leichter ab als das schwere Bromsilber. Einer Deutung
durch Ladungen steht entgegen, daß AgCl bei Überschuß von NaCl umgekehrt
geladen ist wie bei Überschuß von $AgNO_3$. Beide werden aber gut getragen. Und
ebenso ist es bei Gegenwart von Alkali und Säure, welche die Ladung der Gelatine
verschieden machen. O. Ruff[1]) vermutet, daß das Dispersionsmittel durch Ober-
flächenvalenzen wirke. Gilt das auch hier?

Bemerkenswert ist, daß das ätheralkoholische Kollodium wenigstens das feinkörnige AgCl der Auskopieremulsion so gut trägt wie die wäßrige Gelatine. Grobkörniges Bromsilber setzt sich aus dem Kollodium sehr bald ab, kann aber wieder in

---

[1]) O. Ruff, Kolloid-Ztschr. **30**, 356 (1922).

der alten Form aufgeschüttelt werden. Aus einer Azetylzelluloselösung, die AgCl und AgBr gut trug, setzte sich AgI sofort ab.

Ein Gelatinegehalt des AgBr-Korns könnte eine Vermittlerrolle spielen. J. M. Eder und andere[1]) haben einen solchen Gelatinegehalt an nicht allzu empfindlichem Korn nachgewiesen. Ob dieses aber auch noch für die von Trivelli und Sheppard[2]) gezeigten vollkommenen Kristalle der wirklich hochempfindlichen AgBr-Emulsionen gilt, ist noch nicht entschieden. Darf er angenommen werden, so würde er eine artgleiche Brücke zum Träger bilden. Sonst ist es notwendig, noch nach einer anderen Deutung der Trägerfunktion der Gelatine zu suchen.

Empfindlichkeitssteigerung durch Kornvergrößerung. Schon bald nach Entdeckung des Verfahrens der Bromsilbergelatine wurde erkannt, daß längeres Erwärmen der Emulsion die Korngröße und damit die Empfindlichkeit steigert. Wie kommt diese Kornvergrößerung zustande? Schon die Form des resultierenden Korns sprach dagegen, daß der Vorgang einer gewöhnlichen Koagulation entspreche, daß also mehrere vorhandene kleine Teilchen sich zu einem größeren (Sekundär-)Teilchen zusammenlagerten. Wilhelm Ostwald hat gezeigt, daß im allgemeinen kleine Teilchen einer Substanz leichter verdampfen oder sich leichter lösen als größere Teilchen. Die größeren können so auf Kosten der kleinen wachsen. Auch beim feinverteilten Bromsilber ist es möglich, daß sich größere Teilchen auf Kosten der anderen vergrößern, indem letztere intermediär in Lösung gehen. Diese Art der Kornvergrößerung ist als „Ostwald-Reifung" bezeichnet worden. Als intermediäres Lösungsmittel wirkt auch das gewöhnlich in kleinem Überschuß vorhandene Alkalibromid.

Ostwald-Reifung. Ihr Wesen läßt sich im folgenden Experiment illustrieren.[3]) Zu einer $AgNO_3$ enthaltenden Gelatinelösung wird ein kleiner Überschuß von NaCl gesetzt, und so eine feinkörnige AgCl-Emulsion gebildet. Eine Schicht derselben läßt man auf einer Glasplatte erstarren. An einer Stelle setzt man einen Tropfen NaCl-Lösung auf. Nach einem Tag ist die Umgebung des Tropfens, d. h. so weit das NaCl eindiffundiert ist, viel trüber geworden. Das AgCl-Korn ist durch intermediäre Lösung eines Teils der Körner gewachsen. — Ein direkter Zusammentritt präexistierender Teilchen wäre innerhalb der Gallerte unwahrscheinlich, wenn auch von der Möglichkeit von Verlagerungen des Silbers in solchen noch die Rede sein wird.

Daß die Ostwald-Reifung auch bei der normalen Emulsionsherstellung von großer Bedeutung sei, nehmen auch Trivelli und Sheppard[4]) an. Die „Katalysatoren der Kristallisation" müssen mit AgBr dissoziierende Verbindungen geben. Das tun KBr und NH_4OH, nicht aber KCN und $Na_2S_2O_3$. — Bei seiner mikroskopischen Verfolgung des Reifungsvorganges in der flüssigen Emulsion fand auch Schaum[5]) in der Hauptsache Sammelkristallisation, also Ostwald-Reifung, nur in geringem Grade Sekundärteilchenbildung.

Gewisse Farbstoffe können nach Lüppo-Cramer[6]) die durch NH_4OH bedingte Reifung der flüssigen Emulsion hemmen. Sie, sowie Eisen- und Kupferverbindungen

---

[1]) F. F. Renwick, Phot. Journ. **61**, 337 (1921). — K. Schaum, Ztschr. f. wiss. Photogr. **28**, 43 (1930).

[2]) A. P. H. Trivelli und S. E. Sheppard, The Silver Bromide Grain (New York 1921).

[3]) R. E. Liesegang, Ztschr. f. physik. Chem. **85**, 374 (1910). — Photo. Korresp. 656 (1915).

[4]) A. P. H. Trivelli und S. E. Sheppard, The Silver Bromide Grain (New York 1921), 52.

[5]) K. Schaum, Kolloidchem. Beih. **23**, 84 (1926).

[6]) Lüppo-Cramer, Kolloidchemie u. Photographie 60 (Dresden 1921).

tun es auch bei der Ostwald-Reifung in der Gallerte. Das kann von praktischer Bedeutung sein, wenn man eine schlecht ausgereifte, ungewaschene Emulsion auf ein nicht genügend reines Papier vergießt. Beim Trocknen konzentriert sich der Gehalt an NaCl usw. und kann eine Nachreifung der Emulsion auf dem Papier herbeiführen. Wird diese Nachreifung lokal durch Unreinigkeiten verhindert, so müssen beim Entwickeln Flecken entstehen. Da ein absolut reines Papier nicht hergestellt werden kann, muß man dieser Art Fleckenbildung dadurch entgegenarbeiten, daß man durch hinreichende Vorreifung, durch rasches Trocknen usw. das Nachreifen auf dem Papier vermindert[1]).

Hochempfindliche Emulsionen. Zu solchen gelangt man nicht durch Reifung von ursprünglich feinkörnigen Emulsionen. Durch Verwendung einer nur geringen Menge von Schutzkolloid, durch hohe Konzentration, namentlich aber durch Verwendung des stark AgBr lösenden Ammoniaks muß das Korn schon gleich beim Ansatz eine beträchtliche Größe erreichen, die dann durch Nachdigerieren noch vermehrt wird. Mindestens ebenso wichtig wie die physikalischen Verhältnisse sind hier die chemischen, über welche der Abschnitt „Reifungskeime" berichtet wird.

Durch Ausnutzung dieser anderen Möglichkeit gelingt es jetzt, Schichten herzustellen, welche trotz hoher Lichtempfindlichkeit ein nicht allzu großes Korn haben. In ihren ausgezeichneten Mikroaufnahmen fanden Trivelli und Sheppard das Korn der hochempfindlichen Schichten oft vollkommen kristallin begrenzt ausgebildet.

Die normalen, zur Wiedergabe von Halbtönen bestimmten Aufnahmeschichten erfordern eine bestimmte Polydispersität des Korns. Die Beziehungen der Gradation zu dem Verhältnis der kleinen, mittleren und groben Körner zueinander sind namentlich durch die mühseligen Auszählungen im Forschungslaboratorium der Kodak-Gesellschaft festgestellt worden.

K. Schaum[2]) fand in einer Momentplatte mit 0,024 mm Schichtdicke $2,8 \cdot 10^5$ bis $4,8 \cdot 10^5$ Körner in 1 qmm.

Korn und Körnigkeit. In einem Kino-Positivfilm fand M. B. Hodgson[3]) Bromsilberteilchen von 0,2 bis 2 μ Durchmesser. In einer hochempfindlichen Platte schwankten sie zwischen 0,2 und 8,5 μ. Abgesehen von den Deformationen, welche durch die Entwicklung entstehen können, hängt hiervon der Dispersitätsgrad des „Elementarkornes" des metallischen Silbers im fertigen Bild ab.

Jene „Körnigkeit", welche bei Vergrößerungen störend wirken kann, hat jedoch größere Dimensionen. Sie entsteht dadurch, daß in einer normal gegossenen Schicht etwa 6 Elementarkörner untereinander liegen, die bei der Durchsichtbetrachtung wie ein einziges wirken. Bei anderen sind die Beziehungen der Einzelkörner zueinander, welche zur Körnigkeit führen, jedoch etwas innigere: Nach K. Schaum[4]) liegen die Bromsilberkörner selten vereinzelt, sondern meistens in Ketten oder Gruppen vereinigt.

Plättchenform des hochempfindlichen Bromsilberkornes. Diese Plättchenform wurde bei den mikroskopischen Untersuchungen von P. P. Koch[5]) festgestellt. Die Dicke der Kristallplättchen ist nur $^1/_{15}$ ihres Durchmessers[6]). Wie die Glimmerplättchen im Schiefer liegen die Blätter der Oberfläche der Schicht parallel. (Würden sie senkrecht dazu stehen, so könnte das wesentlich zur

[1]) R. E. Liesegang, Ztschr. f. wiss. Photogr. **22**, 81 (1923).
[2]) K. Schaum, Kolloidchem. Beih. **23**, 84 (1926).
[3]) M. H. Hodgson, Journ. Franklin Inst. **184**, 705 (1917).
[4]) K. Schaum, Kolloidchem. Beih. **23**, 84 (1926).
[5]) P. P. Koch und G. du Prel, Physik. Ztschr. **17**, 535 (1916).
[6]) C. E. K. Mees, J. Franklin Inst. **191**, 631 (1921).

Verminderung der Kornwirkung beitragen.) Berechnungen von L. Silberstein[1]) ergaben, daß die Trocknungsschrumpfung der Gallertschicht auf ein Zehntel hinreichende Spannungen schafft, um diese Anordnung zu erklären. Auch die Unterschiede des bindemittelfreien Bromsilbers gegenüber demjenigen der hochempfindlichen Schichten bei der Scherreraufnahme sind hierauf zurückzuführen[2]). Bei Diapositivplatten ist diese Faserstruktur viel weniger ausgeprägt als bei hochempfindlichen Platten[3]).

Bei der Beobachtung im polarisierten Licht fand Mees bei den Kristallen, zuweilen auch in der sie umgebenden Gelatine Spannungsdoppelbrechung.

Andere Verlagerungen des Silbers durch Schrumpfung und Quellung der Bildschicht. Zur Zeit des ersten Streites um die Einstein-Theorie fragte sich F. E. Roß[4]), ob die Aufnahmen der Sonnenfinsternis beweisend sein könnten. Die silberhaltigen Stellen des fertigen Negativs trocknen rascher als die silberfreien. (Vielleicht spielen auch die gerbenden Oxydationsprodukte des Entwicklers hierbei eine Rolle.) Dadurch treten an den Grenzen Spannungen auf, welche veranlassen können, daß sich ein kreisförmiges Bild von 5 mm Durchmesser bis um 0,09 mm kontrahiert. Kleine Bildpunkte, die sich 0,2 mm von einem größeren Fleck entfernt befinden, können 0,02 mm nach diesem hingezogen werden. Der Abstand von Doppelsternen erscheint deshalb in der Photographie kürzer als bei direkter Beobachtung.

Die Markierungen, welche eingetrocknete Regentropfen auf Negativen hinterlassen, sind oft unangenehm empfunden worden. K. Schaum[5]) studierte die Vorgänge bei solcher partiellen Quellung: Das Silber häuft sich am ursprünglichen Tropfenrand an. Das Zentrum ist fast silberfrei. Es ist, „als ob während des Eintrocknens ein vom Zentrum nach der Peripherie gerichteter Zug das Silber in dieser Weise verteilt hätte". Sehr bemerkenswert ist die Angabe, daß gründliches Durchquellen der ganzen Schicht diese Struktur fast wieder beseitigen soll. — Zuweilen veranlaßt der Tropfen eine rhythmische Ablagerung des Silbers[6]).

II. Das latente Bild.

Die Primärreaktion. In der allgemeinsten Fassung, welche sowohl für die alten wie die neuesten Auffassungen zutrifft, heißt es: Im großen AgBr-Korn sind ein oder wenige sehr kleine Teile so verändert, daß von hier aus bei Einwirkung einer Entwicklerlösung eine Reduktion des ganzen Kornes zu Metall stattfinden kann. Meistens wird diese Veränderung auf Bromabspaltung zurückgeführt. Nach den älteren Theorien zerfallen 2 AgBr in $Ag_2Br + Br$, oder allgemeiner unter Bildung eines hypothetischen Subhaloids. R. Abegg führte 1897 die Silberkeimtheorie ein, welche namentlich durch die Arbeiten von Lüppo-Cramer fast Allgemeingültigkeit erhalten hat. Danach besteht der vom Licht erzeugte Keim, der die Entwicklung ermöglicht, aus metallischem Silber.

In die Sprache der Elektronik übersetzt, heißt das: Das AgBr-Korn ist aufgebaut aus Silberionen und Bromionen. Gegenüber dem freien („elementaren")

[1]) L. Silberstein, Journ. Opt. Soc. Am. 5, 171, 363 (1921).
[2]) P. P. Koch und H. Vogler, Ann. d. Physik [4] 77, 495 (1925).
[3]) H. H. Meyer, Ann. d. Physik [4] 86, 325 (1928).
[4]) F. E. Ross, Astrophys. Journ. 52, 98 (1920).
[5]) K. Schaum, Ztschr. f. wiss. Photogr. 16, 154 (1916). — S. E. Sheppard, Trans. Soc. Mot. Pict. Eng. 11, 707 (1927).
[6]) K. Schaum, Ztschr. f. angew. Chem. 30, II, 244 (1917).

Silber hat das Silber ein Elektron zu wenig. Dafür hat das Bromion ein Elektron zu viel. Unter vorläufiger Vernachlässigung der später zu besprechenden Störungen sind die beiden Ionenarten wie die weißen und schwarzen Felder eines Schachbretts „gitterförmig" angeordnet. Auf das Dreidimensionale übertragen, bedeutet das: Je sechs Br-Ionen liegen in gleicher Nähe um ein Ag-Ion herum, je sechs Ag-Ionen um ein Br-Ion. Man kann also einem Ag-Ion keine größere Zugehörigkeit zu einem der Br-Ionen zuschreiben als zu den fünf anderen. Das Korn ist also kein Komplex von AgBr-Molekülen, sondern ein einziges großes Molekül: ein Primärteilchen: eine Einheit.

Die primäre Lichtwirkung besteht nach K. Fajans[1]) darin, daß ein Br-Ion ein Elektron abgibt und damit zum Br-Atom wird. Dieses freigewordene Elektron ersetzt bei einem Silber-Ion des Kristallgitters das fehlende, wandelt es also in ein Silberatom um.

Ein einziges Silberatom hat anscheinend noch keine entwicklungveranlassende Keimwirkung. Es müssen mehrere, wahrscheinlich zu einem kleinen Gitter zusammentreten. Für die Entstehungsgeschichte solcher Zusammenlagerungen ist es bedeutsam, daß J. Eggert[2]), W. Leczynski[3]) u. a. darauf hinweisen, daß das Elektron nicht zu einem der Ag-Ionen gehen muß, das dem entionisierten Br-Ion benachbart ist. Vielmehr kann es vorher weite Wege im Gitter zurücklegen, um ein entfernteres Silberion zu entladen.

So entstehen also Silberkeime, die aus mehreren Silberatomen zusammengesetzt sind, und die im Kontakt mit dem Bromsilber ihres Korns bleiben.

Präexistierende Keime. „Reifungskeime". In der photographischen Literatur sind immer wieder Vorschläge aufgetaucht, durch eine ganz leichte Vorbelichtung die Empfindlichkeit der Schichten zu erhöhen. Man trachtete damit, soviel Silberatome im Korn zu schaffen, daß nun eine geringere Menge Licht als sonst hinreichend sei, wirkliche Keime zu schaffen. Anderseits sollten sie aber noch nicht ausreichen, um einen störenden Schleier zu erzeugen.

Theoretisch ist der Gedanke, die lichtempfindliche Schicht hiermit bis an ihre Schwelle zu bringen, nicht falsch. Aber der praktischen Ausführung stellen sich Schwierigkeiten entgegen. Zuerst ungewollt, in letzter Zeit erst gewollt, erreicht man den gleichen Zweck auf einfachere Weise.

Schon bald nach Einführung der Trockenplatten hat H. W. Vogel die Prüfung der Gelatine auf reduzierende Beimengungen vorgenommen. J. M. Eder[4]) erkannte schon 1881, daß hierdurch Keime im Bromsilber geschaffen werden, welche oft mehr zur Erreichung der Hochempfindlichkeit beitragen als die Vergrößerung des Bromsilberkornes. Besonders Lüppo-Cramer hat dann auf die Wichtigkeit dieser chemischen Reifung neben der physikalischen hingewiesen.

Einen sehr wesentlichen Fortschritt auf diesem Gebiet verdankt man S. E. Sheppard. Dieser wies nach, daß die in der Technik längst bekannten großen Unterschiede in den Sorten der Emulsionsgelatine wesentlich bedingt seien durch geringfügige Verunreinigungen, welche zur Bildung von Schwefelsilberkeimen Anlaß geben können. Eine für hochempfindliche Emulsion geeignete Gelatine enthält etwa 1 Teil Senföl auf 300000 Teile Gelatine. Unter dem Einfluß des zugesetzten Ammoniaks entsteht daraus Allylsulfoharnstoff (Thiosinamin), der

[1]) Zusammenfassung von K. Fajans in Lüppo-Cramer, Grundlage der photogr. Negativverfahren (Halle a. S. 1927), S. 633.

[2]) Zusammenfassung in J. Eggert und W. Rahts Handb. d. Physik **29**, 597 (1928).

[3]) W. Leczynski, Ztschr. f. wiss. Photogr. **24**, 261 (1926).

[4]) J. M. Eder, Photogr. Arch. **21** (1881). — Ztschr. f. wiss. Photogr. **29**, 20 (1930).

bei der alkalischen Reaktion eine geringe Menge des Bromsilbers in Schwefelsilber verwandelt. Schwefelsilber hat ähnliche Keimwirkung wie metallisches Silber. Ist zu wenig davon vorhanden, so bleibt die Schicht sehr unempfindlich. Bei Überschuß tritt Verschleierung ein.

Im Anschluß an die Veröffentlichung von Sheppard sind Arbeiten erschienen, welche auf andere Gelatineverunreinigungen hinweisen, durch welche Schwefelsilberkeime entstehen können. Sie sind jedoch mehr chemisch als kolloidchemisch orientiert. Zum annähernd quantitativen Nachweis des leicht abspaltbaren Schwefels benutzt die Technik die Plumbat-Methade von R. Luther.

Verteilung der Belichtungskeime im Korn. Zwei Möglichkeiten bestehen: Entweder sind sie nach den Wahrscheinlichkeitsberechnungen auch im Innern des Bromsilberkornes verteilt, oder sie bilden sich bevorzugt an der Oberfläche des Kornes. An der Oberfläche sättigen sich die Brom- und Silberionen nicht derart ab, wie im Innern eines vollkommenen Gitters. Findet die Entionisierung eines Bromions durch Licht im Innern des Korns statt, so kann bei den Wanderungen des Elektrons doch eine bevorzugte Entionisierung des Silbers an der Peripherie stattfinden. Der klassische Chemiker kann die bevorzugte Bildung von Außenkeimen durch den Hinweis unterstützen, daß dort freiwerdendes Brom durch Wasser und Gelatine gebunden wird.

Aber die meisten rechnen doch auch mit der Anwesenheit von Innenkeimen. So Eggert und Noddack[1]), indem sie damit das Einsteinsche Äquivalenzgesetz stützten. Sie hatten berechnet, daß bei einem Bromsilberkorn durchschnittlicher Größe das Licht scheinbar nur etwa $1/_{300}$ der Arbeit geleistet habe, die man nach jener Annahme erwarten sollte, und erklärten dies dadurch, daß die Primärreaktion 299 mal im Innern erfolge, aber nur einmal außen. — Ferner hat Lüppo-Cramer in den späteren Stadien seiner „Zerstäubungstheorie" angenommen, daß die frühere physikalische Deutung fallen zu lassen sei und daß man primär ein Chemisches anzunehmen hätte, nämlich „Bromexplosionen" im Innern des Bromsilberkorns. Danach wäre natürlich auch auf die Bildung von freiem Silber zu schließen. — Aber vor einem Aufbau auf diesen Folgerungen wäre noch die wichtige Frage zu beantworten, ob Eggerts und Lüppo-Cramers Reaktionen sich im Innern eines wirklich vollkommen ausgebildeten Kristallgitters von Bromsilber abspielen, oder ob da wie bei einem Schwamm „innere Oberflächen" in Betracht kommen.

Mag sich Silber an sich oder selbst Silber von hinreichender Korngröße im Innern bilden, für die normale Entwicklung kommt es wahrscheinlich doch gar nicht in Betracht. Vorausgesetzt, daß gar kein Außenkeim vorhanden sei, so kann der Entwickler gar nicht zu den Innenkeimen gelangen.

Bloßlegung von Innenkeimen Nicht nur die Belichtungskeime, sondern bei unbelichteten Platten auch die chemischen Reifungskeime befinden sich z. T. an der Peripherie, z. T. im Innern des Halogensilberkorns. Entfernt man die außensitzenden Keime mit Chromsäure, so erhält man im sauren Metol-Silberverstärker (vgl. „Physikalische Entwicklung") weder Bild noch Schleier. Einige Innenkeime können aber nach den Feststellungen von Lüppo-Cramer[2]) aktiviert werden, wenn man die Halogensilberschicht nach der Chromsäurebehandlung ganz kurz der Einwirkung von 0,1 %iger Jodkaliumlösung ausgesetzt hatte.

Man darf vermuten, daß sich bei dieser Umwandlung der äußeren Hülle des Chlor- oder Bromsilberkorns in Jodsilber eine größere Porösität einstellt, weil das Pseudomorphosen-Jodsilber nicht in geschlossener Gitterform vorliegt.

---

[1]) J. Eggert und W. Noddack, Sitzungsber. d. Preuß. Akad. d. Wiss. **29**, 631 (1921).
[2]) Lüppo-Cramer, Ztschr. f. wiss. Photogr. **29**, 5 (1930).

Wenn Lüppo-Cramer findet, daß Chlorsilber nach solcher Aktivierung stärker schleiert als Bromsilber, so wird dieses damit zusammenhängen, daß beim Chlorsilber die Reduzierbarkeit auch durch einen geringen, bei der Emulsionsbereitung entstehenden Jodsilbergehalt besonders stark erhöht wird. In diesem Fall kommt die Porösitätstheorie natürlich nicht in Betracht.

Schwärzungen des Einzelkorns. Eine Reihe von Forschern hat es versucht, durch mikroskopische Verfolgung der durch Belichtung bewirkten Veränderungen des Einzelkorns Aufschluß über die vorigen Probleme zu erhalten. Es ist dabei aber zu bedenken, daß die zur sichtbaren Schwärzung führenden Belichtungszeiten außerordentlich viel längere sind als die zur Erzeugung eines latenten Bildes notwendigen. Und dann ist nur von oberflächlichen Schwärzungen die Rede, nicht von solchen in der Tiefe des Korns.

An den von Trivelli und Sheppard[1]) aus ammoniakalischer Lösung gewonnenen AgBr-Kristallen traten dunkle Flecke hauptsächlich in den Radien der Oktaeder auf, also an den Stellen des raschesten Kristallwachstums. Ihre Beobachtungen an AgCl-Kristallen berühren schon das im folgenden Abschnitt zu besprechende: Größere Kristalle schwärzen sich rascher. Am langsamsten schwärzen sich die Ecken der Kristalle. In ihrer Deutung nähern sie sich der von F. Weigert (1918) geprägten Vorstellung: Zufällig vorhandene Silberkeime deformieren die Elektronenhüllen des benachbarten AgCl. Dieses deformierte AgCl ist das eigentlich lichtempfindliche. Indem die Belichtung die Silberkeime vergrößert, wird der Prozeß autokatalytisch beschleunigt.

K. Tschibinoff[2]) wies darauf hin, daß die am reinen AgBr-Kristall beobachtete vektorische Ausbreitung der Schwärzung sich beim Einzelkorn nicht zeigt, wenn es innerhalb einer Gelatineschicht belichtet wird. Auch hier wird eine katalytische Beschleunigung in der Umgebung der entstehenden Flecken festgestellt. Aus dem letzteren darf man wohl schließen, daß ein Rutschen von neugebildetem Silber auf der Oberfläche des Kristalls (im Sinne von Volmer) hier nicht zur Deutung der Lokalisationen herangezogen werden kann.

Die Beobachtungen von K. Schaum[3]) an sehr dünnen, ebenfalls aus ammoniakalischer Lösung gewonnenen Halogensilberkristallen sind im Ultramikroskop gemacht. Wenn er weniger von einer Lokalisation spricht, so könnte das darauf zurückgeführt werden, daß er z. B. die AgBr-Kristalle durch Nachbehandlung mit Brom von zufälligen Silberkeimen befreite. Er erwähnt, daß die Kristalle dadurch optisch leer wurden. Anscheinend saßen die Verunreinigungen ausschließlich auf der Oberfläche. Sonst müßte man ein Eindiffundieren des Broms in das intakte Gitter annehmen. Es treten zuerst violette, dann rote, gelbe, schließlich weiße, also immer größere Silberultramikronen auf. Wenn verschiedene Zonen desselben Kristalls sich sehr verschieden verhalten, so führt Schaum das auf Anomalien im Kristallbau oder auf Adsorption von Fremdstoffen zurück.

Gitterstörungen. In der allgemeinen Kristallographie haben besonders durch A. Smekal die Lockerstellen Bedeutung erlangt: Die Kristallgitter sind meist nicht ganz ideal gebaut, sondern zeigen Störungen, wo die Ionen lockerer sitzen. Letztere veranlassen die elektrische Leitfähigkeit und andere Eigenschaften solcher „Realkristalle", während die „Idealkristalle" frei davon wären.

Daß Einlagerungen von Fremdstoffen wie Silber, Schwefelsilber, — daß

[1]) A. P. H. Trivelli und S. E. Sheppard, Abr. Publ. Eastman Kodak Co, **7**, 84 (1924). Journ. phys. Chem. **29**, 1568 (1925).

[2]) K. Tschibinoff, Scient. Ind. Phot. **6**, 45 (1926).

[3]) K. Schaum und F. Kolb, Ztschr. f. wiss. Phot. **25**, 290 (1928).

Gitterstörungen (Deformation der Elektronenbahnen) überhaupt das photographische Verhalten der Silberhaloide in hohem Grad beeinflussen werden, das geht nicht nur aus den bereits erwähnten Anschauungen von Weigert und Schaum hervor. Trivelli nimmt an, daß der Idealkristall eines Silberhaloids wahrscheinlich überhaupt nicht lichtempfindlich sei[1]).

Die Störungen der Umgebung, welche der Ag_2S-Keim schafft, veranlassen nach Sheppard[2]), daß sich gleichsam linsenartig die Endprodukte der photochemischen Reaktion nach dorthin konzentrieren. Ag-Atome, die sich sonst vielleicht im ganzen Kristall verzettelt hätten, bilden nun hier einen zur Einleitung der Entwicklung hinreichend großen Keim. — Auch die „Punktdesorientierungshypothese" von Steigmann[3]) fußt auf der Lehre von Fajans von der Deformierbarkeit. Die Kontaktzone wird hier, also vom Standpunkt der Elektronik aus, als Silbersubhaloid aufgefaßt. — F. C. Toy[4]) rechnet damit, daß bei vorheriger Anwesenheit eines Keims mehr Silber ausgeschieden wird als bei Belichtung eines keimfreien Korns. Es bezweifelt deshalb den von Eggert und Noddack (bei 50000facher Überbelichtung) erbrachten Beweis für das Einsteinsche Äquivalenzgesetz. — Die vom Keime deformierten Br-Ionen werden von H. M. Kellner[5]) als angeregte Ionen angesprochen, welche durch ein auftreffendes Lichtquant leichter in Resonanzschwingung solcher Amplitude versetzt werden, daß es zur Dissoziation in ein Elektron und ein Br-Atom kommt.

Ag₂-Keime. Zur Deutung der Wirkung der von ihm entdeckten Schwefelkörper macht Sheppard[6]) auf die Thioanilide aufmerksam. Diese bilden mit Silberhaloiden relativ unlösliche Doppelverbindungen. Sie erweisen sich als starke Halogenakzeptoren, indem sie das Anlaufen im Licht stark fördern. Da die Doppelverbindung auch bei Gegenwart stärkeren Alkalis nicht zur Ag_2S-Bildung führt, wird die Bildung des latenten Bildes nicht gefördert. Das bloße Halogenakzeptionsvermögen ist also hierzu nicht genügend.

Läßt man sehr verdünnte alkalische Thiosinaminlösung auf AgBr einwirken, so wandeln sich nur gewisse Teile des Korns in Ag_2S um. Die Anordnung der Flecke ist verschieden von jener, welche Belichtung schafft[7]). — Vielleicht handelt es sich hier um eine Vergrößerung präexistiierender Keime. Dann sollte eine Bromvorbehandlung der Kristalle, wie sie K. Schaum vorgenommen hatte, das Bild verändern.

Southworth[8]) meint, eine Adsorption des Ag_2S an das AgBr-Korn genüge nicht zum Entwickelbarmachen. Sonst mußte an sich Verschleierung dadurch entstehen. Wahrscheinlich müsse eine Einlagerung ins Kristallgitter vorhanden sein. Es wäre möglich, daß die Belichtung die Einlagerung des vorher nur Adsorbierten ins Kristallgitter bewirkt.

Zugabe fertiger Kolloide bei der Emulsionsbereitung. Bei den Keimbildungen, welche auf die Verunreinigungen der Gelatine zurückzuführen sind, wird ein ganz kleiner Teil des AgBr-Gitters in Ag oder Ag_2S verwandelt. Nur theoretisches Interesse haben die schon in den 90er Jahren begonnenen Versuche, eine Lichtempfindlichkeitssteigerung durch Anlagerung

[1]) A. P. H. Trivelli, Ztschr. f. wiss. Photogr. **29**, 1 (1930).
[2]) S. E. Sheppard, Rev. franc. de Phot. **7**, 7 (1926). — S. E. Sheppard und A. P. H. Trivelli, Phot. Korresp. **64**, 115 (1928).
[3]) A. Steigmann, Phot. Ind. **24**, 1324 (1926).
[4]) F. C. Toy, Brit. Journ. Phot. **73**, 295 (1926).
[5]) H. M. Kellner, Ztschr. f. wiss. Photogr. **24**, 41 (1926).
[6]) S. E. Sheppard und H. Hudson, Phot. Journ. **67**, 359 (1927).
[7]) S. E. Sheppard, A. P. H. Trivelli und E. P. Wightman, Phot. Journ. **67**, 281 (1927).
[8]) J. Southworth, Brit. Journ. Phot. **74**, 641 (1927).

von vorher fertig gebildetem kolloidem Silber herbeizuführen. Man schaffte dadurch eine Art Photohaloid im Sinne von Carey Lea. Die praktischen Erfolge entsprachen durchaus nicht denjenigen, welche man mit den einfacheren erstgenannten Verfahren erzielte, besonders nachdem man von Sheppard gelernt hatte, die Schwefelkörper durch Zusatz oder Entfernung zu dosieren. Obgleich auch die von W. Jentsch[1]) erzielten Resultate mit der Anlagerung von kolloidem Gold an das AgBr-Korn ohne praktische Bedeutung blieben, so lassen sie doch erkennen, wie verschiedenartig die Natur der Keime sein kann. Wirken sie, wie es mehrere Forscher annehmen, überhaupt nur auf dem Umweg über eine Störung der Nachbarschaft, so müßte auch eine nicht durch Fremdkörper bedingte Störung des Kristallgitters im Sinne von Schmekal genügen.

Carroll und Hubbard[2]) gingen bei einer ähnlichen Versuchsreihe von der Überlegung aus, daß die gewöhnlich mit KBr-Überschuß bereiteten Emulsionen wegen ihrer negativen Ladung hierzu ungeeignet seien. Deshalb arbeiteten sie mit positiv geladenem AgBr. Das rasche Verderben, welches durch den hierzu notwendigen (sehr kleinen) Überschuß an Ag-Ionen herbeigeführt wird, läßt sich einigermaßen kompensieren, wenn man auf die saure Seite des isoelektrischen Punktes (z. B. p_H 3,5 oder noch niedriger) geht. Das AgBr entstand innerhalb einer Gelatinelösung, welche frei von Reifungskörpern war. Aus dieser wurde das AgBr herauszentrifugiert, nachdem vorher die Umladung mit einer Spur Ag_2SO_4 und die Anlagerung des zu prüfenden Kolloids vollzogen worden war. Der Überschuß der beiden letzteren blieb dann in der Gelatinelösung zurück.

Der charakteristischste Effekt der Anlagerung von kolloidem AgI besteht in einer Erhöhung der Kontraste. Die anderen Effekte differieren so sehr je nach kleinen Modifikationen der Zusatzmethode, daß hier von ihrer Schilderung abgesehen werden muß. Die auch hier beobachtete Entwicklungsbeschleunigung paßt ebenfalls nicht zur Theorie der Keimbloßlegung.

Bei Zugabe von kolloidem Silber gelang es, sehr starke Sensibilisationen von sauren Emulsionen ohne Überschuß an löslichem Silbersalz zu erzielen. Aber nur das mit Gelatine als Schutzkolloid versehene Silber ist wirksam, nicht das mit Dextrin geschützte. Wurde aber das Dextrinsilber mit saurer Gelatine versetzt, so wurde es auch aktiver.

Bei keinem der verschiedenen Emulsionstypen wurde mit kolloidem Ag_2S eine merkbare Sensibilisierung erzielt. Da Verschleierung dadurch herbeigeführt wurde, lag die Vermutung nahe, daß die Ag_2S-Teilchen zu groß waren.

Kolloides Gold erwies sich als der wirksamste aller kolloiden Sensibilisatoren. Aber die optimalen Bedingungen sind eng begrenzt. Erforderlich ist eine blaue bis purpurne Farbe. Nicht reduziertes Goldchlorid darf auf keinen Fall vorhanden sein, und in der Emulsion kein größerer Überschuß an Ag_2SO_4 als $2 \cdot 10^{-3}$ n. Das p_H muß zwischen 3 und 2 liegen. Gedeutet wird diese Sensibilisierung durch eine orientierte Photolyse infolge der Adsorption des Au an der Oberfläche des AgBr.

Jodsilber im Bromsilberkorn könnte z. T. durch solche Gitterstörungen wirksam sein. Aber damit scheinen die Aufgaben des AgI doch noch nicht erschöpft zu sein. C. A. Schleussner und H. Beck[3]) betonen seine rein optische Funktion: Gegenüber Licht wirkt der AgI-Gehalt als optischer Sensibilisator. Für Röntgenstrahlen sind dagegen reine AgBr-Schichten empfindlicher. Diese Forscher stellen auch ein verschiedenes photochemisches Verhalten

---

[1]) W. Jentsch, Ztschr. f. wiss. Phot. **24**, 248 (1926).
[2]) B. H. Carroll und D. Hubbard, Bureau of Standards Journ. **1**, 565 (1928).
[3]) C. A. Schleußner und H. Beck, Ztschr. f. wiss. Photogr. **21**, 105 (1921).

je nach der Mischungsart fest. Sie unterscheiden „primäre Emulsionen", wobei sich AgBr und AgI gleichzeitig in der Gelatinelösung bilden, „sekundäre Emulsionen", welche durch Baden von reinen AgBr-Schichten in verdünnter KI-Lösung entstehen, und schließlich „tertiäre Emulsionen", bei welchen getrennt bereitete AgBr- und AgI-Emulsionen gemischt wurden. Die steilste Gradation wurde bei primären Emulsionen mit 3 % AgI erreicht.

W. A. Baldsiefen[1]) findet eine Peptisation von AgI durch frisch gefälltes AgBr. Deshalb erhält man die gleiche Beschleunigung der Entwicklung, wenn man bereits fertig gebildetes AgI bei der Emulsionsmischung verwendet, wie beim üblichen KI-Zusatz. Aber nur bei der Emulsionsmischung äußert sich dies. Setzt man die Jodsalze erst bei der Reifung zu, so wirken sie desensibilisierend. Bei der Mischung zugesetztes fertig gebildetes AgI wirkt gleich stark, gleichgültig ob seine Dispersität eine hohe oder eine geringe ist. Es ist auch nicht etwa ein vorher vorhanden gewesener kolloider Anteil von AgI, welcher die ganze Arbeit der verschiedenkörnigen Zusätze bewirkt hätte.

Sheppard[2]) prüfte eine Angabe von F. F. Renwick: Zentrifugiert man eine 5,8 % AgI enthaltende AgBr-Emulsion, so enthält der grobkörnige Anteil 7,0 % AgI, der feinkörnige 2,7 %. Aber die von Renwick vermutete Beziehung der höheren Lichtempfindlichkeit zum höheren AgJ-Gehalt kann nicht (allein) maßgebend sein, da sich beim Vergleich der Teilchen unter 1,5 μ und derjenigen von über 2 μ bei reiner AgBr-Emulsion ebenfalls der große Unterschied der Lichtempfindlichkeit zeigt. Dieser zeigt sich auch bei Bildung des latenten Bildes durch auftreffende α-Teilchen, bei welchen die Sensibilisierungskeime eine geringere Rolle spielen als bei der Belichtung. „Vielleicht wird der Einfluß der Größe auf die Empfindlichkeit allein durch die Wahrscheinlichkeit der Erfüllung der Forderung bedingt, daß in einem Korn von gegebener Größe der Sensibilisierungsfleck eine gewisse Größe erreicht, oder es kann ein restlicher Größeneffekt vorhanden sein, der dem bei α-Partikeln und Röntgenstrahlen ähnelt."

Bei der physikalischen Entwicklung von AgI-Schichten hatte Lüppo-Cramer (1903) ein Empfindlichkeitsmaximum etwa bei der Wellenlänge 430 $\mu\mu$ gefunden. In dieser Gegend liegt nach Renwick[3]) auch dasjenige einer jodierten AgBr-Schicht. (Das AgI verhält sich in dieser Beziehung also gleich, wenn es auch eine Pseudomorphose nach AgBr ist.) — In Mischungen mit AgBr beginnt dieses Maximum sich erst dann bemerkbar zu machen, wenn der AgI-Gehalt 32 % erreicht. Wilsey[4]) stellte durch Röntgenanalyse fest, daß bei etwa 40 % das AgI nicht mehr in das Kristallgitter des AgBr eingelagert ist, sondern in seiner eigenen Kristallform auftritt. Zu ähnlichen Ergebnissen kommt E. Huse[5]): Unter 32 % bestimmen Mischkristalle von AgBr und AgI das spektrale Verhalten. Erst bei höherem Gehalt äußert sich der reine AgI-Kristall. — Da in der Praxis 4 % AgI kaum überschritten werden, wird also AgI doch kaum solche Gitterstörungen veranlassen wie Ag_2S.

Solarisation. Die sehr umfangreiche Literatur über die Umkehrung des Bildes nach zu langer Belichtung kann nur soweit beachtet werden, wie sie auf Kolloidchemisches eingeht. Es besteht auch die Möglichkeit, daß das

---

[1]) W. A. Baldsiefen, V. B. Glase und F. F. Renwick, Phot. Journ. **66**, 163 (1926).

[2]) S. E. Sheppard und A. P. H. Trivelli, Journ. Franklin Inst. **203**, 829 (1927). — Phot. Ind. **25**, 598 (1927).

[3]) F. F. Renwick, Journ. Soc. Chem. Ind. **39**, 156 (1920).

[4]) R. B. Wilsey, Journ. Franklin Inst. **200**, 739 (1925).

[5]) E. Huse und C. E. Meulendyke, Photogr. Journ. **66**, 306 (1926).

Phänomen z. T. im Abschnitt über die Entwicklung behandelt werden müßte. Jedenfalls spielt die Entwicklungsart für seine Ausbildung eine sehr wesentliche Rolle.

Lüppo-Cramer[1]) weist auf die Abhängigkiet von der Kornverteilung hin: Sind die Körner der Schicht ziemlich gleich groß, so ist die Neigung zur Solarisation gewöhnlich viel größer als bei gemischtem Korn. Besonders neigen die Schichten aus peptisiertem AgBr-Gel dazu.

Bei der Beantwortung der Frage, ob die Solarisation (in der Hauptsache) ein eigentliches photochemisches oder ein Entwicklungsproblem sei, könnte die Feststellung von großer Bedeutung sein, daß sie auch nach primärem Fixieren bei der nachfolgenden Entwicklung mit naszierendem Ag (und auch Hg) auftreten kann[2]). Hierbei tritt sie leichter bei höher dispersen AgBr-Gelatineschichten auf als bei stark gereiften Platten, während bei der gewöhnlichen chemischen Entwicklung das Umgekehrte der Fall ist. Durch die Erklärung, welche Lüppo-Cramer[3]) gibt, wird aber die Entscheidung zugunsten der ersteren Ansicht doch wieder etwas zweifelhaft: Durch die lange Belichtung regeneriere sich das zuerst entstandene Ag an der Kornoberfläche teilweise wieder zu AgBr. Dieses AgBr bleibe bei der Fixierung teilweise am Ag des Korninneren adsorbiert und verhindere dadurch die Keimwirkung des letzteren. — Je höher dispers das AgBr ist, desto weniger Ag-Keime sind im Korninnern vorhanden, welche durch das Fixieren vollkommen bloßgelegt werden können. Bei stärker gereiftem AgBr ist dieses dagegen möglich. Deshalb neigt letzteres nach primärer Fixierung weniger zur Solarisation.

Nach der Entwicklung zeigen die solarisierend belichteten Stellen ein feineres Silberkorn als die normal belichteten. Man könnte daran denken, daß hier nur die weniger gereiften, weniger empfindlichen Körner von der Entwicklung erfaßt werden. Wichtig sind die Beobachtungen an Einzelkörnern von Eggert und Noddack[4]). Eine ihrer Mikroaufnahmen stellt eine Platte dar, welche nicht bis zum Maximum der ·Deckung belichtet war. Bei der zweiten ist das Maximum durch Überbelichtung soweit überschritten, daß nach der Entwicklung die gleiche Deckung wie bei der ersten Platte vorhanden war. Während in der ersten Platte die Körner durchentwickelt sind, sind sie es bei der zweiten nur rudimentär.

Ausgesprochen kolloidchemisch sind die unter J. Eggert[5]) entstandenen Theorien von Scheffers und von H. Arens[6]). Mehrfach ist schon erwähnt worden, daß das frei gewordene Silber bis zu Teilchen von gewisser Größe zusammentreten müßte, damit eine Entwicklung möglich werde. Überschreitet dieser Zusammentritt, den Eggert als Koagulation bezeichnet, einen gewissen Grad, so verkleinert sich die Oberfläche im Verhältnis zur Masse des Silbers derart, daß die Katalysatorwirkung zurückgeht. — Eder[7]), T. S. Price[8]) und Lüppo-Cramer haben Bedenken gegen diese Solarisationstheorie geäußert. Auch ein früherer Ausspruch von Sheppard[9]) gehört hierher, obgleich er nur die Entstehung der normalen Keime betrifft: Nach F. F. Renwick soll die Entwickelbarkeit

[1]) Lüppo-Cramer, Die Grundlage d. photogr. Negativverfahren (Halle a. S. 1927), S. 593, 603.

[2]) J. M. Eder, Photochemie (Halle a. S. 1906), S. 293.

[3]) Lüppo-Cramer, Phot. Ind. **15**, 515, 536 (1917).

[4]) J. Eggert und W. Noddack, Naturwissensch. **15**, 57 (1927). — H. Scheffers, Ztschr. f. Physik **20**, 109 (1923). — Lüppo-Cramer, Ztschr. f. Physik **29**, 387 (1924).

[5]) Zusammenfassung in J. Eggert und W. Raths Handb. d. Physik **19**, 595, 611 (Berlin 1928).

[6]) H. Arens, Ztschr. f. physik. Chem. **114**, 337 (1925).

[7]) J. M. Eder, Ztschr. f. physik. Chem. **117**, 293 (1925).

[8]) T. S. Price, Brit. Journ. Phot. **72**, 506 (1925).

[9]) S. E. Sheppard, Journ. Franklin Inst. **192**, 539 (1921).

des AgBr-Korns dadurch zustande kommen, daß die in ihm schon präexistierenden kolloiden Teilchen von metallischem Silber unter dem Lichteinfluß zu größeren zusammentreten, welche nun Keimwirkung ausüben können. Dagegen spreche die Tatsache, daß die Dispersitätsverminderung in wäßrigen Silbersolen auch nicht annähernd der erforderlichen Empfindlichkeit entspricht. Nicht unmöglich wäre eine Vergrößerung der ursprünglichen Keime durch Silber, welches bei der Zersetzung des Silberhaloids nasziert. Und ebenso wäre eine Funktion des kolloiden Silbers als photochemischer Katalysator bei dieser Photolyse möglich.

III. Entwicklung.

Eindringen des Entwicklers in die Schicht. Dieser Diffusionsfortschritt wird an jenen Stellen aufgehalten, wo der Entwickler reichliche Mengen von belichteten Körnern vorfindet, sich also immer wieder erschöpft. Bei vollkommener Durchentwicklung der Schicht macht sich dieser intermediäre Effekt zwar nicht mehr bemerkbar, wohl aber dann, wenn man wegen Überbelichtung die Entwicklung vorzeitig unterbrechen muß. Ein Modellversuch hierzu ist folgender: Ein fertiges Bromsilberbild wird in Jod-Jodkaliumlösung gebadet. Das Silberbild bleicht langsam aus. An den silberfreien Stellen dringt die Jodlösung viel früher bis zum Papier durch und reagiert hier mit der fast stets vorhandenen Stärke unter Blauschwarzfärbung. An den silberhaltigen Stellen geschieht das soviel später, daß es fast gelingt, das Positiv in ein Negativ zu verwandeln.

Bei gewissen Plattensorten gelingt es leicht, nachzuweisen, daß nach Durchentwicklung dort, wo das Licht am stärksten gewirkt hatte, die Silberreduktion bis zur Glasoberfläche geht. In den Mitteltönen reicht sie nur bis zur Mitte der Schicht. Das Silberbild liegt hier also reliefartig in der Gelatineschicht. — Man darf jedoch diese Relieftheorie nicht verallgemeinern. Sie gilt nur für Platten, in welchen die Körner etwa gleich groß sind. Bei den jetzt meist üblichen Emulsionen mit polydispersem Korn verwischt sich das Relief ebenso, wie die Neigung zur Solarisation nachläßt. Ganz verschwunden ist es aber durchaus nicht; denn die Mikrotomquerschnitte, welche Schaum[1]) von hochempfindlichen Schichten abbildet, zeigen ein solches noch deutlich. — Bei diesen polydispersen, besser noch polysensiblen Emulsionen kann auch ein in der Nähe der Glasoberfläche liegendes Korn entwickelt sein, wenn dort nur Helltonregion war. Daraus erklärt sich die zuerst überraschende Beobachtung im Kodak-Laboratorium, daß die nach dem Umkehrverfahren entwickelten Kinofilme ein weniger grobes Korn zeigen als das ursprüngliche Negativ. Die gröbsten Körner werden bei der Umkehrung eliminiert.

Korn-Tiefenentwicklung nennt Lüppo-Cramer das Eindringen des Entwicklers in das Einzelkorn, im Gegensatz zu der vorigen Schichttiefenentwicklung.

Das Eindringen in die Tiefe des Korns, namentlich wenn dasselbe einen gelatinefreien Kristall darstellt, ist nicht ganz selbstverständlich. Die Reduktion des AgBr erfolgt Molekül für Molekül. Vordringen wird er wohl nur in dem entstandenen metallischen Silber. Dieses könnte auch eine undurchlässige geschlossene Haut bilden. (Darauf fußte einmal eine Solarisationstheorie, die aber jetzt von Schaum[1]) abgelehnt wird.) Das Silber wird aber wohl in dem Zustand wie auf einen versilberten Löffel sein, der beim Liegen im Fruchtsaft Grünspan ansetzt,

---

[1]) K. Schaum, Ztschr. f. wiss. Photogr. **28**, 43 (1930).

weil doch etwas Porösität da ist. Berücksichtigt man die später zu beschreibenden Deformationen des Korns bei der Entwicklung, so ist oft noch weit höhere Porösität anzunehmen.

Ein gröberes Modell für diesen Vorgang[1]) wurde gewonnen, indem etwa 6 mm große Perlen von NaCl jahrelang in einer konzentrierten AgNO₃-Lösung auf-bewahrt wurden. Diese Zeit war notwendig, um daraus ebenso große AgCl-Perlen entstehen zu lassen. Nach gründlichem Auswaschen konnten sie allmählich zu einer zusammenhängenden Perle von metallischem Silber „entwickelt" werden. Legt man die AgCl-Perle in eine Gelatinegallerte und überschüttet das damit gefüllte Reagenzglas mit Entwicklerlösung, so sieht man, wie diese das „Chlorsilberkorn" allmählich erreicht und seine Schwärzung herbeiführt. In der Umgebung des Korns bräunt sich der Entwickler viel intensiver als oben, wo der Luftsauerstoff unmittel-bar herankommen kann. Das belichtete Chlorsilber ist also ein Katalysator für die Entwickleroxydation. Die Gelatine in der Umgebung des Korns ist unlöslich in heißem Wasser geworden. Das ist ein Modell für die später zu beschreibende gerbende Entwicklung.

Wie wirken die im Innern des Korns vorhandenen Belichtungskeime bei der Entwicklung? — Es ist zu bedenken, daß der Entwickler nur herankann, indem er das vorgelagerte AgBr reduziert hat. Damit schafft er aber selber in jene Gegend so sehr viel Keime, daß der vorhandene Keim kaum eine andere Wirkung haben kann, wie ein in einen großen Brand geworfenes Streichholz. An der Peripherie, zu Beginn des Prozesses hat der mit dem brennenden Streichholz vergleichbare Keim dagegen ganz andere Wirkungen. — Bei der chemischen Entwicklung werden also nur die an der Peripherie befindlichen Keime von Bedeutung sein.

Bei der mikroskopischen Verfolgung der Einzelkornentwicklung gewahrt man oft, daß die Entwicklung gleichzeitig an mehreren Stellen beginnt. Unterbricht man die Entwicklung ehe die Reduktionsstellen miteinander in Berührung kommen, so kann das Silber eine höhere Dispersität haben als das Bromsilber, aus welchem es entstand.

Kornoberflächenentwicklung besagt, daß sich die Reduktion auf die Oberfläche des Korns beschränkt. Lüppo-Cramer[2]) nimmt sie hauptsächlich dort an, wo bei reichlicher Belichtung und Verwendung schwacher und KBr-reicher Entwickler kein reines Schwarz, sondern ein farbiger Ton des Silbers erzielt wird. Wahrscheinlich geht hierbei die chemische Entwicklung etwas mehr zur physikalischen über, d. h. im Sulfit und KBr des Entwicklers intermediär ge-löstes Halogensilber (oder das aus solcher Lösung naszierende elementare Silber) vermag etwas weiter zu wandern als bei der chemischen Entwicklung.

Zur Kornoberflächenentwicklung rechnet Lüppo-Cramer auch den Fall (von exogener Fällung), in welchem sich das Silber mit einem Wattebausch von einer feuchten AgI-Gelatineschicht abwischen läßt.

Verlagerungen des Kornsilbers bei der chemischen Entwicklung kommen überhaupt häufiger vor. Das metal-lische Silber stellt dann also keine Pseudo-morphose nach dem Bromsilber vor. Beson-ders W. Scheffer[3]) hatte die Ursache der Deformationen mikroskopisch während des Entwicklungsvorganges an sehr dünn gegossenen Schichten verfolgen wollen. Es war, als sende das Bromsilberkorn dabei pseudopodienartige Gebilde aus. Be-rührten diese ein unbelichtetes Nachbarkorn, so konnte auch dieses durch den

---

[1]) R. E. Liesegang, Photogr. Ind. **24**, 867 (1926).
[2]) Lüppo-Cramer, Kolloid-Ztschr. **20**, 274 (1917).
[3]) W. Scheffer, Brit. Journ. Phot. **54**, Nr. 1441 (1907).

Kontakt zur Reduktion veranlaßt werden. Hodgson[1]) bestreitet jedoch, daß diese Pseudopodienbildung eine normale Erscheinung sei. Nur einmal beobachtete er bei der außerordentlichen Überbelichtung durch die Bogenlichtbeleuchtung des Mikroskopes etwas ähnliches. Auch hier handelt es sich um außerordentlich dünn gegossene Schichten. Bei einer normalen Schichtdicke von 10—30 μ ist die Elastizität hinreichend, um Zerreißungen des Korns durch die trocknende Gelatine zu verhindern. Bei diesen sehr dünnen jedoch nicht. Bei der Quellung der Gelatine und der Verminderung der Korngröße infolge der Reduktion machten sich diese Einflüsse der mangelnden Elastizität bemerkbar.

Im Abschnitt über Verlagerungen des Silbers durch Schrumpfung und Quellung der Gelatine wurde bereits auf ähnliches aufmerksam gemacht. Wahrscheinlich geht aber Hodgson doch zu weit, wenn er diese Deutung allein anwendet, Davidson[2]), der ebenfalls entwickelnde Einkornschichten mikroskopierte, fand ein Gleichbleiben des Korns im Hydrochinonentwickler. Die Zerrungen der Gelatine hätten aber doch hier auch wirksam sein müssen. Auswüchse und Schwammigwerden des Silbers traten dagegen im Paramidophenol auf. Die Korngrößeneinteilung war danach nicht mehr die gleiche wie vorher. K. Wenske[3]) findet die schwarzen Auswüchse in alkalischem Metol-Hydrochinon. Später greift die Reduktion auch ins Innere des Korns über. Das Korn ist stark deformiert. Bei der Entwicklung von länger belichteten Schichten mit alkalifreiem Metol bilden sich am Rand des Korns viele kleine Knötchen, die sich nur langsam vergrößern. Bei der Entfernung des übrig gebliebenen AgBr durch Fixieren werden innerhalb der ursprünglichen Korngrenzen viele sehr kleine Silberteilchen sichtbar. Noch instruktiver sind die kinematographischen Mikroaufnahmen von Tuttle und Trivelli[4]): Bei der Projektion dieser Bilder sieht man, wie die entwickelnden Bromsilberkörner in der Schicht vibrieren. Auch bilden sich Protuberanzen, welche die Begrenzung des Korns verändern. Es werden Explosionen im Korn vermutet. Die Veränderungen sind bei Entwicklern mit hohem Reduktionspotential ausgesprochener.

Dispersitätsänderungen bei der Umentwicklung. Ohne solche würde es schwerlich verständlich sein, weshalb Bilder an Kraft zunehmen können, wenn man sie erst wieder in AgBr oder AgCl überführt und dann von neuem entwickelt[5]). Hierher gehört auch die von O. Mente[6]) angegebene Tonung eines Auskopierpapiers: Mattalbuminpapier wird etwas überkopiert, fixiert, gewaschen, in einem Kupferchloridbad ungefähr vollständig in AgCl verwandelt und mit Amidol wieder reduziert. Der vorher braune Ton des Bildes geht in Schwarz über. Durch Veränderung des Entwicklers kann man jedoch auch andere Töne erhalten.

Wird AgCl durch KBr in AgBr verwandelt, oder AgBr durch Chlorwasser in AgCl, so ist das Umwandlungsprodukt stark porös und nimmt nun Farbstoffe auch im Innern auf. Beim Silberchlorid einer photographischen Schicht könnte man den Verdacht haben, daß die Erscheinung durch einen Gelatinegehalt des Korns bedingt sei. Das gleiche ist aber auch bei bindemittelfreien Silberhaloid der Fall, dessen Ausgangsmaterial durch Auskristallisation von AgCl aus der ammonia-

---

[1]) M. B. Hodgson, Journ. Franklin Inst. **184**, 705 (1917).

[2]) L. F. Davidson, Photogr. Journ. **66**, 230 (1926).

[3]) K. Wenske, Atelier d. Photogr. **36**, 51 (1929).

[4]) Cl. Tuttle und A. P. H. Trivelli, Phot. Journ. **68**, 465 (1928).

[5]) Lüppo-Cramer und R. E. Liesegang, Kolloid-Ztschr. **9**, 292 (1911). — A. H. Nietz und K. Huse, Journ. Franklin Inst. **185**, 389 (1918).

[6]) O. Mente, Atelier d. Photogr. **25**, 74 (1818).

kalischen Lösung gewonnen worden war. Das Umgewandelte läßt sich mit Erythrosin usw. oft viel stärker optisch sensibilisieren als das Ausgangsmaterial[1]).

Eine aufgeklebte weißglänzende Silberfolie wurde durch $CuBr_2$ in AgBr verwandelt und dann mittels eines Entwicklers wieder in metallisches Silber übergeführt. Der Dispersitätsgrad wurde hierdurch vollständig geändert: Das Silber lag jetzt in tiefschwarzer Mohrform vor, der erst durch Politur ein Teil des früheren Glanzes wiedergegeben werden konnte[2]). Crowther[3]) hatte Silberspiegel mittels Bichromat und HCl in AgCl übergeführt und sie wiederentwickelt. Er glaubte, die Formänderungen mit einer Adsorption von bräunlichen Chromverbindungen in Zusammenhang bringen zu können. Nach den vorigen Erläuterungen scheint diese Annahme jedoch unnötig zu sein. Damit soll jedoch nicht bestritten werden, daß Adsorptionen, z. B. auch von Entwicklungsoxydationsprodukten die Entstehung der Mohrform wesentlich unterstützen können[4]).

Physikalische Entwicklung. Zu ein Viertel oder zur Hälfte auskopierte Auskopierpapiere lassen sich in einer wäßrigen Gallussäurelösung zur vollen Kraft entwickeln. Auch die meisten anderen Entwicklersubstanzen sind dazu geeignet. Nur dürfen sie nicht mit Alkali versetzt sein. Hier wird das überschüssige Silbernitrat der Bildschicht reduziert und schlägt sich auf den Belichtungskeimen nieder. Mit zunehmender Entwicklungszeit, die man durch Abstimmung der Belichtungszeit regulieren kann, vergrößert sich das Silberkorn. Man erhält (ohne weitere Tonung) rote, braune bis olivgrüne Bilder. Das Verfahren war vom nassen Kollodiumprozeß, wo die Verhältnisse genau so liegen, schon frühzeitig für den Positivprozeß auf Papier übernommen worden, und lieferte hier Kopien, deren Haltbarkeit viel größer war, als diejenige der ganz auskopierten. Denn das Silberkorn war gröber.

Aus dem alternden Entwickler setzt sich allmählich Silberpulver ab. Man kann diese Ausscheidung erheblich verzögern, indem man dem Entwickler ein Schutzkolloid wie Gummi arabikum oder Gelatose zusetzt[5]).

Silberfarbe und Dispersitätsgrad. Für die Farbtöne der so entwickelten Auskopierpapiere gilt die von Wo. Ostwald[6]) geprägte Farbe-Dispersitätsgrad-Regel. Ein Modellversuch dazu ist folgender[7]): Gelatinelösung wird mit etwas Silbernitratlösung, dann mit Hydrochinonlösung versetzt. Zuerst ist die Mischung wasserklar, dann wird sie gelb und durchläuft mit zunehmender Trübung die oben genannte Farbenskala. Bei einer Wiederholung des Versuchs streicht man sofort nach der Mischung, dann in Abständen von je etwa 15 Sekunden etwas davon auf eine kalte Glasplatte auf, so daß die Masse sofort erstarrt. Dann kann es glücken, daß der erste Aufstrich glasklar und farblos ist und so auch nach dem Trocknen bleibt. Dann folgt Gelb bis Grün für die Betrachtung in der Durchsicht. Ein tiefes Blau schließt sich an, und das letzte ist undurchsichtig schwarz. Wahrscheinlich ist in letzterem nicht mehr Silber im metallischen Zustand enthalten als im glasklaren ersteren. Nur ist es grobkörniger.

[1]) Lüppo-Cramer, Photogr. Korresp. **64**, 197 (1928).
[2]) R. E. Liesegang, Photogr. Ind. **27**, 7 (1929).
[3]) R. E. Crowther, Journ. Soc. Chem. Ind. **35**, 817 (1916).
[4]) R. E. Liesegang, Photochem. Studien 2, 33 (1895).
[5]) R. E. Liesegang, Entwicklung der Auskopierpapiere (Düsseldorf 1895).
[6]) Wo. Ostwald, Kolloidchem. Beih. **2**, 406 (1911). — Licht und Farbe in Kolloiden (Dresden 1924), S. 308.
[7]) R. E. Liesegang, Camera Obscura (1900), S. 11. — Photogr. Rundschau **55**, 350 (1918).

Diese Farbenfolge gilt nur für die Durchsicht. Man wird einwenden, daß man die Papierbilder in der Aufsicht betrachtet[1]). Aber hier gilt jene Farbfolge trotzdem, weil in der Hauptsache jenes Licht wirkt, welches die Bildschicht durchdrungen hat und dann vom weißen Papier reflektiert wird. Für den Farbchemiker ist dieses nichts Überraschendes. Denn auch die sog. Anilinfarben zeigen ihre Durchsichtsfarbe, wenn sie auf weißes Papier aufgestrichen sind.

Bei der Aufsichtbetrachtung der Einzelteilchen im Ultramikroskop ist dagegen die Farbreihenfolge mit wachsender Teilchengröße die umgekehrte[2]).

Entwicklung von primär fixierten Bildern. Joung hatte schon 1857 Jodsilberkollodiumplatten zuerst fixiert, dann physikalisch, d. h. mit einer Mischung von Silbernitrat und einer Entwicklersubstanz, entwickelt[3]). Dieser Versuch gelang auch bei Bromsilbergelatineplatten[4]). Daß die zu solcher Entwicklung fähigen Keime aus metallischem Silber bestanden, war damals bekannt.

Aber dieses Silber kann durch adsorbierte Stoffe verunreinigt sein und dadurch den Ansatz von naszierenden Silber erschweren. H. Kieser[5]) wies nach, daß das beim Fixieren entstehende Alkalisilberthiosulfat von den kolloiden Ag-Keimen adsorbiert und hierdurch seine Zersetzung beschleunigt wird. Es entsteht dabei Ag_2S, welches sich an die Keime anlagert. Das ist bei primär fixierten Schichten besonders dann der Fall, wenn die Beleuchtung kurz, die Dispersität der Ag-Keime also groß war. Der Ag_2S-Gehalt kann dann das Vielfache des ursprünglich vorhanden gewesenen Ag betragen. Diese Anlagerung trägt den Charakter einer Entwicklung. — R. E. Owen[6]) zeigte, daß auf Ag_2S, in Gelatine verteilt, sich aus $AgNO_3$ und Formaldehyd kein Silber abscheidet. Dagegen tritt nach Vorbehandlung mit dem p-Phenylendiamin-Entwickler die physikalische Entwicklung ein. Die Annahme von A. Seyewetz[7]), daß das latente Bild nicht aus metallischem Silber bestehe, verliert hiernach ihre Unterlage.

Statt mit Silber kann man auch mit naszierendem Quecksilber physikalisch hervorrufen. Carey Lea gelang dies 1865 bei Kollodiumplatten mit dem aus Merkuronitrat und Pyrogallol naszierenden Quecksilber. Lumière und Seyewetz (1912) entwickelten. Bromsilbergelatineschichten mit frisch gemischten Lösungen von Quecksilberbromid, Metol und Natriumsulfit. Die bei einer entsprechenden Behandlung mit Silber so leicht auftretenden Verschleierungen, wenn die Platte die geringsten Reifungsreduktionsspuren enthält, bleiben aus. Auch ist der Niederschlag dann nicht wie bei Ag oberflächlich abreibbar. Die Dispersität des Hg ist eine viel geringere als diejenige des Ag. Deshalb ist der Ton braun bis schwarz, das Ag dagegen oft dichroitisch und durchscheinend. Unfixierte AgBr-Platten entwickeln mit Hg außerordentlich viel langsamer als mit Ag. Bei vorher fixierten ist es umgekehrt[8]). Man möchte daran denken, daß Ag_2S für Hg als Keim wirkt.

[1]) R. E. Liesegang, Photogr. Ind. **16**, 431 (1918).
[2]) K. Schaum und H. Lang, Kolloid-Ztschr. **28**, 243 (1921).
[3]) Vgl. Davanne und Barresville, La Lumière (1859), S. 57.
[4]) R. E. Liesegang, Photogr. Arch. **34**, 67 (1893). — F. Kogelmann, Isolierung der Substanz des latenten Bildes (Graz 1894).
[5]) H. Kieser, Ztschr. f. wiss. Photogr. **26**, 1 (1928).
[6]) R. E. Owen, Photogr. Journ. **69**, 278 (1929).
[7]) A. Seyewetz, Chim. et Ind. **13**, 355 (1925).
[8]) Lüppo-Cramer, Photogr. Ind. **15**, 401 (1917).

Die Theorie der chemischen Entwicklung erhielt durch Wilhelm Ostwald einige Ähnlichkeit mit der Theorie der physikalischen Entwicklung: Das AgBr geht intermediär in Lösung. Daraus bildet die Entwicklungssubstanz eine übersättigte Lösung von elementarem Silber, die sich auf den vorhandenen Keimen niederschlägt[1]). Bis auf die erwähnten Verlagerungen des Silbers an der Peripherie überschreiten diese Vorgänge hier nicht die Grenzen des ursprünglichen AgBr-Korns, während sie sich bei der physikalischen Entwicklung im ganzen Außenmedium abspielen.

Eine Schwierigkeit bereitet dieser Theorie die Frage, weshalb das aus unbelichtetem AgBr entstehende Ag keine Keime bilde. (Überschreitung der metastabilen Grenze.) Abegg antwortete, daß sich bei Abwesenheit eines Kernes die Ag-Lösung nur sättige, aber nicht übersättige[2]). Dem ist aber entgegenzuhalten, daß einerseits eine Ag-Lösung, welche auf Keime reagiert, unbedingt übersättigt sein muß, und daß andererseits die Löslichkeit des AgBr in Entwicklerbestandteilen (Na_2SO_3, KBr) so groß ist, daß die daraus entstehende Ag-Lösung unbedingt übersättigt sein muß.

Auch Volmer[3]) hat auf Schwierigkeiten hingewiesen. Er versucht eine Deutung durch eine heterogene Metallkatalyse, die aber nicht in Einzelheiten durchgeführt ist. Es sind also hier noch Probleme zu lösen. Und hinzugefügt sei, daß dieses auch für manche Phänomene der anscheinend viel einfacheren physikalischen Entwicklung gilt.

IV. Auskopier-Verfahren.

Dispersitätsgrad des Chlorsilbers. Neben dem Bindemittel (Gelatine, Kollodium, Eiweiß) und fein verteiltem AgCl sind die Hauptbestandteile Silberzitrat und ein Überschuß an $AgNO_3$. AgCl wird im Licht unter Cl-Abgabe zersetzt. Es ist zu erwarten, daß es dabei an der Peripherie des AgCl-Korns zur Neubildung von AgCl kommt, das dann weiter der Photolyse verfällt.

Bisher wurden die Farbänderungen des Silbers beschrieben, welche durch nachträgliche Eingriffe, namentlich die Dispersitätsänderungen bei der Entwicklung, zustande kommen. Selbstverständlich ist aber auch die Größe der Silberhaloidteilchen stark mitbestimmend. So erzielt man mit dem (sehr wenig empfindlichen) ungereiften AgBr leicht grasgrüne Töne, während hochgereiftes AgBr nur Schwarz gibt. So ist es auch mit den auskopierenden Schichten: Durch Kornvergrößerung kann man das Rotbraun mehr zum Bläulichen hintreiben.

Chlorsilber und Silberzitrat. Diese kolloidchemisch bedingte Farbentstehung wird jedoch bei dem komplizierten System der Schichten stark überlagert durch die chemischen Verhältnisse. F. Formstecher[4]) macht darauf aufmerksam, daß im Gegensatz zu dem suspensoid verteilten AgCl das Silberzitrat moleculardispers verteilt ist. Meist erreicht es kaum Rot, sondern nur Gelb. Bei starkem Licht erlangt das Zitrat eine größere Bedeutung für die Tonbestimmung. Deshalb neigen die im direkten Sonnenlicht kopierten Bilder mehr zu rötlichen als zu bläulichen Tönen.

[1]) Wi. Ostwald, Lehrb. d. allg. Chemie (1893).
[2]) R. Abegg, Arch. f. wiss. Photogr. 1, 15 (1899). — K. Schaum, Arch. f. wiss. Photogr. 1, 139 (1899).
[3]) M. Volmer, Ztschr. f. wiss. Photogr. 20, 189 (1921).
[4]) F. Formstecher, Atelier d. Photogr. 23, 74, 82 (1916). — Photogr. Rundschau 55, 298, 315 (1918).

Goldtonung. Ein Teil des roten Ag wird durch blaues Au ersetzt. Durch diese Überlagerung kommt der braune bis violette Ton zustande. Teilweiser Ersatz des Ag im schwarzen Negativ-Silber durch Au kann natürlich nicht zu solcher Tonung führen, wenn auch der chemische Vorgang der gleiche ist.

Tritt das abgeschiedene kolloide Gold nicht in blauer, sondern in seiner roten Form auf, so kann es trotz gleicher Goldmenge zu einer unvollkommeneren Tonung kommen. Das ist besonders bei Verwendung saurer Goldbäder der Fall.

Schwefeltonung. Auch bei der Schwefeltonung der Auskopier- und der Entwicklungsbilder ist sowohl der Dispersitätsgrad des Silberkorns wie derjenige des Ag_2S von größter Bedeutung für den Erfolg der Tonung. Ist das Ag-Korn zu fein, so neigt der Ton zu sehr nach Gelb[1]. Die Größe des chemischen Umsatzes, namentlich bei der Einbadmethode der Entwicklungsbilder, braucht deshalb nicht zusammenzuhängen mit der Stärke des optischen Effektes, d. h. mit dem, was man Tonung nennt[2].

Ein Tonungsverfahren mit kolloidem S, in Gegenwart von Schutzkolloiden, geben A. und L. Lumière und A. Seyewetz[3] an. Der Effekt wird erst beim Wässern der Bilder bemerkbar. Es ist wohl zu beachten, daß S-Sole gewöhnlich einen Gehalt an Polythionsäuren haben[4].

V. Photographische Gerbeverfahren.

Bichromatgelatine. Die Mehrzahl der „photomechanischen Verfahren" fußt auf der Beobachtung von Ponton (1839), daß eine Kaliumbichromatgelatine im Licht eine Reduktion des Chromats erleidet. Damit tritt, wie Talbot 1843 fand, eine Gerbung der Gelatine ein. Das Reaktionsprodukt ist nach Eder Chromdioxyd.

Die zu Kohle- oder Pigmentdrucken dienenden Schichten enthalten Tusche oder andere Pigmente. Die unbelichtet gebliebenen Stellen werden durch Lösen in heißem Wasser entfernt. Gummiarabikum oder andere kaltwasserlösliche Bindemittel ermöglichen im Gummidruck die Entwicklung mit kaltem Wasser. — Analog hergestellte Reliefs dienen zur Herstellung eines Ätzgrundes auf Metallplatten.

Beim Lichtdruck wird die belichtete Bichromatgelatineschicht nicht mit heißem, sondern mit kaltem Wasser behandelt, die unbelichtete Stelle also nicht gelöst, sondern nur gequollen. Beim Einwalzen mit fetter Farben werden diese an den gequollenen Stellen abgestoßen. Dieser Fettfarbendruck wird auf ein aufgelegtes Papier übertragen.

Bromöldruck. Statt durch Licht kann die Reduktion des Bichromats auch durch das metallische Silber eines fertigen photographischen Bildes vorgenommen werden. Ein fertiges Bromsilberpositiv, dessen Schicht nur wenig allgemeine Gerbung hat, wird mit einer bichromathaltigen Mischung behandelt. Die Einfärbung mit fetter Farbe erfolgt wie beim Lichtdruck. Jedoch unterbleibt oft die Übertragung auf ein anderes Papier.

---

[1] K. Kieser, Photogr. Rundschau **54**, 89 (1917). — E. R. Bullock, Brit. Journ. Phot. 447 (1921).

[2] R. E. Liesegang, Photogr. Korresp. **65**, 163 (1929).

[3] Lumière und Seyewetz, Eders Jb. f. Photogr. **28**, 352 (1914).

[4] H. Freundlich und P. Scholz, Kolloidchem. Beih. **16**, 234 (1922). — P. Bary, C. R **171**, 433 (1920).

Gerbende Entwicklung. Bei Entwicklung mit einem sulfitfreien alskalischen Brenzkatechin-Entwickler lagert sich ein braunes Oxydationsprodukt des Brenzkatechins um die entwickelten AgBr-Körner an und gerbt dort die Gelatine. War die Emulsion an sich nicht gehärtet, so kann man also durch Warmwasserbehandlung nach der Entwicklung oder Fixierung analoge Reliefs erzeugen wie mit dem Bichromatverfahren.

Die Versuche zur Verwertung dieser Gerbung begannen schon 1881 mit einem Pigmentverfahren von Warnerke: Die auf dünnes Papier aufgetragene Bromsilbergelatineschicht enthielt ein Pigment. Belichtete man von der Rückseite aus, so ließ sich der nichtbelichtete und deshalb bei der Entwicklung nicht gegerbte Teil der Gelatineschicht mit warmem Wasser lösen. Das Silber im entwickelten Teil ließ sich nachher entfernen. Bei einer Belichtung von der Vorderseite war natürlich eine Übertragung wie beim Kohledruck mit Bichromatgelatine nötig. Nur dann konnte dieselbe unterbleiben, wenn es sich um Bilder ohne Halbtöne handelte, wie sie gewöhnlich bei der Dokumentenphotographie vorliegen. Bei dieser ist ein Pigmentzusatz nicht unbedingt nötig, da man mit der Silberfärbung allein auskommt. Man spart bei einer solchen Warmwasserfixierung das Fixierbad, was deshalb von höherer Bedeutung ist, als wie man zuerst meint, weil damit auch die Notwendigkeit des längeren Wässerns (wegen der Haltbarkeit) wegfällt. An den weißen Stellen ist hier also die Papieroberfläche bloßgelegt. (Voraussetzung ist allerdings die Verwendung eines Rohpapiers mit glatter, geschlossener Oberfläche, damit nicht kleine Reste der Bromsilberkörner im Papierfilz hängen bleiben.) Das Bild erweckt also mehr den Eindruck einer Gravüre als einer Photographie.

Man hat viele Verfahren vorgeschlagen, um in der Kamera direkte Positive von Dokumenten (Schrift oder Strichzeichnungen) zu erhalten. Die Warmwasserfixierung nach gerbender Entwicklung ermöglicht ein solches[1]): Die Emulsion wird mit einem besonders stark deckenden weißen Füllkörper, nämlich mit Titanweiß gemischt auf ein schwarzes Papier aufgetragen. Entwickelt wird mit einer frisch bereiteten Lösung von Brenzkatechin in Sodalösung. Bei der Warmwasserfixierung wird an den unbelichteten Stellen der schwarze Grund bloßgelegt. Hatte man genügend wenig Bromsilber angewandt, so stört das dunkle Silber neben dem stark deckenden Titanoxyd nicht allzusehr. Sonst muß man allerdings noch ein Bleichbad anwenden.

Ganz besonders hat sich G. Koppmann[2]) mit der Ausnutzung dieser Gerbeverfahren beschäftigt. Eines derselben besteht darin, daß man eine Platte als Negativ gerbend entwickelt, dann die nicht gegerbte Schicht sich mit einem löslichen organischen Farbstoff (Pinatypiefarben) vollsaugen läßt, ein gelatiniertes Papier auf die feuchte Schicht aufquetscht und in letzteres wie beim Hektograph den Farbstoff einziehen läßt. Mittels dieser Hydrotypie lassen sich von einem Negativ 50 und mehr farbige Abdrücke erhalten. — Hatte man drei Aufnahmen in den drei Grundfarben hergestellt und macht hiervon mit passenden Farbstoffen drei Hydrotypien auf das gleiche Papier, so ergeben sich Dreifarbendrucke.

Trotz der Einfachheit der Verfahren mit den gerbenden Entwicklern sind sie doch verhältnismäßig wenig in die Praxis eingedrungen. Will man aus Silberbildern Reliefs erhalten, so schlägt man lieber den komplizierteren, aber sichereren indirekten Weg ein: die Behandlung der fertiggestellten Bilder mit einer bichromathaltigen Mischung, wie beim Bromöldruck.

---

[1]) R. E. Liesegang, Photogr. Rundschau **63**, 10 (1926).
[2]) G. Koppmann, D.R.P. 309193, 358166.

Schlusswort.

Von Dr. **Raph. Ed. Liesegang**-Frankfurt a. M.

Beachtung der Nebengebiete
Schlägt man im Inhaltsverzeichnis eines solchen Sammelwerkes nach, so findet man unter den Begriffen Viskosität, Emulsionsbildung, Porösität usw. Hinweise auf verschiedene Abschnitte. Jeder kann sich auf diese Weise mit Leichtigkeit einen Sonderabschnitt zusammenstellen. Er wird bemerken, wie die Anwendung einer gewissen kolloidchemischen Erkenntnis in dem einen Gebiet noch in den Kinderschuhen steckt, während man auf anderen schon längst damit operierte, ehe es offiziell eine Kolloidchemie gab. Daraus entspringt dann gleich der Reiz, von letzterem zugunsten des stiefmütterlich behandelten zu lernen. Das ist tatsächlich oft möglich, mögen die zwei Gebiete sich auch scheinbar wesensfremd sein. Einige solche Hinweise mögen das Inhaltsverzeichnis gewissermaßen illustrieren, und damit auch den Spezialisten zur Lektüre von abgelegenen Teilen des Buches anregen.

Der Begriff Kolloidchemie.
Darüber zuvor eine notwendige Aufklärung: Kolloiddispers können nur solche Systeme sein, in welchen die Teilchen kleiner sind als 0,1 μ. Beschäftigte sich aber die Kolloidchemie nur mit solchen Systemen, so würden z. B. Erdöl-„Emulsionen" eigentlich nicht hineingehören. Denn in Emulsionen sind die Öltröpfchen größer als 0,1 μ.

Nun hat aber die Kolloidlehre allmählich stillschweigend auch fast all das eingemeindet, was unter den Flaggen Kapillarchemie und Kapillarphysik ging. Sie behandelt das Gesamtgebiet der Adsorption und der elektrischen Ladungen an Grenzflächen, auch dann, wenn diese viel größer als Kolloide sind. Eigentlich müßte sich dieses Wissensgebiet auf einen Namen umtaufen lassen, der Beziehung aufweist zu den Erscheinungen an Grenzflächen. Diese erweiterte Kolloidlehre beschäftigt sich in der Hauptsache mit der Fassade, während die klassische Kolloidchemie das ganze Gebäude erfaßt.

Oft genug ist es auch so, daß z. B. die Seifenhaut auf den Öltröpfchen der Emulsion eine Dicke von kolloider Dimension hat, und daß man bei dieser Blickrichtung von einem kolloiden System reden darf. Falsch wäre es aber, dann auch die Öltröpfchen als kolloiddispers zu bezeichnen.

Bei der Werbung von Mitarbeitern kam mehrfach die Antwort: „Die Technologie des Glases, der Metalle hat keine Beziehungen zur Kolloidchemie" Keppeler steht vor einem Rätsel, weil er die Tonteilchen meist größer als 0,1 μ findet, und trotzdem die Berechtigung einer kolloidchemischen Betrachtung des Tons anerkennen muß. — Die Kennzeichnung der weiteren Grenzen des Begriffs „Kolloidlehre" beseitigt solche Schwierigkeiten. Zugleich vermindert sie den Torsocharakter dieses Werkes.

Das Zellprinzip. Viel war die Rede von Öl-Wasser-Emulsionen, d. h. von sehr feinen Verteilungen von Öl in Wasser. Schüttelt man die beiden reinen Flüssigkeiten miteinander, so erfolgt zwar eine gewisse Verteilung, aber sie trennen sich bald wieder: Die Emulsion ist nicht haltbar. Ein dritter Stoff ist zum Haltbarmachen der Emulsionen von allergrößter Bedeutung: etwas, was die einzelnen Öltröpfchen umhüllt, was eine Art Zelle aus ihnen macht.

„Emulgatoren" sagt wahrscheinlich noch nicht genug. Denn der Stoff soll nicht allein den Zerteilungsmechanismus erleichtern, er soll auch „Stabilisator" sein: das einmal Zerteilte dauernd in zerteiltem Zustand erhalten. Es soll der Gegensatz zwischen Öl und Wasser überbrückt werden, es sollen aber auch die zerteilten Öltröpfchen am Wiederzusammenfließen gehindert werden. Das sind also mindestens zwei Funktionen, die nicht unbedingt vom gleichen Stoff ausgeübt zu werden brauchen.

Schon die Oberflächenspannung allein ist hier zu beachten. Das dichtere „Häutchen", welches sich an der Oberfläche der Flüssigkeiten bildet, ist vermöge seiner Tragfähigkeit für die Flotation von sehr großer Bedeutung (Mayer). Ölhäutchen erlangen hier große Bedeutung, wenn sie auch nur molekulare Dicke haben.

Auch in angeblich reinen Metallen hatten die Analytiker immer Spuren von fremden Material gefunden. In gewissen Fällen hat Tammann diese als Zwischensubstanz zwischen den Kristalliten lokalisiert feststellen können. Die ältere Auffassung von Beilby, wonach es sich um Hüllen der amorphen, glasigen Form des Metalles selbst handelt, ist von Sauerwald u. a. abgelehnt worden. Namentlich G. Quincke hat die Möglichkeit solcher Wabenstrukturen bearbeitet.

Trotz der Dünnigkeit der Fäden macht sich die Häutchenbildung beim Spinnen der Kunstseide im Fällungsbad bemerkbar (Faust); derart, daß osmotische Erscheinungen auftreten können, welche die Gestalt des Fadens wesentlich beeinflussen. An eine Verstärkung dieses Effekts durch Zusatz osmotisch wirksamer Stoffe zur Spinnlösung, die nachher ausgewaschen werden könnten, scheint noch nicht gedacht worden zu sein. Unbeabsichtigt könnte diese Wirkung bei der Kupferoxydammoniakseide vorliegen, welche nach Faust die osmotische Wirkung stärker zeigt, als die anderen.

In der Milch, auch im Rahm noch sind Eiweißkörper um die Fettkügelchen konzentriert (Clayton). Bei der Homogenisierung der Milch muß man eine Zerstörung dieser natürlichen Hüllen annehmen. Nach Clayton findet aber eine Neubildung derselben durch Adsorption der Proteine auf dem Fett statt.

Wenn auch das Ausrahmen der Milch (Clayton), gewisse Prozesse der Erdölemulsionszerstörung (Kötschau) und das Aufsteigen der geölten Metallsulfide bei der Flotation (Mayer) nicht ausschließlich auf die Unterschiede im spez. Gewicht zurückzuführen sind, so spielt dieses dennoch eine ganz wesentliche Rolle. Unter sonst gleichen Verhältnissen wird dasjenige System haltbarer sein, bei welchem die schwebenden Teilchen das gleiche spez. Gewicht haben wie das Wasser. Von diesem Gedanken ging M. Hartmann aus, indem er emulgiertes Kampheröl teilweise bromierte, d. h. so beschwerte, daß das spez. Gewicht des Wassers erreicht wurde[1]. — In der Milch zeigt uns die Natur einen anderen Weg: Wir haben Fettkügelchen und Hülle als eine Einheit aufzufassen, da ja zunächst das Fett aus seiner Haut nicht heraus kann. Die dünne Eiweißlage genügt nicht zur Beschwerung. Nun ist die Hauptmenge der Asche, vornehmlich das Kalziumphosphat, darin angereichert. Es ist wahrscheinlich, daß dieses wesentlich zur Beständigkeit beiträgt.

---

[1] M. Hartmann, Schweiz. m. Wschr. 7 (1924).

Auch die Beziehungen Säuren gegenüber sind teilweise hiervon beherrscht. Bei einer technischen Nachbildung dieses Prinzips sollte man ferner bedenken, daß auch eine Überbeschwerung möglich ist, so daß eine allmähliche Fällung erfolgt. Bei der Flotation ist eine solche Gewichtsstabilisation zu vermeiden. — Bei der Holzimprägnation (v. Skopnik) ist auf das spez. Gewicht einmal Rücksicht genommen worden.

Bei Kautschuklatex haben wir nicht allein eine adsorbierte Eiweiß-Harzschicht an der Oberfläche, sondern noch eine Verdichtung, vielleicht Polymerisation an der Oberfläche des Kautschuks (Hauser). Trotz dieser doppelten Sicherung ist aber die Stabilität eine verhältnismäßig geringe, wenn man daneben gewisse natürliche oder unerwünscht in der Technik entstehende Erdölemulsionen vergleicht, die den Zerstörungsversuchen äußerst hartnäckig widerstehen (Koetschau). Mehr als Milch und Latex regen also letztere, in welchen gewisse Harze, Asphalte usw. die sehr zähe Hüllsubstanz bilden, dann zu Nachahmungsversuchen an, wenn man besonders stabile Emulsionen herstellen muß. Bei solchen für den Straßenbau oder für die Holzimprägnation, bei welcher der Emulsionszerfall unerwünscht ist (v. Skopnik) kämen, im Gegensatz zur Margarinefabrikation usw., sogar ähnliche Hüllstoffe in Betracht.

Nebenbei also Fehlern eine gute Seite abgewinnen! — Das in der Kautschuktechnik gefürchtete Totwalzen wird bei der Herstellung des Schwammgummis bewußt ausgenutzt (Hauser). Der Fehler der Eisblumenbildung bei Holzöl wird oft bei der Herstellung von Glasuren auf Porzellan erstrebt (Kohl). Die Vorstufe des Schwefelwasserstoffschleiers ist zu einem willkommenen Faktor der Empfindlichkeitssteigerung photographischer Emulsionen geworden. Die schlimme Verleimung der Faser bei der Lederbereitung (Gerngroß) ist die Grundlage der Leimfabrikation.

Kern und Schale. Im Bohrschen Atommodell haben nur die Hüllelektronen, nicht der Kern, Bedeutung für das Chemische und die Farbenerscheinungen. So dominiert auch für vieles die Hüllsubstanz im Verhalten emulgierter flüssiger oder suspendierter fester Teilchen. Es gilt hier nicht der sprichwörtliche Minderwert der Schale, der äußeren Politur, der Fassade. Die Latexkoagulation ist nach Hauser durch eine Veränderung der Eiweißhülle bedingt, nicht durch eine solche des Kautschukkerns. Bei der Zerstörung der Erdölemulsionen hat man hauptsächlich auf die aus Bitumen und Ton zusammengesetzten Hüllen um die Wasser- oder Salzlösungströpfchen zu achten (Koetschau). Nach Mayer verhalten sich die geölten Erzsulfide der Luft gegenüber wie eine Einheit. Vagelers „Riesenmoleküle" gehören hierhin (Mayer). Eine ganz oberflächliche Überführung in Sulfid läßt oxydische Erze sich so bei der Flotation verhalten, als beständen sie durch und durch aus Sulfid (Mayer).

Soll diese Betrachtung auch nicht zu einer Kritik des Buches ausarten, so ist vielleicht doch der Hinweis gestattet, daß Ablehnung der elektrostatischen Theorie in der Flotation (Mayer) durch eine zu geringe Beachtung der „Wirkungseinheit" aus Erzteilchen und Öl veranlaßt sein könnte. Kataphoretische Versuche mußten mit diesen angestellt werden, nicht aber mit reinem Sulfiderz oder reinem Öl allein.

Stäger vergleicht die amorphe Hülle um die Kristalliten der Zellulose mit der von Beilby vermuteten amorphen Kittsubstanz um die Kristallite der Metalle und deutet dabei den Wert der vergleichenden Technologie an. Nur diese kolloide Hüllsubstanz vermittelt die Quellung der Faserstoffe. — Ähnliche Zwischen-, Kittsubstanzen hatte Knapp 1858 schon im Leder angenommen.

Gerngroß macht es wahrscheinlich, daß sich ein solcher Aufbau bis in die mizellare Struktur hineinerstrecke. So dünn seien diese Hüllen, daß sie weder mikroskopisch noch chemisch nachweisbar sind. Überhaupt kommt Gerngroß bezüglich der Verkittung der Eiweißelementarkörper zu ausgesprochen morphologischen Vorstellungen dieser Art.

Pickering-Emulsionen. Eine anscheinend besonders einfache Form der vermittelnden und stabilisierenden Hülle! Es handelt sich hier um feinst verteilte feste Stoffe, welche sich um das Emulgierte lagern. Koetschau hat ihre Bedeutung bei den Erdölemulsionen geschildert. Im Gegensatz dazu benutzt Raschig das Prinzip in vorteilhafter Weise, indem er seiner Bitumenemulsion für den Straßenbau etwas Ton zugibt (v. Skopnik). Bei der Flotation wäre noch zu untersuchen, ob sich nicht wenigstens in bestimmten Stadien des Prozesses die Erzsulfidteilchen um die Öltröpfchen legen. Überhaupt wäre aus der Flotation für andere technische Verwertungen des Pickering-Prinzips manches zu lernen. Clowes hatte festgestellt, daß sich fein verteilte Kieselsäure in Ölemulsionen wie Natriumoleat verhält, das mit Öl benetzbare Lampenschwarz dagegen wie Kalziumoleat. Beide sind also wie Gangart und sulfidisches Erz Antagonisten.

Benetzungspolare Pulver, wie sie im Modellversuch durch einseitigen Überzug der Teilchen eines Kalziumkarbonatpulvers mit einem Metallsulfid erhalten wurden, sind noch nicht für das Pickering-Prinzip benutzt worden. Sie würden im vergrößerten Maßstab den Anforderungen von Langmuir entsprechen. Auch das Äquilibrieren durch Herstellung von gleichem spez. Gewicht harrt bei der Pickering-Methode noch der Untersuchung.

Emulsionsumkehr. Eine Emulsion, bei welcher ebenfalls Wasser ursprünglich das Dispersionsmittel ist, kann später wasserundurchlässige Schichten liefern. Eine ziemlich ausgedehnte kolloidchemische Literatur berichtet darüber, daß bei steigendem Ölgehalt ein Punkt erreicht wird, in welchem gewisse Emulsionen zu einem Umschlag neigen. D. h. nun wird Wasser das Dispersoid, Öl das Dispersionsmittel. Läßt man solche Emulsionen, in denen das Öl das Dispersoid ist, eintrocknen, so kann durch den Wasserverlust jener Umschlag eintreten. Stern hat diese Vorgänge und ihre Bedeutung für die Theorie der Temperamalmittel eingehend geschildert. Ähnliches haben gewisse Bitumenemulsionen beim Straßenbau zu leisten (v. Skopnik). — Nach Hauser findet beim Mastizieren des Rohkautschuks eine solche Phasenumkehr statt: Die plastisch klebrige Innenmasse wird nun an die Oberfläche gebracht; die zerrissenen Hüllen sind nun das Dispergierte. Hierdurch wird Wasserdichtigkeit gewährleistet, die vorher nicht bestand. — Milch und Rahm sind Emulsionen von Öl und Wasser (Clayton). Bei der Butterung erfolgt der Umschlag. Margarine kommt dagegen in beiden Emulsionstypen vor (Clayton). Auch bei der Erdölemulsionszerstörung spielt diese Vertauschung von Hüll- und Inhaltsstoff eine Rolle (Koetschau). Wichtig ist, daß beide Emulsionsformen dort gleichzeitig nebeneinander vorkommen können (Koetschau).

Hat man mit solchen Verteilungsarten in Membranform zu tun, so wechseln die Permeabilitätsverhältnisse bei einem Umschlag in prinzipieller Weise. Die anfangs mit Begeisterung aufgenommene Lipoidhüllentheorie der Physiologen hat sich später als nicht allein gültig erwiesen. Wie Spannungsverhältnisse bei den Blutkapillaren Permeabilitätsverschiebungen bewirken, könnte es ein Emulsionsumschlag bei den Zellwandungen tun. Dann brauchte man weniger die vitalen Kräfte in Gegensatz zu den physikalischen und chemischen zu stellen, wie es Höber tut. Ein besonderes Modell der Nierenfunktion, nämlich dasjenige von Hamburger, setzt einen Emulsionsumschlag voraus. Auch bei diesen Membranfragen könnte die Technik an eine Nachahmung denken.

Elektrostatische Brücken. Sogar das Stoffliche der Außenschicht tritt zurück, wenn die elektrische Ladung in Betracht kommt. Unbedenklich vergleicht Freundlich die Wanderung von Luftblasen und von As_2S_3-Teilchen im Stromgefälle, da „die stoffliche Zusammensetzung für das Verhalten des γ-Potentials wenig ausmacht".

Früher war es nicht gelungen, kolloides Gold umzuladen. Es war stets, wie z. B. auch Zellulose, ein „Azidoid" im Sinne von L. Michaelis. Da fand Wo. Pauli, daß kolloides Gold im Stromgefälle umgekehrt wandert, wenn es mit einem leichten Überzug mit Aluminiumhydroxyd versehen ist. Diese Umhüllung prägt ihm also ganz andere Eigenschaften auf. — Bei der Papierleimung (Stäger) ladet die Aluminiumhydroxydhülle nach einer Theorie von Wo. Ostwald und R. Lorenz die Papierfaser so um, daß nun das Harz, welches gleich geladen war, wie die rohe Zellulose, sich anlagern und die Fasern verkleben kann. Schwalbe vermutet, daß bei Papierfasern und Füllstoffen ähnliche Ladungsverhältnisse eine Rolle spielen können. Bei der Flotation wird man an das Sulfidieren der oxydischen Erze erinnert.

Die Bedeutung der Sensibilisierung im allgemeinen, d. h. nicht allein solcher Brückenbildungen, die elektrostatisch wirksam sind, hat für die wissenschaftliche Kolloidchemie besonders H. Freundlich behandelt. In der Physiologie und Medizin sind sie schon länger zu Erklärungsversuchen herangezogen worden, und die Technik kann hieraus noch Belehrungen ziehen. Ob Lüppo-Cramers Desensibilisierung in der Photographie eine Brückenzerstörung bedeutet, kann noch nicht einwandfrei erörtert werden. Jedenfalls sollte man aber auch derartiges in anderen Gebieten der Technik in gewissen Fällen zu erreichen versuchen.

Waben-, Runzel-, Rißbildungen. In den vorangegangenen Betrachtungen überwog das Gestaltliche: der Hinweis auf bisher nicht immer genügend beachtete Hüllen um die feinverteilten Stoffe. Auch auf deren Wirkungsweise konnte vergleichend hingewiesen werden. Richtete sich die Betrachtung jedoch auf die Entstehungsart, so könnten selbstverständlich so verschiedene Bildungen wie die Oberflächenschicht eines entstehenden Kunstseidefadens und die monomolekulare Adsorption auf dem Tröpfchen eines emulsionierten Öls nicht in einem Atemzug genannt werden. Genesis, deskriptive Morphologie und Funktionen ermöglichen und erfordern ganz verschiedene Gruppierungen und Vergleichungsmöglichkeiten.

Nur die morphologische Betrachtung erlaubt, hier gewisse zellähnliche Strukturen in Lack- und Farbanstrichen in Erinnerung zu bringen. Aber selbst dann ist schon deshalb eine wesentliche Beschränkung des Vergleichs notwendig, da es sich hier meist nur um zweidimensionale Ausbildungen handelt: Ein Stoff umgibt den andern wie der Rahmen das Bild, umhüllt ihn aber nicht allseitig wie die Schale das Ei. So bilden diese eine besondere Gruppe.

Bei der Entstehung der Netz- und Runzelbildung im Holzölanstrich betont Stern die Entmischung. Und er zitiert Bartels Modellversuche an Kollodiumschichten. Stäger betont bei der Besprechung der zu Isolierzwecken verwendeten Methanöle „die bei der Gelbildung so häufig zu beobachtende Wabenstruktur".

Das sind also sehr verschiedene Ausgangspunkte zur Lösung der Probleme. Und es kommen noch weitere hinzu, wenn Stäger im Anschluß an die

Waben auch von den Rißbildungen in Lackanstrichen spricht. Die Haarrisse in den Glasuren auf Steingut (Kohl) wären gleich hinzuzunehmen. Hier kommen sehr stark die Beziehungen des Aufgetragenen zum Untergrund in Betracht. —

Benetzung ist ein Hüllenbilden, schließt sich also den vorigen Betrachtungen an. Benetzbarkeits-, Adhäsionsprobleme greifen bis in die Technik des Schreibens hinein: Die Tinte muß die Feder eine Spur weniger gut benetzen als das Papier (Leonhardi). Ähnliche Betrachtungen über Benetzbarkeitsunterschiede hätten angestellt werden müssen, wenn das Buch auch einen Abschnitt über die verschiedenen Arten der Drucktechnik erhalten hätte. Denn sie spielen beim Buchdruck, Lichtdruck, Offsetdruck usw. neben anderen kapillaren Phänomenen eine große Rolle.

Die sonst möglichst zu vermeidenden Runzelungen hat F. Bernauer[1]) in einer Arbeit über Kristallglasuren zu dekorativen Zwecken herangezogen. Auf Grund derselben kann auch der Glastechniker die Vermutung ableiten, daß die bei der Hitzebehandlung von Glasröhren oft auftretende Runzelung zurückzuführen sei auf die Ausbildung einer andersgearteten Oberflächenhaut. Es ist nicht ausgeschlossen, daß hier Substanzverlagerungen nach dem Prinzip von Ludwig-Soret erfolgen.

Benetzbarkeit ist eines der großen Teilphänomene, welche die Flotation ermöglichen. Der zum Schweben zu bringende Körper sollte nur schwer durch Wasser benetzbar sein (Mayer). Nimmt er das Öl an, so bedingt diese Benetzung eine noch weitere Verminderung der Benetzbarkeit durch Wasser.

Wenn gewisse Schutzkolloide bei der Flotation störend wirken (Mayer), so ist dieses wohl dadurch bedingt, daß sie von den Erzteilchen adsorbiert und dann von Öl nicht verdrängt werden. Dabei ist zu bedenken, daß eine tatsächliche Umhüllung mit einem jener Schutzkolloide nicht zu beweisen braucht, daß diese fester gehalten werden, als es mit Öl der Fall sein würde. War das Schutzkolloid vorher vorhanden, so kann es den Zutritt des Öls zum Sulfidteilchen hindern, weil die Adsorptionsverdrängung ausbleibt. — Einen Fall von Fehlerausnutzung deutet Mayer an: Gewisse Schutzkolloide können die unerwünschte Benetzung der Gangart mit Öl verhindern. Im allgemeinen scheint aber die Gangart so viel leichter durch Wasser benetzbar zu sein, daß das Öl keine Verdrängung desselben herbeizuführen mag. — Man stelle hierneben die Feststellungen von Koetschau: Die bei der Flotation erwünschte bessere Benetzbarkeit der Metallteilchen durch Öl macht sich als Emulgierung des Schmieröls unangenehm bemerkbar. Auch hier werden Metall und Kieselsäure, diesmal in Form von Silikagel als Antagonisten hingestellt.

Die Phenolmethode der Erdölemulsionszerstörung beruht auf einer Adsorptionsverdrängung: Phenol wird stärker adsorbiert als die Harze der Hüllschicht (Koetschau).

Die Seifenwirkung kann als ein Hüllenaustausch aufgefaßt werden: Die Seife ist stärker geneigt, die Leinenfaser zu umhüllen, als der Schmutz. Auch die Schmutzteilchen werden von der Seife umhüllt. Sie hat also bei Beschränkung auf dieses Problem allein und bei Nichtberücksichtigung der Schaumwirkung hier schon zwei Funktionen. Es ist nicht gewiß, ob beide gleich stark ausgebildet sind. Eine planmäßige Abstimmung könnte vielleicht noch Verbesserungen schaffen.

---

[1]) F. Bernauer, Ber. D. Keram. Ges. **11,** 97 (1930.)

Mehrfache Funktionen der Stoffe sind auch auf allen anderen Gebieten sehr zu berücksichtigen. Es wurde geschildert, wie die Gelatine bei der Herstellung der photographischen Schichten sowohl als Schutzkolloid, als Träger, als Empfindlichkeitssteigerer usw., wirkt (Photographie). Die Deutung der Thiosinaminwirkung in der photographischen Schicht ist so kompliziert, weil es sowohl bromsilberlösend wie schwefelsilberbildend ist. Man muß diese Teilfunktionen zu fassen und auszunutzen suchen. Wie vielfältig der Einfluß der Zusätze bei der Flotation ist, zeigt Mayer.

Der Zusatz, den man zu einem kolloiden System macht, kann auf den kolloid verteilten Stoff und auf das Dispersionsmittel zugleich wirken. Er kann die elektrische Ladung verändern, chemisch eingreifen usw. Das kann zeitlich zusammenfallen oder getrennt sein. Setzt man Salpetersäure zu einer kolloiden Silberlösung, so flockt das Silber aus. Es ist die Elektrolytwirkung, wie sie Kaliumnitrat auch ausüben würde. Nach einiger Zeit erst beginnt die chemische Wirkung der Salpetersäure, die natürlich beim Kaliumnitrat fehlt. Der gleiche Stoff bedingt also eine Fällung und er schafft eine moleculardisperse Lösung aus der kolloiden.

Zwei und mehr Wirkungen eines Zusatzstoffs können in der gleichen Richtung (homotel) wirken, z. B. die erwünschten Eigenschaften eines Systems verbessern. Aber ebenso ist ein Gegeneinanderarbeiten (eine antitelische Wirkung) möglich. Bei Salzzusätzen kommt es darauf an, ob die Wirkung des Kations oder des Anions überwiegt. Von den Isolierlacken ist berichtet worden (Stäger), daß die Mittel zur Erzielung von Flexibilität und Wärmebeständigkeit denjenigen zur Herbeiführung eines raschen Trocknens antitel sind. Es veranlaßt dieses das dem Techniker allzubekannte Balanzierenmüssen: Eine zu weitgehende Verbesserung in einer Beziehung schafft eine Verschlechterung in der anderen. Der Wissenschaftler ist oft in der glücklichen Lage, auf die andere Seite nicht achten zu brauchen. Der Techniker muß es immer.

Das, was wie eine einzige einheitliche Reaktion aussieht, muß sehr oft in mehrere zerlegt werden. Beim Koagulieren einer Eiweißlösung durch Hitze unterscheidet Wo. Pauli zwei Prozesse, die gar nichts miteinander zu tun haben: Denaturierung und Flockung. Eine elektrolytfreie Eiweißlösung wird durch Kochen nicht fest. Ein nachträglicher Salzzusatz veranlaßt dieses. Die Fettkügelchen der Milch steigen bei der Rahmbildung nicht so auf, wie sie sich in der Milch befanden, sondern sie vereinigen sich erst zu größeren (Clayton). Es muß also erst eine Art von „Denaturierung" einen größeren Auftrieb schaffen. — Ein Kolophoniumzusatz verhindert das Gerinnen des Holzöls, nicht deshalb, weil die Polymerisation dann ausbleibt, sondern weil ihr der Übergang von Sol in Gel nicht folgt (Stäger). Holzölpolymerisation und Eiweißdenaturierung wären hier kolloidchemisch als nahe verwandt anzusehen. Vielfältig ist die Wirkung der Wasserstoffionenkonzentration bei der Gerbung (Gerngroß). Bei der Entquellung der Haut durch Kochsalz ist die entladende und die dehydratisierende Wirkung zu unterscheiden. Ein gewisser Antagonismus ist dabei möglich (Gerngroß). Auch der Einfluß der Quellung auf die Gerbung ist ziemlich verwickelter Art (Gerngroß). Oft genug ist etwas nicht primär, sondern erst auf Umwegen wirksam, z. B. die Inhomogenität bei der Isolation: Primär kommt es an ihnen zur Wärmeentwicklung. Dadurch wird die Leitfähigkeit erhöht, und die hierdurch weiter gesteigerte Wärme führt zur Zerstörung von isolierendem Material mit ihren weiteren Folgen (Stäger).

Zerlegungen in Teilprozesse, also die Bereitschaft nicht zu einer einzigen, sondern zu mehreren Theorien sind notwendig, wenn man die Vorgänge beim Abbinden des Zements verstehen will (Frenkel). Die Anfärbung der Papierfaser läßt sich auffassen als anfängliche Adsorption mit nachfolgendem chemischem Vorgang (Schwalbe). Zerlegungen dieser letzteren Art, d. h. die Betrachtung der Adsorption als Vorstufe von chemischen Verbindungen hat besonders E. Wedekind durchgeführt. Auf den heißen Zylindern der Papiermaschine findet nicht nur die eigentlich erwünschte Trocknung statt, sondern auch die außerordentlich wichtige Sinterung des Harzes (Schwalbe). Das Kalandern des Papiers bringt nicht nur Glätte, sondern je nach der Härte der Fasern eine Verminderung oder Vermehrung der Reißfestigkeit (Schwalbe).

Der Papiermacher teilt, indem er die Entfernung des Wassers in Naß- und Trockenpartie verlegt (Schwalbe). Bei der Zerstörung der Erdölemulsionen durch Wärmeverdunstung des Wassers ist erkannt worden, daß hierbei die Viskositätsverminderung der Emulsion wahrscheinlich eine noch größere Rolle spielt als die Erhöhung der Verdampffähigkeit des Wassers (Koetschau). Sind dabei Naphthenseifen zugegen, so wird in der Hitze deren kolloider Charakter aufgehoben und die emulsionserhaltenden Häutchen schwinden.

Was von der Fortschaffung eines Stoffes gilt, kann auch auf das Hineinbringen übertragen werden. Dahin zielt der Vorschlag von Schwalbe, bei der Zellstoffherstellung nach Ritter-Kellner das Eindiffundieren der schwefligen Säure getrennt vom Kochprozeß vorzunehmen. Und Faust empfiehlt, bei der Herstellung künstlicher Seide aus Azetylzellulose zwei nicht mischbare Fällbäder anzuwenden: ein mildes, welches das Strecken ermöglicht und das zweite zur weiteren Koagulation. Das ist nicht unähnlich der „goldenen Regel" der Gerber, erst gebrauchte, mildere, an Nichtgerbstoffen reichere Brühen anzuwenden und dann erst allmählich zu gerbstoffreicheren überzugehen (Gerngroß). Das gleiche gilt von der Einbadchromgerbung (Gerngroß). Und was sucht man dadurch zu erreichen? Es ist das, was man in der histologischen Technik erstrebt, indem man die zur Mikroskopie bestimmten Gewebsschnitte mit vielen aufeinanderfolgenden Bädern ganz allmählich entwässert, sie mit Alkohol, Xylol usw. für die Einlagerung in Kanadabalsam vorbereitet, um zu einer möglichst getreuen Pseudomorphose des Wasserfreien nach dem Lebensfrischen zu kommen: Um Totgerbung, Schrumpfungen zu vermeiden. — Ein Seitensprung zum entgegengesetzten Verfahren: Rasche Abkühlung, um eine Pseudomorphose des festen Glases nach der Schmelze zu erhalten, um die Emulsionsform der Margarine zu konservieren (Clayton). In der Histologie hat dies einmal Möllgård mit seiner „vitalen Fixation" erreichen wollen, jedoch nicht erreicht.

Antagonismus bei verschiedener Konzentration. Entgegengesetzte Wirkung des gleichen Zusatzstoffes bei verschiedener Konzentration gehört zu den alltäglichen Erfahrungen des wissenschaftlichen Kolloidchemikers. In der Technik wird dieses aber noch nicht überall genügend beachtet. Ein Techniker ist zu leicht verleitet, von einem Stoff, dessen günstige Wirkung er erkannt hat, zu viel zuzusetzen und dadurch Schaden zu schaffen.

Solche „unregelmäßigen Reihen" fanden sich bei der Säurekoagulation des Latex (Hauser); bei der Flockung und Alkaliwirkung auf Tonsuspensionen (Kohl), beim Einfluß des Kalziumchlorids auf das Abbinden des Zements (Frenkel), bei den Flockungen zur Reinigung der Abwässer (Sierp), bei der Stärkeverkleisterung (Rammstedt), bei der Elektrolytwirkung auf die Quellung der Gelatine (Gerngroß).

Sehr geringe Mengen eines Schutzkolloids können statt der schützenden eine flockende Wirkung auf Kolliode haben. Diese Feststellung der Wissenschaftler wird bei Koetschau ausgenützt zur Zerstörung von Erdölemulsionen. Es sollen dadurch die hydrophoben Hüllen zerstört werden. Geht man dagegen mit dem

Zusatz des hydrophilen Kolloids zu weit, so wird die Emulsion wieder stabilisiert. Auch beim Absetzen des Blanc fixe aus Lacken zeigt sich eine paradoxe Schutzkolloidwirkung. Geringe Mengen von Gelatine, Traganth usw. beschleunigen das Aufrahmen der Milch trotz der Viskositätserhöhung. Clayton versucht in diesem Falle eine Verklebungstheorie. Dann sollte sich die Gelatine im Rahm anreichern, wie es nach Clayton das Protein im Milchschaum tut.

Es waren nicht ausschließlich Ersparnismotive, welche zu einer Verminderung des Öls bei der Flotation drängten. Zu viel Öl kann Schwimmfähigkeit und Schaumbildung vermindern (Mayer). So wendet man sogar Öl zur Zerstörung von zu konsistenten Schäumen an (Mayer). Sulfidische Erze werden weniger schwimmfähig, wenn man sie in der Art der oxydischen Erze sulfidiert (Mayer). Die zerstörende Wirkung verdünnter Natronlauge auf Wolle bleibt bei konzentrierter Natronlauge aus (Auerbach). Mit dem Gehalt an Zelluloseschleim steigt zuerst die Festigkeit des Papiers. Dann sinkt sie wieder (Schwalbe). Ebenso ist es mit der Reißfestigkeit des Leders bei steigendem Fettgehalt (Gerngroß).

Während Natriumsulfat gewöhnlich gegen die Quellung wirkt, vermögen sehr geringe Mengen desselben eine isoelektrische Gelatine zu peptisieren. Gerngroß deutet dies durch Aufladung. — Der Handwerker rechnete wie mit einer unumstößlichen Tatsache, daß eine gewisse Menge von Abbauprodukten die Klebkraft des Leims erhöht, ein zu hoher sie allerdings vermindert oder gar vernichtet. Nun kommt die Wissenschaft und behauptet, die Bindekraft der abbaufreien Gelatine sei doch höher als diejenige des Leims. Es spielt hier etwas mit, was man bei allzu exakten Versuchen zuerst leicht übersieht: Der weniger viskose Leim dringt leichter in die Poren des Holzes und verankert sich dort besser als die hochviskose Gelatine. Bei der Anfärbung der Baumwolle durch substantive Farbstoffe ist ein gewisser Elektrolytgehalt des Wassers nötig. Zu viel ist wieder schädlich. Hier ist der Kurvenverlauf dadurch bedingt, daß der Elektrolyt eine gewisse Größe der Teilchen schaffen muß (Auerbach). Die optimale Größe steht in Beziehung zur Größe der Poren in der Baumwollfaser. Sind die Teilchen zu groß, so vermögen sie ähnlich schlecht einzudringen wie die Gelatine in die Holzporen. Die mittlere Größe wird hinreichend darin abgefangen. Einen analogen Einfluß der Teilchengröße findet man bei der vegetabilischen Gerbung. Fortschreitende Sulfitierung, Dispergierung oder chemischer Abbau des Gerbstoffs führt über ein Optimum zu einer Verminderung der Wirkung (Gerngroß). Fe(OH)-Sol wird in feinen Kapillaren ausgeflockt, nicht aber in größeren.

Oft liegen die Angriffspunkte von Förderung und Hemmung an verschiedenen Orten des kolloiden Systems. Besonders aus der Physiologie ist bekannt, das bei konzentrierteren Lösungen eine Wirkung der undissoziierten Moleküle erfolgt, die verschieden ist von derjenigen der dissoziierten. Nicht nur in der Photographie sind solarisationsähnliche Erscheinungen bekannt.

Das Altern. Der Name sagt schon, daß bei dieser typischen Eigenschaft sehr vieler Kolloide (aber nicht dieser allein) die Zeit die Hauptrolle spielt. Aus zerdrückter Kieselsäuregallerte hat man während der Zeiten der Fettarmut eine vaselinartige Masse herzustellen versucht. Aus solcher weichen Masse ist im Laufe geologischer Zeiten der Achat geworden, den wir zu besonders festen Mörsern benutzen.

Gröberwerden des Feinen — das wird oft als Schlagwort für das Altern hingesetzt. Aber der allgemeinere Begriff ist das Stabilerwerden: Das Übergehen in die unter den gegebenen Umständen widerstandsfähigere Form. Die gröbere Form ist (wenn man hier einmal von dem Sonderfall des Bromsilberkorns in der photographischen Platte absieht) stabiler als die feine Form des gleichen Körpers. Aber

Altern kann auch in einer Modifikationsänderung beruhen. Es ist ein Anzeichen für den Geologen zur Abschätzung des Alters von verkieselten Hölzern, ob die Kieselsäure in Form von Opal, Chalzedon oder Quarz vorliegt. Übergang in die andere Form führt zuweilen zu einem Zerrieseln der vorher zusammenhängenden Masse. Es sei an die Zinnpest erinnert, an den Zerfall mancher Schlacken.

Ein schwammartig gebautes Einzelkorn kann beim Altern in das geschlossene Kristallgitter übergehen. Die Masse bleibt dieselbe, ihr Volumen nimmt ab. Das erklärt die oft beobachteten Hohlräume um Entglasungskristallite.

Bei Untersuchung über die Oberflächenspannung ist zu beachten, daß die Wasseroberfläche altert. Die Moleküle müssen sich dort erst im Sinne von Langmuir und Harkins orientieren, das Gibbs-Gleichgewicht muß sich erst einstellen.

Scheinbar wird zu vieles mit diesem einen Wort zusammengefaßt. Aber das Einstellen in die, unter den gegebenen Verhältnissen stabilere Form fast alles zusammen. Deshalb wird in diesem Buch mit Recht so oft vom Altern gesprochen: beim Kautschuk (Hauser), bei der Alkalistärke (Stern), bei der Seife (Imhausen), der Tinte (Leonhardi). Isoliermassen verändern sich beim Altern derart, daß Stäger kaum etwas mit den Literaturangaben anfangen kann, weil sie auf das Alter keine Rücksicht nehmen.

Vielfach ist das Altern nicht primär kolloidchemisch bedingt. Von der Viskositätsänderung der Viskoselösung beim Aufbewahren (Auerbach, Faust) heißt es ausdrücklich, daß sie auf Chemisches zurückführbar sei. Beim Holz, vor dessen Altern (nach der Fällung) Schwalbe die Holzschliff- und Zellstoffhersteller warnt, während v. Skopnik dasselbe für die Holzkonservierung empfiehlt, handelt es sich primär um einen Wasserverlust. Dieser Vorgang ist, wie beim Brot, z. T. irreversibel. Man würde vorzugsweise an Begleitstoffe denken, wenn nicht Schwalbe nachgewiesen hätte, daß auch die reine Zellulose des Filtrierpapiers beim längeren Lagern altert; derart, daß die Filter weniger durchlässig werden. Während bei sulfidischen Erzen und bei Kohlenstaub (Mayer) die Benetzbarkeit durch längeren Kontakt mit Wasser steigt und damit die Flotationsfähigkeit nachläßt, wird sich bei der aufbewahrten trockenen Zellulose die Benetzbarkeit vermindern, so daß wohl Unterschiede bei der Kapillaranalyse auftreten, also selbst bei einem so „haltbaren" Stoff wie dem Filtrierpapier kaum ein länger brauchbares Standardmuster möglich sein wird.

Hauser erwähnt, daß das künstliche Altern beim Kautschuk nicht ganz dem natürlichen Altern entspricht. Wie man hier von zwei verschiedenen Arten des Alterns sprechen kann, so wird man es auf manchen anderen Gebieten der Technik bei gleichen Stoffen ebenfalls können.

Adsorptionsrückgang und Selbstreinigung. Kommt es zu einem dichteren Zusammentritt der Teilchen, zu einer Vergrößerung derselben und damit zu einer Verminderung der Gesamtoberfläche, so kann etwas, was vorher dort adsorbiert war, frei werden. Die Synäresis ist eine Form dessen, was H. Freundlich als Adsorptionsrückgang bezeichnet hat: Kieselsäure-, Agargallerte schwitzt auch in einem zugeschmolzenen Reagenzglas Wasser aus. Also eine ganz besondere Form des Trocknens. Sie findet sich auch bei Viskosegallerte (Auerbach) bei Isoliermaterialien (Stäger), bei Stärkekleister (Rammstedt) und bei Margarine (Clayton). Es ist hierbei nicht immer leicht, anzugeben, was das Primäre, was das Sekundäre ist, also Ursache und Wirkung zu unterscheiden. Denn hier ist der Zusammentritt der Teilchen und die Ablösung des Adsorbierten homotel: in der gleichen Richtung hinwirkend. Künstliche Abdunstung des Lösemittels führt ja auch zu dem dichteren Zusammentritt der Teilchen. Aber das Bestreben zum Zusammentritt der Teilchen scheint doch vorherrschend zu sein. Fast kann man die Selbstreinigung der Kristalle: das Hinausdrängen von Fremdstoffen beim Einspringen ins Gitter als eine Abart der Synäresis betrachten. Aber es braucht nicht zur Gitterform zu kommen. In der Frühzeit der Röntgenphotographie hatte ich einmal Mißerfolge bei der Herstellung von Leuchtschirmen, weil das Bariumplatinzyanür nicht in der Zelluloidlackschicht verteilt blieb, sondern sich zwischen Karton und reiner Lackschicht ablagerte. Da es schien, als habe es sich unter dem Einfluß der Schwerkraft abgesetzt, wurde die Folie mit der Lackschicht nach unten getrocknet. Trotzdem war die gleiche Erscheinung wieder da. Die an der Oberfläche zuerst festwerdende Lackschicht preßte das Pulver nach den noch nicht erstarrten Stellen hin, also nach der Unterlage hin. Bei Ölgemälden ist so erzwungene Wanderung des Pigments möglich. Bei einer gewissen Größe des Silberhaloidkorns findet sie sich in den photographischen Platten. Auch die Verlagerung der Füllmassen beim Trocknen der Asphaltemulsionen auf der Straße ist nicht nur der Schwerkraft zuzuschreiben.

Innenschrumpfung. Verdunstung des Quellmittels oder seine Abgabe durch Synäresis, dichterer Zusammentritt von Teilchen durch Aggregation oder Polymerisation, ferner Sinterung kann zu einer äußerlich sehr auffallenden Verkleinerung des Körpers führen. Aber es kann dabei auch die äußere Form in der Hauptsache bewahrt werden. Dann aber ist der Körper mit feinsten bis gröberen Hohlräumen durchsetzt.

Bei diesem zweiten Vorgang: der „Innenschrumpfung" sind zwei Möglichkeiten zu unterscheiden: Es sind Kapillaren bis zu Rissen, welche nach der Oberfläche hin münden, welche die Masse in ihrer ganzen Dicke durchsetzen und sie porös (also sehr großoberflächig) machen, oder es sind abgeschlossene Hohlräume, die keinen Ausgang nach außen haben.

Für gewisse Zweige der Technik ist es von sehr großer Bedeutung, ob die erste oder zweite Form der Innenschrumpfung eintritt. Der Zahnarzt wünscht von einem Wurzelfüllmittel, d. h. von einer Masse, die in einem ziemlich dünnflüssigen Zustand eingefüllt wird, um dann fest zu werden, daß sie zugleich volumbeständig (d. h. keine Außenschrumpfung zeige) und nicht porös sei. Dem wurde einmal entgegengehalten, daß Volumbeständigkeit nach Verdunsten des Löse- oder Quellmittels unmittelbar Porösität nach sich ziehe. Dieses stimmt jedoch dann nicht, wenn es zur Innenschrumpfung in der zweiten Form kommt.

Bei der Fabrikation der Leimtafeln kommt es durch die Abgabe des Quellwassers in der Hauptsache zu einer Außenschrumpfung. Trocknet man aber zu rasch, so erlangt die Oberfläche bald eine so große Festigkeit, daß sie nicht weiter einfällt. Nun bilden sich Hohlräume, Vakua im Inneren aus: Allseitig geschlossene Räume. Bei Klebungen vermeidet man gern einen Wasserüberschuß, um solche „Schwindung" zu vermindern. Deshalb ist das Bestreben da, bei Klebmitteln zu leicht beweglichen, lösungsmittelarmen Massen zu kommen. — Bis zu Haselnußgröße können die Hohlräume beim Eintrocknen größerer Massen von Azetylzelluloselösungen auftreten, wie sie zur Herstellung von unverbrennbaren Films verwendet werden. Ultramikroskopische Größe können diese Vakua, diese Kammern eines dickwandigen Schaums dann erreichen, wenn man nasse Negative zu plötzlich in absolutem Alkohol trocknet. Bütschli hat solche in Händen gehabt, als er auf Grund von Untersuchungen an (nach der histologischen Methode) fixierten Gelatineschichten eine verhältnismäßig grobe Wabenstruktur nachwies. — Bei diesen Hohlkammern hat man also einen eigenartigen Schaum vor sich, der auf dem umgekehrten Wege entstanden ist, wie z. B. Schwammgummi (Hauser) oder wie die Blasen im Porzellan durch zu späte Oxydation von eingeschlossenem Kohlenstoff (Kohl).

Auch hier ist also, wie angedeutet, die Geschwindigkeit des Vorgangs von ganz entscheidender Bedeutung. Wie durch Abgabe von Quellflüssigkeit kann auch plötzliche Abkühlung eines sehr heißen Stoffes zur Bildung feinster Hohlräume führen. Diese äußern sich beim abgeschreckten Stahl darin, daß er voluminöser ist und die Elektrizität schlechter leitet (Sauerwald).

Als G. Hall von zwei gleichgeschöpften Papierbogen den einen auf einer Zelluloidfläche, den anderen frei trocknen ließ, hatte ersterer doppelt so hohe Porösität. Die Reißfestigkeit war 10% niedriger[1]).

Trocknet eine Kolloidumschicht auf einer Unterlage auf, so könnte man sich vorstellen, daß die Schrumpfung sich von oben nach unten vollzieht, d. h. daß die Haut, welche aus einer 3%igen Lösung nach dem Verdunsten des Äther-Alkohols übrig blieb, 3% des Raums der aufgegossenen Lösung einnimmt. In Wirklichkeit ist sie mit ultramikroskopischen Poren durchsetzt. Denn das rasche Trocknen bedingt eine Überrumpelung. Die auf einer Unterlage getrockneten Kollodiumhäute besitzen eine viel größere Durchlässigkeit als solche, welche freihängend getrocknet waren[2]). Was sich in den vorgenannten Fällen als sichtbares Rißsystem äußerte, ist also hier in Poren vorhanden.

Zelloidinpapier rollt infolge der Schrumpfung, wenn man es nicht durch Zugabe von Glyzerin oder Rizinusöl elastischer macht. Man kann damit das Verhalten der Zelluloselacke auf Holz in eine Parallele stellen. Oft entwickeln sich hierbei ganz ungeheure Kräfte, wie es das Abreißen von Splittern aus einer Glasplatte durch aufgestrichenen Leim bei der Herstellung des Eisglases beweist (Glas). Große Schrumpfungskräfte äußern sich auch bei der Mercerisation der Baumwolle (Auerbach).

Pulverförmige Einlagerungen in die Überzugsschicht beeinflussen deren Reißen erheblich. Bei Ölfarben ist die Neigung zum Springen um so größer, je feiner das Pigment ist (Stern). Hier spielt auch die Korngrößenverteilung eine wesentliche Rolle (Stern). Kommt es nicht zum Springen, so wird sie Neigung zum Rollen vergrößert. Deshalb liegen stärkehaltige matte Bromsilbergelatinebilder weniger glatt als die glänzenden.

Permeabilitätsänderungen. Man nimmt es als selbstverständlich hin, daß Zelloidinpapier getont und fixiert werden kann, daß also die Bäder ins Innere der Schicht gelangen. Der Bildträger besteht aus Nitrozellulose, welche als Unterlage des Films gar kein Quellungsvermögen in Wasser hat. Beim Zelloidinpapier ist die Permeabilität bedingt durch ihre Durchsetzung mit wasserlöslichen Verbindungen wie $AgNO_3$, $Li(NO_3)_2$, Zitronensäure. Das Wasser nimmt die von diesen eingenommenen Stellen ein, bildet also gewissermaßen eine Pseudomorphose nach ihnen. Wenn auch theoretisch eine geringe Erweiterung der Poren durch osmotische Kräfte möglich ist, so kann man doch nicht von Quellung reden. Beim Trocknen nach dem Wässern schließen sich die Poren. Darauf beruht die große Widerstandsfähigkeit des sehr dispersen Silbers in diesen Bildern. — Ähnliche Verhältnisse bestehen bei den Straßendecken aus Bitumenemulsionen. Werden die wasserlöslichen Emulgatoren, z. B. Seifen, aus der Schicht durch den Regen ausgewaschen, so kann es zu einer solchen Permeabilitätsverminderung kommen, daß im Winter die gefürchteten Frostschäden ausbleiben können.

A. Eibner hat darauf hingewiesen, daß es ein geringer Anteil an wasserlöslichen Anteilen ist, der Ölfarben eine gewisse Quellbarkeit in Wasser verleiht. Bei den aus Latex hergestellten Schichten tun dieses die Proteinanteile. Es ist nicht nur der Gehalt an Elektrolyten, der „sprayd rubber" zur Herstellung der den

---

[1]) G. Hall, Techn. u. Chemie d. Papierfabr. **26**, 188 (1929).
[2]) R. E. Liesegang, Biochem. Ztschr. **177**, 239 (1926).

Strom isolierenden Gegenstände unbrauchbar macht. Nur durch die so vermittelte Leitfähigkeit ist es auch möglich, nach dem Verfahren von Sheppard (Hauser) Latex selbst in dickeren Schichten mittels des elektrischen Stroms niederzuschlagen. — Auch hier zeigt sich wieder, daß für gewisse Eigenschaften die Hülle wesentlicher ist als der Kern.

Gefahren und Nutzen des Vergleichens. Das Atommodell mit dem Kern und den darum kreisenden Elektronen ist anfangs mit Sonne und Planetensystem verglichen worden. Es gab Zeiten, in denen man Ähnlichkeiten im Telegraph und Nervensystem sah. Es hat sich ergeben, daß hier nur formale Ähnlichkeiten vorliegen, daß Atom und Planetensystem sich nach grundsätzlich verschiedenen Prinzipien aufbauen. Selbst für den Fall, daß der Mathematiker gleiche Berechnungsarten anwenden kann, muß man sich vor einer prinzipiellen Gleichsetzung hüten.

Verallgemeinerung ist eines der Ziele der Wissenschaft. Und dennoch kann in einer Verallgemeinerung eine sehr große Gefahr stecken: Daß man sich in Sicherheit wiegt, wo sie nicht begründet ist. Nichtwissenschaftliche Durchdringung der Materie verleitet leicht dazu. Eine wahre Durchdringung soll dieses Buch ermöglichen — soweit die Zeit schon reif dazu ist.

Von metallurgischer Seite war vor einem Vergleich der Metallschmelzen und wäßrigen Lösungen gewarnt worden (Sauerwald). Zwischen Drahtziehen und Kunstseidespinnen findet Faust prinzipielle Unterschiede. Der bedeutsamste ist nach ihm derjenige, daß sich die Elementarteilchen im Metalldraht ordnen, während bei den Kunstseiden nichts derartiges zu erkennen ist. Nun hat aber die röntgenoskopische Untersuchung vieler natürlicher Textilstoffe bei diesen ebenfalls eine solche gesetzmäßige Orientierung der Elementarteilchen festgestellt. In einer vollkommeneren Kunstfaser der Zukunft hat man sie also doch wohl zu erwarten.

Selbst bei Bearbeitung eines einzigen, eng abgeschlossenen Gebiets kann eine leichte Abänderung alles das auf den Kopf stellen, was vorher gesichert schien Bei den Kolloiden ist dieses vielfach bei einem leichten Wechsel der Wasserstoffionenkonzentration zu beobachten: Ob man auf der rechten oder linken Seite des isoelektrischen Punkts steht. Deshalb bekommt die genaue Beachtung der Wasserstoffionenkonzentration in den meisten Gebieten der Kolloidtechnik eine so große Bedeutung: Bei der Abwasserreinigung (Sierp), in der Bierbrauerei (Emslander), in der Seifenfabrikation (Imhausen), bei den Tinten (Leonardi), beim Latex (Hauser), in der Keramik (Kohl) usw. — Hat man jedoch einmal die Bedeutung dieser und ähnlicher Einflüsse erkannt, so eröffnen sich auf einmal wieder weite Vergleichsmöglichkeiten.

Ausblicke auf die Nachbargebiete, Verallgemeinerungsversuche sind angebracht, wenn es sich darum handelt, einen Patentanspruch so weitgreifend zu fassen, daß er nicht einem fernstehenden Nachbarfachmann mehr Nutzen trägt als dem Erfinder. Hierzu möge der vorliegende tastende Versuch eines Überblicks von nichtfachmännischen Blickpunkten aus anregen. Das Buch in seiner Gesamtheit sei eine Predigt gegen die Übergriffe des Taylorsystems.

Um neues zu schaffen (wenn man nicht gerade durch eine Zufallsentdeckung begünstigt wird) muß man zeitweise phantasieren, Arbeitshypothesen aufstellen. Solche erleichtern die Ausblicke auf Nachbargebiete. Aber man sage zunächst immer wie Vaihinger in seiner Philosophie: Es ist, als ob es so sei. „Als ob" setze man vorsichtigerweise selbst vor jene Vergleiche, welche von Forschern oder Technikern ausgesprochen wurden, die man als Autoritäten ansehen möchte. — Ein kühner Vorstoß; dann sorgsamstes Abwägen!

Autorenregister.

Baylies 766.
Baylis 774, 775, 777.
Beam 417.
Beans, H. T. 17.
Beccari 908.
Bechhold, H. 56, 114, 272, 405, 406, 413, 594, 781, 812.
Beck 867.
Beck, H. 1037.
Beck, W. 8, 124, 254, 848.
Becker, C. A. 734.
Becker, F. 51, 182, 185, 207.
Becker, H. 818.
Becker, K. 264, 266, 492.
Becker, R. 483, 490.
Bedford 297, 538.
Beermann, V. 928.
Behne, G. 258.
Behre, J. 519.
Behrendt 862.
Beilby 705, 729, 1049, 1050.
Bein, W. 838.
Bekier 966.
Belani 595, 596.
Belawsky, E. 459.
Bell 804.
Bell, H. S. 523.
Bellamy, H. T. 732.
Beltzer, F. J. G. 530.
Bemberg, J. P. 162.
Bemmelen, van 257, 640.
Benedicenti 508.
Benedicks 978.
Benedict, A. J. 524.
Beninde 750.
Benner, H. P. 826.
Benrath 724.
Berchl 639.
Berdel 655.
Berend, L. 622.
Berge 1003.
Bergell 59, 61, 63.
Berger 573.
Berger, E. 704, 706, 707, 709, 717, 718, 737.
Bergl, Kl. 12.
Bergmann, M. 140, 201, 202, 298, 435, 436, 437, 450, 457, 461, 497, 517, 521, 533.
Beria, A. 177.
Berkenfeld, E. 183, 184.
Berl, E. 32, 44, 183, 184, 655, 660, 861, 988, 1027.
Berliner, Ernst 900, 902, 903, 904, 908, 909, 910, 913.
Bermann, V. 8.
Bernauer, F. 713, 1053.
Berndt, G. 737.
Bersa, E. 852, 853.
Berthelot, C. 1016, 1024.
Berwig 950.

Bergelius 715.
Bessel 985.
Bethe, A. 838.
Betts, A. 968, 969.
Bevan 125, 140, 193, 204, 208.
Beyersdorfer, P. 921.
Bezold, v. 849.
Bhathnagar, S. W. 282, 283.
Bierbrauer, C. 1027.
Bierbrauer, E. 1019.
Bigot, A. 491, 525.
Billiter, G. 21, 23.
Billiter, J. 14, 15, 19, 20, 21, 23.
Biltz, H. 26.
Biltz, K. 94.
Biltz, M. 140, 148.
Biltz, W. 22, 24, 26, 27, 111, 134, 277, 278, 356, 741.
Bingham, E. C. 253, 329, 485, 486, 489, 491.
Bircumshaw, L. L. 81, 287, 959.
Bischoff, C. 482.
Bjerken, P. v. 369.
Black, J. C. 832.
Blackburn, W. H. 1016.
Blair 486.
Blake 17.
Blanck, E. 527.
Blaß 861.
Bleininger, A. V. 489, 501, 649.
Blichfeldt 871.
Blicke, K. 667.
Bliss 508.
Block 9, 891.
Blom 248, 253, 261, 264, 266, 267, 268, 270, 292, 301, 302, 308, 314, 324, 328, 330, 332, 340.
Blömeke, C. 985.
Bloom 408.
Bloum-Picard 1025.
Bloxam, A. M. 825.
Blücher, H. 510.
Blum 268.
Blum, F. 508.
Blümel, E. 1027.
Blumfeldt, A. E. 528.
Blyth, W. B. 1022.
Bobrowski, D. 838.
Bock, L. 740.
Bode 803.
Bode, G. 851.
Bodländer, H. G. 182.
Bodmer, A. 102.
Bodollet 887.
Bogue, R. H. 355, 358, 370, 380, 382, 404, 406, 437, 518.
Böhm, I. 27.

Böhme, E. 379.
Bohnenblust 578.
Bois-Reymond, E. du 835.
Boekhout 874.
Boland 909.
Bole, G. A. 734.
Boleg 243.
Bollmann, H. 769, 770, 771, 777, 779, 780, 938.
Boltzmann, L. 480.
Bonardi, J. P. 1022.
Bonney, R. D. 268.
Bönning 575.
Bonwitt, G. 514, 530, 531.
Bonwitt, K. 505.
Boos 166.
Börgeson, S. 712.
Boericke, F. W. 1022.
Börjson 9.
Born 820.
Börner, H. 1022.
Borzykowski 205.
Boeseken, I. 300.
Bottars 819.
Bouchardat 544.
Boudet 760.
Boumell, C. P. H. 1022.
Boutron 760.
Bowen, N. L. 651, 712, 723.
Bozorth 967.
Bradfield, R. 493.
Bradford, C. S. 703.
Bradford, H. 988.
Bradford, L. 1015.
Bradley, W. 1022.
Brady, J. D. 816, 854.
Bragg 86.
Brandenburger, E. 531.
Brandenburger, H. 164, 185, 187, 530, 532.
Brandt, H. 514.
Bratring, K. 534, 535.
Brauen 577, 611.
Bräuer, A. 842.
Bräuer, O. 1025.
Bräuer-D'Ans 14.
Braumgard 761.
Braun, A. 626.
Brauns, F. 467.
Brecht, H. A. 267, 268, 272, 357, 358, 359, 406, 439.
Bredig, G. 5, 9, 14, 15, 17, 19, 20, 21, 23, 26, 28.
Bredt 891.
Brégeat 164, 165, 824.
Bréguet, A. 528.
Brendel 891.
Breuer 605.
Breuer, C. 425.
Breuil 535.
Brey, J. H. Ch. de 817.

G.

Gahl, R. 1018, 1021.
Gail, I. B. 819.
Gaiser 757.
Gallay, R. 642, 646.
Gallun j., A. 447, 453, 476.
Gamber, O. 534.
Gamble, L. 537. ·
Gandrud, B. W. 1019, 1022.
Gann 538.
Ganssen 955.
Gansser, A. 463.
Ganswindt, A. 96, 98.
Garbowski, H. 17.
Gardner, H. A. 252, 262, 263, 266, 267, 268, 271, 290, 293, 294, 323, 327, 328, 603, 1009.
Gardner, P. 101.
Garland 759.
Garnett 735.
Garralt 778.
Gary 692, 693.
Gassner, G. 944, 946.
Gassner, O. 165.
Gaudin, A. M. 984, 989, 995, 996, 1018, 1024.
Gayford, E. 1009, 1017.
Gebhard, K. 95.
Gehlhoff, G. 710, 718, 720, 737.
Geiger, E. 194.
Geiger, Hans 480.
Geljakow, N. 716.
Geneau, L. 207.
Gerike, K. 363.
Geritz, B. W. 831.
Gerlach, F. 764, 849.
Germann, A. F. O. 718, 740.
Gerngroß, O. 267, 268, 272, 273, 356, 357, 358, 359, 375, 382, 406, 408, 424, 425, 428, 431, 435, 437, 439, 440, 441, 442, 448, 449, 450, 454, 456, 464, 465, 466, 467, 468, 470, 472, 473, 474, 516, 517, 521, 522, 523, 524, 1050, 1051, 1054, 1055, 1056.
Gerth, O. 849.
Gessner 260, 933.
Geys, K. 923.
Gibbs, W. 110, 112, 116, 808, 863, 919, 927, 929, 1057.
Gibson 255.
Giersberg 972.
Gies, N. 356.
Gieser, H. S. 993, 1018.
Gifford, R. S. 995.
Gildemeister, M. 369.
Gille 692.
Gillet 959.

Gilles, J. W. 963.
Girvin, C. W. 816.
Gladstone 275.
Glase, V. B. 1038.
Glasenapp, M. v. 691, 698.
Glatzel, R. 985, 1012.
Glen Primrose, J. S. 520.
Glevers, H. 1018.
Glinz, K. 1008, 1011, 1013, 1023, 1025.
Glockemeier, G. 993.
Glocker, R. 266, 592, 967, 976.
Glover, H. 996.
Goldschmidt, R. 497.
Goldschmidt, V. M. 57, 322, 323.
Gonell, H. W. 139, 492, 693.
Goodwin, N. 31, 164.
Goodyear 539, 555.
Goppelsroeder 348.
Goerens, P. 974.
Gorges, R. 467, 472.
Görnitz 950.
Gortner 868, 906, 911, 913.
Götte, A. 1025.
Gottfried, S. 734.
Gottlob 538, 540, 544, 553.
Götze, K. 147, 148, 149.
Goury, A. 860.
Gouy, M. 837.
Göz 594.
Graaf 826.
Graf, O. 517.
Graefe 616.
Graham, Th. 14, 21, 22, 26, 27, 106, 355, 371.
Gramenizki, N. 808.
Grand, L. 112.
Granger, A. 523, 723, 724, 733.
Grant, L. A. 1022.
Grant, J. E. 1022.
Grasberger 754.
Graetz 837.
Grauert, H. 16.
Graumann, E. 127, 128, 155, 194.
Gray, H. L. B. 140, 186.
Gray, E. D. 824, 970.
Greeman, O. W. 1019.
Green, A. 114, 140, 329, 481, 486, 489, 790, 823.
Greenan, J. O. 1022.
Greenwood 464.
Gregory, S. 986.
Greider 32.
Greiffenhagen, E. 207.
Greig 651.
Greiner, C. 369, 370, 391, 408.

Greinert, W. 519.
Grellet 164.
Greville 245.
Griffin, E. L. 813, 945.
Griffith 487.
Grimaux 22.
Grimm 32.
Grimmer 873.
Griswold, G. G. 987, 1017.
Groh, J. O. 992, 1024.
Grohmann, E. 1016.
Grohn, H. 617, 631.
Gröndal, G. 987.
Groote, M. de 825.
Gross, W. 745, 974, 1023, 1025.
Großheintz, H. 101.
Großmann, V. 706, 718.
Grote 422.
Grube, G. 861, 968.
Gruhl 34.
Grumbrecht, A. 1015. ·
Grumnach 958, 959.
Grün 306.
Grünwald, I. 721, 723.
Grüß 303, 614.
Gruzewska 274.
Guareschi, I. 3.
Guichard 32.
Guider, W. 1025.
Guillet, L. 520.
Guittonneau 874.
Gundermann, Erich 886.
Guntrum 185.
Gupta, S. R. D. 456.
Guertler, W. 957.
Gurwitsch, L. 91, 587, 811, 812, 813, 817, 818, 819, 820, 823, 824, 826, 827, 829, 830, 831, 832.
Gustavson, K. H. 449, 473.
Gutbier, A. 14, 15, 16, 17, 18, 20, 21, 22, 23, 25, 26, 28, 372, 380, 381, 399, 410.
Guttmann 182, 692, 693.
Gyemant, A. 377, 590, 600, 837.

H.

Haas 64.
Haase 753, 760.
Haber, F. 465, 582.
Häberle, R. 23.
Hacker, W. 425.
Hadden 862.
Häffner 773.
Haga, H. 836.
Hagemann 958.
Hägglund 158.
Hahn, A. W. 1018.
Hahn, C. 859.

Podszus, E. 491.
Poiseuille 252, 837.
Polanyi, M. 138, 140, 278, 490, 492, 497, 974.
Pollack, L. 851.
Pollak, F. 528, 533, 534.
Pollak, L. 459, 463.
Pollitt, A. 758.
Pollock, R. T. 827.
Polotzky, A. 106.
Ponton 1046.
Porcher, Ch. 509, 862, 873.
Porret 835.
Porter, J. T. 30.
Posnjak, E. 257, 359.
Possanner v. Ehrenthal, B. 237.
Posternak, S. 376.
Pott 801, 807, 808.
Potter, C. V. 985.
Powarnin, G. 465.
Powell, T. 125, 759, 775.
Powis, F. 837.
Prandtl, W. 24, 480.
Prat, S. 886.
Prátolongo, U. 867.
Prausnitz, A. H. 463.
Prausnitz, P. H. 861.
Preibisch, C. A. 792, 804.
Prel, G. du 1031.
Preston, F. W. 728, 729.
Prentice, T. K. 1022.
Prevost 101.
Priadkine, I. 1016.
Price, T. S. 1039.
Priehäuser, M. 638.
Priestley 539.
Primrose, J. 830.
Pringsheim, H. 128, 140, 208, 298
Prinz 745, 771.
Pritzkow 804.
Prockat, F. 995, 997, 1016.
Procter, H. R. 356, 362, 445, 446, 466, 522.
Prosch, W. 48, 56, 57.
Prosser, W. 1022.
Prowazek 609.
Prud'homme, M. 95.
Prüssing 690, 695.
Pukall, W. 649, 660.
Pulfrich, C. 143, 271.
Pummerer, R. 540, 543, 544.
Püngel, W. 520.
Pungs, W. 613.
Purdy, J. M. 331.

Q.

Quagliarello 863.
Quincke, G. 641, 703, 835, 836, 837, 932, 957, 958, 959, 1028, 1049.
Quittkatt, G. 1022.

R.

Rabald 968.
Ragg 331.
Radeff 695.
Raffo, M. 24, 943, 944.
Rahn, O. 862, 863, 864, 865, 866, 867, 868, 871.
Rakusin, M. A. 31.
Ralston, O. C. 988, 994, 1000, 1015, 1018, 1023, 1024.
Rammstedt, O. 412, 1055, 1057.
Ramsden 864.
Randall, I. T. 717.
Randall, W. 1025.
Raney, J. N. 816, 854.
Rankin 692.
Ranson 750.
Raschig, F. 528, 622, 801, 1051.
Rask 908.
Raspe 297.
Rast 306, 307.
Rath, W. 646.
Ravenswaay, J. H. 300.
Rawdon, H. S. 964.
Ray 35.
Raydt, U. 838.
Rayleigh, Lord 728, 743, 751.
Reddish, W. T. 825.
Redwood 253.
Reglin 611.
Reich 779.
Reichle, C. 748.
Reinders, W. 111.
Reiner, W. 629.
Reinhardt, K. 1024.
Reinthaler, F. 207.
Reischauer 959.
Reisert 779.
Reissig, J. 734.
Reitstötter, J. 3, 6, 8, 12, 15, 16, 17, 18, 128, 442, 449, 711, 848, 861.
Remy, H. 858.
Renwick, F. F. 1030, 1038.
Reschke, B. 762.
Retter, A. 952.
Retzow 596, 613.
Reuß, F. 968.
Reuß, V. 835.
Rewald, B. 875, 938.
Reynolds 80.
Rhumbler, L. 491.
Rial, W. D. 832.
Rice, C. T. 1009, 1022.
Richards, J. W. 152.
Richards, W. T. 810.
Richardson 56, 64, 628, 814, 873.
Richardson, Ch. H. 945.
Richardson, J. 618.
Richmond 862.

Richter 786, 910.
Richter, E. 18.
Rickard, T. A. 1027.
Riddell, G. C. 1022.
Riebeth, A. 493, 495.
Riedal, L. 740.
Riedrich 979.
Riegler 221.
Rieke, R. 638, 642, 645, 647, 655, 657, 667, 673, 710, 740.
Riemer 764.
Riley, H. L. 591, 597.
Rinne, F. 729, 730, 743, 966.
Ripp 896.
Ripper, K. 528, 533, 534.
Ripple 775.
Ristenpart, E. 207.
Ritter, L. 699, 1055.
Rivière, C. 501, 534, 535.
Rivise, C. W. 528.
Roberts, G. G. 734.
Robertson 813.
Robertson, J. W. 486.
Robertson, T. B. 283, 287, 521.
Robie, E. H. 1020, 1021.
Robinson, G. W. 655.
Robson, G. 985.
Rochelt, A. 1021.
Röckener 791, 792.
Rodgers 608.
Rodman 578, 580, 583, 589.
Rogers 871.
Rogowski 574, 607.
Rohland, P. 491, 698, 699, 786, 792, 972.
Rollet, A. 466.
Römer, A. 101.
Rominger, E. 852, 853.
Rona, P. 278, 837.
Röntgen, P. 969.
Rooksby, H. P. 717.
Rose, E. H. 992, 993.
Rose, J. H. 1010.
Rosen 826.
Rosenhain, W. 966.
Rosenow, G. 657.
Rosenow, M. 485.
Rosenstein, L. 244.
Roser, H. 465.
Roshdestwensky 60.
Roß, D. W. 489.
Roß, F. E. 1032.
Rossem, A. van 487, 867.
Rossi 327.
Rossmann, E. 300, 301.
Roth 20.
Roth, E. 651.
Roth, E. W. 833.
Rothe 791, 792.
Rothlin, E. 417.
Rotunda 873.

Scripture, E. W. 641.
Sebelien 865.
Seebohm, C. 996, 1018.
Seeliger, R. 855.
Seeligmann 341.
Seger, H. 482.
Seger, H. A. 637, 671, 675, 678, 679, 680, 681, 682, 684, 686.
Segitz, A. 537.
Séguin 342.
Seibert, F. M. 816, 854.
Seidel, K. 901.
Seidel, O. 134.
Seidel, W. 152.
Seidener 819.
Seifriz, W. 283.
Seitter, E. 523.
Sekine, Y. 528.
Sekito 980.
Seligsberger, L. 461.
Selle, H. 497, 516, 517.
Sellier 887, 890.
Selmi, F. 3, 943, 944.
Seltsam, J. 396.
Sembach, E. 657.
Seng 982.
Senn 969.
Seyer, W. F. 84.
Seyewetz, A. 523, 1044, 1046.
Seyewitz 467.
Seymour-Jones, F. L. 472, 473.
Seymour, H. 517.
Sharp, L. T. 862, 863, 867, 868, 906, 911, 913.
Sharples 820, '821, 822, 889.
Shearer, W. L. 86, 87, 489.
Sheppard, J. S. 369, 370, 759.
Sheppard, S. E. 355, 371, 406, 408, 516, 524, 532, 843, 1030, 1031, 1032, 1033, 1034, 1035, 1036, 1037, 1038, 1039, 1060.
Shelton, G. R. 737, 738.
Sheridan, G. E. 987, 1016.
Sherman, H. C. 921.
Sherrick, J. L. 812, 814, 815, 819, 823.
Sherwood, R. G. 742, 867.
Shikata, M. 107.
Shirakawa, T. 848.
Shive 796, 799.
Shrader 589.
Sichel, F. 428.
Sieber, R. 155, 159, 208, 237.
Siedel 864.
Siedentopf, H. 731, 735, 958, 959.
Siedler, P. 996, 997.
Sierp, F. 745, 754, 787, 789, 794, 798, 1055, 1060.

Sieurin, E. 676.
Sieverts, A. 968.
Siewert 750.
Signer, R. 126, 140.
Silbereisen, K. 56, 812.
Silbermann, H. 95.
Silberstein, L. 1032.
Silin 891.
Silvermann, A. 725, 734.
Simmersbach, B. 1027.
Simmich 896.
Simmons, W. H. 512, 526.
Simon, A. 23, 491.
Simonis, M. 489, 658, 659.
Simpson, W. E. 1017.
Singer, F. 637, 647, 652, 660, 682, 842.
Singer, L. 30, 827, 832.
Sipjagin 898.
Sirks, H. A. 863, 867.
Sisley, P. 112.
Skaer, M. S. 816.
Skopnik, A. v. 238, 627, 1050, 1051, 1057.
Slansky, P. 254, 305.
Slyke, L. L. van 874.
Smallfield 867.
Smekal, A. 479, 490, 574, 1035.
Smith 750, 773, 958.
Smith, A. 527.
Smith, H. H. 1022.
Smith, R. H. 936.
Smolenski 888, 889.
Smoluchowski, M. v. 6, 256, 284, 835, 837.
Smrecker 747.
Snellen 752.
Sobbe, O. v. 865.
Sokoloff, A. M. 651.
Sollmann, T. 477.
Sommer, H. 157.
Sommerfeld 80.
Sonden 778.
Sorensen, P. M. 996.
Sörensen, S. P. L. 377, 533, 912.
Soret 1053.
Sorge, H. 588, 592.
Sosman, R. B. 703, 707.
Southcomb 84, 85.
Southworth, J. 1036.
Soxhlet, V. H. 113.
Spalding 776.
Spalteholz, W. 243.
Spangenberg, K. 640, 641, 648, 652, 664.
Spanne 614.
Spear, E. B. 493.
Späte, F. 712, 727, 737.
Speed 817.

Spek, v. d. 23.
Spengler, O. 889, 890, 891, 892, 896, 897, 898.
Spielmann, F. E. 617.
Spindel 697.
Spiro, K. 378.
Spitta, O. 748.
Spitteler, A. 507.
Splittgerber, A. 759, 761.
Sponsler, O. L. 126, 140.
Spring, W. 57, 736, 970.
Springer, L. 707, 733, 735.
Sproxton, F. 287, 530, 532.
Spurrier, H. 501, 518.
Stadlinger, H. 132, 145, 185, 207, 272, 404, 430.
Stäger, H. 528, 577, 578, 580, 582, 589, 615, 809, 1050, 1052, 1054, 1057.
Stahl, A. 639.
Stamm, A. J. 871.
Stanek, V. 894.
Stark, J. 482, 488, 493, 501, 639, 640, 641, 855.
Stather, F. 447, 461.
Staud, C. J. 140.
Staudinger, H. 126, 127, 140, 256, 435, 436, 492, 502, 505, 515, 533, 540, 544.
Stauf, W. 537.
Stauß, K. 812, 818.
Stavorinus, D. 818.
Steck 967.
Steffen 56.
Steger, W. 669, 673, 676, 677, 681.
Steier, H. 21.
Steigmann, A. 1036.
Stein, H. 243.
Stein, L. 654.
Steinbach, W. 903.
Steiner 612, 613.
Steiner, A. 55.
Steiner, H. 111.
Steinitz, E. 89.
Steinmann 766.
Steinmetz 588.
Stellwaag 946.
Stephan 761.
Stern, E. 247, 265, 279, 413, 426, 428, 1051, 1052, 1057, 1059.
Steudel, H. 497.
Stevenson 257, 869.
Stiasny, E. 438, 449, 452, 456, 459, 460, 461, 465, 469, 470, 471, 472, 473, 477, 522, 533.
Stich, E. 523.
Stiepel, C. 55, 56.
Stier, O. 517.
Stobbe, E. 97.

68*

Sachregister.

Ein besonders sorgfältiges und ausführliches Sachregister war auch diesmal von verschiedenen Kritikern gewünscht worden. Als es nach einwöchentlicher Tätigkeit vorlag, als sich dabei wieder viele neue Parallelen in den verschiedenen Gebieten der Kolloidtechnik aufgedrängt hatten, da kam der Wunsch, das schon gesetzte Schlußwort noch wesentlich zu erweitern. Aber dann sagte ich mir: Noch schöner ist es, wenn diese Beziehungen von den Lesern des Buchs selbst gefunden werden. Dieses Sachregister macht solches Finden leicht. Nicht immer findet man das Stichwort selbst auf der angegebenen Seite. Die Sache ist dann nur etwas anders benannt. Oder sie steht dem, was im Stichwort gemeint war, sehr nahe. So blieb das Schlußwort nur eine kurze Anleitung zu derartigen eigenen Kombinationen.

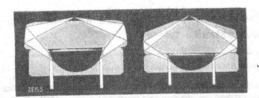
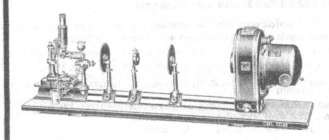

KOLLOIDCHEMIE

Von Dr. **RAPHAEL ED. LIESEGANG**, Frankfurt a. M.

2. völlig umgearbeitete und vermehrte Auflage

XII und 176 Seiten stark. (1926.) Preis RM. 8.—, geb. RM. 9.50

(Band VI der „Wissenschaftlichen Forschungsberichte")

INHALT: Synthese — Die Gestalt der Kolloide — Optik — Viskosität — Plastizität — Kapillarität — Adsorption — Kontaktkatalyse — Koagulation — Sedimentation — Elektrizität — Brown'sche Bewegung — Oberflächenspannung — Peptisation — Schutzkolloide — Keimwirkung — Emulsionen — Gallerten — Quellung — Diffussion in Gallerten — Dialyse, Ultrafiltration — Rhythmische Fällungen — Strahlungswirkung auf Kolloide — Klassische Chemie und Kolloidlehre.

KOLLOIDE IN DER TECHNIK

Von Dr. **RAPH. ED. LIESEGANG**, Frankfurt a. M.

160 Seiten stark. (1923.) Preis RM. 4.—, gebunden RM. 5.20

(Band IX der „Wissenschaftlichen Forschungsberichte")

INHALT: I. Leim, Gelatine. — II. Andere Klebstoffe. — III. Schutzkolloide. — IV. Plastische Massen. — V. Gerberei. — VI. Seife. — VII. Öle, Harze. — VIII. Kautschuk. — IX. Papier. — X. Textilindustrie, Färberei. — XI. Metalle. — XII. Keramik. — XIII. Lebensmittel. — Photographie, Reproduktionstechnik.

BEITRÄGE ZU EINER KOLLOIDCHEMIE DES LEBENS

(Biologische Diffusionen)   Von Dr. **RAPHAEL ED. LIESEGANG**

Dritte, vollkommen umgearbeitete Auflage. (1923.) Preis RM. 1.50

Inhalt: Allgemeines über Diffusion — Diffusionen unter chemischem Umsatz — Scheinbare chemische Fernwirkungen — Kalkniederschläge in Gallerten — Periodische Niederschlagsbildung — Keimwirkung in Gallerten — Assimilation, Dissimilation, Membrane.

BIOLOGISCHE KOLLOIDCHEMIE

Von Dr. **RAPH. ED. LIESEGANG**

(Band XX der „Wissenschaftlichen Forschungsberichte")

XII, 127 Seiten. (1928.) RM. 8.—, gebunden RM. 9.50

Inhalt: Das kolloide Medium d. Organismen. — Dispersitätsänderungen. — Permeabilität. — Elektrische Ladung. — Adsorption. — Quellung. — Oberflächenspannung. — Viskosität.

FORTSCHRITTE DER KOLLOIDCHEMIE

Von Prof. Dr. **HERBERT FREUNDLICH**, Berlin-Dahlem

IV und 109 Seiten, mit 47 Abbildungen und zahlreichen Tabellen. (1926.) Preis RM. 5.50

INHALT: Über die Adsorption — Das elektrokinetische Potential — Adsorption, Wertigkeit und Koagulation — Die Koagulationsgeschwindigkeit — Über die Beständigkeit hydrophiler Sole — Über die Formart und Gestalt der Kolloidteilchen — Über den absoluten Wert und die Veränderungen der Grenzflächengrößen in kolloiden Gebilden — Der Photodichroismus und verwandte Erscheinungen.

ELEKTROPHORESE, ELETROOSMOSE, ELEKTRODIALYSE

in Flüssigkeiten

Von

P. H. PRAUSNITZ   und   **J. REITSTÖTTER**

Dr.-Ing. in Jena   Dipl.-Ing., Dr. phil., Dr. techn.,
Patentanwalt in Berlin

XII, 307 Seiten mit 54 Abbildungen. (1931.) Preis RM. 18.50, gebunden RM. 20.—

(Band XXIV der „Wissenschaftlichen Forschungsberichte")

INHALT (Hauptabschnitte): 1. Allgemeiner Teil. 2. Elektrophorese. 3. Elektroosmose. 4. Elektrodialyse. 5. Technische Anwendungen. a) Elektroosmotische Entwässerung. b) Elektroosmose mit einem Diaphragma. c) Elektrodialyse mit zwei Diaphraphragmen. d) Beförderung von Adsorptionsvorgängen durch den elektrischen Gleichstrom; Holztrocknung; Ledergerbung. Anhang 1. Technisches Elektrodenmaterial — Patente: Arbeitsweise mit Kohleelektroden. 2. Grünfutter-Sterilisierung. Patente. 3. Trennung von Erdöl-Wasser-Emulsionen. Rückblick und Ausblick. Der stabile pH-Bereich von Eiweißkörpern. Bibliographie. Patentregister. Autorenregister. Sachregister.

In dem vorliegenden „Fortschrittsbericht" haben sich die Verfasser die Aufgabe gestellt, unter Berücksichtigung der technischen Erfindungen als auch der wissenschaftlichen Entdeckungen und Beobachtungen auf dem Gebiet der Elektrophorese und Elektrodialyse alle Forschungsrichtungen und Arbeitsweisen miteinander in Verbindung zu bringen. Den Verfassern ist es gelungen, auf diesem Wege ein objektives Bild von dem gesamten Stande der Entwicklung dieses Zweiges der Forschung auf dem Gebiet der Elektrochemie der Kolloide zu vermitteln. Was den Wert des vorliegenden Werkes noch wesentlich erhöht, ist ein nach der Originalliteratur zusammengestelltes Literaturverzeichnis, sowie eine vollständige Übersicht der einschlägigen Patente.

VERLAG VON THEODOR STEINKOPFF, DRESDEN UND LEIPZIG

Printed in the United States
By Bookmasters